# THE
# ASTRONOMICAL
# ALMANAC

## FOR THE YEAR

# 2010

### and its companion

## *The Astronomical Almanac Online*

Data for Astronomy, Space Sciences, Geodesy,
Surveying, Navigation and other applications

*WASHINGTON*

Issued by the
Nautical Almanac Office
United States
Naval Observatory
by direction of the
Secretary of the Navy
and under the
authority of Congress

*TAUNTON*

Issued
by
Her Majesty's
Nautical Almanac Office
on behalf
of
The United Kingdom
Hydrographic Office

WASHINGTON: U.S. GOVERNMENT PRINTING OFFICE
TAUNTON: THE U.K. HYDROGRAPHIC OFFICE

ISBN 970-0-7077-40829

ISSN 0737-6421

UNITED STATES

For sale by the
U.S. Government Printing Office
Superintendent of Documents
Mail Stop: SSOP
Washington, DC 20402-9328

http://www.gpoaccess.gov/

UNITED KINGDOM

Published by the United Kingdom Hydrographic Office and available from:

Distributor network: http://www.ukho.gov.uk/amd/howtobuy.asp

Online: http://www.admiraltyshop.co.uk

Telephone: +44 (0)1823 723366
Fax: +44 (0)1823 251816

E-mail: helpdesk@ukho.gov.uk

NOTE

Every care is taken to prevent errors in the production of this publication. As a final precaution it is recommended that the sequence of pages in this copy be examined on receipt. If faulty it should be returned for replacement.

Printed in the United States of America
by the U.S. Government Printing Office

For sale by the Superintendent of Documents, U.S. Government Printing Office
Internet: bookstore.gpo.gov Phone: toll free (866) 512-1800; DC area (202) 512-1800
Fax: (202) 512-2104 Mail: Stop IDCC, Washington, DC 20402-0001

ISBN 978-0-16-082008-3

Beginning with the edition for 1981, the title *The Astronomical Almanac* replaced both the title *The American Ephemeris and Nautical Almanac* and the title *The Astronomical Ephemeris*. The changes in title symbolise the unification of the two series, which until 1980 were published separately in the United States of America since 1855 and in the United Kingdom since 1767. *The Astronomical Almanac* is prepared jointly by the Nautical Almanac Office, United States Naval Observatory, and H.M. Nautical Almanac Office, United Kingdom Hydrographic Office, and is published jointly by the United States Government Printing Office and The Stationery Office; it is printed only in the United States of America using reproducible material from both offices.

By international agreement the tasks of computation and publication of astronomical ephemerides are shared among the ephemeris offices of several countries. The contributors of the basic data for this Almanac are listed on page vii. This volume was designed in consultation with other astronomers of many countries, and is intended to provide current, accurate astronomical data for use in the making and reduction of observations and for general purposes. (The other publications listed on pages viii-ix give astronomical data for particular applications, such as navigation and surveying.)

Beginning with the 1984 edition, most of the data tabulated in *The Astronomical Almanac* have been based on the fundamental ephemerides of the planets and the Moon prepared at the Jet Propulsion Laboratory. In particular, since the 2003 edition, the JPL Planetary and Lunar Ephemerides DE405/LE405 have been the basis of the tabulations. For the 2006 to 2008 editions all the relevant International Astronomical Union (IAU) resolutions up to and including those of the 2003 General Assembly were implemented throughout. The 2009 edition fully implemented the resolutions passed at the 2006 IAU General Assembly. This includes the adoption of the report by the IAU Working Group on Precession and the Ecliptic which affects a significant fraction of the tabulated data (see Section L for more details). *U.S. Naval Observatory Circular No. 179* (see page ix) gives a detailed explanation of all relevant IAU resolutions and includes the precession model that was adopted by the IAU General Assembly in 2006 for use from 2009.

*The Astronomical Almanac Online* is a companion to this volume. It is designed to broaden the scope of this publication. In addition to ancillary information, the data provided will appeal to specialist groups as well as those needing more precise information. Much of the material may also be downloaded.

Suggestions for further improvement of this Almanac would be welcomed; they should be sent to the Chief, Nautical Almanac Office, United States Naval Observatory or to the Head, H.M. Nautical Almanac Office, United Kingdom Hydrographic Office.

STEVEN W. WARREN                                          MICHAEL S. ROBINSON
*Captain, U.S. Navy,*                                               *Chief Executive*
*Superintendent, U.S. Naval Observatory,*                    *UK Hydrographic Office*
*3450 Massachusetts Avenue NW,*                            *Admiralty Way, Taunton*
*Washington, D.C. 20392–5420*                               *Somerset, TA1 2DN*
*U.S.A.*                                                          *United Kingdom*

October 2008

*Corrections to The Astronomical Almanac, 1999—2009*

Page H26: *Replace* the star name    51 Agl    *by*    51 Aql

*Corrections to The Astronomical Almanac, 2005—2009*

Pages G5 onwards, the minor planet transit times contain an unpredictable error. Mostly the times are in error by $0^m1$ or $0^m2$; occasionally the error reaches $0^m4$. Corrected pages may be downloaded from *The Astronomical Almanac Online*.

*Corrections to The Astronomical Almanac, 2008*

Page F47: Satellite diagram for Uranus should state "Satellite Motions are Clockwise"

*Corrections to The Astronomical Almanac, 2009*

Page x: The items for the IAU 2000A nutation should read:

IAU 2000A nutation series for $\Delta\psi$ and $\Delta\epsilon$ (see IERS Technical Note 32 Chapter 5),

lunisolar nutations at http://maia.usno.navy.mil/conv2003/chapter5/tab5.3a.txt

planetary nutations at http://maia.usno.navy.mil/conv2003/chapter5/tab5.3b.txt

Page K6 constant No. 4:    *replace*    $L_B = 1\cdot550\ 519\ 767\ 72 \times 10^{-8}$    $I_{06}$ E
                                                   *by*    $L_B = 1\cdot550\ 519\ 768\ \times 10^{-8}$    $I_{06}$

*Changes introduced for 2010*

Section **H**: Added a list of spectrophotometric standard stars. Updated data for double stars, variable stars, pulsars and gamma rays.

## Section A   PHENOMENA

Seasons: Moon's phases; principal occultations; planetary phenomena; elongations and magnitudes of planets; visibility of planets; diary of phenomena; times of sunrise, sunset, twilight, moonrise and moonset; eclipses, transits, use of Besselian elements.

## Section B   TIME-SCALES AND COORDINATE SYSTEMS

Calendar; chronological cycles and eras; religious calendars; relationships between time scales; universal and sidereal times, Earth rotation angle; reduction of celestial coordinates; proper motion, annual parallax, aberration, light-deflection, precession and nutation; coordinates of the CIP & CIO, matrix elements for both frame bias, precession-nutation, and GCRS to the Celestial Intermediate Reference System, rigorous formulae for apparent and intermediate place reduction, approximate formulae for intermediate place reduction; position and velocity of the Earth; polar motion; diurnal parallax and aberration; altitude, azimuth; refraction; pole star formulae and table.

## Section C   SUN

Mean orbital elements, elements of rotation; low-precision formulae for coordinates of the Sun and the equation of time; ecliptic and equatorial coordinates; heliographic coordinates, horizontal parallax, semi-diameter and time of transit; geocentric rectangular coordinates.

## Section D   MOON

Phases; perigee and apogee; mean elements of orbit and rotation; lengths of mean months; geocentric, topocentric and selenographic coordinates; formulae for libration; ecliptic and equatorial coordinates, distance, horizontal parallax, semi-diameter and time of transit; physical ephemeris; low-precision formulae for geocentric and topocentric coordinates.

## Section E   PLANETS AND PLUTO

Rotation elements for Mercury, Venus, Mars, Jupiter, Saturn, Uranus, Neptune and Pluto; physical ephemerides; osculating orbital elements (including the Earth-Moon barycentre); heliocentric ecliptic coordinates; geocentric equatorial coordinates; times of transit.

## Section F   SATELLITES OF THE PLANETS AND PLUTO

Ephemerides and phenomena of the satellites of Mars, Jupiter, Saturn (including the rings), Uranus, Neptune and Pluto.

## Section G   MINOR PLANETS AND COMETS

Osculating elements; opposition dates; geocentric equatorial coordinates, visual magnitudes, time of transit of those at opposition. Osculating elements for periodic comets.

## Section H   STARS AND STELLAR SYSTEMS

Lists of bright stars, double stars, *UBVRI* standards, *uvby* & H$\beta$ standards, spectrophotometric standards, radial velocity standards, variable stars, bright galaxies, open clusters, globular clusters, ICRF radio source positions, radio telescope flux calibrators, X-ray sources, quasars, pulsars, and gamma ray sources.

## Section J   OBSERVATORIES

Index of observatory name and place; lists of optical and radio observatories.

## Section K   TABLES AND DATA

Julian dates of Gregorian calendar dates; selected astronomical constants; reduction of time scales; reduction of terrestrial coordinates; interpolation methods; vectors and matrices.

## Section L   NOTES AND REFERENCES        Section M GLOSSARY        Section N INDEX

### THE ASTRONOMICAL ALMANAC ONLINE

ᴡᴡᴡ — **http://asa.usno.navy.mil** & **http://asa.hmnao.com**

Eclipse Portal; occultation maps; lunar polynomial coefficients; planetary heliocentric osculating elements of date; satellite offsets, apparent distances, position angles, orbital, physical, and photometric data; minor planet diameters; bright stars, *UBVRI* standard stars, selected X-ray and gamma ray sources, double star orbital data; Observatory search; astronomical constants; errata; glossary.

**The pagination within each section is given in full on the first page of each section.**

# U.S. NAVAL OBSERVATORY

Captain Steven W. Warren, *U.S.N., Superintendent*
Commander Andrew S. Lomax, *U.S.N., Deputy Superintendent*
Kenneth J. Johnston, *Scientific Director*

## ASTRONOMICAL APPLICATIONS DEPARTMENT

John A. Bangert, *Head*
Sean E. Urban *Chief, Nautical Almanac Office*
Alice K.B. Monet, *Chief, Software Products Division*
John A. Bangert, *Acting Chief, Science Support Division*

| | |
|---|---|
| George H. Kaplan | James L. Hilton |
| William T. Harris | Susan G. Stewart |
| Wendy K. Puatua | Mark T. Stollberg |
| Michael Efroimsky | Eric G. Barron |
| Amy C. Fredericks | Yvette Hines |
| QMC (SW/AW) Robert Jerge, U.S.N. | |

# THE UNITED KINGDOM HYDROGRAPHIC OFFICE

Michael S. Robinson, *Chief Executive*
Edward Hosken, *Head, Data Management*

## HER MAJESTY'S NAUTICAL ALMANAC OFFICE

Steven A. Bell, *Head*

| | |
|---|---|
| Catherine Y. Hohenkerk | Donald B. Taylor |

The data in this volume have been prepared as follows:

By H.M. Nautical Almanac Office, United Kingdom Hydrographic Office:

Section A—phenomena, rising, setting of Sun and Moon, lunar eclipses; B—ephemerides and tables relating to time-scales and coordinate reference frames; D—physical ephemerides and geocentric coordinates of the Moon; F—ephemerides for sixteen of the major planetary satellites; G—opposition dates, geocentric coordinates, transit times, and osculating orbital elements, of selected minor planets; K—tables and data.

By the Nautical Almanac Office, United States Naval Observatory:

Section A—eclipses of the Sun; C—physical ephemerides, geocentric and rectangular co-ordinates of the Sun; E—physical ephemerides, geocentric coordinates and transit times of the major planets; F—phenomena and ephemerides of satellites, except Jupiter I–IV; G—ephemerides of the largest and/or brightest 93 minor planets; H—data for lists of bright stars, lists of photometric standard stars, radial velocity standard stars, bright galaxies, open clusters, globular clusters, radio source positions, radio flux calibrators, X-ray sources, quasars, pulsars, variable stars, double stars and gamma ray sources; J—information on observatories; L—notes and references; M—glossary; N—index.

By the Jet Propulsion Laboratory, California Institute of Technology:

The planetary and lunar ephemerides DE405/LE405.

By the IAU Standards Of Fundamental Astronomy (SOFA) initiative

Software implementation of fundamental quantities used in sections A, B, D and G.

By the Institut de Mécanique Céleste et de Calcul des Éphémérides, Paris Observatory:

Section F—ephemerides and phenomena of satellites I–IV of Jupiter.

By the Minor Planet Center, Cambridge, Massachusetts:

Section G—orbital elements of periodic comets.

Section H—Stars and stellar Systems: many individuals have provided expertise in compiling the tables; they are listed in Section L and on *The Astronomical Almanac Online*.

In general the Office responsible for the preparation of the data has drafted the related explanatory notes and auxiliary material, but both have contributed to the final form of the material. The preliminaries, Section A, except the solar eclipses, and Sections B, D, G and K have been composed in the United Kingdom, while the rest of the material has been composed in the United States. The work of proofreading has been shared, but no attempt has been made to eliminate the differences in spelling and style between the contributions of the two Offices.

**Joint publications of HM Nautical Almanac Office (UKHO) and the United States Naval Observatory**

These publications are published by and available from, UKHO Distributors, and the Superintendent of Documents, U.S. Government Printing Office (USGPO) except where noted.

*Astronomical Phenomena* contains extracts from *The Astronomical Almanac* and is published annually in advance of the main volume. Included are dates and times of planetary and lunar phenomena and other astronomical data of general interest.

*The Nautical Almanac* contains ephemerides at an interval of one hour and auxiliary astronomical data for marine navigation.

*The Air Almanac* contains ephemerides at an interval of ten minutes and auxiliary astronomical data for air navigation. This publication is now distributed solely on CD-ROM and is only available from USGPO.

**Other publications of HM Nautical Almanac Office (UKHO)**

*The Star Almanac for Land Surveyors* (NP 321) contains the Greenwich hour angle of Aries and the position of the Sun, tabulated for every six hours, and represented by monthly polynomial coefficients. Positions of all stars brighter than magnitude 4·0 are tabulated monthly to a precision of $0^s\!\cdot\!1$ in right ascension and $1''$ in declination. A CD-ROM is included which contains the electronic edition plus coefficients, in ASCII format, representing the data.

*NavPac and Compact Data for 2006–2010* (DP 330) contains software, algorithms and data, which are mainly in the form of polynomial coefficients, for calculating the positions of the Sun, Moon, navigational planets and bright stars. It enables navigators to compute their position at sea from sextant observations using an IBM PC or compatible for the period 1986–2010. The tabular data are also supplied as ASCII files on the CD-ROM.

*Planetary and Lunar Coordinates, 2001–2020* provides low-precision astronomical data and phenomena for use well in advance of the annual ephemerides. It contains heliocentric, geocentric, spherical and rectangular coordinates of the Sun, Moon and planets, eclipse maps and auxiliary data. All the tabular ephemerides are supplied solely on CD-ROM as ASCII and Adobe's portable document format files. The full printed edition is published in the United States by Willmann-Bell Inc, PO Box 35025, Richmond VA 23235, USA.

*Rapid Sight Reduction Tables for Navigation* (AP 3270/NP 303), 3 volumes, formerly entitled *Sight Reduction Tables for Air Navigation*. Volume 1, selected stars for epoch 2010·0, containing the altitude to $1'$ and true azimuth to $1°$ for the seven stars most suitable for navigation, for all latitudes and hour angles of Aries. Volumes 2 and 3 contain altitudes to $1'$ and azimuths to $1°$ for integral degrees of declination from N 29° to S 29°, for relevant latitudes and all hour angles at which the zenith distance is less than 95° providing for sights of the Sun, Moon and planets.

*Sight Reduction Tables for Marine Navigation* (NP 401), 6 volumes. This series is designed to effect all solutions of the navigational triangle and is intended for use with *The Nautical Almanac*.

*The UK Air Almanac* contains data useful in the planning of activities where the level of illumination is important, particularly aircraft movements, and is produced to the general requirements of the Royal Air Force.

*NAO Technical Notes* are issued irregularly to disseminate astronomical data concerning ephemerides or astronomical phenomena.

## Other publications of the United States Naval Observatory

*Astronomical Papers of the American Ephemeris*[†] are issued irregularly and contain reports of research in celestial mechanics with particular relevance to ephemerides.

*U.S. Naval Observatory Circulars*[†] are issued irregularly to disseminate astronomical data concerning ephemerides or astronomical phenomena.

*U.S. Naval Observatory Circular No. 179*, The IAU Resolutions on Astronomical Reference Systems, Time Scales, and Earth Rotation Models explains resolutions and their effects on the data, and available at http://aa.usno.navy.mil/publications/docs/Circular_179.php.

*Explanatory Supplement to The Astronomical Almanac* edited by P. Kenneth Seidelmann of the U.S. Naval Observatory. This book is an authoritative source on the basis and derivation of information contained in *The Astronomical Almanac*, and it contains material that is relevant to positional and dynamical astronomy and to chronology. It includes details of the FK5 J2000·0 reference system and transformations. The publication is a collaborative work with authors from the U.S. Naval Observatory, H.M. Nautical Almanac Office, the Jet Propulsion Laboratory and the Bureau des Longitudes. It is published by, and available from, University Science Books, 55D Gate Five Road, Sausalito, CA 94965, whose UK distributor is Macmillan.

*MICA* is an interactive astronomical almanac for professional applications. Software for both PC systems with Intel processors and Apple Macintosh computers is provided on a single CD-ROM. *MICA* allows a user to compute, to full precision, much of the tabular data contained in *The Astronomical Almanac*, as well as data for specific times and locations. All calculations are made in real time and data are not interpolated from tables. MICA is a product of the U.S. Naval Observatory; it is published by and available from Willmann-Bell Inc. The latest version covers the interval 1800-2050.

† Many of these publications are available from the Nautical Almanac Office, U.S. Naval Observatory, Washington, DC 20392-5420, see http://aa.usno.navy.mil/ for availability.

## Publications of other countries

*Apparent Places of Fundamental Stars* is prepared by the Astronomisches Rechen-Institut, Heidelberg (www.ari.uni-heidelberg.de). The printed version of APFS gives the data for a few fundamental stars only, together with the explanation and examples. The apparent places of stars using the FK6 or Hipparcos catalogues are provided by the on-line database ARIAPFS (www.ari.uni-heidelberg.de/ariapfs). The printed booklet also contains the so-called '10-Day-Stars' and the 'Circumpolar Stars' and is available from Verlag G. Braun, Karl-Friedrich-Strasse, 14–18, Karlsruhe, Germany.

*Ephemerides of Minor Planets* is prepared annually by the Institute of Applied Astronomy (www.ipa.nw.ru), and published by the Russian Academy of Sciences. This volume is available from the Institute of Theoretical Astronomy, Naberezhnaya Kutuzova 10, 191187 St. Petersburg, Russia.

## Electronic Publications

*The Astronomical Almanac Online*, the companion publication of *The Astronomical Almanac*, providing data best presented in machine-readable form. It typically does not duplicate the data from the book. It does, in some cases, provide additional information or greater precision than the printed data. Examples of data found on the *The Astronomical Almanac Online* are searchable databases, eclipse and occultation maps, errata found in the printed publication, and a searchable glossary. It is available at

**http://asa.usno.navy.mil** — WWW — **http://asa.hmnao.com**

Please refer to the relevant World Wide Web address for further details about the publications and services provided by the following organisations.

**U.S. Naval Observatory**

- Astronomical Applications at http://aa.usno.navy.mil
- *The Astronomical Almanac Online*—WWW— at http://asa.usno.navy.mil
- *USNO Circular 179*  at http://aa.usno.navy.mil/publications/docs/Circular_179.php
- USNO Julian/Calendar date conversion at http://aa.usno.navy.mil/data/docs/JulianDate.php

**H.M. Nautical Almanac Office**

- General information at http://www.hmnao.com
- *The Astronomical Almanac Online*—WWW— at http://asa.hmnao.com
- Eclipses Online at http://www.eclipse.org.uk
- Online data services at http://websurf.hmnao.com
- MoonWatch at http://www.crescentmoonwatch.org

**International Astronomical Organizations**

- IAU: International Astronomical Union at http://www.iau.org
- IERS: International Earth Rotation and Reference Systems Service at http://www.iers.org
- SOFA: IAU Standards of Fundamental Astronomy at http://iau-sofa.hmnao.com
- CDS: Centre de Données astronomiques de Strasbourg at http://cdsweb.u-strasbg.fr

**Products provided by International Astronomical Organizations**

- IERS Earth Orientation data at http://www.iers.org/MainDisp.csl?pid=36-9
- IERS Bulletins A, B, C and D descriptions at http://www.iers.org/MainDisp.csl?pid=44-14
- IERS Technical Notes at http://www.iers.org/MainDisp.csl?pid=46-25772
- IAU 2006 series for CIP & CIO at http://cdsweb.u-strasbg.fr/cgi-bin/qcat?J/A+A/459/981
- IAU 2000A nutation series for $\Delta\psi$ and $\Delta\epsilon$ (see IERS Technical Note 32 Chapter 5),
      lunisolar nutations at http://maia.usno.navy.mil/conv2003/chapter5/tab5.3a.txt
      planetary nutations at http://maia.usno.navy.mil/conv2003/chapter5/tab5.3b.txt

**Publishers and Suppliers**

- The UK Hydrographic Office (UKHO) at http://www.ukho.gov.uk
- U.S. Government Printing Office (USGPO) at http://bookstore.gpo.gov
- The Stationery Office (TSO) at http://www.tsoshop.co.uk
- University Science Books at http://www.uscibooks.com
- Willmann-Bell at http://www.willbell.com
- Macmillan Distribution at http://www.palgrave.com

## CONTENTS OF SECTION A

> **WWW** This symbol indicates that these data or auxiliary material may also be found on *The Astronomical Almanac Online* at **http://asa.usno.navy.mil** and **http://asa.hmnao.com**

NOTE: All the times in this section are expressed in Universal Time (UT).

### THE SUN

| | | d h | | | | d h m | | | | d h m |
|---|---|---|---|---|---|---|---|---|---|---|
| Perigee | ... Jan. | 3 00 | Equinoxes | ... Mar. | 20 17 32 ... | ... Sept. | 23 03 09 |
| Apogee | ... July | 6 11 | Solstices | ... June | 21 11 28 ... | ... Dec. | 21 23 38 |

### PHASES OF THE MOON

| Lunation | New Moon | First Quarter | Full Moon | Last Quarter |
|---|---|---|---|---|
| | d h m | d h m | d h m | d h m |
| 1076 | | | | Jan. 7 10 39 |
| 1077 | Jan. 15 07 11 | Jan. 23 10 53 | Jan. 30 06 18 | Feb. 5 23 48 |
| 1078 | Feb. 14 02 51 | Feb. 22 00 42 | Feb. 28 16 38 | Mar. 7 15 42 |
| 1079 | Mar. 15 21 01 | Mar. 23 11 00 | Mar. 30 02 25 | Apr. 6 09 37 |
| 1080 | Apr. 14 12 29 | Apr. 21 18 20 | Apr. 28 12 18 | May 6 04 15 |
| 1081 | May 14 01 04 | May 20 23 43 | May 27 23 07 | June 4 22 13 |
| 1082 | June 12 11 15 | June 19 04 29 | June 26 11 30 | July 4 14 35 |
| 1083 | July 11 19 40 | July 18 10 11 | July 26 01 37 | Aug. 3 04 59 |
| 1084 | Aug. 10 03 08 | Aug. 16 18 14 | Aug. 24 17 05 | Sept. 1 17 22 |
| 1085 | Sept. 8 10 30 | Sept. 15 05 50 | Sept. 23 09 17 | Oct. 1 03 52 |
| 1086 | Oct. 7 18 44 | Oct. 14 21 27 | Oct. 23 01 37 | Oct. 30 12 46 |
| 1087 | Nov. 6 04 52 | Nov. 13 16 39 | Nov. 21 17 27 | Nov. 28 20 36 |
| 1088 | Dec. 5 17 36 | Dec. 13 13 59 | Dec. 21 08 13 | Dec. 28 04 18 |

### ECLIPSES

| | | |
|---|---|---|
| An annular eclipse of the Sun | Jan. 15 | Most of equatorial Africa, the S. tip of India, N. Sri Lanka, the S.E. tip of Bangladesh, Myanmar and S.E. China. |
| A partial eclipse of the Moon | June 26 | Parts of the Americas, the Pacific Ocean, Antarctica, eastern Asia and Australasia. |
| A total eclipse of the Sun | July 11 | The Cook Is., French Polynesia, and S. tip of S. America. |
| A total eclipse of the Moon | Dec. 21 | Europe, W. Africa, the Americas, the Pacific Ocean, E. Australia, the Philippines and E. and N. Asia. |

## MOON AT PERIGEE

| d h | | d h | | d h |
|---|---|---|---|---|
| Jan. | 1 21 | May 20 09 | Oct. | 6 14 |
| Jan. | 30 09 | June 15 15 | Nov. | 3 17 |
| Feb. | 27 22 | July 13 11 | Nov. | 30 19 |
| Mar. | 28 05 | Aug. 10 18 | Dec. | 25 12 |
| Apr. | 24 21 | Sept. 8 04 | | |

## MOON AT APOGEE

| d h | | d h | | d h |
|---|---|---|---|---|
| Jan. | 17 02 | June 3 17 | Oct. | 18 18 |
| Feb. | 13 02 | July 1 10 | Nov. | 15 12 |
| Mar. | 12 10 | July 29 00 | Dec. | 13 09 |
| Apr. | 9 03 | Aug. 25 06 | | |
| May | 6 22 | Sept. 21 08 | | |

## OCCULTATIONS OF PLANETS AND BRIGHT STARS BY THE MOON

| Date | Body | Areas of Visibility |
|---|---|---|
| d h | | |
| Jan 11 13 | *Antares* | N.E. United States, E. Canada, S. tip of Greenland |
| Feb 7 19 | *Antares* | Aleutian Islands, S.W. Alaska, Bering Sea |
| May 16 10 | Venus | Northern half of Africa, Turkey, Middle East, India, southern China, S.E. Asia, Indonesia |
| May 29 22 | Ceres | Southern Africa, Madagascar, Indian Ocean, S.E.Asia, Indonesia |
| June 25 19 | Ceres | Eastern Europe, most of the Middle East, Central Asia, N. India, N.W. China, Mongolia |
| Sept 11 13 | Venus | Eastern Brazil, south Atlantic Ocean, S.W. Africa, S. Indian Ocean |
| Nov 2 00 | Juno | Most of Russia, N. China, Mongolia, Japan, Marshall Islands |
| Nov 29 23 | Juno | Indian Ocean, S. tip of India, Sri Lanka, W. Indonesia, southern and western Australia, New Zealand |

Maps showing the areas of visibility may be found on AsA-Online.

## OCCULTATIONS OF X-RAY SOURCES BY THE MOON

Occultations occur at intervals of a lunar month between the dates given below:

| Source | Dates | Source | Dates |
|---|---|---|---|
| GX 1 + 4 | Jan. 12–Dec. 06 | 1A 0535 + 262 | Jan. 27–Mar. 22 |
| GX 3 + 1 | Jan. 12–Feb. 09 | 3A 2253 − 033 | Aug. 25–Sep. 22 |
| GX 5 − 1 | Jan. 13–Oct. 13 | 4U 0617 + 23 | Sep. 30–Dec. 21 |
| MXB 1803 − 24 | Jan. 13–Dec. 07 | H 0253 + 193 | Oct. 24–Dec. 18 |
| 3A 2253 − 033 | Jan. 19–May. 08 | | |

## AVAILABILITY OF PREDICTIONS OF LUNAR OCCULTATIONS

IOTA, the International Occultation Timing Association is responsible for the predictions and reductions of timings of occultations of stars by the Moon. Their web address is http://lunar-occultations.com/iota.

## GEOCENTRIC PHENOMENA

### MERCURY

| | d h | | d h | | d h | | d h |
|---|---|---|---|---|---|---|---|
| Inferior conjunction ... | Jan. 4 19 | Apr. 28 17 | Sept. 3 13 | Dec. 20 01 |
| Stationary ... ... ... | Jan. 15 16 | May 11 00 | Sept. 12 03 | Dec. 30 08 |
| Greatest elongation West | Jan. 27 05 (25°) | May 26 02 (25°) | Sept. 19 17 (18°) | — |
| Superior conjunction ... | Mar. 14 13 | June 28 12 | Oct. 17 01 | — |
| Greatest elongation East | Apr. 8 23 (19°) | Aug. 7 01 (27°) | Dec. 1 16 (21°) | — |
| Stationary ... ... ... | Apr. 18 10 | Aug. 20 04 | Dec. 10 10 | — |

### VENUS

| | d h | | d h |
|---|---|---|---|
| Superior conjunction ... | Jan. 11 21 | Inferior conjunction ... | Oct. 29 01 |
| Greatest elongation East | Aug. 20 04 (46°) | Stationary ... ... ... | Nov. 16 16 |
| Greatest illuminated extent | Sept. 23 20 | Greatest illuminated extent | Dec. 4 10 |
| Stationary ... ... ... | Oct. 7 19 | | |

### SUPERIOR PLANETS & PLUTO

| | Conjunction | Stationary | Opposition | Stationary |
|---|---|---|---|---|
| | d h | d h | d h | d h |
| Mars ... ... ... ... ... | — | — | Jan. 29 20 | Mar. 11 09 |
| Jupiter ... ... ... ... ... | Feb. 28 11 | July 24 04 | Sept. 21 12 | Nov. 19 06 |
| Saturn ... ... ... ... ... | Oct. 1 01 | Jan. 14 19 | Mar. 22 01 | May 31 16 |
| Uranus ... ... ... ... ... | Mar. 17 07 | July 6 01 | Sept. 21 17 | Dec. 6 10 |
| Neptune ... ... ... ... ... | Feb. 14 23 | June 1 02 | Aug. 20 10 | Nov. 7 08 |
| Pluto ... ... ... ... ... | Dec. 27 01 | Apr. 7 01 | June 25 19 | Sept. 14 01 |

The vertical bars indicate where the dates for the planet are not in chronological order.

### OCCULTATIONS BY PLANETS AND SATELLITES

Details of predictions of occultations of stars by planets, minor planets and satellites are given in *The Handbook of the British Astronomical Association*.

## HELIOCENTRIC PHENOMENA

| | Aphelion | Perihelion | Descending Node | Greatest Lat. South | Ascending Node | Greatest Lat. North |
|---|---|---|---|---|---|---|
| Mercury | Feb. 13 | Mar. 29 | Feb. 3 | Mar. 5 | Mar. 24 | Jan. 10 |
| | May 12 | June 25 | May 2 | June 1 | June 20 | Apr. 8 |
| | Aug. 8 | Sept. 21 | July 29 | Aug. 28 | Sept. 16 | July 5 |
| | Nov. 4 | Dec. 18 | Oct. 25 | Nov. 24 | Dec. 13 | Oct. 1 |
| | — | — | — | — | — | Dec. 28 |
| Venus | Jan. 24 | May 16 | — | Feb. 15 | Apr. 13 | June 7 |
| | Sept. 6 | Dec. 27 | Aug. 2 | Sept. 28 | Nov. 23 | — |
| Mars | Mar. 30 | — | Sept. 6 | — | — | Feb. 21 |

Jupiter, Saturn, Uranus, Neptune, Pluto: None in 2010

# PHENOMENA, 2010

## ELONGATIONS AND MAGNITUDES OF PLANETS AT 0ʰ UT

| Date | Mercury Elong. | Mag. | Venus Elong. | Mag. | Date | Mercury Elong. | Mag. | Venus Elong. | Mag. |
|---|---|---|---|---|---|---|---|---|---|
| **Jan.** −1 | E. 12 | +1·6 | W. 3 | −4·0 | **July** 3 | E. 6 | −1·7 | E. 41 | −4·1 |
| 4 | E. 3 | · | W. 2 | · | 8 | E. 11 | −1·1 | E. 41 | −4·1 |
| 9 | W. 10 | +2·7 | W. 1 | · | 13 | E. 16 | −0·7 | E. 42 | −4·1 |
| 14 | W. 18 | +0·7 | E. 1 | · | 18 | E. 20 | −0·4 | E. 43 | −4·2 |
| 19 | W. 23 | 0·0 | E. 2 | · | 23 | E. 23 | −0·2 | E. 44 | −4·2 |
| 24 | W. 24 | −0·2 | E. 3 | −4·0 | 28 | E. 25 | 0·0 | E. 44 | −4·2 |
| 29 | W. 25 | −0·2 | E. 4 | −3·9 | **Aug.** 2 | E. 27 | +0·1 | E. 45 | −4·3 |
| **Feb.** 3 | W. 24 | −0·2 | E. 5 | −3·9 | 7 | E. 27 | +0·3 | E. 45 | −4·3 |
| 8 | W. 22 | −0·2 | E. 7 | −3·9 | 12 | E. 27 | +0·5 | E. 46 | −4·4 |
| 13 | W. 20 | −0·2 | E. 8 | −3·9 | 17 | E. 25 | +0·8 | E. 46 | −4·4 |
| 18 | W. 18 | −0·3 | E. 9 | −3·9 | 22 | E. 21 | +1·4 | E. 46 | −4·5 |
| 23 | W. 15 | −0·4 | E. 10 | −3·9 | 27 | E. 14 | +2·6 | E. 46 | −4·5 |
| 28 | W. 12 | −0·6 | E. 11 | −3·9 | **Sept.** 1 | E. 6 | +4·6 | E. 45 | −4·6 |
| **Mar.** 5 | W. 9 | −1·0 | E. 13 | −3·9 | 6 | W. 6 | +4·7 | E. 45 | −4·6 |
| 10 | W. 5 | −1·4 | E. 14 | −3·9 | 11 | W. 13 | +2·0 | E. 44 | −4·7 |
| 15 | E. 2 | −2·0 | E. 15 | −3·9 | 16 | W. 17 | +0·2 | E. 42 | −4·7 |
| 20 | E. 5 | −1·7 | E. 16 | −3·9 | 21 | W. 18 | −0·6 | E. 41 | −4·8 |
| 25 | E. 10 | −1·4 | E. 17 | −3·9 | 26 | W. 16 | −1·0 | E. 38 | −4·8 |
| 30 | E. 15 | −1·1 | E. 19 | −3·9 | **Oct.** 1 | W. 12 | −1·1 | E. 35 | −4·8 |
| **Apr.** 4 | E. 18 | −0·7 | E. 20 | −3·9 | 6 | W. 9 | −1·2 | E. 31 | −4·7 |
| 9 | E. 19 | −0·1 | E. 21 | −3·9 | 11 | W. 5 | −1·4 | E. 26 | −4·6 |
| 14 | E. 18 | +0·9 | E. 22 | −3·9 | 16 | W. 1 | −1·6 | E. 21 | −4·5 |
| 19 | E. 14 | +2·4 | E. 24 | −3·9 | 21 | E. 3 | −1·3 | E. 14 | −4·3 |
| 24 | E. 8 | +4·4 | E. 25 | −3·9 | 26 | E. 6 | −1·0 | E. 8 | −4·3 |
| 29 | W. 1 | · | E. 26 | −3·9 | 31 | E. 9 | −0·7 | W. 6 | · |
| **May** 4 | W. 8 | +4·4 | E. 27 | −3·9 | **Nov.** 5 | E. 12 | −0·5 | W. 12 | −4·2 |
| 9 | W. 15 | +2·8 | E. 28 | −3·9 | 10 | E. 14 | −0·4 | W. 18 | −4·5 |
| 14 | W. 20 | +1·7 | E. 30 | −3·9 | 15 | E. 17 | −0·4 | W. 25 | −4·6 |
| 19 | W. 24 | +1·0 | E. 31 | −3·9 | 20 | E. 19 | −0·4 | W. 30 | −4·8 |
| 24 | W. 25 | +0·6 | E. 32 | −3·9 | 25 | E. 20 | −0·4 | W. 34 | −4·8 |
| 29 | W. 25 | +0·2 | E. 33 | −3·9 | 30 | E. 21 | −0·5 | W. 38 | −4·9 |
| **June** 3 | W. 23 | −0·1 | E. 34 | −3·9 | **Dec.** 5 | E. 21 | −0·4 | W. 40 | −4·9 |
| 8 | W. 21 | −0·4 | E. 35 | −4·0 | 10 | E. 18 | +0·2 | W. 43 | −4·8 |
| 13 | W. 17 | −0·7 | E. 37 | −4·0 | 15 | E. 11 | +2·0 | W. 44 | −4·8 |
| 18 | W. 12 | −1·1 | E. 38 | −4·0 | 20 | E. 2 | · | W. 45 | −4·8 |
| 23 | W. 7 | −1·7 | E. 39 | −4·0 | 25 | W. 11 | +2·1 | W. 46 | −4·7 |
| 28 | W. 1 | −2·3 | E. 40 | −4·0 | 30 | W. 19 | +0·4 | W. 47 | −4·7 |
| **July** 3 | E. 6 | −1·7 | E. 41 | −4·1 | 35 | W. 22 | −0·2 | W. 47 | −4·6 |

## MINOR PLANETS

| | | Stationary | Opposition | Stationary | Conjunction |
|---|---|---|---|---|---|
| Ceres | ... ... | Apr. 29 | June 18 | Aug. 9 | — |
| Pallas | ... ... | Mar. 25 | May 4 | July 3 | Dec. 22 |
| Juno | ... ... | — | — | — | July 9 |
| Vesta | ... ... | Jan. 7 | Feb. 18 | Apr. 7 | Nov. 10 |

## ELONGATIONS AND MAGNITUDES OF PLANETS AND PLUTO AT 0ʰ UT

| Date | | Mars Elong. | Mars Mag. | Jupiter Elong. | Jupiter Mag. | Saturn Elong. | Saturn Mag. | Uranus Elong. | Neptune Elong. | Pluto Elong. |
|------|------|------|------|------|------|------|------|------|------|------|
| | | ° | | ° | | ° | | ° | ° | ° |
| Jan. | −6 | W. 134 | −0·6 | E. 52 | −2·1 | W. 89 | +0·9 | E. 80 | E. 51 | W. 5 |
| | 4 | W. 145 | −0·8 | E. 43 | −2·1 | W. 99 | +0·9 | E. 70 | E. 41 | W. 11 |
| | 14 | W. 158 | −1·1 | E. 35 | −2·1 | W. 109 | +0·8 | E. 60 | E. 31 | W. 21 |
| | 24 | W. 171 | −1·2 | E. 27 | −2·0 | W. 119 | +0·8 | E. 50 | E. 21 | W. 30 |
| Feb. | 3 | E. 173 | −1·2 | E. 20 | −2·0 | W. 130 | +0·7 | E. 40 | E. 12 | W. 40 |
| | 13 | E. 160 | −1·0 | E. 12 | −2·0 | W. 140 | +0·7 | E. 31 | E. 2 | W. 50 |
| | 23 | E. 147 | −0·8 | E. 4 | −2·0 | W. 151 | +0·6 | E. 21 | W. 8 | W. 59 |
| Mar. | 5 | E. 136 | −0·5 | W. 4 | −2·0 | W. 162 | +0·6 | E. 12 | W. 17 | W. 69 |
| | 15 | E. 126 | −0·2 | W. 11 | −2·0 | W. 172 | +0·5 | E. 2 | W. 27 | W. 79 |
| | 25 | E. 117 | 0·0 | W. 19 | −2·0 | E. 176 | +0·5 | W. 7 | W. 37 | W. 89 |
| Apr. | 4 | E. 109 | +0·2 | W. 26 | −2·0 | E. 166 | +0·6 | W. 17 | W. 46 | W. 99 |
| | 14 | E. 102 | +0·4 | W. 34 | −2·1 | E. 155 | +0·7 | W. 26 | W. 56 | W. 108 |
| | 24 | E. 96 | +0·6 | W. 41 | −2·1 | E. 145 | +0·8 | W. 35 | W. 65 | W. 118 |
| May | 4 | E. 90 | +0·8 | W. 49 | −2·1 | E. 135 | +0·8 | W. 44 | W. 75 | W. 128 |
| | 14 | E. 85 | +0·9 | W. 57 | −2·2 | E. 125 | +0·9 | W. 54 | W. 84 | W. 138 |
| | 24 | E. 80 | +1·0 | W. 65 | −2·2 | E. 115 | +1·0 | W. 63 | W. 94 | W. 147 |
| June | 3 | E. 75 | +1·1 | W. 73 | −2·3 | E. 105 | +1·0 | W. 72 | W. 104 | W. 157 |
| | 13 | E. 71 | +1·2 | W. 81 | −2·4 | E. 96 | +1·1 | W. 82 | W. 113 | W. 166 |
| | 23 | E. 67 | +1·3 | W. 90 | −2·4 | E. 87 | +1·1 | W. 91 | W. 123 | W. 174 |
| July | 3 | E. 63 | +1·4 | W. 98 | −2·5 | E. 78 | +1·1 | W. 100 | W. 133 | E. 171 |
| | 13 | E. 59 | +1·4 | W. 107 | −2·6 | E. 69 | +1·1 | W. 110 | W. 142 | E. 162 |
| | 23 | E. 56 | +1·5 | W. 117 | −2·6 | E. 60 | +1·1 | W. 120 | W. 152 | E. 153 |
| Aug. | 2 | E. 52 | +1·5 | W. 126 | −2·7 | E. 51 | +1·1 | W. 129 | W. 162 | E. 143 |
| | 12 | E. 49 | +1·5 | W. 136 | −2·8 | E. 43 | +1·1 | W. 139 | W. 172 | E. 134 |
| | 22 | E. 46 | +1·5 | W. 147 | −2·8 | E. 34 | +1·1 | W. 149 | E. 178 | E. 124 |
| Sept. | 1 | E. 42 | +1·5 | W. 157 | −2·9 | E. 26 | +1·0 | W. 159 | E. 169 | E. 114 |
| | 11 | E. 39 | +1·5 | W. 168 | −2·9 | E. 17 | +1·0 | W. 169 | E. 159 | E. 105 |
| | 21 | E. 36 | +1·5 | W. 178 | −2·9 | E. 9 | +0·9 | W. 179 | E. 149 | E. 95 |
| Oct. | 1 | E. 33 | +1·5 | E. 169 | −2·9 | E. 2 | +0·9 | E. 170 | E. 139 | E. 85 |
| | 11 | E. 30 | +1·5 | E. 158 | −2·9 | W. 9 | +0·9 | E. 160 | E. 129 | E. 75 |
| | 21 | E. 27 | +1·5 | E. 147 | −2·8 | W. 17 | +0·9 | E. 150 | E. 119 | E. 66 |
| | 31 | E. 24 | +1·4 | E. 137 | −2·8 | W. 26 | +0·9 | E. 140 | E. 108 | E. 56 |
| Nov. | 10 | E. 22 | +1·4 | E. 126 | −2·7 | W. 35 | +0·9 | E. 129 | E. 98 | E. 46 |
| | 20 | E. 19 | +1·4 | E. 116 | −2·6 | W. 44 | +0·9 | E. 119 | E. 88 | E. 37 |
| | 30 | E. 16 | +1·3 | E. 106 | −2·6 | W. 53 | +0·9 | E. 109 | E. 78 | E. 27 |
| Dec. | 10 | E. 14 | +1·3 | E. 96 | −2·5 | W. 63 | +0·9 | E. 99 | E. 68 | E. 17 |
| | 20 | E. 11 | +1·3 | E. 87 | −2·4 | W. 72 | +0·8 | E. 89 | E. 58 | E. 8 |
| | 30 | E. 9 | +1·2 | E. 78 | −2·4 | W. 82 | +0·8 | E. 79 | E. 49 | W. 5 |
| | 40 | E. 6 | +1·2 | E. 69 | −2·3 | W. 91 | +0·8 | E. 69 | E. 39 | W. 14 |

Magnitudes at opposition:   Uranus 5·7   Neptune 7·8   Pluto 14·0

## VISUAL MAGNITUDES OF MINOR PLANETS

| | Jan. 4 | Feb. 13 | Mar. 25 | May 4 | June 13 | July 23 | Sept. 1 | Oct. 11 | Nov. 20 | Dec. 30 |
|------|------|------|------|------|------|------|------|------|------|------|
| Ceres | 9·0 | 8·9 | 8·6 | 8·1 | 7·2 | 7·9 | 8·7 | 9·1 | 9·3 | 9·1 |
| Pallas | 9·4 | 9·2 | 8·8 | 8·7 | 9·2 | 9·7 | 10·1 | 10·3 | 10·3 | 10·3 |
| Juno | 9·3 | 9·6 | 9·7 | 9·8 | 9·7 | 9·8 | 10·1 | 10·3 | 10·3 | 10·0 |
| Vesta | 7·1 | 6·2 | 6·7 | 7·4 | 7·8 | 8·0 | 8·0 | 7·8 | 7·6 | 7·8 |

## VISIBILITY OF PLANETS

The planet diagram on page A7 shows, in graphical form for any date during the year, the local mean times of meridian passage of the Sun, of the five planets, Mercury, Venus, Mars, Jupiter and Saturn, and of every $2^h$ of right ascension. Intermediate lines, corresponding to particular stars, may be drawn in by the user if desired. The diagram is intended to provide a general picture of the availability of planets and stars for observation during the year.

On each side of the line marking the time of meridian passage of the Sun, a band $45^m$ wide is shaded to indicate that planets and most stars crossing the meridian within $45^m$ of the Sun are generally too close to the Sun for observation.

For any date the diagram provides immediately the local mean time of meridian passage of the Sun, planets and stars, and thus the following information:
  a) whether a planet or star is too close to the Sun for observation;
  b) visibility of a planet or star in the morning or evening;
  c) location of a planet or star during twilight;
  d) proximity of planets to stars or other planets.

When the meridian passage of a body occurs at midnight, it is close to opposition to the Sun and is visible all night, and may be observed in both morning and evening twilights. As the time of meridian passage decreases, the body ceases to be observable in the morning, but its altitude above the eastern horizon during evening twilight gradually increases until it is on the meridian at evening twilight. From then onwards the body is observable above the western horizon, its altitude at evening twilight gradually decreasing, until it becomes too close to the Sun for observation. When it again becomes visible, it is seen in the morning twilight, low in the east. Its altitude at morning twilight gradually increases until meridian passage occurs at the time of morning twilight, then as the time of meridian passage decreases to $0^h$, the body is observable in the west in the morning twilight with a gradually decreasing altitude, until it once again reaches opposition.

Notes on the visibility of the planets are given on page A8. Further information on the visibility of planets may be obtained from the diagram below which shows, in graphical form for any date during the year, the declinations of the bodies plotted on the planet diagram on page A7.

## DECLINATION OF SUN AND PLANETS, 2010

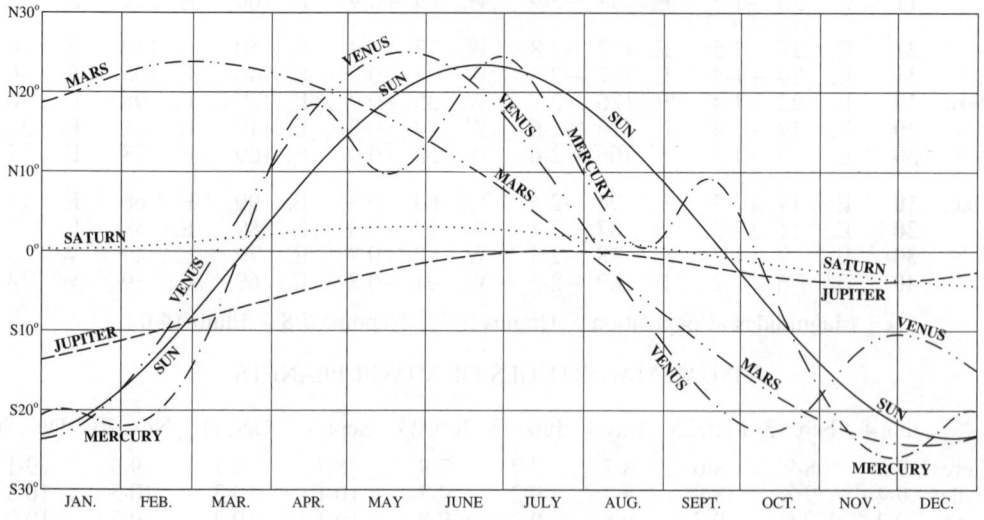

LOCAL MEAN TIME OF MERIDIAN PASSAGE

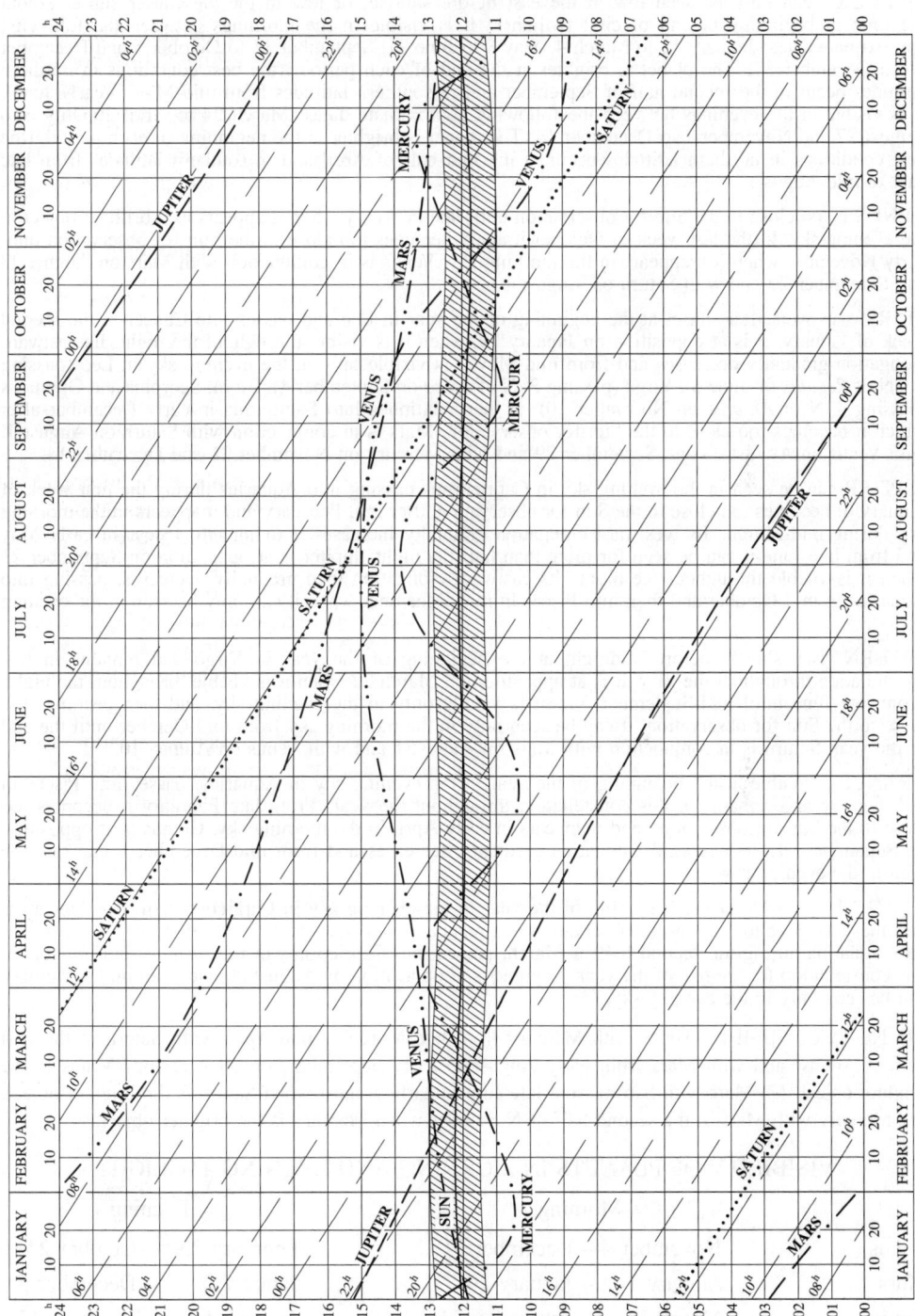

LOCAL MEAN TIME OF MERIDIAN PASSAGE

## VISIBILITY OF PLANETS

MERCURY can only be seen low in the east before sunrise, or low in the west after sunset (about the time of beginning or end of civil twilight). It is visible in the mornings between the following approximate dates: January 11 to March 4, May 8 to June 21, September 11 to October 5 and December 26 to December 31. The planet is brighter at the end of each period, (the best conditions in northern latitudes occur in the second half of September and in southern latitudes from mid-May to early June). It is visible in the evenings between the following approximate dates: March 24 to April 20, July 6 to August 27 and November 1 to December 14. The planet is brighter at the beginning of each period, (the best conditions in northern latitudes occur in the first half of April and in southern latitudes from late July to mid-August).

VENUS is too close to the Sun for observation until late February when it appears as a brilliant object in the evening sky. In the last week of October it again becomes too close to the Sun for observation until early November when it reappears in the morning sky. Venus is in conjunction with Mars on August 23 and September 29 and with Saturn on August 10.

MARS rises well after sunset at the beginning of the year in Leo and passes into Cancer in the second week of January. It is at opposition on January 29, when it is visible throughout the night. Its eastward elongation gradually decreases and from mid-May it is visible only in the evening sky in Leo (passing $0°9\,$N of *Regulus* on June 6), Virgo (passing $2°\,$N of *Spica* on September 4), Libra, Scorpius and Ophiucus (passing $4°\,$N of *Antares* on November 10). It then continues into Sagittarius in early December after which it becomes too close to the Sun for observation. Mars is in conjunction with Saturn on August 1, with Venus on August 23 and September 29 and with Mercury on November 21 and December 14.

JUPITER can be seen in the evening sky in Capricornus passing into Aquarius during the first week of January. It becomes too close to the Sun for observation after mid-February and reappears in the morning sky during mid-March. Its westward elongation gradually increases, moving into Pisces in early May and from late June it can be seen for more than half the night. Jupiter is at opposition on September 21 when it is visible throughout the night. Its eastward elongation then gradually decreases, passing into Aquarius in mid-October and then into Pisces in mid-December when it can only be seen in the evening sky.

SATURN rises shortly before midnight at the beginning of the year in Virgo and remains in this constellation throughout the year. It is at opposition on March 22 when it is visible throughout the night. From late June until mid-September Saturn is visible only in the evening sky, and then becomes too close to the Sun for observation. It can be seen only in the morning sky from mid-October until the end of the year. Saturn is in conjunction with Mars on August 1 and with Venus on August 10.

URANUS is visible at the beginning of the year in the evening sky in Aquarius, passes into Pisces in mid-January and remains in this constellation throughout the year. From late February it becomes too close to the Sun for observation and reappears in early April in the morning sky. Uranus is at opposition on September 21. Its eastward elongation gradually decreases and from mid-December it can only be seen in the evening sky.

NEPTUNE is visible at the beginning of the year in the evening sky in Capricornus. In late January it becomes too close to the Sun for observation and reappears in early March in the morning sky. It moves into Aquarius during the second half of March, passes into Capricornus in mid-August and remains in this constellation for the rest of the year. Neptune is at opposition on August 20 and from mid-November can be seen only in the evening sky.

DO NOT CONFUSE (1) Venus with Mercury from late March to mid-April, with Saturn in the first half of August and with Mars from early August to early September; on all occasions Venus is the brighter object. (2) Mars with Saturn from late July to early August when Saturn is the brighter object. (3) Mercury with Mars in the second half of November when Mercury is the brighter object.

## VISIBILITY OF PLANETS IN MORNING AND EVENING TWILIGHT

|         | Morning | | Evening | |
|---------|---------|---|---------|---|
| Venus   | November 4 | – December 31 | February 23 | – October 24 |
| Mars    | January 1 | – January 29 | January 29 | – December 5 |
| Jupiter | March 14 | – September 21 | January 1 | – February 15 |
|         |          |               | September 21 | – December 31 |
| Saturn  | January 1 | – March 22 | March 22 | – September 13 |
|         | October 19 | – December 31 | | |

## CONFIGURATIONS OF SUN, MOON AND PLANETS

| | d h | |
|---|---|---|
| Jan. | 1 21 | Moon at perigee |
| | 3 00 | Earth at perihelion |
| | 3 12 | Mars 7° N. of Moon |
| | 4 19 | Mercury in inferior conjunction |
| | 6 19 | Saturn 8° N. of Moon |
| | 7 11 | LAST QUARTER |
| | 7 21 | Vesta stationary |
| | 11 13 | *Antares* 1°.1 S. of Moon    Occn. |
| | 11 21 | Venus in superior conjunction |
| | 13 16 | Mercury 5° N. of Moon |
| | 14 19 | Saturn stationary |
| | 15 07 | NEW MOON      Eclipse |
| | 15 16 | Mercury stationary |
| | 17 02 | Moon at apogee |
| | 17 23 | Neptune 4° S. of Moon |
| | 18 10 | Jupiter 5° S. of Moon |
| | 20 11 | Uranus 6° S. of Moon |
| | 23 11 | FIRST QUARTER |
| | 27 05 | Mercury greatest elong. W. (25°) |
| | 27 19 | Mars closest approach |
| | 29 20 | Mars at opposition |
| | 30 06 | FULL MOON |
| | 30 08 | Mars 7° N. of Moon |
| | 30 09 | Moon at perigee |
| Feb. | 3 02 | Saturn 8° N. of Moon |
| | 6 00 | LAST QUARTER |
| | 7 19 | *Antares* 1°.1 S. of Moon    Occn. |
| | 12 06 | Mercury 2° S. of Moon |
| | 13 02 | Moon at apogee |
| | 14 03 | NEW MOON |
| | 14 23 | Neptune in conjunction with Sun |
| | 16 19 | Uranus 6° S. of Moon |
| | 18 06 | Vesta at opposition |
| | 22 01 | FIRST QUARTER |
| | 26 05 | Mars 5° N. of Moon |
| | 27 22 | Moon at perigee |
| | 28 11 | Jupiter in conjunction with Sun |
| | 28 17 | FULL MOON |
| Mar. | 2 10 | Saturn 8° N. of Moon |
| | 7 16 | LAST QUARTER |
| | 11 09 | Mars stationary |
| | 12 10 | Moon at apogee |
| | 13 16 | Neptune 4° S. of Moon |
| | 14 13 | Mercury in superior conjunction |
| | 15 21 | NEW MOON |
| | 17 07 | Uranus in conjunction with Sun |
| | 17 12 | Venus 7° S. of Moon |
| | 20 18 | Equinox |

| | d h | |
|---|---|---|
| Mar. | 22 01 | Saturn at opposition |
| | 23 11 | FIRST QUARTER |
| | 25 03 | Pallas stationary |
| | 25 14 | Mars 5° N. of Moon |
| | 28 05 | Moon at perigee |
| | 29 18 | Saturn 8° N. of Moon |
| | 30 02 | FULL MOON |
| Apr. | 6 10 | LAST QUARTER |
| | 7 01 | Pluto stationary |
| | 7 18 | Vesta stationary |
| | 8 23 | Mercury greatest elong. E. (19°) |
| | 9 03 | Moon at apogee |
| | 10 01 | Neptune 4° S. of Moon |
| | 11 22 | Jupiter 6° S. of Moon |
| | 12 14 | Uranus 6° S. of Moon |
| | 14 12 | NEW MOON |
| | 15 23 | Mercury 1°.5 S. of Moon |
| | 16 13 | Venus 4° S. of Moon |
| | 18 10 | Mercury stationary |
| | 21 18 | FIRST QUARTER |
| | 22 09 | Mars 5° N. of Moon |
| | 24 21 | Moon at perigee |
| | 26 00 | Saturn 8° N. of Moon |
| | 28 12 | FULL MOON |
| | 28 17 | Mercury in inferior conjunction |
| | 29 05 | Ceres stationary |
| May | 4 04 | Pallas at opposition |
| | 4 04 | Venus 6° N. of *Aldebaran* |
| | 6 04 | LAST QUARTER |
| | 6 22 | Moon at apogee |
| | 7 10 | Neptune 4° S. of Moon |
| | 9 18 | Jupiter 7° S. of Moon |
| | 10 01 | Uranus 6° S. of Moon |
| | 11 00 | Mercury stationary |
| | 12 17 | Mercury 8° S. of Moon |
| | 14 01 | NEW MOON |
| | 16 10 | Venus 0°.08 S. of Moon    Occn. |
| | 20 09 | Moon at perigee |
| | 20 12 | Mars 5° N. of Moon |
| | 21 00 | FIRST QUARTER |
| | 23 05 | Saturn 8° N. of Moon |
| | 26 02 | Mercury greatest elong. W. (25°) |
| | 27 23 | FULL MOON |
| | 29 22 | Ceres 0°.09 N. of Moon    Occn. |
| | 31 16 | Saturn stationary |
| June | 1 02 | Neptune stationary |
| | 3 17 | Moon at apogee |
| | 3 18 | Neptune 5° S. of Moon |

## CONFIGURATIONS OF SUN, MOON AND PLANETS

| | d　h | |
|---|---|---|
| June | 4 22 | LAST QUARTER |
| | 6 11 | Jupiter 7° S. of Moon |
| | 6 11 | Uranus 6° S. of Moon |
| | 6 15 | Mars 0°.9 N. of *Regulus* |
| | 6 19 | Jupiter 0°.5 S. of Uranus |
| | 9 10 | Venus 5° S. of *Pollux* |
| | 11 03 | Mercury 5° S. of Moon |
| | 12 11 | NEW MOON |
| | 15 07 | Venus 4° N. of Moon |
| | 15 15 | Moon at perigee |
| | 16 02 | Mercury 5° N. of *Aldebaran* |
| | 17 19 | Mars 6° N. of Moon |
| | 18 22 | Ceres at opposition |
| | 19 04 | FIRST QUARTER |
| | 19 11 | Saturn 8° N. of Moon |
| | 21 11 | Solstice |
| | 25 19 | Ceres 1°.0 S. of Moon　　Occn. |
| | 25 19 | Pluto at opposition |
| | 26 12 | FULL MOON　　Eclipse |
| | 28 12 | Mercury in superior conjunction |
| July | 1 01 | Neptune 5° S. of Moon |
| | 1 10 | Moon at apogee |
| | 3 11 | Pallas stationary |
| | 3 20 | Uranus 7° S. of Moon |
| | 4 01 | Jupiter 7° S. of Moon |
| | 4 15 | LAST QUARTER |
| | 6 01 | Uranus stationary |
| | 6 11 | Earth at aphelion |
| | 9 04 | Juno in conjunction with Sun |
| | 10 03 | Venus 1°.1 N. of *Regulus* |
| | 11 20 | NEW MOON　　Eclipse |
| | 13 01 | Mercury 4° N. of Moon |
| | 13 11 | Moon at perigee |
| | 15 01 | Venus 6° N. of Moon |
| | 16 05 | Mars 6° N. of Moon |
| | 16 19 | Saturn 8° N. of Moon |
| | 18 10 | FIRST QUARTER |
| | 24 04 | Jupiter stationary |
| | 26 02 | FULL MOON |
| | 27 23 | Mercury 0°.3 S. of *Regulus* |
| | 28 07 | Neptune 5° S. of Moon |
| | 29 00 | Moon at apogee |
| | 31 03 | Uranus 6° S. of Moon |
| | 31 09 | Jupiter 7° S. of Moon |
| Aug. | 1 20 | Mars 1°.9 S. of Saturn |
| | 3 05 | LAST QUARTER |
| | 7 01 | Mercury greatest elong. E. (27°) |
| | 9 02 | Ceres stationary |
| | 10 02 | Venus 3° S. of Saturn |
| | 10 03 | NEW MOON |

| | d　h | |
|---|---|---|
| Aug. | 10 18 | Moon at perigee |
| | 12 02 | Mercury 2° N. of Moon |
| | 13 07 | Saturn 8° N. of Moon |
| | 13 12 | Venus 5° N. of Moon |
| | 13 17 | Mars 6° N. of Moon |
| | 16 18 | FIRST QUARTER |
| | 20 04 | Mercury stationary |
| | 20 04 | Venus greatest elong. E. (46°) |
| | 20 10 | Neptune at opposition |
| | 23 21 | Venus 2° S. of Mars |
| | 24 12 | Neptune 5° S. of Moon |
| | 24 17 | FULL MOON |
| | 25 06 | Moon at apogee |
| | 27 07 | Uranus 6° S. of Moon |
| | 27 12 | Jupiter 7° S. of Moon |
| Sept. | 1 17 | LAST QUARTER |
| | 1 18 | Venus 1°.2 S. of *Spica* |
| | 3 13 | Mercury in inferior conjunction |
| | 4 14 | Mars 2° N. of *Spica* |
| | 8 04 | Moon at perigee |
| | 8 10 | NEW MOON |
| | 9 22 | Saturn 8° N. of Moon |
| | 11 08 | Mars 5° N. of Moon |
| | 11 13 | Venus 0°.3 N. of Moon　　Occn. |
| | 12 03 | Mercury stationary |
| | 14 01 | Pluto stationary |
| | 15 06 | FIRST QUARTER |
| | 19 17 | Mercury greatest elong. W. (18°) |
| | 20 16 | Neptune 5° S. of Moon |
| | 21 08 | Moon at apogee |
| | 21 12 | Jupiter at opposition |
| | 21 17 | Uranus at opposition |
| | 22 19 | Jupiter 0°.9 S. of Uranus |
| | 23 03 | Equinox |
| | 23 09 | FULL MOON |
| | 23 11 | Jupiter 7° S. of Moon |
| | 23 11 | Uranus 6° S. of Moon |
| | 23 20 | Venus greatest illuminated extent |
| | 29 06 | Venus 6° S. of Mars |
| Oct. | 1 01 | Saturn in conjunction with Sun |
| | 1 04 | LAST QUARTER |
| | 6 14 | Moon at perigee |
| | 7 19 | NEW MOON |
| | 7 19 | Venus stationary |
| | 9 16 | Venus 3° S. of Moon |
| | 10 02 | Mars 4° N. of Moon |
| | 14 21 | FIRST QUARTER |
| | 17 01 | Mercury in superior conjunction |
| | 17 22 | Neptune 5° S. of Moon |

## CONFIGURATIONS OF SUN, MOON AND PLANETS

| | d h | |
|---|---|---|
| Oct. | 18 18 | Moon at apogee |
| | 20 11 | Jupiter 7° S. of Moon |
| | 20 15 | Uranus 6° S. of Moon |
| | 23 02 | FULL MOON |
| | 29 01 | Venus in inferior conjunction |
| | 30 13 | LAST QUARTER |
| Nov. | 2 00 | Juno 0°.7 S. of Moon    Occn. |
| | 3 17 | Moon at perigee |
| | 4 06 | Saturn 8° N. of Moon |
| | 6 05 | NEW MOON |
| | 7 08 | Neptune stationary |
| | 7 22 | Mars 1°.6 N. of Moon |
| | 10 00 | Vesta in conjunction with Sun |
| | 10 04 | Mars 4° N. of *Antares* |
| | 13 17 | FIRST QUARTER |
| | 14 06 | Neptune 5° S. of Moon |
| | 15 11 | Mercury 2° N. of *Antares* |
| | 15 12 | Moon at apogee |
| | 16 16 | Jupiter 7° S. of Moon |
| | 16 16 | Venus stationary |
| | 16 22 | Uranus 6° S. of Moon |
| | 19 06 | Jupiter stationary |
| | 21 01 | Mercury 1°.7 S. of Mars |
| | 21 17 | FULL MOON |
| | 28 21 | LAST QUARTER |

| | d h | |
|---|---|---|
| Nov. | 29 23 | Juno 0°.5 N. of Moon    Occn. |
| | 30 19 | Moon at perigee |
| Dec. | 1 16 | Mercury greatest elong. E. (21°) |
| | 1 18 | Saturn 8° N. of Moon |
| | 2 21 | Venus 6° N. of Moon |
| | 4 10 | Venus greatest illuminated extent |
| | 5 18 | NEW MOON |
| | 6 10 | Uranus stationary |
| | 7 09 | Mercury 1°.8 S. of Moon |
| | 10 10 | Mercury stationary |
| | 11 15 | Neptune 5° S. of Moon |
| | 13 09 | Moon at apogee |
| | 13 14 | FIRST QUARTER |
| | 14 02 | Jupiter 7° S. of Moon |
| | 14 06 | Uranus 7° S. of Moon |
| | 20 01 | Mercury in inferior conjunction |
| | 21 08 | FULL MOON    Eclipse |
| | 22 00 | Solstice |
| | 22 17 | Pallas in conjunction with Sun |
| | 25 12 | Moon at perigee |
| | 27 01 | Pluto in conjunction with Sun |
| | 28 04 | LAST QUARTER |
| | 29 03 | Saturn 8° N. of Moon |
| | 30 08 | Mercury stationary |
| | 31 16 | Venus 7° N. of Moon |

**Arrangement and basis of the tabulations**

The tabulations of risings, settings and twilights on pages A14–A77 refer to the instants when the true geocentric zenith distance of the central point of the disk of the Sun or Moon takes the value indicated in the following table. The tabular times are in universal time (UT) for selected latitudes on the meridian of Greenwich; the times for other latitudes and longitudes may be obtained by interpolation as described below and as exemplified on page A13.

| Phenomena | | Zenith distance | Pages |
|---|---|---|---|
| SUN (interval 4 days): | sunrise and sunset | 90° 50′ | A14–A21 |
| | civil twilight | 96° | A22–A29 |
| | nautical twilight | 102° | A30–A37 |
| | astronomical twilight | 108° | A38–A45 |
| MOON (interval 1 day): | moonrise and moonset | 90° 34′ + $s$ − $\pi$ | A46–A77 |

($s$ = semidiameter, $\pi$ = horizontal parallax)

The zenith distance at the times for rising and setting is such that under normal conditions the upper limb of the Sun and Moon appears to be on the horizon of an observer at sea-level. The parallax of the Sun is ignored. The observed time may differ from the tabular time because of a variation of the atmospheric refraction from the adopted value (34′) and because of a difference in height of the observer and the actual horizon.

**Use of tabulations**

The following procedure may be used to obtain times of the phenomena for a non-tabular place and date.

Step 1:   Interpolate linearly for latitude. The differences between adjacent values are usually small and so the required interpolates can often be obtained by inspection.

Step 2:   Interpolate linearly for date and longitude in order to obtain the local mean times of the phenomena at the longitude concerned. For the Sun the variations with longitude of the local mean times of the phenomena are small, but to obtain better precision the interpolation factor for date should be increased by

$$\text{west longitude in degrees } /1440$$

since the interval of tabulation is 4 days. For the Moon, the interpolating factor to be used is simply

$$\text{west longitude in degrees } /360$$

since the interval of tabulation is 1 day; backward interpolation should be carried out for east longitudes.

Step 3:   Convert the times so obtained (which are on the scale of local mean time for the local meridian) to universal time (UT) or to the appropriate clock time, which may differ from the time of the nearest standard meridian according to the customs of the country concerned. The UT of the phenomenon is obtained from the local mean time by applying the longitude expressed in time measure (1 hour for each 15° of longitude), adding for west longitudes and subtracting for east longitudes. The times so obtained may require adjustment by $24^h$; if so, the corresponding date must be changed accordingly.

**Approximate formulae for direct calculation**

The approximate UT of rising or setting of a body with right ascension $\alpha$ and declination $\delta$ at latitude $\phi$ and *east* longitude $\lambda$ may be calculated from

$$\text{UT} = 0.997\ 27\ \{\alpha - \lambda \pm \cos^{-1}(-\tan\phi\tan\delta) - (\text{GMST at } 0^h\ \text{UT})\}$$

where each term is expressed in time measure and the GMST at $0^h$ UT is given in the tabulations on pages B13–B20. The negative sign corresponds to rising and the positive sign to setting. The formula ignores refraction, semi-diameter and any changes in $\alpha$ and $\delta$ during the day. If $\tan\phi\tan\delta$ is numerically greater than 1, there is no phenomenon.

**Examples**

The following examples of the calculations of the times of rising and setting phenomena use the procedure described on page A12.

1. To find the times of sunrise and sunset for Paris on 2010 July 20. Paris is at latitude N 48° 52′ (= +48°87), longitude E 2° 20′ (= E 2°33 = E 0$^h$ 09$^m$), and in the summer the clocks are kept two hours in advance of UT. The relevant portions of the tabulation on page A19 and the results of the interpolation for latitude are as follows, where the interpolation factor is $(48·87 - 48)/2 = 0·43$:

| | Sunrise | | | Sunset | | |
|---|---|---|---|---|---|---|
| | +48° | +50° | +48°87 | +48° | +50° | +48°87 |
| | h m | h m | h m | h m | h m | h m |
| July 17 | 04 18 | 04 10 | 04 15 | 19 54 | 20 02 | 19 57 |
| July 21 | 04 22 | 04 14 | 04 19 | 19 50 | 19 58 | 19 53 |

The interpolation factor for date and longitude is $(20 - 17)/4 - 2·33/1440 = 0·75$

| | Sunrise | Sunset |
|---|---|---|
| | d h m | d h m |
| Interpolate to obtain local mean time: | 20 04 18 | 20 19 54 |
| Subtract 0$^h$ 09$^m$ to obtain universal time: | 20 04 09 | 20 19 45 |
| Add 2$^h$ to obtain clock time: | 20 06 09 | 20 21 45 |

2. To find the times of beginning and end of astronomical twilight for Canberra, Australia on 2010 November 15. Canberra is at latitude S 35° 18′ (= −35°30), longitude E 149° 08′(= E 149°13 = E 9$^h$ 57$^m$), and in the summer the clocks are kept eleven hours in advance of UT. The relevant portions of the tabulation on page A44 and the results of the interpolation for latitude are as follows, where the interpolation factor is $(−35·30 − (−40))/5 = 0·94$:

| | Astronomical Twilight | | | | | |
|---|---|---|---|---|---|---|
| | beginning | | | end | | |
| | −40° | −35° | −35°30 | −40° | −35° | −35°30 |
| | h m | h m | h m | h m | h m | h m |
| Nov. 14 | 02 47 | 03 09 | 03 08 | 20 43 | 20 21 | 20 22 |
| Nov. 18 | 02 41 | 03 05 | 03 04 | 20 50 | 20 26 | 20 27 |

The interpolation factor for date and longitude is $(15 - 14)/4 - 149·13/1440 = 0·15$

| | Astronomical Twilight | |
|---|---|---|
| | beginning | end |
| | d h m | d h m |
| Interpolation to obtain local mean time: | 15 03 07 | 15 20 23 |
| Subtract 9$^h$ 57$^m$ to obtain universal time: | 14 17 10 | 15 10 26 |
| Add 11$^h$ to obtain clock time: | 15 04 10 | 15 21 26 |

3. To find the times of moonrise and moonset for Washington, D.C. on 2010 January 28. Washington is at latitude N 38° 55′ (= +38°92), longitude W 77° 00′ (= W 77°00 = W 5$^h$ 08$^m$), and in the winter the clocks are kept five hours behind UT. The relevant portions of the tabulation on page A48 and the results of the interpolation for latitude are as follows, where the interpolation factor is $(38·92 - 35)/5 = 0·78$:

| | Moonrise | | | Moonset | | |
|---|---|---|---|---|---|---|
| | +35° | +40° | +38°92 | +35° | +40° | +38°92 |
| | h m | h m | h m | h m | h m | h m |
| Jan. 28 | 15 29 | 15 14 | 15 17 | 05 24 | 05 40 | 05 36 |
| Jan. 29 | 16 45 | 16 33 | 16 36 | 06 15 | 06 27 | 06 24 |

The interpolation factor for longitude is $77·0/360 = 0·21$

| | Moonrise | Moonset |
|---|---|---|
| | d h m | d h m |
| Interpolate to obtain local mean time: | 28 15 34 | 28 05 46 |
| Add 5$^h$ 08$^m$ to obtain universal time: | 28 20 42 | 28 10 54 |
| Subtract 5$^h$ to obtain clock time: | 28 15 42 | 28 05 54 |

# SUNRISE AND SUNSET, 2010

## UNIVERSAL TIME FOR MERIDIAN OF GREENWICH

### SUNRISE

| Lat. | −55° | −50° | −45° | −40° | −35° | −30° | −20° | −10° | 0° | +10° | +20° | +30° | +35° | +40° |
|---|---|---|---|---|---|---|---|---|---|---|---|---|---|---|
| | h m | h m | h m | h m | h m | h m | h m | h m | h m | h m | h m | h m | h m | h m |
| Jan. −2 | 3 23 | 3 52 | 4 15 | 4 32 | 4 47 | 5 00 | 5 22 | 5 41 | 5 58 | 6 16 | 6 34 | 6 55 | 7 07 | 7 21 |
| 2 | 3 27 | 3 56 | 4 18 | 4 36 | 4 50 | 5 03 | 5 25 | 5 43 | 6 00 | 6 17 | 6 35 | 6 56 | 7 08 | 7 22 |
| 6 | 3 33 | 4 01 | 4 22 | 4 39 | 4 54 | 5 06 | 5 27 | 5 45 | 6 02 | 6 19 | 6 37 | 6 57 | 7 09 | 7 22 |
| 10 | 3 39 | 4 06 | 4 27 | 4 43 | 4 57 | 5 09 | 5 30 | 5 47 | 6 04 | 6 20 | 6 37 | 6 57 | 7 08 | 7 22 |
| 14 | 3 46 | 4 12 | 4 31 | 4 47 | 5 01 | 5 13 | 5 32 | 5 50 | 6 05 | 6 21 | 6 38 | 6 57 | 7 08 | 7 20 |
| 18 | 3 53 | 4 18 | 4 37 | 4 52 | 5 05 | 5 16 | 5 35 | 5 52 | 6 07 | 6 22 | 6 38 | 6 56 | 7 07 | 7 19 |
| 22 | 4 01 | 4 24 | 4 42 | 4 57 | 5 09 | 5 20 | 5 38 | 5 53 | 6 08 | 6 22 | 6 38 | 6 55 | 7 05 | 7 17 |
| 26 | 4 09 | 4 31 | 4 48 | 5 01 | 5 13 | 5 23 | 5 40 | 5 55 | 6 09 | 6 23 | 6 37 | 6 53 | 7 03 | 7 14 |
| 30 | 4 18 | 4 38 | 4 54 | 5 06 | 5 17 | 5 27 | 5 43 | 5 57 | 6 10 | 6 23 | 6 36 | 6 52 | 7 00 | 7 11 |
| Feb. 3 | 4 26 | 4 45 | 4 59 | 5 11 | 5 21 | 5 30 | 5 45 | 5 58 | 6 10 | 6 22 | 6 35 | 6 49 | 6 57 | 7 07 |
| 7 | 4 35 | 4 52 | 5 05 | 5 16 | 5 25 | 5 34 | 5 47 | 5 59 | 6 11 | 6 22 | 6 33 | 6 46 | 6 54 | 7 03 |
| 11 | 4 44 | 4 59 | 5 11 | 5 21 | 5 30 | 5 37 | 5 50 | 6 01 | 6 11 | 6 21 | 6 31 | 6 43 | 6 50 | 6 58 |
| 15 | 4 53 | 5 06 | 5 17 | 5 26 | 5 34 | 5 40 | 5 52 | 6 02 | 6 11 | 6 20 | 6 29 | 6 40 | 6 46 | 6 53 |
| 19 | 5 01 | 5 13 | 5 23 | 5 31 | 5 37 | 5 43 | 5 54 | 6 02 | 6 10 | 6 18 | 6 27 | 6 36 | 6 42 | 6 48 |
| 23 | 5 10 | 5 20 | 5 28 | 5 35 | 5 41 | 5 46 | 5 55 | 6 03 | 6 10 | 6 17 | 6 24 | 6 32 | 6 37 | 6 42 |
| 27 | 5 18 | 5 27 | 5 34 | 5 40 | 5 45 | 5 49 | 5 57 | 6 03 | 6 09 | 6 15 | 6 21 | 6 28 | 6 32 | 6 37 |
| Mar. 3 | 5 26 | 5 34 | 5 40 | 5 44 | 5 49 | 5 52 | 5 58 | 6 04 | 6 09 | 6 13 | 6 18 | 6 24 | 6 27 | 6 31 |
| 7 | 5 35 | 5 40 | 5 45 | 5 49 | 5 52 | 5 55 | 6 00 | 6 04 | 6 08 | 6 11 | 6 15 | 6 19 | 6 22 | 6 25 |
| 11 | 5 43 | 5 47 | 5 50 | 5 53 | 5 55 | 5 58 | 6 01 | 6 04 | 6 07 | 6 09 | 6 12 | 6 15 | 6 16 | 6 18 |
| 15 | 5 51 | 5 53 | 5 56 | 5 57 | 5 59 | 6 00 | 6 02 | 6 04 | 6 06 | 6 07 | 6 09 | 6 10 | 6 11 | 6 12 |
| 19 | 5 59 | 6 00 | 6 01 | 6 02 | 6 02 | 6 03 | 6 03 | 6 04 | 6 05 | 6 05 | 6 05 | 6 05 | 6 05 | 6 05 |
| 23 | 6 07 | 6 06 | 6 06 | 6 06 | 6 05 | 6 05 | 6 05 | 6 04 | 6 03 | 6 03 | 6 02 | 6 01 | 6 00 | 5 59 |
| 27 | 6 14 | 6 13 | 6 11 | 6 10 | 6 09 | 6 08 | 6 06 | 6 04 | 6 02 | 6 00 | 5 58 | 5 56 | 5 54 | 5 52 |
| 31 | 6 22 | 6 19 | 6 16 | 6 14 | 6 12 | 6 10 | 6 07 | 6 04 | 6 01 | 5 58 | 5 55 | 5 51 | 5 49 | 5 46 |
| Apr. 4 | 6 30 | 6 25 | 6 21 | 6 18 | 6 15 | 6 12 | 6 08 | 6 04 | 6 00 | 5 56 | 5 51 | 5 46 | 5 43 | 5 40 |

### SUNSET

| Lat. | −55° | −50° | −45° | −40° | −35° | −30° | −20° | −10° | 0° | +10° | +20° | +30° | +35° | +40° |
|---|---|---|---|---|---|---|---|---|---|---|---|---|---|---|
| | h m | h m | h m | h m | h m | h m | h m | h m | h m | h m | h m | h m | h m | h m |
| Jan. −2 | 20 41 | 20 12 | 19 49 | 19 32 | 19 17 | 19 04 | 18 42 | 18 23 | 18 06 | 17 49 | 17 30 | 17 09 | 16 57 | 16 43 |
| 2 | 20 40 | 20 11 | 19 50 | 19 32 | 19 17 | 19 05 | 18 43 | 18 25 | 18 08 | 17 51 | 17 33 | 17 12 | 17 00 | 16 46 |
| 6 | 20 38 | 20 10 | 19 49 | 19 32 | 19 18 | 19 05 | 18 44 | 18 26 | 18 10 | 17 53 | 17 35 | 17 15 | 17 03 | 16 50 |
| 10 | 20 35 | 20 08 | 19 48 | 19 31 | 19 18 | 19 06 | 18 45 | 18 28 | 18 11 | 17 55 | 17 38 | 17 18 | 17 07 | 16 54 |
| 14 | 20 31 | 20 06 | 19 46 | 19 30 | 19 17 | 19 05 | 18 45 | 18 28 | 18 13 | 17 57 | 17 40 | 17 21 | 17 10 | 16 58 |
| 18 | 20 26 | 20 02 | 19 43 | 19 28 | 19 16 | 19 04 | 18 46 | 18 29 | 18 14 | 17 59 | 17 43 | 17 25 | 17 14 | 17 02 |
| 22 | 20 21 | 19 58 | 19 40 | 19 26 | 19 14 | 19 03 | 18 45 | 18 30 | 18 15 | 18 01 | 17 46 | 17 28 | 17 18 | 17 07 |
| 26 | 20 14 | 19 53 | 19 36 | 19 23 | 19 12 | 19 02 | 18 44 | 18 30 | 18 16 | 18 03 | 17 48 | 17 32 | 17 22 | 17 12 |
| 30 | 20 07 | 19 48 | 19 32 | 19 20 | 19 09 | 18 59 | 18 43 | 18 30 | 18 17 | 18 04 | 17 51 | 17 35 | 17 27 | 17 16 |
| Feb. 3 | 20 00 | 19 42 | 19 27 | 19 16 | 19 06 | 18 57 | 18 42 | 18 29 | 18 17 | 18 05 | 17 53 | 17 39 | 17 31 | 17 21 |
| 7 | 19 52 | 19 35 | 19 22 | 19 11 | 19 02 | 18 54 | 18 40 | 18 29 | 18 18 | 18 07 | 17 55 | 17 42 | 17 35 | 17 26 |
| 11 | 19 43 | 19 28 | 19 16 | 19 07 | 18 58 | 18 51 | 18 39 | 18 28 | 18 18 | 18 08 | 17 57 | 17 45 | 17 39 | 17 31 |
| 15 | 19 34 | 19 21 | 19 10 | 19 02 | 18 54 | 18 48 | 18 36 | 18 27 | 18 18 | 18 09 | 17 59 | 17 49 | 17 42 | 17 36 |
| 19 | 19 25 | 19 13 | 19 04 | 18 56 | 18 50 | 18 44 | 18 34 | 18 25 | 18 17 | 18 09 | 18 01 | 17 52 | 17 46 | 17 40 |
| 23 | 19 16 | 19 05 | 18 57 | 18 51 | 18 45 | 18 40 | 18 31 | 18 24 | 18 17 | 18 10 | 18 03 | 17 55 | 17 50 | 17 45 |
| 27 | 19 06 | 18 57 | 18 50 | 18 45 | 18 40 | 18 36 | 18 28 | 18 22 | 18 16 | 18 10 | 18 04 | 17 58 | 17 54 | 17 49 |
| Mar. 3 | 18 56 | 18 49 | 18 43 | 18 39 | 18 35 | 18 31 | 18 25 | 18 20 | 18 15 | 18 11 | 18 06 | 18 00 | 17 57 | 17 54 |
| 7 | 18 46 | 18 41 | 18 36 | 18 33 | 18 29 | 18 27 | 18 22 | 18 18 | 18 14 | 18 11 | 18 07 | 18 03 | 18 01 | 17 58 |
| 11 | 18 36 | 18 32 | 18 29 | 18 26 | 18 24 | 18 22 | 18 19 | 18 16 | 18 13 | 18 11 | 18 08 | 18 06 | 18 04 | 18 02 |
| 15 | 18 26 | 18 23 | 18 21 | 18 20 | 18 18 | 18 17 | 18 15 | 18 14 | 18 12 | 18 11 | 18 10 | 18 08 | 18 07 | 18 07 |
| 19 | 18 16 | 18 15 | 18 14 | 18 13 | 18 13 | 18 12 | 18 12 | 18 11 | 18 11 | 18 11 | 18 11 | 18 11 | 18 11 | 18 11 |
| 23 | 18 06 | 18 06 | 18 06 | 18 07 | 18 07 | 18 08 | 18 08 | 18 09 | 18 10 | 18 11 | 18 12 | 18 13 | 18 14 | 18 15 |
| 27 | 17 55 | 17 57 | 17 59 | 18 00 | 18 02 | 18 03 | 18 05 | 18 07 | 18 09 | 18 11 | 18 13 | 18 16 | 18 17 | 18 19 |
| 31 | 17 45 | 17 49 | 17 52 | 17 54 | 17 56 | 17 58 | 18 01 | 18 04 | 18 07 | 18 11 | 18 14 | 18 18 | 18 20 | 18 23 |
| Apr. 4 | 17 35 | 17 40 | 17 44 | 17 48 | 17 51 | 17 53 | 17 58 | 18 02 | 18 06 | 18 10 | 18 15 | 18 20 | 18 24 | 18 27 |

## UNIVERSAL TIME FOR MERIDIAN OF GREENWICH
### SUNRISE

| Lat. | +40° | +42° | +44° | +46° | +48° | +50° | +52° | +54° | +56° | +58° | +60° | +62° | +64° | +66° |
|---|---|---|---|---|---|---|---|---|---|---|---|---|---|---|
| | h m | h m | h m | h m | h m | h m | h m | h m | h m | h m | h m | h m | h m | h m |
| Jan. −2 | 7 21 | 7 28 | 7 34 | 7 42 | 7 50 | 7 58 | 8 08 | 8 19 | 8 32 | 8 46 | 9 03 | 9 24 | 9 52 | 10 32 |
| 2 | 7 22 | 7 28 | 7 35 | 7 42 | 7 50 | 7 58 | 8 08 | 8 19 | 8 31 | 8 45 | 9 02 | 9 22 | 9 49 | 10 26 |
| 6 | 7 22 | 7 28 | 7 35 | 7 42 | 7 49 | 7 58 | 8 07 | 8 17 | 8 29 | 8 43 | 8 59 | 9 18 | 9 43 | 10 18 |
| 10 | 7 22 | 7 27 | 7 34 | 7 40 | 7 48 | 7 56 | 8 05 | 8 15 | 8 26 | 8 39 | 8 55 | 9 13 | 9 36 | 10 08 |
| 14 | 7 20 | 7 26 | 7 32 | 7 39 | 7 46 | 7 53 | 8 02 | 8 12 | 8 22 | 8 35 | 8 49 | 9 07 | 9 28 | 9 56 |
| 18 | 7 19 | 7 24 | 7 30 | 7 36 | 7 43 | 7 50 | 7 58 | 8 08 | 8 18 | 8 29 | 8 43 | 8 59 | 9 19 | 9 44 |
| 22 | 7 17 | 7 22 | 7 27 | 7 33 | 7 39 | 7 46 | 7 54 | 8 03 | 8 12 | 8 23 | 8 36 | 8 50 | 9 08 | 9 31 |
| 26 | 7 14 | 7 19 | 7 24 | 7 29 | 7 35 | 7 42 | 7 49 | 7 57 | 8 06 | 8 16 | 8 28 | 8 41 | 8 57 | 9 17 |
| 30 | 7 11 | 7 15 | 7 20 | 7 25 | 7 31 | 7 37 | 7 43 | 7 51 | 7 59 | 8 08 | 8 19 | 8 31 | 8 46 | 9 04 |
| Feb. 3 | 7 07 | 7 11 | 7 15 | 7 20 | 7 25 | 7 31 | 7 37 | 7 44 | 7 51 | 8 00 | 8 09 | 8 21 | 8 34 | 8 49 |
| 7 | 7 03 | 7 06 | 7 10 | 7 15 | 7 20 | 7 25 | 7 30 | 7 36 | 7 43 | 7 51 | 7 59 | 8 09 | 8 21 | 8 35 |
| 11 | 6 58 | 7 01 | 7 05 | 7 09 | 7 13 | 7 18 | 7 23 | 7 28 | 7 35 | 7 41 | 7 49 | 7 58 | 8 08 | 8 21 |
| 15 | 6 53 | 6 56 | 6 59 | 7 03 | 7 07 | 7 11 | 7 15 | 7 20 | 7 26 | 7 32 | 7 38 | 7 46 | 7 55 | 8 06 |
| 19 | 6 48 | 6 51 | 6 53 | 6 57 | 7 00 | 7 03 | 7 07 | 7 12 | 7 16 | 7 22 | 7 27 | 7 34 | 7 42 | 7 51 |
| 23 | 6 42 | 6 45 | 6 47 | 6 50 | 6 53 | 6 56 | 6 59 | 7 03 | 7 07 | 7 11 | 7 16 | 7 22 | 7 28 | 7 36 |
| 27 | 6 37 | 6 39 | 6 41 | 6 43 | 6 45 | 6 48 | 6 51 | 6 54 | 6 57 | 7 01 | 7 05 | 7 09 | 7 15 | 7 21 |
| Mar. 3 | 6 31 | 6 32 | 6 34 | 6 36 | 6 38 | 6 40 | 6 42 | 6 44 | 6 47 | 6 50 | 6 53 | 6 57 | 7 01 | 7 06 |
| 7 | 6 25 | 6 26 | 6 27 | 6 28 | 6 30 | 6 31 | 6 33 | 6 35 | 6 37 | 6 39 | 6 41 | 6 44 | 6 47 | 6 51 |
| 11 | 6 18 | 6 19 | 6 20 | 6 21 | 6 22 | 6 23 | 6 24 | 6 25 | 6 26 | 6 28 | 6 29 | 6 31 | 6 33 | 6 36 |
| 15 | 6 12 | 6 12 | 6 13 | 6 13 | 6 14 | 6 14 | 6 15 | 6 15 | 6 16 | 6 17 | 6 17 | 6 18 | 6 19 | 6 20 |
| 19 | 6 05 | 6 05 | 6 05 | 6 05 | 6 05 | 6 05 | 6 05 | 6 05 | 6 05 | 6 05 | 6 05 | 6 05 | 6 05 | 6 05 |
| 23 | 5 59 | 5 59 | 5 58 | 5 58 | 5 57 | 5 57 | 5 56 | 5 56 | 5 55 | 5 54 | 5 53 | 5 52 | 5 51 | 5 50 |
| 27 | 5 52 | 5 52 | 5 51 | 5 50 | 5 49 | 5 48 | 5 47 | 5 46 | 5 44 | 5 43 | 5 41 | 5 39 | 5 37 | 5 34 |
| 31 | 5 46 | 5 45 | 5 44 | 5 42 | 5 41 | 5 39 | 5 38 | 5 36 | 5 34 | 5 31 | 5 29 | 5 26 | 5 23 | 5 19 |
| Apr. 4 | 5 40 | 5 38 | 5 36 | 5 35 | 5 33 | 5 31 | 5 28 | 5 26 | 5 23 | 5 20 | 5 17 | 5 13 | 5 08 | 5 03 |

### SUNSET

| Lat. | +40° | +42° | +44° | +46° | +48° | +50° | +52° | +54° | +56° | +58° | +60° | +62° | +64° | +66° |
|---|---|---|---|---|---|---|---|---|---|---|---|---|---|---|
| | h m | h m | h m | h m | h m | h m | h m | h m | h m | h m | h m | h m | h m | h m |
| Jan. −2 | 16 43 | 16 37 | 16 30 | 16 23 | 16 15 | 16 06 | 15 56 | 15 45 | 15 33 | 15 18 | 15 01 | 14 40 | 14 13 | 13 32 |
| 2 | 16 46 | 16 40 | 16 33 | 16 26 | 16 18 | 16 10 | 16 00 | 15 49 | 15 37 | 15 23 | 15 06 | 14 46 | 14 20 | 13 42 |
| 6 | 16 50 | 16 44 | 16 37 | 16 30 | 16 23 | 16 14 | 16 05 | 15 55 | 15 43 | 15 29 | 15 13 | 14 54 | 14 29 | 13 54 |
| 10 | 16 54 | 16 48 | 16 42 | 16 35 | 16 27 | 16 19 | 16 10 | 16 00 | 15 49 | 15 36 | 15 21 | 15 02 | 14 39 | 14 08 |
| 14 | 16 58 | 16 52 | 16 46 | 16 40 | 16 33 | 16 25 | 16 16 | 16 07 | 15 56 | 15 44 | 15 29 | 15 12 | 14 51 | 14 23 |
| 18 | 17 02 | 16 57 | 16 51 | 16 45 | 16 38 | 16 31 | 16 23 | 16 14 | 16 04 | 15 52 | 15 38 | 15 22 | 15 03 | 14 38 |
| 22 | 17 07 | 17 02 | 16 56 | 16 51 | 16 44 | 16 37 | 16 30 | 16 21 | 16 12 | 16 01 | 15 48 | 15 33 | 15 15 | 14 53 |
| 26 | 17 12 | 17 07 | 17 02 | 16 56 | 16 50 | 16 44 | 16 37 | 16 29 | 16 20 | 16 10 | 15 58 | 15 45 | 15 29 | 15 08 |
| 30 | 17 16 | 17 12 | 17 07 | 17 02 | 16 57 | 16 51 | 16 44 | 16 37 | 16 28 | 16 19 | 16 09 | 15 56 | 15 42 | 15 24 |
| Feb. 3 | 17 21 | 17 17 | 17 13 | 17 08 | 17 03 | 16 57 | 16 51 | 16 45 | 16 37 | 16 29 | 16 19 | 16 08 | 15 55 | 15 39 |
| 7 | 17 26 | 17 22 | 17 18 | 17 14 | 17 09 | 17 04 | 16 59 | 16 53 | 16 46 | 16 38 | 16 30 | 16 20 | 16 08 | 15 54 |
| 11 | 17 31 | 17 27 | 17 24 | 17 20 | 17 16 | 17 11 | 17 06 | 17 01 | 16 55 | 16 48 | 16 40 | 16 31 | 16 21 | 16 09 |
| 15 | 17 36 | 17 33 | 17 29 | 17 26 | 17 22 | 17 18 | 17 14 | 17 09 | 17 03 | 16 58 | 16 51 | 16 43 | 16 34 | 16 24 |
| 19 | 17 40 | 17 38 | 17 35 | 17 32 | 17 28 | 17 25 | 17 21 | 17 17 | 17 12 | 17 07 | 17 01 | 16 55 | 16 47 | 16 38 |
| 23 | 17 45 | 17 43 | 17 40 | 17 38 | 17 35 | 17 32 | 17 28 | 17 25 | 17 21 | 17 17 | 17 12 | 17 06 | 17 00 | 16 52 |
| 27 | 17 49 | 17 47 | 17 45 | 17 43 | 17 41 | 17 38 | 17 36 | 17 33 | 17 30 | 17 26 | 17 22 | 17 17 | 17 12 | 17 06 |
| Mar. 3 | 17 54 | 17 52 | 17 51 | 17 49 | 17 47 | 17 45 | 17 43 | 17 41 | 17 38 | 17 35 | 17 32 | 17 28 | 17 24 | 17 19 |
| 7 | 17 58 | 17 57 | 17 56 | 17 55 | 17 53 | 17 52 | 17 50 | 17 48 | 17 46 | 17 44 | 17 42 | 17 39 | 17 36 | 17 33 |
| 11 | 18 02 | 18 02 | 18 01 | 18 00 | 17 59 | 17 58 | 17 57 | 17 56 | 17 55 | 17 53 | 17 52 | 17 50 | 17 48 | 17 46 |
| 15 | 18 07 | 18 06 | 18 06 | 18 06 | 18 05 | 18 05 | 18 04 | 18 04 | 18 03 | 18 03 | 18 02 | 18 01 | 18 00 | 17 59 |
| 19 | 18 11 | 18 11 | 18 11 | 18 11 | 18 11 | 18 11 | 18 11 | 18 11 | 18 11 | 18 12 | 18 12 | 18 12 | 18 12 | 18 12 |
| 23 | 18 15 | 18 15 | 18 16 | 18 16 | 18 17 | 18 17 | 18 18 | 18 19 | 18 20 | 18 20 | 18 22 | 18 23 | 18 24 | 18 26 |
| 27 | 18 19 | 18 20 | 18 21 | 18 22 | 18 23 | 18 24 | 18 25 | 18 26 | 18 28 | 18 29 | 18 31 | 18 33 | 18 36 | 18 39 |
| 31 | 18 23 | 18 24 | 18 26 | 18 27 | 18 28 | 18 30 | 18 32 | 18 34 | 18 36 | 18 38 | 18 41 | 18 44 | 18 48 | 18 52 |
| Apr. 4 | 18 27 | 18 29 | 18 30 | 18 32 | 18 34 | 18 36 | 18 39 | 18 41 | 18 44 | 18 47 | 18 51 | 18 55 | 18 59 | 19 05 |

# SUNRISE AND SUNSET, 2010

## UNIVERSAL TIME FOR MERIDIAN OF GREENWICH

### SUNRISE

| Lat. | −55° | −50° | −45° | −40° | −35° | −30° | −20° | −10° | 0° | +10° | +20° | +30° | +35° | +40° |
|---|---|---|---|---|---|---|---|---|---|---|---|---|---|---|
| | h m | h m | h m | h m | h m | h m | h m | h m | h m | h m | h m | h m | h m | h m |
| Mar. 31 | 6 22 | 6 19 | 6 16 | 6 14 | 6 12 | 6 10 | 6 07 | 6 04 | 6 01 | 5 58 | 5 55 | 5 51 | 5 49 | 5 46 |
| Apr. 4 | 6 30 | 6 25 | 6 21 | 6 18 | 6 15 | 6 12 | 6 08 | 6 04 | 6 00 | 5 56 | 5 51 | 5 46 | 5 43 | 5 40 |
| 8 | 6 37 | 6 31 | 6 26 | 6 22 | 6 18 | 6 15 | 6 09 | 6 04 | 5 59 | 5 53 | 5 48 | 5 41 | 5 38 | 5 33 |
| 12 | 6 45 | 6 37 | 6 31 | 6 26 | 6 21 | 6 17 | 6 10 | 6 04 | 5 57 | 5 51 | 5 45 | 5 37 | 5 32 | 5 27 |
| 16 | 6 53 | 6 44 | 6 36 | 6 30 | 6 24 | 6 20 | 6 11 | 6 04 | 5 56 | 5 49 | 5 41 | 5 32 | 5 27 | 5 21 |
| 20 | 7 00 | 6 50 | 6 41 | 6 34 | 6 28 | 6 22 | 6 12 | 6 04 | 5 56 | 5 47 | 5 38 | 5 28 | 5 22 | 5 15 |
| 24 | 7 08 | 6 56 | 6 46 | 6 38 | 6 31 | 6 24 | 6 14 | 6 04 | 5 55 | 5 46 | 5 36 | 5 24 | 5 17 | 5 10 |
| 28 | 7 16 | 7 02 | 6 51 | 6 42 | 6 34 | 6 27 | 6 15 | 6 04 | 5 54 | 5 44 | 5 33 | 5 20 | 5 13 | 5 04 |
| May 2 | 7 23 | 7 08 | 6 56 | 6 46 | 6 37 | 6 29 | 6 16 | 6 05 | 5 54 | 5 42 | 5 30 | 5 16 | 5 08 | 4 59 |
| 6 | 7 30 | 7 14 | 7 01 | 6 50 | 6 40 | 6 32 | 6 18 | 6 05 | 5 53 | 5 41 | 5 28 | 5 13 | 5 04 | 4 54 |
| 10 | 7 38 | 7 19 | 7 05 | 6 53 | 6 43 | 6 35 | 6 19 | 6 06 | 5 53 | 5 40 | 5 26 | 5 10 | 5 01 | 4 50 |
| 14 | 7 44 | 7 25 | 7 10 | 6 57 | 6 46 | 6 37 | 6 21 | 6 06 | 5 53 | 5 39 | 5 24 | 5 07 | 4 57 | 4 46 |
| 18 | 7 51 | 7 31 | 7 14 | 7 01 | 6 50 | 6 40 | 6 22 | 6 07 | 5 53 | 5 38 | 5 23 | 5 05 | 4 54 | 4 42 |
| 22 | 7 58 | 7 36 | 7 18 | 7 04 | 6 52 | 6 42 | 6 24 | 6 08 | 5 53 | 5 38 | 5 22 | 5 03 | 4 52 | 4 39 |
| 26 | 8 04 | 7 40 | 7 22 | 7 08 | 6 55 | 6 44 | 6 25 | 6 09 | 5 53 | 5 38 | 5 21 | 5 01 | 4 50 | 4 36 |
| 30 | 8 09 | 7 45 | 7 26 | 7 11 | 6 58 | 6 47 | 6 27 | 6 10 | 5 54 | 5 38 | 5 20 | 5 00 | 4 48 | 4 34 |
| June 3 | 8 14 | 7 49 | 7 29 | 7 14 | 7 00 | 6 49 | 6 29 | 6 11 | 5 54 | 5 38 | 5 20 | 4 59 | 4 47 | 4 33 |
| 7 | 8 18 | 7 52 | 7 32 | 7 16 | 7 02 | 6 51 | 6 30 | 6 12 | 5 55 | 5 38 | 5 20 | 4 58 | 4 46 | 4 31 |
| 11 | 8 22 | 7 55 | 7 35 | 7 18 | 7 04 | 6 52 | 6 31 | 6 13 | 5 56 | 5 39 | 5 20 | 4 58 | 4 45 | 4 31 |
| 15 | 8 24 | 7 57 | 7 37 | 7 20 | 7 06 | 6 54 | 6 33 | 6 14 | 5 57 | 5 39 | 5 20 | 4 58 | 4 46 | 4 31 |
| 19 | 8 26 | 7 59 | 7 38 | 7 21 | 7 07 | 6 55 | 6 34 | 6 15 | 5 58 | 5 40 | 5 21 | 4 59 | 4 46 | 4 31 |
| 23 | 8 27 | 8 00 | 7 39 | 7 22 | 7 08 | 6 56 | 6 35 | 6 16 | 5 59 | 5 41 | 5 22 | 5 00 | 4 47 | 4 32 |
| 27 | 8 27 | 8 00 | 7 40 | 7 23 | 7 09 | 6 56 | 6 35 | 6 17 | 5 59 | 5 42 | 5 23 | 5 01 | 4 48 | 4 33 |
| July 1 | 8 26 | 8 00 | 7 39 | 7 23 | 7 09 | 6 57 | 6 36 | 6 17 | 6 00 | 5 43 | 5 24 | 5 02 | 4 50 | 4 35 |
| 5 | 8 24 | 7 58 | 7 38 | 7 22 | 7 08 | 6 56 | 6 36 | 6 18 | 6 01 | 5 44 | 5 25 | 5 04 | 4 51 | 4 37 |

### SUNSET

| Lat. | −55° | −50° | −45° | −40° | −35° | −30° | −20° | −10° | 0° | +10° | +20° | +30° | +35° | +40° |
|---|---|---|---|---|---|---|---|---|---|---|---|---|---|---|
| | h m | h m | h m | h m | h m | h m | h m | h m | h m | h m | h m | h m | h m | h m |
| Mar. 31 | 17 45 | 17 49 | 17 52 | 17 54 | 17 56 | 17 58 | 18 01 | 18 04 | 18 07 | 18 11 | 18 14 | 18 18 | 18 20 | 18 23 |
| Apr. 4 | 17 35 | 17 40 | 17 44 | 17 48 | 17 51 | 17 53 | 17 58 | 18 02 | 18 06 | 18 10 | 18 15 | 18 20 | 18 24 | 18 27 |
| 8 | 17 25 | 17 32 | 17 37 | 17 41 | 17 45 | 17 49 | 17 55 | 18 00 | 18 05 | 18 10 | 18 16 | 18 23 | 18 27 | 18 31 |
| 12 | 17 16 | 17 23 | 17 30 | 17 35 | 17 40 | 17 44 | 17 51 | 17 58 | 18 04 | 18 10 | 18 17 | 18 25 | 18 30 | 18 35 |
| 16 | 17 06 | 17 15 | 17 23 | 17 29 | 17 35 | 17 40 | 17 48 | 17 56 | 18 03 | 18 11 | 18 19 | 18 28 | 18 33 | 18 39 |
| 20 | 16 57 | 17 07 | 17 16 | 17 24 | 17 30 | 17 35 | 17 45 | 17 54 | 18 02 | 18 11 | 18 20 | 18 30 | 18 36 | 18 43 |
| 24 | 16 47 | 17 00 | 17 10 | 17 18 | 17 25 | 17 31 | 17 42 | 17 52 | 18 02 | 18 11 | 18 21 | 18 33 | 18 40 | 18 47 |
| 28 | 16 39 | 16 52 | 17 04 | 17 13 | 17 21 | 17 28 | 17 40 | 17 51 | 18 01 | 18 11 | 18 22 | 18 35 | 18 43 | 18 51 |
| May 2 | 16 30 | 16 45 | 16 58 | 17 08 | 17 16 | 17 24 | 17 37 | 17 49 | 18 00 | 18 12 | 18 24 | 18 38 | 18 46 | 18 55 |
| 6 | 16 22 | 16 39 | 16 52 | 17 03 | 17 13 | 17 21 | 17 35 | 17 48 | 18 00 | 18 12 | 18 25 | 18 40 | 18 49 | 18 59 |
| 10 | 16 15 | 16 33 | 16 47 | 16 59 | 17 09 | 17 18 | 17 33 | 17 47 | 18 00 | 18 13 | 18 27 | 18 43 | 18 53 | 19 03 |
| 14 | 16 08 | 16 27 | 16 42 | 16 55 | 17 06 | 17 15 | 17 32 | 17 46 | 18 00 | 18 14 | 18 28 | 18 46 | 18 56 | 19 07 |
| 18 | 16 01 | 16 22 | 16 38 | 16 52 | 17 03 | 17 13 | 17 30 | 17 46 | 18 00 | 18 14 | 18 30 | 18 48 | 18 59 | 19 11 |
| 22 | 15 55 | 16 17 | 16 34 | 16 49 | 17 01 | 17 11 | 17 29 | 17 45 | 18 00 | 18 15 | 18 32 | 18 51 | 19 02 | 19 15 |
| 26 | 15 50 | 16 13 | 16 31 | 16 46 | 16 59 | 17 10 | 17 28 | 17 45 | 18 01 | 18 16 | 18 33 | 18 53 | 19 05 | 19 18 |
| 30 | 15 46 | 16 10 | 16 29 | 16 44 | 16 57 | 17 08 | 17 28 | 17 45 | 18 01 | 18 17 | 18 35 | 18 55 | 19 07 | 19 21 |
| June 3 | 15 42 | 16 07 | 16 27 | 16 42 | 16 56 | 17 07 | 17 28 | 17 45 | 18 02 | 18 18 | 18 37 | 18 57 | 19 10 | 19 24 |
| 7 | 15 39 | 16 05 | 16 25 | 16 41 | 16 55 | 17 07 | 17 28 | 17 46 | 18 02 | 18 20 | 18 38 | 18 59 | 19 12 | 19 27 |
| 11 | 15 37 | 16 04 | 16 24 | 16 41 | 16 55 | 17 07 | 17 28 | 17 46 | 18 03 | 18 21 | 18 39 | 19 01 | 19 14 | 19 29 |
| 15 | 15 36 | 16 03 | 16 24 | 16 41 | 16 55 | 17 07 | 17 28 | 17 47 | 18 04 | 18 22 | 18 41 | 19 03 | 19 15 | 19 30 |
| 19 | 15 36 | 16 04 | 16 24 | 16 41 | 16 55 | 17 08 | 17 29 | 17 48 | 18 05 | 18 23 | 18 42 | 19 04 | 19 17 | 19 32 |
| 23 | 15 37 | 16 04 | 16 25 | 16 42 | 16 56 | 17 09 | 17 30 | 17 48 | 18 06 | 18 23 | 18 42 | 19 05 | 19 18 | 19 33 |
| 27 | 15 39 | 16 06 | 16 27 | 16 43 | 16 57 | 17 10 | 17 31 | 17 49 | 18 07 | 18 24 | 18 43 | 19 05 | 19 18 | 19 33 |
| July 1 | 15 42 | 16 08 | 16 29 | 16 45 | 16 59 | 17 11 | 17 32 | 17 50 | 18 08 | 18 25 | 18 43 | 19 05 | 19 18 | 19 33 |
| 5 | 15 45 | 16 11 | 16 31 | 16 47 | 17 01 | 17 13 | 17 33 | 17 51 | 18 08 | 18 25 | 18 44 | 19 05 | 19 18 | 19 32 |

UNIVERSAL TIME FOR MERIDIAN OF GREENWICH

## SUNRISE

| Lat. | +40° | +42° | +44° | +46° | +48° | +50° | +52° | +54° | +56° | +58° | +60° | +62° | +64° | +66° |
|---|---|---|---|---|---|---|---|---|---|---|---|---|---|---|
| | h m | h m | h m | h m | h m | h m | h m | h m | h m | h m | h m | h m | h m | h m |
| Mar. 31 | 5 46 | 5 45 | 5 44 | 5 42 | 5 41 | 5 39 | 5 38 | 5 36 | 5 34 | 5 31 | 5 29 | 5 26 | 5 23 | 5 19 |
| Apr. 4 | 5 40 | 5 38 | 5 36 | 5 35 | 5 33 | 5 31 | 5 28 | 5 26 | 5 23 | 5 20 | 5 17 | 5 13 | 5 08 | 5 03 |
| 8 | 5 33 | 5 31 | 5 29 | 5 27 | 5 25 | 5 22 | 5 19 | 5 16 | 5 13 | 5 09 | 5 05 | 5 00 | 4 54 | 4 48 |
| 12 | 5 27 | 5 25 | 5 22 | 5 20 | 5 17 | 5 14 | 5 10 | 5 07 | 5 03 | 4 58 | 4 53 | 4 47 | 4 40 | 4 32 |
| 16 | 5 21 | 5 18 | 5 16 | 5 12 | 5 09 | 5 06 | 5 02 | 4 57 | 4 52 | 4 47 | 4 41 | 4 34 | 4 26 | 4 17 |
| 20 | 5 15 | 5 12 | 5 09 | 5 05 | 5 02 | 4 58 | 4 53 | 4 48 | 4 43 | 4 36 | 4 29 | 4 21 | 4 12 | 4 01 |
| 24 | 5 10 | 5 06 | 5 03 | 4 59 | 4 54 | 4 50 | 4 45 | 4 39 | 4 33 | 4 26 | 4 18 | 4 09 | 3 58 | 3 45 |
| 28 | 5 04 | 5 00 | 4 56 | 4 52 | 4 47 | 4 42 | 4 37 | 4 30 | 4 23 | 4 16 | 4 07 | 3 56 | 3 44 | 3 30 |
| May 2 | 4 59 | 4 55 | 4 51 | 4 46 | 4 41 | 4 35 | 4 29 | 4 22 | 4 14 | 4 06 | 3 56 | 3 44 | 3 31 | 3 14 |
| 6 | 4 54 | 4 50 | 4 45 | 4 40 | 4 34 | 4 28 | 4 21 | 4 14 | 4 06 | 3 56 | 3 45 | 3 32 | 3 17 | 2 58 |
| 10 | 4 50 | 4 45 | 4 40 | 4 34 | 4 28 | 4 22 | 4 14 | 4 06 | 3 57 | 3 47 | 3 35 | 3 21 | 3 04 | 2 43 |
| 14 | 4 46 | 4 41 | 4 35 | 4 29 | 4 23 | 4 16 | 4 08 | 3 59 | 3 49 | 3 38 | 3 25 | 3 10 | 2 51 | 2 27 |
| 18 | 4 42 | 4 37 | 4 31 | 4 25 | 4 18 | 4 10 | 4 02 | 3 53 | 3 42 | 3 30 | 3 16 | 2 59 | 2 38 | 2 11 |
| 22 | 4 39 | 4 33 | 4 27 | 4 21 | 4 13 | 4 05 | 3 57 | 3 47 | 3 35 | 3 23 | 3 07 | 2 49 | 2 26 | 1 55 |
| 26 | 4 36 | 4 31 | 4 24 | 4 17 | 4 10 | 4 01 | 3 52 | 3 41 | 3 30 | 3 16 | 3 00 | 2 40 | 2 14 | 1 38 |
| 30 | 4 34 | 4 28 | 4 21 | 4 14 | 4 06 | 3 58 | 3 48 | 3 37 | 3 24 | 3 10 | 2 53 | 2 31 | 2 03 | 1 21 |
| June 3 | 4 33 | 4 26 | 4 19 | 4 12 | 4 04 | 3 55 | 3 45 | 3 33 | 3 20 | 3 05 | 2 47 | 2 24 | 1 53 | 1 04 |
| 7 | 4 31 | 4 25 | 4 18 | 4 10 | 4 02 | 3 52 | 3 42 | 3 30 | 3 17 | 3 01 | 2 42 | 2 18 | 1 45 | 0 45 |
| 11 | 4 31 | 4 24 | 4 17 | 4 09 | 4 00 | 3 51 | 3 40 | 3 28 | 3 14 | 2 58 | 2 38 | 2 13 | 1 38 | 0 22 |
| 15 | 4 31 | 4 24 | 4 17 | 4 09 | 4 00 | 3 50 | 3 39 | 3 27 | 3 13 | 2 56 | 2 36 | 2 10 | 1 33 | ▢ |
| 19 | 4 31 | 4 24 | 4 17 | 4 09 | 4 00 | 3 50 | 3 39 | 3 27 | 3 13 | 2 56 | 2 36 | 2 09 | 1 31 | ▢ |
| 23 | 4 32 | 4 25 | 4 18 | 4 10 | 4 01 | 3 51 | 3 40 | 3 28 | 3 14 | 2 57 | 2 36 | 2 10 | 1 32 | ▢ |
| 27 | 4 33 | 4 26 | 4 19 | 4 11 | 4 02 | 3 53 | 3 42 | 3 30 | 3 15 | 2 59 | 2 38 | 2 12 | 1 35 | ▢ |
| July 1 | 4 35 | 4 28 | 4 21 | 4 13 | 4 04 | 3 55 | 3 44 | 3 32 | 3 18 | 3 02 | 2 42 | 2 17 | 1 41 | 0 18 |
| 5 | 4 37 | 4 30 | 4 23 | 4 15 | 4 07 | 3 58 | 3 47 | 3 35 | 3 22 | 3 06 | 2 47 | 2 22 | 1 49 | 0 46 |

## SUNSET

| | +40° | +42° | +44° | +46° | +48° | +50° | +52° | +54° | +56° | +58° | +60° | +62° | +64° | +66° |
|---|---|---|---|---|---|---|---|---|---|---|---|---|---|---|
| | h m | h m | h m | h m | h m | h m | h m | h m | h m | h m | h m | h m | h m | h m |
| Mar. 31 | 18 23 | 18 24 | 18 26 | 18 27 | 18 28 | 18 30 | 18 32 | 18 34 | 18 36 | 18 38 | 18 41 | 18 44 | 18 48 | 18 52 |
| Apr. 4 | 18 27 | 18 29 | 18 30 | 18 32 | 18 34 | 18 36 | 18 39 | 18 41 | 18 44 | 18 47 | 18 51 | 18 55 | 18 59 | 19 05 |
| 8 | 18 31 | 18 33 | 18 35 | 18 37 | 18 40 | 18 43 | 18 45 | 18 49 | 18 52 | 18 56 | 19 01 | 19 06 | 19 11 | 19 18 |
| 12 | 18 35 | 18 38 | 18 40 | 18 43 | 18 46 | 18 49 | 18 52 | 18 56 | 19 00 | 19 05 | 19 10 | 19 16 | 19 23 | 19 32 |
| 16 | 18 39 | 18 42 | 18 45 | 18 48 | 18 51 | 18 55 | 18 59 | 19 04 | 19 09 | 19 14 | 19 20 | 19 27 | 19 36 | 19 45 |
| 20 | 18 43 | 18 46 | 18 50 | 18 53 | 18 57 | 19 01 | 19 06 | 19 11 | 19 17 | 19 23 | 19 30 | 19 38 | 19 48 | 19 59 |
| 24 | 18 47 | 18 51 | 18 55 | 18 59 | 19 03 | 19 08 | 19 13 | 19 19 | 19 25 | 19 32 | 19 40 | 19 49 | 20 00 | 20 13 |
| 28 | 18 51 | 18 55 | 18 59 | 19 04 | 19 09 | 19 14 | 19 20 | 19 26 | 19 33 | 19 41 | 19 50 | 20 01 | 20 13 | 20 28 |
| May 2 | 18 55 | 19 00 | 19 04 | 19 09 | 19 14 | 19 20 | 19 26 | 19 33 | 19 41 | 19 50 | 20 00 | 20 12 | 20 26 | 20 43 |
| 6 | 18 59 | 19 04 | 19 09 | 19 14 | 19 20 | 19 26 | 19 33 | 19 41 | 19 49 | 19 59 | 20 10 | 20 23 | 20 39 | 20 58 |
| 10 | 19 03 | 19 08 | 19 14 | 19 19 | 19 25 | 19 32 | 19 39 | 19 48 | 19 57 | 20 07 | 20 20 | 20 34 | 20 51 | 21 13 |
| 14 | 19 07 | 19 12 | 19 18 | 19 24 | 19 31 | 19 38 | 19 46 | 19 55 | 20 05 | 20 16 | 20 29 | 20 45 | 21 04 | 21 29 |
| 18 | 19 11 | 19 17 | 19 22 | 19 29 | 19 36 | 19 43 | 19 52 | 20 01 | 20 12 | 20 24 | 20 39 | 20 56 | 21 17 | 21 46 |
| 22 | 19 15 | 19 20 | 19 27 | 19 33 | 19 41 | 19 49 | 19 58 | 20 08 | 20 19 | 20 32 | 20 48 | 21 06 | 21 30 | 22 02 |
| 26 | 19 18 | 19 24 | 19 30 | 19 37 | 19 45 | 19 54 | 20 03 | 20 14 | 20 26 | 20 39 | 20 56 | 21 16 | 21 42 | 22 20 |
| 30 | 19 21 | 19 27 | 19 34 | 19 41 | 19 49 | 19 58 | 20 08 | 20 19 | 20 32 | 20 46 | 21 04 | 21 25 | 21 54 | 22 38 |
| June 3 | 19 24 | 19 30 | 19 37 | 19 45 | 19 53 | 20 02 | 20 12 | 20 24 | 20 37 | 20 52 | 21 11 | 21 34 | 22 05 | 22 56 |
| 7 | 19 27 | 19 33 | 19 40 | 19 48 | 19 56 | 20 06 | 20 16 | 20 28 | 20 42 | 20 57 | 21 17 | 21 41 | 22 15 | 23 17 |
| 11 | 19 29 | 19 35 | 19 43 | 19 50 | 19 59 | 20 09 | 20 19 | 20 31 | 20 45 | 21 02 | 21 22 | 21 47 | 22 23 | 23 46 |
| 15 | 19 30 | 19 37 | 19 45 | 19 53 | 20 01 | 20 11 | 20 22 | 20 34 | 20 48 | 21 05 | 21 25 | 21 51 | 22 29 | ▢ |
| 19 | 19 32 | 19 39 | 19 46 | 19 54 | 20 03 | 20 12 | 20 23 | 20 36 | 20 50 | 21 07 | 21 27 | 21 54 | 22 32 | ▢ |
| 23 | 19 33 | 19 39 | 19 47 | 19 55 | 20 04 | 20 13 | 20 24 | 20 36 | 20 51 | 21 08 | 21 28 | 21 54 | 22 32 | ▢ |
| 27 | 19 33 | 19 40 | 19 47 | 19 55 | 20 04 | 20 13 | 20 24 | 20 36 | 20 50 | 21 07 | 21 27 | 21 53 | 22 30 | ▢ |
| July 1 | 19 33 | 19 39 | 19 47 | 19 54 | 20 03 | 20 13 | 20 23 | 20 35 | 20 49 | 21 05 | 21 25 | 21 50 | 22 25 | 23 41 |
| 5 | 19 32 | 19 39 | 19 46 | 19 53 | 20 02 | 20 11 | 20 21 | 20 33 | 20 47 | 21 02 | 21 21 | 21 46 | 22 19 | 23 18 |

▢ indicates Sun continuously above horizon.

# SUNRISE AND SUNSET, 2010

## UNIVERSAL TIME FOR MERIDIAN OF GREENWICH

### SUNRISE

| Lat. | −55° | −50° | −45° | −40° | −35° | −30° | −20° | −10° | 0° | +10° | +20° | +30° | +35° | +40° |
|---|---|---|---|---|---|---|---|---|---|---|---|---|---|---|
| | h m | h m | h m | h m | h m | h m | h m | h m | h m | h m | h m | h m | h m | h m |
| July 1 | 8 26 | 8 00 | 7 39 | 7 23 | 7 09 | 6 57 | 6 36 | 6 17 | 6 00 | 5 43 | 5 24 | 5 02 | 4 50 | 4 35 |
| 5 | 8 24 | 7 58 | 7 38 | 7 22 | 7 08 | 6 56 | 6 36 | 6 18 | 6 01 | 5 44 | 5 25 | 5 04 | 4 51 | 4 37 |
| 9 | 8 21 | 7 56 | 7 37 | 7 21 | 7 08 | 6 56 | 6 36 | 6 18 | 6 02 | 5 45 | 5 27 | 5 06 | 4 54 | 4 39 |
| 13 | 8 18 | 7 53 | 7 35 | 7 19 | 7 06 | 6 55 | 6 35 | 6 18 | 6 02 | 5 46 | 5 28 | 5 08 | 4 56 | 4 42 |
| 17 | 8 13 | 7 50 | 7 32 | 7 17 | 7 05 | 6 54 | 6 35 | 6 18 | 6 03 | 5 47 | 5 30 | 5 10 | 4 59 | 4 45 |
| 21 | 8 08 | 7 46 | 7 29 | 7 15 | 7 03 | 6 52 | 6 34 | 6 18 | 6 03 | 5 48 | 5 31 | 5 12 | 5 01 | 4 48 |
| 25 | 8 02 | 7 41 | 7 25 | 7 11 | 7 00 | 6 50 | 6 33 | 6 17 | 6 03 | 5 48 | 5 33 | 5 15 | 5 04 | 4 52 |
| 29 | 7 55 | 7 36 | 7 21 | 7 08 | 6 57 | 6 48 | 6 31 | 6 17 | 6 03 | 5 49 | 5 34 | 5 17 | 5 07 | 4 55 |
| Aug. 2 | 7 48 | 7 30 | 7 16 | 7 04 | 6 54 | 6 45 | 6 29 | 6 16 | 6 03 | 5 50 | 5 36 | 5 19 | 5 10 | 4 59 |
| 6 | 7 41 | 7 24 | 7 11 | 7 00 | 6 50 | 6 42 | 6 27 | 6 15 | 6 02 | 5 50 | 5 37 | 5 22 | 5 13 | 5 03 |
| 10 | 7 33 | 7 17 | 7 05 | 6 55 | 6 46 | 6 38 | 6 25 | 6 13 | 6 02 | 5 51 | 5 38 | 5 24 | 5 16 | 5 07 |
| 14 | 7 24 | 7 10 | 6 59 | 6 50 | 6 42 | 6 35 | 6 22 | 6 12 | 6 01 | 5 51 | 5 40 | 5 27 | 5 19 | 5 10 |
| 18 | 7 15 | 7 03 | 6 53 | 6 44 | 6 37 | 6 31 | 6 20 | 6 10 | 6 01 | 5 51 | 5 41 | 5 29 | 5 22 | 5 14 |
| 22 | 7 06 | 6 55 | 6 46 | 6 39 | 6 32 | 6 27 | 6 17 | 6 08 | 6 00 | 5 51 | 5 42 | 5 31 | 5 25 | 5 18 |
| 26 | 6 57 | 6 47 | 6 39 | 6 33 | 6 27 | 6 22 | 6 14 | 6 06 | 5 59 | 5 51 | 5 43 | 5 34 | 5 28 | 5 22 |
| 30 | 6 47 | 6 39 | 6 32 | 6 27 | 6 22 | 6 18 | 6 10 | 6 04 | 5 57 | 5 51 | 5 44 | 5 36 | 5 31 | 5 26 |
| Sept. 3 | 6 37 | 6 31 | 6 25 | 6 21 | 6 17 | 6 13 | 6 07 | 6 01 | 5 56 | 5 51 | 5 45 | 5 38 | 5 34 | 5 29 |
| 7 | 6 27 | 6 22 | 6 18 | 6 14 | 6 11 | 6 08 | 6 03 | 5 59 | 5 55 | 5 50 | 5 46 | 5 40 | 5 37 | 5 33 |
| 11 | 6 17 | 6 13 | 6 10 | 6 08 | 6 06 | 6 03 | 6 00 | 5 57 | 5 53 | 5 50 | 5 47 | 5 42 | 5 40 | 5 37 |
| 15 | 6 07 | 6 05 | 6 03 | 6 01 | 6 00 | 5 59 | 5 56 | 5 54 | 5 52 | 5 50 | 5 47 | 5 44 | 5 43 | 5 41 |
| 19 | 5 57 | 5 56 | 5 55 | 5 55 | 5 54 | 5 54 | 5 53 | 5 52 | 5 51 | 5 49 | 5 48 | 5 47 | 5 46 | 5 44 |
| 23 | 5 46 | 5 47 | 5 48 | 5 48 | 5 48 | 5 49 | 5 49 | 5 49 | 5 49 | 5 49 | 5 49 | 5 49 | 5 49 | 5 48 |
| 27 | 5 36 | 5 38 | 5 40 | 5 41 | 5 43 | 5 44 | 5 45 | 5 47 | 5 48 | 5 49 | 5 50 | 5 51 | 5 52 | 5 52 |
| Oct. 1 | 5 26 | 5 30 | 5 32 | 5 35 | 5 37 | 5 39 | 5 42 | 5 44 | 5 46 | 5 49 | 5 51 | 5 53 | 5 55 | 5 56 |
| 5 | 5 16 | 5 21 | 5 25 | 5 28 | 5 31 | 5 34 | 5 38 | 5 42 | 5 45 | 5 48 | 5 52 | 5 56 | 5 58 | 6 00 |

### SUNSET

| Lat. | −55° | −50° | −45° | −40° | −35° | −30° | −20° | −10° | 0° | +10° | +20° | +30° | +35° | +40° |
|---|---|---|---|---|---|---|---|---|---|---|---|---|---|---|
| | h m | h m | h m | h m | h m | h m | h m | h m | h m | h m | h m | h m | h m | h m |
| July 1 | 15 42 | 16 08 | 16 29 | 16 45 | 16 59 | 17 11 | 17 32 | 17 50 | 18 08 | 18 25 | 18 43 | 19 05 | 19 18 | 19 33 |
| 5 | 15 45 | 16 11 | 16 31 | 16 47 | 17 01 | 17 13 | 17 33 | 17 51 | 18 08 | 18 25 | 18 44 | 19 05 | 19 18 | 19 32 |
| 9 | 15 49 | 16 15 | 16 34 | 16 50 | 17 03 | 17 15 | 17 35 | 17 52 | 18 09 | 18 26 | 18 43 | 19 04 | 19 17 | 19 31 |
| 13 | 15 54 | 16 18 | 16 37 | 16 52 | 17 05 | 17 17 | 17 36 | 17 53 | 18 09 | 18 26 | 18 43 | 19 03 | 19 15 | 19 29 |
| 17 | 16 00 | 16 23 | 16 41 | 16 55 | 17 08 | 17 19 | 17 38 | 17 54 | 18 10 | 18 25 | 18 42 | 19 02 | 19 13 | 19 27 |
| 21 | 16 05 | 16 27 | 16 45 | 16 59 | 17 11 | 17 21 | 17 39 | 17 55 | 18 10 | 18 25 | 18 41 | 19 00 | 19 11 | 19 24 |
| 25 | 16 12 | 16 32 | 16 49 | 17 02 | 17 13 | 17 23 | 17 41 | 17 56 | 18 10 | 18 24 | 18 40 | 18 58 | 19 09 | 19 21 |
| 29 | 16 18 | 16 37 | 16 53 | 17 05 | 17 16 | 17 26 | 17 42 | 17 56 | 18 10 | 18 24 | 18 38 | 18 56 | 19 06 | 19 17 |
| Aug. 2 | 16 25 | 16 43 | 16 57 | 17 09 | 17 19 | 17 28 | 17 43 | 17 57 | 18 10 | 18 23 | 18 37 | 18 53 | 19 02 | 19 13 |
| 6 | 16 32 | 16 48 | 17 02 | 17 13 | 17 22 | 17 30 | 17 45 | 17 57 | 18 09 | 18 21 | 18 34 | 18 50 | 18 58 | 19 08 |
| 10 | 16 39 | 16 54 | 17 06 | 17 16 | 17 25 | 17 33 | 17 46 | 17 58 | 18 09 | 18 20 | 18 32 | 18 46 | 18 54 | 19 04 |
| 14 | 16 46 | 17 00 | 17 11 | 17 20 | 17 28 | 17 35 | 17 47 | 17 58 | 18 08 | 18 18 | 18 29 | 18 42 | 18 50 | 18 58 |
| 18 | 16 53 | 17 06 | 17 16 | 17 24 | 17 31 | 17 37 | 17 48 | 17 58 | 18 07 | 18 17 | 18 27 | 18 38 | 18 45 | 18 53 |
| 22 | 17 01 | 17 11 | 17 20 | 17 28 | 17 34 | 17 39 | 17 49 | 17 58 | 18 06 | 18 15 | 18 24 | 18 34 | 18 40 | 18 47 |
| 26 | 17 08 | 17 17 | 17 25 | 17 31 | 17 37 | 17 42 | 17 50 | 17 58 | 18 05 | 18 13 | 18 20 | 18 30 | 18 35 | 18 41 |
| 30 | 17 15 | 17 23 | 17 30 | 17 35 | 17 40 | 17 44 | 17 51 | 17 58 | 18 04 | 18 10 | 18 17 | 18 25 | 18 30 | 18 35 |
| Sept. 3 | 17 22 | 17 29 | 17 34 | 17 39 | 17 43 | 17 46 | 17 52 | 17 57 | 18 03 | 18 08 | 18 14 | 18 20 | 18 24 | 18 29 |
| 7 | 17 30 | 17 35 | 17 39 | 17 42 | 17 45 | 17 48 | 17 53 | 17 57 | 18 01 | 18 06 | 18 10 | 18 16 | 18 19 | 18 22 |
| 11 | 17 37 | 17 41 | 17 44 | 17 46 | 17 48 | 17 50 | 17 54 | 17 57 | 18 00 | 18 03 | 18 07 | 18 11 | 18 13 | 18 16 |
| 15 | 17 45 | 17 47 | 17 48 | 17 50 | 17 51 | 17 52 | 17 55 | 17 57 | 17 58 | 18 01 | 18 03 | 18 06 | 18 07 | 18 09 |
| 19 | 17 52 | 17 53 | 17 53 | 17 54 | 17 54 | 17 55 | 17 55 | 17 56 | 17 57 | 17 58 | 17 59 | 18 01 | 18 01 | 18 02 |
| 23 | 17 59 | 17 59 | 17 58 | 17 57 | 17 57 | 17 57 | 17 56 | 17 56 | 17 56 | 17 56 | 17 56 | 17 56 | 17 56 | 17 56 |
| 27 | 18 07 | 18 05 | 18 03 | 18 01 | 18 00 | 17 59 | 17 57 | 17 56 | 17 54 | 17 53 | 17 52 | 17 51 | 17 50 | 17 49 |
| Oct. 1 | 18 15 | 18 11 | 18 08 | 18 05 | 18 03 | 18 01 | 17 58 | 17 55 | 17 53 | 17 51 | 17 48 | 17 46 | 17 44 | 17 43 |
| 5 | 18 22 | 18 17 | 18 13 | 18 09 | 18 06 | 18 04 | 17 59 | 17 55 | 17 52 | 17 48 | 17 45 | 17 41 | 17 39 | 17 36 |

# SUNRISE AND SUNSET, 2010

## UNIVERSAL TIME FOR MERIDIAN OF GREENWICH

### SUNRISE

| Lat. | +40° | +42° | +44° | +46° | +48° | +50° | +52° | +54° | +56° | +58° | +60° | +62° | +64° | +66° |
|---|---|---|---|---|---|---|---|---|---|---|---|---|---|---|
| | h m | h m | h m | h m | h m | h m | h m | h m | h m | h m | h m | h m | h m | h m |
| July 1 | 4 35 | 4 28 | 4 21 | 4 13 | 4 04 | 3 55 | 3 44 | 3 32 | 3 18 | 3 02 | 2 42 | 2 17 | 1 41 | 0 18 |
| 5 | 4 37 | 4 30 | 4 23 | 4 15 | 4 07 | 3 58 | 3 47 | 3 35 | 3 22 | 3 06 | 2 47 | 2 22 | 1 49 | 0 46 |
| 9 | 4 39 | 4 33 | 4 26 | 4 18 | 4 10 | 4 01 | 3 51 | 3 40 | 3 26 | 3 11 | 2 53 | 2 30 | 1 58 | 1 07 |
| 13 | 4 42 | 4 36 | 4 29 | 4 22 | 4 14 | 4 05 | 3 55 | 3 44 | 3 32 | 3 17 | 3 00 | 2 38 | 2 09 | 1 26 |
| 17 | 4 45 | 4 39 | 4 33 | 4 26 | 4 18 | 4 10 | 4 00 | 3 50 | 3 38 | 3 24 | 3 07 | 2 47 | 2 21 | 1 43 |
| 21 | 4 48 | 4 43 | 4 36 | 4 30 | 4 22 | 4 14 | 4 05 | 3 55 | 3 44 | 3 31 | 3 15 | 2 57 | 2 33 | 2 01 |
| 25 | 4 52 | 4 46 | 4 40 | 4 34 | 4 27 | 4 19 | 4 11 | 4 02 | 3 51 | 3 39 | 3 24 | 3 07 | 2 45 | 2 17 |
| 29 | 4 55 | 4 50 | 4 45 | 4 39 | 4 32 | 4 25 | 4 17 | 4 08 | 3 58 | 3 47 | 3 33 | 3 17 | 2 58 | 2 33 |
| Aug. 2 | 4 59 | 4 54 | 4 49 | 4 43 | 4 37 | 4 30 | 4 23 | 4 15 | 4 05 | 3 55 | 3 43 | 3 28 | 3 11 | 2 49 |
| 6 | 5 03 | 4 58 | 4 53 | 4 48 | 4 42 | 4 36 | 4 29 | 4 22 | 4 13 | 4 03 | 3 52 | 3 39 | 3 23 | 3 04 |
| 10 | 5 07 | 5 02 | 4 58 | 4 53 | 4 48 | 4 42 | 4 36 | 4 29 | 4 21 | 4 12 | 4 02 | 3 50 | 3 36 | 3 19 |
| 14 | 5 10 | 5 07 | 5 02 | 4 58 | 4 53 | 4 48 | 4 42 | 4 36 | 4 29 | 4 21 | 4 11 | 4 01 | 3 48 | 3 33 |
| 18 | 5 14 | 5 11 | 5 07 | 5 03 | 4 59 | 4 54 | 4 49 | 4 43 | 4 36 | 4 29 | 4 21 | 4 12 | 4 01 | 3 47 |
| 22 | 5 18 | 5 15 | 5 12 | 5 08 | 5 04 | 5 00 | 4 55 | 4 50 | 4 44 | 4 38 | 4 31 | 4 22 | 4 13 | 4 01 |
| 26 | 5 22 | 5 19 | 5 16 | 5 13 | 5 09 | 5 06 | 5 02 | 4 57 | 4 52 | 4 47 | 4 40 | 4 33 | 4 25 | 4 15 |
| 30 | 5 26 | 5 23 | 5 21 | 5 18 | 5 15 | 5 12 | 5 08 | 5 04 | 5 00 | 4 55 | 4 50 | 4 43 | 4 36 | 4 28 |
| Sept. 3 | 5 29 | 5 27 | 5 25 | 5 23 | 5 20 | 5 18 | 5 15 | 5 11 | 5 08 | 5 04 | 4 59 | 4 54 | 4 48 | 4 41 |
| 7 | 5 33 | 5 32 | 5 30 | 5 28 | 5 26 | 5 24 | 5 21 | 5 19 | 5 16 | 5 12 | 5 09 | 5 04 | 5 00 | 4 54 |
| 11 | 5 37 | 5 36 | 5 34 | 5 33 | 5 31 | 5 30 | 5 28 | 5 26 | 5 23 | 5 21 | 5 18 | 5 15 | 5 11 | 5 07 |
| 15 | 5 41 | 5 40 | 5 39 | 5 38 | 5 37 | 5 36 | 5 34 | 5 33 | 5 31 | 5 29 | 5 27 | 5 25 | 5 22 | 5 19 |
| 19 | 5 44 | 5 44 | 5 43 | 5 43 | 5 42 | 5 42 | 5 41 | 5 40 | 5 39 | 5 38 | 5 37 | 5 35 | 5 34 | 5 32 |
| 23 | 5 48 | 5 48 | 5 48 | 5 48 | 5 48 | 5 48 | 5 47 | 5 47 | 5 47 | 5 46 | 5 46 | 5 46 | 5 45 | 5 45 |
| 27 | 5 52 | 5 52 | 5 52 | 5 53 | 5 53 | 5 54 | 5 54 | 5 54 | 5 54 | 5 55 | 5 55 | 5 56 | 5 56 | 5 57 | 5 57 |
| Oct. 1 | 5 56 | 5 57 | 5 57 | 5 58 | 5 59 | 6 00 | 6 01 | 6 01 | 6 03 | 6 04 | 6 05 | 6 06 | 6 08 | 6 10 |
| 5 | 6 00 | 6 01 | 6 02 | 6 03 | 6 04 | 6 06 | 6 07 | 6 09 | 6 11 | 6 12 | 6 15 | 6 17 | 6 20 | 6 23 |

### SUNSET

| Lat. | +40° | +42° | +44° | +46° | +48° | +50° | +52° | +54° | +56° | +58° | +60° | +62° | +64° | +66° |
|---|---|---|---|---|---|---|---|---|---|---|---|---|---|---|
| | h m | h m | h m | h m | h m | h m | h m | h m | h m | h m | h m | h m | h m | h m |
| July 1 | 19 33 | 19 39 | 19 47 | 19 54 | 20 03 | 20 13 | 20 23 | 20 35 | 20 49 | 21 05 | 21 25 | 21 50 | 22 25 | 23 41 |
| 5 | 19 32 | 19 39 | 19 46 | 19 53 | 20 02 | 20 11 | 20 21 | 20 33 | 20 47 | 21 02 | 21 21 | 21 46 | 22 19 | 23 18 |
| 9 | 19 31 | 19 37 | 19 44 | 19 52 | 20 00 | 20 09 | 20 19 | 20 30 | 20 43 | 20 58 | 21 17 | 21 39 | 22 10 | 22 59 |
| 13 | 19 29 | 19 35 | 19 42 | 19 49 | 19 57 | 20 06 | 20 15 | 20 26 | 20 39 | 20 53 | 21 11 | 21 32 | 22 00 | 22 42 |
| 17 | 19 27 | 19 33 | 19 39 | 19 46 | 19 54 | 20 02 | 20 11 | 20 22 | 20 34 | 20 47 | 21 04 | 21 24 | 21 49 | 22 25 |
| 21 | 19 24 | 19 30 | 19 36 | 19 42 | 19 50 | 19 58 | 20 07 | 20 16 | 20 28 | 20 41 | 20 56 | 21 14 | 21 37 | 22 09 |
| 25 | 19 21 | 19 26 | 19 32 | 19 38 | 19 45 | 19 53 | 20 01 | 20 10 | 20 21 | 20 33 | 20 47 | 21 04 | 21 25 | 21 53 |
| 29 | 19 17 | 19 22 | 19 28 | 19 34 | 19 40 | 19 47 | 19 55 | 20 04 | 20 14 | 20 25 | 20 38 | 20 54 | 21 13 | 21 37 |
| Aug. 2 | 19 13 | 19 18 | 19 23 | 19 28 | 19 35 | 19 41 | 19 49 | 19 57 | 20 06 | 20 16 | 20 28 | 20 42 | 20 59 | 21 21 |
| 6 | 19 08 | 19 13 | 19 18 | 19 23 | 19 29 | 19 35 | 19 41 | 19 49 | 19 57 | 20 07 | 20 18 | 20 31 | 20 46 | 21 05 |
| 10 | 19 04 | 19 08 | 19 12 | 19 17 | 19 22 | 19 28 | 19 34 | 19 41 | 19 49 | 19 57 | 20 07 | 20 19 | 20 33 | 20 49 |
| 14 | 18 58 | 19 02 | 19 06 | 19 11 | 19 15 | 19 21 | 19 26 | 19 32 | 19 39 | 19 47 | 19 56 | 20 07 | 20 19 | 20 34 |
| 18 | 18 53 | 18 56 | 19 00 | 19 04 | 19 08 | 19 13 | 19 18 | 19 24 | 19 30 | 19 37 | 19 45 | 19 54 | 20 05 | 20 18 |
| 22 | 18 47 | 18 50 | 18 53 | 18 57 | 19 01 | 19 05 | 19 10 | 19 15 | 19 20 | 19 26 | 19 34 | 19 42 | 19 51 | 20 02 |
| 26 | 18 41 | 18 44 | 18 47 | 18 50 | 18 53 | 18 57 | 19 01 | 19 05 | 19 10 | 19 16 | 19 22 | 19 29 | 19 37 | 19 47 |
| 30 | 18 35 | 18 37 | 18 40 | 18 43 | 18 45 | 18 49 | 18 52 | 18 56 | 19 00 | 19 05 | 19 10 | 19 16 | 19 23 | 19 31 |
| Sept. 3 | 18 29 | 18 31 | 18 33 | 18 35 | 18 37 | 18 40 | 18 43 | 18 46 | 18 50 | 18 54 | 18 58 | 19 03 | 19 09 | 19 16 |
| 7 | 18 22 | 18 24 | 18 26 | 18 27 | 18 29 | 18 31 | 18 34 | 18 36 | 18 39 | 18 42 | 18 46 | 18 50 | 18 55 | 19 00 |
| 11 | 18 16 | 18 17 | 18 18 | 18 20 | 18 21 | 18 23 | 18 25 | 18 27 | 18 29 | 18 31 | 18 34 | 18 37 | 18 40 | 18 45 |
| 15 | 18 09 | 18 10 | 18 11 | 18 12 | 18 13 | 18 14 | 18 15 | 18 17 | 18 18 | 18 20 | 18 22 | 18 24 | 18 26 | 18 29 |
| 19 | 18 02 | 18 03 | 18 03 | 18 04 | 18 05 | 18 05 | 18 06 | 18 07 | 18 07 | 18 08 | 18 09 | 18 11 | 18 12 | 18 14 |
| 23 | 17 56 | 17 56 | 17 56 | 17 56 | 17 56 | 17 56 | 17 56 | 17 57 | 17 57 | 17 57 | 17 57 | 17 58 | 17 58 | 17 58 |
| 27 | 17 49 | 17 49 | 17 49 | 17 48 | 17 48 | 17 48 | 17 47 | 17 47 | 17 46 | 17 46 | 17 45 | 17 45 | 17 44 | 17 43 |
| Oct. 1 | 17 43 | 17 42 | 17 41 | 17 41 | 17 40 | 17 39 | 17 38 | 17 37 | 17 36 | 17 34 | 17 33 | 17 32 | 17 30 | 17 28 |
| 5 | 17 36 | 17 35 | 17 34 | 17 33 | 17 32 | 17 30 | 17 29 | 17 27 | 17 25 | 17 23 | 17 21 | 17 19 | 17 16 | 17 12 |

# SUNRISE AND SUNSET, 2010
## UNIVERSAL TIME FOR MERIDIAN OF GREENWICH
### SUNRISE

| Lat. | −55° | −50° | −45° | −40° | −35° | −30° | −20° | −10° | 0° | +10° | +20° | +30° | +35° | +40° |
|---|---|---|---|---|---|---|---|---|---|---|---|---|---|---|
| | h m | h m | h m | h m | h m | h m | h m | h m | h m | h m | h m | h m | h m | h m |
| Oct. 1 | 5 26 | 5 30 | 5 32 | 5 35 | 5 37 | 5 39 | 5 42 | 5 44 | 5 46 | 5 49 | 5 51 | 5 53 | 5 55 | 5 56 |
| 5 | 5 16 | 5 21 | 5 25 | 5 28 | 5 31 | 5 34 | 5 38 | 5 42 | 5 45 | 5 48 | 5 52 | 5 56 | 5 58 | 6 00 |
| 9 | 5 06 | 5 12 | 5 18 | 5 22 | 5 26 | 5 29 | 5 35 | 5 40 | 5 44 | 5 48 | 5 53 | 5 58 | 6 01 | 6 04 |
| 13 | 4 56 | 5 04 | 5 10 | 5 16 | 5 20 | 5 24 | 5 31 | 5 37 | 5 43 | 5 48 | 5 54 | 6 00 | 6 04 | 6 08 |
| 17 | 4 46 | 4 56 | 5 03 | 5 10 | 5 15 | 5 20 | 5 28 | 5 35 | 5 42 | 5 49 | 5 55 | 6 03 | 6 07 | 6 12 |
| 21 | 4 36 | 4 47 | 4 56 | 5 04 | 5 10 | 5 16 | 5 25 | 5 34 | 5 41 | 5 49 | 5 57 | 6 06 | 6 11 | 6 17 |
| 25 | 4 27 | 4 40 | 4 50 | 4 58 | 5 06 | 5 12 | 5 23 | 5 32 | 5 41 | 5 49 | 5 58 | 6 09 | 6 14 | 6 21 |
| 29 | 4 18 | 4 32 | 4 44 | 4 53 | 5 01 | 5 08 | 5 20 | 5 31 | 5 40 | 5 50 | 6 00 | 6 11 | 6 18 | 6 25 |
| Nov. 2 | 4 09 | 4 25 | 4 38 | 4 48 | 4 57 | 5 05 | 5 18 | 5 29 | 5 40 | 5 51 | 6 02 | 6 14 | 6 22 | 6 30 |
| 6 | 4 01 | 4 18 | 4 32 | 4 43 | 4 53 | 5 02 | 5 16 | 5 29 | 5 40 | 5 52 | 6 04 | 6 18 | 6 26 | 6 35 |
| 10 | 3 53 | 4 12 | 4 27 | 4 39 | 4 50 | 4 59 | 5 14 | 5 28 | 5 40 | 5 53 | 6 06 | 6 21 | 6 29 | 6 39 |
| 14 | 3 46 | 4 06 | 4 22 | 4 36 | 4 47 | 4 57 | 5 13 | 5 28 | 5 41 | 5 54 | 6 08 | 6 24 | 6 33 | 6 44 |
| 18 | 3 39 | 4 01 | 4 18 | 4 32 | 4 44 | 4 55 | 5 12 | 5 27 | 5 42 | 5 56 | 6 10 | 6 27 | 6 37 | 6 48 |
| 22 | 3 33 | 3 56 | 4 15 | 4 30 | 4 42 | 4 53 | 5 12 | 5 28 | 5 42 | 5 57 | 6 13 | 6 31 | 6 41 | 6 53 |
| 26 | 3 27 | 3 53 | 4 12 | 4 27 | 4 41 | 4 52 | 5 11 | 5 28 | 5 44 | 5 59 | 6 15 | 6 34 | 6 45 | 6 57 |
| 30 | 3 23 | 3 49 | 4 10 | 4 26 | 4 39 | 4 51 | 5 11 | 5 29 | 5 45 | 6 01 | 6 18 | 6 37 | 6 48 | 7 01 |
| Dec. 4 | 3 20 | 3 47 | 4 08 | 4 25 | 4 39 | 4 51 | 5 12 | 5 30 | 5 46 | 6 03 | 6 20 | 6 40 | 6 52 | 7 05 |
| 8 | 3 17 | 3 46 | 4 07 | 4 24 | 4 39 | 4 52 | 5 13 | 5 31 | 5 48 | 6 05 | 6 23 | 6 43 | 6 55 | 7 09 |
| 12 | 3 16 | 3 45 | 4 07 | 4 25 | 4 39 | 4 52 | 5 14 | 5 33 | 5 50 | 6 07 | 6 25 | 6 46 | 6 58 | 7 12 |
| 16 | 3 15 | 3 45 | 4 08 | 4 26 | 4 41 | 4 53 | 5 15 | 5 34 | 5 52 | 6 09 | 6 28 | 6 49 | 7 01 | 7 15 |
| 20 | 3 16 | 3 46 | 4 09 | 4 27 | 4 42 | 4 55 | 5 17 | 5 36 | 5 54 | 6 11 | 6 30 | 6 51 | 7 03 | 7 18 |
| 24 | 3 18 | 3 48 | 4 11 | 4 29 | 4 44 | 4 57 | 5 19 | 5 38 | 5 56 | 6 13 | 6 32 | 6 53 | 7 05 | 7 20 |
| 28 | 3 21 | 3 51 | 4 14 | 4 32 | 4 47 | 4 59 | 5 21 | 5 40 | 5 58 | 6 15 | 6 34 | 6 55 | 7 07 | 7 21 |
| 32 | 3 26 | 3 55 | 4 17 | 4 35 | 4 49 | 5 02 | 5 24 | 5 42 | 6 00 | 6 17 | 6 35 | 6 56 | 7 08 | 7 22 |
| 36 | 3 31 | 3 59 | 4 21 | 4 38 | 4 53 | 5 05 | 5 26 | 5 45 | 6 02 | 6 18 | 6 36 | 6 57 | 7 08 | 7 22 |

### SUNSET

| Lat. | −55° | −50° | −45° | −40° | −35° | −30° | −20° | −10° | 0° | +10° | +20° | +30° | +35° | +40° |
|---|---|---|---|---|---|---|---|---|---|---|---|---|---|---|
| | h m | h m | h m | h m | h m | h m | h m | h m | h m | h m | h m | h m | h m | h m |
| Oct. 1 | 18 15 | 18 11 | 18 08 | 18 05 | 18 03 | 18 01 | 17 58 | 17 55 | 17 53 | 17 51 | 17 48 | 17 46 | 17 44 | 17 43 |
| 5 | 18 22 | 18 17 | 18 13 | 18 09 | 18 06 | 18 04 | 17 59 | 17 55 | 17 52 | 17 48 | 17 45 | 17 41 | 17 39 | 17 36 |
| 9 | 18 30 | 18 23 | 18 18 | 18 13 | 18 09 | 18 06 | 18 00 | 17 55 | 17 51 | 17 46 | 17 41 | 17 36 | 17 33 | 17 30 |
| 13 | 18 38 | 18 30 | 18 23 | 18 18 | 18 13 | 18 09 | 18 01 | 17 55 | 17 50 | 17 44 | 17 38 | 17 32 | 17 28 | 17 24 |
| 17 | 18 46 | 18 36 | 18 28 | 18 22 | 18 16 | 18 11 | 18 03 | 17 55 | 17 49 | 17 42 | 17 35 | 17 27 | 17 23 | 17 18 |
| 21 | 18 54 | 18 43 | 18 34 | 18 26 | 18 20 | 18 14 | 18 04 | 17 56 | 17 48 | 17 40 | 17 32 | 17 23 | 17 18 | 17 12 |
| 25 | 19 03 | 18 50 | 18 39 | 18 31 | 18 23 | 18 17 | 18 06 | 17 56 | 17 47 | 17 39 | 17 30 | 17 19 | 17 13 | 17 07 |
| 29 | 19 11 | 18 56 | 18 45 | 18 35 | 18 27 | 18 20 | 18 08 | 17 57 | 17 47 | 17 37 | 17 27 | 17 16 | 17 09 | 17 02 |
| Nov. 2 | 19 19 | 19 03 | 18 50 | 18 40 | 18 31 | 18 23 | 18 09 | 17 58 | 17 47 | 17 36 | 17 25 | 17 12 | 17 05 | 16 57 |
| 6 | 19 28 | 19 10 | 18 56 | 18 44 | 18 35 | 18 26 | 18 11 | 17 59 | 17 47 | 17 36 | 17 23 | 17 09 | 17 01 | 16 52 |
| 10 | 19 36 | 19 17 | 19 02 | 18 49 | 18 39 | 18 29 | 18 14 | 18 00 | 17 47 | 17 35 | 17 22 | 17 07 | 16 58 | 16 48 |
| 14 | 19 45 | 19 24 | 19 07 | 18 54 | 18 43 | 18 33 | 18 16 | 18 01 | 17 48 | 17 35 | 17 21 | 17 04 | 16 55 | 16 45 |
| 18 | 19 53 | 19 30 | 19 13 | 18 59 | 18 47 | 18 36 | 18 18 | 18 03 | 17 49 | 17 35 | 17 20 | 17 03 | 16 53 | 16 42 |
| 22 | 20 01 | 19 37 | 19 18 | 19 03 | 18 50 | 18 40 | 18 21 | 18 05 | 17 50 | 17 35 | 17 19 | 17 01 | 16 51 | 16 39 |
| 26 | 20 08 | 19 43 | 19 23 | 19 08 | 18 54 | 18 43 | 18 23 | 18 07 | 17 51 | 17 35 | 17 19 | 17 00 | 16 49 | 16 37 |
| 30 | 20 15 | 19 48 | 19 28 | 19 12 | 18 58 | 18 46 | 18 26 | 18 08 | 17 52 | 17 36 | 17 19 | 17 00 | 16 49 | 16 36 |
| Dec. 4 | 20 22 | 19 54 | 19 33 | 19 16 | 19 02 | 18 49 | 18 28 | 18 11 | 17 54 | 17 37 | 17 20 | 17 00 | 16 48 | 16 35 |
| 8 | 20 27 | 19 59 | 19 37 | 19 20 | 19 05 | 18 52 | 18 31 | 18 13 | 17 56 | 17 39 | 17 21 | 17 00 | 16 48 | 16 35 |
| 12 | 20 32 | 20 03 | 19 41 | 19 23 | 19 08 | 18 55 | 18 33 | 18 15 | 17 57 | 17 40 | 17 22 | 17 01 | 16 49 | 16 35 |
| 16 | 20 36 | 20 06 | 19 44 | 19 26 | 19 11 | 18 58 | 18 36 | 18 17 | 17 59 | 17 42 | 17 23 | 17 02 | 16 50 | 16 36 |
| 20 | 20 39 | 20 09 | 19 46 | 19 28 | 19 13 | 19 00 | 18 38 | 18 19 | 18 01 | 17 44 | 17 25 | 17 04 | 16 52 | 16 37 |
| 24 | 20 41 | 20 11 | 19 48 | 19 30 | 19 15 | 19 02 | 18 40 | 18 21 | 18 03 | 17 46 | 17 27 | 17 06 | 16 54 | 16 39 |
| 28 | 20 41 | 20 12 | 19 49 | 19 31 | 19 16 | 19 03 | 18 42 | 18 23 | 18 05 | 17 48 | 17 30 | 17 08 | 16 56 | 16 42 |
| 32 | 20 41 | 20 12 | 19 50 | 19 32 | 19 17 | 19 05 | 18 43 | 18 24 | 18 07 | 17 50 | 17 32 | 17 11 | 16 59 | 16 45 |
| 36 | 20 39 | 20 11 | 19 49 | 19 32 | 19 18 | 19 05 | 18 44 | 18 26 | 18 09 | 17 52 | 17 34 | 17 14 | 17 02 | 16 49 |

UNIVERSAL TIME FOR MERIDIAN OF GREENWICH

## SUNRISE

| Lat. | +40° | +42° | +44° | +46° | +48° | +50° | +52° | +54° | +56° | +58° | +60° | +62° | +64° | +66° |
|---|---|---|---|---|---|---|---|---|---|---|---|---|---|---|
| | h m | h m | h m | h m | h m | h m | h m | h m | h m | h m | h m | h m | h m | h m |
| Oct. 1 | 5 56 | 5 57 | 5 57 | 5 58 | 5 59 | 6 00 | 6 01 | 6 01 | 6 03 | 6 04 | 6 05 | 6 06 | 6 08 | 6 10 |
| 5 | 6 00 | 6 01 | 6 02 | 6 03 | 6 04 | 6 06 | 6 07 | 6 09 | 6 11 | 6 12 | 6 15 | 6 17 | 6 20 | 6 23 |
| 9 | 6 04 | 6 05 | 6 07 | 6 09 | 6 10 | 6 12 | 6 14 | 6 16 | 6 19 | 6 21 | 6 24 | 6 28 | 6 31 | 6 36 |
| 13 | 6 08 | 6 10 | 6 12 | 6 14 | 6 16 | 6 18 | 6 21 | 6 24 | 6 27 | 6 30 | 6 34 | 6 38 | 6 43 | 6 49 |
| 17 | 6 12 | 6 14 | 6 17 | 6 19 | 6 22 | 6 25 | 6 28 | 6 31 | 6 35 | 6 39 | 6 44 | 6 49 | 6 55 | 7 02 |
| 21 | 6 17 | 6 19 | 6 22 | 6 25 | 6 28 | 6 31 | 6 35 | 6 39 | 6 43 | 6 48 | 6 54 | 7 00 | 7 07 | 7 16 |
| 25 | 6 21 | 6 24 | 6 27 | 6 30 | 6 34 | 6 38 | 6 42 | 6 47 | 6 52 | 6 57 | 7 04 | 7 11 | 7 20 | 7 30 |
| 29 | 6 25 | 6 29 | 6 32 | 6 36 | 6 40 | 6 44 | 6 49 | 6 54 | 7 00 | 7 07 | 7 14 | 7 22 | 7 32 | 7 44 |
| Nov. 2 | 6 30 | 6 34 | 6 37 | 6 42 | 6 46 | 6 51 | 6 56 | 7 02 | 7 09 | 7 16 | 7 24 | 7 34 | 7 45 | 7 58 |
| 6 | 6 35 | 6 39 | 6 43 | 6 47 | 6 52 | 6 58 | 7 04 | 7 10 | 7 17 | 7 25 | 7 35 | 7 45 | 7 58 | 8 13 |
| 10 | 6 39 | 6 43 | 6 48 | 6 53 | 6 58 | 7 04 | 7 11 | 7 18 | 7 26 | 7 35 | 7 45 | 7 57 | 8 11 | 8 28 |
| 14 | 6 44 | 6 48 | 6 53 | 6 59 | 7 05 | 7 11 | 7 18 | 7 26 | 7 34 | 7 44 | 7 55 | 8 08 | 8 24 | 8 43 |
| 18 | 6 48 | 6 53 | 6 59 | 7 04 | 7 11 | 7 17 | 7 25 | 7 33 | 7 42 | 7 53 | 8 05 | 8 19 | 8 37 | 8 58 |
| 22 | 6 53 | 6 58 | 7 04 | 7 10 | 7 16 | 7 24 | 7 31 | 7 40 | 7 50 | 8 02 | 8 15 | 8 30 | 8 49 | 9 13 |
| 26 | 6 57 | 7 03 | 7 09 | 7 15 | 7 22 | 7 29 | 7 38 | 7 47 | 7 58 | 8 10 | 8 24 | 8 41 | 9 01 | 9 28 |
| 30 | 7 01 | 7 07 | 7 13 | 7 20 | 7 27 | 7 35 | 7 44 | 7 54 | 8 05 | 8 18 | 8 33 | 8 51 | 9 13 | 9 43 |
| Dec. 4 | 7 05 | 7 11 | 7 18 | 7 25 | 7 32 | 7 40 | 7 49 | 8 00 | 8 11 | 8 25 | 8 40 | 9 00 | 9 24 | 9 57 |
| 8 | 7 09 | 7 15 | 7 22 | 7 29 | 7 37 | 7 45 | 7 54 | 8 05 | 8 17 | 8 31 | 8 47 | 9 08 | 9 33 | 10 09 |
| 12 | 7 12 | 7 19 | 7 25 | 7 33 | 7 40 | 7 49 | 7 59 | 8 10 | 8 22 | 8 36 | 8 53 | 9 14 | 9 41 | 10 20 |
| 16 | 7 15 | 7 22 | 7 28 | 7 36 | 7 44 | 7 53 | 8 02 | 8 13 | 8 26 | 8 41 | 8 58 | 9 19 | 9 47 | 10 29 |
| 20 | 7 18 | 7 24 | 7 31 | 7 38 | 7 46 | 7 55 | 8 05 | 8 16 | 8 29 | 8 44 | 9 01 | 9 23 | 9 51 | 10 34 |
| 24 | 7 20 | 7 26 | 7 33 | 7 40 | 7 48 | 7 57 | 8 07 | 8 18 | 8 31 | 8 46 | 9 03 | 9 25 | 9 53 | 10 36 |
| 28 | 7 21 | 7 27 | 7 34 | 7 41 | 7 49 | 7 58 | 8 08 | 8 19 | 8 32 | 8 46 | 9 04 | 9 25 | 9 53 | 10 33 |
| 32 | 7 22 | 7 28 | 7 35 | 7 42 | 7 50 | 7 59 | 8 08 | 8 19 | 8 31 | 8 46 | 9 02 | 9 23 | 9 50 | 10 28 |
| 36 | 7 22 | 7 28 | 7 35 | 7 42 | 7 49 | 7 58 | 8 07 | 8 18 | 8 30 | 8 44 | 9 00 | 9 20 | 9 45 | 10 20 |

## SUNSET

| Lat. | +40° | +42° | +44° | +46° | +48° | +50° | +52° | +54° | +56° | +58° | +60° | +62° | +64° | +66° |
|---|---|---|---|---|---|---|---|---|---|---|---|---|---|---|
| | h m | h m | h m | h m | h m | h m | h m | h m | h m | h m | h m | h m | h m | h m |
| Oct. 1 | 17 43 | 17 42 | 17 41 | 17 41 | 17 40 | 17 39 | 17 38 | 17 37 | 17 36 | 17 34 | 17 33 | 17 32 | 17 30 | 17 28 |
| 5 | 17 36 | 17 35 | 17 34 | 17 33 | 17 32 | 17 30 | 17 29 | 17 27 | 17 25 | 17 23 | 17 21 | 17 19 | 17 16 | 17 12 |
| 9 | 17 30 | 17 29 | 17 27 | 17 25 | 17 24 | 17 22 | 17 20 | 17 17 | 17 15 | 17 12 | 17 09 | 17 06 | 17 02 | 16 57 |
| 13 | 17 24 | 17 22 | 17 20 | 17 18 | 17 16 | 17 13 | 17 11 | 17 08 | 17 05 | 17 01 | 16 57 | 16 53 | 16 48 | 16 42 |
| 17 | 17 18 | 17 16 | 17 13 | 17 11 | 17 08 | 17 05 | 17 02 | 16 59 | 16 55 | 16 51 | 16 46 | 16 40 | 16 34 | 16 27 |
| 21 | 17 12 | 17 10 | 17 07 | 17 04 | 17 01 | 16 57 | 16 54 | 16 50 | 16 45 | 16 40 | 16 34 | 16 28 | 16 21 | 16 12 |
| 25 | 17 07 | 17 04 | 17 01 | 16 57 | 16 54 | 16 50 | 16 45 | 16 41 | 16 36 | 16 30 | 16 23 | 16 16 | 16 07 | 15 57 |
| 29 | 17 02 | 16 58 | 16 55 | 16 51 | 16 47 | 16 42 | 16 38 | 16 32 | 16 26 | 16 20 | 16 12 | 16 04 | 15 54 | 15 42 |
| Nov. 2 | 16 57 | 16 53 | 16 49 | 16 45 | 16 40 | 16 35 | 16 30 | 16 24 | 16 18 | 16 10 | 16 02 | 15 52 | 15 41 | 15 28 |
| 6 | 16 52 | 16 48 | 16 44 | 16 39 | 16 34 | 16 29 | 16 23 | 16 17 | 16 09 | 16 01 | 15 52 | 15 41 | 15 28 | 15 13 |
| 10 | 16 48 | 16 44 | 16 39 | 16 34 | 16 29 | 16 23 | 16 16 | 16 09 | 16 01 | 15 52 | 15 42 | 15 30 | 15 16 | 14 59 |
| 14 | 16 45 | 16 40 | 16 35 | 16 30 | 16 24 | 16 17 | 16 10 | 16 03 | 15 54 | 15 44 | 15 33 | 15 20 | 15 04 | 14 45 |
| 18 | 16 42 | 16 37 | 16 31 | 16 26 | 16 19 | 16 13 | 16 05 | 15 57 | 15 47 | 15 37 | 15 25 | 15 10 | 14 53 | 14 31 |
| 22 | 16 39 | 16 34 | 16 28 | 16 22 | 16 15 | 16 08 | 16 00 | 15 51 | 15 41 | 15 30 | 15 17 | 15 01 | 14 42 | 14 18 |
| 26 | 16 37 | 16 32 | 16 26 | 16 19 | 16 12 | 16 05 | 15 56 | 15 47 | 15 36 | 15 24 | 15 10 | 14 53 | 14 33 | 14 06 |
| 30 | 16 36 | 16 30 | 16 24 | 16 17 | 16 10 | 16 02 | 15 53 | 15 43 | 15 32 | 15 19 | 15 04 | 14 46 | 14 24 | 13 54 |
| Dec. 4 | 16 35 | 16 29 | 16 22 | 16 16 | 16 08 | 16 00 | 15 51 | 15 40 | 15 29 | 15 15 | 14 59 | 14 40 | 14 16 | 13 43 |
| 8 | 16 35 | 16 28 | 16 22 | 16 15 | 16 07 | 15 58 | 15 49 | 15 38 | 15 26 | 15 12 | 14 56 | 14 36 | 14 10 | 13 34 |
| 12 | 16 35 | 16 29 | 16 22 | 16 15 | 16 07 | 15 58 | 15 48 | 15 37 | 15 25 | 15 11 | 14 54 | 14 33 | 14 06 | 13 27 |
| 16 | 16 36 | 16 30 | 16 23 | 16 15 | 16 07 | 15 58 | 15 49 | 15 38 | 15 25 | 15 10 | 14 53 | 14 32 | 14 04 | 13 22 |
| 20 | 16 37 | 16 31 | 16 24 | 16 17 | 16 09 | 16 00 | 15 50 | 15 39 | 15 26 | 15 11 | 14 54 | 14 32 | 14 04 | 13 21 |
| 24 | 16 39 | 16 33 | 16 26 | 16 19 | 16 11 | 16 02 | 15 52 | 15 41 | 15 28 | 15 13 | 14 56 | 14 34 | 14 06 | 13 24 |
| 28 | 16 42 | 16 36 | 16 29 | 16 22 | 16 14 | 16 05 | 15 55 | 15 44 | 15 31 | 15 17 | 15 00 | 14 38 | 14 11 | 13 30 |
| 32 | 16 45 | 16 39 | 16 32 | 16 25 | 16 17 | 16 08 | 15 59 | 15 48 | 15 36 | 15 22 | 15 05 | 14 44 | 14 17 | 13 39 |
| 36 | 16 49 | 16 43 | 16 36 | 16 29 | 16 21 | 16 13 | 16 03 | 15 53 | 15 41 | 15 27 | 15 11 | 14 51 | 14 26 | 13 50 |

# CIVIL TWILIGHT, 2010

## UNIVERSAL TIME FOR MERIDIAN OF GREENWICH
### BEGINNING OF MORNING CIVIL TWILIGHT

| Lat. | −55° | −50° | −45° | −40° | −35° | −30° | −20° | −10° | 0° | +10° | +20° | +30° | +35° | +40° |
|---|---|---|---|---|---|---|---|---|---|---|---|---|---|---|
| | h m | h m | h m | h m | h m | h m | h m | h m | h m | h m | h m | h m | h m | h m |
| Jan. −2 | 2 25 | 3 08 | 3 37 | 4 00 | 4 18 | 4 33 | 4 58 | 5 18 | 5 36 | 5 53 | 6 10 | 6 29 | 6 39 | 6 51 |
| 2 | 2 30 | 3 12 | 3 41 | 4 03 | 4 21 | 4 36 | 5 00 | 5 20 | 5 38 | 5 55 | 6 11 | 6 30 | 6 40 | 6 52 |
| 6 | 2 37 | 3 17 | 3 45 | 4 07 | 4 24 | 4 39 | 5 03 | 5 22 | 5 40 | 5 56 | 6 13 | 6 31 | 6 41 | 6 52 |
| 10 | 2 45 | 3 23 | 3 50 | 4 11 | 4 28 | 4 42 | 5 05 | 5 25 | 5 42 | 5 57 | 6 14 | 6 31 | 6 41 | 6 52 |
| 14 | 2 53 | 3 30 | 3 56 | 4 16 | 4 32 | 4 46 | 5 08 | 5 27 | 5 43 | 5 59 | 6 14 | 6 31 | 6 40 | 6 51 |
| 18 | 3 02 | 3 37 | 4 01 | 4 21 | 4 36 | 4 49 | 5 11 | 5 29 | 5 45 | 5 59 | 6 14 | 6 30 | 6 39 | 6 49 |
| 22 | 3 12 | 3 44 | 4 07 | 4 26 | 4 41 | 4 53 | 5 14 | 5 31 | 5 46 | 6 00 | 6 14 | 6 29 | 6 38 | 6 47 |
| 26 | 3 22 | 3 52 | 4 14 | 4 31 | 4 45 | 4 57 | 5 17 | 5 33 | 5 47 | 6 00 | 6 14 | 6 28 | 6 36 | 6 45 |
| 30 | 3 32 | 3 59 | 4 20 | 4 36 | 4 49 | 5 01 | 5 19 | 5 35 | 5 48 | 6 01 | 6 13 | 6 26 | 6 34 | 6 42 |
| Feb. 3 | 3 42 | 4 07 | 4 26 | 4 41 | 4 54 | 5 05 | 5 22 | 5 36 | 5 49 | 6 00 | 6 12 | 6 24 | 6 31 | 6 38 |
| 7 | 3 52 | 4 15 | 4 33 | 4 47 | 4 58 | 5 08 | 5 24 | 5 38 | 5 49 | 6 00 | 6 11 | 6 22 | 6 28 | 6 34 |
| 11 | 4 02 | 4 23 | 4 39 | 4 52 | 5 03 | 5 12 | 5 27 | 5 39 | 5 49 | 5 59 | 6 09 | 6 19 | 6 24 | 6 30 |
| 15 | 4 12 | 4 31 | 4 45 | 4 57 | 5 07 | 5 15 | 5 29 | 5 40 | 5 50 | 5 58 | 6 07 | 6 16 | 6 20 | 6 25 |
| 19 | 4 21 | 4 38 | 4 52 | 5 02 | 5 11 | 5 19 | 5 31 | 5 41 | 5 49 | 5 57 | 6 05 | 6 12 | 6 16 | 6 20 |
| 23 | 4 31 | 4 46 | 4 58 | 5 07 | 5 15 | 5 22 | 5 33 | 5 42 | 5 49 | 5 56 | 6 02 | 6 08 | 6 12 | 6 15 |
| 27 | 4 40 | 4 53 | 5 04 | 5 12 | 5 19 | 5 25 | 5 35 | 5 42 | 5 49 | 5 54 | 5 59 | 6 04 | 6 07 | 6 09 |
| Mar. 3 | 4 49 | 5 00 | 5 10 | 5 17 | 5 23 | 5 28 | 5 36 | 5 43 | 5 48 | 5 52 | 5 56 | 6 00 | 6 02 | 6 04 |
| 7 | 4 57 | 5 07 | 5 15 | 5 21 | 5 27 | 5 31 | 5 38 | 5 43 | 5 47 | 5 50 | 5 53 | 5 56 | 5 57 | 5 58 |
| 11 | 5 06 | 5 14 | 5 21 | 5 26 | 5 30 | 5 34 | 5 39 | 5 43 | 5 46 | 5 48 | 5 50 | 5 51 | 5 51 | 5 51 |
| 15 | 5 14 | 5 21 | 5 26 | 5 30 | 5 34 | 5 36 | 5 40 | 5 43 | 5 45 | 5 46 | 5 47 | 5 46 | 5 46 | 5 45 |
| 19 | 5 22 | 5 28 | 5 31 | 5 34 | 5 37 | 5 39 | 5 41 | 5 43 | 5 44 | 5 44 | 5 43 | 5 42 | 5 40 | 5 38 |
| 23 | 5 30 | 5 34 | 5 37 | 5 39 | 5 40 | 5 41 | 5 43 | 5 43 | 5 43 | 5 42 | 5 40 | 5 37 | 5 35 | 5 32 |
| 27 | 5 38 | 5 40 | 5 42 | 5 43 | 5 43 | 5 44 | 5 44 | 5 43 | 5 41 | 5 39 | 5 36 | 5 32 | 5 29 | 5 25 |
| 31 | 5 46 | 5 47 | 5 47 | 5 47 | 5 46 | 5 46 | 5 45 | 5 43 | 5 40 | 5 37 | 5 33 | 5 27 | 5 23 | 5 19 |
| Apr. 4 | 5 54 | 5 53 | 5 52 | 5 51 | 5 50 | 5 48 | 5 46 | 5 43 | 5 39 | 5 35 | 5 29 | 5 22 | 5 18 | 5 12 |

### END OF EVENING CIVIL TWILIGHT

| Lat. | −55° | −50° | −45° | −40° | −35° | −30° | −20° | −10° | 0° | +10° | +20° | +30° | +35° | +40° |
|---|---|---|---|---|---|---|---|---|---|---|---|---|---|---|
| | h m | h m | h m | h m | h m | h m | h m | h m | h m | h m | h m | h m | h m | h m |
| Jan. −2 | 21 39 | 20 56 | 20 27 | 20 04 | 19 46 | 19 31 | 19 07 | 18 46 | 18 28 | 18 11 | 17 54 | 17 36 | 17 25 | 17 13 |
| 2 | 21 37 | 20 55 | 20 27 | 20 05 | 19 47 | 19 32 | 19 08 | 18 48 | 18 30 | 18 13 | 17 57 | 17 38 | 17 28 | 17 17 |
| 6 | 21 33 | 20 54 | 20 26 | 20 04 | 19 47 | 19 33 | 19 09 | 18 49 | 18 32 | 18 16 | 17 59 | 17 41 | 17 31 | 17 20 |
| 10 | 21 29 | 20 51 | 20 24 | 20 03 | 19 47 | 19 33 | 19 09 | 18 50 | 18 33 | 18 18 | 18 02 | 17 44 | 17 34 | 17 24 |
| 14 | 21 23 | 20 47 | 20 22 | 20 02 | 19 46 | 19 32 | 19 10 | 18 51 | 18 35 | 18 20 | 18 04 | 17 47 | 17 38 | 17 28 |
| 18 | 21 17 | 20 43 | 20 19 | 20 00 | 19 44 | 19 31 | 19 09 | 18 52 | 18 36 | 18 21 | 18 07 | 17 51 | 17 42 | 17 32 |
| 22 | 21 10 | 20 38 | 20 15 | 19 57 | 19 42 | 19 30 | 19 09 | 18 52 | 18 37 | 18 23 | 18 09 | 17 54 | 17 46 | 17 36 |
| 26 | 21 02 | 20 32 | 20 11 | 19 53 | 19 39 | 19 28 | 19 08 | 18 52 | 18 38 | 18 25 | 18 11 | 17 57 | 17 49 | 17 41 |
| 30 | 20 53 | 20 26 | 20 06 | 19 50 | 19 36 | 19 25 | 19 07 | 18 52 | 18 38 | 18 26 | 18 14 | 18 00 | 17 53 | 17 45 |
| Feb. 3 | 20 44 | 20 19 | 20 00 | 19 45 | 19 33 | 19 23 | 19 05 | 18 51 | 18 39 | 18 27 | 18 16 | 18 04 | 17 57 | 17 50 |
| 7 | 20 35 | 20 12 | 19 54 | 19 41 | 19 29 | 19 20 | 19 04 | 18 50 | 18 39 | 18 28 | 18 18 | 18 07 | 18 01 | 17 54 |
| 11 | 20 25 | 20 04 | 19 48 | 19 36 | 19 25 | 19 16 | 19 01 | 18 49 | 18 39 | 18 29 | 18 20 | 18 10 | 18 05 | 17 59 |
| 15 | 20 15 | 19 56 | 19 42 | 19 30 | 19 21 | 19 12 | 18 59 | 18 48 | 18 39 | 18 30 | 18 22 | 18 13 | 18 08 | 18 03 |
| 19 | 20 05 | 19 48 | 19 35 | 19 25 | 19 16 | 19 08 | 18 56 | 18 47 | 18 38 | 18 31 | 18 23 | 18 16 | 18 12 | 18 08 |
| 23 | 19 55 | 19 40 | 19 28 | 19 19 | 19 11 | 19 04 | 18 54 | 18 45 | 18 38 | 18 31 | 18 25 | 18 19 | 18 16 | 18 12 |
| 27 | 19 44 | 19 31 | 19 21 | 19 13 | 19 06 | 19 00 | 18 51 | 18 43 | 18 37 | 18 31 | 18 26 | 18 22 | 18 19 | 18 17 |
| Mar. 3 | 19 34 | 19 22 | 19 13 | 19 06 | 19 00 | 18 55 | 18 47 | 18 41 | 18 36 | 18 32 | 18 28 | 18 24 | 18 23 | 18 21 |
| 7 | 19 23 | 19 13 | 19 06 | 19 00 | 18 55 | 18 51 | 18 44 | 18 39 | 18 35 | 18 32 | 18 29 | 18 27 | 18 26 | 18 25 |
| 11 | 19 13 | 19 05 | 18 58 | 18 53 | 18 49 | 18 46 | 18 41 | 18 37 | 18 34 | 18 32 | 18 30 | 18 30 | 18 29 | 18 29 |
| 15 | 19 02 | 18 56 | 18 51 | 18 47 | 18 44 | 18 41 | 18 37 | 18 35 | 18 33 | 18 32 | 18 32 | 18 32 | 18 33 | 18 34 |
| 19 | 18 52 | 18 47 | 18 43 | 18 40 | 18 38 | 18 36 | 18 34 | 18 32 | 18 32 | 18 32 | 18 33 | 18 35 | 18 36 | 18 38 |
| 23 | 18 42 | 18 38 | 18 36 | 18 34 | 18 32 | 18 31 | 18 30 | 18 30 | 18 31 | 18 32 | 18 34 | 18 37 | 18 39 | 18 42 |
| 27 | 18 31 | 18 29 | 18 28 | 18 27 | 18 27 | 18 27 | 18 27 | 18 28 | 18 29 | 18 32 | 18 35 | 18 40 | 18 43 | 18 46 |
| 31 | 18 21 | 18 21 | 18 21 | 18 21 | 18 21 | 18 22 | 18 23 | 18 25 | 18 28 | 18 32 | 18 36 | 18 42 | 18 46 | 18 50 |
| Apr. 4 | 18 11 | 18 12 | 18 13 | 18 15 | 18 16 | 18 17 | 18 20 | 18 23 | 18 27 | 18 32 | 18 37 | 18 45 | 18 49 | 18 55 |

## UNIVERSAL TIME FOR MERIDIAN OF GREENWICH
### BEGINNING OF MORNING CIVIL TWILIGHT

| Lat. | +40° | +42° | +44° | +46° | +48° | +50° | +52° | +54° | +56° | +58° | +60° | +62° | +64° | +66° |
|---|---|---|---|---|---|---|---|---|---|---|---|---|---|---|
| | h m | h m | h m | h m | h m | h m | h m | h m | h m | h m | h m | h m | h m | h m |
| Jan. −2 | 6 51 | 6 56 | 7 01 | 7 07 | 7 13 | 7 20 | 7 27 | 7 36 | 7 45 | 7 55 | 8 06 | 8 19 | 8 35 | 8 55 |
| 2 | 6 52 | 6 57 | 7 02 | 7 08 | 7 14 | 7 20 | 7 28 | 7 35 | 7 44 | 7 54 | 8 05 | 8 18 | 8 34 | 8 52 |
| 6 | 6 52 | 6 57 | 7 02 | 7 07 | 7 13 | 7 20 | 7 27 | 7 34 | 7 43 | 7 53 | 8 03 | 8 16 | 8 31 | 8 48 |
| 10 | 6 52 | 6 56 | 7 01 | 7 07 | 7 12 | 7 18 | 7 25 | 7 33 | 7 41 | 7 50 | 8 00 | 8 12 | 8 26 | 8 43 |
| 14 | 6 51 | 6 55 | 7 00 | 7 05 | 7 11 | 7 16 | 7 23 | 7 30 | 7 38 | 7 46 | 7 56 | 8 07 | 8 21 | 8 36 |
| 18 | 6 49 | 6 54 | 6 58 | 7 03 | 7 08 | 7 14 | 7 20 | 7 26 | 7 34 | 7 42 | 7 51 | 8 02 | 8 14 | 8 28 |
| 22 | 6 47 | 6 51 | 6 56 | 7 00 | 7 05 | 7 10 | 7 16 | 7 22 | 7 29 | 7 37 | 7 45 | 7 55 | 8 06 | 8 20 |
| 26 | 6 45 | 6 49 | 6 53 | 6 57 | 7 01 | 7 06 | 7 11 | 7 17 | 7 23 | 7 30 | 7 38 | 7 47 | 7 58 | 8 10 |
| 30 | 6 42 | 6 45 | 6 49 | 6 53 | 6 57 | 7 01 | 7 06 | 7 12 | 7 17 | 7 24 | 7 31 | 7 39 | 7 48 | 7 59 |
| Feb. 3 | 6 38 | 6 41 | 6 45 | 6 48 | 6 52 | 6 56 | 7 01 | 7 05 | 7 10 | 7 16 | 7 23 | 7 30 | 7 38 | 7 48 |
| 7 | 6 34 | 6 37 | 6 40 | 6 43 | 6 47 | 6 50 | 6 54 | 6 59 | 7 03 | 7 08 | 7 14 | 7 20 | 7 27 | 7 36 |
| 11 | 6 30 | 6 33 | 6 35 | 6 38 | 6 41 | 6 44 | 6 48 | 6 51 | 6 55 | 7 00 | 7 04 | 7 10 | 7 16 | 7 23 |
| 15 | 6 25 | 6 28 | 6 30 | 6 32 | 6 35 | 6 37 | 6 40 | 6 43 | 6 47 | 6 51 | 6 55 | 6 59 | 7 04 | 7 10 |
| 19 | 6 20 | 6 22 | 6 24 | 6 26 | 6 28 | 6 30 | 6 33 | 6 35 | 6 38 | 6 41 | 6 44 | 6 48 | 6 52 | 6 57 |
| 23 | 6 15 | 6 17 | 6 18 | 6 20 | 6 21 | 6 23 | 6 25 | 6 27 | 6 29 | 6 31 | 6 34 | 6 36 | 6 40 | 6 43 |
| 27 | 6 09 | 6 11 | 6 12 | 6 13 | 6 14 | 6 15 | 6 17 | 6 18 | 6 19 | 6 21 | 6 23 | 6 25 | 6 27 | 6 29 |
| Mar. 3 | 6 04 | 6 04 | 6 05 | 6 06 | 6 07 | 6 07 | 6 08 | 6 09 | 6 10 | 6 11 | 6 11 | 6 12 | 6 13 | 6 14 |
| 7 | 5 58 | 5 58 | 5 58 | 5 58 | 5 59 | 5 59 | 5 59 | 5 59 | 6 00 | 6 00 | 6 00 | 6 00 | 6 00 | 6 00 |
| 11 | 5 51 | 5 51 | 5 51 | 5 51 | 5 51 | 5 51 | 5 50 | 5 50 | 5 49 | 5 49 | 5 48 | 5 47 | 5 46 | 5 45 |
| 15 | 5 45 | 5 45 | 5 44 | 5 43 | 5 43 | 5 42 | 5 41 | 5 40 | 5 39 | 5 38 | 5 36 | 5 34 | 5 32 | 5 29 |
| 19 | 5 38 | 5 38 | 5 37 | 5 36 | 5 35 | 5 33 | 5 32 | 5 30 | 5 28 | 5 26 | 5 24 | 5 21 | 5 18 | 5 14 |
| 23 | 5 32 | 5 31 | 5 29 | 5 28 | 5 26 | 5 24 | 5 22 | 5 20 | 5 18 | 5 15 | 5 11 | 5 08 | 5 03 | 4 58 |
| 27 | 5 25 | 5 24 | 5 22 | 5 20 | 5 18 | 5 16 | 5 13 | 5 10 | 5 07 | 5 03 | 4 59 | 4 54 | 4 48 | 4 42 |
| 31 | 5 19 | 5 17 | 5 15 | 5 12 | 5 10 | 5 07 | 5 03 | 5 00 | 4 56 | 4 51 | 4 46 | 4 40 | 4 33 | 4 25 |
| Apr. 4 | 5 12 | 5 10 | 5 07 | 5 04 | 5 01 | 4 58 | 4 54 | 4 50 | 4 45 | 4 40 | 4 33 | 4 26 | 4 18 | 4 08 |

### END OF EVENING CIVIL TWILIGHT

| Lat. | +40° | +42° | +44° | +46° | +48° | +50° | +52° | +54° | +56° | +58° | +60° | +62° | +64° | +66° |
|---|---|---|---|---|---|---|---|---|---|---|---|---|---|---|
| | h m | h m | h m | h m | h m | h m | h m | h m | h m | h m | h m | h m | h m | h m |
| Jan. −2 | 17 13 | 17 08 | 17 03 | 16 57 | 16 51 | 16 44 | 16 37 | 16 29 | 16 20 | 16 10 | 15 58 | 15 45 | 15 29 | 15 10 |
| 2 | 17 17 | 17 12 | 17 06 | 17 01 | 16 54 | 16 48 | 16 41 | 16 33 | 16 24 | 16 14 | 16 03 | 15 50 | 15 35 | 15 16 |
| 6 | 17 20 | 17 15 | 17 10 | 17 04 | 16 59 | 16 52 | 16 45 | 16 37 | 16 29 | 16 19 | 16 09 | 15 56 | 15 41 | 15 24 |
| 10 | 17 24 | 17 19 | 17 14 | 17 09 | 17 03 | 16 57 | 16 50 | 16 43 | 16 35 | 16 25 | 16 15 | 16 03 | 15 49 | 15 32 |
| 14 | 17 28 | 17 23 | 17 18 | 17 13 | 17 08 | 17 02 | 16 56 | 16 49 | 16 41 | 16 32 | 16 22 | 16 11 | 15 58 | 15 42 |
| 18 | 17 32 | 17 28 | 17 23 | 17 18 | 17 13 | 17 08 | 17 02 | 16 55 | 16 48 | 16 39 | 16 30 | 16 20 | 16 08 | 15 53 |
| 22 | 17 36 | 17 32 | 17 28 | 17 23 | 17 19 | 17 13 | 17 08 | 17 02 | 16 55 | 16 47 | 16 39 | 16 29 | 16 18 | 16 04 |
| 26 | 17 41 | 17 37 | 17 33 | 17 29 | 17 24 | 17 19 | 17 14 | 17 09 | 17 02 | 16 55 | 16 47 | 16 39 | 16 28 | 16 16 |
| 30 | 17 45 | 17 42 | 17 38 | 17 34 | 17 30 | 17 26 | 17 21 | 17 16 | 17 10 | 17 04 | 16 57 | 16 49 | 16 39 | 16 29 |
| Feb. 3 | 17 50 | 17 47 | 17 43 | 17 40 | 17 36 | 17 32 | 17 28 | 17 23 | 17 18 | 17 12 | 17 06 | 16 59 | 16 51 | 16 41 |
| 7 | 17 54 | 17 52 | 17 49 | 17 45 | 17 42 | 17 38 | 17 35 | 17 30 | 17 26 | 17 21 | 17 15 | 17 09 | 17 02 | 16 54 |
| 11 | 17 59 | 17 56 | 17 54 | 17 51 | 17 48 | 17 45 | 17 42 | 17 38 | 17 34 | 17 30 | 17 25 | 17 20 | 17 14 | 17 07 |
| 15 | 18 03 | 18 01 | 17 59 | 17 57 | 17 54 | 17 52 | 17 49 | 17 46 | 17 42 | 17 39 | 17 35 | 17 30 | 17 25 | 17 19 |
| 19 | 18 08 | 18 06 | 18 04 | 18 02 | 18 00 | 17 58 | 17 56 | 17 53 | 17 51 | 17 48 | 17 44 | 17 41 | 17 37 | 17 32 |
| 23 | 18 12 | 18 11 | 18 09 | 18 08 | 18 06 | 18 05 | 18 03 | 18 01 | 17 59 | 17 57 | 17 54 | 17 52 | 17 49 | 17 45 |
| 27 | 18 17 | 18 16 | 18 15 | 18 13 | 18 12 | 18 11 | 18 10 | 18 08 | 18 07 | 18 06 | 18 04 | 18 02 | 18 00 | 17 58 |
| Mar. 3 | 18 21 | 18 20 | 18 20 | 18 19 | 18 18 | 18 18 | 18 17 | 18 16 | 18 15 | 18 15 | 18 14 | 18 13 | 18 12 | 18 11 |
| 7 | 18 25 | 18 25 | 18 25 | 18 24 | 18 24 | 18 24 | 18 24 | 18 24 | 18 24 | 18 24 | 18 24 | 18 24 | 18 24 | 18 24 |
| 11 | 18 29 | 18 30 | 18 30 | 18 30 | 18 30 | 18 30 | 18 31 | 18 31 | 18 32 | 18 33 | 18 33 | 18 34 | 18 36 | 18 37 |
| 15 | 18 34 | 18 34 | 18 35 | 18 35 | 18 36 | 18 37 | 18 38 | 18 39 | 18 40 | 18 42 | 18 43 | 18 45 | 18 48 | 18 50 |
| 19 | 18 38 | 18 39 | 18 40 | 18 41 | 18 42 | 18 43 | 18 45 | 18 47 | 18 49 | 18 51 | 18 53 | 18 56 | 19 00 | 19 04 |
| 23 | 18 42 | 18 43 | 18 45 | 18 46 | 18 48 | 18 50 | 18 52 | 18 54 | 18 57 | 19 00 | 19 03 | 19 07 | 19 12 | 19 17 |
| 27 | 18 46 | 18 48 | 18 50 | 18 52 | 18 54 | 18 56 | 18 59 | 19 02 | 19 05 | 19 09 | 19 14 | 19 19 | 19 24 | 19 31 |
| 31 | 18 50 | 18 52 | 18 55 | 18 57 | 19 00 | 19 03 | 19 06 | 19 10 | 19 14 | 19 19 | 19 24 | 19 30 | 19 37 | 19 46 |
| Apr. 4 | 18 55 | 18 57 | 19 00 | 19 03 | 19 06 | 19 09 | 19 13 | 19 18 | 19 23 | 19 28 | 19 34 | 19 42 | 19 50 | 20 00 |

# CIVIL TWILIGHT, 2010

## UNIVERSAL TIME FOR MERIDIAN OF GREENWICH
### BEGINNING OF MORNING CIVIL TWILIGHT

| Lat. | −55° | −50° | −45° | −40° | −35° | −30° | −20° | −10° | 0° | +10° | +20° | +30° | +35° | +40° |
|---|---|---|---|---|---|---|---|---|---|---|---|---|---|---|
| | h m | h m | h m | h m | h m | h m | h m | h m | h m | h m | h m | h m | h m | h m |
| Mar. 31 | 5 46 | 5 47 | 5 47 | 5 47 | 5 46 | 5 46 | 5 45 | 5 43 | 5 40 | 5 37 | 5 33 | 5 27 | 5 23 | 5 19 |
| Apr. 4 | 5 54 | 5 53 | 5 52 | 5 51 | 5 50 | 5 48 | 5 46 | 5 43 | 5 39 | 5 35 | 5 29 | 5 22 | 5 18 | 5 12 |
| 8 | 6 01 | 5 59 | 5 57 | 5 55 | 5 53 | 5 51 | 5 47 | 5 42 | 5 38 | 5 32 | 5 26 | 5 17 | 5 12 | 5 06 |
| 12 | 6 08 | 6 05 | 6 01 | 5 59 | 5 56 | 5 53 | 5 48 | 5 42 | 5 37 | 5 30 | 5 22 | 5 12 | 5 06 | 4 59 |
| 16 | 6 16 | 6 11 | 6 06 | 6 02 | 5 59 | 5 55 | 5 49 | 5 42 | 5 36 | 5 28 | 5 19 | 5 08 | 5 01 | 4 53 |
| 20 | 6 23 | 6 17 | 6 11 | 6 06 | 6 02 | 5 58 | 5 50 | 5 42 | 5 34 | 5 26 | 5 16 | 5 03 | 4 56 | 4 47 |
| 24 | 6 30 | 6 22 | 6 16 | 6 10 | 6 05 | 6 00 | 5 51 | 5 42 | 5 34 | 5 24 | 5 13 | 4 59 | 4 51 | 4 41 |
| 28 | 6 37 | 6 28 | 6 20 | 6 14 | 6 08 | 6 02 | 5 52 | 5 43 | 5 33 | 5 22 | 5 10 | 4 55 | 4 46 | 4 35 |
| May 2 | 6 44 | 6 34 | 6 25 | 6 17 | 6 11 | 6 05 | 5 53 | 5 43 | 5 32 | 5 21 | 5 07 | 4 51 | 4 41 | 4 30 |
| 6 | 6 51 | 6 39 | 6 29 | 6 21 | 6 14 | 6 07 | 5 55 | 5 43 | 5 32 | 5 19 | 5 05 | 4 48 | 4 37 | 4 25 |
| 10 | 6 57 | 6 44 | 6 34 | 6 25 | 6 17 | 6 09 | 5 56 | 5 44 | 5 31 | 5 18 | 5 03 | 4 44 | 4 33 | 4 20 |
| 14 | 7 03 | 6 49 | 6 38 | 6 28 | 6 20 | 6 12 | 5 58 | 5 44 | 5 31 | 5 17 | 5 01 | 4 41 | 4 29 | 4 15 |
| 18 | 7 10 | 6 54 | 6 42 | 6 32 | 6 22 | 6 14 | 5 59 | 5 45 | 5 31 | 5 16 | 4 59 | 4 39 | 4 26 | 4 11 |
| 22 | 7 15 | 6 59 | 6 46 | 6 35 | 6 25 | 6 16 | 6 00 | 5 46 | 5 31 | 5 15 | 4 58 | 4 36 | 4 23 | 4 08 |
| 26 | 7 21 | 7 03 | 6 50 | 6 38 | 6 28 | 6 18 | 6 02 | 5 47 | 5 31 | 5 15 | 4 57 | 4 35 | 4 21 | 4 05 |
| 30 | 7 25 | 7 07 | 6 53 | 6 41 | 6 30 | 6 21 | 6 03 | 5 47 | 5 32 | 5 15 | 4 56 | 4 33 | 4 19 | 4 02 |
| June 3 | 7 30 | 7 11 | 6 56 | 6 43 | 6 32 | 6 23 | 6 05 | 5 48 | 5 32 | 5 15 | 4 56 | 4 32 | 4 17 | 4 00 |
| 7 | 7 33 | 7 14 | 6 59 | 6 46 | 6 35 | 6 24 | 6 06 | 5 49 | 5 33 | 5 15 | 4 55 | 4 31 | 4 16 | 3 59 |
| 11 | 7 37 | 7 17 | 7 01 | 6 48 | 6 36 | 6 26 | 6 07 | 5 50 | 5 33 | 5 16 | 4 55 | 4 31 | 4 16 | 3 58 |
| 15 | 7 39 | 7 19 | 7 03 | 6 50 | 6 38 | 6 27 | 6 09 | 5 51 | 5 34 | 5 16 | 4 56 | 4 31 | 4 16 | 3 58 |
| 19 | 7 41 | 7 21 | 7 04 | 6 51 | 6 39 | 6 29 | 6 10 | 5 52 | 5 35 | 5 17 | 4 56 | 4 32 | 4 16 | 3 58 |
| 23 | 7 42 | 7 21 | 7 05 | 6 52 | 6 40 | 6 29 | 6 11 | 5 53 | 5 36 | 5 18 | 4 57 | 4 32 | 4 17 | 3 59 |
| 27 | 7 42 | 7 22 | 7 06 | 6 52 | 6 41 | 6 30 | 6 11 | 5 54 | 5 37 | 5 19 | 4 58 | 4 34 | 4 18 | 4 00 |
| July 1 | 7 41 | 7 21 | 7 06 | 6 52 | 6 41 | 6 30 | 6 12 | 5 55 | 5 38 | 5 20 | 5 00 | 4 35 | 4 20 | 4 02 |
| 5 | 7 39 | 7 20 | 7 05 | 6 52 | 6 40 | 6 30 | 6 12 | 5 55 | 5 38 | 5 21 | 5 01 | 4 37 | 4 22 | 4 04 |

## END OF EVENING CIVIL TWILIGHT

| Lat. | −55° | −50° | −45° | −40° | −35° | −30° | −20° | −10° | 0° | +10° | +20° | +30° | +35° | +40° |
|---|---|---|---|---|---|---|---|---|---|---|---|---|---|---|
| | h m | h m | h m | h m | h m | h m | h m | h m | h m | h m | h m | h m | h m | h m |
| Mar. 31 | 18 21 | 18 21 | 18 21 | 18 21 | 18 21 | 18 22 | 18 23 | 18 25 | 18 28 | 18 32 | 18 36 | 18 42 | 18 46 | 18 50 |
| Apr. 4 | 18 11 | 18 12 | 18 13 | 18 15 | 18 16 | 18 17 | 18 20 | 18 23 | 18 27 | 18 32 | 18 37 | 18 45 | 18 49 | 18 55 |
| 8 | 18 02 | 18 04 | 18 06 | 18 08 | 18 11 | 18 13 | 18 17 | 18 21 | 18 26 | 18 32 | 18 38 | 18 47 | 18 52 | 18 59 |
| 12 | 17 52 | 17 56 | 17 59 | 18 02 | 18 05 | 18 08 | 18 14 | 18 19 | 18 25 | 18 32 | 18 40 | 18 50 | 18 56 | 19 03 |
| 16 | 17 43 | 17 48 | 17 53 | 17 57 | 18 00 | 18 04 | 18 11 | 18 17 | 18 24 | 18 32 | 18 41 | 18 52 | 18 59 | 19 07 |
| 20 | 17 34 | 17 41 | 17 46 | 17 51 | 17 56 | 18 00 | 18 08 | 18 15 | 18 23 | 18 32 | 18 42 | 18 55 | 19 03 | 19 12 |
| 24 | 17 25 | 17 33 | 17 40 | 17 46 | 17 51 | 17 56 | 18 05 | 18 14 | 18 23 | 18 33 | 18 44 | 18 58 | 19 06 | 19 16 |
| 28 | 17 17 | 17 26 | 17 34 | 17 41 | 17 47 | 17 52 | 18 03 | 18 12 | 18 22 | 18 33 | 18 45 | 19 01 | 19 10 | 19 21 |
| May 2 | 17 09 | 17 20 | 17 28 | 17 36 | 17 43 | 17 49 | 18 00 | 18 11 | 18 22 | 18 34 | 18 47 | 19 03 | 19 13 | 19 25 |
| 6 | 17 02 | 17 14 | 17 23 | 17 32 | 17 39 | 17 46 | 17 58 | 18 10 | 18 22 | 18 34 | 18 49 | 19 06 | 19 17 | 19 29 |
| 10 | 16 55 | 17 08 | 17 19 | 17 28 | 17 36 | 17 43 | 17 56 | 18 09 | 18 22 | 18 35 | 18 50 | 19 09 | 19 20 | 19 34 |
| 14 | 16 49 | 17 03 | 17 14 | 17 24 | 17 33 | 17 41 | 17 55 | 18 08 | 18 22 | 18 36 | 18 52 | 19 12 | 19 24 | 19 38 |
| 18 | 16 43 | 16 58 | 17 10 | 17 21 | 17 30 | 17 39 | 17 54 | 18 08 | 18 22 | 18 37 | 18 54 | 19 15 | 19 27 | 19 42 |
| 22 | 16 38 | 16 54 | 17 07 | 17 18 | 17 28 | 17 37 | 17 53 | 18 08 | 18 22 | 18 38 | 18 56 | 19 17 | 19 30 | 19 46 |
| 26 | 16 33 | 16 50 | 17 04 | 17 16 | 17 26 | 17 35 | 17 52 | 18 07 | 18 23 | 18 39 | 18 57 | 19 20 | 19 34 | 19 50 |
| 30 | 16 29 | 16 47 | 17 02 | 17 14 | 17 25 | 17 34 | 17 52 | 18 08 | 18 23 | 18 40 | 18 59 | 19 22 | 19 36 | 19 53 |
| June 3 | 16 26 | 16 45 | 17 00 | 17 13 | 17 24 | 17 34 | 17 51 | 18 08 | 18 24 | 18 41 | 19 01 | 19 25 | 19 39 | 19 56 |
| 7 | 16 24 | 16 43 | 16 59 | 17 12 | 17 23 | 17 33 | 17 51 | 18 08 | 18 25 | 18 43 | 19 02 | 19 27 | 19 41 | 19 59 |
| 11 | 16 23 | 16 42 | 16 58 | 17 11 | 17 23 | 17 33 | 17 52 | 18 09 | 18 26 | 18 44 | 19 04 | 19 28 | 19 44 | 20 01 |
| 15 | 16 22 | 16 42 | 16 58 | 17 11 | 17 23 | 17 34 | 17 52 | 18 10 | 18 27 | 18 45 | 19 05 | 19 30 | 19 45 | 20 03 |
| 19 | 16 22 | 16 42 | 16 58 | 17 12 | 17 24 | 17 34 | 17 53 | 18 10 | 18 28 | 18 46 | 19 06 | 19 31 | 19 46 | 20 05 |
| 23 | 16 23 | 16 43 | 16 59 | 17 13 | 17 24 | 17 35 | 17 54 | 18 11 | 18 28 | 18 47 | 19 07 | 19 32 | 19 47 | 20 06 |
| 27 | 16 25 | 16 44 | 17 00 | 17 14 | 17 26 | 17 36 | 17 55 | 18 12 | 18 29 | 18 47 | 19 08 | 19 32 | 19 48 | 20 06 |
| July 1 | 16 27 | 16 47 | 17 02 | 17 16 | 17 27 | 17 38 | 17 56 | 18 13 | 18 30 | 18 48 | 19 08 | 19 33 | 19 48 | 20 05 |
| 5 | 16 30 | 16 49 | 17 05 | 17 18 | 17 29 | 17 39 | 17 57 | 18 14 | 18 31 | 18 48 | 19 08 | 19 32 | 19 47 | 20 05 |

## UNIVERSAL TIME FOR MERIDIAN OF GREENWICH
### BEGINNING OF MORNING CIVIL TWILIGHT

| Lat. | +40° | +42° | +44° | +46° | +48° | +50° | +52° | +54° | +56° | +58° | +60° | +62° | +64° | +66° |
|---|---|---|---|---|---|---|---|---|---|---|---|---|---|---|
| | h m | h m | h m | h m | h m | h m | h m | h m | h m | h m | h m | h m | h m | h m |
| Mar. 31 | 5 19 | 5 17 | 5 15 | 5 12 | 5 10 | 5 07 | 5 03 | 5 00 | 4 56 | 4 51 | 4 46 | 4 40 | 4 33 | 4 25 |
| Apr. 4 | 5 12 | 5 10 | 5 07 | 5 04 | 5 01 | 4 58 | 4 54 | 4 50 | 4 45 | 4 40 | 4 33 | 4 26 | 4 18 | 4 08 |
| 8 | 5 06 | 5 03 | 5 00 | 4 56 | 4 53 | 4 49 | 4 44 | 4 40 | 4 34 | 4 28 | 4 21 | 4 12 | 4 03 | 3 51 |
| 12 | 4 59 | 4 56 | 4 53 | 4 49 | 4 45 | 4 40 | 4 35 | 4 29 | 4 23 | 4 16 | 4 08 | 3 58 | 3 47 | 3 33 |
| 16 | 4 53 | 4 49 | 4 45 | 4 41 | 4 36 | 4 31 | 4 26 | 4 19 | 4 12 | 4 04 | 3 55 | 3 44 | 3 31 | 3 15 |
| 20 | 4 47 | 4 43 | 4 38 | 4 34 | 4 28 | 4 23 | 4 16 | 4 09 | 4 01 | 3 52 | 3 42 | 3 29 | 3 14 | 2 56 |
| 24 | 4 41 | 4 36 | 4 32 | 4 26 | 4 21 | 4 14 | 4 07 | 3 59 | 3 51 | 3 40 | 3 28 | 3 14 | 2 57 | 2 36 |
| 28 | 4 35 | 4 30 | 4 25 | 4 19 | 4 13 | 4 06 | 3 58 | 3 50 | 3 40 | 3 29 | 3 15 | 2 59 | 2 40 | 2 14 |
| May 2 | 4 30 | 4 25 | 4 19 | 4 13 | 4 06 | 3 58 | 3 50 | 3 40 | 3 30 | 3 17 | 3 02 | 2 44 | 2 21 | 1 50 |
| 6 | 4 25 | 4 19 | 4 13 | 4 06 | 3 59 | 3 51 | 3 42 | 3 31 | 3 19 | 3 06 | 2 49 | 2 29 | 2 02 | 1 22 |
| 10 | 4 20 | 4 14 | 4 07 | 4 00 | 3 52 | 3 43 | 3 34 | 3 22 | 3 10 | 2 54 | 2 36 | 2 13 | 1 40 | 0 43 |
| 14 | 4 15 | 4 09 | 4 02 | 3 54 | 3 46 | 3 37 | 3 26 | 3 14 | 3 00 | 2 43 | 2 23 | 1 56 | 1 16 | // // |
| 18 | 4 11 | 4 05 | 3 57 | 3 49 | 3 40 | 3 30 | 3 19 | 3 06 | 2 51 | 2 33 | 2 10 | 1 39 | 0 44 | // // |
| 22 | 4 08 | 4 01 | 3 53 | 3 45 | 3 35 | 3 25 | 3 13 | 2 59 | 2 43 | 2 23 | 1 57 | 1 20 | // // | // // |
| 26 | 4 05 | 3 57 | 3 49 | 3 41 | 3 31 | 3 20 | 3 07 | 2 52 | 2 35 | 2 13 | 1 45 | 0 59 | // // | // // |
| 30 | 4 02 | 3 55 | 3 46 | 3 37 | 3 27 | 3 15 | 3 02 | 2 46 | 2 28 | 2 04 | 1 32 | 0 31 | // // | // // |
| June 3 | 4 00 | 3 52 | 3 44 | 3 34 | 3 24 | 3 12 | 2 58 | 2 42 | 2 22 | 1 57 | 1 21 | // // | // // | // // |
| 7 | 3 59 | 3 51 | 3 42 | 3 32 | 3 21 | 3 09 | 2 54 | 2 38 | 2 17 | 1 50 | 1 10 | // // | // // | // // |
| 11 | 3 58 | 3 50 | 3 41 | 3 31 | 3 20 | 3 07 | 2 52 | 2 35 | 2 13 | 1 45 | 1 01 | // // | // // | // // |
| 15 | 3 58 | 3 49 | 3 40 | 3 30 | 3 19 | 3 06 | 2 51 | 2 33 | 2 11 | 1 42 | 0 53 | // // | // // | ▢ |
| 19 | 3 58 | 3 50 | 3 40 | 3 30 | 3 19 | 3 06 | 2 51 | 2 33 | 2 10 | 1 40 | 0 49 | // // | // // | ▢ |
| 23 | 3 59 | 3 50 | 3 41 | 3 31 | 3 19 | 3 06 | 2 51 | 2 33 | 2 11 | 1 41 | 0 50 | // // | // // | ▢ |
| 27 | 4 00 | 3 52 | 3 43 | 3 32 | 3 21 | 3 08 | 2 53 | 2 35 | 2 13 | 1 44 | 0 55 | // // | // // | ▢ |
| July 1 | 4 02 | 3 54 | 3 45 | 3 35 | 3 23 | 3 11 | 2 56 | 2 38 | 2 17 | 1 48 | 1 03 | // // | // // | // // |
| 5 | 4 04 | 3 56 | 3 47 | 3 37 | 3 26 | 3 14 | 3 00 | 2 43 | 2 22 | 1 55 | 1 13 | // // | // // | // // |

### END OF EVENING CIVIL TWILIGHT

| Lat. | +40° | +42° | +44° | +46° | +48° | +50° | +52° | +54° | +56° | +58° | +60° | +62° | +64° | +66° |
|---|---|---|---|---|---|---|---|---|---|---|---|---|---|---|
| | h m | h m | h m | h m | h m | h m | h m | h m | h m | h m | h m | h m | h m | h m |
| Mar. 31 | 18 50 | 18 52 | 18 55 | 18 57 | 19 00 | 19 03 | 19 06 | 19 10 | 19 14 | 19 19 | 19 24 | 19 30 | 19 37 | 19 46 |
| Apr. 4 | 18 55 | 18 57 | 19 00 | 19 03 | 19 06 | 19 09 | 19 13 | 19 18 | 19 23 | 19 28 | 19 34 | 19 42 | 19 50 | 20 00 |
| 8 | 18 59 | 19 02 | 19 05 | 19 08 | 19 12 | 19 16 | 19 21 | 19 26 | 19 31 | 19 38 | 19 45 | 19 54 | 20 04 | 20 15 |
| 12 | 19 03 | 19 06 | 19 10 | 19 14 | 19 18 | 19 23 | 19 28 | 19 34 | 19 40 | 19 47 | 19 56 | 20 06 | 20 17 | 20 31 |
| 16 | 19 07 | 19 11 | 19 15 | 19 19 | 19 24 | 19 30 | 19 35 | 19 42 | 19 49 | 19 57 | 20 07 | 20 18 | 20 32 | 20 48 |
| 20 | 19 12 | 19 16 | 19 20 | 19 25 | 19 30 | 19 36 | 19 43 | 19 50 | 19 58 | 20 08 | 20 18 | 20 31 | 20 47 | 21 06 |
| 24 | 19 16 | 19 21 | 19 26 | 19 31 | 19 37 | 19 43 | 19 50 | 19 58 | 20 07 | 20 18 | 20 30 | 20 45 | 21 02 | 21 25 |
| 28 | 19 21 | 19 25 | 19 31 | 19 37 | 19 43 | 19 50 | 19 58 | 20 07 | 20 17 | 20 28 | 20 42 | 20 58 | 21 19 | 21 46 |
| May 2 | 19 25 | 19 30 | 19 36 | 19 42 | 19 49 | 19 57 | 20 05 | 20 15 | 20 26 | 20 39 | 20 54 | 21 13 | 21 36 | 22 09 |
| 6 | 19 29 | 19 35 | 19 41 | 19 48 | 19 55 | 20 04 | 20 13 | 20 24 | 20 36 | 20 50 | 21 07 | 21 28 | 21 56 | 22 39 |
| 10 | 19 34 | 19 40 | 19 46 | 19 54 | 20 02 | 20 11 | 20 20 | 20 32 | 20 45 | 21 01 | 21 19 | 21 44 | 22 17 | 23 25 |
| 14 | 19 38 | 19 44 | 19 51 | 19 59 | 20 08 | 20 17 | 20 28 | 20 40 | 20 54 | 21 11 | 21 32 | 22 00 | 22 43 | // // |
| 18 | 19 42 | 19 49 | 19 56 | 20 04 | 20 13 | 20 24 | 20 35 | 20 48 | 21 03 | 21 22 | 21 46 | 22 18 | 23 20 | // // |
| 22 | 19 46 | 19 53 | 20 01 | 20 09 | 20 19 | 20 30 | 20 42 | 20 56 | 21 12 | 21 33 | 21 59 | 22 38 | // // | // // |
| 26 | 19 50 | 19 57 | 20 05 | 20 14 | 20 24 | 20 35 | 20 48 | 21 03 | 21 21 | 21 43 | 22 12 | 23 00 | // // | // // |
| 30 | 19 53 | 20 01 | 20 09 | 20 19 | 20 29 | 20 41 | 20 54 | 21 10 | 21 29 | 21 52 | 22 25 | 23 34 | // // | // // |
| June 3 | 19 56 | 20 04 | 20 13 | 20 23 | 20 33 | 20 45 | 20 59 | 21 16 | 21 36 | 22 01 | 22 38 | // // | // // | // // |
| 7 | 19 59 | 20 07 | 20 16 | 20 26 | 20 37 | 20 49 | 21 04 | 21 21 | 21 42 | 22 09 | 22 50 | // // | // // | // // |
| 11 | 20 01 | 20 10 | 20 19 | 20 29 | 20 40 | 20 53 | 21 08 | 21 25 | 21 47 | 22 15 | 23 01 | // // | // // | // // |
| 15 | 20 03 | 20 12 | 20 21 | 20 31 | 20 42 | 20 55 | 21 10 | 21 28 | 21 50 | 22 20 | 23 09 | // // | // // | ▢ |
| 19 | 20 05 | 20 13 | 20 22 | 20 33 | 20 44 | 20 57 | 21 12 | 21 30 | 21 53 | 22 23 | 23 14 | // // | // // | ▢ |
| 23 | 20 06 | 20 14 | 20 23 | 20 33 | 20 45 | 20 58 | 21 13 | 21 31 | 21 53 | 22 23 | 23 14 | // // | // // | ▢ |
| 27 | 20 06 | 20 14 | 20 23 | 20 33 | 20 45 | 20 58 | 21 13 | 21 30 | 21 52 | 22 22 | 23 10 | // // | // // | ▢ |
| July 1 | 20 05 | 20 14 | 20 23 | 20 33 | 20 44 | 20 57 | 21 11 | 21 29 | 21 50 | 22 18 | 23 03 | // // | // // | // // |
| 5 | 20 05 | 20 13 | 20 21 | 20 31 | 20 42 | 20 55 | 21 09 | 21 26 | 21 46 | 22 13 | 22 53 | // // | // // | // // |

▢ indicates Sun continuously above horizon.
// // indicates continuous twilight.

# CIVIL TWILIGHT, 2010

## UNIVERSAL TIME FOR MERIDIAN OF GREENWICH
### BEGINNING OF MORNING CIVIL TWILIGHT

| Lat. | −55° | −50° | −45° | −40° | −35° | −30° | −20° | −10° | 0° | +10° | +20° | +30° | +35° | +40° |
|---|---|---|---|---|---|---|---|---|---|---|---|---|---|---|
| | h m | h m | h m | h m | h m | h m | h m | h m | h m | h m | h m | h m | h m | h m |
| July 1 | 7 41 | 7 21 | 7 06 | 6 52 | 6 41 | 6 30 | 6 12 | 5 55 | 5 38 | 5 20 | 5 00 | 4 35 | 4 20 | 4 02 |
| 5 | 7 39 | 7 20 | 7 05 | 6 52 | 6 40 | 6 30 | 6 12 | 5 55 | 5 38 | 5 21 | 5 01 | 4 37 | 4 22 | 4 04 |
| 9 | 7 37 | 7 18 | 7 03 | 6 51 | 6 40 | 6 30 | 6 12 | 5 56 | 5 39 | 5 22 | 5 02 | 4 39 | 4 24 | 4 07 |
| 13 | 7 34 | 7 16 | 7 02 | 6 49 | 6 39 | 6 29 | 6 12 | 5 56 | 5 40 | 5 23 | 5 04 | 4 41 | 4 27 | 4 10 |
| 17 | 7 30 | 7 13 | 6 59 | 6 47 | 6 37 | 6 28 | 6 11 | 5 56 | 5 40 | 5 24 | 5 06 | 4 43 | 4 30 | 4 13 |
| 21 | 7 26 | 7 09 | 6 56 | 6 45 | 6 35 | 6 26 | 6 10 | 5 56 | 5 41 | 5 25 | 5 07 | 4 46 | 4 33 | 4 17 |
| 25 | 7 20 | 7 05 | 6 53 | 6 42 | 6 33 | 6 24 | 6 09 | 5 55 | 5 41 | 5 26 | 5 09 | 4 48 | 4 36 | 4 21 |
| 29 | 7 14 | 7 00 | 6 49 | 6 39 | 6 30 | 6 22 | 6 08 | 5 55 | 5 41 | 5 27 | 5 11 | 4 51 | 4 39 | 4 25 |
| Aug. 2 | 7 08 | 6 55 | 6 44 | 6 35 | 6 27 | 6 20 | 6 06 | 5 54 | 5 41 | 5 28 | 5 12 | 4 54 | 4 42 | 4 29 |
| 6 | 7 01 | 6 49 | 6 39 | 6 31 | 6 24 | 6 17 | 6 04 | 5 53 | 5 41 | 5 28 | 5 14 | 4 56 | 4 46 | 4 33 |
| 10 | 6 54 | 6 43 | 6 34 | 6 27 | 6 20 | 6 14 | 6 02 | 5 51 | 5 40 | 5 29 | 5 15 | 4 59 | 4 49 | 4 37 |
| 14 | 6 46 | 6 36 | 6 29 | 6 22 | 6 16 | 6 10 | 6 00 | 5 50 | 5 40 | 5 29 | 5 17 | 5 01 | 4 52 | 4 41 |
| 18 | 6 37 | 6 29 | 6 23 | 6 17 | 6 11 | 6 06 | 5 57 | 5 48 | 5 39 | 5 29 | 5 18 | 5 04 | 4 55 | 4 45 |
| 22 | 6 29 | 6 22 | 6 16 | 6 11 | 6 07 | 6 02 | 5 54 | 5 47 | 5 38 | 5 30 | 5 19 | 5 06 | 4 59 | 4 50 |
| 26 | 6 20 | 6 14 | 6 10 | 6 06 | 6 02 | 5 58 | 5 51 | 5 45 | 5 38 | 5 30 | 5 20 | 5 09 | 5 02 | 4 54 |
| 30 | 6 10 | 6 06 | 6 03 | 6 00 | 5 57 | 5 54 | 5 48 | 5 42 | 5 36 | 5 30 | 5 21 | 5 11 | 5 05 | 4 58 |
| Sept. 3 | 6 01 | 5 58 | 5 56 | 5 53 | 5 51 | 5 49 | 5 45 | 5 40 | 5 35 | 5 29 | 5 22 | 5 14 | 5 08 | 5 02 |
| 7 | 5 51 | 5 50 | 5 49 | 5 47 | 5 46 | 5 44 | 5 41 | 5 38 | 5 34 | 5 29 | 5 23 | 5 16 | 5 11 | 5 06 |
| 11 | 5 41 | 5 41 | 5 41 | 5 41 | 5 40 | 5 40 | 5 38 | 5 36 | 5 33 | 5 29 | 5 24 | 5 18 | 5 14 | 5 10 |
| 15 | 5 31 | 5 33 | 5 34 | 5 34 | 5 35 | 5 35 | 5 34 | 5 33 | 5 31 | 5 29 | 5 25 | 5 20 | 5 17 | 5 14 |
| 19 | 5 21 | 5 24 | 5 26 | 5 28 | 5 29 | 5 30 | 5 31 | 5 31 | 5 30 | 5 28 | 5 26 | 5 23 | 5 20 | 5 17 |
| 23 | 5 10 | 5 15 | 5 18 | 5 21 | 5 23 | 5 25 | 5 27 | 5 28 | 5 28 | 5 28 | 5 27 | 5 25 | 5 23 | 5 21 |
| 27 | 5 00 | 5 06 | 5 11 | 5 14 | 5 17 | 5 20 | 5 23 | 5 26 | 5 27 | 5 28 | 5 28 | 5 27 | 5 26 | 5 25 |
| Oct. 1 | 4 49 | 4 57 | 5 03 | 5 08 | 5 11 | 5 15 | 5 20 | 5 23 | 5 26 | 5 28 | 5 29 | 5 29 | 5 29 | 5 29 |
| 5 | 4 39 | 4 48 | 4 55 | 5 01 | 5 06 | 5 10 | 5 16 | 5 21 | 5 24 | 5 27 | 5 30 | 5 32 | 5 32 | 5 33 |

### END OF EVENING CIVIL TWILIGHT

| | h m | h m | h m | h m | h m | h m | h m | h m | h m | h m | h m | h m | h m | h m |
|---|---|---|---|---|---|---|---|---|---|---|---|---|---|---|
| July 1 | 16 27 | 16 47 | 17 02 | 17 16 | 17 27 | 17 38 | 17 56 | 18 13 | 18 30 | 18 48 | 19 08 | 19 33 | 19 48 | 20 05 |
| 5 | 16 30 | 16 49 | 17 05 | 17 18 | 17 29 | 17 39 | 17 57 | 18 14 | 18 31 | 18 48 | 19 08 | 19 32 | 19 47 | 20 05 |
| 9 | 16 34 | 16 52 | 17 07 | 17 20 | 17 31 | 17 41 | 17 59 | 18 15 | 18 31 | 18 48 | 19 08 | 19 31 | 19 46 | 20 03 |
| 13 | 16 38 | 16 56 | 17 10 | 17 22 | 17 33 | 17 43 | 18 00 | 18 16 | 18 32 | 18 48 | 19 07 | 19 30 | 19 44 | 20 01 |
| 17 | 16 43 | 17 00 | 17 13 | 17 25 | 17 35 | 17 45 | 18 01 | 18 17 | 18 32 | 18 48 | 19 06 | 19 29 | 19 42 | 19 58 |
| 21 | 16 48 | 17 04 | 17 17 | 17 28 | 17 38 | 17 47 | 18 03 | 18 17 | 18 32 | 18 48 | 19 05 | 19 27 | 19 40 | 19 55 |
| 25 | 16 53 | 17 08 | 17 21 | 17 31 | 17 40 | 17 49 | 18 04 | 18 18 | 18 32 | 18 47 | 19 04 | 19 24 | 19 37 | 19 52 |
| 29 | 16 59 | 17 13 | 17 25 | 17 34 | 17 43 | 17 51 | 18 05 | 18 19 | 18 32 | 18 46 | 19 02 | 19 22 | 19 34 | 19 48 |
| Aug. 2 | 17 05 | 17 18 | 17 29 | 17 38 | 17 46 | 17 53 | 18 06 | 18 19 | 18 31 | 18 45 | 19 00 | 19 19 | 19 30 | 19 43 |
| 6 | 17 11 | 17 23 | 17 33 | 17 41 | 17 49 | 17 55 | 18 08 | 18 19 | 18 31 | 18 43 | 18 58 | 19 15 | 19 26 | 19 38 |
| 10 | 17 18 | 17 28 | 17 37 | 17 45 | 17 51 | 17 58 | 18 09 | 18 19 | 18 30 | 18 42 | 18 55 | 19 11 | 19 21 | 19 33 |
| 14 | 17 25 | 17 34 | 17 41 | 17 48 | 17 54 | 18 00 | 18 10 | 18 20 | 18 29 | 18 40 | 18 52 | 19 07 | 19 17 | 19 27 |
| 18 | 17 31 | 17 39 | 17 46 | 17 52 | 17 57 | 18 02 | 18 11 | 18 19 | 18 28 | 18 38 | 18 49 | 19 03 | 19 12 | 19 22 |
| 22 | 17 38 | 17 45 | 17 50 | 17 55 | 18 00 | 18 04 | 18 12 | 18 19 | 18 27 | 18 36 | 18 46 | 18 59 | 19 07 | 19 16 |
| 26 | 17 45 | 17 50 | 17 55 | 17 59 | 18 02 | 18 06 | 18 13 | 18 19 | 18 26 | 18 34 | 18 43 | 18 54 | 19 01 | 19 09 |
| 30 | 17 52 | 17 56 | 17 59 | 18 02 | 18 05 | 18 08 | 18 13 | 18 19 | 18 25 | 18 32 | 18 40 | 18 49 | 18 56 | 19 03 |
| Sept. 3 | 17 59 | 18 01 | 18 04 | 18 06 | 18 08 | 18 10 | 18 14 | 18 19 | 18 23 | 18 29 | 18 36 | 18 45 | 18 50 | 18 56 |
| 7 | 18 06 | 18 07 | 18 08 | 18 10 | 18 11 | 18 12 | 18 15 | 18 18 | 18 22 | 18 27 | 18 32 | 18 40 | 18 44 | 18 50 |
| 11 | 18 13 | 18 13 | 18 13 | 18 13 | 18 14 | 18 14 | 18 16 | 18 18 | 18 21 | 18 24 | 18 29 | 18 35 | 18 38 | 18 43 |
| 15 | 18 21 | 18 19 | 18 18 | 18 17 | 18 16 | 18 16 | 18 17 | 18 18 | 18 19 | 18 22 | 18 25 | 18 30 | 18 33 | 18 36 |
| 19 | 18 28 | 18 25 | 18 22 | 18 21 | 18 19 | 18 18 | 18 17 | 18 17 | 18 18 | 18 19 | 18 21 | 18 25 | 18 27 | 18 30 |
| 23 | 18 36 | 18 31 | 18 27 | 18 25 | 18 22 | 18 21 | 18 18 | 18 17 | 18 16 | 18 17 | 18 17 | 18 19 | 18 21 | 18 23 |
| 27 | 18 44 | 18 37 | 18 32 | 18 28 | 18 25 | 18 23 | 18 19 | 18 17 | 18 15 | 18 14 | 18 14 | 18 14 | 18 15 | 18 16 |
| Oct. 1 | 18 51 | 18 43 | 18 37 | 18 32 | 18 29 | 18 25 | 18 20 | 18 16 | 18 14 | 18 12 | 18 10 | 18 10 | 18 10 | 18 10 |
| 5 | 19 00 | 18 50 | 18 43 | 18 37 | 18 32 | 18 28 | 18 21 | 18 16 | 18 12 | 18 09 | 18 07 | 18 05 | 18 04 | 18 03 |

## UNIVERSAL TIME FOR MERIDIAN OF GREENWICH
### BEGINNING OF MORNING CIVIL TWILIGHT

| Lat. | +40° | +42° | +44° | +46° | +48° | +50° | +52° | +54° | +56° | +58° | +60° | +62° | +64° | +66° |
|---|---|---|---|---|---|---|---|---|---|---|---|---|---|---|
| | h m | h m | h m | h m | h m | h m | h m | h m | h m | h m | h m | h m | h m | h m |
| July 1 | 4 02 | 3 54 | 3 45 | 3 35 | 3 23 | 3 11 | 2 56 | 2 38 | 2 17 | 1 48 | 1 03 | // // | // // | // // |
| 5 | 4 04 | 3 56 | 3 47 | 3 37 | 3 26 | 3 14 | 3 00 | 2 43 | 2 22 | 1 55 | 1 13 | // // | // // | // // |
| 9 | 4 07 | 3 59 | 3 50 | 3 41 | 3 30 | 3 18 | 3 04 | 2 48 | 2 28 | 2 02 | 1 25 | // // | // // | // // |
| 13 | 4 10 | 4 02 | 3 54 | 3 45 | 3 34 | 3 23 | 3 09 | 2 54 | 2 35 | 2 11 | 1 38 | 0 29 | // // | // // |
| 17 | 4 13 | 4 06 | 3 58 | 3 49 | 3 39 | 3 28 | 3 15 | 3 00 | 2 42 | 2 20 | 1 51 | 1 02 | // // | // // |
| 21 | 4 17 | 4 10 | 4 02 | 3 54 | 3 44 | 3 33 | 3 21 | 3 07 | 2 51 | 2 30 | 2 04 | 1 25 | // // | // // |
| 25 | 4 21 | 4 14 | 4 07 | 3 58 | 3 49 | 3 39 | 3 28 | 3 15 | 2 59 | 2 41 | 2 17 | 1 44 | 0 42 | // // |
| 29 | 4 25 | 4 18 | 4 11 | 4 04 | 3 55 | 3 45 | 3 35 | 3 22 | 3 08 | 2 51 | 2 30 | 2 02 | 1 19 | // // |
| Aug. 2 | 4 29 | 4 23 | 4 16 | 4 09 | 4 01 | 3 52 | 3 42 | 3 30 | 3 17 | 3 02 | 2 43 | 2 18 | 1 44 | 0 34 |
| 6 | 4 33 | 4 27 | 4 21 | 4 14 | 4 07 | 3 58 | 3 49 | 3 39 | 3 26 | 3 12 | 2 55 | 2 34 | 2 06 | 1 22 |
| 10 | 4 37 | 4 32 | 4 26 | 4 20 | 4 13 | 4 05 | 3 56 | 3 47 | 3 36 | 3 23 | 3 07 | 2 49 | 2 25 | 1 51 |
| 14 | 4 41 | 4 36 | 4 31 | 4 25 | 4 19 | 4 12 | 4 04 | 3 55 | 3 45 | 3 33 | 3 19 | 3 03 | 2 42 | 2 15 |
| 18 | 4 45 | 4 41 | 4 36 | 4 31 | 4 25 | 4 18 | 4 11 | 4 03 | 3 54 | 3 43 | 3 31 | 3 16 | 2 58 | 2 36 |
| 22 | 4 50 | 4 45 | 4 41 | 4 36 | 4 31 | 4 25 | 4 18 | 4 11 | 4 03 | 3 53 | 3 42 | 3 29 | 3 14 | 2 54 |
| 26 | 4 54 | 4 50 | 4 46 | 4 41 | 4 37 | 4 31 | 4 25 | 4 19 | 4 11 | 4 03 | 3 53 | 3 42 | 3 28 | 3 12 |
| 30 | 4 58 | 4 54 | 4 51 | 4 47 | 4 42 | 4 38 | 4 32 | 4 27 | 4 20 | 4 13 | 4 04 | 3 54 | 3 42 | 3 28 |
| Sept. 3 | 5 02 | 4 59 | 4 56 | 4 52 | 4 48 | 4 44 | 4 39 | 4 34 | 4 29 | 4 22 | 4 15 | 4 06 | 3 56 | 3 43 |
| 7 | 5 06 | 5 03 | 5 00 | 4 57 | 4 54 | 4 50 | 4 46 | 4 42 | 4 37 | 4 31 | 4 25 | 4 17 | 4 09 | 3 58 |
| 11 | 5 10 | 5 07 | 5 05 | 5 03 | 5 00 | 4 57 | 4 53 | 4 50 | 4 45 | 4 40 | 4 35 | 4 29 | 4 21 | 4 13 |
| 15 | 5 14 | 5 12 | 5 10 | 5 08 | 5 05 | 5 03 | 5 00 | 4 57 | 4 53 | 4 49 | 4 45 | 4 40 | 4 34 | 4 26 |
| 19 | 5 17 | 5 16 | 5 15 | 5 13 | 5 11 | 5 09 | 5 07 | 5 04 | 5 02 | 4 58 | 4 55 | 4 51 | 4 46 | 4 40 |
| 23 | 5 21 | 5 20 | 5 19 | 5 18 | 5 17 | 5 15 | 5 14 | 5 12 | 5 10 | 5 07 | 5 04 | 5 01 | 4 58 | 4 53 |
| 27 | 5 25 | 5 25 | 5 24 | 5 23 | 5 22 | 5 21 | 5 20 | 5 19 | 5 18 | 5 16 | 5 14 | 5 12 | 5 09 | 5 06 |
| Oct. 1 | 5 29 | 5 29 | 5 29 | 5 28 | 5 28 | 5 27 | 5 27 | 5 26 | 5 26 | 5 25 | 5 24 | 5 22 | 5 21 | 5 19 |
| 5 | 5 33 | 5 33 | 5 33 | 5 33 | 5 34 | 5 34 | 5 34 | 5 34 | 5 33 | 5 33 | 5 33 | 5 33 | 5 32 | 5 32 |

### END OF EVENING CIVIL TWILIGHT

| | +40° | +42° | +44° | +46° | +48° | +50° | +52° | +54° | +56° | +58° | +60° | +62° | +64° | +66° |
|---|---|---|---|---|---|---|---|---|---|---|---|---|---|---|
| | h m | h m | h m | h m | h m | h m | h m | h m | h m | h m | h m | h m | h m | h m |
| July 1 | 20 05 | 20 14 | 20 23 | 20 33 | 20 44 | 20 57 | 21 11 | 21 29 | 21 50 | 22 18 | 23 03 | // // | // // | // // |
| 5 | 20 05 | 20 13 | 20 21 | 20 31 | 20 42 | 20 55 | 21 09 | 21 26 | 21 46 | 22 13 | 22 53 | // // | // // | // // |
| 9 | 20 03 | 20 11 | 20 20 | 20 29 | 20 40 | 20 52 | 21 06 | 21 22 | 21 42 | 22 07 | 22 43 | // // | // // | // // |
| 13 | 20 01 | 20 09 | 20 17 | 20 26 | 20 36 | 20 48 | 21 01 | 21 17 | 21 35 | 21 59 | 22 31 | 23 32 | // // | // // |
| 17 | 19 58 | 20 06 | 20 14 | 20 23 | 20 33 | 20 44 | 20 56 | 21 11 | 21 28 | 21 50 | 22 19 | 23 04 | // // | // // |
| 21 | 19 55 | 20 02 | 20 10 | 20 19 | 20 28 | 20 38 | 20 50 | 21 04 | 21 21 | 21 41 | 22 06 | 22 43 | // // | // // |
| 25 | 19 52 | 19 58 | 20 06 | 20 14 | 20 23 | 20 33 | 20 44 | 20 57 | 21 12 | 21 30 | 21 53 | 22 25 | 23 20 | // // |
| 29 | 19 48 | 19 54 | 20 01 | 20 09 | 20 17 | 20 26 | 20 37 | 20 49 | 21 03 | 21 20 | 21 40 | 22 07 | 22 48 | // // |
| Aug. 2 | 19 43 | 19 49 | 19 56 | 20 03 | 20 11 | 20 19 | 20 29 | 20 41 | 20 54 | 21 09 | 21 27 | 21 51 | 22 23 | 23 22 |
| 6 | 19 38 | 19 44 | 19 50 | 19 57 | 20 04 | 20 12 | 20 21 | 20 32 | 20 44 | 20 58 | 21 14 | 21 35 | 22 02 | 22 42 |
| 10 | 19 33 | 19 38 | 19 44 | 19 50 | 19 57 | 20 05 | 20 13 | 20 23 | 20 33 | 20 46 | 21 01 | 21 19 | 21 42 | 22 14 |
| 14 | 19 27 | 19 32 | 19 38 | 19 43 | 19 50 | 19 57 | 20 04 | 20 13 | 20 23 | 20 34 | 20 48 | 21 04 | 21 24 | 21 50 |
| 18 | 19 22 | 19 26 | 19 31 | 19 36 | 19 42 | 19 48 | 19 55 | 20 03 | 20 12 | 20 23 | 20 35 | 20 49 | 21 06 | 21 28 |
| 22 | 19 16 | 19 20 | 19 24 | 19 29 | 19 34 | 19 40 | 19 46 | 19 53 | 20 02 | 20 11 | 20 22 | 20 34 | 20 49 | 21 08 |
| 26 | 19 09 | 19 13 | 19 17 | 19 21 | 19 26 | 19 31 | 19 37 | 19 43 | 19 51 | 19 59 | 20 08 | 20 19 | 20 33 | 20 49 |
| 30 | 19 03 | 19 06 | 19 10 | 19 14 | 19 18 | 19 22 | 19 28 | 19 33 | 19 40 | 19 47 | 19 55 | 20 05 | 20 17 | 20 30 |
| Sept. 3 | 18 56 | 18 59 | 19 02 | 19 06 | 19 09 | 19 13 | 19 18 | 19 23 | 19 29 | 19 35 | 19 42 | 19 51 | 20 01 | 20 12 |
| 7 | 18 50 | 18 52 | 18 55 | 18 58 | 19 01 | 19 05 | 19 08 | 19 13 | 19 18 | 19 23 | 19 29 | 19 37 | 19 45 | 19 55 |
| 11 | 18 43 | 18 45 | 18 47 | 18 50 | 18 53 | 18 55 | 18 59 | 19 02 | 19 07 | 19 11 | 19 17 | 19 23 | 19 30 | 19 38 |
| 15 | 18 36 | 18 38 | 18 40 | 18 42 | 18 44 | 18 46 | 18 49 | 18 52 | 18 56 | 18 59 | 19 04 | 19 09 | 19 15 | 19 22 |
| 19 | 18 30 | 18 31 | 18 32 | 18 34 | 18 36 | 18 37 | 18 40 | 18 42 | 18 45 | 18 48 | 18 51 | 18 55 | 19 00 | 19 05 |
| 23 | 18 23 | 18 24 | 18 25 | 18 26 | 18 27 | 18 29 | 18 30 | 18 32 | 18 34 | 18 36 | 18 39 | 18 42 | 18 45 | 18 50 |
| 27 | 18 16 | 18 17 | 18 17 | 18 18 | 18 19 | 18 20 | 18 21 | 18 22 | 18 23 | 18 25 | 18 26 | 18 29 | 18 31 | 18 34 |
| Oct. 1 | 18 10 | 18 10 | 18 10 | 18 10 | 18 11 | 18 11 | 18 11 | 18 12 | 18 13 | 18 13 | 18 14 | 18 15 | 18 17 | 18 18 |
| 5 | 18 03 | 18 03 | 18 03 | 18 03 | 18 02 | 18 02 | 18 02 | 18 02 | 18 02 | 18 02 | 18 02 | 18 03 | 18 03 | 18 03 |

// // indicates continuous twilight.

# CIVIL TWILIGHT, 2010

## UNIVERSAL TIME FOR MERIDIAN OF GREENWICH
### BEGINNING OF MORNING CIVIL TWILIGHT

| Lat. | −55° | −50° | −45° | −40° | −35° | −30° | −20° | −10° | 0° | +10° | +20° | +30° | +35° | +40° |
|---|---|---|---|---|---|---|---|---|---|---|---|---|---|---|
| | h m | h m | h m | h m | h m | h m | h m | h m | h m | h m | h m | h m | h m | h m |
| Oct. 1 | 4 49 | 4 57 | 5 03 | 5 08 | 5 11 | 5 15 | 5 20 | 5 23 | 5 26 | 5 28 | 5 29 | 5 29 | 5 29 | 5 29 |
| 5 | 4 39 | 4 48 | 4 55 | 5 01 | 5 06 | 5 10 | 5 16 | 5 21 | 5 24 | 5 27 | 5 30 | 5 32 | 5 32 | 5 33 |
| 9 | 4 28 | 4 39 | 4 48 | 4 55 | 5 00 | 5 05 | 5 13 | 5 18 | 5 23 | 5 27 | 5 31 | 5 34 | 5 35 | 5 37 |
| 13 | 4 18 | 4 30 | 4 40 | 4 48 | 4 55 | 5 00 | 5 09 | 5 16 | 5 22 | 5 27 | 5 32 | 5 36 | 5 39 | 5 41 |
| 17 | 4 07 | 4 22 | 4 33 | 4 42 | 4 49 | 4 56 | 5 06 | 5 14 | 5 21 | 5 27 | 5 33 | 5 39 | 5 42 | 5 45 |
| 21 | 3 57 | 4 13 | 4 26 | 4 36 | 4 44 | 4 51 | 5 03 | 5 12 | 5 20 | 5 28 | 5 34 | 5 41 | 5 45 | 5 49 |
| 25 | 3 47 | 4 05 | 4 19 | 4 30 | 4 39 | 4 47 | 5 00 | 5 10 | 5 20 | 5 28 | 5 36 | 5 44 | 5 49 | 5 53 |
| 29 | 3 36 | 3 57 | 4 12 | 4 24 | 4 34 | 4 43 | 4 57 | 5 09 | 5 19 | 5 28 | 5 37 | 5 47 | 5 52 | 5 57 |
| Nov. 2 | 3 27 | 3 49 | 4 05 | 4 19 | 4 30 | 4 39 | 4 55 | 5 08 | 5 19 | 5 29 | 5 39 | 5 50 | 5 56 | 6 02 |
| 6 | 3 17 | 3 41 | 3 59 | 4 14 | 4 26 | 4 36 | 4 53 | 5 07 | 5 19 | 5 30 | 5 41 | 5 53 | 5 59 | 6 06 |
| 10 | 3 08 | 3 34 | 3 54 | 4 09 | 4 22 | 4 33 | 4 51 | 5 06 | 5 19 | 5 31 | 5 43 | 5 56 | 6 03 | 6 10 |
| 14 | 2 59 | 3 27 | 3 49 | 4 05 | 4 19 | 4 31 | 4 50 | 5 05 | 5 19 | 5 32 | 5 45 | 5 59 | 6 06 | 6 15 |
| 18 | 2 51 | 3 21 | 3 44 | 4 02 | 4 16 | 4 28 | 4 48 | 5 05 | 5 20 | 5 33 | 5 47 | 6 02 | 6 10 | 6 19 |
| 22 | 2 43 | 3 16 | 3 40 | 3 58 | 4 14 | 4 27 | 4 48 | 5 05 | 5 20 | 5 35 | 5 49 | 6 05 | 6 14 | 6 23 |
| 26 | 2 36 | 3 11 | 3 36 | 3 56 | 4 12 | 4 25 | 4 47 | 5 05 | 5 21 | 5 37 | 5 52 | 6 08 | 6 17 | 6 27 |
| 30 | 2 30 | 3 07 | 3 34 | 3 54 | 4 11 | 4 24 | 4 47 | 5 06 | 5 23 | 5 38 | 5 54 | 6 11 | 6 21 | 6 31 |
| Dec. 4 | 2 25 | 3 04 | 3 32 | 3 53 | 4 10 | 4 24 | 4 48 | 5 07 | 5 24 | 5 40 | 5 57 | 6 14 | 6 24 | 6 35 |
| 8 | 2 21 | 3 02 | 3 30 | 3 52 | 4 10 | 4 24 | 4 48 | 5 08 | 5 26 | 5 42 | 5 59 | 6 17 | 6 27 | 6 39 |
| 12 | 2 19 | 3 01 | 3 30 | 3 52 | 4 10 | 4 25 | 4 49 | 5 10 | 5 27 | 5 44 | 6 01 | 6 20 | 6 30 | 6 42 |
| 16 | 2 18 | 3 01 | 3 30 | 3 53 | 4 11 | 4 26 | 4 51 | 5 11 | 5 29 | 5 46 | 6 04 | 6 22 | 6 33 | 6 45 |
| 20 | 2 18 | 3 02 | 3 31 | 3 54 | 4 12 | 4 28 | 4 53 | 5 13 | 5 31 | 5 48 | 6 06 | 6 25 | 6 35 | 6 47 |
| 24 | 2 20 | 3 04 | 3 34 | 3 56 | 4 14 | 4 30 | 4 55 | 5 15 | 5 33 | 5 50 | 6 08 | 6 27 | 6 37 | 6 49 |
| 28 | 2 24 | 3 07 | 3 36 | 3 59 | 4 17 | 4 32 | 4 57 | 5 17 | 5 35 | 5 52 | 6 10 | 6 28 | 6 39 | 6 50 |
| 32 | 2 29 | 3 11 | 3 40 | 4 02 | 4 20 | 4 35 | 4 59 | 5 19 | 5 37 | 5 54 | 6 11 | 6 30 | 6 40 | 6 51 |
| 36 | 2 35 | 3 16 | 3 44 | 4 06 | 4 23 | 4 38 | 5 02 | 5 22 | 5 39 | 5 56 | 6 12 | 6 30 | 6 41 | 6 52 |

## END OF EVENING CIVIL TWILIGHT

| Lat. | −55° | −50° | −45° | −40° | −35° | −30° | −20° | −10° | 0° | +10° | +20° | +30° | +35° | +40° |
|---|---|---|---|---|---|---|---|---|---|---|---|---|---|---|
| | h m | h m | h m | h m | h m | h m | h m | h m | h m | h m | h m | h m | h m | h m |
| Oct. 1 | 18 51 | 18 43 | 18 37 | 18 32 | 18 29 | 18 25 | 18 20 | 18 16 | 18 14 | 18 12 | 18 10 | 18 10 | 18 10 | 18 10 |
| 5 | 19 00 | 18 50 | 18 43 | 18 37 | 18 32 | 18 28 | 18 21 | 18 16 | 18 12 | 18 09 | 18 07 | 18 05 | 18 04 | 18 03 |
| 9 | 19 08 | 18 57 | 18 48 | 18 41 | 18 35 | 18 30 | 18 22 | 18 16 | 18 11 | 18 07 | 18 04 | 18 00 | 17 59 | 17 57 |
| 13 | 19 16 | 19 03 | 18 53 | 18 45 | 18 39 | 18 33 | 18 24 | 18 16 | 18 10 | 18 05 | 18 00 | 17 56 | 17 53 | 17 51 |
| 17 | 19 25 | 19 10 | 18 59 | 18 50 | 18 42 | 18 36 | 18 25 | 18 17 | 18 10 | 18 03 | 17 57 | 17 51 | 17 48 | 17 45 |
| 21 | 19 34 | 19 17 | 19 05 | 18 54 | 18 46 | 18 39 | 18 27 | 18 17 | 18 09 | 18 02 | 17 55 | 17 47 | 17 44 | 17 40 |
| 25 | 19 43 | 19 25 | 19 11 | 18 59 | 18 50 | 18 42 | 18 29 | 18 18 | 18 09 | 18 00 | 17 52 | 17 44 | 17 39 | 17 34 |
| 29 | 19 53 | 19 32 | 19 17 | 19 04 | 18 54 | 18 45 | 18 30 | 18 19 | 18 08 | 17 59 | 17 50 | 17 40 | 17 35 | 17 29 |
| Nov. 2 | 20 02 | 19 40 | 19 23 | 19 09 | 18 58 | 18 48 | 18 32 | 18 20 | 18 08 | 17 58 | 17 48 | 17 37 | 17 31 | 17 25 |
| 6 | 20 12 | 19 47 | 19 29 | 19 14 | 19 02 | 18 52 | 18 35 | 18 21 | 18 09 | 17 57 | 17 46 | 17 34 | 17 28 | 17 21 |
| 10 | 20 22 | 19 55 | 19 35 | 19 19 | 19 06 | 18 55 | 18 37 | 18 22 | 18 09 | 17 57 | 17 45 | 17 32 | 17 25 | 17 17 |
| 14 | 20 32 | 20 03 | 19 41 | 19 24 | 19 11 | 18 59 | 18 40 | 18 24 | 18 10 | 17 57 | 17 44 | 17 30 | 17 22 | 17 14 |
| 18 | 20 41 | 20 10 | 19 47 | 19 29 | 19 15 | 19 02 | 18 42 | 18 25 | 18 11 | 17 57 | 17 43 | 17 28 | 17 20 | 17 11 |
| 22 | 20 51 | 20 17 | 19 53 | 19 34 | 19 19 | 19 06 | 18 45 | 18 27 | 18 12 | 17 57 | 17 43 | 17 27 | 17 18 | 17 09 |
| 26 | 21 00 | 20 24 | 19 59 | 19 39 | 19 23 | 19 10 | 18 47 | 18 29 | 18 13 | 17 58 | 17 43 | 17 26 | 17 17 | 17 07 |
| 30 | 21 09 | 20 31 | 20 04 | 19 44 | 19 27 | 19 13 | 18 50 | 18 31 | 18 15 | 17 59 | 17 43 | 17 26 | 17 16 | 17 06 |
| Dec. 4 | 21 16 | 20 37 | 20 09 | 19 48 | 19 31 | 19 16 | 18 53 | 18 33 | 18 16 | 18 00 | 17 44 | 17 26 | 17 16 | 17 05 |
| 8 | 21 23 | 20 42 | 20 14 | 19 52 | 19 34 | 19 20 | 18 55 | 18 36 | 18 18 | 18 01 | 17 45 | 17 26 | 17 16 | 17 05 |
| 12 | 21 29 | 20 47 | 20 18 | 19 56 | 19 38 | 19 23 | 18 58 | 18 38 | 18 20 | 18 03 | 17 46 | 17 27 | 17 17 | 17 05 |
| 16 | 21 34 | 20 51 | 20 21 | 19 59 | 19 40 | 19 25 | 19 00 | 18 40 | 18 22 | 18 05 | 17 47 | 17 29 | 17 18 | 17 06 |
| 20 | 21 37 | 20 53 | 20 24 | 20 01 | 19 43 | 19 27 | 19 02 | 18 42 | 18 24 | 18 07 | 17 49 | 17 30 | 17 20 | 17 08 |
| 24 | 21 39 | 20 55 | 20 25 | 20 03 | 19 45 | 19 29 | 19 04 | 18 44 | 18 26 | 18 09 | 17 51 | 17 32 | 17 22 | 17 10 |
| 28 | 21 39 | 20 56 | 20 26 | 20 04 | 19 46 | 19 31 | 19 06 | 18 46 | 18 28 | 18 11 | 17 54 | 17 35 | 17 24 | 17 13 |
| 32 | 21 37 | 20 56 | 20 27 | 20 05 | 19 47 | 19 32 | 19 07 | 18 47 | 18 30 | 18 13 | 17 56 | 17 37 | 17 27 | 17 16 |
| 36 | 21 35 | 20 54 | 20 26 | 20 05 | 19 47 | 19 32 | 19 08 | 18 49 | 18 31 | 18 15 | 17 58 | 17 40 | 17 30 | 17 19 |

## UNIVERSAL TIME FOR MERIDIAN OF GREENWICH
### BEGINNING OF MORNING CIVIL TWILIGHT

| Lat. | +40° | +42° | +44° | +46° | +48° | +50° | +52° | +54° | +56° | +58° | +60° | +62° | +64° | +66° |
|---|---|---|---|---|---|---|---|---|---|---|---|---|---|---|
| | h m | h m | h m | h m | h m | h m | h m | h m | h m | h m | h m | h m | h m | h m |
| Oct. 1 | 5 29 | 5 29 | 5 29 | 5 28 | 5 28 | 5 27 | 5 27 | 5 26 | 5 26 | 5 25 | 5 24 | 5 22 | 5 21 | 5 19 |
| 5 | 5 33 | 5 33 | 5 33 | 5 33 | 5 34 | 5 34 | 5 34 | 5 34 | 5 33 | 5 33 | 5 33 | 5 33 | 5 32 | 5 32 |
| 9 | 5 37 | 5 37 | 5 38 | 5 39 | 5 39 | 5 40 | 5 40 | 5 41 | 5 41 | 5 42 | 5 43 | 5 43 | 5 44 | 5 44 |
| 13 | 5 41 | 5 42 | 5 43 | 5 44 | 5 45 | 5 46 | 5 47 | 5 48 | 5 49 | 5 51 | 5 52 | 5 53 | 5 55 | 5 57 |
| 17 | 5 45 | 5 46 | 5 48 | 5 49 | 5 50 | 5 52 | 5 54 | 5 55 | 5 57 | 5 59 | 6 01 | 6 04 | 6 06 | 6 09 |
| 21 | 5 49 | 5 51 | 5 52 | 5 54 | 5 56 | 5 58 | 6 00 | 6 03 | 6 05 | 6 08 | 6 11 | 6 14 | 6 18 | 6 22 |
| 25 | 5 53 | 5 55 | 5 57 | 6 00 | 6 02 | 6 04 | 6 07 | 6 10 | 6 13 | 6 16 | 6 20 | 6 24 | 6 29 | 6 34 |
| 29 | 5 57 | 6 00 | 6 02 | 6 05 | 6 08 | 6 11 | 6 14 | 6 17 | 6 21 | 6 25 | 6 30 | 6 35 | 6 40 | 6 47 |
| Nov. 2 | 6 02 | 6 04 | 6 07 | 6 10 | 6 14 | 6 17 | 6 21 | 6 25 | 6 29 | 6 34 | 6 39 | 6 45 | 6 52 | 6 59 |
| 6 | 6 06 | 6 09 | 6 12 | 6 16 | 6 19 | 6 23 | 6 27 | 6 32 | 6 37 | 6 42 | 6 48 | 6 55 | 7 03 | 7 12 |
| 10 | 6 10 | 6 14 | 6 17 | 6 21 | 6 25 | 6 29 | 6 34 | 6 39 | 6 44 | 6 51 | 6 57 | 7 05 | 7 14 | 7 24 |
| 14 | 6 15 | 6 18 | 6 22 | 6 26 | 6 31 | 6 35 | 6 40 | 6 46 | 6 52 | 6 59 | 7 06 | 7 15 | 7 25 | 7 36 |
| 18 | 6 19 | 6 23 | 6 27 | 6 32 | 6 36 | 6 41 | 6 47 | 6 53 | 6 59 | 7 07 | 7 15 | 7 24 | 7 35 | 7 48 |
| 22 | 6 23 | 6 28 | 6 32 | 6 37 | 6 42 | 6 47 | 6 53 | 6 59 | 7 07 | 7 14 | 7 23 | 7 34 | 7 45 | 7 59 |
| 26 | 6 27 | 6 32 | 6 37 | 6 42 | 6 47 | 6 53 | 6 59 | 7 06 | 7 13 | 7 22 | 7 31 | 7 42 | 7 55 | 8 10 |
| 30 | 6 31 | 6 36 | 6 41 | 6 46 | 6 52 | 6 58 | 7 04 | 7 12 | 7 20 | 7 29 | 7 39 | 7 50 | 8 04 | 8 20 |
| Dec. 4 | 6 35 | 6 40 | 6 45 | 6 51 | 6 56 | 7 03 | 7 10 | 7 17 | 7 25 | 7 35 | 7 45 | 7 58 | 8 12 | 8 29 |
| 8 | 6 39 | 6 44 | 6 49 | 6 54 | 7 01 | 7 07 | 7 14 | 7 22 | 7 31 | 7 40 | 7 51 | 8 04 | 8 19 | 8 38 |
| 12 | 6 42 | 6 47 | 6 52 | 6 58 | 7 04 | 7 11 | 7 18 | 7 26 | 7 35 | 7 45 | 7 56 | 8 10 | 8 25 | 8 44 |
| 16 | 6 45 | 6 50 | 6 55 | 7 01 | 7 07 | 7 14 | 7 22 | 7 30 | 7 39 | 7 49 | 8 00 | 8 14 | 8 30 | 8 49 |
| 20 | 6 47 | 6 52 | 6 58 | 7 04 | 7 10 | 7 17 | 7 24 | 7 32 | 7 42 | 7 52 | 8 03 | 8 17 | 8 33 | 8 53 |
| 24 | 6 49 | 6 54 | 7 00 | 7 06 | 7 12 | 7 19 | 7 26 | 7 34 | 7 43 | 7 54 | 8 05 | 8 19 | 8 35 | 8 55 |
| 28 | 6 50 | 6 56 | 7 01 | 7 07 | 7 13 | 7 20 | 7 27 | 7 35 | 7 44 | 7 55 | 8 06 | 8 20 | 8 35 | 8 55 |
| 32 | 6 51 | 6 56 | 7 02 | 7 08 | 7 14 | 7 20 | 7 28 | 7 36 | 7 44 | 7 54 | 8 06 | 8 19 | 8 34 | 8 53 |
| 36 | 6 52 | 6 57 | 7 02 | 7 08 | 7 14 | 7 20 | 7 27 | 7 35 | 7 43 | 7 53 | 8 04 | 8 17 | 8 32 | 8 50 |

### END OF EVENING CIVIL TWILIGHT

| Lat. | +40° | +42° | +44° | +46° | +48° | +50° | +52° | +54° | +56° | +58° | +60° | +62° | +64° | +66° |
|---|---|---|---|---|---|---|---|---|---|---|---|---|---|---|
| | h m | h m | h m | h m | h m | h m | h m | h m | h m | h m | h m | h m | h m | h m |
| Oct. 1 | 18 10 | 18 10 | 18 10 | 18 10 | 18 11 | 18 11 | 18 11 | 18 12 | 18 13 | 18 13 | 18 14 | 18 15 | 18 17 | 18 18 |
| 5 | 18 03 | 18 03 | 18 03 | 18 03 | 18 02 | 18 02 | 18 02 | 18 02 | 18 02 | 18 02 | 18 02 | 18 03 | 18 03 | 18 03 |
| 9 | 17 57 | 17 56 | 17 56 | 17 55 | 17 55 | 17 54 | 17 53 | 17 53 | 17 52 | 17 51 | 17 51 | 17 50 | 17 49 | 17 49 |
| 13 | 17 51 | 17 50 | 17 49 | 17 48 | 17 47 | 17 46 | 17 45 | 17 43 | 17 42 | 17 41 | 17 39 | 17 38 | 17 36 | 17 34 |
| 17 | 17 45 | 17 44 | 17 42 | 17 41 | 17 39 | 17 38 | 17 36 | 17 34 | 17 33 | 17 30 | 17 28 | 17 26 | 17 23 | 17 20 |
| 21 | 17 40 | 17 38 | 17 36 | 17 34 | 17 32 | 17 30 | 17 28 | 17 26 | 17 23 | 17 20 | 17 17 | 17 14 | 17 10 | 17 06 |
| 25 | 17 34 | 17 32 | 17 30 | 17 28 | 17 25 | 17 23 | 17 20 | 17 17 | 17 14 | 17 11 | 17 07 | 17 03 | 16 58 | 16 52 |
| 29 | 17 29 | 17 27 | 17 24 | 17 22 | 17 19 | 17 16 | 17 13 | 17 09 | 17 06 | 17 01 | 16 57 | 16 52 | 16 46 | 16 39 |
| Nov. 2 | 17 25 | 17 22 | 17 19 | 17 16 | 17 13 | 17 09 | 17 06 | 17 02 | 16 57 | 16 53 | 16 47 | 16 41 | 16 34 | 16 26 |
| 6 | 17 21 | 17 18 | 17 14 | 17 11 | 17 07 | 17 03 | 16 59 | 16 55 | 16 50 | 16 44 | 16 38 | 16 31 | 16 23 | 16 14 |
| 10 | 17 17 | 17 14 | 17 10 | 17 06 | 17 02 | 16 58 | 16 53 | 16 48 | 16 43 | 16 36 | 16 30 | 16 22 | 16 13 | 16 03 |
| 14 | 17 14 | 17 10 | 17 06 | 17 02 | 16 58 | 16 53 | 16 48 | 16 42 | 16 36 | 16 29 | 16 22 | 16 13 | 16 03 | 15 52 |
| 18 | 17 11 | 17 07 | 17 03 | 16 58 | 16 54 | 16 48 | 16 43 | 16 37 | 16 30 | 16 23 | 16 15 | 16 05 | 15 54 | 15 41 |
| 22 | 17 09 | 17 04 | 17 00 | 16 55 | 16 50 | 16 45 | 16 39 | 16 32 | 16 25 | 16 17 | 16 08 | 15 58 | 15 46 | 15 32 |
| 26 | 17 07 | 17 02 | 16 58 | 16 53 | 16 47 | 16 41 | 16 35 | 16 28 | 16 21 | 16 12 | 16 03 | 15 52 | 15 39 | 15 24 |
| 30 | 17 06 | 17 01 | 16 56 | 16 51 | 16 45 | 16 39 | 16 32 | 16 25 | 16 17 | 16 08 | 15 58 | 15 46 | 15 33 | 15 16 |
| Dec. 4 | 17 05 | 17 00 | 16 55 | 16 50 | 16 44 | 16 37 | 16 30 | 16 23 | 16 15 | 16 05 | 15 55 | 15 42 | 15 28 | 15 10 |
| 8 | 17 05 | 17 00 | 16 55 | 16 49 | 16 43 | 16 36 | 16 29 | 16 21 | 16 13 | 16 03 | 15 52 | 15 39 | 15 24 | 15 06 |
| 12 | 17 05 | 17 00 | 16 55 | 16 49 | 16 43 | 16 36 | 16 29 | 16 21 | 16 12 | 16 02 | 15 51 | 15 38 | 15 22 | 15 03 |
| 16 | 17 06 | 17 01 | 16 56 | 16 50 | 16 44 | 16 37 | 16 30 | 16 21 | 16 12 | 16 02 | 15 51 | 15 37 | 15 21 | 15 02 |
| 20 | 17 08 | 17 03 | 16 57 | 16 51 | 16 45 | 16 38 | 16 31 | 16 23 | 16 14 | 16 03 | 15 52 | 15 38 | 15 22 | 15 02 |
| 24 | 17 10 | 17 05 | 16 59 | 16 54 | 16 47 | 16 40 | 16 33 | 16 25 | 16 16 | 16 05 | 15 54 | 15 40 | 15 24 | 15 04 |
| 28 | 17 13 | 17 07 | 17 02 | 16 56 | 16 50 | 16 43 | 16 36 | 16 28 | 16 19 | 16 09 | 15 57 | 15 44 | 15 28 | 15 08 |
| 32 | 17 16 | 17 11 | 17 05 | 16 59 | 16 53 | 16 47 | 16 39 | 16 31 | 16 23 | 16 13 | 16 01 | 15 48 | 15 33 | 15 14 |
| 36 | 17 19 | 17 14 | 17 09 | 17 03 | 16 57 | 16 51 | 16 44 | 16 36 | 16 27 | 16 18 | 16 07 | 15 54 | 15 39 | 15 21 |

# NAUTICAL TWILIGHT, 2010

## UNIVERSAL TIME FOR MERIDIAN OF GREENWICH
### BEGINNING OF MORNING NAUTICAL TWILIGHT

| Lat. | −55° | −50° | −45° | −40° | −35° | −30° | −20° | −10° | 0° | +10° | +20° | +30° | +35° | +40° |
|---|---|---|---|---|---|---|---|---|---|---|---|---|---|---|
| | h m | h m | h m | h m | h m | h m | h m | h m | h m | h m | h m | h m | h m | h m |
| Jan. −2 | // // | 2 03 | 2 48 | 3 18 | 3 41 | 4 00 | 4 28 | 4 51 | 5 10 | 5 27 | 5 43 | 5 59 | 6 08 | 6 17 |
| 2 | 0 18 | 2 09 | 2 52 | 3 22 | 3 44 | 4 03 | 4 31 | 4 53 | 5 12 | 5 28 | 5 44 | 6 00 | 6 09 | 6 18 |
| 6 | 0 46 | 2 15 | 2 57 | 3 26 | 3 48 | 4 06 | 4 34 | 4 55 | 5 14 | 5 30 | 5 45 | 6 01 | 6 09 | 6 18 |
| 10 | 1 06 | 2 23 | 3 03 | 3 31 | 3 52 | 4 09 | 4 37 | 4 58 | 5 16 | 5 31 | 5 46 | 6 01 | 6 09 | 6 18 |
| 14 | 1 24 | 2 31 | 3 09 | 3 36 | 3 57 | 4 13 | 4 40 | 5 00 | 5 17 | 5 33 | 5 47 | 6 02 | 6 09 | 6 17 |
| 18 | 1 40 | 2 40 | 3 16 | 3 41 | 4 01 | 4 17 | 4 43 | 5 02 | 5 19 | 5 34 | 5 47 | 6 01 | 6 08 | 6 16 |
| 22 | 1 56 | 2 50 | 3 23 | 3 47 | 4 06 | 4 21 | 4 46 | 5 05 | 5 20 | 5 34 | 5 47 | 6 00 | 6 07 | 6 14 |
| 26 | 2 11 | 2 59 | 3 30 | 3 53 | 4 11 | 4 26 | 4 49 | 5 07 | 5 22 | 5 35 | 5 47 | 5 59 | 6 05 | 6 12 |
| 30 | 2 26 | 3 09 | 3 38 | 3 59 | 4 16 | 4 30 | 4 52 | 5 09 | 5 23 | 5 35 | 5 47 | 5 58 | 6 03 | 6 09 |
| Feb. 3 | 2 40 | 3 19 | 3 45 | 4 05 | 4 21 | 4 34 | 4 54 | 5 10 | 5 24 | 5 35 | 5 46 | 5 56 | 6 01 | 6 06 |
| 7 | 2 53 | 3 28 | 3 52 | 4 11 | 4 26 | 4 38 | 4 57 | 5 12 | 5 24 | 5 35 | 5 44 | 5 53 | 5 58 | 6 02 |
| 11 | 3 06 | 3 37 | 4 00 | 4 17 | 4 31 | 4 42 | 5 00 | 5 14 | 5 25 | 5 34 | 5 43 | 5 51 | 5 54 | 5 58 |
| 15 | 3 18 | 3 46 | 4 07 | 4 23 | 4 35 | 4 46 | 5 02 | 5 15 | 5 25 | 5 33 | 5 41 | 5 47 | 5 51 | 5 54 |
| 19 | 3 30 | 3 55 | 4 14 | 4 28 | 4 40 | 4 49 | 5 04 | 5 16 | 5 25 | 5 32 | 5 39 | 5 44 | 5 47 | 5 49 |
| 23 | 3 41 | 4 04 | 4 21 | 4 34 | 4 44 | 4 53 | 5 06 | 5 17 | 5 25 | 5 31 | 5 36 | 5 40 | 5 42 | 5 44 |
| 27 | 3 52 | 4 12 | 4 27 | 4 39 | 4 48 | 4 56 | 5 08 | 5 17 | 5 24 | 5 30 | 5 34 | 5 36 | 5 37 | 5 38 |
| Mar. 3 | 4 02 | 4 20 | 4 33 | 4 44 | 4 52 | 4 59 | 5 10 | 5 18 | 5 24 | 5 28 | 5 31 | 5 32 | 5 33 | 5 32 |
| 7 | 4 12 | 4 28 | 4 40 | 4 49 | 4 56 | 5 02 | 5 12 | 5 18 | 5 23 | 5 26 | 5 28 | 5 28 | 5 27 | 5 26 |
| 11 | 4 21 | 4 35 | 4 46 | 4 54 | 5 00 | 5 05 | 5 13 | 5 19 | 5 22 | 5 24 | 5 24 | 5 23 | 5 22 | 5 20 |
| 15 | 4 30 | 4 42 | 4 51 | 4 58 | 5 04 | 5 08 | 5 15 | 5 19 | 5 21 | 5 22 | 5 21 | 5 19 | 5 16 | 5 14 |
| 19 | 4 39 | 4 49 | 4 57 | 5 03 | 5 07 | 5 11 | 5 16 | 5 19 | 5 20 | 5 20 | 5 18 | 5 14 | 5 11 | 5 07 |
| 23 | 4 48 | 4 56 | 5 02 | 5 07 | 5 11 | 5 13 | 5 17 | 5 19 | 5 19 | 5 17 | 5 14 | 5 09 | 5 05 | 5 00 |
| 27 | 4 56 | 5 03 | 5 08 | 5 11 | 5 14 | 5 16 | 5 18 | 5 19 | 5 17 | 5 15 | 5 10 | 5 04 | 4 59 | 4 53 |
| 31 | 5 04 | 5 09 | 5 13 | 5 15 | 5 17 | 5 18 | 5 19 | 5 18 | 5 16 | 5 12 | 5 07 | 4 59 | 4 53 | 4 47 |
| Apr. 4 | 5 12 | 5 15 | 5 18 | 5 19 | 5 20 | 5 21 | 5 20 | 5 18 | 5 15 | 5 10 | 5 03 | 4 54 | 4 47 | 4 40 |

### END OF EVENING NAUTICAL TWILIGHT

| Lat. | −55° | −50° | −45° | −40° | −35° | −30° | −20° | −10° | 0° | +10° | +20° | +30° | +35° | +40° |
|---|---|---|---|---|---|---|---|---|---|---|---|---|---|---|
| | h m | h m | h m | h m | h m | h m | h m | h m | h m | h m | h m | h m | h m | h m |
| Jan. −2 | // // | 22 01 | 21 16 | 20 46 | 20 23 | 20 05 | 19 36 | 19 13 | 18 55 | 18 38 | 18 22 | 18 05 | 17 57 | 17 48 |
| 2 | 23 42 | 21 59 | 21 15 | 20 46 | 20 23 | 20 05 | 19 37 | 19 15 | 18 56 | 18 40 | 18 24 | 18 08 | 18 00 | 17 50 |
| 6 | 23 22 | 21 55 | 21 14 | 20 45 | 20 23 | 20 05 | 19 38 | 19 16 | 18 58 | 18 42 | 18 26 | 18 11 | 18 03 | 17 54 |
| 10 | 23 06 | 21 51 | 21 11 | 20 44 | 20 22 | 20 05 | 19 38 | 19 17 | 18 59 | 18 44 | 18 29 | 18 14 | 18 06 | 17 57 |
| 14 | 22 51 | 21 45 | 21 08 | 20 41 | 20 21 | 20 04 | 19 38 | 19 18 | 19 01 | 18 45 | 18 31 | 18 17 | 18 09 | 18 01 |
| 18 | 22 37 | 21 39 | 21 04 | 20 39 | 20 19 | 20 03 | 19 38 | 19 18 | 19 02 | 18 47 | 18 34 | 18 20 | 18 13 | 18 05 |
| 22 | 22 24 | 21 32 | 20 59 | 20 35 | 20 16 | 20 01 | 19 37 | 19 18 | 19 03 | 18 49 | 18 36 | 18 23 | 18 16 | 18 09 |
| 26 | 22 11 | 21 24 | 20 54 | 20 31 | 20 13 | 19 59 | 19 36 | 19 18 | 19 03 | 18 50 | 18 38 | 18 26 | 18 20 | 18 13 |
| 30 | 21 58 | 21 16 | 20 48 | 20 27 | 20 10 | 19 56 | 19 35 | 19 18 | 19 04 | 18 51 | 18 40 | 18 29 | 18 24 | 18 18 |
| Feb. 3 | 21 45 | 21 07 | 20 41 | 20 22 | 20 06 | 19 53 | 19 33 | 19 17 | 19 04 | 18 53 | 18 42 | 18 32 | 18 27 | 18 22 |
| 7 | 21 33 | 20 59 | 20 35 | 20 16 | 20 02 | 19 50 | 19 31 | 19 16 | 19 04 | 18 53 | 18 44 | 18 35 | 18 31 | 18 26 |
| 11 | 21 20 | 20 49 | 20 28 | 20 11 | 19 57 | 19 46 | 19 28 | 19 15 | 19 04 | 18 54 | 18 46 | 18 38 | 18 35 | 18 31 |
| 15 | 21 08 | 20 40 | 20 20 | 20 05 | 19 52 | 19 42 | 19 26 | 19 13 | 19 03 | 18 55 | 18 48 | 18 41 | 18 38 | 18 35 |
| 19 | 20 56 | 20 31 | 20 13 | 19 58 | 19 47 | 19 38 | 19 23 | 19 12 | 19 03 | 18 55 | 18 49 | 18 44 | 18 42 | 18 39 |
| 23 | 20 44 | 20 21 | 20 05 | 19 52 | 19 42 | 19 33 | 19 20 | 19 10 | 19 02 | 18 56 | 18 51 | 18 47 | 18 45 | 18 44 |
| 27 | 20 32 | 20 12 | 19 57 | 19 46 | 19 36 | 19 29 | 19 17 | 19 08 | 19 01 | 18 56 | 18 52 | 18 49 | 18 49 | 18 48 |
| Mar. 3 | 20 20 | 20 02 | 19 49 | 19 39 | 19 31 | 19 24 | 19 13 | 19 06 | 19 00 | 18 56 | 18 53 | 18 52 | 18 52 | 18 52 |
| 7 | 20 09 | 19 53 | 19 41 | 19 32 | 19 25 | 19 19 | 19 10 | 19 04 | 18 59 | 18 56 | 18 55 | 18 55 | 18 55 | 18 57 |
| 11 | 19 57 | 19 44 | 19 33 | 19 25 | 19 19 | 19 14 | 19 06 | 19 01 | 18 58 | 18 56 | 18 56 | 18 57 | 18 59 | 19 01 |
| 15 | 19 46 | 19 34 | 19 25 | 19 19 | 19 13 | 19 09 | 19 03 | 18 59 | 18 57 | 18 56 | 18 57 | 19 00 | 19 02 | 19 05 |
| 19 | 19 35 | 19 25 | 19 18 | 19 12 | 19 08 | 19 04 | 18 59 | 18 57 | 18 56 | 18 56 | 18 58 | 19 02 | 19 05 | 19 09 |
| 23 | 19 24 | 19 16 | 19 10 | 19 05 | 19 02 | 18 59 | 18 56 | 18 54 | 18 55 | 18 56 | 18 59 | 19 05 | 19 09 | 19 14 |
| 27 | 19 14 | 19 07 | 19 02 | 18 59 | 18 56 | 18 54 | 18 52 | 18 52 | 18 53 | 18 56 | 19 01 | 19 08 | 19 12 | 19 18 |
| 31 | 19 03 | 18 58 | 18 55 | 18 52 | 18 51 | 18 50 | 18 49 | 18 50 | 18 52 | 18 56 | 19 02 | 19 10 | 19 16 | 19 23 |
| Apr. 4 | 18 53 | 18 50 | 18 47 | 18 46 | 18 45 | 18 45 | 18 46 | 18 48 | 18 51 | 18 56 | 19 03 | 19 13 | 19 19 | 19 27 |

// // indicates continuous twilight.

## UNIVERSAL TIME FOR MERIDIAN OF GREENWICH
### BEGINNING OF MORNING NAUTICAL TWILIGHT

| Lat. | +40° | +42° | +44° | +46° | +48° | +50° | +52° | +54° | +56° | +58° | +60° | +62° | +64° | +66° |
|---|---|---|---|---|---|---|---|---|---|---|---|---|---|---|
| | h m | h m | h m | h m | h m | h m | h m | h m | h m | h m | h m | h m | h m | h m |
| Jan. −2 | 6 17 | 6 21 | 6 25 | 6 29 | 6 34 | 6 39 | 6 44 | 6 49 | 6 56 | 7 02 | 7 10 | 7 18 | 7 27 | 7 38 |
| 2 | 6 18 | 6 22 | 6 26 | 6 30 | 6 34 | 6 39 | 6 44 | 6 50 | 6 55 | 7 02 | 7 09 | 7 17 | 7 26 | 7 37 |
| 6 | 6 18 | 6 22 | 6 26 | 6 30 | 6 34 | 6 39 | 6 44 | 6 49 | 6 55 | 7 01 | 7 08 | 7 15 | 7 24 | 7 34 |
| 10 | 6 18 | 6 21 | 6 25 | 6 29 | 6 33 | 6 38 | 6 42 | 6 47 | 6 53 | 6 59 | 7 05 | 7 13 | 7 21 | 7 30 |
| 14 | 6 17 | 6 21 | 6 24 | 6 28 | 6 32 | 6 36 | 6 40 | 6 45 | 6 50 | 6 56 | 7 02 | 7 09 | 7 17 | 7 25 |
| 18 | 6 16 | 6 19 | 6 23 | 6 26 | 6 30 | 6 34 | 6 38 | 6 42 | 6 47 | 6 52 | 6 58 | 7 04 | 7 11 | 7 19 |
| 22 | 6 14 | 6 17 | 6 20 | 6 24 | 6 27 | 6 31 | 6 34 | 6 38 | 6 43 | 6 47 | 6 53 | 6 58 | 7 05 | 7 12 |
| 26 | 6 12 | 6 15 | 6 18 | 6 21 | 6 24 | 6 27 | 6 30 | 6 34 | 6 38 | 6 42 | 6 47 | 6 52 | 6 57 | 7 04 |
| 30 | 6 09 | 6 12 | 6 14 | 6 17 | 6 20 | 6 22 | 6 25 | 6 29 | 6 32 | 6 36 | 6 40 | 6 44 | 6 49 | 6 54 |
| Feb. 3 | 6 06 | 6 08 | 6 10 | 6 13 | 6 15 | 6 18 | 6 20 | 6 23 | 6 26 | 6 29 | 6 32 | 6 36 | 6 40 | 6 44 |
| 7 | 6 02 | 6 04 | 6 06 | 6 08 | 6 10 | 6 12 | 6 14 | 6 16 | 6 19 | 6 21 | 6 24 | 6 27 | 6 30 | 6 34 |
| 11 | 5 58 | 6 00 | 6 01 | 6 03 | 6 04 | 6 06 | 6 08 | 6 10 | 6 11 | 6 13 | 6 15 | 6 17 | 6 20 | 6 22 |
| 15 | 5 54 | 5 55 | 5 56 | 5 57 | 5 58 | 6 00 | 6 01 | 6 02 | 6 03 | 6 05 | 6 06 | 6 07 | 6 09 | 6 10 |
| 19 | 5 49 | 5 50 | 5 51 | 5 51 | 5 52 | 5 53 | 5 54 | 5 54 | 5 55 | 5 55 | 5 56 | 5 56 | 5 57 | 5 57 |
| 23 | 5 44 | 5 44 | 5 45 | 5 45 | 5 45 | 5 46 | 5 46 | 5 46 | 5 46 | 5 46 | 5 46 | 5 45 | 5 45 | 5 44 |
| 27 | 5 38 | 5 38 | 5 38 | 5 38 | 5 38 | 5 38 | 5 38 | 5 37 | 5 37 | 5 36 | 5 35 | 5 33 | 5 32 | 5 30 |
| Mar. 3 | 5 32 | 5 32 | 5 32 | 5 31 | 5 31 | 5 30 | 5 29 | 5 28 | 5 27 | 5 25 | 5 23 | 5 21 | 5 19 | 5 15 |
| 7 | 5 26 | 5 26 | 5 25 | 5 24 | 5 23 | 5 22 | 5 20 | 5 19 | 5 17 | 5 14 | 5 12 | 5 09 | 5 05 | 5 00 |
| 11 | 5 20 | 5 19 | 5 18 | 5 16 | 5 15 | 5 13 | 5 11 | 5 09 | 5 06 | 5 03 | 5 00 | 4 55 | 4 50 | 4 45 |
| 15 | 5 14 | 5 12 | 5 11 | 5 09 | 5 07 | 5 04 | 5 02 | 4 59 | 4 55 | 4 52 | 4 47 | 4 42 | 4 36 | 4 28 |
| 19 | 5 07 | 5 05 | 5 03 | 5 01 | 4 58 | 4 55 | 4 52 | 4 49 | 4 44 | 4 40 | 4 34 | 4 28 | 4 20 | 4 11 |
| 23 | 5 00 | 4 58 | 4 56 | 4 53 | 4 50 | 4 46 | 4 42 | 4 38 | 4 33 | 4 27 | 4 21 | 4 13 | 4 04 | 3 54 |
| 27 | 4 53 | 4 51 | 4 48 | 4 45 | 4 41 | 4 37 | 4 32 | 4 27 | 4 22 | 4 15 | 4 07 | 3 58 | 3 48 | 3 35 |
| 31 | 4 47 | 4 44 | 4 40 | 4 36 | 4 32 | 4 28 | 4 22 | 4 16 | 4 10 | 4 02 | 3 53 | 3 43 | 3 30 | 3 15 |
| Apr. 4 | 4 40 | 4 36 | 4 32 | 4 28 | 4 23 | 4 18 | 4 12 | 4 05 | 3 58 | 3 49 | 3 39 | 3 27 | 3 12 | 2 54 |

## END OF EVENING NAUTICAL TWILIGHT

| Lat. | +40° | +42° | +44° | +46° | +48° | +50° | +52° | +54° | +56° | +58° | +60° | +62° | +64° | +66° |
|---|---|---|---|---|---|---|---|---|---|---|---|---|---|---|
| | h m | h m | h m | h m | h m | h m | h m | h m | h m | h m | h m | h m | h m | h m |
| Jan. −2 | 17 48 | 17 44 | 17 39 | 17 35 | 17 31 | 17 26 | 17 21 | 17 15 | 17 09 | 17 02 | 16 55 | 16 47 | 16 37 | 16 26 |
| 2 | 17 50 | 17 47 | 17 43 | 17 38 | 17 34 | 17 29 | 17 24 | 17 19 | 17 13 | 17 06 | 16 59 | 16 51 | 16 42 | 16 32 |
| 6 | 17 54 | 17 50 | 17 46 | 17 42 | 17 38 | 17 33 | 17 28 | 17 23 | 17 17 | 17 11 | 17 04 | 16 57 | 16 48 | 16 38 |
| 10 | 17 57 | 17 54 | 17 50 | 17 46 | 17 42 | 17 38 | 17 33 | 17 28 | 17 23 | 17 17 | 17 10 | 17 03 | 16 55 | 16 45 |
| 14 | 18 01 | 17 58 | 17 54 | 17 51 | 17 47 | 17 42 | 17 38 | 17 33 | 17 28 | 17 23 | 17 17 | 17 10 | 17 02 | 16 53 |
| 18 | 18 05 | 18 02 | 17 59 | 17 55 | 17 52 | 17 48 | 17 44 | 17 39 | 17 35 | 17 29 | 17 24 | 17 18 | 17 10 | 17 02 |
| 22 | 18 09 | 18 06 | 18 03 | 18 00 | 17 57 | 17 53 | 17 49 | 17 45 | 17 41 | 17 36 | 17 31 | 17 26 | 17 19 | 17 12 |
| 26 | 18 13 | 18 11 | 18 08 | 18 05 | 18 02 | 17 59 | 17 55 | 17 52 | 17 48 | 17 44 | 17 39 | 17 34 | 17 29 | 17 22 |
| 30 | 18 18 | 18 15 | 18 13 | 18 10 | 18 08 | 18 05 | 18 02 | 17 59 | 17 55 | 17 52 | 17 48 | 17 43 | 17 39 | 17 33 |
| Feb. 3 | 18 22 | 18 20 | 18 18 | 18 16 | 18 13 | 18 11 | 18 08 | 18 06 | 18 03 | 18 00 | 17 56 | 17 53 | 17 49 | 17 44 |
| 7 | 18 26 | 18 25 | 18 23 | 18 21 | 18 19 | 18 17 | 18 15 | 18 13 | 18 10 | 18 08 | 18 05 | 18 02 | 17 59 | 17 56 |
| 11 | 18 31 | 18 29 | 18 28 | 18 26 | 18 25 | 18 23 | 18 21 | 18 20 | 18 18 | 18 16 | 18 14 | 18 12 | 18 10 | 18 08 |
| 15 | 18 35 | 18 34 | 18 33 | 18 32 | 18 31 | 18 29 | 18 28 | 18 27 | 18 26 | 18 25 | 18 24 | 18 22 | 18 21 | 18 20 |
| 19 | 18 39 | 18 39 | 18 38 | 18 37 | 18 36 | 18 36 | 18 35 | 18 34 | 18 34 | 18 33 | 18 33 | 18 33 | 18 32 | 18 32 |
| 23 | 18 44 | 18 43 | 18 43 | 18 43 | 18 42 | 18 42 | 18 42 | 18 42 | 18 42 | 18 42 | 18 42 | 18 43 | 18 44 | 18 45 |
| 27 | 18 48 | 18 48 | 18 48 | 18 48 | 18 48 | 18 48 | 18 49 | 18 49 | 18 50 | 18 51 | 18 52 | 18 54 | 18 55 | 18 57 |
| Mar. 3 | 18 52 | 18 53 | 18 53 | 18 54 | 18 54 | 18 55 | 18 56 | 18 57 | 18 58 | 19 00 | 19 02 | 19 04 | 19 07 | 19 11 |
| 7 | 18 57 | 18 57 | 18 58 | 18 59 | 19 00 | 19 01 | 19 03 | 19 05 | 19 07 | 19 09 | 19 12 | 19 15 | 19 19 | 19 24 |
| 11 | 19 01 | 19 02 | 19 03 | 19 05 | 19 06 | 19 08 | 19 10 | 19 12 | 19 15 | 19 18 | 19 22 | 19 27 | 19 32 | 19 38 |
| 15 | 19 05 | 19 07 | 19 08 | 19 10 | 19 12 | 19 15 | 19 17 | 19 20 | 19 24 | 19 28 | 19 33 | 19 38 | 19 44 | 19 52 |
| 19 | 19 09 | 19 11 | 19 13 | 19 16 | 19 18 | 19 21 | 19 25 | 19 28 | 19 33 | 19 38 | 19 43 | 19 50 | 19 58 | 20 07 |
| 23 | 19 14 | 19 16 | 19 19 | 19 21 | 19 25 | 19 28 | 19 32 | 19 37 | 19 42 | 19 48 | 19 54 | 20 02 | 20 11 | 20 23 |
| 27 | 19 18 | 19 21 | 19 24 | 19 27 | 19 31 | 19 35 | 19 40 | 19 45 | 19 51 | 19 58 | 20 06 | 20 15 | 20 26 | 20 39 |
| 31 | 19 23 | 19 26 | 19 29 | 19 33 | 19 37 | 19 42 | 19 47 | 19 53 | 20 00 | 20 08 | 20 17 | 20 28 | 20 41 | 20 57 |
| Apr. 4 | 19 27 | 19 31 | 19 35 | 19 39 | 19 44 | 19 49 | 19 55 | 20 02 | 20 10 | 20 19 | 20 29 | 20 42 | 20 57 | 21 16 |

# NAUTICAL TWILIGHT, 2010

## UNIVERSAL TIME FOR MERIDIAN OF GREENWICH

### BEGINNING OF MORNING NAUTICAL TWILIGHT

| Lat. | −55° | −50° | −45° | −40° | −35° | −30° | −20° | −10° | 0° | +10° | +20° | +30° | +35° | +40° |
|---|---|---|---|---|---|---|---|---|---|---|---|---|---|---|
| | h m | h m | h m | h m | h m | h m | h m | h m | h m | h m | h m | h m | h m | h m |
| Mar. 31 | 5 04 | 5 09 | 5 13 | 5 15 | 5 17 | 5 18 | 5 19 | 5 18 | 5 16 | 5 12 | 5 07 | 4 59 | 4 53 | 4 47 |
| Apr. 4 | 5 12 | 5 15 | 5 18 | 5 19 | 5 20 | 5 21 | 5 20 | 5 18 | 5 15 | 5 10 | 5 03 | 4 54 | 4 47 | 4 40 |
| 8 | 5 19 | 5 21 | 5 23 | 5 23 | 5 23 | 5 23 | 5 21 | 5 18 | 5 14 | 5 08 | 5 00 | 4 49 | 4 42 | 4 33 |
| 12 | 5 26 | 5 27 | 5 27 | 5 27 | 5 26 | 5 25 | 5 22 | 5 18 | 5 12 | 5 05 | 4 56 | 4 44 | 4 36 | 4 26 |
| 16 | 5 34 | 5 33 | 5 32 | 5 31 | 5 29 | 5 27 | 5 23 | 5 18 | 5 11 | 5 03 | 4 53 | 4 39 | 4 30 | 4 19 |
| 20 | 5 41 | 5 39 | 5 37 | 5 35 | 5 32 | 5 30 | 5 24 | 5 18 | 5 10 | 5 01 | 4 49 | 4 34 | 4 24 | 4 13 |
| 24 | 5 48 | 5 44 | 5 41 | 5 38 | 5 35 | 5 32 | 5 25 | 5 18 | 5 09 | 4 59 | 4 46 | 4 29 | 4 19 | 4 06 |
| 28 | 5 54 | 5 50 | 5 46 | 5 42 | 5 38 | 5 34 | 5 26 | 5 18 | 5 08 | 4 57 | 4 43 | 4 25 | 4 14 | 4 00 |
| May 2 | 6 01 | 5 55 | 5 50 | 5 45 | 5 41 | 5 36 | 5 27 | 5 18 | 5 07 | 4 55 | 4 40 | 4 21 | 4 09 | 3 54 |
| 6 | 6 07 | 6 00 | 5 54 | 5 49 | 5 44 | 5 38 | 5 28 | 5 18 | 5 07 | 4 53 | 4 37 | 4 17 | 4 04 | 3 48 |
| 10 | 6 13 | 6 05 | 5 58 | 5 52 | 5 46 | 5 41 | 5 30 | 5 18 | 5 06 | 4 52 | 4 35 | 4 13 | 4 00 | 3 43 |
| 14 | 6 19 | 6 10 | 6 02 | 5 55 | 5 49 | 5 43 | 5 31 | 5 19 | 5 06 | 4 51 | 4 33 | 4 10 | 3 55 | 3 38 |
| 18 | 6 24 | 6 15 | 6 06 | 5 59 | 5 52 | 5 45 | 5 32 | 5 19 | 5 05 | 4 50 | 4 31 | 4 07 | 3 52 | 3 33 |
| 22 | 6 30 | 6 19 | 6 10 | 6 02 | 5 54 | 5 47 | 5 33 | 5 20 | 5 05 | 4 49 | 4 30 | 4 04 | 3 48 | 3 29 |
| 26 | 6 35 | 6 23 | 6 13 | 6 05 | 5 57 | 5 49 | 5 35 | 5 21 | 5 05 | 4 49 | 4 28 | 4 02 | 3 46 | 3 25 |
| 30 | 6 39 | 6 27 | 6 16 | 6 07 | 5 59 | 5 51 | 5 36 | 5 21 | 5 06 | 4 48 | 4 27 | 4 00 | 3 43 | 3 22 |
| June 3 | 6 43 | 6 30 | 6 19 | 6 10 | 6 01 | 5 53 | 5 37 | 5 22 | 5 06 | 4 48 | 4 27 | 3 59 | 3 41 | 3 20 |
| 7 | 6 46 | 6 33 | 6 22 | 6 12 | 6 03 | 5 55 | 5 39 | 5 23 | 5 07 | 4 48 | 4 26 | 3 58 | 3 40 | 3 18 |
| 11 | 6 49 | 6 36 | 6 24 | 6 14 | 6 05 | 5 56 | 5 40 | 5 24 | 5 07 | 4 49 | 4 26 | 3 58 | 3 39 | 3 17 |
| 15 | 6 51 | 6 38 | 6 26 | 6 16 | 6 06 | 5 58 | 5 41 | 5 25 | 5 08 | 4 49 | 4 27 | 3 58 | 3 39 | 3 16 |
| 19 | 6 53 | 6 39 | 6 27 | 6 17 | 6 07 | 5 59 | 5 42 | 5 26 | 5 09 | 4 50 | 4 27 | 3 58 | 3 39 | 3 16 |
| 23 | 6 54 | 6 40 | 6 28 | 6 18 | 6 08 | 6 00 | 5 43 | 5 27 | 5 10 | 4 51 | 4 28 | 3 59 | 3 40 | 3 17 |
| 27 | 6 54 | 6 40 | 6 28 | 6 18 | 6 09 | 6 00 | 5 44 | 5 28 | 5 11 | 4 52 | 4 29 | 4 00 | 3 42 | 3 19 |
| July 1 | 6 54 | 6 40 | 6 28 | 6 18 | 6 09 | 6 00 | 5 44 | 5 28 | 5 12 | 4 53 | 4 30 | 4 02 | 3 43 | 3 21 |
| 5 | 6 52 | 6 39 | 6 28 | 6 18 | 6 09 | 6 00 | 5 45 | 5 29 | 5 12 | 4 54 | 4 32 | 4 04 | 3 46 | 3 23 |

### END OF EVENING NAUTICAL TWILIGHT

| Lat. | −55° | −50° | −45° | −40° | −35° | −30° | −20° | −10° | 0° | +10° | +20° | +30° | +35° | +40° |
|---|---|---|---|---|---|---|---|---|---|---|---|---|---|---|
| | h m | h m | h m | h m | h m | h m | h m | h m | h m | h m | h m | h m | h m | h m |
| Mar. 31 | 19 03 | 18 58 | 18 55 | 18 52 | 18 51 | 18 50 | 18 49 | 18 50 | 18 52 | 18 56 | 19 02 | 19 10 | 19 16 | 19 23 |
| Apr. 4 | 18 53 | 18 50 | 18 47 | 18 46 | 18 45 | 18 45 | 18 46 | 18 48 | 18 51 | 18 56 | 19 03 | 19 13 | 19 19 | 19 27 |
| 8 | 18 43 | 18 41 | 18 40 | 18 40 | 18 40 | 18 40 | 18 42 | 18 46 | 18 50 | 18 56 | 19 04 | 19 16 | 19 23 | 19 32 |
| 12 | 18 34 | 18 33 | 18 33 | 18 34 | 18 35 | 18 36 | 18 39 | 18 44 | 18 49 | 18 57 | 19 06 | 19 19 | 19 27 | 19 36 |
| 16 | 18 25 | 18 26 | 18 27 | 18 28 | 18 30 | 18 32 | 18 36 | 18 42 | 18 49 | 18 57 | 19 07 | 19 21 | 19 30 | 19 41 |
| 20 | 18 16 | 18 18 | 18 20 | 18 23 | 18 25 | 18 28 | 18 34 | 18 40 | 18 48 | 18 57 | 19 09 | 19 24 | 19 34 | 19 46 |
| 24 | 18 08 | 18 11 | 18 14 | 18 18 | 18 21 | 18 24 | 18 31 | 18 39 | 18 47 | 18 58 | 19 11 | 19 27 | 19 38 | 19 51 |
| 28 | 18 00 | 18 04 | 18 09 | 18 13 | 18 17 | 18 21 | 18 29 | 18 37 | 18 47 | 18 58 | 19 12 | 19 31 | 19 42 | 19 56 |
| May 2 | 17 52 | 17 58 | 18 03 | 18 08 | 18 13 | 18 17 | 18 27 | 18 36 | 18 47 | 18 59 | 19 14 | 19 34 | 19 46 | 20 01 |
| 6 | 17 45 | 17 52 | 17 58 | 18 04 | 18 09 | 18 14 | 18 25 | 18 35 | 18 47 | 19 00 | 19 16 | 19 37 | 19 50 | 20 06 |
| 10 | 17 39 | 17 47 | 17 54 | 18 00 | 18 06 | 18 12 | 18 23 | 18 34 | 18 47 | 19 01 | 19 18 | 19 40 | 19 54 | 20 11 |
| 14 | 17 33 | 17 42 | 17 50 | 17 57 | 18 03 | 18 10 | 18 22 | 18 34 | 18 47 | 19 02 | 19 20 | 19 43 | 19 58 | 20 16 |
| 18 | 17 28 | 17 38 | 17 46 | 17 54 | 18 01 | 18 08 | 18 21 | 18 34 | 18 47 | 19 03 | 19 22 | 19 46 | 20 02 | 20 21 |
| 22 | 17 23 | 17 34 | 17 43 | 17 51 | 17 59 | 18 06 | 18 20 | 18 33 | 18 48 | 19 04 | 19 24 | 19 49 | 20 05 | 20 25 |
| 26 | 17 19 | 17 31 | 17 40 | 17 49 | 17 57 | 18 05 | 18 19 | 18 33 | 18 49 | 19 06 | 19 26 | 19 52 | 20 09 | 20 29 |
| 30 | 17 16 | 17 28 | 17 38 | 17 48 | 17 56 | 18 04 | 18 19 | 18 34 | 18 49 | 19 07 | 19 28 | 19 55 | 20 12 | 20 33 |
| June 3 | 17 13 | 17 26 | 17 37 | 17 46 | 17 55 | 18 03 | 18 19 | 18 34 | 18 50 | 19 08 | 19 30 | 19 57 | 20 15 | 20 37 |
| 7 | 17 11 | 17 24 | 17 36 | 17 46 | 17 55 | 18 03 | 18 19 | 18 35 | 18 51 | 19 09 | 19 31 | 20 00 | 20 18 | 20 40 |
| 11 | 17 10 | 17 24 | 17 35 | 17 45 | 17 54 | 18 03 | 18 19 | 18 35 | 18 52 | 19 11 | 19 33 | 20 02 | 20 20 | 20 43 |
| 15 | 17 09 | 17 23 | 17 35 | 17 45 | 17 55 | 18 03 | 18 20 | 18 36 | 18 53 | 19 12 | 19 34 | 20 03 | 20 22 | 20 45 |
| 19 | 17 10 | 17 24 | 17 35 | 17 46 | 17 55 | 18 04 | 18 21 | 18 37 | 18 54 | 19 13 | 19 35 | 20 05 | 20 23 | 20 46 |
| 23 | 17 11 | 17 25 | 17 36 | 17 47 | 17 56 | 18 05 | 18 21 | 18 38 | 18 55 | 19 14 | 19 36 | 20 05 | 20 24 | 20 47 |
| 27 | 17 12 | 17 26 | 17 38 | 17 48 | 17 57 | 18 06 | 18 22 | 18 39 | 18 55 | 19 14 | 19 37 | 20 06 | 20 24 | 20 47 |
| July 1 | 17 14 | 17 28 | 17 39 | 17 50 | 17 59 | 18 07 | 18 23 | 18 39 | 18 56 | 19 15 | 19 37 | 20 06 | 20 24 | 20 47 |
| 5 | 17 17 | 17 30 | 17 42 | 17 51 | 18 00 | 18 09 | 18 25 | 18 40 | 18 57 | 19 15 | 19 37 | 20 05 | 20 23 | 20 46 |

# NAUTICAL TWILIGHT, 2010

## UNIVERSAL TIME FOR MERIDIAN OF GREENWICH
## BEGINNING OF MORNING NAUTICAL TWILIGHT

| Lat. | +40° | +42° | +44° | +46° | +48° | +50° | +52° | +54° | +56° | +58° | +60° | +62° | +64° | +66° |
|---|---|---|---|---|---|---|---|---|---|---|---|---|---|---|
| | h m | h m | h m | h m | h m | h m | h m | h m | h m | h m | h m | h m | h m | h m |
| Mar. 31 | 4 47 | 4 44 | 4 40 | 4 36 | 4 32 | 4 28 | 4 22 | 4 16 | 4 10 | 4 02 | 3 53 | 3 43 | 3 30 | 3 15 |
| Apr. 4 | 4 40 | 4 36 | 4 32 | 4 28 | 4 23 | 4 18 | 4 12 | 4 05 | 3 58 | 3 49 | 3 39 | 3 27 | 3 12 | 2 54 |
| 8 | 4 33 | 4 29 | 4 25 | 4 20 | 4 14 | 4 08 | 4 02 | 3 54 | 3 46 | 3 36 | 3 24 | 3 10 | 2 53 | 2 31 |
| 12 | 4 26 | 4 22 | 4 17 | 4 11 | 4 05 | 3 59 | 3 51 | 3 43 | 3 33 | 3 22 | 3 09 | 2 52 | 2 32 | 2 05 |
| 16 | 4 19 | 4 14 | 4 09 | 4 03 | 3 57 | 3 49 | 3 41 | 3 31 | 3 21 | 3 08 | 2 53 | 2 34 | 2 09 | 1 34 |
| 20 | 4 13 | 4 07 | 4 01 | 3 55 | 3 48 | 3 40 | 3 30 | 3 20 | 3 08 | 2 53 | 2 36 | 2 14 | 1 43 | 0 50 |
| 24 | 4 06 | 4 00 | 3 54 | 3 47 | 3 39 | 3 30 | 3 20 | 3 08 | 2 55 | 2 38 | 2 18 | 1 51 | 1 10 | // // |
| 28 | 4 00 | 3 54 | 3 47 | 3 39 | 3 30 | 3 21 | 3 09 | 2 57 | 2 41 | 2 23 | 1 59 | 1 25 | // // | // // |
| May 2 | 3 54 | 3 47 | 3 40 | 3 31 | 3 22 | 3 11 | 2 59 | 2 45 | 2 28 | 2 06 | 1 38 | 0 50 | // // | // // |
| 6 | 3 48 | 3 41 | 3 33 | 3 24 | 3 14 | 3 02 | 2 49 | 2 33 | 2 14 | 1 49 | 1 13 | // // | // // | // // |
| 10 | 3 43 | 3 35 | 3 26 | 3 17 | 3 06 | 2 53 | 2 39 | 2 21 | 2 00 | 1 30 | 0 38 | // // | // // | // // |
| 14 | 3 38 | 3 29 | 3 20 | 3 10 | 2 58 | 2 45 | 2 29 | 2 10 | 1 45 | 1 08 | // // | // // | // // | // // |
| 18 | 3 33 | 3 24 | 3 15 | 3 04 | 2 51 | 2 37 | 2 19 | 1 58 | 1 29 | 0 39 | // // | // // | // // | // // |
| 22 | 3 29 | 3 20 | 3 09 | 2 58 | 2 45 | 2 29 | 2 10 | 1 46 | 1 12 | // // | // // | // // | // // | // // |
| 26 | 3 25 | 3 16 | 3 05 | 2 53 | 2 39 | 2 22 | 2 02 | 1 35 | 0 53 | // // | // // | // // | // // | // // |
| 30 | 3 22 | 3 12 | 3 01 | 2 48 | 2 33 | 2 16 | 1 54 | 1 24 | 0 28 | // // | // // | // // | // // | // // |
| June 3 | 3 20 | 3 09 | 2 58 | 2 44 | 2 29 | 2 10 | 1 47 | 1 14 | // // | // // | // // | // // | // // | // // |
| 7 | 3 18 | 3 07 | 2 55 | 2 41 | 2 25 | 2 06 | 1 41 | 1 04 | // // | // // | // // | // // | // // | // // |
| 11 | 3 17 | 3 06 | 2 54 | 2 39 | 2 23 | 2 03 | 1 36 | 0 55 | // // | // // | // // | // // | // // | // // |
| 15 | 3 16 | 3 05 | 2 53 | 2 38 | 2 21 | 2 01 | 1 33 | 0 49 | // // | // // | // // | // // | // // | □ |
| 19 | 3 16 | 3 05 | 2 53 | 2 38 | 2 21 | 2 00 | 1 32 | 0 45 | // // | // // | // // | // // | // // | □ |
| 23 | 3 17 | 3 06 | 2 53 | 2 39 | 2 22 | 2 01 | 1 33 | 0 46 | // // | // // | // // | // // | // // | □ |
| 27 | 3 19 | 3 07 | 2 55 | 2 41 | 2 24 | 2 03 | 1 35 | 0 50 | // // | // // | // // | // // | // // | □ |
| July 1 | 3 21 | 3 10 | 2 57 | 2 43 | 2 27 | 2 06 | 1 40 | 0 58 | // // | // // | // // | // // | // // | // // |
| 5 | 3 23 | 3 13 | 3 00 | 2 47 | 2 30 | 2 11 | 1 45 | 1 07 | // // | // // | // // | // // | // // | // // |

## END OF EVENING NAUTICAL TWILIGHT

| Lat. | +40° | +42° | +44° | +46° | +48° | +50° | +52° | +54° | +56° | +58° | +60° | +62° | +64° | +66° |
|---|---|---|---|---|---|---|---|---|---|---|---|---|---|---|
| | h m | h m | h m | h m | h m | h m | h m | h m | h m | h m | h m | h m | h m | h m |
| Mar. 31 | 19 23 | 19 26 | 19 29 | 19 33 | 19 37 | 19 42 | 19 47 | 19 53 | 20 00 | 20 08 | 20 17 | 20 28 | 20 41 | 20 57 |
| Apr. 4 | 19 27 | 19 31 | 19 35 | 19 39 | 19 44 | 19 49 | 19 55 | 20 02 | 20 10 | 20 19 | 20 29 | 20 42 | 20 57 | 21 16 |
| 8 | 19 32 | 19 36 | 19 40 | 19 45 | 19 51 | 19 57 | 20 04 | 20 11 | 20 20 | 20 30 | 20 42 | 20 57 | 21 14 | 21 37 |
| 12 | 19 36 | 19 41 | 19 46 | 19 51 | 19 57 | 20 04 | 20 12 | 20 21 | 20 30 | 20 42 | 20 56 | 21 12 | 21 34 | 22 02 |
| 16 | 19 41 | 19 46 | 19 52 | 19 58 | 20 04 | 20 12 | 20 20 | 20 30 | 20 41 | 20 54 | 21 10 | 21 30 | 21 55 | 22 33 |
| 20 | 19 46 | 19 52 | 19 58 | 20 04 | 20 12 | 20 20 | 20 29 | 20 40 | 20 52 | 21 07 | 21 25 | 21 48 | 22 21 | 23 25 |
| 24 | 19 51 | 19 57 | 20 03 | 20 11 | 20 19 | 20 28 | 20 38 | 20 50 | 21 04 | 21 21 | 21 42 | 22 10 | 22 55 | // // |
| 28 | 19 56 | 20 02 | 20 09 | 20 17 | 20 26 | 20 36 | 20 47 | 21 01 | 21 16 | 21 35 | 22 00 | 22 36 | // // | // // |
| May 2 | 20 01 | 20 08 | 20 15 | 20 24 | 20 34 | 20 44 | 20 57 | 21 11 | 21 29 | 21 51 | 22 21 | 23 16 | // // | // // |
| 6 | 20 06 | 20 13 | 20 22 | 20 31 | 20 41 | 20 53 | 21 06 | 21 22 | 21 42 | 22 08 | 22 47 | // // | // // | // // |
| 10 | 20 11 | 20 19 | 20 28 | 20 37 | 20 48 | 21 01 | 21 16 | 21 34 | 21 56 | 22 27 | 23 28 | // // | // // | // // |
| 14 | 20 16 | 20 24 | 20 33 | 20 44 | 20 56 | 21 09 | 21 26 | 21 45 | 22 11 | 22 50 | // // | // // | // // | // // |
| 18 | 20 21 | 20 29 | 20 39 | 20 50 | 21 03 | 21 18 | 21 35 | 21 57 | 22 27 | 23 23 | // // | // // | // // | // // |
| 22 | 20 25 | 20 34 | 20 45 | 20 56 | 21 10 | 21 26 | 21 45 | 22 09 | 22 45 | // // | // // | // // | // // | // // |
| 26 | 20 29 | 20 39 | 20 50 | 21 02 | 21 17 | 21 33 | 21 54 | 22 21 | 23 06 | // // | // // | // // | // // | // // |
| 30 | 20 33 | 20 44 | 20 55 | 21 08 | 21 23 | 21 41 | 22 03 | 22 33 | 23 36 | // // | // // | // // | // // | // // |
| June 3 | 20 37 | 20 47 | 20 59 | 21 13 | 21 28 | 21 47 | 22 11 | 22 45 | // // | // // | // // | // // | // // | // // |
| 7 | 20 40 | 20 51 | 21 03 | 21 17 | 21 33 | 21 53 | 22 18 | 22 56 | // // | // // | // // | // // | // // | // // |
| 11 | 20 43 | 20 54 | 21 06 | 21 20 | 21 37 | 21 57 | 22 24 | 23 06 | // // | // // | // // | // // | // // | // // |
| 15 | 20 45 | 20 56 | 21 09 | 21 23 | 21 40 | 22 01 | 22 28 | 23 13 | // // | // // | // // | // // | // // | □ |
| 19 | 20 46 | 20 58 | 21 10 | 21 25 | 21 42 | 22 03 | 22 31 | 23 18 | // // | // // | // // | // // | // // | □ |
| 23 | 20 47 | 20 58 | 21 11 | 21 25 | 21 42 | 22 03 | 22 31 | 23 18 | // // | // // | // // | // // | // // | □ |
| 27 | 20 47 | 20 58 | 21 11 | 21 25 | 21 42 | 22 03 | 22 30 | 23 15 | // // | // // | // // | // // | // // | □ |
| July 1 | 20 47 | 20 58 | 21 10 | 21 24 | 21 41 | 22 01 | 22 27 | 23 08 | // // | // // | // // | // // | // // | // // |
| 5 | 20 46 | 20 56 | 21 08 | 21 22 | 21 38 | 21 57 | 22 22 | 23 00 | // // | // // | // // | // // | // // | // // |

□ indicates Sun continuously above horizon.
// // indicates continuous twilight.

# NAUTICAL TWILIGHT, 2010

## UNIVERSAL TIME FOR MERIDIAN OF GREENWICH
### BEGINNING OF MORNING NAUTICAL TWILIGHT

| Lat. | −55° | −50° | −45° | −40° | −35° | −30° | −20° | −10° | 0° | +10° | +20° | +30° | +35° | +40° |
|---|---|---|---|---|---|---|---|---|---|---|---|---|---|---|
| | h m | h m | h m | h m | h m | h m | h m | h m | h m | h m | h m | h m | h m | h m |
| July 1 | 6 54 | 6 40 | 6 28 | 6 18 | 6 09 | 6 00 | 5 44 | 5 28 | 5 12 | 4 53 | 4 30 | 4 02 | 3 43 | 3 21 |
| 5 | 6 52 | 6 39 | 6 28 | 6 18 | 6 09 | 6 00 | 5 45 | 5 29 | 5 12 | 4 54 | 4 32 | 4 04 | 3 46 | 3 23 |
| 9 | 6 50 | 6 37 | 6 27 | 6 17 | 6 08 | 6 00 | 5 45 | 5 29 | 5 13 | 4 55 | 4 34 | 4 06 | 3 48 | 3 26 |
| 13 | 6 48 | 6 35 | 6 25 | 6 16 | 6 07 | 5 59 | 5 44 | 5 30 | 5 14 | 4 56 | 4 35 | 4 08 | 3 51 | 3 30 |
| 17 | 6 44 | 6 33 | 6 23 | 6 14 | 6 06 | 5 58 | 5 44 | 5 30 | 5 15 | 4 58 | 4 37 | 4 11 | 3 54 | 3 34 |
| 21 | 6 40 | 6 29 | 6 20 | 6 12 | 6 04 | 5 57 | 5 43 | 5 30 | 5 15 | 4 59 | 4 39 | 4 14 | 3 58 | 3 38 |
| 25 | 6 35 | 6 25 | 6 17 | 6 09 | 6 02 | 5 55 | 5 42 | 5 29 | 5 16 | 5 00 | 4 41 | 4 17 | 4 01 | 3 42 |
| 29 | 6 30 | 6 21 | 6 13 | 6 06 | 6 00 | 5 53 | 5 41 | 5 29 | 5 16 | 5 01 | 4 43 | 4 20 | 4 05 | 3 47 |
| Aug. 2 | 6 24 | 6 16 | 6 09 | 6 03 | 5 57 | 5 51 | 5 40 | 5 28 | 5 16 | 5 02 | 4 45 | 4 23 | 4 09 | 3 52 |
| 6 | 6 17 | 6 11 | 6 04 | 5 59 | 5 53 | 5 48 | 5 38 | 5 27 | 5 16 | 5 02 | 4 46 | 4 26 | 4 12 | 3 56 |
| 10 | 6 10 | 6 05 | 5 59 | 5 54 | 5 50 | 5 45 | 5 36 | 5 26 | 5 16 | 5 03 | 4 48 | 4 28 | 4 16 | 4 01 |
| 14 | 6 03 | 5 58 | 5 54 | 5 50 | 5 46 | 5 42 | 5 34 | 5 25 | 5 15 | 5 04 | 4 50 | 4 31 | 4 20 | 4 06 |
| 18 | 5 55 | 5 51 | 5 48 | 5 45 | 5 42 | 5 38 | 5 31 | 5 23 | 5 15 | 5 04 | 4 51 | 4 34 | 4 24 | 4 11 |
| 22 | 5 47 | 5 44 | 5 42 | 5 40 | 5 37 | 5 34 | 5 28 | 5 22 | 5 14 | 5 04 | 4 53 | 4 37 | 4 27 | 4 15 |
| 26 | 5 38 | 5 37 | 5 36 | 5 34 | 5 32 | 5 30 | 5 26 | 5 20 | 5 13 | 5 05 | 4 54 | 4 40 | 4 31 | 4 20 |
| 30 | 5 29 | 5 29 | 5 29 | 5 28 | 5 27 | 5 26 | 5 22 | 5 18 | 5 12 | 5 05 | 4 55 | 4 42 | 4 34 | 4 24 |
| Sept. 3 | 5 19 | 5 21 | 5 22 | 5 22 | 5 22 | 5 21 | 5 19 | 5 16 | 5 11 | 5 05 | 4 56 | 4 45 | 4 38 | 4 29 |
| 7 | 5 09 | 5 13 | 5 15 | 5 16 | 5 17 | 5 17 | 5 16 | 5 14 | 5 10 | 5 05 | 4 58 | 4 48 | 4 41 | 4 33 |
| 11 | 4 59 | 5 04 | 5 07 | 5 09 | 5 11 | 5 12 | 5 12 | 5 11 | 5 09 | 5 05 | 4 59 | 4 50 | 4 44 | 4 37 |
| 15 | 4 49 | 4 55 | 5 00 | 5 03 | 5 05 | 5 07 | 5 09 | 5 09 | 5 07 | 5 04 | 5 00 | 4 52 | 4 48 | 4 41 |
| 19 | 4 38 | 4 46 | 4 52 | 4 56 | 4 59 | 5 02 | 5 05 | 5 06 | 5 06 | 5 04 | 5 00 | 4 55 | 4 51 | 4 46 |
| 23 | 4 27 | 4 37 | 4 44 | 4 49 | 4 54 | 4 57 | 5 01 | 5 04 | 5 05 | 5 04 | 5 01 | 4 57 | 4 54 | 4 50 |
| 27 | 4 16 | 4 28 | 4 36 | 4 43 | 4 48 | 4 52 | 4 58 | 5 01 | 5 03 | 5 03 | 5 02 | 4 59 | 4 57 | 4 54 |
| Oct. 1 | 4 05 | 4 18 | 4 28 | 4 36 | 4 42 | 4 47 | 4 54 | 4 59 | 5 02 | 5 03 | 5 03 | 5 02 | 5 00 | 4 58 |
| 5 | 3 54 | 4 09 | 4 20 | 4 29 | 4 36 | 4 42 | 4 50 | 4 56 | 5 00 | 5 03 | 5 04 | 5 04 | 5 03 | 5 02 |

### END OF EVENING NAUTICAL TWILIGHT

| Lat. | −55° | −50° | −45° | −40° | −35° | −30° | −20° | −10° | 0° | +10° | +20° | +30° | +35° | +40° |
|---|---|---|---|---|---|---|---|---|---|---|---|---|---|---|
| | h m | h m | h m | h m | h m | h m | h m | h m | h m | h m | h m | h m | h m | h m |
| July 1 | 17 14 | 17 28 | 17 39 | 17 50 | 17 59 | 18 07 | 18 23 | 18 39 | 18 56 | 19 15 | 19 37 | 20 06 | 20 24 | 20 47 |
| 5 | 17 17 | 17 30 | 17 42 | 17 51 | 18 00 | 18 09 | 18 25 | 18 40 | 18 57 | 19 15 | 19 37 | 20 05 | 20 23 | 20 46 |
| 9 | 17 20 | 17 33 | 17 44 | 17 54 | 18 02 | 18 10 | 18 26 | 18 41 | 18 57 | 19 15 | 19 37 | 20 04 | 20 22 | 20 44 |
| 13 | 17 24 | 17 36 | 17 47 | 17 56 | 18 04 | 18 12 | 18 27 | 18 42 | 18 58 | 19 15 | 19 36 | 20 03 | 20 20 | 20 41 |
| 17 | 17 29 | 17 40 | 17 50 | 17 59 | 18 07 | 18 14 | 18 28 | 18 43 | 18 58 | 19 15 | 19 35 | 20 01 | 20 18 | 20 38 |
| 21 | 17 33 | 17 44 | 17 53 | 18 01 | 18 09 | 18 16 | 18 30 | 18 43 | 18 58 | 19 14 | 19 34 | 19 59 | 20 15 | 20 34 |
| 25 | 17 38 | 17 48 | 17 57 | 18 04 | 18 11 | 18 18 | 18 31 | 18 44 | 18 58 | 19 13 | 19 32 | 19 56 | 20 11 | 20 30 |
| 29 | 17 44 | 17 53 | 18 00 | 18 07 | 18 14 | 18 20 | 18 32 | 18 44 | 18 57 | 19 12 | 19 30 | 19 53 | 20 07 | 20 25 |
| Aug. 2 | 17 49 | 17 57 | 18 04 | 18 10 | 18 16 | 18 22 | 18 33 | 18 44 | 18 57 | 19 11 | 19 28 | 19 49 | 20 03 | 20 20 |
| 6 | 17 55 | 18 02 | 18 08 | 18 14 | 18 19 | 18 24 | 18 34 | 18 45 | 18 56 | 19 09 | 19 25 | 19 46 | 19 59 | 20 15 |
| 10 | 18 01 | 18 07 | 18 12 | 18 17 | 18 21 | 18 26 | 18 35 | 18 45 | 18 55 | 19 07 | 19 22 | 19 42 | 19 54 | 20 09 |
| 14 | 18 07 | 18 12 | 18 16 | 18 20 | 18 24 | 18 28 | 18 36 | 18 45 | 18 54 | 19 06 | 19 19 | 19 37 | 19 49 | 20 03 |
| 18 | 18 14 | 18 17 | 18 20 | 18 23 | 18 27 | 18 30 | 18 37 | 18 44 | 18 53 | 19 03 | 19 16 | 19 33 | 19 43 | 19 56 |
| 22 | 18 20 | 18 22 | 18 25 | 18 27 | 18 29 | 18 32 | 18 38 | 18 44 | 18 52 | 19 01 | 19 13 | 19 28 | 19 38 | 19 50 |
| 26 | 18 27 | 18 28 | 18 29 | 18 30 | 18 32 | 18 34 | 18 38 | 18 44 | 18 51 | 18 59 | 19 09 | 19 23 | 19 32 | 19 43 |
| 30 | 18 34 | 18 33 | 18 33 | 18 34 | 18 35 | 18 36 | 18 39 | 18 43 | 18 49 | 18 56 | 19 06 | 19 18 | 19 26 | 19 36 |
| Sept. 3 | 18 41 | 18 39 | 18 38 | 18 37 | 18 37 | 18 38 | 18 40 | 18 43 | 18 48 | 18 54 | 19 02 | 19 13 | 19 20 | 19 29 |
| 7 | 18 48 | 18 45 | 18 42 | 18 41 | 18 40 | 18 40 | 18 41 | 18 43 | 18 46 | 18 51 | 18 58 | 19 08 | 19 14 | 19 22 |
| 11 | 18 55 | 18 50 | 18 47 | 18 45 | 18 43 | 18 42 | 18 41 | 18 42 | 18 45 | 18 49 | 18 54 | 19 03 | 19 08 | 19 15 |
| 15 | 19 03 | 18 57 | 18 52 | 18 48 | 18 46 | 18 44 | 18 42 | 18 42 | 18 43 | 18 46 | 18 51 | 18 58 | 19 02 | 19 08 |
| 19 | 19 11 | 19 03 | 18 57 | 18 52 | 18 49 | 18 46 | 18 43 | 18 42 | 18 42 | 18 43 | 18 47 | 18 52 | 18 56 | 19 01 |
| 23 | 19 19 | 19 09 | 19 02 | 18 56 | 18 52 | 18 48 | 18 44 | 18 41 | 18 40 | 18 41 | 18 43 | 18 47 | 18 50 | 18 54 |
| 27 | 19 27 | 19 16 | 19 07 | 19 00 | 18 55 | 18 51 | 18 45 | 18 41 | 18 39 | 18 38 | 18 39 | 18 42 | 18 45 | 18 48 |
| Oct. 1 | 19 36 | 19 22 | 19 12 | 19 05 | 18 58 | 18 53 | 18 46 | 18 41 | 18 38 | 18 36 | 18 36 | 18 37 | 18 39 | 18 41 |
| 5 | 19 45 | 19 30 | 19 18 | 19 09 | 19 02 | 18 56 | 18 47 | 18 41 | 18 37 | 18 34 | 18 32 | 18 33 | 18 33 | 18 35 |

## UNIVERSAL TIME FOR MERIDIAN OF GREENWICH
## BEGINNING OF MORNING NAUTICAL TWILIGHT

| Lat. | +40° | +42° | +44° | +46° | +48° | +50° | +52° | +54° | +56° | +58° | +60° | +62° | +64° | +66° |
|---|---|---|---|---|---|---|---|---|---|---|---|---|---|---|
| | h m | h m | h m | h m | h m | h m | h m | h m | h m | h m | h m | h m | h m | h m |
| July 1 | 3 21 | 3 10 | 2 57 | 2 43 | 2 27 | 2 06 | 1 40 | 0 58 | // // | // // | // // | // // | // // | // // |
| 5 | 3 23 | 3 13 | 3 00 | 2 47 | 2 30 | 2 11 | 1 45 | 1 07 | // // | // // | // // | // // | // // | // // |
| 9 | 3 26 | 3 16 | 3 04 | 2 51 | 2 35 | 2 16 | 1 52 | 1 18 | // // | // // | // // | // // | // // | // // |
| 13 | 3 30 | 3 20 | 3 08 | 2 56 | 2 41 | 2 23 | 2 00 | 1 30 | 0 27 | // // | // // | // // | // // | // // |
| 17 | 3 34 | 3 24 | 3 13 | 3 01 | 2 47 | 2 30 | 2 09 | 1 42 | 0 57 | // // | // // | // // | // // | // // |
| 21 | 3 38 | 3 29 | 3 18 | 3 07 | 2 53 | 2 37 | 2 18 | 1 54 | 1 18 | // // | // // | // // | // // | // // |
| 25 | 3 42 | 3 33 | 3 24 | 3 12 | 3 00 | 2 45 | 2 27 | 2 05 | 1 35 | 0 39 | // // | // // | // // | // // |
| 29 | 3 47 | 3 38 | 3 29 | 3 19 | 3 07 | 2 53 | 2 37 | 2 17 | 1 51 | 1 12 | // // | // // | // // | // // |
| Aug. 2 | 3 52 | 3 44 | 3 35 | 3 25 | 3 14 | 3 01 | 2 46 | 2 28 | 2 06 | 1 35 | 0 31 | // // | // // | // // |
| 6 | 3 56 | 3 49 | 3 41 | 3 31 | 3 21 | 3 09 | 2 56 | 2 40 | 2 20 | 1 54 | 1 14 | // // | // // | // // |
| 10 | 4 01 | 3 54 | 3 46 | 3 38 | 3 28 | 3 18 | 3 05 | 2 50 | 2 33 | 2 10 | 1 40 | 0 43 | // // | // // |
| 14 | 4 06 | 3 59 | 3 52 | 3 44 | 3 36 | 3 26 | 3 14 | 3 01 | 2 45 | 2 26 | 2 01 | 1 24 | // // | // // |
| 18 | 4 11 | 4 05 | 3 58 | 3 51 | 3 43 | 3 33 | 3 23 | 3 11 | 2 57 | 2 40 | 2 19 | 1 50 | 1 03 | // // |
| 22 | 4 15 | 4 10 | 4 04 | 3 57 | 3 50 | 3 41 | 3 32 | 3 21 | 3 08 | 2 53 | 2 35 | 2 11 | 1 38 | 0 26 |
| 26 | 4 20 | 4 15 | 4 09 | 4 03 | 3 56 | 3 49 | 3 40 | 3 30 | 3 19 | 3 06 | 2 50 | 2 30 | 2 04 | 1 24 |
| 30 | 4 24 | 4 20 | 4 15 | 4 09 | 4 03 | 3 56 | 3 48 | 3 40 | 3 30 | 3 18 | 3 04 | 2 47 | 2 25 | 1 56 |
| Sept. 3 | 4 29 | 4 25 | 4 20 | 4 15 | 4 09 | 4 03 | 3 56 | 3 49 | 3 40 | 3 29 | 3 17 | 3 02 | 2 44 | 2 21 |
| 7 | 4 33 | 4 29 | 4 25 | 4 21 | 4 16 | 4 10 | 4 04 | 3 57 | 3 49 | 3 40 | 3 29 | 3 17 | 3 01 | 2 42 |
| 11 | 4 37 | 4 34 | 4 30 | 4 27 | 4 22 | 4 17 | 4 12 | 4 06 | 3 59 | 3 51 | 3 41 | 3 30 | 3 17 | 3 01 |
| 15 | 4 41 | 4 39 | 4 36 | 4 32 | 4 28 | 4 24 | 4 19 | 4 14 | 4 08 | 4 01 | 3 53 | 3 43 | 3 32 | 3 18 |
| 19 | 4 46 | 4 43 | 4 41 | 4 38 | 4 34 | 4 31 | 4 27 | 4 22 | 4 17 | 4 11 | 4 04 | 3 56 | 3 46 | 3 34 |
| 23 | 4 50 | 4 48 | 4 45 | 4 43 | 4 40 | 4 37 | 4 34 | 4 30 | 4 25 | 4 20 | 4 14 | 4 07 | 3 59 | 3 50 |
| 27 | 4 54 | 4 52 | 4 50 | 4 48 | 4 46 | 4 44 | 4 41 | 4 37 | 4 34 | 4 30 | 4 25 | 4 19 | 4 12 | 4 04 |
| Oct. 1 | 4 58 | 4 56 | 4 55 | 4 54 | 4 52 | 4 50 | 4 48 | 4 45 | 4 42 | 4 39 | 4 35 | 4 30 | 4 25 | 4 18 |
| 5 | 5 02 | 5 01 | 5 00 | 4 59 | 4 58 | 4 56 | 4 54 | 4 52 | 4 50 | 4 48 | 4 45 | 4 41 | 4 37 | 4 32 |

## END OF EVENING NAUTICAL TWILIGHT

| Lat. | +40° | +42° | +44° | +46° | +48° | +50° | +52° | +54° | +56° | +58° | +60° | +62° | +64° | +66° |
|---|---|---|---|---|---|---|---|---|---|---|---|---|---|---|
| | h m | h m | h m | h m | h m | h m | h m | h m | h m | h m | h m | h m | h m | h m |
| July 1 | 20 47 | 20 58 | 21 10 | 21 24 | 21 41 | 22 01 | 22 27 | 23 08 | // // | // // | // // | // // | // // | // // |
| 5 | 20 46 | 20 56 | 21 08 | 21 22 | 21 38 | 21 57 | 22 22 | 23 00 | // // | // // | // // | // // | // // | // // |
| 9 | 20 44 | 20 54 | 21 06 | 21 19 | 21 34 | 21 53 | 22 16 | 22 50 | // // | // // | // // | // // | // // | // // |
| 13 | 20 41 | 20 51 | 21 02 | 21 15 | 21 30 | 21 48 | 22 09 | 22 39 | 23 35 | // // | // // | // // | // // | // // |
| 17 | 20 38 | 20 48 | 20 58 | 21 11 | 21 25 | 21 41 | 22 02 | 22 28 | 23 10 | // // | // // | // // | // // | // // |
| 21 | 20 34 | 20 43 | 20 54 | 21 05 | 21 19 | 21 34 | 21 53 | 22 17 | 22 51 | // // | // // | // // | // // | // // |
| 25 | 20 30 | 20 39 | 20 48 | 20 59 | 21 12 | 21 26 | 21 44 | 22 05 | 22 34 | 23 24 | // // | // // | // // | // // |
| 29 | 20 25 | 20 34 | 20 43 | 20 53 | 21 05 | 21 18 | 21 34 | 21 54 | 22 19 | 22 55 | // // | // // | // // | // // |
| Aug. 2 | 20 20 | 20 28 | 20 37 | 20 46 | 20 57 | 21 10 | 21 24 | 21 42 | 22 04 | 22 34 | 23 27 | // // | // // | // // |
| 6 | 20 15 | 20 22 | 20 30 | 20 39 | 20 49 | 21 01 | 21 14 | 21 30 | 21 49 | 22 14 | 22 51 | // // | // // | // // |
| 10 | 20 09 | 20 16 | 20 23 | 20 32 | 20 41 | 20 52 | 21 04 | 21 18 | 21 35 | 21 57 | 22 26 | 23 15 | // // | // // |
| 14 | 20 03 | 20 09 | 20 16 | 20 24 | 20 33 | 20 42 | 20 53 | 21 06 | 21 22 | 21 41 | 22 05 | 22 39 | // // | // // |
| 18 | 19 56 | 20 02 | 20 09 | 20 16 | 20 24 | 20 33 | 20 43 | 20 55 | 21 08 | 21 25 | 21 46 | 22 13 | 22 55 | // // |
| 22 | 19 50 | 19 55 | 20 01 | 20 08 | 20 15 | 20 23 | 20 32 | 20 43 | 20 55 | 21 10 | 21 28 | 21 50 | 22 22 | 23 18 |
| 26 | 19 43 | 19 48 | 19 53 | 19 59 | 20 06 | 20 13 | 20 22 | 20 31 | 20 42 | 20 55 | 21 11 | 21 30 | 21 55 | 22 31 |
| 30 | 19 36 | 19 41 | 19 46 | 19 51 | 19 57 | 20 04 | 20 11 | 20 20 | 20 30 | 20 41 | 20 55 | 21 11 | 21 32 | 22 00 |
| Sept. 3 | 19 29 | 19 33 | 19 38 | 19 43 | 19 48 | 19 54 | 20 01 | 20 08 | 20 17 | 20 27 | 20 39 | 20 53 | 21 11 | 21 34 |
| 7 | 19 22 | 19 26 | 19 30 | 19 34 | 19 39 | 19 44 | 19 50 | 19 57 | 20 05 | 20 14 | 20 24 | 20 37 | 20 52 | 21 10 |
| 11 | 19 15 | 19 18 | 19 22 | 19 26 | 19 30 | 19 35 | 19 40 | 19 46 | 19 53 | 20 01 | 20 10 | 20 20 | 20 33 | 20 49 |
| 15 | 19 08 | 19 11 | 19 14 | 19 17 | 19 21 | 19 25 | 19 30 | 19 35 | 19 41 | 19 48 | 19 56 | 20 05 | 20 16 | 20 29 |
| 19 | 19 01 | 19 04 | 19 06 | 19 09 | 19 12 | 19 16 | 19 20 | 19 24 | 19 29 | 19 35 | 19 42 | 19 50 | 19 59 | 20 10 |
| 23 | 18 54 | 18 56 | 18 58 | 19 01 | 19 04 | 19 06 | 19 10 | 19 14 | 19 18 | 19 23 | 19 29 | 19 35 | 19 43 | 19 52 |
| 27 | 18 48 | 18 49 | 18 51 | 18 53 | 18 55 | 18 57 | 19 00 | 19 03 | 19 07 | 19 11 | 19 16 | 19 21 | 19 28 | 19 35 |
| Oct. 1 | 18 41 | 18 42 | 18 43 | 18 45 | 18 47 | 18 48 | 18 51 | 18 53 | 18 56 | 18 59 | 19 03 | 19 07 | 19 13 | 19 19 |
| 5 | 18 35 | 18 35 | 18 36 | 18 37 | 18 38 | 18 40 | 18 41 | 18 43 | 18 45 | 18 48 | 18 51 | 18 54 | 18 58 | 19 03 |

// // indicates continuous twilight.

# NAUTICAL TWILIGHT, 2010

## UNIVERSAL TIME FOR MERIDIAN OF GREENWICH
### BEGINNING OF MORNING NAUTICAL TWILIGHT

| Lat. | −55° | −50° | −45° | −40° | −35° | −30° | −20° | −10° | 0° | +10° | +20° | +30° | +35° | +40° |
|---|---|---|---|---|---|---|---|---|---|---|---|---|---|---|
|  | h m | h m | h m | h m | h m | h m | h m | h m | h m | h m | h m | h m | h m | h m |
| Oct.  1 | 4 05 | 4 18 | 4 28 | 4 36 | 4 42 | 4 47 | 4 54 | 4 59 | 5 02 | 5 03 | 5 03 | 5 02 | 5 00 | 4 58 |
| 5 | 3 54 | 4 09 | 4 20 | 4 29 | 4 36 | 4 42 | 4 50 | 4 56 | 5 00 | 5 03 | 5 04 | 5 04 | 5 03 | 5 02 |
| 9 | 3 42 | 3 59 | 4 12 | 4 22 | 4 30 | 4 37 | 4 47 | 4 54 | 4 59 | 5 03 | 5 05 | 5 06 | 5 06 | 5 06 |
| 13 | 3 30 | 3 50 | 4 04 | 4 15 | 4 24 | 4 32 | 4 43 | 4 52 | 4 58 | 5 03 | 5 06 | 5 09 | 5 09 | 5 10 |
| 17 | 3 19 | 3 40 | 3 56 | 4 08 | 4 18 | 4 27 | 4 40 | 4 49 | 4 57 | 5 03 | 5 07 | 5 11 | 5 12 | 5 14 |
| 21 | 3 07 | 3 30 | 3 48 | 4 02 | 4 13 | 4 22 | 4 36 | 4 47 | 4 56 | 5 03 | 5 09 | 5 14 | 5 16 | 5 18 |
| 25 | 2 54 | 3 21 | 3 40 | 3 55 | 4 08 | 4 18 | 4 33 | 4 45 | 4 55 | 5 03 | 5 10 | 5 16 | 5 19 | 5 22 |
| 29 | 2 42 | 3 12 | 3 33 | 3 49 | 4 02 | 4 13 | 4 31 | 4 44 | 4 54 | 5 03 | 5 11 | 5 19 | 5 22 | 5 26 |
| Nov.  2 | 2 30 | 3 02 | 3 26 | 3 43 | 3 58 | 4 09 | 4 28 | 4 42 | 4 54 | 5 04 | 5 13 | 5 21 | 5 26 | 5 30 |
| 6 | 2 17 | 2 53 | 3 19 | 3 38 | 3 53 | 4 06 | 4 26 | 4 41 | 4 54 | 5 05 | 5 15 | 5 24 | 5 29 | 5 34 |
| 10 | 2 04 | 2 45 | 3 12 | 3 33 | 3 49 | 4 02 | 4 24 | 4 40 | 4 54 | 5 06 | 5 16 | 5 27 | 5 32 | 5 38 |
| 14 | 1 52 | 2 36 | 3 06 | 3 28 | 3 45 | 3 59 | 4 22 | 4 39 | 4 54 | 5 07 | 5 18 | 5 30 | 5 36 | 5 42 |
| 18 | 1 39 | 2 28 | 3 00 | 3 24 | 3 42 | 3 57 | 4 20 | 4 39 | 4 54 | 5 08 | 5 20 | 5 33 | 5 39 | 5 46 |
| 22 | 1 25 | 2 21 | 2 55 | 3 20 | 3 39 | 3 55 | 4 19 | 4 39 | 4 55 | 5 09 | 5 23 | 5 36 | 5 43 | 5 50 |
| 26 | 1 12 | 2 14 | 2 51 | 3 17 | 3 37 | 3 53 | 4 19 | 4 39 | 4 56 | 5 11 | 5 25 | 5 39 | 5 46 | 5 54 |
| 30 | 0 57 | 2 08 | 2 47 | 3 14 | 3 35 | 3 52 | 4 19 | 4 39 | 4 57 | 5 12 | 5 27 | 5 42 | 5 50 | 5 58 |
| Dec.  4 | 0 42 | 2 03 | 2 44 | 3 12 | 3 34 | 3 51 | 4 19 | 4 40 | 4 58 | 5 14 | 5 29 | 5 45 | 5 53 | 6 01 |
| 8 | 0 25 | 1 59 | 2 42 | 3 11 | 3 33 | 3 51 | 4 19 | 4 41 | 5 00 | 5 16 | 5 32 | 5 47 | 5 56 | 6 05 |
| 12 | // // | 1 57 | 2 41 | 3 11 | 3 33 | 3 52 | 4 20 | 4 43 | 5 01 | 5 18 | 5 34 | 5 50 | 5 59 | 6 08 |
| 16 | // // | 1 56 | 2 41 | 3 11 | 3 34 | 3 53 | 4 22 | 4 44 | 5 03 | 5 20 | 5 36 | 5 53 | 6 01 | 6 11 |
| 20 | // // | 1 56 | 2 42 | 3 12 | 3 36 | 3 54 | 4 23 | 4 46 | 5 05 | 5 22 | 5 38 | 5 55 | 6 04 | 6 13 |
| 24 | // // | 1 58 | 2 44 | 3 14 | 3 38 | 3 56 | 4 25 | 4 48 | 5 07 | 5 24 | 5 40 | 5 57 | 6 06 | 6 15 |
| 28 | // // | 2 02 | 2 47 | 3 17 | 3 40 | 3 59 | 4 28 | 4 50 | 5 09 | 5 26 | 5 42 | 5 58 | 6 07 | 6 16 |
| 32 | // // | 2 07 | 2 51 | 3 21 | 3 43 | 4 02 | 4 30 | 4 52 | 5 11 | 5 28 | 5 44 | 6 00 | 6 08 | 6 17 |
| 36 | 0 39 | 2 13 | 2 55 | 3 25 | 3 47 | 4 05 | 4 33 | 4 55 | 5 13 | 5 29 | 5 45 | 6 01 | 6 09 | 6 18 |

### END OF EVENING NAUTICAL TWILIGHT

| Lat. | −55° | −50° | −45° | −40° | −35° | −30° | −20° | −10° | 0° | +10° | +20° | +30° | +35° | +40° |
|---|---|---|---|---|---|---|---|---|---|---|---|---|---|---|
|  | h m | h m | h m | h m | h m | h m | h m | h m | h m | h m | h m | h m | h m | h m |
| Oct.  1 | 19 36 | 19 22 | 19 12 | 19 05 | 18 58 | 18 53 | 18 46 | 18 41 | 18 38 | 18 36 | 18 36 | 18 37 | 18 39 | 18 41 |
| 5 | 19 45 | 19 30 | 19 18 | 19 09 | 19 02 | 18 56 | 18 47 | 18 41 | 18 37 | 18 34 | 18 32 | 18 33 | 18 33 | 18 35 |
| 9 | 19 54 | 19 37 | 19 24 | 19 14 | 19 05 | 18 59 | 18 48 | 18 41 | 18 36 | 18 32 | 18 29 | 18 28 | 18 28 | 18 28 |
| 13 | 20 04 | 19 44 | 19 30 | 19 18 | 19 09 | 19 02 | 18 50 | 18 41 | 18 35 | 18 30 | 18 26 | 18 23 | 18 23 | 18 22 |
| 17 | 20 14 | 19 52 | 19 36 | 19 23 | 19 13 | 19 05 | 18 51 | 18 42 | 18 34 | 18 28 | 18 23 | 18 19 | 18 18 | 18 17 |
| 21 | 20 25 | 20 00 | 19 42 | 19 28 | 19 17 | 19 08 | 18 53 | 18 42 | 18 33 | 18 26 | 18 20 | 18 15 | 18 13 | 18 11 |
| 25 | 20 36 | 20 09 | 19 49 | 19 34 | 19 21 | 19 11 | 18 55 | 18 43 | 18 33 | 18 25 | 18 18 | 18 12 | 18 09 | 18 06 |
| 29 | 20 48 | 20 17 | 19 56 | 19 39 | 19 26 | 19 15 | 18 57 | 18 44 | 18 33 | 18 24 | 18 16 | 18 08 | 18 05 | 18 01 |
| Nov.  2 | 21 00 | 20 26 | 20 03 | 19 45 | 19 30 | 19 18 | 19 00 | 18 45 | 18 33 | 18 23 | 18 14 | 18 05 | 18 01 | 17 57 |
| 6 | 21 13 | 20 36 | 20 10 | 19 50 | 19 35 | 19 22 | 19 02 | 18 46 | 18 34 | 18 23 | 18 12 | 18 03 | 17 58 | 17 53 |
| 10 | 21 26 | 20 45 | 20 17 | 19 56 | 19 40 | 19 26 | 19 05 | 18 48 | 18 34 | 18 22 | 18 11 | 18 00 | 17 55 | 17 49 |
| 14 | 21 40 | 20 54 | 20 24 | 20 02 | 19 44 | 19 30 | 19 07 | 18 50 | 18 35 | 18 22 | 18 10 | 17 59 | 17 53 | 17 46 |
| 18 | 21 55 | 21 04 | 20 31 | 20 08 | 19 49 | 19 34 | 19 10 | 18 52 | 18 36 | 18 22 | 18 10 | 17 57 | 17 51 | 17 44 |
| 22 | 22 10 | 21 13 | 20 38 | 20 13 | 19 54 | 19 38 | 19 13 | 18 54 | 18 37 | 18 23 | 18 10 | 17 56 | 17 49 | 17 42 |
| 26 | 22 26 | 21 22 | 20 45 | 20 19 | 19 58 | 19 42 | 19 16 | 18 56 | 18 39 | 18 24 | 18 10 | 17 55 | 17 48 | 17 40 |
| 30 | 22 43 | 21 30 | 20 51 | 20 24 | 20 03 | 19 46 | 19 19 | 18 58 | 18 40 | 18 25 | 18 10 | 17 55 | 17 47 | 17 39 |
| Dec.  4 | 23 02 | 21 38 | 20 57 | 20 29 | 20 07 | 19 49 | 19 22 | 19 00 | 18 42 | 18 26 | 18 11 | 17 55 | 17 47 | 17 39 |
| 8 | 23 25 | 21 45 | 21 02 | 20 33 | 20 11 | 19 53 | 19 24 | 19 03 | 18 44 | 18 28 | 18 12 | 17 56 | 17 48 | 17 39 |
| 12 | // // | 21 51 | 21 07 | 20 37 | 20 14 | 19 56 | 19 27 | 19 05 | 18 46 | 18 29 | 18 13 | 17 57 | 17 49 | 17 39 |
| 16 | // // | 21 56 | 21 11 | 20 40 | 20 17 | 19 59 | 19 30 | 19 07 | 18 48 | 18 31 | 18 15 | 17 59 | 17 50 | 17 40 |
| 20 | // // | 21 59 | 21 13 | 20 43 | 20 20 | 20 01 | 19 32 | 19 09 | 18 50 | 18 33 | 18 17 | 18 00 | 17 52 | 17 42 |
| 24 | // // | 22 01 | 21 15 | 20 45 | 20 21 | 20 03 | 19 34 | 19 11 | 18 52 | 18 35 | 18 19 | 18 02 | 17 54 | 17 44 |
| 28 | // // | 22 01 | 21 16 | 20 46 | 20 23 | 20 04 | 19 35 | 19 13 | 18 54 | 18 37 | 18 21 | 18 05 | 17 56 | 17 47 |
| 32 | 23 53 | 21 59 | 21 16 | 20 46 | 20 23 | 20 05 | 19 37 | 19 14 | 18 56 | 18 39 | 18 23 | 18 07 | 17 59 | 17 50 |
| 36 | 23 27 | 21 56 | 21 14 | 20 45 | 20 23 | 20 05 | 19 37 | 19 16 | 18 57 | 18 41 | 18 26 | 18 10 | 18 02 | 17 53 |

// // indicates continuous twilight.

## UNIVERSAL TIME FOR MERIDIAN OF GREENWICH
### BEGINNING OF MORNING NAUTICAL TWILIGHT

| Lat. | +40° | +42° | +44° | +46° | +48° | +50° | +52° | +54° | +56° | +58° | +60° | +62° | +64° | +66° |
|---|---|---|---|---|---|---|---|---|---|---|---|---|---|---|
| | h m | h m | h m | h m | h m | h m | h m | h m | h m | h m | h m | h m | h m | h m |
| Oct. 1 | 4 58 | 4 56 | 4 55 | 4 54 | 4 52 | 4 50 | 4 48 | 4 45 | 4 42 | 4 39 | 4 35 | 4 30 | 4 25 | 4 18 |
| 5 | 5 02 | 5 01 | 5 00 | 4 59 | 4 58 | 4 56 | 4 54 | 4 52 | 4 50 | 4 48 | 4 45 | 4 41 | 4 37 | 4 32 |
| 9 | 5 06 | 5 05 | 5 05 | 5 04 | 5 03 | 5 02 | 5 01 | 5 00 | 4 58 | 4 56 | 4 54 | 4 52 | 4 49 | 4 45 |
| 13 | 5 10 | 5 09 | 5 09 | 5 09 | 5 09 | 5 08 | 5 08 | 5 07 | 5 06 | 5 05 | 5 04 | 5 02 | 5 00 | 4 58 |
| 17 | 5 14 | 5 14 | 5 14 | 5 14 | 5 14 | 5 15 | 5 15 | 5 14 | 5 14 | 5 14 | 5 13 | 5 12 | 5 11 | 5 10 |
| 21 | 5 18 | 5 18 | 5 19 | 5 20 | 5 20 | 5 21 | 5 21 | 5 22 | 5 22 | 5 22 | 5 22 | 5 23 | 5 22 | 5 22 |
| 25 | 5 22 | 5 23 | 5 24 | 5 25 | 5 26 | 5 27 | 5 28 | 5 29 | 5 30 | 5 31 | 5 32 | 5 32 | 5 33 | 5 34 |
| 29 | 5 26 | 5 27 | 5 28 | 5 30 | 5 31 | 5 33 | 5 34 | 5 36 | 5 37 | 5 39 | 5 40 | 5 42 | 5 44 | 5 46 |
| Nov. 2 | 5 30 | 5 31 | 5 33 | 5 35 | 5 37 | 5 39 | 5 41 | 5 43 | 5 45 | 5 47 | 5 49 | 5 52 | 5 55 | 5 58 |
| 6 | 5 34 | 5 36 | 5 38 | 5 40 | 5 42 | 5 45 | 5 47 | 5 49 | 5 52 | 5 55 | 5 58 | 6 01 | 6 05 | 6 09 |
| 10 | 5 38 | 5 40 | 5 43 | 5 45 | 5 48 | 5 50 | 5 53 | 5 56 | 5 59 | 6 03 | 6 06 | 6 11 | 6 15 | 6 20 |
| 14 | 5 42 | 5 45 | 5 47 | 5 50 | 5 53 | 5 56 | 5 59 | 6 03 | 6 06 | 6 10 | 6 15 | 6 19 | 6 25 | 6 31 |
| 18 | 5 46 | 5 49 | 5 52 | 5 55 | 5 58 | 6 02 | 6 05 | 6 09 | 6 13 | 6 18 | 6 23 | 6 28 | 6 34 | 6 41 |
| 22 | 5 50 | 5 53 | 5 57 | 6 00 | 6 03 | 6 07 | 6 11 | 6 15 | 6 20 | 6 25 | 6 30 | 6 36 | 6 43 | 6 51 |
| 26 | 5 54 | 5 57 | 6 01 | 6 04 | 6 08 | 6 12 | 6 17 | 6 21 | 6 26 | 6 31 | 6 37 | 6 44 | 6 51 | 7 00 |
| 30 | 5 58 | 6 01 | 6 05 | 6 09 | 6 13 | 6 17 | 6 22 | 6 27 | 6 32 | 6 38 | 6 44 | 6 51 | 6 59 | 7 08 |
| Dec. 4 | 6 01 | 6 05 | 6 09 | 6 13 | 6 17 | 6 22 | 6 26 | 6 32 | 6 37 | 6 43 | 6 50 | 6 58 | 7 06 | 7 16 |
| 8 | 6 05 | 6 09 | 6 13 | 6 17 | 6 21 | 6 26 | 6 31 | 6 36 | 6 42 | 6 48 | 6 55 | 7 03 | 7 12 | 7 23 |
| 12 | 6 08 | 6 12 | 6 16 | 6 20 | 6 25 | 6 29 | 6 35 | 6 40 | 6 46 | 6 53 | 7 00 | 7 08 | 7 17 | 7 28 |
| 16 | 6 11 | 6 15 | 6 19 | 6 23 | 6 28 | 6 33 | 6 38 | 6 43 | 6 50 | 6 56 | 7 04 | 7 12 | 7 22 | 7 33 |
| 20 | 6 13 | 6 17 | 6 21 | 6 26 | 6 30 | 6 35 | 6 40 | 6 46 | 6 52 | 6 59 | 7 07 | 7 15 | 7 25 | 7 36 |
| 24 | 6 15 | 6 19 | 6 23 | 6 28 | 6 32 | 6 37 | 6 42 | 6 48 | 6 54 | 7 01 | 7 09 | 7 17 | 7 27 | 7 38 |
| 28 | 6 16 | 6 20 | 6 25 | 6 29 | 6 33 | 6 38 | 6 44 | 6 49 | 6 55 | 7 02 | 7 09 | 7 18 | 7 27 | 7 38 |
| 32 | 6 17 | 6 21 | 6 25 | 6 30 | 6 34 | 6 39 | 6 44 | 6 50 | 6 56 | 7 02 | 7 09 | 7 17 | 7 27 | 7 37 |
| 36 | 6 18 | 6 22 | 6 26 | 6 30 | 6 34 | 6 39 | 6 44 | 6 49 | 6 55 | 7 01 | 7 08 | 7 16 | 7 25 | 7 35 |

### END OF EVENING NAUTICAL TWILIGHT

| Lat. | +40° | +42° | +44° | +46° | +48° | +50° | +52° | +54° | +56° | +58° | +60° | +62° | +64° | +66° |
|---|---|---|---|---|---|---|---|---|---|---|---|---|---|---|
| | h m | h m | h m | h m | h m | h m | h m | h m | h m | h m | h m | h m | h m | h m |
| Oct. 1 | 18 41 | 18 42 | 18 43 | 18 45 | 18 47 | 18 48 | 18 51 | 18 53 | 18 56 | 18 59 | 19 03 | 19 07 | 19 13 | 19 19 |
| 5 | 18 35 | 18 35 | 18 36 | 18 37 | 18 38 | 18 40 | 18 41 | 18 43 | 18 45 | 18 48 | 18 51 | 18 54 | 18 58 | 19 03 |
| 9 | 18 28 | 18 29 | 18 29 | 18 30 | 18 30 | 18 31 | 18 32 | 18 34 | 18 35 | 18 37 | 18 39 | 18 41 | 18 44 | 18 48 |
| 13 | 18 22 | 18 22 | 18 22 | 18 23 | 18 23 | 18 23 | 18 24 | 18 24 | 18 25 | 18 26 | 18 27 | 18 29 | 18 31 | 18 33 |
| 17 | 18 17 | 18 16 | 18 16 | 18 16 | 18 15 | 18 15 | 18 15 | 18 15 | 18 15 | 18 16 | 18 16 | 18 17 | 18 18 | 18 19 |
| 21 | 18 11 | 18 10 | 18 10 | 18 09 | 18 08 | 18 08 | 18 07 | 18 07 | 18 06 | 18 06 | 18 06 | 18 05 | 18 05 | 18 05 |
| 25 | 18 06 | 18 05 | 18 04 | 18 03 | 18 02 | 18 01 | 18 00 | 17 59 | 17 58 | 17 57 | 17 55 | 17 54 | 17 53 | 17 52 |
| 29 | 18 01 | 18 00 | 17 58 | 17 57 | 17 55 | 17 54 | 17 52 | 17 51 | 17 49 | 17 48 | 17 46 | 17 44 | 17 42 | 17 40 |
| Nov. 2 | 17 57 | 17 55 | 17 53 | 17 51 | 17 50 | 17 48 | 17 46 | 17 44 | 17 41 | 17 39 | 17 37 | 17 34 | 17 31 | 17 28 |
| 6 | 17 53 | 17 51 | 17 49 | 17 47 | 17 44 | 17 42 | 17 40 | 17 37 | 17 34 | 17 31 | 17 28 | 17 25 | 17 21 | 17 17 |
| 10 | 17 49 | 17 47 | 17 45 | 17 42 | 17 39 | 17 37 | 17 34 | 17 31 | 17 28 | 17 24 | 17 20 | 17 16 | 17 12 | 17 07 |
| 14 | 17 46 | 17 44 | 17 41 | 17 38 | 17 35 | 17 32 | 17 29 | 17 25 | 17 22 | 17 18 | 17 13 | 17 08 | 17 03 | 16 57 |
| 18 | 17 44 | 17 41 | 17 38 | 17 35 | 17 31 | 17 28 | 17 24 | 17 20 | 17 16 | 17 12 | 17 07 | 17 01 | 16 55 | 16 48 |
| 22 | 17 42 | 17 39 | 17 35 | 17 32 | 17 28 | 17 25 | 17 21 | 17 16 | 17 12 | 17 07 | 17 01 | 16 55 | 16 48 | 16 41 |
| 26 | 17 40 | 17 37 | 17 33 | 17 30 | 17 26 | 17 22 | 17 17 | 17 13 | 17 08 | 17 03 | 16 57 | 16 50 | 16 42 | 16 34 |
| 30 | 17 39 | 17 36 | 17 32 | 17 28 | 17 24 | 17 20 | 17 15 | 17 10 | 17 05 | 16 59 | 16 53 | 16 46 | 16 38 | 16 28 |
| Dec. 4 | 17 39 | 17 35 | 17 31 | 17 27 | 17 23 | 17 18 | 17 14 | 17 08 | 17 03 | 16 57 | 16 50 | 16 42 | 16 34 | 16 24 |
| 8 | 17 39 | 17 35 | 17 31 | 17 27 | 17 22 | 17 18 | 17 13 | 17 07 | 17 01 | 16 55 | 16 48 | 16 40 | 16 31 | 16 21 |
| 12 | 17 39 | 17 35 | 17 31 | 17 27 | 17 23 | 17 18 | 17 13 | 17 07 | 17 01 | 16 54 | 16 47 | 16 39 | 16 30 | 16 19 |
| 16 | 17 40 | 17 36 | 17 32 | 17 28 | 17 23 | 17 18 | 17 13 | 17 08 | 17 01 | 16 55 | 16 47 | 16 39 | 16 29 | 16 18 |
| 20 | 17 42 | 17 38 | 17 34 | 17 29 | 17 25 | 17 20 | 17 15 | 17 09 | 17 03 | 16 56 | 16 48 | 16 40 | 16 30 | 16 19 |
| 24 | 17 44 | 17 40 | 17 36 | 17 32 | 17 27 | 17 22 | 17 17 | 17 11 | 17 05 | 16 58 | 16 51 | 16 42 | 16 33 | 16 21 |
| 28 | 17 47 | 17 43 | 17 39 | 17 34 | 17 30 | 17 25 | 17 20 | 17 14 | 17 08 | 17 01 | 16 54 | 16 45 | 16 36 | 16 25 |
| 32 | 17 50 | 17 46 | 17 42 | 17 37 | 17 33 | 17 28 | 17 23 | 17 17 | 17 11 | 17 05 | 16 58 | 16 50 | 16 40 | 16 30 |
| 36 | 17 53 | 17 49 | 17 45 | 17 41 | 17 37 | 17 32 | 17 27 | 17 22 | 17 16 | 17 10 | 17 03 | 16 55 | 16 46 | 16 36 |

# ASTRONOMICAL TWILIGHT, 2010

## UNIVERSAL TIME FOR MERIDIAN OF GREENWICH
### BEGINNING OF MORNING ASTRONOMICAL TWILIGHT

| Lat. | −55° | −50° | −45° | −40° | −35° | −30° | −20° | −10° | 0° | +10° | +20° | +30° | +35° | +40° |
|---|---|---|---|---|---|---|---|---|---|---|---|---|---|---|
| | h m | h m | h m | h m | h m | h m | h m | h m | h m | h m | h m | h m | h m | h m |
| Jan. −2 | // // | // // | 1 43 | 2 30 | 3 01 | 3 24 | 3 58 | 4 23 | 4 43 | 5 00 | 5 15 | 5 30 | 5 37 | 5 44 |
| 2 | // // | // // | 1 48 | 2 34 | 3 04 | 3 27 | 4 01 | 4 26 | 4 45 | 5 02 | 5 17 | 5 31 | 5 38 | 5 45 |
| 6 | // // | // // | 1 55 | 2 39 | 3 08 | 3 31 | 4 04 | 4 28 | 4 48 | 5 04 | 5 18 | 5 32 | 5 39 | 5 45 |
| 10 | // // | // // | 2 03 | 2 45 | 3 13 | 3 35 | 4 07 | 4 31 | 4 50 | 5 05 | 5 19 | 5 32 | 5 39 | 5 45 |
| 14 | // // | 0 52 | 2 12 | 2 51 | 3 18 | 3 39 | 4 10 | 4 33 | 4 51 | 5 07 | 5 20 | 5 33 | 5 39 | 5 45 |
| 18 | // // | 1 14 | 2 21 | 2 57 | 3 23 | 3 43 | 4 13 | 4 36 | 4 53 | 5 08 | 5 21 | 5 32 | 5 38 | 5 44 |
| 22 | // // | 1 32 | 2 30 | 3 04 | 3 29 | 3 48 | 4 17 | 4 38 | 4 55 | 5 09 | 5 21 | 5 32 | 5 37 | 5 42 |
| 26 | // // | 1 49 | 2 39 | 3 11 | 3 34 | 3 53 | 4 20 | 4 40 | 4 56 | 5 09 | 5 21 | 5 31 | 5 35 | 5 40 |
| 30 | // // | 2 04 | 2 49 | 3 18 | 3 40 | 3 57 | 4 23 | 4 42 | 4 58 | 5 10 | 5 20 | 5 29 | 5 33 | 5 37 |
| Feb. 3 | 0 49 | 2 18 | 2 58 | 3 25 | 3 46 | 4 02 | 4 26 | 4 44 | 4 59 | 5 10 | 5 19 | 5 27 | 5 31 | 5 34 |
| 7 | 1 25 | 2 31 | 3 07 | 3 32 | 3 51 | 4 06 | 4 29 | 4 46 | 4 59 | 5 10 | 5 18 | 5 25 | 5 28 | 5 31 |
| 11 | 1 50 | 2 44 | 3 16 | 3 39 | 3 57 | 4 11 | 4 32 | 4 48 | 5 00 | 5 09 | 5 17 | 5 23 | 5 25 | 5 27 |
| 15 | 2 10 | 2 55 | 3 25 | 3 46 | 4 02 | 4 15 | 4 35 | 4 49 | 5 00 | 5 09 | 5 15 | 5 20 | 5 21 | 5 22 |
| 19 | 2 27 | 3 06 | 3 33 | 3 52 | 4 07 | 4 19 | 4 37 | 4 51 | 5 00 | 5 08 | 5 13 | 5 16 | 5 17 | 5 17 |
| 23 | 2 42 | 3 17 | 3 41 | 3 58 | 4 12 | 4 23 | 4 40 | 4 52 | 5 00 | 5 06 | 5 11 | 5 13 | 5 13 | 5 12 |
| 27 | 2 56 | 3 27 | 3 48 | 4 04 | 4 17 | 4 27 | 4 42 | 4 52 | 5 00 | 5 05 | 5 08 | 5 09 | 5 08 | 5 07 |
| Mar. 3 | 3 09 | 3 36 | 3 56 | 4 10 | 4 21 | 4 30 | 4 44 | 4 53 | 4 59 | 5 03 | 5 05 | 5 05 | 5 03 | 5 01 |
| 7 | 3 21 | 3 45 | 4 02 | 4 15 | 4 26 | 4 34 | 4 46 | 4 54 | 4 59 | 5 02 | 5 02 | 5 00 | 4 58 | 4 55 |
| 11 | 3 33 | 3 54 | 4 09 | 4 21 | 4 30 | 4 37 | 4 47 | 4 54 | 4 58 | 5 00 | 4 59 | 4 56 | 4 53 | 4 48 |
| 15 | 3 43 | 4 02 | 4 15 | 4 26 | 4 34 | 4 40 | 4 49 | 4 54 | 4 57 | 4 57 | 4 56 | 4 51 | 4 47 | 4 42 |
| 19 | 3 53 | 4 10 | 4 21 | 4 30 | 4 37 | 4 43 | 4 50 | 4 54 | 4 56 | 4 55 | 4 52 | 4 46 | 4 41 | 4 35 |
| 23 | 4 03 | 4 17 | 4 27 | 4 35 | 4 41 | 4 45 | 4 51 | 4 54 | 4 55 | 4 53 | 4 48 | 4 41 | 4 35 | 4 28 |
| 27 | 4 12 | 4 24 | 4 33 | 4 39 | 4 44 | 4 48 | 4 53 | 4 54 | 4 53 | 4 50 | 4 45 | 4 35 | 4 29 | 4 21 |
| 31 | 4 20 | 4 31 | 4 38 | 4 44 | 4 48 | 4 51 | 4 54 | 4 54 | 4 52 | 4 48 | 4 41 | 4 30 | 4 23 | 4 14 |
| Apr. 4 | 4 29 | 4 37 | 4 43 | 4 48 | 4 51 | 4 53 | 4 55 | 4 54 | 4 51 | 4 45 | 4 37 | 4 25 | 4 17 | 4 06 |

### END OF EVENING ASTRONOMICAL TWILIGHT

| Lat. | −55° | −50° | −45° | −40° | −35° | −30° | −20° | −10° | 0° | +10° | +20° | +30° | +35° | +40° |
|---|---|---|---|---|---|---|---|---|---|---|---|---|---|---|
| | h m | h m | h m | h m | h m | h m | h m | h m | h m | h m | h m | h m | h m | h m |
| Jan. −2 | // // | // // | 22 21 | 21 34 | 21 03 | 20 40 | 20 06 | 19 41 | 19 21 | 19 04 | 18 49 | 18 35 | 18 28 | 18 20 |
| 2 | // // | // // | 22 19 | 21 34 | 21 03 | 20 41 | 20 07 | 19 42 | 19 23 | 19 06 | 18 51 | 18 37 | 18 30 | 18 23 |
| 6 | // // | // // | 22 15 | 21 32 | 21 03 | 20 41 | 20 08 | 19 43 | 19 24 | 19 08 | 18 53 | 18 40 | 18 33 | 18 27 |
| 10 | // // | 23 47 | 22 11 | 21 30 | 21 01 | 20 40 | 20 08 | 19 44 | 19 25 | 19 10 | 18 56 | 18 43 | 18 36 | 18 30 |
| 14 | // // | 23 21 | 22 05 | 21 26 | 20 59 | 20 39 | 20 08 | 19 45 | 19 27 | 19 11 | 18 58 | 18 46 | 18 40 | 18 34 |
| 18 | // // | 23 03 | 21 58 | 21 22 | 20 57 | 20 37 | 20 07 | 19 45 | 19 28 | 19 13 | 19 00 | 18 49 | 18 43 | 18 38 |
| 22 | // // | 22 47 | 21 51 | 21 18 | 20 54 | 20 35 | 20 06 | 19 45 | 19 28 | 19 14 | 19 02 | 18 52 | 18 46 | 18 41 |
| 26 | // // | 22 33 | 21 44 | 21 13 | 20 50 | 20 32 | 20 05 | 19 44 | 19 29 | 19 16 | 19 04 | 18 55 | 18 50 | 18 46 |
| 30 | // // | 22 20 | 21 36 | 21 07 | 20 46 | 20 29 | 20 03 | 19 44 | 19 29 | 19 17 | 19 06 | 18 58 | 18 53 | 18 50 |
| Feb. 3 | 23 28 | 22 07 | 21 28 | 21 01 | 20 41 | 20 25 | 20 01 | 19 43 | 19 29 | 19 18 | 19 08 | 19 00 | 18 57 | 18 54 |
| 7 | 22 57 | 21 54 | 21 19 | 20 55 | 20 36 | 20 21 | 19 58 | 19 42 | 19 29 | 19 19 | 19 10 | 19 03 | 19 01 | 18 58 |
| 11 | 22 34 | 21 42 | 21 11 | 20 48 | 20 31 | 20 17 | 19 56 | 19 40 | 19 28 | 19 19 | 19 12 | 19 06 | 19 04 | 19 02 |
| 15 | 22 15 | 21 31 | 21 02 | 20 41 | 20 25 | 20 12 | 19 53 | 19 39 | 19 28 | 19 20 | 19 13 | 19 09 | 19 08 | 19 07 |
| 19 | 21 57 | 21 19 | 20 53 | 20 34 | 20 20 | 20 08 | 19 50 | 19 37 | 19 27 | 19 20 | 19 15 | 19 12 | 19 11 | 19 11 |
| 23 | 21 41 | 21 08 | 20 45 | 20 27 | 20 14 | 20 03 | 19 46 | 19 35 | 19 26 | 19 20 | 19 16 | 19 14 | 19 14 | 19 15 |
| 27 | 21 26 | 20 57 | 20 36 | 20 20 | 20 08 | 19 58 | 19 43 | 19 33 | 19 25 | 19 21 | 19 18 | 19 17 | 19 18 | 19 19 |
| Mar. 3 | 21 12 | 20 46 | 20 27 | 20 13 | 20 02 | 19 53 | 19 40 | 19 30 | 19 24 | 19 21 | 19 19 | 19 20 | 19 21 | 19 24 |
| 7 | 20 58 | 20 35 | 20 18 | 20 06 | 19 56 | 19 48 | 19 36 | 19 28 | 19 23 | 19 21 | 19 20 | 19 22 | 19 25 | 19 28 |
| 11 | 20 45 | 20 25 | 20 10 | 19 58 | 19 50 | 19 43 | 19 32 | 19 26 | 19 22 | 19 21 | 19 21 | 19 25 | 19 28 | 19 33 |
| 15 | 20 33 | 20 15 | 20 01 | 19 51 | 19 43 | 19 37 | 19 29 | 19 23 | 19 21 | 19 21 | 19 23 | 19 28 | 19 32 | 19 37 |
| 19 | 20 20 | 20 05 | 19 53 | 19 44 | 19 37 | 19 32 | 19 25 | 19 21 | 19 20 | 19 21 | 19 24 | 19 30 | 19 35 | 19 42 |
| 23 | 20 09 | 19 55 | 19 45 | 19 37 | 19 32 | 19 27 | 19 21 | 19 19 | 19 19 | 19 21 | 19 25 | 19 33 | 19 39 | 19 46 |
| 27 | 19 57 | 19 45 | 19 37 | 19 30 | 19 26 | 19 22 | 19 18 | 19 16 | 19 17 | 19 21 | 19 27 | 19 36 | 19 43 | 19 51 |
| 31 | 19 46 | 19 36 | 19 29 | 19 24 | 19 20 | 19 17 | 19 14 | 19 14 | 19 16 | 19 21 | 19 28 | 19 39 | 19 46 | 19 56 |
| Apr. 4 | 19 36 | 19 27 | 19 22 | 19 17 | 19 14 | 19 13 | 19 11 | 19 12 | 19 15 | 19 21 | 19 29 | 19 42 | 19 50 | 20 01 |

// // indicates continuous twilight.

## UNIVERSAL TIME FOR MERIDIAN OF GREENWICH
### BEGINNING OF MORNING ASTRONOMICAL TWILIGHT

| Lat. | +40° | +42° | +44° | +46° | +48° | +50° | +52° | +54° | +56° | +58° | +60° | +62° | +64° | +66° |
|---|---|---|---|---|---|---|---|---|---|---|---|---|---|---|
| | h m | h m | h m | h m | h m | h m | h m | h m | h m | h m | h m | h m | h m | h m |
| Jan. −2 | 5 44 | 5 47 | 5 50 | 5 53 | 5 56 | 5 59 | 6 03 | 6 06 | 6 10 | 6 14 | 6 18 | 6 23 | 6 28 | 6 33 |
| 2 | 5 45 | 5 48 | 5 51 | 5 54 | 5 57 | 6 00 | 6 03 | 6 06 | 6 10 | 6 14 | 6 18 | 6 22 | 6 27 | 6 33 |
| 6 | 5 45 | 5 48 | 5 51 | 5 54 | 5 57 | 6 00 | 6 03 | 6 06 | 6 09 | 6 13 | 6 17 | 6 21 | 6 26 | 6 31 |
| 10 | 5 45 | 5 48 | 5 50 | 5 53 | 5 56 | 5 59 | 6 02 | 6 05 | 6 08 | 6 11 | 6 15 | 6 19 | 6 23 | 6 27 |
| 14 | 5 45 | 5 47 | 5 50 | 5 52 | 5 55 | 5 57 | 6 00 | 6 03 | 6 06 | 6 09 | 6 12 | 6 15 | 6 19 | 6 23 |
| 18 | 5 44 | 5 46 | 5 48 | 5 50 | 5 53 | 5 55 | 5 57 | 6 00 | 6 02 | 6 05 | 6 08 | 6 11 | 6 14 | 6 17 |
| 22 | 5 42 | 5 44 | 5 46 | 5 48 | 5 50 | 5 52 | 5 54 | 5 56 | 5 59 | 6 01 | 6 03 | 6 06 | 6 08 | 6 11 |
| 26 | 5 40 | 5 42 | 5 43 | 5 45 | 5 47 | 5 49 | 5 50 | 5 52 | 5 54 | 5 56 | 5 57 | 5 59 | 6 01 | 6 03 |
| 30 | 5 37 | 5 39 | 5 40 | 5 42 | 5 43 | 5 45 | 5 46 | 5 47 | 5 49 | 5 50 | 5 51 | 5 52 | 5 53 | 5 55 |
| Feb. 3 | 5 34 | 5 35 | 5 37 | 5 38 | 5 39 | 5 40 | 5 41 | 5 42 | 5 42 | 5 43 | 5 44 | 5 44 | 5 45 | 5 45 |
| 7 | 5 31 | 5 32 | 5 32 | 5 33 | 5 34 | 5 35 | 5 35 | 5 35 | 5 36 | 5 36 | 5 36 | 5 36 | 5 35 | 5 35 |
| 11 | 5 27 | 5 27 | 5 28 | 5 28 | 5 29 | 5 29 | 5 29 | 5 29 | 5 28 | 5 28 | 5 27 | 5 26 | 5 25 | 5 23 |
| 15 | 5 22 | 5 23 | 5 23 | 5 23 | 5 23 | 5 22 | 5 22 | 5 21 | 5 20 | 5 19 | 5 18 | 5 16 | 5 14 | 5 11 |
| 19 | 5 17 | 5 17 | 5 17 | 5 17 | 5 16 | 5 16 | 5 15 | 5 13 | 5 12 | 5 10 | 5 08 | 5 05 | 5 02 | 4 58 |
| 23 | 5 12 | 5 12 | 5 11 | 5 10 | 5 09 | 5 08 | 5 07 | 5 05 | 5 03 | 5 00 | 4 57 | 4 54 | 4 49 | 4 44 |
| 27 | 5 07 | 5 06 | 5 05 | 5 04 | 5 02 | 5 00 | 4 58 | 4 56 | 4 53 | 4 50 | 4 46 | 4 41 | 4 36 | 4 29 |
| Mar. 3 | 5 01 | 5 00 | 4 58 | 4 57 | 4 55 | 4 52 | 4 50 | 4 47 | 4 43 | 4 39 | 4 34 | 4 29 | 4 22 | 4 14 |
| 7 | 4 55 | 4 53 | 4 51 | 4 49 | 4 47 | 4 44 | 4 41 | 4 37 | 4 33 | 4 28 | 4 22 | 4 15 | 4 07 | 3 57 |
| 11 | 4 48 | 4 46 | 4 44 | 4 41 | 4 38 | 4 35 | 4 31 | 4 27 | 4 22 | 4 16 | 4 09 | 4 01 | 3 51 | 3 39 |
| 15 | 4 42 | 4 39 | 4 36 | 4 33 | 4 30 | 4 26 | 4 21 | 4 16 | 4 10 | 4 03 | 3 55 | 3 45 | 3 34 | 3 20 |
| 19 | 4 35 | 4 32 | 4 29 | 4 25 | 4 21 | 4 16 | 4 11 | 4 05 | 3 58 | 3 50 | 3 41 | 3 29 | 3 16 | 2 59 |
| 23 | 4 28 | 4 25 | 4 21 | 4 17 | 4 12 | 4 06 | 4 00 | 3 54 | 3 46 | 3 36 | 3 25 | 3 12 | 2 56 | 2 35 |
| 27 | 4 21 | 4 17 | 4 13 | 4 08 | 4 02 | 3 56 | 3 50 | 3 42 | 3 33 | 3 22 | 3 09 | 2 54 | 2 35 | 2 09 |
| 31 | 4 14 | 4 09 | 4 04 | 3 59 | 3 53 | 3 46 | 3 38 | 3 29 | 3 19 | 3 07 | 2 52 | 2 34 | 2 10 | 1 36 |
| Apr. 4 | 4 06 | 4 01 | 3 56 | 3 50 | 3 43 | 3 35 | 3 27 | 3 17 | 3 05 | 2 51 | 2 34 | 2 12 | 1 42 | 0 46 |

### END OF EVENING ASTRONOMICAL TWILIGHT

| Lat. | +40° | +42° | +44° | +46° | +48° | +50° | +52° | +54° | +56° | +58° | +60° | +62° | +64° | +66° |
|---|---|---|---|---|---|---|---|---|---|---|---|---|---|---|
| | h m | h m | h m | h m | h m | h m | h m | h m | h m | h m | h m | h m | h m | h m |
| Jan. −2 | 18 20 | 18 18 | 18 15 | 18 11 | 18 08 | 18 05 | 18 02 | 17 58 | 17 54 | 17 51 | 17 46 | 17 42 | 17 37 | 17 31 |
| 2 | 18 23 | 18 21 | 18 18 | 18 15 | 18 12 | 18 08 | 18 05 | 18 02 | 17 58 | 17 54 | 17 50 | 17 46 | 17 41 | 17 36 |
| 6 | 18 27 | 18 24 | 18 21 | 18 18 | 18 15 | 18 12 | 18 09 | 18 06 | 18 03 | 17 59 | 17 55 | 17 51 | 17 47 | 17 42 |
| 10 | 18 30 | 18 27 | 18 25 | 18 22 | 18 19 | 18 17 | 18 14 | 18 11 | 18 08 | 18 04 | 18 01 | 17 57 | 17 53 | 17 48 |
| 14 | 18 34 | 18 31 | 18 29 | 18 26 | 18 24 | 18 21 | 18 19 | 18 16 | 18 13 | 18 10 | 18 07 | 18 04 | 18 00 | 17 56 |
| 18 | 18 38 | 18 35 | 18 33 | 18 31 | 18 29 | 18 26 | 18 24 | 18 21 | 18 19 | 18 16 | 18 14 | 18 11 | 18 08 | 18 04 |
| 22 | 18 41 | 18 39 | 18 38 | 18 36 | 18 34 | 18 31 | 18 29 | 18 27 | 18 25 | 18 23 | 18 21 | 18 18 | 18 16 | 18 13 |
| 26 | 18 46 | 18 44 | 18 42 | 18 40 | 18 39 | 18 37 | 18 35 | 18 34 | 18 32 | 18 30 | 18 28 | 18 27 | 18 25 | 18 23 |
| 30 | 18 50 | 18 48 | 18 47 | 18 45 | 18 44 | 18 43 | 18 41 | 18 40 | 18 39 | 18 38 | 18 36 | 18 35 | 18 34 | 18 33 |
| Feb. 3 | 18 54 | 18 53 | 18 52 | 18 50 | 18 49 | 18 48 | 18 48 | 18 47 | 18 46 | 18 45 | 18 45 | 18 44 | 18 44 | 18 44 |
| 7 | 18 58 | 18 57 | 18 56 | 18 56 | 18 55 | 18 54 | 18 54 | 18 54 | 18 53 | 18 53 | 18 53 | 18 54 | 18 54 | 18 55 |
| 11 | 19 02 | 19 02 | 19 01 | 19 01 | 19 01 | 19 01 | 19 01 | 19 01 | 19 01 | 19 02 | 19 02 | 19 04 | 19 05 | 19 07 |
| 15 | 19 07 | 19 06 | 19 06 | 19 06 | 19 06 | 19 07 | 19 07 | 19 08 | 19 09 | 19 10 | 19 12 | 19 14 | 19 16 | 19 19 |
| 19 | 19 11 | 19 11 | 19 11 | 19 12 | 19 12 | 19 13 | 19 14 | 19 15 | 19 17 | 19 19 | 19 21 | 19 24 | 19 27 | 19 32 |
| 23 | 19 15 | 19 16 | 19 16 | 19 17 | 19 18 | 19 20 | 19 21 | 19 23 | 19 25 | 19 28 | 19 31 | 19 35 | 19 39 | 19 45 |
| 27 | 19 19 | 19 20 | 19 21 | 19 23 | 19 24 | 19 26 | 19 28 | 19 31 | 19 34 | 19 37 | 19 41 | 19 46 | 19 52 | 19 59 |
| Mar. 3 | 19 24 | 19 25 | 19 27 | 19 28 | 19 30 | 19 33 | 19 35 | 19 39 | 19 42 | 19 46 | 19 51 | 19 57 | 20 04 | 20 13 |
| 7 | 19 28 | 19 30 | 19 32 | 19 34 | 19 37 | 19 39 | 19 43 | 19 47 | 19 51 | 19 56 | 20 02 | 20 09 | 20 18 | 20 28 |
| 11 | 19 33 | 19 35 | 19 37 | 19 40 | 19 43 | 19 46 | 19 50 | 19 55 | 20 00 | 20 06 | 20 13 | 20 22 | 20 32 | 20 44 |
| 15 | 19 37 | 19 40 | 19 42 | 19 46 | 19 49 | 19 53 | 19 58 | 20 03 | 20 10 | 20 17 | 20 25 | 20 35 | 20 47 | 21 02 |
| 19 | 19 42 | 19 45 | 19 48 | 19 52 | 19 56 | 20 01 | 20 06 | 20 12 | 20 19 | 20 28 | 20 37 | 20 49 | 21 03 | 21 21 |
| 23 | 19 46 | 19 50 | 19 54 | 19 58 | 20 03 | 20 08 | 20 14 | 20 21 | 20 30 | 20 39 | 20 50 | 21 04 | 21 21 | 21 42 |
| 27 | 19 51 | 19 55 | 19 59 | 20 04 | 20 10 | 20 16 | 20 23 | 20 31 | 20 40 | 20 51 | 21 04 | 21 20 | 21 40 | 22 08 |
| 31 | 19 56 | 20 00 | 20 05 | 20 11 | 20 17 | 20 24 | 20 32 | 20 41 | 20 52 | 21 04 | 21 19 | 21 38 | 22 03 | 22 41 |
| Apr. 4 | 20 01 | 20 06 | 20 11 | 20 17 | 20 24 | 20 32 | 20 41 | 20 51 | 21 03 | 21 18 | 21 36 | 21 59 | 22 31 | 23 47 |

# ASTRONOMICAL TWILIGHT, 2010

## UNIVERSAL TIME FOR MERIDIAN OF GREENWICH
### BEGINNING OF MORNING ASTRONOMICAL TWILIGHT

| Lat. | −55° | −50° | −45° | −40° | −35° | −30° | −20° | −10° | 0° | +10° | +20° | +30° | +35° | +40° |
|---|---|---|---|---|---|---|---|---|---|---|---|---|---|---|
| | h m | h m | h m | h m | h m | h m | h m | h m | h m | h m | h m | h m | h m | h m |
| Mar. 31 | 4 20 | 4 31 | 4 38 | 4 44 | 4 48 | 4 51 | 4 54 | 4 54 | 4 52 | 4 48 | 4 41 | 4 30 | 4 23 | 4 14 |
| Apr. 4 | 4 29 | 4 37 | 4 43 | 4 48 | 4 51 | 4 53 | 4 55 | 4 54 | 4 51 | 4 45 | 4 37 | 4 25 | 4 17 | 4 06 |
| 8 | 4 37 | 4 44 | 4 49 | 4 52 | 4 54 | 4 55 | 4 56 | 4 54 | 4 49 | 4 43 | 4 33 | 4 20 | 4 10 | 3 59 |
| 12 | 4 44 | 4 50 | 4 53 | 4 56 | 4 57 | 4 57 | 4 56 | 4 53 | 4 48 | 4 40 | 4 30 | 4 14 | 4 04 | 3 51 |
| 16 | 4 52 | 4 56 | 4 58 | 4 59 | 5 00 | 5 00 | 4 57 | 4 53 | 4 47 | 4 38 | 4 26 | 4 09 | 3 58 | 3 44 |
| 20 | 4 59 | 5 01 | 5 03 | 5 03 | 5 03 | 5 02 | 4 58 | 4 53 | 4 45 | 4 36 | 4 22 | 4 04 | 3 52 | 3 37 |
| 24 | 5 06 | 5 07 | 5 07 | 5 07 | 5 06 | 5 04 | 4 59 | 4 53 | 4 44 | 4 33 | 4 19 | 3 59 | 3 46 | 3 29 |
| 28 | 5 12 | 5 12 | 5 12 | 5 10 | 5 08 | 5 06 | 5 00 | 4 53 | 4 43 | 4 31 | 4 16 | 3 54 | 3 40 | 3 22 |
| May 2 | 5 19 | 5 18 | 5 16 | 5 14 | 5 11 | 5 08 | 5 01 | 4 53 | 4 42 | 4 29 | 4 12 | 3 49 | 3 34 | 3 15 |
| 6 | 5 25 | 5 23 | 5 20 | 5 17 | 5 14 | 5 10 | 5 02 | 4 53 | 4 41 | 4 27 | 4 09 | 3 45 | 3 29 | 3 09 |
| 10 | 5 31 | 5 27 | 5 24 | 5 20 | 5 16 | 5 12 | 5 03 | 4 53 | 4 41 | 4 26 | 4 07 | 3 41 | 3 24 | 3 02 |
| 14 | 5 36 | 5 32 | 5 28 | 5 23 | 5 19 | 5 14 | 5 04 | 4 53 | 4 40 | 4 24 | 4 04 | 3 37 | 3 19 | 2 56 |
| 18 | 5 42 | 5 36 | 5 31 | 5 26 | 5 21 | 5 16 | 5 06 | 4 54 | 4 40 | 4 23 | 4 02 | 3 34 | 3 15 | 2 50 |
| 22 | 5 46 | 5 40 | 5 35 | 5 29 | 5 24 | 5 18 | 5 07 | 4 54 | 4 40 | 4 22 | 4 00 | 3 31 | 3 11 | 2 45 |
| 26 | 5 51 | 5 44 | 5 38 | 5 32 | 5 26 | 5 20 | 5 08 | 4 55 | 4 40 | 4 22 | 3 59 | 3 28 | 3 07 | 2 41 |
| 30 | 5 55 | 5 48 | 5 41 | 5 35 | 5 28 | 5 22 | 5 09 | 4 55 | 4 40 | 4 21 | 3 58 | 3 26 | 3 04 | 2 36 |
| June 3 | 5 59 | 5 51 | 5 44 | 5 37 | 5 30 | 5 24 | 5 10 | 4 56 | 4 40 | 4 21 | 3 57 | 3 24 | 3 02 | 2 33 |
| 7 | 6 02 | 5 54 | 5 46 | 5 39 | 5 32 | 5 25 | 5 12 | 4 57 | 4 40 | 4 21 | 3 56 | 3 23 | 3 00 | 2 30 |
| 11 | 6 05 | 5 56 | 5 48 | 5 41 | 5 34 | 5 27 | 5 13 | 4 58 | 4 41 | 4 21 | 3 56 | 3 22 | 2 59 | 2 29 |
| 15 | 6 07 | 5 58 | 5 50 | 5 43 | 5 35 | 5 28 | 5 14 | 4 59 | 4 42 | 4 22 | 3 56 | 3 22 | 2 59 | 2 28 |
| 19 | 6 09 | 6 00 | 5 51 | 5 44 | 5 37 | 5 29 | 5 15 | 5 00 | 4 43 | 4 22 | 3 57 | 3 22 | 2 59 | 2 28 |
| 23 | 6 09 | 6 00 | 5 52 | 5 45 | 5 37 | 5 30 | 5 16 | 5 01 | 4 43 | 4 23 | 3 58 | 3 23 | 3 00 | 2 28 |
| 27 | 6 10 | 6 01 | 5 53 | 5 45 | 5 38 | 5 31 | 5 17 | 5 01 | 4 44 | 4 24 | 3 59 | 3 25 | 3 01 | 2 30 |
| July 1 | 6 09 | 6 01 | 5 53 | 5 45 | 5 38 | 5 31 | 5 17 | 5 02 | 4 45 | 4 25 | 4 00 | 3 26 | 3 03 | 2 32 |
| 5 | 6 08 | 6 00 | 5 52 | 5 45 | 5 38 | 5 31 | 5 17 | 5 03 | 4 46 | 4 27 | 4 02 | 3 28 | 3 06 | 2 36 |

### END OF EVENING ASTRONOMICAL TWILIGHT

| Lat. | −55° | −50° | −45° | −40° | −35° | −30° | −20° | −10° | 0° | +10° | +20° | +30° | +35° | +40° |
|---|---|---|---|---|---|---|---|---|---|---|---|---|---|---|
| | h m | h m | h m | h m | h m | h m | h m | h m | h m | h m | h m | h m | h m | h m |
| Mar. 31 | 19 46 | 19 36 | 19 29 | 19 24 | 19 20 | 19 17 | 19 14 | 19 14 | 19 16 | 19 21 | 19 28 | 19 39 | 19 46 | 19 56 |
| Apr. 4 | 19 36 | 19 27 | 19 22 | 19 17 | 19 14 | 19 13 | 19 11 | 19 12 | 19 15 | 19 21 | 19 29 | 19 42 | 19 50 | 20 01 |
| 8 | 19 26 | 19 19 | 19 14 | 19 11 | 19 09 | 19 08 | 19 08 | 19 10 | 19 14 | 19 21 | 19 31 | 19 45 | 19 54 | 20 06 |
| 12 | 19 16 | 19 11 | 19 07 | 19 05 | 19 04 | 19 04 | 19 05 | 19 08 | 19 14 | 19 21 | 19 32 | 19 48 | 19 58 | 20 11 |
| 16 | 19 07 | 19 03 | 19 01 | 18 59 | 18 59 | 19 00 | 19 02 | 19 06 | 19 13 | 19 22 | 19 34 | 19 51 | 20 03 | 20 17 |
| 20 | 18 58 | 18 56 | 18 54 | 18 54 | 18 55 | 18 56 | 18 59 | 19 05 | 19 12 | 19 23 | 19 36 | 19 55 | 20 07 | 20 22 |
| 24 | 18 50 | 18 48 | 18 48 | 18 49 | 18 50 | 18 52 | 18 57 | 19 03 | 19 12 | 19 23 | 19 38 | 19 58 | 20 11 | 20 28 |
| 28 | 18 42 | 18 42 | 18 43 | 18 44 | 18 46 | 18 49 | 18 55 | 19 02 | 19 12 | 19 24 | 19 40 | 20 02 | 20 16 | 20 34 |
| May 2 | 18 34 | 18 36 | 18 37 | 18 40 | 18 42 | 18 45 | 18 53 | 19 01 | 19 12 | 19 25 | 19 42 | 20 05 | 20 20 | 20 40 |
| 6 | 18 28 | 18 30 | 18 33 | 18 36 | 18 39 | 18 43 | 18 51 | 19 00 | 19 12 | 19 26 | 19 44 | 20 09 | 20 25 | 20 46 |
| 10 | 18 21 | 18 25 | 18 28 | 18 32 | 18 36 | 18 40 | 18 49 | 19 00 | 19 12 | 19 27 | 19 46 | 20 12 | 20 30 | 20 52 |
| 14 | 18 16 | 18 20 | 18 24 | 18 29 | 18 33 | 18 38 | 18 48 | 18 59 | 19 13 | 19 28 | 19 49 | 20 16 | 20 34 | 20 58 |
| 18 | 18 11 | 18 16 | 18 21 | 18 26 | 18 31 | 18 36 | 18 47 | 18 59 | 19 13 | 19 30 | 19 51 | 20 20 | 20 39 | 21 03 |
| 22 | 18 06 | 18 12 | 18 18 | 18 24 | 18 29 | 18 35 | 18 46 | 18 59 | 19 14 | 19 31 | 19 53 | 20 23 | 20 43 | 21 09 |
| 26 | 18 03 | 18 09 | 18 16 | 18 22 | 18 28 | 18 34 | 18 46 | 18 59 | 19 14 | 19 33 | 19 55 | 20 27 | 20 47 | 21 14 |
| 30 | 17 59 | 18 07 | 18 14 | 18 20 | 18 26 | 18 33 | 18 46 | 19 00 | 19 15 | 19 34 | 19 58 | 20 30 | 20 51 | 21 19 |
| June 3 | 17 57 | 18 05 | 18 12 | 18 19 | 18 26 | 18 32 | 18 46 | 19 00 | 19 16 | 19 35 | 20 00 | 20 32 | 20 55 | 21 24 |
| 7 | 17 55 | 18 04 | 18 11 | 18 18 | 18 25 | 18 32 | 18 46 | 19 01 | 19 17 | 19 37 | 20 01 | 20 35 | 20 58 | 21 28 |
| 11 | 17 54 | 18 03 | 18 11 | 18 18 | 18 25 | 18 32 | 18 46 | 19 01 | 19 18 | 19 38 | 20 03 | 20 37 | 21 00 | 21 31 |
| 15 | 17 54 | 18 03 | 18 11 | 18 18 | 18 26 | 18 33 | 18 47 | 19 02 | 19 19 | 19 39 | 20 05 | 20 39 | 21 02 | 21 34 |
| 19 | 17 54 | 18 03 | 18 11 | 18 19 | 18 26 | 18 33 | 18 48 | 19 03 | 19 20 | 19 40 | 20 06 | 20 40 | 21 04 | 21 35 |
| 23 | 17 55 | 18 04 | 18 12 | 18 20 | 18 27 | 18 34 | 18 49 | 19 04 | 19 21 | 19 41 | 20 07 | 20 41 | 21 05 | 21 36 |
| 27 | 17 57 | 18 05 | 18 13 | 18 21 | 18 28 | 18 35 | 18 50 | 19 05 | 19 22 | 19 42 | 20 07 | 20 41 | 21 05 | 21 36 |
| July 1 | 17 59 | 18 07 | 18 15 | 18 22 | 18 30 | 18 37 | 18 51 | 19 06 | 19 22 | 19 42 | 20 07 | 20 41 | 21 04 | 21 35 |
| 5 | 18 01 | 18 10 | 18 17 | 18 24 | 18 31 | 18 38 | 18 52 | 19 06 | 19 23 | 19 42 | 20 07 | 20 40 | 21 03 | 21 33 |

## UNIVERSAL TIME FOR MERIDIAN OF GREENWICH
### BEGINNING OF MORNING ASTRONOMICAL TWILIGHT

| Lat. | +40° | +42° | +44° | +46° | +48° | +50° | +52° | +54° | +56° | +58° | +60° | +62° | +64° | +66° |
|---|---|---|---|---|---|---|---|---|---|---|---|---|---|---|
| | h m | h m | h m | h m | h m | h m | h m | h m | h m | h m | h m | h m | h m | h m |
| Mar. 31 | 4 14 | 4 09 | 4 04 | 3 59 | 3 53 | 3 46 | 3 38 | 3 29 | 3 19 | 3 07 | 2 52 | 2 34 | 2 10 | 1 36 |
| Apr. 4 | 4 06 | 4 01 | 3 56 | 3 50 | 3 43 | 3 35 | 3 27 | 3 17 | 3 05 | 2 51 | 2 34 | 2 12 | 1 42 | 0 46 |
| 8 | 3 59 | 3 53 | 3 47 | 3 41 | 3 33 | 3 25 | 3 15 | 3 04 | 2 50 | 2 34 | 2 14 | 1 46 | 1 02 | // // |
| 12 | 3 51 | 3 45 | 3 39 | 3 31 | 3 23 | 3 14 | 3 03 | 2 50 | 2 35 | 2 16 | 1 51 | 1 14 | // // | // // |
| 16 | 3 44 | 3 38 | 3 30 | 3 22 | 3 13 | 3 02 | 2 50 | 2 36 | 2 18 | 1 56 | 1 24 | // // | // // | // // |
| 20 | 3 37 | 3 30 | 3 22 | 3 13 | 3 03 | 2 51 | 2 37 | 2 21 | 2 00 | 1 32 | 0 45 | // // | // // | // // |
| 24 | 3 29 | 3 22 | 3 13 | 3 03 | 2 52 | 2 39 | 2 24 | 2 05 | 1 40 | 1 03 | // // | // // | // // | // // |
| 28 | 3 22 | 3 14 | 3 05 | 2 54 | 2 42 | 2 27 | 2 10 | 1 48 | 1 17 | // // | // // | // // | // // | // // |
| May 2 | 3 15 | 3 06 | 2 56 | 2 44 | 2 31 | 2 15 | 1 55 | 1 28 | 0 45 | // // | // // | // // | // // | // // |
| 6 | 3 09 | 2 59 | 2 48 | 2 35 | 2 20 | 2 02 | 1 39 | 1 06 | // // | // // | // // | // // | // // | // // |
| 10 | 3 02 | 2 52 | 2 40 | 2 26 | 2 10 | 1 49 | 1 22 | 0 34 | // // | // // | // // | // // | // // | // // |
| 14 | 2 56 | 2 45 | 2 32 | 2 17 | 1 59 | 1 36 | 1 02 | // // | // // | // // | // // | // // | // // | // // |
| 18 | 2 50 | 2 39 | 2 25 | 2 08 | 1 48 | 1 22 | 0 36 | // // | // // | // // | // // | // // | // // | // // |
| 22 | 2 45 | 2 33 | 2 18 | 2 00 | 1 38 | 1 06 | // // | // // | // // | // // | // // | // // | // // | // // |
| 26 | 2 41 | 2 27 | 2 11 | 1 52 | 1 27 | 0 49 | // // | // // | // // | // // | // // | // // | // // | // // |
| 30 | 2 36 | 2 22 | 2 06 | 1 45 | 1 17 | 0 26 | // // | // // | // // | // // | // // | // // | // // | // // |
| June 3 | 2 33 | 2 18 | 2 01 | 1 39 | 1 08 | // // | // // | // // | // // | // // | // // | // // | // // | // // |
| 7 | 2 30 | 2 15 | 1 57 | 1 33 | 0 59 | // // | // // | // // | // // | // // | // // | // // | // // | // // |
| 11 | 2 29 | 2 13 | 1 54 | 1 29 | 0 51 | // // | // // | // // | // // | // // | // // | // // | // // | // // |
| 15 | 2 28 | 2 12 | 1 52 | 1 26 | 0 45 | // // | // // | // // | // // | // // | // // | // // | // // | ▭ |
| 19 | 2 28 | 2 11 | 1 52 | 1 25 | 0 42 | // // | // // | // // | // // | // // | // // | // // | // // | ▭ |
| 23 | 2 28 | 2 12 | 1 52 | 1 26 | 0 42 | // // | // // | // // | // // | // // | // // | // // | // // | ▭ |
| 27 | 2 30 | 2 14 | 1 54 | 1 29 | 0 47 | // // | // // | // // | // // | // // | // // | // // | // // | ▭ |
| July 1 | 2 32 | 2 17 | 1 57 | 1 33 | 0 54 | // // | // // | // // | // // | // // | // // | // // | // // | // // |
| 5 | 2 36 | 2 20 | 2 02 | 1 38 | 1 03 | // // | // // | // // | // // | // // | // // | // // | // // | // // |

### END OF EVENING ASTRONOMICAL TWILIGHT

| Lat. | +40° | +42° | +44° | +46° | +48° | +50° | +52° | +54° | +56° | +58° | +60° | +62° | +64° | +66° |
|---|---|---|---|---|---|---|---|---|---|---|---|---|---|---|
| | h m | h m | h m | h m | h m | h m | h m | h m | h m | h m | h m | h m | h m | h m |
| Mar. 31 | 19 56 | 20 00 | 20 05 | 20 11 | 20 17 | 20 24 | 20 32 | 20 41 | 20 52 | 21 04 | 21 19 | 21 38 | 22 03 | 22 41 |
| Apr. 4 | 20 01 | 20 06 | 20 11 | 20 17 | 20 24 | 20 32 | 20 41 | 20 51 | 21 03 | 21 18 | 21 36 | 21 59 | 22 31 | 23 47 |
| 8 | 20 06 | 20 11 | 20 18 | 20 24 | 20 32 | 20 41 | 20 51 | 21 02 | 21 16 | 21 33 | 21 54 | 22 23 | 23 14 | // // |
| 12 | 20 11 | 20 17 | 20 24 | 20 32 | 20 40 | 20 50 | 21 01 | 21 14 | 21 30 | 21 50 | 22 16 | 22 57 | // // | // // |
| 16 | 20 17 | 20 23 | 20 31 | 20 39 | 20 48 | 20 59 | 21 12 | 21 27 | 21 45 | 22 09 | 22 43 | // // | // // | // // |
| 20 | 20 22 | 20 30 | 20 38 | 20 47 | 20 57 | 21 09 | 21 23 | 21 40 | 22 02 | 22 31 | 23 29 | // // | // // | // // |
| 24 | 20 28 | 20 36 | 20 45 | 20 55 | 21 06 | 21 19 | 21 35 | 21 55 | 22 21 | 23 02 | // // | // // | // // | // // |
| 28 | 20 34 | 20 42 | 20 52 | 21 03 | 21 15 | 21 30 | 21 48 | 22 11 | 22 44 | // // | // // | // // | // // | // // |
| May 2 | 20 40 | 20 49 | 20 59 | 21 11 | 21 25 | 21 42 | 22 02 | 22 30 | 23 20 | // // | // // | // // | // // | // // |
| 6 | 20 46 | 20 56 | 21 07 | 21 20 | 21 35 | 21 54 | 22 18 | 22 53 | // // | // // | // // | // // | // // | // // |
| 10 | 20 52 | 21 02 | 21 14 | 21 29 | 21 45 | 22 06 | 22 35 | 23 31 | // // | // // | // // | // // | // // | // // |
| 14 | 20 58 | 21 09 | 21 22 | 21 37 | 21 56 | 22 20 | 22 56 | // // | // // | // // | // // | // // | // // | // // |
| 18 | 21 03 | 21 16 | 21 30 | 21 46 | 22 07 | 22 35 | 23 26 | // // | // // | // // | // // | // // | // // | // // |
| 22 | 21 09 | 21 22 | 21 37 | 21 55 | 22 18 | 22 51 | // // | // // | // // | // // | // // | // // | // // | // // |
| 26 | 21 14 | 21 28 | 21 44 | 22 03 | 22 29 | 23 10 | // // | // // | // // | // // | // // | // // | // // | // // |
| 30 | 21 19 | 21 34 | 21 50 | 22 11 | 22 40 | 23 38 | // // | // // | // // | // // | // // | // // | // // | // // |
| June 3 | 21 24 | 21 39 | 21 56 | 22 19 | 22 51 | // // | // // | // // | // // | // // | // // | // // | // // | // // |
| 7 | 21 28 | 21 43 | 22 02 | 22 26 | 23 01 | // // | // // | // // | // // | // // | // // | // // | // // | // // |
| 11 | 21 31 | 21 47 | 22 06 | 22 31 | 23 10 | // // | // // | // // | // // | // // | // // | // // | // // | // // |
| 15 | 21 34 | 21 50 | 22 09 | 22 35 | 23 17 | // // | // // | // // | // // | // // | // // | // // | // // | ▭ |
| 19 | 21 35 | 21 51 | 22 11 | 22 37 | 23 21 | // // | // // | // // | // // | // // | // // | // // | // // | ▭ |
| 23 | 21 36 | 21 52 | 22 12 | 22 38 | 23 22 | // // | // // | // // | // // | // // | // // | // // | // // | ▭ |
| 27 | 21 36 | 21 52 | 22 11 | 22 37 | 23 18 | // // | // // | // // | // // | // // | // // | // // | // // | ▭ |
| July 1 | 21 35 | 21 51 | 22 10 | 22 34 | 23 12 | // // | // // | // // | // // | // // | // // | // // | // // | // // |
| 5 | 21 33 | 21 48 | 22 07 | 22 30 | 23 05 | // // | // // | // // | // // | // // | // // | // // | // // | // // |

▭ indicates Sun continuously above horizon.
// // indicates continuous twilight.

# ASTRONOMICAL TWILIGHT, 2010

## UNIVERSAL TIME FOR MERIDIAN OF GREENWICH
### BEGINNING OF MORNING ASTRONOMICAL TWILIGHT

| Lat. | −55° | −50° | −45° | −40° | −35° | −30° | −20° | −10° | 0° | +10° | +20° | +30° | +35° | +40° |
|---|---|---|---|---|---|---|---|---|---|---|---|---|---|---|
| | h m | h m | h m | h m | h m | h m | h m | h m | h m | h m | h m | h m | h m | h m |
| July 1 | 6 09 | 6 01 | 5 53 | 5 45 | 5 38 | 5 31 | 5 17 | 5 02 | 4 45 | 4 25 | 4 00 | 3 26 | 3 03 | 2 32 |
| 5 | 6 08 | 6 00 | 5 52 | 5 45 | 5 38 | 5 31 | 5 17 | 5 03 | 4 46 | 4 27 | 4 02 | 3 28 | 3 06 | 2 36 |
| 9 | 6 06 | 5 58 | 5 51 | 5 44 | 5 38 | 5 31 | 5 18 | 5 03 | 4 47 | 4 28 | 4 04 | 3 31 | 3 09 | 2 39 |
| 13 | 6 04 | 5 56 | 5 50 | 5 43 | 5 37 | 5 31 | 5 18 | 5 04 | 4 48 | 4 29 | 4 06 | 3 34 | 3 12 | 2 44 |
| 17 | 6 01 | 5 54 | 5 48 | 5 42 | 5 36 | 5 30 | 5 17 | 5 04 | 4 49 | 4 31 | 4 08 | 3 37 | 3 16 | 2 49 |
| 21 | 5 57 | 5 51 | 5 45 | 5 39 | 5 34 | 5 28 | 5 17 | 5 04 | 4 49 | 4 32 | 4 10 | 3 40 | 3 20 | 2 54 |
| 25 | 5 52 | 5 47 | 5 42 | 5 37 | 5 32 | 5 27 | 5 16 | 5 04 | 4 50 | 4 33 | 4 12 | 3 43 | 3 24 | 2 59 |
| 29 | 5 47 | 5 43 | 5 39 | 5 34 | 5 30 | 5 25 | 5 15 | 5 03 | 4 50 | 4 34 | 4 14 | 3 47 | 3 28 | 3 05 |
| Aug. 2 | 5 42 | 5 38 | 5 35 | 5 31 | 5 27 | 5 23 | 5 13 | 5 03 | 4 51 | 4 35 | 4 16 | 3 50 | 3 33 | 3 11 |
| 6 | 5 35 | 5 33 | 5 30 | 5 27 | 5 24 | 5 20 | 5 12 | 5 02 | 4 51 | 4 36 | 4 18 | 3 53 | 3 37 | 3 17 |
| 10 | 5 28 | 5 27 | 5 25 | 5 23 | 5 20 | 5 17 | 5 10 | 5 01 | 4 51 | 4 37 | 4 20 | 3 57 | 3 42 | 3 22 |
| 14 | 5 21 | 5 21 | 5 20 | 5 18 | 5 16 | 5 14 | 5 08 | 5 00 | 4 50 | 4 38 | 4 22 | 4 00 | 3 46 | 3 28 |
| 18 | 5 13 | 5 14 | 5 14 | 5 13 | 5 12 | 5 10 | 5 05 | 4 59 | 4 50 | 4 39 | 4 24 | 4 04 | 3 50 | 3 34 |
| 22 | 5 05 | 5 07 | 5 08 | 5 08 | 5 08 | 5 07 | 5 03 | 4 57 | 4 49 | 4 39 | 4 26 | 4 07 | 3 54 | 3 39 |
| 26 | 4 56 | 4 59 | 5 02 | 5 03 | 5 03 | 5 02 | 5 00 | 4 55 | 4 49 | 4 40 | 4 27 | 4 10 | 3 58 | 3 44 |
| 30 | 4 47 | 4 52 | 4 55 | 4 57 | 4 58 | 4 58 | 4 57 | 4 53 | 4 48 | 4 40 | 4 29 | 4 13 | 4 02 | 3 49 |
| Sept. 3 | 4 37 | 4 43 | 4 48 | 4 51 | 4 53 | 4 54 | 4 54 | 4 51 | 4 47 | 4 40 | 4 30 | 4 16 | 4 06 | 3 54 |
| 7 | 4 27 | 4 35 | 4 40 | 4 45 | 4 47 | 4 49 | 4 50 | 4 49 | 4 46 | 4 40 | 4 31 | 4 19 | 4 10 | 3 59 |
| 11 | 4 16 | 4 26 | 4 33 | 4 38 | 4 42 | 4 44 | 4 47 | 4 47 | 4 45 | 4 40 | 4 33 | 4 21 | 4 14 | 4 04 |
| 15 | 4 05 | 4 17 | 4 25 | 4 31 | 4 36 | 4 39 | 4 43 | 4 44 | 4 43 | 4 40 | 4 34 | 4 24 | 4 17 | 4 09 |
| 19 | 3 54 | 4 07 | 4 17 | 4 24 | 4 30 | 4 34 | 4 39 | 4 42 | 4 42 | 4 40 | 4 35 | 4 26 | 4 21 | 4 13 |
| 23 | 3 42 | 3 58 | 4 09 | 4 17 | 4 24 | 4 29 | 4 36 | 4 39 | 4 41 | 4 39 | 4 36 | 4 29 | 4 24 | 4 17 |
| 27 | 3 30 | 3 48 | 4 00 | 4 10 | 4 18 | 4 24 | 4 32 | 4 37 | 4 39 | 4 39 | 4 37 | 4 31 | 4 27 | 4 22 |
| Oct. 1 | 3 17 | 3 37 | 3 52 | 4 03 | 4 11 | 4 18 | 4 28 | 4 34 | 4 38 | 4 39 | 4 38 | 4 34 | 4 30 | 4 26 |
| 5 | 3 04 | 3 27 | 3 43 | 3 56 | 4 05 | 4 13 | 4 24 | 4 32 | 4 36 | 4 39 | 4 39 | 4 36 | 4 34 | 4 30 |

### END OF EVENING ASTRONOMICAL TWILIGHT

| | −55° | −50° | −45° | −40° | −35° | −30° | −20° | −10° | 0° | +10° | +20° | +30° | +35° | +40° |
|---|---|---|---|---|---|---|---|---|---|---|---|---|---|---|
| | h m | h m | h m | h m | h m | h m | h m | h m | h m | h m | h m | h m | h m | h m |
| July 1 | 17 59 | 18 07 | 18 15 | 18 22 | 18 30 | 18 37 | 18 51 | 19 06 | 19 22 | 19 42 | 20 07 | 20 41 | 21 04 | 21 35 |
| 5 | 18 01 | 18 10 | 18 17 | 18 24 | 18 31 | 18 38 | 18 52 | 19 06 | 19 23 | 19 42 | 20 07 | 20 40 | 21 03 | 21 33 |
| 9 | 18 04 | 18 12 | 18 20 | 18 26 | 18 33 | 18 40 | 18 53 | 19 07 | 19 23 | 19 42 | 20 06 | 20 39 | 21 01 | 21 30 |
| 13 | 18 08 | 18 15 | 18 22 | 18 29 | 18 35 | 18 41 | 18 54 | 19 08 | 19 24 | 19 42 | 20 06 | 20 37 | 20 59 | 21 27 |
| 17 | 18 12 | 18 19 | 18 25 | 18 31 | 18 37 | 18 43 | 18 55 | 19 08 | 19 24 | 19 42 | 20 04 | 20 35 | 20 56 | 21 23 |
| 21 | 18 17 | 18 23 | 18 28 | 18 34 | 18 39 | 18 45 | 18 56 | 19 09 | 19 23 | 19 41 | 20 03 | 20 32 | 20 52 | 21 18 |
| 25 | 18 21 | 18 26 | 18 31 | 18 36 | 18 41 | 18 47 | 18 57 | 19 09 | 19 23 | 19 40 | 20 01 | 20 29 | 20 48 | 21 13 |
| 29 | 18 26 | 18 31 | 18 35 | 18 39 | 18 44 | 18 48 | 18 58 | 19 10 | 19 23 | 19 38 | 19 59 | 20 26 | 20 44 | 21 07 |
| Aug. 2 | 18 32 | 18 35 | 18 39 | 18 42 | 18 46 | 18 50 | 18 59 | 19 10 | 19 22 | 19 37 | 19 56 | 20 22 | 20 39 | 21 01 |
| 6 | 18 37 | 18 40 | 18 42 | 18 45 | 18 49 | 18 52 | 19 00 | 19 10 | 19 21 | 19 35 | 19 53 | 20 18 | 20 34 | 20 54 |
| 10 | 18 43 | 18 44 | 18 46 | 18 48 | 18 51 | 18 54 | 19 01 | 19 10 | 19 20 | 19 33 | 19 50 | 20 13 | 20 28 | 20 47 |
| 14 | 18 49 | 18 49 | 18 50 | 18 52 | 18 54 | 18 56 | 19 02 | 19 09 | 19 19 | 19 31 | 19 47 | 20 08 | 20 23 | 20 40 |
| 18 | 18 56 | 18 54 | 18 54 | 18 55 | 18 56 | 18 58 | 19 03 | 19 09 | 19 18 | 19 29 | 19 43 | 20 03 | 20 17 | 20 33 |
| 22 | 19 02 | 19 00 | 18 59 | 18 58 | 18 59 | 19 00 | 19 03 | 19 09 | 19 16 | 19 26 | 19 40 | 19 58 | 20 11 | 20 26 |
| 26 | 19 09 | 19 05 | 19 03 | 19 02 | 19 01 | 19 02 | 19 04 | 19 08 | 19 15 | 19 24 | 19 36 | 19 53 | 20 04 | 20 18 |
| 30 | 19 16 | 19 11 | 19 07 | 19 05 | 19 04 | 19 04 | 19 05 | 19 08 | 19 13 | 19 21 | 19 32 | 19 48 | 19 58 | 20 11 |
| Sept. 3 | 19 23 | 19 16 | 19 12 | 19 09 | 19 07 | 19 06 | 19 05 | 19 08 | 19 12 | 19 19 | 19 28 | 19 42 | 19 52 | 20 03 |
| 7 | 19 31 | 19 22 | 19 17 | 19 12 | 19 09 | 19 08 | 19 06 | 19 07 | 19 10 | 19 16 | 19 24 | 19 37 | 19 45 | 19 56 |
| 11 | 19 39 | 19 29 | 19 21 | 19 16 | 19 12 | 19 10 | 19 07 | 19 07 | 19 09 | 19 13 | 19 20 | 19 31 | 19 39 | 19 48 |
| 15 | 19 47 | 19 35 | 19 26 | 19 20 | 19 15 | 19 12 | 19 08 | 19 06 | 19 07 | 19 11 | 19 16 | 19 26 | 19 33 | 19 41 |
| 19 | 19 56 | 19 42 | 19 32 | 19 24 | 19 18 | 19 14 | 19 09 | 19 06 | 19 06 | 19 08 | 19 13 | 19 21 | 19 26 | 19 34 |
| 23 | 20 05 | 19 49 | 19 37 | 19 28 | 19 22 | 19 17 | 19 09 | 19 06 | 19 04 | 19 05 | 19 09 | 19 15 | 19 20 | 19 26 |
| 27 | 20 14 | 19 56 | 19 43 | 19 33 | 19 25 | 19 19 | 19 11 | 19 05 | 19 03 | 19 03 | 19 05 | 19 10 | 19 14 | 19 19 |
| Oct. 1 | 20 24 | 20 04 | 19 49 | 19 37 | 19 29 | 19 22 | 19 12 | 19 05 | 19 02 | 19 00 | 19 01 | 19 05 | 19 08 | 19 13 |
| 5 | 20 35 | 20 12 | 19 55 | 19 42 | 19 32 | 19 25 | 19 13 | 19 05 | 19 01 | 18 58 | 18 58 | 19 00 | 19 03 | 19 06 |

## UNIVERSAL TIME FOR MERIDIAN OF GREENWICH
### BEGINNING OF MORNING ASTRONOMICAL TWILIGHT

| Lat. | +40° | +42° | +44° | +46° | +48° | +50° | +52° | +54° | +56° | +58° | +60° | +62° | +64° | +66° |
|---|---|---|---|---|---|---|---|---|---|---|---|---|---|---|
| | h m | h m | h m | h m | h m | h m | h m | h m | h m | h m | h m | h m | h m | h m |
| July 1 | 2 32 | 2 17 | 1 57 | 1 33 | 0 54 | // // | // // | // // | // // | // // | // // | // // | // // | // // |
| 5 | 2 36 | 2 20 | 2 02 | 1 38 | 1 03 | // // | // // | // // | // // | // // | // // | // // | // // | // // |
| 9 | 2 39 | 2 25 | 2 07 | 1 44 | 1 13 | // // | // // | // // | // // | // // | // // | // // | // // | // // |
| 13 | 2 44 | 2 30 | 2 13 | 1 52 | 1 23 | 0 25 | // // | // // | // // | // // | // // | // // | // // | // // |
| 17 | 2 49 | 2 35 | 2 19 | 2 00 | 1 34 | 0 53 | // // | // // | // // | // // | // // | // // | // // | // // |
| 21 | 2 54 | 2 41 | 2 26 | 2 08 | 1 45 | 1 12 | // // | // // | // // | // // | // // | // // | // // | // // |
| 25 | 2 59 | 2 47 | 2 33 | 2 17 | 1 56 | 1 28 | 0 36 | // // | // // | // // | // // | // // | // // | // // |
| 29 | 3 05 | 2 54 | 2 41 | 2 25 | 2 07 | 1 42 | 1 06 | // // | // // | // // | // // | // // | // // | // // |
| Aug. 2 | 3 11 | 3 00 | 2 48 | 2 34 | 2 17 | 1 56 | 1 27 | 0 29 | // // | // // | // // | // // | // // | // // |
| 6 | 3 17 | 3 07 | 2 55 | 2 42 | 2 27 | 2 08 | 1 44 | 1 08 | // // | // // | // // | // // | // // | // // |
| 10 | 3 22 | 3 13 | 3 03 | 2 51 | 2 37 | 2 20 | 1 59 | 1 31 | 0 39 | // // | // // | // // | // // | // // |
| 14 | 3 28 | 3 19 | 3 10 | 2 59 | 2 46 | 2 31 | 2 13 | 1 50 | 1 16 | // // | // // | // // | // // | // // |
| 18 | 3 34 | 3 26 | 3 17 | 3 07 | 2 55 | 2 42 | 2 26 | 2 06 | 1 39 | 0 56 | // // | // // | // // | // // |
| 22 | 3 39 | 3 32 | 3 23 | 3 14 | 3 04 | 2 52 | 2 37 | 2 20 | 1 58 | 1 28 | 0 24 | // // | // // | // // |
| 26 | 3 44 | 3 38 | 3 30 | 3 22 | 3 12 | 3 01 | 2 49 | 2 33 | 2 15 | 1 51 | 1 15 | // // | // // | // // |
| 30 | 3 49 | 3 43 | 3 36 | 3 29 | 3 20 | 3 10 | 2 59 | 2 46 | 2 30 | 2 10 | 1 43 | 0 59 | // // | // // |
| Sept. 3 | 3 54 | 3 49 | 3 43 | 3 36 | 3 28 | 3 19 | 3 09 | 2 57 | 2 43 | 2 26 | 2 04 | 1 34 | 0 37 | // // |
| 7 | 3 59 | 3 54 | 3 49 | 3 42 | 3 35 | 3 27 | 3 18 | 3 08 | 2 56 | 2 41 | 2 22 | 1 59 | 1 24 | // // |
| 11 | 4 04 | 3 59 | 3 54 | 3 49 | 3 42 | 3 35 | 3 27 | 3 18 | 3 07 | 2 54 | 2 39 | 2 19 | 1 53 | 1 13 |
| 15 | 4 09 | 4 05 | 4 00 | 3 55 | 3 49 | 3 43 | 3 36 | 3 28 | 3 18 | 3 07 | 2 54 | 2 37 | 2 16 | 1 47 |
| 19 | 4 13 | 4 09 | 4 06 | 4 01 | 3 56 | 3 50 | 3 44 | 3 37 | 3 28 | 3 19 | 3 07 | 2 53 | 2 36 | 2 13 |
| 23 | 4 17 | 4 14 | 4 11 | 4 07 | 4 03 | 3 58 | 3 52 | 3 46 | 3 38 | 3 30 | 3 20 | 3 08 | 2 53 | 2 35 |
| 27 | 4 22 | 4 19 | 4 16 | 4 13 | 4 09 | 4 05 | 4 00 | 3 54 | 3 48 | 3 40 | 3 32 | 3 22 | 3 09 | 2 54 |
| Oct. 1 | 4 26 | 4 24 | 4 21 | 4 18 | 4 15 | 4 11 | 4 07 | 4 02 | 3 57 | 3 51 | 3 43 | 3 34 | 3 24 | 3 11 |
| 5 | 4 30 | 4 28 | 4 26 | 4 24 | 4 21 | 4 18 | 4 14 | 4 10 | 4 06 | 4 00 | 3 54 | 3 47 | 3 38 | 3 27 |

### END OF EVENING ASTRONOMICAL TWILIGHT

| Lat. | +40° | +42° | +44° | +46° | +48° | +50° | +52° | +54° | +56° | +58° | +60° | +62° | +64° | +66° |
|---|---|---|---|---|---|---|---|---|---|---|---|---|---|---|
| | h m | h m | h m | h m | h m | h m | h m | h m | h m | h m | h m | h m | h m | h m |
| July 1 | 21 35 | 21 51 | 22 10 | 22 34 | 23 12 | // // | // // | // // | // // | // // | // // | // // | // // | // // |
| 5 | 21 33 | 21 48 | 22 07 | 22 30 | 23 05 | // // | // // | // // | // // | // // | // // | // // | // // | // // |
| 9 | 21 30 | 21 45 | 22 03 | 22 25 | 22 56 | // // | // // | // // | // // | // // | // // | // // | // // | // // |
| 13 | 21 27 | 21 41 | 21 58 | 22 18 | 22 46 | 23 38 | // // | // // | // // | // // | // // | // // | // // | // // |
| 17 | 21 23 | 21 36 | 21 52 | 22 11 | 22 36 | 23 15 | // // | // // | // // | // // | // // | // // | // // | // // |
| 21 | 21 18 | 21 31 | 21 45 | 22 03 | 22 25 | 22 57 | // // | // // | // // | // // | // // | // // | // // | // // |
| 25 | 21 13 | 21 25 | 21 38 | 21 55 | 22 15 | 22 42 | 23 28 | // // | // // | // // | // // | // // | // // | // // |
| 29 | 21 07 | 21 18 | 21 31 | 21 46 | 22 04 | 22 28 | 23 02 | // // | // // | // // | // // | // // | // // | // // |
| Aug. 2 | 21 01 | 21 11 | 21 23 | 21 37 | 21 54 | 22 14 | 22 42 | 23 30 | // // | // // | // // | // // | // // | // // |
| 6 | 20 54 | 21 04 | 21 15 | 21 28 | 21 43 | 22 01 | 22 24 | 22 58 | // // | // // | // // | // // | // // | // // |
| 10 | 20 47 | 20 56 | 21 07 | 21 18 | 21 32 | 21 48 | 22 08 | 22 35 | 23 20 | // // | // // | // // | // // | // // |
| 14 | 20 40 | 20 49 | 20 58 | 21 09 | 21 21 | 21 36 | 21 54 | 22 16 | 22 48 | // // | // // | // // | // // | // // |
| 18 | 20 33 | 20 41 | 20 50 | 21 00 | 21 11 | 21 24 | 21 39 | 21 59 | 22 24 | 23 02 | // // | // // | // // | // // |
| 22 | 20 26 | 20 33 | 20 41 | 20 50 | 21 00 | 21 12 | 21 26 | 21 43 | 22 04 | 22 32 | 23 23 | // // | // // | // // |
| 26 | 20 18 | 20 25 | 20 32 | 20 41 | 20 50 | 21 00 | 21 13 | 21 28 | 21 45 | 22 09 | 22 41 | // // | // // | // // |
| 30 | 20 11 | 20 17 | 20 24 | 20 31 | 20 40 | 20 49 | 21 00 | 21 13 | 21 29 | 21 48 | 22 13 | 22 52 | // // | // // |
| Sept. 3 | 20 03 | 20 09 | 20 15 | 20 22 | 20 29 | 20 38 | 20 48 | 20 59 | 21 13 | 21 30 | 21 50 | 22 19 | 23 07 | // // |
| 7 | 19 56 | 20 01 | 20 06 | 20 12 | 20 19 | 20 27 | 20 36 | 20 46 | 20 58 | 21 12 | 21 30 | 21 53 | 22 25 | 23 30 |
| 11 | 19 48 | 19 53 | 19 58 | 20 03 | 20 09 | 20 16 | 20 24 | 20 33 | 20 44 | 20 56 | 21 11 | 21 30 | 21 55 | 22 31 |
| 15 | 19 41 | 19 45 | 19 49 | 19 54 | 20 00 | 20 06 | 20 13 | 20 21 | 20 30 | 20 41 | 20 54 | 21 10 | 21 30 | 21 57 |
| 19 | 19 34 | 19 37 | 19 41 | 19 45 | 19 50 | 19 56 | 20 02 | 20 09 | 20 17 | 20 27 | 20 38 | 20 51 | 21 08 | 21 30 |
| 23 | 19 26 | 19 30 | 19 33 | 19 37 | 19 41 | 19 46 | 19 51 | 19 57 | 20 05 | 20 13 | 20 23 | 20 34 | 20 48 | 21 06 |
| 27 | 19 19 | 19 22 | 19 25 | 19 28 | 19 32 | 19 36 | 19 41 | 19 46 | 19 52 | 20 00 | 20 08 | 20 18 | 20 30 | 20 45 |
| Oct. 1 | 19 13 | 19 15 | 19 17 | 19 20 | 19 23 | 19 27 | 19 31 | 19 35 | 19 41 | 19 47 | 19 54 | 20 03 | 20 13 | 20 25 |
| 5 | 19 06 | 19 08 | 19 10 | 19 12 | 19 15 | 19 18 | 19 21 | 19 25 | 19 29 | 19 35 | 19 41 | 19 48 | 19 57 | 20 07 |

// // indicates continuous twilight.

# ASTRONOMICAL TWILIGHT, 2010

## UNIVERSAL TIME FOR MERIDIAN OF GREENWICH
### BEGINNING OF MORNING ASTRONOMICAL TWILIGHT

| Lat. | −55° | −50° | −45° | −40° | −35° | −30° | −20° | −10° | 0° | +10° | +20° | +30° | +35° | +40° |
|---|---|---|---|---|---|---|---|---|---|---|---|---|---|---|
| | h m | h m | h m | h m | h m | h m | h m | h m | h m | h m | h m | h m | h m | h m |
| Oct. 1 | 3 17 | 3 37 | 3 52 | 4 03 | 4 11 | 4 18 | 4 28 | 4 34 | 4 38 | 4 39 | 4 38 | 4 34 | 4 30 | 4 26 |
| 5 | 3 04 | 3 27 | 3 43 | 3 56 | 4 05 | 4 13 | 4 24 | 4 32 | 4 36 | 4 39 | 4 39 | 4 36 | 4 34 | 4 30 |
| 9 | 2 51 | 3 16 | 3 34 | 3 48 | 3 59 | 4 08 | 4 20 | 4 29 | 4 35 | 4 38 | 4 40 | 4 38 | 4 37 | 4 34 |
| 13 | 2 37 | 3 05 | 3 26 | 3 41 | 3 53 | 4 02 | 4 17 | 4 27 | 4 34 | 4 38 | 4 41 | 4 41 | 4 40 | 4 38 |
| 17 | 2 22 | 2 54 | 3 17 | 3 34 | 3 47 | 3 57 | 4 13 | 4 24 | 4 32 | 4 38 | 4 42 | 4 43 | 4 43 | 4 42 |
| 21 | 2 06 | 2 43 | 3 08 | 3 26 | 3 41 | 3 52 | 4 10 | 4 22 | 4 31 | 4 38 | 4 43 | 4 46 | 4 46 | 4 46 |
| 25 | 1 49 | 2 31 | 2 59 | 3 19 | 3 35 | 3 47 | 4 06 | 4 20 | 4 30 | 4 38 | 4 44 | 4 48 | 4 49 | 4 50 |
| 29 | 1 31 | 2 20 | 2 50 | 3 12 | 3 29 | 3 43 | 4 03 | 4 18 | 4 30 | 4 39 | 4 46 | 4 51 | 4 53 | 4 54 |
| Nov. 2 | 1 10 | 2 08 | 2 41 | 3 05 | 3 24 | 3 38 | 4 00 | 4 17 | 4 29 | 4 39 | 4 47 | 4 53 | 4 56 | 4 58 |
| 6 | 0 43 | 1 55 | 2 33 | 2 59 | 3 18 | 3 34 | 3 58 | 4 15 | 4 29 | 4 40 | 4 49 | 4 56 | 4 59 | 5 02 |
| 10 | // // | 1 43 | 2 24 | 2 53 | 3 14 | 3 30 | 3 55 | 4 14 | 4 28 | 4 40 | 4 50 | 4 59 | 5 03 | 5 06 |
| 14 | // // | 1 29 | 2 16 | 2 47 | 3 09 | 3 27 | 3 53 | 4 13 | 4 28 | 4 41 | 4 52 | 5 02 | 5 06 | 5 10 |
| 18 | // // | 1 16 | 2 09 | 2 41 | 3 05 | 3 24 | 3 52 | 4 12 | 4 29 | 4 42 | 4 54 | 5 04 | 5 09 | 5 14 |
| 22 | // // | 1 01 | 2 01 | 2 36 | 3 02 | 3 21 | 3 50 | 4 12 | 4 29 | 4 43 | 4 56 | 5 07 | 5 13 | 5 18 |
| 26 | // // | 0 44 | 1 55 | 2 32 | 2 59 | 3 19 | 3 50 | 4 12 | 4 30 | 4 45 | 4 58 | 5 10 | 5 16 | 5 22 |
| 30 | // // | 0 23 | 1 49 | 2 28 | 2 56 | 3 17 | 3 49 | 4 12 | 4 31 | 4 46 | 5 00 | 5 13 | 5 19 | 5 25 |
| Dec. 4 | // // | // // | 1 43 | 2 26 | 2 54 | 3 16 | 3 49 | 4 13 | 4 32 | 4 48 | 5 02 | 5 16 | 5 22 | 5 29 |
| 8 | // // | // // | 1 39 | 2 24 | 2 53 | 3 16 | 3 49 | 4 14 | 4 33 | 4 50 | 5 05 | 5 18 | 5 25 | 5 32 |
| 12 | // // | // // | 1 37 | 2 23 | 2 53 | 3 16 | 3 50 | 4 15 | 4 35 | 4 52 | 5 07 | 5 21 | 5 28 | 5 35 |
| 16 | // // | // // | 1 35 | 2 23 | 2 54 | 3 17 | 3 51 | 4 17 | 4 37 | 4 54 | 5 09 | 5 23 | 5 30 | 5 38 |
| 20 | // // | // // | 1 36 | 2 24 | 2 55 | 3 18 | 3 53 | 4 18 | 4 39 | 4 56 | 5 11 | 5 26 | 5 33 | 5 40 |
| 24 | // // | // // | 1 38 | 2 26 | 2 57 | 3 20 | 3 55 | 4 20 | 4 41 | 4 58 | 5 13 | 5 27 | 5 35 | 5 42 |
| 28 | // // | // // | 1 41 | 2 29 | 3 00 | 3 23 | 3 57 | 4 23 | 4 43 | 5 00 | 5 15 | 5 29 | 5 36 | 5 43 |
| 32 | // // | // // | 1 46 | 2 33 | 3 03 | 3 26 | 4 00 | 4 25 | 4 45 | 5 02 | 5 17 | 5 31 | 5 38 | 5 45 |
| 36 | // // | // // | 1 53 | 2 37 | 3 07 | 3 30 | 4 03 | 4 27 | 4 47 | 5 03 | 5 18 | 5 32 | 5 38 | 5 45 |

### END OF EVENING ASTRONOMICAL TWILIGHT

| Lat. | −55° | −50° | −45° | −40° | −35° | −30° | −20° | −10° | 0° | +10° | +20° | +30° | +35° | +40° |
|---|---|---|---|---|---|---|---|---|---|---|---|---|---|---|
| | h m | h m | h m | h m | h m | h m | h m | h m | h m | h m | h m | h m | h m | h m |
| Oct. 1 | 20 24 | 20 04 | 19 49 | 19 37 | 19 29 | 19 22 | 19 12 | 19 05 | 19 02 | 19 00 | 19 01 | 19 05 | 19 08 | 19 13 |
| 5 | 20 35 | 20 12 | 19 55 | 19 42 | 19 32 | 19 25 | 19 13 | 19 05 | 19 01 | 18 58 | 18 58 | 19 00 | 19 03 | 19 06 |
| 9 | 20 46 | 20 20 | 20 01 | 19 47 | 19 36 | 19 28 | 19 15 | 19 06 | 19 00 | 18 56 | 18 55 | 18 56 | 18 57 | 19 00 |
| 13 | 20 59 | 20 29 | 20 08 | 19 53 | 19 41 | 19 31 | 19 16 | 19 06 | 18 59 | 18 54 | 18 52 | 18 51 | 18 52 | 18 54 |
| 17 | 21 12 | 20 38 | 20 15 | 19 58 | 19 45 | 19 34 | 19 18 | 19 07 | 18 58 | 18 52 | 18 49 | 18 47 | 18 47 | 18 48 |
| 21 | 21 26 | 20 48 | 20 23 | 20 04 | 19 50 | 19 38 | 19 20 | 19 07 | 18 58 | 18 51 | 18 46 | 18 43 | 18 42 | 18 42 |
| 25 | 21 43 | 20 59 | 20 31 | 20 10 | 19 54 | 19 42 | 19 22 | 19 08 | 18 58 | 18 50 | 18 44 | 18 40 | 18 38 | 18 37 |
| 29 | 22 01 | 21 10 | 20 39 | 20 16 | 19 59 | 19 46 | 19 25 | 19 09 | 18 58 | 18 49 | 18 42 | 18 36 | 18 34 | 18 33 |
| Nov. 2 | 22 23 | 21 22 | 20 47 | 20 23 | 20 04 | 19 50 | 19 27 | 19 11 | 18 58 | 18 48 | 18 40 | 18 33 | 18 31 | 18 28 |
| 6 | 22 52 | 21 35 | 20 56 | 20 30 | 20 10 | 19 54 | 19 30 | 19 12 | 18 59 | 18 48 | 18 39 | 18 31 | 18 28 | 18 25 |
| 10 | // // | 21 48 | 21 05 | 20 36 | 20 15 | 19 58 | 19 33 | 19 14 | 18 59 | 18 48 | 18 37 | 18 29 | 18 25 | 18 21 |
| 14 | // // | 22 02 | 21 14 | 20 43 | 20 21 | 20 03 | 19 36 | 19 16 | 19 00 | 18 48 | 18 37 | 18 27 | 18 23 | 18 18 |
| 18 | // // | 22 18 | 21 23 | 20 50 | 20 26 | 20 07 | 19 39 | 19 18 | 19 02 | 18 48 | 18 36 | 18 26 | 18 21 | 18 16 |
| 22 | // // | 22 35 | 21 33 | 20 57 | 20 31 | 20 12 | 19 42 | 19 20 | 19 03 | 18 49 | 18 36 | 18 25 | 18 19 | 18 14 |
| 26 | // // | 22 55 | 21 42 | 21 03 | 20 37 | 20 16 | 19 45 | 19 23 | 19 05 | 18 50 | 18 36 | 18 24 | 18 18 | 18 13 |
| 30 | // // | 23 21 | 21 50 | 21 10 | 20 42 | 20 20 | 19 48 | 19 25 | 19 06 | 18 51 | 18 37 | 18 24 | 18 18 | 18 12 |
| Dec. 4 | // // | // // | 21 58 | 21 15 | 20 46 | 20 24 | 19 52 | 19 27 | 19 08 | 18 52 | 18 38 | 18 25 | 18 18 | 18 11 |
| 8 | // // | // // | 22 05 | 21 21 | 20 51 | 20 28 | 19 54 | 19 30 | 19 10 | 18 54 | 18 39 | 18 25 | 18 18 | 18 12 |
| 12 | // // | // // | 22 12 | 21 25 | 20 54 | 20 31 | 19 57 | 19 32 | 19 12 | 18 55 | 18 40 | 18 26 | 18 19 | 18 12 |
| 16 | // // | // // | 22 16 | 21 29 | 20 58 | 20 34 | 20 00 | 19 35 | 19 14 | 18 57 | 18 42 | 18 28 | 18 21 | 18 13 |
| 20 | // // | // // | 22 20 | 21 32 | 21 00 | 20 37 | 20 02 | 19 37 | 19 16 | 18 59 | 18 44 | 18 30 | 18 22 | 18 15 |
| 24 | // // | // // | 22 21 | 21 33 | 21 02 | 20 38 | 20 04 | 19 39 | 19 18 | 19 01 | 18 46 | 18 32 | 18 24 | 18 17 |
| 28 | // // | // // | 22 21 | 21 34 | 21 03 | 20 40 | 20 05 | 19 40 | 19 20 | 19 03 | 18 48 | 18 34 | 18 27 | 18 20 |
| 32 | // // | // // | 22 19 | 21 34 | 21 03 | 20 40 | 20 07 | 19 42 | 19 22 | 19 05 | 18 50 | 18 36 | 18 29 | 18 22 |
| 36 | // // | // // | 22 16 | 21 33 | 21 03 | 20 41 | 20 07 | 19 43 | 19 24 | 19 07 | 18 53 | 18 39 | 18 32 | 18 26 |

// // indicates continuous twilight.

## UNIVERSAL TIME FOR MERIDIAN OF GREENWICH
### BEGINNING OF MORNING ASTRONOMICAL TWILIGHT

| Lat. | +40° | +42° | +44° | +46° | +48° | +50° | +52° | +54° | +56° | +58° | +60° | +62° | +64° | +66° |
|---|---|---|---|---|---|---|---|---|---|---|---|---|---|---|
| | h m | h m | h m | h m | h m | h m | h m | h m | h m | h m | h m | h m | h m | h m |
| Oct. 1 | 4 26 | 4 24 | 4 21 | 4 18 | 4 15 | 4 11 | 4 07 | 4 02 | 3 57 | 3 51 | 3 43 | 3 34 | 3 24 | 3 11 |
| 5 | 4 30 | 4 28 | 4 26 | 4 24 | 4 21 | 4 18 | 4 14 | 4 10 | 4 06 | 4 00 | 3 54 | 3 47 | 3 38 | 3 27 |
| 9 | 4 34 | 4 33 | 4 31 | 4 29 | 4 27 | 4 24 | 4 22 | 4 18 | 4 14 | 4 10 | 4 05 | 3 58 | 3 51 | 3 42 |
| 13 | 4 38 | 4 37 | 4 36 | 4 34 | 4 33 | 4 31 | 4 29 | 4 26 | 4 23 | 4 19 | 4 15 | 4 10 | 4 04 | 3 56 |
| 17 | 4 42 | 4 42 | 4 41 | 4 40 | 4 39 | 4 37 | 4 35 | 4 33 | 4 31 | 4 28 | 4 25 | 4 21 | 4 16 | 4 10 |
| 21 | 4 46 | 4 46 | 4 45 | 4 45 | 4 44 | 4 43 | 4 42 | 4 41 | 4 39 | 4 37 | 4 34 | 4 31 | 4 27 | 4 23 |
| 25 | 4 50 | 4 50 | 4 50 | 4 50 | 4 50 | 4 49 | 4 49 | 4 48 | 4 47 | 4 45 | 4 43 | 4 41 | 4 38 | 4 35 |
| 29 | 4 54 | 4 55 | 4 55 | 4 55 | 4 55 | 4 55 | 4 55 | 4 55 | 4 54 | 4 53 | 4 52 | 4 51 | 4 49 | 4 47 |
| Nov. 2 | 4 58 | 4 59 | 5 00 | 5 00 | 5 01 | 5 01 | 5 01 | 5 02 | 5 02 | 5 01 | 5 01 | 5 01 | 5 00 | 4 58 |
| 6 | 5 02 | 5 03 | 5 04 | 5 05 | 5 06 | 5 07 | 5 08 | 5 08 | 5 09 | 5 09 | 5 10 | 5 10 | 5 10 | 5 09 |
| 10 | 5 06 | 5 08 | 5 09 | 5 10 | 5 11 | 5 13 | 5 14 | 5 15 | 5 16 | 5 17 | 5 18 | 5 19 | 5 19 | 5 20 |
| 14 | 5 10 | 5 12 | 5 13 | 5 15 | 5 17 | 5 18 | 5 20 | 5 21 | 5 23 | 5 24 | 5 26 | 5 27 | 5 29 | 5 30 |
| 18 | 5 14 | 5 16 | 5 18 | 5 20 | 5 22 | 5 24 | 5 25 | 5 27 | 5 29 | 5 31 | 5 33 | 5 35 | 5 38 | 5 40 |
| 22 | 5 18 | 5 20 | 5 22 | 5 24 | 5 26 | 5 29 | 5 31 | 5 33 | 5 36 | 5 38 | 5 41 | 5 43 | 5 46 | 5 49 |
| 26 | 5 22 | 5 24 | 5 26 | 5 29 | 5 31 | 5 34 | 5 36 | 5 39 | 5 41 | 5 44 | 5 47 | 5 50 | 5 54 | 5 58 |
| 30 | 5 25 | 5 28 | 5 30 | 5 33 | 5 36 | 5 38 | 5 41 | 5 44 | 5 47 | 5 50 | 5 54 | 5 57 | 6 01 | 6 05 |
| Dec. 4 | 5 29 | 5 31 | 5 34 | 5 37 | 5 40 | 5 43 | 5 46 | 5 49 | 5 52 | 5 56 | 5 59 | 6 03 | 6 08 | 6 12 |
| 8 | 5 32 | 5 35 | 5 38 | 5 41 | 5 44 | 5 47 | 5 50 | 5 53 | 5 57 | 6 00 | 6 04 | 6 09 | 6 13 | 6 18 |
| 12 | 5 35 | 5 38 | 5 41 | 5 44 | 5 47 | 5 50 | 5 53 | 5 57 | 6 01 | 6 05 | 6 09 | 6 13 | 6 18 | 6 24 |
| 16 | 5 38 | 5 41 | 5 44 | 5 47 | 5 50 | 5 53 | 5 57 | 6 00 | 6 04 | 6 08 | 6 12 | 6 17 | 6 22 | 6 28 |
| 20 | 5 40 | 5 43 | 5 46 | 5 49 | 5 52 | 5 56 | 5 59 | 6 03 | 6 07 | 6 11 | 6 15 | 6 20 | 6 25 | 6 31 |
| 24 | 5 42 | 5 45 | 5 48 | 5 51 | 5 54 | 5 58 | 6 01 | 6 05 | 6 09 | 6 13 | 6 17 | 6 22 | 6 27 | 6 33 |
| 28 | 5 43 | 5 46 | 5 49 | 5 53 | 5 56 | 5 59 | 6 02 | 6 06 | 6 10 | 6 14 | 6 18 | 6 23 | 6 28 | 6 33 |
| 32 | 5 45 | 5 47 | 5 50 | 5 53 | 5 56 | 6 00 | 6 03 | 6 06 | 6 10 | 6 14 | 6 18 | 6 23 | 6 28 | 6 33 |
| 36 | 5 45 | 5 48 | 5 51 | 5 54 | 5 57 | 6 00 | 6 03 | 6 06 | 6 10 | 6 13 | 6 17 | 6 22 | 6 26 | 6 31 |

### END OF EVENING ASTRONOMICAL TWILIGHT

| Lat. | +40° | +42° | +44° | +46° | +48° | +50° | +52° | +54° | +56° | +58° | +60° | +62° | +64° | +66° |
|---|---|---|---|---|---|---|---|---|---|---|---|---|---|---|
| | h m | h m | h m | h m | h m | h m | h m | h m | h m | h m | h m | h m | h m | h m |
| Oct. 1 | 19 13 | 19 15 | 19 17 | 19 20 | 19 23 | 19 27 | 19 31 | 19 35 | 19 41 | 19 47 | 19 54 | 20 03 | 20 13 | 20 25 |
| 5 | 19 06 | 19 08 | 19 10 | 19 12 | 19 15 | 19 18 | 19 21 | 19 25 | 19 29 | 19 35 | 19 41 | 19 48 | 19 57 | 20 07 |
| 9 | 19 00 | 19 01 | 19 03 | 19 04 | 19 07 | 19 09 | 19 12 | 19 15 | 19 19 | 19 23 | 19 28 | 19 34 | 19 41 | 19 50 |
| 13 | 18 54 | 18 55 | 18 56 | 18 57 | 18 59 | 19 01 | 19 03 | 19 05 | 19 08 | 19 12 | 19 16 | 19 21 | 19 27 | 19 34 |
| 17 | 18 48 | 18 48 | 18 49 | 18 50 | 18 51 | 18 53 | 18 54 | 18 56 | 18 59 | 19 01 | 19 05 | 19 09 | 19 13 | 19 19 |
| 21 | 18 42 | 18 43 | 18 43 | 18 44 | 18 44 | 18 45 | 18 46 | 18 48 | 18 49 | 18 51 | 18 54 | 18 57 | 19 00 | 19 05 |
| 25 | 18 37 | 18 37 | 18 37 | 18 37 | 18 38 | 18 38 | 18 39 | 18 39 | 18 40 | 18 42 | 18 43 | 18 46 | 18 48 | 18 51 |
| 29 | 18 33 | 18 32 | 18 32 | 18 32 | 18 31 | 18 31 | 18 31 | 18 32 | 18 32 | 18 33 | 18 34 | 18 35 | 18 37 | 18 39 |
| Nov. 2 | 18 28 | 18 28 | 18 27 | 18 26 | 18 26 | 18 25 | 18 25 | 18 25 | 18 25 | 18 25 | 18 25 | 18 25 | 18 26 | 18 27 |
| 6 | 18 25 | 18 23 | 18 22 | 18 21 | 18 20 | 18 20 | 18 19 | 18 18 | 18 17 | 18 17 | 18 17 | 18 16 | 18 16 | 18 16 |
| 10 | 18 21 | 18 20 | 18 18 | 18 17 | 18 16 | 18 15 | 18 13 | 18 12 | 18 11 | 18 10 | 18 09 | 18 08 | 18 07 | 18 06 |
| 14 | 18 18 | 18 17 | 18 15 | 18 13 | 18 12 | 18 10 | 18 08 | 18 07 | 18 05 | 18 04 | 18 02 | 18 01 | 17 59 | 17 57 |
| 18 | 18 16 | 18 14 | 18 12 | 18 10 | 18 08 | 18 06 | 18 04 | 18 02 | 18 00 | 17 58 | 17 56 | 17 54 | 17 52 | 17 49 |
| 22 | 18 14 | 18 12 | 18 10 | 18 07 | 18 05 | 18 03 | 18 01 | 17 58 | 17 56 | 17 54 | 17 51 | 17 48 | 17 45 | 17 42 |
| 26 | 18 13 | 18 10 | 18 08 | 18 05 | 18 03 | 18 00 | 17 58 | 17 55 | 17 52 | 17 50 | 17 47 | 17 43 | 17 40 | 17 36 |
| 30 | 18 12 | 18 09 | 18 07 | 18 04 | 18 01 | 17 59 | 17 56 | 17 53 | 17 50 | 17 47 | 17 43 | 17 39 | 17 36 | 17 31 |
| Dec. 4 | 18 11 | 18 09 | 18 06 | 18 03 | 18 00 | 17 57 | 17 54 | 17 51 | 17 48 | 17 44 | 17 41 | 17 37 | 17 32 | 17 27 |
| 8 | 18 12 | 18 09 | 18 06 | 18 03 | 18 00 | 17 57 | 17 54 | 17 50 | 17 47 | 17 43 | 17 39 | 17 35 | 17 30 | 17 25 |
| 12 | 18 12 | 18 09 | 18 06 | 18 03 | 18 00 | 17 57 | 17 54 | 17 50 | 17 47 | 17 43 | 17 38 | 17 34 | 17 29 | 17 23 |
| 16 | 18 13 | 18 10 | 18 07 | 18 04 | 18 01 | 17 58 | 17 54 | 17 51 | 17 47 | 17 43 | 17 39 | 17 34 | 17 29 | 17 23 |
| 20 | 18 15 | 18 12 | 18 09 | 18 06 | 18 03 | 17 59 | 17 56 | 17 52 | 17 48 | 17 44 | 17 40 | 17 35 | 17 30 | 17 24 |
| 24 | 18 17 | 18 14 | 18 11 | 18 08 | 18 05 | 18 01 | 17 58 | 17 54 | 17 51 | 17 46 | 17 42 | 17 37 | 17 32 | 17 26 |
| 28 | 18 20 | 18 17 | 18 14 | 18 11 | 18 07 | 18 04 | 18 01 | 17 57 | 17 53 | 17 49 | 17 45 | 17 41 | 17 35 | 17 30 |
| 32 | 18 22 | 18 20 | 18 17 | 18 14 | 18 11 | 18 07 | 18 04 | 18 01 | 17 57 | 17 53 | 17 49 | 17 45 | 17 40 | 17 34 |
| 36 | 18 26 | 18 23 | 18 20 | 18 17 | 18 14 | 18 11 | 18 08 | 18 05 | 18 01 | 17 58 | 17 54 | 17 49 | 17 45 | 17 40 |

# MOONRISE AND MOONSET, 2010

## UNIVERSAL TIME FOR MERIDIAN OF GREENWICH

### MOONRISE

| Lat. | | −55° | −50° | −45° | −40° | −35° | −30° | −20° | −10° | 0° | +10° | +20° | +30° | +35° | +40° |
|---|---|---|---|---|---|---|---|---|---|---|---|---|---|---|---|
| | | h m | h m | h m | h m | h m | h m | h m | h m | h m | h m | h m | h m | h m | h m |
| Jan. | 0 | 20 46 | 20 15 | 19 52 | 19 33 | 19 17 | 19 04 | 18 40 | 18 20 | 18 01 | 17 42 | 17 22 | 16 58 | 16 45 | 16 28 |
| | 1 | 21 18 | 20 54 | 20 36 | 20 20 | 20 07 | 19 56 | 19 37 | 19 20 | 19 04 | 18 48 | 18 31 | 18 11 | 17 59 | 17 46 |
| | 2 | 21 40 | 21 23 | 21 10 | 20 59 | 20 50 | 20 41 | 20 27 | 20 14 | 20 03 | 19 51 | 19 38 | 19 23 | 19 15 | 19 05 |
| | 3 | 21 56 | 21 46 | 21 38 | 21 32 | 21 26 | 21 21 | 21 12 | 21 05 | 20 57 | 20 50 | 20 42 | 20 33 | 20 28 | 20 22 |
| | 4 | 22 09 | 22 06 | 22 03 | 22 01 | 21 59 | 21 57 | 21 54 | 21 51 | 21 49 | 21 46 | 21 43 | 21 40 | 21 39 | 21 37 |
| | 5 | 22 21 | 22 24 | 22 26 | 22 28 | 22 29 | 22 31 | 22 33 | 22 36 | 22 38 | 22 40 | 22 42 | 22 45 | 22 46 | 22 48 |
| | 6 | 22 33 | 22 42 | 22 49 | 22 55 | 23 00 | 23 04 | 23 12 | 23 19 | 23 26 | 23 32 | 23 40 | 23 48 | 23 53 | 23 58 |
| | 7 | 22 47 | 23 02 | 23 13 | 23 23 | 23 32 | 23 39 | 23 52 | .. .. | .. .. | .. .. | .. .. | .. .. | .. .. | .. .. |
| | 8 | 23 04 | 23 25 | 23 41 | 23 54 | .. .. | .. .. | .. .. | 0 03 | 0 14 | 0 25 | 0 36 | 0 50 | 0 57 | 1 06 |
| | 9 | 23 26 | 23 53 | .. .. | .. .. | 0 06 | 0 16 | 0 33 | 0 49 | 1 03 | 1 17 | 1 33 | 1 51 | 2 02 | 2 14 |
| | 10 | 23 56 | .. .. | 0 13 | 0 30 | 0 44 | 0 57 | 1 18 | 1 36 | 1 54 | 2 11 | 2 30 | 2 51 | 3 04 | 3 19 |
| | 11 | .. .. | 0 28 | 0 52 | 1 11 | 1 27 | 1 41 | 2 05 | 2 26 | 2 45 | 3 05 | 3 26 | 3 50 | 4 04 | 4 21 |
| | 12 | 0 38 | 1 13 | 1 38 | 1 59 | 2 16 | 2 31 | 2 56 | 3 17 | 3 38 | 3 58 | 4 20 | 4 45 | 5 00 | 5 17 |
| | 13 | 1 32 | 2 06 | 2 32 | 2 52 | 3 09 | 3 23 | 3 48 | 4 09 | 4 29 | 4 49 | 5 10 | 5 35 | 5 50 | 6 06 |
| | 14 | 2 37 | 3 08 | 3 31 | 3 50 | 4 05 | 4 19 | 4 41 | 5 01 | 5 20 | 5 38 | 5 57 | 6 20 | 6 33 | 6 48 |
| | 15 | 3 49 | 4 14 | 4 34 | 4 50 | 5 03 | 5 15 | 5 34 | 5 51 | 6 07 | 6 23 | 6 40 | 7 00 | 7 11 | 7 24 |
| | 16 | 5 03 | 5 22 | 5 38 | 5 50 | 6 01 | 6 10 | 6 26 | 6 40 | 6 53 | 7 06 | 7 19 | 7 35 | 7 44 | 7 54 |
| | 17 | 6 16 | 6 30 | 6 41 | 6 50 | 6 58 | 7 05 | 7 16 | 7 26 | 7 36 | 7 45 | 7 55 | 8 07 | 8 13 | 8 21 |
| | 18 | 7 29 | 7 37 | 7 44 | 7 49 | 7 54 | 7 58 | 8 05 | 8 11 | 8 17 | 8 23 | 8 29 | 8 36 | 8 40 | 8 44 |
| | 19 | 8 41 | 8 44 | 8 46 | 8 48 | 8 49 | 8 51 | 8 53 | 8 55 | 8 57 | 8 59 | 9 01 | 9 04 | 9 05 | 9 07 |
| | 20 | 9 53 | 9 51 | 9 49 | 9 47 | 9 45 | 9 44 | 9 41 | 9 39 | 9 38 | 9 36 | 9 34 | 9 32 | 9 30 | 9 29 |
| | 21 | 11 07 | 10 59 | 10 52 | 10 47 | 10 42 | 10 38 | 10 31 | 10 25 | 10 19 | 10 13 | 10 07 | 10 00 | 9 56 | 9 52 |
| | 22 | 12 24 | 12 09 | 11 58 | 11 49 | 11 41 | 11 34 | 11 22 | 11 12 | 11 02 | 10 53 | 10 42 | 10 31 | 10 24 | 10 17 |
| | 23 | 13 43 | 13 23 | 13 07 | 12 54 | 12 42 | 12 33 | 12 16 | 12 02 | 11 49 | 11 35 | 11 21 | 11 05 | 10 56 | 10 46 |
| | 24 | 15 05 | 14 38 | 14 17 | 14 01 | 13 47 | 13 35 | 13 14 | 12 56 | 12 39 | 12 23 | 12 05 | 11 45 | 11 34 | 11 20 |

### MOONSET

| | | −55° | −50° | −45° | −40° | −35° | −30° | −20° | −10° | 0° | +10° | +20° | +30° | +35° | +40° |
|---|---|---|---|---|---|---|---|---|---|---|---|---|---|---|---|
| | | h m | h m | h m | h m | h m | h m | h m | h m | h m | h m | h m | h m | h m | h m |
| Jan. | 0 | 2 28 | 3 03 | 3 29 | 3 50 | 4 07 | 4 21 | 4 46 | 5 08 | 5 28 | 5 47 | 6 09 | 6 33 | 6 47 | 7 04 |
| | 1 | 3 55 | 4 24 | 4 47 | 5 05 | 5 20 | 5 33 | 5 55 | 6 14 | 6 31 | 6 49 | 7 08 | 7 29 | 7 41 | 7 56 |
| | 2 | 5 30 | 5 52 | 6 10 | 6 24 | 6 35 | 6 46 | 7 03 | 7 18 | 7 32 | 7 46 | 8 01 | 8 18 | 8 27 | 8 39 |
| | 3 | 7 07 | 7 21 | 7 33 | 7 42 | 7 50 | 7 57 | 8 09 | 8 19 | 8 29 | 8 39 | 8 49 | 9 00 | 9 07 | 9 14 |
| | 4 | 8 40 | 8 48 | 8 53 | 8 58 | 9 02 | 9 06 | 9 12 | 9 17 | 9 22 | 9 27 | 9 32 | 9 38 | 9 41 | 9 45 |
| | 5 | 10 10 | 10 11 | 10 11 | 10 11 | 10 11 | 10 11 | 10 12 | 10 12 | 10 12 | 10 12 | 10 12 | 10 13 | 10 13 | 10 13 |
| | 6 | 11 37 | 11 31 | 11 26 | 11 22 | 11 18 | 11 15 | 11 10 | 11 05 | 11 01 | 10 56 | 10 51 | 10 46 | 10 43 | 10 40 |
| | 7 | 13 02 | 12 49 | 12 39 | 12 31 | 12 24 | 12 17 | 12 07 | 11 57 | 11 49 | 11 40 | 11 31 | 11 20 | 11 14 | 11 07 |
| | 8 | 14 25 | 14 06 | 13 51 | 13 39 | 13 28 | 13 19 | 13 04 | 12 50 | 12 37 | 12 25 | 12 11 | 11 56 | 11 47 | 11 37 |
| | 9 | 15 46 | 15 21 | 15 01 | 14 45 | 14 32 | 14 20 | 14 00 | 13 43 | 13 27 | 13 11 | 12 54 | 12 35 | 12 23 | 12 10 |
| | 10 | 17 02 | 16 31 | 16 08 | 15 49 | 15 33 | 15 20 | 14 57 | 14 37 | 14 18 | 14 00 | 13 40 | 13 17 | 13 04 | 12 49 |
| | 11 | 18 08 | 17 34 | 17 08 | 16 48 | 16 31 | 16 17 | 15 52 | 15 30 | 15 10 | 14 50 | 14 29 | 14 04 | 13 50 | 13 33 |
| | 12 | 19 02 | 18 27 | 18 02 | 17 41 | 17 24 | 17 09 | 16 44 | 16 23 | 16 03 | 15 42 | 15 21 | 14 56 | 14 41 | 14 23 |
| | 13 | 19 41 | 19 10 | 18 46 | 18 27 | 18 11 | 17 57 | 17 34 | 17 13 | 16 54 | 16 35 | 16 14 | 15 50 | 15 36 | 15 19 |
| | 14 | 20 09 | 19 43 | 19 23 | 19 06 | 18 52 | 18 40 | 18 19 | 18 00 | 17 43 | 17 26 | 17 07 | 16 46 | 16 33 | 16 18 |
| | 15 | 20 30 | 20 09 | 19 52 | 19 39 | 19 27 | 19 17 | 18 59 | 18 44 | 18 30 | 18 15 | 17 59 | 17 41 | 17 31 | 17 19 |
| | 16 | 20 45 | 20 30 | 20 17 | 20 07 | 19 58 | 19 50 | 19 37 | 19 25 | 19 14 | 19 03 | 18 50 | 18 37 | 18 28 | 18 19 |
| | 17 | 20 57 | 20 47 | 20 39 | 20 32 | 20 26 | 20 21 | 20 12 | 20 04 | 19 56 | 19 48 | 19 40 | 19 30 | 19 25 | 19 19 |
| | 18 | 21 07 | 21 02 | 20 58 | 20 55 | 20 52 | 20 49 | 20 45 | 20 40 | 20 37 | 20 33 | 20 28 | 20 24 | 20 21 | 20 18 |
| | 19 | 21 17 | 21 17 | 21 17 | 21 17 | 21 17 | 21 17 | 21 17 | 21 17 | 21 17 | 21 17 | 21 16 | 21 16 | 21 16 | 21 16 |
| | 20 | 21 27 | 21 32 | 21 36 | 21 39 | 21 42 | 21 45 | 21 49 | 21 53 | 21 57 | 22 01 | 22 05 | 22 10 | 22 12 | 22 15 |
| | 21 | 21 37 | 21 47 | 21 56 | 22 03 | 22 09 | 22 14 | 22 23 | 22 32 | 22 39 | 22 47 | 22 55 | 23 05 | 23 10 | 23 16 |
| | 22 | 21 50 | 22 06 | 22 19 | 22 29 | 22 38 | 22 46 | 23 00 | 23 12 | 23 24 | 23 35 | 23 48 | .. .. | .. .. | .. .. |
| | 23 | 22 07 | 22 29 | 22 46 | 23 01 | 23 13 | 23 23 | 23 41 | 23 57 | .. .. | .. .. | .. .. | 0 02 | 0 10 | 0 20 |
| | 24 | 22 31 | 22 59 | 23 21 | 23 39 | 23 53 | .. .. | .. .. | .. .. | 0 12 | 0 27 | 0 43 | 1 02 | 1 13 | 1 25 |

.. .. indicates phenomenon will occur the next day.

## UNIVERSAL TIME FOR MERIDIAN OF GREENWICH

### MOONRISE

| Lat. | +40° | +42° | +44° | +46° | +48° | +50° | +52° | +54° | +56° | +58° | +60° | +62° | +64° | +66° |
|---|---|---|---|---|---|---|---|---|---|---|---|---|---|---|
| | h m | h m | h m | h m | h m | h m | h m | h m | h m | h m | h m | h m | h m | h m |
| Jan. 0 | 16 28 | 16 21 | 16 13 | 16 05 | 15 56 | 15 45 | 15 34 | 15 21 | 15 05 | 14 47 | 14 25 | 13 56 | 13 13 | □ |
| 1 | 17 46 | 17 40 | 17 34 | 17 27 | 17 19 | 17 11 | 17 01 | 16 51 | 16 39 | 16 25 | 16 09 | 15 49 | 15 24 | 14 49 |
| 2 | 19 05 | 19 01 | 18 56 | 18 51 | 18 46 | 18 40 | 18 33 | 18 26 | 18 18 | 18 08 | 17 58 | 17 45 | 17 30 | 17 12 |
| 3 | 20 22 | 20 20 | 20 17 | 20 14 | 20 11 | 20 07 | 20 03 | 19 59 | 19 54 | 19 49 | 19 43 | 19 36 | 19 28 | 19 19 |
| 4 | 21 37 | 21 36 | 21 35 | 21 34 | 21 33 | 21 32 | 21 30 | 21 29 | 21 27 | 21 26 | 21 24 | 21 21 | 21 19 | 21 16 |
| 5 | 22 48 | 22 49 | 22 50 | 22 51 | 22 52 | 22 53 | 22 54 | 22 55 | 22 57 | 22 58 | 23 00 | 23 02 | 23 04 | 23 07 |
| 6 | 23 58 | .. .. | .. .. | .. .. | .. .. | .. .. | .. .. | .. .. | .. .. | .. .. | .. .. | .. .. | .. .. | .. .. |
| 7 | .. .. | 0 00 | 0 03 | 0 06 | 0 09 | 0 12 | 0 16 | 0 19 | 0 24 | 0 29 | 0 34 | 0 41 | 0 48 | 0 56 |
| 8 | 1 06 | 1 10 | 1 15 | 1 19 | 1 24 | 1 30 | 1 36 | 1 42 | 1 50 | 1 58 | 2 07 | 2 19 | 2 32 | 2 48 |
| 9 | 2 14 | 2 19 | 2 25 | 2 31 | 2 38 | 2 46 | 2 54 | 3 03 | 3 14 | 3 26 | 3 40 | 3 57 | 4 18 | 4 45 |
| 10 | 3 19 | 3 26 | 3 33 | 3 40 | 3 49 | 3 58 | 4 09 | 4 21 | 4 34 | 4 50 | 5 09 | 5 34 | 6 06 | 7 02 |
| 11 | 4 21 | 4 28 | 4 36 | 4 45 | 4 55 | 5 05 | 5 18 | 5 31 | 5 47 | 6 07 | 6 31 | 7 03 | 7 56 | ■ |
| 12 | 5 17 | 5 25 | 5 33 | 5 42 | 5 52 | 6 04 | 6 16 | 6 31 | 6 48 | 7 08 | 7 34 | 8 10 | 9 27 | ■ |
| 13 | 6 06 | 6 14 | 6 22 | 6 31 | 6 41 | 6 51 | 7 04 | 7 17 | 7 33 | 7 53 | 8 16 | 8 48 | 9 39 | ■ |
| 14 | 6 48 | 6 55 | 7 03 | 7 11 | 7 19 | 7 29 | 7 40 | 7 52 | 8 05 | 8 22 | 8 41 | 9 05 | 9 37 | 10 30 |
| 15 | 7 24 | 7 30 | 7 36 | 7 43 | 7 50 | 7 58 | 8 07 | 8 17 | 8 28 | 8 40 | 8 55 | 9 13 | 9 34 | 10 02 |
| 16 | 7 54 | 7 59 | 8 04 | 8 09 | 8 15 | 8 21 | 8 28 | 8 35 | 8 44 | 8 53 | 9 04 | 9 16 | 9 31 | 9 49 |
| 17 | 8 21 | 8 24 | 8 28 | 8 31 | 8 35 | 8 40 | 8 45 | 8 50 | 8 56 | 9 02 | 9 09 | 9 18 | 9 27 | 9 39 |
| 18 | 8 44 | 8 46 | 8 49 | 8 51 | 8 53 | 8 56 | 8 59 | 9 02 | 9 05 | 9 09 | 9 14 | 9 18 | 9 24 | 9 30 |
| 19 | 9 07 | 9 08 | 9 08 | 9 09 | 9 10 | 9 11 | 9 12 | 9 13 | 9 14 | 9 15 | 9 17 | 9 18 | 9 20 | 9 22 |
| 20 | 9 29 | 9 28 | 9 28 | 9 27 | 9 26 | 9 25 | 9 24 | 9 23 | 9 22 | 9 21 | 9 20 | 9 19 | 9 17 | 9 15 |
| 21 | 9 52 | 9 50 | 9 48 | 9 45 | 9 43 | 9 41 | 9 38 | 9 35 | 9 31 | 9 28 | 9 23 | 9 19 | 9 13 | 9 07 |
| 22 | 10 17 | 10 13 | 10 10 | 10 06 | 10 02 | 9 58 | 9 53 | 9 48 | 9 42 | 9 35 | 9 28 | 9 20 | 9 10 | 8 59 |
| 23 | 10 46 | 10 41 | 10 36 | 10 31 | 10 25 | 10 18 | 10 12 | 10 04 | 9 55 | 9 46 | 9 35 | 9 22 | 9 07 | 8 49 |
| 24 | 11 20 | 11 14 | 11 08 | 11 01 | 10 53 | 10 45 | 10 36 | 10 26 | 10 14 | 10 01 | 9 46 | 9 28 | 9 05 | 8 35 |

### MOONSET

| Lat. | +40° | +42° | +44° | +46° | +48° | +50° | +52° | +54° | +56° | +58° | +60° | +62° | +64° | +66° |
|---|---|---|---|---|---|---|---|---|---|---|---|---|---|---|
| | h m | h m | h m | h m | h m | h m | h m | h m | h m | h m | h m | h m | h m | h m |
| Jan. 0 | 7 04 | 7 11 | 7 19 | 7 28 | 7 38 | 7 48 | 8 00 | 8 14 | 8 29 | 8 47 | 9 10 | 9 39 | 10 22 | □ |
| 1 | 7 56 | 8 02 | 8 09 | 8 16 | 8 24 | 8 33 | 8 43 | 8 54 | 9 07 | 9 21 | 9 38 | 9 58 | 10 24 | 11 00 |
| 2 | 8 39 | 8 43 | 8 49 | 8 54 | 9 00 | 9 07 | 9 14 | 9 22 | 9 31 | 9 41 | 9 53 | 10 07 | 10 22 | 10 42 |
| 3 | 9 14 | 9 17 | 9 21 | 9 25 | 9 29 | 9 33 | 9 38 | 9 43 | 9 49 | 9 55 | 10 02 | 10 10 | 10 20 | 10 31 |
| 4 | 9 45 | 9 46 | 9 48 | 9 50 | 9 52 | 9 54 | 9 56 | 9 59 | 10 02 | 10 05 | 10 08 | 10 12 | 10 17 | 10 22 |
| 5 | 10 13 | 10 13 | 10 13 | 10 13 | 10 13 | 10 13 | 10 13 | 10 13 | 10 13 | 10 13 | 10 13 | 10 13 | 10 13 | 10 13 |
| 6 | 10 40 | 10 38 | 10 37 | 10 35 | 10 33 | 10 31 | 10 29 | 10 26 | 10 24 | 10 21 | 10 18 | 10 14 | 10 10 | 10 05 |
| 7 | 11 07 | 11 04 | 11 01 | 10 57 | 10 54 | 10 50 | 10 45 | 10 41 | 10 35 | 10 29 | 10 23 | 10 15 | 10 06 | 9 56 |
| 8 | 11 37 | 11 32 | 11 28 | 11 22 | 11 17 | 11 11 | 11 04 | 10 57 | 10 49 | 10 40 | 10 29 | 10 17 | 10 03 | 9 46 |
| 9 | 12 10 | 12 04 | 11 58 | 11 51 | 11 44 | 11 36 | 11 27 | 11 17 | 11 06 | 10 54 | 10 39 | 10 21 | 10 00 | 9 32 |
| 10 | 12 49 | 12 42 | 12 34 | 12 26 | 12 17 | 12 08 | 11 57 | 11 45 | 11 31 | 11 14 | 10 55 | 10 30 | 9 57 | 9 00 |
| 11 | 13 33 | 13 25 | 13 17 | 13 08 | 12 58 | 12 47 | 12 35 | 12 21 | 12 05 | 11 45 | 11 21 | 10 49 | 9 55 | ■ |
| 12 | 14 23 | 14 16 | 14 07 | 13 58 | 13 48 | 13 37 | 13 24 | 13 09 | 12 52 | 12 32 | 12 06 | 11 30 | 10 13 | ■ |
| 13 | 15 19 | 15 12 | 15 04 | 14 55 | 14 45 | 14 35 | 14 23 | 14 09 | 13 53 | 13 34 | 13 11 | 12 40 | 11 49 | ■ |
| 14 | 16 18 | 16 12 | 16 05 | 15 57 | 15 49 | 15 39 | 15 29 | 15 17 | 15 04 | 14 48 | 14 29 | 14 06 | 13 34 | 12 41 |
| 15 | 17 19 | 17 13 | 17 08 | 17 01 | 16 54 | 16 47 | 16 38 | 16 29 | 16 19 | 16 06 | 15 52 | 15 35 | 15 15 | 14 47 |
| 16 | 18 19 | 18 15 | 18 11 | 18 06 | 18 01 | 17 55 | 17 49 | 17 42 | 17 34 | 17 25 | 17 15 | 17 04 | 16 50 | 16 33 |
| 17 | 19 19 | 19 16 | 19 13 | 19 10 | 19 06 | 19 03 | 18 58 | 18 54 | 18 49 | 18 43 | 18 37 | 18 30 | 18 21 | 18 11 |
| 18 | 20 18 | 20 16 | 20 15 | 20 13 | 20 11 | 20 09 | 20 07 | 20 05 | 20 02 | 20 00 | 19 57 | 19 53 | 19 49 | 19 44 |
| 19 | 21 16 | 21 16 | 21 16 | 21 16 | 21 16 | 21 16 | 21 16 | 21 16 | 21 16 | 21 16 | 21 16 | 21 16 | 21 15 | 21 15 |
| 20 | 22 15 | 22 17 | 22 18 | 22 20 | 22 21 | 22 23 | 22 25 | 22 27 | 22 30 | 22 32 | 22 35 | 22 39 | 22 43 | 22 47 |
| 21 | 23 16 | 23 19 | 23 22 | 23 25 | 23 29 | 23 32 | 23 36 | 23 41 | 23 46 | 23 51 | 23 58 | .. .. | .. .. | .. .. |
| 22 | .. .. | .. .. | .. .. | .. .. | .. .. | .. .. | .. .. | .. .. | .. .. | .. .. | .. .. | 0 05 | 0 13 | 0 23 |
| 23 | 0 20 | 0 24 | 0 28 | 0 33 | 0 38 | 0 44 | 0 50 | 0 57 | 1 05 | 1 14 | 1 24 | 1 36 | 1 50 | 2 07 |
| 24 | 1 25 | 1 31 | 1 37 | 1 43 | 1 51 | 1 58 | 2 07 | 2 17 | 2 27 | 2 40 | 2 55 | 3 12 | 3 34 | 4 03 |

□ indicates Moon continuously above horizon.
■ indicates Moon continuously below horizon.
.. .. indicates phenomenon will occur the next day.

# MOONRISE AND MOONSET, 2010

## UNIVERSAL TIME FOR MERIDIAN OF GREENWICH

### MOONRISE

| Lat. | −55° | −50° | −45° | −40° | −35° | −30° | −20° | −10° | 0° | +10° | +20° | +30° | +35° | +40° |
|---|---|---|---|---|---|---|---|---|---|---|---|---|---|---|
| | h m | h m | h m | h m | h m | h m | h m | h m | h m | h m | h m | h m | h m | h m |
| Jan. 23 | 13 43 | 13 23 | 13 07 | 12 54 | 12 42 | 12 33 | 12 16 | 12 02 | 11 49 | 11 35 | 11 21 | 11 05 | 10 56 | 10 46 |
| 24 | 15 05 | 14 38 | 14 17 | 14 01 | 13 47 | 13 35 | 13 14 | 12 56 | 12 39 | 12 23 | 12 05 | 11 45 | 11 34 | 11 20 |
| 25 | 16 26 | 15 53 | 15 28 | 15 09 | 14 53 | 14 38 | 14 15 | 13 54 | 13 35 | 13 16 | 12 56 | 12 32 | 12 19 | 12 03 |
| 26 | 17 38 | 17 02 | 16 36 | 16 15 | 15 58 | 15 43 | 15 17 | 14 55 | 14 35 | 14 15 | 13 53 | 13 28 | 13 13 | 12 56 |
| 27 | 18 34 | 18 00 | 17 35 | 17 15 | 16 58 | 16 44 | 16 19 | 15 58 | 15 38 | 15 18 | 14 57 | 14 32 | 14 17 | 14 00 |
| 28 | 19 13 | 18 46 | 18 24 | 18 07 | 17 52 | 17 40 | 17 18 | 16 59 | 16 41 | 16 23 | 16 04 | 15 42 | 15 29 | 15 14 |
| 29 | 19 40 | 19 20 | 19 04 | 18 50 | 18 39 | 18 29 | 18 12 | 17 57 | 17 42 | 17 28 | 17 13 | 16 55 | 16 45 | 16 33 |
| 30 | 20 00 | 19 46 | 19 36 | 19 27 | 19 19 | 19 12 | 19 01 | 18 50 | 18 40 | 18 31 | 18 20 | 18 08 | 18 01 | 17 53 |
| 31 | 20 15 | 20 08 | 20 03 | 19 59 | 19 55 | 19 51 | 19 45 | 19 40 | 19 35 | 19 30 | 19 25 | 19 19 | 19 15 | 19 11 |
| Feb. 1 | 20 28 | 20 28 | 20 28 | 20 28 | 20 27 | 20 27 | 20 27 | 20 27 | 20 27 | 20 27 | 20 27 | 20 27 | 20 27 | 20 27 |
| 2 | 20 41 | 20 47 | 20 51 | 20 56 | 20 59 | 21 02 | 21 08 | 21 13 | 21 18 | 21 22 | 21 27 | 21 33 | 21 37 | 21 41 |
| 3 | 20 54 | 21 06 | 21 16 | 21 24 | 21 32 | 21 38 | 21 49 | 21 58 | 22 08 | 22 17 | 22 27 | 22 38 | 22 45 | 22 52 |
| 4 | 21 10 | 21 29 | 21 43 | 21 56 | 22 06 | 22 15 | 22 31 | 22 45 | 22 58 | 23 11 | 23 25 | 23 42 | 23 51 | .. .. |
| 5 | 21 31 | 21 56 | 22 15 | 22 30 | 22 44 | 22 55 | 23 15 | 23 33 | 23 49 | .. .. | .. .. | .. .. | .. .. | 0 02 |
| 6 | 21 59 | 22 29 | 22 52 | 23 10 | 23 26 | 23 39 | .. .. | .. .. | .. .. | 0 06 | 0 23 | 0 44 | 0 56 | 1 10 |
| 7 | 22 37 | 23 11 | 23 36 | 23 56 | .. .. | .. .. | 0 02 | 0 22 | 0 41 | 1 00 | 1 20 | 1 44 | 1 58 | 2 14 |
| 8 | 23 27 | .. .. | .. .. | .. .. | 0 13 | 0 27 | 0 52 | 1 14 | 1 34 | 1 54 | 2 15 | 2 40 | 2 55 | 3 12 |
| 9 | .. .. | 0 01 | 0 27 | 0 47 | 1 04 | 1 19 | 1 44 | 2 06 | 2 26 | 2 46 | 3 07 | 3 32 | 3 47 | 4 04 |
| 10 | 0 28 | 1 00 | 1 24 | 1 44 | 2 00 | 2 13 | 2 37 | 2 57 | 3 16 | 3 35 | 3 55 | 4 19 | 4 32 | 4 48 |
| 11 | 1 38 | 2 05 | 2 26 | 2 43 | 2 57 | 3 09 | 3 30 | 3 48 | 4 05 | 4 21 | 4 39 | 5 00 | 5 12 | 5 26 |
| 12 | 2 51 | 3 12 | 3 29 | 3 43 | 3 54 | 4 04 | 4 22 | 4 37 | 4 51 | 5 05 | 5 19 | 5 36 | 5 46 | 5 57 |
| 13 | 4 04 | 4 20 | 4 33 | 4 43 | 4 51 | 4 59 | 5 12 | 5 24 | 5 34 | 5 45 | 5 56 | 6 09 | 6 17 | 6 25 |
| 14 | 5 18 | 5 28 | 5 36 | 5 42 | 5 48 | 5 53 | 6 02 | 6 09 | 6 16 | 6 23 | 6 31 | 6 39 | 6 44 | 6 50 |
| 15 | 6 30 | 6 35 | 6 38 | 6 41 | 6 44 | 6 46 | 6 50 | 6 54 | 6 57 | 7 00 | 7 04 | 7 08 | 7 10 | 7 12 |
| 16 | 7 42 | 7 41 | 7 41 | 7 40 | 7 40 | 7 39 | 7 38 | 7 38 | 7 37 | 7 37 | 7 36 | 7 35 | 7 35 | 7 35 |

### MOONSET

| Lat. | −55° | −50° | −45° | −40° | −35° | −30° | −20° | −10° | 0° | +10° | +20° | +30° | +35° | +40° |
|---|---|---|---|---|---|---|---|---|---|---|---|---|---|---|
| | h m | h m | h m | h m | h m | h m | h m | h m | h m | h m | h m | h m | h m | h m |
| Jan. 23 | 22 07 | 22 29 | 22 46 | 23 01 | 23 13 | 23 23 | 23 41 | 23 57 | .. .. | .. .. | .. .. | 0 02 | 0 10 | 0 20 |
| 24 | 22 31 | 22 59 | 23 21 | 23 39 | 23 53 | .. .. | .. .. | .. .. | 0 12 | 0 27 | 0 43 | 1 02 | 1 13 | 1 25 |
| 25 | 23 07 | 23 41 | .. .. | .. .. | .. .. | 0 06 | 0 28 | 0 47 | 1 05 | 1 23 | 1 43 | 2 05 | 2 18 | 2 33 |
| 26 | .. .. | .. .. | 0 06 | 0 26 | 0 43 | 0 57 | 1 22 | 1 43 | 2 03 | 2 23 | 2 44 | 3 09 | 3 24 | 3 40 |
| 27 | 0 02 | 0 37 | 1 04 | 1 25 | 1 42 | 1 57 | 2 22 | 2 44 | 3 05 | 3 25 | 3 47 | 4 12 | 4 27 | 4 44 |
| 28 | 1 17 | 1 50 | 2 15 | 2 34 | 2 50 | 3 04 | 3 28 | 3 49 | 4 08 | 4 27 | 4 47 | 5 11 | 5 24 | 5 40 |
| 29 | 2 48 | 3 15 | 3 35 | 3 51 | 4 05 | 4 17 | 4 37 | 4 54 | 5 10 | 5 27 | 5 44 | 6 03 | 6 15 | 6 27 |
| 30 | 4 26 | 4 45 | 4 59 | 5 11 | 5 21 | 5 30 | 5 45 | 5 58 | 6 10 | 6 22 | 6 35 | 6 49 | 6 58 | 7 07 |
| 31 | 6 04 | 6 15 | 6 23 | 6 31 | 6 37 | 6 42 | 6 51 | 6 59 | 7 07 | 7 14 | 7 22 | 7 30 | 7 35 | 7 41 |
| Feb. 1 | 7 39 | 7 42 | 7 45 | 7 48 | 7 50 | 7 52 | 7 55 | 7 57 | 8 00 | 8 02 | 8 05 | 8 08 | 8 10 | 8 11 |
| 2 | 9 10 | 9 07 | 9 05 | 9 02 | 9 00 | 8 59 | 8 56 | 8 53 | 8 51 | 8 49 | 8 46 | 8 43 | 8 42 | 8 40 |
| 3 | 10 39 | 10 30 | 10 22 | 10 15 | 10 09 | 10 04 | 9 56 | 9 48 | 9 41 | 9 34 | 9 27 | 9 18 | 9 14 | 9 08 |
| 4 | 12 07 | 11 50 | 11 37 | 11 26 | 11 17 | 11 09 | 10 55 | 10 43 | 10 31 | 10 20 | 10 08 | 9 55 | 9 47 | 9 38 |
| 5 | 13 31 | 13 08 | 12 50 | 12 35 | 12 23 | 12 12 | 11 53 | 11 37 | 11 22 | 11 07 | 10 52 | 10 33 | 10 23 | 10 11 |
| 6 | 14 50 | 14 21 | 13 59 | 13 41 | 13 26 | 13 13 | 12 51 | 12 32 | 12 14 | 11 56 | 11 37 | 11 16 | 11 03 | 10 48 |
| 7 | 16 01 | 15 27 | 15 02 | 14 42 | 14 26 | 14 11 | 13 47 | 13 26 | 13 06 | 12 47 | 12 26 | 12 02 | 11 47 | 11 31 |
| 8 | 16 59 | 16 24 | 15 58 | 15 38 | 15 21 | 15 06 | 14 41 | 14 19 | 13 59 | 13 39 | 13 17 | 12 52 | 12 37 | 12 20 |
| 9 | 17 42 | 17 10 | 16 45 | 16 26 | 16 09 | 15 55 | 15 31 | 15 10 | 14 50 | 14 31 | 14 10 | 13 45 | 13 31 | 13 14 |
| 10 | 18 14 | 17 46 | 17 24 | 17 06 | 16 52 | 16 39 | 16 17 | 15 58 | 15 40 | 15 22 | 15 03 | 14 40 | 14 27 | 14 12 |
| 11 | 18 36 | 18 13 | 17 56 | 17 41 | 17 29 | 17 18 | 16 59 | 16 43 | 16 27 | 16 12 | 15 55 | 15 36 | 15 24 | 15 12 |
| 12 | 18 53 | 18 36 | 18 22 | 18 11 | 18 01 | 17 52 | 17 37 | 17 24 | 17 12 | 17 00 | 16 46 | 16 31 | 16 22 | 16 12 |
| 13 | 19 06 | 18 54 | 18 45 | 18 37 | 18 30 | 18 24 | 18 13 | 18 04 | 17 55 | 17 46 | 17 36 | 17 25 | 17 19 | 17 12 |
| 14 | 19 17 | 19 10 | 19 05 | 19 00 | 18 56 | 18 53 | 18 47 | 18 41 | 18 36 | 18 31 | 18 25 | 18 19 | 18 15 | 18 11 |
| 15 | 19 27 | 19 25 | 19 24 | 19 23 | 19 22 | 19 21 | 19 19 | 19 18 | 19 16 | 19 15 | 19 13 | 19 12 | 19 11 | 19 10 |
| 16 | 19 37 | 19 40 | 19 43 | 19 45 | 19 47 | 19 49 | 19 52 | 19 54 | 19 57 | 19 59 | 20 02 | 20 05 | 20 07 | 20 09 |

.. .. indicates phenomenon will occur the next day.

## UNIVERSAL TIME FOR MERIDIAN OF GREENWICH
### MOONRISE

| Lat. | +40° | +42° | +44° | +46° | +48° | +50° | +52° | +54° | +56° | +58° | +60° | +62° | +64° | +66° |
|---|---|---|---|---|---|---|---|---|---|---|---|---|---|---|
| | h m | h m | h m | h m | h m | h m | h m | h m | h m | h m | h m | h m | h m | h m |
| Jan. 23 | 10 46 | 10 41 | 10 36 | 10 31 | 10 25 | 10 18 | 10 12 | 10 04 | 9 55 | 9 46 | 9 35 | 9 22 | 9 07 | 8 49 |
| 24 | 11 20 | 11 14 | 11 08 | 11 01 | 10 53 | 10 45 | 10 36 | 10 26 | 10 14 | 10 01 | 9 46 | 9 28 | 9 05 | 8 35 |
| 25 | 12 03 | 11 56 | 11 48 | 11 40 | 11 31 | 11 21 | 11 10 | 10 57 | 10 43 | 10 26 | 10 06 | 9 40 | 9 04 | 7 58 |
| 26 | 12 56 | 12 48 | 12 40 | 12 31 | 12 21 | 12 10 | 11 57 | 11 43 | 11 27 | 11 07 | 10 42 | 10 09 | 9 13 | □ |
| 27 | 14 00 | 13 53 | 13 44 | 13 36 | 13 26 | 13 15 | 13 02 | 12 48 | 12 32 | 12 12 | 11 48 | 11 15 | 10 18 | □ |
| 28 | 15 14 | 15 07 | 15 00 | 14 52 | 14 44 | 14 34 | 14 23 | 14 11 | 13 57 | 13 41 | 13 22 | 12 57 | 12 23 | 11 24 |
| 29 | 16 33 | 16 28 | 16 22 | 16 16 | 16 09 | 16 02 | 15 54 | 15 45 | 15 35 | 15 23 | 15 09 | 14 53 | 14 33 | 14 08 |
| 30 | 17 53 | 17 50 | 17 46 | 17 42 | 17 37 | 17 32 | 17 27 | 17 21 | 17 15 | 17 07 | 16 59 | 16 49 | 16 38 | 16 24 |
| 31 | 19 11 | 19 10 | 19 08 | 19 06 | 19 04 | 19 01 | 18 59 | 18 56 | 18 53 | 18 49 | 18 45 | 18 41 | 18 36 | 18 30 |
| Feb. 1 | 20 27 | 20 27 | 20 27 | 20 27 | 20 27 | 20 27 | 20 27 | 20 27 | 20 27 | 20 27 | 20 27 | 20 27 | 20 28 | 20 28 |
| 2 | 21 41 | 21 42 | 21 44 | 21 46 | 21 48 | 21 51 | 21 53 | 21 56 | 21 59 | 22 03 | 22 06 | 22 11 | 22 16 | 22 22 |
| 3 | 22 52 | 22 56 | 22 59 | 23 03 | 23 07 | 23 12 | 23 17 | 23 23 | 23 29 | 23 36 | 23 44 | 23 53 | .. .. | .. .. |
| 4 | .. .. | .. .. | .. .. | .. .. | .. .. | .. .. | .. .. | .. .. | .. .. | .. .. | .. .. | .. .. | 0 04 | 0 16 |
| 5 | 0 02 | 0 07 | 0 12 | 0 18 | 0 24 | 0 31 | 0 39 | 0 47 | 0 56 | 1 07 | 1 20 | 1 34 | 1 52 | 2 14 |
| 6 | 1 10 | 1 16 | 1 23 | 1 30 | 1 38 | 1 47 | 1 57 | 2 08 | 2 20 | 2 35 | 2 52 | 3 14 | 3 42 | 4 23 |
| 7 | 2 14 | 2 21 | 2 29 | 2 37 | 2 47 | 2 57 | 3 09 | 3 22 | 3 37 | 3 56 | 4 18 | 4 48 | 5 32 | ■ |
| 8 | 3 12 | 3 20 | 3 28 | 3 37 | 3 48 | 3 59 | 4 11 | 4 26 | 4 43 | 5 03 | 5 28 | 6 04 | 7 15 | ■ |
| 9 | 4 04 | 4 11 | 4 20 | 4 29 | 4 39 | 4 50 | 5 02 | 5 16 | 5 33 | 5 53 | 6 17 | 6 51 | 7 49 | ■ |
| 10 | 4 48 | 4 55 | 5 03 | 5 11 | 5 20 | 5 30 | 5 41 | 5 54 | 6 09 | 6 26 | 6 47 | 7 13 | 7 50 | 9 11 |
| 11 | 5 26 | 5 32 | 5 38 | 5 45 | 5 53 | 6 02 | 6 11 | 6 22 | 6 34 | 6 47 | 7 04 | 7 23 | 7 48 | 8 21 |
| 12 | 5 57 | 6 02 | 6 08 | 6 13 | 6 20 | 6 26 | 6 34 | 6 42 | 6 51 | 7 02 | 7 14 | 7 28 | 7 45 | 8 05 |
| 13 | 6 25 | 6 29 | 6 33 | 6 37 | 6 42 | 6 47 | 6 52 | 6 58 | 7 05 | 7 12 | 7 20 | 7 30 | 7 41 | 7 55 |
| 14 | 6 50 | 6 52 | 6 55 | 6 57 | 7 00 | 7 04 | 7 07 | 7 11 | 7 15 | 7 20 | 7 25 | 7 31 | 7 38 | 7 46 |
| 15 | 7 12 | 7 14 | 7 15 | 7 16 | 7 17 | 7 19 | 7 21 | 7 22 | 7 24 | 7 26 | 7 29 | 7 32 | 7 35 | 7 38 |
| 16 | 7 35 | 7 34 | 7 34 | 7 34 | 7 34 | 7 34 | 7 33 | 7 33 | 7 33 | 7 32 | 7 32 | 7 32 | 7 31 | 7 31 |

### MOONSET

| Lat. | +40° | +42° | +44° | +46° | +48° | +50° | +52° | +54° | +56° | +58° | +60° | +62° | +64° | +66° |
|---|---|---|---|---|---|---|---|---|---|---|---|---|---|---|
| | h m | h m | h m | h m | h m | h m | h m | h m | h m | h m | h m | h m | h m | h m |
| Jan. 23 | 0 20 | 0 24 | 0 28 | 0 33 | 0 38 | 0 44 | 0 50 | 0 57 | 1 05 | 1 14 | 1 24 | 1 36 | 1 50 | 2 07 |
| 24 | 1 25 | 1 31 | 1 37 | 1 43 | 1 51 | 1 58 | 2 07 | 2 17 | 2 27 | 2 40 | 2 55 | 3 12 | 3 34 | 4 03 |
| 25 | 2 33 | 2 40 | 2 47 | 2 55 | 3 04 | 3 14 | 3 24 | 3 37 | 3 51 | 4 07 | 4 27 | 4 52 | 5 27 | 6 33 |
| 26 | 3 40 | 3 48 | 3 56 | 4 05 | 4 15 | 4 26 | 4 38 | 4 52 | 5 09 | 5 28 | 5 53 | 6 26 | 7 22 | □ |
| 27 | 4 44 | 4 52 | 5 00 | 5 09 | 5 19 | 5 30 | 5 42 | 5 57 | 6 13 | 6 33 | 6 58 | 7 31 | 8 27 | □ |
| 28 | 5 40 | 5 47 | 5 55 | 6 03 | 6 12 | 6 22 | 6 33 | 6 45 | 6 59 | 7 16 | 7 36 | 8 01 | 8 36 | 9 35 |
| 29 | 6 27 | 6 33 | 6 39 | 6 46 | 6 53 | 7 01 | 7 10 | 7 20 | 7 30 | 7 43 | 7 57 | 8 14 | 8 35 | 9 02 |
| 30 | 7 07 | 7 11 | 7 16 | 7 21 | 7 26 | 7 31 | 7 37 | 7 44 | 7 52 | 8 00 | 8 09 | 8 20 | 8 33 | 8 48 |
| 31 | 7 41 | 7 44 | 7 46 | 7 49 | 7 52 | 7 55 | 7 59 | 8 03 | 8 07 | 8 12 | 8 17 | 8 23 | 8 30 | 8 38 |
| Feb. 1 | 8 11 | 8 12 | 8 13 | 8 14 | 8 15 | 8 16 | 8 17 | 8 18 | 8 20 | 8 21 | 8 23 | 8 25 | 8 27 | 8 29 |
| 2 | 8 40 | 8 39 | 8 38 | 8 37 | 8 36 | 8 35 | 8 34 | 8 33 | 8 31 | 8 30 | 8 28 | 8 26 | 8 24 | 8 21 |
| 3 | 9 08 | 9 06 | 9 03 | 9 00 | 8 57 | 8 54 | 8 51 | 8 47 | 8 43 | 8 38 | 8 33 | 8 27 | 8 20 | 8 13 |
| 4 | 9 38 | 9 34 | 9 30 | 9 25 | 9 20 | 9 15 | 9 09 | 9 03 | 8 56 | 8 48 | 8 39 | 8 29 | 8 17 | 8 03 |
| 5 | 10 11 | 10 06 | 10 00 | 9 54 | 9 47 | 9 40 | 9 32 | 9 23 | 9 13 | 9 01 | 8 48 | 8 33 | 8 14 | 7 50 |
| 6 | 10 48 | 10 42 | 10 35 | 10 27 | 10 19 | 10 09 | 9 59 | 9 48 | 9 35 | 9 20 | 9 02 | 8 40 | 8 11 | 7 29 |
| 7 | 11 31 | 11 24 | 11 16 | 11 07 | 10 57 | 10 47 | 10 35 | 10 21 | 10 06 | 9 47 | 9 25 | 8 55 | 8 09 | ■ |
| 8 | 12 20 | 12 12 | 12 04 | 11 54 | 11 44 | 11 33 | 11 20 | 11 06 | 10 49 | 10 29 | 10 03 | 9 28 | 8 17 | ■ |
| 9 | 13 14 | 13 06 | 12 58 | 12 49 | 12 39 | 12 28 | 12 16 | 12 02 | 11 46 | 11 26 | 11 02 | 10 28 | 9 30 | ■ |
| 10 | 14 12 | 14 05 | 13 57 | 13 49 | 13 41 | 13 31 | 13 20 | 13 07 | 12 53 | 12 36 | 12 16 | 11 50 | 11 13 | 9 53 |
| 11 | 15 12 | 15 06 | 14 59 | 14 53 | 14 45 | 14 37 | 14 28 | 14 18 | 14 06 | 13 53 | 13 38 | 13 19 | 12 55 | 12 22 |
| 12 | 16 12 | 16 07 | 16 02 | 15 57 | 15 51 | 15 45 | 15 38 | 15 30 | 15 22 | 15 12 | 15 01 | 14 47 | 14 32 | 14 12 |
| 13 | 17 12 | 17 08 | 17 05 | 17 01 | 16 57 | 16 53 | 16 48 | 16 43 | 16 37 | 16 30 | 16 23 | 16 14 | 16 04 | 15 52 |
| 14 | 18 11 | 18 09 | 18 07 | 18 05 | 18 02 | 18 00 | 17 57 | 17 54 | 17 51 | 17 47 | 17 43 | 17 38 | 17 33 | 17 26 |
| 15 | 19 10 | 19 09 | 19 09 | 19 08 | 19 07 | 19 07 | 19 06 | 19 05 | 19 04 | 19 03 | 19 02 | 19 01 | 18 59 | 18 58 |
| 16 | 20 09 | 20 10 | 20 11 | 20 12 | 20 13 | 20 14 | 20 15 | 20 17 | 20 18 | 20 20 | 20 22 | 20 24 | 20 26 | 20 29 |

□ indicates Moon continuously above horizon.
■ indicates Moon continuously below horizon.
.. .. indicates phenomenon will occur the next day.

# MOONRISE AND MOONSET, 2010

## UNIVERSAL TIME FOR MERIDIAN OF GREENWICH

### MOONRISE

| Lat. | −55° | −50° | −45° | −40° | −35° | −30° | −20° | −10° | 0° | +10° | +20° | +30° | +35° | +40° |
|---|---|---|---|---|---|---|---|---|---|---|---|---|---|---|
| | h m | h m | h m | h m | h m | h m | h m | h m | h m | h m | h m | h m | h m | h m |
| Feb. 15 | 6 30 | 6 35 | 6 38 | 6 41 | 6 44 | 6 46 | 6 50 | 6 54 | 6 57 | 7 00 | 7 04 | 7 08 | 7 10 | 7 12 |
| 16 | 7 42 | 7 41 | 7 41 | 7 40 | 7 40 | 7 39 | 7 38 | 7 38 | 7 37 | 7 37 | 7 36 | 7 35 | 7 35 | 7 35 |
| 17 | 8 55 | 8 49 | 8 44 | 8 40 | 8 36 | 8 33 | 8 27 | 8 23 | 8 18 | 8 14 | 8 09 | 8 04 | 8 01 | 7 57 |
| 18 | 10 10 | 9 58 | 9 49 | 9 41 | 9 34 | 9 28 | 9 18 | 9 09 | 9 00 | 8 52 | 8 43 | 8 34 | 8 28 | 8 21 |
| 19 | 11 28 | 11 10 | 10 55 | 10 44 | 10 34 | 10 25 | 10 10 | 9 57 | 9 45 | 9 33 | 9 21 | 9 06 | 8 58 | 8 49 |
| 20 | 12 47 | 12 23 | 12 04 | 11 49 | 11 36 | 11 25 | 11 05 | 10 49 | 10 33 | 10 18 | 10 02 | 9 43 | 9 33 | 9 20 |
| 21 | 14 07 | 13 36 | 13 13 | 12 55 | 12 39 | 12 26 | 12 03 | 11 44 | 11 26 | 11 08 | 10 48 | 10 26 | 10 13 | 9 59 |
| 22 | 15 20 | 14 45 | 14 20 | 13 59 | 13 42 | 13 28 | 13 03 | 12 42 | 12 22 | 12 02 | 11 41 | 11 16 | 11 02 | 10 46 |
| 23 | 16 21 | 15 46 | 15 20 | 15 00 | 14 43 | 14 28 | 14 03 | 13 41 | 13 21 | 13 01 | 12 39 | 12 14 | 12 00 | 11 43 |
| 24 | 17 07 | 16 36 | 16 13 | 15 54 | 15 38 | 15 24 | 15 01 | 14 41 | 14 22 | 14 03 | 13 43 | 13 19 | 13 05 | 12 49 |
| 25 | 17 38 | 17 14 | 16 55 | 16 40 | 16 27 | 16 15 | 15 56 | 15 38 | 15 22 | 15 06 | 14 49 | 14 29 | 14 17 | 14 04 |
| 26 | 18 01 | 17 44 | 17 30 | 17 19 | 17 09 | 17 01 | 16 46 | 16 33 | 16 21 | 16 09 | 15 55 | 15 40 | 15 32 | 15 21 |
| 27 | 18 18 | 18 08 | 18 00 | 17 53 | 17 47 | 17 42 | 17 33 | 17 24 | 17 17 | 17 09 | 17 01 | 16 52 | 16 46 | 16 40 |
| 28 | 18 33 | 18 29 | 18 26 | 18 24 | 18 22 | 18 20 | 18 16 | 18 13 | 18 11 | 18 08 | 18 05 | 18 02 | 18 00 | 17 57 |
| Mar. 1 | 18 46 | 18 49 | 18 51 | 18 53 | 18 54 | 18 56 | 18 58 | 19 01 | 19 03 | 19 05 | 19 07 | 19 10 | 19 12 | 19 13 |
| 2 | 19 00 | 19 09 | 19 16 | 19 22 | 19 28 | 19 32 | 19 40 | 19 48 | 19 55 | 20 01 | 20 09 | 20 18 | 20 23 | 20 28 |
| 3 | 19 16 | 19 31 | 19 43 | 19 53 | 20 02 | 20 10 | 20 23 | 20 35 | 20 47 | 20 58 | 21 10 | 21 24 | 21 32 | 21 42 |
| 4 | 19 35 | 19 57 | 20 14 | 20 28 | 20 40 | 20 50 | 21 08 | 21 24 | 21 39 | 21 54 | 22 11 | 22 29 | 22 40 | 22 53 |
| 5 | 20 01 | 20 28 | 20 50 | 21 07 | 21 22 | 21 34 | 21 56 | 22 15 | 22 33 | 22 51 | 23 10 | 23 32 | 23 46 | .. .. |
| 6 | 20 35 | 21 08 | 21 32 | 21 52 | 22 08 | 22 22 | 22 46 | 23 07 | 23 27 | 23 46 | .. .. | .. .. | .. .. | 0 01 |
| 7 | 21 22 | 21 56 | 22 22 | 22 42 | 22 59 | 23 14 | 23 38 | .. .. | .. .. | .. .. | 0 07 | 0 32 | 0 46 | 1 03 |
| 8 | 22 20 | 22 53 | 23 18 | 23 37 | 23 54 | .. .. | .. .. | 0 00 | 0 20 | 0 40 | 1 02 | 1 26 | 1 41 | 1 58 |
| 9 | 23 28 | 23 56 | .. .. | .. .. | .. .. | 0 08 | 0 32 | 0 52 | 1 12 | 1 31 | 1 52 | 2 15 | 2 29 | 2 46 |
| 10 | .. .. | .. .. | 0 18 | 0 36 | 0 50 | 1 03 | 1 25 | 1 43 | 2 01 | 2 18 | 2 37 | 2 59 | 3 11 | 3 25 |
| 11 | 0 39 | 1 03 | 1 21 | 1 35 | 1 48 | 1 58 | 2 17 | 2 33 | 2 48 | 3 03 | 3 18 | 3 37 | 3 47 | 3 59 |

### MOONSET

| Lat. | −55° | −50° | −45° | −40° | −35° | −30° | −20° | −10° | 0° | +10° | +20° | +30° | +35° | +40° |
|---|---|---|---|---|---|---|---|---|---|---|---|---|---|---|
| | h m | h m | h m | h m | h m | h m | h m | h m | h m | h m | h m | h m | h m | h m |
| Feb. 15 | 19 27 | 19 25 | 19 24 | 19 23 | 19 22 | 19 21 | 19 19 | 19 18 | 19 16 | 19 15 | 19 13 | 19 12 | 19 11 | 19 10 |
| 16 | 19 37 | 19 40 | 19 43 | 19 45 | 19 47 | 19 49 | 19 52 | 19 54 | 19 57 | 19 59 | 20 02 | 20 05 | 20 07 | 20 09 |
| 17 | 19 47 | 19 55 | 20 02 | 20 08 | 20 13 | 20 17 | 20 25 | 20 32 | 20 38 | 20 45 | 20 51 | 20 59 | 21 04 | 21 09 |
| 18 | 19 59 | 20 13 | 20 24 | 20 33 | 20 41 | 20 48 | 21 01 | 21 12 | 21 22 | 21 32 | 21 43 | 21 55 | 22 02 | 22 11 |
| 19 | 20 14 | 20 34 | 20 50 | 21 02 | 21 13 | 21 23 | 21 40 | 21 54 | 22 08 | 22 22 | 22 36 | 22 53 | 23 03 | 23 15 |
| 20 | 20 35 | 21 01 | 21 21 | 21 37 | 21 51 | 22 03 | 22 23 | 22 41 | 22 58 | 23 15 | 23 33 | 23 54 | .. .. | .. .. |
| 21 | 21 05 | 21 36 | 22 00 | 22 19 | 22 35 | 22 49 | 23 13 | 23 33 | 23 52 | .. .. | .. .. | .. .. | 0 06 | 0 20 |
| 22 | 21 49 | 22 24 | 22 50 | 23 11 | 23 28 | 23 43 | .. .. | .. .. | .. .. | 0 11 | 0 32 | 0 55 | 1 09 | 1 26 |
| 23 | 22 53 | 23 27 | 23 53 | .. .. | .. .. | .. .. | 0 08 | 0 30 | 0 50 | 1 10 | 1 32 | 1 57 | 2 11 | 2 28 |
| 24 | .. .. | .. .. | .. .. | 0 13 | 0 30 | 0 44 | 1 09 | 1 30 | 1 50 | 2 10 | 2 31 | 2 55 | 3 09 | 3 26 |
| 25 | 0 13 | 0 43 | 1 06 | 1 24 | 1 39 | 1 52 | 2 14 | 2 33 | 2 51 | 3 09 | 3 27 | 3 49 | 4 01 | 4 16 |
| 26 | 1 46 | 2 08 | 2 26 | 2 40 | 2 52 | 3 03 | 3 21 | 3 36 | 3 50 | 4 05 | 4 20 | 4 37 | 4 47 | 4 58 |
| 27 | 3 22 | 3 37 | 3 49 | 3 59 | 4 07 | 4 14 | 4 27 | 4 38 | 4 48 | 4 58 | 5 08 | 5 20 | 5 27 | 5 35 |
| 28 | 4 58 | 5 06 | 5 12 | 5 17 | 5 21 | 5 25 | 5 32 | 5 37 | 5 42 | 5 48 | 5 53 | 5 59 | 6 03 | 6 07 |
| Mar. 1 | 6 32 | 6 33 | 6 33 | 6 34 | 6 34 | 6 34 | 6 35 | 6 35 | 6 35 | 6 36 | 6 36 | 6 36 | 6 36 | 6 37 |
| 2 | 8 05 | 7 59 | 7 53 | 7 49 | 7 46 | 7 42 | 7 37 | 7 32 | 7 27 | 7 23 | 7 18 | 7 12 | 7 09 | 7 06 |
| 3 | 9 36 | 9 23 | 9 12 | 9 03 | 8 56 | 8 49 | 8 38 | 8 28 | 8 19 | 8 10 | 8 00 | 7 49 | 7 43 | 7 36 |
| 4 | 11 05 | 10 45 | 10 29 | 10 16 | 10 05 | 9 55 | 9 39 | 9 25 | 9 12 | 8 58 | 8 44 | 8 28 | 8 19 | 8 08 |
| 5 | 12 29 | 12 03 | 11 42 | 11 26 | 11 12 | 11 00 | 10 39 | 10 21 | 10 05 | 9 48 | 9 31 | 9 10 | 8 59 | 8 45 |
| 6 | 13 46 | 13 14 | 12 50 | 12 31 | 12 15 | 12 01 | 11 38 | 11 18 | 10 59 | 10 40 | 10 20 | 9 56 | 9 43 | 9 27 |
| 7 | 14 50 | 14 16 | 13 50 | 13 30 | 13 13 | 12 59 | 12 34 | 12 12 | 11 52 | 11 32 | 11 11 | 10 46 | 10 32 | 10 15 |
| 8 | 15 39 | 15 06 | 14 41 | 14 22 | 14 05 | 13 51 | 13 26 | 13 05 | 12 45 | 12 25 | 12 04 | 11 39 | 11 25 | 11 08 |
| 9 | 16 15 | 15 46 | 15 23 | 15 05 | 14 50 | 14 37 | 14 14 | 13 54 | 13 36 | 13 17 | 12 57 | 12 34 | 12 21 | 12 05 |
| 10 | 16 41 | 16 16 | 15 57 | 15 42 | 15 29 | 15 17 | 14 57 | 14 40 | 14 24 | 14 08 | 13 50 | 13 30 | 13 18 | 13 04 |
| 11 | 17 00 | 16 41 | 16 26 | 16 13 | 16 02 | 15 53 | 15 37 | 15 23 | 15 09 | 14 56 | 14 42 | 14 25 | 14 15 | 14 04 |

.. .. indicates phenomenon will occur the next day.

### UNIVERSAL TIME FOR MERIDIAN OF GREENWICH
#### MOONRISE

| Lat. | +40° | +42° | +44° | +46° | +48° | +50° | +52° | +54° | +56° | +58° | +60° | +62° | +64° | +66° |
|---|---|---|---|---|---|---|---|---|---|---|---|---|---|---|
| | h m | h m | h m | h m | h m | h m | h m | h m | h m | h m | h m | h m | h m | h m |
| Feb. 15 | 7 12 | 7 14 | 7 15 | 7 16 | 7 17 | 7 19 | 7 21 | 7 22 | 7 24 | 7 26 | 7 29 | 7 32 | 7 35 | 7 38 |
| 16 | 7 35 | 7 34 | 7 34 | 7 34 | 7 34 | 7 34 | 7 33 | 7 33 | 7 33 | 7 32 | 7 32 | 7 32 | 7 31 | 7 31 |
| 17 | 7 57 | 7 56 | 7 54 | 7 52 | 7 51 | 7 49 | 7 47 | 7 44 | 7 42 | 7 39 | 7 36 | 7 32 | 7 28 | 7 23 |
| 18 | 8 21 | 8 19 | 8 16 | 8 12 | 8 09 | 8 05 | 8 01 | 7 57 | 7 52 | 7 46 | 7 40 | 7 33 | 7 25 | 7 15 |
| 19 | 8 49 | 8 44 | 8 40 | 8 35 | 8 30 | 8 24 | 8 18 | 8 11 | 8 04 | 7 56 | 7 46 | 7 35 | 7 22 | 7 07 |
| 20 | 9 20 | 9 15 | 9 09 | 9 03 | 8 56 | 8 48 | 8 40 | 8 31 | 8 20 | 8 09 | 7 55 | 7 39 | 7 20 | 6 55 |
| 21 | 9 59 | 9 52 | 9 45 | 9 37 | 9 29 | 9 19 | 9 09 | 8 57 | 8 44 | 8 29 | 8 11 | 7 48 | 7 19 | 6 36 |
| 22 | 10 46 | 10 38 | 10 30 | 10 21 | 10 12 | 10 01 | 9 49 | 9 36 | 9 20 | 9 01 | 8 39 | 8 09 | 7 23 | □ |
| 23 | 11 43 | 11 35 | 11 27 | 11 17 | 11 08 | 10 56 | 10 44 | 10 30 | 10 13 | 9 53 | 9 28 | 8 55 | 7 55 | □ |
| 24 | 12 49 | 12 42 | 12 34 | 12 26 | 12 17 | 12 06 | 11 55 | 11 42 | 11 27 | 11 09 | 10 47 | 10 18 | 9 35 | □ |
| 25 | 14 04 | 13 58 | 13 51 | 13 44 | 13 36 | 13 28 | 13 18 | 13 08 | 12 56 | 12 42 | 12 25 | 12 05 | 11 39 | 11 03 |
| 26 | 15 21 | 15 17 | 15 12 | 15 07 | 15 01 | 14 55 | 14 48 | 14 41 | 14 32 | 14 23 | 14 12 | 13 59 | 13 43 | 13 24 |
| 27 | 16 40 | 16 37 | 16 34 | 16 31 | 16 28 | 16 24 | 16 20 | 16 15 | 16 10 | 16 05 | 15 59 | 15 51 | 15 43 | 15 33 |
| 28 | 17 57 | 17 56 | 17 55 | 17 54 | 17 53 | 17 52 | 17 50 | 17 49 | 17 47 | 17 45 | 17 43 | 17 41 | 17 38 | 17 35 |
| Mar. 1 | 19 13 | 19 14 | 19 15 | 19 16 | 19 17 | 19 18 | 19 19 | 19 21 | 19 22 | 19 24 | 19 26 | 19 28 | 19 30 | 19 33 |
| 2 | 20 28 | 20 31 | 20 33 | 20 36 | 20 40 | 20 43 | 20 47 | 20 51 | 20 55 | 21 01 | 21 06 | 21 13 | 21 21 | 21 30 |
| 3 | 21 42 | 21 46 | 21 50 | 21 55 | 22 00 | 22 06 | 22 12 | 22 19 | 22 27 | 22 36 | 22 46 | 22 58 | 23 12 | 23 29 |
| 4 | 22 53 | 22 59 | 23 05 | 23 11 | 23 18 | 23 26 | 23 35 | 23 45 | 23 56 | .. .. | .. .. | .. .. | .. .. | .. .. |
| 5 | .. .. | .. .. | .. .. | .. .. | .. .. | .. .. | .. .. | .. .. | .. .. | 0 09 | 0 24 | 0 42 | 1 05 | 1 35 |
| 6 | 0 01 | 0 08 | 0 15 | 0 23 | 0 32 | 0 41 | 0 52 | 1 05 | 1 19 | 1 36 | 1 56 | 2 21 | 2 57 | 4 10 |
| 7 | 1 03 | 1 11 | 1 19 | 1 28 | 1 37 | 1 48 | 2 01 | 2 14 | 2 31 | 2 50 | 3 15 | 3 47 | 4 44 | ■ |
| 8 | 1 58 | 2 06 | 2 14 | 2 23 | 2 33 | 2 44 | 2 57 | 3 11 | 3 28 | 3 47 | 4 12 | 4 46 | 5 48 | ■ |
| 9 | 2 46 | 2 53 | 3 01 | 3 09 | 3 18 | 3 29 | 3 40 | 3 54 | 4 09 | 4 27 | 4 49 | 5 17 | 5 58 | ■ |
| 10 | 3 25 | 3 32 | 3 39 | 3 46 | 3 54 | 4 03 | 4 13 | 4 25 | 4 37 | 4 52 | 5 10 | 5 31 | 5 58 | 6 38 |
| 11 | 3 59 | 4 04 | 4 10 | 4 16 | 4 23 | 4 30 | 4 39 | 4 47 | 4 58 | 5 09 | 5 22 | 5 38 | 5 57 | 6 20 |

#### MOONSET

| Lat. | +40° | +42° | +44° | +46° | +48° | +50° | +52° | +54° | +56° | +58° | +60° | +62° | +64° | +66° |
|---|---|---|---|---|---|---|---|---|---|---|---|---|---|---|
| | h m | h m | h m | h m | h m | h m | h m | h m | h m | h m | h m | h m | h m | h m |
| Feb. 15 | 19 10 | 19 09 | 19 09 | 19 08 | 19 07 | 19 07 | 19 06 | 19 05 | 19 04 | 19 03 | 19 02 | 19 01 | 18 59 | 18 58 |
| 16 | 20 09 | 20 10 | 20 11 | 20 12 | 20 13 | 20 14 | 20 15 | 20 17 | 20 18 | 20 20 | 20 22 | 20 24 | 20 26 | 20 29 |
| 17 | 21 09 | 21 11 | 21 14 | 21 16 | 21 19 | 21 22 | 21 26 | 21 29 | 21 33 | 21 38 | 21 43 | 21 49 | 21 56 | 22 04 |
| 18 | 22 11 | 22 14 | 22 18 | 22 23 | 22 27 | 22 32 | 22 38 | 22 44 | 22 51 | 22 58 | 23 07 | 23 17 | 23 29 | 23 43 |
| 19 | 23 15 | 23 20 | 23 25 | 23 31 | 23 37 | 23 44 | 23 52 | .. .. | .. .. | .. .. | .. .. | .. .. | .. .. | .. .. |
| 20 | .. .. | .. .. | .. .. | .. .. | .. .. | .. .. | .. .. | 0 01 | 0 11 | 0 22 | 0 34 | 0 50 | 1 08 | 1 32 |
| 21 | 0 20 | 0 26 | 0 33 | 0 41 | 0 49 | 0 58 | 1 08 | 1 19 | 1 32 | 1 46 | 2 04 | 2 26 | 2 55 | 3 37 |
| 22 | 1 26 | 1 33 | 1 41 | 1 49 | 1 59 | 2 09 | 2 21 | 2 34 | 2 50 | 3 08 | 3 31 | 4 00 | 4 45 | □ |
| 23 | 2 28 | 2 36 | 2 45 | 2 54 | 3 04 | 3 15 | 3 27 | 3 41 | 3 58 | 4 18 | 4 43 | 5 16 | 6 16 | □ |
| 24 | 3 26 | 3 33 | 3 41 | 3 50 | 3 59 | 4 10 | 4 22 | 4 35 | 4 51 | 5 09 | 5 31 | 6 00 | 6 43 | □ |
| 25 | 4 16 | 4 22 | 4 29 | 4 37 | 4 45 | 4 54 | 5 04 | 5 15 | 5 27 | 5 42 | 5 59 | 6 20 | 6 46 | 7 23 |
| 26 | 4 58 | 5 03 | 5 09 | 5 14 | 5 21 | 5 28 | 5 35 | 5 43 | 5 53 | 6 03 | 6 15 | 6 29 | 6 45 | 7 06 |
| 27 | 5 35 | 5 38 | 5 42 | 5 46 | 5 50 | 5 54 | 5 59 | 6 05 | 6 11 | 6 17 | 6 25 | 6 33 | 6 43 | 6 55 |
| 28 | 6 07 | 6 08 | 6 10 | 6 12 | 6 14 | 6 17 | 6 19 | 6 22 | 6 25 | 6 28 | 6 32 | 6 36 | 6 41 | 6 46 |
| Mar. 1 | 6 37 | 6 37 | 6 37 | 6 37 | 6 37 | 6 37 | 6 37 | 6 37 | 6 37 | 6 37 | 6 37 | 6 38 | 6 38 | 6 38 |
| 2 | 7 06 | 7 04 | 7 02 | 7 01 | 6 59 | 6 57 | 6 54 | 6 52 | 6 49 | 6 46 | 6 43 | 6 39 | 6 35 | 6 30 |
| 3 | 7 36 | 7 33 | 7 29 | 7 26 | 7 22 | 7 17 | 7 13 | 7 08 | 7 02 | 6 56 | 6 49 | 6 41 | 6 32 | 6 21 |
| 4 | 8 08 | 8 04 | 7 59 | 7 53 | 7 47 | 7 41 | 7 34 | 7 26 | 7 18 | 7 08 | 6 57 | 6 44 | 6 29 | 6 11 |
| 5 | 8 45 | 8 39 | 8 33 | 8 26 | 8 18 | 8 10 | 8 00 | 7 50 | 7 38 | 7 25 | 7 09 | 6 50 | 6 27 | 5 56 |
| 6 | 9 27 | 9 20 | 9 12 | 9 04 | 8 55 | 8 45 | 8 34 | 8 21 | 8 07 | 7 50 | 7 29 | 7 03 | 6 27 | 5 13 |
| 7 | 10 15 | 10 07 | 9 59 | 9 50 | 9 40 | 9 29 | 9 17 | 9 03 | 8 46 | 8 27 | 8 02 | 7 29 | 6 33 | ■ |
| 8 | 11 08 | 11 00 | 10 52 | 10 43 | 10 33 | 10 22 | 10 10 | 9 55 | 9 39 | 9 19 | 8 54 | 8 20 | 7 19 | ■ |
| 9 | 12 05 | 11 58 | 11 50 | 11 42 | 11 33 | 11 23 | 11 11 | 10 58 | 10 43 | 10 26 | 10 04 | 9 36 | 8 55 | ■ |
| 10 | 13 04 | 12 58 | 12 51 | 12 44 | 12 36 | 12 28 | 12 18 | 12 07 | 11 55 | 11 41 | 11 24 | 11 03 | 10 36 | 9 57 |
| 11 | 14 04 | 13 59 | 13 54 | 13 48 | 13 42 | 13 35 | 13 27 | 13 19 | 13 09 | 12 59 | 12 46 | 12 31 | 12 13 | 11 50 |

□ indicates Moon continuously above horizon.
■ indicates Moon continuously below horizon.
.. .. indicates phenomenon will occur the next day.

# MOONRISE AND MOONSET, 2010

## UNIVERSAL TIME FOR MERIDIAN OF GREENWICH

### MOONRISE

| Lat. | −55° | −50° | −45° | −40° | −35° | −30° | −20° | −10° | 0° | +10° | +20° | +30° | +35° | +40° |
|---|---|---|---|---|---|---|---|---|---|---|---|---|---|---|
| | h m | h m | h m | h m | h m | h m | h m | h m | h m | h m | h m | h m | h m | h m |
| Mar. 9 | 23 28 | 23 56 | .. .. | .. .. | .. .. | 0 08 | 0 32 | 0 52 | 1 12 | 1 31 | 1 52 | 2 15 | 2 29 | 2 46 |
| 10 | .. .. | .. .. | 0 18 | 0 36 | 0 50 | 1 03 | 1 25 | 1 43 | 2 01 | 2 18 | 2 37 | 2 59 | 3 11 | 3 25 |
| 11 | 0 39 | 1 03 | 1 21 | 1 35 | 1 48 | 1 58 | 2 17 | 2 33 | 2 48 | 3 03 | 3 18 | 3 37 | 3 47 | 3 59 |
| 12 | 1 53 | 2 10 | 2 24 | 2 35 | 2 45 | 2 53 | 3 08 | 3 20 | 3 32 | 3 44 | 3 56 | 4 11 | 4 19 | 4 28 |
| 13 | 3 06 | 3 17 | 3 27 | 3 35 | 3 41 | 3 47 | 3 57 | 4 06 | 4 15 | 4 23 | 4 32 | 4 42 | 4 47 | 4 54 |
| 14 | 4 18 | 4 24 | 4 30 | 4 34 | 4 38 | 4 41 | 4 46 | 4 51 | 4 56 | 5 00 | 5 05 | 5 11 | 5 14 | 5 17 |
| 15 | 5 31 | 5 32 | 5 32 | 5 33 | 5 34 | 5 34 | 5 35 | 5 36 | 5 36 | 5 37 | 5 38 | 5 39 | 5 39 | 5 40 |
| 16 | 6 44 | 6 39 | 6 36 | 6 33 | 6 30 | 6 28 | 6 24 | 6 21 | 6 17 | 6 14 | 6 11 | 6 07 | 6 05 | 6 03 |
| 17 | 7 59 | 7 48 | 7 40 | 7 34 | 7 28 | 7 23 | 7 14 | 7 07 | 7 00 | 6 53 | 6 45 | 6 37 | 6 32 | 6 27 |
| 18 | 9 16 | 9 00 | 8 47 | 8 36 | 8 28 | 8 20 | 8 06 | 7 55 | 7 44 | 7 33 | 7 22 | 7 09 | 7 02 | 6 53 |
| 19 | 10 35 | 10 12 | 9 55 | 9 41 | 9 29 | 9 19 | 9 01 | 8 46 | 8 31 | 8 17 | 8 02 | 7 45 | 7 35 | 7 24 |
| 20 | 11 54 | 11 25 | 11 04 | 10 46 | 10 32 | 10 19 | 9 58 | 9 39 | 9 22 | 9 05 | 8 47 | 8 26 | 8 14 | 8 00 |
| 21 | 13 08 | 12 35 | 12 10 | 11 51 | 11 34 | 11 20 | 10 56 | 10 36 | 10 16 | 9 57 | 9 37 | 9 13 | 8 59 | 8 43 |
| 22 | 14 12 | 13 38 | 13 12 | 12 52 | 12 35 | 12 20 | 11 55 | 11 33 | 11 13 | 10 53 | 10 32 | 10 07 | 9 53 | 9 36 |
| 23 | 15 02 | 14 30 | 14 05 | 13 46 | 13 30 | 13 16 | 12 52 | 12 31 | 12 12 | 11 53 | 11 32 | 11 08 | 10 54 | 10 38 |
| 24 | 15 37 | 15 11 | 14 50 | 14 33 | 14 19 | 14 07 | 13 46 | 13 28 | 13 11 | 12 53 | 12 35 | 12 13 | 12 01 | 11 47 |
| 25 | 16 03 | 15 43 | 15 27 | 15 14 | 15 03 | 14 53 | 14 36 | 14 21 | 14 08 | 13 54 | 13 39 | 13 22 | 13 12 | 13 00 |
| 26 | 16 22 | 16 08 | 15 58 | 15 49 | 15 41 | 15 34 | 15 23 | 15 12 | 15 03 | 14 53 | 14 42 | 14 30 | 14 23 | 14 15 |
| 27 | 16 37 | 16 30 | 16 25 | 16 20 | 16 16 | 16 13 | 16 06 | 16 01 | 15 56 | 15 50 | 15 45 | 15 39 | 15 35 | 15 31 |
| 28 | 16 51 | 16 50 | 16 50 | 16 49 | 16 49 | 16 49 | 16 48 | 16 48 | 16 48 | 16 47 | 16 47 | 16 46 | 16 46 | 16 46 |
| 29 | 17 05 | 17 10 | 17 15 | 17 19 | 17 22 | 17 25 | 17 30 | 17 35 | 17 39 | 17 44 | 17 48 | 17 54 | 17 57 | 18 01 |
| 30 | 17 20 | 17 31 | 17 41 | 17 49 | 17 56 | 18 02 | 18 13 | 18 22 | 18 31 | 18 40 | 18 50 | 19 01 | 19 08 | 19 15 |
| 31 | 17 38 | 17 56 | 18 10 | 18 22 | 18 33 | 18 42 | 18 58 | 19 11 | 19 25 | 19 38 | 19 52 | 20 08 | 20 18 | 20 29 |
| Apr. 1 | 18 01 | 18 25 | 18 45 | 19 00 | 19 14 | 19 25 | 19 45 | 20 03 | 20 19 | 20 36 | 20 53 | 21 14 | 21 26 | 21 40 |
| 2 | 18 32 | 19 02 | 19 25 | 19 44 | 19 59 | 20 13 | 20 36 | 20 56 | 21 14 | 21 33 | 21 53 | 22 17 | 22 31 | 22 47 |

### MOONSET

| Lat. | −55° | −50° | −45° | −40° | −35° | −30° | −20° | −10° | 0° | +10° | +20° | +30° | +35° | +40° |
|---|---|---|---|---|---|---|---|---|---|---|---|---|---|---|
| | h m | h m | h m | h m | h m | h m | h m | h m | h m | h m | h m | h m | h m | h m |
| Mar. 9 | 16 15 | 15 46 | 15 23 | 15 05 | 14 50 | 14 37 | 14 14 | 13 54 | 13 36 | 13 17 | 12 57 | 12 34 | 12 21 | 12 05 |
| 10 | 16 41 | 16 16 | 15 57 | 15 42 | 15 29 | 15 17 | 14 57 | 14 40 | 14 24 | 14 08 | 13 50 | 13 30 | 13 18 | 13 04 |
| 11 | 17 00 | 16 41 | 16 26 | 16 13 | 16 02 | 15 53 | 15 37 | 15 23 | 15 09 | 14 56 | 14 42 | 14 25 | 14 15 | 14 04 |
| 12 | 17 14 | 17 00 | 16 49 | 16 40 | 16 32 | 16 26 | 16 13 | 16 03 | 15 53 | 15 43 | 15 32 | 15 20 | 15 12 | 15 04 |
| 13 | 17 26 | 17 17 | 17 11 | 17 05 | 17 00 | 16 55 | 16 48 | 16 41 | 16 35 | 16 28 | 16 21 | 16 13 | 16 09 | 16 03 |
| 14 | 17 36 | 17 33 | 17 30 | 17 28 | 17 26 | 17 24 | 17 21 | 17 18 | 17 15 | 17 13 | 17 10 | 17 06 | 17 05 | 17 02 |
| 15 | 17 46 | 17 48 | 17 49 | 17 50 | 17 51 | 17 52 | 17 54 | 17 55 | 17 56 | 17 57 | 17 58 | 18 00 | 18 01 | 18 02 |
| 16 | 17 57 | 18 03 | 18 09 | 18 13 | 18 17 | 18 21 | 18 27 | 18 32 | 18 37 | 18 43 | 18 48 | 18 54 | 18 58 | 19 02 |
| 17 | 18 09 | 18 21 | 18 30 | 18 38 | 18 45 | 18 52 | 19 02 | 19 12 | 19 21 | 19 30 | 19 39 | 19 50 | 19 56 | 20 04 |
| 18 | 18 23 | 18 41 | 18 55 | 19 07 | 19 17 | 19 25 | 19 40 | 19 54 | 20 06 | 20 19 | 20 32 | 20 48 | 20 57 | 21 07 |
| 19 | 18 42 | 19 06 | 19 24 | 19 39 | 19 52 | 20 03 | 20 23 | 20 39 | 20 55 | 21 11 | 21 28 | 21 48 | 21 59 | 22 12 |
| 20 | 19 09 | 19 39 | 20 01 | 20 19 | 20 34 | 20 47 | 21 10 | 21 29 | 21 48 | 22 06 | 22 26 | 22 48 | 23 02 | 23 17 |
| 21 | 19 48 | 20 22 | 20 47 | 21 07 | 21 24 | 21 38 | 22 02 | 22 24 | 22 43 | 23 03 | 23 24 | 23 49 | .. .. | .. .. |
| 22 | 20 44 | 21 18 | 21 44 | 22 04 | 22 21 | 22 35 | 23 00 | 23 22 | 23 41 | .. .. | .. .. | .. .. | 0 03 | 0 20 |
| 23 | 21 56 | 22 27 | 22 51 | 23 09 | 23 25 | 23 39 | .. .. | .. .. | .. .. | 0 01 | 0 22 | 0 47 | 1 01 | 1 18 |
| 24 | 23 20 | 23 46 | .. .. | .. .. | .. .. | .. .. | 0 02 | 0 22 | 0 40 | 0 58 | 1 18 | 1 41 | 1 54 | 2 09 |
| 25 | .. .. | .. .. | 0 05 | 0 21 | 0 34 | 0 46 | 1 05 | 1 22 | 1 38 | 1 54 | 2 10 | 2 29 | 2 40 | 2 53 |
| 26 | 0 52 | 1 10 | 1 24 | 1 36 | 1 46 | 1 54 | 2 09 | 2 22 | 2 34 | 2 46 | 2 58 | 3 13 | 3 21 | 3 30 |
| 27 | 2 24 | 2 35 | 2 44 | 2 51 | 2 57 | 3 03 | 3 12 | 3 20 | 3 28 | 3 35 | 3 43 | 3 52 | 3 57 | 4 03 |
| 28 | 3 57 | 4 01 | 4 04 | 4 07 | 4 09 | 4 11 | 4 14 | 4 17 | 4 20 | 4 23 | 4 26 | 4 29 | 4 31 | 4 33 |
| 29 | 5 28 | 5 26 | 5 23 | 5 22 | 5 20 | 5 19 | 5 16 | 5 14 | 5 12 | 5 10 | 5 08 | 5 05 | 5 04 | 5 02 |
| 30 | 7 00 | 6 50 | 6 42 | 6 36 | 6 31 | 6 26 | 6 18 | 6 10 | 6 04 | 5 57 | 5 50 | 5 42 | 5 37 | 5 32 |
| 31 | 8 30 | 8 14 | 8 01 | 7 50 | 7 41 | 7 33 | 7 19 | 7 08 | 6 56 | 6 45 | 6 33 | 6 20 | 6 12 | 6 04 |
| Apr. 1 | 9 59 | 9 36 | 9 18 | 9 03 | 8 51 | 8 40 | 8 21 | 8 05 | 7 50 | 7 36 | 7 20 | 7 02 | 6 51 | 6 39 |
| 2 | 11 22 | 10 52 | 10 30 | 10 12 | 9 57 | 9 44 | 9 22 | 9 03 | 8 46 | 8 28 | 8 09 | 7 47 | 7 34 | 7 20 |

.. .. indicates phenomenon will occur the next day.

## UNIVERSAL TIME FOR MERIDIAN OF GREENWICH
### MOONRISE

| Lat. | +40° | +42° | +44° | +46° | +48° | +50° | +52° | +54° | +56° | +58° | +60° | +62° | +64° | +66° |
|---|---|---|---|---|---|---|---|---|---|---|---|---|---|---|
| | h m | h m | h m | h m | h m | h m | h m | h m | h m | h m | h m | h m | h m | h m |
| Mar. 9 | 2 46 | 2 53 | 3 01 | 3 09 | 3 18 | 3 29 | 3 40 | 3 54 | 4 09 | 4 27 | 4 49 | 5 17 | 5 58 | ■ |
| 10 | 3 25 | 3 32 | 3 39 | 3 46 | 3 54 | 4 03 | 4 13 | 4 25 | 4 37 | 4 52 | 5 10 | 5 31 | 5 58 | 6 38 |
| 11 | 3 59 | 4 04 | 4 10 | 4 16 | 4 23 | 4 30 | 4 39 | 4 47 | 4 58 | 5 09 | 5 22 | 5 38 | 5 57 | 6 20 |
| 12 | 4 28 | 4 32 | 4 37 | 4 41 | 4 47 | 4 52 | 4 58 | 5 05 | 5 12 | 5 21 | 5 30 | 5 41 | 5 54 | 6 09 |
| 13 | 4 54 | 4 57 | 5 00 | 5 03 | 5 06 | 5 10 | 5 14 | 5 19 | 5 24 | 5 30 | 5 36 | 5 43 | 5 51 | 6 01 |
| 14 | 5 17 | 5 19 | 5 21 | 5 22 | 5 24 | 5 26 | 5 29 | 5 31 | 5 34 | 5 37 | 5 40 | 5 44 | 5 48 | 5 53 |
| 15 | 5 40 | 5 40 | 5 41 | 5 41 | 5 41 | 5 41 | 5 42 | 5 42 | 5 43 | 5 43 | 5 44 | 5 44 | 5 45 | 5 46 |
| 16 | 6 03 | 6 02 | 6 01 | 5 59 | 5 58 | 5 57 | 5 55 | 5 54 | 5 52 | 5 50 | 5 48 | 5 45 | 5 42 | 5 39 |
| 17 | 6 27 | 6 24 | 6 22 | 6 19 | 6 16 | 6 13 | 6 10 | 6 06 | 6 02 | 5 57 | 5 52 | 5 46 | 5 40 | 5 32 |
| 18 | 6 53 | 6 49 | 6 45 | 6 41 | 6 37 | 6 32 | 6 26 | 6 20 | 6 14 | 6 06 | 5 58 | 5 48 | 5 37 | 5 24 |
| 19 | 7 24 | 7 19 | 7 13 | 7 07 | 7 01 | 6 54 | 6 47 | 6 38 | 6 29 | 6 19 | 6 06 | 5 52 | 5 35 | 5 15 |
| 20 | 8 00 | 7 54 | 7 47 | 7 40 | 7 32 | 7 23 | 7 13 | 7 03 | 6 51 | 6 37 | 6 20 | 6 00 | 5 35 | 5 01 |
| 21 | 8 43 | 8 36 | 8 29 | 8 20 | 8 11 | 8 01 | 7 50 | 7 37 | 7 22 | 7 05 | 6 44 | 6 17 | 5 39 | 4 08 |
| 22 | 9 36 | 9 28 | 9 20 | 9 11 | 9 01 | 8 51 | 8 38 | 8 24 | 8 08 | 7 49 | 7 25 | 6 53 | 6 00 | ▭ |
| 23 | 10 38 | 10 30 | 10 22 | 10 14 | 10 04 | 9 54 | 9 42 | 9 28 | 9 13 | 8 54 | 8 31 | 8 01 | 7 14 | ▭ |
| 24 | 11 47 | 11 40 | 11 33 | 11 25 | 11 17 | 11 08 | 10 58 | 10 46 | 10 33 | 10 18 | 9 59 | 9 37 | 9 06 | 8 19 |
| 25 | 13 00 | 12 55 | 12 49 | 12 43 | 12 37 | 12 30 | 12 22 | 12 13 | 12 03 | 11 52 | 11 39 | 11 23 | 11 04 | 10 40 |
| 26 | 14 15 | 14 12 | 14 08 | 14 04 | 14 00 | 13 55 | 13 49 | 13 44 | 13 37 | 13 30 | 13 21 | 13 12 | 13 01 | 12 47 |
| 27 | 15 31 | 15 29 | 15 27 | 15 25 | 15 23 | 15 20 | 15 18 | 15 15 | 15 11 | 15 08 | 15 04 | 14 59 | 14 53 | 14 47 |
| 28 | 16 46 | 16 46 | 16 46 | 16 46 | 16 45 | 16 45 | 16 45 | 16 45 | 16 45 | 16 45 | 16 45 | 16 44 | 16 44 | 16 44 |
| 29 | 18 01 | 18 02 | 18 04 | 18 06 | 18 08 | 18 10 | 18 12 | 18 15 | 18 18 | 18 21 | 18 25 | 18 29 | 18 34 | 18 39 |
| 30 | 19 15 | 19 18 | 19 22 | 19 26 | 19 30 | 19 34 | 19 39 | 19 45 | 19 51 | 19 58 | 20 05 | 20 14 | 20 25 | 20 37 |
| 31 | 20 29 | 20 34 | 20 39 | 20 44 | 20 51 | 20 57 | 21 05 | 21 13 | 21 23 | 21 33 | 21 46 | 22 00 | 22 18 | 22 40 |
| Apr. 1 | 21 40 | 21 46 | 21 53 | 22 00 | 22 08 | 22 17 | 22 27 | 22 38 | 22 51 | 23 05 | 23 23 | 23 44 | .. .. | .. .. |
| 2 | 22 47 | 22 54 | 23 02 | 23 10 | 23 20 | 23 30 | 23 41 | 23 55 | .. .. | .. .. | .. .. | .. .. | 0 12 | 0 53 |

### MOONSET

| Lat. | +40° | +42° | +44° | +46° | +48° | +50° | +52° | +54° | +56° | +58° | +60° | +62° | +64° | +66° |
|---|---|---|---|---|---|---|---|---|---|---|---|---|---|---|
| | h m | h m | h m | h m | h m | h m | h m | h m | h m | h m | h m | h m | h m | h m |
| Mar. 9 | 12 05 | 11 58 | 11 50 | 11 42 | 11 33 | 11 23 | 11 11 | 10 58 | 10 43 | 10 26 | 10 04 | 9 36 | 8 55 | ■ |
| 10 | 13 04 | 12 58 | 12 51 | 12 44 | 12 36 | 12 28 | 12 18 | 12 07 | 11 55 | 11 41 | 11 24 | 11 03 | 10 36 | 9 57 |
| 11 | 14 04 | 13 59 | 13 54 | 13 48 | 13 42 | 13 35 | 13 27 | 13 19 | 13 09 | 12 59 | 12 46 | 12 31 | 12 13 | 11 50 |
| 12 | 15 04 | 15 00 | 14 56 | 14 52 | 14 48 | 14 43 | 14 37 | 14 31 | 14 24 | 14 17 | 14 08 | 13 58 | 13 46 | 13 32 |
| 13 | 16 03 | 16 01 | 15 59 | 15 56 | 15 53 | 15 50 | 15 46 | 15 43 | 15 38 | 15 34 | 15 28 | 15 22 | 15 15 | 15 07 |
| 14 | 17 02 | 17 01 | 17 00 | 16 59 | 16 58 | 16 57 | 16 55 | 16 54 | 16 52 | 16 50 | 16 48 | 16 46 | 16 43 | 16 40 |
| 15 | 18 02 | 18 02 | 18 03 | 18 03 | 18 03 | 18 03 | 18 04 | 18 05 | 18 05 | 18 06 | 18 07 | 18 08 | 18 09 | 18 10 | 18 11 |
| 16 | 19 02 | 19 04 | 19 06 | 19 08 | 19 10 | 19 12 | 19 15 | 19 18 | 19 21 | 19 25 | 19 29 | 19 33 | 19 39 | 19 45 |
| 17 | 20 04 | 20 07 | 20 10 | 20 14 | 20 18 | 20 22 | 20 27 | 20 32 | 20 38 | 20 45 | 20 52 | 21 01 | 21 11 | 21 23 |
| 18 | 21 07 | 21 12 | 21 17 | 21 22 | 21 28 | 21 34 | 21 41 | 21 49 | 21 58 | 22 07 | 22 19 | 22 32 | 22 48 | 23 08 |
| 19 | 22 12 | 22 18 | 22 24 | 22 31 | 22 39 | 22 47 | 22 56 | 23 06 | 23 18 | 23 32 | 23 47 | .. .. | .. .. | .. .. |
| 20 | 23 17 | 23 24 | 23 32 | 23 40 | 23 49 | 23 59 | .. .. | .. .. | .. .. | .. .. | .. .. | 0 07 | 0 31 | 1 05 |
| 21 | .. .. | .. .. | .. .. | .. .. | .. .. | .. .. | 0 10 | 0 22 | 0 37 | 0 54 | 1 14 | 1 41 | 2 18 | 3 49 |
| 22 | 0 20 | 0 28 | 0 36 | 0 45 | 0 54 | 1 05 | 1 17 | 1 31 | 1 47 | 2 07 | 2 30 | 3 02 | 3 55 | ▭ |
| 23 | 1 18 | 1 25 | 1 33 | 1 42 | 1 52 | 2 03 | 2 15 | 2 28 | 2 44 | 3 03 | 3 26 | 3 56 | 4 43 | ▭ |
| 24 | 2 09 | 2 16 | 2 23 | 2 31 | 2 39 | 2 49 | 3 00 | 3 11 | 3 25 | 3 41 | 4 00 | 4 23 | 4 54 | 5 42 |
| 25 | 2 53 | 2 58 | 3 04 | 3 11 | 3 18 | 3 25 | 3 34 | 3 43 | 3 54 | 4 06 | 4 19 | 4 36 | 4 56 | 5 21 |
| 26 | 3 30 | 3 34 | 3 39 | 3 43 | 3 48 | 3 54 | 4 00 | 4 07 | 4 14 | 4 22 | 4 32 | 4 42 | 4 55 | 5 10 |
| 27 | 4 03 | 4 06 | 4 08 | 4 11 | 4 14 | 4 18 | 4 21 | 4 25 | 4 29 | 4 34 | 4 40 | 4 46 | 4 53 | 5 01 |
| 28 | 4 33 | 4 34 | 4 35 | 4 36 | 4 37 | 4 38 | 4 40 | 4 41 | 4 43 | 4 44 | 4 46 | 4 48 | 4 51 | 4 53 |
| 29 | 5 02 | 5 01 | 5 01 | 5 00 | 4 59 | 4 58 | 4 57 | 4 56 | 4 55 | 4 53 | 4 52 | 4 50 | 4 48 | 4 46 |
| 30 | 5 32 | 5 29 | 5 27 | 5 24 | 5 21 | 5 18 | 5 15 | 5 11 | 5 07 | 5 03 | 4 58 | 4 52 | 4 46 | 4 38 |
| 31 | 6 04 | 6 00 | 5 55 | 5 51 | 5 46 | 5 41 | 5 35 | 5 29 | 5 22 | 5 14 | 5 06 | 4 55 | 4 44 | 4 30 |
| Apr. 1 | 6 39 | 6 34 | 6 28 | 6 22 | 6 15 | 6 08 | 6 00 | 5 51 | 5 41 | 5 29 | 5 16 | 5 01 | 4 42 | 4 19 |
| 2 | 7 20 | 7 13 | 7 06 | 6 58 | 6 50 | 6 41 | 6 31 | 6 19 | 6 06 | 5 51 | 5 33 | 5 11 | 4 42 | 4 01 |

▭ indicates Moon continuously above horizon.
■ indicates Moon continuously below horizon.
.. .. indicates phenomenon will occur the next day.

# MOONRISE AND MOONSET, 2010

## UNIVERSAL TIME FOR MERIDIAN OF GREENWICH

### MOONRISE

| Lat. | −55° | −50° | −45° | −40° | −35° | −30° | −20° | −10° | 0° | +10° | +20° | +30° | +35° | +40° |
|---|---|---|---|---|---|---|---|---|---|---|---|---|---|---|
| | h m | h m | h m | h m | h m | h m | h m | h m | h m | h m | h m | h m | h m | h m |
| Apr. 1 | 18 01 | 18 25 | 18 45 | 19 00 | 19 14 | 19 25 | 19 45 | 20 03 | 20 19 | 20 36 | 20 53 | 21 14 | 21 26 | 21 40 |
| 2 | 18 32 | 19 02 | 19 25 | 19 44 | 19 59 | 20 13 | 20 36 | 20 56 | 21 14 | 21 33 | 21 53 | 22 17 | 22 31 | 22 47 |
| 3 | 19 15 | 19 48 | 20 13 | 20 33 | 20 50 | 21 04 | 21 29 | 21 50 | 22 10 | 22 29 | 22 51 | 23 15 | 23 30 | 23 47 |
| 4 | 20 10 | 20 43 | 21 08 | 21 28 | 21 44 | 21 58 | 22 23 | 22 44 | 23 03 | 23 23 | 23 44 | .. .. | .. .. | .. .. |
| 5 | 21 15 | 21 45 | 22 08 | 22 26 | 22 41 | 22 54 | 23 17 | 23 36 | 23 54 | .. .. | .. .. | 0 08 | 0 22 | 0 38 |
| 6 | 22 26 | 22 51 | 23 10 | 23 26 | 23 39 | 23 51 | .. .. | .. .. | .. .. | 0 12 | 0 32 | 0 54 | 1 07 | 1 22 |
| 7 | 23 39 | 23 59 | .. .. | .. .. | .. .. | .. .. | 0 10 | 0 27 | 0 43 | 0 58 | 1 15 | 1 34 | 1 46 | 1 58 |
| 8 | .. .. | .. .. | 0 14 | 0 26 | 0 37 | 0 46 | 1 02 | 1 15 | 1 28 | 1 41 | 1 55 | 2 10 | 2 19 | 2 29 |
| 9 | 0 52 | 1 06 | 1 17 | 1 26 | 1 33 | 1 40 | 1 52 | 2 02 | 2 11 | 2 21 | 2 31 | 2 42 | 2 49 | 2 56 |
| 10 | 2 04 | 2 13 | 2 19 | 2 25 | 2 29 | 2 34 | 2 41 | 2 47 | 2 53 | 2 59 | 3 05 | 3 12 | 3 16 | 3 20 |
| 11 | 3 17 | 3 19 | 3 22 | 3 24 | 3 25 | 3 27 | 3 29 | 3 31 | 3 34 | 3 36 | 3 38 | 3 40 | 3 42 | 3 44 |
| 12 | 4 29 | 4 27 | 4 25 | 4 23 | 4 22 | 4 20 | 4 18 | 4 16 | 4 15 | 4 13 | 4 11 | 4 09 | 4 08 | 4 06 |
| 13 | 5 44 | 5 36 | 5 29 | 5 24 | 5 19 | 5 15 | 5 08 | 5 02 | 4 57 | 4 51 | 4 45 | 4 38 | 4 35 | 4 30 |
| 14 | 7 01 | 6 47 | 6 36 | 6 27 | 6 19 | 6 12 | 6 00 | 5 50 | 5 41 | 5 31 | 5 21 | 5 10 | 5 04 | 4 56 |
| 15 | 8 20 | 8 00 | 7 44 | 7 31 | 7 20 | 7 11 | 6 55 | 6 41 | 6 28 | 6 15 | 6 01 | 5 45 | 5 36 | 5 26 |
| 16 | 9 40 | 9 14 | 8 54 | 8 37 | 8 24 | 8 12 | 7 52 | 7 34 | 7 18 | 7 02 | 6 45 | 6 25 | 6 14 | 6 01 |
| 17 | 10 57 | 10 26 | 10 02 | 9 43 | 9 27 | 9 14 | 8 51 | 8 31 | 8 12 | 7 54 | 7 34 | 7 11 | 6 58 | 6 43 |
| 18 | 12 05 | 11 31 | 11 06 | 10 46 | 10 29 | 10 14 | 9 50 | 9 29 | 9 09 | 8 49 | 8 28 | 8 04 | 7 50 | 7 33 |
| 19 | 12 59 | 12 26 | 12 02 | 11 42 | 11 26 | 11 12 | 10 47 | 10 27 | 10 07 | 9 48 | 9 27 | 9 03 | 8 49 | 8 32 |
| 20 | 13 38 | 13 10 | 12 48 | 12 31 | 12 16 | 12 04 | 11 42 | 11 23 | 11 05 | 10 47 | 10 28 | 10 06 | 9 53 | 9 38 |
| 21 | 14 06 | 13 44 | 13 27 | 13 13 | 13 01 | 12 50 | 12 32 | 12 16 | 12 02 | 11 47 | 11 31 | 11 12 | 11 02 | 10 49 |
| 22 | 14 26 | 14 11 | 13 59 | 13 48 | 13 40 | 13 32 | 13 19 | 13 07 | 12 56 | 12 45 | 12 33 | 12 19 | 12 11 | 12 02 |
| 23 | 14 42 | 14 33 | 14 26 | 14 20 | 14 15 | 14 10 | 14 02 | 13 54 | 13 48 | 13 41 | 13 34 | 13 25 | 13 20 | 13 15 |
| 24 | 14 56 | 14 53 | 14 51 | 14 49 | 14 47 | 14 46 | 14 43 | 14 40 | 14 38 | 14 36 | 14 34 | 14 31 | 14 29 | 14 28 |
| 25 | 15 10 | 15 13 | 15 15 | 15 17 | 15 19 | 15 21 | 15 23 | 15 26 | 15 28 | 15 31 | 15 33 | 15 36 | 15 38 | 15 40 |

### MOONSET

| Lat. | −55° | −50° | −45° | −40° | −35° | −30° | −20° | −10° | 0° | +10° | +20° | +30° | +35° | +40° |
|---|---|---|---|---|---|---|---|---|---|---|---|---|---|---|
| | h m | h m | h m | h m | h m | h m | h m | h m | h m | h m | h m | h m | h m | h m |
| Apr. 1 | 9 59 | 9 36 | 9 18 | 9 03 | 8 51 | 8 40 | 8 21 | 8 05 | 7 50 | 7 36 | 7 20 | 7 02 | 6 51 | 6 39 |
| 2 | 11 22 | 10 52 | 10 30 | 10 12 | 9 57 | 9 44 | 9 22 | 9 03 | 8 46 | 8 28 | 8 09 | 7 47 | 7 34 | 7 20 |
| 3 | 12 33 | 12 00 | 11 36 | 11 16 | 11 00 | 10 45 | 10 21 | 10 00 | 9 41 | 9 22 | 9 01 | 8 37 | 8 22 | 8 06 |
| 4 | 13 30 | 12 57 | 12 32 | 12 12 | 11 56 | 11 41 | 11 17 | 10 55 | 10 36 | 10 16 | 9 54 | 9 30 | 9 15 | 8 58 |
| 5 | 14 12 | 13 42 | 13 19 | 13 00 | 12 44 | 12 31 | 12 07 | 11 47 | 11 28 | 11 09 | 10 49 | 10 25 | 10 11 | 9 55 |
| 6 | 14 42 | 14 16 | 13 56 | 13 40 | 13 26 | 13 14 | 12 53 | 12 35 | 12 18 | 12 01 | 11 43 | 11 21 | 11 09 | 10 55 |
| 7 | 15 04 | 14 43 | 14 27 | 14 13 | 14 02 | 13 52 | 13 34 | 13 19 | 13 05 | 12 51 | 12 35 | 12 17 | 12 07 | 11 55 |
| 8 | 15 20 | 15 05 | 14 52 | 14 42 | 14 33 | 14 26 | 14 12 | 14 00 | 13 49 | 13 38 | 13 26 | 13 12 | 13 04 | 12 55 |
| 9 | 15 33 | 15 23 | 15 14 | 15 08 | 15 02 | 14 56 | 14 47 | 14 39 | 14 31 | 14 24 | 14 16 | 14 06 | 14 01 | 13 54 |
| 10 | 15 44 | 15 39 | 15 35 | 15 31 | 15 28 | 15 25 | 15 21 | 15 16 | 15 12 | 15 08 | 15 04 | 14 59 | 14 56 | 14 53 |
| 11 | 15 54 | 15 54 | 15 54 | 15 54 | 15 54 | 15 54 | 15 54 | 15 53 | 15 53 | 15 53 | 15 53 | 15 53 | 15 52 | 15 52 |
| 12 | 16 05 | 16 10 | 16 14 | 16 17 | 16 20 | 16 22 | 16 27 | 16 31 | 16 35 | 16 38 | 16 42 | 16 47 | 16 49 | 16 52 |
| 13 | 16 17 | 16 27 | 16 35 | 16 42 | 16 48 | 16 53 | 17 02 | 17 10 | 17 17 | 17 25 | 17 33 | 17 42 | 17 48 | 17 54 |
| 14 | 16 31 | 16 46 | 16 59 | 17 09 | 17 18 | 17 26 | 17 40 | 17 52 | 18 03 | 18 14 | 18 26 | 18 40 | 18 48 | 18 57 |
| 15 | 16 49 | 17 10 | 17 27 | 17 41 | 17 53 | 18 03 | 18 21 | 18 37 | 18 51 | 19 06 | 19 22 | 19 40 | 19 51 | 20 03 |
| 16 | 17 14 | 17 41 | 18 02 | 18 19 | 18 33 | 18 46 | 19 07 | 19 26 | 19 44 | 20 01 | 20 20 | 20 41 | 20 54 | 21 09 |
| 17 | 17 50 | 18 22 | 18 46 | 19 05 | 19 21 | 19 35 | 19 59 | 20 20 | 20 39 | 20 58 | 21 19 | 21 43 | 21 57 | 22 13 |
| 18 | 18 40 | 19 14 | 19 40 | 20 00 | 20 17 | 20 31 | 20 56 | 21 17 | 21 37 | 21 56 | 22 18 | 22 42 | 22 56 | 23 13 |
| 19 | 19 47 | 20 20 | 20 44 | 21 03 | 21 19 | 21 33 | 21 56 | 22 16 | 22 35 | 22 54 | 23 14 | 23 37 | 23 50 | .. .. |
| 20 | 21 08 | 21 35 | 21 55 | 22 12 | 22 26 | 22 38 | 22 58 | 23 16 | 23 32 | 23 49 | .. .. | .. .. | .. .. | 0 06 |
| 21 | 22 35 | 22 55 | 23 11 | 23 24 | 23 35 | 23 44 | .. .. | .. .. | .. .. | .. .. | 0 06 | 0 26 | 0 38 | 0 51 |
| 22 | .. .. | .. .. | .. .. | .. .. | .. .. | .. .. | 0 00 | 0 15 | 0 28 | 0 41 | 0 54 | 1 10 | 1 19 | 1 29 |
| 23 | 0 04 | 0 18 | 0 28 | 0 37 | 0 44 | 0 51 | 1 02 | 1 12 | 1 21 | 1 30 | 1 39 | 1 50 | 1 56 | 2 03 |
| 24 | 1 33 | 1 40 | 1 45 | 1 50 | 1 53 | 1 57 | 2 02 | 2 07 | 2 12 | 2 16 | 2 21 | 2 26 | 2 29 | 2 33 |
| 25 | 3 02 | 3 02 | 3 02 | 3 02 | 3 02 | 3 02 | 3 02 | 3 02 | 3 02 | 3 02 | 3 02 | 3 02 | 3 01 | 3 01 |

.. .. indicates phenomenon will occur the next day.

## UNIVERSAL TIME FOR MERIDIAN OF GREENWICH

### MOONRISE

| Lat. | +40° | +42° | +44° | +46° | +48° | +50° | +52° | +54° | +56° | +58° | +60° | +62° | +64° | +66° |
|---|---|---|---|---|---|---|---|---|---|---|---|---|---|---|
| | h m | h m | h m | h m | h m | h m | h m | h m | h m | h m | h m | h m | h m | h m |
| Apr. 1 | 21 40 | 21 46 | 21 53 | 22 00 | 22 08 | 22 17 | 22 27 | 22 38 | 22 51 | 23 05 | 23 23 | 23 44 | .. .. | .. .. |
| 2 | 22 47 | 22 54 | 23 02 | 23 10 | 23 20 | 23 30 | 23 41 | 23 55 | .. .. | .. .. | .. .. | .. .. | 0 12 | 0 53 |
| 3 | 23 47 | 23 54 | .. .. | .. .. | .. .. | .. .. | .. .. | .. .. | 0 10 | 0 28 | 0 50 | 1 19 | 2 03 | ■ |
| 4 | .. .. | .. .. | 0 02 | 0 11 | 0 21 | 0 32 | 0 45 | 0 59 | 1 15 | 1 35 | 1 59 | 2 32 | 3 29 | ■ |
| 5 | 0 38 | 0 46 | 0 54 | 1 02 | 1 12 | 1 23 | 1 34 | 1 48 | 2 04 | 2 22 | 2 45 | 3 15 | 4 00 | ■ |
| 6 | 1 22 | 1 29 | 1 36 | 1 44 | 1 52 | 2 02 | 2 12 | 2 24 | 2 37 | 2 53 | 3 12 | 3 35 | 4 06 | 4 54 |
| 7 | 1 58 | 2 04 | 2 10 | 2 17 | 2 24 | 2 32 | 2 40 | 2 50 | 3 01 | 3 13 | 3 28 | 3 45 | 4 06 | 4 33 |
| 8 | 2 29 | 2 34 | 2 39 | 2 44 | 2 49 | 2 56 | 3 02 | 3 10 | 3 18 | 3 27 | 3 38 | 3 50 | 4 05 | 4 22 |
| 9 | 2 56 | 2 59 | 3 03 | 3 07 | 3 11 | 3 15 | 3 20 | 3 25 | 3 31 | 3 37 | 3 45 | 3 53 | 4 03 | 4 14 |
| 10 | 3 20 | 3 22 | 3 25 | 3 27 | 3 29 | 3 32 | 3 35 | 3 38 | 3 42 | 3 45 | 3 50 | 3 55 | 4 00 | 4 07 |
| 11 | 3 44 | 3 44 | 3 45 | 3 46 | 3 47 | 3 48 | 3 49 | 3 50 | 3 51 | 3 52 | 3 54 | 3 56 | 3 58 | 4 00 |
| 12 | 4 06 | 4 06 | 4 05 | 4 05 | 4 04 | 4 03 | 4 02 | 4 01 | 4 00 | 3 59 | 3 58 | 3 57 | 3 55 | 3 53 |
| 13 | 4 30 | 4 28 | 4 26 | 4 24 | 4 22 | 4 19 | 4 17 | 4 14 | 4 10 | 4 07 | 4 03 | 3 58 | 3 53 | 3 47 |
| 14 | 4 56 | 4 53 | 4 49 | 4 46 | 4 42 | 4 37 | 4 33 | 4 28 | 4 22 | 4 16 | 4 08 | 4 00 | 3 51 | 3 40 |
| 15 | 5 26 | 5 21 | 5 16 | 5 11 | 5 05 | 4 59 | 4 52 | 4 45 | 4 37 | 4 27 | 4 17 | 4 04 | 3 50 | 3 32 |
| 16 | 6 01 | 5 55 | 5 49 | 5 42 | 5 35 | 5 27 | 5 18 | 5 08 | 4 57 | 4 44 | 4 29 | 4 12 | 3 50 | 3 22 |
| 17 | 6 43 | 6 36 | 6 28 | 6 20 | 6 12 | 6 02 | 5 51 | 5 39 | 5 25 | 5 09 | 4 50 | 4 26 | 3 54 | 3 02 |
| 18 | 7 33 | 7 26 | 7 18 | 7 09 | 6 59 | 6 49 | 6 37 | 6 23 | 6 08 | 5 49 | 5 26 | 4 56 | 4 11 | □ |
| 19 | 8 32 | 8 25 | 8 17 | 8 08 | 7 58 | 7 48 | 7 36 | 7 22 | 7 07 | 6 48 | 6 25 | 5 55 | 5 08 | □ |
| 20 | 9 38 | 9 32 | 9 25 | 9 17 | 9 08 | 8 59 | 8 48 | 8 36 | 8 22 | 8 06 | 7 47 | 7 22 | 6 49 | 5 52 |
| 21 | 10 49 | 10 44 | 10 38 | 10 31 | 10 25 | 10 17 | 10 08 | 9 59 | 9 48 | 9 36 | 9 21 | 9 04 | 8 43 | 8 15 |
| 22 | 12 02 | 11 58 | 11 54 | 11 49 | 11 44 | 11 39 | 11 32 | 11 26 | 11 18 | 11 10 | 11 00 | 10 49 | 10 36 | 10 19 |
| 23 | 13 15 | 13 13 | 13 10 | 13 07 | 13 04 | 13 01 | 12 57 | 12 53 | 12 49 | 12 44 | 12 39 | 12 32 | 12 25 | 12 16 |
| 24 | 14 28 | 14 27 | 14 26 | 14 25 | 14 24 | 14 23 | 14 22 | 14 21 | 14 19 | 14 18 | 14 16 | 14 14 | 14 12 | 14 09 |
| 25 | 15 40 | 15 41 | 15 42 | 15 43 | 15 44 | 15 45 | 15 46 | 15 48 | 15 49 | 15 51 | 15 53 | 15 55 | 15 58 | 16 01 |

### MOONSET

| Lat. | +40° | +42° | +44° | +46° | +48° | +50° | +52° | +54° | +56° | +58° | +60° | +62° | +64° | +66° |
|---|---|---|---|---|---|---|---|---|---|---|---|---|---|---|
| | h m | h m | h m | h m | h m | h m | h m | h m | h m | h m | h m | h m | h m | h m |
| Apr. 1 | 6 39 | 6 34 | 6 28 | 6 22 | 6 15 | 6 08 | 6 00 | 5 51 | 5 41 | 5 29 | 5 16 | 5 01 | 4 42 | 4 19 |
| 2 | 7 20 | 7 13 | 7 06 | 6 58 | 6 50 | 6 41 | 6 31 | 6 19 | 6 06 | 5 51 | 5 33 | 5 11 | 4 42 | 4 01 |
| 3 | 8 06 | 7 59 | 7 51 | 7 42 | 7 33 | 7 22 | 7 10 | 6 57 | 6 42 | 6 23 | 6 01 | 5 32 | 4 48 | ■ |
| 4 | 8 58 | 8 51 | 8 43 | 8 34 | 8 24 | 8 13 | 8 01 | 7 46 | 7 30 | 7 11 | 6 46 | 6 13 | 5 16 | ■ |
| 5 | 9 55 | 9 48 | 9 40 | 9 32 | 9 22 | 9 12 | 9 00 | 8 47 | 8 31 | 8 13 | 7 51 | 7 21 | 6 36 | ■ |
| 6 | 10 55 | 10 48 | 10 41 | 10 34 | 10 25 | 10 16 | 10 06 | 9 55 | 9 42 | 9 26 | 9 08 | 8 45 | 8 15 | 7 28 |
| 7 | 11 55 | 11 50 | 11 44 | 11 38 | 11 31 | 11 23 | 11 15 | 11 06 | 10 56 | 10 44 | 10 30 | 10 13 | 9 53 | 9 27 |
| 8 | 12 55 | 12 51 | 12 46 | 12 42 | 12 37 | 12 31 | 12 25 | 12 18 | 12 10 | 12 02 | 11 52 | 11 40 | 11 27 | 11 10 |
| 9 | 13 54 | 13 51 | 13 49 | 13 45 | 13 42 | 13 38 | 13 34 | 13 29 | 13 24 | 13 19 | 13 12 | 13 05 | 12 57 | 12 47 |
| 10 | 14 53 | 14 52 | 14 50 | 14 49 | 14 47 | 14 45 | 14 43 | 14 40 | 14 38 | 14 35 | 14 32 | 14 28 | 14 24 | 14 19 |
| 11 | 15 52 | 15 52 | 15 52 | 15 52 | 15 52 | 15 52 | 15 52 | 15 52 | 15 51 | 15 51 | 15 51 | 15 51 | 15 51 | 15 50 |
| 12 | 16 52 | 16 54 | 16 55 | 16 56 | 16 58 | 17 00 | 17 02 | 17 04 | 17 06 | 17 09 | 17 11 | 17 15 | 17 18 | 17 23 |
| 13 | 17 54 | 17 56 | 17 59 | 18 02 | 18 06 | 18 09 | 18 13 | 18 18 | 18 23 | 18 28 | 18 34 | 18 41 | 18 50 | 18 59 |
| 14 | 18 57 | 19 02 | 19 06 | 19 11 | 19 16 | 19 21 | 19 28 | 19 34 | 19 42 | 19 51 | 20 01 | 20 12 | 20 26 | 20 42 |
| 15 | 20 03 | 20 08 | 20 14 | 20 20 | 20 27 | 20 35 | 20 43 | 20 53 | 21 03 | 21 15 | 21 30 | 21 47 | 22 07 | 22 35 |
| 16 | 21 09 | 21 15 | 21 23 | 21 30 | 21 39 | 21 48 | 21 58 | 22 10 | 22 24 | 22 39 | 22 58 | 23 22 | 23 54 | .. .. |
| 17 | 22 13 | 22 21 | 22 28 | 22 37 | 22 47 | 22 57 | 23 09 | 23 22 | 23 38 | 23 56 | .. .. | .. .. | .. .. | 0 45 |
| 18 | 23 13 | 23 20 | 23 28 | 23 37 | 23 47 | 23 58 | .. .. | .. .. | .. .. | .. .. | 0 19 | 0 49 | 1 34 | □ |
| 19 | .. .. | .. .. | .. .. | .. .. | .. .. | .. .. | 0 10 | 0 23 | 0 39 | 0 58 | 1 21 | 1 51 | 2 39 | □ |
| 20 | 0 06 | 0 13 | 0 20 | 0 28 | 0 37 | 0 47 | 0 58 | 1 10 | 1 24 | 1 41 | 2 01 | 2 25 | 2 59 | 3 56 |
| 21 | 0 51 | 0 57 | 1 03 | 1 10 | 1 18 | 1 26 | 1 35 | 1 45 | 1 56 | 2 09 | 2 24 | 2 42 | 3 04 | 3 33 |
| 22 | 1 29 | 1 34 | 1 39 | 1 44 | 1 50 | 1 56 | 2 03 | 2 10 | 2 18 | 2 28 | 2 38 | 2 50 | 3 05 | 3 22 |
| 23 | 2 03 | 2 06 | 2 09 | 2 13 | 2 16 | 2 20 | 2 25 | 2 30 | 2 35 | 2 41 | 2 48 | 2 55 | 3 04 | 3 14 |
| 24 | 2 33 | 2 34 | 2 36 | 2 38 | 2 40 | 2 42 | 2 44 | 2 46 | 2 49 | 2 51 | 2 55 | 2 58 | 3 02 | 3 07 |
| 25 | 3 01 | 3 01 | 3 01 | 3 01 | 3 01 | 3 01 | 3 01 | 3 01 | 3 01 | 3 01 | 3 01 | 3 00 | 3 00 | 3 00 |

□ indicates Moon continuously above horizon.
■ indicates Moon continuously below horizon.
.. .. indicates phenomenon will occur the next day.

# MOONRISE AND MOONSET, 2010

## UNIVERSAL TIME FOR MERIDIAN OF GREENWICH

### MOONRISE

| Lat. | −55° | −50° | −45° | −40° | −35° | −30° | −20° | −10° | 0° | +10° | +20° | +30° | +35° | +40° |
|---|---|---|---|---|---|---|---|---|---|---|---|---|---|---|
| | h m | h m | h m | h m | h m | h m | h m | h m | h m | h m | h m | h m | h m | h m |
| Apr. 24 | 14 56 | 14 53 | 14 51 | 14 49 | 14 47 | 14 46 | 14 43 | 14 40 | 14 38 | 14 36 | 14 34 | 14 31 | 14 29 | 14 28 |
| 25 | 15 10 | 15 13 | 15 15 | 15 17 | 15 19 | 15 21 | 15 23 | 15 26 | 15 28 | 15 31 | 15 33 | 15 36 | 15 38 | 15 40 |
| 26 | 15 24 | 15 33 | 15 40 | 15 46 | 15 52 | 15 56 | 16 05 | 16 12 | 16 19 | 16 26 | 16 33 | 16 42 | 16 47 | 16 52 |
| 27 | 15 40 | 15 56 | 16 08 | 16 18 | 16 27 | 16 34 | 16 48 | 17 00 | 17 11 | 17 22 | 17 34 | 17 48 | 17 56 | 18 05 |
| 28 | 16 01 | 16 23 | 16 40 | 16 54 | 17 05 | 17 16 | 17 34 | 17 50 | 18 04 | 18 19 | 18 35 | 18 54 | 19 05 | 19 17 |
| 29 | 16 29 | 16 56 | 17 18 | 17 35 | 17 49 | 18 02 | 18 23 | 18 42 | 19 00 | 19 18 | 19 37 | 19 59 | 20 12 | 20 27 |
| 30 | 17 07 | 17 39 | 18 03 | 18 22 | 18 38 | 18 52 | 19 16 | 19 36 | 19 56 | 20 15 | 20 36 | 21 00 | 21 14 | 21 31 |
| May 1 | 17 58 | 18 31 | 18 56 | 19 15 | 19 32 | 19 46 | 20 11 | 20 32 | 20 51 | 21 11 | 21 32 | 21 56 | 22 11 | 22 27 |
| 2 | 19 00 | 19 31 | 19 55 | 20 13 | 20 29 | 20 43 | 21 06 | 21 26 | 21 44 | 22 03 | 22 23 | 22 46 | 22 59 | 23 15 |
| 3 | 20 10 | 20 37 | 20 57 | 21 14 | 21 28 | 21 40 | 22 00 | 22 18 | 22 35 | 22 51 | 23 09 | 23 29 | 23 41 | 23 55 |
| 4 | 21 23 | 21 45 | 22 01 | 22 15 | 22 26 | 22 36 | 22 53 | 23 08 | 23 22 | 23 36 | 23 51 | .. .. | .. .. | .. .. |
| 5 | 22 37 | 22 52 | 23 05 | 23 15 | 23 23 | 23 31 | 23 44 | 23 56 | .. .. | .. .. | .. .. | 0 07 | 0 17 | 0 28 |
| 6 | 23 49 | 23 59 | .. .. | .. .. | .. .. | .. .. | .. .. | .. .. | 0 06 | 0 17 | 0 28 | 0 41 | 0 48 | 0 57 |
| 7 | .. .. | .. .. | 0 07 | 0 14 | 0 20 | 0 25 | 0 34 | 0 41 | 0 48 | 0 56 | 1 03 | 1 12 | 1 17 | 1 22 |
| 8 | 1 01 | 1 06 | 1 09 | 1 13 | 1 15 | 1 18 | 1 22 | 1 26 | 1 29 | 1 33 | 1 36 | 1 41 | 1 43 | 1 46 |
| 9 | 2 13 | 2 12 | 2 12 | 2 12 | 2 11 | 2 11 | 2 11 | 2 10 | 2 10 | 2 10 | 2 09 | 2 09 | 2 09 | 2 09 |
| 10 | 3 26 | 3 20 | 3 15 | 3 11 | 3 08 | 3 05 | 3 00 | 2 55 | 2 51 | 2 47 | 2 43 | 2 38 | 2 35 | 2 32 |
| 11 | 4 42 | 4 30 | 4 21 | 4 13 | 4 07 | 4 01 | 3 51 | 3 42 | 3 34 | 3 27 | 3 18 | 3 09 | 3 03 | 2 57 |
| 12 | 6 00 | 5 43 | 5 29 | 5 17 | 5 08 | 4 59 | 4 45 | 4 32 | 4 20 | 4 09 | 3 57 | 3 43 | 3 34 | 3 25 |
| 13 | 7 21 | 6 57 | 6 39 | 6 24 | 6 11 | 6 00 | 5 41 | 5 25 | 5 10 | 4 55 | 4 39 | 4 21 | 4 10 | 3 58 |
| 14 | 8 41 | 8 11 | 7 49 | 7 31 | 7 16 | 7 03 | 6 41 | 6 21 | 6 04 | 5 46 | 5 27 | 5 06 | 4 53 | 4 38 |
| 15 | 9 54 | 9 20 | 8 56 | 8 36 | 8 19 | 8 05 | 7 41 | 7 20 | 7 01 | 6 41 | 6 21 | 5 57 | 5 43 | 5 27 |
| 16 | 10 53 | 10 20 | 9 56 | 9 36 | 9 19 | 9 05 | 8 41 | 8 20 | 8 00 | 7 40 | 7 19 | 6 55 | 6 41 | 6 24 |
| 17 | 11 38 | 11 08 | 10 46 | 10 28 | 10 13 | 10 00 | 9 37 | 9 18 | 8 59 | 8 41 | 8 22 | 7 59 | 7 45 | 7 30 |
| 18 | 12 09 | 11 46 | 11 27 | 11 12 | 11 00 | 10 49 | 10 30 | 10 13 | 9 57 | 9 42 | 9 25 | 9 05 | 8 54 | 8 41 |

### MOONSET

| Lat. | −55° | −50° | −45° | −40° | −35° | −30° | −20° | −10° | 0° | +10° | +20° | +30° | +35° | +40° |
|---|---|---|---|---|---|---|---|---|---|---|---|---|---|---|
| | h m | h m | h m | h m | h m | h m | h m | h m | h m | h m | h m | h m | h m | h m |
| Apr. 24 | 1 33 | 1 40 | 1 45 | 1 50 | 1 53 | 1 57 | 2 02 | 2 07 | 2 12 | 2 16 | 2 21 | 2 26 | 2 29 | 2 33 |
| 25 | 3 02 | 3 02 | 3 02 | 3 02 | 3 02 | 3 02 | 3 02 | 3 02 | 3 02 | 3 02 | 3 02 | 3 02 | 3 01 | 3 01 |
| 26 | 4 31 | 4 24 | 4 19 | 4 14 | 4 11 | 4 07 | 4 02 | 3 57 | 3 52 | 3 47 | 3 42 | 3 37 | 3 34 | 3 30 |
| 27 | 5 59 | 5 46 | 5 36 | 5 27 | 5 20 | 5 13 | 5 02 | 4 52 | 4 43 | 4 34 | 4 24 | 4 14 | 4 07 | 4 00 |
| 28 | 7 28 | 7 08 | 6 53 | 6 40 | 6 29 | 6 19 | 6 03 | 5 49 | 5 36 | 5 23 | 5 09 | 4 53 | 4 44 | 4 33 |
| 29 | 8 54 | 8 27 | 8 07 | 7 51 | 7 37 | 7 25 | 7 05 | 6 47 | 6 31 | 6 14 | 5 57 | 5 37 | 5 25 | 5 12 |
| 30 | 10 12 | 9 40 | 9 17 | 8 58 | 8 42 | 8 29 | 8 05 | 7 45 | 7 27 | 7 08 | 6 48 | 6 25 | 6 11 | 5 56 |
| May 1 | 11 16 | 10 43 | 10 18 | 9 58 | 9 42 | 9 28 | 9 03 | 8 42 | 8 23 | 8 03 | 7 42 | 7 17 | 7 03 | 6 46 |
| 2 | 12 05 | 11 34 | 11 10 | 10 51 | 10 35 | 10 21 | 9 57 | 9 36 | 9 17 | 8 58 | 8 37 | 8 13 | 7 59 | 7 43 |
| 3 | 12 41 | 12 13 | 11 52 | 11 35 | 11 20 | 11 07 | 10 46 | 10 27 | 10 09 | 9 51 | 9 32 | 9 10 | 8 57 | 8 42 |
| 4 | 13 06 | 12 43 | 12 26 | 12 11 | 11 59 | 11 48 | 11 29 | 11 13 | 10 58 | 10 43 | 10 26 | 10 07 | 9 56 | 9 43 |
| 5 | 13 24 | 13 07 | 12 53 | 12 42 | 12 32 | 12 24 | 12 09 | 11 56 | 11 44 | 11 31 | 11 18 | 11 03 | 10 54 | 10 44 |
| 6 | 13 38 | 13 26 | 13 17 | 13 09 | 13 02 | 12 56 | 12 45 | 12 36 | 12 27 | 12 18 | 12 08 | 11 57 | 11 51 | 11 43 |
| 7 | 13 50 | 13 43 | 13 38 | 13 33 | 13 29 | 13 25 | 13 19 | 13 13 | 13 08 | 13 03 | 12 57 | 12 51 | 12 47 | 12 42 |
| 8 | 14 01 | 13 59 | 13 57 | 13 56 | 13 55 | 13 54 | 13 52 | 13 50 | 13 49 | 13 47 | 13 45 | 13 43 | 13 42 | 13 41 |
| 9 | 14 12 | 14 15 | 14 17 | 14 19 | 14 21 | 14 22 | 14 25 | 14 27 | 14 30 | 14 32 | 14 34 | 14 37 | 14 38 | 14 40 |
| 10 | 14 23 | 14 31 | 14 38 | 14 43 | 14 48 | 14 52 | 14 59 | 15 06 | 15 12 | 15 18 | 15 24 | 15 32 | 15 36 | 15 41 |
| 11 | 14 36 | 14 50 | 15 00 | 15 09 | 15 17 | 15 24 | 15 36 | 15 46 | 15 56 | 16 06 | 16 17 | 16 29 | 16 36 | 16 44 |
| 12 | 14 53 | 15 12 | 15 27 | 15 40 | 15 51 | 16 00 | 16 16 | 16 30 | 16 44 | 16 57 | 17 12 | 17 28 | 17 38 | 17 49 |
| 13 | 15 16 | 15 41 | 16 00 | 16 16 | 16 29 | 16 41 | 17 01 | 17 19 | 17 35 | 17 52 | 18 09 | 18 30 | 18 42 | 18 56 |
| 14 | 15 48 | 16 18 | 16 41 | 17 00 | 17 15 | 17 29 | 17 52 | 18 12 | 18 31 | 18 49 | 19 09 | 19 33 | 19 46 | 20 02 |
| 15 | 16 34 | 17 08 | 17 33 | 17 53 | 18 09 | 18 24 | 18 48 | 19 09 | 19 29 | 19 49 | 20 10 | 20 34 | 20 48 | 21 05 |
| 16 | 17 38 | 18 11 | 18 35 | 18 54 | 19 11 | 19 25 | 19 49 | 20 09 | 20 28 | 20 48 | 21 08 | 21 31 | 21 45 | 22 01 |
| 17 | 18 56 | 19 24 | 19 46 | 20 03 | 20 18 | 20 30 | 20 52 | 21 10 | 21 27 | 21 44 | 22 03 | 22 23 | 22 36 | 22 49 |
| 18 | 20 22 | 20 44 | 21 01 | 21 15 | 21 27 | 21 37 | 21 55 | 22 10 | 22 24 | 22 38 | 22 53 | 23 09 | 23 19 | 23 30 |

.. .. indicates phenomenon will occur the next day.

## UNIVERSAL TIME FOR MERIDIAN OF GREENWICH
### MOONRISE

| Lat. | +40° | +42° | +44° | +46° | +48° | +50° | +52° | +54° | +56° | +58° | +60° | +62° | +64° | +66° |
|---|---|---|---|---|---|---|---|---|---|---|---|---|---|---|
| | h m | h m | h m | h m | h m | h m | h m | h m | h m | h m | h m | h m | h m | h m |
| Apr. 24 | 14 28 | 14 27 | 14 26 | 14 25 | 14 24 | 14 23 | 14 22 | 14 21 | 14 19 | 14 18 | 14 16 | 14 14 | 14 12 | 14 09 |
| 25 | 15 40 | 15 41 | 15 42 | 15 43 | 15 44 | 15 45 | 15 46 | 15 48 | 15 49 | 15 51 | 15 53 | 15 55 | 15 58 | 16 01 |
| 26 | 16 52 | 16 55 | 16 58 | 17 01 | 17 04 | 17 07 | 17 11 | 17 15 | 17 20 | 17 25 | 17 31 | 17 37 | 17 45 | 17 54 |
| 27 | 18 05 | 18 09 | 18 14 | 18 19 | 18 24 | 18 29 | 18 36 | 18 43 | 18 50 | 18 59 | 19 09 | 19 21 | 19 35 | 19 52 |
| 28 | 19 17 | 19 23 | 19 29 | 19 35 | 19 43 | 19 50 | 19 59 | 20 09 | 20 20 | 20 32 | 20 47 | 21 05 | 21 27 | 21 57 |
| 29 | 20 27 | 20 33 | 20 41 | 20 49 | 20 57 | 21 07 | 21 18 | 21 30 | 21 44 | 22 00 | 22 20 | 22 45 | 23 19 | .. .. |
| 30 | 21 31 | 21 38 | 21 46 | 21 55 | 22 05 | 22 15 | 22 27 | 22 41 | 22 57 | 23 16 | 23 39 | .. .. | .. .. | 0 22 |
| May 1 | 22 27 | 22 35 | 22 43 | 22 51 | 23 01 | 23 12 | 23 24 | 23 38 | 23 53 | .. .. | .. .. | 0 10 | 0 59 | ■ |
| 2 | 23 15 | 23 22 | 23 29 | 23 38 | 23 47 | 23 56 | .. .. | .. .. | .. .. | 0 12 | 0 36 | 1 07 | 1 56 | ■ |
| 3 | 23 55 | .. .. | .. .. | .. .. | .. .. | .. .. | 0 07 | 0 20 | 0 34 | 0 51 | 1 11 | 1 36 | 2 11 | 3 15 |
| 4 | .. .. | 0 01 | 0 07 | 0 14 | 0 22 | 0 31 | 0 40 | 0 50 | 1 02 | 1 16 | 1 31 | 1 51 | 2 14 | 2 47 |
| 5 | 0 28 | 0 33 | 0 38 | 0 44 | 0 50 | 0 57 | 1 04 | 1 13 | 1 22 | 1 32 | 1 44 | 1 58 | 2 14 | 2 35 |
| 6 | 0 57 | 1 01 | 1 05 | 1 09 | 1 13 | 1 18 | 1 24 | 1 30 | 1 36 | 1 44 | 1 52 | 2 02 | 2 13 | 2 26 |
| 7 | 1 22 | 1 25 | 1 27 | 1 30 | 1 33 | 1 36 | 1 40 | 1 44 | 1 48 | 1 53 | 1 58 | 2 04 | 2 11 | 2 19 |
| 8 | 1 46 | 1 47 | 1 48 | 1 49 | 1 51 | 1 53 | 1 54 | 1 56 | 1 58 | 2 00 | 2 03 | 2 06 | 2 09 | 2 13 |
| 9 | 2 09 | 2 08 | 2 08 | 2 08 | 2 08 | 2 08 | 2 08 | 2 08 | 2 08 | 2 07 | 2 07 | 2 07 | 2 07 | 2 07 |
| 10 | 2 32 | 2 30 | 2 29 | 2 27 | 2 26 | 2 24 | 2 22 | 2 20 | 2 17 | 2 15 | 2 12 | 2 08 | 2 05 | 2 00 |
| 11 | 2 57 | 2 54 | 2 51 | 2 48 | 2 45 | 2 41 | 2 37 | 2 33 | 2 28 | 2 23 | 2 17 | 2 11 | 2 03 | 1 54 |
| 12 | 3 25 | 3 21 | 3 17 | 3 12 | 3 07 | 3 02 | 2 56 | 2 49 | 2 42 | 2 34 | 2 25 | 2 14 | 2 02 | 1 47 |
| 13 | 3 58 | 3 53 | 3 47 | 3 41 | 3 35 | 3 27 | 3 19 | 3 10 | 3 00 | 2 49 | 2 36 | 2 20 | 2 02 | 1 39 |
| 14 | 4 38 | 4 32 | 4 25 | 4 17 | 4 09 | 4 00 | 3 50 | 3 39 | 3 26 | 3 11 | 2 54 | 2 32 | 2 05 | 1 26 |
| 15 | 5 27 | 5 20 | 5 12 | 5 03 | 4 54 | 4 44 | 4 32 | 4 19 | 4 04 | 3 46 | 3 25 | 2 57 | 2 17 | □ |
| 16 | 6 24 | 6 17 | 6 09 | 6 00 | 5 51 | 5 40 | 5 28 | 5 14 | 4 59 | 4 40 | 4 17 | 3 47 | 2 59 | □ |
| 17 | 7 30 | 7 23 | 7 16 | 7 08 | 6 59 | 6 49 | 6 38 | 6 25 | 6 11 | 5 54 | 5 34 | 5 08 | 4 31 | 3 15 |
| 18 | 8 41 | 8 35 | 8 29 | 8 22 | 8 14 | 8 06 | 7 57 | 7 47 | 7 35 | 7 22 | 7 07 | 6 48 | 6 24 | 5 51 |

### MOONSET

| Lat. | +40° | +42° | +44° | +46° | +48° | +50° | +52° | +54° | +56° | +58° | +60° | +62° | +64° | +66° |
|---|---|---|---|---|---|---|---|---|---|---|---|---|---|---|
| | h m | h m | h m | h m | h m | h m | h m | h m | h m | h m | h m | h m | h m | h m |
| Apr. 24 | 2 33 | 2 34 | 2 36 | 2 38 | 2 40 | 2 42 | 2 44 | 2 46 | 2 49 | 2 51 | 2 55 | 2 58 | 3 02 | 3 07 |
| 25 | 3 01 | 3 01 | 3 01 | 3 01 | 3 01 | 3 01 | 3 01 | 3 01 | 3 01 | 3 01 | 3 01 | 3 00 | 3 00 | 3 00 |
| 26 | 3 30 | 3 28 | 3 27 | 3 25 | 3 23 | 3 21 | 3 18 | 3 16 | 3 13 | 3 10 | 3 07 | 3 03 | 2 58 | 2 53 |
| 27 | 4 00 | 3 57 | 3 54 | 3 50 | 3 46 | 3 42 | 3 37 | 3 32 | 3 27 | 3 20 | 3 14 | 3 06 | 2 57 | 2 46 |
| 28 | 4 33 | 4 29 | 4 24 | 4 18 | 4 13 | 4 06 | 4 00 | 3 52 | 3 43 | 3 34 | 3 23 | 3 10 | 2 55 | 2 37 |
| 29 | 5 12 | 5 06 | 4 59 | 4 52 | 4 45 | 4 36 | 4 27 | 4 17 | 4 06 | 3 52 | 3 37 | 3 18 | 2 55 | 2 25 |
| 30 | 5 56 | 5 49 | 5 41 | 5 33 | 5 24 | 5 14 | 5 03 | 4 51 | 4 37 | 4 20 | 4 00 | 3 34 | 2 59 | 1 56 |
| May 1 | 6 46 | 6 39 | 6 31 | 6 22 | 6 12 | 6 02 | 5 50 | 5 36 | 5 20 | 5 01 | 4 37 | 4 06 | 3 17 | ■ |
| 2 | 7 43 | 7 35 | 7 27 | 7 18 | 7 09 | 6 58 | 6 46 | 6 33 | 6 17 | 5 58 | 5 35 | 5 04 | 4 15 | ■ |
| 3 | 8 42 | 8 35 | 8 28 | 8 20 | 8 11 | 8 02 | 7 51 | 7 39 | 7 25 | 7 09 | 6 49 | 6 24 | 5 50 | 4 46 |
| 4 | 9 43 | 9 37 | 9 31 | 9 24 | 9 17 | 9 09 | 9 00 | 8 50 | 8 39 | 8 26 | 8 10 | 7 52 | 7 29 | 6 57 |
| 5 | 10 44 | 10 39 | 10 34 | 10 29 | 10 23 | 10 17 | 10 10 | 10 03 | 9 54 | 9 44 | 9 33 | 9 20 | 9 04 | 8 45 |
| 6 | 11 43 | 11 40 | 11 37 | 11 33 | 11 29 | 11 25 | 11 20 | 11 14 | 11 09 | 11 02 | 10 54 | 10 46 | 10 35 | 10 23 |
| 7 | 12 42 | 12 40 | 12 38 | 12 36 | 12 34 | 12 31 | 12 28 | 12 25 | 12 22 | 12 18 | 12 14 | 12 09 | 12 03 | 11 56 |
| 8 | 13 41 | 13 40 | 13 40 | 13 39 | 13 38 | 13 38 | 13 37 | 13 36 | 13 35 | 13 34 | 13 32 | 13 31 | 13 29 | 13 27 |
| 9 | 14 40 | 14 41 | 14 42 | 14 43 | 14 44 | 14 45 | 14 46 | 14 47 | 14 48 | 14 50 | 14 52 | 14 54 | 14 56 | 14 58 |
| 10 | 15 41 | 15 43 | 15 45 | 15 48 | 15 50 | 15 53 | 15 56 | 16 00 | 16 04 | 16 08 | 16 13 | 16 19 | 16 25 | 16 32 |
| 11 | 16 44 | 16 47 | 16 51 | 16 55 | 17 00 | 17 04 | 17 10 | 17 16 | 17 22 | 17 29 | 17 38 | 17 47 | 17 59 | 18 12 |
| 12 | 17 49 | 17 54 | 17 59 | 18 05 | 18 11 | 18 18 | 18 25 | 18 34 | 18 43 | 18 54 | 19 06 | 19 21 | 19 39 | 20 01 |
| 13 | 18 56 | 19 02 | 19 08 | 19 16 | 19 24 | 19 32 | 19 42 | 19 53 | 20 05 | 20 19 | 20 36 | 20 57 | 21 24 | 22 03 |
| 14 | 20 02 | 20 09 | 20 17 | 20 25 | 20 34 | 20 44 | 20 56 | 21 08 | 21 23 | 21 41 | 22 02 | 22 30 | 23 09 | □ |
| 15 | 21 05 | 21 12 | 21 20 | 21 29 | 21 39 | 21 49 | 22 01 | 22 15 | 22 31 | 22 49 | 23 12 | 23 43 | .. .. | □ |
| 16 | 22 01 | 22 08 | 22 16 | 22 24 | 22 33 | 22 43 | 22 55 | 23 07 | 23 22 | 23 39 | .. .. | .. .. | 0 30 | □ |
| 17 | 22 49 | 22 56 | 23 02 | 23 10 | 23 17 | 23 26 | 23 35 | 23 46 | 23 58 | .. .. | 0 00 | 0 26 | 1 03 | 2 20 |
| 18 | 23 30 | 23 35 | 23 40 | 23 46 | 23 52 | 23 59 | .. .. | .. .. | .. .. | 0 12 | 0 28 | 0 48 | 1 13 | 1 46 |

□ indicates Moon continuously above horizon.
■ indicates Moon continuously below horizon.
.. .. indicates phenomenon will occur the next day.

# MOONRISE AND MOONSET, 2010
## UNIVERSAL TIME FOR MERIDIAN OF GREENWICH
### MOONRISE

| Lat. | −55° | −50° | −45° | −40° | −35° | −30° | −20° | −10° | 0° | +10° | +20° | +30° | +35° | +40° |
|---|---|---|---|---|---|---|---|---|---|---|---|---|---|---|
| | h m | h m | h m | h m | h m | h m | h m | h m | h m | h m | h m | h m | h m | h m |
| May 17 | 11 38 | 11 08 | 10 46 | 10 28 | 10 13 | 10 00 | 9 37 | 9 18 | 8 59 | 8 41 | 8 22 | 7 59 | 7 45 | 7 30 |
| 18 | 12 09 | 11 46 | 11 27 | 11 12 | 11 00 | 10 49 | 10 30 | 10 13 | 9 57 | 9 42 | 9 25 | 9 05 | 8 54 | 8 41 |
| 19 | 12 32 | 12 15 | 12 01 | 11 50 | 11 40 | 11 32 | 11 17 | 11 04 | 10 52 | 10 40 | 10 27 | 10 12 | 10 04 | 9 54 |
| 20 | 12 49 | 12 38 | 12 30 | 12 22 | 12 16 | 12 11 | 12 01 | 11 53 | 11 45 | 11 37 | 11 28 | 11 18 | 11 13 | 11 06 |
| 21 | 13 03 | 12 59 | 12 55 | 12 52 | 12 49 | 12 46 | 12 42 | 12 38 | 12 35 | 12 31 | 12 27 | 12 23 | 12 21 | 12 18 |
| 22 | 13 17 | 13 18 | 13 19 | 13 19 | 13 20 | 13 21 | 13 22 | 13 23 | 13 24 | 13 25 | 13 26 | 13 27 | 13 28 | 13 28 |
| 23 | 13 30 | 13 37 | 13 43 | 13 47 | 13 52 | 13 55 | 14 02 | 14 07 | 14 13 | 14 18 | 14 24 | 14 31 | 14 34 | 14 39 |
| 24 | 13 45 | 13 58 | 14 09 | 14 17 | 14 25 | 14 31 | 14 43 | 14 53 | 15 03 | 15 12 | 15 23 | 15 35 | 15 42 | 15 50 |
| 25 | 14 04 | 14 23 | 14 38 | 14 50 | 15 01 | 15 10 | 15 27 | 15 41 | 15 54 | 16 08 | 16 22 | 16 39 | 16 49 | 17 00 |
| 26 | 14 28 | 14 53 | 15 13 | 15 28 | 15 42 | 15 54 | 16 14 | 16 32 | 16 48 | 17 05 | 17 23 | 17 43 | 17 56 | 18 10 |
| 27 | 15 01 | 15 31 | 15 54 | 16 13 | 16 28 | 16 42 | 17 05 | 17 25 | 17 43 | 18 02 | 18 22 | 18 46 | 19 00 | 19 15 |
| 28 | 15 47 | 16 19 | 16 44 | 17 04 | 17 20 | 17 34 | 17 58 | 18 19 | 18 39 | 18 59 | 19 20 | 19 44 | 19 58 | 20 15 |
| 29 | 16 44 | 17 17 | 17 41 | 18 00 | 18 16 | 18 30 | 18 54 | 19 14 | 19 34 | 19 53 | 20 13 | 20 37 | 20 51 | 21 07 |
| 30 | 17 52 | 18 21 | 18 43 | 19 00 | 19 15 | 19 28 | 19 49 | 20 08 | 20 26 | 20 43 | 21 02 | 21 23 | 21 36 | 21 50 |
| 31 | 19 05 | 19 29 | 19 47 | 20 02 | 20 14 | 20 25 | 20 43 | 20 59 | 21 14 | 21 29 | 21 45 | 22 04 | 22 14 | 22 26 |
| June 1 | 20 20 | 20 37 | 20 51 | 21 03 | 21 12 | 21 21 | 21 36 | 21 48 | 22 00 | 22 12 | 22 25 | 22 39 | 22 47 | 22 57 |
| 2 | 21 33 | 21 45 | 21 55 | 22 03 | 22 09 | 22 15 | 22 26 | 22 35 | 22 43 | 22 52 | 23 01 | 23 11 | 23 17 | 23 23 |
| 3 | 22 45 | 22 51 | 22 57 | 23 01 | 23 05 | 23 09 | 23 15 | 23 20 | 23 25 | 23 29 | 23 35 | 23 40 | 23 44 | 23 48 |
| 4 | 23 56 | 23 57 | 23 59 | .. .. | .. .. | .. .. | .. .. | .. .. | .. .. | .. .. | .. .. | .. .. | .. .. | .. .. |
| 5 | .. .. | .. .. | .. .. | 0 00 | 0 01 | 0 01 | 0 03 | 0 04 | 0 05 | 0 06 | 0 07 | 0 09 | 0 10 | 0 11 |
| 6 | 1 08 | 1 04 | 1 01 | 0 58 | 0 56 | 0 54 | 0 51 | 0 48 | 0 46 | 0 43 | 0 40 | 0 37 | 0 35 | 0 33 |
| 7 | 2 21 | 2 12 | 2 05 | 1 59 | 1 53 | 1 49 | 1 41 | 1 34 | 1 27 | 1 21 | 1 14 | 1 07 | 1 02 | 0 57 |
| 8 | 3 38 | 3 23 | 3 11 | 3 01 | 2 53 | 2 45 | 2 33 | 2 22 | 2 12 | 2 02 | 1 51 | 1 39 | 1 32 | 1 24 |
| 9 | 4 57 | 4 36 | 4 19 | 4 06 | 3 55 | 3 45 | 3 28 | 3 13 | 2 59 | 2 46 | 2 31 | 2 15 | 2 05 | 1 55 |
| 10 | 6 18 | 5 50 | 5 30 | 5 13 | 4 59 | 4 47 | 4 26 | 4 08 | 3 51 | 3 35 | 3 17 | 2 57 | 2 45 | 2 31 |

### MOONSET

| Lat. | −55° | −50° | −45° | −40° | −35° | −30° | −20° | −10° | 0° | +10° | +20° | +30° | +35° | +40° |
|---|---|---|---|---|---|---|---|---|---|---|---|---|---|---|
| | h m | h m | h m | h m | h m | h m | h m | h m | h m | h m | h m | h m | h m | h m |
| May 17 | 18 56 | 19 24 | 19 46 | 20 03 | 20 18 | 20 30 | 20 52 | 21 10 | 21 27 | 21 44 | 22 03 | 22 23 | 22 36 | 22 49 |
| 18 | 20 22 | 20 44 | 21 01 | 21 15 | 21 27 | 21 37 | 21 55 | 22 10 | 22 24 | 22 38 | 22 53 | 23 09 | 23 19 | 23 30 |
| 19 | 21 51 | 22 07 | 22 18 | 22 28 | 22 37 | 22 44 | 22 56 | 23 07 | 23 17 | 23 28 | 23 38 | 23 50 | 23 57 | .. .. |
| 20 | 23 20 | 23 28 | 23 35 | 23 40 | 23 45 | 23 49 | 23 57 | .. .. | .. .. | .. .. | .. .. | .. .. | .. .. | 0 05 |
| 21 | .. .. | .. .. | .. .. | .. .. | .. .. | .. .. | .. .. | 0 03 | 0 09 | 0 14 | 0 20 | 0 27 | 0 31 | 0 36 |
| 22 | 0 47 | 0 49 | 0 50 | 0 51 | 0 53 | 0 54 | 0 55 | 0 57 | 0 58 | 0 59 | 1 01 | 1 02 | 1 03 | 1 04 |
| 23 | 2 13 | 2 09 | 2 05 | 2 02 | 2 00 | 1 57 | 1 53 | 1 50 | 1 47 | 1 44 | 1 40 | 1 36 | 1 34 | 1 32 |
| 24 | 3 39 | 3 28 | 3 20 | 3 13 | 3 07 | 3 01 | 2 52 | 2 44 | 2 36 | 2 29 | 2 21 | 2 12 | 2 06 | 2 00 |
| 25 | 5 06 | 4 48 | 4 35 | 4 23 | 4 14 | 4 06 | 3 51 | 3 39 | 3 27 | 3 15 | 3 03 | 2 49 | 2 41 | 2 32 |
| 26 | 6 31 | 6 07 | 5 49 | 5 34 | 5 21 | 5 10 | 4 51 | 4 35 | 4 20 | 4 05 | 3 49 | 3 30 | 3 19 | 3 07 |
| 27 | 7 51 | 7 22 | 6 59 | 6 42 | 6 27 | 6 14 | 5 51 | 5 32 | 5 14 | 4 57 | 4 38 | 4 16 | 4 03 | 3 48 |
| 28 | 9 01 | 8 29 | 8 04 | 7 45 | 7 28 | 7 14 | 6 50 | 6 30 | 6 10 | 5 51 | 5 30 | 5 06 | 4 52 | 4 36 |
| 29 | 9 57 | 9 24 | 9 00 | 8 40 | 8 24 | 8 10 | 7 46 | 7 25 | 7 05 | 6 46 | 6 25 | 6 01 | 5 46 | 5 30 |
| 30 | 10 38 | 10 08 | 9 46 | 9 28 | 9 13 | 9 00 | 8 37 | 8 17 | 7 59 | 7 40 | 7 21 | 6 58 | 6 44 | 6 29 |
| 31 | 11 07 | 10 42 | 10 23 | 10 08 | 9 55 | 9 43 | 9 23 | 9 06 | 8 50 | 8 33 | 8 16 | 7 55 | 7 43 | 7 30 |
| June 1 | 11 28 | 11 09 | 10 54 | 10 41 | 10 30 | 10 21 | 10 05 | 9 50 | 9 37 | 9 23 | 9 09 | 8 52 | 8 42 | 8 31 |
| 2 | 11 44 | 11 30 | 11 19 | 11 10 | 11 02 | 10 54 | 10 42 | 10 31 | 10 21 | 10 11 | 10 00 | 9 47 | 9 40 | 9 32 |
| 3 | 11 57 | 11 48 | 11 41 | 11 35 | 11 30 | 11 25 | 11 17 | 11 10 | 11 03 | 10 57 | 10 50 | 10 41 | 10 36 | 10 31 |
| 4 | 12 08 | 12 04 | 12 01 | 11 58 | 11 56 | 11 54 | 11 50 | 11 47 | 11 44 | 11 41 | 11 38 | 11 34 | 11 32 | 11 30 |
| 5 | 12 18 | 12 19 | 12 20 | 12 21 | 12 21 | 12 22 | 12 23 | 12 24 | 12 24 | 12 25 | 12 26 | 12 27 | 12 27 | 12 28 |
| 6 | 12 29 | 12 35 | 12 40 | 12 44 | 12 48 | 12 51 | 12 56 | 13 01 | 13 05 | 13 10 | 13 15 | 13 20 | 13 24 | 13 27 |
| 7 | 12 41 | 12 53 | 13 02 | 13 09 | 13 16 | 13 21 | 13 31 | 13 40 | 13 48 | 13 57 | 14 06 | 14 16 | 14 22 | 14 28 |
| 8 | 12 56 | 13 13 | 13 26 | 13 37 | 13 47 | 13 55 | 14 10 | 14 22 | 14 34 | 14 46 | 14 59 | 15 13 | 15 22 | 15 32 |
| 9 | 13 16 | 13 38 | 13 56 | 14 11 | 14 23 | 14 34 | 14 52 | 15 08 | 15 24 | 15 39 | 15 55 | 16 14 | 16 25 | 16 38 |
| 10 | 13 44 | 14 12 | 14 34 | 14 51 | 15 06 | 15 19 | 15 41 | 16 00 | 16 17 | 16 35 | 16 55 | 17 17 | 17 30 | 17 45 |

.. .. indicates phenomenon will occur the next day.

UNIVERSAL TIME FOR MERIDIAN OF GREENWICH

## MOONRISE

| Lat. | +40° | +42° | +44° | +46° | +48° | +50° | +52° | +54° | +56° | +58° | +60° | +62° | +64° | +66° |
|---|---|---|---|---|---|---|---|---|---|---|---|---|---|---|
| | h m | h m | h m | h m | h m | h m | h m | h m | h m | h m | h m | h m | h m | h m |
| May 17 | 7 30 | 7 23 | 7 16 | 7 08 | 6 59 | 6 49 | 6 38 | 6 25 | 6 11 | 5 54 | 5 34 | 5 08 | 4 31 | 3 15 |
| 18 | 8 41 | 8 35 | 8 29 | 8 22 | 8 14 | 8 06 | 7 57 | 7 47 | 7 35 | 7 22 | 7 07 | 6 48 | 6 24 | 5 51 |
| 19 | 9 54 | 9 49 | 9 44 | 9 39 | 9 34 | 9 28 | 9 21 | 9 14 | 9 05 | 8 56 | 8 45 | 8 32 | 8 17 | 7 59 |
| 20 | 11 06 | 11 03 | 11 00 | 10 57 | 10 53 | 10 50 | 10 45 | 10 41 | 10 36 | 10 30 | 10 23 | 10 16 | 10 07 | 9 56 |
| 21 | 12 18 | 12 16 | 12 15 | 12 14 | 12 12 | 12 11 | 12 09 | 12 07 | 12 04 | 12 02 | 11 59 | 11 56 | 11 53 | 11 48 |
| 22 | 13 28 | 13 29 | 13 29 | 13 30 | 13 30 | 13 31 | 13 31 | 13 32 | 13 32 | 13 33 | 13 34 | 13 35 | 13 36 | 13 37 |
| 23 | 14 39 | 14 41 | 14 43 | 14 45 | 14 48 | 14 50 | 14 53 | 14 56 | 15 00 | 15 04 | 15 08 | 15 14 | 15 19 | 15 26 |
| 24 | 15 50 | 15 53 | 15 57 | 16 01 | 16 06 | 16 10 | 16 16 | 16 22 | 16 28 | 16 35 | 16 44 | 16 54 | 17 05 | 17 19 |
| 25 | 17 00 | 17 05 | 17 11 | 17 17 | 17 23 | 17 30 | 17 38 | 17 46 | 17 56 | 18 07 | 18 20 | 18 35 | 18 53 | 19 17 |
| 26 | 18 10 | 18 16 | 18 23 | 18 30 | 18 38 | 18 47 | 18 57 | 19 08 | 19 21 | 19 36 | 19 54 | 20 15 | 20 44 | 21 26 |
| 27 | 19 15 | 19 23 | 19 30 | 19 39 | 19 48 | 19 58 | 20 10 | 20 23 | 20 38 | 20 56 | 21 18 | 21 47 | 22 29 | ■ |
| 28 | 20 15 | 20 23 | 20 31 | 20 39 | 20 49 | 21 00 | 21 12 | 21 26 | 21 42 | 22 01 | 22 24 | 22 56 | 23 47 | ■ |
| 29 | 21 07 | 21 14 | 21 22 | 21 30 | 21 39 | 21 50 | 22 01 | 22 14 | 22 29 | 22 47 | 23 08 | 23 36 | .. .. | ■ |
| 30 | 21 50 | 21 56 | 22 03 | 22 11 | 22 19 | 22 28 | 22 38 | 22 49 | 23 02 | 23 17 | 23 34 | 23 56 | 0 16 | ■ |
| 31 | 22 26 | 22 32 | 22 37 | 22 44 | 22 50 | 22 58 | 23 06 | 23 15 | 23 25 | 23 37 | 23 50 | .. .. | 0 23 | 1 03 |
| June 1 | 22 57 | 23 01 | 23 06 | 23 10 | 23 16 | 23 21 | 23 27 | 23 34 | 23 42 | 23 50 | .. .. | 0 06 | 0 25 | 0 49 |
| 2 | 23 23 | 23 26 | 23 30 | 23 33 | 23 37 | 23 40 | 23 45 | 23 49 | 23 54 | .. .. | 0 00 | 0 11 | 0 24 | 0 40 |
| 3 | 23 48 | 23 49 | 23 51 | 23 53 | 23 55 | 23 57 | .. .. | .. .. | .. .. | 0 00 | 0 07 | 0 14 | 0 22 | 0 32 |
| 4 | .. .. | .. .. | .. .. | .. .. | .. .. | .. .. | 0 00 | 0 02 | 0 05 | 0 08 | 0 12 | 0 16 | 0 20 | 0 26 |
| 5 | 0 11 | 0 11 | 0 11 | 0 12 | 0 12 | 0 13 | 0 13 | 0 14 | 0 15 | 0 15 | 0 16 | 0 17 | 0 18 | 0 20 |
| 6 | 0 33 | 0 32 | 0 32 | 0 31 | 0 29 | 0 28 | 0 27 | 0 26 | 0 24 | 0 23 | 0 21 | 0 19 | 0 16 | 0 14 |
| 7 | 0 57 | 0 55 | 0 53 | 0 50 | 0 48 | 0 45 | 0 42 | 0 38 | 0 35 | 0 30 | 0 26 | 0 20 | 0 14 | 0 07 |
| 8 | 1 24 | 1 20 | 1 17 | 1 13 | 1 08 | 1 04 | 0 59 | 0 53 | 0 47 | 0 40 | 0 32 | 0 23 | 0 13 | {00 01 / 23 53} |
| 9 | 1 55 | 1 50 | 1 45 | 1 39 | 1 33 | 1 27 | 1 19 | 1 12 | 1 03 | 0 53 | 0 41 | 0 28 | 0 13 | 23 44 |
| 10 | 2 31 | 2 25 | 2 19 | 2 12 | 2 04 | 1 56 | 1 47 | 1 36 | 1 25 | 1 12 | 0 56 | 0 37 | 0 14 | 23 22 |

## MOONSET

| Lat. | +40° | +42° | +44° | +46° | +48° | +50° | +52° | +54° | +56° | +58° | +60° | +62° | +64° | +66° |
|---|---|---|---|---|---|---|---|---|---|---|---|---|---|---|
| | h m | h m | h m | h m | h m | h m | h m | h m | h m | h m | h m | h m | h m | h m |
| May 17 | 22 49 | 22 56 | 23 02 | 23 10 | 23 17 | 23 26 | 23 35 | 23 46 | 23 58 | .. .. | 0 00 | 0 26 | 1 03 | 2 20 |
| 18 | 23 30 | 23 35 | 23 40 | 23 46 | 23 52 | 23 59 | .. .. | .. .. | .. .. | 0 12 | 0 28 | 0 48 | 1 13 | 1 46 |
| 19 | .. .. | .. .. | .. .. | .. .. | .. .. | .. .. | 0 06 | 0 14 | 0 23 | 0 33 | 0 45 | 0 59 | 1 15 | 1 35 |
| 20 | 0 05 | 0 08 | 0 12 | 0 16 | 0 20 | 0 25 | 0 30 | 0 35 | 0 41 | 0 48 | 0 56 | 1 05 | 1 15 | 1 27 |
| 21 | 0 36 | 0 38 | 0 40 | 0 42 | 0 44 | 0 47 | 0 49 | 0 52 | 0 56 | 0 59 | 1 04 | 1 08 | 1 14 | 1 20 |
| 22 | 1 04 | 1 04 | 1 05 | 1 05 | 1 06 | 1 06 | 1 07 | 1 08 | 1 08 | 1 09 | 1 10 | 1 11 | 1 12 | 1 13 |
| 23 | 1 32 | 1 31 | 1 29 | 1 28 | 1 27 | 1 25 | 1 24 | 1 22 | 1 20 | 1 18 | 1 16 | 1 13 | 1 10 | 1 07 |
| 24 | 2 00 | 1 58 | 1 55 | 1 52 | 1 49 | 1 45 | 1 42 | 1 37 | 1 33 | 1 28 | 1 22 | 1 16 | 1 08 | 1 00 |
| 25 | 2 32 | 2 28 | 2 23 | 2 18 | 2 13 | 2 08 | 2 02 | 1 55 | 1 48 | 1 40 | 1 30 | 1 20 | 1 07 | 0 52 |
| 26 | 3 07 | 3 02 | 2 56 | 2 49 | 2 43 | 2 35 | 2 27 | 2 18 | 2 07 | 1 56 | 1 42 | 1 26 | 1 07 | 0 42 |
| 27 | 3 48 | 3 42 | 3 34 | 3 27 | 3 18 | 3 09 | 2 59 | 2 47 | 2 34 | 2 19 | 2 01 | 1 38 | 1 09 | 0 26 |
| 28 | 4 36 | 4 28 | 4 21 | 4 12 | 4 03 | 3 52 | 3 40 | 3 27 | 3 12 | 2 54 | 2 31 | 2 03 | 1 20 | ■ |
| 29 | 5 30 | 5 22 | 5 14 | 5 05 | 4 56 | 4 45 | 4 33 | 4 19 | 4 03 | 3 44 | 3 21 | 2 49 | 1 58 | ■ |
| 30 | 6 29 | 6 21 | 6 14 | 6 06 | 5 56 | 5 46 | 5 35 | 5 22 | 5 08 | 4 50 | 4 29 | 4 02 | 3 22 | ■ |
| 31 | 7 30 | 7 23 | 7 17 | 7 10 | 7 02 | 6 53 | 6 43 | 6 33 | 6 20 | 6 06 | 5 49 | 5 28 | 5 01 | 4 22 |
| June 1 | 8 31 | 8 26 | 8 21 | 8 15 | 8 09 | 8 02 | 7 54 | 7 46 | 7 36 | 7 25 | 7 12 | 6 57 | 6 39 | 6 16 |
| 2 | 9 32 | 9 28 | 9 24 | 9 20 | 9 15 | 9 10 | 9 04 | 8 58 | 8 51 | 8 43 | 8 35 | 8 24 | 8 12 | 7 58 |
| 3 | 10 31 | 10 29 | 10 26 | 10 23 | 10 20 | 10 17 | 10 13 | 10 10 | 10 05 | 10 00 | 9 55 | 9 49 | 9 41 | 9 33 |
| 4 | 11 30 | 11 28 | 11 27 | 11 26 | 11 25 | 11 23 | 11 22 | 11 20 | 11 18 | 11 16 | 11 13 | 11 11 | 11 07 | 11 04 |
| 5 | 12 28 | 12 28 | 12 28 | 12 29 | 12 29 | 12 29 | 12 30 | 12 30 | 12 31 | 12 31 | 12 32 | 12 32 | 12 33 | 12 34 |
| 6 | 13 27 | 13 29 | 13 31 | 13 32 | 13 34 | 13 36 | 13 39 | 13 41 | 13 44 | 13 47 | 13 51 | 13 55 | 14 00 | 14 05 |
| 7 | 14 28 | 14 31 | 14 34 | 14 38 | 14 42 | 14 46 | 14 50 | 14 55 | 15 00 | 15 06 | 15 13 | 15 21 | 15 30 | 15 41 |
| 8 | 15 32 | 15 36 | 15 41 | 15 46 | 15 51 | 15 57 | 16 04 | 16 11 | 16 19 | 16 29 | 16 39 | 16 52 | 17 06 | 17 24 |
| 9 | 16 38 | 16 43 | 16 50 | 16 56 | 17 03 | 17 11 | 17 20 | 17 30 | 17 41 | 17 54 | 18 09 | 18 27 | 18 49 | 19 19 |
| 10 | 17 45 | 17 51 | 17 59 | 18 07 | 18 15 | 18 25 | 18 36 | 18 48 | 19 02 | 19 18 | 19 37 | 20 02 | 20 36 | 21 35 |

■ indicates Moon continuously below horizon.
.. .. indicates phenomenon will occur the next day.

# MOONRISE AND MOONSET, 2010

## UNIVERSAL TIME FOR MERIDIAN OF GREENWICH

### MOONRISE

| Lat. | −55° | −50° | −45° | −40° | −35° | −30° | −20° | −10° | 0° | +10° | +20° | +30° | +35° | +40° |
|---|---|---|---|---|---|---|---|---|---|---|---|---|---|---|
| | h m | h m | h m | h m | h m | h m | h m | h m | h m | h m | h m | h m | h m | h m |
| June 8 | 3 38 | 3 23 | 3 11 | 3 01 | 2 53 | 2 45 | 2 33 | 2 22 | 2 12 | 2 02 | 1 51 | 1 39 | 1 32 | 1 24 |
| 9 | 4 57 | 4 36 | 4 19 | 4 06 | 3 55 | 3 45 | 3 28 | 3 13 | 2 59 | 2 46 | 2 31 | 2 15 | 2 05 | 1 55 |
| 10 | 6 18 | 5 50 | 5 30 | 5 13 | 4 59 | 4 47 | 4 26 | 4 08 | 3 51 | 3 35 | 3 17 | 2 57 | 2 45 | 2 31 |
| 11 | 7 35 | 7 03 | 6 39 | 6 20 | 6 04 | 5 50 | 5 26 | 5 06 | 4 47 | 4 28 | 4 08 | 3 45 | 3 32 | 3 16 |
| 12 | 8 42 | 8 08 | 7 43 | 7 23 | 7 06 | 6 52 | 6 28 | 6 06 | 5 47 | 5 27 | 5 06 | 4 42 | 4 27 | 4 11 |
| 13 | 9 33 | 9 02 | 8 39 | 8 20 | 8 04 | 7 50 | 7 27 | 7 07 | 6 48 | 6 29 | 6 08 | 5 45 | 5 31 | 5 15 |
| 14 | 10 10 | 9 45 | 9 25 | 9 09 | 8 55 | 8 43 | 8 22 | 8 05 | 7 48 | 7 31 | 7 13 | 6 52 | 6 40 | 6 26 |
| 15 | 10 36 | 10 17 | 10 02 | 9 49 | 9 39 | 9 29 | 9 13 | 8 59 | 8 46 | 8 32 | 8 18 | 8 01 | 7 52 | 7 41 |
| 16 | 10 55 | 10 43 | 10 33 | 10 24 | 10 17 | 10 10 | 9 59 | 9 49 | 9 40 | 9 31 | 9 21 | 9 09 | 9 03 | 8 55 |
| 17 | 11 11 | 11 04 | 10 59 | 10 55 | 10 51 | 10 48 | 10 42 | 10 37 | 10 32 | 10 27 | 10 22 | 10 16 | 10 12 | 10 09 |
| 18 | 11 24 | 11 24 | 11 24 | 11 23 | 11 23 | 11 23 | 11 22 | 11 22 | 11 21 | 11 21 | 11 21 | 11 21 | 11 20 | 11 20 |
| 19 | 11 38 | 11 43 | 11 47 | 11 51 | 11 54 | 11 57 | 12 02 | 12 06 | 12 10 | 12 15 | 12 19 | 12 24 | 12 27 | 12 31 |
| 20 | 11 52 | 12 03 | 12 12 | 12 20 | 12 26 | 12 32 | 12 42 | 12 51 | 12 59 | 13 08 | 13 17 | 13 28 | 13 34 | 13 41 |
| 21 | 12 09 | 12 26 | 12 40 | 12 51 | 13 01 | 13 10 | 13 24 | 13 37 | 13 50 | 14 02 | 14 16 | 14 31 | 14 40 | 14 50 |
| 22 | 12 31 | 12 54 | 13 12 | 13 27 | 13 40 | 13 51 | 14 10 | 14 26 | 14 42 | 14 58 | 15 15 | 15 34 | 15 46 | 15 59 |
| 23 | 13 00 | 13 29 | 13 51 | 14 08 | 14 23 | 14 36 | 14 58 | 15 18 | 15 36 | 15 54 | 16 13 | 16 36 | 16 49 | 17 05 |
| 24 | 13 40 | 14 12 | 14 37 | 14 56 | 15 12 | 15 26 | 15 50 | 16 11 | 16 30 | 16 50 | 17 11 | 17 35 | 17 49 | 18 06 |
| 25 | 14 33 | 15 06 | 15 30 | 15 50 | 16 06 | 16 20 | 16 45 | 17 05 | 17 25 | 17 44 | 18 05 | 18 29 | 18 43 | 19 00 |
| 26 | 15 37 | 16 07 | 16 30 | 16 49 | 17 04 | 17 17 | 17 40 | 17 59 | 18 18 | 18 36 | 18 55 | 19 18 | 19 31 | 19 46 |
| 27 | 16 49 | 17 14 | 17 34 | 17 50 | 18 03 | 18 15 | 18 34 | 18 52 | 19 08 | 19 24 | 19 41 | 20 00 | 20 12 | 20 25 |
| 28 | 18 03 | 18 23 | 18 38 | 18 51 | 19 02 | 19 11 | 19 27 | 19 42 | 19 55 | 20 08 | 20 22 | 20 38 | 20 47 | 20 57 |
| 29 | 19 17 | 19 31 | 19 42 | 19 52 | 20 00 | 20 07 | 20 19 | 20 29 | 20 39 | 20 49 | 20 59 | 21 11 | 21 18 | 21 25 |
| 30 | 20 29 | 20 38 | 20 45 | 20 51 | 20 56 | 21 00 | 21 08 | 21 15 | 21 21 | 21 27 | 21 34 | 21 41 | 21 46 | 21 50 |
| July 1 | 21 40 | 21 44 | 21 47 | 21 49 | 21 51 | 21 53 | 21 56 | 21 59 | 22 01 | 22 04 | 22 07 | 22 10 | 22 12 | 22 14 |
| 2 | 22 51 | 22 50 | 22 48 | 22 47 | 22 46 | 22 45 | 22 44 | 22 43 | 22 42 | 22 40 | 22 39 | 22 38 | 22 37 | 22 36 |

### MOONSET

| Lat. | −55° | −50° | −45° | −40° | −35° | −30° | −20° | −10° | 0° | +10° | +20° | +30° | +35° | +40° |
|---|---|---|---|---|---|---|---|---|---|---|---|---|---|---|
| | h m | h m | h m | h m | h m | h m | h m | h m | h m | h m | h m | h m | h m | h m |
| June 8 | 12 56 | 13 13 | 13 26 | 13 37 | 13 47 | 13 55 | 14 10 | 14 22 | 14 34 | 14 46 | 14 59 | 15 13 | 15 22 | 15 32 |
| 9 | 13 16 | 13 38 | 13 56 | 14 11 | 14 23 | 14 34 | 14 52 | 15 08 | 15 24 | 15 39 | 15 55 | 16 14 | 16 25 | 16 38 |
| 10 | 13 44 | 14 12 | 14 34 | 14 51 | 15 06 | 15 19 | 15 41 | 16 00 | 16 17 | 16 35 | 16 55 | 17 17 | 17 30 | 17 45 |
| 11 | 14 24 | 14 57 | 15 21 | 15 40 | 15 57 | 16 11 | 16 35 | 16 56 | 17 15 | 17 35 | 17 56 | 18 20 | 18 34 | 18 50 |
| 12 | 15 21 | 15 55 | 16 20 | 16 40 | 16 56 | 17 11 | 17 35 | 17 56 | 18 16 | 18 35 | 18 56 | 19 20 | 19 34 | 19 51 |
| 13 | 16 36 | 17 07 | 17 30 | 17 48 | 18 03 | 18 16 | 18 39 | 18 58 | 19 17 | 19 35 | 19 54 | 20 16 | 20 29 | 20 43 |
| 14 | 18 03 | 18 27 | 18 46 | 19 01 | 19 14 | 19 25 | 19 44 | 20 00 | 20 16 | 20 31 | 20 47 | 21 05 | 21 16 | 21 28 |
| 15 | 19 34 | 19 51 | 20 05 | 20 16 | 20 26 | 20 34 | 20 48 | 21 00 | 21 12 | 21 23 | 21 35 | 21 49 | 21 57 | 22 06 |
| 16 | 21 05 | 21 15 | 21 24 | 21 30 | 21 36 | 21 41 | 21 50 | 21 58 | 22 05 | 22 12 | 22 20 | 22 28 | 22 33 | 22 38 |
| 17 | 22 34 | 22 37 | 22 40 | 22 43 | 22 45 | 22 47 | 22 50 | 22 53 | 22 56 | 22 58 | 23 01 | 23 04 | 23 06 | 23 08 |
| 18 | .. .. | 23 58 | 23 56 | 23 54 | 23 52 | 23 51 | 23 49 | 23 47 | 23 45 | 23 43 | 23 41 | 23 38 | 23 37 | 23 35 |
| 19 | 0 00 | .. .. | .. .. | .. .. | .. .. | .. .. | .. .. | .. .. | .. .. | .. .. | .. .. | .. .. | .. .. | .. .. |
| 20 | 1 26 | 1 17 | 1 10 | 1 04 | 0 59 | 0 54 | 0 47 | 0 40 | 0 34 | 0 27 | 0 21 | 0 13 | 0 09 | 0 04 |
| 21 | 2 51 | 2 36 | 2 24 | 2 14 | 2 05 | 1 58 | 1 45 | 1 34 | 1 23 | 1 13 | 1 02 | 0 49 | 0 42 | 0 34 |
| 22 | 4 16 | 3 54 | 3 37 | 3 23 | 3 11 | 3 01 | 2 44 | 2 29 | 2 14 | 2 00 | 1 45 | 1 28 | 1 18 | 1 07 |
| 23 | 5 36 | 5 09 | 4 48 | 4 31 | 4 16 | 4 04 | 3 43 | 3 25 | 3 08 | 2 50 | 2 32 | 2 11 | 1 59 | 1 45 |
| 24 | 6 49 | 6 18 | 5 54 | 5 35 | 5 19 | 5 05 | 4 41 | 4 21 | 4 02 | 3 43 | 3 23 | 2 59 | 2 46 | 2 30 |
| 25 | 7 50 | 7 17 | 6 52 | 6 32 | 6 16 | 6 02 | 5 37 | 5 16 | 4 57 | 4 37 | 4 16 | 3 52 | 3 37 | 3 21 |
| 26 | 8 35 | 8 05 | 7 41 | 7 22 | 7 07 | 6 53 | 6 30 | 6 09 | 5 51 | 5 31 | 5 11 | 4 47 | 4 33 | 4 17 |
| 27 | 9 08 | 8 42 | 8 22 | 8 05 | 7 51 | 7 39 | 7 18 | 6 59 | 6 42 | 6 25 | 6 06 | 5 45 | 5 32 | 5 18 |
| 28 | 9 32 | 9 11 | 8 54 | 8 41 | 8 29 | 8 19 | 8 01 | 7 45 | 7 31 | 7 16 | 7 00 | 6 42 | 6 31 | 6 19 |
| 29 | 9 50 | 9 34 | 9 21 | 9 11 | 9 02 | 8 54 | 8 40 | 8 28 | 8 16 | 8 05 | 7 52 | 7 38 | 7 30 | 7 20 |
| 30 | 10 04 | 9 53 | 9 44 | 9 37 | 9 31 | 9 25 | 9 16 | 9 07 | 8 59 | 8 51 | 8 43 | 8 33 | 8 27 | 8 20 |
| July 1 | 10 15 | 10 10 | 10 05 | 10 01 | 9 58 | 9 55 | 9 50 | 9 45 | 9 40 | 9 36 | 9 31 | 9 26 | 9 23 | 9 19 |
| 2 | 10 26 | 10 25 | 10 24 | 10 24 | 10 23 | 10 23 | 10 22 | 10 21 | 10 21 | 10 20 | 10 19 | 10 18 | 10 18 | 10 17 |

.. .. indicates phenomenon will occur the next day.

## UNIVERSAL TIME FOR MERIDIAN OF GREENWICH
### MOONRISE

| Lat. | +40° | +42° | +44° | +46° | +48° | +50° | +52° | +54° | +56° | +58° | +60° | +62° | +64° | +66° |
|---|---|---|---|---|---|---|---|---|---|---|---|---|---|---|
| | h m | h m | h m | h m | h m | h m | h m | h m | h m | h m | h m | h m | h m | h m |
| June 8 | 1 24 | 1 20 | 1 17 | 1 13 | 1 08 | 1 04 | 0 59 | 0 53 | 0 47 | 0 40 | 0 32 | 0 23 | 0 13 | {00 01}{23 53} |
| 9 | 1 55 | 1 50 | 1 45 | 1 39 | 1 33 | 1 27 | 1 19 | 1 12 | 1 03 | 0 53 | 0 41 | 0 28 | 0 13 | 23 44 |
| 10 | 2 31 | 2 25 | 2 19 | 2 12 | 2 04 | 1 56 | 1 47 | 1 36 | 1 25 | 1 12 | 0 56 | 0 37 | 0 14 | 23 22 |
| 11 | 3 16 | 3 09 | 3 02 | 2 54 | 2 45 | 2 35 | 2 24 | 2 12 | 1 57 | 1 41 | 1 21 | 0 56 | 0 21 | ▢ |
| 12 | 4 11 | 4 03 | 3 55 | 3 47 | 3 37 | 3 26 | 3 15 | 3 01 | 2 45 | 2 27 | 2 04 | 1 34 | 0 48 | ▢ |
| 13 | 5 15 | 5 08 | 5 00 | 4 52 | 4 42 | 4 32 | 4 20 | 4 07 | 3 52 | 3 34 | 3 13 | 2 44 | 2 03 | ▢ |
| 14 | 6 26 | 6 20 | 6 13 | 6 06 | 5 58 | 5 49 | 5 39 | 5 28 | 5 15 | 5 01 | 4 43 | 4 21 | 3 53 | 3 12 |
| 15 | 7 41 | 7 36 | 7 30 | 7 25 | 7 18 | 7 12 | 7 04 | 6 56 | 6 46 | 6 36 | 6 23 | 6 09 | 5 51 | 5 29 |
| 16 | 8 55 | 8 52 | 8 48 | 8 45 | 8 40 | 8 36 | 8 31 | 8 25 | 8 19 | 8 12 | 8 04 | 7 55 | 7 45 | 7 32 |
| 17 | 10 09 | 10 07 | 10 05 | 10 03 | 10 01 | 9 59 | 9 56 | 9 53 | 9 50 | 9 47 | 9 43 | 9 39 | 9 34 | 9 28 |
| 18 | 11 20 | 11 20 | 11 20 | 11 20 | 11 20 | 11 20 | 11 20 | 11 19 | 11 19 | 11 19 | 11 19 | 11 19 | 11 19 | 11 18 |
| 19 | 12 31 | 12 32 | 12 34 | 12 36 | 12 37 | 12 39 | 12 42 | 12 44 | 12 47 | 12 50 | 12 53 | 12 57 | 13 02 | 13 07 |
| 20 | 13 41 | 13 44 | 13 47 | 13 51 | 13 54 | 13 59 | 14 03 | 14 08 | 14 14 | 14 20 | 14 27 | 14 36 | 14 45 | 14 57 |
| 21 | 14 50 | 14 55 | 15 00 | 15 05 | 15 11 | 15 17 | 15 24 | 15 32 | 15 41 | 15 50 | 16 02 | 16 15 | 16 31 | 16 51 |
| 22 | 15 59 | 16 05 | 16 11 | 16 18 | 16 26 | 16 34 | 16 43 | 16 53 | 17 05 | 17 19 | 17 35 | 17 54 | 18 19 | 18 53 |
| 23 | 17 05 | 17 12 | 17 19 | 17 27 | 17 36 | 17 46 | 17 57 | 18 10 | 18 24 | 18 41 | 19 02 | 19 28 | 20 06 | ▮ |
| 24 | 18 06 | 18 13 | 18 21 | 18 30 | 18 40 | 18 50 | 19 02 | 19 16 | 19 32 | 19 51 | 20 14 | 20 46 | 21 36 | ▮ |
| 25 | 19 00 | 19 07 | 19 15 | 19 24 | 19 33 | 19 44 | 19 56 | 20 09 | 20 25 | 20 43 | 21 06 | 21 36 | 22 21 | ▮ |
| 26 | 19 46 | 19 53 | 20 00 | 20 08 | 20 17 | 20 26 | 20 37 | 20 49 | 21 02 | 21 18 | 21 38 | 22 01 | 22 33 | 23 24 |
| 27 | 20 25 | 20 31 | 20 37 | 20 43 | 20 51 | 20 59 | 21 08 | 21 18 | 21 29 | 21 42 | 21 56 | 22 14 | 22 36 | 23 05 |
| 28 | 20 57 | 21 02 | 21 07 | 21 12 | 21 18 | 21 24 | 21 31 | 21 39 | 21 48 | 21 57 | 22 08 | 22 21 | 22 36 | 22 54 |
| 29 | 21 25 | 21 29 | 21 32 | 21 36 | 21 41 | 21 45 | 21 50 | 21 56 | 22 02 | 22 08 | 22 16 | 22 25 | 22 35 | 22 47 |
| 30 | 21 50 | 21 53 | 21 55 | 21 57 | 22 00 | 22 03 | 22 06 | 22 09 | 22 13 | 22 17 | 22 22 | 22 27 | 22 33 | 22 40 |
| July 1 | 22 14 | 22 14 | 22 15 | 22 16 | 22 18 | 22 19 | 22 20 | 22 21 | 22 23 | 22 25 | 22 26 | 22 29 | 22 31 | 22 34 |
| 2 | 22 36 | 22 36 | 22 35 | 22 35 | 22 34 | 22 34 | 22 33 | 22 33 | 22 32 | 22 31 | 22 31 | 22 30 | 22 29 | 22 28 |

### MOONSET

| Lat. | +40° | +42° | +44° | +46° | +48° | +50° | +52° | +54° | +56° | +58° | +60° | +62° | +64° | +66° |
|---|---|---|---|---|---|---|---|---|---|---|---|---|---|---|
| | h m | h m | h m | h m | h m | h m | h m | h m | h m | h m | h m | h m | h m | h m |
| June 8 | 15 32 | 15 36 | 15 41 | 15 46 | 15 51 | 15 57 | 16 04 | 16 11 | 16 19 | 16 29 | 16 39 | 16 52 | 17 06 | 17 24 |
| 9 | 16 38 | 16 43 | 16 50 | 16 56 | 17 03 | 17 11 | 17 20 | 17 30 | 17 41 | 17 54 | 18 09 | 18 27 | 18 49 | 19 19 |
| 10 | 17 45 | 17 51 | 17 59 | 18 07 | 18 15 | 18 25 | 18 36 | 18 48 | 19 02 | 19 18 | 19 37 | 20 02 | 20 36 | 21 35 |
| 11 | 18 50 | 18 58 | 19 05 | 19 14 | 19 24 | 19 34 | 19 46 | 20 00 | 20 15 | 20 34 | 20 56 | 21 26 | 22 12 | ▢ |
| 12 | 19 51 | 19 58 | 20 06 | 20 14 | 20 24 | 20 34 | 20 46 | 20 59 | 21 14 | 21 33 | 21 55 | 22 23 | 23 05 | ▢ |
| 13 | 20 43 | 20 50 | 20 57 | 21 05 | 21 13 | 21 22 | 21 33 | 21 44 | 21 57 | 22 12 | 22 30 | 22 52 | 23 21 | ▢ |
| 14 | 21 28 | 21 33 | 21 39 | 21 45 | 21 52 | 21 59 | 22 08 | 22 17 | 22 27 | 22 38 | 22 51 | 23 07 | 23 25 | {00 03}{23 49} |
| 15 | 22 06 | 22 10 | 22 14 | 22 18 | 22 23 | 22 28 | 22 34 | 22 40 | 22 47 | 22 55 | 23 04 | 23 14 | 23 26 | 23 40 |
| 16 | 22 38 | 22 41 | 22 43 | 22 46 | 22 49 | 22 52 | 22 55 | 22 59 | 23 03 | 23 08 | 23 13 | 23 19 | 23 25 | 23 33 |
| 17 | 23 08 | 23 08 | 23 09 | 23 10 | 23 11 | 23 12 | 23 14 | 23 15 | 23 16 | 23 18 | 23 20 | 23 22 | 23 24 | 23 26 |
| 18 | 23 35 | 23 35 | 23 34 | 23 33 | 23 32 | 23 32 | 23 31 | 23 30 | 23 28 | 23 27 | 23 26 | 23 24 | 23 22 | 23 20 |
| 19 | .. .. | .. .. | 23 59 | 23 57 | 23 54 | 23 51 | 23 48 | 23 44 | 23 41 | 23 37 | 23 32 | 23 27 | 23 20 | 23 13 |
| 20 | 0 04 | 0 01 | .. .. | .. .. | .. .. | .. .. | .. .. | .. .. | 23 55 | 23 47 | 23 39 | 23 30 | 23 19 | 23 06 |
| 21 | 0 34 | 0 30 | 0 26 | 0 22 | 0 17 | 0 12 | 0 07 | 0 01 | .. .. | .. .. | 23 50 | 23 35 | 23 18 | 22 58 |
| 22 | 1 07 | 1 02 | 0 56 | 0 51 | 0 44 | 0 38 | 0 30 | 0 22 | 0 12 | 0 02 | .. .. | 23 45 | 23 20 | 22 45 |
| 23 | 1 45 | 1 39 | 1 32 | 1 25 | 1 17 | 1 08 | 0 59 | 0 48 | 0 36 | 0 22 | 0 05 | .. .. | 23 26 | ▮ |
| 24 | 2 30 | 2 23 | 2 15 | 2 07 | 1 57 | 1 47 | 1 36 | 1 23 | 1 09 | 0 51 | 0 30 | 0 04 | 23 50 | ▮ |
| 25 | 3 21 | 3 13 | 3 05 | 2 56 | 2 47 | 2 36 | 2 24 | 2 10 | 1 54 | 1 35 | 1 12 | 0 40 | .. .. | ▮ |
| 26 | 4 17 | 4 10 | 4 02 | 3 54 | 3 44 | 3 34 | 3 22 | 3 09 | 2 53 | 2 35 | 2 13 | 1 43 | 0 58 | ▮ |
| 27 | 5 18 | 5 11 | 5 04 | 4 56 | 4 48 | 4 39 | 4 28 | 4 17 | 4 03 | 3 48 | 3 29 | 3 06 | 2 34 | 1 44 |
| 28 | 6 19 | 6 14 | 6 08 | 6 01 | 5 54 | 5 47 | 5 38 | 5 29 | 5 18 | 5 06 | 4 52 | 4 35 | 4 13 | 3 46 |
| 29 | 7 20 | 7 16 | 7 12 | 7 07 | 7 01 | 6 56 | 6 49 | 6 42 | 6 34 | 6 25 | 6 15 | 6 03 | 5 49 | 5 31 |
| 30 | 8 20 | 8 17 | 8 14 | 8 11 | 8 07 | 8 03 | 7 59 | 7 54 | 7 49 | 7 43 | 7 36 | 7 29 | 7 20 | 7 09 |
| July 1 | 9 19 | 9 17 | 9 16 | 9 14 | 9 12 | 9 10 | 9 08 | 9 05 | 9 02 | 8 59 | 8 55 | 8 51 | 8 47 | 8 41 |
| 2 | 10 17 | 10 17 | 10 16 | 10 16 | 10 16 | 10 16 | 10 15 | 10 15 | 10 14 | 10 14 | 10 13 | 10 13 | 10 12 | 10 11 |

▢ indicates Moon continuously above horizon.
▮ indicates Moon continuously below horizon.
.. .. indicates phenomenon will occur the next day.

# MOONRISE AND MOONSET, 2010

## UNIVERSAL TIME FOR MERIDIAN OF GREENWICH

### MOONRISE

| Lat. | −55° | −50° | −45° | −40° | −35° | −30° | −20° | −10° | 0° | +10° | +20° | +30° | +35° | +40° |
|---|---|---|---|---|---|---|---|---|---|---|---|---|---|---|
| | h m | h m | h m | h m | h m | h m | h m | h m | h m | h m | h m | h m | h m | h m |
| July 1 | 21 40 | 21 44 | 21 47 | 21 49 | 21 51 | 21 53 | 21 56 | 21 59 | 22 01 | 22 04 | 22 07 | 22 10 | 22 12 | 22 14 |
| 2 | 22 51 | 22 50 | 22 48 | 22 47 | 22 46 | 22 45 | 22 44 | 22 43 | 22 42 | 22 40 | 22 39 | 22 38 | 22 37 | 22 36 |
| 3 | .. .. | 23 56 | 23 51 | 23 46 | 23 42 | 23 39 | 23 32 | 23 27 | 23 22 | 23 17 | 23 12 | 23 06 | 23 03 | 22 59 |
| 4 | 0 03 | .. .. | .. .. | .. .. | .. .. | .. .. | .. .. | .. .. | .. .. | 23 56 | 23 47 | 23 37 | 23 31 | 23 24 |
| 5 | 1 17 | 1 05 | 0 55 | 0 46 | 0 39 | 0 33 | 0 23 | 0 13 | 0 05 | .. .. | .. .. | .. .. | .. .. | 23 52 |
| 6 | 2 34 | 2 15 | 2 01 | 1 49 | 1 39 | 1 30 | 1 15 | 1 02 | 0 50 | 0 38 | 0 25 | 0 10 | 0 02 | .. .. |
| 7 | 3 53 | 3 28 | 3 09 | 2 54 | 2 41 | 2 30 | 2 11 | 1 54 | 1 39 | 1 23 | 1 07 | 0 49 | 0 38 | 0 25 |
| 8 | 5 11 | 4 41 | 4 18 | 4 00 | 3 45 | 3 32 | 3 09 | 2 50 | 2 32 | 2 14 | 1 55 | 1 33 | 1 20 | 1 06 |
| 9 | 6 23 | 5 50 | 5 25 | 5 05 | 4 48 | 4 34 | 4 10 | 3 49 | 3 29 | 3 10 | 2 49 | 2 25 | 2 11 | 1 55 |
| 10 | 7 23 | 6 50 | 6 25 | 6 05 | 5 49 | 5 35 | 5 10 | 4 50 | 4 30 | 4 10 | 3 50 | 3 25 | 3 11 | 2 55 |
| 11 | 8 06 | 7 38 | 7 16 | 6 59 | 6 44 | 6 31 | 6 09 | 5 49 | 5 31 | 5 13 | 4 54 | 4 32 | 4 19 | 4 04 |
| 12 | 8 37 | 8 15 | 7 58 | 7 44 | 7 32 | 7 21 | 7 03 | 6 47 | 6 32 | 6 17 | 6 01 | 5 42 | 5 31 | 5 19 |
| 13 | 9 00 | 8 45 | 8 32 | 8 22 | 8 13 | 8 06 | 7 52 | 7 40 | 7 29 | 7 18 | 7 06 | 6 53 | 6 45 | 6 36 |
| 14 | 9 17 | 9 08 | 9 01 | 8 55 | 8 50 | 8 46 | 8 38 | 8 31 | 8 24 | 8 17 | 8 10 | 8 02 | 7 57 | 7 52 |
| 15 | 9 32 | 9 29 | 9 27 | 9 25 | 9 24 | 9 22 | 9 20 | 9 18 | 9 16 | 9 14 | 9 12 | 9 10 | 9 08 | 9 07 |
| 16 | 9 46 | 9 49 | 9 52 | 9 54 | 9 56 | 9 58 | 10 01 | 10 04 | 10 06 | 10 09 | 10 12 | 10 15 | 10 17 | 10 20 |
| 17 | 10 00 | 10 09 | 10 17 | 10 23 | 10 29 | 10 33 | 10 42 | 10 49 | 10 56 | 11 04 | 11 11 | 11 20 | 11 25 | 11 31 |
| 18 | 10 16 | 10 32 | 10 44 | 10 54 | 11 03 | 11 11 | 11 24 | 11 36 | 11 47 | 11 58 | 12 10 | 12 24 | 12 32 | 12 42 |
| 19 | 10 36 | 10 58 | 11 15 | 11 28 | 11 40 | 11 50 | 12 08 | 12 24 | 12 39 | 12 54 | 13 09 | 13 28 | 13 39 | 13 51 |
| 20 | 11 03 | 11 30 | 11 51 | 12 08 | 12 22 | 12 34 | 12 56 | 13 14 | 13 32 | 13 49 | 14 08 | 14 30 | 14 43 | 14 58 |
| 21 | 11 39 | 12 10 | 12 34 | 12 53 | 13 09 | 13 23 | 13 46 | 14 07 | 14 26 | 14 45 | 15 05 | 15 29 | 15 43 | 16 00 |
| 22 | 12 27 | 13 00 | 13 24 | 13 44 | 14 01 | 14 15 | 14 39 | 15 00 | 15 20 | 15 39 | 16 00 | 16 25 | 16 39 | 16 55 |
| 23 | 13 27 | 13 58 | 14 22 | 14 41 | 14 56 | 15 10 | 15 33 | 15 54 | 16 12 | 16 31 | 16 51 | 17 14 | 17 28 | 17 44 |
| 24 | 14 36 | 15 03 | 15 24 | 15 41 | 15 55 | 16 07 | 16 28 | 16 46 | 17 03 | 17 20 | 17 38 | 17 58 | 18 11 | 18 24 |
| 25 | 15 49 | 16 11 | 16 28 | 16 42 | 16 53 | 17 04 | 17 21 | 17 36 | 17 51 | 18 05 | 18 20 | 18 37 | 18 47 | 18 59 |

### MOONSET

| Lat. | −55° | −50° | −45° | −40° | −35° | −30° | −20° | −10° | 0° | +10° | +20° | +30° | +35° | +40° |
|---|---|---|---|---|---|---|---|---|---|---|---|---|---|---|
| | h m | h m | h m | h m | h m | h m | h m | h m | h m | h m | h m | h m | h m | h m |
| July 1 | 10 15 | 10 10 | 10 05 | 10 01 | 9 58 | 9 55 | 9 50 | 9 45 | 9 40 | 9 36 | 9 31 | 9 26 | 9 23 | 9 19 |
| 2 | 10 26 | 10 25 | 10 24 | 10 24 | 10 23 | 10 23 | 10 22 | 10 21 | 10 21 | 10 20 | 10 19 | 10 18 | 10 18 | 10 17 |
| 3 | 10 37 | 10 41 | 10 44 | 10 47 | 10 49 | 10 51 | 10 55 | 10 58 | 11 01 | 11 04 | 11 07 | 11 11 | 11 13 | 11 15 |
| 4 | 10 48 | 10 57 | 11 04 | 11 10 | 11 16 | 11 20 | 11 28 | 11 36 | 11 42 | 11 49 | 11 56 | 12 05 | 12 09 | 12 15 |
| 5 | 11 01 | 11 15 | 11 27 | 11 36 | 11 45 | 11 52 | 12 05 | 12 16 | 12 26 | 12 36 | 12 48 | 13 00 | 13 08 | 13 16 |
| 6 | 11 18 | 11 38 | 11 54 | 12 07 | 12 18 | 12 28 | 12 44 | 12 59 | 13 13 | 13 27 | 13 41 | 13 59 | 14 08 | 14 20 |
| 7 | 11 41 | 12 07 | 12 27 | 12 43 | 12 57 | 13 09 | 13 29 | 13 47 | 14 04 | 14 20 | 14 38 | 14 59 | 15 11 | 15 25 |
| 8 | 12 14 | 12 45 | 13 09 | 13 27 | 13 43 | 13 57 | 14 20 | 14 40 | 14 59 | 15 18 | 15 38 | 16 01 | 16 15 | 16 31 |
| 9 | 13 03 | 13 37 | 14 02 | 14 22 | 14 38 | 14 53 | 15 17 | 15 38 | 15 58 | 16 18 | 16 39 | 17 03 | 17 17 | 17 34 |
| 10 | 14 10 | 14 42 | 15 07 | 15 26 | 15 42 | 15 56 | 16 20 | 16 40 | 16 59 | 17 18 | 17 38 | 18 02 | 18 15 | 18 31 |
| 11 | 15 33 | 16 01 | 16 22 | 16 38 | 16 53 | 17 05 | 17 26 | 17 44 | 18 00 | 18 17 | 18 35 | 18 55 | 19 07 | 19 20 |
| 12 | 17 05 | 17 26 | 17 42 | 17 55 | 18 06 | 18 16 | 18 32 | 18 46 | 18 59 | 19 13 | 19 27 | 19 42 | 19 51 | 20 02 |
| 13 | 18 40 | 18 53 | 19 03 | 19 12 | 19 19 | 19 26 | 19 37 | 19 47 | 19 56 | 20 04 | 20 14 | 20 24 | 20 31 | 20 37 |
| 14 | 20 12 | 20 19 | 20 24 | 20 28 | 20 31 | 20 34 | 20 40 | 20 45 | 20 49 | 20 53 | 20 58 | 21 03 | 21 06 | 21 09 |
| 15 | 21 43 | 21 42 | 21 42 | 21 42 | 21 41 | 21 41 | 21 41 | 21 40 | 21 40 | 21 40 | 21 39 | 21 39 | 21 38 | 21 38 |
| 16 | 23 11 | 23 04 | 22 58 | 22 54 | 22 50 | 22 46 | 22 40 | 22 35 | 22 30 | 22 25 | 22 20 | 22 14 | 22 11 | 22 07 |
| 17 | .. .. | .. .. | .. .. | .. .. | 23 57 | 23 51 | 23 40 | 23 30 | 23 20 | 23 11 | 23 01 | 22 50 | 22 44 | 22 37 |
| 18 | 0 38 | 0 24 | 0 14 | 0 05 | .. .. | .. .. | .. .. | .. .. | .. .. | 23 58 | 23 45 | 23 29 | 23 19 | 23 09 |
| 19 | 2 03 | 1 43 | 1 28 | 1 15 | 1 04 | 0 55 | 0 39 | 0 25 | 0 11 | .. .. | .. .. | .. .. | 23 59 | 23 46 |
| 20 | 3 25 | 2 59 | 2 39 | 2 23 | 2 10 | 1 58 | 1 38 | 1 20 | 1 04 | 0 48 | 0 30 | 0 11 | .. .. | .. .. |
| 21 | 4 40 | 4 10 | 3 46 | 3 28 | 3 12 | 2 59 | 2 36 | 2 16 | 1 58 | 1 39 | 1 19 | 0 57 | 0 43 | 0 28 |
| 22 | 5 44 | 5 11 | 4 47 | 4 27 | 4 11 | 3 56 | 3 32 | 3 11 | 2 52 | 2 32 | 2 11 | 1 47 | 1 33 | 1 16 |
| 23 | 6 34 | 6 02 | 5 38 | 5 19 | 5 03 | 4 49 | 4 25 | 4 05 | 3 45 | 3 26 | 3 05 | 2 41 | 2 27 | 2 10 |
| 24 | 7 11 | 6 43 | 6 21 | 6 04 | 5 49 | 5 36 | 5 14 | 4 55 | 4 37 | 4 19 | 4 00 | 3 37 | 3 24 | 3 09 |
| 25 | 7 37 | 7 14 | 6 56 | 6 41 | 6 29 | 6 17 | 5 59 | 5 42 | 5 26 | 5 11 | 4 54 | 4 34 | 4 23 | 4 10 |

.. .. indicates phenomenon will occur the next day.

## UNIVERSAL TIME FOR MERIDIAN OF GREENWICH
### MOONRISE

| Lat. | +40° | +42° | +44° | +46° | +48° | +50° | +52° | +54° | +56° | +58° | +60° | +62° | +64° | +66° |
|---|---|---|---|---|---|---|---|---|---|---|---|---|---|---|
| | h m | h m | h m | h m | h m | h m | h m | h m | h m | h m | h m | h m | h m | h m |
| July 1 | 22 14 | 22 14 | 22 15 | 22 16 | 22 18 | 22 19 | 22 20 | 22 21 | 22 23 | 22 25 | 22 26 | 22 29 | 22 31 | 22 34 |
| 2 | 22 36 | 22 36 | 22 35 | 22 35 | 22 34 | 22 34 | 22 33 | 22 33 | 22 32 | 22 31 | 22 31 | 22 30 | 22 29 | 22 28 |
| 3 | 22 59 | 22 58 | 22 56 | 22 54 | 22 52 | 22 50 | 22 47 | 22 45 | 22 42 | 22 39 | 22 35 | 22 31 | 22 27 | 22 22 |
| 4 | 23 24 | 23 21 | 23 18 | 23 15 | 23 11 | 23 07 | 23 03 | 22 58 | 22 53 | 22 47 | 22 41 | 22 34 | 22 25 | 22 15 |
| 5 | 23 52 | 23 48 | 23 43 | 23 39 | 23 33 | 23 28 | 23 21 | 23 15 | 23 07 | 22 58 | 22 49 | 22 37 | 22 24 | 22 08 |
| 6 | .. .. | .. .. | .. .. | .. .. | .. .. | 23 53 | 23 45 | 23 36 | 23 25 | 23 14 | 23 00 | 22 44 | 22 25 | 22 00 |
| 7 | 0 25 | 0 20 | 0 14 | 0 08 | 0 01 | .. .. | .. .. | .. .. | 23 52 | 23 37 | 23 19 | 22 57 | 22 28 | 21 46 |
| 8 | 1 06 | 0 59 | 0 52 | 0 44 | 0 36 | 0 27 | 0 17 | 0 05 | .. .. | .. .. | 23 52 | 23 23 | 22 42 | □ |
| 9 | 1 55 | 1 48 | 1 40 | 1 31 | 1 22 | 1 12 | 1 00 | 0 47 | 0 32 | 0 14 | .. .. | .. .. | 23 31 | □ |
| 10 | 2 55 | 2 47 | 2 39 | 2 31 | 2 21 | 2 10 | 1 58 | 1 45 | 1 29 | 1 11 | 0 48 | 0 17 | .. .. | □ |
| 11 | 4 04 | 3 57 | 3 49 | 3 41 | 3 33 | 3 23 | 3 12 | 3 00 | 2 46 | 2 30 | 2 10 | 1 45 | 1 10 | 0 08 |
| 12 | 5 19 | 5 13 | 5 07 | 5 00 | 4 53 | 4 45 | 4 37 | 4 27 | 4 16 | 4 04 | 3 49 | 3 31 | 3 09 | 2 40 |
| 13 | 6 36 | 6 32 | 6 27 | 6 23 | 6 17 | 6 12 | 6 06 | 5 59 | 5 52 | 5 43 | 5 33 | 5 22 | 5 09 | 4 52 |
| 14 | 7 52 | 7 50 | 7 47 | 7 44 | 7 41 | 7 38 | 7 35 | 7 31 | 7 27 | 7 22 | 7 17 | 7 10 | 7 03 | 6 55 |
| 15 | 9 07 | 9 06 | 9 05 | 9 05 | 9 04 | 9 03 | 9 02 | 9 01 | 9 00 | 8 58 | 8 57 | 8 55 | 8 53 | 8 51 |
| 16 | 10 20 | 10 21 | 10 22 | 10 23 | 10 24 | 10 25 | 10 27 | 10 28 | 10 30 | 10 32 | 10 34 | 10 37 | 10 40 | 10 43 |
| 17 | 11 31 | 11 34 | 11 37 | 11 40 | 11 43 | 11 46 | 11 50 | 11 54 | 11 59 | 12 04 | 12 10 | 12 17 | 12 25 | 12 35 |
| 18 | 12 42 | 12 46 | 12 50 | 12 55 | 13 00 | 13 06 | 13 12 | 13 19 | 13 27 | 13 36 | 13 46 | 13 58 | 14 11 | 14 28 |
| 19 | 13 51 | 13 57 | 14 03 | 14 09 | 14 16 | 14 24 | 14 32 | 14 42 | 14 53 | 15 05 | 15 20 | 15 37 | 15 59 | 16 28 |
| 20 | 14 58 | 15 04 | 15 11 | 15 19 | 15 28 | 15 37 | 15 48 | 16 00 | 16 13 | 16 30 | 16 49 | 17 13 | 17 46 | 18 43 |
| 21 | 16 00 | 16 07 | 16 15 | 16 24 | 16 33 | 16 44 | 16 55 | 17 09 | 17 25 | 17 43 | 18 06 | 18 36 | 19 23 | ■ |
| 22 | 16 55 | 17 03 | 17 11 | 17 20 | 17 29 | 17 40 | 17 52 | 18 06 | 18 22 | 18 40 | 19 04 | 19 35 | 20 24 | ■ |
| 23 | 17 44 | 17 51 | 17 58 | 18 06 | 18 15 | 18 25 | 18 37 | 18 49 | 19 04 | 19 20 | 19 41 | 20 07 | 20 43 | 21 55 |
| 24 | 18 24 | 18 31 | 18 37 | 18 44 | 18 52 | 19 01 | 19 10 | 19 21 | 19 33 | 19 47 | 20 03 | 20 23 | 20 48 | 21 22 |
| 25 | 18 59 | 19 04 | 19 09 | 19 15 | 19 22 | 19 28 | 19 36 | 19 45 | 19 54 | 20 05 | 20 17 | 20 32 | 20 49 | 21 10 |

### MOONSET

| Lat. | +40° | +42° | +44° | +46° | +48° | +50° | +52° | +54° | +56° | +58° | +60° | +62° | +64° | +66° |
|---|---|---|---|---|---|---|---|---|---|---|---|---|---|---|
| | h m | h m | h m | h m | h m | h m | h m | h m | h m | h m | h m | h m | h m | h m |
| July 1 | 9 19 | 9 17 | 9 16 | 9 14 | 9 12 | 9 10 | 9 08 | 9 05 | 9 02 | 8 59 | 8 55 | 8 51 | 8 47 | 8 41 |
| 2 | 10 17 | 10 17 | 10 17 | 10 16 | 10 16 | 10 16 | 10 15 | 10 15 | 10 14 | 10 14 | 10 13 | 10 13 | 10 12 | 10 11 |
| 3 | 11 15 | 11 17 | 11 18 | 11 19 | 11 20 | 11 22 | 11 23 | 11 25 | 11 27 | 11 29 | 11 31 | 11 34 | 11 37 | 11 41 |
| 4 | 12 15 | 12 17 | 12 20 | 12 23 | 12 26 | 12 29 | 12 32 | 12 36 | 12 41 | 12 46 | 12 51 | 12 57 | 13 04 | 13 13 |
| 5 | 13 16 | 13 20 | 13 24 | 13 28 | 13 33 | 13 38 | 13 44 | 13 50 | 13 57 | 14 05 | 14 14 | 14 24 | 14 36 | 14 51 |
| 6 | 14 20 | 14 25 | 14 30 | 14 36 | 14 43 | 14 50 | 14 58 | 15 06 | 15 16 | 15 27 | 15 40 | 15 56 | 16 14 | 16 38 |
| 7 | 15 25 | 15 32 | 15 39 | 15 46 | 15 54 | 16 03 | 16 13 | 16 24 | 16 36 | 16 51 | 17 09 | 17 30 | 17 58 | 18 39 |
| 8 | 16 31 | 16 38 | 16 46 | 16 54 | 17 04 | 17 14 | 17 25 | 17 38 | 17 53 | 18 11 | 18 33 | 19 01 | 19 42 | □ |
| 9 | 17 34 | 17 41 | 17 49 | 17 58 | 18 08 | 18 19 | 18 30 | 18 44 | 19 00 | 19 18 | 19 41 | 20 12 | 20 58 | □ |
| 10 | 18 31 | 18 38 | 18 46 | 18 54 | 19 03 | 19 13 | 19 24 | 19 36 | 19 51 | 20 07 | 20 28 | 20 53 | 21 28 | 22 30 |
| 11 | 19 20 | 19 26 | 19 33 | 19 40 | 19 47 | 19 55 | 20 05 | 20 15 | 20 26 | 20 39 | 20 55 | 21 13 | 21 36 | 22 06 |
| 12 | 20 02 | 20 06 | 20 11 | 20 17 | 20 22 | 20 28 | 20 35 | 20 43 | 20 51 | 21 00 | 21 11 | 21 23 | 21 38 | 21 56 |
| 13 | 20 37 | 20 40 | 20 44 | 20 47 | 20 51 | 20 55 | 20 59 | 21 04 | 21 09 | 21 15 | 21 22 | 21 29 | 21 38 | 21 48 |
| 14 | 21 09 | 21 10 | 21 12 | 21 13 | 21 15 | 21 17 | 21 19 | 21 21 | 21 24 | 21 26 | 21 29 | 21 33 | 21 37 | 21 41 |
| 15 | 21 38 | 21 38 | 21 38 | 21 38 | 21 37 | 21 37 | 21 37 | 21 37 | 21 37 | 21 36 | 21 36 | 21 36 | 21 35 | 21 35 |
| 16 | 22 07 | 22 05 | 22 03 | 22 01 | 21 59 | 21 57 | 21 55 | 21 52 | 21 49 | 21 46 | 21 42 | 21 38 | 21 33 | 21 28 |
| 17 | 22 37 | 22 33 | 22 30 | 22 26 | 22 22 | 22 18 | 22 13 | 22 08 | 22 03 | 21 56 | 21 49 | 21 41 | 21 32 | 21 21 |
| 18 | 23 09 | 23 04 | 22 59 | 22 54 | 22 48 | 22 42 | 22 35 | 22 28 | 22 19 | 22 10 | 21 59 | 21 46 | 21 31 | 21 13 |
| 19 | 23 46 | 23 40 | 23 33 | 23 27 | 23 19 | 23 11 | 23 02 | 22 52 | 22 40 | 22 27 | 22 12 | 21 54 | 21 32 | 21 02 |
| 20 | .. .. | .. .. | .. .. | .. .. | 23 57 | 23 47 | 23 36 | 23 24 | 23 10 | 22 53 | 22 34 | 22 09 | 21 36 | 20 39 |
| 21 | 0 28 | 0 21 | 0 14 | 0 05 | .. .. | .. .. | .. .. | .. .. | 23 51 | 23 32 | 23 09 | 22 39 | 21 51 | ■ |
| 22 | 1 16 | 1 09 | 1 01 | 0 52 | 0 42 | 0 32 | 0 20 | 0 06 | .. .. | .. .. | 23 32 | 22 43 | ■ | ■ |
| 23 | 2 10 | 2 03 | 1 55 | 1 46 | 1 37 | 1 26 | 1 14 | 1 01 | 0 45 | 0 26 | 0 03 | .. .. | .. .. | 23 01 |
| 24 | 3 09 | 3 02 | 2 55 | 2 47 | 2 38 | 2 28 | 2 17 | 2 05 | 1 51 | 1 34 | 1 14 | 0 48 | 0 13 | .. .. |
| 25 | 4 10 | 4 04 | 3 58 | 3 51 | 3 43 | 3 35 | 3 26 | 3 16 | 3 04 | 2 51 | 2 35 | 2 15 | 1 51 | 1 18 |

□ indicates Moon continuously above horizon.
■ indicates Moon continuously below horizon.
.. .. indicates phenomenon will occur the next day.

# MOONRISE AND MOONSET, 2010

## UNIVERSAL TIME FOR MERIDIAN OF GREENWICH

### MOONRISE

| Lat. | −55° | −50° | −45° | −40° | −35° | −30° | −20° | −10° | 0° | +10° | +20° | +30° | +35° | +40° |
|---|---|---|---|---|---|---|---|---|---|---|---|---|---|---|
| | h m | h m | h m | h m | h m | h m | h m | h m | h m | h m | h m | h m | h m | h m |
| July 24 | 14 36 | 15 03 | 15 24 | 15 41 | 15 55 | 16 07 | 16 28 | 16 46 | 17 03 | 17 20 | 17 38 | 17 58 | 18 11 | 18 24 |
| 25 | 15 49 | 16 11 | 16 28 | 16 42 | 16 53 | 17 04 | 17 21 | 17 36 | 17 51 | 18 05 | 18 20 | 18 37 | 18 47 | 18 59 |
| 26 | 17 03 | 17 19 | 17 32 | 17 42 | 17 51 | 17 59 | 18 13 | 18 25 | 18 36 | 18 47 | 18 58 | 19 12 | 19 20 | 19 28 |
| 27 | 18 15 | 18 26 | 18 35 | 18 42 | 18 48 | 18 53 | 19 03 | 19 11 | 19 18 | 19 26 | 19 34 | 19 43 | 19 48 | 19 54 |
| 28 | 19 27 | 19 33 | 19 37 | 19 41 | 19 44 | 19 47 | 19 51 | 19 55 | 19 59 | 20 03 | 20 07 | 20 12 | 20 15 | 20 18 |
| 29 | 20 38 | 20 38 | 20 38 | 20 39 | 20 39 | 20 39 | 20 39 | 20 39 | 20 40 | 20 40 | 20 40 | 20 40 | 20 40 | 20 41 |
| 30 | 21 49 | 21 44 | 21 40 | 21 37 | 21 34 | 21 31 | 21 27 | 21 23 | 21 20 | 21 16 | 21 13 | 21 08 | 21 06 | 21 03 |
| 31 | 23 01 | 22 51 | 22 43 | 22 36 | 22 30 | 22 25 | 22 16 | 22 08 | 22 01 | 21 54 | 21 46 | 21 38 | 21 33 | 21 27 |
| Aug. 1 | .. .. | .. .. | 23 47 | 23 36 | 23 28 | 23 20 | 23 07 | 22 55 | 22 44 | 22 34 | 22 22 | 22 09 | 22 02 | 21 53 |
| 2 | 0 16 | 0 00 | .. .. | .. .. | .. .. | .. .. | .. .. | 23 45 | 23 30 | 23 16 | 23 02 | 22 45 | 22 35 | 22 24 |
| 3 | 1 32 | 1 10 | 0 53 | 0 39 | 0 27 | 0 17 | 0 00 | .. .. | .. .. | .. .. | 23 46 | 23 25 | 23 13 | 23 00 |
| 4 | 2 49 | 2 21 | 2 00 | 1 43 | 1 29 | 1 17 | 0 56 | 0 37 | 0 20 | 0 04 | .. .. | .. .. | 23 59 | 23 43 |
| 5 | 4 02 | 3 30 | 3 06 | 2 47 | 2 31 | 2 17 | 1 54 | 1 33 | 1 15 | 0 56 | 0 36 | 0 13 | .. .. | .. .. |
| 6 | 5 07 | 4 33 | 4 08 | 3 48 | 3 32 | 3 17 | 2 53 | 2 32 | 2 12 | 1 53 | 1 32 | 1 07 | 0 53 | 0 37 |
| 7 | 5 58 | 5 27 | 5 03 | 4 44 | 4 29 | 4 15 | 3 52 | 3 31 | 3 12 | 2 53 | 2 33 | 2 10 | 1 56 | 1 40 |
| 8 | 6 35 | 6 09 | 5 49 | 5 33 | 5 20 | 5 08 | 4 47 | 4 30 | 4 13 | 3 56 | 3 38 | 3 18 | 3 05 | 2 52 |
| 9 | 7 01 | 6 42 | 6 28 | 6 15 | 6 05 | 5 55 | 5 39 | 5 25 | 5 12 | 4 59 | 4 45 | 4 28 | 4 19 | 4 08 |
| 10 | 7 21 | 7 09 | 7 00 | 6 51 | 6 44 | 6 38 | 6 27 | 6 18 | 6 09 | 6 00 | 5 51 | 5 40 | 5 33 | 5 26 |
| 11 | 7 38 | 7 32 | 7 28 | 7 24 | 7 20 | 7 18 | 7 12 | 7 08 | 7 04 | 6 59 | 6 55 | 6 50 | 6 47 | 6 44 |
| 12 | 7 52 | 7 53 | 7 54 | 7 54 | 7 54 | 7 55 | 7 55 | 7 56 | 7 57 | 7 57 | 7 58 | 7 59 | 7 59 | 8 00 |
| 13 | 8 07 | 8 14 | 8 19 | 8 24 | 8 28 | 8 32 | 8 38 | 8 43 | 8 49 | 8 54 | 9 00 | 9 06 | 9 10 | 9 14 |
| 14 | 8 23 | 8 36 | 8 46 | 8 55 | 9 03 | 9 09 | 9 21 | 9 31 | 9 41 | 9 50 | 10 01 | 10 13 | 10 20 | 10 28 |
| 15 | 8 42 | 9 01 | 9 17 | 9 29 | 9 40 | 9 49 | 10 06 | 10 20 | 10 33 | 10 47 | 11 02 | 11 18 | 11 28 | 11 40 |
| 16 | 9 07 | 9 32 | 9 52 | 10 07 | 10 21 | 10 33 | 10 53 | 11 11 | 11 27 | 11 44 | 12 02 | 12 22 | 12 35 | 12 49 |
| 17 | 9 40 | 10 10 | 10 33 | 10 51 | 11 07 | 11 20 | 11 43 | 12 03 | 12 22 | 12 40 | 13 00 | 13 24 | 13 37 | 13 53 |

### MOONSET

| Lat. | −55° | −50° | −45° | −40° | −35° | −30° | −20° | −10° | 0° | +10° | +20° | +30° | +35° | +40° |
|---|---|---|---|---|---|---|---|---|---|---|---|---|---|---|
| | h m | h m | h m | h m | h m | h m | h m | h m | h m | h m | h m | h m | h m | h m |
| July 24 | 7 11 | 6 43 | 6 21 | 6 04 | 5 49 | 5 36 | 5 14 | 4 55 | 4 37 | 4 19 | 4 00 | 3 37 | 3 24 | 3 09 |
| 25 | 7 37 | 7 14 | 6 56 | 6 41 | 6 29 | 6 17 | 5 59 | 5 42 | 5 26 | 5 11 | 4 54 | 4 34 | 4 23 | 4 10 |
| 26 | 7 57 | 7 39 | 7 25 | 7 13 | 7 03 | 6 54 | 6 39 | 6 25 | 6 13 | 6 00 | 5 46 | 5 31 | 5 21 | 5 11 |
| 27 | 8 12 | 7 59 | 7 49 | 7 41 | 7 33 | 7 27 | 7 16 | 7 06 | 6 57 | 6 47 | 6 37 | 6 26 | 6 19 | 6 11 |
| 28 | 8 24 | 8 17 | 8 10 | 8 05 | 8 01 | 7 57 | 7 50 | 7 44 | 7 38 | 7 33 | 7 26 | 7 19 | 7 15 | 7 10 |
| 29 | 8 35 | 8 32 | 8 30 | 8 28 | 8 27 | 8 25 | 8 23 | 8 21 | 8 19 | 8 17 | 8 14 | 8 12 | 8 10 | 8 09 |
| 30 | 8 45 | 8 48 | 8 49 | 8 51 | 8 52 | 8 53 | 8 55 | 8 57 | 8 59 | 9 00 | 9 02 | 9 04 | 9 05 | 9 07 |
| 31 | 8 56 | 9 03 | 9 09 | 9 14 | 9 18 | 9 22 | 9 28 | 9 34 | 9 39 | 9 45 | 9 50 | 9 57 | 10 01 | 10 05 |
| Aug. 1 | 9 09 | 9 21 | 9 31 | 9 39 | 9 46 | 9 52 | 10 03 | 10 12 | 10 21 | 10 30 | 10 40 | 10 51 | 10 58 | 11 05 |
| 2 | 9 24 | 9 41 | 9 55 | 10 07 | 10 17 | 10 25 | 10 40 | 10 54 | 11 06 | 11 18 | 11 32 | 11 47 | 11 56 | 12 06 |
| 3 | 9 43 | 10 07 | 10 25 | 10 39 | 10 52 | 11 03 | 11 22 | 11 38 | 11 54 | 12 10 | 12 26 | 12 45 | 12 57 | 13 10 |
| 4 | 10 11 | 10 39 | 11 01 | 11 19 | 11 34 | 11 47 | 12 09 | 12 28 | 12 46 | 13 04 | 13 23 | 13 45 | 13 59 | 14 14 |
| 5 | 10 51 | 11 23 | 11 48 | 12 07 | 12 23 | 12 38 | 13 02 | 13 22 | 13 42 | 14 01 | 14 22 | 14 46 | 15 00 | 15 16 |
| 6 | 11 47 | 12 21 | 12 45 | 13 05 | 13 22 | 13 36 | 14 00 | 14 21 | 14 41 | 15 00 | 15 21 | 15 45 | 15 59 | 16 15 |
| 7 | 13 02 | 13 32 | 13 55 | 14 13 | 14 28 | 14 41 | 15 04 | 15 23 | 15 41 | 15 59 | 16 18 | 16 40 | 16 53 | 17 08 |
| 8 | 14 29 | 14 54 | 15 12 | 15 27 | 15 40 | 15 51 | 16 10 | 16 26 | 16 41 | 16 56 | 17 12 | 17 31 | 17 41 | 17 53 |
| 9 | 16 04 | 16 21 | 16 34 | 16 45 | 16 54 | 17 02 | 17 16 | 17 28 | 17 39 | 17 51 | 18 02 | 18 16 | 18 23 | 18 32 |
| 10 | 17 39 | 17 49 | 17 57 | 18 03 | 18 08 | 18 13 | 18 21 | 18 29 | 18 35 | 18 42 | 18 49 | 18 57 | 19 01 | 19 06 |
| 11 | 19 13 | 19 16 | 19 18 | 19 20 | 19 21 | 19 23 | 19 25 | 19 27 | 19 29 | 19 31 | 19 33 | 19 35 | 19 36 | 19 37 |
| 12 | 20 45 | 20 41 | 20 38 | 20 35 | 20 33 | 20 31 | 20 27 | 20 24 | 20 21 | 20 18 | 20 15 | 20 12 | 20 09 | 20 07 |
| 13 | 22 16 | 22 05 | 21 57 | 21 49 | 21 43 | 21 38 | 21 29 | 21 21 | 21 13 | 21 06 | 20 58 | 20 49 | 20 43 | 20 38 |
| 14 | 23 45 | 23 27 | 23 14 | 23 02 | 22 53 | 22 44 | 22 30 | 22 17 | 22 06 | 21 54 | 21 42 | 21 27 | 21 19 | 21 10 |
| 15 | .. .. | .. .. | .. .. | .. .. | .. .. | 23 49 | 23 30 | 23 14 | 22 59 | 22 44 | 22 28 | 22 09 | 21 58 | 21 46 |
| 16 | 1 10 | 0 46 | 0 28 | 0 13 | 0 00 | .. .. | .. .. | .. .. | 23 53 | 23 35 | 23 16 | 22 54 | 22 42 | 22 27 |
| 17 | 2 29 | 2 00 | 1 38 | 1 20 | 1 05 | 0 52 | 0 30 | 0 11 | .. .. | .. .. | .. .. | 23 44 | 23 30 | 23 14 |

.. .. indicates phenomenon will occur the next day.

## UNIVERSAL TIME FOR MERIDIAN OF GREENWICH

### MOONRISE

| Lat. | +40° | +42° | +44° | +46° | +48° | +50° | +52° | +54° | +56° | +58° | +60° | +62° | +64° | +66° |
|---|---|---|---|---|---|---|---|---|---|---|---|---|---|---|
| | h m | h m | h m | h m | h m | h m | h m | h m | h m | h m | h m | h m | h m | h m |
| July 24 | 18 24 | 18 31 | 18 37 | 18 44 | 18 52 | 19 01 | 19 10 | 19 21 | 19 33 | 19 47 | 20 03 | 20 23 | 20 48 | 21 22 |
| 25 | 18 59 | 19 04 | 19 09 | 19 15 | 19 22 | 19 28 | 19 36 | 19 45 | 19 54 | 20 05 | 20 17 | 20 32 | 20 49 | 21 10 |
| 26 | 19 28 | 19 32 | 19 36 | 19 41 | 19 46 | 19 51 | 19 56 | 20 03 | 20 10 | 20 17 | 20 26 | 20 36 | 20 48 | 21 02 |
| 27 | 19 54 | 19 57 | 20 00 | 20 03 | 20 06 | 20 09 | 20 13 | 20 17 | 20 22 | 20 27 | 20 33 | 20 39 | 20 46 | 20 55 |
| 28 | 20 18 | 20 19 | 20 21 | 20 22 | 20 24 | 20 26 | 20 28 | 20 30 | 20 32 | 20 35 | 20 38 | 20 41 | 20 44 | 20 49 |
| 29 | 20 41 | 20 41 | 20 41 | 20 41 | 20 41 | 20 41 | 20 41 | 20 41 | 20 42 | 20 42 | 20 42 | 20 42 | 20 42 | 20 43 |
| 30 | 21 03 | 21 02 | 21 01 | 21 00 | 20 58 | 20 57 | 20 55 | 20 53 | 20 51 | 20 49 | 20 46 | 20 44 | 20 40 | 20 37 |
| 31 | 21 27 | 21 25 | 21 22 | 21 19 | 21 16 | 21 13 | 21 10 | 21 06 | 21 02 | 20 57 | 20 52 | 20 46 | 20 39 | 20 31 |
| Aug. 1 | 21 53 | 21 50 | 21 46 | 21 42 | 21 37 | 21 32 | 21 27 | 21 21 | 21 14 | 21 07 | 20 58 | 20 49 | 20 37 | 20 24 |
| 2 | 22 24 | 22 19 | 22 13 | 22 08 | 22 01 | 21 55 | 21 47 | 21 39 | 21 30 | 21 20 | 21 08 | 20 54 | 20 37 | 20 17 |
| 3 | 23 00 | 22 54 | 22 47 | 22 40 | 22 32 | 22 24 | 22 14 | 22 04 | 21 52 | 21 38 | 21 22 | 21 03 | 20 39 | 20 07 |
| 4 | 23 43 | 23 36 | 23 29 | 23 21 | 23 12 | 23 02 | 22 51 | 22 38 | 22 24 | 22 07 | 21 47 | 21 22 | 20 47 | 19 44 |
| 5 | .. .. | .. .. | .. .. | .. .. | .. .. | 23 52 | 23 41 | 23 27 | 23 11 | 22 53 | 22 30 | 22 00 | 21 15 | ▢ |
| 6 | 0 37 | 0 29 | 0 21 | 0 13 | 0 03 | .. .. | .. .. | .. .. | .. .. | .. .. | 23 38 | 23 10 | 22 29 | ▢ |
| 7 | 1 40 | 1 33 | 1 25 | 1 17 | 1 07 | 0 57 | 0 46 | 0 33 | 0 18 | 0 00 | .. .. | .. .. | .. .. | 23 40 |
| 8 | 2 52 | 2 45 | 2 39 | 2 31 | 2 23 | 2 14 | 2 05 | 1 54 | 1 41 | 1 26 | 1 09 | 0 48 | 0 20 | .. .. |
| 9 | 4 08 | 4 03 | 3 58 | 3 52 | 3 46 | 3 39 | 3 32 | 3 24 | 3 14 | 3 04 | 2 52 | 2 37 | 2 20 | 1 58 |
| 10 | 5 26 | 5 23 | 5 19 | 5 16 | 5 12 | 5 07 | 5 03 | 4 57 | 4 51 | 4 45 | 4 37 | 4 29 | 4 19 | 4 07 |
| 11 | 6 44 | 6 42 | 6 40 | 6 39 | 6 37 | 6 35 | 6 33 | 6 30 | 6 28 | 6 25 | 6 21 | 6 18 | 6 13 | 6 08 |
| 12 | 8 00 | 8 00 | 8 00 | 8 00 | 8 01 | 8 01 | 8 01 | 8 02 | 8 02 | 8 03 | 8 03 | 8 04 | 8 05 | 8 05 |
| 13 | 9 14 | 9 16 | 9 18 | 9 21 | 9 23 | 9 26 | 9 28 | 9 32 | 9 35 | 9 39 | 9 43 | 9 48 | 9 54 | 10 01 |
| 14 | 10 28 | 10 31 | 10 35 | 10 39 | 10 44 | 10 49 | 10 54 | 11 00 | 11 06 | 11 14 | 11 22 | 11 32 | 11 43 | 11 57 |
| 15 | 11 40 | 11 45 | 11 50 | 11 56 | 12 02 | 12 09 | 12 17 | 12 26 | 12 36 | 12 47 | 13 00 | 13 15 | 13 33 | 13 57 |
| 16 | 12 49 | 12 55 | 13 02 | 13 09 | 13 17 | 13 26 | 13 36 | 13 47 | 14 00 | 14 15 | 14 32 | 14 54 | 15 23 | 16 05 |
| 17 | 13 53 | 14 00 | 14 08 | 14 16 | 14 26 | 14 36 | 14 47 | 15 00 | 15 15 | 15 33 | 15 55 | 16 23 | 17 05 | ▬ |

### MOONSET

| Lat. | +40° | +42° | +44° | +46° | +48° | +50° | +52° | +54° | +56° | +58° | +60° | +62° | +64° | +66° |
|---|---|---|---|---|---|---|---|---|---|---|---|---|---|---|
| | h m | h m | h m | h m | h m | h m | h m | h m | h m | h m | h m | h m | h m | h m |
| July 24 | 3 09 | 3 02 | 2 55 | 2 47 | 2 38 | 2 28 | 2 17 | 2 05 | 1 51 | 1 34 | 1 14 | 0 48 | 0 13 | .. .. |
| 25 | 4 10 | 4 04 | 3 58 | 3 51 | 3 43 | 3 35 | 3 26 | 3 16 | 3 04 | 2 51 | 2 35 | 2 15 | 1 51 | 1 18 |
| 26 | 5 11 | 5 06 | 5 01 | 4 56 | 4 50 | 4 43 | 4 36 | 4 28 | 4 19 | 4 09 | 3 58 | 3 44 | 3 27 | 3 07 |
| 27 | 6 11 | 6 08 | 6 04 | 6 00 | 5 56 | 5 51 | 5 46 | 5 41 | 5 35 | 5 28 | 5 20 | 5 10 | 5 00 | 4 47 |
| 28 | 7 10 | 7 08 | 7 06 | 7 04 | 7 01 | 6 58 | 6 55 | 6 52 | 6 48 | 6 44 | 6 39 | 6 34 | 6 28 | 6 21 |
| 29 | 8 09 | 8 08 | 8 07 | 8 06 | 8 05 | 8 04 | 8 03 | 8 02 | 8 01 | 7 59 | 7 57 | 7 56 | 7 53 | 7 51 |
| 30 | 9 07 | 9 07 | 9 08 | 9 08 | 9 09 | 9 10 | 9 11 | 9 12 | 9 13 | 9 14 | 9 15 | 9 16 | 9 18 | 9 20 |
| 31 | 10 05 | 10 07 | 10 09 | 10 11 | 10 14 | 10 16 | 10 19 | 10 22 | 10 25 | 10 29 | 10 33 | 10 38 | 10 44 | 10 50 |
| Aug. 1 | 11 05 | 11 08 | 11 11 | 11 15 | 11 19 | 11 24 | 11 28 | 11 34 | 11 40 | 11 46 | 11 54 | 12 02 | 12 12 | 12 24 |
| 2 | 12 06 | 12 11 | 12 16 | 12 21 | 12 27 | 12 33 | 12 40 | 12 47 | 12 56 | 13 06 | 13 17 | 13 30 | 13 46 | 14 05 |
| 3 | 13 10 | 13 15 | 13 22 | 13 28 | 13 36 | 13 44 | 13 53 | 14 03 | 14 14 | 14 27 | 14 43 | 15 01 | 15 25 | 15 56 |
| 4 | 14 14 | 14 20 | 14 28 | 14 36 | 14 44 | 14 54 | 15 05 | 15 17 | 15 31 | 15 47 | 16 07 | 16 32 | 17 07 | 18 09 |
| 5 | 15 16 | 15 24 | 15 32 | 15 40 | 15 50 | 16 00 | 16 12 | 16 26 | 16 41 | 17 00 | 17 22 | 17 52 | 18 38 | ▢ |
| 6 | 16 15 | 16 23 | 16 30 | 16 39 | 16 48 | 16 59 | 17 10 | 17 24 | 17 39 | 17 57 | 18 19 | 18 47 | 19 28 | ▢ |
| 7 | 17 08 | 17 14 | 17 21 | 17 29 | 17 37 | 17 47 | 17 57 | 18 08 | 18 21 | 18 36 | 18 54 | 19 16 | 19 44 | 20 25 |
| 8 | 17 53 | 17 58 | 18 04 | 18 10 | 18 17 | 18 24 | 18 32 | 18 41 | 18 51 | 19 02 | 19 15 | 19 31 | 19 49 | 20 12 |
| 9 | 18 32 | 18 36 | 18 40 | 18 44 | 18 49 | 18 54 | 19 00 | 19 06 | 19 13 | 19 20 | 19 29 | 19 39 | 19 50 | 20 04 |
| 10 | 19 06 | 19 08 | 19 11 | 19 13 | 19 16 | 19 19 | 19 22 | 19 25 | 19 29 | 19 33 | 19 38 | 19 44 | 19 50 | 19 57 |
| 11 | 19 37 | 19 38 | 19 38 | 19 39 | 19 40 | 19 41 | 19 41 | 19 42 | 19 43 | 19 44 | 19 46 | 19 47 | 19 48 | 19 50 |
| 12 | 20 07 | 20 06 | 20 05 | 20 04 | 20 03 | 20 01 | 20 00 | 19 58 | 19 56 | 19 54 | 19 52 | 19 50 | 19 47 | 19 44 |
| 13 | 20 38 | 20 35 | 20 32 | 20 29 | 20 26 | 20 23 | 20 19 | 20 15 | 20 10 | 20 05 | 19 59 | 19 53 | 19 46 | 19 37 |
| 14 | 21 10 | 21 06 | 21 01 | 20 57 | 20 52 | 20 46 | 20 40 | 20 33 | 20 26 | 20 18 | 20 08 | 19 58 | 19 45 | 19 30 |
| 15 | 21 46 | 21 41 | 21 35 | 21 28 | 21 21 | 21 14 | 21 06 | 20 56 | 20 46 | 20 34 | 20 21 | 20 05 | 19 45 | 19 21 |
| 16 | 22 27 | 22 20 | 22 13 | 22 06 | 21 57 | 21 48 | 21 38 | 21 26 | 21 13 | 20 58 | 20 40 | 20 18 | 19 49 | 19 06 |
| 17 | 23 14 | 23 07 | 22 59 | 22 50 | 22 41 | 22 30 | 22 19 | 22 06 | 21 50 | 21 32 | 21 10 | 20 42 | 20 00 | ▬ |

▢ indicates Moon continuously above horizon.
▬ indicates Moon continuously below horizon.
.. .. indicates phenomenon will occur the next day.

# MOONRISE AND MOONSET, 2010

## UNIVERSAL TIME FOR MERIDIAN OF GREENWICH

### MOONRISE

| Lat. | −55° | −50° | −45° | −40° | −35° | −30° | −20° | −10° | 0° | +10° | +20° | +30° | +35° | +40° |
|---|---|---|---|---|---|---|---|---|---|---|---|---|---|---|
| | h m | h m | h m | h m | h m | h m | h m | h m | h m | h m | h m | h m | h m | h m |
| Aug. 16 | 9 07 | 9 32 | 9 52 | 10 07 | 10 21 | 10 33 | 10 53 | 11 11 | 11 27 | 11 44 | 12 02 | 12 22 | 12 35 | 12 49 |
| 17 | 9 40 | 10 10 | 10 33 | 10 51 | 11 07 | 11 20 | 11 43 | 12 03 | 12 22 | 12 40 | 13 00 | 13 24 | 13 37 | 13 53 |
| 18 | 10 24 | 10 57 | 11 21 | 11 41 | 11 57 | 12 11 | 12 35 | 12 56 | 13 16 | 13 35 | 13 56 | 14 20 | 14 35 | 14 51 |
| 19 | 11 21 | 11 53 | 12 17 | 12 36 | 12 52 | 13 06 | 13 29 | 13 50 | 14 09 | 14 28 | 14 48 | 15 12 | 15 26 | 15 42 |
| 20 | 12 26 | 12 55 | 13 17 | 13 34 | 13 49 | 14 02 | 14 24 | 14 42 | 15 00 | 15 17 | 15 36 | 15 58 | 16 10 | 16 25 |
| 21 | 13 38 | 14 01 | 14 20 | 14 35 | 14 47 | 14 58 | 15 17 | 15 33 | 15 48 | 16 03 | 16 19 | 16 38 | 16 48 | 17 01 |
| 22 | 14 51 | 15 09 | 15 23 | 15 35 | 15 45 | 15 54 | 16 09 | 16 22 | 16 34 | 16 46 | 16 59 | 17 13 | 17 22 | 17 32 |
| 23 | 16 04 | 16 17 | 16 27 | 16 35 | 16 42 | 16 48 | 16 59 | 17 08 | 17 17 | 17 26 | 17 35 | 17 46 | 17 52 | 17 59 |
| 24 | 17 16 | 17 23 | 17 29 | 17 34 | 17 38 | 17 41 | 17 48 | 17 53 | 17 59 | 18 04 | 18 09 | 18 15 | 18 19 | 18 23 |
| 25 | 18 27 | 18 29 | 18 30 | 18 32 | 18 33 | 18 34 | 18 36 | 18 37 | 18 39 | 18 40 | 18 42 | 18 44 | 18 45 | 18 46 |
| 26 | 19 38 | 19 35 | 19 32 | 19 30 | 19 28 | 19 26 | 19 24 | 19 21 | 19 19 | 19 17 | 19 15 | 19 12 | 19 11 | 19 09 |
| 27 | 20 49 | 20 41 | 20 34 | 20 28 | 20 24 | 20 19 | 20 12 | 20 06 | 20 00 | 19 54 | 19 48 | 19 41 | 19 37 | 19 32 |
| 28 | 22 02 | 21 48 | 21 37 | 21 28 | 21 20 | 21 14 | 21 02 | 20 52 | 20 42 | 20 33 | 20 23 | 20 12 | 20 05 | 19 58 |
| 29 | 23 17 | 22 57 | 22 42 | 22 29 | 22 19 | 22 09 | 21 54 | 21 40 | 21 27 | 21 14 | 21 01 | 20 45 | 20 36 | 20 26 |
| 30 | .. .. | .. .. | 23 47 | 23 32 | 23 19 | 23 07 | 22 47 | 22 30 | 22 15 | 21 59 | 21 42 | 21 23 | 21 12 | 20 59 |
| 31 | 0 32 | 0 07 | .. .. | .. .. | .. .. | .. .. | 23 43 | 23 24 | 23 06 | 22 48 | 22 29 | 22 07 | 21 54 | 21 39 |
| Sept. 1 | 1 45 | 1 15 | 0 53 | 0 34 | 0 19 | 0 06 | .. .. | .. .. | .. .. | 23 41 | 23 21 | 22 57 | 22 43 | 22 27 |
| 2 | 2 52 | 2 19 | 1 55 | 1 35 | 1 19 | 1 05 | 0 41 | 0 20 | 0 00 | .. .. | .. .. | 23 54 | 23 40 | 23 24 |
| 3 | 3 47 | 3 15 | 2 51 | 2 32 | 2 15 | 2 01 | 1 38 | 1 17 | 0 58 | 0 38 | 0 18 | .. .. | .. .. | .. .. |
| 4 | 4 29 | 4 01 | 3 40 | 3 22 | 3 08 | 2 55 | 2 33 | 2 14 | 1 56 | 1 38 | 1 19 | 0 57 | 0 44 | 0 29 |
| 5 | 5 00 | 4 38 | 4 20 | 4 06 | 3 54 | 3 44 | 3 25 | 3 09 | 2 54 | 2 39 | 2 23 | 2 05 | 1 54 | 1 42 |
| 6 | 5 23 | 5 07 | 4 55 | 4 45 | 4 36 | 4 28 | 4 15 | 4 03 | 3 52 | 3 40 | 3 28 | 3 15 | 3 07 | 2 57 |
| 7 | 5 41 | 5 32 | 5 25 | 5 19 | 5 13 | 5 09 | 5 01 | 4 54 | 4 47 | 4 40 | 4 33 | 4 25 | 4 20 | 4 15 |
| 8 | 5 57 | 5 54 | 5 52 | 5 50 | 5 49 | 5 47 | 5 45 | 5 43 | 5 41 | 5 39 | 5 37 | 5 35 | 5 33 | 5 32 |
| 9 | 6 12 | 6 16 | 6 19 | 6 21 | 6 23 | 6 25 | 6 28 | 6 31 | 6 34 | 6 37 | 6 40 | 6 44 | 6 46 | 6 48 |

### MOONSET

| Lat. | −55° | −50° | −45° | −40° | −35° | −30° | −20° | −10° | 0° | +10° | +20° | +30° | +35° | +40° |
|---|---|---|---|---|---|---|---|---|---|---|---|---|---|---|
| | h m | h m | h m | h m | h m | h m | h m | h m | h m | h m | h m | h m | h m | h m |
| Aug. 16 | 1 10 | 0 46 | 0 28 | 0 13 | 0 00 | .. .. | .. .. | .. .. | 23 53 | 23 35 | 23 16 | 22 54 | 22 42 | 22 27 |
| 17 | 2 29 | 2 00 | 1 38 | 1 20 | 1 05 | 0 52 | 0 30 | 0 11 | .. .. | .. .. | .. .. | 23 44 | 23 30 | 23 14 |
| 18 | 3 38 | 3 05 | 2 41 | 2 22 | 2 05 | 1 51 | 1 28 | 1 07 | 0 48 | 0 28 | 0 08 | .. .. | .. .. | .. .. |
| 19 | 4 32 | 4 00 | 3 35 | 3 16 | 3 00 | 2 46 | 2 22 | 2 01 | 1 42 | 1 22 | 1 01 | 0 37 | 0 23 | 0 06 |
| 20 | 5 12 | 4 43 | 4 21 | 4 03 | 3 48 | 3 34 | 3 12 | 2 52 | 2 34 | 2 15 | 1 55 | 1 33 | 1 19 | 1 03 |
| 21 | 5 42 | 5 17 | 4 58 | 4 42 | 4 29 | 4 17 | 3 57 | 3 40 | 3 23 | 3 07 | 2 49 | 2 29 | 2 17 | 2 03 |
| 22 | 6 03 | 5 44 | 5 28 | 5 16 | 5 05 | 4 55 | 4 39 | 4 24 | 4 11 | 3 57 | 3 42 | 3 25 | 3 15 | 3 04 |
| 23 | 6 20 | 6 05 | 5 54 | 5 44 | 5 36 | 5 29 | 5 16 | 5 05 | 4 55 | 4 44 | 4 33 | 4 20 | 4 13 | 4 04 |
| 24 | 6 33 | 6 24 | 6 16 | 6 10 | 6 05 | 6 00 | 5 52 | 5 44 | 5 37 | 5 30 | 5 23 | 5 14 | 5 09 | 5 03 |
| 25 | 6 44 | 6 40 | 6 37 | 6 34 | 6 31 | 6 29 | 6 25 | 6 21 | 6 18 | 6 15 | 6 11 | 6 07 | 6 05 | 6 02 |
| 26 | 6 55 | 6 56 | 6 56 | 6 56 | 6 57 | 6 57 | 6 58 | 6 58 | 6 58 | 6 59 | 6 59 | 6 59 | 7 00 | 7 00 |
| 27 | 7 06 | 7 11 | 7 16 | 7 19 | 7 23 | 7 25 | 7 30 | 7 35 | 7 39 | 7 43 | 7 47 | 7 52 | 7 55 | 7 58 |
| 28 | 7 18 | 7 28 | 7 37 | 7 44 | 7 50 | 7 55 | 8 04 | 8 12 | 8 20 | 8 28 | 8 36 | 8 45 | 8 51 | 8 57 |
| 29 | 7 32 | 7 48 | 8 00 | 8 10 | 8 19 | 8 27 | 8 40 | 8 52 | 9 03 | 9 15 | 9 27 | 9 40 | 9 48 | 9 57 |
| 30 | 7 50 | 8 11 | 8 27 | 8 41 | 8 52 | 9 02 | 9 20 | 9 35 | 9 49 | 10 04 | 10 19 | 10 37 | 10 47 | 10 59 |
| 31 | 8 14 | 8 40 | 9 00 | 9 17 | 9 31 | 9 43 | 10 04 | 10 22 | 10 39 | 10 56 | 11 14 | 11 35 | 11 47 | 12 02 |
| Sept. 1 | 8 47 | 9 18 | 9 42 | 10 00 | 10 16 | 10 30 | 10 53 | 11 13 | 11 32 | 11 50 | 12 11 | 12 34 | 12 48 | 13 03 |
| 2 | 9 35 | 10 08 | 10 33 | 10 52 | 11 09 | 11 23 | 11 47 | 12 08 | 12 28 | 12 47 | 13 08 | 13 32 | 13 46 | 14 02 |
| 3 | 10 39 | 11 11 | 11 35 | 11 54 | 12 10 | 12 23 | 12 47 | 13 07 | 13 26 | 13 44 | 14 04 | 14 27 | 14 40 | 14 56 |
| 4 | 11 59 | 12 26 | 12 46 | 13 03 | 13 17 | 13 29 | 13 50 | 14 07 | 14 24 | 14 41 | 14 58 | 15 18 | 15 30 | 15 43 |
| 5 | 13 28 | 13 48 | 14 04 | 14 17 | 14 28 | 14 38 | 14 54 | 15 09 | 15 22 | 15 35 | 15 49 | 16 05 | 16 14 | 16 24 |
| 6 | 15 01 | 15 15 | 15 25 | 15 34 | 15 41 | 15 48 | 15 59 | 16 09 | 16 18 | 16 27 | 16 36 | 16 47 | 16 53 | 17 00 |
| 7 | 16 36 | 16 42 | 16 47 | 16 51 | 16 55 | 16 58 | 17 03 | 17 08 | 17 13 | 17 17 | 17 22 | 17 27 | 17 30 | 17 33 |
| 8 | 18 09 | 18 09 | 18 09 | 18 08 | 18 08 | 18 08 | 18 07 | 18 07 | 18 06 | 18 06 | 18 05 | 18 05 | 18 04 | 18 04 |
| 9 | 19 43 | 19 35 | 19 30 | 19 25 | 19 20 | 19 17 | 19 10 | 19 05 | 19 00 | 18 54 | 18 49 | 18 42 | 18 39 | 18 35 |

.. .. indicates phenomenon will occur the next day.

## UNIVERSAL TIME FOR MERIDIAN OF GREENWICH
### MOONRISE

| Lat. | +40° | +42° | +44° | +46° | +48° | +50° | +52° | +54° | +56° | +58° | +60° | +62° | +64° | +66° |
|---|---|---|---|---|---|---|---|---|---|---|---|---|---|---|
| | h m | h m | h m | h m | h m | h m | h m | h m | h m | h m | h m | h m | h m | h m |
| Aug. 16 | 12 49 | 12 55 | 13 02 | 13 09 | 13 17 | 13 26 | 13 36 | 13 47 | 14 00 | 14 15 | 14 32 | 14 54 | 15 23 | 16 05 |
| 17 | 13 53 | 14 00 | 14 08 | 14 16 | 14 26 | 14 36 | 14 47 | 15 00 | 15 15 | 15 33 | 15 55 | 16 23 | 17 05 | ■ |
| 18 | 14 51 | 14 59 | 15 07 | 15 15 | 15 25 | 15 36 | 15 48 | 16 01 | 16 17 | 16 36 | 17 00 | 17 30 | 18 19 | ■ |
| 19 | 15 42 | 15 49 | 15 57 | 16 05 | 16 14 | 16 24 | 16 36 | 16 49 | 17 04 | 17 21 | 17 43 | 18 10 | 18 50 | ■ |
| 20 | 16 25 | 16 31 | 16 38 | 16 45 | 16 54 | 17 03 | 17 13 | 17 24 | 17 37 | 17 52 | 18 09 | 18 31 | 18 59 | 19 39 |
| 21 | 17 01 | 17 06 | 17 12 | 17 18 | 17 25 | 17 33 | 17 41 | 17 50 | 18 00 | 18 12 | 18 25 | 18 41 | 19 01 | 19 25 |
| 22 | 17 32 | 17 36 | 17 40 | 17 45 | 17 51 | 17 56 | 18 03 | 18 10 | 18 17 | 18 26 | 18 36 | 18 47 | 19 01 | 19 17 |
| 23 | 17 59 | 18 02 | 18 05 | 18 08 | 18 12 | 18 16 | 18 20 | 18 25 | 18 31 | 18 37 | 18 43 | 18 51 | 19 00 | 19 10 |
| 24 | 18 23 | 18 25 | 18 27 | 18 29 | 18 31 | 18 33 | 18 36 | 18 39 | 18 42 | 18 45 | 18 49 | 18 53 | 18 58 | 19 04 |
| 25 | 18 46 | 18 47 | 18 47 | 18 48 | 18 48 | 18 49 | 18 50 | 18 51 | 18 52 | 18 53 | 18 54 | 18 55 | 18 56 | 18 58 |
| 26 | 19 09 | 19 08 | 19 07 | 19 06 | 19 06 | 19 05 | 19 04 | 19 02 | 19 01 | 19 00 | 18 58 | 18 57 | 18 55 | 18 52 |
| 27 | 19 32 | 19 30 | 19 28 | 19 26 | 19 23 | 19 21 | 19 18 | 19 15 | 19 11 | 19 08 | 19 03 | 18 58 | 18 53 | 18 47 |
| 28 | 19 58 | 19 54 | 19 51 | 19 47 | 19 43 | 19 39 | 19 34 | 19 29 | 19 23 | 19 17 | 19 10 | 19 01 | 18 52 | 18 41 |
| 29 | 20 26 | 20 22 | 20 17 | 20 12 | 20 06 | 20 00 | 19 53 | 19 46 | 19 38 | 19 29 | 19 18 | 19 06 | 18 52 | 18 34 |
| 30 | 20 59 | 20 54 | 20 48 | 20 41 | 20 34 | 20 26 | 20 18 | 20 08 | 19 57 | 19 45 | 19 31 | 19 14 | 18 53 | 18 27 |
| 31 | 21 39 | 21 32 | 21 25 | 21 17 | 21 09 | 21 00 | 20 49 | 20 38 | 20 25 | 20 09 | 19 51 | 19 28 | 18 59 | 18 15 |
| Sept. 1 | 22 27 | 22 20 | 22 12 | 22 03 | 21 54 | 21 44 | 21 32 | 21 19 | 21 04 | 20 46 | 20 25 | 19 57 | 19 17 | □ |
| 2 | 23 24 | 23 17 | 23 09 | 23 00 | 22 51 | 22 40 | 22 29 | 22 15 | 22 00 | 21 42 | 21 20 | 20 51 | 20 07 | □ |
| 3 | .. .. | .. .. | .. .. | .. .. | 23 59 | 23 50 | 23 39 | 23 27 | 23 13 | 22 57 | 22 38 | 22 14 | 21 41 | 20 45 |
| 4 | 0 29 | 0 23 | 0 15 | 0 08 | .. .. | .. .. | .. .. | .. .. | .. .. | .. .. | .. .. | 23 55 | 23 33 | 23 05 |
| 5 | 1 42 | 1 36 | 1 30 | 1 24 | 1 16 | 1 09 | 1 00 | 0 51 | 0 40 | 0 27 | 0 13 | .. .. | .. .. | .. .. |
| 6 | 2 57 | 2 53 | 2 49 | 2 44 | 2 39 | 2 34 | 2 27 | 2 21 | 2 13 | 2 05 | 1 55 | 1 43 | 1 30 | 1 13 |
| 7 | 4 15 | 4 12 | 4 10 | 4 07 | 4 04 | 4 01 | 3 57 | 3 53 | 3 49 | 3 44 | 3 39 | 3 32 | 3 25 | 3 17 |
| 8 | 5 32 | 5 31 | 5 30 | 5 30 | 5 29 | 5 28 | 5 27 | 5 26 | 5 25 | 5 23 | 5 22 | 5 20 | 5 18 | 5 16 |
| 9 | 6 48 | 6 50 | 6 51 | 6 52 | 6 53 | 6 55 | 6 56 | 6 58 | 7 00 | 7 02 | 7 04 | 7 07 | 7 10 | 7 14 |

### MOONSET

| Lat. | +40° | +42° | +44° | +46° | +48° | +50° | +52° | +54° | +56° | +58° | +60° | +62° | +64° | +66° |
|---|---|---|---|---|---|---|---|---|---|---|---|---|---|---|
| | h m | h m | h m | h m | h m | h m | h m | h m | h m | h m | h m | h m | h m | h m |
| Aug. 16 | 22 27 | 22 20 | 22 13 | 22 06 | 21 57 | 21 48 | 21 38 | 21 26 | 21 13 | 20 58 | 20 40 | 20 18 | 19 49 | 19 06 |
| 17 | 23 14 | 23 07 | 22 59 | 22 50 | 22 41 | 22 30 | 22 19 | 22 06 | 21 50 | 21 32 | 21 10 | 20 42 | 20 00 | ■ |
| 18 | .. .. | 23 59 | 23 51 | 23 42 | 23 33 | 23 22 | 23 10 | 22 56 | 22 40 | 22 22 | 21 58 | 21 27 | 20 38 | ■ |
| 19 | 0 06 | .. .. | .. .. | .. .. | .. .. | .. .. | .. .. | 23 57 | 23 43 | 23 25 | 23 04 | 22 37 | 21 58 | ■ |
| 20 | 1 03 | 0 56 | 0 49 | 0 41 | 0 31 | 0 21 | 0 10 | .. .. | .. .. | .. .. | .. .. | .. .. | 23 33 | 22 54 |
| 21 | 2 03 | 1 57 | 1 50 | 1 43 | 1 35 | 1 26 | 1 17 | 1 06 | 0 53 | 0 39 | 0 22 | 0 01 | .. .. | .. .. |
| 22 | 3 04 | 2 59 | 2 53 | 2 47 | 2 41 | 2 34 | 2 26 | 2 17 | 2 08 | 1 57 | 1 44 | 1 28 | 1 10 | 0 46 |
| 23 | 4 04 | 4 00 | 3 56 | 3 52 | 3 47 | 3 42 | 3 36 | 3 30 | 3 23 | 3 15 | 3 05 | 2 55 | 2 42 | 2 27 |
| 24 | 5 03 | 5 01 | 4 58 | 4 55 | 4 52 | 4 49 | 4 45 | 4 41 | 4 36 | 4 31 | 4 25 | 4 19 | 4 11 | 4 02 |
| 25 | 6 02 | 6 01 | 5 59 | 5 58 | 5 56 | 5 55 | 5 53 | 5 51 | 5 49 | 5 47 | 5 44 | 5 41 | 5 37 | 5 33 |
| 26 | 7 00 | 7 00 | 7 00 | 7 00 | 7 00 | 7 01 | 7 01 | 7 01 | 7 01 | 7 01 | 7 01 | 7 02 | 7 02 | 7 02 |
| 27 | 7 58 | 8 00 | 8 01 | 8 03 | 8 04 | 8 06 | 8 08 | 8 11 | 8 13 | 8 16 | 8 19 | 8 23 | 8 27 | 8 32 |
| 28 | 8 57 | 9 00 | 9 03 | 9 06 | 9 09 | 9 13 | 9 17 | 9 22 | 9 27 | 9 32 | 9 39 | 9 46 | 9 54 | 10 04 |
| 29 | 9 57 | 10 02 | 10 06 | 10 11 | 10 16 | 10 21 | 10 27 | 10 34 | 10 42 | 10 50 | 11 00 | 11 11 | 11 25 | 11 41 |
| 30 | 10 59 | 11 05 | 11 10 | 11 16 | 11 23 | 11 30 | 11 39 | 11 48 | 11 58 | 12 10 | 12 23 | 12 40 | 13 00 | 13 25 |
| 31 | 12 02 | 12 08 | 12 15 | 12 22 | 12 31 | 12 40 | 12 50 | 13 01 | 13 14 | 13 29 | 13 47 | 14 09 | 14 38 | 15 21 |
| Sept. 1 | 13 03 | 13 11 | 13 18 | 13 27 | 13 36 | 13 46 | 13 57 | 14 10 | 14 25 | 14 43 | 15 04 | 15 32 | 16 12 | □ |
| 2 | 14 02 | 14 10 | 14 17 | 14 26 | 14 36 | 14 46 | 14 58 | 15 11 | 15 26 | 15 45 | 16 07 | 16 36 | 17 20 | □ |
| 3 | 14 56 | 15 03 | 15 10 | 15 18 | 15 27 | 15 37 | 15 48 | 16 00 | 16 14 | 16 30 | 16 50 | 17 15 | 17 48 | 18 44 |
| 4 | 15 43 | 15 49 | 15 55 | 16 02 | 16 10 | 16 18 | 16 27 | 16 37 | 16 49 | 17 02 | 17 17 | 17 35 | 17 58 | 18 27 |
| 5 | 16 24 | 16 29 | 16 34 | 16 39 | 16 45 | 16 51 | 16 58 | 17 05 | 17 14 | 17 23 | 17 34 | 17 46 | 18 01 | 18 18 |
| 6 | 17 00 | 17 03 | 17 07 | 17 10 | 17 14 | 17 18 | 17 22 | 17 27 | 17 32 | 17 38 | 17 45 | 17 53 | 18 01 | 18 12 |
| 7 | 17 33 | 17 34 | 17 36 | 17 38 | 17 39 | 17 41 | 17 43 | 17 45 | 17 48 | 17 51 | 17 54 | 17 57 | 18 01 | 18 05 |
| 8 | 18 04 | 18 04 | 18 03 | 18 03 | 18 03 | 18 03 | 18 02 | 18 02 | 18 02 | 18 02 | 18 02 | 18 01 | 18 00 | 18 00 |
| 9 | 18 35 | 18 33 | 18 31 | 18 29 | 18 27 | 18 24 | 18 22 | 18 19 | 18 16 | 18 12 | 18 09 | 18 04 | 17 59 | 17 54 |

□ indicates Moon continuously above horizon.
■ indicates Moon continuously below horizon.
.. .. indicates phenomenon will occur the next day.

# MOONRISE AND MOONSET, 2010

## UNIVERSAL TIME FOR MERIDIAN OF GREENWICH

### MOONRISE

| Lat. | −55° | −50° | −45° | −40° | −35° | −30° | −20° | −10° | 0° | +10° | +20° | +30° | +35° | +40° |
|---|---|---|---|---|---|---|---|---|---|---|---|---|---|---|
| | h m | h m | h m | h m | h m | h m | h m | h m | h m | h m | h m | h m | h m | h m |
| Sept. 8 | 5 57 | 5 54 | 5 52 | 5 50 | 5 49 | 5 47 | 5 45 | 5 43 | 5 41 | 5 39 | 5 37 | 5 35 | 5 33 | 5 32 |
| 9 | 6 12 | 6 16 | 6 19 | 6 21 | 6 23 | 6 25 | 6 28 | 6 31 | 6 34 | 6 37 | 6 40 | 6 44 | 6 46 | 6 48 |
| 10 | 6 28 | 6 38 | 6 46 | 6 53 | 6 58 | 7 03 | 7 12 | 7 20 | 7 28 | 7 35 | 7 44 | 7 53 | 7 58 | 8 05 |
| 11 | 6 47 | 7 03 | 7 16 | 7 26 | 7 36 | 7 44 | 7 58 | 8 10 | 8 22 | 8 34 | 8 47 | 9 01 | 9 10 | 9 20 |
| 12 | 7 10 | 7 32 | 7 50 | 8 04 | 8 17 | 8 27 | 8 46 | 9 02 | 9 17 | 9 33 | 9 49 | 10 08 | 10 20 | 10 32 |
| 13 | 7 41 | 8 09 | 8 30 | 8 47 | 9 02 | 9 15 | 9 36 | 9 56 | 10 13 | 10 31 | 10 50 | 11 13 | 11 26 | 11 41 |
| 14 | 8 22 | 8 53 | 9 17 | 9 36 | 9 52 | 10 06 | 10 30 | 10 50 | 11 09 | 11 28 | 11 49 | 12 13 | 12 27 | 12 43 |
| 15 | 9 15 | 9 47 | 10 11 | 10 30 | 10 46 | 11 00 | 11 24 | 11 45 | 12 04 | 12 23 | 12 43 | 13 07 | 13 21 | 13 37 |
| 16 | 10 18 | 10 48 | 11 10 | 11 28 | 11 43 | 11 56 | 12 19 | 12 38 | 12 56 | 13 14 | 13 33 | 13 55 | 14 08 | 14 23 |
| 17 | 11 28 | 11 53 | 12 13 | 12 28 | 12 41 | 12 53 | 13 13 | 13 29 | 13 45 | 14 01 | 14 18 | 14 37 | 14 49 | 15 01 |
| 18 | 12 41 | 13 01 | 13 16 | 13 29 | 13 39 | 13 49 | 14 05 | 14 19 | 14 32 | 14 45 | 14 59 | 15 14 | 15 24 | 15 34 |
| 19 | 13 53 | 14 08 | 14 19 | 14 28 | 14 36 | 14 43 | 14 55 | 15 06 | 15 16 | 15 25 | 15 36 | 15 48 | 15 54 | 16 02 |
| 20 | 15 05 | 15 14 | 15 21 | 15 27 | 15 32 | 15 37 | 15 44 | 15 51 | 15 58 | 16 04 | 16 11 | 16 18 | 16 23 | 16 27 |
| 21 | 16 16 | 16 20 | 16 23 | 16 25 | 16 28 | 16 29 | 16 33 | 16 36 | 16 38 | 16 41 | 16 44 | 16 47 | 16 49 | 16 51 |
| 22 | 17 27 | 17 26 | 17 24 | 17 23 | 17 23 | 17 23 | 17 22 | 17 21 | 17 20 | 17 19 | 17 18 | 17 17 | 17 15 | 17 14 |
| 23 | 18 38 | 18 32 | 18 26 | 18 22 | 18 18 | 18 15 | 18 09 | 18 04 | 17 59 | 17 55 | 17 50 | 17 44 | 17 41 | 17 38 |
| 24 | 19 51 | 19 39 | 19 29 | 19 22 | 19 15 | 19 09 | 18 59 | 18 50 | 18 41 | 18 33 | 18 24 | 18 15 | 18 09 | 18 03 |
| 25 | 21 05 | 20 48 | 20 34 | 20 22 | 20 13 | 20 04 | 19 50 | 19 37 | 19 26 | 19 14 | 19 02 | 18 48 | 18 39 | 18 30 |
| 26 | 22 20 | 21 57 | 21 39 | 21 24 | 21 12 | 21 01 | 20 43 | 20 27 | 20 12 | 19 58 | 19 42 | 19 24 | 19 14 | 19 02 |
| 27 | 23 34 | 23 05 | 22 44 | 22 27 | 22 12 | 21 59 | 21 38 | 21 19 | 21 02 | 20 45 | 20 27 | 20 06 | 19 53 | 19 39 |
| 28 | .. .. | .. .. | 23 46 | 23 27 | 23 11 | 22 57 | 22 34 | 22 14 | 21 55 | 21 36 | 21 16 | 20 53 | 20 40 | 20 24 |
| 29 | 0 42 | 0 10 | .. .. | .. .. | .. .. | 23 54 | 23 30 | 23 09 | 22 50 | 22 31 | 22 10 | 21 47 | 21 33 | 21 17 |
| 30 | 1 39 | 1 07 | 0 43 | 0 24 | 0 08 | .. .. | .. .. | .. .. | 23 46 | 23 28 | 23 09 | 22 46 | 22 33 | 22 17 |
| Oct. 1 | 2 25 | 1 55 | 1 33 | 1 15 | 1 00 | 0 47 | 0 24 | 0 05 | .. .. | .. .. | .. .. | 23 50 | 23 38 | 23 25 |
| 2 | 2 58 | 2 34 | 2 15 | 2 00 | 1 47 | 1 36 | 1 16 | 0 59 | 0 43 | 0 27 | 0 10 | .. .. | .. .. | .. .. |

### MOONSET

| Lat. | −55° | −50° | −45° | −40° | −35° | −30° | −20° | −10° | 0° | +10° | +20° | +30° | +35° | +40° |
|---|---|---|---|---|---|---|---|---|---|---|---|---|---|---|
| | h m | h m | h m | h m | h m | h m | h m | h m | h m | h m | h m | h m | h m | h m |
| Sept. 8 | 18 09 | 18 09 | 18 09 | 18 08 | 18 08 | 18 08 | 18 07 | 18 07 | 18 06 | 18 06 | 18 05 | 18 05 | 18 04 | 18 04 |
| 9 | 19 43 | 19 35 | 19 30 | 19 25 | 19 20 | 19 17 | 19 10 | 19 05 | 19 00 | 18 54 | 18 49 | 18 42 | 18 39 | 18 35 |
| 10 | 21 15 | 21 01 | 20 50 | 20 40 | 20 32 | 20 26 | 20 14 | 20 03 | 19 53 | 19 44 | 19 33 | 19 22 | 19 15 | 19 07 |
| 11 | 22 45 | 22 24 | 22 08 | 21 55 | 21 43 | 21 33 | 21 17 | 21 02 | 20 48 | 20 35 | 20 20 | 20 04 | 19 54 | 19 43 |
| 12 | .. .. | 23 43 | 23 22 | 23 06 | 22 52 | 22 40 | 22 19 | 22 01 | 21 44 | 21 27 | 21 09 | 20 49 | 20 37 | 20 23 |
| 13 | 0 10 | .. .. | .. .. | .. .. | 23 56 | 23 42 | 23 19 | 22 59 | 22 40 | 22 21 | 22 01 | 21 38 | 21 25 | 21 09 |
| 14 | 1 25 | 0 54 | 0 30 | 0 11 | .. .. | .. .. | .. .. | 23 55 | 23 36 | 23 16 | 22 55 | 22 31 | 22 17 | 22 01 |
| 15 | 2 25 | 1 53 | 1 29 | 1 10 | 0 53 | 0 39 | 0 16 | .. .. | .. .. | .. .. | 23 50 | 23 27 | 23 13 | 22 58 |
| 16 | 3 11 | 2 41 | 2 18 | 2 00 | 1 44 | 1 31 | 1 08 | 0 48 | 0 29 | 0 10 | .. .. | .. .. | .. .. | 23 57 |
| 17 | 3 44 | 3 18 | 2 58 | 2 42 | 2 28 | 2 16 | 1 55 | 1 37 | 1 20 | 1 03 | 0 45 | 0 24 | 0 11 | .. .. |
| 18 | 4 08 | 3 47 | 3 31 | 3 17 | 3 06 | 2 55 | 2 38 | 2 23 | 2 08 | 1 54 | 1 38 | 1 20 | 1 09 | 0 57 |
| 19 | 4 26 | 4 11 | 3 58 | 3 47 | 3 38 | 3 31 | 3 17 | 3 05 | 2 53 | 2 42 | 2 29 | 2 15 | 2 07 | 1 58 |
| 20 | 4 41 | 4 30 | 4 21 | 4 14 | 4 08 | 4 02 | 3 53 | 3 44 | 3 36 | 3 28 | 3 19 | 3 09 | 3 03 | 2 57 |
| 21 | 4 53 | 4 47 | 4 42 | 4 38 | 4 35 | 4 32 | 4 27 | 4 22 | 4 17 | 4 13 | 4 08 | 4 02 | 3 59 | 3 55 |
| 22 | 5 04 | 5 03 | 5 02 | 5 02 | 5 01 | 5 00 | 4 59 | 4 59 | 4 58 | 4 57 | 4 56 | 4 55 | 4 54 | 4 53 |
| 23 | 5 15 | 5 19 | 5 22 | 5 25 | 5 27 | 5 29 | 5 32 | 5 35 | 5 38 | 5 41 | 5 44 | 5 47 | 5 49 | 5 52 |
| 24 | 5 27 | 5 36 | 5 43 | 5 49 | 5 54 | 5 58 | 6 06 | 6 13 | 6 19 | 6 26 | 6 33 | 6 41 | 6 45 | 6 51 |
| 25 | 5 41 | 5 55 | 6 06 | 6 15 | 6 23 | 6 30 | 6 42 | 6 52 | 7 02 | 7 12 | 7 23 | 7 35 | 7 43 | 7 51 |
| 26 | 5 58 | 6 17 | 6 32 | 6 44 | 6 55 | 7 04 | 7 20 | 7 34 | 7 48 | 8 01 | 8 15 | 8 32 | 8 41 | 8 52 |
| 27 | 6 20 | 6 44 | 7 03 | 7 19 | 7 32 | 7 43 | 8 03 | 8 20 | 8 36 | 8 52 | 9 09 | 9 29 | 9 41 | 9 54 |
| 28 | 6 50 | 7 19 | 7 41 | 7 59 | 8 14 | 8 27 | 8 50 | 9 09 | 9 27 | 9 45 | 10 05 | 10 27 | 10 40 | 10 56 |
| 29 | 7 32 | 8 05 | 8 29 | 8 48 | 9 04 | 9 18 | 9 42 | 10 02 | 10 21 | 10 40 | 11 01 | 11 24 | 11 38 | 11 54 |
| 30 | 8 29 | 9 01 | 9 25 | 9 44 | 10 00 | 10 14 | 10 38 | 10 58 | 11 17 | 11 36 | 11 56 | 12 19 | 12 33 | 12 48 |
| Oct. 1 | 9 41 | 10 09 | 10 31 | 10 49 | 11 03 | 11 16 | 11 37 | 11 56 | 12 13 | 12 31 | 12 49 | 13 10 | 13 22 | 13 37 |
| 2 | 11 03 | 11 26 | 11 44 | 11 58 | 12 10 | 12 21 | 12 39 | 12 55 | 13 09 | 13 24 | 13 39 | 13 57 | 14 07 | 14 19 |

.. .. indicates phenomenon will occur the next day.

## UNIVERSAL TIME FOR MERIDIAN OF GREENWICH
### MOONRISE

| Lat. | +40° | +42° | +44° | +46° | +48° | +50° | +52° | +54° | +56° | +58° | +60° | +62° | +64° | +66° |
|---|---|---|---|---|---|---|---|---|---|---|---|---|---|---|
| | h m | h m | h m | h m | h m | h m | h m | h m | h m | h m | h m | h m | h m | h m |
| Sept. 8 | 5 32 | 5 31 | 5 30 | 5 30 | 5 29 | 5 28 | 5 27 | 5 26 | 5 25 | 5 23 | 5 22 | 5 20 | 5 18 | 5 16 |
| 9 | 6 48 | 6 50 | 6 51 | 6 52 | 6 53 | 6 55 | 6 56 | 6 58 | 7 00 | 7 02 | 7 04 | 7 07 | 7 10 | 7 14 |
| 10 | 8 05 | 8 07 | 8 10 | 8 13 | 8 17 | 8 21 | 8 25 | 8 29 | 8 34 | 8 40 | 8 46 | 8 54 | 9 02 | 9 12 |
| 11 | 9 20 | 9 24 | 9 29 | 9 34 | 9 39 | 9 45 | 9 52 | 9 59 | 10 07 | 10 17 | 10 28 | 10 40 | 10 55 | 11 13 |
| 12 | 10 32 | 10 38 | 10 44 | 10 51 | 10 59 | 11 07 | 11 16 | 11 26 | 11 37 | 11 50 | 12 06 | 12 24 | 12 48 | 13 20 |
| 13 | 11 41 | 11 48 | 11 55 | 12 03 | 12 12 | 12 22 | 12 32 | 12 45 | 12 59 | 13 15 | 13 35 | 14 01 | 14 36 | 15 42 |
| 14 | 12 43 | 12 50 | 12 58 | 13 07 | 13 16 | 13 27 | 13 39 | 13 52 | 14 08 | 14 26 | 14 49 | 15 18 | 16 04 | ■ |
| 15 | 13 37 | 13 44 | 13 52 | 14 01 | 14 10 | 14 20 | 14 32 | 14 45 | 15 00 | 15 18 | 15 40 | 16 08 | 16 50 | ■ |
| 16 | 14 23 | 14 30 | 14 37 | 14 45 | 14 53 | 15 02 | 15 13 | 15 25 | 15 38 | 15 54 | 16 12 | 16 35 | 17 06 | 17 52 |
| 17 | 15 01 | 15 07 | 15 13 | 15 20 | 15 27 | 15 35 | 15 44 | 15 54 | 16 05 | 16 17 | 16 32 | 16 49 | 17 11 | 17 38 |
| 18 | 15 34 | 15 39 | 15 44 | 15 49 | 15 55 | 16 01 | 16 08 | 16 15 | 16 24 | 16 33 | 16 44 | 16 57 | 17 12 | 17 30 |
| 19 | 16 02 | 16 06 | 16 09 | 16 13 | 16 17 | 16 22 | 16 27 | 16 32 | 16 38 | 16 45 | 16 53 | 17 02 | 17 12 | 17 23 |
| 20 | 16 27 | 16 30 | 16 32 | 16 34 | 16 37 | 16 40 | 16 43 | 16 47 | 16 50 | 16 55 | 16 59 | 17 05 | 17 11 | 17 18 |
| 21 | 16 51 | 16 52 | 16 53 | 16 54 | 16 55 | 16 56 | 16 58 | 16 59 | 17 01 | 17 03 | 17 05 | 17 07 | 17 09 | 17 12 |
| 22 | 17 14 | 17 14 | 17 13 | 17 13 | 17 13 | 17 12 | 17 12 | 17 11 | 17 11 | 17 10 | 17 10 | 17 09 | 17 08 | 17 07 |
| 23 | 17 38 | 17 36 | 17 34 | 17 33 | 17 31 | 17 29 | 17 26 | 17 24 | 17 21 | 17 18 | 17 15 | 17 11 | 17 07 | 17 02 |
| 24 | 18 03 | 18 00 | 17 57 | 17 53 | 17 50 | 17 46 | 17 42 | 17 38 | 17 33 | 17 27 | 17 21 | 17 14 | 17 06 | 16 57 |
| 25 | 18 30 | 18 26 | 18 22 | 18 17 | 18 12 | 18 07 | 18 01 | 17 54 | 17 47 | 17 38 | 17 29 | 17 18 | 17 06 | 16 51 |
| 26 | 19 02 | 18 57 | 18 51 | 18 45 | 18 38 | 18 31 | 18 23 | 18 15 | 18 05 | 17 54 | 17 41 | 17 26 | 17 08 | 16 45 |
| 27 | 19 39 | 19 33 | 19 26 | 19 19 | 19 11 | 19 02 | 18 53 | 18 42 | 18 30 | 18 15 | 17 59 | 17 39 | 17 13 | 16 37 |
| 28 | 20 24 | 20 17 | 20 10 | 20 01 | 19 52 | 19 42 | 19 31 | 19 19 | 19 05 | 18 48 | 18 28 | 18 02 | 17 27 | 16 21 |
| 29 | 21 17 | 21 10 | 21 02 | 20 53 | 20 44 | 20 34 | 20 22 | 20 09 | 19 54 | 19 36 | 19 14 | 18 46 | 18 04 | □ |
| 30 | 22 17 | 22 11 | 22 03 | 21 55 | 21 46 | 21 36 | 21 25 | 21 13 | 20 59 | 20 42 | 20 22 | 19 56 | 19 21 | 18 12 |
| Oct. 1 | 23 25 | 23 19 | 23 12 | 23 05 | 22 58 | 22 49 | 22 40 | 22 29 | 22 18 | 22 04 | 21 48 | 21 28 | 21 03 | 20 28 |
| 2 | .. .. | .. .. | .. .. | .. .. | .. .. | .. .. | .. .. | 23 54 | 23 45 | 23 35 | 23 23 | 23 09 | 22 53 | 22 33 |

### MOONSET

| Lat. | +40° | +42° | +44° | +46° | +48° | +50° | +52° | +54° | +56° | +58° | +60° | +62° | +64° | +66° |
|---|---|---|---|---|---|---|---|---|---|---|---|---|---|---|
| | h m | h m | h m | h m | h m | h m | h m | h m | h m | h m | h m | h m | h m | h m |
| Sept. 8 | 18 04 | 18 04 | 18 03 | 18 03 | 18 03 | 18 03 | 18 02 | 18 02 | 18 02 | 18 02 | 18 01 | 18 01 | 18 00 | 18 00 |
| 9 | 18 35 | 18 33 | 18 31 | 18 29 | 18 27 | 18 24 | 18 22 | 18 19 | 18 16 | 18 12 | 18 09 | 18 04 | 17 59 | 17 54 |
| 10 | 19 07 | 19 04 | 19 00 | 18 56 | 18 52 | 18 48 | 18 43 | 18 37 | 18 31 | 18 25 | 18 17 | 18 09 | 17 59 | 17 47 |
| 11 | 19 43 | 19 38 | 19 33 | 19 27 | 19 21 | 19 15 | 19 07 | 18 59 | 18 50 | 18 40 | 18 29 | 18 15 | 17 59 | 17 40 |
| 12 | 20 23 | 20 17 | 20 11 | 20 04 | 19 56 | 19 47 | 19 38 | 19 27 | 19 15 | 19 02 | 18 46 | 18 26 | 18 02 | 17 30 |
| 13 | 21 09 | 21 02 | 20 55 | 20 47 | 20 38 | 20 28 | 20 17 | 20 04 | 19 50 | 19 33 | 19 13 | 18 47 | 18 12 | 17 05 |
| 14 | 22 01 | 21 54 | 21 46 | 21 37 | 21 28 | 21 17 | 21 05 | 20 52 | 20 36 | 20 18 | 19 55 | 19 25 | 18 40 | ■ |
| 15 | 22 58 | 22 50 | 22 43 | 22 34 | 22 25 | 22 15 | 22 03 | 21 50 | 21 35 | 21 18 | 20 56 | 20 28 | 19 46 | ■ |
| 16 | 23 57 | 23 50 | 23 44 | 23 36 | 23 28 | 23 19 | 23 09 | 22 57 | 22 44 | 22 29 | 22 11 | 21 48 | 21 18 | 20 32 |
| 17 | .. .. | .. .. | .. .. | .. .. | .. .. | .. .. | .. .. | .. .. | 23 57 | 23 45 | 23 31 | 23 14 | 22 54 | 22 27 |
| 18 | 0 57 | 0 52 | 0 46 | 0 40 | 0 33 | 0 25 | 0 17 | 0 08 | .. .. | .. .. | .. .. | .. .. | .. .. | .. .. |
| 19 | 1 58 | 1 53 | 1 49 | 1 44 | 1 39 | 1 33 | 1 27 | 1 20 | 1 12 | 1 03 | 0 53 | 0 41 | 0 27 | 0 09 |
| 20 | 2 57 | 2 54 | 2 51 | 2 47 | 2 44 | 2 40 | 2 35 | 2 31 | 2 25 | 2 19 | 2 13 | 2 05 | 1 56 | 1 45 |
| 21 | 3 55 | 3 54 | 3 52 | 3 50 | 3 48 | 3 46 | 3 44 | 3 41 | 3 38 | 3 35 | 3 31 | 3 27 | 3 22 | 3 17 |
| 22 | 4 53 | 4 53 | 4 53 | 4 52 | 4 52 | 4 52 | 4 51 | 4 51 | 4 50 | 4 49 | 4 49 | 4 48 | 4 47 | 4 46 |
| 23 | 5 52 | 5 53 | 5 54 | 5 55 | 5 56 | 5 57 | 5 59 | 6 00 | 6 02 | 6 04 | 6 06 | 6 09 | 6 12 | 6 15 |
| 24 | 6 51 | 6 53 | 6 55 | 6 58 | 7 01 | 7 04 | 7 07 | 7 11 | 7 15 | 7 20 | 7 25 | 7 31 | 7 38 | 7 46 |
| 25 | 7 51 | 7 54 | 7 58 | 8 02 | 8 07 | 8 12 | 8 17 | 8 23 | 8 30 | 8 37 | 8 46 | 8 56 | 9 07 | 9 21 |
| 26 | 8 52 | 8 57 | 9 02 | 9 08 | 9 14 | 9 21 | 9 28 | 9 36 | 9 46 | 9 56 | 10 08 | 10 23 | 10 40 | 11 02 |
| 27 | 9 54 | 10 00 | 10 07 | 10 14 | 10 21 | 10 30 | 10 39 | 10 50 | 11 01 | 11 15 | 11 31 | 11 51 | 12 16 | 12 51 |
| 28 | 10 56 | 11 02 | 11 10 | 11 18 | 11 27 | 11 36 | 11 47 | 11 59 | 12 14 | 12 30 | 12 50 | 13 15 | 13 50 | 14 56 |
| 29 | 11 54 | 12 02 | 12 09 | 12 18 | 12 27 | 12 38 | 12 49 | 13 02 | 13 17 | 13 35 | 13 57 | 14 25 | 15 07 | □ |
| 30 | 12 48 | 12 56 | 13 03 | 13 11 | 13 20 | 13 30 | 13 41 | 13 54 | 14 08 | 14 25 | 14 46 | 15 12 | 15 47 | 16 57 |
| Oct. 1 | 13 37 | 13 43 | 13 50 | 13 57 | 14 05 | 14 14 | 14 23 | 14 34 | 14 47 | 15 01 | 15 17 | 15 38 | 16 03 | 16 39 |
| 2 | 14 19 | 14 24 | 14 29 | 14 35 | 14 42 | 14 49 | 14 56 | 15 05 | 15 14 | 15 25 | 15 37 | 15 52 | 16 09 | 16 31 |

□ indicates Moon continuously above horizon.
■ indicates Moon continuously below horizon.
.. .. indicates phenomenon will occur the next day.

# MOONRISE AND MOONSET, 2010

## UNIVERSAL TIME FOR MERIDIAN OF GREENWICH

### MOONRISE

| Lat. | −55° | −50° | −45° | −40° | −35° | −30° | −20° | −10° | 0° | +10° | +20° | +30° | +35° | +40° |
|---|---|---|---|---|---|---|---|---|---|---|---|---|---|---|
| | h m | h m | h m | h m | h m | h m | h m | h m | h m | h m | h m | h m | h m | h m |
| Oct. 1 | 2 25 | 1 55 | 1 33 | 1 15 | 1 00 | 0 47 | 0 24 | 0 05 | .. .. | .. .. | .. .. | 23 50 | 23 38 | 23 25 |
| 2 | 2 58 | 2 34 | 2 15 | 2 00 | 1 47 | 1 36 | 1 16 | 0 59 | 0 43 | 0 27 | 0 10 | .. .. | .. .. | .. .. |
| 3 | 3 24 | 3 06 | 2 51 | 2 39 | 2 29 | 2 20 | 2 05 | 1 51 | 1 38 | 1 25 | 1 12 | 0 56 | 0 47 | 0 36 |
| 4 | 3 43 | 3 32 | 3 22 | 3 14 | 3 07 | 3 01 | 2 50 | 2 41 | 2 32 | 2 24 | 2 14 | 2 03 | 1 57 | 1 50 |
| 5 | 4 00 | 3 54 | 3 50 | 3 46 | 3 43 | 3 40 | 3 34 | 3 30 | 3 26 | 3 21 | 3 17 | 3 11 | 3 08 | 3 05 |
| 6 | 4 16 | 4 16 | 4 16 | 4 17 | 4 17 | 4 17 | 4 17 | 4 18 | 4 18 | 4 19 | 4 19 | 4 20 | 4 20 | 4 20 |
| 7 | 4 31 | 4 38 | 4 43 | 4 48 | 4 51 | 4 55 | 5 01 | 5 06 | 5 11 | 5 16 | 5 22 | 5 28 | 5 32 | 5 36 |
| 8 | 4 49 | 5 02 | 5 12 | 5 21 | 5 28 | 5 35 | 5 46 | 5 56 | 6 06 | 6 15 | 6 26 | 6 37 | 6 44 | 6 52 |
| 9 | 5 11 | 5 30 | 5 45 | 5 57 | 6 08 | 6 17 | 6 34 | 6 48 | 7 01 | 7 15 | 7 30 | 7 47 | 7 56 | 8 08 |
| 10 | 5 39 | 6 04 | 6 23 | 6 39 | 6 52 | 7 04 | 7 24 | 7 42 | 7 59 | 8 15 | 8 33 | 8 54 | 9 06 | 9 20 |
| 11 | 6 16 | 6 46 | 7 09 | 7 27 | 7 42 | 7 55 | 8 18 | 8 38 | 8 57 | 9 15 | 9 35 | 9 58 | 10 12 | 10 28 |
| 12 | 7 06 | 7 38 | 8 01 | 8 20 | 8 36 | 8 50 | 9 14 | 9 34 | 9 53 | 10 13 | 10 33 | 10 57 | 11 11 | 11 27 |
| 13 | 8 07 | 8 37 | 9 00 | 9 19 | 9 34 | 9 47 | 10 10 | 10 30 | 10 48 | 11 06 | 11 26 | 11 49 | 12 02 | 12 17 |
| 14 | 9 16 | 9 43 | 10 03 | 10 19 | 10 33 | 10 45 | 11 05 | 11 23 | 11 40 | 11 56 | 12 14 | 12 34 | 12 46 | 12 59 |
| 15 | 10 29 | 10 50 | 11 07 | 11 20 | 11 32 | 11 42 | 11 59 | 12 14 | 12 28 | 12 42 | 12 56 | 13 13 | 13 23 | 13 34 |
| 16 | 11 42 | 11 58 | 12 10 | 12 20 | 12 29 | 12 37 | 12 50 | 13 02 | 13 13 | 13 23 | 13 35 | 13 48 | 13 55 | 14 04 |
| 17 | 12 54 | 13 04 | 13 13 | 13 20 | 13 26 | 13 31 | 13 40 | 13 48 | 13 55 | 14 03 | 14 11 | 14 19 | 14 25 | 14 30 |
| 18 | 14 05 | 14 10 | 14 14 | 14 18 | 14 21 | 14 24 | 14 28 | 14 32 | 14 36 | 14 40 | 14 44 | 14 49 | 14 52 | 14 55 |
| 19 | 15 15 | 15 15 | 15 16 | 15 16 | 15 16 | 15 16 | 15 16 | 15 17 | 15 17 | 15 17 | 15 17 | 15 18 | 15 18 | 15 18 |
| 20 | 16 26 | 16 21 | 16 17 | 16 14 | 16 11 | 16 09 | 16 05 | 16 01 | 15 57 | 15 54 | 15 50 | 15 46 | 15 44 | 15 41 |
| 21 | 17 38 | 17 28 | 17 20 | 17 13 | 17 08 | 17 03 | 16 54 | 16 46 | 16 39 | 16 32 | 16 25 | 16 16 | 16 12 | 16 06 |
| 22 | 18 52 | 18 37 | 18 24 | 18 14 | 18 06 | 17 58 | 17 45 | 17 34 | 17 23 | 17 13 | 17 01 | 16 49 | 16 41 | 16 33 |
| 23 | 20 08 | 19 47 | 19 30 | 19 16 | 19 05 | 18 55 | 18 38 | 18 23 | 18 09 | 17 56 | 17 41 | 17 25 | 17 15 | 17 04 |
| 24 | 21 22 | 20 56 | 20 36 | 20 19 | 20 05 | 19 53 | 19 33 | 19 15 | 18 59 | 18 43 | 18 25 | 18 05 | 17 54 | 17 40 |
| 25 | 22 33 | 22 02 | 21 39 | 21 21 | 21 05 | 20 52 | 20 29 | 20 10 | 19 51 | 19 33 | 19 14 | 18 51 | 18 38 | 18 23 |

### MOONSET

| Lat. | −55° | −50° | −45° | −40° | −35° | −30° | −20° | −10° | 0° | +10° | +20° | +30° | +35° | +40° |
|---|---|---|---|---|---|---|---|---|---|---|---|---|---|---|
| | h m | h m | h m | h m | h m | h m | h m | h m | h m | h m | h m | h m | h m | h m |
| Oct. 1 | 9 41 | 10 09 | 10 31 | 10 49 | 11 03 | 11 16 | 11 37 | 11 56 | 12 13 | 12 31 | 12 49 | 13 10 | 13 22 | 13 37 |
| 2 | 11 03 | 11 26 | 11 44 | 11 58 | 12 10 | 12 21 | 12 39 | 12 55 | 13 09 | 13 24 | 13 39 | 13 57 | 14 07 | 14 19 |
| 3 | 12 31 | 12 48 | 13 01 | 13 11 | 13 20 | 13 28 | 13 42 | 13 53 | 14 04 | 14 15 | 14 26 | 14 39 | 14 47 | 14 55 |
| 4 | 14 02 | 14 11 | 14 19 | 14 26 | 14 31 | 14 36 | 14 44 | 14 51 | 14 58 | 15 04 | 15 11 | 15 19 | 15 23 | 15 28 |
| 5 | 15 33 | 15 36 | 15 39 | 15 41 | 15 42 | 15 44 | 15 46 | 15 48 | 15 50 | 15 52 | 15 54 | 15 57 | 15 58 | 16 00 |
| 6 | 17 06 | 17 02 | 16 59 | 16 56 | 16 54 | 16 52 | 16 49 | 16 46 | 16 43 | 16 40 | 16 38 | 16 34 | 16 32 | 16 30 |
| 7 | 18 38 | 18 28 | 18 19 | 18 12 | 18 06 | 18 01 | 17 52 | 17 44 | 17 37 | 17 29 | 17 22 | 17 13 | 17 08 | 17 02 |
| 8 | 20 11 | 19 53 | 19 40 | 19 28 | 19 19 | 19 10 | 18 56 | 18 44 | 18 32 | 18 20 | 18 08 | 17 54 | 17 46 | 17 36 |
| 9 | 21 40 | 21 16 | 20 58 | 20 43 | 20 30 | 20 19 | 20 00 | 19 44 | 19 29 | 19 13 | 18 57 | 18 39 | 18 28 | 18 16 |
| 10 | 23 02 | 22 33 | 22 11 | 21 53 | 21 38 | 21 25 | 21 03 | 20 44 | 20 26 | 20 09 | 19 50 | 19 28 | 19 15 | 19 00 |
| 11 | .. .. | 23 39 | 23 16 | 22 57 | 22 41 | 22 27 | 22 03 | 21 43 | 21 24 | 21 05 | 20 45 | 20 21 | 20 07 | 19 51 |
| 12 | 0 11 | .. .. | .. .. | 23 52 | 23 36 | 23 22 | 22 59 | 22 39 | 22 20 | 22 01 | 21 41 | 21 17 | 21 03 | 20 47 |
| 13 | 1 04 | 0 33 | 0 10 | .. .. | .. .. | .. .. | 23 49 | 23 31 | 23 13 | 22 56 | 22 37 | 22 15 | 22 02 | 21 47 |
| 14 | 1 43 | 1 16 | 0 55 | 0 38 | 0 23 | 0 11 | .. .. | .. .. | .. .. | 23 48 | 23 31 | 23 12 | 23 01 | 22 48 |
| 15 | 2 11 | 1 48 | 1 31 | 1 16 | 1 04 | 0 53 | 0 35 | 0 18 | 0 03 | .. .. | .. .. | .. .. | .. .. | 23 49 |
| 16 | 2 31 | 2 14 | 2 00 | 1 49 | 1 39 | 1 30 | 1 15 | 1 02 | 0 50 | 0 37 | 0 24 | 0 09 | 0 00 | .. .. |
| 17 | 2 47 | 2 35 | 2 25 | 2 17 | 2 09 | 2 03 | 1 52 | 1 43 | 1 33 | 1 24 | 1 14 | 1 03 | 0 57 | 0 49 |
| 18 | 3 00 | 2 53 | 2 47 | 2 42 | 2 37 | 2 34 | 2 27 | 2 21 | 2 15 | 2 10 | 2 03 | 1 56 | 1 52 | 1 48 |
| 19 | 3 12 | 3 09 | 3 07 | 3 05 | 3 04 | 3 02 | 3 00 | 2 58 | 2 56 | 2 54 | 2 52 | 2 49 | 2 47 | 2 46 |
| 20 | 3 23 | 3 25 | 3 27 | 3 29 | 3 30 | 3 31 | 3 33 | 3 35 | 3 36 | 3 38 | 3 40 | 3 41 | 3 43 | 3 44 |
| 21 | 3 35 | 3 42 | 3 48 | 3 53 | 3 57 | 4 00 | 4 07 | 4 12 | 4 17 | 4 23 | 4 28 | 4 35 | 4 38 | 4 43 |
| 22 | 3 49 | 4 01 | 4 10 | 4 18 | 4 25 | 4 31 | 4 42 | 4 51 | 5 00 | 5 09 | 5 18 | 5 29 | 5 35 | 5 43 |
| 23 | 4 05 | 4 22 | 4 36 | 4 47 | 4 57 | 5 05 | 5 20 | 5 33 | 5 45 | 5 57 | 6 10 | 6 25 | 6 34 | 6 44 |
| 24 | 4 26 | 4 48 | 5 06 | 5 20 | 5 32 | 5 43 | 6 02 | 6 18 | 6 33 | 6 48 | 7 04 | 7 23 | 7 34 | 7 47 |
| 25 | 4 54 | 5 21 | 5 42 | 5 59 | 6 14 | 6 26 | 6 48 | 7 06 | 7 24 | 7 41 | 8 00 | 8 22 | 8 34 | 8 49 |

.. .. indicates phenomenon will occur the next day.

## UNIVERSAL TIME FOR MERIDIAN OF GREENWICH

### MOONRISE

| Lat. | +40° | +42° | +44° | +46° | +48° | +50° | +52° | +54° | +56° | +58° | +60° | +62° | +64° | +66° |
|---|---|---|---|---|---|---|---|---|---|---|---|---|---|---|
| | h m | h m | h m | h m | h m | h m | h m | h m | h m | h m | h m | h m | h m | h m |
| Oct. 1 | 23 25 | 23 19 | 23 12 | 23 05 | 22 58 | 22 49 | 22 40 | 22 29 | 22 18 | 22 04 | 21 48 | 21 28 | 21 03 | 20 28 |
| 2 | .. .. | .. .. | .. .. | .. .. | .. .. | .. .. | .. .. | 23 54 | 23 45 | 23 35 | 23 23 | 23 09 | 22 53 | 22 33 |
| 3 | 0 36 | 0 32 | 0 26 | 0 21 | 0 15 | 0 09 | 0 02 | .. .. | .. .. | .. .. | .. .. | .. .. | .. .. | .. .. |
| 4 | 1 50 | 1 47 | 1 44 | 1 40 | 1 36 | 1 32 | 1 27 | 1 22 | 1 16 | 1 10 | 1 02 | 0 54 | 0 44 | 0 32 |
| 5 | 3 05 | 3 03 | 3 02 | 3 00 | 2 58 | 2 56 | 2 54 | 2 51 | 2 49 | 2 46 | 2 42 | 2 39 | 2 34 | 2 29 |
| 6 | 4 20 | 4 20 | 4 21 | 4 21 | 4 21 | 4 21 | 4 22 | 4 22 | 4 22 | 4 22 | 4 23 | 4 23 | 4 24 | 4 24 |
| 7 | 5 36 | 5 38 | 5 40 | 5 42 | 5 45 | 5 47 | 5 50 | 5 53 | 5 56 | 6 00 | 6 04 | 6 09 | 6 15 | 6 21 |
| 8 | 6 52 | 6 56 | 7 00 | 7 04 | 7 08 | 7 13 | 7 18 | 7 24 | 7 31 | 7 38 | 7 46 | 7 56 | 8 07 | 8 21 |
| 9 | 8 08 | 8 13 | 8 18 | 8 24 | 8 31 | 8 38 | 8 45 | 8 54 | 9 04 | 9 15 | 9 28 | 9 43 | 10 02 | 10 25 |
| 10 | 9 20 | 9 27 | 9 34 | 9 41 | 9 49 | 9 58 | 10 08 | 10 19 | 10 32 | 10 47 | 11 04 | 11 26 | 11 54 | 12 37 |
| 11 | 10 28 | 10 35 | 10 42 | 10 51 | 11 00 | 11 10 | 11 21 | 11 34 | 11 49 | 12 06 | 12 28 | 12 55 | 13 35 | ■ |
| 12 | 11 27 | 11 34 | 11 42 | 11 50 | 12 00 | 12 10 | 12 22 | 12 35 | 12 50 | 13 08 | 13 30 | 13 59 | 14 41 | ■ |
| 13 | 12 17 | 12 24 | 12 31 | 12 39 | 12 48 | 12 58 | 13 09 | 13 21 | 13 35 | 13 51 | 14 10 | 14 35 | 15 08 | 16 04 |
| 14 | 12 59 | 13 05 | 13 12 | 13 19 | 13 26 | 13 35 | 13 44 | 13 54 | 14 06 | 14 19 | 14 35 | 14 54 | 15 18 | 15 49 |
| 15 | 13 34 | 13 39 | 13 44 | 13 50 | 13 56 | 14 03 | 14 10 | 14 19 | 14 28 | 14 38 | 14 50 | 15 04 | 15 21 | 15 41 |
| 16 | 14 04 | 14 08 | 14 12 | 14 16 | 14 21 | 14 26 | 14 32 | 14 38 | 14 44 | 14 52 | 15 01 | 15 10 | 15 22 | 15 35 |
| 17 | 14 30 | 14 33 | 14 36 | 14 39 | 14 42 | 14 45 | 14 49 | 14 53 | 14 57 | 15 02 | 15 08 | 15 14 | 15 22 | 15 30 |
| 18 | 14 55 | 14 56 | 14 57 | 14 59 | 15 01 | 15 02 | 15 04 | 15 06 | 15 09 | 15 11 | 15 14 | 15 17 | 15 21 | 15 25 |
| 19 | 15 18 | 15 18 | 15 18 | 15 18 | 15 18 | 15 19 | 15 19 | 15 19 | 15 19 | 15 19 | 15 19 | 15 20 | 15 20 | 15 20 |
| 20 | 15 41 | 15 40 | 15 39 | 15 38 | 15 36 | 15 35 | 15 33 | 15 31 | 15 29 | 15 27 | 15 25 | 15 22 | 15 19 | 15 15 |
| 21 | 16 06 | 16 04 | 16 01 | 15 58 | 15 55 | 15 52 | 15 49 | 15 45 | 15 41 | 15 36 | 15 31 | 15 25 | 15 19 | 15 11 |
| 22 | 16 33 | 16 30 | 16 26 | 16 21 | 16 17 | 16 12 | 16 07 | 16 01 | 15 54 | 15 47 | 15 39 | 15 30 | 15 19 | 15 06 |
| 23 | 17 04 | 16 59 | 16 54 | 16 48 | 16 42 | 16 36 | 16 29 | 16 21 | 16 12 | 16 02 | 15 50 | 15 37 | 15 21 | 15 01 |
| 24 | 17 40 | 17 34 | 17 28 | 17 21 | 17 14 | 17 05 | 16 56 | 16 46 | 16 35 | 16 22 | 16 06 | 15 48 | 15 25 | 14 55 |
| 25 | 18 23 | 18 16 | 18 09 | 18 01 | 17 53 | 17 43 | 17 33 | 17 21 | 17 07 | 16 51 | 16 32 | 16 09 | 15 37 | 14 48 |

### MOONSET

| Lat. | +40° | +42° | +44° | +46° | +48° | +50° | +52° | +54° | +56° | +58° | +60° | +62° | +64° | +66° |
|---|---|---|---|---|---|---|---|---|---|---|---|---|---|---|
| | h m | h m | h m | h m | h m | h m | h m | h m | h m | h m | h m | h m | h m | h m |
| Oct. 1 | 13 37 | 13 43 | 13 50 | 13 57 | 14 05 | 14 14 | 14 23 | 14 34 | 14 47 | 15 01 | 15 17 | 15 38 | 16 03 | 16 39 |
| 2 | 14 19 | 14 24 | 14 29 | 14 35 | 14 42 | 14 49 | 14 56 | 15 05 | 15 14 | 15 25 | 15 37 | 15 52 | 16 09 | 16 31 |
| 3 | 14 55 | 14 59 | 15 03 | 15 07 | 15 12 | 15 17 | 15 22 | 15 28 | 15 35 | 15 42 | 15 51 | 16 00 | 16 11 | 16 25 |
| 4 | 15 28 | 15 31 | 15 33 | 15 36 | 15 38 | 15 41 | 15 44 | 15 48 | 15 52 | 15 56 | 16 01 | 16 06 | 16 12 | 16 19 |
| 5 | 16 00 | 16 00 | 16 01 | 16 02 | 16 02 | 16 03 | 16 04 | 16 05 | 16 06 | 16 07 | 16 09 | 16 10 | 16 12 | 16 14 |
| 6 | 16 30 | 16 29 | 16 28 | 16 27 | 16 26 | 16 25 | 16 23 | 16 22 | 16 20 | 16 18 | 16 16 | 16 14 | 16 11 | 16 08 |
| 7 | 17 02 | 16 59 | 16 57 | 16 54 | 16 51 | 16 47 | 16 44 | 16 40 | 16 35 | 16 30 | 16 25 | 16 18 | 16 11 | 16 03 |
| 8 | 17 36 | 17 32 | 17 28 | 17 23 | 17 18 | 17 13 | 17 07 | 17 00 | 16 53 | 16 45 | 16 35 | 16 25 | 16 12 | 15 57 |
| 9 | 18 16 | 18 10 | 18 04 | 17 58 | 17 51 | 17 43 | 17 35 | 17 26 | 17 16 | 17 04 | 16 50 | 16 34 | 16 15 | 15 50 |
| 10 | 19 00 | 18 54 | 18 47 | 18 39 | 18 31 | 18 21 | 18 11 | 18 00 | 17 46 | 17 31 | 17 13 | 16 51 | 16 22 | 15 39 |
| 11 | 19 51 | 19 44 | 19 36 | 19 28 | 19 19 | 19 08 | 18 57 | 18 44 | 18 29 | 18 11 | 17 50 | 17 22 | 16 42 | ■ |
| 12 | 20 47 | 20 40 | 20 33 | 20 24 | 20 15 | 20 04 | 19 53 | 19 40 | 19 25 | 19 07 | 18 45 | 18 16 | 17 34 | ■ |
| 13 | 21 47 | 21 41 | 21 33 | 21 26 | 21 17 | 21 08 | 20 57 | 20 45 | 20 32 | 20 16 | 19 56 | 19 32 | 19 00 | 18 04 |
| 14 | 22 48 | 22 43 | 22 37 | 22 30 | 22 23 | 22 15 | 22 06 | 21 56 | 21 45 | 21 32 | 21 16 | 20 58 | 20 35 | 20 04 |
| 15 | 23 49 | 23 45 | 23 40 | 23 35 | 23 29 | 23 22 | 23 16 | 23 08 | 22 59 | 22 49 | 22 38 | 22 25 | 22 09 | 21 49 |
| 16 | .. .. | .. .. | .. .. | .. .. | .. .. | .. .. | .. .. | .. .. | .. .. | .. .. | 23 59 | 23 50 | 23 39 | 23 27 |
| 17 | 0 49 | 0 46 | 0 42 | 0 38 | 0 34 | 0 30 | 0 25 | 0 19 | 0 13 | 0 06 | .. .. | .. .. | .. .. | .. .. |
| 18 | 1 48 | 1 46 | 1 44 | 1 41 | 1 39 | 1 36 | 1 33 | 1 30 | 1 26 | 1 22 | 1 17 | 1 12 | 1 06 | 0 59 |
| 19 | 2 46 | 2 45 | 2 44 | 2 43 | 2 42 | 2 41 | 2 40 | 2 39 | 2 38 | 2 36 | 2 35 | 2 33 | 2 31 | 2 28 |
| 20 | 3 44 | 3 44 | 3 45 | 3 46 | 3 46 | 3 47 | 3 48 | 3 49 | 3 50 | 3 51 | 3 52 | 3 53 | 3 55 | 3 57 |
| 21 | 4 43 | 4 44 | 4 46 | 4 49 | 4 51 | 4 53 | 4 56 | 4 59 | 5 02 | 5 06 | 5 10 | 5 15 | 5 20 | 5 27 |
| 22 | 5 43 | 5 46 | 5 49 | 5 53 | 5 57 | 6 01 | 6 06 | 6 11 | 6 17 | 6 23 | 6 30 | 6 39 | 6 49 | 7 00 |
| 23 | 6 44 | 6 48 | 6 53 | 6 58 | 7 04 | 7 10 | 7 17 | 7 24 | 7 33 | 7 42 | 7 53 | 8 06 | 8 21 | 8 39 |
| 24 | 7 47 | 7 52 | 7 58 | 8 05 | 8 12 | 8 20 | 8 28 | 8 38 | 8 49 | 9 02 | 9 17 | 9 34 | 9 56 | 10 26 |
| 25 | 8 49 | 8 55 | 9 03 | 9 10 | 9 19 | 9 28 | 9 38 | 9 50 | 10 03 | 10 19 | 10 37 | 11 01 | 11 32 | 12 21 |

■ indicates Moon continuously below horizon.
.. .. indicates phenomenon will occur the next day.

# MOONRISE AND MOONSET, 2010

## UNIVERSAL TIME FOR MERIDIAN OF GREENWICH

### MOONRISE

| Lat. | −55° | −50° | −45° | −40° | −35° | −30° | −20° | −10° | 0° | +10° | +20° | +30° | +35° | +40° |
|---|---|---|---|---|---|---|---|---|---|---|---|---|---|---|
| | h m | h m | h m | h m | h m | h m | h m | h m | h m | h m | h m | h m | h m | h m |
| Oct. 24 | 21 22 | 20 56 | 20 36 | 20 19 | 20 05 | 19 53 | 19 33 | 19 15 | 18 59 | 18 43 | 18 25 | 18 05 | 17 54 | 17 40 |
| 25 | 22 33 | 22 02 | 21 39 | 21 21 | 21 05 | 20 52 | 20 29 | 20 10 | 19 51 | 19 33 | 19 14 | 18 51 | 18 38 | 18 23 |
| 26 | 23 34 | 23 02 | 22 38 | 22 19 | 22 03 | 21 49 | 21 25 | 21 05 | 20 46 | 20 27 | 20 07 | 19 43 | 19 30 | 19 14 |
| 27 | .. .. | 23 53 | 23 30 | 23 12 | 22 56 | 22 43 | 22 20 | 22 00 | 21 42 | 21 23 | 21 04 | 20 41 | 20 27 | 20 12 |
| 28 | 0 23 | .. .. | .. .. | 23 58 | 23 44 | 23 32 | 23 12 | 22 54 | 22 38 | 22 21 | 22 03 | 21 42 | 21 30 | 21 17 |
| | | | | | | | | | | | | | | |
| 29 | 0 59 | 0 34 | 0 14 | .. .. | .. .. | .. .. | .. .. | 23 46 | 23 32 | 23 18 | 23 03 | 22 46 | 22 37 | 22 25 |
| 30 | 1 26 | 1 06 | 0 51 | 0 38 | 0 27 | 0 17 | 0 00 | .. .. | .. .. | .. .. | .. .. | 23 51 | 23 44 | 23 36 |
| 31 | 1 47 | 1 33 | 1 22 | 1 13 | 1 05 | 0 58 | 0 46 | 0 35 | 0 25 | 0 15 | 0 04 | .. .. | .. .. | .. .. |
| Nov. 1 | 2 04 | 1 57 | 1 50 | 1 45 | 1 40 | 1 36 | 1 29 | 1 22 | 1 16 | 1 10 | 1 04 | 0 57 | 0 52 | 0 48 |
| 2 | 2 20 | 2 18 | 2 16 | 2 15 | 2 13 | 2 12 | 2 10 | 2 09 | 2 07 | 2 06 | 2 04 | 2 02 | 2 01 | 2 00 |
| | | | | | | | | | | | | | | |
| 3 | 2 35 | 2 39 | 2 42 | 2 44 | 2 47 | 2 49 | 2 52 | 2 55 | 2 58 | 3 01 | 3 04 | 3 08 | 3 10 | 3 13 |
| 4 | 2 51 | 3 01 | 3 09 | 3 16 | 3 21 | 3 26 | 3 35 | 3 43 | 3 50 | 3 58 | 4 06 | 4 15 | 4 21 | 4 27 |
| 5 | 3 11 | 3 27 | 3 39 | 3 50 | 3 59 | 4 07 | 4 21 | 4 33 | 4 45 | 4 56 | 5 09 | 5 23 | 5 32 | 5 41 |
| 6 | 3 36 | 3 58 | 4 15 | 4 29 | 4 41 | 4 52 | 5 10 | 5 26 | 5 41 | 5 56 | 6 13 | 6 32 | 6 43 | 6 55 |
| 7 | 4 09 | 4 36 | 4 57 | 5 14 | 5 29 | 5 41 | 6 03 | 6 22 | 6 39 | 6 57 | 7 16 | 7 38 | 7 51 | 8 06 |
| | | | | | | | | | | | | | | |
| 8 | 4 53 | 5 24 | 5 47 | 6 06 | 6 22 | 6 35 | 6 59 | 7 19 | 7 38 | 7 57 | 8 17 | 8 40 | 8 54 | 9 10 |
| 9 | 5 51 | 6 22 | 6 45 | 7 04 | 7 19 | 7 33 | 7 56 | 8 16 | 8 35 | 8 54 | 9 14 | 9 37 | 9 50 | 10 06 |
| 10 | 6 59 | 7 27 | 7 48 | 8 05 | 8 19 | 8 32 | 8 53 | 9 12 | 9 29 | 9 46 | 10 05 | 10 26 | 10 38 | 10 52 |
| 11 | 8 12 | 8 35 | 8 53 | 9 07 | 9 20 | 9 30 | 9 49 | 10 05 | 10 20 | 10 35 | 10 50 | 11 09 | 11 19 | 11 31 |
| 12 | 9 26 | 9 44 | 9 58 | 10 09 | 10 19 | 10 27 | 10 42 | 10 55 | 11 07 | 11 19 | 11 31 | 11 46 | 11 54 | 12 04 |
| | | | | | | | | | | | | | | |
| 13 | 10 39 | 10 51 | 11 01 | 11 09 | 11 16 | 11 22 | 11 33 | 11 42 | 11 51 | 11 59 | 12 08 | 12 19 | 12 25 | 12 32 |
| 14 | 11 50 | 11 57 | 12 03 | 12 08 | 12 12 | 12 16 | 12 22 | 12 27 | 12 33 | 12 38 | 12 43 | 12 49 | 12 53 | 12 57 |
| 15 | 13 01 | 13 03 | 13 04 | 13 06 | 13 07 | 13 08 | 13 10 | 13 12 | 13 13 | 13 15 | 13 16 | 13 18 | 13 19 | 13 20 |
| 16 | 14 11 | 14 08 | 14 06 | 14 04 | 14 02 | 14 01 | 13 58 | 13 56 | 13 54 | 13 51 | 13 49 | 13 47 | 13 45 | 13 44 |
| 17 | 15 23 | 15 14 | 15 08 | 15 02 | 14 58 | 14 54 | 14 47 | 14 40 | 14 35 | 14 29 | 14 23 | 14 16 | 14 12 | 14 08 |

### MOONSET

| Lat. | −55° | −50° | −45° | −40° | −35° | −30° | −20° | −10° | 0° | +10° | +20° | +30° | +35° | +40° |
|---|---|---|---|---|---|---|---|---|---|---|---|---|---|---|
| | h m | h m | h m | h m | h m | h m | h m | h m | h m | h m | h m | h m | h m | h m |
| Oct. 24 | 4 26 | 4 48 | 5 06 | 5 20 | 5 32 | 5 43 | 6 02 | 6 18 | 6 33 | 6 48 | 7 04 | 7 23 | 7 34 | 7 47 |
| 25 | 4 54 | 5 21 | 5 42 | 5 59 | 6 14 | 6 26 | 6 48 | 7 06 | 7 24 | 7 41 | 8 00 | 8 22 | 8 34 | 8 49 |
| 26 | 5 33 | 6 04 | 6 27 | 6 46 | 7 02 | 7 15 | 7 39 | 7 59 | 8 17 | 8 36 | 8 56 | 9 20 | 9 33 | 9 49 |
| 27 | 6 26 | 6 57 | 7 21 | 7 40 | 7 56 | 8 10 | 8 34 | 8 54 | 9 13 | 9 32 | 9 52 | 10 15 | 10 29 | 10 44 |
| 28 | 7 32 | 8 02 | 8 24 | 8 42 | 8 57 | 9 10 | 9 32 | 9 51 | 10 09 | 10 26 | 10 45 | 11 07 | 11 19 | 11 34 |
| | | | | | | | | | | | | | | |
| 29 | 8 50 | 9 15 | 9 34 | 9 49 | 10 02 | 10 13 | 10 32 | 10 48 | 11 04 | 11 19 | 11 35 | 11 54 | 12 05 | 12 17 |
| 30 | 10 14 | 10 33 | 10 47 | 10 59 | 11 09 | 11 17 | 11 32 | 11 45 | 11 57 | 12 09 | 12 22 | 12 37 | 12 45 | 12 54 |
| 31 | 11 41 | 11 53 | 12 02 | 12 10 | 12 17 | 12 23 | 12 33 | 12 41 | 12 49 | 12 58 | 13 06 | 13 16 | 13 21 | 13 27 |
| Nov. 1 | 13 08 | 13 14 | 13 18 | 13 22 | 13 25 | 13 28 | 13 33 | 13 37 | 13 40 | 13 44 | 13 48 | 13 53 | 13 55 | 13 58 |
| 2 | 14 37 | 14 36 | 14 35 | 14 34 | 14 34 | 14 34 | 14 33 | 14 32 | 14 31 | 14 31 | 14 30 | 14 29 | 14 28 | 14 28 |
| | | | | | | | | | | | | | | |
| 3 | 16 06 | 15 59 | 15 53 | 15 48 | 15 44 | 15 40 | 15 34 | 15 28 | 15 23 | 15 18 | 15 12 | 15 06 | 15 02 | 14 58 |
| 4 | 17 36 | 17 22 | 17 11 | 17 02 | 16 54 | 16 48 | 16 36 | 16 26 | 16 16 | 16 06 | 15 56 | 15 45 | 15 38 | 15 30 |
| 5 | 19 06 | 18 46 | 18 30 | 18 17 | 18 06 | 17 56 | 17 39 | 17 25 | 17 11 | 16 58 | 16 44 | 16 27 | 16 18 | 16 07 |
| 6 | 20 33 | 20 06 | 19 46 | 19 29 | 19 16 | 19 04 | 18 43 | 18 25 | 18 09 | 17 52 | 17 35 | 17 14 | 17 02 | 16 49 |
| 7 | 21 49 | 21 19 | 20 56 | 20 37 | 20 22 | 20 08 | 19 46 | 19 26 | 19 07 | 18 49 | 18 29 | 18 06 | 17 53 | 17 38 |
| | | | | | | | | | | | | | | |
| 8 | 22 51 | 22 20 | 21 56 | 21 37 | 21 22 | 21 08 | 20 45 | 20 24 | 20 05 | 19 46 | 19 26 | 19 02 | 18 49 | 18 33 |
| 9 | 23 37 | 23 08 | 22 46 | 22 29 | 22 14 | 22 01 | 21 39 | 21 19 | 21 01 | 20 43 | 20 24 | 20 01 | 19 48 | 19 33 |
| 10 | .. .. | 23 46 | 23 27 | 23 11 | 22 58 | 22 47 | 22 27 | 22 10 | 21 54 | 21 38 | 21 20 | 21 00 | 20 48 | 20 35 |
| 11 | 0 10 | .. .. | 23 59 | 23 47 | 23 36 | 23 27 | 23 10 | 22 56 | 22 43 | 22 29 | 22 15 | 21 58 | 21 48 | 21 37 |
| 12 | 0 34 | 0 14 | .. .. | .. .. | .. .. | .. .. | 23 49 | 23 39 | 23 28 | 23 18 | 23 07 | 22 54 | 22 47 | 22 38 |
| | | | | | | | | | | | | | | |
| 13 | 0 52 | 0 38 | 0 26 | 0 17 | 0 09 | 0 02 | .. .. | .. .. | .. .. | .. .. | 23 57 | 23 48 | 23 43 | 23 38 |
| 14 | 1 06 | 0 57 | 0 50 | 0 43 | 0 38 | 0 33 | 0 25 | 0 18 | 0 11 | 0 04 | .. .. | .. .. | .. .. | .. .. |
| 15 | 1 18 | 1 14 | 1 11 | 1 08 | 1 05 | 1 03 | 0 59 | 0 55 | 0 52 | 0 49 | 0 45 | 0 41 | 0 39 | 0 36 |
| 16 | 1 30 | 1 30 | 1 31 | 1 31 | 1 31 | 1 32 | 1 32 | 1 32 | 1 33 | 1 33 | 1 33 | 1 33 | 1 34 | 1 34 |
| 17 | 1 42 | 1 47 | 1 51 | 1 55 | 1 58 | 2 00 | 2 05 | 2 09 | 2 13 | 2 17 | 2 21 | 2 26 | 2 29 | 2 32 |

.. .. indicates phenomenon will occur the next day.

## UNIVERSAL TIME FOR MERIDIAN OF GREENWICH
### MOONRISE

| Lat. | +40° | +42° | +44° | +46° | +48° | +50° | +52° | +54° | +56° | +58° | +60° | +62° | +64° | +66° |
|---|---|---|---|---|---|---|---|---|---|---|---|---|---|---|
| | h m | h m | h m | h m | h m | h m | h m | h m | h m | h m | h m | h m | h m | h m |
| Oct. 24 | 17 40 | 17 34 | 17 28 | 17 21 | 17 14 | 17 05 | 16 56 | 16 46 | 16 35 | 16 22 | 16 06 | 15 48 | 15 25 | 14 55 |
| 25 | 18 23 | 18 16 | 18 09 | 18 01 | 17 53 | 17 43 | 17 33 | 17 21 | 17 07 | 16 51 | 16 32 | 16 09 | 15 37 | 14 48 |
| 26 | 19 14 | 19 07 | 18 59 | 18 51 | 18 41 | 18 31 | 18 20 | 18 07 | 17 52 | 17 35 | 17 14 | 16 46 | 16 08 | ▭ |
| 27 | 20 12 | 20 05 | 19 57 | 19 49 | 19 40 | 19 30 | 19 19 | 19 07 | 18 53 | 18 36 | 18 15 | 17 49 | 17 12 | 15 55 |
| 28 | 21 17 | 21 10 | 21 04 | 20 56 | 20 48 | 20 40 | 20 30 | 20 19 | 20 06 | 19 52 | 19 35 | 19 14 | 18 47 | 18 07 |
| 29 | 22 25 | 22 20 | 22 15 | 22 09 | 22 02 | 21 55 | 21 48 | 21 39 | 21 29 | 21 18 | 21 05 | 20 50 | 20 32 | 20 08 |
| 30 | 23 36 | 23 32 | 23 28 | 23 24 | 23 20 | 23 15 | 23 09 | 23 03 | 22 56 | 22 49 | 22 40 | 22 30 | 22 18 | 22 04 |
| 31 | .. .. | .. .. | .. .. | .. .. | .. .. | .. .. | .. .. | .. .. | .. .. | .. .. | .. .. | .. .. | .. .. | 23 57 |
| Nov. 1 | 0 48 | 0 46 | 0 43 | 0 41 | 0 38 | 0 35 | 0 32 | 0 29 | 0 25 | 0 21 | 0 16 | 0 11 | 0 04 | .. .. |
| 2 | 2 00 | 1 59 | 1 59 | 1 58 | 1 58 | 1 57 | 1 56 | 1 55 | 1 54 | 1 53 | 1 52 | 1 51 | 1 49 | 1 48 |
| 3 | 3 13 | 3 14 | 3 15 | 3 16 | 3 18 | 3 19 | 3 21 | 3 23 | 3 25 | 3 27 | 3 29 | 3 32 | 3 35 | 3 39 |
| 4 | 4 27 | 4 30 | 4 32 | 4 36 | 4 39 | 4 43 | 4 47 | 4 51 | 4 56 | 5 02 | 5 08 | 5 15 | 5 24 | 5 34 |
| 5 | 5 41 | 5 46 | 5 50 | 5 55 | 6 01 | 6 07 | 6 13 | 6 20 | 6 28 | 6 38 | 6 48 | 7 00 | 7 15 | 7 33 |
| 6 | 6 55 | 7 01 | 7 07 | 7 14 | 7 21 | 7 29 | 7 38 | 7 48 | 7 59 | 8 12 | 8 27 | 8 45 | 9 08 | 9 39 |
| 7 | 8 06 | 8 13 | 8 20 | 8 28 | 8 37 | 8 46 | 8 57 | 9 09 | 9 23 | 9 39 | 9 58 | 10 23 | 10 56 | 11 54 |
| 8 | 9 10 | 9 17 | 9 25 | 9 34 | 9 43 | 9 53 | 10 05 | 10 18 | 10 33 | 10 51 | 11 12 | 11 40 | 12 22 | ■ |
| 9 | 10 06 | 10 13 | 10 20 | 10 29 | 10 38 | 10 48 | 10 59 | 11 11 | 11 26 | 11 43 | 12 03 | 12 30 | 13 06 | 14 20 |
| 10 | 10 52 | 10 59 | 11 06 | 11 13 | 11 21 | 11 30 | 11 40 | 11 51 | 12 03 | 12 18 | 12 35 | 12 56 | 13 23 | 14 00 |
| 11 | 11 31 | 11 36 | 11 42 | 11 48 | 11 55 | 12 03 | 12 11 | 12 20 | 12 30 | 12 41 | 12 54 | 13 10 | 13 29 | 13 53 |
| 12 | 12 04 | 12 08 | 12 12 | 12 17 | 12 22 | 12 28 | 12 34 | 12 41 | 12 49 | 12 57 | 13 07 | 13 18 | 13 31 | 13 47 |
| 13 | 12 32 | 12 35 | 12 38 | 12 41 | 12 45 | 12 49 | 12 53 | 12 58 | 13 03 | 13 09 | 13 16 | 13 23 | 13 32 | 13 42 |
| 14 | 12 57 | 12 59 | 13 00 | 13 02 | 13 05 | 13 07 | 13 09 | 13 12 | 13 15 | 13 19 | 13 22 | 13 27 | 13 31 | 13 37 |
| 15 | 13 20 | 13 21 | 13 21 | 13 22 | 13 23 | 13 23 | 13 24 | 13 25 | 13 26 | 13 27 | 13 28 | 13 29 | 13 31 | 13 33 |
| 16 | 13 44 | 13 43 | 13 42 | 13 41 | 13 41 | 13 40 | 13 39 | 13 38 | 13 36 | 13 35 | 13 34 | 13 32 | 13 30 | 13 28 |
| 17 | 14 08 | 14 06 | 14 04 | 14 02 | 13 59 | 13 57 | 13 54 | 13 51 | 13 48 | 13 44 | 13 40 | 13 35 | 13 30 | 13 24 |

### MOONSET

| Lat. | +40° | +42° | +44° | +46° | +48° | +50° | +52° | +54° | +56° | +58° | +60° | +62° | +64° | +66° |
|---|---|---|---|---|---|---|---|---|---|---|---|---|---|---|
| | h m | h m | h m | h m | h m | h m | h m | h m | h m | h m | h m | h m | h m | h m |
| Oct. 24 | 7 47 | 7 52 | 7 58 | 8 05 | 8 12 | 8 20 | 8 28 | 8 38 | 8 49 | 9 02 | 9 17 | 9 34 | 9 56 | 10 26 |
| 25 | 8 49 | 8 55 | 9 03 | 9 10 | 9 19 | 9 28 | 9 38 | 9 50 | 10 03 | 10 19 | 10 37 | 11 01 | 11 32 | 12 21 |
| 26 | 9 49 | 9 56 | 10 04 | 10 12 | 10 21 | 10 31 | 10 42 | 10 55 | 11 10 | 11 27 | 11 48 | 12 16 | 12 54 | ▭ |
| 27 | 10 44 | 10 52 | 10 59 | 11 07 | 11 16 | 11 26 | 11 38 | 11 50 | 12 05 | 12 22 | 12 43 | 13 09 | 13 46 | 15 03 |
| 28 | 11 34 | 11 40 | 11 47 | 11 55 | 12 03 | 12 12 | 12 22 | 12 33 | 12 46 | 13 01 | 13 19 | 13 40 | 14 08 | 14 48 |
| 29 | 12 17 | 12 22 | 12 28 | 12 35 | 12 41 | 12 49 | 12 57 | 13 06 | 13 17 | 13 28 | 13 42 | 13 58 | 14 17 | 14 41 |
| 30 | 12 54 | 12 58 | 13 03 | 13 08 | 13 13 | 13 18 | 13 25 | 13 31 | 13 39 | 13 47 | 13 57 | 14 08 | 14 21 | 14 36 |
| 31 | 13 27 | 13 30 | 13 33 | 13 36 | 13 40 | 13 43 | 13 47 | 13 52 | 13 56 | 14 02 | 14 08 | 14 14 | 14 22 | 14 31 |
| Nov. 1 | 13 58 | 13 59 | 14 01 | 14 02 | 14 04 | 14 05 | 14 07 | 14 09 | 14 11 | 14 14 | 14 16 | 14 19 | 14 22 | 14 26 |
| 2 | 14 28 | 14 27 | 14 27 | 14 27 | 14 27 | 14 26 | 14 26 | 14 25 | 14 25 | 14 24 | 14 24 | 14 23 | 14 22 | 14 22 |
| 3 | 14 58 | 14 56 | 14 54 | 14 52 | 14 50 | 14 48 | 14 45 | 14 42 | 14 39 | 14 36 | 14 32 | 14 27 | 14 22 | 14 17 |
| 4 | 15 30 | 15 27 | 15 24 | 15 20 | 15 16 | 15 11 | 15 06 | 15 01 | 14 55 | 14 49 | 14 41 | 14 33 | 14 23 | 14 12 |
| 5 | 16 07 | 16 02 | 15 57 | 15 52 | 15 46 | 15 39 | 15 32 | 15 24 | 15 15 | 15 05 | 14 54 | 14 41 | 14 25 | 14 06 |
| 6 | 16 49 | 16 43 | 16 36 | 16 29 | 16 22 | 16 13 | 16 04 | 15 54 | 15 42 | 15 29 | 15 13 | 14 54 | 14 30 | 13 59 |
| 7 | 17 38 | 17 31 | 17 23 | 17 15 | 17 06 | 16 57 | 16 46 | 16 33 | 16 19 | 16 03 | 15 43 | 15 18 | 14 44 | 13 46 |
| 8 | 18 33 | 18 25 | 18 18 | 18 09 | 18 00 | 17 50 | 17 38 | 17 25 | 17 10 | 16 52 | 16 30 | 16 02 | 15 21 | ■ |
| 9 | 19 33 | 19 26 | 19 18 | 19 10 | 19 01 | 18 51 | 18 40 | 18 28 | 18 14 | 17 57 | 17 37 | 17 11 | 16 35 | 15 21 |
| 10 | 20 35 | 20 29 | 20 22 | 20 15 | 20 07 | 19 59 | 19 49 | 19 38 | 19 26 | 19 12 | 18 55 | 18 35 | 18 09 | 17 32 |
| 11 | 21 37 | 21 32 | 21 27 | 21 21 | 21 15 | 21 08 | 21 00 | 20 52 | 20 42 | 20 31 | 20 18 | 20 03 | 19 45 | 19 22 |
| 12 | 22 38 | 22 34 | 22 30 | 22 26 | 22 21 | 22 16 | 22 11 | 22 04 | 21 57 | 21 49 | 21 41 | 21 30 | 21 18 | 21 03 |
| 13 | 23 38 | 23 35 | 23 33 | 23 30 | 23 27 | 23 23 | 23 20 | 23 16 | 23 11 | 23 06 | 23 00 | 22 54 | 22 46 | 22 38 |
| 14 | .. .. | .. .. | .. .. | .. .. | .. .. | .. .. | .. .. | .. .. | .. .. | .. .. | .. .. | .. .. | .. .. | .. .. |
| 15 | 0 36 | 0 35 | 0 33 | 0 32 | 0 31 | 0 29 | 0 27 | 0 25 | 0 23 | 0 21 | 0 18 | 0 15 | 0 12 | 0 08 |
| 16 | 1 34 | 1 34 | 1 34 | 1 34 | 1 34 | 1 34 | 1 34 | 1 35 | 1 35 | 1 35 | 1 35 | 1 35 | 1 35 | 1 36 |
| 17 | 2 32 | 2 33 | 2 35 | 2 36 | 2 38 | 2 40 | 2 42 | 2 44 | 2 47 | 2 49 | 2 52 | 2 56 | 3 00 | 3 04 |

▭ indicates Moon continuously above horizon.
■ indicates Moon continuously below horizon.
.. .. indicates phenomenon will occur the next day.

# MOONRISE AND MOONSET, 2010

## UNIVERSAL TIME FOR MERIDIAN OF GREENWICH

### MOONRISE

| Lat. | −55° | −50° | −45° | −40° | −35° | −30° | −20° | −10° | 0° | +10° | +20° | +30° | +35° | +40° |
|---|---|---|---|---|---|---|---|---|---|---|---|---|---|---|
| | h m | h m | h m | h m | h m | h m | h m | h m | h m | h m | h m | h m | h m | h m |
| Nov. 16 | 14 11 | 14 08 | 14 06 | 14 04 | 14 02 | 14 01 | 13 58 | 13 56 | 13 54 | 13 51 | 13 49 | 13 47 | 13 45 | 13 44 |
| 17 | 15 23 | 15 14 | 15 08 | 15 02 | 14 58 | 14 54 | 14 47 | 14 40 | 14 35 | 14 29 | 14 23 | 14 16 | 14 12 | 14 08 |
| 18 | 16 36 | 16 22 | 16 12 | 16 03 | 15 55 | 15 48 | 15 37 | 15 27 | 15 18 | 15 08 | 14 59 | 14 48 | 14 41 | 14 34 |
| 19 | 17 51 | 17 32 | 17 17 | 17 05 | 16 54 | 16 45 | 16 29 | 16 16 | 16 03 | 15 51 | 15 37 | 15 22 | 15 14 | 15 04 |
| 20 | 19 07 | 18 42 | 18 23 | 18 08 | 17 55 | 17 44 | 17 24 | 17 08 | 16 52 | 16 37 | 16 20 | 16 01 | 15 51 | 15 38 |
| 21 | 20 20 | 19 51 | 19 29 | 19 11 | 18 56 | 18 43 | 18 21 | 18 02 | 17 44 | 17 27 | 17 08 | 16 46 | 16 34 | 16 19 |
| 22 | 21 26 | 20 54 | 20 30 | 20 11 | 19 56 | 19 42 | 19 18 | 18 58 | 18 39 | 18 21 | 18 00 | 17 37 | 17 24 | 17 08 |
| 23 | 22 20 | 21 49 | 21 26 | 21 07 | 20 51 | 20 38 | 20 15 | 19 55 | 19 36 | 19 17 | 18 57 | 18 34 | 18 21 | 18 05 |
| 24 | 23 00 | 22 33 | 22 13 | 21 56 | 21 42 | 21 30 | 21 08 | 20 50 | 20 33 | 20 16 | 19 57 | 19 36 | 19 23 | 19 09 |
| 25 | 23 30 | 23 09 | 22 52 | 22 38 | 22 27 | 22 16 | 21 58 | 21 43 | 21 28 | 21 14 | 20 58 | 20 40 | 20 30 | 20 17 |
| 26 | 23 53 | 23 37 | 23 25 | 23 15 | 23 06 | 22 58 | 22 45 | 22 33 | 22 22 | 22 11 | 21 59 | 21 45 | 21 37 | 21 28 |
| 27 | .. .. | .. .. | 23 53 | 23 47 | 23 41 | 23 36 | 23 28 | 23 20 | 23 13 | 23 06 | 22 58 | 22 50 | 22 44 | 22 39 |
| 28 | 0 11 | 0 01 | .. .. | .. .. | .. .. | .. .. | .. .. | .. .. | .. .. | .. .. | 23 57 | 23 54 | 23 52 | 23 49 |
| 29 | 0 26 | 0 22 | 0 19 | 0 17 | 0 14 | 0 12 | 0 09 | 0 06 | 0 03 | 0 00 | .. .. | .. .. | .. .. | .. .. |
| 30 | 0 41 | 0 43 | 0 44 | 0 46 | 0 47 | 0 48 | 0 49 | 0 51 | 0 52 | 0 54 | 0 56 | 0 57 | 0 59 | 1 00 |
| Dec. 1 | 0 56 | 1 04 | 1 10 | 1 15 | 1 20 | 1 24 | 1 30 | 1 37 | 1 42 | 1 48 | 1 55 | 2 02 | 2 06 | 2 11 |
| 2 | 1 14 | 1 27 | 1 38 | 1 47 | 1 55 | 2 02 | 2 14 | 2 24 | 2 34 | 2 44 | 2 55 | 3 07 | 3 15 | 3 23 |
| 3 | 1 35 | 1 55 | 2 10 | 2 23 | 2 34 | 2 43 | 3 00 | 3 14 | 3 28 | 3 42 | 3 57 | 4 14 | 4 24 | 4 35 |
| 4 | 2 04 | 2 29 | 2 48 | 3 04 | 3 18 | 3 30 | 3 50 | 4 08 | 4 24 | 4 41 | 4 59 | 5 20 | 5 32 | 5 46 |
| 5 | 2 43 | 3 12 | 3 35 | 3 53 | 4 08 | 4 21 | 4 44 | 5 04 | 5 22 | 5 40 | 6 00 | 6 23 | 6 37 | 6 52 |
| 6 | 3 34 | 4 05 | 4 29 | 4 48 | 5 04 | 5 17 | 5 41 | 6 01 | 6 20 | 6 39 | 6 59 | 7 22 | 7 36 | 7 52 |
| 7 | 4 38 | 5 08 | 5 30 | 5 48 | 6 03 | 6 16 | 6 38 | 6 58 | 7 16 | 7 34 | 7 53 | 8 15 | 8 28 | 8 43 |
| 8 | 5 50 | 6 16 | 6 35 | 6 51 | 7 04 | 7 16 | 7 36 | 7 53 | 8 09 | 8 25 | 8 42 | 9 01 | 9 13 | 9 26 |
| 9 | 7 05 | 7 25 | 7 41 | 7 54 | 8 05 | 8 14 | 8 31 | 8 45 | 8 58 | 9 11 | 9 25 | 9 41 | 9 51 | 10 01 |
| 10 | 8 20 | 8 35 | 8 46 | 8 56 | 9 04 | 9 11 | 9 23 | 9 34 | 9 44 | 9 54 | 10 05 | 10 17 | 10 24 | 10 31 |

### MOONSET

| Lat. | −55° | −50° | −45° | −40° | −35° | −30° | −20° | −10° | 0° | +10° | +20° | +30° | +35° | +40° |
|---|---|---|---|---|---|---|---|---|---|---|---|---|---|---|
| | h m | h m | h m | h m | h m | h m | h m | h m | h m | h m | h m | h m | h m | h m |
| Nov. 16 | 1 30 | 1 30 | 1 31 | 1 31 | 1 31 | 1 32 | 1 32 | 1 32 | 1 33 | 1 33 | 1 33 | 1 33 | 1 34 | 1 34 |
| 17 | 1 42 | 1 47 | 1 51 | 1 55 | 1 58 | 2 00 | 2 05 | 2 09 | 2 13 | 2 17 | 2 21 | 2 26 | 2 29 | 2 32 |
| 18 | 1 55 | 2 05 | 2 13 | 2 20 | 2 25 | 2 31 | 2 40 | 2 48 | 2 55 | 3 03 | 3 11 | 3 20 | 3 25 | 3 31 |
| 19 | 2 10 | 2 25 | 2 37 | 2 47 | 2 56 | 3 03 | 3 17 | 3 28 | 3 39 | 3 50 | 4 02 | 4 15 | 4 23 | 4 32 |
| 20 | 2 29 | 2 49 | 3 06 | 3 19 | 3 30 | 3 40 | 3 57 | 4 12 | 4 26 | 4 40 | 4 56 | 5 13 | 5 23 | 5 35 |
| 21 | 2 55 | 3 20 | 3 40 | 3 56 | 4 10 | 4 22 | 4 42 | 5 00 | 5 17 | 5 33 | 5 51 | 6 12 | 6 24 | 6 38 |
| 22 | 3 30 | 4 00 | 4 23 | 4 41 | 4 56 | 5 10 | 5 32 | 5 52 | 6 10 | 6 29 | 6 49 | 7 11 | 7 25 | 7 40 |
| 23 | 4 19 | 4 51 | 5 15 | 5 34 | 5 50 | 6 04 | 6 27 | 6 48 | 7 06 | 7 25 | 7 46 | 8 09 | 8 23 | 8 38 |
| 24 | 5 23 | 5 54 | 6 16 | 6 35 | 6 50 | 7 03 | 7 26 | 7 45 | 8 03 | 8 21 | 8 41 | 9 03 | 9 16 | 9 31 |
| 25 | 6 39 | 7 05 | 7 25 | 7 41 | 7 55 | 8 06 | 8 26 | 8 44 | 9 00 | 9 16 | 9 33 | 9 52 | 10 03 | 10 16 |
| 26 | 8 03 | 8 23 | 8 38 | 8 51 | 9 02 | 9 11 | 9 27 | 9 41 | 9 54 | 10 07 | 10 21 | 10 36 | 10 45 | 10 55 |
| 27 | 9 28 | 9 42 | 9 53 | 10 02 | 10 09 | 10 16 | 10 27 | 10 37 | 10 46 | 10 56 | 11 05 | 11 16 | 11 23 | 11 30 |
| 28 | 10 54 | 11 02 | 11 07 | 11 12 | 11 16 | 11 20 | 11 26 | 11 32 | 11 37 | 11 42 | 11 47 | 11 53 | 11 57 | 12 00 |
| 29 | 12 20 | 12 21 | 12 22 | 12 23 | 12 23 | 12 24 | 12 25 | 12 26 | 12 26 | 12 27 | 12 28 | 12 29 | 12 29 | 12 30 |
| 30 | 13 46 | 13 41 | 13 37 | 13 34 | 13 31 | 13 28 | 13 24 | 13 20 | 13 16 | 13 12 | 13 08 | 13 04 | 13 01 | 12 59 |
| Dec. 1 | 15 13 | 15 02 | 14 53 | 14 45 | 14 39 | 14 33 | 14 23 | 14 15 | 14 07 | 13 59 | 13 50 | 13 41 | 13 35 | 13 29 |
| 2 | 16 41 | 16 23 | 16 09 | 15 57 | 15 47 | 15 39 | 15 24 | 15 11 | 14 59 | 14 48 | 14 35 | 14 20 | 14 12 | 14 03 |
| 3 | 18 06 | 17 43 | 17 24 | 17 09 | 16 56 | 16 45 | 16 26 | 16 10 | 15 55 | 15 39 | 15 23 | 15 04 | 14 53 | 14 41 |
| 4 | 19 27 | 18 58 | 18 36 | 18 18 | 18 03 | 17 50 | 17 28 | 17 09 | 16 52 | 16 34 | 16 15 | 15 53 | 15 40 | 15 26 |
| 5 | 20 35 | 20 04 | 19 40 | 19 21 | 19 06 | 18 52 | 18 29 | 18 09 | 17 50 | 17 31 | 17 11 | 16 47 | 16 33 | 16 18 |
| 6 | 21 28 | 20 58 | 20 35 | 20 17 | 20 02 | 19 48 | 19 25 | 19 05 | 18 47 | 18 28 | 18 08 | 17 45 | 17 31 | 17 16 |
| 7 | 22 07 | 21 41 | 21 20 | 21 04 | 20 50 | 20 38 | 20 17 | 19 59 | 19 42 | 19 24 | 19 06 | 18 45 | 18 32 | 18 18 |
| 8 | 22 35 | 22 13 | 21 57 | 21 43 | 21 31 | 21 21 | 21 03 | 20 48 | 20 33 | 20 18 | 20 02 | 19 44 | 19 33 | 19 21 |
| 9 | 22 55 | 22 39 | 22 26 | 22 16 | 22 07 | 21 58 | 21 44 | 21 32 | 21 21 | 21 09 | 20 56 | 20 42 | 20 33 | 20 24 |
| 10 | 23 11 | 23 00 | 22 51 | 22 44 | 22 38 | 22 32 | 22 22 | 22 13 | 22 05 | 21 57 | 21 48 | 21 38 | 21 32 | 21 25 |

.. .. indicates phenomenon will occur the next day.

## UNIVERSAL TIME FOR MERIDIAN OF GREENWICH
### MOONRISE

| Lat. | +40° | +42° | +44° | +46° | +48° | +50° | +52° | +54° | +56° | +58° | +60° | +62° | +64° | +66° |
|---|---|---|---|---|---|---|---|---|---|---|---|---|---|---|
|  | h m | h m | h m | h m | h m | h m | h m | h m | h m | h m | h m | h m | h m | h m |
| Nov. 16 | 13 44 | 13 43 | 13 42 | 13 41 | 13 41 | 13 40 | 13 39 | 13 38 | 13 36 | 13 35 | 13 34 | 13 32 | 13 30 | 13 28 |
| 17 | 14 08 | 14 06 | 14 04 | 14 02 | 13 59 | 13 57 | 13 54 | 13 51 | 13 48 | 13 44 | 13 40 | 13 35 | 13 30 | 13 24 |
| 18 | 14 34 | 14 31 | 14 27 | 14 24 | 14 20 | 14 16 | 14 11 | 14 06 | 14 00 | 13 54 | 13 47 | 13 39 | 13 30 | 13 19 |
| 19 | 15 04 | 14 59 | 14 54 | 14 49 | 14 44 | 14 38 | 14 32 | 14 24 | 14 16 | 14 07 | 13 57 | 13 45 | 13 31 | 13 15 |
| 20 | 15 38 | 15 33 | 15 27 | 15 20 | 15 13 | 15 06 | 14 57 | 14 48 | 14 37 | 14 25 | 14 12 | 13 55 | 13 35 | 13 10 |
| 21 | 16 19 | 16 13 | 16 06 | 15 58 | 15 50 | 15 41 | 15 31 | 15 20 | 15 07 | 14 52 | 14 34 | 14 13 | 13 45 | 13 05 |
| 22 | 17 08 | 17 01 | 16 53 | 16 45 | 16 36 | 16 26 | 16 15 | 16 03 | 15 48 | 15 31 | 15 11 | 14 44 | 14 08 | 12 55 |
| 23 | 18 05 | 17 58 | 17 50 | 17 42 | 17 33 | 17 23 | 17 12 | 16 59 | 16 45 | 16 27 | 16 07 | 15 40 | 15 02 | ▢ |
| 24 | 19 09 | 19 03 | 18 56 | 18 48 | 18 40 | 18 31 | 18 21 | 18 09 | 17 56 | 17 41 | 17 23 | 17 00 | 16 31 | 15 45 |
| 25 | 20 17 | 20 12 | 20 06 | 20 00 | 19 53 | 19 46 | 19 37 | 19 28 | 19 18 | 19 06 | 18 52 | 18 35 | 18 14 | 17 48 |
| 26 | 21 28 | 21 24 | 21 19 | 21 15 | 21 10 | 21 04 | 20 58 | 20 51 | 20 44 | 20 35 | 20 26 | 20 14 | 20 01 | 19 45 |
| 27 | 22 39 | 22 36 | 22 33 | 22 30 | 22 27 | 22 24 | 22 20 | 22 16 | 22 11 | 22 06 | 22 00 | 21 54 | 21 46 | 21 37 |
| 28 | 23 49 | 23 48 | 23 47 | 23 46 | 23 45 | 23 43 | 23 42 | 23 40 | 23 39 | 23 37 | 23 34 | 23 32 | 23 29 | 23 26 |
| 29 | .. .. | .. .. | .. .. | .. .. | .. .. | .. .. | .. .. | .. .. | .. .. | .. .. | .. .. | .. .. | .. .. | .. .. |
| 30 | 1 00 | 1 00 | 1 01 | 1 02 | 1 02 | 1 03 | 1 04 | 1 05 | 1 06 | 1 07 | 1 08 | 1 10 | 1 11 | 1 13 |
| Dec. 1 | 2 11 | 2 13 | 2 15 | 2 18 | 2 20 | 2 23 | 2 27 | 2 30 | 2 34 | 2 38 | 2 43 | 2 48 | 2 55 | 3 02 |
| 2 | 3 23 | 3 27 | 3 30 | 3 35 | 3 39 | 3 44 | 3 50 | 3 56 | 4 03 | 4 10 | 4 19 | 4 29 | 4 41 | 4 56 |
| 3 | 4 35 | 4 40 | 4 46 | 4 52 | 4 58 | 5 05 | 5 13 | 5 22 | 5 32 | 5 43 | 5 56 | 6 12 | 6 31 | 6 55 |
| 4 | 5 46 | 5 52 | 5 59 | 6 06 | 6 14 | 6 23 | 6 33 | 6 44 | 6 57 | 7 12 | 7 29 | 7 51 | 8 19 | 9 01 |
| 5 | 6 52 | 6 59 | 7 07 | 7 15 | 7 24 | 7 34 | 7 46 | 7 58 | 8 13 | 8 30 | 8 51 | 9 18 | 9 57 | ▬ |
| 6 | 7 52 | 7 59 | 8 07 | 8 15 | 8 25 | 8 35 | 8 46 | 8 59 | 9 14 | 9 32 | 9 53 | 10 20 | 11 00 | ▬ |
| 7 | 8 43 | 8 50 | 8 57 | 9 05 | 9 13 | 9 23 | 9 33 | 9 45 | 9 59 | 10 14 | 10 33 | 10 56 | 11 27 | 12 15 |
| 8 | 9 26 | 9 32 | 9 38 | 9 44 | 9 52 | 10 00 | 10 09 | 10 19 | 10 30 | 10 43 | 10 57 | 11 15 | 11 37 | 12 06 |
| 9 | 10 01 | 10 06 | 10 11 | 10 16 | 10 22 | 10 29 | 10 36 | 10 43 | 10 52 | 11 02 | 11 13 | 11 26 | 11 41 | 12 00 |
| 10 | 10 31 | 10 35 | 10 39 | 10 43 | 10 47 | 10 52 | 10 57 | 11 02 | 11 08 | 11 15 | 11 23 | 11 32 | 11 42 | 11 55 |

### MOONSET

| Lat. | +40° | +42° | +44° | +46° | +48° | +50° | +52° | +54° | +56° | +58° | +60° | +62° | +64° | +66° |
|---|---|---|---|---|---|---|---|---|---|---|---|---|---|---|
|  | h m | h m | h m | h m | h m | h m | h m | h m | h m | h m | h m | h m | h m | h m |
| Nov. 16 | 1 34 | 1 34 | 1 34 | 1 34 | 1 34 | 1 34 | 1 34 | 1 35 | 1 35 | 1 35 | 1 35 | 1 35 | 1 35 | 1 36 |
| 17 | 2 32 | 2 33 | 2 35 | 2 36 | 2 38 | 2 40 | 2 42 | 2 44 | 2 47 | 2 49 | 2 52 | 2 56 | 3 00 | 3 04 |
| 18 | 3 31 | 3 34 | 3 37 | 3 40 | 3 43 | 3 47 | 3 51 | 3 55 | 4 00 | 4 05 | 4 11 | 4 18 | 4 27 | 4 36 |
| 19 | 4 32 | 4 36 | 4 40 | 4 45 | 4 50 | 4 55 | 5 01 | 5 08 | 5 15 | 5 24 | 5 33 | 5 44 | 5 57 | 6 13 |
| 20 | 5 35 | 5 40 | 5 46 | 5 52 | 5 58 | 6 05 | 6 13 | 6 22 | 6 32 | 6 44 | 6 57 | 7 13 | 7 32 | 7 56 |
| 21 | 6 38 | 6 44 | 6 51 | 6 58 | 7 06 | 7 15 | 7 25 | 7 36 | 7 48 | 8 03 | 8 20 | 8 41 | 9 09 | 9 48 |
| 22 | 7 40 | 7 47 | 7 55 | 8 03 | 8 12 | 8 21 | 8 32 | 8 45 | 8 59 | 9 16 | 9 36 | 10 02 | 10 38 | 11 51 |
| 23 | 8 38 | 8 46 | 8 53 | 9 01 | 9 11 | 9 21 | 9 32 | 9 45 | 9 59 | 10 17 | 10 38 | 11 04 | 11 42 | ▢ |
| 24 | 9 31 | 9 37 | 9 45 | 9 52 | 10 01 | 10 10 | 10 21 | 10 32 | 10 46 | 11 01 | 11 20 | 11 43 | 12 13 | 12 58 |
| 25 | 10 16 | 10 22 | 10 28 | 10 35 | 10 42 | 10 50 | 10 59 | 11 09 | 11 20 | 11 32 | 11 47 | 12 04 | 12 25 | 12 53 |
| 26 | 10 55 | 11 00 | 11 05 | 11 10 | 11 16 | 11 22 | 11 28 | 11 36 | 11 44 | 11 53 | 12 04 | 12 16 | 12 30 | 12 48 |
| 27 | 11 30 | 11 33 | 11 36 | 11 40 | 11 44 | 11 48 | 11 52 | 11 57 | 12 03 | 12 09 | 12 16 | 12 24 | 12 33 | 12 43 |
| 28 | 12 00 | 12 02 | 12 04 | 12 06 | 12 08 | 12 10 | 12 13 | 12 15 | 12 18 | 12 21 | 12 25 | 12 29 | 12 33 | 12 39 |
| 29 | 12 30 | 12 30 | 12 30 | 12 30 | 12 30 | 12 31 | 12 31 | 12 31 | 12 32 | 12 32 | 12 33 | 12 33 | 12 34 | 12 34 |
| 30 | 12 59 | 12 57 | 12 56 | 12 54 | 12 53 | 12 51 | 12 49 | 12 47 | 12 45 | 12 43 | 12 40 | 12 37 | 12 34 | 12 30 |
| Dec. 1 | 13 29 | 13 26 | 13 23 | 13 20 | 13 17 | 13 13 | 13 09 | 13 05 | 13 00 | 12 55 | 12 49 | 12 42 | 12 34 | 12 25 |
| 2 | 14 03 | 13 58 | 13 54 | 13 49 | 13 44 | 13 38 | 13 32 | 13 25 | 13 18 | 13 09 | 12 59 | 12 48 | 12 35 | 12 20 |
| 3 | 14 41 | 14 36 | 14 30 | 14 23 | 14 16 | 14 09 | 14 00 | 13 51 | 13 41 | 13 29 | 13 15 | 12 59 | 12 39 | 12 14 |
| 4 | 15 26 | 15 19 | 15 12 | 15 05 | 14 56 | 14 47 | 14 37 | 14 25 | 14 12 | 13 57 | 13 39 | 13 17 | 12 48 | 12 06 |
| 5 | 16 18 | 16 11 | 16 03 | 15 54 | 15 45 | 15 35 | 15 24 | 15 11 | 14 56 | 14 39 | 14 18 | 13 51 | 13 12 | ▬ |
| 6 | 17 16 | 17 09 | 17 01 | 16 53 | 16 43 | 16 33 | 16 22 | 16 09 | 15 54 | 15 37 | 15 16 | 14 48 | 14 09 | ▬ |
| 7 | 18 18 | 18 11 | 18 04 | 17 57 | 17 48 | 17 39 | 17 29 | 17 17 | 17 04 | 16 49 | 16 30 | 16 08 | 15 37 | 14 50 |
| 8 | 19 21 | 19 16 | 19 10 | 19 03 | 18 56 | 18 49 | 18 40 | 18 31 | 18 20 | 18 08 | 17 53 | 17 36 | 17 15 | 16 47 |
| 9 | 20 24 | 20 20 | 20 15 | 20 10 | 20 05 | 19 59 | 19 52 | 19 45 | 19 37 | 19 28 | 19 18 | 19 05 | 18 51 | 18 33 |
| 10 | 21 25 | 21 22 | 21 19 | 21 15 | 21 11 | 21 07 | 21 03 | 20 58 | 20 53 | 20 46 | 20 39 | 20 31 | 20 22 | 20 11 |

▢ indicates Moon continuously above horizon.
▬ indicates Moon continuously below horizon.
.. .. indicates phenomenon will occur the next day.

# MOONRISE AND MOONSET, 2010

## UNIVERSAL TIME FOR MERIDIAN OF GREENWICH

### MOONRISE

| Lat. | −55° | −50° | −45° | −40° | −35° | −30° | −20° | −10° | 0° | +10° | +20° | +30° | +35° | +40° |
|---|---|---|---|---|---|---|---|---|---|---|---|---|---|---|
| | h m | h m | h m | h m | h m | h m | h m | h m | h m | h m | h m | h m | h m | h m |
| Dec. 9 | 7 05 | 7 25 | 7 41 | 7 54 | 8 05 | 8 14 | 8 31 | 8 45 | 8 58 | 9 11 | 9 25 | 9 41 | 9 51 | 10 01 |
| 10 | 8 20 | 8 35 | 8 46 | 8 56 | 9 04 | 9 11 | 9 23 | 9 34 | 9 44 | 9 54 | 10 05 | 10 17 | 10 24 | 10 31 |
| 11 | 9 33 | 9 42 | 9 50 | 9 56 | 10 01 | 10 06 | 10 14 | 10 21 | 10 27 | 10 34 | 10 40 | 10 48 | 10 53 | 10 58 |
| 12 | 10 44 | 10 48 | 10 52 | 10 54 | 10 57 | 10 59 | 11 02 | 11 05 | 11 08 | 11 11 | 11 14 | 11 18 | 11 20 | 11 22 |
| 13 | 11 55 | 11 54 | 11 53 | 11 52 | 11 51 | 11 51 | 11 50 | 11 49 | 11 49 | 11 48 | 11 47 | 11 47 | 11 46 | 11 46 |
| 14 | 13 05 | 12 59 | 12 54 | 12 50 | 12 46 | 12 43 | 12 38 | 12 34 | 12 29 | 12 25 | 12 20 | 12 15 | 12 12 | 12 09 |
| 15 | 14 17 | 14 05 | 13 56 | 13 49 | 13 43 | 13 37 | 13 27 | 13 19 | 13 11 | 13 03 | 12 55 | 12 46 | 12 40 | 12 34 |
| 16 | 15 30 | 15 14 | 15 00 | 14 49 | 14 40 | 14 32 | 14 18 | 14 06 | 13 55 | 13 44 | 13 32 | 13 18 | 13 11 | 13 02 |
| 17 | 16 46 | 16 23 | 16 06 | 15 52 | 15 40 | 15 30 | 15 12 | 14 56 | 14 42 | 14 28 | 14 13 | 13 55 | 13 45 | 13 34 |
| 18 | 18 00 | 17 33 | 17 12 | 16 55 | 16 41 | 16 29 | 16 08 | 15 50 | 15 33 | 15 16 | 14 58 | 14 37 | 14 26 | 14 12 |
| 19 | 19 11 | 18 40 | 18 16 | 17 58 | 17 42 | 17 28 | 17 05 | 16 45 | 16 27 | 16 09 | 15 49 | 15 26 | 15 13 | 14 58 |
| 20 | 20 11 | 19 39 | 19 15 | 18 56 | 18 40 | 18 27 | 18 03 | 17 43 | 17 24 | 17 05 | 16 45 | 16 21 | 16 08 | 15 52 |
| 21 | 20 57 | 20 29 | 20 07 | 19 49 | 19 34 | 19 22 | 18 59 | 18 40 | 18 22 | 18 04 | 17 45 | 17 23 | 17 10 | 16 55 |
| 22 | 21 32 | 21 09 | 20 50 | 20 35 | 20 23 | 20 11 | 19 52 | 19 36 | 19 20 | 19 04 | 18 47 | 18 28 | 18 17 | 18 04 |
| 23 | 21 58 | 21 40 | 21 26 | 21 15 | 21 05 | 20 56 | 20 41 | 20 28 | 20 16 | 20 03 | 19 50 | 19 35 | 19 26 | 19 16 |
| 24 | 22 18 | 22 06 | 21 57 | 21 49 | 21 43 | 21 37 | 21 27 | 21 18 | 21 09 | 21 01 | 20 52 | 20 41 | 20 35 | 20 28 |
| 25 | 22 34 | 22 28 | 22 24 | 22 20 | 22 17 | 22 14 | 22 09 | 22 05 | 22 00 | 21 56 | 21 52 | 21 47 | 21 44 | 21 40 |
| 26 | 22 49 | 22 49 | 22 49 | 22 49 | 22 50 | 22 50 | 22 50 | 22 50 | 22 50 | 22 51 | 22 51 | 22 51 | 22 51 | 22 52 |
| 27 | 23 04 | 23 10 | 23 14 | 23 18 | 23 22 | 23 25 | 23 31 | 23 35 | 23 40 | 23 45 | 23 49 | 23 55 | 23 58 | .. .. |
| 28 | 23 20 | 23 32 | 23 41 | 23 49 | 23 56 | .. .. | .. .. | .. .. | .. .. | .. .. | .. .. | .. .. | .. .. | 0 02 |
| 29 | 23 40 | 23 57 | .. .. | .. .. | .. .. | 0 02 | 0 12 | 0 22 | 0 30 | 0 39 | 0 49 | 0 59 | 1 06 | 1 13 |
| 30 | .. .. | .. .. | 0 11 | 0 23 | 0 33 | 0 41 | 0 56 | 1 10 | 1 22 | 1 35 | 1 48 | 2 04 | 2 13 | 2 24 |
| 31 | 0 05 | 0 28 | 0 46 | 1 01 | 1 14 | 1 25 | 1 44 | 2 01 | 2 16 | 2 32 | 2 49 | 3 08 | 3 20 | 3 33 |
| 32 | 0 39 | 1 07 | 1 28 | 1 46 | 2 00 | 2 13 | 2 35 | 2 54 | 3 12 | 3 30 | 3 49 | 4 12 | 4 25 | 4 40 |
| 33 | 1 24 | 1 55 | 2 18 | 2 37 | 2 53 | 3 06 | 3 29 | 3 50 | 4 09 | 4 27 | 4 48 | 5 11 | 5 25 | 5 41 |

### MOONSET

| Lat. | −55° | −50° | −45° | −40° | −35° | −30° | −20° | −10° | 0° | +10° | +20° | +30° | +35° | +40° |
|---|---|---|---|---|---|---|---|---|---|---|---|---|---|---|
| | h m | h m | h m | h m | h m | h m | h m | h m | h m | h m | h m | h m | h m | h m |
| Dec. 9 | 22 55 | 22 39 | 22 26 | 22 16 | 22 07 | 21 58 | 21 44 | 21 32 | 21 21 | 21 09 | 20 56 | 20 42 | 20 33 | 20 24 |
| 10 | 23 11 | 23 00 | 22 51 | 22 44 | 22 38 | 22 32 | 22 22 | 22 13 | 22 05 | 21 57 | 21 48 | 21 38 | 21 32 | 21 25 |
| 11 | 23 25 | 23 18 | 23 14 | 23 09 | 23 06 | 23 02 | 22 57 | 22 52 | 22 47 | 22 42 | 22 37 | 22 31 | 22 28 | 22 24 |
| 12 | 23 37 | 23 35 | 23 34 | 23 33 | 23 32 | 23 31 | 23 30 | 23 29 | 23 28 | 23 27 | 23 25 | 23 24 | 23 23 | 23 22 |
| 13 | 23 48 | 23 51 | 23 54 | 23 56 | 23 58 | .. .. | .. .. | .. .. | .. .. | .. .. | .. .. | .. .. | .. .. | .. .. |
| 14 | .. .. | .. .. | .. .. | .. .. | .. .. | 0 00 | 0 03 | 0 06 | 0 08 | 0 11 | 0 13 | 0 16 | 0 18 | 0 20 |
| 15 | 0 00 | 0 08 | 0 15 | 0 20 | 0 25 | 0 29 | 0 37 | 0 43 | 0 49 | 0 55 | 1 02 | 1 09 | 1 13 | 1 18 |
| 16 | 0 14 | 0 27 | 0 38 | 0 46 | 0 54 | 1 01 | 1 12 | 1 22 | 1 32 | 1 41 | 1 52 | 2 03 | 2 10 | 2 18 |
| 17 | 0 31 | 0 50 | 1 04 | 1 16 | 1 26 | 1 35 | 1 51 | 2 04 | 2 17 | 2 30 | 2 44 | 2 59 | 3 09 | 3 19 |
| 18 | 0 54 | 1 17 | 1 36 | 1 51 | 2 03 | 2 14 | 2 34 | 2 50 | 3 06 | 3 22 | 3 38 | 3 58 | 4 09 | 4 22 |
| 19 | 1 25 | 1 53 | 2 15 | 2 32 | 2 47 | 3 00 | 3 22 | 3 41 | 3 58 | 4 16 | 4 35 | 4 57 | 5 10 | 5 25 |
| 20 | 2 08 | 2 39 | 3 03 | 3 22 | 3 38 | 3 52 | 4 15 | 4 35 | 4 54 | 5 13 | 5 33 | 5 56 | 6 10 | 6 26 |
| 21 | 3 07 | 3 38 | 4 02 | 4 21 | 4 36 | 4 50 | 5 13 | 5 33 | 5 52 | 6 10 | 6 30 | 6 53 | 7 07 | 7 22 |
| 22 | 4 21 | 4 48 | 5 10 | 5 27 | 5 41 | 5 54 | 6 15 | 6 33 | 6 50 | 7 07 | 7 25 | 7 46 | 7 58 | 8 11 |
| 23 | 5 44 | 6 06 | 6 24 | 6 38 | 6 49 | 7 00 | 7 17 | 7 33 | 7 47 | 8 01 | 8 16 | 8 33 | 8 43 | 8 54 |
| 24 | 7 12 | 7 28 | 7 40 | 7 50 | 7 59 | 8 07 | 8 20 | 8 31 | 8 41 | 8 52 | 9 03 | 9 15 | 9 23 | 9 31 |
| 25 | 8 40 | 8 49 | 8 57 | 9 03 | 9 08 | 9 13 | 9 20 | 9 27 | 9 34 | 9 40 | 9 47 | 9 54 | 9 58 | 10 03 |
| 26 | 10 07 | 10 10 | 10 12 | 10 14 | 10 16 | 10 17 | 10 20 | 10 22 | 10 24 | 10 26 | 10 28 | 10 30 | 10 32 | 10 33 |
| 27 | 11 33 | 11 30 | 11 27 | 11 25 | 11 23 | 11 22 | 11 19 | 11 16 | 11 14 | 11 11 | 11 09 | 11 06 | 11 04 | 11 02 |
| 28 | 12 59 | 12 50 | 12 42 | 12 36 | 12 31 | 12 26 | 12 18 | 12 10 | 12 04 | 11 57 | 11 50 | 11 42 | 11 37 | 11 32 |
| 29 | 14 25 | 14 09 | 13 57 | 13 47 | 13 38 | 13 30 | 13 17 | 13 05 | 12 55 | 12 44 | 12 33 | 12 20 | 12 12 | 12 04 |
| 30 | 15 50 | 15 28 | 15 11 | 14 57 | 14 45 | 14 35 | 14 17 | 14 02 | 13 48 | 13 33 | 13 18 | 13 01 | 12 51 | 12 40 |
| 31 | 17 10 | 16 43 | 16 22 | 16 05 | 15 51 | 15 39 | 15 18 | 15 00 | 14 43 | 14 26 | 14 08 | 13 47 | 13 35 | 13 21 |
| 32 | 18 22 | 17 51 | 17 28 | 17 10 | 16 54 | 16 40 | 16 18 | 15 58 | 15 39 | 15 20 | 15 01 | 14 38 | 14 24 | 14 09 |
| 33 | 19 20 | 18 49 | 18 26 | 18 07 | 17 52 | 17 38 | 17 15 | 16 54 | 16 36 | 16 17 | 15 56 | 15 33 | 15 19 | 15 03 |

.. .. indicates phenomenon will occur the next day.

## UNIVERSAL TIME FOR MERIDIAN OF GREENWICH
### MOONRISE

| Lat. | +40° | +42° | +44° | +46° | +48° | +50° | +52° | +54° | +56° | +58° | +60° | +62° | +64° | +66° |
|---|---|---|---|---|---|---|---|---|---|---|---|---|---|---|
|  | h m | h m | h m | h m | h m | h m | h m | h m | h m | h m | h m | h m | h m | h m |
| Dec. 9 | 10 01 | 10 06 | 10 11 | 10 16 | 10 22 | 10 29 | 10 36 | 10 43 | 10 52 | 11 02 | 11 13 | 11 26 | 11 41 | 12 00 |
| 10 | 10 31 | 10 35 | 10 39 | 10 43 | 10 47 | 10 52 | 10 57 | 11 02 | 11 08 | 11 15 | 11 23 | 11 32 | 11 42 | 11 55 |
| 11 | 10 58 | 11 00 | 11 03 | 11 05 | 11 08 | 11 11 | 11 14 | 11 18 | 11 22 | 11 26 | 11 31 | 11 36 | 11 43 | 11 50 |
| 12 | 11 22 | 11 23 | 11 24 | 11 26 | 11 27 | 11 28 | 11 30 | 11 31 | 11 33 | 11 35 | 11 37 | 11 39 | 11 42 | 11 45 |
| 13 | 11 46 | 11 45 | 11 45 | 11 45 | 11 45 | 11 44 | 11 44 | 11 44 | 11 43 | 11 43 | 11 43 | 11 42 | 11 42 | 11 41 |
| 14 | 12 09 | 12 08 | 12 06 | 12 05 | 12 03 | 12 01 | 11 59 | 11 57 | 11 54 | 11 51 | 11 48 | 11 45 | 11 41 | 11 36 |
| 15 | 12 34 | 12 31 | 12 29 | 12 26 | 12 22 | 12 19 | 12 15 | 12 11 | 12 06 | 12 01 | 11 55 | 11 48 | 11 41 | 11 32 |
| 16 | 13 02 | 12 58 | 12 54 | 12 49 | 12 45 | 12 39 | 12 34 | 12 27 | 12 20 | 12 13 | 12 04 | 11 54 | 11 42 | 11 28 |
| 17 | 13 34 | 13 29 | 13 23 | 13 17 | 13 11 | 13 04 | 12 57 | 12 48 | 12 39 | 12 28 | 12 16 | 12 01 | 11 44 | 11 23 |
| 18 | 14 12 | 14 06 | 13 59 | 13 52 | 13 44 | 13 36 | 13 26 | 13 16 | 13 04 | 12 50 | 12 34 | 12 15 | 11 51 | 11 18 |
| 19 | 14 58 | 14 51 | 14 43 | 14 35 | 14 26 | 14 17 | 14 06 | 13 54 | 13 40 | 13 24 | 13 04 | 12 40 | 12 07 | 11 12 |
| 20 | 15 52 | 15 45 | 15 37 | 15 29 | 15 20 | 15 10 | 14 58 | 14 45 | 14 31 | 14 13 | 13 52 | 13 25 | 12 47 | ▢ |
| 21 | 16 55 | 16 48 | 16 41 | 16 33 | 16 24 | 16 14 | 16 04 | 15 52 | 15 38 | 15 22 | 15 02 | 14 38 | 14 04 | 13 07 |
| 22 | 18 04 | 17 58 | 17 51 | 17 45 | 17 37 | 17 29 | 17 20 | 17 10 | 16 58 | 16 45 | 16 29 | 16 11 | 15 47 | 15 15 |
| 23 | 19 16 | 19 11 | 19 06 | 19 01 | 18 55 | 18 49 | 18 42 | 18 35 | 18 26 | 18 16 | 18 05 | 17 52 | 17 36 | 17 17 |
| 24 | 20 28 | 20 25 | 20 22 | 20 19 | 20 15 | 20 11 | 20 06 | 20 01 | 19 56 | 19 50 | 19 42 | 19 34 | 19 25 | 19 14 |
| 25 | 21 40 | 21 39 | 21 37 | 21 36 | 21 34 | 21 32 | 21 30 | 21 27 | 21 25 | 21 22 | 21 19 | 21 15 | 21 11 | 21 06 |
| 26 | 22 52 | 22 52 | 22 52 | 22 52 | 22 52 | 22 52 | 22 52 | 22 53 | 22 53 | 22 53 | 22 53 | 22 54 | 22 54 | 22 54 |
| 27 | .. .. | .. .. | .. .. | .. .. | .. .. | .. .. | .. .. | .. .. | .. .. | .. .. | .. .. | .. .. | .. .. | .. .. |
| 28 | 0 02 | 0 04 | 0 06 | 0 08 | 0 10 | 0 12 | 0 14 | 0 17 | 0 20 | 0 24 | 0 27 | 0 32 | 0 37 | 0 42 |
| 29 | 1 13 | 1 16 | 1 20 | 1 23 | 1 27 | 1 32 | 1 36 | 1 42 | 1 48 | 1 54 | 2 02 | 2 10 | 2 20 | 2 32 |
| 30 | 2 24 | 2 28 | 2 33 | 2 39 | 2 45 | 2 51 | 2 58 | 3 06 | 3 15 | 3 25 | 3 36 | 3 50 | 4 06 | 4 27 |
| 31 | 3 33 | 3 39 | 3 45 | 3 52 | 4 00 | 4 08 | 4 17 | 4 28 | 4 40 | 4 53 | 5 09 | 5 29 | 5 53 | 6 27 |
| 32 | 4 40 | 4 47 | 4 54 | 5 02 | 5 11 | 5 20 | 5 31 | 5 44 | 5 58 | 6 14 | 6 34 | 6 59 | 7 34 | 8 39 |
| 33 | 5 41 | 5 48 | 5 56 | 6 04 | 6 14 | 6 24 | 6 35 | 6 48 | 7 03 | 7 21 | 7 43 | 8 11 | 8 52 | ▬ |

### MOONSET

| Lat. | +40° | +42° | +44° | +46° | +48° | +50° | +52° | +54° | +56° | +58° | +60° | +62° | +64° | +66° |
|---|---|---|---|---|---|---|---|---|---|---|---|---|---|---|
|  | h m | h m | h m | h m | h m | h m | h m | h m | h m | h m | h m | h m | h m | h m |
| Dec. 9 | 20 24 | 20 20 | 20 15 | 20 10 | 20 05 | 19 59 | 19 52 | 19 45 | 19 37 | 19 28 | 19 18 | 19 05 | 18 51 | 18 33 |
| 10 | 21 25 | 21 22 | 21 19 | 21 15 | 21 11 | 21 07 | 21 03 | 20 58 | 20 53 | 20 46 | 20 39 | 20 31 | 20 22 | 20 11 |
| 11 | 22 24 | 22 22 | 22 21 | 22 19 | 22 16 | 22 14 | 22 12 | 22 09 | 22 06 | 22 02 | 21 59 | 21 54 | 21 49 | 21 43 |
| 12 | 23 22 | 23 22 | 23 21 | 23 21 | 23 20 | 23 20 | 23 19 | 23 18 | 23 18 | 23 17 | 23 16 | 23 15 | 23 14 | 23 12 |
| 13 | .. .. | .. .. | .. .. | .. .. | .. .. | .. .. | .. .. | .. .. | .. .. | .. .. | .. .. | .. .. | .. .. | .. .. |
| 14 | 0 20 | 0 21 | 0 22 | 0 23 | 0 24 | 0 25 | 0 26 | 0 28 | 0 29 | 0 31 | 0 33 | 0 35 | 0 37 | 0 40 |
| 15 | 1 18 | 1 20 | 1 23 | 1 25 | 1 28 | 1 31 | 1 34 | 1 37 | 1 41 | 1 45 | 1 50 | 1 56 | 2 02 | 2 10 |
| 16 | 2 18 | 2 21 | 2 25 | 2 29 | 2 33 | 2 38 | 2 43 | 2 49 | 2 55 | 3 02 | 3 10 | 3 19 | 3 30 | 3 43 |
| 17 | 3 19 | 3 24 | 3 29 | 3 34 | 3 40 | 3 47 | 3 54 | 4 02 | 4 11 | 4 21 | 4 32 | 4 46 | 5 02 | 5 23 |
| 18 | 4 22 | 4 28 | 4 34 | 4 41 | 4 48 | 4 57 | 5 06 | 5 16 | 5 27 | 5 40 | 5 56 | 6 15 | 6 38 | 7 10 |
| 19 | 5 25 | 5 32 | 5 39 | 5 47 | 5 55 | 6 05 | 6 15 | 6 27 | 6 41 | 6 57 | 7 16 | 7 40 | 8 13 | 9 08 |
| 20 | 6 26 | 6 33 | 6 41 | 6 49 | 6 58 | 7 08 | 7 20 | 7 32 | 7 47 | 8 04 | 8 26 | 8 53 | 9 31 | ▢ |
| 21 | 7 22 | 7 29 | 7 36 | 7 44 | 7 53 | 8 03 | 8 14 | 8 26 | 8 40 | 8 57 | 9 16 | 9 41 | 10 15 | 11 13 |
| 22 | 8 11 | 8 18 | 8 24 | 8 31 | 8 39 | 8 48 | 8 57 | 9 08 | 9 20 | 9 33 | 9 49 | 10 09 | 10 33 | 11 06 |
| 23 | 8 54 | 8 59 | 9 04 | 9 10 | 9 16 | 9 23 | 9 31 | 9 39 | 9 48 | 9 58 | 10 10 | 10 24 | 10 41 | 11 01 |
| 24 | 9 31 | 9 34 | 9 38 | 9 42 | 9 47 | 9 52 | 9 57 | 10 03 | 10 09 | 10 16 | 10 24 | 10 33 | 10 44 | 10 57 |
| 25 | 10 03 | 10 05 | 10 08 | 10 10 | 10 13 | 10 16 | 10 19 | 10 22 | 10 26 | 10 30 | 10 34 | 10 39 | 10 45 | 10 52 |
| 26 | 10 33 | 10 34 | 10 35 | 10 35 | 10 36 | 10 37 | 10 38 | 10 39 | 10 40 | 10 41 | 10 42 | 10 44 | 10 46 | 10 48 |
| 27 | 11 02 | 11 01 | 11 00 | 11 00 | 10 58 | 10 57 | 10 56 | 10 55 | 10 53 | 10 52 | 10 50 | 10 48 | 10 46 | 10 43 |
| 28 | 11 32 | 11 30 | 11 27 | 11 24 | 11 22 | 11 19 | 11 15 | 11 12 | 11 08 | 11 03 | 10 58 | 10 52 | 10 46 | 10 38 |
| 29 | 12 04 | 12 00 | 11 56 | 11 52 | 11 47 | 11 42 | 11 37 | 11 30 | 11 24 | 11 16 | 11 08 | 10 58 | 10 47 | 10 34 |
| 30 | 12 40 | 12 34 | 12 29 | 12 23 | 12 17 | 12 10 | 12 02 | 11 54 | 11 44 | 11 33 | 11 21 | 11 07 | 10 49 | 10 28 |
| 31 | 13 21 | 13 15 | 13 08 | 13 01 | 12 53 | 12 44 | 12 35 | 12 24 | 12 12 | 11 58 | 11 41 | 11 21 | 10 56 | 10 21 |
| 32 | 14 09 | 14 02 | 13 54 | 13 46 | 13 37 | 13 27 | 13 16 | 13 04 | 12 49 | 12 33 | 12 13 | 11 47 | 11 12 | 10 07 |
| 33 | 15 03 | 14 56 | 14 48 | 14 40 | 14 31 | 14 20 | 14 09 | 13 56 | 13 41 | 13 23 | 13 01 | 12 33 | 11 53 | ▬ |

▢ indicates Moon continuously above horizon.
▬ indicates Moon continuously below horizon.
.. .. indicates phenomenon will occur the next day.

## CONTENTS OF THE ECLIPSE SECTION

## SUMMARY OF ECLIPSES AND TRANSITS FOR 2010

There are two eclipses of the Sun and two of the Moon in 2010. All times are expressed in Universal Time using $\Delta T = +66^s.0$. There are no transits of Mercury or Venus across the Sun in 2010.

I. *An annular eclipse of the Sun*, January 15. See map on page A85. The eclipse begins at $04^h\ 05^m$ and ends at $10^h\ 08^m$. The maximum duration of annularity is $11^m\ 04^s$. It is visible from the southern tip of Chad, the Central African Republic, the northern Democratic Republic of Congo, Uganda, Kenya, the southern tip of Somalia, the Indian Ocean, the southern tip of India, northern Sri Lanka, the south-eastern tip of Bangladesh, Myanmar, and south-eastern China..

II. *A partial eclipse of the Moon*, June 26. See map on page A88. The eclipse begins at $08^h\ 56^m$ and ends at $14^h\ 21^m$; time of maximum eclipse is $11^h\ 38^m$. It is visible from parts of the Americas, the pacific Ocean, Antarctica, eastern Asia, and Australasia.

III. *A total eclipse of the Sun*, July 11. See map on page A90. The eclipse begins at $17^h\ 10^m$ and ends at $21^h\ 57^m$; maximum duration of totality is $05^m\ 25^s$. It is visible from the Cook Islands, French Polynesia, the south-eastern Pacific Ocean, and the southernmost parts of Chile and Argentina.

IV. *A total eclipse of the Moon*, December 21. See map on page A93. The eclipse begins at $05^h\ 28^m$ and ends at $11^h\ 06^m$; the total phase begins at $07^h\ 40^m$ and ends at $08^h\ 54^m$. It is visible from Europe, west Africa, the Americas, the Pacific Ocean, eastern Australia, the Philippines, and eastern and northern Asia.

Local circumstances and animations for upcoming eclipses can be found on *The Astronomical Almanac Online* at http://asa.hmnao.com or http://asa.usno.navy.mil.

Local circumstances and animations for upcoming eclipses can be found on *The Astronomical Almanac Online* at http://asa.hmnao.com or http://asa.usno.navy.mil.

## General Information

The elements and circumstances are computed according to Bessel's method from apparent right ascensions and declinations of the Sun and Moon. Semidiameters of the Sun and Moon used in the calculation of eclipses do not include irradiation. The adopted semidiameter of the Sun at unit distance is $15'59''\!.64$ from the IAU (1976) Astronomical Constants. The apparent semidiameter of the Moon is equal to arcsin ($k$ sin $\pi$), where $\pi$ is the Moon's horizontal parallax and $k$ is an adopted constant. In 1982, the IAU adopted $k = 0.272\ 5076$, corresponding to the mean radius of Watts' datum as determined by observations of occultations and to the adopted radius of the Earth.

Standard corrections of $+0''\!.5$ and $-0''\!.25$ have been applied to the longitude and latitude of the Moon, respectively, to help correct for the difference between center of figure and center of mass.

Refraction is neglected in calculating solar and lunar eclipses. Because the circumstances of eclipses are calculated for the surface of the ellipsoid, refraction is not included in Besselian element polynomials. For local predictions, corrections for refraction are unnecessary; they are required only in precise comparisons of theory with observation in which many other refinements are also necessary.

All time arguments are given provisionally in Universal Time, using $\Delta T(A) = +66^s\!.0$. Once an updated value of $\Delta T$ is known, the data on these pages may be expressed in Universal Time as follows:

Define $\delta T = \Delta T - \Delta T(A)$, in units of seconds of time.

Change the times of circumstances given in preliminary Universal Time by subtracting $\delta T$.

Correct the tabulated longitudes, $\lambda(A)$, using $\lambda = \lambda(A) + 0.00417807 \times \delta T$ (longitudes are in degrees).

Leave all other quantities unchanged.

The correction of $\delta T$ is included in the Besselian elements.

Longitude is positive to the east, and negative to the west.

## Explanation of Solar Eclipse Diagram

The solar eclipse diagrams in *The Astronomical Almanac* show the region over which different phases of each eclipse may be seen and the times at which these phases occur. Each diagram has a series of dashed curves that show the outline of the Moon's penumbra on the Earth's surface at one-hour intervals. Short dashes show the leading edge and long dashes show the trailing edge. Except for certain extreme cases, the shadow outline moves generally from west to east. The Moon's shadow cone first contacts the Earth's surface where "First Contact" is indicated on the diagram. "Last Contact" is where the Moon's shadow cone last contacts the Earth's surface. The path of central eclipse, whether for a total, annular, or annular-total eclipse, is marked by two closely spaced curves that cut across all of the dashed curves. These two curves mark the extent of the Moon's umbral shadow on the Earth's surface. Viewers within these boundaries will observe a total, annular, or annular-total eclipse and viewers outside these boundaries will see a partial eclipse.

Solid curves labeled "Northern" and "Southern Limit of Eclipse" represent the furthest extent north or south of the Moon's penumbra on the Earth's surface. Viewers outside of these boundaries will not experience any eclipse. When only one of these two curves appears, only part of the Moon's penumbra touches the Earth; the other part is projected into space north or south of the Earth, and the terminator defines the other limit.

Another set of solid curves appears on some diagrams as two teardrop shapes (or lobes) on either end of the eclipse path, and on other diagrams as a distorted figure eight. These lobes represent in time the intersection of the Moon's penumbra with the Earth's terminator as the eclipse progresses. As time elapses, the Earth's terminator moves east-to-west while the Moon's penumbra moves west-to-east. These lobes connect to form an elongated figure eight on a diagram when part of the Moon's penumbra stays in contact with the Earth's terminator throughout the eclipse. The lobes become two separate teardrop shapes when the Moon's penumbra breaks contact with the Earth's terminator during the beginning of the eclipse and reconnects with it near the end. In the east, the outer portion of the lobe is labeled "Eclipse begins at Sunset" and marks the first contact between the Moon's penumbra and Earth's terminator in the east. Observers on this curve just fail to see the eclipse. The inner part of the lobe is labeled "Eclipse ends at Sunset" and marks the last contact between the Moon's penumbra and the Earth's terminator in the east. Observers on this curve just see the whole eclipse. The curve bisecting this lobe is labeled "Maximum Eclipse at Sunset" and is part of the sunset terminator at maximum eclipse. Viewers in the eastern half of the lobe will see the Sun set before maximum eclipse; *i.e.* see less than half of the eclipse. Viewers in the western half of the lobe will see the Sun set after maximum eclipse; *i.e.* see more than half of the eclipse. A similar description holds for the western lobe except everything occurs at sunrise instead of sunset.

### *Computing Local Circumstances for Solar Eclipses*

The solar eclipse maps show the path of the eclipse, beginning and ending times of the eclipse, and the region of visibility, including restrictions due to rising and setting of the Sun. The short-dash and long-dash lines show, respectively, the progress of the leading and trailing edge of the penumbra; thus, at a given location, times of first and last contact may be interpolated. If further precision is desired, Besselian elements can be utilized.

Besselian elements characterize the geometric position of the shadow of the Moon relative to the Earth. The exterior tangents to the surfaces of the Sun and Moon form the umbral cone; the interior tangents form the penumbral cone. The common axis of these two cones is the axis of the shadow. To form a system of geocentric rectangular coordinates, the geocentric plane perpendicular to the axis of the shadow is taken as the $xy$-plane. This is called the fundamental plane. The $x$-axis is the intersection of the fundamental plane with the plane of the equator; it is positive toward the east. The $y$-axis is positive toward the north. The $z$-axis is parallel to the axis of the shadow and is positive toward the Moon. The tabular values of $x$ and $y$ are the coordinates, in units of the Earth's equatorial radius, of the intersection of the axis of the shadow with the fundamental plane. The direction of the axis of the shadow is specified by the declination $d$ and hour angle $\mu$ of the point on the celestial sphere toward which the axis is directed.

The radius of the umbral cone is regarded as positive for an annular eclipse and negative for a total eclipse. The angles $f_1$ and $f_2$ are the angles at which the tangents that form the penumbral and umbral cones, respectively, intersect the axis of the shadow.

To predict accurate local circumstances, calculate the geocentric coordinates $\rho \sin \phi'$ and $\rho \cos \phi'$ from the geodetic latitude $\phi$ and longitude $\lambda$, using the relationships given on pages K11–K12. Inclusion of the height $h$ in this calculation is all that is necessary to obtain the local circumstances at high altitudes.

Obtain approximate times for the beginning, middle and end of the eclipse from the eclipse map. For each of these three times compute from the Besselian element polynomials, the values of $x$, $y$, $\sin d$, $\cos d$, $\mu$ and $l_1$ (the radius of the penumbra on the fundamental plane), except that at the approximate time of the middle of the eclipse $l_2$ (the radius of the umbra on the fundamental plane) is required instead of $l_1$ if the eclipse is central (i.e., total, annular or annular-total). The hourly variations $x'$, $y'$ of $x$ and $y$ are needed, and may be obtained by evaluating the derivative of the polynomial expressions for $x$ and $y$. Values of $\mu'$, $d'$, $\tan f_1$ and $\tan f_2$ are nearly constant throughout the eclipse and are given immediately following the Besselian polynomials.

For each of the three approximate times, calculate the coordinates $\xi$, $\eta$, $\zeta$ for the observer and the hourly variations $\xi'$ and $\eta'$ from

$$\xi = \rho \cos \phi' \sin \theta,$$
$$\eta = \rho \sin \phi' \cos d - \rho \cos \phi' \sin d \cos \theta,$$
$$\zeta = \rho \sin \phi' \sin d + \rho \cos \phi' \cos d \cos \theta,$$
$$\xi' = \mu' \rho \cos \phi' \cos \theta,$$
$$\eta' = \mu' \xi \sin d - \zeta d',$$

where

$$\theta = \mu + \lambda$$

for longitudes measured positive towards the east.

Next, calculate

$$
\begin{array}{ll}
u = x - \xi & u' = x' - \xi' \\
v = y - \eta & v' = y' - \eta' \\
m^2 = u^2 + v^2 & n^2 = u'^2 + v'^2 \qquad (m, n > 0)
\end{array}
$$
$$L_i = l_i - \zeta \tan f_i$$
$$D = uu' + vv'$$
$$\Delta = \tfrac{1}{n}(uv' - u'v)$$
$$\sin \psi = \tfrac{\Delta}{L_i}$$

where $i = 1, 2$.

At the approximate times of the beginning and end of the eclipse, $L_1$ is required. At the approximate time of the middle of the eclipse, $L_2$ is required if the eclipse is central; $L_1$ is required if the eclipse is partial.

Neglecting the variation of $L$, the correction $\tau$ to be applied to the approximate time of the middle of the eclipse to obtain the *Universal Time of greatest phase* is

$$\tau = -\frac{D}{n^2},$$

which may be expressed in minutes by multiplying by 60. The correction $\tau$ to be applied to the approximate times of the beginning and end of the eclipse to obtain the *Universal Times of the penumbral contacts* is

$$\tau = \frac{L_1}{n} \cos \psi - \frac{D}{n^2},$$

which may be expressed in minutes by multiplying by 60.

If the eclipse is central, use the approximate time for the middle of the eclipse as a first approximation to the times of umbral contact. The correction $\tau$ to be applied to obtain the *Universal Times of the umbral contacts* is

$$\tau = \frac{L_2}{n} \cos \psi - \frac{D}{n^2},$$

which may be expressed in minutes by multiplying by 60.

In the last two equations, the ambiguity in the quadrant of $\psi$ is removed by noting that $\cos \psi$ must be *negative* for the beginning of the eclipse, for the beginning of the annular phase, or for the end of the total phase; $\cos \psi$ must be *positive* for the end of the eclipse, the end of the annular phase, or the beginning of the total phase.

For greater accuracy, the times resulting from the calculation outlined above should be used in place of the original approximate times, and the entire procedure repeated at least once. The calculations for each of the contact times and the time of greatest phase should be performed separately.

The *magnitude of greatest partial eclipse*, in units of the solar diameter is

$$M_1 = \frac{L_1 - m}{(2L_1 - 0.5459)},$$

where the value of $m$ at the time of greatest phase is used. If the magnitude is negative at the time of greatest phase, no eclipse is visible from the location.

The *magnitude of the central phase*, in the same units is

$$M_2 = \frac{L_1 - L_2}{(L_1 + L_2)}.$$

The *position angle of a point of contact* measured eastward (counterclockwise) from the north point of the solar limb is given by

$$\tan P = \frac{u}{v},$$

where $u$ and $v$ are evaluated at the times of contacts computed in the final approximation. The quadrant of $P$ is determined by noting that $\sin P$ has the algebraic sign of $u$, except for the contacts of the total phase, for which $\sin P$ has the opposite sign to $u$.

The position angle of the point of contact measured eastward from the vertex of the solar limb is given by

$$V = P - C,$$

where $C$, the parallactic angle, is obtained with sufficient accuracy from

$$\tan C = \frac{\xi}{\eta},$$

with $\sin C$ having the same algebraic sign as $\xi$, and the results of the final approximation again being used. The vertex point of the solar limb lies on a great circle arc drawn from the zenith to the center of the solar disk.

### Lunar Eclipses

A calculator to produce local circumstances of recent and upcoming lunar eclipses is provided at http://aa.usno.navy.mil/data/docs/LunarEclipse.php.

In calculating lunar eclipses the radius of the geocentric shadow of the Earth is increased by one-fiftieth part to allow for the effect of the atmosphere. Refraction is neglected in calculating solar and lunar eclipses. Standard corrections of $+0''.5$ and $-0''.25$ have been applied to the longitude and latitude of the Moon, respectively, to help correct for the difference between center of figure and center of mass.

### Explanation of Lunar Eclipse Diagram

Information on lunar eclipses is presented in the form of a diagram consisting of two parts. The upper panel shows the path of the Moon relative to the penumbral and umbral shadows of the Earth. The lower panel shows the visibility of the eclipse from the surface of the Earth. The title of the upper panel includes the type of eclipse, its place in the sequence of eclipses for the year and the Greenwich calendar date of the eclipse. The inner darker circle is the umbral shadow of the Earth and the outer lighter circle is that of the penumbra. The axis of the shadow of the Earth is denoted by $(+)$ with the ecliptic shown for reference purposes. A 30-arcminute scale bar is provided on the right hand side of the diagram and the orientation is given by the cardinal points displayed on the small graphic on the left hand side of the diagram. The position angle (PA) is measured from North point of the lunar disk along the limb of the Moon to the point of contact. It is shown on the graphic by the use of an arc extending anti-clockwise (eastwards) from North terminated with an arrow head.

Moon symbols are plotted at the principal phases of the eclipse to show its position relative to the umbral and penumbral shadows. The UT times of the different phases of the eclipse to the nearest tenth of a minute are printed above or below the Moon symbols as appropriate. P1 and P4 are the first and last external contacts of the penumbra respectively and denote the beginning and end of the penumbral eclipse respectively. U1 and U4 are the first and last external contacts of the umbra denoting the beginning and end of the partial phase of the eclipse respectively. U2 and U3 are the first and last internal contacts of the umbra and denote the beginning and end of the total phase respectively. MID is the middle of the eclipse. The position angle is given for P1 and P4 for penumbral eclipses and U1 and U4 for partial and total eclipses. The UT time of the geocentric opposition in right ascension of the Sun and Moon and the magnitude of the eclipse are given above or below the Moon symbols as appropriate.

The lower panel is a cylindrical equidistant map projection showing the Earth centered on the longitude at which the Moon is in the zenith at the middle of the eclipse. The visibility of the eclipse is displayed by plotting the Moon rise/set terminator for the principal phases of the eclipse for which timing information is provided in the upper panel. The terminator for the middle of the eclipse is not plotted for the sake of clarity.

The unshaded area indicates the region of the Earth from which all the eclipse is visible whereas the darkest shading indicates the area from which the eclipse is invisible. The different shades of gray indicate regions where the Moon is either rising or setting during the principal phases of the eclipse. The Moon is rising on the left hand side of the diagram after the eclipse has started and is setting on the right hand side of the diagram before the eclipse ends. Labels are provided to this effect.

Symbols are plotted showing the locations for which the Moon is in the zenith at the principal phases of the eclipse. The points at which the Moon is in the zenith at P1 and P4 are denoted by $(+)$, at U1 and U4 by $(\odot)$ and at U2 and U3 by $(\oplus)$. These symbols are also plotted on the upper panel where appropriate. The value of $\Delta T$ used for the calculation of the eclipse circumstances is given below the diagram. Country boundaries are also provided to assist the user in determining the visibility of the eclipse at a particular location.

# I. – Annular Eclipse of the Sun, 2010 January 15

## CIRCUMSTANCES OF THE ECLIPSE

Universal Time of geocentric conjunction in right ascension, January $15^d$ $7^h$ $20^m$ $20^s.230$
Julian Date = 2455211.8057896990

|  |  | UT | | Longitude | | Latitude | |
|---|---|---|---|---|---|---|---|
|  |  | d | h  m | ° | ′ | ° | ′ |
| Eclipse begins | Jan. | 15 | 4 05.4 | + 30 | 27.0 | − 1 | 19.5 |
| Beginning of southern limit of umbra |  | 15 | 5 16.8 | + 15 | 12.6 | + 5 | 21.9 |
| Beginning of center line; central eclipse begins |  | 15 | 5 17.6 | + 15 | 38.8 | + 6 | 58.3 |
| Beginning of northern limit of umbra |  | 15 | 5 18.4 | + 16 | 04.1 | + 8 | 36.0 |
| Central eclipse at local apparent noon |  | 15 | 7 20.3 | + 72 | 14.8 | + 3 | 30.9 |
|  |  |  |  |  |  |  |  |
| End of northern limit of umbra |  | 15 | 8 54.5 | +120 | 54.4 | +38 | 22.9 |
| End of center line; central eclipse ends |  | 15 | 8 55.4 | +121 | 41.2 | +36 | 49.3 |
| End of southern limit of umbra |  | 15 | 8 56.2 | +122 | 26.6 | +35 | 16.4 |
| Eclipse ends |  | 15 | 10 07.6 | +108 | 11.6 | +28 | 47.9 |

## BESSELIAN ELEMENTS

Let $t = (UT-4^h) + \delta T/3600$ in units of hours.

These equations are valid over the range $0^h.042 \le t \le 6^h.300$. Do not use $t$ outside the given range, and do not omit any terms in the series.

Intersection of axis of shadow with fundamental plane:

$$x = -1.61797405 + \quad 0.48459845\, t + 0.00001103\, t^2 - 0.00000538\, t^3$$
$$y = -0.05146548 + \quad 0.13974866\, t + 0.00013228\, t^2 - 0.00000170\, t^3$$

Direction of axis of shadow:

$$\sin\, d = -0.36082773 + \quad 0.00011836\, t + 0.00000011\, t^2$$
$$\cos\, d = +0.93263247 + \quad 0.00004580\, t + 0.00000003\, t^2$$
$$\mu = 237°.67754487 + 14.99757842\, t + 0.00000209\, t^2 - 0.00417807\, \delta T$$

Radius of shadow on fundamental plane:

penumbra $(l_1) = +0.57449909 + \quad 0.00009647\, t - 0.00000994\, t^2$
umbra $(l_2) = +0.02797322 + \quad 0.00009594\, t - 0.00000988\, t^2$

Other important quantities:

$\tan f_1 = +0.004755$
$\tan f_2 = +0.004731$
$\mu' = +0.261757$ radians per hour
$d' = +0.000128$ radians per hour

All time arguments are given provisionally in Universal Time, using $\Delta T(A) = 66^s.0$.

# ANNULAR SOLAR ECLIPSE OF 2010 JANUARY 15

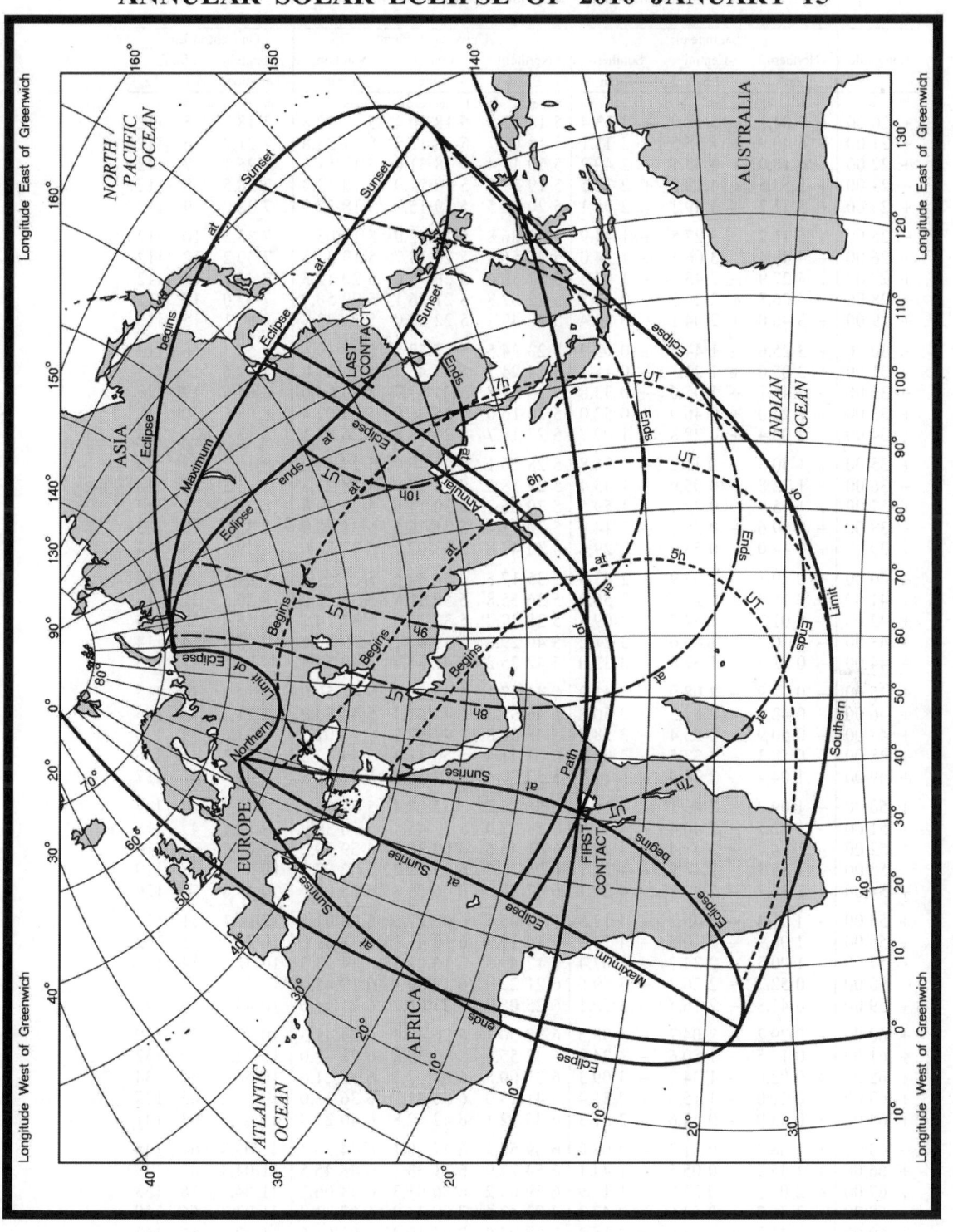

# ECLIPSES, 2010

## PATH OF CENTRAL PHASE: ANNULAR SOLAR ECLIPSE OF JANUARY 15

*For limits, see* Circumstances of the Eclipse

| Longitude | Latitude of: | | | Universal Time at: | | | On Central Line | | |
| | Northern Limit | Central Line | Southern Limit | Northern Limit | Central Line | Southern Limit | Maximum Duration | Sun's Alt. | Az. |
|---|---|---|---|---|---|---|---|---|---|
| ° ′ | ° ′ | ° ′ | ° ′ | h m s | h m s | h m s | m s | ° | ° |
| + 20 00 | + 7 04.1 | + 5 18.0 | + 3 33.4 | 5 18 52.0 | 5 18 00.4 | 5 17 20.8 | 7 18.7 | 5 | 112 |
| + 21 00 | + 6 40.9 | + 4 55.5 | + 3 11.1 | 5 19 01.7 | 5 18 15.9 | 5 17 33.8 | 7 21.9 | 6 | 112 |
| + 22 00 | + 6 18.0 | + 4 33.1 | + 2 49.2 | 5 19 17.4 | 5 18 31.6 | 5 17 51.8 | 7 25.1 | 7 | 112 |
| + 23 00 | + 5 55.5 | + 4 10.9 | + 2 27.5 | 5 19 37.6 | 5 18 51.9 | 5 18 13.3 | 7 28.5 | 8 | 112 |
| + 24 00 | + 5 33.2 | + 3 49.1 | + 2 06.1 | 5 20 00.5 | 5 19 15.7 | 5 18 37.9 | 7 32.0 | 9 | 112 |
| + 25 00 | + 5 11.2 | + 3 27.5 | + 1 44.9 | 5 20 26.8 | 5 19 42.9 | 5 19 05.9 | 7 35.5 | 10 | 112 |
| + 26 00 | + 4 49.4 | + 3 06.1 | + 1 24.0 | 5 20 56.8 | 5 20 13.7 | 5 19 37.3 | 7 39.2 | 12 | 112 |
| + 27 00 | + 4 27.9 | + 2 45.1 | + 1 03.5 | 5 21 30.4 | 5 20 48.0 | 5 20 12.3 | 7 43.1 | 13 | 112 |
| + 28 00 | + 4 06.8 | + 2 24.5 | + 0 43.3 | 5 22 07.8 | 5 21 26.1 | 5 20 50.9 | 7 47.0 | 14 | 112 |
| + 29 00 | + 3 46.0 | + 2 04.1 | + 0 23.4 | 5 22 49.2 | 5 22 08.0 | 5 21 33.3 | 7 51.1 | 15 | 113 |
| + 30 00 | + 3 25.6 | + 1 44.2 | + 0 03.9 | 5 23 34.5 | 5 22 53.8 | 5 22 19.6 | 7 55.3 | 16 | 113 |
| + 31 00 | + 3 05.6 | + 1 24.7 | − 0 15.2 | 5 24 24.1 | 5 23 43.7 | 5 23 09.8 | 7 59.6 | 18 | 113 |
| + 32 00 | + 2 46.1 | + 1 05.6 | − 0 33.8 | 5 25 17.8 | 5 24 37.7 | 5 24 04.0 | 8 04.0 | 19 | 113 |
| + 33 00 | + 2 27.0 | + 0 46.9 | − 0 52.0 | 5 26 16.0 | 5 25 36.0 | 5 25 02.4 | 8 08.6 | 20 | 113 |
| + 34 00 | + 2 08.4 | + 0 28.8 | − 1 09.7 | 5 27 18.7 | 5 26 38.8 | 5 26 05.1 | 8 13.4 | 21 | 113 |
| + 35 00 | + 1 50.3 | + 0 11.2 | − 1 26.8 | 5 28 26.1 | 5 27 46.0 | 5 27 12.2 | 8 18.2 | 23 | 113 |
| + 36 00 | + 1 32.8 | − 0 05.9 | − 1 43.4 | 5 29 38.2 | 5 28 57.9 | 5 28 23.8 | 8 23.3 | 24 | 113 |
| + 37 00 | + 1 15.9 | − 0 22.4 | − 1 59.5 | 5 30 55.3 | 5 30 14.5 | 5 29 39.9 | 8 28.4 | 25 | 113 |
| + 38 00 | + 0 59.6 | − 0 38.2 | − 2 14.9 | 5 32 17.4 | 5 31 36.1 | 5 31 00.9 | 8 33.7 | 27 | 113 |
| + 39 00 | + 0 44.0 | − 0 53.4 | − 2 29.6 | 5 33 44.8 | 5 33 02.7 | 5 32 26.6 | 8 39.2 | 28 | 114 |
| + 40 00 | + 0 29.1 | − 1 07.9 | − 2 43.6 | 5 35 17.5 | 5 34 34.4 | 5 33 57.4 | 8 44.8 | 29 | 114 |
| + 41 00 | + 0 15.0 | − 1 21.6 | − 2 56.9 | 5 36 55.8 | 5 36 11.5 | 5 35 33.2 | 8 50.5 | 31 | 114 |
| + 42 00 | + 0 01.7 | − 1 34.5 | − 3 09.5 | 5 38 39.7 | 5 37 54.0 | 5 37 14.2 | 8 56.4 | 32 | 114 |
| + 43 00 | − 0 10.8 | − 1 46.6 | − 3 21.2 | 5 40 29.4 | 5 39 42.1 | 5 39 00.6 | 9 02.4 | 34 | 114 |
| + 44 00 | − 0 22.3 | − 1 57.8 | − 3 32.0 | 5 42 25.2 | 5 41 35.9 | 5 40 52.5 | 9 08.5 | 35 | 115 |
| + 45 00 | − 0 32.9 | − 2 08.0 | − 3 41.9 | 5 44 27.1 | 5 43 35.6 | 5 42 50.0 | 9 14.8 | 36 | 115 |
| + 46 00 | − 0 42.5 | − 2 17.3 | − 3 50.8 | 5 46 35.3 | 5 45 41.3 | 5 44 53.2 | 9 21.1 | 38 | 115 |
| + 47 00 | − 0 50.9 | − 2 25.4 | − 3 58.7 | 5 48 50.0 | 5 47 53.2 | 5 47 02.3 | 9 27.6 | 39 | 116 |
| + 48 00 | − 0 58.3 | − 2 32.5 | − 4 05.5 | 5 51 11.4 | 5 50 11.4 | 5 49 17.3 | 9 34.2 | 41 | 116 |
| + 49 00 | − 1 04.4 | − 2 38.4 | − 4 11.2 | 5 53 39.6 | 5 52 36.1 | 5 51 38.5 | 9 40.8 | 42 | 117 |
| + 50 00 | − 1 09.2 | − 2 43.1 | − 4 15.6 | 5 56 14.7 | 5 55 07.4 | 5 54 06.0 | 9 47.4 | 44 | 117 |
| + 51 00 | − 1 12.7 | − 2 46.4 | − 4 18.8 | 5 58 57.0 | 5 57 45.4 | 5 56 39.9 | 9 54.1 | 45 | 118 |
| + 52 00 | − 1 14.7 | − 2 48.4 | − 4 20.7 | 6 01 46.6 | 6 00 30.3 | 5 59 20.2 | 10 00.7 | 47 | 118 |
| + 53 00 | − 1 15.3 | − 2 48.9 | − 4 21.1 | 6 04 43.5 | 6 03 22.2 | 6 02 07.2 | 10 07.3 | 48 | 119 |
| + 54 00 | − 1 14.2 | − 2 47.8 | − 4 20.1 | 6 07 48.0 | 6 06 21.3 | 6 05 00.9 | 10 13.8 | 50 | 120 |
| + 55 00 | − 1 11.4 | − 2 45.2 | − 4 17.5 | 6 11 00.1 | 6 09 27.5 | 6 08 01.5 | 10 20.1 | 51 | 121 |
| + 56 00 | − 1 06.9 | − 2 40.8 | − 4 13.3 | 6 14 19.9 | 6 12 41.1 | 6 11 09.0 | 10 26.3 | 53 | 122 |
| + 57 00 | − 1 00.5 | − 2 34.7 | − 4 07.4 | 6 17 47.5 | 6 16 02.1 | 6 14 23.5 | 10 32.2 | 54 | 124 |
| + 58 00 | − 0 52.2 | − 2 26.7 | − 3 59.6 | 6 21 22.9 | 6 19 30.4 | 6 17 45.0 | 10 37.8 | 56 | 125 |
| + 59 00 | − 0 41.8 | − 2 16.7 | − 3 50.1 | 6 25 05.9 | 6 23 06.2 | 6 21 13.6 | 10 43.1 | 57 | 127 |
| + 60 00 | − 0 29.2 | − 2 04.7 | − 3 38.5 | 6 28 56.7 | 6 26 49.3 | 6 24 49.3 | 10 47.9 | 59 | 129 |
| + 61 00 | − 0 14.5 | − 1 50.6 | − 3 24.9 | 6 32 55.0 | 6 30 39.8 | 6 28 32.0 | 10 52.3 | 60 | 132 |
| + 62 00 | + 0 02.6 | − 1 34.2 | − 3 09.3 | 6 37 00.5 | 6 34 37.3 | 6 32 21.6 | 10 56.0 | 61 | 134 |
| + 63 00 | + 0 22.0 | − 1 15.6 | − 2 51.4 | 6 41 13.0 | 6 38 41.7 | 6 36 18.0 | 10 59.2 | 62 | 137 |
| + 64 00 | + 0 43.9 | − 0 54.6 | − 2 31.3 | 6 45 32.1 | 6 42 52.8 | 6 40 21.0 | 11 01.6 | 63 | 141 |
| + 65 00 | + 1 08.3 | − 0 31.3 | − 2 08.8 | 6 49 57.3 | 6 47 10.1 | 6 44 30.3 | 11 03.3 | 64 | 145 |
| + 66 00 | + 1 35.2 | − 0 05.5 | − 1 44.1 | 6 54 27.9 | 6 51 33.1 | 6 48 45.5 | 11 04.3 | 65 | 149 |
| + 67 00 | + 2 04.7 | + 0 22.8 | − 1 16.9 | 6 59 03.2 | 6 56 01.3 | 6 53 06.2 | 11 04.4 | 66 | 153 |
| + 68 00 | + 2 36.7 | + 0 53.6 | − 0 47.3 | 7 03 42.4 | 7 00 34.0 | 6 57 31.8 | 11 03.7 | 66 | 158 |
| + 69 00 | + 3 11.2 | + 1 26.8 | − 0 15.3 | 7 08 24.5 | 7 05 10.2 | 7 02 01.6 | 11 02.1 | 66 | 163 |

## PATH OF CENTRAL PHASE: ANNULAR SOLAR ECLIPSE OF JANUARY 15

| Longitude | Latitude of: Northern Limit | Latitude of: Central Line | Latitude of: Southern Limit | Universal Time at: Northern Limit | Universal Time at: Central Line | Universal Time at: Southern Limit | On Central Line Maximum Duration | On Central Line Sun's Alt. | On Central Line Sun's Az. |
|---|---|---|---|---|---|---|---|---|---|
| ° ′ | ° ′ | ° ′ | ° ′ | h m s | h m s | h m s | m s | ° | ° |
| + 70 00 | + 3 48.1 | + 2 02.5 | + 0 19.0 | 7 13 08.4 | 7 09 49.2 | 7 06 34.8 | 10 59.8 | 66 | 169 |
| + 71 00 | + 4 27.5 | + 2 40.4 | + 0 55.7 | 7 17 53.0 | 7 14 29.9 | 7 11 10.6 | 10 56.6 | 66 | 174 |
| + 72 00 | + 5 09.0 | + 3 20.7 | + 1 34.6 | 7 22 37.1 | 7 19 11.1 | 7 15 48.0 | 10 52.7 | 66 | 179 |
| + 73 00 | + 5 52.6 | + 4 03.0 | + 2 15.6 | 7 27 19.3 | 7 23 51.7 | 7 20 25.9 | 10 48.2 | 65 | 184 |
| + 74 00 | + 6 38.1 | + 4 47.2 | + 2 58.6 | 7 31 58.5 | 7 28 30.6 | 7 25 03.1 | 10 43.0 | 64 | 188 |
| + 75 00 | + 7 25.2 | + 5 33.3 | + 3 43.5 | 7 36 33.4 | 7 33 06.4 | 7 29 38.5 | 10 37.3 | 63 | 192 |
| + 76 00 | + 8 13.8 | + 6 20.8 | + 4 30.0 | 7 41 02.8 | 7 37 37.9 | 7 34 11.0 | 10 31.2 | 61 | 196 |
| + 77 00 | + 9 03.7 | + 7 09.7 | + 5 17.9 | 7 45 25.7 | 7 42 04.2 | 7 38 39.3 | 10 24.7 | 60 | 199 |
| + 78 00 | + 9 54.5 | + 7 59.7 | + 6 07.0 | 7 49 41.1 | 7 46 24.0 | 7 43 02.3 | 10 18.0 | 58 | 202 |
| + 79 00 | +10 46.0 | + 8 50.6 | + 6 57.1 | 7 53 48.2 | 7 50 36.6 | 7 47 19.2 | 10 11.1 | 57 | 205 |
| + 80 00 | +11 38.1 | + 9 42.1 | + 7 48.0 | 7 57 46.4 | 7 54 41.0 | 7 51 28.9 | 10 04.0 | 55 | 207 |
| + 81 00 | +12 30.5 | +10 34.1 | + 8 39.4 | 8 01 35.1 | 7 58 36.8 | 7 55 30.7 | 9 56.9 | 54 | 210 |
| + 82 00 | +13 23.0 | +11 26.2 | + 9 31.2 | 8 05 14.1 | 8 02 23.3 | 7 59 24.0 | 9 49.8 | 52 | 212 |
| + 83 00 | +14 15.4 | +12 18.4 | +10 23.1 | 8 08 42.9 | 8 06 00.2 | 8 03 08.3 | 9 42.8 | 50 | 213 |
| + 84 00 | +15 07.6 | +13 10.5 | +11 14.9 | 8 12 01.7 | 8 09 27.4 | 8 06 43.3 | 9 35.9 | 48 | 215 |
| + 85 00 | +15 59.4 | +14 02.2 | +12 06.6 | 8 15 10.3 | 8 12 44.6 | 8 10 08.7 | 9 29.1 | 47 | 216 |
| + 86 00 | +16 50.7 | +14 53.5 | +12 57.9 | 8 18 08.9 | 8 15 51.9 | 8 13 24.4 | 9 22.4 | 45 | 218 |
| + 87 00 | +17 41.4 | +15 44.3 | +13 48.7 | 8 20 57.7 | 8 18 49.5 | 8 16 30.4 | 9 16.0 | 43 | 219 |
| + 88 00 | +18 31.4 | +16 34.5 | +14 38.9 | 8 23 36.9 | 8 21 37.4 | 8 19 26.8 | 9 09.7 | 42 | 220 |
| + 89 00 | +19 20.7 | +17 23.9 | +15 28.5 | 8 26 06.8 | 8 24 15.8 | 8 22 13.7 | 9 03.6 | 40 | 221 |
| + 90 00 | +20 09.3 | +18 12.6 | +16 17.4 | 8 28 27.6 | 8 26 45.2 | 8 24 51.4 | 8 57.7 | 38 | 222 |
| + 91 00 | +20 56.9 | +19 00.5 | +17 05.4 | 8 30 39.8 | 8 29 05.7 | 8 27 20.2 | 8 52.0 | 37 | 223 |
| + 92 00 | +21 43.7 | +19 47.5 | +17 52.6 | 8 32 43.7 | 8 31 17.7 | 8 29 40.2 | 8 46.5 | 35 | 224 |
| + 93 00 | +22 29.7 | +20 33.7 | +18 39.0 | 8 34 39.7 | 8 33 21.5 | 8 31 51.9 | 8 41.2 | 34 | 225 |
| + 94 00 | +23 14.7 | +21 18.9 | +19 24.5 | 8 36 28.0 | 8 35 17.4 | 8 33 55.6 | 8 36.1 | 32 | 226 |
| + 95 00 | +23 58.8 | +22 03.3 | +20 09.1 | 8 38 09.1 | 8 37 05.9 | 8 35 51.5 | 8 31.1 | 31 | 226 |
| + 96 00 | +24 42.1 | +22 46.7 | +20 52.8 | 8 39 43.4 | 8 38 47.3 | 8 37 40.0 | 8 26.4 | 29 | 227 |
| + 97 00 | +25 24.4 | +23 29.3 | +21 35.5 | 8 41 11.0 | 8 40 21.8 | 8 39 21.5 | 8 21.8 | 28 | 228 |
| + 98 00 | +26 05.8 | +24 10.9 | +22 17.4 | 8 42 32.5 | 8 41 49.9 | 8 40 56.3 | 8 17.4 | 26 | 229 |
| + 99 00 | +26 46.3 | +24 51.7 | +22 58.4 | 8 43 48.1 | 8 43 11.8 | 8 42 24.6 | 8 13.2 | 25 | 229 |
| +100 00 | +27 26.0 | +25 31.5 | +23 38.4 | 8 44 58.0 | 8 44 27.9 | 8 43 46.9 | 8 09.1 | 24 | 230 |
| +101 00 | +28 04.8 | +26 10.5 | +24 17.6 | 8 46 02.6 | 8 45 38.4 | 8 45 03.4 | 8 05.2 | 22 | 231 |
| +102 00 | +28 42.8 | +26 48.7 | +24 56.0 | 8 47 02.2 | 8 46 43.6 | 8 46 14.3 | 8 01.4 | 21 | 231 |
| +103 00 | +29 19.9 | +27 26.0 | +25 33.4 | 8 47 57.0 | 8 47 43.8 | 8 47 20.0 | 7 57.7 | 20 | 232 |
| +104 00 | +29 56.3 | +28 02.4 | +26 10.1 | 8 48 47.2 | 8 48 39.3 | 8 48 20.7 | 7 54.2 | 18 | 233 |
| +105 00 | +30 31.8 | +28 38.1 | +26 45.9 | 8 49 33.2 | 8 49 30.2 | 8 49 16.7 | 7 50.8 | 17 | 233 |
| +106 00 | +31 06.5 | +29 13.0 | +27 20.9 | 8 50 15.0 | 8 50 16.8 | 8 50 08.2 | 7 47.5 | 16 | 234 |
| +107 00 | +31 40.5 | +29 47.1 | +27 55.2 | 8 50 52.9 | 8 50 59.3 | 8 50 55.4 | 7 44.4 | 15 | 234 |
| +108 00 | +32 13.8 | +30 20.4 | +28 28.6 | 8 51 27.2 | 8 51 38.0 | 8 51 38.5 | 7 41.3 | 14 | 235 |
| +109 00 | +32 46.3 | +30 53.0 | +29 01.3 | 8 51 57.9 | 8 52 12.9 | 8 52 17.7 | 7 38.4 | 13 | 236 |
| +110 00 | +33 18.1 | +31 24.9 | +29 33.3 | 8 52 25.3 | 8 52 44.4 | 8 52 53.3 | 7 35.5 | 12 | 236 |
| +111 00 | +33 49.2 | +31 56.1 | +30 04.6 | 8 52 49.6 | 8 53 12.5 | 8 53 25.4 | 7 32.7 | 10 | 237 |
| +112 00 | +34 19.6 | +32 26.6 | +30 35.2 | 8 53 10.9 | 8 53 37.5 | 8 53 54.1 | 7 30.1 | 9 | 237 |
| +113 00 | +34 49.4 | +32 56.4 | +31 05.1 | 8 53 29.2 | 8 53 59.4 | 8 54 19.6 | 7 27.5 | 8 | 238 |
| +114 00 | +35 18.1 | +33 25.6 | +31 34.3 | 8 53 43.4 | 8 54 18.6 | 8 54 42.2 | 7 25.0 | 7 | 239 |
| +115 00 | +35 46.8 | +33 53.9 | +32 02.9 | 8 53 57.4 | 8 54 33.9 | 8 55 01.8 | 7 22.6 | 6 | 239 |

*For limits, see* Circumstances of the Eclipse

## II. - Partial Eclipse of the Moon

**2010 June 26**

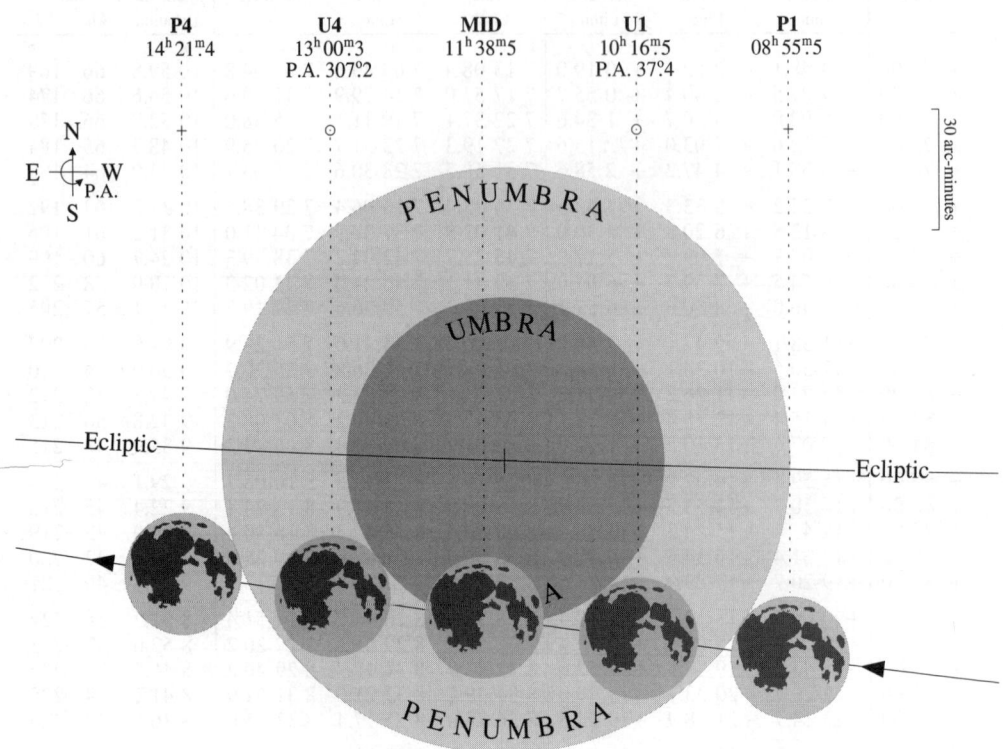

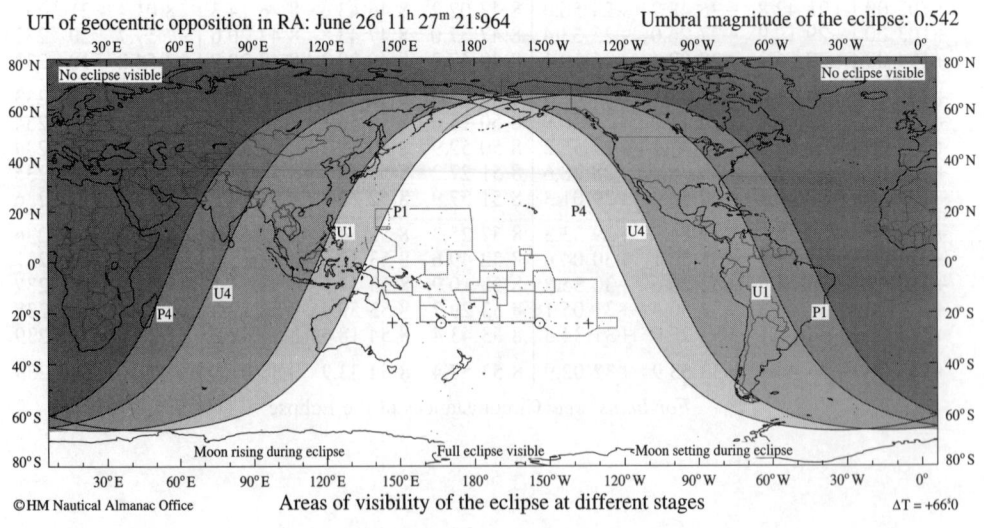

UT of geocentric opposition in RA: June 26$^d$ 11$^h$ 27$^m$ 21$^s$964      Umbral magnitude of the eclipse: 0.542

Areas of visibility of the eclipse at different stages

©HM Nautical Almanac Office          ΔT = +66ˢ0

## III. –Total Eclipse of the Sun, 2010 July 11

### CIRCUMSTANCES OF THE ECLIPSE

Universal Time of geocentric conjunction in right ascension, July $11^d$ $19^h$ $50^m$ $54^s.698$
Julian Date = 2455389.3270219620

|  |  | UT | Longitude | Latitude |
|---|---|---|---|---|
|  |  | d   h   m | ° ′ | ° ′ |
| Eclipse begins | July | 11  17 09.6 | −161 13.7 | −11 39.0 |
| Beginning of northern limit of umbra |  | 11  18 15.9 | −171 10.8 | −26 02.2 |
| Beginning of center line; central eclipse begins |  | 11  18 16.8 | −170 59.3 | −26 51.6 |
| Beginning of southern limit of umbra |  | 11  18 17.8 | −170 47.8 | −27 41.8 |
| Central eclipse at local apparent noon |  | 11  19 50.9 | −116 20.5 | −22 28.0 |
|  |  |  |  |  |
| End of southern limit of umbra |  | 11  20 49.0 | − 71 34.5 | −51 36.6 |
| End of center line; central eclipse ends |  | 11  20 50.0 | − 70 55.8 | −50 51.6 |
| End northern limit of umbra |  | 11  20 51.0 | − 70 19.0 | −50 07.0 |
| Eclipse ends |  | 11  21 57.2 | − 75 31.8 | −36 47.4 |

### BESSELIAN ELEMENTS

Let $t = (\text{UT}-17^h) + \delta T / 3600$ in units of hours.

These equations are valid over the range $0^h.042 \le t \le 5^h.125$. Do not use $t$ outside the given range, and do not omit any terms in the series.

Intersection of axis of shadow with fundamental plane:

$$x = -1.58735374 + \quad 0.55717691\, t + 0.00005274\, t^2 - 0.00000899\, t^3$$
$$y = -0.31070295 - \quad 0.13592638\, t - 0.00013323\, t^2 + 0.00000236\, t^3$$

Direction of axis of shadow:

$$\sin d = +0.37544119 - \quad 0.00008592\, t - 0.00000007\, t^2$$
$$\cos d = +0.92684624 + \quad 0.00003476\, t + 0.00000005\, t^2$$
$$\mu = 73°.61337258 + 15.00005878\, t + 0.00000192\, t^2 - 0.00000004\, t^3 - 0.00417807\, \delta T$$

Radius of shadow on fundamental plane:

penumbra $(l_1) = +0.53460606 - \quad 0.00001711\, t - 0.00001236\, t^2$
umbra $(l_2) = -0.01172074 - \quad 0.00001703\, t - 0.00001228\, t^2$

Other important quantities:

$$\tan f_1 = +0.004599$$
$$\tan f_2 = +0.004576$$
$$\mu' = +0.261801 \text{ radians per hour}$$
$$d' = -0.000093 \text{ radians per hour}$$

All time arguments are given provisionally in Universal Time, using $\Delta T(A) = 66^s.0$.

# TOTAL SOLAR ECLIPSE OF 2010 JULY 11

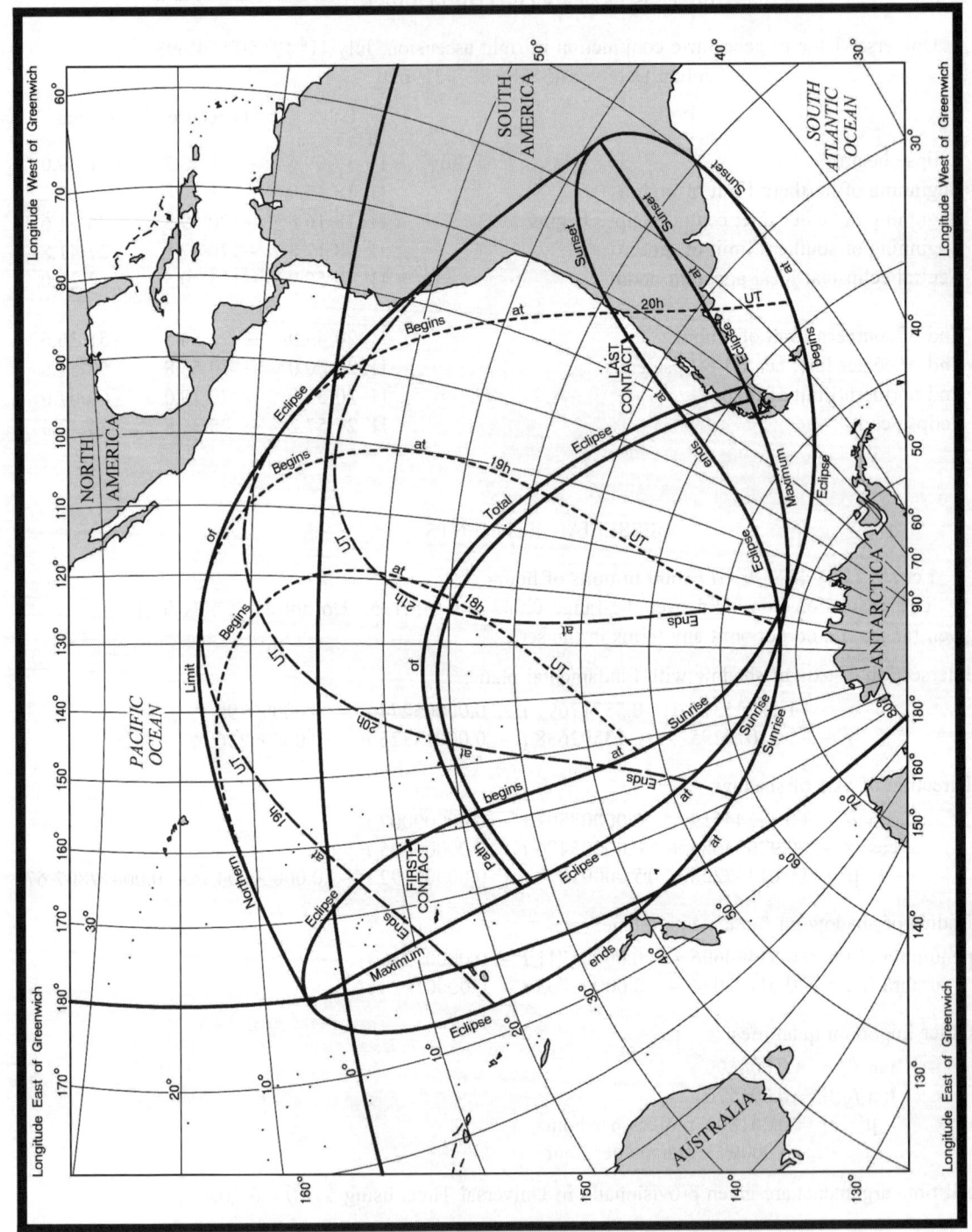

## PATH OF CENTRAL PHASE: TOTAL SOLAR ECLIPSE OF JULY 11

*For limits, see* Circumstances of the Eclipse

| Longitude | Latitude of: | | | Universal Time at: | | | On Central Line | | |
|---|---|---|---|---|---|---|---|---|---|
| | Northern Limit | Central Line | Southern Limit | Northern Limit | Central Line | Southern Limit | Maximum Duration | Sun's Alt. | Az. |
| ° ′ | ° ′ | ° ′ | ° ′ | h m s | h m s | h m s | m s | ° | ° |
| −168 00 | −24 42.9 | −25 38.0 | −26 33.7 | 18 16 08.6 | 18 17 02.9 | 18 18 01.4 | 2 53.2 | 3 | 64 |
| −167 00 | −24 18.4 | −25 13.9 | −26 10.0 | 18 16 18.4 | 18 17 14.0 | 18 18 12.7 | 2 55.9 | 4 | 63 |
| −166 00 | −23 53.9 | −24 49.8 | −25 46.2 | 18 16 28.3 | 18 17 25.0 | 18 18 24.1 | 2 58.7 | 5 | 63 |
| −165 00 | −23 29.7 | −24 25.9 | −25 22.6 | 18 16 42.1 | 18 17 38.3 | 18 18 37.3 | 3 01.5 | 6 | 62 |
| −164 00 | −23 06.0 | −24 02.4 | −24 59.5 | 18 17 00.8 | 18 17 56.7 | 18 18 55.5 | 3 04.4 | 7 | 62 |
| −163 00 | −22 42.5 | −23 39.3 | −24 36.7 | 18 17 22.0 | 18 18 18.0 | 18 19 16.9 | 3 07.4 | 8 | 62 |
| −162 00 | −22 19.3 | −23 16.4 | −24 14.2 | 18 17 46.6 | 18 18 42.5 | 18 19 41.5 | 3 10.4 | 9 | 61 |
| −161 00 | −21 56.5 | −22 53.9 | −23 52.1 | 18 18 14.4 | 18 19 10.3 | 18 20 09.4 | 3 13.6 | 10 | 61 |
| −160 00 | −21 34.0 | −22 31.8 | −23 30.3 | 18 18 45.5 | 18 19 41.5 | 18 20 40.6 | 3 16.8 | 11 | 60 |
| −159 00 | −21 11.9 | −22 10.1 | −23 09.0 | 18 19 20.2 | 18 20 16.2 | 18 21 15.4 | 3 20.1 | 13 | 60 |
| −158 00 | −20 50.3 | −21 48.8 | −22 48.1 | 18 19 58.4 | 18 20 54.5 | 18 21 53.8 | 3 23.5 | 14 | 59 |
| −157 00 | −20 29.1 | −21 28.0 | −22 27.6 | 18 20 40.3 | 18 21 36.5 | 18 22 35.8 | 3 27.0 | 15 | 59 |
| −156 00 | −20 08.4 | −21 07.7 | −22 07.7 | 18 21 25.9 | 18 22 22.2 | 18 23 21.7 | 3 30.6 | 16 | 58 |
| −155 00 | −19 48.2 | −20 47.9 | −21 48.2 | 18 22 15.5 | 18 23 11.9 | 18 24 11.5 | 3 34.2 | 17 | 58 |
| −154 00 | −19 28.5 | −20 28.6 | −21 29.4 | 18 23 08.9 | 18 24 05.5 | 18 25 05.4 | 3 37.9 | 18 | 57 |
| −153 00 | −19 09.5 | −20 09.9 | −21 11.1 | 18 24 06.5 | 18 25 03.2 | 18 26 03.3 | 3 41.7 | 19 | 56 |
| −152 00 | −18 51.0 | −19 51.9 | −20 53.5 | 18 25 08.1 | 18 26 05.1 | 18 27 05.5 | 3 45.6 | 20 | 56 |
| −151 00 | −18 33.2 | −19 34.5 | −20 36.5 | 18 26 14.1 | 18 27 11.3 | 18 28 11.9 | 3 49.6 | 22 | 55 |
| −150 00 | −18 16.1 | −19 17.8 | −20 20.2 | 18 27 24.3 | 18 28 21.9 | 18 29 22.8 | 3 53.6 | 23 | 55 |
| −149 00 | −17 59.7 | −19 01.9 | −20 04.7 | 18 28 39.0 | 18 29 36.9 | 18 30 38.2 | 3 57.7 | 24 | 54 |
| −148 00 | −17 44.1 | −18 46.7 | −19 50.0 | 18 29 58.2 | 18 30 56.5 | 18 31 58.2 | 4 01.9 | 25 | 53 |
| −147 00 | −17 29.4 | −18 32.4 | −19 36.1 | 18 31 22.0 | 18 32 20.8 | 18 33 22.9 | 4 06.1 | 26 | 53 |
| −146 00 | −17 15.5 | −18 18.9 | −19 23.2 | 18 32 50.5 | 18 33 49.8 | 18 34 52.4 | 4 10.3 | 27 | 52 |
| −145 00 | −17 02.5 | −18 06.4 | −19 11.1 | 18 34 23.8 | 18 35 23.6 | 18 36 26.8 | 4 14.6 | 29 | 51 |
| −144 00 | −16 50.5 | −17 54.9 | −19 00.1 | 18 36 01.8 | 18 37 02.3 | 18 38 06.1 | 4 19.0 | 30 | 50 |
| −143 00 | −16 39.5 | −17 44.4 | −18 50.1 | 18 37 44.8 | 18 38 45.9 | 18 39 50.4 | 4 23.3 | 31 | 49 |
| −142 00 | −16 29.6 | −17 35.0 | −18 41.2 | 18 39 32.8 | 18 40 34.6 | 18 41 39.7 | 4 27.7 | 32 | 49 |
| −141 00 | −16 20.9 | −17 26.7 | −18 33.4 | 18 41 25.7 | 18 42 28.3 | 18 43 34.2 | 4 32.1 | 33 | 48 |
| −140 00 | −16 13.3 | −17 19.7 | −18 26.9 | 18 43 23.7 | 18 44 27.1 | 18 45 33.8 | 4 36.4 | 34 | 46 |
| −139 00 | −16 07.0 | −17 13.9 | −18 21.6 | 18 45 26.7 | 18 46 31.0 | 18 47 38.6 | 4 40.7 | 35 | 45 |
| −138 00 | −16 02.0 | −17 09.4 | −18 17.7 | 18 47 34.8 | 18 48 40.1 | 18 49 48.6 | 4 45.0 | 36 | 44 |
| −137 00 | −15 58.3 | −17 06.3 | −18 15.2 | 18 49 47.9 | 18 50 54.2 | 18 52 03.7 | 4 49.1 | 38 | 43 |
| −136 00 | −15 56.1 | −17 04.6 | −18 14.1 | 18 52 06.1 | 18 53 13.4 | 18 54 23.9 | 4 53.2 | 39 | 42 |
| −135 00 | −15 55.4 | −17 04.5 | −18 14.5 | 18 54 29.3 | 18 55 37.7 | 18 56 49.1 | 4 57.2 | 40 | 40 |
| −134 00 | −15 56.2 | −17 05.9 | −18 16.6 | 18 56 57.3 | 18 58 06.9 | 18 59 19.3 | 5 01.0 | 41 | 39 |
| −133 00 | −15 58.7 | −17 08.9 | −18 20.2 | 18 59 30.2 | 19 00 40.9 | 19 01 54.3 | 5 04.6 | 41 | 37 |
| −132 00 | −16 02.8 | −17 13.7 | −18 25.6 | 19 02 07.8 | 19 03 19.6 | 19 04 34.0 | 5 08.0 | 42 | 35 |
| −131 00 | −16 08.6 | −17 20.1 | −18 32.6 | 19 04 50.0 | 19 06 02.8 | 19 07 18.1 | 5 11.2 | 43 | 34 |
| −130 00 | −16 16.2 | −17 28.3 | −18 41.5 | 19 07 36.4 | 19 08 50.3 | 19 10 06.5 | 5 14.1 | 44 | 32 |
| −129 00 | −16 25.6 | −17 38.4 | −18 52.2 | 19 10 27.0 | 19 11 41.9 | 19 12 58.8 | 5 16.7 | 45 | 30 |
| −128 00 | −16 36.9 | −17 50.3 | −19 04.8 | 19 13 21.5 | 19 14 37.2 | 19 15 54.8 | 5 19.0 | 45 | 28 |
| −127 00 | −16 50.1 | −18 04.1 | −19 19.2 | 19 16 19.5 | 19 17 36.0 | 19 18 54.0 | 5 21.0 | 46 | 26 |
| −126 00 | −17 05.2 | −18 19.8 | −19 35.6 | 19 19 20.8 | 19 20 37.8 | 19 21 56.2 | 5 22.6 | 46 | 23 |
| −125 00 | −17 22.2 | −18 37.5 | −19 53.8 | 19 22 24.8 | 19 23 42.3 | 19 25 00.8 | 5 23.8 | 47 | 21 |
| −124 00 | −17 41.2 | −18 57.1 | −20 14.0 | 19 25 31.3 | 19 26 49.0 | 19 28 07.4 | 5 24.6 | 47 | 19 |
| −123 00 | −18 02.1 | −19 18.6 | −20 36.1 | 19 28 39.8 | 19 29 57.4 | 19 31 15.4 | 5 25.0 | 47 | 16 |
| −122 00 | −18 25.0 | −19 42.0 | −21 00.1 | 19 31 49.6 | 19 33 07.0 | 19 34 24.4 | 5 25.0 | 47 | 14 |
| −121 00 | −18 49.7 | −20 07.3 | −21 25.9 | 19 35 00.4 | 19 36 17.2 | 19 37 33.6 | 5 24.6 | 47 | 11 |
| −120 00 | −19 16.3 | −20 34.4 | −21 53.5 | 19 38 11.6 | 19 39 27.5 | 19 40 42.6 | 5 23.7 | 47 | 9 |
| −119 00 | −19 44.7 | −21 03.3 | −22 22.8 | 19 41 22.6 | 19 42 37.3 | 19 43 50.8 | 5 22.4 | 47 | 6 |

# ECLIPSES, 2010

## PATH OF CENTRAL PHASE: TOTAL SOLAR ECLIPSE OF JULY 11

| Longitude | Latitude of: | | | Universal Time at: | | | On Central Line | | |
|---|---|---|---|---|---|---|---|---|---|
| | Northern Limit | Central Line | Southern Limit | Northern Limit | Central Line | Southern Limit | Maximum Duration | Sun's Alt. | Sun's Az. |
| ° ′ | ° ′ | ° ′ | ° ′ | h m s | h m s | h m s | m s | ° | ° |
| −118 00 | −20 14.9 | −21 33.8 | −22 53.7 | 19 44 32.8 | 19 45 45.9 | 19 46 57.5 | 5 20.8 | 46 | 4 |
| −117 00 | −20 46.7 | −22 06.0 | −23 26.2 | 19 47 41.7 | 19 48 52.9 | 19 50 02.3 | 5 18.8 | 46 | 2 |
| −116 00 | −21 20.1 | −22 39.7 | −24 00.2 | 19 50 48.6 | 19 51 57.6 | 19 53 04.4 | 5 16.4 | 45 | 359 |
| −115 00 | −21 54.9 | −23 14.7 | −24 35.5 | 19 53 53.0 | 19 54 59.4 | 19 56 03.4 | 5 13.7 | 45 | 357 |
| −114 00 | −22 31.1 | −23 51.1 | −25 12.0 | 19 56 54.3 | 19 57 57.9 | 19 58 58.7 | 5 10.7 | 44 | 355 |
| −113 00 | −23 08.5 | −24 28.7 | −25 49.6 | 19 59 52.1 | 20 00 52.6 | 20 01 50.0 | 5 07.5 | 43 | 353 |
| −112 00 | −23 47.1 | −25 07.3 | −26 28.2 | 20 02 45.9 | 20 03 43.0 | 20 04 36.8 | 5 04.0 | 42 | 351 |
| −111 00 | −24 26.7 | −25 46.8 | −27 07.7 | 20 05 35.2 | 20 06 28.8 | 20 07 18.8 | 5 00.3 | 41 | 349 |
| −110 00 | −25 07.1 | −26 27.2 | −27 48.0 | 20 08 19.7 | 20 09 09.5 | 20 09 55.6 | 4 56.4 | 40 | 347 |
| −109 00 | −25 48.3 | −27 08.2 | −28 28.8 | 20 10 59.1 | 20 11 44.9 | 20 12 26.9 | 4 52.4 | 39 | 345 |
| −108 00 | −26 30.1 | −27 49.8 | −29 10.2 | 20 13 33.0 | 20 14 14.9 | 20 14 52.7 | 4 48.3 | 38 | 343 |
| −107 00 | −27 12.4 | −28 31.9 | −29 52.0 | 20 16 01.4 | 20 16 39.1 | 20 17 12.6 | 4 44.2 | 37 | 342 |
| −106 00 | −27 55.1 | −29 14.3 | −30 34.1 | 20 18 23.9 | 20 18 57.5 | 20 19 26.7 | 4 39.9 | 36 | 340 |
| −105 00 | −28 38.1 | −29 56.9 | −31 16.4 | 20 20 40.6 | 20 21 09.9 | 20 21 34.9 | 4 35.7 | 35 | 339 |
| −104 00 | −29 21.3 | −30 39.8 | −31 58.8 | 20 22 51.3 | 20 23 16.4 | 20 23 37.2 | 4 31.4 | 34 | 337 |
| −103 00 | −30 04.6 | −31 22.6 | −32 41.3 | 20 24 56.0 | 20 25 16.9 | 20 25 33.5 | 4 27.1 | 33 | 336 |
| −102 00 | −30 47.9 | −32 05.5 | −33 23.7 | 20 26 54.7 | 20 27 11.5 | 20 27 24.0 | 4 22.9 | 31 | 334 |
| −101 00 | −31 31.1 | −32 48.3 | −34 06.0 | 20 28 47.5 | 20 29 00.2 | 20 29 08.7 | 4 18.7 | 30 | 333 |
| −100 00 | −32 14.2 | −33 30.9 | −34 48.1 | 20 30 34.4 | 20 30 43.2 | 20 30 47.7 | 4 14.5 | 29 | 332 |
| − 99 00 | −32 57.1 | −34 13.3 | −35 30.0 | 20 32 15.5 | 20 32 20.5 | 20 32 21.1 | 4 10.4 | 28 | 331 |
| − 98 00 | −33 39.8 | −34 55.4 | −36 11.6 | 20 33 51.0 | 20 33 52.2 | 20 33 49.1 | 4 06.4 | 27 | 330 |
| − 97 00 | −34 22.1 | −35 37.2 | −36 52.9 | 20 35 21.0 | 20 35 18.6 | 20 35 11.8 | 4 02.4 | 26 | 329 |
| − 96 00 | −35 04.1 | −36 18.6 | −37 33.8 | 20 36 45.7 | 20 36 39.7 | 20 36 29.4 | 3 58.6 | 24 | 328 |
| − 95 00 | −35 45.7 | −36 59.7 | −38 14.3 | 20 38 05.1 | 20 37 55.7 | 20 37 42.1 | 3 54.8 | 23 | 327 |
| − 94 00 | −36 26.9 | −37 40.3 | −38 54.4 | 20 39 19.5 | 20 39 06.8 | 20 38 50.0 | 3 51.0 | 22 | 326 |
| − 93 00 | −37 07.6 | −38 20.5 | −39 34.0 | 20 40 29.0 | 20 40 13.2 | 20 39 53.3 | 3 47.4 | 21 | 325 |
| − 92 00 | −37 47.9 | −39 00.2 | −40 13.2 | 20 41 33.9 | 20 41 15.0 | 20 40 52.1 | 3 43.9 | 20 | 324 |
| − 91 00 | −38 27.7 | −39 39.4 | −40 51.9 | 20 42 34.2 | 20 42 12.4 | 20 41 46.7 | 3 40.4 | 19 | 323 |
| − 90 00 | −39 06.9 | −40 18.1 | −41 30.0 | 20 43 30.2 | 20 43 05.7 | 20 42 37.2 | 3 37.1 | 18 | 322 |
| − 89 00 | −39 45.6 | −40 56.3 | −42 07.7 | 20 44 22.0 | 20 43 54.8 | 20 43 23.8 | 3 33.8 | 17 | 321 |
| − 88 00 | −40 23.8 | −41 34.0 | −42 44.8 | 20 45 09.8 | 20 44 40.1 | 20 44 06.6 | 3 30.6 | 16 | 320 |
| − 87 00 | −41 01.5 | −42 11.1 | −43 21.4 | 20 45 53.8 | 20 45 21.7 | 20 44 45.9 | 3 27.5 | 15 | 319 |
| − 86 00 | −41 38.5 | −42 47.6 | −43 57.4 | 20 46 34.2 | 20 45 59.8 | 20 45 21.7 | 3 24.5 | 14 | 318 |
| − 85 00 | −42 15.1 | −43 23.6 | −44 32.9 | 20 47 11.0 | 20 46 34.4 | 20 45 54.2 | 3 21.6 | 13 | 318 |
| − 84 00 | −42 51.0 | −43 59.1 | −45 07.9 | 20 47 44.5 | 20 47 05.9 | 20 46 23.6 | 3 18.8 | 12 | 317 |
| − 83 00 | −43 26.4 | −44 34.0 | −45 42.3 | 20 48 14.8 | 20 47 34.2 | 20 46 50.1 | 3 16.0 | 11 | 316 |
| − 82 00 | −44 01.3 | −45 08.3 | −46 16.1 | 20 48 42.0 | 20 47 59.6 | 20 47 13.7 | 3 13.4 | 10 | 315 |
| − 81 00 | −44 35.5 | −45 42.1 | −46 49.4 | 20 49 06.4 | 20 48 22.2 | 20 47 34.5 | 3 10.8 | 9 | 314 |
| − 80 00 | −45 09.2 | −46 15.3 | −47 22.2 | 20 49 27.9 | 20 48 42.2 | 20 47 52.8 | 3 08.2 | 8 | 314 |
| − 79 00 | −45 42.4 | −46 48.0 | −47 54.1 | 20 49 47.0 | 20 48 59.4 | 20 48 07.5 | 3 05.8 | 7 | 313 |
| − 78 00 | −46 14.8 | −47 19.7 | −48 25.7 | 20 50 02.8 | 20 49 12.9 | 20 48 20.8 | 3 03.5 | 6 | 312 |

*For limits, see* Circumstances of the Eclipse

## IV. - Total Eclipse of the Moon

UT of geocentric opposition in RA: December 21$^d$ 8$^h$ 13$^m$ 37$^s$.278

### 2010 December 21

Umbral magnitude of the eclipse: 1.261

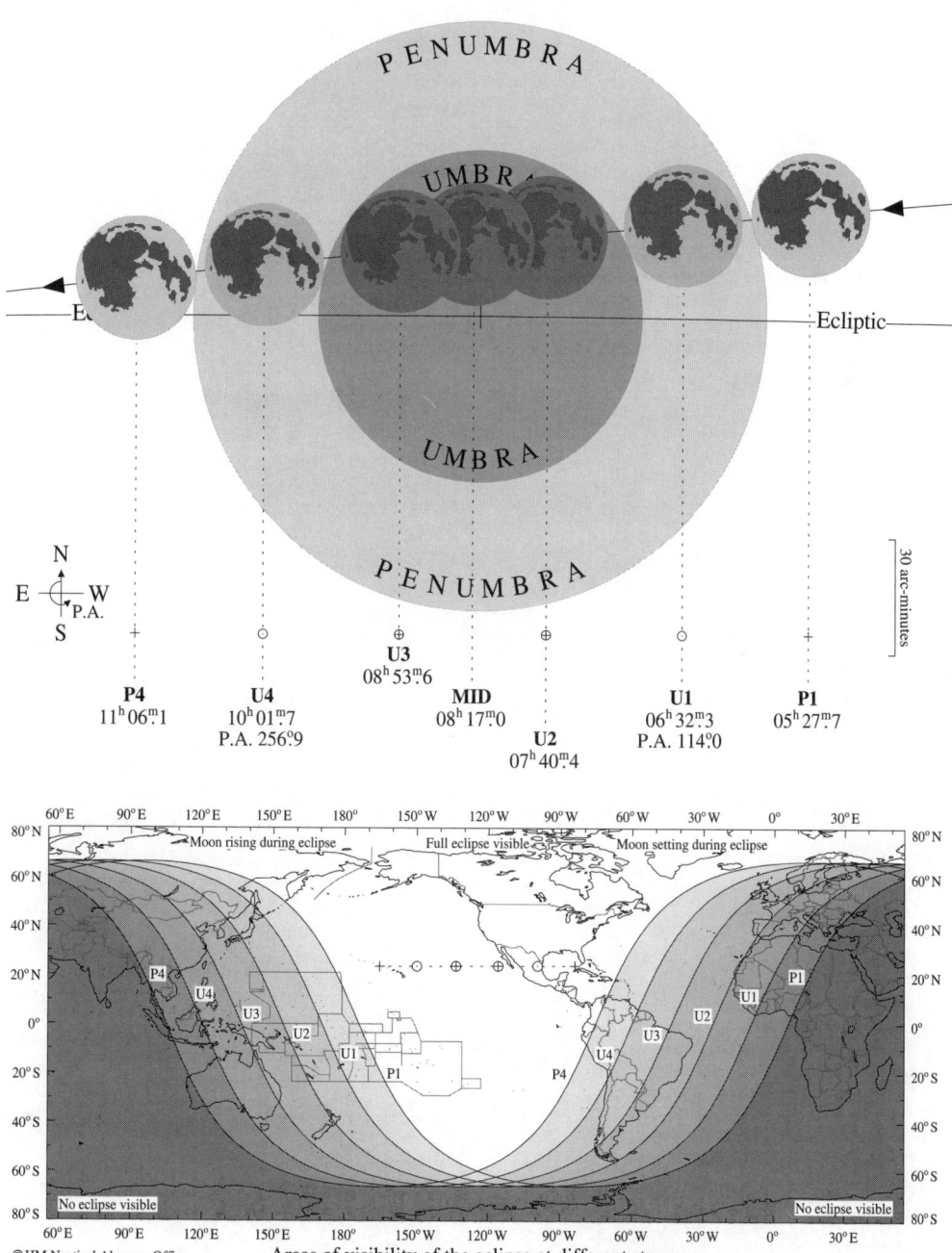

Areas of visibility of the eclipse at different stages

$\Delta T = +66^s.0$

## CONTENTS OF SECTION B

## Introduction

The tables and formulae in this section are produced in accordance with the recommendations of the International Astronomical Union at its General Assemblies up to and including 2006. They are intended for use with relativistic coordinate time-scales, the International Celestial Reference System (ICRS), the Geocentric Celestial Reference System (GCRS) and the standard epoch of J2000·0 TT.

Because of its consistency with previous reference systems, implementation of the ICRS will be transparent to any applications with accuracy requirements of no better than $0''1$ near epoch J2000·0. At this level of accuracy the distinctions between the International Celestial Reference Frame, FK5, and dynamical equator and equinox of J2000·0 are not significant.

Procedures are given to calculate both intermediate and apparent right ascension, declination and hour angle of planetary and stellar objects which are referred to the ICRS, e.g. the JPL DE405/LE405 Planetary and Lunar Ephemerides or the Hipparcos star catalogue. These procedures include the effects of the differences between time-scales, light-time and the relativistic effects of light deflection, parallax and aberration, and the rotations, i.e. frame bias, precession and nutation, to give the "of date" system.

In particular, the rotations from the GCRS to the Terrestrial Intermediate Reference System are illustrated using both equinox-based and CIO-based techniques. Both of these techniques require the position of the Celestial Intermediate Pole and involve the angles for frame bias, precession and nutation, whether applied individually or amalgamated, directly or indirectly. These angles, together with their appropriate rotations and the relationships between them, are given in this section.

The equinox-based and CIO-based techniques only differ in the location of the origin for right ascension, and thus whether Greenwich apparent sidereal time or Earth rotation angle, respectively, is used to calculate hour angle. Equinox-based techniques use the equinox as the origin for right ascension and the system is usually labelled the true equator and equinox of date. CIO-based techniques use the celestial intermediate origin (CIO) and the system is labelled the Celestial Intermediate Reference System. The term "Intermediate" is used to signify that it is the system "between" the GCRS and the International Terrestrial Reference System. It must be emphasized that the equator of date is the celestial intermediate equator, and that hour angle is independent of the origin of right ascension. However, it is essential that hour angle is calculated consistently within the system being used.

In particular, this section includes the long-standing daily tabulations of the nutation angles, $\Delta\psi$ and $\Delta\epsilon$, the true obliquity of the ecliptic, Greenwich mean and apparent sidereal time and the equation of the equinoxes, as well as the new parameters that define the Celestial Intermediate Reference System, $\mathcal{X}$, $\mathcal{Y}$, $s$, the Earth rotation angle and equation of the origins. Also tabulated daily are the matrices, both equinox and CIO based, for reduction from the GCRS, together with various useful formulae.

The 2006 IAU General Assembly adopted various resolutions, including the recommendations of the Working Group on Precession and the Ecliptic (WGPE), which in this section are designated IAU 2006. The WGPE report includes not only updated precession angles, but also Greenwich mean sidereal time and other related quantities. It should be noted that the IAU 2006 precession parameters are to be used with the IAU 2000A nutation series. However, the published papers indicate that for the highest precision, adjustments are required to the nutation in longitude and obliquity (see page B55). These adjustments are included in the fourth release of the IAU SOFA code which is used throughout this section.

The IAU SOFA code is available from the IAU Standards Of Fundamental Astronomy (SOFA) web site and contains code for all the fundamental quantities related to various systems (e.g., IAU 2006, IAU 2000). The IAU 2000 definitions may be found in the International Earth Rotation and Reference System Service, *IERS Conventions 2003*, Technical Note 32.

**Introduction (continued)**

The definitions involving the relationship between universal time and sidereal time contain both universal and dynamical time scales, and thus require knowledge of $\Delta T$. However, accurate values of $\Delta T$ (see page K9) are only available in retrospect via analysis of observations from the IERS (see *The Astronomical Almanac Online*). Therefore tables in this section adopt the most likely value at the time of production, and the value used, and the errors, are clearly stated in the text.

A detailed explanation and implementation of the IAU Resolutions on Astronomical Reference Systems, Time Scales, and Earth Rotation Models is published in *USNO Circular 179* (2005), which is available via *The Astronomical Almanac Online*. Background information about time-scales and coordinate reference systems recommended by the IAU and adopted in this almanac, and about the changes in the procedures, are given in Section L, *Notes and References* and in Section M, *Glossary*.

>  This symbol indicates that these data or auxiliary material may also be found on *The Astronomical Almanac Online* at **http://asa.usno.navy.mil** and **http://asa.hmnao.com**

**Julian date**

A Julian date (JD) may be associated with any time scale (see page B6). A tabulation of Julian date (JD) at $0^h$ UT1 against calendar date is given with the ephemeris of universal and sidereal times on pages B13–B20. Similarly, pages B21–B24 tabulate the UT1 Julian date together with the Earth rotation angle. The following relationship holds during 2010:

UT1 Julian date = $JD_{UT1}$ = 245 5196·5 + day of year + fraction of day from $0^h$ UT1

TT Julian date = $JD_{TT}$ = 245 5196·5 + $d$ + fraction of day from $0^h$ TT

where the day of the year ($d$) for the current year of the Gregorian calendar is given on pages B4–B5. The following table gives the Julian dates at day 0 of each month of 2010:

| $0^h$ | Julian Date | $0^h$ | Julian Date | $0^h$ | Julian Date |
|---|---|---|---|---|---|
| Jan. 0 | 245 5196·5 | May 0 | 245 5316·5 | Sept. 0 | 245 5439·5 |
| Feb. 0 | 245 5227·5 | June 0 | 245 5347·5 | Oct. 0 | 245 5469·5 |
| Mar. 0 | 245 5255·5 | July 0 | 245 5377·5 | Nov. 0 | 245 5500·5 |
| Apr. 0 | 245 5286·5 | Aug. 0 | 245 5408·5 | Dec. 0 | 245 5530·5 |

Tabulations of Julian date against calendar date for other years are given on pages K2–K4. Other relevant dates are:

A date may also be expressed in years as a Julian epoch, or for some purposes as a Besselian epoch, using:

Julian epoch = $J[2000·0 + (JD_{TT} - 245\ 1545·0)/365·25]$

Besselian epoch = $B[1900·0 + (JD_{TT} - 241\ 5020·313\ 52)/365·242\ 198\ 781]$

the prefixes J and B may be omitted only where the context, or precision, make them superfluous.

400-day date, JD 245 5200·5 = 2010 January 4·0

Standard epoch B1900·0 = 1900 Jan. 0·813 52 = JD 241 5020·313 52 TT
B1950·0 = 1950 Jan. 0·923     = JD 243 3282·423 TT
B2010·0 = 2010 Jan. 0·455 TT  = JD 245 5196·955 TT

Standard epoch J2000·0 = 2000 Jan. 1·5 TT   = JD 245 1545·0 TT
J2010·5 = 2010 July 2·625 TT  = JD 245 5380·125 TT

For epochs B1900·0 and B1950·0 the TT time scale is used proleptically.

The *modified Julian date* (MJD) is the Julian date minus 240 0000·5 and in 2010 is given by: MJD = 55196·0 + day of year + fraction of day from $0^h$ in the time scale being used.

| | JANUARY | | FEBRUARY | | MARCH | | APRIL | | MAY | | JUNE | |
|---|---|---|---|---|---|---|---|---|---|---|---|---|
| Day of Month | Day of Week | Day of Year | Day of Week | Day of Year | Day of Week | Day of Year | Day of Week | Day of Year | Day of Week | Day of Year | Day of Week | Day of Year |
| 1 | Fri. | 1 | Mon. | 32 | Mon. | 60 | Thu. | 91 | Sat. | 121 | Tue. | 152 |
| 2 | Sat. | 2 | Tue. | 33 | Tue. | 61 | Fri. | 92 | Sun. | 122 | Wed. | 153 |
| 3 | Sun. | 3 | Wed. | 34 | Wed. | 62 | Sat. | 93 | Mon. | 123 | Thu. | 154 |
| 4 | Mon. | 4 | Thu. | 35 | Thu. | 63 | Sun. | 94 | Tue. | 124 | Fri. | 155 |
| 5 | Tue. | 5 | Fri. | 36 | Fri. | 64 | Mon. | 95 | Wed. | 125 | Sat. | 156 |
| 6 | Wed. | 6 | Sat. | 37 | Sat. | 65 | Tue. | 96 | Thu. | 126 | Sun. | 157 |
| 7 | Thu. | 7 | Sun. | 38 | Sun. | 66 | Wed. | 97 | Fri. | 127 | Mon. | 158 |
| 8 | Fri. | 8 | Mon. | 39 | Mon. | 67 | Thu. | 98 | Sat. | 128 | Tue. | 159 |
| 9 | Sat. | 9 | Tue. | 40 | Tue. | 68 | Fri. | 99 | Sun. | 129 | Wed. | 160 |
| 10 | Sun. | 10 | Wed. | 41 | Wed. | 69 | Sat. | 100 | Mon. | 130 | Thu. | 161 |
| 11 | Mon. | 11 | Thu. | 42 | Thu. | 70 | Sun. | 101 | Tue. | 131 | Fri. | 162 |
| 12 | Tue. | 12 | Fri. | 43 | Fri. | 71 | Mon. | 102 | Wed. | 132 | Sat. | 163 |
| 13 | Wed. | 13 | Sat. | 44 | Sat. | 72 | Tue. | 103 | Thu. | 133 | Sun. | 164 |
| 14 | Thu. | 14 | Sun. | 45 | Sun. | 73 | Wed. | 104 | Fri. | 134 | Mon. | 165 |
| 15 | Fri. | 15 | Mon. | 46 | Mon. | 74 | Thu. | 105 | Sat. | 135 | Tue. | 166 |
| 16 | Sat. | 16 | Tue. | 47 | Tue. | 75 | Fri. | 106 | Sun. | 136 | Wed. | 167 |
| 17 | Sun. | 17 | Wed. | 48 | Wed. | 76 | Sat. | 107 | Mon. | 137 | Thu. | 168 |
| 18 | Mon. | 18 | Thu. | 49 | Thu. | 77 | Sun. | 108 | Tue. | 138 | Fri. | 169 |
| 19 | Tue. | 19 | Fri. | 50 | Fri. | 78 | Mon. | 109 | Wed. | 139 | Sat. | 170 |
| 20 | Wed. | 20 | Sat. | 51 | Sat. | 79 | Tue. | 110 | Thu. | 140 | Sun. | 171 |
| 21 | Thu. | 21 | Sun. | 52 | Sun. | 80 | Wed. | 111 | Fri. | 141 | Mon. | 172 |
| 22 | Fri. | 22 | Mon. | 53 | Mon. | 81 | Thu. | 112 | Sat. | 142 | Tue. | 173 |
| 23 | Sat. | 23 | Tue. | 54 | Tue. | 82 | Fri. | 113 | Sun. | 143 | Wed. | 174 |
| 24 | Sun. | 24 | Wed. | 55 | Wed. | 83 | Sat. | 114 | Mon. | 144 | Thu. | 175 |
| 25 | Mon. | 25 | Thu. | 56 | Thu. | 84 | Sun. | 115 | Tue. | 145 | Fri. | 176 |
| 26 | Tue. | 26 | Fri. | 57 | Fri. | 85 | Mon. | 116 | Wed. | 146 | Sat. | 177 |
| 27 | Wed. | 27 | Sat. | 58 | Sat. | 86 | Tue. | 117 | Thu. | 147 | Sun. | 178 |
| 28 | Thu. | 28 | Sun. | 59 | Sun. | 87 | Wed. | 118 | Fri. | 148 | Mon. | 179 |
| 29 | Fri. | 29 | | | Mon. | 88 | Thu. | 119 | Sat. | 149 | Tue. | 180 |
| 30 | Sat. | 30 | | | Tue. | 89 | Fri. | 120 | Sun. | 150 | Wed. | 181 |
| 31 | Sun. | 31 | | | Wed. | 90 | | | Mon. | 151 | | |

## CHRONOLOGICAL CYCLES AND ERAS

| | | | | |
|---|---|---|---|---|
| Dominical Letter | ... ... ... ... ... | C | Julian Period (year of) ... ... ... | 6723 |
| Epact | ... ... ... ... ... ... | 14 | Roman Indiction ... ... ... ... | 3 |
| Golden Number (Lunar Cycle) | ... | XVI | Solar Cycle ... ... ... ... ... ... | 3 |

All dates are given in terms of the Gregorian calendar in which
2010 January 14 corresponds to 2010 January 1 of the Julian calendar.

| ERA | YEAR | BEGINS | ERA | YEAR | BEGINS |
|---|---|---|---|---|---|
| Byzantine ... ... ... | 7519 | Sept. 14 | Japanese ... ... ... | 2670 | Jan. 1 |
| Jewish (A.M.)* ... ... | 5771 | Sept. 8 | Grecian (Seleucidæ) ... | 2322 | Sept. 14 |
| Chinese (gēng yín) ... | | Feb. 14 | | | (or Oct. 14) |
| Roman (A.U.C.) ... ... | 2763 | Jan. 14 | Indian (Saka) ... ... ... | 1932 | Mar. 22 |
| Nabonassar ... ... ... | 2759 | Apr. 21 | Diocletian ... ... ... | 1727 | Sept. 11 |
| | | | Islamic (Hegira)* ... | 1432 | Dec. 7 |

* Year begins at sunset

|        | JULY      |      | AUGUST    |      | SEPTEMBER |      | OCTOBER   |      | NOVEMBER  |      | DECEMBER  |      |
|--------|-----------|------|-----------|------|-----------|------|-----------|------|-----------|------|-----------|------|
| Day    | Day       | Day  | Day       | Day  | Day       | Day  | Day       | Day  | Day       | Day  | Day       | Day  |
| of     | of        | of   | of        | of   | of        | of   | of        | of   | of        | of   | of        | of   |
| Month  | Week      | Year | Week      | Year | Week      | Year | Week      | Year | Week      | Year | Week      | Year |
| 1  | Thu. | 182 | Sun. | 213 | Wed. | 244 | Fri. | 274 | Mon. | 305 | Wed. | 335 |
| 2  | Fri. | 183 | Mon. | 214 | Thu. | 245 | Sat. | 275 | Tue. | 306 | Thu. | 336 |
| 3  | Sat. | 184 | Tue. | 215 | Fri. | 246 | Sun. | 276 | Wed. | 307 | Fri. | 337 |
| 4  | Sun. | 185 | Wed. | 216 | Sat. | 247 | Mon. | 277 | Thu. | 308 | Sat. | 338 |
| 5  | Mon. | 186 | Thu. | 217 | Sun. | 248 | Tue. | 278 | Fri. | 309 | Sun. | 339 |
| 6  | Tue. | 187 | Fri. | 218 | Mon. | 249 | Wed. | 279 | Sat. | 310 | Mon. | 340 |
| 7  | Wed. | 188 | Sat. | 219 | Tue. | 250 | Thu. | 280 | Sun. | 311 | Tue. | 341 |
| 8  | Thu. | 189 | Sun. | 220 | Wed. | 251 | Fri. | 281 | Mon. | 312 | Wed. | 342 |
| 9  | Fri. | 190 | Mon. | 221 | Thu. | 252 | Sat. | 282 | Tue. | 313 | Thu. | 343 |
| 10 | Sat. | 191 | Tue. | 222 | Fri. | 253 | Sun. | 283 | Wed. | 314 | Fri. | 344 |
| 11 | Sun. | 192 | Wed. | 223 | Sat. | 254 | Mon. | 284 | Thu. | 315 | Sat. | 345 |
| 12 | Mon. | 193 | Thu. | 224 | Sun. | 255 | Tue. | 285 | Fri. | 316 | Sun. | 346 |
| 13 | Tue. | 194 | Fri. | 225 | Mon. | 256 | Wed. | 286 | Sat. | 317 | Mon. | 347 |
| 14 | Wed. | 195 | Sat. | 226 | Tue. | 257 | Thu. | 287 | Sun. | 318 | Tue. | 348 |
| 15 | Thu. | 196 | Sun. | 227 | Wed. | 258 | Fri. | 288 | Mon. | 319 | Wed. | 349 |
| 16 | Fri. | 197 | Mon. | 228 | Thu. | 259 | Sat. | 289 | Tue. | 320 | Thu. | 350 |
| 17 | Sat. | 198 | Tue. | 229 | Fri. | 260 | Sun. | 290 | Wed. | 321 | Fri. | 351 |
| 18 | Sun. | 199 | Wed. | 230 | Sat. | 261 | Mon. | 291 | Thu. | 322 | Sat. | 352 |
| 19 | Mon. | 200 | Thu. | 231 | Sun. | 262 | Tue. | 292 | Fri. | 323 | Sun. | 353 |
| 20 | Tue. | 201 | Fri. | 232 | Mon. | 263 | Wed. | 293 | Sat. | 324 | Mon. | 354 |
| 21 | Wed. | 202 | Sat. | 233 | Tue. | 264 | Thu. | 294 | Sun. | 325 | Tue. | 355 |
| 22 | Thu. | 203 | Sun. | 234 | Wed. | 265 | Fri. | 295 | Mon. | 326 | Wed. | 356 |
| 23 | Fri. | 204 | Mon. | 235 | Thu. | 266 | Sat. | 296 | Tue. | 327 | Thu. | 357 |
| 24 | Sat. | 205 | Tue. | 236 | Fri. | 267 | Sun. | 297 | Wed. | 328 | Fri. | 358 |
| 25 | Sun. | 206 | Wed. | 237 | Sat. | 268 | Mon. | 298 | Thu. | 329 | Sat. | 359 |
| 26 | Mon. | 207 | Thu. | 238 | Sun. | 269 | Tue. | 299 | Fri. | 330 | Sun. | 360 |
| 27 | Tue. | 208 | Fri. | 239 | Mon. | 270 | Wed. | 300 | Sat. | 331 | Mon. | 361 |
| 28 | Wed. | 209 | Sat. | 240 | Tue. | 271 | Thu. | 301 | Sun. | 332 | Tue. | 362 |
| 29 | Thu. | 210 | Sun. | 241 | Wed. | 272 | Fri. | 302 | Mon. | 333 | Wed. | 363 |
| 30 | Fri. | 211 | Mon. | 242 | Thu. | 273 | Sat. | 303 | Tue. | 334 | Thu. | 364 |
| 31 | Sat. | 212 | Tue. | 243 |      |      | Sun. | 304 |      |      | Fri. | 365 |

## RELIGIOUS CALENDARS

| | | | | |
|---|---|---|---|---|
| Epiphany ... ... ... ... ... | Jan. | 6 | Ascension Day ... ... ... ... | May | 13 |
| Ash Wednesday ... ... ... | Feb. | 17 | Whit Sunday—Pentecost ... | May | 23 |
| Palm Sunday ... ... ... ... | Mar. | 28 | Trinity Sunday ... ... ... ... | May | 30 |
| Good Friday ... ... ... ... | Apr. | 2 | First Sunday in Advent ... ... | Nov. | 28 |
| Easter Day ... ... ... ... ... | Apr. | 4 | Christmas Day (Saturday) ... | Dec. | 25 |

First Day of Passover (Pesach)     Mar. 30     Day of Atonement (Yom Kippur)     Sept. 18
Feast of Weeks (Shavuot)   ...     May  19     First day of Tabernacles (Succoth)     Sept. 23
Jewish New Year (tabular)                            Festival of Lights (Hanukkah)     Dec.  2
   (Rosh Hashanah) ... ... ...     Sept.  9

First day of Ramadân (tabular)     Aug.  11     Islamic New Year  ... ... ...     Dec.  8

The Jewish and Islamic dates above are tabular dates, which begin at sunset on the previous evening and end at sunset on the date tabulated. In practice, the dates of Islamic fasts and festivals are determined by an actual sighting of the appropriate new moon.

**Notation for time-scales and related quantities**

A summary of the notation for time-scales and related quantities used in this Almanac is given below. Additional information is given in the *Glossary* (section M and *The Astronomical Almanac Online*) and in the *Notes and References* (section L).

UT1    universal time (also UT); counted from $0^h$ (midnight); unit is second of mean solar time, affected by irregularities in the Earth's rate of rotation.

UT0    local approximation to universal time; not corrected for polar motion (rarely used).

GMST   Greenwich mean sidereal time; GHA of mean equinox of date.

GAST   Greenwich apparent sidereal time; GHA of true equinox of date.

$E_e$    Equation of the equinoxes: GAST − GMST.

$E_o$    Equation of the origins: ERA − GAST = $\theta$ − GAST.

ERA    Earth rotation angle ($\theta$); the angle between the celestial and terrestrial intermediate origins; it is proportional to UT1.

TAI    international atomic time; unit is the SI second on the geoid.

UTC    coordinated universal time; differs from TAI by an integral number of seconds, and is the basis of most radio time signals and national and/or legal time systems.

$\Delta$UT   = UT1−UTC; increment to be applied to UTC to give UT1.

DUT    predicted value of $\Delta$UT, rounded to $0^s1$, given in some radio time signals.

TDB    barycentric dynamical time; used as time-scale of ephemerides, referred to the barycentre of the solar system.

$T_{eph}$   the independent variable of the equations of motion used by the JPL ephemerides, in particular DE405/LE405. $T_{eph}$ and TDB may be considered to be equivalent.

TT     terrestrial time; used as time-scale of ephemerides for observations from the Earth's surface (geoid). TT = TAI + $32^s184$.

$\Delta T$   = TT − UT1; increment to be applied to UT1 to give TT.
       = TAI + $32^s184$ − UT1.

$\Delta$AT   = TAI − UTC; increment to be applied to UTC to give TAI; an integral number of seconds.

$\Delta$TT   = TT − UTC = $\Delta$AT+$32^s184$; increment to be applied to UTC to give TT.

$JD_{TT}$   = Julian date and fraction, where the time fraction is expressed in the terrestrial time scale, e.g. 2000 January 1, $12^h$ TT is JD 245 1545·0 TT.

$JD_{UT1}$   = Julian date and fraction, where the time fraction is expressed in the universal time scale, e.g. 2000 January 1, $12^h$ UT1 is JD 245 1545·0 UT1.

The following intervals are used in this section.

$$T = (JD_{TT} − 245\ 1545·0)/36\,525 = \text{Julian centuries of } 365\,25 \text{ days from J2000·0}$$

$$D = JD − 245\ 1545·0 = \text{days and fraction from J2000·0}$$

$$D_U = JD_{UT1} − 245\ 1545·0 = \text{days and UT1 fraction from J2000·0}$$

$$d = \text{Day of the year, January } 1 = 1, \text{ etc., see B4–B5}$$

Note that the intervals above are based on different time scales. $T$ implies the TT time scale while $D_U$ implies the UT1 time scale. This is an important distinction when calculating Greenwich mean sidereal time. $T$ is the number of Julian centuries from J2000·0 to the required epoch (TT), while $D$, $D_U$ and $d$ are all in days.

The name Greenwich mean time (GMT) is not used in this Almanac since it is ambiguous. It is now used, although not in astronomy, in the sense of UTC, in addition to the earlier sense of UT; prior to 1925 it was reckoned for astronomical purposes from Greenwich mean noon ($12^h$ UT).

### Relationships between time-scales

The unit of UTC is the SI second on the geoid, but step adjustments of 1 second (leap seconds) are occasionally introduced into UTC so that universal time (UT1) may be obtained directly from it with an accuracy of 1 second or better and so that international atomic time (TAI) may be obtained by the addition of an integral number of seconds. The step adjustments, when required, are usually inserted after the 60th second of the last minute of December 31 or June 30. Values of the differences $\Delta$AT for 1972 onwards are given on page K9. Accurate values of the increment $\Delta$UT to be applied to UTC to give UT1 are derived from observations, but predicted values are transmitted in code in some time signals. Wherever UT is used in this volume it always means UT1.

The difference between the terrestrial time scale (TT) and the barycentric dynamical time scale (TDB), or the equivalent $T_{eph}$ of the DE405/LE405 ephemeris, is often ignored, since the two time scales differ by no more than 2 milliseconds.

An expression for the relationship between the barycentric and terrestrial time-scales (due to the variations in gravitational potential around the Earth's orbit) is:

and
$$TDB = TT + 0\overset{s}{.}001\,657 \sin g + 0\overset{s}{.}000\,022 \sin(L - L_J)$$
$$g = 357\overset{\circ}{.}53 + 0\cdot985\,600\,28(JD - 245\,1545\cdot0)$$
$$L - L_J = 246\overset{\circ}{.}11 + 0\cdot902\,517\,92(JD - 245\,1545\cdot0)$$

where $g$ is the mean anomaly of the Earth in its orbit around the Sun, and $L - L_J$ is the difference in the mean ecliptic longitudes of the Sun and Jupiter. The above formula for $TDB - TT$ is accurate to about $\pm30\mu s$ over the period 1980 to 2050.

For 2010
$$g = 356\overset{\circ}{.}45 + 0\overset{\circ}{.}985\,60\,d \qquad and \qquad L - L_J = 301\overset{\circ}{.}66 + 0\overset{\circ}{.}902\,52\,d$$

where $d$ is the day of the year and fraction of the day.

The TDB time scale should be used for quantities such as precession angles and the fundamental arguments. However, for these quantities, the difference between TDB and TT is negligible at the microarcsecond ($\mu$as) level.

### Relationships between universal time, ERA, GMST and GAST

The following equations show the relationships between the Earth rotation angle (ERA=$\theta$), Greenwich mean (GMST) and apparent (GAST) sidereal time, in terms of the equation of the origins ($E_o$) and the equation of the equinoxes ($E_e$):

$$GMST(D_U, T) = \theta(D_U) + \text{polynomial part}(T)$$
$$GAST(D_U, T) = \theta(D_U) - \text{equation of the origins}(T)$$
$$= GMST(D_U, T) + \text{equation of the equinoxes}(T)$$

The definition of these quantities follow. Note that ERA is a function of UT1, while GMST and GAST are functions of both UT1 and TT. A diagram showing the relationships between these concepts is given on page B9.

ERA is for use with intermediate right ascensions while GAST must be used with apparent (equinox based) right ascension.

**Relationship between universal time and Earth rotation angle**

The Earth rotation angle ($\theta$) is measured in the Celestial Intermediate Reference System along its equator (the true equator of date) between the terrestrial and the celestial intermediate origins. It is proportional to UT1, and its time derivative is the Earth's adopted mean angular velocity; it is defined by the following relationship

$$\theta(D_\mathrm{U}) = 2\pi\,(0{\cdot}7790\,5727\,32640 + 1{\cdot}0027\,3781\,1911\,35448\,D_\mathrm{U})\ \text{radians}$$
$$= 360°(0{\cdot}7790\,5727\,32640 + 0{\cdot}0027\,3781\,1911\,35448\,D_\mathrm{U} + D_\mathrm{U}\ \text{mod}\ 1)$$

where $D_\mathrm{U}$ is the interval, in days, elapsed since the epoch 2000 January $1^\mathrm{d}$ $12^\mathrm{h}$ UT1 (JD 245 1545·0 UT1), and $D_\mathrm{U}$ mod 1 is the fraction of the UT1 day remaining after removing all the whole days. The Earth rotation angle (ERA) is tabulated daily at $0^\mathrm{h}$ UT1 on pages B21–B24.

During 2010, on day $d$, at $t^\mathrm{h}$ UT1, the Earth rotation angle, expressed in arc and time, respectively, is given by:

$$\theta = 99°{\cdot}423\,888 + 0°{\cdot}985\,612\,288\,d + 15°{\cdot}041\,0672\,t$$
$$= 6^\mathrm{h}{\cdot}628\,2592 + 0^\mathrm{h}{\cdot}065\,707\,4859\,d + 1^\mathrm{h}{\cdot}002\,737\,81\,t$$

**Relationship between universal and sidereal time**

*Greenwich Mean Sidereal Time*

Universal time is defined in terms of Greenwich mean sidereal time (i.e. the hour angle of the mean equinox of date) by:

$$\mathrm{GMST}(D_\mathrm{U}, T) = \theta(D_\mathrm{U}) + \mathrm{GMST}_P(T)$$
$$\mathrm{GMST}_P(T) = 0{\cdot}''014\,506 + 4612{\cdot}''156\,534\,T + 1{\cdot}''391\,5817\,T^2$$
$$- 0{\cdot}''000\,000\,44\,T^3 - 0{\cdot}''000\,029\,956\,T^4 - 3{\cdot}''68 \times 10^{-8}\,T^5$$

where $\theta$ is the Earth rotation angle. The polynomial part, $\mathrm{GMST}_P(T)$ is due almost entirely to the effect of precession and is given separately as it also forms part of the equation of the origins (see page B10). The time interval $D_\mathrm{U}$ is measured in days elapsed since the epoch 2000 January $1^\mathrm{d}$ $12^\mathrm{h}$ UT1 (JD 245 1545·0 UT1), whereas $T$ is measured in the TT scale, in Julian centuries of 36 525 days, from JD 245 1545·0 TT.

The Earth rotation angle is expressed in degrees while the terms of the polynomial part ($\mathrm{GMST}_P$) are in arcseconds. GMST is tabulated on pages B13–B20 and the equivalent expression in time units is

$$\mathrm{GMST}(D_\mathrm{U}, T) = 86400^\mathrm{s}(0{\cdot}7790\,5727\,32640 + 0{\cdot}0027\,3781\,1911\,35448 D_\mathrm{U} + D_\mathrm{U}\ \text{mod}\ 1)$$
$$+ 0{\cdot}^\mathrm{s}000\,967\,07 + 307{\cdot}^\mathrm{s}477\,102\,27\,T + 0{\cdot}^\mathrm{s}092\,772\,113\,T^2$$
$$- 0{\cdot}^\mathrm{s}000\,000\,0293\,T^3 - 0{\cdot}^\mathrm{s}000\,001\,997\,07\,T^4 - 2{\cdot}^\mathrm{s}453 \times 10^{-9}\,T^5$$

It is necessary, in this formula, to distinguish TT from UT1 only for the most precise work. The table on pages B13–B20 is calculated assuming $\Delta T = 66^\mathrm{s}$. An error of $\pm 1^\mathrm{s}$ in $\Delta T$ introduces differences of $\mp 1{\cdot}''5 \times 10^{-6}$ or equivalently $\mp 0{\cdot}^\mathrm{s}10 \times 10^{-6}$ during 2010.

The following relationship holds during 2010:

on day of year $d$ at $t^\mathrm{h}$ UT1, GMST $= 6^\mathrm{h}{\cdot}636\,7984 + 0^\mathrm{h}{\cdot}065\,709\,8244\,d + 1^\mathrm{h}{\cdot}002\,737\,91\,t$

where the day of year $d$ is tabulated on pages B4–B5. Add or subtract multiples of $24^\mathrm{h}$ as necessary.

**Relationship between universal and sidereal time (continued)**

In 2010:        1 mean solar day  $=$  1·002 737 909 35       mean sidereal days
                                  $=$  24$^\mathrm{h}$ 03$^\mathrm{m}$ 56$^\mathrm{s}$555 37 of mean sidereal time
                1 mean sidereal day  $=$  0·997 269 566 33       mean solar days
                                  $=$  23$^\mathrm{h}$ 56$^\mathrm{m}$ 04$^\mathrm{s}$090 53 of mean solar time

*Greenwich Apparent Sidereal Time*

The hour angle of the true equinox of date (GAST) is given by:

$$\mathrm{GAST}(D_\mathrm{U}, T) = \theta(D_\mathrm{U}) - \text{equation of the origins} = \theta(D_\mathrm{U}) - E_o(T)$$
$$= \mathrm{GMST}(D_\mathrm{U}, T) + \text{equation of the equinoxes} = \mathrm{GMST}(D_\mathrm{U}, T) + E_e(T)$$

where $\theta$ is the Earth rotation angle (ERA) and GMST, the Greenwich mean sidereal time are given above, while the equation of the origins ($E_o$) and the equation of the equinoxes ($E_e$) are given on page B10.

Pages B13–B20 tabulate GAST and the equation of the equinoxes daily at 0$^\mathrm{h}$ UT1. These quantities have been calculated using the IAU 2000A nutation model together with the tiny ($\mu$as level) amendments (see B55); they are expressed in time units and are based on a predicted $\Delta T = 66^\mathrm{s}$. An error of $\pm 1^\mathrm{s}$ in $\Delta T$ introduces a maximum error of $\pm 3''\!.7 \times 10^{-6}$ or equivalently $\pm 0^\mathrm{s}\!.25 \times 10^{-6}$ during 2010.

Interpolation may be used to obtain the equation of the equinoxes for another instant, or if full precision is required.

**Relationships between origins**

The difference between the CIO and true equinox of date is called the equation of the origins
$$E_o(T) = \theta - \mathrm{GAST}$$

while the difference between the true and mean equinox is called the equation of the equinoxes is given by
$$E_e(T) = \mathrm{GAST} - \mathrm{GMST}$$

The following schematic diagram shows the relationship between the "zero longitude" defined by the terrestrial intermediate origin, the true equinox and the celestial intermediate origin.

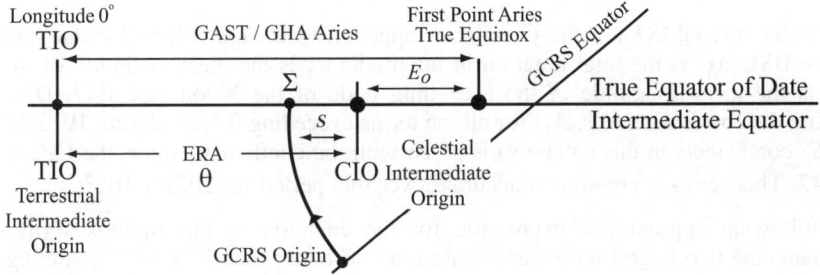

The diagram illustrates that the origin of Greenwich hour angle, the terrestrial intermediate origin (TIO), may be obtained from either Greenwich apparent sidereal time (GAST) or Earth rotation angle (ERA). The quantity $s$, the CIO locator, positions the GCRS origin ($\Sigma$) on the equator (see page B47). Note that the planes of intermediate equator and the true equator of date (the pole of which is the celestial intermediate pole) are identical.

**Relationships between origins (continued)**

*Equation of the origins*

The equation of the origins ($E_o$), the angular difference between the origin of intermediate right ascension (the CIO) and the origin of equinox right ascension (the true equinox) is defined to be

$$E_o(T) = \theta - \text{GAST} = s - \tan^{-1} \frac{\mathbf{M}_j \cdot \mathscr{R}_{\Sigma_i}}{\mathbf{M}_i \cdot \mathscr{R}_{\Sigma_i}}$$

where $s$ is the CIO locator (see page B47). $\mathbf{M}_i$, and $\mathbf{M}_j$ are vectors formed from the top and middle rows of $\mathbf{M}$ (see page B50) which transforms positions from the GCRS to the equator and equinox of date, while the vector $\mathscr{R}_{\Sigma_i}$ which is formed from the top row of $\mathscr{R}_\Sigma$ is given on page B49. The symbol $\cdot$ denotes the scalar or dot product of the two vectors.

Alternatively,

$$E_o(T) = -(\text{GMST}_P(T) + E_e(T))$$

where $\text{GMST}_P$ is the polynomial part of the Greenwich mean sidereal time formulae (see page B8), and $E_e$ is the equation of the equinoxes given below. $E_o$ is tabulated with the Earth rotation agnle ($\theta$) on pages B21–B24, and is calculated in the sense

$$E_o = \theta - \text{GAST} = \alpha_i - \alpha_e$$

and therefore

$$\alpha_i = E_o + \alpha_e$$

Thus, given an apparent right ascension ($\alpha_e$) and the equation of the origins, the intermediate right ascension ($\alpha_i$) may be calculated so that it can be used with the Earth rotation angle ($\theta$) to form an hour angle.

*Equation of the Equinoxes*

The equation of the equinoxes ($E_e$) is the difference between Greenwich apparent and mean sidereal time.

$$E_e(T) = \text{GAST} - \text{GMST}$$

which can be expressed, less precisely, in series form as

$$= \Delta\psi \, \cos\epsilon_A + \sum_k (C'_k \sin A_k + S'_k \cos A_k) + 0.''000\,000\,87\,T \, \sin\Omega$$

where GAST and GMST are the Greenwich apparent (see page B9) and mean sidereal time (see page B8). $\Delta\psi$ is the total nutation in longitude, $\epsilon_A$ is the mean obliquity of the ecliptic, and $\Omega$ is the mean longitude of the ascending node of the Moon (see B47, D2). A table containing the coefficients ($C'_k, A_k$) for all the terms exceeding $0.5\mu$as during 1975-2025 (there are no $S'_k$ coefficients in this category) is given with the coefficients for $s$, the CIO locator, on page B47. This series expression is accurate over this period to $\pm 0.''3 \times 10^{-5}$.

The following approximate expression for the equation of the equinoxes (in seconds), incorporates the two largest terms, and is accurate to better than $2^s \times 10^{-6}$ assuming $\Delta\psi$ and $\epsilon_A$ are supplied with sufficient accuracy.

$$E_e{}^s = \tfrac{1}{15} \left( \Delta\psi \, \cos\epsilon_A + 0.''002\,64 \sin\Omega + 0.''000\,06 \sin 2\Omega \right)$$

During 2010, $\Omega = 291°68 - 0°052\,953\,75\,d$, and $d$ is the day of the year and fraction of day (see page D2).

### Relationships between local time and hour angle

The local hour angle of an object is the angle between two planes: the plane containing the geocentre, the CIP, and the observer; and the plane containing the geocentre, the CIP, and the object. Hour angle increases with time and is positive when the object is west of the observer as viewed from the geocentre. The plane defining the astronomical zero ("Greenwich") meridian (from which Greenwich hour angles are measured) contains the geocentre, the CIP, and the TIO; there, the observer's longitude $\lambda$ (not $\lambda_{ITRS}$) $= 0$. This plane is now called the TIO meridian and it is a fundamental plane of the Terrestrial Intermediate Reference System.

The following general relationships are used to relate the right ascensions of celestial objects to locations on the Earth and universal time (UT1):

local mean solar time = universal time + east longitude
local hour angle $(h)$ = Greenwich hour angle $(H)$ + east longitude $(\lambda)$

*Equinox-based*
local mean sidereal time = Greenwich mean sidereal time + east longitude
local apparent sidereal time = local mean sidereal time + equation of equinoxes
    = Greenwich apparent sidereal time + east longitude
Greenwich hour angle = Greenwich apparent sidereal time − apparent right ascension
local hour angle = local apparent sidereal time − apparent right ascension

*CIO-based*
Greenwich hour angle = Earth rotation angle − intermediate right ascension
local hour angle = Earth rotation angle − intermediate right ascension
    + east longitude
    = Earth rotation angle − equation of origins
    − apparent right ascension + east longitude

**Note:** ensure that the units of all quantities used are compatible.

Alternatively, use the rotation matrix $\mathbf{R}_3$ (see page K19) to rotate the equator and equinox of date system or the Celestial Intermediate Reference System about the z-axis (CIP) to the terrestrial system, resulting in either the TIO meridian and hour angle, or the local meridian and local hour angle.

| *Equinox-based* | *CIO-based* |
|---|---|
| $\mathbf{r}_e$ = position with respect to the equator and equinox (mean or true) of date | $\mathbf{r}_i$ = position with respect to the Celestial Intermediate Reference System |
| $\mathbf{r} = \mathbf{R}_3(\mathrm{LST})\, \mathbf{r}_e$ or $\mathbf{R}_3(\mathrm{LST} + \lambda)\, \mathbf{r}_e$ | $\mathbf{r} = \mathbf{R}_3(\theta)\, \mathbf{r}_i$ or $\mathbf{R}_3(\theta + \lambda)\, \mathbf{r}_i$ |

depending on whether the Greenwich $(H)$ or local $(h)$ hour angle is required, and then

$$H \text{ or } h = \tan^{-1}(-\mathbf{r}_y/\mathbf{r}_x) \qquad \text{positive to the west,}$$

and $\mathbf{r}_x$, $\mathbf{r}_y$ are components of $\mathbf{r}$ (see page K18). LST is the Greenwich mean (LMST) or apparent (LAST) sidereal time, as appropriate, and $\theta$ is the Earth rotation angle. Greenwich apparent and mean sidereal times, and the equation of the equinoxes are tabulated on pages B13–B20, while Earth rotation angle and equation of the origins are tabulated on pages B21–B24. Both tables are tabulated daily at $0^h$ UT1.

The relationships above, which result in a position with respect to the Terrestrial Intermediate Reference System (see page B26), require corrections for polar motion (see page B84) when the reduction of very precise observations are made with respect to a standard geodetic system such as the International Terrestrial Reference System (ITRS). These small corrections are (i) the alignment of the terrestrial intermediate origin (TIO) onto the longitude origin ($\lambda_{ITRS} = 0$) of the ITRS, and (ii) for positioning the pole (CIP) within the ITRS.

**Examples of the use of the ephemeris of universal and sidereal times**

1. *Conversion of universal time to local sidereal time*

To find the local apparent sidereal time at $09^h 44^m 30^s$ UT on 2010 July 8 in longitude $80°$ $22' 55''79$ west.

|  | h | m | s |
|---|---|---|---|
| Greenwich mean sidereal time on July 8 at $0^h$ UT (page B17) | 19 | 03 | 21·4389 |
| Add the equivalent mean sidereal time interval from $0^h$ to $09^h 44^m 30^s$ UT (multiply UT interval by 1·002 737 9094) | 9 | 46 | 06·0185 |
| Greenwich mean sidereal time at required UT: | 4 | 49 | 27·4574 |
| Add equation of equinoxes, interpolated using second-order differences to approximate UT $= 0^d41$ |  |  | +1·0503 |
| Greenwich apparent sidereal time: | 4 | 49 | 28·5077 |
| Subtract west longitude (add east longitude) | 5 | 21 | 31·7193 |
| Local apparent sidereal time: | 23 | 27 | 56·7884 |

The calculation for local mean sidereal time is similar, but omit the step which allows for the equation of the equinoxes.

2. *Conversion of local sidereal time to universal time*

To find the universal time at $23^h 27^m 56^s7884$ local apparent sidereal time on 2010 July 8 in longitude $80° 22' 55''79$ west.

|  | h | m | s |
|---|---|---|---|
| Local apparent sidereal time: | 23 | 27 | 56·7884 |
| Add west longitude (subtract east longitude) | 5 | 21 | 31·7193 |
| Greenwich apparent sidereal time: | 4 | 49 | 28·5077 |
| Subtract equation of equinoxes, interpolated using second-order differences to approximate UT $= 0^d41$ |  |  | +1·0503 |
| Greenwich mean sidereal time: | 4 | 49 | 27·4574 |
| Subtract Greenwich mean sidereal time at $0^h$ UT | 19 | 03 | 21·4389 |
| Mean sidereal time interval from $0^h$ UT: | 9 | 46 | 06·0185 |
| Equivalent UT interval (multiply mean sidereal time interval by 0·997 269 5663) | 9 | 44 | 30·0000 |

The conversion of mean sidereal time to universal time is carried out by a similar procedure; omit the step which allows for the equation of the equinoxes.

| Date 0ʰ UT1 | | Julian Date | G. SIDEREAL TIME (GHA of the Equinox) Apparent | Mean | Equation of Equinoxes at 0ʰ UT1 | GSD at 0ʰ GMST | UT1 at 0ʰ GMST (Greenwich Transit of the Mean Equinox) | | |
|---|---|---|---|---|---|---|---|---|---|
| | | **245** | h m s | s | s | **246** | | h m s | |
| Jan. | 0 | **5196·5** | 6 38 13·4677 | 12·4744 | +0·9934 | **1920·0** | Jan. | 0 17 18 56·8530 | |
| | 1 | **5197·5** | 6 42 10·0357 | 09·0298 | +1·0059 | **1921·0** | | 1 17 15 00·9435 | |
| | 2 | **5198·5** | 6 46 06·6013 | 05·5851 | +1·0162 | **1922·0** | | 2 17 11 05·0340 | |
| | 3 | **5199·5** | 6 50 03·1628 | 02·1405 | +1·0223 | **1923·0** | | 3 17 07 09·1245 | |
| | 4 | **5200·5** | 6 53 59·7197 | 58·6959 | +1·0238 | **1924·0** | | 4 17 03 13·2151 | |
| | 5 | **5201·5** | 6 57 56·2730 | 55·2512 | +1·0218 | **1925·0** | | 5 16 59 17·3056 | |
| | 6 | **5202·5** | 7 01 52·8245 | 51·8066 | +1·0179 | **1926·0** | | 6 16 55 21·3961 | |
| | 7 | **5203·5** | 7 05 49·3762 | 48·3620 | +1·0142 | **1927·0** | | 7 16 51 25·4867 | |
| | 8 | **5204·5** | 7 09 45·9296 | 44·9173 | +1·0122 | **1928·0** | | 8 16 47 29·5772 | |
| | 9 | **5205·5** | 7 13 42·4855 | 41·4727 | +1·0128 | **1929·0** | | 9 16 43 33·6677 | |
| | 10 | **5206·5** | 7 17 39·0442 | 38·0281 | +1·0161 | **1930·0** | | 10 16 39 37·7583 | |
| | 11 | **5207·5** | 7 21 35·6052 | 34·5834 | +1·0218 | **1931·0** | | 11 16 35 41·8488 | |
| | 12 | **5208·5** | 7 25 32·1679 | 31·1388 | +1·0291 | **1932·0** | | 12 16 31 45·9393 | |
| | 13 | **5209·5** | 7 29 28·7312 | 27·6942 | +1·0370 | **1933·0** | | 13 16 27 50·0299 | |
| | 14 | **5210·5** | 7 33 25·2940 | 24·2495 | +1·0445 | **1934·0** | | 14 16 23 54·1204 | |
| | 15 | **5211·5** | 7 37 21·8555 | 20·8049 | +1·0506 | **1935·0** | | 15 16 19 58·2109 | |
| | 16 | **5212·5** | 7 41 18·4150 | 17·3603 | +1·0547 | **1936·0** | | 16 16 16 02·3014 | |
| | 17 | **5213·5** | 7 45 14·9719 | 13·9156 | +1·0563 | **1937·0** | | 17 16 12 06·3920 | |
| | 18 | **5214·5** | 7 49 11·5265 | 10·4710 | +1·0555 | **1938·0** | | 18 16 08 10·4825 | |
| | 19 | **5215·5** | 7 53 08·0789 | 07·0264 | +1·0525 | **1939·0** | | 19 16 04 14·5730 | |
| | 20 | **5216·5** | 7 57 04·6299 | 03·5817 | +1·0481 | **1940·0** | | 20 16 00 18·6636 | |
| | 21 | **5217·5** | 8 01 01·1803 | 00·1371 | +1·0432 | **1941·0** | | 21 15 56 22·7541 | |
| | 22 | **5218·5** | 8 04 57·7313 | 56·6925 | +1·0388 | **1942·0** | | 22 15 52 26·8446 | |
| | 23 | **5219·5** | 8 08 54·2838 | 53·2479 | +1·0360 | **1943·0** | | 23 15 48 30·9352 | |
| | 24 | **5220·5** | 8 12 50·8390 | 49·8032 | +1·0358 | **1944·0** | | 24 15 44 35·0257 | |
| | 25 | **5221·5** | 8 16 47·3974 | 46·3586 | +1·0388 | **1945·0** | | 25 15 40 39·1162 | |
| | 26 | **5222·5** | 8 20 43·9593 | 42·9140 | +1·0453 | **1946·0** | | 26 15 36 43·2068 | |
| | 27 | **5223·5** | 8 24 40·5239 | 39·4693 | +1·0546 | **1947·0** | | 27 15 32 47·2973 | |
| | 28 | **5224·5** | 8 28 37·0898 | 36·0247 | +1·0651 | **1948·0** | | 28 15 28 51·3878 | |
| | 29 | **5225·5** | 8 32 33·6546 | 32·5801 | +1·0745 | **1949·0** | | 29 15 24 55·4784 | |
| | 30 | **5226·5** | 8 36 30·2162 | 29·1354 | +1·0808 | **1950·0** | | 30 15 20 59·5689 | |
| | 31 | **5227·5** | 8 40 26·7732 | 25·6908 | +1·0824 | **1951·0** | | 31 15 17 03·6594 | |
| Feb. | 1 | **5228·5** | 8 44 23·3258 | 22·2462 | +1·0796 | **1952·0** | Feb. | 1 15 13 07·7499 | |
| | 2 | **5229·5** | 8 48 19·8755 | 18·8015 | +1·0739 | **1953·0** | | 2 15 09 11·8405 | |
| | 3 | **5230·5** | 8 52 16·4245 | 15·3569 | +1·0676 | **1954·0** | | 3 15 05 15·9310 | |
| | 4 | **5231·5** | 8 56 12·9748 | 11·9123 | +1·0625 | **1955·0** | | 4 15 01 20·0215 | |
| | 5 | **5232·5** | 9 00 09·5276 | 08·4676 | +1·0599 | **1956·0** | | 5 14 57 24·1121 | |
| | 6 | **5233·5** | 9 04 06·0832 | 05·0230 | +1·0602 | **1957·0** | | 6 14 53 28·2026 | |
| | 7 | **5234·5** | 9 08 02·6414 | 01·5784 | +1·0631 | **1958·0** | | 7 14 49 32·2931 | |
| | 8 | **5235·5** | 9 11 59·2014 | 58·1337 | +1·0677 | **1959·0** | | 8 14 45 36·3837 | |
| | 9 | **5236·5** | 9 15 55·7621 | 54·6891 | +1·0730 | **1960·0** | | 9 14 41 40·4742 | |
| | 10 | **5237·5** | 9 19 52·3226 | 51·2445 | +1·0781 | **1961·0** | | 10 14 37 44·5647 | |
| | 11 | **5238·5** | 9 23 48·8818 | 47·7998 | +1·0820 | **1962·0** | | 11 14 33 48·6553 | |
| | 12 | **5239·5** | 9 27 45·4391 | 44·3552 | +1·0839 | **1963·0** | | 12 14 29 52·7458 | |
| | 13 | **5240·5** | 9 31 41·9940 | 40·9106 | +1·0835 | **1964·0** | | 13 14 25 56·8363 | |
| | 14 | **5241·5** | 9 35 38·5465 | 37·4659 | +1·0805 | **1965·0** | | 14 14 22 00·9268 | |
| | 15 | **5242·5** | 9 39 35·0967 | 34·0213 | +1·0754 | **1966·0** | | 15 14 18 05·0174 | |

# UNIVERSAL AND SIDEREAL TIMES, 2010

| Date 0ʰ UT1 | Julian Date | G. SIDEREAL TIME (GHA of the Equinox) Apparent | Mean | Equation of Equinoxes at 0ʰ UT1 | GSD at 0ʰ GMST | UT1 at 0ʰ GMST (Greenwich Transit of the Mean Equinox) |
|---|---|---|---|---|---|---|
| | 245 | h m s | s | s | 246 | h m s |
| Feb. 15 | 5242·5 | 9 39 35·0967 | 34·0213 | +1·0754 | 1966·0 | Feb. 15 14 18 05·0174 |
| 16 | 5243·5 | 9 43 31·6453 | 30·5767 | +1·0686 | 1967·0 | 16 14 14 09·1079 |
| 17 | 5244·5 | 9 47 28·1930 | 27·1321 | +1·0610 | 1968·0 | 17 14 10 13·1984 |
| 18 | 5245·5 | 9 51 24·7410 | 23·6874 | +1·0536 | 1969·0 | 18 14 06 17·2890 |
| 19 | 5246·5 | 9 55 21·2903 | 20·2428 | +1·0476 | 1970·0 | 19 14 02 21·3795 |
| 20 | 5247·5 | 9 59 17·8419 | 16·7982 | +1·0438 | 1971·0 | 20 13 58 25·4700 |
| 21 | 5248·5 | 10 03 14·3964 | 13·3535 | +1·0429 | 1972·0 | 21 13 54 29·5606 |
| 22 | 5249·5 | 10 07 10·9540 | 09·9089 | +1·0451 | 1973·0 | 22 13 50 33·6511 |
| 23 | 5250·5 | 10 11 07·5145 | 06·4643 | +1·0502 | 1974·0 | 23 13 46 37·7416 |
| 24 | 5251·5 | 10 15 04·0766 | 03·0196 | +1·0570 | 1975·0 | 24 13 42 41·8322 |
| 25 | 5252·5 | 10 18 60·6387 | 59·5750 | +1·0638 | 1976·0 | 25 13 38 45·9227 |
| 26 | 5253·5 | 10 22 57·1989 | 56·1304 | +1·0685 | 1977·0 | 26 13 34 50·0132 |
| 27 | 5254·5 | 10 26 53·7553 | 52·6857 | +1·0695 | 1978·0 | 27 13 30 54·1037 |
| 28 | 5255·5 | 10 30 50·3072 | 49·2411 | +1·0661 | 1979·0 | 28 13 26 58·1943 |
| Mar. 1 | 5256·5 | 10 34 46·8556 | 45·7965 | +1·0591 | 1980·0 | Mar. 1 13 23 02·2848 |
| 2 | 5257·5 | 10 38 43·4021 | 42·3518 | +1·0503 | 1981·0 | 2 13 19 06·3753 |
| 3 | 5258·5 | 10 42 39·9492 | 38·9072 | +1·0420 | 1982·0 | 3 13 15 10·4659 |
| 4 | 5259·5 | 10 46 36·4986 | 35·4626 | +1·0360 | 1983·0 | 4 13 11 14·5564 |
| 5 | 5260·5 | 10 50 33·0511 | 32·0179 | +1·0331 | 1984·0 | 5 13 07 18·6469 |
| 6 | 5261·5 | 10 54 29·6066 | 28·5733 | +1·0333 | 1985·0 | 6 13 03 22·7375 |
| 7 | 5262·5 | 10 58 26·1642 | 25·1287 | +1·0356 | 1986·0 | 7 12 59 26·8280 |
| 8 | 5263·5 | 11 02 22·7230 | 21·6840 | +1·0390 | 1987·0 | 8 12 55 30·9185 |
| 9 | 5264·5 | 11 06 19·2817 | 18·2394 | +1·0423 | 1988·0 | 9 12 51 35·0091 |
| 10 | 5265·5 | 11 10 15·8394 | 14·7948 | +1·0446 | 1989·0 | 10 12 47 39·0996 |
| 11 | 5266·5 | 11 14 12·3953 | 11·3501 | +1·0452 | 1990·0 | 11 12 43 43·1901 |
| 12 | 5267·5 | 11 18 08·9490 | 07·9055 | +1·0435 | 1991·0 | 12 12 39 47·2806 |
| 13 | 5268·5 | 11 22 05·5003 | 04·4609 | +1·0394 | 1992·0 | 13 12 35 51·3712 |
| 14 | 5269·5 | 11 26 02·0493 | 01·0162 | +1·0330 | 1993·0 | 14 12 31 55·4617 |
| 15 | 5270·5 | 11 29 58·5965 | 57·5716 | +1·0249 | 1994·0 | 15 12 27 59·5522 |
| 16 | 5271·5 | 11 33 55·1428 | 54·1270 | +1·0158 | 1995·0 | 16 12 24 03·6428 |
| 17 | 5272·5 | 11 37 51·6891 | 50·6824 | +1·0067 | 1996·0 | 17 12 20 07·7333 |
| 18 | 5273·5 | 11 41 48·2365 | 47·2377 | +0·9988 | 1997·0 | 18 12 16 11·8238 |
| 19 | 5274·5 | 11 45 44·7861 | 43·7931 | +0·9930 | 1998·0 | 19 12 12 15·9144 |
| 20 | 5275·5 | 11 49 41·3385 | 40·3485 | +0·9900 | 1999·0 | 20 12 08 20·0049 |
| 21 | 5276·5 | 11 53 37·8940 | 36·9038 | +0·9902 | 2000·0 | 21 12 04 24·0954 |
| 22 | 5277·5 | 11 57 34·4523 | 33·4592 | +0·9931 | 2001·0 | 22 12 00 28·1860 |
| 23 | 5278·5 | 12 01 31·0125 | 30·0146 | +0·9979 | 2002·0 | 23 11 56 32·2765 |
| 24 | 5279·5 | 12 05 27·5731 | 26·5699 | +1·0031 | 2003·0 | 24 11 52 36·3670 |
| 25 | 5280·5 | 12 09 24·1324 | 23·1253 | +1·0071 | 2004·0 | 25 11 48 40·4575 |
| 26 | 5281·5 | 12 13 20·6889 | 19·6807 | +1·0082 | 2005·0 | 26 11 44 44·5481 |
| 27 | 5282·5 | 12 17 17·2415 | 16·2360 | +1·0055 | 2006·0 | 27 11 40 48·6386 |
| 28 | 5283·5 | 12 21 13·7905 | 12·7914 | +0·9991 | 2007·0 | 28 11 36 52·7291 |
| 29 | 5284·5 | 12 25 10·3370 | 09·3468 | +0·9902 | 2008·0 | 29 11 32 56·8197 |
| 30 | 5285·5 | 12 29 06·8831 | 05·9021 | +0·9810 | 2009·0 | 30 11 29 00·9102 |
| 31 | 5286·5 | 12 33 03·4309 | 02·4575 | +0·9734 | 2010·0 | 31 11 25 05·0007 |
| Apr. 1 | 5287·5 | 12 36 59·9818 | 59·0129 | +0·9689 | 2011·0 | Apr. 1 11 21 09·0913 |
| 2 | 5288·5 | 12 40 56·5361 | 55·5682 | +0·9678 | 2012·0 | 2 11 17 13·1818 |

| Date 0ʰ UT1 | Julian Date | G. SIDEREAL TIME (GHA of the Equinox) Apparent | Mean | Equation of Equinoxes at 0ʰ UT1 | GSD at 0ʰ GMST | UT1 at 0ʰ GMST (Greenwich Transit of the Mean Equinox) |
|---|---|---|---|---|---|---|
| | **245** | h  m  s | s | s | **246** | h  m  s |
| Apr. 1 | **5287·5** | 12 36 59·9818 | 59·0129 | +0·9689 | **2011·0** | Apr. 1 11 21 09·0913 |
| 2 | **5288·5** | 12 40 56·5361 | 55·5682 | +0·9678 | **2012·0** | 2 11 17 13·1818 |
| 3 | **5289·5** | 12 44 53·0932 | 52·1236 | +0·9696 | **2013·0** | 3 11 13 17·2723 |
| 4 | **5290·5** | 12 48 49·6520 | 48·6790 | +0·9730 | **2014·0** | 4 11 09 21·3629 |
| 5 | **5291·5** | 12 52 46·2112 | 45·2343 | +0·9769 | **2015·0** | 5 11 05 25·4534 |
| 6 | **5292·5** | 12 56 42·7698 | 41·7897 | +0·9800 | **2016·0** | 6 11 01 29·5439 |
| 7 | **5293·5** | 13 00 39·3267 | 38·3451 | +0·9816 | **2017·0** | 7 10 57 33·6344 |
| 8 | **5294·5** | 13 04 35·8814 | 34·9004 | +0·9810 | **2018·0** | 8 10 53 37·7250 |
| 9 | **5295·5** | 13 08 32·4338 | 31·4558 | +0·9780 | **2019·0** | 9 10 49 41·8155 |
| 10 | **5296·5** | 13 12 28·9839 | 28·0112 | +0·9727 | **2020·0** | 10 10 45 45·9060 |
| 11 | **5297·5** | 13 16 25·5322 | 24·5666 | +0·9656 | **2021·0** | 11 10 41 49·9966 |
| 12 | **5298·5** | 13 20 22·0793 | 21·1219 | +0·9574 | **2022·0** | 12 10 37 54·0871 |
| 13 | **5299·5** | 13 24 18·6263 | 17·6773 | +0·9490 | **2023·0** | 13 10 33 58·1776 |
| 14 | **5300·5** | 13 28 15·1741 | 14·2327 | +0·9415 | **2024·0** | 14 10 30 02·2682 |
| 15 | **5301·5** | 13 32 11·7240 | 10·7880 | +0·9359 | **2025·0** | 15 10 26 06·3587 |
| 16 | **5302·5** | 13 36 08·2767 | 07·3434 | +0·9333 | **2026·0** | 16 10 22 10·4492 |
| 17 | **5303·5** | 13 40 04·8326 | 03·8988 | +0·9338 | **2027·0** | 17 10 18 14·5398 |
| 18 | **5304·5** | 13 44 01·3915 | 00·4541 | +0·9374 | **2028·0** | 18 10 14 18·6303 |
| 19 | **5305·5** | 13 47 57·9525 | 57·0095 | +0·9430 | **2029·0** | 19 10 10 22·7208 |
| 20 | **5306·5** | 13 51 54·5142 | 53·5649 | +0·9494 | **2030·0** | 20 10 06 26·8113 |
| 21 | **5307·5** | 13 55 51·0750 | 50·1202 | +0·9548 | **2031·0** | 21 10 02 30·9019 |
| 22 | **5308·5** | 13 59 47·6333 | 46·6756 | +0·9577 | **2032·0** | 22 9 58 34·9924 |
| 23 | **5309·5** | 14 03 44·1882 | 43·2310 | +0·9572 | **2033·0** | 23 9 54 39·0829 |
| 24 | **5310·5** | 14 07 40·7395 | 39·7863 | +0·9532 | **2034·0** | 24 9 50 43·1735 |
| 25 | **5311·5** | 14 11 37·2882 | 36·3417 | +0·9465 | **2035·0** | 25 9 46 47·2640 |
| 26 | **5312·5** | 14 15 33·8359 | 32·8971 | +0·9389 | **2036·0** | 26 9 42 51·3545 |
| 27 | **5313·5** | 14 19 30·3846 | 29·4524 | +0·9322 | **2037·0** | 27 9 38 55·4451 |
| 28 | **5314·5** | 14 23 26·9359 | 26·0078 | +0·9281 | **2038·0** | 28 9 34 59·5356 |
| 29 | **5315·5** | 14 27 23·4906 | 22·5632 | +0·9274 | **2039·0** | 29 9 31 03·6261 |
| 30 | **5316·5** | 14 31 20·0485 | 19·1185 | +0·9300 | **2040·0** | 30 9 27 07·7167 |
| May 1 | **5317·5** | 14 35 16·6089 | 15·6739 | +0·9350 | **2041·0** | May 1 9 23 11·8072 |
| 2 | **5318·5** | 14 39 13·1702 | 12·2293 | +0·9410 | **2042·0** | 2 9 19 15·8977 |
| 3 | **5319·5** | 14 43 09·7313 | 08·7846 | +0·9467 | **2043·0** | 3 9 15 19·9882 |
| 4 | **5320·5** | 14 47 06·2911 | 05·3400 | +0·9511 | **2044·0** | 4 9 11 24·0788 |
| 5 | **5321·5** | 14 51 02·8488 | 01·8954 | +0·9534 | **2045·0** | 5 9 07 28·1693 |
| 6 | **5322·5** | 14 54 59·4041 | 58·4507 | +0·9533 | **2046·0** | 6 9 03 32·2598 |
| 7 | **5323·5** | 14 58 55·9570 | 55·0061 | +0·9509 | **2047·0** | 7 8 59 36·3504 |
| 8 | **5324·5** | 15 02 52·5080 | 51·5615 | +0·9465 | **2048·0** | 8 8 55 40·4409 |
| 9 | **5325·5** | 15 06 49·0576 | 48·1169 | +0·9408 | **2049·0** | 9 8 51 44·5314 |
| 10 | **5326·5** | 15 10 45·6067 | 44·6722 | +0·9345 | **2050·0** | 10 8 47 48·6220 |
| 11 | **5327·5** | 15 14 42·1565 | 41·2276 | +0·9289 | **2051·0** | 11 8 43 52·7125 |
| 12 | **5328·5** | 15 18 38·7078 | 37·7830 | +0·9249 | **2052·0** | 12 8 39 56·8030 |
| 13 | **5329·5** | 15 22 35·2619 | 34·3383 | +0·9236 | **2053·0** | 13 8 36 00·8936 |
| 14 | **5330·5** | 15 26 31·8193 | 30·8937 | +0·9256 | **2054·0** | 14 8 32 04·9841 |
| 15 | **5331·5** | 15 30 28·3799 | 27·4491 | +0·9309 | **2055·0** | 15 8 28 09·0746 |
| 16 | **5332·5** | 15 34 24·9431 | 24·0044 | +0·9387 | **2056·0** | 16 8 24 13·1651 |
| 17 | **5333·5** | 15 38 21·5075 | 20·5598 | +0·9477 | **2057·0** | 17 8 20 17·2557 |

| Date 0ʰ UT1 | Julian Date | G. SIDEREAL TIME (GHA of the Equinox) | | Equation of Equinoxes at 0ʰ UT1 | GSD at 0ʰ GMST | UT1 at 0ʰ GMST (Greenwich Transit of the Mean Equinox) | | |
|---|---|---|---|---|---|---|---|---|
| | | Apparent | Mean | | | | | |
| | 245 | h m s | s | s | 246 | | h m s | |
| May 17 | 5333·5 | 15 38 21·5075 | 20·5598 | +0·9477 | 2057·0 | May 17 | 8 20 17·2557 | |
| 18 | 5334·5 | 15 42 18·0711 | 17·1152 | +0·9560 | 2058·0 | 18 | 8 16 21·3462 | |
| 19 | 5335·5 | 15 46 14·6325 | 13·6705 | +0·9619 | 2059·0 | 19 | 8 12 25·4367 | |
| 20 | 5336·5 | 15 50 11·1904 | 10·2259 | +0·9645 | 2060·0 | 20 | 8 08 29·5273 | |
| 21 | 5337·5 | 15 54 07·7447 | 06·7813 | +0·9634 | 2061·0 | 21 | 8 04 33·6178 | |
| 22 | 5338·5 | 15 58 04·2962 | 03·3366 | +0·9595 | 2062·0 | 22 | 8 00 37·7083 | |
| 23 | 5339·5 | 16 01 60·8463 | 59·8920 | +0·9543 | 2063·0 | 23 | 7 56 41·7989 | |
| 24 | 5340·5 | 16 05 57·3968 | 56·4474 | +0·9495 | 2064·0 | 24 | 7 52 45·8894 | |
| 25 | 5341·5 | 16 09 53·9494 | 53·0027 | +0·9467 | 2065·0 | 25 | 7 48 49·9799 | |
| 26 | 5342·5 | 16 13 50·5051 | 49·5581 | +0·9470 | 2066·0 | 26 | 7 44 54·0705 | |
| 27 | 5343·5 | 16 17 47·0641 | 46·1135 | +0·9506 | 2067·0 | 27 | 7 40 58·1610 | |
| 28 | 5344·5 | 16 21 43·6257 | 42·6688 | +0·9569 | 2068·0 | 28 | 7 37 02·2515 | |
| 29 | 5345·5 | 16 25 40·1890 | 39·2242 | +0·9647 | 2069·0 | 29 | 7 33 06·3420 | |
| 30 | 5346·5 | 16 29 36·7524 | 35·7796 | +0·9729 | 2070·0 | 30 | 7 29 10·4326 | |
| 31 | 5347·5 | 16 33 33·3149 | 32·3349 | +0·9800 | 2071·0 | 31 | 7 25 14·5231 | |
| June 1 | 5348·5 | 16 37 29·8755 | 28·8903 | +0·9852 | 2072·0 | June 1 | 7 21 18·6136 | |
| 2 | 5349·5 | 16 41 26·4337 | 25·4457 | +0·9880 | 2073·0 | 2 | 7 17 22·7042 | |
| 3 | 5350·5 | 16 45 22·9894 | 22·0011 | +0·9884 | 2074·0 | 3 | 7 13 26·7947 | |
| 4 | 5351·5 | 16 49 19·5430 | 18·5564 | +0·9865 | 2075·0 | 4 | 7 09 30·8852 | |
| 5 | 5352·5 | 16 53 16·0949 | 15·1118 | +0·9831 | 2076·0 | 5 | 7 05 34·9758 | |
| 6 | 5353·5 | 16 57 12·6460 | 11·6672 | +0·9788 | 2077·0 | 6 | 7 01 39·0663 | |
| 7 | 5354·5 | 17 01 09·1972 | 08·2225 | +0·9747 | 2078·0 | 7 | 6 57 43·1568 | |
| 8 | 5355·5 | 17 05 05·7497 | 04·7779 | +0·9718 | 2079·0 | 8 | 6 53 47·2474 | |
| 9 | 5356·5 | 17 09 02·3045 | 01·3333 | +0·9712 | 2080·0 | 9 | 6 49 51·3379 | |
| 10 | 5357·5 | 17 12 58·8623 | 57·8886 | +0·9737 | 2081·0 | 10 | 6 45 55·4284 | |
| 11 | 5358·5 | 17 16 55·4235 | 54·4440 | +0·9795 | 2082·0 | 11 | 6 41 59·5189 | |
| 12 | 5359·5 | 17 20 51·9878 | 50·9994 | +0·9884 | 2083·0 | 12 | 6 38 03·6095 | |
| 13 | 5360·5 | 17 24 48·5539 | 47·5547 | +0·9991 | 2084·0 | 13 | 6 34 07·7000 | |
| 14 | 5361·5 | 17 28 45·1199 | 44·1101 | +1·0098 | 2085·0 | 14 | 6 30 11·7905 | |
| 15 | 5362·5 | 17 32 41·6839 | 40·6655 | +1·0184 | 2086·0 | 15 | 6 26 15·8811 | |
| 16 | 5363·5 | 17 36 38·2444 | 37·2208 | +1·0236 | 2087·0 | 16 | 6 22 19·9716 | |
| 17 | 5364·5 | 17 40 34·8010 | 33·7762 | +1·0248 | 2088·0 | 17 | 6 18 24·0621 | |
| 18 | 5365·5 | 17 44 31·3543 | 30·3316 | +1·0227 | 2089·0 | 18 | 6 14 28·1527 | |
| 19 | 5366·5 | 17 48 27·9057 | 26·8869 | +1·0187 | 2090·0 | 19 | 6 10 32·2432 | |
| 20 | 5367·5 | 17 52 24·4571 | 23·4423 | +1·0148 | 2091·0 | 20 | 6 06 36·3337 | |
| 21 | 5368·5 | 17 56 21·0101 | 19·9977 | +1·0124 | 2092·0 | 21 | 6 02 40·4243 | |
| 22 | 5369·5 | 18 00 17·5659 | 16·5530 | +1·0128 | 2093·0 | 22 | 5 58 44·5148 | |
| 23 | 5370·5 | 18 04 14·1247 | 13·1084 | +1·0163 | 2094·0 | 23 | 5 54 48·6053 | |
| 24 | 5371·5 | 18 08 10·6864 | 09·6638 | +1·0226 | 2095·0 | 24 | 5 50 52·6958 | |
| 25 | 5372·5 | 18 12 07·2498 | 06·2191 | +1·0306 | 2096·0 | 25 | 5 46 56·7864 | |
| 26 | 5373·5 | 18 16 03·8138 | 02·7745 | +1·0393 | 2097·0 | 26 | 5 43 00·8769 | |
| 27 | 5374·5 | 18 19 60·3772 | 59·3299 | +1·0473 | 2098·0 | 27 | 5 39 04·9674 | |
| 28 | 5375·5 | 18 23 56·9390 | 55·8852 | +1·0537 | 2099·0 | 28 | 5 35 09·0580 | |
| 29 | 5376·5 | 18 27 53·4984 | 52·4406 | +1·0578 | 2100·0 | 29 | 5 31 13·1485 | |
| 30 | 5377·5 | 18 31 50·0553 | 48·9960 | +1·0593 | 2101·0 | 30 | 5 27 17·2390 | |
| July 1 | 5378·5 | 18 35 46·6097 | 45·5514 | +1·0584 | 2102·0 | July 1 | 5 23 21·3296 | |
| 2 | 5379·5 | 18 39 43·1623 | 42·1067 | +1·0556 | 2103·0 | 2 | 5 19 25·4201 | |

| Date<br>0ʰ UT1 | Julian<br>Date | G. SIDEREAL TIME<br>(GHA of the Equinox)<br>Apparent | Mean | Equation of<br>Equinoxes<br>at 0ʰ UT1 | GSD<br>at<br>0ʰ GMST | UT1 at 0ʰ GMST<br>(Greenwich Transit of<br>the Mean Equinox) | | |
|---|---|---|---|---|---|---|---|---|
| | **245** | h m s | s | s | **246** | | h m s | |
| July 2 | **5379·5** | 18 39 43·1623 | 42·1067 | +1·0556 | **2103·0** | July | 2 | 5 19 25·4201 |
| 3 | **5380·5** | 18 43 39·7137 | 38·6621 | +1·0516 | **2104·0** | | 3 | 5 15 29·5106 |
| 4 | **5381·5** | 18 47 36·2649 | 35·2175 | +1·0474 | **2105·0** | | 4 | 5 11 33·6012 |
| 5 | **5382·5** | 18 51 32·8169 | 31·7728 | +1·0440 | **2106·0** | | 5 | 5 07 37·6917 |
| 6 | **5383·5** | 18 55 29·3706 | 28·3282 | +1·0424 | **2107·0** | | 6 | 5 03 41·7822 |
| 7 | **5384·5** | 18 59 25·9270 | 24·8836 | +1·0434 | **2108·0** | | 7 | 4 59 45·8727 |
| 8 | **5385·5** | 19 03 22·4866 | 21·4389 | +1·0476 | **2109·0** | | 8 | 4 55 49·9633 |
| 9 | **5386·5** | 19 07 19·0493 | 17·9943 | +1·0550 | **2110·0** | | 9 | 4 51 54·0538 |
| 10 | **5387·5** | 19 11 15·6145 | 14·5497 | +1·0649 | **2111·0** | | 10 | 4 47 58·1443 |
| 11 | **5388·5** | 19 15 12·1806 | 11·1050 | +1·0755 | **2112·0** | | 11 | 4 44 02·2349 |
| 12 | **5389·5** | 19 19 08·7454 | 07·6604 | +1·0850 | **2113·0** | | 12 | 4 40 06·3254 |
| 13 | **5390·5** | 19 23 05·3072 | 04·2158 | +1·0914 | **2114·0** | | 13 | 4 36 10·4159 |
| 14 | **5391·5** | 19 27 01·8647 | 00·7711 | +1·0936 | **2115·0** | | 14 | 4 32 14·5065 |
| 15 | **5392·5** | 19 30 58·4183 | 57·3265 | +1·0918 | **2116·0** | | 15 | 4 28 18·5970 |
| 16 | **5393·5** | 19 34 54·9692 | 53·8819 | +1·0874 | **2117·0** | | 16 | 4 24 22·6875 |
| 17 | **5394·5** | 19 38 51·5196 | 50·4372 | +1·0823 | **2118·0** | | 17 | 4 20 26·7781 |
| 18 | **5395·5** | 19 42 48·0712 | 46·9926 | +1·0786 | **2119·0** | | 18 | 4 16 30·8686 |
| 19 | **5396·5** | 19 46 44·6253 | 43·5480 | +1·0773 | **2120·0** | | 19 | 4 12 34·9591 |
| 20 | **5397·5** | 19 50 41·1825 | 40·1033 | +1·0791 | **2121·0** | | 20 | 4 08 39·0496 |
| 21 | **5398·5** | 19 54 37·7423 | 36·6587 | +1·0836 | **2122·0** | | 21 | 4 04 43·1402 |
| 22 | **5399·5** | 19 58 34·3041 | 33·2141 | +1·0900 | **2123·0** | | 22 | 4 00 47·2307 |
| 23 | **5400·5** | 20 02 30·8667 | 29·7694 | +1·0972 | **2124·0** | | 23 | 3 56 51·3212 |
| 24 | **5401·5** | 20 06 27·4289 | 26·3248 | +1·1041 | **2125·0** | | 24 | 3 52 55·4118 |
| 25 | **5402·5** | 20 10 23·9897 | 22·8802 | +1·1095 | **2126·0** | | 25 | 3 48 59·5023 |
| 26 | **5403·5** | 20 14 20·5483 | 19·4356 | +1·1127 | **2127·0** | | 26 | 3 45 03·5928 |
| 27 | **5404·5** | 20 18 17·1043 | 15·9909 | +1·1134 | **2128·0** | | 27 | 3 41 07·6834 |
| 28 | **5405·5** | 20 22 13·6579 | 12·5463 | +1·1116 | **2129·0** | | 28 | 3 37 11·7739 |
| 29 | **5406·5** | 20 26 10·2093 | 09·1017 | +1·1077 | **2130·0** | | 29 | 3 33 15·8644 |
| 30 | **5407·5** | 20 30 06·7593 | 05·6570 | +1·1023 | **2131·0** | | 30 | 3 29 19·9550 |
| 31 | **5408·5** | 20 34 03·3088 | 02·2124 | +1·0964 | **2132·0** | | 31 | 3 25 24·0455 |
| Aug. 1 | **5409·5** | 20 37 59·8586 | 58·7678 | +1·0909 | **2133·0** | Aug. | 1 | 3 21 28·1360 |
| 2 | **5410·5** | 20 41 56·4099 | 55·3231 | +1·0867 | **2134·0** | | 2 | 3 17 32·2266 |
| 3 | **5411·5** | 20 45 52·9633 | 51·8785 | +1·0848 | **2135·0** | | 3 | 3 13 36·3171 |
| 4 | **5412·5** | 20 49 49·5196 | 48·4339 | +1·0858 | **2136·0** | | 4 | 3 09 40·4076 |
| 5 | **5413·5** | 20 53 46·0790 | 44·9892 | +1·0897 | **2137·0** | | 5 | 3 05 44·4981 |
| 6 | **5414·5** | 20 57 42·6409 | 41·5446 | +1·0963 | **2138·0** | | 6 | 3 01 48·5887 |
| 7 | **5415·5** | 21 01 39·2045 | 38·1000 | +1·1045 | **2139·0** | | 7 | 2 57 52·6792 |
| 8 | **5416·5** | 21 05 35·7679 | 34·6553 | +1·1125 | **2140·0** | | 8 | 2 53 56·7697 |
| 9 | **5417·5** | 21 09 32·3291 | 31·2107 | +1·1184 | **2141·0** | | 9 | 2 50 00·8603 |
| 10 | **5418·5** | 21 13 28·8865 | 27·7661 | +1·1205 | **2142·0** | | 10 | 2 46 04·9508 |
| 11 | **5419·5** | 21 17 25·4396 | 24·3214 | +1·1182 | **2143·0** | | 11 | 2 42 09·0413 |
| 12 | **5420·5** | 21 21 21·9892 | 20·8768 | +1·1124 | **2144·0** | | 12 | 2 38 13·1319 |
| 13 | **5421·5** | 21 25 18·5373 | 17·4322 | +1·1052 | **2145·0** | | 13 | 2 34 17·2224 |
| 14 | **5422·5** | 21 29 15·0861 | 13·9875 | +1·0986 | **2146·0** | | 14 | 2 30 21·3129 |
| 15 | **5423·5** | 21 33 11·6373 | 10·5429 | +1·0944 | **2147·0** | | 15 | 2 26 25·4035 |
| 16 | **5424·5** | 21 37 08·1916 | 07·0983 | +1·0933 | **2148·0** | | 16 | 2 22 29·4940 |
| 17 | **5425·5** | 21 41 04·7487 | 03·6536 | +1·0951 | **2149·0** | | 17 | 2 18 33·5845 |

| Date<br>0ʰ UT1 | Julian<br>Date | G. SIDEREAL TIME<br>(GHA of the Equinox) | | Equation of<br>Equinoxes<br>at 0ʰ UT1 | GSD<br>at<br>0ʰ GMST | UT1 at 0ʰ GMST<br>(Greenwich Transit of<br>the Mean Equinox) | | |
|---|---|---|---|---|---|---|---|---|
| | | Apparent | Mean | | | | | |
| | **245** | h m s | s | s | **246** | | h m s | |
| Aug. 17 | **5425·5** | 21 41 04·7487 | 03·6536 | +1·0951 | **2149·0** | Aug. 17 | 2 18 33·5845 | |
| 18 | **5426·5** | 21 45 01·3080 | 00·2090 | +1·0990 | **2150·0** | 18 | 2 14 37·6750 | |
| 19 | **5427·5** | 21 48 57·8683 | 56·7644 | +1·1039 | **2151·0** | 19 | 2 10 41·7656 | |
| 20 | **5428·5** | 21 52 54·4284 | 53·3198 | +1·1087 | **2152·0** | 20 | 2 06 45·8561 | |
| 21 | **5429·5** | 21 56 50·9872 | 49·8751 | +1·1121 | **2153·0** | 21 | 2 02 49·9466 | |
| 22 | **5430·5** | 22 00 47·5441 | 46·4305 | +1·1136 | **2154·0** | 22 | 1 58 54·0372 | |
| 23 | **5431·5** | 22 04 44·0984 | 42·9859 | +1·1126 | **2155·0** | 23 | 1 54 58·1277 | |
| 24 | **5432·5** | 22 08 40·6503 | 39·5412 | +1·1091 | **2156·0** | 24 | 1 51 02·2182 | |
| 25 | **5433·5** | 22 12 37·1999 | 36·0966 | +1·1033 | **2157·0** | 25 | 1 47 06·3088 | |
| 26 | **5434·5** | 22 16 33·7479 | 32·6520 | +1·0960 | **2158·0** | 26 | 1 43 10·3993 | |
| 27 | **5435·5** | 22 20 30·2952 | 29·2073 | +1·0879 | **2159·0** | 27 | 1 39 14·4898 | |
| 28 | **5436·5** | 22 24 26·8426 | 25·7627 | +1·0799 | **2160·0** | 28 | 1 35 18·5804 | |
| 29 | **5437·5** | 22 28 23·3911 | 22·3181 | +1·0731 | **2161·0** | 29 | 1 31 22·6709 | |
| 30 | **5438·5** | 22 32 19·9416 | 18·8734 | +1·0682 | **2162·0** | 30 | 1 27 26·7614 | |
| 31 | **5439·5** | 22 36 16·4947 | 15·4288 | +1·0659 | **2163·0** | 31 | 1 23 30·8519 | |
| Sept. 1 | **5440·5** | 22 40 13·0506 | 11·9842 | +1·0664 | **2164·0** | Sept. 1 | 1 19 34·9425 | |
| 2 | **5441·5** | 22 44 09·6091 | 08·5395 | +1·0696 | **2165·0** | 2 | 1 15 39·0330 | |
| 3 | **5442·5** | 22 48 06·1695 | 05·0949 | +1·0746 | **2166·0** | 3 | 1 11 43·1235 | |
| 4 | **5443·5** | 22 52 02·7304 | 01·6503 | +1·0801 | **2167·0** | 4 | 1 07 47·2141 | |
| 5 | **5444·5** | 22 55 59·2901 | 58·2056 | +1·0845 | **2168·0** | 5 | 1 03 51·3046 | |
| 6 | **5445·5** | 22 59 55·8470 | 54·7610 | +1·0860 | **2169·0** | 6 | 0 59 55·3951 | |
| 7 | **5446·5** | 23 03 52·3999 | 51·3164 | +1·0836 | **2170·0** | 7 | 0 55 59·4857 | |
| 8 | **5447·5** | 23 07 48·9490 | 47·8717 | +1·0772 | **2171·0** | 8 | 0 52 03·5762 | |
| 9 | **5448·5** | 23 11 45·4955 | 44·4271 | +1·0684 | **2172·0** | 9 | 0 48 07·6667 | |
| 10 | **5449·5** | 23 15 42·0419 | 40·9825 | +1·0594 | **2173·0** | 10 | 0 44 11·7573 | |
| 11 | **5450·5** | 23 19 38·5901 | 37·5378 | +1·0523 | **2174·0** | 11 | 0 40 15·8478 | |
| 12 | **5451·5** | 23 23 35·1416 | 34·0932 | +1·0484 | **2175·0** | 12 | 0 36 19·9383 | |
| 13 | **5452·5** | 23 27 31·6965 | 30·6486 | +1·0479 | **2176·0** | 13 | 0 32 24·0288 | |
| 14 | **5453·5** | 23 31 28·2540 | 27·2039 | +1·0500 | **2177·0** | 14 | 0 28 28·1194 | |
| 15 | **5454·5** | 23 35 24·8128 | 23·7593 | +1·0535 | **2178·0** | 15 | 0 24 32·2099 | |
| 16 | **5455·5** | 23 39 21·3717 | 20·3147 | +1·0570 | **2179·0** | 16 | 0 20 36·3004 | |
| 17 | **5456·5** | 23 43 17·9296 | 16·8701 | +1·0595 | **2180·0** | 17 | 0 16 40·3910 | |
| 18 | **5457·5** | 23 47 14·4856 | 13·4254 | +1·0601 | **2181·0** | 18 | 0 12 44·4815 | |
| 19 | **5458·5** | 23 51 11·0392 | 09·9808 | +1·0584 | **2182·0** | 19 | 0 08 48·5720 | |
| 20 | **5459·5** | 23 55 07·5903 | 06·5362 | +1·0542 | **2183·0** | 20 | 0 04 52·6626 | |
| 21 | **5460·5** | 23 59 04·1392 | 03·0915 | +1·0477 | **2184·0** | 21 | 0 00 56·7531 | |
| | | | | | **2185·0** | 21 | 23 57 00·8436 | |
| 22 | **5461·5** | 0 02 60·6864 | 59·6469 | +1·0395 | **2186·0** | 22 | 23 53 04·9342 | |
| 23 | **5462·5** | 0 06 57·2327 | 56·2023 | +1·0304 | **2187·0** | 23 | 23 49 09·0247 | |
| 24 | **5463·5** | 0 10 53·7789 | 52·7576 | +1·0213 | **2188·0** | 24 | 23 45 13·1152 | |
| 25 | **5464·5** | 0 14 50·3261 | 49·3130 | +1·0131 | **2189·0** | 25 | 23 41 17·2057 | |
| 26 | **5465·5** | 0 18 46·8752 | 45·8684 | +1·0068 | **2190·0** | 26 | 23 37 21·2963 | |
| 27 | **5466·5** | 0 22 43·4268 | 42·4237 | +1·0030 | **2191·0** | 27 | 23 33 25·3868 | |
| 28 | **5467·5** | 0 26 39·9811 | 38·9791 | +1·0020 | **2192·0** | 28 | 23 29 29·4773 | |
| 29 | **5468·5** | 0 30 36·5381 | 35·5345 | +1·0036 | **2193·0** | 29 | 23 25 33·5679 | |
| 30 | **5469·5** | 0 34 33·0970 | 32·0898 | +1·0071 | **2194·0** | 30 | 23 21 37·6584 | |
| Oct. 1 | **5470·5** | 0 38 29·6567 | 28·6452 | +1·0115 | **2195·0** | Oct. 1 | 23 17 41·7489 | |

| Date 0ʰ UT1 | | Julian Date | G. SIDEREAL TIME (GHA of the Equinox) | | Equation of Equinoxes at 0ʰ UT1 | GSD at 0ʰ GMST | UT1 at 0ʰ GMST (Greenwich Transit of the Mean Equinox) | | |
|---|---|---|---|---|---|---|---|---|---|
| | | | Apparent | Mean | | | | | |
| | | **245** | h  m   s | s | s | **246** | | h  m   s | |
| Oct. | 1 | **5470·5** | 0 38 29·6567 | 28·6452 | +1·0115 | **2195·0** | Oct. | 1 | 23 17 41·7489 |
| | 2 | **5471·5** | 0 42 26·2159 | 25·2006 | +1·0153 | **2196·0** | | 2 | 23 13 45·8395 |
| | 3 | **5472·5** | 0 46 22·7730 | 21·7559 | +1·0171 | **2197·0** | | 3 | 23 09 49·9300 |
| | 4 | **5473·5** | 0 50 19·3268 | 18·3113 | +1·0155 | **2198·0** | | 4 | 23 05 54·0205 |
| | 5 | **5474·5** | 0 54 15·8770 | 14·8667 | +1·0104 | **2199·0** | | 5 | 23 01 58·1111 |
| | 6 | **5475·5** | 0 58 12·4243 | 11·4220 | +1·0023 | **2200·0** | | 6 | 22 58 02·2016 |
| | 7 | **5476·5** | 1 02 08·9705 | 07·9774 | +0·9931 | **2201·0** | | 7 | 22 54 06·2921 |
| | 8 | **5477·5** | 1 06 05·5177 | 04·5328 | +0·9849 | **2202·0** | | 8 | 22 50 10·3826 |
| | 9 | **5478·5** | 1 10 02·0679 | 01·0881 | +0·9797 | **2203·0** | | 9 | 22 46 14·4732 |
| | 10 | **5479·5** | 1 13 58·6218 | 57·6435 | +0·9782 | **2204·0** | | 10 | 22 42 18·5637 |
| | 11 | **5480·5** | 1 17 55·1790 | 54·1989 | +0·9801 | **2205·0** | | 11 | 22 38 22·6542 |
| | 12 | **5481·5** | 1 21 51·7383 | 50·7543 | +0·9840 | **2206·0** | | 12 | 22 34 26·7448 |
| | 13 | **5482·5** | 1 25 48·2982 | 47·3096 | +0·9886 | **2207·0** | | 13 | 22 30 30·8353 |
| | 14 | **5483·5** | 1 29 44·8574 | 43·8650 | +0·9924 | **2208·0** | | 14 | 22 26 34·9258 |
| | 15 | **5484·5** | 1 33 41·4148 | 40·4204 | +0·9945 | **2209·0** | | 15 | 22 22 39·0164 |
| | 16 | **5485·5** | 1 37 37·9699 | 36·9757 | +0·9942 | **2210·0** | | 16 | 22 18 43·1069 |
| | 17 | **5486·5** | 1 41 34·5226 | 33·5311 | +0·9915 | **2211·0** | | 17 | 22 14 47·1974 |
| | 18 | **5487·5** | 1 45 31·0730 | 30·0865 | +0·9865 | **2212·0** | | 18 | 22 10 51·2880 |
| | 19 | **5488·5** | 1 49 27·6216 | 26·6418 | +0·9797 | **2213·0** | | 19 | 22 06 55·3785 |
| | 20 | **5489·5** | 1 53 24·1691 | 23·1972 | +0·9719 | **2214·0** | | 20 | 22 02 59·4690 |
| | 21 | **5490·5** | 1 57 20·7164 | 19·7526 | +0·9638 | **2215·0** | | 21 | 21 59 03·5595 |
| | 22 | **5491·5** | 2 01 17·2645 | 16·3079 | +0·9566 | **2216·0** | | 22 | 21 55 07·6501 |
| | 23 | **5492·5** | 2 05 13·8144 | 12·8633 | +0·9511 | **2217·0** | | 23 | 21 51 11·7406 |
| | 24 | **5493·5** | 2 09 10·3667 | 09·4187 | +0·9480 | **2218·0** | | 24 | 21 47 15·8311 |
| | 25 | **5494·5** | 2 13 06·9219 | 05·9740 | +0·9478 | **2219·0** | | 25 | 21 43 19·9217 |
| | 26 | **5495·5** | 2 17 03·4798 | 02·5294 | +0·9504 | **2220·0** | | 26 | 21 39 24·0122 |
| | 27 | **5496·5** | 2 20 60·0399 | 59·0848 | +0·9551 | **2221·0** | | 27 | 21 35 28·1027 |
| | 28 | **5497·5** | 2 24 56·6010 | 55·6401 | +0·9609 | **2222·0** | | 28 | 21 31 32·1933 |
| | 29 | **5498·5** | 2 28 53·1619 | 52·1955 | +0·9664 | **2223·0** | | 29 | 21 27 36·2838 |
| | 30 | **5499·5** | 2 32 49·7210 | 48·7509 | +0·9701 | **2224·0** | | 30 | 21 23 40·3743 |
| | 31 | **5500·5** | 2 36 46·2772 | 45·3062 | +0·9710 | **2225·0** | | 31 | 21 19 44·4649 |
| Nov. | 1 | **5501·5** | 2 40 42·8302 | 41·8616 | +0·9686 | **2226·0** | Nov. | 1 | 21 15 48·5554 |
| | 2 | **5502·5** | 2 44 39·3802 | 38·4170 | +0·9633 | **2227·0** | | 2 | 21 11 52·6459 |
| | 3 | **5503·5** | 2 48 35·9287 | 34·9723 | +0·9563 | **2228·0** | | 3 | 21 07 56·7364 |
| | 4 | **5504·5** | 2 52 32·4774 | 31·5277 | +0·9496 | **2229·0** | | 4 | 21 04 00·8270 |
| | 5 | **5505·5** | 2 56 29·0283 | 28·0831 | +0·9452 | **2230·0** | | 5 | 21 00 04·9175 |
| | 6 | **5506·5** | 3 00 25·5827 | 24·6385 | +0·9442 | **2231·0** | | 6 | 20 56 09·0080 |
| | 7 | **5507·5** | 3 04 22·1408 | 21·1938 | +0·9470 | **2232·0** | | 7 | 20 52 13·0986 |
| | 8 | **5508·5** | 3 08 18·7019 | 17·7492 | +0·9527 | **2233·0** | | 8 | 20 48 17·1891 |
| | 9 | **5509·5** | 3 12 15·2643 | 14·3046 | +0·9598 | **2234·0** | | 9 | 20 44 21·2796 |
| | 10 | **5510·5** | 3 16 11·8266 | 10·8599 | +0·9667 | **2235·0** | | 10 | 20 40 25·3702 |
| | 11 | **5511·5** | 3 20 08·3875 | 07·4153 | +0·9722 | **2236·0** | | 11 | 20 36 29·4607 |
| | 12 | **5512·5** | 3 24 04·9461 | 03·9707 | +0·9754 | **2237·0** | | 12 | 20 32 33·5512 |
| | 13 | **5513·5** | 3 28 01·5021 | 00·5260 | +0·9761 | **2238·0** | | 13 | 20 28 37·6418 |
| | 14 | **5514·5** | 3 31 58·0558 | 57·0814 | +0·9744 | **2239·0** | | 14 | 20 24 41·7323 |
| | 15 | **5515·5** | 3 35 54·6074 | 53·6368 | +0·9706 | **2240·0** | | 15 | 20 20 45·8228 |
| | 16 | **5516·5** | 3 39 51·1577 | 50·1921 | +0·9656 | **2241·0** | | 16 | 20 16 49·9133 |

| Date 0ʰ UT1 | Julian Date | G. SIDEREAL TIME (GHA of the Equinox) Apparent | Mean | Equation of Equinoxes at 0ʰ UT1 | GSD at 0ʰ GMST | UT1 at 0ʰ GMST (Greenwich Transit of the Mean Equinox) |
|---|---|---|---|---|---|---|
| | 245 | h m s | s | s | 246 | h m s |
| Nov. 16 | 5516·5 | 3 39 51·1577 | 50·1921 | +0·9656 | 2241·0 | Nov. 16 20 16 49·9133 |
| 17 | 5517·5 | 3 43 47·7076 | 46·7475 | +0·9601 | 2242·0 | 17 20 12 54·0039 |
| 18 | 5518·5 | 3 47 44·2580 | 43·3029 | +0·9551 | 2243·0 | 18 20 08 58·0944 |
| 19 | 5519·5 | 3 51 40·8099 | 39·8582 | +0·9517 | 2244·0 | 19 20 05 02·1849 |
| 20 | 5520·5 | 3 55 37·3641 | 36·4136 | +0·9505 | 2245·0 | 20 20 01 06·2755 |
| 21 | 5521·5 | 3 59 33·9212 | 32·9690 | +0·9522 | 2246·0 | 21 19 57 10·3660 |
| 22 | 5522·5 | 4 03 30·4812 | 29·5243 | +0·9569 | 2247·0 | 22 19 53 14·4565 |
| 23 | 5523·5 | 4 07 27·0437 | 26·0797 | +0·9640 | 2248·0 | 23 19 49 18·5471 |
| 24 | 5524·5 | 4 11 23·6076 | 22·6351 | +0·9725 | 2249·0 | 24 19 45 22·6376 |
| 25 | 5525·5 | 4 15 20·1715 | 19·1904 | +0·9811 | 2250·0 | 25 19 41 26·7281 |
| 26 | 5526·5 | 4 19 16·7338 | 15·7458 | +0·9880 | 2251·0 | 26 19 37 30·8187 |
| 27 | 5527·5 | 4 23 13·2933 | 12·3012 | +0·9921 | 2252·0 | 27 19 33 34·9092 |
| 28 | 5528·5 | 4 27 09·8495 | 08·8565 | +0·9930 | 2253·0 | 28 19 29 38·9997 |
| 29 | 5529·5 | 4 31 06·4027 | 05·4119 | +0·9908 | 2254·0 | 29 19 25 43·0902 |
| 30 | 5530·5 | 4 35 02·9540 | 01·9673 | +0·9867 | 2255·0 | 30 19 21 47·1808 |
| Dec. 1 | 5531·5 | 4 38 59·5050 | 58·5226 | +0·9823 | 2256·0 | Dec. 1 19 17 51·2713 |
| 2 | 5532·5 | 4 42 56·0575 | 55·0780 | +0·9795 | 2257·0 | 2 19 13 55·3618 |
| 3 | 5533·5 | 4 46 52·6130 | 51·6334 | +0·9796 | 2258·0 | 3 19 09 59·4524 |
| 4 | 5534·5 | 4 50 49·1720 | 48·1888 | +0·9833 | 2259·0 | 4 19 06 03·5429 |
| 5 | 5535·5 | 4 54 45·7343 | 44·7441 | +0·9902 | 2260·0 | 5 19 02 07·6334 |
| 6 | 5536·5 | 4 58 42·2986 | 41·2995 | +0·9991 | 2261·0 | 6 18 58 11·7240 |
| 7 | 5537·5 | 5 02 38·8635 | 37·8549 | +1·0086 | 2262·0 | 7 18 54 15·8145 |
| 8 | 5538·5 | 5 06 35·4274 | 34·4102 | +1·0172 | 2263·0 | 8 18 50 19·9050 |
| 9 | 5539·5 | 5 10 31·9893 | 30·9656 | +1·0237 | 2264·0 | 9 18 46 23·9956 |
| 10 | 5540·5 | 5 14 28·5486 | 27·5210 | +1·0276 | 2265·0 | 10 18 42 28·0861 |
| 11 | 5541·5 | 5 18 25·1052 | 24·0763 | +1·0289 | 2266·0 | 11 18 38 32·1766 |
| 12 | 5542·5 | 5 22 21·6595 | 20·6317 | +1·0278 | 2267·0 | 12 18 34 36·2671 |
| 13 | 5543·5 | 5 26 18·2122 | 17·1871 | +1·0252 | 2268·0 | 13 18 30 40·3577 |
| 14 | 5544·5 | 5 30 14·7641 | 13·7424 | +1·0217 | 2269·0 | 14 18 26 44·4482 |
| 15 | 5545·5 | 5 34 11·3161 | 10·2978 | +1·0183 | 2270·0 | 15 18 22 48·5387 |
| 16 | 5546·5 | 5 38 07·8692 | 06·8532 | +1·0160 | 2271·0 | 16 18 18 52·6293 |
| 17 | 5547·5 | 5 42 04·4242 | 03·4085 | +1·0157 | 2272·0 | 17 18 14 56·7198 |
| 18 | 5548·5 | 5 45 60·9819 | 59·9639 | +1·0180 | 2273·0 | 18 18 11 00·8103 |
| 19 | 5549·5 | 5 49 57·5425 | 56·5193 | +1·0233 | 2274·0 | 19 18 07 04·9009 |
| 20 | 5550·5 | 5 53 54·1059 | 53·0746 | +1·0313 | 2275·0 | 20 18 03 08·9914 |
| 21 | 5551·5 | 5 57 50·6712 | 49·6300 | +1·0412 | 2276·0 | 21 17 59 13·0819 |
| 22 | 5552·5 | 6 01 47·2370 | 46·1854 | +1·0517 | 2277·0 | 22 17 55 17·1725 |
| 23 | 5553·5 | 6 05 43·8017 | 42·7407 | +1·0609 | 2278·0 | 23 17 51 21·2630 |
| 24 | 5554·5 | 6 09 40·3636 | 39·2961 | +1·0674 | 2279·0 | 24 17 47 25·3535 |
| 25 | 5555·5 | 6 13 36·9219 | 35·8515 | +1·0704 | 2280·0 | 25 17 43 29·4440 |
| 26 | 5556·5 | 6 17 33·4767 | 32·4068 | +1·0699 | 2281·0 | 26 17 39 33·5346 |
| 27 | 5557·5 | 6 21 30·0292 | 28·9622 | +1·0669 | 2282·0 | 27 17 35 37·6251 |
| 28 | 5558·5 | 6 25 26·5809 | 25·5176 | +1·0633 | 2283·0 | 28 17 31 41·7156 |
| 29 | 5559·5 | 6 29 23·1337 | 22·0730 | +1·0607 | 2284·0 | 29 17 27 45·8062 |
| 30 | 5560·5 | 6 33 19·6889 | 18·6283 | +1·0606 | 2285·0 | 30 17 23 49·8967 |
| 31 | 5561·5 | 6 37 16·2473 | 15·1837 | +1·0636 | 2286·0 | 31 17 19 53·9872 |
| 32 | 5562·5 | 6 41 12·8088 | 11·7391 | +1·0698 | 2287·0 | 32 17 15 58·0778 |

| Date 0ʰ UT1 | Julian Date | Earth Rotation Angle $\theta$ | Equation of Origins $E_o$ | Date 0ʰ UT1 | Julian Date | Earth Rotation Angle $\theta$ | Equation of Origins $E_o$ |
|---|---|---|---|---|---|---|---|
| | 245 | ° ′ ″ | ′ ″ | | 245 | ° ′ ″ | ′ ″ |
| Jan. 0 | 5196.5 | 99 25 25.9980 | − 7 56.0181 | Feb. 15 | 5242.5 | 144 45 43.3929 | − 8 03.0574 |
| 1 | 5197.5 | 100 24 34.2022 | − 7 56.3333 | 16 | 5243.5 | 145 44 51.5971 | − 8 03.0817 |
| 2 | 5198.5 | 101 23 42.4065 | − 7 56.6131 | 17 | 5244.5 | 146 43 59.8014 | − 8 03.0941 |
| 3 | 5199.5 | 102 22 50.6107 | − 7 56.8310 | 18 | 5245.5 | 147 43 08.0056 | − 8 03.1100 |
| 4 | 5200.5 | 103 21 58.8149 | − 7 56.9805 | 19 | 5246.5 | 148 42 16.2098 | − 8 03.1454 |
| 5 | 5201.5 | 104 21 07.0192 | − 7 57.0761 | 20 | 5247.5 | 149 41 24.4141 | − 8 03.2146 |
| 6 | 5202.5 | 105 20 15.2234 | − 7 57.1447 | 21 | 5248.5 | 150 40 32.6183 | − 8 03.3276 |
| 7 | 5203.5 | 106 19 23.4276 | − 7 57.2155 | 22 | 5249.5 | 151 39 40.8225 | − 8 03.4880 |
| 8 | 5204.5 | 107 18 31.6319 | − 7 57.3116 | 23 | 5250.5 | 152 38 49.0268 | − 8 03.6902 |
| 9 | 5205.5 | 108 17 39.8361 | − 7 57.4461 | 24 | 5251.5 | 153 37 57.2310 | − 8 03.9181 |
| 10 | 5206.5 | 109 16 48.0403 | − 7 57.6219 | 25 | 5252.5 | 154 37 05.4353 | − 8 04.1460 |
| 11 | 5207.5 | 110 15 56.2446 | − 7 57.8336 | 26 | 5253.5 | 155 36 13.6395 | − 8 04.3436 |
| 12 | 5208.5 | 111 15 04.4488 | − 7 58.0695 | 27 | 5254.5 | 156 35 21.8437 | − 8 04.4853 |
| 13 | 5209.5 | 112 14 12.6531 | − 7 58.3146 | 28 | 5255.5 | 157 34 30.0480 | − 8 04.5608 |
| 14 | 5210.5 | 113 13 20.8573 | − 7 58.5532 | Mar. 1 | 5256.5 | 158 33 38.2522 | − 8 04.5812 |
| 15 | 5211.5 | 114 12 29.0615 | − 7 58.7714 | 2 | 5257.5 | 159 32 46.4564 | − 8 04.5752 |
| 16 | 5212.5 | 115 11 37.2658 | − 7 58.9585 | 3 | 5258.5 | 160 31 54.6607 | − 8 04.5771 |
| 17 | 5213.5 | 116 10 45.4700 | − 7 59.1090 | 4 | 5259.5 | 161 31 02.8649 | − 8 04.6137 |
| 18 | 5214.5 | 117 09 53.6742 | − 7 59.2227 | 5 | 5260.5 | 162 30 11.0692 | − 8 04.6971 |
| 19 | 5215.5 | 118 09 01.8785 | − 7 59.3050 | 6 | 5261.5 | 163 29 19.2734 | − 8 04.8252 |
| 20 | 5216.5 | 119 08 10.0827 | − 7 59.3655 | 7 | 5262.5 | 164 28 27.4776 | − 8 04.9860 |
| 21 | 5217.5 | 120 07 18.2870 | − 7 59.4180 | 8 | 5263.5 | 165 27 35.6819 | − 8 05.1630 |
| 22 | 5218.5 | 121 06 26.4912 | − 7 59.4780 | 9 | 5264.5 | 166 26 43.8861 | − 8 05.3396 |
| 23 | 5219.5 | 122 05 34.6954 | − 7 59.5621 | 10 | 5265.5 | 167 25 52.0903 | − 8 05.5008 |
| 24 | 5220.5 | 123 04 42.8997 | − 7 59.6850 | 11 | 5266.5 | 168 25 00.2946 | − 8 05.6355 |
| 25 | 5221.5 | 124 03 51.1039 | − 7 59.8572 | 12 | 5267.5 | 169 24 08.4988 | − 8 05.7364 |
| 26 | 5222.5 | 125 02 59.3081 | − 8 00.0808 | 13 | 5268.5 | 170 23 16.7030 | − 8 05.8010 |
| 27 | 5223.5 | 126 02 07.5124 | − 8 00.3462 | 14 | 5269.5 | 171 22 24.9073 | − 8 05.8317 |
| 28 | 5224.5 | 127 01 15.7166 | − 8 00.6299 | 15 | 5270.5 | 172 21 33.1115 | − 8 05.8360 |
| 29 | 5225.5 | 128 00 23.9209 | − 8 00.8983 | 16 | 5271.5 | 173 20 41.3158 | − 8 05.8257 |
| 30 | 5226.5 | 128 59 32.1251 | − 8 01.1179 | 17 | 5272.5 | 174 19 49.5200 | − 8 05.8161 |
| 31 | 5227.5 | 129 58 40.3293 | − 8 01.2687 | 18 | 5273.5 | 175 18 57.7242 | − 8 05.8234 |
| Feb. 1 | 5228.5 | 130 57 48.5336 | − 8 01.3530 | 19 | 5274.5 | 176 18 05.9285 | − 8 05.8627 |
| 2 | 5229.5 | 131 56 56.7378 | − 8 01.3940 | 20 | 5275.5 | 177 17 14.1327 | − 8 05.9446 |
| 3 | 5230.5 | 132 56 04.9420 | − 8 01.4248 | 21 | 5276.5 | 178 16 22.3369 | − 8 06.0729 |
| 4 | 5231.5 | 133 55 13.1463 | − 8 01.4750 | 22 | 5277.5 | 179 15 30.5412 | − 8 06.2431 |
| 5 | 5232.5 | 134 54 21.3505 | − 8 01.5629 | 23 | 5278.5 | 180 14 38.7454 | − 8 06.4414 |
| 6 | 5233.5 | 135 53 29.5548 | − 8 01.6938 | 24 | 5279.5 | 181 13 46.9497 | − 8 06.6463 |
| 7 | 5234.5 | 136 52 37.7590 | − 8 01.8627 | 25 | 5280.5 | 182 12 55.1539 | − 8 06.8320 |
| 8 | 5235.5 | 137 51 45.9632 | − 8 02.0579 | 26 | 5281.5 | 183 12 03.3581 | − 8 06.9749 |
| 9 | 5236.5 | 138 50 54.1675 | − 8 02.2644 | 27 | 5282.5 | 184 11 11.5624 | − 8 07.0604 |
| 10 | 5237.5 | 139 50 02.3717 | − 8 02.4667 | 28 | 5283.5 | 185 10 19.7666 | − 8 07.0904 |
| 11 | 5238.5 | 140 49 10.5759 | − 8 02.6510 | 29 | 5284.5 | 186 09 27.9708 | − 8 07.0837 |
| 12 | 5239.5 | 141 48 18.7802 | − 8 02.8063 | 30 | 5285.5 | 187 08 36.1751 | − 8 07.0713 |
| 13 | 5240.5 | 142 47 26.9844 | − 8 02.9260 | 31 | 5286.5 | 188 07 44.3793 | − 8 07.0842 |
| 14 | 5241.5 | 143 46 35.1886 | − 8 03.0085 | Apr. 1 | 5287.5 | 189 06 52.5836 | − 8 07.1432 |
| 15 | 5242.5 | 144 45 43.3929 | − 8 03.0574 | 2 | 5288.5 | 190 06 00.7878 | − 8 07.2533 |

$$\text{GHA} = \theta - \alpha_i, \qquad \alpha_i = \alpha_e + E_o$$

$\alpha_i$, $\alpha_e$ are the right ascensions with respect to the CIO and the true equinox of date, respectively.

| Date 0$^h$ UT1 | Julian Date | Earth Rotation Angle $\theta$ | Equation of Origins $E_o$ | Date 0$^h$ UT1 | Julian Date | Earth Rotation Angle $\theta$ | Equation of Origins $E_o$ |
|---|---|---|---|---|---|---|---|
| | **245** | ° ′ ″ | ′ ″ | | **245** | ° ′ ″ | ′ ″ |
| Apr. 1 | **5287·5** | 189 06 52·5836 | − 8 07·1432 | May 17 | **5333·5** | 234 27 09·9785 | − 8 12·6335 |
| 2 | **5288·5** | 190 06 00·7878 | − 8 07·2533 | 18 | **5334·5** | 235 26 18·1827 | − 8 12·8843 |
| 3 | **5289·5** | 191 05 08·9920 | − 8 07·4058 | 19 | **5335·5** | 236 25 26·3869 | − 8 13·1000 |
| 4 | **5290·5** | 192 04 17·1963 | − 8 07·5839 | 20 | **5336·5** | 237 24 34·5912 | − 8 13·2645 |
| 5 | **5291·5** | 193 03 25·4005 | − 8 07·7682 | 21 | **5337·5** | 238 23 42·7954 | − 8 13·3750 |
| 6 | **5292·5** | 194 02 33·6047 | − 8 07·9416 | 22 | **5338·5** | 239 22 50·9996 | − 8 13·4429 |
| 7 | **5293·5** | 195 01 41·8090 | − 8 08·0910 | 23 | **5339·5** | 240 21 59·2039 | − 8 13·4903 |
| 8 | **5294·5** | 196 00 50·0132 | − 8 08·2080 | 24 | **5340·5** | 241 21 07·4081 | − 8 13·5443 |
| 9 | **5295·5** | 196 59 58·2175 | − 8 08·2896 | 25 | **5341·5** | 242 20 15·6124 | − 8 13·6290 |
| 10 | **5296·5** | 197 59 06·4217 | − 8 08·3371 | 26 | **5342·5** | 243 19 23·8166 | − 8 13·7598 |
| 11 | **5297·5** | 198 58 14·6259 | − 8 08·3569 | 27 | **5343·5** | 244 18 32·0208 | − 8 13·9399 |
| 12 | **5298·5** | 199 57 22·8302 | − 8 08·3596 | 28 | **5344·5** | 245 17 40·2251 | − 8 14·1607 |
| 13 | **5299·5** | 200 56 31·0344 | − 8 08·3595 | 29 | **5345·5** | 246 16 48·4293 | − 8 14·4050 |
| 14 | **5300·5** | 201 55 39·2386 | − 8 08·3732 | 30 | **5346·5** | 247 15 56·6335 | − 8 14·6530 |
| 15 | **5301·5** | 202 54 47·4429 | − 8 08·4167 | 31 | **5347·5** | 248 15 04·8378 | − 8 14·8860 |
| 16 | **5302·5** | 203 53 55·6471 | − 8 08·5029 | June 1 | **5348·5** | 249 14 13·0420 | − 8 15·0906 |
| 17 | **5303·5** | 204 53 03·8513 | − 8 08·6374 | 2 | **5349·5** | 250 13 21·2463 | − 8 15·2593 |
| 18 | **5304·5** | 205 52 12·0556 | − 8 08·8168 | 3 | **5350·5** | 251 12 29·4505 | − 8 15·3910 |
| 19 | **5305·5** | 206 51 20·2598 | − 8 09·0279 | 4 | **5351·5** | 252 11 37·6547 | − 8 15·4897 |
| 20 | **5306·5** | 207 50 28·4641 | − 8 09·2495 | 5 | **5352·5** | 253 10 45·8590 | − 8 15·5641 |
| 21 | **5307·5** | 208 49 36·6683 | − 8 09·4567 | 6 | **5353·5** | 254 09 54·0632 | − 8 15·6263 |
| 22 | **5308·5** | 209 48 44·8725 | − 8 09·6269 | 7 | **5354·5** | 255 09 02·2674 | − 8 15·6908 |
| 23 | **5309·5** | 210 47 53·0768 | − 8 09·7457 | 8 | **5355·5** | 256 08 10·4717 | − 8 15·7738 |
| 24 | **5310·5** | 211 47 01·2810 | − 8 09·8116 | 9 | **5356·5** | 257 07 18·6759 | − 8 15·8909 |
| 25 | **5311·5** | 212 46 09·4852 | − 8 09·8379 | 10 | **5357·5** | 258 06 26·8802 | − 8 16·0542 |
| 26 | **5312·5** | 213 45 17·6895 | − 8 09·8495 | 11 | **5358·5** | 259 05 35·0844 | − 8 16·2687 |
| 27 | **5313·5** | 214 44 25·8937 | − 8 09·8755 | 12 | **5359·5** | 260 04 43·2886 | − 8 16·5284 |
| 28 | **5314·5** | 215 43 34·0980 | − 8 09·9404 | 13 | **5360·5** | 261 03 51·4929 | − 8 16·8152 |
| 29 | **5315·5** | 216 42 42·3022 | − 8 10·0565 | 14 | **5361·5** | 262 02 59·6971 | − 8 17·1013 |
| 30 | **5316·5** | 217 41 50·5064 | − 8 10·2218 | 15 | **5362·5** | 263 02 07·9013 | − 8 17·3573 |
| May 1 | **5317·5** | 218 40 58·7107 | − 8 10·4224 | 16 | **5363·5** | 264 01 16·1056 | − 8 17·5610 |
| 2 | **5318·5** | 219 40 06·9149 | − 8 10·6387 | 17 | **5364·5** | 265 00 24·3098 | − 8 17·7053 |
| 3 | **5319·5** | 220 39 15·1191 | − 8 10·8509 | 18 | **5365·5** | 265 59 32·5140 | − 8 17·7998 |
| 4 | **5320·5** | 221 38 23·3234 | − 8 11·0428 | 19 | **5366·5** | 266 58 40·7183 | − 8 17·8668 |
| 5 | **5321·5** | 222 37 31·5276 | − 8 11·2038 | 20 | **5367·5** | 267 57 48·9225 | − 8 17·9335 |
| 6 | **5322·5** | 223 36 39·7319 | − 8 11·3292 | 21 | **5368·5** | 268 56 57·1268 | − 8 18·0248 |
| 7 | **5323·5** | 224 35 47·9361 | − 8 11·4193 | 22 | **5369·5** | 269 56 05·3310 | − 8 18·1572 |
| 8 | **5324·5** | 225 34 56·1403 | − 8 11·4796 | 23 | **5370·5** | 270 55 13·5352 | − 8 18·3360 |
| 9 | **5325·5** | 226 34 04·3446 | − 8 11·5196 | 24 | **5371·5** | 271 54 21·7395 | − 8 18·5558 |
| 10 | **5326·5** | 227 33 12·5488 | − 8 11·5524 | 25 | **5372·5** | 272 53 29·9437 | − 8 18·8030 |
| 11 | **5327·5** | 228 32 20·7530 | − 8 11·5938 | 26 | **5373·5** | 273 52 38·1479 | − 8 19·0593 |
| 12 | **5328·5** | 229 31 28·9573 | − 8 11·6605 | 27 | **5374·5** | 274 51 46·3522 | − 8 19·3060 |
| 13 | **5329·5** | 230 30 37·1615 | − 8 11·7673 | 28 | **5375·5** | 275 50 54·5564 | − 8 19·5279 |
| 14 | **5330·5** | 231 29 45·3658 | − 8 11·9234 | 29 | **5376·5** | 276 50 02·7607 | − 8 19·7151 |
| 15 | **5331·5** | 232 28 53·5700 | − 8 12·1290 | 30 | **5377·5** | 277 49 10·9649 | − 8 19·8639 |
| 16 | **5332·5** | 233 28 01·7742 | − 8 12·3728 | July 1 | **5378·5** | 278 48 19·1691 | − 8 19·9768 |
| 17 | **5333·5** | 234 27 09·9785 | − 8 12·6335 | 2 | **5379·5** | 279 47 27·3734 | − 8 20·0611 |

$$\text{GHA} = \theta - \alpha_i, \qquad \alpha_i = \alpha_e + E_o$$

$\alpha_i$, $\alpha_e$ are the right ascensions with respect to the CIO and the true equinox of date, respectively.

| Date 0$^h$ UT1 | Julian Date | Earth Rotation Angle $\theta$ | Equation of Origins $E_o$ | Date 0$^h$ UT1 | Julian Date | Earth Rotation Angle $\theta$ | Equation of Origins $E_o$ |
|---|---|---|---|---|---|---|---|
| | | ° ′ ″ | ′ ″ | | | ° ′ ″ | ′ ″ |
| | **245** | | | | **245** | | |
| July 1 | **5378·5** | 278 48 19·1691 | − 8 19·9768 | Aug. 16 | **5424·5** | 324 08 36·5640 | − 8 26·3092 |
| 2 | **5379·5** | 279 47 27·3734 | − 8 20·0611 | 17 | **5425·5** | 325 07 44·7683 | − 8 26·4628 |
| 3 | **5380·5** | 280 46 35·5776 | − 8 20·1282 | 18 | **5426·5** | 326 06 52·9725 | − 8 26·6481 |
| 4 | **5381·5** | 281 45 43·7818 | − 8 20·1918 | 19 | **5427·5** | 327 06 01·1768 | − 8 26·8481 |
| 5 | **5382·5** | 282 44 51·9861 | − 8 20·2670 | 20 | **5428·5** | 328 05 09·3810 | − 8 27·0450 |
| 6 | **5383·5** | 283 44 00·1903 | − 8 20·3688 | 21 | **5429·5** | 329 04 17·5852 | − 8 27·2233 |
| 7 | **5384·5** | 284 43 08·3946 | − 8 20·5104 | 22 | **5430·5** | 330 03 25·7895 | − 8 27·3714 |
| 8 | **5385·5** | 285 42 16·5988 | − 8 20·6998 | 23 | **5431·5** | 331 02 33·9937 | − 8 27·4827 |
| 9 | **5386·5** | 286 41 24·8030 | − 8 20·9370 | 24 | **5432·5** | 332 01 42·1979 | − 8 27·5564 |
| 10 | **5387·5** | 287 40 33·0073 | − 8 21·2106 | 25 | **5433·5** | 333 00 50·4022 | − 8 27·5967 |
| 11 | **5388·5** | 288 39 41·2115 | − 8 21·4972 | 26 | **5434·5** | 333 59 58·6064 | − 8 27·6127 |
| 12 | **5389·5** | 289 38 49·4157 | − 8 21·7660 | 27 | **5435·5** | 334 59 06·8106 | − 8 27·6171 |
| 13 | **5390·5** | 290 37 57·6200 | − 8 21·9879 | 28 | **5436·5** | 335 58 15·0149 | − 8 27·6240 |
| 14 | **5391·5** | 291 37 05·8242 | − 8 22·1467 | 29 | **5437·5** | 336 57 23·2191 | − 8 27·6478 |
| 15 | **5392·5** | 292 36 14·0285 | − 8 22·2456 | 30 | **5438·5** | 337 56 31·4234 | − 8 27·7012 |
| 16 | **5393·5** | 293 35 22·2327 | − 8 22·3057 | 31 | **5439·5** | 338 55 39·6276 | − 8 27·7931 |
| 17 | **5394·5** | 294 34 30·4369 | − 8 22·3566 | Sept. 1 | **5440·5** | 339 54 47·8318 | − 8 27·9273 |
| 18 | **5395·5** | 295 33 38·6412 | − 8 22·4265 | 2 | **5441·5** | 340 53 56·0361 | − 8 28·1007 |
| 19 | **5396·5** | 296 32 46·8454 | − 8 22·5343 | 3 | **5442·5** | 341 53 04·2403 | − 8 28·3019 |
| 20 | **5397·5** | 297 31 55·0496 | − 8 22·6872 | 4 | **5443·5** | 342 52 12·4445 | − 8 28·5113 |
| 21 | **5398·5** | 298 31 03·2539 | − 8 22·8810 | 5 | **5444·5** | 343 51 20·6488 | − 8 28·7033 |
| 22 | **5399·5** | 299 30 11·4581 | − 8 23·1035 | 6 | **5445·5** | 344 50 28·8530 | − 8 28·8523 |
| 23 | **5400·5** | 300 29 19·6623 | − 8 23·3380 | 7 | **5446·5** | 345 49 37·0573 | − 8 28·9418 |
| 24 | **5401·5** | 301 28 27·8666 | − 8 23·5667 | 8 | **5447·5** | 346 48 45·2615 | − 8 28·9731 |
| 25 | **5402·5** | 302 27 36·0708 | − 8 23·7740 | 9 | **5448·5** | 347 47 53·4657 | − 8 28·9673 |
| 26 | **5403·5** | 303 26 44·2751 | − 8 23·9488 | 10 | **5449·5** | 348 47 01·6700 | − 8 28·9582 |
| 27 | **5404·5** | 304 25 52·4793 | − 8 24·0855 | 11 | **5450·5** | 349 46 09·8742 | − 8 28·9780 |
| 28 | **5405·5** | 305 25 00·6835 | − 8 24·1845 | 12 | **5451·5** | 350 45 18·0784 | − 8 29·0462 |
| 29 | **5406·5** | 306 24 08·8878 | − 8 24·2518 | 13 | **5452·5** | 351 44 26·2827 | − 8 29·1648 |
| 30 | **5407·5** | 307 23 17·0920 | − 8 24·2977 | 14 | **5453·5** | 352 43 34·4869 | − 8 29·3226 |
| 31 | **5408·5** | 308 22 25·2962 | − 8 24·3352 | 15 | **5454·5** | 353 42 42·6912 | − 8 29·5011 |
| Aug. 1 | **5409·5** | 309 21 33·5005 | − 8 24·3790 | 16 | **5455·5** | 354 41 50·8954 | − 8 29·6806 |
| 2 | **5410·5** | 310 20 41·7047 | − 8 24·4434 | 17 | **5456·5** | 355 40 59·0996 | − 8 29·8442 |
| 3 | **5411·5** | 311 19 49·9090 | − 8 24·5412 | 18 | **5457·5** | 356 40 07·3039 | − 8 29·9796 |
| 4 | **5412·5** | 312 18 58·1132 | − 8 24·6814 | 19 | **5458·5** | 357 39 15·5081 | − 8 30·0796 |
| 5 | **5413·5** | 313 18 06·3174 | − 8 24·8670 | 20 | **5459·5** | 358 38 23·7123 | − 8 30·1425 |
| 6 | **5414·5** | 314 17 14·5217 | − 8 25·0923 | 21 | **5460·5** | 359 37 31·9166 | − 8 30·1718 |
| 7 | **5415·5** | 315 16 22·7259 | − 8 25·3413 | 22 | **5461·5** | 0 36 40·1208 | − 8 30·1754 |
| 8 | **5416·5** | 316 15 30·9301 | − 8 25·5881 | 23 | **5462·5** | 1 35 48·3250 | − 8 30·1649 |
| 9 | **5417·5** | 317 14 39·1344 | − 8 25·8024 | 24 | **5463·5** | 2 34 56·5293 | − 8 30·1544 |
| 10 | **5418·5** | 318 13 47·3386 | − 8 25·9596 | 25 | **5464·5** | 3 34 04·7335 | − 8 30·1585 |
| 11 | **5419·5** | 319 12 55·5429 | − 8 26·0516 | 26 | **5465·5** | 4 33 12·9378 | − 8 30·1904 |
| 12 | **5420·5** | 320 12 03·7471 | − 8 26·0915 | 27 | **5466·5** | 5 32 21·1420 | − 8 30·2597 |
| 13 | **5421·5** | 321 11 11·9513 | − 8 26·1087 | 28 | **5467·5** | 6 31 29·3462 | − 8 30·3705 |
| 14 | **5422·5** | 322 10 20·1556 | − 8 26·1363 | 29 | **5468·5** | 7 30 37·5505 | − 8 30·5205 |
| 15 | **5423·5** | 323 09 28·3598 | − 8 26·1995 | 30 | **5469·5** | 8 29 45·7547 | − 8 30·6999 |
| 16 | **5424·5** | 324 08 36·5640 | − 8 26·3092 | Oct. 1 | **5470·5** | 9 28 53·9589 | − 8 30·8920 |

$$\text{GHA} = \theta - \alpha_i, \qquad \alpha_i = \alpha_e + E_o$$

$\alpha_i$, $\alpha_e$ are the right ascensions with respect to the CIO and the true equinox of date, respectively.

| Date 0ʰ UT1 | Julian Date | Earth Rotation Angle $\theta$ | Equation of Origins $E_o$ | Date 0ʰ UT1 | Julian Date | Earth Rotation Angle $\theta$ | Equation of Origins $E_o$ |
|---|---|---|---|---|---|---|---|
| | 245 | ° ′ ″ | ′ ″ | | 245 | ° ′ ″ | ′ ″ |
| Oct. 1 | 5470·5 | 9 28 53·9589 | − 8 30·8920 | Nov. 16 | 5516·5 | 54 49 11·3539 | − 8 36·0120 |
| 2 | 5471·5 | 10 28 02·1632 | − 8 31·0754 | 17 | 5517·5 | 55 48 19·5581 | − 8 36·0560 |
| 3 | 5472·5 | 11 27 10·3674 | − 8 31·2276 | 18 | 5518·5 | 56 47 27·7623 | − 8 36·1079 |
| 4 | 5473·5 | 12 26 18·5717 | − 8 31·3308 | 19 | 5519·5 | 57 46 35·9666 | − 8 36·1819 |
| 5 | 5474·5 | 13 25 26·7759 | − 8 31·3795 | 20 | 5520·5 | 58 45 44·1708 | − 8 36·2907 |
| 6 | 5475·5 | 14 24 34·9801 | − 8 31·3846 | 21 | 5521·5 | 59 44 52·3750 | − 8 36·4426 |
| 7 | 5476·5 | 15 23 43·1844 | − 8 31·3727 | 22 | 5522·5 | 60 44 00·5793 | − 8 36·6388 |
| 8 | 5477·5 | 16 22 51·3886 | − 8 31·3771 | 23 | 5523·5 | 61 43 08·7835 | − 8 36·8721 |
| 9 | 5478·5 | 17 21 59·5928 | − 8 31·4255 | 24 | 5524·5 | 62 42 16·9878 | − 8 37·1266 |
| 10 | 5479·5 | 18 21 07·7971 | − 8 31·5294 | 25 | 5525·5 | 63 41 25·1920 | − 8 37·3805 |
| 11 | 5480·5 | 19 20 16·0013 | − 8 31·6830 | 26 | 5526·5 | 64 40 33·3962 | − 8 37·6108 |
| 12 | 5481·5 | 20 19 24·2056 | − 8 31·8684 | 27 | 5527·5 | 65 39 41·6005 | − 8 37·7994 |
| 13 | 5482·5 | 21 18 32·4098 | − 8 32·0630 | 28 | 5528·5 | 66 38 49·8047 | − 8 37·9382 |
| 14 | 5483·5 | 22 17 40·6140 | − 8 32·2465 | 29 | 5529·5 | 67 37 58·0089 | − 8 38·0315 |
| 15 | 5484·5 | 23 16 48·8183 | − 8 32·4039 | 30 | 5530·5 | 68 37 06·2132 | − 8 38·0962 |
| 16 | 5485·5 | 24 15 57·0225 | − 8 32·5267 | Dec. 1 | 5531·5 | 69 36 14·4174 | − 8 38·1572 |
| 17 | 5486·5 | 25 15 05·2267 | − 8 32·6125 | 2 | 5532·5 | 70 35 22·6216 | − 8 38·2412 |
| 18 | 5487·5 | 26 14 13·4310 | − 8 32·6640 | 3 | 5533·5 | 71 34 30·8259 | − 8 38·3693 |
| 19 | 5488·5 | 27 13 21·6352 | − 8 32·6884 | 4 | 5534·5 | 72 33 39·0301 | − 8 38·5506 |
| 20 | 5489·5 | 28 12 29·8395 | − 8 32·6966 | 5 | 5535·5 | 73 32 47·2344 | − 8 38·7800 |
| 21 | 5490·5 | 29 11 38·0437 | − 8 32·7021 | 6 | 5536·5 | 74 31 55·4386 | − 8 39·0406 |
| 22 | 5491·5 | 30 10 46·2479 | − 8 32·7196 | 7 | 5537·5 | 75 31 03·6428 | − 8 39·3094 |
| 23 | 5492·5 | 31 09 54·4522 | − 8 32·7631 | 8 | 5538·5 | 76 30 11·8471 | − 8 39·5641 |
| 24 | 5493·5 | 32 09 02·6564 | − 8 32·8438 | 9 | 5539·5 | 77 29 20·0513 | − 8 39·7883 |
| 25 | 5494·5 | 33 08 10·8606 | − 8 32·9673 | 10 | 5540·5 | 78 28 28·2555 | − 8 39·9733 |
| 26 | 5495·5 | 34 07 19·0649 | − 8 33·1323 | 11 | 5541·5 | 79 27 36·4598 | − 8 40·1185 |
| 27 | 5496·5 | 35 06 27·2691 | − 8 33·3293 | 12 | 5542·5 | 80 26 44·6640 | − 8 40·2292 |
| 28 | 5497·5 | 36 05 35·4733 | − 8 33·5423 | 13 | 5543·5 | 81 25 52·8683 | − 8 40·3153 |
| 29 | 5498·5 | 37 04 43·6776 | − 8 33·7505 | 14 | 5544·5 | 82 25 01·0725 | − 8 40·3893 |
| 30 | 5499·5 | 38 03 51·8818 | − 8 33·9328 | 15 | 5545·5 | 83 24 09·2767 | − 8 40·4652 |
| 31 | 5500·5 | 39 03 00·0861 | − 8 34·0726 | 16 | 5546·5 | 84 23 17·4810 | − 8 40·5573 |
| Nov. 1 | 5501·5 | 40 02 08·2903 | − 8 34·1627 | 17 | 5547·5 | 85 22 25·6852 | − 8 40·6785 |
| 2 | 5502·5 | 41 01 16·4945 | − 8 34·2090 | 18 | 5548·5 | 86 21 33·8894 | − 8 40·8393 |
| 3 | 5503·5 | 42 00 24·6988 | − 8 34·2311 | 19 | 5549·5 | 87 20 42·0937 | − 8 41·0444 |
| 4 | 5504·5 | 42 59 32·9030 | − 8 34·2574 | 20 | 5550·5 | 88 19 50·2979 | − 8 41·2908 |
| 5 | 5505·5 | 43 58 41·1072 | − 8 34·3169 | 21 | 5551·5 | 89 18 58·5022 | − 8 41·5661 |
| 6 | 5506·5 | 44 57 49·3115 | − 8 34·4289 | 22 | 5552·5 | 90 18 06·7064 | − 8 41·8492 |
| 7 | 5507·5 | 45 56 57·5157 | − 8 34·5967 | 23 | 5553·5 | 91 17 14·9106 | − 8 42·1143 |
| 8 | 5508·5 | 46 56 05·7200 | − 8 34·8079 | 24 | 5554·5 | 92 16 23·1149 | − 8 42·3384 |
| 9 | 5509·5 | 47 55 13·9242 | − 8 35·0405 | 25 | 5555·5 | 93 15 31·3191 | − 8 42·5089 |
| 10 | 5510·5 | 48 54 22·1284 | − 8 35·2708 | 26 | 5556·5 | 94 14 39·5233 | − 8 42·6273 |
| 11 | 5511·5 | 49 53 30·3327 | − 8 35·4795 | 27 | 5557·5 | 95 13 47·7276 | − 8 42·7098 |
| 12 | 5512·5 | 50 52 38·5369 | − 8 35·6544 | 28 | 5558·5 | 96 12 55·9318 | − 8 42·7814 |
| 13 | 5513·5 | 51 51 46·7411 | − 8 35·7910 | 29 | 5559·5 | 97 12 04·1360 | − 8 42·8688 |
| 14 | 5514·5 | 52 50 54·9454 | − 8 35·8911 | 30 | 5560·5 | 98 11 12·3403 | − 8 42·9931 |
| 15 | 5515·5 | 53 50 03·1496 | − 8 35·9613 | 31 | 5561·5 | 99 10 20·5445 | − 8 43·1652 |
| 16 | 5516·5 | 54 49 11·3539 | − 8 36·0120 | 32 | 5562·5 | 100 09 28·7488 | − 8 43·3838 |

$$\text{GHA} = \theta - \alpha_i, \qquad \alpha_i = \alpha_e + E_o$$

$\alpha_i$, $\alpha_e$ are the right ascensions with respect to the CIO and the true equinox of date, respectively.

## Purpose, explanation and arrangement

The formulae, tables and ephemerides in the remainder of this section are mainly intended to provide for the reduction of celestial coordinates (especially of right ascension, declination and hour angle) from one reference system to another; in particular from a position in the International Celestial Reference System (ICRS) to a geocentric apparent or intermediate position, but some of the data may be used for other purposes.

Formulae and numerical values are given for the separate steps in such reductions, i.e. for proper motion, parallax, light-deflection, aberration on pages B27–B29, and for frame bias, precession and nutation on pages B50–B56. Formulae are given for full-precision reductions using vectors and rotation matrices on pages B48–B50. The examples given use **both** the long-standing equator and equinox of date system, as well as the Celestial Intermediate Reference System (equator and CIO of date)(see pages B66–B75). Finally, formulae and numerical values are given for the reduction from geocentric to topocentric place on pages B84–B86. Background information is given in the *Notes and References* and in the *Glossary*, while vector and matrix algebra, including the rotation matrices, is given on pages K18–K19.

## Notation and units

The following is a list of some frequently used coordinate systems and their designations and include the practical consequences of adoption of the ICRS, IAU 2000 resolutions B1.6, B1.7 and B1.8, and IAU 2006 resolutions 1 and 2.

1. Barycentric Celestial Reference System (BCRS): a system of barycentric space-time coordinates for the solar system within the framework of General Relativity. For all practical applications, the BCRS is assumed to be oriented according to the ICRS axes, the directions of which are realized by the International Celestial Reference Frame. The ICRS is not identical to the system defined by the dynamical mean equator and equinox of J2000·0, although the difference in orientation is only about 0."02.

2. The Geocentric Celestial Reference System (GCRS): is a system of geocentric space-time coordinates within the framework of General Relativity. The directions of the GCRS axes are obtained from those of the BCRS (ICRS) by a relativistic transformation. Positions of stars obtained from ICRS reference data, corrected for proper motion, parallax, light-bending, and aberration (for a geocentric observer) are with respect to the GCRS. The same is true for planetary positions, although the corrections are somewhat different.

3. The J2000·0 dynamical reference system; mean equator and equinox of J2000·0; a geocentric system where the origin of right ascension is the intersection of the mean ecliptic and equator of J2000·0; the system in which the IAU 2000 precession-nutation is defined. For precise applications a small rotation (frame bias, see B50) should be made to GCRS positions before precession and nutation are applied. The J2000·0 system may also be barycentric, for example as the reference system for catalogues.

4. The mean system of date (*m*); mean equator and equinox of date.

5. The true system of date (*t*); true equator and equinox of date: a geocentric system of date, the pole of which is the celestial intermediate pole (CIP), with the origin of right ascension at the equinox on the true equator of date (intermediate equator). It is a system "between" the GCRS and the Terrestrial Intermediate Reference System that separates the components labelled precession-nutation and polar motion.

6. The Celestial Intermediate Reference System (*i*): the IAU recommended geocentric system of date, the pole of which is the celestial intermediate pole (CIP), with the origin of right ascension at the celestial intermediate origin (CIO) which is located on the intermediate equator (true equator of date). It is a system "between" (*intermediate*) the GCRS and the Terrestrial Intermediate Reference System that separates the components labelled precession-nutation and polar motion.

**Notation and units (continued)**

7. The Terrestrial Intermediate Reference System: a rotating geocentric system of date, the pole of which is the celestial intermediate pole (CIP), with the origin of longitude the terrestrial intermediate origin (TIO), which is located on the intermediate equator (true equator of date). The plane containing the geocentre, the CIP, and TIO is the fundamental plane of this system and is called the TIO meridian and corresponds to the astronomical zero meridian.

8. The International Terrestrial Reference System (ITRS): a geodetic system realized by the International Terrestrial Reference Frame (ITRF2005), see page K11. The CIP and TIO of the Terrestrial Intermediate Reference System differ from the geodetic pole and zero-longitude point on the geodetic equator by the effects of polar motion (page B84).

*Summary*

| No. | System | Equator/Pole | Origin on the Equator | Epoch |
|-----|--------|--------------|-----------------------|-------|
| 1 | BCRS (ICRS) | ICRS equator and pole | ICRS (RA) | — |
| 2 | GCRS | ICRS (see 2 above) | ICRS (RA) | — |
| 3 | J2000·0 | mean equator | mean equinox (RA) | J2000·0 |
| 4 | Mean ($m$) | mean equator | mean equinox (RA) | date |
| 5 | True ($t$) | equator/CIP | true equinox (RA) | date |
| 6 | Intermediate ($i$) | equator/CIP | CIO (RA) | date |
| 7 | Terrestrial | equator/CIP | TIO (GHA) | date |
| 8 | ITRS | geodetic equator/pole | longitude ($\lambda_{ITRS}$) | date |

- The true equator of date, the intermediate equator, the instantaneous equator are all terms for the plane orthogonal to the direction of the CIP, which in this volume will be referred to as the "equator of date". Declinations, apparent or intermediate, derived using either equinox-based or CIO-based methods, respectively, are identical.

- The origin of the right ascension system may be one of five different locations (ICRS origin, J2000·0, mean equinox, true equinox, or the CIO). The notation will make it clear which is being referred to when necessary.

- The celestial intermediate origin (CIO) is the chosen origin of the Celestial Intermediate Reference System. It has no instantaneous motion along the equator as the equator's orientation in space changes, and is therefore referred to as a "non-rotating" origin. The CIO makes the relationship between UT1 and Earth rotation a simple linear function (see page B8). Right ascensions measured from this origin are called intermediate right ascensions or CIO right ascensions.

- The only difference between apparent and intermediate right ascensions is the position of the origin on the equator. When using the equator and equinox of date system, right ascension is measured from the equinox and is called apparent right ascension. When using the Celestial Intermediate Reference System, right ascension is measured from the CIO, and is called intermediate right ascension.

- Apparent right ascension is subtracted from Greenwich apparent sidereal time to give hour angle (GHA).

- Intermediate right ascension is subtracted from Earth rotation angle to give hour angle (GHA).

*Matrices*

$\mathbf{R}_1, \mathbf{R}_2, \mathbf{R}_3$    rotation matrices $\mathbf{R}_n(\phi)$, $n = 1, 2, 3$, where the original system is rotated about its $x$, $y$, or $z$-axis by the angle $\phi$, counterclockwise as viewed from the $+x$, $+y$ or $+z$ direction, respectively (see page K19 for information on matrices).

$\mathcal{R}_\Sigma$    Matrix transformation of the GCRS to the equator and GCRS origin of date. An intermediary matrix which locates and relates origins, see pages B9 and B49.

## Notation and units (continued)

*Matrices for Equinox-Based Techniques*

**B**  Bias matrix: transformation of the GCRS to J2000·0 system, mean equator and equinox of J2000·0, see page B50.

**P**  Precession matrix: transformation of the J2000·0 system to the mean equator and equinox of date, see page B51.

**N**  Nutation matrix: transformation of the mean equator and equinox of date to equator and equinox of date, see page B55.

**M = NPB**  Celestial to equator and equinox of date matrix: transformation of the GCRS to the true equator and equinox of date, see page B50.

**$R_3$(GAST)**  Earth rotation matrix: transformation of the true equator and equinox of date to the Terrestrial Intermediate Reference System (origin is the TIO).

*Matrices for CIO-Based Techniques*

**C**  Celestial to Intermediate matrix: transformation of the GCRS to the Celestial Intermediate Reference System (equator and CIO of date). **C** includes frame bias and precession-nutation, see page B49.

**$R_3(\theta)$**  Earth rotation matrix: transformation of the Celestial Intermediate Reference System to the Terrestrial Intermediate Reference System (origin is the TIO).

*Other terms*

$t$  an epoch expressed in terms of the Julian year; (see page B3); the difference between two epochs represents a time-interval expressed in Julian years; subscripts zero and one are used to indicate the epoch of a catalogue place, usually the standard epoch of J2000·0, and the epoch of the middle of a Julian year (here shortened to "epoch of year"), respectively.

$T$  an interval of time expressed in Julian centuries of 36 525 days; usually measured from J2000·0, i.e. from JD 245 1545·0 TT.

$\mathbf{r}_m, \mathbf{r}_t, \mathbf{r}_i$  column position vectors (see page K18), with respect to mean equinox, true equinox, and celestial intermediate system, respectively.

$\alpha, \delta, \pi$  right ascension, declination and annual parallax; in the formulae for computation, right ascension and related quantities are expressed in time-measure ($1^{\mathrm{h}} = 15°$, etc.), while declination and related quantities, including annual parallax, are expressed in angular measure, unless the contrary is indicated.

$\alpha_e, \alpha_i$  equinox and intermediate right ascensions, respectively; $\alpha_e$ is measured from the equinox, while $\alpha_i$ is measured from the CIO.

$\mu_\alpha, \mu_\delta$  components of proper motion in right ascension and declination. **Check the units** carefully. Modern catalogues usually use mas/year, where the $\cos \delta$ factor has been included in $\mu_\alpha$.

$\lambda, \beta$  ecliptic longitude and latitude.

$\Omega, i, \omega$  orbital elements referred to the ecliptic; longitude of ascending node, inclination, argument of perihelion.

$X, Y, Z$  rectangular coordinates of the Earth with respect to the barycentre of the solar system, referred to the ICRS and expressed in astronomical units (au).

$\dot{X}, \dot{Y}, \dot{Z}$  first derivatives of $X, Y, Z$ with respect to time expressed in TDB days.

## Approximate reduction for proper motion

In its simplest form the reduction for the proper motion is given by:

$$\alpha = \alpha_0 + (t - t_0)\mu_\alpha \quad \text{or} \quad \alpha = \alpha_0 + (t - t_0)\mu_\alpha / \cos \delta$$
$$\delta = \delta_0 + (t - t_0)\mu_\delta$$

where the rate of the proper motions are per year. In some cases it is necessary to allow also for second-order terms, radial velocity and orbital motion, but appropriate formulae are usually given in the catalogue (see page B72).

## Approximate reduction for annual parallax

The reduction for annual parallax from the catalogue place $(\alpha_0, \delta_0)$ to the geocentric place $(\alpha, \delta)$ is given by:

$$\alpha = \alpha_0 + (\pi/15 \cos \delta_0)(X \sin \alpha_0 - Y \cos \alpha_0)$$
$$\delta = \delta_0 + \pi(X \cos \alpha_0 \sin \delta_0 + Y \sin \alpha_0 \sin \delta_0 - Z \cos \delta_0)$$

where $X, Y, Z$ are the coordinates of the Earth tabulated on pages B76-B83. Expressions for $X, Y, Z$ may be obtained from page C5, since $X = -x, Y = -y, Z = -z$.

The times of reception of periodic phenomena, such as pulsar signals, may be reduced to a common origin at the barycentre by adding the light-time corresponding to the component of the Earth's position vector along the direction to the object; that is by adding to the observed times $(X \cos \alpha \cos \delta + Y \sin \alpha \cos \delta + Z \sin \delta)/c$, where the velocity of light, $c = 173 \cdot 14$ au/d, and the light time for 1 au, $1/c = 0\overset{d}{.}005\ 7755$.

## Approximate reduction for light-deflection

The apparent direction of a star or a body in the solar system may be significantly affected by the deflection of light in the gravitational field of the Sun. The elongation $(E)$ from the centre of the Sun is increased by an amount $(\Delta E)$ that, for a star, depends on the elongation in the following manner:

$$\Delta E = 0\rlap{.}''004\ 07/ \tan (E/2)$$

| $E$ | $0\rlap{.}°25$ | $0\rlap{.}°5$ | $1°$ | $2°$ | $5°$ | $10°$ | $20°$ | $50°$ | $90°$ |
|---|---|---|---|---|---|---|---|---|---|
| $\Delta E$ | $1\rlap{.}''866$ | $0\rlap{.}''933$ | $0\rlap{.}''466$ | $0\rlap{.}''233$ | $0\rlap{.}''093$ | $0\rlap{.}''047$ | $0\rlap{.}''023$ | $0\rlap{.}''009$ | $0\rlap{.}''004$ |

The body disappears behind the Sun when $E$ is less than the limiting grazing value of about $0\rlap{.}°25$. The effects in right ascension and declination may be calculated approximately from:

$$\cos E = \sin \delta \sin \delta_0 + \cos \delta \cos \delta_0 \cos (\alpha - \alpha_0)$$
$$\Delta\alpha = 0\overset{s}{.}000\ 271 \cos \delta_0 \sin (\alpha - \alpha_0)/(1 - \cos E) \cos \delta$$
$$\Delta\delta = 0\rlap{.}''004\ 07[\sin \delta \cos \delta_0 \cos (\alpha - \alpha_0) - \cos \delta \sin \delta_0]/(1 - \cos E)$$

where $\alpha, \delta$ refer to the star, and $\alpha_0, \delta_0$ to the Sun. See also page B67 *Step 3*.

## Approximate reduction for annual aberration

The reduction for annual aberration from a geometric geocentric place $(\alpha_0, \delta_0)$ to an apparent geocentric place $(\alpha, \delta)$ is given by:

$$\alpha = \alpha_0 + (-\dot{X} \sin \alpha_0 + \dot{Y} \cos \alpha_0)/(c \cos \delta_0)$$
$$\delta = \delta_0 + (-\dot{X} \cos \alpha_0 \sin \delta_0 - \dot{Y} \sin \alpha_0 \sin \delta_0 + \dot{Z} \cos \delta_0)/c$$

where $c = 173 \cdot 14$ au/d, and $\dot{X}, \dot{Y}, \dot{Z}$ are the velocity components of the Earth given on pages B76-B83. Alternatively, but to lower precision, it is possible to use the expressions

$$\dot{X} = +0 \cdot 0172 \sin \lambda \qquad \dot{Y} = -0 \cdot 0158 \cos \lambda \qquad \dot{Z} = -0 \cdot 0068 \cos \lambda$$

where the apparent longitude of the Sun, $\lambda$, is given by the expression on page C5. The reduction may also be carried out by using the vector-matrix technique (see page B67 *Step 4*) when full precision is required.

Measurements of radial velocity may be reduced to a common origin at the barycentre by adding the component of the Earth's velocity in the direction of the object; that is by adding

$$\dot{X} \cos \alpha_0 \cos \delta_0 + \dot{Y} \sin \alpha_0 \cos \delta_0 + \dot{Z} \sin \delta_0$$

## Traditional reduction for planetary aberration

In the case of a body in the solar system, the apparent direction at the instant of observation ($t$) differs from the geometric direction at that instant because of (a) the motion of the body during the light-time and (b) the motion of the Earth relative to the reference system in which light propagation is computed. The reduction may be carried out in two stages: ($i$) by combining the barycentric position of the body at time $t - \Delta t$, where $\Delta t$ is the light-time, with the barycentric position of the Earth at time $t$, and then ($ii$) by applying the correction for annual aberration as described above. Alternatively it is possible to interpolate the geometric (geocentric) ephemeris of the body to the time $t - \Delta t$; it is usually sufficient to subtract the product of the light-time and the first derivative of the coordinate. The light-time $\Delta t$ in days is given by the distance in au between the body and the Earth, multiplied by 0·005 7755; strictly, the light-time corresponds to the distance from the position of the Earth at time $t$ to the position of the body at time $t - \Delta t$ (i.e. some iteration is required), but it is usually sufficient to use the geocentric distance at time $t$.

## Differential aberration

The corrections for differential annual aberration to be added to the observed differences (in the sense moving object minus star) of right ascension and declination to give the true differences are:

$$\text{in right ascension} \qquad a\,\Delta\alpha + b\,\Delta\delta \qquad \text{in units of } 0^{\text{s}}001$$

$$\text{in declination} \qquad c\,\Delta\alpha + d\,\Delta\delta \qquad \text{in units of } 0''01$$

where $\Delta\alpha$, $\Delta\delta$ are the observed differences in units of $1^{\text{m}}$ and $1'$ respectively, and where $a$, $b$, $c$, $d$ are coefficients defined by:

$$a = -5·701 \cos(H + \alpha)\sec\delta \qquad b = -0·380 \sin(H + \alpha)\sec\delta\tan\delta$$

$$c = +8·552 \sin(H + \alpha)\sin\delta \qquad d = -0·570 \cos(H + \alpha)\cos\delta$$

$$H^{\text{h}} = 23·4 - (\text{day of year}/15·2)$$

The day of year is tabulated on pages B4–B5.

## GCRS positions

For objects with reference data (catalogue coordinates or ephemerides) expressed in the ICRS, the application of corrections for proper motion and parallax (for stars), light-time (for solar system objects), light deflection, and annual aberration results in a position referred to the GCRS, which is sometimes called the *proper place*.

## Astrometric positions

An astrometric place is the direction of a solar system body formed by applying the correction for the barycentric motion of this body during the light time to the geometric geocentric position referred to the ICRS. Such a position is then directly comparable with the astrometric position of a star formed by applying the corrections for proper motion and annual parallax to the ICRS (or J2000) catalog direction. The gravitational deflection of light is ignored since it will generally be similar (although not identical) for the solar system body and background stars. For high-accuracy applications, gravitational light deflection effects need to be considered, and the adopted policy declared.

## MATRIX ELEMENTS FOR CONVERSION FROM
## GCRS TO EQUATOR AND EQUINOX OF DATE
## FOR 0ʰ TERRESTRIAL TIME

| Date 0ʰ TT | $M_{1,1}-1$ | $M_{1,2}$ | $M_{1,3}$ | $M_{2,1}$ | $M_{2,2}-1$ | $M_{2,3}$ | $M_{3,1}$ | $M_{3,2}$ | $M_{3,3}-1$ |
|---|---|---|---|---|---|---|---|---|---|
| **Jan. 0** | −31656 | −2307 8119 | −1002 6135 | +2307 7983 | −26631 | −14 7100 | +1002 6448 | +12 3961 | − 5027 |
| 1 | −31698 | −2309 3399 | −1003 2765 | +2309 3262 | −26666 | −14 8042 | +1003 3080 | +12 4872 | − 5034 |
| 2 | −31735 | −2310 6965 | −1003 8652 | +2310 6825 | −26697 | −15 0262 | +1003 8972 | +12 7065 | − 5040 |
| 3 | −31764 | −2311 7530 | −1004 3238 | +2311 7388 | −26722 | −15 3117 | +1004 3566 | +12 9899 | − 5045 |
| 4 | −31784 | −2312 4784 | −1004 6389 | +2312 4639 | −26739 | −15 5778 | +1004 6722 | +13 2546 | − 5048 |
| 5 | −31797 | −2312 9418 | −1004 8404 | +2312 9271 | −26749 | −15 7544 | +1004 8742 | +13 4302 | − 5050 |
| 6 | −31806 | −2313 2745 | −1004 9853 | +2313 2598 | −26757 | −15 8058 | +1005 0191 | +13 4810 | − 5051 |
| 7 | −31816 | −2313 6178 | −1005 1347 | +2313 6032 | −26765 | −15 7349 | +1005 1684 | +13 4094 | − 5053 |
| 8 | −31828 | −2314 0835 | −1005 3371 | +2314 0690 | −26776 | −15 5734 | +1005 3705 | +13 2469 | − 5055 |
| 9 | −31846 | −2314 7353 | −1005 6203 | +2314 7211 | −26791 | −15 3678 | +1005 6532 | +13 0400 | − 5058 |
| 10 | −31870 | −2315 5878 | −1005 9905 | +2315 5737 | −26811 | −15 1668 | +1006 0229 | +12 8373 | − 5061 |
| 11 | −31898 | −2316 6138 | −1006 4359 | +2316 5999 | −26834 | −15 0123 | +1006 4680 | +12 6807 | − 5066 |
| 12 | −31930 | −2317 7572 | −1006 9322 | +2317 7434 | −26861 | −14 9337 | +1006 9641 | +12 5998 | − 5071 |
| 13 | −31962 | −2318 9456 | −1007 4480 | +2318 9317 | −26888 | −14 9457 | +1007 4799 | +12 6095 | − 5076 |
| 14 | −31994 | −2320 1027 | −1007 9502 | +2320 0888 | −26915 | −15 0479 | +1007 9824 | +12 7093 | − 5081 |
| 15 | −32023 | −2321 1604 | −1008 4094 | +2321 1463 | −26940 | −15 2259 | +1008 4420 | +12 8852 | − 5086 |
| 16 | −32048 | −2322 0678 | −1008 8033 | +2322 0533 | −26961 | −15 4549 | +1008 8365 | +13 1124 | − 5090 |
| 17 | −32069 | −2322 7975 | −1009 1203 | +2322 7828 | −26978 | −15 7036 | +1009 1540 | +13 3596 | − 5093 |
| 18 | −32084 | −2323 3491 | −1009 3600 | +2323 3342 | −26991 | −15 9388 | +1009 3943 | +13 5937 | − 5095 |
| 19 | −32095 | −2323 7478 | −1009 5334 | +2323 7327 | −27000 | −16 1299 | +1009 5682 | +13 7840 | − 5097 |
| 20 | −32103 | −2324 0416 | −1009 6614 | +2324 0263 | −27007 | −16 2528 | +1009 6964 | +13 9062 | − 5098 |
| 21 | −32110 | −2324 2958 | −1009 7722 | +2324 2805 | −27013 | −16 2925 | +1009 8073 | +13 9455 | − 5100 |
| 22 | −32118 | −2324 5868 | −1009 8990 | +2324 5716 | −27020 | −16 2463 | +1009 9340 | +13 8987 | − 5101 |
| 23 | −32129 | −2324 9941 | −1010 0761 | +2324 9790 | −27029 | −16 1246 | +1010 1109 | +13 7762 | − 5103 |
| 24 | −32146 | −2325 5898 | −1010 3350 | +2325 5749 | −27043 | −15 9529 | +1010 3694 | +13 6032 | − 5105 |
| 25 | −32169 | −2326 4245 | −1010 6974 | +2326 4097 | −27062 | −15 7712 | +1010 7314 | +13 4198 | − 5109 |
| 26 | −32199 | −2327 5087 | −1011 1680 | +2327 4940 | −27087 | −15 6306 | +1011 2017 | +13 2771 | − 5114 |
| 27 | −32234 | −2328 7951 | −1011 7263 | +2328 7805 | −27117 | −15 5843 | +1011 7599 | +13 2282 | − 5119 |
| 28 | −32273 | −2330 1703 | −1012 3231 | +2330 1556 | −27149 | −15 6713 | +1012 3569 | +13 3123 | − 5125 |
| 29 | −32309 | −2331 4718 | −1012 8879 | +2331 4569 | −27180 | −15 8971 | +1012 9222 | +13 5356 | − 5131 |
| 30 | −32338 | −2332 5368 | −1013 3502 | +2332 5216 | −27205 | −16 2225 | +1013 3853 | +13 8588 | − 5136 |
| 31 | −32358 | −2333 2679 | −1013 6678 | +2333 2523 | −27222 | −16 5702 | +1013 7037 | +14 2050 | − 5139 |
| **Feb. 1** | −32370 | −2333 6768 | −1013 8457 | +2333 6610 | −27231 | −16 8535 | +1013 8822 | +14 4875 | − 5141 |
| 2 | −32375 | −2333 8761 | −1013 9327 | +2333 8601 | −27236 | −17 0108 | +1013 9696 | +14 6443 | − 5142 |
| 3 | −32379 | −2334 0254 | −1013 9980 | +2334 0094 | −27239 | −17 0253 | +1014 0350 | +14 6586 | − 5142 |
| 4 | −32386 | −2334 2685 | −1014 1040 | +2334 2525 | −27245 | −16 9230 | +1014 1407 | +14 5558 | − 5143 |
| 5 | −32398 | −2334 6943 | −1014 2891 | +2334 6785 | −27255 | −16 7547 | +1014 3255 | +14 3866 | − 5145 |
| 6 | −32416 | −2335 3289 | −1014 5649 | +2335 3133 | −27270 | −16 5764 | +1014 6008 | +14 2071 | − 5148 |
| 7 | −32438 | −2336 1479 | −1014 9205 | +2336 1324 | −27289 | −16 4361 | +1014 9561 | +14 0651 | − 5152 |
| 8 | −32465 | −2337 0940 | −1015 3313 | +2337 0786 | −27311 | −16 3665 | +1015 3668 | +13 9936 | − 5156 |
| 9 | −32492 | −2338 0950 | −1015 7658 | +2338 0796 | −27334 | −16 3842 | +1015 8014 | +14 0092 | − 5160 |
| 10 | −32520 | −2339 0760 | −1016 1917 | +2339 0605 | −27357 | −16 4903 | +1016 2275 | +14 1133 | − 5165 |
| 11 | −32545 | −2339 9696 | −1016 5797 | +2339 9538 | −27378 | −16 6730 | +1016 6159 | +14 2942 | − 5169 |
| 12 | −32565 | −2340 7227 | −1016 9068 | +2340 7067 | −27396 | −16 9099 | +1016 9436 | +14 5296 | − 5172 |
| 13 | −32582 | −2341 3032 | −1017 1590 | +2341 2869 | −27410 | −17 1716 | +1017 1965 | +14 7901 | − 5175 |
| 14 | −32593 | −2341 7031 | −1017 3330 | +2341 6866 | −27419 | −17 4254 | +1017 3710 | +15 0431 | − 5176 |
| 15 | −32599 | −2341 9405 | −1017 4365 | +2341 9238 | −27425 | −17 6394 | +1017 4751 | +15 2566 | − 5177 |

**M = NPB**. Values are in units of $10^{-10}$. Matrix used with GAST (B13–B20). CIP is $\mathcal{X} = M_{3,1}$, $\mathcal{Y} = M_{3,2}$.

## MATRIX ELEMENTS FOR CONVERSION FROM
## GCRS TO EQUATOR & CELESTIAL INTERMEDIATE ORIGIN OF DATE
### FOR $0^h$ TERRESTRIAL TIME

| Julian Date | $C_{1,1}-1$ | $C_{1,2}$ | $C_{1,3}$ | $C_{2,1}$ | $C_{2,2}-1$ | $C_{2,3}$ | $C_{3,1}$ | $C_{3,2}$ | $C_{3,3}-1$ |
|---|---|---|---|---|---|---|---|---|---|
| **245** | | | | | | | | | |
| 5196·5 | − 5026 | − 140 | − 1002 6448 | + 16 | − 1 | − 12 3961 | + 1002 6448 | + 12 3961 | − 5027 |
| 5197·5 | − 5033 | − 140 | − 1003 3080 | + 15 | − 1 | − 12 4872 | + 1003 3080 | + 12 4872 | − 5034 |
| 5198·5 | − 5039 | − 140 | − 1003 8972 | + 13 | − 1 | − 12 7066 | + 1003 8972 | + 12 7065 | − 5040 |
| 5199·5 | − 5044 | − 140 | − 1004 3566 | + 10 | − 1 | − 12 9900 | + 1004 3566 | + 12 9899 | − 5045 |
| 5200·5 | − 5047 | − 140 | − 1004 6722 | + 7 | − 1 | − 13 2546 | + 1004 6722 | + 13 2546 | − 5048 |
| 5201·5 | − 5049 | − 141 | − 1004 8742 | + 6 | − 1 | − 13 4302 | + 1004 8742 | + 13 4302 | − 5050 |
| 5202·5 | − 5050 | − 141 | − 1005 0191 | + 5 | − 1 | − 13 4810 | + 1005 0191 | + 13 4810 | − 5051 |
| 5203·5 | − 5052 | − 141 | − 1005 1684 | + 6 | − 1 | − 13 4094 | + 1005 1684 | + 13 4094 | − 5053 |
| 5204·5 | − 5054 | − 141 | − 1005 3705 | + 7 | − 1 | − 13 2469 | + 1005 3705 | + 13 2469 | − 5055 |
| 5205·5 | − 5057 | − 141 | − 1005 6532 | + 9 | − 1 | − 13 0400 | + 1005 6532 | + 13 0400 | − 5058 |
| 5206·5 | − 5060 | − 141 | − 1006 0229 | + 12 | − 1 | − 12 8373 | + 1006 0229 | + 12 8373 | − 5061 |
| 5207·5 | − 5065 | − 141 | − 1006 4680 | + 13 | − 1 | − 12 6807 | + 1006 4680 | + 12 6807 | − 5066 |
| 5208·5 | − 5070 | − 141 | − 1006 9641 | + 14 | − 1 | − 12 5998 | + 1006 9641 | + 12 5998 | − 5071 |
| 5209·5 | − 5075 | − 141 | − 1007 4799 | + 14 | − 1 | − 12 6095 | + 1007 4799 | + 12 6095 | − 5076 |
| 5210·5 | − 5080 | − 141 | − 1007 9824 | + 13 | − 1 | − 12 7093 | + 1007 9824 | + 12 7093 | − 5081 |
| 5211·5 | − 5085 | − 141 | − 1008 4420 | + 11 | − 1 | − 12 8852 | + 1008 4420 | + 12 8852 | − 5086 |
| 5212·5 | − 5089 | − 141 | − 1008 8365 | + 9 | − 1 | − 13 1124 | + 1008 8365 | + 13 1124 | − 5090 |
| 5213·5 | − 5092 | − 141 | − 1009 1540 | + 6 | − 1 | − 13 3596 | + 1009 1540 | + 13 3596 | − 5093 |
| 5214·5 | − 5094 | − 141 | − 1009 3943 | + 4 | − 1 | − 13 5937 | + 1009 3943 | + 13 5937 | − 5095 |
| 5215·5 | − 5096 | − 141 | − 1009 5682 | + 2 | − 1 | − 13 7840 | + 1009 5682 | + 13 7840 | − 5097 |
| 5216·5 | − 5097 | − 141 | − 1009 6964 | + 1 | − 1 | − 13 9062 | + 1009 6964 | + 13 9062 | − 5098 |
| 5217·5 | − 5099 | − 141 | − 1009 8073 | 0 | − 1 | − 13 9455 | + 1009 8073 | + 13 9455 | − 5100 |
| 5218·5 | − 5100 | − 141 | − 1009 9340 | + 1 | − 1 | − 13 8987 | + 1009 9340 | + 13 8987 | − 5101 |
| 5219·5 | − 5102 | − 141 | − 1010 1109 | + 2 | − 1 | − 13 7762 | + 1010 1109 | + 13 7762 | − 5103 |
| 5220·5 | − 5104 | − 141 | − 1010 3694 | + 4 | − 1 | − 13 6032 | + 1010 3694 | + 13 6032 | − 5105 |
| 5221·5 | − 5108 | − 141 | − 1010 7314 | + 6 | − 1 | − 13 4198 | + 1010 7314 | + 13 4198 | − 5109 |
| 5222·5 | − 5113 | − 141 | − 1011 2017 | + 7 | − 1 | − 13 2771 | + 1011 2017 | + 13 2771 | − 5114 |
| 5223·5 | − 5118 | − 141 | − 1011 7599 | + 8 | − 1 | − 13 2282 | + 1011 7599 | + 13 2282 | − 5119 |
| 5224·5 | − 5124 | − 141 | − 1012 3569 | + 7 | − 1 | − 13 3124 | + 1012 3569 | + 13 3123 | − 5125 |
| 5225·5 | − 5130 | − 142 | − 1012 9222 | + 4 | − 1 | − 13 5356 | + 1012 9222 | + 13 5356 | − 5131 |
| 5226·5 | − 5135 | − 142 | − 1013 3853 | + 1 | − 1 | − 13 8588 | + 1013 3853 | + 13 8588 | − 5136 |
| 5227·5 | − 5138 | − 142 | − 1013 7037 | − 2 | − 1 | − 14 2050 | + 1013 7037 | + 14 2050 | − 5139 |
| 5228·5 | − 5140 | − 142 | − 1013 8822 | − 5 | − 1 | − 14 4875 | + 1013 8822 | + 14 4875 | − 5141 |
| 5229·5 | − 5141 | − 142 | − 1013 9696 | − 7 | − 1 | − 14 6443 | + 1013 9696 | + 14 6443 | − 5142 |
| 5230·5 | − 5141 | − 142 | − 1014 0350 | − 7 | − 1 | − 14 6586 | + 1014 0350 | + 14 6586 | − 5142 |
| 5231·5 | − 5142 | − 142 | − 1014 1407 | − 6 | − 1 | − 14 5558 | + 1014 1407 | + 14 5558 | − 5143 |
| 5232·5 | − 5144 | − 142 | − 1014 3255 | − 4 | − 1 | − 14 3866 | + 1014 3255 | + 14 3866 | − 5145 |
| 5233·5 | − 5147 | − 142 | − 1014 6008 | − 2 | − 1 | − 14 2071 | + 1014 6008 | + 14 2071 | − 5148 |
| 5234·5 | − 5151 | − 142 | − 1014 9561 | − 1 | − 1 | − 14 0651 | + 1014 9561 | + 14 0651 | − 5152 |
| 5235·5 | − 5155 | − 142 | − 1015 3668 | 0 | − 1 | − 13 9936 | + 1015 3668 | + 13 9936 | − 5156 |
| 5236·5 | − 5159 | − 142 | − 1015 8014 | 0 | − 1 | − 14 0092 | + 1015 8014 | + 14 0092 | − 5160 |
| 5237·5 | − 5164 | − 142 | − 1016 2275 | − 1 | − 1 | − 14 1133 | + 1016 2275 | + 14 1133 | − 5165 |
| 5238·5 | − 5168 | − 142 | − 1016 6159 | − 3 | − 1 | − 14 2942 | + 1016 6159 | + 14 2942 | − 5169 |
| 5239·5 | − 5171 | − 142 | − 1016 9436 | − 6 | − 1 | − 14 5296 | + 1016 9436 | + 14 5296 | − 5172 |
| 5240·5 | − 5173 | − 142 | − 1017 1965 | − 8 | − 1 | − 14 7901 | + 1017 1965 | + 14 7901 | − 5175 |
| 5241·5 | − 5175 | − 142 | − 1017 3710 | − 11 | − 1 | − 15 0431 | + 1017 3710 | + 15 0431 | − 5176 |
| 5242·5 | − 5176 | − 142 | − 1017 4751 | − 13 | − 1 | − 15 2566 | + 1017 4751 | + 15 2566 | − 5177 |

Values are in units of $10^{-10}$. Matrix used with ERA (B21–B24). CIP is $\mathcal{X} = C_{3,1}$, $\mathcal{Y} = C_{3,2}$

## MATRIX ELEMENTS FOR CONVERSION FROM
## GCRS TO EQUATOR AND EQUINOX OF DATE
## FOR 0$^h$ TERRESTRIAL TIME

| Date 0$^h$ TT | $M_{1,1}-1$ | $M_{1,2}$ | $M_{1,3}$ | $M_{2,1}$ | $M_{2,2}-1$ | $M_{2,3}$ | $M_{3,1}$ | $M_{3,2}$ | $M_{3,3}-1$ |
|---|---|---|---|---|---|---|---|---|---|
| Feb. 15 | −32599 | −2341 9405 | −1017 4365 | +2341 9238 | −27425 | −17 6394 | +1017 4751 | +15 2566 | − 5177 |
| 16 | −32603 | −2342 0581 | −1017 4881 | +2342 0412 | −27427 | −17 7872 | +1017 5270 | +15 4042 | − 5178 |
| 17 | −32604 | −2342 1181 | −1017 5147 | +2342 1012 | −27429 | −17 8516 | +1017 5537 | +15 4684 | − 5178 |
| 18 | −32606 | −2342 1953 | −1017 5488 | +2342 1783 | −27431 | −17 8274 | +1017 5877 | +15 4440 | − 5179 |
| 19 | −32611 | −2342 3668 | −1017 6237 | +2342 3500 | −27435 | −17 7234 | +1017 6625 | +15 3397 | − 5179 |
| 20 | −32621 | −2342 7021 | −1017 7697 | +2342 6854 | −27442 | −17 5624 | +1017 8080 | +15 1781 | − 5181 |
| 21 | −32636 | −2343 2500 | −1018 0078 | +2343 2336 | −27455 | −17 3797 | +1018 0457 | +14 9943 | − 5183 |
| 22 | −32658 | −2344 0276 | −1018 3455 | +2344 0113 | −27473 | −17 2195 | +1018 3831 | +14 8324 | − 5187 |
| 23 | −32685 | −2345 0076 | −1018 7710 | +2344 9914 | −27496 | −17 1282 | +1018 8083 | +14 7391 | − 5191 |
| 24 | −32716 | −2346 1122 | −1019 2504 | +2346 0960 | −27522 | −17 1450 | +1019 2879 | +14 7536 | − 5196 |
| 25 | −32746 | −2347 2171 | −1019 7300 | +2347 2007 | −27548 | −17 2878 | +1019 7678 | +14 8943 | − 5201 |
| 26 | −32773 | −2348 1754 | −1020 1461 | +2348 1587 | −27571 | −17 5415 | +1020 1844 | +15 1460 | − 5205 |
| 27 | −32792 | −2348 8625 | −1020 4446 | +2348 8455 | −27587 | −17 8524 | +1020 4837 | +15 4555 | − 5208 |
| 28 | −32803 | −2349 2288 | −1020 6039 | +2349 2115 | −27596 | −18 1410 | +1020 6437 | +15 7433 | − 5210 |
| Mar. 1 | −32805 | −2349 3279 | −1020 6475 | +2349 3104 | −27598 | −18 3289 | +1020 6877 | +15 9311 | − 5210 |
| 2 | −32805 | −2349 2990 | −1020 6356 | +2349 2815 | −27597 | −18 3705 | +1020 6759 | +15 9727 | − 5210 |
| 3 | −32805 | −2349 3083 | −1020 6402 | +2349 2909 | −27598 | −18 2682 | +1020 6803 | +15 8704 | − 5210 |
| 4 | −32810 | −2349 4855 | −1020 7176 | +2349 4683 | −27602 | −18 0659 | +1020 7572 | +15 6677 | − 5211 |
| 5 | −32821 | −2349 8898 | −1020 8935 | +2349 8728 | −27611 | −17 8260 | +1020 9325 | +15 4270 | − 5213 |
| 6 | −32838 | −2350 5106 | −1021 1632 | +2350 4938 | −27626 | −17 6082 | +1021 2017 | +15 2079 | − 5215 |
| 7 | −32860 | −2351 2899 | −1021 5016 | +2351 2733 | −27644 | −17 4552 | +1021 5399 | +15 0533 | − 5219 |
| 8 | −32884 | −2352 1482 | −1021 8744 | +2352 1317 | −27664 | −17 3893 | +1021 9124 | +14 9857 | − 5223 |
| 9 | −32908 | −2353 0041 | −1022 2460 | +2352 9876 | −27684 | −17 4143 | +1022 2841 | +15 0089 | − 5226 |
| 10 | −32930 | −2353 7861 | −1022 5856 | +2353 7694 | −27703 | −17 5191 | +1022 6240 | +15 1121 | − 5230 |
| 11 | −32948 | −2354 4391 | −1022 8693 | +2354 4223 | −27718 | −17 6823 | +1022 9081 | +15 2740 | − 5233 |
| 12 | −32962 | −2354 9284 | −1023 0820 | +2354 9114 | −27730 | −17 8759 | +1023 1213 | +15 4666 | − 5235 |
| 13 | −32971 | −2355 2417 | −1023 2184 | +2355 2244 | −27737 | −18 0680 | +1023 2581 | +15 6580 | − 5237 |
| 14 | −32975 | −2355 3907 | −1023 2836 | +2355 3733 | −27741 | −18 2266 | +1023 3237 | +15 8163 | − 5237 |
| 15 | −32976 | −2355 4115 | −1023 2932 | +2355 3940 | −27741 | −18 3235 | +1023 3336 | +15 9132 | − 5237 |
| 16 | −32974 | −2355 3618 | −1023 2723 | +2355 3443 | −27740 | −18 3382 | +1023 3127 | +15 9280 | − 5237 |
| 17 | −32973 | −2355 3151 | −1023 2526 | +2355 2976 | −27739 | −18 2620 | +1023 2928 | +15 8518 | − 5237 |
| 18 | −32974 | −2355 3506 | −1023 2686 | +2355 3333 | −27740 | −18 1003 | +1023 3084 | +15 6901 | − 5237 |
| 19 | −32979 | −2355 5407 | −1023 3516 | +2355 5237 | −27744 | −17 8742 | +1023 3909 | +15 4636 | − 5238 |
| 20 | −32990 | −2355 9374 | −1023 5242 | +2355 9206 | −27753 | −17 6178 | +1023 5629 | +15 2064 | − 5240 |
| 21 | −33008 | −2356 5596 | −1023 7945 | +2356 5430 | −27768 | −17 3740 | +1023 8326 | +14 9613 | − 5242 |
| 22 | −33031 | −2357 3846 | −1024 1528 | +2357 3682 | −27787 | −17 1873 | +1024 1904 | +14 7729 | − 5246 |
| 23 | −33058 | −2358 3458 | −1024 5701 | +2358 3296 | −27810 | −17 0946 | +1024 6076 | +14 6783 | − 5250 |
| 24 | −33086 | −2359 3391 | −1025 0013 | +2359 3228 | −27834 | −17 1157 | +1025 0388 | +14 6973 | − 5255 |
| 25 | −33111 | −2360 2398 | −1025 3924 | +2360 2234 | −27855 | −17 2442 | +1025 4302 | +14 8240 | − 5259 |
| 26 | −33130 | −2360 9324 | −1025 6932 | +2360 9158 | −27871 | −17 4435 | +1025 7316 | +15 0219 | − 5262 |
| 27 | −33142 | −2361 3475 | −1025 8738 | +2361 3306 | −27881 | −17 6510 | +1025 9126 | +15 2285 | − 5264 |
| 28 | −33146 | −2361 4928 | −1025 9374 | +2361 4758 | −27884 | −17 7937 | +1025 9765 | +15 3710 | − 5264 |
| 29 | −33145 | −2361 4609 | −1025 9241 | +2361 4438 | −27884 | −17 8128 | +1025 9633 | +15 3901 | − 5264 |
| 30 | −33143 | −2361 4006 | −1025 8986 | +2361 3837 | −27882 | −17 6852 | +1025 9375 | +15 2626 | − 5264 |
| 31 | −33145 | −2361 4630 | −1025 9262 | +2361 4464 | −27884 | −17 4321 | +1025 9646 | +15 0094 | − 5264 |
| Apr. 1 | −33153 | −2361 7486 | −1026 0506 | +2361 7322 | −27890 | −17 1084 | +1026 0882 | +14 6851 | − 5265 |
| 2 | −33168 | −2362 2822 | −1026 2826 | +2362 2662 | −27903 | −16 7800 | +1026 3194 | +14 3556 | − 5268 |

$M = NPB$. Values are in units of $10^{-10}$. Matrix used with GAST (B13–B20). CIP is $\mathcal{X} = M_{3,1}$, $\mathcal{Y} = M_{3,2}$.

## MATRIX ELEMENTS FOR CONVERSION FROM
## GCRS TO EQUATOR & CELESTIAL INTERMEDIATE ORIGIN OF DATE
### FOR $0^h$ TERRESTRIAL TIME

| Julian Date | $C_{1,1}-1$ | $C_{1,2}$ | $C_{1,3}$ | $C_{2,1}$ | $C_{2,2}-1$ | $C_{2,3}$ | $C_{3,1}$ | $C_{3,2}$ | $C_{3,3}-1$ |
|---|---|---|---|---|---|---|---|---|---|
| 245 | | | | | | | | | |
| 5242·5 | − 5176 | − 142 | − 1017 4751 | − 13 | − 1 | − 15 2566 | + 1017 4751 | + 15 2566 | − 5177 |
| 5243·5 | − 5177 | − 142 | − 1017 5270 | − 15 | − 1 | − 15 4042 | + 1017 5270 | + 15 4042 | − 5178 |
| 5244·5 | − 5177 | − 142 | − 1017 5537 | − 15 | − 1 | − 15 4684 | + 1017 5537 | + 15 4684 | − 5178 |
| 5245·5 | − 5177 | − 142 | − 1017 5877 | − 15 | − 1 | − 15 4440 | + 1017 5877 | + 15 4440 | − 5179 |
| 5246·5 | − 5178 | − 142 | − 1017 6625 | − 14 | − 1 | − 15 3397 | + 1017 6625 | + 15 3397 | − 5179 |
| 5247·5 | − 5180 | − 142 | − 1017 8080 | − 12 | − 1 | − 15 1781 | + 1017 8080 | + 15 1781 | − 5181 |
| 5248·5 | − 5182 | − 142 | − 1018 0457 | − 10 | − 1 | − 14 9943 | + 1018 0457 | + 14 9943 | − 5183 |
| 5249·5 | − 5186 | − 142 | − 1018 3831 | − 9 | − 1 | − 14 8324 | + 1018 3831 | + 14 8324 | − 5187 |
| 5250·5 | − 5190 | − 142 | − 1018 8083 | − 8 | − 1 | − 14 7391 | + 1018 8083 | + 14 7391 | − 5191 |
| 5251·5 | − 5195 | − 142 | − 1019 2879 | − 8 | − 1 | − 14 7536 | + 1019 2879 | + 14 7536 | − 5196 |
| 5252·5 | − 5200 | − 143 | − 1019 7678 | − 9 | − 1 | − 14 8943 | + 1019 7678 | + 14 8943 | − 5201 |
| 5253·5 | − 5204 | − 143 | − 1020 1844 | − 12 | − 1 | − 15 1460 | + 1020 1844 | + 15 1460 | − 5205 |
| 5254·5 | − 5207 | − 143 | − 1020 4837 | − 15 | − 1 | − 15 4555 | + 1020 4837 | + 15 4555 | − 5208 |
| 5255·5 | − 5209 | − 143 | − 1020 6437 | − 18 | − 1 | − 15 7433 | + 1020 6437 | + 15 7433 | − 5210 |
| 5256·5 | − 5209 | − 143 | − 1020 6877 | − 20 | − 1 | − 15 9311 | + 1020 6877 | + 15 9311 | − 5210 |
| 5257·5 | − 5209 | − 143 | − 1020 6759 | − 20 | − 1 | − 15 9727 | + 1020 6759 | + 15 9727 | − 5210 |
| 5258·5 | − 5209 | − 143 | − 1020 6803 | − 19 | − 1 | − 15 8704 | + 1020 6803 | + 15 8704 | − 5210 |
| 5259·5 | − 5210 | − 143 | − 1020 7572 | − 17 | − 1 | − 15 6677 | + 1020 7572 | + 15 6677 | − 5211 |
| 5260·5 | − 5212 | − 143 | − 1020 9325 | − 15 | − 1 | − 15 4270 | + 1020 9325 | + 15 4270 | − 5213 |
| 5261·5 | − 5214 | − 143 | − 1021 2017 | − 13 | − 1 | − 15 2079 | + 1021 2017 | + 15 2079 | − 5215 |
| 5262·5 | − 5218 | − 143 | − 1021 5399 | − 11 | − 1 | − 15 0533 | + 1021 5399 | + 15 0533 | − 5219 |
| 5263·5 | − 5222 | − 143 | − 1021 9124 | − 10 | − 1 | − 14 9857 | + 1021 9124 | + 14 9857 | − 5223 |
| 5264·5 | − 5225 | − 143 | − 1022 2841 | − 11 | − 1 | − 15 0089 | + 1022 2841 | + 15 0089 | − 5226 |
| 5265·5 | − 5229 | − 143 | − 1022 6240 | − 12 | − 1 | − 15 1121 | + 1022 6240 | + 15 1121 | − 5230 |
| 5266·5 | − 5232 | − 143 | − 1022 9081 | − 13 | − 1 | − 15 2740 | + 1022 9081 | + 15 2740 | − 5233 |
| 5267·5 | − 5234 | − 143 | − 1023 1213 | − 15 | − 1 | − 15 4666 | + 1023 1213 | + 15 4666 | − 5235 |
| 5268·5 | − 5235 | − 143 | − 1023 2581 | − 17 | − 1 | − 15 6580 | + 1023 2581 | + 15 6580 | − 5237 |
| 5269·5 | − 5236 | − 143 | − 1023 3237 | − 19 | − 1 | − 15 8163 | + 1023 3237 | + 15 8163 | − 5237 |
| 5270·5 | − 5236 | − 143 | − 1023 3336 | − 20 | − 1 | − 15 9132 | + 1023 3336 | + 15 9132 | − 5237 |
| 5271·5 | − 5236 | − 143 | − 1023 3127 | − 20 | − 1 | − 15 9280 | + 1023 3127 | + 15 9280 | − 5237 |
| 5272·5 | − 5236 | − 143 | − 1023 2928 | − 19 | − 1 | − 15 8518 | + 1023 2928 | + 15 8518 | − 5237 |
| 5273·5 | − 5236 | − 143 | − 1023 3084 | − 17 | − 1 | − 15 6901 | + 1023 3084 | + 15 6901 | − 5237 |
| 5274·5 | − 5237 | − 143 | − 1023 3909 | − 15 | − 1 | − 15 4636 | + 1023 3909 | + 15 4636 | − 5238 |
| 5275·5 | − 5238 | − 143 | − 1023 5629 | − 13 | − 1 | − 15 2064 | + 1023 5629 | + 15 2064 | − 5240 |
| 5276·5 | − 5241 | − 143 | − 1023 8326 | − 10 | − 1 | − 14 9613 | + 1023 8326 | + 14 9613 | − 5242 |
| 5277·5 | − 5245 | − 143 | − 1024 1904 | − 8 | − 1 | − 14 7729 | + 1024 1904 | + 14 7729 | − 5246 |
| 5278·5 | − 5249 | − 143 | − 1024 6076 | − 7 | − 1 | − 14 6783 | + 1024 6076 | + 14 6783 | − 5250 |
| 5279·5 | − 5254 | − 143 | − 1025 0388 | − 7 | − 1 | − 14 6973 | + 1025 0388 | + 14 6973 | − 5255 |
| 5280·5 | − 5258 | − 143 | − 1025 4302 | − 9 | − 1 | − 14 8240 | + 1025 4302 | + 14 8240 | − 5259 |
| 5281·5 | − 5261 | − 143 | − 1025 7316 | − 11 | − 1 | − 15 0219 | + 1025 7316 | + 15 0219 | − 5262 |
| 5282·5 | − 5262 | − 143 | − 1025 9126 | − 13 | − 1 | − 15 2285 | + 1025 9126 | + 15 2285 | − 5264 |
| 5283·5 | − 5263 | − 143 | − 1025 9765 | − 14 | − 1 | − 15 3710 | + 1025 9765 | + 15 3710 | − 5264 |
| 5284·5 | − 5263 | − 143 | − 1025 9633 | − 14 | − 1 | − 15 3901 | + 1025 9633 | + 15 3901 | − 5264 |
| 5285·5 | − 5263 | − 143 | − 1025 9375 | − 13 | − 1 | − 15 2626 | + 1025 9375 | + 15 2626 | − 5264 |
| 5286·5 | − 5263 | − 143 | − 1025 9646 | − 10 | − 1 | − 15 0094 | + 1025 9646 | + 15 0094 | − 5264 |
| 5287·5 | − 5264 | − 144 | − 1026 0882 | − 7 | − 1 | − 14 6851 | + 1026 0882 | + 14 6851 | − 5265 |
| 5288·5 | − 5267 | − 144 | − 1026 3194 | − 4 | − 1 | − 14 3556 | + 1026 3194 | + 14 3556 | − 5268 |

Values are in units of $10^{-10}$. Matrix used with ERA (B21–B24). CIP is $\mathcal{X} = \mathbf{C}_{3,1}$, $\mathcal{Y} = \mathbf{C}_{3,2}$

## MATRIX ELEMENTS FOR CONVERSION FROM
## GCRS TO EQUATOR AND EQUINOX OF DATE
## FOR $0^h$ TERRESTRIAL TIME

| Date $0^h$ TT | $M_{1,1}-1$ | $M_{1,2}$ | $M_{1,3}$ | $M_{2,1}$ | $M_{2,2}-1$ | $M_{2,3}$ | $M_{3,1}$ | $M_{3,2}$ | $M_{3,3}-1$ |
|---|---|---|---|---|---|---|---|---|---|
| **Apr.** 1 | −33153 | −2361 7486 | −1026 0506 | +2361 7322 | −27890 | −17 1084 | +1026 0882 | +14 6851 | − 5265 |
| 2 | −33168 | −2362 2822 | −1026 2826 | +2362 2662 | −27903 | −16 7800 | +1026 3194 | +14 3556 | − 5268 |
| 3 | −33189 | −2363 0217 | −1026 6038 | +2363 0060 | −27920 | −16 5031 | +1026 6399 | +14 0772 | − 5271 |
| 4 | −33213 | −2363 8848 | −1026 9785 | +2363 8693 | −27941 | −16 3120 | +1027 0142 | +13 8843 | − 5275 |
| 5 | −33238 | −2364 7785 | −1027 3666 | +2364 7631 | −27962 | −16 2177 | +1027 4020 | +13 7881 | − 5279 |
| 6 | −33262 | −2365 6192 | −1027 7316 | +2365 6038 | −27982 | −16 2122 | +1027 7671 | +13 7810 | − 5282 |
| 7 | −33282 | −2366 3434 | −1028 0462 | +2366 3279 | −27999 | −16 2746 | +1028 0818 | +13 8419 | − 5286 |
| 8 | −33298 | −2366 9112 | −1028 2929 | +2366 8956 | −28012 | −16 3765 | +1028 3288 | +13 9426 | − 5288 |
| 9 | −33309 | −2367 3067 | −1028 4650 | +2367 2910 | −28022 | −16 4861 | +1028 5011 | +14 0514 | − 5290 |
| 10 | −33316 | −2367 5374 | −1028 5656 | +2367 5216 | −28027 | −16 5715 | +1028 6019 | +14 1363 | − 5291 |
| 11 | −33319 | −2367 6334 | −1028 6078 | +2367 6176 | −28029 | −16 6037 | +1028 6443 | +14 1683 | − 5292 |
| 12 | −33319 | −2367 6465 | −1028 6141 | +2367 6307 | −28030 | −16 5598 | +1028 6504 | +14 1244 | − 5292 |
| 13 | −33319 | −2367 6460 | −1028 6145 | +2367 6303 | −28030 | −16 4267 | +1028 6505 | +13 9913 | − 5292 |
| 14 | −33321 | −2367 7120 | −1028 6437 | +2367 6966 | −28031 | −16 2050 | +1028 6792 | +13 7695 | − 5292 |
| 15 | −33327 | −2367 9230 | −1028 7358 | +2367 9079 | −28036 | −15 9113 | +1028 7705 | +13 4753 | − 5293 |
| 16 | −33339 | −2368 3404 | −1028 9173 | +2368 3257 | −28046 | −15 5776 | +1028 9513 | +13 1407 | − 5295 |
| 17 | −33357 | −2368 9925 | −1029 2006 | +2368 9781 | −28061 | −15 2476 | +1029 2338 | +12 8094 | − 5297 |
| 18 | −33381 | −2369 8624 | −1029 5783 | +2369 8482 | −28082 | −14 9683 | +1029 6109 | +12 5284 | − 5301 |
| 19 | −33410 | −2370 8857 | −1030 0225 | +2370 8718 | −28106 | −14 7797 | +1030 0547 | +12 3376 | − 5306 |
| 20 | −33441 | −2371 9600 | −1030 4889 | +2371 9461 | −28132 | −14 7035 | +1030 5208 | +12 2592 | − 5311 |
| 21 | −33469 | −2372 9647 | −1030 9250 | +2372 9508 | −28156 | −14 7361 | +1030 9571 | +12 2897 | − 5315 |
| 22 | −33492 | −2373 7900 | −1031 2834 | +2373 7759 | −28175 | −14 8463 | +1031 3157 | +12 3982 | − 5319 |
| 23 | −33508 | −2374 3659 | −1031 5337 | +2374 3517 | −28189 | −14 9802 | +1031 5663 | +12 5309 | − 5321 |
| 24 | −33517 | −2374 6858 | −1031 6729 | +2374 6715 | −28196 | −15 0734 | +1031 7058 | +12 6235 | − 5323 |
| 25 | −33521 | −2374 8134 | −1031 7289 | +2374 7992 | −28200 | −15 0687 | +1031 7618 | +12 6185 | − 5323 |
| 26 | −33523 | −2374 8695 | −1031 7538 | +2374 8553 | −28201 | −14 9330 | +1031 7863 | +12 4827 | − 5324 |
| 27 | −33526 | −2374 9955 | −1031 8090 | +2374 9816 | −28204 | −14 6695 | +1031 8409 | +12 2189 | − 5324 |
| 28 | −33535 | −2375 3100 | −1031 9460 | +2375 2965 | −28211 | −14 3156 | +1031 9770 | +11 8643 | − 5326 |
| 29 | −33551 | −2375 8729 | −1032 1906 | +2375 8597 | −28225 | −13 9305 | +1032 2207 | +11 4781 | − 5328 |
| 30 | −33574 | −2376 6738 | −1032 5384 | +2376 6611 | −28244 | −13 5755 | +1032 5677 | +11 1215 | − 5332 |
| **May** 1 | −33601 | −2377 6464 | −1032 9606 | +2377 6339 | −28267 | −13 2969 | +1032 9893 | +10 8409 | − 5336 |
| 2 | −33631 | −2378 6951 | −1033 4159 | +2378 6828 | −28292 | −13 1177 | +1033 4441 | +10 6594 | − 5341 |
| 3 | −33660 | −2379 7239 | −1033 8624 | +2379 7117 | −28316 | −13 0375 | +1033 8905 | +10 5772 | − 5345 |
| 4 | −33686 | −2380 6544 | −1034 2664 | +2380 6421 | −28338 | −13 0386 | +1034 2945 | +10 5764 | − 5349 |
| 5 | −33708 | −2381 4351 | −1034 6055 | +2381 4229 | −28357 | −13 0927 | +1034 6338 | +10 6288 | − 5353 |
| 6 | −33725 | −2382 0428 | −1034 8696 | +2382 0305 | −28371 | −13 1669 | +1034 8980 | +10 7018 | − 5356 |
| 7 | −33738 | −2382 4800 | −1035 0597 | +2382 4676 | −28382 | −13 2284 | +1035 0883 | +10 7623 | − 5358 |
| 8 | −33746 | −2382 7725 | −1035 1871 | +2382 7601 | −28389 | −13 2473 | +1035 2157 | +10 7806 | − 5359 |
| 9 | −33752 | −2382 9664 | −1035 2717 | +2382 9540 | −28393 | −13 1994 | +1035 3003 | +10 7323 | − 5360 |
| 10 | −33756 | −2383 1253 | −1035 3412 | +2383 1131 | −28397 | −13 0686 | +1035 3694 | +10 6012 | − 5361 |
| 11 | −33762 | −2383 3259 | −1035 4288 | +2383 3139 | −28402 | −12 8505 | +1035 4565 | +10 3827 | − 5361 |
| 12 | −33771 | −2383 6490 | −1035 5695 | +2383 6373 | −28409 | −12 5551 | +1035 5965 | +10 0866 | − 5363 |
| 13 | −33786 | −2384 1666 | −1035 7945 | +2384 1553 | −28422 | −12 2087 | +1035 8206 | + 9 7392 | − 5365 |
| 14 | −33807 | −2384 9236 | −1036 1232 | +2384 9126 | −28440 | −11 8528 | +1036 1485 | + 9 3817 | − 5368 |
| 15 | −33835 | −2385 9201 | −1036 5558 | +2385 9095 | −28464 | −11 5370 | +1036 5804 | + 9 0639 | − 5373 |
| 16 | −33869 | −2387 1020 | −1037 0688 | +2387 0916 | −28492 | −11 3081 | +1037 0929 | + 8 8325 | − 5378 |
| 17 | −33905 | −2388 3658 | −1037 6173 | +2388 3555 | −28522 | −11 1960 | +1037 6411 | + 8 7177 | − 5384 |

$\mathbf{M} = \mathbf{NPB}$. Values are in units of $10^{-10}$. Matrix used with GAST (B13–B20). CIP is $\mathcal{X} = \mathbf{M}_{3,1}$, $\mathcal{Y} = \mathbf{M}_{3,2}$.

## MATRIX ELEMENTS FOR CONVERSION FROM
## GCRS TO EQUATOR & CELESTIAL INTERMEDIATE ORIGIN OF DATE
## FOR $0^h$ TERRESTRIAL TIME

| Julian Date | $C_{1,1}-1$ | $C_{1,2}$ | $C_{1,3}$ | $C_{2,1}$ | $C_{2,2}-1$ | $C_{2,3}$ | $C_{3,1}$ | $C_{3,2}$ | $C_{3,3}-1$ |
|---|---|---|---|---|---|---|---|---|---|
| **245** | | | | | | | | | |
| **5287·5** | $-5264$ | $-144$ | $-1026\ 0882$ | $-7$ | $-1$ | $-14\ 6851$ | $+1026\ 0882$ | $+14\ 6851$ | $-5265$ |
| **5288·5** | $-5267$ | $-144$ | $-1026\ 3194$ | $-4$ | $-1$ | $-14\ 3556$ | $+1026\ 3194$ | $+14\ 3556$ | $-5268$ |
| **5289·5** | $-5270$ | $-144$ | $-1026\ 6399$ | $-1$ | $-1$ | $-14\ 0772$ | $+1026\ 6399$ | $+14\ 0772$ | $-5271$ |
| **5290·5** | $-5274$ | $-144$ | $-1027\ 0142$ | $+1$ | $-1$ | $-13\ 8843$ | $+1027\ 0142$ | $+13\ 8843$ | $-5275$ |
| **5291·5** | $-5278$ | $-144$ | $-1027\ 4020$ | $+2$ | $-1$ | $-13\ 7881$ | $+1027\ 4020$ | $+13\ 7881$ | $-5279$ |
| **5292·5** | $-5282$ | $-144$ | $-1027\ 7671$ | $+2$ | $-1$ | $-13\ 7810$ | $+1027\ 7671$ | $+13\ 7810$ | $-5282$ |
| **5293·5** | $-5285$ | $-144$ | $-1028\ 0818$ | $+1$ | $-1$ | $-13\ 8419$ | $+1028\ 0818$ | $+13\ 8419$ | $-5286$ |
| **5294·5** | $-5287$ | $-144$ | $-1028\ 3288$ | $0$ | $-1$ | $-13\ 9426$ | $+1028\ 3288$ | $+13\ 9426$ | $-5288$ |
| **5295·5** | $-5289$ | $-144$ | $-1028\ 5011$ | $-1$ | $-1$ | $-14\ 0514$ | $+1028\ 5011$ | $+14\ 0514$ | $-5290$ |
| **5296·5** | $-5290$ | $-144$ | $-1028\ 6019$ | $-2$ | $-1$ | $-14\ 1363$ | $+1028\ 6019$ | $+14\ 1363$ | $-5291$ |
| **5297·5** | $-5291$ | $-144$ | $-1028\ 6443$ | $-2$ | $-1$ | $-14\ 1683$ | $+1028\ 6443$ | $+14\ 1683$ | $-5292$ |
| **5298·5** | $-5291$ | $-144$ | $-1028\ 6504$ | $-1$ | $-1$ | $-14\ 1244$ | $+1028\ 6504$ | $+14\ 1244$ | $-5292$ |
| **5299·5** | $-5291$ | $-144$ | $-1028\ 6505$ | $0$ | $-1$ | $-13\ 9913$ | $+1028\ 6505$ | $+13\ 9913$ | $-5292$ |
| **5300·5** | $-5291$ | $-144$ | $-1028\ 6792$ | $+2$ | $-1$ | $-13\ 7695$ | $+1028\ 6792$ | $+13\ 7695$ | $-5292$ |
| **5301·5** | $-5292$ | $-144$ | $-1028\ 7705$ | $+5$ | $-1$ | $-13\ 4753$ | $+1028\ 7705$ | $+13\ 4753$ | $-5293$ |
| **5302·5** | $-5294$ | $-144$ | $-1028\ 9513$ | $+9$ | $-1$ | $-13\ 1407$ | $+1028\ 9513$ | $+13\ 1407$ | $-5295$ |
| **5303·5** | $-5297$ | $-144$ | $-1029\ 2338$ | $+12$ | $-1$ | $-12\ 8094$ | $+1029\ 2338$ | $+12\ 8094$ | $-5297$ |
| **5304·5** | $-5300$ | $-144$ | $-1029\ 6109$ | $+15$ | $-1$ | $-12\ 5284$ | $+1029\ 6109$ | $+12\ 5284$ | $-5301$ |
| **5305·5** | $-5305$ | $-144$ | $-1030\ 0547$ | $+17$ | $-1$ | $-12\ 3376$ | $+1030\ 0547$ | $+12\ 3376$ | $-5306$ |
| **5306·5** | $-5310$ | $-144$ | $-1030\ 5208$ | $+18$ | $-1$ | $-12\ 2592$ | $+1030\ 5208$ | $+12\ 2592$ | $-5311$ |
| **5307·5** | $-5314$ | $-144$ | $-1030\ 9571$ | $+17$ | $-1$ | $-12\ 2897$ | $+1030\ 9571$ | $+12\ 2897$ | $-5315$ |
| **5308·5** | $-5318$ | $-144$ | $-1031\ 3157$ | $+16$ | $-1$ | $-12\ 3982$ | $+1031\ 3157$ | $+12\ 3982$ | $-5319$ |
| **5309·5** | $-5321$ | $-144$ | $-1031\ 5663$ | $+15$ | $-1$ | $-12\ 5309$ | $+1031\ 5663$ | $+12\ 5309$ | $-5321$ |
| **5310·5** | $-5322$ | $-144$ | $-1031\ 7058$ | $+14$ | $-1$ | $-12\ 6235$ | $+1031\ 7058$ | $+12\ 6235$ | $-5323$ |
| **5311·5** | $-5323$ | $-144$ | $-1031\ 7618$ | $+14$ | $-1$ | $-12\ 6185$ | $+1031\ 7618$ | $+12\ 6185$ | $-5323$ |
| **5312·5** | $-5323$ | $-144$ | $-1031\ 7863$ | $+15$ | $-1$ | $-12\ 4827$ | $+1031\ 7863$ | $+12\ 4827$ | $-5324$ |
| **5313·5** | $-5323$ | $-144$ | $-1031\ 8409$ | $+18$ | $-1$ | $-12\ 2189$ | $+1031\ 8409$ | $+12\ 2189$ | $-5324$ |
| **5314·5** | $-5325$ | $-144$ | $-1031\ 9770$ | $+22$ | $-1$ | $-11\ 8643$ | $+1031\ 9770$ | $+11\ 8643$ | $-5326$ |
| **5315·5** | $-5327$ | $-144$ | $-1032\ 2207$ | $+26$ | $-1$ | $-11\ 4781$ | $+1032\ 2207$ | $+11\ 4781$ | $-5328$ |
| **5316·5** | $-5331$ | $-144$ | $-1032\ 5677$ | $+30$ | $-1$ | $-11\ 1215$ | $+1032\ 5677$ | $+11\ 1215$ | $-5332$ |
| **5317·5** | $-5335$ | $-144$ | $-1032\ 9893$ | $+32$ | $-1$ | $-10\ 8409$ | $+1032\ 9893$ | $+10\ 8409$ | $-5336$ |
| **5318·5** | $-5340$ | $-144$ | $-1033\ 4441$ | $+34$ | $-1$ | $-10\ 6595$ | $+1033\ 4441$ | $+10\ 6594$ | $-5341$ |
| **5319·5** | $-5345$ | $-144$ | $-1033\ 8905$ | $+35$ | $-1$ | $-10\ 5772$ | $+1033\ 8905$ | $+10\ 5772$ | $-5345$ |
| **5320·5** | $-5349$ | $-145$ | $-1034\ 2945$ | $+35$ | $-1$ | $-10\ 5764$ | $+1034\ 2945$ | $+10\ 5764$ | $-5349$ |
| **5321·5** | $-5352$ | $-145$ | $-1034\ 6338$ | $+35$ | $-1$ | $-10\ 6288$ | $+1034\ 6338$ | $+10\ 6288$ | $-5353$ |
| **5322·5** | $-5355$ | $-145$ | $-1034\ 8980$ | $+34$ | $-1$ | $-10\ 7018$ | $+1034\ 8980$ | $+10\ 7018$ | $-5356$ |
| **5323·5** | $-5357$ | $-145$ | $-1035\ 0883$ | $+33$ | $-1$ | $-10\ 7623$ | $+1035\ 0883$ | $+10\ 7623$ | $-5358$ |
| **5324·5** | $-5358$ | $-145$ | $-1035\ 2157$ | $+33$ | $-1$ | $-10\ 7806$ | $+1035\ 2157$ | $+10\ 7806$ | $-5359$ |
| **5325·5** | $-5359$ | $-145$ | $-1035\ 3003$ | $+34$ | $-1$ | $-10\ 7323$ | $+1035\ 3003$ | $+10\ 7323$ | $-5360$ |
| **5326·5** | $-5360$ | $-145$ | $-1035\ 3694$ | $+35$ | $-1$ | $-10\ 6012$ | $+1035\ 3694$ | $+10\ 6012$ | $-5361$ |
| **5327·5** | $-5361$ | $-145$ | $-1035\ 4565$ | $+37$ | $-1$ | $-10\ 3827$ | $+1035\ 4565$ | $+10\ 3827$ | $-5361$ |
| **5328·5** | $-5362$ | $-145$ | $-1035\ 5965$ | $+40$ | $-1$ | $-10\ 0866$ | $+1035\ 5965$ | $+10\ 0866$ | $-5363$ |
| **5329·5** | $-5365$ | $-145$ | $-1035\ 8206$ | $+44$ | $0$ | $-9\ 7392$ | $+1035\ 8206$ | $+9\ 7392$ | $-5365$ |
| **5330·5** | $-5368$ | $-145$ | $-1036\ 1485$ | $+48$ | $0$ | $-9\ 3817$ | $+1036\ 1485$ | $+9\ 3817$ | $-5368$ |
| **5331·5** | $-5372$ | $-145$ | $-1036\ 5804$ | $+51$ | $0$ | $-9\ 0639$ | $+1036\ 5804$ | $+9\ 0639$ | $-5373$ |
| **5332·5** | $-5378$ | $-145$ | $-1037\ 0929$ | $+53$ | $0$ | $-8\ 8325$ | $+1037\ 0929$ | $+8\ 8325$ | $-5378$ |
| **5333·5** | $-5383$ | $-145$ | $-1037\ 6411$ | $+54$ | $0$ | $-8\ 7178$ | $+1037\ 6411$ | $+8\ 7177$ | $-5384$ |

Values are in units of $10^{-10}$. Matrix used with ERA (B21–B24). CIP is $\mathcal{X} = C_{3,1}$, $\mathcal{Y} = C_{3,2}$

## MATRIX ELEMENTS FOR CONVERSION FROM
## GCRS TO EQUATOR AND EQUINOX OF DATE
## FOR 0ʰ TERRESTRIAL TIME

| Date 0ʰ TT | $M_{1,1}-1$ | $M_{1,2}$ | $M_{1,3}$ | $M_{2,1}$ | $M_{2,2}-1$ | $M_{2,3}$ | $M_{3,1}$ | $M_{3,2}$ | $M_{3,3}-1$ |
|---|---|---|---|---|---|---|---|---|---|
| May 17 | −33905 | −2388 3658 | −1037 6173 | +2388 3555 | −28522 | −11 1960 | +1037 6411 | + 8 7177 | − 5384 |
| 18 | −33939 | −2389 5816 | −1038 1450 | +2389 5713 | −28551 | −11 2028 | +1038 1688 | + 8 7221 | − 5389 |
| 19 | −33969 | −2390 6279 | −1038 5991 | +2390 6174 | −28576 | −11 3000 | +1038 6232 | + 8 8171 | − 5394 |
| 20 | −33992 | −2391 4257 | −1038 9456 | +2391 4151 | −28595 | −11 4344 | +1038 9700 | + 8 9498 | − 5398 |
| 21 | −34007 | −2391 9615 | −1039 1785 | +2391 9508 | −28608 | −11 5424 | +1039 2031 | + 9 0567 | − 5400 |
| 22 | −34016 | −2392 2906 | −1039 3217 | +2392 2798 | −28616 | −11 5674 | +1039 3464 | + 9 0810 | − 5402 |
| 23 | −34023 | −2392 5206 | −1039 4221 | +2392 5100 | −28621 | −11 4749 | +1039 4465 | + 8 9880 | − 5403 |
| 24 | −34030 | −2392 7820 | −1039 5360 | +2392 7716 | −28627 | −11 2608 | +1039 5600 | + 8 7734 | − 5404 |
| 25 | −34042 | −2393 1925 | −1039 7146 | +2393 1824 | −28637 | −10 9518 | +1039 7378 | + 8 4635 | − 5406 |
| 26 | −34060 | −2393 8267 | −1039 9901 | +2393 8170 | −28652 | −10 5968 | +1040 0125 | + 8 1073 | − 5408 |
| 27 | −34085 | −2394 6999 | −1040 3692 | +2394 6905 | −28673 | −10 2530 | +1040 3908 | + 7 7616 | − 5412 |
| 28 | −34115 | −2395 7699 | −1040 8337 | +2395 7609 | −28699 | − 9 9706 | +1040 8546 | + 7 4770 | − 5417 |
| 29 | −34149 | −2396 9546 | −1041 3479 | +2396 9457 | −28727 | − 9 7817 | +1041 3683 | + 7 2856 | − 5423 |
| 30 | −34183 | −2398 1566 | −1041 8696 | +2398 1478 | −28756 | − 9 6960 | +1041 8898 | + 7 1974 | − 5428 |
| 31 | −34216 | −2399 2864 | −1042 3600 | +2399 2776 | −28783 | − 9 7027 | +1042 3803 | + 7 2018 | − 5433 |
| June 1 | −34244 | −2400 2783 | −1042 7906 | +2400 2695 | −28807 | − 9 7764 | +1042 8111 | + 7 2734 | − 5438 |
| 2 | −34267 | −2401 0965 | −1043 1459 | +2401 0875 | −28827 | − 9 8841 | +1043 1666 | + 7 3794 | − 5441 |
| 3 | −34285 | −2401 7350 | −1043 4233 | +2401 7258 | −28842 | − 9 9915 | +1043 4443 | + 7 4854 | − 5444 |
| 4 | −34299 | −2402 2138 | −1043 6315 | +2402 2046 | −28853 | −10 0670 | +1043 6526 | + 7 5599 | − 5446 |
| 5 | −34309 | −2402 5746 | −1043 7885 | +2402 5654 | −28862 | −10 0848 | +1043 8097 | + 7 5770 | − 5448 |
| 6 | −34318 | −2402 8759 | −1043 9197 | +2402 8667 | −28869 | −10 0273 | +1043 9408 | + 7 5189 | − 5449 |
| 7 | −34327 | −2403 1888 | −1044 0559 | +2403 1798 | −28877 | − 9 8865 | +1044 0767 | + 7 3774 | − 5451 |
| 8 | −34338 | −2403 5912 | −1044 2310 | +2403 5824 | −28887 | − 9 6669 | +1044 2512 | + 7 1569 | − 5453 |
| 9 | −34355 | −2404 1587 | −1044 4776 | +2404 1502 | −28900 | − 9 3874 | +1044 4972 | + 6 8763 | − 5455 |
| 10 | −34377 | −2404 9503 | −1044 8214 | +2404 9421 | −28919 | − 9 0824 | +1044 8402 | + 6 5697 | − 5459 |
| 11 | −34407 | −2405 9899 | −1045 2726 | +2405 9820 | −28944 | − 8 7990 | +1045 2908 | + 6 2840 | − 5463 |
| 12 | −34443 | −2407 2488 | −1045 8190 | +2407 2412 | −28974 | − 8 5882 | +1045 8367 | + 6 0706 | − 5469 |
| 13 | −34483 | −2408 6390 | −1046 4223 | +2408 6315 | −29008 | − 8 4915 | +1046 4397 | + 5 9710 | − 5475 |
| 14 | −34522 | −2410 0265 | −1047 0244 | +2410 0189 | −29041 | − 8 5246 | +1047 0419 | + 6 0013 | − 5482 |
| 15 | −34558 | −2411 2676 | −1047 5630 | +2411 2598 | −29071 | − 8 6682 | +1047 5809 | + 6 1422 | − 5487 |
| 16 | −34586 | −2412 2552 | −1047 9918 | +2412 2472 | −29095 | − 8 8701 | +1048 0101 | + 6 3420 | − 5492 |
| 17 | −34606 | −2412 9550 | −1048 2958 | +2412 9468 | −29112 | − 9 0613 | +1048 3146 | + 6 5318 | − 5495 |
| 18 | −34620 | −2413 4134 | −1048 4951 | +2413 4051 | −29123 | − 9 1781 | +1048 5142 | + 6 6477 | − 5497 |
| 19 | −34629 | −2413 7382 | −1048 6365 | +2413 7299 | −29131 | − 9 1807 | +1048 6556 | + 6 6496 | − 5499 |
| 20 | −34638 | −2414 0619 | −1048 7774 | +2414 0537 | −29139 | − 9 0615 | +1048 7962 | + 6 5297 | − 5500 |
| 21 | −34651 | −2414 5044 | −1048 9699 | +2414 4965 | −29149 | − 8 8439 | +1048 9882 | + 6 3111 | − 5502 |
| 22 | −34669 | −2415 1458 | −1049 2485 | +2415 1381 | −29165 | − 8 5723 | +1049 2661 | + 6 0382 | − 5505 |
| 23 | −34694 | −2416 0124 | −1049 6248 | +2416 0050 | −29186 | − 8 3000 | +1049 6418 | + 5 7641 | − 5509 |
| 24 | −34725 | −2417 0782 | −1050 0874 | +2417 0710 | −29212 | − 8 0762 | +1050 1039 | + 5 5380 | − 5514 |
| 25 | −34759 | −2418 2765 | −1050 6075 | +2418 2695 | −29240 | − 7 9361 | +1050 6237 | + 5 3954 | − 5519 |
| 26 | −34795 | −2419 5190 | −1051 1468 | +2419 5120 | −29271 | − 7 8960 | +1051 1628 | + 5 3527 | − 5525 |
| 27 | −34829 | −2420 7154 | −1051 6660 | +2420 7083 | −29300 | − 7 9523 | +1051 6822 | + 5 4065 | − 5530 |
| 28 | −34860 | −2421 7913 | −1052 1331 | +2421 7841 | −29326 | − 8 0850 | +1052 1496 | + 5 5369 | − 5535 |
| 29 | −34886 | −2422 6987 | −1052 5271 | +2422 6914 | −29348 | − 8 2634 | +1052 5440 | + 5 7135 | − 5539 |
| 30 | −34907 | −2423 4202 | −1052 8405 | +2423 4127 | −29365 | − 8 4529 | +1052 8578 | + 5 9014 | − 5543 |
| July 1 | −34923 | −2423 9676 | −1053 0783 | +2423 9598 | −29378 | − 8 6201 | +1053 0961 | + 6 0674 | − 5545 |
| 2 | −34935 | −2424 3767 | −1053 2563 | +2424 3688 | −29388 | − 8 7371 | +1053 2744 | + 6 1836 | − 5547 |

$M = NPB$. Values are in units of $10^{-10}$. Matrix used with GAST (B13–B20). CIP is $\mathcal{X} = M_{3,1}$, $\mathcal{Y} = M_{3,2}$.

## MATRIX ELEMENTS FOR CONVERSION FROM
## GCRS TO EQUATOR & CELESTIAL INTERMEDIATE ORIGIN OF DATE
### FOR $0^h$ TERRESTRIAL TIME

| Julian Date | $C_{1,1}-1$ | $C_{1,2}$ | $C_{1,3}$ | $C_{2,1}$ | $C_{2,2}-1$ | $C_{2,3}$ | $C_{3,1}$ | $C_{3,2}$ | $C_{3,3}-1$ |
|---|---|---|---|---|---|---|---|---|---|
| **245** | | | | | | | | | |
| **5333·5** | − 5383 | − 145 | − 1037 6411 | + 54 | 0 | − 8 7178 | +1037 6411 | + 8 7177 | − 5384 |
| **5334·5** | − 5389 | − 145 | − 1038 1688 | + 54 | 0 | − 8 7221 | +1038 1688 | + 8 7221 | − 5389 |
| **5335·5** | − 5394 | − 145 | − 1038 6232 | + 53 | 0 | − 8 8171 | +1038 6232 | + 8 8171 | − 5394 |
| **5336·5** | − 5397 | − 145 | − 1038 9700 | + 52 | 0 | − 8 9498 | +1038 9700 | + 8 9498 | − 5398 |
| **5337·5** | − 5400 | − 145 | − 1039 2031 | + 51 | 0 | − 9 0567 | +1039 2031 | + 9 0567 | − 5400 |
| **5338·5** | − 5401 | − 145 | − 1039 3464 | + 51 | 0 | − 9 0811 | +1039 3464 | + 9 0810 | − 5402 |
| **5339·5** | − 5402 | − 145 | − 1039 4465 | + 52 | 0 | − 8 9880 | +1039 4465 | + 8 9880 | − 5403 |
| **5340·5** | − 5403 | − 145 | − 1039 5600 | + 54 | 0 | − 8 7734 | +1039 5600 | + 8 7734 | − 5404 |
| **5341·5** | − 5405 | − 145 | − 1039 7378 | + 57 | 0 | − 8 4635 | +1039 7378 | + 8 4635 | − 5406 |
| **5342·5** | − 5408 | − 145 | − 1040 0125 | + 61 | 0 | − 8 1073 | +1040 0125 | + 8 1073 | − 5408 |
| **5343·5** | − 5412 | − 145 | − 1040 3908 | + 64 | 0 | − 7 7617 | +1040 3908 | + 7 7616 | − 5412 |
| **5344·5** | − 5417 | − 145 | − 1040 8546 | + 67 | 0 | − 7 4770 | +1040 8546 | + 7 4770 | − 5417 |
| **5345·5** | − 5422 | − 145 | − 1041 3683 | + 69 | 0 | − 7 2856 | +1041 3683 | + 7 2856 | − 5423 |
| **5346·5** | − 5428 | − 145 | − 1041 8898 | + 70 | 0 | − 7 1974 | +1041 8898 | + 7 1974 | − 5428 |
| **5347·5** | − 5433 | − 145 | − 1042 3803 | + 70 | 0 | − 7 2018 | +1042 3803 | + 7 2018 | − 5433 |
| **5348·5** | − 5437 | − 145 | − 1042 8111 | + 69 | 0 | − 7 2734 | +1042 8111 | + 7 2734 | − 5438 |
| **5349·5** | − 5441 | − 145 | − 1043 1666 | + 68 | 0 | − 7 3794 | +1043 1666 | + 7 3794 | − 5441 |
| **5350·5** | − 5444 | − 145 | − 1043 4443 | + 67 | 0 | − 7 4854 | +1043 4443 | + 7 4854 | − 5444 |
| **5351·5** | − 5446 | − 145 | − 1043 6526 | + 66 | 0 | − 7 5599 | +1043 6526 | + 7 5599 | − 5446 |
| **5352·5** | − 5448 | − 145 | − 1043 8097 | + 66 | 0 | − 7 5771 | +1043 8097 | + 7 5770 | − 5448 |
| **5353·5** | − 5449 | − 145 | − 1043 9408 | + 67 | 0 | − 7 5189 | +1043 9408 | + 7 5189 | − 5449 |
| **5354·5** | − 5450 | − 145 | − 1044 0767 | + 68 | 0 | − 7 3774 | +1044 0767 | + 7 3774 | − 5451 |
| **5355·5** | − 5452 | − 145 | − 1044 2512 | + 71 | 0 | − 7 1569 | +1044 2512 | + 7 1569 | − 5453 |
| **5356·5** | − 5455 | − 145 | − 1044 4972 | + 74 | 0 | − 6 8763 | +1044 4972 | + 6 8763 | − 5455 |
| **5357·5** | − 5458 | − 145 | − 1044 8402 | + 77 | 0 | − 6 5697 | +1044 8402 | + 6 5697 | − 5459 |
| **5358·5** | − 5463 | − 145 | − 1045 2908 | + 80 | 0 | − 6 2841 | +1045 2908 | + 6 2840 | − 5463 |
| **5359·5** | − 5469 | − 145 | − 1045 8367 | + 82 | 0 | − 6 0706 | +1045 8367 | + 6 0706 | − 5469 |
| **5360·5** | − 5475 | − 146 | − 1046 4397 | + 83 | 0 | − 5 9710 | +1046 4397 | + 5 9710 | − 5475 |
| **5361·5** | − 5481 | − 146 | − 1047 0419 | + 83 | 0 | − 6 0013 | +1047 0419 | + 6 0013 | − 5482 |
| **5362·5** | − 5487 | − 146 | − 1047 5809 | + 81 | 0 | − 6 1423 | +1047 5809 | + 6 1422 | − 5487 |
| **5363·5** | − 5492 | − 146 | − 1048 0101 | + 79 | 0 | − 6 3420 | +1048 0101 | + 6 3420 | − 5492 |
| **5364·5** | − 5495 | − 146 | − 1048 3146 | + 77 | 0 | − 6 5318 | +1048 3146 | + 6 5318 | − 5495 |
| **5365·5** | − 5497 | − 146 | − 1048 5142 | + 76 | 0 | − 6 6477 | +1048 5142 | + 6 6477 | − 5497 |
| **5366·5** | − 5498 | − 146 | − 1048 6556 | + 76 | 0 | − 6 6496 | +1048 6556 | + 6 6496 | − 5499 |
| **5367·5** | − 5500 | − 146 | − 1048 7962 | + 77 | 0 | − 6 5297 | +1048 7962 | + 6 5297 | − 5500 |
| **5368·5** | − 5502 | − 146 | − 1048 9882 | + 79 | 0 | − 6 3111 | +1048 9882 | + 6 3111 | − 5502 |
| **5369·5** | − 5505 | − 146 | − 1049 2661 | + 82 | 0 | − 6 0382 | +1049 2661 | + 6 0382 | − 5505 |
| **5370·5** | − 5509 | − 146 | − 1049 6418 | + 85 | 0 | − 5 7641 | +1049 6418 | + 5 7641 | − 5509 |
| **5371·5** | − 5514 | − 146 | − 1050 1039 | + 88 | 0 | − 5 5380 | +1050 1039 | + 5 5380 | − 5514 |
| **5372·5** | − 5519 | − 146 | − 1050 6237 | + 89 | 0 | − 5 3954 | +1050 6237 | + 5 3954 | − 5519 |
| **5373·5** | − 5525 | − 146 | − 1051 1628 | + 90 | 0 | − 5 3528 | +1051 1628 | + 5 3527 | − 5525 |
| **5374·5** | − 5530 | − 146 | − 1051 6822 | + 89 | 0 | − 5 4065 | +1051 6822 | + 5 4065 | − 5530 |
| **5375·5** | − 5535 | − 146 | − 1052 1496 | + 88 | 0 | − 5 5369 | +1052 1496 | + 5 5369 | − 5535 |
| **5376·5** | − 5539 | − 146 | − 1052 5440 | + 86 | 0 | − 5 7135 | +1052 5440 | + 5 7135 | − 5539 |
| **5377·5** | − 5543 | − 146 | − 1052 8578 | + 84 | 0 | − 5 9014 | +1052 8578 | + 5 9014 | − 5543 |
| **5378·5** | − 5545 | − 146 | − 1053 0961 | + 82 | 0 | − 6 0674 | +1053 0961 | + 6 0674 | − 5545 |
| **5379·5** | − 5547 | − 146 | − 1053 2744 | + 81 | 0 | − 6 1836 | +1053 2744 | + 6 1836 | − 5547 |

Values are in units of $10^{-10}$. Matrix used with ERA (B21–B24). CIP is $\mathcal{X} = C_{3,1}$, $\mathcal{Y} = C_{3,2}$

## MATRIX ELEMENTS FOR CONVERSION FROM
## GCRS TO EQUATOR AND EQUINOX OF DATE
## FOR $0^h$ TERRESTRIAL TIME

| Date $0^h$ TT | $M_{1,1}-1$ | $M_{1,2}$ | $M_{1,3}$ | $M_{2,1}$ | $M_{2,2}-1$ | $M_{2,3}$ | $M_{3,1}$ | $M_{3,2}$ | $M_{3,3}-1$ |
|---|---|---|---|---|---|---|---|---|---|
| July 1 | −34923 | −2423 9676 | −1053 0783 | +2423 9598 | −29378 | − 8 6201 | +1053 0961 | + 6 0674 | − 5545 |
| 2 | −34935 | −2424 3767 | −1053 2563 | +2424 3688 | −29388 | − 8 7371 | +1053 2744 | + 6 1836 | − 5547 |
| 3 | −34944 | −2424 7019 | −1053 3979 | +2424 6940 | −29396 | − 8 7842 | +1053 4161 | + 6 2300 | − 5549 |
| 4 | −34953 | −2425 0101 | −1053 5321 | +2425 0022 | −29404 | − 8 7515 | +1053 5502 | + 6 1967 | − 5550 |
| 5 | −34964 | −2425 3745 | −1053 6907 | +2425 3668 | −29412 | − 8 6401 | +1053 7085 | + 6 0845 | − 5552 |
| 6 | −34978 | −2425 8682 | −1053 9053 | +2425 8607 | −29424 | − 8 4635 | +1053 9227 | + 5 9068 | − 5554 |
| 7 | −34998 | −2426 5544 | −1054 2033 | +2426 5470 | −29441 | − 8 2485 | +1054 2203 | + 5 6904 | − 5557 |
| 8 | −35024 | −2427 4726 | −1054 6020 | +2427 4655 | −29463 | − 8 0347 | +1054 6184 | + 5 4747 | − 5561 |
| 9 | −35057 | −2428 6226 | −1055 1012 | +2428 6156 | −29491 | − 7 8701 | +1055 1172 | + 5 3076 | − 5567 |
| 10 | −35096 | −2429 9488 | −1055 6767 | +2429 9419 | −29523 | − 7 8018 | +1055 6925 | + 5 2365 | − 5573 |
| 11 | −35136 | −2431 3384 | −1056 2797 | +2431 3314 | −29557 | − 7 8609 | +1056 2957 | + 5 2927 | − 5579 |
| 12 | −35173 | −2432 6415 | −1056 8453 | +2432 6344 | −29589 | − 8 0467 | +1056 8617 | + 5 4757 | − 5585 |
| 13 | −35205 | −2433 7174 | −1057 3123 | +2433 7100 | −29615 | − 8 3193 | +1057 3294 | + 5 7460 | − 5590 |
| 14 | −35227 | −2434 4874 | −1057 6467 | +2434 4797 | −29634 | − 8 6084 | +1057 6645 | + 6 0336 | − 5593 |
| 15 | −35241 | −2434 9675 | −1057 8554 | +2434 9595 | −29646 | − 8 8378 | +1057 8738 | + 6 2620 | − 5596 |
| 16 | −35249 | −2435 2588 | −1057 9823 | +2435 2507 | −29653 | − 8 9525 | +1058 0010 | + 6 3760 | − 5597 |
| 17 | −35256 | −2435 5056 | −1058 0899 | +2435 4976 | −29659 | − 8 9352 | +1058 1085 | + 6 3582 | − 5598 |
| 18 | −35266 | −2435 8443 | −1058 2373 | +2435 8363 | −29667 | − 8 8060 | +1058 2556 | + 6 2283 | − 5600 |
| 19 | −35281 | −2436 3669 | −1058 4645 | +2436 3592 | −29680 | − 8 6106 | +1058 4823 | + 6 0318 | − 5602 |
| 20 | −35303 | −2437 1078 | −1058 7863 | +2437 1003 | −29698 | − 8 4039 | +1058 8036 | + 5 8235 | − 5605 |
| 21 | −35330 | −2438 0473 | −1059 1941 | +2438 0399 | −29721 | − 8 2361 | +1059 2111 | + 5 6537 | − 5610 |
| 22 | −35361 | −2439 1260 | −1059 6624 | +2439 1187 | −29747 | − 8 1439 | +1059 6791 | + 5 5593 | − 5615 |
| 23 | −35394 | −2440 2627 | −1060 1558 | +2440 2554 | −29775 | − 8 1463 | +1060 1725 | + 5 5592 | − 5620 |
| 24 | −35426 | −2441 3715 | −1060 6370 | +2441 3641 | −29802 | − 8 2438 | +1060 6540 | + 5 6544 | − 5625 |
| 25 | −35455 | −2442 3768 | −1061 0735 | +2442 3693 | −29826 | − 8 4211 | +1061 0909 | + 5 8295 | − 5630 |
| 26 | −35480 | −2443 2243 | −1061 4415 | +2443 2165 | −29847 | − 8 6511 | +1061 4595 | + 6 0577 | − 5634 |
| 27 | −35499 | −2443 8871 | −1061 7294 | +2443 8790 | −29863 | − 8 9006 | +1061 7480 | + 6 3059 | − 5637 |
| 28 | −35513 | −2444 3674 | −1061 9382 | +2444 3590 | −29875 | − 9 1357 | +1061 9574 | + 6 5400 | − 5639 |
| 29 | −35523 | −2444 6938 | −1062 0803 | +2444 6853 | −29883 | − 9 3265 | +1062 1000 | + 6 7300 | − 5641 |
| 30 | −35529 | −2444 9162 | −1062 1773 | +2444 9075 | −29888 | − 9 4508 | +1062 1973 | + 6 8538 | − 5642 |
| 31 | −35535 | −2445 0981 | −1062 2568 | +2445 0894 | −29893 | − 9 4963 | +1062 2769 | + 6 8989 | − 5642 |
| Aug. 1 | −35541 | −2445 3103 | −1062 3494 | +2445 3016 | −29898 | − 9 4620 | +1062 3693 | + 6 8642 | − 5643 |
| 2 | −35550 | −2445 6225 | −1062 4853 | +2445 6140 | −29906 | − 9 3585 | +1062 5050 | + 6 7601 | − 5645 |
| 3 | −35564 | −2446 0965 | −1062 6914 | +2446 0881 | −29917 | − 9 2081 | +1062 7108 | + 6 6087 | − 5647 |
| 4 | −35583 | −2446 7760 | −1062 9866 | +2446 7678 | −29934 | − 9 0438 | +1063 0055 | + 6 4428 | − 5650 |
| 5 | −35609 | −2447 6756 | −1063 3772 | +2447 6676 | −29956 | − 8 9068 | +1063 3958 | + 6 3039 | − 5654 |
| 6 | −35641 | −2448 7680 | −1063 8514 | +2448 7600 | −29983 | − 8 8414 | +1063 8698 | + 6 2362 | − 5659 |
| 7 | −35676 | −2449 9751 | −1064 3752 | +2449 9670 | −30012 | − 8 8848 | +1064 3938 | + 6 2771 | − 5665 |
| 8 | −35711 | −2451 1715 | −1064 8945 | +2451 1632 | −30041 | − 9 0533 | +1064 9135 | + 6 4430 | − 5670 |
| 9 | −35742 | −2452 2106 | −1065 3456 | +2452 2020 | −30067 | − 9 3288 | +1065 3653 | + 6 7163 | − 5675 |
| 10 | −35764 | −2452 9730 | −1065 6767 | +2452 9641 | −30086 | − 9 6555 | +1065 6972 | + 7 0414 | − 5679 |
| 11 | −35777 | −2453 4192 | −1065 8708 | +2453 4100 | −30097 | − 9 9539 | +1065 8920 | + 7 3389 | − 5681 |
| 12 | −35782 | −2453 6130 | −1065 9553 | +2453 6035 | −30101 | − 10 1498 | +1065 9770 | + 7 5343 | − 5682 |
| 13 | −35785 | −2453 6963 | −1065 9921 | +2453 6868 | −30103 | − 10 2035 | +1066 0139 | + 7 5878 | − 5682 |
| 14 | −35789 | −2453 8302 | −1066 0507 | +2453 8208 | −30107 | − 10 1221 | +1066 0723 | + 7 5062 | − 5683 |
| 15 | −35798 | −2454 1363 | −1066 1840 | +2454 1271 | −30114 | − 9 9502 | +1066 2052 | + 7 3336 | − 5684 |
| 16 | −35813 | −2454 6681 | −1066 4151 | +2454 6591 | −30127 | − 9 7486 | +1066 4358 | + 7 1309 | − 5687 |

$M = NPB$. Values are in units of $10^{-10}$. Matrix used with GAST (B13–B20). CIP is $\mathcal{X} = M_{3,1}$, $\mathcal{Y} = M_{3,2}$.

## MATRIX ELEMENTS FOR CONVERSION FROM
## GCRS TO EQUATOR & CELESTIAL INTERMEDIATE ORIGIN OF DATE
### FOR $0^h$ TERRESTRIAL TIME

| Julian Date | $C_{1,1}-1$ | $C_{1,2}$ | $C_{1,3}$ | $C_{2,1}$ | $C_{2,2}-1$ | $C_{2,3}$ | $C_{3,1}$ | $C_{3,2}$ | $C_{3,3}-1$ |
|---|---|---|---|---|---|---|---|---|---|
| **245** | | | | | | | | | |
| **5378·5** | − 5545 | − 146 | − 1053 0961 | + 82 | 0 | − 6 0674 | +1053 0961 | + 6 0674 | − 5545 |
| **5379·5** | − 5547 | − 146 | − 1053 2744 | + 81 | 0 | − 6 1836 | +1053 2744 | + 6 1836 | − 5547 |
| **5380·5** | − 5548 | − 146 | − 1053 4161 | + 80 | 0 | − 6 2301 | +1053 4161 | + 6 2300 | − 5549 |
| **5381·5** | − 5550 | − 146 | − 1053 5502 | + 81 | 0 | − 6 1967 | +1053 5502 | + 6 1967 | − 5550 |
| **5382·5** | − 5552 | − 146 | − 1053 7085 | + 82 | 0 | − 6 0845 | +1053 7085 | + 6 0845 | − 5552 |
| **5383·5** | − 5554 | − 146 | − 1053 9227 | + 84 | 0 | − 5 9069 | +1053 9227 | + 5 9068 | − 5554 |
| **5384·5** | − 5557 | − 146 | − 1054 2203 | + 86 | 0 | − 5 6904 | +1054 2203 | + 5 6904 | − 5557 |
| **5385·5** | − 5561 | − 146 | − 1054 6184 | + 88 | 0 | − 5 4747 | +1054 6184 | + 5 4747 | − 5561 |
| **5386·5** | − 5566 | − 146 | − 1055 1172 | + 90 | 0 | − 5 3076 | +1055 1172 | + 5 3076 | − 5567 |
| **5387·5** | − 5572 | − 146 | − 1055 6925 | + 91 | 0 | − 5 2365 | +1055 6925 | + 5 2365 | − 5573 |
| **5388·5** | − 5579 | − 146 | − 1056 2957 | + 90 | 0 | − 5 2927 | +1056 2957 | + 5 2927 | − 5579 |
| **5389·5** | − 5585 | − 146 | − 1056 8617 | + 88 | 0 | − 5 4758 | +1056 8617 | + 5 4757 | − 5585 |
| **5390·5** | − 5590 | − 146 | − 1057 3294 | + 85 | 0 | − 5 7461 | +1057 3294 | + 5 7460 | − 5590 |
| **5391·5** | − 5593 | − 146 | − 1057 6645 | + 82 | 0 | − 6 0336 | +1057 6645 | + 6 0336 | − 5593 |
| **5392·5** | − 5595 | − 146 | − 1057 8738 | + 80 | 0 | − 6 2620 | +1057 8738 | + 6 2620 | − 5596 |
| **5393·5** | − 5597 | − 146 | − 1058 0010 | + 79 | 0 | − 6 3761 | +1058 0010 | + 6 3760 | − 5597 |
| **5394·5** | − 5598 | − 146 | − 1058 1085 | + 79 | 0 | − 6 3582 | +1058 1085 | + 6 3582 | − 5598 |
| **5395·5** | − 5600 | − 146 | − 1058 2556 | + 80 | 0 | − 6 2283 | +1058 2556 | + 6 2283 | − 5600 |
| **5396·5** | − 5602 | − 146 | − 1058 4823 | + 82 | 0 | − 6 0318 | +1058 4823 | + 6 0318 | − 5602 |
| **5397·5** | − 5605 | − 146 | − 1058 8036 | + 85 | 0 | − 5 8235 | +1058 8036 | + 5 8235 | − 5605 |
| **5398·5** | − 5610 | − 146 | − 1059 2111 | + 86 | 0 | − 5 6537 | +1059 2111 | + 5 6537 | − 5610 |
| **5399·5** | − 5615 | − 146 | − 1059 6791 | + 87 | 0 | − 5 5593 | +1059 6791 | + 5 5593 | − 5615 |
| **5400·5** | − 5620 | − 146 | − 1060 1725 | + 87 | 0 | − 5 5592 | +1060 1725 | + 5 5592 | − 5620 |
| **5401·5** | − 5625 | − 146 | − 1060 6540 | + 86 | 0 | − 5 6544 | +1060 6540 | + 5 6544 | − 5625 |
| **5402·5** | − 5630 | − 146 | − 1061 0909 | + 85 | 0 | − 5 8295 | +1061 0909 | + 5 8295 | − 5630 |
| **5403·5** | − 5633 | − 146 | − 1061 4595 | + 82 | 0 | − 6 0577 | +1061 4595 | + 6 0577 | − 5634 |
| **5404·5** | − 5637 | − 146 | − 1061 7480 | + 79 | 0 | − 6 3059 | +1061 7480 | + 6 3059 | − 5637 |
| **5405·5** | − 5639 | − 146 | − 1061 9574 | + 77 | 0 | − 6 5400 | +1061 9574 | + 6 5400 | − 5639 |
| **5406·5** | − 5640 | − 146 | − 1062 1000 | + 75 | 0 | − 6 7300 | +1062 1000 | + 6 7300 | − 5641 |
| **5407·5** | − 5641 | − 146 | − 1062 1973 | + 74 | 0 | − 6 8538 | +1062 1973 | + 6 8538 | − 5642 |
| **5408·5** | − 5642 | − 146 | − 1062 2769 | + 73 | 0 | − 6 8989 | +1062 2769 | + 6 8989 | − 5642 |
| **5409·5** | − 5643 | − 146 | − 1062 3693 | + 74 | 0 | − 6 8642 | +1062 3693 | + 6 8642 | − 5643 |
| **5410·5** | − 5645 | − 146 | − 1062 5050 | + 75 | 0 | − 6 7601 | +1062 5050 | + 6 7601 | − 5645 |
| **5411·5** | − 5647 | − 146 | − 1062 7108 | + 76 | 0 | − 6 6087 | +1062 7108 | + 6 6087 | − 5647 |
| **5412·5** | − 5650 | − 147 | − 1063 0055 | + 78 | 0 | − 6 4429 | +1063 0055 | + 6 4428 | − 5650 |
| **5413·5** | − 5654 | − 147 | − 1063 3958 | + 79 | 0 | − 6 3039 | +1063 3958 | + 6 3039 | − 5654 |
| **5414·5** | − 5659 | − 147 | − 1063 8698 | + 80 | 0 | − 6 2362 | +1063 8698 | + 6 2362 | − 5659 |
| **5415·5** | − 5665 | − 147 | − 1064 3938 | + 80 | 0 | − 6 2771 | +1064 3938 | + 6 2771 | − 5665 |
| **5416·5** | − 5670 | − 147 | − 1064 9135 | + 78 | 0 | − 6 4430 | +1064 9135 | + 6 4430 | − 5670 |
| **5417·5** | − 5675 | − 147 | − 1065 3653 | + 75 | 0 | − 6 7163 | +1065 3653 | + 6 7163 | − 5675 |
| **5418·5** | − 5679 | − 147 | − 1065 6972 | + 72 | 0 | − 7 0415 | +1065 6972 | + 7 0414 | − 5679 |
| **5419·5** | − 5681 | − 147 | − 1065 8920 | + 68 | 0 | − 7 3389 | +1065 8920 | + 7 3389 | − 5681 |
| **5420·5** | − 5682 | − 147 | − 1065 9770 | + 66 | 0 | − 7 5343 | +1065 9770 | + 7 5343 | − 5682 |
| **5421·5** | − 5682 | − 147 | − 1066 0139 | + 66 | 0 | − 7 5878 | +1066 0139 | + 7 5878 | − 5682 |
| **5422·5** | − 5683 | − 147 | − 1066 0723 | + 67 | 0 | − 7 5062 | +1066 0723 | + 7 5062 | − 5683 |
| **5423·5** | − 5684 | − 147 | − 1066 2052 | + 69 | 0 | − 7 3336 | +1066 2052 | + 7 3336 | − 5684 |
| **5424·5** | − 5686 | − 147 | − 1066 4358 | + 71 | 0 | − 7 1309 | +1066 4358 | + 7 1309 | − 5687 |

Values are in units of $10^{-10}$. Matrix used with ERA (B21–B24). CIP is $\mathcal{X} = C_{3,1}$, $\mathcal{Y} = C_{3,2}$

## MATRIX ELEMENTS FOR CONVERSION FROM
## GCRS TO EQUATOR AND EQUINOX OF DATE
## FOR 0$^h$ TERRESTRIAL TIME

| Date 0$^h$ TT | $M_{1,1}-1$ | $M_{1,2}$ | $M_{1,3}$ | $M_{2,1}$ | $M_{2,2}-1$ | $M_{2,3}$ | $M_{3,1}$ | $M_{3,2}$ | $M_{3,3}-1$ |
|---|---|---|---|---|---|---|---|---|---|
| Aug. 16 | −35813 | −2454 6681 | −1066 4151 | +2454 6591 | −30127 | − 9 7486 | +1066 4358 | + 7 1309 | − 5687 |
| 17 | −35835 | −2455 4127 | −1066 7385 | +2455 4039 | −30146 | − 9 5749 | +1066 7588 | + 6 9556 | − 5690 |
| 18 | −35861 | −2456 3109 | −1067 1285 | +2456 3022 | −30168 | − 9 4711 | +1067 1486 | + 6 8498 | − 5694 |
| 19 | −35890 | −2457 2804 | −1067 5494 | +2457 2717 | −30191 | − 9 4587 | +1067 5694 | + 6 8354 | − 5699 |
| 20 | −35917 | −2458 2352 | −1067 9639 | +2458 2264 | −30215 | − 9 5405 | +1067 9842 | + 6 9152 | − 5703 |
| 21 | −35943 | −2459 0997 | −1068 3393 | +2459 0908 | −30236 | − 9 7032 | +1068 3600 | + 7 0761 | − 5707 |
| 22 | −35964 | −2459 8178 | −1068 6512 | +2459 8086 | −30254 | − 9 9224 | +1068 6724 | + 7 2937 | − 5711 |
| 23 | −35979 | −2460 3577 | −1068 8859 | +2460 3482 | −30267 | − 10 1667 | +1068 9077 | + 7 5368 | − 5713 |
| 24 | −35990 | −2460 7147 | −1069 0412 | +2460 7049 | −30276 | − 10 4027 | +1069 0636 | + 7 7721 | − 5715 |
| 25 | −35996 | −2460 9101 | −1069 1266 | +2460 9002 | −30281 | − 10 5996 | +1069 1494 | + 7 9686 | − 5716 |
| 26 | −35998 | −2460 9881 | −1069 1610 | +2460 9781 | −30283 | − 10 7328 | +1069 1842 | + 8 1016 | − 5716 |
| 27 | −35999 | −2461 0092 | −1069 1707 | +2460 9990 | −30283 | − 10 7873 | +1069 1940 | + 8 1561 | − 5716 |
| 28 | −36000 | −2461 0427 | −1069 1858 | +2461 0326 | −30284 | − 10 7596 | +1069 2091 | + 8 1283 | − 5716 |
| 29 | −36003 | −2461 1582 | −1069 2365 | +2461 1482 | −30287 | − 10 6582 | +1069 2595 | + 8 0266 | − 5717 |
| 30 | −36010 | −2461 4166 | −1069 3491 | +2461 4068 | −30293 | − 10 5031 | +1069 3717 | + 7 8709 | − 5718 |
| 31 | −36023 | −2461 8620 | −1069 5428 | +2461 8523 | −30304 | − 10 3242 | +1069 5650 | + 7 6911 | − 5720 |
| Sept. 1 | −36043 | −2462 5125 | −1069 8254 | +2462 5031 | −30320 | − 10 1585 | +1069 8472 | + 7 5240 | − 5723 |
| 2 | −36067 | −2463 3530 | −1070 1904 | +2463 3437 | −30341 | − 10 0455 | +1070 2119 | + 7 4092 | − 5727 |
| 3 | −36096 | −2464 3285 | −1070 6139 | +2464 3192 | −30365 | − 10 0206 | +1070 6353 | + 7 3823 | − 5732 |
| 4 | −36125 | −2465 3438 | −1071 0546 | +2465 3344 | −30390 | − 10 1060 | +1071 0763 | + 7 4655 | − 5736 |
| 5 | −36153 | −2466 2748 | −1071 4588 | +2466 2652 | −30413 | − 10 2996 | +1071 4810 | + 7 6570 | − 5741 |
| 6 | −36174 | −2466 9973 | −1071 7727 | +2466 9874 | −30431 | − 10 5668 | +1071 7955 | + 7 9227 | − 5744 |
| 7 | −36187 | −2467 4314 | −1071 9615 | +2467 4212 | −30441 | − 10 8426 | +1071 9849 | + 8 1975 | − 5746 |
| 8 | −36191 | −2467 5832 | −1072 0278 | +2467 5727 | −30445 | − 11 0487 | +1072 0518 | + 8 4034 | − 5747 |
| 9 | −36190 | −2467 5553 | −1072 0164 | +2467 5448 | −30445 | − 11 1229 | +1072 0405 | + 8 4776 | − 5747 |
| 10 | −36189 | −2467 5110 | −1071 9977 | +2467 5006 | −30443 | − 11 0453 | +1072 0217 | + 8 4001 | − 5747 |
| 11 | −36192 | −2467 6072 | −1072 0400 | +2467 5970 | −30446 | − 10 8448 | +1072 0635 | + 8 1994 | − 5747 |
| 12 | −36202 | −2467 9373 | −1072 1837 | +2467 9273 | −30454 | − 10 5833 | +1072 2066 | + 7 9371 | − 5748 |
| 13 | −36218 | −2468 5123 | −1072 4336 | +2468 5026 | −30468 | − 10 3292 | +1072 4558 | + 7 6819 | − 5751 |
| 14 | −36241 | −2469 2772 | −1072 7658 | +2469 2677 | −30487 | − 10 1366 | +1072 7876 | + 7 4877 | − 5755 |
| 15 | −36266 | −2470 1424 | −1073 1415 | +2470 1331 | −30508 | − 10 0354 | +1073 1630 | + 7 3846 | − 5759 |
| 16 | −36292 | −2471 0128 | −1073 5194 | +2471 0034 | −30530 | − 10 0319 | +1073 5409 | + 7 3792 | − 5763 |
| 17 | −36315 | −2471 8061 | −1073 8639 | +2471 7966 | −30549 | − 10 1140 | +1073 8856 | + 7 4596 | − 5766 |
| 18 | −36334 | −2472 4624 | −1074 1491 | +2472 4529 | −30566 | − 10 2575 | +1074 1711 | + 7 6017 | − 5770 |
| 19 | −36349 | −2472 9475 | −1074 3600 | +2472 9377 | −30578 | − 10 4317 | +1074 3825 | + 7 7749 | − 5772 |
| 20 | −36358 | −2473 2529 | −1074 4929 | +2473 2429 | −30585 | − 10 6038 | +1074 5159 | + 7 9463 | − 5773 |
| 21 | −36362 | −2473 3949 | −1074 5551 | +2473 3848 | −30589 | − 10 7425 | +1074 5784 | + 8 0847 | − 5774 |
| 22 | −36362 | −2473 4123 | −1074 5632 | +2473 4021 | −30589 | − 10 8219 | +1074 5867 | + 8 1640 | − 5774 |
| 23 | −36361 | −2473 3615 | −1074 5418 | +2473 3513 | −30588 | − 10 8243 | +1074 5653 | + 8 1665 | − 5774 |
| 24 | −36359 | −2473 3106 | −1074 5203 | +2473 3005 | −30587 | − 10 7429 | +1074 5436 | + 8 0852 | − 5774 |
| 25 | −36360 | −2473 3304 | −1074 5295 | +2473 3205 | −30587 | − 10 5834 | +1074 5524 | + 7 9257 | − 5774 |
| 26 | −36364 | −2473 4849 | −1074 5971 | +2473 4752 | −30591 | − 10 3640 | +1074 6194 | + 7 7059 | − 5774 |
| 27 | −36374 | −2473 8205 | −1074 7432 | +2473 8111 | −30599 | − 10 1133 | +1074 7649 | + 7 4546 | − 5776 |
| 28 | −36390 | −2474 3579 | −1074 9767 | +2474 3487 | −30613 | − 9 8674 | +1074 9979 | + 7 2075 | − 5778 |
| 29 | −36412 | −2475 0850 | −1075 2926 | +2475 0761 | −30631 | − 9 6642 | +1075 3132 | + 7 0027 | − 5782 |
| 30 | −36437 | −2475 9545 | −1075 6701 | +2475 9457 | −30652 | − 9 5374 | +1075 6904 | + 6 8740 | − 5786 |
| Oct. 1 | −36465 | −2476 8860 | −1076 0745 | +2476 8772 | −30675 | − 9 5090 | +1076 0948 | + 6 8437 | − 5790 |

**M** = **NPB**. Values are in units of $10^{-10}$. Matrix used with GAST (B13–B20). CIP is $\mathcal{X} = \mathbf{M}_{3,1}$, $\mathcal{Y} = \mathbf{M}_{3,2}$.

MATRIX ELEMENTS FOR CONVERSION FROM
GCRS TO EQUATOR & CELESTIAL INTERMEDIATE ORIGIN OF DATE
FOR $0^h$ TERRESTRIAL TIME

| Julian Date | $C_{1,1}-1$ | $C_{1,2}$ | $C_{1,3}$ | $C_{2,1}$ | $C_{2,2}-1$ | $C_{2,3}$ | $C_{3,1}$ | $C_{3,2}$ | $C_{3,3}-1$ |
|---|---|---|---|---|---|---|---|---|---|
| **245** | | | | | | | | | |
| **5424·5** | − 5686 | − 147 | − 1066 4358 | + 71 | 0 | − 7 1309 | +1066 4358 | + 7 1309 | − 5687 |
| **5425·5** | − 5690 | − 147 | − 1066 7588 | + 73 | 0 | − 6 9556 | +1066 7588 | + 6 9556 | − 5690 |
| **5426·5** | − 5694 | − 147 | − 1067 1486 | + 74 | 0 | − 6 8499 | +1067 1486 | + 6 8498 | − 5694 |
| **5427·5** | − 5699 | − 147 | − 1067 5694 | + 74 | 0 | − 6 8354 | +1067 5694 | + 6 8354 | − 5699 |
| **5428·5** | − 5703 | − 147 | − 1067 9842 | + 73 | 0 | − 6 9152 | +1067 9842 | + 6 9152 | − 5703 |
| **5429·5** | − 5707 | − 147 | − 1068 3600 | + 71 | 0 | − 7 0761 | +1068 3600 | + 7 0761 | − 5707 |
| **5430·5** | − 5710 | − 147 | − 1068 6724 | + 69 | 0 | − 7 2937 | +1068 6724 | + 7 2937 | − 5711 |
| **5431·5** | − 5713 | − 147 | − 1068 9077 | + 66 | 0 | − 7 5368 | +1068 9077 | + 7 5368 | − 5713 |
| **5432·5** | − 5714 | − 147 | − 1069 0636 | + 64 | 0 | − 7 7721 | +1069 0636 | + 7 7721 | − 5715 |
| **5433·5** | − 5715 | − 147 | − 1069 1494 | + 62 | 0 | − 7 9686 | +1069 1494 | + 7 9686 | − 5716 |
| **5434·5** | − 5716 | − 147 | − 1069 1842 | + 60 | 0 | − 8 1016 | +1069 1842 | + 8 1016 | − 5716 |
| **5435·5** | − 5716 | − 147 | − 1069 1940 | + 60 | 0 | − 8 1561 | +1069 1940 | + 8 1561 | − 5716 |
| **5436·5** | − 5716 | − 147 | − 1069 2091 | + 60 | 0 | − 8 1283 | +1069 2091 | + 8 1283 | − 5716 |
| **5437·5** | − 5717 | − 147 | − 1069 2595 | + 61 | 0 | − 8 0266 | +1069 2595 | + 8 0266 | − 5717 |
| **5438·5** | − 5718 | − 147 | − 1069 3717 | + 63 | 0 | − 7 8710 | +1069 3717 | + 7 8709 | − 5718 |
| **5439·5** | − 5720 | − 147 | − 1069 5650 | + 65 | 0 | − 7 6911 | +1069 5650 | + 7 6911 | − 5720 |
| **5440·5** | − 5723 | − 147 | − 1069 8472 | + 66 | 0 | − 7 5240 | +1069 8472 | + 7 5240 | − 5723 |
| **5441·5** | − 5727 | − 147 | − 1070 2119 | + 68 | 0 | − 7 4092 | +1070 2119 | + 7 4092 | − 5727 |
| **5442·5** | − 5731 | − 147 | − 1070 6353 | + 68 | 0 | − 7 3823 | +1070 6353 | + 7 3823 | − 5732 |
| **5443·5** | − 5736 | − 147 | − 1071 0763 | + 67 | 0 | − 7 4655 | +1071 0763 | + 7 4655 | − 5736 |
| **5444·5** | − 5740 | − 147 | − 1071 4810 | + 65 | 0 | − 7 6570 | +1071 4810 | + 7 6570 | − 5741 |
| **5445·5** | − 5744 | − 147 | − 1071 7955 | + 62 | 0 | − 7 9227 | +1071 7955 | + 7 9227 | − 5744 |
| **5446·5** | − 5746 | − 147 | − 1071 9849 | + 59 | 0 | − 8 1976 | +1071 9849 | + 8 1975 | − 5746 |
| **5447·5** | − 5746 | − 147 | − 1072 0518 | + 57 | 0 | − 8 4034 | +1072 0518 | + 8 4034 | − 5747 |
| **5448·5** | − 5746 | − 147 | − 1072 0405 | + 56 | 0 | − 8 4776 | +1072 0405 | + 8 4776 | − 5747 |
| **5449·5** | − 5746 | − 147 | − 1072 0217 | + 57 | 0 | − 8 4001 | +1072 0217 | + 8 4001 | − 5747 |
| **5450·5** | − 5747 | − 147 | − 1072 0635 | + 59 | 0 | − 8 1994 | +1072 0635 | + 8 1994 | − 5747 |
| **5451·5** | − 5748 | − 147 | − 1072 2066 | + 62 | 0 | − 7 9372 | +1072 2066 | + 7 9371 | − 5748 |
| **5452·5** | − 5751 | − 147 | − 1072 4558 | + 65 | 0 | − 7 6819 | +1072 4558 | + 7 6819 | − 5751 |
| **5453·5** | − 5754 | − 147 | − 1072 7876 | + 67 | 0 | − 7 4877 | +1072 7876 | + 7 4877 | − 5755 |
| **5454·5** | − 5758 | − 147 | − 1073 1630 | + 68 | 0 | − 7 3846 | +1073 1630 | + 7 3846 | − 5759 |
| **5455·5** | − 5762 | − 147 | − 1073 5409 | + 68 | 0 | − 7 3792 | +1073 5409 | + 7 3792 | − 5763 |
| **5456·5** | − 5766 | − 147 | − 1073 8856 | + 67 | 0 | − 7 4596 | +1073 8856 | + 7 4596 | − 5766 |
| **5457·5** | − 5769 | − 147 | − 1074 1711 | + 66 | 0 | − 7 6017 | +1074 1711 | + 7 6017 | − 5770 |
| **5458·5** | − 5771 | − 147 | − 1074 3825 | + 64 | 0 | − 7 7749 | +1074 3825 | + 7 7749 | − 5772 |
| **5459·5** | − 5773 | − 147 | − 1074 5159 | + 62 | 0 | − 7 9463 | +1074 5159 | + 7 9463 | − 5773 |
| **5460·5** | − 5774 | − 147 | − 1074 5784 | + 60 | 0 | − 8 0847 | +1074 5784 | + 8 0847 | − 5774 |
| **5461·5** | − 5774 | − 147 | − 1074 5867 | + 60 | 0 | − 8 1640 | +1074 5867 | + 8 1640 | − 5774 |
| **5462·5** | − 5773 | − 147 | − 1074 5653 | + 60 | 0 | − 8 1665 | +1074 5653 | + 8 1665 | − 5774 |
| **5463·5** | − 5773 | − 147 | − 1074 5436 | + 60 | 0 | − 8 0853 | +1074 5436 | + 8 0852 | − 5774 |
| **5464·5** | − 5773 | − 147 | − 1074 5524 | + 62 | 0 | − 7 9257 | +1074 5524 | + 7 9257 | − 5774 |
| **5465·5** | − 5774 | − 147 | − 1074 6194 | + 65 | 0 | − 7 7060 | +1074 6194 | + 7 7059 | − 5774 |
| **5466·5** | − 5776 | − 147 | − 1074 7649 | + 67 | 0 | − 7 4546 | +1074 7649 | + 7 4546 | − 5776 |
| **5467·5** | − 5778 | − 147 | − 1074 9979 | + 70 | 0 | − 7 2075 | +1074 9979 | + 7 2075 | − 5778 |
| **5468·5** | − 5781 | − 147 | − 1075 3132 | + 72 | 0 | − 7 0028 | +1075 3132 | + 7 0027 | − 5782 |
| **5469·5** | − 5786 | − 147 | − 1075 6904 | + 73 | 0 | − 6 8740 | +1075 6904 | + 6 8740 | − 5786 |
| **5470·5** | − 5790 | − 147 | − 1076 0948 | + 74 | 0 | − 6 8437 | +1076 0948 | + 6 8437 | − 5790 |

Values are in units of $10^{-10}$. Matrix used with ERA (B21–B24). CIP is $\mathcal{X} = C_{3,1}$, $\mathcal{Y} = C_{3,2}$

## MATRIX ELEMENTS FOR CONVERSION FROM
## GCRS TO EQUATOR AND EQUINOX OF DATE
## FOR $0^h$ TERRESTRIAL TIME

| Date $0^h$ TT | $M_{1,1}-1$ | $M_{1,2}$ | $M_{1,3}$ | $M_{2,1}$ | $M_{2,2}-1$ | $M_{2,3}$ | $M_{3,1}$ | $M_{3,2}$ | $M_{3,3}-1$ |
|---|---|---|---|---|---|---|---|---|---|
| **Oct. 1** | $-36465$ | $-2476\,8860$ | $-1076\,0745$ | $+2476\,8772$ | $-30675$ | $-\,9\,5090$ | $+1076\,0948$ | $+\,6\,8437$ | $-\quad5790$ |
| **2** | $-36491$ | $-2477\,7752$ | $-1076\,4606$ | $+2477\,7663$ | $-30697$ | $-\,9\,5821$ | $+1076\,4810$ | $+\,6\,9149$ | $-\quad5794$ |
| **3** | $-36512$ | $-2478\,5129$ | $-1076\,7810$ | $+2478\,5038$ | $-30715$ | $-\,9\,7349$ | $+1076\,8018$ | $+\,7\,0661$ | $-\quad5798$ |
| **4** | $-36527$ | $-2479\,0138$ | $-1076\,9988$ | $+2479\,0045$ | $-30728$ | $-\,9\,9192$ | $+1077\,0200$ | $+\,7\,2493$ | $-\quad5800$ |
| **5** | $-36534$ | $-2479\,2500$ | $-1077\,1018$ | $+2479\,2406$ | $-30734$ | $-10\,0685$ | $+1077\,1234$ | $+\,7\,3980$ | $-\quad5801$ |
| **6** | $-36535$ | $-2479\,2748$ | $-1077\,1131$ | $+2479\,2654$ | $-30734$ | $-10\,1163$ | $+1077\,1349$ | $+\,7\,4459$ | $-\quad5801$ |
| **7** | $-36533$ | $-2479\,2169$ | $-1077\,0886$ | $+2479\,2076$ | $-30733$ | $-10\,0211$ | $+1077\,1101$ | $+\,7\,3508$ | $-\quad5801$ |
| **8** | $-36534$ | $-2479\,2384$ | $-1077\,0985$ | $+2479\,2293$ | $-30733$ | $-\,9\,7848$ | $+1077\,1195$ | $+\,7\,1143$ | $-\quad5801$ |
| **9** | $-36541$ | $-2479\,4725$ | $-1077\,2006$ | $+2479\,4637$ | $-30739$ | $-\,9\,4528$ | $+1077\,2207$ | $+\,6\,7819$ | $-\quad5802$ |
| **10** | $-36556$ | $-2479\,9761$ | $-1077\,4195$ | $+2479\,9677$ | $-30752$ | $-\,9\,0956$ | $+1077\,4388$ | $+\,6\,4236$ | $-\quad5805$ |
| **11** | $-36578$ | $-2480\,7209$ | $-1077\,7430$ | $+2480\,7129$ | $-30770$ | $-\,8\,7808$ | $+1077\,7615$ | $+\,6\,1072$ | $-\quad5808$ |
| **12** | $-36604$ | $-2481\,6193$ | $-1078\,1331$ | $+2481\,6116$ | $-30792$ | $-\,8\,5538$ | $+1078\,1510$ | $+\,5\,8783$ | $-\quad5812$ |
| **13** | $-36632$ | $-2482\,5628$ | $-1078\,5427$ | $+2482\,5551$ | $-30816$ | $-\,8\,4314$ | $+1078\,5603$ | $+\,5\,7539$ | $-\quad5817$ |
| **14** | $-36658$ | $-2483\,4525$ | $-1078\,9290$ | $+2483\,4448$ | $-30838$ | $-\,8\,4057$ | $+1078\,9465$ | $+\,5\,7262$ | $-\quad5821$ |
| **15** | $-36681$ | $-2484\,2159$ | $-1079\,2605$ | $+2484\,2082$ | $-30857$ | $-\,8\,4527$ | $+1079\,2782$ | $+\,5\,7715$ | $-\quad5824$ |
| **16** | $-36698$ | $-2484\,8116$ | $-1079\,5194$ | $+2484\,8038$ | $-30872$ | $-\,8\,5401$ | $+1079\,5373$ | $+\,5\,8577$ | $-\quad5827$ |
| **17** | $-36711$ | $-2485\,2275$ | $-1079\,7003$ | $+2485\,2196$ | $-30882$ | $-\,8\,6342$ | $+1079\,7184$ | $+\,5\,9508$ | $-\quad5829$ |
| **18** | $-36718$ | $-2485\,4772$ | $-1079\,8091$ | $+2485\,4692$ | $-30888$ | $-\,8\,7028$ | $+1079\,8274$ | $+\,6\,0189$ | $-\quad5830$ |
| **19** | $-36721$ | $-2485\,5956$ | $-1079\,8610$ | $+2485\,5876$ | $-30891$ | $-\,8\,7190$ | $+1079\,8794$ | $+\,6\,0349$ | $-\quad5831$ |
| **20** | $-36723$ | $-2485\,6354$ | $-1079\,8789$ | $+2485\,6275$ | $-30892$ | $-\,8\,6633$ | $+1079\,8971$ | $+\,5\,9791$ | $-\quad5831$ |
| **21** | $-36723$ | $-2485\,6620$ | $-1079\,8910$ | $+2485\,6542$ | $-30893$ | $-\,8\,5257$ | $+1079\,9089$ | $+\,5\,8414$ | $-\quad5831$ |
| **22** | $-36726$ | $-2485\,7467$ | $-1079\,9284$ | $+2485\,7392$ | $-30895$ | $-\,8\,3080$ | $+1079\,9457$ | $+\,5\,6235$ | $-\quad5832$ |
| **23** | $-36732$ | $-2485\,9578$ | $-1080\,0204$ | $+2485\,9506$ | $-30900$ | $-\,8\,0249$ | $+1080\,0371$ | $+\,5\,3400$ | $-\quad5833$ |
| **24** | $-36744$ | $-2486\,3488$ | $-1080\,1905$ | $+2486\,3419$ | $-30910$ | $-\,7\,7033$ | $+1080\,2064$ | $+\,5\,0176$ | $-\quad5834$ |
| **25** | $-36761$ | $-2486\,9475$ | $-1080\,4507$ | $+2486\,9410$ | $-30925$ | $-\,7\,3793$ | $+1080\,4657$ | $+\,4\,6923$ | $-\quad5837$ |
| **26** | $-36785$ | $-2487\,7470$ | $-1080\,7979$ | $+2487\,7407$ | $-30945$ | $-\,7\,0925$ | $+1080\,8122$ | $+\,4\,4037$ | $-\quad5841$ |
| **27** | $-36813$ | $-2488\,7023$ | $-1081\,2126$ | $+2488\,6963$ | $-30968$ | $-\,6\,8784$ | $+1081\,2264$ | $+\,4\,1876$ | $-\quad5845$ |
| **28** | $-36844$ | $-2489\,7347$ | $-1081\,6608$ | $+2489\,7288$ | $-30994$ | $-\,6\,7607$ | $+1081\,6743$ | $+\,4\,0676$ | $-\quad5850$ |
| **29** | $-36874$ | $-2490\,7440$ | $-1082\,0990$ | $+2490\,7382$ | $-31019$ | $-\,6\,7440$ | $+1082\,1124$ | $+\,4\,0488$ | $-\quad5855$ |
| **30** | $-36900$ | $-2491\,6280$ | $-1082\,4828$ | $+2491\,6221$ | $-31041$ | $-\,6\,8104$ | $+1082\,4964$ | $+\,4\,1132$ | $-\quad5859$ |
| **31** | $-36920$ | $-2492\,3059$ | $-1082\,7773$ | $+2492\,2998$ | $-31058$ | $-\,6\,9194$ | $+1082\,7911$ | $+\,4\,2207$ | $-\quad5862$ |
| **Nov. 1** | $-36933$ | $-2492\,7429$ | $-1082\,9673$ | $+2492\,7368$ | $-31069$ | $-\,7\,0146$ | $+1082\,9814$ | $+\,4\,3150$ | $-\quad5864$ |
| **2** | $-36940$ | $-2492\,9678$ | $-1083\,0654$ | $+2492\,9617$ | $-31075$ | $-\,7\,0364$ | $+1083\,0796$ | $+\,4\,3363$ | $-\quad5865$ |
| **3** | $-36943$ | $-2493\,0747$ | $-1083\,1124$ | $+2493\,0687$ | $-31077$ | $-\,6\,9388$ | $+1083\,1263$ | $+\,4\,2385$ | $-\quad5866$ |
| **4** | $-36947$ | $-2493\,2022$ | $-1083\,1682$ | $+2493\,1964$ | $-31080$ | $-\,6\,7065$ | $+1083\,1816$ | $+\,4\,0059$ | $-\quad5866$ |
| **5** | $-36955$ | $-2493\,4905$ | $-1083\,2938$ | $+2493\,4850$ | $-31088$ | $-\,6\,3627$ | $+1083\,3063$ | $+\,3\,6615$ | $-\quad5868$ |
| **6** | $-36971$ | $-2494\,0332$ | $-1083\,5297$ | $+2494\,0282$ | $-31101$ | $-\,5\,9635$ | $+1083\,5412$ | $+\,3\,2612$ | $-\quad5870$ |
| **7** | $-36995$ | $-2494\,8465$ | $-1083\,8828$ | $+2494\,8419$ | $-31121$ | $-\,5\,5779$ | $+1083\,8934$ | $+\,2\,8738$ | $-\quad5874$ |
| **8** | $-37026$ | $-2495\,8703$ | $-1084\,3273$ | $+2495\,8660$ | $-31147$ | $-\,5\,2649$ | $+1084\,3370$ | $+\,2\,5585$ | $-\quad5879$ |
| **9** | $-37059$ | $-2496\,9980$ | $-1084\,8168$ | $+2496\,9940$ | $-31175$ | $-\,5\,0574$ | $+1084\,8260$ | $+\,2\,3486$ | $-\quad5884$ |
| **10** | $-37092$ | $-2498\,1147$ | $-1085\,3015$ | $+2498\,1108$ | $-31203$ | $-\,4\,9592$ | $+1085\,3105$ | $+\,2\,2479$ | $-\quad5890$ |
| **11** | $-37122$ | $-2499\,1265$ | $-1085\,7407$ | $+2499\,1226$ | $-31228$ | $-\,4\,9506$ | $+1085\,7497$ | $+\,2\,2372$ | $-\quad5894$ |
| **12** | $-37148$ | $-2499\,9748$ | $-1086\,1090$ | $+2499\,9708$ | $-31249$ | $-\,4\,9990$ | $+1086\,1181$ | $+\,2\,2837$ | $-\quad5898$ |
| **13** | $-37167$ | $-2500\,6372$ | $-1086\,3968$ | $+2500\,6332$ | $-31266$ | $-\,5\,0677$ | $+1086\,4061$ | $+\,2\,3510$ | $-\quad5901$ |
| **14** | $-37182$ | $-2501\,1224$ | $-1086\,6078$ | $+2501\,1183$ | $-31278$ | $-\,5\,1221$ | $+1086\,6172$ | $+\,2\,4043$ | $-\quad5904$ |
| **15** | $-37192$ | $-2501\,4628$ | $-1086\,7559$ | $+2501\,4587$ | $-31287$ | $-\,5\,1333$ | $+1086\,7654$ | $+\,2\,4148$ | $-\quad5905$ |
| **16** | $-37199$ | $-2501\,7086$ | $-1086\,8631$ | $+2501\,7046$ | $-31293$ | $-\,5\,0799$ | $+1086\,8724$ | $+\,2\,3609$ | $-\quad5906$ |

$M = NPB$. Values are in units of $10^{-10}$. Matrix used with GAST (B13–B20). CIP is $\mathcal{X} = M_{3,1}$, $\mathcal{Y} = M_{3,2}$.

## MATRIX ELEMENTS FOR CONVERSION FROM
## GCRS TO EQUATOR & CELESTIAL INTERMEDIATE ORIGIN OF DATE
## FOR $0^h$ TERRESTRIAL TIME

| Julian Date | $C_{1,1}-1$ | $C_{1,2}$ | $C_{1,3}$ | $C_{2,1}$ | $C_{2,2}-1$ | $C_{2,3}$ | $C_{3,1}$ | $C_{3,2}$ | $C_{3,3}-1$ |
|---|---|---|---|---|---|---|---|---|---|
| **245** | | | | | | | | | |
| **5470·5** | − 5790 | − 147 | − 1076 0948 | + 74 | 0 | − 6 8437 | +1076 0948 | + 6 8437 | − 5790 |
| **5471·5** | − 5794 | − 147 | − 1076 4810 | + 73 | 0 | − 6 9149 | +1076 4810 | + 6 9149 | − 5794 |
| **5472·5** | − 5798 | − 147 | − 1076 8018 | + 71 | 0 | − 7 0661 | +1076 8018 | + 7 0661 | − 5798 |
| **5473·5** | − 5800 | − 148 | − 1077 0200 | + 69 | 0 | − 7 2493 | +1077 0200 | + 7 2493 | − 5800 |
| **5474·5** | − 5801 | − 148 | − 1077 1234 | + 68 | 0 | − 7 3981 | +1077 1234 | + 7 3980 | − 5801 |
| **5475·5** | − 5801 | − 148 | − 1077 1349 | + 67 | 0 | − 7 4459 | +1077 1349 | + 7 4459 | − 5801 |
| **5476·5** | − 5801 | − 148 | − 1077 1101 | + 68 | 0 | − 7 3508 | +1077 1101 | + 7 3508 | − 5801 |
| **5477·5** | − 5801 | − 148 | − 1077 1195 | + 71 | 0 | − 7 1144 | +1077 1195 | + 7 1143 | − 5801 |
| **5478·5** | − 5802 | − 148 | − 1077 2207 | + 74 | 0 | − 6 7819 | +1077 2207 | + 6 7819 | − 5802 |
| **5479·5** | − 5804 | − 148 | − 1077 4388 | + 78 | 0 | − 6 4236 | +1077 4388 | + 6 4236 | − 5805 |
| **5480·5** | − 5808 | − 148 | − 1077 7615 | + 82 | 0 | − 6 1072 | +1077 7615 | + 6 1072 | − 5808 |
| **5481·5** | − 5812 | − 148 | − 1078 1510 | + 84 | 0 | − 5 8783 | +1078 1510 | + 5 8783 | − 5812 |
| **5482·5** | − 5816 | − 148 | − 1078 5603 | + 86 | 0 | − 5 7539 | +1078 5603 | + 5 7539 | − 5817 |
| **5483·5** | − 5821 | − 148 | − 1078 9465 | + 86 | 0 | − 5 7263 | +1078 9465 | + 5 7262 | − 5821 |
| **5484·5** | − 5824 | − 148 | − 1079 2782 | + 85 | 0 | − 5 7715 | +1079 2782 | + 5 7715 | − 5824 |
| **5485·5** | − 5827 | − 148 | − 1079 5373 | + 84 | 0 | − 5 8577 | +1079 5373 | + 5 8577 | − 5827 |
| **5486·5** | − 5829 | − 148 | − 1079 7184 | + 83 | 0 | − 5 9509 | +1079 7184 | + 5 9508 | − 5829 |
| **5487·5** | − 5830 | − 148 | − 1079 8274 | + 83 | 0 | − 6 0189 | +1079 8274 | + 6 0189 | − 5830 |
| **5488·5** | − 5831 | − 148 | − 1079 8794 | + 83 | 0 | − 6 0349 | +1079 8794 | + 6 0349 | − 5831 |
| **5489·5** | − 5831 | − 148 | − 1079 8971 | + 83 | 0 | − 5 9791 | +1079 8971 | + 5 9791 | − 5831 |
| **5490·5** | − 5831 | − 148 | − 1079 9089 | + 85 | 0 | − 5 8414 | +1079 9089 | + 5 8414 | − 5831 |
| **5491·5** | − 5831 | − 148 | − 1079 9457 | + 87 | 0 | − 5 6235 | +1079 9457 | + 5 6235 | − 5832 |
| **5492·5** | − 5832 | − 148 | − 1080 0371 | + 90 | 0 | − 5 3400 | +1080 0371 | + 5 3400 | − 5833 |
| **5493·5** | − 5834 | − 148 | − 1080 2064 | + 93 | 0 | − 5 0176 | +1080 2064 | + 5 0176 | − 5834 |
| **5494·5** | − 5837 | − 148 | − 1080 4657 | + 97 | 0 | − 4 6923 | +1080 4657 | + 4 6923 | − 5837 |
| **5495·5** | − 5841 | − 148 | − 1080 8122 | +100 | 0 | − 4 4037 | +1080 8122 | + 4 4037 | − 5841 |
| **5496·5** | − 5845 | − 148 | − 1081 2264 | +102 | 0 | − 4 1876 | +1081 2264 | + 4 1876 | − 5845 |
| **5497·5** | − 5850 | − 148 | − 1081 6743 | +104 | 0 | − 4 0676 | +1081 6743 | + 4 0676 | − 5850 |
| **5498·5** | − 5855 | − 148 | − 1082 1124 | +104 | 0 | − 4 0488 | +1082 1124 | + 4 0488 | − 5855 |
| **5499·5** | − 5859 | − 148 | − 1082 4964 | +103 | 0 | − 4 1132 | +1082 4964 | + 4 1132 | − 5859 |
| **5500·5** | − 5862 | − 148 | − 1082 7911 | +102 | 0 | − 4 2207 | +1082 7911 | + 4 2207 | − 5862 |
| **5501·5** | − 5864 | − 148 | − 1082 9814 | +101 | 0 | − 4 3150 | +1082 9814 | + 4 3150 | − 5864 |
| **5502·5** | − 5865 | − 148 | − 1083 0796 | +101 | 0 | − 4 3363 | +1083 0796 | + 4 3363 | − 5865 |
| **5503·5** | − 5866 | − 148 | − 1083 1263 | +102 | 0 | − 4 2385 | +1083 1263 | + 4 2385 | − 5866 |
| **5504·5** | − 5866 | − 148 | − 1083 1816 | +104 | 0 | − 4 0059 | +1083 1816 | + 4 0059 | − 5866 |
| **5505·5** | − 5868 | − 148 | − 1083 3063 | +108 | 0 | − 3 6615 | +1083 3063 | + 3 6615 | − 5868 |
| **5506·5** | − 5870 | − 148 | − 1083 5412 | +112 | 0 | − 3 2612 | +1083 5412 | + 3 2612 | − 5870 |
| **5507·5** | − 5874 | − 148 | − 1083 8934 | +117 | 0 | − 2 8738 | +1083 8934 | + 2 8738 | − 5874 |
| **5508·5** | − 5879 | − 148 | − 1084 3370 | +120 | 0 | − 2 5585 | +1084 3370 | + 2 5585 | − 5879 |
| **5509·5** | − 5884 | − 148 | − 1084 8260 | +122 | 0 | − 2 3486 | +1084 8260 | + 2 3486 | − 5884 |
| **5510·5** | − 5889 | − 148 | − 1085 3105 | +123 | 0 | − 2 2480 | +1085 3105 | + 2 2479 | − 5890 |
| **5511·5** | − 5894 | − 148 | − 1085 7497 | +124 | 0 | − 2 2372 | +1085 7497 | + 2 2372 | − 5894 |
| **5512·5** | − 5898 | − 148 | − 1086 1181 | +123 | 0 | − 2 2837 | +1086 1181 | + 2 2837 | − 5898 |
| **5513·5** | − 5901 | − 148 | − 1086 4061 | +122 | 0 | − 2 3510 | +1086 4061 | + 2 3510 | − 5901 |
| **5514·5** | − 5904 | − 148 | − 1086 6172 | +122 | 0 | − 2 4044 | +1086 6172 | + 2 4043 | − 5904 |
| **5515·5** | − 5905 | − 148 | − 1086 7654 | +122 | 0 | − 2 4148 | +1086 7654 | + 2 4148 | − 5905 |
| **5516·5** | − 5906 | − 148 | − 1086 8724 | +122 | 0 | − 2 3609 | +1086 8724 | + 2 3609 | − 5906 |

Values are in units of $10^{-10}$. Matrix used with ERA (B21–B24). CIP is $X = C_{3,1}$, $y = C_{3,2}$

## MATRIX ELEMENTS FOR CONVERSION FROM
## GCRS TO EQUATOR AND EQUINOX OF DATE
## FOR $0^h$ TERRESTRIAL TIME

| Date $0^h$ TT | $M_{1,1}-1$ | $M_{1,2}$ | $M_{1,3}$ | $M_{2,1}$ | $M_{2,2}-1$ | $M_{2,3}$ | $M_{3,1}$ | $M_{3,2}$ | $M_{3,3}-1$ |
|---|---|---|---|---|---|---|---|---|---|
| Nov. 16 | −37199 | −2501 7086 | −1086 8631 | +2501 7046 | −31293 | −  5 0799 | +1086 8724 | +  2 3609 | −  5906 |
| 17 | −37206 | −2501 9223 | −1086 9563 | +2501 9184 | −31298 | −  4 9498 | +1086 9653 | +  2 2303 | −  5907 |
| 18 | −37213 | −2502 1734 | −1087 0658 | +2502 1698 | −31304 | −  4 7411 | +1087 0743 | +  2 0211 | −  5909 |
| 19 | −37224 | −2502 5322 | −1087 2219 | +2502 5289 | −31313 | −  4 4639 | +1087 2297 | +  1 7431 | −  5910 |
| 20 | −37239 | −2503 0597 | −1087 4512 | +2503 0567 | −31327 | −  4 1408 | +1087 4582 | +  1 4188 | −  5913 |
| 21 | −37261 | −2503 7958 | −1087 7709 | +2503 7931 | −31345 | −  3 8055 | +1087 7770 | +  1 0819 | −  5916 |
| 22 | −37290 | −2504 7471 | −1088 1839 | +2504 7447 | −31369 | −  3 4989 | +1088 1892 | +    7732 | −  5921 |
| 23 | −37323 | −2505 8780 | −1088 6748 | +2505 8760 | −31397 | −  3 2612 | +1088 6795 | +    5331 | −  5926 |
| 24 | −37360 | −2507 1118 | −1089 2102 | +2507 1099 | −31428 | −  3 1222 | +1089 2146 | +    3914 | −  5932 |
| 25 | −37397 | −2508 3425 | −1089 7444 | +2508 3406 | −31459 | −  3 0919 | +1089 7487 | +    3584 | −  5938 |
| 26 | −37430 | −2509 4592 | −1090 2291 | +2509 4572 | −31487 | −  3 1551 | +1090 2336 | +    4192 | −  5943 |
| 27 | −37457 | −2510 3739 | −1090 6262 | +2510 3718 | −31510 | −  3 2727 | +1090 6310 | +    5348 | −  5947 |
| 28 | −37477 | −2511 0468 | −1090 9186 | +2511 0446 | −31527 | −  3 3900 | +1090 9236 | +    6506 | −  5951 |
| 29 | −37491 | −2511 4996 | −1091 1155 | +2511 4974 | −31538 | −  3 4496 | +1091 1207 | +    7093 | −  5953 |
| 30 | −37500 | −2511 8133 | −1091 2520 | +2511 8110 | −31546 | −  3 4069 | +1091 2571 | +    6659 | −  5954 |
| Dec.  1 | −37509 | −2512 1088 | −1091 3807 | +2512 1068 | −31554 | −  3 2423 | +1091 3854 | +    5006 | −  5956 |
| 2 | −37521 | −2512 5160 | −1091 5579 | +2512 5143 | −31564 | −  2 9677 | +1091 5619 | +    2251 | −  5958 |
| 3 | −37540 | −2513 1367 | −1091 8276 | +2513 1354 | −31579 | −  2 6247 | +1091 8307 | −    1192 | −  5960 |
| 4 | −37566 | −2514 0154 | −1092 2091 | +2514 0144 | −31601 | −  2 2724 | +1092 2113 | −    4734 | −  5965 |
| 5 | −37599 | −2515 1275 | −1092 6918 | +2515 1268 | −31629 | −  1 9707 | +1092 6933 | −    7776 | −  5970 |
| 6 | −37637 | −2516 3908 | −1093 2401 | +2516 3904 | −31661 | −  1 7633 | +1093 2410 | −    9877 | −  5976 |
| 7 | −37676 | −2517 6940 | −1093 8056 | +2517 6937 | −31694 | −  1 6680 | +1093 8064 | −  1 0859 | −  5982 |
| 8 | −37713 | −2518 9292 | −1094 3417 | +2518 9289 | −31725 | −  1 6760 | +1094 3425 | −  1 0806 | −  5988 |
| 9 | −37746 | −2520 0161 | −1094 8135 | +2520 0157 | −31752 | −  1 7594 | +1094 8145 | −    9996 | −  5993 |
| 10 | −37772 | −2520 9133 | −1095 2031 | +2520 9128 | −31775 | −  1 8806 | +1095 2043 | −    8803 | −  5997 |
| 11 | −37794 | −2521 6171 | −1095 5088 | +2521 6164 | −31793 | −  2 0016 | +1095 5103 | −    7609 | −  6001 |
| 12 | −37810 | −2522 1540 | −1095 7421 | +2522 1532 | −31806 | −  2 0898 | +1095 7439 | −    6738 | −  6003 |
| 13 | −37822 | −2522 5715 | −1095 9237 | +2522 5707 | −31817 | −  2 1210 | +1095 9256 | −    6436 | −  6005 |
| 14 | −37833 | −2522 9305 | −1096 0799 | +2522 9297 | −31826 | −  2 0805 | +1096 0817 | −    6848 | −  6007 |
| 15 | −37844 | −2523 2985 | −1096 2401 | +2523 2979 | −31835 | −  1 9641 | +1096 2415 | −    8020 | −  6009 |
| 16 | −37857 | −2523 7446 | −1096 4341 | +2523 7442 | −31846 | −  1 7780 | +1096 4351 | −    9891 | −  6011 |
| 17 | −37875 | −2524 3324 | −1096 6895 | +2524 3322 | −31861 | −  1 5394 | +1096 6899 | −  1 2290 | −  6014 |
| 18 | −37898 | −2525 1115 | −1097 0278 | +2525 1116 | −31881 | −  1 2768 | +1097 0276 | −  1 4933 | −  6017 |
| 19 | −37928 | −2526 1056 | −1097 4594 | +2526 1060 | −31906 | −  1 0280 | +1097 4585 | −  1 7443 | −  6022 |
| 20 | −37964 | −2527 3002 | −1097 9779 | +2527 3008 | −31936 | −    8350 | +1097 9765 | −  1 9400 | −  6028 |
| 21 | −38004 | −2528 6350 | −1098 5571 | +2528 6357 | −31970 | −    7352 | +1098 5555 | −  2 0427 | −  6034 |
| 22 | −38045 | −2530 0072 | −1099 1526 | +2530 0079 | −32005 | −    7498 | +1099 1510 | −  2 0311 | −  6041 |
| 23 | −38084 | −2531 2926 | −1099 7104 | +2531 2931 | −32037 | −    8734 | +1099 7091 | −  1 9103 | −  6047 |
| 24 | −38117 | −2532 3796 | −1100 1823 | +2532 3799 | −32065 | −  1 0710 | +1100 1815 | −  1 7151 | −  6052 |
| 25 | −38142 | −2533 2060 | −1100 5411 | +2533 2061 | −32086 | −  1 2850 | +1100 5409 | −  1 5029 | −  6056 |
| 26 | −38159 | −2533 7805 | −1100 7908 | +2533 7804 | −32100 | −  1 4523 | +1100 7909 | −  1 3368 | −  6059 |
| 27 | −38171 | −2534 1806 | −1100 9649 | +2534 1805 | −32110 | −  1 5228 | +1100 9652 | −  1 2673 | −  6061 |
| 28 | −38182 | −2534 5277 | −1101 1159 | +2534 5276 | −32119 | −  1 4733 | +1101 1161 | −  1 3175 | −  6062 |
| 29 | −38194 | −2534 9511 | −1101 3001 | +2534 9512 | −32130 | −  1 3130 | +1101 2998 | −  1 4788 | −  6064 |
| 30 | −38212 | −2535 5536 | −1101 5619 | +2535 5540 | −32145 | −  1 0784 | +1101 5611 | −  1 7147 | −  6067 |
| 31 | −38238 | −2536 3879 | −1101 9242 | +2536 3886 | −32166 | −    8225 | +1101 9227 | −  1 9724 | −  6071 |
| 32 | −38270 | −2537 4473 | −1102 3840 | +2537 4482 | −32193 | −    6009 | +1102 3820 | −  2 1964 | −  6076 |

$M = NPB$. Values are in units of $10^{-10}$. Matrix used with GAST (B13–B20). CIP is $\mathcal{X} = M_{3,1}$, $\mathcal{Y} = M_{3,2}$.

## MATRIX ELEMENTS FOR CONVERSION FROM
## GCRS TO EQUATOR & CELESTIAL INTERMEDIATE ORIGIN OF DATE
### FOR $0^h$ TERRESTRIAL TIME

| Julian Date | $C_{1,1}-1$ | $C_{1,2}$ | $C_{1,3}$ | $C_{2,1}$ | $C_{2,2}-1$ | $C_{2,3}$ | $C_{3,1}$ | $C_{3,2}$ | $C_{3,3}-1$ |
|---|---|---|---|---|---|---|---|---|---|
| **245** | | | | | | | | | |
| **5516·5** | − 5906 | − 148 | − 1086 8724 | + 122 | 0 | − 2 3609 | + 1086 8724 | + 2 3609 | − 5906 |
| **5517·5** | − 5907 | − 148 | − 1086 9653 | + 124 | 0 | − 2 2303 | + 1086 9653 | + 2 2303 | − 5907 |
| **5518·5** | − 5909 | − 148 | − 1087 0743 | + 126 | 0 | − 2 0211 | + 1087 0743 | + 2 0211 | − 5909 |
| **5519·5** | − 5910 | − 148 | − 1087 2297 | + 129 | 0 | − 1 7431 | + 1087 2297 | + 1 7431 | − 5910 |
| **5520·5** | − 5913 | − 148 | − 1087 4582 | + 132 | 0 | − 1 4188 | + 1087 4582 | + 1 4188 | − 5913 |
| **5521·5** | − 5916 | − 148 | − 1087 7770 | + 136 | 0 | − 1 0819 | + 1087 7770 | + 1 0819 | − 5916 |
| **5522·5** | − 5921 | − 148 | − 1088 1892 | + 140 | 0 | − 7733 | + 1088 1892 | + 7732 | − 5921 |
| **5523·5** | − 5926 | − 148 | − 1088 6795 | + 142 | 0 | − 5331 | + 1088 6795 | + 5331 | − 5926 |
| **5524·5** | − 5932 | − 148 | − 1089 2146 | + 144 | 0 | − 3914 | + 1089 2146 | + 3914 | − 5932 |
| **5525·5** | − 5938 | − 148 | − 1089 7487 | + 144 | 0 | − 3584 | + 1089 7487 | + 3584 | − 5938 |
| **5526·5** | − 5943 | − 148 | − 1090 2336 | + 143 | 0 | − 4192 | + 1090 2336 | + 4192 | − 5943 |
| **5527·5** | − 5947 | − 148 | − 1090 6310 | + 142 | 0 | − 5348 | + 1090 6310 | + 5348 | − 5947 |
| **5528·5** | − 5951 | − 148 | − 1090 9236 | + 141 | 0 | − 6506 | + 1090 9236 | + 6506 | − 5951 |
| **5529·5** | − 5953 | − 148 | − 1091 1207 | + 140 | 0 | − 7093 | + 1091 1207 | + 7093 | − 5953 |
| **5530·5** | − 5954 | − 148 | − 1091 2571 | + 141 | 0 | − 6659 | + 1091 2571 | + 6659 | − 5954 |
| **5531·5** | − 5956 | − 148 | − 1091 3854 | + 142 | 0 | − 5006 | + 1091 3854 | + 5006 | − 5956 |
| **5532·5** | − 5958 | − 148 | − 1091 5619 | + 145 | 0 | − 2252 | + 1091 5619 | + 2251 | − 5958 |
| **5533·5** | − 5960 | − 148 | − 1091 8307 | + 149 | 0 | + 1192 | + 1091 8307 | − 1192 | − 5960 |
| **5534·5** | − 5965 | − 148 | − 1092 2113 | + 153 | 0 | + 4734 | + 1092 2113 | − 4734 | − 5965 |
| **5535·5** | − 5970 | − 148 | − 1092 6933 | + 156 | 0 | + 7775 | + 1092 6933 | − 7776 | − 5970 |
| **5536·5** | − 5976 | − 148 | − 1093 2410 | + 159 | 0 | + 9877 | + 1093 2410 | − 9877 | − 5976 |
| **5537·5** | − 5982 | − 148 | − 1093 8064 | + 160 | 0 | + 1 0859 | + 1093 8064 | − 1 0859 | − 5982 |
| **5538·5** | − 5988 | − 148 | − 1094 3425 | + 160 | 0 | + 1 0806 | + 1094 3425 | − 1 0806 | − 5988 |
| **5539·5** | − 5993 | − 148 | − 1094 8145 | + 159 | 0 | + 9996 | + 1094 8145 | − 9996 | − 5993 |
| **5540·5** | − 5997 | − 148 | − 1095 2043 | + 158 | 0 | + 8803 | + 1095 2043 | − 8803 | − 5997 |
| **5541·5** | − 6001 | − 148 | − 1095 5103 | + 156 | 0 | + 7608 | + 1095 5103 | − 7609 | − 6001 |
| **5542·5** | − 6003 | − 148 | − 1095 7439 | + 155 | 0 | + 6738 | + 1095 7439 | − 6738 | − 6003 |
| **5543·5** | − 6005 | − 148 | − 1095 9256 | + 155 | 0 | + 6436 | + 1095 9256 | − 6436 | − 6005 |
| **5544·5** | − 6007 | − 148 | − 1096 0817 | + 155 | 0 | + 6848 | + 1096 0817 | − 6848 | − 6007 |
| **5545·5** | − 6009 | − 148 | − 1096 2415 | + 157 | 0 | + 8020 | + 1096 2415 | − 8020 | − 6009 |
| **5546·5** | − 6011 | − 148 | − 1096 4351 | + 159 | 0 | + 9891 | + 1096 4351 | − 9891 | − 6011 |
| **5547·5** | − 6014 | − 148 | − 1096 6899 | + 161 | 0 | + 1 2290 | + 1096 6899 | − 1 2290 | − 6014 |
| **5548·5** | − 6017 | − 148 | − 1097 0276 | + 164 | 0 | + 1 4933 | + 1097 0276 | − 1 4933 | − 6017 |
| **5549·5** | − 6022 | − 148 | − 1097 4585 | + 167 | 0 | + 1 7443 | + 1097 4585 | − 1 7443 | − 6022 |
| **5550·5** | − 6028 | − 148 | − 1097 9765 | + 169 | 0 | + 1 9399 | + 1097 9765 | − 1 9400 | − 6028 |
| **5551·5** | − 6034 | − 148 | − 1098 5555 | + 170 | 0 | + 2 0426 | + 1098 5555 | − 2 0427 | − 6034 |
| **5552·5** | − 6041 | − 148 | − 1099 1510 | + 170 | 0 | + 2 0310 | + 1099 1510 | − 2 0311 | − 6041 |
| **5553·5** | − 6047 | − 148 | − 1099 7091 | + 169 | 0 | + 1 9103 | + 1099 7091 | − 1 9103 | − 6047 |
| **5554·5** | − 6052 | − 148 | − 1100 1815 | + 167 | 0 | + 1 7151 | + 1100 1815 | − 1 7151 | − 6052 |
| **5555·5** | − 6056 | − 148 | − 1100 5409 | + 164 | 0 | + 1 5029 | + 1100 5409 | − 1 5029 | − 6056 |
| **5556·5** | − 6059 | − 148 | − 1100 7909 | + 163 | 0 | + 1 3368 | + 1100 7909 | − 1 3368 | − 6059 |
| **5557·5** | − 6061 | − 148 | − 1100 9652 | + 162 | 0 | + 1 2673 | + 1100 9652 | − 1 2673 | − 6061 |
| **5558·5** | − 6062 | − 148 | − 1101 1161 | + 162 | 0 | + 1 3175 | + 1101 1161 | − 1 3175 | − 6062 |
| **5559·5** | − 6064 | − 148 | − 1101 2998 | + 164 | 0 | + 1 4788 | + 1101 2998 | − 1 4788 | − 6064 |
| **5560·5** | − 6067 | − 148 | − 1101 5611 | + 167 | 0 | + 1 7147 | + 1101 5611 | − 1 7147 | − 6067 |
| **5561·5** | − 6071 | − 148 | − 1101 9227 | + 170 | 0 | + 1 9724 | + 1101 9227 | − 1 9724 | − 6071 |
| **5562·5** | − 6076 | − 148 | − 1102 3820 | + 172 | 0 | + 2 1963 | + 1102 3820 | − 2 1964 | − 6076 |

Values are in units of $10^{-10}$. Matrix used with ERA (B21–B24). CIP is $\mathcal{X} = C_{3,1}$, $\mathcal{Y} = C_{3,2}$

### The Celestial Intermediate Reference System

The IAU 2000 and 2006 resolutions very precisely define the Celestial Intermediate Reference System by the direction of its pole (CIP) and the location of its origin of right ascension (CIO) at any date in the Geocentric Celestial Reference System (GCRS). This system is often denoted as the "equator and CIO of date" which has the same pole and equator as the equator and equinox of date, however, they have different origins for right ascension. This section includes the transformations using both origins and the relationships between them.

### Pole of the Celestial Intermediate Reference System

The direction of the celestial intermediate pole (CIP), which is the pole of the Celestial Intermediate Reference System (the true celestial pole of date), at any instant is defined by the transformation from the GCRS that involves the rotations for frame bias and precession-nutation.

The unit vector components of the CIP (in radians) are given by elements one and two from the third row of the following rotation matrices, namely

$$\mathcal{X} = \mathbf{C}_{3,1} = \mathbf{M}_{3,1} \qquad \text{and} \qquad \mathcal{Y} = \mathbf{C}_{3,2} = \mathbf{M}_{3,2}$$

and the equations for calculating $\mathbf{C}$ are given on page B49, while those for $\mathbf{M}$ are given on page B50. Alternatively, $\mathcal{X}$ and $\mathcal{Y}$ may be calculated directly using

$$\mathcal{X} = \sin\epsilon \sin\psi \cos\bar{\gamma} - (\sin\epsilon \cos\psi \cos\bar{\phi} - \cos\epsilon \sin\bar{\phi})\sin\bar{\gamma}$$
$$\mathcal{Y} = \sin\epsilon \sin\psi \sin\bar{\gamma} + (\sin\epsilon \cos\psi \cos\bar{\phi} - \cos\epsilon \sin\bar{\phi})\cos\bar{\gamma}$$

where $\bar{\gamma}$, $\bar{\phi}$, $\psi$ and $\epsilon$ include the effects of frame bias, precession and nutation (see page B56). $\mathcal{X}$ and $\mathcal{Y}$ are tabulated, in radians, at $0^h$ TT on even pages B30–B44, on odd pages B31–B45, and in arcseconds on pages B58–B65. The equations above may also be used to calculate the coordinates of the mean pole by ignoring nutation, that is by replacing $\psi$ by $\bar{\psi}$ and $\epsilon$ by $\epsilon_A$.

The position $(\mathcal{X}, \mathcal{Y})$ of the CIP, expressed in arcseconds, accurate to $0\rlap{.}''0001$, may also be calculated from the following series expansions,

$$\mathcal{X} = -0\rlap{.}''016\,617 + 2004\rlap{.}''191\,898\,T - 0\rlap{.}''429\,7829\,T^2$$
$$- 0\rlap{.}''198\,618\,34\,T^3 + 7\rlap{.}''578 \times 10^{-6}\,T^4 + 5\rlap{.}''9285 \times 10^{-6}\,T^5$$
$$+ \sum_{j,i}[(a_{s,j})_i\,T^j\,\sin(\text{ARGUMENT}) + (a_{c,j})_i\,T^j\,\cos(\text{ARGUMENT})] + \cdots$$

$$\mathcal{Y} = -0\rlap{.}''006\,951 - 0\rlap{.}''025\,896\,T - 22\rlap{.}''407\,2747\,T^2$$
$$+ 0\rlap{.}''001\,900\,59\,T^3 + 0\rlap{.}''001\,112\,526\,T^4 + 0\rlap{.}''1358 \times 10^{-6}\,T^5$$
$$+ \sum_{j,i}[(b_{c,j})_i\,T^j\,\cos(\text{ARGUMENT}) + (b_{s,j})_i\,T^j\,\sin(\text{ARGUMENT})] + \cdots$$

where $T$ is measured in TT Julian centuries from J2000·0 and the coefficients and arguments may be downloaded from the CDS (see *The Astronomical Almanac Online* for the web link).

### Approximate formulae for the Celestial Intermediate Pole

The following formulae may be used to compute $\mathcal{X}$ and $\mathcal{Y}$ to a precision of $0\rlap{.}''2$ during 2010:

$$\mathcal{X} = 200\rlap{.}''34 + 0\rlap{.}''0549\,d \qquad\qquad \mathcal{Y} = -0\rlap{.}''23$$
$$- 6\rlap{.}''8 \sin\Omega - 0\rlap{.}''5 \sin 2L \qquad\qquad + 9\rlap{.}''2 \cos\Omega + 0\rlap{.}''6 \cos 2L$$

where $\Omega = 291\rlap{.}°7 - 0\cdot053\,d$, $L = 279\rlap{.}°6 + 0\cdot986\,d$ and $d$ is the day of the year and fraction of the day in the TT time scale.

### Origin of the Celestial Intermediate Reference System

The CIO locator $s$, positions the celestial intermediate origin (CIO) on the equator of the Celestial Intermediate Reference System. It is the difference in the right ascension of the node of the equators in the GCRS and the Celestial Intermediate Reference System (see page B9). The CIO locator $s$ is tabulated daily at $0^h$ TT, in arcseconds, on pages B58–B65.

The location of the CIO may be represented by $s + \mathcal{X}\mathcal{Y}/2$, the series of which is downloadable from the CDS (see *The Astronomical Almanac Online* for the web link). However, the definition and table below include all terms exceeding $0.5\mu$as during the interval 1975–2025.

$$
\begin{aligned}
s = {} & -\mathcal{X}\mathcal{Y}/2 + 94'' \times 10^{-6} + \sum\nolimits_k C_k \sin A_k \\
& + (+0.''003\,808\,65 + 1.''73 \times 10^{-6} \sin \Omega + 3.''57 \times 10^{-6} \cos 2\Omega)\, T \\
& + (-0.''000\,122\,68 + 743.''52 \times 10^{-6} \sin \Omega - 8.''85 \times 10^{-6} \sin 2\Omega \\
& \qquad + 56.''91 \times 10^{-6} \sin 2(F - D + \Omega) + 9.''84 \times 10^{-6} \sin 2(F + \Omega))\, T^2 \\
& - 0.''072\,574\,11\, T^3 + 27.''98 \times 10^{-6}\, T^4 + 15.''62 \times 10^{-6}\, T^5
\end{aligned}
$$

where $\mathcal{X}$, $\mathcal{Y}$ (expressed in radians) is the position of the CIP at the required TT instant, and $T$ is the interval in TT Julian centuries from J2000·0. Also tabulated are the "complementary" terms $C'_k$, part of the equation of the equinoxes, (see page B10) which contribute to Greenwich apparent sidereal time.

| | | | | | | |
|---|---|---|---|---|---|---|
| | | Terms for the Series Parts of $s$ and the Equation of the Equinoxes | | | | |
| $k$ | Coefficient $C_k$ for $s$ " | Argument $A_k$ | Coefficient $C'_k$ for $E_e$ " | $k$ | Coefficient $C_k, C'_k$ for $s, E_e$ " | Argument $A_k$ |
| 1 | $-0.002\,640\,73$ | $\Omega$ | $-0.002\,640\,96$ | 7 | $-0.000\,001\,98$ | $2F + \Omega$ |
| 2 | $-0.000\,063\,53$ | $2\Omega$ | $-0.000\,063\,52$ | 8 | $+0.000\,001\,72$ | $3\Omega$ |
| 3 | $-0.000\,011\,75$ | $2F - 2D + 3\Omega$ | $-0.000\,011\,75$ | 9 | $+0.000\,001\,41$ | $l' + \Omega$ |
| 4 | $-0.000\,011\,21$ | $2F - 2D + \Omega$ | $-0.000\,011\,21$ | 10 | $+0.000\,001\,26$ | $l' - \Omega$ |
| 5 | $+0.000\,004\,57$ | $2F - 2D + 2\Omega$ | $+0.000\,004\,55$ | 11 | $+0.000\,000\,63$ | $l + \Omega$ |
| 6 | $-0.000\,002\,02$ | $2F + 3\Omega$ | $-0.000\,002\,02$ | 12 | $+0.000\,000\,63$ | $l - \Omega$ |

where the expressions for the fundamental arguments are

$$
l = 134°963\,402\,51 + 1\,717\,915\,923.''2178\,T + 31.''8792\,T^2 + 0.''051\,635\,T^3 - 0.''000\,244\,70\,T^4
$$

$$
l' = 357°529\,109\,18 + 129\,596\,581.''0481\,T - 0.''5532\,T^2 + 0.''000\,136\,T^3 - 0.''000\,011\,49\,T^4
$$

$$
F = 93°272\,090\,62 + 1\,739\,527\,262.''8478\,T - 12.''7512\,T^2 - 0.''001\,037\,T^3 + 0.''000\,004\,17\,T^4
$$

$$
D = 297°850\,195\,47 + 1\,602\,961\,601.''2090\,T - 6.''3706\,T^2 + 0.''006\,593\,T^3 - 0.''000\,031\,69\,T^4
$$

$$
\Omega = 125°044\,555\,01 - 6\,962\,890.''5431\,T + 7.''4722\,T^2 + 0.''007\,702\,T^3 - 0.''000\,059\,39\,T^4
$$

### Approximate position of the Celestial Intermediate Origin

The CIO locator $s$ may be ignored (i.e. set $s = 0$) in the interval 1963 to 2031 if accuracies no better than $0.''01$ are acceptable.

During 2010, $s + \mathcal{X}\mathcal{Y}/2$ may be computed to a precision of $4 \times 10^{-5}$ arcseconds from

$$
s + \mathcal{X}\mathcal{Y}/2 = 0.''000\,40 - 0.''0026 \sin(291°7 - 0.053\,d) - 0.''0001 \sin(223°4 - 0.106\,d)
$$

where $\mathcal{X}$ and $\mathcal{Y}$ are expressed in radians (page B46 gives an approximation) and $d$ is the day of the year and fraction of the day in the TT time scale.

## Reduction from the GCRS

The transformation from the GCRS to the terrestrial reference system applies rotations for frame bias, the effects of precession and nutation, and Earth rotation. It is only the origin of right ascension and whether ERA or GAST is used to obtain a position with respect to the terrestrial system, that differ.

The following shows the matrix transformations to both the Celestial Intermediate Reference System (based on the CIP and CIO) and the traditional equator and equinox of date system (based on the CIP and equinox). This is followed by considering frame bias, precession, nutation, and the angles and rotations that represent these effects.

## Summary of the CIP and the relationships between various origins

The CIP is the pole of both the Celestial Intermediate Reference System and the system of the the equator and equinox of date. The transformation from the GCRS to either of these systems and to the Terrestrial Intermediate Reference System may be represented by

$$\mathcal{R}_\beta = \mathbf{R}_3(-\beta)\,\mathcal{R}_\Sigma$$

where the matrix $\mathcal{R}_\Sigma$ transforms position vectors from the GCRS equator and origin (see diagram on page B9) to the "of date" system defined by the CIP and $\beta$ determines the origin to be used and thus the method (see Capitaine, N., and Wallace, P.T., *Astron. Astrophys.*, **450**, 855-872, 2006). Thus listing the matrix relationships by method (i.e. value of $\beta$) gives:

| CIO Method | Equinox Method |
|---|---|
| $\beta = s$ | $\beta = s - E_o$ |
| $\mathcal{R}_\beta = \mathbf{R}_3(-s)\,\mathcal{R}_\Sigma$ | $\mathcal{R}_\beta = \mathbf{R}_3(-s + E_o)\,\mathcal{R}_\Sigma$ |
| $= \mathbf{C}$ | $= \mathbf{M} \equiv \mathbf{NPB}$ |

where $s$ is the CIO locator (see page B47), $E_o$ is the equation of the origins (see page B10), and the matrices $\mathbf{C}$, $\mathcal{R}_\Sigma$ and $\mathbf{M}$ are defined on pages B49 and B50, respectively.

When $\beta$ includes the Earth Rotation angle, or Greenwich apparent sidereal time, then coordinates with respect to the terrestrial intermediate origin are the result. Finally, longitude may be included, then the coordinates will be relative to the observers prime meridian.

| CIO Method | Equinox Method |
|---|---|
| $\beta = s - \theta - \lambda$ | $\beta = s - E_o - \mathrm{GAST} - \lambda$ |
| $\mathcal{R}_\beta = \mathbf{R}_3(\lambda + \theta - s)\,\mathcal{R}_\Sigma$ | $\mathcal{R}_\beta = \mathbf{R}_3(\lambda + \mathrm{GAST} - s + E_o)\,\mathcal{R}_\Sigma$ |
| $= \mathbf{R}_3(\lambda + \theta)\,\mathbf{C}$ | $= \mathbf{R}_3(\lambda + \mathrm{GAST})\,\mathbf{M}$ |
| $= \mathbf{Q}$ | $= \mathbf{Q}$ |

where east longitudes are positive. The above ignores the small corrections for polar motion that are required in the reduction of very precise observations; they are (i) alignment of the terrestrial intermediate origin onto the longitude origin ($\lambda_{\mathrm{ITRS}} = 0$) of the International Terrestrial Reference System, and (ii) for the positioning of the CIP within ITRS, (see page B84).

The equation of the origins, the relationship between the two systems may be calculated using

$$\mathbf{M} = \mathbf{R}_3(-s + E_o)\,\mathcal{R}_\Sigma \qquad \text{and thus} \qquad E_o = s - \tan^{-1}\frac{\mathbf{M}_j \cdot \mathcal{R}_{\Sigma_i}}{\mathbf{M}_i \cdot \mathcal{R}_{\Sigma_i}}$$

where $\mathbf{M}_i$ and $\mathbf{M}_j$ are the first two rows of $\mathbf{M}$, $\mathcal{R}_{\Sigma_i}$ is the first row of $\mathcal{R}_\Sigma$ and $\cdot$ denotes the dot or scalar product. See also page B10 for an alternative method.

### CIO Method of Reduction from the GCRS — rigorous formulae

Given an equatorial geocentric position vector $\mathbf{r}$ of an object with respect to the GCRS, then $\mathbf{r}_i$, its position with respect to the Celestial Intermediate Reference System, is given by

$$\mathbf{r}_i = \mathbf{C}\,\mathbf{r} \qquad \text{and} \qquad \mathbf{r} = \mathbf{C}^{-1}\,\mathbf{r}_i = \mathbf{C}'\,\mathbf{r}_i$$

The matrix $\mathbf{C}$ is tabulated daily at $0^h$ TT on odd numbered pages B31–B45, and is calculated thus

$$\mathbf{C}(\mathcal{X}, \mathcal{Y}, s) = \mathbf{R}_3(-[E + s])\,\mathbf{R}_2(d)\,\mathbf{R}_3(E) = \mathbf{R}_3(-s)\,\mathcal{R}_\Sigma$$

where the quantities $\mathcal{X}$, $\mathcal{Y}$, are the coordinates of the CIP, (expressed in radians), and the relationships between $\mathcal{X}$, $\mathcal{Y}$, $\mathcal{Z}$, $E$ and $d$ are:

$$\mathcal{X} = \sin d \cos E = \mathbf{M}_{3,1} = \mathbf{C}_{3,1} \qquad\qquad E = \tan^{-1}(\mathcal{Y}/\mathcal{X})$$

$$\mathcal{Y} = \sin d \sin E = \mathbf{M}_{3,2} = \mathbf{C}_{3,2}$$

$$\mathcal{Z} = \cos d = \sqrt{(1 - \mathcal{X}^2 - \mathcal{Y}^2)} \qquad\qquad d = \tan^{-1}\left(\frac{\mathcal{X}^2 + \mathcal{Y}^2}{1 - \mathcal{X}^2 - \mathcal{Y}^2}\right)^{\frac{1}{2}}$$

$\mathcal{X}$, $\mathcal{Y}$ and $s$ are given on pages B46-B47 and tabulated, in arcseconds, daily at $0^h$ TT on pages B58–B65.

The matrix $\mathbf{C}$ transforms positions to the Celestial Intermediate Reference System, with the CIO being located by the rotation $\mathbf{R}_3(-s)$, and $\mathcal{R}_\Sigma$, the transformation from the GCRS equator to the equator of date being given by

$$\mathcal{R}_\Sigma = \begin{pmatrix} 1 - a\mathcal{X}^2 & -a\mathcal{X}\mathcal{Y} & -\mathcal{X} \\ -a\mathcal{X}\mathcal{Y} & 1 - a\mathcal{Y}^2 & -\mathcal{Y} \\ \mathcal{X} & \mathcal{Y} & 1 - a(\mathcal{X}^2 + \mathcal{Y}^2) \end{pmatrix} = \begin{pmatrix} \mathcal{R}_{\Sigma_i} \\ \mathcal{R}_{\Sigma_k} \times \mathcal{R}_{\Sigma_i} \\ \mathcal{R}_{\Sigma_k} \end{pmatrix}$$

where $a = 1/(1 + \mathcal{Z})$. $\mathcal{R}_{\Sigma_i}$ is the unit vector pointing towards $\Sigma$ (see diagram on page B9) that is obtained from the elements of the first row of $\mathcal{R}_\Sigma$ and similarly $\mathcal{R}_{\Sigma_k}$ is the unit vector pointing towards the CIP. Note that $\mathcal{R}_{\Sigma_k} = \mathbf{M}_k$ (see page B50).

### Approximate reduction from GCRS to the Celestial Intermediate Reference System

The matrix $\mathbf{C}$ given below together with the approximate formulae for $\mathcal{X}$ and $\mathcal{Y}$ on page B46 (expressed in radians) may be used when the resulting position is required to no better than $0''\!.2$ during 2010:

$$\mathbf{C} = \begin{pmatrix} 1 - \mathcal{X}^2/2 & 0 & -\mathcal{X} \\ 0 & 1 & -\mathcal{Y} \\ \mathcal{X} & \mathcal{Y} & 1 - \mathcal{X}^2/2 \end{pmatrix}$$

Thus the position vector $\mathbf{r}_i = (x_i, y_i, z_i)$ with respect to the Celestial Intermediate Reference System (equator and CIO of date) may be calculated from the geocentric position vector $\mathbf{r} = (r_x, r_y, r_z)$ with respect to the GCRS using

$$\mathbf{r}_i = \mathbf{C}\,\mathbf{r}$$

therefore using the approximate matrix

$$x_i = (1 - \mathcal{X}^2/2)\,r_x \qquad\qquad\qquad - \mathcal{X}\,r_z$$
$$y_i = \qquad\qquad\qquad r_y \qquad\qquad\qquad - \mathcal{Y}\,r_z$$
$$z_i = \qquad\qquad \mathcal{X}\,r_x + \mathcal{Y}\,r_y + (1 - \mathcal{X}^2/2)\,r_z$$

and thus

$$\alpha_i = \tan^{-1}(y_i/x_i) \qquad \delta = \tan^{-1}\left(z_i/\sqrt{(x_i^2 + y_i^2)}\right)$$

where $\alpha_i$, $\delta$, are the intermediate right ascension and declination, and the quadrant of $\alpha_i$ is determined by the signs of $x_i$ and $y_i$.

During 2010, the $\mathcal{X}^2$ term may be dropped without significant loss of accuracy.

**Equinox Method of reduction from the GCRS — rigorous formulae**

The reduction from a geocentric position **r** with respect to the Geocentric Celestial Reference System (GCRS) to a position $\mathbf{r}_t$ with respect to the equator and equinox of date, and vice versa, is given by:

$$\mathbf{r}_t = \mathbf{M}\,\mathbf{r} \quad\text{and}\quad \mathbf{r} = \mathbf{M}^{-1}\,\mathbf{r}_t = \mathbf{M}'\,\mathbf{r}_t$$

Using the 4-rotation Fukishma-Willams (F-W) method, the rotation matrix **M** may be written as

$$\mathbf{M} = \mathbf{R}_1(-[\epsilon_A + \Delta\epsilon])\,\mathbf{R}_3(-[\bar{\psi} + \Delta\psi])\,\mathbf{R}_1(\bar{\phi})\,\mathbf{R}_3(\bar{\gamma}) = \begin{pmatrix} \mathbf{M}_i \\ \mathbf{M}_j \\ \mathbf{M}_k \end{pmatrix} = \mathbf{N}\,\mathbf{P}\,\mathbf{B}$$

where the angles $\bar{\gamma}$, $\bar{\phi}$, $\bar{\psi}$ combine the frame bias with the effects of precession (see page B56). Nutation is applied by adding the nutations in longitude ($\delta\psi$) and obliquity ($\Delta\epsilon$) (see page B55) to $\bar{\psi}$ and $\epsilon_A$, respectively. Pages B50–B56 give the formulae for calculating the matrices **B**, **P** and **N** individually using the traditional angles and rotations.

The elements of the rows of **M** represent unit vectors pointing in the directions of the $x$, $y$ and $z$ axes of the equator and equinox of date system. Thus the elements of the first row are the components of the unit vector in the direction of the true equinox,

$$\mathbf{M}_i = \begin{pmatrix} \mathbf{M}_{1,1} \\ \mathbf{M}_{1,2} \\ \mathbf{M}_{1,3} \end{pmatrix} = \begin{pmatrix} \cos\psi\cos\bar{\gamma} + \sin\psi\cos\bar{\phi}\sin\bar{\gamma} \\ \cos\psi\sin\bar{\gamma} - \sin\psi\cos\bar{\phi}\cos\bar{\gamma} \\ -\sin\psi\sin\bar{\phi} \end{pmatrix}$$

The second row of elements defines the unit vector in the direction of the $y$-axis, in the plane 90° from the $x$-$z$ plane, i.e. the plane of the equator of date, and is given by

$$\mathbf{M}_j = \mathbf{M}_k \times \mathbf{M}_i$$
$$= \begin{pmatrix} \mathbf{M}_{2,1} \\ \mathbf{M}_{2,2} \\ \mathbf{M}_{2,3} \end{pmatrix} = \begin{pmatrix} \cos\epsilon\sin\psi\cos\bar{\gamma} - (\cos\epsilon\cos\psi\cos\bar{\phi} + \sin\epsilon\sin\bar{\phi})\sin\bar{\gamma} \\ \cos\epsilon\sin\psi\sin\bar{\gamma} + (\cos\epsilon\cos\psi\cos\bar{\phi} + \sin\epsilon\sin\bar{\phi})\cos\bar{\gamma} \\ \cos\epsilon\cos\psi\sin\bar{\phi} - \sin\epsilon\cos\bar{\phi} \end{pmatrix}$$

Lastly, the elements of the third row are the components of the unit vector pointing in the direction of the celestial intermediate pole, thus

$$\mathbf{M}_k = \begin{pmatrix} \mathbf{M}_{3,1} \\ \mathbf{M}_{3,2} \\ \mathbf{M}_{3,3} \end{pmatrix} = \begin{pmatrix} \mathcal{X} \\ \mathcal{Y} \\ \mathcal{Z} \end{pmatrix} = \begin{pmatrix} \sin\epsilon\sin\psi\cos\bar{\gamma} - (\sin\epsilon\cos\psi\cos\bar{\phi} - \cos\epsilon\sin\bar{\phi})\sin\bar{\gamma} \\ \sin\epsilon\sin\psi\sin\bar{\gamma} + (\sin\epsilon\cos\psi\cos\bar{\phi} - \cos\epsilon\sin\bar{\phi})\cos\bar{\gamma} \\ \sin\epsilon\cos\psi\cos\bar{\phi} + \cos\epsilon\cos\bar{\phi} \end{pmatrix}$$

**Reduction from GCRS to J2000 — frame bias — rigorous formulae**

Positions of objects with respect to the GCRS must be rotated to the J2000·0 dynamical system before precession and nutation are applied. Objects whose positions are given with respect to another system, e.g. FK5, may first be transformed to the GCRS before using the methods given here. An GCRS position **r** may be transformed to a J2000·0 or FK5 position $\mathbf{r}_0$ and vice versa, as follows,

$$\mathbf{r}_0 = \mathbf{B}\,\mathbf{r} \quad\text{and}\quad \mathbf{r} = \mathbf{B}^{-1}\mathbf{r}_0 = \mathbf{B}'\mathbf{r}_0$$

where **B** is the frame bias matrix.

## Reduction from GCRS to J2000 — frame bias — rigorous formulae (continued)

There are two sets of parameters that may be used to generate $\mathbf{B}$. There are $\eta_0$, $\xi_0$ and $d\alpha_0$ which appeared in the literature first, or those consistent with the Fukishma-Williams precession parameterization, $\gamma_B$, $\phi_B$ and $\psi_B$.

### Offsets of the Pole and Origin at J2000·0

| Rotation From | $\eta_0$ mas | $\xi_0$ mas | $d\alpha_0$ mas | F-W IAU 2006 |||
|---|---|---|---|---|---|---|
| | | | | $\gamma_B$ mas | $\phi_B$ mas | $\psi_B$ mas |
| GCRS to J2000·0 | $-\,6\cdot8192$ | $-16\cdot617$ | $-14\cdot6$ | $52\cdot928$ | $6\cdot891$ | $41\cdot775$ |
| GCRS to FK5 | $-19\cdot9$ | $+\,9\cdot1$ | $-22\cdot9$ | | | |

where $\eta_0$, $\xi_0$ are the offsets from the pole together with the shift in right ascension origin ($d\alpha_0$). The IAU 2006 offsets, $\gamma_B$, $\phi_B$ and $\psi_B$ are extracted from the IAU WGPE report and are consistent with F-W method of rotations:

$$\mathbf{B} = \mathbf{R}_3(-\psi_B)\,\mathbf{R}_1(\phi_B)\,\mathbf{R}_3(\gamma_B)$$

Alternatively

$$\mathbf{B} = \mathbf{R}_1(-\eta_0)\,\mathbf{R}_2(\xi_0)\,\mathbf{R}_3(d\alpha_0) \qquad \mathbf{B}^{-1} = \mathbf{R}_3(-d\alpha_0)\,\mathbf{R}_2(-\xi_0)\,\mathbf{R}_1(+\eta_0)$$

where in terms of corrections provided by the IAU 2000 precession-nutation theory, $\delta\epsilon_0 = \eta_0$ and $\xi_0 = -41\cdot775\sin(23°\,26'\,21\rlap{.}''448) = -16\cdot617$ mas.

Evaluating the matrix for GCRS to J2000·0 gives

$$\mathbf{B} = \begin{pmatrix} +0\cdot9999\,9999\,9999\,9942 & -0\cdot0000\,0007\,1 & +0\cdot0000\,0008\,056 \\ +0\cdot0000\,0007\,1 & +0\cdot9999\,9999\,9999\,9969 & +0\cdot0000\,0003\,306 \\ -0\cdot0000\,0008\,056 & -0\cdot0000\,0003\,306 & +0\cdot9999\,9999\,9999\,9962 \end{pmatrix}$$

where the number of digits is determined by the accuracy of the offsets.

## Approximate reduction from GCRS to J2000

Since the rotations to orient the GCRS to J2000·0 system are small the following approximate matrix, accurate to $2'' \times 10^{-9}$ ($1 \times 10^{-14}$ radians), may be used:

$$\mathbf{B} = \begin{pmatrix} 1 & d\alpha_0 & -\xi_0 \\ -d\alpha_0 & 1 & -\eta_0 \\ \xi_0 & \eta_0 & 1 \end{pmatrix}$$

where $\eta_0$, $\xi_0$ and $d\alpha_0$ are the offsets of the pole and the origin (expressed in radians) from J2000·0 given in the table above.

## Reduction for precession—rigorous formulae

Rigorous formulae for the reduction of mean equatorial positions from J2000·0 ($t_0$) to epoch of date $t$, and vice versa, are as follows:

For equatorial rectangular coordinates ($x_0$, $y_0$, $z_0$), or direction cosines ($\mathbf{r}_0$),

$$\mathbf{r}_m = \mathbf{P}\,\mathbf{r}_0 \qquad\qquad \mathbf{r}_0 = \mathbf{P}^{-1}\,\mathbf{r}_m = \mathbf{P}'\mathbf{r}_m$$

where

$$\begin{aligned} \mathbf{P} &= \mathbf{R}_1(-\epsilon_A)\,\mathbf{R}_3(-\psi_J)\,\mathbf{R}_1(\phi_J)\,\mathbf{R}_3(\gamma_J) \\ &= \mathbf{R}_3(\chi_A)\,\mathbf{R}_1(-\omega_A)\,\mathbf{R}_3(-\psi_A)\,\mathbf{R}_1(\epsilon_0) \\ &= \mathbf{R}_3(-z_A)\,\mathbf{R}_2(\theta_A)\,\mathbf{R}_3(-\zeta_A) \end{aligned}$$

and $\mathbf{r}_m$ is the position vector precessed from $t_0$ to the mean equinox at $t$.

The angles given in this section precess positions from J2000·0 to date and therefore do not include the frame bias, which is only needed when positions are with respect to the GCRS.

**Reduction for precession—rigorous formulae (continued)**

For all the precession angles given in this section the time argument $T$ is given by

$$T = (t - 2000 \cdot 0)/100 = (JD_{TT} - 245\ 1545 \cdot 0)/36\ 525$$

which is a function of TT. Strictly speaking precession angles should be a function of TDB, but this makes no significant difference.

The 4-rotation Fukushima-Williams (F-W) method using angles $\gamma_J$, $\phi_J$, $\psi_J$, and $\epsilon_A$, are

$$\gamma_J = 10\rlap{.}''556\ 403\ T + 0\rlap{.}''493\ 2044\ T^2 - 0\rlap{.}''000\ 312\ 38\ T^3$$
$$- 2\rlap{.}''788 \times 10^{-6}\ T^4 + 2\rlap{.}''60 \times 10^{-8}\ T^5$$

$$\phi_J = \epsilon_0 - 46\rlap{.}''811\ 015\ T + 0\rlap{.}''051\ 1269\ T^2 + 0\rlap{.}''000\ 532\ 89\ T^3$$
$$- 0\rlap{.}''440 \times 10^{-6}\ T^4 - 1\rlap{.}''76 \times 10^{-8}\ T^5$$

$$\psi_J = 5038\rlap{.}''481\ 507\ T + 1\rlap{.}''558\ 4176\ T^2 - 0\rlap{.}''000\ 185\ 22\ T^3$$
$$- 26\rlap{.}''452 \times 10^{-6}\ T^4 - 1\rlap{.}''48 \times 10^{-8}\ T^5$$

$$\epsilon_A = \epsilon_0 - 46\rlap{.}''836\ 769\ T - 0\rlap{.}''000\ 1831\ T^2 + 0\rlap{.}''002\ 003\ 40\ T^3$$
$$- 0\rlap{.}''576 \times 10^{-6}\ T^4 - 4\rlap{.}''34 \times 10^{-8}\ T^5$$

where $\epsilon_0 = 84\ 381\rlap{.}''406 = 23° 26' 21\rlap{.}''406$ is the obliquity of the ecliptic with respect to the dynamical equinox at J2000 and $\epsilon_A$ is the obliquity of the ecliptic with respect to the mean equator of date; equivalently

$$\epsilon_A = 23°439\ 279\ 4444 - 0°013\ 010\ 213\ 61\ T - 5°0861 \times 10^{-8}\ T^2$$
$$+ 5°565 \times 10^{-7}\ T^3 - 1°6 \times 10^{-10}\ T^4 - 1°2056 \times 10^{-11}\ T^5$$

The precession matrix for the F-W precession angles, which includes how to incorporate the frame bias and nutation, is described on page B56.

The Capitaine *et al.* method, the formulation of which cleanly separates precession of the equator from precession of the ecliptic, is via the precession angles $\chi_A$, $\omega_A$, $\psi_A$, which are

$$\psi_A = 5038\rlap{.}''481\ 507\ T - 1\rlap{.}''079\ 0069\ T^2 - 0\rlap{.}''001\ 140\ 45\ T^3$$
$$+ 0\rlap{.}''000\ 132\ 851\ T^4 - 9\rlap{.}''51 \times 10^{-8}\ T^5$$

$$\omega_A = \epsilon_0 - 0\rlap{.}''025\ 754\ T + 0\rlap{.}''051\ 2623\ T^2 - 0\rlap{.}''007\ 725\ 03\ T^3$$
$$- 0\rlap{.}''000\ 000\ 467\ T^4 + 33\rlap{.}''37 \times 10^{-8}\ T^5$$

$$\chi_A = 10\rlap{.}''556\ 403\ T - 2\rlap{.}''381\ 4292\ T^2 - 0\rlap{.}''001\ 211\ 97\ T^3$$
$$+ 0\rlap{.}''000\ 170\ 663\ T^4 - 5\rlap{.}''60 \times 10^{-8}\ T^5$$

where the precession matrix using $\chi_A$, $\omega_A$, $\psi_A$ and $\epsilon_0$ is

$$\mathbf{P} = \begin{pmatrix} C_4C_2 - S_2S_4C_3 & C_4S_2C_1 + S_4C_3C_2C_1 - S_1S_4S_3 & C_4S_2S_1 + S_4C_3C_2S_1 + C_1S_4S_3 \\ -S_4C_2 - S_2C_4C_3 & -S_4S_2C_1 + C_4C_3C_2C_1 - S_1C_4S_3 & -S_4S_2S_1 + C_4C_3C_2S_1 + C_1C_4S_3 \\ S_2S_3 & -S_3C_2C_1 - S_1C_3 & -S_3C_2S_1 + C_3C_1 \end{pmatrix}$$

where
$$\begin{array}{llll} S_1 = \sin \epsilon_0 & S_2 = \sin(-\psi_A) & S_3 = \sin(-\omega_A) & S_4 = \sin \chi_A \\ C_1 = \cos \epsilon_0 & C_2 = \cos(-\psi_A) & C_3 = \cos(-\omega_A) & C_4 = \cos \chi_A \end{array}$$

The traditional equatorial precession angles $\zeta_A$, $z_A$, $\theta_A$ are

$$\zeta_A = +2\rlap{.}''650\ 545 + 2306\rlap{.}''083\ 227\ T + 0\rlap{.}''298\ 8499\ T^2 + 0\rlap{.}''018\ 018\ 28\ T^3$$
$$- 5\rlap{.}''971 \times 10^{-6}\ T^4 - 3\rlap{.}''173 \times 10^{-7}\ T^5$$

$$z_A = -2\rlap{.}''650\ 545 + 2306\rlap{.}''077\ 181\ T + 1\rlap{.}''092\ 7348\ T^2 + 0\rlap{.}''018\ 268\ 37\ T^3$$
$$- 28\rlap{.}''596 \times 10^{-6}\ T^4 - 2\rlap{.}''904 \times 10^{-7}\ T^5$$

$$\theta_A = 2004\rlap{.}''191\ 903\ T - 0\rlap{.}''429\ 4934\ T^2 - 0\rlap{.}''041\ 822\ 64\ T^3$$
$$- 7\rlap{.}''089 \times 10^{-6}\ T^4 - 1\rlap{.}''274 \times 10^{-7}\ T^5$$

**Reduction for precession—rigorous formulae (continued)**

The precession matrix using $\zeta_A$, $z_A$, $\theta_A$ is

$$
\mathbf{P} = \begin{pmatrix}
\cos \zeta_A \cos \theta_A \cos z_A - \sin \zeta_A \sin z_A & -\sin \zeta_A \cos \theta_A \cos z_A - \cos \zeta_A \sin z_A & -\sin \theta_A \cos z_A \\
\cos \zeta_A \cos \theta_A \sin z_A + \sin \zeta_A \cos z_A & -\sin \zeta_A \cos \theta_A \sin z_A + \cos \zeta_A \cos z_A & -\sin \theta_A \sin z_A \\
\cos \zeta_A \sin \theta_A & -\sin \zeta_A \sin \theta_A & \cos \theta_A
\end{pmatrix}
$$

For right ascension and declination in terms of $\zeta_A$, $z_A$, $\theta_A$:

$$
\begin{aligned}
\sin(\alpha - z_A)\cos\delta &= \sin(\alpha_0 + \zeta_A)\cos\delta_0 \\
\cos(\alpha - z_A)\cos\delta &= \cos(\alpha_0 + \zeta_A)\cos\theta_A \cos\delta_0 - \sin\theta_A \sin\delta_0 \\
\sin\delta &= \cos(\alpha_0 + \zeta_A)\sin\theta_A \cos\delta_0 + \cos\theta_A \sin\delta_0 \\
\sin(\alpha_0 + \zeta_A)\cos\delta_0 &= \sin(\alpha - z_A)\cos\delta \\
\cos(\alpha_0 + \zeta_A)\cos\delta_0 &= \cos(\alpha - z_A)\cos\theta_A \cos\delta + \sin\theta_A \sin\delta \\
\sin\delta_0 &= -\cos(\alpha - z_A)\sin\theta_A \cos\delta + \cos\theta_A \sin\delta
\end{aligned}
$$

where $\zeta_A$, $z_A$, $\theta_A$, given above, are angles that serve to specify the position of the mean equator and equinox of date with respect to the mean equator and equinox of J2000·0.

Values of all the angles and the elements of $\mathbf{P}$ for reduction from J2000·0 to epoch and mean equinox of the middle of the year (J2010·5) are as follows:

F-W Precession Angles $\gamma_J$, $\phi_J$, $\psi_J$, and $\epsilon_A$

$$
\begin{aligned}
\gamma_J &= +1\rlap{.}''11 = +0°000\,309 & \phi_J &= +843\,76\rlap{.}''49 = +23°437\,914 \\
\psi_J &= +529\rlap{.}''06 = +0°146\,960 & \epsilon_A &= 23°\,26'\,16\rlap{.}''49 = \quad 23°437\,913
\end{aligned}
$$

Precession Angles $\zeta_A$, $z_A$, $\theta_A$       Precession Angles $\psi_A$, $\omega_A$, $\chi_A$

$$
\begin{aligned}
\zeta_A &= +244\rlap{.}''79 = +0°067\,998 & \psi_A &= \quad +529\rlap{.}''03 = +0°146\,952 \\
z_A &= +239\rlap{.}''50 = +0°066\,528 & \omega_A &= +843\,81\rlap{.}''40 = +23°439\,279 \\
\theta_A &= +210\rlap{.}''44 = +0°058\,454 & \chi_A &= \quad\quad +1\rlap{.}''08 = +0°000\,301
\end{aligned}
$$

The rotation matrix for precession from J2000·0 to J2010·5 is

$$
\mathbf{P} = \begin{pmatrix}
+0·999\,996\,723 & -0·002\,347\,912 & -0·001\,020\,219 \\
+0·002\,347\,912 & +0·999\,997\,244 & -0·000\,001\,185 \\
+0·001\,020\,219 & -0·000\,001\,211 & +0·999\,999\,480
\end{pmatrix}
$$

The precessional motion of the ecliptic is specified by the inclination ($\pi_A$) and longitude of the node ($\Pi_A$) of the ecliptic of date with respect to the ecliptic and equinox of J2000·0; they are given by:

$$
\begin{aligned}
\sin\pi_A \sin\Pi_A = +\ & 4\rlap{.}''199\,094\,T + 0\rlap{.}''193\,9873\,T^2 - 0\rlap{.}''000\,224\,66\,T^3 \\
& - 9\rlap{.}''12 \times 10^{-7}\,T^4 + 1\rlap{.}''20 \times 10^{-8}\,T^5 \\
\sin\pi_A \cos\Pi_A = -46\rlap{.}''& 811\,015\,T + 0\rlap{.}''051\,0283\,T^2 + 0\rlap{.}''000\,524\,13\,T^3 \\
& - 6\rlap{.}''46 \times 10^{-7}\,T^4 - 1\rlap{.}''72 \times 10^{-8}\,T^5
\end{aligned}
$$

$\pi_A$ is a small angle, and often $\pi_A$ replaces $\sin\pi_A$.

For epoch J2010·5      $\pi_A = +4\rlap{.}''935 = 0°001\,3707$
                              $\Pi_A = 174°\,50\rlap{.}'9 = 174°849$

### Reduction for precession—approximate formulae

Approximate formulae for the reduction of coordinates and orbital elements referred to the mean equinox and equator or ecliptic of date $(t)$ are as follows:

For reduction to J2000·0

$$\alpha_0 = \alpha - M - N \sin \alpha_m \tan \delta_m$$
$$\delta_0 = \delta - N \cos \alpha_m$$
$$\lambda_0 = \lambda - a + b \cos (\lambda + c') \tan \beta_0$$
$$\beta_0 = \beta - b \sin (\lambda + c')$$
$$\Omega_0 = \Omega - a + b \sin (\Omega + c') \cot i_0$$
$$i_0 = i - b \cos (\Omega + c')$$
$$\omega_0 = \omega - b \sin (\Omega + c') \operatorname{cosec} i_0$$

For reduction from J2000·0

$$\alpha = \alpha_0 + M + N \sin \alpha_m \tan \delta_m$$
$$\delta = \delta_0 + N \cos \alpha_m$$
$$\lambda = \lambda_0 + a - b \cos (\lambda_0 + c) \tan \beta$$
$$\beta = \beta_0 + b \sin (\lambda_0 + c)$$
$$\Omega = \Omega_0 + a - b \sin (\Omega_0 + c) \cot i$$
$$i = i_0 + b \cos (\Omega_0 + c)$$
$$\omega = \omega_0 + b \sin (\Omega_0 + c) \operatorname{cosec} i$$

where the subscript zero refers to epoch J2000·0 and $\alpha_m$, $\delta_m$ refer to the mean epoch; with sufficient accuracy:

$$\alpha_m = \alpha - \tfrac{1}{2}(M + N \sin \alpha \tan \delta)$$
$$\delta_m = \delta - \tfrac{1}{2}N \cos \alpha_m$$

or

$$\alpha_m = \alpha_0 + \tfrac{1}{2}(M + N \sin \alpha_0 \tan \delta_0)$$
$$\delta_m = \delta_0 + \tfrac{1}{2}N \cos \alpha_m$$

The precessional constants $M$, $N$, etc., are given by:

$$M = 1°2811\ 5566\ 89\ T + 0°0003\ 8655\ 131\ T^2 + 0°0000\ 1007\ 9625\ T^3$$
$$- 9°60194 \times 10^{-9}\ T^4 - 1°68806 \times 10^{-10}\ T^5$$

$$N = 0°5567\ 1997\ 31\ T - 0°0001\ 1930\ 372\ T^2 - 0°0000\ 1161\ 7400\ T^3$$
$$- 1°96917 \times 10^{-9}\ T^4 - 3°5389 \times 10^{-11}\ T^5$$

$$a = 1°3968\ 8783\ 19\ T + 0°0003\ 0706\ 522\ T^2 + 2°2122 \times 10^{-8}\ T^3$$
$$- 6°62694 \times 10^{-9}\ T^4 + 1°0639 \times 10^{-11}\ T^5$$

$$b = 0°0130\ 5527\ 03\ T - 0°0000\ 0930\ 350\ T^2 + 3°4886 \times 10^{-8}\ T^3$$
$$+ 3°13889 \times 10^{-11}\ T^4 - 6°11 \times 10^{-13}\ T^5$$

$$c = 5°1258\ 9067 + 0°8189\ 93580\ T + 0°0001\ 0425\ 609\ T^2 - 0°0001\ 0415\ 5607\ T^3$$
$$- 2°480\ 66 \times 10^{-9}\ T^4 + 4°694 \times 10^{-12}\ T^5$$

$$c' = 5°1258\ 9067 - 0°5778\ 94252\ T - 0°0001\ 6450\ 428\ T^2 - 0°0001\ 0417\ 7728\ T^3$$
$$+ 4°146\ 28 \times 10^{-9}\ T^4 - 5°944 \times 10^{-12}\ T^5$$

Formulae for the reduction from the mean equinox and equator or ecliptic of the middle of year $(t_1)$ to date $(t)$ are as follows:

$$\alpha = \alpha_1 + \tau(m + n \sin \alpha_1 \tan \delta_1)$$
$$\lambda = \lambda_1 + \tau(p - \pi \cos (\lambda_1 + 6°) \tan \beta)$$
$$\Omega = \Omega_1 + \tau(p - \pi \sin (\Omega_1 + 6°) \cot i)$$
$$\omega = \omega_1 + \tau\pi \sin (\Omega_1 + 6°) \operatorname{cosec} i$$

$$\delta = \delta_1 + \tau n \cos \alpha_1$$
$$\beta = \beta_1 + \tau\pi \sin (\lambda_1 + 6°)$$
$$i = i_1 + \tau\pi \cos (\Omega_1 + 6°)$$

where $\tau = t - t_1$ and $\pi$ is the annual rate of rotation of the ecliptic.

## Reduction for precession—approximate formulae (continued)

The precessional constants $p$, $m$, etc., are as follows:

| | | |
|---|---|---|
| Annual | Epoch J2010·5 | Epoch J2010·5 |

general precession $p = +0°013\ 9695$    Annual rate of rotation    $\pi = +0°000\ 1305$

precession in R.A. $m = +0°012\ 8124$    Longitude of axis    $\Pi = +174°8488$

precession in Dec. $n = +0°005\ 5669$      $\gamma = 180° - \Pi = +5°1512$

where $\Pi$ is the longitude of the instantaneous rotation axis of the ecliptic, measured from the mean equinox of date.

## Reduction for nutation — rigorous formulae

Nutations in longitude ($\Delta\psi$) and obliquity ($\Delta\epsilon$) have been calculated using the IAU 2000A series definitions (order of $1\mu$as) with the following adjustments which are required for use at the highest precision with the IAU 2006 precession, viz:

$$\Delta\psi = \Delta\psi_{2000A} + (0·4697\times10^{-6} - 2·7774\times10^{-6}\ T)\ \Delta\psi_{2000A}$$

$$\Delta\epsilon = \Delta\epsilon_{2000A} - 2·7774\times10^{-6}\ T\ \Delta\epsilon_{2000A}$$

where $T$ is measured in Julian centuries from 245 1545·0 TT. $\Delta\psi$ and $\Delta\epsilon$ together with the true obliquity of the ecliptic ($\epsilon$) are tabulated, daily at $0^h$ TT, on pages B58–B65. Web links for the IAU 2000A series representing $\Delta\psi_{2000A}$ and $\Delta\epsilon_{2000A}$ may be found via *The Astronomical Almanac Online*.

A mean place ($\mathbf{r}_m$) may be transformed to a true place ($\mathbf{r}_t$), and vice versa, as follows:

$$\mathbf{r}_t = \mathbf{N}\,\mathbf{r}_m \qquad \mathbf{r}_m = \mathbf{N}^{-1}\,\mathbf{r}_t = \mathbf{N}'\,\mathbf{r}_t$$

where $\qquad \mathbf{N} = \mathbf{R}_1(-\epsilon)\,\mathbf{R}_3(-\Delta\psi)\,\mathbf{R}_1(+\epsilon_A)$

$$\epsilon = \epsilon_A + \Delta\epsilon$$

and $\epsilon_A$ is given on page B52. The matrix for nutation is given by

$$\mathbf{N} = \begin{pmatrix} \cos\Delta\psi & -\sin\Delta\psi\cos\epsilon_A & -\sin\Delta\psi\sin\epsilon_A \\ \sin\Delta\psi\cos\epsilon & \cos\Delta\psi\cos\epsilon_A\cos\epsilon+\sin\epsilon_A\sin\epsilon & \cos\Delta\psi\sin\epsilon_A\cos\epsilon-\cos\epsilon_A\sin\epsilon \\ \sin\Delta\psi\sin\epsilon & \cos\Delta\psi\cos\epsilon_A\sin\epsilon-\sin\epsilon_A\cos\epsilon & \cos\Delta\psi\sin\epsilon_A\sin\epsilon+\cos\epsilon_A\cos\epsilon \end{pmatrix}$$

## Approximate reduction for nutation

To first order, the contributions of the nutations in longitude ($\Delta\psi$) and in obliquity ($\Delta\epsilon$) to the reduction from mean place to true place are given by:

$$\Delta\alpha = (\cos\epsilon + \sin\epsilon\,\sin\alpha\,\tan\delta)\,\Delta\psi - \cos\alpha\,\tan\delta\,\Delta\epsilon \qquad \Delta\lambda = \Delta\psi$$

$$\Delta\delta = \sin\epsilon\,\cos\alpha\,\Delta\psi + \sin\alpha\,\Delta\epsilon \qquad\qquad\qquad \Delta\beta = 0$$

The following formulae may be used to compute $\Delta\psi$ and $\Delta\epsilon$ to a precision of about $0°0002$ (1″) during 2010.

$$\Delta\psi = -0°0048\sin(291°7 - 0·053\,d) \qquad \Delta\epsilon = +0°0026\cos(291°7 - 0·053\,d)$$

$$-0°0004\sin(199°1 + 1·971\,d) \qquad\qquad +0°0002\cos(199°1 + 1·971\,d)$$

where $d = \mathrm{JD}_{TT} - 245\ 5196·5$ is the day of the year and fraction; for this precision

$$\epsilon = 23°44 \qquad \cos\epsilon = 0·917 \qquad \sin\epsilon = 0·398$$

**Approximate reduction for nutation (continued)**

The corrections to be added to the mean rectangular coordinates $(x, y, z)$ to produce the true rectangular coordinates are given by:

$$\Delta x = -(y \cos \epsilon + z \sin \epsilon)\,\Delta\psi \quad \Delta y = +x\,\Delta\psi\,\cos\epsilon - z\,\Delta\epsilon \quad \Delta z = +x\,\Delta\psi\,\sin\epsilon + y\,\Delta\epsilon$$

where $\Delta\psi$ and $\Delta\epsilon$ are expressed in radians. The corresponding rotation matrix is

$$\mathbf{N} = \begin{pmatrix} 1 & -\Delta\psi\,\cos\epsilon & -\Delta\psi\,\sin\epsilon \\ +\Delta\psi\,\cos\epsilon & 1 & -\Delta\epsilon \\ +\Delta\psi\,\sin\epsilon & +\Delta\epsilon & 1 \end{pmatrix}$$

**Combined reduction for frame bias, precession and nutation — rigorous formulae**

The angles $\bar\gamma$, $\bar\phi$, $\bar\psi$ which combine frame bias with the effects of precession are given by

$$\bar\gamma = -0\rlap{.}''052\,928 + 10\rlap{.}''556\,378\,T + 0\rlap{.}''493\,2044\,T^2 - 0\rlap{.}''000\,312\,38\,T^3$$
$$- 2\rlap{.}''788 \times 10^{-6}\,T^4 + 2\rlap{.}''60 \times 10^{-8}\,T^5$$

$$\bar\phi = 84381\rlap{.}''412\,819 - 46\rlap{.}''811\,016\,T + 0\rlap{.}''051\,1268\,T^2 + 0\rlap{.}''000\,532\,89\,T^3$$
$$- 0\rlap{.}''440 \times 10^{-6}\,T^4 - 1\rlap{.}''76 \times 10^{-8}\,T^5$$

$$\bar\psi = -0\rlap{.}''041\,775 + 5038\rlap{.}''481\,484\,T + 1\rlap{.}''558\,4175\,T^2 - 0\rlap{.}''000\,185\,22\,T^3$$
$$- 26\rlap{.}''452 \times 10^{-6}\,T^4 - 1\rlap{.}''48 \times 10^{-8}\,T^5$$

Nutation (see page B55) is applied by adding the nutations in longitude ($\Delta\psi$) and obliquity ($\Delta\epsilon$) thus

$$\psi = \bar\psi + \Delta\psi \quad \text{and} \quad \epsilon = \epsilon_A + \Delta\epsilon$$

Values for $\Delta\psi$ and $\Delta\epsilon$ are tabulated daily on pages B58–B65 with $\epsilon$, the true obliquity of the ecliptic, while $\epsilon_A$ is given on page B52.

Thus the reduction from a geocentric position $\mathbf{r}$ with respect to the GCRS to a position $\mathbf{r}_t$ with respect to the (true) equator and equinox of date, and vice versa, is given by:

$$\mathbf{r}_t = \mathbf{M}\,\mathbf{r} = \mathbf{N}\mathbf{P}\mathbf{B}\,\mathbf{r} \qquad \mathbf{r} = \mathbf{B}^{-1}\,\mathbf{P}^{-1}\,\mathbf{N}^{-1}\,\mathbf{r}_t = \mathbf{B}'\,\mathbf{P}'\,\mathbf{N}'\,\mathbf{r}_t$$

or where
$$\mathbf{M} = \mathbf{R}_1(-\epsilon)\,\mathbf{R}_3(-\psi)\,\mathbf{R}_1(\bar\phi)\,\mathbf{R}_3(\bar\gamma)$$

and the matrices $\mathbf{B}$, $\mathbf{P}$ and $\mathbf{N}$ are defined in the preceding sections. The combined matrix $\mathbf{M}$ (see page B50) is tabulated daily at $0^h\,\mathrm{TT}$ on even numbered pages B30–B44. There should be no significant difference between the various methods of calculating $\mathbf{M}$.

Values for the middle of the year, epoch J2010·5 for $\bar\gamma$, $\bar\phi$, $\bar\psi$, $\epsilon_A$, and the combined bias and precession matrices are

F-W Bias and Precession Angles $\bar\gamma$, $\bar\phi$, $\bar\psi$, and $\epsilon_A$

$$\bar\gamma = +1\rlap{.}''06 = +0\rlap{.}°000\,295 \qquad \bar\phi = +843\,76\rlap{.}''50 = +23\rlap{.}°437\,916$$
$$\bar\psi = +529\rlap{.}''02 = +0\rlap{.}°146\,949 \qquad \epsilon_A = 23°\,26'\,16\rlap{.}''49 = 23\rlap{.}°437\,913$$

$$\mathbf{PB} = \begin{pmatrix} +0\cdot999\,996\,723 & -0\cdot002\,347\,983 & -0\cdot001\,020\,138 \\ +0\cdot002\,347\,983 & +0\cdot999\,997\,243 & -0\cdot000\,001\,151 \\ +0\cdot001\,020\,138 & -0\cdot000\,001\,244 & +0\cdot999\,999\,480 \end{pmatrix}$$

where the combined frame bias and precession matrix has been calculated by ignoring the terms $\Delta\psi$ and $\Delta\epsilon$

## Approximate reduction for precession and nutation

The following formulae and table may be used for the approximate reduction from the equator and equinox of J2000·0 (or from the GCRS if the small frame bias correction is ignored) to the true equator and equinox of date during 2010:

$$\alpha = \alpha_0 + f + g \sin(G + \alpha_0) \tan \delta_0$$
$$\delta = \delta_0 + g \cos(G + \alpha_0)$$

where the units of the correction to $\alpha_0$ and $\delta_0$ are seconds and arcminutes, respectively.

| Date | | $f$ | $g$ | $g$ | $G$ | Date | | $f$ | $g$ | $g$ | $G$ |
|---|---|---|---|---|---|---|---|---|---|---|---|
| | | s | s | ′ | h  m | | | s | s | ′ | h  m |
| Jan. | −6 | +31·7 | 13·8 | 3·44 | 23 57 | July | 3 | +33·3 | 14·5 | 3·62 | 23 59 |
| | 4*† | +31·8 | 13·8 | 3·45 | 23 57 | | 13 | +33·5 | 14·5 | 3·64 | 23 59 |
| | 14 | +31·9 | 13·9 | 3·47 | 23 57 | | 23* | +33·6 | 14·6 | 3·64 | 23 59 |
| | 24 | +32·0 | 13·9 | 3·47 | 23 57 | Aug. | 2 | +33·6 | 14·6 | 3·65 | 23 59 |
| Feb. | 3 | +32·1 | 13·9 | 3·49 | 23 57 | | 12 | +33·7 | 14·7 | 3·66 | 23 58 |
| | 13* | +32·2 | 14·0 | 3·50 | 23 57 | | 22 | +33·8 | 14·7 | 3·67 | 23 58 |
| | 23 | +32·2 | 14·0 | 3·50 | 23 57 | Sept. | 1* | +33·9 | 14·7 | 3·68 | 23 58 |
| Mar. | 5 | +32·3 | 14·0 | 3·51 | 23 57 | | 11 | +33·9 | 14·7 | 3·69 | 23 58 |
| | 15 | +32·4 | 14·1 | 3·52 | 23 56 | | 21 | +34·0 | 14·8 | 3·69 | 23 58 |
| | 25* | +32·5 | 14·1 | 3·53 | 23 57 | Oct. | 1 | +34·1 | 14·8 | 3·70 | 23 59 |
| Apr. | 4 | +32·5 | 14·1 | 3·53 | 23 57 | | 11* | +34·1 | 14·8 | 3·71 | 23 59 |
| | 14 | +32·6 | 14·1 | 3·54 | 23 57 | | 21 | +34·2 | 14·9 | 3·71 | 23 59 |
| | 24 | +32·7 | 14·2 | 3·55 | 23 57 | | 31 | +34·3 | 14·9 | 3·72 | 23 59 |
| May | 4* | +32·7 | 14·2 | 3·56 | 23 58 | Nov. | 10 | +34·3 | 14·9 | 3·73 | 23 59 |
| | 14 | +32·8 | 14·2 | 3·56 | 23 58 | | 20* | +34·4 | 15·0 | 3·74 | 00 00 |
| | 24 | +32·9 | 14·3 | 3·57 | 23 58 | | 30 | +34·5 | 15·0 | 3·75 | 00 00 |
| June | 3 | +33·0 | 14·3 | 3·59 | 23 58 | Dec. | 10 | +34·7 | 15·1 | 3·77 | 00 00 |
| | 13* | +33·1 | 14·4 | 3·60 | 23 59 | | 20 | +34·7 | 15·1 | 3·77 | 00 00 |
| | 23 | +33·2 | 14·4 | 3·61 | 23 59 | | 30* | +34·9 | 15·1 | 3·79 | 00 00 |
| July | 3 | +33·3 | 14·5 | 3·62 | 23 59 | | | | | | |

\* 40-day date    † 400-day date for osculation epoch

## Differential precession and nutation

The corrections for differential precession and nutation are given below. These are to be added to the observed differences of the right ascension and declination, $\Delta\alpha$ and $\Delta\delta$, of an object relative to a comparison star to obtain the differences in the mean place for a standard epoch (e.g. J2000·0 or the beginning of the year). The differences $\Delta\alpha$ and $\Delta\delta$ are measured in the sense "object – comparison star", and the corrections are in the same units as $\Delta\alpha$ and $\Delta\delta$.

In the correction to right ascension the same units must be used for $\Delta\alpha$ and $\Delta\delta$.

$$\text{correction to right ascension} \quad e \tan\delta\, \Delta\alpha - f \sec^2\delta\, \Delta\delta$$
$$\text{correction to declination} \quad f\, \Delta\alpha$$

where
$$e \cdot = -\cos\alpha\,(nt + \sin\epsilon\,\Delta\psi) - \sin\alpha\,\Delta\epsilon$$
$$f = +\sin\alpha\,(nt + \sin\epsilon\,\Delta\psi) - \cos\alpha\,\Delta\epsilon$$
$$\epsilon = 23°\!·44,\ \sin\epsilon = 0·3978,\ \text{and}\ n = 0·000\,0972\ \text{radians for epoch J2010·5}$$

$t$ is the time in years *from* the standard epoch *to* the time of observation. $\Delta\psi$, $\Delta\epsilon$ are nutations in longitude and obliquity at the time of observation, *expressed in radians*. ($1'' = 0·000\,004\,8481$ rad).

The errors in arc units caused by using these formulae are of order $10^{-8}\,t^2\sec^2\delta$ multiplied by the displacement in arc from the comparison star.

### FOR 0ʰ TERRESTRIAL TIME

| Date | NUTATION | | True Obl. | Julian | CELESTIAL INTERMEDIATE | | |
| 0ʰ TT | in Long. | in Obl. | of Ecliptic | Date | Pole | | Origin |
| | $\Delta\psi$ | $\Delta\epsilon$ | $\epsilon$ 23° 26′ | 0ʰ TT 245 | $x$ | $y$ | $s$ |
| | $''$ | $''$ | $''$ | | $''$ | $''$ | $''$ |
| Jan. 0 | + 16·2428 | + 2·8049 | 19·5285 | 5196·5 | + 206·8103 | + 2·5569 | + 0·0016 |
| 1 | + 16·4487 | + 2·8240 | 19·5464 | 5197·5 | + 206·9471 | + 2·5757 | + 0·0016 |
| 2 | + 16·6160 | + 2·8696 | 19·5906 | 5198·5 | + 207·0687 | + 2·6209 | + 0·0016 |
| 3 | + 16·7159 | + 2·9282 | 19·6480 | 5199·5 | + 207·1634 | + 2·6794 | + 0·0016 |
| 4 | + 16·7413 | + 2·9830 | 19·7014 | 5200·5 | + 207·2285 | + 2·7339 | + 0·0015 |
| 5 | + 16·7079 | + 3·0193 | 19·7365 | 5201·5 | + 207·2702 | + 2·7702 | + 0·0015 |
| 6 | + 16·6450 | + 3·0298 | 19·7457 | 5202·5 | + 207·3001 | + 2·7807 | + 0·0015 |
| 7 | + 16·5846 | + 3·0151 | 19·7298 | 5203·5 | + 207·3309 | + 2·7659 | + 0·0015 |
| 8 | + 16·5516 | + 2·9817 | 19·6951 | 5204·5 | + 207·3725 | + 2·7324 | + 0·0015 |
| 9 | + 16·5605 | + 2·9392 | 19·6512 | 5205·5 | + 207·4309 | + 2·6897 | + 0·0015 |
| 10 | + 16·6145 | + 2·8975 | 19·6083 | 5206·5 | + 207·5071 | + 2·6479 | + 0·0016 |
| 11 | + 16·7076 | + 2·8655 | 19·5750 | 5207·5 | + 207·5989 | + 2·6156 | + 0·0016 |
| 12 | + 16·8270 | + 2·8490 | 19·5572 | 5208·5 | + 207·7013 | + 2·5989 | + 0·0016 |
| 13 | + 16·9565 | + 2·8512 | 19·5582 | 5209·5 | + 207·8077 | + 2·6009 | + 0·0016 |
| 14 | + 17·0790 | + 2·8721 | 19·5777 | 5210·5 | + 207·9113 | + 2·6215 | + 0·0016 |
| 15 | + 17·1792 | + 2·9086 | 19·6129 | 5211·5 | + 208·0061 | + 2·6578 | + 0·0016 |
| 16 | + 17·2455 | + 2·9556 | 19·6587 | 5212·5 | + 208·0875 | + 2·7046 | + 0·0015 |
| 17 | + 17·2719 | + 3·0068 | 19·7086 | 5213·5 | + 208·1530 | + 2·7556 | + 0·0015 |
| 18 | + 17·2583 | + 3·0552 | 19·7557 | 5214·5 | + 208·2025 | + 2·8039 | + 0·0015 |
| 19 | + 17·2103 | + 3·0945 | 19·7938 | 5215·5 | + 208·2384 | + 2·8432 | + 0·0015 |
| 20 | + 17·1387 | + 3·1198 | 19·8177 | 5216·5 | + 208·2648 | + 2·8684 | + 0·0015 |
| 21 | + 17·0582 | + 3·1279 | 19·8246 | 5217·5 | + 208·2877 | + 2·8765 | + 0·0015 |
| 22 | + 16·9860 | + 3·1183 | 19·8137 | 5218·5 | + 208·3138 | + 2·8668 | + 0·0015 |
| 23 | + 16·9399 | + 3·0932 | 19·7873 | 5219·5 | + 208·3503 | + 2·8415 | + 0·0015 |
| 24 | + 16·9362 | + 3·0576 | 19·7504 | 5220·5 | + 208·4036 | + 2·8059 | + 0·0015 |
| 25 | + 16·9862 | + 3·0200 | 19·7115 | 5221·5 | + 208·4783 | + 2·7680 | + 0·0015 |
| 26 | + 17·0923 | + 2·9907 | 19·6810 | 5222·5 | + 208·5753 | + 2·7386 | + 0·0015 |
| 27 | + 17·2439 | + 2·9809 | 19·6699 | 5223·5 | + 208·6905 | + 2·7285 | + 0·0015 |
| 28 | + 17·4154 | + 2·9986 | 19·6863 | 5224·5 | + 208·8136 | + 2·7459 | + 0·0015 |
| 29 | + 17·5704 | + 3·0449 | 19·7313 | 5225·5 | + 208·9302 | + 2·7919 | + 0·0015 |
| 30 | + 17·6722 | + 3·1118 | 19·7969 | 5226·5 | + 209·0257 | + 2·8586 | + 0·0015 |
| 31 | + 17·6989 | + 3·1833 | 19·8672 | 5227·5 | + 209·0914 | + 2·9300 | + 0·0014 |
| Feb. 1 | + 17·6532 | + 3·2417 | 19·9243 | 5228·5 | + 209·1282 | + 2·9883 | + 0·0014 |
| 2 | + 17·5603 | + 3·2741 | 19·9554 | 5229·5 | + 209·1462 | + 3·0206 | + 0·0014 |
| 3 | + 17·4563 | + 3·2771 | 19·9571 | 5230·5 | + 209·1597 | + 3·0235 | + 0·0014 |
| 4 | + 17·3733 | + 3·2559 | 19·9346 | 5231·5 | + 209·1815 | + 3·0023 | + 0·0014 |
| 5 | + 17·3314 | + 3·2211 | 19·8985 | 5232·5 | + 209·2197 | + 2·9674 | + 0·0014 |
| 6 | + 17·3364 | + 3·1842 | 19·8604 | 5233·5 | + 209·2764 | + 2·9304 | + 0·0014 |
| 7 | + 17·3829 | + 3·1551 | 19·8300 | 5234·5 | + 209·3497 | + 2·9011 | + 0·0015 |
| 8 | + 17·4579 | + 3·1405 | 19·8141 | 5235·5 | + 209·4344 | + 2·8864 | + 0·0015 |
| 9 | + 17·5453 | + 3·1440 | 19·8163 | 5236·5 | + 209·5241 | + 2·8896 | + 0·0015 |
| 10 | + 17·6283 | + 3·1657 | 19·8367 | 5237·5 | + 209·6120 | + 2·9111 | + 0·0015 |
| 11 | + 17·6915 | + 3·2032 | 19·8729 | 5238·5 | + 209·6921 | + 2·9484 | + 0·0014 |
| 12 | + 17·7232 | + 3·2519 | 19·9203 | 5239·5 | + 209·7597 | + 2·9969 | + 0·0014 |
| 13 | + 17·7160 | + 3·3057 | 19·9729 | 5240·5 | + 209·8118 | + 3·0507 | + 0·0014 |
| 14 | + 17·6683 | + 3·3580 | 20·0239 | 5241·5 | + 209·8478 | + 3·1029 | + 0·0014 |
| 15 | + 17·5840 | + 3·4021 | 20·0667 | 5242·5 | + 209·8693 | + 3·1469 | + 0·0013 |

## FOR 0ʰ TERRESTRIAL TIME

| Date 0ʰ TT | NUTATION in Long. $\Delta\psi$ | NUTATION in Obl. $\Delta\epsilon$ | True Obl. of Ecliptic $\epsilon$ 23° 26′ | Julian Date 0ʰ TT 245 | CELESTIAL INTERMEDIATE Pole $x$ | CELESTIAL INTERMEDIATE Pole $y$ | Origin $s$ |
|---|---|---|---|---|---|---|---|
| | ″ | ″ | ″ | | ″ | ″ | ″ |
| Feb. 15 | +17·5840 | + 3·4021 | 20·0667 | 5242·5 | + 209·8693 | + 3·1469 | + 0·0013 |
| 16 | +17·4728 | + 3·4325 | 20·0959 | 5243·5 | + 209·8800 | + 3·1773 | + 0·0013 |
| 17 | +17·3487 | + 3·4458 | 20·1079 | 5244·5 | + 209·8855 | + 3·1906 | + 0·0013 |
| 18 | +17·2284 | + 3·4408 | 20·1016 | 5245·5 | + 209·8925 | + 3·1856 | + 0·0013 |
| 19 | +17·1293 | + 3·4193 | 20·0788 | 5246·5 | + 209·9080 | + 3·1640 | + 0·0013 |
| 20 | +17·0671 | + 3·3860 | 20·0443 | 5247·5 | + 209·9380 | + 3·1307 | + 0·0013 |
| 21 | +17·0526 | + 3·3482 | 20·0052 | 5248·5 | + 209·9870 | + 3·0928 | + 0·0014 |
| 22 | +17·0898 | + 3·3150 | 19·9707 | 5249·5 | + 210·0566 | + 3·0594 | + 0·0014 |
| 23 | +17·1725 | + 3·2960 | 19·9504 | 5250·5 | + 210·1443 | + 3·0402 | + 0·0014 |
| 24 | +17·2832 | + 3·2992 | 19·9523 | 5251·5 | + 210·2432 | + 3·0432 | + 0·0014 |
| 25 | +17·3939 | + 3·3285 | 19·9803 | 5252·5 | + 210·3422 | + 3·0722 | + 0·0014 |
| 26 | +17·4717 | + 3·3806 | 20·0311 | 5253·5 | + 210·4281 | + 3·1241 | + 0·0013 |
| 27 | +17·4886 | + 3·4446 | 20·0938 | 5254·5 | + 210·4899 | + 3·1879 | + 0·0013 |
| 28 | +17·4333 | + 3·5040 | 20·1520 | 5255·5 | + 210·5229 | + 3·2473 | + 0·0013 |
| Mar. 1 | +17·3179 | + 3·5428 | 20·1894 | 5256·5 | + 210·5320 | + 3·2860 | + 0·0013 |
| 2 | +17·1738 | + 3·5513 | 20·1967 | 5257·5 | + 210·5295 | + 3·2946 | + 0·0013 |
| 3 | +17·0382 | + 3·5302 | 20·1744 | 5258·5 | + 210·5304 | + 3·2735 | + 0·0013 |
| 4 | +16·9404 | + 3·4885 | 20·1313 | 5259·5 | + 210·5463 | + 3·2317 | + 0·0013 |
| 5 | +16·8937 | + 3·4389 | 20·0804 | 5260·5 | + 210·5825 | + 3·1820 | + 0·0013 |
| 6 | +16·8956 | + 3·3938 | 20·0341 | 5261·5 | + 210·6380 | + 3·1368 | + 0·0013 |
| 7 | +16·9332 | + 3·3621 | 20·0011 | 5262·5 | + 210·7077 | + 3·1050 | + 0·0014 |
| 8 | +16·9885 | + 3·3484 | 19·9861 | 5263·5 | + 210·7846 | + 3·0910 | + 0·0014 |
| 9 | +17·0433 | + 3·3533 | 19·9897 | 5264·5 | + 210·8612 | + 3·0958 | + 0·0014 |
| 10 | +17·0814 | + 3·3748 | 20·0099 | 5265·5 | + 210·9313 | + 3·1171 | + 0·0014 |
| 11 | +17·0906 | + 3·4083 | 20·0422 | 5266·5 | + 210·9899 | + 3·1505 | + 0·0013 |
| 12 | +17·0630 | + 3·4481 | 20·0807 | 5267·5 | + 211·0339 | + 3·1902 | + 0·0013 |
| 13 | +16·9957 | + 3·4877 | 20·1190 | 5268·5 | + 211·0621 | + 3·2297 | + 0·0013 |
| 14 | +16·8916 | + 3·5204 | 20·1504 | 5269·5 | + 211·0757 | + 3·2624 | + 0·0013 |
| 15 | +16·7587 | + 3·5404 | 20·1691 | 5270·5 | + 211·0777 | + 3·2823 | + 0·0013 |
| 16 | +16·6098 | + 3·5434 | 20·1709 | 5271·5 | + 211·0734 | + 3·2854 | + 0·0013 |
| 17 | +16·4617 | + 3·5277 | 20·1538 | 5272·5 | + 211·0693 | + 3·2697 | + 0·0013 |
| 18 | +16·3320 | + 3·4944 | 20·1192 | 5273·5 | + 211·0725 | + 3·2363 | + 0·0013 |
| 19 | +16·2371 | + 3·4477 | 20·0713 | 5274·5 | + 211·0895 | + 3·1896 | + 0·0013 |
| 20 | +16·1887 | + 3·3947 | 20·0170 | 5275·5 | + 211·1250 | + 3·1365 | + 0·0013 |
| 21 | +16·1909 | + 3·3443 | 19·9653 | 5276·5 | + 211·1806 | + 3·0860 | + 0·0014 |
| 22 | +16·2387 | + 3·3056 | 19·9253 | 5277·5 | + 211·2544 | + 3·0471 | + 0·0014 |
| 23 | +16·3172 | + 3·2863 | 19·9047 | 5278·5 | + 211·3405 | + 3·0276 | + 0·0014 |
| 24 | +16·4029 | + 3·2904 | 19·9076 | 5279·5 | + 211·4294 | + 3·0315 | + 0·0014 |
| 25 | +16·4677 | + 3·3167 | 19·9326 | 5280·5 | + 211·5102 | + 3·0577 | + 0·0014 |
| 26 | +16·4858 | + 3·3577 | 19·9723 | 5281·5 | + 211·5723 | + 3·0985 | + 0·0014 |
| 27 | +16·4415 | + 3·4004 | 20·0137 | 5282·5 | + 211·6097 | + 3·1411 | + 0·0013 |
| 28 | +16·3365 | + 3·4298 | 20·0419 | 5283·5 | + 211·6229 | + 3·1705 | + 0·0013 |
| 29 | +16·1917 | + 3·4338 | 20·0445 | 5284·5 | + 211·6201 | + 3·1744 | + 0·0013 |
| 30 | +16·0405 | + 3·4074 | 20·0169 | 5285·5 | + 211·6148 | + 3·1481 | + 0·0013 |
| 31 | +15·9169 | + 3·3552 | 19·9634 | 5286·5 | + 211·6204 | + 3·0959 | + 0·0014 |
| Apr. 1 | +15·8435 | + 3·2884 | 19·8953 | 5287·5 | + 211·6459 | + 3·0290 | + 0·0014 |
| 2 | +15·8258 | + 3·2206 | 19·8262 | 5288·5 | + 211·6936 | + 2·9611 | + 0·0014 |

## FOR 0ʰ TERRESTRIAL TIME

| Date | NUTATION | | True Obl. | Julian | CELESTIAL INTERMEDIATE | | |
| | in Long. | in Obl. | of Ecliptic | Date | Pole | | Origin |
| 0ʰ TT | $\Delta\psi$ | $\Delta\epsilon$ | $\epsilon$ 23° 26′ | 0ʰ TT 245 | $x$ | $y$ | $s$ |
|---|---|---|---|---|---|---|---|
| | $''$ | $''$ | $''$ | | $''$ | $''$ | $''$ |
| Apr.  1 | +15·8435 | + 3·2884 | 19·8953 | 5287·5 | + 211·6459 | + 3·0290 | + 0·0014 |
| 2 | +15·8258 | + 3·2206 | 19·8262 | 5288·5 | + 211·6936 | + 2·9611 | + 0·0014 |
| 3 | +15·8544 | + 3·1633 | 19·7676 | 5289·5 | + 211·7597 | + 2·9036 | + 0·0015 |
| 4 | +15·9108 | + 3·1237 | 19·7267 | 5290·5 | + 211·8369 | + 2·8638 | + 0·0015 |
| 5 | +15·9741 | + 3·1040 | 19·7058 | 5291·5 | + 211·9169 | + 2·8440 | + 0·0015 |
| 6 | +16·0254 | + 3·1027 | 19·7032 | 5292·5 | + 211·9922 | + 2·8425 | + 0·0015 |
| 7 | +16·0506 | + 3·1155 | 19·7147 | 5293·5 | + 212·0571 | + 2·8551 | + 0·0015 |
| 8 | +16·0406 | + 3·1364 | 19·7343 | 5294·5 | + 212·1080 | + 2·8759 | + 0·0015 |
| 9 | +15·9919 | + 3·1589 | 19·7555 | 5295·5 | + 212·1436 | + 2·8983 | + 0·0015 |
| 10 | +15·9061 | + 3·1765 | 19·7718 | 5296·5 | + 212·1644 | + 2·9158 | + 0·0015 |
| 11 | +15·7901 | + 3·1831 | 19·7772 | 5297·5 | + 212·1731 | + 2·9224 | + 0·0015 |
| 12 | +15·6554 | + 3·1740 | 19·7668 | 5298·5 | + 212·1744 | + 2·9134 | + 0·0015 |
| 13 | +15·5176 | + 3·1466 | 19·7381 | 5299·5 | + 212·1744 | + 2·8859 | + 0·0015 |
| 14 | +15·3948 | + 3·1008 | 19·6911 | 5300·5 | + 212·1803 | + 2·8402 | + 0·0015 |
| 15 | +15·3046 | + 3·0402 | 19·6291 | 5301·5 | + 212·1992 | + 2·7795 | + 0·0015 |
| 16 | +15·2608 | + 2·9713 | 19·5589 | 5302·5 | + 212·2364 | + 2·7105 | + 0·0016 |
| 17 | +15·2698 | + 2·9031 | 19·4895 | 5303·5 | + 212·2947 | + 2·6421 | + 0·0016 |
| 18 | +15·3277 | + 2·8453 | 19·4304 | 5304·5 | + 212·3725 | + 2·5842 | + 0·0016 |
| 19 | +15·4201 | + 2·8062 | 19·3900 | 5305·5 | + 212·4640 | + 2·5448 | + 0·0017 |
| 20 | +15·5240 | + 2·7902 | 19·3728 | 5306·5 | + 212·5602 | + 2·5286 | + 0·0017 |
| 21 | +15·6122 | + 2·7967 | 19·3780 | 5307·5 | + 212·6502 | + 2·5349 | + 0·0017 |
| 22 | +15·6601 | + 2·8193 | 19·3993 | 5308·5 | + 212·7241 | + 2·5573 | + 0·0017 |
| 23 | +15·6520 | + 2·8468 | 19·4255 | 5309·5 | + 212·7758 | + 2·5847 | + 0·0016 |
| 24 | +15·5863 | + 2·8659 | 19·4434 | 5310·5 | + 212·8046 | + 2·6038 | + 0·0016 |
| 25 | +15·4773 | + 2·8649 | 19·4411 | 5311·5 | + 212·8161 | + 2·6027 | + 0·0016 |
| 26 | +15·3523 | + 2·8369 | 19·4118 | 5312·5 | + 212·8212 | + 2·5747 | + 0·0016 |
| 27 | +15·2430 | + 2·7825 | 19·3561 | 5313·5 | + 212·8325 | + 2·5203 | + 0·0017 |
| 28 | +15·1760 | + 2·7095 | 19·2818 | 5314·5 | + 212·8605 | + 2·4472 | + 0·0017 |
| 29 | +15·1649 | + 2·6299 | 19·2010 | 5315·5 | + 212·9108 | + 2·3675 | + 0·0018 |
| 30 | +15·2074 | + 2·5566 | 19·1263 | 5316·5 | + 212·9824 | + 2·2940 | + 0·0018 |
| May  1 | +15·2884 | + 2·4989 | 19·0673 | 5317·5 | + 213·0693 | + 2·2361 | + 0·0018 |
| 2 | +15·3865 | + 2·4617 | 19·0288 | 5318·5 | + 213·1632 | + 2·1987 | + 0·0018 |
| 3 | +15·4801 | + 2·4449 | 19·0108 | 5319·5 | + 213·2552 | + 2·1817 | + 0·0019 |
| 4 | +15·5517 | + 2·4450 | 19·0096 | 5320·5 | + 213·3386 | + 2·1815 | + 0·0019 |
| 5 | +15·5896 | + 2·4560 | 19·0193 | 5321·5 | + 213·4085 | + 2·1924 | + 0·0018 |
| 6 | +15·5886 | + 2·4711 | 19·0332 | 5322·5 | + 213·4630 | + 2·2074 | + 0·0018 |
| 7 | +15·5492 | + 2·4837 | 19·0445 | 5323·5 | + 213·5023 | + 2·2199 | + 0·0018 |
| 8 | +15·4773 | + 2·4876 | 19·0470 | 5324·5 | + 213·5286 | + 2·2237 | + 0·0018 |
| 9 | +15·3833 | + 2·4776 | 19·0358 | 5325·5 | + 213·5460 | + 2·2137 | + 0·0018 |
| 10 | +15·2814 | + 2·4506 | 19·0075 | 5326·5 | + 213·5603 | + 2·1867 | + 0·0019 |
| 11 | +15·1888 | + 2·4056 | 18·9612 | 5327·5 | + 213·5782 | + 2·1416 | + 0·0019 |
| 12 | +15·1238 | + 2·3446 | 18·8989 | 5328·5 | + 213·6071 | + 2·0805 | + 0·0019 |
| 13 | +15·1026 | + 2·2730 | 18·8261 | 5329·5 | + 213·6533 | + 2·0088 | + 0·0019 |
| 14 | +15·1351 | + 2·1995 | 18·7512 | 5330·5 | + 213·7210 | + 1·9351 | + 0·0020 |
| 15 | +15·2215 | + 2·1341 | 18·6846 | 5331·5 | + 213·8101 | + 1·8696 | + 0·0020 |
| 16 | +15·3496 | + 2·0867 | 18·6359 | 5332·5 | + 213·9158 | + 1·8218 | + 0·0020 |
| 17 | +15·4960 | + 2·0633 | 18·6112 | 5333·5 | + 214·0288 | + 1·7982 | + 0·0021 |

## FOR 0$^h$ TERRESTRIAL TIME

| Date<br>0$^h$ TT | NUTATION<br>in Long.<br>$\Delta\psi$<br>" | in Obl.<br>$\Delta\epsilon$<br>" | True Obl.<br>of Ecliptic<br>$\epsilon$<br>23° 26'<br>" | Julian<br>Date<br>0$^h$ TT<br>245 | CELESTIAL INTERMEDIATE<br>Pole<br>$x$<br>" | | Origin<br>$s$<br>" |
|---|---|---|---|---|---|---|---|
| | | | | | | $y$<br>" | |
| May 17 | +15·4960 | + 2·0633 | 18·6112 | 5333·5 | + 214·0288 | + 1·7982 | + 0·0021 |
| 18 | +15·6317 | + 2·0644 | 18·6111 | 5334·5 | + 214·1377 | + 1·7991 | + 0·0021 |
| 19 | +15·7293 | + 2·0842 | 18·6296 | 5335·5 | + 214·2314 | + 1·8187 | + 0·0020 |
| 20 | +15·7710 | + 2·1118 | 18·6559 | 5336·5 | + 214·3029 | + 1·8460 | + 0·0020 |
| 21 | +15·7539 | + 2·1339 | 18·6767 | 5337·5 | + 214·3510 | + 1·8681 | + 0·0020 |
| 22 | +15·6902 | + 2·1390 | 18·6805 | 5338·5 | + 214·3806 | + 1·8731 | + 0·0020 |
| 23 | +15·6043 | + 2·1199 | 18·6601 | 5339·5 | + 214·4012 | + 1·8539 | + 0·0020 |
| 24 | +15·5254 | + 2·0757 | 18·6146 | 5340·5 | + 214·4246 | + 1·8096 | + 0·0021 |
| 25 | +15·4801 | + 2·0119 | 18·5495 | 5341·5 | + 214·4613 | + 1·7457 | + 0·0021 |
| 26 | +15·4850 | + 1·9385 | 18·4749 | 5342·5 | + 214·5180 | + 1·6722 | + 0·0021 |
| 27 | +15·5437 | + 1·8674 | 18·4025 | 5343·5 | + 214·5960 | + 1·6010 | + 0·0022 |
| 28 | +15·6466 | + 1·8089 | 18·3427 | 5344·5 | + 214·6917 | + 1·5422 | + 0·0022 |
| 29 | +15·7753 | + 1·7697 | 18·3022 | 5345·5 | + 214·7976 | + 1·5028 | + 0·0022 |
| 30 | +15·9079 | + 1·7518 | 18·2830 | 5346·5 | + 214·9052 | + 1·4846 | + 0·0022 |
| 31 | +16·0242 | + 1·7529 | 18·2829 | 5347·5 | + 215·0064 | + 1·4855 | + 0·0022 |
| June 1 | +16·1096 | + 1·7679 | 18·2966 | 5348·5 | + 215·0952 | + 1·5002 | + 0·0022 |
| 2 | +16·1559 | + 1·7899 | 18·3174 | 5349·5 | + 215·1686 | + 1·5221 | + 0·0022 |
| 3 | +16·1618 | + 1·8119 | 18·3381 | 5350·5 | + 215·2258 | + 1·5440 | + 0·0022 |
| 4 | +16·1318 | + 1·8274 | 18·3523 | 5351·5 | + 215·2688 | + 1·5593 | + 0·0022 |
| 5 | +16·0753 | + 1·8310 | 18·3546 | 5352·5 | + 215·3012 | + 1·5629 | + 0·0022 |
| 6 | +16·0054 | + 1·8191 | 18·3414 | 5353·5 | + 215·3282 | + 1·5509 | + 0·0022 |
| 7 | +15·9381 | + 1·7900 | 18·3110 | 5354·5 | + 215·3563 | + 1·5217 | + 0·0022 |
| 8 | +15·8909 | + 1·7446 | 18·2643 | 5355·5 | + 215·3923 | + 1·4762 | + 0·0022 |
| 9 | +15·8808 | + 1·6868 | 18·2053 | 5356·5 | + 215·4430 | + 1·4183 | + 0·0023 |
| 10 | +15·9212 | + 1·6238 | 18·1409 | 5357·5 | + 215·5138 | + 1·3551 | + 0·0023 |
| 11 | +16·0172 | + 1·5651 | 18·0809 | 5358·5 | + 215·6067 | + 1·2962 | + 0·0023 |
| 12 | +16·1626 | + 1·5213 | 18·0359 | 5359·5 | + 215·7193 | + 1·2522 | + 0·0023 |
| 13 | +16·3375 | + 1·5011 | 18·0144 | 5360·5 | + 215·8437 | + 1·2316 | + 0·0024 |
| 14 | +16·5118 | + 1·5076 | 18·0196 | 5361·5 | + 215·9679 | + 1·2378 | + 0·0024 |
| 15 | +16·6532 | + 1·5370 | 18·0477 | 5362·5 | + 216·0791 | + 1·2669 | + 0·0023 |
| 16 | +16·7376 | + 1·5784 | 18·0878 | 5363·5 | + 216·1676 | + 1·3081 | + 0·0023 |
| 17 | +16·7573 | + 1·6177 | 18·1258 | 5364·5 | + 216·2304 | + 1·3473 | + 0·0023 |
| 18 | +16·7227 | + 1·6417 | 18·1486 | 5365·5 | + 216·2716 | + 1·3712 | + 0·0023 |
| 19 | +16·6581 | + 1·6421 | 18·1477 | 5366·5 | + 216·3007 | + 1·3716 | + 0·0023 |
| 20 | +16·5932 | + 1·6175 | 18·1218 | 5367·5 | + 216·3298 | + 1·3468 | + 0·0023 |
| 21 | +16·5550 | + 1·5725 | 18·0755 | 5368·5 | + 216·3693 | + 1·3018 | + 0·0023 |
| 22 | +16·5616 | + 1·5163 | 18·0181 | 5369·5 | + 216·4267 | + 1·2455 | + 0·0024 |
| 23 | +16·6188 | + 1·4600 | 17·9605 | 5370·5 | + 216·5042 | + 1·1889 | + 0·0024 |
| 24 | +16·7207 | + 1·4136 | 17·9128 | 5371·5 | + 216·5995 | + 1·1423 | + 0·0024 |
| 25 | +16·8525 | + 1·3844 | 17·8824 | 5372·5 | + 216·7067 | + 1·1129 | + 0·0024 |
| 26 | +16·9942 | + 1·3759 | 17·8725 | 5373·5 | + 216·8179 | + 1·1041 | + 0·0024 |
| 27 | +17·1255 | + 1·3873 | 17·8826 | 5374·5 | + 216·9250 | + 1·1152 | + 0·0024 |
| 28 | +17·2298 | + 1·4144 | 17·9085 | 5375·5 | + 217·0214 | + 1·1421 | + 0·0024 |
| 29 | +17·2961 | + 1·4510 | 17·9438 | 5376·5 | + 217·1028 | + 1·1785 | + 0·0024 |
| 30 | +17·3207 | + 1·4899 | 17·9814 | 5377·5 | + 217·1675 | + 1·2173 | + 0·0024 |
| July 1 | +17·3061 | + 1·5243 | 18·0145 | 5378·5 | + 217·2167 | + 1·2515 | + 0·0024 |
| 2 | +17·2605 | + 1·5483 | 18·0373 | 5379·5 | + 217·2534 | + 1·2755 | + 0·0023 |

## FOR 0ʰ TERRESTRIAL TIME

| Date | NUTATION | | True Obl. | Julian | CELESTIAL INTERMEDIATE | | |
| | in Long. | in Obl. | of Ecliptic | Date | Pole | | Origin |
| 0ʰ TT | $\Delta\psi$ | $\Delta\epsilon$ | $\epsilon$ | 0ʰ TT | $x$ | $y$ | $s$ |
| | | | 23° 26′ | 245 | | | |
|---|---|---|---|---|---|---|---|
| | " | " | " | | " | " | " |
| July 1 | + 17·3061 | + 1·5243 | 18·0145 | 5378·5 | + 217·2167 | + 1·2515 | + 0·0024 |
| 2 | + 17·2605 | + 1·5483 | 18·0373 | 5379·5 | + 217·2534 | + 1·2755 | + 0·0023 |
| 3 | + 17·1959 | + 1·5580 | 18·0456 | 5380·5 | + 217·2827 | + 1·2850 | + 0·0023 |
| 4 | + 17·1276 | + 1·5512 | 18·0376 | 5381·5 | + 217·3103 | + 1·2782 | + 0·0023 |
| 5 | + 17·0719 | + 1·5281 | 18·0132 | 5382·5 | + 217·3430 | + 1·2550 | + 0·0023 |
| 6 | + 17·0452 | + 1·4916 | 17·9754 | 5383·5 | + 217·3872 | + 1·2184 | + 0·0024 |
| 7 | + 17·0618 | + 1·4471 | 17·9296 | 5384·5 | + 217·4485 | + 1·1737 | + 0·0024 |
| 8 | + 17·1306 | + 1·4028 | 17·8840 | 5385·5 | + 217·5307 | + 1·1292 | + 0·0024 |
| 9 | + 17·2515 | + 1·3686 | 17·8486 | 5386·5 | + 217·6335 | + 1·0948 | + 0·0024 |
| 10 | + 17·4120 | + 1·3542 | 17·8329 | 5387·5 | + 217·7522 | + 1·0801 | + 0·0024 |
| 11 | + 17·5868 | + 1·3661 | 17·8435 | 5388·5 | + 217·8766 | + 1·0917 | + 0·0024 |
| 12 | + 17·7421 | + 1·4041 | 17·8803 | 5389·5 | + 217·9934 | + 1·1295 | + 0·0024 |
| 13 | + 17·8464 | + 1·4601 | 17·9350 | 5390·5 | + 218·0898 | + 1·1852 | + 0·0024 |
| 14 | + 17·8818 | + 1·5196 | 17·9932 | 5391·5 | + 218·1590 | + 1·2445 | + 0·0024 |
| 15 | + 17·8521 | + 1·5668 | 18·0391 | 5392·5 | + 218·2021 | + 1·2916 | + 0·0023 |
| 16 | + 17·7800 | + 1·5904 | 18·0614 | 5393·5 | + 218·2284 | + 1·3152 | + 0·0023 |
| 17 | + 17·6978 | + 1·5868 | 18·0565 | 5394·5 | + 218·2505 | + 1·3115 | + 0·0023 |
| 18 | + 17·6363 | + 1·5601 | 18·0285 | 5395·5 | + 218·2809 | + 1·2847 | + 0·0023 |
| 19 | + 17·6162 | + 1·5197 | 17·9868 | 5396·5 | + 218·3276 | + 1·2442 | + 0·0024 |
| 20 | + 17·6451 | + 1·4769 | 17·9427 | 5397·5 | + 218·3939 | + 1·2012 | + 0·0024 |
| 21 | + 17·7187 | + 1·4420 | 17·9066 | 5398·5 | + 218·4780 | + 1·1662 | + 0·0024 |
| 22 | + 17·8235 | + 1·4228 | 17·8861 | 5399·5 | + 218·5745 | + 1·1467 | + 0·0024 |
| 23 | + 17·9414 | + 1·4230 | 17·8850 | 5400·5 | + 218·6763 | + 1·1467 | + 0·0024 |
| 24 | + 18·0531 | + 1·4429 | 17·9036 | 5401·5 | + 218·7756 | + 1·1663 | + 0·0024 |
| 25 | + 18·1415 | + 1·4792 | 17·9387 | 5402·5 | + 218·8657 | + 1·2024 | + 0·0024 |
| 26 | + 18·1944 | + 1·5265 | 17·9847 | 5403·5 | + 218·9417 | + 1·2495 | + 0·0024 |
| 27 | + 18·2057 | + 1·5778 | 18·0347 | 5404·5 | + 219·0012 | + 1·3007 | + 0·0023 |
| 28 | + 18·1760 | + 1·6262 | 18·0818 | 5405·5 | + 219·0444 | + 1·3490 | + 0·0023 |
| 29 | + 18·1118 | + 1·6655 | 18·1198 | 5406·5 | + 219·0738 | + 1·3882 | + 0·0023 |
| 30 | + 18·0242 | + 1·6911 | 18·1441 | 5407·5 | + 219·0939 | + 1·4137 | + 0·0023 |
| 31 | + 17·9274 | + 1·7004 | 18·1522 | 5408·5 | + 219·1103 | + 1·4230 | + 0·0023 |
| Aug. 1 | + 17·8375 | + 1·6933 | 18·1438 | 5409·5 | + 219·1294 | + 1·4158 | + 0·0023 |
| 2 | + 17·7700 | + 1·6719 | 18·1211 | 5410·5 | + 219·1574 | + 1·3944 | + 0·0023 |
| 3 | + 17·7390 | + 1·6408 | 18·0887 | 5411·5 | + 219·1998 | + 1·3631 | + 0·0023 |
| 4 | + 17·7541 | + 1·6067 | 18·0533 | 5412·5 | + 219·2606 | + 1·3289 | + 0·0023 |
| 5 | + 17·8187 | + 1·5783 | 18·0236 | 5413·5 | + 219·3411 | + 1·3003 | + 0·0023 |
| 6 | + 17·9266 | + 1·5645 | 18·0086 | 5414·5 | + 219·4389 | + 1·2863 | + 0·0023 |
| 7 | + 18·0604 | + 1·5732 | 18·0160 | 5415·5 | + 219·5470 | + 1·2947 | + 0·0023 |
| 8 | + 18·1917 | + 1·6077 | 18·0492 | 5416·5 | + 219·6542 | + 1·3290 | + 0·0023 |
| 9 | + 18·2877 | + 1·6643 | 18·1045 | 5417·5 | + 219·7474 | + 1·3853 | + 0·0023 |
| 10 | + 18·3214 | + 1·7316 | 18·1705 | 5418·5 | + 219·8158 | + 1·4524 | + 0·0023 |
| 11 | + 18·2841 | + 1·7930 | 18·2307 | 5419·5 | + 219·8560 | + 1·5137 | + 0·0022 |
| 12 | + 18·1900 | + 1·8334 | 18·2697 | 5420·5 | + 219·8735 | + 1·5541 | + 0·0022 |
| 13 | + 18·0711 | + 1·8444 | 18·2795 | 5421·5 | + 219·8811 | + 1·5651 | + 0·0022 |
| 14 | + 17·9636 | + 1·8276 | 18·2614 | 5422·5 | + 219·8932 | + 1·5483 | + 0·0022 |
| 15 | + 17·8948 | + 1·7921 | 18·2246 | 5423·5 | + 219·9206 | + 1·5127 | + 0·0022 |
| 16 | + 17·8767 | + 1·7504 | 18·1816 | 5424·5 | + 219·9682 | + 1·4708 | + 0·0022 |

## FOR 0ʰ TERRESTRIAL TIME

| Date 0ʰ TT | NUTATION in Long. $\Delta\psi$ | NUTATION in Obl. $\Delta\epsilon$ | True Obl. of Ecliptic $\epsilon$ 23° 26′ | Julian Date 0ʰ TT 245 | CELESTIAL INTERMEDIATE Pole $\mathcal{X}$ | CELESTIAL INTERMEDIATE Pole $\mathcal{Y}$ | Origin $s$ |
|---|---|---|---|---|---|---|---|
| | ″ | ″ | ″ | | ″ | ″ | ″ |
| Aug. 16 | + 17·8767 | + 1·7504 | 18·1816 | 5424·5 | + 219·9682 | + 1·4708 | + 0·0022 |
| 17 | + 17·9064 | + 1·7144 | 18·1444 | 5425·5 | + 220·0348 | + 1·4347 | + 0·0023 |
| 18 | + 17·9707 | + 1·6928 | 18·1214 | 5426·5 | + 220·1152 | + 1·4129 | + 0·0023 |
| 19 | + 18·0510 | + 1·6900 | 18·1174 | 5427·5 | + 220·2020 | + 1·4099 | + 0·0023 |
| 20 | + 18·1280 | + 1·7067 | 18·1328 | 5428·5 | + 220·2875 | + 1·4264 | + 0·0023 |
| 21 | + 18·1848 | + 1·7401 | 18·1649 | 5429·5 | + 220·3651 | + 1·4595 | + 0·0022 |
| 22 | + 18·2086 | + 1·7851 | 18·2086 | 5430·5 | + 220·4295 | + 1·5044 | + 0·0022 |
| 23 | + 18·1923 | + 1·8354 | 18·2576 | 5431·5 | + 220·4780 | + 1·5546 | + 0·0022 |
| 24 | + 18·1349 | + 1·8840 | 18·3050 | 5432·5 | + 220·5102 | + 1·6031 | + 0·0022 |
| 25 | + 18·0412 | + 1·9246 | 18·3442 | 5433·5 | + 220·5279 | + 1·6436 | + 0·0022 |
| 26 | + 17·9211 | + 1·9520 | 18·3704 | 5434·5 | + 220·5351 | + 1·6711 | + 0·0021 |
| 27 | + 17·7882 | + 1·9632 | 18·3804 | 5435·5 | + 220·5371 | + 1·6823 | + 0·0021 |
| 28 | + 17·6581 | + 1·9575 | 18·3734 | 5436·5 | + 220·5402 | + 1·6766 | + 0·0021 |
| 29 | + 17·5464 | + 1·9366 | 18·3511 | 5437·5 | + 220·5506 | + 1·6556 | + 0·0021 |
| 30 | + 17·4669 | + 1·9045 | 18·3178 | 5438·5 | + 220·5738 | + 1·6235 | + 0·0022 |
| 31 | + 17·4294 | + 1·8675 | 18·2795 | 5439·5 | + 220·6136 | + 1·5864 | + 0·0022 |
| Sept. 1 | + 17·4380 | + 1·8332 | 18·2439 | 5440·5 | + 220·6718 | + 1·5519 | + 0·0022 |
| 2 | + 17·4893 | + 1·8097 | 18·2192 | 5441·5 | + 220·7470 | + 1·5283 | + 0·0022 |
| 3 | + 17·5710 | + 1·8044 | 18·2125 | 5442·5 | + 220·8344 | + 1·5227 | + 0·0022 |
| 4 | + 17·6616 | + 1·8218 | 18·2286 | 5443·5 | + 220·9253 | + 1·5399 | + 0·0022 |
| 5 | + 17·7333 | + 1·8615 | 18·2671 | 5444·5 | + 221·0088 | + 1·5794 | + 0·0022 |
| 6 | + 17·7581 | + 1·9164 | 18·3207 | 5445·5 | + 221·0737 | + 1·6342 | + 0·0022 |
| 7 | + 17·7180 | + 1·9732 | 18·3763 | 5446·5 | + 221·1128 | + 1·6909 | + 0·0021 |
| 8 | + 17·6145 | + 2·0157 | 18·4175 | 5447·5 | + 221·1266 | + 1·7333 | + 0·0021 |
| 9 | + 17·4706 | + 2·0310 | 18·4315 | 5448·5 | + 221·1242 | + 1·7486 | + 0·0021 |
| 10 | + 17·3230 | + 2·0150 | 18·4142 | 5449·5 | + 221·1204 | + 1·7326 | + 0·0021 |
| 11 | + 17·2070 | + 1·9737 | 18·3715 | 5450·5 | + 221·1290 | + 1·6912 | + 0·0021 |
| 12 | + 17·1435 | + 1·9196 | 18·3162 | 5451·5 | + 221·1585 | + 1·6372 | + 0·0022 |
| 13 | + 17·1352 | + 1·8671 | 18·2624 | 5452·5 | + 221·2099 | + 1·5845 | + 0·0022 |
| 14 | + 17·1695 | + 1·8272 | 18·2213 | 5453·5 | + 221·2783 | + 1·5444 | + 0·0022 |
| 15 | + 17·2264 | + 1·8062 | 18·1989 | 5454·5 | + 221·3558 | + 1·5232 | + 0·0022 |
| 16 | + 17·2844 | + 1·8052 | 18·1967 | 5455·5 | + 221·4337 | + 1·5221 | + 0·0022 |
| 17 | + 17·3251 | + 1·8220 | 18·2122 | 5456·5 | + 221·5048 | + 1·5386 | + 0·0022 |
| 18 | + 17·3350 | + 1·8514 | 18·2404 | 5457·5 | + 221·5637 | + 1·5680 | + 0·0022 |
| 19 | + 17·3064 | + 1·8873 | 18·2749 | 5458·5 | + 221·6073 | + 1·6037 | + 0·0022 |
| 20 | + 17·2375 | + 1·9227 | 18·3091 | 5459·5 | + 221·6348 | + 1·6390 | + 0·0022 |
| 21 | + 17·1318 | + 1·9513 | 18·3364 | 5460·5 | + 221·6477 | + 1·6676 | + 0·0021 |
| 22 | + 16·9980 | + 1·9677 | 18·3514 | 5461·5 | + 221·6494 | + 1·6839 | + 0·0021 |
| 23 | + 16·8490 | + 1·9682 | 18·3507 | 5462·5 | + 221·6450 | + 1·6845 | + 0·0021 |
| 24 | + 16·6999 | + 1·9514 | 18·3326 | 5463·5 | + 221·6405 | + 1·6677 | + 0·0021 |
| 25 | + 16·5667 | + 1·9185 | 18·2984 | 5464·5 | + 221·6423 | + 1·6348 | + 0·0022 |
| 26 | + 16·4638 | + 1·8732 | 18·2518 | 5465·5 | + 221·6562 | + 1·5895 | + 0·0022 |
| 27 | + 16·4016 | + 1·8214 | 18·1988 | 5466·5 | + 221·6862 | + 1·5376 | + 0·0022 |
| 28 | + 16·3848 | + 1·7706 | 18·1467 | 5467·5 | + 221·7342 | + 1·4867 | + 0·0022 |
| 29 | + 16·4106 | + 1·7285 | 18·1033 | 5468·5 | + 221·7993 | + 1·4444 | + 0·0023 |
| 30 | + 16·4684 | + 1·7021 | 18·0757 | 5469·5 | + 221·8771 | + 1·4179 | + 0·0023 |
| Oct. 1 | + 16·5402 | + 1·6961 | 18·0683 | 5470·5 | + 221·9605 | + 1·4116 | + 0·0023 |

## FOR 0ʰ TERRESTRIAL TIME

| Date 0ʰ TT | NUTATION in Long. $\Delta\psi$ '' | in Obl. $\Delta\epsilon$ '' | True Obl. of Ecliptic $\epsilon$ 23° 26' '' | Julian Date 0ʰ TT 245 | CELESTIAL INTERMEDIATE Pole $x$ '' | $y$ '' | Origin $s$ '' |
|---|---|---|---|---|---|---|---|
| Oct. 1 | + 16·5402 | + 1·6961 | 18·0683 | 5470·5 | + 221·9605 | + 1·4116 | + 0·0023 |
| 2 | + 16·6025 | + 1·7110 | 18·0819 | 5471·5 | + 222·0402 | + 1·4263 | + 0·0023 |
| 3 | + 16·6307 | + 1·7423 | 18·1120 | 5472·5 | + 222·1063 | + 1·4575 | + 0·0023 |
| 4 | + 16·6056 | + 1·7802 | 18·1486 | 5473·5 | + 222·1513 | + 1·4953 | + 0·0022 |
| 5 | + 16·5211 | + 1·8110 | 18·1781 | 5474·5 | + 222·1727 | + 1·5260 | + 0·0022 |
| 6 | + 16·3891 | + 1·8208 | 18·1867 | 5475·5 | + 222·1750 | + 1·5358 | + 0·0022 |
| 7 | + 16·2384 | + 1·8012 | 18·1658 | 5476·5 | + 222·1699 | + 1·5162 | + 0·0022 |
| 8 | + 16·1056 | + 1·7524 | 18·1157 | 5477·5 | + 222·1718 | + 1·4674 | + 0·0023 |
| 9 | + 16·0206 | + 1·6839 | 18·0459 | 5478·5 | + 222·1927 | + 1·3989 | + 0·0023 |
| 10 | + 15·9962 | + 1·6101 | 17·9708 | 5479·5 | + 222·2377 | + 1·3250 | + 0·0023 |
| 11 | + 16·0260 | + 1·5450 | 17·9045 | 5480·5 | + 222·3043 | + 1·2597 | + 0·0024 |
| 12 | + 16·0903 | + 1·4980 | 17·8562 | 5481·5 | + 222·3846 | + 1·2125 | + 0·0024 |
| 13 | + 16·1648 | + 1·4726 | 17·8294 | 5482·5 | + 222·4690 | + 1·1868 | + 0·0024 |
| 14 | + 16·2271 | + 1·4671 | 17·8226 | 5483·5 | + 222·5487 | + 1·1811 | + 0·0024 |
| 15 | + 16·2611 | + 1·4766 | 17·8309 | 5484·5 | + 222·6171 | + 1·1905 | + 0·0024 |
| 16 | + 16·2574 | + 1·4945 | 17·8475 | 5485·5 | + 222·6705 | + 1·2082 | + 0·0024 |
| 17 | + 16·2133 | + 1·5138 | 17·8655 | 5486·5 | + 222·7079 | + 1·2274 | + 0·0024 |
| 18 | + 16·1318 | + 1·5279 | 17·8783 | 5487·5 | + 222·7304 | + 1·2415 | + 0·0024 |
| 19 | + 16·0207 | + 1·5312 | 17·8804 | 5488·5 | + 222·7411 | + 1·2448 | + 0·0024 |
| 20 | + 15·8921 | + 1·5197 | 17·8676 | 5489·5 | + 222·7448 | + 1·2333 | + 0·0024 |
| 21 | + 15·7604 | + 1·4913 | 17·8379 | 5490·5 | + 222·7472 | + 1·2049 | + 0·0024 |
| 22 | + 15·6418 | + 1·4464 | 17·7917 | 5491·5 | + 222·7548 | + 1·1599 | + 0·0024 |
| 23 | + 15·5516 | + 1·3880 | 17·7320 | 5492·5 | + 222·7736 | + 1·1014 | + 0·0025 |
| 24 | + 15·5019 | + 1·3215 | 17·6643 | 5493·5 | + 222·8086 | + 1·0349 | + 0·0025 |
| 25 | + 15·4988 | + 1·2546 | 17·5961 | 5494·5 | + 222·8621 | + 0·9679 | + 0·0025 |
| 26 | + 15·5409 | + 1·1952 | 17·5354 | 5495·5 | + 222·9335 | + 0·9083 | + 0·0026 |
| 27 | + 15·6181 | + 1·1509 | 17·4898 | 5496·5 | + 223·0190 | + 0·8637 | + 0·0026 |
| 28 | + 15·7125 | + 1·1264 | 17·4640 | 5497·5 | + 223·1113 | + 0·8390 | + 0·0026 |
| 29 | + 15·8018 | + 1·1227 | 17·4590 | 5498·5 | + 223·2017 | + 0·8351 | + 0·0026 |
| 30 | + 15·8629 | + 1·1362 | 17·4713 | 5499·5 | + 223·2809 | + 0·8484 | + 0·0026 |
| 31 | + 15·8777 | + 1·1585 | 17·4923 | 5500·5 | + 223·3417 | + 0·8706 | + 0·0026 |
| Nov. 1 | + 15·8383 | + 1·1781 | 17·5106 | 5501·5 | + 223·3810 | + 0·8900 | + 0·0026 |
| 2 | + 15·7512 | + 1·1825 | 17·5137 | 5502·5 | + 223·4012 | + 0·8944 | + 0·0026 |
| 3 | + 15·6376 | + 1·1624 | 17·4923 | 5503·5 | + 223·4108 | + 0·8743 | + 0·0026 |
| 4 | + 15·5286 | + 1·1144 | 17·4431 | 5504·5 | + 223·4222 | + 0·8263 | + 0·0026 |
| 5 | + 15·4558 | + 1·0434 | 17·3708 | 5505·5 | + 223·4480 | + 0·7552 | + 0·0026 |
| 6 | + 15·4402 | + 0·9610 | 17·2871 | 5506·5 | + 223·4964 | + 0·6727 | + 0·0027 |
| 7 | + 15·4854 | + 0·8813 | 17·2061 | 5507·5 | + 223·5691 | + 0·5928 | + 0·0027 |
| 8 | + 15·5779 | + 0·8165 | 17·1400 | 5508·5 | + 223·6606 | + 0·5277 | + 0·0028 |
| 9 | + 15·6938 | + 0·7734 | 17·0957 | 5509·5 | + 223·7614 | + 0·4844 | + 0·0028 |
| 10 | + 15·8072 | + 0·7529 | 17·0739 | 5510·5 | + 223·8614 | + 0·4637 | + 0·0028 |
| 11 | + 15·8970 | + 0·7509 | 17·0706 | 5511·5 | + 223·9519 | + 0·4614 | + 0·0028 |
| 12 | + 15·9501 | + 0·7607 | 17·0791 | 5512·5 | + 224·0279 | + 0·4711 | + 0·0028 |
| 13 | + 15·9614 | + 0·7747 | 17·0918 | 5513·5 | + 224·0873 | + 0·4849 | + 0·0028 |
| 14 | + 15·9328 | + 0·7858 | 17·1017 | 5514·5 | + 224·1309 | + 0·4959 | + 0·0028 |
| 15 | + 15·8717 | + 0·7881 | 17·1026 | 5515·5 | + 224·1615 | + 0·4981 | + 0·0028 |
| 16 | + 15·7893 | + 0·7770 | 17·0903 | 5516·5 | + 224·1835 | + 0·4870 | + 0·0028 |

## FOR 0$^h$ TERRESTRIAL TIME

| Date 0$^h$ TT | NUTATION in Long. $\Delta\psi$ | NUTATION in Obl. $\Delta\epsilon$ | True Obl. of Ecliptic $\epsilon$ 23° 26′ | Julian Date 0$^h$ TT 245 | CELESTIAL INTERMEDIATE Pole $x$ | CELESTIAL INTERMEDIATE Pole $y$ | Origin $s$ |
|---|---|---|---|---|---|---|---|
| | ″ | ″ | ″ | | ″ | ″ | ″ |
| Nov. 16 | + 15·7893 | + 0·7770 | 17·0903 | 5516·5 | + 224·1835 | + 0·4870 | + 0·0028 |
| 17 | + 15·6997 | + 0·7501 | 17·0621 | 5517·5 | + 224·2027 | + 0·4600 | + 0·0028 |
| 18 | + 15·6185 | + 0·7070 | 17·0177 | 5518·5 | + 224·2252 | + 0·4169 | + 0·0028 |
| 19 | + 15·5616 | + 0·6498 | 16·9592 | 5519·5 | + 224·2572 | + 0·3595 | + 0·0029 |
| 20 | + 15·5425 | + 0·5830 | 16·8911 | 5520·5 | + 224·3043 | + 0·2927 | + 0·0029 |
| 21 | + 15·5704 | + 0·5137 | 16·8205 | 5521·5 | + 224·3701 | + 0·2232 | + 0·0029 |
| 22 | + 15·6466 | + 0·4502 | 16·7558 | 5522·5 | + 224·4551 | + 0·1595 | + 0·0030 |
| 23 | + 15·7632 | + 0·4009 | 16·7052 | 5523·5 | + 224·5563 | + 0·1100 | + 0·0030 |
| 24 | + 15·9029 | + 0·3720 | 16·6750 | 5524·5 | + 224·6666 | + 0·0807 | + 0·0030 |
| 25 | + 16·0420 | + 0·3655 | 16·6672 | 5525·5 | + 224·7768 | + 0·0739 | + 0·0030 |
| 26 | + 16·1554 | + 0·3783 | 16·6787 | 5526·5 | + 224·8768 | + 0·0865 | + 0·0030 |
| 27 | + 16·2234 | + 0·4023 | 16·7015 | 5527·5 | + 224·9588 | + 0·1103 | + 0·0030 |
| 28 | + 16·2370 | + 0·4264 | 16·7242 | 5528·5 | + 225·0192 | + 0·1342 | + 0·0030 |
| 29 | + 16·2012 | + 0·4386 | 16·7351 | 5529·5 | + 225·0598 | + 0·1463 | + 0·0030 |
| 30 | + 16·1340 | + 0·4297 | 16·7250 | 5530·5 | + 225·0879 | + 0·1373 | + 0·0030 |
| Dec. 1 | + 16·0628 | + 0·3956 | 16·6897 | 5531·5 | + 225·1144 | + 0·1033 | + 0·0030 |
| 2 | + 16·0168 | + 0·3389 | 16·6317 | 5532·5 | + 225·1508 | + 0·0464 | + 0·0030 |
| 3 | + 16·0187 | + 0·2680 | 16·5595 | 5533·5 | + 225·2063 | − 0·0246 | + 0·0031 |
| 4 | + 16·0786 | + 0·1952 | 16·4854 | 5534·5 | + 225·2848 | − 0·0977 | + 0·0031 |
| 5 | + 16·1909 | + 0·1327 | 16·4216 | 5535·5 | + 225·3842 | − 0·1604 | + 0·0031 |
| 6 | + 16·3373 | + 0·0896 | 16·3772 | 5536·5 | + 225·4972 | − 0·2037 | + 0·0032 |
| 7 | + 16·4927 | + 0·0697 | 16·3560 | 5537·5 | + 225·6138 | − 0·2240 | + 0·0032 |
| 8 | + 16·6327 | + 0·0710 | 16·3561 | 5538·5 | + 225·7243 | − 0·2229 | + 0·0032 |
| 9 | + 16·7394 | + 0·0880 | 16·3718 | 5539·5 | + 225·8217 | − 0·2062 | + 0·0032 |
| 10 | + 16·8035 | + 0·1128 | 16·3953 | 5540·5 | + 225·9021 | − 0·1816 | + 0·0032 |
| 11 | + 16·8241 | + 0·1376 | 16·4188 | 5541·5 | + 225·9652 | − 0·1569 | + 0·0031 |
| 12 | + 16·8071 | + 0·1557 | 16·4356 | 5542·5 | + 226·0134 | − 0·1390 | + 0·0031 |
| 13 | + 16·7634 | + 0·1620 | 16·4406 | 5543·5 | + 226·0509 | − 0·1327 | + 0·0031 |
| 14 | + 16·7064 | + 0·1536 | 16·4309 | 5544·5 | + 226·0831 | − 0·1413 | + 0·0031 |
| 15 | + 16·6515 | + 0·1295 | 16·4056 | 5545·5 | + 226·1160 | − 0·1654 | + 0·0031 |
| 16 | + 16·6142 | + 0·0910 | 16·3658 | 5546·5 | + 226·1560 | − 0·2040 | + 0·0032 |
| 17 | + 16·6087 | + 0·0417 | 16·3152 | 5547·5 | + 226·2085 | − 0·2535 | + 0·0032 |
| 18 | + 16·6462 | − 0·0127 | 16·2596 | 5548·5 | + 226·2782 | − 0·3080 | + 0·0032 |
| 19 | + 16·7320 | − 0·0642 | 16·2067 | 5549·5 | + 226·3671 | − 0·3598 | + 0·0032 |
| 20 | + 16·8630 | − 0·1043 | 16·1654 | 5550·5 | + 226·4739 | − 0·4001 | + 0·0033 |
| 21 | + 17·0254 | − 0·1252 | 16·1432 | 5551·5 | + 226·5933 | − 0·4213 | + 0·0033 |
| 22 | + 17·1963 | − 0·1225 | 16·1446 | 5552·5 | + 226·7162 | − 0·4189 | + 0·0033 |
| 23 | + 17·3476 | − 0·0973 | 16·1685 | 5553·5 | + 226·8313 | − 0·3940 | + 0·0033 |
| 24 | + 17·4543 | − 0·0568 | 16·2078 | 5554·5 | + 226·9287 | − 0·3538 | + 0·0032 |
| 25 | + 17·5025 | − 0·0128 | 16·2504 | 5555·5 | + 227·0028 | − 0·3100 | + 0·0032 |
| 26 | + 17·4940 | + 0·0216 | 16·2835 | 5556·5 | + 227·0544 | − 0·2757 | + 0·0032 |
| 27 | + 17·4463 | + 0·0360 | 16·2967 | 5557·5 | + 227·0904 | − 0·2614 | + 0·0032 |
| 28 | + 17·3867 | + 0·0257 | 16·2851 | 5558·5 | + 227·1215 | − 0·2718 | + 0·0032 |
| 29 | + 17·3442 | − 0·0074 | 16·2507 | 5559·5 | + 227·1594 | − 0·3050 | + 0·0032 |
| 30 | + 17·3421 | − 0·0560 | 16·2009 | 5560·5 | + 227·2133 | − 0·3537 | + 0·0032 |
| 31 | + 17·3920 | − 0·1089 | 16·1466 | 5561·5 | + 227·2879 | − 0·4068 | + 0·0033 |
| 32 | + 17·4925 | − 0·1549 | 16·0994 | 5562·5 | + 227·3826 | − 0·4530 | + 0·0033 |

## Planetary reduction overview

Data and formulae are provided for the precise computation of the geocentric apparent right ascension, intermediate right ascension, declination, and hour angle, at an instant of time, for an object within the solar system, ignoring polar motion (see page B84), from a barycentric ephemeris in rectangular coordinates and relativistic coordinate time referred to the International Celestial Reference System (ICRS).

1. Given an instant for which the position of the planet is required, obtain the dynamical time (TDB) to use with the ephemeris. If the position is required at a given Universal Time (UT1), or the hour angle is required, then obtain a value for $\Delta T$, which may have to be predicted.

2. Calculate the geocentric rectangular coordinates of the planet from barycentric ephemerides of the planet and the Earth at coordinate time argument TDB, allowing for light time calculated from heliocentric coordinates.

3. Calculate the geocentric direction of the planet by allowing for light deflection due to solar gravitation.

4. Calculate the proper direction of the planet by applying the correction for the Earth's orbital velocity about the barycentre (i.e. annual aberration). The resulting vector (from steps 2-4) is in the Geocentric Celestial Reference System (GCRS), and is sometimes called the proper or virtual place.

|   |   |
|---|---|
| *Equinox Method* | *CIO Method* |

5. Apply frame bias, precession and nutation to convert from the GCRS to the system defined by the true equator and equinox of date.

**5.** Rotate from the GCRS to the intermediate system using $\mathcal{X}, \mathcal{Y}$ and $s$ to apply frame bias and precession-nutation.

6. Convert to spherical coordinates, giving the geocentric apparent right ascension and declination with respect to the true equator and equinox of date.

6. Convert to spherical coordinates, giving the geocentric intermediate right ascension and declination with respect to the CIO and equator of date.

7. Calculate Greenwich apparent sidereal time and form the Greenwich hour angle for the given UT1.

**7.** Calculate the Earth rotation angle and form the Greenwich hour angle for the given UT1.

*Alternatively, if right ascension is not required, combine Steps 5 and 7*

*5. Apply frame bias, precession, nutation, and Greenwich apparent sidereal time to convert from the GCRS to the Terrestrial Intermediate Reference System; with origin of longitude at the TIO, and the equator of date.

**\*5.** Rotate, using $\mathcal{X}$, $\mathcal{Y}$, $s$ and $\theta$ to apply frame bias, precession-nutation and Earth rotation, from the GCRS to the Terrestrial Intermediate Reference System; with origin of longitude at the TIO, and equator of date.

*6. Convert to spherical coordinates, giving the Greenwich hour angle $(H)$ and declination $(\delta)$ with respect Terrestrial Intermediate Reference System (TIO and equator of date).

Note: In *Steps 7* and *Steps \*5* the effects of polar motion (see page B84) have been ignored; they are the very small difference between the International Terrestrial Reference Frame (ITRF) zero meridian and the TIO, and the position of the CIP within the ITRS.

**Formulae and method for planetary reduction**

*Step* 1.   Depending on the instant at which the planetary position is required, obtain the terrestrial or proper time (TT) and the barycentric dynamical time (TDB). Terrestrial time is related to UT1, whereas TDB is used as the time argument for the barycentric ephemeris. For calculating an apparent place the following approximate formulae are sufficient for converting from UT1 to TT and TDB:

$$TT = UT1 + \Delta T, \qquad TDB = TT + 0\overset{s}{.}001\,657\sin g + 0.000\,022\sin(L - L_J)$$
$$g = 357\overset{\circ}{.}53 + 0.985\,600\,28\,D \quad \text{and} \quad L - L_J = 246\overset{\circ}{.}11 + 0.902\,517\,92\,D$$

where $D = JD - 245\,1545.0$ and $\Delta T$ may be obtained from page K9 and JD is the Julian date to two decimals of a day. The difference between TT and TDB may be ignored.

*Step* 2.   Obtain the Earth's barycentric position $\mathbf{E}_B(t)$ in au and velocity $\dot{\mathbf{E}}_B(t)$ in au/d, at coordinate time $t = TDB$, referred to the ICRS.

Using an ephemeris, obtain the barycentric ICRS position of the planet $\mathbf{Q}_B$ in au at time $(t - \tau)$ where $\tau$ is the light time, so that light emitted by the planet at the event $\mathbf{Q}_B(t - \tau)$ arrives at the Earth at the event $\mathbf{E}_B(t)$.

The light time equation is solved iteratively using the heliocentric position of the Earth $(\mathbf{E})$ and the planet $(\mathbf{Q})$, starting with the approximation $\tau = 0$, as follows:

Form $\mathbf{P}$, the vector from the Earth to the planet from the equation:

$$\mathbf{P} = \mathbf{Q}_B(t - \tau) - \mathbf{E}_B(t)$$

Form $\mathbf{E}$ and $\mathbf{Q}$ from the equations:     $\mathbf{E} = \mathbf{E}_B(t) - \mathbf{S}_B(t)$
$$\mathbf{Q} = \mathbf{Q}_B(t - \tau) - \mathbf{S}_B(t - \tau)$$

where $\mathbf{S}_B$ is the barycentric position of the Sun.

Calculate $\tau$ from:    $c\tau = P + (2\mu/c^2)\ln[(E + P + Q)/(E - P + Q)]$

where the light time $(\tau)$ includes the effect of gravitational retardation due to the Sun, and

$\mu = GM_0$                          $c = $ velocity of light $= 173.1446\,\text{au/d}$
$G = $ the gravitational constant       $\mu/c^2 = 9.87 \times 10^{-9}\,\text{au}$
$M_0 = $ mass of Sun                    $P = |\mathbf{P}|, \; Q = |\mathbf{Q}|, \; E = |\mathbf{E}|$

where $|\;|$ means calculate the square root of the sum of the squares of the components.

After convergence, form unit vectors $\mathbf{p}$, $\mathbf{q}$, $\mathbf{e}$ by dividing $\mathbf{P}$, $\mathbf{Q}$, $\mathbf{E}$ by $P$, $Q$, $E$ respectively.

*Step* 3.   Calculate the geocentric direction $(\mathbf{p}_1)$ of the planet, corrected for light deflection due to solar gravitation, from:

$$\mathbf{p}_1 = \mathbf{p} + (2\mu/c^2 E)((\mathbf{p}\cdot\mathbf{q})\,\mathbf{e} - (\mathbf{e}\cdot\mathbf{p})\,\mathbf{q})/(1 + \mathbf{q}\cdot\mathbf{e})$$

where the dot indicates a scalar product.

The vector $\mathbf{p}_1$ is a unit vector to order $\mu/c^2$.

*Step* 4.   Calculate the proper direction of the planet $(\mathbf{p}_2)$ in the GCRS that is moving with the instantaneous velocity $(\mathbf{V})$ of the Earth, from:

$$\mathbf{p}_2 = (\beta^{-1}\mathbf{p}_1 + (1 + (\mathbf{p}_1\cdot\mathbf{V})/(1 + \beta^{-1}))\,\mathbf{V})/(1 + \mathbf{p}_1\cdot\mathbf{V})$$

where $\mathbf{V} = \dot{\mathbf{E}}_B/c = 0.005\,7755\,\dot{\mathbf{E}}_B$ and $\beta = (1 - V^2)^{-1/2}$; the velocity $(\mathbf{V})$ is expressed in units of the velocity of light.

## Formulae and method for planetary reduction (continued)

| Equinox method | CIO method |

*Step* 5. Apply frame bias, precession and nutation to the proper direction ($p_2$) by multiplying by the rotation matrix $M = NPB$ given on the even pages B30–B44 to obtain the apparent direction $p_3$ from:

$$p_3 = M\,p_2$$

*Step* 5. Apply the rotation from the GCRS to the Celestial Intermediate System by multiplying the proper direction ($p_2$) by the matrix $C(X, Y, s)$ given on the odd pages B31–B45 to obtain the intermediate direction $p_3$ from:

$$p_3 = C\,p_2$$

*Step* 6. Convert to spherical coordinates $\alpha_e$, $\delta$ using:

$$\alpha_e = \tan^{-1}(\eta/\xi) \quad \delta = \tan^{-1}(\zeta/\beta)$$

*Step* 6. Convert to spherical coordinates $\alpha_i$, $\delta$ using:

$$\alpha_i = \tan^{-1}(\eta/\xi) \quad \delta = \tan^{-1}(\zeta/\beta)$$

where $p_3 = (\xi, \eta, \zeta)$, $\beta = \sqrt{(\xi^2 + \eta^2)}$ and the quadrant of $\alpha_e$ or $\alpha_i$ is determined by the signs of $\xi$ and $\eta$.

*Step* 7. Calculate Greenwich apparent sidereal time (GAST) for the required UT1 (B13–B20), and then form

$$H = \text{GAST} - \alpha_e$$

Note: *H* is usually given in arc measure, while GAST and right ascension are given in units of time.

*Step* 7. Calculate the Earth rotation angle ($\theta$) for the required UT1 (B21–B24), and then form

$$H = \theta - \alpha_i$$

Note: *H* and $\theta$ are usually given in arc measure, while right ascension is given in units of time.

*Alternatively combining steps 5 and 7 before forming spherical coordinates*

*Step* \*5. Apply frame bias, precession, nutation, and sidereal time, to the proper direction ($p_2$) by multiplying by the rotation matrix $R_3(\text{GAST})M$ to obtain the position ($p_4$) measured relative to the Terrestrial Intermediate Reference System:

$$p_4 = R_3(\text{GAST})M\,p_2$$

*Step* \*5. Apply the rotation from the GCRS to the terrestrial system by multiplying the proper direction ($p_2$) by the matrix $R_3(\theta)C(X, Y, s)$ to obtain the position ($p_4$) measured with respect to the Terrestrial Intermediate Reference System:

$$p_4 = R_3(\theta)\,C\,p_2$$

*Step* \*6. Convert to spherical coordinates Greenwich hour angle (*H*) and declination $\delta$ using:

$$H = \tan^{-1}(-\eta/\xi), \quad \delta = \tan^{-1}(\zeta/\beta)$$

where $p_4 = (\xi, \eta, \zeta)$, $\beta = \sqrt{(\xi^2 + \eta^2)}$, and *H* is measured from the TIO meridian positive to the west, and the quadrant is determined by the signs of $\xi$ and $-\eta$.

## Example of planetary reduction: Equinox Method

Calculate the apparent place, the apparent right ascension (right ascension with respect to the equinox) and declination and the Greenwich hour angle, of Venus on 2010 October 18 at $12^h\ 00^m\ 00^s$ UT1. Assume that $\Delta T = 66^s\!.0$.

**Example of planetary reduction: Equinox Method (continued)**

*Step* 1.    From page B19, on 2010 October 18 the tabular JD = 245 5487·5 UT1.

$$\Delta T = \text{TT} - \text{UT1} = 66\overset{s}{\cdot}0 = 7\cdot638\ 889 \times 10^{-4} \text{ days.}$$

At $12^h\ 00^m\ 00^s$ UT1 the requred TT instatnt is therefore

$$\text{TT} = 245\ 548\ 8\cdot000\ 76 = 245\ 5487\cdot5 + 0\cdot500\ 00 + 7\cdot638\ 889 \times 10^{-4}$$

and the equivalent TDB instant is calcualed from

$$\text{TDB} - \text{TT} = -18\cdot73 \times 10^{-9} \text{ days, and thus}$$

$$\text{TDB} = 245\ 5488\cdot000\ 763\ 870$$

where $g = 283\overset{\circ}{\cdot}75$, and $L - L_J = 204\overset{\circ}{\cdot}74$. Thus the instant required is JD 245 548 8·000 76 TT, and the difference between TDB and TT may be neglected.

*Step* 2.    Tabular values, taken from the JPL DE405/LE405 barycentric ephemeris, referred to the ICRS at J2000·0, which are required for the calculation, are as follows:

| Vector | Julian date (0$^h$ TDB) | *x* | *y* | *z* |
|---|---|---|---|---|
| $\mathbf{Q_B}$ | 245 5485·5 | +0·697 188 589 | +0·182 908 642 | +0·037 911 875 |
| | 245 5486·5 | +0·691 772 870 | +0·200 486 740 | +0·046 163 451 |
| | 245 5487·5 | +0·685 817 709 | +0·217 910 282 | +0·054 379 626 |
| | 245 5488·5 | +0·679 327 447 | +0·235 165 670 | +0·062 554 008 |
| | 245 5489·5 | +0·672 306 841 | +0·252 239 424 | +0·070 680 229 |
| $\mathbf{S_B}$ | 245 5486·5 | −0·004 205 289 | +0·001 083 088 | +0·000 487 125 |
| | 245 5487·5 | −0·004 205 321 | +0·001 077 253 | +0·000 484 605 |
| | 245 5488·5 | −0·004 205 339 | +0·001 071 418 | +0·000 482 085 |

Interpolating to the instant JD 245 5488·000 763 870 TDB gives:

$$\mathbf{S_B} = (-0\cdot004\ 205\ 332, \quad +0\cdot001\ 074\ 331, \quad +0\cdot000\ 483\ 343)$$
$$\mathbf{E_B} = (+0\cdot899\ 791\ 081, \quad +0\cdot385\ 318\ 388, \quad +0\cdot167\ 055\ 597)$$
$$\mathbf{\dot{E}_B} = (-0\cdot007\ 514\ 011, \quad +0\cdot014\ 252\ 328, \quad +0\cdot006\ 178\ 404)$$

where Stirling's central-difference formula has been used up to $\delta^2$ for $\mathbf{S_B}$ and $\delta^4$ for $\mathbf{E_B}$ and $\mathbf{\dot{E}_B}$, the tabular values of which may be found on page B82.

$$\mathbf{E} = (+0\cdot903\ 996\ 412, \quad +0\cdot384\ 244\ 057, \quad +0\cdot166\ 572\ 254) \qquad E = 0\cdot996\ 292\ 791$$

The first iteration, with $\tau = 0$, gives:

$$\mathbf{P} = (-0\cdot217\ 156\ 861, \quad -0\cdot158\ 745\ 367, \quad -0\cdot108\ 576\ 913) \qquad P = 0\cdot290\ 079\ 540$$
$$\mathbf{Q} = (+0\cdot686\ 839\ 551, \quad +0\cdot225\ 498\ 691, \quad +0\cdot057\ 995\ 342) \qquad Q = 0\cdot725\ 232\ 162$$
$$\tau = 0\overset{d}{\cdot}001\ 675\ 3597$$

The second iteration, with $\tau = 0\overset{d}{\cdot}001\ 675\ 3597$ using Stirling's central-difference formula up to $\delta^4$ to interpolate $\mathbf{Q_B}$, and up to $\delta^2$ to interpolate $\mathbf{S_B}$, gives:

$$\mathbf{P} = (-0\cdot217\ 145\ 988, \quad -0\cdot158\ 774\ 276, \quad -0\cdot108\ 590\ 608) \qquad P = 0\cdot290\ 092\ 349$$
$$\mathbf{Q} = (+0\cdot686\ 850\ 425, \quad +0\cdot225\ 469\ 771, \quad +0\cdot057\ 981\ 642) \qquad Q = 0\cdot725\ 232\ 373$$
$$\tau = 0\overset{d}{\cdot}001\ 675\ 4337$$

Iterate until $P$ changes by less than $10^{-9}$. Hence the unit vectors are:

$$\mathbf{p} = (-0\cdot748\ 540\ 895, \quad -0\cdot547\ 323\ 216, \quad -0\cdot374\ 331\ 170)$$
$$\mathbf{q} = (+0\cdot947\ 076\ 346, \quad +0\cdot310\ 893\ 140, \quad +0\cdot079\ 949\ 053)$$
$$\mathbf{e} = (+0\cdot907\ 360\ 187, \quad +0\cdot385\ 673\ 831, \quad +0\cdot167\ 192\ 070)$$

**Example of planetary reduction: Equinox Method (continued)**

*Step* 3.   Calculate the scalar products:

$\mathbf{p} \cdot \mathbf{q} = -0.909\ 011\ 831$   $\mathbf{e} \cdot \mathbf{p} = -0.952\ 869\ 651$   $\mathbf{q} \cdot \mathbf{e} = +0.992\ 609\ 565$        then

$$\frac{(2\mu/c^2 E)}{1 + \mathbf{q} \cdot \mathbf{e}}((\mathbf{p} \cdot \mathbf{q})\mathbf{e} - (\mathbf{e} \cdot \mathbf{p})\mathbf{q}) = (+0.000\ 000\ 001, -0.000\ 000\ 001, -0.000\ 000\ 001)$$

and   $\mathbf{p}_1 = (-0.748\ 540\ 895, -0.547\ 323\ 217, -0.374\ 331\ 171)$

*Step* 4.   Take $\dot{\mathbf{E}}_B$, interpolated to JD 245 548 8.000 76 TT from *Step* 2 and calculate:

$\mathbf{V} = 0.005\ 775\ 518\ \dot{\mathbf{E}}_B = (-0.000\ 043\ 397,$   $+0.000\ 082\ 315,$   $+0.000\ 035\ 683)$

Then $V = 0.000\ 099\ 661$, $\beta = 1.000\ 000\ 005$ and $\beta^{-1} = 0.999\ 999\ 995$

Calculate the scalar product $\mathbf{p}_1 \cdot \mathbf{V} = -0.000\ 025\ 925$

Then $1 + (\mathbf{p}_1 \cdot \mathbf{V})/(1 + \beta^{-1}) = 0.999\ 987\ 037$

Hence   $\mathbf{p}_2 = (-0.748\ 603\ 695,$   $-0.547\ 255\ 088,$   $-0.374\ 305\ 190)$

*Step* 5.   From page B42, the bias, precession and nutation matrix **M**, interpolated to the required instant JD 245 548 8.000 76 TT, is given by:

$$\mathbf{M} = \mathbf{NPB} = \begin{bmatrix} +0.999\ 996\ 328 & -0.002\ 485\ 550 & -0.001\ 079\ 841 \\ +0.002\ 485\ 542 & +0.999\ 996\ 911 & -0.000\ 008\ 719 \\ +0.001\ 079\ 859 & +0.000\ 006\ 035 & +0.999\ 999\ 417 \end{bmatrix}$$

Hence        $\mathbf{p}_3 = \mathbf{M}\mathbf{p}_2 = (-0.746\ 836\ 527, -0.549\ 110\ 820, -0.375\ 116\ 661)$

*Step* 6.   Converting to spherical coordinates $\alpha_e = 14^h\ 25^m\ 18\overset{s}{.}0357$, $\delta = -22° 01' 53\overset{''}{.}484$.

*Step* 7.   From page B19, interpolating in the daily values to the required UT1 instant gives

$$\text{GAST} - \text{UT1} = 1^h\ 47^m\ 29\overset{s}{.}3475, \qquad \text{and thus}$$

$$\begin{aligned} H &= (\text{GAST} - \text{UT1}) - \alpha_e + \text{UT1} \\ &= 1^h\ 47^m\ 29\overset{s}{.}3475 - 14^h\ 25^m\ 18\overset{s}{.}0357 + 12^h\ 00^m\ 00^s \\ &= 350° 32' 49\overset{''}{.}677 \end{aligned}$$

where $H$, the Greenwich hour angle of Venus, is expressed in angular measure.

**Example of planetary reduction:   CIO Method**

*Step* 1-4.   Repeat Steps 1-4 of the planetary reduction given on page B66, calculating the proper direction of the planet ($\mathbf{p}_2$) in the GCRS, hence

$$\mathbf{p}_2 = (-0.748\ 603\ 695,    -0.547\ 255\ 088,    -0.374\ 305\ 190)$$

*Step 5.* From pages B43 extract **C**, interpolated to the required TT time, that rotates the GCRS to the Celestial Intermediate Reference System, viz:

$$\mathbf{C} = \begin{bmatrix} +0.999\ 999\ 417 & -0.000\ 000\ 015 & -0.001\ 079\ 859 \\ +0.000\ 000\ 008 & +1.000\ 000\ 000 & -0.000\ 006\ 035 \\ +0.001\ 079\ 859 & +0.000\ 006\ 035 & +0.999\ 999\ 417 \end{bmatrix}$$

Hence        $\mathbf{p}_3 = \mathbf{C}\mathbf{p}_2 = (-0.748\ 199\ 054, -0.547\ 252\ 836, -0.375\ 116\ 661)$

**Example of planetary reduction:** CIO Method **(continued)**

*Step 6.* Converting to spherical coordinates $\alpha_i = 14^h\ 24^m\ 43\overset{s}{.}8571$,     $\delta = -22°\ 01'\ 53\overset{''}{.}484$.

*Step 7.* From page B24, interpolating to the required UT1, gives

$$\theta - \text{UT1} = 26°\ 43'\ 47\overset{''}{.}533$$

and thus the Greenwich hour angle ($H$) of Venus is

$$H = (\theta - \text{UT1}) - \alpha_i + \text{UT1}$$
$$= 26°\ 43'\ 47\overset{''}{.}533 - (14^h\ 24^m\ 43\overset{s}{.}8571 + 12^h\ 00^m\ 00^s) \times 15$$
$$= 350°\ 32'\ 49\overset{''}{.}677$$

## Summary of planetary reduction examples

Thus on 2010 October 18 at $12^h\ 00^m\ 00^s$ UT1, Venus's position is

$H = 350°\ 32'\ 49\overset{''}{.}677$ is the Greenwich hour angle ignoring polar motion,

$\delta = -22°\ 01'\ 53\overset{''}{.}484$ is the apparent and intermediate declination,

$\alpha_e = 14^h\ 25^m\ 18\overset{s}{.}0357$ is the apparent (equinox) right ascension, and

$\alpha_i = 14^h\ 24^m\ 43\overset{s}{.}8571$ is the intermediate right ascension

The geometric distance between the Earth and Venus at time $t = \text{JD}\ 245\ 548\ 8\cdot000\ 76\ \text{TT}$ is the value of $P = 0\cdot290\ 079\ 540$ au in the first iteration in *Step* 2, where $\tau = 0$. The distance between the Earth at time $t$ and Venus at time $(t - \tau)$ is the value of $P = 0\cdot290\ 092\ 350$ au in the final iteration in *Step* 2, where $\tau = 0\overset{d}{.}001\ 675\ 4337$.

## Solar reduction

The method for solar reduction is identical to the method for planetary reduction, except for the following differences:

In *Step* 2 set $\mathbf{Q}_B = \mathbf{S}_B$ and hence $\mathbf{P} = \mathbf{S}_B(t - \tau) - \mathbf{E}_B(t)$. Calculate the light time ($\tau$) by iteration from $\tau = P/c$ and form the unit vector $\mathbf{p}$ only.

In *Step* 3 set $\mathbf{p}_1 = \mathbf{p}$ since there is no light deflection from the centre of the Sun's disk.

## Stellar reduction overview

The method for planetary reduction may be applied with some modification to the calculation of the apparent places of stars.

The barycentric direction of a star at a particular epoch is calculated from its right ascension, declination and space motion at the catalogue epoch with respect to the ICRS. If the position of the star is not on the ICRS, and the accuracy of the data warrants it, convert it to the ICRS. See page B50 for FK5 to ICRS conversion.

The main modifications to the planetary reduction in the stellar case are: in *Step* 1, the distinction between TDB and TT is not significant; in *Step* 2, the space motion of the star is included but light time is ignored; in *Step* 3, the relativity term for light deflection is modified to the asymptotic case where the star is assumed to be at infinity.

**Formulae and method for stellar reduction**

The steps in the stellar reduction are as follows:

*Step* 1.   Set TDB = TT.

*Step* 2.   Obtain the Earth's barycentric position $\mathbf{E_B}$ in au and velocity $\dot{\mathbf{E}}_\mathbf{B}$ in au/d, at coordinate time $t =$ TDB, referred to the ICRS.

The barycentric direction ($\mathbf{q}$) of a star at epoch J2000·0, referred to the ICRS, is given by:

$$\mathbf{q} = (\cos\alpha_0\cos\delta_0,\ \sin\alpha_0\cos\delta_0,\ \sin\delta_0)$$

where $\alpha_0$ and $\delta_0$ are the ICRS right ascension and declination at epoch J2000·0.

The space motion vector $\mathbf{m} = (m_x, m_y, m_z)$ of the star, expressed in radians per century, is given by:

$$
\begin{aligned}
m_x &= -\mu_\alpha\sin\alpha_0 &- \mu_\delta\sin\delta_0\cos\alpha_0 &+ v\pi\cos\delta_0\cos\alpha_0 \\
m_y &= \mu_\alpha\cos\alpha_0 &- \mu_\delta\sin\delta_0\sin\alpha_0 &+ v\pi\cos\delta_0\sin\alpha_0 \\
m_z &= &\mu_\delta\cos\delta_0 &+ v\pi\sin\delta_0
\end{aligned}
$$

where $(\mu_\alpha, \mu_\delta)$, the proper motion in right ascension and declination, are in radians/century; $\mu_\alpha$ is the measurement on the celestial sphere and **includes** the $15\cos\delta_0$ factor. Note: catalogues give proper motions in various units, e.g., arcseconds per century (″/cy), milliarcseconds per year (mas/yr). Use the factor $1/10$ to convert from mas/yr to ″/cy. The radial velocity ($v$) is in au/century (1 km/s = 21·095 au/century), measured positively away from the Earth.

Calculate $\mathbf{P}$, the geocentric vector of the star at the required epoch, from:

$$\mathbf{P} = \mathbf{q} + T\,\mathbf{m} - \pi\,\mathbf{E_B}$$

where $T = (\text{JD}_\text{TT} - 245\,1545\cdot0)/36\,525$, which is the interval in Julian centuries from J2000·0, and $\text{JD}_\text{TT}$ is the Julian date to one decimal of a day.

Form the heliocentric position of the Earth ($\mathbf{E}$) from:

$$\mathbf{E} = \mathbf{E_B} - \mathbf{S_B}$$

where $\mathbf{S_B}$ is the barycentric position of the Sun at time $t$.

Form the geocentric direction ($\mathbf{p}$) of the star and the unit vector ($\mathbf{e}$) from $\mathbf{p} = \mathbf{P}/|\mathbf{P}|$ and $\mathbf{e} = \mathbf{E}/|\mathbf{E}|$.

*Step* 3.   Calculate the geocentric direction ($\mathbf{p_1}$) of the star, corrected for light deflection, from:

$$\mathbf{p_1} = \mathbf{p} + (2\mu/c^2 E)(\mathbf{e} - (\mathbf{p}\cdot\mathbf{e})\mathbf{p})/(1 + \mathbf{p}\cdot\mathbf{e})$$

where the dot indicates a scalar product, $\mu/c^2 = 9\cdot87 \times 10^{-9}$ au and $E = |\mathbf{E}|$. Note that the expression is derived from the planetary case by substituting $\mathbf{q} = \mathbf{p}$ in the equation for light deflection (*Step* 3) given on page B67.

The vector $\mathbf{p_1}$ is a unit vector to order $\mu/c^2$.

*Step* 4.   Calculate the proper direction ($\mathbf{p_2}$) in the GCRS that is moving with the instantaneous velocity ($\mathbf{V}$) of the Earth, from:

$$\mathbf{p_2} = (\beta^{-1}\mathbf{p_1} + (1 + (\mathbf{p_1}\cdot\mathbf{V})/(1 + \beta^{-1}))\mathbf{V})/(1 + \mathbf{p_1}\cdot\mathbf{V})$$

where $\mathbf{V} = \dot{\mathbf{E}}_\mathbf{B}/c = 0\cdot005\,7755\,\dot{\mathbf{E}}_\mathbf{B}$ and $\beta = (1 - V^2)^{-1/2}$; the velocity ($\mathbf{V}$) is expressed in units of velocity of light.

|                     *Equinox method*                      |                      *CIO method*                      |
| --------------------------------------------------------- | ------------------------------------------------------ |
| *Step* 5.   Follow the left-hand *Steps 5–7* or           | Step 5. Follow the right-hand *Steps 5–7* or           |
| *Steps \*5–\*6* on page B68.                              | *Steps \*5–\*6* on page B68.                           |

**Example of stellar reduction: Equinox Method**

Calculate the apparent position of a fictitious star on 2010 January 1 at $0^h\ 00^m\ 00^s$ TT. The ICRS right ascension ($\alpha_0$), declination ($\delta_0$), proper motions ($\mu_\alpha$, $\mu_\delta$), parallax ($\pi$) and radial velocity ($v$) of the star at J2000·0 are given by:

$\alpha_0 = 14^h\ 39^m\ 36^s{\cdot}4958$      $\delta_0 = -60°\ 50'\ 02''{\cdot}309$      $\pi = 0''{\cdot}742 = 3{\cdot}5973 \times 10^{-6}$ rad

$\mu_\alpha = -367\ 8{\cdot}06$ mas/yr      $\mu_\delta = +482{\cdot}87$ mas/yr      $v = -21{\cdot}6$ km/s

     $= -0{\cdot}001\ 783\ 174$ rad/cy,    $= +0{\cdot}000\ 234\ 102$ rad/cy,    $v\pi = -0{\cdot}001\ 639\ 121$ rad/cy

Note: $\mu_\alpha = -367\ 8{\cdot}06$ mas/yr is the arc proper motion in right ascension in milliarcseconds per year that includes the $15 \cos \delta_0$ factor.

*Step* 1.    TDB = TT = JD 245 5197·5 TT.

*Step* 2.    Tabular values of $\mathbf{E}_B$, $\dot{\mathbf{E}}_B$ and $\mathbf{S}_B$, taken from the JPL DE405/LE405 barycentric ephemeris, referred to the ICRS, which are required for the calculation, are as follows:

| Vector | Julian date ($0^h$ TDB) | Rectangular components | | |
|--------|-------------------------|--------------|--------------|--------------|
| | | $x$ | $y$ | $z$ |
| $\mathbf{E}_B$ | 245 5197·5 | −0·179 764 942 | +0·890 282 986 | +0·385 965 899 |
| $\dot{\mathbf{E}}_B$ | 245 5197·5 | −0·017 201 733 | −0·002 888 861 | −0·001 251 498 |
| $\mathbf{S}_B$ | 245 5197·5 | −0·003 747 148 | +0·002 683 322 | +0·001 168 209 |

From the positional data, calculate:

$$\mathbf{q} = (-0{\cdot}373\ 860\ 494,\ -0{\cdot}312\ 618\ 798,\ -0{\cdot}873\ 211\ 210)$$
$$\mathbf{m} = (-0{\cdot}000\ 687\ 882,\ +0{\cdot}001\ 749\ 237,\ +0{\cdot}001\ 545\ 387)$$

Form      $\mathbf{P} = \mathbf{q} + T\,\mathbf{m} - \pi\,\mathbf{E}_B = (-0{\cdot}373\ 928\ 636,\ -0{\cdot}312\ 447\ 077,\ -0{\cdot}873\ 058\ 060)$

where      $T = (245\ 5197{\cdot}5 - 245\ 1545{\cdot}0)/36\ 525 = +0{\cdot}100\ 000\ 000,$

and form    $\mathbf{E} = \mathbf{E}_B - \mathbf{S}_B = (-0{\cdot}176\ 017\ 795,\ +0{\cdot}887\ 599\ 664,\ +0{\cdot}384\ 797\ 690),$

       $E = 0{\cdot}983\ 302\ 949$

Hence the unit vectors are:

$$\mathbf{p} = (-0{\cdot}373\ 989\ 194,\ -0{\cdot}312\ 497\ 678,\ -0{\cdot}873\ 199\ 453)$$
$$\mathbf{e} = (-0{\cdot}179\ 006\ 678,\ +0{\cdot}902\ 671\ 618,\ +0{\cdot}391\ 331\ 777)$$

*Step* 3.    Calculate the scalar product $\mathbf{p} \cdot \mathbf{e} = -0{\cdot}556\ 846\ 915$, then

$$\frac{(2\mu/c^2 E)}{(1 + \mathbf{p} \cdot \mathbf{e})}(\mathbf{e} - (\mathbf{p} \cdot \mathbf{e})\mathbf{p}) = (-0{\cdot}000\ 000\ 018,\ +0{\cdot}000\ 000\ 033,\ -0{\cdot}000\ 000\ 004)$$

     and    $\mathbf{p}_1 = (-0{\cdot}373\ 989\ 212,\ -0{\cdot}312\ 497\ 645,\ -0{\cdot}873\ 199\ 457)$

*Step* 4.    Using $\dot{\mathbf{E}}_B$ given in the table in *Step* 2, calculate

   $\mathbf{V} = 0{\cdot}005\ 775\ 518\ \dot{\mathbf{E}}_B = (-0{\cdot}000\ 099\ 349,\ -0{\cdot}000\ 016\ 685,\ -0{\cdot}000\ 007\ 228)$

Then $V = 0{\cdot}000\ 100\ 999$, $\beta = 1{\cdot}000\ 000\ 005$ and $\beta^{-1} = 0{\cdot}999\ 999\ 995$

Calculate the scalar product $\mathbf{p}_1 \cdot \mathbf{V} = +0{\cdot}000\ 048\ 681$

Then $1 + (\mathbf{p}_1 \cdot \mathbf{V})/(1 + \beta^{-1}) = 1{\cdot}000\ 024\ 340$

Hence    $\mathbf{p}_2 = (-0{\cdot}374\ 070\ 351,\ -0{\cdot}312\ 499\ 116,\ -0{\cdot}873\ 164\ 174)$

**Example of stellar reduction: Equinox Method (continued)**

*Step* 5. From page B30, the bias, precession and nutation matrix **M** is given by:

$$\mathbf{M} = \mathbf{NPB} = \begin{bmatrix} +0.999\ 996\ 830 & -0.002\ 309\ 340 & -0.001\ 003\ 277 \\ +0.002\ 309\ 326 & +0.999\ 997\ 333 & -0.000\ 014\ 804 \\ +0.001\ 003\ 308 & +0.000\ 012\ 487 & +0.999\ 999\ 497 \end{bmatrix}$$

hence   $\mathbf{p}_3 = \mathbf{M}\mathbf{p}_2 = (-0.372\ 471\ 473,\ -0.313\ 349\ 207,\ -0.873\ 542\ 945)$

*Step* 6. Converting to spherical coordinates: $\alpha_e = 14^h\ 40^m\ 17^s\!.4977,\ \delta = -60°\ 52'\ 22''\!.800$

**Example of stellar reduction:** <u>CIO Method</u>

*Steps* 1-4. Repeat Steps 1-4 above, calculating the proper direction of the star ($\mathbf{p}_2$) in the GCRS. Hence

$$\mathbf{p}_2 = (-0.374\ 070\ 351,\quad -0.312\ 499\ 116,\quad -0.873\ 164\ 174)$$

*Step* 5. From page B31 extract **C** that rotates the GCRS to the CIO and equator of date,

$$\mathbf{C} = \begin{bmatrix} +0.999\ 999\ 497 & -0.000\ 000\ 014 & -0.001\ 003\ 308 \\ +0.000\ 000\ 002 & +1.000\ 000\ 000 & -0.000\ 012\ 487 \\ +0.001\ 003\ 308 & +0.000\ 012\ 487 & +0.999\ 999\ 497 \end{bmatrix}$$

hence     $\mathbf{p}_3 = \mathbf{C}\mathbf{p}_2 = (-0.373\ 194\ 106,\ -0.312\ 488\ 213,\ -0.873\ 542\ 945)$

*Step* 6. Converting to spherical coordinates $\alpha_i = 14^h\ 39^m\ 45^s\!.7422,\ \delta = -60°\ 52'\ 22''\!.800$.

**Note**: the intermediate right ascension ($\alpha_i$) may also be calculated thus

$$\alpha_i = \alpha_e + E_o = 14^h\ 40^m\ 17^s\!.4977 - 31^s\!.7555$$

where $\alpha_e$ is the apparent (equinox) right ascension and $E_o$ is the equation of the origins, which is tabulated daily at $0^h$ UT1 on pages B21–B24.

**Approximate reduction to apparent geocentric altitude and azimuth**

The following example illustrates an approximate procedure based on the CIO method for calculating the altitude and azimuth of a star for a specified UT1 instant. The procedure given is accurate to about $\pm 1''$. It is valid for 2010 as it uses the relevant annual equations given earlier in this section. Strictly, all the parameters, except the Earth rotation angle ($\theta$), should be evaluated for the equivalent TT (UT1+$\Delta T$) instant.

*Example* On 2010 January 1 at $8^h\ 20^m\ 47^s$ UT1 calculate the local hour angle ($h$), declination ($\delta$), and altitude and azimuth of the fictitious star given in the example on page B73, for an observer at W $60°\!.0$, S $30°\!.0$.

*Step A* The day of the year is 1; the time is $8^h\!.346\ 39$ UT1; the ICRS barycentric direction (**q**) and space motion (**m**) of the star at epoch J2000·0 (see page B73) are

$$\mathbf{q} = (-0.373\ 860\ 494,\ -0.312\ 618\ 798,\ -0.873\ 211\ 210),$$

$$\mathbf{m} = (-0.000\ 687\ 882,\ +0.001\ 749\ 237,\ +0.001\ 545\ 387)\cdot$$

Apply space motion and ignore parallax to give the approximate geocentric position of the star at the epoch of date with respect to the GCRS

$$\mathbf{p} = \mathbf{q} + T\mathbf{m} = (-0.373\ 929\ 289,\ -0.312\ 443\ 858,\ -0.873\ 056\ 657)$$

where $T = +0.100\ 009\ 521$ centuries from 245 1545·0 TT and $\mathbf{p} = (p_x, p_y, p_z)$ is a column vector.

**Approximate reduction to apparent geocentric altitude and azimuth (continued)**

*Step B* Apply aberration and precession-nutation to form

$$
\begin{aligned}
x_i &= v_x + (1 - \mathcal{X}^2/2)\, p_x & - & & \mathcal{X}\, p_z &= -0.373\ 151 \\
y_i &= v_y + & p_y\ - & & \mathcal{Y}\, p_z &= -0.312\ 450 \\
z_i &= v_z + & \mathcal{X}\, p_x + \mathcal{Y}\, p_y + (1 - \mathcal{X}^2/2)\, p_z &= -0.873\ 443
\end{aligned}
$$

where

$$
\mathbf{v} = \frac{1}{c}(0.0172 \sin L,\ -0.0158 \cos L,\ -0.0068 \cos L)
$$

$$
= \frac{1}{173.14}(-0.016\ 89,\ -0.003\ 00,\ -0.001\ 29)
$$

where $\mathbf{v}$ in au/day is the approximate barycentric velocity of the Earth, $L = 280°9$ is the ecliptic longitude of the Sun, and the speed of light is given by $c = 173.14$ au/d.

$\mathcal{X}, \mathcal{Y}$ are the approximate coordinates of the CIP, given in radians, and are evaluated using the approximate formulae on page B46, with arguments $\Omega = 291°6$ and $2L = 201°9$, thus giving

$$
\mathcal{X} = +0.001\ 003 \quad \text{and} \quad \mathcal{Y} = +0.000\ 013
$$

Therefore $(x_i, y_i, z_i)$ is the position vector of the star with respect to the equator and CIO of date, i.e., the position of the star in the Celestial Intermediate Reference System.

Converting to spherical coordinates gives $\alpha_i = 14^h\ 39^m\ 45^s7$ and $\delta = -60°\ 52'\ 23''$ (see page B68 *Step* 6).

*Step C* Transform from the celestial intermediate origin and equator of date to the observer's meridian at longitude $\lambda = -60°0$ (west longitudes are negative)

$$
\begin{aligned}
x_g &= +x_i\, \cos(\theta + \lambda) + y_i\, \sin(\theta + \lambda) = +0.286\ 122 \\
y_g &= -x_i\, \sin(\theta + \lambda) + y_i\, \cos(\theta + \lambda) = +0.393\ 702 \\
z_g &= +z_i & = -0.873\ 443
\end{aligned}
$$

where the Earth rotation angle (see page B8) is

$$
\theta = 99°423\ 888 + 0°985\ 6123 \times \text{day of year} + 15°041\ 067 \times \text{UT1}
$$

$$
= 225°948\ 095
$$

Thus the local hour angle ($h$) and declination ($\delta$) are calculated using

$$
h = \tan^{-1}(-y_g/x_g)
$$

$$
= 306°\ 00'\ 28''
$$

$$
\delta = -60°\ 52'\ 23''
$$

$h$ is measured positive to the west of the local meridian and the declination is unchanged (from Step B) by the rotation.

*Step D* Transform to altitude and azimuth (also see page B86), for the observer at latitude $\phi = -30°0$:

$$
\begin{aligned}
x_t &= -x_g \sin\phi + z_g \cos\phi = -0.613\ 363 \\
y_t &= +y_g & = +0.393\ 702 \\
z_t &= +x_g \cos\phi + z_g \sin\phi = +0.684\ 510
\end{aligned}
$$

Thus

$$
\text{Altitude} = \tan^{-1}\left(\frac{z_t}{\sqrt{x_t^2 + y_t^2}}\right) = +43°\ 12'\ 12''
$$

$$
\text{Azimuth} = \tan^{-1}\left(\frac{y_t}{x_t}\right) = 147°\ 18'\ 17''
$$

where azimuth is measured from north through east in the plane of the horizon.

### ICRS, ORIGIN AT SOLAR SYSTEM BARYCENTRE
### FOR $0^h$ BARYCENTRIC DYNAMICAL TIME

| Date $0^h$ TDB | | $X$ | $Y$ | $Z$ | $\dot{X}$ | $\dot{Y}$ | $\dot{Z}$ |
|---|---|---|---|---|---|---|---|
| **Jan.** | 0 | −0·162 536 840 | +0·893 034 419 | +0·387 157 839 | −1725 3659 | − 261 3864 | − 113 2329 |
| | 1 | −0·179 764 942 | +0·890 282 986 | +0·385 965 899 | −1720 1733 | − 288 8861 | − 125 1498 |
| | 2 | −0·196 938 682 | +0·887 256 969 | +0·384 654 945 | −1714 4934 | − 316 3041 | − 137 0361 |
| | 3 | −0·214 053 178 | +0·883 957 163 | +0·383 225 272 | −1708 3235 | − 343 6443 | − 148 8937 |
| | 4 | −0·231 103 495 | +0·880 384 336 | +0·381 677 165 | −1701 6562 | − 370 9083 | − 160 7228 |
| | 5 | −0·248 084 610 | +0·876 539 258 | +0·380 010 917 | −1694 4815 | − 398 0938 | − 172 5215 |
| | 6 | −0·264 991 399 | +0·872 422 741 | +0·378 226 849 | −1686 7891 | − 425 1947 | − 184 2860 |
| | 7 | −0·281 818 636 | +0·868 035 678 | +0·376 325 329 | −1678 5698 | − 452 2012 | − 196 0109 |
| | 8 | −0·298 561 014 | +0·863 379 072 | +0·374 306 784 | −1669 8165 | − 479 1011 | − 207 6899 |
| | 9 | −0·315 213 170 | +0·858 454 056 | +0·372 171 707 | −1660 5246 | − 505 8808 | − 219 3161 |
| | 10 | −0·331 769 703 | +0·853 261 906 | +0·369 920 661 | −1650 6918 | − 532 5256 | − 230 8824 |
| | 11 | −0·348 225 201 | +0·847 804 042 | +0·367 554 281 | −1640 3175 | − 559 0210 | − 242 3819 |
| | 12 | −0·364 574 253 | +0·842 082 033 | +0·365 073 269 | −1629 4031 | − 585 3522 | − 253 8077 |
| | 13 | −0·380 811 472 | +0·836 097 595 | +0·362 478 395 | −1617 9514 | − 611 5045 | − 265 1532 |
| | 14 | −0·396 931 503 | +0·829 852 586 | +0·359 770 495 | −1605 9663 | − 637 4638 | − 276 4119 |
| | 15 | −0·412 929 039 | +0·823 349 009 | +0·356 950 467 | −1593 4534 | − 663 2160 | − 287 5777 |
| | 16 | −0·428 798 833 | +0·816 589 000 | +0·354 019 270 | −1580 4191 | − 688 7478 | − 298 6448 |
| | 17 | −0·444 535 707 | +0·809 574 830 | +0·350 977 919 | −1566 8708 | − 714 0463 | − 309 6077 |
| | 18 | −0·460 134 564 | +0·802 308 893 | +0·347 827 480 | −1552 8170 | − 739 0992 | − 320 4614 |
| | 19 | −0·475 590 392 | +0·794 793 702 | +0·344 569 071 | −1538 2668 | − 763 8952 | − 331 2011 |
| | 20 | −0·490 898 278 | +0·787 031 881 | +0·341 203 852 | −1523 2300 | − 788 4234 | − 341 8226 |
| | 21 | −0·506 053 404 | +0·779 026 160 | +0·337 733 027 | −1507 7168 | − 812 6737 | − 352 3218 |
| | 22 | −0·521 051 063 | +0·770 779 364 | +0·334 157 835 | −1491 7384 | − 836 6367 | − 362 6952 |
| | 23 | −0·535 886 661 | +0·762 294 412 | +0·330 479 553 | −1475 3065 | − 860 3036 | − 372 9396 |
| | 24 | −0·550 555 724 | +0·753 574 304 | +0·326 699 483 | −1458 4339 | − 883 6668 | − 383 0522 |
| | 25 | −0·565 053 914 | +0·744 622 111 | +0·322 818 954 | −1441 1340 | − 906 7198 | − 393 0312 |
| | 26 | −0·579 377 027 | +0·735 440 957 | +0·318 839 308 | −1423 4211 | − 929 4583 | − 402 8755 |
| | 27 | −0·593 521 007 | +0·726 033 999 | +0·314 761 891 | −1405 3096 | − 951 8806 | − 412 5855 |
| | 28 | −0·607 481 935 | +0·716 404 396 | +0·310 588 041 | −1386 8128 | − 973 9879 | − 422 1626 |
| | 29 | −0·621 256 013 | +0·706 555 277 | +0·306 319 073 | −1367 9409 | − 995 7846 | − 431 6096 |
| | 30 | −0·634 839 523 | +0·696 489 719 | +0·301 956 272 | −1348 6999 | −1017 2769 | − 440 9297 |
| | 31 | −0·648 228 784 | +0·686 210 732 | +0·297 500 893 | −1329 0905 | −1038 4711 | − 450 1255 |
| **Feb.** | 1 | −0·661 420 092 | +0·675 721 277 | +0·292 954 172 | −1309 1085 | −1059 3709 | − 459 1980 |
| | 2 | −0·674 409 689 | +0·665 024 296 | +0·288 317 348 | −1288 7469 | −1079 9758 | − 468 1459 |
| | 3 | −0·687 193 741 | +0·654 122 761 | +0·283 591 682 | −1267 9986 | −1100 2806 | − 476 9656 |
| | 4 | −0·699 768 353 | +0·643 019 715 | +0·278 778 481 | −1246 8581 | −1120 2762 | − 485 6519 |
| | 5 | −0·712 129 588 | +0·631 718 306 | +0·273 879 109 | −1225 3232 | −1139 9510 | − 494 1986 |
| | 6 | −0·724 273 505 | +0·620 221 806 | +0·268 894 995 | −1203 3947 | −1159 2922 | − 502 5993 |
| | 7 | −0·736 196 180 | +0·608 533 616 | +0·263 827 630 | −1181 0759 | −1178 2869 | − 510 8477 |
| | 8 | −0·747 893 740 | +0·596 657 264 | +0·258 678 568 | −1158 3725 | −1196 9226 | − 518 9379 |
| | 9 | −0·759 362 371 | +0·584 596 401 | +0·253 449 417 | −1135 2914 | −1215 1873 | − 526 8645 |
| | 10 | −0·770 598 337 | +0·572 354 793 | +0·248 141 840 | −1111 8410 | −1233 0697 | − 534 6224 |
| | 11 | −0·781 597 990 | +0·559 936 317 | +0·242 757 547 | −1088 0304 | −1250 5593 | − 542 2069 |
| | 12 | −0·792 357 777 | +0·547 344 952 | +0·237 298 295 | −1063 8695 | −1267 6457 | − 549 6135 |
| | 13 | −0·802 874 248 | +0·534 584 778 | +0·231 765 883 | −1039 3691 | −1284 3195 | − 556 8382 |
| | 14 | −0·813 144 067 | +0·521 659 969 | +0·226 162 150 | −1014 5409 | −1300 5714 | − 563 8772 |
| | 15 | −0·823 164 016 | +0·508 574 785 | +0·220 488 970 | − 989 3973 | −1316 3930 | − 570 7271 |

$\dot{X}, \dot{Y}, \dot{Z}$ are in units of $10^{-9}$ au / d.

## ICRS, ORIGIN AT SOLAR SYSTEM BARYCENTRE
## FOR 0$^h$ BARYCENTRIC DYNAMICAL TIME

| Date 0$^h$ TDB | X | Y | Z | $\dot{X}$ | $\dot{Y}$ | $\dot{Z}$ |
|---|---|---|---|---|---|---|
| Feb. 15 | −0·823 164 016 | +0·508 574 785 | +0·220 488 970 | − 989 3973 | −1316 3930 | − 570 7271 |
| 16 | −0·832 931 005 | +0·495 333 568 | +0·214 748 249 | − 963 9514 | −1331 7768 | − 577 3849 |
| 17 | −0·842 442 082 | +0·481 940 732 | +0·208 941 921 | − 938 2170 | −1346 7158 | − 583 8482 |
| 18 | −0·851 694 432 | +0·468 400 754 | +0·203 071 941 | − 912 2085 | −1361 2042 | − 590 1148 |
| 19 | −0·860 685 388 | +0·454 718 165 | +0·197 140 285 | − 885 9409 | −1375 2372 | − 596 1833 |
| 20 | −0·869 412 436 | +0·440 897 540 | +0·191 148 939 | − 859 4293 | −1388 8110 | − 602 0526 |
| 21 | −0·877 873 213 | +0·426 943 484 | +0·185 099 897 | − 832 6894 | −1401 9232 | − 607 7225 |
| 22 | −0·886 065 516 | +0·412 860 619 | +0·178 995 153 | − 805 7372 | −1414 5727 | − 613 1933 |
| 23 | −0·893 987 303 | +0·398 653 569 | +0·172 836 692 | − 778 5887 | −1426 7606 | − 618 4662 |
| 24 | −0·901 636 686 | +0·384 326 937 | +0·166 626 482 | − 751 2590 | −1438 4899 | − 623 5434 |
| 25 | −0·909 011 926 | +0·369 885 280 | +0·160 366 465 | − 723 7621 | −1449 7665 | − 628 4282 |
| 26 | −0·916 111 408 | +0·355 333 089 | +0·154 058 545 | − 696 1089 | −1460 5982 | − 633 1247 |
| 27 | −0·922 933 608 | +0·340 674 767 | +0·147 704 584 | − 668 3065 | −1470 9945 | − 637 6372 |
| 28 | −0·929 477 048 | +0·325 914 621 | +0·141 306 403 | − 640 3570 | −1480 9644 | − 641 9693 |
| Mar. 1 | −0·935 740 249 | +0·311 056 878 | +0·134 865 791 | − 612 2580 | −1490 5147 | − 646 1234 |
| 2 | −0·941 721 693 | +0·296 105 715 | +0·128 384 528 | − 584 0046 | −1499 6483 | − 650 0994 |
| 3 | −0·947 419 808 | +0·281 065 308 | +0·121 864 405 | − 555 5914 | −1508 3629 | − 653 8950 |
| 4 | −0·952 832 977 | +0·265 939 873 | +0·115 307 242 | − 527 0151 | −1516 6526 | − 657 5064 |
| 5 | −0·957 959 565 | +0·250 733 702 | +0·108 714 908 | − 498 2756 | −1524 5085 | − 660 9285 |
| 6 | −0·962 797 957 | +0·235 451 182 | +0·102 089 320 | − 469 3765 | −1531 9208 | − 664 1563 |
| 7 | −0·967 346 584 | +0·220 096 797 | +0·095 432 446 | − 440 3241 | −1538 8799 | − 667 1850 |
| 8 | −0·971 603 956 | +0·204 675 124 | +0·088 746 298 | − 411 1271 | −1545 3770 | − 670 0105 |
| 9 | −0·975 568 677 | +0·189 190 823 | +0·082 032 925 | − 381 7955 | −1551 4043 | − 672 6293 |
| 10 | −0·979 239 454 | +0·173 648 627 | +0·075 294 411 | − 352 3403 | −1556 9550 | − 675 0384 |
| 11 | −0·982 615 109 | +0·158 053 332 | +0·068 532 866 | − 322 7730 | −1562 0231 | − 677 2352 |
| 12 | −0·985 694 580 | +0·142 409 790 | +0·061 750 423 | − 293 1056 | −1566 6034 | − 679 2175 |
| 13 | −0·988 476 928 | +0·126 722 906 | +0·054 949 237 | − 263 3505 | −1570 6910 | − 680 9835 |
| 14 | −0·990 961 341 | +0·110 997 627 | +0·048 131 480 | − 233 5209 | −1574 2816 | − 682 5314 |
| 15 | −0·993 147 143 | +0·095 238 942 | +0·041 299 339 | − 203 6305 | −1577 3716 | − 683 8601 |
| 16 | −0·995 033 796 | +0·079 451 874 | +0·034 455 012 | − 173 6937 | −1579 9579 | − 684 9686 |
| 17 | −0·996 620 913 | +0·063 641 470 | +0·027 600 702 | − 143 7257 | −1582 0386 | − 685 8566 |
| 18 | −0·997 908 259 | +0·047 812 791 | +0·020 738 613 | − 113 7422 | −1583 6127 | − 686 5243 |
| 19 | −0·998 895 758 | +0·031 970 903 | +0·013 870 947 | − 83 7592 | −1584 6806 | − 686 9725 |
| 20 | −0·999 583 498 | +0·016 120 859 | +0·006 999 890 | − 53 7928 | −1585 2444 | − 687 2028 |
| 21 | −0·999 971 724 | +0·000 267 685 | +0·000 127 611 | − 23 8591 | −1585 3074 | − 687 2174 |
| 22 | −1·000 060 841 | −0·015 583 637 | −0·006 743 749 | + 6 0264 | −1584 8750 | − 687 0193 |
| 23 | −0·999 851 405 | −0·031 428 186 | −0·013 612 080 | + 35 8492 | −1583 9539 | − 686 6124 |
| 24 | −0·999 344 111 | −0·047 261 117 | −0·020 475 315 | + 65 5961 | −1582 5531 | − 686 0010 |
| 25 | −0·998 539 774 | −0·063 077 683 | −0·027 331 434 | + 95 2560 | −1580 6828 | − 685 1901 |
| 26 | −0·997 439 308 | −0·078 873 247 | −0·034 178 470 | + 124 8207 | −1578 3548 | − 684 1851 |
| 27 | −0·996 043 692 | −0·094 643 293 | −0·041 014 506 | + 154 2856 | −1575 5811 | − 682 9911 |
| 28 | −0·994 353 932 | −0·110 383 422 | −0·047 837 677 | + 183 6499 | −1572 3731 | − 681 6127 |
| 29 | −0·992 371 021 | −0·126 089 338 | −0·054 646 154 | + 212 9163 | −1568 7396 | − 680 0527 |
| 30 | −0·990 095 917 | −0·141 756 815 | −0·061 438 130 | + 242 0895 | −1564 6860 | − 678 3124 |
| 31 | −0·987 529 525 | −0·157 381 660 | −0·068 211 798 | + 271 1745 | −1560 2132 | − 676 3908 |
| Apr. 1 | −0·984 672 710 | −0·172 959 673 | −0·074 965 335 | + 300 1743 | −1555 3187 | − 674 2857 |
| 2 | −0·981 526 323 | −0·188 486 611 | −0·081 696 889 | + 329 0889 | −1549 9971 | − 671 9936 |

$\dot{X}, \dot{Y}, \dot{Z}$ are in units of $10^{-9}$ au / d.

## ICRS, ORIGIN AT SOLAR SYSTEM BARYCENTRE
### FOR $0^h$ BARYCENTRIC DYNAMICAL TIME

| Date $0^h$ TDB | | $X$ | $Y$ | $Z$ | $\dot{X}$ | $\dot{Y}$ | $\dot{Z}$ |
|---|---|---|---|---|---|---|---|
| Apr. | 1 | −0·984 672 710 | −0·172 959 673 | −0·074 965 335 | + 300 1743 | −1555 3187 | − 674 2857 |
| | 2 | −0·981 526 323 | −0·188 486 611 | −0·081 696 889 | + 329 0889 | −1549 9971 | − 671 9936 |
| | 3 | −0·978 091 229 | −0·203 958 171 | −0·088 404 573 | + 357 9147 | −1544 2423 | − 669 5112 |
| | 4 | −0·974 368 345 | −0·219 369 992 | −0·095 086 467 | + 386 6454 | −1538 0482 | − 666 8353 |
| | 5 | −0·970 358 668 | −0·234 717 653 | −0·101 740 625 | + 415 2720 | −1531 4097 | − 663 9635 |
| | 6 | −0·966 063 285 | −0·249 996 691 | −0·108 365 079 | + 443 7846 | −1524 3230 | − 660 8942 |
| | 7 | −0·961 483 393 | −0·265 202 609 | −0·114 957 847 | + 472 1722 | −1516 7854 | − 657 6263 |
| | 8 | −0·956 620 295 | −0·280 330 890 | −0·121 516 941 | + 500 4236 | −1508 7952 | − 654 1592 |
| | 9 | −0·951 475 413 | −0·295 377 001 | −0·128 040 367 | + 528 5272 | −1500 3514 | − 650 4927 |
| | 10 | −0·946 050 282 | −0·310 336 404 | −0·134 526 130 | + 556 4715 | −1491 4536 | − 646 6267 |
| | 11 | −0·940 346 556 | −0·325 204 559 | −0·140 972 238 | + 584 2441 | −1482 1017 | − 642 5618 |
| | 12 | −0·934 366 014 | −0·339 976 926 | −0·147 376 703 | + 611 8326 | −1472 2962 | − 638 2983 |
| | 13 | −0·928 110 563 | −0·354 648 975 | −0·153 737 545 | + 639 2235 | −1462 0383 | − 633 8373 |
| | 14 | −0·921 582 250 | −0·369 216 191 | −0·160 052 796 | + 666 4028 | −1451 3300 | − 629 1803 |
| | 15 | −0·914 783 262 | −0·383 674 085 | −0·166 320 505 | + 693 3558 | −1440 1747 | − 624 3293 |
| | 16 | −0·907 715 937 | −0·398 018 211 | −0·172 538 745 | + 720 0677 | −1428 5772 | − 619 2873 |
| | 17 | −0·900 382 762 | −0·412 244 179 | −0·178 705 626 | + 746 5236 | −1416 5444 | − 614 0580 |
| | 18 | −0·892 786 367 | −0·426 347 677 | −0·184 819 296 | + 772 7093 | −1404 0849 | − 608 6459 |
| | 19 | −0·884 929 519 | −0·440 324 490 | −0·190 877 953 | + 798 6121 | −1391 2094 | − 603 0564 |
| | 20 | −0·876 815 105 | −0·454 170 518 | −0·196 879 852 | + 824 2210 | −1377 9299 | − 597 2953 |
| | 21 | −0·868 446 108 | −0·467 881 787 | −0·202 823 308 | + 849 5273 | −1364 2600 | − 591 3689 |
| | 22 | −0·859 825 588 | −0·481 454 463 | −0·208 706 699 | + 874 5251 | −1350 2136 | − 585 2833 |
| | 23 | −0·850 956 646 | −0·494 884 852 | −0·214 528 465 | + 899 2114 | −1335 8050 | − 579 0448 |
| | 24 | −0·841 842 399 | −0·508 169 400 | −0·220 287 104 | + 923 5862 | −1321 0476 | − 572 6587 |
| | 25 | −0·832 485 952 | −0·521 304 680 | −0·225 981 163 | + 947 6522 | −1305 9532 | − 566 1295 |
| | 26 | −0·822 890 369 | −0·534 287 372 | −0·231 609 227 | + 971 4143 | −1290 5312 | − 559 4601 |
| | 27 | −0·813 058 659 | −0·547 114 232 | −0·237 169 903 | + 994 8784 | −1274 7875 | − 552 6522 |
| | 28 | −0·802 993 775 | −0·559 782 060 | −0·242 661 808 | +1018 0500 | −1258 7249 | − 545 7056 |
| | 29 | −0·792 698 622 | −0·572 287 667 | −0·248 083 549 | +1040 9327 | −1242 3432 | − 538 6192 |
| | 30 | −0·782 176 079 | −0·584 627 853 | −0·253 433 719 | +1063 5277 | −1225 6400 | − 531 3911 |
| May | 1 | −0·771 429 034 | −0·596 799 385 | −0·258 710 891 | +1085 8328 | −1208 6121 | − 524 0192 |
| | 2 | −0·760 460 405 | −0·608 799 001 | −0·263 913 618 | +1107 8433 | −1191 2564 | − 516 5020 |
| | 3 | −0·749 273 172 | −0·620 623 412 | −0·269 040 442 | +1129 5524 | −1173 5707 | − 508 8383 |
| | 4 | −0·737 870 389 | −0·632 269 311 | −0·274 089 894 | +1150 9518 | −1155 5541 | − 501 0278 |
| | 5 | −0·726 255 198 | −0·643 733 391 | −0·279 060 509 | +1172 0326 | −1137 2067 | − 493 0708 |
| | 6 | −0·714 430 831 | −0·655 012 348 | −0·283 950 824 | +1192 7855 | −1118 5299 | − 484 9681 |
| | 7 | −0·702 400 613 | −0·666 102 897 | −0·288 759 389 | +1213 2011 | −1099 5256 | − 476 7208 |
| | 8 | −0·690 167 965 | −0·677 001 777 | −0·293 484 763 | +1233 2699 | −1080 1964 | − 468 3304 |
| | 9 | −0·677 736 403 | −0·687 705 753 | −0·298 125 525 | +1252 9824 | −1060 5453 | − 459 7986 |
| | 10 | −0·665 109 540 | −0·698 211 621 | −0·302 680 269 | +1272 3282 | −1040 5756 | − 451 1272 |
| | 11 | −0·652 291 097 | −0·708 516 216 | −0·307 147 611 | +1291 2966 | −1020 2913 | − 442 3185 |
| | 12 | −0·639 284 904 | −0·718 616 414 | −0·311 526 190 | +1309 8761 | − 999 6972 | − 433 3752 |
| | 13 | −0·626 094 911 | −0·728 509 148 | −0·315 814 677 | +1328 0546 | − 978 7995 | − 424 3007 |
| | 14 | −0·612 725 192 | −0·738 191 418 | −0·320 011 781 | +1345 8193 | − 957 6061 | − 415 0994 |
| | 15 | −0·599 179 944 | −0·747 660 317 | −0·324 116 259 | +1363 1583 | − 936 1271 | − 405 7764 |
| | 16 | −0·585 463 483 | −0·756 913 050 | −0·328 126 925 | +1380 0602 | − 914 3751 | − 396 3380 |
| | 17 | −0·571 580 226 | −0·765 946 956 | −0·332 042 658 | +1396 5162 | − 892 3643 | − 386 7911 |

$\dot{X}, \dot{Y}, \dot{Z}$ are in units of $10^{-9}$ au / d.

## ICRS, ORIGIN AT SOLAR SYSTEM BARYCENTRE
## FOR 0$^h$ BARYCENTRIC DYNAMICAL TIME

| Date 0$^h$ TDB | X | Y | Z | $\dot{X}$ | $\dot{Y}$ | $\dot{Z}$ |
|---|---|---|---|---|---|---|
| **May** 17 | −0·571 580 226 | −0·765 946 956 | −0·332 042 658 | +1396 5162 | − 892 3643 | − 386 7911 |
| 18 | −0·557 534 666 | −0·774 759 528 | −0·335 862 410 | +1412 5201 | − 870 1109 | − 377 1431 |
| 19 | −0·543 331 342 | −0·783 348 420 | −0·339 585 208 | +1428 0688 | − 847 6313 | − 367 4014 |
| 20 | −0·528 974 805 | −0·791 711 454 | −0·343 210 148 | +1443 1628 | − 824 9418 | − 357 5727 |
| 21 | −0·514 469 592 | −0·799 846 606 | −0·346 736 392 | +1457 8051 | − 802 0573 | − 347 6631 |
| 22 | −0·499 820 190 | −0·807 751 993 | −0·350 163 157 | +1472 0014 | − 778 9908 | − 337 6776 |
| 23 | −0·485 031 028 | −0·815 425 852 | −0·353 489 703 | +1485 7586 | − 755 7531 | − 327 6198 |
| 24 | −0·470 106 455 | −0·822 866 512 | −0·356 715 320 | +1499 0846 | − 732 3521 | − 317 4922 |
| 25 | −0·455 050 748 | −0·830 072 367 | −0·359 839 317 | +1511 9869 | − 708 7930 | − 307 2958 |
| 26 | −0·439 868 108 | −0·837 041 854 | −0·362 861 009 | +1524 4719 | − 685 0786 | − 297 0310 |
| 27 | −0·424 562 684 | −0·843 773 423 | −0·365 779 707 | +1536 5444 | − 661 2094 | − 286 6970 |
| 28 | −0·409 138 587 | −0·850 265 525 | −0·368 594 714 | +1548 2067 | − 637 1849 | − 276 2928 |
| 29 | −0·393 599 918 | −0·856 516 599 | −0·371 305 325 | +1559 4586 | − 613 0037 | − 265 8175 |
| 30 | −0·377 950 790 | −0·862 525 074 | −0·373 910 825 | +1570 2978 | − 588 6648 | − 255 2704 |
| 31 | −0·362 195 352 | −0·868 289 369 | −0·376 410 493 | +1580 7200 | − 564 1679 | − 244 6512 |
| **June** 1 | −0·346 337 799 | −0·873 807 907 | −0·378 803 611 | +1590 7197 | − 539 5136 | − 233 9606 |
| 2 | −0·330 382 386 | −0·879 079 123 | −0·381 089 470 | +1600 2909 | − 514 7039 | − 223 1995 |
| 3 | −0·314 333 431 | −0·884 101 475 | −0·383 267 372 | +1609 4271 | − 489 7415 | − 212 3695 |
| 4 | −0·298 195 317 | −0·888 873 456 | −0·385 336 638 | +1618 1216 | − 464 6301 | − 201 4726 |
| 5 | −0·281 972 494 | −0·893 393 594 | −0·387 296 608 | +1626 3677 | − 439 3738 | − 190 5108 |
| 6 | −0·265 669 479 | −0·897 660 463 | −0·389 146 646 | +1634 1589 | − 413 9772 | − 179 4867 |
| 7 | −0·249 290 858 | −0·901 672 687 | −0·390 886 144 | +1641 4878 | − 388 4454 | − 168 4030 |
| 8 | −0·232 841 290 | −0·905 428 938 | −0·392 514 517 | +1648 3468 | − 362 7838 | − 157 2625 |
| 9 | −0·216 325 517 | −0·908 927 952 | −0·394 031 216 | +1654 7274 | − 336 9989 | − 146 0688 |
| 10 | −0·199 748 366 | −0·912 168 530 | −0·395 435 729 | +1660 6207 | − 311 0983 | − 134 8259 |
| 11 | −0·183 114 758 | −0·915 149 563 | −0·396 727 586 | +1666 0172 | − 285 0915 | − 123 5388 |
| 12 | −0·166 429 709 | −0·917 870 045 | −0·397 906 377 | +1670 9077 | − 258 9905 | − 112 2137 |
| 13 | −0·149 698 317 | −0·920 329 106 | −0·398 971 756 | +1675 2846 | − 232 8098 | − 100 8576 |
| 14 | −0·132 925 745 | −0·922 526 031 | −0·399 923 453 | +1679 1431 | − 206 5663 | − 89 4786 |
| 15 | −0·116 117 188 | −0·924 460 283 | −0·400 761 279 | +1682 4818 | − 180 2782 | − 78 0847 |
| 16 | −0·099 277 832 | −0·926 131 506 | −0·401 485 125 | +1685 3037 | − 153 9636 | − 66 6839 |
| 17 | −0·082 412 814 | −0·927 539 522 | −0·402 094 956 | +1687 6156 | − 127 6393 | − 55 2828 |
| 18 | −0·065 527 190 | −0·928 684 308 | −0·402 590 798 | +1689 4267 | − 101 3196 | − 43 8869 |
| 19 | −0·048 625 913 | −0·929 565 968 | −0·402 972 723 | +1690 7481 | − 75 0158 | − 32 4999 |
| 20 | −0·031 713 823 | −0·930 184 704 | −0·403 240 835 | +1691 5909 | − 48 7358 | − 21 1244 |
| 21 | −0·014 795 654 | −0·930 540 783 | −0·403 395 253 | +1691 9657 | − 22 4852 | − 9 7615 |
| 22 | +0·002 123 962 | −0·930 634 517 | −0·403 436 108 | +1691 8818 | + 3 7328 | + 1 5883 |
| 23 | +0·019 040 478 | −0·930 466 241 | −0·403 363 530 | +1691 3466 | + 29 9167 | + 12 9252 |
| 24 | +0·035 949 408 | −0·930 036 298 | −0·403 177 645 | +1690 3656 | + 56 0662 | + 24 2499 |
| 25 | +0·052 846 317 | −0·929 345 031 | −0·402 878 572 | +1688 9426 | + 82 1815 | + 35 5627 |
| 26 | +0·069 726 792 | −0·928 392 780 | −0·402 466 427 | +1687 0791 | + 108 2631 | + 46 8644 |
| 27 | +0·086 586 430 | −0·927 179 882 | −0·401 941 322 | +1684 7750 | + 134 3109 | + 58 1548 |
| 28 | +0·103 420 819 | −0·925 706 676 | −0·401 303 369 | +1682 0289 | + 160 3245 | + 69 4338 |
| 29 | +0·120 225 527 | −0·923 973 512 | −0·400 552 687 | +1678 8382 | + 186 3023 | + 80 7005 |
| 30 | +0·136 996 091 | −0·921 980 757 | −0·399 689 404 | +1675 1998 | + 212 2421 | + 91 9536 |
| **July** 1 | +0·153 728 018 | −0·919 728 808 | −0·398 713 667 | +1671 1100 | + 238 1404 | + 103 1912 |
| 2 | +0·170 416 775 | −0·917 218 099 | −0·397 625 640 | +1666 5652 | + 263 9933 | + 114 4111 |

$\dot{X}$, $\dot{Y}$, $\dot{Z}$ are in units of $10^{-9}$ au / d.

## ICRS, ORIGIN AT SOLAR SYSTEM BARYCENTRE
### FOR $0^h$ BARYCENTRIC DYNAMICAL TIME

| Date $0^h$ TDB | $X$ | $Y$ | $Z$ | $\dot{X}$ | $\dot{Y}$ | $\dot{Z}$ |
|---|---|---|---|---|---|---|
| **July** 1 | +0·153 728 018 | −0·919 728 808 | −0·398 713 667 | +1671 1100 | + 238 1404 | + 103 1912 |
| 2 | +0·170 416 775 | −0·917 218 099 | −0·397 625 640 | +1666 5652 | + 263 9933 | + 114 4111 |
| 3 | +0·187 057 794 | −0·914 449 108 | −0·396 425 511 | +1661 5617 | + 289 7961 | + 125 6110 |
| 4 | +0·203 646 467 | −0·911 422 361 | −0·395 113 495 | +1656 0956 | + 315 5436 | + 136 7881 |
| 5 | +0·220 178 150 | −0·908 138 439 | −0·393 689 836 | +1650 1628 | + 341 2302 | + 147 9393 |
| 6 | +0·236 648 153 | −0·904 597 980 | −0·392 154 806 | +1643 7588 | + 366 8498 | + 159 0615 |
| 7 | +0·253 051 738 | −0·900 801 689 | −0·390 508 715 | +1636 8784 | + 392 3955 | + 170 1510 |
| 8 | +0·269 384 113 | −0·896 750 344 | −0·388 751 911 | +1629 5159 | + 417 8589 | + 181 2033 |
| 9 | +0·285 640 429 | −0·892 444 817 | −0·386 884 789 | +1621 6654 | + 443 2302 | + 192 2134 |
| 10 | +0·301 815 775 | −0·887 886 090 | −0·384 907 805 | +1613 3212 | + 468 4967 | + 203 1748 |
| 11 | +0·317 905 193 | −0·883 075 283 | −0·382 821 481 | +1604 4794 | + 493 6433 | + 214 0802 |
| 12 | +0·333 903 700 | −0·878 013 682 | −0·380 626 416 | +1595 1391 | + 518 6524 | + 224 9214 |
| 13 | +0·349 806 323 | −0·872 702 755 | −0·378 323 296 | +1585 3037 | + 543 5052 | + 235 6900 |
| 14 | +0·365 608 151 | −0·867 144 161 | −0·375 912 884 | +1574 9816 | + 568 1831 | + 246 3784 |
| 15 | +0·381 304 374 | −0·861 339 730 | −0·373 396 016 | +1564 1852 | + 592 6702 | + 256 9804 |
| 16 | +0·396 890 325 | −0·855 291 435 | −0·370 773 579 | +1552 9298 | + 616 9540 | + 267 4917 |
| 17 | +0·412 361 492 | −0·849 001 356 | −0·368 046 493 | +1541 2309 | + 641 0261 | + 277 9099 |
| 18 | +0·427 713 516 | −0·842 471 634 | −0·365 215 695 | +1529 1036 | + 664 8819 | + 288 2341 |
| 19 | +0·442 942 180 | −0·835 704 446 | −0·362 282 123 | +1516 5608 | + 688 5192 | + 298 4647 |
| 20 | +0·458 043 382 | −0·828 701 979 | −0·359 246 711 | +1503 6130 | + 711 9377 | + 308 6023 |
| 21 | +0·473 013 118 | −0·821 466 420 | −0·356 110 385 | +1490 2687 | + 735 1379 | + 318 6477 |
| 22 | +0·487 847 456 | −0·813 999 947 | −0·352 874 061 | +1476 5342 | + 758 1206 | + 328 6019 |
| 23 | +0·502 542 518 | −0·806 304 730 | −0·349 538 649 | +1462 4144 | + 780 8867 | + 338 4654 |
| 24 | +0·517 094 469 | −0·798 382 932 | −0·346 105 054 | +1447 9123 | + 803 4368 | + 348 2386 |
| 25 | +0·531 499 496 | −0·790 236 714 | −0·342 574 177 | +1433 0299 | + 825 7709 | + 357 9216 |
| 26 | +0·545 753 804 | −0·781 868 236 | −0·338 946 924 | +1417 7684 | + 847 8884 | + 367 5139 |
| 27 | +0·559 853 601 | −0·773 279 670 | −0·335 224 205 | +1402 1278 | + 869 7883 | + 377 0147 |
| 28 | +0·573 795 096 | −0·764 473 204 | −0·331 406 940 | +1386 1079 | + 891 4683 | + 386 4228 |
| 29 | +0·587 574 491 | −0·755 451 047 | −0·327 496 064 | +1369 7077 | + 912 9257 | + 395 7365 |
| 30 | +0·601 187 981 | −0·746 215 442 | −0·323 492 530 | +1352 9266 | + 934 1571 | + 404 9540 |
| 31 | +0·614 631 749 | −0·736 768 673 | −0·319 397 313 | +1335 7632 | + 955 1581 | + 414 0728 |
| **Aug.** 1 | +0·627 901 968 | −0·727 113 064 | −0·315 211 412 | +1318 2167 | + 975 9241 | + 423 0904 |
| 2 | +0·640 994 801 | −0·717 250 992 | −0·310 935 853 | +1300 2856 | + 996 4497 | + 432 0038 |
| 3 | +0·653 906 394 | −0·707 184 891 | −0·306 571 693 | +1281 9685 | +1016 7290 | + 440 8100 |
| 4 | +0·666 632 877 | −0·696 917 256 | −0·302 120 022 | +1263 2633 | +1036 7552 | + 449 5053 |
| 5 | +0·679 170 360 | −0·686 450 658 | −0·297 581 970 | +1244 1680 | +1056 5203 | + 458 0855 |
| 6 | +0·691 514 928 | −0·675 787 753 | −0·292 958 712 | +1224 6801 | +1076 0147 | + 466 5456 |
| 7 | +0·703 662 647 | −0·664 931 306 | −0·288 251 478 | +1204 7980 | +1095 2264 | + 474 8796 |
| 8 | +0·715 609 572 | −0·653 884 214 | −0·283 461 563 | +1184 5215 | +1114 1411 | + 483 0806 |
| 9 | +0·727 351 773 | −0·642 649 530 | −0·278 590 335 | +1163 8539 | +1132 7420 | + 491 1410 |
| 10 | +0·738 885 372 | −0·631 230 479 | −0·273 639 238 | +1142 8029 | +1151 0113 | + 499 0529 |
| 11 | +0·750 206 594 | −0·619 630 466 | −0·268 609 794 | +1121 3812 | +1168 9320 | + 506 8095 |
| 12 | +0·761 311 817 | −0·607 853 050 | −0·263 503 583 | +1099 6061 | +1186 4898 | + 514 4056 |
| 13 | +0·772 197 605 | −0·595 901 911 | −0·258 322 227 | +1077 4974 | +1203 6753 | + 521 8384 |
| 14 | +0·782 860 720 | −0·583 780 802 | −0·253 067 362 | +1055 0749 | +1220 4835 | + 529 1071 |
| 15 | +0·793 298 117 | −0·571 493 501 | −0·247 740 628 | +1032 3565 | +1236 9138 | + 536 2128 |
| 16 | +0·803 506 913 | −0·559 043 780 | −0·242 343 644 | +1009 3569 | +1252 9679 | + 543 1572 |

$\dot{X}$, $\dot{Y}$, $\dot{Z}$ are in units of $10^{-9}$ au / d.

ICRS, ORIGIN AT SOLAR SYSTEM BARYCENTRE
FOR 0$^h$ BARYCENTRIC DYNAMICAL TIME

| Date 0$^h$ TDB | X | Y | Z | $\dot{X}$ | $\dot{Y}$ | $\dot{Z}$ |
|---|---|---|---|---|---|---|
| **Aug. 16** | +0·803 506 913 | −0·559 043 780 | −0·242 343 644 | +1009 3569 | +1252 9679 | + 543 1572 |
| 17 | +0·813 484 359 | −0·546 435 385 | −0·236 878 014 | + 986 0881 | +1268 6491 | + 549 9424 |
| 18 | +0·823 227 808 | −0·533 672 030 | −0·231 345 319 | + 962 5590 | +1283 9605 | + 556 5704 |
| 19 | +0·832 734 696 | −0·520 757 397 | −0·225 747 124 | + 938 7768 | +1298 9052 | + 563 0427 |
| 20 | +0·842 002 519 | −0·507 695 140 | −0·220 084 980 | + 914 7470 | +1313 4856 | + 569 3604 |
| 21 | +0·851 028 825 | −0·494 488 893 | −0·214 360 429 | + 890 4741 | +1327 7034 | + 575 5242 |
| 22 | +0·859 811 203 | −0·481 142 277 | −0·208 575 009 | + 865 9619 | +1341 5596 | + 581 5343 |
| 23 | +0·868 347 276 | −0·467 658 904 | −0·202 730 254 | + 841 2134 | +1355 0549 | + 587 3909 |
| 24 | +0·876 634 693 | −0·454 042 382 | −0·196 827 703 | + 816 2312 | +1368 1892 | + 593 0936 |
| 25 | +0·884 671 127 | −0·440 296 325 | −0·190 868 898 | + 791 0172 | +1380 9619 | + 598 6417 |
| 26 | +0·892 454 271 | −0·426 424 354 | −0·184 855 389 | + 765 5732 | +1393 3716 | + 604 0341 |
| 27 | +0·899 981 830 | −0·412 430 110 | −0·178 788 739 | + 739 9006 | +1405 4163 | + 609 2696 |
| 28 | +0·907 251 525 | −0·398 317 254 | −0·172 670 526 | + 714 0006 | +1417 0934 | + 614 3464 |
| 29 | +0·914 261 087 | −0·384 089 479 | −0·166 502 348 | + 687 8742 | +1428 3994 | + 619 2624 |
| 30 | +0·921 008 259 | −0·369 750 515 | −0·160 285 821 | + 661 5227 | +1439 3304 | + 624 0154 |
| 31 | +0·927 490 793 | −0·355 304 137 | −0·154 022 592 | + 634 9469 | +1449 8814 | + 628 6026 |
| **Sept. 1** | +0·933 706 452 | −0·340 754 172 | −0·147 714 332 | + 608 1478 | +1460 0468 | + 633 0209 |
| 2 | +0·939 653 008 | −0·326 104 510 | −0·141 362 749 | + 581 1264 | +1469 8194 | + 637 2665 |
| 3 | +0·945 328 244 | −0·311 359 120 | −0·134 969 592 | + 553 8841 | +1479 1911 | + 641 3352 |
| 4 | +0·950 729 961 | −0·296 522 060 | −0·128 536 653 | + 526 4231 | +1488 1513 | + 645 2218 |
| 5 | +0·955 855 990 | −0·281 597 505 | −0·122 065 782 | + 498 7474 | +1496 6880 | + 648 9206 |
| 6 | +0·960 704 216 | −0·266 589 760 | −0·115 558 889 | + 470 8641 | +1504 7869 | + 652 4252 |
| 7 | +0·965 272 617 | −0·251 503 275 | −0·109 017 947 | + 442 7846 | +1512 4334 | + 655 7293 |
| 8 | +0·969 559 308 | −0·236 342 646 | −0·102 444 988 | + 414 5252 | +1519 6136 | + 658 8278 |
| 9 | +0·973 562 589 | −0·221 112 592 | −0·095 842 089 | + 386 1062 | +1526 3171 | + 661 7170 |
| 10 | +0·977 280 977 | −0·205 817 915 | −0·089 211 350 | + 357 5504 | +1532 5378 | + 664 3958 |
| 11 | +0·980 713 216 | −0·190 463 447 | −0·082 554 870 | + 328 8802 | +1538 2752 | + 666 8655 |
| 12 | +0·983 858 266 | −0·175 054 009 | −0·075 874 728 | + 300 1154 | +1543 5330 | + 669 1287 |
| 13 | +0·986 715 263 | −0·159 594 366 | −0·069 172 971 | + 271 2722 | +1548 3173 | + 671 1893 |
| 14 | +0·989 283 490 | −0·144 089 217 | −0·062 451 606 | + 242 3629 | +1552 6354 | + 673 0508 |
| 15 | +0·991 562 333 | −0·128 543 189 | −0·055 712 606 | + 213 3970 | +1556 4941 | + 674 7167 |
| 16 | +0·993 551 266 | −0·112 960 845 | −0·048 957 916 | + 184 3818 | +1559 8996 | + 676 1894 |
| 17 | +0·995 249 824 | −0·097 346 691 | −0·042 189 454 | + 155 3231 | +1562 8568 | + 677 4712 |
| 18 | +0·996 657 600 | −0·081 705 190 | −0·035 409 123 | + 126 2262 | +1565 3697 | + 678 5635 |
| 19 | +0·997 774 235 | −0·066 040 767 | −0·028 618 811 | + 97 0957 | +1567 4417 | + 679 4676 |
| 20 | +0·998 599 416 | −0·050 357 818 | −0·021 820 397 | + 67 9360 | +1569 0754 | + 680 1842 |
| 21 | +0·999 132 870 | −0·034 660 712 | −0·015 015 751 | + 38 7510 | +1570 2733 | + 680 7139 |
| 22 | +0·999 374 364 | −0·018 953 799 | −0·008 206 740 | + 9 5445 | +1571 0369 | + 681 0572 |
| 23 | +0·999 323 698 | −0·003 241 416 | −0·001 395 228 | − 19 6806 | +1571 3677 | + 681 2141 |
| 24 | +0·998 980 701 | +0·012 472 115 | +0·005 416 920 | − 48 9212 | +1571 2663 | + 681 1843 |
| 25 | +0·998 345 231 | +0·028 182 470 | +0·012 227 834 | − 78 1749 | +1570 7326 | + 680 9673 |
| 26 | +0·997 417 169 | +0·043 885 322 | +0·019 035 638 | − 107 4392 | +1569 7657 | + 680 5619 |
| 27 | +0·996 196 419 | +0·059 576 333 | +0·025 838 440 | − 136 7119 | +1568 3637 | + 679 9669 |
| 28 | +0·994 682 911 | +0·075 251 137 | +0·032 634 337 | − 165 9904 | +1566 5239 | + 679 1803 |
| 29 | +0·992 876 600 | +0·090 905 338 | +0·039 421 400 | − 195 2719 | +1564 2424 | + 678 1999 |
| 30 | +0·990 777 474 | +0·106 534 495 | +0·046 197 680 | − 224 5530 | +1561 5142 | + 677 0229 |
| **Oct. 1** | +0·988 385 556 | +0·122 134 112 | +0·052 961 192 | − 253 8293 | +1558 3330 | + 675 6461 |

$\dot{X}, \dot{Y}, \dot{Z}$ are in units of $10^{-9}$ au / d.

POSITION AND VELOCITY OF THE EARTH, 2010

## ICRS, ORIGIN AT SOLAR SYSTEM BARYCENTRE
## FOR 0$^h$ BARYCENTRIC DYNAMICAL TIME

| Date 0$^h$ TDB | | $X$ | $Y$ | $Z$ | $\dot{X}$ | $\dot{Y}$ | $\dot{Z}$ |
|---|---|---|---|---|---|---|---|
| Oct. | 1 | +0·988 385 556 | +0·122 134 112 | +0·052 961 192 | − 253 8293 | +1558 3330 | + 675 6461 |
| | 2 | +0·985 700 921 | +0·137 699 620 | +0·059 709 923 | − 283 0954 | +1554 6912 | + 674 0658 |
| | 3 | +0·982 723 707 | +0·153 226 371 | +0·066 441 816 | − 312 3436 | +1550 5799 | + 672 2778 |
| | 4 | +0·979 454 142 | +0·168 709 620 | +0·073 154 773 | − 341 5635 | +1545 9892 | + 670 2781 |
| | 5 | +0·975 892 579 | +0·184 144 524 | +0·079 846 658 | − 370 7407 | +1540 9094 | + 668 0626 |
| | 6 | +0·972 039 530 | +0·199 526 148 | +0·086 515 297 | − 399 8574 | +1535 3320 | + 665 6287 |
| | 7 | +0·967 895 705 | +0·214 849 486 | +0·093 158 498 | − 428 8919 | +1529 2516 | + 662 9750 |
| | 8 | +0·963 462 043 | +0·230 109 501 | +0·099 774 068 | − 457 8212 | +1522 6676 | + 660 1028 |
| | 9 | +0·958 739 709 | +0·245 301 173 | +0·106 359 835 | − 486 6225 | +1515 5839 | + 657 0150 |
| | 10 | +0·953 730 086 | +0·260 419 542 | +0·112 913 666 | − 515 2760 | +1508 0089 | + 653 7165 |
| | 11 | +0·948 434 735 | +0·275 459 749 | +0·119 433 482 | − 543 7657 | +1499 9533 | + 650 2129 |
| | 12 | +0·942 855 358 | +0·290 417 046 | +0·125 917 258 | − 572 0795 | +1491 4288 | + 646 5095 |
| | 13 | +0·936 993 760 | +0·305 286 800 | +0·132 363 022 | − 600 2088 | +1482 4465 | + 642 6113 |
| | 14 | +0·930 851 819 | +0·320 064 483 | +0·138 768 848 | − 628 1472 | +1473 0162 | + 638 5225 |
| | 15 | +0·924 431 470 | +0·334 745 659 | +0·145 132 848 | − 655 8894 | +1463 1466 | + 634 2465 |
| | 16 | +0·917 734 699 | +0·349 325 974 | +0·151 453 163 | − 683 4311 | +1452 8449 | + 629 7862 |
| | 17 | +0·910 763 530 | +0·363 801 138 | +0·157 727 965 | − 710 7680 | +1442 1176 | + 625 1440 |
| | 18 | +0·903 520 034 | +0·378 166 927 | +0·163 955 443 | − 737 8960 | +1430 9707 | + 620 3220 |
| | 19 | +0·896 006 319 | +0·392 419 172 | +0·170 133 811 | − 764 8113 | +1419 4096 | + 615 3222 |
| | 20 | +0·888 224 528 | +0·406 553 755 | +0·176 261 299 | − 791 5104 | +1407 4393 | + 610 1462 |
| | 21 | +0·880 176 842 | +0·420 566 610 | +0·182 336 154 | − 817 9901 | +1395 0646 | + 604 7957 |
| | 22 | +0·871 865 466 | +0·434 453 714 | +0·188 356 636 | − 844 2479 | +1382 2896 | + 599 2719 |
| | 23 | +0·863 292 630 | +0·448 211 080 | +0·194 321 017 | − 870 2816 | +1369 1177 | + 593 5755 |
| | 24 | +0·854 460 586 | +0·461 834 752 | +0·200 227 573 | − 896 0894 | +1355 5511 | + 587 7070 |
| | 25 | +0·845 371 600 | +0·475 320 791 | +0·206 074 582 | − 921 6695 | +1341 5912 | + 581 6662 |
| | 26 | +0·836 027 962 | +0·488 665 265 | +0·211 860 319 | − 947 0196 | +1327 2378 | + 575 4524 |
| | 27 | +0·826 431 984 | +0·501 864 232 | +0·217 583 049 | − 972 1369 | +1312 4896 | + 569 0644 |
| | 28 | +0·816 586 013 | +0·514 913 733 | +0·223 241 022 | − 997 0174 | +1297 3440 | + 562 5008 |
| | 29 | +0·806 492 443 | +0·527 809 776 | +0·228 832 472 | −1021 6556 | +1281 7974 | + 555 7595 |
| | 30 | +0·796 153 734 | +0·540 548 331 | +0·234 355 613 | −1046 0439 | +1265 8455 | + 548 8386 |
| | 31 | +0·785 572 430 | +0·553 125 318 | +0·239 808 638 | −1070 1727 | +1249 4833 | + 541 7361 |
| Nov. | 1 | +0·774 751 185 | +0·565 536 615 | +0·245 189 723 | −1094 0298 | +1232 7064 | + 534 4503 |
| | 2 | +0·763 692 791 | +0·577 778 052 | +0·250 497 030 | −1117 5998 | +1215 5111 | + 526 9803 |
| | 3 | +0·752 400 205 | +0·589 845 435 | +0·255 728 716 | −1140 8650 | +1197 8954 | + 519 3263 |
| | 4 | +0·740 876 573 | +0·601 734 563 | +0·260 882 947 | −1163 8055 | +1179 8607 | + 511 4899 |
| | 5 | +0·729 125 245 | +0·613 441 268 | +0·265 957 917 | −1186 4007 | +1161 4120 | + 503 4747 |
| | 6 | +0·717 149 776 | +0·624 961 454 | +0·270 951 861 | −1208 6308 | +1142 5586 | + 495 2858 |
| | 7 | +0·704 953 904 | +0·636 291 132 | +0·275 863 076 | −1230 4788 | +1123 3129 | + 486 9298 |
| | 8 | +0·692 541 520 | +0·647 426 455 | +0·280 689 924 | −1251 9312 | +1103 6900 | + 478 4138 |
| | 9 | +0·679 916 630 | +0·658 363 726 | +0·285 430 842 | −1272 9787 | +1083 7054 | + 469 7449 |
| | 10 | +0·667 083 318 | +0·669 099 407 | +0·290 084 334 | −1293 6148 | +1063 3741 | + 460 9295 |
| | 11 | +0·654 045 717 | +0·679 630 098 | +0·294 648 964 | −1313 8359 | +1042 7099 | + 451 9734 |
| | 12 | +0·640 807 992 | +0·689 952 535 | +0·299 123 350 | −1333 6393 | +1021 7250 | + 442 8816 |
| | 13 | +0·627 374 330 | +0·700 063 565 | +0·303 506 156 | −1353 0232 | +1000 4302 | + 433 6581 |
| | 14 | +0·613 748 931 | +0·709 960 140 | +0·307 796 087 | −1371 9861 | + 978 8355 | + 424 3070 |
| | 15 | +0·599 936 016 | +0·719 639 306 | +0·311 991 882 | −1390 5264 | + 956 9499 | + 414 8315 |
| | 16 | +0·585 939 817 | +0·729 098 198 | +0·316 092 314 | −1408 6427 | + 934 7821 | + 405 2351 |

$\dot{X}, \dot{Y}, \dot{Z}$ are in units of $10^{-9}$ au / d.

## ICRS, ORIGIN AT SOLAR SYSTEM BARYCENTRE
### FOR 0$^h$ BARYCENTRIC DYNAMICAL TIME

| Date 0$^h$ TDB | $X$ | $Y$ | $Z$ | $\dot{X}$ | $\dot{Y}$ | $\dot{Z}$ |
|---|---|---|---|---|---|---|
| Nov. 16 | +0·585 939 817 | +0·729 098 198 | +0·316 092 314 | −1408 6427 | + 934 7821 | + 405 2351 |
| 17 | +0·571 764 580 | +0·738 334 035 | +0·320 096 190 | −1426 3338 | + 912 3404 | + 395 5207 |
| 18 | +0·557 414 561 | +0·747 344 120 | +0·324 002 346 | −1443 5991 | + 889 6329 | + 385 6914 |
| 19 | +0·542 894 018 | +0·756 125 831 | +0·327 809 644 | −1460 4385 | + 866 6668 | + 375 7497 |
| 20 | +0·528 207 209 | +0·764 676 618 | +0·331 516 974 | −1476 8525 | + 843 4490 | + 365 6979 |
| 21 | +0·513 358 382 | +0·772 993 991 | +0·335 123 242 | −1492 8422 | + 819 9850 | + 355 5377 |
| 22 | +0·498 351 776 | +0·781 075 510 | +0·338 627 370 | −1508 4086 | + 796 2787 | + 345 2701 |
| 23 | +0·483 191 620 | +0·788 918 767 | +0·342 028 288 | −1523 5524 | + 772 3327 | + 334 8956 |
| 24 | +0·467 882 138 | +0·796 521 367 | +0·345 324 925 | −1538 2732 | + 748 1476 | + 324 4138 |
| 25 | +0·452 427 572 | +0·803 880 919 | +0·348 516 205 | −1552 5689 | + 723 7228 | + 313 8242 |
| 26 | +0·436 832 193 | +0·810 995 019 | +0·351 601 048 | −1566 4348 | + 699 0568 | + 303 1261 |
| 27 | +0·421 100 331 | +0·817 861 247 | +0·354 578 363 | −1579 8641 | + 674 1481 | + 292 3188 |
| 28 | +0·405 236 399 | +0·824 477 169 | +0·357 447 060 | −1592 8471 | + 648 9956 | + 281 4023 |
| 29 | +0·389 244 917 | +0·830 840 347 | +0·360 206 048 | −1605 3719 | + 623 5995 | + 270 3775 |
| 30 | +0·373 130 533 | +0·836 948 354 | +0·362 854 253 | −1617 4248 | + 597 9619 | + 259 2460 |
| Dec.  1 | +0·356 898 044 | +0·842 798 796 | +0·365 390 624 | −1628 9907 | + 572 0875 | + 248 0111 |
| 2 | +0·340 552 395 | +0·848 389 338 | +0·367 814 144 | −1640 0539 | + 545 9835 | + 236 6770 |
| 3 | +0·324 098 692 | +0·853 717 737 | +0·370 123 852 | −1650 5993 | + 519 6607 | + 225 2494 |
| 4 | +0·307 542 182 | +0·858 781 868 | +0·372 318 845 | −1660 6133 | + 493 1325 | + 213 7353 |
| 5 | +0·290 888 235 | +0·863 579 756 | +0·374 398 296 | −1670 0849 | + 466 4149 | + 202 1424 |
| 6 | +0·274 142 319 | +0·868 109 592 | +0·376 361 456 | −1679 0061 | + 439 5251 | + 190 4785 |
| 7 | +0·257 309 963 | +0·872 369 745 | +0·378 207 657 | −1687 3725 | + 412 4812 | + 178 7518 |
| 8 | +0·240 396 724 | +0·876 358 759 | +0·379 936 307 | −1695 1824 | + 385 3003 | + 166 9695 |
| 9 | +0·223 408 167 | +0·880 075 347 | +0·381 546 884 | −1702 4365 | + 357 9985 | + 155 1383 |
| 10 | +0·206 349 839 | +0·883 518 375 | +0·383 038 930 | −1709 1369 | + 330 5904 | + 143 2641 |
| 11 | +0·189 227 265 | +0·886 686 844 | +0·384 412 040 | −1715 2864 | + 303 0891 | + 131 3521 |
| 12 | +0·172 045 938 | +0·889 579 885 | +0·385 665 860 | −1720 8880 | + 275 5065 | + 119 4068 |
| 13 | +0·154 811 321 | +0·892 196 741 | +0·386 800 079 | −1725 9450 | + 247 8538 | + 107 4325 |
| 14 | +0·137 528 843 | +0·894 536 762 | +0·387 814 427 | −1730 4607 | + 220 1413 | +  95 4333 |
| 15 | +0·120 203 900 | +0·896 599 401 | +0·388 708 675 | −1734 4384 | + 192 3791 | +  83 4129 |
| 16 | +0·102 841 854 | +0·898 384 210 | +0·389 482 628 | −1737 8822 | + 164 5768 | +  71 3751 |
| 17 | +0·085 448 022 | +0·899 890 834 | +0·390 136 129 | −1740 7963 | + 136 7436 | +  59 3230 |
| 18 | +0·068 027 675 | +0·901 119 007 | +0·390 669 051 | −1743 1861 | + 108 8878 | +  47 2598 |
| 19 | +0·050 586 029 | +0·902 068 538 | +0·391 081 294 | −1745 0572 | +  81 0163 | +  35 1876 |
| 20 | +0·033 128 240 | +0·902 739 298 | +0·391 372 778 | −1746 4156 | +  53 1345 | +  23 1081 |
| 21 | +0·015 659 406 | +0·903 131 205 | +0·391 543 435 | −1747 2670 | +  25 2458 | +  11 0221 |
| 22 | −0·001 815 423 | +0·903 244 195 | +0·391 593 200 | −1747 6154 | −   2 6487 | −   1 0703 |
| 23 | −0·019 291 230 | +0·903 078 210 | +0·391 522 005 | −1747 4626 | −  30 5493 | −  13 1697 |
| 24 | −0·036 763 000 | +0·902 633 184 | +0·391 329 780 | −1746 8073 | −  58 4574 | −  25 2766 |
| 25 | −0·054 225 686 | +0·901 909 035 | +0·391 016 449 | −1745 6449 | −  86 3737 | −  37 3908 |
| 26 | −0·071 674 182 | +0·900 905 683 | +0·390 581 942 | −1743 9677 | − 114 2977 | −  49 5114 |
| 27 | −0·089 103 293 | +0·899 623 065 | +0·390 026 206 | −1741 7662 | − 142 2263 | −  61 6361 |
| 28 | −0·106 507 723 | +0·898 061 162 | +0·389 349 219 | −1739 0297 | − 170 1535 | −  73 7610 |
| 29 | −0·123 882 069 | +0·896 220 030 | +0·388 551 002 | −1735 7478 | − 198 0702 | −  85 8812 |
| 30 | −0·141 220 828 | +0·894 099 830 | +0·387 631 631 | −1731 9109 | − 225 9650 | −  97 9906 |
| 31 | −0·158 518 410 | +0·891 700 848 | +0·386 591 249 | −1727 5112 | − 253 8240 | − 110 0822 |
| 32 | −0·175 769 157 | +0·889 023 521 | +0·385 430 071 | −1722 5431 | − 281 6315 | − 122 1486 |

$\dot{X}, \dot{Y}, \dot{Z}$ are in units of $10^{-9}$ au / d.

## Reduction for polar motion

The rotation of the Earth can be represented by a diurnal rotation about a reference axis whose motion with respect to a space-fixed system is given by the theories of precession and nutation plus very small (< 1 mas) corrections from observations. The pole of the reference axis is the celestial intermediate pole (CIP) and the system within which it moves is the GCRS (see page B25). The equator of date is orthogonal to the axis of the CIP. The axis of the CIP also moves with respect to the standard geodetic coordinate system, the ITRS (see below), which is fixed (in a specifically defined sense) with respect to the crust of the Earth. The motion of the CIP within the ITRS is known as polar motion; the path of the pole is quasi-circular with a maximum radius of about 10 m (0″.3) and principal periods of 365 and 428 days. The longer period component is the Chandler wobble, which corresponds in rigid-body rotational dynamics to the motion of the axis of figure with respect to the axis of rotation. The annual component is driven by seasonal effects. Polar motion as a whole is affected by unpredictable geophysical forces and must be determined continuously from various kinds of observations.

The origin of the International Terrestrial Reference System (ITRS) is the geocentre and the directions of its axes are defined implicitly by the adoption of a set of coordinates of stations (instruments) used to determine UT1 and polar motion from observations. The ITRS is systematically within a few centimetres of WGS 84, the geodetic system provided by GPS. The orientation of the Terrestrial Intermediate Reference System (see page B26) with respect to the ITRS is given by successive rotations through the three small angles $y$, $x$, and $-s'$. The celestial reference system is then obtained by a rotation about the $z$-axis, either by Greenwich apparent sidereal time (GAST) if the celestial coordinates are with respect to the true equator and equinox of date; or by the Earth rotation angle ($\theta$) if the celestial coordinates are with respect to the Celestial Intermediate Reference System.

The small angle $s'$, called the TIO locator, is a measure of the secular drift of the terrestrial intermediate origin (TIO), with respect to geodetic zero longitude, that is, the very slow systematic rotation of the Terrestrial Intermediate Reference System with respect to the ITRS (due to polar motion). The value of $s'$ (see below) is minuscule and may be set to zero unless very precise results are needed.

The quantities $x$, $y$ correspond to the coordinates of the CIP with respect to the ITRS, measured along the meridians at longitudes $0°$ and $270°$ ($90°$ west). Current values of the coordinates, $x$, $y$, of the pole for use in the reduction of observations are published by the Central Bureau of the IERS (see *The Astronomical Almanac Online* for web links). Previous values, from 1970 January 1 onwards, are given on page K10 at 3-monthly intervals. For precise work the values at 5-day intervals from the IERS should be used. The coordinates $x$ and $y$ are usually measured in arcseconds.

The longitude and latitude of a terrestrial observer, $\lambda$ and $\phi$, used in astronomical formulae (e.g., for hour angle or the determination of astronomical time), should be expressed in the Terrestrial Intermediate Reference System, that is, corrected for polar motion:

$$\lambda = \lambda_{ITRS} + \left( x \sin \lambda_{ITRS} + y \cos \lambda_{ITRS} \right) \tan \phi_{ITRS}$$

$$\phi = \phi_{ITRS} + \left( x \cos \lambda_{ITRS} - y \sin \lambda_{ITRS} \right)$$

where $\lambda_{ITRS}$ and $\phi_{ITRS}$ are the ITRS (geodetic) longitude and latitude of the observer, and $x$ and $y$ are the ITRS coordinates of the CIP, in the same units as $\lambda$ and $\phi$. These formulae are approximate and should not be used for places at polar latitudes.

**Reduction for polar motion (continued)**

The rigorous transformation of a vector $\mathbf{p}_3$ with respect to the celestial system to the corresponding vector $\mathbf{p}_4$ with respect to the ITRS is given by the formula:

$$\mathbf{p}_4 = \mathbf{R}_1(-y)\,\mathbf{R}_2(-x)\,\mathbf{R}_3(s')\,\mathbf{R}_3(\beta)\,\mathbf{p}_3$$

and conversely,

$$\mathbf{p}_3 = \mathbf{R}_3(-\beta)\,\mathbf{R}_3(-s')\,\mathbf{R}_2(x)\,\mathbf{R}_1(y)\,\mathbf{p}_4$$

where the TIO locator

$$s' = -0\!\overset{''}{.}000\ 047\ T$$

and $T$ is measured in Julian centuries of 365 25 days from 245 1545·0 TT. Some previous values of $x$ and $y$ are tabulated on page K10. Note, the standard rotation matrices $\mathbf{R}_1$, $\mathbf{R}_2$, $\mathbf{R}_3$ are given on page K19 and correspond to rotations about the $x$, $y$ and $z$ axes, respectively.

The method to form the vector $\mathbf{p}_3$ for celestial objects is given on page B68. However, the vectors given above could represent, for example, the coordinates of a point on the Earth's surface or of a satellite in orbit around the Earth. The quantity $\beta$ depends on whether the true equinox or the celestial intermediate origin (CIO) is used, viz:

| *Equinox method* | *CIO method* |
|---|---|
| where $\beta = \text{GAST}$, Greenwich apparent sidereal time, tabulated daily at $0^\text{h}$ UT1 on pages B13–B20. GAST must be used if $\mathbf{p}_3$ is an equinox based position, | or $\beta = \theta$, the Earth rotation angle, tabulated daily at $0^\text{h}$ UT1 on pages B21–B24. ERA must be used when $\mathbf{p}_3$ is a CIO based position. |

**Reduction for diurnal parallax and diurnal aberration**

The computation of diurnal parallax and aberration due to the displacement of the observer from the centre of the Earth requires a knowledge of the geocentric coordinates ($\rho$, geocentric distance in units of the Earth's equatorial radius, and $\phi'$, geocentric latitude, see the explanation beginning on page K11) of the place of observation, and the local hour angle ($h$).

For bodies whose equatorial horizontal parallax ($\pi$) normally amounts to only a few arcseconds the corrections for diurnal parallax in right ascension and declination (in the sense geocentric place *minus* topocentric place) are given by:

$$\Delta\alpha = \pi(\rho \cos\phi' \sin h \, \sec\delta)$$
$$\Delta\delta = \pi(\rho \sin\phi' \cos\delta - \rho \cos\phi' \cos h \, \sin\delta)$$

and

$$h = \text{GAST} - \alpha_e + \lambda$$
$$= \theta - \alpha_i + \lambda$$

where $\lambda$ is the longitude. $\text{GAST} - \alpha_e$ is the hour angle calculated from the Greenwich apparent sidereal time and the equinox right ascension, whereas $\theta - \alpha_i$ is the hour angle formed from the Earth rotation angle and the CIO right ascension. $\pi$ may be calculated from $8\!\overset{''}{.}794$ divided by the geocentric distance of the body (in au). For the Moon (and other very close bodies) more precise formulae are required (see page D3).

The corrections for diurnal aberration in right ascension and declination (in the sense apparent place *minus* mean place) are given by:

$$\Delta\alpha = 0\!\overset{s}{.}0213\,\rho \cos\phi' \cos h \, \sec\delta$$
$$\Delta\delta = 0\!\overset{''}{.}319\,\rho \cos\phi' \sin h \, \sin\delta$$

**Reduction for diurnal parallax and diurnal aberration (continued)**

For a body at transit the local hour angle $(h)$ is zero and so $\Delta\delta$ is zero, but

$$\Delta\alpha = \pm 0\overset{s}{\cdot}0213\,\rho\,\cos\phi'\,\sec\delta$$

where the plus and minus signs are used for the upper and lower transits, respectively; this may be regarded as a correction to the time of transit.

Alternatively, the effects may be computed in rectangular coordinates using the following expressions for the geocentric coordinates and velocity components of the observer with respect to the celestial equatorial reference system:

$$\text{position:} \quad (a_e\rho\cos\phi'\cos\beta,\ a_e\rho\cos\phi'\sin\beta,\ a_e\rho\sin\phi')$$
$$\text{velocity:} \quad (-a_e\omega\rho\cos\phi'\sin\beta,\ a_e\omega\rho\cos\phi'\cos\beta,\ 0)$$

where $\beta$ is the local sidereal time (mean or apparent) or the Earth rotation angle (as appropriate), $a_e$ is the equatorial radius of the Earth and $\omega$ the angular velocity of the Earth.

$$\beta = \text{Greenwich sidereal time or Earth rotation angle + east longitude}$$

$$a\omega = 0\cdot464\,\text{km/s} = 0\cdot268\times10^{-3}\text{au/d} \qquad c = 2\cdot998\times10^5\,\text{km/s} = 173\cdot14\,\text{au/d}$$

$$a\omega/c = 1\cdot55\times10^{-6}\,\text{rad} = 0\overset{''}{\cdot}319 = 0\overset{s}{\cdot}0213$$

These geocentric position and velocity vectors of the observer are added to the barycentric position and velocity of the Earth's centre, respectively, to obtain the corresponding barycentric vectors of the observer. Then, the procedures on pages B66–B75 may be followed using the barycentric position and velocity of the observer rather than $\mathbf{E}_\text{B}$ and $\dot{\mathbf{E}}_\text{B}$.

**Conversion to altitude and azimuth**

It is convenient to use the local hour angle $(h)$ as an intermediary in the conversion from the right ascension $(\alpha_e$ or $\alpha_i)$ and declination $(\delta)$ to the azimuth $(A_z)$ and altitude $(a)$.

In order to determine the local hour angle (see page B11) corresponding to the UT1 of the observation, first obtain either Greenwich apparent sidereal time (GAST), see pages B13–B20, or the Earth rotation angle $(\theta)$ tabulated on pages B21–B24. This choice depends on whether the right ascension is with respect to the equinox or the CIO, respectively. The formulae are:

Then
$$h = \text{GAST} + \lambda - \alpha_e = \theta + \lambda - \alpha_i$$

$$\cos a \sin A_z = -\cos\delta\sin h$$
$$\cos a \cos A_z = \ \ \sin\delta\cos\phi - \cos\delta\cos h\sin\phi$$
$$\sin a = \ \ \sin\delta\sin\phi + \cos\delta\cos h\cos\phi$$

where azimuth $(A_z)$ is measured from the north through east in the plane of the horizon, altitude $(a)$ is measured perpendicular to the horizon, and $\lambda$, $\phi$ are the astronomical values (see page K13) of the east longitude and latitude of the place of observation. The plane of the horizon is defined to be perpendicular to the apparent direction of gravity. Zenith distance is given by $z = 90° - a$.

For most purposes the values of the geodetic longitude and latitude may be used but in some cases the effects of local gravity anomalies and polar motion (see page B84) must be included. For full precision, the values of $\alpha$, $\delta$ must be corrected for diurnal parallax and diurnal aberration. The inverse formulae are:

$$\cos\delta\sin h = -\cos a\sin A_z$$
$$\cos\delta\cos h = \ \ \sin a\cos\phi - \cos a\cos A_z\sin\phi$$
$$\sin\delta = \ \ \sin a\sin\phi + \cos a\cos A_z\cos\phi$$

## Correction for refraction

For most astronomical purposes the effect of refraction in the Earth's atmosphere is to decrease the zenith distance (computed by the formulae of the previous section) by an amount $R$ that depends on the zenith distance and on the meteorological conditions at the site. A simple expression for $R$ for zenith distances less than $75°$ (altitudes greater than $15°$) is:

$$R = 0°004\ 52\ P \tan z/(273 + T)$$
$$= 0°004\ 52\ P/((273 + T) \tan a)$$

where $T$ is the temperature ($°C$) and $P$ is the barometric pressure (millibars). This formula is usually accurate to about $0''1$ for altitudes above $15°$, but the error increases rapidly at lower altitudes, especially in abnormal meteorological conditions. For observed apparent altitudes below $15°$ use the approximate formula:

$$R = P(0·1594 + 0·0196a + 0·000\ 02a^2)/[(273 + T)(1 + 0·505a + 0·0845a^2)]$$

where the altitude $a$ is in degrees.

## DETERMINATION OF LATITUDE AND AZIMUTH

## Use of the Polaris Table

The table on pages B88-B91 gives data for obtaining latitude from an observed altitude of Polaris (suitably corrected for instrumental errors and refraction) and the azimuth of this star (measured from north, positive to the east and negative to the west), for all hour angles and northern latitudes. The six tabulated quantities, each given to a precision of $0''1$, are $a_0$, $a_1$, $a_2$, referring to the correction to altitude, and $b_0$, $b_1$, $b_2$, to the azimuth.

$$\text{latitude} = \text{corrected observed altitude} + a_0 + a_1 + a_2$$
$$\text{azimuth} = (b_0 + b_1 + b_2)/\cos(\text{latitude})$$

The table is to be entered with the local apparent sidereal time of observation (LAST), and gives the values of $a_0$, $b_0$ directly; interpolation, with maximum differences of $0''7$, can be done mentally. To the precision of these tables local mean sidereal time may be used instead of LAST. In the same vertical column, the values of $a_1$, $b_1$ are found with the latitude, and those of $a_2$, $b_2$ with the date, as argument. Thus all six quantities can, if desired, be extracted together. The errors due to the adoption of a mean value of the local sidereal time for each of the subsidiary tables have been reduced to a minimum, and the total error is not likely to exceed $0''2$. Interpolation between columns should not be attempted.

The observed altitude must be corrected for refraction before being used to determine the astronomical latitude of the place of observation. Both the latitude and the azimuth so obtained are affected by local gravity anomalies if the altitude is measured with respect to a plane orthogonal to the local gravity vector, e.g., a liquid surface.

# POLARIS TABLE, 2010

| LST | $0^h$ $a_0$ | $b_0$ | $1^h$ $a_0$ | $b_0$ | $2^h$ $a_0$ | $b_0$ | $3^h$ $a_0$ | $b_0$ | $4^h$ $a_0$ | $b_0$ | $5^h$ $a_0$ | $b_0$ |
|---|---|---|---|---|---|---|---|---|---|---|---|---|
| m | ′ | ′ | ′ | ′ | ′ | ′ | ′ | ′ | ′ | ′ | ′ | ′ |
| 0 | −31·0 | +27·5 | −37·0 | +18·5 | −40·5 | +8·1 | −41·2 | − 2·8 | −39·1 | −13·5 | −34·2 | −23·3 |
| 3 | −31·3 | +27·1 | −37·2 | +18·0 | −40·6 | +7·6 | −41·2 | − 3·3 | −38·9 | −14·0 | −33·9 | −23·7 |
| 6 | −31·7 | +26·7 | −37·5 | +17·5 | −40·7 | +7·0 | −41·1 | − 3·9 | −38·7 | −14·5 | −33·6 | −24·2 |
| 9 | −32·0 | +26·2 | −37·7 | +17·0 | −40·8 | +6·5 | −41·1 | − 4·4 | −38·5 | −15·0 | −33·3 | −24·6 |
| 12 | −32·3 | +25·8 | −37·9 | +16·5 | −40·9 | +6·0 | −41·0 | − 5·0 | −38·3 | −15·5 | −33·0 | −25·0 |
| 15 | −32·7 | +25·4 | −38·1 | +16·0 | −40·9 | +5·4 | −40·9 | − 5·5 | −38·1 | −16·1 | −32·6 | −25·5 |
| 18 | −33·0 | +25·0 | −38·3 | +15·5 | −41·0 | +4·9 | −40·9 | − 6·1 | −37·9 | −16·6 | −32·3 | −25·9 |
| 21 | −33·3 | +24·5 | −38·5 | +15·0 | −41·1 | +4·3 | −40·8 | − 6·6 | −37·7 | −17·1 | −32·0 | −26·3 |
| 24 | −33·7 | +24·1 | −38·7 | +14·4 | −41·1 | +3·8 | −40·7 | − 7·1 | −37·4 | −17·6 | −31·6 | −26·7 |
| 27 | −34·0 | +23·6 | −38·9 | +13·9 | −41·2 | +3·2 | −40·6 | − 7·7 | −37·2 | −18·1 | −31·3 | −27·1 |
| 30 | −34·3 | +23·2 | −39·1 | +13·4 | −41·2 | +2·7 | −40·5 | − 8·2 | −37·0 | −18·5 | −30·9 | −27·6 |
| 33 | −34·6 | +22·7 | −39·3 | +12·9 | −41·2 | +2·1 | −40·4 | − 8·8 | −36·7 | −19·0 | −30·5 | −28·0 |
| 36 | −34·9 | +22·3 | −39·4 | +12·4 | −41·3 | +1·6 | −40·3 | − 9·3 | −36·5 | −19·5 | −30·2 | −28·4 |
| 39 | −35·2 | +21·8 | −39·6 | +11·8 | −41·3 | +1·1 | −40·1 | − 9·8 | −36·2 | −20·0 | −29·8 | −28·8 |
| 42 | −35·4 | +21·3 | −39·7 | +11·3 | −41·3 | +0·5 | −40·0 | −10·4 | −35·9 | −20·5 | −29·4 | −29·1 |
| 45 | −35·7 | +20·9 | −39·9 | +10·8 | −41·3 | 0·0 | −39·9 | −10·9 | −35·7 | −20·9 | −29·0 | −29·5 |
| 48 | −36·0 | +20·4 | −40·0 | +10·3 | −41·3 | −0·6 | −39·7 | −11·4 | −35·4 | −21·4 | −28·6 | −29·9 |
| 51 | −36·2 | +19·9 | −40·2 | + 9·7 | −41·3 | −1·1 | −39·6 | −11·9 | −35·1 | −21·9 | −28·2 | −30·3 |
| 54 | −36·5 | +19·4 | −40·3 | + 9·2 | −41·3 | −1·7 | −39·4 | −12·5 | −34·8 | −22·3 | −27·8 | −30·7 |
| 57 | −36·8 | +18·9 | −40·4 | + 8·7 | −41·2 | −2·2 | −39·2 | −13·0 | −34·5 | −22·8 | −27·4 | −31·0 |
| 60 | −37·0 | +18·5 | −40·5 | + 8·1 | −41·2 | −2·8 | −39·1 | −13·5 | −34·2 | −23·3 | −27·0 | −31·4 |

| Lat. | $a_1$ | $b_1$ | $a_1$ | $b_1$ | $a_1$ | $b_1$ | $a_1$ | $b_1$ | $a_1$ | $b_1$ | $a_1$ | $b_1$ |
|---|---|---|---|---|---|---|---|---|---|---|---|---|
| ° | | | | | | | | | | | | |
| 0 | − 0·1 | − 0·3 | 0·0 | − 0·2 | 0·0 | 0·0 | 0·0 | + 0·1 | − 0·1 | + 0·2 | − 0·1 | + 0·3 |
| 10 | − 0·1 | − 0·2 | 0·0 | − 0·2 | 0·0 | 0·0 | 0·0 | + 0·1 | 0·0 | + 0·2 | − 0·1 | + 0·2 |
| 20 | − 0·1 | − 0·2 | 0·0 | − 0·1 | 0·0 | 0·0 | 0·0 | + 0·1 | 0·0 | + 0·2 | − 0·1 | + 0·2 |
| 30 | 0·0 | − 0·1 | 0·0 | − 0·1 | 0·0 | 0·0 | 0·0 | + 0·1 | 0·0 | + 0·1 | − 0·1 | + 0·2 |
| 40 | 0·0 | − 0·1 | 0·0 | − 0·1 | 0·0 | 0·0 | 0·0 | 0·0 | 0·0 | + 0·1 | 0·0 | + 0·1 |
| 45 | 0·0 | 0·0 | 0·0 | 0·0 | 0·0 | 0·0 | 0·0 | 0·0 | 0·0 | 0·0 | 0·0 | 0·0 |
| 50 | 0·0 | 0·0 | 0·0 | 0·0 | 0·0 | 0·0 | 0·0 | 0·0 | 0·0 | 0·0 | 0·0 | 0·0 |
| 55 | 0·0 | + 0·1 | 0·0 | 0·0 | 0·0 | 0·0 | 0·0 | 0·0 | 0·0 | 0·0 | 0·0 | − 0·1 |
| 60 | 0·0 | + 0·1 | 0·0 | + 0·1 | 0·0 | 0·0 | 0·0 | − 0·1 | 0·0 | − 0·1 | + 0·1 | − 0·1 |
| 62 | + 0·1 | + 0·2 | 0·0 | + 0·1 | 0·0 | 0·0 | 0·0 | − 0·1 | 0·0 | − 0·1 | + 0·1 | − 0·2 |
| 64 | + 0·1 | + 0·2 | 0·0 | + 0·1 | 0·0 | 0·0 | 0·0 | − 0·1 | 0·0 | − 0·2 | + 0·1 | − 0·2 |
| 66 | + 0·1 | + 0·2 | 0·0 | + 0·2 | 0·0 | 0·0 | 0·0 | − 0·1 | + 0·1 | − 0·2 | + 0·1 | − 0·3 |

| Month | $a_2$ | $b_2$ | $a_2$ | $b_2$ | $a_2$ | $b_2$ | $a_2$ | $b_2$ | $a_2$ | $b_2$ | $a_2$ | $b_2$ |
|---|---|---|---|---|---|---|---|---|---|---|---|---|
| Jan. | + 0·1 | − 0·1 | + 0·1 | − 0·1 | + 0·2 | −0·1 | + 0·2 | 0·0 | + 0·2 | 0·0 | + 0·2 | + 0·1 |
| Feb. | + 0·1 | − 0·3 | + 0·1 | − 0·2 | + 0·2 | −0·2 | + 0·2 | − 0·1 | + 0·3 | − 0·1 | + 0·3 | 0·0 |
| Mar. | − 0·1 | − 0·3 | 0·0 | − 0·3 | + 0·1 | −0·3 | + 0·2 | − 0·3 | + 0·2 | − 0·2 | + 0·3 | − 0·2 |
| Apr. | − 0·2 | − 0·3 | − 0·1 | − 0·4 | 0·0 | −0·4 | + 0·1 | − 0·4 | + 0·2 | − 0·4 | + 0·2 | − 0·3 |
| May | − 0·3 | − 0·2 | − 0·3 | − 0·3 | − 0·2 | −0·4 | − 0·1 | − 0·4 | 0·0 | − 0·4 | + 0·1 | − 0·4 |
| June | − 0·4 | − 0·1 | − 0·4 | − 0·2 | − 0·3 | −0·2 | − 0·2 | − 0·3 | − 0·1 | − 0·4 | 0·0 | − 0·4 |
| July | − 0·3 | + 0·1 | − 0·4 | 0·0 | − 0·3 | −0·1 | − 0·3 | − 0·2 | − 0·3 | − 0·2 | − 0·2 | − 0·3 |
| Aug. | − 0·2 | + 0·2 | − 0·3 | + 0·2 | − 0·3 | +0·1 | − 0·3 | 0·0 | − 0·3 | − 0·1 | − 0·3 | − 0·2 |
| Sept. | − 0·1 | + 0·3 | − 0·1 | + 0·3 | − 0·2 | +0·2 | − 0·3 | + 0·2 | − 0·3 | + 0·1 | − 0·3 | 0·0 |
| Oct. | + 0·1 | + 0·3 | + 0·1 | + 0·3 | 0·0 | +0·3 | − 0·1 | + 0·3 | − 0·2 | + 0·3 | − 0·3 | + 0·2 |
| Nov. | + 0·3 | + 0·3 | + 0·2 | + 0·3 | + 0·1 | +0·4 | 0·0 | + 0·4 | − 0·1 | + 0·4 | − 0·2 | + 0·4 |
| Dec. | + 0·4 | + 0·1 | + 0·4 | + 0·2 | + 0·3 | +0·3 | + 0·2 | + 0·4 | + 0·1 | + 0·4 | 0·0 | + 0·4 |

Latitude = Corrected observed altitude of *Polaris* + $a_0$ + $a_1$ + $a_2$

Azimuth of *Polaris* = ($b_0$ + $b_1$ + $b_2$ ) / cos (latitude)

| LST | $6^h$ | | $7^h$ | | $8^h$ | | $9^h$ | | $10^h$ | | $11^h$ | |
|---|---|---|---|---|---|---|---|---|---|---|---|---|
| | $a_0$ | $b_0$ | $a_0$ | $b_0$ | $a_0$ | $b_0$ | $a_0$ | $b_0$ | $a_0$ | $b_0$ | $a_0$ | $b_0$ |
| m | ′ | ′ | ′ | ′ | ′ | ′ | ′ | ′ | ′ | ′ | ′ | ′ |
| 0 | −27·0 | −31·4 | −18·0 | −37·3 | −7·7 | −40·6 | + 3·0 | −41·2 | +13·6 | −38·9 | +23·2 | −34·0 |
| 3 | −26·6 | −31·7 | −17·5 | −37·5 | −7·2 | −40·7 | + 3·6 | −41·1 | +14·1 | −38·7 | +23·6 | −33·7 |
| 6 | −26·2 | −32·1 | −17·0 | −37·7 | −6·7 | −40·8 | + 4·1 | −41·1 | +14·6 | −38·5 | +24·1 | −33·4 |
| 9 | −25·8 | −32·4 | −16·5 | −38·0 | −6·1 | −40·9 | + 4·7 | −41·0 | +15·1 | −38·3 | +24·5 | −33·1 |
| 12 | −25·4 | −32·7 | −16·0 | −38·2 | −5·6 | −41·0 | + 5·2 | −40·9 | +15·6 | −38·1 | +24·9 | −32·8 |
| 15 | −24·9 | −33·1 | −15·5 | −38·4 | −5·1 | −41·0 | + 5·7 | −40·9 | +16·1 | −37·9 | +25·4 | −32·5 |
| 18 | −24·5 | −33·4 | −15·0 | −38·6 | −4·5 | −41·1 | + 6·3 | −40·8 | +16·6 | −37·7 | +25·8 | −32·1 |
| 21 | −24·0 | −33·7 | −14·5 | −38·8 | −4·0 | −41·1 | + 6·8 | −40·7 | +17·1 | −37·5 | +26·2 | −31·8 |
| 24 | −23·6 | −34·0 | −14·0 | −39·0 | −3·4 | −41·2 | + 7·3 | −40·6 | +17·6 | −37·3 | +26·6 | −31·4 |
| 27 | −23·2 | −34·3 | −13·5 | −39·1 | −2·9 | −41·2 | + 7·9 | −40·5 | +18·1 | −37·0 | +27·0 | −31·1 |
| 30 | −22·7 | −34·6 | −13·0 | −39·3 | −2·4 | −41·3 | + 8·4 | −40·4 | +18·5 | −36·8 | +27·4 | −30·7 |
| 33 | −22·2 | −34·9 | −12·5 | −39·5 | −1·8 | −41·3 | + 8·9 | −40·3 | +19·0 | −36·5 | +27·8 | −30·4 |
| 36 | −21·8 | −35·2 | −11·9 | −39·6 | −1·3 | −41·3 | + 9·4 | −40·1 | +19·5 | −36·3 | +28·2 | −30·0 |
| 39 | −21·3 | −35·5 | −11·4 | −39·8 | −0·7 | −41·3 | +10·0 | −40·0 | +20·0 | −36·0 | +28·6 | −29·6 |
| 42 | −20·9 | −35·8 | −10·9 | −39·9 | −0·2 | −41·3 | +10·5 | −39·9 | +20·4 | −35·8 | +29·0 | −29·3 |
| 45 | −20·4 | −36·0 | −10·4 | −40·1 | +0·3 | −41·3 | +11·0 | −39·7 | +20·9 | −35·5 | +29·4 | −28·9 |
| 48 | −19·9 | −36·3 | − 9·8 | −40·2 | +0·9 | −41·3 | +11·5 | −39·6 | +21·4 | −35·2 | +29·8 | −28·5 |
| 51 | −19·4 | −36·6 | − 9·3 | −40·3 | +1·4 | −41·3 | +12·0 | −39·4 | +21·8 | −34·9 | +30·1 | −28·1 |
| 54 | −19·0 | −36·8 | − 8·8 | −40·4 | +2·0 | −41·2 | +12·6 | −39·3 | +22·3 | −34·6 | +30·5 | −27·7 |
| 57 | −18·5 | −37·1 | − 8·3 | −40·5 | +2·5 | −41·2 | +13·1 | −39·1 | +22·7 | −34·3 | +30·9 | −27·3 |
| 60 | −18·0 | −37·3 | − 7·7 | −40·6 | +3·0 | −41·2 | +13·6 | −38·9 | +23·2 | −34·0 | +31·2 | −26·9 |

| Lat. | $a_1$ | $b_1$ | $a_1$ | $b_1$ | $a_1$ | $b_1$ | $a_1$ | $b_1$ | $a_1$ | $b_1$ | $a_1$ | $b_1$ |
|---|---|---|---|---|---|---|---|---|---|---|---|---|
| ° | | | | | | | | | | | | |
| 0 | − 0·2 | + 0·3 | − 0·3 | + 0·2 | −0·3 | 0·0 | − 0·3 | − 0·1 | − 0·2 | − 0·2 | − 0·2 | − 0·3 |
| 10 | − 0·2 | + 0·2 | − 0·2 | + 0·2 | −0·3 | 0·0 | − 0·2 | − 0·1 | − 0·2 | − 0·2 | − 0·1 | − 0·2 |
| 20 | − 0·1 | + 0·2 | − 0·2 | + 0·1 | −0·2 | 0·0 | − 0·2 | − 0·1 | − 0·2 | − 0·2 | − 0·1 | − 0·2 |
| 30 | − 0·1 | + 0·1 | − 0·1 | + 0·1 | −0·2 | 0·0 | − 0·1 | − 0·1 | − 0·1 | − 0·1 | − 0·1 | − 0·2 |
| 40 | − 0·1 | + 0·1 | − 0·1 | + 0·1 | −0·1 | 0·0 | − 0·1 | 0·0 | − 0·1 | − 0·1 | 0·0 | − 0·1 |
| 45 | 0·0 | 0·0 | 0·0 | 0·0 | 0·0 | 0·0 | 0·0 | 0·0 | 0·0 | 0·0 | 0·0 | 0·0 |
| 50 | 0·0 | 0·0 | 0·0 | 0·0 | 0·0 | 0·0 | 0·0 | 0·0 | 0·0 | 0·0 | 0·0 | 0·0 |
| 55 | 0·0 | − 0·1 | + 0·1 | 0·0 | +0·1 | 0·0 | + 0·1 | 0·0 | 0·0 | 0·0 | 0·0 | + 0·1 |
| 60 | + 0·1 | − 0·1 | + 0·1 | − 0·1 | +0·1 | 0·0 | + 0·1 | + 0·1 | + 0·1 | + 0·1 | + 0·1 | + 0·1 |
| 62 | + 0·1 | − 0·2 | + 0·2 | − 0·1 | +0·2 | 0·0 | + 0·2 | + 0·1 | + 0·1 | + 0·1 | + 0·1 | + 0·2 |
| 64 | + 0·1 | − 0·2 | + 0·2 | − 0·1 | +0·2 | 0·0 | + 0·2 | + 0·1 | + 0·2 | + 0·2 | + 0·1 | + 0·2 |
| 66 | + 0·2 | − 0·2 | + 0·2 | − 0·2 | +0·3 | 0·0 | + 0·3 | + 0·1 | + 0·2 | + 0·2 | + 0·1 | + 0·3 |

| Month | $a_2$ | $b_2$ | $a_2$ | $b_2$ | $a_2$ | $b_2$ | $a_2$ | $b_2$ | $a_2$ | $b_2$ | $a_2$ | $b_2$ |
|---|---|---|---|---|---|---|---|---|---|---|---|---|
| Jan. | + 0·1 | + 0·1 | + 0·1 | + 0·1 | +0·1 | + 0·2 | 0·0 | + 0·2 | 0·0 | + 0·2 | − 0·1 | + 0·2 |
| Feb. | + 0·3 | + 0·1 | + 0·2 | + 0·1 | +0·2 | + 0·2 | + 0·1 | + 0·2 | + 0·1 | + 0·3 | 0·0 | + 0·3 |
| Mar. | + 0·3 | − 0·1 | + 0·3 | 0·0 | +0·3 | + 0·1 | + 0·3 | + 0·2 | + 0·2 | + 0·2 | + 0·2 | + 0·3 |
| Apr. | + 0·3 | − 0·2 | + 0·4 | − 0·1 | +0·4 | 0·0 | + 0·4 | + 0·1 | + 0·4 | + 0·2 | + 0·3 | + 0·2 |
| May | + 0·2 | − 0·3 | + 0·3 | − 0·3 | +0·4 | − 0·2 | + 0·4 | − 0·1 | + 0·4 | 0·0 | + 0·4 | + 0·1 |
| June | + 0·1 | − 0·4 | + 0·2 | − 0·4 | +0·2 | − 0·3 | + 0·3 | − 0·2 | + 0·4 | − 0·1 | + 0·4 | 0·0 |
| July | − 0·1 | − 0·3 | 0·0 | − 0·4 | +0·1 | − 0·3 | + 0·2 | − 0·3 | + 0·2 | − 0·3 | + 0·3 | − 0·2 |
| Aug. | − 0·2 | − 0·2 | − 0·2 | − 0·3 | −0·1 | − 0·3 | 0·0 | − 0·3 | + 0·1 | − 0·3 | + 0·2 | − 0·3 |
| Sept. | − 0·3 | − 0·1 | − 0·3 | − 0·1 | −0·2 | − 0·2 | − 0·2 | − 0·3 | − 0·1 | − 0·3 | 0·0 | − 0·3 |
| Oct. | − 0·3 | + 0·1 | − 0·3 | + 0·1 | −0·3 | 0·0 | − 0·3 | − 0·1 | − 0·3 | − 0·2 | − 0·2 | − 0·3 |
| Nov. | − 0·3 | + 0·3 | − 0·3 | + 0·2 | −0·4 | + 0·1 | − 0·4 | 0·0 | − 0·4 | − 0·1 | − 0·4 | − 0·2 |
| Dec. | − 0·1 | + 0·4 | − 0·2 | + 0·4 | −0·3 | + 0·3 | − 0·4 | + 0·2 | − 0·4 | + 0·1 | − 0·4 | 0·0 |

Latitude = Corrected observed altitude of *Polaris* + $a_0$ + $a_1$ + $a_2$

Azimuth of *Polaris* = $(b_0 + b_1 + b_2) / \cos(\text{latitude})$

# POLARIS TABLE, 2010

| LST | 12$^h$ $a_0$ | 12$^h$ $b_0$ | 13$^h$ $a_0$ | 13$^h$ $b_0$ | 14$^h$ $a_0$ | 14$^h$ $b_0$ | 15$^h$ $a_0$ | 15$^h$ $b_0$ | 16$^h$ $a_0$ | 16$^h$ $b_0$ | 17$^h$ $a_0$ | 17$^h$ $b_0$ |
|---|---|---|---|---|---|---|---|---|---|---|---|---|
| m | ′ | ′ | ′ | ′ | ′ | ′ | ′ | ′ | ′ | ′ | ′ | ′ |
| 0 | +31·2 | −26·9 | +37·1 | −18·0 | +40·5 | −7·9 | +41·2 | +2·7 | +39·1 | +13·1 | +34·4 | +22·7 |
| 3 | +31·6 | −26·5 | +37·4 | −17·5 | +40·6 | −7·4 | +41·2 | +3·2 | +38·9 | +13·6 | +34·1 | +23·2 |
| 6 | +31·9 | −26·1 | +37·6 | −17·0 | +40·7 | −6·9 | +41·1 | +3·8 | +38·8 | +14·1 | +33·8 | +23·6 |
| 9 | +32·2 | −25·7 | +37·8 | −16·5 | +40·8 | −6·3 | +41·1 | +4·3 | +38·6 | +14·6 | +33·5 | +24·0 |
| 12 | +32·6 | −25·2 | +38·0 | −16·0 | +40·9 | −5·8 | +41·0 | +4·8 | +38·4 | +15·1 | +33·2 | +24·5 |
| 15 | +32·9 | −24·8 | +38·2 | −15·6 | +41·0 | −5·3 | +40·9 | +5·4 | +38·2 | +15·6 | +32·8 | +24·9 |
| 18 | +33·2 | −24·4 | +38·4 | −15·1 | +41·0 | −4·7 | +40·9 | +5·9 | +38·0 | +16·1 | +32·5 | +25·3 |
| 21 | +33·5 | −24·0 | +38·6 | −14·6 | +41·1 | −4·2 | +40·8 | +6·4 | +37·8 | +16·6 | +32·2 | +25·7 |
| 24 | +33·9 | −23·5 | +38·8 | −14·1 | +41·1 | −3·7 | +40·7 | +6·9 | +37·5 | +17·1 | +31·8 | +26·2 |
| 27 | +34·2 | −23·1 | +39·0 | −13·6 | +41·2 | −3·2 | +40·6 | +7·5 | +37·3 | +17·6 | +31·5 | +26·6 |
| 30 | +34·5 | −22·6 | +39·2 | −13·1 | +41·2 | −2·6 | +40·5 | +8·0 | +37·1 | +18·1 | +31·2 | +27·0 |
| 33 | +34·7 | −22·2 | +39·3 | −12·5 | +41·2 | −2·1 | +40·4 | +8·5 | +36·8 | +18·5 | +30·8 | +27·4 |
| 36 | +35·0 | −21·7 | +39·5 | −12·0 | +41·3 | −1·6 | +40·3 | +9·0 | +36·6 | +19·0 | +30·4 | +27·8 |
| 39 | +35·3 | −21·3 | +39·6 | −11·5 | +41·3 | −1·0 | +40·2 | +9·5 | +36·3 | +19·5 | +30·1 | +28·2 |
| 42 | +35·6 | −20·8 | +39·8 | −11·0 | +41·3 | −0·5 | +40·0 | +10·1 | +36·1 | +20·0 | +29·7 | +28·6 |
| 45 | +35·9 | −20·4 | +39·9 | −10·5 | +41·3 | 0·0 | +39·9 | +10·6 | +35·8 | +20·4 | +29·3 | +28·9 |
| 48 | +36·1 | −19·9 | +40·1 | −10·0 | +41·3 | +0·6 | +39·8 | +11·1 | +35·5 | +20·9 | +28·9 | +29·3 |
| 51 | +36·4 | −19·4 | +40·2 | −9·5 | +41·3 | +1·1 | +39·6 | +11·6 | +35·3 | +21·4 | +28·6 | +29·7 |
| 54 | +36·6 | −18·9 | +40·3 | −8·9 | +41·3 | +1·6 | +39·5 | +12·1 | +35·0 | +21·8 | +28·2 | +30·1 |
| 57 | +36·9 | −18·5 | +40·4 | −8·4 | +41·2 | +2·2 | +39·3 | +12·6 | +34·7 | +22·3 | +27·8 | +30·4 |
| 60 | +37·1 | −18·0 | +40·5 | −7·9 | +41·2 | +2·7 | +39·1 | +13·1 | +34·4 | +22·7 | +27·4 | +30·8 |

| Lat. | $a_1$ | $b_1$ | $a_1$ | $b_1$ | $a_1$ | $b_1$ | $a_1$ | $b_1$ | $a_1$ | $b_1$ | $a_1$ | $b_1$ |
|---|---|---|---|---|---|---|---|---|---|---|---|---|
| ° | | | | | | | | | | | | |
| 0 | − 0·1 | − 0·3 | 0·0 | − 0·2 | 0·0 | 0·0 | 0·0 | + 0·1 | − 0·1 | + 0·2 | − 0·1 | + 0·3 |
| 10 | − 0·1 | − 0·2 | 0·0 | − 0·2 | 0·0 | 0·0 | 0·0 | + 0·1 | 0·0 | + 0·2 | − 0·1 | + 0·2 |
| 20 | − 0·1 | − 0·2 | 0·0 | − 0·1 | 0·0 | 0·0 | 0·0 | + 0·1 | 0·0 | + 0·2 | − 0·1 | + 0·2 |
| 30 | 0·0 | − 0·1 | 0·0 | − 0·1 | 0·0 | 0·0 | 0·0 | + 0·1 | 0·0 | + 0·1 | − 0·1 | + 0·2 |
| 40 | 0·0 | − 0·1 | 0·0 | − 0·1 | 0·0 | 0·0 | 0·0 | 0·0 | 0·0 | + 0·1 | 0·0 | + 0·1 |
| 45 | 0·0 | 0·0 | 0·0 | 0·0 | 0·0 | 0·0 | 0·0 | 0·0 | 0·0 | 0·0 | 0·0 | 0·0 |
| 50 | 0·0 | 0·0 | 0·0 | 0·0 | 0·0 | 0·0 | 0·0 | 0·0 | 0·0 | 0·0 | 0·0 | 0·0 |
| 55 | 0·0 | + 0·1 | 0·0 | 0·0 | 0·0 | 0·0 | 0·0 | 0·0 | 0·0 | 0·0 | 0·0 | − 0·1 |
| 60 | 0·0 | + 0·1 | 0·0 | + 0·1 | 0·0 | 0·0 | 0·0 | − 0·1 | 0·0 | − 0·1 | + 0·1 | − 0·1 |
| 62 | + 0·1 | + 0·2 | 0·0 | + 0·1 | 0·0 | 0·0 | 0·0 | − 0·1 | 0·0 | − 0·1 | + 0·1 | − 0·2 |
| 64 | + 0·1 | + 0·2 | 0·0 | + 0·1 | 0·0 | 0·0 | 0·0 | − 0·1 | 0·0 | − 0·2 | + 0·1 | − 0·2 |
| 66 | + 0·1 | + 0·2 | 0·0 | + 0·2 | 0·0 | 0·0 | 0·0 | − 0·1 | + 0·1 | − 0·2 | + 0·1 | − 0·3 |

| Month | $a_2$ | $b_2$ | $a_2$ | $b_2$ | $a_2$ | $b_2$ | $a_2$ | $b_2$ | $a_2$ | $b_2$ | $a_2$ | $b_2$ |
|---|---|---|---|---|---|---|---|---|---|---|---|---|
| Jan. | − 0·1 | + 0·1 | − 0·1 | + 0·1 | − 0·2 | +0·1 | − 0·2 | 0·0 | − 0·2 | 0·0 | − 0·2 | − 0·1 |
| Feb. | − 0·1 | + 0·3 | − 0·1 | + 0·2 | − 0·2 | +0·2 | − 0·2 | + 0·1 | − 0·3 | + 0·1 | − 0·3 | 0·0 |
| Mar. | + 0·1 | + 0·3 | 0·0 | + 0·3 | − 0·1 | +0·3 | − 0·2 | + 0·3 | − 0·2 | + 0·2 | − 0·3 | + 0·2 |
| Apr. | + 0·2 | + 0·3 | + 0·1 | + 0·4 | 0·0 | +0·4 | − 0·1 | + 0·4 | − 0·2 | + 0·4 | − 0·2 | + 0·3 |
| May | + 0·3 | + 0·2 | + 0·3 | + 0·3 | + 0·2 | +0·4 | + 0·1 | + 0·4 | 0·0 | + 0·4 | − 0·1 | + 0·4 |
| June | + 0·4 | + 0·1 | + 0·4 | + 0·2 | + 0·3 | +0·2 | + 0·2 | + 0·3 | + 0·1 | + 0·4 | 0·0 | + 0·4 |
| July | + 0·3 | − 0·1 | + 0·4 | 0·0 | + 0·3 | +0·1 | + 0·3 | + 0·2 | + 0·3 | + 0·2 | + 0·2 | + 0·3 |
| Aug. | + 0·2 | − 0·2 | + 0·3 | − 0·2 | + 0·3 | −0·1 | + 0·3 | 0·0 | + 0·3 | + 0·1 | + 0·3 | + 0·2 |
| Sept. | + 0·1 | − 0·3 | + 0·1 | − 0·3 | + 0·2 | −0·2 | + 0·3 | − 0·2 | + 0·3 | − 0·1 | + 0·3 | 0·0 |
| Oct. | − 0·1 | − 0·3 | − 0·1 | − 0·3 | 0·0 | −0·3 | + 0·1 | − 0·3 | + 0·2 | − 0·3 | + 0·3 | − 0·2 |
| Nov. | − 0·3 | − 0·3 | − 0·2 | − 0·3 | − 0·1 | −0·4 | 0·0 | − 0·4 | + 0·1 | − 0·4 | + 0·2 | − 0·4 |
| Dec. | − 0·4 | − 0·1 | − 0·4 | − 0·2 | − 0·3 | −0·3 | − 0·2 | − 0·4 | − 0·1 | − 0·4 | 0·0 | − 0·4 |

Latitude = Corrected observed altitude of *Polaris* + $a_0$ + $a_1$ + $a_2$

Azimuth of *Polaris* = $(b_0 + b_1 + b_2) / \cos(\text{latitude})$

| LST | 18h $a_0$ | 18h $b_0$ | 19h $a_0$ | 19h $b_0$ | 20h $a_0$ | 20h $b_0$ | 21h $a_0$ | 21h $b_0$ | 22h $a_0$ | 22h $b_0$ | 23h $a_0$ | 23h $b_0$ |
|---|---|---|---|---|---|---|---|---|---|---|---|---|
| m | ′ | ′ | ′ | ′ | ′ | ′ | ′ | ′ | ′ | ′ | ′ | ′ |
| 0 | +27·4 | +30·8 | +18·5 | +36·8 | +8·3 | +40·4 | − 2·5 | +41·2 | −13·1 | +39·3 | −22·8 | +34·6 |
| 3 | +27·0 | +31·1 | +18·0 | +37·1 | +7·8 | +40·5 | − 3·0 | +41·2 | −13·6 | +39·1 | −23·2 | +34·3 |
| 6 | +26·6 | +31·5 | +17·5 | +37·3 | +7·2 | +40·6 | − 3·5 | +41·2 | −14·1 | +38·9 | −23·7 | +34·0 |
| 9 | +26·1 | +31·8 | +17·0 | +37·5 | +6·7 | +40·7 | − 4·1 | +41·1 | −14·6 | +38·7 | −24·1 | +33·7 |
| 12 | +25·7 | +32·2 | +16·5 | +37·7 | +6·2 | +40·8 | − 4·6 | +41·1 | −15·1 | +38·5 | −24·6 | +33·3 |
| 15 | +25·3 | +32·5 | +16·0 | +38·0 | +5·6 | +40·9 | − 5·1 | +41·0 | −15·6 | +38·3 | −25·0 | +33·0 |
| 18 | +24·9 | +32·8 | +15·5 | +38·2 | +5·1 | +41·0 | − 5·7 | +41·0 | −16·1 | +38·1 | −25·4 | +32·7 |
| 21 | +24·4 | +33·2 | +15·0 | +38·4 | +4·6 | +41·0 | − 6·2 | +40·9 | −16·6 | +37·9 | −25·8 | +32·4 |
| 24 | +24·0 | +33·5 | +14·5 | +38·6 | +4·0 | +41·1 | − 6·8 | +40·8 | −17·1 | +37·7 | −26·3 | +32·0 |
| 27 | +23·6 | +33·8 | +14·0 | +38·8 | +3·5 | +41·1 | − 7·3 | +40·7 | −17·6 | +37·5 | −26·7 | +31·7 |
| 30 | +23·1 | +34·1 | +13·5 | +38·9 | +3·0 | +41·2 | − 7·8 | +40·6 | −18·1 | +37·3 | −27·1 | +31·3 |
| 33 | +22·7 | +34·4 | +13·0 | +39·1 | +2·4 | +41·2 | − 8·3 | +40·5 | −18·6 | +37·0 | −27·5 | +31·0 |
| 36 | +22·2 | +34·7 | +12·5 | +39·3 | +1·9 | +41·2 | − 8·9 | +40·4 | −19·0 | +36·8 | −27·9 | +30·6 |
| 39 | +21·8 | +35·0 | +12·0 | +39·5 | +1·3 | +41·3 | − 9·4 | +40·3 | −19·5 | +36·5 | −28·3 | +30·2 |
| 42 | +21·3 | +35·3 | +11·4 | +39·6 | +0·8 | +41·3 | − 9·9 | +40·2 | −20·0 | +36·3 | −28·7 | +29·8 |
| 45 | +20·8 | +35·5 | +10·9 | +39·8 | +0·3 | +41·3 | −10·5 | +40·0 | −20·5 | +36·0 | −29·1 | +29·5 |
| 48 | +20·4 | +35·8 | +10·4 | +39·9 | −0·3 | +41·3 | −11·0 | +39·9 | −20·9 | +35·7 | −29·5 | +29·1 |
| 51 | +19·9 | +36·1 | + 9·9 | +40·0 | −0·8 | +41·3 | −11·5 | +39·7 | −21·4 | +35·5 | −29·8 | +28·7 |
| 54 | +19·4 | +36·3 | + 9·4 | +40·2 | −1·4 | +41·3 | −12·0 | +39·6 | −21·9 | +35·2 | −30·2 | +28·3 |
| 57 | +18·9 | +36·6 | + 8·8 | +40·3 | −1·9 | +41·3 | −12·5 | +39·4 | −22·3 | +34·9 | −30·6 | +27·9 |
| 60 | +18·5 | +36·8 | + 8·3 | +40·4 | −2·5 | +41·2 | −13·1 | +39·3 | −22·8 | +34·6 | −31·0 | +27·5 |

| Lat. ° | $a_1$ | $b_1$ | $a_1$ | $b_1$ | $a_1$ | $b_1$ | $a_1$ | $b_1$ | $a_1$ | $b_1$ | $a_1$ | $b_1$ |
|---|---|---|---|---|---|---|---|---|---|---|---|---|
| 0 | − 0·2 | + 0·3 | − 0·3 | + 0·2 | −0·3 | 0·0 | − 0·3 | − 0·1 | − 0·2 | − 0·2 | − 0·2 | − 0·3 |
| 10 | − 0·2 | + 0·2 | − 0·2 | + 0·2 | −0·3 | 0·0 | − 0·2 | − 0·1 | − 0·2 | − 0·2 | − 0·1 | − 0·2 |
| 20 | − 0·1 | + 0·2 | − 0·2 | + 0·1 | −0·2 | 0·0 | − 0·2 | − 0·1 | − 0·2 | − 0·2 | − 0·1 | − 0·2 |
| 30 | − 0·1 | + 0·1 | − 0·1 | + 0·1 | −0·2 | 0·0 | − 0·1 | − 0·1 | − 0·1 | − 0·1 | − 0·1 | − 0·2 |
| 40 | − 0·1 | + 0·1 | − 0·1 | + 0·1 | −0·1 | 0·0 | − 0·1 | 0·0 | − 0·1 | − 0·1 | 0·0 | − 0·1 |
| 45 | 0·0 | 0·0 | 0·0 | 0·0 | 0·0 | 0·0 | 0·0 | 0·0 | 0·0 | 0·0 | 0·0 | 0·0 |
| 50 | 0·0 | 0·0 | 0·0 | 0·0 | 0·0 | 0·0 | 0·0 | 0·0 | 0·0 | 0·0 | 0·0 | 0·0 |
| 55 | 0·0 | − 0·1 | + 0·1 | 0·0 | +0·1 | 0·0 | + 0·1 | 0·0 | 0·0 | 0·0 | 0·0 | + 0·1 |
| 60 | + 0·1 | − 0·1 | + 0·1 | − 0·1 | +0·1 | 0·0 | + 0·1 | + 0·1 | + 0·1 | + 0·1 | + 0·1 | + 0·1 |
| 62 | + 0·1 | − 0·2 | + 0·2 | − 0·1 | +0·2 | 0·0 | + 0·2 | + 0·1 | + 0·1 | + 0·1 | + 0·1 | + 0·2 |
| 64 | + 0·1 | − 0·2 | + 0·2 | − 0·1 | +0·2 | 0·0 | + 0·2 | + 0·1 | + 0·2 | + 0·2 | + 0·1 | + 0·2 |
| 66 | + 0·2 | − 0·2 | + 0·2 | − 0·2 | +0·3 | 0·0 | + 0·3 | + 0·1 | + 0·2 | + 0·2 | + 0·1 | + 0·3 |

| Month | $a_2$ | $b_2$ | $a_2$ | $b_2$ | $a_2$ | $b_2$ | $a_2$ | $b_2$ | $a_2$ | $b_2$ | $a_2$ | $b_2$ |
|---|---|---|---|---|---|---|---|---|---|---|---|---|
| Jan. | − 0·1 | − 0·1 | − 0·1 | − 0·1 | −0·1 | − 0·2 | 0·0 | − 0·2 | 0·0 | − 0·2 | + 0·1 | − 0·2 |
| Feb. | − 0·3 | − 0·1 | − 0·2 | − 0·1 | −0·2 | − 0·2 | − 0·1 | − 0·2 | − 0·1 | − 0·3 | 0·0 | − 0·3 |
| Mar. | − 0·3 | + 0·1 | − 0·3 | 0·0 | −0·3 | − 0·1 | − 0·3 | − 0·2 | − 0·2 | − 0·2 | − 0·2 | − 0·3 |
| Apr. | − 0·3 | + 0·2 | − 0·4 | + 0·1 | −0·4 | 0·0 | − 0·4 | − 0·1 | − 0·4 | − 0·2 | − 0·3 | − 0·2 |
| May | − 0·2 | + 0·3 | − 0·3 | + 0·3 | −0·4 | + 0·2 | − 0·4 | + 0·1 | − 0·4 | 0·0 | − 0·4 | − 0·1 |
| June | − 0·1 | + 0·4 | − 0·2 | + 0·4 | −0·2 | + 0·3 | − 0·3 | + 0·2 | − 0·4 | + 0·1 | − 0·4 | 0·0 |
| July | + 0·1 | + 0·3 | 0·0 | + 0·4 | −0·1 | + 0·3 | − 0·2 | + 0·3 | − 0·2 | + 0·3 | − 0·3 | + 0·2 |
| Aug. | + 0·2 | + 0·2 | + 0·2 | + 0·3 | +0·1 | + 0·3 | 0·0 | + 0·3 | − 0·1 | + 0·3 | − 0·2 | + 0·3 |
| Sept. | + 0·3 | + 0·1 | + 0·3 | + 0·1 | +0·2 | + 0·2 | + 0·2 | + 0·3 | + 0·1 | + 0·3 | 0·0 | + 0·3 |
| Oct. | + 0·3 | − 0·1 | + 0·3 | − 0·1 | +0·3 | 0·0 | + 0·3 | + 0·1 | + 0·3 | + 0·2 | + 0·2 | + 0·3 |
| Nov. | + 0·3 | − 0·3 | + 0·3 | − 0·2 | +0·4 | − 0·1 | + 0·4 | 0·0 | + 0·4 | + 0·1 | + 0·4 | + 0·2 |
| Dec. | + 0·1 | − 0·4 | + 0·2 | − 0·4 | +0·3 | − 0·3 | + 0·4 | − 0·2 | + 0·4 | − 0·1 | + 0·4 | 0·0 |

Latitude = Corrected observed altitude of *Polaris* + $a_0$ + $a_1$ + $a_2$

Azimuth of *Polaris* = ($b_0$ + $b_1$ + $b_2$ ) / cos (latitude)

## Pole Star formulae

The formulae below provide a method for obtaining latitude from the observed altitude of one of the pole stars, *Polaris* or $\sigma$ Octantis, and an assumed *east* longitude of the observer $\lambda$. In addition, the azimuth of a pole star may be calculated from an assumed *east* longitude $\lambda$ and the observed altitude $a$, or from $\lambda$ and an assumed latitude $\phi$. An error of $0°002$ in $a$ or $0°1$ in $\lambda$ will produce an error of about $0°002$ in the calculated latitude. Likewise an error of $0°03$ in $\lambda$, $a$ or $\phi$ will produce an error of about $0°002$ in the calculated azimuth for latitudes below $70°$.

*Step* 1. Calculate the hour angle HA and polar distance $p$, in degrees, from expressions of the form:

$$HA = a_0 + a_1 L + a_2 \sin L + a_3 \cos L + 15\,t$$
$$p = a_0 + a_1 L + a_2 \sin L + a_3 \cos L$$

where
$$L = 0°985\,65\,d$$
$$d = \text{day of year (from pages B4–B5)} + t/24$$

and where the coefficients $a_0$, $a_1$, $a_2$, $a_3$ are given in the table below, $t$ is the universal time in hours, $d$ is the interval in days from 2010 January 0 at $0^h$ UT1 to the time of observation, and the quantity $L$ is in degrees. In the above formulae $d$ is required to two decimals of a day, $L$ to two decimals of a degree and $t$ to three decimals of an hour.

*Step* 2. Calculate the local hour angle *LHA* from:

$$LHA = HA + \lambda \quad \text{(add or subtract multiples of } 360°\text{)}$$

where $\lambda$ is the assumed longitude measured east from the Greenwich meridian.

Form the quantities:  $\quad S = p \sin(LHA) \qquad C = p \cos(LHA)$

*Step* 3. The latitude of the place of observation, in degrees, is given by:

$$\text{latitude} = a - C + 0·0087\,S^2 \tan a$$

where $a$ is the observed altitude of the pole star after correction for instrument error and atmospheric refraction.

*Step* 4. The azimuth of the pole star, in degrees, is given by:

$$\text{azimuth of } Polaris = -S/\cos a$$
$$\text{azimuth of } \sigma \text{ Octantis} = 180° + S/\cos a$$

where azimuth is measured eastwards around the horizon from north.

In *Step 4*, if $a$ has not been observed, use the quantity:

$$a = \phi + C - 0·0087\,S^2 \tan \phi$$

where $\phi$ is an assumed latitude, taken to be positive in either hemisphere.

### POLE STAR COEFFICIENTS FOR 2010

| | *Polaris* | | $\sigma$ Octantis | |
| | GHA | $p$ | GHA | $p$ |
|---|---|---|---|---|
| | ° | ° | ° | ° |
| $a_0$ | 58·59 | 0·6907 | 140·13 | 1·0860 |
| $a_1$ | 0·998 92 | −0·0000 090 | 0·999 53 | 0·0000 126 |
| $a_2$ | 0·37 | −0·0025 | 0·18 | 0·0039 |
| $a_3$ | −0·25 | −0·0048 | 0·23 | −0·0037 |

## CONTENTS OF SECTION C

## NOTES AND FORMULAS

**Mean orbital elements of the Sun**

Mean elements of the orbit of the Sun, referred to the mean equinox and ecliptic of date, are given by the following expressions. The time argument $d$ is the interval in days from 2010 January 0, $0^h$ TT. These expressions are intended for use only during the year of this volume.

$d$ = JD − 245 5196.5 = day of year (from B4–B5) + fraction of day from $0^h$ TT.

| | |
|---|---|
| Geometric mean longitude: | $279°.557\,781 + 0.985\,647\,36\,d$ |
| Mean longitude of perigee: | $283°.109\,244 + 0.000\,047\,08\,d$ |
| Mean anomaly: | $356°.448\,536 + 0.985\,600\,28\,d$ |
| Eccentricity: | $0.016\,704\,43 − 0.000\,000\,0012\,d$ |
| Mean obliquity of the ecliptic | |
| (w.r.t. mean equator of date): | $23°.437\,979 − 0.000\,000\,36\,d$ |

The position of the ecliptic of date with respect to the ecliptic of the standard epoch is given by formulas on page B53. Osculating elements of the Earth/Moon barycenter are on page E5.

NOTES AND FORMULAS

**Lengths of principal years**

The lengths of the principal years at 2010.0 as derived from the Sun's mean motion are:

|                   |                           | d           | d   h  m   s       |
|-------------------|---------------------------|-------------|--------------------|
| tropical year     | (equinox to equinox)      | 365.242 190 | 365 05 48 45.2     |
| sidereal year     | (fixed star to fixed star)| 365.256 363 | 365 06 09 09.8     |
| anomalistic year  | (perigee to perigee)      | 365.259 636 | 365 06 13 52.6     |
| eclipse year      | (node to node)            | 346.620 079 | 346 14 52 54.8     |

**Apparent ecliptic coordinates of the Sun**

The apparent ecliptic longitude may be computed from the geometric ecliptic longitude tabulated on pages C6–C20 using:

apparent longitude = tabulated longitude + nutation in longitude $(\Delta\psi) - 20''\!.496/R$

where $\Delta\psi$ is tabulated on pages B58–B65 and $R$ is the true geocentric distance tabulated on pages C6–C20. The apparent ecliptic latitude is equal to the geometric ecliptic latitude found on pages C6–C20 to the precision of tabulation.

**Time of transit of the Sun**

The quantity tabulated as "Ephemeris Transit" on pages C7–C21 is the TT of transit of the Sun over the ephemeris meridian, which is at the longitude $1.002\ 738\ \Delta T$ east of the prime (Greenwich) meridian; in this expression $\Delta T$ is the difference TT – UT. The TT of transit of the Sun over a local meridian is obtained by interpolation where the first differences are about 24 hours. The interpolation factor $p$ is given by:

$$p = -\lambda + 1.002\ 738\ \Delta T$$

where $\lambda$ is the east longitude and the right-hand side of the equation is expressed in days. (Divide longitude in degrees by 360 and $\Delta T$ in seconds by 86 400). During 2010 it is expected that $\Delta T$ will be about 66 seconds, so that the second term is about +0.000 77 days.

The UT of transit is obtained by subtracting $\Delta T$ from the TT of transit obtained by interpolation.

**Equation of Time**

Apparent solar time is the timescale based on the diurnal motion of the true Sun. The rate of solar diurnal motion has seasonal variations caused by the obliquity of the ecliptic and by the eccentricity of the Earth's orbit. Additional small variations arise from irregularities in the rotation of the Earth on its axis. Mean solar time is the timescale based on the diurnal motion of the fictitious mean Sun, a point with uniform motion along the celestial equator. The difference between apparent solar time and mean solar time is the Equation of Time.

Equation of Time = apparent solar time – mean solar time

To obtain the Equation of Time to a precision of about 1 second it is sufficient to use:

Equation of Time at $12^{\mathrm{h}}$ UT = $12^{\mathrm{h}}$ – tabulated value of ephem. transit found on C7–C21.

## NOTES AND FORMULAS

**Equation of Time (continued)**

Alternatively, Equation of Time may be calculated for any instant during 2010 in seconds of time to a precision of about 3 seconds directly from the expression:

$$\text{Equation of Time} = -108.7 \sin L + 596.0 \sin 2L + 4.5 \sin 3L - 12.7 \sin 4L$$
$$- 428.2 \cos L - 2.1 \cos 2L + 19.3 \cos 3L$$

where $L$ is the mean longitude of the Sun, corrected for aberration, given by:

$$L = 279°.552 + 0.985\,647\,d$$

and where $d$ is the interval in days from 2010 January 0 at $0^h$ UT, given by:

$$d = \text{day of year (from B4–B5)} + \text{fraction of day from } 0^h \text{ UT.}$$

**ICRS Geocentric rectangular coordinates of the Sun**

The geocentric equatorial rectangular coordinates of the Sun in au, referred to the ICRS axes, are given on pages C22–C25. The direction of these axes have been defined by the International Astronomical Union and are realized in practice by the coordinates of several hundred extragalactic radio sources. A rigorous method of determining the apparent place of a solar system object is described beginning on page B66.

**Elements of the rotation of the Sun**

The mean elements of the rotation of the Sun for 2010.0 are given below. With the exception of the position of the ascending node of the solar equator on the ecliptic whose rate is $0°.014$ per year, the values change less than $0°.01$ per year and can be used for the entire year for most applications. Linear interpolation using values found in recent editions can be made if needed.

Position of the ascending node of the solar equator:
  on the ecliptic (longitude) = $75°.90$
  on the mean equator of 2010.0 (right ascension) = $16°.15$
Inclination of the solar equator:
  with respect to the "Carrington" ecliptic (1850) = $7°.25$
  with respect to the mean equator of 2010.0 = $26°.11$
Position of the pole of the solar equator, w.r.t. the mean equinox and equator of 2010.0:
  Right ascension = $286°.15$
  Declination = $63°.89$
Sidereal rotation rate of the prime meridian = $14°.1844$ per day.
Mean synodic period of rotation of the prime meridian = 27.2753 days.

These data are derived from elements originally given by R. C. Carrington (*Observations of the Spots on the Sun*, p. 244, 1863). They have been updated using values from Seidelmann et al. (*Explanatory Supplement to the Astronomical Almanac*), p. 397 1992 and Seidelmann et al., Celestial Mech Dyn Astr, 2007, **98** 155.

## NOTES AND FORMULAS

### Heliographic coordinates

Except for Ephemeris Transit, the quantities on the right-hand pages of C7–C21 are tabulated for $0^h$ TT. Except for $L_0$, the values are, to the accuracy given, essentially the same for $0^h$ UT. The value of $L_0$ at $0^h$ TT is approximately $0^\circ.01$ greater than its value at $0^h$ UT.

If $\rho_1$, $\theta$ are the observed angular distance and position angle of a sunspot from the center of the disk of the Sun as seen from the Earth, and $\rho$ is the heliocentric angular distance of the spot on the solar surface from the center of the Sun's disk, then

$$\sin(\rho + \rho_1) = \rho_1/S$$

where $S$ is the semidiameter of the Sun. The position angle is measured from the north point of the disk towards the east.

The formulas for the computation of the heliographic coordinates $(L, B)$ of a sunspot (or other feature on the surface of the Sun) from $(\rho, \theta)$ are as follows:

$$\sin B = \sin B_0 \cos \rho + \cos B_0 \sin \rho \cos(P - \theta)$$
$$\cos B \sin(L - L_0) = \sin \rho \sin(P - \theta)$$
$$\cos B \cos(L - L_0) = \cos \rho \cos B_0 - \sin B_0 \sin \rho \cos(P - \theta)$$

where $B$ is measured positive to the north of the solar equator and $L$ is measured from $0^\circ$ to $360^\circ$ in the direction of rotation of the Sun, i.e., westwards on the apparent disk as seen from the Earth. Daily values for $B_0$ and $L_0$ are tabulated on pages C7–C21.

### SYNODIC ROTATION NUMBERS, 2010

| Number | Date of Commencement | | | Number | Date of Commencement | | |
|--------|------|------|-------|--------|------|------|-------|
| 2091 | 2009 | Dec. | 7.17 | 2099 | 2010 | July | 13.40 |
| 2092 | 2010 | Jan. | 3.49 | 2100 | | Aug. | 9.61 |
| 2093 | | Jan. | 30.83 | 2101 | | Sept | 5.86 |
| 2094 | | Feb. | 27.17 | 2102 | | Oct. | 3.13 |
| 2095 | | Mar. | 26.49 | 2103 | | Oct. | 30.42 |
| 2096 | | Apr. | 22.76 | 2104 | | Nov. | 26.73 |
| 2097 | | May | 20.00 | 2105 | 2010 | Dec. | 24.05 |
| 2098 | | June | 16.20 | 2106 | 2011 | Jan. | 20.39 |

At the date of commencement of each synodic rotation period the value of $L_0$ is zero; that is, the prime meridian passes through the central point of the disk.

## NOTES AND FORMULAS

**Low precision formulas for the Sun**

The following formulas give the apparent coordinates of the Sun to a precision of $0°01$ and the equation of time to a precision of $0^m1$ between 1950 and 2050; on this page the time argument $n$ is the number of days from J2000.0.

$n$ = JD – 2451545.0 = 3651.5 + day of year (from B4–B5) + fraction of day from $0^h$ UT
Mean longitude of Sun, corrected for aberration: $L = 280°460 + 0°985\,6474\,n$
Mean anomaly: $g = 357°528 + 0°985\,6003\,n$

Put $L$ and $g$ in the range $0°$ to $360°$ by adding multiples of $360°$.

Ecliptic longitude: $\lambda = L + 1°915 \sin g + 0°020 \sin 2g$
Ecliptic latitude: $\beta = 0°$
Obliquity of ecliptic: $\epsilon = 23°439 – 0°000\,0004\,n$
Right ascension: $\alpha = \tan^{-1}(\cos \epsilon \tan \lambda)$; ($\alpha$ in same quadrant as $\lambda$)

Alternatively, right ascension, $\alpha$, may be calculated directly from:

Right ascension: $\alpha = \lambda - ft \sin 2\lambda + (f/2)t^2 \sin 4\lambda$
    where $f = 180/\pi$   and   $t = \tan^2(\epsilon/2)$
Declination: $\delta = \sin^{-1}(\sin \epsilon \sin \lambda)$

Distance of Sun from Earth, $R$, in au:

$R = 1.000\,14 – 0.016\,71 \cos g – 0.000\,14 \cos 2g$

Equatorial rectangular coordinates of the Sun, in au:

$x = R \cos \lambda$
$y = R \cos \epsilon \sin \lambda$
$z = R \sin \epsilon \sin \lambda$

Equation of time, in minutes:

$E = (L - \alpha)$, in degrees, multiplied by 4.

Other useful quantities:

Horizontal parallax: $0°0024$
Semidiameter: $0°2666/R$
Light-time: $0^d0058$

# SUN, 2010

## FOR 0ʰ TERRESTRIAL TIME

| Date | | Julian Date | Geometric Ecliptic Coords. Mn Equinox & Ecliptic of Date | | Apparent R. A. | Apparent Declination | True Geocentric Distance |
|---|---|---|---|---|---|---|---|
| | | | Longitude | Latitude | | | |
| | | 245 | ° ′ ″ | ″ | h m s | ° ′ ″ | au |
| Jan. | 0 | 5196.5 | 279 25 58.21 | +0.17 | 18 41 03.00 | −23 06 12.0 | 0.983 3196 |
| | 1 | 5197.5 | 280 27 05.76 | +0.02 | 18 45 28.02 | −23 01 38.5 | 0.983 3029 |
| | 2 | 5198.5 | 281 28 13.44 | −0.13 | 18 49 52.73 | −22 56 37.4 | 0.983 2930 |
| | 3 | 5199.5 | 282 29 21.28 | −0.28 | 18 54 17.12 | −22 51 08.9 | 0.983 2897 |
| | 4 | 5200.5 | 283 30 29.32 | −0.41 | 18 58 41.14 | −22 45 13.1 | 0.983 2928 |
| | 5 | 5201.5 | 284 31 37.59 | −0.53 | 19 03 04.77 | −22 38 50.2 | 0.983 3022 |
| | 6 | 5202.5 | 285 32 46.09 | −0.61 | 19 07 28.00 | −22 32 00.3 | 0.983 3175 |
| | 7 | 5203.5 | 286 33 54.81 | −0.67 | 19 11 50.79 | −22 24 43.6 | 0.983 3383 |
| | 8 | 5204.5 | 287 35 03.71 | −0.69 | 19 16 13.13 | −22 17 00.3 | 0.983 3643 |
| | 9 | 5205.5 | 288 36 12.74 | −0.67 | 19 20 34.99 | −22 08 50.7 | 0.983 3953 |
| | 10 | 5206.5 | 289 37 21.85 | −0.63 | 19 24 56.33 | −22 00 15.0 | 0.983 4309 |
| | 11 | 5207.5 | 290 38 30.96 | −0.56 | 19 29 17.13 | −21 51 13.4 | 0.983 4709 |
| | 12 | 5208.5 | 291 39 40.00 | −0.47 | 19 33 37.37 | −21 41 46.2 | 0.983 5150 |
| | 13 | 5209.5 | 292 40 48.88 | −0.36 | 19 37 57.02 | −21 31 53.7 | 0.983 5632 |
| | 14 | 5210.5 | 293 41 57.53 | −0.24 | 19 42 16.05 | −21 21 36.3 | 0.983 6152 |
| | 15 | 5211.5 | 294 43 05.85 | −0.11 | 19 46 34.44 | −21 10 54.1 | 0.983 6711 |
| | 16 | 5212.5 | 295 44 13.76 | +0.01 | 19 50 52.16 | −20 59 47.6 | 0.983 7307 |
| | 17 | 5213.5 | 296 45 21.18 | +0.13 | 19 55 09.20 | −20 48 17.0 | 0.983 7941 |
| | 18 | 5214.5 | 297 46 28.00 | +0.24 | 19 59 25.53 | −20 36 22.6 | 0.983 8613 |
| | 19 | 5215.5 | 298 47 34.17 | +0.33 | 20 03 41.13 | −20 24 04.9 | 0.983 9324 |
| | 20 | 5216.5 | 299 48 39.59 | +0.41 | 20 07 55.99 | −20 11 24.1 | 0.984 0074 |
| | 21 | 5217.5 | 300 49 44.19 | +0.45 | 20 12 10.09 | −19 58 20.6 | 0.984 0865 |
| | 22 | 5218.5 | 301 50 47.90 | +0.47 | 20 16 23.42 | −19 44 54.8 | 0.984 1699 |
| | 23 | 5219.5 | 302 51 50.67 | +0.46 | 20 20 35.96 | −19 31 07.0 | 0.984 2577 |
| | 24 | 5220.5 | 303 52 52.44 | +0.41 | 20 24 47.72 | −19 16 57.6 | 0.984 3502 |
| | 25 | 5221.5 | 304 53 53.16 | +0.34 | 20 28 58.67 | −19 02 26.9 | 0.984 4476 |
| | 26 | 5222.5 | 305 54 52.81 | +0.24 | 20 33 08.82 | −18 47 35.5 | 0.984 5501 |
| | 27 | 5223.5 | 306 55 51.36 | +0.12 | 20 37 18.15 | −18 32 23.6 | 0.984 6582 |
| | 28 | 5224.5 | 307 56 48.82 | −0.03 | 20 41 26.66 | −18 16 51.6 | 0.984 7719 |
| | 29 | 5225.5 | 308 57 45.20 | −0.18 | 20 45 34.35 | −18 00 59.9 | 0.984 8917 |
| | 30 | 5226.5 | 309 58 40.56 | −0.33 | 20 49 41.22 | −17 44 48.9 | 0.985 0175 |
| | 31 | 5227.5 | 310 59 34.93 | −0.47 | 20 53 47.27 | −17 28 19.0 | 0.985 1495 |
| Feb. | 1 | 5228.5 | 312 00 28.37 | −0.59 | 20 57 52.50 | −17 11 30.4 | 0.985 2876 |
| | 2 | 5229.5 | 313 01 20.93 | −0.68 | 21 01 56.92 | −16 54 23.6 | 0.985 4317 |
| | 3 | 5230.5 | 314 02 12.65 | −0.75 | 21 06 00.54 | −16 36 58.9 | 0.985 5813 |
| | 4 | 5231.5 | 315 03 03.53 | −0.78 | 21 10 03.36 | −16 19 16.8 | 0.985 7363 |
| | 5 | 5232.5 | 316 03 53.57 | −0.78 | 21 14 05.39 | −16 01 17.5 | 0.985 8962 |
| | 6 | 5233.5 | 317 04 42.76 | −0.74 | 21 18 06.63 | −15 43 01.5 | 0.986 0606 |
| | 7 | 5234.5 | 318 05 31.05 | −0.68 | 21 22 07.09 | −15 24 29.3 | 0.986 2292 |
| | 8 | 5235.5 | 319 06 18.41 | −0.59 | 21 26 06.78 | −15 05 41.3 | 0.986 4017 |
| | 9 | 5236.5 | 320 07 04.77 | −0.49 | 21 30 05.68 | −14 46 37.8 | 0.986 5778 |
| | 10 | 5237.5 | 321 07 50.09 | −0.37 | 21 34 03.82 | −14 27 19.4 | 0.986 7572 |
| | 11 | 5238.5 | 322 08 34.29 | −0.25 | 21 38 01.19 | −14 07 46.4 | 0.986 9398 |
| | 12 | 5239.5 | 323 09 17.30 | −0.12 | 21 41 57.80 | −13 47 59.3 | 0.987 1252 |
| | 13 | 5240.5 | 324 09 59.06 | 0.00 | 21 45 53.65 | −13 27 58.6 | 0.987 3135 |
| | 14 | 5241.5 | 325 10 39.48 | +0.11 | 21 49 48.75 | −13 07 44.6 | 0.987 5043 |
| | 15 | 5242.5 | 326 11 18.49 | +0.21 | 21 53 43.12 | −12 47 17.8 | 0.987 6977 |

## FOR 0ʰ TERRESTRIAL TIME

| Date | | Pos. Angle of Axis $P$ | Heliographic | | Horiz. Parallax | Semi- Diameter | Ephemeris Transit |
|------|---|---|---|---|---|---|---|
| | | | Latitude $B_0$ | Longitude $L_0$ | | | |
| | | ° | ° | ° | ″ | ′ ″ | h m s |
| Jan. | 0 | + 2.59 | − 2.89 | 46.02 | 8.94 | 16 15.92 | 12 03 03.85 |
| | 1 | + 2.11 | − 3.01 | 32.85 | 8.94 | 16 15.94 | 12 03 32.17 |
| | 2 | + 1.62 | − 3.12 | 19.68 | 8.94 | 16 15.95 | 12 04 00.16 |
| | 3 | + 1.14 | − 3.24 | 6.51 | 8.94 | 16 15.95 | 12 04 27.82 |
| | 4 | + 0.65 | − 3.35 | 353.34 | 8.94 | 16 15.95 | 12 04 55.10 |
| | 5 | + 0.17 | − 3.47 | 340.17 | 8.94 | 16 15.94 | 12 05 21.99 |
| | 6 | − 0.32 | − 3.58 | 327.00 | 8.94 | 16 15.93 | 12 05 48.46 |
| | 7 | − 0.80 | − 3.69 | 313.83 | 8.94 | 16 15.91 | 12 06 14.48 |
| | 8 | − 1.28 | − 3.80 | 300.66 | 8.94 | 16 15.88 | 12 06 40.03 |
| | 9 | − 1.76 | − 3.91 | 287.49 | 8.94 | 16 15.85 | 12 07 05.08 |
| | 10 | − 2.24 | − 4.02 | 274.32 | 8.94 | 16 15.81 | 12 07 29.60 |
| | 11 | − 2.72 | − 4.12 | 261.16 | 8.94 | 16 15.77 | 12 07 53.57 |
| | 12 | − 3.20 | − 4.23 | 247.99 | 8.94 | 16 15.73 | 12 08 16.95 |
| | 13 | − 3.67 | − 4.33 | 234.82 | 8.94 | 16 15.68 | 12 08 39.74 |
| | 14 | − 4.14 | − 4.44 | 221.65 | 8.94 | 16 15.63 | 12 09 01.89 |
| | 15 | − 4.61 | − 4.54 | 208.48 | 8.94 | 16 15.58 | 12 09 23.39 |
| | 16 | − 5.08 | − 4.64 | 195.32 | 8.94 | 16 15.52 | 12 09 44.21 |
| | 17 | − 5.55 | − 4.74 | 182.15 | 8.94 | 16 15.45 | 12 10 04.34 |
| | 18 | − 6.01 | − 4.83 | 168.98 | 8.94 | 16 15.39 | 12 10 23.75 |
| | 19 | − 6.47 | − 4.93 | 155.82 | 8.94 | 16 15.32 | 12 10 42.43 |
| | 20 | − 6.92 | − 5.02 | 142.65 | 8.94 | 16 15.24 | 12 11 00.36 |
| | 21 | − 7.38 | − 5.11 | 129.48 | 8.94 | 16 15.16 | 12 11 17.52 |
| | 22 | − 7.83 | − 5.21 | 116.32 | 8.94 | 16 15.08 | 12 11 33.91 |
| | 23 | − 8.27 | − 5.29 | 103.15 | 8.93 | 16 14.99 | 12 11 49.50 |
| | 24 | − 8.72 | − 5.38 | 89.98 | 8.93 | 16 14.90 | 12 12 04.30 |
| | 25 | − 9.16 | − 5.47 | 76.82 | 8.93 | 16 14.81 | 12 12 18.28 |
| | 26 | − 9.59 | − 5.55 | 63.65 | 8.93 | 16 14.70 | 12 12 31.46 |
| | 27 | − 10.02 | − 5.63 | 50.48 | 8.93 | 16 14.60 | 12 12 43.81 |
| | 28 | − 10.45 | − 5.71 | 37.32 | 8.93 | 16 14.48 | 12 12 55.34 |
| | 29 | − 10.88 | − 5.79 | 24.15 | 8.93 | 16 14.37 | 12 13 06.05 |
| | 30 | − 11.30 | − 5.87 | 10.98 | 8.93 | 16 14.24 | 12 13 15.94 |
| | 31 | − 11.71 | − 5.94 | 357.82 | 8.93 | 16 14.11 | 12 13 25.02 |
| Feb. | 1 | − 12.12 | − 6.01 | 344.65 | 8.93 | 16 13.97 | 12 13 33.29 |
| | 2 | − 12.53 | − 6.09 | 331.48 | 8.92 | 16 13.83 | 12 13 40.75 |
| | 3 | − 12.93 | − 6.15 | 318.32 | 8.92 | 16 13.68 | 12 13 47.41 |
| | 4 | − 13.32 | − 6.22 | 305.15 | 8.92 | 16 13.53 | 12 13 53.27 |
| | 5 | − 13.72 | − 6.29 | 291.98 | 8.92 | 16 13.37 | 12 13 58.35 |
| | 6 | − 14.10 | − 6.35 | 278.82 | 8.92 | 16 13.21 | 12 14 02.64 |
| | 7 | − 14.48 | − 6.41 | 265.65 | 8.92 | 16 13.04 | 12 14 06.14 |
| | 8 | − 14.86 | − 6.47 | 252.48 | 8.92 | 16 12.87 | 12 14 08.87 |
| | 9 | − 15.23 | − 6.53 | 239.32 | 8.91 | 16 12.70 | 12 14 10.82 |
| | 10 | − 15.60 | − 6.58 | 226.15 | 8.91 | 16 12.52 | 12 14 12.01 |
| | 11 | − 15.96 | − 6.63 | 212.98 | 8.91 | 16 12.34 | 12 14 12.43 |
| | 12 | − 16.32 | − 6.69 | 199.82 | 8.91 | 16 12.16 | 12 14 12.09 |
| | 13 | − 16.67 | − 6.73 | 186.65 | 8.91 | 16 11.98 | 12 14 11.01 |
| | 14 | − 17.01 | − 6.78 | 173.48 | 8.91 | 16 11.79 | 12 14 09.18 |
| | 15 | − 17.35 | − 6.82 | 160.32 | 8.90 | 16 11.60 | 12 14 06.62 |

# SUN, 2010

## FOR 0ʰ TERRESTRIAL TIME

| Date | Julian Date | Geometric Ecliptic Coords. Mn Equinox & Ecliptic of Date | | Apparent R. A. | Apparent Declination | True Geocentric Distance |
|------|------|------|------|------|------|------|
| | | Longitude | Latitude | | | |
| | 245 | ° ′ ″ | ″ | h m s | ° ′ ″ | au |
| Feb. 15 | 5242.5 | 326 11 18.49 | +0.21 | 21 53 43.12 | − 12 47 17.8 | 0.987 6977 |
| 16 | 5243.5 | 327 11 56.02 | +0.28 | 21 57 36.75 | − 12 26 38.6 | 0.987 8935 |
| 17 | 5244.5 | 328 12 31.99 | +0.34 | 22 01 29.66 | − 12 05 47.5 | 0.988 0919 |
| 18 | 5245.5 | 329 13 06.32 | +0.36 | 22 05 21.86 | − 11 44 44.9 | 0.988 2928 |
| 19 | 5246.5 | 330 13 38.95 | +0.36 | 22 09 13.35 | − 11 23 31.2 | 0.988 4962 |
| 20 | 5247.5 | 331 14 09.82 | +0.33 | 22 13 04.16 | − 11 02 06.9 | 0.988 7023 |
| 21 | 5248.5 | 332 14 38.86 | +0.27 | 22 16 54.30 | − 10 40 32.3 | 0.988 9112 |
| 22 | 5249.5 | 333 15 06.02 | +0.18 | 22 20 43.78 | − 10 18 48.0 | 0.989 1232 |
| 23 | 5250.5 | 334 15 31.27 | +0.07 | 22 24 32.61 | − 9 56 54.2 | 0.989 3383 |
| 24 | 5251.5 | 335 15 54.58 | −0.06 | 22 28 20.81 | − 9 34 51.5 | 0.989 5570 |
| 25 | 5252.5 | 336 16 15.94 | −0.20 | 22 32 08.39 | − 9 12 40.2 | 0.989 7793 |
| 26 | 5253.5 | 337 16 35.36 | −0.34 | 22 35 55.37 | − 8 50 20.7 | 0.990 0057 |
| 27 | 5254.5 | 338 16 52.88 | −0.48 | 22 39 41.76 | − 8 27 53.5 | 0.990 2363 |
| 28 | 5255.5 | 339 17 08.53 | −0.60 | 22 43 27.60 | − 8 05 18.8 | 0.990 4712 |
| Mar. 1 | 5256.5 | 340 17 22.38 | −0.71 | 22 47 12.89 | − 7 42 37.1 | 0.990 7105 |
| 2 | 5257.5 | 341 17 34.50 | −0.78 | 22 50 57.68 | − 7 19 48.7 | 0.990 9542 |
| 3 | 5258.5 | 342 17 44.96 | −0.82 | 22 54 41.97 | − 6 56 53.9 | 0.991 2020 |
| 4 | 5259.5 | 343 17 53.79 | −0.82 | 22 58 25.80 | − 6 33 53.1 | 0.991 4538 |
| 5 | 5260.5 | 344 18 01.03 | −0.79 | 23 02 09.19 | − 6 10 46.6 | 0.991 7090 |
| 6 | 5261.5 | 345 18 06.71 | −0.74 | 23 05 52.16 | − 5 47 34.9 | 0.991 9674 |
| 7 | 5262.5 | 346 18 10.82 | −0.66 | 23 09 34.72 | − 5 24 18.4 | 0.992 2287 |
| 8 | 5263.5 | 347 18 13.35 | −0.55 | 23 13 16.91 | − 5 00 57.3 | 0.992 4923 |
| 9 | 5264.5 | 348 18 14.29 | −0.44 | 23 16 58.73 | − 4 37 32.2 | 0.992 7581 |
| 10 | 5265.5 | 349 18 13.60 | −0.32 | 23 20 40.21 | − 4 14 03.5 | 0.993 0256 |
| 11 | 5266.5 | 350 18 11.24 | −0.19 | 23 24 21.35 | − 3 50 31.4 | 0.993 2946 |
| 12 | 5267.5 | 351 18 07.17 | −0.07 | 23 28 02.19 | − 3 26 56.5 | 0.993 5648 |
| 13 | 5268.5 | 352 18 01.36 | +0.04 | 23 31 42.74 | − 3 03 19.1 | 0.993 8360 |
| 14 | 5269.5 | 353 17 53.74 | +0.14 | 23 35 23.01 | − 2 39 39.7 | 0.994 1079 |
| 15 | 5270.5 | 354 17 44.27 | +0.22 | 23 39 03.02 | − 2 15 58.5 | 0.994 3803 |
| 16 | 5271.5 | 355 17 32.87 | +0.27 | 23 42 42.80 | − 1 52 16.0 | 0.994 6531 |
| 17 | 5272.5 | 356 17 19.51 | +0.30 | 23 46 22.35 | − 1 28 32.7 | 0.994 9263 |
| 18 | 5273.5 | 357 17 04.10 | +0.30 | 23 50 01.71 | − 1 04 48.8 | 0.995 1996 |
| 19 | 5274.5 | 358 16 46.59 | +0.28 | 23 53 40.88 | − 0 41 04.7 | 0.995 4731 |
| 20 | 5275.5 | 359 16 26.92 | +0.23 | 23 57 19.89 | − 0 17 20.9 | 0.995 7468 |
| 21 | 5276.5 | 0 16 05.04 | +0.15 | 0 00 58.76 | + 0 06 22.3 | 0.996 0208 |
| 22 | 5277.5 | 1 15 40.90 | +0.04 | 0 04 37.49 | + 0 30 04.4 | 0.996 2952 |
| 23 | 5278.5 | 2 15 14.45 | −0.07 | 0 08 16.11 | + 0 53 45.2 | 0.996 5702 |
| 24 | 5279.5 | 3 14 45.68 | −0.20 | 0 11 54.63 | + 1 17 24.3 | 0.996 8459 |
| 25 | 5280.5 | 4 14 14.56 | −0.34 | 0 15 33.08 | + 1 41 01.2 | 0.997 1227 |
| 26 | 5281.5 | 5 13 41.12 | −0.47 | 0 19 11.48 | + 2 04 35.7 | 0.997 4008 |
| 27 | 5282.5 | 6 13 05.36 | −0.59 | 0 22 49.83 | + 2 28 07.4 | 0.997 6805 |
| 28 | 5283.5 | 7 12 27.35 | −0.69 | 0 26 28.17 | + 2 51 35.9 | 0.997 9619 |
| 29 | 5284.5 | 8 11 47.13 | −0.76 | 0 30 06.52 | + 3 15 01.0 | 0.998 2452 |
| 30 | 5285.5 | 9 11 04.78 | −0.80 | 0 33 44.91 | + 3 38 22.3 | 0.998 5304 |
| 31 | 5286.5 | 10 10 20.38 | −0.81 | 0 37 23.36 | + 4 01 39.5 | 0.998 8176 |
| Apr. 1 | 5287.5 | 11 09 34.02 | −0.79 | 0 41 01.90 | + 4 24 52.4 | 0.999 1065 |
| 2 | 5288.5 | 12 08 45.74 | −0.73 | 0 44 40.56 | + 4 48 00.5 | 0.999 3969 |

## FOR 0ʰ TERRESTRIAL TIME

| Date | Pos. Angle of Axis $P$ | Heliographic | | Horiz. Parallax | Semi-Diameter | Ephemeris Transit |
|------|------|------|------|------|------|------|
| | | Latitude $B_0$ | Longitude $L_0$ | | | |
| | ° | ° | ° | ″ | ′ ″ | h m s |
| Feb. 15 | − 17.35 | − 6.82 | 160.32 | 8.90 | 16 11.60 | 12 14 06.62 |
| 16 | − 17.69 | − 6.87 | 147.15 | 8.90 | 16 11.41 | 12 14 03.34 |
| 17 | − 18.01 | − 6.91 | 133.98 | 8.90 | 16 11.21 | 12 13 59.34 |
| 18 | − 18.34 | − 6.95 | 120.81 | 8.90 | 16 11.01 | 12 13 54.63 |
| 19 | − 18.65 | − 6.98 | 107.64 | 8.90 | 16 10.81 | 12 13 49.22 |
| 20 | − 18.96 | − 7.01 | 94.47 | 8.89 | 16 10.61 | 12 13 43.14 |
| 21 | − 19.27 | − 7.05 | 81.31 | 8.89 | 16 10.41 | 12 13 36.38 |
| 22 | − 19.57 | − 7.08 | 68.14 | 8.89 | 16 10.20 | 12 13 28.97 |
| 23 | − 19.86 | − 7.10 | 54.97 | 8.89 | 16 09.99 | 12 13 20.91 |
| 24 | − 20.15 | − 7.13 | 41.80 | 8.89 | 16 09.77 | 12 13 12.23 |
| 25 | − 20.43 | − 7.15 | 28.62 | 8.88 | 16 09.55 | 12 13 02.94 |
| 26 | − 20.70 | − 7.17 | 15.45 | 8.88 | 16 09.33 | 12 12 53.07 |
| 27 | − 20.97 | − 7.19 | 2.28 | 8.88 | 16 09.11 | 12 12 42.62 |
| 28 | − 21.23 | − 7.20 | 349.11 | 8.88 | 16 08.88 | 12 12 31.63 |
| Mar. 1 | − 21.49 | − 7.22 | 335.94 | 8.88 | 16 08.64 | 12 12 20.12 |
| 2 | − 21.74 | − 7.23 | 322.76 | 8.87 | 16 08.40 | 12 12 08.10 |
| 3 | − 21.98 | − 7.24 | 309.59 | 8.87 | 16 08.16 | 12 11 55.61 |
| 4 | − 22.22 | − 7.24 | 296.42 | 8.87 | 16 07.92 | 12 11 42.67 |
| 5 | − 22.45 | − 7.25 | 283.24 | 8.87 | 16 07.67 | 12 11 29.29 |
| 6 | − 22.67 | − 7.25 | 270.07 | 8.87 | 16 07.42 | 12 11 15.49 |
| 7 | − 22.89 | − 7.25 | 256.89 | 8.86 | 16 07.16 | 12 11 01.31 |
| 8 | − 23.10 | − 7.25 | 243.72 | 8.86 | 16 06.90 | 12 10 46.75 |
| 9 | − 23.31 | − 7.25 | 230.54 | 8.86 | 16 06.65 | 12 10 31.84 |
| 10 | − 23.51 | − 7.24 | 217.36 | 8.86 | 16 06.38 | 12 10 16.59 |
| 11 | − 23.70 | − 7.23 | 204.19 | 8.85 | 16 06.12 | 12 10 01.03 |
| 12 | − 23.88 | − 7.22 | 191.01 | 8.85 | 16 05.86 | 12 09 45.17 |
| 13 | − 24.06 | − 7.21 | 177.83 | 8.85 | 16 05.60 | 12 09 29.02 |
| 14 | − 24.23 | − 7.19 | 164.65 | 8.85 | 16 05.33 | 12 09 12.62 |
| 15 | − 24.40 | − 7.17 | 151.47 | 8.84 | 16 05.07 | 12 08 55.96 |
| 16 | − 24.56 | − 7.15 | 138.29 | 8.84 | 16 04.80 | 12 08 39.08 |
| 17 | − 24.71 | − 7.13 | 125.11 | 8.84 | 16 04.54 | 12 08 21.99 |
| 18 | − 24.85 | − 7.11 | 111.93 | 8.84 | 16 04.27 | 12 08 04.71 |
| 19 | − 24.99 | − 7.08 | 98.75 | 8.83 | 16 04.01 | 12 07 47.25 |
| 20 | − 25.12 | − 7.05 | 85.57 | 8.83 | 16 03.74 | 12 07 29.63 |
| 21 | − 25.25 | − 7.02 | 72.38 | 8.83 | 16 03.48 | 12 07 11.87 |
| 22 | − 25.36 | − 6.99 | 59.20 | 8.83 | 16 03.21 | 12 06 53.99 |
| 23 | − 25.47 | − 6.96 | 46.01 | 8.82 | 16 02.95 | 12 06 36.01 |
| 24 | − 25.58 | − 6.92 | 32.83 | 8.82 | 16 02.68 | 12 06 17.94 |
| 25 | − 25.67 | − 6.88 | 19.64 | 8.82 | 16 02.41 | 12 05 59.80 |
| 26 | − 25.76 | − 6.84 | 6.45 | 8.82 | 16 02.15 | 12 05 41.62 |
| 27 | − 25.85 | − 6.80 | 353.27 | 8.81 | 16 01.88 | 12 05 23.42 |
| 28 | − 25.92 | − 6.75 | 340.08 | 8.81 | 16 01.60 | 12 05 05.21 |
| 29 | − 25.99 | − 6.71 | 326.89 | 8.81 | 16 01.33 | 12 04 47.04 |
| 30 | − 26.05 | − 6.66 | 313.70 | 8.81 | 16 01.06 | 12 04 28.91 |
| 31 | − 26.10 | − 6.61 | 300.50 | 8.80 | 16 00.78 | 12 04 10.86 |
| Apr. 1 | − 26.15 | − 6.56 | 287.31 | 8.80 | 16 00.50 | 12 03 52.91 |
| 2 | − 26.19 | − 6.50 | 274.12 | 8.80 | 16 00.22 | 12 03 35.07 |

# SUN, 2010

## FOR 0ʰ TERRESTRIAL TIME

| Date | | Julian Date | Geometric Ecliptic Coords. Mn Equinox & Ecliptic of Date | | Apparent R. A. | Apparent Declination | True Geocentric Distance |
|------|---|---|---|---|---|---|---|
| | | | Longitude | Latitude | | | |
| | | 245 | ° ′ ″ | ″ | h m s | ° ′ ″ | au |
| Apr. | 1 | 5287.5 | 11 09 34.02 | −0.79 | 0 41 01.90 | + 4 24 52.4 | 0.999 1065 |
| | 2 | 5288.5 | 12 08 45.74 | −0.73 | 0 44 40.56 | + 4 48 00.5 | 0.999 3969 |
| | 3 | 5289.5 | 13 07 55.62 | −0.65 | 0 48 19.34 | + 5 11 03.7 | 0.999 6885 |
| | 4 | 5290.5 | 14 07 03.69 | −0.55 | 0 51 58.29 | + 5 34 01.4 | 0.999 9810 |
| | 5 | 5291.5 | 15 06 09.97 | −0.44 | 0 55 37.41 | + 5 56 53.4 | 1.000 2741 |
| | 6 | 5292.5 | 16 05 14.48 | −0.32 | 0 59 16.72 | + 6 19 39.4 | 1.000 5673 |
| | 7 | 5293.5 | 17 04 17.23 | −0.19 | 1 02 56.24 | + 6 42 18.9 | 1.000 8603 |
| | 8 | 5294.5 | 18 03 18.22 | −0.07 | 1 06 35.99 | + 7 04 51.6 | 1.001 1529 |
| | 9 | 5295.5 | 19 02 17.44 | +0.05 | 1 10 15.98 | + 7 27 17.2 | 1.001 4447 |
| | 10 | 5296.5 | 20 01 14.86 | +0.14 | 1 13 56.24 | + 7 49 35.3 | 1.001 7354 |
| | 11 | 5297.5 | 21 00 10.48 | +0.23 | 1 17 36.77 | + 8 11 45.5 | 1.002 0247 |
| | 12 | 5298.5 | 21 59 04.26 | +0.28 | 1 21 17.60 | + 8 33 47.5 | 1.002 3124 |
| | 13 | 5299.5 | 22 57 56.16 | +0.32 | 1 24 58.74 | + 8 55 40.9 | 1.002 5983 |
| | 14 | 5300.5 | 23 56 46.16 | +0.33 | 1 28 40.20 | + 9 17 25.4 | 1.002 8821 |
| | 15 | 5301.5 | 24 55 34.20 | +0.30 | 1 32 21.99 | + 9 39 00.6 | 1.003 1636 |
| | 16 | 5302.5 | 25 54 20.23 | +0.25 | 1 36 04.14 | +10 00 26.2 | 1.003 4429 |
| | 17 | 5303.5 | 26 53 04.21 | +0.18 | 1 39 46.65 | +10 21 41.8 | 1.003 7197 |
| | 18 | 5304.5 | 27 51 46.09 | +0.08 | 1 43 29.53 | +10 42 47.1 | 1.003 9942 |
| | 19 | 5305.5 | 28 50 25.82 | −0.03 | 1 47 12.79 | +11 03 41.7 | 1.004 2664 |
| | 20 | 5306.5 | 29 49 03.36 | −0.16 | 1 50 56.44 | +11 24 25.3 | 1.004 5364 |
| | 21 | 5307.5 | 30 47 38.70 | −0.29 | 1 54 40.49 | +11 44 57.5 | 1.004 8044 |
| | 22 | 5308.5 | 31 46 11.80 | −0.41 | 1 58 24.96 | +12 05 18.0 | 1.005 0707 |
| | 23 | 5309.5 | 32 44 42.69 | −0.53 | 2 02 09.84 | +12 25 26.4 | 1.005 3355 |
| | 24 | 5310.5 | 33 43 11.39 | −0.62 | 2 05 55.16 | +12 45 22.4 | 1.005 5991 |
| | 25 | 5311.5 | 34 41 37.92 | −0.70 | 2 09 40.92 | +13 05 05.8 | 1.005 8617 |
| | 26 | 5312.5 | 35 40 02.36 | −0.74 | 2 13 27.15 | +13 24 36.2 | 1.006 1236 |
| | 27 | 5313.5 | 36 38 24.77 | −0.75 | 2 17 13.86 | +13 43 53.3 | 1.006 3849 |
| | 28 | 5314.5 | 37 36 45.24 | −0.73 | 2 21 01.06 | +14 02 56.9 | 1.006 6457 |
| | 29 | 5315.5 | 38 35 03.86 | −0.67 | 2 24 48.77 | +14 21 46.6 | 1.006 9060 |
| | 30 | 5316.5 | 39 33 20.71 | −0.60 | 2 28 37.00 | +14 40 22.2 | 1.007 1656 |
| May | 1 | 5317.5 | 40 31 35.87 | −0.49 | 2 32 25.77 | +14 58 43.3 | 1.007 4243 |
| | 2 | 5318.5 | 41 29 49.41 | −0.38 | 2 36 15.08 | +15 16 49.6 | 1.007 6821 |
| | 3 | 5319.5 | 42 28 01.40 | −0.25 | 2 40 04.95 | +15 34 40.9 | 1.007 9385 |
| | 4 | 5320.5 | 43 26 11.87 | −0.12 | 2 43 55.37 | +15 52 16.7 | 1.008 1932 |
| | 5 | 5321.5 | 44 24 20.87 | +0.01 | 2 47 46.36 | +16 09 36.9 | 1.008 4460 |
| | 6 | 5322.5 | 45 22 28.44 | +0.12 | 2 51 37.93 | +16 26 41.0 | 1.008 6966 |
| | 7 | 5323.5 | 46 20 34.58 | +0.23 | 2 55 30.07 | +16 43 28.8 | 1.008 9447 |
| | 8 | 5324.5 | 47 18 39.32 | +0.32 | 2 59 22.80 | +16 59 59.8 | 1.009 1899 |
| | 9 | 5325.5 | 48 16 42.67 | +0.38 | 3 03 16.11 | +17 16 13.9 | 1.009 4319 |
| | 10 | 5326.5 | 49 14 44.62 | +0.42 | 3 07 10.00 | +17 32 10.7 | 1.009 6705 |
| | 11 | 5327.5 | 50 12 45.17 | +0.43 | 3 11 04.48 | +17 47 49.9 | 1.009 9054 |
| | 12 | 5328.5 | 51 10 44.31 | +0.42 | 3 14 59.55 | +18 03 11.1 | 1.010 1363 |
| | 13 | 5329.5 | 52 08 42.00 | +0.37 | 3 18 55.21 | +18 18 14.2 | 1.010 3630 |
| | 14 | 5330.5 | 53 06 38.22 | +0.30 | 3 22 51.44 | +18 32 58.7 | 1.010 5853 |
| | 15 | 5331.5 | 54 04 32.93 | +0.21 | 3 26 48.25 | +18 47 24.5 | 1.010 8032 |
| | 16 | 5332.5 | 55 02 26.09 | +0.09 | 3 30 45.63 | +19 01 31.2 | 1.011 0164 |
| | 17 | 5333.5 | 56 00 17.65 | −0.03 | 3 34 43.56 | +19 15 18.5 | 1.011 2250 |

## FOR 0ʰ TERRESTRIAL TIME

| Date | | Pos. Angle of Axis $P$ | Heliographic | | Horiz. Parallax | Semi-Diameter | Ephemeris Transit |
|------|---|---|---|---|---|---|---|
| | | | Latitude $B_0$ | Longitude $L_0$ | | | |
| | | ° | ° | ° | ʺ | ′ ʺ | h m s |
| Apr. | 1 | − 26.15 | − 6.56 | 287.31 | 8.80 | 16 00.50 | 12 03 52.91 |
| | 2 | − 26.19 | − 6.50 | 274.12 | 8.80 | 16 00.22 | 12 03 35.07 |
| | 3 | − 26.22 | − 6.44 | 260.93 | 8.80 | 15 59.94 | 12 03 17.38 |
| | 4 | − 26.25 | − 6.39 | 247.73 | 8.79 | 15 59.66 | 12 02 59.86 |
| | 5 | − 26.26 | − 6.33 | 234.54 | 8.79 | 15 59.38 | 12 02 42.51 |
| | 6 | − 26.28 | − 6.26 | 221.34 | 8.79 | 15 59.10 | 12 02 25.37 |
| | 7 | − 26.28 | − 6.20 | 208.14 | 8.79 | 15 58.82 | 12 02 08.45 |
| | 8 | − 26.28 | − 6.14 | 194.95 | 8.78 | 15 58.54 | 12 01 51.78 |
| | 9 | − 26.26 | − 6.07 | 181.75 | 8.78 | 15 58.26 | 12 01 35.35 |
| | 10 | − 26.25 | − 6.00 | 168.55 | 8.78 | 15 57.98 | 12 01 19.20 |
| | 11 | − 26.22 | − 5.93 | 155.35 | 8.78 | 15 57.71 | 12 01 03.33 |
| | 12 | − 26.19 | − 5.86 | 142.15 | 8.77 | 15 57.43 | 12 00 47.77 |
| | 13 | − 26.15 | − 5.78 | 128.95 | 8.77 | 15 57.16 | 12 00 32.52 |
| | 14 | − 26.10 | − 5.71 | 115.75 | 8.77 | 15 56.89 | 12 00 17.60 |
| | 15 | − 26.04 | − 5.63 | 102.54 | 8.77 | 15 56.62 | 12 00 03.02 |
| | 16 | − 25.98 | − 5.55 | 89.34 | 8.76 | 15 56.35 | 11 59 48.79 |
| | 17 | − 25.91 | − 5.47 | 76.14 | 8.76 | 15 56.09 | 11 59 34.93 |
| | 18 | − 25.83 | − 5.39 | 62.93 | 8.76 | 15 55.83 | 11 59 21.44 |
| | 19 | − 25.75 | − 5.30 | 49.73 | 8.76 | 15 55.57 | 11 59 08.34 |
| | 20 | − 25.66 | − 5.22 | 36.52 | 8.75 | 15 55.31 | 11 58 55.63 |
| | 21 | − 25.56 | − 5.13 | 23.31 | 8.75 | 15 55.06 | 11 58 43.33 |
| | 22 | − 25.45 | − 5.04 | 10.10 | 8.75 | 15 54.80 | 11 58 31.45 |
| | 23 | − 25.34 | − 4.95 | 356.89 | 8.75 | 15 54.55 | 11 58 19.99 |
| | 24 | − 25.22 | − 4.86 | 343.68 | 8.75 | 15 54.30 | 11 58 08.98 |
| | 25 | − 25.09 | − 4.77 | 330.47 | 8.74 | 15 54.05 | 11 57 58.43 |
| | 26 | − 24.95 | − 4.68 | 317.26 | 8.74 | 15 53.80 | 11 57 48.35 |
| | 27 | − 24.81 | − 4.58 | 304.05 | 8.74 | 15 53.56 | 11 57 38.75 |
| | 28 | − 24.66 | − 4.49 | 290.83 | 8.74 | 15 53.31 | 11 57 29.65 |
| | 29 | − 24.50 | − 4.39 | 277.62 | 8.73 | 15 53.06 | 11 57 21.06 |
| | 30 | − 24.33 | − 4.29 | 264.40 | 8.73 | 15 52.82 | 11 57 13.00 |
| May | 1 | − 24.16 | − 4.19 | 251.19 | 8.73 | 15 52.57 | 11 57 05.48 |
| | 2 | − 23.98 | − 4.09 | 237.97 | 8.73 | 15 52.33 | 11 56 58.51 |
| | 3 | − 23.80 | − 3.99 | 224.75 | 8.72 | 15 52.09 | 11 56 52.09 |
| | 4 | − 23.60 | − 3.89 | 211.53 | 8.72 | 15 51.85 | 11 56 46.24 |
| | 5 | − 23.40 | − 3.78 | 198.32 | 8.72 | 15 51.61 | 11 56 40.96 |
| | 6 | − 23.19 | − 3.68 | 185.10 | 8.72 | 15 51.37 | 11 56 36.26 |
| | 7 | − 22.98 | − 3.57 | 171.88 | 8.72 | 15 51.14 | 11 56 32.14 |
| | 8 | − 22.76 | − 3.46 | 158.66 | 8.71 | 15 50.91 | 11 56 28.60 |
| | 9 | − 22.53 | − 3.36 | 145.43 | 8.71 | 15 50.68 | 11 56 25.65 |
| | 10 | − 22.29 | − 3.25 | 132.21 | 8.71 | 15 50.45 | 11 56 23.29 |
| | 11 | − 22.05 | − 3.14 | 118.99 | 8.71 | 15 50.23 | 11 56 21.52 |
| | 12 | − 21.80 | − 3.03 | 105.77 | 8.71 | 15 50.02 | 11 56 20.33 |
| | 13 | − 21.54 | − 2.92 | 92.54 | 8.70 | 15 49.80 | 11 56 19.71 |
| | 14 | − 21.28 | − 2.80 | 79.32 | 8.70 | 15 49.59 | 11 56 19.68 |
| | 15 | − 21.01 | − 2.69 | 66.09 | 8.70 | 15 49.39 | 11 56 20.21 |
| | 16 | − 20.73 | − 2.58 | 52.87 | 8.70 | 15 49.19 | 11 56 21.30 |
| | 17 | − 20.45 | − 2.46 | 39.64 | 8.70 | 15 48.99 | 11 56 22.94 |

# SUN, 2010

## FOR 0ʰ TERRESTRIAL TIME

| Date | Julian Date | Geometric Ecliptic Coords. Mn Equinox & Ecliptic of Date | | Apparent R. A. | Apparent Declination | True Geocentric Distance |
|------|------|------|------|------|------|------|
| | | Longitude | Latitude | | | |
| | 245 | ° ′ ″ | ″ | h m s | ° ′ ″ | au |
| May 17 | 5333.5 | 56 00 17.65 | −0.03 | 3 34 43.56 | +19 15 18.5 | 1.011 2250 |
| 18 | 5334.5 | 56 58 07.57 | −0.16 | 3 38 42.04 | +19 28 46.2 | 1.011 4292 |
| 19 | 5335.5 | 57 55 55.84 | −0.29 | 3 42 41.06 | +19 41 54.0 | 1.011 6291 |
| 20 | 5336.5 | 58 53 42.42 | −0.41 | 3 46 40.60 | +19 54 41.6 | 1.011 8249 |
| 21 | 5337.5 | 59 51 27.31 | −0.51 | 3 50 40.66 | +20 07 08.7 | 1.012 0169 |
| 22 | 5338.5 | 60 49 10.55 | −0.58 | 3 54 41.22 | +20 19 15.1 | 1.012 2054 |
| 23 | 5339.5 | 61 46 52.15 | −0.63 | 3 58 42.30 | +20 31 00.6 | 1.012 3906 |
| 24 | 5340.5 | 62 44 32.18 | −0.64 | 4 02 43.87 | +20 42 24.9 | 1.012 5729 |
| 25 | 5341.5 | 63 42 10.70 | −0.62 | 4 06 45.93 | +20 53 27.9 | 1.012 7525 |
| 26 | 5342.5 | 64 39 47.78 | −0.57 | 4 10 48.49 | +21 04 09.3 | 1.012 9296 |
| 27 | 5343.5 | 65 37 23.53 | −0.50 | 4 14 51.52 | +21 14 28.9 | 1.013 1042 |
| 28 | 5344.5 | 66 34 58.02 | −0.40 | 4 18 55.02 | +21 24 26.5 | 1.013 2763 |
| 29 | 5345.5 | 67 32 31.34 | −0.28 | 4 22 58.99 | +21 34 01.9 | 1.013 4460 |
| 30 | 5346.5 | 68 30 03.59 | −0.15 | 4 27 03.41 | +21 43 15.0 | 1.013 6131 |
| 31 | 5347.5 | 69 27 34.84 | −0.02 | 4 31 08.27 | +21 52 05.5 | 1.013 7774 |
| June 1 | 5348.5 | 70 25 05.17 | +0.12 | 4 35 13.56 | +22 00 33.2 | 1.013 9389 |
| 2 | 5349.5 | 71 22 34.64 | +0.24 | 4 39 19.26 | +22 08 37.9 | 1.014 0971 |
| 3 | 5350.5 | 72 20 03.30 | +0.35 | 4 43 25.36 | +22 16 19.5 | 1.014 2519 |
| 4 | 5351.5 | 73 17 31.20 | +0.45 | 4 47 31.84 | +22 23 37.7 | 1.014 4030 |
| 5 | 5352.5 | 74 14 58.39 | +0.52 | 4 51 38.69 | +22 30 32.5 | 1.014 5502 |
| 6 | 5353.5 | 75 12 24.89 | +0.57 | 4 55 45.89 | +22 37 03.5 | 1.014 6932 |
| 7 | 5354.5 | 76 09 50.74 | +0.59 | 4 59 53.43 | +22 43 10.8 | 1.014 8316 |
| 8 | 5355.5 | 77 07 15.96 | +0.58 | 5 04 01.27 | +22 48 54.1 | 1.014 9653 |
| 9 | 5356.5 | 78 04 40.54 | +0.54 | 5 08 09.41 | +22 54 13.3 | 1.015 0939 |
| 10 | 5357.5 | 79 02 04.50 | +0.48 | 5 12 17.82 | +22 59 08.4 | 1.015 2172 |
| 11 | 5358.5 | 79 59 27.81 | +0.39 | 5 16 26.48 | +23 03 39.1 | 1.015 3349 |
| 12 | 5359.5 | 80 56 50.46 | +0.28 | 5 20 35.36 | +23 07 45.5 | 1.015 4469 |
| 13 | 5360.5 | 81 54 12.41 | +0.15 | 5 24 44.43 | +23 11 27.4 | 1.015 5529 |
| 14 | 5361.5 | 82 51 33.61 | +0.02 | 5 28 53.66 | +23 14 44.8 | 1.015 6529 |
| 15 | 5362.5 | 83 48 54.03 | −0.11 | 5 33 03.03 | +23 17 37.5 | 1.015 7470 |
| 16 | 5363.5 | 84 46 13.63 | −0.24 | 5 37 12.50 | +23 20 05.6 | 1.015 8352 |
| 17 | 5364.5 | 85 43 32.37 | −0.34 | 5 41 22.04 | +23 22 09.0 | 1.015 9179 |
| 18 | 5365.5 | 86 40 50.26 | −0.43 | 5 45 31.64 | +23 23 47.6 | 1.015 9952 |
| 19 | 5366.5 | 87 38 07.29 | −0.48 | 5 49 41.26 | +23 25 01.5 | 1.016 0676 |
| 20 | 5367.5 | 88 35 23.49 | −0.50 | 5 53 50.88 | +23 25 50.5 | 1.016 1352 |
| 21 | 5368.5 | 89 32 38.90 | −0.49 | 5 58 00.49 | +23 26 14.7 | 1.016 1985 |
| 22 | 5369.5 | 90 29 53.58 | −0.45 | 6 02 10.06 | +23 26 14.2 | 1.016 2577 |
| 23 | 5370.5 | 91 27 07.60 | −0.38 | 6 06 19.58 | +23 25 48.9 | 1.016 3131 |
| 24 | 5371.5 | 92 24 21.03 | −0.28 | 6 10 29.01 | +23 24 58.9 | 1.016 3649 |
| 25 | 5372.5 | 93 21 33.96 | −0.17 | 6 14 38.34 | +23 23 44.2 | 1.016 4132 |
| 26 | 5373.5 | 94 18 46.48 | −0.04 | 6 18 47.56 | +23 22 04.8 | 1.016 4580 |
| 27 | 5374.5 | 95 15 58.68 | +0.10 | 6 22 56.63 | +23 20 00.8 | 1.016 4995 |
| 28 | 5375.5 | 96 13 10.65 | +0.23 | 6 27 05.54 | +23 17 32.2 | 1.016 5375 |
| 29 | 5376.5 | 97 10 22.46 | +0.36 | 6 31 14.28 | +23 14 39.1 | 1.016 5720 |
| 30 | 5377.5 | 98 07 34.20 | +0.48 | 6 35 22.81 | +23 11 21.6 | 1.016 6029 |
| July 1 | 5378.5 | 99 04 45.93 | +0.58 | 6 39 31.12 | +23 07 39.7 | 1.016 6299 |
| 2 | 5379.5 | 100 01 57.73 | +0.66 | 6 43 39.19 | +23 03 33.5 | 1.016 6530 |

## FOR 0ʰ TERRESTRIAL TIME

| Date | | Pos. Angle of Axis $P$ | Heliographic | | Horiz. Parallax | Semi-Diameter | | Ephemeris Transit | | |
|------|--|---------|----------|-----------|---------|-------|--|-------|--|--|
| | | | Latitude $B_0$ | Longitude $L_0$ | | | | | | |
| | | ° | ° | ° | ″ | ′ | ″ | h | m | s |
| May | 17 | − 20.45 | − 2.46 | 39.64 | 8.70 | 15 | 48.99 | 11 | 56 | 22.94 |
| | 18 | − 20.16 | − 2.35 | 26.42 | 8.69 | 15 | 48.80 | 11 | 56 | 25.12 |
| | 19 | − 19.86 | − 2.23 | 13.19 | 8.69 | 15 | 48.61 | 11 | 56 | 27.84 |
| | 20 | − 19.56 | − 2.12 | 359.96 | 8.69 | 15 | 48.43 | 11 | 56 | 31.09 |
| | 21 | − 19.25 | − 2.00 | 346.73 | 8.69 | 15 | 48.25 | 11 | 56 | 34.85 |
| | 22 | − 18.94 | − 1.88 | 333.50 | 8.69 | 15 | 48.07 | 11 | 56 | 39.12 |
| | 23 | − 18.62 | − 1.77 | 320.27 | 8.69 | 15 | 47.90 | 11 | 56 | 43.89 |
| | 24 | − 18.29 | − 1.65 | 307.04 | 8.68 | 15 | 47.73 | 11 | 56 | 49.15 |
| | 25 | − 17.96 | − 1.53 | 293.81 | 8.68 | 15 | 47.56 | 11 | 56 | 54.91 |
| | 26 | − 17.63 | − 1.41 | 280.58 | 8.68 | 15 | 47.40 | 11 | 57 | 01.14 |
| | 27 | − 17.28 | − 1.29 | 267.35 | 8.68 | 15 | 47.23 | 11 | 57 | 07.85 |
| | 28 | − 16.93 | − 1.17 | 254.12 | 8.68 | 15 | 47.07 | 11 | 57 | 15.03 |
| | 29 | − 16.58 | − 1.05 | 240.89 | 8.68 | 15 | 46.91 | 11 | 57 | 22.66 |
| | 30 | − 16.22 | − 0.93 | 227.65 | 8.68 | 15 | 46.76 | 11 | 57 | 30.74 |
| | 31 | − 15.86 | − 0.81 | 214.42 | 8.67 | 15 | 46.60 | 11 | 57 | 39.25 |
| June | 1 | − 15.49 | − 0.69 | 201.19 | 8.67 | 15 | 46.45 | 11 | 57 | 48.19 |
| | 2 | − 15.11 | − 0.57 | 187.95 | 8.67 | 15 | 46.30 | 11 | 57 | 57.54 |
| | 3 | − 14.73 | − 0.45 | 174.72 | 8.67 | 15 | 46.16 | 11 | 58 | 07.27 |
| | 4 | − 14.35 | − 0.33 | 161.48 | 8.67 | 15 | 46.02 | 11 | 58 | 17.39 |
| | 5 | − 13.96 | − 0.21 | 148.25 | 8.67 | 15 | 45.88 | 11 | 58 | 27.87 |
| | 6 | − 13.57 | − 0.09 | 135.02 | 8.67 | 15 | 45.75 | 11 | 58 | 38.69 |
| | 7 | − 13.17 | + 0.03 | 121.78 | 8.67 | 15 | 45.62 | 11 | 58 | 49.83 |
| | 8 | − 12.77 | + 0.15 | 108.55 | 8.66 | 15 | 45.50 | 11 | 59 | 01.27 |
| | 9 | − 12.37 | + 0.27 | 95.31 | 8.66 | 15 | 45.38 | 11 | 59 | 13.00 |
| | 10 | − 11.96 | + 0.39 | 82.08 | 8.66 | 15 | 45.26 | 11 | 59 | 24.97 |
| | 11 | − 11.54 | + 0.52 | 68.84 | 8.66 | 15 | 45.15 | 11 | 59 | 37.18 |
| | 12 | − 11.13 | + 0.64 | 55.60 | 8.66 | 15 | 45.05 | 11 | 59 | 49.60 |
| | 13 | − 10.71 | + 0.76 | 42.37 | 8.66 | 15 | 44.95 | 12 | 00 | 02.19 |
| | 14 | − 10.28 | + 0.88 | 29.13 | 8.66 | 15 | 44.86 | 12 | 00 | 14.93 |
| | 15 | − 9.86 | + 1.00 | 15.90 | 8.66 | 15 | 44.77 | 12 | 00 | 27.79 |
| | 16 | − 9.43 | + 1.11 | 2.66 | 8.66 | 15 | 44.69 | 12 | 00 | 40.75 |
| | 17 | − 9.00 | + 1.23 | 349.42 | 8.66 | 15 | 44.61 | 12 | 00 | 53.77 |
| | 18 | − 8.56 | + 1.35 | 336.19 | 8.66 | 15 | 44.54 | 12 | 01 | 06.83 |
| | 19 | − 8.13 | + 1.47 | 322.95 | 8.66 | 15 | 44.47 | 12 | 01 | 19.90 |
| | 20 | − 7.69 | + 1.59 | 309.71 | 8.65 | 15 | 44.41 | 12 | 01 | 32.97 |
| | 21 | − 7.25 | + 1.71 | 296.48 | 8.65 | 15 | 44.35 | 12 | 01 | 46.01 |
| | 22 | − 6.80 | + 1.82 | 283.24 | 8.65 | 15 | 44.29 | 12 | 01 | 59.00 |
| | 23 | − 6.36 | + 1.94 | 270.00 | 8.65 | 15 | 44.24 | 12 | 02 | 11.92 |
| | 24 | − 5.91 | + 2.05 | 256.76 | 8.65 | 15 | 44.19 | 12 | 02 | 24.74 |
| | 25 | − 5.47 | + 2.17 | 243.53 | 8.65 | 15 | 44.15 | 12 | 02 | 37.46 |
| | 26 | − 5.02 | + 2.28 | 230.29 | 8.65 | 15 | 44.11 | 12 | 02 | 50.04 |
| | 27 | − 4.57 | + 2.40 | 217.05 | 8.65 | 15 | 44.07 | 12 | 03 | 02.48 |
| | 28 | − 4.12 | + 2.51 | 203.82 | 8.65 | 15 | 44.03 | 12 | 03 | 14.74 |
| | 29 | − 3.66 | + 2.62 | 190.58 | 8.65 | 15 | 44.00 | 12 | 03 | 26.82 |
| | 30 | − 3.21 | + 2.74 | 177.34 | 8.65 | 15 | 43.97 | 12 | 03 | 38.69 |
| July | 1 | − 2.76 | + 2.85 | 164.11 | 8.65 | 15 | 43.95 | 12 | 03 | 50.33 |
| | 2 | − 2.31 | + 2.96 | 150.87 | 8.65 | 15 | 43.93 | 12 | 04 | 01.73 |

# SUN, 2010

## FOR 0ʰ TERRESTRIAL TIME

| Date | | Julian Date | Geometric Ecliptic Coords. Mn Equinox & Ecliptic of Date | | Apparent R. A. | Apparent Declination | True Geocentric Distance |
|---|---|---|---|---|---|---|---|
| | | | Longitude | Latitude | | | |
| | | 245 | ° ′ ″ | ″ | h m s | ° ′ ″ | au |
| July | 1 | 5378.5 | 99 04 45.93 | +0.58 | 6 39 31.12 | +23 07 39.7 | 1.016 6299 |
| | 2 | 5379.5 | 100 01 57.73 | +0.66 | 6 43 39.19 | +23 03 33.5 | 1.016 6530 |
| | 3 | 5380.5 | 100 59 09.65 | +0.72 | 6 47 47.01 | +22 59 03.0 | 1.016 6719 |
| | 4 | 5381.5 | 101 56 21.74 | +0.75 | 6 51 54.55 | +22 54 08.5 | 1.016 6864 |
| | 5 | 5382.5 | 102 53 34.06 | +0.75 | 6 56 01.80 | +22 48 49.9 | 1.016 6963 |
| | 6 | 5383.5 | 103 50 46.64 | +0.72 | 7 00 08.73 | +22 43 07.5 | 1.016 7014 |
| | 7 | 5384.5 | 104 47 59.51 | +0.67 | 7 04 15.33 | +22 37 01.3 | 1.016 7012 |
| | 8 | 5385.5 | 105 45 12.69 | +0.58 | 7 08 21.58 | +22 30 31.6 | 1.016 6957 |
| | 9 | 5386.5 | 106 42 26.18 | +0.48 | 7 12 27.47 | +22 23 38.5 | 1.016 6845 |
| | 10 | 5387.5 | 107 39 39.99 | +0.36 | 7 16 32.96 | +22 16 22.1 | 1.016 6674 |
| | 11 | 5388.5 | 108 36 54.08 | +0.22 | 7 20 38.03 | +22 08 42.6 | 1.016 6441 |
| | 12 | 5389.5 | 109 34 08.42 | +0.09 | 7 24 42.67 | +22 00 40.4 | 1.016 6145 |
| | 13 | 5390.5 | 110 31 22.97 | −0.04 | 7 28 46.85 | +21 52 15.5 | 1.016 5786 |
| | 14 | 5391.5 | 111 28 37.68 | −0.16 | 7 32 50.54 | +21 43 28.1 | 1.016 5364 |
| | 15 | 5392.5 | 112 25 52.50 | −0.25 | 7 36 53.73 | +21 34 18.5 | 1.016 4881 |
| | 16 | 5393.5 | 113 23 07.41 | −0.31 | 7 40 56.40 | +21 24 46.9 | 1.016 4339 |
| | 17 | 5394.5 | 114 20 22.39 | −0.35 | 7 44 58.54 | +21 14 53.6 | 1.016 3742 |
| | 18 | 5395.5 | 115 17 37.45 | −0.35 | 7 49 00.13 | +21 04 38.6 | 1.016 3094 |
| | 19 | 5396.5 | 116 14 52.62 | −0.31 | 7 53 01.17 | +20 54 02.4 | 1.016 2397 |
| | 20 | 5397.5 | 117 12 07.94 | −0.25 | 7 57 01.65 | +20 43 05.0 | 1.016 1656 |
| | 21 | 5398.5 | 118 09 23.45 | −0.16 | 8 01 01.56 | +20 31 46.9 | 1.016 0873 |
| | 22 | 5399.5 | 119 06 39.23 | −0.05 | 8 05 00.89 | +20 20 08.1 | 1.016 0051 |
| | 23 | 5400.5 | 120 03 55.34 | +0.07 | 8 08 59.63 | +20 08 08.9 | 1.015 9193 |
| | 24 | 5401.5 | 121 01 11.86 | +0.20 | 8 12 57.79 | +19 55 49.7 | 1.015 8299 |
| | 25 | 5402.5 | 121 58 28.88 | +0.33 | 8 16 55.35 | +19 43 10.6 | 1.015 7373 |
| | 26 | 5403.5 | 122 55 46.48 | +0.46 | 8 20 52.32 | +19 30 11.9 | 1.015 6413 |
| | 27 | 5404.5 | 123 53 04.73 | +0.58 | 8 24 48.69 | +19 16 53.8 | 1.015 5421 |
| | 28 | 5405.5 | 124 50 23.72 | +0.69 | 8 28 44.45 | +19 03 16.6 | 1.015 4397 |
| | 29 | 5406.5 | 125 47 43.52 | +0.77 | 8 32 39.62 | +18 49 20.5 | 1.015 3340 |
| | 30 | 5407.5 | 126 45 04.21 | +0.83 | 8 36 34.19 | +18 35 05.7 | 1.015 2249 |
| | 31 | 5408.5 | 127 42 25.86 | +0.87 | 8 40 28.17 | +18 20 32.7 | 1.015 1123 |
| Aug. | 1 | 5409.5 | 128 39 48.53 | +0.88 | 8 44 21.55 | +18 05 41.5 | 1.014 9961 |
| | 2 | 5410.5 | 129 37 12.28 | +0.86 | 8 48 14.34 | +17 50 32.5 | 1.014 8762 |
| | 3 | 5411.5 | 130 34 37.16 | +0.81 | 8 52 06.54 | +17 35 05.9 | 1.014 7522 |
| | 4 | 5412.5 | 131 32 03.21 | +0.74 | 8 55 58.16 | +17 19 22.1 | 1.014 6241 |
| | 5 | 5413.5 | 132 29 30.48 | +0.64 | 8 59 49.20 | +17 03 21.4 | 1.014 4915 |
| | 6 | 5414.5 | 133 26 58.98 | +0.53 | 9 03 39.65 | +16 47 04.0 | 1.014 3543 |
| | 7 | 5415.5 | 134 24 28.72 | +0.40 | 9 07 29.53 | +16 30 30.2 | 1.014 2121 |
| | 8 | 5416.5 | 135 21 59.70 | +0.26 | 9 11 18.83 | +16 13 40.5 | 1.014 0647 |
| | 9 | 5417.5 | 136 19 31.88 | +0.13 | 9 15 07.55 | +15 56 35.1 | 1.013 9119 |
| | 10 | 5418.5 | 137 17 05.22 | +0.01 | 9 18 55.69 | +15 39 14.3 | 1.013 7535 |
| | 11 | 5419.5 | 138 14 39.68 | −0.09 | 9 22 43.25 | +15 21 38.5 | 1.013 5895 |
| | 12 | 5420.5 | 139 12 15.19 | −0.17 | 9 26 30.23 | +15 03 48.0 | 1.013 4200 |
| | 13 | 5421.5 | 140 09 51.71 | −0.21 | 9 30 16.64 | +14 45 43.2 | 1.013 2452 |
| | 14 | 5422.5 | 141 07 29.19 | −0.22 | 9 34 02.48 | +14 27 24.3 | 1.013 0653 |
| | 15 | 5423.5 | 142 05 07.62 | −0.20 | 9 37 47.76 | +14 08 51.7 | 1.012 8808 |
| | 16 | 5424.5 | 143 02 47.00 | −0.15 | 9 41 32.50 | +13 50 05.7 | 1.012 6919 |

## FOR 0$^h$ TERRESTRIAL TIME

| Date | | Pos. Angle of Axis $P$ | Heliographic | | Horiz. Parallax | Semi-Diameter | Ephemeris Transit |
|------|--|------------------------|--------------|--|-----------------|---------------|-------------------|
| | | | Latitude $B_0$ | Longitude $L_0$ | | | |
| | | ° | ° | ° | ″ | ′ ″ | h m s |
| July | 1 | − 2.76 | + 2.85 | 164.11 | 8.65 | 15 43.95 | 12 03 50.33 |
| | 2 | − 2.31 | + 2.96 | 150.87 | 8.65 | 15 43.93 | 12 04 01.73 |
| | 3 | − 1.85 | + 3.07 | 137.63 | 8.65 | 15 43.91 | 12 04 12.86 |
| | 4 | − 1.40 | + 3.18 | 124.40 | 8.65 | 15 43.89 | 12 04 23.70 |
| | 5 | − 0.94 | + 3.28 | 111.16 | 8.65 | 15 43.89 | 12 04 34.24 |
| | 6 | − 0.49 | + 3.39 | 97.93 | 8.65 | 15 43.88 | 12 04 44.46 |
| | 7 | − 0.04 | + 3.50 | 84.69 | 8.65 | 15 43.88 | 12 04 54.33 |
| | 8 | + 0.41 | + 3.60 | 71.46 | 8.65 | 15 43.89 | 12 05 03.84 |
| | 9 | + 0.87 | + 3.71 | 58.22 | 8.65 | 15 43.90 | 12 05 12.96 |
| | 10 | + 1.32 | + 3.81 | 44.99 | 8.65 | 15 43.91 | 12 05 21.68 |
| | 11 | + 1.77 | + 3.91 | 31.75 | 8.65 | 15 43.93 | 12 05 29.97 |
| | 12 | + 2.22 | + 4.01 | 18.52 | 8.65 | 15 43.96 | 12 05 37.82 |
| | 13 | + 2.66 | + 4.11 | 5.29 | 8.65 | 15 43.99 | 12 05 45.19 |
| | 14 | + 3.11 | + 4.21 | 352.05 | 8.65 | 15 44.03 | 12 05 52.08 |
| | 15 | + 3.55 | + 4.31 | 338.82 | 8.65 | 15 44.08 | 12 05 58.46 |
| | 16 | + 4.00 | + 4.41 | 325.59 | 8.65 | 15 44.13 | 12 06 04.31 |
| | 17 | + 4.44 | + 4.50 | 312.36 | 8.65 | 15 44.18 | 12 06 09.63 |
| | 18 | + 4.88 | + 4.59 | 299.13 | 8.65 | 15 44.24 | 12 06 14.39 |
| | 19 | + 5.31 | + 4.69 | 285.89 | 8.65 | 15 44.31 | 12 06 18.60 |
| | 20 | + 5.75 | + 4.78 | 272.66 | 8.65 | 15 44.38 | 12 06 22.23 |
| | 21 | + 6.18 | + 4.87 | 259.43 | 8.65 | 15 44.45 | 12 06 25.29 |
| | 22 | + 6.61 | + 4.96 | 246.20 | 8.66 | 15 44.53 | 12 06 27.76 |
| | 23 | + 7.04 | + 5.04 | 232.97 | 8.66 | 15 44.61 | 12 06 29.65 |
| | 24 | + 7.46 | + 5.13 | 219.74 | 8.66 | 15 44.69 | 12 06 30.94 |
| | 25 | + 7.88 | + 5.22 | 206.51 | 8.66 | 15 44.78 | 12 06 31.64 |
| | 26 | + 8.30 | + 5.30 | 193.28 | 8.66 | 15 44.87 | 12 06 31.75 |
| | 27 | + 8.72 | + 5.38 | 180.05 | 8.66 | 15 44.96 | 12 06 31.26 |
| | 28 | + 9.13 | + 5.46 | 166.82 | 8.66 | 15 45.05 | 12 06 30.17 |
| | 29 | + 9.54 | + 5.54 | 153.60 | 8.66 | 15 45.15 | 12 06 28.49 |
| | 30 | + 9.95 | + 5.62 | 140.37 | 8.66 | 15 45.25 | 12 06 26.21 |
| | 31 | + 10.35 | + 5.69 | 127.14 | 8.66 | 15 45.36 | 12 06 23.34 |
| Aug. | 1 | + 10.75 | + 5.77 | 113.92 | 8.66 | 15 45.47 | 12 06 19.87 |
| | 2 | + 11.15 | + 5.84 | 100.69 | 8.67 | 15 45.58 | 12 06 15.81 |
| | 3 | + 11.54 | + 5.91 | 87.47 | 8.67 | 15 45.69 | 12 06 11.16 |
| | 4 | + 11.93 | + 5.98 | 74.24 | 8.67 | 15 45.81 | 12 06 05.93 |
| | 5 | + 12.31 | + 6.05 | 61.02 | 8.67 | 15 45.94 | 12 06 00.11 |
| | 6 | + 12.69 | + 6.11 | 47.79 | 8.67 | 15 46.06 | 12 05 53.72 |
| | 7 | + 13.07 | + 6.18 | 34.57 | 8.67 | 15 46.20 | 12 05 46.74 |
| | 8 | + 13.45 | + 6.24 | 21.35 | 8.67 | 15 46.33 | 12 05 39.18 |
| | 9 | + 13.81 | + 6.30 | 8.13 | 8.67 | 15 46.48 | 12 05 31.05 |
| | 10 | + 14.18 | + 6.36 | 354.91 | 8.67 | 15 46.63 | 12 05 22.34 |
| | 11 | + 14.54 | + 6.42 | 341.68 | 8.68 | 15 46.78 | 12 05 13.06 |
| | 12 | + 14.90 | + 6.47 | 328.46 | 8.68 | 15 46.94 | 12 05 03.21 |
| | 13 | + 15.25 | + 6.53 | 315.25 | 8.68 | 15 47.10 | 12 04 52.78 |
| | 14 | + 15.60 | + 6.58 | 302.03 | 8.68 | 15 47.27 | 12 04 41.79 |
| | 15 | + 15.94 | + 6.63 | 288.81 | 8.68 | 15 47.44 | 12 04 30.25 |
| | 16 | + 16.28 | + 6.68 | 275.59 | 8.68 | 15 47.62 | 12 04 18.15 |

## FOR 0ʰ TERRESTRIAL TIME

| Date | | Julian Date | Geometric Ecliptic Coords. Mn Equinox & Ecliptic of Date | | Apparent R. A. | Apparent Declination | True Geocentric Distance |
|---|---|---|---|---|---|---|---|
| | | | Longitude | Latitude | | | |
| | | 245 | ° ′ ″ | ″ | h m s | ° ′ ″ | au |
| Aug. | 16 | 5424.5 | 143 02 47.00 | −0.15 | 9 41 32.50 | +13 50 05.7 | 1.012 6919 |
| | 17 | 5425.5 | 144 00 27.34 | −0.07 | 9 45 16.69 | +13 31 06.7 | 1.012 4992 |
| | 18 | 5426.5 | 144 58 08.68 | +0.03 | 9 49 00.35 | +13 11 54.9 | 1.012 3029 |
| | 19 | 5427.5 | 145 55 51.05 | +0.15 | 9 52 43.49 | +12 52 30.7 | 1.012 1034 |
| | 20 | 5428.5 | 146 53 34.50 | +0.27 | 9 56 26.13 | +12 32 54.3 | 1.011 9009 |
| | 21 | 5429.5 | 147 51 19.11 | +0.40 | 10 00 08.27 | +12 13 06.2 | 1.011 6958 |
| | 22 | 5430.5 | 148 49 04.93 | +0.53 | 10 03 49.93 | +11 53 06.5 | 1.011 4883 |
| | 23 | 5431.5 | 149 46 52.03 | +0.64 | 10 07 31.12 | +11 32 55.6 | 1.011 2785 |
| | 24 | 5432.5 | 150 44 40.48 | +0.75 | 10 11 11.86 | +11 12 33.8 | 1.011 0665 |
| | 25 | 5433.5 | 151 42 30.34 | +0.83 | 10 14 52.17 | +10 52 01.4 | 1.010 8526 |
| | 26 | 5434.5 | 152 40 21.71 | +0.89 | 10 18 32.07 | +10 31 18.7 | 1.010 6366 |
| | 27 | 5435.5 | 153 38 14.63 | +0.93 | 10 22 11.57 | +10 10 25.9 | 1.010 4188 |
| | 28 | 5436.5 | 154 36 09.19 | +0.94 | 10 25 50.69 | + 9 49 23.3 | 1.010 1990 |
| | 29 | 5437.5 | 155 34 05.45 | +0.93 | 10 29 29.46 | + 9 28 11.3 | 1.009 9772 |
| | 30 | 5438.5 | 156 32 03.47 | +0.89 | 10 33 07.88 | + 9 06 50.2 | 1.009 7534 |
| | 31 | 5439.5 | 157 30 03.30 | +0.82 | 10 36 45.98 | + 8 45 20.2 | 1.009 5273 |
| Sept. | 1 | 5440.5 | 158 28 05.00 | +0.73 | 10 40 23.79 | + 8 23 41.7 | 1.009 2989 |
| | 2 | 5441.5 | 159 26 08.62 | +0.62 | 10 44 01.31 | + 8 01 55.0 | 1.009 0680 |
| | 3 | 5442.5 | 160 24 14.17 | +0.49 | 10 47 38.56 | + 7 40 00.4 | 1.008 8343 |
| | 4 | 5443.5 | 161 22 21.69 | +0.36 | 10 51 15.56 | + 7 17 58.3 | 1.008 5977 |
| | 5 | 5444.5 | 162 20 31.18 | +0.23 | 10 54 52.32 | + 6 55 48.9 | 1.008 3577 |
| | 6 | 5445.5 | 163 18 42.61 | +0.10 | 10 58 28.86 | + 6 33 32.8 | 1.008 1143 |
| | 7 | 5446.5 | 164 16 55.96 | 0.00 | 11 02 05.20 | + 6 11 10.1 | 1.007 8672 |
| | 8 | 5447.5 | 165 15 11.17 | −0.09 | 11 05 41.34 | + 5 48 41.3 | 1.007 6162 |
| | 9 | 5448.5 | 166 13 28.19 | −0.14 | 11 09 17.30 | + 5 26 06.6 | 1.007 3613 |
| | 10 | 5449.5 | 167 11 46.93 | −0.16 | 11 12 53.10 | + 5 03 26.6 | 1.007 1026 |
| | 11 | 5450.5 | 168 10 07.33 | −0.15 | 11 16 28.75 | + 4 40 41.5 | 1.006 8403 |
| | 12 | 5451.5 | 169 08 29.35 | −0.11 | 11 20 04.27 | + 4 17 51.6 | 1.006 5747 |
| | 13 | 5452.5 | 170 06 52.96 | −0.04 | 11 23 39.68 | + 3 54 57.3 | 1.006 3062 |
| | 14 | 5453.5 | 171 05 18.13 | +0.06 | 11 27 14.99 | + 3 31 59.0 | 1.006 0351 |
| | 15 | 5454.5 | 172 03 44.87 | +0.17 | 11 30 50.22 | + 3 08 56.9 | 1.005 7618 |
| | 16 | 5455.5 | 173 02 13.19 | +0.29 | 11 34 25.39 | + 2 45 51.5 | 1.005 4868 |
| | 17 | 5456.5 | 174 00 43.11 | +0.42 | 11 38 00.52 | + 2 22 43.0 | 1.005 2103 |
| | 18 | 5457.5 | 174 59 14.67 | +0.54 | 11 41 35.62 | + 1 59 31.8 | 1.004 9326 |
| | 19 | 5458.5 | 175 57 47.91 | +0.65 | 11 45 10.73 | + 1 36 18.1 | 1.004 6541 |
| | 20 | 5459.5 | 176 56 22.88 | +0.75 | 11 48 45.85 | + 1 13 02.4 | 1.004 3750 |
| | 21 | 5460.5 | 177 54 59.61 | +0.84 | 11 52 21.02 | + 0 49 44.9 | 1.004 0955 |
| | 22 | 5461.5 | 178 53 38.17 | +0.90 | 11 55 56.26 | + 0 26 25.9 | 1.003 8159 |
| | 23 | 5462.5 | 179 52 18.61 | +0.94 | 11 59 31.59 | + 0 03 05.8 | 1.003 5363 |
| | 24 | 5463.5 | 180 51 00.99 | +0.95 | 12 03 07.03 | − 0 20 15.2 | 1.003 2568 |
| | 25 | 5464.5 | 181 49 45.37 | +0.93 | 12 06 42.61 | − 0 43 36.7 | 1.002 9775 |
| | 26 | 5465.5 | 182 48 31.80 | +0.89 | 12 10 18.36 | − 1 06 58.4 | 1.002 6984 |
| | 27 | 5466.5 | 183 47 20.35 | +0.82 | 12 13 54.29 | − 1 30 19.9 | 1.002 4196 |
| | 28 | 5467.5 | 184 46 11.07 | +0.73 | 12 17 30.44 | − 1 53 41.1 | 1.002 1410 |
| | 29 | 5468.5 | 185 45 04.01 | +0.63 | 12 21 06.82 | − 2 17 01.5 | 1.001 8625 |
| | 30 | 5469.5 | 186 43 59.21 | +0.50 | 12 24 43.46 | − 2 40 20.7 | 1.001 5840 |
| Oct. | 1 | 5470.5 | 187 42 56.71 | +0.37 | 12 28 20.38 | − 3 03 38.5 | 1.001 3053 |

## FOR 0ʰ TERRESTRIAL TIME

| Date | | Pos. Angle of Axis $P$ | Heliographic | | Horiz. Parallax | Semi-Diameter | Ephemeris Transit |
|---|---|---|---|---|---|---|---|
| | | | Latitude $B_0$ | Longitude $L_0$ | | | |
| | | ° | ° | ° | ″ | ′ ″ | h m s |
| Aug. | 16 | + 16.28 | + 6.68 | 275.59 | 8.68 | 15 47.62 | 12 04 18.15 |
| | 17 | + 16.61 | + 6.73 | 262.37 | 8.69 | 15 47.80 | 12 04 05.52 |
| | 18 | + 16.94 | + 6.77 | 249.15 | 8.69 | 15 47.98 | 12 03 52.36 |
| | 19 | + 17.26 | + 6.81 | 235.94 | 8.69 | 15 48.17 | 12 03 38.69 |
| | 20 | + 17.58 | + 6.85 | 222.72 | 8.69 | 15 48.36 | 12 03 24.52 |
| | 21 | + 17.90 | + 6.89 | 209.50 | 8.69 | 15 48.55 | 12 03 09.86 |
| | 22 | + 18.21 | + 6.93 | 196.29 | 8.69 | 15 48.75 | 12 02 54.73 |
| | 23 | + 18.51 | + 6.96 | 183.07 | 8.70 | 15 48.94 | 12 02 39.14 |
| | 24 | + 18.81 | + 7.00 | 169.86 | 8.70 | 15 49.14 | 12 02 23.12 |
| | 25 | + 19.11 | + 7.03 | 156.65 | 8.70 | 15 49.34 | 12 02 06.67 |
| | 26 | + 19.40 | + 7.06 | 143.43 | 8.70 | 15 49.54 | 12 01 49.82 |
| | 27 | + 19.68 | + 7.09 | 130.22 | 8.70 | 15 49.75 | 12 01 32.59 |
| | 28 | + 19.96 | + 7.11 | 117.01 | 8.71 | 15 49.96 | 12 01 14.99 |
| | 29 | + 20.23 | + 7.13 | 103.80 | 8.71 | 15 50.16 | 12 00 57.03 |
| | 30 | + 20.50 | + 7.15 | 90.59 | 8.71 | 15 50.38 | 12 00 38.75 |
| | 31 | + 20.76 | + 7.17 | 77.38 | 8.71 | 15 50.59 | 12 00 20.15 |
| Sept. | 1 | + 21.02 | + 7.19 | 64.17 | 8.71 | 15 50.80 | 12 00 01.25 |
| | 2 | + 21.27 | + 7.21 | 50.96 | 8.72 | 15 51.02 | 11 59 42.08 |
| | 3 | + 21.52 | + 7.22 | 37.75 | 8.72 | 15 51.24 | 11 59 22.65 |
| | 4 | + 21.76 | + 7.23 | 24.54 | 8.72 | 15 51.46 | 11 59 02.97 |
| | 5 | + 21.99 | + 7.24 | 11.33 | 8.72 | 15 51.69 | 11 58 43.07 |
| | 6 | + 22.22 | + 7.24 | 358.13 | 8.72 | 15 51.92 | 11 58 22.96 |
| | 7 | + 22.44 | + 7.25 | 344.92 | 8.73 | 15 52.15 | 11 58 02.65 |
| | 8 | + 22.66 | + 7.25 | 331.71 | 8.73 | 15 52.39 | 11 57 42.15 |
| | 9 | + 22.87 | + 7.25 | 318.51 | 8.73 | 15 52.63 | 11 57 21.49 |
| | 10 | + 23.08 | + 7.25 | 305.30 | 8.73 | 15 52.88 | 11 57 00.67 |
| | 11 | + 23.28 | + 7.25 | 292.10 | 8.73 | 15 53.13 | 11 56 39.71 |
| | 12 | + 23.47 | + 7.24 | 278.89 | 8.74 | 15 53.38 | 11 56 18.63 |
| | 13 | + 23.66 | + 7.23 | 265.69 | 8.74 | 15 53.63 | 11 55 57.43 |
| | 14 | + 23.84 | + 7.22 | 252.49 | 8.74 | 15 53.89 | 11 55 36.15 |
| | 15 | + 24.02 | + 7.21 | 239.29 | 8.74 | 15 54.15 | 11 55 14.79 |
| | 16 | + 24.19 | + 7.20 | 226.08 | 8.75 | 15 54.41 | 11 54 53.38 |
| | 17 | + 24.35 | + 7.18 | 212.88 | 8.75 | 15 54.67 | 11 54 31.95 |
| | 18 | + 24.51 | + 7.16 | 199.68 | 8.75 | 15 54.93 | 11 54 10.50 |
| | 19 | + 24.66 | + 7.14 | 186.48 | 8.75 | 15 55.20 | 11 53 49.06 |
| | 20 | + 24.80 | + 7.12 | 173.28 | 8.76 | 15 55.46 | 11 53 27.66 |
| | 21 | + 24.94 | + 7.09 | 160.08 | 8.76 | 15 55.73 | 11 53 06.32 |
| | 22 | + 25.07 | + 7.07 | 146.88 | 8.76 | 15 56.00 | 11 52 45.06 |
| | 23 | + 25.20 | + 7.04 | 133.68 | 8.76 | 15 56.26 | 11 52 23.90 |
| | 24 | + 25.32 | + 7.01 | 120.48 | 8.77 | 15 56.53 | 11 52 02.86 |
| | 25 | + 25.43 | + 6.97 | 107.28 | 8.77 | 15 56.80 | 11 51 41.98 |
| | 26 | + 25.53 | + 6.94 | 94.08 | 8.77 | 15 57.06 | 11 51 21.27 |
| | 27 | + 25.63 | + 6.90 | 80.88 | 8.77 | 15 57.33 | 11 51 00.76 |
| | 28 | + 25.72 | + 6.86 | 67.69 | 8.78 | 15 57.59 | 11 50 40.47 |
| | 29 | + 25.81 | + 6.82 | 54.49 | 8.78 | 15 57.86 | 11 50 20.42 |
| | 30 | + 25.88 | + 6.78 | 41.29 | 8.78 | 15 58.13 | 11 50 00.64 |
| Oct. | 1 | + 25.96 | + 6.73 | 28.10 | 8.78 | 15 58.39 | 11 49 41.15 |

# SUN, 2010

## FOR 0ʰ TERRESTRIAL TIME

| Date | | Julian Date | Geometric Ecliptic Coords. Mn Equinox & Ecliptic of Date | | Apparent R. A. | Apparent Declination | True Geocentric Distance |
|------|---|------|----------|----------|-----------|-----------|-----------|
| | | | Longitude | Latitude | | | |
| | | 245 | ° ′ ″ | ″ | h m s | ° ′ ″ | au |
| Oct. | 1 | 5470.5 | 187 42 56.71 | +0.37 | 12 28 20.38 | − 3 03 38.5 | 1.001 3053 |
| | 2 | 5471.5 | 188 41 56.52 | +0.24 | 12 31 57.60 | − 3 26 54.5 | 1.001 0262 |
| | 3 | 5472.5 | 189 40 58.67 | +0.12 | 12 35 35.13 | − 3 50 08.2 | 1.000 7465 |
| | 4 | 5473.5 | 190 40 03.13 | +0.01 | 12 39 13.00 | − 4 13 19.5 | 1.000 4658 |
| | 5 | 5474.5 | 191 39 09.89 | −0.08 | 12 42 51.23 | − 4 36 27.7 | 1.000 1841 |
| | 6 | 5475.5 | 192 38 18.89 | −0.14 | 12 46 29.83 | − 4 59 32.6 | 0.999 9009 |
| | 7 | 5476.5 | 193 37 30.07 | −0.17 | 12 50 08.82 | − 5 22 33.8 | 0.999 6163 |
| | 8 | 5477.5 | 194 36 43.35 | −0.16 | 12 53 48.21 | − 5 45 30.9 | 0.999 3302 |
| | 9 | 5478.5 | 195 35 58.65 | −0.12 | 12 57 28.04 | − 6 08 23.5 | 0.999 0426 |
| | 10 | 5479.5 | 196 35 15.89 | −0.05 | 13 01 08.30 | − 6 31 11.2 | 0.998 7538 |
| | 11 | 5480.5 | 197 34 35.01 | +0.04 | 13 04 49.01 | − 6 53 53.7 | 0.998 4639 |
| | 12 | 5481.5 | 198 33 55.95 | +0.15 | 13 08 30.19 | − 7 16 30.5 | 0.998 1733 |
| | 13 | 5482.5 | 199 33 18.68 | +0.28 | 13 12 11.86 | − 7 39 01.2 | 0.997 8825 |
| | 14 | 5483.5 | 200 32 43.17 | +0.40 | 13 15 54.02 | − 8 01 25.6 | 0.997 5917 |
| | 15 | 5484.5 | 201 32 09.41 | +0.53 | 13 19 36.70 | − 8 23 43.1 | 0.997 3013 |
| | 16 | 5485.5 | 202 31 37.41 | +0.65 | 13 23 19.91 | − 8 45 53.5 | 0.997 0117 |
| | 17 | 5486.5 | 203 31 07.17 | +0.75 | 13 27 03.68 | − 9 07 56.3 | 0.996 7231 |
| | 18 | 5487.5 | 204 30 38.71 | +0.84 | 13 30 48.01 | − 9 29 51.2 | 0.996 4360 |
| | 19 | 5488.5 | 205 30 12.04 | +0.90 | 13 34 32.93 | − 9 51 37.8 | 0.996 1505 |
| | 20 | 5489.5 | 206 29 47.20 | +0.94 | 13 38 18.46 | −10 13 15.7 | 0.995 8669 |
| | 21 | 5490.5 | 207 29 24.21 | +0.96 | 13 42 04.61 | −10 34 44.6 | 0.995 5855 |
| | 22 | 5491.5 | 208 29 03.12 | +0.95 | 13 45 51.41 | −10 56 04.1 | 0.995 3065 |
| | 23 | 5492.5 | 209 28 43.95 | +0.91 | 13 49 38.88 | −11 17 13.8 | 0.995 0301 |
| | 24 | 5493.5 | 210 28 26.77 | +0.84 | 13 53 27.03 | −11 38 13.4 | 0.994 7563 |
| | 25 | 5494.5 | 211 28 11.60 | +0.75 | 13 57 15.89 | −11 59 02.5 | 0.994 4852 |
| | 26 | 5495.5 | 212 27 58.50 | +0.64 | 14 01 05.47 | −12 19 40.7 | 0.994 2170 |
| | 27 | 5496.5 | 213 27 47.51 | +0.52 | 14 04 55.78 | −12 40 07.6 | 0.993 9515 |
| | 28 | 5497.5 | 214 27 38.68 | +0.39 | 14 08 46.85 | −13 00 22.9 | 0.993 6887 |
| | 29 | 5498.5 | 215 27 32.03 | +0.26 | 14 12 38.69 | −13 20 26.1 | 0.993 4285 |
| | 30 | 5499.5 | 216 27 27.59 | +0.14 | 14 16 31.30 | −13 40 16.8 | 0.993 1707 |
| | 31 | 5500.5 | 217 27 25.36 | +0.03 | 14 20 24.71 | −13 59 54.6 | 0.992 9150 |
| Nov. | 1 | 5501.5 | 218 27 25.34 | −0.06 | 14 24 18.92 | −14 19 19.1 | 0.992 6612 |
| | 2 | 5502.5 | 219 27 27.51 | −0.12 | 14 28 13.94 | −14 38 29.9 | 0.992 4090 |
| | 3 | 5503.5 | 220 27 31.82 | −0.16 | 14 32 09.78 | −14 57 26.5 | 0.992 1583 |
| | 4 | 5504.5 | 221 27 38.21 | −0.15 | 14 36 06.46 | −15 16 08.5 | 0.991 9087 |
| | 5 | 5505.5 | 222 27 46.60 | −0.12 | 14 40 03.96 | −15 34 35.6 | 0.991 6601 |
| | 6 | 5506.5 | 223 27 56.90 | −0.05 | 14 44 02.31 | −15 52 47.2 | 0.991 4125 |
| | 7 | 5507.5 | 224 28 09.02 | +0.05 | 14 48 01.49 | −16 10 43.0 | 0.991 1658 |
| | 8 | 5508.5 | 225 28 22.87 | +0.16 | 14 52 01.51 | −16 28 22.5 | 0.990 9203 |
| | 9 | 5509.5 | 226 28 38.36 | +0.29 | 14 56 02.36 | −16 45 45.4 | 0.990 6762 |
| | 10 | 5510.5 | 227 28 55.42 | +0.42 | 15 00 04.05 | −17 02 51.2 | 0.990 4337 |
| | 11 | 5511.5 | 228 29 14.00 | +0.56 | 15 04 06.57 | −17 19 39.5 | 0.990 1931 |
| | 12 | 5512.5 | 229 29 34.03 | +0.68 | 15 08 09.92 | −17 36 09.9 | 0.989 9547 |
| | 13 | 5513.5 | 230 29 55.50 | +0.80 | 15 12 14.10 | −17 52 22.1 | 0.989 7189 |
| | 14 | 5514.5 | 231 30 18.37 | +0.89 | 15 16 19.11 | −18 08 15.5 | 0.989 4860 |
| | 15 | 5515.5 | 232 30 42.63 | +0.97 | 15 20 24.94 | −18 23 49.9 | 0.989 2563 |
| | 16 | 5516.5 | 233 31 08.25 | +1.01 | 15 24 31.60 | −18 39 04.8 | 0.989 0301 |

## FOR 0ʰ TERRESTRIAL TIME

| Date | | Pos. Angle of Axis $P$ | Heliographic | | Horiz. Parallax | Semi-Diameter | Ephemeris Transit |
|---|---|---|---|---|---|---|---|
| | | | Latitude $B_0$ | Longitude $L_0$ | | | |
| | | ° | ° | ° | ″ | ′ ″ | h m s |
| Oct. | 1 | + 25.96 | + 6.73 | 28.10 | 8.78 | 15 58.39 | 11 49 41.15 |
| | 2 | + 26.02 | + 6.68 | 14.90 | 8.79 | 15 58.66 | 11 49 21.97 |
| | 3 | + 26.08 | + 6.63 | 1.71 | 8.79 | 15 58.93 | 11 49 03.11 |
| | 4 | + 26.13 | + 6.58 | 348.51 | 8.79 | 15 59.20 | 11 48 44.61 |
| | 5 | + 26.17 | + 6.53 | 335.32 | 8.79 | 15 59.47 | 11 48 26.47 |
| | 6 | + 26.21 | + 6.47 | 322.12 | 8.80 | 15 59.74 | 11 48 08.72 |
| | 7 | + 26.23 | + 6.42 | 308.93 | 8.80 | 16 00.01 | 11 47 51.37 |
| | 8 | + 26.26 | + 6.36 | 295.74 | 8.80 | 16 00.29 | 11 47 34.42 |
| | 9 | + 26.27 | + 6.30 | 282.55 | 8.80 | 16 00.56 | 11 47 17.91 |
| | 10 | + 26.28 | + 6.23 | 269.35 | 8.81 | 16 00.84 | 11 47 01.84 |
| | 11 | + 26.28 | + 6.17 | 256.16 | 8.81 | 16 01.12 | 11 46 46.23 |
| | 12 | + 26.27 | + 6.10 | 242.97 | 8.81 | 16 01.40 | 11 46 31.09 |
| | 13 | + 26.25 | + 6.03 | 229.78 | 8.81 | 16 01.68 | 11 46 16.44 |
| | 14 | + 26.23 | + 5.96 | 216.59 | 8.82 | 16 01.96 | 11 46 02.30 |
| | 15 | + 26.20 | + 5.89 | 203.39 | 8.82 | 16 02.24 | 11 45 48.68 |
| | 16 | + 26.16 | + 5.82 | 190.20 | 8.82 | 16 02.52 | 11 45 35.61 |
| | 17 | + 26.12 | + 5.74 | 177.01 | 8.82 | 16 02.80 | 11 45 23.10 |
| | 18 | + 26.07 | + 5.66 | 163.82 | 8.83 | 16 03.08 | 11 45 11.17 |
| | 19 | + 26.01 | + 5.58 | 150.63 | 8.83 | 16 03.35 | 11 44 59.83 |
| | 20 | + 25.94 | + 5.50 | 137.44 | 8.83 | 16 03.63 | 11 44 49.12 |
| | 21 | + 25.86 | + 5.42 | 124.25 | 8.83 | 16 03.90 | 11 44 39.04 |
| | 22 | + 25.78 | + 5.33 | 111.06 | 8.84 | 16 04.17 | 11 44 29.62 |
| | 23 | + 25.69 | + 5.25 | 97.87 | 8.84 | 16 04.44 | 11 44 20.87 |
| | 24 | + 25.59 | + 5.16 | 84.68 | 8.84 | 16 04.70 | 11 44 12.81 |
| | 25 | + 25.48 | + 5.07 | 71.50 | 8.84 | 16 04.97 | 11 44 05.46 |
| | 26 | + 25.37 | + 4.98 | 58.31 | 8.85 | 16 05.23 | 11 43 58.84 |
| | 27 | + 25.25 | + 4.89 | 45.12 | 8.85 | 16 05.48 | 11 43 52.96 |
| | 28 | + 25.12 | + 4.79 | 31.93 | 8.85 | 16 05.74 | 11 43 47.84 |
| | 29 | + 24.98 | + 4.70 | 18.74 | 8.85 | 16 05.99 | 11 43 43.50 |
| | 30 | + 24.83 | + 4.60 | 5.56 | 8.85 | 16 06.24 | 11 43 39.94 |
| | 31 | + 24.68 | + 4.50 | 352.37 | 8.86 | 16 06.49 | 11 43 37.19 |
| Nov. | 1 | + 24.52 | + 4.40 | 339.18 | 8.86 | 16 06.74 | 11 43 35.24 |
| | 2 | + 24.35 | + 4.30 | 326.00 | 8.86 | 16 06.99 | 11 43 34.11 |
| | 3 | + 24.17 | + 4.20 | 312.81 | 8.86 | 16 07.23 | 11 43 33.81 |
| | 4 | + 23.99 | + 4.10 | 299.63 | 8.87 | 16 07.47 | 11 43 34.34 |
| | 5 | + 23.80 | + 3.99 | 286.44 | 8.87 | 16 07.72 | 11 43 35.70 |
| | 6 | + 23.60 | + 3.88 | 273.26 | 8.87 | 16 07.96 | 11 43 37.90 |
| | 7 | + 23.39 | + 3.78 | 260.07 | 8.87 | 16 08.20 | 11 43 40.93 |
| | 8 | + 23.17 | + 3.67 | 246.89 | 8.87 | 16 08.44 | 11 43 44.80 |
| | 9 | + 22.95 | + 3.56 | 233.70 | 8.88 | 16 08.68 | 11 43 49.50 |
| | 10 | + 22.72 | + 3.45 | 220.52 | 8.88 | 16 08.91 | 11 43 55.04 |
| | 11 | + 22.48 | + 3.33 | 207.33 | 8.88 | 16 09.15 | 11 44 01.40 |
| | 12 | + 22.23 | + 3.22 | 194.15 | 8.88 | 16 09.38 | 11 44 08.60 |
| | 13 | + 21.97 | + 3.11 | 180.97 | 8.89 | 16 09.61 | 11 44 16.63 |
| | 14 | + 21.71 | + 2.99 | 167.78 | 8.89 | 16 09.84 | 11 44 25.49 |
| | 15 | + 21.44 | + 2.87 | 154.60 | 8.89 | 16 10.07 | 11 44 35.18 |
| | 16 | + 21.16 | + 2.76 | 141.42 | 8.89 | 16 10.29 | 11 44 45.70 |

# SUN, 2010

## FOR 0ʰ TERRESTRIAL TIME

| Date | | Julian Date | Geometric Ecliptic Coords. Mn Equinox & Ecliptic of Date | | Apparent R. A. | Apparent Declination | True Geocentric Distance |
|------|---|------|------|------|------|------|------|
| | | | Longitude | Latitude | | | |
| | | 245 | ° ′ ″ | ″ | h m s | ° ′ ″ | au |
| Nov. | 16 | 5516.5 | 233 31 08.25 | +1.01 | 15 24 31.60 | −18 39 04.8 | 0.989 0301 |
| | 17 | 5517.5 | 234 31 35.24 | +1.03 | 15 28 39.09 | −18 53 59.9 | 0.988 8076 |
| | 18 | 5518.5 | 235 32 03.59 | +1.03 | 15 32 47.39 | −19 08 34.8 | 0.988 5892 |
| | 19 | 5519.5 | 236 32 33.32 | +0.99 | 15 36 56.52 | −19 22 49.2 | 0.988 3751 |
| | 20 | 5520.5 | 237 33 04.43 | +0.92 | 15 41 06.46 | −19 36 42.6 | 0.988 1656 |
| | 21 | 5521.5 | 238 33 36.95 | +0.84 | 15 45 17.21 | −19 50 14.8 | 0.987 9608 |
| | 22 | 5522.5 | 239 34 10.91 | +0.73 | 15 49 28.77 | −20 03 25.4 | 0.987 7609 |
| | 23 | 5523.5 | 240 34 46.35 | +0.60 | 15 53 41.13 | −20 16 14.0 | 0.987 5661 |
| | 24 | 5524.5 | 241 35 23.29 | +0.47 | 15 57 54.28 | −20 28 40.3 | 0.987 3763 |
| | 25 | 5525.5 | 242 36 01.77 | +0.33 | 16 02 08.21 | −20 40 43.9 | 0.987 1915 |
| | 26 | 5526.5 | 243 36 41.83 | +0.20 | 16 06 22.92 | −20 52 24.6 | 0.987 0117 |
| | 27 | 5527.5 | 244 37 23.49 | +0.08 | 16 10 38.38 | −21 03 41.9 | 0.986 8367 |
| | 28 | 5528.5 | 245 38 06.76 | −0.02 | 16 14 54.59 | −21 14 35.5 | 0.986 6662 |
| | 29 | 5529.5 | 246 38 51.63 | −0.09 | 16 19 11.52 | −21 25 05.1 | 0.986 5001 |
| | 30 | 5530.5 | 247 39 38.08 | −0.13 | 16 23 29.17 | −21 35 10.4 | 0.986 3379 |
| Dec. | 1 | 5531.5 | 248 40 26.07 | −0.14 | 16 27 47.52 | −21 44 51.1 | 0.986 1795 |
| | 2 | 5532.5 | 249 41 15.56 | −0.11 | 16 32 06.55 | −21 54 06.8 | 0.986 0246 |
| | 3 | 5533.5 | 250 42 06.45 | −0.05 | 16 36 26.22 | −22 02 57.3 | 0.985 8729 |
| | 4 | 5534.5 | 251 42 58.67 | +0.03 | 16 40 46.53 | −22 11 22.2 | 0.985 7242 |
| | 5 | 5535.5 | 252 43 52.12 | +0.15 | 16 45 07.43 | −22 19 21.5 | 0.985 5785 |
| | 6 | 5536.5 | 253 44 46.69 | +0.27 | 16 49 28.90 | −22 26 54.7 | 0.985 4358 |
| | 7 | 5537.5 | 254 45 42.30 | +0.41 | 16 53 50.91 | −22 34 01.7 | 0.985 2960 |
| | 8 | 5538.5 | 255 46 38.84 | +0.54 | 16 58 13.42 | −22 40 42.3 | 0.985 1594 |
| | 9 | 5539.5 | 256 47 36.22 | +0.67 | 17 02 36.40 | −22 46 56.2 | 0.985 0261 |
| | 10 | 5540.5 | 257 48 34.37 | +0.79 | 17 06 59.82 | −22 52 43.1 | 0.984 8963 |
| | 11 | 5541.5 | 258 49 33.23 | +0.89 | 17 11 23.65 | −22 58 03.0 | 0.984 7703 |
| | 12 | 5542.5 | 259 50 32.72 | +0.97 | 17 15 47.85 | −23 02 55.7 | 0.984 6484 |
| | 13 | 5543.5 | 260 51 32.81 | +1.02 | 17 20 12.40 | −23 07 20.9 | 0.984 5307 |
| | 14 | 5544.5 | 261 52 33.44 | +1.05 | 17 24 37.26 | −23 11 18.6 | 0.984 4176 |
| | 15 | 5545.5 | 262 53 34.59 | +1.05 | 17 29 02.40 | −23 14 48.6 | 0.984 3094 |
| | 16 | 5546.5 | 263 54 36.22 | +1.01 | 17 33 27.80 | −23 17 50.8 | 0.984 2063 |
| | 17 | 5547.5 | 264 55 38.31 | +0.95 | 17 37 53.42 | −23 20 25.1 | 0.984 1085 |
| | 18 | 5548.5 | 265 56 40.86 | +0.86 | 17 42 19.23 | −23 22 31.4 | 0.984 0163 |
| | 19 | 5549.5 | 266 57 43.85 | +0.75 | 17 46 45.20 | −23 24 09.7 | 0.983 9300 |
| | 20 | 5550.5 | 267 58 47.30 | +0.63 | 17 51 11.31 | −23 25 19.9 | 0.983 8498 |
| | 21 | 5551.5 | 268 59 51.22 | +0.49 | 17 55 37.51 | −23 26 01.9 | 0.983 7758 |
| | 22 | 5552.5 | 270 00 55.64 | +0.34 | 18 00 03.78 | −23 26 15.8 | 0.983 7082 |
| | 23 | 5553.5 | 271 02 00.60 | +0.20 | 18 04 30.09 | −23 26 01.4 | 0.983 6470 |
| | 24 | 5554.5 | 272 03 06.13 | +0.07 | 18 08 56.40 | −23 25 18.9 | 0.983 5922 |
| | 25 | 5555.5 | 273 04 12.25 | −0.04 | 18 13 22.69 | −23 24 08.0 | 0.983 5436 |
| | 26 | 5556.5 | 274 05 18.99 | −0.13 | 18 17 48.93 | −23 22 29.0 | 0.983 5011 |
| | 27 | 5557.5 | 275 06 26.35 | −0.18 | 18 22 15.08 | −23 20 21.7 | 0.983 4644 |
| | 28 | 5558.5 | 276 07 34.32 | −0.20 | 18 26 41.11 | −23 17 46.3 | 0.983 4331 |
| | 29 | 5559.5 | 277 08 42.88 | −0.19 | 18 31 07.01 | −23 14 42.7 | 0.983 4069 |
| | 30 | 5560.5 | 278 09 51.98 | −0.14 | 18 35 32.72 | −23 11 11.1 | 0.983 3855 |
| | 31 | 5561.5 | 279 11 01.56 | −0.07 | 18 39 58.23 | −23 07 11.6 | 0.983 3686 |
| | 32 | 5562.5 | 280 12 11.53 | +0.03 | 18 44 23.49 | −23 02 44.3 | 0.983 3559 |

## FOR 0ʰ TERRESTRIAL TIME

| Date | | Pos. Angle of Axis $P$ | Heliographic | | Horiz. Parallax | Semi-Diameter | Ephemeris Transit |
|---|---|---|---|---|---|---|---|
| | | | Latitude $B_0$ | Longitude $L_0$ | | | |
| | | ° | ° | ° | ″ | ′ ″ | h m s |
| Nov. | 16 | + 21.16 | + 2.76 | 141.42 | 8.89 | 16 10.29 | 11 44 45.70 |
| | 17 | + 20.88 | + 2.64 | 128.24 | 8.89 | 16 10.51 | 11 44 57.03 |
| | 18 | + 20.59 | + 2.52 | 115.05 | 8.90 | 16 10.72 | 11 45 09.19 |
| | 19 | + 20.29 | + 2.40 | 101.87 | 8.90 | 16 10.93 | 11 45 22.17 |
| | 20 | + 19.98 | + 2.28 | 88.69 | 8.90 | 16 11.14 | 11 45 35.95 |
| | 21 | + 19.67 | + 2.16 | 75.51 | 8.90 | 16 11.34 | 11 45 50.54 |
| | 22 | + 19.35 | + 2.04 | 62.32 | 8.90 | 16 11.54 | 11 46 05.94 |
| | 23 | + 19.02 | + 1.91 | 49.14 | 8.90 | 16 11.73 | 11 46 22.12 |
| | 24 | + 18.68 | + 1.79 | 35.96 | 8.91 | 16 11.91 | 11 46 39.10 |
| | 25 | + 18.34 | + 1.67 | 22.78 | 8.91 | 16 12.10 | 11 46 56.85 |
| | 26 | + 17.99 | + 1.54 | 9.60 | 8.91 | 16 12.27 | 11 47 15.37 |
| | 27 | + 17.64 | + 1.42 | 356.42 | 8.91 | 16 12.45 | 11 47 34.65 |
| | 28 | + 17.28 | + 1.29 | 343.24 | 8.91 | 16 12.61 | 11 47 54.67 |
| | 29 | + 16.91 | + 1.16 | 330.06 | 8.91 | 16 12.78 | 11 48 15.41 |
| | 30 | + 16.54 | + 1.04 | 316.88 | 8.92 | 16 12.94 | 11 48 36.86 |
| Dec. | 1 | + 16.15 | + 0.91 | 303.70 | 8.92 | 16 13.09 | 11 48 59.00 |
| | 2 | + 15.77 | + 0.78 | 290.52 | 8.92 | 16 13.25 | 11 49 21.80 |
| | 3 | + 15.38 | + 0.66 | 277.34 | 8.92 | 16 13.40 | 11 49 45.24 |
| | 4 | + 14.98 | + 0.53 | 264.17 | 8.92 | 16 13.54 | 11 50 09.29 |
| | 5 | + 14.57 | + 0.40 | 250.99 | 8.92 | 16 13.69 | 11 50 33.92 |
| | 6 | + 14.17 | + 0.27 | 237.81 | 8.92 | 16 13.83 | 11 50 59.10 |
| | 7 | + 13.75 | + 0.15 | 224.63 | 8.93 | 16 13.97 | 11 51 24.81 |
| | 8 | + 13.33 | + 0.02 | 211.46 | 8.93 | 16 14.10 | 11 51 51.00 |
| | 9 | + 12.91 | − 0.11 | 198.28 | 8.93 | 16 14.23 | 11 52 17.65 |
| | 10 | + 12.48 | − 0.24 | 185.10 | 8.93 | 16 14.36 | 11 52 44.72 |
| | 11 | + 12.05 | − 0.37 | 171.93 | 8.93 | 16 14.49 | 11 53 12.19 |
| | 12 | + 11.61 | − 0.50 | 158.75 | 8.93 | 16 14.61 | 11 53 40.02 |
| | 13 | + 11.17 | − 0.62 | 145.58 | 8.93 | 16 14.72 | 11 54 08.19 |
| | 14 | + 10.72 | − 0.75 | 132.40 | 8.93 | 16 14.84 | 11 54 36.65 |
| | 15 | + 10.27 | − 0.88 | 119.23 | 8.93 | 16 14.94 | 11 55 05.38 |
| | 16 | + 9.82 | − 1.01 | 106.05 | 8.94 | 16 15.04 | 11 55 34.35 |
| | 17 | + 9.36 | − 1.13 | 92.88 | 8.94 | 16 15.14 | 11 56 03.52 |
| | 18 | + 8.90 | − 1.26 | 79.70 | 8.94 | 16 15.23 | 11 56 32.87 |
| | 19 | + 8.44 | − 1.39 | 66.53 | 8.94 | 16 15.32 | 11 57 02.36 |
| | 20 | + 7.97 | − 1.51 | 53.35 | 8.94 | 16 15.40 | 11 57 31.96 |
| | 21 | + 7.50 | − 1.64 | 40.18 | 8.94 | 16 15.47 | 11 58 01.64 |
| | 22 | + 7.03 | − 1.76 | 27.00 | 8.94 | 16 15.54 | 11 58 31.38 |
| | 23 | + 6.56 | − 1.89 | 13.83 | 8.94 | 16 15.60 | 11 59 01.14 |
| | 24 | + 6.08 | − 2.01 | 0.66 | 8.94 | 16 15.65 | 11 59 30.90 |
| | 25 | + 5.60 | − 2.13 | 347.48 | 8.94 | 16 15.70 | 12 00 00.62 |
| | 26 | + 5.12 | − 2.26 | 334.31 | 8.94 | 16 15.74 | 12 00 30.27 |
| | 27 | + 4.64 | − 2.38 | 321.14 | 8.94 | 16 15.78 | 12 00 59.83 |
| | 28 | + 4.16 | − 2.50 | 307.97 | 8.94 | 16 15.81 | 12 01 29.25 |
| | 29 | + 3.68 | − 2.62 | 294.80 | 8.94 | 16 15.84 | 12 01 58.52 |
| | 30 | + 3.19 | − 2.74 | 281.63 | 8.94 | 16 15.86 | 12 02 27.59 |
| | 31 | + 2.71 | − 2.86 | 268.45 | 8.94 | 16 15.88 | 12 02 56.42 |
| | 32 | + 2.23 | − 2.98 | 255.28 | 8.94 | 16 15.89 | 12 03 24.99 |

# SUN, 2010

## ICRS GEOCENTRIC RECTANGULAR COORDINATES
## FOR 0$^h$ TERRESTRIAL TIME

| Date | | $x$ | $y$ | $z$ | Date | | $x$ | $y$ | $z$ |
|---|---|---|---|---|---|---|---|---|---|
| | | au | au | au | | | au | au | au |
| Jan. | 0 | +0.158 7927 | −0.890 3460 | −0.385 9875 | Feb. | 15 | +0.819 2918 | −0.506 1254 | −0.219 4190 |
| | 1 | +0.176 0178 | −0.887 5997 | −0.384 7977 | | 16 | +0.829 0562 | −0.492 8895 | −0.213 6805 |
| | 2 | +0.193 1885 | −0.884 5788 | −0.383 4889 | | 17 | +0.838 5648 | −0.479 5020 | −0.207 8764 |
| | 3 | +0.210 3001 | −0.881 2841 | −0.382 0613 | | 18 | +0.847 8146 | −0.465 9673 | −0.202 0087 |
| | 4 | +0.227 3474 | −0.877 7163 | −0.380 5154 | | 19 | +0.856 8030 | −0.452 2900 | −0.196 0792 |
| | 5 | +0.244 3256 | −0.873 8764 | −0.378 8513 | | 20 | +0.865 5275 | −0.438 4747 | −0.190 0901 |
| | 6 | +0.261 2294 | −0.869 7650 | −0.377 0693 | | 21 | +0.873 9858 | −0.424 5260 | −0.184 0433 |
| | 7 | +0.278 0537 | −0.865 3830 | −0.375 1700 | | 22 | +0.882 1756 | −0.410 4484 | −0.177 9408 |
| | 8 | +0.294 7932 | −0.860 7316 | −0.373 1536 | | 23 | +0.890 0949 | −0.396 2467 | −0.171 7846 |
| | 9 | +0.311 4424 | −0.855 8117 | −0.371 0207 | | 24 | +0.897 7418 | −0.381 9254 | −0.165 5766 |
| | 10 | +0.327 9960 | −0.850 6247 | −0.368 7718 | | 25 | +0.905 1146 | −0.367 4890 | −0.159 3189 |
| | 11 | +0.344 4486 | −0.845 1720 | −0.366 4075 | | 26 | +0.912 2116 | −0.352 9422 | −0.153 0132 |
| | 12 | +0.360 7948 | −0.839 4551 | −0.363 9287 | | 27 | +0.919 0314 | −0.338 2892 | −0.146 6615 |
| | 13 | +0.377 0291 | −0.833 4758 | −0.361 3360 | | 28 | +0.925 5724 | −0.323 5344 | −0.140 2656 |
| | 14 | +0.393 1463 | −0.827 2360 | −0.358 6302 | Mar. | 1 | +0.931 8332 | −0.308 6820 | −0.133 8272 |
| | 15 | +0.409 1409 | −0.820 7375 | −0.355 8124 | | 2 | +0.937 8122 | −0.293 7362 | −0.127 3482 |
| | 16 | +0.425 0079 | −0.813 9827 | −0.352 8833 | | 3 | +0.943 5079 | −0.278 7011 | −0.120 8303 |
| | 17 | +0.440 7419 | −0.806 9737 | −0.349 8441 | | 4 | +0.948 9187 | −0.263 5810 | −0.114 2754 |
| | 18 | +0.456 3379 | −0.799 7129 | −0.346 6959 | | 5 | +0.954 0429 | −0.248 3802 | −0.107 6853 |
| | 19 | +0.471 7909 | −0.792 2029 | −0.343 4396 | | 6 | +0.958 8789 | −0.233 1030 | −0.101 0620 |
| | 20 | +0.487 0960 | −0.784 4463 | −0.340 0766 | | 7 | +0.963 4252 | −0.217 7540 | −0.094 4074 |
| | 21 | +0.502 2483 | −0.776 4457 | −0.336 6079 | | 8 | +0.967 6802 | −0.202 3377 | −0.087 7235 |
| | 22 | +0.517 2431 | −0.768 2041 | −0.333 0349 | | 9 | +0.971 6426 | −0.186 8587 | −0.081 0124 |
| | 23 | +0.532 0760 | −0.759 7244 | −0.329 3588 | | 10 | +0.975 3111 | −0.171 3219 | −0.074 2762 |
| | 24 | +0.546 7422 | −0.751 0095 | −0.325 5809 | | 11 | +0.978 6844 | −0.155 7320 | −0.067 5169 |
| | 25 | +0.561 2377 | −0.742 0625 | −0.321 7026 | | 12 | +0.981 7616 | −0.140 0938 | −0.060 7367 |
| | 26 | +0.575 5580 | −0.732 8865 | −0.317 7251 | | 13 | +0.984 5416 | −0.124 4123 | −0.053 9378 |
| | 27 | +0.589 6992 | −0.723 4848 | −0.313 6499 | | 14 | +0.987 0237 | −0.108 6924 | −0.047 1223 |
| | 28 | +0.603 6574 | −0.713 8604 | −0.309 4783 | | 15 | +0.989 2073 | −0.092 9391 | −0.040 2925 |
| | 29 | +0.617 4288 | −0.704 0165 | −0.305 2115 | | 16 | +0.991 0917 | −0.077 1574 | −0.033 4504 |
| | 30 | +0.631 0095 | −0.693 9562 | −0.300 8509 | | 17 | +0.992 6765 | −0.061 3524 | −0.026 5984 |
| | 31 | +0.644 3961 | −0.683 6824 | −0.296 3977 | | 18 | +0.993 9616 | −0.045 5291 | −0.019 7386 |
| Feb. | 1 | +0.657 5847 | −0.673 1982 | −0.291 8532 | | 19 | +0.994 9469 | −0.029 6926 | −0.012 8732 |
| | 2 | +0.670 5716 | −0.662 5065 | −0.287 2186 | | 20 | +0.995 6324 | −0.013 8480 | −0.006 0044 |
| | 3 | +0.683 3530 | −0.651 6102 | −0.282 4951 | | 21 | +0.996 0184 | +0.001 9998 | +0.000 8656 |
| | 4 | +0.695 9249 | −0.640 5124 | −0.277 6841 | | 22 | +0.996 1053 | +0.017 8457 | +0.007 7346 |
| | 5 | +0.708 2835 | −0.629 2162 | −0.272 7869 | | 23 | +0.995 8937 | +0.033 6849 | +0.014 6007 |
| | 6 | +0.720 4247 | −0.617 7250 | −0.267 8050 | | 24 | +0.995 3842 | +0.049 5124 | +0.021 4616 |
| | 7 | +0.732 3448 | −0.606 0420 | −0.262 7399 | | 25 | +0.994 5777 | +0.065 3236 | +0.028 3155 |
| | 8 | +0.744 0397 | −0.594 1710 | −0.257 5930 | | 26 | +0.993 4751 | +0.081 1137 | +0.035 1602 |
| | 9 | +0.755 5057 | −0.582 1154 | −0.252 3661 | | 27 | +0.992 0773 | +0.096 8784 | +0.041 9940 |
| | 10 | +0.766 7390 | −0.569 8790 | −0.247 0607 | | 28 | +0.990 3854 | +0.112 6131 | +0.048 8148 |
| | 11 | +0.777 7361 | −0.557 4658 | −0.241 6787 | | 29 | +0.988 4004 | +0.128 3136 | +0.055 6210 |
| | 12 | +0.788 4933 | −0.544 8797 | −0.236 2216 | | 30 | +0.986 1232 | +0.143 9756 | +0.062 4107 |
| | 13 | +0.799 0072 | −0.532 1248 | −0.230 6914 | | 31 | +0.983 5547 | +0.159 5951 | +0.069 1821 |
| | 14 | +0.809 2744 | −0.519 2053 | −0.225 0899 | Apr. | 1 | +0.980 6957 | +0.175 1677 | +0.075 9333 |
| | 15 | +0.819 2918 | −0.506 1254 | −0.219 4190 | | 2 | +0.977 5473 | +0.190 6892 | +0.082 6626 |

## ICRS GEOCENTRIC RECTANGULAR COORDINATES
## FOR 0$^h$ TERRESTRIAL TIME

| Date | | $x$ | $y$ | $z$ | Date | | $x$ | $y$ | $z$ |
|------|---|-----|-----|-----|------|---|-----|-----|-----|
| | | au | au | au | | | au | au | au |
| Apr. | 1 | +0.980 6957 | +0.175 1677 | +0.075 9333 | May | 17 | +0.567 5165 | +0.767 9037 | +0.332 9039 |
| | 2 | +0.977 5473 | +0.190 6892 | +0.082 6626 | | 18 | +0.553 4693 | +0.776 7107 | +0.336 7213 |
| | 3 | +0.974 1101 | +0.206 1553 | +0.089 3680 | | 19 | +0.539 2643 | +0.785 2941 | +0.340 4418 |
| | 4 | +0.970 3851 | +0.221 5617 | +0.096 0476 | | 20 | +0.524 9061 | +0.793 6516 | +0.344 0644 |
| | 5 | +0.966 3734 | +0.236 9040 | +0.102 6994 | | 21 | +0.510 3992 | +0.801 7813 | +0.347 5883 |
| | 6 | +0.962 0760 | +0.252 1776 | +0.109 3216 | | 22 | +0.495 7482 | +0.809 6811 | +0.351 0127 |
| | 7 | +0.957 4940 | +0.267 3781 | +0.115 9120 | | 23 | +0.480 9574 | +0.817 3495 | +0.354 3369 |
| | 8 | +0.952 6289 | +0.282 5009 | +0.122 4688 | | 24 | +0.466 0312 | +0.824 7846 | +0.357 5602 |
| | 9 | +0.947 4820 | +0.297 5416 | +0.128 9899 | | 25 | +0.450 9739 | +0.831 9849 | +0.360 6818 |
| | 10 | +0.942 0548 | +0.312 4956 | +0.135 4734 | | 26 | +0.435 7896 | +0.838 9489 | +0.363 7011 |
| | 11 | +0.936 3491 | +0.327 3583 | +0.141 9172 | | 27 | +0.420 4826 | +0.845 6749 | +0.366 6175 |
| | 12 | +0.930 3666 | +0.342 1252 | +0.148 3194 | | 28 | +0.405 0569 | +0.852 1615 | +0.369 4301 |
| | 13 | +0.924 1091 | +0.356 7918 | +0.154 6779 | | 29 | +0.389 5167 | +0.858 4070 | +0.372 1384 |
| | 14 | +0.917 5788 | +0.371 3536 | +0.160 9908 | | 30 | +0.373 8660 | +0.864 4099 | +0.374 7415 |
| | 15 | +0.910 7779 | +0.385 8060 | +0.167 2562 | | 31 | +0.358 1090 | +0.870 1687 | +0.377 2388 |
| | 16 | +0.903 7086 | +0.400 1447 | +0.173 4722 | June | 1 | +0.342 2499 | +0.875 6817 | +0.379 6296 |
| | 17 | +0.896 3735 | +0.414 3652 | +0.179 6367 | | 2 | +0.326 2929 | +0.880 9473 | +0.381 9131 |
| | 18 | +0.888 7751 | +0.428 4633 | +0.185 7481 | | 3 | +0.310 2424 | +0.885 9641 | +0.384 0886 |
| | 19 | +0.880 9163 | +0.442 4347 | +0.191 8044 | | 4 | +0.294 1028 | +0.890 7306 | +0.386 1555 |
| | 20 | +0.872 8000 | +0.456 2752 | +0.197 8040 | | 5 | +0.277 8784 | +0.895 2452 | +0.388 1131 |
| | 21 | +0.864 4291 | +0.469 9810 | +0.203 7452 | | 6 | +0.261 5739 | +0.899 5065 | +0.389 9608 |
| | 22 | +0.855 8067 | +0.483 5483 | +0.209 6262 | | 7 | +0.245 1938 | +0.903 5131 | +0.391 6979 |
| | 23 | +0.846 9358 | +0.496 9732 | +0.215 4457 | | 8 | +0.228 7427 | +0.907 2638 | +0.393 3239 |
| | 24 | +0.837 8197 | +0.510 2523 | +0.221 2020 | | 9 | +0.212 2255 | +0.910 7573 | +0.394 8382 |
| | 25 | +0.828 4614 | +0.523 3821 | +0.226 8937 | | 10 | +0.195 6469 | +0.913 9923 | +0.396 2404 |
| | 26 | +0.818 8639 | +0.536 3593 | +0.232 5195 | | 11 | +0.179 0118 | +0.916 9677 | +0.397 5299 |
| | 27 | +0.809 0303 | +0.549 1807 | +0.238 0778 | | 12 | +0.162 3253 | +0.919 6826 | +0.398 7063 |
| | 28 | +0.798 9636 | +0.561 8431 | +0.243 5674 | | 13 | +0.145 5925 | +0.922 1361 | +0.399 7693 |
| | 29 | +0.788 6666 | +0.574 3432 | +0.248 9868 | | 14 | +0.128 8184 | +0.924 3275 | +0.400 7186 |
| | 30 | +0.778 1422 | +0.586 6779 | +0.254 3347 | | 15 | +0.112 0085 | +0.926 2561 | +0.401 5540 |
| May | 1 | +0.767 3934 | +0.598 8440 | +0.259 6095 | | 16 | +0.095 1677 | +0.927 9218 | +0.402 2755 |
| | 2 | +0.756 4229 | +0.610 8381 | +0.264 8099 | | 17 | +0.078 3013 | +0.929 3242 | +0.402 8829 |
| | 3 | +0.745 2339 | +0.622 6571 | +0.269 9344 | | 18 | +0.061 4142 | +0.930 4634 | +0.403 3764 |
| | 4 | +0.733 8293 | +0.634 2975 | +0.274 9816 | | 19 | +0.044 5116 | +0.931 3394 | +0.403 7559 |
| | 5 | +0.722 2123 | +0.645 7561 | +0.279 9498 | | 20 | +0.027 5981 | +0.931 9526 | +0.404 0217 |
| | 6 | +0.710 3862 | +0.657 0295 | +0.284 8378 | | 21 | +0.010 6786 | +0.932 3031 | +0.404 1737 |
| | 7 | +0.698 3542 | +0.668 1146 | +0.289 6441 | | 22 | −0.006 2424 | +0.932 3912 | +0.404 2122 |
| | 8 | +0.686 1198 | +0.679 0080 | +0.294 3671 | | 23 | −0.023 1603 | +0.932 2173 | +0.404 1372 |
| | 9 | +0.673 6864 | +0.689 7065 | +0.299 0055 | | 24 | −0.040 0706 | +0.931 7818 | +0.403 9489 |
| | 10 | +0.661 0578 | +0.700 2069 | +0.303 5579 | | 25 | −0.056 9688 | +0.931 0849 | +0.403 6474 |
| | 11 | +0.648 2376 | +0.710 5060 | +0.308 0229 | | 26 | −0.073 8506 | +0.930 1270 | +0.403 2329 |
| | 12 | +0.635 2297 | +0.720 6007 | +0.312 3992 | | 27 | −0.090 7116 | +0.928 9085 | +0.402 7054 |
| | 13 | +0.622 0380 | +0.730 4879 | +0.316 6853 | | 28 | −0.107 5473 | +0.927 4297 | +0.402 0651 |
| | 14 | +0.608 6666 | +0.740 1647 | +0.320 8801 | | 29 | −0.124 3533 | +0.925 6909 | +0.401 3120 |
| | 15 | +0.595 1196 | +0.749 6280 | +0.324 9822 | | 30 | −0.141 1251 | +0.923 6925 | +0.400 4463 |
| | 16 | +0.581 4015 | +0.758 8753 | +0.328 9905 | July | 1 | −0.157 8583 | +0.921 4349 | +0.399 4682 |
| | 17 | +0.567 5165 | +0.767 9037 | +0.332 9039 | | 2 | −0.174 5483 | +0.918 9186 | +0.398 3777 |

# SUN, 2010

## ICRS GEOCENTRIC RECTANGULAR COORDINATES
### FOR 0$^h$ TERRESTRIAL TIME

| Date | | $x$ | $y$ | $z$ | Date | | $x$ | $y$ | $z$ |
|---|---|---|---|---|---|---|---|---|---|
| | | au | au | au | | | au | au | au |
| July | 1 | −0.157 8583 | +0.921 4349 | +0.399 4682 | Aug. | 16 | −0.807 6856 | +0.560 4879 | +0.242 9861 |
| | 2 | −0.174 5483 | +0.918 9186 | +0.398 3777 | | 17 | −0.817 6639 | +0.547 8737 | +0.237 5180 |
| | 3 | −0.191 1906 | +0.916 1440 | +0.397 1752 | | 18 | −0.827 4081 | +0.535 1046 | +0.231 9828 |
| | 4 | −0.207 7805 | +0.913 1116 | +0.395 8608 | | 19 | −0.836 9158 | +0.522 1842 | +0.226 3821 |
| | 5 | −0.224 3135 | +0.909 8221 | +0.394 4347 | | 20 | −0.846 1844 | +0.509 1161 | +0.220 7175 |
| | 6 | −0.240 7847 | +0.906 2760 | +0.392 8973 | | 21 | −0.855 2115 | +0.495 9041 | +0.214 9905 |
| | 7 | −0.257 1895 | +0.902 4740 | +0.391 2488 | | 22 | −0.863 9946 | +0.482 5517 | +0.209 2026 |
| | 8 | −0.273 5231 | +0.898 4170 | +0.389 4896 | | 23 | −0.872 5314 | +0.469 0625 | +0.203 3554 |
| | 9 | −0.289 7806 | +0.894 1059 | +0.387 6200 | | 24 | −0.880 8195 | +0.455 4402 | +0.197 4503 |
| | 10 | −0.305 9572 | +0.889 5415 | +0.385 6406 | | 25 | −0.888 8567 | +0.441 6884 | +0.191 4890 |
| | 11 | −0.322 0478 | +0.884 7250 | +0.383 5519 | | 26 | −0.896 6405 | +0.427 8106 | +0.185 4730 |
| | 12 | −0.338 0475 | +0.879 6578 | +0.381 3544 | | 27 | −0.904 1688 | +0.413 8106 | +0.179 4039 |
| | 13 | −0.353 9513 | +0.874 3412 | +0.379 0489 | | 28 | −0.911 4392 | +0.399 6919 | +0.173 2832 |
| | 14 | −0.369 7543 | +0.868 7769 | +0.376 6360 | | 29 | −0.918 4494 | +0.385 4583 | +0.167 1125 |
| | 15 | −0.385 4516 | +0.862 9668 | +0.374 1167 | | 30 | −0.925 1972 | +0.371 1136 | +0.160 8935 |
| | 16 | −0.401 0387 | +0.856 9129 | +0.371 4919 | | 31 | −0.931 6804 | +0.356 6614 | +0.154 6278 |
| | 17 | −0.416 5110 | +0.850 6171 | +0.368 7624 | Sept. | 1 | −0.937 8967 | +0.342 1056 | +0.148 3170 |
| | 18 | −0.431 8642 | +0.844 0817 | +0.365 9292 | | 2 | −0.943 8438 | +0.327 4501 | +0.141 9630 |
| | 19 | −0.447 0939 | +0.837 3088 | +0.362 9932 | | 3 | −0.949 5197 | +0.312 6989 | +0.135 5673 |
| | 20 | −0.462 1962 | +0.830 3007 | +0.359 9553 | | 4 | −0.954 9220 | +0.297 8560 | +0.129 1319 |
| | 21 | −0.477 1671 | +0.823 0594 | +0.356 8166 | | 5 | −0.960 0486 | +0.282 9257 | +0.122 6585 |
| | 22 | −0.492 0025 | +0.815 5873 | +0.353 5778 | | 6 | −0.964 8974 | +0.267 9121 | +0.116 1491 |
| | 23 | −0.506 6986 | +0.807 8864 | +0.350 2400 | | 7 | −0.969 4663 | +0.252 8198 | +0.109 6057 |
| | 24 | −0.521 2516 | +0.799 9589 | +0.346 8039 | | 8 | −0.973 7536 | +0.237 6534 | +0.103 0302 |
| | 25 | −0.535 6577 | +0.791 8070 | +0.343 2706 | | 9 | −0.977 7574 | +0.222 4175 | +0.096 4248 |
| | 26 | −0.549 9131 | +0.783 4328 | +0.339 6409 | | 10 | −0.981 4763 | +0.207 1170 | +0.089 7915 |
| | 27 | −0.564 0139 | +0.774 8385 | +0.335 9158 | | 11 | −0.984 9090 | +0.191 7567 | +0.083 1326 |
| | 28 | −0.577 9564 | +0.766 0263 | +0.332 0961 | | 12 | −0.988 0545 | +0.176 3414 | +0.076 4499 |
| | 29 | −0.591 7368 | +0.756 9985 | +0.328 1827 | | 13 | −0.990 9120 | +0.160 8759 | +0.069 7456 |
| | 30 | −0.605 3513 | +0.747 7572 | +0.324 1768 | | 14 | −0.993 4807 | +0.145 3650 | +0.063 0218 |
| | 31 | −0.618 7961 | +0.738 3047 | +0.320 0791 | | 15 | −0.995 7600 | +0.129 8131 | +0.056 2803 |
| Aug. | 1 | −0.632 0673 | +0.728 6433 | +0.315 8908 | | 16 | −0.997 7494 | +0.114 2249 | +0.049 5231 |
| | 2 | −0.645 1611 | +0.718 7755 | +0.311 6128 | | 17 | −0.999 4483 | +0.098 6049 | +0.042 7521 |
| | 3 | −0.658 0736 | +0.708 7037 | +0.307 2461 | | 18 | −1.000 8565 | +0.082 9576 | +0.035 9692 |
| | 4 | −0.670 8011 | +0.698 4303 | +0.302 7920 | | 19 | −1.001 9736 | +0.067 2873 | +0.029 1764 |
| | 5 | −0.683 3395 | +0.687 9580 | +0.298 2515 | | 20 | −1.002 7991 | +0.051 5985 | +0.022 3755 |
| | 6 | −0.695 6850 | +0.677 2894 | +0.293 6258 | | 21 | −1.003 3329 | +0.035 8956 | +0.015 5683 |
| | 7 | −0.707 8336 | +0.666 4272 | +0.288 9161 | | 22 | −1.003 5748 | +0.020 1829 | +0.008 7568 |
| | 8 | −0.719 7815 | +0.655 3744 | +0.284 1237 | | 23 | −1.003 5245 | +0.004 4646 | +0.001 9428 |
| | 9 | −0.731 5246 | +0.644 1339 | +0.279 2500 | | 24 | −1.003 1818 | −0.011 2547 | −0.004 8719 |
| | 10 | −0.743 0590 | +0.632 7091 | +0.274 2965 | | 25 | −1.002 5467 | −0.026 9709 | −0.011 6853 |
| | 11 | −0.754 3811 | +0.621 1034 | +0.269 2646 | | 26 | −1.001 6189 | −0.042 6796 | −0.018 4956 |
| | 12 | −0.765 4872 | +0.609 3202 | +0.264 1559 | | 27 | −1.000 3985 | −0.058 3765 | −0.025 3009 |
| | 13 | −0.776 3739 | +0.597 3633 | +0.258 9721 | | 28 | −0.998 8852 | −0.074 0571 | −0.032 0994 |
| | 14 | −0.787 0378 | +0.585 2364 | +0.253 7147 | | 29 | −0.997 0792 | −0.089 7172 | −0.038 8889 |
| | 15 | −0.797 4760 | +0.572 9433 | +0.248 3855 | | 30 | −0.994 9803 | −0.105 3522 | −0.045 6677 |
| | 16 | −0.807 6856 | +0.560 4879 | +0.242 9861 | Oct. | 1 | −0.992 5886 | −0.120 9576 | −0.052 4338 |

## ICRS GEOCENTRIC RECTANGULAR COORDINATES
## FOR 0$^h$ TERRESTRIAL TIME

| Date | | $x$ | $y$ | $z$ | Date | | $x$ | $y$ | $z$ |
|---|---|---|---|---|---|---|---|---|---|
| | | au | au | au | | | au | au | au |
| Oct. | 1 | −0.992 5886 | −0.120 9576 | −0.052 4338 | Nov. | 16 | −0.590 1407 | −0.728 1897 | −0.315 6807 |
| | 2 | −0.989 9042 | −0.136 5290 | −0.059 1850 | | 17 | −0.575 9651 | −0.737 4313 | −0.319 6871 |
| | 3 | −0.986 9272 | −0.152 0615 | −0.065 9194 | | 18 | −0.561 6147 | −0.746 4472 | −0.323 5958 |
| | 4 | −0.983 6579 | −0.167 5506 | −0.072 6349 | | 19 | −0.547 0938 | −0.755 2347 | −0.327 4056 |
| | 5 | −0.980 0965 | −0.182 9914 | −0.079 3293 | | 20 | −0.532 4066 | −0.763 7912 | −0.331 1154 |
| | 6 | −0.976 2436 | −0.198 3788 | −0.086 0005 | | 21 | −0.517 5574 | −0.772 1144 | −0.334 7242 |
| | 7 | −0.972 1000 | −0.213 7080 | −0.092 6462 | | 22 | −0.502 5504 | −0.780 2017 | −0.338 2308 |
| | 8 | −0.967 6665 | −0.228 9739 | −0.099 2643 | | 23 | −0.487 3899 | −0.788 0507 | −0.341 6342 |
| | 9 | −0.962 9443 | −0.244 1714 | −0.105 8526 | | 24 | −0.472 0800 | −0.795 6591 | −0.344 9334 |
| | 10 | −0.957 9348 | −0.259 2956 | −0.112 4089 | | 25 | −0.456 6250 | −0.803 0244 | −0.348 1272 |
| | 11 | −0.952 6396 | −0.274 3416 | −0.118 9312 | | 26 | −0.441 0291 | −0.810 1443 | −0.351 2145 |
| | 12 | −0.947 0603 | −0.289 3048 | −0.125 4175 | | 27 | −0.425 2968 | −0.817 0163 | −0.354 1943 |
| | 13 | −0.941 1988 | −0.304 1804 | −0.131 8658 | | 28 | −0.409 4324 | −0.823 6380 | −0.357 0655 |
| | 14 | −0.935 0569 | −0.318 9639 | −0.138 2742 | | 29 | −0.393 4405 | −0.830 0069 | −0.359 8270 |
| | 15 | −0.928 6367 | −0.333 6509 | −0.144 6407 | | 30 | −0.377 3256 | −0.836 1207 | −0.362 4777 |
| | 16 | −0.921 9399 | −0.348 2370 | −0.150 9635 | Dec. | 1 | −0.361 0926 | −0.841 9769 | −0.365 0166 |
| | 17 | −0.914 9688 | −0.362 7181 | −0.157 2408 | | 2 | −0.344 7465 | −0.847 5732 | −0.367 4426 |
| | 18 | −0.907 7254 | −0.377 0897 | −0.163 4708 | | 3 | −0.328 2922 | −0.852 9073 | −0.369 7548 |
| | 19 | −0.900 2117 | −0.391 3478 | −0.169 6517 | | 4 | −0.311 7352 | −0.857 9772 | −0.371 9523 |
| | 20 | −0.892 4299 | −0.405 4882 | −0.175 7817 | | 5 | −0.295 0807 | −0.862 7808 | −0.374 0342 |
| | 21 | −0.884 3822 | −0.419 5069 | −0.181 8591 | | 6 | −0.278 3342 | −0.867 3164 | −0.375 9999 |
| | 22 | −0.876 0708 | −0.433 3998 | −0.187 8821 | | 7 | −0.261 5013 | −0.871 5823 | −0.377 8486 |
| | 23 | −0.867 4979 | −0.447 1630 | −0.193 8490 | | 8 | −0.244 5875 | −0.875 5771 | −0.379 5797 |
| | 24 | −0.858 6658 | −0.460 7925 | −0.199 7581 | | 9 | −0.227 5983 | −0.879 2994 | −0.381 1928 |
| | 25 | −0.849 5768 | −0.474 2844 | −0.205 6076 | | 10 | −0.210 5394 | −0.882 7481 | −0.382 6873 |
| | 26 | −0.840 2331 | −0.487 6347 | −0.211 3959 | | 11 | −0.193 4162 | −0.885 9223 | −0.384 0629 |
| | 27 | −0.830 6370 | −0.500 8395 | −0.217 1211 | | 12 | −0.176 2343 | −0.888 8211 | −0.385 3193 |
| | 28 | −0.820 7910 | −0.513 8948 | −0.222 7816 | | 13 | −0.158 9990 | −0.891 4437 | −0.386 4560 |
| | 29 | −0.810 6973 | −0.526 7967 | −0.228 3756 | | 14 | −0.141 7159 | −0.893 7894 | −0.387 4728 |
| | 30 | −0.800 3585 | −0.539 5410 | −0.233 9012 | | 15 | −0.124 3903 | −0.895 8578 | −0.388 3695 |
| | 31 | −0.789 7770 | −0.552 1238 | −0.239 3568 | | 16 | −0.107 0276 | −0.897 6483 | −0.389 1460 |
| Nov. | 1 | −0.778 9556 | −0.564 5410 | −0.244 7404 | | 17 | −0.089 6331 | −0.899 1606 | −0.389 8019 |
| | 2 | −0.767 8971 | −0.576 7882 | −0.250 0502 | | 18 | −0.072 2121 | −0.900 3945 | −0.390 3373 |
| | 3 | −0.756 6043 | −0.588 8614 | −0.255 2844 | | 19 | −0.054 7697 | −0.901 3497 | −0.390 7521 |
| | 4 | −0.745 0805 | −0.600 7564 | −0.260 4412 | | 20 | −0.037 3112 | −0.902 0262 | −0.391 0460 |
| | 5 | −0.733 3290 | −0.612 4689 | −0.265 5187 | | 21 | −0.019 8417 | −0.902 4238 | −0.391 2192 |
| | 6 | −0.721 3533 | −0.623 9949 | −0.270 5151 | | 22 | −0.002 3661 | −0.902 5425 | −0.391 2714 |
| | 7 | −0.709 1572 | −0.635 3304 | −0.275 4288 | | 23 | +0.015 1104 | −0.902 3822 | −0.391 2027 |
| | 8 | −0.696 7446 | −0.646 4715 | −0.280 2582 | | 24 | +0.032 5829 | −0.901 9428 | −0.391 0129 |
| | 9 | −0.684 1195 | −0.657 4146 | −0.285 0016 | | 25 | +0.050 0464 | −0.901 2244 | −0.390 7021 |
| | 10 | −0.671 2859 | −0.668 1561 | −0.289 6576 | | 26 | +0.067 4956 | −0.900 2267 | −0.390 2700 |
| | 11 | −0.658 2481 | −0.678 6926 | −0.294 2248 | | 27 | +0.084 9255 | −0.898 9498 | −0.389 7168 |
| | 12 | −0.645 0101 | −0.689 0208 | −0.298 7017 | | 28 | +0.102 3307 | −0.897 3935 | −0.389 0422 |
| | 13 | −0.631 5761 | −0.699 1376 | −0.303 0870 | | 29 | +0.119 7059 | −0.895 5581 | −0.388 2465 |
| | 14 | −0.617 9504 | −0.709 0400 | −0.307 3795 | | 30 | +0.137 0454 | −0.893 4435 | −0.387 3296 |
| | 15 | −0.604 1372 | −0.718 7250 | −0.311 5778 | | 31 | +0.154 3438 | −0.891 0502 | −0.386 2917 |
| | 16 | −0.590 1407 | −0.728 1897 | −0.315 6807 | | 32 | +0.171 5954 | −0.888 3785 | −0.385 1329 |

## CONTENTS OF SECTION D

> **WWW** This symbol indicates that these data or auxiliary material may also be found on *The Astronomical Almanac Online* at **http://asa.usno.navy.mil** and **http://asa.hmnao.com**

NOTE: All the times on this page are expressed in Universal Time (UT1).

### PHASES OF THE MOON

| Lunation | New Moon | First Quarter | Full Moon | Last Quarter |
|---|---|---|---|---|
|  | d h m | d h m | d h m | d h m |
| 1076 |  |  |  | Jan. 7 10 39 |
| 1077 | Jan. 15 07 11 | Jan. 23 10 53 | Jan. 30 06 18 | Feb. 5 23 48 |
| 1078 | Feb. 14 02 51 | Feb. 22 00 42 | Feb. 28 16 38 | Mar. 7 15 42 |
| 1079 | Mar. 15 21 01 | Mar. 23 11 00 | Mar. 30 02 25 | Apr. 6 09 37 |
| 1080 | Apr. 14 12 29 | Apr. 21 18 20 | Apr. 28 12 18 | May 6 04 15 |
| 1081 | May 14 01 04 | May 20 23 43 | May 27 23 07 | June 4 22 13 |
| 1082 | June 12 11 15 | June 19 04 29 | June 26 11 30 | July 4 14 35 |
| 1083 | July 11 19 40 | July 18 10 11 | July 26 01 37 | Aug. 3 04 59 |
| 1084 | Aug. 10 03 08 | Aug. 16 18 14 | Aug. 24 17 05 | Sept. 1 17 22 |
| 1085 | Sept. 8 10 30 | Sept. 15 05 50 | Sept. 23 09 17 | Oct. 1 03 52 |
| 1086 | Oct. 7 18 44 | Oct. 14 21 27 | Oct. 23 01 37 | Oct. 30 12 46 |
| 1087 | Nov. 6 04 52 | Nov. 13 16 39 | Nov. 21 17 27 | Nov. 28 20 36 |
| 1088 | Dec. 5 17 36 | Dec. 13 13 59 | Dec. 21 08 13 | Dec. 28 04 18 |

### MOON AT PERIGEE

| d h | d h | d h |
|---|---|---|
| Jan. 1 21 | May 20 09 | Oct. 6 14 |
| Jan. 30 09 | June 15 15 | Nov. 3 17 |
| Feb. 27 22 | July 13 11 | Nov. 30 19 |
| Mar. 28 05 | Aug. 10 18 | Dec. 25 12 |
| Apr. 24 21 | Sept. 8 04 |  |

### MOON AT APOGEE

| d h | d h | d h |
|---|---|---|
| Jan. 17 02 | June 3 17 | Oct. 18 18 |
| Feb. 13 02 | July 1 10 | Nov. 15 12 |
| Mar. 12 10 | July 29 00 | Dec. 13 09 |
| Apr. 9 03 | Aug. 25 06 |  |
| May 6 22 | Sept. 21 08 |  |

## NOTES AND FORMULAE

### Mean elements of the orbit of the Moon

The following expressions for the mean elements of the Moon are based on the fundamental arguments developed by Simon *et al.* (*Astron. & Astrophys.*, **282**, 663, 1994). The angular elements are referred to the mean equinox and ecliptic of date. The time argument ($d$) is the interval in days from 2010 January 0 at $0^h$ TT. These expressions are intended for use during 2010 only.

$$d = JD - 245\ 5196 \cdot 5 = \text{day of year (from B4–B5)} + \text{fraction of day from } 0^h \text{ TT}$$

Mean longitude of the Moon, measured in the ecliptic to the mean ascending node and then along the mean orbit:

$$L' = 91°928\ 354 + 13 \cdot 176\ 396\ 47\,d$$

Mean longitude of the lunar perigee, measured as for $L'$:

$$\Gamma' = 130°143\ 100 + 0 \cdot 111\ 403\ 47\,d$$

Mean longitude of the mean ascending node of the lunar orbit on the ecliptic:

$$\Omega = 291°683\ 903 - 0 \cdot 052\ 953\ 75\,d$$

Mean elongation of the Moon from the Sun:

$$D = L' - L = 172°370\ 573 + 12 \cdot 190\ 749\ 11\,d$$

Mean inclination of the lunar orbit to the ecliptic: $5°156\ 6898$.

### Mean elements of the rotation of the Moon

The following expressions give the mean elements of the mean equator of the Moon, referred to the true equator of the Earth, during 2010 to a precision of about $0°001$; the time-argument $d$ is as defined above for the orbital elements.

Inclination of the mean equator of the Moon to the true equator of the Earth:

$$i = 22°9107 + 0 \cdot 001\ 368\,d + 0 \cdot 000\ 000\ 096\,d^2$$

Arc of the mean equator of the Moon from its ascending node on the true equator of the Earth to its ascending node on the ecliptic of date:

$$\Delta = 108°3014 - 0 \cdot 053\ 994\,d + 0 \cdot 000\ 001\ 549\,d^2$$

Arc of the true equator of the Earth from the true equinox of date to the ascending node of the mean equator of the Moon:

$$\Omega' = +3°6842 + 0 \cdot 001\ 151\,d - 0 \cdot 000\ 001\ 683\,d^2$$

The inclination ($I$) of the mean lunar equator to the ecliptic: $1°\ 32'\ 33''6$.

The ascending node of the mean lunar equator on the ecliptic is at the descending node of the mean lunar orbit on the ecliptic, that is at longitude $\Omega + 180°$.

### Lengths of mean months

The lengths of the mean months at 2010·0, as derived from the mean orbital elements are:

| | | d | d h m s |
|---|---|---|---|
| synodic month | (new moon to new moon) | 29·530 589 | 29 12 44 02·9 |
| tropical month | (equinox to equinox) | 27·321 582 | 27 07 43 04·7 |
| sidereal month | (fixed star to fixed star) | 27·321 662 | 27 07 43 11·6 |
| anomalistic month | (perigee to perigee) | 27·554 550 | 27 13 18 33·1 |
| draconic month | (node to node) | 27·212 221 | 27 05 05 35·9 |

## NOTES AND FORMULAE

### Geocentric coordinates

The apparent longitude ($\lambda$) and latitude ($\beta$) of the Moon given on pages D6–D20 are referred to the ecliptic of date: the apparent right ascension ($\alpha$) and declination ($\delta$) are referred to the true equator of date. These coordinates are primarily intended for planning purposes. The true distance ($r$) is expressed in Earth-radii.

The maximum errors which may result if Bessel's second-order interpolation formula is used are as follows:

| $\lambda$ | $\beta$ | $\alpha$ | $\delta$ | $r$ | $\pi$ | $s$ |
|---|---|---|---|---|---|---|
| $\pm0°.02$ | $\pm0°.02$ | $\pm2°.4$ | $\pm24''$ | $\pm0.002$ | $\pm0''.07$ | $\pm0''.02$ |

More precise values of right ascension, declination and horizontal parallax may be obtained by using the polynomial coefficients given on *The Astronomical Almanac Online*. Precise values of true distance and semi-diameter may be obtained from the parallax using:

$$r = 6\ 378.1366/\sin\pi \text{ km} \qquad \sin s = 0.272\ 399 \sin\pi$$

The tabulated values are all referred to the centre of the Earth, and may differ from the topocentric values by up to about 1 degree in angle and 2 per cent in distance.

### Time of transit of the Moon

The TT of upper (or lower) transit of the Moon over a local meridian may be obtained by interpolation in the tabulation of the time of upper (or lower) transit over the ephemeris meridian given on pages D6–D20, where the first differences are about 25 hours. The interpolation factor $p$ is given by:

$$p = -\lambda + 1.002\ 738\ \Delta T$$

where $\lambda$ is the *east* longitude and the right-hand side is expressed in days. (Divide longitude in degrees by 360 and $\Delta T$ in seconds by 86 400). During 2010 it is expected that $\Delta T$ will be about 66 seconds, so that the second term is about $+0.000\ 76$ days. In general, second-order differences are sufficient to give times to a few seconds, but higher-order differences must be taken into account if a precision of better than 1 second is required. The UT1 of transit is obtained by subtracting $\Delta T$ from the TT of transit, which is obtained by interpolation.

### Topocentric coordinates

The topocentric equatorial rectangular coordinates of the Moon ($x'$, $y'$, $z'$), referred to the true equinox of date, are equal to the geocentric equatorial rectangular coordinates of the Moon *minus* the geocentric equatorial rectangular coordinates of the observer. Hence, the topocentric right ascension ($\alpha'$), declination ($\delta'$) and distance ($r'$) of the Moon may be calculated from the formulae:

$$x' = r' \cos\delta' \cos\alpha' = r \cos\delta \cos\alpha - \rho \cos\phi' \cos\theta_0$$
$$y' = r' \cos\delta' \sin\alpha' = r \cos\delta \sin\alpha - \rho \cos\phi' \sin\theta_0$$
$$z' = r' \sin\delta' \qquad\quad = r \sin\delta \qquad - \rho \sin\phi'$$

where $\theta_0$ is the local apparent sidereal time (see B11) and $\rho$ and $\phi'$ are the geocentric distance and latitude of the observer.

Then $$r'^2 = x'^2 + y'^2 + z'^2, \quad \alpha' = \tan^{-1}(y'/x'), \quad \delta' = \sin^{-1}(z'/r')$$

The topocentric hour angle ($h'$) may be calculated from $h' = \theta_0 - \alpha'$.

### Physical ephemeris

See page D4 for notes on the physical ephemeris of the Moon on pages D7–D21.

### NOTES AND FORMULAE

**Appearance of the Moon**

The quantities tabulated in the ephemeris for physical observations of the Moon on odd pages D7–D21 represent the geocentric aspect and illumination of the Moon's disk. For most purposes it is sufficient to regard the instant of tabulation as $0^h$ universal time. The fraction illuminated (or phase) is the ratio of the illuminated area to the total area of the lunar disk; it is also the fraction of the diameter illuminated perpendicular to the line of cusps. This quantity indicates the general aspect of the Moon, while the precise times of the four principal phases are given on pages A1 and D1; they are the times when the apparent longitudes of the Moon and Sun differ by $0°$, $90°$, $180°$ and $270°$.

The position angle of the bright limb is measured anticlockwise around the disk from the north point (of the hour circle through the centre of the apparent disk) to the midpoint of the bright limb. Before full moon the morning terminator is visible and the position angle of the northern cusp is $90°$ greater than the position angle of the bright limb; after full moon the evening terminator is visible and the position angle of the northern cusp is $90°$ less than the position angle of the bright limb.

The brightness of the Moon is determined largely by the fraction illuminated, but it also depends on the distance of the Moon, on the nature of the part of the lunar surface that is illuminated, and on other factors. The integrated visual magnitude of the full Moon at mean distance is about $-12.7$. The crescent Moon is not normally visible to the naked eye when the phase is less than $0.01$, but much depends on the conditions of observation.

**Selenographic coordinates**

The positions of points on the Moon's surface are specified by a system of selenographic coordinates, in which latitude is measured positively to the north from the equator of the pole of rotation, and longitude is measured positively to the east on the selenocentric celestial sphere from the lunar meridian through the mean centre of the apparent disk. Selenographic longitudes are measured positive to the west (towards Mare Crisium) on the apparent disk; this sign convention implies that the longitudes of the Sun and of the terminators are decreasing functions of time, and so for some purposes it is convenient to use colongitude which is $90°$ (or $450°$) minus longitude.

The tabulated values of the Earth's selenographic longitude and latitude specify the sub-terrestrial point on the Moon's surface (that is, the centre of the apparent disk). The position angle of the axis of rotation is measured anticlockwise from the north point, and specifies the orientation of the lunar meridian through the sub-terrestrial point, which is the pole of the great circle that corresponds to the limb of the Moon.

The tabulated values of the Sun's selenographic colongitude and latitude specify the sub-solar point of the Moon's surface (that is at the pole of the great circle that bounds the illuminated hemisphere). The following relations hold approximately:

longitude of morning terminator $= 360°$ $-$ colongitude of Sun
longitude of evening terminator $= 180°$ (or $540°$) $-$ colongitude of Sun

The altitude $(a)$ of the Sun above the lunar horizon at a point at selenographic longitude and latitude $(l, b)$ may be calculated from:

$$\sin a = \sin b_0 \sin b + \cos b_0 \cos b \sin (c_0 + l)$$

where $(c_0, b_0)$ are the Sun's colongitude and latitude at the time.

## NOTES AND FORMULAE

### Librations of the Moon

On average the same hemisphere of the Moon is always turned to the Earth but there is a periodic oscillation or libration of the apparent position of the lunar surface that allows about 59 per cent of the surface to be seen from the Earth. The libration is due partly to a physical libration, which is an oscillation of the actual rotational motion about its mean rotation, but mainly to the much larger geocentric optical libration, which results from the non-uniformity of the revolution of the Moon around the centre of the Earth. Both of these effects are taken into account in the computation of the Earth's selenographic longitude ($l$) and latitude ($b$) and of the position angle ($C$) of the axis of rotation. The contributions due to the physical libration are tabulated separately. There is a further contribution to the optical libration due to the difference between the viewpoints of the observer on the surface of the Earth and of the hypothetical observer at the centre of the Earth. These topocentric optical librations may be as much as 1° and have important effects on the apparent contour of the limb.

When the libration in longitude, that is the selenographic longitude of the Earth, is positive the mean centre of the disk is displaced eastwards on the celestial sphere, exposing to view a region on the west limb. When the libration in latitude, or selenographic latitude of the Earth, is positive the mean centre of the disk is displaced towards the south, and a region on the north limb is exposed to view. In a similar way the selenographic coordinates of the Sun show which regions of the lunar surface are illuminated.

Differential corrections to be applied to the tabular geocentric librations to form the topocentric librations may be computed from the following formulae:

$$\Delta l = -\pi' \sin (Q - C) \sec b$$
$$\Delta b = +\pi' \cos (Q - C)$$
$$\Delta C = + \sin (b + \Delta b) \Delta l - \pi' \sin Q \tan \delta$$

where $Q$ is the geocentric parallactic angle of the Moon and $\pi'$ is the topocentric horizontal parallax. The latter is obtained from the geocentric horizontal parallax ($\pi$), which is tabulated on even pages D6–D20 by using:

$$\pi' = \pi (\sin z + 0 \cdot 0084 \sin 2z)$$

where $z$ is the geocentric zenith distance of the Moon. The values of $z$ and $Q$ may be calculated from the geocentric right ascension ($\alpha$) and declination ($\delta$) of the Moon by using:

$$\sin z \sin Q = \cos \phi \sin h$$
$$\sin z \cos Q = \cos \delta \sin \phi - \sin \delta \cos \phi \cos h$$
$$\cos z = \sin \delta \sin \phi + \cos \delta \cos \phi \cos h$$

where $\phi$ is the geocentric latitude of the observer and $h$ is the local hour angle of the Moon, given by:

$$h = \text{local apparent sidereal time} - \alpha$$

Second differences must be taken into account in the interpolation of the tabular geocentric librations to the time of observation.

# MOON, 2010

## FOR 0ʰ TERRESTRIAL TIME

| Date 0ʰ TT | Apparent Long. | Lat. | Apparent R.A. | Dec. | True Dist. | Horiz. Parallax | Semi-diameter | Ephemeris Transit for date Upper | Lower |
|---|---|---|---|---|---|---|---|---|---|
| | ° | ° | h m s | ° ′ ″ | | ′ ″ | ′ ″ | h | h |
| **Jan. 0** | 88·28 | +2·05 | 5 52 23·93 | +25 28 53·4 | 56·735 | 60 35·79 | 16 30·34 | . . . | 11·7398 |
| 1 | 103·23 | +0·72 | 6 57 48·86 | +23 30 05·5 | 56·344 | 61 01·03 | 16 37·21 | 00·2723 | 12·7941 |
| 2 | 118·30 | −0·67 | 8 01 04·33 | +19 50 48·3 | 56·239 | 61 07·83 | 16 39·06 | 01·3014 | 13·7920 |
| 3 | 133·35 | −2·01 | 9 00 52·56 | +14 53 09·3 | 56·421 | 60 56·02 | 16 35·85 | 02·2651 | 14·7212 |
| 4 | 148·22 | −3·20 | 9 57 04·23 | + 9 05 01·0 | 56·856 | 60 28·06 | 16 28·23 | 03·1620 | 15·5895 |
| 5 | 162·83 | −4·16 | 10 50 18·23 | + 2 53 45·2 | 57·487 | 59 48·22 | 16 17·38 | 04·0063 | 16·4149 |
| 6 | 177·08 | −4·84 | 11 41 36·00 | − 3 17 01·8 | 58·246 | 59 01·46 | 16 04·65 | 04·8182 | 17·2185 |
| 7 | 190·97 | −5·22 | 12 32 03·10 | − 9 08 06·1 | 59·064 | 58 12·40 | 15 51·29 | 05·6184 | 18·0198 |
| 8 | 204·47 | −5·29 | 13 22 38·10 | −14 23 49·2 | 59·882 | 57 24·66 | 15 38·28 | 06·4246 | 18·8342 |
| 9 | 217·62 | −5·08 | 14 14 04·75 | −18 51 05·7 | 60·657 | 56 40·69 | 15 26·31 | 07·2493 | 19·6703 |
| 10 | 230·46 | −4·62 | 15 06 45·08 | −22 18 48·9 | 61·357 | 56 01·84 | 15 15·73 | 08·0969 | 20·5284 |
| 11 | 243·02 | −3·95 | 16 00 33·74 | −24 38 04·0 | 61·970 | 55 28·62 | 15 06·68 | 08·9631 | 21·3992 |
| 12 | 255·37 | −3·10 | 16 54 57·42 | −25 43 05·7 | 62·489 | 55 00·98 | 14 59·15 | 09·8344 | 22·2663 |
| 13 | 267·53 | −2·13 | 17 49 02·98 | −25 32 26·8 | 62·915 | 54 38·59 | 14 53·05 | 10·6927 | 23·1115 |
| 14 | 279·55 | −1·07 | 18 41 53·50 | −24 09 28·5 | 63·253 | 54 21·09 | 14 48·28 | 11·5212 | 23·9207 |
| 15 | 291·46 | +0·03 | 19 32 45·41 | −21 41 45·9 | 63·503 | 54 08·26 | 14 44·79 | 12·3095 | . . . |
| 16 | 303·30 | +1·12 | 20 21 18·84 | −18 19 39·5 | 63·662 | 54 00·13 | 14 42·58 | 13·0554 | 00·6875 |
| 17 | 315·10 | +2·16 | 21 07 38·68 | −14 14 35·2 | 63·723 | 53 57·04 | 14 41·73 | 13·7642 | 01·4138 |
| 18 | 326·90 | +3·10 | 21 52 09·77 | − 9 37 48·9 | 63·673 | 53 59·58 | 14 42·43 | 14·4464 | 02·1078 |
| 19 | 338·73 | +3·91 | 22 35 30·65 | − 4 39 50·3 | 63·497 | 54 08·57 | 14 44·87 | 15·1158 | 02·7817 |
| 20 | 350·65 | +4·56 | 23 18 28·81 | + 0 29 37·6 | 63·180 | 54 24·88 | 14 49·32 | 15·7883 | 03·4506 |
| 21 | 2·72 | +5·02 | 0 01 57·84 | + 5 41 10·2 | 62·710 | 54 49·31 | 14 55·97 | 16·4816 | 04·1312 |
| 22 | 14·98 | +5·26 | 0 46 55·81 | +10 44 52·1 | 62·086 | 55 22·39 | 15 04·98 | 17·2144 | 04·8419 |
| 23 | 27·52 | +5·25 | 1 34 22·93 | +15 29 13·7 | 61·316 | 56 04·11 | 15 16·34 | 18·0055 | 05·6016 |
| 24 | 40·39 | +4·99 | 2 25 16·07 | +19 40 04·7 | 60·426 | 56 53·67 | 15 29·84 | 18·8702 | 06·4279 |
| 25 | 53·66 | +4·46 | 3 20 17·06 | +22 59 54·0 | 59·458 | 57 49·24 | 15 44·98 | 19·8149 | 07·3327 |
| 26 | 67·36 | +3·66 | 4 19 33·56 | +25 08 32·2 | 58·474 | 58 47·63 | 16 00·88 | 20·8288 | 08·3147 |
| 27 | 81·52 | +2·61 | 5 22 19·25 | +25 46 20·5 | 57·549 | 59 44·31 | 16 16·32 | 21·8812 | 09·3527 |
| 28 | 96·10 | +1·37 | 6 26 51·31 | +24 39 53·1 | 56·768 | 60 33·68 | 16 29·76 | 22·9300 | 10·4086 |
| 29 | 111·04 | 0·00 | 7 31 00·47 | +21 47 45·5 | 56·208 | 61 09·87 | 16 39·62 | 23·9393 | 11·4411 |
| 30 | 126·23 | −1·38 | 8 33 00·27 | +17 22 39·5 | 55·932 | 61 28·00 | 16 44·56 | . . . | 12·4231 |
| 31 | 141·50 | −2·67 | 9 32 00·32 | +11 48 16·4 | 55·970 | 61 25·47 | 16 43·87 | 00·8925 | 13·3482 |
| **Feb. 1** | 156·68 | −3·77 | 10 28 06·36 | + 5 33 23·6 | 56·317 | 61 02·78 | 16 37·69 | 01·7919 | 14·2256 |
| 2 | 171·62 | −4·58 | 11 22 00·28 | − 0 53 28·8 | 56·930 | 60 23·32 | 16 26·94 | 02·6516 | 15·0723 |
| 3 | 186·19 | −5·08 | 12 14 38·48 | − 7 07 20·5 | 57·742 | 59 32·39 | 16 13·07 | 03·4900 | 15·9067 |
| 4 | 200·31 | −5·25 | 13 06 56·23 | −12 47 47·4 | 58·671 | 58 35·80 | 15 57·66 | 04·3243 | 16·7442 |
| 5 | 213·97 | −5·12 | 13 59 37·00 | −17 38 49·5 | 59·638 | 57 38·80 | 15 42·13 | 05·1675 | 17·5946 |
| 6 | 227·16 | −4·71 | 14 53 04·83 | −21 28 16·7 | 60·572 | 56 45·41 | 15 27·59 | 06·0257 | 18·4602 |
| 7 | 239·96 | −4·08 | 15 47 19·06 | −24 07 29·1 | 61·422 | 55 58·29 | 15 14·76 | 06·8970 | 19·3345 |
| 8 | 252·42 | −3·27 | 16 41 53·90 | −25 31 27·5 | 62·152 | 55 18·88 | 15 04·02 | 07·7711 | 20·2045 |
| 9 | 264·61 | −2·33 | 17 36 05·28 | −25 39 17·1 | 62·742 | 54 47·65 | 14 55·52 | 08·6330 | 21·0545 |
| 10 | 276·61 | −1·30 | 18 29 04·33 | −24 34 13·6 | 63·189 | 54 24·41 | 14 49·19 | 09·4677 | 21·8715 |
| 11 | 288·48 | −0·22 | 19 20 12·12 | −22 23 09·2 | 63·496 | 54 08·59 | 14 44·88 | 10·2652 | 22·6487 |
| 12 | 300·29 | +0·85 | 20 09 09·24 | −19 15 25·8 | 63·676 | 53 59·43 | 14 42·39 | 11·0223 | 23·3865 |
| 13 | 312·07 | +1·89 | 20 55 57·84 | −15 21 40·0 | 63·739 | 53 56·20 | 14 41·51 | 11·7425 | . . . |
| 14 | 323·88 | +2·84 | 21 40 58·16 | −10 52 45·1 | 63·697 | 53 58·33 | 14 42·09 | 12·4345 | 00·0913 |
| 15 | 335·74 | +3·67 | 22 24 43·30 | − 5 59 20·1 | 63·557 | 54 05·50 | 14 44·04 | 13·1100 | 00·7734 |

## EPHEMERIS FOR PHYSICAL OBSERVATIONS
### FOR 0$^h$ TERRESTRIAL TIME

| Date 0$^h$ TT | The Earth's Selenographic Long. | Lat. | Physical Libration Lg. | Lt. | P.A. | The Sun's Selenographic Colong. | Lat. | Position Angle Axis | Bright Limb | Fraction Illum. |
|---|---|---|---|---|---|---|---|---|---|---|
| | ° | ° | (0°001) | | | ° | ° | ° | ° | |
| Jan. 0 | − 3·589 | − 2·656 | + 2 | + 10 | + 25 | 82·52 | − 0·33 | 357·852 | 279·55 | 0·990 |
| 1 | − 1·851 | − 0·940 | + 3 | + 9 | + 25 | 94·64 | − 0·29 | 4·197 | 81·12 | 0·999 |
| 2 | + 0·002 | + 0·856 | + 4 | + 9 | + 25 | 106·77 | − 0·25 | 10·059 | 103·77 | 0·979 |
| 3 | + 1·833 | + 2·592 | + 6 | + 9 | + 24 | 118·89 | − 0·22 | 15·001 | 109·77 | 0·929 |
| 4 | + 3·513 | + 4·134 | + 7 | + 9 | + 23 | 131·02 | − 0·18 | 18·810 | 113·26 | 0·855 |
| 5 | + 4·940 | + 5·377 | + 8 | + 9 | + 22 | 143·16 | − 0·15 | 21·422 | 114·93 | 0·763 |
| 6 | + 6·041 | + 6·257 | + 9 | + 9 | + 21 | 155·30 | − 0·12 | 22·831 | 115·06 | 0·659 |
| 7 | + 6·777 | + 6·743 | + 9 | + 10 | + 20 | 167·45 | − 0·09 | 23·040 | 113·81 | 0·550 |
| 8 | + 7·142 | + 6·840 | + 9 | + 10 | + 19 | 179·61 | − 0·06 | 22·055 | 111·31 | 0·442 |
| 9 | + 7·151 | + 6·572 | + 8 | + 10 | + 18 | 191·77 | − 0·04 | 19·903 | 107·70 | 0·339 |
| 10 | + 6·836 | + 5·978 | + 7 | + 11 | + 17 | 203·94 | − 0·02 | 16·664 | 103·13 | 0·246 |
| 11 | + 6·237 | + 5·107 | + 6 | + 11 | + 16 | 216·11 | + 0·01 | 12·501 | 97·85 | 0·165 |
| 12 | + 5·398 | + 4·012 | + 4 | + 11 | + 16 | 228·30 | + 0·03 | 7·676 | 92·19 | 0·098 |
| 13 | + 4·365 | + 2·751 | + 3 | + 12 | + 15 | 240·48 | + 0·05 | 2·521 | 86·57 | 0·048 |
| 14 | + 3·179 | + 1·382 | + 1 | + 12 | + 15 | 252·67 | + 0·07 | 357·381 | 81·63 | 0·015 |
| 15 | + 1·880 | − 0·035 | − 1 | + 12 | + 15 | 264·86 | + 0·09 | 352·547 | 81·54 | 0·001 |
| 16 | + 0·509 | − 1·440 | − 3 | + 12 | + 16 | 277·04 | + 0·11 | 348·222 | 248·32 | 0·004 |
| 17 | − 0·897 | − 2·779 | − 5 | + 12 | + 17 | 289·23 | + 0·14 | 344·524 | 246·62 | 0·026 |
| 18 | − 2·295 | − 3·998 | − 7 | + 12 | + 17 | 301·42 | + 0·16 | 341·512 | 244·70 | 0·064 |
| 19 | − 3·642 | − 5·048 | − 9 | + 12 | + 19 | 313·60 | + 0·18 | 339·220 | 243·51 | 0·118 |
| 20 | − 4·888 | − 5·888 | − 10 | + 12 | + 20 | 325·78 | + 0·21 | 337·684 | 243·18 | 0·186 |
| 21 | − 5·979 | − 6·477 | − 12 | + 12 | + 21 | 337·96 | + 0·23 | 336·963 | 243·79 | 0·266 |
| 22 | − 6·858 | − 6·782 | − 13 | + 11 | + 22 | 350·13 | + 0·26 | 337·149 | 245·39 | 0·357 |
| 23 | − 7·464 | − 6·773 | − 14 | + 10 | + 23 | 2·29 | + 0·29 | 338·360 | 248·04 | 0·455 |
| 24 | − 7·737 | − 6·428 | − 15 | + 10 | + 24 | 14·45 | + 0·32 | 340·726 | 251·80 | 0·558 |
| 25 | − 7·625 | − 5·735 | − 15 | + 9 | + 24 | 26·60 | + 0·35 | 344·336 | 256·67 | 0·661 |
| 26 | − 7·091 | − 4·697 | − 14 | + 9 | + 24 | 38·75 | + 0·39 | 349·154 | 262·49 | 0·761 |
| 27 | − 6·123 | − 3·343 | − 13 | + 8 | + 24 | 50·88 | + 0·42 | 354·933 | 268·83 | 0·851 |
| 28 | − 4·743 | − 1·735 | − 12 | + 8 | + 24 | 63·02 | + 0·46 | 1·194 | 274·87 | 0·925 |
| 29 | − 3·015 | + 0·028 | − 11 | + 8 | + 24 | 75·15 | + 0·50 | 7·331 | 278·86 | 0·976 |
| 30 | − 1·046 | + 1·816 | − 9 | + 7 | + 23 | 87·27 | + 0·53 | 12·802 | 264·07 | 0·999 |
| 31 | + 1·020 | + 3·483 | − 8 | + 7 | + 23 | 99·40 | + 0·57 | 17·248 | 122·65 | 0·991 |
| Feb. 1 | + 3·020 | + 4·895 | − 7 | + 7 | + 22 | 111·53 | + 0·60 | 20·492 | 119·67 | 0·954 |
| 2 | + 4·796 | + 5·948 | − 6 | + 7 | + 21 | 123·66 | + 0·64 | 22·463 | 118·89 | 0·890 |
| 3 | + 6·219 | + 6·586 | − 5 | + 7 | + 20 | 135·80 | + 0·67 | 23·139 | 117·42 | 0·806 |
| 4 | + 7·204 | + 6·801 | − 5 | + 7 | + 19 | 147·94 | + 0·69 | 22·523 | 114·91 | 0·709 |
| 5 | + 7·716 | + 6·618 | − 5 | + 7 | + 18 | 160·09 | + 0·72 | 20·653 | 111·35 | 0·606 |
| 6 | + 7·766 | + 6·086 | − 6 | + 7 | + 17 | 172·25 | + 0·74 | 17·626 | 106·89 | 0·501 |
| 7 | + 7·398 | + 5·262 | − 6 | + 8 | + 17 | 184·41 | + 0·76 | 13·620 | 101·75 | 0·399 |
| 8 | + 6·676 | + 4·209 | − 8 | + 8 | + 16 | 196·59 | + 0·78 | 8·900 | 96·24 | 0·304 |
| 9 | + 5·675 | + 2·986 | − 9 | + 8 | + 15 | 208·76 | + 0·80 | 3·792 | 90·78 | 0·218 |
| 10 | + 4·471 | + 1·650 | − 11 | + 8 | + 15 | 220·95 | + 0·82 | 358·634 | 85·80 | 0·144 |
| 11 | + 3·135 | + 0·259 | − 12 | + 8 | + 15 | 233·13 | + 0·84 | 353·719 | 81·83 | 0·084 |
| 12 | + 1·729 | − 1·134 | − 14 | + 8 | + 15 | 245·33 | + 0·85 | 349·261 | 79·75 | 0·040 |
| 13 | + 0·309 | − 2·473 | − 16 | + 8 | + 16 | 257·52 | + 0·87 | 345·393 | 82·69 | 0·011 |
| 14 | − 1·081 | − 3·705 | − 18 | + 8 | + 17 | 269·72 | + 0·89 | 342·191 | 136·36 | 0·001 |
| 15 | − 2·405 | − 4·782 | − 20 | + 8 | + 18 | 281·91 | + 0·91 | 339·698 | 227·78 | 0·008 |

# MOON, 2010

## FOR 0ʰ TERRESTRIAL TIME

| Date 0ʰ TT | Apparent Long. | Lat. | Apparent R.A. | Dec. | True Dist. | Horiz. Parallax | Semi-diameter | Ephemeris Transit for date Upper | Lower |
|---|---|---|---|---|---|---|---|---|---|
| | ° | ° | h m s | ° ′ ″ | ′ ″ | ′ ″ | ′ ″ | h | h |
| Feb. 15 | 335·74 | +3·67 | 22 24 43·30 | − 5 59 20·1 | 63·557 | 54 05·50 | 14 44·04 | 13·1100 | 00·7734 |
| 16 | 347·68 | +4·35 | 23 07 54·71 | − 0 51 43·1 | 63·319 | 54 17·68 | 14 47·36 | 13·7828 | 01·4458 |
| 17 | 359·74 | +4·84 | 23 51 19·30 | + 4 19 55·7 | 62·982 | 54 35·11 | 14 52·10 | 14·4684 | 02·1230 |
| 18 | 11·93 | +5·11 | 0 35 47·47 | + 9 25 07·6 | 62·541 | 54 58·22 | 14 58·40 | 15·1826 | 02·8209 |
| 19 | 24·30 | +5·16 | 1 22 11·09 | +14 12 28·9 | 61·991 | 55 27·47 | 15 06·36 | 15·9417 | 03·5556 |
| 20 | 36·88 | +4·95 | 2 11 19·53 | +18 29 00·8 | 61·334 | 56 03·15 | 15 16·08 | 16·7597 | 04·3426 |
| 21 | 49·72 | +4·50 | 3 03 51·87 | +21 59 42·9 | 60·577 | 56 45·15 | 15 27·52 | 17·6450 | 05·1937 |
| 22 | 62·88 | +3·80 | 4 00 04·15 | +24 27 48·7 | 59·744 | 57 32·64 | 15 40·46 | 18·5950 | 06·1126 |
| 23 | 76·39 | +2·88 | 4 59 34·87 | +25 36 25·7 | 58·872 | 58 23·79 | 15 54·39 | 19·5922 | 07·0893 |
| 24 | 90·30 | +1·76 | 6 01 18·48 | +25 11 58·8 | 58·015 | 59 15·57 | 16 08·49 | 20·6068 | 08·0994 |
| 25 | 104·60 | +0·50 | 7 03 38·79 | +23 08 23·5 | 57·239 | 60 03·76 | 16 21·61 | 21·6070 | 09·1104 |
| 26 | 119·28 | −0·82 | 8 05 01·34 | +19 30 05·0 | 56·619 | 60 43·24 | 16 32·37 | 22·5715 | 10·0944 |
| 27 | 134·27 | −2·10 | 9 04 25·25 | +14 31 59·9 | 56·223 | 61 08·88 | 16 39·35 | 23·4942 | 11·0378 |
| 28 | 149·44 | −3·26 | 10 01 35·50 | + 8 36 55·4 | 56·104 | 61 16·68 | 16 41·48 | ... | 11·9418 |
| Mar. 1 | 164·63 | −4·18 | 10 56 54·90 | + 2 11 41·8 | 56·284 | 61 04·91 | 16 38·27 | 00·3824 | 12·8177 |
| 2 | 179·67 | −4·80 | 11 51 07·23 | − 4 16 19·5 | 56·752 | 60 34·69 | 16 30·04 | 01·2500 | 13·6810 |
| 3 | 194·40 | −5·09 | 12 45 01·03 | −10 21 54·6 | 57·462 | 59 49·75 | 16 17·80 | 02·1126 | 14·5462 |
| 4 | 208·71 | −5·05 | 13 39 16·56 | −15 43 37·0 | 58·346 | 58 55·37 | 16 02·99 | 02·9828 | 15·4230 |
| 5 | 222·54 | −4·71 | 14 34 15·83 | −20 04 39·7 | 59·322 | 57 57·22 | 15 47·15 | 03·8668 | 16·3137 |
| 6 | 235·87 | −4·12 | 15 29 55·91 | −23 13 21·5 | 60·308 | 57 00·32 | 15 31·65 | 04·7625 | 17·2117 |
| 7 | 248·74 | −3·34 | 16 25 48·23 | −25 03 22·7 | 61·235 | 56 08·55 | 15 17·55 | 05·6594 | 18·1035 |
| 8 | 261·23 | −2·42 | 17 21 06·32 | −25 33 45·0 | 62·047 | 55 24·49 | 15 05·55 | 06·5419 | 18·9729 |
| 9 | 273·41 | −1·41 | 18 15 00·28 | −24 48 20·1 | 62·706 | 54 49·56 | 14 56·04 | 07·3948 | 19·8066 |
| 10 | 285·36 | −0·36 | 19 06 52·05 | −22 54 38·6 | 63·192 | 54 24·23 | 14 49·14 | 08·2077 | 20·5980 |
| 11 | 297·19 | +0·70 | 19 56 24·41 | −20 02 19·2 | 63·502 | 54 08·30 | 14 44·80 | 08·9778 | 21·3477 |
| 12 | 308·96 | +1·71 | 20 43 42·04 | −16 21 48·0 | 63·643 | 54 01·09 | 14 42·84 | 09·7088 | 22·0623 |
| 13 | 320·75 | +2·66 | 21 29 07·15 | −12 03 28·8 | 63·633 | 54 01·61 | 14 42·98 | 10·4095 | 22·7522 |
| 14 | 332·60 | +3·49 | 22 13 13·85 | − 7 17 27·5 | 63·493 | 54 08·77 | 14 44·93 | 11·0918 | 23·4302 |
| 15 | 344·57 | +4·17 | 22 56 43·46 | − 2 13 40·6 | 63·245 | 54 21·47 | 14 48·39 | 11·7691 | ... |
| 16 | 356·67 | +4·67 | 23 40 21·45 | + 2 57 42·8 | 62·912 | 54 38·77 | 14 53·10 | 12·4559 | 00·1104 |
| 17 | 8·93 | +4·96 | 0 24 55·42 | + 8 05 53·6 | 62·508 | 54 59·93 | 14 58·86 | 13·1672 | 00·8076 |
| 18 | 21·35 | +5·03 | 1 11 12·93 | +12 58 55·5 | 62·046 | 55 24·51 | 15 05·56 | 13·9175 | 01·5367 |
| 19 | 33·95 | +4·85 | 1 59 57·63 | +17 23 24·3 | 61·532 | 55 52·30 | 15 13·13 | 14·7192 | 02·3113 |
| 20 | 46·74 | +4·42 | 2 51 42·43 | +21 04 25·8 | 60·969 | 56 23·26 | 15 21·56 | 15·5795 | 03·1419 |
| 21 | 59·73 | +3·77 | 3 46 39·17 | +23 46 10·0 | 60·361 | 56 57·35 | 15 30·84 | 16·4964 | 04·0315 |
| 22 | 72·95 | +2·90 | 4 44 27·76 | +25 13 26·4 | 59·716 | 57 34·25 | 15 40·89 | 17·4559 | 04·9722 |
| 23 | 86·43 | +1·85 | 5 44 12·44 | +25 14 21·0 | 59·051 | 58 13·16 | 15 51·49 | 18·4339 | 05·9443 |
| 24 | 100·19 | +0·67 | 6 44 33·11 | +23 43 12·4 | 58·393 | 58 52·51 | 16 02·21 | 19·4036 | 06·9212 |
| 25 | 114·25 | −0·57 | 7 44 10·64 | +20 42 24·9 | 57·783 | 59 29·84 | 16 12·38 | 20·3458 | 07·8789 |
| 26 | 128·61 | −1·80 | 8 42 12·44 | +16 22 26·1 | 57·269 | 60 01·88 | 16 21·10 | 21·2537 | 08·8039 |
| 27 | 143·24 | −2·93 | 9 38 24·01 | +11 00 09·6 | 56·905 | 60 24·88 | 16 27·37 | 22·1324 | 09·6960 |
| 28 | 158·06 | −3·88 | 10 33 04·75 | + 4 56 48·8 | 56·742 | 60 35·31 | 16 30·21 | 22·9944 | 10·5645 |
| 29 | 172·96 | −4·57 | 11 26 55·36 | − 1 23 56·2 | 56·814 | 60 30·72 | 16 28·96 | 23·8553 | 11·4241 |
| 30 | 187·78 | −4·94 | 12 20 44·03 | − 7 37 37·6 | 57·132 | 60 10·50 | 16 23·45 | ... | 12·2897 |
| 31 | 202·40 | −4·99 | 13 15 13·70 | −13 20 36·2 | 57·681 | 59 36·17 | 16 14·10 | 00·7287 | 13·1730 |
| Apr. 1 | 216·67 | −4·72 | 14 10 50·44 | −18 11 45·4 | 58·417 | 58 51·10 | 16 01·82 | 01·6230 | 14·0781 |
| 2 | 230·52 | −4·18 | 15 07 33·69 | −21 54 16·9 | 59·278 | 57 59·77 | 15 47·84 | 02·5375 | 14·9993 |

## EPHEMERIS FOR PHYSICAL OBSERVATIONS
### FOR 0ʰ TERRESTRIAL TIME

| Date 0ʰ TT | The Earth's Selenographic Long. | The Earth's Selenographic Lat. | Physical Libration Lg. | Physical Libration Lt. | Physical Libration P.A. | The Sun's Selenographic Colong. | The Sun's Selenographic Lat. | Position Angle Axis | Position Angle Bright Limb | Fraction Illum. |
|---|---|---|---|---|---|---|---|---|---|---|
| | ° | ° | | (0°001) | | ° | ° | ° | ° | |
| Feb. 15 | − 2·405 | − 4·782 | − 20 | + 8 | + 18 | 281·91 | + 0·91 | 339·698 | 227·78 | 0·008 |
| 16 | − 3·632 | − 5·655 | − 22 | + 8 | + 19 | 294·11 | + 0·92 | 337·958 | 235·66 | 0·033 |
| 17 | − 4·737 | − 6·284 | − 23 | + 7 | + 20 | 306·30 | + 0·94 | 337·026 | 238·66 | 0·076 |
| 18 | − 5·692 | − 6·636 | − 25 | + 7 | + 21 | 318·50 | + 0·96 | 336·980 | 241·25 | 0·135 |
| 19 | − 6·468 | − 6·685 | − 26 | + 7 | + 22 | 330·68 | + 0·98 | 337·918 | 244·31 | 0·209 |
| 20 | − 7·030 | − 6·414 | − 26 | + 6 | + 22 | 342·87 | + 1·00 | 339·944 | 248·16 | 0·296 |
| 21 | − 7·338 | − 5·819 | − 27 | + 6 | + 23 | 355·04 | + 1·02 | 343·128 | 252·90 | 0·393 |
| 22 | − 7·348 | − 4·907 | − 26 | + 6 | + 23 | 7·21 | + 1·04 | 347·457 | 258·48 | 0·498 |
| 23 | − 7·018 | − 3·700 | − 26 | + 6 | + 23 | 19·38 | + 1·07 | 352·762 | 264·66 | 0·606 |
| 24 | − 6·313 | − 2·244 | − 25 | + 6 | + 23 | 31·53 | + 1·09 | 358·689 | 270·95 | 0·712 |
| 25 | − 5·218 | − 0·609 | − 24 | + 6 | + 22 | 43·69 | + 1·12 | 4·745 | 276·66 | 0·811 |
| 26 | − 3·751 | + 1·106 | − 22 | + 6 | + 22 | 55·83 | + 1·15 | 10·417 | 280·87 | 0·894 |
| 27 | − 1·976 | + 2·777 | − 21 | + 6 | + 21 | 67·97 | + 1·18 | 15·298 | 281·95 | 0·957 |
| 28 | − 0·001 | + 4·272 | − 20 | + 6 | + 20 | 80·11 | + 1·20 | 19·119 | 272·14 | 0·992 |
| Mar. 1 | + 2·018 | + 5·466 | − 18 | + 6 | + 20 | 92·25 | + 1·23 | 21·726 | 156·44 | 0·997 |
| 2 | + 3·907 | + 6·268 | − 17 | + 6 | + 19 | 104·39 | + 1·25 | 23·027 | 127·65 | 0·973 |
| 3 | + 5·502 | + 6·634 | − 17 | + 6 | + 18 | 116·53 | + 1·27 | 22·968 | 121·11 | 0·922 |
| 4 | + 6·676 | + 6·570 | − 16 | + 6 | + 17 | 128·67 | + 1·29 | 21·546 | 116·21 | 0·850 |
| 5 | + 7·357 | + 6·119 | − 16 | + 6 | + 17 | 140·83 | + 1·31 | 18·837 | 111·09 | 0·763 |
| 6 | + 7·530 | + 5·346 | − 16 | + 5 | + 16 | 152·99 | + 1·32 | 15·017 | 105·51 | 0·667 |
| 7 | + 7·231 | + 4·323 | − 17 | + 5 | + 15 | 165·15 | + 1·34 | 10·370 | 99·60 | 0·567 |
| 8 | + 6·525 | + 3·122 | − 18 | + 5 | + 15 | 177·32 | + 1·35 | 5·248 | 93·69 | 0·467 |
| 9 | + 5·500 | + 1·807 | − 19 | + 5 | + 15 | 189·50 | + 1·36 | 0·016 | 88·13 | 0·371 |
| 10 | + 4·250 | + 0·436 | − 20 | + 5 | + 15 | 201·69 | + 1·37 | 354·985 | 83·25 | 0·281 |
| 11 | + 2·866 | − 0·937 | − 22 | + 5 | + 15 | 213·88 | + 1·37 | 350·382 | 79·37 | 0·201 |
| 12 | + 1·433 | − 2·261 | − 23 | + 5 | + 15 | 226·08 | + 1·38 | 346·345 | 76·77 | 0·131 |
| 13 | + 0·021 | − 3·487 | − 25 | + 5 | + 16 | 238·28 | + 1·39 | 342·954 | 75·96 | 0·075 |
| 14 | − 1·309 | − 4·567 | − 26 | + 5 | + 17 | 250·49 | + 1·40 | 340·258 | 78·29 | 0·033 |
| 15 | − 2·517 | − 5·454 | − 28 | + 4 | + 18 | 262·70 | + 1·40 | 338·302 | 90·42 | 0·009 |
| 16 | − 3·574 | − 6·105 | − 29 | + 4 | + 19 | 274·91 | + 1·41 | 337·146 | 173·05 | 0·002 |
| 17 | − 4·464 | − 6·483 | − 30 | + 4 | + 20 | 287·12 | + 1·41 | 336·871 | 225·52 | 0·014 |
| 18 | − 5·183 | − 6·561 | − 31 | + 3 | + 21 | 299·33 | + 1·42 | 337·575 | 236·56 | 0·045 |
| 19 | − 5·727 | − 6·323 | − 32 | + 3 | + 22 | 311·54 | + 1·43 | 339·356 | 243·06 | 0·096 |
| 20 | − 6·092 | − 5·766 | − 32 | + 2 | + 22 | 323·74 | + 1·43 | 342·280 | 248·97 | 0·164 |
| 21 | − 6·265 | − 4·904 | − 32 | + 2 | + 22 | 335·94 | + 1·44 | 346·326 | 255·13 | 0·247 |
| 22 | − 6·227 | − 3·765 | − 32 | + 2 | + 22 | 348·14 | + 1·45 | 351·341 | 261·64 | 0·344 |
| 23 | − 5·948 | − 2·397 | − 31 | + 2 | + 22 | 0·32 | + 1·46 | 357·009 | 268·24 | 0·451 |
| 24 | − 5·396 | − 0·862 | − 30 | + 3 | + 21 | 12·51 | + 1·47 | 2·897 | 274·49 | 0·562 |
| 25 | − 4·546 | + 0·757 | − 29 | + 3 | + 20 | 24·68 | + 1·49 | 8·548 | 279·85 | 0·672 |
| 26 | − 3·392 | + 2·362 | − 27 | + 3 | + 19 | 36·85 | + 1·50 | 13·577 | 283·81 | 0·776 |
| 27 | − 1·959 | + 3·840 | − 26 | + 4 | + 19 | 49·01 | + 1·51 | 17·715 | 285·81 | 0·866 |
| 28 | − 0·316 | + 5·078 | − 25 | + 4 | + 18 | 61·17 | + 1·52 | 20·780 | 284·82 | 0·936 |
| 29 | + 1·421 | + 5·978 | − 23 | + 4 | + 17 | 73·32 | + 1·53 | 22·643 | 276·97 | 0·981 |
| 30 | + 3·106 | + 6·470 | − 22 | + 5 | + 16 | 85·48 | + 1·54 | 23·198 | 219·25 | 0·998 |
| 31 | + 4·583 | + 6·529 | − 22 | + 5 | + 15 | 97·63 | + 1·55 | 22·371 | 134·08 | 0·987 |
| Apr. 1 | + 5·717 | + 6·176 | − 21 | + 5 | + 15 | 109·79 | + 1·56 | 20·163 | 119·41 | 0·950 |
| 2 | + 6·415 | + 5·465 | − 21 | + 5 | + 14 | 121·95 | + 1·56 | 16·691 | 111·07 | 0·891 |

# MOON, 2010

## FOR 0ʰ TERRESTRIAL TIME

| Date 0ʰ TT | Apparent Long. | Lat. | Apparent R.A. | Dec. | True Dist. | Horiz. Parallax | Semi-diameter | Ephemeris Transit for date Upper | Lower |
|---|---|---|---|---|---|---|---|---|---|
| | ° | ° | h m s | ° ′ ″ | | ′ ″ | ′ ″ | h | h |
| **Apr. 1** | 216·67 | −4·72 | 14 10 50·44 | −18 11 45·4 | 58·417 | 58 51·10 | 16 01·82 | 01·6230 | 14·0781 |
| 2 | 230·52 | −4·18 | 15 07 33·69 | −21 54 16·9 | 59·278 | 57 59·77 | 15 47·84 | 02·5375 | 14·9993 |
| 3 | 243·92 | −3·42 | 16 04 52·24 | −24 17 18·0 | 60·193 | 57 06·89 | 15 33·44 | 03·4613 | 15·9211 |
| 4 | 256·87 | −2·50 | 17 01 50·58 | −25 16 50·1 | 61·088 | 56 16·69 | 15 19·77 | 04·3761 | 16·8237 |
| 5 | 269·42 | −1·49 | 17 57 25·94 | −24 55 36·8 | 61·898 | 55 32·49 | 15 07·73 | 05·2618 | 17·6890 |
| 6 | 281·65 | −0·43 | 18 50 48·27 | −23 21 30·6 | 62·571 | 54 56·62 | 14 57·96 | 06·1042 | 18·5070 |
| 7 | 293·64 | +0·63 | 19 41 33·01 | −20 45 15·0 | 63·072 | 54 30·43 | 14 50·83 | 06·8976 | 19·2767 |
| 8 | 305·49 | +1·64 | 20 29 42·76 | −17 18 17·4 | 63·382 | 54 14·45 | 14 46·48 | 07·6453 | 20·0047 |
| 9 | 317·28 | +2·58 | 21 15 41·52 | −13 11 32·7 | 63·497 | 54 08·54 | 14 44·87 | 08·3564 | 20·7023 |
| 10 | 329·10 | +3·41 | 22 00 07·00 | − 8 35 00·5 | 63·430 | 54 12·00 | 14 45·81 | 09·0440 | 21·3834 |
| 11 | 341·03 | +4·10 | 22 43 44·51 | − 3 38 01·8 | 63·201 | 54 23·75 | 14 49·01 | 09·7225 | 22·0632 |
| 12 | 353·11 | +4·61 | 23 27 23·25 | + 1 30 02·3 | 62·843 | 54 42·36 | 14 54·08 | 10·4076 | 22·7576 |
| 13 | 5·38 | +4·92 | 0 11 54·00 | + 6 39 04·5 | 62·389 | 55 06·24 | 15 00·58 | 11·1151 | 23·4821 |
| 14 | 17·86 | +5·00 | 0 58 06·91 | +11 37 28·2 | 61·875 | 55 33·72 | 15 08·07 | 11·8603 | … |
| 15 | 30·57 | +4·83 | 1 46 47·63 | +16 11 36·6 | 61·332 | 56 03·26 | 15 16·11 | 12·6564 | 00·2514 |
| 16 | 43·49 | +4·42 | 2 38 30·09 | +20 05 51·3 | 60·785 | 56 33·52 | 15 24·35 | 13·5113 | 01·0764 |
| 17 | 56·61 | +3·76 | 3 33 25·60 | +23 03 20·5 | 60·252 | 57 03·53 | 15 32·53 | 14·4234 | 01·9608 |
| 18 | 69·91 | +2·90 | 4 31 11·48 | +24 47 59·2 | 59·744 | 57 32·62 | 15 40·45 | 15·3784 | 02·8969 |
| 19 | 83·39 | +1·85 | 5 30 47·39 | +25 07 31·3 | 59·267 | 58 00·41 | 15 48·02 | 16·3512 | 03·8644 |
| 20 | 97·04 | +0·69 | 6 30 48·15 | +23 56 31·9 | 58·825 | 58 26·59 | 15 55·15 | 17·3135 | 04·8352 |
| 21 | 110·85 | −0·53 | 7 29 51·09 | +21 17 57·5 | 58·423 | 58 50·70 | 16 01·72 | 18·2445 | 05·7837 |
| 22 | 124·85 | −1·73 | 8 27 02·63 | +17 22 14·8 | 58·074 | 59 11·93 | 16 07·50 | 19·1368 | 06·6955 |
| 23 | 139·02 | −2·84 | 9 22 09·50 | +12 25 01·0 | 57·797 | 59 28·97 | 16 12·14 | 19·9953 | 07·5696 |
| 24 | 153·34 | −3·79 | 10 15 33·61 | + 6 44 44·9 | 57·617 | 59 40·11 | 16 15·17 | 20·8332 | 08·4158 |
| 25 | 167·77 | −4·50 | 11 07 59·32 | + 0 41 22·3 | 57·564 | 59 43·43 | 16 16·08 | 21·6675 | 09·2497 |
| 26 | 182·23 | −4·92 | 12 00 20·37 | − 5 24 21·0 | 57·662 | 59 37·30 | 16 14·41 | 22·5148 | 10·0886 |
| 27 | 196·64 | −5·04 | 12 53 28·32 | −11 11 13·1 | 57·929 | 59 20·80 | 16 09·91 | 23·3877 | 10·9475 |
| 28 | 210·89 | −4·83 | 13 48 01·43 | −16 18 20·8 | 58·366 | 58 54·15 | 16 02·66 | … | 11·8358 |
| 29 | 224·88 | −4·34 | 14 44 13·17 | −20 26 37·9 | 58·954 | 58 18·88 | 15 53·05 | 00·2912 | 12·7528 |
| 30 | 238·53 | −3·61 | 15 41 43·25 | −23 20 55·3 | 59·658 | 57 37·59 | 15 41·80 | 01·2188 | 13·6864 |
| **May 1** | 251·82 | −2·69 | 16 39 37·63 | −24 52 20·4 | 60·428 | 56 53·56 | 15 29·81 | 02·1528 | 14·6148 |
| 2 | 264·72 | −1·66 | 17 36 42·69 | −24 59 39·3 | 61·205 | 56 10·24 | 15 18·01 | 03·0694 | 15·5142 |
| 3 | 277·27 | −0·57 | 18 31 49·18 | −23 48 45·6 | 61·929 | 55 30·83 | 15 07·28 | 03·9471 | 16·3670 |
| 4 | 289·53 | +0·52 | 19 24 13·14 | −21 30 22·1 | 62·546 | 54 57·96 | 14 58·33 | 04·7734 | 17·1665 |
| 5 | 301·56 | +1·57 | 20 13 43·62 | −18 17 06·9 | 63·011 | 54 33·59 | 14 51·69 | 05·5470 | 17·9162 |
| 6 | 313·44 | +2·54 | 21 00 38·18 | −14 21 19·1 | 63·294 | 54 18·97 | 14 47·71 | 06·2754 | 18·6264 |
| 7 | 325·27 | +3·39 | 21 45 33·55 | − 9 53 56·1 | 63·378 | 54 14·68 | 14 46·54 | 06·9711 | 19·3115 |
| 8 | 337·14 | +4·11 | 22 29 17·23 | − 5 04 32·8 | 63·261 | 54 20·66 | 14 48·17 | 07·6497 | 19·9878 |
| 9 | 349·11 | +4·64 | 23 12 42·13 | − 0 01 58·4 | 62·959 | 54 36·29 | 14 52·42 | 08·3279 | 20·6723 |
| 10 | 1·28 | +4·98 | 23 56 43·77 | + 5 04 46·3 | 62·501 | 55 00·35 | 14 58·98 | 09·0232 | 21·3826 |
| 11 | 13·67 | +5·10 | 0 42 18·19 | +10 05 26·6 | 61·923 | 55 31·11 | 15 07·35 | 09·7528 | 22·1356 |
| 12 | 26·35 | +4·97 | 1 30 18·72 | +14 47 35·7 | 61·275 | 56 06·39 | 15 16·96 | 10·5329 | 22·9459 |
| 13 | 39·31 | +4·58 | 2 21 29·30 | +18 56 01·2 | 60·603 | 56 43·71 | 15 27·13 | 11·3754 | 23·8215 |
| 14 | 52·54 | +3·94 | 3 16 12·75 | +22 13 03·9 | 59·955 | 57 20·49 | 15 37·15 | 12·2834 | … |
| 15 | 66·04 | +3·08 | 4 14 15·88 | +24 20 28·9 | 59·371 | 57 54·36 | 15 46·37 | 13·2459 | 00·7591 |
| 16 | 79·74 | +2·01 | 5 14 40·07 | +25 02 58·3 | 58·878 | 58 23·43 | 15 54·29 | 14·2370 | 01·7399 |
| 17 | 93·61 | +0·82 | 6 15 50·13 | +24 12 26·6 | 58·493 | 58 46·50 | 16 00·57 | 15·2231 | 02·7327 |

## EPHEMERIS FOR PHYSICAL OBSERVATIONS
### FOR 0ʰ TERRESTRIAL TIME

| Date 0ʰ TT | The Earth's Selenographic Long. | Lat. | Physical Libration Lg. | Lt. | P.A. | The Sun's Selenographic Colong. | Lat. | Position Angle Axis | Bright Limb | Fraction Illum. |
|---|---|---|---|---|---|---|---|---|---|---|
| | ° | ° | | (0°001) | | ° | ° | ° | ° | |
| **Apr.** 1 | +5·717 | +6·176 | − 21 | + 5 | + 15 | 109·79 | + 1·56 | 20·163 | 119·41 | 0·950 |
| 2 | +6·415 | +5·465 | − 21 | + 5 | + 14 | 121·95 | + 1·56 | 16·691 | 111·07 | 0·891 |
| 3 | +6·638 | +4·471 | − 21 | + 5 | + 14 | 134·12 | + 1·56 | 12·209 | 103·85 | 0·816 |
| 4 | +6·399 | +3·273 | − 21 | + 4 | + 14 | 146·29 | + 1·56 | 7·090 | 97·02 | 0·730 |
| 5 | +5·750 | +1·950 | − 22 | + 4 | + 14 | 158·47 | + 1·56 | 1·743 | 90·67 | 0·636 |
| 6 | +4·769 | +0·569 | − 23 | + 4 | + 14 | 170·65 | + 1·56 | 356·533 | 85·02 | 0·540 |
| 7 | +3·551 | −0·812 | − 24 | + 4 | + 14 | 182·84 | + 1·55 | 351·725 | 80·25 | 0·444 |
| 8 | +2·193 | −2·140 | − 25 | + 4 | + 15 | 195·04 | + 1·55 | 347·478 | 76·52 | 0·352 |
| 9 | +0·789 | −3·370 | − 26 | + 3 | + 15 | 207·25 | + 1·55 | 343·875 | 73·92 | 0·265 |
| 10 | −0·573 | −4·456 | − 27 | + 3 | + 16 | 219·46 | + 1·54 | 340·960 | 72·58 | 0·186 |
| 11 | −1·824 | −5·356 | − 28 | + 3 | + 17 | 231·67 | + 1·54 | 338·770 | 72·73 | 0·118 |
| 12 | −2·905 | −6·028 | − 29 | + 2 | + 18 | 243·89 | + 1·53 | 337·361 | 75·03 | 0·064 |
| 13 | −3·783 | −6·433 | − 30 | + 1 | + 19 | 256·12 | + 1·52 | 336·815 | 81·64 | 0·025 |
| 14 | −4·440 | −6·539 | − 30 | + 1 | + 20 | 268·34 | + 1·52 | 337·237 | 106·54 | 0·005 |
| 15 | −4·876 | −6·326 | − 31 | 0 | + 21 | 280·57 | + 1·51 | 338·741 | 208·67 | 0·004 |
| 16 | −5·107 | −5·787 | − 31 | 0 | + 21 | 292·80 | + 1·50 | 341·412 | 238·44 | 0·025 |
| 17 | −5·152 | −4·935 | − 30 | − 1 | + 22 | 305·02 | + 1·50 | 345·251 | 249·68 | 0·067 |
| 18 | −5·028 | −3·804 | − 30 | − 1 | + 21 | 317·24 | + 1·49 | 350·116 | 258·14 | 0·130 |
| 19 | −4·747 | −2·445 | − 29 | − 1 | + 21 | 329·46 | + 1·48 | 355·695 | 265·78 | 0·211 |
| 20 | −4·308 | −0·928 | − 28 | 0 | + 20 | 341·67 | + 1·48 | 1·552 | 272·77 | 0·307 |
| 21 | −3·700 | +0·663 | − 27 | 0 | + 19 | 353·88 | + 1·47 | 7·225 | 278·83 | 0·415 |
| 22 | −2·914 | +2·236 | − 25 | 0 | + 18 | 6·08 | + 1·47 | 12·338 | 283·68 | 0·528 |
| 23 | −1·943 | +3·691 | − 24 | + 1 | + 17 | 18·28 | + 1·47 | 16·633 | 287·08 | 0·641 |
| 24 | −0·803 | +4·930 | − 23 | + 2 | + 16 | 30·46 | + 1·46 | 19·949 | 288·82 | 0·748 |
| 25 | +0·464 | +5·865 | − 21 | + 2 | + 15 | 42·64 | + 1·46 | 22·169 | 288·68 | 0·841 |
| 26 | +1·783 | +6·429 | − 20 | + 3 | + 14 | 54·82 | + 1·46 | 23·188 | 286·12 | 0·916 |
| 27 | +3·054 | +6·581 | − 19 | + 3 | + 13 | 66·99 | + 1·45 | 22·905 | 279·30 | 0·968 |
| 28 | +4·162 | +6·323 | − 19 | + 4 | + 13 | 79·17 | + 1·44 | 21·260 | 255·28 | 0·995 |
| 29 | +5·002 | +5·686 | − 18 | + 4 | + 12 | 91·34 | + 1·43 | 18·281 | 141·96 | 0·996 |
| 30 | +5·494 | +4·734 | − 18 | + 4 | + 12 | 103·51 | + 1·42 | 14·141 | 113·44 | 0·972 |
| **May** 1 | +5·594 | +3·546 | − 18 | + 4 | + 12 | 115·69 | + 1·41 | 9·164 | 102·28 | 0·927 |
| 2 | +5·300 | +2·205 | − 18 | + 4 | + 12 | 127·87 | + 1·40 | 3·771 | 94·08 | 0·865 |
| 3 | +4·645 | +0·790 | − 18 | + 3 | + 12 | 140·05 | + 1·38 | 358·384 | 87·25 | 0·789 |
| 4 | +3·688 | −0·632 | − 19 | + 3 | + 12 | 152·24 | + 1·37 | 353·334 | 81·55 | 0·704 |
| 5 | +2·507 | −2·000 | − 19 | + 3 | + 13 | 164·44 | + 1·35 | 348·829 | 76·98 | 0·612 |
| 6 | +1·193 | −3·267 | − 20 | + 3 | + 14 | 176·64 | + 1·34 | 344·974 | 73·52 | 0·518 |
| 7 | −0·164 | −4·387 | − 21 | + 2 | + 15 | 188·85 | + 1·32 | 341·814 | 71·15 | 0·424 |
| 8 | −1·475 | −5·322 | − 22 | + 2 | + 16 | 201·07 | + 1·30 | 339·376 | 69·89 | 0·332 |
| 9 | −2·659 | −6·033 | − 23 | + 1 | + 18 | 213·29 | + 1·29 | 337·699 | 69·78 | 0·246 |
| 10 | −3·648 | −6·483 | − 23 | + 1 | + 19 | 225·52 | + 1·27 | 336·852 | 70·95 | 0·167 |
| 11 | −4·392 | −6·641 | − 23 | 0 | + 20 | 237·75 | + 1·25 | 336·935 | 73·73 | 0·100 |
| 12 | −4·862 | −6·480 | − 24 | − 1 | + 21 | 249·99 | + 1·24 | 338·074 | 78·97 | 0·048 |
| 13 | −5·050 | −5·985 | − 23 | − 1 | + 21 | 262·23 | + 1·22 | 340·385 | 90·33 | 0·014 |
| 14 | −4·972 | −5·162 | − 23 | − 2 | + 22 | 274·47 | + 1·20 | 343·922 | 156·70 | 0·001 |
| 15 | −4·658 | −4·037 | − 22 | − 2 | + 21 | 286·71 | + 1·18 | 348·597 | 245·58 | 0·012 |
| 16 | −4·147 | −2·661 | − 21 | − 3 | + 21 | 298·95 | + 1·16 | 354·133 | 261·15 | 0·046 |
| 17 | −3·482 | −1·110 | − 19 | − 3 | + 20 | 311·19 | + 1·14 | 0·079 | 270·51 | 0·104 |

# MOON, 2010

## FOR 0ʰ TERRESTRIAL TIME

| Date 0ʰ TT | Apparent Long. | Lat. | Apparent R.A. | Dec. | True Dist. | Horiz. Parallax | Semi-diameter | Ephemeris Transit for date Upper | Lower |
|---|---|---|---|---|---|---|---|---|---|
| | ° | ° | h m s | ° ′ ″ | | ′ ″ | ′ ″ | h | h |
| May 17 | 93·61 | +0·82 | 6 15 50·13 | +24 12 26·6 | 58·493 | 58 46·50 | 16 00·57 | 15·2231 | 02·7327 |
| 18 | 107·61 | −0·44 | 7 16 04·67 | +21 50 39·9 | 58·218 | 59 03·13 | 16 05·10 | 16·1760 | 03·7050 |
| 19 | 121·69 | −1·68 | 8 14 11·12 | +18 08 39·9 | 58·049 | 59 13·47 | 16 07·92 | 17·0821 | 04·6351 |
| 20 | 135·83 | −2·82 | 9 09 43·70 | +13 23 30·5 | 57·974 | 59 18·04 | 16 09·16 | 17·9432 | 05·5177 |
| 21 | 150·01 | −3·80 | 10 02 59·45 | + 7 54 43·6 | 57·985 | 59 17·38 | 16 08·98 | 18·7721 | 06·3606 |
| 22 | 164·18 | −4·54 | 10 54 43·38 | + 2 02 02·1 | 58·075 | 59 11·85 | 16 07·48 | 19·5865 | 07·1799 |
| 23 | 178·33 | −5·00 | 11 45 53·35 | − 3 55 26·9 | 58·245 | 59 01·52 | 16 04·66 | 20·4053 | 07·9942 |
| 24 | 192·40 | −5·16 | 12 37 28·18 | − 9 39 05·9 | 58·497 | 58 46·24 | 16 00·50 | 21·2450 | 08·8217 |
| 25 | 206·36 | −5·02 | 13 30 17·52 | −14 50 33·9 | 58·837 | 58 25·84 | 15 54·95 | 22·1162 | 09·6763 |
| 26 | 220·15 | −4·58 | 14 24 51·37 | −19 12 06·7 | 59·268 | 58 00·38 | 15 48·01 | 23·0201 | 10·5645 |
| 27 | 233·72 | −3·89 | 15 21 09·29 | −22 27 53·6 | 59·782 | 57 30·42 | 15 39·85 | 23·9454 | 11·4812 |
| 28 | 247·02 | −3·00 | 16 18 34·36 | −24 26 08·4 | 60·366 | 56 57·07 | 15 30·77 | ... | 12·4096 |
| 29 | 260·03 | −1·97 | 17 15 59·14 | −25 01 27·1 | 60·991 | 56 22·05 | 15 21·23 | 00·8706 | 13·3253 |
| 30 | 272·76 | −0·86 | 18 12 05·84 | −24 15 53·0 | 61·621 | 55 47·45 | 15 11·81 | 01·7708 | 14·2051 |
| 31 | 285·20 | +0·27 | 19 05 51·72 | −22 17 55·6 | 62·214 | 55 15·55 | 15 03·12 | 02·6265 | 15·0344 |
| June 1 | 297·41 | +1·37 | 19 56 45·46 | −19 19 53·6 | 62·724 | 54 48·57 | 14 55·77 | 03·4288 | 15·8103 |
| 2 | 309·43 | +2·39 | 20 44 49·06 | −15 35 04·8 | 63·110 | 54 28·47 | 14 50·29 | 04·1800 | 16·5393 |
| 3 | 321·32 | +3·30 | 21 30 30·03 | −11 15 50·9 | 63·335 | 54 16·86 | 14 47·13 | 04·8899 | 17·2337 |
| 4 | 333·17 | +4·06 | 22 14 31·66 | − 6 32 54·7 | 63·374 | 54 14·84 | 14 46·58 | 05·5727 | 17·9091 |
| 5 | 345·05 | +4·66 | 22 57 45·79 | − 1 35 32·5 | 63·215 | 54 23·03 | 14 48·81 | 06·2451 | 18·5828 |
| 6 | 357·05 | +5·05 | 23 41 08·80 | + 3 27 39·9 | 62·861 | 54 41·44 | 14 53·83 | 06·9247 | 19·2730 |
| 7 | 9·24 | +5·22 | 0 25 39·47 | + 8 27 43·3 | 62·328 | 55 09·46 | 15 01·46 | 07·6300 | 19·9980 |
| 8 | 21·69 | +5·16 | 1 12 16·78 | +13 14 04·6 | 61·652 | 55 45·76 | 15 11·34 | 08·3792 | 20·7757 |
| 9 | 34·45 | +4·84 | 2 01 55·27 | +17 33 32·8 | 60·880 | 56 28·22 | 15 22·91 | 09·1889 | 21·6200 |
| 10 | 47·56 | +4·27 | 2 55 15·28 | +21 09 46·0 | 60·068 | 57 14·02 | 15 35·38 | 10·0694 | 22·5363 |
| 11 | 61·02 | +3·44 | 3 52 27·13 | +23 43 55·7 | 59·280 | 57 59·69 | 15 47·82 | 11·0190 | 23·5145 |
| 12 | 74·82 | +2·40 | 4 52 54·36 | +24 57 35·2 | 58·576 | 58 41·49 | 15 59·21 | 12·0189 | ... |
| 13 | 88·90 | +1·19 | 5 55 09·95 | +24 37 27·3 | 58·009 | 59 15·92 | 16 08·59 | 13·0351 | 00·5274 |
| 14 | 103·20 | −0·11 | 6 57 18·86 | +22 40 12·2 | 57·614 | 59 40·29 | 16 15·22 | 14·0306 | 01·5374 |
| 15 | 117·64 | −1·42 | 7 57 39·53 | +19 14 09·2 | 57·408 | 59 53·17 | 16 18·73 | 14·9801 | 02·5120 |
| 16 | 132·12 | −2·65 | 8 55 16·74 | +14 36 48·8 | 57·385 | 59 54·59 | 16 19·12 | 15·8767 | 03·4348 |
| 17 | 146·58 | −3·70 | 9 50 07·72 | + 9 10 11·4 | 57·525 | 59 45·86 | 16 16·74 | 16·7282 | 04·3072 |
| 18 | 160·94 | −4·52 | 10 42 48·22 | + 3 16 46·9 | 57·795 | 59 29·06 | 16 12·16 | 17·5512 | 05·1421 |
| 19 | 175·16 | −5·04 | 11 34 14·01 | − 2 42 31·5 | 58·163 | 59 06·49 | 16 06·02 | 18·3650 | 05·9581 |
| 20 | 189·20 | −5·26 | 12 25 26·13 | − 8 28 52·5 | 58·597 | 58 40·21 | 15 58·86 | 19·1879 | 06·7743 |
| 21 | 203·03 | −5·17 | 13 17 20·06 | −13 45 03·5 | 59·074 | 58 11·80 | 15 51·12 | 20·0341 | 07·6075 |
| 22 | 216·64 | −4·79 | 14 10 36·10 | −18 15 08·3 | 59·578 | 57 42·26 | 15 43·08 | 20·9102 | 08·4684 |
| 23 | 230·02 | −4·16 | 15 05 29·64 | −21 44 42·6 | 60·099 | 57 12·22 | 15 34·89 | 21·8124 | 09·3587 |
| 24 | 243·16 | −3·31 | 16 01 43·40 | −24 02 06·2 | 60·632 | 56 42·06 | 15 26·68 | 22·7257 | 10·2689 |
| 25 | 256·08 | −2·31 | 16 58 27·49 | −25 00 14·9 | 61·169 | 56 12·19 | 15 18·54 | 23·6279 | 11·1796 |
| 26 | 268·76 | −1·21 | 17 54 32·22 | −24 38 16·3 | 61·700 | 55 43·18 | 15 10·64 | ... | 12·0679 |
| 27 | 281·22 | −0·06 | 18 48 50·17 | −23 01 41·6 | 62·208 | 55 15·90 | 15 03·21 | 00·4975 | 12·9152 |
| 28 | 293·49 | +1·06 | 19 40 36·44 | −20 20 54·4 | 62·669 | 54 51·46 | 14 56·56 | 01·3201 | 13·7123 |
| 29 | 305·58 | +2·13 | 20 29 37·12 | −16 48 43·4 | 63·057 | 54 31·21 | 14 51·04 | 02·0922 | 14·4605 |
| 30 | 317·54 | +3·08 | 21 16 06·27 | −12 38 08·4 | 63·340 | 54 16·58 | 14 47·06 | 02·8187 | 15·1683 |
| July 1 | 329·42 | +3·90 | 22 00 37·59 | − 8 01 00·2 | 63·489 | 54 08·99 | 14 44·99 | 03·5111 | 15·8489 |
| 2 | 341·27 | +4·55 | 22 43 56·54 | − 3 07 38·8 | 63·475 | 54 09·68 | 14 45·18 | 04·1838 | 16·5178 |

## EPHEMERIS FOR PHYSICAL OBSERVATIONS
## FOR 0ʰ TERRESTRIAL TIME

| Date 0ʰ TT | The Earth's Selenographic Long. | Lat. | Physical Libration Lg. | Lt. | P.A. | The Sun's Selenographic Colong. | Lat. | Position Angle Axis | Bright Limb | Fraction Illum. |
|---|---|---|---|---|---|---|---|---|---|---|
| | ° | ° | (0·001) | | | ° | ° | ° | ° | |
| **May 17** | − 3·482 | − 1·110 | − 19 | − 3 | + 20 | 311·19 | + 1·14 | 0·079 | 270·51 | 0·104 |
| 18 | − 2·698 | + 0·523 | − 18 | − 3 | + 20 | 323·42 | + 1·13 | 5·928 | 277·81 | 0·184 |
| 19 | − 1·825 | + 2·137 | − 16 | − 2 | + 18 | 335·65 | + 1·11 | 11·249 | 283·53 | 0·280 |
| 20 | − 0·883 | + 3·628 | − 15 | − 2 | + 17 | 347·88 | + 1·09 | 15·756 | 287·71 | 0·388 |
| 21 | + 0·105 | + 4·901 | − 13 | − 1 | + 16 | 0·09 | + 1·07 | 19·289 | 290·34 | 0·503 |
| 22 | + 1·117 | + 5·874 | − 12 | 0 | + 15 | 12·30 | + 1·06 | 21·756 | 291·44 | 0·616 |
| 23 | + 2·115 | + 6·487 | − 11 | 0 | + 13 | 24·50 | + 1·04 | 23·077 | 290·99 | 0·724 |
| 24 | + 3·054 | + 6·706 | − 10 | + 1 | + 12 | 36·70 | + 1·02 | 23·175 | 288·94 | 0·819 |
| 25 | + 3·875 | + 6·524 | − 9 | + 1 | + 11 | 48·89 | + 1·01 | 21·979 | 285·10 | 0·896 |
| 26 | + 4·517 | + 5·964 | − 9 | + 2 | + 11 | 61·08 | + 0·99 | 19·476 | 278·85 | 0·954 |
| 27 | + 4·921 | + 5·075 | − 8 | + 2 | + 10 | 73·27 | + 0·97 | 15·759 | 266·93 | 0·988 |
| 28 | + 5·046 | + 3·923 | − 8 | + 2 | + 10 | 85·46 | + 0·94 | 11·068 | 181·52 | 0·999 |
| 29 | + 4·867 | + 2·589 | − 8 | + 2 | + 10 | 97·64 | + 0·92 | 5·779 | 103·16 | 0·988 |
| 30 | + 4·383 | + 1·151 | − 8 | + 2 | + 10 | 109·83 | + 0·90 | 0·322 | 90·69 | 0·956 |
| 31 | + 3·618 | − 0·313 | − 9 | + 2 | + 10 | 122·02 | + 0·87 | 355·079 | 83·14 | 0·906 |
| **June 1** | + 2·614 | − 1·737 | − 9 | + 2 | + 11 | 134·22 | + 0·85 | 350·321 | 77·53 | 0·842 |
| 2 | + 1·429 | − 3·064 | − 10 | + 2 | + 12 | 146·42 | + 0·82 | 346·199 | 73·30 | 0·765 |
| 3 | + 0·133 | − 4·244 | − 11 | + 1 | + 14 | 158·62 | + 0·80 | 342·777 | 70·27 | 0·680 |
| 4 | − 1·196 | − 5·239 | − 11 | + 1 | + 15 | 170·83 | + 0·78 | 340·084 | 68·34 | 0·589 |
| 5 | − 2·477 | − 6·011 | − 12 | + 1 | + 16 | 183·05 | + 0·75 | 338·143 | 67·46 | 0·494 |
| 6 | − 3·632 | − 6·529 | − 12 | 0 | + 18 | 195·28 | + 0·73 | 337·003 | 67·61 | 0·399 |
| 7 | − 4·587 | − 6·763 | − 13 | 0 | + 19 | 207·51 | + 0·70 | 336·744 | 68·84 | 0·306 |
| 8 | − 5·279 | − 6·688 | − 13 | − 1 | + 20 | 219·74 | + 0·68 | 337·478 | 71·23 | 0·218 |
| 9 | − 5·662 | − 6·283 | − 12 | − 2 | + 21 | 231·98 | + 0·66 | 339·337 | 74·94 | 0·140 |
| 10 | − 5·708 | − 5·543 | − 12 | − 2 | + 21 | 244·23 | + 0·63 | 342·418 | 80·20 | 0·075 |
| 11 | − 5·417 | − 4·480 | − 11 | − 3 | + 21 | 256·47 | + 0·61 | 346·722 | 87·76 | 0·028 |
| 12 | − 4·810 | − 3·134 | − 10 | − 4 | + 21 | 268·73 | + 0·58 | 352·063 | 104·72 | 0·003 |
| 13 | − 3·933 | − 1·570 | − 8 | − 4 | + 21 | 280·98 | + 0·55 | 358·043 | 259·91 | 0·004 |
| 14 | − 2·847 | + 0·117 | − 6 | − 4 | + 20 | 293·23 | + 0·53 | 4·127 | 275·96 | 0·031 |
| 15 | − 1·626 | + 1·813 | − 4 | − 4 | + 19 | 305·48 | + 0·50 | 9·795 | 283·39 | 0·085 |
| 16 | − 0·343 | + 3·399 | − 3 | − 4 | + 18 | 317·72 | + 0·48 | 14·674 | 288·44 | 0·162 |
| 17 | + 0·929 | + 4·766 | − 1 | − 3 | + 16 | 329·96 | + 0·45 | 18·550 | 291·71 | 0·258 |
| 18 | + 2·126 | + 5·824 | 0 | − 3 | + 15 | 342·19 | + 0·43 | 21·320 | 293·39 | 0·366 |
| 19 | + 3·196 | + 6·513 | + 2 | − 3 | + 14 | 354·42 | + 0·40 | 22·924 | 293·60 | 0·480 |
| 20 | + 4·094 | + 6·802 | + 3 | − 2 | + 12 | 6·64 | + 0·38 | 23·309 | 292·41 | 0·593 |
| 21 | + 4·788 | + 6·689 | + 4 | − 2 | + 11 | 18·85 | + 0·35 | 22·432 | 289·90 | 0·699 |
| 22 | + 5·253 | + 6·199 | + 4 | − 1 | + 10 | 31·06 | + 0·33 | 20·282 | 286·15 | 0·795 |
| 23 | + 5·475 | + 5·378 | + 4 | − 1 | + 9 | 43·26 | + 0·30 | 16·925 | 281·28 | 0·874 |
| 24 | + 5·445 | + 4·284 | + 5 | − 1 | + 9 | 55·46 | + 0·27 | 12·545 | 275·45 | 0·936 |
| 25 | + 5·165 | + 2·988 | + 5 | − 1 | + 8 | 67·66 | + 0·25 | 7·456 | 268·69 | 0·977 |
| 26 | + 4·644 | + 1·566 | + 4 | − 1 | + 8 | 79·85 | + 0·22 | 2·052 | 258·33 | 0·998 |
| 27 | + 3·897 | + 0·092 | + 4 | − 1 | + 9 | 92·04 | + 0·19 | 356·726 | 85·79 | 0·997 |
| 28 | + 2·952 | − 1·364 | + 3 | − 1 | + 9 | 104·24 | + 0·16 | 351·788 | 76·85 | 0·977 |
| 29 | + 1·841 | − 2·739 | + 3 | − 1 | + 10 | 116·44 | + 0·13 | 347·436 | 72·09 | 0·940 |
| 30 | + 0·607 | − 3·978 | + 2 | − 1 | + 12 | 128·64 | + 0·10 | 343·769 | 68·75 | 0·886 |
| **July 1** | − 0·699 | − 5·037 | + 1 | − 1 | + 13 | 140·84 | + 0·08 | 340·830 | 66·54 | 0·819 |
| 2 | − 2·020 | − 5·877 | 0 | − 1 | + 14 | 153·05 | + 0·05 | 338·643 | 65·34 | 0·741 |

## FOR 0ʰ TERRESTRIAL TIME

| Date 0ʰ TT | Apparent Long. | Lat. | Apparent R.A. | Dec. | True Dist. | Horiz. Parallax | Semi-diameter | Ephemeris Transit for date Upper | Lower |
|---|---|---|---|---|---|---|---|---|---|
| | ° | ° | h m s | ° ′ ″ | | ′ ″ | ′ ″ | h | h |
| **July 1** | 329·42 | +3·90 | 22 00 37·59 | − 8 01 00·2 | 63·489 | 54 08·99 | 14 44·99 | 03·5111 | 15·8489 |
| 2 | 341·27 | +4·55 | 22 43 56·54 | − 3 07 38·8 | 63·475 | 54 09·68 | 14 45·18 | 04·1838 | 16·5178 |
| 3 | 353·15 | +5·01 | 23 26 55·13 | + 1 52 47·0 | 63·281 | 54 19·65 | 14 47·89 | 04·8532 | 17·1921 |
| 4 | 5·14 | +5·25 | 0 10 29·25 | + 6 51 33·6 | 62·899 | 54 39·47 | 14 53·29 | 05·5368 | 17·8897 |
| 5 | 17·31 | +5·26 | 0 55 36·92 | +11 39 21·7 | 62·334 | 55 09·18 | 15 01·38 | 06·2529 | 18·6287 |
| 6 | 29·74 | +5·04 | 1 43 15·60 | +16 05 09·2 | 61·609 | 55 48·14 | 15 11·99 | 07·0193 | 19·4262 |
| 7 | 42·49 | +4·56 | 2 34 15·92 | +19 55 12·4 | 60·761 | 56 34·84 | 15 24·71 | 07·8510 | 20·2943 |
| 8 | 55·61 | +3·83 | 3 29 09·69 | +22 52 48·4 | 59·846 | 57 26·78 | 15 38·86 | 08·7559 | 21·2346 |
| 9 | 69·15 | +2·87 | 4 27 52·67 | +24 39 25·9 | 58·929 | 58 20·37 | 15 53·46 | 09·7279 | 22·2322 |
| 10 | 83·09 | +1·71 | 5 29 30·45 | +24 58 12·7 | 58·086 | 59 11·20 | 16 07·30 | 10·7432 | 23·2559 |
| 11 | 97·41 | +0·42 | 6 32 23·04 | +23 39 05·9 | 57·388 | 59 54·40 | 16 19·07 | 11·7657 | ... |
| 12 | 112·04 | −0·93 | 7 34 36·29 | +20 43 16·1 | 56·895 | 60 25·53 | 16 27·55 | 12·7608 | 00·2683 |
| 13 | 126·87 | −2·23 | 8 34 43·39 | +16 23 49·1 | 56·646 | 60 41·47 | 16 31·89 | 13·7086 | 01·2411 |
| 14 | 141·78 | −3·39 | 9 32 08·82 | +11 02 25·3 | 56·652 | 60 41·11 | 16 31·79 | 14·6069 | 02·1634 |
| 15 | 156·63 | −4·31 | 10 27 05·29 | + 5 04 21·2 | 56·895 | 60 25·57 | 16 27·56 | 15·4665 | 03·0405 |
| 16 | 171·30 | −4·94 | 11 20 16·30 | − 1 05 32·8 | 57·334 | 59 57·77 | 16 19·98 | 16·3047 | 03·8871 |
| 17 | 185·72 | −5·24 | 12 12 38·03 | − 7 04 59·7 | 57·917 | 59 21·55 | 16 10·12 | 17·1394 | 04·7214 |
| 18 | 199·81 | −5·22 | 13 05 05·56 | −12 34 47·8 | 58·587 | 58 40·82 | 15 59·03 | 17·9860 | 05·5605 |
| 19 | 213·57 | −4·90 | 13 58 22·28 | −17 18 36·8 | 59·293 | 57 58·90 | 15 47·61 | 18·8537 | 06·4169 |
| 20 | 226·99 | −4·32 | 14 52 50·73 | −21 02 45·5 | 59·995 | 57 18·22 | 15 36·53 | 19·7429 | 07·2960 |
| 21 | 240·09 | −3·52 | 15 48 25·43 | −23 36 32·5 | 60·664 | 56 40·30 | 15 26·20 | 20·6443 | 08·1931 |
| 22 | 252·92 | −2·56 | 16 44 31·34 | −24 53 16·4 | 61·283 | 56 05·93 | 15 16·84 | 21·5406 | 09·0944 |
| 23 | 265·51 | −1·49 | 17 40 12·14 | −24 51 21·2 | 61·844 | 55 35·39 | 15 08·52 | 22·4122 | 09·9806 |
| 24 | 277·89 | −0·38 | 18 34 27·52 | −23 34 40·0 | 62·342 | 55 08·75 | 15 01·26 | 23·2441 | 10·8338 |
| 25 | 290·10 | +0·75 | 19 26 31·48 | −21 11 45·3 | 62·773 | 54 46·02 | 14 55·07 | ... | 11·6427 |
| 26 | 302·18 | +1·82 | 20 16 03·12 | −17 54 04·3 | 63·131 | 54 27·37 | 14 49·99 | 00·0294 | 12·4048 |
| 27 | 314·15 | +2·80 | 21 03 07·22 | −13 54 05·4 | 63·407 | 54 13·17 | 14 46·13 | 00·7697 | 13·1253 |
| 28 | 326·04 | +3·65 | 21 48 08·54 | − 9 23 55·0 | 63·585 | 54 04·06 | 14 43·65 | 01·4730 | 13·8145 |
| 29 | 337·89 | +4·34 | 22 31 44·75 | − 4 34 37·4 | 63·648 | 54 00·85 | 14 42·77 | 02·1514 | 14·4857 |
| 30 | 349·74 | +4·85 | 23 14 41·15 | + 0 23 48·0 | 63·577 | 54 04·48 | 14 43·76 | 02·8191 | 15·1538 |
| 31 | 1·63 | +5·14 | 23 57 47·46 | + 5 22 04·4 | 63·354 | 54 15·91 | 14 46·87 | 03·4916 | 15·8348 |
| **Aug. 1** | 13·63 | +5·22 | 0 41 56·00 | +10 10 57·2 | 62·966 | 54 35·93 | 14 52·33 | 04·1853 | 16·5453 |
| 2 | 25·78 | +5·06 | 1 27 59·80 | +14 40 24·0 | 62·412 | 55 05·04 | 15 00·26 | 04·9167 | 17·3014 |
| 3 | 38·16 | +4·67 | 2 16 48·80 | +18 38 42·5 | 61·699 | 55 43·25 | 15 10·66 | 05·7012 | 18·1173 |
| 4 | 50·84 | +4·05 | 3 09 02·13 | +21 51 54·8 | 60·851 | 56 29·81 | 15 23·34 | 06·5504 | 19·0007 |
| 5 | 63·89 | +3·20 | 4 04 55·62 | +24 03 59·0 | 59·911 | 57 23·02 | 15 37·84 | 07·4672 | 19·9482 |
| 6 | 77·35 | +2·15 | 5 04 07·63 | +24 58 32·0 | 58·936 | 58 19·96 | 15 53·34 | 08·4409 | 20·9417 |
| 7 | 91·26 | +0·94 | 6 05 33·00 | +24 22 21·0 | 58·000 | 59 16·48 | 16 08·74 | 09·4465 | 21·9512 |
| 8 | 105·62 | −0·36 | 7 07 36·68 | +22 09 49·6 | 57·181 | 60 07·40 | 16 22·61 | 10·4519 | 22·9458 |
| 9 | 120·37 | −1·67 | 8 08 45·76 | +18 26 03·2 | 56·558 | 60 47·18 | 16 33·44 | 11·4306 | 23·9053 |
| 10 | 135·42 | −2·89 | 9 08 00·66 | +13 26 43·3 | 56·191 | 61 10·98 | 16 39·92 | 12·3698 | ... |
| 11 | 150·61 | −3·92 | 10 05 07·04 | + 7 35 05·4 | 56·116 | 61 15·86 | 16 41·25 | 13·2716 | 00·8248 |
| 12 | 165·79 | −4·67 | 11 00 27·86 | + 1 17 49·6 | 56·335 | 61 01·59 | 16 37·37 | 14·1477 | 01·7119 |
| 13 | 180·79 | −5·08 | 11 54 46·90 | − 4 58 38·2 | 56·815 | 60 30·64 | 16 28·94 | 15·0138 | 02·5811 |
| 14 | 195·46 | −5·16 | 12 48 52·87 | −10 50 29·0 | 57·499 | 59 47·44 | 16 17·17 | 15·8841 | 03·4477 |
| 15 | 209·73 | −4·90 | 13 43 26·43 | −15 57 40·0 | 58·316 | 58 57·17 | 16 03·48 | 16·7683 | 04·3242 |
| 16 | 223·56 | −4·37 | 14 38 49·89 | −20 04 21·0 | 59·194 | 58 04·70 | 15 49·19 | 17·6681 | 05·2165 |

## EPHEMERIS FOR PHYSICAL OBSERVATIONS
### FOR 0$^h$ TERRESTRIAL TIME

| Date | The Earth's Selenographic | | Physical Libration | | | The Sun's Selenographic | | Position Angle | Bright | Frac-tion |
|------|------|------|------|------|------|------|------|------|------|------|
| 0$^h$ TT | Long. | Lat. | Lg. | Lt. | P.A. | Colong. | Lat. | Axis | Limb | Illum. |
| | ° | ° | | (0°001) | | ° | ° | ° | ° | |
| **July 1** | − 0·699 | − 5·037 | + 1 | − 1 | + 13 | 140·84 | + 0·08 | 340·830 | 66·54 | 0·819 |
| 2 | − 2·020 | − 5·877 | 0 | − 1 | + 14 | 153·05 | + 0·05 | 338·643 | 65·34 | 0·741 |
| 3 | − 3·293 | − 6·469 | 0 | − 2 | + 16 | 165·26 | + 0·02 | 337·242 | 65·12 | 0·654 |
| 4 | − 4·449 | − 6·784 | − 1 | − 2 | + 17 | 177·48 | 0·00 | 336·683 | 65·86 | 0·560 |
| 5 | − 5·419 | − 6·803 | − 1 | − 2 | + 19 | 189·70 | − 0·03 | 337·056 | 67·59 | 0·463 |
| 6 | − 6·135 | − 6·506 | − 1 | − 3 | + 20 | 201·93 | − 0·05 | 338·474 | 70·36 | 0·365 |
| 7 | − 6·538 | − 5·886 | − 1 | − 3 | + 20 | 214·17 | − 0·08 | 341·048 | 74·21 | 0·269 |
| 8 | − 6·578 | − 4·944 | 0 | − 4 | + 21 | 226·41 | − 0·10 | 344·833 | 79·08 | 0·181 |
| 9 | − 6·227 | − 3·703 | + 1 | − 4 | + 21 | 238·66 | − 0·13 | 349·753 | 84·76 | 0·105 |
| 10 | − 5·482 | − 2·208 | + 3 | − 5 | + 20 | 250·91 | − 0·16 | 355·530 | 90·72 | 0·046 |
| 11 | − 4·372 | − 0·537 | + 5 | − 5 | + 20 | 263·16 | − 0·18 | 1·692 | 95·34 | 0·010 |
| 12 | − 2·959 | + 1·203 | + 7 | − 5 | + 19 | 275·41 | − 0·21 | 7·685 | 299·70 | 0·001 |
| 13 | − 1·337 | + 2·885 | + 9 | − 5 | + 18 | 287·67 | − 0·24 | 13·029 | 291·96 | 0·021 |
| 14 | + 0·377 | + 4·379 | + 10 | − 5 | + 16 | 299·92 | − 0·26 | 17·403 | 294·33 | 0·069 |
| 15 | + 2·056 | + 5·572 | + 12 | − 5 | + 15 | 312·16 | − 0·29 | 20·637 | 295·92 | 0·143 |
| 16 | + 3·582 | + 6·383 | + 14 | − 5 | + 14 | 324·41 | − 0·32 | 22·642 | 296·25 | 0·236 |
| 17 | + 4·858 | + 6·774 | + 15 | − 4 | + 12 | 336·64 | − 0·34 | 23·369 | 295·27 | 0·342 |
| 18 | + 5·818 | + 6·744 | + 16 | − 4 | + 11 | 348·87 | − 0·37 | 22·790 | 293·05 | 0·454 |
| 19 | + 6·431 | + 6·324 | + 17 | − 4 | + 10 | 1·10 | − 0·40 | 20·916 | 289·68 | 0·565 |
| 20 | + 6·694 | + 5·563 | + 17 | − 4 | + 9 | 13·31 | − 0·42 | 17·820 | 285·35 | 0·670 |
| 21 | + 6·628 | + 4·526 | + 17 | − 4 | + 8 | 25·52 | − 0·45 | 13·677 | 280·31 | 0·765 |
| 22 | + 6·267 | + 3·281 | + 17 | − 4 | + 8 | 37·73 | − 0·48 | 8·770 | 274·94 | 0·846 |
| 23 | + 5·651 | + 1·899 | + 17 | − 4 | + 7 | 49·93 | − 0·51 | 3·463 | 269·80 | 0·912 |
| 24 | + 4·824 | + 0·450 | + 16 | − 4 | + 8 | 62·12 | − 0·54 | 358·132 | 265·71 | 0·960 |
| 25 | + 3·825 | − 0·999 | + 16 | − 4 | + 8 | 74·32 | − 0·56 | 353·098 | 265·11 | 0·989 |
| 26 | + 2·694 | − 2·386 | + 15 | − 4 | + 9 | 86·51 | − 0·59 | 348·583 | 324·72 | 1·000 |
| 27 | + 1·465 | − 3·654 | + 14 | − 4 | + 10 | 98·71 | − 0·62 | 344·716 | 58·32 | 0·991 |
| 28 | + 0·174 | − 4·754 | + 13 | − 4 | + 11 | 110·90 | − 0·64 | 341·561 | 61·14 | 0·965 |
| 29 | − 1·146 | − 5·645 | + 12 | − 4 | + 13 | 123·10 | − 0·67 | 339·153 | 61·42 | 0·923 |
| 30 | − 2·455 | − 6·293 | + 11 | − 4 | + 14 | 135·29 | − 0·69 | 337·522 | 61·78 | 0·865 |
| 31 | − 3·709 | − 6·672 | + 10 | − 5 | + 15 | 147·50 | − 0·71 | 336·716 | 62·73 | 0·794 |
| **Aug. 1** | − 4·860 | − 6·764 | + 10 | − 5 | + 17 | 159·70 | − 0·73 | 336·804 | 64·44 | 0·712 |
| 2 | − 5·850 | − 6·556 | + 9 | − 5 | + 18 | 171·92 | − 0·75 | 337·874 | 67·02 | 0·620 |
| 3 | − 6·618 | − 6·042 | + 9 | − 6 | + 19 | 184·13 | − 0·77 | 340·021 | 70·53 | 0·522 |
| 4 | − 7·100 | − 5·224 | + 10 | − 6 | + 19 | 196·36 | − 0·79 | 343·309 | 74·96 | 0·421 |
| 5 | − 7·233 | − 4·117 | + 11 | − 6 | + 19 | 208·58 | − 0·81 | 347·719 | 80·20 | 0·319 |
| 6 | − 6·964 | − 2·752 | + 12 | − 6 | + 19 | 220·82 | − 0·84 | 353·082 | 85·93 | 0·222 |
| 7 | − 6·259 | − 1·183 | + 13 | − 6 | + 18 | 233·06 | − 0·86 | 359·046 | 91·55 | 0·136 |
| 8 | − 5·117 | + 0·506 | + 15 | − 6 | + 18 | 245·30 | − 0·88 | 5·124 | 96·01 | 0·066 |
| 9 | − 3·577 | + 2·205 | + 17 | − 6 | + 17 | 257·55 | − 0·90 | 10·809 | 96·40 | 0·020 |
| 10 | − 1·730 | + 3·783 | + 18 | − 6 | + 15 | 269·80 | − 0·92 | 15·692 | 49·77 | 0·001 |
| 11 | + 0·288 | + 5·108 | + 20 | − 6 | + 14 | 282·05 | − 0·94 | 19·500 | 307·78 | 0·013 |
| 12 | + 2·310 | + 6·070 | + 22 | − 6 | + 13 | 294·29 | − 0·97 | 22·068 | 301·92 | 0·055 |
| 13 | + 4·164 | + 6·602 | + 23 | − 6 | + 11 | 306·54 | − 0·99 | 23·299 | 299·43 | 0·123 |
| 14 | + 5·706 | + 6·686 | + 25 | − 6 | + 10 | 318·77 | − 1·01 | 23·141 | 296·66 | 0·210 |
| 15 | + 6·835 | + 6·347 | + 25 | − 6 | + 9 | 331·01 | − 1·03 | 21·595 | 293·07 | 0·312 |
| 16 | + 7·507 | + 5·644 | + 26 | − 6 | + 8 | 343·23 | − 1·05 | 18·746 | 288·60 | 0·419 |

# MOON, 2010

## FOR 0ʰ TERRESTRIAL TIME

| Date 0ʰ TT | Apparent Long. | Lat. | Apparent R.A. | Dec. | True Dist. | Horiz. Parallax | Semi-diameter | Ephemeris Transit for date Upper | Lower |
|---|---|---|---|---|---|---|---|---|---|
| | ° | ° | h m s | ° ′ ″ | | ′ ″ | ′ ″ | h | h |
| Aug. 16 | 223·56 | −4·37 | 14 38 49·89 | −20 04 21·0 | 59·194 | 58 04·70 | 15 49·19 | 17·6681 | 05·2165 |
| 17 | 236·94 | −3·61 | 15 34 59·96 | −22 59 10·7 | 60·069 | 57 13·95 | 15 35·37 | 18·5762 | 06·1219 |
| 18 | 249·94 | −2·69 | 16 31 26·44 | −24 35 42·2 | 60·891 | 56 27·60 | 15 22·74 | 19·4777 | 07·0288 |
| 19 | 262·59 | −1·65 | 17 27 19·79 | −24 52 45·1 | 61·626 | 55 47·21 | 15 11·74 | 20·3553 | 07·9205 |
| 20 | 274·98 | −0·56 | 18 21 46·35 | −23 54 16·7 | 62·254 | 55 13·45 | 15 02·54 | 21·1950 | 08·7805 |
| 21 | 287·15 | +0·54 | 19 14 04·64 | −21 48 22·6 | 62·767 | 54 46·35 | 14 55·16 | 21·9896 | 09·5981 |
| 22 | 299·18 | +1·59 | 20 03 55·18 | −18 45 43·5 | 63·165 | 54 25·61 | 14 49·52 | 22·7399 | 10·3700 |
| 23 | 311·11 | +2·57 | 20 51 21·54 | −14 58 01·5 | 63·453 | 54 10·79 | 14 45·48 | 23·4526 | 11·1004 |
| 24 | 322·99 | +3·43 | 21 36 45·53 | −10 36 53·5 | 63·635 | 54 01·51 | 14 42·95 | ... | 11·7980 |
| 25 | 334·84 | +4·13 | 22 20 41·01 | − 5 53 19·5 | 63·713 | 53 57·55 | 14 41·87 | 00·1382 | 12·4748 |
| 26 | 346·70 | +4·65 | 23 03 48·87 | − 0 57 37·2 | 63·685 | 53 58·94 | 14 42·25 | 00·8095 | 13·1441 |
| 27 | 358·59 | +4·98 | 23 46 53·79 | + 4 00 24·6 | 63·547 | 54 05·98 | 14 44·17 | 01·4804 | 13·8201 |
| 28 | 10·55 | +5·09 | 0 30 42·30 | + 8 51 01·8 | 63·291 | 54 19·14 | 14 47·75 | 02·1653 | 14·5176 |
| 29 | 22·60 | +4·97 | 1 16 01·05 | +13 24 04·4 | 62·907 | 54 39·04 | 14 53·17 | 02·8788 | 15·2506 |
| 30 | 34·79 | +4·63 | 2 03 33·92 | +17 28 24·7 | 62·389 | 55 06·23 | 15 00·58 | 03·6345 | 16·0318 |
| 31 | 47·18 | +4·07 | 2 53 56·64 | +20 51 33·7 | 61·739 | 55 41·05 | 15 10·06 | 04·4435 | 16·8698 |
| Sept. 1 | 59·82 | +3·30 | 3 47 28·23 | +23 19 45·0 | 60·967 | 56 23·38 | 15 21·59 | 05·3108 | 17·7655 |
| 2 | 72·78 | +2·34 | 4 44 00·84 | +24 38 51·4 | 60·097 | 57 12·34 | 15 34·93 | 06·2322 | 18·7089 |
| 3 | 86·11 | +1·23 | 5 42 53·64 | +24 36 30·4 | 59·171 | 58 06·06 | 15 49·56 | 07·1925 | 19·6799 |
| 4 | 99·87 | +0·01 | 6 42 58·44 | +23 05 03·6 | 58·246 | 59 01·43 | 16 04·64 | 08·1680 | 20·6539 |
| 5 | 114·09 | −1·24 | 7 42 59·56 | +20 04 20·9 | 57·393 | 59 54·07 | 16 18·98 | 09·1352 | 21·6105 |
| 6 | 128·73 | −2·45 | 8 41 58·77 | +15 42 56·3 | 56·690 | 60 38·68 | 16 31·13 | 10·0789 | 22·5405 |
| 7 | 143·74 | −3·51 | 9 39 31·15 | +10 17 28·5 | 56·209 | 61 09·81 | 16 39·60 | 10·9957 | 23·4458 |
| 8 | 158·97 | −4·34 | 10 35 45·65 | + 4 10 37·7 | 56·007 | 61 23·06 | 16 43·21 | 11·8923 | ... |
| 9 | 174·27 | −4·87 | 11 31 14·72 | − 2 11 33·2 | 56·109 | 61 16·32 | 16 41·38 | 12·7811 | 00·3368 |
| 10 | 189·44 | −5·04 | 12 26 40·22 | − 8 22 22·4 | 56·508 | 60 50·36 | 16 34·31 | 13·6754 | 01·2269 |
| 11 | 204·31 | −4·87 | 13 22 39·43 | −13 56 58·8 | 57·161 | 60 08·70 | 16 22·96 | 14·5846 | 02·1278 |
| 12 | 218·75 | −4·39 | 14 19 32·64 | −18 34 26·2 | 57·999 | 59 16·55 | 16 08·76 | 15·5104 | 03·0457 |
| 13 | 232·71 | −3·66 | 15 17 13·84 | −21 59 18·1 | 58·943 | 58 19·58 | 15 53·24 | 16·4452 | 03·9775 |
| 14 | 246·18 | −2·75 | 16 15 08·53 | −24 02 42·6 | 59·914 | 57 22·84 | 15 37·79 | 17·3728 | 04·9110 |
| 15 | 259·19 | −1·72 | 17 12 21·95 | −24 42 43·2 | 60·843 | 56 30·26 | 15 23·47 | 18·2743 | 05·8279 |
| 16 | 271·81 | −0·63 | 18 07 56·29 | −24 03 38·8 | 61·677 | 55 44·44 | 15 10·99 | 19·1345 | 06·7102 |
| 17 | 284·12 | +0·45 | 19 01 08·46 | −22 14 21·4 | 62·379 | 55 06·79 | 15 00·73 | 19·9457 | 07·5463 |
| 18 | 296·21 | +1·50 | 19 51 39·98 | −19 26 08·1 | 62·930 | 54 37·83 | 14 52·84 | 20·7089 | 08·3330 |
| 19 | 308·15 | +2·46 | 20 39 36·88 | −15 50 51·3 | 63·325 | 54 17·38 | 14 47·27 | 21·4313 | 09·0746 |
| 20 | 320·01 | +3·31 | 21 25 23·69 | −11 39 54·9 | 63·569 | 54 04·88 | 14 43·87 | 22·1238 | 09·7805 |
| 21 | 331·84 | +4·02 | 22 09 36·32 | − 7 03 54·1 | 63·674 | 53 59·52 | 14 42·41 | 22·7995 | 10·4629 |
| 22 | 343·70 | +4·54 | 22 52 56·64 | − 2 12 44·9 | 63·655 | 54 00·46 | 14 42·67 | 23·4722 | 11·1354 |
| 23 | 355·61 | +4·88 | 23 36 09·08 | + 2 43 52·5 | 63·528 | 54 06·98 | 14 44·44 | ... | 11·8117 |
| 24 | 7·60 | +4·99 | 0 19 58·61 | + 7 36 05·5 | 63·303 | 54 18·50 | 14 47·58 | 00·1557 | 12·5059 |
| 25 | 19·69 | +4·89 | 1 05 08·94 | +12 13 23·7 | 62·989 | 54 34·75 | 14 52·00 | 00·8638 | 13·2310 |
| 26 | 31·89 | +4·56 | 1 52 19·68 | +16 24 19·6 | 62·589 | 54 55·67 | 14 57·70 | 01·6088 | 13·9984 |
| 27 | 44·23 | +4·02 | 2 42 01·57 | +19 56 23·1 | 62·104 | 55 21·41 | 15 04·71 | 02·4005 | 14·8155 |
| 28 | 56·74 | +3·27 | 3 34 29·41 | +22 36 22·1 | 61·534 | 55 52·19 | 15 13·10 | 03·2432 | 15·6829 |
| 29 | 69·45 | +2·35 | 4 29 34·37 | +24 11 22·0 | 60·882 | 56 28·08 | 15 22·87 | 04·1333 | 16·5925 |
| 30 | 82·42 | +1·29 | 5 26 40·34 | +24 30 29·4 | 60·159 | 57 08·82 | 15 33·97 | 05·0582 | 17·5279 |
| Oct. 1 | 95·69 | +0·13 | 6 24 49·64 | +23 26 59·0 | 59·386 | 57 53·47 | 15 46·13 | 05·9987 | 18·4684 |

## EPHEMERIS FOR PHYSICAL OBSERVATIONS
## FOR 0ʰ TERRESTRIAL TIME

| Date 0ʰ TT | The Earth's Selenographic Long. | Lat. | Physical Libration Lg. | Lt. | P.A. | The Sun's Selenographic Colong. | Lat. | Position Angle Axis | Bright Limb | Fraction Illum. |
|---|---|---|---|---|---|---|---|---|---|---|
| | ° | ° | (0°001) | | | ° | ° | ° | ° | |
| Aug. 16 | +7·507 | +5·644 | + 26 | − 6 | + 8 | 343·23 | − 1·05 | 18·746 | 288·60 | 0·419 |
| 17 | +7·725 | +4·649 | + 26 | − 6 | + 7 | 355·45 | − 1·08 | 14·777 | 283·45 | 0·527 |
| 18 | +7·531 | +3·440 | + 27 | − 6 | + 7 | 7·66 | − 1·10 | 9·982 | 277·91 | 0·630 |
| 19 | +6·986 | +2·091 | + 26 | − 6 | + 7 | 19·87 | − 1·12 | 4·724 | 272·41 | 0·725 |
| 20 | +6·160 | +0·673 | + 26 | − 6 | + 7 | 32·07 | − 1·14 | 359·382 | 267·40 | 0·809 |
| 21 | +5·127 | −0·752 | + 25 | − 6 | + 7 | 44·26 | − 1·16 | 354·277 | 263·37 | 0·880 |
| 22 | +3·949 | −2·124 | + 25 | − 7 | + 8 | 56·45 | − 1·19 | 349·640 | 260·98 | 0·935 |
| 23 | +2·682 | −3·389 | + 24 | − 7 | + 8 | 68·64 | − 1·21 | 345·613 | 261·85 | 0·973 |
| 24 | +1·370 | −4·499 | + 22 | − 7 | + 10 | 80·83 | − 1·22 | 342·273 | 274·83 | 0·995 |
| 25 | +0·050 | −5·410 | + 21 | − 7 | + 11 | 93·01 | − 1·24 | 339·665 | 16·01 | 0·998 |
| 26 | −1·252 | −6·088 | + 20 | − 7 | + 12 | 105·20 | − 1·26 | 337·826 | 49·23 | 0·984 |
| 27 | −2·511 | −6·503 | + 19 | − 8 | + 14 | 117·38 | − 1·27 | 336·803 | 55·94 | 0·952 |
| 28 | −3·701 | −6·637 | + 18 | − 8 | + 15 | 129·57 | − 1·29 | 336·659 | 59·71 | 0·904 |
| 29 | −4·792 | −6·478 | + 17 | − 8 | + 16 | 141·76 | − 1·30 | 337·470 | 63·21 | 0·840 |
| 30 | −5·749 | −6·024 | + 17 | − 9 | + 17 | 153·95 | − 1·31 | 339·312 | 67·12 | 0·763 |
| 31 | −6·523 | −5·284 | + 17 | − 9 | + 17 | 166·15 | − 1·32 | 342·239 | 71·68 | 0·674 |
| Sept. 1 | −7·058 | −4·273 | + 17 | − 9 | + 17 | 178·35 | − 1·33 | 346·237 | 76·92 | 0·576 |
| 2 | −7·291 | −3·021 | + 18 | − 9 | + 17 | 190·56 | − 1·34 | 351·183 | 82·69 | 0·472 |
| 3 | −7·160 | −1·571 | + 18 | − 9 | + 17 | 202·78 | − 1·34 | 356·810 | 88·65 | 0·366 |
| 4 | −6·609 | +0·012 | + 20 | − 8 | + 16 | 215·00 | − 1·35 | 2·726 | 94·26 | 0·262 |
| 5 | −5·609 | +1·643 | + 21 | − 8 | + 15 | 227·22 | − 1·37 | 8·481 | 98·85 | 0·168 |
| 6 | −4·168 | +3·213 | + 22 | − 8 | + 14 | 239·45 | − 1·38 | 13·662 | 101·44 | 0·089 |
| 7 | −2·349 | +4·599 | + 24 | − 7 | + 12 | 251·69 | − 1·39 | 17·947 | 99·74 | 0·033 |
| 8 | −0·278 | +5·679 | + 26 | − 7 | + 11 | 263·92 | − 1·40 | 21·105 | 77·32 | 0·004 |
| 9 | +1·873 | +6·356 | + 27 | − 7 | + 10 | 276·16 | − 1·41 | 22·965 | 324·31 | 0·007 |
| 10 | +3·906 | +6·579 | + 28 | − 6 | + 8 | 288·40 | − 1·42 | 23·406 | 305·50 | 0·039 |
| 11 | +5·639 | +6·349 | + 29 | − 6 | + 7 | 300·63 | − 1·44 | 22·370 | 298·57 | 0·098 |
| 12 | +6·938 | +5·714 | + 30 | − 6 | + 6 | 312·86 | − 1·45 | 19·896 | 292·83 | 0·178 |
| 13 | +7·733 | +4·753 | + 31 | − 6 | + 6 | 325·08 | − 1·46 | 16·154 | 286·96 | 0·271 |
| 14 | +8·016 | +3·556 | + 31 | − 7 | + 5 | 337·29 | − 1·47 | 11·449 | 280·86 | 0·373 |
| 15 | +7·829 | +2·210 | + 31 | − 7 | + 5 | 349·50 | − 1·48 | 6·176 | 274·80 | 0·476 |
| 16 | +7·242 | +0·793 | + 31 | − 7 | + 5 | 1·71 | − 1·49 | 0·749 | 269·11 | 0·578 |
| 17 | +6·344 | −0·627 | + 30 | − 8 | + 5 | 13·90 | − 1·51 | 355·520 | 264·15 | 0·673 |
| 18 | +5·222 | −1·991 | + 30 | − 8 | + 6 | 26·09 | − 1·52 | 350·735 | 260·17 | 0·760 |
| 19 | +3·961 | −3·250 | + 29 | − 8 | + 7 | 38·28 | − 1·53 | 346·543 | 257·43 | 0·836 |
| 20 | +2·632 | −4·358 | + 28 | − 9 | + 8 | 50·45 | − 1·54 | 343·024 | 256·27 | 0·899 |
| 21 | +1·293 | −5·274 | + 27 | − 9 | + 9 | 62·63 | − 1·54 | 340·223 | 257·45 | 0·948 |
| 22 | −0·011 | −5·962 | + 25 | − 9 | + 11 | 74·80 | − 1·55 | 338·179 | 263·80 | 0·981 |
| 23 | −1·250 | −6·394 | + 24 | − 10 | + 12 | 86·97 | − 1·55 | 336·941 | 295·38 | 0·997 |
| 24 | −2·406 | −6·546 | + 23 | − 10 | + 13 | 99·14 | − 1·55 | 336·573 | 30·24 | 0·995 |
| 25 | −3·464 | −6·407 | + 22 | − 11 | + 14 | 111·31 | − 1·55 | 337·155 | 52·65 | 0·974 |
| 26 | −4·411 | −5·975 | + 21 | − 11 | + 15 | 123·48 | − 1·55 | 338·760 | 61·25 | 0·936 |
| 27 | −5·231 | −5·260 | + 21 | − 11 | + 15 | 135·65 | − 1·55 | 341·438 | 67·66 | 0·880 |
| 28 | −5·898 | −4·284 | + 21 | − 11 | + 16 | 147·83 | − 1·54 | 345·173 | 73·78 | 0·808 |
| 29 | −6·373 | −3·080 | + 21 | − 11 | + 16 | 160·01 | − 1·54 | 349·847 | 80·04 | 0·722 |
| 30 | −6·608 | −1·694 | + 21 | − 11 | + 15 | 172·19 | − 1·53 | 355·218 | 86·37 | 0·625 |
| Oct. 1 | −6·547 | −0·185 | + 21 | − 11 | + 14 | 184·38 | − 1·53 | 0·937 | 92·46 | 0·519 |

# MOON, 2010

## FOR 0ʰ TERRESTRIAL TIME

| Date 0ʰ TT | Apparent Long. | Lat. | Apparent R.A. | Dec. | True Dist. | Horiz. Parallax | Semi-diameter | Ephemeris Transit for date Upper | Lower |
|---|---|---|---|---|---|---|---|---|---|
| | ° | ° | h m s | ° ′ ″ | | ′ ″ | ′ ″ | h | h |
| **Oct. 1** | 95·69 | +0·13 | 6 24 49·64 | +23 26 59·0 | 59·386 | 57 53·47 | 15 46·13 | 05·9987 | 18·4684 |
| 2 | 109·32 | −1·06 | 7 22 59·29 | +20 59 57·5 | 58·598 | 58 40·20 | 15 58·86 | 06·9349 | 19·3968 |
| 3 | 123·32 | −2·22 | 8 20 20·90 | +17 15 04·5 | 57·843 | 59 26·11 | 16 11·36 | 07·8534 | 20·3045 |
| 4 | 137·72 | −3·27 | 9 16 33·95 | +12 24 06·6 | 57·183 | 60 07·27 | 16 22·57 | 08·7506 | 21·1928 |
| 5 | 152·47 | −4·13 | 10 11 47·57 | + 6 43 59·1 | 56·683 | 60 39·12 | 16 31·25 | 09·6324 | 22·0711 |
| 6 | 167·47 | −4·73 | 11 06 33·42 | + 0 35 41·7 | 56·402 | 60 57·25 | 16 36·18 | 10·5107 | 22·9530 |
| 7 | 182·60 | −4·99 | 12 01 34·44 | − 5 36 50·1 | 56·383 | 60 58·45 | 16 36·51 | 11·3997 | 23·8520 |
| 8 | 197·67 | −4·91 | 12 57 32·11 | −11 28 18·3 | 56·643 | 60 41·67 | 16 31·94 | 12·3109 | ... |
| 9 | 212·53 | −4·50 | 13 54 53·08 | −16 34 13·4 | 57·165 | 60 08·41 | 16 22·88 | 13·2491 | 00·7767 |
| 10 | 227·02 | −3·80 | 14 53 36·31 | −20 33 38·4 | 57·903 | 59 22·41 | 16 10·35 | 14·2081 | 01·7268 |
| 11 | 241·06 | −2·89 | 15 53 06·02 | −23 11 57·6 | 58·790 | 58 28·70 | 15 55·72 | 15·1703 | 02·6902 |
| 12 | 254·61 | −1·84 | 16 52 17·22 | −24 22 55·7 | 59·746 | 57 32·53 | 15 40·43 | 16·1119 | 03·6451 |
| 13 | 267·70 | −0·73 | 17 49 55·41 | −24 08 51·0 | 60·695 | 56 38·53 | 15 25·72 | 17·0113 | 04·5679 |
| 14 | 280·38 | +0·39 | 18 45 00·96 | −22 38 42·9 | 61·569 | 55 50·28 | 15 12·58 | 17·8561 | 05·4408 |
| 15 | 292·72 | +1·46 | 19 37 04·63 | −20 05 07·3 | 62·315 | 55 10·16 | 15 01·65 | 18·6448 | 06·2571 |
| 16 | 304·80 | +2·44 | 20 26 08·88 | −16 41 25·6 | 62·898 | 54 39·47 | 14 53·29 | 19·3845 | 07·0201 |
| 17 | 316·73 | +3·30 | 21 12 39·86 | −12 40 00·9 | 63·300 | 54 18·67 | 14 47·63 | 20·0873 | 07·7397 |
| 18 | 328·58 | +4·02 | 21 57 17·68 | − 8 11 46·2 | 63·517 | 54 07·52 | 14 44·59 | 20·7677 | 08·4294 |
| 19 | 340·42 | +4·56 | 22 40 49·06 | − 3 26 20·2 | 63·561 | 54 05·29 | 14 43·98 | 21·4408 | 09·1042 |
| 20 | 352·32 | +4·90 | 23 24 02·95 | + 1 27 12·7 | 63·451 | 54 10·93 | 14 45·52 | 22·1217 | 09·7793 |
| 21 | 4·31 | +5·03 | 0 07 48·20 | + 6 19 37·4 | 63·212 | 54 23·19 | 14 48·86 | 22·8253 | 10·4698 |
| 22 | 16·43 | +4·93 | 0 52 51·63 | +11 00 46·4 | 62·873 | 54 40·78 | 14 53·65 | 23·5648 | 11·1898 |
| 23 | 28·71 | +4·61 | 1 39 55·18 | +15 19 10·5 | 62·461 | 55 02·46 | 14 59·55 | ... | 11·9514 |
| 24 | 41·14 | +4·07 | 2 29 30·82 | +19 01 51·9 | 61·996 | 55 27·18 | 15 06·29 | 00·3505 | 12·7625 |
| 25 | 53·74 | +3·31 | 3 21 52·94 | +21 54 54·1 | 61·497 | 55 54·19 | 15 13·64 | 01·1872 | 13·6240 |
| 26 | 66·51 | +2·38 | 4 16 50·21 | +23 44 40·4 | 60·974 | 56 22·99 | 15 21·49 | 02·0714 | 14·5274 |
| 27 | 79·46 | +1·32 | 5 13 41·99 | +24 19 59·7 | 60·432 | 56 53·32 | 15 29·75 | 02·9896 | 15·4551 |
| 28 | 92·62 | +0·16 | 6 11 25·20 | +23 34 25·0 | 59·877 | 57 24·99 | 15 38·37 | 03·9211 | 16·3850 |
| 29 | 105·99 | −1·02 | 7 08 52·52 | +21 27 44·2 | 59·314 | 57 57·68 | 15 47·28 | 04·8446 | 17·2984 |
| 30 | 119·62 | −2·18 | 8 05 13·66 | +18 06 02·0 | 58·756 | 58 30·69 | 15 56·27 | 05·7456 | 18·1859 |
| 31 | 133·52 | −3·22 | 9 00 08·59 | +13 40 27·1 | 58·226 | 59 02·69 | 16 04·98 | 06·6199 | 19·0486 |
| **Nov. 1** | 147·69 | −4·09 | 9 53 48·66 | + 8 25 40·8 | 57·754 | 59 31·63 | 16 12·86 | 07·4735 | 19·8964 |
| 2 | 162·11 | −4·72 | 10 46 49·15 | + 2 38 56·7 | 57·381 | 59 54·81 | 16 19·18 | 08·3194 | 20·7444 |
| 3 | 176·73 | −5·05 | 11 39 58·81 | − 3 20 22·9 | 57·153 | 60 09·19 | 16 23·10 | 09·1736 | 21·6089 |
| 4 | 191·46 | −5·06 | 12 34 08·80 | − 9 10 57·5 | 57·108 | 60 12·04 | 16 23·87 | 10·0519 | 22·5038 |
| 5 | 206·17 | −4·72 | 13 30 00·56 | −14 30 06·5 | 57·273 | 60 01·60 | 16 21·03 | 10·9652 | 23·4358 |
| 6 | 220·74 | −4·09 | 14 27 51·86 | −18 55 28·5 | 57·656 | 59 37·70 | 16 14·52 | 11·9145 | ... |
| 7 | 235·03 | −3·20 | 15 27 23·90 | −22 07 53·5 | 58·237 | 59 01·97 | 16 04·79 | 12·8875 | 00·3994 |
| 8 | 248·97 | −2·15 | 16 27 37·39 | −23 54 50·9 | 58·976 | 58 17·60 | 15 52·70 | 13·8595 | 01·3755 |
| 9 | 262·50 | −0·99 | 17 27 06·41 | −24 13 00·4 | 59·813 | 57 28·64 | 15 39·37 | 14·8019 | 02·3361 |
| 10 | 275·62 | +0·18 | 18 24 26·91 | −23 08 11·2 | 60·681 | 56 39·34 | 15 25·94 | 15·6923 | 03·2545 |
| 11 | 288·35 | +1·32 | 19 18 43·52 | −20 52 37·6 | 61·510 | 55 53·51 | 15 13·46 | 16·5215 | 04·1146 |
| 12 | 300·74 | +2·36 | 20 09 40·02 | −17 41 10·1 | 62·239 | 55 14·21 | 15 02·75 | 17·2921 | 04·9136 |
| 13 | 312·88 | +3·27 | 20 57 33·63 | −13 48 12·5 | 62·820 | 54 43·58 | 14 54·41 | 18·0151 | 05·6587 |
| 14 | 324·84 | +4·03 | 21 43 02·99 | − 9 26 13·4 | 63·218 | 54 22·90 | 14 48·78 | 18·7054 | 06·3633 |
| 15 | 336·71 | +4·61 | 22 26 57·48 | − 4 45 37·8 | 63·417 | 54 12·68 | 14 45·99 | 19·3796 | 07·0434 |
| 16 | 348·57 | +4·99 | 23 10 10·62 | + 0 04 35·0 | 63·415 | 54 12·74 | 14 46·01 | 20·0545 | 07·7159 |

## EPHEMERIS FOR PHYSICAL OBSERVATIONS
### FOR 0ʰ TERRESTRIAL TIME

| Date 0ʰ TT | The Earth's Selenographic Long. | Lat. | Physical Libration Lg. | Lt. | P.A. | The Sun's Selenographic Colong. | Lat. | Position Angle Axis | Bright Limb | Fraction Illum. |
|---|---|---|---|---|---|---|---|---|---|---|
| | ° | ° | (0°001) | | | ° | ° | ° | ° | |
| **Oct. 1** | − 6·547 | − 0·185 | + 21 | − 11 | + 14 | 184·38 | − 1·53 | 0·937 | 92·46 | 0·519 |
| 2 | − 6·136 | + 1·374 | + 22 | − 10 | + 13 | 196·58 | − 1·52 | 6·607 | 97·90 | 0·409 |
| 3 | − 5·333 | + 2·892 | + 23 | − 10 | + 12 | 208·78 | − 1·52 | 11·854 | 102·26 | 0·301 |
| 4 | − 4·126 | + 4·269 | + 24 | − 9 | + 10 | 220·99 | − 1·52 | 16·375 | 105·07 | 0·200 |
| 5 | − 2·550 | + 5·396 | + 25 | − 8 | + 9 | 233·21 | − 1·52 | 19·935 | 105·75 | 0·114 |
| 6 | − 0·695 | + 6·172 | + 27 | − 8 | + 7 | 245·42 | − 1·51 | 22·341 | 102·90 | 0·049 |
| 7 | + 1·292 | + 6·524 | + 28 | − 7 | + 6 | 257·64 | − 1·51 | 23·423 | 89·46 | 0·011 |
| 8 | + 3·231 | + 6·421 | + 29 | − 7 | + 5 | 269·87 | − 1·51 | 23·048 | 350·75 | 0·003 |
| 9 | + 4·940 | + 5·882 | + 29 | − 7 | + 4 | 282·09 | − 1·51 | 21·160 | 304·94 | 0·023 |
| 10 | + 6·271 | + 4·972 | + 30 | − 6 | + 3 | 294·30 | − 1·51 | 17·841 | 293·28 | 0·070 |
| 11 | + 7·132 | + 3·783 | + 31 | − 7 | + 3 | 306·52 | − 1·51 | 13·349 | 285·13 | 0·138 |
| 12 | + 7·491 | + 2·414 | + 31 | − 7 | + 3 | 318·73 | − 1·50 | 8·089 | 277·90 | 0·222 |
| 13 | + 7·372 | + 0·959 | + 31 | − 7 | + 3 | 330·93 | − 1·50 | 2·529 | 271·29 | 0·315 |
| 14 | + 6·837 | − 0·500 | + 31 | − 7 | + 3 | 343·13 | − 1·50 | 357·090 | 265·48 | 0·413 |
| 15 | + 5·967 | − 1·899 | + 30 | − 8 | + 4 | 355·32 | − 1·50 | 352·073 | 260·62 | 0·512 |
| 16 | + 4·856 | − 3·184 | + 29 | − 8 | + 5 | 7·50 | − 1·50 | 347·653 | 256·82 | 0·608 |
| 17 | + 3·594 | − 4·312 | + 28 | − 9 | + 6 | 19·68 | − 1·49 | 343·915 | 254·15 | 0·698 |
| 18 | + 2·267 | − 5·246 | + 27 | − 9 | + 8 | 31·85 | − 1·49 | 340·898 | 252·66 | 0·780 |
| 19 | + 0·946 | − 5·954 | + 26 | − 10 | + 9 | 44·02 | − 1·48 | 338·632 | 252·48 | 0·853 |
| 20 | − 0·311 | − 6·406 | + 25 | − 10 | + 10 | 56·18 | − 1·47 | 337·159 | 253·94 | 0·913 |
| 21 | − 1·464 | − 6·581 | + 23 | − 11 | + 12 | 68·33 | − 1·46 | 336·541 | 258·05 | 0·958 |
| 22 | − 2·485 | − 6·463 | + 22 | − 11 | + 13 | 80·49 | − 1·45 | 336·862 | 269·08 | 0·987 |
| 23 | − 3·362 | − 6·046 | + 21 | − 12 | + 14 | 92·64 | − 1·44 | 338·209 | 329·30 | 0·998 |
| 24 | − 4·089 | − 5·338 | + 21 | − 12 | + 14 | 104·79 | − 1·42 | 340·648 | 50·90 | 0·990 |
| 25 | − 4·663 | − 4·361 | + 20 | − 12 | + 14 | 116·94 | − 1·41 | 344·178 | 67·27 | 0·962 |
| 26 | − 5·081 | − 3·153 | + 20 | − 13 | + 14 | 129·10 | − 1·39 | 348·693 | 76·50 | 0·914 |
| 27 | − 5·329 | − 1·763 | + 20 | − 13 | + 14 | 141·25 | − 1·37 | 353·954 | 84·15 | 0·848 |
| 28 | − 5·386 | − 0·258 | + 20 | − 12 | + 13 | 153·41 | − 1·35 | 359·608 | 91·03 | 0·765 |
| 29 | − 5·220 | + 1·288 | + 21 | − 12 | + 12 | 165·58 | − 1·33 | 5·257 | 97·13 | 0·668 |
| 30 | − 4·800 | + 2·791 | + 21 | − 11 | + 11 | 177·75 | − 1·31 | 10·537 | 102·20 | 0·561 |
| 31 | − 4·096 | + 4·160 | + 22 | − 11 | + 9 | 189·93 | − 1·29 | 15·162 | 106·03 | 0·449 |
| **Nov. 1** | − 3·100 | + 5·301 | + 22 | − 10 | + 8 | 202·11 | − 1·27 | 18·924 | 108·44 | 0·337 |
| 2 | − 1·832 | + 6·129 | + 23 | − 9 | + 6 | 214·30 | − 1·26 | 21·659 | 109·25 | 0·232 |
| 3 | − 0·352 | + 6·570 | + 24 | − 8 | + 4 | 226·50 | − 1·24 | 23·210 | 108·18 | 0·141 |
| 4 | + 1·239 | + 6·582 | + 24 | − 8 | + 3 | 238·70 | − 1·22 | 23·427 | 104·58 | 0·069 |
| 5 | + 2·810 | + 6·159 | + 25 | − 7 | + 2 | 250·90 | − 1·21 | 22·191 | 95·90 | 0·022 |
| 6 | + 4·219 | + 5·338 | + 26 | − 7 | + 1 | 263·11 | − 1·19 | 19·479 | 52·34 | 0·002 |
| 7 | + 5·343 | + 4·192 | + 26 | − 7 | + 1 | 275·31 | − 1·18 | 15·428 | 300·93 | 0·009 |
| 8 | + 6·090 | + 2·820 | + 26 | − 7 | 0 | 287·52 | − 1·17 | 10·368 | 283·90 | 0·042 |
| 9 | + 6·416 | + 1·322 | + 26 | − 7 | + 1 | 299·72 | − 1·15 | 4·768 | 274·63 | 0·096 |
| 10 | + 6·319 | − 0·204 | + 26 | − 7 | + 1 | 311·92 | − 1·14 | 359·116 | 267·41 | 0·167 |
| 11 | + 5·835 | − 1·679 | + 26 | − 7 | + 2 | 324·11 | − 1·12 | 353·803 | 261·54 | 0·250 |
| 12 | + 5·027 | − 3·037 | + 25 | − 8 | + 3 | 336·29 | − 1·11 | 349·071 | 256·88 | 0·341 |
| 13 | + 3·973 | − 4·231 | + 24 | − 8 | + 4 | 348·47 | − 1·09 | 345·040 | 253·38 | 0·435 |
| 14 | + 2·756 | − 5·222 | + 23 | − 8 | + 5 | 0·64 | − 1·08 | 341·754 | 250·99 | 0·530 |
| 15 | + 1·462 | − 5·981 | + 22 | − 9 | + 7 | 12·81 | − 1·06 | 339·230 | 249·66 | 0·624 |
| 16 | + 0·171 | − 6·483 | + 21 | − 10 | + 8 | 24·97 | − 1·04 | 337·494 | 249·38 | 0·712 |

# MOON, 2010

## FOR 0$^h$ TERRESTRIAL TIME

| Date 0$^h$ TT | Apparent Long. | Apparent Lat. | Apparent R.A. | Apparent Dec. | True Dist. | Horiz. Parallax | Semi-diameter | Ephemeris Transit for date Upper | Ephemeris Transit for date Lower |
|---|---|---|---|---|---|---|---|---|---|
| | ° | ° | h m s | ° ′ ″ | | ′ ″ | ′ ″ | h | h |
| Nov. 16 | 348·57 | +4·99 | 23 10 10·62 | + 0 04 35·0 | 63·415 | 54 12·74 | 14 46·01 | 20·0545 | 07·7159 |
| 17 | 0·50 | +5·16 | 23 53 36·75 | + 4 55 54·8 | 63·228 | 54 22·36 | 14 48·63 | 20·7469 | 08·3975 |
| 18 | 12·56 | +5·10 | 0 38 09·03 | + 9 39 20·3 | 62·882 | 54 40·30 | 14 53·52 | 21·4724 | 09·1046 |
| 19 | 24·79 | +4·81 | 1 24 36·98 | +14 04 25·6 | 62·414 | 55 04·95 | 15 00·23 | 22·2445 | 09·8520 |
| 20 | 37·24 | +4·29 | 2 13 41·74 | +17 58 46·4 | 61·863 | 55 34·35 | 15 08·24 | 23·0719 | 10·6510 |
| 21 | 49·92 | +3·55 | 3 05 47·88 | +21 08 04·3 | 61·274 | 56 06·44 | 15 16·98 | 23·9545 | 11·5067 |
| 22 | 62·83 | +2·61 | 4 00 52·76 | +23 17 14·2 | 60·684 | 56 39·18 | 15 25·89 | ... | 12·4135 |
| 23 | 75·96 | +1·52 | 4 58 18·68 | +24 12 47·7 | 60·125 | 57 10·77 | 15 34·50 | 00·8809 | 13·3538 |
| 24 | 89·30 | +0·33 | 5 56 56·16 | +23 46 01·0 | 59·619 | 57 39·89 | 15 42·43 | 01·8286 | 14·3021 |
| 25 | 102·83 | −0·90 | 6 55 23·00 | +21 55 26·6 | 59·177 | 58 05·72 | 15 49·46 | 02·7712 | 15·2336 |
| 26 | 116·53 | −2·10 | 7 52 31·21 | +18 47 22·5 | 58·803 | 58 27·91 | 15 55·51 | 03·6876 | 16·1325 |
| 27 | 130·38 | −3·18 | 8 47 46·59 | +14 34 12·9 | 58·494 | 58 46·45 | 16 00·56 | 04·5684 | 16·9961 |
| 28 | 144·38 | −4·09 | 9 41 12·49 | + 9 31 52·8 | 58·247 | 59 01·40 | 16 04·63 | 05·4168 | 17·8324 |
| 29 | 158·50 | −4·76 | 10 33 21·77 | + 3 57 45·3 | 58·063 | 59 12·59 | 16 07·68 | 06·2449 | 18·6564 |
| 30 | 172·71 | −5·15 | 11 25 04·88 | − 1 50 14·5 | 57·951 | 59 19·48 | 16 09·56 | 07·0693 | 19·4859 |
| Dec. 1 | 186·98 | −5·22 | 12 17 18·65 | − 7 33 42·9 | 57·924 | 59 21·16 | 16 10·01 | 07·9083 | 20·3383 |
| 2 | 201·25 | −4·97 | 13 10 55·69 | −12 53 33·4 | 58·000 | 59 16·45 | 16 08·73 | 08·7773 | 21·2264 |
| 3 | 215·47 | −4·41 | 14 06 32·59 | −17 30 10·7 | 58·199 | 59 04·29 | 16 05·42 | 09·6856 | 22·1542 |
| 4 | 229·56 | −3·60 | 15 04 16·34 | −21 04 48·4 | 58·532 | 58 44·11 | 15 59·92 | 10·6306 | 23·1123 |
| 5 | 243·45 | −2·57 | 16 03 33·72 | −23 22 07·2 | 59·000 | 58 16·19 | 15 52·32 | 11·5961 | ... |
| 6 | 257·07 | −1·42 | 17 03 12·87 | −24 13 29·0 | 59·586 | 57 41·79 | 15 42·95 | 12·5548 | 00·0782 |
| 7 | 270·39 | −0·21 | 18 01 43·48 | −23 39 05·8 | 60·260 | 57 03·08 | 15 32·40 | 13·4785 | 01·0226 |
| 8 | 283·40 | +0·98 | 18 57 47·19 | −21 47 29·1 | 60·977 | 56 22·85 | 15 21·45 | 14·3476 | 01·9206 |
| 9 | 296·08 | +2·09 | 19 50 40·31 | −18 52 30·9 | 61·683 | 55 44·08 | 15 10·89 | 15·1559 | 02·7592 |
| 10 | 308·48 | +3·08 | 20 40 18·27 | −15 09 41·7 | 62·325 | 55 09·65 | 15 01·51 | 15·9086 | 03·5385 |
| 11 | 320·65 | +3·92 | 21 27 06·65 | −10 53 28·8 | 62·850 | 54 42·00 | 14 53·98 | 16·6182 | 04·2678 |
| 12 | 332·64 | +4·57 | 22 11 48·97 | − 6 16 07·8 | 63·216 | 54 23·00 | 14 48·81 | 17·3004 | 04·9616 |
| 13 | 344·53 | +5·01 | 22 55 17·36 | − 1 27 45·4 | 63·392 | 54 13·95 | 14 46·34 | 17·9722 | 05·6365 |
| 14 | 356·40 | +5·24 | 23 38 27·25 | + 3 22 56·6 | 63·362 | 54 15·47 | 14 46·75 | 18·6512 | 06·3098 |
| 15 | 8·33 | +5·25 | 0 22 14·80 | + 8 07 40·1 | 63·127 | 54 27·57 | 14 50·05 | 19·3546 | 06·9988 |
| 16 | 20·39 | +5·03 | 1 07 34·95 | +12 37 25·7 | 62·704 | 54 49·62 | 14 56·06 | 20·0987 | 07·7206 |
| 17 | 32·66 | +4·58 | 1 55 18·13 | +16 41 34·2 | 62·125 | 55 20·31 | 15 04·41 | 20·8968 | 08·4903 |
| 18 | 45·19 | +3·90 | 2 46 03·72 | +20 07 10·5 | 61·434 | 55 57·66 | 15 14·59 | 21·7561 | 09·3187 |
| 19 | 58·03 | +3·01 | 3 40 09·27 | +22 39 18·2 | 60·686 | 56 39·06 | 15 25·86 | 22·6732 | 10·2082 |
| 20 | 71·18 | +1·95 | 4 37 18·12 | +24 02 35·8 | 59·938 | 57 21·44 | 15 37·40 | 23·6309 | 11·1485 |
| 21 | 84·65 | +0·75 | 5 36 33·47 | +24 04 27·7 | 59·249 | 58 01·50 | 15 48·32 | ... | 12·1165 |
| 22 | 98·41 | −0·52 | 6 36 28·95 | +22 38 51·6 | 58·664 | 58 36·19 | 15 57·77 | 00·6016 | 13·0825 |
| 23 | 112·42 | −1·78 | 7 35 36·04 | +19 48 45·7 | 58·218 | 59 03·14 | 16 05·10 | 01·5566 | 14·0216 |
| 24 | 126·60 | −2·95 | 8 32 53·46 | +15 45 46·5 | 57·926 | 59 20·99 | 16 09·97 | 02·4767 | 14·9215 |
| 25 | 140·89 | −3·94 | 9 28 01·45 | +10 47 22·7 | 57·787 | 59 29·58 | 16 12·31 | 03·3568 | 15·7837 |
| 26 | 155·22 | −4·69 | 10 21 18·06 | + 5 13 34·9 | 57·785 | 59 29·73 | 16 12·35 | 04·2041 | 16·6198 |
| 27 | 169·53 | −5·15 | 11 13 26·41 | − 0 35 27·8 | 57·895 | 59 22·90 | 16 10·49 | 05·0331 | 17·4463 |
| 28 | 183·76 | −5·29 | 12 05 21·18 | − 6 20 30·6 | 58·095 | 59 10·66 | 16 07·15 | 05·8616 | 18·2811 |
| 29 | 197·87 | −5·10 | 12 57 57·28 | −11 43 18·6 | 58·362 | 58 54·39 | 16 02·72 | 06·7066 | 19·1396 |
| 30 | 211·83 | −4·62 | 13 51 59·22 | −16 26 25·5 | 58·684 | 58 34·99 | 15 57·44 | 07·5809 | 20·0308 |
| 31 | 225·62 | −3·88 | 14 47 49·82 | −20 13 27·9 | 59·056 | 58 12·89 | 15 51·42 | 08·4890 | 20·9541 |
| 32 | 239·23 | −2·92 | 15 45 19·56 | −22 50 17·0 | 59·475 | 57 48·25 | 15 44·71 | 09·4241 | 21·8962 |

## EPHEMERIS FOR PHYSICAL OBSERVATIONS
### FOR 0ʰ TERRESTRIAL TIME

| Date 0ʰ TT | The Earth's Selenographic Long. | Lat. | Physical Libration Lg. | Lt. | P.A. | The Sun's Selenographic Colong. | Lat. | Position Angle Axis | Bright Limb | Fraction Illum. |
|---|---|---|---|---|---|---|---|---|---|---|
| | ° | ° | (0.°001) | | | ° | ° | ° | ° | |
| Nov. 16 | +0·171 | −6·483 | + 21 | − 10 | + 8 | 24·97 | − 1·04 | 337·494 | 249·38 | 0·712 |
| 17 | −1·047 | −6·708 | + 19 | − 10 | + 10 | 37·13 | − 1·03 | 336·594 | 250·21 | 0·793 |
| 18 | −2·133 | −6·640 | + 18 | − 11 | + 11 | 49·28 | − 1·00 | 336·605 | 252·26 | 0·865 |
| 19 | −3·045 | −6·270 | + 17 | − 11 | + 12 | 61·42 | − 0·98 | 337·621 | 255·86 | 0·924 |
| 20 | −3·755 | −5·600 | + 16 | − 12 | + 13 | 73·56 | − 0·96 | 339·730 | 261·98 | 0·968 |
| 21 | −4·249 | −4·644 | + 16 | − 12 | + 14 | 85·70 | − 0·93 | 342·974 | 276·23 | 0·993 |
| 22 | −4·527 | −3·435 | + 16 | − 13 | + 14 | 97·84 | − 0·90 | 347·292 | 39·88 | 0·999 |
| 23 | −4·595 | −2·023 | + 15 | − 13 | + 13 | 109·97 | − 0·87 | 352·475 | 78·40 | 0·982 |
| 24 | −4·466 | −0·479 | + 16 | − 13 | + 13 | 122·11 | − 0·84 | 358·171 | 89·07 | 0·943 |
| 25 | −4·150 | +1·116 | + 16 | − 13 | + 12 | 134·25 | − 0·81 | 3·949 | 96·53 | 0·882 |
| 26 | −3·658 | +2·668 | + 16 | − 12 | + 10 | 146·39 | − 0·78 | 9·398 | 102·40 | 0·802 |
| 27 | −2·999 | +4·082 | + 16 | − 12 | + 9 | 158·54 | − 0·75 | 14·204 | 106·87 | 0·706 |
| 28 | −2·182 | +5·267 | + 17 | − 11 | + 7 | 170·70 | − 0·72 | 18·156 | 109·95 | 0·599 |
| 29 | −1·224 | +6·145 | + 17 | − 10 | + 5 | 182·86 | − 0·69 | 21·111 | 111·62 | 0·485 |
| 30 | −0·156 | +6·652 | + 18 | − 10 | + 4 | 195·03 | − 0·66 | 22·950 | 111·87 | 0·372 |
| Dec. 1 | +0·978 | +6·751 | + 18 | − 9 | + 2 | 207·20 | − 0·64 | 23·555 | 110·67 | 0·265 |
| 2 | +2·116 | +6·433 | + 18 | − 9 | + 1 | 219·38 | − 0·61 | 22·816 | 107·96 | 0·170 |
| 3 | +3·184 | +5·719 | + 18 | − 8 | 0 | 231·57 | − 0·59 | 20·669 | 103·64 | 0·093 |
| 4 | +4·104 | +4·663 | + 19 | − 8 | − 1 | 243·76 | − 0·56 | 17·160 | 97·30 | 0·038 |
| 5 | +4·803 | +3·344 | + 19 | − 8 | − 1 | 255·95 | − 0·54 | 12·501 | 85·80 | 0·007 |
| 6 | +5·226 | +1·855 | + 18 | − 7 | − 1 | 268·15 | − 0·51 | 7·077 | 298·71 | 0·001 |
| 7 | +5·336 | +0·294 | + 18 | − 8 | − 1 | 280·34 | − 0·49 | 1·367 | 270·59 | 0·019 |
| 8 | +5·124 | −1·247 | + 18 | − 8 | − 1 | 292·53 | − 0·47 | 355·824 | 262·44 | 0·057 |
| 9 | +4·603 | −2·691 | + 17 | − 8 | 0 | 304·72 | − 0·45 | 350·776 | 256·79 | 0·114 |
| 10 | +3·809 | −3·976 | + 16 | − 8 | + 2 | 316·90 | − 0·42 | 346·409 | 252·62 | 0·184 |
| 11 | +2·792 | −5·057 | + 15 | − 8 | + 3 | 329·08 | − 0·40 | 342·801 | 249·65 | 0·266 |
| 12 | +1·615 | −5·900 | + 14 | − 9 | + 5 | 341·25 | − 0·38 | 339·980 | 247·77 | 0·354 |
| 13 | +0·351 | −6·482 | + 12 | − 9 | + 6 | 353·42 | − 0·36 | 337·957 | 246·90 | 0·446 |
| 14 | −0·926 | −6·786 | + 11 | − 10 | + 8 | 5·58 | − 0·33 | 336·761 | 246·98 | 0·541 |
| 15 | −2·141 | −6·800 | + 10 | − 10 | + 9 | 17·74 | − 0·31 | 336·445 | 248·02 | 0·634 |
| 16 | −3·223 | −6·516 | + 9 | − 11 | + 11 | 29·89 | − 0·28 | 337·089 | 250·04 | 0·723 |
| 17 | −4·107 | −5·932 | + 8 | − 11 | + 12 | 42·03 | − 0·25 | 338·785 | 253·07 | 0·806 |
| 18 | −4·743 | −5·057 | + 7 | − 12 | + 12 | 54·17 | − 0·22 | 341·605 | 257·15 | 0·878 |
| 19 | −5·092 | −3·909 | + 7 | − 12 | + 13 | 66·30 | − 0·19 | 345·553 | 262·24 | 0·937 |
| 20 | −5·136 | −2·530 | + 7 | − 12 | + 13 | 78·43 | − 0·16 | 350·501 | 268·34 | 0·978 |
| 21 | −4·874 | −0·979 | + 7 | − 13 | + 12 | 90·56 | − 0·12 | 356·158 | 277·39 | 0·999 |
| 22 | −4·327 | +0·661 | + 7 | − 13 | + 11 | 102·69 | − 0·08 | 2·091 | 97·16 | 0·995 |
| 23 | −3·534 | +2·290 | + 7 | − 13 | + 10 | 114·81 | − 0·05 | 7·834 | 103·82 | 0·966 |
| 24 | −2·550 | +3·798 | + 8 | − 12 | + 9 | 126·94 | − 0·01 | 12·991 | 108·54 | 0·912 |
| 25 | −1·439 | +5·080 | + 8 | − 12 | + 7 | 139·08 | + 0·02 | 17·288 | 111·88 | 0·836 |
| 26 | −0·270 | +6·049 | + 8 | − 11 | + 5 | 151·22 | + 0·05 | 20·555 | 113·84 | 0·742 |
| 27 | +0·890 | +6·639 | + 9 | − 11 | + 4 | 163·36 | + 0·09 | 22·679 | 114·46 | 0·635 |
| 28 | +1·980 | +6·817 | + 9 | − 10 | + 2 | 175·51 | + 0·12 | 23·573 | 113·76 | 0·522 |
| 29 | +2·951 | +6·581 | + 9 | − 10 | + 1 | 187·67 | + 0·14 | 23·158 | 111·78 | 0·409 |
| 30 | +3·766 | +5·956 | + 9 | − 9 | − 1 | 199·84 | + 0·17 | 21·392 | 108·61 | 0·301 |
| 31 | +4·395 | +4·992 | + 9 | − 9 | − 2 | 212·01 | + 0·20 | 18·305 | 104·39 | 0·205 |
| 32 | +4·820 | +3·757 | + 9 | − 9 | − 2 | 224·19 | + 0·23 | 14·049 | 99·39 | 0·124 |

## NOTES AND FORMULAE

### Low-precision formulae for geocentric coordinates of the Moon

The following formulae give approximate geocentric coordinates of the Moon. The errors will rarely exceed $0°3$ in ecliptic longitude $(\lambda)$, $0°2$ in ecliptic latitude $(\beta)$, $0°003$ in horizontal parallax $(\pi)$, $0°001$ in semidiameter (SD), $0\cdot2$ Earth radii in distance $(r)$, $0°3$ in right ascension $(\alpha)$ and $0°2$ in declination $(\delta)$.

On this page the time argument $T$ is the number of Julian centuries from J2000·0.

$$T = (\text{JD} - 245\ 1545\cdot0)/36\ 525 = (3651\cdot5 + \text{day of year} + \text{UT1}/24)/36\ 525$$

where day of year is given on pages B4–B5 and UT1 is the universal time in hours.

$$
\begin{aligned}
\lambda = {} & 218°32 + 481\ 267°881\,T \\
& + 6°29 \sin(135°0 + 477\ 198°87\,T) - 1°27 \sin(259°3 - 413\ 335°36\,T) \\
& + 0°66 \sin(235°7 + 890\ 534°22\,T) + 0°21 \sin(269°9 + 954\ 397°74\,T) \\
& - 0°19 \sin(357°5 + 35\ 999°05\,T) - 0°11 \sin(186°5 + 966\ 404°03\,T) \\
\beta = {} & + 5°13 \sin(93°3 + 483\ 202°02\,T) + 0°28 \sin(228°2 + 960\ 400°89\,T) \\
& - 0°28 \sin(318°3 + 6\ 003°15\,T) - 0°17 \sin(217°6 - 407\ 332°21\,T) \\
\pi = {} & + 0°9508 \\
& + 0°0518 \cos(135°0 + 477\ 198°87\,T) + 0°0095 \cos(259°3 - 413\ 335°36\,T) \\
& + 0°0078 \cos(235°7 + 890\ 534°22\,T) + 0°0028 \cos(269°9 + 954\ 397°74\,T) \\
SD = {} & 0\cdot2724\,\pi \\
r = {} & 1/\sin\pi
\end{aligned}
$$

Form the geocentric direction cosines $(l, m, n)$ from:

$$
\begin{aligned}
l &= \cos\beta \cos\lambda & &= \cos\delta \cos\alpha \\
m &= +0\cdot9175 \cos\beta \sin\lambda - 0\cdot3978 \sin\beta &&= \cos\delta \sin\alpha \\
n &= +0\cdot3978 \cos\beta \sin\lambda + 0\cdot9175 \sin\beta &&= \sin\delta
\end{aligned}
$$

Then

$$\alpha = \tan^{-1}(m/l) \qquad \text{and} \qquad \delta = \sin^{-1}(n)$$

where the quadrant of $\alpha$ is determined by the signs of $l$ and $m$, and where $\alpha$, $\delta$ are referred to the mean equator and equinox of date.

### Low-precision formulae for topocentric coordinates of the Moon

The following formulae give approximate topocentric values of right ascension $(\alpha')$, declination $(\delta')$, distance $(r')$, parallax $(\pi')$ and semi-diameter (SD').

Form the geocentric rectangular coordinates $(x, y, z)$ from:

$$
\begin{aligned}
x &= rl = r \cos\delta \cos\alpha \\
y &= rm = r \cos\delta \sin\alpha \\
z &= rn = r \sin\delta
\end{aligned}
$$

Form the topocentric rectangular coordinates $(x', y', z')$ from:

$$
\begin{aligned}
x' &= x - \cos\phi' \cos\theta_0 \\
y' &= y - \cos\phi' \sin\theta_0 \\
z' &= z - \sin\phi'
\end{aligned}
$$

where $\phi'$ is the observer's geocentric latitude and $\theta_0$ is the local sidereal time.

$$\theta_0 = 100°46 + 36\ 000°77\,T + \lambda' + 15\,\text{UT1}$$

where $\lambda'$ is the observer's east longitude.

Then

$$
\begin{aligned}
r' &= (x'^2 + y'^2 + z'^2)^{1/2} & \alpha' &= \tan^{-1}(y'/x') & \delta' &= \sin^{-1}(z'/r') \\
\pi' &= \sin^{-1}(1/r') & SD' &= 0\cdot2724\pi'
\end{aligned}
$$

## CONTENTS OF SECTION E

NOTES  AND  FORMULAS

## Orbital elements

The heliocentric osculating orbital elements for the Earth given on page E5 and the heliocentric coordinates and velocity of the Earth on page E7 actually refer to the Earth/Moon barycenter. The heliocentric coordinates and velocity of the Earth itself are given by:

(Earth's center) = (Earth/Moon barycenter) − (0.000 0312 cos $L$, 0.000 0286 sin $L$,
    0.000 0124 sin $L$, −0.000 00718 sin $L$, 0.000 00657 cos $L$, 0.000 00285 cos $L$)

where $L = 218° + 481\,268° T$, with $T$ in Julian centuries from JD 245 1545.0. This estimate is accurate to the fifth decimal palace in position and the sixth decimal place in velocity. The units of position are in au and the units of velocity are in au/day. The position and velocity are in the mean equator and equinox coordinate system.

Linear interpolation of the heliocentric osculating orbital elements usually leads to errors of about $1''$ or $2''$ in the resulting geocentric positions of the Sun and planets; the errors may, however, reach about $7''$ for Venus at inferior conjunction and about $3''$ for Mars at opposition.

## Heliocentric coordinates

The heliocentric ecliptic coordinates of the Earth may be obtained from the geocentric ecliptic coordinates of the Sun given on pages C6–C20 by adding $\pm\,180°$ to the longitude, and reversing the sign of the latitude.

## Geocentric coordinates

Precise values of apparent semidiameter and horizontal parallax may be computed from the formulas and values given on page E45. Values of apparent diameter are tabulated in the ephemerides for physical observations on pages E56 onwards.

## Times of transit, rising and setting

Formulas for obtaining the universal times of transit, rising and setting of the planets are given on page E45.

## Ephemerides for physical observations

A description of the planetographic coordinates used for the physical ephemerides is on pages E54-E55. Information is also given in the Notes and References (Section L).

## Invariable plane of the solar system

Approximate coordinates of the north pole of the invariable plane for J2000.0 are:

$$\alpha_0 = 273°8527 \quad \delta_0 = 66°9911$$

This is the direction of the total angular momentum vector of the Solar System (Sun and major planets) with respect to the ICRS coordinate axes.

## ROTATION ELEMENTS FOR MEAN EQUINOX AND EQUATOR OF DATE
### 2010 JANUARY 0, $0^h$ TERRESTRIAL TIME

| Planet | North Pole Right Ascension $\alpha_1$ | North Pole Declination $\delta_1$ | Argument of Prime Meridian at epoch $W_0$ | Argument of Prime Meridian var./day $\dot{W}$ | Longitude of Central Meridian $\lambda_e$ | Inclination of Equator to Orbit |
|---|---|---|---|---|---|---|
| | ° | ° | ° | ° | ° | ° |
| Mercury | 281.01 | + 61.45 | 64.40 | +   6.1385338 | 324.65 | +  0.01 |
| Venus | 272.76 | + 67.16 | 151.13 | −   1.4813296 | 302.92 | +  2.64 |
| Mars | 317.67 | + 52.88 | 218.77 | + 350.8919993 | 302.41 | + 25.19 |
| Jupiter I | 268.06 | + 64.50 | 279.08 | + 877.9000354 | 102.67 | +  3.12 |
| II | 268.06 | + 64.50 | 114.33 | + 870.2700354 | 298.17 | +  3.12 |
| III | 268.06 | + 64.50 | 249.63 | + 870.5366774 | 73.46 | +  3.12 |
| Saturn | 40.59 | + 83.54 | 12.51 | + 810.7938129 | 94.94 | + 26.73 |
| Uranus | 257.31 | − 15.18 | 97.79 | − 501.1600774 | 18.28 | + 82.23 |
| Neptune | 299.40 | + 42.95 | 199.59 | + 536.3128554 | 343.95 | + 28.33 |
| Pluto | 312.99 | +  6.16 | 349.60 | −  56.3625113 | 32.57 | + 60.41 |

These data were derived from the "Report of the IAU/IAG Working Group on Cartographic Coordinates and Rotational Elements: 2006" (Seidelmann *et al.*, *Celest. Mech.*, **98**, 155, 2007).

### DEFINITIONS AND FORMULAS

$\alpha_1$, $\delta_1$ right ascension and declination of the north pole of the planet; variations during one year are negligible.

$W_0$ the angle measured from the planet's equator in the positive sense with respect to the planet's north pole from the ascending node of the planet's equator on the Earth's mean equator of date to the prime meridian of the planet.

$\dot{W}$ the daily rate of change of $W_0$. Sidereal periods of rotation are given on page E4.

$\alpha$, $\delta$, $\Delta$ apparent right ascension, declination and true distance of the planet at the time of observation (pages E16–E44).

$W_1$ argument of the prime meridian at the time of observation antedated by the light-time from the planet to the Earth.

$$W_1 = W_0 + \dot{W}(d - 0.005\,7755\Delta)$$

where d is the interval in days from Jan. 0 at $0^h$ TT.

$\beta_e$ planetocentric declination of the Earth, positive in the planet's northern hemisphere:

$$\sin\beta_e = -\sin\delta_1\sin\delta - \cos\delta_1\cos\delta\cos(\alpha_1 - \alpha), \text{ where } -90° < \beta_e < 90°.$$

$p_n$ position angle of the central meridian, also called the position angle of the axis, measured eastwards from the north point:

$$\cos\beta_e\sin p_n = \cos\delta_1\sin(\alpha_1 - \alpha)$$
$$\cos\beta_e\cos p_n = \sin\delta_1\cos\delta - \cos\delta_1\sin\delta\cos(\alpha_1 - \alpha), \text{ where } \cos\beta_e > 0.$$

$\lambda_e$ planetographic longitude of the central meridian measured in the direction opposite to the direction of rotation:

$$\lambda_e = W_1 - K, \text{ if } \dot{W} \text{ is positive}$$
$$\lambda_e = K - W_1, \text{ if } \dot{W} \text{ is negative}$$

where $K$ is given by

$$\cos\beta_e\sin K = -\cos\delta_1\sin\delta + \sin\delta_1\cos\delta\cos(\alpha_1 - \alpha)$$
$$\cos\beta_e\cos K = \cos\delta\sin(\alpha_1 - \alpha), \text{ where } \cos\beta_e > 0.$$

$\lambda$, $\varphi$ planetographic longitude (measured in the direction opposite to the rotation) and latitude (measured positive to the planet's north) of a feature on the planet's surface (see page E54).

$s$ apparent semidiameter of the planet (see page E45).

$\Delta\alpha$, $\Delta\delta$ displacements in right ascension and declination of the feature ($\lambda$, $\varphi$) from the center of the planet:

$$\Delta\alpha\cos\delta = X\cos p_n + Y\sin p_n$$
$$\Delta\delta = -X\sin p_n + Y\cos p_n$$

where

$$X = s\cos\varphi\sin(\lambda - \lambda_e), \text{ if } \dot{W} > 0; \quad X = -s\cos\varphi\sin(\lambda - \lambda_e), \text{ if } \dot{W} < 0;$$
$$Y = s(\sin\varphi\cos\beta_e - \cos\varphi\sin\beta_e\cos(\lambda - \lambda_e)).$$

# PLANETS AND PLUTO

## PHYSICAL AND PHOTOMETRIC DATA

| Planet | Mass[1] (kg) | Mean Equatorial Radius | Minimum Geocentric Distance[2] | Flattening[3,4] (geometric) | Coefficients of the Potential | | |
|---|---|---|---|---|---|---|---|
| | | | | | $10^3 J_2$ | $10^6 J_3$ | $10^6 J_4$ |
| | | km | au | | | | |
| Mercury | $3.302\,2 \times 10^{23}$ | 2 439.7 | 0.549 | 0 | — | — | — |
| Venus | $4.869\,0 \times 10^{24}$ | 6 051.8 | 0.265 | 0 | 0.027 | — | — |
| Earth | $5.974\,2 \times 10^{24}$ | 6 378.14 | — | 0.003 353 64 | 1.082 63 | – 2.64 | – 1.61 |
| (Moon) | $7.348\,3 \times 10^{22}$ | 1 737.4 | 0.002 38 | 0 | 0.202 7 | — | — |
| Mars | $6.419\,1 \times 10^{23}$ | 3 396.2 | 0.373 | 0.006 772 | 1.964 | 36 | — |
| | | | | 0.005 000 | | | |
| Jupiter | $1.898\,8 \times 10^{27}$ | 71 492 | 3.949 | 0.064 874 | 14.75 | — | – 580 |
| Saturn | $5.685\,2 \times 10^{26}$ | 60 268 | 8.032 | 0.097 962 | 16.45 | — | – 1 000 |
| Uranus | $8.684\,0 \times 10^{25}$ | 25 559 | 17.292 | 0.022 927 | 12 | — | — |
| Neptune | $1.024\,5 \times 10^{26}$ | 24 764 | 28.814 | 0.017 081 | 4 | — | — |
| Pluto | $1.3 \times 10^{22}$ | 1 195 | 28.687 | 0 | — | — | — |

| Planet | Sidereal Period of Rotation[5] | Mean Density | Maximum Angular Diameter[6] | Geometric Albedo[7] | Visual Magnitude[8] | | Color Indices | |
|---|---|---|---|---|---|---|---|---|
| | | | | | V(1,0) | $V_0$ | B – V | U – B |
| | d | g/cm$^3$ | $''$ | | | | | |
| Mercury | + 58.646 2 | 5.43 | 12.3 | 0.106 | – 0.42 | — | 0.93 | 0.41 |
| Venus | – 243.018 5 | 5.24 | 63.0 | 0.65 | – 4.40 | — | 0.82 | 0.50 |
| Earth | + 0.997 269 63 | 5.515 | — | 0.367 | – 3.86 | — | — | — |
| (Moon) | + 27.321 66 | 3.35 | 2 010.7 | 0.12 | + 0.21 | – 12.74 | 0.92 | 0.46 |
| Mars | + 1.025 956 76 | 3.94 | 25.1 | 0.150 | – 1.52 | – 2.01 | 1.36 | 0.58 |
| Jupiter | + 0.413 54 (System III) | 1.33 | 49.9 | 0.52 | – 9.40 | – 2.70 | 0.83 | 0.48 |
| Saturn | + 0.444 01 (System III) | 0.69 | 20.7 | 0.47 | – 8.88 | + 0.67 | 1.04 | 0.58 |
| Uranus | – 0.718 33 | 1.27 | 4.1 | 0.51 | – 7.19 | + 5.52 | 0.56 | 0.28 |
| Neptune | + 0.671 25 | 1.64 | 2.4 | 0.41 | – 6.87 | + 7.84 | 0.41 | 0.21 |
| Pluto | – 6.387 2 | 1.8 | 0.11 | 0.3 | – 1.0 | + 15.12 | 0.80 | 0.31 |

[1] Values for the masses include the atmospheres but exclude satellites.

[2] The tabulated Minimum Geocentric Distance applies to the interval 1950 to 2050.

[3] The Flattening is the ratio of the difference of the equatorial and polar radii to the equatorial radius.

[4] Two flattening values are given for Mars. The first number is determined using the north polar radius and the second one using the south polar radius.

[5] The Sidereal Period of Rotation is the rotation at the equator with respect to a fixed frame of reference. A negative sign indicates that the rotation is retrograde with respect to the pole that lies north of the invariable plane of the solar system. The period is measured in days of 86 400 SI seconds. Rotation elements are tabulated on page E3.

[6] The tabulated Maximum Angular Diameter is based on the equatorial diameter when the planet is at the tabulated Minimum Geocentric Distance.

[7] The Geometric Albedo is the ratio of the illumination of the planet at zero phase angle to the illumination produced by a plane, absolutely white Lambert surface of the same radius and position as the planet.

[8] $V(1,0)$ is the visual magnitude of the planet reduced to a distance of 1 au from both the Sun and Earth and with phase angle zero. $V_0$ is the mean opposition magnitude. For Saturn the photometric quantities refer to the disk only.

Data for the Mean Equatorial Radius, Flattening and Sidereal Period of Rotation are based on the "Report of the IAU/IAG Working Group on Cartographic Coordinates and Rotational Elements: 2006" (Seidelmann et al., Celest. Mech., **98**, 155, 2007).

## HELIOCENTRIC OSCULATING ORBITAL ELEMENTS
### REFERRED TO THE MEAN EQUINOX AND ECLIPTIC OF J2000.0

| Julian Date 245 | Inclination $i$ | Longitude Asc. Node $\Omega$ | Longitude Perihelion $\varpi$ | Mean Distance $a$ | Daily Motion $n$ | Eccentricity $e$ | Mean Longitude $L$ |
|---|---|---|---|---|---|---|---|
| **MERCURY** | ° | ° | ° | | ° | | ° |
| 5200.5 | 7.004 36 | 48.3180 | 77.4725 | 0.387 0981 | 4.092 348 | 0.205 6273 | 91.796 65 |
| 5225.5 | 7.004 37 | 48.3178 | 77.4719 | 0.387 0975 | 4.092 357 | 0.205 6290 | 194.105 22 |
| 5250.5 | 7.004 37 | 48.3178 | 77.4713 | 0.387 0974 | 4.092 359 | 0.205 6291 | 296.414 39 |
| 5275.5 | 7.004 37 | 48.3177 | 77.4706 | 0.387 0984 | 4.092 344 | 0.205 6266 | 38.722 95 |
| 5300.5 | 7.004 37 | 48.3177 | 77.4706 | 0.387 0980 | 4.092 349 | 0.205 6255 | 141.031 60 |
| 5325.5 | 7.004 38 | 48.3176 | 77.4709 | 0.387 0981 | 4.092 347 | 0.205 6274 | 243.340 03 |
| 5350.5 | 7.004 37 | 48.3175 | 77.4707 | 0.387 0985 | 4.092 342 | 0.205 6264 | 345.648 63 |
| 5375.5 | 7.004 38 | 48.3175 | 77.4707 | 0.387 0979 | 4.092 351 | 0.205 6242 | 87.957 09 |
| 5400.5 | 7.004 38 | 48.3174 | 77.4711 | 0.387 0987 | 4.092 339 | 0.205 6251 | 190.265 65 |
| 5425.5 | 7.004 32 | 48.3171 | 77.4724 | 0.387 1002 | 4.092 315 | 0.205 6211 | 292.573 25 |
| 5450.5 | 7.004 31 | 48.3167 | 77.4734 | 0.387 0990 | 4.092 333 | 0.205 6179 | 34.880 81 |
| 5475.5 | 7.004 32 | 48.3166 | 77.4739 | 0.387 0993 | 4.092 329 | 0.205 6183 | 137.189 22 |
| 5500.5 | 7.004 32 | 48.3166 | 77.4739 | 0.387 0990 | 4.092 334 | 0.205 6215 | 239.497 16 |
| 5525.5 | 7.004 32 | 48.3166 | 77.4740 | 0.387 0985 | 4.092 341 | 0.205 6230 | 341.805 63 |
| 5550.5 | 7.004 33 | 48.3165 | 77.4739 | 0.387 0986 | 4.092 340 | 0.205 6226 | 84.114 08 |
| **VENUS** | | | | | | | |
| 5200.5 | 3.394 50 | 76.6514 | 131.404 | 0.723 3295 | 1.602 140 | 0.006 8116 | 278.569 17 |
| 5225.5 | 3.394 49 | 76.6512 | 131.443 | 0.723 3347 | 1.602 123 | 0.006 8051 | 318.622 09 |
| 5250.5 | 3.394 49 | 76.6508 | 131.490 | 0.723 3346 | 1.602 123 | 0.006 8023 | 358.674 44 |
| 5275.5 | 3.394 50 | 76.6506 | 131.556 | 0.723 3293 | 1.602 140 | 0.006 8032 | 38.727 46 |
| 5300.5 | 3.394 50 | 76.6506 | 131.594 | 0.723 3263 | 1.602 150 | 0.006 8041 | 78.781 34 |
| 5325.5 | 3.394 50 | 76.6505 | 131.587 | 0.723 3280 | 1.602 145 | 0.006 8065 | 118.835 09 |
| 5350.5 | 3.394 49 | 76.6504 | 131.568 | 0.723 3300 | 1.602 138 | 0.006 8095 | 158.888 32 |
| 5375.5 | 3.394 50 | 76.6502 | 131.537 | 0.723 3287 | 1.602 142 | 0.006 8109 | 198.941 43 |
| 5400.5 | 3.394 50 | 76.6501 | 131.496 | 0.723 3253 | 1.602 154 | 0.006 8108 | 238.995 12 |
| 5425.5 | 3.394 51 | 76.6501 | 131.474 | 0.723 3251 | 1.602 154 | 0.006 8079 | 279.049 41 |
| 5450.5 | 3.394 49 | 76.6499 | 131.476 | 0.723 3326 | 1.602 130 | 0.006 7972 | 319.103 18 |
| 5475.5 | 3.394 49 | 76.6489 | 131.469 | 0.723 3426 | 1.602 096 | 0.006 7816 | 359.155 24 |
| 5500.5 | 3.394 55 | 76.6471 | 131.490 | 0.723 3452 | 1.602 087 | 0.006 7651 | 39.205 68 |
| 5525.5 | 3.394 62 | 76.6466 | 131.601 | 0.723 3335 | 1.602 126 | 0.006 7510 | 79.257 23 |
| 5550.5 | 3.394 62 | 76.6466 | 131.643 | 0.723 3280 | 1.602 145 | 0.006 7451 | 119.310 71 |
| **EARTH**[*] | | | | | | | |
| 5200.5 | 0.001 31 | 172.3 | 103.0643 | 0.999 9856 | 0.985 631 7 | 0.016 6724 | 103.359 49 |
| 5225.5 | 0.001 31 | 172.0 | 103.0537 | 0.999 9932 | 0.985 620 6 | 0.016 6807 | 127.999 59 |
| 5250.5 | 0.001 33 | 171.6 | 103.0430 | 0.999 9979 | 0.985 613 5 | 0.016 6890 | 152.639 15 |
| 5275.5 | 0.001 34 | 171.6 | 103.0309 | 0.999 9983 | 0.985 613 0 | 0.016 6964 | 177.278 55 |
| 5300.5 | 0.001 35 | 171.7 | 103.0203 | 0.999 9957 | 0.985 616 8 | 0.016 7024 | 201.918 22 |
| 5325.5 | 0.001 35 | 171.8 | 103.0060 | 0.999 9904 | 0.985 624 6 | 0.016 7065 | 226.558 48 |
| 5350.5 | 0.001 35 | 171.8 | 102.9941 | 0.999 9869 | 0.985 629 9 | 0.016 7083 | 251.199 31 |
| 5375.5 | 0.001 36 | 171.6 | 102.9860 | 0.999 9887 | 0.985 627 2 | 0.016 7056 | 275.840 38 |
| 5400.5 | 0.001 36 | 171.2 | 102.9734 | 0.999 9992 | 0.985 611 6 | 0.016 6952 | 300.481 18 |
| 5425.5 | 0.001 37 | 170.9 | 102.9504 | 1.000 0133 | 0.985 590 7 | 0.016 6824 | 325.121 16 |
| 5450.5 | 0.001 39 | 170.7 | 102.9367 | 1.000 0215 | 0.985 578 7 | 0.016 6738 | 349.760 26 |
| 5475.5 | 0.001 44 | 171.1 | 102.9665 | 1.000 0136 | 0.985 590 4 | 0.016 6711 | 14.399 38 |
| 5500.5 | 0.001 52 | 173.1 | 103.0257 | 0.999 9976 | 0.985 613 9 | 0.016 6733 | 39.040 10 |
| 5525.5 | 0.001 55 | 174.3 | 103.0604 | 0.999 9934 | 0.985 620 2 | 0.016 6795 | 63.681 78 |
| 5550.5 | 0.001 55 | 174.1 | 103.0837 | 0.999 9946 | 0.985 618 5 | 0.016 6843 | 88.323 21 |

[*] Values labelled for the Earth are actually for the Earth/Moon barycenter (see note on page E2).
Distances are in astronomical units.

## FORMULAS

Mean anomaly, $M = L - \varpi$

Argument of perihelion, measured from node, $\omega = \varpi - \Omega$

True anomaly,   $\nu = M + (2e - e^3/4)\sin M + (5e^2/4)\sin 2M + (13e^3/12)\sin 3M + \ldots$ in radians.

True distance,   $r = a(1 - e^2)/(1 + e\cos\nu)$

Heliocentric rectangular coordinates, referred to the ecliptic, may be computed from these elements by:

$$x = r\{\cos(\nu + \omega)\cos\Omega - \sin(\nu + \omega)\cos i \sin\Omega\}$$
$$y = r\{\cos(\nu + \omega)\sin\Omega + \sin(\nu + \omega)\cos i \cos\Omega\}$$
$$z = r\sin(\nu + \omega)\sin i$$

# PLANETS AND PLUTO, 2010
## HELIOCENTRIC OSCULATING ORBITAL ELEMENTS
## REFERRED TO THE MEAN EQUINOX AND ECLIPTIC OF J2000.0

| Julian Date 245 | Inclin- ation $i$ | Longitude Asc. Node $\Omega$ | Longitude Perihelion $\varpi$ | Mean Distance $a$ | Daily Motion $n$ | Eccen- tricity $e$ | Mean Longitude $L$ |
|---|---|---|---|---|---|---|---|
| **MARS** | ° | ° | ° | | ° | | ° |
| 5200.5 | 1.848 90 | 49.5255 | 336.0777 | 1.523 6910 | 0.524 034 7 | 0.093 3467 | 111.052 82 |
| 5237.5 | 1.848 90 | 49.5249 | 336.0861 | 1.523 7143 | 0.524 022 6 | 0.093 3361 | 130.441 15 |
| 5274.5 | 1.848 90 | 49.5248 | 336.0950 | 1.523 7391 | 0.524 009 8 | 0.093 3218 | 149.828 45 |
| 5311.5 | 1.848 90 | 49.5245 | 336.1015 | 1.523 7544 | 0.524 002 0 | 0.093 3103 | 169.215 29 |
| 5348.5 | 1.848 90 | 49.5243 | 336.1082 | 1.523 7481 | 0.524 005 2 | 0.093 3106 | 188.602 20 |
| 5385.5 | 1.848 91 | 49.5241 | 336.1176 | 1.523 7254 | 0.524 016 9 | 0.093 3182 | 207.989 71 |
| 5422.5 | 1.848 92 | 49.5240 | 336.1330 | 1.523 6856 | 0.524 037 4 | 0.093 3292 | 227.378 14 |
| 5459.5 | 1.848 92 | 49.5240 | 336.1538 | 1.523 6340 | 0.524 064 1 | 0.093 3342 | 246.767 52 |
| 5496.5 | 1.848 92 | 49.5240 | 336.1713 | 1.523 5894 | 0.524 087 1 | 0.093 3308 | 266.158 14 |
| 5533.5 | 1.848 92 | 49.5239 | 336.1818 | 1.523 5611 | 0.524 101 7 | 0.093 3252 | 285.549 80 |
| **JUPITER** | | | | | | | |
| 5200.5 | 1.303 84 | 100.5106 | 14.5231 | 5.202 776 | 0.083 092 14 | 0.048 9067 | 338.109 65 |
| 5237.5 | 1.303 83 | 100.5103 | 14.5185 | 5.202 798 | 0.083 091 61 | 0.048 9089 | 341.183 85 |
| 5274.5 | 1.303 82 | 100.5096 | 14.5198 | 5.202 784 | 0.083 091 94 | 0.048 9066 | 344.258 21 |
| 5311.5 | 1.303 83 | 100.5098 | 14.5184 | 5.202 738 | 0.083 093 03 | 0.048 8964 | 347.331 94 |
| 5348.5 | 1.303 83 | 100.5101 | 14.5069 | 5.202 754 | 0.083 092 67 | 0.048 8948 | 350.405 33 |
| 5385.5 | 1.303 84 | 100.5108 | 14.4930 | 5.202 814 | 0.083 091 22 | 0.048 9019 | 353.478 85 |
| 5422.5 | 1.303 84 | 100.5110 | 14.4809 | 5.202 932 | 0.083 088 40 | 0.048 9211 | 356.552 85 |
| 5459.5 | 1.303 83 | 100.5106 | 14.4830 | 5.203 011 | 0.083 086 50 | 0.048 9367 | 359.627 80 |
| 5496.5 | 1.303 83 | 100.5107 | 14.4917 | 5.202 996 | 0.083 086 85 | 0.048 9357 | 2.702 77 |
| 5533.5 | 1.303 83 | 100.5107 | 14.4995 | 5.202 916 | 0.083 088 77 | 0.048 9221 | 5.777 47 |
| **SATURN** | | | | | | | |
| 5200.5 | 2.487 92 | 113.6381 | 89.4267 | 9.511 343 | 0.033 621 10 | 0.053 8530 | 172.392 97 |
| 5237.5 | 2.487 91 | 113.6375 | 89.3643 | 9.510 868 | 0.033 623 61 | 0.053 9324 | 173.627 62 |
| 5274.5 | 2.487 90 | 113.6371 | 89.3162 | 9.510 509 | 0.033 625 51 | 0.054 0178 | 174.861 82 |
| 5311.5 | 2.487 88 | 113.6358 | 89.2877 | 9.510 306 | 0.033 626 60 | 0.054 0986 | 176.096 72 |
| 5348.5 | 2.487 86 | 113.6346 | 89.2526 | 9.510 022 | 0.033 628 10 | 0.054 1749 | 177.332 26 |
| 5385.5 | 2.487 84 | 113.6331 | 89.2112 | 9.509 666 | 0.033 629 99 | 0.054 2538 | 178.567 68 |
| 5422.5 | 2.487 82 | 113.6319 | 89.1597 | 9.509 202 | 0.033 632 45 | 0.054 3406 | 179.802 46 |
| 5459.5 | 2.487 80 | 113.6306 | 89.1228 | 9.508 847 | 0.033 634 33 | 0.054 4417 | 181.035 66 |
| 5496.5 | 2.487 78 | 113.6287 | 89.1187 | 9.508 768 | 0.033 634 75 | 0.054 5429 | 182.268 59 |
| 5533.5 | 2.487 76 | 113.6267 | 89.1401 | 9.508 902 | 0.033 634 04 | 0.054 6384 | 183.501 83 |
| **URANUS** | | | | | | | |
| 5200.5 | 0.771 89 | 74.0484 | 171.4335 | 19.245 99 | 0.011 680 83 | 0.044 3421 | 356.043 71 |
| 5273.5 | 0.771 91 | 74.0401 | 171.1684 | 19.248 32 | 0.011 678 71 | 0.044 2342 | 356.919 43 |
| 5346.5 | 0.771 92 | 74.0371 | 170.9281 | 19.249 51 | 0.011 677 63 | 0.044 1895 | 357.793 23 |
| 5419.5 | 0.771 92 | 74.0358 | 170.6711 | 19.251 41 | 0.011 675 90 | 0.044 1115 | 358.667 78 |
| 5492.5 | 0.771 96 | 74.0268 | 170.3593 | 19.252 05 | 0.011 675 31 | 0.044 1126 | 359.548 28 |
| **NEPTUNE** | | | | | | | |
| 5200.5 | 1.768 22 | 131.7682 | 22.927 | 30.198 46 | 0.005 943 168 | 0.010 4834 | 326.779 09 |
| 5273.5 | 1.768 09 | 131.7671 | 24.080 | 30.195 75 | 0.005 943 969 | 0.010 6426 | 327.241 39 |
| 5346.5 | 1.768 08 | 131.7670 | 25.329 | 30.191 50 | 0.005 945 225 | 0.010 7463 | 327.699 50 |
| 5419.5 | 1.768 08 | 131.7670 | 26.480 | 30.188 11 | 0.005 946 224 | 0.010 8834 | 328.159 80 |
| 5492.5 | 1.768 06 | 131.7668 | 28.339 | 30.180 37 | 0.005 948 512 | 0.010 9788 | 328.623 79 |
| **PLUTO** | | | | | | | |
| 5200.5 | 17.119 49 | 110.3292 | 224.7049 | 39.573 10 | 0.003 961 824 | 0.249 3032 | 253.649 57 |
| 5273.5 | 17.121 97 | 110.3265 | 224.6467 | 39.547 25 | 0.003 965 709 | 0.248 8574 | 253.948 58 |
| 5346.5 | 17.124 55 | 110.3238 | 224.5859 | 39.523 87 | 0.003 969 228 | 0.248 4737 | 254.243 31 |
| 5419.5 | 17.127 18 | 110.3210 | 224.5256 | 39.499 44 | 0.003 972 911 | 0.248 0631 | 254.540 66 |
| 5492.5 | 17.130 86 | 110.3173 | 224.4342 | 39.468 64 | 0.003 977 562 | 0.247 5837 | 254.833 18 |

Distances are in astronomical units.

Heliocentric Osculating Orbital Elements Referred to the Mean Equinox and Ecliptic of Date previously located on pages E6-E7 in the 2007 edition have been moved to *The Astronomical Almanac Online* at http://asa.usno.navy.mil and http://www.hmnao.com.

# PLANETS AND PLUTO, 2010

## HELIOCENTRIC COORDINATES AND VELOCITY COMPONENTS
## REFERRED TO THE MEAN EQUATOR AND EQUINOX OF J2000.0

| | $x$ | $y$ | $z$ | $\dot{x}$ | $\dot{y}$ | $\dot{z}$ |
|---|---|---|---|---|---|---|
| **MERCURY** | | | | | | |
| 5200.5 | − 0.050 0465 | + 0.268 8910 | + 0.148 8245 | −0.033 408 76 | −0.004 331 48 | +0.001 150 19 |
| 5237.5 | − 0.176 1968 | − 0.386 8937 | − 0.188 4011 | +0.020 375 70 | −0.007 473 71 | −0.006 104 93 |
| 5274.5 | + 0.325 2154 | + 0.091 7257 | + 0.015 2782 | −0.012 971 13 | +0.024 630 77 | +0.014 502 12 |
| 5311.5 | − 0.380 7276 | − 0.181 2612 | − 0.057 3504 | +0.006 713 87 | −0.020 968 09 | −0.011 896 82 |
| 5348.5 | + 0.295 5459 | − 0.243 9242 | − 0.160 9424 | +0.014 054 36 | +0.019 529 61 | +0.008 975 08 |
| 5385.5 | − 0.301 5545 | + 0.140 8890 | + 0.106 5263 | −0.019 687 93 | −0.021 310 50 | −0.009 342 29 |
| 5422.5 | + 0.021 8673 | − 0.406 4227 | − 0.219 3695 | +0.022 460 28 | +0.003 281 35 | −0.000 575 92 |
| 5459.5 | + 0.113 2750 | + 0.257 4781 | + 0.125 7949 | −0.031 790 20 | +0.008 958 99 | +0.008 081 77 |
| 5496.5 | − 0.268 7005 | − 0.336 8290 | − 0.152 0678 | +0.017 062 69 | −0.012 850 36 | −0.008 633 49 |
| 5533.5 | + 0.359 7518 | − 0.033 6132 | − 0.055 2551 | −0.001 356 72 | +0.025 700 23 | +0.013 869 21 |
| **VENUS** | | | | | | |
| 5200.5 | + 0.113 1977 | − 0.652 6361 | − 0.300 7960 | +0.019 843 07 | +0.003 261 74 | +0.000 211 88 |
| 5237.5 | + 0.671 1437 | − 0.238 2910 | − 0.149 6803 | +0.007 630 79 | +0.017 136 77 | +0.007 227 29 |
| 5274.5 | + 0.582 1219 | + 0.404 7626 | + 0.145 2749 | −0.012 064 77 | +0.014 492 08 | +0.007 283 70 |
| 5311.5 | − 0.074 1904 | + 0.650 7121 | + 0.297 4626 | −0.020 187 84 | −0.002 466 94 | +0.000 167 53 |
| 5348.5 | − 0.655 5144 | + 0.251 2940 | + 0.154 5418 | −0.008 321 72 | −0.017 129 04 | −0.007 180 10 |
| 5385.5 | − 0.585 8776 | − 0.398 6681 | − 0.142 2954 | +0.011 685 15 | −0.014 782 96 | −0.007 390 56 |
| 5422.5 | + 0.059 3544 | − 0.659 5969 | − 0.300 5216 | +0.020 022 49 | +0.001 898 87 | −0.000 412 65 |
| 5459.5 | + 0.648 6845 | − 0.283 8348 | − 0.168 7504 | +0.008 998 72 | +0.016 595 79 | +0.006 897 37 |
| 5496.5 | + 0.613 0036 | + 0.364 5418 | + 0.125 2262 | −0.010 805 79 | +0.015 302 52 | +0.007 568 73 |
| 5533.5 | − 0.019 5074 | + 0.655 5155 | + 0.296 1670 | −0.020 287 48 | −0.001 063 89 | +0.000 805 12 |
| **EARTH**[*] | | | | | | |
| 5200.5 | − 0.227 3724 | + 0.877 7313 | + 0.380 5200 | −0.017 017 82 | −0.003 709 52 | −0.001 608 12 |
| 5237.5 | − 0.766 7354 | + 0.569 8494 | + 0.247 0472 | −0.011 109 01 | −0.012 325 15 | −0.005 343 23 |
| 5274.5 | − 0.994 9205 | + 0.029 7077 | + 0.012 8828 | −0.000 839 50 | −0.015 836 11 | −0.006 865 35 |
| 5311.5 | − 0.828 4904 | − 0.523 3754 | − 0.226 8933 | +0.009 476 80 | −0.013 060 68 | −0.005 662 17 |
| 5348.5 | − 0.342 2350 | − 0.875 7085 | − 0.379 6403 | +0.015 914 95 | −0.005 387 13 | −0.002 335 51 |
| 5385.5 | + 0.273 5407 | − 0.898 3945 | − 0.389 4775 | +0.016 290 19 | +0.004 187 83 | +0.001 815 47 |
| 5422.5 | + 0.787 0092 | − 0.585 2425 | − 0.253 7204 | +0.010 553 18 | +0.012 203 86 | +0.005 290 63 |
| 5459.5 | + 1.002 8243 | − 0.051 6187 | − 0.022 3823 | +0.000 684 16 | +0.015 701 14 | +0.006 806 82 |
| 5496.5 | + 0.830 6428 | + 0.500 8675 | + 0.217 1339 | −0.009 728 51 | +0.013 131 94 | +0.005 693 02 |
| 5533.5 | + 0.328 2677 | + 0.852 8923 | + 0.369 7457 | −0.016 502 36 | +0.005 196 56 | +0.002 252 87 |
| **MARS** | | | | | | |
| 5200.5 | − 0.765 375 | + 1.300 403 | + 0.617 133 | −0.011 823 782 | −0.005 010 386 | −0.001 978 774 |
| 5273.5 | − 1.447 683 | + 0.732 245 | + 0.374 962 | −0.006 377 289 | −0.010 044 403 | −0.004 434 857 |
| 5346.5 | − 1.646 233 | − 0.081 523 | + 0.007 071 | +0.001 133 140 | −0.011 613 521 | −0.005 357 424 |
| 5419.5 | − 1.277 993 | − 0.863 473 | − 0.361 535 | +0.008 792 640 | −0.009 091 068 | −0.004 407 323 |
| 5492.5 | − 0.422 466 | − 1.305 310 | − 0.587 302 | +0.013 948 450 | −0.002 373 829 | −0.001 465 553 |
| **JUPITER** | | | | | | |
| 5200.5 | + 4.518 548 | − 1.931 280 | − 0.937 817 | +0.003 144 934 | +0.006 629 426 | +0.002 764 997 |
| 5273.5 | + 4.719 096 | − 1.436 151 | − 0.730 473 | +0.002 342 430 | +0.006 921 892 | +0.002 909 899 |
| 5346.5 | + 4.859 642 | − 0.922 774 | − 0.513 846 | +0.001 502 944 | +0.007 128 546 | +0.003 018 914 |
| 5419.5 | + 4.937 905 | − 0.397 575 | − 0.290 636 | +0.000 637 988 | +0.007 245 171 | +0.003 089 959 |
| 5492.5 | + 4.952 464 | + 0.132 754 | − 0.063 676 | −0.000 240 244 | +0.007 268 697 | +0.003 121 426 |
| **SATURN** | | | | | | |
| 5200.5 | − 9.465 591 | + 0.073 782 | + 0.438 051 | −0.000 439 499 | −0.005 168 479 | −0.002 115 718 |
| 5273.5 | − 9.488 937 | − 0.303 458 | + 0.283 251 | −0.000 200 319 | −0.005 165 315 | −0.002 124 715 |
| 5346.5 | − 9.494 867 | − 0.680 128 | + 0.127 937 | +0.000 037 617 | −0.005 152 816 | −0.002 129 810 |
| 5419.5 | − 9.483 487 | − 1.055 542 | − 0.027 605 | +0.000 273 807 | −0.005 130 953 | −0.002 130 964 |
| 5492.5 | − 9.454 949 | − 1.429 028 | − 0.183 091 | +0.000 507 661 | −0.005 100 090 | −0.002 128 301 |
| **URANUS** | | | | | | |
| 5200.5 | +20.037 44 | − 1.290 44 | − 0.848 53 | +0.000 271 564 | +0.003 430 950 | +0.001 498 773 |
| 5322.5 | +20.065 05 | − 0.871 53 | − 0.665 45 | +0.000 181 025 | +0.003 436 120 | +0.001 502 329 |
| 5444.5 | +20.081 60 | − 0.452 11 | − 0.481 99 | +0.000 090 332 | +0.003 439 391 | +0.001 505 049 |
| **NEPTUNE** | | | | | | |
| 5200.5 | +24.822 41 | −15.406 84 | − 6.924 07 | +0.001 748 071 | +0.002 440 681 | +0.000 955 585 |
| 5322.5 | +25.033 58 | −15.107 80 | − 6.806 91 | +0.001 713 579 | +0.002 461 445 | +0.000 964 951 |
| 5444.5 | +25.240 52 | −14.806 26 | − 6.688 62 | +0.001 678 775 | +0.002 481 774 | +0.000 974 141 |
| **PLUTO** | | | | | | |
| 5200.5 | + 1.637 37 | −30.138 57 | − 9.897 85 | +0.003 195 339 | −0.000 052 746 | −0.000 977 767 |
| 5322.5 | + 2.027 01 | −30.142 91 | −10.016 44 | +0.003 192 100 | −0.000 018 479 | −0.000 966 380 |
| 5444.5 | + 2.416 23 | −30.143 08 | −10.133 64 | +0.003 188 415 | +0.000 015 546 | −0.000 954 951 |

[*]Values labelled for the Earth are actually for the Earth/Moon barycenter (see note on page E2).

Distances are in astronomical units. Velocity components are in astronomical units per day.

# MERCURY, 2010

## HELIOCENTRIC POSITIONS FOR 0ʰ TERRESTRIAL TIME
## MEAN EQUINOX AND ECLIPTIC OF DATE

| Date | | Longitude | Latitude | True Heliocentric Distance | Date | | Longitude | Latitude | True Heliocentric Distance |
|---|---|---|---|---|---|---|---|---|---|
| | | ° ′ ″ | ° ′ ″ | au | | | ° ′ ″ | ° ′ ″ | au |
| Jan. | 0 | 74 16 19.8 | + 3 03 49.6 | 0.307 5805 | Feb. | 15 | 261 35 42.1 | − 3 50 36.6 | 0.466 3749 |
| | 1 | 80 35 33.8 | + 3 44 25.4 | 0.307 5806 | | 16 | 264 20 59.5 | − 4 07 15.7 | 0.465 8121 |
| | 2 | 86 54 34.2 | + 4 22 13.3 | 0.308 2221 | | 17 | 267 06 53.7 | − 4 23 23.4 | 0.464 9710 |
| | 3 | 93 11 50.0 | + 4 56 38.3 | 0.309 4944 | | 18 | 269 53 37.0 | − 4 38 58.3 | 0.463 8525 |
| | 4 | 99 25 52.7 | + 5 27 12.2 | 0.311 3772 | | 19 | 272 41 22.0 | − 4 53 58.8 | 0.462 4580 |
| | 5 | 105 35 19.0 | + 5 53 34.4 | 0.313 8411 | | 20 | 275 30 21.4 | − 5 08 23.0 | 0.460 7890 |
| | 6 | 111 38 53.5 | + 6 15 32.2 | 0.316 8491 | | 21 | 278 20 48.0 | − 5 22 09.0 | 0.458 8476 |
| | 7 | 117 35 30.6 | + 6 33 00.8 | 0.320 3580 | | 22 | 281 12 55.2 | − 5 35 14.5 | 0.456 6364 |
| | 8 | 123 24 15.4 | + 6 46 02.2 | 0.324 3200 | | 23 | 284 06 56.7 | − 5 47 37.3 | 0.454 1583 |
| | 9 | 129 04 24.7 | + 6 54 44.9 | 0.328 6845 | | 24 | 287 03 06.3 | − 5 59 14.6 | 0.451 4166 |
| | 10 | 134 35 27.0 | + 6 59 21.9 | 0.333 3993 | | 25 | 290 01 38.7 | − 6 10 03.6 | 0.448 4155 |
| | 11 | 139 57 01.5 | + 7 00 09.9 | 0.338 4123 | | 26 | 293 02 48.8 | − 6 20 00.9 | 0.445 1594 |
| | 12 | 145 08 57.5 | + 6 57 28.0 | 0.343 6723 | | 27 | 296 06 52.0 | − 6 29 03.1 | 0.441 6537 |
| | 13 | 150 11 12.9 | + 6 51 36.3 | 0.349 1297 | | 28 | 299 14 04.6 | − 6 37 06.3 | 0.437 9045 |
| | 14 | 155 03 53.3 | + 6 42 55.4 | 0.354 7375 | Mar. | 1 | 302 24 43.2 | − 6 44 06.1 | 0.433 9187 |
| | 15 | 159 47 10.3 | + 6 31 45.5 | 0.360 4516 | | 2 | 305 39 05.3 | − 6 49 57.9 | 0.429 7041 |
| | 16 | 164 21 20.0 | + 6 18 25.9 | 0.366 2310 | | 3 | 308 57 29.0 | − 6 54 36.6 | 0.425 2696 |
| | 17 | 168 46 42.6 | + 6 03 14.8 | 0.372 0377 | | 4 | 312 20 13.1 | − 6 57 56.5 | 0.420 6254 |
| | 18 | 173 03 40.7 | + 5 46 28.7 | 0.377 8372 | | 5 | 315 47 37.1 | − 6 59 51.7 | 0.415 7830 |
| | 19 | 177 12 38.6 | + 5 28 22.9 | 0.383 5979 | | 6 | 319 20 01.2 | − 7 00 15.6 | 0.410 7552 |
| | 20 | 181 14 01.8 | + 5 09 10.9 | 0.389 2914 | | 7 | 322 57 46.3 | − 6 59 01.2 | 0.405 5566 |
| | 21 | 185 08 16.1 | + 4 49 04.9 | 0.394 8921 | | 8 | 326 41 14.0 | − 6 56 01.0 | 0.400 2038 |
| | 22 | 188 55 47.5 | + 4 28 15.4 | 0.400 3768 | | 9 | 330 30 46.2 | − 6 51 07.2 | 0.394 7150 |
| | 23 | 192 37 01.5 | + 4 06 51.9 | 0.405 7250 | | 10 | 334 26 45.3 | − 6 44 11.5 | 0.389 1111 |
| | 24 | 196 12 23.2 | + 3 45 02.6 | 0.410 9184 | | 11 | 338 29 33.9 | − 6 35 05.3 | 0.383 4150 |
| | 25 | 199 42 16.9 | + 3 22 54.6 | 0.415 9405 | | 12 | 342 39 34.3 | − 6 23 40.1 | 0.377 6526 |
| | 26 | 203 07 06.1 | + 3 00 34.0 | 0.420 7768 | | 13 | 346 57 08.6 | − 6 09 47.4 | 0.371 8524 |
| | 27 | 206 27 13.4 | + 2 38 06.1 | 0.425 4145 | | 14 | 351 22 38.0 | − 5 53 19.0 | 0.366 0461 |
| | 28 | 209 43 00.3 | + 2 15 35.6 | 0.429 8421 | | 15 | 355 56 22.3 | − 5 34 07.4 | 0.360 2682 |
| | 29 | 212 54 47.5 | + 1 53 06.4 | 0.434 0496 | | 16 | 0 38 39.4 | − 5 12 06.2 | 0.354 5569 |
| | 30 | 216 02 54.8 | + 1 30 41.8 | 0.438 0280 | | 17 | 5 29 44.4 | − 4 47 10.8 | 0.348 9532 |
| | 31 | 219 07 41.1 | + 1 08 24.9 | 0.441 7695 | | 18 | 10 29 48.8 | − 4 19 18.6 | 0.343 5014 |
| Feb. | 1 | 222 09 24.2 | + 0 46 18.1 | 0.445 2673 | | 19 | 15 38 59.6 | − 3 48 30.0 | 0.338 2486 |
| | 2 | 225 08 21.5 | + 0 24 23.7 | 0.448 5153 | | 20 | 20 57 18.1 | − 3 14 49.2 | 0.333 2443 |
| | 3 | 228 04 49.4 | + 0 02 43.6 | 0.451 5082 | | 21 | 26 24 38.8 | − 2 38 24.4 | 0.328 5399 |
| | 4 | 230 59 03.8 | − 0 18 40.6 | 0.454 2415 | | 22 | 32 00 48.5 | − 1 59 29.3 | 0.324 1875 |
| | 5 | 233 51 19.7 | − 0 39 47.4 | 0.456 7112 | | 23 | 37 45 25.0 | − 1 18 22.7 | 0.320 2392 |
| | 6 | 236 41 51.8 | − 1 00 35.3 | 0.458 9138 | | 24 | 43 37 56.1 | − 0 35 29.4 | 0.316 7457 |
| | 7 | 239 30 54.2 | − 1 21 03.3 | 0.460 8465 | | 25 | 49 37 39.4 | + 0 08 40.1 | 0.313 7544 |
| | 8 | 242 18 40.7 | − 1 41 10.0 | 0.462 5068 | | 26 | 55 43 41.6 | + 0 53 29.8 | 0.311 3085 |
| | 9 | 245 05 24.4 | − 2 00 54.6 | 0.463 8925 | | 27 | 61 54 59.2 | + 1 38 19.8 | 0.309 4448 |
| | 10 | 247 51 18.5 | − 2 20 15.9 | 0.465 0022 | | 28 | 68 10 19.0 | + 2 22 27.1 | 0.308 1924 |
| | 11 | 250 36 35.5 | − 2 39 12.9 | 0.465 8344 | | 29 | 74 28 20.0 | + 3 05 07.8 | 0.307 5713 |
| | 12 | 253 21 28.1 | − 2 57 44.6 | 0.466 3883 | | 30 | 80 47 34.9 | + 3 45 39.0 | 0.307 5917 |
| | 13 | 256 06 08.6 | − 3 15 49.8 | 0.466 6631 | | 31 | 87 06 33.3 | + 4 23 21.0 | 0.308 2532 |
| | 14 | 258 50 49.2 | − 3 33 27.6 | 0.466 6586 | Apr. | 1 | 93 23 44.2 | + 4 57 39.2 | 0.309 5450 |
| | 15 | 261 35 42.1 | − 3 50 36.6 | 0.466 3749 | | 2 | 99 37 39.3 | + 5 28 05.5 | 0.311 4466 |

## HELIOCENTRIC POSITIONS FOR 0ʰ TERRESTRIAL TIME
### MEAN EQUINOX AND ECLIPTIC OF DATE

| Date | | Longitude | Latitude | True Heliocentric Distance | Date | | Longitude | Latitude | True Heliocentric Distance |
|---|---|---|---|---|---|---|---|---|---|
| | | ° ′ ″ | ° ′ ″ | au | | | ° ′ ″ | ° ′ ″ | au |
| Apr. | 1 | 93 23 44.2 | + 4 57 39.2 | 0.309 5450 | May | 17 | 269 58 58.2 | − 4 39 26.8 | 0.463 8137 |
| | 2 | 99 37 39.3 | + 5 28 05.5 | 0.311 4466 | | 18 | 272 46 45.3 | − 4 54 26.2 | 0.462 4106 |
| | 3 | 105 46 55.6 | + 5 54 19.7 | 0.313 9282 | | 19 | 275 35 47.1 | − 5 08 49.2 | 0.460 7332 |
| | 4 | 111 50 17.8 | + 6 16 09.1 | 0.316 9526 | | 20 | 278 26 16.7 | − 5 22 34.0 | 0.458 7835 |
| | 5 | 117 46 40.7 | + 6 33 29.2 | 0.320 4765 | | 21 | 281 18 27.2 | − 5 35 38.2 | 0.456 5640 |
| | 6 | 123 35 09.8 | + 6 46 22.4 | 0.324 4518 | | 22 | 284 12 32.4 | − 5 47 59.7 | 0.454 0776 |
| | 7 | 129 15 02.4 | + 6 54 57.2 | 0.328 8281 | | 23 | 287 08 46.3 | − 5 59 35.5 | 0.451 3279 |
| | 8 | 134 45 47.0 | + 6 59 26.9 | 0.333 5530 | | 24 | 290 07 23.3 | − 6 10 22.9 | 0.448 3188 |
| | 9 | 140 07 03.4 | + 7 00 08.1 | 0.338 5745 | | 25 | 293 08 38.5 | − 6 20 18.6 | 0.445 0550 |
| | 10 | 145 18 41.1 | + 6 57 19.9 | 0.343 8413 | | 26 | 296 12 47.3 | − 6 29 19.1 | 0.441 5417 |
| | 11 | 150 20 38.3 | + 6 51 22.6 | 0.349 3041 | | 27 | 299 20 06.0 | − 6 37 20.3 | 0.437 7851 |
| | 12 | 155 13 00.8 | + 6 42 36.8 | 0.354 9158 | | 28 | 302 30 51.3 | − 6 44 18.1 | 0.433 7921 |
| | 13 | 159 56 00.2 | + 6 31 22.6 | 0.360 6325 | | 29 | 305 45 20.6 | − 6 50 07.7 | 0.429 5706 |
| | 14 | 164 29 53.1 | + 6 17 59.3 | 0.366 4132 | | 30 | 309 03 52.0 | − 6 54 44.1 | 0.425 1295 |
| | 15 | 168 54 59.6 | + 6 02 44.9 | 0.372 2201 | | 31 | 312 26 44.5 | − 6 58 01.5 | 0.420 4790 |
| | 16 | 173 11 42.2 | + 5 45 56.2 | 0.378 0188 | June | 1 | 315 54 17.4 | − 6 59 53.9 | 0.415 6307 |
| | 17 | 177 20 25.5 | + 5 27 48.2 | 0.383 7778 | | 2 | 319 26 51.1 | − 7 00 14.9 | 0.410 5974 |
| | 18 | 181 21 34.8 | + 5 08 34.3 | 0.389 4687 | | 3 | 323 04 46.5 | − 6 58 57.3 | 0.405 3939 |
| | 19 | 185 15 36.1 | + 4 48 26.8 | 0.395 0659 | | 4 | 326 48 25.1 | − 6 55 53.8 | 0.400 0366 |
| | 20 | 189 02 55.3 | + 4 27 36.1 | 0.400 5466 | | 5 | 330 38 08.9 | − 6 50 56.3 | 0.394 5440 |
| | 21 | 192 43 57.9 | + 4 06 11.7 | 0.405 8902 | | 6 | 334 34 20.3 | − 6 43 56.6 | 0.388 9369 |
| | 22 | 196 19 09.0 | + 3 44 21.8 | 0.411 0784 | | 7 | 338 37 21.8 | − 6 34 46.3 | 0.383 2384 |
| | 23 | 199 48 52.8 | + 3 22 13.3 | 0.416 0948 | | 8 | 342 47 35.9 | − 6 23 16.7 | 0.377 4744 |
| | 24 | 203 13 32.9 | + 2 59 52.4 | 0.420 9251 | | 9 | 347 05 24.5 | − 6 09 19.3 | 0.371 6736 |
| | 25 | 206 33 31.7 | + 2 37 24.4 | 0.425 5563 | | 10 | 351 31 08.9 | − 5 52 46.0 | 0.365 8676 |
| | 26 | 209 49 10.8 | + 2 14 53.8 | 0.429 9771 | | 11 | 356 05 08.7 | − 5 33 29.2 | 0.360 0913 |
| | 27 | 213 00 50.9 | + 1 52 24.7 | 0.434 1775 | | 12 | 0 47 41.9 | − 5 11 22.7 | 0.354 3827 |
| | 28 | 216 08 51.6 | + 1 30 00.3 | 0.438 1486 | | 13 | 5 39 03.3 | − 4 46 21.8 | 0.348 7830 |
| | 29 | 219 13 31.9 | + 1 07 43.7 | 0.441 8826 | | 14 | 10 39 24.4 | − 4 18 24.1 | 0.343 3367 |
| | 30 | 222 15 09.6 | + 0 45 37.3 | 0.445 3726 | | 15 | 15 48 52.1 | − 3 47 30.2 | 0.338 0908 |
| May | 1 | 225 14 02.0 | + 0 23 43.2 | 0.448 6127 | | 16 | 21 07 27.3 | − 3 13 44.1 | 0.333 0951 |
| | 2 | 228 10 25.5 | + 0 02 03.6 | 0.451 5976 | | 17 | 26 35 04.6 | − 2 37 14.5 | 0.328 4007 |
| | 3 | 231 04 36.0 | − 0 19 20.1 | 0.454 3227 | | 18 | 32 11 30.2 | − 1 58 15.0 | 0.324 0601 |
| | 4 | 233 56 48.4 | − 0 40 26.3 | 0.456 7841 | | 19 | 37 56 21.8 | − 1 17 04.7 | 0.320 1251 |
| | 5 | 236 47 17.6 | − 1 01 13.6 | 0.458 9783 | | 20 | 43 49 06.8 | − 0 34 08.5 | 0.316 6463 |
| | 6 | 239 36 17.4 | − 1 21 41.0 | 0.460 9025 | | 21 | 49 49 02.5 | + 0 10 02.7 | 0.313 6712 |
| | 7 | 242 24 01.7 | − 1 41 47.1 | 0.462 5543 | | 22 | 55 55 15.4 | + 0 54 53.1 | 0.311 2428 |
| | 8 | 245 10 43.8 | − 2 01 30.9 | 0.463 9315 | | 23 | 62 06 41.5 | + 1 39 42.4 | 0.309 3975 |
| | 9 | 247 56 36.5 | − 2 20 51.5 | 0.465 0325 | | 24 | 68 22 07.5 | + 2 23 47.7 | 0.308 1642 |
| | 10 | 250 41 52.6 | − 2 39 47.7 | 0.465 8561 | | 25 | 74 40 12.0 | + 3 06 25.0 | 0.307 5628 |
| | 11 | 253 26 44.6 | − 2 58 18.6 | 0.466 4013 | | 26 | 80 59 27.7 | + 3 46 51.6 | 0.307 6029 |
| | 12 | 256 11 24.9 | − 3 16 23.0 | 0.466 6675 | | 27 | 87 18 24.0 | + 4 24 27.8 | 0.308 2840 |
| | 13 | 258 56 05.7 | − 3 33 59.9 | 0.466 6543 | | 28 | 93 35 30.2 | + 4 58 39.2 | 0.309 5950 |
| | 14 | 261 40 59.2 | − 3 51 08.0 | 0.466 3619 | | 29 | 99 49 17.9 | + 5 28 58.0 | 0.311 5149 |
| | 15 | 264 26 17.5 | − 4 07 46.2 | 0.465 7905 | | 30 | 105 58 24.3 | + 5 55 04.1 | 0.314 0138 |
| | 16 | 267 12 13.1 | − 4 23 52.9 | 0.464 9408 | July | 1 | 112 01 34.6 | + 6 16 45.3 | 0.317 0542 |
| | 17 | 269 58 58.2 | − 4 39 26.8 | 0.463 8137 | | 2 | 117 57 43.6 | + 6 33 57.1 | 0.320 5926 |

# MERCURY, 2010

## HELIOCENTRIC POSITIONS FOR 0ʰ TERRESTRIAL TIME
### MEAN EQUINOX AND ECLIPTIC OF DATE

| Date | | Longitude | Latitude | True Heliocentric Distance | Date | | Longitude | Latitude | True Heliocentric Distance |
|---|---|---|---|---|---|---|---|---|---|
| | | ° ′ ″ | ° ′ ″ | au | | | ° ′ ″ | ° ′ ″ | au |
| July | 1 | 112 01 34.6 | + 6 16 45.3 | 0.317 0542 | Aug. | 16 | 278 31 45.6 | − 5 22 58.8 | 0.458 7206 |
| | 2 | 117 57 43.6 | + 6 33 57.1 | 0.320 5926 | | 17 | 281 23 59.5 | − 5 36 01.8 | 0.456 4930 |
| | 3 | 123 45 57.3 | + 6 46 42.2 | 0.324 5811 | | 18 | 284 18 08.4 | − 5 48 21.8 | 0.453 9987 |
| | 4 | 129 25 33.4 | + 6 55 09.2 | 0.328 9688 | | 19 | 287 14 26.4 | − 5 59 56.2 | 0.451 2412 |
| | 5 | 134 56 00.8 | + 6 59 31.5 | 0.333 7036 | | 20 | 290 13 08.0 | − 6 10 42.1 | 0.448 2244 |
| | 6 | 140 16 59.5 | + 7 00 06.0 | 0.338 7333 | | 21 | 293 14 28.2 | − 6 20 36.1 | 0.444 9531 |
| | 7 | 145 28 19.3 | + 6 57 11.7 | 0.344 0069 | | 22 | 296 18 42.6 | − 6 29 34.8 | 0.441 4325 |
| | 8 | 150 29 58.7 | + 6 51 08.9 | 0.349 4749 | | 23 | 299 26 07.2 | − 6 37 34.1 | 0.437 6688 |
| | 9 | 155 22 03.7 | + 6 42 18.2 | 0.355 0905 | | 24 | 302 36 59.0 | − 6 44 29.9 | 0.433 6689 |
| | 10 | 160 04 46.0 | + 6 30 59.7 | 0.360 8097 | | 25 | 305 51 35.3 | − 6 50 17.3 | 0.429 4408 |
| | 11 | 164 38 22.4 | + 6 17 32.7 | 0.366 5917 | | 26 | 309 10 14.4 | − 6 54 51.2 | 0.424 9935 |
| | 12 | 169 03 13.0 | + 6 02 15.2 | 0.372 3989 | | 27 | 312 33 14.9 | − 6 58 06.1 | 0.420 3370 |
| | 13 | 173 19 40.5 | + 5 45 23.8 | 0.378 1967 | | 28 | 316 00 56.6 | − 6 59 55.8 | 0.415 4831 |
| | 14 | 177 28 09.4 | + 5 27 13.5 | 0.383 9540 | | 29 | 319 33 39.6 | − 7 00 13.8 | 0.410 4447 |
| | 15 | 181 29 05.2 | + 5 07 57.9 | 0.389 6424 | | 30 | 323 11 45.0 | − 6 58 53.1 | 0.405 2365 |
| | 16 | 185 22 53.8 | + 4 47 48.8 | 0.395 2364 | | 31 | 326 55 34.2 | − 6 55 46.1 | 0.399 8750 |
| | 17 | 189 10 01.0 | + 4 26 57.0 | 0.400 7131 | Sept. | 1 | 330 45 29.2 | − 6 50 45.0 | 0.394 3789 |
| | 18 | 192 50 52.4 | + 4 05 31.7 | 0.406 0522 | | 2 | 334 41 52.5 | − 6 43 41.5 | 0.388 7689 |
| | 19 | 196 25 53.1 | + 3 43 41.0 | 0.411 2353 | | 3 | 338 45 06.5 | − 6 34 27.0 | 0.383 0683 |
| | 20 | 199 55 27.3 | + 3 21 32.0 | 0.416 2462 | | 4 | 342 55 33.8 | − 6 22 53.0 | 0.377 3030 |
| | 21 | 203 19 58.3 | + 2 59 10.8 | 0.421 0705 | | 5 | 347 13 36.2 | − 6 08 51.0 | 0.371 5018 |
| | 22 | 206 39 48.8 | + 2 36 42.7 | 0.425 6954 | | 6 | 351 39 35.0 | − 5 52 12.7 | 0.365 6964 |
| | 23 | 209 55 20.3 | + 2 14 12.1 | 0.430 1095 | | 7 | 356 13 49.8 | − 5 32 50.9 | 0.359 9217 |
| | 24 | 213 06 53.4 | + 1 51 43.1 | 0.434 3030 | | 8 | 0 56 38.3 | − 5 10 39.2 | 0.354 2160 |
| | 25 | 216 14 47.7 | + 1 29 18.9 | 0.438 2669 | | 9 | 5 48 15.5 | − 4 45 33.0 | 0.348 6204 |
| | 26 | 219 19 22.1 | + 1 07 02.5 | 0.441 9934 | | 10 | 10 48 52.6 | − 4 17 29.9 | 0.343 1796 |
| | 27 | 222 20 54.5 | + 0 44 56.4 | 0.445 4759 | | 11 | 15 58 36.4 | − 3 46 30.7 | 0.337 9407 |
| | 28 | 225 19 42.1 | + 0 23 02.8 | 0.448 7082 | | 12 | 21 17 27.6 | − 3 12 39.6 | 0.332 9533 |
| | 29 | 228 16 01.3 | + 0 01 23.6 | 0.451 6851 | | 13 | 26 45 20.5 | − 2 36 05.3 | 0.328 2690 |
| | 30 | 231 10 07.9 | − 0 19 59.5 | 0.454 4022 | | 14 | 32 22 01.3 | − 1 57 01.5 | 0.323 9398 |
| | 31 | 234 02 17.0 | − 0 41 05.2 | 0.456 8554 | | 15 | 38 07 07.1 | − 1 15 47.7 | 0.320 0178 |
| Aug. | 1 | 236 52 43.2 | − 1 01 51.9 | 0.459 0414 | | 16 | 44 00 05.3 | − 0 32 48.9 | 0.316 5535 |
| | 2 | 239 41 40.6 | − 1 22 18.6 | 0.460 9573 | | 17 | 50 00 12.6 | + 0 11 24.0 | 0.313 5942 |
| | 3 | 242 29 22.8 | − 1 42 24.1 | 0.462 6007 | | 18 | 56 06 35.4 | + 0 56 14.8 | 0.311 1826 |
| | 4 | 245 16 03.2 | − 2 02 07.2 | 0.463 9694 | | 19 | 62 18 09.3 | + 1 41 03.4 | 0.309 3552 |
| | 5 | 248 01 54.6 | − 2 21 27.0 | 0.465 0620 | | 20 | 68 33 40.8 | + 2 25 06.6 | 0.308 1405 |
| | 6 | 250 47 09.8 | − 2 40 22.5 | 0.465 8771 | | 21 | 74 51 48.2 | + 3 07 40.5 | 0.307 5580 |
| | 7 | 253 32 01.3 | − 2 58 52.6 | 0.466 4138 | | 22 | 81 11 04.3 | + 3 48 02.4 | 0.307 6172 |
| | 8 | 256 16 41.4 | − 3 16 56.2 | 0.466 6714 | | 23 | 87 29 58.3 | + 4 25 32.8 | 0.308 3171 |
| | 9 | 259 01 22.4 | − 3 34 32.2 | 0.466 6498 | | 24 | 93 46 59.4 | + 4 59 37.5 | 0.309 6464 |
| | 10 | 261 46 16.5 | − 3 51 39.4 | 0.466 3489 | | 25 | 100 00 39.5 | + 5 29 49.0 | 0.311 5838 |
| | 11 | 264 31 35.9 | − 4 08 16.6 | 0.465 7690 | | 26 | 106 09 36.1 | + 5 55 47.2 | 0.314 0992 |
| | 12 | 267 17 32.8 | − 4 24 22.3 | 0.464 9109 | | 27 | 112 12 34.4 | + 6 17 20.2 | 0.317 1548 |
| | 13 | 270 04 19.6 | − 4 39 55.2 | 0.463 7755 | | 28 | 118 08 29.8 | + 6 34 23.9 | 0.320 7071 |
| | 14 | 272 52 08.8 | − 4 54 53.4 | 0.462 3641 | | 29 | 123 56 28.5 | + 6 47 01.1 | 0.324 7079 |
| | 15 | 275 41 13.1 | − 5 09 15.3 | 0.460 6784 | | 30 | 129 35 48.5 | + 6 55 20.5 | 0.329 1064 |
| | 16 | 278 31 45.6 | − 5 22 58.8 | 0.458 7206 | Oct. | 1 | 135 05 59.1 | + 6 59 35.7 | 0.333 8505 |

## HELIOCENTRIC POSITIONS FOR 0ʰ TERRESTRIAL TIME
### MEAN EQUINOX AND ECLIPTIC OF DATE

| Date | Longitude | Latitude | True Heliocentric Distance | Date | Longitude | Latitude | True Heliocentric Distance |
|---|---|---|---|---|---|---|---|
| | ° ′ ″ | ° ′ ″ | au | | ° ′ ″ | ° ′ ″ | au |
| Oct. 1 | 135 05 59.1 | + 6 59 35.7 | 0.333 8505 | Nov. 16 | 290 18 49.5 | − 6 11 01.2 | 0.448 1286 |
| 2 | 140 26 40.6 | + 7 00 03.5 | 0.338 8880 | 17 | 293 20 14.7 | − 6 20 53.6 | 0.444 8497 |
| 3 | 145 37 43.0 | + 6 57 03.2 | 0.344 1677 | 18 | 296 24 34.6 | − 6 29 50.5 | 0.441 3217 |
| 4 | 150 39 05.2 | + 6 50 55.1 | 0.349 6405 | 19 | 299 32 05.3 | − 6 37 47.9 | 0.437 5507 |
| 5 | 155 30 53.2 | + 6 41 59.6 | 0.355 2596 | 20 | 302 43 03.6 | − 6 44 41.7 | 0.433 5438 |
| 6 | 160 13 19.1 | + 6 30 36.9 | 0.360 9811 | 21 | 305 57 47.0 | − 6 50 26.9 | 0.429 3088 |
| 7 | 164 46 39.6 | + 6 17 06.3 | 0.366 7641 | 22 | 309 16 33.7 | − 6 54 58.5 | 0.424 8549 |
| 8 | 169 11 14.9 | + 6 01 45.7 | 0.372 5713 | 23 | 312 39 42.4 | − 6 58 10.9 | 0.420 1923 |
| 9 | 173 27 27.9 | + 5 44 51.7 | 0.378 3682 | 24 | 316 07 32.9 | − 6 59 57.9 | 0.415 3325 |
| 10 | 177 35 43.1 | + 5 26 39.2 | 0.384 1236 | 25 | 319 40 25.5 | − 7 00 13.0 | 0.410 2886 |
| 11 | 181 36 25.9 | + 5 07 21.7 | 0.389 8094 | 26 | 323 18 40.9 | − 6 58 49.1 | 0.405 0755 |
| 12 | 185 30 02.2 | + 4 47 11.2 | 0.395 4001 | 27 | 327 02 40.9 | − 6 55 38.8 | 0.399 7095 |
| 13 | 189 16 58.0 | + 4 26 18.2 | 0.400 8729 | 28 | 330 52 47.4 | − 6 50 34.1 | 0.394 2095 |
| 14 | 192 57 38.7 | + 4 04 52.0 | 0.406 2075 | 29 | 334 49 22.8 | − 6 43 26.7 | 0.388 5963 |
| 15 | 196 32 29.4 | + 3 43 00.7 | 0.411 3856 | 30 | 338 52 49.7 | − 6 34 08.1 | 0.382 8933 |
| 16 | 200 01 54.4 | + 3 20 51.2 | 0.416 3911 | Dec. 1 | 343 03 30.5 | − 6 22 29.7 | 0.377 1263 |
| 17 | 203 26 16.9 | + 2 58 29.7 | 0.421 2095 | 2 | 347 21 47.1 | − 6 08 23.0 | 0.371 3244 |
| 18 | 206 45 59.5 | + 2 36 01.4 | 0.425 8283 | 3 | 351 48 00.7 | − 5 51 39.8 | 0.365 5193 |
| 19 | 210 01 23.7 | + 2 13 30.8 | 0.430 2360 | 4 | 356 22 31.0 | − 5 32 12.9 | 0.359 7460 |
| 20 | 213 12 50.1 | + 1 51 01.8 | 0.434 4227 | 5 | 1 05 35.4 | − 5 09 55.9 | 0.354 0428 |
| 21 | 216 20 38.3 | + 1 28 37.8 | 0.438 3796 | 6 | 5 57 29.0 | − 4 44 44.3 | 0.348 4512 |
| 22 | 219 25 07.1 | + 1 06 21.7 | 0.442 0990 | 7 | 10 58 22.8 | − 4 16 35.8 | 0.343 0156 |
| 23 | 222 26 34.5 | + 0 44 15.9 | 0.445 5740 | 8 | 16 08 23.3 | − 3 45 31.3 | 0.337 7835 |
| 24 | 225 25 17.5 | + 0 22 22.7 | 0.448 7988 | 9 | 21 27 31.3 | − 3 11 35.0 | 0.332 8045 |
| 25 | 228 21 32.7 | + 0 00 43.9 | 0.451 7681 | 10 | 26 55 40.7 | − 2 34 55.9 | 0.328 1300 |
| 26 | 231 15 35.6 | − 0 20 38.7 | 0.454 4774 | 11 | 32 32 37.4 | − 1 55 47.8 | 0.323 8123 |
| 27 | 234 07 41.5 | − 0 41 43.8 | 0.456 9227 | 12 | 38 17 58.3 | − 1 14 30.3 | 0.319 9034 |
| 28 | 236 58 05.0 | − 1 02 30.0 | 0.459 1008 | 13 | 44 11 10.5 | − 0 31 28.8 | 0.316 4537 |
| 29 | 239 47 00.0 | − 1 22 56.0 | 0.461 0086 | 14 | 50 11 30.4 | + 0 12 45.9 | 0.313 5104 |
| 30 | 242 34 40.2 | − 1 43 00.8 | 0.462 6438 | 15 | 56 18 03.8 | + 0 57 37.3 | 0.311 1161 |
| 31 | 245 21 19.0 | − 2 02 43.3 | 0.464 0044 | 16 | 62 29 46.4 | + 1 42 25.2 | 0.309 3069 |
| Nov. 1 | 248 07 09.2 | − 2 22 02.4 | 0.465 0887 | 17 | 68 45 24.2 | + 2 26 26.3 | 0.308 1112 |
| 2 | 250 52 23.6 | − 2 40 57.1 | 0.465 8956 | 18 | 75 03 35.3 | + 3 08 56.9 | 0.307 5482 |
| 3 | 253 37 14.7 | − 2 59 26.4 | 0.466 4240 | 19 | 81 22 52.3 | + 3 49 14.1 | 0.307 6270 |
| 4 | 256 21 54.7 | − 3 17 29.2 | 0.466 6733 | 20 | 87 41 44.5 | + 4 26 38.8 | 0.308 3464 |
| 5 | 259 06 36.0 | − 3 35 04.3 | 0.466 6434 | 21 | 93 58 41.0 | + 5 00 36.7 | 0.309 6947 |
| 6 | 261 51 30.7 | − 3 52 10.6 | 0.466 3342 | 22 | 100 12 14.0 | + 5 30 40.7 | 0.311 6503 |
| 7 | 264 36 51.1 | − 4 08 46.8 | 0.465 7460 | 23 | 106 21 00.9 | + 5 56 30.9 | 0.314 1828 |
| 8 | 267 22 49.4 | − 4 24 51.6 | 0.464 8796 | 24 | 112 23 47.4 | + 6 17 55.8 | 0.317 2544 |
| 9 | 270 09 37.9 | − 4 40 23.4 | 0.463 7359 | 25 | 118 19 29.2 | + 6 34 51.2 | 0.320 8213 |
| 10 | 272 57 29.2 | − 4 55 20.6 | 0.462 3163 | 26 | 124 07 12.8 | + 6 47 20.3 | 0.324 8352 |
| 11 | 275 46 36.0 | − 5 09 41.3 | 0.460 6224 | 27 | 129 46 16.6 | + 6 55 32.0 | 0.329 2452 |
| 12 | 278 37 11.4 | − 5 23 23.6 | 0.458 6564 | 28 | 135 16 10.1 | + 6 59 39.9 | 0.333 9992 |
| 13 | 281 29 28.5 | − 5 36 25.3 | 0.456 4208 | 29 | 140 36 34.1 | + 7 00 01.1 | 0.339 0450 |
| 14 | 284 23 41.1 | − 5 48 44.0 | 0.453 9185 | 30 | 145 47 18.9 | + 6 56 54.7 | 0.344 3316 |
| 15 | 287 20 03.3 | − 6 00 16.9 | 0.451 1531 | 31 | 150 48 23.5 | + 6 50 41.0 | 0.349 8097 |
| 16 | 290 18 49.5 | − 6 11 01.2 | 0.448 1286 | 32 | 155 39 54.1 | + 6 41 40.7 | 0.355 4327 |

# VENUS, 2010

## HELIOCENTRIC POSITIONS FOR 0ʰ TERRESTRIAL TIME
## MEAN EQUINOX AND ECLIPTIC OF DATE

| Date | Longitude | Latitude | True Heliocentric Distance | Date | Longitude | Latitude | True Heliocentric Distance |
|---|---|---|---|---|---|---|---|
| | ° ′ ″ | ° ′ ″ | au | | ° ′ ″ | ° ′ ″ | au |
| Jan. 0 | 272 45 51.0 | − 0 56 11.1 | 0.727 1586 | Apr. 2 | 58 59 03.9 | − 1 02 17.2 | 0.721 8389 |
| 2 | 275 55 46.3 | − 1 06 55.2 | 0.727 3250 | 4 | 62 11 54.0 | − 0 51 18.3 | 0.721 5785 |
| 4 | 279 05 37.9 | − 1 17 26.8 | 0.727 4791 | 6 | 65 24 51.3 | − 0 40 09.3 | 0.721 3234 |
| 6 | 282 15 26.4 | − 1 27 43.9 | 0.727 6203 | 8 | 68 37 55.7 | − 0 28 52.3 | 0.721 0745 |
| 8 | 285 25 12.4 | − 1 37 44.8 | 0.727 7482 | 10 | 71 51 07.5 | − 0 17 29.3 | 0.720 8327 |
| 10 | 288 34 56.5 | − 1 47 27.6 | 0.727 8625 | 12 | 75 04 26.5 | − 0 06 02.5 | 0.720 5986 |
| 12 | 291 44 39.2 | − 1 56 50.7 | 0.727 9628 | 14 | 78 17 52.7 | + 0 05 25.9 | 0.720 3730 |
| 14 | 294 54 21.1 | − 2 05 52.3 | 0.728 0487 | 16 | 81 31 26.2 | + 0 16 53.6 | 0.720 1567 |
| 16 | 298 04 02.7 | − 2 14 30.8 | 0.728 1201 | 18 | 84 45 06.9 | + 0 28 18.5 | 0.719 9502 |
| 18 | 301 13 44.5 | − 2 22 44.6 | 0.728 1767 | 20 | 87 58 54.8 | + 0 39 38.5 | 0.719 7544 |
| 20 | 304 23 26.9 | − 2 30 32.4 | 0.728 2184 | 22 | 91 12 49.6 | + 0 50 51.2 | 0.719 5698 |
| 22 | 307 33 10.5 | − 2 37 52.6 | 0.728 2450 | 24 | 94 26 51.4 | + 1 01 54.5 | 0.719 3971 |
| 24 | 310 42 55.6 | − 2 44 44.1 | 0.728 2565 | 26 | 97 40 59.9 | + 1 12 46.3 | 0.719 2367 |
| 26 | 313 52 42.7 | − 2 51 05.4 | 0.728 2529 | 28 | 100 55 14.9 | + 1 23 24.5 | 0.719 0892 |
| 28 | 317 02 32.2 | − 2 56 55.5 | 0.728 2340 | 30 | 104 09 36.2 | + 1 33 46.9 | 0.718 9551 |
| 30 | 320 12 24.4 | − 3 02 13.4 | 0.728 2001 | May 2 | 107 24 03.6 | + 1 43 51.6 | 0.718 8348 |
| Feb. 1 | 323 22 19.6 | − 3 06 58.0 | 0.728 1511 | 4 | 110 38 36.6 | + 1 53 36.5 | 0.718 7287 |
| 3 | 326 32 18.3 | − 3 11 08.4 | 0.728 0874 | 6 | 113 53 15.0 | + 2 02 59.8 | 0.718 6372 |
| 5 | 329 42 20.6 | − 3 14 44.0 | 0.728 0089 | 8 | 117 07 58.4 | + 2 11 59.5 | 0.718 5605 |
| 7 | 332 52 26.8 | − 3 17 44.0 | 0.727 9161 | 10 | 120 22 46.4 | + 2 20 34.0 | 0.718 4989 |
| 9 | 336 02 37.2 | − 3 20 07.8 | 0.727 8091 | 12 | 123 37 38.4 | + 2 28 41.5 | 0.718 4526 |
| 11 | 339 12 52.0 | − 3 21 55.0 | 0.727 6883 | 14 | 126 52 34.0 | + 2 36 20.4 | 0.718 4218 |
| 13 | 342 23 11.3 | − 3 23 05.2 | 0.727 5540 | 16 | 130 07 32.6 | + 2 43 29.2 | 0.718 4065 |
| 15 | 345 33 35.4 | − 3 23 38.1 | 0.727 4067 | 18 | 133 22 33.7 | + 2 50 06.6 | 0.718 4069 |
| 17 | 348 44 04.4 | − 3 23 33.7 | 0.727 2468 | 20 | 136 37 36.7 | + 2 56 11.1 | 0.718 4228 |
| 19 | 351 54 38.5 | − 3 22 51.8 | 0.727 0748 | 22 | 139 52 40.9 | + 3 01 41.7 | 0.718 4543 |
| 21 | 355 05 17.8 | − 3 21 32.6 | 0.726 8912 | 24 | 143 07 45.7 | + 3 06 37.1 | 0.718 5013 |
| 23 | 358 16 02.4 | − 3 19 36.2 | 0.726 6965 | 26 | 146 22 50.5 | + 3 10 56.6 | 0.718 5636 |
| 25 | 1 26 52.5 | − 3 17 02.9 | 0.726 4914 | 28 | 149 37 54.5 | + 3 14 39.2 | 0.718 6410 |
| 27 | 4 37 48.0 | − 3 13 53.2 | 0.726 2765 | 30 | 152 52 57.0 | + 3 17 44.3 | 0.718 7332 |
| Mar. 1 | 7 48 49.2 | − 3 10 07.6 | 0.726 0524 | June 1 | 156 07 57.4 | + 3 20 11.2 | 0.718 8400 |
| 3 | 10 59 56.1 | − 3 05 46.6 | 0.725 8197 | 3 | 159 22 55.0 | + 3 21 59.6 | 0.718 9610 |
| 5 | 14 11 08.8 | − 3 00 51.1 | 0.725 5793 | 5 | 162 37 48.9 | + 3 23 09.0 | 0.719 0958 |
| 7 | 17 22 27.4 | − 2 55 21.8 | 0.725 3319 | 7 | 165 52 38.6 | + 3 23 39.4 | 0.719 2440 |
| 9 | 20 33 52.0 | − 2 49 19.8 | 0.725 0781 | 9 | 169 07 23.4 | + 3 23 30.6 | 0.719 4051 |
| 11 | 23 45 22.6 | − 2 42 46.0 | 0.724 8188 | 11 | 172 22 02.5 | + 3 22 42.8 | 0.719 5785 |
| 13 | 26 56 59.3 | − 2 35 41.7 | 0.724 5548 | 13 | 175 36 35.4 | + 3 21 16.2 | 0.719 7638 |
| 15 | 30 08 42.3 | − 2 28 08.1 | 0.724 2869 | 15 | 178 51 01.3 | + 3 19 11.0 | 0.719 9603 |
| 17 | 33 20 31.6 | − 2 20 06.5 | 0.724 0159 | 17 | 182 05 19.8 | + 3 16 27.9 | 0.720 1674 |
| 19 | 36 32 27.2 | − 2 11 38.3 | 0.723 7427 | 19 | 185 19 30.2 | + 3 13 07.2 | 0.720 3844 |
| 21 | 39 44 29.4 | − 2 02 45.2 | 0.723 4681 | 21 | 188 33 32.1 | + 3 09 09.9 | 0.720 6107 |
| 23 | 42 56 38.2 | − 1 53 28.7 | 0.723 1929 | 23 | 191 47 24.9 | + 3 04 36.7 | 0.720 8454 |
| 25 | 46 08 53.6 | − 1 43 50.5 | 0.722 9180 | 25 | 195 01 08.3 | + 2 59 28.6 | 0.721 0879 |
| 27 | 49 21 15.8 | − 1 33 52.4 | 0.722 6444 | 27 | 198 14 41.8 | + 2 53 46.6 | 0.721 3374 |
| 29 | 52 33 44.9 | − 1 23 36.2 | 0.722 3727 | 29 | 201 28 05.2 | + 2 47 31.9 | 0.721 5931 |
| 31 | 55 46 20.9 | − 1 13 03.8 | 0.722 1039 | July 1 | 204 41 18.1 | + 2 40 45.7 | 0.721 8541 |
| Apr. 2 | 58 59 03.9 | − 1 02 17.2 | 0.721 8389 | 3 | 207 54 20.3 | + 2 33 29.5 | 0.722 1196 |

## HELIOCENTRIC POSITIONS FOR 0ʰ TERRESTRIAL TIME
### MEAN EQUINOX AND ECLIPTIC OF DATE

| Date | Longitude | Latitude | True Heliocentric Distance | Date | Longitude | Latitude | True Heliocentric Distance |
|---|---|---|---|---|---|---|---|
| | ° ′ ″ | ° ′ ″ | au | | ° ′ ″ | ° ′ ″ | au |
| July 1 | 204 41 18.1 | + 2 40 45.7 | 0.721 8541 | Oct. 1 | 350 48 32.7 | − 3 23 10.7 | 0.727 1317 |
| 3 | 207 54 20.3 | + 2 33 29.5 | 0.722 1196 | 3 | 353 59 10.3 | − 3 22 04.4 | 0.726 9525 |
| 5 | 211 07 11.7 | + 2 25 44.6 | 0.722 3889 | 5 | 357 09 53.2 | − 3 20 21.0 | 0.726 7621 |
| 7 | 214 19 52.1 | + 2 17 32.6 | 0.722 6610 | 7 | 0 20 41.5 | − 3 18 00.5 | 0.726 5612 |
| 9 | 217 32 21.6 | + 2 08 55.2 | 0.722 9351 | 9 | 3 31 35.3 | − 3 15 03.5 | 0.726 3502 |
| 11 | 220 44 40.1 | + 1 59 53.9 | 0.723 2103 | 11 | 6 42 34.7 | − 3 11 30.3 | 0.726 1298 |
| 13 | 223 56 47.6 | + 1 50 30.6 | 0.723 4858 | 13 | 9 53 39.7 | − 3 07 21.5 | 0.725 9009 |
| 15 | 227 08 44.3 | + 1 40 47.1 | 0.723 7607 | 15 | 13 04 50.5 | − 3 02 37.9 | 0.725 6639 |
| 17 | 230 20 30.3 | + 1 30 45.2 | 0.724 0341 | 17 | 16 16 07.1 | − 2 57 20.3 | 0.725 4197 |
| 19 | 233 32 05.9 | + 1 20 26.8 | 0.724 3052 | 19 | 19 27 29.6 | − 2 51 29.5 | 0.725 1690 |
| 21 | 236 43 31.2 | + 1 09 54.0 | 0.724 5731 | 21 | 22 38 58.1 | − 2 45 06.7 | 0.724 9126 |
| 23 | 239 54 46.8 | + 0 59 08.6 | 0.724 8370 | 23 | 25 50 32.8 | − 2 38 12.9 | 0.724 6513 |
| 25 | 243 05 52.7 | + 0 48 12.7 | 0.725 0962 | 25 | 29 02 13.5 | − 2 30 49.3 | 0.724 3859 |
| 27 | 246 16 49.6 | + 0 37 08.4 | 0.725 3497 | 27 | 32 14 00.5 | − 2 22 57.3 | 0.724 1172 |
| 29 | 249 27 37.7 | + 0 25 57.7 | 0.725 5968 | 29 | 35 25 53.9 | − 2 14 38.2 | 0.723 8461 |
| 31 | 252 38 17.6 | + 0 14 42.6 | 0.725 8368 | 31 | 38 37 53.6 | − 2 05 53.6 | 0.723 5733 |
| Aug. 2 | 255 48 49.8 | + 0 03 25.2 | 0.726 0689 | Nov. 2 | 41 49 59.9 | − 1 56 45.0 | 0.723 2998 |
| 4 | 258 59 14.6 | − 0 07 52.3 | 0.726 2924 | 4 | 45 02 12.7 | − 1 47 14.2 | 0.723 0264 |
| 6 | 262 09 32.8 | − 0 19 08.0 | 0.726 5066 | 6 | 48 14 32.2 | − 1 37 22.8 | 0.722 7539 |
| 8 | 265 19 44.8 | − 0 30 19.8 | 0.726 7109 | 8 | 51 26 58.5 | − 1 27 12.7 | 0.722 4832 |
| 10 | 268 29 51.2 | − 0 41 25.7 | 0.726 9046 | 10 | 54 39 31.7 | − 1 16 45.7 | 0.722 2151 |
| 12 | 271 39 52.6 | − 0 52 23.6 | 0.727 0872 | 12 | 57 52 11.7 | − 1 06 03.8 | 0.721 9505 |
| 14 | 274 49 49.5 | − 1 03 11.7 | 0.727 2580 | 14 | 61 04 58.8 | − 0 55 09.0 | 0.721 6902 |
| 16 | 277 59 42.6 | − 1 13 47.8 | 0.727 4167 | 16 | 64 17 53.0 | − 0 44 03.3 | 0.721 4350 |
| 18 | 281 09 32.4 | − 1 24 10.2 | 0.727 5627 | 18 | 67 30 54.2 | − 0 32 48.8 | 0.721 1857 |
| 20 | 284 19 19.5 | − 1 34 17.0 | 0.727 6955 | 20 | 70 44 02.7 | − 0 21 27.6 | 0.720 9431 |
| 22 | 287 29 04.5 | − 1 44 06.4 | 0.727 8148 | 22 | 73 57 18.3 | − 0 10 02.0 | 0.720 7080 |
| 24 | 290 38 47.9 | − 1 53 36.5 | 0.727 9202 | 24 | 77 10 41.1 | + 0 01 26.1 | 0.720 4811 |
| 26 | 293 48 30.3 | − 2 02 45.8 | 0.728 0114 | 26 | 80 24 11.2 | + 0 12 54.2 | 0.720 2632 |
| 28 | 296 58 12.2 | − 2 11 32.6 | 0.728 0881 | 28 | 83 37 48.4 | + 0 24 20.4 | 0.720 0549 |
| 30 | 300 07 54.0 | − 2 19 55.2 | 0.728 1501 | 30 | 86 51 32.7 | + 0 35 42.3 | 0.719 8568 |
| Sept. 1 | 303 17 36.4 | − 2 27 52.2 | 0.728 1972 | Dec. 2 | 90 05 24.0 | + 0 46 57.7 | 0.719 6697 |
| 3 | 306 27 19.8 | − 2 35 22.3 | 0.728 2293 | 4 | 93 19 22.2 | + 0 58 04.5 | 0.719 4941 |
| 5 | 309 37 04.5 | − 2 42 23.9 | 0.728 2463 | 6 | 96 33 27.1 | + 1 09 00.5 | 0.719 3306 |
| 7 | 312 46 51.1 | − 2 48 55.9 | 0.728 2481 | 8 | 99 47 38.6 | + 1 19 43.7 | 0.719 1797 |
| 9 | 315 56 39.9 | − 2 54 57.0 | 0.728 2348 | 10 | 103 01 56.5 | + 1 30 11.8 | 0.719 0418 |
| 11 | 319 06 31.3 | − 3 00 26.3 | 0.728 2063 | 12 | 106 16 20.4 | + 1 40 22.8 | 0.718 9176 |
| 13 | 322 16 25.7 | − 3 05 22.6 | 0.728 1628 | 14 | 109 30 50.1 | + 1 50 14.8 | 0.718 8072 |
| 15 | 325 26 23.4 | − 3 09 45.0 | 0.728 1044 | 16 | 112 45 25.3 | + 1 59 45.8 | 0.718 7112 |
| 17 | 328 36 24.6 | − 3 13 32.9 | 0.728 0313 | 18 | 116 00 05.6 | + 2 08 53.9 | 0.718 6297 |
| 19 | 331 46 29.6 | − 3 16 45.3 | 0.727 9437 | 20 | 119 14 50.5 | + 2 17 37.4 | 0.718 5632 |
| 21 | 334 56 38.7 | − 3 19 21.8 | 0.727 8418 | 22 | 122 29 39.7 | + 2 25 54.5 | 0.718 5117 |
| 23 | 338 06 52.1 | − 3 21 21.8 | 0.727 7261 | 24 | 125 44 32.7 | + 2 33 43.5 | 0.718 4755 |
| 25 | 341 17 10.0 | − 3 22 44.9 | 0.727 5968 | 26 | 128 59 28.8 | + 2 41 03.0 | 0.718 4546 |
| 27 | 344 27 32.7 | − 3 23 30.9 | 0.727 4543 | 28 | 132 14 27.7 | + 2 47 51.5 | 0.718 4492 |
| 29 | 347 38 00.2 | − 3 23 39.5 | 0.727 2991 | 30 | 135 29 28.6 | + 2 54 07.6 | 0.718 4593 |
| Oct. 1 | 350 48 32.7 | − 3 23 10.7 | 0.727 1317 | 32 | 138 44 31.1 | + 2 59 50.2 | 0.718 4848 |

# MARS, 2010

## HELIOCENTRIC POSITIONS FOR 0ʰ TERRESTRIAL TIME
### MEAN EQUINOX AND ECLIPTIC OF DATE

| Date | | Longitude | Latitude | True Heliocentric Distance | Date | | Longitude | Latitude | True Heliocentric Distance |
|---|---|---|---|---|---|---|---|---|---|
| | | ° ′ ″ | ° ′ ″ | au | | | ° ′ ″ | ° ′ ″ | au |
| Jan. | 0 | 116 19 36.5 | + 1 41 55.8 | 1.626 9589 | July | 3 | 198 01 27.6 | + 0 58 11.2 | 1.623 4909 |
| | 4 | 118 09 15.8 | + 1 43 16.7 | 1.630 2454 | | 7 | 199 51 58.8 | + 0 55 07.2 | 1.619 9501 |
| | 8 | 119 58 29.3 | + 1 44 30.9 | 1.633 4009 | | 11 | 201 42 59.4 | + 0 51 58.8 | 1.616 2874 |
| | 12 | 121 47 18.2 | + 1 45 38.6 | 1.636 4229 | | 15 | 203 34 30.5 | + 0 48 46.3 | 1.612 5061 |
| | 16 | 123 35 43.6 | + 1 46 39.8 | 1.639 3087 | | 19 | 205 26 33.4 | + 0 45 29.8 | 1.608 6095 |
| | 20 | 125 23 46.9 | + 1 47 34.4 | 1.642 0561 | | 23 | 207 19 09.2 | + 0 42 09.4 | 1.604 6014 |
| | 24 | 127 11 29.2 | + 1 48 22.5 | 1.644 6628 | | 27 | 209 12 19.1 | + 0 38 45.3 | 1.600 4854 |
| | 28 | 128 58 51.7 | + 1 49 04.1 | 1.647 1266 | | 31 | 211 06 04.3 | + 0 35 17.5 | 1.596 2654 |
| Feb. | 1 | 130 45 55.6 | + 1 49 39.2 | 1.649 4457 | Aug. | 4 | 213 00 26.0 | + 0 31 46.3 | 1.591 9456 |
| | 5 | 132 32 42.0 | + 1 50 07.9 | 1.651 6181 | | 8 | 214 55 25.3 | + 0 28 11.8 | 1.587 5302 |
| | 9 | 134 19 12.3 | + 1 50 30.2 | 1.653 6423 | | 12 | 216 51 03.4 | + 0 24 34.2 | 1.583 0235 |
| | 13 | 136 05 27.6 | + 1 50 46.1 | 1.655 5166 | | 16 | 218 47 21.3 | + 0 20 53.7 | 1.578 4303 |
| | 17 | 137 51 29.1 | + 1 50 55.6 | 1.657 2395 | | 20 | 220 44 20.2 | + 0 17 10.4 | 1.573 7551 |
| | 21 | 139 37 17.9 | + 1 50 58.8 | 1.658 8099 | | 24 | 222 42 01.2 | + 0 13 24.6 | 1.569 0031 |
| | 25 | 141 22 55.4 | + 1 50 55.7 | 1.660 2264 | | 28 | 224 40 25.3 | + 0 09 36.4 | 1.564 1793 |
| Mar. | 1 | 143 08 22.6 | + 1 50 46.3 | 1.661 4880 | Sept. | 1 | 226 39 33.7 | + 0 05 46.1 | 1.559 2890 |
| | 5 | 144 53 40.8 | + 1 50 30.8 | 1.662 5938 | | 5 | 228 39 27.3 | + 0 01 54.0 | 1.554 3377 |
| | 9 | 146 38 51.2 | + 1 50 09.0 | 1.663 5429 | | 9 | 230 40 07.0 | − 0 01 59.8 | 1.549 3310 |
| | 13 | 148 23 54.9 | + 1 49 41.1 | 1.664 3347 | | 13 | 232 41 34.0 | − 0 05 55.0 | 1.544 2747 |
| | 17 | 150 08 53.2 | + 1 49 07.1 | 1.664 9685 | | 17 | 234 43 49.1 | − 0 09 51.2 | 1.539 1750 |
| | 21 | 151 53 47.2 | + 1 48 27.0 | 1.665 4440 | | 21 | 236 46 53.1 | − 0 13 48.3 | 1.534 0378 |
| | 25 | 153 38 38.1 | + 1 47 40.9 | 1.665 7606 | | 25 | 238 50 47.0 | − 0 17 45.9 | 1.528 8696 |
| | 29 | 155 23 27.2 | + 1 46 48.8 | 1.665 9183 | | 29 | 240 55 31.5 | − 0 21 43.7 | 1.523 6770 |
| Apr. | 2 | 157 08 15.6 | + 1 45 50.7 | 1.665 9169 | Oct. | 3 | 243 01 07.3 | − 0 25 41.5 | 1.518 4665 |
| | 6 | 158 53 04.4 | + 1 44 46.7 | 1.665 7564 | | 7 | 245 07 35.3 | − 0 29 38.7 | 1.513 2451 |
| | 10 | 160 37 55.0 | + 1 43 36.9 | 1.665 4369 | | 11 | 247 14 55.9 | − 0 33 35.2 | 1.508 0198 |
| | 14 | 162 22 48.5 | + 1 42 21.3 | 1.664 9587 | | 15 | 249 23 09.9 | − 0 37 30.6 | 1.502 7976 |
| | 18 | 164 07 46.0 | + 1 40 59.9 | 1.664 3220 | | 19 | 251 32 17.6 | − 0 41 24.4 | 1.497 5860 |
| | 22 | 165 52 48.8 | + 1 39 32.8 | 1.663 5275 | | 23 | 253 42 19.5 | − 0 45 16.3 | 1.492 3924 |
| | 26 | 167 37 58.0 | + 1 38 00.0 | 1.662 5756 | | 27 | 255 53 16.0 | − 0 49 05.9 | 1.487 2243 |
| | 30 | 169 23 15.0 | + 1 36 21.5 | 1.661 4671 | | 31 | 258 05 07.4 | − 0 52 52.8 | 1.482 0895 |
| May | 4 | 171 08 40.7 | + 1 34 37.5 | 1.660 2028 | Nov. | 4 | 260 17 53.8 | − 0 56 36.5 | 1.476 9958 |
| | 8 | 172 54 16.6 | + 1 32 48.0 | 1.658 7837 | | 8 | 262 31 35.4 | − 1 00 16.6 | 1.471 9510 |
| | 12 | 174 40 03.6 | + 1 30 53.1 | 1.657 2108 | | 12 | 264 46 12.1 | − 1 03 52.8 | 1.466 9631 |
| | 16 | 176 26 03.2 | + 1 28 52.7 | 1.655 4854 | | 16 | 267 01 43.9 | − 1 07 24.4 | 1.462 0402 |
| | 20 | 178 12 16.3 | + 1 26 47.0 | 1.653 6087 | | 20 | 269 18 10.6 | − 1 10 51.2 | 1.457 1905 |
| | 24 | 179 58 44.4 | + 1 24 36.0 | 1.651 5822 | | 24 | 271 35 31.8 | − 1 14 12.5 | 1.452 4220 |
| | 28 | 181 45 28.5 | + 1 22 19.7 | 1.649 4075 | | 28 | 273 53 47.1 | − 1 17 28.0 | 1.447 7429 |
| June | 1 | 183 32 29.9 | + 1 19 58.4 | 1.647 0863 | Dec. | 2 | 276 12 56.0 | − 1 20 37.1 | 1.443 1615 |
| | 5 | 185 19 49.7 | + 1 17 31.9 | 1.644 6204 | | 6 | 278 32 57.8 | − 1 23 39.5 | 1.438 6857 |
| | 9 | 187 07 29.2 | + 1 15 00.5 | 1.642 0118 | | 10 | 280 53 51.7 | − 1 26 34.5 | 1.434 3238 |
| | 13 | 188 55 29.7 | + 1 12 24.1 | 1.639 2626 | | 14 | 283 15 36.9 | − 1 29 21.9 | 1.430 0838 |
| | 17 | 190 43 52.2 | + 1 09 42.8 | 1.636 3751 | | 18 | 285 38 12.2 | − 1 32 01.0 | 1.425 9735 |
| | 21 | 192 32 38.1 | + 1 06 56.9 | 1.633 3515 | | 22 | 288 01 36.5 | − 1 34 31.4 | 1.422 0010 |
| | 25 | 194 21 48.4 | + 1 04 06.2 | 1.630 1945 | | 26 | 290 25 48.4 | − 1 36 52.7 | 1.418 1738 |
| | 29 | 196 11 24.6 | + 1 01 11.0 | 1.626 9067 | | 30 | 292 50 46.6 | − 1 39 04.5 | 1.414 4995 |
| July | 3 | 198 01 27.6 | + 0 58 11.2 | 1.623 4909 | | 34 | 295 16 29.4 | − 1 41 06.3 | 1.410 9854 |

## HELIOCENTRIC POSITIONS FOR 0$^h$ TERRESTRIAL TIME
### MEAN EQUINOX AND ECLIPTIC OF DATE

| Date | Longitude | Latitude | True Heliocentric Distance | Date | Longitude | Latitude | True Heliocentric Distance |
|------|-----------|----------|----------------------------|------|-----------|----------|----------------------------|
| | JUPITER | | | | SATURN | | |
| | ° ′ ″ | ° ′ ″ | au | | ° ′ ″ | ° ′ ″ | au |
| Jan. −6 | 333 50 54.4 | − 1 02 40.3 | 5.005 053 | Jan. −6 | 178 20 12.4 | + 2 14 48.7 | 9.473 000 |
| 4 | 334 44 46.0 | − 1 03 23.8 | 5.002 661 | 4 | 178 40 32.5 | + 2 15 11.2 | 9.476 009 |
| 14 | 335 38 40.7 | − 1 04 06.4 | 5.000 313 | 14 | 179 00 51.9 | + 2 15 33.5 | 9.479 019 |
| 24 | 336 32 38.5 | − 1 04 48.1 | 4.998 010 | 24 | 179 21 10.5 | + 2 15 55.4 | 9.482 031 |
| Feb. 3 | 337 26 39.2 | − 1 05 28.9 | 4.995 753 | Feb. 3 | 179 41 28.3 | + 2 16 17.1 | 9.485 044 |
| 13 | 338 20 42.9 | − 1 06 08.8 | 4.993 542 | 13 | 180 01 45.3 | + 2 16 38.4 | 9.488 058 |
| 23 | 339 14 49.4 | − 1 06 47.7 | 4.991 377 | 23 | 180 22 01.6 | + 2 16 59.5 | 9.491 073 |
| Mar. 5 | 340 08 58.8 | − 1 07 25.6 | 4.989 260 | Mar. 5 | 180 42 17.1 | + 2 17 20.2 | 9.494 090 |
| 15 | 341 03 10.8 | − 1 08 02.6 | 4.987 192 | 15 | 181 02 31.8 | + 2 17 40.7 | 9.497 107 |
| 25 | 341 57 25.6 | − 1 08 38.5 | 4.985 171 | 25 | 181 22 45.8 | + 2 18 00.8 | 9.500 125 |
| Apr. 4 | 342 51 43.0 | − 1 09 13.5 | 4.983 200 | Apr. 4 | 181 42 59.0 | + 2 18 20.7 | 9.503 144 |
| 14 | 343 46 03.0 | − 1 09 47.5 | 4.981 279 | 14 | 182 03 11.4 | + 2 18 40.3 | 9.506 163 |
| 24 | 344 40 25.4 | − 1 10 20.5 | 4.979 407 | 24 | 182 23 23.1 | + 2 18 59.5 | 9.509 183 |
| May 4 | 345 34 50.3 | − 1 10 52.4 | 4.977 587 | May 4 | 182 43 34.0 | + 2 19 18.5 | 9.512 203 |
| 14 | 346 29 17.6 | − 1 11 23.3 | 4.975 818 | 14 | 183 03 44.1 | + 2 19 37.1 | 9.515 223 |
| 24 | 347 23 47.2 | − 1 11 53.1 | 4.974 100 | 24 | 183 23 53.5 | + 2 19 55.5 | 9.518 243 |
| June 3 | 348 18 19.0 | − 1 12 21.8 | 4.972 435 | June 3 | 183 44 02.1 | + 2 20 13.6 | 9.521 263 |
| 13 | 349 12 53.0 | − 1 12 49.5 | 4.970 822 | 13 | 184 04 10.0 | + 2 20 31.3 | 9.524 282 |
| 23 | 350 07 29.1 | − 1 13 16.1 | 4.969 263 | 23 | 184 24 17.0 | + 2 20 48.8 | 9.527 302 |
| July 3 | 351 02 07.3 | − 1 13 41.7 | 4.967 757 | July 3 | 184 44 23.4 | + 2 21 06.0 | 9.530 321 |
| 13 | 351 56 47.4 | − 1 14 06.1 | 4.966 305 | 13 | 185 04 28.9 | + 2 21 22.8 | 9.533 339 |
| 23 | 352 51 29.5 | − 1 14 29.4 | 4.964 907 | 23 | 185 24 33.7 | + 2 21 39.4 | 9.536 357 |
| Aug. 2 | 353 46 13.4 | − 1 14 51.5 | 4.963 564 | Aug. 2 | 185 44 37.7 | + 2 21 55.7 | 9.539 374 |
| 12 | 354 40 59.0 | − 1 15 12.6 | 4.962 276 | 12 | 186 04 41.0 | + 2 22 11.6 | 9.542 391 |
| 22 | 355 35 46.3 | − 1 15 32.5 | 4.961 044 | 22 | 186 24 43.5 | + 2 22 27.3 | 9.545 407 |
| Sept. 1 | 356 30 35.3 | − 1 15 51.3 | 4.959 866 | Sept. 1 | 186 44 45.3 | + 2 22 42.7 | 9.548 422 |
| 11 | 357 25 25.8 | − 1 16 08.9 | 4.958 745 | 11 | 187 04 46.2 | + 2 22 57.7 | 9.551 436 |
| 21 | 358 20 17.8 | − 1 16 25.4 | 4.957 680 | 21 | 187 24 46.5 | + 2 23 12.5 | 9.554 449 |
| Oct. 1 | 359 15 11.1 | − 1 16 40.7 | 4.956 671 | Oct. 1 | 187 44 46.0 | + 2 23 27.0 | 9.557 461 |
| 11 | 0 10 05.8 | − 1 16 54.9 | 4.955 719 | 11 | 188 04 44.7 | + 2 23 41.1 | 9.560 472 |
| 21 | 1 05 01.7 | − 1 17 07.9 | 4.954 824 | 21 | 188 24 42.7 | + 2 23 55.0 | 9.563 482 |
| 31 | 1 59 58.8 | − 1 17 19.7 | 4.953 986 | 31 | 188 44 39.9 | + 2 24 08.6 | 9.566 491 |
| Nov. 10 | 2 54 56.9 | − 1 17 30.3 | 4.953 206 | Nov. 10 | 189 04 36.4 | + 2 24 21.8 | 9.569 498 |
| 20 | 3 49 56.1 | − 1 17 39.7 | 4.952 484 | 20 | 189 24 32.1 | + 2 24 34.8 | 9.572 504 |
| 30 | 4 44 56.1 | − 1 17 48.0 | 4.951 819 | 30 | 189 44 27.1 | + 2 24 47.5 | 9.575 508 |
| Dec. 10 | 5 39 57.0 | − 1 17 55.0 | 4.951 213 | Dec. 10 | 190 04 21.4 | + 2 24 59.8 | 9.578 511 |
| 20 | 6 34 58.7 | − 1 18 00.9 | 4.950 665 | 20 | 190 24 14.9 | + 2 25 11.9 | 9.581 511 |
| 30 | 7 30 01.1 | − 1 18 05.5 | 4.950 175 | 30 | 190 44 07.6 | + 2 25 23.7 | 9.584 509 |
| | URANUS | | | | NEPTUNE | | |
| | ° ′ ″ | ° ′ ″ | au | | ° ′ ″ | ° ′ ″ | au |
| Jan. −36 | 355 22 04.6 | − 0 45 26.0 | 20.097 35 | Jan. −36 | 325 39 56.3 | − 0 25 16.7 | 30.025 52 |
| Jan. 4 | 355 47 51.3 | − 0 45 21.9 | 20.096 87 | Jan. 4 | 325 54 27.2 | − 0 25 42.7 | 30.024 42 |
| Feb. 13 | 356 13 38.1 | − 0 45 17.6 | 20.096 32 | Feb. 13 | 326 08 58.1 | − 0 26 08.6 | 30.023 31 |
| Mar. 25 | 356 39 25.0 | − 0 45 13.1 | 20.095 71 | Mar. 25 | 326 23 29.0 | − 0 26 34.5 | 30.022 18 |
| May 4 | 357 05 12.1 | − 0 45 08.5 | 20.095 02 | May 4 | 326 38 00.0 | − 0 27 00.3 | 30.021 05 |
| June 13 | 357 30 59.3 | − 0 45 03.8 | 20.094 27 | June 13 | 326 52 31.0 | − 0 27 26.2 | 30.019 90 |
| July 23 | 357 56 46.7 | − 0 44 58.9 | 20.093 45 | July 23 | 327 07 02.0 | − 0 27 52.0 | 30.018 74 |
| Sept. 1 | 358 22 34.3 | − 0 44 53.8 | 20.092 57 | Sept. 1 | 327 21 33.1 | − 0 28 17.7 | 30.017 56 |
| Oct. 11 | 358 48 22.0 | − 0 44 48.6 | 20.091 61 | Oct. 11 | 327 36 04.2 | − 0 28 43.5 | 30.016 37 |
| Nov. 20 | 359 14 09.9 | − 0 44 43.3 | 20.090 58 | Nov. 20 | 327 50 35.3 | − 0 29 09.2 | 30.015 17 |
| Dec. 30 | 359 39 57.9 | − 0 44 37.7 | 20.089 48 | Dec. 30 | 328 05 06.4 | − 0 29 34.9 | 30.013 95 |

# MERCURY, 2010

## GEOCENTRIC COORDINATES FOR 0ʰ TERRESTRIAL TIME

| Date | Apparent Right Ascension | Apparent Declination | True Geocentric Distance | Date | Apparent Right Ascension | Apparent Declination | True Geocentric Distance |
|---|---|---|---|---|---|---|---|
| | h m s | ° ′ ″ | au | | h m s | ° ′ ″ | au |
| Jan. 0 | 19 25 26.089 | −20 39 41.69 | 0.717 4952 | Feb. 15 | 20 37 49.954 | −19 58 33.63 | 1.259 9307 |
| 1 | 19 21 17.626 | −20 28 24.62 | 0.702 6976 | 16 | 20 44 03.959 | −19 40 42.08 | 1.269 5731 |
| 2 | 19 16 30.603 | −20 18 35.19 | 0.690 5761 | 17 | 20 50 20.099 | −19 21 32.54 | 1.278 8190 |
| 3 | 19 11 13.067 | −20 10 14.39 | 0.681 3379 | 18 | 20 56 38.234 | −19 01 04.75 | 1.287 6682 |
| 4 | 19 05 34.770 | −20 03 21.96 | 0.675 1182 | 19 | 21 02 58.239 | −18 39 18.50 | 1.296 1199 |
| 5 | 18 59 46.572 | −19 57 57.09 | 0.671 9709 | 20 | 21 09 20.008 | −18 16 13.58 | 1.304 1724 |
| 6 | 18 53 59.671 | −19 53 58.90 | 0.671 8658 | 21 | 21 15 43.453 | −17 51 49.87 | 1.311 8231 |
| 7 | 18 48 24.798 | −19 51 26.62 | 0.674 6932 | 22 | 21 22 08.497 | −17 26 07.23 | 1.319 0682 |
| 8 | 18 43 11.510 | −19 50 19.34 | 0.680 2753 | 23 | 21 28 35.083 | −16 59 05.59 | 1.325 9030 |
| 9 | 18 38 27.677 | −19 50 35.59 | 0.688 3809 | 24 | 21 35 03.165 | −16 30 44.90 | 1.332 3213 |
| 10 | 18 34 19.222 | −19 52 12.83 | 0.698 7439 | 25 | 21 41 32.710 | −16 01 05.12 | 1.338 3156 |
| 11 | 18 30 50.092 | −19 55 07.09 | 0.711 0794 | 26 | 21 48 03.701 | −15 30 06.27 | 1.343 8771 |
| 12 | 18 28 02.430 | −19 59 12.82 | 0.725 0994 | 27 | 21 54 36.130 | −14 57 48.38 | 1.348 9950 |
| 13 | 18 25 56.842 | −20 04 22.97 | 0.740 5242 | 28 | 22 01 10.006 | −14 24 11.52 | 1.353 6569 |
| 14 | 18 24 32.730 | −20 10 29.22 | 0.757 0916 | Mar. 1 | 22 07 45.347 | −13 49 15.79 | 1.357 8483 |
| 15 | 18 23 48.615 | −20 17 22.35 | 0.774 5614 | 2 | 22 14 22.183 | −13 13 01.35 | 1.361 5529 |
| 16 | 18 23 42.423 | −20 24 52.60 | 0.792 7187 | 3 | 22 21 00.556 | −12 35 28.45 | 1.364 7517 |
| 17 | 18 24 11.724 | −20 32 50.06 | 0.811 3744 | 4 | 22 27 40.509 | −11 56 37.40 | 1.367 4237 |
| 18 | 18 25 13.918 | −20 41 04.91 | 0.830 3646 | 5 | 22 34 22.094 | −11 16 28.65 | 1.369 5452 |
| 19 | 18 26 46.369 | −20 49 27.72 | 0.849 5487 | 6 | 22 41 05.364 | −10 35 02.74 | 1.371 0899 |
| 20 | 18 28 46.497 | −20 57 49.53 | 0.868 8078 | 7 | 22 47 50.374 | − 9 52 20.38 | 1.372 0289 |
| 21 | 18 31 11.844 | −21 06 02.03 | 0.888 0419 | 8 | 22 54 37.178 | − 9 08 22.44 | 1.372 3303 |
| 22 | 18 34 00.102 | −21 13 57.56 | 0.907 1678 | 9 | 23 01 25.828 | − 8 23 09.97 | 1.371 9592 |
| 23 | 18 37 09.138 | −21 21 29.14 | 0.926 1168 | 10 | 23 08 16.370 | − 7 36 44.28 | 1.370 8780 |
| 24 | 18 40 36.995 | −21 28 30.46 | 0.944 8330 | 11 | 23 15 08.840 | − 6 49 06.96 | 1.369 0458 |
| 25 | 18 44 21.895 | −21 34 55.83 | 0.963 2707 | 12 | 23 22 03.261 | − 6 00 19.91 | 1.366 4188 |
| 26 | 18 48 22.222 | −21 40 40.19 | 0.981 3934 | 13 | 23 28 59.636 | − 5 10 25.44 | 1.362 9505 |
| 27 | 18 52 36.518 | −21 45 38.99 | 0.999 1724 | 14 | 23 35 57.943 | − 4 19 26.32 | 1.358 5917 |
| 28 | 18 57 03.471 | −21 49 48.19 | 1.016 5849 | 15 | 23 42 58.125 | − 3 27 25.80 | 1.353 2914 |
| 29 | 19 01 41.896 | −21 53 04.19 | 1.033 6135 | 16 | 23 50 00.082 | − 2 34 27.78 | 1.346 9970 |
| 30 | 19 06 30.730 | −21 55 23.77 | 1.050 2451 | 17 | 23 57 03.666 | − 1 40 36.93 | 1.339 6552 |
| 31 | 19 11 29.016 | −21 56 44.10 | 1.066 4701 | 18 | 0 04 08.669 | − 0 45 58.63 | 1.331 2135 |
| Feb. 1 | 19 16 35.894 | −21 57 02.63 | 1.082 2818 | 19 | 0 11 14.807 | + 0 09 20.88 | 1.321 6211 |
| 2 | 19 21 50.592 | −21 56 17.12 | 1.097 6756 | 20 | 0 18 21.717 | + 1 05 14.38 | 1.310 8310 |
| 3 | 19 27 12.411 | −21 54 25.60 | 1.112 6491 | 21 | 0 25 28.936 | + 2 01 33.63 | 1.298 8014 |
| 4 | 19 32 40.722 | −21 51 26.33 | 1.127 2012 | 22 | 0 32 35.901 | + 2 58 09.35 | 1.285 4989 |
| 5 | 19 38 14.954 | −21 47 17.79 | 1.141 3321 | 23 | 0 39 41.931 | + 3 54 51.17 | 1.270 8998 |
| 6 | 19 43 54.590 | −21 41 58.64 | 1.155 0428 | 24 | 0 46 46.229 | + 4 51 27.67 | 1.254 9935 |
| 7 | 19 49 39.161 | −21 35 27.69 | 1.168 3354 | 25 | 0 53 47.877 | + 5 47 46.50 | 1.237 7842 |
| 8 | 19 55 28.242 | −21 27 43.91 | 1.181 2120 | 26 | 1 00 45.838 | + 6 43 34.43 | 1.219 2933 |
| 9 | 20 01 21.448 | −21 18 46.37 | 1.193 6755 | 27 | 1 07 38.966 | + 7 38 37.62 | 1.199 5610 |
| 10 | 20 07 18.430 | −21 08 34.29 | 1.205 7285 | 28 | 1 14 26.018 | + 8 32 41.80 | 1.178 6470 |
| 11 | 20 13 18.872 | −20 57 06.94 | 1.217 3740 | 29 | 1 21 05.671 | + 9 25 32.57 | 1.156 6305 |
| 12 | 20 19 22.489 | −20 44 23.71 | 1.228 6146 | 30 | 1 27 36.544 | +10 16 55.68 | 1.133 6092 |
| 13 | 20 25 29.025 | −20 30 24.06 | 1.239 4529 | 31 | 1 33 57.224 | +11 06 37.30 | 1.109 6975 |
| 14 | 20 31 38.248 | −20 15 07.50 | 1.249 8910 | Apr. 1 | 1 40 06.282 | +11 54 24.32 | 1.085 0239 |
| 15 | 20 37 49.954 | −19 58 33.63 | 1.259 9307 | 2 | 1 46 02.307 | +12 40 04.52 | 1.059 7276 |

## GEOCENTRIC COORDINATES FOR 0ʰ TERRESTRIAL TIME

| Date | Apparent Right Ascension | Apparent Declination | True Geocentric Distance | Date | Apparent Right Ascension | Apparent Declination | True Geocentric Distance |
|---|---|---|---|---|---|---|---|
| | h m s | ° ′ ″ | au | | h m s | ° ′ ″ | au |
| Apr. 1 | 1 40 06.282 | +11 54 24.32 | 1.085 0239 | May 17 | 2 09 59.677 | + 9 44 31.68 | 0.679 9965 |
| 2 | 1 46 02.307 | +12 40 04.52 | 1.059 7276 | 18 | 2 11 43.284 | + 9 47 34.54 | 0.693 5641 |
| 3 | 1 51 43.922 | +13 23 26.78 | 1.033 9547 | 19 | 2 13 41.716 | + 9 52 51.23 | 0.707 6185 |
| 4 | 1 57 09.805 | +14 04 21.16 | 1.007 8548 | 20 | 2 15 54.602 | +10 00 16.85 | 0.722 1314 |
| 5 | 2 02 18.703 | +14 42 38.92 | 0.981 5776 | 21 | 2 18 21.581 | +10 09 46.19 | 0.737 0771 |
| 6 | 2 07 09.448 | +15 18 12.52 | 0.955 2698 | 22 | 2 21 02.303 | +10 21 13.89 | 0.752 4315 |
| 7 | 2 11 40.960 | +15 50 55.54 | 0.929 0723 | 23 | 2 23 56.444 | +10 34 34.41 | 0.768 1722 |
| 8 | 2 15 52.255 | +16 20 42.57 | 0.903 1191 | 24 | 2 27 03.702 | +10 49 42.20 | 0.784 2782 |
| 9 | 2 19 42.451 | +16 47 29.08 | 0.877 5354 | 25 | 2 30 23.807 | +11 06 31.63 | 0.800 7297 |
| 10 | 2 23 10.771 | +17 11 11.27 | 0.852 4374 | 26 | 2 33 56.520 | +11 24 57.08 | 0.817 5073 |
| 11 | 2 26 16.550 | +17 31 46.01 | 0.827 9320 | 27 | 2 37 41.634 | +11 44 52.94 | 0.834 5924 |
| 12 | 2 28 59.239 | +17 49 10.69 | 0.804 1169 | 28 | 2 41 38.978 | +12 06 13.60 | 0.851 9666 |
| 13 | 2 31 18.420 | +18 03 23.21 | 0.781 0812 | 29 | 2 45 48.417 | +12 28 53.45 | 0.869 6113 |
| 14 | 2 33 13.816 | +18 14 21.92 | 0.758 9059 | 30 | 2 50 09.851 | +12 52 46.90 | 0.887 5072 |
| 15 | 2 34 45.307 | +18 22 05.70 | 0.737 6644 | 31 | 2 54 43.219 | +13 17 48.34 | 0.905 6346 |
| 16 | 2 35 52.948 | +18 26 34.02 | 0.717 4235 | June 1 | 2 59 28.494 | +13 43 52.11 | 0.923 9724 |
| 17 | 2 36 36.988 | +18 27 47.06 | 0.698 2437 | 2 | 3 04 25.687 | +14 10 52.51 | 0.942 4981 |
| 18 | 2 36 57.892 | +18 25 45.93 | 0.680 1799 | 3 | 3 09 34.842 | +14 38 43.77 | 0.961 1869 |
| 19 | 2 36 56.360 | +18 20 32.89 | 0.663 2811 | 4 | 3 14 56.035 | +15 07 19.96 | 0.980 0119 |
| 20 | 2 36 33.342 | +18 12 11.57 | 0.647 5915 | 5 | 3 20 29.373 | +15 36 35.04 | 0.998 9431 |
| 21 | 2 35 50.052 | +18 00 47.31 | 0.633 1497 | 6 | 3 26 14.988 | +16 06 22.71 | 1.017 9471 |
| 22 | 2 34 47.975 | +17 46 27.38 | 0.619 9888 | 7 | 3 32 13.034 | +16 36 36.47 | 1.036 9865 |
| 23 | 2 33 28.862 | +17 29 21.23 | 0.608 1365 | 8 | 3 38 23.682 | +17 07 09.47 | 1.056 0196 |
| 24 | 2 31 54.716 | +17 09 40.70 | 0.597 6140 | 9 | 3 44 47.110 | +17 37 54.55 | 1.074 9993 |
| 25 | 2 30 07.767 | +16 47 40.08 | 0.588 4363 | 10 | 3 51 23.499 | +18 08 44.11 | 1.093 8734 |
| 26 | 2 28 10.438 | +16 23 36.09 | 0.580 6114 | 11 | 3 58 13.019 | +18 39 30.10 | 1.112 5833 |
| 27 | 2 26 05.295 | +15 57 47.72 | 0.574 1402 | 12 | 4 05 15.818 | +19 10 03.99 | 1.131 0642 |
| 28 | 2 23 54.992 | +15 30 35.95 | 0.569 0162 | 13 | 4 12 32.009 | +19 40 16.69 | 1.149 2447 |
| 29 | 2 21 42.211 | +15 02 23.31 | 0.565 2254 | 14 | 4 20 01.653 | +20 09 58.53 | 1.167 0467 |
| 30 | 2 19 29.598 | +14 33 33.34 | 0.562 7467 | 15 | 4 27 44.744 | +20 38 59.31 | 1.184 3855 |
| May 1 | 2 17 19.706 | +14 04 30.01 | 0.561 5520 | 16 | 4 35 41.189 | +21 07 08.23 | 1.201 1703 |
| 2 | 2 15 14.943 | +13 35 37.08 | 0.561 6072 | 17 | 4 43 50.788 | +21 34 14.04 | 1.217 3051 |
| 3 | 2 13 17.520 | +13 07 17.50 | 0.562 8723 | 18 | 4 52 13.214 | +22 00 05.06 | 1.232 6898 |
| 4 | 2 11 29.426 | +12 39 52.88 | 0.565 3031 | 19 | 5 00 47.996 | +22 24 29.34 | 1.247 2223 |
| 5 | 2 09 52.400 | +12 13 43.01 | 0.568 8514 | 20 | 5 09 34.497 | +22 47 14.85 | 1.260 8000 |
| 6 | 2 08 27.919 | +11 49 05.49 | 0.573 4665 | 21 | 5 18 31.908 | +23 08 09.67 | 1.273 3234 |
| 7 | 2 07 17.202 | +11 26 15.56 | 0.579 0959 | 22 | 5 27 39.236 | +23 27 02.28 | 1.284 6979 |
| 8 | 2 06 21.210 | +11 05 25.94 | 0.585 6866 | 23 | 5 36 55.312 | +23 43 41.82 | 1.294 8381 |
| 9 | 2 05 40.672 | +10 46 46.86 | 0.593 1853 | 24 | 5 46 18.801 | +23 57 58.41 | 1.303 6700 |
| 10 | 2 05 16.094 | +10 30 26.14 | 0.601 5399 | 25 | 5 55 48.226 | +24 09 43.44 | 1.311 1344 |
| 11 | 2 05 07.794 | +10 16 29.31 | 0.610 6994 | 26 | 6 05 21.995 | +24 18 49.79 | 1.317 1886 |
| 12 | 2 05 15.921 | +10 04 59.86 | 0.620 6150 | 27 | 6 14 58.445 | +24 25 12.09 | 1.321 8085 |
| 13 | 2 05 40.482 | + 9 55 59.48 | 0.631 2401 | 28 | 6 24 35.885 | +24 28 46.84 | 1.324 9885 |
| 14 | 2 06 21.370 | + 9 49 28.25 | 0.642 5307 | 29 | 6 34 12.637 | +24 29 32.33 | 1.326 7418 |
| 15 | 2 07 18.386 | + 9 45 24.93 | 0.654 4454 | 30 | 6 43 47.067 | +24 27 28.83 | 1.327 0989 |
| 16 | 2 08 31.261 | + 9 43 47.16 | 0.666 9459 | July 1 | 6 53 17.646 | +24 22 38.43 | 1.326 1056 |
| 17 | 2 09 59.677 | + 9 44 31.68 | 0.679 9965 | 2 | 7 02 42.966 | +24 15 04.72 | 1.323 8208 |

# MERCURY, 2010

## GEOCENTRIC COORDINATES FOR 0ʰ TERRESTRIAL TIME

| Date | Apparent Right Ascension | Apparent Declination | True Geocentric Distance | Date | Apparent Right Ascension | Apparent Declination | True Geocentric Distance |
|---|---|---|---|---|---|---|---|
| | h m s | o ′ ″ | au | | h m s | o ′ ″ | au |
| July 1 | 6 53 17.646 | +24 22 38.43 | 1.326 1056 | Aug. 16 | 11 10 55.450 | + 1 44 14.58 | 0.759 2198 |
| 2 | 7 02 42.966 | +24 15 04.72 | 1.323 8208 | 17 | 11 12 00.814 | + 1 25 57.74 | 0.745 9399 |
| 3 | 7 12 01.759 | +24 04 52.70 | 1.320 3132 | 18 | 11 12 49.197 | + 1 09 51.63 | 0.732 9719 |
| 4 | 7 21 12.918 | +23 52 08.51 | 1.315 6589 | 19 | 11 13 19.907 | + 0 56 06.31 | 0.720 3671 |
| 5 | 7 30 15.493 | +23 36 59.21 | 1.309 9388 | 20 | 11 13 32.293 | + 0 44 52.11 | 0.708 1836 |
| 6 | 7 39 08.698 | +23 19 32.50 | 1.303 2353 | 21 | 11 13 25.764 | + 0 36 19.46 | 0.696 4859 |
| 7 | 7 47 51.899 | +22 59 56.54 | 1.295 6313 | 22 | 11 12 59.831 | + 0 30 38.73 | 0.685 3456 |
| 8 | 7 56 24.600 | +22 38 19.73 | 1.287 2075 | 23 | 11 12 14.142 | + 0 27 59.86 | 0.674 8416 |
| 9 | 8 04 46.434 | +22 14 50.58 | 1.278 0417 | 24 | 11 11 08.534 | + 0 28 32.05 | 0.665 0605 |
| 10 | 8 12 57.146 | +21 49 37.55 | 1.268 2076 | 25 | 11 09 43.084 | + 0 32 23.26 | 0.656 0957 |
| 11 | 8 20 56.574 | +21 22 48.97 | 1.257 7740 | 26 | 11 07 58.164 | + 0 39 39.68 | 0.648 0482 |
| 12 | 8 28 44.636 | +20 54 32.95 | 1.246 8050 | 27 | 11 05 54.502 | + 0 50 25.13 | 0.641 0247 |
| 13 | 8 36 21.320 | +20 24 57.33 | 1.235 3592 | 28 | 11 03 33.236 | + 1 04 40.37 | 0.635 1371 |
| 14 | 8 43 46.666 | +19 54 09.64 | 1.223 4901 | 29 | 11 00 55.960 | + 1 22 22.40 | 0.630 5008 |
| 15 | 8 51 00.757 | +19 22 17.07 | 1.211 2464 | 30 | 10 58 04.766 | + 1 43 23.88 | 0.627 2326 |
| 16 | 8 58 03.711 | +18 49 26.50 | 1.198 6718 | 31 | 10 55 02.251 | + 2 07 32.61 | 0.625 4479 |
| 17 | 9 04 55.669 | +18 15 44.47 | 1.185 8058 | Sept. 1 | 10 51 51.517 | + 2 34 31.18 | 0.625 2580 |
| 18 | 9 11 36.787 | +17 41 17.22 | 1.172 6833 | 2 | 10 48 36.121 | + 3 03 56.98 | 0.626 7667 |
| 19 | 9 18 07.229 | +17 06 10.66 | 1.159 3358 | 3 | 10 45 20.016 | + 3 35 22.45 | 0.630 0670 |
| 20 | 9 24 27.160 | +16 30 30.47 | 1.145 7909 | 4 | 10 42 07.442 | + 4 08 15.71 | 0.635 2373 |
| 21 | 9 30 36.741 | +15 54 22.03 | 1.132 0733 | 5 | 10 39 02.804 | + 4 42 01.46 | 0.642 3389 |
| 22 | 9 36 36.126 | +15 17 50.50 | 1.118 2046 | 6 | 10 36 10.531 | + 5 16 02.20 | 0.651 4126 |
| 23 | 9 42 25.459 | +14 41 00.82 | 1.104 2040 | 7 | 10 33 34.926 | + 5 49 39.52 | 0.662 4770 |
| 24 | 9 48 04.866 | +14 03 57.77 | 1.090 0885 | 8 | 10 31 20.026 | + 6 22 15.42 | 0.675 5270 |
| 25 | 9 53 34.460 | +13 26 45.95 | 1.075 8728 | 9 | 10 29 29.476 | + 6 53 13.56 | 0.690 5327 |
| 26 | 9 58 54.333 | +12 49 29.82 | 1.061 5704 | 10 | 10 28 06.423 | + 7 22 00.28 | 0.707 4396 |
| 27 | 10 04 04.554 | +12 12 13.75 | 1.047 1930 | 11 | 10 27 13.446 | + 7 48 05.42 | 0.726 1685 |
| 28 | 10 09 05.170 | +11 35 02.02 | 1.032 7512 | 12 | 10 26 52.502 | + 8 11 02.83 | 0.746 6168 |
| 29 | 10 13 56.202 | +10 57 58.87 | 1.018 2549 | 13 | 10 27 04.918 | + 8 30 30.67 | 0.768 6592 |
| 30 | 10 18 37.644 | +10 21 08.52 | 1.003 7128 | 14 | 10 27 51.389 | + 8 46 11.43 | 0.792 1496 |
| 31 | 10 23 09.458 | + 9 44 35.18 | 0.989 1334 | 15 | 10 29 12.010 | + 8 57 51.95 | 0.816 9230 |
| Aug. 1 | 10 27 31.577 | + 9 08 23.11 | 0.974 5251 | 16 | 10 31 06.318 | + 9 05 23.16 | 0.842 7978 |
| 2 | 10 31 43.899 | + 8 32 36.64 | 0.959 8957 | 17 | 10 33 33.346 | + 9 08 39.95 | 0.869 5787 |
| 3 | 10 35 46.287 | + 7 57 20.17 | 0.945 2536 | 18 | 10 36 31.689 | + 9 07 40.84 | 0.897 0603 |
| 4 | 10 39 38.567 | + 7 22 38.26 | 0.930 6073 | 19 | 10 39 59.569 | + 9 02 27.76 | 0.925 0308 |
| 5 | 10 43 20.525 | + 6 48 35.61 | 0.915 9659 | 20 | 10 43 54.912 | + 8 53 05.79 | 0.953 2764 |
| 6 | 10 46 51.905 | + 6 15 17.14 | 0.901 3394 | 21 | 10 48 15.420 | + 8 39 42.78 | 0.981 5863 |
| 7 | 10 50 12.408 | + 5 42 47.97 | 0.886 7387 | 22 | 10 52 58.651 | + 8 22 29.09 | 1.009 7569 |
| 8 | 10 53 21.689 | + 5 11 13.52 | 0.872 1761 | 23 | 10 58 02.088 | + 8 01 37.17 | 1.037 5965 |
| 9 | 10 56 19.357 | + 4 40 39.52 | 0.857 6656 | 24 | 11 03 23.211 | + 7 37 21.20 | 1.064 9295 |
| 10 | 10 59 04.975 | + 4 11 12.03 | 0.843 2229 | 25 | 11 08 59.559 | + 7 09 56.62 | 1.091 5990 |
| 11 | 11 01 38.057 | + 3 42 57.48 | 0.828 8662 | 26 | 11 14 48.780 | + 6 39 39.73 | 1.117 4698 |
| 12 | 11 03 58.075 | + 3 16 02.72 | 0.814 6164 | 27 | 11 20 48.675 | + 6 06 47.25 | 1.142 4288 |
| 13 | 11 06 04.454 | + 2 50 35.05 | 0.800 4974 | 28 | 11 26 57.227 | + 5 31 35.96 | 1.166 3857 |
| 14 | 11 07 56.581 | + 2 26 42.22 | 0.786 5366 | 29 | 11 33 12.620 | + 4 54 22.36 | 1.189 2716 |
| 15 | 11 09 33.806 | + 2 04 32.49 | 0.772 7655 | 30 | 11 39 33.248 | + 4 15 22.37 | 1.211 0383 |
| 16 | 11 10 55.450 | + 1 44 14.58 | 0.759 2198 | Oct. 1 | 11 45 57.714 | + 3 34 51.12 | 1.231 6554 |

## GEOCENTRIC COORDINATES FOR 0ʰ TERRESTRIAL TIME

| Date | Apparent Right Ascension | Apparent Declination | True Geocentric Distance | Date | Apparent Right Ascension | Apparent Declination | True Geocentric Distance |
|------|--------------------------|----------------------|--------------------------|------|--------------------------|----------------------|--------------------------|
| | h m s | o ′ ″ | au | | h m s | o ′ ″ | au |
| Oct. 1 | 11 45 57.714 | + 3 34 51.12 | 1.231 6554 | Nov. 16 | 16 33 30.918 | −24 07 10.05 | 1.289 0370 |
| 2 | 11 52 24.823 | + 2 53 02.82 | 1.251 1087 | 17 | 16 39 43.567 | −24 23 08.32 | 1.276 0970 |
| 3 | 11 58 53.569 | + 2 10 10.65 | 1.269 3971 | 18 | 16 45 55.104 | −24 37 51.28 | 1.262 5516 |
| 4 | 12 05 23.123 | + 1 26 26.69 | 1.286 5306 | 19 | 16 52 05.142 | −24 51 17.55 | 1.248 3921 |
| 5 | 12 11 52.809 | + 0 42 01.96 | 1.302 5278 | 20 | 16 58 13.233 | −25 03 25.77 | 1.233 6099 |
| 6 | 12 18 22.093 | − 0 02 53.58 | 1.317 4141 | 21 | 17 04 18.862 | −25 14 14.67 | 1.218 1970 |
| 7 | 12 24 50.561 | − 0 48 10.98 | 1.331 2195 | 22 | 17 10 21.439 | −25 23 43.01 | 1.202 1458 |
| 8 | 12 31 17.902 | − 1 33 42.25 | 1.343 9775 | 23 | 17 16 20.289 | −25 31 49.67 | 1.185 4501 |
| 9 | 12 37 43.894 | − 2 19 20.25 | 1.355 7237 | 24 | 17 22 14.638 | −25 38 33.62 | 1.168 1051 |
| 10 | 12 44 08.386 | − 3 04 58.62 | 1.366 4944 | 25 | 17 28 03.606 | −25 43 53.98 | 1.150 1077 |
| 11 | 12 50 31.290 | − 3 50 31.71 | 1.376 3263 | 26 | 17 33 46.191 | −25 47 50.04 | 1.131 4580 |
| 12 | 12 56 52.566 | − 4 35 54.51 | 1.385 2554 | 27 | 17 39 21.253 | −25 50 21.26 | 1.112 1591 |
| 13 | 13 03 12.217 | − 5 21 02.57 | 1.393 3169 | 28 | 17 44 47.501 | −25 51 27.35 | 1.092 2188 |
| 14 | 13 09 30.279 | − 6 05 51.93 | 1.400 5443 | 29 | 17 50 03.468 | −25 51 08.32 | 1.071 6502 |
| 15 | 13 15 46.817 | − 6 50 19.05 | 1.406 9698 | 30 | 17 55 07.501 | −25 49 24.47 | 1.050 4736 |
| 16 | 13 22 01.915 | − 7 34 20.80 | 1.412 6234 | Dec. 1 | 17 59 57.729 | −25 46 16.48 | 1.028 7177 |
| 17 | 13 28 15.679 | − 8 17 54.37 | 1.417 5334 | 2 | 18 04 32.053 | −25 41 45.43 | 1.006 4215 |
| 18 | 13 34 28.218 | − 9 00 57.36 | 1.421 7260 | 3 | 18 08 48.120 | −25 35 52.86 | 0.983 6370 |
| 19 | 13 40 39.648 | − 9 43 27.32 | 1.425 2257 | 4 | 18 12 43.312 | −25 28 40.75 | 0.960 4310 |
| 20 | 13 46 50.104 | −10 25 22.17 | 1.428 0548 | 5 | 18 16 14.740 | −25 20 11.57 | 0.936 8883 |
| 21 | 13 52 59.720 | −11 06 40.04 | 1.430 2336 | 6 | 18 19 19.251 | −25 10 28.24 | 0.913 1146 |
| 22 | 13 59 08.629 | −11 47 19.17 | 1.431 7808 | 7 | 18 21 53.452 | −24 59 34.09 | 0.889 2395 |
| 23 | 14 05 16.966 | −12 27 17.94 | 1.432 7132 | 8 | 18 23 53.769 | −24 47 32.80 | 0.865 4197 |
| 24 | 14 11 24.860 | −13 06 34.83 | 1.433 0458 | 9 | 18 25 16.537 | −24 34 28.30 | 0.841 8414 |
| 25 | 14 17 32.441 | −13 45 08.38 | 1.432 7919 | 10 | 18 25 58.145 | −24 20 24.64 | 0.818 7226 |
| 26 | 14 23 39.833 | −14 22 57.24 | 1.431 9634 | 11 | 18 25 55.236 | −24 05 25.90 | 0.796 3136 |
| 27 | 14 29 47.152 | −15 00 00.05 | 1.430 5705 | 12 | 18 25 04.984 | −23 49 36.09 | 0.774 8956 |
| 28 | 14 35 54.511 | −15 36 15.54 | 1.428 6219 | 13 | 18 23 25.438 | −23 32 59.25 | 0.754 7771 |
| 29 | 14 42 02.013 | −16 11 42.43 | 1.426 1251 | 14 | 18 20 55.912 | −23 15 39.64 | 0.736 2863 |
| 30 | 14 48 09.754 | −16 46 19.47 | 1.423 0859 | 15 | 18 17 37.403 | −22 57 42.30 | 0.719 7601 |
| 31 | 14 54 17.821 | −17 20 05.42 | 1.419 5091 | 16 | 18 13 32.959 | −22 39 13.84 | 0.705 5286 |
| Nov. 1 | 15 00 26.291 | −17 52 59.03 | 1.415 3984 | 17 | 18 08 47.918 | −22 20 23.41 | 0.693 8970 |
| 2 | 15 06 35.231 | −18 24 59.06 | 1.410 7559 | 18 | 18 03 29.933 | −22 01 23.77 | 0.685 1251 |
| 3 | 15 12 44.697 | −18 56 04.28 | 1.405 5830 | 19 | 17 57 48.703 | −21 42 31.94 | 0.679 4074 |
| 4 | 15 18 54.733 | −19 26 13.41 | 1.399 8800 | 20 | 17 51 55.417 | −21 24 09.21 | 0.676 8579 |
| 5 | 15 25 05.366 | −19 55 25.21 | 1.393 6462 | 21 | 17 46 01.946 | −21 06 40.19 | 0.677 4995 |
| 6 | 15 31 16.611 | −20 23 38.40 | 1.386 8800 | 22 | 17 40 19.932 | −20 50 30.97 | 0.681 2636 |
| 7 | 15 37 28.460 | −20 50 51.67 | 1.379 5789 | 23 | 17 34 59.929 | −20 36 06.72 | 0.687 9968 |
| 8 | 15 43 40.889 | −21 17 03.71 | 1.371 7398 | 24 | 17 30 10.741 | −20 23 49.23 | 0.697 4751 |
| 9 | 15 49 53.853 | −21 42 13.18 | 1.363 3588 | 25 | 17 25 59.037 | −20 13 54.95 | 0.709 4227 |
| 10 | 15 56 07.288 | −22 06 18.69 | 1.354 4310 | 26 | 17 22 29.270 | −20 06 33.83 | 0.723 5324 |
| 11 | 16 02 21.104 | −22 29 18.87 | 1.344 9512 | 27 | 17 19 43.821 | −20 01 49.15 | 0.739 4843 |
| 12 | 16 08 35.189 | −22 51 12.30 | 1.334 9132 | 28 | 17 17 43.311 | −19 59 38.05 | 0.756 9619 |
| 13 | 16 14 49.401 | −23 11 57.57 | 1.324 3103 | 29 | 17 16 26.976 | −19 59 52.58 | 0.775 6639 |
| 14 | 16 21 03.570 | −23 31 33.24 | 1.313 1353 | 30 | 17 15 53.051 | −20 02 21.03 | 0.795 3128 |
| 15 | 16 27 17.490 | −23 49 57.88 | 1.301 3802 | 31 | 17 15 59.112 | −20 06 49.13 | 0.815 6588 |
| 16 | 16 33 30.918 | −24 07 10.05 | 1.289 0370 | 32 | 17 16 42.355 | −20 13 01.21 | 0.836 4824 |

# VENUS, 2010

## GEOCENTRIC COORDINATES FOR 0ʰ TERRESTRIAL TIME

| Date | Apparent Right Ascension | Apparent Declination | True Geocentric Distance | Date | Apparent Right Ascension | Apparent Declination | True Geocentric Distance |
|------|--------------------------|----------------------|--------------------------|------|--------------------------|----------------------|--------------------------|
| | h m s | ° ′ ″ | au | | h m s | ° ′ ″ | au |
| Jan. 0 | 18 28 47.791 | −23 40 21.20 | 1.707 5920 | Feb. 15 | 22 27 09.186 | −11 15 53.42 | 1.690 5205 |
| 1 | 18 34 17.537 | −23 38 31.34 | 1.708 1072 | 16 | 22 31 53.948 | −10 48 22.82 | 1.689 1997 |
| 2 | 18 39 47.084 | −23 35 57.48 | 1.708 5845 | 17 | 22 36 37.735 | −10 20 35.08 | 1.687 8356 |
| 3 | 18 45 16.368 | −23 32 39.70 | 1.709 0239 | 18 | 22 41 20.578 | − 9 52 30.99 | 1.686 4281 |
| 4 | 18 50 45.332 | −23 28 38.10 | 1.709 4253 | 19 | 22 46 02.508 | − 9 24 11.33 | 1.684 9772 |
| 5 | 18 56 13.916 | −23 23 52.82 | 1.709 7884 | 20 | 22 50 43.558 | − 8 55 36.87 | 1.683 4826 |
| 6 | 19 01 42.065 | −23 18 24.04 | 1.710 1129 | 21 | 22 55 23.761 | − 8 26 48.38 | 1.681 9446 |
| 7 | 19 07 09.722 | −23 12 11.99 | 1.710 3987 | 22 | 23 00 03.154 | − 7 57 46.65 | 1.680 3630 |
| 8 | 19 12 36.833 | −23 05 16.93 | 1.710 6453 | 23 | 23 04 41.769 | − 7 28 32.44 | 1.678 7380 |
| 9 | 19 18 03.342 | −22 57 39.15 | 1.710 8525 | 24 | 23 09 19.642 | − 6 59 06.52 | 1.677 0696 |
| 10 | 19 23 29.196 | −22 49 18.98 | 1.711 0202 | 25 | 23 13 56.809 | − 6 29 29.66 | 1.675 3580 |
| 11 | 19 28 54.340 | −22 40 16.76 | 1.711 1479 | 26 | 23 18 33.308 | − 5 59 42.63 | 1.673 6033 |
| 12 | 19 34 18.722 | −22 30 32.87 | 1.711 2357 | 27 | 23 23 09.175 | − 5 29 46.16 | 1.671 8057 |
| 13 | 19 39 42.287 | −22 20 07.73 | 1.711 2834 | 28 | 23 27 44.452 | − 4 59 41.01 | 1.669 9652 |
| 14 | 19 45 04.986 | −22 09 01.81 | 1.711 2908 | Mar. 1 | 23 32 19.183 | − 4 29 27.88 | 1.668 0818 |
| 15 | 19 50 26.772 | −21 57 15.59 | 1.711 2579 | 2 | 23 36 53.411 | − 3 59 07.50 | 1.666 1553 |
| 16 | 19 55 47.604 | −21 44 49.58 | 1.711 1847 | 3 | 23 41 27.184 | − 3 28 40.58 | 1.664 1857 |
| 17 | 20 01 07.439 | −21 31 44.29 | 1.711 0711 | 4 | 23 46 00.546 | − 2 58 07.84 | 1.662 1724 |
| 18 | 20 06 26.240 | −21 18 00.26 | 1.710 9172 | 5 | 23 50 33.544 | − 2 27 30.01 | 1.660 1152 |
| 19 | 20 11 43.973 | −21 03 38.05 | 1.710 7231 | 6 | 23 55 06.219 | − 1 56 47.81 | 1.658 0135 |
| 20 | 20 17 00.606 | −20 48 38.24 | 1.710 4887 | 7 | 23 59 38.616 | − 1 26 02.00 | 1.655 8670 |
| 21 | 20 22 16.109 | −20 33 01.44 | 1.710 2143 | 8 | 0 04 10.775 | − 0 55 13.32 | 1.653 6752 |
| 22 | 20 27 30.457 | −20 16 48.26 | 1.709 8999 | 9 | 0 08 42.739 | − 0 24 22.50 | 1.651 4375 |
| 23 | 20 32 43.628 | −19 59 59.34 | 1.709 5458 | 10 | 0 13 14.549 | + 0 06 29.69 | 1.649 1536 |
| 24 | 20 37 55.602 | −19 42 35.34 | 1.709 1520 | 11 | 0 17 46.247 | + 0 37 22.51 | 1.646 8231 |
| 25 | 20 43 06.362 | −19 24 36.92 | 1.708 7188 | 12 | 0 22 17.874 | + 1 08 15.23 | 1.644 4455 |
| 26 | 20 48 15.893 | −19 06 04.78 | 1.708 2463 | 13 | 0 26 49.472 | + 1 39 07.08 | 1.642 0204 |
| 27 | 20 53 24.184 | −18 46 59.62 | 1.707 7350 | 14 | 0 31 21.083 | + 2 09 57.33 | 1.639 5475 |
| 28 | 20 58 31.223 | −18 27 22.13 | 1.707 1849 | 15 | 0 35 52.749 | + 2 40 45.24 | 1.637 0265 |
| 29 | 21 03 37.005 | −18 07 13.04 | 1.706 5963 | 16 | 0 40 24.512 | + 3 11 30.05 | 1.634 4569 |
| 30 | 21 08 41.524 | −17 46 33.05 | 1.705 9692 | 17 | 0 44 56.413 | + 3 42 11.04 | 1.631 8385 |
| 31 | 21 13 44.779 | −17 25 22.87 | 1.705 3038 | 18 | 0 49 28.494 | + 4 12 47.45 | 1.629 1711 |
| Feb. 1 | 21 18 46.774 | −17 03 43.22 | 1.704 6000 | 19 | 0 54 00.795 | + 4 43 18.55 | 1.626 4544 |
| 2 | 21 23 47.517 | −16 41 34.81 | 1.703 8574 | 20 | 0 58 33.356 | + 5 13 43.59 | 1.623 6882 |
| 3 | 21 28 47.017 | −16 18 58.36 | 1.703 0759 | 21 | 1 03 06.216 | + 5 44 01.83 | 1.620 8726 |
| 4 | 21 33 45.286 | −15 55 54.62 | 1.702 2550 | 22 | 1 07 39.413 | + 6 14 12.53 | 1.618 0073 |
| 5 | 21 38 42.336 | −15 32 24.34 | 1.701 3944 | 23 | 1 12 12.985 | + 6 44 14.94 | 1.615 0925 |
| 6 | 21 43 38.180 | −15 08 28.29 | 1.700 4937 | 24 | 1 16 46.967 | + 7 14 08.31 | 1.612 1281 |
| 7 | 21 48 32.832 | −14 44 07.25 | 1.699 5524 | 25 | 1 21 21.395 | + 7 43 51.89 | 1.609 1143 |
| 8 | 21 53 26.306 | −14 19 21.99 | 1.698 5701 | 26 | 1 25 56.306 | + 8 13 24.93 | 1.606 0512 |
| 9 | 21 58 18.618 | −13 54 13.31 | 1.697 5465 | 27 | 1 30 31.736 | + 8 42 46.69 | 1.602 9390 |
| 10 | 22 03 09.786 | −13 28 41.99 | 1.696 4813 | 28 | 1 35 07.723 | + 9 11 56.44 | 1.599 7778 |
| 11 | 22 07 59.828 | −13 02 48.82 | 1.695 3742 | 29 | 1 39 44.305 | + 9 40 53.44 | 1.596 5678 |
| 12 | 22 12 48.766 | −12 36 34.59 | 1.694 2248 | 30 | 1 44 21.522 | +10 09 36.99 | 1.593 3090 |
| 13 | 22 17 36.622 | −12 10 00.09 | 1.693 0328 | 31 | 1 48 59.412 | +10 38 06.37 | 1.590 0016 |
| 14 | 22 22 23.420 | −11 43 06.11 | 1.691 7982 | Apr. 1 | 1 53 38.015 | +11 06 20.85 | 1.586 6452 |
| 15 | 22 27 09.186 | −11 15 53.42 | 1.690 5205 | 2 | 1 58 17.364 | +11 34 19.72 | 1.583 2399 |

## GEOCENTRIC COORDINATES FOR 0ʰ TERRESTRIAL TIME

| Date | Apparent Right Ascension | Apparent Declination | True Geocentric Distance | Date | Apparent Right Ascension | Apparent Declination | True Geocentric Distance |
|---|---|---|---|---|---|---|---|
| | h m s | ° ′ ″ | au | | h m s | ° ′ ″ | au |
| Apr. 1 | 1 53 38.015 | +11 06 20.85 | 1.586 6452 | May 17 | 5 43 54.038 | +24 50 15.98 | 1.376 9555 |
| 2 | 1 58 17.364 | +11 34 19.72 | 1.583 2399 | 18 | 5 49 11.171 | +24 54 00.53 | 1.371 2102 |
| 3 | 2 02 57.493 | +12 02 02.23 | 1.579 7853 | 19 | 5 54 28.342 | +24 57 02.44 | 1.365 4160 |
| 4 | 2 07 38.433 | +12 29 27.65 | 1.576 2811 | 20 | 5 59 45.484 | +24 59 21.60 | 1.359 5733 |
| 5 | 2 12 20.213 | +12 56 35.22 | 1.572 7270 | 21 | 6 05 02.528 | +25 00 57.95 | 1.353 6827 |
| 6 | 2 17 02.860 | +13 23 24.19 | 1.569 1227 | 22 | 6 10 19.408 | +25 01 51.46 | 1.347 7448 |
| 7 | 2 21 46.402 | +13 49 53.80 | 1.565 4678 | 23 | 6 15 36.058 | +25 02 02.14 | 1.341 7601 |
| 8 | 2 26 30.862 | +14 16 03.29 | 1.561 7621 | 24 | 6 20 52.416 | +25 01 30.03 | 1.335 7295 |
| 9 | 2 31 16.264 | +14 41 51.92 | 1.558 0051 | 25 | 6 26 08.418 | +25 00 15.19 | 1.329 6535 |
| 10 | 2 36 02.630 | +15 07 18.91 | 1.554 1967 | 26 | 6 31 24.000 | +24 58 17.75 | 1.323 5328 |
| 11 | 2 40 49.981 | +15 32 23.53 | 1.550 3365 | 27 | 6 36 39.102 | +24 55 37.85 | 1.317 3681 |
| 12 | 2 45 38.334 | +15 57 05.01 | 1.546 4242 | 28 | 6 41 53.660 | +24 52 15.65 | 1.311 1599 |
| 13 | 2 50 27.706 | +16 21 22.60 | 1.542 4595 | 29 | 6 47 07.612 | +24 48 11.34 | 1.304 9089 |
| 14 | 2 55 18.113 | +16 45 15.57 | 1.538 4423 | 30 | 6 52 20.900 | +24 43 25.16 | 1.298 6156 |
| 15 | 3 00 09.565 | +17 08 43.17 | 1.534 3723 | 31 | 6 57 33.463 | +24 37 57.34 | 1.292 2803 |
| 16 | 3 05 02.072 | +17 31 44.67 | 1.530 2493 | June 1 | 7 02 45.242 | +24 31 48.15 | 1.285 9035 |
| 17 | 3 09 55.640 | +17 54 19.33 | 1.526 0732 | 2 | 7 07 56.184 | +24 24 57.89 | 1.279 4856 |
| 18 | 3 14 50.274 | +18 16 26.44 | 1.521 8440 | 3 | 7 13 06.232 | +24 17 26.88 | 1.273 0269 |
| 19 | 3 19 45.972 | +18 38 05.27 | 1.517 5616 | 4 | 7 18 15.335 | +24 09 15.47 | 1.266 5278 |
| 20 | 3 24 42.732 | +18 59 15.10 | 1.513 2263 | 5 | 7 23 23.443 | +24 00 24.03 | 1.259 9885 |
| 21 | 3 29 40.550 | +19 19 55.23 | 1.508 8381 | 6 | 7 28 30.506 | +23 50 52.96 | 1.253 4094 |
| 22 | 3 34 39.417 | +19 40 04.94 | 1.504 3972 | 7 | 7 33 36.478 | +23 40 42.70 | 1.246 7907 |
| 23 | 3 39 39.325 | +19 59 43.54 | 1.499 9040 | 8 | 7 38 41.314 | +23 29 53.69 | 1.240 1327 |
| 24 | 3 44 40.266 | +20 18 50.35 | 1.495 3589 | 9 | 7 43 44.972 | +23 18 26.42 | 1.233 4357 |
| 25 | 3 49 42.228 | +20 37 24.71 | 1.490 7621 | 10 | 7 48 47.410 | +23 06 21.38 | 1.226 6998 |
| 26 | 3 54 45.202 | +20 55 25.97 | 1.486 1141 | 11 | 7 53 48.588 | +22 53 39.11 | 1.219 9253 |
| 27 | 3 59 49.174 | +21 12 53.50 | 1.481 4153 | 12 | 7 58 48.466 | +22 40 20.17 | 1.213 1124 |
| 28 | 4 04 54.131 | +21 29 46.69 | 1.476 6660 | 13 | 8 03 47.005 | +22 26 25.14 | 1.206 2613 |
| 29 | 4 10 00.053 | +21 46 04.97 | 1.471 8665 | 14 | 8 08 44.166 | +22 11 54.60 | 1.199 3724 |
| 30 | 4 15 06.920 | +22 01 47.73 | 1.467 0170 | 15 | 8 13 39.914 | +21 56 49.19 | 1.192 4461 |
| May 1 | 4 20 14.707 | +22 16 54.42 | 1.462 1176 | 16 | 8 18 34.213 | +21 41 09.52 | 1.185 4826 |
| 2 | 4 25 23.387 | +22 31 24.46 | 1.457 1684 | 17 | 8 23 27.033 | +21 24 56.22 | 1.178 4827 |
| 3 | 4 30 32.928 | +22 45 17.32 | 1.452 1695 | 18 | 8 28 18.346 | +21 08 09.95 | 1.171 4470 |
| 4 | 4 35 43.299 | +22 58 32.46 | 1.447 1208 | 19 | 8 33 08.129 | +20 50 51.35 | 1.164 3762 |
| 5 | 4 40 54.462 | +23 11 09.37 | 1.442 0224 | 20 | 8 37 56.362 | +20 33 01.10 | 1.157 2711 |
| 6 | 4 46 06.380 | +23 23 07.56 | 1.436 8742 | 21 | 8 42 43.028 | +20 14 39.86 | 1.150 1325 |
| 7 | 4 51 19.013 | +23 34 26.55 | 1.431 6763 | 22 | 8 47 28.111 | +19 55 48.32 | 1.142 9613 |
| 8 | 4 56 32.317 | +23 45 05.89 | 1.426 4285 | 23 | 8 52 11.601 | +19 36 27.18 | 1.135 7584 |
| 9 | 5 01 46.248 | +23 55 05.17 | 1.421 1309 | 24 | 8 56 53.487 | +19 16 37.13 | 1.128 5247 |
| 10 | 5 07 00.757 | +24 04 23.99 | 1.415 7835 | 25 | 9 01 33.761 | +18 56 18.86 | 1.121 2609 |
| 11 | 5 12 15.796 | +24 13 01.98 | 1.410 3861 | 26 | 9 06 12.416 | +18 35 33.08 | 1.113 9679 |
| 12 | 5 17 31.313 | +24 20 58.81 | 1.404 9389 | 27 | 9 10 49.449 | +18 14 20.47 | 1.106 6465 |
| 13 | 5 22 47.252 | +24 28 14.18 | 1.399 4418 | 28 | 9 15 24.859 | +17 52 41.75 | 1.099 2973 |
| 14 | 5 28 03.555 | +24 34 47.80 | 1.393 8949 | 29 | 9 19 58.646 | +17 30 37.58 | 1.091 9212 |
| 15 | 5 33 20.164 | +24 40 39.45 | 1.388 2981 | 30 | 9 24 30.815 | +17 08 08.68 | 1.084 5186 |
| 16 | 5 38 37.013 | +24 45 48.90 | 1.382 6515 | July 1 | 9 29 01.370 | +16 45 15.74 | 1.077 0902 |
| 17 | 5 43 54.038 | +24 50 15.98 | 1.376 9555 | 2 | 9 33 30.318 | +16 21 59.43 | 1.069 6366 |

# VENUS, 2010

## GEOCENTRIC COORDINATES FOR 0ʰ TERRESTRIAL TIME

| Date | Apparent Right Ascension | Apparent Declination | True Geocentric Distance | Date | Apparent Right Ascension | Apparent Declination | True Geocentric Distance |
|---|---|---|---|---|---|---|---|
| | h m s | ° ′ ″ | au | | h m s | ° ′ ″ | au |
| July 1 | 9 29 01.370 | +16 45 15.74 | 1.077 0902 | Aug. 16 | 12 30 52.814 | − 4 41 25.49 | 0.716 9884 |
| 2 | 9 33 30.318 | +16 21 59.43 | 1.069 6366 | 17 | 12 34 20.733 | − 5 10 21.72 | 0.709 0023 |
| 3 | 9 37 57.669 | +15 58 20.47 | 1.062 1584 | 18 | 12 37 47.382 | − 5 39 10.23 | 0.701 0204 |
| 4 | 9 42 23.433 | +15 34 19.53 | 1.054 6559 | 19 | 12 41 12.735 | − 6 07 50.38 | 0.693 0438 |
| 5 | 9 46 47.622 | +15 09 57.32 | 1.047 1298 | 20 | 12 44 36.760 | − 6 36 21.52 | 0.685 0736 |
| 6 | 9 51 10.247 | +14 45 14.54 | 1.039 5805 | 21 | 12 47 59.427 | − 7 04 43.04 | 0.677 1111 |
| 7 | 9 55 31.323 | +14 20 11.86 | 1.032 0084 | 22 | 12 51 20.702 | − 7 32 54.31 | 0.669 1575 |
| 8 | 9 59 50.864 | +13 54 50.01 | 1.024 4138 | 23 | 12 54 40.549 | − 8 00 54.70 | 0.661 2138 |
| 9 | 10 04 08.883 | +13 29 09.68 | 1.016 7971 | 24 | 12 57 58.929 | − 8 28 43.62 | 0.653 2814 |
| 10 | 10 08 25.394 | +13 03 11.60 | 1.009 1586 | 25 | 13 01 15.803 | − 8 56 20.42 | 0.645 3614 |
| 11 | 10 12 40.408 | +12 36 56.47 | 1.001 4986 | 26 | 13 04 31.124 | − 9 23 44.52 | 0.637 4550 |
| 12 | 10 16 53.936 | +12 10 25.03 | 0.993 8174 | 27 | 13 07 44.848 | − 9 50 55.29 | 0.629 5635 |
| 13 | 10 21 05.988 | +11 43 38.00 | 0.986 1153 | 28 | 13 10 56.922 | −10 17 52.12 | 0.621 6882 |
| 14 | 10 25 16.576 | +11 16 36.11 | 0.978 3927 | 29 | 13 14 07.293 | −10 44 34.40 | 0.613 8301 |
| 15 | 10 29 25.710 | +10 49 20.07 | 0.970 6501 | 30 | 13 17 15.902 | −11 11 01.50 | 0.605 9907 |
| 16 | 10 33 33.403 | +10 21 50.60 | 0.962 8882 | 31 | 13 20 22.687 | −11 37 12.80 | 0.598 1710 |
| 17 | 10 37 39.670 | + 9 54 08.41 | 0.955 1076 | Sept. 1 | 13 23 27.577 | −12 03 07.66 | 0.590 3723 |
| 18 | 10 41 44.524 | + 9 26 14.18 | 0.947 3091 | 2 | 13 26 30.501 | −12 28 45.44 | 0.582 5959 |
| 19 | 10 45 47.979 | + 8 58 08.63 | 0.939 4936 | 3 | 13 29 31.379 | −12 54 05.48 | 0.574 8429 |
| 20 | 10 49 50.051 | + 8 29 52.43 | 0.931 6619 | 4 | 13 32 30.124 | −13 19 07.11 | 0.567 1146 |
| 21 | 10 53 50.753 | + 8 01 26.28 | 0.923 8151 | 5 | 13 35 26.643 | −13 43 49.63 | 0.559 4121 |
| 22 | 10 57 50.100 | + 7 32 50.84 | 0.915 9539 | 6 | 13 38 20.835 | −14 08 12.32 | 0.551 7366 |
| 23 | 11 01 48.106 | + 7 04 06.79 | 0.908 0793 | 7 | 13 41 12.593 | −14 32 14.44 | 0.544 0894 |
| 24 | 11 05 44.787 | + 6 35 14.78 | 0.900 1922 | 8 | 13 44 01.798 | −14 55 55.23 | 0.536 4718 |
| 25 | 11 09 40.157 | + 6 06 15.47 | 0.892 2936 | 9 | 13 46 48.326 | −15 19 13.88 | 0.528 8851 |
| 26 | 11 13 34.231 | + 5 37 09.49 | 0.884 3841 | 10 | 13 49 32.042 | −15 42 09.60 | 0.521 3309 |
| 27 | 11 17 27.027 | + 5 07 57.47 | 0.876 4648 | 11 | 13 52 12.802 | −16 04 41.55 | 0.513 8110 |
| 28 | 11 21 18.559 | + 4 38 40.04 | 0.868 5363 | 12 | 13 54 50.449 | −16 26 48.87 | 0.506 3273 |
| 29 | 11 25 08.845 | + 4 09 17.82 | 0.860 5995 | 13 | 13 57 24.821 | −16 48 30.66 | 0.498 8820 |
| 30 | 11 28 57.899 | + 3 39 51.42 | 0.852 6550 | 14 | 13 59 55.744 | −17 09 46.01 | 0.491 4775 |
| 31 | 11 32 45.737 | + 3 10 21.45 | 0.844 7036 | 15 | 14 02 23.040 | −17 30 33.97 | 0.484 1162 |
| Aug. 1 | 11 36 32.374 | + 2 40 48.51 | 0.836 7460 | 16 | 14 04 46.521 | −17 50 53.56 | 0.476 8009 |
| 2 | 11 40 17.825 | + 2 11 13.20 | 0.828 7827 | 17 | 14 07 05.994 | −18 10 43.78 | 0.469 5344 |
| 3 | 11 44 02.101 | + 1 41 36.13 | 0.820 8144 | 18 | 14 09 21.258 | −18 30 03.57 | 0.462 3198 |
| 4 | 11 47 45.214 | + 1 11 57.89 | 0.812 8417 | 19 | 14 11 32.106 | −18 48 51.86 | 0.455 1601 |
| 5 | 11 51 27.175 | + 0 42 19.09 | 0.804 8650 | 20 | 14 13 38.325 | −19 07 07.52 | 0.448 0586 |
| 6 | 11 55 07.991 | + 0 12 40.34 | 0.796 8849 | 21 | 14 15 39.695 | −19 24 49.38 | 0.441 0188 |
| 7 | 11 58 47.666 | − 0 16 57.75 | 0.788 9018 | 22 | 14 17 35.992 | −19 41 56.23 | 0.434 0443 |
| 8 | 12 02 26.203 | − 0 46 34.55 | 0.780 9161 | 23 | 14 19 26.983 | −19 58 26.77 | 0.427 1388 |
| 9 | 12 06 03.601 | − 1 16 09.43 | 0.772 9281 | 24 | 14 21 12.433 | −20 14 19.69 | 0.420 3063 |
| 10 | 12 09 39.855 | − 1 45 41.74 | 0.764 9382 | 25 | 14 22 52.101 | −20 29 33.56 | 0.413 5508 |
| 11 | 12 13 14.959 | − 2 15 10.85 | 0.756 9468 | 26 | 14 24 25.743 | −20 44 06.93 | 0.406 8766 |
| 12 | 12 16 48.903 | − 2 44 36.08 | 0.748 9544 | 27 | 14 25 53.111 | −20 57 58.24 | 0.400 2881 |
| 13 | 12 20 21.676 | − 3 13 56.81 | 0.740 9615 | 28 | 14 27 13.958 | −21 11 05.87 | 0.393 7899 |
| 14 | 12 23 53.264 | − 3 43 12.39 | 0.732 9690 | 29 | 14 28 28.032 | −21 23 28.10 | 0.387 3868 |
| 15 | 12 27 23.650 | − 4 12 22.16 | 0.724 9777 | 30 | 14 29 35.084 | −21 35 03.12 | 0.381 0837 |
| 16 | 12 30 52.814 | − 4 41 25.49 | 0.716 9884 | Oct. 1 | 14 30 34.868 | −21 45 49.04 | 0.374 8858 |

## GEOCENTRIC COORDINATES FOR 0ʰ TERRESTRIAL TIME

| Date | Apparent Right Ascension | Apparent Declination | True Geocentric Distance | Date | Apparent Right Ascension | Apparent Declination | True Geocentric Distance |
|---|---|---|---|---|---|---|---|
| | h m s | ° ′ ″ | au | | h m s | ° ′ ″ | au |
| Oct. 1 | 14 30 34.868 | −21 45 49.04 | 0.374 8858 | Nov. 16 | 13 40 52.298 | −12 17 19.51 | 0.311 2900 |
| 2 | 14 31 27.140 | −21 55 43.85 | 0.368 7983 | 17 | 13 40 50.915 | −12 01 54.40 | 0.315 7312 |
| 3 | 14 32 11.663 | −22 04 45.46 | 0.362 8267 | 18 | 13 40 58.515 | −11 47 38.68 | 0.320 3562 |
| 4 | 14 32 48.208 | −22 12 51.68 | 0.356 9767 | 19 | 13 41 14.986 | −11 34 33.24 | 0.325 1570 |
| 5 | 14 33 16.556 | −22 20 00.23 | 0.351 2543 | 20 | 13 41 40.196 | −11 22 38.52 | 0.330 1255 |
| 6 | 14 33 36.503 | −22 26 08.73 | 0.345 6654 | 21 | 13 42 13.985 | −11 11 54.57 | 0.335 2537 |
| 7 | 14 33 47.858 | −22 31 14.74 | 0.340 2167 | 22 | 13 42 56.179 | −11 02 21.08 | 0.340 5339 |
| 8 | 14 33 50.455 | −22 35 15.74 | 0.334 9148 | 23 | 13 43 46.586 | −10 53 57.38 | 0.345 9584 |
| 9 | 14 33 44.147 | −22 38 09.20 | 0.329 7668 | 24 | 13 44 45.001 | −10 46 42.53 | 0.351 5199 |
| 10 | 14 33 28.822 | −22 39 52.54 | 0.324 7803 | 25 | 13 45 51.210 | −10 40 35.34 | 0.357 2111 |
| 11 | 14 33 04.405 | −22 40 23.21 | 0.319 9630 | 26 | 13 47 04.990 | −10 35 34.37 | 0.363 0250 |
| 12 | 14 32 30.864 | −22 39 38.71 | 0.315 3232 | 27 | 13 48 26.112 | −10 31 38.01 | 0.368 9548 |
| 13 | 14 31 48.223 | −22 37 36.67 | 0.310 8692 | 28 | 13 49 54.346 | −10 28 44.49 | 0.374 9940 |
| 14 | 14 30 56.564 | −22 34 14.86 | 0.306 6097 | 29 | 13 51 29.459 | −10 26 51.93 | 0.381 1364 |
| 15 | 14 29 56.034 | −22 29 31.29 | 0.302 5533 | 30 | 13 53 11.217 | −10 25 58.34 | 0.387 3761 |
| 16 | 14 28 46.849 | −22 23 24.27 | 0.298 7088 | Dec. 1 | 13 54 59.391 | −10 26 01.65 | 0.393 7074 |
| 17 | 14 27 29.298 | −22 15 52.47 | 0.295 0850 | 2 | 13 56 53.754 | −10 26 59.78 | 0.400 1251 |
| 18 | 14 26 03.747 | −22 06 54.98 | 0.291 6905 | 3 | 13 58 54.082 | −10 28 50.58 | 0.406 6242 |
| 19 | 14 24 30.638 | −21 56 31.42 | 0.288 5339 | 4 | 14 01 00.159 | −10 31 31.91 | 0.413 2001 |
| 20 | 14 22 50.492 | −21 44 41.98 | 0.285 6234 | 5 | 14 03 11.774 | −10 35 01.62 | 0.419 8486 |
| 21 | 14 21 03.906 | −21 31 27.50 | 0.282 9669 | 6 | 14 05 28.724 | −10 39 17.59 | 0.426 5656 |
| 22 | 14 19 11.550 | −21 16 49.54 | 0.280 5719 | 7 | 14 07 50.817 | −10 44 17.69 | 0.433 3474 |
| 23 | 14 17 14.165 | −21 00 50.40 | 0.278 4453 | 8 | 14 10 17.869 | −10 49 59.83 | 0.440 1905 |
| 24 | 14 15 12.552 | −20 43 33.19 | 0.276 5935 | 9 | 14 12 49.707 | −10 56 21.97 | 0.447 0916 |
| 25 | 14 13 07.566 | −20 25 01.83 | 0.275 0220 | 10 | 14 15 26.168 | −11 03 22.07 | 0.454 0477 |
| 26 | 14 11 00.106 | −20 05 21.03 | 0.273 7355 | 11 | 14 18 07.097 | −11 10 58.17 | 0.461 0556 |
| 27 | 14 08 51.099 | −19 44 36.30 | 0.272 7380 | 12 | 14 20 52.352 | −11 19 08.30 | 0.468 1128 |
| 28 | 14 06 41.493 | −19 22 53.84 | 0.272 0323 | 13 | 14 23 41.794 | −11 27 50.57 | 0.475 2163 |
| 29 | 14 04 32.240 | −19 00 20.53 | 0.271 6203 | 14 | 14 26 35.296 | −11 37 03.09 | 0.482 3636 |
| 30 | 14 02 24.283 | −18 37 03.82 | 0.271 5029 | 15 | 14 29 32.734 | −11 46 44.03 | 0.489 5523 |
| 31 | 14 00 18.546 | −18 13 11.58 | 0.271 6799 | 16 | 14 32 33.995 | −11 56 51.57 | 0.496 7799 |
| Nov. 1 | 13 58 15.916 | −17 48 52.06 | 0.272 1502 | 17 | 14 35 38.970 | −12 07 23.96 | 0.504 0442 |
| 2 | 13 56 17.236 | −17 24 13.66 | 0.272 9117 | 18 | 14 38 47.558 | −12 18 19.44 | 0.511 3429 |
| 3 | 13 54 23.297 | −16 59 24.92 | 0.273 9612 | 19 | 14 41 59.660 | −12 29 36.31 | 0.518 6739 |
| 4 | 13 52 34.826 | −16 34 34.28 | 0.275 2949 | 20 | 14 45 15.186 | −12 41 12.89 | 0.526 0350 |
| 5 | 13 50 52.485 | −16 09 50.04 | 0.276 9084 | 21 | 14 48 34.048 | −12 53 07.53 | 0.533 4243 |
| 6 | 13 49 16.865 | −15 45 20.22 | 0.278 7962 | 22 | 14 51 56.162 | −13 05 18.60 | 0.540 8395 |
| 7 | 13 47 48.487 | −15 21 12.46 | 0.280 9527 | 23 | 14 55 21.448 | −13 17 44.47 | 0.548 2787 |
| 8 | 13 46 27.801 | −14 57 33.97 | 0.283 3715 | 24 | 14 58 49.827 | −13 30 23.56 | 0.555 7399 |
| 9 | 13 45 15.191 | −14 34 31.43 | 0.286 0460 | 25 | 15 02 21.225 | −13 43 14.28 | 0.563 2210 |
| 10 | 13 44 10.975 | −14 12 10.99 | 0.288 9690 | 26 | 15 05 55.569 | −13 56 15.09 | 0.570 7201 |
| 11 | 13 43 15.409 | −13 50 38.19 | 0.292 1330 | 27 | 15 09 32.789 | −14 09 24.48 | 0.578 2354 |
| 12 | 13 42 28.689 | −13 29 57.96 | 0.295 5303 | 28 | 15 13 12.817 | −14 22 40.95 | 0.585 7649 |
| 13 | 13 41 50.954 | −13 10 14.60 | 0.299 1529 | 29 | 15 16 55.586 | −14 36 03.05 | 0.593 3072 |
| 14 | 13 41 22.293 | −12 51 31.80 | 0.302 9925 | 30 | 15 20 41.031 | −14 49 29.37 | 0.600 8606 |
| 15 | 13 41 02.742 | −12 33 52.61 | 0.307 0410 | 31 | 15 24 29.086 | −15 02 58.51 | 0.608 4237 |
| 16 | 13 40 52.298 | −12 17 19.51 | 0.311 2900 | 32 | 15 28 19.691 | −15 16 29.12 | 0.615 9952 |

# MARS, 2010

## GEOCENTRIC COORDINATES FOR 0ʰ TERRESTRIAL TIME

| Date | Apparent Right Ascension | Apparent Declination | True Geocentric Distance | Date | Apparent Right Ascension | Apparent Declination | True Geocentric Distance |
|---|---|---|---|---|---|---|---|
| | h m s | ° ′ ″ | au | | h m s | ° ′ ″ | au |
| Jan. 0 | 9 30 26.356 | +18 40 00.01 | 0.744 1107 | Feb. 15 | 8 29 21.217 | +23 31 24.02 | 0.700 7510 |
| 1 | 9 29 54.262 | +18 45 08.05 | 0.738 8597 | 16 | 8 28 05.084 | +23 34 20.39 | 0.704 7981 |
| 2 | 9 29 18.841 | +18 50 29.91 | 0.733 7490 | 17 | 8 26 51.686 | +23 37 00.98 | 0.709 0367 |
| 3 | 9 28 40.090 | +18 56 05.26 | 0.728 7826 | 18 | 8 25 41.130 | +23 39 25.89 | 0.713 4627 |
| 4 | 9 27 58.011 | +19 01 53.74 | 0.723 9650 | 19 | 8 24 33.509 | +23 41 35.25 | 0.718 0720 |
| 5 | 9 27 12.616 | +19 07 54.93 | 0.719 3006 | 20 | 8 23 28.910 | +23 43 29.27 | 0.722 8603 |
| 6 | 9 26 23.922 | +19 14 08.35 | 0.714 7940 | 21 | 8 22 27.406 | +23 45 08.16 | 0.727 8231 |
| 7 | 9 25 31.958 | +19 20 33.47 | 0.710 4498 | 22 | 8 21 29.060 | +23 46 32.18 | 0.732 9561 |
| 8 | 9 24 36.758 | +19 27 09.68 | 0.706 2728 | 23 | 8 20 33.925 | +23 47 41.61 | 0.738 2547 |
| 9 | 9 23 38.367 | +19 33 56.36 | 0.702 2677 | 24 | 8 19 42.042 | +23 48 36.75 | 0.743 7144 |
| 10 | 9 22 36.839 | +19 40 52.80 | 0.698 4391 | 25 | 8 18 53.442 | +23 49 17.94 | 0.749 3307 |
| 11 | 9 21 32.237 | +19 47 58.26 | 0.694 7915 | 26 | 8 18 08.147 | +23 49 45.51 | 0.755 0991 |
| 12 | 9 20 24.633 | +19 55 11.92 | 0.691 3292 | 27 | 8 17 26.167 | +23 49 59.78 | 0.761 0154 |
| 13 | 9 19 14.109 | +20 02 32.95 | 0.688 0567 | 28 | 8 16 47.511 | +23 50 01.09 | 0.767 0753 |
| 14 | 9 18 00.758 | +20 10 00.43 | 0.684 9780 | Mar. 1 | 8 16 12.179 | +23 49 49.76 | 0.773 2748 |
| 15 | 9 16 44.682 | +20 17 33.44 | 0.682 0970 | 2 | 8 15 40.172 | +23 49 26.09 | 0.779 6102 |
| 16 | 9 15 25.992 | +20 25 10.99 | 0.679 4174 | 3 | 8 15 11.484 | +23 48 50.38 | 0.786 0775 |
| 17 | 9 14 04.810 | +20 32 52.07 | 0.676 9428 | 4 | 8 14 46.109 | +23 48 02.94 | 0.792 6733 |
| 18 | 9 12 41.269 | +20 40 35.65 | 0.674 6763 | 5 | 8 14 24.034 | +23 47 04.04 | 0.799 3937 |
| 19 | 9 11 15.508 | +20 48 20.69 | 0.672 6211 | 6 | 8 14 05.246 | +23 45 53.97 | 0.806 2353 |
| 20 | 9 09 47.677 | +20 56 06.11 | 0.670 7797 | 7 | 8 13 49.725 | +23 44 32.99 | 0.813 1944 |
| 21 | 9 08 17.934 | +21 03 50.84 | 0.669 1548 | 8 | 8 13 37.449 | +23 43 01.35 | 0.820 2674 |
| 22 | 9 06 46.443 | +21 11 33.83 | 0.667 7484 | 9 | 8 13 28.392 | +23 41 19.30 | 0.827 4504 |
| 23 | 9 05 13.375 | +21 19 14.02 | 0.666 5624 | 10 | 8 13 22.526 | +23 39 27.07 | 0.834 7400 |
| 24 | 9 03 38.908 | +21 26 50.38 | 0.665 5984 | 11 | 8 13 19.818 | +23 37 24.87 | 0.842 1324 |
| 25 | 9 02 03.223 | +21 34 21.89 | 0.664 8577 | 12 | 8 13 20.235 | +23 35 12.91 | 0.849 6240 |
| 26 | 9 00 26.503 | +21 41 47.60 | 0.664 3413 | 13 | 8 13 23.740 | +23 32 51.39 | 0.857 2110 |
| 27 | 8 58 48.935 | +21 49 06.57 | 0.664 0498 | 14 | 8 13 30.294 | +23 30 20.49 | 0.864 8899 |
| 28 | 8 57 10.705 | +21 56 17.92 | 0.663 9837 | 15 | 8 13 39.857 | +23 27 40.41 | 0.872 6571 |
| 29 | 8 55 31.998 | +22 03 20.80 | 0.664 1433 | 16 | 8 13 52.386 | +23 24 51.31 | 0.880 5088 |
| 30 | 8 53 52.999 | +22 10 14.43 | 0.664 5284 | 17 | 8 14 07.837 | +23 21 53.36 | 0.888 4417 |
| 31 | 8 52 13.894 | +22 16 58.05 | 0.665 1391 | 18 | 8 14 26.163 | +23 18 46.72 | 0.896 4520 |
| Feb. 1 | 8 50 34.870 | +22 23 30.91 | 0.665 9750 | 19 | 8 14 47.316 | +23 15 31.55 | 0.904 5363 |
| 2 | 8 48 56.117 | +22 29 52.35 | 0.667 0360 | 20 | 8 15 11.245 | +23 12 08.01 | 0.912 6911 |
| 3 | 8 47 17.825 | +22 36 01.70 | 0.668 3214 | 21 | 8 15 37.897 | +23 08 36.26 | 0.920 9130 |
| 4 | 8 45 40.187 | +22 41 58.36 | 0.669 8307 | 22 | 8 16 07.218 | +23 04 56.45 | 0.929 1987 |
| 5 | 8 44 03.393 | +22 47 41.79 | 0.671 5629 | 23 | 8 16 39.150 | +23 01 08.74 | 0.937 5449 |
| 6 | 8 42 27.633 | +22 53 11.48 | 0.673 5168 | 24 | 8 17 13.633 | +22 57 13.26 | 0.945 9486 |
| 7 | 8 40 53.091 | +22 58 26.99 | 0.675 6911 | 25 | 8 17 50.607 | +22 53 10.15 | 0.954 4066 |
| 8 | 8 39 19.950 | +23 03 27.91 | 0.678 0839 | 26 | 8 18 30.011 | +22 48 59.53 | 0.962 9162 |
| 9 | 8 37 48.386 | +23 08 13.91 | 0.680 6933 | 27 | 8 19 11.784 | +22 44 41.53 | 0.971 4748 |
| 10 | 8 36 18.570 | +23 12 44.69 | 0.683 5169 | 28 | 8 19 55.867 | +22 40 16.22 | 0.980 0797 |
| 11 | 8 34 50.667 | +23 17 00.03 | 0.686 5523 | 29 | 8 20 42.203 | +22 35 43.71 | 0.988 7287 |
| 12 | 8 33 24.834 | +23 20 59.73 | 0.689 7965 | 30 | 8 21 30.737 | +22 31 04.05 | 0.997 4197 |
| 13 | 8 32 01.221 | +23 24 43.68 | 0.693 2466 | 31 | 8 22 21.418 | +22 26 17.31 | 1.006 1506 |
| 14 | 8 30 39.971 | +23 28 11.78 | 0.696 8993 | Apr. 1 | 8 23 14.197 | +22 21 23.57 | 1.014 9196 |
| 15 | 8 29 21.217 | +23 31 24.02 | 0.700 7510 | 2 | 8 24 09.023 | +22 16 22.85 | 1.023 7249 |

## GEOCENTRIC COORDINATES FOR 0ʰ TERRESTRIAL TIME

| Date | Apparent Right Ascension | Apparent Declination | True Geocentric Distance | Date | Apparent Right Ascension | Apparent Declination | True Geocentric Distance |
|---|---|---|---|---|---|---|---|
| | h m s | ° ′ ″ | au | | h m s | ° ′ ″ | au |
| Apr. 1 | 8 23 14.197 | +22 21 23.57 | 1.014 9196 | May 17 | 9 29 50.491 | +16 35 37.04 | 1.429 9521 |
| 2 | 8 24 09.023 | +22 16 22.85 | 1.023 7249 | 18 | 9 31 39.576 | +16 25 34.27 | 1.438 7400 |
| 3 | 8 25 05.849 | +22 11 15.23 | 1.032 5645 | 19 | 9 33 29.241 | +16 15 25.37 | 1.447 5012 |
| 4 | 8 26 04.627 | +22 06 00.72 | 1.041 4367 | 20 | 9 35 19.464 | +16 05 10.38 | 1.456 2351 |
| 5 | 8 27 05.312 | +22 00 39.36 | 1.050 3395 | 21 | 9 37 10.228 | +15 54 49.36 | 1.464 9407 |
| 6 | 8 28 07.858 | +21 55 11.17 | 1.059 2712 | 22 | 9 39 01.514 | +15 44 22.34 | 1.473 6176 |
| 7 | 8 29 12.221 | +21 49 36.15 | 1.068 2297 | 23 | 9 40 53.308 | +15 33 49.36 | 1.482 2651 |
| 8 | 8 30 18.359 | +21 43 54.33 | 1.077 2134 | 24 | 9 42 45.594 | +15 23 10.47 | 1.490 8828 |
| 9 | 8 31 26.230 | +21 38 05.70 | 1.086 2201 | 25 | 9 44 38.359 | +15 12 25.70 | 1.499 4706 |
| 10 | 8 32 35.792 | +21 32 10.27 | 1.095 2481 | 26 | 9 46 31.590 | +15 01 35.10 | 1.508 0279 |
| 11 | 8 33 47.006 | +21 26 08.03 | 1.104 2954 | 27 | 9 48 25.275 | +14 50 38.71 | 1.516 5548 |
| 12 | 8 34 59.833 | +21 19 59.00 | 1.113 3602 | 28 | 9 50 19.402 | +14 39 36.57 | 1.525 0509 |
| 13 | 8 36 14.235 | +21 13 43.16 | 1.122 4406 | 29 | 9 52 13.958 | +14 28 28.73 | 1.533 5160 |
| 14 | 8 37 30.173 | +21 07 20.54 | 1.131 5347 | 30 | 9 54 08.933 | +14 17 15.21 | 1.541 9499 |
| 15 | 8 38 47.610 | +21 00 51.13 | 1.140 6405 | 31 | 9 56 04.317 | +14 05 56.06 | 1.550 3524 |
| 16 | 8 40 06.510 | +20 54 14.94 | 1.149 7562 | June 1 | 9 58 00.100 | +13 54 31.30 | 1.558 7232 |
| 17 | 8 41 26.833 | +20 47 32.02 | 1.158 8799 | 2 | 9 59 56.275 | +13 43 00.95 | 1.567 0618 |
| 18 | 8 42 48.541 | +20 40 42.37 | 1.168 0097 | 3 | 10 01 52.833 | +13 31 25.05 | 1.575 3680 |
| 19 | 8 44 11.595 | +20 33 46.03 | 1.177 1440 | 4 | 10 03 49.770 | +13 19 43.62 | 1.583 6412 |
| 20 | 8 45 35.954 | +20 26 43.05 | 1.186 2809 | 5 | 10 05 47.077 | +13 07 56.69 | 1.591 8811 |
| 21 | 8 47 01.579 | +20 19 33.45 | 1.195 4187 | 6 | 10 07 44.751 | +12 56 04.27 | 1.600 0871 |
| 22 | 8 48 28.428 | +20 12 17.27 | 1.204 5561 | 7 | 10 09 42.786 | +12 44 06.41 | 1.608 2587 |
| 23 | 8 49 56.463 | +20 04 54.54 | 1.213 6915 | 8 | 10 11 41.179 | +12 32 03.13 | 1.616 3953 |
| 24 | 8 51 25.647 | +19 57 25.29 | 1.222 8237 | 9 | 10 13 39.923 | +12 19 54.47 | 1.624 4964 |
| 25 | 8 52 55.945 | +19 49 49.53 | 1.231 9515 | 10 | 10 15 39.016 | +12 07 40.46 | 1.632 5613 |
| 26 | 8 54 27.322 | +19 42 07.28 | 1.241 0739 | 11 | 10 17 38.452 | +11 55 21.16 | 1.640 5893 |
| 27 | 8 55 59.749 | +19 34 18.56 | 1.250 1901 | 12 | 10 19 38.224 | +11 42 56.63 | 1.648 5796 |
| 28 | 8 57 33.196 | +19 26 23.38 | 1.259 2993 | 13 | 10 21 38.327 | +11 30 26.93 | 1.656 5316 |
| 29 | 8 59 07.635 | +19 18 21.75 | 1.268 4006 | 14 | 10 23 38.751 | +11 17 52.13 | 1.664 4445 |
| 30 | 9 00 43.039 | +19 10 13.70 | 1.277 4934 | 15 | 10 25 39.487 | +11 05 12.32 | 1.672 3175 |
| May 1 | 9 02 19.380 | +19 01 59.23 | 1.286 5770 | 16 | 10 27 40.527 | +10 52 27.57 | 1.680 1501 |
| 2 | 9 03 56.633 | +18 53 38.35 | 1.295 6506 | 17 | 10 29 41.862 | +10 39 37.95 | 1.687 9417 |
| 3 | 9 05 34.774 | +18 45 11.07 | 1.304 7134 | 18 | 10 31 43.486 | +10 26 43.54 | 1.695 6919 |
| 4 | 9 07 13.780 | +18 36 37.38 | 1.313 7647 | 19 | 10 33 45.393 | +10 13 44.40 | 1.703 4003 |
| 5 | 9 08 53.627 | +18 27 57.29 | 1.322 8035 | 20 | 10 35 47.578 | +10 00 40.59 | 1.711 0668 |
| 6 | 9 10 34.295 | +18 19 10.79 | 1.331 8290 | 21 | 10 37 50.036 | + 9 47 32.18 | 1.718 6912 |
| 7 | 9 12 15.763 | +18 10 17.88 | 1.340 8403 | 22 | 10 39 52.764 | + 9 34 19.23 | 1.726 2734 |
| 8 | 9 13 58.013 | +18 01 18.55 | 1.349 8364 | 23 | 10 41 55.758 | + 9 21 01.82 | 1.733 8136 |
| 9 | 9 15 41.025 | +17 52 12.80 | 1.358 8163 | 24 | 10 43 59.013 | + 9 07 40.01 | 1.741 3117 |
| 10 | 9 17 24.782 | +17 43 00.64 | 1.367 7792 | 25 | 10 46 02.526 | + 8 54 13.87 | 1.748 7678 |
| 11 | 9 19 09.266 | +17 33 42.07 | 1.376 7240 | 26 | 10 48 06.294 | + 8 40 43.46 | 1.756 1820 |
| 12 | 9 20 54.461 | +17 24 17.09 | 1.385 6495 | 27 | 10 50 10.313 | + 8 27 08.84 | 1.763 5542 |
| 13 | 9 22 40.350 | +17 14 45.73 | 1.394 5549 | 28 | 10 52 14.582 | + 8 13 30.08 | 1.770 8845 |
| 14 | 9 24 26.916 | +17 05 08.01 | 1.403 4389 | 29 | 10 54 19.100 | + 7 59 47.23 | 1.778 1728 |
| 15 | 9 26 14.141 | +16 55 23.96 | 1.412 3005 | 30 | 10 56 23.866 | + 7 46 00.33 | 1.785 4192 |
| 16 | 9 28 02.006 | +16 45 33.62 | 1.421 1386 | July 1 | 10 58 28.882 | + 7 32 09.44 | 1.792 6235 |
| 17 | 9 29 50.491 | +16 35 37.04 | 1.429 9521 | 2 | 11 00 34.147 | + 7 18 14.61 | 1.799 7855 |

# MARS, 2010

## GEOCENTRIC COORDINATES FOR 0ʰ TERRESTRIAL TIME

| Date | Apparent Right Ascension | Apparent Declination | True Geocentric Distance | Date | Apparent Right Ascension | Apparent Declination | True Geocentric Distance |
|---|---|---|---|---|---|---|---|
| | h m s | ° ′ ″ | au | | h m s | ° ′ ″ | au |
| July 1 | 10 58 28.882 | + 7 32 09.44 | 1.792 6235 | Aug. 16 | 12 39 12.559 | − 3 55 59.37 | 2.074 6791 |
| 2 | 11 00 34.147 | + 7 18 14.61 | 1.799 7855 | 17 | 12 41 31.295 | − 4 11 31.86 | 2.079 6967 |
| 3 | 11 02 39.664 | + 7 04 15.88 | 1.806 9051 | 18 | 12 43 50.403 | − 4 27 04.28 | 2.084 6658 |
| 4 | 11 04 45.435 | + 6 50 13.31 | 1.813 9821 | 19 | 12 46 09.885 | − 4 42 36.52 | 2.089 5864 |
| 5 | 11 06 51.462 | + 6 36 06.95 | 1.821 0162 | 20 | 12 48 29.746 | − 4 58 08.46 | 2.094 4590 |
| 6 | 11 08 57.748 | + 6 21 56.84 | 1.828 0071 | 21 | 12 50 49.989 | − 5 13 39.99 | 2.099 2839 |
| 7 | 11 11 04.295 | + 6 07 43.05 | 1.834 9545 | 22 | 12 53 10.619 | − 5 29 11.00 | 2.104 0613 |
| 8 | 11 13 11.105 | + 5 53 25.64 | 1.841 8579 | 23 | 12 55 31.640 | − 5 44 41.38 | 2.108 7917 |
| 9 | 11 15 18.180 | + 5 39 04.66 | 1.848 7171 | 24 | 12 57 53.060 | − 6 00 11.03 | 2.113 4752 |
| 10 | 11 17 25.521 | + 5 24 40.21 | 1.855 5314 | 25 | 13 00 14.884 | − 6 15 39.84 | 2.118 1121 |
| 11 | 11 19 33.127 | + 5 10 12.37 | 1.862 3003 | 26 | 13 02 37.121 | − 6 31 07.71 | 2.122 7027 |
| 12 | 11 21 40.996 | + 4 55 41.22 | 1.869 0232 | 27 | 13 04 59.777 | − 6 46 34.54 | 2.127 2473 |
| 13 | 11 23 49.126 | + 4 41 06.87 | 1.875 6997 | 28 | 13 07 22.860 | − 7 02 00.22 | 2.131 7459 |
| 14 | 11 25 57.516 | + 4 26 29.40 | 1.882 3292 | 29 | 13 09 46.379 | − 7 17 24.65 | 2.136 1987 |
| 15 | 11 28 06.165 | + 4 11 48.92 | 1.888 9114 | 30 | 13 12 10.342 | − 7 32 47.74 | 2.140 6058 |
| 16 | 11 30 15.072 | + 3 57 05.51 | 1.895 4460 | 31 | 13 14 34.757 | − 7 48 09.38 | 2.144 9672 |
| 17 | 11 32 24.239 | + 3 42 19.25 | 1.901 9328 | Sept. 1 | 13 16 59.631 | − 8 03 29.46 | 2.149 2831 |
| 18 | 11 34 33.667 | + 3 27 30.22 | 1.908 3718 | 2 | 13 19 24.971 | − 8 18 47.86 | 2.153 5533 |
| 19 | 11 36 43.357 | + 3 12 38.52 | 1.914 7630 | 3 | 13 21 50.784 | − 8 34 04.47 | 2.157 7776 |
| 20 | 11 38 53.309 | + 2 57 44.22 | 1.921 1065 | 4 | 13 24 17.075 | − 8 49 19.16 | 2.161 9561 |
| 21 | 11 41 03.525 | + 2 42 47.42 | 1.927 4026 | 5 | 13 26 43.850 | − 9 04 31.79 | 2.166 0884 |
| 22 | 11 43 14.004 | + 2 27 48.21 | 1.933 6513 | 6 | 13 29 11.114 | − 9 19 42.24 | 2.170 1742 |
| 23 | 11 45 24.748 | + 2 12 46.68 | 1.939 8530 | 7 | 13 31 38.870 | − 9 34 50.34 | 2.174 2132 |
| 24 | 11 47 35.758 | + 1 57 42.90 | 1.946 0078 | 8 | 13 34 07.125 | − 9 49 55.97 | 2.178 2052 |
| 25 | 11 49 47.037 | + 1 42 36.97 | 1.952 1159 | 9 | 13 36 35.884 | −10 04 58.97 | 2.182 1499 |
| 26 | 11 51 58.586 | + 1 27 28.96 | 1.958 1775 | 10 | 13 39 05.153 | −10 19 59.21 | 2.186 0471 |
| 27 | 11 54 10.410 | + 1 12 18.95 | 1.964 1927 | 11 | 13 41 34.937 | −10 34 56.57 | 2.189 8968 |
| 28 | 11 56 22.512 | + 0 57 07.01 | 1.970 1618 | 12 | 13 44 05.242 | −10 49 50.89 | 2.193 6990 |
| 29 | 11 58 34.898 | + 0 41 53.23 | 1.976 0847 | 13 | 13 46 36.070 | −11 04 42.06 | 2.197 4540 |
| 30 | 12 00 47.573 | + 0 26 37.66 | 1.981 9615 | 14 | 13 49 07.425 | −11 19 29.90 | 2.201 1619 |
| 31 | 12 03 00.544 | + 0 11 20.38 | 1.987 7923 | 15 | 13 51 39.308 | −11 34 14.29 | 2.204 8233 |
| Aug. 1 | 12 05 13.816 | − 0 03 58.53 | 1.993 5770 | 16 | 13 54 11.722 | −11 48 55.07 | 2.208 4384 |
| 2 | 12 07 27.395 | − 0 19 19.01 | 1.999 3156 | 17 | 13 56 44.672 | −12 03 32.08 | 2.212 0077 |
| 3 | 12 09 41.288 | − 0 34 40.98 | 2.005 0080 | 18 | 13 59 18.160 | −12 18 05.20 | 2.215 5315 |
| 4 | 12 11 55.502 | − 0 50 04.36 | 2.010 6539 | 19 | 14 01 52.193 | −12 32 34.25 | 2.219 0102 |
| 5 | 12 14 10.041 | − 1 05 29.07 | 2.016 2533 | 20 | 14 04 26.775 | −12 46 59.11 | 2.222 4444 |
| 6 | 12 16 24.911 | − 1 20 55.03 | 2.021 8059 | 21 | 14 07 01.912 | −13 01 19.63 | 2.225 8343 |
| 7 | 12 18 40.117 | − 1 36 22.13 | 2.027 3113 | 22 | 14 09 37.610 | −13 15 35.66 | 2.229 1804 |
| 8 | 12 20 55.661 | − 1 51 50.27 | 2.032 7691 | 23 | 14 12 13.877 | −13 29 47.07 | 2.232 4831 |
| 9 | 12 23 11.546 | − 2 07 19.34 | 2.038 1790 | 24 | 14 14 50.720 | −13 43 53.71 | 2.235 7425 |
| 10 | 12 25 27.775 | − 2 22 49.23 | 2.043 5406 | 25 | 14 17 28.144 | −13 57 55.46 | 2.238 9592 |
| 11 | 12 27 44.350 | − 2 38 19.81 | 2.048 8533 | 26 | 14 20 06.159 | −14 11 52.16 | 2.242 1334 |
| 12 | 12 30 01.275 | − 2 53 50.98 | 2.054 1171 | 27 | 14 22 44.771 | −14 25 43.68 | 2.245 2653 |
| 13 | 12 32 18.554 | − 3 09 22.62 | 2.059 3315 | 28 | 14 25 23.985 | −14 39 29.88 | 2.248 3551 |
| 14 | 12 34 36.192 | − 3 24 54.64 | 2.064 4966 | 29 | 14 28 03.809 | −14 53 10.61 | 2.251 4030 |
| 15 | 12 36 54.192 | − 3 40 26.92 | 2.069 6124 | 30 | 14 30 44.247 | −15 06 45.72 | 2.254 4090 |
| 16 | 12 39 12.559 | − 3 55 59.37 | 2.074 6791 | Oct. 1 | 14 33 25.305 | −15 20 15.05 | 2.257 3732 |

### GEOCENTRIC COORDINATES FOR 0$^h$ TERRESTRIAL TIME

| Date | Apparent Right Ascension | Apparent Declination | True Geocentric Distance | Date | Apparent Right Ascension | Apparent Declination | True Geocentric Distance |
|---|---|---|---|---|---|---|---|
| | h m s | ° ′ ″ | au | | h m s | ° ′ ″ | au |
| Oct. 1 | 14 33 25.305 | −15 20 15.05 | 2.257 3732 | Nov. 16 | 16 48 27.239 | −23 07 24.54 | 2.350 8728 |
| 2 | 14 36 06.986 | −15 33 38.44 | 2.260 2955 | 17 | 16 51 37.766 | −23 13 10.10 | 2.352 0670 |
| 3 | 14 38 49.294 | −15 46 55.72 | 2.263 1760 | 18 | 16 54 48.807 | −23 18 41.85 | 2.353 2306 |
| 4 | 14 41 32.233 | −16 00 06.72 | 2.266 0143 | 19 | 16 58 00.354 | −23 23 59.66 | 2.354 3643 |
| 5 | 14 44 15.806 | −16 13 11.27 | 2.268 8103 | 20 | 17 01 12.398 | −23 29 03.40 | 2.355 4684 |
| 6 | 14 47 00.018 | −16 26 09.17 | 2.271 5639 | 21 | 17 04 24.929 | −23 33 52.95 | 2.356 5437 |
| 7 | 14 49 44.872 | −16 39 00.28 | 2.274 2747 | 22 | 17 07 37.939 | −23 38 28.18 | 2.357 5906 |
| 8 | 14 52 30.374 | −16 51 44.41 | 2.276 9428 | 23 | 17 10 51.416 | −23 42 48.98 | 2.358 6094 |
| 9 | 14 55 16.524 | −17 04 21.41 | 2.279 5680 | 24 | 17 14 05.349 | −23 46 55.21 | 2.359 6007 |
| 10 | 14 58 03.326 | −17 16 51.12 | 2.282 1506 | 25 | 17 17 19.727 | −23 50 46.78 | 2.360 5647 |
| 11 | 15 00 50.777 | −17 29 13.36 | 2.284 6905 | 26 | 17 20 34.536 | −23 54 23.54 | 2.361 5017 |
| 12 | 15 03 38.876 | −17 41 27.96 | 2.287 1883 | 27 | 17 23 49.766 | −23 57 45.38 | 2.362 4118 |
| 13 | 15 06 27.622 | −17 53 34.75 | 2.289 6442 | 28 | 17 27 05.403 | −24 00 52.17 | 2.363 2951 |
| 14 | 15 09 17.015 | −18 05 33.53 | 2.292 0587 | 29 | 17 30 21.437 | −24 03 43.80 | 2.364 1518 |
| 15 | 15 12 07.052 | −18 17 24.14 | 2.294 4322 | 30 | 17 33 37.854 | −24 06 20.16 | 2.364 9817 |
| 16 | 15 14 57.734 | −18 29 06.39 | 2.296 7653 | Dec. 1 | 17 36 54.645 | −24 08 41.14 | 2.365 7847 |
| 17 | 15 17 49.062 | −18 40 40.11 | 2.299 0584 | 2 | 17 40 11.795 | −24 10 46.65 | 2.366 5610 |
| 18 | 15 20 41.036 | −18 52 05.12 | 2.301 3120 | 3 | 17 43 29.292 | −24 12 36.61 | 2.367 3103 |
| 19 | 15 23 33.659 | −19 03 21.25 | 2.303 5266 | 4 | 17 46 47.120 | −24 14 10.94 | 2.368 0328 |
| 20 | 15 26 26.930 | −19 14 28.34 | 2.305 7027 | 5 | 17 50 05.262 | −24 15 29.59 | 2.368 7285 |
| 21 | 15 29 20.852 | −19 25 26.21 | 2.307 8407 | 6 | 17 53 23.699 | −24 16 32.48 | 2.369 3976 |
| 22 | 15 32 15.427 | −19 36 14.70 | 2.309 9412 | 7 | 17 56 42.412 | −24 17 19.56 | 2.370 0403 |
| 23 | 15 35 10.656 | −19 46 53.64 | 2.312 0045 | 8 | 18 00 01.381 | −24 17 50.75 | 2.370 6570 |
| 24 | 15 38 06.540 | −19 57 22.87 | 2.314 0312 | 9 | 18 03 20.587 | −24 18 05.99 | 2.371 2480 |
| 25 | 15 41 03.080 | −20 07 42.23 | 2.316 0214 | 10 | 18 06 40.012 | −24 18 05.24 | 2.371 8138 |
| 26 | 15 44 00.277 | −20 17 51.56 | 2.317 9757 | 11 | 18 09 59.639 | −24 17 48.42 | 2.372 3549 |
| 27 | 15 46 58.129 | −20 27 50.69 | 2.319 8943 | 12 | 18 13 19.451 | −24 17 15.50 | 2.372 8718 |
| 28 | 15 49 56.635 | −20 37 39.44 | 2.321 7773 | 13 | 18 16 39.431 | −24 16 26.43 | 2.373 3650 |
| 29 | 15 52 55.792 | −20 47 17.65 | 2.323 6250 | 14 | 18 19 59.564 | −24 15 21.18 | 2.373 8351 |
| 30 | 15 55 55.599 | −20 56 45.14 | 2.325 4375 | 15 | 18 23 19.833 | −24 13 59.72 | 2.374 2827 |
| 31 | 15 58 56.053 | −21 06 01.71 | 2.327 2146 | 16 | 18 26 40.224 | −24 12 22.03 | 2.374 7083 |
| Nov. 1 | 16 01 57.150 | −21 15 07.20 | 2.328 9565 | 17 | 18 30 00.722 | −24 10 28.10 | 2.375 1125 |
| 2 | 16 04 58.889 | −21 24 01.42 | 2.330 6629 | 18 | 18 33 21.311 | −24 08 17.91 | 2.375 4959 |
| 3 | 16 08 01.266 | −21 32 44.19 | 2.332 3339 | 19 | 18 36 41.975 | −24 05 51.47 | 2.375 8591 |
| 4 | 16 11 04.279 | −21 41 15.34 | 2.333 9692 | 20 | 18 40 02.701 | −24 03 08.77 | 2.376 2025 |
| 5 | 16 14 07.924 | −21 49 34.71 | 2.335 5689 | 21 | 18 43 23.471 | −24 00 09.83 | 2.376 5268 |
| 6 | 16 17 12.195 | −21 57 42.14 | 2.337 1329 | 22 | 18 46 44.270 | −23 56 54.66 | 2.376 8324 |
| 7 | 16 20 17.083 | −22 05 37.48 | 2.338 6613 | 23 | 18 50 05.082 | −23 53 23.26 | 2.377 1196 |
| 8 | 16 23 22.581 | −22 13 20.56 | 2.340 1544 | 24 | 18 53 25.891 | −23 49 35.65 | 2.377 3889 |
| 9 | 16 26 28.676 | −22 20 51.22 | 2.341 6123 | 25 | 18 56 46.683 | −23 45 31.82 | 2.377 6405 |
| 10 | 16 29 35.359 | −22 28 09.31 | 2.343 0355 | 26 | 19 00 07.443 | −23 41 11.80 | 2.377 8743 |
| 11 | 16 32 42.619 | −22 35 14.64 | 2.344 4244 | 27 | 19 03 28.159 | −23 36 35.61 | 2.378 0906 |
| 12 | 16 35 50.446 | −22 42 07.07 | 2.345 7796 | 28 | 19 06 48.819 | −23 31 43.27 | 2.378 2892 |
| 13 | 16 38 58.830 | −22 48 46.43 | 2.347 1015 | 29 | 19 10 09.409 | −23 26 34.82 | 2.378 4702 |
| 14 | 16 42 07.763 | −22 55 12.56 | 2.348 3906 | 30 | 19 13 29.917 | −23 21 10.32 | 2.378 6335 |
| 15 | 16 45 17.235 | −23 01 25.31 | 2.349 6475 | 31 | 19 16 50.328 | −23 15 29.83 | 2.378 7790 |
| 16 | 16 48 27.239 | −23 07 24.54 | 2.350 8728 | 32 | 19 20 10.627 | −23 09 33.44 | 2.378 9067 |

# JUPITER, 2010

## GEOCENTRIC COORDINATES FOR 0ʰ TERRESTRIAL TIME

| Date | Apparent Right Ascension | Apparent Declination | True Geocentric Distance | Date | Apparent Right Ascension | Apparent Declination | True Geocentric Distance |
|---|---|---|---|---|---|---|---|
| | h m s | ° ′ ″ | au | | h m s | ° ′ ″ | au |
| Jan. 0 | 21 54 54.339 | −13 40 42.61 | 5.626 0752 | Feb. 15 | 22 34 22.076 | − 9 59 17.75 | 5.961 5803 |
| 1 | 21 55 41.077 | −13 36 32.79 | 5.637 3556 | 16 | 22 35 16.401 | − 9 53 59.17 | 5.964 2890 |
| 2 | 21 56 28.114 | −13 32 20.85 | 5.648 4829 | 17 | 22 36 10.761 | − 9 48 39.83 | 5.966 7902 |
| 3 | 21 57 15.442 | −13 28 06.83 | 5.659 4555 | 18 | 22 37 05.151 | − 9 43 19.78 | 5.969 0834 |
| 4 | 21 58 03.054 | −13 23 50.74 | 5.670 2716 | 19 | 22 37 59.566 | − 9 37 59.05 | 5.971 1688 |
| 5 | 21 58 50.945 | −13 19 32.58 | 5.680 9292 | 20 | 22 38 54.004 | − 9 32 37.66 | 5.973 0462 |
| 6 | 21 59 39.111 | −13 15 12.37 | 5.691 4264 | 21 | 22 39 48.458 | − 9 27 15.66 | 5.974 7158 |
| 7 | 22 00 27.549 | −13 10 50.11 | 5.701 7611 | 22 | 22 40 42.924 | − 9 21 53.08 | 5.976 1777 |
| 8 | 22 01 16.254 | −13 06 25.82 | 5.711 9312 | 23 | 22 41 37.398 | − 9 16 29.96 | 5.977 4321 |
| 9 | 22 02 05.222 | −13 01 59.53 | 5.721 9348 | 24 | 22 42 31.873 | − 9 11 06.34 | 5.978 4794 |
| 10 | 22 02 54.446 | −12 57 31.27 | 5.731 7696 | 25 | 22 43 26.344 | − 9 05 42.28 | 5.979 3200 |
| 11 | 22 03 43.919 | −12 53 01.08 | 5.741 4338 | 26 | 22 44 20.804 | − 9 00 17.82 | 5.979 9542 |
| 12 | 22 04 33.635 | −12 48 28.98 | 5.750 9252 | 27 | 22 45 15.248 | − 8 54 53.03 | 5.980 3826 |
| 13 | 22 05 23.585 | −12 43 55.03 | 5.760 2421 | 28 | 22 46 09.665 | − 8 49 28.04 | 5.980 6053 |
| 14 | 22 06 13.763 | −12 39 19.25 | 5.769 3825 | Mar. 1 | 22 47 04.038 | − 8 44 02.60 | 5.980 6227 |
| 15 | 22 07 04.160 | −12 34 41.69 | 5.778 3448 | 2 | 22 47 58.395 | − 8 38 36.59 | 5.980 4349 |
| 16 | 22 07 54.769 | −12 30 02.37 | 5.787 1272 | 3 | 22 48 52.732 | − 8 33 10.35 | 5.980 0420 |
| 17 | 22 08 45.582 | −12 25 21.33 | 5.795 7281 | 4 | 22 49 47.040 | − 8 27 43.88 | 5.979 4439 |
| 18 | 22 09 36.593 | −12 20 38.61 | 5.804 1461 | 5 | 22 50 41.314 | − 8 22 17.17 | 5.978 6406 |
| 19 | 22 10 27.796 | −12 15 54.22 | 5.812 3796 | 6 | 22 51 35.552 | − 8 16 50.26 | 5.977 6320 |
| 20 | 22 11 19.183 | −12 11 08.19 | 5.820 4275 | 7 | 22 52 29.747 | − 8 11 23.19 | 5.976 4181 |
| 21 | 22 12 10.751 | −12 06 20.57 | 5.828 2884 | 8 | 22 53 23.895 | − 8 05 56.00 | 5.974 9988 |
| 22 | 22 13 02.492 | −12 01 31.36 | 5.835 9613 | 9 | 22 54 17.990 | − 8 00 28.72 | 5.973 3742 |
| 23 | 22 13 54.402 | −11 56 40.61 | 5.843 4450 | 10 | 22 55 12.026 | − 7 55 01.40 | 5.971 5444 |
| 24 | 22 14 46.476 | −11 51 48.34 | 5.850 7386 | 11 | 22 56 05.998 | − 7 49 34.09 | 5.969 5096 |
| 25 | 22 15 38.708 | −11 46 54.58 | 5.857 8412 | 12 | 22 56 59.901 | − 7 44 06.82 | 5.967 2700 |
| 26 | 22 16 31.092 | −11 41 59.36 | 5.864 7522 | 13 | 22 57 53.728 | − 7 38 39.63 | 5.964 8260 |
| 27 | 22 17 23.622 | −11 37 02.74 | 5.871 4707 | 14 | 22 58 47.477 | − 7 33 12.56 | 5.962 1780 |
| 28 | 22 18 16.290 | −11 32 04.75 | 5.877 9963 | 15 | 22 59 41.141 | − 7 27 45.65 | 5.959 3264 |
| 29 | 22 19 09.090 | −11 27 05.42 | 5.884 3283 | 16 | 23 00 34.718 | − 7 22 18.92 | 5.956 2717 |
| 30 | 22 20 02.014 | −11 22 04.80 | 5.890 4662 | 17 | 23 01 28.203 | − 7 16 52.42 | 5.953 0147 |
| 31 | 22 20 55.054 | −11 17 02.92 | 5.896 4093 | 18 | 23 02 21.592 | − 7 11 26.17 | 5.949 5560 |
| Feb. 1 | 22 21 48.208 | −11 11 59.78 | 5.902 1569 | 19 | 23 03 14.882 | − 7 06 00.21 | 5.945 8965 |
| 2 | 22 22 41.472 | −11 06 55.40 | 5.907 7082 | 20 | 23 04 08.067 | − 7 00 34.57 | 5.942 0370 |
| 3 | 22 23 34.843 | −11 01 49.78 | 5.913 0623 | 21 | 23 05 01.145 | − 6 55 09.31 | 5.937 9786 |
| 4 | 22 24 28.320 | −10 56 42.96 | 5.918 2182 | 22 | 23 05 54.110 | − 6 49 44.45 | 5.933 7223 |
| 5 | 22 25 21.898 | −10 51 34.94 | 5.923 1748 | 23 | 23 06 46.956 | − 6 44 20.04 | 5.929 2692 |
| 6 | 22 26 15.574 | −10 46 25.78 | 5.927 9311 | 24 | 23 07 39.678 | − 6 38 56.13 | 5.924 6206 |
| 7 | 22 27 09.343 | −10 41 15.49 | 5.932 4862 | 25 | 23 08 32.269 | − 6 33 32.76 | 5.919 7777 |
| 8 | 22 28 03.198 | −10 36 04.13 | 5.936 8390 | 26 | 23 09 24.725 | − 6 28 09.97 | 5.914 7417 |
| 9 | 22 28 57.133 | −10 30 51.72 | 5.940 9887 | 27 | 23 10 17.040 | − 6 22 47.80 | 5.909 5139 |
| 10 | 22 29 51.141 | −10 25 38.33 | 5.944 9345 | 28 | 23 11 09.211 | − 6 17 26.27 | 5.904 0954 |
| 11 | 22 30 45.218 | −10 20 23.97 | 5.948 6756 | 29 | 23 12 01.236 | − 6 12 05.40 | 5.898 4873 |
| 12 | 22 31 39.355 | −10 15 08.70 | 5.952 2113 | 30 | 23 12 53.113 | − 6 06 45.22 | 5.892 6906 |
| 13 | 22 32 33.548 | −10 09 52.55 | 5.955 5410 | 31 | 23 13 44.841 | − 6 01 25.73 | 5.886 7062 |
| 14 | 22 33 27.790 | −10 04 35.56 | 5.958 6641 | Apr. 1 | 23 14 36.418 | − 5 56 06.96 | 5.880 5349 |
| 15 | 22 34 22.076 | − 9 59 17.75 | 5.961 5803 | 2 | 23 15 27.841 | − 5 50 48.95 | 5.874 1774 |

## GEOCENTRIC COORDINATES FOR 0ʰ TERRESTRIAL TIME

| Date | Apparent Right Ascension | Apparent Declination | True Geocentric Distance | Date | Apparent Right Ascension | Apparent Declination | True Geocentric Distance |
|---|---|---|---|---|---|---|---|
| | h m s | ° ′ ″ | au | | h m s | ° ′ ″ | au |
| Apr. 1 | 23 14 36.418 | − 5 56 06.96 | 5.880 5349 | May 17 | 23 50 02.992 | − 2 16 16.58 | 5.416 7612 |
| 2 | 23 15 27.841 | − 5 50 48.95 | 5.874 1774 | 18 | 23 50 42.048 | − 2 12 16.50 | 5.403 4079 |
| 3 | 23 16 19.105 | − 5 45 31.73 | 5.867 6346 | 19 | 23 51 20.709 | − 2 08 19.09 | 5.389 9490 |
| 4 | 23 17 10.205 | − 5 40 15.36 | 5.860 9071 | 20 | 23 51 58.969 | − 2 04 24.37 | 5.376 3872 |
| 5 | 23 18 01.136 | − 5 34 59.88 | 5.853 9958 | 21 | 23 52 36.824 | − 2 00 32.38 | 5.362 7253 |
| 6 | 23 18 51.892 | − 5 29 45.33 | 5.846 9015 | 22 | 23 53 14.268 | − 1 56 43.17 | 5.348 9659 |
| 7 | 23 19 42.466 | − 5 24 31.76 | 5.839 6253 | 23 | 23 53 51.299 | − 1 52 56.73 | 5.335 1118 |
| 8 | 23 20 32.855 | − 5 19 19.22 | 5.832 1679 | 24 | 23 54 27.913 | − 1 49 13.11 | 5.321 1653 |
| 9 | 23 21 23.053 | − 5 14 07.73 | 5.824 5307 | 25 | 23 55 04.107 | − 1 45 32.32 | 5.307 1289 |
| 10 | 23 22 13.055 | − 5 08 57.36 | 5.816 7145 | 26 | 23 55 39.878 | − 1 41 54.40 | 5.293 0051 |
| 11 | 23 23 02.856 | − 5 03 48.12 | 5.808 7207 | 27 | 23 56 15.221 | − 1 38 19.37 | 5.278 7962 |
| 12 | 23 23 52.452 | − 4 58 40.06 | 5.800 5505 | 28 | 23 56 50.130 | − 1 34 47.28 | 5.264 5044 |
| 13 | 23 24 41.840 | − 4 53 33.22 | 5.792 2052 | 29 | 23 57 24.598 | − 1 31 18.17 | 5.250 1322 |
| 14 | 23 25 31.014 | − 4 48 27.62 | 5.783 6864 | 30 | 23 57 58.618 | − 1 27 52.10 | 5.235 6818 |
| 15 | 23 26 19.971 | − 4 43 23.32 | 5.774 9954 | 31 | 23 58 32.183 | − 1 24 29.11 | 5.221 1556 |
| 16 | 23 27 08.706 | − 4 38 20.34 | 5.766 1340 | June 1 | 23 59 05.287 | − 1 21 09.25 | 5.206 5560 |
| 17 | 23 27 57.215 | − 4 33 18.72 | 5.757 1038 | 2 | 23 59 37.922 | − 1 17 52.58 | 5.191 8856 |
| 18 | 23 28 45.493 | − 4 28 18.51 | 5.747 9067 | 3 | 0 00 10.082 | − 1 14 39.12 | 5.177 1468 |
| 19 | 23 29 33.533 | − 4 23 19.75 | 5.738 5444 | 4 | 0 00 41.761 | − 1 11 28.93 | 5.162 3423 |
| 20 | 23 30 21.330 | − 4 18 22.49 | 5.729 0190 | 5 | 0 01 12.952 | − 1 08 22.05 | 5.147 4749 |
| 21 | 23 31 08.877 | − 4 13 26.78 | 5.719 3324 | 6 | 0 01 43.650 | − 1 05 18.51 | 5.132 5472 |
| 22 | 23 31 56.168 | − 4 08 32.67 | 5.709 4866 | 7 | 0 02 13.850 | − 1 02 18.36 | 5.117 5622 |
| 23 | 23 32 43.197 | − 4 03 40.18 | 5.699 4836 | 8 | 0 02 43.545 | − 0 59 21.63 | 5.102 5228 |
| 24 | 23 33 29.961 | − 3 58 49.36 | 5.689 3253 | 9 | 0 03 12.729 | − 0 56 28.37 | 5.087 4321 |
| 25 | 23 34 16.457 | − 3 54 00.23 | 5.679 0136 | 10 | 0 03 41.396 | − 0 53 38.60 | 5.072 2933 |
| 26 | 23 35 02.682 | − 3 49 12.80 | 5.668 5503 | 11 | 0 04 09.541 | − 0 50 52.38 | 5.057 1095 |
| 27 | 23 35 48.633 | − 3 44 27.10 | 5.657 9372 | 12 | 0 04 37.155 | − 0 48 09.75 | 5.041 8841 |
| 28 | 23 36 34.310 | − 3 39 43.16 | 5.647 1759 | 13 | 0 05 04.231 | − 0 45 30.75 | 5.026 6207 |
| 29 | 23 37 19.709 | − 3 35 00.99 | 5.636 2679 | 14 | 0 05 30.760 | − 0 42 55.43 | 5.011 3228 |
| 30 | 23 38 04.825 | − 3 30 20.65 | 5.625 2148 | 15 | 0 05 56.735 | − 0 40 23.86 | 4.995 9940 |
| May 1 | 23 38 49.653 | − 3 25 42.17 | 5.614 0180 | 16 | 0 06 22.148 | − 0 37 56.06 | 4.980 6380 |
| 2 | 23 39 34.187 | − 3 21 05.60 | 5.602 6791 | 17 | 0 06 46.993 | − 0 35 32.08 | 4.965 2583 |
| 3 | 23 40 18.420 | − 3 16 30.99 | 5.591 1997 | 18 | 0 07 11.265 | − 0 33 11.94 | 4.949 8586 |
| 4 | 23 41 02.347 | − 3 11 58.39 | 5.579 5813 | 19 | 0 07 34.962 | − 0 30 55.67 | 4.934 4424 |
| 5 | 23 41 45.961 | − 3 07 27.85 | 5.567 8257 | 20 | 0 07 58.078 | − 0 28 43.27 | 4.919 0130 |
| 6 | 23 42 29.257 | − 3 02 59.40 | 5.555 9346 | 21 | 0 08 20.613 | − 0 26 34.78 | 4.903 5739 |
| 7 | 23 43 12.229 | − 2 58 33.10 | 5.543 9098 | 22 | 0 08 42.561 | − 0 24 30.21 | 4.888 1284 |
| 8 | 23 43 54.872 | − 2 54 08.97 | 5.531 7532 | 23 | 0 09 03.917 | − 0 22 29.59 | 4.872 6796 |
| 9 | 23 44 37.181 | − 2 49 47.07 | 5.519 4666 | 24 | 0 09 24.678 | − 0 20 32.95 | 4.857 2307 |
| 10 | 23 45 19.149 | − 2 45 27.44 | 5.507 0523 | 25 | 0 09 44.836 | − 0 18 40.33 | 4.841 7851 |
| 11 | 23 46 00.774 | − 2 41 10.10 | 5.494 5122 | 26 | 0 10 04.384 | − 0 16 51.77 | 4.826 3459 |
| 12 | 23 46 42.049 | − 2 36 55.09 | 5.481 8486 | 27 | 0 10 23.317 | − 0 15 07.32 | 4.810 9162 |
| 13 | 23 47 22.970 | − 2 32 42.47 | 5.469 0637 | 28 | 0 10 41.627 | − 0 13 27.01 | 4.795 4995 |
| 14 | 23 48 03.531 | − 2 28 32.26 | 5.456 1600 | 29 | 0 10 59.309 | − 0 11 50.89 | 4.780 0991 |
| 15 | 23 48 43.726 | − 2 24 24.50 | 5.443 1400 | 30 | 0 11 16.355 | − 0 10 19.00 | 4.764 7182 |
| 16 | 23 49 23.549 | − 2 20 19.26 | 5.430 0061 | July 1 | 0 11 32.761 | − 0 08 51.36 | 4.749 3605 |
| 17 | 23 50 02.992 | − 2 16 16.58 | 5.416 7612 | 2 | 0 11 48.520 | − 0 07 28.01 | 4.734 0294 |

# JUPITER, 2010

## GEOCENTRIC COORDINATES FOR 0$^h$ TERRESTRIAL TIME

| Date | Apparent Right Ascension | Apparent Declination | True Geocentric Distance | Date | Apparent Right Ascension | Apparent Declination | True Geocentric Distance |
|---|---|---|---|---|---|---|---|
| | h m s | o ′ ″ | au | | h m s | o ′ ″ | au |
| July 1 | 0 11 32.761 | − 0 08 51.36 | 4.749 3605 | Aug. 16 | 0 11 36.175 | − 0 23 01.90 | 4.138 1798 |
| 2 | 0 11 48.520 | − 0 07 28.01 | 4.734 0294 | 17 | 0 11 19.862 | − 0 25 04.11 | 4.128 5488 |
| 3 | 0 12 03.629 | − 0 06 08.98 | 4.718 7287 | 18 | 0 11 02.925 | − 0 27 10.11 | 4.119 1405 |
| 4 | 0 12 18.081 | − 0 04 54.30 | 4.703 4619 | 19 | 0 10 45.376 | − 0 29 19.82 | 4.109 9583 |
| 5 | 0 12 31.873 | − 0 03 43.99 | 4.688 2330 | 20 | 0 10 27.222 | − 0 31 33.19 | 4.101 0057 |
| 6 | 0 12 45.000 | − 0 02 38.09 | 4.673 0457 | 21 | 0 10 08.474 | − 0 33 50.14 | 4.092 2860 |
| 7 | 0 12 57.456 | − 0 01 36.61 | 4.657 9040 | 22 | 0 09 49.142 | − 0 36 10.59 | 4.083 8026 |
| 8 | 0 13 09.237 | − 0 00 39.59 | 4.642 8121 | 23 | 0 09 29.238 | − 0 38 34.47 | 4.075 5588 |
| 9 | 0 13 20.338 | + 0 00 12.96 | 4.627 7740 | 24 | 0 09 08.772 | − 0 41 01.70 | 4.067 5578 |
| 10 | 0 13 30.753 | + 0 01 00.99 | 4.612 7941 | 25 | 0 08 47.758 | − 0 43 32.17 | 4.059 8030 |
| 11 | 0 13 40.475 | + 0 01 44.49 | 4.597 8767 | 26 | 0 08 26.208 | − 0 46 05.82 | 4.052 2975 |
| 12 | 0 13 49.499 | + 0 02 23.40 | 4.583 0264 | 27 | 0 08 04.136 | − 0 48 42.52 | 4.045 0444 |
| 13 | 0 13 57.819 | + 0 02 57.72 | 4.568 2476 | 28 | 0 07 41.557 | − 0 51 22.19 | 4.038 0471 |
| 14 | 0 14 05.430 | + 0 03 27.41 | 4.553 5448 | 29 | 0 07 18.486 | − 0 54 04.71 | 4.031 3086 |
| 15 | 0 14 12.330 | + 0 03 52.46 | 4.538 9225 | 30 | 0 06 54.937 | − 0 56 49.99 | 4.024 8321 |
| 16 | 0 14 18.518 | + 0 04 12.89 | 4.524 3851 | 31 | 0 06 30.925 | − 0 59 37.90 | 4.018 6206 |
| 17 | 0 14 23.995 | + 0 04 28.69 | 4.509 9368 | Sept. 1 | 0 06 06.468 | − 1 02 28.34 | 4.012 6772 |
| 18 | 0 14 28.761 | + 0 04 39.89 | 4.495 5817 | 2 | 0 05 41.579 | − 1 05 21.20 | 4.007 0049 |
| 19 | 0 14 32.815 | + 0 04 46.48 | 4.481 3241 | 3 | 0 05 16.276 | − 1 08 16.37 | 4.001 6068 |
| 20 | 0 14 36.158 | + 0 04 48.46 | 4.467 1678 | 4 | 0 04 50.573 | − 1 11 13.72 | 3.996 4857 |
| 21 | 0 14 38.787 | + 0 04 45.84 | 4.453 1169 | 5 | 0 04 24.487 | − 1 14 13.15 | 3.991 6446 |
| 22 | 0 14 40.702 | + 0 04 38.60 | 4.439 1752 | 6 | 0 03 58.035 | − 1 17 14.53 | 3.987 0862 |
| 23 | 0 14 41.899 | + 0 04 26.75 | 4.425 3467 | 7 | 0 03 31.235 | − 1 20 17.74 | 3.982 8132 |
| 24 | 0 14 42.376 | + 0 04 10.27 | 4.411 6352 | 8 | 0 03 04.107 | − 1 23 22.63 | 3.978 8282 |
| 25 | 0 14 42.133 | + 0 03 49.15 | 4.398 0448 | 9 | 0 02 36.674 | − 1 26 29.05 | 3.975 1333 |
| 26 | 0 14 41.167 | + 0 03 23.39 | 4.384 5794 | 10 | 0 02 08.959 | − 1 29 36.83 | 3.971 7306 |
| 27 | 0 14 39.477 | + 0 02 52.99 | 4.371 2429 | 11 | 0 01 40.987 | − 1 32 45.82 | 3.968 6218 |
| 28 | 0 14 37.063 | + 0 02 17.95 | 4.358 0395 | 12 | 0 01 12.780 | − 1 35 55.86 | 3.965 8083 |
| 29 | 0 14 33.926 | + 0 01 38.28 | 4.344 9732 | 13 | 0 00 44.361 | − 1 39 06.79 | 3.963 2915 |
| 30 | 0 14 30.066 | + 0 00 53.99 | 4.332 0481 | 14 | 0 00 15.752 | − 1 42 18.47 | 3.961 0723 |
| 31 | 0 14 25.485 | + 0 00 05.10 | 4.319 2685 | 15 | 23 59 46.972 | − 1 45 30.77 | 3.959 1515 |
| Aug. 1 | 0 14 20.183 | − 0 00 48.38 | 4.306 6386 | 16 | 23 59 18.043 | − 1 48 43.55 | 3.957 5300 |
| 2 | 0 14 14.163 | − 0 01 46.43 | 4.294 1627 | 17 | 23 58 48.985 | − 1 51 56.68 | 3.956 2084 |
| 3 | 0 14 07.428 | − 0 02 49.01 | 4.281 8451 | 18 | 23 58 19.819 | − 1 55 10.01 | 3.955 1872 |
| 4 | 0 13 59.979 | − 0 03 56.12 | 4.269 6903 | 19 | 23 57 50.567 | − 1 58 23.41 | 3.954 4667 |
| 5 | 0 13 51.819 | − 0 05 07.71 | 4.257 7027 | 20 | 23 57 21.249 | − 2 01 36.74 | 3.954 0474 |
| 6 | 0 13 42.950 | − 0 06 23.78 | 4.245 8869 | 21 | 23 56 51.889 | − 2 04 49.84 | 3.953 9295 |
| 7 | 0 13 33.375 | − 0 07 44.28 | 4.234 2474 | 22 | 23 56 22.507 | − 2 08 02.59 | 3.954 1130 |
| 8 | 0 13 23.096 | − 0 09 09.20 | 4.222 7889 | 23 | 23 55 53.126 | − 2 11 14.82 | 3.954 5980 |
| 9 | 0 13 12.115 | − 0 10 38.51 | 4.211 5160 | 24 | 23 55 23.768 | − 2 14 26.40 | 3.955 3845 |
| 10 | 0 13 00.437 | − 0 12 12.16 | 4.200 4334 | 25 | 23 54 54.457 | − 2 17 37.18 | 3.956 4724 |
| 11 | 0 12 48.067 | − 0 13 50.12 | 4.189 5457 | 26 | 23 54 25.214 | − 2 20 47.01 | 3.957 8614 |
| 12 | 0 12 35.014 | − 0 15 32.31 | 4.178 8573 | 27 | 23 53 56.062 | − 2 23 55.74 | 3.959 5514 |
| 13 | 0 12 21.287 | − 0 17 18.67 | 4.168 3725 | 28 | 23 53 27.022 | − 2 27 03.25 | 3.961 5419 |
| 14 | 0 12 06.898 | − 0 19 09.10 | 4.158 0953 | 29 | 23 52 58.115 | − 2 30 09.38 | 3.963 8326 |
| 15 | 0 11 51.857 | − 0 21 03.54 | 4.148 0298 | 30 | 23 52 29.363 | − 2 33 14.00 | 3.966 4228 |
| 16 | 0 11 36.175 | − 0 23 01.90 | 4.138 1798 | Oct. 1 | 23 52 00.785 | − 2 36 16.99 | 3.969 3121 |

## GEOCENTRIC COORDINATES FOR 0ʰ TERRESTRIAL TIME

| Date | Apparent Right Ascension | Apparent Declination | True Geocentric Distance | Date | Apparent Right Ascension | Apparent Declination | True Geocentric Distance |
|------|--------------------------|----------------------|--------------------------|------|--------------------------|----------------------|--------------------------|
| | h m s | o ′ ″ | au | | h m s | o ′ ″ | au |
| Oct. 1 | 23 52 00.785 | − 2 36 16.99 | 3.969 3121 | Nov. 16 | 23 38 28.409 | − 3 55 11.05 | 4.383 9881 |
| 2 | 23 51 32.403 | − 2 39 18.20 | 3.972 4997 | 17 | 23 38 26.313 | − 3 55 07.66 | 4.397 7840 |
| 3 | 23 51 04.236 | − 2 42 17.51 | 3.975 9847 | 18 | 23 38 24.979 | − 3 54 59.27 | 4.411 7132 |
| 4 | 23 50 36.305 | − 2 45 14.79 | 3.979 7662 | 19 | 23 38 24.408 | − 3 54 45.89 | 4.425 7710 |
| 5 | 23 50 08.632 | − 2 48 09.89 | 3.983 8431 | 20 | 23 38 24.600 | − 3 54 27.52 | 4.439 9529 |
| 6 | 23 49 41.240 | − 2 51 02.67 | 3.988 2139 | 21 | 23 38 25.554 | − 3 54 04.18 | 4.454 2543 |
| 7 | 23 49 14.152 | − 2 53 52.98 | 3.992 8771 | 22 | 23 38 27.270 | − 3 53 35.88 | 4.468 6709 |
| 8 | 23 48 47.392 | − 2 56 40.66 | 3.997 8307 | 23 | 23 38 29.745 | − 3 53 02.64 | 4.483 1983 |
| 9 | 23 48 20.984 | − 2 59 25.57 | 4.003 0726 | 24 | 23 38 32.978 | − 3 52 24.49 | 4.497 8322 |
| 10 | 23 47 54.950 | − 3 02 07.58 | 4.008 6004 | 25 | 23 38 36.964 | − 3 51 41.43 | 4.512 5683 |
| 11 | 23 47 29.309 | − 3 04 46.58 | 4.014 4114 | 26 | 23 38 41.701 | − 3 50 53.51 | 4.527 4023 |
| 12 | 23 47 04.080 | − 3 07 22.44 | 4.020 5029 | 27 | 23 38 47.186 | − 3 50 00.74 | 4.542 3300 |
| 13 | 23 46 39.280 | − 3 09 55.07 | 4.026 8719 | 28 | 23 38 53.417 | − 3 49 03.15 | 4.557 3471 |
| 14 | 23 46 14.927 | − 3 12 24.38 | 4.033 5155 | 29 | 23 39 00.391 | − 3 48 00.73 | 4.572 4493 |
| 15 | 23 45 51.035 | − 3 14 50.27 | 4.040 4305 | 30 | 23 39 08.108 | − 3 46 53.51 | 4.587 6320 |
| 16 | 23 45 27.622 | − 3 17 12.64 | 4.047 6138 | Dec. 1 | 23 39 16.568 | − 3 45 41.49 | 4.602 8909 |
| 17 | 23 45 04.702 | − 3 19 31.40 | 4.055 0622 | 2 | 23 39 25.769 | − 3 44 24.68 | 4.618 2212 |
| 18 | 23 44 42.293 | − 3 21 46.46 | 4.062 7723 | 3 | 23 39 35.711 | − 3 43 03.08 | 4.633 6184 |
| 19 | 23 44 20.409 | − 3 23 57.74 | 4.070 7410 | 4 | 23 39 46.392 | − 3 41 36.74 | 4.649 0775 |
| 20 | 23 43 59.066 | − 3 26 05.14 | 4.078 9649 | 5 | 23 39 57.808 | − 3 40 05.67 | 4.664 5939 |
| 21 | 23 43 38.278 | − 3 28 08.57 | 4.087 4405 | 6 | 23 40 09.952 | − 3 38 29.91 | 4.680 1626 |
| 22 | 23 43 18.059 | − 3 30 07.97 | 4.096 1644 | 7 | 23 40 22.821 | − 3 36 49.52 | 4.695 7788 |
| 23 | 23 42 58.424 | − 3 32 03.25 | 4.105 1332 | 8 | 23 40 36.406 | − 3 35 04.54 | 4.711 4378 |
| 24 | 23 42 39.385 | − 3 33 54.33 | 4.114 3434 | 9 | 23 40 50.703 | − 3 33 15.01 | 4.727 1347 |
| 25 | 23 42 20.954 | − 3 35 41.15 | 4.123 7915 | 10 | 23 41 05.703 | − 3 31 20.97 | 4.742 8650 |
| 26 | 23 42 03.143 | − 3 37 23.65 | 4.133 4741 | 11 | 23 41 21.403 | − 3 29 22.48 | 4.758 6241 |
| 27 | 23 41 45.963 | − 3 39 01.76 | 4.143 3875 | 12 | 23 41 37.794 | − 3 27 19.57 | 4.774 4074 |
| 28 | 23 41 29.424 | − 3 40 35.44 | 4.153 5283 | 13 | 23 41 54.873 | − 3 25 12.28 | 4.790 2107 |
| 29 | 23 41 13.534 | − 3 42 04.63 | 4.163 8929 | 14 | 23 42 12.633 | − 3 23 00.65 | 4.806 0295 |
| 30 | 23 40 58.302 | − 3 43 29.29 | 4.174 4775 | 15 | 23 42 31.068 | − 3 20 44.73 | 4.821 8597 |
| 31 | 23 40 43.738 | − 3 44 49.36 | 4.185 2786 | 16 | 23 42 50.172 | − 3 18 24.54 | 4.837 6972 |
| Nov. 1 | 23 40 29.850 | − 3 46 04.80 | 4.196 2921 | 17 | 23 43 09.940 | − 3 16 00.14 | 4.853 5379 |
| 2 | 23 40 16.649 | − 3 47 15.54 | 4.207 5143 | 18 | 23 43 30.365 | − 3 13 31.56 | 4.869 3779 |
| 3 | 23 40 04.145 | − 3 48 21.54 | 4.218 9409 | 19 | 23 43 51.441 | − 3 10 58.85 | 4.885 2133 |
| 4 | 23 39 52.348 | − 3 49 22.72 | 4.230 5678 | 20 | 23 44 13.160 | − 3 08 22.05 | 4.901 0404 |
| 5 | 23 39 41.270 | − 3 50 19.04 | 4.242 3904 | 21 | 23 44 35.514 | − 3 05 41.23 | 4.916 8555 |
| 6 | 23 39 30.919 | − 3 51 10.46 | 4.254 4042 | 22 | 23 44 58.496 | − 3 02 56.42 | 4.932 6550 |
| 7 | 23 39 21.303 | − 3 51 56.92 | 4.266 6045 | 23 | 23 45 22.096 | − 3 00 07.69 | 4.948 4356 |
| 8 | 23 39 12.426 | − 3 52 38.43 | 4.278 9863 | 24 | 23 45 46.308 | − 2 57 15.08 | 4.964 1937 |
| 9 | 23 39 04.294 | − 3 53 14.96 | 4.291 5448 | 25 | 23 46 11.123 | − 2 54 18.64 | 4.979 9258 |
| 10 | 23 38 56.908 | − 3 53 46.51 | 4.304 2749 | 26 | 23 46 36.536 | − 2 51 18.41 | 4.995 6285 |
| 11 | 23 38 50.272 | − 3 54 13.08 | 4.317 1719 | 27 | 23 47 02.541 | − 2 48 14.41 | 5.011 2982 |
| 12 | 23 38 44.388 | − 3 54 34.66 | 4.330 2308 | 28 | 23 47 29.135 | − 2 45 06.68 | 5.026 9314 |
| 13 | 23 38 39.257 | − 3 54 51.25 | 4.343 4466 | 29 | 23 47 56.313 | − 2 41 55.25 | 5.042 5243 |
| 14 | 23 38 34.883 | − 3 55 02.85 | 4.356 8147 | 30 | 23 48 24.072 | − 2 38 40.14 | 5.058 0732 |
| 15 | 23 38 31.266 | − 3 55 09.45 | 4.370 3301 | 31 | 23 48 52.404 | − 2 35 21.39 | 5.073 5743 |
| 16 | 23 38 28.409 | − 3 55 11.05 | 4.383 9881 | 32 | 23 49 21.305 | − 2 31 59.05 | 5.089 0238 |

# SATURN, 2010

## GEOCENTRIC COORDINATES FOR 0ʰ TERRESTRIAL TIME

| Date | Apparent Right Ascension | Apparent Declination | True Geocentric Distance | Date | Apparent Right Ascension | Apparent Declination | True Geocentric Distance |
|---|---|---|---|---|---|---|---|
| | h  m  s | ° ′ ″ | au | | h  m  s | ° ′ ″ | au |
| Jan.  0 | 12 20 04.725 | + 0 18 51.52 | 9.339 1855 | Feb.  15 | 12 17 41.811 | + 0 47 44.46 | 8.687 1418 |
| 1 | 12 20 10.436 | + 0 18 33.14 | 9.322 6740 | 16 | 12 17 30.196 | + 0 49 13.89 | 8.677 1598 |
| 2 | 12 20 15.754 | + 0 18 17.34 | 9.306 1922 | 17 | 12 17 18.285 | + 0 50 45.00 | 8.667 4275 |
| 3 | 12 20 20.676 | + 0 18 04.14 | 9.289 7446 | 18 | 12 17 06.083 | + 0 52 17.73 | 8.657 9486 |
| 4 | 12 20 25.199 | + 0 17 53.54 | 9.273 3360 | 19 | 12 16 53.601 | + 0 53 52.03 | 8.648 7265 |
| 5 | 12 20 29.323 | + 0 17 45.56 | 9.256 9710 | 20 | 12 16 40.844 | + 0 55 27.84 | 8.639 7647 |
| 6 | 12 20 33.049 | + 0 17 40.19 | 9.240 6548 | 21 | 12 16 27.823 | + 0 57 05.09 | 8.631 0663 |
| 7 | 12 20 36.375 | + 0 17 37.41 | 9.224 3922 | 22 | 12 16 14.543 | + 0 58 43.74 | 8.622 6343 |
| 8 | 12 20 39.304 | + 0 17 37.22 | 9.208 1884 | 23 | 12 16 01.013 | + 1 00 23.73 | 8.614 4716 |
| 9 | 12 20 41.834 | + 0 17 39.62 | 9.192 0488 | 24 | 12 15 47.239 | + 1 02 05.01 | 8.606 5808 |
| 10 | 12 20 43.964 | + 0 17 44.61 | 9.175 9787 | 25 | 12 15 33.227 | + 1 03 47.55 | 8.598 9644 |
| 11 | 12 20 45.694 | + 0 17 52.18 | 9.159 9834 | 26 | 12 15 18.983 | + 1 05 31.30 | 8.591 6249 |
| 12 | 12 20 47.022 | + 0 18 02.34 | 9.144 0684 | 27 | 12 15 04.513 | + 1 07 16.21 | 8.584 5644 |
| 13 | 12 20 47.947 | + 0 18 15.09 | 9.128 2392 | 28 | 12 14 49.823 | + 1 09 02.25 | 8.577 7851 |
| 14 | 12 20 48.468 | + 0 18 30.42 | 9.112 5012 | Mar.  1 | 12 14 34.921 | + 1 10 49.36 | 8.571 2893 |
| 15 | 12 20 48.583 | + 0 18 48.35 | 9.096 8598 | 2 | 12 14 19.818 | + 1 12 37.47 | 8.565 0790 |
| 16 | 12 20 48.294 | + 0 19 08.85 | 9.081 3206 | 3 | 12 14 04.523 | + 1 14 26.52 | 8.559 1566 |
| 17 | 12 20 47.599 | + 0 19 31.93 | 9.065 8889 | 4 | 12 13 49.046 | + 1 16 16.44 | 8.553 5242 |
| 18 | 12 20 46.500 | + 0 19 57.57 | 9.050 5700 | 5 | 12 13 33.395 | + 1 18 07.16 | 8.548 1842 |
| 19 | 12 20 44.998 | + 0 20 25.75 | 9.035 3694 | 6 | 12 13 17.578 | + 1 19 58.64 | 8.543 1386 |
| 20 | 12 20 43.096 | + 0 20 56.46 | 9.020 2921 | 7 | 12 13 01.603 | + 1 21 50.81 | 8.538 3897 |
| 21 | 12 20 40.795 | + 0 21 29.68 | 9.005 3435 | 8 | 12 12 45.477 | + 1 23 43.63 | 8.533 9396 |
| 22 | 12 20 38.100 | + 0 22 05.37 | 8.990 5286 | 9 | 12 12 29.208 | + 1 25 37.03 | 8.529 7900 |
| 23 | 12 20 35.011 | + 0 22 43.52 | 8.975 8525 | 10 | 12 12 12.805 | + 1 27 30.97 | 8.525 9430 |
| 24 | 12 20 31.534 | + 0 23 24.09 | 8.961 3201 | 11 | 12 11 56.275 | + 1 29 25.38 | 8.522 4000 |
| 25 | 12 20 27.670 | + 0 24 07.06 | 8.946 9362 | 12 | 12 11 39.627 | + 1 31 20.21 | 8.519 1628 |
| 26 | 12 20 23.424 | + 0 24 52.40 | 8.932 7056 | 13 | 12 11 22.870 | + 1 33 15.39 | 8.516 2325 |
| 27 | 12 20 18.795 | + 0 25 40.10 | 8.918 6328 | 14 | 12 11 06.015 | + 1 35 10.85 | 8.513 6105 |
| 28 | 12 20 13.787 | + 0 26 30.13 | 8.904 7223 | 15 | 12 10 49.071 | + 1 37 06.52 | 8.511 2978 |
| 29 | 12 20 08.399 | + 0 27 22.50 | 8.890 9786 | 16 | 12 10 32.050 | + 1 39 02.34 | 8.509 2952 |
| 30 | 12 20 02.632 | + 0 28 17.19 | 8.877 4059 | 17 | 12 10 14.961 | + 1 40 58.23 | 8.507 6036 |
| 31 | 12 19 56.488 | + 0 29 14.20 | 8.864 0085 | 18 | 12 09 57.816 | + 1 42 54.12 | 8.506 2233 |
| Feb.  1 | 12 19 49.969 | + 0 30 13.49 | 8.850 7907 | 19 | 12 09 40.626 | + 1 44 49.93 | 8.505 1548 |
| 2 | 12 19 43.079 | + 0 31 15.04 | 8.837 7570 | 20 | 12 09 23.401 | + 1 46 45.60 | 8.504 3982 |
| 3 | 12 19 35.824 | + 0 32 18.81 | 8.824 9118 | 21 | 12 09 06.153 | + 1 48 41.05 | 8.503 9533 |
| 4 | 12 19 28.209 | + 0 33 24.75 | 8.812 2596 | 22 | 12 08 48.890 | + 1 50 36.22 | 8.503 8201 |
| 5 | 12 19 20.239 | + 0 34 32.84 | 8.799 8052 | 23 | 12 08 31.621 | + 1 52 31.06 | 8.503 9979 |
| 6 | 12 19 11.917 | + 0 35 43.04 | 8.787 5531 | 24 | 12 08 14.355 | + 1 54 25.51 | 8.504 4862 |
| 7 | 12 19 03.246 | + 0 36 55.31 | 8.775 5080 | 25 | 12 07 57.100 | + 1 56 19.52 | 8.505 2843 |
| 8 | 12 18 54.231 | + 0 38 09.63 | 8.763 6746 | 26 | 12 07 39.864 | + 1 58 13.05 | 8.506 3912 |
| 9 | 12 18 44.875 | + 0 39 25.98 | 8.752 0573 | 27 | 12 07 22.654 | + 2 00 06.04 | 8.507 8060 |
| 10 | 12 18 35.181 | + 0 40 44.30 | 8.740 6608 | 28 | 12 07 05.479 | + 2 01 58.43 | 8.509 5276 |
| 11 | 12 18 25.154 | + 0 42 04.59 | 8.729 4895 | 29 | 12 06 48.351 | + 2 03 50.17 | 8.511 5549 |
| 12 | 12 18 14.798 | + 0 43 26.78 | 8.718 5477 | 30 | 12 06 31.279 | + 2 05 41.19 | 8.513 8868 |
| 13 | 12 18 04.118 | + 0 44 50.86 | 8.707 8398 | 31 | 12 06 14.274 | + 2 07 31.41 | 8.516 5224 |
| 14 | 12 17 53.120 | + 0 46 16.77 | 8.697 3698 | Apr.  1 | 12 05 57.346 | + 2 09 20.77 | 8.519 4606 |
| 15 | 12 17 41.811 | + 0 47 44.46 | 8.687 1418 | 2 | 12 05 40.504 | + 2 11 09.22 | 8.522 7003 |

## GEOCENTRIC COORDINATES FOR 0$^h$ TERRESTRIAL TIME

| Date | Apparent Right Ascension | Apparent Declination | True Geocentric Distance | Date | Apparent Right Ascension | Apparent Declination | True Geocentric Distance |
|---|---|---|---|---|---|---|---|
| | h m s | o ′ ″ | au | | h m s | o ′ ″ | au |
| Apr. 1 | 12 05 57.346 | + 2 09 20.77 | 8.519 4606 | May 17 | 11 56 34.757 | + 3 04 18.93 | 8.942 2608 |
| 2 | 12 05 40.504 | + 2 11 09.22 | 8.522 7003 | 18 | 11 56 29.517 | + 3 04 40.01 | 8.956 4441 |
| 3 | 12 05 23.756 | + 2 12 56.71 | 8.526 2405 | 19 | 11 56 24.637 | + 3 04 58.63 | 8.970 7737 |
| 4 | 12 05 07.109 | + 2 14 43.18 | 8.530 0800 | 20 | 11 56 20.120 | + 3 05 14.78 | 8.985 2446 |
| 5 | 12 04 50.572 | + 2 16 28.59 | 8.534 2176 | 21 | 11 56 15.966 | + 3 05 28.46 | 8.999 8520 |
| 6 | 12 04 34.151 | + 2 18 12.90 | 8.538 6518 | 22 | 11 56 12.178 | + 3 05 39.67 | 9.014 5912 |
| 7 | 12 04 17.855 | + 2 19 56.04 | 8.543 3812 | 23 | 11 56 08.756 | + 3 05 48.40 | 9.029 4573 |
| 8 | 12 04 01.692 | + 2 21 37.98 | 8.548 4041 | 24 | 11 56 05.705 | + 3 05 54.64 | 9.044 4459 |
| 9 | 12 03 45.670 | + 2 23 18.65 | 8.553 7187 | 25 | 11 56 03.026 | + 3 05 58.38 | 9.059 5524 |
| 10 | 12 03 29.798 | + 2 24 58.01 | 8.559 3231 | 26 | 11 56 00.720 | + 3 05 59.61 | 9.074 7723 |
| 11 | 12 03 14.085 | + 2 26 35.99 | 8.565 2152 | 27 | 11 55 58.790 | + 3 05 58.34 | 9.090 1014 |
| 12 | 12 02 58.540 | + 2 28 12.54 | 8.571 3928 | 28 | 11 55 57.233 | + 3 05 54.57 | 9.105 5354 |
| 13 | 12 02 43.174 | + 2 29 47.60 | 8.577 8535 | 29 | 11 55 56.050 | + 3 05 48.32 | 9.121 0700 |
| 14 | 12 02 27.994 | + 2 31 21.11 | 8.584 5948 | 30 | 11 55 55.240 | + 3 05 39.58 | 9.136 7010 |
| 15 | 12 02 13.011 | + 2 32 53.02 | 8.591 6141 | 31 | 11 55 54.802 | + 3 05 28.38 | 9.152 4243 |
| 16 | 12 01 58.233 | + 2 34 23.28 | 8.598 9083 | June 1 | 11 55 54.736 | + 3 05 14.72 | 9.168 2354 |
| 17 | 12 01 43.670 | + 2 35 51.82 | 8.606 4747 | 2 | 11 55 55.040 | + 3 04 58.61 | 9.184 1301 |
| 18 | 12 01 29.328 | + 2 37 18.62 | 8.614 3099 | 3 | 11 55 55.715 | + 3 04 40.05 | 9.200 1041 |
| 19 | 12 01 15.214 | + 2 38 43.63 | 8.622 4106 | 4 | 11 55 56.762 | + 3 04 19.04 | 9.216 1530 |
| 20 | 12 01 01.334 | + 2 40 06.82 | 8.630 7734 | 5 | 11 55 58.181 | + 3 03 55.58 | 9.232 2724 |
| 21 | 12 00 47.693 | + 2 41 28.17 | 8.639 3948 | 6 | 11 55 59.973 | + 3 03 29.67 | 9.248 4578 |
| 22 | 12 00 34.296 | + 2 42 47.64 | 8.648 2710 | 7 | 11 56 02.139 | + 3 03 01.31 | 9.264 7047 |
| 23 | 12 00 21.149 | + 2 44 05.21 | 8.657 3984 | 8 | 11 56 04.680 | + 3 02 30.50 | 9.281 0086 |
| 24 | 12 00 08.258 | + 2 45 20.85 | 8.666 7732 | 9 | 11 56 07.596 | + 3 01 57.24 | 9.297 3649 |
| 25 | 11 59 55.628 | + 2 46 34.51 | 8.676 3918 | 10 | 11 56 10.888 | + 3 01 21.53 | 9.313 7690 |
| 26 | 11 59 43.268 | + 2 47 46.17 | 8.686 2505 | 11 | 11 56 14.556 | + 3 00 43.37 | 9.330 2161 |
| 27 | 11 59 31.184 | + 2 48 55.78 | 8.696 3457 | 12 | 11 56 18.599 | + 3 00 02.79 | 9.346 7014 |
| 28 | 11 59 19.383 | + 2 50 03.31 | 8.706 6739 | 13 | 11 56 23.015 | + 2 59 19.80 | 9.363 2201 |
| 29 | 11 59 07.870 | + 2 51 08.71 | 8.717 2315 | 14 | 11 56 27.800 | + 2 58 34.42 | 9.379 7674 |
| 30 | 11 58 56.652 | + 2 52 11.97 | 8.728 0150 | 15 | 11 56 32.951 | + 2 57 46.69 | 9.396 3384 |
| May 1 | 11 58 45.731 | + 2 53 13.06 | 8.739 0210 | 16 | 11 56 38.466 | + 2 56 56.62 | 9.412 9282 |
| 2 | 11 58 35.111 | + 2 54 11.97 | 8.750 2459 | 17 | 11 56 44.342 | + 2 56 04.24 | 9.429 5321 |
| 3 | 11 58 24.796 | + 2 55 08.67 | 8.761 6861 | 18 | 11 56 50.578 | + 2 55 09.56 | 9.446 1455 |
| 4 | 11 58 14.789 | + 2 56 03.16 | 8.773 3381 | 19 | 11 56 57.172 | + 2 54 12.59 | 9.462 7639 |
| 5 | 11 58 05.094 | + 2 56 55.40 | 8.785 1981 | 20 | 11 57 04.124 | + 2 53 13.35 | 9.479 3829 |
| 6 | 11 57 55.716 | + 2 57 45.39 | 8.797 2622 | 21 | 11 57 11.434 | + 2 52 11.83 | 9.495 9983 |
| 7 | 11 57 46.659 | + 2 58 33.08 | 8.809 5265 | 22 | 11 57 19.100 | + 2 51 08.04 | 9.512 6059 |
| 8 | 11 57 37.927 | + 2 59 18.47 | 8.821 9871 | 23 | 11 57 27.120 | + 2 50 02.02 | 9.529 2018 |
| 9 | 11 57 29.525 | + 3 00 01.52 | 8.834 6400 | 24 | 11 57 35.492 | + 2 48 53.77 | 9.545 7820 |
| 10 | 11 57 21.459 | + 3 00 42.20 | 8.847 4808 | 25 | 11 57 44.211 | + 2 47 43.33 | 9.562 3427 |
| 11 | 11 57 13.732 | + 3 01 20.50 | 8.860 5054 | 26 | 11 57 53.276 | + 2 46 30.71 | 9.578 8801 |
| 12 | 11 57 06.351 | + 3 01 56.38 | 8.873 7094 | 27 | 11 58 02.681 | + 2 45 15.95 | 9.595 3903 |
| 13 | 11 56 59.319 | + 3 02 29.83 | 8.887 0883 | 28 | 11 58 12.425 | + 2 43 59.06 | 9.611 8696 |
| 14 | 11 56 52.641 | + 3 03 00.81 | 8.900 6377 | 29 | 11 58 22.503 | + 2 42 40.07 | 9.628 3143 |
| 15 | 11 56 46.320 | + 3 03 29.33 | 8.914 3527 | 30 | 11 58 32.913 | + 2 41 18.99 | 9.644 7206 |
| 16 | 11 56 40.358 | + 3 03 55.37 | 8.928 2287 | July 1 | 11 58 43.654 | + 2 39 55.84 | 9.661 0845 |
| 17 | 11 56 34.757 | + 3 04 18.93 | 8.942 2608 | 2 | 11 58 54.723 | + 2 38 30.64 | 9.677 4025 |

# SATURN, 2010

## GEOCENTRIC COORDINATES FOR 0ʰ TERRESTRIAL TIME

| Date | Apparent Right Ascension | Apparent Declination | True Geocentric Distance | Date | Apparent Right Ascension | Apparent Declination | True Geocentric Distance |
|------|------|------|------|------|------|------|------|
| | h m s | o ′ ″ | au | | h m s | o ′ ″ | au |
| July 1 | 11 58 43.654 | + 2 39 55.84 | 9.661 0845 | Aug. 16 | 12 12 07.642 | + 1 04 47.56 | 10.304 9641 |
| 2 | 11 58 54.723 | + 2 38 30.64 | 9.677 4025 | 17 | 12 12 30.614 | + 1 02 11.46 | 10.315 3995 |
| 3 | 11 59 06.120 | + 2 37 03.40 | 9.693 6705 | 18 | 12 12 53.764 | + 0 59 34.39 | 10.325 6398 |
| 4 | 11 59 17.842 | + 2 35 34.12 | 9.709 8848 | 19 | 12 13 17.087 | + 0 56 56.39 | 10.335 6830 |
| 5 | 11 59 29.888 | + 2 34 02.82 | 9.726 0415 | 20 | 12 13 40.578 | + 0 54 17.48 | 10.345 5275 |
| 6 | 11 59 42.257 | + 2 32 29.52 | 9.742 1367 | 21 | 12 14 04.232 | + 0 51 37.71 | 10.355 1714 |
| 7 | 11 59 54.948 | + 2 30 54.22 | 9.758 1664 | 22 | 12 14 28.046 | + 0 48 57.10 | 10.364 6130 |
| 8 | 12 00 07.959 | + 2 29 16.93 | 9.774 1267 | 23 | 12 14 52.014 | + 0 46 15.68 | 10.373 8506 |
| 9 | 12 00 21.286 | + 2 27 37.69 | 9.790 0137 | 24 | 12 15 16.133 | + 0 43 33.47 | 10.382 8823 |
| 10 | 12 00 34.928 | + 2 25 56.51 | 9.805 8231 | 25 | 12 15 40.401 | + 0 40 50.49 | 10.391 7065 |
| 11 | 12 00 48.879 | + 2 24 13.43 | 9.821 5511 | 26 | 12 16 04.814 | + 0 38 06.77 | 10.400 3214 |
| 12 | 12 01 03.134 | + 2 22 28.48 | 9.837 1934 | 27 | 12 16 29.369 | + 0 35 22.33 | 10.408 7254 |
| 13 | 12 01 17.689 | + 2 20 41.70 | 9.852 7460 | 28 | 12 16 54.066 | + 0 32 37.17 | 10.416 9166 |
| 14 | 12 01 32.539 | + 2 18 53.12 | 9.868 2049 | 29 | 12 17 18.900 | + 0 29 51.32 | 10.424 8933 |
| 15 | 12 01 47.681 | + 2 17 02.77 | 9.883 5662 | 30 | 12 17 43.871 | + 0 27 04.79 | 10.432 6536 |
| 16 | 12 02 03.112 | + 2 15 10.67 | 9.898 8262 | 31 | 12 18 08.974 | + 0 24 17.61 | 10.440 1960 |
| 17 | 12 02 18.831 | + 2 13 16.82 | 9.913 9813 | Sept. 1 | 12 18 34.207 | + 0 21 29.80 | 10.447 5184 |
| 18 | 12 02 34.836 | + 2 11 21.24 | 9.929 0282 | 2 | 12 18 59.566 | + 0 18 41.38 | 10.454 6192 |
| 19 | 12 02 51.124 | + 2 09 23.96 | 9.943 9634 | 3 | 12 19 25.047 | + 0 15 52.38 | 10.461 4964 |
| 20 | 12 03 07.692 | + 2 07 24.99 | 9.958 7840 | 4 | 12 19 50.645 | + 0 13 02.83 | 10.468 1482 |
| 21 | 12 03 24.537 | + 2 05 24.36 | 9.973 4868 | 5 | 12 20 16.354 | + 0 10 12.77 | 10.474 5727 |
| 22 | 12 03 41.653 | + 2 03 22.10 | 9.988 0688 | 6 | 12 20 42.170 | + 0 07 22.25 | 10.480 7682 |
| 23 | 12 03 59.037 | + 2 01 18.24 | 10.002 5272 | 7 | 12 21 08.088 | + 0 04 31.29 | 10.486 7327 |
| 24 | 12 04 16.684 | + 1 59 12.81 | 10.016 8590 | 8 | 12 21 34.102 | + 0 01 39.93 | 10.492 4646 |
| 25 | 12 04 34.590 | + 1 57 05.85 | 10.031 0615 | 9 | 12 22 00.211 | − 0 01 11.81 | 10.497 9623 |
| 26 | 12 04 52.750 | + 1 54 57.37 | 10.045 1317 | 10 | 12 22 26.412 | − 0 04 03.91 | 10.503 2244 |
| 27 | 12 05 11.161 | + 1 52 47.41 | 10.059 0669 | 11 | 12 22 52.703 | − 0 06 56.36 | 10.508 2498 |
| 28 | 12 05 29.820 | + 1 50 35.98 | 10.072 8641 | 12 | 12 23 19.082 | − 0 09 49.14 | 10.513 0374 |
| 29 | 12 05 48.723 | + 1 48 23.10 | 10.086 5207 | 13 | 12 23 45.543 | − 0 12 42.22 | 10.517 5864 |
| 30 | 12 06 07.870 | + 1 46 08.79 | 10.100 0336 | 14 | 12 24 12.082 | − 0 15 35.56 | 10.521 8959 |
| 31 | 12 06 27.256 | + 1 43 53.08 | 10.113 4001 | 15 | 12 24 38.694 | − 0 18 29.15 | 10.525 9653 |
| Aug. 1 | 12 06 46.881 | + 1 41 35.96 | 10.126 6173 | 16 | 12 25 05.374 | − 0 21 22.94 | 10.529 7940 |
| 2 | 12 07 06.742 | + 1 39 17.47 | 10.139 6823 | 17 | 12 25 32.116 | − 0 24 16.89 | 10.533 3815 |
| 3 | 12 07 26.836 | + 1 36 57.61 | 10.152 5923 | 18 | 12 25 58.915 | − 0 27 10.98 | 10.536 7270 |
| 4 | 12 07 47.162 | + 1 34 36.41 | 10.165 3441 | 19 | 12 26 25.769 | − 0 30 05.18 | 10.539 8302 |
| 5 | 12 08 07.716 | + 1 32 13.88 | 10.177 9350 | 20 | 12 26 52.672 | − 0 32 59.46 | 10.542 6905 |
| 6 | 12 08 28.495 | + 1 29 50.05 | 10.190 3619 | 21 | 12 27 19.622 | − 0 35 53.80 | 10.545 3074 |
| 7 | 12 08 49.495 | + 1 27 24.96 | 10.202 6219 | 22 | 12 27 46.615 | − 0 38 48.17 | 10.547 6804 |
| 8 | 12 09 10.710 | + 1 24 58.63 | 10.214 7118 | 23 | 12 28 13.648 | − 0 41 42.57 | 10.549 8090 |
| 9 | 12 09 32.134 | + 1 22 31.12 | 10.226 6286 | 24 | 12 28 40.720 | − 0 44 36.96 | 10.551 6926 |
| 10 | 12 09 53.763 | + 1 20 02.45 | 10.238 3694 | 25 | 12 29 07.827 | − 0 47 31.33 | 10.553 3309 |
| 11 | 12 10 15.592 | + 1 17 32.65 | 10.249 9312 | 26 | 12 29 34.966 | − 0 50 25.66 | 10.554 7232 |
| 12 | 12 10 37.617 | + 1 15 01.76 | 10.261 3112 | 27 | 12 30 02.136 | − 0 53 19.92 | 10.555 8691 |
| 13 | 12 10 59.837 | + 1 12 29.79 | 10.272 5069 | 28 | 12 30 29.333 | − 0 56 14.11 | 10.556 7681 |
| 14 | 12 11 22.250 | + 1 09 56.76 | 10.283 5158 | 29 | 12 30 56.552 | − 0 59 08.17 | 10.557 4195 |
| 15 | 12 11 44.853 | + 1 07 22.67 | 10.294 3355 | 30 | 12 31 23.788 | − 1 02 02.07 | 10.557 8228 |
| 16 | 12 12 07.642 | + 1 04 47.56 | 10.304 9641 | Oct. 1 | 12 31 51.034 | − 1 04 55.82 | 10.557 9775 |

## GEOCENTRIC COORDINATES FOR 0ʰ TERRESTRIAL TIME

| Date | Apparent Right Ascension | Apparent Declination | True Geocentric Distance | Date | Apparent Right Ascension | Apparent Declination | True Geocentric Distance |
|---|---|---|---|---|---|---|---|
| | h m s | o ′ ″ | au | | h m s | o ′ ″ | au |
| Oct. 1 | 12 31 51.034 | − 1 04 55.82 | 10.557 9775 | Nov. 16 | 12 51 45.543 | − 3 07 04.12 | 10.302 3851 |
| 2 | 12 32 18.287 | − 1 07 49.41 | 10.557 8830 | 17 | 12 52 08.636 | − 3 09 18.88 | 10.291 5258 |
| 3 | 12 32 45.545 | − 1 10 42.81 | 10.557 5387 | 18 | 12 52 31.539 | − 3 11 32.17 | 10.280 4705 |
| 4 | 12 33 12.803 | − 1 13 35.92 | 10.556 9443 | 19 | 12 52 54.248 | − 3 13 43.99 | 10.269 2218 |
| 5 | 12 33 40.054 | − 1 16 28.72 | 10.556 0992 | 20 | 12 53 16.760 | − 3 15 54.31 | 10.257 7822 |
| 6 | 12 34 07.296 | − 1 19 21.18 | 10.555 0030 | 21 | 12 53 39.073 | − 3 18 03.12 | 10.246 1543 |
| 7 | 12 34 34.524 | − 1 22 13.27 | 10.553 6558 | 22 | 12 54 01.181 | − 3 20 10.41 | 10.234 3405 |
| 8 | 12 35 01.737 | − 1 25 04.99 | 10.552 0573 | 23 | 12 54 23.080 | − 3 22 16.14 | 10.222 3433 |
| 9 | 12 35 28.931 | − 1 27 56.31 | 10.550 2079 | 24 | 12 54 44.766 | − 3 24 20.28 | 10.210 1652 |
| 10 | 12 35 56.103 | − 1 30 47.22 | 10.548 1080 | 25 | 12 55 06.232 | − 3 26 22.81 | 10.197 8087 |
| 11 | 12 36 23.248 | − 1 33 37.68 | 10.545 7579 | 26 | 12 55 27.474 | − 3 28 23.69 | 10.185 2764 |
| 12 | 12 36 50.360 | − 1 36 27.66 | 10.543 1585 | 27 | 12 55 48.485 | − 3 30 22.88 | 10.172 5706 |
| 13 | 12 37 17.434 | − 1 39 17.13 | 10.540 3103 | 28 | 12 56 09.260 | − 3 32 20.36 | 10.159 6942 |
| 14 | 12 37 44.464 | − 1 42 06.05 | 10.537 2143 | 29 | 12 56 29.796 | − 3 34 16.09 | 10.146 6496 |
| 15 | 12 38 11.444 | − 1 44 54.39 | 10.533 8712 | 30 | 12 56 50.089 | − 3 36 10.05 | 10.133 4399 |
| 16 | 12 38 38.371 | − 1 47 42.11 | 10.530 2819 | Dec. 1 | 12 57 10.137 | − 3 38 02.23 | 10.120 0679 |
| 17 | 12 39 05.239 | − 1 50 29.20 | 10.526 4472 | 2 | 12 57 29.935 | − 3 39 52.62 | 10.106 5368 |
| 18 | 12 39 32.046 | − 1 53 15.62 | 10.522 3681 | 3 | 12 57 49.480 | − 3 41 41.18 | 10.092 8499 |
| 19 | 12 39 58.787 | − 1 56 01.35 | 10.518 0454 | 4 | 12 58 08.770 | − 3 43 27.92 | 10.079 0105 |
| 20 | 12 40 25.461 | − 1 58 46.38 | 10.513 4801 | 5 | 12 58 27.797 | − 3 45 12.80 | 10.065 0224 |
| 21 | 12 40 52.063 | − 2 01 30.67 | 10.508 6731 | 6 | 12 58 46.557 | − 3 46 55.79 | 10.050 8892 |
| 22 | 12 41 18.591 | − 2 04 14.23 | 10.503 6252 | 7 | 12 59 05.044 | − 3 48 36.87 | 10.036 6148 |
| 23 | 12 41 45.042 | − 2 06 57.01 | 10.498 3376 | 8 | 12 59 23.252 | − 3 50 16.00 | 10.022 2032 |
| 24 | 12 42 11.413 | − 2 09 39.02 | 10.492 8110 | 9 | 12 59 41.175 | − 3 51 53.15 | 10.007 6583 |
| 25 | 12 42 37.701 | − 2 12 20.22 | 10.487 0464 | 10 | 12 59 58.809 | − 3 53 28.30 | 9.992 9841 |
| 26 | 12 43 03.901 | − 2 15 00.60 | 10.481 0447 | 11 | 13 00 16.150 | − 3 55 01.43 | 9.978 1847 |
| 27 | 12 43 30.009 | − 2 17 40.12 | 10.474 8068 | 12 | 13 00 33.195 | − 3 56 32.51 | 9.963 2641 |
| 28 | 12 43 56.020 | − 2 20 18.75 | 10.468 3336 | 13 | 13 00 49.941 | − 3 58 01.54 | 9.948 2263 |
| 29 | 12 44 21.928 | − 2 22 56.46 | 10.461 6260 | 14 | 13 01 06.385 | − 3 59 28.49 | 9.933 0755 |
| 30 | 12 44 47.729 | − 2 25 33.21 | 10.454 6850 | 15 | 13 01 22.523 | − 4 00 53.37 | 9.917 8156 |
| 31 | 12 45 13.415 | − 2 28 08.97 | 10.447 5115 | 16 | 13 01 38.355 | − 4 02 16.14 | 9.902 4507 |
| Nov. 1 | 12 45 38.984 | − 2 30 43.69 | 10.440 1065 | 17 | 13 01 53.877 | − 4 03 36.82 | 9.886 9849 |
| 2 | 12 46 04.430 | − 2 33 17.36 | 10.432 4713 | 18 | 13 02 09.086 | − 4 04 55.38 | 9.871 4222 |
| 3 | 12 46 29.749 | − 2 35 49.95 | 10.424 6071 | 19 | 13 02 23.979 | − 4 06 11.82 | 9.855 7666 |
| 4 | 12 46 54.941 | − 2 38 21.44 | 10.416 5152 | 20 | 13 02 38.554 | − 4 07 26.11 | 9.840 0223 |
| 5 | 12 47 20.000 | − 2 40 51.80 | 10.408 1974 | 21 | 13 02 52.805 | − 4 08 38.24 | 9.824 1930 |
| 6 | 12 47 44.925 | − 2 43 21.04 | 10.399 6553 | 22 | 13 03 06.729 | − 4 09 48.19 | 9.808 2828 |
| 7 | 12 48 09.709 | − 2 45 49.11 | 10.390 8910 | 23 | 13 03 20.320 | − 4 10 55.93 | 9.792 2957 |
| 8 | 12 48 34.348 | − 2 48 15.99 | 10.381 9065 | 24 | 13 03 33.573 | − 4 12 01.43 | 9.776 2354 |
| 9 | 12 48 58.835 | − 2 50 41.64 | 10.372 7041 | 25 | 13 03 46.485 | − 4 13 04.67 | 9.760 1061 |
| 10 | 12 49 23.164 | − 2 53 06.03 | 10.363 2861 | 26 | 13 03 59.051 | − 4 14 05.62 | 9.743 9117 |
| 11 | 12 49 47.330 | − 2 55 29.12 | 10.353 6548 | 27 | 13 04 11.269 | − 4 15 04.27 | 9.727 6565 |
| 12 | 12 50 11.327 | − 2 57 50.88 | 10.343 8127 | 28 | 13 04 23.137 | − 4 16 00.61 | 9.711 3447 |
| 13 | 12 50 35.150 | − 3 00 11.29 | 10.333 7622 | 29 | 13 04 34.654 | − 4 16 54.64 | 9.694 9808 |
| 14 | 12 50 58.797 | − 3 02 30.31 | 10.323 5058 | 30 | 13 04 45.818 | − 4 17 46.35 | 9.678 5693 |
| 15 | 12 51 22.262 | − 3 04 47.93 | 10.313 0459 | 31 | 13 04 56.624 | − 4 18 35.72 | 9.662 1150 |
| 16 | 12 51 45.543 | − 3 07 04.12 | 10.302 3851 | 32 | 13 05 07.071 | − 4 19 22.76 | 9.645 6226 |

# URANUS, 2010

## GEOCENTRIC COORDINATES FOR 0ʰ TERRESTRIAL TIME

| Date | Apparent Right Ascension | Apparent Declination | True Geocentric Distance | Date | Apparent Right Ascension | Apparent Declination | True Geocentric Distance |
|---|---|---|---|---|---|---|---|
| | h m s | o ′ ″ | au | | h m s | o ′ ″ | au |
| Jan. 0 | 23 35 42.789 | − 3 26 19.27 | 20.351 863 | Feb. 15 | 23 42 24.260 | − 2 41 35.11 | 20.956 914 |
| 1 | 23 35 48.221 | − 3 25 41.76 | 20.368 400 | 16 | 23 42 35.681 | − 2 40 19.93 | 20.965 223 |
| 2 | 23 35 53.822 | − 3 25 03.17 | 20.384 849 | 17 | 23 42 47.178 | − 2 39 04.27 | 20.973 278 |
| 3 | 23 35 59.590 | − 3 24 23.53 | 20.401 206 | 18 | 23 42 58.749 | − 2 37 48.17 | 20.981 079 |
| 4 | 23 36 05.522 | − 3 23 42.83 | 20.417 467 | 19 | 23 43 10.394 | − 2 36 31.62 | 20.988 622 |
| 5 | 23 36 11.619 | − 3 23 01.09 | 20.433 627 | 20 | 23 43 22.109 | − 2 35 14.63 | 20.995 907 |
| 6 | 23 36 17.881 | − 3 22 18.30 | 20.449 682 | 21 | 23 43 33.893 | − 2 33 57.24 | 21.002 932 |
| 7 | 23 36 24.308 | − 3 21 34.45 | 20.465 627 | 22 | 23 43 45.744 | − 2 32 39.44 | 21.009 694 |
| 8 | 23 36 30.901 | − 3 20 49.54 | 20.481 458 | 23 | 23 43 57.659 | − 2 31 21.26 | 21.016 194 |
| 9 | 23 36 37.660 | − 3 20 03.58 | 20.497 169 | 24 | 23 44 09.633 | − 2 30 02.73 | 21.022 429 |
| 10 | 23 36 44.582 | − 3 19 16.57 | 20.512 755 | 25 | 23 44 21.663 | − 2 28 43.87 | 21.028 399 |
| 11 | 23 36 51.667 | − 3 18 28.54 | 20.528 213 | 26 | 23 44 33.743 | − 2 27 24.71 | 21.034 103 |
| 12 | 23 36 58.912 | − 3 17 39.50 | 20.543 538 | 27 | 23 44 45.870 | − 2 26 05.28 | 21.039 540 |
| 13 | 23 37 06.313 | − 3 16 49.46 | 20.558 724 | 28 | 23 44 58.040 | − 2 24 45.60 | 21.044 708 |
| 14 | 23 37 13.869 | − 3 15 58.44 | 20.573 767 | Mar. 1 | 23 45 10.251 | − 2 23 25.68 | 21.049 608 |
| 15 | 23 37 21.577 | − 3 15 06.48 | 20.588 662 | 2 | 23 45 22.504 | − 2 22 05.51 | 21.054 238 |
| 16 | 23 37 29.433 | − 3 14 13.57 | 20.603 406 | 3 | 23 45 34.798 | − 2 20 45.11 | 21.058 598 |
| 17 | 23 37 37.435 | − 3 13 19.74 | 20.617 993 | 4 | 23 45 47.133 | − 2 19 24.47 | 21.062 685 |
| 18 | 23 37 45.582 | − 3 12 24.99 | 20.632 420 | 5 | 23 45 59.506 | − 2 18 03.60 | 21.066 500 |
| 19 | 23 37 53.871 | − 3 11 29.35 | 20.646 682 | 6 | 23 46 11.916 | − 2 16 42.53 | 21.070 040 |
| 20 | 23 38 02.302 | − 3 10 32.82 | 20.660 775 | 7 | 23 46 24.359 | − 2 15 21.27 | 21.073 306 |
| 21 | 23 38 10.872 | − 3 09 35.41 | 20.674 695 | 8 | 23 46 36.832 | − 2 13 59.85 | 21.076 295 |
| 22 | 23 38 19.580 | − 3 08 37.13 | 20.688 439 | 9 | 23 46 49.331 | − 2 12 38.29 | 21.079 008 |
| 23 | 23 38 28.425 | − 3 07 37.98 | 20.702 002 | 10 | 23 47 01.852 | − 2 11 16.63 | 21.081 443 |
| 24 | 23 38 37.407 | − 3 06 37.98 | 20.715 381 | 11 | 23 47 14.392 | − 2 09 54.87 | 21.083 599 |
| 25 | 23 38 46.523 | − 3 05 37.13 | 20.728 573 | 12 | 23 47 26.947 | − 2 08 33.04 | 21.085 477 |
| 26 | 23 38 55.771 | − 3 04 35.46 | 20.741 574 | 13 | 23 47 39.516 | − 2 07 11.16 | 21.087 075 |
| 27 | 23 39 05.149 | − 3 03 32.98 | 20.754 381 | 14 | 23 47 52.096 | − 2 05 49.25 | 21.088 393 |
| 28 | 23 39 14.652 | − 3 02 29.71 | 20.766 990 | 15 | 23 48 04.685 | − 2 04 27.33 | 21.089 432 |
| 29 | 23 39 24.275 | − 3 01 25.69 | 20.779 400 | 16 | 23 48 17.284 | − 2 03 05.45 | 21.090 190 |
| 30 | 23 39 34.016 | − 3 00 20.94 | 20.791 607 | 17 | 23 48 29.885 | − 2 01 43.90 | 21.090 667 |
| 31 | 23 39 43.869 | − 2 59 15.49 | 20.803 608 | 18 | 23 48 42.446 | − 2 00 22.00 | 21.090 865 |
| Feb. 1 | 23 39 53.833 | − 2 58 09.34 | 20.815 401 | 19 | 23 48 55.043 | − 1 58 59.87 | 21.090 783 |
| 2 | 23 40 03.908 | − 2 57 02.50 | 20.826 982 | 20 | 23 49 07.642 | − 1 57 37.95 | 21.090 421 |
| 3 | 23 40 14.093 | − 2 55 54.97 | 20.838 349 | 21 | 23 49 20.237 | − 1 56 16.13 | 21.089 780 |
| 4 | 23 40 24.388 | − 2 54 46.74 | 20.849 498 | 22 | 23 49 32.824 | − 1 54 54.41 | 21.088 861 |
| 5 | 23 40 34.793 | − 2 53 37.83 | 20.860 427 | 23 | 23 49 45.400 | − 1 53 32.79 | 21.087 665 |
| 6 | 23 40 45.306 | − 2 52 28.24 | 20.871 131 | 24 | 23 49 57.961 | − 1 52 11.31 | 21.086 192 |
| 7 | 23 40 55.924 | − 2 51 18.00 | 20.881 609 | 25 | 23 50 10.504 | − 1 50 49.99 | 21.084 443 |
| 8 | 23 41 06.644 | − 2 50 07.13 | 20.891 856 | 26 | 23 50 23.023 | − 1 49 28.85 | 21.082 420 |
| 9 | 23 41 17.462 | − 2 48 55.64 | 20.901 871 | 27 | 23 50 35.515 | − 1 48 07.92 | 21.080 124 |
| 10 | 23 41 28.376 | − 2 47 43.57 | 20.911 650 | 28 | 23 50 47.979 | − 1 46 47.20 | 21.077 556 |
| 11 | 23 41 39.382 | − 2 46 30.93 | 20.921 190 | 29 | 23 51 00.413 | − 1 45 26.70 | 21.074 716 |
| 12 | 23 41 50.476 | − 2 45 17.74 | 20.930 490 | 30 | 23 51 12.818 | − 1 44 06.43 | 21.071 607 |
| 13 | 23 42 01.656 | − 2 44 04.04 | 20.939 545 | 31 | 23 51 25.192 | − 1 42 46.38 | 21.068 228 |
| 14 | 23 42 12.918 | − 2 42 49.82 | 20.948 354 | Apr. 1 | 23 51 37.535 | − 1 41 26.56 | 21.064 581 |
| 15 | 23 42 24.260 | − 2 41 35.11 | 20.956 914 | 2 | 23 51 49.845 | − 1 40 06.99 | 21.060 667 |

## GEOCENTRIC COORDINATES FOR 0$^h$ TERRESTRIAL TIME

| Date | Apparent Right Ascension | Apparent Declination | True Geocentric Distance | Date | Apparent Right Ascension | Apparent Declination | True Geocentric Distance |
|---|---|---|---|---|---|---|---|
| | h m s | ° ′ ″ | au | | h m s | ° ′ ″ | au |
| Apr. 1 | 23 51 37.535 | − 1 41 26.56 | 21.064 581 | May 17 | 23 59 47.998 | − 0 49 10.79 | 20.637 034 |
| 2 | 23 51 49.845 | − 1 40 06.99 | 21.060 667 | 18 | 23 59 56.167 | − 0 48 19.50 | 20.623 044 |
| 3 | 23 52 02.120 | − 1 38 47.68 | 21.056 487 | 19 | 0 00 04.195 | − 0 47 29.14 | 20.608 907 |
| 4 | 23 52 14.355 | − 1 37 28.65 | 21.052 041 | 20 | 0 00 12.080 | − 0 46 39.73 | 20.594 625 |
| 5 | 23 52 26.548 | − 1 36 09.94 | 21.047 331 | 21 | 0 00 19.820 | − 0 45 51.29 | 20.580 204 |
| 6 | 23 52 38.694 | − 1 34 51.56 | 21.042 357 | 22 | 0 00 27.414 | − 0 45 03.81 | 20.565 647 |
| 7 | 23 52 50.791 | − 1 33 33.53 | 21.037 121 | 23 | 0 00 34.863 | − 0 44 17.30 | 20.550 958 |
| 8 | 23 53 02.834 | − 1 32 15.88 | 21.031 624 | 24 | 0 00 42.167 | − 0 43 31.76 | 20.536 141 |
| 9 | 23 53 14.822 | − 1 30 58.63 | 21.025 867 | 25 | 0 00 49.326 | − 0 42 47.17 | 20.521 201 |
| 10 | 23 53 26.752 | − 1 29 41.78 | 21.019 852 | 26 | 0 00 56.341 | − 0 42 03.54 | 20.506 140 |
| 11 | 23 53 38.622 | − 1 28 25.36 | 21.013 581 | 27 | 0 01 03.209 | − 0 41 20.88 | 20.490 962 |
| 12 | 23 53 50.430 | − 1 27 09.37 | 21.007 055 | 28 | 0 01 09.930 | − 0 40 39.19 | 20.475 672 |
| 13 | 23 54 02.174 | − 1 25 53.83 | 21.000 275 | 29 | 0 01 16.501 | − 0 39 58.50 | 20.460 272 |
| 14 | 23 54 13.853 | − 1 24 38.74 | 20.993 244 | 30 | 0 01 22.920 | − 0 39 18.82 | 20.444 768 |
| 15 | 23 54 25.466 | − 1 23 24.11 | 20.985 964 | 31 | 0 01 29.183 | − 0 38 40.16 | 20.429 161 |
| 16 | 23 54 37.011 | − 1 22 09.97 | 20.978 437 | June 1 | 0 01 35.288 | − 0 38 02.55 | 20.413 457 |
| 17 | 23 54 48.485 | − 1 20 56.31 | 20.970 666 | 2 | 0 01 41.235 | − 0 37 25.99 | 20.397 659 |
| 18 | 23 54 59.887 | − 1 19 43.15 | 20.962 652 | 3 | 0 01 47.020 | − 0 36 50.49 | 20.381 771 |
| 19 | 23 55 11.212 | − 1 18 30.53 | 20.954 398 | 4 | 0 01 52.644 | − 0 36 16.06 | 20.365 798 |
| 20 | 23 55 22.458 | − 1 17 18.46 | 20.945 907 | 5 | 0 01 58.105 | − 0 35 42.70 | 20.349 742 |
| 21 | 23 55 33.620 | − 1 16 06.96 | 20.937 181 | 6 | 0 02 03.404 | − 0 35 10.42 | 20.333 609 |
| 22 | 23 55 44.694 | − 1 14 56.06 | 20.928 224 | 7 | 0 02 08.538 | − 0 34 39.22 | 20.317 402 |
| 23 | 23 55 55.677 | − 1 13 45.78 | 20.919 038 | 8 | 0 02 13.510 | − 0 34 09.09 | 20.301 126 |
| 24 | 23 56 06.568 | − 1 12 36.14 | 20.909 626 | 9 | 0 02 18.317 | − 0 33 40.05 | 20.284 786 |
| 25 | 23 56 17.365 | − 1 11 27.13 | 20.899 991 | 10 | 0 02 22.961 | − 0 33 12.08 | 20.268 385 |
| 26 | 23 56 28.067 | − 1 10 18.76 | 20.890 135 | 11 | 0 02 27.439 | − 0 32 45.20 | 20.251 929 |
| 27 | 23 56 38.675 | − 1 09 11.03 | 20.880 062 | 12 | 0 02 31.752 | − 0 32 19.42 | 20.235 422 |
| 28 | 23 56 49.189 | − 1 08 03.95 | 20.869 773 | 13 | 0 02 35.895 | − 0 31 54.74 | 20.218 870 |
| 29 | 23 56 59.608 | − 1 06 57.51 | 20.859 272 | 14 | 0 02 39.867 | − 0 31 31.19 | 20.202 276 |
| 30 | 23 57 09.929 | − 1 05 51.73 | 20.848 561 | 15 | 0 02 43.665 | − 0 31 08.78 | 20.185 646 |
| May 1 | 23 57 20.150 | − 1 04 46.63 | 20.837 642 | 16 | 0 02 47.287 | − 0 30 47.52 | 20.168 984 |
| 2 | 23 57 30.267 | − 1 03 42.23 | 20.826 518 | 17 | 0 02 50.731 | − 0 30 27.43 | 20.152 297 |
| 3 | 23 57 40.277 | − 1 02 38.56 | 20.815 192 | 18 | 0 02 53.998 | − 0 30 08.49 | 20.135 588 |
| 4 | 23 57 50.178 | − 1 01 35.62 | 20.803 665 | 19 | 0 02 57.089 | − 0 29 50.70 | 20.118 862 |
| 5 | 23 57 59.965 | − 1 00 33.45 | 20.791 942 | 20 | 0 03 00.005 | − 0 29 34.06 | 20.102 124 |
| 6 | 23 58 09.638 | − 0 59 32.06 | 20.780 025 | 21 | 0 03 02.748 | − 0 29 18.54 | 20.085 378 |
| 7 | 23 58 19.193 | − 0 58 31.46 | 20.767 917 | 22 | 0 03 05.319 | − 0 29 04.15 | 20.068 630 |
| 8 | 23 58 28.630 | − 0 57 31.65 | 20.755 621 | 23 | 0 03 07.717 | − 0 28 50.88 | 20.051 882 |
| 9 | 23 58 37.946 | − 0 56 32.66 | 20.743 139 | 24 | 0 03 09.942 | − 0 28 38.74 | 20.035 141 |
| 10 | 23 58 47.140 | − 0 55 34.49 | 20.730 476 | 25 | 0 03 11.993 | − 0 28 27.73 | 20.018 409 |
| 11 | 23 58 56.212 | − 0 54 37.14 | 20.717 634 | 26 | 0 03 13.868 | − 0 28 17.86 | 20.001 691 |
| 12 | 23 59 05.160 | − 0 53 40.62 | 20.704 617 | 27 | 0 03 15.567 | − 0 28 09.14 | 19.984 992 |
| 13 | 23 59 13.984 | − 0 52 44.93 | 20.691 429 | 28 | 0 03 17.087 | − 0 28 01.59 | 19.968 315 |
| 14 | 23 59 22.682 | − 0 51 50.09 | 20.678 072 | 29 | 0 03 18.428 | − 0 27 55.20 | 19.951 666 |
| 15 | 23 59 31.252 | − 0 50 56.11 | 20.664 552 | 30 | 0 03 19.589 | − 0 27 49.97 | 19.935 048 |
| 16 | 23 59 39.692 | − 0 50 03.00 | 20.650 871 | July 1 | 0 03 20.570 | − 0 27 45.92 | 19.918 466 |
| 17 | 23 59 47.998 | − 0 49 10.79 | 20.637 034 | 2 | 0 03 21.372 | − 0 27 43.03 | 19.901 925 |

# URANUS, 2010

## GEOCENTRIC COORDINATES FOR 0ʰ TERRESTRIAL TIME

| Date | Apparent Right Ascension | Apparent Declination | True Geocentric Distance | Date | Apparent Right Ascension | Apparent Declination | True Geocentric Distance |
|---|---|---|---|---|---|---|---|
| | h m s | ° ′ ″ | au | | h m s | ° ′ ″ | au |
| July 1 | 0 03 20.570 | − 0 27 45.92 | 19.918 466 | Aug. 16 | 0 01 02.729 | − 0 44 15.13 | 19.273 882 |
| 2 | 0 03 21.372 | − 0 27 43.03 | 19.901 925 | 17 | 0 00 56.217 | − 0 44 58.90 | 19.264 049 |
| 3 | 0 03 21.995 | − 0 27 41.30 | 19.885 428 | 18 | 0 00 49.589 | − 0 45 43.38 | 19.254 455 |
| 4 | 0 03 22.440 | − 0 27 40.73 | 19.868 981 | 19 | 0 00 42.846 | − 0 46 28.56 | 19.245 103 |
| 5 | 0 03 22.708 | − 0 27 41.31 | 19.852 588 | 20 | 0 00 35.991 | − 0 47 14.44 | 19.235 996 |
| 6 | 0 03 22.800 | − 0 27 43.03 | 19.836 254 | 21 | 0 00 29.026 | − 0 48 01.00 | 19.227 136 |
| 7 | 0 03 22.716 | − 0 27 45.89 | 19.819 983 | 22 | 0 00 21.951 | − 0 48 48.24 | 19.218 527 |
| 8 | 0 03 22.458 | − 0 27 49.88 | 19.803 781 | 23 | 0 00 14.769 | − 0 49 36.13 | 19.210 170 |
| 9 | 0 03 22.025 | − 0 27 55.00 | 19.787 651 | 24 | 0 00 07.483 | − 0 50 24.65 | 19.202 069 |
| 10 | 0 03 21.417 | − 0 28 01.25 | 19.771 600 | 25 | 0 00 00.096 | − 0 51 13.80 | 19.194 226 |
| 11 | 0 03 20.632 | − 0 28 08.64 | 19.755 633 | 26 | 23 59 52.611 | − 0 52 03.54 | 19.186 643 |
| 12 | 0 03 19.670 | − 0 28 17.17 | 19.739 753 | 27 | 23 59 45.032 | − 0 52 53.85 | 19.179 323 |
| 13 | 0 03 18.528 | − 0 28 26.86 | 19.723 967 | 28 | 23 59 37.363 | − 0 53 44.71 | 19.172 269 |
| 14 | 0 03 17.206 | − 0 28 37.71 | 19.708 279 | 29 | 23 59 29.608 | − 0 54 36.09 | 19.165 482 |
| 15 | 0 03 15.706 | − 0 28 49.71 | 19.692 695 | 30 | 23 59 21.769 | − 0 55 27.96 | 19.158 966 |
| 16 | 0 03 14.029 | − 0 29 02.84 | 19.677 218 | 31 | 23 59 13.852 | − 0 56 20.31 | 19.152 723 |
| 17 | 0 03 12.178 | − 0 29 17.09 | 19.661 854 | Sept. 1 | 23 59 05.859 | − 0 57 13.11 | 19.146 754 |
| 18 | 0 03 10.157 | − 0 29 32.42 | 19.646 607 | 2 | 23 58 57.792 | − 0 58 06.34 | 19.141 064 |
| 19 | 0 03 07.968 | − 0 29 48.84 | 19.631 482 | 3 | 23 58 49.655 | − 0 58 59.99 | 19.135 653 |
| 20 | 0 03 05.613 | − 0 30 06.31 | 19.616 482 | 4 | 23 58 41.449 | − 0 59 54.03 | 19.130 524 |
| 21 | 0 03 03.091 | − 0 30 24.85 | 19.601 612 | 5 | 23 58 33.176 | − 1 00 48.47 | 19.125 680 |
| 22 | 0 03 00.405 | − 0 30 44.44 | 19.586 876 | 6 | 23 58 24.838 | − 1 01 43.29 | 19.121 123 |
| 23 | 0 02 57.554 | − 0 31 05.09 | 19.572 279 | 7 | 23 58 16.437 | − 1 02 38.47 | 19.116 855 |
| 24 | 0 02 54.537 | − 0 31 26.79 | 19.557 823 | 8 | 23 58 07.976 | − 1 03 33.99 | 19.112 877 |
| 25 | 0 02 51.355 | − 0 31 49.54 | 19.543 514 | 9 | 23 57 59.461 | − 1 04 29.81 | 19.109 192 |
| 26 | 0 02 48.009 | − 0 32 13.35 | 19.529 355 | 10 | 23 57 50.898 | − 1 05 25.89 | 19.105 802 |
| 27 | 0 02 44.499 | − 0 32 38.19 | 19.515 349 | 11 | 23 57 42.293 | − 1 06 22.19 | 19.102 707 |
| 28 | 0 02 40.827 | − 0 33 04.08 | 19.501 502 | 12 | 23 57 33.651 | − 1 07 18.68 | 19.099 908 |
| 29 | 0 02 36.994 | − 0 33 30.99 | 19.487 818 | 13 | 23 57 24.976 | − 1 08 15.34 | 19.097 406 |
| 30 | 0 02 33.002 | − 0 33 58.90 | 19.474 299 | 14 | 23 57 16.271 | − 1 09 12.14 | 19.095 203 |
| 31 | 0 02 28.853 | − 0 34 27.82 | 19.460 951 | 15 | 23 57 07.539 | − 1 10 09.07 | 19.093 298 |
| Aug. 1 | 0 02 24.551 | − 0 34 57.71 | 19.447 776 | 16 | 23 56 58.782 | − 1 11 06.12 | 19.091 693 |
| 2 | 0 02 20.097 | − 0 35 28.57 | 19.434 781 | 17 | 23 56 50.002 | − 1 12 03.26 | 19.090 387 |
| 3 | 0 02 15.493 | − 0 36 00.37 | 19.421 968 | 18 | 23 56 41.203 | − 1 13 00.47 | 19.089 381 |
| 4 | 0 02 10.742 | − 0 36 33.11 | 19.409 341 | 19 | 23 56 32.387 | − 1 13 57.75 | 19.088 675 |
| 5 | 0 02 05.846 | − 0 37 06.76 | 19.396 905 | 20 | 23 56 23.557 | − 1 14 55.07 | 19.088 270 |
| 6 | 0 02 00.806 | − 0 37 41.33 | 19.384 664 | 21 | 23 56 14.719 | − 1 15 52.39 | 19.088 166 |
| 7 | 0 01 55.623 | − 0 38 16.79 | 19.372 623 | 22 | 23 56 05.875 | − 1 16 49.70 | 19.088 362 |
| 8 | 0 01 50.296 | − 0 38 53.16 | 19.360 785 | 23 | 23 55 57.031 | − 1 17 46.97 | 19.088 859 |
| 9 | 0 01 44.827 | − 0 39 30.43 | 19.349 154 | 24 | 23 55 48.190 | − 1 18 44.17 | 19.089 656 |
| 10 | 0 01 39.215 | − 0 40 08.59 | 19.337 735 | 25 | 23 55 39.356 | − 1 19 41.26 | 19.090 755 |
| 11 | 0 01 33.462 | − 0 40 47.63 | 19.326 532 | 26 | 23 55 30.536 | − 1 20 38.23 | 19.092 154 |
| 12 | 0 01 27.572 | − 0 41 27.54 | 19.315 548 | 27 | 23 55 21.732 | − 1 21 35.03 | 19.093 854 |
| 13 | 0 01 21.549 | − 0 42 08.27 | 19.304 788 | 28 | 23 55 12.948 | − 1 22 31.66 | 19.095 855 |
| 14 | 0 01 15.398 | − 0 42 49.80 | 19.294 255 | 29 | 23 55 04.188 | − 1 23 28.09 | 19.098 156 |
| 15 | 0 01 09.124 | − 0 43 32.09 | 19.283 952 | 30 | 23 54 55.456 | − 1 24 24.29 | 19.100 758 |
| 16 | 0 01 02.729 | − 0 44 15.13 | 19.273 882 | Oct. 1 | 23 54 46.752 | − 1 25 20.25 | 19.103 659 |

## GEOCENTRIC COORDINATES FOR 0$^h$ TERRESTRIAL TIME

| Date | Apparent Right Ascension | Apparent Declination | True Geocentric Distance | Date | Apparent Right Ascension | Apparent Declination | True Geocentric Distance |
|---|---|---|---|---|---|---|---|
| | h m s | ° ′ ″ | au | | h m s | ° ′ ″ | au |
| Oct. 1 | 23 54 46.752 | − 1 25 20.25 | 19.103 659 | Nov. 16 | 23 49 37.543 | − 1 57 34.60 | 19.530 493 |
| 2 | 23 54 38.080 | − 1 26 15.95 | 19.106 859 | 17 | 23 49 33.926 | − 1 57 55.69 | 19.545 046 |
| 3 | 23 54 29.442 | − 1 27 11.39 | 19.110 359 | 18 | 23 49 30.479 | − 1 58 15.65 | 19.559 759 |
| 4 | 23 54 20.840 | − 1 28 06.54 | 19.114 158 | 19 | 23 49 27.204 | − 1 58 34.47 | 19.574 629 |
| 5 | 23 54 12.279 | − 1 29 01.38 | 19.118 255 | 20 | 23 49 24.104 | − 1 58 52.13 | 19.589 651 |
| 6 | 23 54 03.761 | − 1 29 55.89 | 19.122 648 | 21 | 23 49 21.181 | − 1 59 08.63 | 19.604 820 |
| 7 | 23 53 55.294 | − 1 30 50.01 | 19.127 338 | 22 | 23 49 18.436 | − 1 59 23.96 | 19.620 131 |
| 8 | 23 53 46.883 | − 1 31 43.72 | 19.132 322 | 23 | 23 49 15.870 | − 1 59 38.12 | 19.635 580 |
| 9 | 23 53 38.534 | − 1 32 36.97 | 19.137 600 | 24 | 23 49 13.482 | − 1 59 51.10 | 19.651 162 |
| 10 | 23 53 30.252 | − 1 33 29.73 | 19.143 169 | 25 | 23 49 11.272 | − 2 00 02.90 | 19.666 874 |
| 11 | 23 53 22.041 | − 1 34 22.00 | 19.149 028 | 26 | 23 49 09.241 | − 2 00 13.54 | 19.682 710 |
| 12 | 23 53 13.902 | − 1 35 13.74 | 19.155 174 | 27 | 23 49 07.388 | − 2 00 23.01 | 19.698 665 |
| 13 | 23 53 05.837 | − 1 36 04.95 | 19.161 605 | 28 | 23 49 05.713 | − 2 00 31.30 | 19.714 736 |
| 14 | 23 52 57.850 | − 1 36 55.61 | 19.168 319 | 29 | 23 49 04.218 | − 2 00 38.41 | 19.730 916 |
| 15 | 23 52 49.942 | − 1 37 45.72 | 19.175 314 | 30 | 23 49 02.906 | − 2 00 44.32 | 19.747 202 |
| 16 | 23 52 42.116 | − 1 38 35.24 | 19.182 587 | Dec. 1 | 23 49 01.778 | − 2 00 49.02 | 19.763 589 |
| 17 | 23 52 34.376 | − 1 39 24.17 | 19.190 135 | 2 | 23 49 00.838 | − 2 00 52.49 | 19.780 070 |
| 18 | 23 52 26.724 | − 1 40 12.48 | 19.197 956 | 3 | 23 49 00.088 | − 2 00 54.71 | 19.796 642 |
| 19 | 23 52 19.164 | − 1 41 00.15 | 19.206 049 | 4 | 23 48 59.530 | − 2 00 55.68 | 19.813 298 |
| 20 | 23 52 11.700 | − 1 41 47.15 | 19.214 409 | 5 | 23 48 59.163 | − 2 00 55.39 | 19.830 032 |
| 21 | 23 52 04.336 | − 1 42 33.46 | 19.223 034 | 6 | 23 48 58.988 | − 2 00 53.85 | 19.846 840 |
| 22 | 23 51 57.076 | − 1 43 19.05 | 19.231 922 | 7 | 23 48 59.003 | − 2 00 51.08 | 19.863 716 |
| 23 | 23 51 49.924 | − 1 44 03.91 | 19.241 070 | 8 | 23 48 59.208 | − 2 00 47.07 | 19.880 654 |
| 24 | 23 51 42.883 | − 1 44 48.00 | 19.250 475 | 9 | 23 48 59.601 | − 2 00 41.84 | 19.897 648 |
| 25 | 23 51 35.957 | − 1 45 31.30 | 19.260 135 | 10 | 23 49 00.182 | − 2 00 35.39 | 19.914 693 |
| 26 | 23 51 29.149 | − 1 46 13.81 | 19.270 046 | 11 | 23 49 00.950 | − 2 00 27.71 | 19.931 783 |
| 27 | 23 51 22.460 | − 1 46 55.50 | 19.280 207 | 12 | 23 49 01.907 | − 2 00 18.82 | 19.948 913 |
| 28 | 23 51 15.893 | − 1 47 36.36 | 19.290 613 | 13 | 23 49 03.052 | − 2 00 08.70 | 19.966 078 |
| 29 | 23 51 09.448 | − 1 48 16.39 | 19.301 263 | 14 | 23 49 04.386 | − 1 59 57.35 | 19.983 272 |
| 30 | 23 51 03.128 | − 1 48 55.57 | 19.312 153 | 15 | 23 49 05.910 | − 1 59 44.77 | 20.000 489 |
| 31 | 23 50 56.934 | − 1 49 33.90 | 19.323 280 | 16 | 23 49 07.625 | − 1 59 30.96 | 20.017 725 |
| Nov. 1 | 23 50 50.869 | − 1 50 11.35 | 19.334 641 | 17 | 23 49 09.530 | − 1 59 15.92 | 20.034 974 |
| 2 | 23 50 44.935 | − 1 50 47.92 | 19.346 233 | 18 | 23 49 11.626 | − 1 58 59.63 | 20.052 231 |
| 3 | 23 50 39.137 | − 1 51 23.56 | 19.358 052 | 19 | 23 49 13.913 | − 1 58 42.12 | 20.069 491 |
| 4 | 23 50 33.480 | − 1 51 58.26 | 19.370 094 | 20 | 23 49 16.391 | − 1 58 23.38 | 20.086 749 |
| 5 | 23 50 27.967 | − 1 52 31.97 | 19.382 357 | 21 | 23 49 19.057 | − 1 58 03.42 | 20.104 001 |
| 6 | 23 50 22.605 | − 1 53 04.68 | 19.394 834 | 22 | 23 49 21.909 | − 1 57 42.25 | 20.121 240 |
| 7 | 23 50 17.394 | − 1 53 36.37 | 19.407 524 | 23 | 23 49 24.946 | − 1 57 19.90 | 20.138 463 |
| 8 | 23 50 12.337 | − 1 54 07.03 | 19.420 420 | 24 | 23 49 28.165 | − 1 56 56.37 | 20.155 665 |
| 9 | 23 50 07.435 | − 1 54 36.66 | 19.433 519 | 25 | 23 49 31.565 | − 1 56 31.67 | 20.172 841 |
| 10 | 23 50 02.688 | − 1 55 05.25 | 19.446 815 | 26 | 23 49 35.146 | − 1 56 05.81 | 20.189 986 |
| 11 | 23 49 58.098 | − 1 55 32.80 | 19.460 305 | 27 | 23 49 38.907 | − 1 55 38.79 | 20.207 095 |
| 12 | 23 49 53.665 | − 1 55 59.30 | 19.473 984 | 28 | 23 49 42.849 | − 1 55 10.58 | 20.224 163 |
| 13 | 23 49 49.391 | − 1 56 24.74 | 19.487 847 | 29 | 23 49 46.975 | − 1 54 41.20 | 20.241 185 |
| 14 | 23 49 45.278 | − 1 56 49.11 | 19.501 889 | 30 | 23 49 51.284 | − 1 54 10.64 | 20.258 155 |
| 15 | 23 49 41.328 | − 1 57 12.41 | 19.516 106 | 31 | 23 49 55.777 | − 1 53 38.89 | 20.275 069 |
| 16 | 23 49 37.543 | − 1 57 34.60 | 19.530 493 | 32 | 23 50 00.453 | − 1 53 05.97 | 20.291 922 |

# NEPTUNE, 2010

## GEOCENTRIC COORDINATES FOR 0ʰ TERRESTRIAL TIME

| Date | Apparent Right Ascension | Apparent Declination | True Geocentric Distance | Date | Apparent Right Ascension | Apparent Declination | True Geocentric Distance |
|------|------|------|------|------|------|------|------|
| | h m s | ° ′ ″ | au | | h m s | ° ′ ″ | au |
| Jan. 0 | 21 47 58.199 | −13 43 54.48 | 30.710 269 | Feb. 15 | 21 54 12.127 | −13 11 41.81 | 31.010 922 |
| 1 | 21 48 04.984 | −13 43 19.54 | 30.722 439 | 16 | 21 54 20.914 | −13 10 55.21 | 31.010 935 |
| 2 | 21 48 11.854 | −13 42 44.18 | 30.734 397 | 17 | 21 54 29.747 | −13 10 09.20 | 31.010 657 |
| 3 | 21 48 18.805 | −13 42 08.40 | 30.746 143 | 18 | 21 54 38.571 | −13 09 23.31 | 31.010 088 |
| 4 | 21 48 25.835 | −13 41 32.21 | 30.757 671 | 19 | 21 54 47.388 | −13 08 37.46 | 31.009 229 |
| 5 | 21 48 32.942 | −13 40 55.60 | 30.768 978 | 20 | 21 54 56.197 | −13 07 51.65 | 31.008 079 |
| 6 | 21 48 40.128 | −13 40 18.57 | 30.780 063 | 21 | 21 55 04.997 | −13 07 05.87 | 31.006 642 |
| 7 | 21 48 47.393 | −13 39 41.11 | 30.790 920 | 22 | 21 55 13.788 | −13 06 20.14 | 31.004 916 |
| 8 | 21 48 54.736 | −13 39 03.22 | 30.801 547 | 23 | 21 55 22.566 | −13 05 34.48 | 31.002 903 |
| 9 | 21 49 02.158 | −13 38 24.92 | 30.811 940 | 24 | 21 55 31.329 | −13 04 48.91 | 31.000 604 |
| 10 | 21 49 09.656 | −13 37 46.22 | 30.822 096 | 25 | 21 55 40.073 | −13 04 03.44 | 30.998 021 |
| 11 | 21 49 17.229 | −13 37 07.13 | 30.832 012 | 26 | 21 55 48.795 | −13 03 18.10 | 30.995 154 |
| 12 | 21 49 24.874 | −13 36 27.67 | 30.841 685 | 27 | 21 55 57.489 | −13 02 32.91 | 30.992 005 |
| 13 | 21 49 32.588 | −13 35 47.85 | 30.851 111 | 28 | 21 56 06.154 | −13 01 47.86 | 30.988 575 |
| 14 | 21 49 40.369 | −13 35 07.70 | 30.860 287 | Mar. 1 | 21 56 14.789 | −13 01 02.95 | 30.984 866 |
| 15 | 21 49 48.213 | −13 34 27.23 | 30.869 212 | 2 | 21 56 23.393 | −13 00 18.18 | 30.980 878 |
| 16 | 21 49 56.117 | −13 33 46.44 | 30.877 881 | 3 | 21 56 31.967 | −12 59 33.54 | 30.976 613 |
| 17 | 21 50 04.079 | −13 33 05.35 | 30.886 294 | 4 | 21 56 40.512 | −12 58 49.03 | 30.972 071 |
| 18 | 21 50 12.096 | −13 32 23.96 | 30.894 446 | 5 | 21 56 49.026 | −12 58 04.68 | 30.967 253 |
| 19 | 21 50 20.168 | −13 31 42.28 | 30.902 337 | 6 | 21 56 57.508 | −12 57 20.50 | 30.962 162 |
| 20 | 21 50 28.292 | −13 31 00.31 | 30.909 963 | 7 | 21 57 05.955 | −12 56 36.50 | 30.956 797 |
| 21 | 21 50 36.467 | −13 30 18.06 | 30.917 323 | 8 | 21 57 14.365 | −12 55 52.70 | 30.951 160 |
| 22 | 21 50 44.693 | −13 29 35.54 | 30.924 415 | 9 | 21 57 22.733 | −12 55 09.13 | 30.945 254 |
| 23 | 21 50 52.968 | −13 28 52.74 | 30.931 237 | 10 | 21 57 31.057 | −12 54 25.80 | 30.939 078 |
| 24 | 21 51 01.292 | −13 28 09.67 | 30.937 788 | 11 | 21 57 39.335 | −12 53 42.71 | 30.932 635 |
| 25 | 21 51 09.663 | −13 27 26.35 | 30.944 066 | 12 | 21 57 47.563 | −12 52 59.89 | 30.925 927 |
| 26 | 21 51 18.080 | −13 26 42.79 | 30.950 070 | 13 | 21 57 55.740 | −12 52 17.34 | 30.918 956 |
| 27 | 21 51 26.539 | −13 25 59.02 | 30.955 799 | 14 | 21 58 03.864 | −12 51 35.06 | 30.911 723 |
| 28 | 21 51 35.038 | −13 25 15.05 | 30.961 251 | 15 | 21 58 11.932 | −12 50 53.07 | 30.904 231 |
| 29 | 21 51 43.572 | −13 24 30.90 | 30.966 426 | 16 | 21 58 19.945 | −12 50 11.36 | 30.896 483 |
| 30 | 21 51 52.137 | −13 23 46.60 | 30.971 322 | 17 | 21 58 27.901 | −12 49 29.94 | 30.888 480 |
| 31 | 21 52 00.729 | −13 23 02.15 | 30.975 938 | 18 | 21 58 35.799 | −12 48 48.81 | 30.880 224 |
| Feb. 1 | 21 52 09.347 | −13 22 17.55 | 30.980 275 | 19 | 21 58 43.639 | −12 48 07.98 | 30.871 720 |
| 2 | 21 52 17.989 | −13 21 32.80 | 30.984 329 | 20 | 21 58 51.420 | −12 47 27.47 | 30.862 969 |
| 3 | 21 52 26.657 | −13 20 47.88 | 30.988 101 | 21 | 21 58 59.140 | −12 46 47.28 | 30.853 975 |
| 4 | 21 52 35.351 | −13 20 02.81 | 30.991 588 | 22 | 21 59 06.797 | −12 46 07.43 | 30.844 741 |
| 5 | 21 52 44.070 | −13 19 17.59 | 30.994 790 | 23 | 21 59 14.389 | −12 45 27.93 | 30.835 268 |
| 6 | 21 52 52.813 | −13 18 32.23 | 30.997 706 | 24 | 21 59 21.913 | −12 44 48.81 | 30.825 562 |
| 7 | 21 53 01.578 | −13 17 46.76 | 31.000 334 | 25 | 21 59 29.365 | −12 44 10.09 | 30.815 624 |
| 8 | 21 53 10.361 | −13 17 01.18 | 31.002 674 | 26 | 21 59 36.743 | −12 43 31.77 | 30.805 459 |
| 9 | 21 53 19.161 | −13 16 15.53 | 31.004 724 | 27 | 21 59 44.042 | −12 42 53.87 | 30.795 069 |
| 10 | 21 53 27.973 | −13 15 29.81 | 31.006 485 | 28 | 21 59 51.263 | −12 42 16.38 | 30.784 457 |
| 11 | 21 53 36.795 | −13 14 44.05 | 31.007 955 | 29 | 21 59 58.405 | −12 41 39.30 | 30.773 627 |
| 12 | 21 53 45.624 | −13 13 58.24 | 31.009 134 | 30 | 22 00 05.468 | −12 41 02.62 | 30.762 581 |
| 13 | 21 53 54.460 | −13 13 12.42 | 31.010 021 | 31 | 22 00 12.453 | −12 40 26.34 | 30.751 323 |
| 14 | 21 54 03.306 | −13 12 26.65 | 31.010 617 | Apr. 1 | 22 00 19.361 | −12 39 50.46 | 30.739 855 |
| 15 | 21 54 12.127 | −13 11 41.81 | 31.010 922 | 2 | 22 00 26.191 | −12 39 15.00 | 30.728 180 |

## GEOCENTRIC COORDINATES FOR 0$^h$ TERRESTRIAL TIME

| Date | Apparent Right Ascension | Apparent Declination | True Geocentric Distance | Date | Apparent Right Ascension | Apparent Declination | True Geocentric Distance |
|---|---|---|---|---|---|---|---|
| | h m s | o ′ ″ | au | | h m s | o ′ ″ | au |
| Apr. 1 | 22 00 19.361 | −12 39 50.46 | 30.739 855 | May 17 | 22 03 48.394 | −12 22 09.66 | 30.050 169 |
| 2 | 22 00 26.191 | −12 39 15.00 | 30.728 180 | 18 | 22 03 50.225 | −12 22 01.37 | 30.033 254 |
| 3 | 22 00 32.941 | −12 38 39.98 | 30.716 301 | 19 | 22 03 51.928 | −12 21 53.80 | 30.016 332 |
| 4 | 22 00 39.607 | −12 38 05.41 | 30.704 221 | 20 | 22 03 53.502 | −12 21 46.93 | 29.999 409 |
| 5 | 22 00 46.189 | −12 37 31.31 | 30.691 943 | 21 | 22 03 54.946 | −12 21 40.77 | 29.982 488 |
| 6 | 22 00 52.681 | −12 36 57.70 | 30.679 471 | 22 | 22 03 56.261 | −12 21 35.30 | 29.965 575 |
| 7 | 22 00 59.084 | −12 36 24.58 | 30.666 808 | 23 | 22 03 57.449 | −12 21 30.50 | 29.948 674 |
| 8 | 22 01 05.393 | −12 35 51.97 | 30.653 956 | 24 | 22 03 58.512 | −12 21 26.37 | 29.931 791 |
| 9 | 22 01 11.608 | −12 35 19.87 | 30.640 921 | 25 | 22 03 59.451 | −12 21 22.90 | 29.914 929 |
| 10 | 22 01 17.727 | −12 34 48.28 | 30.627 705 | 26 | 22 04 00.268 | −12 21 20.10 | 29.898 092 |
| 11 | 22 01 23.748 | −12 34 17.21 | 30.614 312 | 27 | 22 04 00.963 | −12 21 17.95 | 29.881 287 |
| 12 | 22 01 29.672 | −12 33 46.67 | 30.600 746 | 28 | 22 04 01.536 | −12 21 16.47 | 29.864 515 |
| 13 | 22 01 35.498 | −12 33 16.64 | 30.587 010 | 29 | 22 04 01.986 | −12 21 15.67 | 29.847 783 |
| 14 | 22 01 41.225 | −12 32 47.14 | 30.573 110 | 30 | 22 04 02.312 | −12 21 15.56 | 29.831 094 |
| 15 | 22 01 46.853 | −12 32 18.16 | 30.559 049 | 31 | 22 04 02.511 | −12 21 16.14 | 29.814 453 |
| 16 | 22 01 52.383 | −12 31 49.72 | 30.544 831 | June 1 | 22 04 02.585 | −12 21 17.42 | 29.797 865 |
| 17 | 22 01 57.813 | −12 31 21.81 | 30.530 460 | 2 | 22 04 02.531 | −12 21 19.39 | 29.781 333 |
| 18 | 22 02 03.142 | −12 30 54.46 | 30.515 942 | 3 | 22 04 02.350 | −12 21 22.04 | 29.764 863 |
| 19 | 22 02 08.368 | −12 30 27.68 | 30.501 280 | 4 | 22 04 02.043 | −12 21 25.39 | 29.748 458 |
| 20 | 22 02 13.488 | −12 30 01.48 | 30.486 479 | 5 | 22 04 01.610 | −12 21 29.41 | 29.732 125 |
| 21 | 22 02 18.501 | −12 29 35.89 | 30.471 544 | 6 | 22 04 01.051 | −12 21 34.09 | 29.715 866 |
| 22 | 22 02 23.403 | −12 29 10.90 | 30.456 479 | 7 | 22 04 00.370 | −12 21 39.44 | 29.699 688 |
| 23 | 22 02 28.192 | −12 28 46.52 | 30.441 289 | 8 | 22 03 59.566 | −12 21 45.44 | 29.683 595 |
| 24 | 22 02 32.867 | −12 28 22.76 | 30.425 977 | 9 | 22 03 58.641 | −12 21 52.09 | 29.667 591 |
| 25 | 22 02 37.429 | −12 27 59.61 | 30.410 549 | 10 | 22 03 57.597 | −12 21 59.38 | 29.651 682 |
| 26 | 22 02 41.877 | −12 27 37.05 | 30.395 008 | 11 | 22 03 56.435 | −12 22 07.31 | 29.635 873 |
| 27 | 22 02 46.214 | −12 27 15.08 | 30.379 359 | 12 | 22 03 55.154 | −12 22 15.89 | 29.620 167 |
| 28 | 22 02 50.441 | −12 26 53.71 | 30.363 605 | 13 | 22 03 53.755 | −12 22 25.12 | 29.604 572 |
| 29 | 22 02 54.557 | −12 26 32.93 | 30.347 752 | 14 | 22 03 52.236 | −12 22 35.02 | 29.589 090 |
| 30 | 22 02 58.563 | −12 26 12.75 | 30.331 802 | 15 | 22 03 50.596 | −12 22 45.57 | 29.573 727 |
| May 1 | 22 03 02.455 | −12 25 53.19 | 30.315 760 | 16 | 22 03 48.834 | −12 22 56.79 | 29.558 489 |
| 2 | 22 03 06.233 | −12 25 34.27 | 30.299 631 | 17 | 22 03 46.951 | −12 23 08.66 | 29.543 378 |
| 3 | 22 03 09.894 | −12 25 16.00 | 30.283 417 | 18 | 22 03 44.947 | −12 23 21.17 | 29.528 400 |
| 4 | 22 03 13.437 | −12 24 58.39 | 30.267 124 | 19 | 22 03 42.825 | −12 23 34.30 | 29.513 559 |
| 5 | 22 03 16.859 | −12 24 41.43 | 30.250 756 | 20 | 22 03 40.589 | −12 23 48.03 | 29.498 860 |
| 6 | 22 03 20.159 | −12 24 25.14 | 30.234 318 | 21 | 22 03 38.241 | −12 24 02.34 | 29.484 305 |
| 7 | 22 03 23.337 | −12 24 09.52 | 30.217 813 | 22 | 22 03 35.783 | −12 24 17.23 | 29.469 900 |
| 8 | 22 03 26.392 | −12 23 54.56 | 30.201 246 | 23 | 22 03 33.217 | −12 24 32.70 | 29.455 648 |
| 9 | 22 03 29.324 | −12 23 40.27 | 30.184 623 | 24 | 22 03 30.544 | −12 24 48.74 | 29.441 552 |
| 10 | 22 03 32.133 | −12 23 26.63 | 30.167 947 | 25 | 22 03 27.764 | −12 25 05.36 | 29.427 617 |
| 11 | 22 03 34.821 | −12 23 13.65 | 30.151 224 | 26 | 22 03 24.877 | −12 25 22.57 | 29.413 845 |
| 12 | 22 03 37.386 | −12 23 01.33 | 30.134 459 | 27 | 22 03 21.883 | −12 25 40.35 | 29.400 242 |
| 13 | 22 03 39.831 | −12 22 49.66 | 30.117 656 | 28 | 22 03 18.781 | −12 25 58.72 | 29.386 810 |
| 14 | 22 03 42.155 | −12 22 38.65 | 30.100 820 | 29 | 22 03 15.572 | −12 26 17.66 | 29.373 554 |
| 15 | 22 03 44.357 | −12 22 28.30 | 30.083 957 | 30 | 22 03 12.257 | −12 26 37.17 | 29.360 477 |
| 16 | 22 03 46.438 | −12 22 18.64 | 30.067 071 | July 1 | 22 03 08.836 | −12 26 57.23 | 29.347 582 |
| 17 | 22 03 48.394 | −12 22 09.66 | 30.050 169 | 2 | 22 03 05.312 | −12 27 17.83 | 29.334 875 |

# NEPTUNE, 2010

## GEOCENTRIC COORDINATES FOR 0ʰ TERRESTRIAL TIME

| Date | Apparent Right Ascension | Apparent Declination | True Geocentric Distance | Date | Apparent Right Ascension | Apparent Declination | True Geocentric Distance |
|---|---|---|---|---|---|---|---|
| | h m s | ° ′ ″ | au | | h m s | ° ′ ″ | au |
| July 1 | 22 03 08.836 | −12 26 57.23 | 29.347 582 | Aug. 16 | 21 59 08.715 | −12 49 25.07 | 29.008 213 |
| 2 | 22 03 05.312 | −12 27 17.83 | 29.334 875 | 17 | 21 59 02.437 | −12 49 59.43 | 29.007 237 |
| 3 | 22 03 01.686 | −12 27 38.97 | 29.322 357 | 18 | 21 58 56.154 | −12 50 33.79 | 29.006 555 |
| 4 | 22 02 57.961 | −12 28 00.62 | 29.310 034 | 19 | 21 58 49.865 | −12 51 08.15 | 29.006 168 |
| 5 | 22 02 54.138 | −12 28 22.77 | 29.297 909 | 20 | 21 58 43.573 | −12 51 42.52 | 29.006 075 |
| 6 | 22 02 50.221 | −12 28 45.42 | 29.285 986 | 21 | 21 58 37.278 | −12 52 16.89 | 29.006 276 |
| 7 | 22 02 46.211 | −12 29 08.55 | 29.274 269 | 22 | 21 58 30.981 | −12 52 51.23 | 29.006 772 |
| 8 | 22 02 42.111 | −12 29 32.15 | 29.262 761 | 23 | 21 58 24.685 | −12 53 25.55 | 29.007 562 |
| 9 | 22 02 37.923 | −12 29 56.22 | 29.251 467 | 24 | 21 58 18.392 | −12 53 59.82 | 29.008 645 |
| 10 | 22 02 33.646 | −12 30 20.76 | 29.240 389 | 25 | 21 58 12.104 | −12 54 34.03 | 29.010 022 |
| 11 | 22 02 29.282 | −12 30 45.78 | 29.229 533 | 26 | 21 58 05.823 | −12 55 08.16 | 29.011 693 |
| 12 | 22 02 24.829 | −12 31 11.26 | 29.218 901 | 27 | 21 57 59.554 | −12 55 42.19 | 29.013 657 |
| 13 | 22 02 20.288 | −12 31 37.22 | 29.208 497 | 28 | 21 57 53.299 | −12 56 16.11 | 29.015 913 |
| 14 | 22 02 15.659 | −12 32 03.64 | 29.198 324 | 29 | 21 57 47.062 | −12 56 49.89 | 29.018 462 |
| 15 | 22 02 10.943 | −12 32 30.49 | 29.188 387 | 30 | 21 57 40.846 | −12 57 23.53 | 29.021 304 |
| 16 | 22 02 06.145 | −12 32 57.76 | 29.178 687 | 31 | 21 57 34.653 | −12 57 57.01 | 29.024 436 |
| 17 | 22 02 01.267 | −12 33 25.41 | 29.169 227 | Sept. 1 | 21 57 28.487 | −12 58 30.32 | 29.027 861 |
| 18 | 22 01 56.315 | −12 33 53.44 | 29.160 011 | 2 | 21 57 22.350 | −12 59 03.45 | 29.031 575 |
| 19 | 22 01 51.292 | −12 34 21.82 | 29.151 040 | 3 | 21 57 16.244 | −12 59 36.40 | 29.035 580 |
| 20 | 22 01 46.199 | −12 34 50.55 | 29.142 317 | 4 | 21 57 10.169 | −13 00 09.17 | 29.039 874 |
| 21 | 22 01 41.040 | −12 35 19.62 | 29.133 845 | 5 | 21 57 04.127 | −13 00 41.74 | 29.044 457 |
| 22 | 22 01 35.814 | −12 35 49.03 | 29.125 625 | 6 | 21 56 58.117 | −13 01 14.13 | 29.049 328 |
| 23 | 22 01 30.524 | −12 36 18.78 | 29.117 660 | 7 | 21 56 52.142 | −13 01 46.30 | 29.054 485 |
| 24 | 22 01 25.169 | −12 36 48.87 | 29.109 952 | 8 | 21 56 46.203 | −13 02 18.24 | 29.059 927 |
| 25 | 22 01 19.750 | −12 37 19.28 | 29.102 503 | 9 | 21 56 40.304 | −13 02 49.92 | 29.065 653 |
| 26 | 22 01 14.269 | −12 37 50.01 | 29.095 316 | 10 | 21 56 34.451 | −13 03 21.31 | 29.071 661 |
| 27 | 22 01 08.726 | −12 38 21.06 | 29.088 392 | 11 | 21 56 28.647 | −13 03 52.40 | 29.077 949 |
| 28 | 22 01 03.124 | −12 38 52.39 | 29.081 733 | 12 | 21 56 22.898 | −13 04 23.16 | 29.084 515 |
| 29 | 22 00 57.465 | −12 39 24.00 | 29.075 342 | 13 | 21 56 17.205 | −13 04 53.59 | 29.091 356 |
| 30 | 22 00 51.752 | −12 39 55.87 | 29.069 220 | 14 | 21 56 11.571 | −13 05 23.69 | 29.098 471 |
| 31 | 22 00 45.987 | −12 40 27.99 | 29.063 370 | 15 | 21 56 05.995 | −13 05 53.46 | 29.105 856 |
| Aug. 1 | 22 00 40.174 | −12 41 00.33 | 29.057 794 | 16 | 21 56 00.480 | −13 06 22.90 | 29.113 510 |
| 2 | 22 00 34.315 | −12 41 32.88 | 29.052 493 | 17 | 21 55 55.026 | −13 06 51.99 | 29.121 429 |
| 3 | 22 00 28.414 | −12 42 05.63 | 29.047 470 | 18 | 21 55 49.634 | −13 07 20.75 | 29.129 612 |
| 4 | 22 00 22.473 | −12 42 38.56 | 29.042 727 | 19 | 21 55 44.306 | −13 07 49.14 | 29.138 055 |
| 5 | 22 00 16.495 | −12 43 11.67 | 29.038 265 | 20 | 21 55 39.043 | −13 08 17.16 | 29.146 757 |
| 6 | 22 00 10.482 | −12 43 44.94 | 29.034 086 | 21 | 21 55 33.847 | −13 08 44.80 | 29.155 714 |
| 7 | 22 00 04.436 | −12 44 18.39 | 29.030 193 | 22 | 21 55 28.721 | −13 09 12.03 | 29.164 924 |
| 8 | 21 59 58.355 | −12 44 52.00 | 29.026 586 | 23 | 21 55 23.668 | −13 09 38.85 | 29.174 384 |
| 9 | 21 59 52.242 | −12 45 25.77 | 29.023 268 | 24 | 21 55 18.690 | −13 10 05.24 | 29.184 092 |
| 10 | 21 59 46.096 | −12 45 59.69 | 29.020 240 | 25 | 21 55 13.791 | −13 10 31.19 | 29.194 046 |
| 11 | 21 59 39.920 | −12 46 33.74 | 29.017 503 | 26 | 21 55 08.973 | −13 10 56.67 | 29.204 241 |
| 12 | 21 59 33.715 | −12 47 07.90 | 29.015 058 | 27 | 21 55 04.239 | −13 11 21.69 | 29.214 676 |
| 13 | 21 59 27.488 | −12 47 42.14 | 29.012 906 | 28 | 21 54 59.591 | −13 11 46.23 | 29.225 348 |
| 14 | 21 59 21.243 | −12 48 16.42 | 29.011 047 | 29 | 21 54 55.031 | −13 12 10.29 | 29.236 254 |
| 15 | 21 59 14.984 | −12 48 50.74 | 29.009 483 | 30 | 21 54 50.560 | −13 12 33.87 | 29.247 391 |
| 16 | 21 59 08.715 | −12 49 25.07 | 29.008 213 | Oct. 1 | 21 54 46.178 | −13 12 56.97 | 29.258 756 |

## GEOCENTRIC COORDINATES FOR 0$^h$ TERRESTRIAL TIME

| Date | Apparent Right Ascension | Apparent Declination | True Geocentric Distance | Date | Apparent Right Ascension | Apparent Declination | True Geocentric Distance |
|---|---|---|---|---|---|---|---|
| | h m s | ° ′ ″ | au | | h m s | ° ′ ″ | au |
| Oct. 1 | 21 54 46.178 | −13 12 56.97 | 29.258 756 | Nov. 16 | 21 53 25.284 | −13 19 50.08 | 29.957 375 |
| 2 | 21 54 41.888 | −13 13 19.58 | 29.270 346 | 17 | 21 53 26.492 | −13 19 43.32 | 29.974 626 |
| 3 | 21 54 37.687 | −13 13 41.70 | 29.282 158 | 18 | 21 53 27.833 | −13 19 35.86 | 29.991 884 |
| 4 | 21 54 33.578 | −13 14 03.33 | 29.294 189 | 19 | 21 53 29.308 | −13 19 27.70 | 30.009 143 |
| 5 | 21 54 29.561 | −13 14 24.45 | 29.306 435 | 20 | 21 53 30.916 | −13 19 18.82 | 30.026 398 |
| 6 | 21 54 25.639 | −13 14 45.04 | 29.318 892 | 21 | 21 53 32.660 | −13 19 09.23 | 30.043 645 |
| 7 | 21 54 21.816 | −13 15 05.07 | 29.331 557 | 22 | 21 53 34.537 | −13 18 58.94 | 30.060 877 |
| 8 | 21 54 18.095 | −13 15 24.53 | 29.344 427 | 23 | 21 53 36.549 | −13 18 47.96 | 30.078 091 |
| 9 | 21 54 14.480 | −13 15 43.39 | 29.357 495 | 24 | 21 53 38.693 | −13 18 36.30 | 30.095 282 |
| 10 | 21 54 10.974 | −13 16 01.66 | 29.370 759 | 25 | 21 53 40.967 | −13 18 23.96 | 30.112 445 |
| 11 | 21 54 07.579 | −13 16 19.34 | 29.384 213 | 26 | 21 53 43.370 | −13 18 10.96 | 30.129 574 |
| 12 | 21 54 04.295 | −13 16 36.43 | 29.397 854 | 27 | 21 53 45.900 | −13 17 57.30 | 30.146 666 |
| 13 | 21 54 01.120 | −13 16 52.94 | 29.411 677 | 28 | 21 53 48.555 | −13 17 42.98 | 30.163 715 |
| 14 | 21 53 58.057 | −13 17 08.86 | 29.425 676 | 29 | 21 53 51.336 | −13 17 27.99 | 30.180 715 |
| 15 | 21 53 55.104 | −13 17 24.20 | 29.439 849 | 30 | 21 53 54.244 | −13 17 12.32 | 30.197 663 |
| 16 | 21 53 52.261 | −13 17 38.94 | 29.454 190 | Dec. 1 | 21 53 57.279 | −13 16 55.97 | 30.214 552 |
| 17 | 21 53 49.531 | −13 17 53.09 | 29.468 695 | 2 | 21 54 00.443 | −13 16 38.93 | 30.231 377 |
| 18 | 21 53 46.914 | −13 18 06.63 | 29.483 359 | 3 | 21 54 03.737 | −13 16 21.19 | 30.248 134 |
| 19 | 21 53 44.411 | −13 18 19.54 | 29.498 178 | 4 | 21 54 07.161 | −13 16 02.77 | 30.264 816 |
| 20 | 21 53 42.025 | −13 18 31.83 | 29.513 148 | 5 | 21 54 10.714 | −13 15 43.67 | 30.281 418 |
| 21 | 21 53 39.757 | −13 18 43.47 | 29.528 264 | 6 | 21 54 14.395 | −13 15 23.92 | 30.297 934 |
| 22 | 21 53 37.608 | −13 18 54.47 | 29.543 522 | 7 | 21 54 18.201 | −13 15 03.52 | 30.314 360 |
| 23 | 21 53 35.583 | −13 19 04.80 | 29.558 917 | 8 | 21 54 22.129 | −13 14 42.49 | 30.330 690 |
| 24 | 21 53 33.680 | −13 19 14.47 | 29.574 445 | 9 | 21 54 26.178 | −13 14 20.84 | 30.346 919 |
| 25 | 21 53 31.904 | −13 19 23.48 | 29.590 102 | 10 | 21 54 30.345 | −13 13 58.57 | 30.363 042 |
| 26 | 21 53 30.253 | −13 19 31.81 | 29.605 882 | 11 | 21 54 34.629 | −13 13 35.69 | 30.379 054 |
| 27 | 21 53 28.728 | −13 19 39.49 | 29.621 783 | 12 | 21 54 39.029 | −13 13 12.19 | 30.394 951 |
| 28 | 21 53 27.330 | −13 19 46.51 | 29.637 798 | 13 | 21 54 43.545 | −13 12 48.07 | 30.410 726 |
| 29 | 21 53 26.057 | −13 19 52.87 | 29.653 924 | 14 | 21 54 48.177 | −13 12 23.34 | 30.426 377 |
| 30 | 21 53 24.910 | −13 19 58.58 | 29.670 157 | 15 | 21 54 52.924 | −13 11 58.00 | 30.441 898 |
| 31 | 21 53 23.886 | −13 20 03.64 | 29.686 490 | 16 | 21 54 57.785 | −13 11 32.04 | 30.457 285 |
| Nov. 1 | 21 53 22.987 | −13 20 08.03 | 29.702 920 | 17 | 21 55 02.761 | −13 11 05.48 | 30.472 533 |
| 2 | 21 53 22.214 | −13 20 11.75 | 29.719 442 | 18 | 21 55 07.852 | −13 10 38.31 | 30.487 639 |
| 3 | 21 53 21.568 | −13 20 14.77 | 29.736 051 | 19 | 21 55 13.055 | −13 10 10.55 | 30.502 598 |
| 4 | 21 53 21.053 | −13 20 17.09 | 29.752 741 | 20 | 21 55 18.371 | −13 09 42.20 | 30.517 406 |
| 5 | 21 53 20.670 | −13 20 18.70 | 29.769 507 | 21 | 21 55 23.796 | −13 09 13.29 | 30.532 059 |
| 6 | 21 53 20.423 | −13 20 19.58 | 29.786 343 | 22 | 21 55 29.329 | −13 08 43.82 | 30.546 554 |
| 7 | 21 53 20.311 | −13 20 19.74 | 29.803 244 | 23 | 21 55 34.965 | −13 08 13.82 | 30.560 885 |
| 8 | 21 53 20.336 | −13 20 19.20 | 29.820 205 | 24 | 21 55 40.703 | −13 07 43.30 | 30.575 050 |
| 9 | 21 53 20.494 | −13 20 17.96 | 29.837 220 | 25 | 21 55 46.539 | −13 07 12.25 | 30.589 045 |
| 10 | 21 53 20.786 | −13 20 16.03 | 29.854 283 | 26 | 21 55 52.473 | −13 06 40.68 | 30.602 865 |
| 11 | 21 53 21.209 | −13 20 13.42 | 29.871 389 | 27 | 21 55 58.504 | −13 06 08.58 | 30.616 506 |
| 12 | 21 53 21.763 | −13 20 10.12 | 29.888 533 | 28 | 21 56 04.632 | −13 05 35.95 | 30.629 964 |
| 13 | 21 53 22.447 | −13 20 06.15 | 29.905 708 | 29 | 21 56 10.859 | −13 05 02.79 | 30.643 236 |
| 14 | 21 53 23.262 | −13 20 01.49 | 29.922 911 | 30 | 21 56 17.184 | −13 04 29.09 | 30.656 316 |
| 15 | 21 53 24.207 | −13 19 56.13 | 29.940 134 | 31 | 21 56 23.607 | −13 03 54.87 | 30.669 202 |
| 16 | 21 53 25.284 | −13 19 50.08 | 29.957 375 | 32 | 21 56 30.126 | −13 03 20.15 | 30.681 888 |

# PLUTO, 2010

## GEOCENTRIC POSITIONS FOR 0ʰ TERRESTRIAL TIME

| Date | | Astrometric Right Ascension | Astrometric Declination | True Geocentric Distance | Date | | Astrometric Right Ascension | Astrometric Declination | True Geocentric Distance |
|---|---|---|---|---|---|---|---|---|---|
| | | h  m  s | o  ′  ″ | au | | | h  m  s | o  ′  ″ | au |
| Jan. | −4 | 18 12 32.729 | −18 17 57.52 | 32.738983 | July | 5 | 18 15 36.302 | −18 16 50.67 | 30.859104 |
| | 1 | 18 13 18.293 | −18 18 08.04 | 32.734376 | | 10 | 18 15 04.914 | −18 17 43.71 | 30.878415 |
| | 6 | 18 14 03.458 | −18 18 13.82 | 32.722566 | | 15 | 18 14 34.377 | −18 18 40.20 | 30.904816 |
| | 11 | 18 14 47.968 | −18 18 14.98 | 32.703621 | | 20 | 18 14 04.998 | −18 19 39.89 | 30.938110 |
| | 16 | 18 15 31.551 | −18 18 11.76 | 32.677659 | | 25 | 18 13 37.047 | −18 20 42.51 | 30.978027 |
| | 21 | 18 16 13.934 | −18 18 04.43 | 32.644887 | | 30 | 18 13 10.770 | −18 21 47.85 | 31.024283 |
| | 26 | 18 16 54.857 | −18 17 53.35 | 32.605592 | Aug. | 4 | 18 12 46.405 | −18 22 55.68 | 31.076583 |
| | 31 | 18 17 34.086 | −18 17 38.86 | 32.560114 | | 9 | 18 12 24.188 | −18 24 05.74 | 31.134599 |
| Feb. | 5 | 18 18 11.410 | −18 17 21.31 | 32.508798 | | 14 | 18 12 04.353 | −18 25 17.71 | 31.197933 |
| | 10 | 18 18 46.612 | −18 17 01.04 | 32.451995 | | 19 | 18 11 47.105 | −18 26 31.24 | 31.266101 |
| | 15 | 18 19 19.473 | −18 16 38.50 | 32.390126 | | 24 | 18 11 32.602 | −18 27 46.03 | 31.338598 |
| | 20 | 18 19 49.788 | −18 16 14.16 | 32.323682 | | 29 | 18 11 20.980 | −18 29 01.78 | 31.414930 |
| | 25 | 18 20 17.385 | −18 15 48.49 | 32.253208 | Sept. | 3 | 18 11 12.367 | −18 30 18.19 | 31.494596 |
| Mar. | 2 | 18 20 42.126 | −18 15 21.95 | 32.179261 | | 8 | 18 11 06.879 | −18 31 34.91 | 31.577064 |
| | 7 | 18 21 03.889 | −18 14 54.94 | 32.102370 | | 13 | 18 11 04.619 | −18 32 51.54 | 31.661735 |
| | 12 | 18 21 22.550 | −18 14 27.92 | 32.023086 | | 18 | 18 11 05.636 | −18 34 07.72 | 31.747971 |
| | 17 | 18 21 37.999 | −18 14 01.37 | 31.942015 | | 23 | 18 11 09.948 | −18 35 23.10 | 31.835163 |
| | 22 | 18 21 50.160 | −18 13 35.77 | 31.859803 | | 28 | 18 11 17.553 | −18 36 37.36 | 31.922727 |
| | 27 | 18 21 58.993 | −18 13 11.57 | 31.777107 | Oct. | 3 | 18 11 28.444 | −18 37 50.15 | 32.010083 |
| Apr. | 1 | 18 22 04.496 | −18 12 49.13 | 31.694545 | | 8 | 18 11 42.601 | −18 39 01.08 | 32.096621 |
| | 6 | 18 22 06.672 | −18 12 28.80 | 31.612700 | | 13 | 18 11 59.971 | −18 40 09.78 | 32.181690 |
| | 11 | 18 22 05.531 | −18 12 10.97 | 31.532175 | | 18 | 18 12 20.456 | −18 41 15.91 | 32.264666 |
| | 16 | 18 22 01.111 | −18 11 56.01 | 31.453602 | | 23 | 18 12 43.937 | −18 42 19.19 | 32.344980 |
| | 21 | 18 21 53.490 | −18 11 44.25 | 31.377611 | | 28 | 18 13 10.289 | −18 43 19.30 | 32.422103 |
| | 26 | 18 21 42.788 | −18 11 35.94 | 31.304795 | Nov. | 2 | 18 13 39.382 | −18 44 15.97 | 32.495514 |
| May | 1 | 18 21 29.142 | −18 11 31.26 | 31.235671 | | 7 | 18 14 11.071 | −18 45 08.88 | 32.564671 |
| | 6 | 18 21 12.691 | −18 11 30.43 | 31.170729 | | 12 | 18 14 45.171 | −18 45 57.76 | 32.629045 |
| | 11 | 18 20 53.589 | −18 11 33.63 | 31.110468 | | 17 | 18 15 21.470 | −18 46 42.44 | 32.688179 |
| | 16 | 18 20 32.024 | −18 11 41.04 | 31.055379 | | 22 | 18 15 59.751 | −18 47 22.76 | 32.741685 |
| | 21 | 18 20 08.219 | −18 11 52.76 | 31.005915 | | 27 | 18 16 39.799 | −18 47 58.58 | 32.789222 |
| | 26 | 18 19 42.427 | −18 12 08.81 | 30.962440 | Dec. | 2 | 18 17 21.399 | −18 48 29.75 | 32.830455 |
| | 31 | 18 19 14.895 | −18 12 29.18 | 30.925247 | | 7 | 18 18 04.313 | −18 48 56.16 | 32.865056 |
| June | 5 | 18 18 45.867 | −18 12 53.91 | 30.894608 | | 12 | 18 18 48.275 | −18 49 17.80 | 32.892759 |
| | 10 | 18 18 15.608 | −18 13 23.00 | 30.870788 | | 17 | 18 19 33.012 | −18 49 34.72 | 32.913393 |
| | 15 | 18 17 44.406 | −18 13 56.41 | 30.854012 | | 22 | 18 20 18.260 | −18 49 46.97 | 32.926855 |
| | 20 | 18 17 12.574 | −18 14 34.02 | 30.844428 | | 27 | 18 21 03.764 | −18 49 54.64 | 32.933082 |
| | 25 | 18 16 40.421 | −18 15 15.69 | 30.842085 | | 32 | 18 21 49.272 | −18 49 57.84 | 32.932016 |
| | 30 | 18 16 08.236 | −18 16 01.28 | 30.846981 | | 37 | 18 22 34.506 | −18 49 56.72 | 32.923640 |

## HELIOCENTRIC POSITIONS FOR 0ʰ TERRESTRIAL TIME

### MEAN EQUINOX AND ECLIPTIC OF DATE

| Date | | Longitude | Latitude | True Heliocentric Distance | Date | | Longitude | Latitude | True Heliocentric Distance |
|---|---|---|---|---|---|---|---|---|---|
| | | o  ′  ″ | o  ′  ″ | au | | | o  ′  ″ | o  ′  ″ | au |
| Jan. | −36 | 272 52 32.6 | + 5 19 01.7 | 31.74373 | July | 23 | 274 15 28.0 | + 4 54 56.3 | 31.86925 |
| Jan. | 4 | 273 06 25.2 | + 5 15 00.8 | 31.76447 | Sept. | 1 | 274 29 12.5 | + 4 50 55.5 | 31.89042 |
| Feb. | 13 | 273 20 16.5 | + 5 10 59.8 | 31.78528 | Oct. | 11 | 274 42 55.7 | + 4 46 54.8 | 31.91166 |
| Mar. | 25 | 273 34 06.4 | + 5 06 58.9 | 31.80617 | Nov. | 20 | 274 56 37.4 | + 4 42 54.1 | 31.93298 |
| May | 4 | 273 47 54.9 | + 5 02 58.0 | 31.82712 | Dec. | 30 | 275 10 17.8 | + 4 38 53.5 | 31.95437 |
| June | 13 | 274 01 42.1 | + 4 58 57.1 | 31.84815 | Dec. | 70 | 275 23 56.9 | + 4 34 52.9 | 31.97584 |

## NOTES AND FORMULAS

### Semidiameter and horizontal parallax

The apparent angular semidiameter, $s$, of a planet is given by:

$$s = \text{semidiameter at unit distance / true distance}$$

where the true distance is given in the daily geocentric ephemeris on pages E16–E44, and the adopted semidiameter at unit distance is given by:

|  |  ″ |  |  ″ |  |  ″ |
|---|---|---|---|---|---|
| Mercury | 3.36 | Jupiter: equatorial | 98.57 | Uranus | 35.24 |
| Venus | 8.34 | polar | 92.18 | Neptune | 34.14 |
| Mars | 4.68 | Saturn: equatorial | 83.10 | Pluto | 1.65 |
|  |  | polar | 74.96 |  |  |

The difference in transit times of the limb and center of a planet in seconds of time is given approximately by:

$$\text{difference in transit time} = (s \text{ in seconds of arc}) / 15 \cos \delta$$

where the sidereal motion of the planet is ignored.

The equatorial horizontal parallax of a planet is given by $8{.}794\,143$ divided by its true geocentric distance; formulas for the corrections for diurnal parallax are given on page B85.

### Time of transit of a planet

The transit times that are tabulated on pages E46–E53 are expressed in terrestrial time (TT) and refer to the transits over the ephemeris meridian; for most purposes this may be regarded as giving the universal time (UT) of transit over the Greenwich meridian.

The UT of transit over a local meridian is given by:

$$\text{time of ephemeris transit} - (\lambda/24) \times \text{first difference}$$

with an error that is usually less than 1 second, where $\lambda$ is the *east* longitude in hours and the first difference is about 24 hours.

### Times of rising and setting

Approximate times of the rising and setting of a planet at a place with latitude $\varphi$ may be obtained from the time of transit by applying the value of the hour angle $h$ of the point on the horizon at the same declination as the planet; $h$ is given by:

$$\cos h = -\tan \varphi \tan \delta$$

This ignores the sidereal motion of the planet during the interval between transit and rising or setting. Similarly, the time at which a planet reaches a zenith distance $z$ may be obtained by determining the corresponding hour angle $h$ from:

$$\cos h = -\tan \varphi \tan \delta + \sec \varphi \sec \delta \cos z$$

and applying $h$ to the time of transit.

| Date | | Mercury | Venus | Mars | Jupiter | Saturn | Uranus | Neptune | Pluto |
|---|---|---|---|---|---|---|---|---|---|
| | | h m s | h m s | h m s | h m s | h m s | h m s | h m s | h m s |
| Jan. | 0 | 12 43 01 | 11 51 20 | 2 51 41 | 15 14 40 | 5 40 57 | 16 54 46 | 15 07 20 | 11 33 41 |
| | 1 | 12 34 38 | 11 52 54 | 2 47 13 | 15 11 31 | 5 37 06 | 16 50 56 | 15 03 31 | 11 29 54 |
| | 2 | 12 25 40 | 11 54 27 | 2 42 41 | 15 08 22 | 5 33 16 | 16 47 06 | 14 59 42 | 11 26 07 |
| | 3 | 12 16 18 | 11 55 59 | 2 38 06 | 15 05 13 | 5 29 24 | 16 43 16 | 14 55 53 | 11 22 20 |
| | 4 | 12 06 40 | 11 57 32 | 2 33 28 | 15 02 05 | 5 25 33 | 16 39 26 | 14 52 04 | 11 18 33 |
| | 5 | 11 56 59 | 11 59 03 | 2 28 47 | 14 58 57 | 5 21 41 | 16 35 36 | 14 48 15 | 11 14 47 |
| | 6 | 11 47 24 | 12 00 35 | 2 24 02 | 14 55 49 | 5 17 49 | 16 31 47 | 14 44 26 | 11 11 00 |
| | 7 | 11 38 06 | 12 02 06 | 2 19 15 | 14 52 42 | 5 13 56 | 16 27 57 | 14 40 38 | 11 07 13 |
| | 8 | 11 29 12 | 12 03 36 | 2 14 23 | 14 49 34 | 5 10 03 | 16 24 08 | 14 36 49 | 11 03 26 |
| | 9 | 11 20 51 | 12 05 06 | 2 09 29 | 14 46 27 | 5 06 10 | 16 20 19 | 14 33 01 | 10 59 38 |
| | 10 | 11 13 07 | 12 06 35 | 2 04 32 | 14 43 21 | 5 02 16 | 16 16 30 | 14 29 12 | 10 55 51 |
| | 11 | 11 06 02 | 12 08 03 | 1 59 31 | 14 40 14 | 4 58 21 | 16 12 41 | 14 25 24 | 10 52 04 |
| | 12 | 10 59 39 | 12 09 31 | 1 54 28 | 14 37 08 | 4 54 27 | 16 08 53 | 14 21 36 | 10 48 17 |
| | 13 | 10 53 57 | 12 10 57 | 1 49 22 | 14 34 02 | 4 50 32 | 16 05 04 | 14 17 48 | 10 44 30 |
| | 14 | 10 48 56 | 12 12 23 | 1 44 13 | 14 30 56 | 4 46 36 | 16 01 16 | 14 13 59 | 10 40 43 |
| | 15 | 10 44 34 | 12 13 48 | 1 39 01 | 14 27 50 | 4 42 40 | 15 57 28 | 14 10 11 | 10 36 55 |
| | 16 | 10 40 48 | 12 15 12 | 1 33 47 | 14 24 45 | 4 38 44 | 15 53 40 | 14 06 23 | 10 33 08 |
| | 17 | 10 37 36 | 12 16 35 | 1 28 30 | 14 21 40 | 4 34 47 | 15 49 52 | 14 02 35 | 10 29 21 |
| | 18 | 10 34 55 | 12 17 56 | 1 23 11 | 14 18 35 | 4 30 50 | 15 46 04 | 13 58 47 | 10 25 33 |
| | 19 | 10 32 44 | 12 19 17 | 1 17 50 | 14 15 30 | 4 26 53 | 15 42 17 | 13 55 00 | 10 21 46 |
| | 20 | 10 30 59 | 12 20 37 | 1 12 27 | 14 12 25 | 4 22 55 | 15 38 29 | 13 51 12 | 10 17 58 |
| | 21 | 10 29 38 | 12 21 55 | 1 07 02 | 14 09 21 | 4 18 57 | 15 34 42 | 13 47 24 | 10 14 11 |
| | 22 | 10 28 39 | 12 23 12 | 1 01 35 | 14 06 16 | 4 14 58 | 15 30 55 | 13 43 36 | 10 10 23 |
| | 23 | 10 28 00 | 12 24 28 | 0 56 06 | 14 03 12 | 4 10 59 | 15 27 08 | 13 39 49 | 10 06 35 |
| | 24 | 10 27 39 | 12 25 43 | 0 50 36 | 14 00 08 | 4 06 59 | 15 23 21 | 13 36 01 | 10 02 48 |
| | 25 | 10 27 34 | 12 26 57 | 0 45 05 | 13 57 04 | 4 03 00 | 15 19 34 | 13 32 14 | 9 59 00 |
| | 26 | 10 27 44 | 12 28 09 | 0 39 33 | 13 54 01 | 3 58 59 | 15 15 47 | 13 28 26 | 9 55 12 |
| | 27 | 10 28 08 | 12 29 20 | 0 34 01 | 13 50 57 | 3 54 59 | 15 12 01 | 13 24 39 | 9 51 24 |
| | 28 | 10 28 43 | 12 30 30 | 0 28 27 | 13 47 54 | 3 50 58 | 15 08 14 | 13 20 51 | 9 47 36 |
| | 29 | 10 29 30 | 12 31 39 | 0 22 53 | 13 44 50 | 3 46 57 | 15 04 28 | 13 17 04 | 9 43 48 |
| | 30 | 10 30 26 | 12 32 46 | 0 17 19 | 13 41 47 | 3 42 55 | 15 00 42 | 13 13 16 | 9 39 59 |
| | 31 | 10 31 32 | 12 33 52 | 0 11 44 | 13 38 44 | 3 38 53 | 14 56 56 | 13 09 29 | 9 36 11 |
| Feb. | 1 | 10 32 46 | 12 34 57 | 0 06 10 | 13 35 41 | 3 34 50 | 14 53 10 | 13 05 42 | 9 32 23 |
| | 2 | 10 34 07 | 12 36 01 | 0 00 36 | 13 32 38 | 3 30 48 | 14 49 24 | 13 01 54 | 9 28 34 |
| | 3 | 10 35 36 | 12 37 03 | 23 49 30 | 13 29 35 | 3 26 44 | 14 45 39 | 12 58 07 | 9 24 46 |
| | 4 | 10 37 10 | 12 38 04 | 23 43 58 | 13 26 33 | 3 22 41 | 14 41 53 | 12 54 20 | 9 20 57 |
| | 5 | 10 38 51 | 12 39 04 | 23 38 27 | 13 23 30 | 3 18 37 | 14 38 07 | 12 50 33 | 9 17 09 |
| | 6 | 10 40 36 | 12 40 03 | 23 32 57 | 13 20 28 | 3 14 33 | 14 34 22 | 12 46 45 | 9 13 20 |
| | 7 | 10 42 26 | 12 41 00 | 23 27 28 | 13 17 26 | 3 10 28 | 14 30 37 | 12 42 58 | 9 09 31 |
| | 8 | 10 44 21 | 12 41 57 | 23 22 01 | 13 14 23 | 3 06 23 | 14 26 52 | 12 39 11 | 9 05 42 |
| | 9 | 10 46 19 | 12 42 52 | 23 16 36 | 13 11 21 | 3 02 18 | 14 23 06 | 12 35 24 | 9 01 53 |
| | 10 | 10 48 21 | 12 43 46 | 23 11 13 | 13 08 19 | 2 58 12 | 14 19 21 | 12 31 37 | 8 58 04 |
| | 11 | 10 50 27 | 12 44 39 | 23 05 51 | 13 05 17 | 2 54 06 | 14 15 37 | 12 27 50 | 8 54 15 |
| | 12 | 10 52 36 | 12 45 31 | 23 00 32 | 13 02 15 | 2 50 00 | 14 11 52 | 12 24 03 | 8 50 26 |
| | 13 | 10 54 47 | 12 46 21 | 22 55 16 | 12 59 13 | 2 45 54 | 14 08 07 | 12 20 15 | 8 46 36 |
| | 14 | 10 57 01 | 12 47 11 | 22 50 01 | 12 56 11 | 2 41 47 | 14 04 22 | 12 16 28 | 8 42 47 |
| | 15 | 10 59 18 | 12 48 00 | 22 44 50 | 12 53 09 | 2 37 40 | 14 00 38 | 12 12 41 | 8 38 57 |

Second transit: Mars, Feb. $2^d23^h55^m03^s$.

| Date | Mercury | Venus | Mars | Jupiter | Saturn | Uranus | Neptune | Pluto |
|---|---|---|---|---|---|---|---|---|
| | h m s | h m s | h m s | h m s | h m s | h m s | h m s | h m s |
| Feb. 15 | 10 59 18 | 12 48 00 | 22 44 50 | 12 53 09 | 2 37 40 | 14 00 38 | 12 12 41 | 8 38 57 |
| 16 | 11 01 36 | 12 48 48 | 22 39 41 | 12 50 07 | 2 33 32 | 13 56 53 | 12 08 54 | 8 35 08 |
| 17 | 11 03 57 | 12 49 34 | 22 34 35 | 12 47 06 | 2 29 24 | 13 53 09 | 12 05 07 | 8 31 18 |
| 18 | 11 06 20 | 12 50 20 | 22 29 31 | 12 44 04 | 2 25 16 | 13 49 24 | 12 01 20 | 8 27 28 |
| 19 | 11 08 44 | 12 51 05 | 22 24 31 | 12 41 02 | 2 21 08 | 13 45 40 | 11 57 33 | 8 23 38 |
| 20 | 11 11 10 | 12 51 49 | 22 19 34 | 12 38 00 | 2 16 59 | 13 41 56 | 11 53 45 | 8 19 48 |
| 21 | 11 13 38 | 12 52 32 | 22 14 40 | 12 34 59 | 2 12 50 | 13 38 12 | 11 49 58 | 8 15 58 |
| 22 | 11 16 08 | 12 53 15 | 22 09 49 | 12 31 57 | 2 08 41 | 13 34 28 | 11 46 11 | 8 12 07 |
| 23 | 11 18 39 | 12 53 57 | 22 05 01 | 12 28 55 | 2 04 32 | 13 30 44 | 11 42 24 | 8 08 17 |
| 24 | 11 21 11 | 12 54 37 | 22 00 16 | 12 25 53 | 2 00 22 | 13 27 00 | 11 38 37 | 8 04 26 |
| 25 | 11 23 45 | 12 55 18 | 21 55 35 | 12 22 52 | 1 56 12 | 13 23 16 | 11 34 50 | 8 00 36 |
| 26 | 11 26 21 | 12 55 57 | 21 50 57 | 12 19 50 | 1 52 02 | 13 19 32 | 11 31 02 | 7 56 45 |
| 27 | 11 28 57 | 12 56 36 | 21 46 23 | 12 16 48 | 1 47 52 | 13 15 48 | 11 27 15 | 7 52 54 |
| 28 | 11 31 36 | 12 57 15 | 21 41 51 | 12 13 47 | 1 43 41 | 13 12 04 | 11 23 28 | 7 49 03 |
| Mar. 1 | 11 34 16 | 12 57 53 | 21 37 23 | 12 10 45 | 1 39 31 | 13 08 21 | 11 19 40 | 7 45 12 |
| 2 | 11 36 57 | 12 58 30 | 21 32 58 | 12 07 43 | 1 35 20 | 13 04 37 | 11 15 53 | 7 41 21 |
| 3 | 11 39 40 | 12 59 07 | 21 28 37 | 12 04 41 | 1 31 09 | 13 00 53 | 11 12 06 | 7 37 29 |
| 4 | 11 42 24 | 12 59 44 | 21 24 19 | 12 01 39 | 1 26 57 | 12 57 10 | 11 08 18 | 7 33 38 |
| 5 | 11 45 10 | 13 00 20 | 21 20 04 | 11 58 37 | 1 22 46 | 12 53 26 | 11 04 31 | 7 29 46 |
| 6 | 11 47 58 | 13 00 56 | 21 15 52 | 11 55 35 | 1 18 34 | 12 49 43 | 11 00 43 | 7 25 55 |
| 7 | 11 50 48 | 13 01 32 | 21 11 44 | 11 52 33 | 1 14 22 | 12 45 59 | 10 56 56 | 7 22 03 |
| 8 | 11 53 40 | 13 02 07 | 21 07 38 | 11 49 31 | 1 10 10 | 12 42 16 | 10 53 08 | 7 18 11 |
| 9 | 11 56 33 | 13 02 43 | 21 03 36 | 11 46 29 | 1 05 58 | 12 38 32 | 10 49 21 | 7 14 19 |
| 10 | 11 59 28 | 13 03 18 | 20 59 37 | 11 43 27 | 1 01 46 | 12 34 49 | 10 45 33 | 7 10 27 |
| 11 | 12 02 25 | 13 03 53 | 20 55 41 | 11 40 25 | 0 57 34 | 12 31 05 | 10 41 45 | 7 06 34 |
| 12 | 12 05 25 | 13 04 28 | 20 51 49 | 11 37 22 | 0 53 21 | 12 27 22 | 10 37 57 | 7 02 42 |
| 13 | 12 08 26 | 13 05 03 | 20 47 59 | 11 34 20 | 0 49 09 | 12 23 38 | 10 34 10 | 6 58 49 |
| 14 | 12 11 29 | 13 05 38 | 20 44 12 | 11 31 18 | 0 44 56 | 12 19 55 | 10 30 22 | 6 54 57 |
| 15 | 12 14 34 | 13 06 13 | 20 40 28 | 11 28 15 | 0 40 43 | 12 16 12 | 10 26 34 | 6 51 04 |
| 16 | 12 17 41 | 13 06 49 | 20 36 47 | 11 25 12 | 0 36 30 | 12 12 28 | 10 22 46 | 6 47 11 |
| 17 | 12 20 49 | 13 07 24 | 20 33 09 | 11 22 10 | 0 32 18 | 12 08 45 | 10 18 58 | 6 43 18 |
| 18 | 12 23 58 | 13 08 00 | 20 29 34 | 11 19 07 | 0 28 05 | 12 05 01 | 10 15 10 | 6 39 24 |
| 19 | 12 27 09 | 13 08 36 | 20 26 01 | 11 16 04 | 0 23 52 | 12 01 18 | 10 11 22 | 6 35 31 |
| 20 | 12 30 20 | 13 09 12 | 20 22 32 | 11 13 01 | 0 19 39 | 11 57 35 | 10 07 34 | 6 31 38 |
| 21 | 12 33 31 | 13 09 48 | 20 19 04 | 11 09 58 | 0 15 26 | 11 53 51 | 10 03 45 | 6 27 44 |
| 22 | 12 36 41 | 13 10 25 | 20 15 40 | 11 06 55 | 0 11 12 | 11 50 08 | 9 59 57 | 6 23 50 |
| 23 | 12 39 50 | 13 11 02 | 20 12 18 | 11 03 51 | 0 06 59 | 11 46 25 | 9 56 09 | 6 19 56 |
| 24 | 12 42 57 | 13 11 40 | 20 08 58 | 11 00 48 | 0 02 46 | 11 42 41 | 9 52 20 | 6 16 02 |
| 25 | 12 46 01 | 13 12 18 | 20 05 41 | 10 57 44 | 23 54 20 | 11 38 58 | 9 48 32 | 6 12 08 |
| 26 | 12 49 00 | 13 12 57 | 20 02 27 | 10 54 40 | 23 50 07 | 11 35 14 | 9 44 43 | 6 08 14 |
| 27 | 12 51 54 | 13 13 36 | 19 59 14 | 10 51 36 | 23 45 54 | 11 31 31 | 9 40 54 | 6 04 19 |
| 28 | 12 54 41 | 13 14 16 | 19 56 04 | 10 48 32 | 23 41 41 | 11 27 47 | 9 37 06 | 6 00 25 |
| 29 | 12 57 20 | 13 14 56 | 19 52 56 | 10 45 28 | 23 37 28 | 11 24 04 | 9 33 17 | 5 56 30 |
| 30 | 12 59 49 | 13 15 37 | 19 49 50 | 10 42 24 | 23 33 16 | 11 20 20 | 9 29 28 | 5 52 35 |
| 31 | 13 02 07 | 13 16 19 | 19 46 46 | 10 39 19 | 23 29 03 | 11 16 36 | 9 25 39 | 5 48 40 |
| Apr. 1 | 13 04 13 | 13 17 02 | 19 43 45 | 10 36 15 | 23 24 50 | 11 12 53 | 9 21 50 | 5 44 45 |
| 2 | 13 06 05 | 13 17 45 | 19 40 45 | 10 33 10 | 23 20 38 | 11 09 09 | 9 18 01 | 5 40 50 |

Second transit: Saturn, Mar. $24^d 23^h 58^m 33^s$.

| Date | Mercury | Venus | Mars | Jupiter | Saturn | Uranus | Neptune | Pluto |
|---|---|---|---|---|---|---|---|---|
| | h m s | h m s | h m s | h m s | h m s | h m s | h m s | h m s |
| Apr. 1 | 13 04 13 | 13 17 02 | 19 43 45 | 10 36 15 | 23 24 50 | 11 12 53 | 9 21 50 | 5 44 45 |
| 2 | 13 06 05 | 13 17 45 | 19 40 45 | 10 33 10 | 23 20 38 | 11 09 09 | 9 18 01 | 5 40 50 |
| 3 | 13 07 42 | 13 18 29 | 19 37 47 | 10 30 05 | 23 16 25 | 11 05 25 | 9 14 11 | 5 36 55 |
| 4 | 13 09 02 | 13 19 14 | 19 34 51 | 10 27 00 | 23 12 13 | 11 01 42 | 9 10 22 | 5 32 59 |
| 5 | 13 10 05 | 13 19 59 | 19 31 57 | 10 23 54 | 23 08 01 | 10 57 58 | 9 06 33 | 5 29 04 |
| 6 | 13 10 48 | 13 20 46 | 19 29 05 | 10 20 49 | 23 03 48 | 10 54 14 | 9 02 43 | 5 25 08 |
| 7 | 13 11 12 | 13 21 34 | 19 26 15 | 10 17 43 | 22 59 36 | 10 50 30 | 8 58 54 | 5 21 12 |
| 8 | 13 11 16 | 13 22 22 | 19 23 26 | 10 14 37 | 22 55 25 | 10 46 46 | 8 55 04 | 5 17 16 |
| 9 | 13 10 57 | 13 23 11 | 19 20 39 | 10 11 31 | 22 51 13 | 10 43 02 | 8 51 14 | 5 13 20 |
| 10 | 13 10 17 | 13 24 02 | 19 17 54 | 10 08 25 | 22 47 01 | 10 39 18 | 8 47 24 | 5 09 24 |
| 11 | 13 09 13 | 13 24 53 | 19 15 10 | 10 05 19 | 22 42 50 | 10 35 34 | 8 43 34 | 5 05 27 |
| 12 | 13 07 47 | 13 25 46 | 19 12 28 | 10 02 12 | 22 38 39 | 10 31 50 | 8 39 44 | 5 01 31 |
| 13 | 13 05 57 | 13 26 39 | 19 09 47 | 9 59 05 | 22 34 28 | 10 28 05 | 8 35 54 | 4 57 34 |
| 14 | 13 03 43 | 13 27 34 | 19 07 08 | 9 55 58 | 22 30 17 | 10 24 21 | 8 32 04 | 4 53 37 |
| 15 | 13 01 05 | 13 28 29 | 19 04 30 | 9 52 51 | 22 26 06 | 10 20 37 | 8 28 14 | 4 49 40 |
| 16 | 12 58 04 | 13 29 26 | 19 01 54 | 9 49 43 | 22 21 56 | 10 16 52 | 8 24 23 | 4 45 43 |
| 17 | 12 54 39 | 13 30 23 | 18 59 19 | 9 46 36 | 22 17 46 | 10 13 08 | 8 20 33 | 4 41 46 |
| 18 | 12 50 52 | 13 31 22 | 18 56 46 | 9 43 28 | 22 13 36 | 10 09 23 | 8 16 42 | 4 37 49 |
| 19 | 12 46 43 | 13 32 22 | 18 54 14 | 9 40 20 | 22 09 26 | 10 05 39 | 8 12 51 | 4 33 51 |
| 20 | 12 42 13 | 13 33 23 | 18 51 43 | 9 37 11 | 22 05 17 | 10 01 54 | 8 09 00 | 4 29 54 |
| 21 | 12 37 24 | 13 34 25 | 18 49 13 | 9 34 02 | 22 01 07 | 9 58 09 | 8 05 09 | 4 25 56 |
| 22 | 12 32 17 | 13 35 28 | 18 46 44 | 9 30 53 | 21 56 58 | 9 54 24 | 8 01 18 | 4 21 58 |
| 23 | 12 26 55 | 13 36 32 | 18 44 17 | 9 27 44 | 21 52 50 | 9 50 39 | 7 57 27 | 4 18 01 |
| 24 | 12 21 19 | 13 37 37 | 18 41 51 | 9 24 35 | 21 48 41 | 9 46 54 | 7 53 36 | 4 14 03 |
| 25 | 12 15 31 | 13 38 43 | 18 39 26 | 9 21 25 | 21 44 33 | 9 43 09 | 7 49 44 | 4 10 04 |
| 26 | 12 09 34 | 13 39 50 | 18 37 02 | 9 18 15 | 21 40 25 | 9 39 23 | 7 45 53 | 4 06 06 |
| 27 | 12 03 31 | 13 40 58 | 18 34 39 | 9 15 05 | 21 36 17 | 9 35 38 | 7 42 01 | 4 02 08 |
| 28 | 11 57 24 | 13 42 07 | 18 32 16 | 9 11 54 | 21 32 10 | 9 31 52 | 7 38 10 | 3 58 09 |
| 29 | 11 51 16 | 13 43 17 | 18 29 55 | 9 08 43 | 21 28 03 | 9 28 07 | 7 34 18 | 3 54 11 |
| 30 | 11 45 10 | 13 44 28 | 18 27 35 | 9 05 32 | 21 23 56 | 9 24 21 | 7 30 26 | 3 50 12 |
| May 1 | 11 39 07 | 13 45 39 | 18 25 16 | 9 02 21 | 21 19 49 | 9 20 35 | 7 26 34 | 3 46 13 |
| 2 | 11 33 10 | 13 46 52 | 18 22 57 | 8 59 09 | 21 15 43 | 9 16 50 | 7 22 41 | 3 42 14 |
| 3 | 11 27 22 | 13 48 06 | 18 20 40 | 8 55 57 | 21 11 37 | 9 13 04 | 7 18 49 | 3 38 15 |
| 4 | 11 21 44 | 13 49 20 | 18 18 23 | 8 52 45 | 21 07 32 | 9 09 17 | 7 14 57 | 3 34 16 |
| 5 | 11 16 17 | 13 50 35 | 18 16 07 | 8 49 32 | 21 03 26 | 9 05 31 | 7 11 04 | 3 30 17 |
| 6 | 11 11 04 | 13 51 51 | 18 13 52 | 8 46 19 | 20 59 21 | 9 01 45 | 7 07 12 | 3 26 17 |
| 7 | 11 06 04 | 13 53 07 | 18 11 38 | 8 43 06 | 20 55 17 | 8 57 58 | 7 03 19 | 3 22 18 |
| 8 | 11 01 19 | 13 54 25 | 18 09 24 | 8 39 52 | 20 51 13 | 8 54 12 | 6 59 26 | 3 18 18 |
| 9 | 10 56 51 | 13 55 42 | 18 07 12 | 8 36 38 | 20 47 09 | 8 50 25 | 6 55 33 | 3 14 18 |
| 10 | 10 52 37 | 13 57 01 | 18 05 00 | 8 33 24 | 20 43 05 | 8 46 38 | 6 51 40 | 3 10 19 |
| 11 | 10 48 41 | 13 58 20 | 18 02 48 | 8 30 09 | 20 39 02 | 8 42 51 | 6 47 46 | 3 06 19 |
| 12 | 10 45 00 | 13 59 39 | 18 00 38 | 8 26 55 | 20 34 59 | 8 39 04 | 6 43 53 | 3 02 19 |
| 13 | 10 41 36 | 14 00 59 | 17 58 28 | 8 23 39 | 20 30 56 | 8 35 17 | 6 40 00 | 2 58 19 |
| 14 | 10 38 28 | 14 02 19 | 17 56 18 | 8 20 24 | 20 26 54 | 8 31 30 | 6 36 06 | 2 54 18 |
| 15 | 10 35 36 | 14 03 39 | 17 54 10 | 8 17 07 | 20 22 52 | 8 27 42 | 6 32 12 | 2 50 18 |
| 16 | 10 32 59 | 14 04 59 | 17 52 02 | 8 13 51 | 20 18 50 | 8 23 55 | 6 28 18 | 2 46 18 |
| 17 | 10 30 38 | 14 06 20 | 17 49 54 | 8 10 34 | 20 14 49 | 8 20 07 | 6 24 24 | 2 42 17 |

| Date | Mercury | Venus | Mars | Jupiter | Saturn | Uranus | Neptune | Pluto |
|---|---|---|---|---|---|---|---|---|
| | h m s | h m s | h m s | h m s | h m s | h m s | h m s | h m s |
| May 17 | 10 30 38 | 14 06 20 | 17 49 54 | 8 10 34 | 20 14 49 | 8 20 07 | 6 24 24 | 2 42 17 |
| 18 | 10 28 32 | 14 07 41 | 17 47 47 | 8 07 17 | 20 10 48 | 8 16 19 | 6 20 30 | 2 38 17 |
| 19 | 10 26 40 | 14 09 01 | 17 45 41 | 8 03 59 | 20 06 48 | 8 12 31 | 6 16 36 | 2 34 16 |
| 20 | 10 25 03 | 14 10 22 | 17 43 35 | 8 00 41 | 20 02 48 | 8 08 43 | 6 12 41 | 2 30 15 |
| 21 | 10 23 39 | 14 11 42 | 17 41 30 | 7 57 23 | 19 58 48 | 8 04 55 | 6 08 47 | 2 26 15 |
| 22 | 10 22 29 | 14 13 03 | 17 39 25 | 7 54 04 | 19 54 49 | 8 01 07 | 6 04 52 | 2 22 14 |
| 23 | 10 21 33 | 14 14 23 | 17 37 21 | 7 50 45 | 19 50 50 | 7 57 18 | 6 00 58 | 2 18 13 |
| 24 | 10 20 49 | 14 15 42 | 17 35 17 | 7 47 26 | 19 46 51 | 7 53 29 | 5 57 03 | 2 14 12 |
| 25 | 10 20 18 | 14 17 02 | 17 33 14 | 7 44 05 | 19 42 53 | 7 49 41 | 5 53 08 | 2 10 11 |
| 26 | 10 20 00 | 14 18 20 | 17 31 11 | 7 40 45 | 19 38 55 | 7 45 52 | 5 49 13 | 2 06 10 |
| 27 | 10 19 53 | 14 19 39 | 17 29 09 | 7 37 24 | 19 34 57 | 7 42 02 | 5 45 17 | 2 02 08 |
| 28 | 10 19 59 | 14 20 56 | 17 27 07 | 7 34 03 | 19 31 00 | 7 38 13 | 5 41 22 | 1 58 07 |
| 29 | 10 20 17 | 14 22 13 | 17 25 05 | 7 30 41 | 19 27 03 | 7 34 24 | 5 37 26 | 1 54 06 |
| 30 | 10 20 48 | 14 23 30 | 17 23 04 | 7 27 19 | 19 23 07 | 7 30 34 | 5 33 31 | 1 50 04 |
| 31 | 10 21 29 | 14 24 45 | 17 21 04 | 7 23 56 | 19 19 11 | 7 26 44 | 5 29 35 | 1 46 03 |
| June 1 | 10 22 23 | 14 26 00 | 17 19 03 | 7 20 33 | 19 15 15 | 7 22 54 | 5 25 39 | 1 42 01 |
| 2 | 10 23 29 | 14 27 14 | 17 17 03 | 7 17 09 | 19 11 20 | 7 19 04 | 5 21 43 | 1 38 00 |
| 3 | 10 24 47 | 14 28 27 | 17 15 04 | 7 13 45 | 19 07 25 | 7 15 14 | 5 17 47 | 1 33 58 |
| 4 | 10 26 17 | 14 29 39 | 17 13 05 | 7 10 21 | 19 03 30 | 7 11 24 | 5 13 51 | 1 29 56 |
| 5 | 10 27 59 | 14 30 50 | 17 11 06 | 7 06 56 | 18 59 36 | 7 07 33 | 5 09 54 | 1 25 54 |
| 6 | 10 29 54 | 14 32 00 | 17 09 07 | 7 03 30 | 18 55 42 | 7 03 43 | 5 05 58 | 1 21 53 |
| 7 | 10 32 01 | 14 33 09 | 17 07 09 | 7 00 04 | 18 51 49 | 6 59 52 | 5 02 01 | 1 17 51 |
| 8 | 10 34 21 | 14 34 16 | 17 05 12 | 6 56 38 | 18 47 56 | 6 56 01 | 4 58 05 | 1 13 49 |
| 9 | 10 36 54 | 14 35 23 | 17 03 14 | 6 53 11 | 18 44 03 | 6 52 10 | 4 54 08 | 1 09 47 |
| 10 | 10 39 40 | 14 36 28 | 17 01 17 | 6 49 43 | 18 40 11 | 6 48 18 | 4 50 11 | 1 05 45 |
| 11 | 10 42 39 | 14 37 32 | 16 59 20 | 6 46 15 | 18 36 19 | 6 44 27 | 4 46 14 | 1 01 43 |
| 12 | 10 45 52 | 14 38 34 | 16 57 24 | 6 42 47 | 18 32 27 | 6 40 35 | 4 42 17 | 0 57 41 |
| 13 | 10 49 18 | 14 39 36 | 16 55 28 | 6 39 17 | 18 28 36 | 6 36 43 | 4 38 19 | 0 53 39 |
| 14 | 10 52 58 | 14 40 35 | 16 53 32 | 6 35 48 | 18 24 45 | 6 32 51 | 4 34 22 | 0 49 36 |
| 15 | 10 56 51 | 14 41 34 | 16 51 37 | 6 32 18 | 18 20 55 | 6 28 59 | 4 30 24 | 0 45 34 |
| 16 | 11 00 57 | 14 42 31 | 16 49 41 | 6 28 47 | 18 17 04 | 6 25 07 | 4 26 26 | 0 41 32 |
| 17 | 11 05 17 | 14 43 26 | 16 47 47 | 6 25 15 | 18 13 15 | 6 21 14 | 4 22 29 | 0 37 30 |
| 18 | 11 09 50 | 14 44 20 | 16 45 52 | 6 21 44 | 18 09 25 | 6 17 21 | 4 18 31 | 0 33 28 |
| 19 | 11 14 35 | 14 45 12 | 16 43 58 | 6 18 11 | 18 05 36 | 6 13 29 | 4 14 33 | 0 29 25 |
| 20 | 11 19 31 | 14 46 03 | 16 42 04 | 6 14 38 | 18 01 47 | 6 09 36 | 4 10 35 | 0 25 23 |
| 21 | 11 24 37 | 14 46 52 | 16 40 10 | 6 11 04 | 17 57 59 | 6 05 42 | 4 06 36 | 0 21 21 |
| 22 | 11 29 54 | 14 47 40 | 16 38 16 | 6 07 30 | 17 54 11 | 6 01 49 | 4 02 38 | 0 17 19 |
| 23 | 11 35 18 | 14 48 26 | 16 36 23 | 6 03 55 | 17 50 23 | 5 57 55 | 3 58 39 | 0 13 16 |
| 24 | 11 40 49 | 14 49 10 | 16 34 30 | 6 00 20 | 17 46 36 | 5 54 02 | 3 54 41 | 0 09 14 |
| 25 | 11 46 26 | 14 49 53 | 16 32 37 | 5 56 44 | 17 42 49 | 5 50 08 | 3 50 42 | 0 05 12 |
| 26 | 11 52 06 | 14 50 34 | 16 30 45 | 5 53 07 | 17 39 02 | 5 46 14 | 3 46 43 | 0 01 09 |
| 27 | 11 57 48 | 14 51 13 | 16 28 53 | 5 49 30 | 17 35 16 | 5 42 19 | 3 42 44 | 23 53 05 |
| 28 | 12 03 30 | 14 51 51 | 16 27 01 | 5 45 52 | 17 31 30 | 5 38 25 | 3 38 45 | 23 49 03 |
| 29 | 12 09 11 | 14 52 27 | 16 25 09 | 5 42 14 | 17 27 44 | 5 34 30 | 3 34 46 | 23 45 00 |
| 30 | 12 14 48 | 14 53 02 | 16 23 18 | 5 38 35 | 17 23 59 | 5 30 35 | 3 30 47 | 23 40 58 |
| July 1 | 12 20 21 | 14 53 35 | 16 21 26 | 5 34 55 | 17 20 14 | 5 26 40 | 3 26 48 | 23 36 56 |
| 2 | 12 25 48 | 14 54 06 | 16 19 35 | 5 31 14 | 17 16 29 | 5 22 45 | 3 22 48 | 23 32 53 |

Second transit: Pluto, June $26^d23^h57^m07^s$.

| Date | Mercury | Venus | Mars | Jupiter | Saturn | Uranus | Neptune | Pluto |
|------|---------|-------|------|---------|--------|--------|---------|-------|
| | h m s | h m s | h m s | h m s | h m s | h m s | h m s | h m s |
| July 1 | 12 20 21 | 14 53 35 | 16 21 26 | 5 34 55 | 17 20 14 | 5 26 40 | 3 26 48 | 23 36 56 |
| 2 | 12 25 48 | 14 54 06 | 16 19 35 | 5 31 14 | 17 16 29 | 5 22 45 | 3 22 48 | 23 32 53 |
| 3 | 12 31 07 | 14 54 36 | 16 17 45 | 5 27 33 | 17 12 45 | 5 18 50 | 3 18 49 | 23 28 51 |
| 4 | 12 36 19 | 14 55 05 | 16 15 54 | 5 23 52 | 17 09 01 | 5 14 55 | 3 14 49 | 23 24 49 |
| 5 | 12 41 21 | 14 55 31 | 16 14 04 | 5 20 09 | 17 05 17 | 5 10 59 | 3 10 49 | 23 20 47 |
| 6 | 12 46 13 | 14 55 56 | 16 12 14 | 5 16 26 | 17 01 34 | 5 07 03 | 3 06 50 | 23 16 45 |
| 7 | 12 50 55 | 14 56 20 | 16 10 24 | 5 12 43 | 16 57 51 | 5 03 07 | 3 02 50 | 23 12 42 |
| 8 | 12 55 26 | 14 56 42 | 16 08 35 | 5 08 58 | 16 54 08 | 4 59 11 | 2 58 50 | 23 08 40 |
| 9 | 12 59 46 | 14 57 02 | 16 06 46 | 5 05 13 | 16 50 26 | 4 55 14 | 2 54 50 | 23 04 38 |
| 10 | 13 03 55 | 14 57 21 | 16 04 57 | 5 01 28 | 16 46 44 | 4 51 18 | 2 50 49 | 23 00 36 |
| 11 | 13 07 52 | 14 57 39 | 16 03 08 | 4 57 41 | 16 43 02 | 4 47 21 | 2 46 49 | 22 56 34 |
| 12 | 13 11 38 | 14 57 55 | 16 01 20 | 4 53 54 | 16 39 20 | 4 43 24 | 2 42 49 | 22 52 32 |
| 13 | 13 15 13 | 14 58 10 | 15 59 32 | 4 50 06 | 16 35 39 | 4 39 27 | 2 38 48 | 22 48 30 |
| 14 | 13 18 36 | 14 58 23 | 15 57 44 | 4 46 18 | 16 31 58 | 4 35 30 | 2 34 48 | 22 44 28 |
| 15 | 13 21 47 | 14 58 34 | 15 55 56 | 4 42 29 | 16 28 17 | 4 31 32 | 2 30 47 | 22 40 26 |
| 16 | 13 24 48 | 14 58 45 | 15 54 09 | 4 38 39 | 16 24 37 | 4 27 35 | 2 26 47 | 22 36 25 |
| 17 | 13 27 38 | 14 58 53 | 15 52 22 | 4 34 48 | 16 20 57 | 4 23 37 | 2 22 46 | 22 32 23 |
| 18 | 13 30 17 | 14 59 01 | 15 50 35 | 4 30 57 | 16 17 17 | 4 19 39 | 2 18 45 | 22 28 21 |
| 19 | 13 32 45 | 14 59 07 | 15 48 48 | 4 27 05 | 16 13 38 | 4 15 41 | 2 14 44 | 22 24 20 |
| 20 | 13 35 03 | 14 59 12 | 15 47 02 | 4 23 12 | 16 09 58 | 4 11 43 | 2 10 43 | 22 20 18 |
| 21 | 13 37 10 | 14 59 15 | 15 45 16 | 4 19 19 | 16 06 20 | 4 07 44 | 2 06 42 | 22 16 16 |
| 22 | 13 39 07 | 14 59 17 | 15 43 30 | 4 15 25 | 16 02 41 | 4 03 46 | 2 02 41 | 22 12 15 |
| 23 | 13 40 54 | 14 59 17 | 15 41 45 | 4 11 30 | 15 59 02 | 3 59 47 | 1 58 40 | 22 08 14 |
| 24 | 13 42 32 | 14 59 17 | 15 40 00 | 4 07 34 | 15 55 24 | 3 55 48 | 1 54 38 | 22 04 12 |
| 25 | 13 43 59 | 14 59 15 | 15 38 15 | 4 03 38 | 15 51 46 | 3 51 49 | 1 50 37 | 22 00 11 |
| 26 | 13 45 17 | 14 59 11 | 15 36 30 | 3 59 41 | 15 48 09 | 3 47 49 | 1 46 36 | 21 56 10 |
| 27 | 13 46 25 | 14 59 07 | 15 34 45 | 3 55 43 | 15 44 31 | 3 43 50 | 1 42 34 | 21 52 09 |
| 28 | 13 47 24 | 14 59 01 | 15 33 01 | 3 51 45 | 15 40 54 | 3 39 50 | 1 38 33 | 21 48 07 |
| 29 | 13 48 13 | 14 58 54 | 15 31 17 | 3 47 46 | 15 37 17 | 3 35 51 | 1 34 31 | 21 44 06 |
| 30 | 13 48 52 | 14 58 46 | 15 29 34 | 3 43 46 | 15 33 40 | 3 31 51 | 1 30 30 | 21 40 06 |
| 31 | 13 49 22 | 14 58 36 | 15 27 51 | 3 39 45 | 15 30 04 | 3 27 51 | 1 26 28 | 21 36 05 |
| Aug. 1 | 13 49 42 | 14 58 26 | 15 26 08 | 3 35 44 | 15 26 28 | 3 23 51 | 1 22 26 | 21 32 04 |
| 2 | 13 49 52 | 14 58 14 | 15 24 25 | 3 31 42 | 15 22 52 | 3 19 50 | 1 18 25 | 21 28 03 |
| 3 | 13 49 52 | 14 58 01 | 15 22 43 | 3 27 39 | 15 19 16 | 3 15 50 | 1 14 23 | 21 24 03 |
| 4 | 13 49 42 | 14 57 47 | 15 21 01 | 3 23 36 | 15 15 40 | 3 11 49 | 1 10 21 | 21 20 02 |
| 5 | 13 49 21 | 14 57 31 | 15 19 19 | 3 19 32 | 15 12 05 | 3 07 48 | 1 06 19 | 21 16 02 |
| 6 | 13 48 50 | 14 57 15 | 15 17 38 | 3 15 27 | 15 08 30 | 3 03 47 | 1 02 17 | 21 12 01 |
| 7 | 13 48 07 | 14 56 57 | 15 15 57 | 3 11 21 | 15 04 55 | 2 59 46 | 0 58 15 | 21 08 01 |
| 8 | 13 47 14 | 14 56 39 | 15 14 16 | 3 07 15 | 15 01 20 | 2 55 45 | 0 54 13 | 21 04 01 |
| 9 | 13 46 08 | 14 56 19 | 15 12 36 | 3 03 08 | 14 57 46 | 2 51 44 | 0 50 11 | 21 00 01 |
| 10 | 13 44 50 | 14 55 58 | 15 10 56 | 2 59 01 | 14 54 12 | 2 47 42 | 0 46 09 | 20 56 01 |
| 11 | 13 43 19 | 14 55 36 | 15 09 16 | 2 54 52 | 14 50 37 | 2 43 40 | 0 42 07 | 20 52 01 |
| 12 | 13 41 35 | 14 55 12 | 15 07 37 | 2 50 43 | 14 47 04 | 2 39 39 | 0 38 05 | 20 48 01 |
| 13 | 13 39 37 | 14 54 48 | 15 05 58 | 2 46 34 | 14 43 30 | 2 35 37 | 0 34 03 | 20 44 02 |
| 14 | 13 37 24 | 14 54 22 | 15 04 19 | 2 42 23 | 14 39 56 | 2 31 35 | 0 30 01 | 20 40 02 |
| 15 | 13 34 56 | 14 53 55 | 15 02 41 | 2 38 13 | 14 36 23 | 2 27 33 | 0 25 59 | 20 36 02 |
| 16 | 13 32 13 | 14 53 27 | 15 01 03 | 2 34 01 | 14 32 50 | 2 23 30 | 0 21 57 | 20 32 03 |

| Date | Mercury | Venus | Mars | Jupiter | Saturn | Uranus | Neptune | Pluto |
|---|---|---|---|---|---|---|---|---|
| | h m s | h m s | h m s | h m s | h m s | h m s | h m s | h m s |
| Aug. 16 | 13 32 13 | 14 53 27 | 15 01 03 | 2 34 01 | 14 32 50 | 2 23 30 | 0 21 57 | 20 32 03 |
| 17 | 13 29 12 | 14 52 58 | 14 59 26 | 2 29 49 | 14 29 17 | 2 19 28 | 0 17 55 | 20 28 04 |
| 18 | 13 25 55 | 14 52 27 | 14 57 49 | 2 25 36 | 14 25 44 | 2 15 25 | 0 13 53 | 20 24 05 |
| 19 | 13 22 19 | 14 51 55 | 14 56 12 | 2 21 23 | 14 22 12 | 2 11 23 | 0 09 50 | 20 20 06 |
| 20 | 13 18 25 | 14 51 22 | 14 54 35 | 2 17 09 | 14 18 39 | 2 07 20 | 0 05 48 | 20 16 07 |
| 21 | 13 14 12 | 14 50 47 | 14 52 59 | 2 12 54 | 14 15 07 | 2 03 17 | 0 01 46 | 20 12 08 |
| 22 | 13 09 40 | 14 50 11 | 14 51 24 | 2 08 39 | 14 11 35 | 1 59 14 | 23 53 42 | 20 08 09 |
| 23 | 13 04 48 | 14 49 33 | 14 49 49 | 2 04 23 | 14 08 03 | 1 55 11 | 23 49 39 | 20 04 11 |
| 24 | 12 59 36 | 14 48 54 | 14 48 14 | 2 00 07 | 14 04 31 | 1 51 08 | 23 45 37 | 20 00 12 |
| 25 | 12 54 05 | 14 48 13 | 14 46 40 | 1 55 50 | 14 00 59 | 1 47 05 | 23 41 35 | 19 56 14 |
| 26 | 12 48 15 | 14 47 31 | 14 45 06 | 1 51 32 | 13 57 28 | 1 43 01 | 23 37 33 | 19 52 15 |
| 27 | 12 42 06 | 14 46 47 | 14 43 32 | 1 47 15 | 13 53 56 | 1 38 58 | 23 33 31 | 19 48 17 |
| 28 | 12 35 42 | 14 46 02 | 14 41 59 | 1 42 56 | 13 50 25 | 1 34 54 | 23 29 29 | 19 44 19 |
| 29 | 12 29 02 | 14 45 15 | 14 40 26 | 1 38 37 | 13 46 54 | 1 30 51 | 23 25 27 | 19 40 21 |
| 30 | 12 22 10 | 14 44 26 | 14 38 54 | 1 34 18 | 13 43 23 | 1 26 47 | 23 21 25 | 19 36 24 |
| 31 | 12 15 08 | 14 43 35 | 14 37 22 | 1 29 58 | 13 39 52 | 1 22 43 | 23 17 23 | 19 32 26 |
| Sept. 1 | 12 08 00 | 14 42 42 | 14 35 51 | 1 25 38 | 13 36 21 | 1 18 39 | 23 13 21 | 19 28 28 |
| 2 | 12 00 50 | 14 41 47 | 14 34 20 | 1 21 17 | 13 32 51 | 1 14 36 | 23 09 19 | 19 24 31 |
| 3 | 11 53 40 | 14 40 50 | 14 32 50 | 1 16 56 | 13 29 20 | 1 10 31 | 23 05 17 | 19 20 34 |
| 4 | 11 46 37 | 14 39 51 | 14 31 20 | 1 12 35 | 13 25 50 | 1 06 27 | 23 01 15 | 19 16 37 |
| 5 | 11 39 43 | 14 38 50 | 14 29 51 | 1 08 13 | 13 22 20 | 1 02 23 | 22 57 13 | 19 12 40 |
| 6 | 11 33 04 | 14 37 46 | 14 28 22 | 1 03 51 | 13 18 49 | 0 58 19 | 22 53 11 | 19 08 43 |
| 7 | 11 26 43 | 14 36 40 | 14 26 53 | 0 59 28 | 13 15 19 | 0 54 15 | 22 49 09 | 19 04 46 |
| 8 | 11 20 44 | 14 35 31 | 14 25 25 | 0 55 05 | 13 11 49 | 0 50 10 | 22 45 07 | 19 00 49 |
| 9 | 11 15 11 | 14 34 19 | 14 23 58 | 0 50 42 | 13 08 20 | 0 46 06 | 22 41 06 | 18 56 53 |
| 10 | 11 10 06 | 14 33 04 | 14 22 31 | 0 46 18 | 13 04 50 | 0 42 02 | 22 37 04 | 18 52 56 |
| 11 | 11 05 32 | 14 31 47 | 14 21 05 | 0 41 55 | 13 01 20 | 0 37 57 | 22 33 02 | 18 49 00 |
| 12 | 11 01 30 | 14 30 26 | 14 19 39 | 0 37 31 | 12 57 50 | 0 33 53 | 22 29 01 | 18 45 04 |
| 13 | 10 58 02 | 14 29 02 | 14 18 14 | 0 33 07 | 12 54 21 | 0 29 48 | 22 24 59 | 18 41 08 |
| 14 | 10 55 08 | 14 27 34 | 14 16 49 | 0 28 42 | 12 50 51 | 0 25 44 | 22 20 58 | 18 37 12 |
| 15 | 10 52 48 | 14 26 03 | 14 15 24 | 0 24 18 | 12 47 22 | 0 21 39 | 22 16 56 | 18 33 16 |
| 16 | 10 51 00 | 14 24 27 | 14 14 01 | 0 19 53 | 12 43 53 | 0 17 34 | 22 12 55 | 18 29 21 |
| 17 | 10 49 45 | 14 22 48 | 14 12 37 | 0 15 28 | 12 40 23 | 0 13 30 | 22 08 54 | 18 25 25 |
| 18 | 10 49 01 | 14 21 04 | 14 11 15 | 0 11 03 | 12 36 54 | 0 09 25 | 22 04 53 | 18 21 30 |
| 19 | 10 48 45 | 14 19 16 | 14 09 53 | 0 06 38 | 12 33 25 | 0 05 20 | 22 00 51 | 18 17 35 |
| 20 | 10 48 55 | 14 17 23 | 14 08 31 | 0 02 13 | 12 29 56 | 0 01 16 | 21 56 50 | 18 13 39 |
| 21 | 10 49 30 | 14 15 25 | 14 07 10 | 23 53 23 | 12 26 27 | 23 53 06 | 21 52 49 | 18 09 44 |
| 22 | 10 50 26 | 14 13 22 | 14 05 50 | 23 48 58 | 12 22 58 | 23 49 02 | 21 48 48 | 18 05 50 |
| 23 | 10 51 41 | 14 11 13 | 14 04 30 | 23 44 33 | 12 19 29 | 23 44 57 | 21 44 48 | 18 01 55 |
| 24 | 10 53 13 | 14 08 59 | 14 03 11 | 23 40 08 | 12 16 00 | 23 40 52 | 21 40 47 | 17 58 00 |
| 25 | 10 54 59 | 14 06 38 | 14 01 52 | 23 35 43 | 12 12 31 | 23 36 48 | 21 36 46 | 17 54 06 |
| 26 | 10 56 57 | 14 04 12 | 14 00 34 | 23 31 18 | 12 09 02 | 23 32 43 | 21 32 45 | 17 50 12 |
| 27 | 10 59 05 | 14 01 39 | 13 59 16 | 23 26 53 | 12 05 33 | 23 28 38 | 21 28 45 | 17 46 17 |
| 28 | 11 01 20 | 13 59 00 | 13 57 59 | 23 22 28 | 12 02 04 | 23 24 34 | 21 24 44 | 17 42 23 |
| 29 | 11 03 42 | 13 56 14 | 13 56 43 | 23 18 04 | 11 58 36 | 23 20 29 | 21 20 44 | 17 38 29 |
| 30 | 11 06 08 | 13 53 21 | 13 55 27 | 23 13 40 | 11 55 07 | 23 16 25 | 21 16 44 | 17 34 36 |
| Oct. 1 | 11 08 38 | 13 50 20 | 13 54 12 | 23 09 16 | 11 51 38 | 23 12 20 | 21 12 44 | 17 30 42 |

Second transits: Neptune, Aug. $21^d23^h57^m44^s$; Uranus, Sept. $20^d23^h57^m11^s$; Jupiter, Sept. $20^d23^h57^m48^s$.

| Date | Mercury | Venus | Mars | Jupiter | Saturn | Uranus | Neptune | Pluto |
|------|---------|-------|------|---------|--------|--------|---------|-------|
|  | h m s | h m s | h m s | h m s | h m s | h m s | h m s | h m s |
| Oct. 1 | 11 08 38 | 13 50 20 | 13 54 12 | 23 09 16 | 11 51 38 | 23 12 20 | 21 12 44 | 17 30 42 |
| 2 | 11 11 09 | 13 47 12 | 13 52 58 | 23 04 52 | 11 48 09 | 23 08 15 | 21 08 44 | 17 26 48 |
| 3 | 11 13 42 | 13 43 55 | 13 51 44 | 23 00 28 | 11 44 40 | 23 04 11 | 21 04 44 | 17 22 55 |
| 4 | 11 16 16 | 13 40 31 | 13 50 31 | 22 56 04 | 11 41 12 | 23 00 07 | 21 00 44 | 17 19 02 |
| 5 | 11 18 49 | 13 36 59 | 13 49 18 | 22 51 41 | 11 37 43 | 22 56 02 | 20 56 44 | 17 15 09 |
| 6 | 11 21 22 | 13 33 18 | 13 48 06 | 22 47 18 | 11 34 14 | 22 51 58 | 20 52 44 | 17 11 16 |
| 7 | 11 23 53 | 13 29 28 | 13 46 55 | 22 42 56 | 11 30 45 | 22 47 54 | 20 48 44 | 17 07 23 |
| 8 | 11 26 24 | 13 25 30 | 13 45 44 | 22 38 34 | 11 27 16 | 22 43 49 | 20 44 45 | 17 03 30 |
| 9 | 11 28 53 | 13 21 23 | 13 44 34 | 22 34 12 | 11 23 47 | 22 39 45 | 20 40 46 | 16 59 37 |
| 10 | 11 31 20 | 13 17 07 | 13 43 25 | 22 29 51 | 11 20 19 | 22 35 41 | 20 36 46 | 16 55 45 |
| 11 | 11 33 46 | 13 12 42 | 13 42 16 | 22 25 30 | 11 16 50 | 22 31 37 | 20 32 47 | 16 51 52 |
| 12 | 11 36 10 | 13 08 07 | 13 41 08 | 22 21 09 | 11 13 21 | 22 27 33 | 20 28 48 | 16 48 00 |
| 13 | 11 38 33 | 13 03 24 | 13 40 01 | 22 16 49 | 11 09 52 | 22 23 29 | 20 24 49 | 16 44 08 |
| 14 | 11 40 54 | 12 58 32 | 13 38 54 | 22 12 29 | 11 06 23 | 22 19 26 | 20 20 50 | 16 40 16 |
| 15 | 11 43 13 | 12 53 31 | 13 37 48 | 22 08 10 | 11 02 54 | 22 15 22 | 20 16 51 | 16 36 24 |
| 16 | 11 45 31 | 12 48 22 | 13 36 43 | 22 03 51 | 10 59 24 | 22 11 18 | 20 12 53 | 16 32 32 |
| 17 | 11 47 48 | 12 43 05 | 13 35 38 | 21 59 33 | 10 55 55 | 22 07 15 | 20 08 54 | 16 28 41 |
| 18 | 11 50 04 | 12 37 40 | 13 34 34 | 21 55 15 | 10 52 26 | 22 03 11 | 20 04 56 | 16 24 49 |
| 19 | 11 52 18 | 12 32 08 | 13 33 30 | 21 50 58 | 10 48 57 | 21 59 08 | 20 00 58 | 16 20 58 |
| 20 | 11 54 32 | 12 26 29 | 13 32 27 | 21 46 41 | 10 45 27 | 21 55 05 | 19 56 59 | 16 17 07 |
| 21 | 11 56 45 | 12 20 44 | 13 31 25 | 21 42 25 | 10 41 58 | 21 51 02 | 19 53 01 | 16 13 15 |
| 22 | 11 58 57 | 12 14 54 | 13 30 24 | 21 38 10 | 10 38 28 | 21 46 59 | 19 49 03 | 16 09 24 |
| 23 | 12 01 09 | 12 09 00 | 13 29 23 | 21 33 55 | 10 34 59 | 21 42 56 | 19 45 06 | 16 05 33 |
| 24 | 12 03 20 | 12 03 01 | 13 28 22 | 21 29 41 | 10 31 29 | 21 38 53 | 19 41 08 | 16 01 43 |
| 25 | 12 05 31 | 11 57 00 | 13 27 23 | 21 25 27 | 10 27 59 | 21 34 50 | 19 37 10 | 15 57 52 |
| 26 | 12 07 42 | 11 50 56 | 13 26 24 | 21 21 14 | 10 24 29 | 21 30 48 | 19 33 13 | 15 54 01 |
| 27 | 12 09 53 | 11 44 52 | 13 25 26 | 21 17 01 | 10 20 59 | 21 26 45 | 19 29 15 | 15 50 11 |
| 28 | 12 12 04 | 11 38 47 | 13 24 28 | 21 12 50 | 10 17 29 | 21 22 43 | 19 25 18 | 15 46 20 |
| 29 | 12 14 16 | 11 32 44 | 13 23 31 | 21 08 39 | 10 13 59 | 21 18 41 | 19 21 21 | 15 42 30 |
| 30 | 12 16 27 | 11 26 41 | 13 22 35 | 21 04 28 | 10 10 29 | 21 14 39 | 19 17 24 | 15 38 40 |
| 31 | 12 18 39 | 11 20 42 | 13 21 39 | 21 00 18 | 10 06 58 | 21 10 37 | 19 13 27 | 15 34 50 |
| Nov. 1 | 12 20 52 | 11 14 46 | 13 20 44 | 20 56 09 | 10 03 28 | 21 06 35 | 19 09 31 | 15 31 00 |
| 2 | 12 23 04 | 11 08 54 | 13 19 49 | 20 52 01 | 9 59 57 | 21 02 33 | 19 05 34 | 15 27 10 |
| 3 | 12 25 18 | 11 03 08 | 13 18 56 | 20 47 53 | 9 56 26 | 20 58 32 | 19 01 38 | 15 23 20 |
| 4 | 12 27 32 | 10 57 27 | 13 18 02 | 20 43 46 | 9 52 55 | 20 54 30 | 18 57 41 | 15 19 31 |
| 5 | 12 29 46 | 10 51 52 | 13 17 10 | 20 39 40 | 9 49 24 | 20 50 29 | 18 53 45 | 15 15 41 |
| 6 | 12 32 02 | 10 46 24 | 13 16 18 | 20 35 34 | 9 45 53 | 20 46 28 | 18 49 49 | 15 11 52 |
| 7 | 12 34 17 | 10 41 04 | 13 15 27 | 20 31 29 | 9 42 22 | 20 42 27 | 18 45 53 | 15 08 02 |
| 8 | 12 36 34 | 10 35 52 | 13 14 36 | 20 27 25 | 9 38 50 | 20 38 26 | 18 41 57 | 15 04 13 |
| 9 | 12 38 51 | 10 30 47 | 13 13 46 | 20 23 22 | 9 35 19 | 20 34 25 | 18 38 02 | 15 00 24 |
| 10 | 12 41 08 | 10 25 51 | 13 12 56 | 20 19 19 | 9 31 47 | 20 30 25 | 18 34 06 | 14 56 35 |
| 11 | 12 43 26 | 10 21 04 | 13 12 07 | 20 15 17 | 9 28 15 | 20 26 24 | 18 30 11 | 14 52 46 |
| 12 | 12 45 43 | 10 16 25 | 13 11 19 | 20 11 16 | 9 24 43 | 20 22 24 | 18 26 16 | 14 48 57 |
| 13 | 12 48 01 | 10 11 56 | 13 10 31 | 20 07 16 | 9 21 11 | 20 18 24 | 18 22 20 | 14 45 08 |
| 14 | 12 50 19 | 10 07 35 | 13 09 44 | 20 03 16 | 9 17 38 | 20 14 24 | 18 18 25 | 14 41 19 |
| 15 | 12 52 36 | 10 03 24 | 13 08 57 | 19 59 17 | 9 14 06 | 20 10 25 | 18 14 31 | 14 37 31 |
| 16 | 12 54 53 | 9 59 21 | 13 08 11 | 19 55 19 | 9 10 33 | 20 06 25 | 18 10 36 | 14 33 42 |

| Date | Mercury | Venus | Mars | Jupiter | Saturn | Uranus | Neptune | Pluto |
|---|---|---|---|---|---|---|---|---|
| | h m s | h m s | h m s | h m s | h m s | h m s | h m s | h m s |
| Nov. 16 | 12 54 53 | 9 59 21 | 13 08 11 | 19 55 19 | 9 10 33 | 20 06 25 | 18 10 36 | 14 33 42 |
| 17 | 12 57 09 | 9 55 27 | 13 07 25 | 19 51 22 | 9 07 00 | 20 02 26 | 18 06 41 | 14 29 54 |
| 18 | 12 59 23 | 9 51 43 | 13 06 40 | 19 47 25 | 9 03 27 | 19 58 27 | 18 02 47 | 14 26 05 |
| 19 | 13 01 36 | 9 48 07 | 13 05 55 | 19 43 29 | 8 59 53 | 19 54 28 | 17 58 52 | 14 22 17 |
| 20 | 13 03 46 | 9 44 39 | 13 05 11 | 19 39 34 | 8 56 20 | 19 50 29 | 17 54 58 | 14 18 29 |
| 21 | 13 05 54 | 9 41 21 | 13 04 27 | 19 35 40 | 8 52 46 | 19 46 30 | 17 51 04 | 14 14 41 |
| 22 | 13 07 58 | 9 38 10 | 13 03 44 | 19 31 46 | 8 49 12 | 19 42 32 | 17 47 10 | 14 10 52 |
| 23 | 13 09 58 | 9 35 07 | 13 03 01 | 19 27 53 | 8 45 38 | 19 38 33 | 17 43 16 | 14 07 04 |
| 24 | 13 11 54 | 9 32 13 | 13 02 19 | 19 24 01 | 8 42 03 | 19 34 35 | 17 39 23 | 14 03 16 |
| 25 | 13 13 43 | 9 29 26 | 13 01 37 | 19 20 10 | 8 38 29 | 19 30 37 | 17 35 29 | 13 59 29 |
| 26 | 13 15 25 | 9 26 46 | 13 00 55 | 19 16 19 | 8 34 54 | 19 26 39 | 17 31 36 | 13 55 41 |
| 27 | 13 16 59 | 9 24 14 | 13 00 14 | 19 12 29 | 8 31 19 | 19 22 42 | 17 27 42 | 13 51 53 |
| 28 | 13 18 23 | 9 21 49 | 12 59 34 | 19 08 40 | 8 27 43 | 19 18 44 | 17 23 49 | 13 48 05 |
| 29 | 13 19 36 | 9 19 30 | 12 58 53 | 19 04 52 | 8 24 08 | 19 14 47 | 17 19 56 | 13 44 18 |
| 30 | 13 20 36 | 9 17 18 | 12 58 13 | 19 01 04 | 8 20 32 | 19 10 50 | 17 16 03 | 13 40 30 |
| Dec. 1 | 13 21 21 | 9 15 12 | 12 57 34 | 18 57 17 | 8 16 56 | 19 06 53 | 17 12 10 | 13 36 42 |
| 2 | 13 21 49 | 9 13 12 | 12 56 55 | 18 53 31 | 8 13 20 | 19 02 56 | 17 08 18 | 13 32 55 |
| 3 | 13 21 58 | 9 11 19 | 12 56 16 | 18 49 46 | 8 09 43 | 18 59 00 | 17 04 25 | 13 29 07 |
| 4 | 13 21 43 | 9 09 30 | 12 55 37 | 18 46 01 | 8 06 06 | 18 55 04 | 17 00 33 | 13 25 20 |
| 5 | 13 21 04 | 9 07 48 | 12 54 59 | 18 42 17 | 8 02 29 | 18 51 07 | 16 56 41 | 13 21 33 |
| 6 | 13 19 55 | 9 06 10 | 12 54 21 | 18 38 34 | 7 58 52 | 18 47 12 | 16 52 48 | 13 17 45 |
| 7 | 13 18 15 | 9 04 38 | 12 53 43 | 18 34 51 | 7 55 14 | 18 43 16 | 16 48 56 | 13 13 58 |
| 8 | 13 15 58 | 9 03 10 | 12 53 06 | 18 31 09 | 7 51 36 | 18 39 20 | 16 45 04 | 13 10 11 |
| 9 | 13 13 02 | 9 01 47 | 12 52 29 | 18 27 28 | 7 47 58 | 18 35 25 | 16 41 13 | 13 06 24 |
| 10 | 13 09 24 | 9 00 29 | 12 51 52 | 18 23 48 | 7 44 20 | 18 31 30 | 16 37 21 | 13 02 37 |
| 11 | 13 05 00 | 8 59 15 | 12 51 15 | 18 20 08 | 7 40 41 | 18 27 35 | 16 33 29 | 12 58 50 |
| 12 | 12 59 48 | 8 58 05 | 12 50 38 | 18 16 29 | 7 37 02 | 18 23 40 | 16 29 38 | 12 55 02 |
| 13 | 12 53 46 | 8 57 00 | 12 50 02 | 18 12 51 | 7 33 22 | 18 19 45 | 16 25 47 | 12 51 15 |
| 14 | 12 46 55 | 8 55 58 | 12 49 25 | 18 09 13 | 7 29 43 | 18 15 51 | 16 21 55 | 12 47 28 |
| 15 | 12 39 18 | 8 55 00 | 12 48 49 | 18 05 36 | 7 26 03 | 18 11 57 | 16 18 04 | 12 43 41 |
| 16 | 12 30 58 | 8 54 07 | 12 48 13 | 18 01 59 | 7 22 23 | 18 08 02 | 16 14 13 | 12 39 54 |
| 17 | 12 22 01 | 8 53 16 | 12 47 37 | 17 58 24 | 7 18 42 | 18 04 09 | 16 10 22 | 12 36 08 |
| 18 | 12 12 37 | 8 52 30 | 12 47 01 | 17 54 48 | 7 15 01 | 18 00 15 | 16 06 32 | 12 32 21 |
| 19 | 12 02 56 | 8 51 47 | 12 46 25 | 17 51 14 | 7 11 20 | 17 56 21 | 16 02 41 | 12 28 34 |
| 20 | 11 53 08 | 8 51 07 | 12 45 50 | 17 47 40 | 7 07 38 | 17 52 28 | 15 58 50 | 12 24 47 |
| 21 | 11 43 27 | 8 50 30 | 12 45 14 | 17 44 07 | 7 03 57 | 17 48 35 | 15 55 00 | 12 21 00 |
| 22 | 11 34 01 | 8 49 57 | 12 44 38 | 17 40 34 | 7 00 14 | 17 44 42 | 15 51 10 | 12 17 13 |
| 23 | 11 25 02 | 8 49 27 | 12 44 02 | 17 37 02 | 6 56 32 | 17 40 49 | 15 47 19 | 12 13 26 |
| 24 | 11 16 36 | 8 49 00 | 12 43 27 | 17 33 31 | 6 52 49 | 17 36 57 | 15 43 29 | 12 09 39 |
| 25 | 11 08 49 | 8 48 36 | 12 42 51 | 17 30 00 | 6 49 06 | 17 33 04 | 15 39 39 | 12 05 52 |
| 26 | 11 01 45 | 8 48 15 | 12 42 15 | 17 26 30 | 6 45 22 | 17 29 12 | 15 35 49 | 12 02 06 |
| 27 | 10 55 26 | 8 47 56 | 12 41 39 | 17 23 00 | 6 41 39 | 17 25 20 | 15 31 59 | 11 58 19 |
| 28 | 10 49 50 | 8 47 41 | 12 41 03 | 17 19 31 | 6 37 54 | 17 21 28 | 15 28 10 | 11 54 32 |
| 29 | 10 44 58 | 8 47 28 | 12 40 27 | 17 16 03 | 6 34 10 | 17 17 36 | 15 24 20 | 11 50 45 |
| 30 | 10 40 46 | 8 47 18 | 12 39 51 | 17 12 35 | 6 30 25 | 17 13 45 | 15 20 30 | 11 46 58 |
| 31 | 10 37 13 | 8 47 10 | 12 39 15 | 17 09 08 | 6 26 40 | 17 09 54 | 15 16 41 | 11 43 11 |
| 32 | 10 34 15 | 8 47 05 | 12 38 39 | 17 05 41 | 6 22 54 | 17 06 03 | 15 12 52 | 11 39 25 |

Explanatory information for data presented in the Ephemeris for Physical Observations of the planets and the Planetary Central Meridians is given here. Additional information is given in the Notes and References section, on pages L9–L10.

The tabulated surface brightness is the average visual magnitude of an area of one square arcsecond of the illuminated portion of the apparent disk. For a few days around inferior and superior conjunctions, the tabulated surface brightness and magnitude of Mercury and Venus are unknown; surface brightness values are given for phase angles $2°1 < \phi < 169°5$ for Mercury and $2°2 < \phi < 170°2$ for Venus. For Saturn the magnitude includes the contribution due to the rings, but the surface brightness applies only to the disk of the planet.

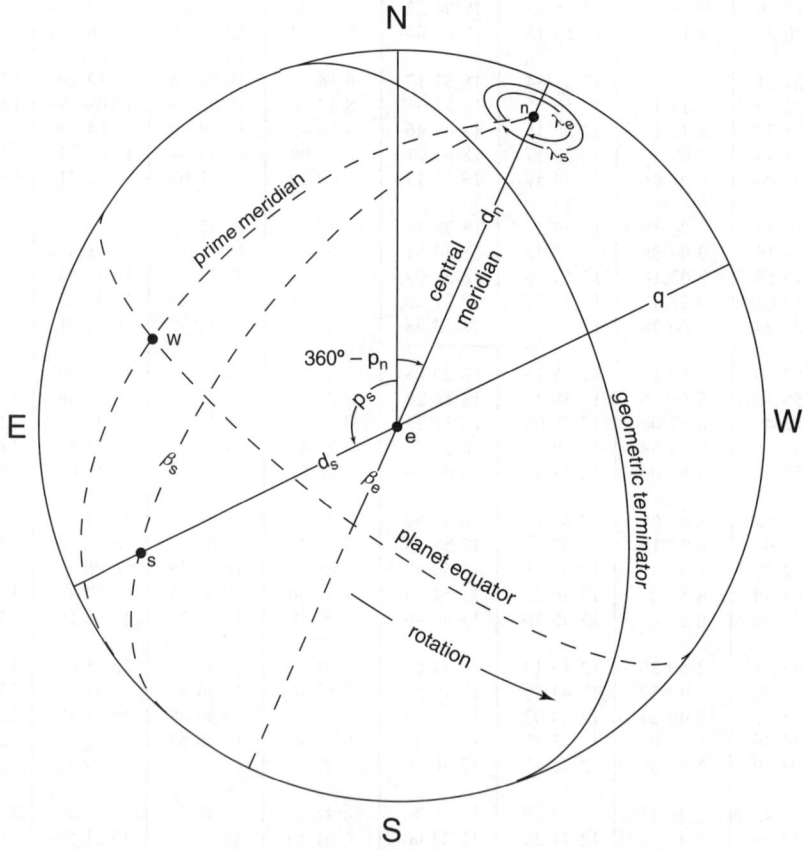

Diagram illustrating the Planetocentric Coordinate System

The diagram above illustrates many of the quantities tabulated. The primary reference points are the sub-Earth point, $e$ (center of disk); the sub-solar point, $s$; and the north pole, $n$. Points $e$ and $s$ are on the line between the center of the planet and the centers of the Earth and Sun, respectively (for an oblate planet, the Sun and Earth are not exactly at the zeniths of these two points). For points $e$ and $s$, planetographic longitudes, $\lambda_e$ and $\lambda_s$, and planetographic latitudes, $\beta_e$ and $\beta_s$, are given. For points $s$ and $n$, apparent distances from the center of the disk, $d_s$ and $d_n$, and apparent position angles, $p_s$ and $p_n$, are given.

The phase is the ratio of the apparent illuminated area of the disk to the total area of the disk, as seen from the Earth. The phase angle is the planetocentric elongation of the Earth from the Sun. The defect of illumination, $q$, is the length of the unilluminated section of the diameter passing through $e$ and $s$. The position angle of $q$ can be computed by adding 180° to $p_s$. Phase and $q$ are based on the geometric terminator, defined by the plane crossing through the planet's center of mass, orthogonal to the direction of the Sun.

The angle $W$ of the prime meridian is measured counterclockwise (when viewed from above the planet's north pole) along the planet's equator from the ascending node of the planet's equator on the Earth's mean equator of J2000.0. For a planet with direct rotation (counterclockwise as viewed from the planet's north pole), $W$ increases with time. Values of $W$ and its rate of change are given on page E3.

Position angles are measured east from the north on the celestial sphere, with north defined by the great circle on the celestial sphere passing through the center of the planet's apparent disk and the true celestial pole of date. Planetographic longitude is reckoned from the prime meridian and increases from 0° to 360° in the direction opposite rotation. Planetographic latitude is the angle between the planet's equator and the normal to the reference spheroid at the point. Latitudes north of the equator are positive. For points near the limb, the sign of the distance may change abruptly as distances are positive in the visible hemisphere and negative on the far side of the planet. Distance and position angle vary rapidly at points close to $e$ and may appear to be discontinuous.

The planetocentric orbital longitude of the Sun, $L_s$, is measured eastward in the planet's orbital plane from the planet's vernal equinox. Instantaneous orbital and equatorial planes are used in computing $L_s$. Values of $L_s$ of 0°, 90°, 180° and 270° correspond to the beginning of spring, summer, autumn and winter, for the planet's northern hemisphere.

Planetary Central Meridians are sub-Earth planetocentric longitudes; none are given for Uranus and Neptune since their rotational periods are not well known. Jupiter has three longitude systems, corresponding to different apparent rates of rotation: System I applies to the visible cloud layer in the equatorial region; System II applies to the visible cloud layer at higher latitudes; System III, used in the physical ephemeris, applies to the origin of the radio emissions.

# MERCURY, 2010

## EPHEMERIS FOR PHYSICAL OBSERVATIONS
### FOR 0ʰ TERRESTRIAL TIME

| Date | | Light-time | Magnitude | Surface Brightness | Diameter | Phase | Phase Angle | Defect of Illumination |
|---|---|---|---|---|---|---|---|---|
| | | m | | | '' | | ° | '' |
| Jan. | 0 | 5.97 | + 2.2 | +4.2 | 9.38 | 0.095 | 144.1 | 8.48 |
| | 2 | 5.74 | + 3.6 | +4.7 | 9.74 | 0.036 | 158.1 | 9.39 |
| | 4 | 5.61 | — | — | 9.96 | 0.008 | 170.0 | 9.89 |
| | 6 | 5.59 | + 4.8 | +4.8 | 10.01 | 0.012 | 167.2 | 9.89 |
| | 8 | 5.66 | + 3.3 | +4.7 | 9.89 | 0.048 | 154.8 | 9.42 |
| | 10 | 5.81 | + 2.1 | +4.3 | 9.63 | 0.105 | 142.1 | 8.62 |
| | 12 | 6.03 | + 1.3 | +4.0 | 9.28 | 0.175 | 130.5 | 7.65 |
| | 14 | 6.30 | + 0.7 | +3.7 | 8.89 | 0.250 | 120.0 | 6.67 |
| | 16 | 6.59 | + 0.3 | +3.5 | 8.49 | 0.323 | 110.7 | 5.75 |
| | 18 | 6.90 | + 0.1 | +3.4 | 8.10 | 0.392 | 102.5 | 4.93 |
| | 20 | 7.22 | 0.0 | +3.3 | 7.74 | 0.454 | 95.3 | 4.23 |
| | 22 | 7.54 | − 0.1 | +3.2 | 7.42 | 0.510 | 88.9 | 3.63 |
| | 24 | 7.86 | − 0.2 | +3.2 | 7.12 | 0.560 | 83.2 | 3.14 |
| | 26 | 8.16 | − 0.2 | +3.2 | 6.86 | 0.603 | 78.1 | 2.72 |
| | 28 | 8.45 | − 0.2 | +3.2 | 6.62 | 0.642 | 73.5 | 2.37 |
| | 30 | 8.73 | − 0.2 | +3.2 | 6.41 | 0.676 | 69.4 | 2.07 |
| Feb. | 1 | 9.00 | − 0.2 | +3.2 | 6.22 | 0.707 | 65.6 | 1.82 |
| | 3 | 9.25 | − 0.2 | +3.1 | 6.05 | 0.734 | 62.1 | 1.61 |
| | 5 | 9.49 | − 0.2 | +3.1 | 5.90 | 0.759 | 58.9 | 1.42 |
| | 7 | 9.72 | − 0.2 | +3.1 | 5.76 | 0.781 | 55.8 | 1.26 |
| | 9 | 9.93 | − 0.2 | +3.1 | 5.64 | 0.801 | 53.0 | 1.12 |
| | 11 | 10.12 | − 0.2 | +3.1 | 5.53 | 0.820 | 50.3 | 1.00 |
| | 13 | 10.31 | − 0.2 | +3.0 | 5.43 | 0.837 | 47.7 | 0.89 |
| | 15 | 10.48 | − 0.2 | +3.0 | 5.34 | 0.853 | 45.1 | 0.79 |
| | 17 | 10.63 | − 0.3 | +2.9 | 5.26 | 0.868 | 42.6 | 0.69 |
| | 19 | 10.78 | − 0.3 | +2.9 | 5.19 | 0.882 | 40.1 | 0.61 |
| | 21 | 10.91 | − 0.4 | +2.8 | 5.13 | 0.896 | 37.6 | 0.53 |
| | 23 | 11.03 | − 0.4 | +2.7 | 5.07 | 0.909 | 35.1 | 0.46 |
| | 25 | 11.13 | − 0.5 | +2.7 | 5.03 | 0.922 | 32.5 | 0.39 |
| | 27 | 11.22 | − 0.6 | +2.6 | 4.99 | 0.934 | 29.8 | 0.33 |
| Mar. | 1 | 11.29 | − 0.7 | +2.5 | 4.95 | 0.946 | 26.9 | 0.27 |
| | 3 | 11.35 | − 0.8 | +2.3 | 4.93 | 0.957 | 24.0 | 0.21 |
| | 5 | 11.39 | − 1.0 | +2.2 | 4.91 | 0.968 | 20.8 | 0.16 |
| | 7 | 11.41 | − 1.1 | +2.0 | 4.90 | 0.977 | 17.3 | 0.11 |
| | 9 | 11.41 | − 1.3 | +1.8 | 4.90 | 0.986 | 13.7 | 0.07 |
| | 11 | 11.39 | − 1.6 | +1.6 | 4.91 | 0.993 | 9.8 | 0.04 |
| | 13 | 11.34 | − 1.8 | +1.4 | 4.94 | 0.997 | 5.9 | 0.01 |
| | 15 | 11.26 | − 2.0 | +1.3 | 4.97 | 0.999 | 4.3 | 0.01 |
| | 17 | 11.14 | − 1.9 | +1.3 | 5.02 | 0.996 | 7.7 | 0.02 |
| | 19 | 10.99 | − 1.8 | +1.5 | 5.09 | 0.987 | 13.3 | 0.07 |
| | 21 | 10.80 | − 1.6 | +1.6 | 5.18 | 0.970 | 19.8 | 0.15 |
| | 23 | 10.57 | − 1.5 | +1.8 | 5.29 | 0.945 | 27.1 | 0.29 |
| | 25 | 10.30 | − 1.4 | +1.9 | 5.43 | 0.910 | 35.0 | 0.49 |
| | 27 | 9.98 | − 1.3 | +2.1 | 5.61 | 0.863 | 43.4 | 0.77 |
| | 29 | 9.62 | − 1.1 | +2.2 | 5.82 | 0.807 | 52.2 | 1.13 |
| | 31 | 9.23 | − 1.0 | +2.3 | 6.06 | 0.741 | 61.2 | 1.57 |
| Apr. | 2 | 8.82 | − 0.9 | +2.4 | 6.35 | 0.668 | 70.4 | 2.11 |

### EPHEMERIS FOR PHYSICAL OBSERVATIONS
### FOR 0ʰ TERRESTRIAL TIME

| Date | | Sub-Earth Point | | Sub-Solar Point | | | North Pole | |
|------|------|------|------|------|------|------|------|------|
| | | Long. | Lat. | Long. | Dist. | P.A. | Dist. | P.A. |
| | | ° | ° | ° | ″ | ° | ″ | ° |
| Jan. | 0 | 324.65 | − 7.46 | 179.90 | −2.75 | 254.63 | −4.65 | 355.05 |
| | 2 | 339.00 | − 7.97 | 179.50 | −1.82 | 245.74 | −4.82 | 356.11 |
| | 4 | 353.85 | − 8.37 | 179.25 | −0.86 | 210.41 | −4.93 | 357.41 |
| | 6 | 8.87 | − 8.62 | 179.35 | −1.11 | 130.57 | −4.95 | 358.81 |
| | 8 | 23.72 | − 8.70 | 179.93 | −2.11 | 109.05 | −4.89 | 0.11 |
| | 10 | 38.10 | − 8.65 | 181.10 | −2.95 | 102.46 | −4.76 | 1.19 |
| | 12 | 51.87 | − 8.49 | 182.90 | −3.53 | 99.25 | −4.59 | 1.94 |
| | 14 | 64.97 | − 8.27 | 185.32 | −3.85 | 97.17 | −4.40 | 2.36 |
| | 16 | 77.43 | − 8.02 | 188.36 | −3.97 | 95.51 | −4.20 | 2.46 |
| | 18 | 89.34 | − 7.77 | 191.96 | −3.96 | 94.00 | −4.01 | 2.28 |
| | 20 | 100.77 | − 7.52 | 196.08 | −3.86 | 92.54 | −3.84 | 1.85 |
| | 22 | 111.81 | − 7.28 | 200.65 | + 3.71 | 91.06 | −3.68 | 1.22 |
| | 24 | 122.53 | − 7.06 | 205.64 | + 3.54 | 89.56 | −3.53 | 0.42 |
| | 26 | 132.99 | − 6.86 | 210.97 | + 3.35 | 88.02 | −3.40 | 359.49 |
| | 28 | 143.23 | − 6.67 | 216.61 | + 3.17 | 86.45 | −3.29 | 358.45 |
| | 30 | 153.31 | − 6.50 | 222.52 | + 3.00 | 84.84 | −3.18 | 357.31 |
| Feb. | 1 | 163.23 | − 6.33 | 228.64 | + 2.83 | 83.21 | −3.09 | 356.11 |
| | 3 | 173.04 | − 6.18 | 234.95 | + 2.67 | 81.55 | −3.01 | 354.85 |
| | 5 | 182.74 | − 6.04 | 241.41 | + 2.52 | 79.87 | −2.93 | 353.55 |
| | 7 | 192.35 | − 5.91 | 247.98 | + 2.38 | 78.18 | −2.86 | 352.22 |
| | 9 | 201.88 | − 5.78 | 254.65 | + 2.25 | 76.48 | −2.80 | 350.87 |
| | 11 | 211.33 | − 5.66 | 261.37 | + 2.13 | 74.77 | −2.75 | 349.51 |
| | 13 | 220.71 | − 5.55 | 268.13 | + 2.01 | 73.06 | −2.70 | 348.15 |
| | 15 | 230.03 | − 5.44 | 274.89 | + 1.89 | 71.35 | −2.66 | 346.79 |
| | 17 | 239.29 | − 5.33 | 281.64 | + 1.78 | 69.63 | −2.62 | 345.46 |
| | 19 | 248.49 | − 5.23 | 288.34 | + 1.67 | 67.91 | −2.58 | 344.15 |
| | 21 | 257.62 | − 5.13 | 294.96 | + 1.57 | 66.18 | −2.55 | 342.86 |
| | 23 | 266.70 | − 5.03 | 301.48 | + 1.46 | 64.42 | −2.53 | 341.62 |
| | 25 | 275.71 | − 4.93 | 307.86 | + 1.35 | 62.63 | −2.50 | 340.41 |
| | 27 | 284.66 | − 4.84 | 314.08 | + 1.24 | 60.76 | −2.48 | 339.26 |
| Mar. | 1 | 293.54 | − 4.74 | 320.10 | + 1.12 | 58.77 | −2.47 | 338.16 |
| | 3 | 302.36 | − 4.65 | 325.88 | + 1.00 | 56.56 | −2.46 | 337.12 |
| | 5 | 311.10 | − 4.57 | 331.37 | + 0.87 | 53.99 | −2.45 | 336.14 |
| | 7 | 319.77 | − 4.48 | 336.53 | + 0.73 | 50.71 | −2.44 | 335.24 |
| | 9 | 328.37 | − 4.40 | 341.32 | + 0.58 | 45.99 | −2.44 | 334.41 |
| | 11 | 336.89 | − 4.32 | 345.66 | + 0.42 | 37.70 | −2.45 | 333.67 |
| | 13 | 345.34 | − 4.25 | 349.53 | + 0.26 | 17.73 | −2.46 | 333.03 |
| | 15 | 353.73 | − 4.18 | 352.85 | + 0.18 | 320.50 | −2.48 | 332.48 |
| | 17 | 2.05 | − 4.11 | 355.58 | + 0.33 | 274.25 | −2.50 | 332.03 |
| | 19 | 10.33 | − 4.06 | 357.68 | + 0.58 | 259.16 | −2.54 | 331.70 |
| | 21 | 18.58 | − 4.01 | 359.16 | + 0.88 | 252.67 | −2.58 | 331.49 |
| | 23 | 26.83 | − 3.97 | 0.02 | + 1.20 | 249.17 | −2.64 | 331.39 |
| | 25 | 35.11 | − 3.94 | 0.34 | + 1.56 | 247.05 | −2.71 | 331.41 |
| | 27 | 43.48 | − 3.92 | 0.24 | + 1.93 | 245.70 | −2.80 | 331.55 |
| | 29 | 51.97 | − 3.91 | 359.89 | + 2.30 | 244.82 | −2.90 | 331.79 |
| | 31 | 60.66 | − 3.91 | 359.49 | + 2.66 | 244.26 | −3.02 | 332.12 |
| Apr. | 2 | 69.59 | − 3.92 | 359.25 | + 2.99 | 243.91 | −3.17 | 332.51 |

# MERCURY, 2010

## EPHEMERIS FOR PHYSICAL OBSERVATIONS
## FOR 0$^h$ TERRESTRIAL TIME

| Date | | Light-time | Magnitude | Surface Brightness | Diameter | Phase | Phase Angle | Defect of Illumination |
|------|---|-----------|-----------|-------------------|----------|-------|-------------|------------------------|
| | | m | | | ″ | | ° | ″ |
| Apr. | 2 | 8.82 | − 0.9 | +2.4 | 6.35 | 0.668 | 70.4 | 2.11 |
| | 4 | 8.38 | − 0.7 | +2.6 | 6.67 | 0.591 | 79.5 | 2.73 |
| | 6 | 7.95 | − 0.5 | +2.8 | 7.04 | 0.514 | 88.4 | 3.42 |
| | 8 | 7.51 | − 0.2 | +3.0 | 7.45 | 0.438 | 97.2 | 4.19 |
| | 10 | 7.09 | + 0.1 | +3.2 | 7.89 | 0.365 | 105.7 | 5.01 |
| | 12 | 6.69 | + 0.5 | +3.5 | 8.37 | 0.297 | 114.0 | 5.88 |
| | 14 | 6.31 | + 0.9 | +3.8 | 8.86 | 0.234 | 122.1 | 6.79 |
| | 16 | 5.97 | + 1.4 | +4.2 | 9.38 | 0.178 | 130.1 | 7.71 |
| | 18 | 5.66 | + 2.0 | +4.5 | 9.89 | 0.129 | 138.0 | 8.62 |
| | 20 | 5.39 | + 2.7 | +4.9 | 10.39 | 0.086 | 145.8 | 9.49 |
| | 22 | 5.16 | + 3.5 | +5.2 | 10.85 | 0.052 | 153.6 | 10.29 |
| | 24 | 4.97 | + 4.4 | +5.5 | 11.26 | 0.026 | 161.4 | 10.96 |
| | 26 | 4.83 | + 5.5 | +5.4 | 11.59 | 0.009 | 169.1 | 11.48 |
| | 28 | 4.73 | − | − | 11.82 | 0.001 | 176.3 | 11.81 |
| | 30 | 4.68 | − | − | 11.95 | 0.002 | 175.0 | 11.93 |
| May | 2 | 4.67 | + 5.3 | +5.6 | 11.98 | 0.011 | 168.0 | 11.85 |
| | 4 | 4.70 | + 4.4 | +5.6 | 11.90 | 0.027 | 161.0 | 11.58 |
| | 6 | 4.77 | + 3.7 | +5.5 | 11.73 | 0.050 | 154.3 | 11.15 |
| | 8 | 4.87 | + 3.0 | +5.3 | 11.49 | 0.077 | 147.9 | 10.61 |
| | 10 | 5.00 | + 2.5 | +5.1 | 11.18 | 0.107 | 141.8 | 9.99 |
| | 12 | 5.16 | + 2.1 | +4.8 | 10.84 | 0.140 | 136.1 | 9.33 |
| | 14 | 5.34 | + 1.7 | +4.6 | 10.47 | 0.174 | 130.7 | 8.65 |
| | 16 | 5.55 | + 1.4 | +4.5 | 10.09 | 0.209 | 125.6 | 7.98 |
| | 18 | 5.77 | + 1.1 | +4.3 | 9.70 | 0.244 | 120.8 | 7.33 |
| | 20 | 6.01 | + 0.9 | +4.1 | 9.32 | 0.280 | 116.1 | 6.71 |
| | 22 | 6.26 | + 0.7 | +4.0 | 8.94 | 0.315 | 111.7 | 6.12 |
| | 24 | 6.52 | + 0.6 | +3.9 | 8.58 | 0.351 | 107.3 | 5.57 |
| | 26 | 6.80 | + 0.4 | +3.7 | 8.23 | 0.387 | 103.0 | 5.04 |
| | 28 | 7.08 | + 0.3 | +3.6 | 7.90 | 0.424 | 98.8 | 4.55 |
| | 30 | 7.38 | + 0.2 | +3.5 | 7.58 | 0.461 | 94.5 | 4.09 |
| June | 1 | 7.68 | + 0.1 | +3.4 | 7.28 | 0.499 | 90.1 | 3.65 |
| | 3 | 7.99 | − 0.1 | +3.2 | 7.00 | 0.538 | 85.6 | 3.23 |
| | 5 | 8.31 | − 0.2 | +3.1 | 6.74 | 0.579 | 80.9 | 2.84 |
| | 7 | 8.62 | − 0.3 | +3.0 | 6.49 | 0.621 | 76.0 | 2.46 |
| | 9 | 8.94 | − 0.4 | +2.8 | 6.26 | 0.665 | 70.8 | 2.10 |
| | 11 | 9.25 | − 0.6 | +2.7 | 6.05 | 0.710 | 65.2 | 1.75 |
| | 13 | 9.56 | − 0.7 | +2.6 | 5.85 | 0.756 | 59.2 | 1.43 |
| | 15 | 9.85 | − 0.9 | +2.4 | 5.68 | 0.803 | 52.7 | 1.12 |
| | 17 | 10.12 | − 1.0 | +2.2 | 5.53 | 0.849 | 45.8 | 0.84 |
| | 19 | 10.37 | − 1.2 | +2.0 | 5.39 | 0.892 | 38.4 | 0.58 |
| | 21 | 10.59 | − 1.4 | +1.8 | 5.28 | 0.930 | 30.7 | 0.37 |
| | 23 | 10.77 | − 1.7 | +1.6 | 5.20 | 0.961 | 22.7 | 0.20 |
| | 25 | 10.90 | − 1.9 | +1.3 | 5.13 | 0.984 | 14.6 | 0.08 |
| | 27 | 10.99 | − 2.2 | +1.0 | 5.09 | 0.996 | 7.0 | 0.02 |
| | 29 | 11.03 | − 2.3 | +1.0 | 5.07 | 0.998 | 4.6 | 0.01 |
| July | 1 | 11.03 | − 2.0 | +1.3 | 5.07 | 0.991 | 10.9 | 0.05 |
| | 3 | 10.98 | − 1.7 | +1.6 | 5.10 | 0.975 | 18.0 | 0.12 |

## EPHEMERIS FOR PHYSICAL OBSERVATIONS
### FOR 0$^h$ TERRESTRIAL TIME

| Date | | Sub-Earth Point | | Sub-Solar Point | | | North Pole | |
|---|---|---|---|---|---|---|---|---|
| | | Long. | Lat. | Long. | Dist. | P.A. | Dist. | P.A. |
| | | ° | ° | ° | " | ° | " | ° |
| Apr. | 2 | 69.59 | − 3.92 | 359.25 | + 2.99 | 243.91 | −3.17 | 332.51 |
| | 4 | 78.81 | − 3.92 | 359.35 | + 3.28 | 243.68 | −3.33 | 332.95 |
| | 6 | 88.37 | − 3.93 | 359.94 | + 3.52 | 243.51 | −3.51 | 333.40 |
| | 8 | 98.31 | − 3.93 | 1.12 | −3.69 | 243.34 | −3.72 | 333.83 |
| | 10 | 108.64 | − 3.92 | 2.93 | −3.80 | 243.13 | −3.94 | 334.22 |
| | 12 | 119.39 | − 3.90 | 5.36 | −3.82 | 242.83 | −4.17 | 334.56 |
| | 14 | 130.58 | − 3.84 | 8.41 | −3.75 | 242.41 | −4.42 | 334.81 |
| | 16 | 142.20 | − 3.76 | 12.02 | −3.59 | 241.82 | −4.68 | 334.98 |
| | 18 | 154.25 | − 3.64 | 16.15 | −3.31 | 241.01 | −4.93 | 335.05 |
| | 20 | 166.71 | − 3.48 | 20.73 | −2.92 | 239.91 | −5.18 | 335.03 |
| | 22 | 179.55 | − 3.26 | 25.72 | −2.41 | 238.34 | −5.42 | 334.92 |
| | 24 | 192.71 | − 3.00 | 31.06 | −1.79 | 235.81 | −5.62 | 334.75 |
| | 26 | 206.13 | − 2.69 | 36.71 | −1.10 | 230.49 | −5.79 | 334.54 |
| | 28 | 219.71 | − 2.34 | 42.62 | −0.38 | 205.66 | −5.91 | 334.31 |
| | 30 | 233.37 | − 1.95 | 48.75 | −0.52 | 86.75 | −5.97 | 334.07 |
| May | 2 | 246.99 | − 1.53 | 55.06 | −1.25 | 71.00 | −5.99 | 333.85 |
| | 4 | 260.50 | − 1.10 | 61.52 | −1.94 | 66.84 | −5.95 | 333.67 |
| | 6 | 273.82 | − 0.67 | 68.10 | −2.55 | 64.90 | −5.87 | 333.52 |
| | 8 | 286.88 | − 0.25 | 74.76 | −3.05 | 63.81 | −5.74 | 333.43 |
| | 10 | 299.66 | + 0.15 | 81.49 | −3.46 | 63.17 | + 5.59 | 333.37 |
| | 12 | 312.12 | + 0.53 | 88.25 | −3.76 | 62.81 | + 5.42 | 333.37 |
| | 14 | 324.28 | + 0.88 | 95.01 | −3.97 | 62.66 | + 5.24 | 333.42 |
| | 16 | 336.12 | + 1.20 | 101.75 | −4.10 | 62.65 | + 5.04 | 333.52 |
| | 18 | 347.66 | + 1.50 | 108.45 | −4.17 | 62.78 | + 4.85 | 333.68 |
| | 20 | 358.92 | + 1.76 | 115.07 | −4.18 | 63.02 | + 4.66 | 333.88 |
| | 22 | 9.90 | + 2.00 | 121.59 | −4.16 | 63.36 | + 4.47 | 334.15 |
| | 24 | 20.64 | + 2.22 | 127.97 | −4.10 | 63.79 | + 4.29 | 334.49 |
| | 26 | 31.14 | + 2.41 | 134.19 | −4.01 | 64.33 | + 4.11 | 334.89 |
| | 28 | 41.41 | + 2.58 | 140.20 | −3.90 | 64.97 | + 3.94 | 335.37 |
| | 30 | 51.47 | + 2.73 | 145.97 | −3.78 | 65.72 | + 3.79 | 335.93 |
| June | 1 | 61.33 | + 2.86 | 151.46 | −3.64 | 66.58 | + 3.64 | 336.59 |
| | 3 | 70.99 | + 2.98 | 156.61 | + 3.49 | 67.57 | + 3.50 | 337.34 |
| | 5 | 80.46 | + 3.08 | 161.39 | + 3.33 | 68.70 | + 3.36 | 338.20 |
| | 7 | 89.74 | + 3.17 | 165.73 | + 3.15 | 69.98 | + 3.24 | 339.18 |
| | 9 | 98.84 | + 3.25 | 169.58 | + 2.96 | 71.43 | + 3.12 | 340.28 |
| | 11 | 107.76 | + 3.33 | 172.89 | + 2.74 | 73.07 | + 3.02 | 341.52 |
| | 13 | 116.50 | + 3.40 | 175.61 | + 2.51 | 74.94 | + 2.92 | 342.90 |
| | 15 | 125.07 | + 3.46 | 177.71 | + 2.26 | 77.09 | + 2.84 | 344.43 |
| | 17 | 133.47 | + 3.53 | 179.17 | + 1.98 | 79.57 | + 2.76 | 346.12 |
| | 19 | 141.72 | + 3.59 | 180.03 | + 1.68 | 82.51 | + 2.69 | 347.96 |
| | 21 | 149.84 | + 3.66 | 180.34 | + 1.35 | 86.15 | + 2.64 | 349.94 |
| | 23 | 157.85 | + 3.74 | 180.23 | + 1.00 | 91.06 | + 2.59 | 352.04 |
| | 25 | 165.78 | + 3.82 | 179.88 | + 0.65 | 99.13 | + 2.56 | 354.25 |
| | 27 | 173.67 | + 3.92 | 179.48 | + 0.31 | 120.42 | + 2.54 | 356.51 |
| | 29 | 181.56 | + 4.02 | 179.24 | + 0.21 | 208.78 | + 2.53 | 358.81 |
| July | 1 | 189.49 | + 4.14 | 179.35 | + 0.48 | 249.09 | + 2.53 | 1.10 |
| | 3 | 197.47 | + 4.27 | 179.95 | + 0.79 | 260.06 | + 2.54 | 3.33 |

# MERCURY, 2010

## EPHEMERIS FOR PHYSICAL OBSERVATIONS
### FOR 0ʰ TERRESTRIAL TIME

| Date | | Light-time | Magnitude | Surface Brightness | Diameter | Phase | Phase Angle | Defect of Illumination |
|---|---|---|---|---|---|---|---|---|
| | | m | | | ʺ | | ° | ʺ |
| July | 1 | 11.03 | − 2.0 | +1.3 | 5.07 | 0.991 | 10.9 | 0.05 |
| | 3 | 10.98 | − 1.7 | +1.6 | 5.10 | 0.975 | 18.0 | 0.12 |
| | 5 | 10.89 | − 1.4 | +1.8 | 5.14 | 0.954 | 24.8 | 0.24 |
| | 7 | 10.78 | − 1.2 | +2.0 | 5.19 | 0.928 | 31.1 | 0.37 |
| | 9 | 10.63 | − 1.0 | +2.2 | 5.26 | 0.900 | 36.9 | 0.53 |
| | 11 | 10.46 | − 0.8 | +2.4 | 5.35 | 0.870 | 42.2 | 0.69 |
| | 13 | 10.28 | − 0.7 | +2.6 | 5.45 | 0.840 | 47.1 | 0.87 |
| | 15 | 10.07 | − 0.5 | +2.7 | 5.55 | 0.810 | 51.6 | 1.05 |
| | 17 | 9.86 | − 0.4 | +2.8 | 5.67 | 0.781 | 55.8 | 1.24 |
| | 19 | 9.64 | − 0.3 | +2.9 | 5.80 | 0.752 | 59.7 | 1.44 |
| | 21 | 9.42 | − 0.2 | +3.0 | 5.94 | 0.724 | 63.4 | 1.64 |
| | 23 | 9.18 | − 0.2 | +3.1 | 6.09 | 0.696 | 66.9 | 1.85 |
| | 25 | 8.95 | − 0.1 | +3.2 | 6.25 | 0.669 | 70.3 | 2.07 |
| | 27 | 8.71 | 0.0 | +3.3 | 6.42 | 0.641 | 73.6 | 2.30 |
| | 29 | 8.47 | 0.0 | +3.3 | 6.61 | 0.614 | 76.8 | 2.55 |
| | 31 | 8.23 | + 0.1 | +3.4 | 6.80 | 0.587 | 80.0 | 2.81 |
| Aug. | 2 | 7.98 | + 0.1 | +3.5 | 7.01 | 0.559 | 83.2 | 3.09 |
| | 4 | 7.74 | + 0.2 | +3.5 | 7.23 | 0.530 | 86.5 | 3.40 |
| | 6 | 7.50 | + 0.2 | +3.6 | 7.46 | 0.500 | 90.0 | 3.73 |
| | 8 | 7.25 | + 0.3 | +3.7 | 7.71 | 0.469 | 93.5 | 4.09 |
| | 10 | 7.01 | + 0.4 | +3.7 | 7.98 | 0.437 | 97.2 | 4.49 |
| | 12 | 6.78 | + 0.5 | +3.8 | 8.26 | 0.403 | 101.2 | 4.93 |
| | 14 | 6.54 | + 0.6 | +3.9 | 8.55 | 0.367 | 105.4 | 5.42 |
| | 16 | 6.31 | + 0.7 | +4.0 | 8.86 | 0.329 | 110.0 | 5.95 |
| | 18 | 6.10 | + 0.9 | +4.1 | 9.18 | 0.289 | 115.0 | 6.53 |
| | 20 | 5.89 | + 1.1 | +4.2 | 9.50 | 0.247 | 120.4 | 7.15 |
| | 22 | 5.70 | + 1.4 | +4.4 | 9.82 | 0.204 | 126.3 | 7.82 |
| | 24 | 5.53 | + 1.8 | +4.6 | 10.12 | 0.160 | 132.8 | 8.49 |
| | 26 | 5.39 | + 2.3 | +4.8 | 10.38 | 0.118 | 139.8 | 9.15 |
| | 28 | 5.28 | + 2.9 | +5.0 | 10.59 | 0.079 | 147.4 | 9.76 |
| | 30 | 5.22 | + 3.7 | +5.2 | 10.73 | 0.046 | 155.3 | 10.24 |
| Sept. | 1 | 5.20 | + 4.6 | +5.3 | 10.76 | 0.021 | 163.2 | 10.53 |
| | 3 | 5.24 | + 5.4 | +5.2 | 10.68 | 0.009 | 169.1 | 10.58 |
| | 5 | 5.34 | + 5.2 | +5.1 | 10.47 | 0.012 | 167.6 | 10.35 |
| | 7 | 5.51 | + 4.1 | +5.1 | 10.16 | 0.031 | 159.8 | 9.84 |
| | 9 | 5.74 | + 3.0 | +4.7 | 9.74 | 0.067 | 149.9 | 9.09 |
| | 11 | 6.04 | + 2.0 | +4.3 | 9.27 | 0.121 | 139.3 | 8.15 |
| | 13 | 6.39 | + 1.2 | +3.8 | 8.75 | 0.189 | 128.5 | 7.10 |
| | 15 | 6.79 | + 0.5 | +3.4 | 8.24 | 0.269 | 117.6 | 6.02 |
| | 17 | 7.23 | 0.0 | +3.1 | 7.74 | 0.357 | 106.6 | 4.98 |
| | 19 | 7.69 | − 0.4 | +2.8 | 7.27 | 0.449 | 95.8 | 4.01 |
| | 21 | 8.16 | − 0.6 | +2.6 | 6.86 | 0.541 | 85.3 | 3.15 |
| | 23 | 8.63 | − 0.8 | +2.5 | 6.49 | 0.628 | 75.1 | 2.41 |
| | 25 | 9.08 | − 0.9 | +2.4 | 6.16 | 0.708 | 65.5 | 1.80 |
| | 27 | 9.50 | − 1.0 | +2.3 | 5.89 | 0.776 | 56.4 | 1.32 |
| | 29 | 9.89 | − 1.1 | +2.2 | 5.66 | 0.834 | 48.1 | 0.94 |
| Oct. | 1 | 10.24 | − 1.1 | +2.2 | 5.46 | 0.880 | 40.5 | 0.65 |

## EPHEMERIS FOR PHYSICAL OBSERVATIONS
### FOR 0ʰ TERRESTRIAL TIME

| Date | | Sub-Earth Point | | Sub-Solar Point | | | North Pole | |
|---|---|---|---|---|---|---|---|---|
| | | Long. | Lat. | Long. | Dist. | P.A. | Dist. | P.A. |
| | | ° | ° | ° | ″ | ° | ″ | ° |
| July | 1 | 189.49 | + 4.14 | 179.35 | + 0.48 | 249.09 | + 2.53 | 1.10 |
| | 3 | 197.47 | + 4.27 | 179.95 | + 0.79 | 260.06 | + 2.54 | 3.33 |
| | 5 | 205.55 | + 4.42 | 181.14 | + 1.08 | 265.88 | + 2.56 | 5.50 |
| | 7 | 213.72 | + 4.57 | 182.96 | + 1.34 | 269.95 | + 2.59 | 7.56 |
| | 9 | 222.02 | + 4.73 | 185.40 | + 1.58 | 273.19 | + 2.62 | 9.51 |
| | 11 | 230.44 | + 4.91 | 188.46 | + 1.80 | 275.92 | + 2.66 | 11.34 |
| | 13 | 238.98 | + 5.09 | 192.07 | + 1.99 | 278.30 | + 2.71 | 13.04 |
| | 15 | 247.65 | + 5.28 | 196.21 | + 2.18 | 280.43 | + 2.77 | 14.61 |
| | 17 | 256.44 | + 5.48 | 200.80 | + 2.35 | 282.34 | + 2.82 | 16.06 |
| | 19 | 265.36 | + 5.68 | 205.79 | + 2.51 | 284.07 | + 2.89 | 17.39 |
| | 21 | 274.40 | + 5.90 | 211.14 | + 2.66 | 285.65 | + 2.96 | 18.60 |
| | 23 | 283.57 | + 6.12 | 216.79 | + 2.80 | 287.10 | + 3.03 | 19.71 |
| | 25 | 292.87 | + 6.34 | 222.70 | + 2.94 | 288.44 | + 3.11 | 20.71 |
| | 27 | 302.29 | + 6.58 | 228.83 | + 3.08 | 289.67 | + 3.19 | 21.61 |
| | 29 | 311.85 | + 6.82 | 235.15 | + 3.22 | 290.83 | + 3.28 | 22.42 |
| | 31 | 321.54 | + 7.07 | 241.61 | + 3.35 | 291.91 | + 3.37 | 23.15 |
| Aug. | 2 | 331.38 | + 7.33 | 248.19 | + 3.48 | 292.93 | + 3.48 | 23.80 |
| | 4 | 341.38 | + 7.59 | 254.86 | + 3.61 | 293.92 | + 3.58 | 24.37 |
| | 6 | 351.54 | + 7.87 | 261.58 | + 3.73 | 294.87 | + 3.70 | 24.87 |
| | 8 | 1.88 | + 8.15 | 268.34 | −3.85 | 295.81 | + 3.82 | 25.30 |
| | 10 | 12.43 | + 8.44 | 275.11 | −3.96 | 296.75 | + 3.95 | 25.67 |
| | 12 | 23.19 | + 8.73 | 281.85 | −4.05 | 297.72 | + 4.08 | 25.97 |
| | 14 | 34.20 | + 9.04 | 288.55 | −4.12 | 298.74 | + 4.22 | 26.22 |
| | 16 | 45.48 | + 9.34 | 295.17 | −4.16 | 299.84 | + 4.37 | 26.40 |
| | 18 | 57.07 | + 9.64 | 301.69 | −4.16 | 301.07 | + 4.52 | 26.53 |
| | 20 | 69.00 | + 9.93 | 308.07 | −4.10 | 302.49 | + 4.68 | 26.59 |
| | 22 | 81.29 | + 10.21 | 314.28 | −3.95 | 304.19 | + 4.83 | 26.59 |
| | 24 | 93.97 | + 10.45 | 320.29 | −3.71 | 306.33 | + 4.97 | 26.51 |
| | 26 | 107.06 | + 10.63 | 326.06 | −3.35 | 309.18 | + 5.10 | 26.35 |
| | 28 | 120.53 | + 10.75 | 331.54 | −2.86 | 313.34 | + 5.20 | 26.12 |
| | 30 | 134.35 | + 10.77 | 336.69 | −2.24 | 320.22 | + 5.27 | 25.80 |
| Sept. | 1 | 148.43 | + 10.67 | 341.46 | −1.55 | 334.02 | + 5.29 | 25.40 |
| | 3 | 162.64 | + 10.44 | 345.80 | −1.01 | 8.02 | + 5.25 | 24.96 |
| | 5 | 176.84 | + 10.09 | 349.64 | −1.12 | 60.30 | + 5.16 | 24.50 |
| | 7 | 190.84 | + 9.62 | 352.94 | −1.76 | 86.74 | + 5.01 | 24.08 |
| | 9 | 204.50 | + 9.07 | 355.65 | −2.44 | 97.80 | + 4.81 | 23.75 |
| | 11 | 217.66 | + 8.45 | 357.74 | −3.02 | 103.59 | + 4.58 | 23.54 |
| | 13 | 230.26 | + 7.82 | 359.19 | −3.42 | 107.23 | + 4.34 | 23.49 |
| | 15 | 242.23 | + 7.19 | 0.04 | −3.65 | 109.84 | + 4.09 | 23.61 |
| | 17 | 253.59 | + 6.60 | 0.34 | −3.71 | 111.92 | + 3.84 | 23.89 |
| | 19 | 264.36 | + 6.04 | 0.23 | −3.62 | 113.70 | + 3.62 | 24.31 |
| | 21 | 274.61 | + 5.54 | 359.88 | + 3.42 | 115.29 | + 3.41 | 24.83 |
| | 23 | 284.42 | + 5.08 | 359.48 | + 3.13 | 116.77 | + 3.23 | 25.41 |
| | 25 | 293.86 | + 4.68 | 359.25 | + 2.80 | 118.16 | + 3.07 | 26.02 |
| | 27 | 303.03 | + 4.32 | 359.36 | + 2.45 | 119.48 | + 2.94 | 26.60 |
| | 29 | 312.00 | + 4.01 | 359.97 | + 2.11 | 120.74 | + 2.82 | 27.14 |
| Oct. | 1 | 320.83 | + 3.72 | 1.17 | + 1.77 | 121.97 | + 2.73 | 27.61 |

# MERCURY, 2010

## EPHEMERIS FOR PHYSICAL OBSERVATIONS
### FOR 0ʰ TERRESTRIAL TIME

| Date | | Light-time | Magnitude | Surface Brightness | Diameter | Phase | Phase Angle | Defect of Illumination |
|------|---|-----------|-----------|--------------------|----------|-------|-------------|------------------------|
| | | m | | | '' | | ° | '' |
| Oct. | 1 | 10.24 | − 1.1 | +2.2 | 5.46 | 0.880 | 40.5 | 0.65 |
| | 3 | 10.56 | − 1.2 | +2.1 | 5.30 | 0.917 | 33.6 | 0.44 |
| | 5 | 10.83 | − 1.2 | +2.0 | 5.17 | 0.944 | 27.3 | 0.29 |
| | 7 | 11.07 | − 1.3 | +1.9 | 5.05 | 0.965 | 21.7 | 0.18 |
| | 9 | 11.27 | − 1.3 | +1.9 | 4.96 | 0.979 | 16.6 | 0.10 |
| | 11 | 11.45 | − 1.4 | +1.8 | 4.89 | 0.989 | 12.1 | 0.05 |
| | 13 | 11.59 | − 1.5 | +1.7 | 4.83 | 0.995 | 8.0 | 0.02 |
| | 15 | 11.70 | − 1.6 | +1.6 | 4.78 | 0.999 | 4.4 | 0.01 |
| | 17 | 11.79 | − | − | 4.75 | 1.000 | 2.1 | 0.00 |
| | 19 | 11.85 | − 1.5 | +1.6 | 4.72 | 0.999 | 3.5 | 0.00 |
| | 21 | 11.89 | − 1.3 | +1.8 | 4.70 | 0.997 | 6.2 | 0.01 |
| | 23 | 11.92 | − 1.2 | +1.9 | 4.70 | 0.994 | 9.0 | 0.03 |
| | 25 | 11.92 | − 1.0 | +2.1 | 4.70 | 0.990 | 11.6 | 0.05 |
| | 27 | 11.90 | − 0.9 | +2.2 | 4.70 | 0.985 | 14.2 | 0.07 |
| | 29 | 11.86 | − 0.8 | +2.3 | 4.72 | 0.979 | 16.7 | 0.10 |
| | 31 | 11.81 | − 0.7 | +2.4 | 4.74 | 0.972 | 19.1 | 0.13 |
| Nov. | 2 | 11.73 | − 0.6 | +2.5 | 4.77 | 0.965 | 21.6 | 0.17 |
| | 4 | 11.64 | − 0.6 | +2.5 | 4.81 | 0.957 | 24.0 | 0.21 |
| | 6 | 11.54 | − 0.5 | +2.6 | 4.85 | 0.948 | 26.4 | 0.25 |
| | 8 | 11.41 | − 0.5 | +2.6 | 4.90 | 0.938 | 29.0 | 0.31 |
| | 10 | 11.27 | − 0.4 | +2.7 | 4.97 | 0.926 | 31.5 | 0.37 |
| | 12 | 11.10 | − 0.4 | +2.7 | 5.04 | 0.913 | 34.2 | 0.44 |
| | 14 | 10.92 | − 0.4 | +2.8 | 5.12 | 0.899 | 37.1 | 0.52 |
| | 16 | 10.72 | − 0.4 | +2.8 | 5.22 | 0.883 | 40.0 | 0.61 |
| | 18 | 10.50 | − 0.4 | +2.8 | 5.33 | 0.864 | 43.3 | 0.72 |
| | 20 | 10.26 | − 0.4 | +2.8 | 5.45 | 0.843 | 46.7 | 0.86 |
| | 22 | 10.00 | − 0.4 | +2.9 | 5.60 | 0.818 | 50.5 | 1.02 |
| | 24 | 9.72 | − 0.4 | +2.9 | 5.76 | 0.790 | 54.6 | 1.21 |
| | 26 | 9.41 | − 0.4 | +2.9 | 5.95 | 0.757 | 59.1 | 1.45 |
| | 28 | 9.09 | − 0.4 | +2.9 | 6.16 | 0.718 | 64.2 | 1.74 |
| | 30 | 8.74 | − 0.5 | +2.9 | 6.40 | 0.672 | 69.8 | 2.10 |
| Dec. | 2 | 8.37 | − 0.4 | +2.9 | 6.68 | 0.620 | 76.2 | 2.54 |
| | 4 | 7.99 | − 0.4 | +2.9 | 7.00 | 0.558 | 83.3 | 3.09 |
| | 6 | 7.60 | − 0.3 | +3.0 | 7.37 | 0.488 | 91.4 | 3.77 |
| | 8 | 7.20 | − 0.1 | +3.1 | 7.77 | 0.408 | 100.6 | 4.60 |
| | 10 | 6.81 | + 0.2 | +3.3 | 8.22 | 0.321 | 110.9 | 5.57 |
| | 12 | 6.45 | + 0.7 | +3.5 | 8.68 | 0.231 | 122.5 | 6.67 |
| | 14 | 6.12 | + 1.5 | +3.9 | 9.14 | 0.144 | 135.4 | 7.82 |
| | 16 | 5.87 | + 2.7 | +4.4 | 9.53 | 0.070 | 149.3 | 8.86 |
| | 18 | 5.70 | + 4.3 | +4.8 | 9.82 | 0.020 | 163.6 | 9.62 |
| | 20 | 5.63 | − | − | 9.94 | 0.003 | 173.5 | 9.91 |
| | 22 | 5.67 | + 4.3 | +4.8 | 9.88 | 0.021 | 163.2 | 9.66 |
| | 24 | 5.80 | + 2.7 | +4.5 | 9.65 | 0.070 | 149.3 | 8.97 |
| | 26 | 6.02 | + 1.6 | +4.0 | 9.30 | 0.140 | 136.0 | 8.00 |
| | 28 | 6.29 | + 0.8 | +3.7 | 8.89 | 0.220 | 124.0 | 6.93 |
| | 30 | 6.61 | + 0.4 | +3.4 | 8.46 | 0.303 | 113.2 | 5.90 |
| | 32 | 6.96 | + 0.1 | +3.3 | 8.04 | 0.381 | 103.7 | 4.98 |

## EPHEMERIS FOR PHYSICAL OBSERVATIONS
### FOR 0ʰ TERRESTRIAL TIME

| Date | | Sub-Earth Point | | Sub-Solar Point | | | North Pole | |
|---|---|---|---|---|---|---|---|---|
| | | Long. | Lat. | Long. | Dist. | P.A. | Dist. | P.A. |
| | | ° | ° | ° | ″ | ° | ″ | ° |
| Oct. | 1 | 320.83 | + 3.72 | 1.17 | + 1.77 | 121.97 | + 2.73 | 27.61 |
| | 3 | 329.59 | + 3.46 | 2.99 | + 1.47 | 123.21 | + 2.65 | 27.99 |
| | 5 | 338.30 | + 3.23 | 5.45 | + 1.19 | 124.53 | + 2.58 | 28.28 |
| | 7 | 347.01 | + 3.01 | 8.51 | + 0.93 | 126.04 | + 2.52 | 28.47 |
| | 9 | 355.73 | + 2.81 | 12.13 | + 0.71 | 127.97 | + 2.48 | 28.56 |
| | 11 | 4.47 | + 2.61 | 16.27 | + 0.51 | 130.82 | + 2.44 | 28.56 |
| | 13 | 13.24 | + 2.43 | 20.87 | + 0.34 | 135.97 | + 2.41 | 28.46 |
| | 15 | 22.06 | + 2.25 | 25.87 | + 0.18 | 148.73 | + 2.39 | 28.27 |
| | 17 | 30.92 | + 2.08 | 31.22 | + 0.09 | 199.71 | + 2.37 | 27.99 |
| | 19 | 39.82 | + 1.92 | 36.87 | + 0.14 | 264.74 | + 2.36 | 27.62 |
| | 21 | 48.76 | + 1.75 | 42.79 | + 0.25 | 280.98 | + 2.35 | 27.17 |
| | 23 | 57.75 | + 1.59 | 48.92 | + 0.37 | 286.57 | + 2.35 | 26.63 |
| | 25 | 66.77 | + 1.43 | 55.24 | + 0.47 | 289.11 | + 2.35 | 26.03 |
| | 27 | 75.84 | + 1.27 | 61.70 | + 0.58 | 290.36 | + 2.35 | 25.34 |
| | 29 | 84.94 | + 1.11 | 68.28 | + 0.68 | 290.92 | + 2.36 | 24.58 |
| | 31 | 94.07 | + 0.94 | 74.95 | + 0.78 | 291.06 | + 2.37 | 23.75 |
| Nov. | 2 | 103.23 | + 0.78 | 81.68 | + 0.88 | 290.91 | + 2.38 | 22.86 |
| | 4 | 112.43 | + 0.61 | 88.44 | + 0.98 | 290.53 | + 2.40 | 21.90 |
| | 6 | 121.65 | + 0.44 | 95.20 | + 1.08 | 289.99 | + 2.43 | 20.87 |
| | 8 | 130.90 | + 0.27 | 101.95 | + 1.19 | 289.30 | + 2.45 | 19.79 |
| | 10 | 140.18 | + 0.10 | 108.64 | + 1.30 | 288.50 | + 2.48 | 18.65 |
| | 12 | 149.49 | − 0.08 | 115.26 | + 1.42 | 287.58 | −2.52 | 17.45 |
| | 14 | 158.83 | − 0.27 | 121.78 | + 1.54 | 286.58 | −2.56 | 16.22 |
| | 16 | 168.20 | − 0.47 | 128.16 | + 1.68 | 285.49 | −2.61 | 14.94 |
| | 18 | 177.61 | − 0.67 | 134.37 | + 1.83 | 284.34 | −2.66 | 13.63 |
| | 20 | 187.08 | − 0.88 | 140.37 | + 1.98 | 283.13 | −2.73 | 12.30 |
| | 22 | 196.60 | − 1.10 | 146.14 | + 2.16 | 281.86 | −2.80 | 10.96 |
| | 24 | 206.19 | − 1.34 | 151.62 | + 2.35 | 280.57 | −2.88 | 9.62 |
| | 26 | 215.88 | − 1.59 | 156.76 | + 2.55 | 279.25 | −2.97 | 8.31 |
| | 28 | 225.69 | − 1.86 | 161.53 | + 2.77 | 277.92 | −3.08 | 7.03 |
| | 30 | 235.66 | − 2.15 | 165.86 | + 3.01 | 276.61 | −3.20 | 5.83 |
| Dec. | 2 | 245.84 | − 2.47 | 169.70 | + 3.24 | 275.32 | −3.34 | 4.72 |
| | 4 | 256.30 | − 2.83 | 172.99 | + 3.48 | 274.07 | −3.50 | 3.75 |
| | 6 | 267.10 | − 3.22 | 175.69 | −3.68 | 272.88 | −3.68 | 2.97 |
| | 8 | 278.36 | − 3.65 | 177.77 | −3.82 | 271.73 | −3.88 | 2.42 |
| | 10 | 290.19 | − 4.12 | 179.21 | −3.84 | 270.59 | −4.10 | 2.18 |
| | 12 | 302.69 | − 4.62 | 180.05 | −3.66 | 269.31 | −4.33 | 2.28 |
| | 14 | 315.94 | − 5.15 | 180.34 | −3.21 | 267.53 | −4.55 | 2.78 |
| | 16 | 329.96 | − 5.66 | 180.23 | −2.44 | 264.06 | −4.74 | 3.66 |
| | 18 | 344.62 | − 6.11 | 179.87 | −1.39 | 253.51 | −4.88 | 4.86 |
| | 20 | 359.65 | − 6.47 | 179.48 | −0.56 | 184.72 | −4.94 | 6.24 |
| | 22 | 14.69 | − 6.70 | 179.25 | −1.43 | 120.51 | −4.90 | 7.60 |
| | 24 | 29.40 | − 6.81 | 179.37 | −2.46 | 110.36 | −4.79 | 8.78 |
| | 26 | 43.52 | − 6.80 | 179.99 | −3.23 | 106.76 | −4.62 | 9.66 |
| | 28 | 56.92 | − 6.72 | 181.19 | −3.68 | 104.76 | −4.41 | 10.20 |
| | 30 | 69.62 | − 6.60 | 183.03 | −3.89 | 103.25 | −4.20 | 10.41 |
| | 32 | 81.67 | − 6.46 | 185.49 | −3.91 | 101.89 | −4.00 | 10.31 |

# VENUS, 2010

## EPHEMERIS FOR PHYSICAL OBSERVATIONS
## FOR 0ʰ TERRESTRIAL TIME

| Date | | Light-time | Magnitude | Surface Brightness | Diameter | Phase | Phase Angle | Defect of Illumination |
|---|---|---|---|---|---|---|---|---|
| | | m | | | ″ | | ° | ″ |
| Jan. | 0 | 14.20 | −4.0 | + 0.7 | 9.77 | 0.999 | 3.9 | 0.01 |
| | 4 | 14.22 | −4.0 | + 0.7 | 9.76 | 0.999 | 2.6 | 0.01 |
| | 8 | 14.23 | − | − | 9.76 | 1.000 | 1.6 | 0.00 |
| | 12 | 14.23 | − | − | 9.75 | 1.000 | 1.1 | 0.00 |
| | 16 | 14.23 | − | − | 9.75 | 1.000 | 1.9 | 0.00 |
| | 20 | 14.23 | −4.0 | + 0.7 | 9.76 | 0.999 | 3.0 | 0.01 |
| | 24 | 14.21 | −4.0 | + 0.7 | 9.76 | 0.999 | 4.2 | 0.01 |
| | 28 | 14.20 | −3.9 | + 0.7 | 9.78 | 0.998 | 5.5 | 0.02 |
| Feb. | 1 | 14.18 | −3.9 | + 0.8 | 9.79 | 0.997 | 6.8 | 0.03 |
| | 5 | 14.15 | −3.9 | + 0.8 | 9.81 | 0.995 | 8.1 | 0.05 |
| | 9 | 14.12 | −3.9 | + 0.8 | 9.83 | 0.993 | 9.4 | 0.07 |
| | 13 | 14.08 | −3.9 | + 0.8 | 9.86 | 0.991 | 10.7 | 0.09 |
| | 17 | 14.04 | −3.9 | + 0.8 | 9.89 | 0.989 | 12.0 | 0.11 |
| | 21 | 13.99 | −3.9 | + 0.8 | 9.92 | 0.987 | 13.3 | 0.13 |
| | 25 | 13.93 | −3.9 | + 0.8 | 9.96 | 0.984 | 14.7 | 0.16 |
| Mar. | 1 | 13.87 | −3.9 | + 0.8 | 10.00 | 0.981 | 16.0 | 0.19 |
| | 5 | 13.81 | −3.9 | + 0.9 | 10.05 | 0.977 | 17.4 | 0.23 |
| | 9 | 13.74 | −3.9 | + 0.9 | 10.10 | 0.973 | 18.8 | 0.27 |
| | 13 | 13.66 | −3.9 | + 0.9 | 10.16 | 0.969 | 20.2 | 0.31 |
| | 17 | 13.57 | −3.9 | + 0.9 | 10.23 | 0.965 | 21.6 | 0.36 |
| | 21 | 13.48 | −3.9 | + 0.9 | 10.30 | 0.960 | 23.0 | 0.41 |
| | 25 | 13.38 | −3.9 | + 0.9 | 10.37 | 0.955 | 24.5 | 0.47 |
| | 29 | 13.28 | −3.9 | + 0.9 | 10.45 | 0.950 | 25.9 | 0.53 |
| Apr. | 2 | 13.17 | −3.9 | + 0.9 | 10.54 | 0.944 | 27.4 | 0.59 |
| | 6 | 13.05 | −3.9 | + 0.9 | 10.63 | 0.938 | 28.9 | 0.66 |
| | 10 | 12.93 | −3.9 | + 1.0 | 10.74 | 0.931 | 30.4 | 0.74 |
| | 14 | 12.80 | −3.9 | + 1.0 | 10.85 | 0.924 | 32.0 | 0.82 |
| | 18 | 12.66 | −3.9 | + 1.0 | 10.97 | 0.917 | 33.5 | 0.91 |
| | 22 | 12.51 | −3.9 | + 1.0 | 11.09 | 0.909 | 35.1 | 1.01 |
| | 26 | 12.36 | −3.9 | + 1.0 | 11.23 | 0.901 | 36.7 | 1.11 |
| | 30 | 12.20 | −3.9 | + 1.0 | 11.37 | 0.892 | 38.3 | 1.23 |
| May | 4 | 12.04 | −3.9 | + 1.0 | 11.53 | 0.883 | 40.0 | 1.35 |
| | 8 | 11.86 | −3.9 | + 1.1 | 11.70 | 0.874 | 41.6 | 1.48 |
| | 12 | 11.69 | −3.9 | + 1.1 | 11.88 | 0.864 | 43.3 | 1.62 |
| | 16 | 11.50 | −3.9 | + 1.1 | 12.07 | 0.854 | 45.0 | 1.76 |
| | 20 | 11.31 | −3.9 | + 1.1 | 12.27 | 0.843 | 46.7 | 1.92 |
| | 24 | 11.11 | −3.9 | + 1.1 | 12.49 | 0.832 | 48.4 | 2.10 |
| | 28 | 10.91 | −3.9 | + 1.1 | 12.73 | 0.821 | 50.1 | 2.28 |
| June | 1 | 10.70 | −3.9 | + 1.1 | 12.98 | 0.809 | 51.8 | 2.48 |
| | 5 | 10.48 | −3.9 | + 1.2 | 13.24 | 0.797 | 53.6 | 2.69 |
| | 9 | 10.26 | −4.0 | + 1.2 | 13.53 | 0.784 | 55.4 | 2.92 |
| | 13 | 10.03 | −4.0 | + 1.2 | 13.83 | 0.771 | 57.2 | 3.17 |
| | 17 | 9.80 | −4.0 | + 1.2 | 14.16 | 0.758 | 59.0 | 3.43 |
| | 21 | 9.57 | −4.0 | + 1.2 | 14.51 | 0.744 | 60.8 | 3.71 |
| | 25 | 9.33 | −4.0 | + 1.2 | 14.88 | 0.730 | 62.6 | 4.02 |
| | 29 | 9.08 | −4.1 | + 1.2 | 15.28 | 0.716 | 64.5 | 4.35 |
| July | 3 | 8.83 | −4.1 | + 1.3 | 15.71 | 0.701 | 66.3 | 4.70 |

## EPHEMERIS FOR PHYSICAL OBSERVATIONS
### FOR 0$^h$ TERRESTRIAL TIME

| Date | | $L_s$ | Sub-Earth Point | | Sub-Solar Point | | | | North Pole | |
|---|---|---|---|---|---|---|---|---|---|---|
| | | | Long. | Lat. | Long. | Lat. | Dist. | P.A. | Dist. | P.A. |
| | | ° | ° | ° | ° | ° | ″ | ° | ″ | ° |
| Jan. | 0 | 34.87 | 302.92 | + 0.90 | 299.10 | + 1.51 | + 0.33 | 79.15 | + 4.89 | 358.28 |
| | 4 | 41.20 | 313.89 | + 0.94 | 311.36 | + 1.74 | + 0.23 | 68.71 | + 4.88 | 356.16 |
| | 8 | 47.54 | 324.85 | + 0.98 | 323.62 | + 1.95 | + 0.13 | 45.99 | + 4.88 | 354.08 |
| | 12 | 53.87 | 335.81 | + 1.01 | 335.87 | + 2.13 | + 0.10 | 348.56 | + 4.88 | 352.07 |
| | 16 | 60.19 | 346.76 | + 1.03 | 348.13 | + 2.29 | + 0.16 | 302.86 | + 4.88 | 350.13 |
| | 20 | 66.51 | 357.72 | + 1.04 | 0.38 | + 2.42 | + 0.26 | 285.82 | + 4.88 | 348.30 |
| | 24 | 72.84 | 8.67 | + 1.03 | 12.63 | + 2.52 | + 0.36 | 277.28 | + 4.88 | 346.58 |
| | 28 | 79.16 | 19.62 | + 1.01 | 24.89 | + 2.59 | + 0.47 | 271.78 | + 4.89 | 344.98 |
| Feb. | 1 | 85.48 | 30.57 | + 0.98 | 37.14 | + 2.63 | + 0.58 | 267.73 | + 4.89 | 343.52 |
| | 5 | 91.81 | 41.51 | + 0.93 | 49.40 | + 2.64 | + 0.69 | 264.51 | + 4.90 | 342.21 |
| | 9 | 98.14 | 52.45 | + 0.88 | 61.66 | + 2.61 | + 0.80 | 261.84 | + 4.91 | 341.04 |
| | 13 | 104.47 | 63.39 | + 0.81 | 73.92 | + 2.55 | + 0.91 | 259.59 | + 4.93 | 340.03 |
| | 17 | 110.80 | 74.32 | + 0.72 | 86.19 | + 2.47 | + 1.03 | 257.66 | + 4.94 | 339.16 |
| | 21 | 117.15 | 85.25 | + 0.63 | 98.46 | + 2.35 | + 1.14 | 256.01 | + 4.96 | 338.46 |
| | 25 | 123.50 | 96.17 | + 0.52 | 110.74 | + 2.20 | + 1.26 | 254.60 | + 4.98 | 337.90 |
| Mar. | 1 | 129.85 | 107.08 | + 0.41 | 123.03 | + 2.02 | + 1.38 | 253.43 | + 5.00 | 337.50 |
| | 5 | 136.22 | 117.99 | + 0.28 | 135.32 | + 1.82 | + 1.50 | 252.46 | + 5.03 | 337.26 |
| | 9 | 142.59 | 128.90 | + 0.15 | 147.61 | + 1.60 | + 1.63 | 251.70 | + 5.05 | 337.16 |
| | 13 | 148.97 | 139.79 | + 0.01 | 159.92 | + 1.36 | + 1.75 | 251.14 | + 5.08 | 337.22 |
| | 17 | 155.36 | 150.68 | − 0.14 | 172.23 | + 1.10 | + 1.88 | 250.76 | − 5.11 | 337.43 |
| | 21 | 161.77 | 161.57 | − 0.29 | 184.55 | + 0.83 | + 2.01 | 250.58 | − 5.15 | 337.78 |
| | 25 | 168.18 | 172.44 | − 0.45 | 196.89 | + 0.54 | + 2.15 | 250.57 | − 5.19 | 338.28 |
| | 29 | 174.60 | 183.31 | − 0.60 | 209.22 | + 0.25 | + 2.29 | 250.75 | − 5.23 | 338.93 |
| Apr. | 2 | 181.03 | 194.17 | − 0.76 | 221.57 | − 0.05 | + 2.43 | 251.10 | − 5.27 | 339.73 |
| | 6 | 187.47 | 205.02 | − 0.92 | 233.93 | − 0.34 | + 2.57 | 251.64 | − 5.32 | 340.67 |
| | 10 | 193.92 | 215.86 | − 1.08 | 246.30 | − 0.63 | + 2.72 | 252.34 | − 5.37 | 341.76 |
| | 14 | 200.37 | 226.69 | − 1.23 | 258.68 | − 0.92 | + 2.87 | 253.22 | − 5.42 | 342.98 |
| | 18 | 206.84 | 237.51 | − 1.38 | 271.06 | − 1.19 | + 3.03 | 254.27 | − 5.48 | 344.34 |
| | 22 | 213.31 | 248.33 | − 1.52 | 283.46 | − 1.45 | + 3.19 | 255.47 | − 5.54 | 345.83 |
| | 26 | 219.79 | 259.13 | − 1.65 | 295.86 | − 1.69 | + 3.36 | 256.83 | − 5.61 | 347.44 |
| | 30 | 226.27 | 269.92 | − 1.77 | 308.27 | − 1.91 | + 3.53 | 258.33 | − 5.68 | 349.16 |
| May | 4 | 232.76 | 280.70 | − 1.88 | 320.69 | − 2.10 | + 3.70 | 259.95 | − 5.76 | 350.97 |
| | 8 | 239.26 | 291.46 | − 1.98 | 333.11 | − 2.27 | + 3.88 | 261.69 | − 5.85 | 352.88 |
| | 12 | 245.75 | 302.22 | − 2.06 | 345.53 | − 2.41 | + 4.07 | 263.53 | − 5.93 | 354.85 |
| | 16 | 252.25 | 312.96 | − 2.13 | 357.96 | − 2.51 | + 4.26 | 265.44 | − 6.03 | 356.86 |
| | 20 | 258.74 | 323.69 | − 2.18 | 10.39 | − 2.59 | + 4.46 | 267.40 | − 6.13 | 358.91 |
| | 24 | 265.24 | 334.40 | − 2.21 | 22.81 | − 2.63 | + 4.67 | 269.40 | − 6.24 | 0.96 |
| | 28 | 271.73 | 345.10 | − 2.22 | 35.24 | − 2.64 | + 4.88 | 271.41 | − 6.36 | 2.99 |
| June | 1 | 278.22 | 355.78 | − 2.21 | 47.66 | − 2.61 | + 5.10 | 273.40 | − 6.48 | 4.99 |
| | 5 | 284.71 | 6.44 | − 2.17 | 60.08 | − 2.55 | + 5.33 | 275.36 | − 6.62 | 6.93 |
| | 9 | 291.19 | 17.08 | − 2.12 | 72.50 | − 2.46 | + 5.57 | 277.27 | − 6.76 | 8.79 |
| | 13 | 297.67 | 27.70 | − 2.04 | 84.90 | − 2.34 | + 5.81 | 279.11 | − 6.91 | 10.57 |
| | 17 | 304.14 | 38.31 | − 1.94 | 97.30 | − 2.18 | + 6.07 | 280.87 | − 7.08 | 12.25 |
| | 21 | 310.60 | 48.88 | − 1.81 | 109.69 | − 2.00 | + 6.33 | 282.53 | − 7.25 | 13.81 |
| | 25 | 317.05 | 59.44 | − 1.66 | 122.07 | − 1.80 | + 6.61 | 284.09 | − 7.44 | 15.25 |
| | 29 | 323.50 | 69.96 | − 1.49 | 134.44 | − 1.57 | + 6.89 | 285.53 | − 7.64 | 16.56 |
| July | 3 | 329.93 | 80.45 | − 1.29 | 146.79 | − 1.32 | + 7.19 | 286.87 | − 7.85 | 17.75 |

# VENUS, 2010

## EPHEMERIS FOR PHYSICAL OBSERVATIONS
### FOR 0$^h$ TERRESTRIAL TIME

| Date | | Light-time | Magnitude | Surface Brightness | Diameter | Phase | Phase Angle | Defect of Illumination |
|---|---|---|---|---|---|---|---|---|
| | | m | | | " | | ° | " |
| July | 3 | 8.83 | − 4.1 | + 1.3 | 15.71 | 0.701 | 66.3 | 4.70 |
| | 7 | 8.58 | − 4.1 | + 1.3 | 16.17 | 0.686 | 68.2 | 5.08 |
| | 11 | 8.33 | − 4.1 | + 1.3 | 16.66 | 0.670 | 70.1 | 5.50 |
| | 15 | 8.07 | − 4.1 | + 1.3 | 17.19 | 0.654 | 72.1 | 5.95 |
| | 19 | 7.81 | − 4.2 | + 1.3 | 17.76 | 0.638 | 74.0 | 6.44 |
| | 23 | 7.55 | − 4.2 | + 1.3 | 18.38 | 0.621 | 76.0 | 6.97 |
| | 27 | 7.29 | − 4.2 | + 1.3 | 19.04 | 0.603 | 78.1 | 7.55 |
| | 31 | 7.03 | − 4.3 | + 1.4 | 19.75 | 0.586 | 80.1 | 8.19 |
| Aug. | 4 | 6.76 | − 4.3 | + 1.4 | 20.53 | 0.567 | 82.3 | 8.88 |
| | 8 | 6.50 | − 4.3 | + 1.4 | 21.37 | 0.548 | 84.5 | 9.65 |
| | 12 | 6.23 | − 4.4 | + 1.4 | 22.28 | 0.529 | 86.7 | 10.50 |
| | 16 | 5.96 | − 4.4 | + 1.4 | 23.27 | 0.508 | 89.0 | 11.44 |
| | 20 | 5.70 | − 4.5 | + 1.4 | 24.36 | 0.487 | 91.4 | 12.48 |
| | 24 | 5.43 | − 4.5 | + 1.4 | 25.54 | 0.466 | 94.0 | 13.65 |
| | 28 | 5.17 | − 4.5 | + 1.4 | 26.84 | 0.443 | 96.6 | 14.96 |
| Sept. | 1 | 4.91 | − 4.6 | + 1.5 | 28.26 | 0.419 | 99.4 | 16.43 |
| | 5 | 4.65 | − 4.6 | + 1.5 | 29.83 | 0.394 | 102.3 | 18.09 |
| | 9 | 4.40 | − 4.7 | + 1.5 | 31.55 | 0.367 | 105.4 | 19.97 |
| | 13 | 4.15 | − 4.7 | + 1.5 | 33.45 | 0.339 | 108.7 | 22.10 |
| | 17 | 3.91 | − 4.7 | + 1.5 | 35.54 | 0.310 | 112.3 | 24.53 |
| | 21 | 3.67 | − 4.8 | + 1.5 | 37.84 | 0.279 | 116.2 | 27.29 |
| | 25 | 3.44 | − 4.8 | + 1.5 | 40.35 | 0.246 | 120.5 | 30.42 |
| | 29 | 3.22 | − 4.8 | + 1.4 | 43.08 | 0.212 | 125.2 | 33.95 |
| Oct. | 3 | 3.02 | − 4.8 | + 1.4 | 45.99 | 0.176 | 130.3 | 37.88 |
| | 7 | 2.83 | − 4.7 | + 1.3 | 49.05 | 0.140 | 136.0 | 42.16 |
| | 11 | 2.66 | − 4.6 | + 1.2 | 52.15 | 0.105 | 142.2 | 46.69 |
| | 15 | 2.52 | − 4.5 | + 1.0 | 55.16 | 0.071 | 149.0 | 51.22 |
| | 19 | 2.40 | − 4.4 | + 0.7 | 57.84 | 0.042 | 156.3 | 55.40 |
| | 23 | 2.32 | − 4.2 | + 0.2 | 59.93 | 0.020 | 163.7 | 58.74 |
| | 27 | 2.27 | − 4.3 | − 0.9 | 61.19 | 0.007 | 170.2 | 60.74 |
| | 31 | 2.26 | − | − | 61.43 | 0.006 | 171.2 | 61.06 |
| Nov. | 4 | 2.29 | − 4.2 | − 0.1 | 60.62 | 0.016 | 165.5 | 59.65 |
| | 8 | 2.36 | − 4.4 | + 0.6 | 58.89 | 0.036 | 158.0 | 56.75 |
| | 12 | 2.46 | − 4.5 | + 1.0 | 56.47 | 0.065 | 150.5 | 52.82 |
| | 16 | 2.59 | − 4.7 | + 1.2 | 53.61 | 0.098 | 143.5 | 48.34 |
| | 20 | 2.75 | − 4.8 | + 1.3 | 50.56 | 0.135 | 136.9 | 43.74 |
| | 24 | 2.92 | − 4.8 | + 1.4 | 47.48 | 0.172 | 131.0 | 39.31 |
| | 28 | 3.12 | − 4.9 | + 1.4 | 44.51 | 0.209 | 125.6 | 35.21 |
| Dec. | 2 | 3.33 | − 4.9 | + 1.4 | 41.71 | 0.245 | 120.7 | 31.51 |
| | 6 | 3.55 | − 4.9 | + 1.4 | 39.13 | 0.279 | 116.3 | 28.23 |
| | 10 | 3.78 | − 4.8 | + 1.5 | 36.76 | 0.311 | 112.2 | 25.33 |
| | 14 | 4.01 | − 4.8 | + 1.5 | 34.60 | 0.342 | 108.5 | 22.78 |
| | 18 | 4.25 | − 4.8 | + 1.4 | 32.64 | 0.370 | 105.0 | 20.55 |
| | 22 | 4.50 | − 4.7 | + 1.4 | 30.86 | 0.398 | 101.8 | 18.59 |
| | 26 | 4.75 | − 4.7 | + 1.4 | 29.24 | 0.424 | 98.8 | 16.86 |
| | 30 | 5.00 | − 4.7 | + 1.4 | 27.78 | 0.448 | 96.0 | 15.33 |
| | 34 | 5.25 | − 4.6 | + 1.4 | 26.44 | 0.471 | 93.3 | 13.99 |

## EPHEMERIS FOR PHYSICAL OBSERVATIONS
### FOR 0ʰ TERRESTRIAL TIME

| Date | | $L_s$ | Sub-Earth Point | | Sub-Solar Point | | | | North Pole | |
|---|---|---|---|---|---|---|---|---|---|---|
| | | | Long. | Lat. | Long. | Lat. | Dist. | P.A. | Dist. | P.A. |
| | | ° | ° | ° | ° | ° | ″ | ° | ″ | ° |
| July | 3 | 329.93 | 80.45 | − 1.29 | 146.79 | − 1.32 | + 7.19 | 286.87 | − 7.85 | 17.75 |
| | 7 | 336.36 | 90.92 | − 1.07 | 159.14 | − 1.06 | + 7.51 | 288.09 | − 8.08 | 18.80 |
| | 11 | 342.77 | 101.35 | − 0.82 | 171.48 | − 0.78 | + 7.83 | 289.19 | − 8.33 | 19.73 |
| | 15 | 349.18 | 111.74 | − 0.55 | 183.80 | − 0.50 | + 8.18 | 290.18 | − 8.60 | 20.53 |
| | 19 | 355.57 | 122.09 | − 0.25 | 196.12 | − 0.20 | + 8.54 | 291.06 | − 8.88 | 21.20 |
| | 23 | 1.96 | 132.40 | + 0.07 | 208.42 | + 0.09 | + 8.92 | 291.83 | + 9.19 | 21.75 |
| | 27 | 8.34 | 142.66 | + 0.41 | 220.72 | + 0.38 | + 9.31 | 292.49 | + 9.52 | 22.18 |
| | 31 | 14.71 | 152.86 | + 0.77 | 233.01 | + 0.67 | + 9.73 | 293.05 | + 9.88 | 22.50 |
| Aug. | 4 | 21.07 | 163.00 | + 1.15 | 245.29 | + 0.95 | + 10.17 | 293.52 | + 10.26 | 22.72 |
| | 8 | 27.42 | 173.08 | + 1.55 | 257.56 | + 1.21 | + 10.63 | 293.90 | + 10.68 | 22.83 |
| | 12 | 33.77 | 183.08 | + 1.97 | 269.83 | + 1.47 | + 11.12 | 294.20 | + 11.13 | 22.84 |
| | 16 | 40.11 | 193.00 | + 2.40 | 282.10 | + 1.70 | + 11.63 | 294.43 | + 11.63 | 22.77 |
| | 20 | 46.44 | 202.82 | + 2.85 | 294.36 | + 1.91 | − 12.17 | 294.59 | + 12.16 | 22.61 |
| | 24 | 52.77 | 212.53 | + 3.31 | 306.61 | + 2.10 | − 12.74 | 294.71 | + 12.75 | 22.37 |
| | 28 | 59.10 | 222.11 | + 3.79 | 318.87 | + 2.26 | − 13.33 | 294.79 | + 13.39 | 22.07 |
| Sept. | 1 | 65.42 | 231.54 | + 4.27 | 331.12 | + 2.40 | − 13.94 | 294.85 | + 14.09 | 21.71 |
| | 5 | 71.74 | 240.81 | + 4.76 | 343.37 | + 2.51 | − 14.57 | 294.92 | + 14.86 | 21.31 |
| | 9 | 78.07 | 249.89 | + 5.25 | 355.63 | + 2.58 | − 15.21 | 295.01 | + 15.71 | 20.87 |
| | 13 | 84.39 | 258.74 | + 5.75 | 7.88 | + 2.63 | − 15.84 | 295.16 | + 16.64 | 20.41 |
| | 17 | 90.71 | 267.32 | + 6.24 | 20.14 | + 2.64 | − 16.43 | 295.41 | + 17.66 | 19.96 |
| | 21 | 97.04 | 275.58 | + 6.71 | 32.40 | + 2.62 | − 16.97 | 295.81 | + 18.79 | 19.54 |
| | 25 | 103.37 | 283.48 | + 7.17 | 44.66 | + 2.57 | − 17.38 | 296.43 | + 20.02 | 19.16 |
| | 29 | 109.71 | 290.94 | + 7.60 | 56.93 | + 2.48 | − 17.60 | 297.34 | + 21.35 | 18.86 |
| Oct. | 3 | 116.05 | 297.92 | + 7.97 | 69.20 | + 2.37 | − 17.53 | 298.65 | + 22.77 | 18.66 |
| | 7 | 122.40 | 304.34 | + 8.27 | 81.48 | + 2.23 | − 17.04 | 300.52 | + 24.27 | 18.57 |
| | 11 | 128.76 | 310.16 | + 8.47 | 93.76 | + 2.06 | − 15.97 | 303.18 | + 25.79 | 18.63 |
| | 15 | 135.12 | 315.33 | + 8.53 | 106.05 | + 1.86 | − 14.19 | 307.09 | + 27.27 | 18.82 |
| | 19 | 141.49 | 319.88 | + 8.42 | 118.35 | + 1.64 | − 11.62 | 313.28 | + 28.61 | 19.13 |
| | 23 | 147.87 | 323.88 | + 8.10 | 130.66 | + 1.40 | − 8.38 | 324.73 | + 29.67 | 19.52 |
| | 27 | 154.26 | 327.50 | + 7.57 | 142.97 | + 1.15 | − 5.22 | 352.31 | + 30.33 | 19.93 |
| | 31 | 160.66 | 330.99 | + 6.83 | 155.29 | + 0.87 | − 4.71 | 49.59 | + 30.50 | 20.32 |
| Nov. | 4 | 167.07 | 334.60 | + 5.94 | 167.62 | + 0.59 | − 7.61 | 84.41 | + 30.15 | 20.64 |
| | 8 | 173.49 | 338.56 | + 4.95 | 179.95 | + 0.30 | − 11.03 | 97.68 | + 29.34 | 20.87 |
| | 12 | 179.92 | 343.06 | + 3.93 | 192.30 | 0.00 | − 13.89 | 104.02 | + 28.17 | 21.01 |
| | 16 | 186.36 | 348.18 | + 2.94 | 204.66 | − 0.29 | − 15.96 | 107.57 | + 26.77 | 21.05 |
| | 20 | 192.80 | 353.97 | + 2.02 | 217.02 | − 0.58 | − 17.26 | 109.70 | + 25.26 | 21.00 |
| | 24 | 199.26 | 0.38 | + 1.19 | 229.40 | − 0.87 | − 17.92 | 110.99 | + 23.73 | 20.87 |
| | 28 | 205.72 | 7.39 | + 0.46 | 241.78 | − 1.14 | − 18.09 | 111.72 | + 22.25 | 20.64 |
| Dec. | 2 | 212.19 | 14.91 | − 0.17 | 254.17 | − 1.41 | − 17.93 | 112.07 | − 20.86 | 20.33 |
| | 6 | 218.67 | 22.89 | − 0.70 | 266.57 | − 1.65 | − 17.54 | 112.11 | − 19.56 | 19.92 |
| | 10 | 225.15 | 31.25 | − 1.15 | 278.98 | − 1.87 | − 17.01 | 111.90 | − 18.38 | 19.41 |
| | 14 | 231.64 | 39.94 | − 1.51 | 291.39 | − 2.07 | − 16.41 | 111.49 | − 17.29 | 18.80 |
| | 18 | 238.13 | 48.92 | − 1.80 | 303.81 | − 2.24 | − 15.76 | 110.89 | − 16.31 | 18.08 |
| | 22 | 244.62 | 58.14 | − 2.03 | 316.23 | − 2.38 | − 15.10 | 110.11 | − 15.42 | 17.25 |
| | 26 | 251.12 | 67.56 | − 2.20 | 328.66 | − 2.50 | − 14.45 | 109.17 | − 14.61 | 16.30 |
| | 30 | 257.61 | 77.17 | − 2.32 | 341.08 | − 2.58 | − 13.81 | 108.07 | − 13.88 | 15.24 |
| | 34 | 264.11 | 86.93 | − 2.39 | 353.51 | − 2.62 | − 13.20 | 106.83 | − 13.21 | 14.06 |

# MARS, 2010

## EPHEMERIS FOR PHYSICAL OBSERVATIONS
## FOR 0$^h$ TERRESTRIAL TIME

| Date | | Light-time | Magnitude | Surface Brightness | Diameter | | Phase | Phase Angle | Defect of Illumination |
|---|---|---|---|---|---|---|---|---|---|
| | | | | | Eq. | Polar | | | |
| | | m | | | ″ | ″ | | ° | ″ |
| Jan. | 0 | 6.19 | − 0.7 | +4.4 | 12.59 | 12.52 | 0.961 | 22.7 | 0.49 |
| | 4 | 6.02 | − 0.8 | +4.4 | 12.94 | 12.87 | 0.969 | 20.2 | 0.40 |
| | 8 | 5.87 | − 0.9 | +4.4 | 13.26 | 13.19 | 0.977 | 17.6 | 0.31 |
| | 12 | 5.75 | − 1.0 | +4.4 | 13.55 | 13.47 | 0.984 | 14.7 | 0.22 |
| | 16 | 5.65 | − 1.1 | +4.3 | 13.78 | 13.71 | 0.990 | 11.7 | 0.14 |
| | 20 | 5.58 | − 1.2 | +4.3 | 13.96 | 13.89 | 0.994 | 8.6 | 0.08 |
| | 24 | 5.54 | − 1.2 | +4.2 | 14.07 | 13.99 | 0.998 | 5.6 | 0.03 |
| | 28 | 5.52 | − 1.3 | +4.2 | 14.10 | 14.03 | 0.999 | 3.1 | 0.01 |
| Feb. | 1 | 5.54 | − 1.3 | +4.2 | 14.06 | 13.99 | 0.999 | 3.3 | 0.01 |
| | 5 | 5.59 | − 1.2 | +4.2 | 13.95 | 13.87 | 0.997 | 5.8 | 0.04 |
| | 9 | 5.66 | − 1.1 | +4.3 | 13.76 | 13.68 | 0.994 | 8.8 | 0.08 |
| | 13 | 5.77 | − 1.0 | +4.3 | 13.51 | 13.43 | 0.989 | 11.8 | 0.14 |
| | 17 | 5.90 | − 0.9 | +4.4 | 13.21 | 13.13 | 0.984 | 14.7 | 0.22 |
| | 21 | 6.05 | − 0.8 | +4.4 | 12.87 | 12.80 | 0.977 | 17.5 | 0.30 |
| | 25 | 6.23 | − 0.7 | +4.5 | 12.50 | 12.43 | 0.970 | 20.0 | 0.38 |
| Mar. | 1 | 6.43 | − 0.6 | +4.5 | 12.11 | 12.04 | 0.963 | 22.3 | 0.45 |
| | 5 | 6.65 | − 0.5 | +4.5 | 11.72 | 11.65 | 0.955 | 24.4 | 0.52 |
| | 9 | 6.88 | − 0.4 | +4.5 | 11.32 | 11.25 | 0.948 | 26.4 | 0.59 |
| | 13 | 7.13 | − 0.3 | +4.6 | 10.92 | 10.86 | 0.941 | 28.1 | 0.64 |
| | 17 | 7.39 | − 0.2 | +4.6 | 10.54 | 10.48 | 0.935 | 29.6 | 0.69 |
| | 21 | 7.66 | − 0.1 | +4.6 | 10.17 | 10.11 | 0.929 | 31.0 | 0.72 |
| | 25 | 7.94 | 0.0 | +4.6 | 9.81 | 9.76 | 0.923 | 32.2 | 0.75 |
| | 29 | 8.22 | + 0.1 | +4.6 | 9.47 | 9.42 | 0.918 | 33.2 | 0.77 |
| Apr. | 2 | 8.51 | + 0.2 | +4.6 | 9.15 | 9.10 | 0.914 | 34.1 | 0.79 |
| | 6 | 8.81 | + 0.3 | +4.6 | 8.84 | 8.79 | 0.910 | 34.9 | 0.79 |
| | 10 | 9.11 | + 0.4 | +4.6 | 8.55 | 8.50 | 0.907 | 35.5 | 0.79 |
| | 14 | 9.41 | + 0.4 | +4.6 | 8.28 | 8.23 | 0.904 | 36.0 | 0.79 |
| | 18 | 9.71 | + 0.5 | +4.6 | 8.02 | 7.97 | 0.902 | 36.5 | 0.78 |
| | 22 | 10.02 | + 0.6 | +4.6 | 7.77 | 7.73 | 0.900 | 36.8 | 0.78 |
| | 26 | 10.32 | + 0.6 | +4.7 | 7.55 | 7.51 | 0.899 | 37.1 | 0.76 |
| | 30 | 10.63 | + 0.7 | +4.7 | 7.33 | 7.29 | 0.898 | 37.3 | 0.75 |
| May | 4 | 10.93 | + 0.8 | +4.7 | 7.13 | 7.09 | 0.897 | 37.4 | 0.73 |
| | 8 | 11.23 | + 0.8 | +4.6 | 6.94 | 6.90 | 0.897 | 37.4 | 0.71 |
| | 12 | 11.52 | + 0.9 | +4.6 | 6.76 | 6.72 | 0.897 | 37.5 | 0.70 |
| | 16 | 11.82 | + 0.9 | +4.6 | 6.59 | 6.56 | 0.897 | 37.4 | 0.68 |
| | 20 | 12.11 | + 1.0 | +4.6 | 6.43 | 6.40 | 0.898 | 37.3 | 0.66 |
| | 24 | 12.40 | + 1.0 | +4.6 | 6.28 | 6.25 | 0.899 | 37.2 | 0.64 |
| | 28 | 12.68 | + 1.1 | +4.6 | 6.14 | 6.11 | 0.899 | 37.0 | 0.62 |
| June | 1 | 12.96 | + 1.1 | +4.6 | 6.01 | 5.98 | 0.901 | 36.7 | 0.60 |
| | 5 | 13.24 | + 1.2 | +4.6 | 5.88 | 5.85 | 0.902 | 36.5 | 0.58 |
| | 9 | 13.51 | + 1.2 | +4.6 | 5.76 | 5.74 | 0.903 | 36.2 | 0.56 |
| | 13 | 13.78 | + 1.2 | +4.6 | 5.65 | 5.63 | 0.905 | 35.9 | 0.54 |
| | 17 | 14.04 | + 1.3 | +4.6 | 5.55 | 5.52 | 0.907 | 35.5 | 0.52 |
| | 21 | 14.29 | + 1.3 | +4.6 | 5.45 | 5.42 | 0.909 | 35.2 | 0.50 |
| | 25 | 14.54 | + 1.3 | +4.6 | 5.36 | 5.33 | 0.911 | 34.8 | 0.48 |
| | 29 | 14.79 | + 1.3 | +4.6 | 5.27 | 5.24 | 0.913 | 34.4 | 0.46 |
| July | 3 | 15.03 | + 1.4 | +4.6 | 5.18 | 5.16 | 0.915 | 33.9 | 0.44 |

## EPHEMERIS FOR PHYSICAL OBSERVATIONS
### FOR 0$^h$ TERRESTRIAL TIME

| Date | | $L_s$ | Sub-Earth Point | | Sub-Solar Point | | | | North Pole | |
|---|---|---|---|---|---|---|---|---|---|---|
| | | | Long. | Lat. | Long. | Lat. | Dist. | P.A. | Dist. | P.A. |
| | | ° | ° | ° | ° | ° | ″ | ° | ″ | ° |
| Jan. | 0 | 31.16 | 302.41 | + 18.49 | 325.27 | + 12.87 | + 2.43 | 103.97 | + 5.94 | 3.08 |
| | 4 | 32.99 | 266.66 | + 18.15 | 287.14 | + 13.55 | + 2.24 | 102.75 | + 6.12 | 2.69 |
| | 8 | 34.81 | 231.11 | + 17.76 | 249.00 | + 14.22 | + 2.00 | 101.10 | + 6.28 | 2.15 |
| | 12 | 36.62 | 195.76 | + 17.32 | 210.85 | + 14.88 | + 1.72 | 98.82 | + 6.44 | 1.48 |
| | 16 | 38.43 | 160.58 | + 16.84 | 172.69 | + 15.51 | + 1.40 | 95.43 | + 6.56 | 0.70 |
| | 20 | 40.23 | 125.54 | + 16.32 | 134.52 | + 16.14 | + 1.05 | 89.80 | + 6.67 | 359.81 |
| | 24 | 42.02 | 90.61 | + 15.79 | 96.33 | + 16.74 | + 0.68 | 78.35 | + 6.74 | 358.85 |
| | 28 | 43.81 | 55.72 | + 15.25 | 58.14 | + 17.33 | + 0.38 | 45.96 | + 6.77 | 357.84 |
| Feb. | 1 | 45.59 | 20.84 | + 14.72 | 19.93 | + 17.90 | + 0.40 | 341.41 | + 6.77 | 356.82 |
| | 5 | 47.37 | 345.92 | + 14.22 | 341.71 | + 18.45 | + 0.71 | 312.41 | + 6.72 | 355.82 |
| | 9 | 49.14 | 310.92 | + 13.75 | 303.47 | + 18.99 | + 1.06 | 301.79 | + 6.65 | 354.86 |
| | 13 | 50.91 | 275.79 | + 13.35 | 265.22 | + 19.51 | + 1.38 | 296.38 | + 6.54 | 353.98 |
| | 17 | 52.68 | 240.51 | + 13.01 | 226.96 | + 20.00 | + 1.68 | 293.03 | + 6.40 | 353.20 |
| | 21 | 54.44 | 205.05 | + 12.74 | 188.68 | + 20.48 | + 1.93 | 290.71 | + 6.24 | 352.54 |
| | 25 | 56.20 | 169.39 | + 12.56 | 150.39 | + 20.94 | + 2.13 | 289.01 | + 6.07 | 352.00 |
| Mar. | 1 | 57.96 | 133.54 | + 12.47 | 112.09 | + 21.38 | + 2.30 | 287.72 | + 5.88 | 351.59 |
| | 5 | 59.71 | 97.47 | + 12.45 | 73.77 | + 21.80 | + 2.42 | 286.73 | + 5.69 | 351.32 |
| | 9 | 61.46 | 61.22 | + 12.51 | 35.45 | + 22.20 | + 2.51 | 285.98 | + 5.50 | 351.18 |
| | 13 | 63.21 | 24.76 | + 12.65 | 357.11 | + 22.57 | + 2.57 | 285.43 | + 5.30 | 351.16 |
| | 17 | 64.96 | 348.13 | + 12.86 | 318.76 | + 22.93 | + 2.60 | 285.03 | + 5.11 | 351.27 |
| | 21 | 66.71 | 311.31 | + 13.13 | 280.40 | + 23.26 | + 2.62 | 284.78 | + 4.93 | 351.49 |
| | 25 | 68.46 | 274.33 | + 13.47 | 242.03 | + 23.57 | + 2.61 | 284.64 | + 4.75 | 351.81 |
| | 29 | 70.20 | 237.20 | + 13.85 | 203.65 | + 23.86 | + 2.59 | 284.60 | + 4.57 | 352.23 |
| Apr. | 2 | 71.95 | 199.93 | + 14.28 | 165.26 | + 24.12 | + 2.56 | 284.65 | + 4.41 | 352.75 |
| | 6 | 73.69 | 162.52 | + 14.74 | 126.86 | + 24.37 | + 2.52 | 284.77 | + 4.25 | 353.35 |
| | 10 | 75.44 | 125.00 | + 15.24 | 88.46 | + 24.59 | + 2.48 | 284.95 | + 4.10 | 354.02 |
| | 14 | 77.19 | 87.35 | + 15.77 | 50.05 | + 24.78 | + 2.43 | 285.18 | + 3.96 | 354.77 |
| | 18 | 78.94 | 49.60 | + 16.33 | 11.63 | + 24.95 | + 2.38 | 285.46 | + 3.83 | 355.58 |
| | 22 | 80.69 | 11.75 | + 16.90 | 333.20 | + 25.10 | + 2.33 | 285.78 | + 3.70 | 356.46 |
| | 26 | 82.44 | 333.81 | + 17.48 | 294.77 | + 25.22 | + 2.27 | 286.12 | + 3.58 | 357.39 |
| | 30 | 84.19 | 295.77 | + 18.07 | 256.33 | + 25.32 | + 2.22 | 286.49 | + 3.47 | 358.37 |
| May | 4 | 85.95 | 257.66 | + 18.67 | 217.89 | + 25.39 | + 2.16 | 286.88 | + 3.36 | 359.40 |
| | 8 | 87.71 | 219.47 | + 19.26 | 179.44 | + 25.43 | + 2.11 | 287.28 | + 3.26 | 0.47 |
| | 12 | 89.47 | 181.20 | + 19.85 | 140.98 | + 25.45 | + 2.05 | 287.68 | + 3.16 | 1.58 |
| | 16 | 91.24 | 142.86 | + 20.44 | 102.53 | + 25.45 | + 2.00 | 288.10 | + 3.07 | 2.73 |
| | 20 | 93.01 | 104.45 | + 21.02 | 64.07 | + 25.42 | + 1.95 | 288.51 | + 2.99 | 3.91 |
| | 24 | 94.78 | 65.98 | + 21.58 | 25.61 | + 25.36 | + 1.89 | 288.91 | + 2.91 | 5.13 |
| | 28 | 96.56 | 27.44 | + 22.12 | 347.15 | + 25.28 | + 1.84 | 289.32 | + 2.83 | 6.37 |
| June | 1 | 98.34 | 348.85 | + 22.65 | 308.68 | + 25.17 | + 1.80 | 289.71 | + 2.76 | 7.63 |
| | 5 | 100.13 | 310.20 | + 23.15 | 270.22 | + 25.03 | + 1.75 | 290.09 | + 2.69 | 8.91 |
| | 9 | 101.92 | 271.50 | + 23.62 | 231.75 | + 24.87 | + 1.70 | 290.45 | + 2.63 | 10.21 |
| | 13 | 103.72 | 232.74 | + 24.06 | 193.29 | + 24.68 | + 1.66 | 290.80 | + 2.57 | 11.53 |
| | 17 | 105.53 | 193.94 | + 24.48 | 154.83 | + 24.47 | + 1.61 | 291.13 | + 2.51 | 12.86 |
| | 21 | 107.34 | 155.08 | + 24.86 | 116.36 | + 24.23 | + 1.57 | 291.44 | + 2.46 | 14.19 |
| | 25 | 109.16 | 116.18 | + 25.20 | 77.90 | + 23.96 | + 1.53 | 291.73 | + 2.41 | 15.54 |
| | 29 | 110.99 | 77.24 | + 25.50 | 39.44 | + 23.67 | + 1.49 | 291.99 | + 2.37 | 16.88 |
| July | 3 | 112.82 | 38.26 | + 25.76 | 0.99 | + 23.35 | + 1.45 | 292.23 | + 2.33 | 18.22 |

# MARS, 2010

## EPHEMERIS FOR PHYSICAL OBSERVATIONS
### FOR 0$^h$ TERRESTRIAL TIME

| Date | | Light-time | Magnitude | Surface Brightness | Diameter | | Phase | Phase Angle | Defect of Illumination |
|---|---|---|---|---|---|---|---|---|---|
| | | | | | Eq. | Polar | | | |
| | | m | | | ″ | ″ | | ° | ″ |
| July | 3 | 15.03 | + 1.4 | +4.6 | 5.18 | 5.16 | 0.915 | 33.9 | 0.44 |
| | 7 | 15.26 | + 1.4 | +4.6 | 5.10 | 5.08 | 0.917 | 33.5 | 0.42 |
| | 11 | 15.49 | + 1.4 | +4.5 | 5.03 | 5.00 | 0.919 | 33.0 | 0.41 |
| | 15 | 15.71 | + 1.4 | +4.5 | 4.96 | 4.93 | 0.921 | 32.6 | 0.39 |
| | 19 | 15.93 | + 1.4 | +4.5 | 4.89 | 4.87 | 0.924 | 32.1 | 0.37 |
| | 23 | 16.13 | + 1.5 | +4.5 | 4.83 | 4.80 | 0.926 | 31.5 | 0.36 |
| | 27 | 16.34 | + 1.5 | +4.5 | 4.77 | 4.75 | 0.928 | 31.0 | 0.34 |
| | 31 | 16.53 | + 1.5 | +4.5 | 4.71 | 4.69 | 0.931 | 30.5 | 0.33 |
| Aug. | 4 | 16.72 | + 1.5 | +4.5 | 4.66 | 4.64 | 0.933 | 29.9 | 0.31 |
| | 8 | 16.91 | + 1.5 | +4.5 | 4.61 | 4.58 | 0.936 | 29.4 | 0.30 |
| | 12 | 17.08 | + 1.5 | +4.5 | 4.56 | 4.54 | 0.938 | 28.8 | 0.28 |
| | 16 | 17.26 | + 1.5 | +4.4 | 4.51 | 4.49 | 0.941 | 28.2 | 0.27 |
| | 20 | 17.42 | + 1.5 | +4.4 | 4.47 | 4.45 | 0.943 | 27.7 | 0.26 |
| | 24 | 17.58 | + 1.5 | +4.4 | 4.43 | 4.41 | 0.945 | 27.1 | 0.24 |
| | 28 | 17.73 | + 1.5 | +4.4 | 4.39 | 4.37 | 0.948 | 26.5 | 0.23 |
| Sept. | 1 | 17.88 | + 1.5 | +4.4 | 4.36 | 4.34 | 0.950 | 25.9 | 0.22 |
| | 5 | 18.02 | + 1.5 | +4.4 | 4.32 | 4.30 | 0.952 | 25.2 | 0.21 |
| | 9 | 18.15 | + 1.5 | +4.4 | 4.29 | 4.27 | 0.955 | 24.6 | 0.19 |
| | 13 | 18.28 | + 1.5 | +4.3 | 4.26 | 4.24 | 0.957 | 24.0 | 0.18 |
| | 17 | 18.40 | + 1.5 | +4.3 | 4.23 | 4.21 | 0.959 | 23.4 | 0.17 |
| | 21 | 18.51 | + 1.5 | +4.3 | 4.21 | 4.19 | 0.961 | 22.7 | 0.16 |
| | 25 | 18.62 | + 1.5 | +4.3 | 4.18 | 4.16 | 0.963 | 22.1 | 0.15 |
| | 29 | 18.73 | + 1.5 | +4.3 | 4.16 | 4.14 | 0.965 | 21.4 | 0.14 |
| Oct. | 3 | 18.82 | + 1.5 | +4.3 | 4.14 | 4.12 | 0.967 | 20.8 | 0.13 |
| | 7 | 18.92 | + 1.5 | +4.3 | 4.12 | 4.10 | 0.969 | 20.1 | 0.13 |
| | 11 | 19.00 | + 1.5 | +4.2 | 4.10 | 4.08 | 0.971 | 19.5 | 0.12 |
| | 15 | 19.08 | + 1.5 | +4.2 | 4.08 | 4.06 | 0.973 | 18.8 | 0.11 |
| | 19 | 19.16 | + 1.5 | +4.2 | 4.07 | 4.04 | 0.975 | 18.1 | 0.10 |
| | 23 | 19.23 | + 1.4 | +4.2 | 4.05 | 4.03 | 0.977 | 17.5 | 0.09 |
| | 27 | 19.29 | + 1.4 | +4.2 | 4.04 | 4.01 | 0.979 | 16.8 | 0.09 |
| | 31 | 19.36 | + 1.4 | +4.2 | 4.02 | 4.00 | 0.980 | 16.1 | 0.08 |
| Nov. | 4 | 19.41 | + 1.4 | +4.1 | 4.01 | 3.99 | 0.982 | 15.5 | 0.07 |
| | 8 | 19.46 | + 1.4 | +4.1 | 4.00 | 3.98 | 0.983 | 14.8 | 0.07 |
| | 12 | 19.51 | + 1.4 | +4.1 | 3.99 | 3.97 | 0.985 | 14.1 | 0.06 |
| | 16 | 19.55 | + 1.4 | +4.1 | 3.98 | 3.96 | 0.986 | 13.4 | 0.05 |
| | 20 | 19.59 | + 1.4 | +4.1 | 3.98 | 3.95 | 0.988 | 12.8 | 0.05 |
| | 24 | 19.62 | + 1.3 | +4.1 | 3.97 | 3.95 | 0.989 | 12.1 | 0.04 |
| | 28 | 19.66 | + 1.3 | +4.0 | 3.96 | 3.94 | 0.990 | 11.4 | 0.04 |
| Dec. | 2 | 19.68 | + 1.3 | +4.0 | 3.96 | 3.93 | 0.991 | 10.7 | 0.03 |
| | 6 | 19.71 | + 1.3 | +4.0 | 3.95 | 3.93 | 0.992 | 10.1 | 0.03 |
| | 10 | 19.73 | + 1.3 | +4.0 | 3.95 | 3.93 | 0.993 | 9.4 | 0.03 |
| | 14 | 19.74 | + 1.3 | +4.0 | 3.95 | 3.92 | 0.994 | 8.7 | 0.02 |
| | 18 | 19.76 | + 1.3 | +4.0 | 3.94 | 3.92 | 0.995 | 8.0 | 0.02 |
| | 22 | 19.77 | + 1.2 | +3.9 | 3.94 | 3.92 | 0.996 | 7.4 | 0.02 |
| | 26 | 19.78 | + 1.2 | +3.9 | 3.94 | 3.92 | 0.997 | 6.7 | 0.01 |
| | 30 | 19.78 | + 1.2 | +3.9 | 3.94 | 3.91 | 0.997 | 6.1 | 0.01 |
| | 34 | 19.79 | + 1.2 | +3.9 | 3.94 | 3.91 | 0.998 | 5.4 | 0.01 |

### EPHEMERIS FOR PHYSICAL OBSERVATIONS
### FOR 0$^h$ TERRESTRIAL TIME

| Date | | $L_s$ | Sub-Earth Point | | Sub-Solar Point | | | | North Pole | |
|---|---|---|---|---|---|---|---|---|---|---|
| | | | Long. | Lat. | Long. | Lat. | Dist. | P.A. | Dist. | P.A. |
| | | ° | ° | ° | ° | ° | ″ | ° | ″ | ° |
| July | 3 | 112.82 | 38.26 | + 25.76 | 0.99 | + 23.35 | + 1.45 | 292.23 | + 2.33 | 18.22 |
| | 7 | 114.67 | 359.24 | + 25.98 | 322.53 | + 23.00 | + 1.41 | 292.44 | + 2.29 | 19.55 |
| | 11 | 116.52 | 320.19 | + 26.15 | 284.08 | + 22.63 | + 1.37 | 292.62 | + 2.25 | 20.88 |
| | 15 | 118.38 | 281.10 | + 26.27 | 245.63 | + 22.23 | + 1.33 | 292.78 | + 2.21 | 22.19 |
| | 19 | 120.24 | 241.98 | + 26.35 | 207.19 | + 21.81 | + 1.30 | 292.90 | + 2.18 | 23.49 |
| | 23 | 122.12 | 202.84 | + 26.37 | 168.75 | + 21.36 | + 1.26 | 292.99 | + 2.15 | 24.76 |
| | 27 | 124.01 | 163.68 | + 26.34 | 130.31 | + 20.89 | + 1.23 | 293.05 | + 2.13 | 26.01 |
| | 31 | 125.90 | 124.49 | + 26.26 | 91.87 | + 20.39 | + 1.19 | 293.08 | + 2.10 | 27.22 |
| Aug. | 4 | 127.81 | 85.29 | + 26.13 | 53.44 | + 19.87 | + 1.16 | 293.07 | + 2.08 | 28.40 |
| | 8 | 129.73 | 46.08 | + 25.94 | 15.02 | + 19.32 | + 1.13 | 293.03 | + 2.06 | 29.54 |
| | 12 | 131.66 | 6.85 | + 25.69 | 336.60 | + 18.75 | + 1.10 | 292.95 | + 2.05 | 30.63 |
| | 16 | 133.59 | 327.61 | + 25.39 | 298.18 | + 18.16 | + 1.07 | 292.83 | + 2.03 | 31.67 |
| | 20 | 135.54 | 288.37 | + 25.03 | 259.76 | + 17.54 | + 1.04 | 292.68 | + 2.02 | 32.66 |
| | 24 | 137.51 | 249.13 | + 24.62 | 221.35 | + 16.90 | + 1.01 | 292.49 | + 2.01 | 33.59 |
| | 28 | 139.48 | 209.88 | + 24.15 | 182.94 | + 16.24 | + 0.98 | 292.25 | + 2.00 | 34.45 |
| Sept. | 1 | 141.47 | 170.64 | + 23.62 | 144.53 | + 15.55 | + 0.95 | 291.98 | + 1.99 | 35.25 |
| | 5 | 143.47 | 131.41 | + 23.04 | 106.13 | + 14.85 | + 0.92 | 291.67 | + 1.98 | 35.97 |
| | 9 | 145.48 | 92.17 | + 22.41 | 67.72 | + 14.12 | + 0.89 | 291.31 | + 1.98 | 36.62 |
| | 13 | 147.50 | 52.95 | + 21.72 | 29.32 | + 13.37 | + 0.87 | 290.91 | + 1.97 | 37.19 |
| | 17 | 149.54 | 13.73 | + 20.98 | 350.92 | + 12.60 | + 0.84 | 290.47 | + 1.97 | 37.67 |
| | 21 | 151.59 | 334.53 | + 20.20 | 312.51 | + 11.82 | + 0.81 | 289.99 | + 1.97 | 38.07 |
| | 25 | 153.66 | 295.34 | + 19.36 | 274.11 | + 11.01 | + 0.79 | 289.46 | + 1.96 | 38.38 |
| | 29 | 155.74 | 256.15 | + 18.48 | 235.71 | + 10.19 | + 0.76 | 288.88 | + 1.96 | 38.59 |
| Oct. | 3 | 157.83 | 216.98 | + 17.55 | 197.30 | + 9.35 | + 0.73 | 288.27 | + 1.96 | 38.71 |
| | 7 | 159.94 | 177.82 | + 16.57 | 158.89 | + 8.49 | + 0.71 | 287.61 | + 1.96 | 38.73 |
| | 11 | 162.07 | 138.67 | + 15.56 | 120.48 | + 7.62 | + 0.68 | 286.91 | + 1.96 | 38.66 |
| | 15 | 164.20 | 99.54 | + 14.50 | 82.07 | + 6.73 | + 0.66 | 286.16 | + 1.97 | 38.48 |
| | 19 | 166.36 | 60.41 | + 13.41 | 43.64 | + 5.83 | + 0.63 | 285.38 | + 1.97 | 38.20 |
| | 23 | 168.52 | 21.29 | + 12.28 | 5.22 | + 4.92 | + 0.61 | 284.56 | + 1.97 | 37.82 |
| | 27 | 170.71 | 342.18 | + 11.12 | 326.78 | + 3.99 | + 0.58 | 283.69 | + 1.97 | 37.34 |
| | 31 | 172.90 | 303.07 | + 9.93 | 288.34 | + 3.05 | + 0.56 | 282.80 | + 1.97 | 36.76 |
| Nov. | 4 | 175.12 | 263.97 | + 8.71 | 249.89 | + 2.10 | + 0.53 | 281.87 | + 1.97 | 36.08 |
| | 8 | 177.35 | 224.87 | + 7.47 | 211.42 | + 1.14 | + 0.51 | 280.91 | + 1.97 | 35.30 |
| | 12 | 179.59 | 185.77 | + 6.20 | 172.95 | + 0.18 | + 0.49 | 279.93 | + 1.97 | 34.42 |
| | 16 | 181.85 | 146.67 | + 4.92 | 134.46 | − 0.80 | + 0.46 | 278.93 | + 1.97 | 33.45 |
| | 20 | 184.12 | 107.57 | + 3.61 | 95.96 | − 1.77 | + 0.44 | 277.91 | + 1.97 | 32.38 |
| | 24 | 186.41 | 68.46 | + 2.29 | 57.45 | − 2.76 | + 0.42 | 276.89 | + 1.97 | 31.23 |
| | 28 | 188.72 | 29.34 | + 0.97 | 18.92 | − 3.74 | + 0.39 | 275.87 | + 1.97 | 29.98 |
| Dec. | 2 | 191.04 | 350.22 | − 0.37 | 340.37 | − 4.73 | + 0.37 | 274.86 | − 1.97 | 28.66 |
| | 6 | 193.37 | 311.08 | − 1.71 | 301.80 | − 5.72 | + 0.35 | 273.87 | − 1.96 | 27.26 |
| | 10 | 195.72 | 271.92 | − 3.06 | 263.22 | − 6.70 | + 0.32 | 272.91 | − 1.96 | 25.78 |
| | 14 | 198.08 | 232.75 | − 4.40 | 224.61 | − 7.68 | + 0.30 | 271.99 | − 1.96 | 24.23 |
| | 18 | 200.45 | 193.55 | − 5.73 | 185.98 | − 8.66 | + 0.28 | 271.14 | − 1.95 | 22.62 |
| | 22 | 202.84 | 154.33 | − 7.06 | 147.33 | − 9.62 | + 0.25 | 270.37 | − 1.94 | 20.95 |
| | 26 | 205.25 | 115.09 | − 8.37 | 108.65 | − 10.58 | + 0.23 | 269.72 | − 1.94 | 19.23 |
| | 30 | 207.66 | 75.82 | − 9.67 | 69.95 | − 11.53 | + 0.21 | 269.21 | − 1.93 | 17.45 |
| | 34 | 210.09 | 36.51 | − 10.94 | 31.23 | − 12.46 | + 0.18 | 268.90 | − 1.92 | 15.63 |

# JUPITER, 2010

## EPHEMERIS FOR PHYSICAL OBSERVATIONS
## FOR 0ʰ TERRESTRIAL TIME

| Date | | Light-time | Magnitude | Surface Brightness | Diameter | | Phase Angle | Defect of Illumination |
|---|---|---|---|---|---|---|---|---|
| | | | | | Eq. | Polar | | |
| | | m | | | $''$ | $''$ | $\circ$ | $''$ |
| Jan. | 0 | 46.79 | −2.1 | +5.3 | 35.04 | 32.77 | 8.2 | 0.18 |
| | 4 | 47.16 | −2.1 | +5.3 | 34.77 | 32.51 | 7.8 | 0.16 |
| | 8 | 47.51 | −2.1 | +5.3 | 34.51 | 32.28 | 7.3 | 0.14 |
| | 12 | 47.83 | −2.1 | +5.3 | 34.28 | 32.06 | 6.8 | 0.12 |
| | 16 | 48.13 | −2.1 | +5.3 | 34.07 | 31.86 | 6.3 | 0.10 |
| | 20 | 48.41 | −2.1 | +5.3 | 33.87 | 31.67 | 5.8 | 0.09 |
| | 24 | 48.66 | −2.0 | +5.3 | 33.70 | 31.51 | 5.2 | 0.07 |
| | 28 | 48.89 | −2.0 | +5.3 | 33.54 | 31.36 | 4.7 | 0.06 |
| Feb. | 1 | 49.09 | −2.0 | +5.3 | 33.40 | 31.24 | 4.1 | 0.04 |
| | 5 | 49.26 | −2.0 | +5.2 | 33.28 | 31.12 | 3.5 | 0.03 |
| | 9 | 49.41 | −2.0 | +5.2 | 33.18 | 31.03 | 2.9 | 0.02 |
| | 13 | 49.53 | −2.0 | +5.2 | 33.10 | 30.96 | 2.3 | 0.01 |
| | 17 | 49.62 | −2.0 | +5.2 | 33.04 | 30.90 | 1.7 | 0.01 |
| | 21 | 49.69 | −2.0 | +5.2 | 33.00 | 30.86 | 1.1 | 0.00 |
| | 25 | 49.73 | −2.0 | +5.2 | 32.97 | 30.83 | 0.6 | 0.00 |
| Mar. | 1 | 49.74 | −2.0 | +5.2 | 32.96 | 30.83 | 0.2 | 0.00 |
| | 5 | 49.72 | −2.0 | +5.2 | 32.97 | 30.84 | 0.7 | 0.00 |
| | 9 | 49.68 | −2.0 | +5.2 | 33.00 | 30.86 | 1.3 | 0.00 |
| | 13 | 49.61 | −2.0 | +5.2 | 33.05 | 30.91 | 1.9 | 0.01 |
| | 17 | 49.51 | −2.0 | +5.2 | 33.12 | 30.97 | 2.5 | 0.02 |
| | 21 | 49.38 | −2.0 | +5.2 | 33.20 | 31.05 | 3.1 | 0.02 |
| | 25 | 49.23 | −2.0 | +5.2 | 33.30 | 31.14 | 3.7 | 0.03 |
| | 29 | 49.06 | −2.0 | +5.2 | 33.42 | 31.26 | 4.2 | 0.05 |
| Apr. | 2 | 48.85 | −2.0 | +5.2 | 33.56 | 31.39 | 4.8 | 0.06 |
| | 6 | 48.63 | −2.1 | +5.3 | 33.72 | 31.53 | 5.4 | 0.07 |
| | 10 | 48.38 | −2.1 | +5.3 | 33.89 | 31.70 | 5.9 | 0.09 |
| | 14 | 48.10 | −2.1 | +5.3 | 34.09 | 31.88 | 6.4 | 0.11 |
| | 18 | 47.80 | −2.1 | +5.3 | 34.30 | 32.08 | 6.9 | 0.13 |
| | 22 | 47.48 | −2.1 | +5.3 | 34.53 | 32.29 | 7.4 | 0.14 |
| | 26 | 47.14 | −2.1 | +5.3 | 34.78 | 32.52 | 7.9 | 0.17 |
| | 30 | 46.78 | −2.1 | +5.3 | 35.05 | 32.78 | 8.4 | 0.19 |
| May | 4 | 46.40 | −2.1 | +5.3 | 35.33 | 33.04 | 8.8 | 0.21 |
| | 8 | 46.01 | −2.2 | +5.3 | 35.64 | 33.33 | 9.2 | 0.23 |
| | 12 | 45.59 | −2.2 | +5.3 | 35.96 | 33.63 | 9.6 | 0.25 |
| | 16 | 45.16 | −2.2 | +5.3 | 36.31 | 33.95 | 10.0 | 0.27 |
| | 20 | 44.71 | −2.2 | +5.3 | 36.67 | 34.29 | 10.3 | 0.30 |
| | 24 | 44.25 | −2.2 | +5.3 | 37.05 | 34.65 | 10.6 | 0.32 |
| | 28 | 43.78 | −2.3 | +5.3 | 37.45 | 35.02 | 10.9 | 0.34 |
| June | 1 | 43.30 | −2.3 | +5.3 | 37.87 | 35.41 | 11.1 | 0.36 |
| | 5 | 42.81 | −2.3 | +5.3 | 38.30 | 35.82 | 11.3 | 0.37 |
| | 9 | 42.31 | −2.3 | +5.3 | 38.75 | 36.24 | 11.5 | 0.39 |
| | 13 | 41.80 | −2.4 | +5.3 | 39.22 | 36.68 | 11.6 | 0.40 |
| | 17 | 41.29 | −2.4 | +5.3 | 39.71 | 37.13 | 11.7 | 0.42 |
| | 21 | 40.78 | −2.4 | +5.3 | 40.20 | 37.60 | 11.8 | 0.42 |
| | 25 | 40.27 | −2.4 | +5.3 | 40.72 | 38.08 | 11.8 | 0.43 |
| | 29 | 39.75 | −2.5 | +5.3 | 41.24 | 38.57 | 11.8 | 0.43 |
| July | 3 | 39.24 | −2.5 | +5.3 | 41.78 | 39.07 | 11.7 | 0.43 |

## EPHEMERIS FOR PHYSICAL OBSERVATIONS
### FOR 0ʰ TERRESTRIAL TIME

| Date | | $L_s$ | Sub-Earth Point | | Sub-Solar Point | | | | North Pole | |
|---|---|---|---|---|---|---|---|---|---|---|
| | | | Long. | Lat. | Long. | Lat. | Dist. | P.A. | Dist. | P.A. |
| | | ° | ° | ° | ° | ° | ″ | ° | ″ | ° |
| Jan. | 0 | 17.03 | 73.46 | +0.55 | 65.24 | +1.04 | +2.51 | 251.00 | +16.38 | 337.95 |
| | 4 | 17.39 | 314.57 | +0.58 | 306.80 | +1.07 | +2.35 | 250.93 | +16.26 | 337.78 |
| | 8 | 17.75 | 195.67 | +0.62 | 188.38 | +1.09 | +2.19 | 250.88 | +16.14 | 337.60 |
| | 12 | 18.11 | 76.76 | +0.65 | 69.97 | +1.11 | +2.03 | 250.84 | +16.03 | 337.42 |
| | 16 | 18.47 | 317.86 | +0.69 | 311.58 | +1.13 | +1.87 | 250.82 | +15.93 | 337.25 |
| | 20 | 18.83 | 198.95 | +0.72 | 193.20 | +1.15 | +1.70 | 250.83 | +15.84 | 337.07 |
| | 24 | 19.19 | 80.04 | +0.76 | 74.83 | +1.17 | +1.53 | 250.88 | +15.75 | 336.91 |
| | 28 | 19.55 | 321.13 | +0.80 | 316.48 | +1.19 | +1.36 | 250.98 | +15.68 | 336.74 |
| Feb. | 1 | 19.91 | 202.23 | +0.84 | 198.15 | +1.21 | +1.19 | 251.16 | +15.62 | 336.58 |
| | 5 | 20.27 | 83.33 | +0.88 | 79.83 | +1.24 | +1.02 | 251.45 | +15.56 | 336.42 |
| | 9 | 20.63 | 324.44 | +0.93 | 321.53 | +1.26 | +0.85 | 251.93 | +15.51 | 336.27 |
| | 13 | 20.99 | 205.56 | +0.97 | 203.24 | +1.28 | +0.68 | 252.72 | +15.48 | 336.12 |
| | 17 | 21.35 | 86.70 | +1.01 | 84.97 | +1.30 | +0.50 | 254.16 | +15.45 | 335.97 |
| | 21 | 21.71 | 327.84 | +1.06 | 326.72 | +1.32 | +0.33 | 257.24 | +15.43 | 335.84 |
| | 25 | 22.07 | 209.00 | +1.11 | 208.48 | +1.34 | +0.16 | 267.20 | +15.41 | 335.71 |
| Mar. | 1 | 22.43 | 90.17 | +1.15 | 90.26 | +1.36 | +0.06 | 0.55 | +15.41 | 335.58 |
| | 5 | 22.79 | 331.37 | +1.20 | 332.05 | +1.38 | +0.20 | 52.44 | +15.42 | 335.47 |
| | 9 | 23.15 | 212.57 | +1.25 | 213.87 | +1.40 | +0.37 | 59.33 | +15.43 | 335.36 |
| | 13 | 23.51 | 93.80 | +1.29 | 95.70 | +1.42 | +0.55 | 61.83 | +15.45 | 335.25 |
| | 17 | 23.88 | 335.05 | +1.34 | 337.54 | +1.44 | +0.72 | 63.09 | +15.48 | 335.16 |
| | 21 | 24.24 | 216.32 | +1.39 | 219.40 | +1.46 | +0.89 | 63.84 | +15.52 | 335.07 |
| | 25 | 24.60 | 97.62 | +1.44 | 101.28 | +1.48 | +1.06 | 64.32 | +15.57 | 334.98 |
| | 29 | 24.96 | 338.94 | +1.49 | 343.17 | +1.50 | +1.23 | 64.65 | +15.62 | 334.91 |
| Apr. | 2 | 25.32 | 220.28 | +1.54 | 225.08 | +1.52 | +1.40 | 64.90 | +15.69 | 334.84 |
| | 6 | 25.68 | 101.65 | +1.58 | 107.00 | +1.55 | +1.57 | 65.08 | +15.76 | 334.78 |
| | 10 | 26.05 | 343.04 | +1.63 | 348.94 | +1.57 | +1.74 | 65.22 | +15.84 | 334.72 |
| | 14 | 26.41 | 224.47 | +1.68 | 230.89 | +1.59 | +1.91 | 65.34 | +15.93 | 334.67 |
| | 18 | 26.77 | 105.92 | +1.73 | 112.85 | +1.61 | +2.07 | 65.44 | +16.03 | 334.63 |
| | 22 | 27.13 | 347.40 | +1.78 | 354.83 | +1.63 | +2.23 | 65.52 | +16.14 | 334.59 |
| | 26 | 27.50 | 228.92 | +1.83 | 236.82 | +1.65 | +2.39 | 65.59 | +16.26 | 334.56 |
| | 30 | 27.86 | 110.46 | +1.87 | 118.82 | +1.67 | +2.55 | 65.66 | +16.38 | 334.54 |
| May | 4 | 28.22 | 352.04 | +1.92 | 0.84 | +1.69 | +2.70 | 65.73 | +16.51 | 334.52 |
| | 8 | 28.58 | 233.65 | +1.97 | 242.86 | +1.71 | +2.85 | 65.79 | +16.66 | 334.50 |
| | 12 | 28.95 | 115.29 | +2.01 | 124.90 | +1.73 | +3.00 | 65.85 | +16.81 | 334.49 |
| | 16 | 29.31 | 356.98 | +2.06 | 6.94 | +1.75 | +3.14 | 65.91 | +16.97 | 334.48 |
| | 20 | 29.67 | 238.69 | +2.10 | 248.99 | +1.76 | +3.28 | 65.97 | +17.14 | 334.48 |
| | 24 | 30.04 | 120.45 | +2.15 | 131.06 | +1.78 | +3.41 | 66.04 | +17.31 | 334.48 |
| | 28 | 30.40 | 2.24 | +2.19 | 13.12 | +1.80 | +3.54 | 66.10 | +17.50 | 334.48 |
| June | 1 | 30.76 | 244.07 | +2.23 | 255.20 | +1.82 | +3.65 | 66.16 | +17.69 | 334.49 |
| | 5 | 31.13 | 125.95 | +2.28 | 137.28 | +1.84 | +3.76 | 66.23 | +17.90 | 334.50 |
| | 9 | 31.49 | 7.86 | +2.32 | 19.36 | +1.86 | +3.87 | 66.30 | +18.11 | 334.51 |
| | 13 | 31.85 | 249.81 | +2.36 | 261.45 | +1.88 | +3.96 | 66.37 | +18.33 | 334.52 |
| | 17 | 32.22 | 131.81 | +2.40 | 143.54 | +1.90 | +4.04 | 66.45 | +18.55 | 334.53 |
| | 21 | 32.58 | 13.85 | +2.43 | 25.64 | +1.92 | +4.11 | 66.52 | +18.79 | 334.54 |
| | 25 | 32.94 | 255.93 | +2.47 | 267.73 | +1.94 | +4.16 | 66.61 | +19.02 | 334.55 |
| | 29 | 33.31 | 138.06 | +2.51 | 149.82 | +1.96 | +4.21 | 66.69 | +19.27 | 334.57 |
| July | 3 | 33.67 | 20.23 | +2.54 | 31.92 | +1.98 | +4.23 | 66.78 | +19.52 | 334.58 |

# JUPITER, 2010

## EPHEMERIS FOR PHYSICAL OBSERVATIONS
### FOR 0ʰ TERRESTRIAL TIME

| Date | | Light-time | Magnitude | Surface Brightness | Diameter | | Phase Angle | Defect of Illumination |
|------|---|-----------|-----------|--------------------|----------|----------|-------------|------------------------|
| | | | | | Eq. | Polar | | |
| | | m | | | ʺ | ʺ | ° | ʺ |
| July | 3 | 39.24 | −2.5 | +5.3 | 41.78 | 39.07 | 11.7 | 0.43 |
| | 7 | 38.74 | −2.5 | +5.3 | 42.33 | 39.58 | 11.6 | 0.43 |
| | 11 | 38.24 | −2.6 | +5.3 | 42.88 | 40.10 | 11.4 | 0.42 |
| | 15 | 37.75 | −2.6 | +5.3 | 43.43 | 40.62 | 11.2 | 0.41 |
| | 19 | 37.27 | −2.6 | +5.3 | 43.99 | 41.14 | 10.9 | 0.39 |
| | 23 | 36.80 | −2.6 | +5.3 | 44.55 | 41.66 | 10.5 | 0.38 |
| | 27 | 36.35 | −2.7 | +5.3 | 45.10 | 42.18 | 10.2 | 0.35 |
| | 31 | 35.92 | −2.7 | +5.3 | 45.64 | 42.69 | 9.7 | 0.33 |
| Aug. | 4 | 35.51 | −2.7 | +5.3 | 46.17 | 43.18 | 9.2 | 0.30 |
| | 8 | 35.12 | −2.7 | +5.3 | 46.69 | 43.66 | 8.7 | 0.27 |
| | 12 | 34.75 | −2.8 | +5.3 | 47.18 | 44.12 | 8.1 | 0.24 |
| | 16 | 34.42 | −2.8 | +5.2 | 47.64 | 44.56 | 7.5 | 0.20 |
| | 20 | 34.11 | −2.8 | +5.2 | 48.07 | 44.96 | 6.8 | 0.17 |
| | 24 | 33.83 | −2.8 | +5.2 | 48.47 | 45.33 | 6.0 | 0.13 |
| | 28 | 33.58 | −2.9 | +5.2 | 48.82 | 45.66 | 5.3 | 0.10 |
| Sept. | 1 | 33.37 | −2.9 | +5.2 | 49.13 | 45.95 | 4.5 | 0.08 |
| | 5 | 33.20 | −2.9 | +5.2 | 49.39 | 46.19 | 3.7 | 0.05 |
| | 9 | 33.06 | −2.9 | +5.2 | 49.59 | 46.38 | 2.8 | 0.03 |
| | 13 | 32.96 | −2.9 | +5.2 | 49.74 | 46.52 | 1.9 | 0.01 |
| | 17 | 32.90 | −2.9 | +5.2 | 49.83 | 46.60 | 1.1 | 0.00 |
| | 21 | 32.88 | −2.9 | +5.2 | 49.86 | 46.63 | 0.3 | 0.00 |
| | 25 | 32.91 | −2.9 | +5.2 | 49.83 | 46.60 | 0.9 | 0.00 |
| | 29 | 32.97 | −2.9 | +5.2 | 49.74 | 46.51 | 1.7 | 0.01 |
| Oct. | 3 | 33.07 | −2.9 | +5.2 | 49.58 | 46.37 | 2.6 | 0.03 |
| | 7 | 33.21 | −2.9 | +5.2 | 49.37 | 46.18 | 3.4 | 0.04 |
| | 11 | 33.39 | −2.9 | +5.2 | 49.11 | 45.93 | 4.3 | 0.07 |
| | 15 | 33.60 | −2.9 | +5.2 | 48.79 | 45.63 | 5.1 | 0.10 |
| | 19 | 33.86 | −2.8 | +5.2 | 48.43 | 45.29 | 5.8 | 0.13 |
| | 23 | 34.14 | −2.8 | +5.2 | 48.02 | 44.91 | 6.6 | 0.16 |
| | 27 | 34.46 | −2.8 | +5.2 | 47.58 | 44.50 | 7.3 | 0.19 |
| | 31 | 34.81 | −2.8 | +5.2 | 47.10 | 44.05 | 7.9 | 0.22 |
| Nov. | 4 | 35.18 | −2.8 | +5.3 | 46.60 | 43.58 | 8.5 | 0.26 |
| | 8 | 35.59 | −2.7 | +5.3 | 46.07 | 43.09 | 9.0 | 0.29 |
| | 12 | 36.01 | −2.7 | +5.3 | 45.53 | 42.58 | 9.5 | 0.31 |
| | 16 | 36.46 | −2.7 | +5.3 | 44.97 | 42.06 | 10.0 | 0.34 |
| | 20 | 36.93 | −2.6 | +5.3 | 44.40 | 41.53 | 10.3 | 0.36 |
| | 24 | 37.41 | −2.6 | +5.3 | 43.83 | 40.99 | 10.7 | 0.38 |
| | 28 | 37.90 | −2.6 | +5.3 | 43.26 | 40.46 | 10.9 | 0.39 |
| Dec. | 2 | 38.41 | −2.5 | +5.3 | 42.69 | 39.92 | 11.1 | 0.40 |
| | 6 | 38.92 | −2.5 | +5.3 | 42.12 | 39.39 | 11.3 | 0.41 |
| | 10 | 39.45 | −2.5 | +5.3 | 41.57 | 38.87 | 11.4 | 0.41 |
| | 14 | 39.97 | −2.5 | +5.3 | 41.02 | 38.36 | 11.5 | 0.41 |
| | 18 | 40.50 | −2.4 | +5.3 | 40.49 | 37.86 | 11.5 | 0.40 |
| | 22 | 41.02 | −2.4 | +5.3 | 39.97 | 37.38 | 11.4 | 0.40 |
| | 26 | 41.55 | −2.4 | +5.3 | 39.46 | 36.91 | 11.3 | 0.39 |
| | 30 | 42.07 | −2.4 | +5.3 | 38.98 | 36.45 | 11.2 | 0.37 |
| | 34 | 42.58 | −2.3 | +5.3 | 38.51 | 36.01 | 11.0 | 0.36 |

### EPHEMERIS FOR PHYSICAL OBSERVATIONS
### FOR 0$^h$ TERRESTRIAL TIME

| Date | | $L_s$ | Sub-Earth Point | | Sub-Solar Point | | | | North Pole | |
|---|---|---|---|---|---|---|---|---|---|---|
| | | | Long. | Lat. | Long. | Lat. | Dist. | P.A. | Dist. | P.A. |
| | | ° | ° | ° | ° | ° | ″ | ° | ″ | ° |
| July | 3 | 33.67 | 20.23 | +2.54 | 31.92 | +1.98 | +4.23 | 66.78 | +19.52 | 334.58 |
| | 7 | 34.04 | 262.45 | +2.57 | 274.00 | +2.00 | +4.24 | 66.87 | +19.77 | 334.58 |
| | 11 | 34.40 | 144.71 | +2.60 | 156.09 | +2.01 | +4.23 | 66.97 | +20.03 | 334.59 |
| | 15 | 34.77 | 27.02 | +2.63 | 38.17 | +2.03 | +4.20 | 67.07 | +20.29 | 334.60 |
| | 19 | 35.13 | 269.37 | +2.66 | 280.24 | +2.05 | +4.15 | 67.18 | +20.55 | 334.60 |
| | 23 | 35.49 | 151.77 | +2.68 | 162.30 | +2.07 | +4.07 | 67.30 | +20.81 | 334.60 |
| | 27 | 35.86 | 34.21 | +2.70 | 44.36 | +2.09 | +3.98 | 67.44 | +21.07 | 334.60 |
| | 31 | 36.22 | 276.69 | +2.72 | 286.40 | +2.11 | +3.85 | 67.58 | +21.32 | 334.60 |
| Aug. | 4 | 36.59 | 159.21 | +2.74 | 168.43 | +2.13 | +3.70 | 67.75 | +21.57 | 334.59 |
| | 8 | 36.95 | 41.77 | +2.75 | 50.45 | +2.14 | +3.53 | 67.94 | +21.81 | 334.59 |
| | 12 | 37.32 | 284.36 | +2.76 | 292.45 | +2.16 | +3.32 | 68.15 | +22.04 | 334.58 |
| | 16 | 37.68 | 166.99 | +2.77 | 174.44 | +2.18 | +3.09 | 68.41 | +22.26 | 334.57 |
| | 20 | 38.05 | 49.64 | +2.78 | 56.41 | +2.20 | +2.84 | 68.73 | +22.46 | 334.56 |
| | 24 | 38.41 | 292.32 | +2.78 | 298.36 | +2.22 | +2.55 | 69.12 | +22.64 | 334.54 |
| | 28 | 38.78 | 175.02 | +2.78 | 180.29 | +2.23 | +2.25 | 69.63 | +22.81 | 334.53 |
| Sept. | 1 | 39.14 | 57.73 | +2.78 | 62.19 | +2.25 | +1.92 | 70.32 | +22.95 | 334.52 |
| | 5 | 39.51 | 300.45 | +2.77 | 304.08 | +2.27 | +1.57 | 71.33 | +23.07 | 334.51 |
| | 9 | 39.87 | 183.18 | +2.76 | 185.95 | +2.29 | +1.21 | 72.96 | +23.17 | 334.50 |
| | 13 | 40.24 | 65.90 | +2.75 | 67.79 | +2.30 | +0.84 | 76.05 | +23.24 | 334.49 |
| | 17 | 40.61 | 308.60 | +2.73 | 309.60 | +2.32 | +0.46 | 84.22 | +23.28 | 334.48 |
| | 21 | 40.97 | 191.30 | +2.71 | 191.40 | +2.34 | +0.15 | 137.41 | +23.29 | 334.48 |
| | 25 | 41.34 | 73.96 | +2.69 | 73.16 | +2.35 | +0.37 | 224.27 | +23.28 | 334.47 |
| | 29 | 41.70 | 316.60 | +2.67 | 314.91 | +2.37 | +0.74 | 235.80 | +23.24 | 334.47 |
| Oct. | 3 | 42.07 | 199.20 | +2.64 | 196.63 | +2.39 | +1.12 | 239.58 | +23.16 | 334.47 |
| | 7 | 42.43 | 81.76 | +2.62 | 78.32 | +2.41 | +1.48 | 241.47 | +23.07 | 334.47 |
| | 11 | 42.80 | 324.27 | +2.59 | 320.00 | +2.42 | +1.83 | 242.61 | +22.94 | 334.48 |
| | 15 | 43.17 | 206.73 | +2.56 | 201.65 | +2.44 | +2.16 | 243.38 | +22.80 | 334.48 |
| | 19 | 43.53 | 89.13 | +2.53 | 83.27 | +2.46 | +2.47 | 243.95 | +22.63 | 334.49 |
| | 23 | 43.90 | 331.47 | +2.50 | 324.88 | +2.47 | +2.75 | 244.39 | +22.44 | 334.50 |
| | 27 | 44.26 | 213.74 | +2.47 | 206.47 | +2.49 | +3.01 | 244.74 | +22.23 | 334.50 |
| | 31 | 44.63 | 95.96 | +2.45 | 88.04 | +2.50 | +3.24 | 245.02 | +22.01 | 334.51 |
| Nov. | 4 | 45.00 | 338.10 | +2.42 | 329.59 | +2.52 | +3.44 | 245.27 | +21.77 | 334.52 |
| | 8 | 45.36 | 220.18 | +2.39 | 211.13 | +2.54 | +3.62 | 245.48 | +21.53 | 334.52 |
| | 12 | 45.73 | 102.19 | +2.37 | 92.65 | +2.55 | +3.77 | 245.66 | +21.27 | 334.52 |
| | 16 | 46.10 | 344.13 | +2.35 | 334.16 | +2.57 | +3.89 | 245.82 | +21.01 | 334.53 |
| | 20 | 46.46 | 226.00 | +2.33 | 215.66 | +2.58 | +3.98 | 245.96 | +20.75 | 334.53 |
| | 24 | 46.83 | 107.81 | +2.31 | 97.15 | +2.60 | +4.05 | 246.09 | +20.48 | 334.53 |
| | 28 | 47.19 | 349.56 | +2.29 | 338.63 | +2.62 | +4.10 | 246.20 | +20.21 | 334.52 |
| Dec. | 2 | 47.56 | 231.24 | +2.28 | 220.11 | +2.63 | +4.12 | 246.30 | +19.95 | 334.52 |
| | 6 | 47.93 | 112.87 | +2.27 | 101.57 | +2.65 | +4.12 | 246.40 | +19.68 | 334.52 |
| | 10 | 48.29 | 354.44 | +2.26 | 343.04 | +2.66 | +4.11 | 246.49 | +19.42 | 334.51 |
| | 14 | 48.66 | 235.96 | +2.25 | 224.50 | +2.68 | +4.07 | 246.57 | +19.17 | 334.50 |
| | 18 | 49.03 | 117.43 | +2.25 | 105.96 | +2.69 | +4.02 | 246.64 | +18.92 | 334.50 |
| | 22 | 49.39 | 358.85 | +2.25 | 347.42 | +2.71 | +3.96 | 246.72 | +18.68 | 334.49 |
| | 26 | 49.76 | 240.23 | +2.25 | 228.89 | +2.72 | +3.88 | 246.79 | +18.44 | 334.49 |
| | 30 | 50.13 | 121.56 | +2.25 | 110.35 | +2.74 | +3.79 | 246.86 | +18.21 | 334.48 |
| | 34 | 50.49 | 2.86 | +2.26 | 351.82 | +2.75 | +3.69 | 246.92 | +17.99 | 334.48 |

# SATURN, 2010
## EPHEMERIS FOR PHYSICAL OBSERVATIONS
### FOR 0$^h$ TERRESTRIAL TIME

| Date | | Light-time | Magnitude | Surface Brightness | Diameter | | Phase Angle | Defect of Illumination |
|------|---|-----------|-----------|-------------------|----------|---|------------|----------------------|
| | | | | | Eq. | Polar | | |
| | | m | | | // | // | ° | // |
| Jan. | 0 | 77.67 | +0.9 | +7.0 | 17.80 | 16.06 | 5.9 | 0.05 |
| | 4 | 77.12 | +0.9 | +7.0 | 17.92 | 16.18 | 5.9 | 0.05 |
| | 8 | 76.58 | +0.9 | +7.0 | 18.05 | 16.29 | 5.8 | 0.05 |
| | 12 | 76.05 | +0.8 | +7.0 | 18.18 | 16.41 | 5.7 | 0.04 |
| | 16 | 75.53 | +0.8 | +7.0 | 18.30 | 16.52 | 5.6 | 0.04 |
| | 20 | 75.02 | +0.8 | +7.0 | 18.42 | 16.63 | 5.4 | 0.04 |
| | 24 | 74.53 | +0.8 | +7.0 | 18.55 | 16.74 | 5.2 | 0.04 |
| | 28 | 74.06 | +0.8 | +7.0 | 18.66 | 16.85 | 5.0 | 0.03 |
| Feb. | 1 | 73.61 | +0.7 | +6.9 | 18.78 | 16.95 | 4.7 | 0.03 |
| | 5 | 73.19 | +0.7 | +6.9 | 18.89 | 17.05 | 4.4 | 0.03 |
| | 9 | 72.79 | +0.7 | +6.9 | 18.99 | 17.14 | 4.1 | 0.02 |
| | 13 | 72.42 | +0.7 | +6.9 | 19.09 | 17.23 | 3.8 | 0.02 |
| | 17 | 72.08 | +0.7 | +6.9 | 19.17 | 17.31 | 3.5 | 0.02 |
| | 21 | 71.78 | +0.6 | +6.9 | 19.26 | 17.38 | 3.1 | 0.01 |
| | 25 | 71.52 | +0.6 | +6.9 | 19.33 | 17.44 | 2.7 | 0.01 |
| Mar. | 1 | 71.29 | +0.6 | +6.8 | 19.39 | 17.50 | 2.3 | 0.01 |
| | 5 | 71.09 | +0.6 | +6.8 | 19.44 | 17.55 | 1.9 | 0.01 |
| | 9 | 70.94 | +0.6 | +6.8 | 19.48 | 17.58 | 1.5 | 0.00 |
| | 13 | 70.83 | +0.6 | +6.8 | 19.52 | 17.61 | 1.0 | 0.00 |
| | 17 | 70.76 | +0.5 | +6.8 | 19.53 | 17.63 | 0.6 | 0.00 |
| | 21 | 70.73 | +0.5 | +6.8 | 19.54 | 17.63 | 0.3 | 0.00 |
| | 25 | 70.74 | +0.5 | +6.8 | 19.54 | 17.63 | 0.4 | 0.00 |
| | 29 | 70.79 | +0.6 | +6.8 | 19.53 | 17.62 | 0.8 | 0.00 |
| Apr. | 2 | 70.88 | +0.6 | +6.8 | 19.50 | 17.59 | 1.2 | 0.00 |
| | 6 | 71.01 | +0.6 | +6.8 | 19.46 | 17.56 | 1.7 | 0.00 |
| | 10 | 71.19 | +0.7 | +6.8 | 19.42 | 17.52 | 2.1 | 0.01 |
| | 14 | 71.40 | +0.7 | +6.8 | 19.36 | 17.47 | 2.5 | 0.01 |
| | 18 | 71.64 | +0.7 | +6.9 | 19.29 | 17.41 | 2.9 | 0.01 |
| | 22 | 71.93 | +0.7 | +6.9 | 19.22 | 17.34 | 3.3 | 0.02 |
| | 26 | 72.24 | +0.8 | +6.9 | 19.13 | 17.26 | 3.6 | 0.02 |
| | 30 | 72.59 | +0.8 | +6.9 | 19.04 | 17.18 | 4.0 | 0.02 |
| May | 4 | 72.97 | +0.8 | +6.9 | 18.94 | 17.09 | 4.3 | 0.03 |
| | 8 | 73.37 | +0.9 | +6.9 | 18.84 | 17.00 | 4.6 | 0.03 |
| | 12 | 73.80 | +0.9 | +7.0 | 18.73 | 16.90 | 4.9 | 0.03 |
| | 16 | 74.25 | +0.9 | +7.0 | 18.61 | 16.79 | 5.1 | 0.04 |
| | 20 | 74.73 | +0.9 | +7.0 | 18.50 | 16.69 | 5.3 | 0.04 |
| | 24 | 75.22 | +1.0 | +7.0 | 18.38 | 16.58 | 5.5 | 0.04 |
| | 28 | 75.73 | +1.0 | +7.0 | 18.25 | 16.47 | 5.7 | 0.04 |
| June | 1 | 76.25 | +1.0 | +7.0 | 18.13 | 16.35 | 5.8 | 0.05 |
| | 5 | 76.78 | +1.0 | +7.0 | 18.00 | 16.24 | 5.9 | 0.05 |
| | 9 | 77.32 | +1.0 | +7.0 | 17.88 | 16.13 | 6.0 | 0.05 |
| | 13 | 77.87 | +1.1 | +7.0 | 17.75 | 16.01 | 6.1 | 0.05 |
| | 17 | 78.42 | +1.1 | +7.0 | 17.62 | 15.90 | 6.1 | 0.05 |
| | 21 | 78.98 | +1.1 | +7.0 | 17.50 | 15.79 | 6.1 | 0.05 |
| | 25 | 79.53 | +1.1 | +7.0 | 17.38 | 15.68 | 6.1 | 0.05 |
| | 29 | 80.08 | +1.1 | +7.0 | 17.26 | 15.57 | 6.1 | 0.05 |
| July | 3 | 80.62 | +1.1 | +7.0 | 17.14 | 15.47 | 6.0 | 0.05 |

## EPHEMERIS FOR PHYSICAL OBSERVATIONS
### FOR 0ʰ TERRESTRIAL TIME

| Date | | $L_s$ | Sub-Earth Point | | Sub-Solar Point | | | | North Pole | |
|---|---|---|---|---|---|---|---|---|---|---|
| | | | Long. | Lat. | Long. | Lat. | Dist. | P.A. | Dist. | P.A. |
| | | ° | ° | ° | ° | ° | ″ | ° | ″ | ° |
| Jan. | 0 | 4.82 | 94.95 | + 5.98 | 100.24 | +2.66 | + 0.92 | 113.17 | + 8.00 | 356.22 |
| | 4 | 4.96 | 98.35 | + 6.01 | 103.60 | +2.74 | + 0.92 | 113.00 | + 8.05 | 356.22 |
| | 8 | 5.09 | 101.77 | + 6.02 | 106.96 | +2.81 | + 0.91 | 112.83 | + 8.11 | 356.23 |
| | 12 | 5.23 | 105.21 | + 6.01 | 110.32 | +2.89 | + 0.90 | 112.64 | + 8.17 | 356.23 |
| | 16 | 5.36 | 108.68 | + 5.99 | 113.67 | +2.96 | + 0.89 | 112.45 | + 8.22 | 356.23 |
| | 20 | 5.50 | 112.16 | + 5.95 | 117.01 | +3.04 | + 0.87 | 112.24 | + 8.28 | 356.23 |
| | 24 | 5.63 | 115.66 | + 5.90 | 120.34 | +3.11 | + 0.84 | 112.02 | + 8.34 | 356.23 |
| | 28 | 5.77 | 119.17 | + 5.83 | 123.66 | +3.18 | + 0.81 | 111.77 | + 8.39 | 356.22 |
| Feb. | 1 | 5.90 | 122.69 | + 5.75 | 126.96 | +3.26 | + 0.77 | 111.50 | + 8.44 | 356.21 |
| | 5 | 6.04 | 126.22 | + 5.65 | 130.26 | +3.33 | + 0.73 | 111.18 | + 8.49 | 356.20 |
| | 9 | 6.17 | 129.77 | + 5.54 | 133.54 | +3.41 | + 0.69 | 110.83 | + 8.54 | 356.19 |
| | 13 | 6.31 | 133.31 | + 5.41 | 136.80 | +3.48 | + 0.64 | 110.40 | + 8.58 | 356.17 |
| | 17 | 6.44 | 136.86 | + 5.28 | 140.04 | +3.56 | + 0.58 | 109.89 | + 8.62 | 356.16 |
| | 21 | 6.58 | 140.41 | + 5.13 | 143.27 | +3.63 | + 0.52 | 109.26 | + 8.66 | 356.14 |
| | 25 | 6.71 | 143.96 | + 4.97 | 146.47 | +3.70 | + 0.46 | 108.45 | + 8.70 | 356.12 |
| Mar. | 1 | 6.85 | 147.50 | + 4.81 | 149.66 | +3.78 | + 0.39 | 107.36 | + 8.72 | 356.10 |
| | 5 | 6.98 | 151.03 | + 4.64 | 152.82 | +3.85 | + 0.32 | 105.80 | + 8.75 | 356.07 |
| | 9 | 7.12 | 154.55 | + 4.46 | 155.96 | +3.93 | + 0.25 | 103.33 | + 8.77 | 356.05 |
| | 13 | 7.25 | 158.06 | + 4.29 | 159.08 | +4.00 | + 0.18 | 98.86 | + 8.79 | 356.03 |
| | 17 | 7.39 | 161.55 | + 4.10 | 162.17 | +4.07 | + 0.11 | 88.27 | + 8.80 | 356.00 |
| | 21 | 7.52 | 165.02 | + 3.92 | 165.25 | +4.15 | + 0.05 | 47.47 | + 8.80 | 355.98 |
| | 25 | 7.66 | 168.46 | + 3.74 | 168.30 | +4.22 | + 0.07 | 332.70 | + 8.80 | 355.95 |
| | 29 | 7.79 | 171.89 | + 3.56 | 171.32 | +4.29 | + 0.14 | 312.47 | + 8.80 | 355.93 |
| Apr. | 2 | 7.93 | 175.28 | + 3.39 | 174.32 | +4.37 | + 0.21 | 305.70 | + 8.78 | 355.91 |
| | 6 | 8.06 | 178.65 | + 3.22 | 177.30 | +4.44 | + 0.28 | 302.39 | + 8.77 | 355.88 |
| | 10 | 8.20 | 181.99 | + 3.06 | 180.26 | +4.51 | + 0.35 | 300.42 | + 8.75 | 355.86 |
| | 14 | 8.33 | 185.30 | + 2.91 | 183.20 | +4.59 | + 0.42 | 299.10 | + 8.72 | 355.84 |
| | 18 | 8.46 | 188.57 | + 2.76 | 186.12 | +4.66 | + 0.49 | 298.15 | + 8.69 | 355.82 |
| | 22 | 8.60 | 191.81 | + 2.63 | 189.01 | +4.74 | + 0.55 | 297.43 | + 8.66 | 355.80 |
| | 26 | 8.73 | 195.01 | + 2.51 | 191.89 | +4.81 | + 0.61 | 296.85 | + 8.62 | 355.78 |
| | 30 | 8.87 | 198.18 | + 2.40 | 194.75 | +4.88 | + 0.66 | 296.38 | + 8.58 | 355.76 |
| May | 4 | 9.00 | 201.31 | + 2.31 | 197.59 | +4.96 | + 0.71 | 295.98 | + 8.54 | 355.75 |
| | 8 | 9.14 | 204.41 | + 2.23 | 200.42 | +5.03 | + 0.75 | 295.64 | + 8.49 | 355.74 |
| | 12 | 9.27 | 207.47 | + 2.16 | 203.23 | +5.10 | + 0.79 | 295.34 | + 8.44 | 355.73 |
| | 16 | 9.40 | 210.50 | + 2.11 | 206.03 | +5.18 | + 0.83 | 295.07 | + 8.39 | 355.72 |
| | 20 | 9.54 | 213.49 | + 2.07 | 208.82 | +5.25 | + 0.86 | 294.83 | + 8.34 | 355.71 |
| | 24 | 9.67 | 216.45 | + 2.05 | 211.60 | +5.32 | + 0.88 | 294.61 | + 8.28 | 355.71 |
| | 28 | 9.81 | 219.37 | + 2.05 | 214.37 | +5.39 | + 0.90 | 294.41 | + 8.23 | 355.70 |
| June | 1 | 9.94 | 222.26 | + 2.06 | 217.13 | +5.47 | + 0.92 | 294.22 | + 8.17 | 355.70 |
| | 5 | 10.07 | 225.13 | + 2.09 | 219.88 | +5.54 | + 0.93 | 294.04 | + 8.12 | 355.70 |
| | 9 | 10.21 | 227.96 | + 2.14 | 222.63 | +5.61 | + 0.94 | 293.87 | + 8.06 | 355.71 |
| | 13 | 10.34 | 230.77 | + 2.20 | 225.38 | +5.69 | + 0.94 | 293.71 | + 8.00 | 355.71 |
| | 17 | 10.48 | 233.55 | + 2.27 | 228.12 | +5.76 | + 0.94 | 293.56 | + 7.95 | 355.72 |
| | 21 | 10.61 | 236.31 | + 2.36 | 230.87 | +5.83 | + 0.93 | 293.40 | + 7.89 | 355.73 |
| | 25 | 10.74 | 239.04 | + 2.46 | 233.61 | +5.90 | + 0.92 | 293.26 | + 7.83 | 355.74 |
| | 29 | 10.88 | 241.76 | + 2.58 | 236.36 | +5.98 | + 0.91 | 293.11 | + 7.78 | 355.75 |
| July | 3 | 11.01 | 244.45 | + 2.71 | 239.11 | +6.05 | + 0.89 | 292.96 | + 7.73 | 355.77 |

# SATURN, 2010

## EPHEMERIS FOR PHYSICAL OBSERVATIONS
## FOR 0ʰ TERRESTRIAL TIME

| Date | | Light-time | Magnitude | Surface Brightness | Diameter | | Phase Angle | Defect of Illumination |
|---|---|---|---|---|---|---|---|---|
| | | | | | Eq. | Polar | | |
| | | m | | | ″ | ″ | ° | ″ |
| July | 3 | 80.62 | +1.1 | +7.0 | 17.14 | 15.47 | 6.0 | 0.05 |
| | 7 | 81.16 | +1.1 | +7.0 | 17.03 | 15.37 | 5.9 | 0.04 |
| | 11 | 81.68 | +1.1 | +7.0 | 16.92 | 15.27 | 5.8 | 0.04 |
| | 15 | 82.20 | +1.1 | +7.0 | 16.82 | 15.17 | 5.6 | 0.04 |
| | 19 | 82.70 | +1.1 | +7.0 | 16.71 | 15.08 | 5.5 | 0.04 |
| | 23 | 83.19 | +1.1 | +7.0 | 16.62 | 14.99 | 5.3 | 0.03 |
| | 27 | 83.66 | +1.1 | +7.0 | 16.52 | 14.91 | 5.1 | 0.03 |
| | 31 | 84.11 | +1.1 | +7.0 | 16.43 | 14.83 | 4.9 | 0.03 |
| Aug. | 4 | 84.54 | +1.1 | +6.9 | 16.35 | 14.75 | 4.7 | 0.03 |
| | 8 | 84.95 | +1.1 | +6.9 | 16.27 | 14.68 | 4.4 | 0.02 |
| | 12 | 85.34 | +1.1 | +6.9 | 16.20 | 14.62 | 4.1 | 0.02 |
| | 16 | 85.70 | +1.1 | +6.9 | 16.13 | 14.56 | 3.9 | 0.02 |
| | 20 | 86.04 | +1.1 | +6.9 | 16.06 | 14.50 | 3.6 | 0.02 |
| | 24 | 86.35 | +1.1 | +6.9 | 16.01 | 14.45 | 3.3 | 0.01 |
| | 28 | 86.63 | +1.0 | +6.9 | 15.95 | 14.40 | 3.0 | 0.01 |
| Sept. | 1 | 86.89 | +1.0 | +6.9 | 15.91 | 14.36 | 2.6 | 0.01 |
| | 5 | 87.11 | +1.0 | +6.9 | 15.87 | 14.32 | 2.3 | 0.01 |
| | 9 | 87.31 | +1.0 | +6.8 | 15.83 | 14.29 | 2.0 | 0.00 |
| | 13 | 87.47 | +1.0 | +6.8 | 15.80 | 14.27 | 1.6 | 0.00 |
| | 17 | 87.60 | +0.9 | +6.8 | 15.78 | 14.25 | 1.3 | 0.00 |
| | 21 | 87.70 | +0.9 | +6.8 | 15.76 | 14.23 | 0.9 | 0.00 |
| | 25 | 87.77 | +0.9 | +6.8 | 15.75 | 14.22 | 0.6 | 0.00 |
| | 29 | 87.80 | +0.9 | +6.8 | 15.74 | 14.22 | 0.3 | 0.00 |
| Oct. | 3 | 87.80 | +0.9 | +6.8 | 15.74 | 14.22 | 0.3 | 0.00 |
| | 7 | 87.77 | +0.9 | +6.8 | 15.75 | 14.23 | 0.6 | 0.00 |
| | 11 | 87.71 | +0.9 | +6.8 | 15.76 | 14.24 | 0.9 | 0.00 |
| | 15 | 87.61 | +0.9 | +6.8 | 15.78 | 14.26 | 1.3 | 0.00 |
| | 19 | 87.48 | +0.9 | +6.8 | 15.80 | 14.28 | 1.6 | 0.00 |
| | 23 | 87.31 | +0.9 | +6.8 | 15.83 | 14.31 | 2.0 | 0.00 |
| | 27 | 87.12 | +0.9 | +6.9 | 15.87 | 14.34 | 2.3 | 0.01 |
| | 31 | 86.89 | +0.9 | +6.9 | 15.91 | 14.38 | 2.6 | 0.01 |
| Nov. | 4 | 86.63 | +0.9 | +6.9 | 15.95 | 14.42 | 2.9 | 0.01 |
| | 8 | 86.34 | +0.9 | +6.9 | 16.01 | 14.47 | 3.3 | 0.01 |
| | 12 | 86.03 | +0.9 | +6.9 | 16.07 | 14.53 | 3.6 | 0.02 |
| | 16 | 85.68 | +0.9 | +6.9 | 16.13 | 14.59 | 3.8 | 0.02 |
| | 20 | 85.31 | +0.9 | +6.9 | 16.20 | 14.65 | 4.1 | 0.02 |
| | 24 | 84.92 | +0.9 | +6.9 | 16.28 | 14.72 | 4.4 | 0.02 |
| | 28 | 84.50 | +0.9 | +7.0 | 16.36 | 14.80 | 4.6 | 0.03 |
| Dec. | 2 | 84.05 | +0.9 | +7.0 | 16.44 | 14.88 | 4.8 | 0.03 |
| | 6 | 83.59 | +0.9 | +7.0 | 16.54 | 14.96 | 5.0 | 0.03 |
| | 10 | 83.11 | +0.9 | +7.0 | 16.63 | 15.05 | 5.2 | 0.03 |
| | 14 | 82.61 | +0.8 | +7.0 | 16.73 | 15.14 | 5.4 | 0.04 |
| | 18 | 82.10 | +0.8 | +7.0 | 16.84 | 15.24 | 5.5 | 0.04 |
| | 22 | 81.57 | +0.8 | +7.0 | 16.94 | 15.33 | 5.7 | 0.04 |
| | 26 | 81.04 | +0.8 | +7.0 | 17.06 | 15.44 | 5.8 | 0.04 |
| | 30 | 80.49 | +0.8 | +7.0 | 17.17 | 15.54 | 5.8 | 0.04 |
| | 34 | 79.94 | +0.8 | +7.0 | 17.29 | 15.65 | 5.9 | 0.04 |

## EPHEMERIS FOR PHYSICAL OBSERVATIONS
### FOR 0ʰ TERRESTRIAL TIME

| Date | | $L_s$ | Sub-Earth Point | | Sub-Solar Point | | | | North Pole | |
|---|---|---|---|---|---|---|---|---|---|---|
| | | | Long. | Lat. | Long. | Lat. | Dist. | P.A. | Dist. | P.A. |
| | | ° | ° | ° | ° | ° | ″ | ° | ″ | ° |
| July | 3 | 11.01 | 244.45 | + 2.71 | 239.11 | +6.05 | + 0.89 | 292.96 | + 7.73 | 355.77 |
| | 7 | 11.15 | 247.13 | + 2.86 | 241.86 | +6.12 | + 0.87 | 292.81 | + 7.68 | 355.78 |
| | 11 | 11.28 | 249.79 | + 3.01 | 244.62 | +6.19 | + 0.85 | 292.66 | + 7.62 | 355.80 |
| | 15 | 11.41 | 252.44 | + 3.18 | 247.39 | +6.27 | + 0.83 | 292.50 | + 7.58 | 355.82 |
| | 19 | 11.55 | 255.08 | + 3.36 | 250.16 | +6.34 | + 0.80 | 292.33 | + 7.53 | 355.84 |
| | 23 | 11.68 | 257.71 | + 3.55 | 252.94 | +6.41 | + 0.77 | 292.16 | + 7.48 | 355.87 |
| | 27 | 11.81 | 260.33 | + 3.75 | 255.73 | +6.48 | + 0.73 | 291.98 | + 7.44 | 355.89 |
| | 31 | 11.95 | 262.95 | + 3.96 | 258.53 | +6.56 | + 0.70 | 291.78 | + 7.40 | 355.92 |
| Aug. | 4 | 12.08 | 265.56 | + 4.18 | 261.34 | +6.63 | + 0.66 | 291.56 | + 7.36 | 355.95 |
| | 8 | 12.21 | 268.17 | + 4.40 | 264.17 | +6.70 | + 0.62 | 291.32 | + 7.32 | 355.98 |
| | 12 | 12.35 | 270.77 | + 4.64 | 267.00 | +6.77 | + 0.58 | 291.05 | + 7.29 | 356.01 |
| | 16 | 12.48 | 273.38 | + 4.88 | 269.86 | +6.84 | + 0.54 | 290.75 | + 7.26 | 356.04 |
| | 20 | 12.61 | 275.99 | + 5.12 | 272.72 | +6.92 | + 0.50 | 290.40 | + 7.23 | 356.07 |
| | 24 | 12.75 | 278.61 | + 5.38 | 275.60 | +6.99 | + 0.46 | 289.98 | + 7.20 | 356.11 |
| | 28 | 12.88 | 281.23 | + 5.63 | 278.50 | +7.06 | + 0.41 | 289.48 | + 7.17 | 356.14 |
| Sept. | 1 | 13.01 | 283.85 | + 5.89 | 281.41 | +7.13 | + 0.37 | 288.87 | + 7.15 | 356.18 |
| | 5 | 13.15 | 286.49 | + 6.16 | 284.34 | +7.20 | + 0.32 | 288.08 | + 7.13 | 356.22 |
| | 9 | 13.28 | 289.13 | + 6.42 | 287.28 | +7.28 | + 0.27 | 287.04 | + 7.11 | 356.26 |
| | 13 | 13.41 | 291.79 | + 6.69 | 290.25 | +7.35 | + 0.22 | 285.55 | + 7.09 | 356.30 |
| | 17 | 13.55 | 294.46 | + 6.96 | 293.23 | +7.42 | + 0.18 | 283.29 | + 7.08 | 356.33 |
| | 21 | 13.68 | 297.14 | + 7.23 | 296.23 | +7.49 | + 0.13 | 279.35 | + 7.07 | 356.37 |
| | 25 | 13.81 | 299.84 | + 7.51 | 299.25 | +7.56 | + 0.08 | 270.84 | + 7.06 | 356.42 |
| | 29 | 13.95 | 302.55 | + 7.78 | 302.28 | +7.63 | + 0.04 | 242.97 | + 7.06 | 356.46 |
| Oct. | 3 | 14.08 | 305.29 | + 8.05 | 305.34 | +7.70 | + 0.04 | 166.04 | + 7.05 | 356.50 |
| | 7 | 14.21 | 308.03 | + 8.31 | 308.41 | +7.78 | + 0.08 | 136.19 | + 7.05 | 356.54 |
| | 11 | 14.34 | 310.80 | + 8.58 | 311.50 | +7.85 | + 0.13 | 127.29 | + 7.05 | 356.58 |
| | 15 | 14.48 | 313.59 | + 8.84 | 314.61 | +7.92 | + 0.17 | 123.22 | + 7.06 | 356.62 |
| | 19 | 14.61 | 316.40 | + 9.10 | 317.74 | +7.99 | + 0.22 | 120.89 | + 7.07 | 356.66 |
| | 23 | 14.74 | 319.24 | + 9.35 | 320.89 | +8.06 | + 0.27 | 119.37 | + 7.08 | 356.71 |
| | 27 | 14.88 | 322.09 | + 9.60 | 324.06 | +8.13 | + 0.32 | 118.28 | + 7.09 | 356.75 |
| | 31 | 15.01 | 324.97 | + 9.84 | 327.24 | +8.20 | + 0.36 | 117.47 | + 7.10 | 356.79 |
| Nov. | 4 | 15.14 | 327.88 | +10.07 | 330.44 | +8.27 | + 0.41 | 116.82 | + 7.12 | 356.83 |
| | 8 | 15.27 | 330.81 | +10.30 | 333.66 | +8.34 | + 0.45 | 116.29 | + 7.14 | 356.87 |
| | 12 | 15.41 | 333.76 | +10.52 | 336.89 | +8.41 | + 0.50 | 115.84 | + 7.17 | 356.90 |
| | 16 | 15.54 | 336.74 | +10.73 | 340.14 | +8.48 | + 0.54 | 115.46 | + 7.19 | 356.94 |
| | 20 | 15.67 | 339.75 | +10.94 | 343.41 | +8.56 | + 0.58 | 115.12 | + 7.22 | 356.98 |
| | 24 | 15.80 | 342.79 | +11.13 | 346.68 | +8.63 | + 0.62 | 114.81 | + 7.25 | 357.01 |
| | 28 | 15.94 | 345.85 | +11.31 | 349.98 | +8.70 | + 0.66 | 114.54 | + 7.28 | 357.05 |
| Dec. | 2 | 16.07 | 348.94 | +11.49 | 353.28 | +8.77 | + 0.69 | 114.28 | + 7.32 | 357.08 |
| | 6 | 16.20 | 352.06 | +11.65 | 356.60 | +8.84 | + 0.73 | 114.05 | + 7.36 | 357.11 |
| | 10 | 16.33 | 355.21 | +11.80 | 359.92 | +8.91 | + 0.76 | 113.82 | + 7.39 | 357.14 |
| | 14 | 16.47 | 358.39 | +11.94 | 3.26 | +8.98 | + 0.79 | 113.61 | + 7.44 | 357.17 |
| | 18 | 16.60 | 1.59 | +12.06 | 6.60 | +9.05 | + 0.81 | 113.41 | + 7.48 | 357.20 |
| | 22 | 16.73 | 4.83 | +12.17 | 9.95 | +9.12 | + 0.83 | 113.21 | + 7.53 | 357.22 |
| | 26 | 16.86 | 8.09 | +12.27 | 13.31 | +9.19 | + 0.85 | 113.02 | + 7.58 | 357.24 |
| | 30 | 17.00 | 11.37 | +12.36 | 16.67 | +9.26 | + 0.87 | 112.83 | + 7.62 | 357.26 |
| | 34 | 17.13 | 14.69 | +12.43 | 20.04 | +9.33 | + 0.88 | 112.65 | + 7.68 | 357.28 |

# URANUS, 2010

## EPHEMERIS FOR PHYSICAL OBSERVATIONS
## FOR 0$^h$ TERRESTRIAL TIME

| Date | | Light-time | Magnitude | Equatorial Diameter | Phase Angle | $L_s$ | Sub-Earth Lat. | North Pole | |
|------|---|-----------|-----------|--------------------|------------|-----|---------------|------|------|
| | | | | | | | | Dist. | P.A. |
| | | m | | '' | ° | ° | ° | '' | ° |
| Jan. | −6 | 168.42 | +5.9 | 3.48 | 2.8 | 8.01 | + 5.44 | + 1.69 | 254.39 |
| | 4 | 169.81 | +5.9 | 3.45 | 2.6 | 8.11 | + 5.69 | + 1.68 | 254.38 |
| | 14 | 171.11 | +5.9 | 3.43 | 2.4 | 8.22 | + 6.01 | + 1.67 | 254.37 |
| | 24 | 172.28 | +5.9 | 3.40 | 2.2 | 8.33 | + 6.40 | + 1.65 | 254.35 |
| Feb. | 3 | 173.31 | +5.9 | 3.38 | 1.8 | 8.43 | + 6.86 | + 1.64 | 254.34 |
| | 13 | 174.15 | +5.9 | 3.37 | 1.4 | 8.54 | + 7.36 | + 1.63 | 254.33 |
| | 23 | 174.79 | +5.9 | 3.35 | 1.0 | 8.65 | + 7.91 | + 1.62 | 254.31 |
| Mar. | 5 | 175.20 | +5.9 | 3.35 | 0.6 | 8.76 | + 8.48 | + 1.62 | 254.30 |
| | 15 | 175.40 | +5.9 | 3.34 | 0.1 | 8.86 | + 9.07 | + 1.61 | 254.29 |
| | 25 | 175.35 | +5.9 | 3.34 | 0.4 | 8.97 | + 9.66 | + 1.61 | 254.29 |
| Apr. | 4 | 175.08 | +5.9 | 3.35 | 0.8 | 9.08 | + 10.24 | + 1.61 | 254.28 |
| | 14 | 174.60 | +5.9 | 3.36 | 1.2 | 9.18 | + 10.80 | + 1.61 | 254.28 |
| | 24 | 173.90 | +5.9 | 3.37 | 1.6 | 9.29 | + 11.33 | + 1.62 | 254.29 |
| May | 4 | 173.02 | +5.9 | 3.39 | 2.0 | 9.40 | + 11.82 | + 1.62 | 254.29 |
| | 14 | 171.97 | +5.9 | 3.41 | 2.3 | 9.51 | + 12.25 | + 1.63 | 254.29 |
| | 24 | 170.79 | +5.9 | 3.43 | 2.6 | 9.61 | + 12.62 | + 1.64 | 254.30 |
| June | 3 | 169.51 | +5.9 | 3.46 | 2.8 | 9.72 | + 12.92 | + 1.65 | 254.30 |
| | 13 | 168.16 | +5.9 | 3.49 | 2.9 | 9.83 | + 13.15 | + 1.66 | 254.31 |
| | 23 | 166.77 | +5.8 | 3.51 | 2.9 | 9.93 | + 13.30 | + 1.68 | 254.31 |
| July | 3 | 165.38 | +5.8 | 3.54 | 2.9 | 10.04 | + 13.36 | + 1.69 | 254.31 |
| | 13 | 164.04 | +5.8 | 3.57 | 2.7 | 10.15 | + 13.34 | + 1.70 | 254.31 |
| | 23 | 162.78 | +5.8 | 3.60 | 2.5 | 10.25 | + 13.24 | + 1.72 | 254.30 |
| Aug. | 2 | 161.63 | +5.8 | 3.63 | 2.2 | 10.36 | + 13.06 | + 1.73 | 254.30 |
| | 12 | 160.64 | +5.8 | 3.65 | 1.9 | 10.47 | + 12.82 | + 1.74 | 254.29 |
| | 22 | 159.84 | +5.7 | 3.67 | 1.5 | 10.58 | + 12.51 | + 1.75 | 254.29 |
| Sept. | 1 | 159.24 | +5.7 | 3.68 | 1.0 | 10.68 | + 12.15 | + 1.76 | 254.28 |
| | 11 | 158.87 | +5.7 | 3.69 | 0.5 | 10.79 | + 11.76 | + 1.77 | 254.28 |
| | 21 | 158.75 | +5.7 | 3.69 | 0.1 | 10.90 | + 11.34 | + 1.77 | 254.27 |
| Oct. | 1 | 158.88 | +5.7 | 3.69 | 0.5 | 11.00 | + 10.93 | + 1.77 | 254.27 |
| | 11 | 159.26 | +5.7 | 3.68 | 1.0 | 11.11 | + 10.53 | + 1.77 | 254.27 |
| | 21 | 159.87 | +5.7 | 3.67 | 1.4 | 11.22 | + 10.17 | + 1.77 | 254.27 |
| | 31 | 160.71 | +5.8 | 3.65 | 1.8 | 11.33 | + 9.85 | + 1.76 | 254.28 |
| Nov. | 10 | 161.73 | +5.8 | 3.62 | 2.2 | 11.43 | + 9.60 | + 1.75 | 254.28 |
| | 20 | 162.92 | +5.8 | 3.60 | 2.5 | 11.54 | + 9.42 | + 1.74 | 254.28 |
| | 30 | 164.23 | +5.8 | 3.57 | 2.7 | 11.65 | + 9.32 | + 1.72 | 254.28 |
| Dec. | 10 | 165.63 | +5.8 | 3.54 | 2.8 | 11.75 | + 9.31 | + 1.71 | 254.29 |
| | 20 | 167.06 | +5.8 | 3.51 | 2.8 | 11.86 | + 9.39 | + 1.69 | 254.29 |
| | 30 | 168.48 | +5.9 | 3.48 | 2.8 | 11.97 | + 9.55 | + 1.68 | 254.29 |

## EPHEMERIS FOR PHYSICAL OBSERVATIONS
### FOR 0$^h$ TERRESTRIAL TIME

| Date | | Light-time | Magnitude | Equatorial Diameter | Phase Angle | $L_s$ | Sub-Earth Lat. | North Pole | |
|---|---|---|---|---|---|---|---|---|---|
| | | | | | | | | Dist. | P.A. |
| | | m | | ″ | ° | ° | ° | ″ | ° |
| Jan. | −6 | 254.77 | +7.9 | 2.23 | 1.5 | 280.12 | −28.77 | −0.97 | 337.64 |
| | 4 | 255.80 | +8.0 | 2.22 | 1.2 | 280.18 | −28.76 | −0.96 | 337.42 |
| | 14 | 256.66 | +8.0 | 2.21 | 1.0 | 280.24 | −28.74 | −0.96 | 337.18 |
| | 24 | 257.30 | +8.0 | 2.21 | 0.7 | 280.30 | −28.72 | −0.96 | 336.92 |
| Feb. | 3 | 257.72 | +8.0 | 2.20 | 0.4 | 280.36 | −28.69 | −0.96 | 336.64 |
| | 13 | 257.90 | +8.0 | 2.20 | 0.1 | 280.42 | −28.67 | −0.96 | 336.36 |
| | 23 | 257.84 | +8.0 | 2.20 | 0.3 | 280.48 | −28.64 | −0.96 | 336.07 |
| Mar. | 5 | 257.55 | +8.0 | 2.21 | 0.6 | 280.54 | −28.61 | −0.96 | 335.80 |
| | 15 | 257.02 | +8.0 | 2.21 | 0.9 | 280.60 | −28.58 | −0.96 | 335.53 |
| | 25 | 256.29 | +8.0 | 2.22 | 1.1 | 280.66 | −28.55 | −0.96 | 335.29 |
| Apr. | 4 | 255.36 | +8.0 | 2.22 | 1.4 | 280.72 | −28.52 | −0.97 | 335.06 |
| | 14 | 254.27 | +7.9 | 2.23 | 1.6 | 280.78 | −28.49 | −0.97 | 334.87 |
| | 24 | 253.05 | +7.9 | 2.24 | 1.7 | 280.84 | −28.47 | −0.98 | 334.71 |
| May | 4 | 251.72 | +7.9 | 2.26 | 1.9 | 280.90 | −28.45 | −0.98 | 334.58 |
| | 14 | 250.34 | +7.9 | 2.27 | 1.9 | 280.96 | −28.44 | −0.99 | 334.49 |
| | 24 | 248.93 | +7.9 | 2.28 | 1.9 | 281.02 | −28.43 | −0.99 | 334.44 |
| June | 3 | 247.55 | +7.9 | 2.29 | 1.9 | 281.08 | −28.42 | −1.00 | 334.43 |
| | 13 | 246.21 | +7.9 | 2.31 | 1.8 | 281.14 | −28.42 | −1.00 | 334.46 |
| | 23 | 244.98 | +7.9 | 2.32 | 1.6 | 281.20 | −28.42 | −1.01 | 334.53 |
| July | 3 | 243.87 | +7.9 | 2.33 | 1.4 | 281.26 | −28.43 | −1.01 | 334.63 |
| | 13 | 242.92 | +7.8 | 2.34 | 1.2 | 281.32 | −28.44 | −1.02 | 334.76 |
| | 23 | 242.16 | +7.8 | 2.35 | 0.9 | 281.38 | −28.46 | −1.02 | 334.92 |
| Aug. | 2 | 241.62 | +7.8 | 2.35 | 0.6 | 281.44 | −28.48 | −1.02 | 335.10 |
| | 12 | 241.31 | +7.8 | 2.35 | 0.3 | 281.50 | −28.50 | −1.02 | 335.29 |
| | 22 | 241.24 | +7.8 | 2.35 | 0.1 | 281.56 | −28.52 | −1.02 | 335.49 |
| Sept. | 1 | 241.42 | +7.8 | 2.35 | 0.4 | 281.62 | −28.54 | −1.02 | 335.69 |
| | 11 | 241.83 | +7.8 | 2.35 | 0.7 | 281.68 | −28.56 | −1.02 | 335.88 |
| | 21 | 242.48 | +7.8 | 2.34 | 1.0 | 281.74 | −28.57 | −1.02 | 336.06 |
| Oct. | 1 | 243.34 | +7.8 | 2.33 | 1.3 | 281.80 | −28.59 | −1.01 | 336.21 |
| | 11 | 244.38 | +7.9 | 2.32 | 1.5 | 281.86 | −28.60 | −1.01 | 336.34 |
| | 21 | 245.58 | +7.9 | 2.31 | 1.7 | 281.92 | −28.61 | −1.01 | 336.43 |
| | 31 | 246.90 | +7.9 | 2.30 | 1.8 | 281.98 | −28.61 | −1.00 | 336.48 |
| Nov. | 10 | 248.29 | +7.9 | 2.29 | 1.9 | 282.04 | −28.61 | −0.99 | 336.49 |
| | 20 | 249.72 | +7.9 | 2.27 | 1.9 | 282.10 | −28.61 | −0.99 | 336.46 |
| | 30 | 251.15 | +7.9 | 2.26 | 1.8 | 282.16 | −28.61 | −0.98 | 336.38 |
| Dec. | 10 | 252.52 | +7.9 | 2.25 | 1.8 | 282.22 | −28.60 | −0.98 | 336.27 |
| | 20 | 253.81 | +7.9 | 2.24 | 1.6 | 282.28 | −28.58 | −0.97 | 336.11 |
| | 30 | 254.96 | +7.9 | 2.23 | 1.4 | 282.34 | −28.57 | −0.97 | 335.92 |

# PLUTO, 2010

## EPHEMERIS FOR PHYSICAL OBSERVATIONS
### FOR 0$^h$ TERRESTRIAL TIME

| Date | | Light-time | Magnitude | Phase Angle | $L_s$ | Sub-Earth Point | | North Pole P.A. |
|---|---|---|---|---|---|---|---|---|
| | | | | | | Long. | Lat. | |
| | | m | | ° | ° | ° | ° | ° |
| Jan. | −6 | 272.28 | +14.1 | 0.2 | 232.62 | 54.25 | −43.63 | 61.81 |
| | 4 | 272.19 | +14.1 | 0.3 | 232.68 | 258.12 | −43.95 | 61.52 |
| | 14 | 271.86 | +14.1 | 0.6 | 232.74 | 101.99 | −44.26 | 61.24 |
| | 24 | 271.31 | +14.1 | 0.9 | 232.79 | 305.86 | −44.55 | 60.98 |
| Feb. | 3 | 270.54 | +14.1 | 1.1 | 232.85 | 149.72 | −44.83 | 60.73 |
| | 13 | 269.59 | +14.1 | 1.4 | 232.91 | 353.56 | −45.07 | 60.51 |
| | 23 | 268.48 | +14.1 | 1.5 | 232.97 | 197.37 | −45.29 | 60.33 |
| Mar. | 5 | 267.24 | +14.0 | 1.7 | 233.03 | 41.17 | −45.46 | 60.18 |
| | 15 | 265.92 | +14.0 | 1.8 | 233.09 | 244.93 | −45.60 | 60.07 |
| | 25 | 264.56 | +14.0 | 1.8 | 233.15 | 88.66 | −45.69 | 60.00 |
| Apr. | 4 | 263.19 | +14.0 | 1.8 | 233.21 | 292.35 | −45.73 | 59.98 |
| | 14 | 261.85 | +14.0 | 1.7 | 233.27 | 136.01 | −45.72 | 60.00 |
| | 24 | 260.59 | +14.0 | 1.6 | 233.33 | 339.63 | −45.67 | 60.05 |
| May | 4 | 259.45 | +14.0 | 1.4 | 233.39 | 183.22 | −45.58 | 60.15 |
| | 14 | 258.46 | +14.0 | 1.2 | 233.45 | 26.78 | −45.45 | 60.27 |
| | 24 | 257.64 | +14.0 | 1.0 | 233.51 | 230.31 | −45.28 | 60.42 |
| June | 3 | 257.04 | +14.0 | 0.7 | 233.57 | 73.82 | −45.08 | 60.59 |
| | 13 | 256.65 | +14.0 | 0.4 | 233.63 | 277.32 | −44.87 | 60.78 |
| | 23 | 256.51 | +14.0 | 0.2 | 233.69 | 120.80 | −44.64 | 60.96 |
| July | 3 | 256.60 | +14.0 | 0.3 | 233.75 | 324.28 | −44.40 | 61.14 |
| | 13 | 256.93 | +14.0 | 0.5 | 233.81 | 167.76 | −44.17 | 61.32 |
| | 23 | 257.50 | +14.0 | 0.8 | 233.87 | 11.25 | −43.95 | 61.47 |
| Aug. | 2 | 258.28 | +14.0 | 1.1 | 233.92 | 214.76 | −43.75 | 61.60 |
| | 12 | 259.25 | +14.0 | 1.3 | 233.98 | 58.28 | −43.58 | 61.71 |
| | 22 | 260.39 | +14.0 | 1.5 | 234.04 | 261.82 | −43.44 | 61.78 |
| Sept. | 1 | 261.66 | +14.0 | 1.7 | 234.10 | 105.39 | −43.34 | 61.81 |
| | 11 | 263.04 | +14.0 | 1.7 | 234.16 | 308.98 | −43.29 | 61.81 |
| | 21 | 264.47 | +14.0 | 1.8 | 234.22 | 152.61 | −43.27 | 61.77 |
| Oct. | 1 | 265.93 | +14.0 | 1.8 | 234.28 | 356.27 | −43.31 | 61.68 |
| | 11 | 267.37 | +14.1 | 1.7 | 234.34 | 199.96 | −43.39 | 61.56 |
| | 21 | 268.74 | +14.1 | 1.6 | 234.40 | 43.68 | −43.52 | 61.40 |
| | 31 | 270.02 | +14.1 | 1.5 | 234.46 | 247.44 | −43.68 | 61.21 |
| Nov. | 10 | 271.16 | +14.1 | 1.3 | 234.52 | 91.22 | −43.89 | 60.98 |
| | 20 | 272.13 | +14.1 | 1.1 | 234.58 | 295.03 | −44.13 | 60.73 |
| | 30 | 272.91 | +14.1 | 0.8 | 234.64 | 138.87 | −44.39 | 60.45 |
| Dec. | 10 | 273.47 | +14.1 | 0.5 | 234.69 | 342.72 | −44.68 | 60.16 |
| | 20 | 273.81 | +14.1 | 0.3 | 234.75 | 186.59 | −44.98 | 59.86 |
| | 30 | 273.90 | +14.1 | 0.2 | 234.81 | 30.48 | −45.29 | 59.55 |

FOR 0ʰ TERRESTRIAL TIME

| Date | | Mars | Jupiter | | | Saturn |
|------|---|------|---------|---|---|--------|
| | | | System I | System II | System III | |
| | | ° | ° | ° | ° | ° |
| Jan. | 0 | 302.41 | 102.67 | 298.17 | 73.46 | 94.95 |
| | 1 | 293.45 | 260.31 | 88.18 | 223.73 | 185.80 |
| | 2 | 284.51 | 57.95 | 238.19 | 14.01 | 276.65 |
| | 3 | 275.57 | 215.59 | 28.20 | 164.29 | 7.50 |
| | 4 | 266.66 | 13.23 | 178.21 | 314.57 | 98.35 |
| | 5 | 257.75 | 170.87 | 328.22 | 104.84 | 189.20 |
| | 6 | 248.86 | 328.51 | 118.23 | 255.12 | 280.06 |
| | 7 | 239.98 | 126.15 | 268.24 | 45.39 | 10.91 |
| | 8 | 231.11 | 283.78 | 58.25 | 195.67 | 101.77 |
| | 9 | 222.25 | 81.42 | 208.26 | 345.94 | 192.63 |
| | 10 | 213.41 | 239.06 | 358.27 | 136.22 | 283.49 |
| | 11 | 204.58 | 36.69 | 148.27 | 286.49 | 14.35 |
| | 12 | 195.76 | 194.33 | 298.28 | 76.76 | 105.21 |
| | 13 | 186.95 | 351.97 | 88.29 | 227.04 | 196.08 |
| | 14 | 178.15 | 149.60 | 238.29 | 17.31 | 286.94 |
| | 15 | 169.36 | 307.24 | 28.30 | 167.58 | 17.81 |
| | 16 | 160.58 | 104.88 | 178.31 | 317.86 | 108.68 |
| | 17 | 151.81 | 262.51 | 328.31 | 108.13 | 199.55 |
| | 18 | 143.05 | 60.15 | 118.32 | 258.40 | 290.42 |
| | 19 | 134.29 | 217.78 | 268.32 | 48.67 | 21.29 |
| | 20 | 125.54 | 15.42 | 58.33 | 198.95 | 112.16 |
| | 21 | 116.80 | 173.05 | 208.33 | 349.22 | 203.03 |
| | 22 | 108.06 | 330.69 | 358.34 | 139.49 | 293.90 |
| | 23 | 99.33 | 128.32 | 148.35 | 289.76 | 24.78 |
| | 24 | 90.61 | 285.96 | 298.35 | 80.04 | 115.66 |
| | 25 | 81.88 | 83.60 | 88.36 | 230.31 | 206.53 |
| | 26 | 73.16 | 241.23 | 238.37 | 20.58 | 297.41 |
| | 27 | 64.44 | 38.87 | 28.37 | 170.86 | 28.29 |
| | 28 | 55.72 | 196.51 | 178.38 | 321.13 | 119.17 |
| | 29 | 47.00 | 354.14 | 328.39 | 111.40 | 210.05 |
| | 30 | 38.28 | 151.78 | 118.39 | 261.68 | 300.93 |
| | 31 | 29.56 | 309.42 | 268.40 | 51.95 | 31.81 |
| Feb. | 1 | 20.84 | 107.06 | 58.41 | 202.23 | 122.69 |
| | 2 | 12.12 | 264.69 | 208.42 | 352.50 | 213.57 |
| | 3 | 3.39 | 62.33 | 358.43 | 142.78 | 304.46 |
| | 4 | 354.66 | 219.97 | 148.44 | 293.05 | 35.34 |
| | 5 | 345.92 | 17.61 | 298.45 | 83.33 | 126.22 |
| | 6 | 337.18 | 175.25 | 88.46 | 233.61 | 217.11 |
| | 7 | 328.43 | 332.89 | 238.47 | 23.89 | 307.99 |
| | 8 | 319.68 | 130.53 | 28.48 | 174.16 | 38.88 |
| | 9 | 310.92 | 288.18 | 178.49 | 324.44 | 129.77 |
| | 10 | 302.15 | 85.82 | 328.51 | 114.72 | 220.65 |
| | 11 | 293.37 | 243.46 | 118.52 | 265.00 | 311.54 |
| | 12 | 284.59 | 41.11 | 268.53 | 55.28 | 42.43 |
| | 13 | 275.79 | 198.75 | 58.55 | 205.56 | 133.31 |
| | 14 | 266.99 | 356.39 | 208.56 | 355.85 | 224.20 |
| | 15 | 258.17 | 154.04 | 358.58 | 146.13 | 315.09 |

FOR 0$^h$ TERRESTRIAL TIME

| Date | | Mars | Jupiter | | | Saturn |
|------|------|------|------|------|------|------|
| | | | System I | System II | System III | |
| | | ° | ° | ° | ° | ° |
| Feb. | 15 | 258.17 | 154.04 | 358.58 | 146.13 | 315.09 |
| | 16 | 249.35 | 311.69 | 148.60 | 296.41 | 45.97 |
| | 17 | 240.51 | 109.33 | 298.61 | 86.70 | 136.86 |
| | 18 | 231.66 | 266.98 | 88.63 | 236.98 | 227.75 |
| | 19 | 222.81 | 64.63 | 238.65 | 27.27 | 318.64 |
| | 20 | 213.93 | 222.28 | 28.67 | 177.55 | 49.52 |
| | 21 | 205.05 | 19.93 | 178.69 | 327.84 | 140.41 |
| | 22 | 196.16 | 177.58 | 328.71 | 118.13 | 231.30 |
| | 23 | 187.25 | 335.24 | 118.74 | 268.42 | 322.18 |
| | 24 | 178.33 | 132.89 | 268.76 | 58.71 | 53.07 |
| | 25 | 169.39 | 290.54 | 58.78 | 209.00 | 143.96 |
| | 26 | 160.45 | 88.20 | 208.81 | 359.29 | 234.84 |
| | 27 | 151.49 | 245.86 | 358.84 | 149.58 | 325.73 |
| | 28 | 142.52 | 43.51 | 148.86 | 299.88 | 56.61 |
| Mar. | 1 | 133.54 | 201.17 | 298.89 | 90.17 | 147.50 |
| | 2 | 124.54 | 358.83 | 88.92 | 240.47 | 238.38 |
| | 3 | 115.53 | 156.49 | 238.95 | 30.77 | 329.26 |
| | 4 | 106.51 | 314.15 | 28.98 | 181.07 | 60.15 |
| | 5 | 97.47 | 111.82 | 179.02 | 331.37 | 151.03 |
| | 6 | 88.43 | 269.48 | 329.05 | 121.67 | 241.91 |
| | 7 | 79.37 | 67.15 | 119.09 | 271.97 | 332.79 |
| | 8 | 70.30 | 224.81 | 269.12 | 62.27 | 63.67 |
| | 9 | 61.22 | 22.48 | 59.16 | 212.57 | 154.55 |
| | 10 | 52.12 | 180.15 | 209.20 | 2.88 | 245.43 |
| | 11 | 43.01 | 337.82 | 359.24 | 153.19 | 336.30 |
| | 12 | 33.89 | 135.49 | 149.28 | 303.49 | 67.18 |
| | 13 | 24.76 | 293.16 | 299.32 | 93.80 | 158.06 |
| | 14 | 15.62 | 90.84 | 89.36 | 244.11 | 248.93 |
| | 15 | 6.47 | 248.51 | 239.41 | 34.43 | 339.80 |
| | 16 | 357.30 | 46.19 | 29.46 | 184.74 | 70.68 |
| | 17 | 348.13 | 203.87 | 179.50 | 335.05 | 161.55 |
| | 18 | 338.94 | 1.55 | 329.55 | 125.37 | 252.42 |
| | 19 | 329.74 | 159.23 | 119.60 | 275.69 | 343.28 |
| | 20 | 320.53 | 316.91 | 269.65 | 66.00 | 74.15 |
| | 21 | 311.31 | 114.59 | 59.71 | 216.32 | 165.02 |
| | 22 | 302.08 | 272.28 | 209.76 | 6.64 | 255.88 |
| | 23 | 292.84 | 69.96 | 359.82 | 156.97 | 346.74 |
| | 24 | 283.59 | 227.65 | 149.88 | 307.29 | 77.60 |
| | 25 | 274.33 | 25.34 | 299.94 | 97.62 | 168.46 |
| | 26 | 265.06 | 183.03 | 90.00 | 247.94 | 259.32 |
| | 27 | 255.79 | 340.72 | 240.06 | 38.27 | 350.18 |
| | 28 | 246.50 | 138.42 | 30.12 | 188.60 | 81.03 |
| | 29 | 237.20 | 296.11 | 180.19 | 338.94 | 171.89 |
| | 30 | 227.90 | 93.81 | 330.25 | 129.27 | 262.74 |
| | 31 | 218.58 | 251.51 | 120.32 | 279.60 | 353.59 |
| Apr. | 1 | 209.26 | 49.21 | 270.39 | 69.94 | 84.44 |
| | 2 | 199.93 | 206.91 | 60.46 | 220.28 | 175.28 |

FOR 0$^h$ TERRESTRIAL TIME

| Date | | Mars | Jupiter | | | Saturn |
|------|---|------|---------|---|---|--------|
| | | | System I | System II | System III | |
| | | ° | ° | ° | ° | ° |
| Apr. | 1 | 209.26 | 49.21 | 270.39 | 69.94 | 84.44 |
| | 2 | 199.93 | 206.91 | 60.46 | 220.28 | 175.28 |
| | 3 | 190.59 | 4.61 | 210.54 | 10.62 | 266.13 |
| | 4 | 181.24 | 162.32 | 0.61 | 160.96 | 356.97 |
| | 5 | 171.89 | 320.02 | 150.69 | 311.30 | 87.81 |
| | 6 | 162.52 | 117.73 | 300.77 | 101.65 | 178.65 |
| | 7 | 153.15 | 275.44 | 90.85 | 251.99 | 269.49 |
| | 8 | 143.78 | 73.15 | 240.93 | 42.34 | 0.33 |
| | 9 | 134.39 | 230.87 | 31.01 | 192.69 | 91.16 |
| | 10 | 125.00 | 28.58 | 181.09 | 343.04 | 181.99 |
| | 11 | 115.60 | 186.30 | 331.18 | 133.40 | 272.82 |
| | 12 | 106.19 | 344.02 | 121.27 | 283.75 | 3.65 |
| | 13 | 96.78 | 141.74 | 271.36 | 74.11 | 94.47 |
| | 14 | 87.35 | 299.46 | 61.45 | 224.47 | 185.30 |
| | 15 | 77.93 | 97.19 | 211.54 | 14.83 | 276.12 |
| | 16 | 68.49 | 254.91 | 1.64 | 165.19 | 6.94 |
| | 17 | 59.05 | 52.64 | 151.74 | 315.55 | 97.76 |
| | 18 | 49.60 | 210.37 | 301.84 | 105.92 | 188.57 |
| | 19 | 40.15 | 8.10 | 91.94 | 256.29 | 279.38 |
| | 20 | 30.69 | 165.83 | 242.04 | 46.66 | 10.19 |
| | 21 | 21.22 | 323.57 | 32.15 | 197.03 | 101.00 |
| | 22 | 11.75 | 121.31 | 182.25 | 347.40 | 191.81 |
| | 23 | 2.27 | 279.05 | 332.36 | 137.78 | 282.61 |
| | 24 | 352.79 | 76.79 | 122.47 | 288.15 | 13.42 |
| | 25 | 343.30 | 234.53 | 272.59 | 78.53 | 104.22 |
| | 26 | 333.81 | 32.28 | 62.70 | 228.92 | 195.01 |
| | 27 | 324.31 | 190.02 | 212.82 | 19.30 | 285.81 |
| | 28 | 314.80 | 347.77 | 2.94 | 169.68 | 16.60 |
| | 29 | 305.29 | 145.52 | 153.06 | 320.07 | 107.39 |
| | 30 | 295.77 | 303.28 | 303.18 | 110.46 | 198.18 |
| May | 1 | 286.25 | 101.03 | 93.30 | 260.85 | 288.97 |
| | 2 | 276.73 | 258.79 | 243.43 | 51.25 | 19.75 |
| | 3 | 267.19 | 56.55 | 33.56 | 201.64 | 110.53 |
| | 4 | 257.66 | 214.31 | 183.69 | 352.04 | 201.31 |
| | 5 | 248.12 | 12.07 | 333.82 | 142.44 | 292.09 |
| | 6 | 238.57 | 169.84 | 123.96 | 292.84 | 22.87 |
| | 7 | 229.02 | 327.61 | 274.09 | 83.24 | 113.64 |
| | 8 | 219.47 | 125.38 | 64.23 | 233.65 | 204.41 |
| | 9 | 209.91 | 283.15 | 214.38 | 24.06 | 295.18 |
| | 10 | 200.34 | 80.92 | 4.52 | 174.47 | 25.95 |
| | 11 | 190.77 | 238.70 | 154.67 | 324.88 | 116.71 |
| | 12 | 181.20 | 36.48 | 304.81 | 115.29 | 207.47 |
| | 13 | 171.62 | 194.26 | 94.96 | 265.71 | 298.23 |
| | 14 | 162.04 | 352.04 | 245.12 | 56.13 | 28.99 |
| | 15 | 152.45 | 149.83 | 35.27 | 206.55 | 119.74 |
| | 16 | 142.86 | 307.61 | 185.43 | 356.98 | 210.50 |
| | 17 | 133.26 | 105.40 | 335.59 | 147.40 | 301.25 |

PLANETARY CENTRAL MERIDIANS, 2010

## FOR 0ʰ TERRESTRIAL TIME

| Date | | Mars | Jupiter | | | Saturn |
|---|---|---|---|---|---|---|
| | | | System I | System II | System III | |
| | | ° | ° | ° | ° | ° |
| May | 17 | 133.26 | 105.40 | 335.59 | 147.40 | 301.25 |
| | 18 | 123.66 | 263.20 | 125.75 | 297.83 | 32.00 |
| | 19 | 114.06 | 60.99 | 275.91 | 88.26 | 122.74 |
| | 20 | 104.45 | 218.79 | 66.08 | 238.69 | 213.49 |
| | 21 | 94.84 | 16.59 | 216.25 | 29.13 | 304.23 |
| | 22 | 85.22 | 174.39 | 6.42 | 179.57 | 34.97 |
| | 23 | 75.60 | 332.19 | 156.59 | 330.01 | 125.71 |
| | 24 | 65.98 | 130.00 | 306.77 | 120.45 | 216.45 |
| | 25 | 56.35 | 287.81 | 96.95 | 270.89 | 307.18 |
| | 26 | 46.72 | 85.62 | 247.13 | 61.34 | 37.91 |
| | 27 | 37.08 | 243.43 | 37.31 | 211.79 | 128.64 |
| | 28 | 27.44 | 41.25 | 187.49 | 2.24 | 219.37 |
| | 29 | 17.80 | 199.07 | 337.68 | 152.70 | 310.10 |
| | 30 | 8.15 | 356.89 | 127.87 | 303.15 | 40.82 |
| | 31 | 358.50 | 154.71 | 278.06 | 93.61 | 131.54 |
| June | 1 | 348.85 | 312.53 | 68.26 | 244.07 | 222.26 |
| | 2 | 339.19 | 110.36 | 218.46 | 34.54 | 312.98 |
| | 3 | 329.53 | 268.19 | 8.66 | 185.00 | 43.70 |
| | 4 | 319.87 | 66.03 | 158.86 | 335.47 | 134.41 |
| | 5 | 310.20 | 223.86 | 309.06 | 125.95 | 225.13 |
| | 6 | 300.53 | 21.70 | 99.27 | 276.42 | 315.84 |
| | 7 | 290.86 | 179.54 | 249.48 | 66.90 | 46.55 |
| | 8 | 281.18 | 337.38 | 39.69 | 217.38 | 137.26 |
| | 9 | 271.50 | 135.23 | 189.91 | 7.86 | 227.96 |
| | 10 | 261.81 | 293.08 | 340.13 | 158.34 | 318.67 |
| | 11 | 252.13 | 90.93 | 130.35 | 308.83 | 49.37 |
| | 12 | 242.44 | 248.78 | 280.57 | 99.32 | 140.07 |
| | 13 | 232.74 | 46.64 | 70.80 | 249.81 | 230.77 |
| | 14 | 223.05 | 204.50 | 221.03 | 40.31 | 321.47 |
| | 15 | 213.34 | 2.36 | 11.26 | 190.81 | 52.16 |
| | 16 | 203.64 | 160.23 | 161.49 | 341.31 | 142.86 |
| | 17 | 193.94 | 318.09 | 311.73 | 131.81 | 233.55 |
| | 18 | 184.23 | 115.96 | 101.97 | 282.32 | 324.24 |
| | 19 | 174.51 | 273.84 | 252.21 | 72.82 | 54.93 |
| | 20 | 164.80 | 71.71 | 42.45 | 223.34 | 145.62 |
| | 21 | 155.08 | 229.59 | 192.70 | 13.85 | 236.31 |
| | 22 | 145.36 | 27.47 | 342.95 | 164.37 | 326.99 |
| | 23 | 135.64 | 185.35 | 133.20 | 314.89 | 57.68 |
| | 24 | 125.91 | 343.24 | 283.46 | 105.41 | 148.36 |
| | 25 | 116.18 | 141.13 | 73.72 | 255.93 | 239.04 |
| | 26 | 106.45 | 299.02 | 223.98 | 46.46 | 329.72 |
| | 27 | 96.72 | 96.92 | 14.24 | 196.99 | 60.40 |
| | 28 | 86.98 | 254.81 | 164.51 | 347.53 | 151.08 |
| | 29 | 77.24 | 52.71 | 314.78 | 138.06 | 241.76 |
| | 30 | 67.50 | 210.62 | 105.05 | 288.60 | 332.43 |
| July | 1 | 57.75 | 8.52 | 255.33 | 79.14 | 63.11 |
| | 2 | 48.01 | 166.43 | 45.60 | 229.69 | 153.78 |

FOR 0$^h$ TERRESTRIAL TIME

| Date | | Mars | Jupiter | | | Saturn |
|---|---|---|---|---|---|---|
| | | | System I | System II | System III | |
| | | ° | ° | ° | ° | ° |
| July | 1 | 57.75 | 8.52 | 255.33 | 79.14 | 63.11 |
| | 2 | 48.01 | 166.43 | 45.60 | 229.69 | 153.78 |
| | 3 | 38.26 | 324.34 | 195.89 | 20.23 | 244.45 |
| | 4 | 28.51 | 122.26 | 346.17 | 170.78 | 335.12 |
| | 5 | 18.75 | 280.17 | 136.45 | 321.34 | 65.79 |
| | 6 | 9.00 | 78.09 | 286.74 | 111.89 | 156.46 |
| | 7 | 359.24 | 236.02 | 77.04 | 262.45 | 247.13 |
| | 8 | 349.48 | 33.94 | 227.33 | 53.01 | 337.80 |
| | 9 | 339.72 | 191.87 | 17.63 | 203.58 | 68.46 |
| | 10 | 329.95 | 349.80 | 167.93 | 354.14 | 159.13 |
| | 11 | 320.19 | 147.73 | 318.23 | 144.71 | 249.79 |
| | 12 | 310.42 | 305.67 | 108.54 | 295.29 | 340.46 |
| | 13 | 300.65 | 103.61 | 258.85 | 85.86 | 71.12 |
| | 14 | 290.87 | 261.55 | 49.16 | 236.44 | 161.78 |
| | 15 | 281.10 | 59.50 | 199.47 | 27.02 | 252.44 |
| | 16 | 271.32 | 217.45 | 349.79 | 177.61 | 343.10 |
| | 17 | 261.55 | 15.40 | 140.11 | 328.19 | 73.76 |
| | 18 | 251.77 | 173.35 | 290.43 | 118.78 | 164.42 |
| | 19 | 241.98 | 331.31 | 80.76 | 269.37 | 255.08 |
| | 20 | 232.20 | 129.27 | 231.09 | 59.97 | 345.74 |
| | 21 | 222.42 | 287.23 | 21.42 | 210.57 | 76.40 |
| | 22 | 212.63 | 85.19 | 171.75 | 1.17 | 167.05 |
| | 23 | 202.84 | 243.16 | 322.09 | 151.77 | 257.71 |
| | 24 | 193.05 | 41.13 | 112.43 | 302.38 | 348.37 |
| | 25 | 183.26 | 199.10 | 262.77 | 92.98 | 79.02 |
| | 26 | 173.47 | 357.08 | 53.11 | 243.60 | 169.68 |
| | 27 | 163.68 | 155.05 | 203.46 | 34.21 | 260.33 |
| | 28 | 153.88 | 313.03 | 353.81 | 184.83 | 350.99 |
| | 29 | 144.09 | 111.02 | 144.16 | 335.44 | 81.64 |
| | 30 | 134.29 | 269.00 | 294.52 | 126.07 | 172.29 |
| | 31 | 124.49 | 66.99 | 84.88 | 276.69 | 262.95 |
| Aug. | 1 | 114.69 | 224.98 | 235.24 | 67.32 | 353.60 |
| | 2 | 104.89 | 22.97 | 25.60 | 217.95 | 84.25 |
| | 3 | 95.09 | 180.97 | 175.96 | 8.58 | 174.90 |
| | 4 | 85.29 | 338.97 | 326.33 | 159.21 | 265.56 |
| | 5 | 75.49 | 136.97 | 116.70 | 309.85 | 356.21 |
| | 6 | 65.68 | 294.97 | 267.07 | 100.49 | 86.86 |
| | 7 | 55.88 | 92.97 | 57.45 | 251.13 | 177.51 |
| | 8 | 46.08 | 250.98 | 207.82 | 41.77 | 268.17 |
| | 9 | 36.27 | 48.99 | 358.20 | 192.42 | 358.82 |
| | 10 | 26.46 | 207.00 | 148.58 | 343.06 | 89.47 |
| | 11 | 16.66 | 5.01 | 298.96 | 133.71 | 180.12 |
| | 12 | 6.85 | 163.03 | 89.35 | 284.36 | 270.77 |
| | 13 | 357.04 | 321.05 | 239.74 | 75.02 | 1.42 |
| | 14 | 347.23 | 119.07 | 30.13 | 225.67 | 92.08 |
| | 15 | 337.42 | 277.09 | 180.52 | 16.33 | 182.73 |
| | 16 | 327.61 | 75.11 | 330.91 | 166.99 | 273.38 |

# PLANETARY CENTRAL MERIDIANS, 2010

## FOR 0ʰ TERRESTRIAL TIME

| Date | | Mars | Jupiter | | | Saturn |
|------|---|------|---------|---|---|--------|
| | | | System I | System II | System III | |
| | | ° | ° | ° | ° | ° |
| Aug. | 16 | 327.61 | 75.11 | 330.91 | 166.99 | 273.38 |
| | 17 | 317.80 | 233.14 | 121.30 | 317.65 | 4.03 |
| | 18 | 307.99 | 31.16 | 271.70 | 108.31 | 94.69 |
| | 19 | 298.18 | 189.19 | 62.10 | 258.98 | 185.34 |
| | 20 | 288.37 | 347.22 | 212.50 | 49.64 | 275.99 |
| | 21 | 278.56 | 145.25 | 2.90 | 200.31 | 6.64 |
| | 22 | 268.75 | 303.29 | 153.30 | 350.98 | 97.30 |
| | 23 | 258.94 | 101.32 | 303.70 | 141.65 | 187.95 |
| | 24 | 249.13 | 259.35 | 94.11 | 292.32 | 278.61 |
| | 25 | 239.32 | 57.39 | 244.51 | 83.00 | 9.26 |
| | 26 | 229.51 | 215.43 | 34.92 | 233.67 | 99.92 |
| | 27 | 219.69 | 13.47 | 185.33 | 24.34 | 190.57 |
| | 28 | 209.88 | 171.51 | 335.74 | 175.02 | 281.23 |
| | 29 | 200.07 | 329.55 | 126.15 | 325.70 | 11.88 |
| | 30 | 190.26 | 127.59 | 276.56 | 116.38 | 102.54 |
| | 31 | 180.45 | 285.63 | 66.97 | 267.05 | 193.20 |
| Sept. | 1 | 170.64 | 83.67 | 217.38 | 57.73 | 283.85 |
| | 2 | 160.83 | 241.72 | 7.80 | 208.41 | 14.51 |
| | 3 | 151.02 | 39.76 | 158.21 | 359.09 | 105.17 |
| | 4 | 141.21 | 197.80 | 308.62 | 149.77 | 195.83 |
| | 5 | 131.41 | 355.85 | 99.04 | 300.45 | 286.49 |
| | 6 | 121.60 | 153.89 | 249.45 | 91.13 | 17.15 |
| | 7 | 111.79 | 311.94 | 39.87 | 241.81 | 107.81 |
| | 8 | 101.98 | 109.98 | 190.28 | 32.50 | 198.47 |
| | 9 | 92.17 | 268.03 | 340.70 | 183.18 | 289.13 |
| | 10 | 82.37 | 66.07 | 131.11 | 333.86 | 19.80 |
| | 11 | 72.56 | 224.11 | 281.52 | 124.54 | 110.46 |
| | 12 | 62.76 | 22.16 | 71.94 | 275.22 | 201.13 |
| | 13 | 52.95 | 180.20 | 222.35 | 65.90 | 291.79 |
| | 14 | 43.15 | 338.24 | 12.76 | 216.57 | 22.46 |
| | 15 | 33.34 | 136.28 | 163.17 | 7.25 | 113.12 |
| | 16 | 23.54 | 294.32 | 313.58 | 157.93 | 203.79 |
| | 17 | 13.73 | 92.36 | 103.99 | 308.60 | 294.46 |
| | 18 | 3.93 | 250.40 | 254.40 | 99.28 | 25.13 |
| | 19 | 354.13 | 48.44 | 44.81 | 249.95 | 115.80 |
| | 20 | 344.33 | 206.47 | 195.21 | 40.63 | 206.47 |
| | 21 | 334.53 | 4.51 | 345.62 | 191.30 | 297.14 |
| | 22 | 324.73 | 162.54 | 136.02 | 341.97 | 27.82 |
| | 23 | 314.93 | 320.57 | 286.42 | 132.63 | 118.49 |
| | 24 | 305.13 | 118.60 | 76.82 | 283.30 | 209.16 |
| | 25 | 295.34 | 276.63 | 227.22 | 73.96 | 299.84 |
| | 26 | 285.54 | 74.65 | 17.61 | 224.63 | 30.52 |
| | 27 | 275.74 | 232.68 | 168.01 | 15.29 | 121.20 |
| | 28 | 265.95 | 30.70 | 318.40 | 165.94 | 211.87 |
| | 29 | 256.15 | 188.72 | 108.79 | 316.60 | 302.55 |
| | 30 | 246.36 | 346.73 | 259.17 | 107.25 | 33.24 |
| Oct. | 1 | 236.57 | 144.75 | 49.56 | 257.91 | 123.92 |

FOR 0ʰ TERRESTRIAL TIME

| Date | | Mars | Jupiter | | | Saturn |
|---|---|---|---|---|---|---|
| | | | System I | System II | System III | |
| | | ° | ° | ° | ° | ° |
| Oct. | 1 | 236.57 | 144.75 | 49.56 | 257.91 | 123.92 |
| | 2 | 226.78 | 302.76 | 199.94 | 48.55 | 214.60 |
| | 3 | 216.98 | 100.77 | 350.32 | 199.20 | 305.29 |
| | 4 | 207.19 | 258.78 | 140.70 | 349.85 | 35.97 |
| | 5 | 197.40 | 56.78 | 291.07 | 140.49 | 126.66 |
| | 6 | 187.61 | 214.78 | 81.44 | 291.12 | 217.35 |
| | 7 | 177.82 | 12.78 | 231.81 | 81.76 | 308.03 |
| | 8 | 168.04 | 170.78 | 22.18 | 232.39 | 38.72 |
| | 9 | 158.25 | 328.77 | 172.54 | 23.02 | 129.42 |
| | 10 | 148.46 | 126.76 | 322.90 | 173.65 | 220.11 |
| | 11 | 138.67 | 284.75 | 113.26 | 324.27 | 310.80 |
| | 12 | 128.89 | 82.73 | 263.61 | 114.89 | 41.50 |
| | 13 | 119.10 | 240.71 | 53.96 | 265.51 | 132.20 |
| | 14 | 109.32 | 38.68 | 204.31 | 56.12 | 222.89 |
| | 15 | 99.54 | 196.66 | 354.65 | 206.73 | 313.59 |
| | 16 | 89.75 | 354.62 | 144.99 | 357.33 | 44.29 |
| | 17 | 79.97 | 152.59 | 295.32 | 147.94 | 135.00 |
| | 18 | 70.19 | 310.55 | 85.65 | 298.53 | 225.70 |
| | 19 | 60.41 | 108.51 | 235.98 | 89.13 | 316.40 |
| | 20 | 50.63 | 266.46 | 26.31 | 239.72 | 47.11 |
| | 21 | 40.85 | 64.41 | 176.63 | 30.31 | 137.82 |
| | 22 | 31.07 | 222.36 | 326.94 | 180.89 | 228.53 |
| | 23 | 21.29 | 20.30 | 117.26 | 331.47 | 319.24 |
| | 24 | 11.51 | 178.24 | 267.56 | 122.04 | 49.95 |
| | 25 | 1.73 | 336.17 | 57.87 | 272.61 | 140.66 |
| | 26 | 351.95 | 134.10 | 208.17 | 63.18 | 231.38 |
| | 27 | 342.18 | 292.03 | 358.47 | 213.74 | 322.09 |
| | 28 | 332.40 | 89.95 | 148.76 | 4.30 | 52.81 |
| | 29 | 322.62 | 247.87 | 299.05 | 154.86 | 143.53 |
| | 30 | 312.85 | 45.78 | 89.33 | 305.41 | 234.25 |
| | 31 | 303.07 | 203.69 | 239.61 | 95.96 | 324.97 |
| Nov. | 1 | 293.29 | 1.60 | 29.89 | 246.50 | 55.70 |
| | 2 | 283.52 | 159.50 | 180.16 | 37.04 | 146.42 |
| | 3 | 273.74 | 317.39 | 330.43 | 187.57 | 237.15 |
| | 4 | 263.97 | 115.29 | 120.69 | 338.10 | 327.88 |
| | 5 | 254.19 | 273.18 | 270.95 | 128.63 | 58.61 |
| | 6 | 244.42 | 71.06 | 61.20 | 279.15 | 149.34 |
| | 7 | 234.64 | 228.94 | 211.45 | 69.66 | 240.07 |
| | 8 | 224.87 | 26.81 | 1.70 | 220.18 | 330.81 |
| | 9 | 215.09 | 184.69 | 151.94 | 10.69 | 61.54 |
| | 10 | 205.32 | 342.55 | 302.18 | 161.19 | 152.28 |
| | 11 | 195.55 | 140.42 | 92.41 | 311.69 | 243.02 |
| | 12 | 185.77 | 298.27 | 242.64 | 102.19 | 333.76 |
| | 13 | 176.00 | 96.13 | 32.87 | 252.68 | 64.50 |
| | 14 | 166.22 | 253.98 | 183.09 | 43.16 | 155.25 |
| | 15 | 156.45 | 51.82 | 333.30 | 193.65 | 246.00 |
| | 16 | 146.67 | 209.67 | 123.51 | 344.13 | 336.74 |

### FOR 0ʰ TERRESTRIAL TIME

| Date | | Mars | Jupiter | | | Saturn |
|------|---|------|-----------|------------|-------------|--------|
| | | | System I | System II | System III | |
| | | ° | ° | ° | ° | ° |
| Nov. | 16 | 146.67 | 209.67 | 123.51 | 344.13 | 336.74 |
| | 17 | 136.90 | 7.50 | 273.72 | 134.60 | 67.49 |
| | 18 | 127.12 | 165.34 | 63.93 | 285.07 | 158.24 |
| | 19 | 117.34 | 323.17 | 214.13 | 75.54 | 249.00 |
| | 20 | 107.57 | 120.99 | 4.32 | 226.00 | 339.75 |
| | 21 | 97.79 | 278.81 | 154.51 | 16.46 | 70.51 |
| | 22 | 88.02 | 76.63 | 304.70 | 166.91 | 161.27 |
| | 23 | 78.24 | 234.44 | 94.89 | 317.36 | 252.03 |
| | 24 | 68.46 | 32.25 | 245.07 | 107.81 | 342.79 |
| | 25 | 58.68 | 190.06 | 35.24 | 258.25 | 73.55 |
| | 26 | 48.90 | 347.86 | 185.41 | 48.69 | 164.32 |
| | 27 | 39.12 | 145.66 | 335.58 | 199.13 | 255.08 |
| | 28 | 29.34 | 303.45 | 125.75 | 349.56 | 345.85 |
| | 29 | 19.56 | 101.24 | 275.91 | 139.98 | 76.62 |
| | 30 | 9.78 | 259.03 | 66.06 | 290.41 | 167.39 |
| Dec. | 1 | 0.00 | 56.81 | 216.22 | 80.83 | 258.17 |
| | 2 | 350.22 | 214.59 | 6.37 | 231.24 | 348.94 |
| | 3 | 340.43 | 12.36 | 156.51 | 21.66 | 79.72 |
| | 4 | 330.65 | 170.13 | 306.65 | 172.06 | 170.50 |
| | 5 | 320.86 | 327.90 | 96.79 | 322.47 | 261.28 |
| | 6 | 311.08 | 125.66 | 246.93 | 112.87 | 352.06 |
| | 7 | 301.29 | 283.43 | 37.06 | 263.27 | 82.85 |
| | 8 | 291.50 | 81.18 | 187.18 | 53.66 | 173.63 |
| | 9 | 281.71 | 238.94 | 337.31 | 204.05 | 264.42 |
| | 10 | 271.92 | 36.69 | 127.43 | 354.44 | 355.21 |
| | 11 | 262.13 | 194.43 | 277.55 | 144.83 | 86.00 |
| | 12 | 252.34 | 352.18 | 67.66 | 295.21 | 176.80 |
| | 13 | 242.54 | 149.92 | 217.77 | 85.58 | 267.59 |
| | 14 | 232.75 | 307.65 | 7.88 | 235.96 | 358.39 |
| | 15 | 222.95 | 105.39 | 157.99 | 26.33 | 89.19 |
| | 16 | 213.15 | 263.12 | 308.09 | 176.70 | 179.99 |
| | 17 | 203.35 | 60.85 | 98.19 | 327.06 | 270.79 |
| | 18 | 193.55 | 218.57 | 248.28 | 117.43 | 1.59 |
| | 19 | 183.75 | 16.30 | 38.38 | 267.79 | 92.40 |
| | 20 | 173.94 | 174.02 | 188.47 | 58.14 | 183.21 |
| | 21 | 164.14 | 331.73 | 338.55 | 208.50 | 274.02 |
| | 22 | 154.33 | 129.45 | 128.64 | 358.85 | 4.83 |
| | 23 | 144.52 | 287.16 | 278.72 | 149.20 | 95.64 |
| | 24 | 134.71 | 84.87 | 68.80 | 299.54 | 186.45 |
| | 25 | 124.90 | 242.57 | 218.88 | 89.89 | 277.27 |
| | 26 | 115.09 | 40.27 | 8.95 | 240.23 | 8.09 |
| | 27 | 105.27 | 197.98 | 159.02 | 30.56 | 98.91 |
| | 28 | 95.46 | 355.67 | 309.09 | 180.90 | 189.73 |
| | 29 | 85.64 | 153.37 | 99.16 | 331.23 | 280.55 |
| | 30 | 75.82 | 311.06 | 249.22 | 121.56 | 11.37 |
| | 31 | 65.99 | 108.75 | 39.28 | 271.89 | 102.20 |
| | 32 | 56.17 | 266.44 | 189.34 | 62.22 | 193.03 |

## CONTENTS OF SECTION F

The satellite ephemerides were calculated using $\Delta T = 66$ seconds.

This symbol indicates that these data or auxiliary material may also be found on *The Astronomical Almanac Online* at **http://asa.usno.navy.mil** and **http://asa.hmnao.com**

# SATELLITES: ORBITAL DATA

| Satellite | | Orbital Period [1] (R = Retrograde) | Max. Elong. at Mean Opposition | Semimajor Axis | Orbital Eccentricity | Inclination of Orbit to Planet's Equator | Motion of Node on Fixed Plane [2] |
|---|---|---|---|---|---|---|---|
| | | d | ° ′ ″ | $\times 10^3$ km | | ° | °/yr |
| **Earth** | | | | | | | |
| | Moon | 27.321 661 | | 384.400 | 0.054 900 489 | 18.28–28.58 | 19.34[7] |
| **Mars** | | | | | | | |
| I | Phobos | 0.318 910 203 | 25 | 9.380 | 0.015 1 | 1.075 | 158.8 |
| II | Deimos | 1.262 440 8 | 1  02 | 23.460 | 0.000 2 | 1.793 | 6.260 |
| **Jupiter** | | | | | | | |
| I | Io | 1.769 137 786 | 2  18 | 421.8 | 0.004 1 | 0.036 | 48.6 |
| II | Europa | 3.551 181 041 | 3  40 | 671.1 | 0.009 4 | 0.466 | 12.0 |
| III | Ganymede | 7.154 552 96 | 5  51 | 1 070.4 | 0.001 3 | 0.177 | 2.63 |
| IV | Callisto | 16.689 018 4 | 10  18 | 1 882.7 | 0.007 4 | 0.192 | 0.643 |
| V | Amalthea | 0.498 179 05 | 1  00 | 181.4 | 0.003 2 | 0.380 | 914.6 |
| VI | Himalia | 250.56 | 1  02  39 | 11 461 | 0.162 3 | 27.496 | 524.4 |
| VII | Elara | 259.64 | 1  04  11 | 11 741 | 0.217 4 | 26.627 | 506.1 |
| VIII | Pasiphae | 743.63 R | 2  09  06 | 23 624 | 0.409 0 | 151.431 | 185.6 |
| IX | Sinope | 758.90 R | 2  10  49 | 23 939 | 0.249 5 | 158.109 | 181.4 |
| X | Lysithea | 259.20 | 1  04  03 | 11 717 | 0.112 4 | 28.302 | 506.9 |
| XI | Carme | 734.17 R | 2  07  54 | 23 404 | 0.253 3 | 164.907 | 187.1 |
| XII | Ananke | 629.77 R | 1  56  17 | 21 276 | 0.243 5 | 148.889 | 215.2 |
| XIII | Leda | 240.92 | 1  01  02 | 11 165 | 0.163 6 | 27.457 | 545.4 |
| XIV | Thebe | 0.675 | 1  13 | 221.9 | 0.017 6 | 1.080 | |
| XV | Adrastea | 0.298 | 42 | 129.0 | 0.001 8 | 0.054 | |
| XVI | Metis | 0.295 | 42 | 128.0 | 0.001 2 | 0.019 | |
| XVII | Callirrhoe | 758.77 R | 2  11  43 | 24 103 | 0.282 9 | 147.167 | |
| XVIII | Themisto | 130.02 | 39  49 | 7 284 | 0.242 8 | 43.254 | |
| XIX | Megaclite | 752.86 R | 2  08  23 | 23 493 | 0.419 8 | 152.766 | |
| XX | Taygete | 732.41 R | 2  07  14 | 23 280 | 0.252 5 | 165.268 | |
| XXI | Chaldene | 723.72 R | 2  06  15 | 23 100 | 0.252 1 | 165.190 | |
| XXII | Harpalyke | 623.32 R | 1  54  00 | 20 858 | 0.226 9 | 148.644 | |
| XXIII | Kalyke | 742.06 R | 2  08  20 | 23 483 | 0.247 1 | 165.179 | |
| XXIV | Iocaste | 631.60 R | 1  55  06 | 21 060 | 0.215 8 | 149.425 | |
| XXV | Erinome | 728.46 R | 2  06  46 | 23 196 | 0.266 4 | 164.936 | |
| XXVI | Isonoe | 726.23 R | 2  06  33 | 23 155 | 0.247 1 | 165.272 | |
| XXVII | Praxidike | 625.39 R | 1  54  16 | 20 908 | 0.231 1 | 148.975 | |
| XXVIII | Autonoe | 760.95 R | 2  11  24 | 24 046 | 0.316 8 | 152.416 | |
| XXIX | Thyone | 627.21 R | 1  54  27 | 20 939 | 0.228 6 | 148.509 | |
| XXX | Hermippe | 633.90 R | 1  55  29 | 21 131 | 0.209 6 | 150.725 | |
| XXXI | Aitne | 730.18 R | 2  06  57 | 23 229 | 0.264 3 | 165.091 | |
| XXXII | Eurydome | 717.33 R | 2  04  58 | 22 865 | 0.275 9 | 150.274 | |
| XXXIII | Euanthe | 620.49 R | 1  53  40 | 20 797 | 0.232 1 | 148.910 | |
| XXXVI | Sponde | 748.34 R | 2  08  21 | 23 487 | 0.312 1 | 150.998 | |
| XXXVII | Kale | 729.47 R | 2  06  53 | 23 217 | 0.259 9 | 164.996 | |
| XXXIX | Hegemone | 739.88 R | 2  08  51 | 23 577 | 0.339 6 | 154.186 | |
| XLI | Aoede | 761.50 R | 2  11  03 | 23 980 | 0.431 1 | 158.260 | |
| XLIII | Arche | 731.95 R | 2  07  38 | 23 355 | 0.249 6 | 165.017 | |
| XLV | Helike | 626.32 R | 1  55  09 | 21 069 | 0.150 6 | 154.853 | |
| XLVI | Carpo | 456.30 | 1  33  15 | 17 058 | 0.431 6 | 51.628 | |
| XLVII | Eukelade | 730.47 R | 2  07  29 | 23 328 | 0.263 4 | 165.240 | |
| **Saturn** | | | | | | | |
| I | Mimas | 0.942 421 813 | 30 | 185.54 | 0.019 6 | 1.572 | 365.0 |
| II | Enceladus | 1.370 217 855 | 38 | 238.04 | 0.004 7 | 0.009 | 156.2[8] |
| III | Tethys | 1.887 802 160 | 48 | 294.67 | 0.000 1 | 1.091 | 72.25 |
| IV | Dione | 2.736 914 742 | 1  01 | 377.42 | 0.002 2 | 0.028 | 30.85[8] |
| V | Rhea | 4.517 500 436 | 1  25 | 527.07 | 0.001 0 | 0.331 | 10.16 |
| VI | Titan | 15.945 420 68 | 3  17 | 1 221.87 | 0.028 8 | 0.280 | 0.5213[8] |
| VII | Hyperion | 21.276 608 8 | 4  02 | 1 500.88 | 0.027 4 | 0.630 | |
| VIII | Iapetus | 79.330 182 5 | 9  35 | 3 560.84 | 0.028 3 | 7.489 | |
| IX | Phoebe | 550.31 R | 34  51 | 12 947.78 | 0.163 5 | 174.751[9] | |

[1] Sidereal periods, except that tropical periods are given for satellites of Saturn.
[2] Rate of decrease (or increase) in the longitude of the ascending node.
[3] S = Synchronous, rotation period same as orbital period. C = Chaotic.
[4] $V$(Sun) = −26.75
[5] $V(1, 0)$ is the visual magnitude of the satellite reduced to a distance of 1 au from both the Sun and Earth and with phase angle of zero.
[6] $V_0$ is the mean opposition magnitude of the satellite.

| Satellite | | Mass Ratio | Radius | Sidereal Period of Rotation[3] | Geometric Albedo (V)[4] | $V(1,0)$[5] | $V_0$[6] | $B-V$ | $U-B$ |
|---|---|---|---|---|---|---|---|---|---|
| | | | km | d | | | | | |
| **Earth** | | | | | | | | | |
| | Moon | 0.012 300 0383 | 1737.4 | S | 0.11 | + 0.21 | −12.74 | 0.92 | 0.46 |
| **Mars** | | | | | | | | | |
| I | Phobos | $1.672 \times 10^{-8}$ | $13.4 \times 11.2 \times 9.2$ | S | 0.07 | +11.9 | +11.4 | 0.6 | |
| II | Deimos | $2.43 \times 10^{-9}$ | $7.5 \times 6.1 \times 5.2$ | S | 0.07 | +13.0 | +12.5 | 0.65 | 0.18 |
| **Jupiter** | | | | | | | | | |
| I | Io | $4.704 \times 10^{-5}$ | $1829 \times 1819 \times 1816$ | S | 0.62 | − 1.68 | + 5.0 | 1.17 | 1.30 |
| II | Europa | $2.528 \times 10^{-5}$ | 1562 | S | 0.68 | − 1.41 | + 5.3 | 0.87 | 0.52 |
| III | Ganymede | $7.805 \times 10^{-5}$ | 2632 | S | 0.44 | − 2.09 | + 4.6 | 0.83 | 0.50 |
| IV | Callisto | $5.667 \times 10^{-5}$ | 2409 | S | 0.19 | − 1.05 | + 5.7 | 0.86 | 0.55 |
| V | Amalthea | $1.10 \times 10^{-9}$ | $125 \times 73 \times 64$ | S | 0.09 | + 6.3 | +14.1 | 1.50 | |
| VI | Himalia | $2.2 \times 10^{-9}$ | 85 | 0.40 | 0.03 | + 8.1 | +14.8 | 0.67 | 0.30 |
| VII | Elara | | 40 | | 0.03 | +10.0 | +16.6 | 0.69 | 0.28 |
| VIII | Pasiphae | | 18 : | | 0.04 : | + 9.9 | +17.2 | 0.74 | 0.34 |
| IX | Sinope | | 14 : | 0.548 | 0.04 : | +11.6 | +18.6 | 0.84 | |
| X | Lysithea | | 12 : | 0.533 | 0.04 : | +11.1 | +18.5 | 0.72 | |
| XI | Carme | | 15 : | 0.433 | 0.04 : | +10.9 | +18.6 | 0.76 | |
| XII | Ananke | | 10 : | 0.35 | 0.04 : | +11.9 | +19.5 | 0.90 | |
| XIII | Leda | | 5 : | | 0.04 : | +13.5 | +20.2 | 0.7 | |
| XIV | Thebe | | $58 \times 49 \times 42$ | S | 0.05 | + 9.0 | +16.0 | 1.3 | |
| XV | Adrastea | | $10 \times 8 \times 7$ | | 0.05 : | +12.4 | +18.7 | | |
| XVI | Metis | | 22 | | 0.06 | +10.8 | +17.5 | | |
| XVII | Callirrhoe | | 3.5 : | | 0.06 : | +13.9 | +21.4 | 0.72 | |
| XVIII | Themisto | | 2 : | | 0.06 : | +12.9 | +20.3 | 0.83 | |
| XIX | Megaclite | | 2 : | | 0.06 : | +15.1 | +22.1 | 0.94 | |
| XX | Taygete | | 2 : | | 0.06 : | +15.6 | +22.9 | 0.56 | |
| XXI | Chaldene | | 1.5 : | | 0.06 : | +15.7 | +22.5 | | |
| XXII | Harpalyke | | 1.5 : | | 0.06 : | +15.2 | +22.2 | | |
| XXIII | Kalyke | | 2 : | | 0.06 : | +15.3 | +21.8 | | |
| XXIV | Iocaste | | 2 : | | 0.06 : | +15.3 | +22.5 | 0.63 | |
| XXV | Erinome | | 1.5 : | | 0.06 : | +16.0 | +22.8 | | |
| XXVI | Isonoe | | 1.5 : | | 0.06 : | +15.9 | +22.5 | | |
| XXVII | Praxidike | | 2.5 : | | 0.06 : | +15.2 | +22.5 | 0.77 | |
| XXVIII | Autonoe | | 1.5 : | | 0.06 : | +15.4 | +22.0 | | |
| XXIX | Thyone | | 1.5 : | | 0.06 : | +15.7 | +22.3 | | |
| XXX | Hermippe | | 2 : | | 0.06 : | +15.5 | +22.1 | | |
| XXXI | Aitne | | 1.5 : | | 0.06 : | +16.1 | +22.7 | | |
| XXXII | Eurydome | | 1.5 : | | 0.06 : | +16.1 | +22.7 | | |
| XXXIII | Euanthe | | 1.5 : | | 0.06 : | +16.2 | +22.8 | | |
| XXXVI | Sponde | | 1 : | | 0.06 : | +16.4 | +23.0 | | |
| XXXVII | Kale | | 1 : | | 0.06 : | +16.4 | +23.0 | | |
| XXXIX | Hegemone | | 1.5 : | | 0.04 : | +15.9 | +22.8 | | |
| XLI | Aoede | | 2 : | | 0.04 : | +15.8 | +22.5 | | |
| XLIII | Arche | | 1.5 : | | 0.04 : | +16.4 | +22.8 | | |
| XLV | Helike | | 2 : | | 0.04 : | +16.0 | +22.6 | | |
| XLVI | Carpo | | 1.5 : | | 0.04 : | +15.6 | +23.0 | | |
| XLVII | Eukelade | | 2 : | | 0.04 : | +15.0 | +22.6 | | |
| **Saturn** | | | | | | | | | |
| I | Mimas | $6.600 \times 10^{-8}$ | $207 \times 197 \times 191$ | S | 0.6 | + 3.3 | +12.8 | | |
| II | Enceladus | $2.0 \times 10^{-7}$ | $257 \times 251 \times 248$ | S | 1.0 | + 2.2 | +11.8 | 0.70 | 0.28 |
| III | Tethys | $1.09 \times 10^{-6}$ | $540 \times 531 \times 528$ | S | 0.8 | + 0.7 | +10.3 | 0.73 | 0.30 |
| IV | Dione | $1.92 \times 10^{-6}$ | 562 | S | 0.6 | + 0.88 | +10.4 | 0.71 | 0.31 |
| V | Rhea | $4.06 \times 10^{-6}$ | 764 | S | 0.6 | + 0.16 | + 9.7 | 0.78 | 0.38 |
| VI | Titan | $2.366 \times 10^{-4}$ | 2575 | S | 0.2 | − 1.20 | + 8.4 | 1.28 | 0.75 |
| VII | Hyperion | $1.00 \times 10^{-8}$ | $164 \times 130 \times 107$ | C | 0.25 | + 4.6 | +14.4 | 0.78 | 0.33 |
| VIII | Iapetus | $3.177 \times 10^{-6}$ | 736 | S | 0.2[10] | + 1.6 | +11.0 | 0.72 | 0.30 |
| IX | Phoebe | $1.454 \times 10^{-8}$ | 107 | 0.4 | 0.08 | + 6.63 | +16.7 | 0.63 | 0.34 |

[7] Motion on the ecliptic plane.

[8] Rate of increase in the longitude of the apse.

[9] Measured from the ecliptic plane.

[10] Bright side, 0.5; faint side, 0.05.

[11] Measured relative to Earth's J2000.0 equator.

: Quantity is uncertain.

| Satellite | | Orbital Period [1] (R = Retrograde) | Max. Elong. at Mean Opposition | Semimajor Axis | Orbital Eccentricity | Inclination of Orbit to Planet's Equator | Motion of Node on Fixed Plane [2] |
|---|---|---|---|---|---|---|---|
| | | d | ° ′ ″ | $\times 10^3$ km | | ° | °/yr |
| **Saturn** | | | | | | | |
| X | Janus | 0.695 | 24 | 151.46 | 0.006 8 | 0.163 | |
| XI | Epimetheus | 0.694 | 24 | 151.41 | 0.009 8 | 0.351 | |
| XII | Helene | 2.737 | 1 01 | 377.42 | 0.007 1 | 0.213 | |
| XIII | Telesto | 1.888 | 48 | 294.71 | 0.000 2 | 1.180 | |
| XIV | Calypso | 1.888 | 48 | 294.71 | 0.000 5 | 1.499 | |
| XV | Atlas | 0.602 | 22 | 137.67 | 0.001 2 | 0.003 | |
| XVI | Prometheus | 0.613 | 23 | 139.38 | 0.002 2 | 0.008 | |
| XVII | Pandora | 0.629 | 23 | 141.72 | 0.004 2 | 0.050 | |
| XVIII | Pan | 0.575 | 22 | 133.58 | 0.000 0 | 0.001 | |
| XIX | Ymir | 1315.14 R | 1 02 01 | 23 040.00 | 0.334 9 | 173.125 | |
| XX | Paaliaq | 686.95 | 40 55 | 15 200.00 | 0.363 0 | 45.084 | |
| XXI | Tarvos | 926.23 | 46 24 | 17 983.00 | 0.530 5 | 33.827 | |
| XXII | Ijiraq | 451.42 | 29 57 | 11 124.00 | 0.316 4 | 46.448 | |
| XXIV | Kiviuq | 449.22 | 30 35 | 11 110.00 | 0.328 9 | 45.708 | |
| XXVI | Albiorix | 783.45 | 43 33 | 16 182.00 | 0.477 0 | 34.208 | |
| XXIX | Siarnaq | 895.53 | 47 11 | 17 531.00 | 0.296 0 | 46.002 | |
| **Uranus** | | | | | | | |
| I | Ariel | 2.520 379 35 | 14 | 190.90 | 0.001 2 | 0.041 | 6.8 |
| II | Umbriel | 4.144 177 2 | 20 | 266.00 | 0.003 9 | 0.128 | 3.6 |
| III | Titania | 8.705 871 7 | 33 | 436.30 | 0.001 1 | 0.079 | 2.0 |
| IV | Oberon | 13.463 238 9 | 44 | 583.50 | 0.001 4 | 0.068 | 1.4 |
| V | Miranda | 1.413 479 25 | 10 | 129.90 | 0.001 3 | 4.338 | 19.8 |
| IX | Cressida | 0.463 659 60 | 5 | 61.80 | 0.000 4 | 0.006 | 257 |
| X | Desdemona | 0.473 649 60 | 5 | 62.70 | 0.000 1 | 0.113 | 244 |
| XI | Juliet | 0.493 065 49 | 5 | 64.40 | 0.000 7 | 0.065 | 222 |
| XII | Portia | 0.513 195 92 | 5 | 66.10 | 0.000 1 | 0.059 | 203 |
| XIII | Rosalind | 0.558 459 53 | 5 | 69.90 | 0.000 1 | 0.279 | 166 |
| XIV | Belinda | 0.623 527 47 | 6 | 75.30 | 0.000 1 | 0.031 | 129 |
| XV | Puck | 0.761 832 87 | 7 | 86.00 | 0.000 1 | 0.319 | 81 |
| XVI | Caliban | 579.73 R | 9 08 | 7 231.00 | 0.158 7 | 140.881 [9] | |
| XVII | Sycorax | 1288.30 R | 15 23 | 12 179.00 | 0.522 4 | 159.404 [9] | |
| **Neptune** | | | | | | | |
| I | Triton | 5.876 854 1 R | 17 | 354.759 | 0.000 016 | 156.885 | 0.5232 |
| II | Nereid | 360.13 | 4 22 | 5 513.787 | 0.750 7 | 14.854 | 0.039 |
| V | Despina | 0.334 655 | 2 | 52.526 | 0.000 2 | 0.068 | 466 |
| VI | Galatea | 0.428 745 | 3 | 61.953 | 0.000 1 | 0.034 | 261 |
| VII | Larissa | 0.554 654 | 3 | 73.548 | 0.001 4 | 0.205 | 143 |
| VIII | Proteus | 1.122 316 | 6 | 117.647 | 0.000 5 | 0.065 | 28.80 |
| **Pluto** | | | | | | | |
| I | Charon | 6.387 23 | 1 | 19.571 | 0.000 0 | 96.145 [11] | |

[1] Sidereal periods, except that tropical periods are given for satellites of Saturn.
[2] Rate of decrease (or increase) in the longitude of the ascending node.
[3] S = Synchronous, rotation period same as orbital period. C = Chaotic.
[4] $V(\text{Sun}) = -26.75$
[5] $V(1, 0)$ is the visual magnitude of the satellite reduced to a distance of 1 au from both the Sun and Earth and with phase angle of zero.
[6] $V_0$ is the mean opposition magnitude of the satellite.

## A Note on the Satellite Diagrams

The satellite orbit diagrams have been designed to assist observers in locating many of the shorter period (< 21 days) satellites of the planets. Each diagram depicts a planet and the apparent orbits of its satellites at 0 hours UT on that planet's opposition date, unless no opposition date occurs during the year. In that case, the diagram depicts the planet and orbits at 0 hours UT on January 1 or December 31 depending on which date provides the better view. The diagrams are inverted to reproduce what an observer would normally see through a telescope. Two arrows or text in the diagram indicate the apparent motion of the satellite(s); for most satellites in the solar system, the orbital motion is counterclockwise when viewed from the northern side of the orbital plane. In the case of Jupiter and Uranus, the diagram has an expanded scale in one direction to better clarify the relative positions of the orbits.

| Satellite | | Mass Ratio | Radius | Sidereal Period of Rotation [3] | Geometric Albedo (V) [4] | $V(1,0)$ [5] | $V_0$ [6] | $B - V$ | $U - B$ |
|---|---|---|---|---|---|---|---|---|---|
| | | | km | d | | | | | |
| **Saturn** | | | | | | | | | |
| X | Janus | $3.363 \times 10^{-9}$ | $97 \times 95 \times 77$ | S | 0.6 | + 4 : | +14.4 | | |
| XI | Epimetheus | $9.33 \times 10^{-10}$ | $69 \times 55 \times 55$ | S | 0.5 | + 5.4 : | +15.6 | | |
| XII | Helene | | 16 | | 0.6 | + 8.4 : | +18.4 | | |
| XIII | Telesto | | $15 \times 12.5 \times 7.5$ | | 0.7 | + 8.9 : | +18.5 | | |
| XIV | Calypso | | $15 \times 8 \times 8$ | | 1.0 | + 9.1 : | +18.7 | | |
| XV | Atlas | $1.2 \times 10^{-11}$ | $18.5 \times 17.2 \times 13.5$ | | 0.4 | + 8.4 : | +19.0 | | |
| XVI | Prometheus | $2.75 \times 10^{-10}$ | $74 \times 50 \times 34$ | S | 0.6 | + 6.4 : | +15.8 | | |
| XVII | Pandora | $2.39 \times 10^{-10}$ | $55 \times 44 \times 31$ | S | 0.5 | + 6.4 : | +16.4 | | |
| XVIII | Pan | $9 \times 10^{-12}$ | 10 | | 0.5 : | | +19.4 | | |
| XIX | Ymir | | 8 : | | 0.06 : | +12.4 | +22.4 | 0.56 | |
| XX | Paaliaq | | 9.5 : | | 0.06 : | +11.8 | +21.0 | 0.77 | |
| XXI | Tarvos | | 6.5 : | | 0.06 : | +12.6 | +22.3 | 0.77 | |
| XXII | Ijiraq | | 5 : | | 0.06 : | +13.6 | +22.6 | | |
| XXIV | Kiviuq | | 7 : | | 0.06 : | +12.7 | +22.7 | 0.87 | |
| XXVI | Albiorix | | 13 : | | 0.06 : | | +20.5 | | |
| XXIX | Siarnaq | | 16 : | | 0.06 : | +10.7 | +20.4 | 0.80 | |
| | | | | | | | | | |
| **Uranus** | | | | | | | | | |
| I | Ariel | $1.56 \times 10^{-5}$ | $581 \times 578 \times 578$ | S | 0.39 | + 1.7 | +13.2 | 0.65 | |
| II | Umbriel | $1.35 \times 10^{-5}$ | 585 | S | 0.21 | + 2.6 | +14.0 | 0.68 | |
| III | Titania | $4.06 \times 10^{-5}$ | 789 | S | 0.27 | + 1.3 | +13.0 | 0.70 | 0.28 |
| IV | Oberon | $3.47 \times 10^{-5}$ | 761 | S | 0.23 | + 1.5 | +13.2 | 0.68 | 0.20 |
| V | Miranda | $0.08 \times 10^{-5}$ | $240 \times 234 \times 233$ | S | 0.32 | + 3.8 | +15.3 | | |
| IX | Cressida | | 31 | | 0.07 : | + 9.5 : | +21.1 | | |
| X | Desdemona | | 27 | | 0.07 : | + 9.8 : | +21.5 | | |
| XI | Juliet | | 42 | | 0.07 : | + 8.8 : | +20.6 | | |
| XII | Portia | | 54 | | 0.07 : | + 8.3 : | +19.9 | | |
| XIII | Rosalind | | 27 | | 0.07 : | + 9.8 : | +21.3 | | |
| XIV | Belinda | | 33 | | 0.07 : | + 9.4 : | +21.0 | | |
| XV | Puck | | 77 | | 0.07 : | + 7.5 : | +19.2 | | |
| XVI | Caliban | | 30 : | | 0.07 : | + 9.7 : | +22.4 | | |
| XVII | Sycorax | | 60 : | | 0.07 : | + 8.2 : | +20.8 | | |
| | | | | | | | | | |
| **Neptune** | | | | | | | | | |
| I | Triton | $2.089 \times 10^{-4}$ | 1353 | S | 0.756 | − 1.2 | +13.0 | 0.72 | 0.29 |
| II | Nereid | | 170 | | 0.155 | + 4.0 | +19.2 | 0.65 | |
| V | Despina | | 74 | | 0.090 | + 7.9 | +22.0 | | |
| VI | Galatea | | 79 | | 0.079 | + 7.6 : | +22.0 | | |
| VII | Larissa | | $104 \times 89$ | | 0.091 | + 7.3 | +21.5 | | |
| VIII | Proteus | | $218 \times 208 \times 201$ | S | 0.096 | + 5.6 | +20.0 | | |
| | | | | | | | | | |
| **Pluto** | | | | | | | | | |
| I | Charon | 0.1165 | 605 | S | 0.372 | + 0.9 | +18.0 | 0.71 | |

[7] Motion on the ecliptic plane.
[8] Rate of increase in the longitude of the apse.
[9] Measured from the ecliptic plane.
[10] Bright side, 0.5; faint side, 0.05.
[11] Measured relative to Earth's J2000.0 equator.
: Quantity is uncertain.

## A Note on selection criteria for the satellite data tables

Due to the recent proliferation of satellites associated with the gas giant planets, a set of selection criteria has been established under which satellites will be included in the data tables presented on pages F2-F5. These criteria are the following: The value of the visual magnitude of the satellite must not be greater than 23.0 and the satellite must be sanctioned by the IAU with a roman numeral and a name designation. Satellites that have yet to receive IAU approval shall be designated as "works in progress" and shall be included at a later time should such approval be granted, provided their visual magnitudes are not dimmer than 23.0. A more complete version of this table, including satellites with visual magnitude values larger than 23.0, is to be found at *The Astronomical Almanac Online* (**http://asa.usno.navy.mil** and **http://asa.hmnao.com**).

# SATELLITES OF MARS, 2010

## APPARENT ORBITS OF THE SATELLITES AT 0ʰ UNIVERSAL TIME
## ON THE DATE OF OPPOSITION, JANUARY 29

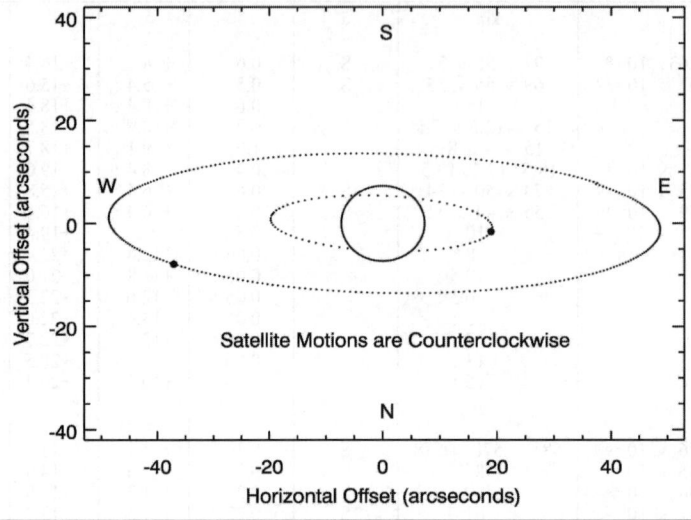

| NAME | SIDEREAL PERIOD d |
|---|---|
| I Phobos | 0.318 910 203 |
| II Deimos | 1.262 440 8 |

## II Deimos

### UNIVERSAL TIME OF GREATEST EASTERN ELONGATION

| Jan. | Feb. | Mar. | Apr. | May | June | July | Aug. | Sept. | Oct. | Nov. | Dec. |
|---|---|---|---|---|---|---|---|---|---|---|---|
| d    h | d    h | d    h | d    h | d    h | d    h | d    h | d    h | d    h | d    h | d    h | d    h |
| 0 11.7 | 1 00.3 | 2 00.5 | 1 07.8 | 1 15.8 | 1 00.3 | 1 08.9 | 2 00.2 | 1 09.1 | 1 18.0 | 1 02.9 | 1 11.8 |
| 1 18.0 | 2 06.6 | 3 06.8 | 2 14.1 | 2 22.2 | 2 06.6 | 2 15.3 | 3 06.6 | 2 15.5 | 3 00.4 | 2 09.3 | 2 18.2 |
| 3 00.2 | 3 12.8 | 4 13.1 | 3 20.5 | 4 04.5 | 3 13.0 | 3 21.7 | 4 12.9 | 3 21.9 | 4 06.8 | 3 15.7 | 4 00.5 |
| 4 06.5 | 4 19.1 | 5 19.4 | 5 02.8 | 5 10.9 | 4 19.3 | 5 04.0 | 5 19.3 | 5 04.2 | 5 13.2 | 4 22.0 | 5 06.9 |
| 5 12.8 | 6 01.3 | 7 01.6 | 6 09.1 | 6 17.2 | 6 01.7 | 6 10.4 | 7 01.7 | 6 10.6 | 6 19.5 | 6 04.4 | 6 13.3 |
|  |  |  |  |  |  |  |  |  |  |  |  |
| 6 19.1 | 7 07.6 | 8 07.9 | 7 15.5 | 7 23.6 | 7 08.0 | 7 16.8 | 8 08.1 | 7 17.0 | 8 01.9 | 7 10.8 | 7 19.6 |
| 8 01.3 | 8 13.8 | 9 14.2 | 8 21.8 | 9 05.9 | 8 14.4 | 8 23.2 | 9 14.4 | 8 23.4 | 9 08.3 | 8 17.1 | 9 02.0 |
| 9 07.6 | 9 20.1 | 10 20.5 | 10 04.1 | 10 12.3 | 9 20.8 | 10 05.5 | 10 20.8 | 10 05.7 | 10 14.6 | 9 23.5 | 10 08.4 |
| 10 13.9 | 11 02.4 | 12 02.8 | 11 10.4 | 11 18.6 | 11 03.1 | 11 11.9 | 12 03.2 | 11 12.1 | 11 21.0 | 11 05.9 | 11 14.8 |
| 11 20.1 | 12 08.6 | 13 09.1 | 12 16.8 | 13 01.0 | 12 09.5 | 12 18.3 | 13 09.5 | 12 18.5 | 13 03.4 | 12 12.2 | 12 21.1 |
|  |  |  |  |  |  |  |  |  |  |  |  |
| 13 02.4 | 13 14.9 | 14 15.4 | 13 23.1 | 14 07.3 | 13 15.8 | 14 00.6 | 14 15.9 | 14 00.8 | 14 09.7 | 13 18.6 | 14 03.5 |
| 14 08.7 | 14 21.2 | 15 21.7 | 15 05.4 | 15 13.7 | 14 22.2 | 15 07.0 | 15 22.3 | 15 07.2 | 15 16.1 | 15 01.0 | 15 09.9 |
| 15 14.9 | 16 03.4 | 17 04.1 | 16 11.8 | 16 20.0 | 16 04.6 | 16 13.4 | 17 04.7 | 16 13.6 | 16 22.5 | 16 07.3 | 16 16.2 |
| 16 21.2 | 17 09.7 | 18 10.4 | 17 18.1 | 18 02.4 | 17 10.9 | 17 19.7 | 18 11.0 | 17 20.0 | 18 04.9 | 17 13.7 | 17 22.6 |
| 18 03.5 | 18 16.0 | 19 16.7 | 19 00.4 | 19 08.7 | 18 17.3 | 19 02.1 | 19 17.4 | 19 02.3 | 19 11.2 | 18 20.1 | 19 05.0 |
|  |  |  |  |  |  |  |  |  |  |  |  |
| 19 09.7 | 19 22.2 | 20 23.0 | 20 06.8 | 20 15.1 | 19 23.7 | 20 08.5 | 20 23.8 | 20 08.7 | 20 17.6 | 20 02.5 | 20 11.4 |
| 20 16.0 | 21 04.5 | 22 05.3 | 21 13.1 | 21 21.4 | 21 06.0 | 21 14.8 | 22 06.1 | 21 15.1 | 22 00.0 | 21 08.8 | 21 17.7 |
| 21 22.2 | 22 10.8 | 23 11.6 | 22 19.4 | 23 03.8 | 22 12.4 | 22 21.2 | 23 12.5 | 22 21.4 | 23 06.3 | 22 15.2 | 23 00.1 |
| 23 04.5 | 23 17.1 | 24 17.9 | 24 01.8 | 24 10.1 | 23 18.8 | 24 03.6 | 24 18.9 | 24 03.8 | 24 12.7 | 23 21.6 | 24 06.5 |
| 24 10.8 | 24 23.4 | 26 00.2 | 25 08.1 | 25 16.5 | 25 01.1 | 25 10.0 | 26 01.3 | 25 10.2 | 25 19.1 | 25 03.9 | 25 12.9 |
|  |  |  |  |  |  |  |  |  |  |  |  |
| 25 17.0 | 26 05.6 | 27 06.5 | 26 14.5 | 26 22.8 | 26 07.5 | 26 16.3 | 27 07.6 | 26 16.6 | 27 01.4 | 26 10.3 | 26 19.2 |
| 26 23.3 | 27 11.9 | 28 12.9 | 27 20.8 | 28 05.2 | 27 13.8 | 27 22.7 | 28 14.0 | 27 22.9 | 28 07.8 | 27 16.7 | 28 01.6 |
| 28 05.5 | 28 18.2 | 29 19.2 | 29 03.1 | 29 11.5 | 28 20.2 | 29 05.1 | 29 20.4 | 29 05.3 | 29 14.2 | 28 23.0 | 29 08.0 |
| 29 11.8 |  | 31 01.5 | 30 09.5 | 30 17.9 | 30 02.6 | 30 11.4 | 31 02.8 | 30 11.7 | 30 20.5 | 30 05.4 | 30 14.4 |
| 30 18.0 |  |  |  |  |  | 31 17.8 |  |  |  |  | 31 20.7 |
|  |  |  |  |  |  |  |  |  |  |  |  |
|  |  |  |  |  |  |  |  |  |  |  | 33 03.1 |

## I Phobos

### UNIVERSAL TIME OF EVERY THIRD GREATEST EASTERN ELONGATION

| Jan. | Feb. | Mar. | Apr. | May | June | July | Aug. | Sept. | Oct. | Nov. | Dec. |
|---|---|---|---|---|---|---|---|---|---|---|---|
| d h | d h | d h | d h | d h | d h | d h | d h | d h | d h | d h | d h |
| 0 22.9 | 1 12.4 | 1 06.1 | 1 19.9 | 1 12.0 | 1 03.1 | 1 18.3 | 1 09.5 | 1 00.7 | 1 16.0 | 1 07.2 | 1 22.4 |
| 1 21.8 | 2 11.4 | 2 05.1 | 2 18.9 | 2 11.0 | 2 02.1 | 2 17.3 | 2 08.5 | 1 23.7 | 2 14.9 | 2 06.2 | 2 21.4 |
| 2 20.8 | 3 10.3 | 3 04.1 | 3 17.9 | 3 09.9 | 3 01.1 | 3 16.2 | 3 07.5 | 2 22.7 | 3 13.9 | 3 05.1 | 3 20.3 |
| 3 19.8 | 4 09.3 | 4 03.0 | 4 16.8 | 4 08.9 | 4 00.0 | 4 15.2 | 4 06.4 | 3 21.7 | 4 12.9 | 4 04.1 | 4 19.3 |
| 4 18.7 | 5 08.2 | 5 02.0 | 5 15.8 | 5 07.9 | 4 23.0 | 5 14.2 | 5 05.4 | 4 20.6 | 5 11.9 | 5 03.1 | 5 18.3 |
| | | | | | | | | | | | |
| 5 17.7 | 6 07.2 | 6 00.9 | 6 14.8 | 6 06.8 | 5 22.0 | 6 13.2 | 6 04.4 | 5 19.6 | 6 10.8 | 6 02.1 | 6 17.3 |
| 6 16.6 | 7 06.1 | 6 23.9 | 7 13.8 | 7 05.8 | 6 20.9 | 7 12.1 | 7 03.4 | 6 18.6 | 7 09.8 | 7 01.0 | 7 16.2 |
| 7 15.6 | 8 05.1 | 7 22.9 | 8 12.7 | 8 04.8 | 7 19.9 | 8 11.1 | 8 02.3 | 7 17.6 | 8 08.8 | 8 00.0 | 8 15.2 |
| 8 14.5 | 9 04.0 | 8 21.8 | 9 11.7 | 9 03.8 | 8 18.9 | 9 10.1 | 9 01.3 | 8 16.5 | 9 07.8 | 8 23.0 | 9 14.2 |
| 9 13.5 | 10 03.0 | 9 20.8 | 10 10.7 | 10 02.7 | 9 17.9 | 10 09.1 | 10 00.3 | 9 15.5 | 10 06.7 | 9 22.0 | 10 13.2 |
| | | | | | | | | | | | |
| 10 12.5 | 11 02.0 | 10 19.8 | 11 09.6 | 11 01.7 | 10 16.8 | 11 08.0 | 10 23.3 | 10 14.5 | 11 05.7 | 10 20.9 | 11 12.1 |
| 11 11.4 | 12 00.9 | 11 18.7 | 12 08.6 | 12 00.7 | 11 15.8 | 12 07.0 | 11 22.2 | 11 13.5 | 12 04.7 | 11 19.9 | 12 11.1 |
| 12 10.4 | 12 23.9 | 12 17.7 | 13 07.6 | 12 23.7 | 12 14.8 | 13 06.0 | 12 21.2 | 12 12.5 | 13 03.7 | 12 18.9 | 13 10.1 |
| 13 09.3 | 13 22.8 | 13 16.6 | 14 06.5 | 13 22.6 | 13 13.8 | 14 05.0 | 13 20.2 | 13 11.4 | 14 02.7 | 13 17.9 | 14 09.1 |
| 14 08.3 | 14 21.8 | 14 15.6 | 15 05.5 | 14 21.6 | 14 12.7 | 15 03.9 | 14 19.2 | 14 10.4 | 15 01.6 | 14 16.8 | 15 08.0 |
| | | | | | | | | | | | |
| 15 07.2 | 15 20.7 | 15 14.6 | 16 04.5 | 15 20.6 | 15 11.7 | 16 02.9 | 15 18.2 | 15 09.4 | 16 00.6 | 15 15.8 | 16 07.0 |
| 16 06.2 | 16 19.7 | 16 13.5 | 17 03.4 | 16 19.5 | 16 10.7 | 17 01.9 | 16 17.1 | 16 08.4 | 16 23.6 | 16 14.8 | 17 06.0 |
| 17 05.1 | 17 18.6 | 17 12.5 | 18 02.4 | 17 18.5 | 17 09.7 | 18 00.9 | 17 16.1 | 17 07.3 | 17 22.6 | 17 13.8 | 18 05.0 |
| 18 04.1 | 18 17.6 | 18 11.5 | 19 01.4 | 18 17.5 | 18 08.6 | 18 23.8 | 18 15.1 | 18 06.3 | 18 21.5 | 18 12.7 | 19 03.9 |
| 19 03.0 | 19 16.6 | 19 10.4 | 20 00.3 | 19 16.5 | 19 07.6 | 19 22.8 | 19 14.1 | 19 05.3 | 19 20.5 | 19 11.7 | 20 02.9 |
| | | | | | | | | | | | |
| 20 02.0 | 20 15.5 | 20 09.4 | 20 23.3 | 20 15.4 | 20 06.6 | 20 21.8 | 20 13.0 | 20 04.3 | 20 19.5 | 20 10.7 | 21 01.9 |
| 21 01.0 | 21 14.5 | 21 08.4 | 21 22.3 | 21 14.4 | 21 05.6 | 21 20.8 | 21 12.0 | 21 03.2 | 21 18.5 | 21 09.7 | 22 00.9 |
| 21 23.9 | 22 13.4 | 22 07.3 | 22 21.3 | 22 13.4 | 22 04.5 | 22 19.8 | 22 11.0 | 22 02.2 | 22 17.4 | 22 08.6 | 22 23.9 |
| 22 22.9 | 23 12.4 | 23 06.3 | 23 20.2 | 23 12.3 | 23 03.5 | 23 18.7 | 23 10.0 | 23 01.2 | 23 16.4 | 23 07.6 | 23 22.8 |
| 23 21.8 | 24 11.3 | 24 05.3 | 24 19.2 | 24 11.3 | 24 02.5 | 24 17.7 | 24 08.9 | 24 00.2 | 24 15.4 | 24 06.6 | 24 21.8 |
| | | | | | | | | | | | |
| 24 20.8 | 25 10.3 | 25 04.2 | 25 18.2 | 25 10.3 | 25 01.5 | 25 16.7 | 25 07.9 | 24 23.1 | 25 14.4 | 25 05.6 | 25 20.8 |
| 25 19.7 | 26 09.3 | 26 03.2 | 26 17.1 | 26 09.3 | 26 00.4 | 26 15.7 | 26 06.9 | 25 22.1 | 26 13.3 | 26 04.5 | 26 19.8 |
| 26 18.7 | 27 08.2 | 27 02.1 | 27 16.1 | 27 08.2 | 26 23.4 | 27 14.6 | 27 05.9 | 26 21.1 | 27 12.3 | 27 03.5 | 27 18.7 |
| 27 17.6 | 28 07.2 | 28 01.1 | 28 15.1 | 28 07.2 | 27 22.4 | 28 13.6 | 28 04.8 | 27 20.1 | 28 11.3 | 28 02.5 | 28 17.7 |
| 28 16.6 | | 29 00.1 | 29 14.1 | 29 06.2 | 28 21.4 | 29 12.6 | 29 03.8 | 28 19.0 | 29 10.3 | 29 01.5 | 29 16.7 |
| | | | | | | | | | | | |
| 29 15.5 | | 29 23.0 | 30 13.0 | 30 05.2 | 29 20.3 | 30 11.6 | 30 02.8 | 29 18.0 | 30 09.2 | 30 00.4 | 30 15.7 |
| 30 14.5 | | 30 22.0 | | 31 04.1 | 30 19.3 | 31 10.5 | 31 01.8 | 30 17.0 | 31 08.2 | 30 23.4 | 31 14.6 |
| 31 13.5 | | 31 21.0 | | | | | | | | | 32 13.6 |
| | | | | | | | | | | | 33 12.6 |

# SATELLITES OF JUPITER, 2010

## APPARENT ORBITS OF SATELLITES I-IV AT 0ʰ UNIVERSAL TIME
## ON THE DATE OF OPPOSITION, SEPTEMBER 21

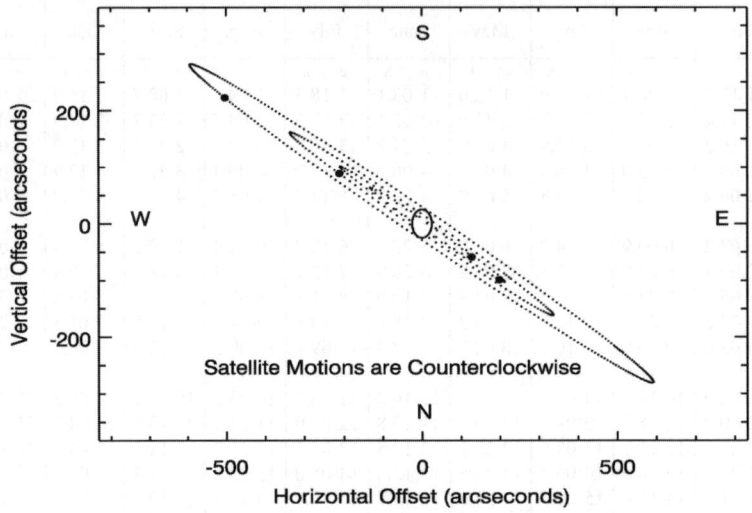

Orbits elongated in ratio of 1.5 to 1 in the North-South direction.

| NAME | | MEAN SYNODIC PERIOD | | NAME | | SIDEREAL PERIOD |
|------|------|------|------|------|------|------|
| | | d h m s | d | | | d |
| V | Amalthea | 0 11 57 27.619 = | 0.498 236 33 | XIII | Leda | 240.92 |
| I | Io | 1 18 28 35.946 = | 1.769 860 49 | X | Lysithea | 259.20 |
| II | Europa | 3 13 17 53.736 = | 3.554 094 17 | XII | Ananke | 629.77 R |
| III | Ganymede | 7 03 59 35.856 = | 7.166 387 22 | XI | Carme | 734.17 R |
| IV | Callisto | 16 18 05 06.916 = | 16.753 552 27 | VIII | Pasiphae | 743.63 R |
| VI | Himalia | 266.00 | | IX | Sinope | 758.90 R |
| VII | Elara | 276.67 | | | | |

## V  Amalthea

### UNIVERSAL TIME OF EVERY TWENTIETH GREATEST EASTERN ELONGATION

| | d h | | d h | | d h | | d h | | d h |
|------|------|------|------|------|------|------|------|------|------|
| Jan. | 0 16.4 | Mar. | 21 10.0 | June | 9 03.5 | Aug. | 27 20.4 | Nov. | 15 13.1 |
| | 10 15.6 | | 31 09.2 | | 19 02.6 | Sept. | 6 19.4 | | 25 12.3 |
| | 20 14.8 | Apr. | 10 08.4 | | 29 01.7 | | 16 18.5 | Dec. | 5 11.5 |
| | 30 14.0 | | 20 07.6 | July | 9 00.9 | | 26 17.6 | | 15 10.6 |
| Feb. | 9 13.2 | | 30 06.8 | | 19 00.0 | Oct. | 6 16.7 | | 25 09.8 |
| | | | | | | | | | |
| | 19 12.4 | May | 10 06.0 | | 28 23.1 | | 16 15.8 | | 35 09.0 |
| Mar. | 1 11.6 | | 20 05.1 | Aug. | 7 22.2 | | 26 14.9 | | |
| | 11 10.8 | | 30 04.3 | | 17 21.3 | Nov. | 5 14.0 | | |

### MULTIPLES OF THE MEAN SYNODIC PERIOD

| | d | h | | d | h | | d | h | | d | h |
|------|------|------|------|------|------|------|------|------|------|------|------|
| 1 | 0 | 12.0 | 6 | 2 | 23.7 | 11 | 5 | 11.5 | 16 | 7 | 23.3 |
| 2 | 0 | 23.9 | 7 | 3 | 11.7 | 12 | 5 | 23.5 | 17 | 8 | 11.3 |
| 3 | 1 | 11.9 | 8 | 3 | 23.7 | 13 | 6 | 11.4 | 18 | 8 | 23.2 |
| 4 | 1 | 23.8 | 9 | 4 | 11.6 | 14 | 6 | 23.4 | 19 | 9 | 11.2 |
| 5 | 2 | 11.8 | 10 | 4 | 23.6 | 15 | 7 | 11.4 | 20 | 9 | 23.2 |

## DIFFERENTIAL COORDINATES FOR 0ʰ UNIVERSAL TIME

| Date | | VI Himalia | | VII Elara | | Date | | VI Himalia | | VII Elara | |
|---|---|---|---|---|---|---|---|---|---|---|---|
| | | $\Delta\alpha$ | $\Delta\delta$ | $\Delta\alpha$ | $\Delta\delta$ | | | $\Delta\alpha$ | $\Delta\delta$ | $\Delta\alpha$ | $\Delta\delta$ |
| | | m s | ′ | m s | ′ | | | m s | ′ | m s | ′ |
| Jan. | 0 | − 1 03 | − 26.4 | − 2 46 | − 0.2 | July | 3 | − 2 28 | − 7.5 | + 2 35 | + 33.7 |
| | 4 | − 0 46 | − 25.6 | − 2 39 | − 2.1 | | 7 | − 2 39 | − 11.1 | + 2 21 | + 34.4 |
| | 8 | − 0 30 | − 24.6 | − 2 30 | − 4.0 | | 11 | − 2 49 | − 14.8 | + 2 05 | + 34.8 |
| | 12 | − 0 14 | − 23.3 | − 2 19 | − 5.8 | | 15 | − 2 59 | − 18.5 | + 1 47 | + 34.9 |
| | 16 | + 0 03 | − 21.7 | − 2 07 | − 7.6 | | 19 | − 3 07 | − 22.2 | + 1 28 | + 34.7 |
| | 20 | + 0 18 | − 19.9 | − 1 53 | − 9.2 | | 23 | − 3 15 | − 25.8 | + 1 08 | + 34.3 |
| | 24 | + 0 33 | − 18.0 | − 1 39 | − 10.6 | | 27 | − 3 22 | − 29.3 | + 0 46 | + 33.4 |
| | 28 | + 0 48 | − 15.8 | − 1 23 | − 11.9 | | 31 | − 3 27 | − 32.7 | + 0 24 | + 32.3 |
| Feb. | 1 | + 1 02 | − 13.4 | − 1 06 | − 13.0 | Aug. | 4 | − 3 30 | − 35.9 | 0 00 | + 30.7 |
| | 5 | + 1 15 | − 10.8 | − 0 49 | − 13.9 | | 8 | − 3 32 | − 38.8 | − 0 25 | + 28.8 |
| | 9 | + 1 27 | − 8.1 | − 0 32 | − 14.6 | | 12 | − 3 32 | − 41.5 | − 0 50 | + 26.5 |
| | 13 | + 1 38 | − 5.2 | − 0 15 | − 15.1 | | 16 | − 3 31 | − 43.8 | − 1 15 | + 23.8 |
| | 17 | + 1 47 | − 2.2 | + 0 03 | − 15.4 | | 20 | − 3 27 | − 45.7 | − 1 39 | + 20.8 |
| | 21 | + 1 56 | + 0.8 | + 0 20 | − 15.4 | | 24 | − 3 21 | − 47.3 | − 2 03 | + 17.4 |
| | 25 | + 2 03 | + 3.9 | + 0 37 | − 15.3 | | 28 | − 3 13 | − 48.3 | − 2 26 | + 13.8 |
| Mar. | 1 | + 2 09 | + 6.9 | + 0 53 | − 14.9 | Sept. | 1 | − 3 02 | − 48.9 | − 2 46 | + 10.0 |
| | 5 | + 2 13 | + 9.9 | + 1 09 | − 14.4 | | 5 | − 2 49 | − 49.0 | − 3 04 | + 6.1 |
| | 9 | + 2 16 | + 12.8 | + 1 25 | − 13.7 | | 9 | − 2 34 | − 48.5 | − 3 20 | + 2.0 |
| | 13 | + 2 17 | + 15.6 | + 1 39 | − 12.8 | | 13 | − 2 17 | − 47.4 | − 3 32 | − 2.0 |
| | 17 | + 2 17 | + 18.2 | + 1 53 | − 11.8 | | 17 | − 1 58 | − 45.8 | − 3 40 | − 6.0 |
| | 21 | + 2 15 | + 20.6 | + 2 06 | − 10.6 | | 21 | − 1 38 | − 43.6 | − 3 44 | − 9.8 |
| | 25 | + 2 12 | + 22.9 | + 2 18 | − 9.3 | | 25 | − 1 16 | − 40.9 | − 3 44 | − 13.4 |
| | 29 | + 2 08 | + 24.8 | + 2 30 | − 7.9 | | 29 | − 0 53 | − 37.6 | − 3 39 | − 16.7 |
| Apr. | 2 | + 2 02 | + 26.5 | + 2 40 | − 6.4 | Oct. | 3 | − 0 29 | − 33.9 | − 3 31 | − 19.6 |
| | 6 | + 1 56 | + 28.0 | + 2 50 | − 4.8 | | 7 | − 0 05 | − 29.8 | − 3 19 | − 22.1 |
| | 10 | + 1 48 | + 29.1 | + 2 59 | − 3.0 | | 11 | + 0 19 | − 25.3 | − 3 03 | − 24.2 |
| | 14 | + 1 39 | + 30.0 | + 3 08 | − 1.3 | | 15 | + 0 43 | − 20.5 | − 2 44 | − 25.9 |
| | 18 | + 1 30 | + 30.5 | + 3 15 | + 0.6 | | 19 | + 1 05 | − 15.4 | − 2 23 | − 27.1 |
| | 22 | + 1 20 | + 30.8 | + 3 22 | + 2.4 | | 23 | + 1 26 | − 10.3 | − 2 00 | − 27.8 |
| | 26 | + 1 09 | + 30.7 | + 3 27 | + 4.4 | | 27 | + 1 45 | − 5.1 | − 1 35 | − 28.1 |
| | 30 | + 0 57 | + 30.4 | + 3 32 | + 6.3 | | 31 | + 2 02 | 0.0 | − 1 09 | − 28.0 |
| May | 4 | + 0 45 | + 29.8 | + 3 37 | + 8.3 | Nov. | 4 | + 2 16 | + 5.1 | − 0 44 | − 27.5 |
| | 8 | + 0 33 | + 28.8 | + 3 40 | + 10.4 | | 8 | + 2 28 | + 9.9 | − 0 18 | − 26.8 |
| | 12 | + 0 21 | + 27.6 | + 3 42 | + 12.4 | | 12 | + 2 37 | + 14.4 | + 0 08 | − 25.7 |
| | 16 | + 0 08 | + 26.2 | + 3 44 | + 14.4 | | 16 | + 2 43 | + 18.7 | + 0 32 | − 24.3 |
| | 20 | − 0 05 | + 24.5 | + 3 44 | + 16.4 | | 20 | + 2 46 | + 22.5 | + 0 55 | − 22.8 |
| | 24 | − 0 19 | + 22.6 | + 3 44 | + 18.4 | | 24 | + 2 46 | + 25.9 | + 1 17 | − 21.0 |
| | 28 | − 0 32 | + 20.4 | + 3 42 | + 20.4 | | 28 | + 2 44 | + 28.8 | + 1 38 | − 19.1 |
| June | 1 | − 0 45 | + 18.0 | + 3 40 | + 22.3 | Dec. | 2 | + 2 40 | + 31.3 | + 1 56 | − 17.1 |
| | 5 | − 0 59 | + 15.3 | + 3 36 | + 24.1 | | 6 | + 2 34 | + 33.3 | + 2 14 | − 15.0 |
| | 9 | − 1 12 | + 12.6 | + 3 31 | + 25.8 | | 10 | + 2 26 | + 34.8 | + 2 29 | − 12.8 |
| | 13 | − 1 25 | + 9.6 | + 3 25 | + 27.5 | | 14 | + 2 16 | + 35.8 | + 2 43 | − 10.6 |
| | 17 | − 1 38 | + 6.4 | + 3 18 | + 29.1 | | 18 | + 2 05 | + 36.4 | + 2 55 | − 8.4 |
| | 21 | − 1 51 | + 3.1 | + 3 09 | + 30.5 | | 22 | + 1 53 | + 36.5 | + 3 06 | − 6.1 |
| | 25 | − 2 04 | − 0.3 | + 2 59 | + 31.7 | | 26 | + 1 40 | + 36.3 | + 3 15 | − 3.9 |
| | 29 | − 2 16 | − 3.8 | + 2 48 | + 32.8 | | 30 | + 1 27 | + 35.7 | + 3 22 | − 1.6 |
| July | 3 | − 2 28 | − 7.5 | + 2 35 | + 33.7 | | 34 | + 1 14 | + 34.7 | + 3 28 | + 0.6 |

Differential coordinates are given in the sense "satellite minus planet."

# SATELLITES OF JUPITER, 2010
## DIFFERENTIAL COORDINATES FOR 0ʰ UNIVERSAL TIME

| Date | | VIII Pasiphae | | IX Sinope | | X Lysithea | |
|---|---|---|---|---|---|---|---|
| | | $\Delta\alpha$ | $\Delta\delta$ | $\Delta\alpha$ | $\Delta\delta$ | $\Delta\alpha$ | $\Delta\delta$ |
| | | m s | ′ | m s | ′ | m s | ′ |
| Jan. | −6 | − 5 49 | + 33.0 | − 5 42 | − 4.3 | + 2 13 | + 27.7 |
| | 4 | − 6 07 | + 30.4 | − 5 09 | − 5.0 | + 2 03 | + 30.0 |
| | 14 | − 6 23 | + 27.8 | − 4 33 | − 5.4 | + 1 48 | + 30.1 |
| | 24 | − 6 36 | + 25.4 | − 3 55 | − 5.3 | + 1 28 | + 28.0 |
| Feb. | 3 | − 6 47 | + 23.1 | − 3 15 | − 4.9 | + 1 05 | + 24.1 |
| | 13 | − 6 55 | + 21.0 | − 2 33 | − 4.2 | + 0 40 | + 18.5 |
| | 23 | − 7 01 | + 19.2 | − 1 50 | − 3.0 | + 0 15 | + 11.8 |
| Mar. | 5 | − 7 04 | + 17.6 | − 1 06 | − 1.7 | − 0 09 | + 4.3 |
| | 15 | − 7 04 | + 16.4 | − 0 22 | − 0.1 | − 0 31 | − 3.5 |
| | 25 | − 7 01 | + 15.4 | + 0 24 | + 1.7 | − 0 52 | − 11.2 |
| Apr. | 4 | − 6 55 | + 14.7 | + 1 10 | + 3.5 | − 1 11 | − 18.6 |
| | 14 | − 6 45 | + 14.3 | + 1 56 | + 5.4 | − 1 29 | − 25.5 |
| | 24 | − 6 33 | + 14.1 | + 2 41 | + 7.3 | − 1 44 | − 31.6 |
| May | 4 | − 6 16 | + 14.2 | + 3 27 | + 9.1 | − 1 58 | − 36.8 |
| | 14 | − 5 56 | + 14.4 | + 4 13 | + 10.8 | − 2 10 | − 40.9 |
| | 24 | − 5 32 | + 14.8 | + 4 58 | + 12.2 | − 2 19 | − 43.7 |
| June | 3 | − 5 03 | + 15.1 | + 5 42 | + 13.5 | − 2 26 | − 45.0 |
| | 13 | − 4 31 | + 15.4 | + 6 25 | + 14.5 | − 2 28 | − 44.8 |
| | 23 | − 3 54 | + 15.5 | + 7 08 | + 15.3 | − 2 26 | − 42.6 |
| July | 3 | − 3 13 | + 15.3 | + 7 49 | + 15.8 | − 2 18 | − 38.4 |
| | 13 | − 2 28 | + 14.8 | + 8 28 | + 16.0 | − 2 02 | − 31.9 |
| | 23 | − 1 39 | + 13.7 | + 9 05 | + 16.0 | − 1 39 | − 23.3 |
| Aug. | 2 | − 0 47 | + 12.2 | + 9 38 | + 15.7 | − 1 07 | − 12.6 |
| | 12 | + 0 07 | + 10.0 | + 10 08 | + 15.1 | − 0 27 | − 0.3 |
| | 22 | + 1 02 | + 7.4 | + 10 33 | + 14.3 | + 0 17 | + 12.7 |
| Sept. | 1 | + 1 57 | + 4.3 | + 10 53 | + 13.3 | + 1 03 | + 25.3 |
| | 11 | + 2 49 | + 1.1 | + 11 07 | + 12.1 | + 1 44 | + 36.0 |
| | 21 | + 3 37 | − 2.1 | + 11 14 | + 10.8 | + 2 14 | + 43.5 |
| Oct. | 1 | + 4 18 | − 5.1 | + 11 14 | + 9.5 | + 2 30 | + 46.8 |
| | 11 | + 4 51 | − 7.5 | + 11 09 | + 8.3 | + 2 30 | + 45.6 |
| | 21 | + 5 15 | − 9.3 | + 10 57 | + 7.1 | + 2 14 | + 40.2 |
| | 31 | + 5 29 | − 10.5 | + 10 41 | + 6.1 | + 1 46 | + 31.6 |
| Nov. | 10 | + 5 33 | − 11.2 | + 10 21 | + 5.3 | + 1 11 | + 20.9 |
| | 20 | + 5 29 | − 11.4 | + 9 58 | + 4.5 | + 0 34 | + 9.6 |
| | 30 | + 5 17 | − 11.4 | + 9 32 | + 3.9 | − 0 02 | − 1.6 |
| Dec. | 10 | + 4 57 | − 11.3 | + 9 05 | + 3.2 | − 0 35 | − 11.8 |
| | 20 | + 4 33 | − 11.2 | + 8 35 | + 2.5 | − 1 02 | − 20.7 |
| | 30 | + 4 03 | − 11.1 | + 8 05 | + 1.8 | − 1 24 | − 28.0 |
| | 40 | + 3 30 | − 11.3 | + 7 32 | + 0.8 | − 1 41 | − 33.7 |

Differential coordinates are given in the sense "satellite minus planet."

## DIFFERENTIAL COORDINATES FOR 0ʰ UNIVERSAL TIME

| Date | | XI Carme | | XII Ananke | | XIII Leda | |
|---|---|---|---|---|---|---|---|
| | | $\Delta\alpha$ | $\Delta\delta$ | $\Delta\alpha$ | $\Delta\delta$ | $\Delta\alpha$ | $\Delta\delta$ |
| | | m s | ′ | m s | ′ | m s | ′ |
| Jan. | −6 | − 7 17 | − 66.3 | + 5 32 | − 21.7 | + 2 43 | + 13.4 |
| | 4 | − 7 05 | − 65.5 | + 5 50 | − 15.7 | + 2 51 | + 9.1 |
| | 14 | − 6 51 | − 64.6 | + 6 05 | − 9.9 | + 2 50 | + 4.5 |
| | 24 | − 6 34 | − 63.4 | + 6 17 | − 4.4 | + 2 40 | + 0.1 |
| Feb. | 3 | − 6 16 | − 61.8 | + 6 25 | + 0.9 | + 2 19 | − 4.1 |
| | 13 | − 5 55 | − 59.9 | + 6 31 | + 5.9 | + 1 47 | − 7.6 |
| | 23 | − 5 32 | − 57.7 | + 6 33 | + 10.5 | + 1 06 | − 10.0 |
| Mar. | 5 | − 5 08 | − 55.0 | + 6 32 | + 14.8 | + 0 18 | − 11.2 |
| | 15 | − 4 41 | − 52.0 | + 6 28 | + 18.8 | − 0 31 | − 11.0 |
| | 25 | − 4 13 | − 48.5 | + 6 21 | + 22.4 | − 1 18 | − 9.7 |
| Apr. | 4 | − 3 42 | − 44.6 | + 6 10 | + 25.7 | − 1 58 | − 7.7 |
| | 14 | − 3 10 | − 40.3 | + 5 56 | + 28.6 | − 2 32 | − 5.2 |
| | 24 | − 2 36 | − 35.6 | + 5 38 | + 31.2 | − 2 58 | − 2.5 |
| May | 4 | − 2 00 | − 30.4 | + 5 17 | + 33.5 | − 3 17 | + 0.1 |
| | 14 | − 1 23 | − 24.9 | + 4 52 | + 35.6 | − 3 28 | + 2.6 |
| | 24 | − 0 44 | − 19.1 | + 4 24 | + 37.4 | − 3 32 | + 4.9 |
| June | 3 | − 0 05 | − 12.9 | + 3 52 | + 38.9 | − 3 28 | + 6.8 |
| | 13 | + 0 35 | − 6.5 | + 3 17 | + 40.2 | − 3 17 | + 8.5 |
| | 23 | + 1 15 | + 0.2 | + 2 38 | + 41.2 | − 2 58 | + 9.9 |
| July | 3 | + 1 54 | + 7.0 | + 1 56 | + 41.9 | − 2 31 | + 10.9 |
| | 13 | + 2 31 | + 14.0 | + 1 11 | + 42.2 | − 1 55 | + 11.5 |
| | 23 | + 3 07 | + 20.9 | + 0 24 | + 42.0 | − 1 10 | + 11.8 |
| Aug. | 2 | + 3 39 | + 27.7 | − 0 25 | + 41.2 | − 0 19 | + 11.7 |
| | 12 | + 4 07 | + 34.2 | − 1 15 | + 39.6 | + 0 38 | + 11.1 |
| | 22 | + 4 31 | + 40.2 | − 2 05 | + 37.0 | + 1 36 | + 9.9 |
| Sept. | 1 | + 4 49 | + 45.5 | − 2 52 | + 33.3 | + 2 31 | + 8.0 |
| | 11 | + 5 01 | + 49.8 | − 3 36 | + 28.4 | + 3 16 | + 5.3 |
| | 21 | + 5 07 | + 52.9 | − 4 15 | + 22.4 | + 3 43 | + 1.8 |
| Oct. | 1 | + 5 06 | + 54.7 | − 4 47 | + 15.3 | + 3 46 | − 2.2 |
| | 11 | + 4 59 | + 55.1 | − 5 10 | + 7.6 | + 3 22 | − 6.3 |
| | 21 | + 4 46 | + 54.2 | − 5 24 | − 0.4 | + 2 32 | − 9.8 |
| | 31 | + 4 27 | + 52.0 | − 5 29 | − 8.3 | + 1 23 | − 12.0 |
| Nov. | 10 | + 4 02 | + 48.6 | − 5 24 | − 15.7 | + 0 08 | − 12.6 |
| | 20 | + 3 33 | + 44.3 | − 5 11 | − 22.4 | − 1 04 | − 11.5 |
| | 30 | + 3 01 | + 39.2 | − 4 50 | − 28.1 | − 2 03 | − 9.2 |
| Dec. | 10 | + 2 25 | + 33.5 | − 4 22 | − 32.7 | − 2 47 | − 6.3 |
| | 20 | + 1 47 | + 27.5 | − 3 49 | − 36.2 | − 3 16 | − 3.1 |
| | 30 | + 1 09 | + 21.2 | − 3 11 | − 38.6 | − 3 31 | 0.0 |
| | 40 | + 0 29 | + 14.8 | − 2 30 | − 40.0 | − 3 35 | + 2.6 |

Differential coordinates are given in the sense "satellite minus planet."

## TERRESTRIAL TIME OF SUPERIOR GEOCENTRIC CONJUNCTION

### I Io

| | d h m | | d h m | | d h m | | d h m |
|---|---|---|---|---|---|---|---|
| Jan. | 1 13 05 | May | 10 20 07 | July | 29 11 33 | Oct. | 17 01 11 |
| | 3 07 35 | | 12 14 37 | | 31 06 00 | | 18 19 37 |
| | 5 02 05 | | 14 09 07 | Aug. | 2 00 27 | | 20 14 04 |
| | 6 20 36 | | 16 03 37 | | 3 18 54 | | 22 08 30 |
| | 8 15 06 | | 17 22 06 | | 5 13 20 | | 24 02 57 |
| | 10 09 37 | | 19 16 36 | | 7 07 47 | | 25 21 24 |
| | 12 04 07 | | 21 11 05 | | 9 02 14 | | 27 15 50 |
| | 13 22 38 | | 23 05 35 | | 10 20 41 | | 29 10 17 |
| | 15 17 08 | | 25 00 04 | | 12 15 07 | | 31 04 44 |
| | 17 11 38 | | 26 18 34 | | 14 09 34 | Nov. | 1 23 11 |
| | 19 06 09 | | 28 13 03 | | 16 04 00 | | 3 17 38 |
| | 21 00 40 | | 30 07 32 | | 17 22 27 | | 5 12 05 |
| | 22 19 10 | June | 1 02 02 | | 19 16 53 | | 7 06 32 |
| | 24 13 41 | | 2 20 31 | | 21 11 19 | | 9 00 59 |
| | 26 08 11 | | 4 15 00 | | 23 05 46 | | 10 19 27 |
| | 28 02 42 | | 6 09 29 | | 25 00 12 | | 12 13 54 |
| | 29 21 12 | | 8 03 58 | | 26 18 38 | | 14 08 21 |
| | 31 15 43 | | 9 22 27 | | 28 13 04 | | 16 02 49 |
| Feb. | 2 10 14 | | 11 16 56 | | 30 07 30 | | 17 21 17 |
| | .. .. .. | | 13 11 25 | Sept. | 1 01 56 | | 19 15 44 |
| Mar. | 27 13 33 | | 15 05 54 | | 2 20 22 | | 21 10 12 |
| | 29 08 03 | | 17 00 22 | | 4 14 48 | | 23 04 40 |
| | 31 02 34 | | 18 18 51 | | 6 09 14 | | 24 23 08 |
| Apr. | 1 21 04 | | 20 13 20 | | 8 03 40 | | 26 17 36 |
| | 3 15 35 | | 22 07 48 | | 9 22 06 | | 28 12 04 |
| | 5 10 05 | | 24 02 17 | | 11 16 32 | | 30 06 32 |
| | 7 04 35 | | 25 20 45 | | 13 10 57 | Dec. | 2 01 00 |
| | 8 23 06 | | 27 15 14 | | 15 05 23 | | 3 19 29 |
| | 10 17 36 | | 29 09 42 | | 16 23 49 | | 5 13 57 |
| | 12 12 07 | July | 1 04 10 | | 18 18 15 | | 7 08 25 |
| | 14 06 37 | | 2 22 38 | | 20 12 41 | | 9 02 54 |
| | 16 01 07 | | 4 17 06 | | 22 07 07 | | 10 21 23 |
| | 17 19 37 | | 6 11 35 | | 24 01 32 | | 12 15 51 |
| | 19 14 08 | | 8 06 02 | | 25 19 58 | | 14 10 20 |
| | 21 08 38 | | 10 00 30 | | 27 14 24 | | 16 04 49 |
| | 23 03 08 | | 11 18 58 | | 29 08 50 | | 17 23 18 |
| | 24 21 38 | | 13 13 26 | Oct. | 1 03 16 | | 19 17 47 |
| | 26 16 08 | | 15 07 54 | | 2 21 42 | | 21 12 16 |
| | 28 10 38 | | 17 02 21 | | 4 16 08 | | 23 06 45 |
| | 30 05 08 | | 18 20 49 | | 6 10 34 | | 25 01 14 |
| May | 1 23 38 | | 20 15 16 | | 8 05 00 | | 26 19 43 |
| | 3 18 08 | | 22 09 44 | | 9 23 26 | | 28 14 12 |
| | 5 12 38 | | 24 04 11 | | 11 17 52 | | 30 08 42 |
| | 7 07 08 | | 25 22 38 | | 13 12 19 | | 32 03 11 |
| | 9 01 38 | | 27 17 06 | | 15 06 45 | | |

## TERRESTRIAL TIME OF SUPERIOR GEOCENTRIC CONJUNCTION

### II Europa

| | d h m | | d h m | | d h m | | d h m |
|---|---|---|---|---|---|---|---|
| Jan. | 0 06 35 | May | 11 22 36 | Aug. | 1 16 23 | Oct. | 22 06 46 |
| | 3 19 59 | | 15 11 58 | | 5 05 35 | | 25 19 57 |
| | 7 09 23 | | 19 01 20 | | 8 18 46 | | 29 09 07 |
| | 10 22 48 | | 22 14 41 | | 12 07 57 | Nov. | 1 22 19 |
| | 14 12 12 | | 26 04 02 | | 15 21 08 | | 5 11 31 |
| | 18 01 37 | | 29 17 23 | | 19 10 17 | | 9 00 44 |
| | 21 15 02 | June | 2 06 43 | | 22 23 27 | | 12 13 57 |
| | 25 04 27 | | 5 20 03 | | 26 12 35 | | 16 03 11 |
| | 28 17 52 | | 9 09 23 | | 30 01 44 | | 19 16 26 |
| Feb. | 1 07 17 | | 12 22 42 | Sept. | 2 14 52 | | 23 05 41 |
| | .. .. .. | | 16 12 01 | | 6 04 00 | | 26 18 57 |
| Mar. | 30 05 56 | | 20 01 20 | | 9 17 08 | | 30 08 14 |
| Apr. | 2 19 20 | | 23 14 38 | | 13 06 16 | Dec. | 3 21 30 |
| | 6 08 44 | | 27 03 55 | | 16 19 23 | | 7 10 49 |
| | 9 22 08 | | 30 17 12 | | 20 08 31 | | 11 00 07 |
| | 13 11 32 | July | 4 06 29 | | 23 21 38 | | 14 13 26 |
| | 17 00 56 | | 7 19 45 | | 27 10 46 | | 18 02 45 |
| | 20 14 19 | | 11 09 01 | | 30 23 53 | | 21 16 05 |
| | 24 03 43 | | 14 22 16 | Oct. | 4 13 01 | | 25 05 25 |
| | 27 17 06 | | 18 11 31 | | 8 02 09 | | 28 18 47 |
| May | 1 06 29 | | 22 00 44 | | 11 15 18 | | 32 08 08 |
| | 4 19 51 | | 25 13 58 | | 15 04 27 | | |
| | 8 09 14 | | 29 03 11 | | 18 17 36 | | |

### III Ganymede

| | d h m | | d h m | | d h m | | d h m |
|---|---|---|---|---|---|---|---|
| Jan. | 6 15 21 | May | 15 23 58 | Aug. | 2 19 44 | Oct. | 20 08 33 |
| | 13 19 47 | | 23 04 16 | | 9 23 16 | | 27 11 59 |
| | 21 00 16 | | 30 08 29 | | 17 02 45 | Nov. | 3 15 28 |
| | 28 04 46 | June | 6 12 40 | | 24 06 09 | | 10 19 03 |
| Feb. | .. .. .. | | 13 16 48 | | 31 09 30 | | 17 22 43 |
| Apr. | 2 21 31 | | 20 20 51 | Sept. | 7 12 48 | | 25 02 29 |
| | 10 01 59 | | 28 00 52 | | 14 16 04 | Dec. | 2 06 20 |
| | 17 06 26 | July | 5 04 48 | | 21 19 19 | | 9 10 15 |
| | 24 10 52 | | 12 08 39 | | 28 22 34 | | 16 14 15 |
| May | 1 15 16 | | 19 12 25 | Oct. | 6 01 51 | | 23 18 18 |
| | 8 19 39 | | 26 16 07 | | 13 05 11 | | 30 22 27 |

### IV Callisto

| | d h m | | d h m | | d h m | | d h m |
|---|---|---|---|---|---|---|---|
| Jan. | 15 00 50 | May | 13 01 54 | Aug. | 4 20 08 | Oct. | 26 21 11 |
| | 31 21 35 | | 29 21 30 | | 21 11 27 | Nov. | 12 12 51 |
| Feb. | .. .. .. | June | 15 16 28 | Sept. | 7 02 00 | | 29 05 34 |
| Apr. | 9 09 16 | July | 2 10 37 | | 23 16 09 | Dec. | 15 23 18 |
| | 26 05 47 | | 19 03 52 | Oct. | 10 06 24 | | 32 17 58 |

# SATELLITES OF JUPITER, 2010

## TERRESTRIAL TIME OF GEOCENTRIC PHENOMENA

### JANUARY

| d | h m | | d | h m | | d | h m | | d | h m | |
|---|-----|---|---|-----|---|---|-----|---|---|-----|---|
| 0 | 5 08 | II.Oc.D. | 8 | 13 57 | I.Oc.D. | 16 | 9 23 | II.Sh.E. | 24 | 12 32 | I.Oc.D. |
| | 9 57 | II.Ec.R. | | 17 06 | I.Ec.R. | | 13 21 | I.Tr.I. | | 12 52 | III.Tr.I. |
| | 14 48 | I.Tr.I. | 9 | 2 10 | II.Tr.I. | | 14 05 | I.Sh.I. | | 15 21 | III.Sh.I. |
| | 15 45 | I.Sh.I. | | 3 53 | II.Sh.I. | | 15 38 | I.Tr.E. | | 15 26 | I.Ec.R. |
| | 17 05 | I.Tr.E. | | 5 04 | II.Tr.E. | | 16 21 | I.Sh.E. | | 16 29 | III.Tr.E. |
| | 18 02 | I.Sh.E. | | 6 46 | II.Sh.E. | 17 | 8 23 | III.Tr.I. | | 18 53 | III.Sh.E. |
| 1 | 11 56 | I.Oc.D. | | 11 20 | I.Tr.I. | | 10 29 | I.Oc.D. | 25 | 3 00 | II.Oc.D. |
| | 15 11 | I.Ec.R. | | 12 09 | I.Sh.I. | | 11 20 | III.Sh.I. | | 7 04 | II.Ec.R. |
| | 23 21 | II.Tr.I. | | 13 37 | I.Tr.E. | | 12 00 | III.Tr.E. | | 9 53 | I.Tr.I. |
| 2 | 1 15 | II.Sh.I. | | 14 26 | I.Sh.E. | | 13 31 | I.Ec.R. | | 10 28 | I.Sh.I. |
| | 2 15 | II.Tr.E. | 10 | 3 54 | III.Tr.I. | | 14 52 | III.Sh.E. | | 12 10 | I.Tr.E. |
| | 4 08 | II.Sh.E. | | 7 18 | III.Sh.I. | 18 | 0 11 | II.Oc.D. | | 12 45 | I.Sh.E. |
| | 9 18 | I.Tr.I. | | 7 32 | III.Tr.E. | | 4 28 | II.Ec.R. | 26 | 7 02 | I.Oc.D. |
| | 10 14 | I.Sh.I. | | 8 28 | I.Oc.D. | | 7 51 | I.Tr.I. | | 9 55 | I.Ec.R. |
| | 11 35 | I.Tr.E. | | 10 50 | III.Sh.E. | | 8 33 | I.Sh.I. | | 21 17 | II.Tr.I. |
| | 12 31 | I.Sh.E. | | 11 35 | I.Ec.R. | | 10 09 | I.Tr.E. | | 22 27 | II.Sh.I. |
| | 23 28 | III.Tr.I. | | 21 21 | II.Oc.D. | | 10 50 | I.Sh.E. | 27 | 0 12 | II.Tr.E. |
| 3 | 3 06 | III.Tr.E. | 11 | 1 52 | II.Ec.R. | 19 | 5 00 | I.Oc.D. | | 1 20 | II.Sh.E. |
| | 3 16 | III.Sh.I. | | 5 50 | I.Tr.I. | | 7 59 | I.Ec.R. | | 4 24 | I.Tr.I. |
| | 6 26 | I.Oc.D. | | 6 38 | I.Sh.I. | | 18 26 | II.Tr.I. | | 4 57 | I.Sh.I. |
| | 6 49 | III.Sh.E. | | 8 07 | I.Tr.E. | | 19 49 | II.Sh.I. | | 6 41 | I.Tr.E. |
| | 9 40 | I.Ec.R. | | 8 55 | I.Sh.E. | | 21 20 | II.Tr.E. | | 7 14 | I.Sh.E. |
| | 18 32 | II.Oc.D. | 12 | 2 58 | I.Oc.D. | | 22 42 | II.Sh.E. | 28 | 1 33 | I.Oc.D. |
| | 23 15 | II.Ec.R. | | 6 04 | I.Ec.R. | 20 | 2 22 | I.Tr.I. | | 2 58 | III.Oc.D. |
| 4 | 3 49 | I.Tr.I. | | 15 35 | II.Tr.I. | | 3 02 | I.Sh.I. | | 4 24 | I.Ec.R. |
| | 4 43 | I.Sh.I. | | 17 11 | II.Sh.I. | | 4 39 | I.Tr.E. | | 8 45 | III.Ec.R. |
| | 6 06 | I.Tr.E. | | 18 29 | II.Tr.E. | | 5 19 | I.Sh.E. | | 16 25 | II.Oc.D. |
| | 7 00 | I.Sh.E. | | 20 04 | II.Sh.E. | | 22 27 | III.Oc.D. | | 20 21 | II.Ec.R. |
| 5 | 0 56 | I.Oc.D. | 13 | 0 20 | I.Tr.I. | | 23 31 | I.Oc.D. | | 22 54 | I.Tr.I. |
| | 4 08 | I.Ec.R. | | 1 07 | I.Sh.I. | 21 | 2 28 | I.Ec.R. | | 23 26 | I.Sh.I. |
| | 12 46 | II.Tr.I. | | 2 37 | I.Tr.E. | | 4 43 | III.Ec.R. | 29 | 1 11 | I.Tr.E. |
| | 14 33 | II.Sh.I. | | 3 24 | I.Sh.E. | | 13 35 | II.Oc.D. | | 1 42 | I.Sh.E. |
| | 15 39 | II.Tr.E. | | 17 58 | III.Oc.D. | | 17 46 | II.Ec.R. | | 20 03 | I.Oc.D. |
| | 17 26 | II.Sh.E. | | 21 29 | I.Oc.D. | | 20 52 | I.Tr.I. | | 22 52 | I.Ec.R. |
| | 22 19 | I.Tr.I. | 14 | 0 33 | I.Ec.R. | | 21 31 | I.Sh.I. | 30 | 10 44 | II.Tr.I. |
| | 23 12 | I.Sh.I. | | 0 42 | III.Ec.R. | | 23 09 | I.Tr.E. | | 11 46 | II.Sh.I. |
| 6 | 0 36 | I.Tr.E. | | 10 46 | II.Oc.D. | | 23 47 | I.Sh.E. | | 13 38 | II.Tr.E. |
| | 1 28 | I.Sh.E. | | 15 10 | II.Ec.R. | 22 | 18 01 | I.Oc.D. | | 14 39 | II.Sh.E. |
| | 11 14 | IV.Tr.I. | | 18 51 | I.Tr.I. | | 20 57 | I.Ec.R. | | 17 25 | I.Tr.I. |
| | 13 32 | III.Oc.D. | | 19 36 | I.Sh.I. | 23 | 7 52 | II.Tr.I. | | 17 55 | I.Sh.I. |
| | 15 54 | IV.Tr.E. | | 21 08 | I.Tr.E. | | 7 59 | IV.Tr.I. | | 19 42 | I.Tr.E. |
| | 19 27 | I.Oc.D. | | 21 52 | I.Sh.E. | | 9 08 | II.Sh.I. | | 20 11 | I.Sh.E. |
| | 19 52 | IV.Sh.I. | | 22 32 | IV.Oc.D. | | 10 46 | II.Tr.E. | 31 | 14 34 | I.Oc.D. |
| | 20 41 | III.Ec.R. | 15 | 3 09 | IV.Oc.R. | | 12 01 | II.Sh.E. | | 17 21 | I.Ec.R. |
| | 22 37 | I.Ec.R. | | 5 48 | IV.Ec.D. | | 12 35 | IV.Tr.E. | | 17 22 | III.Tr.I. |
| 7 | 0 07 | IV.Sh.E. | | 10 00 | IV.Ec.R. | | 14 10 | IV.Sh.I. | | 19 20 | IV.Oc.D. |
| | 7 57 | II.Oc.D. | | 15 59 | I.Oc.D. | | 15 23 | I.Tr.I. | | 19 22 | III.Sh.I. |
| | 12 33 | II.Ec.R. | | 19 02 | I.Ec.R. | | 16 00 | I.Sh.I. | | 20 59 | III.Tr.E. |
| | 16 49 | I.Tr.I. | 16 | 5 01 | II.Tr.I. | | 17 40 | I.Tr.E. | | 22 54 | III.Sh.E. |
| | 17 41 | I.Sh.I. | | 6 30 | II.Sh.I. | | 18 16 | I.Sh.E. | | 23 51 | IV.Oc.R. |
| | 19 06 | I.Tr.E. | | 7 55 | II.Tr.E. | | 18 20 | IV.Sh.E. | | | |
| | 19 57 | I.Sh.E. | | | | | | | | | |

| I. Jan. 15 | II. Jan. 14 | III. Jan. 14 | IV. Jan. 15 |
|---|---|---|---|
| $x_2 = +1.6,\ y_2 = +0.1$ | $x_2 = +2.0,\ y_2 = 0.0$ | $x_2 = +2.7,\ y_2 = +0.1$ | $x_1 = +2.0,\ y_1 = +0.3$ <br> $x_2 = +3.8,\ y_2 = +0.3$ |

NOTE.–I. denotes ingress; E., egress; D., disappearance; R., reappearance; Ec., eclipse; Oc., occultation; Tr., transit of the satellite; Sh., transit of the shadow.

## CONFIGURATIONS OF SATELLITES I-IV FOR JANUARY

UNIVERSAL TIME

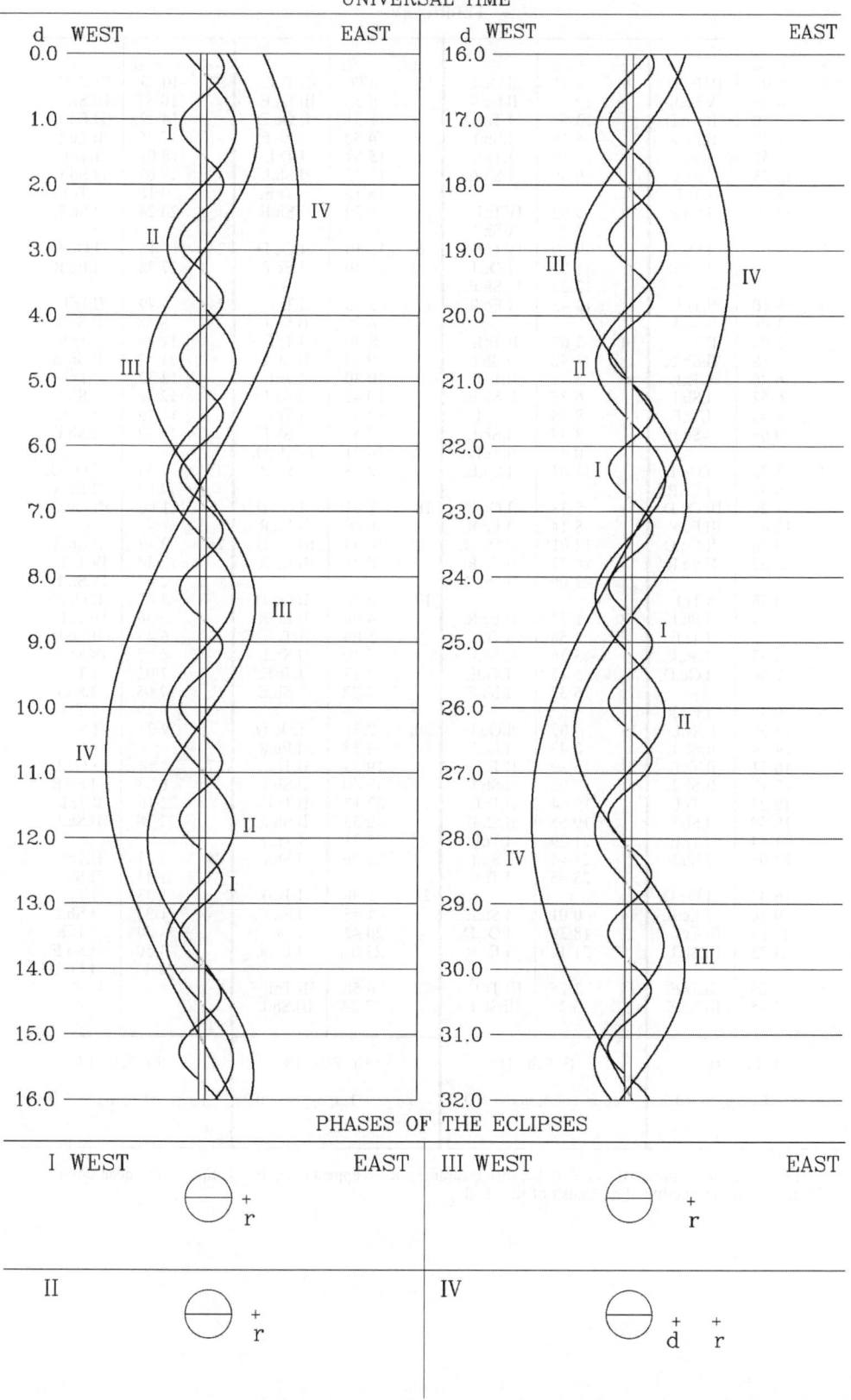

PHASES OF THE ECLIPSES

# SATELLITES OF JUPITER, 2010

## TERRESTRIAL TIME OF GEOCENTRIC PHENOMENA

### FEBRUARY

| d | h m | | d | h m | | d | h m | | d | h m | |
|---|-----|---|---|-----|---|---|-----|---|---|-----|---|
| 1 | 0 03 | IV.Ec.D. | 8 | 8 41 | II.Oc.D. | 15 | 6 00 | III.Tr.E. | 22 | 10 33 | III.Tr.E. |
|  | 4 09 | IV.Ec.R. |  | 12 15 | II.Ec.R. |  | 6 55 | III.Sh.E. |  | 10 57 | III.Sh.E. |
|  | 5 50 | II.Oc.D. |  | 13 57 | I.Tr.I. |  | 11 31 | II.Oc.D. |  | 14 22 | II.Oc.D. |
|  | 9 39 | II.Ec.R. |  | 14 18 | I.Sh.I. |  | 14 50 | II.Ec.R. |  | 17 25 | II.Ec.R. |
|  | 11 55 | I.Tr.I. |  | 16 14 | I.Tr.E. |  | 15 59 | I.Tr.I. |  | 18 01 | I.Tr.I. |
|  | 12 23 | I.Sh.I. |  | 16 35 | I.Sh.E. |  | 16 13 | I.Sh.I. |  | 18 07 | I.Sh.I. |
|  | 14 12 | I.Tr.E. |  |  |  |  | 18 16 | I.Tr.E. |  | 20 18 | I.Tr.E. |
|  | 14 40 | I.Sh.E. | 9 | 5 02 | IV.Tr.I. |  | 18 29 | I.Sh.E. |  | 20 24 | I.Sh.E. |
|  |  |  |  | 8 29 | IV.Sh.I. |  |  |  |  |  |  |
| 2 | 9 05 | I.Oc.D. |  | 9 30 | IV.Tr.E. | 16 | 13 10 | I.Oc.D. | 23 | 15 13 | I.Oc.D. |
|  | 11 50 | I.Ec.R. |  | 11 07 | I.Oc.D. |  | 15 40 | I.Ec.R. |  | 17 36 | I.Ec.R. |
|  |  |  |  | 12 32 | IV.Sh.E. |  |  |  |  |  |  |
| 3 | 0 10 | II.Tr.I. |  | 13 45 | I.Ec.R. | 17 | 5 56 | II.Tr.I. | 24 | 8 49 | II.Tr.I. |
|  | 1 04 | II.Sh.I. |  |  |  |  | 6 20 | II.Sh.I. |  | 8 58 | II.Sh.I. |
|  | 3 04 | II.Tr.E. | 10 | 3 02 | II.Tr.I. |  | 8 50 | II.Tr.E. |  | 11 44 | II.Tr.E. |
|  | 3 58 | II.Sh.E. |  | 3 42 | II.Sh.I. |  | 9 14 | II.Sh.E. |  | 11 52 | II.Sh.E. |
|  | 6 26 | I.Tr.I. |  | 5 57 | II.Tr.E. |  | 10 30 | I.Tr.I. |  | 12 32 | I.Tr.I. |
|  | 6 52 | I.Sh.I. |  | 6 36 | II.Sh.E. |  | 10 42 | I.Sh.I. |  | 12 36 | I.Sh.I. |
|  | 8 43 | I.Tr.E. |  | 8 28 | I.Tr.I. |  | 12 47 | I.Tr.E. |  | 14 49 | I.Tr.E. |
|  | 9 09 | I.Sh.E. |  | 8 47 | I.Sh.I. |  | 12 58 | I.Sh.E. |  | 14 52 | I.Sh.E. |
|  |  |  |  | 10 45 | I.Tr.E. |  | 16 21 | IV.Oc.D. |  |  |  |
| 4 | 3 35 | I.Oc.D. |  | 11 03 | I.Sh.E. |  | 22 18 | IV.Ec.R. | 25 | 9 43 | I.Oc.D. |
|  | 6 19 | I.Ec.R. |  |  |  |  |  |  |  | 12 04 | I.Ec.R. |
|  | 7 29 | III.Oc.D. | 11 | 5 38 | I.Oc.D. | 18 | 7 41 | I.Oc.D. |  | 21 06 | III.Oc.D. |
|  | 12 46 | III.Ec.R. |  | 8 14 | I.Ec.R. |  | 10 09 | I.Ec.R. |  |  |  |
|  | 19 16 | II.Oc.D. |  | 12 01 | III.Oc.D. |  | 16 34 | III.Oc.D. | 26 | 0 49 | III.Ec.R. |
|  | 22 57 | II.Ec.R. |  | 16 47 | III.Ec.R. |  | 20 48 | III.Ec.R. |  | 2 14 | IV.Tr.I. |
|  |  |  |  | 22 06 | II.Oc.D. |  |  |  |  | 2 47 | IV.Sh.I. |
| 5 | 0 56 | I.Tr.I. |  |  |  | 19 | 0 56 | II.Oc.D. |  | 3 47 | II.Oc.D. |
|  | 1 21 | I.Sh.I. | 12 | 1 33 | II.Ec.R. |  | 4 08 | II.Ec.R. |  | 6 30 | IV.Tr.E. |
|  | 3 13 | I.Tr.E. |  | 2 58 | I.Tr.I. |  | 5 00 | I.Tr.I. |  | 6 43 | II.Ec.R. |
|  | 3 37 | I.Sh.E. |  | 3 16 | I.Sh.I. |  | 5 10 | I.Sh.I. |  | 6 43 | IV.Sh.E. |
|  | 22 06 | I.Oc.D. |  | 5 15 | I.Tr.E. |  | 7 17 | I.Tr.E. |  | 7 02 | I.Tr.I. |
|  |  |  |  | 5 32 | I.Sh.E. |  | 7 27 | I.Sh.E. |  | 7 05 | I.Sh.I. |
| 6 | 0 48 | I.Ec.R. |  |  |  |  |  |  |  | 9 19 | I.Tr.E. |
|  | 13 36 | II.Tr.I. | 13 | 0 09 | I.Oc.D. | 20 | 2 11 | I.Oc.D. |  | 9 21 | I.Sh.E. |
|  | 14 24 | II.Sh.I. |  | 2 43 | I.Ec.R. |  | 4 38 | I.Ec.R. |  |  |  |
|  | 16 31 | II.Tr.E. |  | 16 29 | II.Tr.I. |  | 19 23 | II.Tr.I. | 27 | 4 14 | I.Oc.D. |
|  | 17 17 | II.Sh.E. |  | 17 02 | II.Sh.I. |  | 19 40 | II.Sh.I. |  | 6 33 | I.Ec.R. |
|  | 19 27 | I.Tr.I. |  | 19 24 | II.Tr.E. |  | 22 17 | II.Tr.E. |  | 22 16 | II.Tr.I. |
|  | 19 49 | I.Sh.I. |  | 19 55 | II.Sh.E. |  | 22 33 | II.Sh.E. |  | 22 18 | II.Sh.I. |
|  | 21 44 | I.Tr.E. |  | 21 29 | I.Tr.I. |  | 23 31 | I.Tr.I. |  |  |  |
|  | 22 06 | I.Sh.E. |  | 21 44 | I.Sh.I. |  | 23 39 | I.Sh.I. | 28 | 1 11 | II.Tr.E. |
|  |  |  |  | 23 46 | I.Tr.E. |  |  |  |  | 1 11 | II.Sh.E. |
| 7 | 16 37 | I.Oc.D. |  |  |  | 21 | 1 48 | I.Tr.E. |  | 1 33 | I.Tr.I. |
|  | 19 16 | I.Ec.R. | 14 | 0 01 | I.Sh.E. |  | 1 55 | I.Sh.E. |  | 1 33 | I.Sh.I. |
|  | 21 53 | III.Tr.I. |  | 18 39 | I.Oc.D. |  | 20 42 | I.Oc.D. |  | 3 50 | I.Tr.E. |
|  | 23 23 | III.Sh.I. |  | 21 12 | I.Ec.R. |  | 23 07 | I.Ec.R. |  | 3 50 | I.Sh.E. |
|  |  |  |  |  |  |  |  |  |  | 22 44 | I.Ec.D. |
| 8 | 1 29 | III.Tr.E. | 15 | 2 25 | III.Tr.I. | 22 | 6 58 | III.Tr.I. |  |  |  |
|  | 2 55 | III.Sh.E. |  | 3 25 | III.Sh.I. |  | 7 27 | III.Sh.I. |  |  |  |

| I. Feb. 16 | II. Feb. 15 | III. Feb. 18 | IV. Feb. 17 |
|---|---|---|---|
| $x_2 = + 1.2, \; y_2 = + 0.1$ | $x_2 = + 1.3, \; y_2 = + 0.1$ | $x_2 = + 1.3, \; y_2 = + 0.2$ | $x_2 = + 1.6, \; y_2 = + 0.4$ |

NOTE.–I. denotes ingress; E., egress; D., disappearance; R., reappearance; Ec., eclipse; Oc., occultation; Tr., transit of the satellite; Sh., transit of the shadow.

## CONFIGURATIONS OF SATELLITES I-IV FOR FEBRUARY

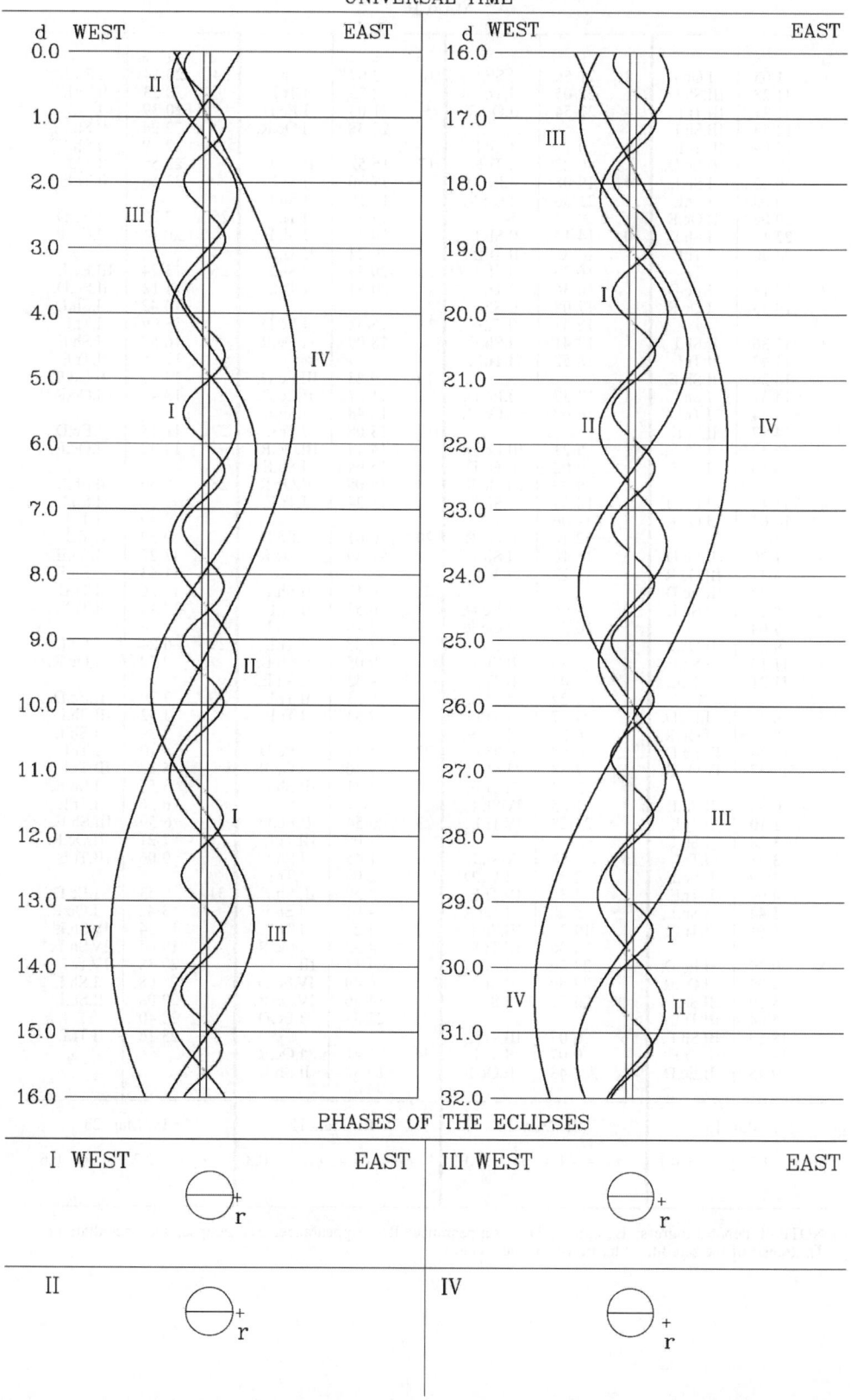

UNIVERSAL TIME

PHASES OF THE ECLIPSES

# SATELLITES OF JUPITER, 2010

## TERRESTRIAL TIME OF GEOCENTRIC PHENOMENA

### MARCH

| d | h m | | d | h m | | d | h m | | d | h m | |
|---|---|---|---|---|---|---|---|---|---|---|---|
| 1 | 1 03 | I.Oc.R. | 8 | 21 56 | I.Sh.I. | 16 | 2 07 | I.Sh.E. | 24 | 20 14 | I.Sh.I. |
| | 11 28 | III.Sh.I. | | 22 05 | I.Tr.I. | | 2 23 | I.Tr.E. | | 20 23 | II.Tr.I. |
| | 11 31 | III.Tr.I. | | 22 54 | II.Oc.R. | | 21 03 | I.Ec.D. | | 20 39 | I.Tr.I. |
| | 14 58 | III.Sh.E. | 9 | 0 13 | I.Sh.E. | | 23 38 | I.Oc.R. | | 22 24 | II.Sh.E. |
| | 15 04 | III.Tr.E. | | 0 22 | I.Tr.E. | 17 | 16 52 | II.Sh.I. | | 22 29 | I.Sh.E. |
| | 17 09 | II.Ec.D. | | 19 08 | I.Ec.D. | | 17 30 | II.Tr.I. | | 22 55 | I.Tr.E. |
| | 20 02 | I.Sh.I. | | 21 36 | I.Oc.R. | | 18 19 | I.Sh.I. | | 23 16 | II.Tr.E. |
| | 20 03 | I.Tr.I. | 10 | 14 14 | II.Sh.I. | | 18 37 | I.Tr.I. | 25 | 17 27 | I.Ec.D. |
| | 20 04 | II.Oc.R. | | 14 36 | II.Tr.I. | | 19 46 | II.Sh.E. | | 20 11 | I.Oc.R. |
| | 22 18 | I.Sh.E. | | 16 25 | I.Sh.I. | | 20 24 | II.Tr.E. | 26 | 13 24 | III.Ec.D. |
| | 22 20 | I.Tr.E. | | 16 36 | I.Tr.I. | | 20 35 | I.Sh.E. | | 14 12 | II.Ec.D. |
| 2 | 17 13 | I.Ec.D. | | 17 08 | II.Sh.E. | | 20 54 | I.Tr.E. | | 14 42 | I.Sh.I. |
| | 19 33 | I.Oc.R. | | 17 31 | II.Tr.E. | 18 | 15 32 | I.Ec.D. | | 15 09 | I.Tr.I. |
| 3 | 11 36 | II.Sh.I. | | 18 41 | I.Sh.E. | | 18 09 | I.Oc.R. | | 16 58 | I.Sh.E. |
| | 11 43 | II.Tr.I. | | 18 52 | I.Tr.E. | 19 | 9 23 | III.Ec.D. | | 17 25 | I.Tr.E. |
| | 14 30 | II.Sh.E. | 11 | 13 37 | I.Ec.D. | | 11 37 | II.Ec.D. | | 17 57 | II.Oc.R. |
| | 14 31 | I.Sh.I. | | 16 07 | I.Oc.R. | | 12 48 | I.Sh.I. | | 18 45 | III.Oc.R. |
| | 14 34 | I.Tr.I. | 12 | 5 21 | III.Ec.D. | | 13 08 | I.Tr.I. | 27 | 11 55 | I.Ec.D. |
| | 14 37 | II.Tr.E. | | 9 02 | II.Ec.D. | | 14 14 | III.Oc.R. | | 14 42 | I.Oc.R. |
| | 16 47 | I.Sh.E. | | 9 43 | III.Oc.R. | | 15 04 | I.Sh.E. | 28 | 8 50 | II.Sh.I. |
| | 16 50 | I.Tr.E. | | 10 54 | I.Sh.I. | | 15 08 | II.Oc.R. | | 9 11 | I.Sh.I. |
| 4 | 11 42 | I.Ec.D. | | 11 06 | I.Tr.I. | | 15 24 | I.Tr.E. | | 9 40 | I.Tr.I. |
| | 14 04 | I.Oc.R. | | 12 18 | II.Oc.R. | 20 | 10 01 | I.Ec.D. | | 9 50 | II.Tr.I. |
| 5 | 1 20 | III.Ec.D. | | 13 10 | I.Sh.E. | | 12 39 | I.Oc.R. | | 11 27 | I.Sh.E. |
| | 5 11 | III.Oc.R. | | 13 23 | I.Tr.E. | 21 | 6 12 | II.Sh.I. | | 11 43 | II.Sh.E. |
| | 6 27 | II.Ec.D. | 13 | 8 06 | I.Ec.D. | | 6 57 | II.Tr.I. | | 11 56 | I.Tr.E. |
| | 8 59 | I.Sh.I. | | 10 37 | I.Oc.R. | | 7 16 | I.Sh.I. | | 12 43 | II.Tr.E. |
| | 9 04 | I.Tr.I. | 14 | 3 34 | II.Sh.I. | | 7 38 | I.Tr.I. | 29 | 6 24 | I.Ec.D. |
| | 9 29 | II.Oc.R. | | 4 03 | II.Tr.I. | | 9 05 | II.Sh.E. | | 9 12 | I.Oc.R. |
| | 11 15 | I.Sh.E. | | 5 22 | I.Sh.I. | | 9 32 | I.Sh.E. | 30 | 3 29 | II.Ec.D. |
| | 11 21 | I.Tr.E. | | 5 37 | I.Tr.I. | | 9 51 | II.Tr.E. | | 3 32 | III.Sh.I. |
| 6 | 6 11 | I.Ec.D. | | 6 27 | II.Sh.E. | | 9 54 | I.Tr.E. | | 3 39 | I.Sh.I. |
| | 8 35 | I.Oc.R. | | 6 58 | II.Tr.E. | 22 | 4 29 | I.Ec.D. | | 4 10 | I.Tr.I. |
| | 12 34 | IV.Ec.D. | | 7 38 | I.Sh.E. | | 7 10 | I.Oc.R. | | 5 38 | III.Tr.I. |
| | 17 37 | IV.Oc.R. | | 7 53 | I.Tr.E. | | 23 31 | III.Sh.I. | | 5 55 | I.Sh.E. |
| 7 | 0 56 | II.Sh.I. | | 21 05 | IV.Sh.I. | 23 | 0 54 | I.Ec.D. | | 6 26 | I.Tr.E. |
| | 1 10 | II.Tr.I. | | 23 28 | IV.Tr.I. | | 1 08 | III.Tr.I. | | 6 59 | III.Sh.E. |
| | 3 28 | I.Sh.I. | 15 | 0 54 | IV.Sh.E. | | 1 45 | I.Sh.I. | | 7 21 | II.Oc.R. |
| | 3 35 | I.Tr.I. | | 2 34 | I.Ec.D. | | 2 09 | I.Tr.I. | | 9 06 | III.Tr.E. |
| | 3 49 | II.Sh.E. | | 3 30 | IV.Tr.E. | | 2 59 | III.Sh.E. | 31 | 0 53 | I.Ec.D. |
| | 4 04 | II.Tr.E. | | 5 08 | I.Oc.R. | | 4 01 | I.Sh.E. | | 3 42 | I.Oc.R. |
| | 5 44 | I.Sh.E. | | 19 31 | III.Sh.I. | | 4 25 | I.Tr.E. | | 15 24 | IV.Sh.I. |
| | 5 51 | I.Tr.E. | | 20 36 | III.Tr.I. | | 4 32 | II.Oc.R. | | 19 04 | IV.Sh.E. |
| 8 | 0 39 | I.Ec.D. | | 22 20 | II.Ec.D. | | 4 37 | III.Tr.E. | | 20 38 | IV.Tr.I. |
| | 3 05 | I.Oc.R. | | 22 59 | III.Sh.E. | | 6 49 | IV.Ec.D. | | 22 08 | I.Sh.I. |
| | 15 30 | III.Sh.I. | | 23 51 | I.Sh.I. | | 14 26 | IV.Oc.R. | | 22 08 | II.Sh.I. |
| | 16 04 | III.Tr.I. | 16 | 0 07 | III.Tr.E. | | 22 58 | I.Ec.D. | | 22 40 | I.Tr.I. |
| | 18 59 | III.Sh.E. | | 0 07 | I.Tr.I. | 24 | 1 41 | I.Oc.R. | | 23 16 | II.Tr.I. |
| | 19 36 | III.Tr.E. | | 1 43 | II.Oc.R. | | 19 30 | II.Sh.I. | | | |
| | 19 45 | II.Ec.D. | | | | | | | | | |

| I. Mar. 15 | II. Mar. 15 | III. Mar. 12 | IV. Mar. 23 |
|---|---|---|---|
| $x_1 = -1.2, \ y_1 = +0.1$ | $x_1 = -1.4, \ y_1 = +0.1$ | $x_1 = -1.4, \ y_1 = +0.3$ | $x_1 = -2.3, \ y_1 = +0.6$ |

NOTE.–I. denotes ingress; E., egress; D., disappearance; R., reappearance; Ec., eclipse; Oc., occultation; Tr., transit of the satellite; Sh., transit of the shadow.

# SATELLITES OF JUPITER, 2010

## TERRESTRIAL TIME OF GEOCENTRIC PHENOMENA

### APRIL

| d | h m | | d | h m | |
|---|-----|---|---|-----|---|
| 1 | 0 22 | IV.Tr.E. | 9 | 0 14 | I.Oc.R. |
|   | 0 24 | I.Sh.E. |   | 1 04 | IV.Ec.D. |
|   | 0 56 | I.Tr.E. |   | 4 41 | IV.Ec.R. |
|   | 1 01 | II.Sh.E. |   | 7 30 | IV.Oc.D. |
|   | 2 09 | II.Tr.E. |   | 11 04 | IV.Oc.R. |
|   | 19 22 | I.Ec.D. |   | 18 30 | I.Sh.I. |
|   | 22 13 | I.Oc.R. |   | 19 11 | I.Tr.I. |
| 2 | 16 36 | I.Sh.I. |   | 19 21 | II.Ec.D. |
|   | 16 47 | II.Ec.D. |   | 20 46 | I.Sh.E. |
|   | 17 10 | I.Tr.I. |   | 21 27 | I.Tr.E. |
|   | 17 26 | III.Ec.D. |   | 21 27 | III.Ec.D. |
|   | 18 52 | I.Sh.E. |   | 23 33 | II.Oc.R. |
|   | 19 26 | I.Tr.E. | 10 | 3 42 | III.Oc.R. |
|   | 20 45 | II.Oc.R. |   | 15 45 | I.Ec.D. |
|   | 23 14 | III.Oc.R. |   | 18 45 | I.Oc.R. |
| 3 | 13 50 | I.Ec.D. | 11 | 12 59 | I.Sh.I. |
|   | 16 43 | I.Oc.R. |   | 13 42 | I.Tr.I. |
| 4 | 11 05 | I.Sh.I. |   | 14 06 | II.Sh.I. |
|   | 11 28 | II.Sh.I. |   | 15 15 | I.Sh.E. |
|   | 11 41 | I.Tr.I. |   | 15 34 | II.Tr.I. |
|   | 12 42 | II.Tr.I. |   | 15 57 | I.Tr.E. |
|   | 13 21 | I.Sh.E. |   | 16 58 | II.Sh.E. |
|   | 13 56 | I.Tr.E. |   | 18 26 | II.Tr.E. |
|   | 14 21 | II.Sh.E. | 12 | 10 14 | I.Ec.D. |
|   | 15 35 | II.Tr.E. |   | 13 15 | I.Oc.R. |
| 5 | 8 19 | I.Ec.D. | 13 | 7 27 | I.Sh.I. |
|   | 11 14 | I.Oc.R. |   | 8 12 | I.Tr.I. |
| 6 | 5 33 | I.Sh.I. |   | 8 39 | II.Ec.D. |
|   | 6 04 | II.Ec.D. |   | 9 43 | I.Sh.E. |
|   | 6 11 | I.Tr.I. |   | 10 27 | I.Tr.E. |
|   | 7 33 | III.Sh.I. |   | 11 35 | III.Sh.I. |
|   | 7 49 | I.Sh.E. |   | 12 57 | II.Oc.R. |
|   | 8 27 | I.Tr.E. |   | 14 38 | III.Tr.I. |
|   | 10 08 | III.Tr.I. |   | 14 59 | III.Sh.E. |
|   | 10 09 | II.Oc.R. |   | 18 01 | III.Tr.E. |
|   | 10 59 | III.Sh.E. | 14 | 4 42 | I.Ec.D. |
|   | 13 34 | III.Tr.E. |   | 7 45 | I.Oc.R. |
| 7 | 2 48 | I.Ec.D. | 15 | 1 56 | I.Sh.I. |
|   | 5 44 | I.Oc.R. |   | 2 42 | I.Tr.I. |
| 8 | 0 02 | I.Sh.I. |   | 3 24 | II.Sh.I. |
|   | 0 41 | I.Tr.I. |   | 4 11 | I.Sh.E. |
|   | 0 46 | II.Sh.I. |   | 4 57 | I.Tr.E. |
|   | 2 08 | II.Tr.I. |   | 4 59 | II.Tr.I. |
|   | 2 18 | I.Sh.E. |   | 6 16 | II.Sh.E. |
|   | 2 57 | I.Tr.E. |   | 7 51 | II.Tr.E. |
|   | 3 39 | II.Sh.E. |   | 23 11 | I.Ec.D. |
|   | 5 00 | II.Tr.E. | 16 | 2 16 | I.Oc.R. |
|   | 21 16 | I.Ec.D. |   | 20 25 | I.Sh.I. |

| d | h m | | d | h m | |
|---|-----|---|---|-----|---|
| 16 | 21 12 | I.Tr.I. | 24 | 0 30 | II.Ec.D. |
|   | 21 56 | II.Ec.D. |   | 0 34 | I.Sh.E. |
|   | 22 40 | I.Sh.E. |   | 1 27 | I.Tr.E. |
|   | 23 27 | I.Tr.E. |   | 5 07 | II.Oc.R. |
| 17 | 1 28 | III.Ec.D. |   | 5 28 | III.Ec.D. |
|   | 2 21 | II.Oc.R. |   | 8 53 | III.Ec.R. |
|   | 8 08 | III.Oc.R. |   | 9 11 | III.Oc.D. |
|   | 9 42 | IV.Sh.I. |   | 12 33 | III.Oc.R. |
|   | 13 13 | IV.Sh.E. |   | 19 34 | I.Ec.D. |
|   | 17 37 | IV.Tr.I. |   | 22 46 | I.Oc.R. |
|   | 17 39 | I.Ec.D. | 25 | 16 47 | I.Sh.I. |
|   | 20 46 | I.Oc.R. |   | 17 42 | I.Tr.I. |
|   | 20 57 | IV.Tr.E. |   | 19 02 | I.Sh.E. |
| 18 | 14 53 | I.Sh.I. |   | 19 19 | IV.Ec.D. |
|   | 15 42 | I.Tr.I. |   | 19 21 | II.Sh.I. |
|   | 16 44 | II.Sh.I. |   | 19 57 | I.Tr.E. |
|   | 17 08 | I.Sh.E. |   | 21 15 | II.Tr.I. |
|   | 17 57 | I.Tr.E. |   | 22 13 | II.Sh.E. |
|   | 18 25 | II.Tr.I. |   | 22 48 | IV.Ec.R. |
|   | 19 36 | II.Sh.E. | 26 | 0 06 | II.Tr.E. |
|   | 21 17 | II.Tr.E. |   | 4 13 | IV.Oc.D. |
| 19 | 12 08 | I.Ec.D. |   | 7 23 | IV.Oc.R. |
|   | 15 16 | I.Oc.R. |   | 14 03 | I.Ec.D. |
| 20 | 9 22 | I.Sh.I. |   | 17 16 | I.Oc.R. |
|   | 10 12 | I.Tr.I. | 27 | 11 16 | I.Sh.I. |
|   | 11 13 | II.Ec.D. |   | 12 12 | I.Tr.I. |
|   | 11 37 | I.Sh.E. |   | 13 31 | I.Sh.E. |
|   | 12 27 | I.Tr.E. |   | 13 48 | II.Ec.D. |
|   | 15 36 | III.Sh.I. |   | 14 27 | I.Tr.E. |
|   | 15 44 | II.Oc.R. |   | 18 30 | II.Oc.R. |
|   | 19 00 | III.Sh.E. |   | 19 37 | III.Sh.I. |
|   | 19 06 | III.Tr.I. |   | 23 00 | III.Sh.E. |
|   | 22 27 | III.Tr.E. |   | 23 32 | III.Tr.I. |
| 21 | 6 37 | I.Ec.D. | 28 | 2 51 | III.Tr.E. |
|   | 9 46 | I.Oc.R. |   | 8 31 | I.Ec.D. |
| 22 | 3 50 | I.Sh.I. |   | 11 46 | I.Oc.R. |
|   | 4 42 | I.Tr.I. | 29 | 5 44 | I.Sh.I. |
|   | 6 02 | II.Sh.I. |   | 6 42 | I.Tr.I. |
|   | 6 05 | I.Sh.E. |   | 7 59 | I.Sh.E. |
|   | 6 57 | I.Tr.E. |   | 8 40 | II.Sh.I. |
|   | 7 50 | II.Tr.I. |   | 8 56 | I.Tr.E. |
|   | 8 54 | II.Sh.E. |   | 10 40 | II.Tr.I. |
|   | 10 41 | II.Tr.E. |   | 11 31 | II.Sh.E. |
| 23 | 1 05 | I.Ec.D. |   | 13 30 | II.Tr.E. |
|   | 4 16 | I.Oc.R. | 30 | 3 00 | I.Ec.D. |
|   | 22 19 | I.Sh.I. |   | 6 16 | I.Oc.R. |
|   | 23 12 | I.Tr.I. | | | |

| I. Apr. 15 | II. Apr. 16 | III. Apr. 17 | IV. Apr. 9 |
|---|---|---|---|
| $x_1 = -1.7,\ y_1 = +0.1$ | $x_1 = -2.1,\ y_1 = +0.2$ | $x_1 = -2.7,\ y_1 = +0.4$ | $x_1 = -3.4,\ y_1 = +0.6$ <br> $x_2 = -1.9,\ y_2 = +0.6$ |

NOTE.–I. denotes ingress; E., egress; D., disappearance; R., reappearance; Ec., eclipse; Oc., occultation; Tr., transit of the satellite; Sh., transit of the shadow.

## CONFIGURATIONS OF SATELLITES I-IV FOR MARCH

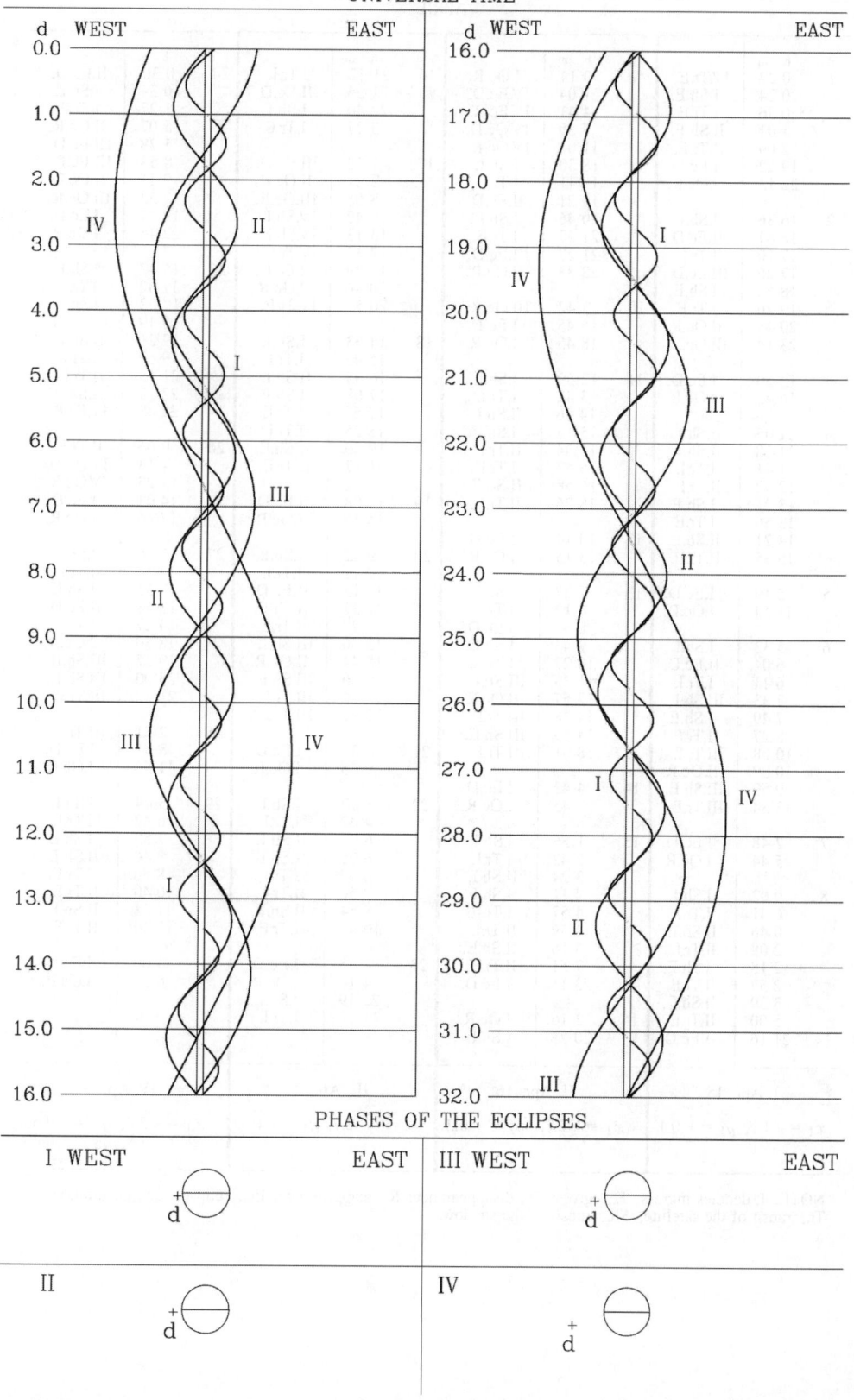

UNIVERSAL TIME

PHASES OF THE ECLIPSES

# SATELLITES OF JUPITER, 2010

## TERRESTRIAL TIME OF GEOCENTRIC PHENOMENA

### APRIL

| d | h m | | d | h m | | d | h m | | d | h m | |
|---|-----|---|---|-----|---|---|-----|---|---|-----|---|
| 1 | 0 22 | IV.Tr.E. | 9 | 0 14 | I.Oc.R. | 16 | 21 12 | I.Tr.I. | 24 | 0 30 | II.Ec.D. |
|  | 0 24 | I.Sh.E. |  | 1 04 | IV.Ec.D. |  | 21 56 | II.Ec.D. |  | 0 34 | I.Sh.E. |
|  | 0 56 | I.Tr.E. |  | 4 41 | IV.Ec.R. |  | 22 40 | I.Sh.E. |  | 1 27 | I.Tr.E. |
|  | 1 01 | II.Sh.E. |  | 7 30 | IV.Oc.D. |  | 23 27 | I.Tr.E. |  | 5 07 | II.Oc.R. |
|  | 2 09 | II.Tr.E. |  | 11 04 | IV.Oc.R. |  |  |  |  | 5 28 | III.Ec.D. |
|  | 19 22 | I.Ec.D. |  | 18 30 | I.Sh.I. | 17 | 1 28 | III.Ec.D. |  | 8 53 | III.Ec.R. |
|  | 22 13 | I.Oc.R. |  | 19 11 | I.Tr.I. |  | 2 21 | II.Oc.R. |  | 9 11 | III.Oc.D. |
|  |  |  |  | 19 21 | II.Ec.D. |  | 8 08 | III.Oc.R. |  | 12 33 | III.Oc.R. |
| 2 | 16 36 | I.Sh.I. |  | 20 46 | I.Sh.E. |  | 9 42 | IV.Sh.I. |  | 19 34 | I.Ec.D. |
|  | 16 47 | II.Ec.D. |  | 21 27 | I.Tr.E. |  | 13 13 | IV.Sh.E. |  | 22 46 | I.Oc.R. |
|  | 17 10 | I.Tr.I. |  | 21 27 | III.Ec.D. |  | 17 37 | IV.Tr.I. |  |  |  |
|  | 17 26 | III.Ec.D. |  | 23 33 | II.Oc.R. |  | 17 39 | I.Ec.D. | 25 | 16 47 | I.Sh.I. |
|  | 18 52 | I.Sh.E. |  |  |  |  | 20 46 | I.Oc.R. |  | 17 42 | I.Tr.I. |
|  | 19 26 | I.Tr.E. | 10 | 3 42 | III.Oc.R. |  | 20 57 | IV.Tr.E. |  | 19 02 | I.Sh.E. |
|  | 20 45 | II.Oc.R. |  | 15 45 | I.Ec.D. |  |  |  |  | 19 19 | IV.Ec.D. |
|  | 23 14 | III.Oc.R. |  | 18 45 | I.Oc.R. | 18 | 14 53 | I.Sh.I. |  | 19 21 | II.Sh.I. |
|  |  |  |  |  |  |  | 15 42 | I.Tr.I. |  | 19 57 | I.Tr.E. |
| 3 | 13 50 | I.Ec.D. | 11 | 12 59 | I.Sh.I. |  | 16 44 | II.Sh.I. |  | 21 15 | II.Tr.I. |
|  | 16 43 | I.Oc.R. |  | 13 42 | I.Tr.I. |  | 17 08 | I.Sh.E. |  | 22 13 | II.Sh.E. |
|  |  |  |  | 14 06 | II.Sh.I. |  | 17 57 | I.Tr.E. |  | 22 48 | IV.Ec.R. |
| 4 | 11 05 | I.Sh.I. |  | 15 15 | I.Sh.E. |  | 18 25 | II.Tr.I. |  |  |  |
|  | 11 28 | II.Sh.I. |  | 15 34 | II.Tr.I. |  | 19 36 | II.Sh.E. | 26 | 0 06 | II.Tr.E. |
|  | 11 41 | I.Tr.I. |  | 15 57 | I.Tr.E. |  | 21 17 | II.Tr.E. |  | 4 13 | IV.Oc.D. |
|  | 12 42 | II.Tr.I. |  | 16 58 | II.Sh.E. |  |  |  |  | 7 23 | IV.Oc.R. |
|  | 13 21 | I.Sh.E. |  | 18 26 | II.Tr.E. | 19 | 12 08 | I.Ec.D. |  | 14 03 | I.Ec.D. |
|  | 13 56 | I.Tr.E. |  |  |  |  | 15 16 | I.Oc.R. |  | 17 16 | I.Oc.R. |
|  | 14 21 | II.Sh.E. | 12 | 10 14 | I.Ec.D. |  |  |  |  |  |  |
|  | 15 35 | II.Tr.E. |  | 13 15 | I.Oc.R. | 20 | 9 22 | I.Sh.I. | 27 | 11 16 | I.Sh.I. |
|  |  |  |  |  |  |  | 10 12 | I.Tr.I. |  | 12 12 | I.Tr.I. |
| 5 | 8 19 | I.Ec.D. | 13 | 7 27 | I.Sh.I. |  | 11 13 | II.Ec.D. |  | 13 31 | I.Sh.E. |
|  | 11 14 | I.Oc.R. |  | 8 12 | I.Tr.I. |  | 11 37 | I.Sh.E. |  | 13 48 | II.Ec.D. |
|  |  |  |  | 8 39 | II.Ec.D. |  | 12 27 | I.Tr.E. |  | 14 27 | I.Tr.E. |
| 6 | 5 33 | I.Sh.I. |  | 9 43 | I.Sh.E. |  | 15 36 | III.Sh.I. |  | 18 30 | II.Oc.R. |
|  | 6 04 | II.Ec.D. |  | 10 27 | I.Tr.E. |  | 15 44 | II.Oc.R. |  | 19 37 | III.Sh.I. |
|  | 6 11 | I.Tr.I. |  | 11 35 | III.Sh.I. |  | 19 00 | III.Sh.E. |  | 23 00 | III.Sh.E. |
|  | 7 33 | III.Sh.I. |  | 12 57 | II.Oc.R. |  | 19 06 | III.Tr.I. |  | 23 32 | III.Tr.I. |
|  | 7 49 | I.Sh.E. |  | 14 38 | III.Tr.I. |  | 22 27 | III.Tr.E. |  |  |  |
|  | 8 27 | I.Tr.E. |  | 14 59 | III.Sh.E. |  |  |  | 28 | 2 51 | III.Tr.E. |
|  | 10 08 | III.Tr.I. |  | 18 01 | III.Tr.E. | 21 | 6 37 | I.Ec.D. |  | 8 31 | I.Ec.D. |
|  | 10 09 | II.Oc.R. |  |  |  |  | 9 46 | I.Oc.R. |  | 11 46 | I.Oc.R. |
|  | 10 59 | III.Sh.E. | 14 | 4 42 | I.Ec.D. |  |  |  |  |  |  |
|  | 13 34 | III.Tr.E. |  | 7 45 | I.Oc.R. | 22 | 3 50 | I.Sh.I. | 29 | 5 44 | I.Sh.I. |
|  |  |  |  |  |  |  | 4 42 | I.Tr.I. |  | 6 42 | I.Tr.I. |
| 7 | 2 48 | I.Ec.D. | 15 | 1 56 | I.Sh.I. |  | 6 02 | II.Sh.I. |  | 7 59 | I.Sh.E. |
|  | 5 44 | I.Oc.R. |  | 2 42 | I.Tr.I. |  | 6 05 | I.Sh.E. |  | 8 40 | II.Sh.I. |
|  |  |  |  | 3 24 | II.Sh.I. |  | 6 57 | I.Tr.E. |  | 8 56 | I.Tr.E. |
| 8 | 0 02 | I.Sh.I. |  | 4 11 | I.Sh.E. |  | 7 50 | II.Tr.I. |  | 10 40 | II.Tr.I. |
|  | 0 41 | I.Tr.I. |  | 4 57 | I.Tr.E. |  | 8 54 | II.Sh.E. |  | 11 31 | II.Sh.E. |
|  | 0 46 | II.Sh.I. |  | 4 59 | II.Tr.I. |  | 10 41 | II.Tr.E. |  | 13 30 | II.Tr.E. |
|  | 2 08 | II.Tr.I. |  | 6 16 | II.Sh.E. |  |  |  |  |  |  |
|  | 2 18 | I.Sh.E. |  | 7 51 | II.Tr.E. | 23 | 1 05 | I.Ec.D. | 30 | 3 00 | I.Ec.D. |
|  | 2 57 | I.Tr.E. |  | 23 11 | I.Ec.D. |  | 4 16 | I.Oc.R. |  | 6 16 | I.Oc.R. |
|  | 3 39 | II.Sh.E. |  |  |  |  | 22 19 | I.Sh.I. |  |  |  |
|  | 5 00 | II.Tr.E. | 16 | 2 16 | I.Oc.R. |  | 23 12 | I.Tr.I. |  |  |  |
|  | 21 16 | I.Ec.D. |  | 20 25 | I.Sh.I. |  |  |  |  |  |  |

| I. Apr. 15 | II. Apr. 16 | III. Apr. 17 | IV. Apr. 9 |
|---|---|---|---|
| $x_1 = -1.7,\ y_1 = +0.1$ | $x_1 = -2.1,\ y_1 = +0.2$ | $x_1 = -2.7,\ y_1 = +0.4$ | $x_1 = -3.4,\ y_1 = +0.6$ |
|  |  |  | $x_2 = -1.9,\ y_2 = +0.6$ |

NOTE.–I. denotes ingress; E., egress; D., disappearance; R., reappearance; Ec., eclipse; Oc., occultation; Tr., transit of the satellite; Sh., transit of the shadow.

## CONFIGURATIONS OF SATELLITES I-IV FOR APRIL

UNIVERSAL TIME

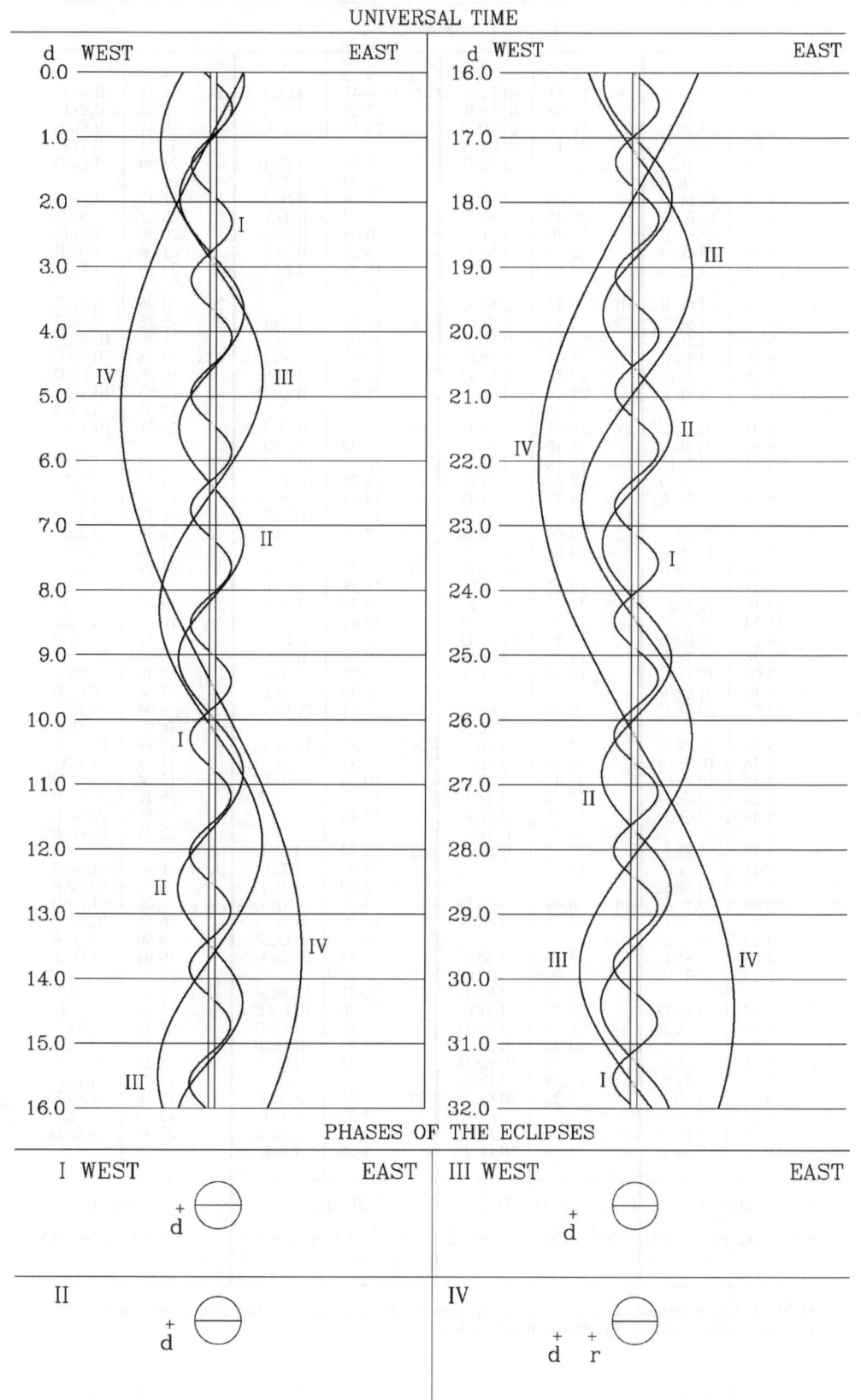

PHASES OF THE ECLIPSES

# SATELLITES OF JUPITER, 2010

## TERRESTRIAL TIME OF GEOCENTRIC PHENOMENA

### MAY

| d | h m | | d | h m | | d | h m | | d | h m | |
|---|-----|---|---|-----|---|---|-----|---|---|-----|---|
| 1 | 0 13 | I.Sh.I. | 8 | 13 31 | III.Ec.D. | 16 | 4 45 | I.Oc.R. | 24 | 5 51 | II.Sh.I. |
| | 1 12 | I.Tr.I. | | 16 54 | III.Ec.R. | | 22 29 | I.Sh.I. | | 8 24 | II.Tr.I. |
| | 2 28 | I.Sh.E. | | 18 00 | III.Oc.D. | | 23 39 | I.Tr.I. | | 8 41 | II.Sh.E. |
| | 3 05 | II.Ec.D. | | 21 17 | III.Oc.R. | 17 | 0 43 | I.Sh.E. | | 11 11 | II.Tr.E. |
| | 3 26 | I.Tr.E. | | 23 23 | I.Ec.D. | | 1 53 | I.Tr.E. | | 21 40 | I.Ec.D. |
| | 7 53 | II.Oc.R. | 9 | 2 46 | I.Oc.R. | | 3 14 | II.Sh.I. | 25 | 1 12 | I.Oc.R. |
| | 9 29 | III.Ec.D. | | 20 35 | I.Sh.I. | | 5 39 | II.Tr.I. | | 18 51 | I.Sh.I. |
| | 12 53 | III.Ec.R. | | 21 40 | I.Tr.I. | | 6 04 | II.Sh.E. | | 20 06 | I.Tr.I. |
| | 13 37 | III.Oc.D. | | 22 50 | I.Sh.E. | | 8 27 | II.Tr.E. | | 21 06 | I.Sh.E. |
| | 16 55 | III.Oc.R. | | 23 55 | I.Tr.E. | | 19 46 | I.Ec.D. | | 22 20 | I.Tr.E. |
| | 21 28 | I.Ec.D. | 10 | 0 37 | II.Sh.I. | | 23 14 | I.Oc.R. | 26 | 0 06 | II.Ec.D. |
| 2 | 0 46 | I.Oc.R. | | 2 52 | II.Tr.I. | 18 | 16 57 | I.Sh.I. | | 5 26 | II.Oc.R. |
| | 18 41 | I.Sh.I. | | 3 27 | II.Sh.E. | | 18 08 | I.Tr.I. | | 11 39 | III.Sh.I. |
| | 19 41 | I.Tr.I. | | 5 41 | II.Tr.E. | | 19 12 | I.Sh.E. | | 14 58 | III.Sh.E. |
| | 20 56 | I.Sh.E. | | 17 52 | I.Ec.D. | | 20 22 | I.Tr.E. | | 16 09 | I.Ec.D. |
| | 21 56 | I.Tr.E. | | 21 16 | I.Oc.R. | | 21 32 | II.Ec.D. | | 16 53 | III.Tr.I. |
| | 21 59 | II.Sh.I. | 11 | 15 03 | I.Sh.I. | 19 | 2 44 | II.Oc.R. | | 19 41 | I.Oc.R. |
| 3 | 0 04 | II.Tr.I. | | 16 10 | I.Tr.I. | | 7 39 | III.Sh.I. | | 20 01 | III.Tr.E. |
| | 0 50 | II.Sh.E. | | 17 18 | I.Sh.E. | | 10 58 | III.Sh.E. | 27 | 13 20 | I.Sh.I. |
| | 2 54 | II.Tr.E. | | 18 24 | I.Tr.E. | | 12 36 | III.Tr.I. | | 14 35 | I.Tr.I. |
| | 15 57 | I.Ec.D. | | 18 57 | II.Ec.D. | | 14 14 | I.Ec.D. | | 15 34 | I.Sh.E. |
| | 19 16 | I.Oc.R. | 12 | 0 00 | II.Oc.R. | | 15 47 | III.Tr.E. | | 16 49 | I.Tr.E. |
| 4 | 4 01 | IV.Sh.I. | | 3 38 | III.Sh.I. | | 17 44 | I.Oc.R. | | 19 09 | II.Sh.I. |
| | 7 21 | IV.Sh.E. | | 6 59 | III.Sh.E. | 20 | 11 26 | I.Sh.I. | | 21 46 | II.Tr.I. |
| | 13 09 | I.Sh.I. | | 8 17 | III.Tr.I. | | 12 38 | I.Tr.I. | | 21 59 | II.Sh.E. |
| | 14 11 | I.Tr.I. | | 11 31 | III.Tr.E. | | 13 40 | I.Sh.E. | 28 | 0 32 | II.Tr.E. |
| | 14 18 | IV.Tr.I. | | 12 20 | I.Ec.D. | | 14 52 | I.Tr.E. | | 10 37 | I.Ec.D. |
| | 15 24 | I.Sh.E. | | 13 35 | IV.Ec.D. | | 16 32 | II.Sh.I. | | 14 11 | I.Oc.R. |
| | 16 22 | II.Ec.D. | | 15 45 | I.Oc.R. | | 19 01 | II.Tr.I. | 29 | 7 48 | I.Sh.I. |
| | 16 26 | I.Tr.E. | | 16 53 | IV.Ec.R. | | 19 22 | II.Sh.E. | | 7 50 | IV.Ec.D. |
| | 17 08 | IV.Tr.E. | 13 | 0 36 | IV.Oc.D. | | 21 49 | II.Tr.E. | | 9 04 | I.Tr.I. |
| | 21 16 | II.Oc.R. | | 3 15 | IV.Oc.R. | | 22 21 | IV.Sh.I. | | 10 02 | I.Sh.E. |
| | 23 38 | III.Sh.I. | | 9 32 | I.Sh.I. | 21 | 1 30 | IV.Sh.E. | | 10 58 | IV.Ec.R. |
| 5 | 3 00 | III.Sh.E. | | 10 40 | I.Tr.I. | | 8 43 | I.Ec.D. | | 11 18 | I.Tr.E. |
| | 3 56 | III.Tr.I. | | 11 47 | I.Sh.E. | | 10 36 | IV.Tr.I. | | 13 24 | II.Ec.D. |
| | 7 12 | III.Tr.E. | | 12 54 | I.Tr.E. | | 12 13 | I.Oc.R. | | 18 47 | II.Oc.R. |
| | 10 26 | I.Ec.D. | | 13 55 | II.Sh.I. | | 12 48 | IV.Tr.E. | | 20 31 | IV.Oc.D. |
| | 13 46 | I.Oc.R. | | 16 15 | II.Tr.I. | 22 | 5 54 | I.Sh.I. | | 22 31 | IV.Oc.R. |
| 6 | 7 38 | I.Sh.I. | | 16 45 | II.Sh.E. | | 7 07 | I.Tr.I. | 30 | 1 34 | III.Ec.D. |
| | 8 41 | I.Tr.I. | | 19 04 | II.Tr.E. | | 8 09 | I.Sh.E. | | 4 54 | III.Ec.R. |
| | 9 53 | I.Sh.E. | 14 | 6 49 | I.Ec.D. | | 9 21 | I.Tr.E. | | 5 06 | I.Ec.D. |
| | 10 55 | I.Tr.E. | | 10 15 | I.Oc.R. | | 10 49 | II.Ec.D. | | 6 55 | III.Oc.D. |
| | 11 17 | II.Sh.I. | 15 | 4 00 | I.Sh.I. | | 16 05 | II.Oc.R. | | 8 40 | I.Oc.R. |
| | 13 28 | II.Tr.I. | | 5 09 | I.Tr.I. | | 21 33 | III.Ec.D. | | 10 04 | III.Oc.R. |
| | 14 08 | II.Sh.E. | | 6 15 | I.Sh.E. | 23 | 0 55 | III.Ec.R. | 31 | 2 17 | I.Sh.I. |
| | 16 18 | II.Tr.E. | | 7 23 | I.Tr.E. | | 2 40 | III.Oc.D. | | 3 34 | I.Tr.I. |
| 7 | 4 54 | I.Ec.D. | | 8 14 | II.Ec.D. | | 3 12 | I.Ec.D. | | 4 31 | I.Sh.E. |
| | 8 16 | I.Oc.R. | | 13 22 | II.Oc.R. | | 5 52 | III.Oc.R. | | 5 47 | I.Tr.E. |
| 8 | 2 06 | I.Sh.I. | | 17 32 | III.Ec.D. | | 6 43 | I.Oc.R. | | 8 28 | II.Sh.I. |
| | 3 11 | I.Tr.I. | | 20 54 | III.Ec.R. | 24 | 0 23 | I.Sh.I. | | 11 07 | II.Tr.I. |
| | 4 21 | I.Sh.E. | | 22 21 | III.Oc.D. | | 1 37 | I.Tr.I. | | 11 18 | II.Sh.E. |
| | 5 25 | I.Tr.E. | 16 | 1 17 | I.Ec.D. | | 2 37 | I.Sh.E. | | 13 54 | II.Tr.E. |
| | 5 40 | II.Ec.D. | | 1 36 | III.Oc.R. | | 3 50 | I.Tr.E. | | 23 34 | I.Ec.D. |
| | 10 38 | II.Oc.R. | | | | | | | | | |

| I. May 16 | II. May 15 | III. May 15 | IV. May 12 |
|-----------|------------|-------------|------------|
| $x_1 = -2.0$, $y_1 = +0.2$ | $x_1 = -2.6$, $y_1 = +0.2$ | $x_1 = -3.5$, $y_1 = +0.4$<br>$x_2 = -1.7$, $y_2 = +0.4$ | $x_1 = -5.1$, $y_1 = +0.8$<br>$x_2 = -3.7$, $y_2 = +0.8$ |

NOTE.–I. denotes ingress; E., egress; D., disappearance; R., reappearance; Ec., eclipse; Oc., occultation; Tr., transit of the satellite; Sh., transit of the shadow.

## CONFIGURATIONS OF SATELLITES I-IV FOR MAY

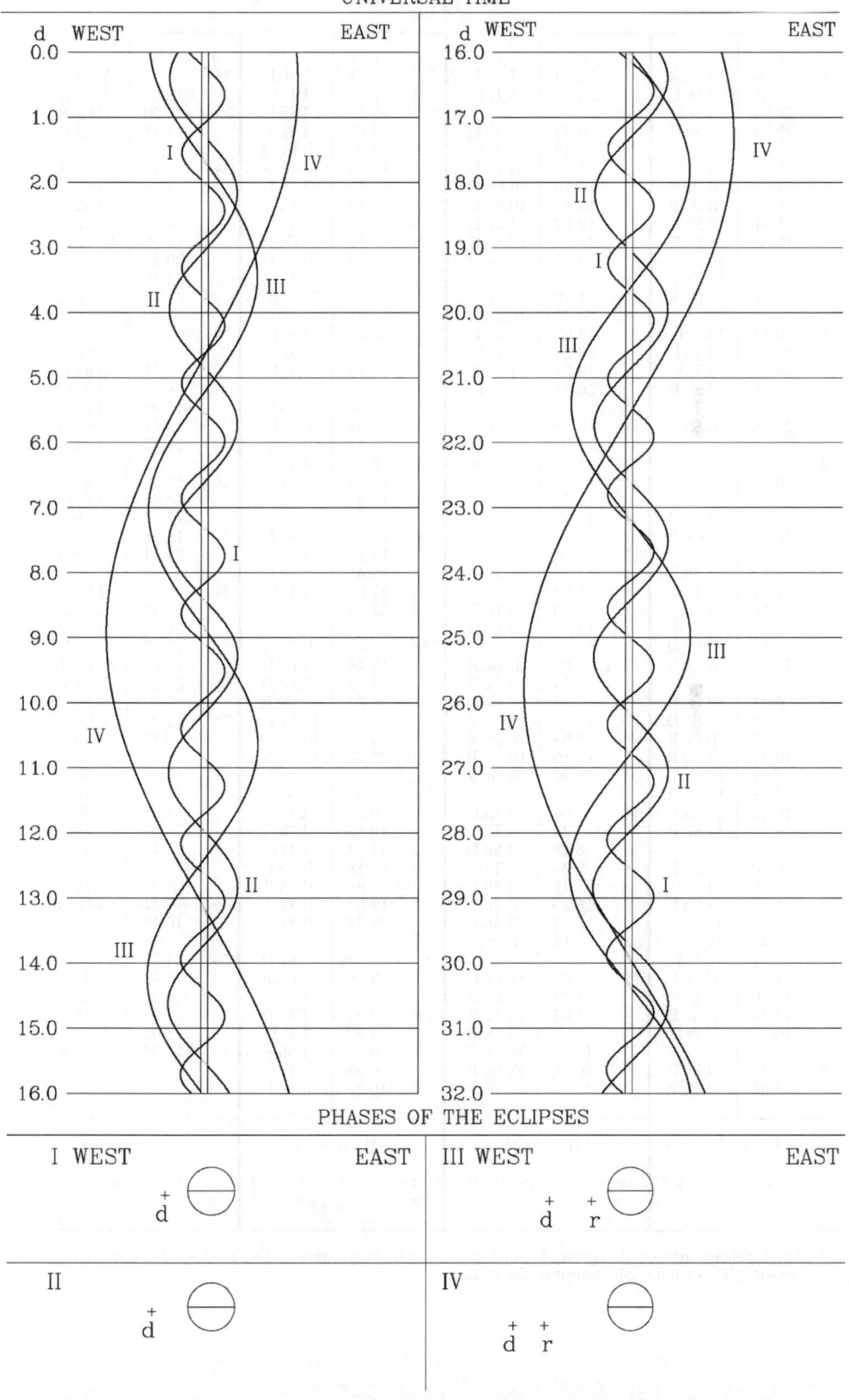

UNIVERSAL TIME

PHASES OF THE ECLIPSES

# SATELLITES OF JUPITER, 2010

## TERRESTRIAL TIME OF GEOCENTRIC PHENOMENA

### JUNE

| d | h m | | d | h m | | d | h m | | d | h m | |
|---|-----|---|---|-----|---|---|-----|---|---|-----|---|
| 1 | 3 09 | I.Oc.R. | 8 | 22 39 | I.Sh.I. | 16 | 0 33 | I.Sh.I. | 23 | 10 59 | IV.Sh.I. |
|   | 20 45 | I.Sh.I. |   | 23 59 | I.Tr.I. |   | 1 54 | I.Tr.I. |   | 13 43 | IV.Sh.E. |
|   | 22 03 | I.Tr.I. | 9 | 0 53 | I.Sh.E. |   | 2 47 | I.Sh.E. |   | 16 00 | II.Oc.R. |
|   | 22 59 | I.Sh.E. |   | 2 12 | I.Tr.E. |   | 4 07 | I.Tr.E. |   | 23 45 | I.Ec.D. |
| 2 | 0 16 | I.Tr.E. |   | 5 16 | II.Ec.D. |   | 7 51 | II.Ec.D. | 24 | 3 24 | I.Oc.R. |
|   | 2 41 | II.Ec.D. |   | 10 46 | II.Oc.R. |   | 13 24 | II.Oc.R. |   | 3 43 | III.Sh.I. |
|   | 8 07 | II.Oc.R. |   | 19 42 | III.Sh.I. |   | 21 51 | I.Ec.D. |   | 6 58 | III.Sh.E. |
|   | 15 41 | III.Sh.I. |   | 19 57 | I.Ec.D. |   | 23 43 | III.Sh.I. |   | 9 28 | III.Tr.I. |
|   | 18 03 | I.Ec.D. |   | 22 59 | III.Sh.E. | 17 | 1 30 | I.Oc.R. |   | 12 26 | III.Tr.E. |
|   | 18 59 | III.Sh.E. |   | 23 35 | I.Oc.R. |   | 2 59 | III.Sh.E. |   | 20 55 | I.Sh.I. |
|   | 21 08 | III.Tr.I. | 10 | 1 18 | III.Tr.I. |   | 5 26 | III.Tr.I. |   | 22 17 | I.Tr.I. |
|   | 21 38 | I.Oc.R. |   | 4 21 | III.Tr.E. |   | 8 26 | III.Tr.E. |   | 23 09 | I.Sh.E. |
| 3 | 0 13 | III.Tr.E. |   | 17 07 | I.Sh.I. |   | 19 01 | I.Sh.I. | 25 | 0 30 | I.Tr.E. |
|   | 15 13 | I.Sh.I. |   | 18 28 | I.Tr.I. |   | 20 23 | I.Tr.I. |   | 5 36 | II.Sh.I. |
|   | 16 32 | I.Tr.I. |   | 19 21 | I.Sh.E. |   | 21 15 | I.Sh.E. |   | 8 24 | II.Sh.E. |
|   | 17 28 | I.Sh.E. |   | 20 41 | I.Tr.E. |   | 22 36 | I.Tr.E. |   | 8 25 | II.Tr.I. |
|   | 18 45 | I.Tr.E. | 11 | 0 23 | II.Sh.I. | 18 | 3 00 | II.Sh.I. |   | 11 09 | II.Tr.E. |
|   | 21 46 | II.Sh.I. |   | 3 09 | II.Tr.I. |   | 5 48 | II.Tr.I. |   | 18 14 | I.Ec.D. |
| 4 | 0 28 | II.Tr.I. |   | 3 12 | II.Sh.E. |   | 5 48 | II.Sh.E. |   | 21 52 | I.Oc.R. |
|   | 0 36 | II.Sh.E. |   | 5 54 | II.Tr.E. |   | 8 32 | II.Tr.E. | 26 | 15 23 | I.Sh.I. |
|   | 3 14 | II.Tr.E. |   | 14 26 | I.Ec.D. |   | 16 20 | I.Ec.D. |   | 16 46 | I.Tr.I. |
|   | 12 31 | I.Ec.D. |   | 18 03 | I.Oc.R. |   | 19 58 | I.Oc.R. |   | 17 37 | I.Sh.E. |
|   | 16 08 | I.Oc.R. | 12 | 11 36 | I.Sh.I. | 19 | 13 29 | I.Sh.I. |   | 18 58 | I.Tr.E. |
| 5 | 9 42 | I.Sh.I. |   | 12 57 | I.Tr.I. |   | 14 52 | I.Tr.I. |   | 23 44 | II.Ec.D. |
|   | 11 01 | I.Tr.I. |   | 13 50 | I.Sh.E. |   | 15 44 | I.Sh.E. | 27 | 5 18 | II.Oc.R. |
|   | 11 56 | I.Sh.E. |   | 15 10 | I.Tr.E. |   | 17 05 | I.Tr.E. |   | 12 42 | I.Ec.D. |
|   | 13 14 | I.Tr.E. |   | 18 34 | II.Ec.D. |   | 21 09 | II.Ec.D. |   | 16 21 | I.Oc.R. |
|   | 15 59 | II.Ec.D. | 13 | 0 05 | II.Oc.R. | 20 | 2 43 | II.Oc.R. |   | 17 37 | III.Ec.D. |
|   | 21 27 | II.Oc.R. |   | 8 54 | I.Ec.D. |   | 10 48 | I.Ec.D. |   | 20 54 | III.Ec.R. |
| 6 | 5 34 | III.Ec.D. |   | 9 35 | III.Ec.D. |   | 13 35 | III.Ec.D. |   | 23 22 | III.Oc.D. |
|   | 7 00 | I.Ec.D. |   | 12 32 | I.Oc.R. |   | 14 27 | I.Oc.R. | 28 | 2 22 | III.Oc.R. |
|   | 8 54 | III.Ec.R. |   | 12 53 | III.Ec.R. |   | 16 53 | III.Ec.R. |   | 9 52 | I.Sh.I. |
|   | 10 37 | I.Oc.R. |   | 15 16 | III.Oc.D. |   | 19 21 | III.Oc.D. |   | 11 14 | I.Tr.I. |
|   | 11 07 | III.Oc.D. |   | 18 20 | III.Oc.R. |   | 22 22 | III.Oc.R. |   | 12 06 | I.Sh.E. |
|   | 14 13 | III.Oc.R. | 14 | 6 04 | I.Sh.I. | 21 | 7 58 | I.Sh.I. |   | 13 27 | I.Tr.E. |
|   | 16 40 | IV.Sh.I. |   | 7 26 | I.Tr.I. |   | 9 20 | I.Tr.I. |   | 18 55 | II.Sh.I. |
|   | 19 37 | IV.Sh.E. |   | 8 18 | I.Sh.E. |   | 10 12 | I.Sh.E. |   | 21 42 | II.Sh.E. |
| 7 | 4 10 | I.Sh.I. |   | 9 39 | I.Tr.E. |   | 11 33 | I.Tr.E. |   | 21 43 | II.Tr.I. |
|   | 5 30 | I.Tr.I. |   | 13 42 | II.Sh.I. |   | 16 18 | II.Sh.I. | 29 | 0 26 | II.Tr.E. |
|   | 6 25 | I.Sh.E. |   | 16 29 | II.Tr.I. |   | 19 06 | II.Sh.E. |   | 7 11 | I.Ec.D. |
|   | 6 27 | IV.Tr.I. |   | 16 30 | II.Sh.E. |   | 19 07 | II.Tr.I. |   | 10 49 | I.Oc.R. |
|   | 7 43 | IV.Tr.E. |   | 19 14 | II.Tr.E. |   | 21 51 | II.Tr.E. | 30 | 4 20 | I.Sh.I. |
|   | 7 43 | I.Tr.E. | 15 | 2 06 | IV.Ec.D. | 22 | 5 17 | I.Ec.D. |   | 5 42 | I.Tr.I. |
|   | 11 05 | II.Sh.I. |   | 3 23 | I.Ec.D. |   | 8 56 | I.Oc.R. |   | 6 34 | I.Sh.E. |
|   | 13 49 | II.Tr.I. |   | 5 03 | IV.Ec.R. | 23 | 2 26 | I.Sh.I. |   | 7 55 | I.Tr.E. |
|   | 13 54 | II.Sh.E. |   | 7 01 | I.Oc.R. |   | 3 49 | I.Tr.I. |   | 13 02 | II.Ec.D. |
|   | 16 35 | II.Tr.E. |   | 16 00 | IV.Oc.D. |   | 4 40 | I.Sh.E. |   | 18 35 | II.Oc.R. |
| 8 | 1 28 | I.Ec.D. |   | 16 57 | IV.Oc.R. |   | 6 02 | I.Tr.E. |   |   |   |
|   | 5 06 | I.Oc.R. |   |   |   |   | 10 26 | II.Ec.D. |   |   |   |

| I. June 15 | II. June 16 | III. June 13 | IV. June 15 |
|---|---|---|---|
| $x_1 = -2.2,\ y_1 = +0.2$ | $x_1 = -2.9,\ y_1 = +0.3$ | $x_1 = -3.9,\ y_1 = +0.5$ | $x_1 = -5.9,\ y_1 = +0.9$ |
|  |  | $x_2 = -2.1,\ y_2 = +0.5$ | $x_2 = -4.7,\ y_2 = +0.9$ |

NOTE.–I. denotes ingress; E., egress; D., disappearance; R., reappearance; Ec., eclipse; Oc., occultation; Tr., transit of the satellite; Sh., transit of the shadow.

## CONFIGURATIONS OF SATELLITES I-IV FOR JUNE

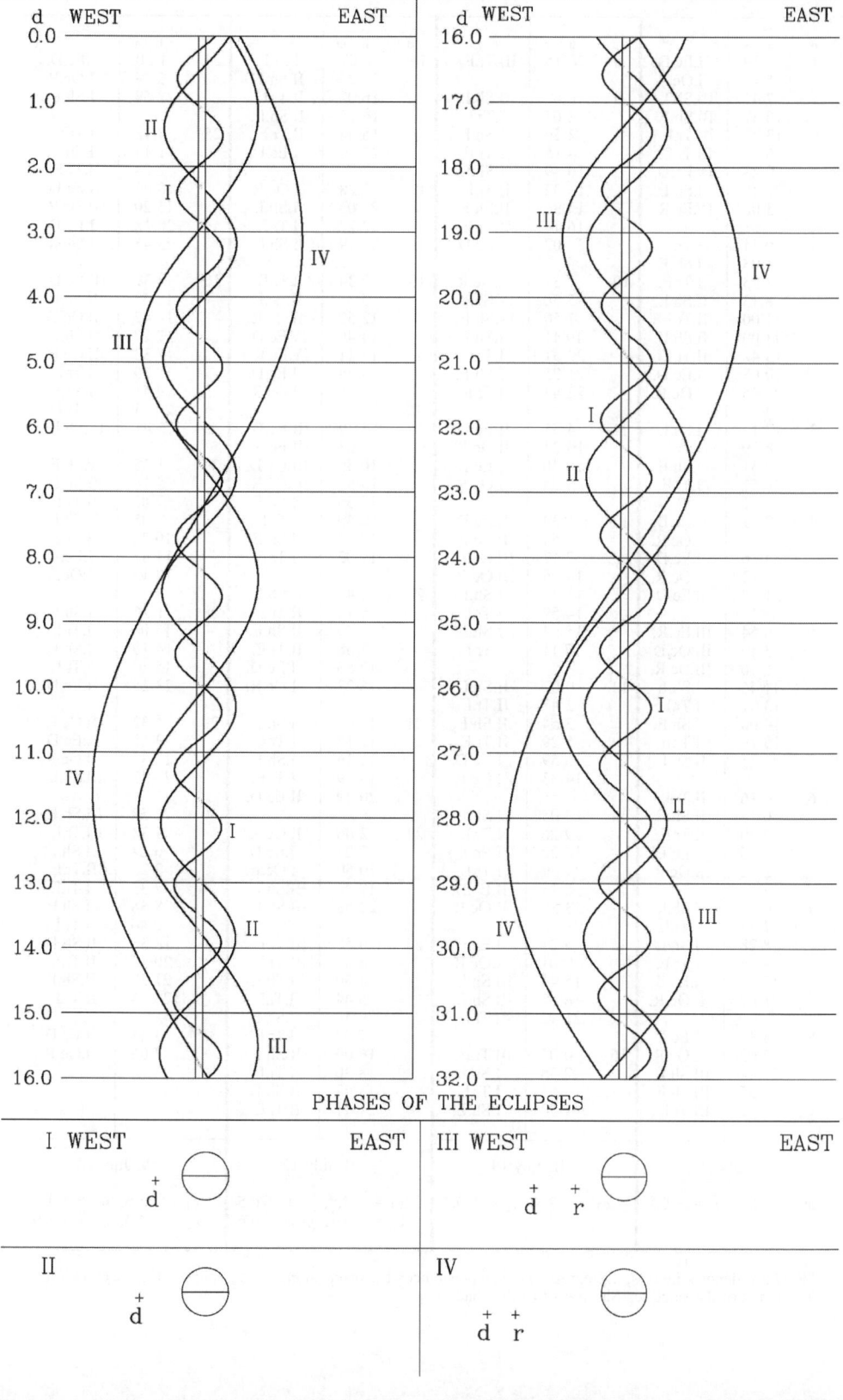

UNIVERSAL TIME

PHASES OF THE ECLIPSES

# SATELLITES OF JUPITER, 2010

## TERRESTRIAL TIME OF GEOCENTRIC PHENOMENA

### JULY

| d | h m | | d | h m | | d | h m | | d | h m | |
|---|------|------------|----|------|------------|----|------|------------|----|------|------------|
| 1 | 1 39 | I.Ec.D. | 8 | 20 15 | III.Tr.E. | 16 | 6 07 | I.Tr.E. | 24 | 1 50 | I.Ec.D. |
|   | 5 17 | I.Oc.R. | 9 | 0 42 | I.Sh.I. |    | 13 24 | II.Sh.I. |    | 5 18 | I.Oc.R. |
|   | 7 43 | III.Sh.I. |   | 2 03 | I.Tr.I. |    | 16 02 | II.Tr.I. |    | 22 59 | I.Sh.I. |
|   | 10 57 | III.Sh.E. |  | 2 56 | I.Sh.E. |    | 16 12 | II.Sh.E. | 25 | 0 12 | I.Tr.I. |
|   | 13 27 | III.Tr.I. |  | 4 15 | I.Tr.E. |    | 18 44 | II.Tr.E. |    | 1 13 | I.Sh.E. |
|   | 16 22 | III.Tr.E. |  | 10 49 | II.Sh.I. |   | 23 56 | I.Ec.D. |    | 2 24 | I.Tr.E. |
|   | 20 23 | IV.Ec.D. |   | 13 32 | II.Tr.I. | 17 | 3 28 | I.Oc.R. |    | 10 07 | II.Ec.D. |
|   | 22 49 | I.Sh.I. |    | 13 36 | II.Sh.E. |    | 21 05 | I.Sh.I. |    | 15 20 | II.Oc.R. |
|   | 23 08 | IV.Ec.R. |   | 16 14 | II.Tr.E. |    | 22 22 | I.Tr.I. |    | 20 18 | I.Ec.D. |
| 2 | 0 11 | I.Tr.I. |    | 22 02 | I.Ec.D. |    | 23 19 | I.Sh.E. |    | 23 45 | I.Oc.R. |
|   | 1 03 | I.Sh.E. | 10 | 1 37 | I.Oc.R. | 18 | 0 34 | I.Tr.E. | 26 | 9 39 | III.Ec.D. |
|   | 2 23 | I.Tr.E. |    | 5 20 | IV.Sh.I. |    | 7 31 | II.Ec.D. |    | 12 53 | III.Ec.R. |
|   | 8 13 | II.Sh.I. |    | 7 50 | IV.Sh.E. |    | 12 52 | II.Oc.R. |    | 14 42 | III.Oc.D. |
|   | 11 00 | II.Tr.I. |   | 19 11 | I.Sh.I. |    | 14 40 | IV.Ec.D. |    | 17 27 | I.Sh.I. |
|   | 11 00 | II.Sh.E. |   | 20 31 | I.Tr.I. |    | 17 11 | IV.Ec.R. |    | 17 32 | III.Oc.R. |
|   | 13 42 | II.Tr.E. |   | 21 25 | I.Sh.E. |    | 18 24 | I.Ec.D. |    | 18 39 | I.Tr.I. |
|   | 20 08 | I.Ec.D. |    | 22 43 | I.Tr.E. |    | 21 56 | I.Oc.R. |    | 19 41 | I.Sh.E. |
|   | 23 45 | I.Oc.R. | 11 | 4 55 | II.Ec.D. | 19 | 5 39 | III.Ec.D. |    | 20 51 | I.Tr.E. |
| 3 | 17 17 | I.Sh.I. |   | 10 23 | II.Oc.R. |    | 8 53 | III.Ec.R. |    | 23 41 | IV.Sh.I. |
|   | 18 39 | I.Tr.I. |    | 16 30 | I.Ec.D. |    | 10 59 | III.Oc.D. | 27 | 1 55 | IV.Sh.E. |
|   | 19 31 | I.Sh.E. |    | 20 05 | I.Oc.R. |    | 13 52 | III.Oc.R. |    | 5 18 | II.Sh.I. |
|   | 20 51 | I.Tr.E. | 12 | 1 39 | III.Ec.D. |   | 15 33 | I.Sh.I. |    | 7 43 | II.Tr.I. |
| 4 | 2 19 | II.Ec.D. |   | 4 54 | III.Ec.R. |    | 16 49 | I.Tr.I. |    | 8 05 | II.Sh.E. |
|   | 7 52 | II.Oc.R. |    | 7 12 | III.Oc.D. |   | 17 47 | I.Sh.E. |    | 10 24 | II.Tr.E. |
|   | 14 36 | I.Ec.D. |    | 10 06 | III.Oc.R. |   | 19 02 | I.Tr.E. |    | 14 47 | I.Ec.D. |
|   | 18 13 | I.Oc.R. |    | 13 39 | I.Sh.I. | 20 | 2 43 | II.Sh.I. |    | 18 12 | I.Oc.R. |
|   | 21 37 | III.Ec.D. |   | 14 59 | I.Tr.I. |    | 5 16 | II.Tr.I. | 28 | 11 56 | I.Sh.I. |
| 5 | 0 54 | III.Ec.R. |   | 15 53 | I.Sh.E. |    | 5 29 | II.Sh.E. |    | 13 06 | I.Tr.I. |
|   | 3 19 | III.Oc.D. |   | 17 11 | I.Tr.E. |    | 7 58 | II.Tr.E. |    | 14 10 | I.Sh.E. |
|   | 6 16 | III.Oc.R. | 13 | 0 07 | II.Sh.I. |   | 12 53 | I.Ec.D. |    | 15 19 | I.Tr.E. |
|   | 11 46 | I.Sh.I. |    | 2 47 | II.Tr.I. |    | 16 23 | I.Oc.R. |    | 23 25 | II.Ec.D. |
|   | 13 07 | I.Tr.I. |    | 2 54 | II.Sh.E. | 21 | 10 02 | I.Sh.I. | 29 | 4 32 | II.Oc.R. |
|   | 14 00 | I.Sh.E. |    | 5 29 | II.Tr.E. |    | 11 17 | I.Tr.I. |    | 9 15 | I.Ec.D. |
|   | 15 19 | I.Tr.E. |    | 10 59 | I.Ec.D. |    | 12 16 | I.Sh.E. |    | 12 39 | I.Oc.R. |
|   | 21 31 | II.Sh.I. |   | 14 33 | I.Oc.R. |    | 13 29 | I.Tr.E. |    | 23 47 | III.Sh.I. |
| 6 | 0 16 | II.Tr.I. | 14 | 8 08 | I.Sh.I. |    | 20 49 | II.Ec.D. | 30 | 2 58 | III.Sh.E. |
|   | 0 18 | II.Sh.E. |    | 9 26 | I.Tr.I. | 22 | 2 06 | II.Oc.R. |    | 4 38 | III.Tr.I. |
|   | 2 59 | II.Tr.E. |    | 10 22 | I.Sh.E. |    | 7 21 | I.Ec.D. |    | 6 24 | I.Sh.I. |
|   | 9 05 | I.Ec.D. |    | 11 39 | I.Tr.E. |    | 10 50 | I.Oc.R. |    | 7 26 | III.Tr.E. |
|   | 12 42 | I.Oc.R. |    | 18 13 | II.Ec.D. |   | 19 46 | III.Sh.I. |    | 7 33 | I.Tr.I. |
| 7 | 6 14 | I.Sh.I. |    | 23 38 | II.Oc.R. |   | 22 58 | III.Sh.E. |    | 8 38 | I.Sh.E. |
|   | 7 35 | I.Tr.I. | 15 | 5 27 | I.Ec.D. | 23 | 0 58 | III.Tr.I. |    | 9 46 | I.Tr.E. |
|   | 8 28 | I.Sh.E. |    | 9 01 | I.Oc.R. |    | 3 47 | III.Tr.E. |    | 18 36 | II.Sh.I. |
|   | 9 47 | I.Tr.E. |    | 15 44 | III.Sh.I. |   | 4 30 | I.Sh.I. |    | 20 55 | II.Tr.I. |
|   | 15 37 | II.Ec.D. |   | 18 57 | III.Sh.E. |   | 5 44 | I.Tr.I. |    | 21 22 | II.Sh.E. |
|   | 21 07 | II.Oc.R. |   | 21 12 | III.Tr.I. |   | 6 44 | I.Sh.E. |    | 23 36 | II.Tr.E. |
| 8 | 3 33 | I.Ec.D. | 16 | 0 03 | III.Tr.E. |   | 7 57 | I.Tr.E. | 31 | 3 44 | I.Ec.D. |
|   | 7 09 | I.Oc.R. |    | 2 36 | I.Sh.I. |    | 16 00 | II.Sh.I. |    | 7 06 | I.Oc.R. |
|   | 11 44 | III.Sh.I. |   | 3 54 | I.Tr.I. |    | 18 30 | II.Tr.I. |    |      |            |
|   | 14 57 | III.Sh.E. |   | 4 50 | I.Sh.E. |    | 18 47 | II.Sh.E. |    |      |            |
|   | 17 22 | III.Tr.I. |   |      |            |    | 21 11 | II.Tr.E. |    |      |            |

| I. July 15 | II. July 14 | III. July 12 | IV. July 18 |
|---|---|---|---|
| $x_1 = -2.1$, $y_1 = +0.2$ | $x_1 = -2.8$, $y_1 = +0.3$ | $x_1 = -3.8$, $y_1 = +0.5$<br>$x_2 = -2.1$, $y_2 = +0.6$ | $x_1 = -5.5$, $y_1 = +1.0$<br>$x_2 = -4.4$, $y_2 = +1.0$ |

NOTE.–I. denotes ingress; E., egress; D., disappearance; R., reappearance; Ec., eclipse; Oc., occultation; Tr., transit of the satellite; Sh., transit of the shadow.

## CONFIGURATIONS OF SATELLITES I-IV FOR JULY

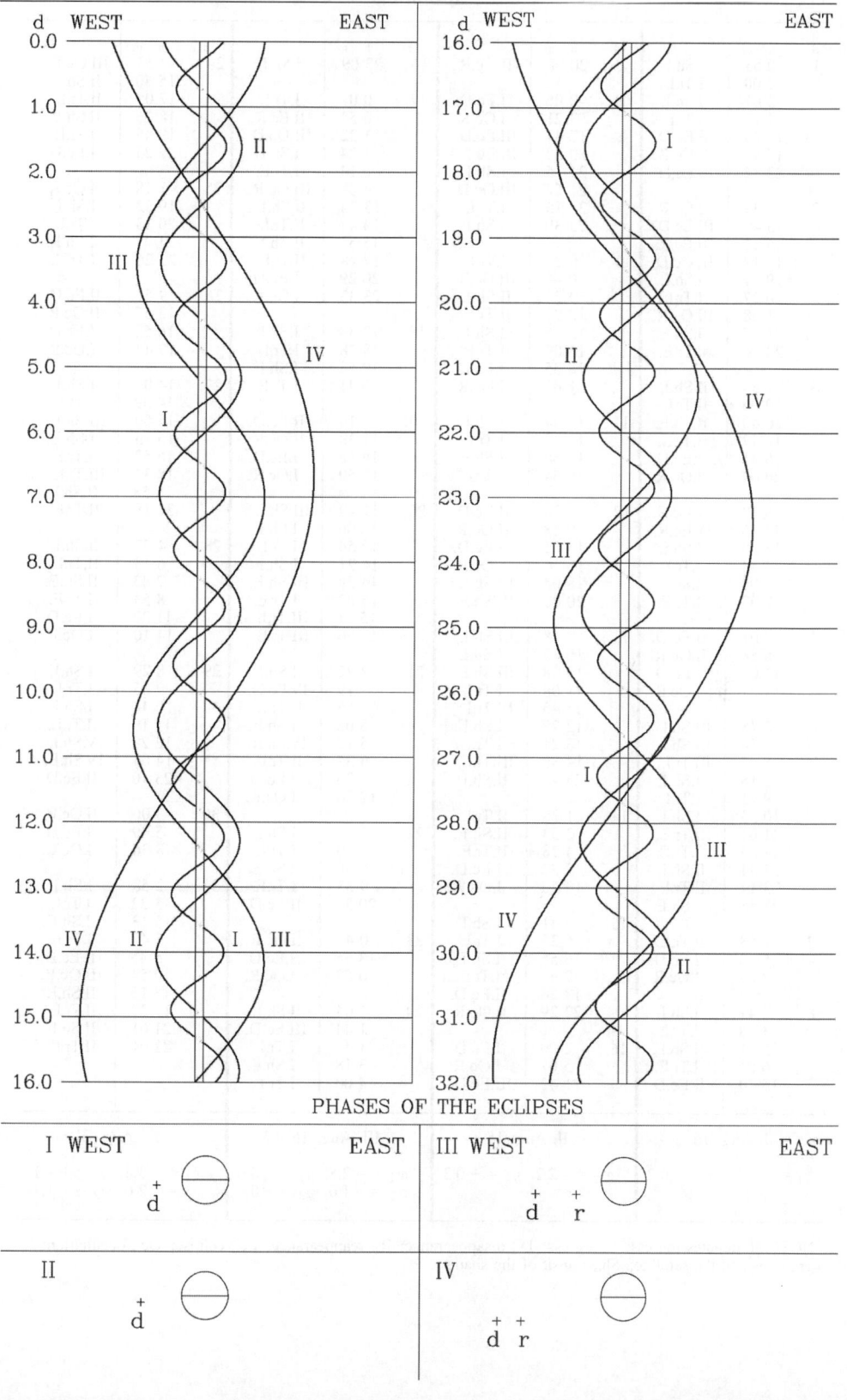

UNIVERSAL TIME

PHASES OF THE ECLIPSES

# SATELLITES OF JUPITER, 2010

## TERRESTRIAL TIME OF GEOCENTRIC PHENOMENA

### AUGUST

| d | h m | | d | h m | | d | h m | | d | h m | |
|---|-----|---|---|-----|---|---|-----|---|---|-----|---|
| 1 | 0 53 | I.Sh.I. | 8 | 20 08 | II.Oc.R. | 16 | 23 09 | I.Sh.I. | 24 | 7 33 | III.Oc.R. |
|   | 2 00 | I.Tr.I. |   |   |   |   |   |   |   | 15 40 | II.Sh.I. |
|   | 3 07 | I.Sh.E. | 9 | 0 06 | I.Ec.D. | 17 | 0 01 | I.Tr.I. |   | 17 05 | II.Tr.I. |
|   | 4 13 | I.Tr.E. |   | 3 21 | I.Oc.R. |   | 0 53 | III.Ec.R. |   | 18 26 | II.Sh.E. |
|   | 12 43 | II.Ec.D. |   | 17 41 | III.Ec.D. |   | 1 22 | III.Oc.D. |   | 19 45 | II.Tr.E. |
|   | 17 45 | II.Oc.R. |   | 20 52 | III.Ec.R. |   | 1 24 | I.Sh.E. |   | 22 23 | I.Ec.D. |
|   | 22 12 | I.Ec.D. |   | 21 15 | I.Sh.I. |   | 2 14 | I.Tr.E. |   |   |   |
|   |   |   |   | 21 52 | III.Oc.D. |   | 4 09 | III.Oc.R. | 25 | 1 18 | I.Oc.R. |
| 2 | 1 33 | I.Oc.R. |   | 22 15 | I.Tr.I. |   | 13 04 | II.Sh.I. |   | 19 32 | I.Sh.I. |
|   | 13 40 | III.Ec.D. |   | 23 30 | I.Sh.E. |   | 14 47 | II.Tr.I. |   | 20 13 | I.Tr.I. |
|   | 16 52 | III.Ec.R. | 10 | 0 28 | I.Tr.E. |   | 15 51 | II.Sh.E. |   | 21 47 | I.Sh.E. |
|   | 18 19 | III.Oc.D. |   | 0 40 | III.Oc.R. |   | 17 28 | II.Tr.E. |   | 22 26 | I.Tr.E. |
|   | 19 21 | I.Sh.I. |   | 10 29 | II.Sh.I. |   | 20 29 | I.Ec.D. |   |   |   |
|   | 20 27 | I.Tr.I. |   | 12 28 | II.Tr.I. |   | 23 33 | I.Oc.R. | 26 | 9 51 | II.Ec.D. |
|   | 21 08 | III.Oc.R. |   | 13 15 | II.Sh.E. |   |   |   |   | 13 57 | II.Oc.R. |
|   | 21 35 | I.Sh.E. |   | 15 09 | II.Tr.E. | 18 | 17 38 | I.Sh.I. |   | 16 52 | I.Ec.D. |
|   | 22 40 | I.Tr.E. |   | 18 35 | I.Ec.D. |   | 18 28 | I.Tr.I. |   | 19 44 | I.Oc.R. |
|   |   |   |   | 21 47 | I.Oc.R. |   | 19 53 | I.Sh.E. |   |   |   |
| 3 | 7 54 | II.Sh.I. |   |   |   |   | 20 41 | I.Tr.E. | 27 | 14 01 | I.Sh.I. |
|   | 10 06 | II.Tr.I. | 11 | 15 44 | I.Sh.I. |   |   |   |   | 14 39 | I.Tr.I. |
|   | 10 40 | II.Sh.E. |   | 16 42 | I.Tr.I. | 19 | 7 14 | II.Ec.D. |   | 15 50 | III.Sh.I. |
|   | 12 47 | II.Tr.E. |   | 17 58 | I.Sh.E. |   | 11 38 | II.Oc.R. |   | 16 16 | I.Sh.E. |
|   | 16 41 | I.Ec.D. |   | 18 54 | I.Tr.E. |   | 14 58 | I.Ec.D. |   | 16 52 | I.Tr.E. |
|   | 20 00 | I.Oc.R. |   |   |   |   | 17 59 | I.Oc.R. |   | 18 33 | III.Tr.I. |
|   |   |   | 12 | 4 38 | II.Ec.D. |   |   |   |   | 18 58 | III.Sh.E. |
| 4 | 8 59 | IV.Ec.D. |   | 9 18 | II.Oc.R. | 20 | 11 49 | III.Sh.I. |   | 21 18 | III.Tr.E. |
|   | 11 15 | IV.Ec.R. |   | 13 03 | I.Ec.D. |   | 12 06 | I.Sh.I. |   |   |   |
|   | 13 50 | I.Sh.I. |   | 16 14 | I.Oc.R. |   | 12 54 | I.Tr.I. | 28 | 4 57 | II.Sh.I. |
|   | 14 54 | I.Tr.I. |   | 18 04 | IV.Sh.I. |   | 14 21 | I.Sh.E. |   | 6 13 | II.Tr.I. |
|   | 16 04 | I.Sh.E. |   | 20 00 | IV.Sh.E. |   | 14 58 | III.Sh.E. |   | 7 43 | II.Sh.E. |
|   | 17 07 | I.Tr.E. |   |   |   |   | 15 07 | I.Tr.E. |   | 8 53 | II.Tr.E. |
|   |   |   | 13 | 7 48 | III.Sh.I. |   | 15 11 | III.Tr.I. |   | 11 20 | I.Ec.D. |
| 5 | 2 01 | II.Ec.D. |   | 10 12 | I.Sh.I. |   | 17 56 | III.Tr.E. |   | 14 10 | I.Oc.R. |
|   | 6 56 | II.Oc.R. |   | 10 58 | III.Sh.E. |   |   |   |   |   |   |
|   | 11 09 | I.Ec.D. |   | 11 08 | I.Tr.I. | 21 | 2 22 | II.Sh.I. | 29 | 8 29 | I.Sh.I. |
|   | 14 27 | I.Oc.R. |   | 11 45 | III.Tr.I. |   | 3 19 | IV.Ec.D. |   | 9 05 | I.Tr.I. |
|   |   |   |   | 12 27 | I.Sh.E. |   | 3 56 | II.Tr.I. |   | 10 44 | I.Sh.E. |
| 6 | 3 48 | III.Sh.I. |   | 13 21 | I.Tr.E. |   | 5 08 | II.Sh.E. |   | 11 19 | I.Tr.E. |
|   | 6 58 | III.Sh.E. |   | 14 30 | III.Tr.E. |   | 5 17 | IV.Ec.R. |   | 12 29 | IV.Sh.I. |
|   | 8 14 | III.Tr.I. |   | 23 47 | II.Sh.I. |   | 6 37 | II.Tr.E. |   | 14 04 | IV.Sh.E. |
|   | 8 18 | I.Sh.I. |   |   |   |   | 9 26 | I.Ec.D. |   | 23 10 | II.Ec.D. |
|   | 9 21 | I.Tr.I. | 14 | 1 38 | II.Tr.I. |   | 12 26 | I.Oc.R. |   |   |   |
|   | 10 33 | I.Sh.E. |   | 2 33 | II.Sh.E. |   |   |   | 30 | 3 06 | II.Oc.R. |
|   | 11 01 | III.Tr.E. |   | 4 18 | II.Tr.E. | 22 | 6 35 | I.Sh.I. |   | 5 49 | I.Ec.D. |
|   | 11 34 | I.Tr.E. |   | 7 32 | I.Ec.D. |   | 7 20 | I.Tr.I. |   | 8 36 | I.Oc.R. |
|   | 21 11 | II.Sh.I. |   | 10 40 | I.Oc.R. |   | 8 50 | I.Sh.E. |   |   |   |
|   | 23 17 | II.Tr.I. |   |   |   |   | 9 33 | I.Tr.E. | 31 | 2 58 | I.Sh.I. |
|   | 23 58 | II.Sh.E. | 15 | 4 41 | I.Sh.I. |   | 20 33 | II.Ec.D. |   | 3 32 | I.Tr.I. |
|   |   |   |   | 5 35 | I.Tr.I. |   |   |   |   | 5 13 | I.Sh.E. |
| 7 | 1 58 | II.Tr.E. |   | 6 55 | I.Sh.E. | 23 | 0 48 | II.Oc.R. |   | 5 45 | I.Tr.E. |
|   | 5 38 | I.Ec.D. |   | 7 48 | I.Tr.E. |   | 3 55 | I.Ec.D. |   | 5 45 | III.Ec.D. |
|   | 8 54 | I.Oc.R. |   | 17 56 | II.Ec.D. |   | 6 52 | I.Oc.R. |   | 10 54 | III.Oc.R. |
|   |   |   |   | 22 29 | II.Oc.R. |   |   |   |   | 18 15 | II.Sh.I. |
| 8 | 2 47 | I.Sh.I. |   |   |   | 24 | 1 04 | I.Sh.I. |   | 19 20 | II.Tr.I. |
|   | 3 48 | I.Tr.I. | 16 | 2 00 | I.Ec.D. |   | 1 44 | III.Ec.D. |   | 21 01 | II.Sh.E. |
|   | 5 01 | I.Sh.E. |   | 5 07 | I.Oc.R. |   | 1 47 | I.Tr.I. |   | 22 01 | II.Tr.E. |
|   | 6 01 | I.Tr.E. |   | 21 42 | III.Ec.D. |   | 3 18 | I.Sh.E. |   |   |   |
|   | 15 20 | II.Ec.D. |   |   |   |   | 4 00 | I.Tr.E. |   |   |   |

| I. Aug. 16 | II. Aug. 15 | III. Aug. 16, 17 | IV. Aug. 21 |
|------------|-------------|-------------------|-------------|
| $x_1 = -1.7,\ y_1 = +0.2$ | $x_1 = -2.2,\ y_1 = +0.3$ | $x_1 = -2.8,\ y_1 = +0.6$ | $x_1 = -3.4,\ y_1 = +1.1$ |
|  |  | $x_2 = -1.0,\ y_2 = +0.6$ | $x_2 = -2.6,\ y_2 = +1.1$ |

NOTE.–I. denotes ingress; E., egress; D., disappearance; R., reappearance; Ec., eclipse; Oc., occultation; Tr., transit of the satellite; Sh., transit of the shadow.

## CONFIGURATIONS OF SATELLITES I-IV FOR AUGUST

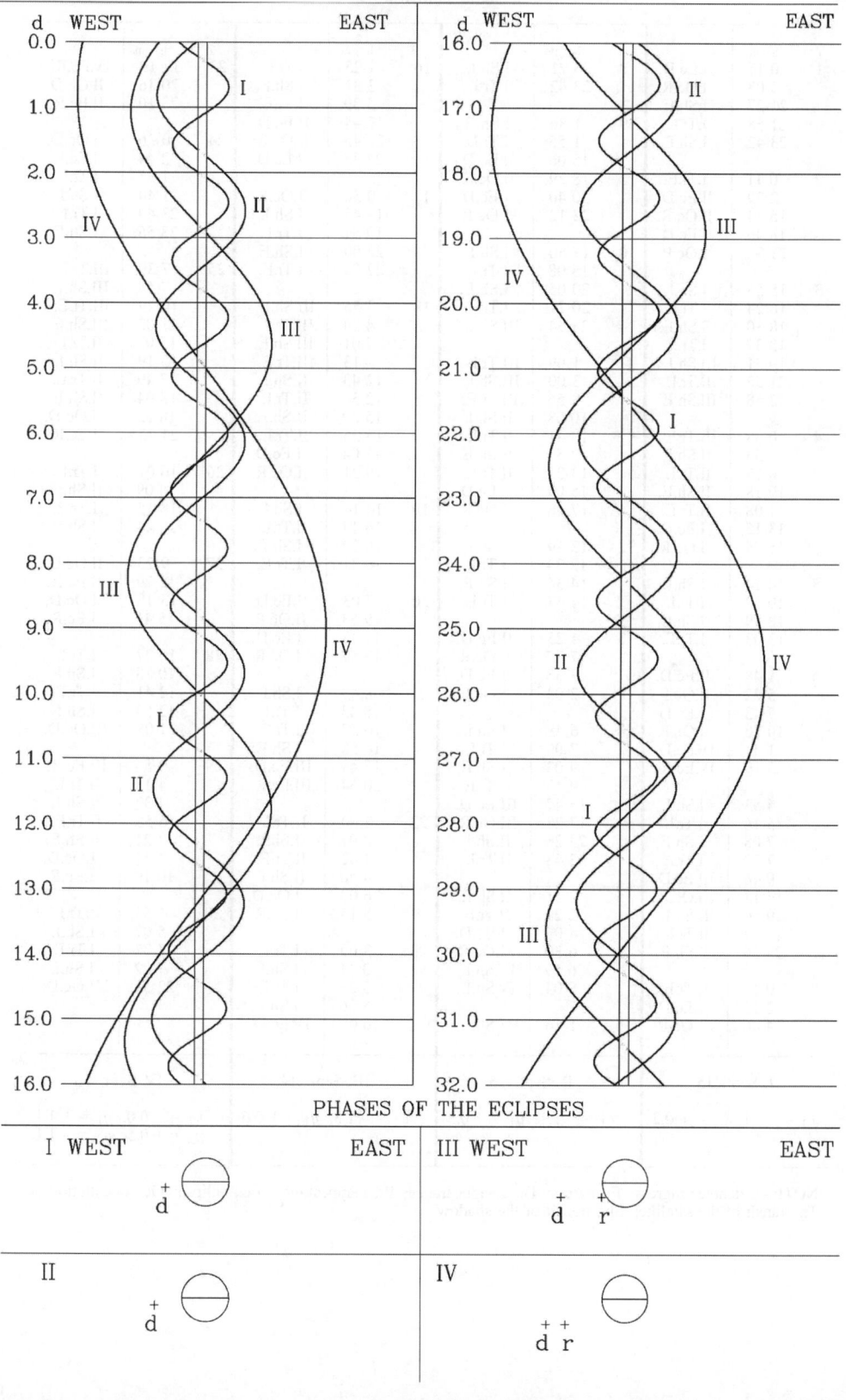

UNIVERSAL TIME

PHASES OF THE ECLIPSES

# SATELLITES OF JUPITER, 2010

## TERRESTRIAL TIME OF GEOCENTRIC PHENOMENA

### SEPTEMBER

| d | h m | | d | h m | | d | h m | | d | h m | |
|---|-----|---|---|-----|---|---|-----|---|---|-----|---|
| 1 | 0 17 | I.Ec.D. | 8 | 23 21 | I.Sh.I. | 16 | 1 25 | I.Tr.I. | 23 | 17 19 | IV.Ec.R. |
|   | 3 03 | I.Oc.R. |   | 23 42 | I.Tr.I. |   | 3 31 | I.Sh.E. |   | 20 16 | II.Oc.D. |
|   | 21 27 | I.Sh.I. |   |   |   |   | 3 39 | I.Tr.E. |   | 23 10 | II.Ec.R. |
|   | 21 58 | I.Tr.I. | 9 | 1 36 | I.Sh.E. |   | 17 44 | II.Ec.D. |   |   |   |
|   | 23 42 | I.Sh.E. |   | 1 55 | I.Tr.E. |   | 20 45 | II.Oc.R. | 24 | 0 26 | I.Oc.D. |
|   |   |   |   | 15 06 | II.Ec.D. |   | 22 35 | I.Ec.D. |   | 2 44 | I.Ec.R. |
| 2 | 0 11 | I.Tr.E. |   | 18 29 | II.Oc.R. |   |   |   |   | 21 35 | I.Tr.I. |
|   | 12 29 | II.Ec.D. |   | 20 40 | I.Ec.D. | 17 | 0 56 | I.Oc.R. |   | 21 40 | I.Sh.I. |
|   | 16 14 | II.Oc.R. |   | 23 12 | I.Oc.R. |   | 19 45 | I.Sh.I. |   | 23 49 | I.Tr.E. |
|   | 18 46 | I.Ec.D. |   |   |   |   | 19 51 | I.Tr.I. |   | 23 55 | I.Sh.E. |
|   | 21 28 | I.Oc.R. | 10 | 17 50 | I.Sh.I. |   | 22 00 | I.Sh.E. |   |   |   |
|   |   |   |   | 18 08 | I.Tr.I. |   | 22 05 | I.Tr.E. | 25 | 7 39 | III.Tr.I. |
| 3 | 15 55 | I.Sh.I. |   | 20 05 | I.Sh.E. |   |   |   |   | 7 58 | III.Sh.I. |
|   | 16 24 | I.Tr.I. |   | 20 21 | I.Tr.E. | 18 | 3 56 | III.Sh.I. |   | 10 29 | III.Tr.E. |
|   | 18 10 | I.Sh.E. |   | 23 54 | III.Sh.I. |   | 4 24 | III.Tr.I. |   | 11 02 | III.Sh.E. |
|   | 18 37 | I.Tr.E. |   |   |   |   | 7 01 | III.Sh.E. |   | 15 07 | II.Tr.I. |
|   | 19 51 | III.Sh.I. | 11 | 1 09 | III.Tr.I. |   | 7 13 | III.Tr.E. |   | 15 19 | II.Sh.I. |
|   | 21 52 | III.Tr.I. |   | 3 00 | III.Sh.E. |   | 12 43 | II.Sh.I. |   | 17 49 | II.Tr.E. |
|   | 22 58 | III.Sh.E. |   | 3 56 | III.Tr.E. |   | 12 54 | II.Tr.I. |   | 18 04 | II.Sh.E. |
| 4 | 0 38 | III.Tr.E. |   | 10 08 | II.Sh.I. |   | 15 29 | II.Sh.E. |   | 18 52 | I.Oc.D. |
|   | 7 33 | II.Sh.I. |   | 10 41 | II.Tr.I. |   | 15 35 | II.Tr.E. |   | 21 12 | I.Ec.R. |
|   | 8 27 | II.Tr.I. |   | 12 53 | II.Sh.E. |   | 17 04 | I.Ec.D. |   |   |   |
|   | 10 18 | II.Sh.E. |   | 13 22 | II.Tr.E. |   | 19 21 | I.Oc.R. | 26 | 16 01 | I.Tr.I. |
|   | 11 08 | II.Tr.E. |   | 15 09 | I.Ec.D. |   |   |   |   | 16 09 | I.Sh.I. |
|   | 13 15 | I.Ec.D. |   | 17 38 | I.Oc.R. | 19 | 14 14 | I.Sh.I. |   | 18 15 | I.Tr.E. |
|   | 15 54 | I.Oc.R. |   |   |   |   | 14 17 | I.Tr.I. |   | 18 24 | I.Sh.E. |
|   |   |   | 12 | 12 19 | I.Sh.I. |   | 16 29 | I.Sh.E. |   |   |   |
| 5 | 10 24 | I.Sh.I. |   | 12 34 | I.Tr.I. |   | 16 31 | I.Tr.E. | 27 | 9 23 | II.Oc.D. |
|   | 10 50 | I.Tr.I. |   | 14 34 | I.Sh.E. |   |   |   |   | 12 29 | II.Ec.R. |
|   | 12 39 | I.Sh.E. |   | 14 47 | I.Tr.E. | 20 | 7 03 | II.Ec.D. |   | 13 18 | I.Oc.D. |
|   | 13 03 | I.Tr.E. | 13 | 4 25 | II.Ec.D. |   | 9 53 | II.Oc.R. |   | 15 41 | I.Ec.R. |
|   |   |   |   | 7 37 | II.Oc.R. |   | 11 32 | I.Ec.D. |   |   |   |
| 6 | 1 48 | II.Ec.D. |   | 9 38 | I.Ec.D. |   | 13 47 | I.Oc.R. | 28 | 10 27 | I.Tr.I. |
|   | 5 22 | II.Oc.R. |   | 12 04 | I.Oc.R. |   |   |   |   | 10 38 | I.Sh.I. |
|   | 7 43 | I.Ec.D. | 14 | 6 48 | I.Sh.I. | 21 | 8 43 | I.Sh.I. |   | 12 41 | I.Tr.E. |
|   | 10 20 | I.Oc.R. |   | 7 00 | I.Tr.I. |   | 8 43 | I.Tr.I. |   | 12 53 | I.Sh.E. |
|   | 21 41 | IV.Ec.D. |   | 9 03 | I.Sh.E. |   | 10 57 | I.Tr.E. |   | 21 08 | III.Oc.D. |
|   | 23 19 | IV.Ec.R. |   | 9 13 | I.Tr.E. |   | 10 58 | I.Sh.E. |   |   |   |
| 7 | 4 53 | I.Sh.I. |   | 13 47 | III.Ec.D. |   | 17 49 | III.Ec.D. | 29 | 0 54 | III.Ec.R. |
|   | 5 16 | I.Tr.I. |   | 17 28 | III.Oc.R. |   | 20 54 | III.Ec.R. |   | 4 13 | II.Tr.I. |
|   | 7 08 | I.Sh.E. |   | 23 26 | II.Sh.I. | 22 | 2 00 | II.Tr.I. |   | 4 37 | II.Sh.I. |
|   | 7 29 | I.Tr.E. |   | 23 48 | II.Tr.I. |   | 2 01 | II.Sh.I. |   | 6 55 | II.Tr.E. |
|   | 9 46 | III.Ec.D. | 15 | 2 11 | II.Sh.E. |   | 4 42 | II.Tr.E. |   | 7 21 | II.Sh.E. |
|   | 14 12 | III.Oc.R. |   | 2 29 | II.Tr.E. |   | 4 46 | II.Sh.E. |   | 7 44 | I.Oc.D. |
|   | 20 50 | II.Sh.I. |   | 4 06 | I.Ec.D. |   | 6 00 | I.Oc.D. |   | 10 10 | I.Ec.R. |
|   | 21 34 | II.Tr.I. |   | 6 30 | I.Oc.R. |   | 8 15 | I.Ec.R. |   |   |   |
|   | 23 36 | II.Sh.E. |   | 6 59 | IV.Sh.I. | 23 | 3 09 | I.Tr.I. | 30 | 4 53 | I.Tr.I. |
| 8 | 0 15 | II.Tr.E. |   | 8 04 | IV.Sh.E. |   | 3 11 | I.Sh.I. |   | 5 07 | I.Sh.I. |
|   | 2 12 | I.Ec.D. | 16 | 1 16 | I.Sh.I. |   | 5 23 | I.Tr.E. |   | 7 07 | I.Tr.E. |
|   | 4 46 | I.Oc.R. |   |   |   |   | 5 26 | I.Sh.E. |   | 7 22 | I.Sh.E. |
|   |   |   |   |   |   |   | 16 08 | IV.Ec.D. |   | 22 31 | II.Oc.D. |

| I. Sept. 15 | II. Sept. 16 | III. Sept. 14 | IV. Sept. 23 |
|---|---|---|---|
| $x_1 = -1.1,\ y_1 = +0.2$ | $x_1 = -1.1,\ y_1 = +0.3$ | $x_1 = -1.3,\ y_1 = +0.6$ | $x_1 = 0.0,\ y_1 = +1.1$ |
|   |   |   | $x_2 = +0.5,\ y_2 = +1.1$ |

NOTE.–I. denotes ingress; E., egress; D., disappearance; R., reappearance; Ec., eclipse; Oc., occultation; Tr., transit of the satellite; Sh., transit of the shadow.

## CONFIGURATIONS OF SATELLITES I-IV FOR SEPTEMBER

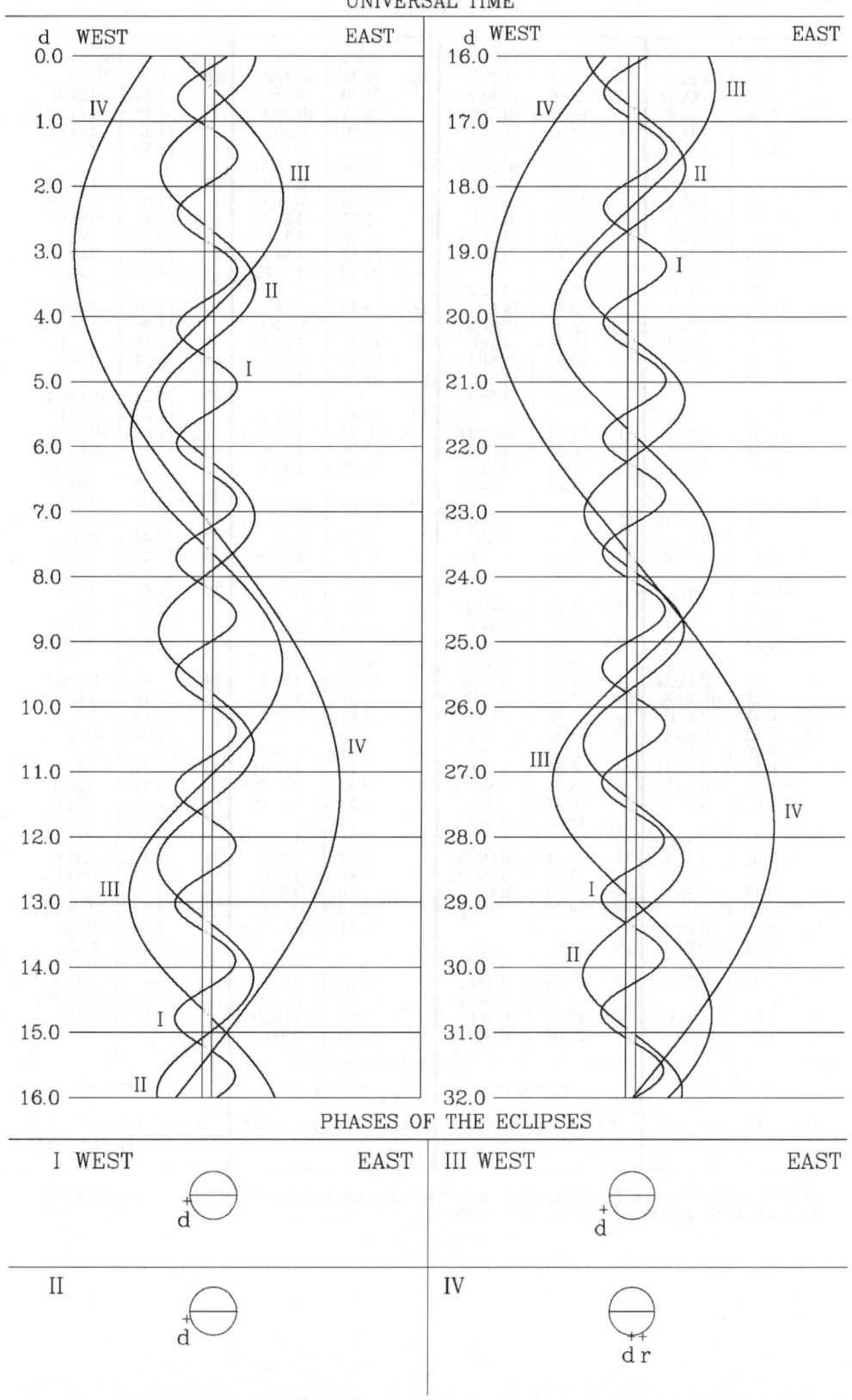

UNIVERSAL TIME

PHASES OF THE ECLIPSES

# SATELLITES OF JUPITER, 2010

## TERRESTRIAL TIME OF GEOCENTRIC PHENOMENA

### OCTOBER

| d | h m | | d | h m | | d | h m | | d | h m | |
|---|-----|---|---|-----|---|---|-----|---|---|-----|---|
| 1 | 1 48 | II.Ec.R. | 9 | 3 18 | I.Tr.E. | 16 | 20 26 | III.Tr.E. | 24 | 3 05 | III.Sh.E. |
|   | 2 09 | I.Oc.D. |   | 3 46 | I.Sh.E. |   | 21 50 | II.Tr.I. |   | 4 24 | II.Sh.E. |
|   | 4 38 | I.Ec.R. |   | 14 11 | III.Tr.I. |   | 23 04 | III.Sh.E. |   | 4 52 | I.Ec.R. |
|   | 23 19 | I.Tr.I. |   | 16 02 | III.Sh.I. |   | 23 06 | II.Sh.I. |   | 23 02 | I.Tr.I. |
|   | 23 35 | I.Sh.I. |   | 17 05 | III.Tr.E. | 17 | 0 04 | I.Oc.D. |   | 23 51 | I.Sh.I. |
|   |   |   |   | 19 03 | III.Sh.E. |   | 0 33 | II.Tr.E. | 25 | 1 16 | I.Tr.E. |
| 2 | 1 33 | I.Tr.E. |   | 19 34 | II.Tr.I. |   | 1 49 | II.Sh.E. |   | 2 05 | I.Sh.E. |
|   | 1 50 | I.Sh.E. |   | 20 30 | II.Sh.I. |   | 2 57 | I.Ec.R. |   | 18 33 | II.Oc.D. |
|   | 10 54 | III.Tr.I. |   | 22 17 | II.Tr.E. |   | 21 15 | I.Tr.I. |   | 20 17 | I.Oc.D. |
|   | 12 00 | III.Sh.I. |   | 22 20 | I.Oc.D. |   | 21 55 | I.Sh.I. |   | 23 02 | II.Ec.R. |
|   | 13 46 | III.Tr.E. |   | 23 14 | II.Sh.E. |   | 23 30 | I.Tr.E. |   | 23 20 | I.Ec.R. |
|   | 15 03 | III.Sh.E. | 10 | 1 02 | I.Ec.R. | 18 | 0 10 | I.Sh.E. | 26 | 17 29 | I.Tr.I. |
|   | 17 20 | II.Tr.I. |   | 10 46 | IV.Ec.D. |   | 16 13 | II.Oc.D. |   | 18 20 | I.Sh.I. |
|   | 17 54 | II.Sh.I. |   | 11 08 | IV.Ec.R. |   | 18 31 | I.Oc.D. |   | 19 43 | I.Tr.E. |
|   | 20 02 | II.Tr.E. |   | 19 30 | I.Tr.I. |   | 20 24 | II.Ec.R. |   | 20 34 | I.Sh.E. |
|   | 20 35 | I.Oc.D. |   | 20 00 | I.Sh.I. |   | 21 25 | I.Ec.R. | 27 | 10 28 | III.Oc.D. |
|   | 20 39 | II.Sh.E. |   | 21 44 | I.Tr.E. | 19 | 15 42 | I.Tr.I. |   | 13 17 | II.Tr.I. |
|   | 23 07 | I.Ec.R. |   | 22 14 | I.Sh.E. |   | 16 24 | I.Sh.I. |   | 13 28 | III.Oc.R. |
| 3 | 17 45 | I.Tr.I. | 11 | 13 55 | II.Oc.D. |   | 17 56 | I.Tr.E. |   | 13 59 | III.Ec.D. |
|   | 18 04 | I.Sh.I. |   | 16 46 | I.Oc.D. |   | 18 39 | I.Sh.E. |   | 14 43 | I.Oc.D. |
|   | 19 59 | I.Tr.E. |   | 17 45 | II.Ec.R. | 20 | 7 04 | III.Oc.D. |   | 14 59 | II.Sh.I. |
|   | 20 19 | I.Sh.E. |   | 19 30 | I.Ec.R. |   | 10 58 | II.Tr.I. |   | 16 00 | II.Tr.E. |
| 4 | 11 39 | II.Oc.D. | 12 | 13 56 | I.Tr.I. |   | 12 24 | II.Sh.I. |   | 16 58 | III.Ec.R. |
|   | 15 01 | I.Oc.D. |   | 14 29 | I.Sh.I. |   | 12 57 | I.Oc.D. |   | 17 42 | II.Sh.E. |
|   | 15 07 | II.Ec.R. |   | 16 10 | I.Tr.E. |   | 12 58 | III.Ec.R. |   | 17 49 | I.Ec.R. |
|   | 17 36 | I.Ec.R. |   | 16 43 | I.Sh.E. |   | 13 41 | II.Tr.E. | 28 | 11 56 | I.Tr.I. |
| 5 | 12 11 | I.Tr.I. | 13 | 3 42 | III.Oc.D. |   | 15 07 | II.Sh.E. |   | 12 49 | I.Sh.I. |
|   | 12 33 | I.Sh.I. |   | 8 42 | II.Tr.I. |   | 15 54 | I.Ec.R. |   | 14 10 | I.Tr.E. |
|   | 14 25 | I.Tr.E. |   | 8 56 | III.Ec.R. | 21 | 10 09 | I.Tr.I. |   | 15 03 | I.Sh.E. |
|   | 14 48 | I.Sh.E. |   | 9 48 | II.Sh.I. |   | 10 53 | I.Sh.I. | 29 | 7 44 | II.Oc.D. |
| 6 | 0 24 | III.Oc.D. |   | 11 12 | I.Oc.D. |   | 12 23 | I.Tr.E. |   | 9 10 | I.Oc.D. |
|   | 4 55 | III.Ec.R. |   | 11 25 | II.Tr.E. |   | 13 08 | I.Sh.E. |   | 12 18 | I.Ec.R. |
|   | 6 27 | II.Tr.I. |   | 12 32 | II.Sh.E. | 22 | 5 23 | II.Oc.D. |   | 12 21 | II.Ec.R. |
|   | 7 12 | II.Sh.I. |   | 13 59 | I.Ec.R. |   | 7 24 | I.Oc.D. | 30 | 6 23 | I.Tr.I. |
|   | 9 09 | II.Tr.E. | 14 | 8 23 | I.Tr.I. |   | 9 43 | II.Ec.R. |   | 7 18 | I.Sh.I. |
|   | 9 27 | I.Oc.D. |   | 8 58 | I.Sh.I. |   | 10 23 | I.Ec.R. |   | 8 37 | I.Tr.E. |
|   | 9 56 | II.Sh.E. |   | 10 37 | I.Tr.E. | 23 | 4 35 | I.Tr.I. |   | 9 32 | I.Sh.E. |
|   | 12 04 | I.Ec.R. |   | 11 12 | I.Sh.E. |   | 5 22 | I.Sh.I. | 31 | 0 22 | III.Tr.I. |
| 7 | 6 37 | I.Tr.I. | 15 | 3 04 | II.Oc.D. |   | 6 49 | I.Tr.E. |   | 2 27 | II.Tr.I. |
|   | 7 02 | I.Sh.I. |   | 5 38 | I.Oc.D. |   | 7 36 | I.Sh.E. |   | 3 21 | III.Tr.E. |
|   | 8 51 | I.Tr.E. |   | 7 04 | II.Ec.R. |   | 20 53 | III.Tr.I. |   | 3 37 | I.Oc.D. |
|   | 9 17 | I.Sh.E. |   | 8 28 | I.Ec.R. |   | 23 51 | III.Tr.E. |   | 4 10 | III.Sh.I. |
| 8 | 0 46 | II.Oc.D. | 16 | 2 49 | I.Tr.I. | 24 | 0 07 | III.Sh.I. |   | 4 17 | II.Sh.I. |
|   | 3 53 | I.Oc.D. |   | 3 27 | I.Sh.I. |   | 0 07 | II.Tr.I. |   | 5 10 | II.Tr.E. |
|   | 4 26 | II.Ec.R. |   | 5 03 | I.Tr.E. |   | 1 41 | II.Sh.I. |   | 6 47 | I.Ec.R. |
|   | 6 33 | I.Ec.R. |   | 5 41 | I.Sh.E. |   | 1 50 | I.Oc.D. |   | 7 00 | II.Sh.E. |
| 9 | 1 04 | I.Tr.I. |   | 17 30 | III.Tr.I. |   | 2 50 | II.Tr.E. |   | 7 08 | III.Sh.E. |
|   | 1 31 | I.Sh.I. |   | 20 04 | III.Sh.I. |   |   |   |   |   |   |

| I. Oct. 15 | II. Oct. 15 | III. Oct. 13 | IV. Oct. 10 |
|---|---|---|---|
| $x_2 = +1.5,\ y_2 = +0.2$ | $x_2 = +1.8,\ y_2 = +0.3$ | $x_2 = +2.1,\ y_2 = +0.6$ | $x_1 = +1.8,\ y_1 = +1.0$ $x_2 = +2.0,\ y_2 = +1.0$ |

NOTE.–I. denotes ingress; E., egress; D., disappearance; R., reappearance; Ec., eclipse; Oc., occultation; Tr., transit of the satellite; Sh., transit of the shadow.

## CONFIGURATIONS OF SATELLITES I-IV FOR OCTOBER

UNIVERSAL TIME

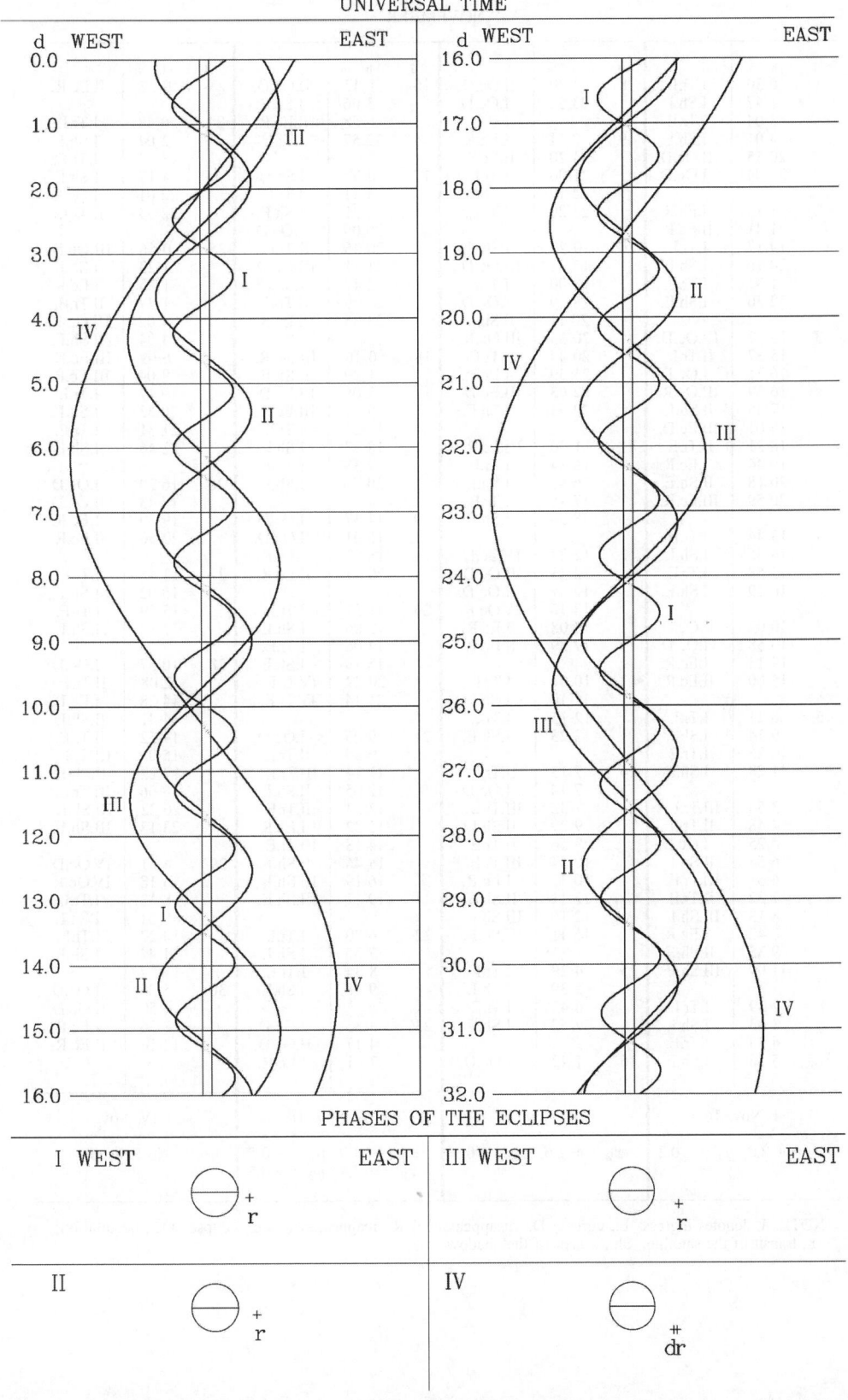

PHASES OF THE ECLIPSES

# SATELLITES OF JUPITER, 2010

## TERRESTRIAL TIME OF GEOCENTRIC PHENOMENA

### NOVEMBER

| d | h m | | d | h m | | d | h m | | d | h m | |
|---|-----|--|---|-----|--|---|-----|--|---|-----|--|
| 1 | 0 50 | I.Tr.I. | 8 | 23 20 | II.Oc.D. | 16 | 1 47 | II.Oc.D. | 23 | 9 37 | II.Ec.R. |
|   | 1 47 | I.Sh.I. |   | 23 52 | I.Oc.D. |   | 5 06 | I.Ec.R. |   |      |         |
|   | 3 04 | I.Tr.E. |   |       |         |   | 6 58 | II.Ec.R. | 24 | 0 48 | I.Tr.I. |
|   | 4 01 | I.Sh.E. | 9 | 3 11 | I.Ec.R. |   | 22 57 | I.Tr.I. |   | 2 04 | I.Sh.I. |
|   | 20 55 | II.Oc.D. |   | 4 20 | II.Ec.R. |   |      |         |   | 3 02 | I.Tr.E. |
|   | 22 04 | I.Oc.D. |   | 21 06 | I.Tr.I. | 17 | 0 08 | I.Sh.I. |   | 4 17 | I.Sh.E. |
| 2 | 1 15 | I.Ec.R. |   | 22 12 | I.Sh.I. |   | 1 11 | I.Tr.E. |   | 22 01 | I.Oc.D. |
|   | 1 41 | II.Ec.R. |   | 23 20 | I.Tr.E. |   | 2 21 | I.Sh.E. |   | 22 53 | II.Tr.I. |
|   | 19 17 | I.Tr.I. | 10 | 0 25 | I.Sh.E. |   | 20 09 | I.Oc.D. | 25 | 0 56 | III.Oc.D. |
|   | 20 16 | I.Sh.I. |   | 17 31 | III.Oc.D. |   | 20 26 | II.Tr.I. |   | 1 23 | II.Sh.I. |
|   | 21 31 | I.Tr.E. |   | 18 00 | II.Tr.I. |   | 21 11 | III.Oc.D. |   | 1 30 | I.Ec.R. |
|   | 22 30 | I.Sh.E. |   | 18 19 | I.Oc.D. |   | 22 47 | II.Sh.I. |   | 1 37 | II.Tr.E. |
| 3 | 13 57 | III.Oc.D. |   | 20 11 | II.Sh.I. |   | 23 09 | II.Tr.E. |   | 4 02 | III.Oc.R. |
|   | 15 37 | II.Tr.I. |   | 20 35 | III.Oc.R. |   | 23 35 | I.Ec.R. |   | 4 04 | II.Sh.E. |
|   | 16 31 | I.Oc.D. |   | 20 44 | II.Tr.E. | 18 | 0 16 | III.Oc.R. |   | 6 09 | III.Ec.D. |
|   | 16 59 | III.Oc.R. |   | 21 39 | I.Ec.R. |   | 1 29 | II.Sh.E. |   | 9 04 | III.Ec.R. |
|   | 17 35 | II.Sh.I. |   | 22 03 | III.Ec.D. |   | 2 06 | III.Ec.D. |   | 19 17 | I.Tr.I. |
|   | 18 01 | III.Ec.D. |   | 22 53 | II.Sh.E. |   | 5 01 | III.Ec.R. |   | 20 33 | I.Sh.I. |
|   | 18 21 | II.Tr.E. | 11 | 1 00 | III.Ec.R. |   | 17 24 | I.Tr.I. |   | 21 31 | I.Tr.E. |
|   | 19 44 | I.Ec.R. |   | 15 34 | I.Tr.I. |   | 18 37 | I.Sh.I. |   | 22 46 | I.Sh.E. |
|   | 20 18 | II.Sh.E. |   | 16 41 | I.Sh.I. |   | 19 38 | I.Tr.E. | 26 | 16 29 | I.Oc.D. |
|   | 20 59 | III.Ec.R. |   | 17 48 | I.Tr.E. |   | 20 50 | I.Sh.E. |   | 17 33 | II.Oc.D. |
| 4 | 13 44 | I.Tr.I. |   | 18 54 | I.Sh.E. | 19 | 14 37 | I.Oc.D. |   | 19 59 | I.Ec.R. |
|   | 14 45 | I.Sh.I. | 12 | 12 28 | IV.Oc.D. |   | 15 01 | II.Oc.D. |   | 22 56 | II.Ec.R. |
|   | 15 58 | I.Tr.E. |   | 12 33 | II.Oc.D. |   | 18 03 | I.Ec.R. | 27 | 13 45 | I.Tr.I. |
|   | 16 59 | I.Sh.E. |   | 12 47 | I.Oc.D. |   | 20 17 | II.Ec.R. |   | 15 02 | I.Sh.I. |
| 5 | 10 07 | II.Oc.D. |   | 13 16 | IV.Oc.R. | 20 | 11 52 | I.Tr.I. |   | 15 59 | I.Tr.E. |
|   | 10 58 | I.Oc.D. |   | 16 08 | I.Ec.R. |   | 13 06 | I.Sh.I. |   | 17 15 | I.Sh.E. |
|   | 14 13 | I.Ec.R. |   | 17 39 | II.Ec.R. |   | 14 06 | I.Tr.E. | 28 | 10 57 | I.Oc.D. |
|   | 15 00 | II.Ec.R. | 13 | 10 01 | I.Tr.I. |   | 15 19 | I.Sh.E. |   | 12 08 | II.Tr.I. |
| 6 | 8 11 | I.Tr.I. |   | 11 10 | I.Sh.I. |   | 20 29 | IV.Tr.I. |   | 14 28 | I.Ec.R. |
|   | 9 14 | I.Sh.I. |   | 12 15 | I.Tr.E. |   | 21 14 | IV.Tr.E. |   | 14 41 | II.Sh.I. |
|   | 10 25 | I.Tr.E. |   | 13 23 | I.Sh.E. | 21 | 9 05 | I.Oc.D. |   | 14 52 | II.Tr.E. |
|   | 11 28 | I.Sh.E. | 14 | 7 13 | II.Tr.I. |   | 9 39 | II.Tr.I. |   | 15 01 | III.Tr.I. |
| 7 | 3 54 | III.Tr.I. |   | 7 14 | I.Oc.D. |   | 11 14 | III.Tr.I. |   | 17 22 | II.Sh.E. |
|   | 4 48 | II.Tr.I. |   | 7 32 | III.Tr.I. |   | 12 05 | II.Sh.I. |   | 18 06 | III.Tr.E. |
|   | 5 25 | I.Oc.D. |   | 9 29 | II.Sh.I. |   | 12 23 | II.Tr.E. |   | 20 22 | III.Sh.I. |
|   | 6 53 | II.Sh.I. |   | 9 56 | II.Tr.E. |   | 12 32 | I.Ec.R. |   | 23 13 | III.Sh.E. |
|   | 6 55 | III.Tr.E. |   | 10 34 | III.Tr.E. |   | 14 18 | III.Tr.E. | 29 | 4 51 | IV.Oc.D. |
|   | 7 32 | II.Tr.E. |   | 10 37 | I.Ec.R. |   | 14 46 | II.Sh.E. |   | 6 18 | IV.Oc.R. |
|   | 8 13 | III.Sh.I. |   | 12 11 | II.Sh.E. |   | 16 19 | III.Sh.I. |   | 8 13 | I.Tr.I. |
|   | 8 42 | I.Ec.R. |   | 12 16 | III.Sh.I. |   | 19 12 | III.Sh.E. |   | 9 31 | I.Sh.I. |
|   | 9 35 | II.Sh.E. |   | 15 11 | III.Sh.E. | 22 | 6 20 | I.Tr.I. |   | 10 27 | I.Tr.E. |
|   | 11 09 | III.Sh.E. | 15 | 4 29 | I.Tr.I. |   | 7 35 | I.Sh.I. |   | 11 44 | I.Sh.E. |
| 8 | 2 39 | I.Tr.I. |   | 5 39 | I.Sh.I. |   | 8 34 | I.Tr.E. | 30 | 5 25 | I.Oc.D. |
|   | 3 43 | I.Sh.I. |   | 6 43 | I.Tr.E. |   | 9 48 | I.Sh.E. |   | 6 50 | II.Oc.D. |
|   | 4 53 | I.Tr.E. |   | 7 52 | I.Sh.E. | 23 | 3 33 | I.Oc.D. |   | 8 56 | I.Ec.R. |
|   | 5 56 | I.Sh.E. | 16 | 1 42 | I.Oc.D. |   | 4 17 | II.Oc.D. |   | 12 16 | II.Ec.R. |
|   |      |         |   |       |         |   | 7 01 | I.Ec.R. |   |      |         |

| I. Nov. 16 | II. Nov. 16 | III. Nov. 18 | IV. Nov. |
|------------|-------------|--------------|----------|
| $x_2 = + 2.0$, $y_2 = + 0.2$ | $x_2 = + 2.6$, $y_2 = + 0.3$ | $x_1 = + 1.9$, $y_1 = + 0.5$<br>$x_2 = + 3.4$, $y_2 = + 0.5$ | No Eclipse |

NOTE.–I. denotes ingress; E., egress; D., disappearance; R., reappearance; Ec., eclipse; Oc., occultation; Tr., transit of the satellite; Sh., transit of the shadow.

## CONFIGURATIONS OF SATELLITES I-IV FOR NOVEMBER

UNIVERSAL TIME

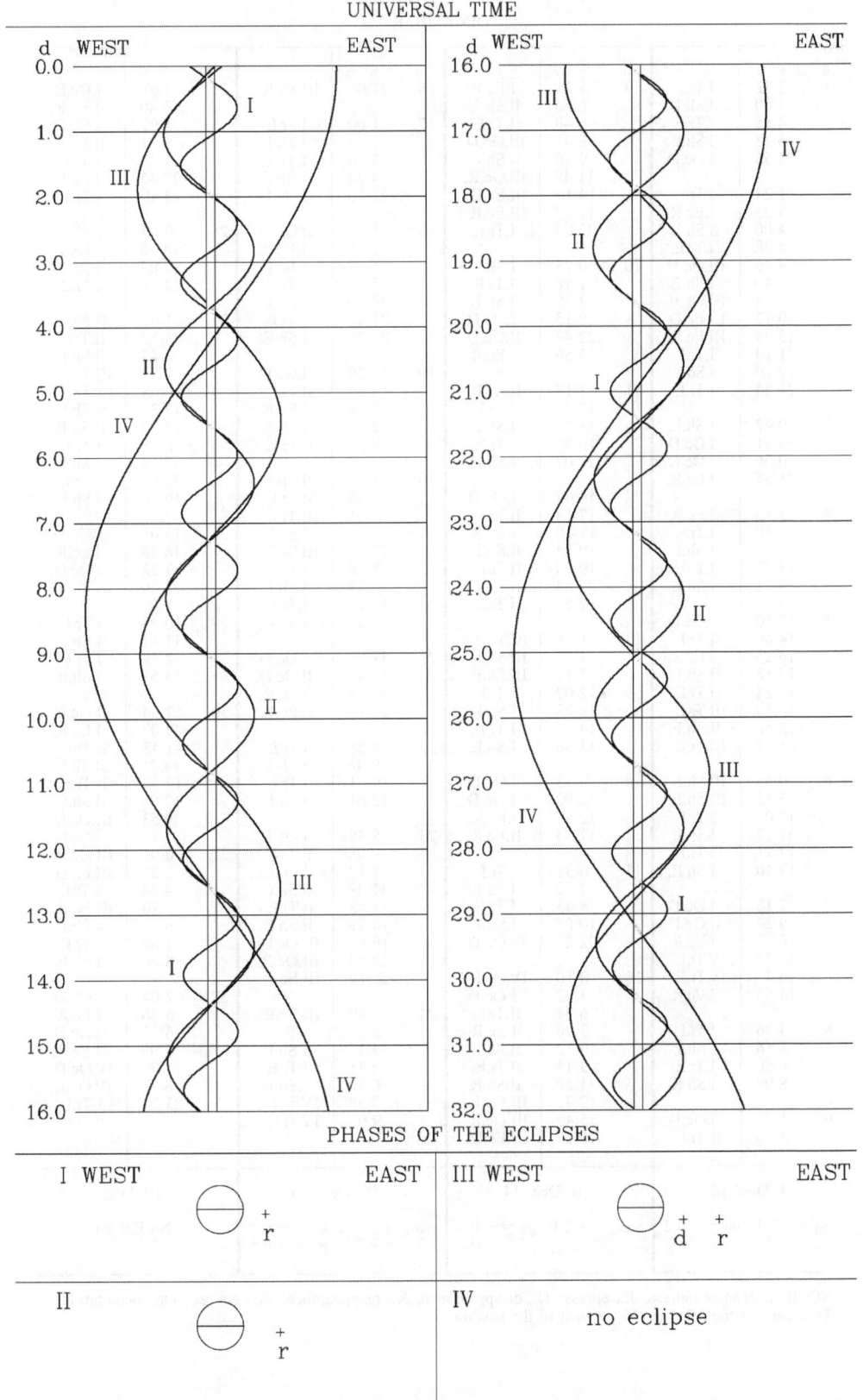

PHASES OF THE ECLIPSES

# SATELLITES OF JUPITER, 2010

## TERRESTRIAL TIME OF GEOCENTRIC PHENOMENA

### DECEMBER

| d | h m | | d | h m | | d | h m | | d | h m | |
|---|---|---|---|---|---|---|---|---|---|---|---|
| 1 | 2 42 | I.Tr.I. | 9 | 5 21 | I.Ec.R. | 16 | 21 08 | III.Ec.R. | 25 | 0 07 | I.Oc.D. |
|  | 4 00 | I.Sh.I. |  | 6 36 | II.Sh.I. |  |  |  |  | 3 40 | I.Ec.R. |
|  | 4 55 | I.Tr.E. |  | 6 40 | II.Tr.E. | 17 | 1 00 | I.Tr.I. |  | 4 01 | II.Oc.D. |
|  | 6 13 | I.Sh.E. |  | 8 41 | III.Oc.D. |  | 2 21 | I.Sh.I. |  | 9 31 | II.Ec.R. |
|  | 23 53 | I.Oc.D. |  | 9 16 | II.Sh.E. |  | 3 14 | I.Tr.E. |  | 21 26 | I.Tr.I. |
|  |  |  |  | 11 49 | III.Oc.R. |  | 4 34 | I.Sh.E. |  | 22 46 | I.Sh.I. |
| 2 | 1 24 | II.Tr.I. |  | 14 15 | III.Ec.D. |  | 22 10 | I.Oc.D. |  | 23 40 | I.Tr.E. |
|  | 3 25 | I.Ec.R. |  | 17 07 | III.Ec.R. |  |  |  |  |  |  |
|  | 4 00 | II.Sh.I. |  | 23 04 | I.Tr.I. | 18 | 1 21 | II.Oc.D. | 26 | 0 59 | I.Sh.E. |
|  | 4 08 | II.Tr.E. |  |  |  |  | 1 45 | I.Ec.R. |  | 18 36 | I.Oc.D. |
|  | 4 46 | III.Oc.D. | 10 | 0 25 | I.Sh.I. |  | 6 52 | II.Ec.R. |  | 22 09 | I.Ec.R. |
|  | 6 40 | II.Sh.E. |  | 1 18 | I.Tr.E. |  | 19 29 | I.Tr.I. |  | 22 28 | II.Tr.I. |
|  | 7 53 | III.Oc.R. |  | 2 38 | I.Sh.E. |  | 20 50 | I.Sh.I. |  |  |  |
|  | 10 12 | III.Ec.D. |  | 20 15 | I.Oc.D. |  | 21 43 | I.Tr.E. | 27 | 1 07 | II.Sh.I. |
|  | 13 05 | III.Ec.R. |  | 22 42 | II.Oc.D. |  | 23 03 | I.Sh.E. |  | 1 12 | II.Tr.E. |
|  | 21 10 | I.Tr.I. |  | 23 50 | I.Ec.R. |  |  |  |  | 3 47 | II.Sh.E. |
|  | 22 29 | I.Sh.I. |  |  |  | 19 | 16 39 | I.Oc.D. |  | 7 02 | III.Tr.I. |
|  | 23 24 | I.Tr.E. | 11 | 4 14 | II.Ec.R. |  | 19 50 | II.Tr.I. |  | 10 08 | III.Tr.E. |
|  |  |  |  | 17 33 | I.Tr.I. |  | 20 14 | I.Ec.R. |  | 12 35 | III.Sh.I. |
| 3 | 0 42 | I.Sh.E. |  | 18 54 | I.Sh.I. |  | 22 30 | II.Sh.I. |  | 15 22 | III.Sh.E. |
|  | 18 21 | I.Oc.D. |  | 19 47 | I.Tr.E. |  | 22 34 | II.Tr.E. |  | 15 55 | I.Tr.I. |
|  | 20 06 | II.Oc.D. |  | 21 07 | I.Sh.E. |  |  |  |  | 17 15 | I.Sh.I. |
|  | 21 54 | I.Ec.R. |  |  |  | 20 | 1 10 | II.Sh.E. |  | 18 09 | I.Tr.E. |
|  |  |  | 12 | 14 44 | I.Oc.D. |  | 2 55 | III.Tr.I. |  | 19 28 | I.Sh.E. |
| 4 | 1 35 | II.Ec.R. |  | 17 14 | II.Tr.I. |  | 6 01 | III.Tr.E. |  |  |  |
|  | 15 39 | I.Tr.I. |  | 18 18 | I.Ec.R. |  | 8 32 | III.Sh.I. | 28 | 13 05 | I.Oc.D. |
|  | 16 58 | I.Sh.I. |  | 19 54 | II.Sh.I. |  | 11 20 | III.Sh.E. |  | 16 38 | I.Ec.R. |
|  | 17 52 | I.Tr.E. |  | 19 58 | II.Tr.E. |  | 13 58 | I.Tr.I. |  | 17 22 | II.Oc.D. |
|  | 19 11 | I.Sh.E. |  | 22 34 | II.Sh.E. |  | 15 19 | I.Sh.I. |  | 22 50 | II.Ec.R. |
|  |  |  |  | 22 52 | III.Tr.I. |  | 16 12 | I.Tr.E. |  |  |  |
| 5 | 12 50 | I.Oc.D. |  |  |  |  | 17 32 | I.Sh.E. | 29 | 10 25 | I.Tr.I. |
|  | 14 40 | II.Tr.I. | 13 | 1 58 | III.Tr.E. |  |  |  |  | 11 44 | I.Sh.I. |
|  | 16 23 | I.Ec.R. |  | 4 28 | III.Sh.I. | 21 | 11 08 | I.Oc.D. |  | 12 39 | I.Tr.E. |
|  | 17 18 | II.Sh.I. |  | 7 17 | III.Sh.E. |  | 14 41 | II.Oc.D. |  | 13 57 | I.Sh.E. |
|  | 17 24 | II.Tr.E. |  | 12 02 | I.Tr.I. |  | 14 43 | I.Ec.R. |  |  |  |
|  | 18 54 | III.Tr.I. |  | 13 23 | I.Sh.I. |  | 20 12 | II.Ec.R. | 30 | 7 34 | I.Oc.D. |
|  | 19 58 | II.Sh.E. |  | 14 16 | I.Tr.E. |  |  |  |  | 11 07 | I.Ec.R. |
|  | 21 59 | III.Tr.E. |  | 15 36 | I.Sh.E. | 22 | 8 28 | I.Tr.I. |  | 11 48 | II.Tr.I. |
|  |  |  |  |  |  |  | 9 48 | I.Sh.I. |  | 14 25 | II.Sh.I. |
| 6 | 0 25 | III.Sh.I. | 14 | 9 13 | I.Oc.D. |  | 10 41 | I.Tr.E. |  | 14 32 | II.Tr.E. |
|  | 3 15 | III.Sh.E. |  | 12 02 | II.Oc.D. |  | 12 01 | I.Sh.E. |  | 17 05 | II.Sh.E. |
|  | 10 07 | I.Tr.I. |  | 12 47 | I.Ec.R. |  |  |  |  | 20 53 | III.Oc.D. |
|  | 11 27 | I.Sh.I. |  | 17 33 | II.Ec.R. | 23 | 5 38 | I.Oc.D. |  |  |  |
|  | 12 21 | I.Tr.E. |  |  |  |  | 9 08 | II.Tr.I. | 31 | 0 01 | III.Oc.R. |
|  | 13 40 | I.Sh.E. | 15 | 6 31 | I.Tr.I. |  | 9 12 | I.Ec.R. |  | 2 22 | III.Ec.D. |
|  |  |  |  | 7 52 | I.Sh.I. |  | 11 49 | II.Sh.I. |  | 4 54 | I.Tr.I. |
| 7 | 7 18 | I.Oc.D. |  | 8 45 | I.Tr.E. |  | 11 53 | II.Tr.E. |  | 5 10 | III.Ec.R. |
|  | 9 24 | II.Oc.D. |  | 10 05 | I.Sh.E. |  | 14 29 | II.Sh.E. |  | 6 13 | I.Sh.I. |
|  | 10 52 | I.Ec.R. |  | 22 27 | IV.Oc.D. |  | 16 44 | III.Oc.D. |  | 7 08 | I.Tr.E. |
|  | 13 27 | IV.Tr.I. |  |  |  |  | 19 53 | III.Oc.R. |  | 8 26 | I.Sh.E. |
|  | 14 47 | IV.Tr.E. | 16 | 0 10 | IV.Oc.R. |  | 22 19 | III.Ec.D. |  |  |  |
|  | 14 55 | II.Ec.R. |  | 3 42 | I.Oc.D. |  |  |  | 32 | 2 04 | I.Oc.D. |
|  |  |  |  | 6 31 | II.Tr.I. | 24 | 1 09 | III.Ec.R. |  | 5 36 | I.Ec.R. |
| 8 | 4 36 | I.Tr.I. |  | 7 16 | I.Ec.R. |  | 2 57 | I.Tr.I. |  | 6 43 | II.Oc.D. |
|  | 5 56 | I.Sh.I. |  | 9 12 | II.Sh.I. |  | 4 17 | I.Sh.I. |  | 12 09 | II.Ec.R. |
|  | 6 50 | I.Tr.E. |  | 9 15 | II.Tr.E. |  | 5 11 | I.Tr.E. |  | 17 07 | IV.Oc.D. |
|  | 8 09 | I.Sh.E. |  | 11 52 | II.Sh.E. |  | 6 30 | I.Sh.E. |  | 18 51 | IV.Oc.R. |
|  |  |  |  | 12 41 | III.Oc.D. |  | 7 38 | IV.Tr.I. |  | 23 24 | I.Tr.I. |
| 9 | 1 47 | I.Oc.D. |  | 15 49 | III.Oc.R. |  | 9 08 | IV.Tr.E. |  |  |  |
|  | 3 56 | II.Tr.I. |  | 18 17 | III.Ec.D. |  |  |  |  |  |  |

| I. Dec. 16 | II. Dec. 14 | III. Dec. 16 | IV. Dec. |
|---|---|---|---|
| $x_2 = +2.1$, $y_2 = +0.2$ | $x_2 = +2.8$, $y_2 = +0.3$ | $x_1 = +2.2$, $y_1 = +0.5$ <br> $x_2 = +3.7$, $y_2 = +0.5$ | No Eclipse |

NOTE.–I. denotes ingress; E., egress; D., disappearance; R., reappearance; Ec., eclipse; Oc., occultation; Tr., transit of the satellite; Sh., transit of the shadow.

## CONFIGURATIONS OF SATELLITES I-IV FOR DECEMBER

UNIVERSAL TIME

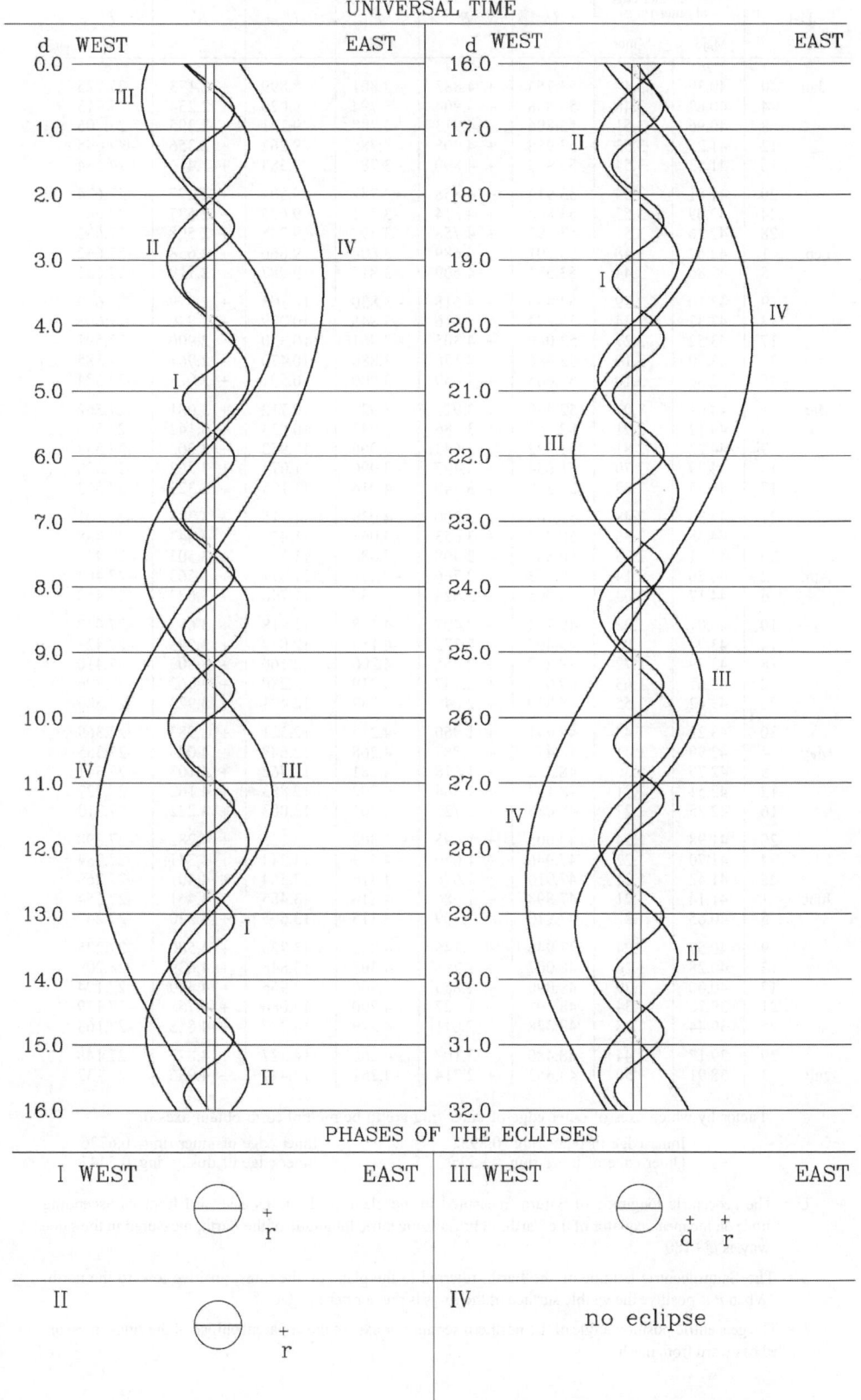

PHASES OF THE ECLIPSES

# RINGS OF SATURN, 2010

## FOR 0ʰ UNIVERSAL TIME

| Date | | Axes of outer edge of outer ring | | $U$ | $B$ | $P$ | $U'$ | $B'$ | $P'$ |
|---|---|---|---|---|---|---|---|---|---|
| | | Major | Minor | | | | | | |
| | | $''$ | $''$ | ° | ° | ° | ° | ° | ° |
| Jan. | 0 | 40.39 | 3.44 | 53.754 | + 4.883 | −3.801 | 8.899 | + 2.173 | −27.725 |
| | 4 | 40.67 | 3.48 | 53.838 | + 4.904 | −3.794 | 9.020 | + 2.234 | −27.715 |
| | 8 | 40.96 | 3.51 | 53.896 | + 4.913 | −3.788 | 9.141 | + 2.295 | −27.705 |
| | 12 | 41.25 | 3.53 | 53.928 | + 4.908 | −3.785 | 9.262 | + 2.356 | −27.695 |
| | 16 | 41.53 | 3.54 | 53.934 | + 4.890 | −3.785 | 9.383 | + 2.416 | −27.684 |
| | 20 | 41.81 | 3.54 | 53.914 | + 4.858 | −3.787 | 9.504 | + 2.477 | −27.674 |
| | 24 | 42.09 | 3.53 | 53.868 | + 4.814 | −3.791 | 9.625 | + 2.537 | −27.663 |
| | 28 | 42.36 | 3.51 | 53.797 | + 4.758 | −3.797 | 9.745 | + 2.598 | −27.653 |
| Feb. | 1 | 42.62 | 3.48 | 53.701 | + 4.689 | −3.806 | 9.866 | + 2.658 | −27.642 |
| | 5 | 42.86 | 3.44 | 53.581 | + 4.609 | −3.817 | 9.987 | + 2.719 | −27.631 |
| | 9 | 43.10 | 3.39 | 53.439 | + 4.518 | −3.830 | 10.108 | + 2.779 | −27.619 |
| | 13 | 43.32 | 3.34 | 53.274 | + 4.416 | −3.845 | 10.229 | + 2.840 | −27.608 |
| | 17 | 43.52 | 3.27 | 53.089 | + 4.305 | −3.861 | 10.350 | + 2.900 | −27.597 |
| | 21 | 43.70 | 3.19 | 52.886 | + 4.186 | −3.880 | 10.470 | + 2.961 | −27.585 |
| | 25 | 43.86 | 3.10 | 52.665 | + 4.059 | −3.900 | 10.591 | + 3.021 | −27.574 |
| Mar. | 1 | 44.01 | 3.01 | 52.430 | + 3.925 | −3.921 | 10.712 | + 3.081 | −27.562 |
| | 5 | 44.12 | 2.91 | 52.181 | + 3.786 | −3.943 | 10.833 | + 3.142 | −27.550 |
| | 9 | 44.22 | 2.81 | 51.922 | + 3.643 | −3.966 | 10.953 | + 3.202 | −27.538 |
| | 13 | 44.29 | 2.70 | 51.654 | + 3.497 | −3.990 | 11.074 | + 3.262 | −27.526 |
| | 17 | 44.33 | 2.59 | 51.380 | + 3.349 | −4.014 | 11.195 | + 3.323 | −27.513 |
| | 21 | 44.35 | 2.48 | 51.103 | + 3.200 | −4.039 | 11.315 | + 3.383 | −27.501 |
| | 25 | 44.35 | 2.36 | 50.824 | + 3.053 | −4.063 | 11.436 | + 3.443 | −27.488 |
| | 29 | 44.31 | 2.25 | 50.546 | + 2.908 | −4.088 | 11.557 | + 3.503 | −27.475 |
| Apr. | 2 | 44.26 | 2.14 | 50.273 | + 2.766 | −4.112 | 11.677 | + 3.563 | −27.463 |
| | 6 | 44.17 | 2.03 | 50.005 | + 2.628 | −4.135 | 11.798 | + 3.623 | −27.450 |
| | 10 | 44.07 | 1.92 | 49.745 | + 2.497 | −4.158 | 11.918 | + 3.683 | −27.437 |
| | 14 | 43.94 | 1.82 | 49.495 | + 2.372 | −4.180 | 12.039 | + 3.743 | −27.423 |
| | 18 | 43.79 | 1.72 | 49.259 | + 2.255 | −4.200 | 12.160 | + 3.803 | −27.410 |
| | 22 | 43.61 | 1.63 | 49.036 | + 2.147 | −4.219 | 12.280 | + 3.863 | −27.396 |
| | 26 | 43.42 | 1.55 | 48.830 | + 2.049 | −4.237 | 12.401 | + 3.923 | −27.383 |
| | 30 | 43.22 | 1.48 | 48.641 | + 1.960 | −4.253 | 12.521 | + 3.983 | −27.369 |
| May | 4 | 42.99 | 1.41 | 48.472 | + 1.883 | −4.268 | 12.642 | + 4.043 | −27.355 |
| | 8 | 42.75 | 1.36 | 48.322 | + 1.818 | −4.281 | 12.762 | + 4.103 | −27.341 |
| | 12 | 42.51 | 1.31 | 48.194 | + 1.764 | −4.292 | 12.883 | + 4.162 | −27.327 |
| | 16 | 42.25 | 1.27 | 48.088 | + 1.723 | −4.301 | 13.003 | + 4.222 | −27.313 |
| | 20 | 41.98 | 1.24 | 48.005 | + 1.695 | −4.308 | 13.123 | + 4.282 | −27.298 |
| | 24 | 41.70 | 1.22 | 47.946 | + 1.679 | −4.313 | 13.244 | + 4.341 | −27.284 |
| | 28 | 41.42 | 1.21 | 47.910 | + 1.676 | −4.316 | 13.364 | + 4.401 | −27.269 |
| June | 1 | 41.14 | 1.21 | 47.898 | + 1.686 | −4.316 | 13.485 | + 4.461 | −27.254 |
| | 5 | 40.85 | 1.22 | 47.910 | + 1.709 | −4.315 | 13.605 | + 4.520 | −27.240 |
| | 9 | 40.57 | 1.24 | 47.946 | + 1.745 | −4.312 | 13.725 | + 4.580 | −27.225 |
| | 13 | 40.28 | 1.26 | 48.007 | + 1.793 | −4.307 | 13.846 | + 4.639 | −27.209 |
| | 17 | 40.00 | 1.29 | 48.090 | + 1.854 | −4.300 | 13.966 | + 4.699 | −27.194 |
| | 21 | 39.72 | 1.34 | 48.198 | + 1.927 | −4.290 | 14.086 | + 4.758 | −27.179 |
| | 25 | 39.44 | 1.38 | 48.328 | + 2.011 | −4.279 | 14.207 | + 4.818 | −27.163 |
| | 29 | 39.17 | 1.44 | 48.480 | + 2.107 | −4.266 | 14.327 | + 4.877 | −27.148 |
| July | 3 | 38.91 | 1.50 | 48.653 | + 2.214 | −4.251 | 14.447 | + 4.936 | −27.132 |

Factor by which axes of outer edge of outer ring are to be multiplied to obtain axes of:

| | |
|---|---|
| Inner edge of outer ring  0.8932 | Inner edge of inner ring  0.6726 |
| Outer edge of inner ring  0.8596 | Inner edge of dusky ring  0.5447 |

$U$ = The geocentric longitude of Saturn, measured in the plane of the rings eastward from its ascending node on the mean equator of the Earth.  The Saturnicentric longitude of the Earth, measured in the same way, is $U+180°$.

$B$ = The Saturnicentric latitude of the Earth, referred to the plane of the rings, positive toward the north.  When $B$ is positive the visible surface of the rings is the northern surface.

$P$ = The geocentric position angle of the northern semiminor axis of the apparent ellipse of the rings, measured eastward from north.

## FOR 0ʰ UNIVERSAL TIME

| Date | | Axes of outer edge of outer ring | | $U$ | $B$ | $P$ | $U'$ | $B'$ | $P'$ |
|------|------|-------|-------|-----|-----|-----|-----|------|------|
| | | Major | Minor | | | | | | |
| | | " | " | ° | ° | ° | ° | ° | ° |
| July | 3 | 38.91 | 1.50 | 48.653 | + 2.214 | −4.251 | 14.447 | + 4.936 | −27.132 |
| | 7 | 38.65 | 1.57 | 48.848 | + 2.331 | −4.234 | 14.568 | + 4.996 | −27.116 |
| | 11 | 38.40 | 1.65 | 49.064 | + 2.458 | −4.215 | 14.688 | + 5.055 | −27.100 |
| | 15 | 38.16 | 1.73 | 49.299 | + 2.596 | −4.195 | 14.808 | + 5.114 | −27.084 |
| | 19 | 37.93 | 1.81 | 49.553 | + 2.742 | −4.173 | 14.929 | + 5.173 | −27.067 |
| | 23 | 37.71 | 1.91 | 49.825 | + 2.897 | −4.149 | 15.049 | + 5.232 | −27.051 |
| | 27 | 37.50 | 2.00 | 50.114 | + 3.060 | −4.124 | 15.169 | + 5.291 | −27.034 |
| | 31 | 37.30 | 2.10 | 50.419 | + 3.231 | −4.097 | 15.289 | + 5.350 | −27.018 |
| Aug. | 4 | 37.10 | 2.21 | 50.740 | + 3.409 | −4.069 | 15.410 | + 5.409 | −27.001 |
| | 8 | 36.93 | 2.31 | 51.076 | + 3.593 | −4.039 | 15.530 | + 5.468 | −26.984 |
| | 12 | 36.76 | 2.43 | 51.426 | + 3.784 | −4.008 | 15.650 | + 5.527 | −26.967 |
| | 16 | 36.60 | 2.54 | 51.788 | + 3.980 | −3.976 | 15.770 | + 5.586 | −26.950 |
| | 20 | 36.46 | 2.66 | 52.163 | + 4.181 | −3.943 | 15.891 | + 5.645 | −26.933 |
| | 24 | 36.33 | 2.78 | 52.549 | + 4.387 | −3.908 | 16.011 | + 5.704 | −26.915 |
| | 28 | 36.21 | 2.90 | 52.944 | + 4.597 | −3.873 | 16.131 | + 5.763 | −26.898 |
| Sept. | 1 | 36.10 | 3.03 | 53.349 | + 4.809 | −3.836 | 16.251 | + 5.821 | −26.880 |
| | 5 | 36.01 | 3.15 | 53.762 | + 5.025 | −3.799 | 16.371 | + 5.880 | −26.862 |
| | 9 | 35.93 | 3.28 | 54.182 | + 5.244 | −3.761 | 16.492 | + 5.939 | −26.844 |
| | 13 | 35.86 | 3.41 | 54.609 | + 5.464 | −3.722 | 16.612 | + 5.997 | −26.826 |
| | 17 | 35.81 | 3.55 | 55.042 | + 5.685 | −3.682 | 16.732 | + 6.056 | −26.808 |
| | 21 | 35.77 | 3.68 | 55.478 | + 5.906 | −3.642 | 16.852 | + 6.115 | −26.790 |
| | 25 | 35.74 | 3.82 | 55.918 | + 6.128 | −3.601 | 16.972 | + 6.173 | −26.771 |
| | 29 | 35.73 | 3.95 | 56.360 | + 6.350 | −3.560 | 17.093 | + 6.231 | −26.753 |
| Oct. | 3 | 35.73 | 4.09 | 56.803 | + 6.570 | −3.519 | 17.213 | + 6.290 | −26.734 |
| | 7 | 35.74 | 4.23 | 57.247 | + 6.789 | −3.477 | 17.333 | + 6.348 | −26.715 |
| | 11 | 35.77 | 4.36 | 57.691 | + 7.006 | −3.435 | 17.453 | + 6.407 | −26.696 |
| | 15 | 35.81 | 4.50 | 58.132 | + 7.221 | −3.394 | 17.573 | + 6.465 | −26.677 |
| | 19 | 35.86 | 4.64 | 58.571 | + 7.432 | −3.352 | 17.693 | + 6.523 | −26.658 |
| | 23 | 35.93 | 4.78 | 59.005 | + 7.640 | −3.311 | 17.814 | + 6.581 | −26.639 |
| | 27 | 36.01 | 4.91 | 59.435 | + 7.843 | −3.270 | 17.934 | + 6.639 | −26.620 |
| | 31 | 36.10 | 5.05 | 59.858 | + 8.042 | −3.229 | 18.054 | + 6.698 | −26.600 |
| Nov. | 4 | 36.21 | 5.19 | 60.274 | + 8.235 | −3.189 | 18.174 | + 6.756 | −26.580 |
| | 8 | 36.33 | 5.32 | 60.682 | + 8.423 | −3.149 | 18.294 | + 6.814 | −26.561 |
| | 12 | 36.46 | 5.46 | 61.080 | + 8.604 | −3.111 | 18.414 | + 6.872 | −26.541 |
| | 16 | 36.61 | 5.59 | 61.467 | + 8.779 | −3.073 | 18.535 | + 6.930 | −26.521 |
| | 20 | 36.77 | 5.72 | 61.842 | + 8.946 | −3.036 | 18.655 | + 6.988 | −26.501 |
| | 24 | 36.94 | 5.85 | 62.204 | + 9.106 | −3.001 | 18.775 | + 7.045 | −26.480 |
| | 28 | 37.13 | 5.97 | 62.552 | + 9.257 | −2.966 | 18.895 | + 7.103 | −26.460 |
| Dec. | 2 | 37.32 | 6.10 | 62.885 | + 9.400 | −2.934 | 19.015 | + 7.161 | −26.440 |
| | 6 | 37.53 | 6.22 | 63.201 | + 9.533 | −2.902 | 19.135 | + 7.219 | −26.419 |
| | 10 | 37.74 | 6.33 | 63.499 | + 9.657 | −2.873 | 19.255 | + 7.276 | −26.398 |
| | 14 | 37.97 | 6.44 | 63.778 | + 9.771 | −2.845 | 19.376 | + 7.334 | −26.377 |
| | 18 | 38.21 | 6.55 | 64.037 | + 9.874 | −2.819 | 19.496 | + 7.392 | −26.356 |
| | 22 | 38.46 | 6.66 | 64.275 | + 9.967 | −2.795 | 19.616 | + 7.449 | −26.335 |
| | 26 | 38.71 | 6.75 | 64.492 | +10.049 | −2.773 | 19.736 | + 7.507 | −26.314 |
| | 30 | 38.97 | 6.85 | 64.685 | +10.120 | −2.754 | 19.856 | + 7.564 | −26.293 |
| | 34 | 39.24 | 6.93 | 64.855 | +10.179 | −2.737 | 19.976 | + 7.621 | −26.271 |

Factor by which axes of outer edge of outer ring are to be multiplied to obtain axes of:

Inner edge of outer ring  0.8932          Inner edge of inner ring  0.6726
Outer edge of inner ring  0.8596          Inner edge of dusky ring  0.5447

$U'$ = The heliocentric longitude of Saturn, measured in the plane of the rings eastward from its ascending node on the ecliptic. The Saturnicentric longitude of the Sun, measured in the same way is $U' + 180°$.

$B'$ = The Saturnicentric latitude of the Sun, referred to the plane of the rings, positive toward the north. When B' is positive the northern surface of the rings is illuminated.

$P'$ = The heliocentric position angle of the northern semiminor axis of the rings on the heliocentric celestial sphere, measured eastward from the great circle that passes through Saturn and the poles of the ecliptic.

APPARENT ORBITS OF SATELLITES I–VII AT 0ʰ UNIVERSAL TIME ON THE DATE OF OPPOSITION, MARCH 22

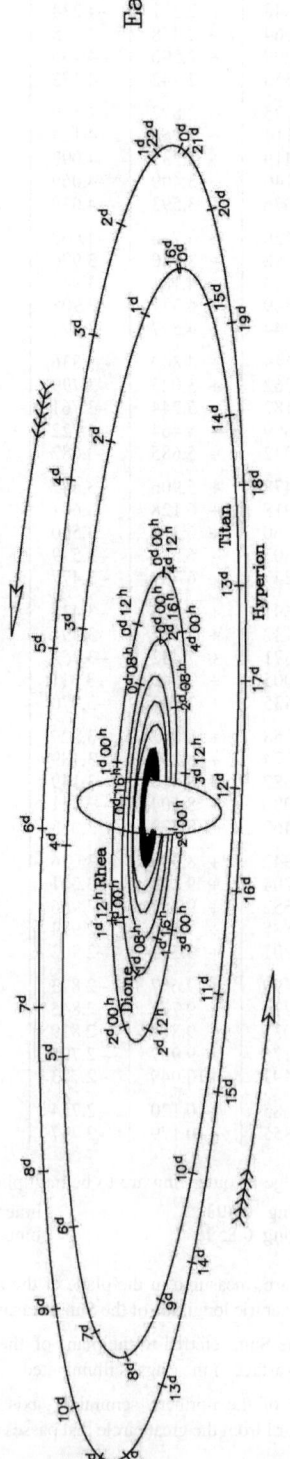

Orbits elongated in ratio of 3 to 1 in direction of minor axes.

| Name | | Mean Synodic Period | | Name | | Mean Synodic Period |
|---|---|---|---|---|---|---|
| | | d | | | | d |
| I | Mimas | 0.9417 | | VI | Titan | 15.9708 |
| II | Enceladus | 1.3708 | | VII | Hyperion | 21.3167 |
| III | Tethys | 1.8875 | | VIII | Iapetus | 79.9208 |
| IV | Dione | 2.7375 | | IX | Phoebe | 523.6500 R |
| V | Rhea | 4.5208 | | | | |

## UNIVERSAL TIME OF GREATEST EASTERN ELONGATION

| Jan. | Feb. | Mar. | Apr. | May | June | July | Aug. | Sept. | Oct. | Nov. | Dec. |
|---|---|---|---|---|---|---|---|---|---|---|---|

### I Mimas

| Jan. (d h) | Feb. (d h) | Mar. (d h) | Apr. (d h) | May (d h) | June (d h) | July (d h) | Aug. (d h) | Sept. (d h) | Oct. (d h) | Nov. (d h) | Dec. (d h) |
|---|---|---|---|---|---|---|---|---|---|---|---|
| 0 10.1 | 1 11.1 | 1 17.5 | 1 19.8 | 1 00.9 | 1 03.3 | 1 07.2 | 1 09.8 | 1 12.4 | 1 16.5 | 1 19.1 | 1 00.4 |
| 1 08.7 | 2 09.7 | 2 16.2 | 2 18.4 | 1 23.5 | 2 01.9 | 2 05.8 | 2 08.4 | 2 11.0 | 2 15.1 | 2 17.7 | 1 23.1 |
| 2 07.4 | 3 08.3 | 3 14.8 | 3 17.0 | 2 22.1 | 3 00.5 | 3 04.4 | 3 07.0 | 3 09.7 | 3 13.7 | 3 16.3 | 2 21.7 |
| 3 06.0 | 4 06.9 | 4 13.4 | 4 15.6 | 3 20.7 | 3 23.1 | 4 03.0 | 4 05.6 | 4 08.3 | 4 12.3 | 4 15.0 | 3 20.3 |
| 4 04.6 | 5 05.6 | 5 12.0 | 5 14.3 | 4 19.3 | 4 21.7 | 5 01.6 | 5 04.3 | 5 06.9 | 5 11.0 | 5 13.6 | 4 18.9 |
| 5 03.2 | 6 04.2 | 6 10.6 | 6 12.9 | 5 17.9 | 5 20.4 | 6 00.3 | 6 02.9 | 6 05.5 | 6 09.6 | 6 12.2 | 5 17.5 |
| 6 01.8 | 7 02.8 | 7 09.2 | 7 11.5 | 6 16.6 | 6 19.0 | 6 22.9 | 7 01.5 | 7 04.2 | 7 08.2 | 7 10.8 | 6 16.2 |
| 7 00.5 | 8 01.4 | 8 07.8 | 8 10.1 | 7 15.2 | 7 17.6 | 7 21.5 | 8 00.1 | 8 02.8 | 8 06.8 | 8 09.5 | 7 14.8 |
| 7 23.1 | 9 00.0 | 9 06.4 | 9 08.7 | 8 13.8 | 8 16.2 | 8 20.1 | 8 22.8 | 9 01.4 | 9 05.5 | 9 08.1 | 8 13.4 |
| 8 21.7 | 9 22.6 | 10 05.1 | 10 07.3 | 9 12.4 | 9 14.8 | 9 18.8 | 9 21.4 | 10 00.0 | 10 04.1 | 10 06.7 | 9 12.0 |
| 9 20.3 | 10 21.3 | 11 03.7 | 11 05.9 | 10 11.0 | 10 13.5 | 10 17.4 | 10 20.0 | 10 22.7 | 11 02.7 | 11 05.3 | 10 10.7 |
| 10 18.9 | 11 19.9 | 12 02.3 | 12 04.6 | 11 09.7 | 11 12.1 | 11 16.0 | 11 18.6 | 11 21.3 | 12 01.3 | 12 04.0 | 11 09.3 |
| 11 17.5 | 12 18.5 | 13 00.9 | 13 03.2 | 12 08.3 | 12 10.7 | 12 14.6 | 12 17.3 | 12 19.9 | 13 00.0 | 13 02.6 | 12 07.9 |
| 12 16.2 | 13 17.1 | 13 23.5 | 14 01.8 | 13 06.9 | 13 09.3 | 13 13.3 | 13 15.9 | 13 18.6 | 13 22.6 | 14 01.2 | 13 06.5 |
| 13 14.8 | 14 15.7 | 14 22.1 | 15 00.4 | 14 05.5 | 14 08.0 | 14 11.9 | 14 14.5 | 14 17.2 | 14 21.2 | 14 23.8 | 14 05.1 |
| 14 13.4 | 15 14.3 | 15 20.7 | 15 23.0 | 15 04.1 | 15 06.6 | 15 10.5 | 15 13.1 | 15 15.8 | 15 19.8 | 15 22.5 | 15 03.8 |
| 15 12.0 | 16 12.9 | 16 19.4 | 16 21.6 | 16 02.7 | 16 05.2 | 16 09.1 | 16 11.8 | 16 14.4 | 16 18.5 | 16 21.1 | 16 02.4 |
| 16 10.6 | 17 11.6 | 17 18.0 | 17 20.2 | 17 01.4 | 17 03.8 | 17 07.8 | 17 10.4 | 17 13.1 | 17 17.1 | 17 19.7 | 17 01.0 |
| 17 09.2 | 18 10.2 | 18 16.6 | 18 18.9 | 18 00.0 | 18 02.4 | 18 06.4 | 18 09.0 | 18 11.7 | 18 15.7 | 18 18.3 | 17 23.6 |
| 18 07.9 | 19 08.8 | 19 15.2 | 19 17.5 | 18 22.6 | 19 01.1 | 19 05.0 | 19 07.6 | 19 10.3 | 19 14.3 | 19 17.0 | 18 22.2 |
| 19 06.5 | 20 07.4 | 20 13.8 | 20 16.1 | 19 21.2 | 19 23.7 | 20 03.6 | 20 06.3 | 20 08.9 | 20 13.0 | 20 15.6 | 19 20.9 |
| 20 05.1 | 21 06.0 | 21 12.4 | 21 14.7 | 20 19.8 | 20 22.3 | 21 02.3 | 21 04.9 | 21 07.6 | 21 11.6 | 21 14.2 | 20 19.5 |
| 21 03.7 | 22 04.6 | 22 11.0 | 22 13.3 | 21 18.5 | 21 20.9 | 22 00.9 | 22 03.5 | 22 06.2 | 22 10.2 | 22 12.8 | 21 18.1 |
| 22 02.3 | 23 03.2 | 23 09.7 | 23 11.9 | 22 17.1 | 22 19.5 | 22 23.5 | 23 02.1 | 23 04.8 | 23 08.8 | 23 11.4 | 22 16.7 |
| 23 00.9 | 24 01.9 | 24 08.3 | 24 10.6 | 23 15.7 | 23 18.2 | 23 22.1 | 24 00.8 | 24 03.4 | 24 07.5 | 24 10.1 | 23 15.3 |
| 23 23.6 | 25 00.5 | 25 06.9 | 25 09.2 | 24 14.3 | 24 16.8 | 24 20.8 | 24 23.4 | 25 02.1 | 25 06.1 | 25 08.7 | 24 14.0 |
| 24 22.2 | 25 23.1 | 26 05.5 | 26 07.8 | 25 12.9 | 25 15.4 | 25 19.4 | 25 22.0 | 26 00.7 | 26 04.7 | 26 07.3 | 25 12.6 |
| 25 20.8 | 26 21.7 | 27 04.1 | 27 06.4 | 26 11.5 | 26 14.0 | 26 18.0 | 26 20.7 | 26 23.3 | 27 03.3 | 27 05.9 | 26 11.2 |
| 26 19.4 | 27 20.3 | 28 02.7 | 28 05.0 | 27 10.2 | 27 12.7 | 27 16.6 | 27 19.3 | 27 21.9 | 28 02.0 | 28 04.6 | 27 09.8 |
| 27 18.0 | 28 18.9 | 29 01.3 | 29 03.6 | 28 08.8 | 28 11.3 | 28 15.3 | 28 17.9 | 28 20.6 | 29 00.6 | 29 03.2 | 28 08.4 |
| 28 16.6 | | 30 00.0 | 30 02.2 | 29 07.4 | 29 09.9 | 29 13.9 | 29 16.5 | 29 19.2 | 29 23.2 | 30 01.8 | 29 07.1 |
| 29 15.3 | | 30 22.6 | | 30 06.0 | 30 08.5 | 30 12.5 | 30 15.2 | 30 17.8 | 30 21.8 | | 30 05.7 |
| 30 13.9 | | 31 21.2 | | 31 04.6 | | 31 11.1 | 31 13.8 | | 31 20.5 | | 31 04.3 |
| 31 12.5 | | | | | | | | | | | 32 02.9 |

### II Enceladus

| Jan. (d h) | Feb. (d h) | Mar. (d h) | Apr. (d h) | May (d h) | June (d h) | July (d h) | Aug. (d h) | Sept. (d h) | Oct. (d h) | Nov. (d h) | Dec. (d h) |
|---|---|---|---|---|---|---|---|---|---|---|---|
| 0 00.9 | 1 22.1 | 1 07.6 | 1 19.8 | 1 23.1 | 1 02.6 | 1 06.2 | 1 18.8 | 2 07.5 | 1 02.4 | 1 15.0 | 1 18.7 |
| 1 09.8 | 3 07.0 | 2 16.5 | 3 04.7 | 3 08.0 | 2 11.5 | 2 15.1 | 3 03.7 | 3 16.4 | 2 11.3 | 2 23.9 | 3 03.6 |
| 2 18.7 | 4 15.8 | 4 01.4 | 4 13.5 | 4 16.9 | 3 20.4 | 4 00.0 | 4 12.6 | 5 01.3 | 3 20.2 | 4 08.8 | 4 12.5 |
| 4 03.6 | 6 00.7 | 5 10.3 | 5 22.4 | 6 01.8 | 5 05.3 | 5 08.9 | 5 21.5 | 6 10.2 | 5 05.1 | 5 17.7 | 5 21.4 |
| 5 12.5 | 7 09.6 | 6 19.1 | 7 07.3 | 7 10.7 | 6 14.2 | 6 17.8 | 7 06.4 | 7 19.1 | 6 14.0 | 7 02.6 | 7 06.3 |
| 6 21.3 | 8 18.5 | 8 04.0 | 8 16.2 | 8 19.6 | 7 23.1 | 8 02.7 | 8 15.3 | 9 04.0 | 7 22.9 | 8 11.5 | 8 15.2 |
| 8 06.2 | 10 03.4 | 9 12.9 | 10 01.1 | 10 04.4 | 9 07.9 | 9 11.6 | 10 00.2 | 10 12.9 | 9 07.8 | 9 20.4 | 10 00.1 |
| 9 15.1 | 11 12.2 | 10 21.8 | 11 09.9 | 11 13.3 | 10 16.8 | 10 20.5 | 11 09.1 | 11 21.8 | 10 16.7 | 11 05.3 | 11 09.0 |
| 11 00.0 | 12 21.1 | 12 06.6 | 12 18.8 | 12 22.2 | 12 01.7 | 12 05.4 | 12 18.0 | 13 06.7 | 12 01.6 | 12 14.2 | 12 17.9 |
| 12 08.9 | 14 06.0 | 13 15.5 | 14 03.7 | 14 07.1 | 13 10.6 | 13 14.3 | 14 02.9 | 14 15.6 | 13 10.5 | 13 23.1 | 14 02.8 |
| 13 17.8 | 15 14.9 | 15 00.4 | 15 12.6 | 15 16.0 | 14 19.5 | 14 23.2 | 15 11.8 | 16 00.5 | 14 19.4 | 15 08.0 | 15 11.7 |
| 15 02.6 | 16 23.7 | 16 09.3 | 16 21.5 | 17 00.9 | 16 04.4 | 16 08.1 | 16 20.7 | 17 09.4 | 16 04.3 | 16 16.9 | 16 20.5 |
| 16 11.5 | 18 08.6 | 17 18.2 | 18 06.3 | 18 09.7 | 17 13.3 | 17 17.0 | 18 05.6 | 18 18.3 | 17 13.2 | 18 01.8 | 18 05.4 |
| 17 20.4 | 19 17.5 | 19 03.0 | 19 15.2 | 19 18.6 | 18 22.2 | 19 01.9 | 19 14.5 | 20 03.2 | 18 22.1 | 19 10.7 | 19 14.3 |
| 19 05.3 | 21 02.4 | 20 11.9 | 21 00.1 | 21 03.5 | 20 07.1 | 20 10.8 | 20 23.4 | 21 12.1 | 20 07.0 | 20 19.6 | 20 23.2 |
| 20 14.2 | 22 11.3 | 21 20.8 | 22 09.0 | 22 12.4 | 21 16.0 | 21 19.6 | 22 08.3 | 22 21.0 | 21 15.9 | 22 04.5 | 22 08.1 |
| 21 23.1 | 23 20.1 | 23 05.7 | 23 17.9 | 23 21.3 | 23 00.9 | 23 04.5 | 23 17.2 | 24 05.9 | 23 00.8 | 23 13.4 | 23 17.0 |
| 23 07.9 | 25 05.0 | 24 14.5 | 25 02.7 | 25 06.2 | 24 09.8 | 24 13.4 | 25 02.1 | 25 14.8 | 24 09.7 | 24 22.3 | 25 01.9 |
| 24 16.8 | 26 13.9 | 25 23.4 | 26 11.6 | 26 15.1 | 25 18.6 | 25 22.3 | 26 11.0 | 26 23.7 | 25 18.6 | 26 07.2 | 26 10.8 |
| 26 01.7 | 27 22.8 | 27 08.3 | 27 20.5 | 27 23.9 | 27 03.5 | 27 07.2 | 27 19.9 | 28 08.6 | 27 03.5 | 27 16.1 | 27 19.7 |
| 27 10.6 | | 28 17.2 | 29 05.4 | 29 08.8 | 28 12.4 | 28 16.1 | 29 04.8 | 29 17.5 | 28 12.4 | 29 01.0 | 29 04.6 |
| 28 19.5 | | 30 02.0 | 30 14.3 | 30 17.7 | 29 21.3 | 30 01.0 | 30 13.7 | | 29 21.3 | 30 09.8 | 30 13.4 |
| 30 04.3 | | 31 10.9 | | | | 31 09.9 | 31 22.6 | | 31 06.2 | | 31 22.3 |
| 31 13.2 | | | | | | | | | | | 33 07.2 |

# SATELLITES OF SATURN, 2010

## UNIVERSAL TIME OF GREATEST EASTERN ELONGATION

| Jan. | Feb. | Mar. | Apr. | May | June | July | Aug. | Sept. | Oct. | Nov. | Dec. |
|---|---|---|---|---|---|---|---|---|---|---|---|

### III Tethys

| d h | d h | d h | d h | d h | d h | d h | d h | d h | d h | d h | d h |
|---|---|---|---|---|---|---|---|---|---|---|---|
| 1 05.2 | 2 07.4 | 2 14.8 | 1 19.4 | 2 00.1 | 1 05.0 | 1 10.1 | 2 12.6 | 1 17.9 | 1 23.3 | 1 04.6 | 1 09.8 |
| 3 02.5 | 4 04.7 | 4 12.0 | 3 16.7 | 3 21.4 | 3 02.3 | 3 07.4 | 4 10.0 | 3 15.3 | 3 20.6 | 3 01.9 | 3 07.2 |
| 4 23.8 | 6 02.0 | 6 09.3 | 5 14.0 | 5 18.7 | 4 23.6 | 5 04.7 | 6 07.3 | 5 12.6 | 5 18.0 | 4 23.3 | 5 04.5 |
| 6 21.1 | 7 23.2 | 8 06.6 | 7 11.3 | 7 16.0 | 6 21.0 | 7 02.1 | 8 04.6 | 7 10.0 | 7 15.3 | 6 20.6 | 7 01.8 |
| 8 18.4 | 9 20.5 | 10 03.9 | 9 08.6 | 9 13.3 | 8 18.3 | 8 23.4 | 10 02.0 | 9 07.3 | 9 12.6 | 8 17.9 | 8 23.1 |
| 10 15.8 | 11 17.8 | 12 01.2 | 11 05.9 | 11 10.6 | 10 15.6 | 10 20.7 | 11 23.3 | 11 04.6 | 11 10.0 | 10 15.3 | 10 20.4 |
| 12 13.1 | 13 15.1 | 13 22.5 | 13 03.2 | 13 07.9 | 12 12.9 | 12 18.0 | 13 20.6 | 13 02.0 | 13 07.3 | 12 12.6 | 12 17.8 |
| 14 10.4 | 15 12.4 | 15 19.8 | 15 00.5 | 15 05.2 | 14 10.2 | 14 15.4 | 15 18.0 | 14 23.3 | 15 04.6 | 14 09.9 | 14 15.1 |
| 16 07.7 | 17 09.7 | 17 17.1 | 16 21.7 | 17 02.5 | 16 07.5 | 16 12.7 | 17 15.3 | 16 20.6 | 17 02.0 | 16 07.2 | 16 12.4 |
| 18 05.0 | 19 07.0 | 19 14.4 | 18 19.0 | 18 23.9 | 18 04.8 | 18 10.0 | 19 12.6 | 18 18.0 | 18 23.3 | 18 04.6 | 18 09.7 |
| 20 02.3 | 21 04.3 | 21 11.7 | 20 16.3 | 20 21.2 | 20 02.2 | 20 07.3 | 21 10.0 | 20 15.3 | 20 20.6 | 20 01.9 | 20 07.0 |
| 21 23.6 | 23 01.6 | 23 08.9 | 22 13.6 | 22 18.5 | 21 23.5 | 22 04.7 | 23 07.3 | 22 12.6 | 22 18.0 | 21 23.2 | 22 04.4 |
| 23 20.9 | 24 22.9 | 25 06.2 | 24 10.9 | 24 15.8 | 23 20.8 | 24 02.0 | 25 04.6 | 24 10.0 | 24 15.3 | 23 20.5 | 24 01.7 |
| 25 18.2 | 26 20.2 | 27 03.5 | 26 08.2 | 26 13.1 | 25 18.1 | 25 23.3 | 27 01.9 | 26 07.3 | 26 12.6 | 25 17.9 | 25 23.0 |
| 27 15.5 | 28 17.5 | 29 00.8 | 28 05.5 | 28 10.4 | 27 15.4 | 27 20.6 | 28 23.3 | 28 04.6 | 28 09.9 | 27 15.2 | 27 20.3 |
| 29 12.8 | | 30 22.1 | 30 02.8 | 30 07.7 | 29 12.8 | 29 18.0 | 30 20.6 | 30 02.0 | 30 07.3 | 29 12.5 | 29 17.6 |
| 31 10.1 | | | | | | 31 15.3 | | | | | 31 14.9 |
| | | | | | | | | | | | 33 12.2 |

### IV Dione

| d h | d h | d h | d h | d h | d h | d h | d h | d h | d h | d h | d h |
|---|---|---|---|---|---|---|---|---|---|---|---|
| 2 02.1 | 1 04.6 | 3 06.8 | 2 09.0 | 2 11.2 | 1 13.7 | 1 16.5 | 3 13.1 | 2 16.3 | 2 19.4 | 1 22.5 | 2 01.6 |
| 4 19.8 | 3 22.2 | 6 00.5 | 5 02.6 | 5 04.9 | 4 07.4 | 4 10.2 | 6 06.9 | 5 10.0 | 5 13.1 | 4 16.3 | 4 19.3 |
| 7 13.5 | 6 15.9 | 8 18.1 | 7 20.3 | 7 22.6 | 7 01.1 | 7 03.9 | 9 00.6 | 8 03.7 | 8 06.9 | 7 10.0 | 7 13.0 |
| 10 07.2 | 9 09.5 | 11 11.8 | 10 13.9 | 10 16.2 | 9 18.8 | 9 21.6 | 11 18.3 | 10 21.5 | 11 00.6 | 10 03.7 | 10 06.7 |
| 13 00.8 | 12 03.2 | 14 05.4 | 13 07.6 | 13 09.9 | 12 12.5 | 12 15.3 | 14 12.1 | 13 15.2 | 13 18.4 | 12 21.5 | 13 00.4 |
| 15 18.5 | 14 20.9 | 16 23.1 | 16 01.2 | 16 03.6 | 15 06.2 | 15 09.1 | 17 05.8 | 16 09.0 | 16 12.1 | 15 15.2 | 15 18.1 |
| 18 12.2 | 17 14.5 | 19 16.7 | 18 18.9 | 18 21.3 | 17 23.9 | 18 02.8 | 19 23.6 | 19 02.7 | 19 05.9 | 18 08.9 | 18 11.9 |
| 21 05.9 | 20 08.2 | 22 10.4 | 21 12.6 | 21 15.0 | 20 17.6 | 20 20.5 | 22 17.3 | 21 20.4 | 21 23.6 | 21 02.7 | 21 05.6 |
| 23 23.5 | 23 01.8 | 25 04.0 | 24 06.2 | 24 08.6 | 23 11.3 | 23 14.2 | 25 11.0 | 24 14.2 | 24 17.3 | 23 20.4 | 23 23.3 |
| 26 17.2 | 25 19.5 | 27 21.7 | 26 23.9 | 27 02.3 | 26 05.0 | 26 08.0 | 28 04.8 | 27 07.9 | 27 11.1 | 26 14.1 | 26 17.0 |
| 29 10.9 | 28 13.1 | 30 15.3 | 29 17.6 | 29 20.0 | 28 22.7 | 29 01.7 | 30 22.5 | 30 01.7 | 30 04.8 | 29 07.8 | 29 10.7 |
| | | | | | | 31 19.4 | | | | | 32 04.4 |

### V Rhea

| d h | d h | d h | d h | d h | d h | d h | d h | d h | d h | d h | d h |
|---|---|---|---|---|---|---|---|---|---|---|---|
| 4 08.9 | 4 23.7 | 4 01.7 | 4 16.0 | 1 18.1 | 2 08.9 | 4 00.1 | 4 15.8 | 5 07.7 | 2 11.1 | 3 03.1 | 4 18.9 |
| 8 21.3 | 9 12.0 | 8 14.1 | 9 04.3 | 6 06.5 | 6 21.3 | 8 12.6 | 9 04.3 | 9 20.3 | 6 23.7 | 7 15.6 | 9 07.4 |
| 13 09.7 | 14 00.4 | 13 2.4 | 13 16.7 | 10 18.8 | 11 09.8 | 13 01.2 | 13 16.9 | 14 08.8 | 11 12.3 | 12 04.2 | 13 19.9 |
| 17 22.1 | 18 12.7 | 17 14.7 | 18 05.0 | 15 07.2 | 15 22.2 | 17 13.7 | 18 05.4 | 18 21.4 | 16 00.8 | 16 16.7 | 18 08.4 |
| 22 10.5 | 23 01.1 | 22 03.0 | 22 17.4 | 19 19.6 | 20 10.7 | 22 02.2 | 22 18.0 | 23 10.0 | 20 13.4 | 21 05.3 | 22 20.9 |
| 26 22.9 | 27 13.4 | 26 15.4 | 27 05.7 | 24 08.0 | 24 23.2 | 26 14.7 | 27 06.6 | 27 22.5 | 25 02.0 | 25 17.8 | 27 09.4 |
| 31 11.3 | | 31 03.7 | | 28 20.5 | 29 11.7 | 31 03.3 | 31 19.1 | | 29 14.5 | 30 06.3 | 31 21.8 |

## UNIVERSAL TIME OF CONJUNCTIONS AND ELONGATIONS

### VI Titan

| Eastern Elongation | | Inferior Conjunction | | Western Elongation | | Superior Conjunction | |
|---|---|---|---|---|---|---|---|
| | d h | | d h | | d h | | d h |
| | — — | | — — | | — — | Jan. | 2 04.6 |
| Jan. | 6 04.7 | Jan. | 10 01.0 | Jan. | 14 00.8 | | 18 03.3 |
| | 22 03.3 | | 25 23.6 | | 29 23.3 | Feb. | 3 01.7 |
| Feb. | 7 01.6 | Feb. | 10 21.8 | Feb. | 14 21.3 | | 18 23.6 |
| | 22 23.4 | | 26 19.7 | Mar. | 2 18.9 | Mar. | 6 21.3 |
| Mar. | 10 21.0 | Mar. | 14 17.3 | | 18 16.4 | | 22 18.7 |
| | 26 18.4 | | 30 14.9 | Apr. | 3 13.8 | Apr. | 7 16.2 |
| Apr. | 11 15.9 | Apr. | 15 12.6 | | 19 11.3 | | 23 13.8 |
| | 27 13.6 | May | 1 10.4 | May | 5 09.2 | May | 9 11.8 |
| May | 13 11.7 | | 17 08.6 | | 21 07.4 | | 25 10.1 |
| | 29 10.1 | June | 2 07.2 | June | 6 06.0 | June | 10 08.9 |
| June | 14 08.9 | | 18 06.2 | | 22 05.1 | | 26 08.1 |
| | 30 08.2 | July | 4 05.5 | July | 8 04.6 | July | 12 07.7 |
| July | 16 07.9 | | 20 05.1 | | 24 04.4 | | 28 07.6 |
| Aug. | 1 07.8 | Aug. | 5 05.1 | Aug. | 9 04.6 | Aug. | 13 07.8 |
| | 17 08.0 | | 21 05.3 | | 25 04.9 | | 29 08.3 |
| Sept. | 2 08.5 | Sept. | 6 05.6 | Sept. | 10 05.5 | Sept. | 14 08.8 |
| | 18 09.0 | | 22 06.0 | | 26 06.1 | | 30 09.5 |
| Oct. | 4 09.6 | Oct. | 8 06.5 | Oct. | 12 06.8 | Oct. | 16 10.2 |
| | 20 10.2 | | 24 07.0 | | 28 07.4 | Nov. | 1 10.8 |
| Nov. | 5 10.7 | Nov. | 9 07.3 | Nov. | 13 08.0 | | 17 11.3 |
| | 21 11.1 | | 25 07.5 | | 29 08.3 | Dec. | 3 11.5 |
| Dec. | 7 11.2 | Dec. | 11 07.5 | Dec. | 15 08.3 | | 19 11.4 |
| | 23 11.0 | | 27 07.1 | | 31 07.9 | | |

### VII Hyperion

| Eastern Elongation | | Inferior Conjunction | | Western Elongation | | Superior Conjunction | |
|---|---|---|---|---|---|---|---|
| | d h | | d h | | d h | | d h |
| | — — | Jan. | 4 22.2 | Jan. | 10 11.8 | Jan. | 15 12.2 |
| Jan. | 20 14.0 | | 26 02.7 | | 31 14.9 | Feb. | 5 14.4 |
| Feb. | 10 16.7 | Feb. | 16 06.3 | Feb. | 21 18.2 | | 26 17.6 |
| Mar. | 3 19.1 | Mar. | 9 08.3 | Mar. | 14 20.2 | Mar. | 19 20.2 |
| | 24 21.5 | | 30 10.8 | Apr. | 4 22.1 | Apr. | 9 21.9 |
| Apr. | 14 23.7 | Apr. | 20 14.4 | | 26 02.1 | May | 1 02.2 |
| May | 6 03.6 | May | 11 18.2 | May | 17 06.2 | | 22 06.9 |
| | 27 08.7 | June | 1 23.9 | June | 7 11.5 | June | 12 11.8 |
| June | 17 14.9 | | 23 08.0 | | 28 19.9 | July | 3 20.1 |
| July | 8 23.4 | July | 14 16.7 | July | 20 04.7 | | 25 04.9 |
| | 30 09.2 | Aug. | 5 03.2 | Aug. | 10 14.3 | Aug. | 15 13.6 |
| Aug. | 20 19.7 | | 26 15.6 | Sept. | 1 02.4 | Sept. | 6 01.1 |
| Sept. | 11 07.8 | Sept. | 17 03.8 | | 22 14.3 | | 27 12.7 |
| Oct. | 2 20.6 | Oct. | 8 17.0 | Oct. | 14 02.0 | Oct. | 18 23.4 |
| | 24 09.1 | | 30 06.9 | Nov. | 4 15.1 | Nov. | 9 11.6 |
| Nov. | 14 21.9 | Nov. | 20 19.5 | | 26 03.4 | | 30 23.7 |
| Dec. | 6 10.7 | Dec. | 12 08.0 | Dec. | 17 14.2 | Dec. | 22 09.6 |
| | 27 21.8 | | 33 19.7 | | | | |

### VIII Iapetus

| Eastern Elongation | | Inferior Conjunction | | Western Elongation | | Superior Conjunction | |
|---|---|---|---|---|---|---|---|
| | d h | | d h | | d h | | d h |
| Jan. | 10 20.7 | Jan. | 30 01.3 | Feb. | 18 09.6 | Mar. | 10 01.7 |
| Mar. | 30 00.2 | Apr. | 18 08.3 | May | 7 05.0 | May | 27 09.5 |
| June | 16 12.3 | July | 6 14.4 | July | 25 23.7 | Aug. | 15 17.6 |
| Sept. | 5 10.9 | Sept. | 25 14.1 | Oct. | 15 14.6 | Nov. | 5 07.1 |
| Nov. | 26 04.4 | Dec. | 15 17.2 | | | | |

## DIFFERENTIAL COORDINATES OF VII HYPERION FOR 0ʰ UNIVERSAL TIME

| Date | | Δα (s) | Δδ (′) | Date | | Δα (s) | Δδ (′) | Date | | Δα (s) | Δδ (′) |
|---|---|---|---|---|---|---|---|---|---|---|---|
| Jan. | 0 | +14 | + 0.1 | May | 2 | + 5 | + 0.2 | Sept. | 1 | −13 | − 0.2 |
|  | 2 | +10 | − 0.1 |  | 4 | +13 | + 0.2 |  | 3 | −10 | 0.0 |
|  | 4 | + 4 | − 0.3 |  | 6 | +15 | + 0.2 |  | 5 | − 4 | + 0.2 |
|  | 6 | − 4 | − 0.4 |  | 8 | +13 | + 0.1 |  | 7 | + 4 | + 0.3 |
|  | 8 | −11 | − 0.4 |  | 10 | + 7 | 0.0 |  | 9 | +11 | + 0.3 |
|  | 10 | −15 | − 0.2 |  | 12 | − 1 | − 0.2 |  | 11 | +13 | + 0.2 |
|  | 12 | −13 | 0.0 |  | 14 | − 9 | − 0.2 |  | 13 | +12 | 0.0 |
|  | 14 | − 7 | + 0.2 |  | 16 | −14 | − 0.3 |  | 15 | + 7 | − 0.2 |
|  | 16 | + 3 | + 0.3 |  | 18 | −15 | − 0.2 |  | 17 | 0 | − 0.3 |
|  | 18 | +11 | + 0.3 |  | 20 | −10 | − 0.1 |  | 19 | − 6 | − 0.4 |
|  | 20 | +15 | + 0.2 |  | 22 | − 1 | + 0.1 |  | 21 | −11 | − 0.3 |
|  | 22 | +14 | 0.0 |  | 24 | + 8 | + 0.2 |  | 23 | −12 | − 0.1 |
|  | 24 | + 8 | − 0.2 |  | 26 | +14 | + 0.2 |  | 25 | − 9 | + 0.1 |
|  | 26 | 0 | − 0.3 |  | 28 | +15 | + 0.2 |  | 27 | − 2 | + 0.3 |
|  | 28 | − 8 | − 0.4 |  | 30 | +11 | + 0.1 |  | 29 | + 6 | + 0.4 |
|  | 30 | −14 | − 0.3 | June | 1 | + 4 | − 0.1 | Oct. | 1 | +12 | + 0.3 |
| Feb. | 1 | −15 | − 0.2 |  | 3 | − 4 | − 0.2 |  | 3 | +13 | + 0.1 |
|  | 3 | −11 | + 0.1 |  | 5 | −11 | − 0.2 |  | 5 | +11 | − 0.1 |
|  | 5 | − 3 | + 0.2 |  | 7 | −14 | − 0.2 |  | 7 | + 6 | − 0.3 |
|  | 7 | + 7 | + 0.3 |  | 9 | −13 | − 0.1 |  | 9 | − 1 | − 0.4 |
|  | 9 | +14 | + 0.3 |  | 11 | − 7 | 0.0 |  | 11 | − 8 | − 0.4 |
|  | 11 | +15 | + 0.1 |  | 13 | + 2 | + 0.1 |  | 13 | −12 | − 0.3 |
|  | 13 | +12 | − 0.1 |  | 15 | +10 | + 0.2 |  | 15 | −12 | 0.0 |
|  | 15 | + 5 | − 0.2 |  | 17 | +14 | + 0.2 |  | 17 | − 7 | + 0.2 |
|  | 17 | − 3 | − 0.4 |  | 19 | +13 | + 0.1 |  | 19 | 0 | + 0.4 |
|  | 19 | −11 | − 0.4 |  | 21 | + 8 | 0.0 |  | 21 | + 8 | + 0.4 |
|  | 21 | −15 | − 0.3 |  | 23 | + 1 | − 0.1 |  | 23 | +13 | + 0.2 |
|  | 23 | −14 | − 0.1 |  | 25 | − 7 | − 0.2 |  | 25 | +13 | 0.0 |
|  | 25 | − 8 | + 0.1 |  | 27 | −12 | − 0.2 |  | 27 | +10 | − 0.2 |
|  | 27 | + 2 | + 0.3 |  | 29 | −14 | − 0.2 |  | 29 | + 4 | − 0.4 |
| Mar. | 1 | +11 | + 0.3 | July | 1 | −11 | − 0.1 |  | 31 | − 3 | − 0.5 |
|  | 3 | +16 | + 0.2 |  | 3 | − 3 | + 0.1 | Nov. | 2 | − 9 | − 0.4 |
|  | 5 | +15 | + 0.1 |  | 5 | + 5 | + 0.2 |  | 4 | −12 | − 0.2 |
|  | 7 | +10 | − 0.1 |  | 7 | +12 | + 0.2 |  | 6 | −11 | + 0.1 |
|  | 9 | + 1 | − 0.3 |  | 9 | +14 | + 0.2 |  | 8 | − 6 | + 0.3 |
|  | 11 | − 7 | − 0.3 |  | 11 | +12 | + 0.1 |  | 10 | + 2 | + 0.5 |
|  | 13 | −14 | − 0.3 |  | 13 | + 6 | − 0.1 |  | 12 | +10 | + 0.4 |
|  | 15 | −16 | − 0.2 |  | 15 | − 1 | − 0.2 |  | 14 | +13 | + 0.2 |
|  | 17 | −12 | 0.0 |  | 17 | − 8 | − 0.3 |  | 16 | +13 | − 0.1 |
|  | 19 | − 4 | + 0.2 |  | 19 | −13 | − 0.2 |  | 18 | + 9 | − 0.3 |
|  | 21 | + 6 | + 0.3 |  | 21 | −13 | − 0.1 |  | 20 | + 3 | − 0.5 |
|  | 23 | +14 | + 0.3 |  | 23 | − 8 | 0.0 |  | 22 | − 4 | − 0.6 |
|  | 25 | +16 | + 0.2 |  | 25 | − 1 | + 0.2 |  | 24 | −10 | − 0.4 |
|  | 27 | +13 | 0.0 |  | 27 | + 8 | + 0.2 |  | 26 | −13 | − 0.2 |
|  | 29 | + 6 | − 0.1 |  | 29 | +13 | + 0.2 |  | 28 | −10 | + 0.2 |
|  | 31 | − 3 | − 0.2 |  | 31 | +13 | + 0.1 |  | 30 | − 4 | + 0.4 |
| Apr. | 2 | −10 | − 0.3 | Aug. | 2 | +10 | 0.0 | Dec. | 2 | + 5 | + 0.5 |
|  | 4 | −15 | − 0.3 |  | 4 | + 4 | − 0.2 |  | 4 | +11 | + 0.4 |
|  | 6 | −15 | − 0.2 |  | 6 | − 3 | − 0.3 |  | 6 | +14 | + 0.1 |
|  | 8 | − 9 | 0.0 |  | 8 | −10 | − 0.3 |  | 8 | +13 | − 0.2 |
|  | 10 | + 1 | + 0.2 |  | 10 | −13 | − 0.2 |  | 10 | + 8 | − 0.5 |
|  | 12 | +10 | + 0.3 |  | 12 | −12 | − 0.1 |  | 12 | + 1 | − 0.6 |
|  | 14 | +15 | + 0.2 |  | 14 | − 6 | + 0.1 |  | 14 | − 6 | − 0.6 |
|  | 16 | +15 | + 0.1 |  | 16 | + 2 | + 0.2 |  | 16 | −12 | − 0.4 |
|  | 18 | +10 | 0.0 |  | 18 | + 9 | + 0.3 |  | 18 | −13 | − 0.1 |
|  | 20 | + 2 | − 0.1 |  | 20 | +13 | + 0.2 |  | 20 | − 9 | + 0.3 |
|  | 22 | − 6 | − 0.2 |  | 22 | +13 | + 0.1 |  | 22 | − 2 | + 0.5 |
|  | 24 | −13 | − 0.3 |  | 24 | + 8 | − 0.1 |  | 24 | + 7 | + 0.5 |
|  | 26 | −16 | − 0.2 |  | 26 | + 2 | − 0.3 |  | 26 | +13 | + 0.3 |
|  | 28 | −13 | − 0.1 |  | 28 | − 5 | − 0.3 |  | 28 | +15 | 0.0 |
|  | 30 | − 5 | 0.0 |  | 30 | −10 | − 0.3 |  | 30 | +12 | − 0.3 |
| May | 2 | + 5 | + 0.2 | Sept. | 1 | −13 | − 0.2 |  | 32 | + 7 | − 0.6 |

Differential coordinates are given in the sense "satellite minus planet."

## DIFFERENTIAL COORDINATES OF VIII IAPETUS FOR 0ʰ UNIVERSAL TIME

| Date | | $\Delta\alpha$ | $\Delta\delta$ | Date | | $\Delta\alpha$ | $\Delta\delta$ | Date | | $\Delta\alpha$ | $\Delta\delta$ |
|---|---|---|---|---|---|---|---|---|---|---|---|
| | | s | ′ | | | s | ′ | | | s | ′ |
| Jan. | 0 | + 25 | 0.0 | May | 2 | − 34 | + 0.9 | Sept. | 1 | + 29 | − 0.9 |
| | 2 | + 28 | − 0.4 | | 4 | − 35 | + 1.2 | | 3 | + 30 | − 1.2 |
| | 4 | + 31 | − 0.7 | | 6 | − 36 | + 1.5 | | 5 | + 31 | − 1.4 |
| | 6 | + 33 | − 1.0 | | 8 | − 36 | + 1.7 | | 7 | + 30 | − 1.6 |
| | 8 | + 35 | − 1.4 | | 10 | − 35 | + 1.9 | | 9 | + 29 | − 1.8 |
| | 10 | + 35 | − 1.6 | | 12 | − 33 | + 2.0 | | 11 | + 27 | − 1.9 |
| | 12 | + 35 | − 1.9 | | 14 | − 31 | + 2.0 | | 13 | + 25 | − 2.0 |
| | 14 | + 34 | − 2.0 | | 16 | − 27 | + 2.1 | | 15 | + 22 | − 2.0 |
| | 16 | + 32 | − 2.2 | | 18 | − 23 | + 2.0 | | 17 | + 18 | − 2.0 |
| | 18 | + 29 | − 2.3 | | 20 | − 18 | + 2.0 | | 19 | + 14 | − 1.9 |
| | 20 | + 25 | − 2.3 | | 22 | − 13 | + 1.8 | | 21 | + 10 | − 1.8 |
| | 22 | + 21 | − 2.2 | | 24 | − 8 | + 1.7 | | 23 | + 5 | − 1.6 |
| | 24 | + 16 | − 2.1 | | 26 | − 3 | + 1.5 | | 25 | 0 | − 1.4 |
| | 26 | + 10 | − 2.0 | | 28 | + 3 | + 1.2 | | 27 | − 5 | − 1.2 |
| | 28 | + 5 | − 1.8 | | 30 | + 8 | + 1.0 | | 29 | − 9 | − 0.9 |
| | 30 | − 1 | − 1.5 | June | 1 | + 13 | + 0.7 | Oct. | 1 | − 14 | − 0.6 |
| Feb. | 1 | − 7 | − 1.2 | | 3 | + 18 | + 0.4 | | 3 | − 18 | − 0.3 |
| | 3 | − 13 | − 0.8 | | 5 | + 23 | + 0.1 | | 5 | − 22 | + 0.1 |
| | 5 | − 18 | − 0.5 | | 7 | + 26 | − 0.2 | | 7 | − 25 | + 0.4 |
| | 7 | − 23 | − 0.1 | | 9 | + 29 | − 0.5 | | 9 | − 27 | + 0.7 |
| | 9 | − 28 | + 0.3 | | 11 | + 32 | − 0.8 | | 11 | − 29 | + 1.0 |
| | 11 | − 31 | + 0.7 | | 13 | + 34 | − 1.1 | | 13 | − 30 | + 1.3 |
| | 13 | − 34 | + 1.0 | | 15 | + 34 | − 1.3 | | 15 | − 30 | + 1.6 |
| | 15 | − 36 | + 1.4 | | 17 | + 34 | − 1.5 | | 17 | − 30 | + 1.8 |
| | 17 | − 37 | + 1.7 | | 19 | + 34 | − 1.7 | | 19 | − 29 | + 2.0 |
| | 19 | − 37 | + 1.9 | | 21 | + 32 | − 1.8 | | 21 | − 27 | + 2.1 |
| | 21 | − 36 | + 2.1 | | 23 | + 30 | − 1.9 | | 23 | − 25 | + 2.2 |
| | 23 | − 34 | + 2.3 | | 25 | + 26 | − 1.9 | | 25 | − 22 | + 2.3 |
| | 25 | − 31 | + 2.4 | | 27 | + 23 | − 1.9 | | 27 | − 18 | + 2.2 |
| | 27 | − 27 | + 2.4 | | 29 | + 18 | − 1.8 | | 29 | − 14 | + 2.2 |
| Mar. | 1 | − 23 | + 2.3 | July | 1 | + 14 | − 1.7 | | 31 | − 10 | + 2.1 |
| | 3 | − 18 | + 2.3 | | 3 | + 8 | − 1.6 | Nov. | 2 | − 6 | + 1.9 |
| | 5 | − 13 | + 2.1 | | 5 | + 3 | − 1.4 | | 4 | − 1 | + 1.7 |
| | 7 | − 7 | + 1.9 | | 7 | − 2 | − 1.2 | | 6 | + 3 | + 1.5 |
| | 9 | − 2 | + 1.7 | | 9 | − 7 | − 0.9 | | 8 | + 8 | + 1.2 |
| | 11 | + 4 | + 1.4 | | 11 | − 12 | − 0.6 | | 10 | + 12 | + 0.9 |
| | 13 | + 10 | + 1.1 | | 13 | − 17 | − 0.3 | | 12 | + 16 | + 0.6 |
| | 15 | + 16 | + 0.7 | | 15 | − 21 | 0.0 | | 14 | + 20 | + 0.2 |
| | 17 | + 21 | + 0.4 | | 17 | − 25 | + 0.3 | | 16 | + 24 | − 0.1 |
| | 19 | + 26 | 0.0 | | 19 | − 28 | + 0.6 | | 18 | + 26 | − 0.5 |
| | 21 | + 30 | − 0.3 | | 21 | − 30 | + 0.9 | | 20 | + 29 | − 0.8 |
| | 23 | + 33 | − 0.7 | | 23 | − 31 | + 1.1 | | 22 | + 30 | − 1.2 |
| | 25 | + 36 | − 1.0 | | 25 | − 32 | + 1.4 | | 24 | + 31 | − 1.5 |
| | 27 | + 37 | − 1.3 | | 27 | − 32 | + 1.6 | | 26 | + 31 | − 1.7 |
| | 29 | + 38 | − 1.6 | | 29 | − 31 | + 1.7 | | 28 | + 31 | − 2.0 |
| | 31 | + 38 | − 1.8 | | 31 | − 29 | + 1.9 | | 30 | + 29 | − 2.2 |
| Apr. | 2 | + 37 | − 2.0 | Aug. | 2 | − 27 | + 1.9 | Dec. | 2 | + 27 | − 2.3 |
| | 4 | + 34 | − 2.1 | | 4 | − 24 | + 2.0 | | 4 | + 25 | − 2.4 |
| | 6 | + 31 | − 2.2 | | 6 | − 20 | + 2.0 | | 6 | + 21 | − 2.4 |
| | 8 | + 28 | − 2.2 | | 8 | − 16 | + 1.9 | | 8 | + 17 | − 2.3 |
| | 10 | + 23 | − 2.1 | | 10 | − 12 | + 1.8 | | 10 | + 13 | − 2.2 |
| | 12 | + 18 | − 2.0 | | 12 | − 7 | + 1.7 | | 12 | + 8 | − 2.1 |
| | 14 | + 12 | − 1.9 | | 14 | − 3 | + 1.5 | | 14 | + 3 | − 1.9 |
| | 16 | + 6 | − 1.6 | | 16 | + 2 | + 1.3 | | 16 | − 2 | − 1.6 |
| | 18 | 0 | − 1.4 | | 18 | + 7 | + 1.1 | | 18 | − 8 | − 1.3 |
| | 20 | − 6 | − 1.1 | | 20 | + 11 | + 0.8 | | 20 | − 13 | − 0.9 |
| | 22 | − 12 | − 0.8 | | 22 | + 15 | + 0.5 | | 22 | − 17 | − 0.5 |
| | 24 | − 18 | − 0.4 | | 24 | + 19 | + 0.2 | | 24 | − 22 | − 0.1 |
| | 26 | − 23 | − 0.1 | | 26 | + 23 | − 0.1 | | 26 | − 25 | + 0.3 |
| | 28 | − 27 | + 0.3 | | 28 | + 25 | − 0.4 | | 28 | − 28 | + 0.7 |
| | 30 | − 31 | + 0.6 | | 30 | + 28 | − 0.7 | | 30 | − 31 | + 1.1 |
| May | 2 | − 34 | + 0.9 | Sept. | 1 | + 29 | − 0.9 | | 32 | − 32 | + 1.4 |

Differential coordinates are given in the sense "satellite minus planet."

# SATELLITES OF SATURN, 2010

## DIFFERENTIAL COORDINATES OF IX PHOEBE FOR 0ʰ UNIVERSAL TIME

| Date | | Δα | Δδ | Date | | Δα | Δδ | Date | | Δα | Δδ |
|---|---|---|---|---|---|---|---|---|---|---|---|
| | | m s | ′ | | | m s | ′ | | | m s | ′ |
| Jan. | 0 | − 0 15 | − 1.5 | May | 2 | + 1 43 | − 11.0 | Sept. | 1 | − 0 23 | + 5.1 |
| | 2 | − 0 12 | − 1.8 | | 4 | + 1 43 | − 10.9 | | 3 | − 0 25 | + 5.4 |
| | 4 | − 0 09 | − 2.0 | | 6 | + 1 43 | − 10.8 | | 5 | − 0 28 | + 5.6 |
| | 6 | − 0 06 | − 2.3 | | 8 | + 1 43 | − 10.7 | | 7 | − 0 31 | + 5.9 |
| | 8 | − 0 04 | − 2.6 | | 10 | + 1 42 | − 10.6 | | 9 | − 0 34 | + 6.2 |
| | 10 | − 0 01 | − 2.9 | | 12 | + 1 42 | − 10.5 | | 11 | − 0 36 | + 6.5 |
| | 12 | + 0 02 | − 3.2 | | 14 | + 1 41 | − 10.3 | | 13 | − 0 39 | + 6.8 |
| | 14 | + 0 05 | − 3.5 | | 16 | + 1 40 | − 10.2 | | 15 | − 0 42 | + 7.0 |
| | 16 | + 0 07 | − 3.8 | | 18 | + 1 40 | − 10.0 | | 17 | − 0 44 | + 7.3 |
| | 18 | + 0 10 | − 4.1 | | 20 | + 1 39 | − 9.8 | | 19 | − 0 47 | + 7.6 |
| | 20 | + 0 13 | − 4.4 | | 22 | + 1 38 | − 9.6 | | 21 | − 0 50 | + 7.8 |
| | 22 | + 0 16 | − 4.7 | | 24 | + 1 37 | − 9.5 | | 23 | − 0 52 | + 8.1 |
| | 24 | + 0 18 | − 4.9 | | 26 | + 1 36 | − 9.3 | | 25 | − 0 55 | + 8.3 |
| | 26 | + 0 21 | − 5.2 | | 28 | + 1 35 | − 9.1 | | 27 | − 0 57 | + 8.6 |
| | 28 | + 0 24 | − 5.5 | | 30 | + 1 33 | − 8.9 | | 29 | − 1 00 | + 8.8 |
| | 30 | + 0 27 | − 5.8 | June | 1 | + 1 32 | − 8.6 | Oct. | 1 | − 1 02 | + 9.1 |
| Feb. | 1 | + 0 29 | − 6.0 | | 3 | + 1 30 | − 8.4 | | 3 | − 1 04 | + 9.3 |
| | 3 | + 0 32 | − 6.3 | | 5 | + 1 29 | − 8.2 | | 5 | − 1 07 | + 9.5 |
| | 5 | + 0 35 | − 6.6 | | 7 | + 1 27 | − 7.9 | | 7 | − 1 09 | + 9.7 |
| | 7 | + 0 37 | − 6.8 | | 9 | + 1 26 | − 7.7 | | 9 | − 1 11 | + 10.0 |
| | 9 | + 0 40 | − 7.1 | | 11 | + 1 24 | − 7.4 | | 11 | − 1 14 | + 10.2 |
| | 11 | + 0 43 | − 7.3 | | 13 | + 1 22 | − 7.2 | | 13 | − 1 16 | + 10.4 |
| | 13 | + 0 45 | − 7.6 | | 15 | + 1 20 | − 6.9 | | 15 | − 1 18 | + 10.6 |
| | 15 | + 0 48 | − 7.8 | | 17 | + 1 18 | − 6.7 | | 17 | − 1 20 | + 10.8 |
| | 17 | + 0 50 | − 8.0 | | 19 | + 1 16 | − 6.4 | | 19 | − 1 22 | + 11.0 |
| | 19 | + 0 53 | − 8.3 | | 21 | + 1 14 | − 6.1 | | 21 | − 1 24 | + 11.2 |
| | 21 | + 0 55 | − 8.5 | | 23 | + 1 12 | − 5.8 | | 23 | − 1 26 | + 11.3 |
| | 23 | + 0 58 | − 8.7 | | 25 | + 1 10 | − 5.5 | | 25 | − 1 28 | + 11.5 |
| | 25 | + 1 00 | − 8.9 | | 27 | + 1 08 | − 5.2 | | 27 | − 1 30 | + 11.7 |
| | 27 | + 1 02 | − 9.1 | | 29 | + 1 05 | − 5.0 | | 29 | − 1 32 | + 11.9 |
| Mar. | 1 | + 1 05 | − 9.3 | July | 1 | + 1 03 | − 4.7 | | 31 | − 1 34 | + 12.0 |
| | 3 | + 1 07 | − 9.5 | | 3 | + 1 00 | − 4.4 | Nov. | 2 | − 1 36 | + 12.2 |
| | 5 | + 1 09 | − 9.7 | | 5 | + 0 58 | − 4.0 | | 4 | − 1 38 | + 12.3 |
| | 7 | + 1 11 | − 9.8 | | 7 | + 0 55 | − 3.7 | | 6 | − 1 40 | + 12.5 |
| | 9 | + 1 13 | − 10.0 | | 9 | + 0 53 | − 3.4 | | 8 | − 1 41 | + 12.6 |
| | 11 | + 1 15 | − 10.2 | | 11 | + 0 50 | − 3.1 | | 10 | − 1 43 | + 12.8 |
| | 13 | + 1 17 | − 10.3 | | 13 | + 0 48 | − 2.8 | | 12 | − 1 45 | + 12.9 |
| | 15 | + 1 19 | − 10.5 | | 15 | + 0 45 | − 2.5 | | 14 | − 1 46 | + 13.0 |
| | 17 | + 1 21 | − 10.6 | | 17 | + 0 42 | − 2.2 | | 16 | − 1 48 | + 13.1 |
| | 19 | + 1 23 | − 10.7 | | 19 | + 0 40 | − 1.8 | | 18 | − 1 49 | + 13.3 |
| | 21 | + 1 25 | − 10.8 | | 21 | + 0 37 | − 1.5 | | 20 | − 1 51 | + 13.4 |
| | 23 | + 1 26 | − 10.9 | | 23 | + 0 34 | − 1.2 | | 22 | − 1 52 | + 13.5 |
| | 25 | + 1 28 | − 11.0 | | 25 | + 0 31 | − 0.9 | | 24 | − 1 54 | + 13.6 |
| | 27 | + 1 30 | − 11.1 | | 27 | + 0 29 | − 0.6 | | 26 | − 1 55 | + 13.7 |
| | 29 | + 1 31 | − 11.2 | | 29 | + 0 26 | − 0.2 | | 28 | − 1 56 | + 13.7 |
| | 31 | + 1 32 | − 11.3 | | 31 | + 0 23 | + 0.1 | | 30 | − 1 58 | + 13.8 |
| Apr. | 2 | + 1 34 | − 11.3 | Aug. | 2 | + 0 20 | + 0.4 | Dec. | 2 | − 1 59 | + 13.9 |
| | 4 | + 1 35 | − 11.4 | | 4 | + 0 17 | + 0.7 | | 4 | − 2 00 | + 14.0 |
| | 6 | + 1 36 | − 11.4 | | 6 | + 0 14 | + 1.0 | | 6 | − 2 01 | + 14.1 |
| | 8 | + 1 37 | − 11.4 | | 8 | + 0 11 | + 1.4 | | 8 | − 2 02 | + 14.1 |
| | 10 | + 1 38 | − 11.5 | | 10 | + 0 09 | + 1.7 | | 10 | − 2 03 | + 14.2 |
| | 12 | + 1 39 | − 11.5 | | 12 | + 0 06 | + 2.0 | | 12 | − 2 04 | + 14.2 |
| | 14 | + 1 40 | − 11.5 | | 14 | + 0 03 | + 2.3 | | 14 | − 2 05 | + 14.3 |
| | 16 | + 1 41 | − 11.5 | | 16 | 0 00 | + 2.6 | | 16 | − 2 06 | + 14.3 |
| | 18 | + 1 41 | − 11.5 | | 18 | − 0 03 | + 2.9 | | 18 | − 2 07 | + 14.4 |
| | 20 | + 1 42 | − 11.4 | | 20 | − 0 06 | + 3.3 | | 20 | − 2 08 | + 14.4 |
| | 22 | + 1 42 | − 11.4 | | 22 | − 0 09 | + 3.6 | | 22 | − 2 08 | + 14.4 |
| | 24 | + 1 43 | − 11.3 | | 24 | − 0 11 | + 3.9 | | 24 | − 2 09 | + 14.4 |
| | 26 | + 1 43 | − 11.3 | | 26 | − 0 14 | + 4.2 | | 26 | − 2 10 | + 14.5 |
| | 28 | + 1 43 | − 11.2 | | 28 | − 0 17 | + 4.5 | | 28 | − 2 10 | + 14.5 |
| | 30 | + 1 43 | − 11.1 | | 30 | − 0 20 | + 4.8 | | 30 | − 2 11 | + 14.5 |
| May | 2 | + 1 43 | − 11.0 | Sept. | 1 | − 0 23 | + 5.1 | | 32 | − 2 12 | + 14.5 |

Differential coordinates are given in the sense "satellite minus planet."

## APPARENT ORBITS OF SATELLITES I-V AT 0ʰ UNIVERSAL TIME
## ON THE DATE OF OPPOSITION, SEPTEMBER 21

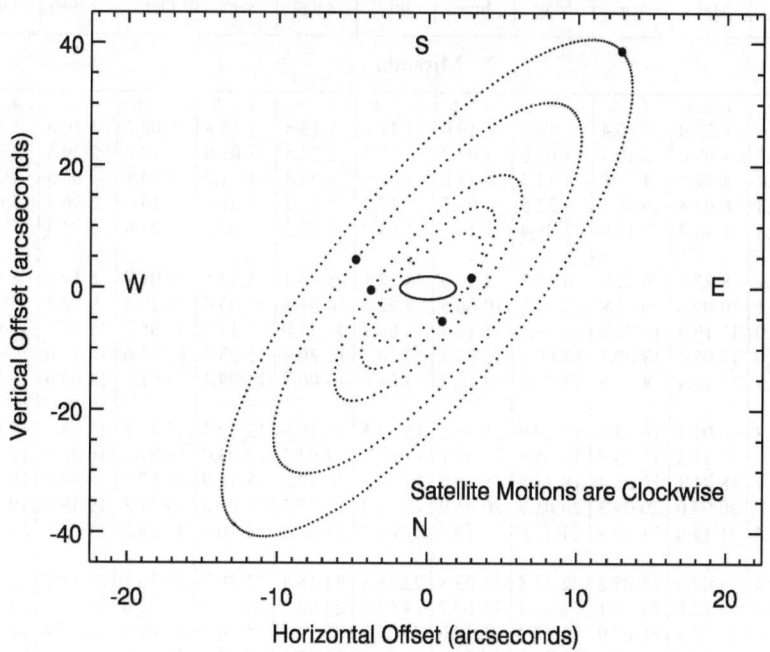

Orbits elongated in ratio of 2.3 to 1 in the East-West direction.

| Name | Sidereal Period |
|------|-----------------|
|  | d |
| V   Miranda . . . . . . . . . . . . . | 1.413 479 25 |
| I   Ariel . . . . . . . . . . . . . . . | 2.520 379 35 |
| II   Umbriel . . . . . . . . . . . . | 4.144 177 2 |
| III   Titania . . . . . . . . . . . . . | 8.705 871 7 |
| IV   Oberon . . . . . . . . . . . . . | 13.463 238 9 |

## RINGS OF URANUS

| Ring | Semimajor Axis | Eccentricity | Azimuth of Periapse | Precession Rate |
|------|----------------|--------------|---------------------|-----------------|
|  | km |  | ° | °/d |
| 6 | 41870 | 0.0014 | 236 | 2.77 |
| 5 | 42270 | 0.0018 | 182 | 2.66 |
| 4 | 42600 | 0.0012 | 120 | 2.60 |
| $\alpha$ | 44750 | 0.0007 | 331 | 2.18 |
| $\beta$ | 45700 | 0.0005 | 231 | 2.03 |
| $\eta$ | 47210 | — — | — | — |
| $\gamma$ | 47660 | — — | — | — |
| $\delta$ | 48330 | 0.0005 | 140 | — |
| $\epsilon$ | 51180 | 0.0079 | 216 | 1.36 |

Epoch: 1977 March 10, 20ʰ UT (JD 244 3213.33)

## UNIVERSAL TIME OF GREATEST NORTHERN ELONGATION

### V Miranda

| Jan. | Feb. | Mar. | Apr. | May | June | July | Aug. | Sept. | Oct. | Nov. | Dec. |
|---|---|---|---|---|---|---|---|---|---|---|---|
| d h | d h | d h | d h | d h | d h | d h | d h | d h | d h | d h | d h |
| 0 03.3 | 1 15.6 | 1 22.0 | 2 00.4 | 1 16.7 | 1 19.0 | 1 11.3 | 1 13.5 | 1 15.8 | 1 08.2 | 1 10.6 | 1 03.1 |
| 1 13.2 | 3 01.5 | 3 08.0 | 3 10.3 | 3 02.6 | 3 04.9 | 2 21.2 | 2 23.5 | 3 01.8 | 2 18.2 | 2 20.5 | 2 13.0 |
| 2 23.1 | 4 11.4 | 4 17.9 | 4 20.2 | 4 12.5 | 4 14.8 | 4 07.1 | 4 09.4 | 4 11.7 | 4 04.1 | 4 06.5 | 3 22.9 |
| 4 09.0 | 5 21.3 | 6 03.8 | 6 06.1 | 5 22.5 | 6 00.7 | 5 17.0 | 5 19.3 | 5 21.6 | 5 14.0 | 5 16.4 | 5 08.8 |
| 5 19.0 | 7 07.3 | 7 13.7 | 7 16.0 | 7 08.4 | 7 10.6 | 7 03.0 | 7 05.2 | 7 07.5 | 6 23.9 | 7 02.3 | 6 18.8 |
| 7 04.9 | 8 17.2 | 8 23.7 | 9 02.0 | 8 18.3 | 8 20.6 | 8 12.9 | 8 15.2 | 8 17.5 | 8 09.9 | 8 12.2 | 8 04.7 |
| 8 14.8 | 10 03.1 | 10 09.6 | 10 11.9 | 10 04.2 | 10 06.5 | 9 22.8 | 10 01.1 | 10 03.4 | 9 19.8 | 9 22.2 | 9 14.6 |
| 10 00.7 | 11 13.0 | 11 19.5 | 11 21.8 | 11 14.1 | 11 16.4 | 11 08.7 | 11 11.0 | 11 13.3 | 11 05.7 | 11 08.1 | 11 00.5 |
| 11 10.7 | 12 23.0 | 13 05.4 | 13 07.7 | 13 00.1 | 13 02.3 | 12 18.7 | 12 20.9 | 12 23.2 | 12 15.6 | 12 18.0 | 12 10.5 |
| 12 20.6 | 14 08.9 | 14 15.4 | 14 17.6 | 14 10.0 | 14 12.2 | 14 04.6 | 14 06.8 | 14 09.1 | 14 01.6 | 14 03.9 | 13 20.4 |
| 14 06.5 | 15 18.8 | 16 01.3 | 16 03.6 | 15 19.9 | 15 22.2 | 15 14.5 | 15 16.8 | 15 19.1 | 15 11.5 | 15 13.9 | 15 06.3 |
| 15 16.4 | 17 04.7 | 17 11.2 | 17 13.5 | 17 05.8 | 17 08.1 | 17 00.4 | 17 02.7 | 17 05.0 | 16 21.4 | 16 23.8 | 16 16.3 |
| 17 02.4 | 18 14.7 | 18 21.1 | 18 23.4 | 18 15.8 | 18 18.0 | 18 10.3 | 18 12.6 | 18 14.9 | 18 07.3 | 18 09.7 | 18 02.2 |
| 18 12.3 | 20 00.6 | 20 07.0 | 20 09.3 | 20 01.7 | 20 03.9 | 19 20.3 | 19 22.5 | 20 00.8 | 19 17.3 | 19 19.6 | 19 12.1 |
| 19 22.2 | 21 10.5 | 21 17.0 | 21 19.3 | 21 11.6 | 21 13.8 | 21 06.2 | 21 08.5 | 21 10.8 | 21 03.2 | 21 05.6 | 20 22.0 |
| 21 08.2 | 22 20.4 | 23 02.9 | 23 05.2 | 22 21.5 | 22 23.8 | 22 16.1 | 22 18.4 | 22 20.7 | 22 13.1 | 22 15.5 | 22 08.0 |
| 22 18.1 | 24 06.4 | 24 12.8 | 24 15.1 | 24 07.4 | 24 09.7 | 24 02.0 | 24 04.3 | 24 06.6 | 23 23.0 | 24 01.4 | 23 17.9 |
| 24 04.0 | 25 16.3 | 25 22.7 | 26 01.0 | 25 17.4 | 25 19.6 | 25 11.9 | 25 14.2 | 25 16.5 | 25 09.0 | 25 11.4 | 25 03.8 |
| 25 13.9 | 27 02.2 | 27 08.7 | 27 10.9 | 27 03.3 | 27 05.5 | 26 21.9 | 27 00.1 | 27 02.5 | 26 18.9 | 26 21.3 | 26 13.7 |
| 26 23.9 | 28 12.1 | 28 18.6 | 28 20.9 | 28 13.2 | 28 15.4 | 28 07.8 | 28 10.1 | 28 12.4 | 28 04.8 | 28 07.2 | 27 23.7 |
| 28 09.8 |  | 30 04.5 | 30 06.8 | 29 23.1 | 30 01.4 | 29 17.7 | 29 20.0 | 29 22.3 | 29 14.7 | 29 17.1 | 29 09.6 |
| 29 19.7 |  | 31 14.4 |  | 31 09.0 |  | 31 03.6 | 31 05.9 |  | 31 00.7 |  | 30 19.5 |
| 31 05.6 |  |  |  |  |  |  |  |  |  |  | 32 05.4 |
|  |  |  |  |  |  |  |  |  |  |  | 33 15.4 |

### I Ariel

| Jan. | Feb. | Mar. | Apr. | May | June | July | Aug. | Sept. | Oct. | Nov. | Dec. |
|---|---|---|---|---|---|---|---|---|---|---|---|
| d h | d h | d h | d h | d h | d h | d h | d h | d h | d h | d h | d h |
| 2 09.8 | 1 15.7 | 1 09.1 | 3 03.4 | 3 09.2 | 2 15.0 | 2 20.8 | 2 02.6 | 1 08.5 | 1 14.4 | 3 08.8 | 1 02.2 |
| 4 22.3 | 4 04.2 | 3 21.6 | 5 15.9 | 5 21.7 | 5 03.5 | 5 09.3 | 4 15.1 | 3 21.0 | 4 02.9 | 5 21.3 | 3 14.7 |
| 7 10.8 | 6 16.7 | 6 10.1 | 8 04.4 | 8 10.2 | 7 16.0 | 7 21.8 | 7 03.6 | 6 09.4 | 6 15.3 | 8 09.8 | 6 03.2 |
| 9 23.3 | 9 05.2 | 8 22.6 | 10 16.9 | 10 22.7 | 10 04.5 | 10 10.3 | 9 16.1 | 8 21.9 | 9 03.8 | 10 22.3 | 8 15.7 |
| 12 11.8 | 11 17.7 | 11 11.1 | 13 05.4 | 13 11.2 | 12 16.9 | 12 22.7 | 12 04.6 | 11 10.4 | 11 16.3 | 13 10.8 | 11 04.2 |
| 15 00.3 | 14 06.2 | 13 23.5 | 15 17.8 | 15 23.6 | 15 05.4 | 15 11.2 | 14 17.1 | 13 22.9 | 14 04.8 | 15 23.2 | 13 16.7 |
| 17 12.8 | 16 18.7 | 16 12.0 | 18 06.3 | 18 12.1 | 17 17.9 | 17 23.7 | 17 05.5 | 16 11.4 | 16 17.3 | 18 11.7 | 16 05.2 |
| 20 01.3 | 19 07.2 | 19 00.5 | 20 18.8 | 21 00.6 | 20 06.4 | 20 12.2 | 19 18.0 | 18 23.9 | 19 05.8 | 21 00.2 | 18 17.7 |
| 22 13.8 | 21 19.6 | 21 13.0 | 23 07.3 | 23 13.1 | 22 18.9 | 23 00.7 | 22 06.5 | 21 12.4 | 21 18.3 | 23 12.7 | 21 06.2 |
| 25 02.3 | 24 08.1 | 24 01.5 | 25 19.8 | 26 01.6 | 25 07.4 | 25 13.2 | 24 19.0 | 24 00.9 | 24 06.8 | 26 01.2 | 23 18.7 |
| 27 14.7 | 26 20.6 | 26 14.0 | 28 08.3 | 28 14.0 | 27 19.8 | 28 01.6 | 27 07.5 | 26 13.4 | 26 19.3 | 28 13.7 | 26 07.2 |
| 30 03.2 |  | 29 02.5 | 30 20.7 | 31 02.5 | 30 08.3 | 30 14.1 | 29 20.0 | 29 01.9 | 29 07.8 |  | 28 19.7 |
|  |  | 31 14.9 |  |  |  |  |  |  | 31 20.3 |  | 31 08.1 |
|  |  |  |  |  |  |  |  |  |  |  | 33 20.6 |

## UNIVERSAL TIME OF GREATEST NORTHERN ELONGATION

| Jan. | Feb. | Mar. | Apr. | May | June | July | Aug. | Sept. | Oct. | Nov. | Dec. |
|------|------|------|------|-----|------|------|------|-------|------|------|------|

### II  Umbriel

| d h | d h | d h | d h | d h | d h | d h | d h | d h | d h | d h | d h |
|------|------|------|------|------|------|------|------|------|------|------|------|
| 1 23.5 | 4 03.2 | 5 03.4 | 3 03.6 | 2 03.7 | 4 07.3 | 3 07.4 | 1 07.6 | 3 11.3 | 2 11.5 | 4 15.3 | 3 15.6 |
| 6 03.0 | 8 06.7 | 9 06.9 | 7 07.0 | 6 07.2 | 8 10.7 | 7 10.9 | 5 11.1 | 7 14.7 | 6 15.0 | 8 18.8 | 7 19.1 |
| 10 06.4 | 12 10.1 | 13 10.3 | 11 10.5 | 10 10.6 | 12 14.2 | 11 14.3 | 9 14.5 | 11 18.2 | 10 18.5 | 12 22.2 | 11 22.5 |
| 14 09.9 | 16 13.6 | 17 13.8 | 15 13.9 | 14 14.0 | 16 17.6 | 15 17.8 | 13 18.0 | 15 21.7 | 14 22.0 | 17 01.7 | 16 02.0 |
| 18 13.4 | 20 17.0 | 21 17.2 | 19 17.4 | 18 17.5 | 20 21.1 | 19 21.2 | 17 21.4 | 20 01.1 | 19 01.4 | 21 05.2 | 20 05.5 |
| 22 16.8 | 24 20.5 | 25 20.7 | 23 20.8 | 22 20.9 | 25 00.5 | 24 00.7 | 22 00.9 | 24 04.6 | 23 04.9 | 25 08.6 | 24 08.9 |
| 26 20.3 | 28 23.9 | 30 00.1 | 28 00.3 | 27 00.4 | 29 04.0 | 28 04.2 | 26 04.4 | 28 08.1 | 27 08.3 | 29 12.1 | 28 12.4 |
| 30 23.7 | | | | 31 03.8 | | | 30 07.8 | | 31 11.8 | | 32 15.9 |

### III  Titania

| d h | d h | d h | d h | d h | d h | d h | d h | d h | d h | d h | d h |
|------|------|------|------|------|------|------|------|------|------|------|------|
| 0 13.7 | 4 09.4 | 2 12.2 | 6 07.8 | 2 10.5 | 6 06.1 | 2 08.8 | 6 04.6 | 1 07.4 | 6 03.3 | 1 06.1 | 6 02.0 |
| 9 06.6 | 13 02.3 | 11 05.1 | 15 00.7 | 11 03.4 | 14 23.0 | 11 01.7 | 14 21.6 | 10 00.4 | 14 20.2 | 9 23.1 | 14 19.0 |
| 17 23.5 | 21 19.3 | 19 22.0 | 23 17.6 | 19 20.3 | 23 15.9 | 19 18.7 | 23 14.5 | 18 17.4 | 23 13.2 | 18 16.1 | 23 11.9 |
| 26 16.5 | | 28 14.9 | | 28 13.2 | | 28 11.6 | | 27 10.3 | | 27 09.0 | 32 04.8 |

### IV  Oberon

| d h | d h | d h | d h | d h | d h | d h | d h | d h | d h | d h | d h |
|------|------|------|------|------|------|------|------|------|------|------|------|
| 0 23.6 | 10 08.9 | 9 07.0 | 5 05.1 | 2 03.1 | 11 12.3 | 8 10.5 | 4 08.7 | 13 18.1 | 10 16.4 | 6 14.8 | 3 13.1 |
| 14 10.8 | 23 19.9 | 22 18.0 | 18 16.1 | 15 14.2 | 24 23.4 | 21 21.5 | 17 19.8 | 27 05.3 | 24 03.6 | 20 01.9 | 17 00.2 |
| 27 21.8 | | | | 29 01.2 | | | 31 06.9 | | | | 30 11.3 |

# SATELLITES OF NEPTUNE, 2010

## APPARENT ORBIT OF I TRITON AT 0ʰ UNIVERSAL TIME
## ON THE DATE OF OPPOSITION, AUGUST 20

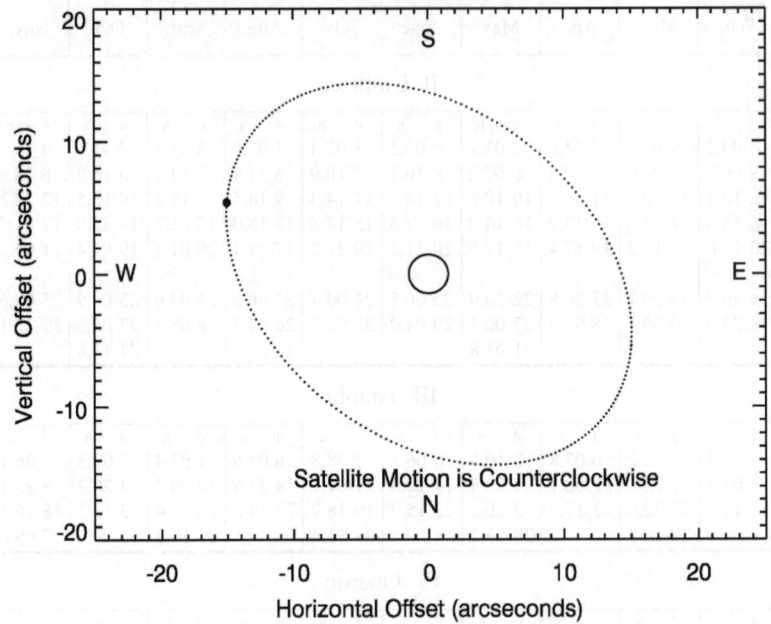

| NAME | | SIDEREAL PERIOD |
|---|---|---|
| I | Triton | $5^d.876$ 854 1 R |
| II | Nereid | $360^d.135$ 38 |

## DIFFERENTIAL COORDINATES OF II NEREID FOR 0ʰ UNIVERSAL TIME

| Date | | $\Delta\alpha \cos\delta$ | $\Delta\delta$ | Date | | $\Delta\alpha \cos\delta$ | $\Delta\delta$ | Date | | $\Delta\alpha \cos\delta$ | $\Delta\delta$ |
|---|---|---|---|---|---|---|---|---|---|---|---|
| | | ′ ″ | ″ | | | ′ ″ | ″ | | | ′ ″ | ″ |
| Jan. | −6 | +4 15.0 | +112.1 | May | 4 | +2 18.2 | + 67.9 | Sept. | 11 | +6 37.8 | +182.4 |
| | 4 | +3 51.2 | +101.5 | | 14 | +3 04.7 | + 89.7 | | 21 | +6 34.4 | +180.1 |
| | 14 | +3 25.5 | + 90.0 | | 24 | +3 44.4 | +108.3 | Oct. | 1 | +6 28.4 | +176.7 |
| | 24 | +2 57.7 | + 77.5 | June | 3 | +4 18.9 | +124.3 | | 11 | +6 19.8 | +172.2 |
| Feb. | 3 | +2 27.4 | + 63.8 | | 13 | +4 48.7 | +138.0 | | 21 | +6 09.1 | +166.8 |
| | 13 | +1 54.2 | + 48.8 | | 23 | +5 14.5 | +149.6 | | 31 | +5 56.1 | +160.5 |
| | 23 | +1 17.9 | + 32.3 | July | 3 | +5 36.5 | +159.4 | Nov. | 10 | +5 41.2 | +153.4 |
| Mar. | 5 | +0 38.0 | + 14.3 | | 13 | +5 55.1 | +167.4 | | 20 | +5 24.4 | +145.5 |
| | 15 | −0 05.1 | − 5.1 | | 23 | +6 10.2 | +173.7 | | 30 | +5 05.8 | +136.9 |
| | 25 | −0 46.3 | − 23.1 | Aug. | 2 | +6 22.0 | +178.4 | Dec. | 10 | +4 45.5 | +127.5 |
| Apr. | 4 | −0 48.9 | − 22.3 | | 12 | +6 30.6 | +181.6 | | 20 | +4 23.4 | +117.4 |
| | 14 | +0 16.9 | + 10.1 | | 22 | +6 36.0 | +183.2 | | 30 | +3 59.5 | +106.4 |
| | 24 | +1 23.1 | + 41.7 | Sept. | 1 | +6 38.3 | +183.5 | | 40 | +3 33.6 | + 94.5 |

## I Triton

### UNIVERSAL TIME OF GREATEST EASTERN ELONGATION

| Jan. | Feb. | Mar. | Apr. | May | June | July | Aug. | Sept. | Oct. | Nov. | Dec. |
|---|---|---|---|---|---|---|---|---|---|---|---|
| d   h | d   h | d   h | d   h | d   h | d   h | d   h | d   h | d   h | d   h | d   h | d   h |
| 5 08.9 | 3 17.6 | 5 02.3 | 3 11.0 | 2 19.8 | 1 04.8 | 6 11.2 | 4 20.7 | 3 06.4 | 2 16.0 | 1 01.4 | 6 07.7 |
| 11 05.9 | 9 14.6 | 10 23.2 | 9 07.9 | 8 16.8 | 7 01.9 | 12 08.3 | 10 17.9 | 9 03.5 | 8 13.1 | 6 22.5 | 12 04.7 |
| 17 02.8 | 15 11.5 | 16 20.1 | 15 04.9 | 14 13.8 | 12 22.9 | 18 05.4 | 16 15.0 | 15 00.6 | 14 10.2 | 12 19.5 | 18 01.7 |
| 22 23.8 | 21 08.4 | 22 17.1 | 21 01.8 | 20 10.8 | 18 20.0 | 24 02.5 | 22 12.1 | 20 21.8 | 20 07.3 | 18 16.6 | 23 22.6 |
| 28 20.7 | 27 05.3 | 28 14.0 | 26 22.8 | 26 07.8 | 24 17.0 | 29 23.6 | 28 09.2 | 26 18.9 | 26 04.4 | 24 13.6 | 29 19.6 |
| | | | | | 30 14.1 | | | | | 30 10.7 | |

# SATELLITE OF PLUTO, 2010

## APPARENT ORBIT OF I CHARON AT $0^h$ UNIVERSAL TIME ON THE DATE OF OPPOSITION, JUNE 25

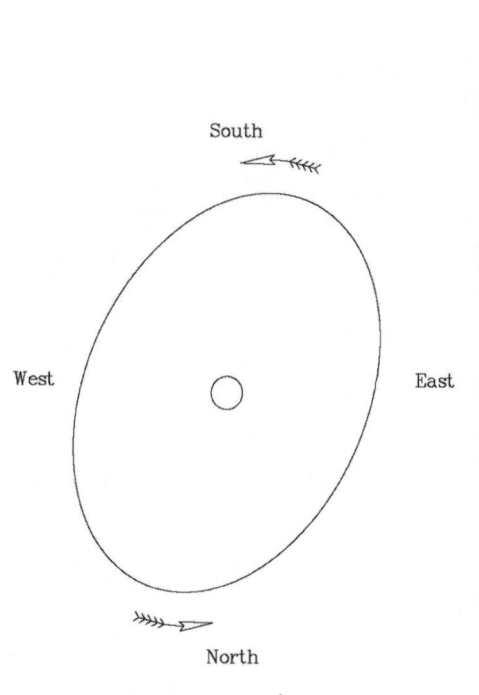

West

East

South

North

Sidereal Period: $6^d.387$ 23

### UNIVERSAL TIME OF NORTHERN ELONGATION

| | d | h | | d | h | | d | h |
|---|---|---|---|---|---|---|---|---|
| Jan. | −3 | 20.9 | May | 5 | 14.1 | Sept. | 10 | 08.5 |
| | 4 | 06.1 | | 11 | 23.4 | | 16 | 17.8 |
| | 10 | 15.4 | | 18 | 08.7 | | 23 | 03.0 |
| | 17 | 00.6 | | 24 | 18.0 | | 29 | 12.3 |
| | 23 | 09.8 | | 31 | 03.3 | Oct. | 5 | 21.6 |
| | 29 | 19.1 | June | 6 | 12.7 | | 12 | 06.9 |
| Feb. | 5 | 04.3 | | 12 | 22.0 | | 18 | 16.2 |
| | 11 | 13.5 | | 19 | 07.3 | | 25 | 01.4 |
| | 17 | 22.8 | | 25 | 16.6 | | 31 | 10.7 |
| | 24 | 08.0 | July | 2 | 02.0 | Nov. | 6 | 19.9 |
| Mar. | 2 | 17.3 | | 8 | 11.3 | | 13 | 05.2 |
| | 9 | 02.5 | | 14 | 20.6 | | 19 | 14.4 |
| | 15 | 11.8 | | 21 | 06.0 | | 25 | 23.7 |
| | 21 | 21.1 | | 27 | 15.3 | Dec. | 2 | 08.9 |
| | 28 | 06.3 | Aug. | 3 | 00.6 | | 8 | 18.2 |
| Apr. | 3 | 15.6 | | 9 | 09.9 | | 15 | 03.4 |
| | 10 | 00.9 | | 15 | 19.2 | | 21 | 12.6 |
| | 16 | 10.2 | | 22 | 04.5 | | 27 | 21.9 |
| | 22 | 19.5 | | 28 | 13.9 | | 34 | 07.1 |
| | 29 | 04.8 | Sept. | 3 | 23.2 | | | |

## CONTENTS OF SECTION G

> ᴡᴡᴡ   This symbol indicates that these data or auxiliary material
> may also be found on *The Astronomical Almanac Online*
> at **http://asa.usno.navy.mil** and **http://asa.hmnao.com**

### Notes on bright minor planets

The following pages contain various data on a selection of 93 of the largest and/or brightest minor planets. The first two pages tabulates their heliocentric osculating orbital elements for epoch 2010 January 4·0 TT (JD 245 5200·5), with respect to the ecliptic and equinox J2000·0.

The opposition dates of all the objects are listed in chronological order together with the visual magnitude and declination. From these, a sub-set of the 15 larger minor planets, consisting of Ceres, Pallas, Juno, Vesta, Hebe, Iris, Flora, Metis, Hygiea, Eunomia, Psyche, Europa, Cybele, Davida and Interamnia are candidates for a daily ephemeris.

A daily geocentric astrometric (see page B29) ephemeris is tabulated for those of the 15 larger minor planets that have an opposition date occurring between 2010 January 1 and January 31 of the following year. The daily ephemeris of each object is centred about the opposition date, which is repeated at the bottom of the first column and at the top of the second column. The highlighted dates indicate when the object is stationary in right ascension. It is very occasionally possible for a stationary date to be outside the period tabulated.

Linear interpolation is sufficient for the magnitude and ephemeris transit, but for the right ascension and declination second differences are significant. The tabulations are similar to those for Pluto, and the use of the data is similar to that for major planets.

# BRIGHT MINOR PLANETS, 2010

## OSCULATING ELEMENTS

### FOR EPOCH 2010 JANUARY 4·0 TT, ECLIPTIC AND EQUINOX J2000·0

| Name | No. | Magnitude Parameters $H$ | $G$ | Mean Diameter km | Inclination $i$ ° | Long. of Asc. Node $\Omega$ ° | Argument of Perihelion $\omega$ ° | Mean Distance $a$ au | Daily Motion $n$ °/d | Eccentricity $e$ | Mean Anomaly $M$ ° |
|---|---|---|---|---|---|---|---|---|---|---|---|
| Ceres | 1 | 3·34 | 0·12 | 952 | 10·586 | 80·394 | 72·693 | 2·7657 | 0·21428 | 0·0792 | 70·434 |
| Pallas | 2 | 4·13 | 0·11 | 524 | 34·840 | 173·128 | 310·207 | 2·7727 | 0·21347 | 0·2310 | 53·395 |
| Juno | 3 | 5·33 | 0·32 | 274 | 12·982 | 169·912 | 248·086 | 2·6700 | 0·22591 | 0·2550 | 346·928 |
| Vesta | 4 | 3·20 | 0·32 | 512 | 7·134 | 103·915 | 149·837 | 2·3619 | 0·27152 | 0·0887 | 253·504 |
| Astraea | 5 | 6·85 | 0·15 | 120 | 5·371 | 141·658 | 358·021 | 2·5777 | 0·23815 | 0·1908 | 191·873 |
| Hebe | 6 | 5·71 | 0·24 | 190 | 14·754 | 138·740 | 239·471 | 2·4246 | 0·26106 | 0·2025 | 279·469 |
| Iris | 7 | 5·51 | 0·15 | 211 | 5·523 | 259·687 | 145·142 | 2·3866 | 0·26732 | 0·2309 | 311·173 |
| Flora | 8 | 6·49 | 0·28 | 138 | 5·889 | 110·958 | 285·377 | 2·2009 | 0·30186 | 0·1568 | 248·798 |
| Metis | 9 | 6·28 | 0·17 | 209 | 5·574 | 68·954 | 6·307 | 2·3866 | 0·26732 | 0·1222 | 87·923 |
| Hygiea | 10 | 5·43 | 0·15 | 444 | 3·841 | 283·450 | 313·113 | 3·1397 | 0·17716 | 0·1169 | 268·905 |
| Parthenope | 11 | 6·55 | 0·15 | 153 | 4·626 | 125·611 | 194·877 | 2·4526 | 0·25660 | 0·0995 | 127·330 |
| Victoria | 12 | 7·24 | 0·22 | 113 | 8·363 | 235·509 | 69·765 | 2·3344 | 0·27634 | 0·2202 | 273·301 |
| Egeria | 13 | 6·74 | 0·15 | 208 | 16·544 | 43·276 | 80·571 | 2·5756 | 0·23845 | 0·0858 | 97·332 |
| Irene | 14 | 6·30 | 0·15 | 180 | 9·107 | 86·452 | 96·346 | 2·5852 | 0·23712 | 0·1673 | 80·843 |
| Eunomia | 15 | 5·28 | 0·23 | 320 | 11·739 | 293·257 | 97·824 | 2·6424 | 0·22946 | 0·1881 | 224·312 |
| Psyche | 16 | 5·90 | 0·20 | 239 | 3·099 | 150·295 | 226·942 | 2·9231 | 0·19721 | 0·1384 | 339·654 |
| Thetis | 17 | 7·76 | 0·15 | 90 | 5·589 | 125·600 | 135·672 | 2·4694 | 0·25399 | 0·1348 | 161·045 |
| Melpomene | 18 | 6·51 | 0·25 | 138 | 10·129 | 150·515 | 227·781 | 2·2954 | 0·28342 | 0·2182 | 23·953 |
| Fortuna | 19 | 7·13 | 0·10 | 225 | 1·573 | 211·253 | 182·047 | 2·4421 | 0·25826 | 0·1576 | 39·235 |
| Massalia | 20 | 6·50 | 0·25 | 145 | 0·708 | 206·196 | 256·658 | 2·4089 | 0·26362 | 0·1418 | 301·490 |
| Lutetia | 21 | 7·35 | 0·11 | 98 | 3·064 | 80·906 | 250·142 | 2·4360 | 0·25923 | 0·1629 | 182·263 |
| Kalliope | 22 | 6·45 | 0·21 | 181 | 13·707 | 66·218 | 355·437 | 2·9089 | 0·19866 | 0·1024 | 242·401 |
| Thalia | 23 | 6·95 | 0·15 | 108 | 10·112 | 66·910 | 60·635 | 2·6264 | 0·23156 | 0·2342 | 268·033 |
| Themis | 24 | 7·08 | 0·19 | 175 | 0·760 | 35·993 | 107·725 | 3·1286 | 0·17810 | 0·1313 | 110·965 |
| Phocaea | 25 | 7·83 | 0·15 | 75 | 21·586 | 214·239 | 90·315 | 2·3996 | 0·26516 | 0·2559 | 351·389 |
| Proserpina | 26 | 7·50 | 0·15 | 95 | 3·562 | 45·863 | 193·778 | 2·6563 | 0·22767 | 0·0868 | 50·956 |
| Euterpe | 27 | 7·00 | 0·15 | 118 | 1·584 | 94·804 | 356·715 | 2·3462 | 0·27426 | 0·1730 | 122·883 |
| Bellona | 28 | 7·09 | 0·15 | 121 | 9·432 | 144·347 | 344·316 | 2·7762 | 0·21307 | 0·1501 | 268·653 |
| Amphitrite | 29 | 5·85 | 0·20 | 212 | 6·097 | 356·487 | 63·012 | 2·5538 | 0·24151 | 0·0733 | 183·927 |
| Urania | 30 | 7·57 | 0·15 | 100 | 2·098 | 307·735 | 86·998 | 2·3652 | 0·27095 | 0·1271 | 188·267 |
| Euphrosyne | 31 | 6·74 | 0·15 | 256 | 26·310 | 31·211 | 61·863 | 3·1499 | 0·17630 | 0·2248 | 208·785 |
| Pomona | 32 | 7·56 | 0·15 | 81 | 5·528 | 220·548 | 338·916 | 2·5874 | 0·23681 | 0·0828 | 307·462 |
| Fides | 37 | 7·29 | 0·24 | 108 | 3·074 | 7·332 | 62·404 | 2·6447 | 0·22916 | 0·1745 | 282·134 |
| Laetitia | 39 | 6·10 | 0·15 | 150 | 10·386 | 157·162 | 209·309 | 2·7676 | 0·21406 | 0·1151 | 293·992 |
| Harmonia | 40 | 7·00 | 0·15 | 108 | 4·256 | 94·279 | 269·914 | 2·2672 | 0·28871 | 0·0466 | 205·728 |
| Daphne | 41 | 7·12 | 0·10 | 187 | 15·789 | 178·095 | 46·212 | 2·7636 | 0·21454 | 0·2732 | 123·320 |
| Isis | 42 | 7·53 | 0·15 | 100 | 8·528 | 84·376 | 236·526 | 2·4412 | 0·25841 | 0·2234 | 46·186 |
| Ariadne | 43 | 7·93 | 0·11 | 66 | 3·467 | 264·929 | 15·860 | 2·2034 | 0·30134 | 0·1678 | 193·744 |
| Nysa | 44 | 7·03 | 0·46 | 71 | 3·706 | 131·576 | 343·321 | 2·4237 | 0·26120 | 0·1476 | 274·418 |
| Eugenia | 45 | 7·46 | 0·07 | 215 | 6·610 | 147·921 | 85·703 | 2·7199 | 0·21972 | 0·0813 | 14·113 |
| Doris | 48 | 6·90 | 0·15 | 222 | 6·556 | 183·741 | 256·827 | 3·1074 | 0·17993 | 0·0750 | 174·714 |
| Nemausa | 51 | 7·35 | 0·08 | 158 | 9·978 | 176·097 | 3·091 | 2·3649 | 0·27100 | 0·0677 | 254·418 |
| Europa | 52 | 6·31 | 0·18 | 302 | 7·482 | 128·755 | 343·988 | 3·0959 | 0·18094 | 0·1062 | 341·549 |
| Alexandra | 54 | 7·66 | 0·15 | 166 | 11·807 | 313·436 | 345·805 | 2·7110 | 0·22081 | 0·1969 | 346·372 |
| Echo | 60 | 8·21 | 0·27 | 60 | 3·601 | 191·643 | 271·155 | 2·3933 | 0·26621 | 0·1833 | 23·171 |
| Ausonia | 63 | 7·55 | 0·25 | 103 | 5·786 | 337·895 | 295·939 | 2·3954 | 0·26585 | 0·1256 | 315·471 |
| Angelina | 64 | 7·67 | 0·48 | 56 | 1·310 | 309·218 | 179·486 | 2·6820 | 0·22440 | 0·1259 | 354·806 |

## OSCULATING ELEMENTS
### FOR EPOCH 2010 JANUARY 4·0 TT, ECLIPTIC AND EQUINOX J2000·0

| Name | No. | Magnitude Parameters H | Magnitude Parameters G | Mean Dia-meter | Inclin-ation i | Long. of Asc. Node Ω | Argument of Peri-helion ω | Mean Distance a | Daily Motion n | Eccen-tricity e | Mean Anomaly M |
|------|-----|------|------|------|------|------|------|------|------|------|------|
| | | | | km | ° | ° | ° | au | °/d | | ° |
| Cybele | 65 | 6·62 | 0·01 | 230 | 3·562 | 155·655 | 103·803 | 3·4339 | 0·15489 | 0·1082 | 91·693 |
| Asia | 67 | 8·28 | 0·15 | 58 | 6·027 | 202·679 | 106·165 | 2·4210 | 0·26165 | 0·1849 | 110·149 |
| Leto | 68 | 6·78 | 0·05 | 123 | 7·973 | 44·152 | 305·529 | 2·7815 | 0·21247 | 0·1863 | 258·011 |
| Hesperia | 69 | 7·05 | 0·19 | 138 | 8·583 | 185·060 | 289·845 | 2·9784 | 0·19175 | 0·1688 | 7·879 |
| Niobe | 71 | 7·30 | 0·40 | 83 | 23·264 | 316·076 | 267·190 | 2·7549 | 0·21555 | 0·1758 | 251·362 |
| Eurynome | 79 | 7·96 | 0·25 | 66 | 4·617 | 206·672 | 200·929 | 2·4454 | 0·25773 | 0·1907 | 72·446 |
| Sappho | 80 | 7·98 | 0·15 | 79 | 8·663 | 218·784 | 139·327 | 2·2959 | 0·28332 | 0·2002 | 214·281 |
| Io | 85 | 7·61 | 0·15 | 164 | 11·957 | 203·386 | 122·287 | 2·6546 | 0·22788 | 0·1916 | 166·117 |
| Sylvia | 87 | 6·94 | 0·15 | 261 | 10·859 | 73·308 | 266·071 | 3·4853 | 0·15148 | 0·0812 | 295·461 |
| Thisbe | 88 | 7·04 | 0·14 | 232 | 5·215 | 276·724 | 36·300 | 2·7676 | 0·21407 | 0·1655 | 41·249 |
| Julia | 89 | 6·60 | 0·15 | 151 | 16·143 | 311·638 | 44·648 | 2·5499 | 0·24206 | 0·1834 | 35·732 |
| Undina | 92 | 6·61 | 0·15 | 126 | 9·922 | 101·827 | 242·127 | 3·1881 | 0·17314 | 0·1017 | 307·849 |
| Aurora | 94 | 7·57 | 0·15 | 204 | 7·966 | 2·690 | 59·880 | 3·1611 | 0·17537 | 0·0883 | 72·705 |
| Klotho | 97 | 7·63 | 0·15 | 83 | 11·786 | 159·751 | 268·437 | 2·6700 | 0·22591 | 0·2559 | 263·406 |
| Hera | 103 | 7·66 | 0·15 | 91 | 5·422 | 136·271 | 190·411 | 2·7015 | 0·22197 | 0·0804 | 318·663 |
| Camilla | 107 | 7·08 | 0·08 | 223 | 10·050 | 173·108 | 309·822 | 3·4779 | 0·15196 | 0·0768 | 169·211 |
| Thyra | 115 | 7·51 | 0·12 | 80 | 11·602 | 308·970 | 96·850 | 2·3792 | 0·26857 | 0·1923 | 184·056 |
| Hermione | 121 | 7·31 | 0·15 | 209 | 7·599 | 73·177 | 297·849 | 3·4450 | 0·15414 | 0·1355 | 55·671 |
| Nemesis | 128 | 7·49 | 0·15 | 188 | 6·249 | 76·428 | 302·632 | 2·7501 | 0·21612 | 0·1247 | 58·498 |
| Antigone | 129 | 7·07 | 0·33 | 138 | 12·219 | 136·415 | 108·357 | 2·8682 | 0·20291 | 0·2122 | 333·560 |
| Hertha | 135 | 8·23 | 0·15 | 79 | 2·305 | 343·840 | 340·040 | 2·4294 | 0·26029 | 0·2058 | 172·543 |
| Eunike | 185 | 7·62 | 0·15 | 158 | 23·225 | 153·928 | 224·366 | 2·7396 | 0·21735 | 0·1278 | 165·023 |
| Nausikaa | 192 | 7·13 | 0·03 | 95 | 6·816 | 343·302 | 30·137 | 2·4032 | 0·26455 | 0·2460 | 179·032 |
| Prokne | 194 | 7·68 | 0·15 | 169 | 18·487 | 159·470 | 163·033 | 2·6184 | 0·23262 | 0·2357 | 203·650 |
| Philomela | 196 | 6·54 | 0·15 | 136 | 7·259 | 72·554 | 200·396 | 3·1140 | 0·17936 | 0·0210 | 201·301 |
| Kleopatra | 216 | 7·30 | 0·29 | 118 | 13·095 | 215·504 | 179·997 | 2·7968 | 0·21072 | 0·2484 | 73·682 |
| Athamantis | 230 | 7·35 | 0·27 | 109 | 9·438 | 239·941 | 140·110 | 2·3822 | 0·26806 | 0·0614 | 191·825 |
| Anahita | 270 | 8·75 | 0·15 | 51 | 2·365 | 254·535 | 80·401 | 2·1986 | 0·30233 | 0·1503 | 213·495 |
| Nephthys | 287 | 8·30 | 0·22 | 68 | 10·029 | 142·450 | 118·159 | 2·3527 | 0·27311 | 0·0239 | 193·263 |
| Bamberga | 324 | 6·82 | 0·09 | 228 | 11·108 | 327·989 | 43·892 | 2·6845 | 0·22409 | 0·3371 | 48·395 |
| Hermentaria | 346 | 7·13 | 0·15 | 107 | 8·759 | 92·135 | 290·264 | 2·7958 | 0·21084 | 0·0996 | 44·800 |
| Dembowska | 349 | 5·93 | 0·37 | 140 | 8·257 | 32·475 | 347·523 | 2·9245 | 0·19707 | 0·0888 | 192·419 |
| Eleonora | 354 | 6·44 | 0·37 | 155 | 18·394 | 140·407 | 6·584 | 2·7989 | 0·21048 | 0·1145 | 337·353 |
| Palma | 372 | 7·20 | 0·15 | 189 | 23·864 | 327·457 | 115·835 | 3·1444 | 0·17677 | 0·2618 | 212·128 |
| Aquitania | 387 | 7·41 | 0·15 | 101 | 18·138 | 128·309 | 157·544 | 2·7377 | 0·21758 | 0·2376 | 81·736 |
| Industria | 389 | 7·88 | 0·15 | 79 | 8·124 | 282·509 | 265·105 | 2·6109 | 0·23363 | 0·0652 | 147·045 |
| Aspasia | 409 | 7·62 | 0·29 | 162 | 11·243 | 242·347 | 353·146 | 2·5763 | 0·23835 | 0·0704 | 48·737 |
| Diotima | 423 | 7·24 | 0·15 | 209 | 11·233 | 69·518 | 202·922 | 3·0658 | 0·18361 | 0·0397 | 154·317 |
| Eros | 433 | 11·16 | 0·46 | 16 | 10·829 | 304·372 | 178·759 | 1·4581 | 0·55978 | 0·2228 | 303·678 |
| Patientia | 451 | 6·65 | 0·19 | 225 | 15·223 | 89·384 | 339·782 | 3·0586 | 0·18425 | 0·0775 | 194·809 |
| Papagena | 471 | 6·73 | 0·37 | 134 | 14·980 | 84·088 | 314·154 | 2·8866 | 0·20097 | 0·2335 | 284·642 |
| Davida | 511 | 6·22 | 0·16 | 326 | 15·937 | 107·655 | 338·254 | 3·1671 | 0·17487 | 0·1861 | 97·797 |
| Herculina | 532 | 5·81 | 0·26 | 207 | 16·312 | 107·599 | 76·532 | 2·7720 | 0·21356 | 0·1781 | 338·063 |
| Zelinda | 654 | 8·52 | 0·15 | 127 | 18·128 | 278·566 | 213·894 | 2·2960 | 0·28330 | 0·2323 | 92·463 |
| Alauda | 702 | 7·25 | 0·15 | 195 | 20·611 | 289·971 | 353·573 | 3·1935 | 0·17271 | 0·0213 | 183·922 |
| Interamnia | 704 | 5·94 | −0·02 | 329 | 17·290 | 280·367 | 95·797 | 3·0613 | 0·18401 | 0·1508 | 193·492 |

# BRIGHT MINOR PLANETS, 2010

## AT OPPOSITION

| | Name | Date | | Mag. | Dec. | | | Name | Date | | Mag. | Dec. | |
|---|---|---|---|---|---|---|---|---|---|---|---|---|---|
| | | | | | ° | ′ | | | | | | ° | ′ |
| 702 | Alauda | Jan. | 8 | 11·7 | +23 | 07 | 13 | Egeria | June | 16 | 10·7 | −41 | 04 |
| 43 | Ariadne | Jan. | 13 | 11·1 | +18 | 55 | **1** | **Ceres** | **June** | **18** | **7·0** | **−25** | **27** |
| 196 | Philomela | Jan. | 15 | 11·0 | +28 | 05 | **15** | **Eunomia** | **June** | **27** | **9·0** | **−29** | **08** |
| 354 | Eleonora | Jan. | 25 | 9·6 | +10 | 52 | 63 | Ausonia | June | 28 | 9·7 | −33 | 03 |
| 64 | Angelina | Jan. | 29 | 10·2 | +17 | 51 | 29 | Amphitrite | July | 3 | 9·4 | −32 | 22 |
| 69 | Hesperia | Feb. | 3 | 10·3 | +05 | 54 | 48 | Doris | July | 7 | 11·6 | −13 | 24 |
| **10** | **Hygiea** | **Feb.** | **7** | **9·8** | **+12** | **21** | 654 | Zelinda | July | 12 | 12·2 | −16 | 12 |
| 85 | Io | Feb. | 11 | 12·2 | −00 | 27 | 451 | Patientia | July | 14 | 11·2 | −30 | 15 |
| 135 | Hertha | Feb. | 15 | 12·1 | +13 | 42 | 24 | Themis | July | 20 | 11·8 | −21 | 44 |
| 216 | Kleopatra | Feb. | 15 | 11·4 | −04 | 54 | 87 | Sylvia | July | 21 | 11·6 | −31 | 24 |
| **4** | **Vesta** | **Feb.** | **18** | **6·1** | **+19** | **45** | 45 | Eugenia | July | 23 | 10·8 | −15 | 09 |
| 32 | Pomona | Feb. | 20 | 10·6 | +02 | 47 | 372 | Palma | Aug. | 2 | 12·4 | −28 | 01 |
| 94 | Aurora | Feb. | 23 | 11·9 | +14 | 58 | 31 | Euphrosyne | Aug. | 15 | 12·2 | −45 | 41 |
| 60 | Echo | Feb. | 23 | 10·2 | +05 | 55 | 107 | Camilla | Aug. | 16 | 12·4 | −07 | 09 |
| 79 | Eurynome | Feb. | 23 | 11·1 | +04 | 04 | 92 | Undina | Aug. | 21 | 10·6 | −22 | 25 |
| 21 | Lutetia | Mar. | 4 | 11·1 | +10 | 32 | 14 | Irene | Aug. | 23 | 10·4 | −23 | 05 |
| 194 | Prokne | Mar. | 7 | 12·0 | +08 | 27 | 22 | Kalliope | Sept. | 3 | 10·6 | −26 | 39 |
| 532 | Herculina | Mar. | 13 | 8·8 | +26 | 21 | 103 | Hera | Sept. | 4 | 10·7 | −10 | 47 |
| 185 | Eunike | Apr. | 10 | 12·3 | +15 | 21 | **8** | **Flora** | **Sept.** | **11** | **8·2** | **−14** | **02** |
| **9** | **Metis** | **Apr.** | **11** | **9·5** | **−02** | **03** | 39 | Laetitia | Sept. | 14 | 9·1 | −07 | 22 |
| 270 | Anahita | Apr. | 15 | 11·5 | −12 | 35 | 409 | Aspasia | Sept. | 15 | 11·3 | +12 | 39 |
| 192 | Nausikaa | Apr. | 20 | 11·3 | −18 | 46 | **6** | **Hebe** | **Sept.** | **21** | **7·7** | **−18** | **17** |
| **511** | **Davida** | **May** | **2** | **11·4** | **+03** | **55** | 26 | Proserpina | Sept. | 22 | 11·1 | −04 | 02 |
| **2** | **Pallas** | **May** | **4** | **8·7** | **+24** | **23** | 54 | Alexandra | Sept. | 25 | 10·8 | +14 | 58 |
| **704** | **Interamnia** | **May** | **5** | **11·2** | **−35** | **26** | 471 | Papagena | Sept. | 26 | 9·7 | −22 | 17 |
| 80 | Sappho | May | 9 | 11·0 | −15 | 01 | 97 | Klotho | Oct. | 4 | 10·2 | −06 | 02 |
| 12 | Victoria | May | 11 | 9·1 | −19 | 17 | 5 | Astraea | Oct. | 11 | 10·6 | +00 | 42 |
| 349 | Dembowska | May | 12 | 10·2 | −22 | 13 | 389 | Industria | Nov. | 4 | 11·7 | +25 | 52 |
| 230 | Athamantis | May | 26 | 10·2 | −19 | 47 | **65** | **Cybele** | **Nov.** | **8** | **11·9** | **+12** | **21** |
| 40 | Harmonia | May | 28 | 9·6 | −18 | 02 | 25 | Phocaea | Nov. | 9 | 10·8 | +08 | 54 |
| 129 | Antigone | June | 2 | 9·8 | −02 | 25 | 41 | Daphne | Nov. | 12 | 12·3 | +00 | 59 |
| 30 | Urania | June | 5 | 10·8 | −25 | 17 | 37 | Fides | Nov. | 28 | 9·6 | +26 | 01 |
| 115 | Thyra | June | 10 | 11·3 | −37 | 04 | **16** | **Psyche** | **Dec.** | **9** | **9·4** | **+18** | **07** |
| 68 | Leto | June | 10 | 10·4 | −30 | 32 | 88 | Thisbe | Dec. | 16 | 11·1 | +25 | 01 |
| 27 | Euterpe | June | 13 | 10·4 | −22 | 40 | 387 | Aquitania | Dec. | 26 | 12·3 | +08 | 38 |

## AT OPPOSITION IN EARLY 2011

| | Name | Date | | Mag. | Dec. | | | Name | Date | | Mag. | Dec. | |
|---|---|---|---|---|---|---|---|---|---|---|---|---|---|
| 28 | Bellona | Jan. | 14 | 10·0 | +13 | 11 | 3 | Juno | Mar. | 12 | 8·8 | +03 | 51 |
| 42 | Isis | Jan. | 17 | 11·5 | +27 | 34 | 324 | Bamberga | Mar. | 14 | 11·8 | −03 | 25 |
| 23 | Thalia | Jan. | 22 | 9·1 | +35 | 21 | 20 | Massalia | Mar. | 14 | 8·8 | +01 | 46 |
| **7** | **Iris** | **Jan.** | **24** | **7·9** | **+12** | **24** | 18 | Melpomene | Mar. | 17 | 10·2 | +07 | 44 |
| 423 | Diotima | Feb. | 5 | 11·8 | +30 | 10 | 128 | Nemesis | Mar. | 19 | 11·8 | +08 | 58 |
| 121 | Hermione | Feb. | 10 | 12·6 | +23 | 26 | 52 | Europa | Mar. | 27 | 10·5 | +06 | 06 |
| 44 | Nysa | Feb. | 10 | 8·9 | +15 | 29 | 11 | Parthenope | Apr. | 5 | 9·9 | +00 | 30 |
| 89 | Julia | Feb. | 11 | 10·5 | +09 | 36 | 19 | Fortuna | Apr. | 6 | 10·7 | −07 | 10 |
| 17 | Thetis | Feb. | 21 | 10·9 | +14 | 29 | 51 | Nemausa | Apr. | 12 | 9·9 | −01 | 09 |
| 67 | Asia | Feb. | 26 | 12·1 | +02 | 37 | 71 | Niobe | Apr. | 23 | 10·4 | −48 | 09 |
| 346 | Hermentaria | Mar. | 5 | 11·4 | +17 | 35 | 287 | Nephthys | May | 6 | 11·2 | +00 | 20 |

Daily ephemerides of minor planets printed in **bold** are given in this section

## GEOCENTRIC POSITIONS FOR 0ʰ TERRESTRIAL TIME

| Date | Astrometric R.A. | Dec. | Vis. Mag. | Ephemeris Transit | Date | Astrometric R.A. | Dec. | Vis. Mag. | Ephemeris Transit |
|---|---|---|---|---|---|---|---|---|---|
| | h m s | ° ′ ″ | | h m | | h m s | ° ′ ″ | | h m |
| 2010 Apr. 20 | 18 18 19·2 | −22 10 15 | 8·3 | 4 26·4 | 2010 June 18 | 17 49 28·4 | −25 24 11 | 7·1 | 0 05·6 |
| 21 | 18 18 32·9 | −22 12 40 | 8·3 | 4 22·7 | 19 | 17 48 29·2 | −25 27 22 | 7·0 | 0 00·7 |
| 22 | 18 18 45·1 | −22 15 08 | 8·3 | 4 18·9 | 20 | 17 47 30·0 | −25 30 31 | 7·1 | 23 50·9 |
| 23 | 18 18 55·7 | −22 17 38 | 8·3 | 4 15·2 | 21 | 17 46 30·9 | −25 33 37 | 7·1 | 23 46·0 |
| 24 | 18 19 04·7 | −22 20 11 | 8·2 | 4 11·4 | 22 | 17 45 32·0 | −25 36 39 | 7·1 | 23 41·1 |
| 25 | 18 19 12·2 | −22 22 46 | 8·2 | 4 07·6 | 23 | 17 44 33·3 | −25 39 39 | 7·2 | 23 36·2 |
| 26 | 18 19 18·1 | −22 25 24 | 8·2 | 4 03·7 | 24 | 17 43 34·8 | −25 42 36 | 7·2 | 23 31·3 |
| 27 | 18 19 22·4 | −22 28 04 | 8·2 | 3 59·9 | 25 | 17 42 36·7 | −25 45 30 | 7·2 | 23 26·4 |
| 28 | 18 19 25·2 | −22 30 47 | 8·2 | 3 56·0 | 26 | 17 41 38·9 | −25 48 21 | 7·3 | 23 21·5 |
| Apr. 29 | 18 19 26·3 | −22 33 33 | 8·2 | 3 52·1 | 27 | 17 40 41·6 | −25 51 09 | 7·3 | 23 16·6 |
| 30 | 18 19 25·8 | −22 36 21 | 8·1 | 3 48·1 | 28 | 17 39 44·8 | −25 53 53 | 7·3 | 23 11·8 |
| May 1 | 18 19 23·6 | −22 39 12 | 8·1 | 3 44·2 | 29 | 17 38 48·6 | −25 56 35 | 7·3 | 23 06·9 |
| 2 | 18 19 19·9 | −22 42 05 | 8·1 | 3 40·2 | 30 | 17 37 53·0 | −25 59 14 | 7·4 | 23 02·1 |
| 3 | 18 19 14·5 | −22 45 01 | 8·1 | 3 36·1 | July 1 | 17 36 58·1 | −26 01 49 | 7·4 | 22 57·3 |
| 4 | 18 19 07·5 | −22 48 00 | 8·1 | 3 32·1 | 2 | 17 36 03·9 | −26 04 22 | 7·4 | 22 52·4 |
| 5 | 18 18 58·8 | −22 51 01 | 8·0 | 3 28·0 | 3 | 17 35 10·6 | −26 06 51 | 7·4 | 22 47·6 |
| 6 | 18 18 48·5 | −22 54 05 | 8·0 | 3 23·9 | 4 | 17 34 18·0 | −26 09 18 | 7·5 | 22 42·8 |
| 7 | 18 18 36·5 | −22 57 12 | 8·0 | 3 19·8 | 5 | 17 33 26·4 | −26 11 42 | 7·5 | 22 38·1 |
| 8 | 18 18 22·9 | −23 00 21 | 8·0 | 3 15·6 | 6 | 17 32 35·7 | −26 14 02 | 7·5 | 22 33·3 |
| 9 | 18 18 07·6 | −23 03 32 | 8·0 | 3 11·4 | 7 | 17 31 46·0 | −26 16 20 | 7·5 | 22 28·6 |
| 10 | 18 17 50·7 | −23 06 46 | 8·0 | 3 07·2 | 8 | 17 30 57·4 | −26 18 35 | 7·6 | 22 23·9 |
| 11 | 18 17 32·1 | −23 10 02 | 7·9 | 3 03·0 | 9 | 17 30 09·9 | −26 20 48 | 7·6 | 22 19·2 |
| 12 | 18 17 11·9 | −23 13 20 | 7·9 | 2 58·7 | 10 | 17 29 23·5 | −26 22 58 | 7·6 | 22 14·5 |
| 13 | 18 16 50·1 | −23 16 41 | 7·9 | 2 54·4 | 11 | 17 28 38·3 | −26 25 05 | 7·6 | 22 09·8 |
| 14 | 18 16 26·6 | −23 20 04 | 7·9 | 2 50·1 | 12 | 17 27 54·3 | −26 27 09 | 7·7 | 22 05·2 |
| 15 | 18 16 01·6 | −23 23 29 | 7·9 | 2 45·7 | 13 | 17 27 11·6 | −26 29 12 | 7·7 | 22 00·6 |
| 16 | 18 15 35·0 | −23 26 55 | 7·8 | 2 41·3 | 14 | 17 26 30·2 | −26 31 12 | 7·7 | 21 56·0 |
| 17 | 18 15 06·7 | −23 30 24 | 7·8 | 2 36·9 | 15 | 17 25 50·2 | −26 33 09 | 7·7 | 21 51·4 |
| 18 | 18 14 37·0 | −23 33 54 | 7·8 | 2 32·5 | 16 | 17 25 11·6 | −26 35 05 | 7·8 | 21 46·8 |
| 19 | 18 14 05·7 | −23 37 26 | 7·8 | 2 28·1 | 17 | 17 24 34·4 | −26 36 58 | 7·8 | 21 42·3 |
| 20 | 18 13 32·9 | −23 40 59 | 7·8 | 2 23·6 | 18 | 17 23 58·6 | −26 38 49 | 7·8 | 21 37·8 |
| 21 | 18 12 58·7 | −23 44 34 | 7·7 | 2 19·1 | 19 | 17 23 24·3 | −26 40 38 | 7·8 | 21 33·3 |
| 22 | 18 12 23·0 | −23 48 10 | 7·7 | 2 14·6 | 20 | 17 22 51·4 | −26 42 26 | 7·9 | 21 28·9 |
| 23 | 18 11 45·8 | −23 51 47 | 7·7 | 2 10·0 | 21 | 17 22 20·1 | −26 44 12 | 7·9 | 21 24·4 |
| 24 | 18 11 07·3 | −23 55 25 | 7·7 | 2 05·4 | 22 | 17 21 50·3 | −26 45 56 | 7·9 | 21 20·0 |
| 25 | 18 10 27·4 | −23 59 04 | 7·6 | 2 00·8 | 23 | 17 21 22·1 | −26 47 38 | 7·9 | 21 15·7 |
| 26 | 18 09 46·2 | −24 02 43 | 7·6 | 1 56·2 | 24 | 17 20 55·4 | −26 49 20 | 7·9 | 21 11·3 |
| 27 | 18 09 03·7 | −24 06 23 | 7·6 | 1 51·6 | 25 | 17 20 30·2 | −26 50 59 | 8·0 | 21 07·0 |
| 28 | 18 08 19·9 | −24 10 04 | 7·6 | 1 46·9 | 26 | 17 20 06·7 | −26 52 38 | 8·0 | 21 02·7 |
| 29 | 18 07 34·9 | −24 13 44 | 7·6 | 1 42·3 | 27 | 17 19 44·7 | −26 54 15 | 8·0 | 20 58·4 |
| 30 | 18 06 48·7 | −24 17 25 | 7·5 | 1 37·6 | 28 | 17 19 24·3 | −26 55 51 | 8·0 | 20 54·2 |
| 31 | 18 06 01·3 | −24 21 06 | 7·5 | 1 32·8 | 29 | 17 19 05·5 | −26 57 26 | 8·0 | 20 49·9 |
| June 1 | 18 05 12·8 | −24 24 46 | 7·5 | 1 28·1 | 30 | 17 18 48·4 | −26 58 59 | 8·1 | 20 45·8 |
| 2 | 18 04 23·4 | −24 28 26 | 7·5 | 1 23·4 | 31 | 17 18 32·8 | −27 00 32 | 8·1 | 20 41·6 |
| 3 | 18 03 32·7 | −24 32 05 | 7·5 | 1 18·6 | Aug. 1 | 17 18 18·9 | −27 02 04 | 8·1 | 20 37·5 |
| 4 | 18 02 41·1 | −24 35 44 | 7·4 | 1 13·8 | 2 | 17 18 06·6 | −27 03 36 | 8·1 | 20 33·3 |
| 5 | 18 01 48·7 | −24 39 22 | 7·4 | 1 09·0 | 3 | 17 17 55·9 | −27 05 06 | 8·1 | 20 29·3 |
| 6 | 18 00 55·3 | −24 42 59 | 7·4 | 1 04·2 | 4 | 17 17 46·9 | −27 06 36 | 8·2 | 20 25·2 |
| 7 | 18 00 01·2 | −24 46 35 | 7·4 | 0 59·4 | 5 | 17 17 39·4 | −27 08 05 | 8·2 | 20 21·2 |
| 8 | 17 59 06·2 | −24 50 09 | 7·3 | 0 54·5 | 6 | 17 17 33·6 | −27 09 34 | 8·2 | 20 17·2 |
| 9 | 17 58 10·6 | −24 53 42 | 7·3 | 0 49·7 | 7 | 17 17 29·5 | −27 11 02 | 8·2 | 20 13·2 |
| 10 | 17 57 14·3 | −24 57 14 | 7·3 | 0 44·8 | 8 | 17 17 26·9 | −27 12 29 | 8·2 | 20 09·2 |
| 11 | 17 56 17·4 | −25 00 43 | 7·3 | 0 39·9 | Aug. 9 | 17 17 26·0 | −27 13 56 | 8·3 | 20 05·3 |
| 12 | 17 55 20·0 | −25 04 11 | 7·2 | 0 35·0 | 10 | 17 17 26·7 | −27 15 23 | 8·3 | 20 01·4 |
| 13 | 17 54 22·1 | −25 07 37 | 7·2 | 0 30·1 | 11 | 17 17 29·0 | −27 16 49 | 8·3 | 19 57·5 |
| 14 | 17 53 23·9 | −25 11 01 | 7·2 | 0 25·2 | 12 | 17 17 33·0 | −27 18 15 | 8·3 | 19 53·7 |
| 15 | 17 52 25·3 | −25 14 22 | 7·1 | 0 20·3 | 13 | 17 17 38·5 | −27 19 40 | 8·3 | 19 49·9 |
| 16 | 17 51 26·5 | −25 17 41 | 7·1 | 0 15·4 | 14 | 17 17 45·6 | −27 21 05 | 8·4 | 19 46·1 |
| 17 | 17 50 27·5 | −25 20 57 | 7·1 | 0 10·5 | 15 | 17 17 54·3 | −27 22 30 | 8·4 | 19 42·3 |
| June 18 | 17 49 28·4 | −25 24 11 | 7·1 | 0 05·6 | Aug. 16 | 17 18 04·6 | −27 23 55 | 8·4 | 19 38·6 |

Second transit for Ceres 2010 June 19ᵈ 23ʰ 55ᵐ8

# PALLAS, 2010
## GEOCENTRIC POSITIONS FOR 0ʰ TERRESTRIAL TIME

| Date | Astrometric R.A. | Dec. | Vis. Mag. | Ephemeris Transit | Date | Astrometric R.A. | Dec. | Vis. Mag. | Ephemeris Transit |
|---|---|---|---|---|---|---|---|---|---|
| | h m s | ° ′ ″ | | h m | | h m s | ° ′ ″ | | h m |
| 2010 Mar. 6 | 15 49 20·3 | + 9 27 48 | 9·0 | 4 54·7 | 2010 May 4 | 15 35 18·7 | +24 23 21 | 8·7 | 0 48·5 |
| 7 | 15 49 49·6 | + 9 43 24 | 9·0 | 4 51·2 | 5 | 15 34 29·6 | +24 32 44 | 8·7 | 0 43·8 |
| 8 | 15 50 17·4 | + 9 59 08 | 9·0 | 4 47·7 | 6 | 15 33 40·0 | +24 41 44 | 8·7 | 0 39·0 |
| 9 | 15 50 43·8 | +10 15 00 | 9·0 | 4 44·2 | 7 | 15 32 50·1 | +24 50 23 | 8·7 | 0 34·3 |
| 10 | 15 51 08·6 | +10 31 00 | 8·9 | 4 40·7 | 8 | 15 31 59·9 | +24 58 41 | 8·7 | 0 29·5 |
| 11 | 15 51 31·9 | +10 47 06 | 8·9 | 4 37·1 | 9 | 15 31 09·5 | +25 06 36 | 8·7 | 0 24·7 |
| 12 | 15 51 53·7 | +11 03 19 | 8·9 | 4 33·6 | 10 | 15 30 18·9 | +25 14 09 | 8·7 | 0 20·0 |
| 13 | 15 52 13·9 | +11 19 39 | 8·9 | 4 30·0 | 11 | 15 29 28·2 | +25 21 19 | 8·7 | 0 15·2 |
| 14 | 15 52 32·6 | +11 36 04 | 8·9 | 4 26·3 | 12 | 15 28 37·5 | +25 28 07 | 8·7 | 0 10·4 |
| 15 | 15 52 49·6 | +11 52 35 | 8·9 | 4 22·7 | 13 | 15 27 46·8 | +25 34 33 | 8·7 | 0 05·7 |
| 16 | 15 53 05·1 | +12 09 12 | 8·9 | 4 19·0 | 14 | 15 26 56·1 | +25 40 35 | 8·8 | 0 00·9 |
| 17 | 15 53 19·1 | +12 25 53 | 8·9 | 4 15·3 | 15 | 15 26 05·6 | +25 46 15 | 8·8 | 23 51·4 |
| 18 | 15 53 31·4 | +12 42 38 | 8·9 | 4 11·6 | 16 | 15 25 15·3 | +25 51 32 | 8·8 | 23 46·6 |
| 19 | 15 53 42·1 | +12 59 27 | 8·9 | 4 07·8 | 17 | 15 24 25·2 | +25 56 26 | 8·8 | 23 41·8 |
| 20 | 15 53 51·2 | +13 16 19 | 8·8 | 4 04·0 | 18 | 15 23 35·4 | +26 00 58 | 8·8 | 23 37·1 |
| 21 | 15 53 58·7 | +13 33 14 | 8·8 | 4 00·2 | 19 | 15 22 46·0 | +26 05 07 | 8·8 | 23 32·3 |
| 22 | 15 54 04·6 | +13 50 12 | 8·8 | 3 56·4 | 20 | 15 21 57·0 | +26 08 53 | 8·8 | 23 27·6 |
| 23 | 15 54 08·9 | +14 07 11 | 8·8 | 3 52·5 | 21 | 15 21 08·5 | +26 12 17 | 8·8 | 23 22·9 |
| 24 | 15 54 11·5 | +14 24 12 | 8·8 | 3 48·6 | 22 | 15 20 20·4 | +26 15 19 | 8·8 | 23 18·2 |
| Mar. 25 | 15 54 12·6 | +14 41 14 | 8·8 | 3 44·7 | 23 | 15 19 33·0 | +26 17 59 | 8·9 | 23 13·4 |
| 26 | 15 54 12·0 | +14 58 16 | 8·8 | 3 40·7 | 24 | 15 18 46·1 | +26 20 17 | 8·9 | 23 08·7 |
| 27 | 15 54 09·8 | +15 15 18 | 8·8 | 3 36·8 | 25 | 15 17 59·9 | +26 22 13 | 8·9 | 23 04·1 |
| 28 | 15 54 06·0 | +15 32 19 | 8·8 | 3 32·8 | 26 | 15 17 14·4 | +26 23 48 | 8·9 | 22 59·4 |
| 29 | 15 54 00·7 | +15 49 19 | 8·8 | 3 28·8 | 27 | 15 16 29·6 | +26 25 02 | 8·9 | 22 54·7 |
| 30 | 15 53 53·7 | +16 06 17 | 8·8 | 3 24·7 | 28 | 15 15 45·6 | +26 25 54 | 8·9 | 22 50·1 |
| 31 | 15 53 45·1 | +16 23 13 | 8·7 | 3 20·6 | 29 | 15 15 02·4 | +26 26 27 | 8·9 | 22 45·4 |
| Apr. 1 | 15 53 34·9 | +16 40 06 | 8·7 | 3 16·5 | 30 | 15 14 20·0 | +26 26 38 | 8·9 | 22 40·8 |
| 2 | 15 53 23·2 | +16 56 55 | 8·7 | 3 12·4 | 31 | 15 13 38·6 | +26 26 30 | 9·0 | 22 36·2 |
| 3 | 15 53 09·8 | +17 13 41 | 8·7 | 3 08·2 | June 1 | 15 12 58·0 | +26 26 02 | 9·0 | 22 31·6 |
| 4 | 15 52 54·9 | +17 30 21 | 8·7 | 3 04·0 | 2 | 15 12 18·4 | +26 25 14 | 9·0 | 22 27·1 |
| 5 | 15 52 38·5 | +17 46 57 | 8·7 | 2 59·8 | 3 | 15 11 39·8 | +26 24 07 | 9·0 | 22 22·5 |
| 6 | 15 52 20·4 | +18 03 26 | 8·7 | 2 55·6 | 4 | 15 11 02·2 | +26 22 41 | 9·0 | 22 18·0 |
| 7 | 15 52 00·9 | +18 19 49 | 8·7 | 2 51·3 | 5 | 15 10 25·6 | +26 20 56 | 9·0 | 22 13·4 |
| 8 | 15 51 39·8 | +18 36 05 | 8·7 | 2 47·1 | 6 | 15 09 50·1 | +26 18 53 | 9·0 | 22 08·9 |
| 9 | 15 51 17·3 | +18 52 13 | 8·7 | 2 42·7 | 7 | 15 09 15·7 | +26 16 32 | 9·1 | 22 04·5 |
| 10 | 15 50 53·2 | +19 08 12 | 8·7 | 2 38·4 | 8 | 15 08 42·4 | +26 13 53 | 9·1 | 22 00·0 |
| 11 | 15 50 27·7 | +19 24 03 | 8·7 | 2 34·1 | 9 | 15 08 10·3 | +26 10 56 | 9·1 | 21 55·5 |
| 12 | 15 50 00·8 | +19 39 43 | 8·7 | 2 29·7 | 10 | 15 07 39·3 | +26 07 43 | 9·1 | 21 51·1 |
| 13 | 15 49 32·4 | +19 55 13 | 8·7 | 2 25·3 | 11 | 15 07 09·6 | +26 04 13 | 9·1 | 21 46·7 |
| 14 | 15 49 02·7 | +20 10 32 | 8·7 | 2 20·8 | 12 | 15 06 41·0 | +26 00 27 | 9·1 | 21 42·3 |
| 15 | 15 48 31·6 | +20 25 39 | 8·7 | 2 16·4 | 13 | 15 06 13·7 | +25 56 24 | 9·2 | 21 38·0 |
| 16 | 15 47 59·3 | +20 40 34 | 8·7 | 2 11·9 | 14 | 15 05 47·7 | +25 52 07 | 9·2 | 21 33·6 |
| 17 | 15 47 25·6 | +20 55 16 | 8·6 | 2 07·4 | 15 | 15 05 22·9 | +25 47 34 | 9·2 | 21 29·3 |
| 18 | 15 46 50·7 | +21 09 44 | 8·6 | 2 02·9 | 16 | 15 04 59·3 | +25 42 46 | 9·2 | 21 25·0 |
| 19 | 15 46 14·6 | +21 23 58 | 8·6 | 1 58·4 | 17 | 15 04 37·1 | +25 37 44 | 9·2 | 21 20·7 |
| 20 | 15 45 37·3 | +21 37 57 | 8·6 | 1 53·8 | 18 | 15 04 16·2 | +25 32 28 | 9·2 | 21 16·5 |
| 21 | 15 44 58·9 | +21 51 41 | 8·6 | 1 49·3 | 19 | 15 03 56·6 | +25 26 59 | 9·2 | 21 12·2 |
| 22 | 15 44 19·5 | +22 05 09 | 8·6 | 1 44·7 | 20 | 15 03 38·3 | +25 21 16 | 9·3 | 21 08·0 |
| 23 | 15 43 39·0 | +22 18 20 | 8·6 | 1 40·1 | 21 | 15 03 21·3 | +25 15 21 | 9·3 | 21 03·8 |
| 24 | 15 42 57·5 | +22 31 15 | 8·6 | 1 35·5 | 22 | 15 03 05·6 | +25 09 13 | 9·3 | 20 59·6 |
| 25 | 15 42 15·1 | +22 43 53 | 8·6 | 1 30·8 | 23 | 15 02 51·3 | +25 02 53 | 9·3 | 20 55·5 |
| 26 | 15 41 31·7 | +22 56 12 | 8·6 | 1 26·2 | 24 | 15 02 38·3 | +24 56 22 | 9·3 | 20 51·4 |
| 27 | 15 40 47·6 | +23 08 14 | 8·6 | 1 21·5 | 25 | 15 02 26·6 | +24 49 40 | 9·3 | 20 47·2 |
| 28 | 15 40 02·6 | +23 19 57 | 8·6 | 1 16·8 | 26 | 15 02 16·2 | +24 42 46 | 9·3 | 20 43·2 |
| 29 | 15 39 16·9 | +23 31 20 | 8·7 | 1 12·1 | 27 | 15 02 07·1 | +24 35 42 | 9·4 | 20 39·1 |
| 30 | 15 38 30·5 | +23 42 25 | 8·7 | 1 07·4 | 28 | 15 01 59·4 | +24 28 28 | 9·4 | 20 35·1 |
| May 1 | 15 37 43·4 | +23 53 10 | 8·7 | 1 02·7 | 29 | 15 01 52·9 | +24 21 04 | 9·4 | 20 31·0 |
| 2 | 15 36 55·7 | +24 03 34 | 8·7 | 0 58·0 | 30 | 15 01 47·8 | +24 13 30 | 9·4 | 20 27·0 |
| 3 | 15 36 07·5 | +24 13 38 | 8·7 | 0 53·3 | July 1 | 15 01 43·9 | +24 05 48 | 9·4 | 20 23·1 |
| May 4 | 15 35 18·7 | +24 23 21 | 8·7 | 0 48·5 | July 2 | 15 01 41·4 | +23 57 56 | 9·4 | 20 19·1 |

Second transit for Pallas 2010 May 14ᵈ 23ʰ 56ᵐ1

## GEOCENTRIC POSITIONS FOR 0ʰ TERRESTRIAL TIME

| Date | Astrometric R.A. | Astrometric Dec. | Vis. Mag. | Ephemeris Transit | Date | Astrometric R.A. | Astrometric Dec. | Vis. Mag. | Ephemeris Transit |
|---|---|---|---|---|---|---|---|---|---|
| | h m s | ° ′ ″ | | h m | | h m s | ° ′ ″ | | h m |
| **2009 Dec. 21** | 10 37 25·9 | +13 43 39 | 7·4 | 4 38·5 | **2010 Feb. 18** | 10 18 42·9 | +19 46 09 | 6·1 | 0 27·8 |
| 22 | 10 37 54·1 | +13 45 08 | 7·4 | 4 35·1 | 19 | 10 17 44·6 | +19 54 12 | 6·1 | 0 22·9 |
| 23 | 10 38 20·7 | +13 46 48 | 7·3 | 4 31·6 | 20 | 10 16 46·0 | +20 02 08 | 6·1 | 0 18·0 |
| 24 | 10 38 45·9 | +13 48 39 | 7·3 | 4 28·0 | 21 | 10 15 47·2 | +20 09 57 | 6·1 | 0 13·1 |
| 25 | 10 39 09·6 | +13 50 40 | 7·3 | 4 24·5 | 22 | 10 14 48·3 | +20 17 38 | 6·1 | 0 08·2 |
| 26 | 10 39 31·7 | +13 52 53 | 7·3 | 4 20·9 | 23 | 10 13 49·3 | +20 25 11 | 6·2 | 0 03·3 |
| 27 | 10 39 52·3 | +13 55 17 | 7·3 | 4 17·3 | 24 | 10 12 50·5 | +20 32 35 | 6·2 | 23 53·5 |
| 28 | 10 40 11·3 | +13 57 52 | 7·2 | 4 13·7 | 25 | 10 11 51·8 | +20 39 49 | 6·2 | 23 48·6 |
| 29 | 10 40 28·8 | +14 00 38 | 7·2 | 4 10·1 | 26 | 10 10 53·3 | +20 46 54 | 6·2 | 23 43·7 |
| 30 | 10 40 44·6 | +14 03 36 | 7·2 | 4 06·4 | 27 | 10 09 55·2 | +20 53 48 | 6·2 | 23 38·8 |
| 31 | 10 40 58·8 | +14 06 45 | 7·2 | 4 02·7 | 28 | 10 08 57·4 | +21 00 32 | 6·2 | 23 33·9 |
| **2010 Jan. 1** | 10 41 11·4 | +14 10 06 | 7·1 | 3 59·0 | **Mar. 1** | 10 08 00·1 | +21 07 05 | 6·2 | 23 29·0 |
| 2 | 10 41 22·4 | +14 13 38 | 7·1 | 3 55·2 | 2 | 10 07 03·4 | +21 13 27 | 6·3 | 23 24·2 |
| 3 | 10 41 31·6 | +14 17 22 | 7·1 | 3 51·4 | 3 | 10 06 07·2 | +21 19 37 | 6·3 | 23 19·3 |
| 4 | 10 41 39·2 | +14 21 17 | 7·1 | 3 47·6 | 4 | 10 05 11·8 | +21 25 35 | 6·3 | 23 14·5 |
| 5 | 10 41 45·1 | +14 25 24 | 7·1 | 3 43·8 | 5 | 10 04 17·1 | +21 31 21 | 6·3 | 23 09·7 |
| 6 | 10 41 49·2 | +14 29 42 | 7·0 | 3 39·9 | 6 | 10 03 23·3 | +21 36 55 | 6·3 | 23 04·9 |
| **Jan. 7** | 10 41 51·7 | +14 34 13 | 7·0 | 3 36·0 | 7 | 10 02 30·4 | +21 42 15 | 6·4 | 23 00·1 |
| 8 | 10 41 52·3 | +14 38 54 | 7·0 | 3 32·1 | 8 | 10 01 38·5 | +21 47 23 | 6·4 | 22 55·3 |
| 9 | 10 41 51·2 | +14 43 48 | 7·0 | 3 28·1 | 9 | 10 00 47·6 | +21 52 17 | 6·4 | 22 50·5 |
| 10 | 10 41 48·3 | +14 48 53 | 7·0 | 3 24·2 | 10 | 9 59 57·9 | +21 56 58 | 6·4 | 22 45·8 |
| 11 | 10 41 43·6 | +14 54 09 | 6·9 | 3 20·1 | 11 | 9 59 09·3 | +22 01 25 | 6·4 | 22 41·1 |
| 12 | 10 41 37·1 | +14 59 36 | 6·9 | 3 16·1 | 12 | 9 58 22·0 | +22 05 39 | 6·5 | 22 36·4 |
| 13 | 10 41 28·9 | +15 05 15 | 6·9 | 3 12·0 | 13 | 9 57 36·0 | +22 09 38 | 6·5 | 22 31·7 |
| 14 | 10 41 18·8 | +15 11 05 | 6·9 | 3 07·9 | 14 | 9 56 51·4 | +22 13 24 | 6·5 | 22 27·1 |
| 15 | 10 41 06·9 | +15 17 05 | 6·8 | 3 03·8 | 15 | 9 56 08·3 | +22 16 56 | 6·5 | 22 22·4 |
| 16 | 10 40 53·2 | +15 23 16 | 6·8 | 2 59·6 | 16 | 9 55 26·6 | +22 20 14 | 6·5 | 22 17·8 |
| 17 | 10 40 37·6 | +15 29 38 | 6·8 | 2 55·4 | 17 | 9 54 46·4 | +22 23 17 | 6·5 | 22 13·3 |
| 18 | 10 40 20·3 | +15 36 09 | 6·8 | 2 51·2 | 18 | 9 54 07·8 | +22 26 07 | 6·6 | 22 08·7 |
| 19 | 10 40 01·2 | +15 42 51 | 6·7 | 2 47·0 | 19 | 9 53 30·9 | +22 28 42 | 6·6 | 22 04·2 |
| 20 | 10 39 40·3 | +15 49 42 | 6·7 | 2 42·7 | 20 | 9 52 55·6 | +22 31 04 | 6·6 | 21 59·7 |
| 21 | 10 39 17·7 | +15 56 43 | 6·7 | 2 38·4 | 21 | 9 52 22·0 | +22 33 11 | 6·6 | 21 55·3 |
| 22 | 10 38 53·2 | +16 03 52 | 6·7 | 2 34·0 | 22 | 9 51 50·1 | +22 35 05 | 6·6 | 21 50·8 |
| 23 | 10 38 27·1 | +16 11 10 | 6·7 | 2 29·7 | 23 | 9 51 20·0 | +22 36 45 | 6·7 | 21 46·4 |
| 24 | 10 37 59·2 | +16 18 36 | 6·6 | 2 25·3 | 24 | 9 50 51·7 | +22 38 11 | 6·7 | 21 42·0 |
| 25 | 10 37 29·6 | +16 26 10 | 6·6 | 2 20·8 | 25 | 9 50 25·1 | +22 39 23 | 6·7 | 21 37·7 |
| 26 | 10 36 58·3 | +16 33 52 | 6·6 | 2 16·4 | 26 | 9 50 00·4 | +22 40 23 | 6·7 | 21 33·4 |
| 27 | 10 36 25·4 | +16 41 40 | 6·6 | 2 11·9 | 27 | 9 49 37·6 | +22 41 09 | 6·7 | 21 29·1 |
| 28 | 10 35 50·8 | +16 49 36 | 6·5 | 2 07·4 | 28 | 9 49 16·5 | +22 41 42 | 6·8 | 21 24·9 |
| 29 | 10 35 14·7 | +16 57 37 | 6·5 | 2 02·9 | 29 | 9 48 57·4 | +22 42 02 | 6·8 | 21 20·6 |
| 30 | 10 34 37·0 | +17 05 44 | 6·5 | 1 58·3 | 30 | 9 48 40·1 | +22 42 09 | 6·8 | 21 16·4 |
| 31 | 10 33 57·7 | +17 13 57 | 6·5 | 1 53·7 | 31 | 9 48 24·6 | +22 42 04 | 6·8 | 21 12·3 |
| **Feb. 1** | 10 33 17·0 | +17 22 14 | 6·4 | 1 49·1 | **Apr. 1** | 9 48 11·1 | +22 41 46 | 6·8 | 21 08·2 |
| 2 | 10 32 34·8 | +17 30 36 | 6·4 | 1 44·5 | 2 | 9 47 59·4 | +22 41 16 | 6·9 | 21 04·1 |
| 3 | 10 31 51·1 | +17 39 01 | 6·4 | 1 39·8 | 3 | 9 47 49·5 | +22 40 35 | 6·9 | 21 00·0 |
| 4 | 10 31 06·1 | +17 47 30 | 6·4 | 1 35·2 | 4 | 9 47 41·6 | +22 39 41 | 6·9 | 20 55·9 |
| 5 | 10 30 19·7 | +17 56 01 | 6·3 | 1 30·5 | 5 | 9 47 35·5 | +22 38 35 | 6·9 | 20 51·9 |
| 6 | 10 29 32·1 | +18 04 34 | 6·3 | 1 25·7 | 6 | 9 47 31·3 | +22 37 18 | 6·9 | 20 48·0 |
| 7 | 10 28 43·2 | +18 13 09 | 6·3 | 1 21·0 | **Apr. 7** | 9 47 29·0 | +22 35 50 | 6·9 | 20 44·0 |
| 8 | 10 27 53·2 | +18 21 45 | 6·3 | 1 16·2 | 8 | 9 47 28·5 | +22 34 10 | 7·0 | 20 40·1 |
| 9 | 10 27 02·0 | +18 30 21 | 6·3 | 1 11·5 | 9 | 9 47 29·9 | +22 32 19 | 7·0 | 20 36·2 |
| 10 | 10 26 09·8 | +18 38 56 | 6·2 | 1 06·7 | 10 | 9 47 33·1 | +22 30 17 | 7·0 | 20 32·4 |
| 11 | 10 25 16·6 | +18 47 31 | 6·2 | 1 01·8 | 11 | 9 47 38·2 | +22 28 04 | 7·0 | 20 28·6 |
| 12 | 10 24 22·5 | +18 56 04 | 6·2 | 0 57·0 | 12 | 9 47 45·0 | +22 25 41 | 7·0 | 20 24·8 |
| 13 | 10 23 27·5 | +19 04 34 | 6·2 | 0 52·2 | 13 | 9 47 53·7 | +22 23 07 | 7·0 | 20 21·0 |
| 14 | 10 22 31·8 | +19 13 02 | 6·2 | 0 47·3 | 14 | 9 48 04·2 | +22 20 23 | 7·1 | 20 17·3 |
| 15 | 10 21 35·4 | +19 21 26 | 6·1 | 0 42·5 | 15 | 9 48 16·5 | +22 17 29 | 7·1 | 20 13·6 |
| 16 | 10 20 38·4 | +19 29 45 | 6·1 | 0 37·6 | 16 | 9 48 30·6 | +22 14 24 | 7·1 | 20 09·9 |
| 17 | 10 19 40·9 | +19 38 00 | 6·1 | 0 32·7 | 17 | 9 48 46·4 | +22 11 10 | 7·1 | 20 06·2 |
| **Feb. 18** | 10 18 42·9 | +19 46 09 | 6·1 | 0 27·8 | **Apr. 18** | 9 49 03·9 | +22 07 47 | 7·1 | 20 02·6 |

Second transit for Vesta 2010 February 23ᵈ 23ʰ 58ᵐ4

# HEBE, 2010
## GEOCENTRIC POSITIONS FOR 0$^h$ TERRESTRIAL TIME

| Date | Astrometric R.A. h m s | Dec. ° ′ ″ | Vis. Mag. | Ephemeris Transit h m | Date | Astrometric R.A. h m s | Dec. ° ′ ″ | Vis. Mag. | Ephemeris Transit h m |
|---|---|---|---|---|---|---|---|---|---|
| 2010 July 24 | 0 17 46·2 | − 5 24 09 | 8·9 | 4 11·3 | 2010 Sept. 21 | 0 24 29·1 | − 18 17 16 | 7·7 | 0 25·9 |
| 25 | 0 18 39·7 | − 5 30 31 | 8·9 | 4 08·3 | 22 | 0 23 52·1 | − 18 31 29 | 7·7 | 0 21·4 |
| 26 | 0 19 31·9 | − 5 37 11 | 8·9 | 4 05·2 | 23 | 0 23 14·6 | − 18 45 25 | 7·7 | 0 16·8 |
| 27 | 0 20 22·8 | − 5 44 07 | 8·8 | 4 02·1 | 24 | 0 22 36·7 | − 18 59 03 | 7·7 | 0 12·3 |
| 28 | 0 21 12·4 | − 5 51 21 | 8·8 | 3 59·0 | 25 | 0 21 58·3 | − 19 12 22 | 7·7 | 0 07·7 |
| 29 | 0 22 00·5 | − 5 58 53 | 8·8 | 3 55·9 | 26 | 0 21 19·7 | − 19 25 20 | 7·7 | 0 03·1 |
| 30 | 0 22 47·3 | − 6 06 43 | 8·8 | 3 52·7 | 27 | 0 20 40·8 | − 19 37 59 | 7·7 | 23 54·0 |
| 31 | 0 23 32·6 | − 6 14 50 | 8·7 | 3 49·5 | 28 | 0 20 01·8 | − 19 50 16 | 7·7 | 23 49·4 |
| Aug. 1 | 0 24 16·5 | − 6 23 15 | 8·7 | 3 46·3 | 29 | 0 19 22·7 | − 20 02 10 | 7·7 | 23 44·8 |
| 2 | 0 24 58·9 | − 6 31 59 | 8·7 | 3 43·1 | 30 | 0 18 43·7 | − 20 13 42 | 7·8 | 23 40·2 |
| 3 | 0 25 39·8 | − 6 41 00 | 8·7 | 3 39·8 | Oct. 1 | 0 18 04·8 | − 20 24 50 | 7·8 | 23 35·7 |
| 4 | 0 26 19·1 | − 6 50 19 | 8·6 | 3 36·6 | 2 | 0 17 26·1 | − 20 35 33 | 7·8 | 23 31·1 |
| 5 | 0 26 56·9 | − 6 59 57 | 8·6 | 3 33·3 | 3 | 0 16 47·7 | − 20 45 52 | 7·8 | 23 26·5 |
| 6 | 0 27 33·1 | − 7 09 52 | 8·6 | 3 29·9 | 4 | 0 16 09·7 | − 20 55 45 | 7·8 | 23 22·0 |
| 7 | 0 28 07·6 | − 7 20 06 | 8·6 | 3 26·6 | 5 | 0 15 32·2 | − 21 05 11 | 7·8 | 23 17·4 |
| 8 | 0 28 40·5 | − 7 30 38 | 8·5 | 3 23·2 | 6 | 0 14 55·2 | − 21 14 12 | 7·8 | 23 12·9 |
| 9 | 0 29 11·8 | − 7 41 27 | 8·5 | 3 19·8 | 7 | 0 14 18·9 | − 21 22 45 | 7·9 | 23 08·4 |
| 10 | 0 29 41·3 | − 7 52 35 | 8·5 | 3 16·3 | 8 | 0 13 43·3 | − 21 30 51 | 7·9 | 23 03·9 |
| 11 | 0 30 09·2 | − 8 03 59 | 8·5 | 3 12·8 | 9 | 0 13 08·6 | − 21 38 29 | 7·9 | 22 59·4 |
| 12 | 0 30 35·3 | − 8 15 41 | 8·4 | 3 09·3 | 10 | 0 12 34·8 | − 21 45 39 | 7·9 | 22 54·9 |
| 13 | 0 30 59·7 | − 8 27 41 | 8·4 | 3 05·8 | 11 | 0 12 01·9 | − 21 52 21 | 7·9 | 22 50·4 |
| 14 | 0 31 22·3 | − 8 39 57 | 8·4 | 3 02·2 | 12 | 0 11 30·2 | − 21 58 35 | 8·0 | 22 46·0 |
| 15 | 0 31 43·2 | − 8 52 29 | 8·4 | 2 58·6 | 13 | 0 10 59·5 | − 22 04 21 | 8·0 | 22 41·6 |
| 16 | 0 32 02·3 | − 9 05 18 | 8·3 | 2 55·0 | 14 | 0 10 30·1 | − 22 09 38 | 8·0 | 22 37·2 |
| 17 | 0 32 19·6 | − 9 18 22 | 8·3 | 2 51·4 | 15 | 0 10 02·0 | − 22 14 28 | 8·0 | 22 32·8 |
| 18 | 0 32 35·2 | − 9 31 42 | 8·3 | 2 47·7 | 16 | 0 09 35·2 | − 22 18 49 | 8·1 | 22 28·5 |
| 19 | 0 32 48·9 | − 9 45 17 | 8·3 | 2 44·0 | 17 | 0 09 09·7 | − 22 22 42 | 8·1 | 22 24·1 |
| 20 | 0 33 00·8 | − 9 59 07 | 8·2 | 2 40·3 | 18 | 0 08 45·7 | − 22 26 07 | 8·1 | 22 19·8 |
| 21 | 0 33 10·9 | − 10 13 11 | 8·2 | 2 36·5 | 19 | 0 08 23·2 | − 22 29 05 | 8·1 | 22 15·5 |
| 22 | 0 33 19·2 | − 10 27 29 | 8·2 | 2 32·7 | 20 | 0 08 02·2 | − 22 31 36 | 8·1 | 22 11·3 |
| 23 | 0 33 25·7 | − 10 41 59 | 8·2 | 2 28·9 | 21 | 0 07 42·8 | − 22 33 39 | 8·2 | 22 07·0 |
| 24 | 0 33 30·3 | − 10 56 43 | 8·1 | 2 25·0 | 22 | 0 07 24·9 | − 22 35 15 | 8·2 | 22 02·8 |
| 25 | 0 33 33·1 | − 11 11 38 | 8·1 | 2 21·1 | 23 | 0 07 08·7 | − 22 36 25 | 8·2 | 21 58·7 |
| Aug. 26 | 0 33 34·1 | − 11 26 45 | 8·1 | 2 17·2 | 24 | 0 06 54·2 | − 22 37 09 | 8·2 | 21 54·5 |
| 27 | 0 33 33·2 | − 11 42 02 | 8·1 | 2 13·3 | 25 | 0 06 41·4 | − 22 37 27 | 8·2 | 21 50·4 |
| 28 | 0 33 30·6 | − 11 57 30 | 8·0 | 2 09·3 | 26 | 0 06 30·2 | − 22 37 19 | 8·3 | 21 46·3 |
| 29 | 0 33 26·1 | − 12 13 07 | 8·0 | 2 05·3 | 27 | 0 06 20·9 | − 22 36 46 | 8·3 | 21 42·3 |
| 30 | 0 33 19·8 | − 12 28 52 | 8·0 | 2 01·2 | 28 | 0 06 13·3 | − 22 35 48 | 8·3 | 21 38·2 |
| 31 | 0 33 11·7 | − 12 44 45 | 8·0 | 1 57·2 | 29 | 0 06 07·4 | − 22 34 25 | 8·3 | 21 34·2 |
| Sept. 1 | 0 33 01·9 | − 13 00 45 | 7·9 | 1 53·1 | 30 | 0 06 03·4 | − 22 32 39 | 8·4 | 21 30·2 |
| 2 | 0 32 50·3 | − 13 16 50 | 7·9 | 1 48·9 | Oct. 31 | 0 06 01·2 | − 22 30 28 | 8·4 | 21 26·3 |
| 3 | 0 32 36·9 | − 13 33 01 | 7·9 | 1 44·8 | Nov. 1 | 0 06 00·8 | − 22 27 54 | 8·4 | 21 22·4 |
| 4 | 0 32 21·8 | − 13 49 15 | 7·9 | 1 40·6 | 2 | 0 06 02·2 | − 22 24 58 | 8·4 | 21 18·5 |
| 5 | 0 32 05·1 | − 14 05 33 | 7·9 | 1 36·4 | 3 | 0 06 05·5 | − 22 21 38 | 8·4 | 21 14·7 |
| 6 | 0 31 46·7 | − 14 21 52 | 7·8 | 1 32·2 | 4 | 0 06 10·7 | − 22 17 57 | 8·5 | 21 10·8 |
| 7 | 0 31 26·7 | − 14 38 12 | 7·8 | 1 27·9 | 5 | 0 06 17·7 | − 22 13 53 | 8·5 | 21 07·1 |
| 8 | 0 31 05·1 | − 14 54 31 | 7·8 | 1 23·6 | 6 | 0 06 26·6 | − 22 09 29 | 8·5 | 21 03·3 |
| 9 | 0 30 42·0 | − 15 10 49 | 7·8 | 1 19·3 | 7 | 0 06 37·3 | − 22 04 43 | 8·5 | 20 59·6 |
| 10 | 0 30 17·4 | − 15 27 05 | 7·8 | 1 14·9 | 8 | 0 06 49·9 | − 21 59 37 | 8·6 | 20 55·9 |
| 11 | 0 29 51·5 | − 15 43 16 | 7·7 | 1 10·6 | 9 | 0 07 04·4 | − 21 54 11 | 8·6 | 20 52·2 |
| 12 | 0 29 24·2 | − 15 59 22 | 7·7 | 1 06·2 | 10 | 0 07 20·7 | − 21 48 26 | 8·6 | 20 48·6 |
| 13 | 0 28 55·6 | − 16 15 21 | 7·7 | 1 01·8 | 11 | 0 07 38·9 | − 21 42 21 | 8·6 | 20 45·0 |
| 14 | 0 28 25·8 | − 16 31 14 | 7·7 | 0 57·4 | 12 | 0 07 58·9 | − 21 35 59 | 8·6 | 20 41·4 |
| 15 | 0 27 54·8 | − 16 46 57 | 7·7 | 0 52·9 | 13 | 0 08 20·7 | − 21 29 18 | 8·7 | 20 37·9 |
| 16 | 0 27 22·8 | − 17 02 31 | 7·7 | 0 48·5 | 14 | 0 08 44·3 | − 21 22 19 | 8·7 | 20 34·3 |
| 17 | 0 26 49·8 | − 17 17 54 | 7·7 | 0 44·0 | 15 | 0 09 09·7 | − 21 15 04 | 8·7 | 20 30·9 |
| 18 | 0 26 15·8 | − 17 33 05 | 7·7 | 0 39·5 | 16 | 0 09 36·9 | − 21 07 32 | 8·7 | 20 27·4 |
| 19 | 0 25 41·0 | − 17 48 03 | 7·7 | 0 35·0 | 17 | 0 10 05·8 | − 20 59 43 | 8·7 | 20 24·0 |
| 20 | 0 25 05·4 | − 18 02 48 | 7·7 | 0 30·4 | 18 | 0 10 36·4 | − 20 51 39 | 8·8 | 20 20·6 |
| Sept. 21 | 0 24 29·1 | − 18 17 16 | 7·7 | 0 25·9 | Nov. 19 | 0 11 08·7 | − 20 43 20 | 8·8 | 20 17·2 |

Second transit for Hebe 2010 September 26$^d$ 23$^h$ 58$^m$·5

## GEOCENTRIC POSITIONS FOR 0ʰ TERRESTRIAL TIME

| Date | Astrometric R.A. | Dec. | Vis. Mag. | Ephemeris Transit | Date | Astrometric R.A. | Dec. | Vis. Mag. | Ephemeris Transit |
|---|---|---|---|---|---|---|---|---|---|
| | h m s | ° ′ ″ | | h m | | h m s | ° ′ ″ | | h m |
| 2010 Nov. 26 | 8 48 06·1 | +14 31 09 | 9·0 | 4 28·8 | 2011 Jan. 24 | 8 18 07·5 | +12 25 27 | 7·9 | 0 06·9 |
| 27 | 8 48 33·7 | +14 25 05 | 9·0 | 4 25·3 | 25 | 8 17 01·4 | +12 27 09 | 7·9 | 0 01·8 |
| 28 | 8 48 59·2 | +14 19 06 | 9·0 | 4 21·8 | 26 | 8 15 55·7 | +12 28 56 | 7·9 | 23 51·8 |
| 29 | 8 49 22·5 | +14 13 14 | 8·9 | 4 18·3 | 27 | 8 14 50·5 | +12 30 47 | 7·9 | 23 46·8 |
| 30 | 8 49 43·8 | +14 07 28 | 8·9 | 4 14·7 | 28 | 8 13 45·8 | +12 32 41 | 7·9 | 23 41·8 |
| Dec. 1 | 8 50 02·9 | +14 01 49 | 8·9 | 4 11·1 | 29 | 8 12 41·9 | +12 34 39 | 8·0 | 23 36·8 |
| 2 | 8 50 19·8 | +13 56 17 | 8·9 | 4 07·4 | 30 | 8 11 38·8 | +12 36 40 | 8·0 | 23 31·9 |
| 3 | 8 50 34·5 | +13 50 52 | 8·9 | 4 03·7 | 31 | 8 10 36·6 | +12 38 43 | 8·0 | 23 26·9 |
| 4 | 8 50 47·1 | +13 45 35 | 8·9 | 4 00·0 | Feb. 1 | 8 09 35·3 | +12 40 49 | 8·1 | 23 22·0 |
| 5 | 8 50 57·4 | +13 40 25 | 8·8 | 3 56·2 | 2 | 8 08 35·1 | +12 42 58 | 8·1 | 23 17·1 |
| 6 | 8 51 05·5 | +13 35 22 | 8·8 | 3 52·4 | 3 | 8 07 36·0 | +12 45 08 | 8·1 | 23 12·2 |
| 7 | 8 51 11·3 | +13 30 27 | 8·8 | 3 48·6 | 4 | 8 06 38·1 | +12 47 20 | 8·2 | 23 07·3 |
| 8 | 8 51 14·9 | +13 25 40 | 8·8 | 3 44·7 | 5 | 8 05 41·6 | +12 49 33 | 8·2 | 23 02·5 |
| Dec. 9 | 8 51 16·2 | +13 21 02 | 8·8 | 3 40·8 | 6 | 8 04 46·4 | +12 51 48 | 8·2 | 22 57·7 |
| 10 | 8 51 15·3 | +13 16 31 | 8·7 | 3 36·8 | 7 | 8 03 52·7 | +12 54 03 | 8·3 | 22 52·9 |
| 11 | 8 51 12·1 | +13 12 09 | 8·7 | 3 32·8 | 8 | 8 03 00·4 | +12 56 19 | 8·3 | 22 48·1 |
| 12 | 8 51 06·7 | +13 07 55 | 8·7 | 3 28·8 | 9 | 8 02 09·8 | +12 58 35 | 8·3 | 22 43·3 |
| 13 | 8 50 59·0 | +13 03 50 | 8·7 | 3 24·7 | 10 | 8 01 20·8 | +13 00 51 | 8·4 | 22 38·6 |
| 14 | 8 50 49·0 | +12 59 53 | 8·7 | 3 20·6 | 11 | 8 00 33·4 | +13 03 08 | 8·4 | 22 33·9 |
| 15 | 8 50 36·8 | +12 56 05 | 8·6 | 3 16·5 | 12 | 7 59 47·8 | +13 05 24 | 8·4 | 22 29·3 |
| 16 | 8 50 22·4 | +12 52 26 | 8·6 | 3 12·3 | 13 | 7 59 04·0 | +13 07 39 | 8·5 | 22 24·6 |
| 17 | 8 50 05·7 | +12 48 56 | 8·6 | 3 08·1 | 14 | 7 58 21·9 | +13 09 54 | 8·5 | 22 20·0 |
| 18 | 8 49 46·8 | +12 45 35 | 8·6 | 3 03·9 | 15 | 7 57 41·7 | +13 12 08 | 8·5 | 22 15·5 |
| 19 | 8 49 25·7 | +12 42 23 | 8·6 | 2 59·6 | 16 | 7 57 03·4 | +13 14 21 | 8·6 | 22 10·9 |
| 20 | 8 49 02·3 | +12 39 21 | 8·5 | 2 55·2 | 17 | 7 56 27·0 | +13 16 33 | 8·6 | 22 06·4 |
| 21 | 8 48 36·9 | +12 36 27 | 8·5 | 2 50·9 | 18 | 7 55 52·5 | +13 18 43 | 8·6 | 22 02·0 |
| 22 | 8 48 09·2 | +12 33 43 | 8·5 | 2 46·5 | 19 | 7 55 20·0 | +13 20 51 | 8·7 | 21 57·5 |
| 23 | 8 47 39·4 | +12 31 08 | 8·5 | 2 42·1 | 20 | 7 54 49·4 | +13 22 58 | 8·7 | 21 53·1 |
| 24 | 8 47 07·5 | +12 28 43 | 8·5 | 2 37·6 | 21 | 7 54 20·9 | +13 25 04 | 8·7 | 21 48·7 |
| 25 | 8 46 33·5 | +12 26 27 | 8·4 | 2 33·1 | 22 | 7 53 54·2 | +13 27 07 | 8·8 | 21 44·4 |
| 26 | 8 45 57·5 | +12 24 20 | 8·4 | 2 28·6 | 23 | 7 53 29·6 | +13 29 08 | 8·8 | 21 40·1 |
| 27 | 8 45 19·4 | +12 22 23 | 8·4 | 2 24·0 | 24 | 7 53 07·1 | +13 31 07 | 8·8 | 21 35·8 |
| 28 | 8 44 39·3 | +12 20 36 | 8·4 | 2 19·4 | 25 | 7 52 46·5 | +13 33 03 | 8·9 | 21 31·6 |
| 29 | 8 43 57·3 | +12 18 58 | 8·4 | 2 14·8 | 26 | 7 52 27·9 | +13 34 57 | 8·9 | 21 27·4 |
| 30 | 8 43 13·3 | +12 17 29 | 8·3 | 2 10·1 | 27 | 7 52 11·4 | +13 36 49 | 8·9 | 21 23·2 |
| 31 | 8 42 27·5 | +12 16 10 | 8·3 | 2 05·4 | 28 | 7 51 56·9 | +13 38 37 | 8·9 | 21 19·0 |
| 2011 Jan. 1 | 8 41 39·9 | +12 15 01 | 8·3 | 2 00·7 | Mar. 1 | 7 51 44·5 | +13 40 23 | 9·0 | 21 14·9 |
| 2 | 8 40 50·6 | +12 14 00 | 8·3 | 1 55·9 | 2 | 7 51 34·1 | +13 42 05 | 9·0 | 21 10·9 |
| 3 | 8 39 59·6 | +12 13 09 | 8·3 | 1 51·2 | 3 | 7 51 25·7 | +13 43 45 | 9·0 | 21 06·8 |
| 4 | 8 39 07·0 | +12 12 27 | 8·2 | 1 46·4 | 4 | 7 51 19·3 | +13 45 21 | 9·1 | 21 02·8 |
| 5 | 8 38 12·8 | +12 11 54 | 8·2 | 1 41·5 | 5 | 7 51 14·9 | +13 46 54 | 9·1 | 20 58·8 |
| 6 | 8 37 17·2 | +12 11 30 | 8·2 | 1 36·7 | Mar. 6 | 7 51 12·5 | +13 48 23 | 9·1 | 20 54·9 |
| 7 | 8 36 20·2 | +12 11 14 | 8·2 | 1 31·8 | 7 | 7 51 12·1 | +13 49 49 | 9·1 | 20 51·0 |
| 8 | 8 35 21·9 | +12 11 07 | 8·1 | 1 26·9 | 8 | 7 51 13·7 | +13 51 11 | 9·2 | 20 47·1 |
| 9 | 8 34 22·4 | +12 11 08 | 8·1 | 1 22·0 | 9 | 7 51 17·2 | +13 52 29 | 9·2 | 20 43·3 |
| 10 | 8 33 21·7 | +12 11 17 | 8·1 | 1 17·0 | 10 | 7 51 22·7 | +13 53 44 | 9·2 | 20 39·4 |
| 11 | 8 32 20·1 | +12 11 34 | 8·1 | 1 12·1 | 11 | 7 51 30·1 | +13 54 54 | 9·3 | 20 35·7 |
| 12 | 8 31 17·5 | +12 11 59 | 8·1 | 1 07·1 | 12 | 7 51 39·3 | +13 56 01 | 9·3 | 20 31·9 |
| 13 | 8 30 14·0 | +12 12 31 | 8·0 | 1 02·1 | 13 | 7 51 50·5 | +13 57 03 | 9·3 | 20 28·2 |
| 14 | 8 29 09·8 | +12 13 10 | 8·0 | 0 57·1 | 14 | 7 52 03·4 | +13 58 02 | 9·3 | 20 24·5 |
| 15 | 8 28 04·9 | +12 13 57 | 8·0 | 0 52·1 | 15 | 7 52 18·2 | +13 58 56 | 9·4 | 20 20·8 |
| 16 | 8 26 59·5 | +12 14 50 | 8·0 | 0 47·1 | 16 | 7 52 34·8 | +13 59 46 | 9·4 | 20 17·2 |
| 17 | 8 25 53·6 | +12 15 49 | 7·9 | 0 42·1 | 17 | 7 52 53·1 | +14 00 32 | 9·4 | 20 13·6 |
| 18 | 8 24 47·3 | +12 16 55 | 7·9 | 0 37·1 | 18 | 7 53 13·2 | +14 01 13 | 9·4 | 20 10·0 |
| 19 | 8 23 40·8 | +12 18 07 | 7·9 | 0 32·0 | 19 | 7 53 35·0 | +14 01 50 | 9·5 | 20 06·5 |
| 20 | 8 22 34·1 | +12 19 24 | 7·9 | 0 27·0 | 20 | 7 53 58·4 | +14 02 23 | 9·5 | 20 03·0 |
| 21 | 8 21 27·3 | +12 20 47 | 7·9 | 0 22·0 | 21 | 7 54 23·5 | +14 02 51 | 9·5 | 19 59·5 |
| 22 | 8 20 20·5 | +12 22 16 | 7·9 | 0 16·9 | 22 | 7 54 50·2 | +14 03 15 | 9·5 | 19 56·0 |
| 23 | 8 19 13·9 | +12 23 49 | 7·9 | 0 11·9 | 23 | 7 55 18·5 | +14 03 34 | 9·6 | 19 52·5 |
| Jan. 24 | 8 18 07·5 | +12 25 27 | 7·9 | 0 06·9 | Mar. 24 | 7 55 48·4 | +14 03 49 | 9·6 | 19 49·1 |

Second transit for Iris 2011 January 25ᵈ 23ʰ 56ᵐ8

# FLORA, 2010
## GEOCENTRIC POSITIONS FOR 0ʰ TERRESTRIAL TIME

| Date | Astrometric R.A. | Dec. | Vis. Mag. | Ephemeris Transit | Date | Astrometric R.A. | Dec. | Vis. Mag. | Ephemeris Transit |
|---|---|---|---|---|---|---|---|---|---|
| | h m s | ° ′ ″ | | h m | | h m s | ° ′ ″ | | h m |
| 2010 July 14 | 23 40 46·4 | − 7 45 30 | 9·7 | 4 13·7 | 2010 Sept. 11 | 23 32 56·7 | − 14 04 16 | 8·2 | 0 13·9 |
| 15 | 23 41 28·4 | − 7 46 23 | 9·7 | 4 10·5 | 12 | 23 32 04·5 | − 14 12 55 | 8·2 | 0 09·1 |
| 16 | 23 42 09·0 | − 7 47 29 | 9·6 | 4 07·2 | 13 | 23 31 11·9 | − 14 21 25 | 8·2 | 0 04·3 |
| 17 | 23 42 48·1 | − 7 48 47 | 9·6 | 4 04·0 | 14 | 23 30 19·0 | − 14 29 44 | 8·2 | 23 54·6 |
| 18 | 23 43 25·7 | − 7 50 17 | 9·6 | 4 00·6 | 15 | 23 29 26·0 | − 14 37 52 | 8·2 | 23 49·8 |
| 19 | 23 44 01·7 | − 7 52 01 | 9·6 | 3 57·3 | 16 | 23 28 33·0 | − 14 45 49 | 8·2 | 23 45·0 |
| 20 | 23 44 36·2 | − 7 53 57 | 9·5 | 3 53·9 | 17 | 23 27 40·0 | − 14 53 33 | 8·2 | 23 40·2 |
| 21 | 23 45 09·1 | − 7 56 07 | 9·5 | 3 50·5 | 18 | 23 26 47·2 | − 15 01 04 | 8·2 | 23 35·4 |
| 22 | 23 45 40·5 | − 7 58 29 | 9·5 | 3 47·1 | 19 | 23 25 54·6 | − 15 08 22 | 8·2 | 23 30·6 |
| 23 | 23 46 10·2 | − 8 01 05 | 9·4 | 3 43·7 | 20 | 23 25 02·4 | − 15 15 25 | 8·3 | 23 25·8 |
| 24 | 23 46 38·3 | − 8 03 55 | 9·4 | 3 40·2 | 21 | 23 24 10·6 | − 15 22 14 | 8·3 | 23 21·0 |
| 25 | 23 47 04·7 | − 8 06 57 | 9·4 | 3 36·7 | 22 | 23 23 19·3 | − 15 28 47 | 8·3 | 23 16·3 |
| 26 | 23 47 29·4 | − 8 10 13 | 9·4 | 3 33·2 | 23 | 23 22 28·7 | − 15 35 04 | 8·3 | 23 11·5 |
| 27 | 23 47 52·4 | − 8 13 43 | 9·3 | 3 29·6 | 24 | 23 21 38·8 | − 15 41 05 | 8·3 | 23 06·8 |
| 28 | 23 48 13·7 | − 8 17 27 | 9·3 | 3 26·1 | 25 | 23 20 49·7 | − 15 46 49 | 8·4 | 23 02·0 |
| 29 | 23 48 33·2 | − 8 21 24 | 9·3 | 3 22·4 | 26 | 23 20 01·6 | − 15 52 17 | 8·4 | 22 57·3 |
| 30 | 23 48 50·9 | − 8 25 35 | 9·3 | 3 18·8 | 27 | 23 19 14·4 | − 15 57 26 | 8·4 | 22 52·6 |
| 31 | 23 49 06·8 | − 8 29 59 | 9·2 | 3 15·1 | 28 | 23 18 28·2 | − 16 02 18 | 8·4 | 22 47·9 |
| Aug. 1 | 23 49 20·8 | − 8 34 37 | 9·2 | 3 11·4 | 29 | 23 17 43·3 | − 16 06 51 | 8·4 | 22 43·3 |
| 2 | 23 49 33·1 | − 8 39 29 | 9·2 | 3 07·7 | 30 | 23 16 59·5 | − 16 11 06 | 8·5 | 22 38·7 |
| 3 | 23 49 43·4 | − 8 44 35 | 9·2 | 3 03·9 | Oct. 1 | 23 16 17·1 | − 16 15 02 | 8·5 | 22 34·0 |
| 4 | 23 49 51·8 | − 8 49 55 | 9·1 | 3 00·1 | 2 | 23 15 36·0 | − 16 18 39 | 8·5 | 22 29·5 |
| 5 | 23 49 58·4 | − 8 55 28 | 9·1 | 2 56·3 | 3 | 23 14 56·4 | − 16 21 57 | 8·5 | 22 24·9 |
| 6 | 23 50 03·0 | − 9 01 14 | 9·1 | 2 52·5 | 4 | 23 14 18·3 | − 16 24 55 | 8·5 | 22 20·3 |
| Aug. 7 | 23 50 05·7 | − 9 07 14 | 9·0 | 2 48·6 | 5 | 23 13 41·8 | − 16 27 34 | 8·6 | 22 15·8 |
| 8 | 23 50 06·4 | − 9 13 26 | 9·0 | 2 44·6 | 6 | 23 13 07·0 | − 16 29 54 | 8·6 | 22 11·4 |
| 9 | 23 50 05·1 | − 9 19 52 | 9·0 | 2 40·7 | 7 | 23 12 33·9 | − 16 31 53 | 8·6 | 22 06·9 |
| 10 | 23 50 01·9 | − 9 26 31 | 9·0 | 2 36·7 | 8 | 23 12 02·6 | − 16 33 33 | 8·6 | 22 02·5 |
| 11 | 23 49 56·7 | − 9 33 22 | 8·9 | 2 32·7 | 9 | 23 11 33·1 | − 16 34 53 | 8·7 | 21 58·1 |
| 12 | 23 49 49·5 | − 9 40 25 | 8·9 | 2 28·6 | 10 | 23 11 05·5 | − 16 35 54 | 8·7 | 21 53·7 |
| 13 | 23 49 40·4 | − 9 47 39 | 8·9 | 2 24·5 | 11 | 23 10 39·9 | − 16 36 34 | 8·7 | 21 49·4 |
| 14 | 23 49 29·3 | − 9 55 05 | 8·8 | 2 20·4 | 12 | 23 10 16·2 | − 16 36 55 | 8·7 | 21 45·1 |
| 15 | 23 49 16·3 | − 10 02 43 | 8·8 | 2 16·3 | 13 | 23 09 54·5 | − 16 36 57 | 8·8 | 21 40·8 |
| 16 | 23 49 01·3 | − 10 10 30 | 8·8 | 2 12·1 | 14 | 23 09 34·9 | − 16 36 40 | 8·8 | 21 36·6 |
| 17 | 23 48 44·5 | − 10 18 28 | 8·8 | 2 07·9 | 15 | 23 09 17·3 | − 16 36 03 | 8·8 | 21 32·4 |
| 18 | 23 48 25·7 | − 10 26 36 | 8·7 | 2 03·6 | 16 | 23 09 01·8 | − 16 35 07 | 8·8 | 21 28·3 |
| 19 | 23 48 05·0 | − 10 34 53 | 8·7 | 1 59·3 | 17 | 23 08 48·4 | − 16 33 53 | 8·8 | 21 24·1 |
| 20 | 23 47 42·5 | − 10 43 19 | 8·7 | 1 55·0 | 18 | 23 08 37·1 | − 16 32 21 | 8·9 | 21 20·1 |
| 21 | 23 47 18·2 | − 10 51 53 | 8·6 | 1 50·7 | 19 | 23 08 28·0 | − 16 30 30 | 8·9 | 21 16·0 |
| 22 | 23 46 52·0 | − 11 00 34 | 8·6 | 1 46·3 | 20 | 23 08 20·9 | − 16 28 22 | 8·9 | 21 12·0 |
| 23 | 23 46 24·1 | − 11 09 23 | 8·6 | 1 41·9 | 21 | 23 08 16·0 | − 16 25 55 | 8·9 | 21 08·0 |
| 24 | 23 45 54·4 | − 11 18 19 | 8·6 | 1 37·5 | Oct. 22 | 23 08 13·3 | − 16 23 12 | 9·0 | 21 04·1 |
| 25 | 23 45 23·0 | − 11 27 21 | 8·5 | 1 33·1 | 23 | 23 08 12·6 | − 16 20 11 | 9·0 | 21 00·2 |
| 26 | 23 44 49·9 | − 11 36 28 | 8·5 | 1 28·6 | 24 | 23 08 14·1 | − 16 16 53 | 9·0 | 20 56·3 |
| 27 | 23 44 15·1 | − 11 45 39 | 8·5 | 1 24·1 | 25 | 23 08 17·7 | − 16 13 19 | 9·0 | 20 52·4 |
| 28 | 23 43 38·8 | − 11 54 55 | 8·5 | 1 19·5 | 26 | 23 08 23·5 | − 16 09 29 | 9·0 | 20 48·6 |
| 29 | 23 43 00·9 | − 12 04 14 | 8·4 | 1 15·0 | 27 | 23 08 31·3 | − 16 05 22 | 9·1 | 20 44·9 |
| 30 | 23 42 21·6 | − 12 13 35 | 8·4 | 1 10·4 | 28 | 23 08 41·2 | − 16 00 59 | 9·1 | 20 41·1 |
| 31 | 23 41 40·8 | − 12 22 59 | 8·4 | 1 05·8 | 29 | 23 08 53·2 | − 15 56 21 | 9·1 | 20 37·4 |
| Sept. 1 | 23 40 58·6 | − 12 32 23 | 8·3 | 1 01·2 | 30 | 23 09 07·3 | − 15 51 28 | 9·1 | 20 33·7 |
| 2 | 23 40 15·0 | − 12 41 48 | 8·3 | 0 56·5 | 31 | 23 09 23·4 | − 15 46 19 | 9·1 | 20 30·1 |
| 3 | 23 39 30·3 | − 12 51 12 | 8·3 | 0 51·8 | Nov. 1 | 23 09 41·6 | − 15 40 56 | 9·2 | 20 26·5 |
| 4 | 23 38 44·3 | − 13 00 34 | 8·3 | 0 47·1 | 2 | 23 10 01·9 | − 15 35 18 | 9·2 | 20 22·9 |
| 5 | 23 37 57·3 | − 13 09 54 | 8·3 | 0 42·4 | 3 | 23 10 24·1 | − 15 29 26 | 9·2 | 20 19·4 |
| 6 | 23 37 09·2 | − 13 19 11 | 8·2 | 0 37·7 | 4 | 23 10 48·3 | − 15 23 19 | 9·2 | 20 15·9 |
| 7 | 23 36 20·2 | − 13 28 24 | 8·2 | 0 32·9 | 5 | 23 11 14·6 | − 15 16 59 | 9·3 | 20 12·4 |
| 8 | 23 35 30·4 | − 13 37 32 | 8·2 | 0 28·2 | 6 | 23 11 42·8 | − 15 10 25 | 9·3 | 20 09·0 |
| 9 | 23 34 39·8 | − 13 46 34 | 8·2 | 0 23·4 | 7 | 23 12 12·9 | − 15 03 38 | 9·3 | 20 05·6 |
| 10 | 23 33 48·5 | − 13 55 29 | 8·2 | 0 18·6 | 8 | 23 12 45·0 | − 14 56 37 | 9·3 | 20 02·2 |
| Sept. 11 | 23 32 56·7 | − 14 04 16 | 8·2 | 0 13·9 | Nov. 9 | 23 13 19·0 | − 14 49 24 | 9·3 | 19 58·9 |

Second transit for Flora 2010 September 13ᵈ 23ʰ 59ᵐ·4

## GEOCENTRIC POSITIONS FOR 0ʰ TERRESTRIAL TIME

| Date | Astrometric R.A.<br>h m s | Astrometric Dec.<br>° ′ ″ | Vis. Mag. | Ephemeris Transit<br>h m | Date | Astrometric R.A.<br>h m s | Astrometric Dec.<br>° ′ ″ | Vis. Mag. | Ephemeris Transit<br>h m |
|---|---|---|---|---|---|---|---|---|---|
| 2010 Feb. 11 | 13 55 19·1 | − 4 59 02 | 10·7 | 4 31·4 | 2010 Apr. 11 | 13 29 32·0 | − 2 01 51 | 9·5 | 0 13·6 |
| 12 | 13 55 38·9 | − 4 59 15 | 10·6 | 4 27·8 | 12 | 13 28 33·2 | − 1 57 40 | 9·5 | 0 08·7 |
| 13 | 13 55 57·0 | − 4 59 20 | 10·6 | 4 24·1 | 13 | 13 27 34·5 | − 1 53 35 | 9·5 | 0 03·8 |
| 14 | 13 56 13·5 | − 4 59 16 | 10·6 | 4 20·5 | 14 | 13 26 35·8 | − 1 49 33 | 9·5 | 23 54·0 |
| 15 | 13 56 28·4 | − 4 59 04 | 10·6 | 4 16·8 | 15 | 13 25 37·2 | − 1 45 37 | 9·5 | 23 49·1 |
| 16 | 13 56 41·7 | − 4 58 43 | 10·6 | 4 13·1 | 16 | 13 24 38·8 | − 1 41 47 | 9·6 | 23 44·2 |
| 17 | 13 56 53·3 | − 4 58 13 | 10·6 | 4 09·3 | 17 | 13 23 40·7 | − 1 38 02 | 9·6 | 23 39·3 |
| 18 | 13 57 03·2 | − 4 57 35 | 10·5 | 4 05·5 | 18 | 13 22 43·0 | − 1 34 24 | 9·6 | 23 34·4 |
| 19 | 13 57 11·4 | − 4 56 49 | 10·5 | 4 01·8 | 19 | 13 21 45·7 | − 1 30 52 | 9·6 | 23 29·6 |
| 20 | 13 57 17·9 | − 4 55 54 | 10·5 | 3 57·9 | 20 | 13 20 48·8 | − 1 27 27 | 9·7 | 23 24·7 |
| 21 | 13 57 22·8 | − 4 54 51 | 10·5 | 3 54·1 | 21 | 13 19 52·5 | − 1 24 09 | 9·7 | 23 19·9 |
| 22 | 13 57 25·9 | − 4 53 40 | 10·5 | 3 50·2 | 22 | 13 18 56·9 | − 1 20 58 | 9·7 | 23 15·0 |
| Feb. 23 | 13 57 27·3 | − 4 52 20 | 10·4 | 3 46·3 | 23 | 13 18 01·9 | − 1 17 56 | 9·7 | 23 10·2 |
| 24 | 13 57 26·9 | − 4 50 52 | 10·4 | 3 42·3 | 24 | 13 17 07·6 | − 1 15 00 | 9·8 | 23 05·4 |
| 25 | 13 57 24·9 | − 4 49 16 | 10·4 | 3 38·4 | 25 | 13 16 14·2 | − 1 12 13 | 9·8 | 23 00·6 |
| 26 | 13 57 21·1 | − 4 47 32 | 10·4 | 3 34·4 | 26 | 13 15 21·5 | − 1 09 35 | 9·8 | 22 55·8 |
| 27 | 13 57 15·5 | − 4 45 41 | 10·4 | 3 30·3 | 27 | 13 14 29·8 | − 1 07 04 | 9·8 | 22 51·0 |
| 28 | 13 57 08·3 | − 4 43 41 | 10·3 | 3 26·3 | 28 | 13 13 39·1 | − 1 04 43 | 9·9 | 22 46·2 |
| Mar. 1 | 13 56 59·3 | − 4 41 33 | 10·3 | 3 22·2 | 29 | 13 12 49·3 | − 1 02 30 | 9·9 | 22 41·5 |
| 2 | 13 56 48·5 | − 4 39 18 | 10·3 | 3 18·1 | 30 | 13 12 00·5 | − 1 00 26 | 9·9 | 22 36·8 |
| 3 | 13 56 36·0 | − 4 36 55 | 10·3 | 3 13·9 | May 1 | 13 11 12·9 | − 0 58 31 | 9·9 | 22 32·1 |
| 4 | 13 56 21·7 | − 4 34 24 | 10·3 | 3 09·8 | 2 | 13 10 26·3 | − 0 56 46 | 10·0 | 22 27·4 |
| 5 | 13 56 05·7 | − 4 31 46 | 10·3 | 3 05·6 | 3 | 13 09 41·0 | − 0 55 09 | 10·0 | 22 22·7 |
| 6 | 13 55 48·0 | − 4 29 01 | 10·2 | 3 01·3 | 4 | 13 08 56·8 | − 0 53 43 | 10·0 | 22 18·1 |
| 7 | 13 55 28·5 | − 4 26 08 | 10·2 | 2 57·1 | 5 | 13 08 13·8 | − 0 52 25 | 10·0 | 22 13·5 |
| 8 | 13 55 07·2 | − 4 23 09 | 10·2 | 2 52·8 | 6 | 13 07 32·2 | − 0 51 18 | 10·1 | 22 08·9 |
| 9 | 13 54 44·3 | − 4 20 02 | 10·2 | 2 48·5 | 7 | 13 06 51·8 | − 0 50 20 | 10·1 | 22 04·3 |
| 10 | 13 54 19·6 | − 4 16 49 | 10·1 | 2 44·1 | 8 | 13 06 12·8 | − 0 49 32 | 10·1 | 21 59·7 |
| 11 | 13 53 53·3 | − 4 13 29 | 10·1 | 2 39·8 | 9 | 13 05 35·1 | − 0 48 54 | 10·1 | 21 55·2 |
| 12 | 13 53 25·3 | − 4 10 03 | 10·1 | 2 35·4 | 10 | 13 04 58·9 | − 0 48 26 | 10·2 | 21 50·7 |
| 13 | 13 52 55·6 | − 4 06 31 | 10·1 | 2 30·9 | 11 | 13 04 24·1 | − 0 48 08 | 10·2 | 21 46·2 |
| 14 | 13 52 24·3 | − 4 02 53 | 10·1 | 2 26·5 | 12 | 13 03 50·7 | − 0 48 00 | 10·2 | 21 41·7 |
| 15 | 13 51 51·3 | − 3 59 10 | 10·0 | 2 22·0 | 13 | 13 03 18·8 | − 0 48 01 | 10·2 | 21 37·3 |
| 16 | 13 51 16·8 | − 3 55 21 | 10·0 | 2 17·5 | 14 | 13 02 48·3 | − 0 48 13 | 10·3 | 21 32·9 |
| 17 | 13 50 40·8 | − 3 51 26 | 10·0 | 2 13·0 | 15 | 13 02 19·4 | − 0 48 35 | 10·3 | 21 28·5 |
| 18 | 13 50 03·2 | − 3 47 27 | 10·0 | 2 08·4 | 16 | 13 01 52·0 | − 0 49 07 | 10·3 | 21 24·1 |
| 19 | 13 49 24·2 | − 3 43 24 | 10·0 | 2 03·8 | 17 | 13 01 26·2 | − 0 49 49 | 10·3 | 21 19·8 |
| 20 | 13 48 43·7 | − 3 39 16 | 9·9 | 1 59·2 | 18 | 13 01 01·9 | − 0 50 41 | 10·4 | 21 15·5 |
| 21 | 13 48 01·8 | − 3 35 04 | 9·9 | 1 54·6 | 19 | 13 00 39·1 | − 0 51 42 | 10·4 | 21 11·2 |
| 22 | 13 47 18·6 | − 3 30 49 | 9·9 | 1 49·9 | 20 | 13 00 17·9 | − 0 52 54 | 10·4 | 21 06·9 |
| 23 | 13 46 34·1 | − 3 26 31 | 9·9 | 1 45·3 | 21 | 12 59 58·3 | − 0 54 15 | 10·4 | 21 02·7 |
| 24 | 13 45 48·3 | − 3 22 09 | 9·9 | 1 40·6 | 22 | 12 59 40·2 | − 0 55 46 | 10·4 | 20 58·5 |
| 25 | 13 45 01·3 | − 3 17 45 | 9·8 | 1 35·9 | 23 | 12 59 23·7 | − 0 57 26 | 10·5 | 20 54·3 |
| 26 | 13 44 13·1 | − 3 13 18 | 9·8 | 1 31·1 | 24 | 12 59 08·8 | − 0 59 15 | 10·5 | 20 50·1 |
| 27 | 13 43 23·9 | − 3 08 50 | 9·8 | 1 26·4 | 25 | 12 58 55·4 | − 1 01 14 | 10·5 | 20 46·0 |
| 28 | 13 42 33·6 | − 3 04 20 | 9·8 | 1 21·6 | 26 | 12 58 43·6 | − 1 03 22 | 10·5 | 20 41·9 |
| 29 | 13 41 42·3 | − 2 59 49 | 9·7 | 1 16·8 | 27 | 12 58 33·3 | − 1 05 39 | 10·6 | 20 37·8 |
| 30 | 13 40 50·0 | − 2 55 16 | 9·7 | 1 12·0 | 28 | 12 58 24·6 | − 1 08 06 | 10·6 | 20 33·8 |
| 31 | 13 39 56·9 | − 2 50 44 | 9·7 | 1 07·2 | 29 | 12 58 17·4 | − 1 10 40 | 10·6 | 20 29·7 |
| Apr. 1 | 13 39 03·0 | − 2 46 11 | 9·7 | 1 02·4 | 30 | 12 58 11·7 | − 1 13 24 | 10·6 | 20 25·7 |
| 2 | 13 38 08·3 | − 2 41 38 | 9·7 | 0 57·6 | 31 | 12 58 07·5 | − 1 16 16 | 10·6 | 20 21·7 |
| 3 | 13 37 12·8 | − 2 37 05 | 9·6 | 0 52·7 | June 1 | 12 58 04·9 | − 1 19 17 | 10·7 | 20 17·8 |
| 4 | 13 36 16·8 | − 2 32 34 | 9·6 | 0 47·9 | June 2 | 12 58 03·7 | − 1 22 26 | 10·7 | 20 13·9 |
| 5 | 13 35 20·1 | − 2 28 04 | 9·6 | 0 43·0 | 3 | 12 58 04·0 | − 1 25 44 | 10·7 | 20 10·0 |
| 6 | 13 34 23·0 | − 2 23 35 | 9·6 | 0 38·1 | 4 | 12 58 05·8 | − 1 29 09 | 10·7 | 20 06·1 |
| 7 | 13 33 25·4 | − 2 19 08 | 9·6 | 0 33·2 | 5 | 12 58 09·1 | − 1 32 43 | 10·7 | 20 02·2 |
| 8 | 13 32 27·4 | − 2 14 44 | 9·5 | 0 28·3 | 6 | 12 58 13·8 | − 1 36 25 | 10·8 | 19 58·4 |
| 9 | 13 31 29·1 | − 2 10 23 | 9·5 | 0 23·4 | 7 | 12 58 20·0 | − 1 40 14 | 10·8 | 19 54·6 |
| 10 | 13 30 30·6 | − 2 06 05 | 9·5 | 0 18·5 | 8 | 12 58 27·6 | − 1 44 11 | 10·8 | 19 50·8 |
| Apr. 11 | 13 29 32·0 | − 2 01 51 | 9·5 | 0 13·6 | June 9 | 12 58 36·7 | − 1 48 16 | 10·8 | 19 47·0 |

Second transit for Metis 2010 April 13ᵈ 23ʰ 58ᵐ·9

# HYGIEA, 2010

## GEOCENTRIC POSITIONS FOR 0ʰ TERRESTRIAL TIME

| Date | Astrometric R.A. | Dec. | Vis. Mag. | Ephemeris Transit | Date | Astrometric R.A. | Dec. | Vis. Mag. | Ephemeris Transit |
|---|---|---|---|---|---|---|---|---|---|
| | h m s | ° ′ ″ | | h m | | h m s | ° ′ ″ | | h m |
| **2009 Dec. 10** | 9 43 35·9 | +11 38 39 | 11·0 | 4 28·0 | **2010 Feb. 7** | 9 18 02·4 | +12 23 26 | 9·8 | 0 10·6 |
| 11 | 9 43 44·4 | +11 36 32 | 11·0 | 4 24·2 | 8 | 9 17 12·6 | +12 26 23 | 9·8 | 0 05·8 |
| 12 | 9 43 51·7 | +11 34 32 | 11·0 | 4 20·4 | 9 | 9 16 22·9 | +12 29 20 | 9·8 | 0 01·0 |
| 13 | 9 43 57·7 | +11 32 37 | 10·9 | 4 16·6 | 10 | 9 15 33·2 | +12 32 18 | 9·8 | 23 51·5 |
| 14 | 9 44 02·4 | +11 30 48 | 10·9 | 4 12·7 | 11 | 9 14 43·6 | +12 35 16 | 9·8 | 23 46·8 |
| 15 | 9 44 05·8 | +11 29 05 | 10·9 | 4 08·8 | 12 | 9 13 54·2 | +12 38 15 | 9·8 | 23 42·0 |
| 16 | 9 44 07·9 | +11 27 28 | 10·9 | 4 04·9 | 13 | 9 13 04·9 | +12 41 13 | 9·9 | 23 37·3 |
| **Dec. 17** | 9 44 08·8 | +11 25 58 | 10·9 | 4 01·0 | 14 | 9 12 16·0 | +12 44 12 | 9·9 | 23 32·6 |
| 18 | 9 44 08·3 | +11 24 33 | 10·9 | 3 57·1 | 15 | 9 11 27·3 | +12 47 10 | 9·9 | 23 27·8 |
| 19 | 9 44 06·6 | +11 23 15 | 10·8 | 3 53·1 | 16 | 9 10 39·0 | +12 50 07 | 9·9 | 23 23·1 |
| 20 | 9 44 03·5 | +11 22 04 | 10·8 | 3 49·1 | 17 | 9 09 51·2 | +12 53 04 | 10·0 | 23 18·4 |
| 21 | 9 43 59·2 | +11 20 59 | 10·8 | 3 45·1 | 18 | 9 09 03·8 | +12 56 00 | 10·0 | 23 13·7 |
| 22 | 9 43 53·5 | +11 20 00 | 10·8 | 3 41·1 | 19 | 9 08 16·9 | +12 58 54 | 10·0 | 23 09·0 |
| 23 | 9 43 46·5 | +11 19 07 | 10·8 | 3 37·0 | 20 | 9 07 30·7 | +13 01 47 | 10·0 | 23 04·3 |
| 24 | 9 43 38·2 | +11 18 21 | 10·7 | 3 33·0 | 21 | 9 06 45·0 | +13 04 38 | 10·0 | 22 59·6 |
| 25 | 9 43 28·6 | +11 17 41 | 10·7 | 3 28·9 | 22 | 9 06 00·0 | +13 07 28 | 10·1 | 22 54·9 |
| 26 | 9 43 17·7 | +11 17 08 | 10·7 | 3 24·8 | 23 | 9 05 15·7 | +13 10 15 | 10·1 | 22 50·3 |
| 27 | 9 43 05·4 | +11 16 41 | 10·7 | 3 20·6 | 24 | 9 04 32·2 | +13 13 00 | 10·1 | 22 45·7 |
| 28 | 9 42 51·9 | +11 16 21 | 10·7 | 3 16·5 | 25 | 9 03 49·5 | +13 15 43 | 10·1 | 22 41·0 |
| 29 | 9 42 37·0 | +11 16 08 | 10·7 | 3 12·3 | 26 | 9 03 07·6 | +13 18 23 | 10·1 | 22 36·4 |
| 30 | 9 42 20·9 | +11 16 00 | 10·6 | 3 08·1 | 27 | 9 02 26·6 | +13 21 01 | 10·2 | 22 31·8 |
| 31 | 9 42 03·4 | +11 15 59 | 10·6 | 3 03·9 | 28 | 9 01 46·5 | +13 23 36 | 10·2 | 22 27·2 |
| **2010 Jan. 1** | 9 41 44·7 | +11 16 05 | 10·6 | 2 59·6 | **Mar. 1** | 9 01 07·3 | +13 26 07 | 10·2 | 22 22·7 |
| 2 | 9 41 24·7 | +11 16 17 | 10·6 | 2 55·4 | 2 | 9 00 29·2 | +13 28 36 | 10·2 | 22 18·1 |
| 3 | 9 41 03·4 | +11 16 36 | 10·6 | 2 51·1 | 3 | 8 59 52·0 | +13 31 02 | 10·2 | 22 13·6 |
| 4 | 9 40 40·9 | +11 17 01 | 10·5 | 2 46·8 | 4 | 8 59 15·9 | +13 33 24 | 10·2 | 22 09·1 |
| 5 | 9 40 17·0 | +11 17 32 | 10·5 | 2 42·4 | 5 | 8 58 40·8 | +13 35 43 | 10·3 | 22 04·6 |
| 6 | 9 39 52·0 | +11 18 10 | 10·5 | 2 38·1 | 6 | 8 58 06·9 | +13 37 58 | 10·3 | 22 00·1 |
| 7 | 9 39 25·7 | +11 18 54 | 10·5 | 2 33·7 | 7 | 8 57 34·1 | +13 40 10 | 10·3 | 21 55·6 |
| 8 | 9 38 58·1 | +11 19 44 | 10·5 | 2 29·3 | 8 | 8 57 02·4 | +13 42 18 | 10·3 | 21 51·2 |
| 9 | 9 38 29·4 | +11 20 41 | 10·4 | 2 24·9 | 9 | 8 56 31·9 | +13 44 22 | 10·3 | 21 46·8 |
| 10 | 9 37 59·5 | +11 21 43 | 10·4 | 2 20·5 | 10 | 8 56 02·7 | +13 46 22 | 10·4 | 21 42·4 |
| 11 | 9 37 28·4 | +11 22 52 | 10·4 | 2 16·0 | 11 | 8 55 34·7 | +13 48 18 | 10·4 | 21 38·0 |
| 12 | 9 36 56·1 | +11 24 07 | 10·4 | 2 11·6 | 12 | 8 55 07·9 | +13 50 10 | 10·4 | 21 33·7 |
| 13 | 9 36 22·7 | +11 25 27 | 10·3 | 2 07·1 | 13 | 8 54 42·4 | +13 51 57 | 10·4 | 21 29·3 |
| 14 | 9 35 48·3 | +11 26 54 | 10·3 | 2 02·6 | 14 | 8 54 18·2 | +13 53 40 | 10·4 | 21 25·0 |
| 15 | 9 35 12·7 | +11 28 26 | 10·3 | 1 58·1 | 15 | 8 53 55·3 | +13 55 19 | 10·4 | 21 20·7 |
| 16 | 9 34 36·1 | +11 30 03 | 10·3 | 1 53·5 | 16 | 8 53 33·8 | +13 56 53 | 10·5 | 21 16·4 |
| 17 | 9 33 58·5 | +11 31 46 | 10·3 | 1 49·0 | 17 | 8 53 13·6 | +13 58 23 | 10·5 | 21 12·2 |
| 18 | 9 33 19·9 | +11 33 34 | 10·2 | 1 44·4 | 18 | 8 52 54·7 | +13 59 48 | 10·5 | 21 08·0 |
| 19 | 9 32 40·4 | +11 35 28 | 10·2 | 1 39·8 | 19 | 8 52 37·2 | +14 01 08 | 10·5 | 21 03·8 |
| 20 | 9 31 59·9 | +11 37 26 | 10·2 | 1 35·2 | 20 | 8 52 21·1 | +14 02 24 | 10·5 | 20 59·6 |
| 21 | 9 31 18·6 | +11 39 29 | 10·2 | 1 30·6 | 21 | 8 52 06·4 | +14 03 35 | 10·5 | 20 55·4 |
| 22 | 9 30 36·4 | +11 41 36 | 10·1 | 1 26·0 | 22 | 8 51 53·0 | +14 04 40 | 10·6 | 20 51·3 |
| 23 | 9 29 53·4 | +11 43 48 | 10·1 | 1 21·3 | 23 | 8 51 41·1 | +14 05 41 | 10·6 | 20 47·2 |
| 24 | 9 29 09·7 | +11 46 04 | 10·1 | 1 16·6 | 24 | 8 51 30·5 | +14 06 38 | 10·6 | 20 43·1 |
| 25 | 9 28 25·3 | +11 48 25 | 10·1 | 1 12·0 | 25 | 8 51 21·4 | +14 07 29 | 10·6 | 20 39·0 |
| 26 | 9 27 40·1 | +11 50 49 | 10·0 | 1 07·3 | 26 | 8 51 13·6 | +14 08 15 | 10·6 | 20 35·0 |
| 27 | 9 26 54·4 | +11 53 16 | 10·0 | 1 02·6 | 27 | 8 51 07·3 | +14 08 56 | 10·6 | 20 31·0 |
| 28 | 9 26 08·1 | +11 55 47 | 10·0 | 0 57·9 | 28 | 8 51 02·3 | +14 09 33 | 10·7 | 20 27·0 |
| 29 | 9 25 21·2 | +11 58 22 | 10·0 | 0 53·2 | 29 | 8 50 58·7 | +14 10 04 | 10·7 | 20 23·0 |
| 30 | 9 24 33·8 | +12 00 59 | 9·9 | 0 48·5 | 30 | 8 50 56·5 | +14 10 30 | 10·7 | 20 19·1 |
| 31 | 9 23 46·0 | +12 03 40 | 9·9 | 0 43·8 | **Mar. 31** | 8 50 55·7 | +14 10 52 | 10·7 | 20 15·1 |
| **Feb. 1** | 9 22 57·7 | +12 06 23 | 9·9 | 0 39·0 | **Apr. 1** | 8 50 56·2 | +14 11 08 | 10·7 | 20 11·2 |
| 2 | 9 22 09·1 | +12 09 08 | 9·9 | 0 34·3 | 2 | 8 50 58·1 | +14 11 20 | 10·7 | 20 07·4 |
| 3 | 9 21 20·2 | +12 11 56 | 9·8 | 0 29·6 | 3 | 8 51 01·3 | +14 11 26 | 10·7 | 20 03·5 |
| 4 | 9 20 31·0 | +12 14 46 | 9·8 | 0 24·8 | 4 | 8 51 06·0 | +14 11 28 | 10·8 | 19 59·7 |
| 5 | 9 19 41·6 | +12 17 38 | 9·8 | 0 20·1 | 5 | 8 51 11·9 | +14 11 24 | 10·8 | 19 55·8 |
| 6 | 9 18 52·1 | +12 20 31 | 9·8 | 0 15·3 | 6 | 8 51 19·2 | +14 11 15 | 10·8 | 19 52·1 |
| **Feb. 7** | 9 18 02·4 | +12 23 26 | 9·8 | 0 10·6 | **Apr. 7** | 8 51 27·8 | +14 11 02 | 10·8 | 19 48·3 |

Second transit for Hygiea 2010 February 9ᵈ 23ʰ 56ᵐ3

## GEOCENTRIC POSITIONS FOR 0$^h$ TERRESTRIAL TIME

| Date | Astrometric R.A. (h m s) | Dec. (° ′ ″) | Vis. Mag. | Ephemeris Transit (h m) |
|---|---|---|---|---|
| 2010 Apr. 29 | 18 55 40.9 | − 30 12 27 | 10.2 | 4 28.3 |
| 30 | 18 55 54.0 | − 30 12 04 | 10.2 | 4 24.6 |
| May 1 | 18 56 05.4 | − 30 11 42 | 10.2 | 4 20.8 |
| 2 | 18 56 15.3 | − 30 11 20 | 10.2 | 4 17.0 |
| 3 | 18 56 23.6 | − 30 10 58 | 10.2 | 4 13.3 |
| 4 | 18 56 30.2 | − 30 10 37 | 10.1 | 4 09.4 |
| 5 | 18 56 35.2 | − 30 10 16 | 10.1 | 4 05.6 |
| 6 | 18 56 38.5 | − 30 09 55 | 10.1 | 4 01.7 |
| May 7 | 18 56 40.2 | − 30 09 34 | 10.1 | 3 57.8 |
| 8 | 18 56 40.2 | − 30 09 13 | 10.1 | 3 53.8 |
| 9 | 18 56 38.4 | − 30 08 53 | 10.0 | 3 49.9 |
| 10 | 18 56 35.0 | − 30 08 32 | 10.0 | 3 45.9 |
| 11 | 18 56 29.9 | − 30 08 11 | 10.0 | 3 41.9 |
| 12 | 18 56 23.0 | − 30 07 50 | 10.0 | 3 37.8 |
| 13 | 18 56 14.4 | − 30 07 28 | 10.0 | 3 33.7 |
| 14 | 18 56 04.1 | − 30 07 06 | 9.9 | 3 29.6 |
| 15 | 18 55 52.0 | − 30 06 43 | 9.9 | 3 25.5 |
| 16 | 18 55 38.2 | − 30 06 20 | 9.9 | 3 21.3 |
| 17 | 18 55 22.7 | − 30 05 56 | 9.9 | 3 17.1 |
| 18 | 18 55 05.4 | − 30 05 31 | 9.9 | 3 12.9 |
| 19 | 18 54 46.4 | − 30 05 05 | 9.8 | 3 08.7 |
| 20 | 18 54 25.7 | − 30 04 38 | 9.8 | 3 04.4 |
| 21 | 18 54 03.3 | − 30 04 10 | 9.8 | 3 00.1 |
| 22 | 18 53 39.1 | − 30 03 40 | 9.8 | 2 55.7 |
| 23 | 18 53 13.3 | − 30 03 09 | 9.7 | 2 51.4 |
| 24 | 18 52 45.8 | − 30 02 35 | 9.7 | 2 47.0 |
| 25 | 18 52 16.6 | − 30 02 00 | 9.7 | 2 42.6 |
| 26 | 18 51 45.7 | − 30 01 23 | 9.7 | 2 38.1 |
| 27 | 18 51 13.2 | − 30 00 44 | 9.7 | 2 33.7 |
| 28 | 18 50 39.0 | − 30 00 03 | 9.6 | 2 29.2 |
| 29 | 18 50 03.3 | − 29 59 18 | 9.6 | 2 24.6 |
| 30 | 18 49 25.9 | − 29 58 32 | 9.6 | 2 20.1 |
| 31 | 18 48 47.0 | − 29 57 42 | 9.6 | 2 15.5 |
| June 1 | 18 48 06.5 | − 29 56 50 | 9.5 | 2 10.9 |
| 2 | 18 47 24.5 | − 29 55 54 | 9.5 | 2 06.3 |
| 3 | 18 46 41.0 | − 29 54 56 | 9.5 | 2 01.6 |
| 4 | 18 45 56.0 | − 29 53 53 | 9.5 | 1 56.9 |
| 5 | 18 45 09.5 | − 29 52 47 | 9.5 | 1 52.2 |
| 6 | 18 44 21.7 | − 29 51 38 | 9.4 | 1 47.5 |
| 7 | 18 43 32.5 | − 29 50 24 | 9.4 | 1 42.8 |
| 8 | 18 42 41.9 | − 29 49 07 | 9.4 | 1 38.0 |
| 9 | 18 41 50.1 | − 29 47 45 | 9.4 | 1 33.2 |
| 10 | 18 40 57.0 | − 29 46 19 | 9.3 | 1 28.4 |
| 11 | 18 40 02.8 | − 29 44 48 | 9.3 | 1 23.6 |
| 12 | 18 39 07.4 | − 29 43 12 | 9.3 | 1 18.7 |
| 13 | 18 38 10.9 | − 29 41 32 | 9.3 | 1 13.8 |
| 14 | 18 37 13.4 | − 29 39 47 | 9.2 | 1 08.9 |
| 15 | 18 36 15.0 | − 29 37 56 | 9.2 | 1 04.0 |
| 16 | 18 35 15.6 | − 29 36 01 | 9.2 | 0 59.1 |
| 17 | 18 34 15.4 | − 29 34 00 | 9.2 | 0 54.2 |
| 18 | 18 33 14.5 | − 29 31 53 | 9.1 | 0 49.3 |
| 19 | 18 32 12.8 | − 29 29 42 | 9.1 | 0 44.3 |
| 20 | 18 31 10.5 | − 29 27 24 | 9.1 | 0 39.3 |
| 21 | 18 30 07.6 | − 29 25 01 | 9.1 | 0 34.4 |
| 22 | 18 29 04.2 | − 29 22 33 | 9.0 | 0 29.4 |
| 23 | 18 28 00.4 | − 29 19 59 | 9.0 | 0 24.4 |
| 24 | 18 26 56.2 | − 29 17 19 | 9.0 | 0 19.4 |
| 25 | 18 25 51.7 | − 29 14 34 | 9.0 | 0 14.4 |
| 26 | 18 24 47.0 | − 29 11 43 | 9.0 | 0 09.4 |
| June 27 | 18 23 42.1 | − 29 08 46 | 9.0 | 0 04.4 |

| Date | Astrometric R.A. (h m s) | Dec. (° ′ ″) | Vis. Mag. | Ephemeris Transit (h m) |
|---|---|---|---|---|
| 2010 June 27 | 18 23 42.1 | − 29 08 46 | 9.0 | 0 04.4 |
| 28 | 18 22 37.1 | − 29 05 44 | 9.0 | 23 54.4 |
| 29 | 18 21 32.1 | − 29 02 36 | 9.0 | 23 49.4 |
| 30 | 18 20 27.1 | − 28 59 23 | 9.0 | 23 44.4 |
| July 1 | 18 19 22.2 | − 28 56 05 | 9.0 | 23 39.4 |
| 2 | 18 18 17.6 | − 28 52 41 | 9.0 | 23 34.4 |
| 3 | 18 17 13.1 | − 28 49 12 | 9.0 | 23 29.4 |
| 4 | 18 16 09.1 | − 28 45 38 | 9.0 | 23 24.4 |
| 5 | 18 15 05.4 | − 28 41 59 | 9.0 | 23 19.4 |
| 6 | 18 14 02.2 | − 28 38 15 | 9.1 | 23 14.4 |
| 7 | 18 12 59.5 | − 28 34 27 | 9.1 | 23 09.5 |
| 8 | 18 11 57.4 | − 28 30 34 | 9.1 | 23 04.5 |
| 9 | 18 10 56.1 | − 28 26 37 | 9.1 | 22 59.6 |
| 10 | 18 09 55.4 | − 28 22 36 | 9.1 | 22 54.7 |
| 11 | 18 08 55.6 | − 28 18 30 | 9.2 | 22 49.8 |
| 12 | 18 07 56.7 | − 28 14 21 | 9.2 | 22 44.9 |
| 13 | 18 06 58.7 | − 28 10 08 | 9.2 | 22 40.0 |
| 14 | 18 06 01.7 | − 28 05 52 | 9.2 | 22 35.1 |
| 15 | 18 05 05.8 | − 28 01 32 | 9.2 | 22 30.3 |
| 16 | 18 04 11.1 | − 27 57 09 | 9.2 | 22 25.5 |
| 17 | 18 03 17.5 | − 27 52 44 | 9.3 | 22 20.7 |
| 18 | 18 02 25.1 | − 27 48 16 | 9.3 | 22 15.9 |
| 19 | 18 01 34.1 | − 27 43 46 | 9.3 | 22 11.1 |
| 20 | 18 00 44.3 | − 27 39 13 | 9.3 | 22 06.4 |
| 21 | 17 59 56.0 | − 27 34 39 | 9.3 | 22 01.7 |
| 22 | 17 59 09.0 | − 27 30 03 | 9.3 | 21 57.0 |
| 23 | 17 58 23.5 | − 27 25 26 | 9.4 | 21 52.3 |
| 24 | 17 57 39.4 | − 27 20 47 | 9.4 | 21 47.7 |
| 25 | 17 56 56.9 | − 27 16 08 | 9.4 | 21 43.1 |
| 26 | 17 56 15.9 | − 27 11 27 | 9.4 | 21 38.5 |
| 27 | 17 55 36.5 | − 27 06 46 | 9.4 | 21 33.9 |
| 28 | 17 54 58.7 | − 27 02 05 | 9.4 | 21 29.4 |
| 29 | 17 54 22.5 | − 26 57 23 | 9.5 | 21 24.9 |
| 30 | 17 53 47.9 | − 26 52 42 | 9.5 | 21 20.4 |
| 31 | 17 53 15.0 | − 26 48 01 | 9.5 | 21 15.9 |
| Aug. 1 | 17 52 43.8 | − 26 43 20 | 9.5 | 21 11.5 |
| 2 | 17 52 14.3 | − 26 38 39 | 9.5 | 21 07.1 |
| 3 | 17 51 46.5 | − 26 34 00 | 9.5 | 21 02.8 |
| 4 | 17 51 20.4 | − 26 29 21 | 9.6 | 20 58.4 |
| 5 | 17 50 56.1 | − 26 24 43 | 9.6 | 20 54.1 |
| 6 | 17 50 33.6 | − 26 20 06 | 9.6 | 20 49.8 |
| 7 | 17 50 12.8 | − 26 15 31 | 9.6 | 20 45.6 |
| 8 | 17 49 53.8 | − 26 10 57 | 9.6 | 20 41.4 |
| 9 | 17 49 36.6 | − 26 06 25 | 9.6 | 20 37.2 |
| 10 | 17 49 21.2 | − 26 01 54 | 9.7 | 20 33.0 |
| 11 | 17 49 07.5 | − 25 57 25 | 9.7 | 20 28.9 |
| 12 | 17 48 55.7 | − 25 52 58 | 9.7 | 20 24.8 |
| 13 | 17 48 45.7 | − 25 48 33 | 9.7 | 20 20.7 |
| 14 | 17 48 37.5 | − 25 44 10 | 9.7 | 20 16.6 |
| 15 | 17 48 31.1 | − 25 39 49 | 9.7 | 20 12.6 |
| 16 | 17 48 26.5 | − 25 35 30 | 9.8 | 20 08.6 |
| 17 | 17 48 23.7 | − 25 31 13 | 9.8 | 20 04.7 |
| Aug. 18 | 17 48 22.6 | − 25 26 59 | 9.8 | 20 00.8 |
| 19 | 17 48 23.3 | − 25 22 47 | 9.8 | 19 56.9 |
| 20 | 17 48 25.8 | − 25 18 37 | 9.8 | 19 53.0 |
| 21 | 17 48 30.0 | − 25 14 30 | 9.8 | 19 49.2 |
| 22 | 17 48 35.9 | − 25 10 25 | 9.8 | 19 45.4 |
| 23 | 17 48 43.5 | − 25 06 22 | 9.9 | 19 41.6 |
| 24 | 17 48 52.8 | − 25 02 22 | 9.9 | 19 37.8 |
| Aug. 25 | 17 49 03.8 | − 24 58 24 | 9.9 | 19 34.1 |

Second transit for Eunomia 2010 June 27$^d$ 23$^h$ 59$^m$4

# PSYCHE, 2010

## GEOCENTRIC POSITIONS FOR 0ʰ TERRESTRIAL TIME

| Date | Astrometric R.A. | Dec. | Vis. Mag. | Ephemeris Transit |
|---|---|---|---|---|
| | h m s | ° ′ ″ | | h m |
| 2010 Oct. 11 | 5 30 19·4 | +19 17 09 | 10·5 | 4 12·4 |
| 12 | 5 30 38·2 | +19 16 05 | 10·5 | 4 08·8 |
| 13 | 5 30 55·4 | +19 14 59 | 10·4 | 4 05·2 |
| 14 | 5 31 10·8 | +19 13 51 | 10·4 | 4 01·5 |
| 15 | 5 31 24·7 | +19 12 43 | 10·4 | 3 57·8 |
| 16 | 5 31 36·8 | +19 11 34 | 10·4 | 3 54·0 |
| 17 | 5 31 47·3 | +19 10 23 | 10·4 | 3 50·3 |
| 18 | 5 31 56·1 | +19 09 12 | 10·4 | 3 46·5 |
| 19 | 5 32 03·2 | +19 08 00 | 10·3 | 3 42·7 |
| 20 | 5 32 08·6 | +19 06 47 | 10·3 | 3 38·8 |
| 21 | 5 32 12·2 | +19 05 33 | 10·3 | 3 34·9 |
| Oct. 22 | 5 32 14·2 | +19 04 18 | 10·3 | 3 31·0 |
| 23 | 5 32 14·4 | +19 03 03 | 10·3 | 3 27·1 |
| 24 | 5 32 12·8 | +19 01 47 | 10·3 | 3 23·1 |
| 25 | 5 32 09·6 | +19 00 31 | 10·2 | 3 19·2 |
| 26 | 5 32 04·5 | +18 59 14 | 10·2 | 3 15·1 |
| 27 | 5 31 57·8 | +18 57 56 | 10·2 | 3 11·1 |
| 28 | 5 31 49·2 | +18 56 38 | 10·2 | 3 07·0 |
| 29 | 5 31 38·9 | +18 55 20 | 10·2 | 3 02·9 |
| 30 | 5 31 26·9 | +18 54 01 | 10·2 | 2 58·8 |
| 31 | 5 31 13·1 | +18 52 42 | 10·1 | 2 54·6 |
| Nov. 1 | 5 30 57·6 | +18 51 23 | 10·1 | 2 50·4 |
| 2 | 5 30 40·3 | +18 50 04 | 10·1 | 2 46·2 |
| 3 | 5 30 21·3 | +18 48 45 | 10·1 | 2 41·9 |
| 4 | 5 30 00·6 | +18 47 25 | 10·1 | 2 37·7 |
| 5 | 5 29 38·2 | +18 46 06 | 10·0 | 2 33·4 |
| 6 | 5 29 14·1 | +18 44 46 | 10·0 | 2 29·0 |
| 7 | 5 28 48·3 | +18 43 27 | 10·0 | 2 24·7 |
| 8 | 5 28 20·9 | +18 42 07 | 10·0 | 2 20·3 |
| 9 | 5 27 51·8 | +18 40 48 | 10·0 | 2 15·9 |
| 10 | 5 27 21·2 | +18 39 29 | 10·0 | 2 11·4 |
| 11 | 5 26 49·0 | +18 38 10 | 9·9 | 2 07·0 |
| 12 | 5 26 15·3 | +18 36 51 | 9·9 | 2 02·5 |
| 13 | 5 25 40·1 | +18 35 33 | 9·9 | 1 57·9 |
| 14 | 5 25 03·5 | +18 34 15 | 9·9 | 1 53·4 |
| 15 | 5 24 25·4 | +18 32 58 | 9·9 | 1 48·8 |
| 16 | 5 23 46·0 | +18 31 40 | 9·8 | 1 44·3 |
| 17 | 5 23 05·2 | +18 30 24 | 9·8 | 1 39·6 |
| 18 | 5 22 23·1 | +18 29 07 | 9·8 | 1 35·0 |
| 19 | 5 21 39·8 | +18 27 52 | 9·8 | 1 30·4 |
| 20 | 5 20 55·3 | +18 26 37 | 9·8 | 1 25·7 |
| 21 | 5 20 09·6 | +18 25 22 | 9·7 | 1 21·0 |
| 22 | 5 19 22·8 | +18 24 08 | 9·7 | 1 16·3 |
| 23 | 5 18 35·0 | +18 22 55 | 9·7 | 1 11·6 |
| 24 | 5 17 46·1 | +18 21 43 | 9·7 | 1 06·8 |
| 25 | 5 16 56·3 | +18 20 31 | 9·7 | 1 02·1 |
| 26 | 5 16 05·7 | +18 19 21 | 9·6 | 0 57·3 |
| 27 | 5 15 14·2 | +18 18 11 | 9·6 | 0 52·5 |
| 28 | 5 14 21·9 | +18 17 03 | 9·6 | 0 47·7 |
| 29 | 5 13 28·9 | +18 15 55 | 9·6 | 0 42·9 |
| 30 | 5 12 35·3 | +18 14 49 | 9·5 | 0 38·1 |
| Dec. 1 | 5 11 41·1 | +18 13 44 | 9·5 | 0 33·3 |
| 2 | 5 10 46·3 | +18 12 40 | 9·5 | 0 28·4 |
| 3 | 5 09 51·2 | +18 11 37 | 9·5 | 0 23·6 |
| 4 | 5 08 55·6 | +18 10 36 | 9·5 | 0 18·7 |
| 5 | 5 07 59·8 | +18 09 37 | 9·4 | 0 13·9 |
| 6 | 5 07 03·8 | +18 08 39 | 9·4 | 0 09·0 |
| 7 | 5 06 07·6 | +18 07 43 | 9·4 | 0 04·1 |
| 8 | 5 05 11·4 | +18 06 49 | 9·4 | 23 54·4 |
| Dec. 9 | 5 04 15·1 | +18 05 56 | 9·4 | 23 49·6 |
| 2010 Dec. 9 | 5 04 15·1 | +18 05 56 | 9·4 | 23 49·6 |
| 10 | 5 03 19·0 | +18 05 06 | 9·4 | 23 44·7 |
| 11 | 5 02 23·0 | +18 04 17 | 9·4 | 23 39·8 |
| 12 | 5 01 27·2 | +18 03 31 | 9·4 | 23 35·0 |
| 13 | 5 00 31·7 | +18 02 47 | 9·5 | 23 30·1 |
| 14 | 4 59 36·6 | +18 02 05 | 9·5 | 23 25·3 |
| 15 | 4 58 41·9 | +18 01 26 | 9·5 | 23 20·5 |
| 16 | 4 57 47·8 | +18 00 48 | 9·5 | 23 15·7 |
| 17 | 4 56 54·2 | +18 00 14 | 9·6 | 23 10·8 |
| 18 | 4 56 01·2 | +17 59 42 | 9·6 | 23 06·1 |
| 19 | 4 55 08·9 | +17 59 13 | 9·6 | 23 01·3 |
| 20 | 4 54 17·4 | +17 58 46 | 9·6 | 22 56·5 |
| 21 | 4 53 26·7 | +17 58 23 | 9·7 | 22 51·7 |
| 22 | 4 52 36·8 | +17 58 02 | 9·7 | 22 47·0 |
| 23 | 4 51 47·9 | +17 57 45 | 9·7 | 22 42·3 |
| 24 | 4 50 59·9 | +17 57 30 | 9·7 | 22 37·6 |
| 25 | 4 50 13·0 | +17 57 19 | 9·8 | 22 32·9 |
| 26 | 4 49 27·1 | +17 57 11 | 9·8 | 22 28·2 |
| 27 | 4 48 42·4 | +17 57 06 | 9·8 | 22 23·5 |
| 28 | 4 47 58·8 | +17 57 04 | 9·8 | 22 18·9 |
| 29 | 4 47 16·4 | +17 57 06 | 9·9 | 22 14·3 |
| 30 | 4 46 35·3 | +17 57 12 | 9·9 | 22 09·7 |
| 31 | 4 45 55·5 | +17 57 21 | 9·9 | 22 05·1 |
| 2011 Jan. 1 | 4 45 17·0 | +17 57 33 | 9·9 | 22 00·6 |
| 2 | 4 44 39·9 | +17 57 50 | 10·0 | 21 56·0 |
| 3 | 4 44 04·2 | +17 58 10 | 10·0 | 21 51·5 |
| 4 | 4 43 30·0 | +17 58 33 | 10·0 | 21 47·1 |
| 5 | 4 42 57·2 | +17 59 01 | 10·0 | 21 42·6 |
| 6 | 4 42 25·9 | +17 59 32 | 10·1 | 21 38·2 |
| 7 | 4 41 56·2 | +18 00 07 | 10·1 | 21 33·8 |
| 8 | 4 41 28·1 | +18 00 46 | 10·1 | 21 29·4 |
| 9 | 4 41 01·5 | +18 01 28 | 10·1 | 21 25·1 |
| 10 | 4 40 36·5 | +18 02 15 | 10·2 | 21 20·7 |
| 11 | 4 40 13·1 | +18 03 05 | 10·2 | 21 16·4 |
| 12 | 4 39 51·3 | +18 03 59 | 10·2 | 21 12·2 |
| 13 | 4 39 31·2 | +18 04 56 | 10·2 | 21 07·9 |
| 14 | 4 39 12·7 | +18 05 58 | 10·2 | 21 03·7 |
| 15 | 4 38 55·9 | +18 07 03 | 10·3 | 20 59·5 |
| 16 | 4 38 40·7 | +18 08 12 | 10·3 | 20 55·4 |
| 17 | 4 38 27·2 | +18 09 24 | 10·3 | 20 51·2 |
| 18 | 4 38 15·4 | +18 10 40 | 10·3 | 20 47·1 |
| 19 | 4 38 05·2 | +18 12 00 | 10·4 | 20 43·1 |
| 20 | 4 37 56·6 | +18 13 23 | 10·4 | 20 39·0 |
| 21 | 4 37 49·7 | +18 14 50 | 10·4 | 20 35·0 |
| 22 | 4 37 44·5 | +18 16 20 | 10·4 | 20 31·0 |
| 23 | 4 37 40·9 | +18 17 53 | 10·4 | 20 27·0 |
| Jan. 24 | 4 37 38·9 | +18 19 30 | 10·5 | 20 23·1 |
| 25 | 4 37 38·5 | +18 21 10 | 10·5 | 20 19·2 |
| 26 | 4 37 39·8 | +18 22 54 | 10·5 | 20 15·3 |
| 27 | 4 37 42·8 | +18 24 40 | 10·5 | 20 11·4 |
| 28 | 4 37 47·3 | +18 26 30 | 10·5 | 20 07·6 |
| 29 | 4 37 53·4 | +18 28 23 | 10·6 | 20 03·8 |
| 30 | 4 38 01·2 | +18 30 18 | 10·6 | 20 00·0 |
| 31 | 4 38 10·5 | +18 32 17 | 10·6 | 19 56·2 |
| Feb. 1 | 4 38 21·4 | +18 34 18 | 10·6 | 19 52·5 |
| 2 | 4 38 33·9 | +18 36 22 | 10·6 | 19 48·8 |
| 3 | 4 38 48·0 | +18 38 29 | 10·7 | 19 45·1 |
| 4 | 4 39 03·6 | +18 40 38 | 10·7 | 19 41·5 |
| 5 | 4 39 20·7 | +18 42 49 | 10·7 | 19 37·8 |
| Feb. 6 | 4 39 39·4 | +18 45 03 | 10·7 | 19 34·2 |

Second transit for Psyche 2010 December 7ᵈ 23ʰ 59ᵐ3

## GEOCENTRIC POSITIONS FOR 0ʰ TERRESTRIAL TIME

| Date | Astrometric R.A. | Dec. | Vis. Mag. | Ephemeris Transit |
|---|---|---|---|---|
| | h m s | ° ′ ″ | | h m |
| 2010 Sept. 10 | 3 25 11·8 | +14 52 37 | 12·9 | 4 09·5 |
| 11 | 3 25 16·2 | +14 51 40 | 12·9 | 4 05·6 |
| 12 | 3 25 19·5 | +14 50 38 | 12·9 | 4 01·7 |
| 13 | 3 25 21·7 | +14 49 32 | 12·9 | 3 57·8 |
| Sept. 14 | 3 25 22·8 | +14 48 22 | 12·9 | 3 53·9 |
| 15 | 3 25 22·8 | +14 47 08 | 12·9 | 3 50·0 |
| 16 | 3 25 21·7 | +14 45 50 | 12·8 | 3 46·0 |
| 17 | 3 25 19·4 | +14 44 28 | 12·8 | 3 42·0 |
| 18 | 3 25 16·0 | +14 43 01 | 12·8 | 3 38·0 |
| 19 | 3 25 11·5 | +14 41 31 | 12·8 | 3 34·0 |
| 20 | 3 25 05·8 | +14 39 56 | 12·8 | 3 30·0 |
| 21 | 3 24 59·0 | +14 38 18 | 12·8 | 3 26·0 |
| 22 | 3 24 51·1 | +14 36 36 | 12·8 | 3 21·9 |
| 23 | 3 24 42·1 | +14 34 49 | 12·7 | 3 17·8 |
| 24 | 3 24 31·9 | +14 32 59 | 12·7 | 3 13·7 |
| 25 | 3 24 20·6 | +14 31 04 | 12·7 | 3 09·6 |
| 26 | 3 24 08·2 | +14 29 06 | 12·7 | 3 05·5 |
| 27 | 3 23 54·7 | +14 27 04 | 12·7 | 3 01·3 |
| 28 | 3 23 40·1 | +14 24 58 | 12·7 | 2 57·1 |
| 29 | 3 23 24·4 | +14 22 49 | 12·6 | 2 52·9 |
| 30 | 3 23 07·5 | +14 20 35 | 12·6 | 2 48·7 |
| Oct. 1 | 3 22 49·6 | +14 18 18 | 12·6 | 2 44·5 |
| 2 | 3 22 30·6 | +14 15 58 | 12·6 | 2 40·2 |
| 3 | 3 22 10·5 | +14 13 34 | 12·6 | 2 36·0 |
| 4 | 3 21 49·3 | +14 11 06 | 12·6 | 2 31·7 |
| 5 | 3 21 27·0 | +14 08 35 | 12·5 | 2 27·4 |
| 6 | 3 21 03·8 | +14 06 00 | 12·5 | 2 23·1 |
| 7 | 3 20 39·5 | +14 03 23 | 12·5 | 2 18·7 |
| 8 | 3 20 14·1 | +14 00 42 | 12·5 | 2 14·4 |
| 9 | 3 19 47·8 | +13 57 57 | 12·5 | 2 09·9 |
| 10 | 3 19 20·5 | +13 55 10 | 12·5 | 2 05·6 |
| 11 | 3 18 52·3 | +13 52 20 | 12·4 | 2 01·2 |
| 12 | 3 18 23·1 | +13 49 27 | 12·4 | 1 56·8 |
| 13 | 3 17 53·0 | +13 46 32 | 12·4 | 1 52·4 |
| 14 | 3 17 22·0 | +13 43 34 | 12·4 | 1 47·9 |
| 15 | 3 16 50·1 | +13 40 33 | 12·4 | 1 43·5 |
| 16 | 3 16 17·4 | +13 37 30 | 12·3 | 1 39·0 |
| 17 | 3 15 43·9 | +13 34 25 | 12·3 | 1 34·5 |
| 18 | 3 15 09·6 | +13 31 17 | 12·3 | 1 30·0 |
| 19 | 3 14 34·6 | +13 28 07 | 12·3 | 1 25·5 |
| 20 | 3 13 58·8 | +13 24 56 | 12·3 | 1 21·0 |
| 21 | 3 13 22·3 | +13 21 42 | 12·2 | 1 16·4 |
| 22 | 3 12 45·1 | +13 18 27 | 12·2 | 1 11·9 |
| 23 | 3 12 07·3 | +13 15 11 | 12·2 | 1 07·3 |
| 24 | 3 11 28·9 | +13 11 53 | 12·2 | 1 02·7 |
| 25 | 3 10 49·9 | +13 08 33 | 12·2 | 0 58·2 |
| 26 | 3 10 10·3 | +13 05 13 | 12·1 | 0 53·6 |
| 27 | 3 09 30·2 | +13 01 52 | 12·1 | 0 49·0 |
| 28 | 3 08 49·6 | +12 58 29 | 12·1 | 0 44·4 |
| 29 | 3 08 08·6 | +12 55 06 | 12·1 | 0 39·8 |
| 30 | 3 07 27·1 | +12 51 43 | 12·1 | 0 35·1 |
| 31 | 3 06 45·3 | +12 48 19 | 12·0 | 0 30·5 |
| Nov. 1 | 3 06 03·1 | +12 44 55 | 12·0 | 0 25·9 |
| 2 | 3 05 20·6 | +12 41 31 | 12·0 | 0 21·3 |
| 3 | 3 04 37·8 | +12 38 07 | 12·0 | 0 16·6 |
| 4 | 3 03 54·8 | +12 34 44 | 11·9 | 0 12·0 |
| 5 | 3 03 11·6 | +12 31 20 | 11·9 | 0 07·3 |
| 6 | 3 02 28·3 | +12 27 58 | 11·9 | 0 02·7 |
| 7 | 3 01 44·9 | +12 24 37 | 11·9 | 23 53·4 |
| Nov. 8 | 3 01 01·3 | +12 21 16 | 11·9 | 23 48·7 |

| Date | Astrometric R.A. | Dec. | Vis. Mag. | Ephemeris Transit |
|---|---|---|---|---|
| | h m s | ° ′ ″ | | h m |
| 2010 Nov. 8 | 3 01 01·3 | +12 21 16 | 11·9 | 23 48·7 |
| 9 | 3 00 17·8 | +12 17 57 | 11·9 | 23 44·1 |
| 10 | 2 59 34·3 | +12 14 40 | 11·9 | 23 39·4 |
| 11 | 2 58 50·8 | +12 11 24 | 11·9 | 23 34·8 |
| 12 | 2 58 07·5 | +12 08 09 | 11·9 | 23 30·1 |
| 13 | 2 57 24·3 | +12 04 57 | 11·9 | 23 25·5 |
| 14 | 2 56 41·2 | +12 01 47 | 12·0 | 23 20·8 |
| 15 | 2 55 58·4 | +11 58 39 | 12·0 | 23 16·2 |
| 16 | 2 55 15·8 | +11 55 33 | 12·0 | 23 11·6 |
| 17 | 2 54 33·6 | +11 52 31 | 12·0 | 23 06·9 |
| 18 | 2 53 51·6 | +11 49 31 | 12·1 | 23 02·3 |
| 19 | 2 53 10·0 | +11 46 34 | 12·1 | 22 57·7 |
| 20 | 2 52 28·9 | +11 43 40 | 12·1 | 22 53·1 |
| 21 | 2 51 48·1 | +11 40 49 | 12·1 | 22 48·5 |
| 22 | 2 51 07·8 | +11 38 02 | 12·1 | 22 43·9 |
| 23 | 2 50 28·1 | +11 35 18 | 12·2 | 22 39·3 |
| 24 | 2 49 48·8 | +11 32 38 | 12·2 | 22 34·7 |
| 25 | 2 49 10·1 | +11 30 02 | 12·2 | 22 30·2 |
| 26 | 2 48 32·0 | +11 27 30 | 12·2 | 22 25·6 |
| 27 | 2 47 54·6 | +11 25 02 | 12·3 | 22 21·1 |
| 28 | 2 47 17·8 | +11 22 38 | 12·3 | 22 16·5 |
| 29 | 2 46 41·6 | +11 20 19 | 12·3 | 22 12·0 |
| 30 | 2 46 06·2 | +11 18 04 | 12·3 | 22 07·5 |
| Dec. 1 | 2 45 31·6 | +11 15 53 | 12·3 | 22 03·0 |
| 2 | 2 44 57·7 | +11 13 48 | 12·4 | 21 58·5 |
| 3 | 2 44 24·5 | +11 11 47 | 12·4 | 21 54·1 |
| 4 | 2 43 52·3 | +11 09 51 | 12·4 | 21 49·6 |
| 5 | 2 43 20·8 | +11 08 00 | 12·4 | 21 45·2 |
| 6 | 2 42 50·3 | +11 06 15 | 12·5 | 21 40·8 |
| 7 | 2 42 20·6 | +11 04 34 | 12·5 | 21 36·3 |
| 8 | 2 41 51·8 | +11 02 59 | 12·5 | 21 31·9 |
| 9 | 2 41 24·0 | +11 01 30 | 12·5 | 21 27·6 |
| 10 | 2 40 57·2 | +11 00 06 | 12·5 | 21 23·2 |
| 11 | 2 40 31·3 | +10 58 47 | 12·5 | 21 18·9 |
| 12 | 2 40 06·4 | +10 57 34 | 12·6 | 21 14·5 |
| 13 | 2 39 42·5 | +10 56 26 | 12·6 | 21 10·2 |
| 14 | 2 39 19·6 | +10 55 24 | 12·6 | 21 05·9 |
| 15 | 2 38 57·8 | +10 54 28 | 12·6 | 21 01·6 |
| 16 | 2 38 36·9 | +10 53 38 | 12·6 | 20 57·4 |
| 17 | 2 38 17·2 | +10 52 53 | 12·7 | 20 53·1 |
| 18 | 2 37 58·5 | +10 52 14 | 12·7 | 20 48·9 |
| 19 | 2 37 40·8 | +10 51 41 | 12·7 | 20 44·7 |
| 20 | 2 37 24·2 | +10 51 13 | 12·7 | 20 40·5 |
| 21 | 2 37 08·7 | +10 50 52 | 12·7 | 20 36·3 |
| 22 | 2 36 54·3 | +10 50 36 | 12·7 | 20 32·2 |
| 23 | 2 36 41·0 | +10 50 26 | 12·8 | 20 28·0 |
| 24 | 2 36 28·7 | +10 50 21 | 12·8 | 20 23·9 |
| 25 | 2 36 17·6 | +10 50 22 | 12·8 | 20 19·8 |
| 26 | 2 36 07·5 | +10 50 29 | 12·8 | 20 15·7 |
| 27 | 2 35 58·6 | +10 50 42 | 12·8 | 20 11·7 |
| 28 | 2 35 50·7 | +10 51 01 | 12·8 | 20 07·6 |
| 29 | 2 35 43·9 | +10 51 25 | 12·9 | 20 03·6 |
| 30 | 2 35 38·3 | +10 51 55 | 12·9 | 19 59·6 |
| 31 | 2 35 33·7 | +10 52 30 | 12·9 | 19 55·6 |
| 2011 Jan. 1 | 2 35 30·3 | +10 53 11 | 12·9 | 19 51·6 |
| 2 | 2 35 28·0 | +10 53 58 | 12·9 | 19 47·7 |
| Jan. 3 | 2 35 26·7 | +10 54 50 | 12·9 | 19 43·7 |
| 4 | 2 35 26·6 | +10 55 47 | 13·0 | 19 39·8 |
| 5 | 2 35 27·6 | +10 56 50 | 13·0 | 19 35·9 |
| Jan. 6 | 2 35 29·6 | +10 57 59 | 13·0 | 19 32·0 |

Second transit for Cybele 2010 November 6ᵈ 23ʰ 58ᵐ0

# DAVIDA, 2010

## GEOCENTRIC POSITIONS FOR 0ʰ TERRESTRIAL TIME

| Date | Astrometric R.A. | Dec. | Vis. Mag. | Ephemeris Transit | Date | Astrometric R.A. | Dec. | Vis. Mag. | Ephemeris Transit |
|---|---|---|---|---|---|---|---|---|---|
| | h m s | ° ′ ″ | | h m | | h m s | ° ′ ″ | | h m |
| 2010 Mar. 4 | 15 25 41·8 | + 0 01 31 | 12·1 | 4 38·9 | 2010 May 2 | 15 02 44·8 | + 3 56 11 | 11·4 | 0 24·0 |
| 5 | 15 25 50·4 | + 0 05 12 | 12·1 | 4 35·1 | 3 | 15 01 59·1 | + 3 58 20 | 11·4 | 0 19·3 |
| 6 | 15 25 57·9 | + 0 08 58 | 12·1 | 4 31·3 | 4 | 15 01 13·3 | + 4 00 21 | 11·4 | 0 14·6 |
| 7 | 15 26 04·2 | + 0 12 47 | 12·0 | 4 27·5 | 5 | 15 00 27·4 | + 4 02 14 | 11·5 | 0 09·9 |
| 8 | 15 26 09·2 | + 0 16 41 | 12·0 | 4 23·6 | 6 | 14 59 41·5 | + 4 03 59 | 11·5 | 0 05·2 |
| 9 | 15 26 13·1 | + 0 20 38 | 12·0 | 4 19·7 | 7 | 14 58 55·6 | + 4 05 36 | 11·5 | 0 00·5 |
| 10 | 15 26 15·7 | + 0 24 38 | 12·0 | 4 15·9 | 8 | 14 58 09·7 | + 4 07 04 | 11·5 | 23 51·2 |
| Mar. 11 | 15 26 17·1 | + 0 28 42 | 12·0 | 4 11·9 | 9 | 14 57 23·9 | + 4 08 23 | 11·5 | 23 46·5 |
| 12 | 15 26 17·3 | + 0 32 49 | 12·0 | 4 08·0 | 10 | 14 56 38·3 | + 4 09 35 | 11·5 | 23 41·8 |
| 13 | 15 26 16·2 | + 0 36 59 | 12·0 | 4 04·1 | 11 | 14 55 52·8 | + 4 10 37 | 11·5 | 23 37·1 |
| 14 | 15 26 13·9 | + 0 41 12 | 12·0 | 4 00·1 | 12 | 14 55 07·4 | + 4 11 30 | 11·5 | 23 32·4 |
| 15 | 15 26 10·4 | + 0 45 28 | 11·9 | 3 56·1 | 13 | 14 54 22·4 | + 4 12 15 | 11·5 | 23 27·8 |
| 16 | 15 26 05·7 | + 0 49 46 | 11·9 | 3 52·1 | 14 | 14 53 37·6 | + 4 12 51 | 11·5 | 23 23·1 |
| 17 | 15 25 59·7 | + 0 54 07 | 11·9 | 3 48·0 | 15 | 14 52 53·1 | + 4 13 18 | 11·5 | 23 18·4 |
| 18 | 15 25 52·5 | + 0 58 30 | 11·9 | 3 44·0 | 16 | 14 52 09·0 | + 4 13 35 | 11·5 | 23 13·8 |
| 19 | 15 25 44·0 | + 1 02 55 | 11·9 | 3 39·9 | 17 | 14 51 25·3 | + 4 13 44 | 11·6 | 23 09·1 |
| 20 | 15 25 34·4 | + 1 07 22 | 11·9 | 3 35·8 | 18 | 14 50 42·0 | + 4 13 43 | 11·6 | 23 04·5 |
| 21 | 15 25 23·5 | + 1 11 50 | 11·9 | 3 31·7 | 19 | 14 49 59·2 | + 4 13 33 | 11·6 | 22 59·8 |
| 22 | 15 25 11·4 | + 1 16 20 | 11·9 | 3 27·6 | 20 | 14 49 16·9 | + 4 13 15 | 11·6 | 22 55·2 |
| 23 | 15 24 58·1 | + 1 20 51 | 11·8 | 3 23·4 | 21 | 14 48 35·1 | + 4 12 47 | 11·6 | 22 50·6 |
| 24 | 15 24 43·6 | + 1 25 24 | 11·8 | 3 19·2 | 22 | 14 47 53·9 | + 4 12 10 | 11·6 | 22 46·0 |
| 25 | 15 24 27·9 | + 1 29 57 | 11·8 | 3 15·0 | 23 | 14 47 13·3 | + 4 11 24 | 11·6 | 22 41·4 |
| 26 | 15 24 11·1 | + 1 34 31 | 11·8 | 3 10·8 | 24 | 14 46 33·3 | + 4 10 29 | 11·7 | 22 36·8 |
| 27 | 15 23 53·1 | + 1 39 05 | 11·8 | 3 06·6 | 25 | 14 45 53·9 | + 4 09 25 | 11·7 | 22 32·2 |
| 28 | 15 23 33·9 | + 1 43 39 | 11·8 | 3 02·3 | 26 | 14 45 15·3 | + 4 08 12 | 11·7 | 22 27·7 |
| 29 | 15 23 13·6 | + 1 48 14 | 11·8 | 2 58·1 | 27 | 14 44 37·3 | + 4 06 50 | 11·7 | 22 23·1 |
| 30 | 15 22 52·1 | + 1 52 48 | 11·8 | 2 53·8 | 28 | 14 44 00·1 | + 4 05 19 | 11·7 | 22 18·6 |
| 31 | 15 22 29·5 | + 1 57 22 | 11·7 | 2 49·5 | 29 | 14 43 23·6 | + 4 03 40 | 11·7 | 22 14·1 |
| Apr. 1 | 15 22 05·8 | + 2 01 55 | 11·7 | 2 45·2 | 30 | 14 42 47·9 | + 4 01 52 | 11·7 | 22 09·6 |
| 2 | 15 21 41·1 | + 2 06 27 | 11·7 | 2 40·8 | 31 | 14 42 13·0 | + 3 59 55 | 11·8 | 22 05·1 |
| 3 | 15 21 15·2 | + 2 10 59 | 11·7 | 2 36·4 | June 1 | 14 41 38·9 | + 3 57 50 | 11·8 | 22 00·6 |
| 4 | 15 20 48·3 | + 2 15 29 | 11·7 | 2 32·1 | 2 | 14 41 05·7 | + 3 55 37 | 11·8 | 21 56·1 |
| 5 | 15 20 20·3 | + 2 19 57 | 11·7 | 2 27·7 | 3 | 14 40 33·3 | + 3 53 15 | 11·8 | 21 51·7 |
| 6 | 15 19 51·3 | + 2 24 24 | 11·7 | 2 23·3 | 4 | 14 40 01·8 | + 3 50 45 | 11·8 | 21 47·2 |
| 7 | 15 19 21·2 | + 2 28 49 | 11·6 | 2 18·8 | 5 | 14 39 31·2 | + 3 48 06 | 11·8 | 21 42·8 |
| 8 | 15 18 50·2 | + 2 33 12 | 11·6 | 2 14·4 | 6 | 14 39 01·5 | + 3 45 20 | 11·9 | 21 38·4 |
| 9 | 15 18 18·3 | + 2 37 32 | 11·6 | 2 09·9 | 7 | 14 38 32·7 | + 3 42 25 | 11·9 | 21 34·0 |
| 10 | 15 17 45·3 | + 2 41 49 | 11·6 | 2 05·4 | 8 | 14 38 04·9 | + 3 39 23 | 11·9 | 21 29·6 |
| 11 | 15 17 11·5 | + 2 46 03 | 11·6 | 2 00·9 | 9 | 14 37 38·0 | + 3 36 13 | 11·9 | 21 25·2 |
| 12 | 15 16 36·7 | + 2 50 14 | 11·6 | 1 56·4 | 10 | 14 37 12·1 | + 3 32 55 | 11·9 | 21 20·9 |
| 13 | 15 16 01·1 | + 2 54 21 | 11·6 | 1 51·9 | 11 | 14 36 47·2 | + 3 29 29 | 11·9 | 21 16·6 |
| 14 | 15 15 24·7 | + 2 58 25 | 11·6 | 1 47·4 | 12 | 14 36 23·3 | + 3 25 56 | 12·0 | 21 12·3 |
| 15 | 15 14 47·5 | + 3 02 24 | 11·6 | 1 42·8 | 13 | 14 36 00·4 | + 3 22 16 | 12·0 | 21 08·0 |
| 16 | 15 14 09·5 | + 3 06 20 | 11·5 | 1 38·3 | 14 | 14 35 38·5 | + 3 18 28 | 12·0 | 21 03·7 |
| 17 | 15 13 30·7 | + 3 10 10 | 11·5 | 1 33·7 | 15 | 14 35 17·7 | + 3 14 34 | 12·0 | 20 59·4 |
| 18 | 15 12 51·2 | + 3 13 56 | 11·5 | 1 29·1 | 16 | 14 34 57·9 | + 3 10 32 | 12·0 | 20 55·2 |
| 19 | 15 12 11·1 | + 3 17 37 | 11·5 | 1 24·5 | 17 | 14 34 39·2 | + 3 06 24 | 12·0 | 20 51·0 |
| 20 | 15 11 30·3 | + 3 21 12 | 11·5 | 1 19·9 | 18 | 14 34 21·5 | + 3 02 09 | 12·0 | 20 46·7 |
| 21 | 15 10 49·0 | + 3 24 42 | 11·5 | 1 15·3 | 19 | 14 34 04·8 | + 2 57 47 | 12·1 | 20 42·5 |
| 22 | 15 10 07·0 | + 3 28 06 | 11·5 | 1 10·6 | 20 | 14 33 49·3 | + 2 53 19 | 12·1 | 20 38·4 |
| 23 | 15 09 24·6 | + 3 31 25 | 11·5 | 1 06·0 | 21 | 14 33 34·8 | + 2 48 45 | 12·1 | 20 34·2 |
| 24 | 15 08 41·6 | + 3 34 37 | 11·5 | 1 01·4 | 22 | 14 33 21·3 | + 2 44 04 | 12·1 | 20 30·1 |
| 25 | 15 07 58·2 | + 3 37 43 | 11·5 | 0 56·7 | 23 | 14 33 09·0 | + 2 39 18 | 12·1 | 20 26·0 |
| 26 | 15 07 14·4 | + 3 40 42 | 11·5 | 0 52·1 | 24 | 14 32 57·7 | + 2 34 26 | 12·1 | 20 21·9 |
| 27 | 15 06 30·2 | + 3 43 35 | 11·5 | 0 47·4 | 25 | 14 32 47·4 | + 2 29 28 | 12·1 | 20 17·8 |
| 28 | 15 05 45·7 | + 3 46 20 | 11·5 | 0 42·7 | 26 | 14 32 38·2 | + 2 24 25 | 12·2 | 20 13·7 |
| 29 | 15 05 00·8 | + 3 48 59 | 11·4 | 0 38·1 | 27 | 14 32 30·1 | + 2 19 17 | 12·2 | 20 09·6 |
| 30 | 15 04 15·7 | + 3 51 31 | 11·4 | 0 33·4 | 28 | 14 32 23·0 | + 2 14 03 | 12·2 | 20 05·6 |
| May 1 | 15 03 30·4 | + 3 53 55 | 11·4 | 0 28·7 | 29 | 14 32 17·0 | + 2 08 44 | 12·2 | 20 01·6 |
| May 2 | 15 02 44·8 | + 3 56 11 | 11·4 | 0 24·0 | June 30 | 14 32 12·1 | + 2 03 20 | 12·2 | 19 57·6 |

Second transit for Davida 2010 May 7ᵈ 23ʰ 55ᵐ9

## GEOCENTRIC POSITIONS FOR 0ʰ TERRESTRIAL TIME

| Date | Astrometric R.A. | Dec. | Vis. Mag. | Ephemeris Transit | Date | Astrometric R.A. | Dec. | Vis. Mag. | Ephemeris Transit |
|---|---|---|---|---|---|---|---|---|---|
| | h m s | ° ′ ″ | | h m | | h m s | ° ′ ″ | | h m |
| 2010 Mar. 7 | 14 52 35·7 | −35 52 27 | 12·1 | 3 54·2 | 2010 May 5 | 14 19 13·8 | −35 23 40 | 11·2 | 23 24·2 |
| 8 | 14 52 35·8 | −35 56 23 | 12·0 | 3 50·3 | 6 | 14 18 22·6 | −35 17 52 | 11·2 | 23 19·4 |
| 9 | 14 52 34·4 | −36 00 12 | 12·0 | 3 46·3 | 7 | 14 17 31·7 | −35 11 54 | 11·2 | 23 14·6 |
| 10 | 14 52 31·7 | −36 03 56 | 12·0 | 3 42·3 | 8 | 14 16 41·2 | −35 05 48 | 11·2 | 23 09·9 |
| 11 | 14 52 27·6 | −36 07 32 | 12·0 | 3 38·3 | 9 | 14 15 51·1 | −34 59 33 | 11·2 | 23 05·1 |
| 12 | 14 52 22·1 | −36 11 02 | 12·0 | 3 34·3 | 10 | 14 15 01·5 | −34 53 10 | 11·2 | 23 00·4 |
| 13 | 14 52 15·1 | −36 14 25 | 12·0 | 3 30·2 | 11 | 14 14 12·5 | −34 46 39 | 11·2 | 22 55·6 |
| 14 | 14 52 06·8 | −36 17 41 | 12·0 | 3 26·2 | 12 | 14 13 24·1 | −34 40 01 | 11·2 | 22 50·9 |
| 15 | 14 51 57·1 | −36 20 50 | 11·9 | 3 22·1 | 13 | 14 12 36·2 | −34 33 15 | 11·2 | 22 46·2 |
| 16 | 14 51 45·9 | −36 23 51 | 11·9 | 3 17·9 | 14 | 14 11 49·1 | −34 26 23 | 11·2 | 22 41·5 |
| 17 | 14 51 33·3 | −36 26 45 | 11·9 | 3 13·8 | 15 | 14 11 02·7 | −34 19 24 | 11·2 | 22 36·8 |
| 18 | 14 51 19·4 | −36 29 31 | 11·9 | 3 09·6 | 16 | 14 10 17·1 | −34 12 18 | 11·2 | 22 32·1 |
| 19 | 14 51 04·0 | −36 32 09 | 11·9 | 3 05·5 | 17 | 14 09 32·2 | −34 05 07 | 11·2 | 22 27·5 |
| 20 | 14 50 47·2 | −36 34 38 | 11·9 | 3 01·2 | 18 | 14 08 48·3 | −33 57 51 | 11·3 | 22 22·8 |
| 21 | 14 50 29·1 | −36 37 00 | 11·8 | 2 57·0 | 19 | 14 08 05·2 | −33 50 30 | 11·3 | 22 18·2 |
| 22 | 14 50 09·6 | −36 39 13 | 11·8 | 2 52·7 | 20 | 14 07 23·0 | −33 43 04 | 11·3 | 22 13·6 |
| 23 | 14 49 48·7 | −36 41 17 | 11·8 | 2 48·5 | 21 | 14 06 41·9 | −33 35 34 | 11·3 | 22 09·0 |
| 24 | 14 49 26·4 | −36 43 13 | 11·8 | 2 44·2 | 22 | 14 06 01·7 | −33 28 00 | 11·3 | 22 04·4 |
| 25 | 14 49 02·8 | −36 44 59 | 11·8 | 2 39·8 | 23 | 14 05 22·5 | −33 20 23 | 11·3 | 21 59·8 |
| 26 | 14 48 37·9 | −36 46 36 | 11·8 | 2 35·5 | 24 | 14 04 44·3 | −33 12 42 | 11·3 | 21 55·3 |
| 27 | 14 48 11·7 | −36 48 04 | 11·7 | 2 31·1 | 25 | 14 04 07·3 | −33 05 00 | 11·3 | 21 50·7 |
| 28 | 14 47 44·2 | −36 49 23 | 11·7 | 2 26·7 | 26 | 14 03 31·3 | −32 57 14 | 11·4 | 21 46·2 |
| 29 | 14 47 15·4 | −36 50 31 | 11·7 | 2 22·3 | 27 | 14 02 56·5 | −32 49 27 | 11·4 | 21 41·7 |
| 30 | 14 46 45·3 | −36 51 30 | 11·7 | 2 17·9 | 28 | 14 02 22·8 | −32 41 38 | 11·4 | 21 37·3 |
| 31 | 14 46 14·0 | −36 52 19 | 11·7 | 2 13·4 | 29 | 14 01 50·3 | −32 33 48 | 11·4 | 21 32·8 |
| Apr. 1 | 14 45 41·5 | −36 52 58 | 11·7 | 2 09·0 | 30 | 14 01 19·0 | −32 25 58 | 11·4 | 21 28·4 |
| 2 | 14 45 07·7 | −36 53 26 | 11·6 | 2 04·5 | 31 | 14 00 48·8 | −32 18 06 | 11·4 | 21 24·0 |
| 3 | 14 44 32·8 | −36 53 44 | 11·6 | 2 00·0 | June 1 | 14 00 19·9 | −32 10 15 | 11·5 | 21 19·6 |
| 4 | 14 43 56·7 | −36 53 52 | 11·6 | 1 55·4 | 2 | 13 59 52·2 | −32 02 24 | 11·5 | 21 15·2 |
| 5 | 14 43 19·5 | −36 53 48 | 11·6 | 1 50·9 | 3 | 13 59 25·7 | −31 54 33 | 11·5 | 21 10·8 |
| 6 | 14 42 41·2 | −36 53 34 | 11·6 | 1 46·3 | 4 | 13 59 00·5 | −31 46 44 | 11·5 | 21 06·5 |
| 7 | 14 42 01·8 | −36 53 09 | 11·5 | 1 41·7 | 5 | 13 58 36·6 | −31 38 55 | 11·5 | 21 02·2 |
| 8 | 14 41 21·3 | −36 52 32 | 11·5 | 1 37·1 | 6 | 13 58 14·0 | −31 31 08 | 11·5 | 20 57·9 |
| 9 | 14 40 39·9 | −36 51 44 | 11·5 | 1 32·5 | 7 | 13 57 52·7 | −31 23 23 | 11·6 | 20 53·6 |
| 10 | 14 39 57·5 | −36 50 45 | 11·5 | 1 27·9 | 8 | 13 57 32·7 | −31 15 40 | 11·6 | 20 49·4 |
| 11 | 14 39 14·1 | −36 49 34 | 11·5 | 1 23·2 | 9 | 13 57 13·9 | −31 07 59 | 11·6 | 20 45·2 |
| 12 | 14 38 29·8 | −36 48 12 | 11·5 | 1 18·6 | 10 | 13 56 56·6 | −31 00 22 | 11·6 | 20 41·0 |
| 13 | 14 37 44·7 | −36 46 38 | 11·4 | 1 13·9 | 11 | 13 56 40·5 | −30 52 47 | 11·6 | 20 36·8 |
| 14 | 14 36 58·8 | −36 44 52 | 11·4 | 1 09·2 | 12 | 13 56 25·8 | −30 45 16 | 11·6 | 20 32·6 |
| 15 | 14 36 12·1 | −36 42 54 | 11·4 | 1 04·5 | 13 | 13 56 12·4 | −30 37 48 | 11·6 | 20 28·5 |
| 16 | 14 35 24·7 | −36 40 45 | 11·4 | 0 59·8 | 14 | 13 56 00·4 | −30 30 24 | 11·7 | 20 24·4 |
| 17 | 14 34 36·6 | −36 38 24 | 11·4 | 0 55·0 | 15 | 13 55 49·7 | −30 23 05 | 11·7 | 20 20·3 |
| 18 | 14 33 47·9 | −36 35 51 | 11·4 | 0 50·3 | 16 | 13 55 40·3 | −30 15 49 | 11·7 | 20 16·2 |
| 19 | 14 32 58·7 | −36 33 06 | 11·3 | 0 45·5 | 17 | 13 55 32·3 | −30 08 39 | 11·7 | 20 12·2 |
| 20 | 14 32 08·8 | −36 30 10 | 11·3 | 0 40·8 | 18 | 13 55 25·7 | −30 01 33 | 11·7 | 20 08·2 |
| 21 | 14 31 18·6 | −36 27 01 | 11·3 | 0 36·0 | 19 | 13 55 20·3 | −29 54 32 | 11·7 | 20 04·2 |
| 22 | 14 30 27·9 | −36 23 42 | 11·3 | 0 31·2 | 20 | 13 55 16·4 | −29 47 37 | 11·8 | 20 00·2 |
| 23 | 14 29 36·8 | −36 20 10 | 11·3 | 0 26·5 | 21 | 13 55 13·7 | −29 40 46 | 11·8 | 19 56·2 |
| 24 | 14 28 45·4 | −36 16 27 | 11·3 | 0 21·7 | June 22 | 13 55 12·3 | −29 34 02 | 11·8 | 19 52·3 |
| 25 | 14 27 53·8 | −36 12 33 | 11·3 | 0 16·9 | 23 | 13 55 12·3 | −29 27 23 | 11·8 | 19 48·4 |
| 26 | 14 27 01·9 | −36 08 28 | 11·2 | 0 12·1 | 24 | 13 55 13·5 | −29 20 50 | 11·8 | 19 44·5 |
| 27 | 14 26 09·9 | −36 04 12 | 11·2 | 0 07·3 | 25 | 13 55 16·1 | −29 14 23 | 11·8 | 19 40·6 |
| 28 | 14 25 17·8 | −35 59 44 | 11·2 | 0 02·5 | 26 | 13 55 19·9 | −29 08 02 | 11·8 | 19 36·7 |
| 29 | 14 24 25·6 | −35 55 06 | 11·2 | 23 52·9 | 27 | 13 55 25·0 | −29 01 47 | 11·9 | 19 32·9 |
| 30 | 14 23 33·3 | −35 50 17 | 11·2 | 23 48·1 | 28 | 13 55 31·4 | −28 55 39 | 11·9 | 19 29·1 |
| May 1 | 14 22 41·2 | −35 45 18 | 11·2 | 23 43·3 | 29 | 13 55 39·0 | −28 49 37 | 11·9 | 19 25·3 |
| 2 | 14 21 49·1 | −35 40 08 | 11·2 | 23 38·5 | 30 | 13 55 47·9 | −28 43 42 | 11·9 | 19 21·5 |
| 3 | 14 20 57·1 | −35 34 49 | 11·2 | 23 33·7 | July 1 | 13 55 58·0 | −28 37 53 | 11·9 | 19 17·8 |
| 4 | 14 20 05·3 | −35 29 19 | 11·2 | 23 29·0 | 2 | 13 56 09·4 | −28 32 11 | 11·9 | 19 14·1 |
| May 5 | 14 19 13·8 | −35 23 40 | 11·2 | 23 24·2 | July 3 | 13 56 21·9 | −28 26 36 | 11·9 | 19 10·4 |

Second transit for Interamnia 2010 April 28ᵈ 23ʰ 57ᵐ7

**Notes on comets**

The osculating elements for periodic comets returning to perihelion in 2010 have been supplied by B.G. Marsden, Smithsonian Astrophysical Observatory

The following table of osculating elements is for use in the generation of ephemerides by numerical integration. Typically, an ephemeris may be computed from these unperturbed elements to provide positions accurate to one to two arcminutes within a year of the epoch (Osc. epoch). The innate inaccuracy in some of these elements can be more of a problem, particularly for those comets that have been observed for no more than a few months in the past (i.e. those without a number in front of the P/). It is important to note that elements for numbered comets may be prone to uncertainty due to non-gravitational forces that affect their orbits. In some case these forces have a degree of predictability. However, calculations of these non-gravitational effects can never be absolute and their effects in common with short-arc uncertainties mainly affect the perihelion time $T$.

Up-to-date elements of the comets currently observable may be found at http://cfa-www.harvard.edu/iau/Ephemerides/Comets/index.html.

## OSCULATING ELEMENTS FOR ECLIPTIC AND EQUINOX OF J2000·0

| Name | Perihelion Time $T$ | Perihelion Distance $q$ | Eccentricity $e$ | Period $P$ | Arg. of Perihelion $\omega$ | Long. of Asc. Node $\Omega$ | Inclination $i$ | Osc. Epoch |
|---|---|---|---|---|---|---|---|---|
| | | au | | years | ° | ° | ° | |
| 118P/Shoemaker-Levy | Jan.   2·325 09 | 1·983 9245 | 0·427 3511 | 6·45 | 302·144 98 | 151·807 14 | 8·509 43 | Jan.   4 |
| 82P/Gehrels | Jan.  12·081 39 | 3·633 3748 | 0·122 2275 | 8·42 | 226·267 39 | 239·510 01 | 1·126 09 | Jan.   4 |
| P/2003 XD$_{10}$ | Jan.  31·949 25 | 1·989 7316 | 0·416 3634 | 6·29 | 16·092 61 | 40·528 37 | 13·435 97 | Feb.  13 |
| (LINEAR-NEAT) | | | | | | | | |
| P/1999 WJ$_7$ (Korlevic) | Feb.   8·559 40 | 3·182 1704 | 0·315 1578 | 10·02 | 154·549 98 | 290·565 12 | 2·975 84 | Feb.  13 |
| 149P/Mueller | Feb.  19·205 81 | 2·650 9296 | 0·388 4960 | 9·03 | 43·766 63 | 145·265 74 | 29·734 86 | Feb.  13 |
| 157P/Tritton | Feb.  20·538 14 | 1·360 2026 | 0·601 0792 | 6·30 | 148·747 41 | 300·108 87 | 7·277 41 | Feb.  13 |
| 81P/Wild | Feb.  22·720 89 | 1·598 0585 | 0·537 3911 | 6·42 | 41·793 89 | 136·096 99 | 3·237 50 | Feb.  13 |
| 126P/IRAS | Feb.  22·794 51 | 1·713 4074 | 0·696 6139 | 13·42 | 356·730 46 | 357·760 69 | 45·830 17 | Feb.  13 |
| P/2004 R1 (McNaught) | Feb.  23·656 40 | 0·985 6845 | 0·682 7575 | 5·48 | 0·686 28 | 295·964 74 | 4·893 70 | Feb.  13 |
| 65P/Gunn | Mar.   2·136 84 | 2·440 3621 | 0·319 3783 | 6·79 | 196·636 10 | 68·356 85 | 10·386 52 | Feb.  13 |
| P/2002 LZ$_{11}$ (LINEAR) | Mar.   6·091 57 | 2·364 3246 | 0·353 3221 | 6·99 | 107·764 01 | 231·051 27 | 11·521 12 | Mar.  25 |
| 162P/Siding Spring | Mar.   8·422 56 | 1·233 0700 | 0·596 0617 | 5·33 | 356·306 49 | 31·240 08 | 27·816 77 | Mar.  25 |
| P/2001 R6 (LINEAR-Skiff) | Mar.  26·113 01 | 2·178 6381 | 0·477 6708 | 8·52 | 308·448 74 | 67·323 61 | 17·386 41 | Mar.  25 |
| 94P/Russell | Mar.  29·744 50 | 2·240 2717 | 0·363 1069 | 6·60 | 92·843 23 | 70·915 72 | 6·182 27 | Mar.  25 |
| 30P/Reinmuth | Apr.  19·544 97 | 1·884 0783 | 0·501 0451 | 7·34 | 13·206 74 | 119·754 49 | 8·122 22 | May   4 |
| 104P/Kowal | May   4·635 17 | 1·179 6494 | 0·638 1482 | 5·89 | 200·554 66 | 235·516 26 | 10·268 43 | May   4 |
| 141P/Machholz | May  24·489 25 | 0·757 7863 | 0·748 9009 | 5·24 | 149·370 29 | 246·085 55 | 12·802 46 | June 13 |
| 142P/Ge-Wang | May  30·536 97 | 2·488 0383 | 0·500 0323 | 11·10 | 175·732 71 | 176·518 18 | 12·306 10 | June 13 |
| P/2002 O8 (NEAT) | June   8·382 92 | 3·213 3782 | 0·201 1691 | 8·07 | 222·456 30 | 75·441 13 | 12·790 01 | June 13 |
| 43P/Wolf-Harrington | July   1·743 12 | 1·357 6152 | 0·594 4533 | 6·12 | 191·468 83 | 249·895 96 | 15·966 37 | June 13 |
| 10P/Tempel | July   4·907 29 | 1·422 6982 | 0·536 3342 | 5·37 | 195·660 83 | 117·825 08 | 12·022 31 | July 23 |
| P/1999 U3 (LINEAR) | July  18·524 16 | 1·921 3653 | 0·610 9997 | 10·98 | 110·157 26 | 305·974 31 | 20·883 84 | July 23 |
| 2P/Encke | Aug.   6·501 90 | 0·335 8688 | 0·848 3384 | 3·30 | 186·549 04 | 334·566 88 | 11·783 07 | July 23 |
| P/2002 S1 (Skiff) | Aug.  14·684 47 | 2·420 0665 | 0·416 8814 | 8·45 | 37·848 69 | 346·825 12 | 27·055 20 | Sept.  1 |
| P/2004 EW$_{38}$ | Sept.   3·691 59 | 1·794 8036 | 0·500 0164 | 6·80 | 90·134 55 | 49·883 89 | 6·524 78 | Sept.  1 |
| (Catalina-LINEAR) | | | | | | | | |
| P/2003 UY$_{275}$ (LINEAR) | Sept.   9·495 62 | 1·831 1852 | 0·509 2264 | 7·21 | 119·332 64 | 245·670 22 | 16·331 27 | Sept.  1 |
| 31P/Schwassmann-Wachmann | Sept.  29·491 03 | 3·424 3229 | 0·192 8041 | 8·74 | 17·932 42 | 114·190 09 | 4·546 75 | Oct.  11 |
| P/2002 X2 (NEAT) | Oct.   4·897 25 | 2·127 1279 | 0·449 5187 | 7·60 | 351·866 42 | 74·978 62 | 23·536 77 | Oct.  11 |
| 103P/Hartley | Oct.  28·279 00 | 1·058 6914 | 0·695 1271 | 6·47 | 181·202 82 | 219·760 18 | 13·618 41 | Oct.  11 |
| P/2000 G1 (LINEAR) | Nov.  13·943 97 | 1·000 1182 | 0·672 7701 | 5·34 | 343·299 94 | 190·997 38 | 10·390 04 | Nov.  20 |
| P/2004 HC$_{18}$ (LINEAR) | Dec.  29·596 84 | 1·714 0263 | 0·509 0878 | 6·52 | 30·983 82 | 219·485 62 | 23·493 11 | Dec.  30 |

## CONTENTS OF SECTION H

Except for the tables of ICRF radio sources, radio flux calibrators, and pulsars, positions tabulated in Section H are referred to the mean equator and equinox of J2010.5 = 2010 July 2.625 = JD 245 5380.125. The positions of the ICRF radio sources provide a practical realization of the ICRS. The positions of radio flux calibrators and pulsars are referred to the equator and equinox of J2000.0 = JD 245 1545.0.

When present, notes associated with a table are found on the table's last page.

| Flamsteed/Bayer Designation | | BS=HR No. | Right Ascension | Declination | Notes | V | U−B | B−V | Spectral Type |
|---|---|---|---|---|---|---|---|---|---|
| | | | h m s | ° ′ ″ | | | | | |
| | ε | Tuc | 9076 | 00 00 27.3 | −65 31 07 | | 4.50 | −0.28 | −0.08 | B9 IV |
| | θ | Oct | 9084 | 00 02 07.3 | −77 00 28 | | 4.78 | +1.41 | +1.27 | K2 III |
| 30 YY | | Psc | 9089 | 00 02 29.9 | −05 57 21 | | 4.41 | +1.83 | +1.63 | M3 III |
| 2 | | Cet | 9098 | 00 04 16.6 | −17 16 39 | | 4.55 | −0.12 | −0.05 | B9 IV |
| 33 BC | | Psc | 3 | 00 05 52.4 | −05 38 56 | 6 | 4.61 | +0.89 | +1.04 | K0 III−IV |
| 21 | α | And | 15 | 00 08 56.0 | +29 08 54 | d6 | 2.06 | −0.46 | −0.11 | B9p Hg Mn |
| 11 | β | Cas | 21 | 00 09 44.7 | +59 12 28 | svd6 | 2.27 | +0.11 | +0.34 | F2 III |
| | ε | Phe | 25 | 00 09 56.4 | −45 41 22 | | 3.88 | +0.84 | +1.03 | K0 III |
| 22 | | And | 27 | 00 10 52.2 | +46 07 50 | | 5.03 | +0.25 | +0.40 | F0 II |
| | κ² | Scl | 34 | 00 12 06.3 | −27 44 29 | d | 5.41 | +1.46 | +1.34 | K5 III |
| | θ | Scl | 35 | 00 12 15.9 | −35 04 28 | | 5.25 | | +0.44 | F3/5 V |
| 88 | γ | Peg | 39 | 00 13 46.7 | +15 14 31 | svd6 | 2.83 | −0.87 | −0.23 | B2 IV |
| 89 | χ | Peg | 45 | 00 15 08.9 | +20 15 54 | as | 4.80 | +1.93 | +1.57 | M2⁺ III |
| 7 AE | | Cet | 48 | 00 15 10.4 | −18 52 29 | | 4.44 | +1.99 | +1.66 | M1 III |
| 25 | σ | And | 68 | 00 18 52.7 | +36 50 36 | 6 | 4.52 | +0.07 | +0.05 | A2 Va |
| 8 | ι | Cet | 74 | 00 19 57.8 | −08 45 57 | d | 3.56 | +1.25 | +1.22 | K1 IIIb |
| | ζ | Tuc | 77 | 00 20 36.7 | −64 48 47 | | 4.23 | +0.02 | +0.58 | F9 V |
| 41 | | Psc | 80 | 00 21 08.3 | +08 14 55 | | 5.37 | +1.55 | +1.34 | K3⁻ III Ca 1 CN 0.5 |
| 27 | ρ | And | 82 | 00 21 40.6 | +38 01 36 | | 5.18 | +0.05 | +0.42 | F6 IV |
| | R | And | 90 | 00 24 35.4 | +38 38 06 | svd | 7.39 | +1.25 | +1.97 | S5/4.5e |
| | β | Hyi | 98 | 00 26 17.4 | −77 11 43 | | 2.80 | +0.11 | +0.62 | G1 IV |
| | κ | Phe | 100 | 00 26 43.0 | −43 37 18 | | 3.94 | +0.11 | +0.17 | A5 Vn |
| | α | Phe | 99 | 00 26 48.1 | −42 14 56 | 67 | 2.39 | +0.88 | +1.09 | K0 IIIb |
| | | | 118 | 00 30 54.1 | −23 43 47 | 6 | 5.19 | | +0.12 | A5 Vn |
| | λ¹ | Phe | 125 | 00 31 55.2 | −48 44 44 | d6 | 4.77 | +0.04 | +0.02 | A1 Va |
| | β¹ | Tuc | 126 | 00 32 01.3 | −62 54 02 | d6 | 4.37 | −0.17 | −0.07 | B9 V |
| 15 | κ | Cas | 130 | 00 33 36.3 | +62 59 23 | s6 | 4.16 | −0.80 | +0.14 | B0.7 Ia |
| 29 | π | And | 154 | 00 37 26.7 | +33 46 37 | d6 | 4.36 | −0.55 | −0.14 | B5 V |
| 17 | ζ | Cas | 153 | 00 37 33.7 | +53 57 16 | | 3.66 | −0.87 | −0.20 | B2 IV |
| | | | 157 | 00 37 55.1 | +35 27 26 | s | 5.42 | +0.45 | +0.88 | G2 Ib−II |
| 30 | ε | And | 163 | 00 39 06.8 | +29 22 07 | | 4.37 | +0.47 | +0.87 | G6 III Fe−3 CH 1 |
| 31 | δ | And | 165 | 00 39 53.5 | +30 55 06 | sd6 | 3.27 | +1.48 | +1.28 | K3 III |
| 18 | α | Cas | 168 | 00 41 06.6 | +56 35 41 | d | 2.23 | +1.13 | +1.17 | K0⁻ IIIa |
| | μ | Phe | 180 | 00 41 49.2 | −46 01 39 | | 4.59 | +0.72 | +0.97 | G8 III |
| | η | Phe | 191 | 00 43 49.4 | −57 24 20 | d | 4.36 | −0.02 | 0.00 | A0.5 IV |
| 16 | β | Cet | 188 | 00 44 07.0 | −17 55 45 | | 2.04 | +0.87 | +1.02 | G9 III CH−1 CN 0.5 Ca 1 |
| 22 | o | Cas | 193 | 00 45 18.9 | +48 20 30 | d6 | 4.54 | −0.51 | −0.07 | B5 III |
| 34 | ζ | And | 215 | 00 47 53.8 | +24 19 27 | vd6 | 4.06 | +0.90 | +1.12 | K0 III |
| | λ | Hyi | 236 | 00 48 57.1 | −74 51 59 | | 5.07 | +1.68 | +1.37 | K5 III |
| 63 | δ | Psc | 224 | 00 49 13.7 | +07 38 31 | d | 4.43 | +1.86 | +1.50 | K4.5 IIIb |
| 64 | | Psc | 225 | 00 49 31.9 | +16 59 50 | d6 | 5.07 | 0.00 | +0.51 | F7 V |
| 24 | η | Cas | 219 | 00 49 44.8 | +57 52 14 | sd6 | 3.44 | +0.01 | +0.57 | F9 V |
| 35 | ν | And | 226 | 00 50 23.8 | +41 08 09 | 6 | 4.53 | −0.58 | −0.15 | B5 V |
| 19 | φ² | Cet | 235 | 00 50 39.1 | −10 35 17 | | 5.19 | −0.02 | +0.50 | F8 V |
| | | | 233 | 00 51 22.4 | +64 18 16 | cd6 | 5.39 | +0.14 | +0.49 | G0 III−IV + B9.5 V |
| 20 | | Cet | 248 | 00 53 32.7 | −01 05 15 | | 4.77 | +1.93 | +1.57 | M0⁻ IIIa |
| | λ² | Tuc | 270 | 00 55 23.7 | −69 28 14 | | 5.45 | +1.00 | +1.09 | K2 III |
| 37 | μ | And | 269 | 00 57 20.4 | +38 33 22 | d | 3.87 | +0.15 | +0.13 | A5 IV−V |
| 27 | γ | Cas | 264 | 00 57 21.0 | +60 46 24 | d6 | 2.47 | −1.08 | −0.15 | B0 IVnpe (shell) |
| 38 | η | And | 271 | 00 57 46.2 | +23 28 27 | d6 | 4.42 | +0.69 | +0.94 | G8⁻ IIIb |

| Flamsteed/Bayer Designation | | BS=HR No. | Right Ascension | Declination | Notes | V | U−B | B−V | Spectral Type |
|---|---|---|---|---|---|---|---|---|---|
| | | | h m s | ° ′ ″ | | | | | |
| 68 | Psc | 274 | 00 58 24.4 | +29 02 56 | | 5.42 | | +1.08 | gG6 |
| α | Scl | 280 | 00 59 06.7 | −29 18 03 | s6 | 4.31 | −0.56 | −0.16 | B4 Vp |
| σ | Scl | 293 | 01 02 56.5 | −31 29 44 | | 5.50 | +0.13 | +0.08 | A2 V |
| 71 ε | Psc | 294 | 01 03 29.4 | +07 56 47 | | 4.28 | +0.70 | +0.96 | G9 III Fe−2 |
| β | Phe | 322 | 01 06 33.0 | −46 39 44 | d7 | 3.31 | +0.57 | +0.89 | G8 III |
| ι | Tuc | 332 | 01 07 43.5 | −61 43 10 | | 5.37 | | +0.88 | G5 III |
| υ | Phe | 331 | 01 08 16.6 | −41 25 52 | d | 5.21 | +0.09 | +0.16 | A3 IV/V |
| ζ | Phe | 338 | 01 08 49.4 | −55 11 23 | vd6 | 3.92 | −0.41 | −0.08 | B7 V |
| 30 μ | Cas | 321 | 01 08 58.7 | +54 58 17 | d6 | 5.17 | +0.09 | +0.69 | G5 Vb |
| 31 η | Cet | 334 | 01 09 07.1 | −10 07 37 | d | 3.45 | +1.19 | +1.16 | K2⁻ III CN 0.5 |
| 42 φ | And | 335 | 01 10 07.0 | +47 17 51 | d7 | 4.25 | −0.34 | −0.07 | B7 III |
| 43 β | And | 337 | 01 10 19.4 | +35 40 33 | ad | 2.06 | +1.96 | +1.58 | M0⁺ IIIa |
| | | 285 | 01 10 22.6 | +86 18 46 | | 4.25 | +1.33 | +1.21 | K2 III |
| 33 θ | Cas | 343 | 01 11 44.9 | +55 12 20 | d6 | 4.33 | +0.12 | +0.17 | A7m |
| 84 χ | Psc | 351 | 01 12 01.2 | +21 05 25 | | 4.66 | +0.82 | +1.03 | G8.5 III |
| 83 τ | Psc | 352 | 01 12 14.5 | +30 08 42 | 6 | 4.51 | +1.01 | +1.09 | K0.5 IIIb |
| 86 ζ | Psc | 361 | 01 14 16.9 | +07 37 50 | d67 | 5.24 | +0.09 | +0.32 | F0 Vn |
| 89 | Psc | 378 | 01 18 20.5 | +03 40 10 | 6 | 5.16 | +0.08 | +0.07 | A3 V |
| 90 υ | Psc | 383 | 01 20 02.8 | +27 19 08 | 6 | 4.76 | +0.10 | +0.03 | A2 IV |
| 34 φ | Cas | 382 | 01 20 45.0 | +58 17 11 | sd6 | 4.98 | +0.49 | +0.68 | F0 Ia |
| 46 ξ | And | 390 | 01 22 57.8 | +45 35 01 | 6 | 4.88 | +0.99 | +1.08 | K0⁻ IIIb |
| 45 θ | Cet | 402 | 01 24 32.9 | −08 07 46 | d | 3.60 | +0.93 | +1.06 | K0 IIIb |
| 37 δ | Cas | 403 | 01 26 30.7 | +60 17 22 | sd6 | 2.68 | +0.12 | +0.13 | A5 IV |
| 36 ψ | Cas | 399 | 01 26 41.3 | +68 11 04 | d | 4.74 | +0.94 | +1.05 | K0 III CN 0.5 |
| 94 | Psc | 414 | 01 27 15.8 | +19 17 40 | | 5.50 | +1.05 | +1.11 | gK1 |
| 48 ω | And | 417 | 01 28 17.4 | +45 27 38 | d | 4.83 | 0.00 | +0.42 | F5 V |
| γ | Phe | 429 | 01 28 49.2 | −43 15 53 | v6 | 3.41 | +1.85 | +1.57 | M0⁻ IIIa |
| 48 | Cet | 433 | 01 30 06.3 | −21 34 31 | d7 | 5.12 | +0.04 | +0.02 | A1 Va |
| δ | Phe | 440 | 01 31 41.3 | −49 01 06 | | 3.95 | +0.70 | +0.99 | G9 III |
| 99 η | Psc | 437 | 01 32 02.8 | +15 23 59 | d | 3.62 | +0.75 | +0.97 | G7 IIIa |
| 50 υ | And | 458 | 01 37 25.1 | +41 27 27 | d6 | 4.09 | +0.06 | +0.54 | F8 V |
| α | Eri | 472 | 01 38 06.2 | −57 11 01 | | 0.46 | −0.66 | −0.16 | B3 Vnp (shell) |
| 51 | And | 464 | 01 38 38.5 | +48 40 52 | | 3.57 | +1.45 | +1.28 | K3⁻ III |
| 40 | Cas | 456 | 01 39 22.5 | +73 05 35 | d | 5.28 | +0.72 | +0.96 | G7 III |
| 106 ν | Psc | 489 | 01 41 58.7 | +05 32 25 | | 4.44 | +1.57 | +1.36 | K3 IIIb |
| π | Scl | 497 | 01 42 37.0 | −32 16 28 | | 5.25 | +0.79 | +1.05 | K1 II/III |
| | | 500 | 01 43 15.4 | −03 38 16 | | 4.99 | +1.58 | +1.38 | K3 II−III |
| φ | Per | 496 | 01 44 19.5 | +50 44 28 | 6 | 4.07 | −0.93 | −0.04 | B2 Vep |
| 52 τ | Cet | 509 | 01 44 33.4 | −15 52 57 | d | 3.50 | +0.21 | +0.72 | G8 V |
| 110 o | Psc | 510 | 01 45 57.0 | +09 12 37 | s | 4.26 | +0.71 | +0.96 | G8 III |
| ε | Scl | 514 | 01 46 08.2 | −25 00 02 | d7 | 5.31 | +0.02 | +0.39 | F0 V |
| | | 513 | 01 46 30.9 | −05 40 52 | s | 5.34 | +1.88 | +1.52 | K4 III |
| 53 χ | Cet | 531 | 01 50 06.1 | −10 38 05 | d | 4.67 | +0.03 | +0.33 | F2 IV−V |
| 55 ζ | Cet | 539 | 01 51 58.8 | −10 17 01 | d6 | 3.73 | +1.07 | +1.14 | K0 III |
| 2 α | Tri | 544 | 01 53 41.0 | +29 37 47 | dv6 | 3.41 | +0.06 | +0.49 | F6 IV |
| ψ | Phe | 555 | 01 54 03.9 | −46 15 06 | 6 | 4.41 | +1.70 | +1.59 | M4 III |
| 111 ξ | Psc | 549 | 01 54 06.0 | +03 14 20 | 6 | 4.62 | +0.72 | +0.94 | G9 IIIb Fe−0.5 |
| φ | Phe | 558 | 01 54 48.1 | −42 26 45 | 6 | 5.11 | −0.15 | −0.06 | Ap Hg |
| 45 ε | Cas | 542 | 01 55 09.7 | +63 43 17 | | 3.38 | −0.60 | −0.15 | B3 IV:p (shell) |
| η² | Hyi | 570 | 01 55 12.2 | −67 35 45 | | 4.69 | +0.64 | +0.95 | G8.5 III |

| Flamsteed/Bayer Designation | | | BS=HR No. | Right Ascension | Declination | Notes | V | U−B | B−V | Spectral Type |
|---|---|---|---|---|---|---|---|---|---|---|
| | | | | h m s | ° ′ ″ | | | | | |
| 6 | β | Ari | 553 | 01 55 13.3 | +20 51 32 | d6 | 2.64 | +0.10 | +0.13 | A4 V |
| | χ | Eri | 566 | 01 56 21.9 | −51 33 25 | d7 | 3.70 | +0.46 | +0.85 | G8 III−IV CN−0.5 Hδ 0.5 |
| | α | Hyi | 591 | 01 59 06.0 | −61 31 09 | | 2.86 | +0.14 | +0.28 | F0n III−IV |
| 59 | υ | Cet | 585 | 02 00 30.0 | −21 01 38 | | 4.00 | +1.91 | +1.57 | M0 IIIb |
| 113 | α | Psc | 596 | 02 02 35.5 | +02 48 51 | vd6 | 4.18 | −0.05 | +0.03 | A0p Si Sr |
| 4 | | Per | 590 | 02 03 00.5 | +54 32 16 | 6 | 5.04 | −0.32 | −0.08 | B8 III |
| 50 | | Cas | 580 | 02 04 21.1 | +72 28 17 | 6 | 3.98 | +0.03 | −0.01 | A1 Va |
| 57 | γ¹ | And | 603 | 02 04 32.9 | +42 22 47 | d6 | 2.26 | +1.58 | +1.37 | K3⁻ IIb |
| | ν | For | 612 | 02 04 57.7 | −29 14 48 | v | 4.69 | −0.51 | −0.17 | B9.5p Si |
| 13 | α | Ari | 617 | 02 07 46.1 | +23 30 42 | a6 | 2.00 | +1.12 | +1.15 | K2 IIIab |
| 4 | β | Tri | 622 | 02 10 10.3 | +35 02 11 | d6 | 3.00 | +0.10 | +0.14 | A5 IV |
| | μ | For | 652 | 02 13 22.2 | −30 40 30 | | 5.28 | −0.06 | −0.02 | A0 Va⁺nn |
| 65 | ξ¹ | Cet | 649 | 02 13 33.5 | +08 53 44 | d6 | 4.37 | +0.60 | +0.89 | G7 II−III Fe−1 |
| | | | 645 | 02 14 18.6 | +51 06 51 | d6 | 5.31 | +0.62 | +0.93 | G8 III CN 1 CH 0.5 Fe−1 |
| | | | 641 | 02 14 26.6 | +58 36 34 | s | 6.44 | +0.23 | +0.60 | A3 Iab |
| | φ | Eri | 674 | 02 16 53.1 | −51 27 50 | d | 3.56 | −0.39 | −0.12 | B8 V |
| 67 | | Cet | 666 | 02 17 30.5 | −06 22 27 | | 5.51 | +0.76 | +0.96 | G8.5 III |
| 9 | γ | Tri | 664 | 02 17 56.5 | +33 53 43 | | 4.01 | +0.02 | +0.02 | A0 IV−Vn |
| 68 | o | Cet | 681 | 02 19 52.7 | −02 55 49 | vd | 2-10 | +1.09 | +1.42 | M5.5−9e III + pec |
| 62 | | And | 670 | 02 19 57.8 | +47 25 40 | | 5.30 | 0.00 | −0.01 | A1 V |
| | δ | Hyi | 705 | 02 21 56.3 | −68 36 42 | | 4.09 | +0.05 | +0.03 | A1 Va |
| | κ | Hyi | 715 | 02 22 56.5 | −73 35 54 | | 5.01 | +1.04 | +1.09 | K1 III |
| | κ | For | 695 | 02 23 01.4 | −23 46 08 | | 5.20 | +0.12 | +0.60 | G0 Va |
| | λ | Hor | 714 | 02 25 11.6 | −60 15 55 | | 5.35 | +0.06 | +0.39 | F2 IV−V |
| 72 | ρ | Cet | 708 | 02 26 27.5 | −12 14 37 | | 4.89 | −0.07 | −0.03 | A0 III−IVn |
| | κ | Eri | 721 | 02 27 22.2 | −47 39 25 | 6 | 4.25 | −0.50 | −0.14 | B5 IV |
| 73 | ξ² | Cet | 718 | 02 28 43.1 | +08 30 24 | 6 | 4.28 | −0.12 | −0.06 | A0 III⁻ |
| 12 | | Tri | 717 | 02 28 47.1 | +29 42 56 | | 5.30 | +0.10 | +0.30 | F0 III |
| | ι | Cas | 707 | 02 29 56.7 | +67 26 57 | vd | 4.52 | +0.06 | +0.12 | A5p Sr |
| | μ | Hyi | 776 | 02 31 28.7 | −79 03 48 | | 5.28 | +0.73 | +0.98 | G8 III |
| 76 | σ | Cet | 740 | 02 32 35.1 | −15 11 57 | | 4.75 | −0.02 | +0.45 | F4 IV |
| 14 | | Tri | 736 | 02 32 44.8 | +36 11 36 | | 5.15 | +1.78 | +1.47 | K5 III |
| 78 | ν | Cet | 754 | 02 36 25.6 | +05 38 19 | d67 | 4.97 | +0.56 | +0.87 | G8 III |
| | | | 753 | 02 36 39.5 | +06 56 11 | sd6 | 5.82 | +0.81 | +0.98 | K3⁻ V |
| | | | 743 | 02 39 03.2 | +72 51 48 | | 5.16 | +0.58 | +0.88 | G8 III |
| 32 | ν | Ari | 773 | 02 39 24.9 | +22 00 23 | 6 | 5.46 | +0.16 | +0.16 | A7 V |
| | ε | Hyi | 806 | 02 39 45.3 | −68 13 20 | | 4.11 | −0.14 | −0.06 | B9 V |
| 82 | δ | Cet | 779 | 02 40 01.3 | +00 22 24 | v6 | 4.07 | −0.87 | −0.22 | B2 IV |
| | ζ | Hor | 802 | 02 40 59.2 | −54 30 19 | 6 | 5.21 | −0.01 | +0.40 | F4 IV |
| | ι | Eri | 794 | 02 41 04.9 | −39 48 39 | | 4.11 | +0.74 | +1.02 | K0.5 IIIb Fe−0.5 |
| 86 | γ | Cet | 804 | 02 43 50.7 | +03 16 46 | d7 | 3.47 | +0.07 | +0.09 | A2 Va |
| 35 | | Ari | 801 | 02 44 04.2 | +27 45 05 | 6 | 4.66 | −0.62 | −0.13 | B3 V |
| 1 | α | UMi | 424 | 02 44 20.9 | +89 18 33 | vd6 | 2.02 | +0.38 | +0.60 | F5−8 Ib |
| 89 | π | Cet | 811 | 02 44 37.4 | −13 48 53 | 6 | 4.25 | −0.45 | −0.14 | B7 V |
| 14 | | Per | 800 | 02 44 46.5 | +44 20 28 | | 5.43 | +0.65 | +0.90 | G0 Ib Ca 1 |
| 13 | θ | Per | 799 | 02 44 55.3 | +49 16 20 | d | 4.12 | 0.00 | +0.49 | F7 V |
| 87 | μ | Cet | 813 | 02 45 30.7 | +10 09 29 | d6 | 4.27 | +0.08 | +0.31 | F0m F2 V⁺ |
| 1 | τ¹ | Eri | 818 | 02 45 35.6 | −18 31 43 | 6 | 4.47 | 0.00 | +0.48 | F5 V |
| | β | For | 841 | 02 49 31.8 | −32 21 44 | d | 4.46 | +0.69 | +0.99 | G8.5 III Fe−0.5 |
| 41 | | Ari | 838 | 02 50 36.3 | +27 18 12 | d6 | 3.63 | −0.37 | −0.10 | B8 Vn |

| Flamsteed/Bayer Designation | | BS=HR No. | Right Ascension | Declination | Notes | V | U−B | B−V | Spectral Type |
|---|---|---|---|---|---|---|---|---|---|
| | | | h  m  s | °  ′  ″ | | | | | |
| 16 | Per | 840 | 02 51 15.0 | +38 21 41 | d | 4.23 | +0.08 | +0.34 | F1 V+ |
| 15 η | Per | 834 | 02 51 28.2 | +55 56 18 | d6 | 3.76 | +1.89 | +1.68 | K3− Ib−IIa |
| 2 τ² | Eri | 850 | 02 51 30.9 | −20 57 40 | d | 4.75 | +0.63 | +0.91 | K0 III |
| 43 σ | Ari | 847 | 02 52 04.5 | +15 07 29 | | 5.49 | −0.43 | −0.09 | B7 V |
| R | Hor | 868 | 02 54 13.7 | −49 50 50 | v | 5-14 | +0.43 | +2.11 | gM6.5e: |
| 18 τ | Per | 854 | 02 55 00.5 | +52 48 17 | cd6 | 3.95 | +0.46 | +0.74 | G5 III + A4 V |
| 3 η | Eri | 874 | 02 56 56.5 | −08 51 25 | | 3.89 | +1.00 | +1.11 | K1 IIIb |
| | | 875 | 02 57 09.1 | −03 40 14 | 6 | 5.17 | +0.05 | +0.08 | A3 Vn |
| θ¹ | Eri | 897 | 02 58 39.6 | −40 15 47 | d6 | 3.24 | +0.14 | +0.14 | A5 IV |
| 24 | Per | 882 | 02 59 42.9 | +35 13 29 | | 4.93 | +1.29 | +1.23 | K2 III |
| 91 λ | Cet | 896 | 03 00 16.8 | +08 56 55 | | 4.70 | −0.45 | −0.12 | B6 III |
| θ | Hyi | 939 | 03 02 17.2 | −71 51 41 | d7 | 5.53 | −0.51 | −0.14 | B9 IVp |
| 92 α | Cet | 911 | 03 02 49.8 | +04 07 49 | | 2.53 | +1.94 | +1.64 | M1.5 IIIa |
| 11 τ³ | Eri | 919 | 03 02 51.3 | −23 35 02 | | 4.09 | +0.08 | +0.16 | A4 V |
| μ | Hor | 934 | 03 03 51.7 | −59 41 50 | | 5.11 | −0.03 | +0.34 | F0 IV−V |
| 23 γ | Per | 915 | 03 05 33.8 | +53 32 49 | cd6 | 2.93 | +0.45 | +0.70 | G5 III + A2 V |
| 25 ρ | Per | 921 | 03 05 51.2 | +38 52 49 | | 3.39 | +1.79 | +1.65 | M4 II |
| | | 881 | 03 07 34.8 | +79 27 31 | d6 | 5.49 | | +1.57 | M2 IIIab |
| 26 β | Per | 936 | 03 08 51.4 | +40 59 43 | cvd6 | 2.12 | −0.37 | −0.05 | B8 V + F: |
| ι | Per | 937 | 03 09 49.8 | +49 39 09 | d | 4.05 | +0.12 | +0.59 | G0 V |
| 27 κ | Per | 941 | 03 10 12.5 | +44 53 48 | d6 | 3.80 | +0.83 | +0.98 | K0 III |
| 57 δ | Ari | 951 | 03 12 13.9 | +19 45 57 | | 4.35 | +0.87 | +1.03 | K0 III |
| α | For | 963 | 03 12 31.3 | −28 56 48 | d7 | 3.87 | +0.02 | +0.52 | F6 V |
| TW | Hor | 977 | 03 12 49.2 | −57 16 57 | s | 5.74 | +2.83 | +2.28 | C6:,2.5 Ba2 Y4 |
| 94 | Cet | 962 | 03 13 18.6 | −01 09 27 | d7 | 5.06 | +0.12 | +0.57 | G0 IV |
| 58 ζ | Ari | 972 | 03 15 30.4 | +21 04 58 | | 4.89 | −0.01 | −0.01 | A0.5 Va+ |
| 13 ζ | Eri | 984 | 03 16 20.7 | −08 46 53 | 6 | 4.80 | +0.09 | +0.23 | A5m: |
| 29 | Per | 987 | 03 19 22.9 | +50 15 36 | s6 | 5.15 | −0.06 | −0.05 | B3 V |
| 96 κ | Cet | 996 | 03 19 54.8 | +03 24 29 | dasv | 4.83 | +0.19 | +0.68 | G5 V |
| 16 τ⁴ | Eri | 1003 | 03 19 59.0 | −21 43 13 | d | 3.69 | +1.81 | +1.62 | M3+ IIIa Ca−1 |
| | | 1008 | 03 20 20.8 | −43 01 48 | | 4.27 | +0.22 | +0.71 | G8 V |
| | | 999 | 03 20 58.6 | +29 05 09 | | 4.47 | +1.79 | +1.55 | K3 IIIa Ba 0.5 |
| | | 961 | 03 21 42.0 | +77 46 19 | d | 5.45 | +0.11 | +0.19 | A5 III: |
| 61 τ | Ari | 1005 | 03 21 50.1 | +21 11 03 | dv | 5.28 | −0.52 | −0.07 | B5 IV |
| 33 α | Per | 1017 | 03 25 04.7 | +49 53 52 | das | 1.79 | +0.37 | +0.48 | F5 Ib |
| 1 o | Tau | 1030 | 03 25 22.8 | +09 03 55 | 6 | 3.60 | +0.61 | +0.89 | G6 IIIa Fe−1 |
| | | 1009 | 03 25 35.9 | +64 37 21 | | 5.23 | +2.06 | +2.08 | M0 II |
| | | 1029 | 03 26 42.4 | +49 09 25 | sv | 6.09 | −0.49 | −0.07 | B7 V |
| 2 ξ | Tau | 1038 | 03 27 44.4 | +09 46 07 | d6 | 3.74 | −0.33 | −0.09 | B9 Vn |
| κ | Ret | 1083 | 03 29 33.8 | −62 54 03 | d | 4.72 | −0.04 | +0.40 | F5 IV−V |
| | | 1035 | 03 29 55.6 | +59 58 34 | vd | 4.21 | −0.24 | +0.41 | B9 Ia |
| | | 1040 | 03 30 45.5 | +58 54 51 | as6 | 4.54 | −0.11 | +0.56 | A0 Ia |
| 17 | Eri | 1070 | 03 31 08.4 | −05 02 23 | | 4.73 | −0.27 | −0.09 | B9 Vs |
| 35 σ | Per | 1052 | 03 31 19.2 | +48 01 50 | | 4.36 | +1.54 | +1.35 | K3 III |
| 5 | Tau | 1066 | 03 31 27.2 | +12 58 19 | 6 | 4.11 | +1.02 | +1.12 | K0− II−III Fe−0.5 |
| 18 ε | Eri | 1084 | 03 33 25.6 | −09 25 24 | das | 3.73 | +0.59 | +0.88 | K2 V |
| 19 τ⁵ | Eri | 1088 | 03 34 15.1 | −21 35 54 | 6 | 4.27 | −0.35 | −0.11 | B8 V |
| 20 EG | Eri | 1100 | 03 36 46.1 | −17 25 58 | dv | 5.23 | −0.49 | −0.13 | B9p Si |
| 37 ψ | Per | 1087 | 03 37 14.4 | +48 13 36 | | 4.23 | −0.57 | −0.06 | B5 Ve |
| 10 | Tau | 1101 | 03 37 24.6 | +00 26 04 | | 4.28 | +0.07 | +0.58 | F9 IV−V |

| Flamsteed/Bayer Designation | | | BS=HR No. | Right Ascension | Declination | Notes | $V$ | $U-B$ | $B-V$ | Spectral Type |
|---|---|---|---|---|---|---|---|---|---|---|
| | | | | h m s | ° ′ ″ | | | | | |
| | | | 1106 | 03 37 28.3 | −40 14 26 | | 4.58 | +0.77 | +1.04 | K1 III |
| | $\delta$ | For | 1134 | 03 42 40.0 | −31 54 19 | 6 | 5.00 | −0.60 | −0.16 | B5 IV |
| | BD | Cam | 1105 | 03 43 04.5 | +63 14 59 | 6 | 5.10 | +1.82 | +1.63 | S3.5/2 |
| 39 | $\delta$ | Per | 1122 | 03 43 40.6 | +47 49 13 | d6 | 3.01 | −0.51 | −0.13 | B5 III |
| 23 | $\delta$ | Eri | 1136 | 03 43 45.1 | −09 43 42 | | 3.54 | +0.69 | +0.92 | K0+ IV |
| | $\beta$ | Ret | 1175 | 03 44 20.0 | −64 46 27 | d6 | 3.85 | +1.10 | +1.13 | K2 III |
| 38 | $o$ | Per | 1131 | 03 44 58.8 | +32 19 15 | vd6 | 3.83 | −0.75 | +0.05 | B1 III |
| 24 | | Eri | 1146 | 03 45 02.6 | −01 07 50 | 6 | 5.25 | −0.39 | −0.10 | B7 V |
| 17 | | Tau | 1142 | 03 45 30.1 | +24 08 44 | 6 | 3.70 | −0.40 | −0.11 | B6 III |
| 19 | | Tau | 1145 | 03 45 50.1 | +24 29 58 | d6 | 4.30 | −0.46 | −0.11 | B6 IV |
| 41 | $\nu$ | Per | 1135 | 03 45 54.6 | +42 36 39 | d | 3.77 | +0.31 | +0.42 | F5 II |
| 29 | | Tau | 1153 | 03 46 14.0 | +06 04 56 | d6 | 5.35 | −0.61 | −0.12 | B3 V |
| 20 | | Tau | 1149 | 03 46 27.2 | +24 23 59 | s6 | 3.87 | −0.40 | −0.07 | B7 IIIp |
| 26 | $\pi$ | Eri | 1162 | 03 46 38.4 | −12 04 09 | | 4.42 | +2.01 | +1.63 | M2− IIIab |
| 23 | v971 | Tau | 1156 | 03 46 57.1 | +23 58 49 | | 4.18 | −0.42 | −0.06 | B6 IV |
| | $\gamma$ | Hyi | 1208 | 03 47 05.2 | −74 12 24 | | 3.24 | +1.99 | +1.62 | M2 III |
| 27 | $\tau^6$ | Eri | 1173 | 03 47 18.0 | −23 13 09 | | 4.23 | 0.00 | +0.42 | F3 III |
| 25 | $\eta$ | Tau | 1165 | 03 48 06.6 | +24 08 13 | d | 2.87 | −0.34 | −0.09 | B7 IIIn |
| 27 | | Tau | 1178 | 03 49 47.3 | +24 05 05 | d6 | 3.63 | −0.36 | −0.09 | B8 III |
| | | | 1195 | 03 49 50.8 | −36 10 08 | | 4.17 | +0.69 | +0.95 | G7 IIIa |
| | BE | Cam | 1155 | 03 50 29.6 | +65 33 26 | | 4.47 | +2.13 | +1.88 | M2+ IIab |
| | $\gamma$ | Cam | 1148 | 03 51 29.0 | +71 21 48 | d | 4.63 | +0.07 | +0.03 | A1 IIIn |
| 44 | $\zeta$ | Per | 1203 | 03 54 47.7 | +31 54 51 | sd67 | 2.85 | −0.77 | +0.12 | B1 Ib |
| 34 | $\gamma$ | Eri | 1231 | 03 58 31.2 | −13 28 45 | d | 2.95 | +1.96 | +1.59 | M0.5 IIIb Ca−1 |
| 45 | $\epsilon$ | Per | 1220 | 03 58 33.7 | +40 02 23 | sd67 | 2.89 | −0.95 | −0.20 | B0.5 IV |
| | $\delta$ | Ret | 1247 | 03 58 54.8 | −61 22 15 | | 4.56 | +1.96 | +1.62 | M1 III |
| 46 | $\xi$ | Per | 1228 | 03 59 38.9 | +35 49 13 | 6 | 4.04 | −0.92 | +0.01 | O7.5 IIIf |
| 35 | $\lambda$ | Tau | 1239 | 04 01 15.8 | +12 31 10 | v6 | 3.47 | −0.62 | −0.12 | B3 V |
| 35 | | Eri | 1244 | 04 02 04.0 | −01 31 15 | | 5.28 | −0.55 | −0.15 | B5 V |
| 38 | $\nu$ | Tau | 1251 | 04 03 43.0 | +06 01 04 | | 3.91 | +0.07 | +0.03 | A1 Va |
| 37 | | Tau | 1256 | 04 05 19.1 | +22 06 36 | d | 4.36 | +0.95 | +1.07 | K0 III |
| 47 | $\lambda$ | Per | 1261 | 04 07 22.2 | +50 22 44 | | 4.29 | −0.04 | −0.02 | A0 IIIn |
| | | | 1279 | 04 08 17.7 | +15 11 25 | sd6 | 6.01 | +0.02 | +0.40 | F3 V |
| 48 | MX | Per | 1273 | 04 09 25.7 | +47 44 23 | | 4.04 | −0.55 | −0.03 | B3 Ve |
| 43 | | Tau | 1283 | 04 09 46.8 | +19 38 10 | | 5.50 | | +1.07 | K1 III |
| | | | 1270 | 04 10 21.3 | +59 56 06 | s | 6.32 | +0.92 | +1.16 | G8 IIa |
| 44 | IM | Tau | 1287 | 04 11 28.3 | +26 30 27 | v | 5.41 | +0.06 | +0.34 | F2 IV−V |
| 38 | $o^1$ | Eri | 1298 | 04 12 22.7 | −06 48 39 | | 4.04 | +0.13 | +0.33 | F1 IV |
| | $\alpha$ | Hor | 1326 | 04 14 21.0 | −42 16 08 | | 3.86 | +1.00 | +1.10 | K2 III |
| | $\alpha$ | Ret | 1336 | 04 14 33.7 | −62 26 52 | d6 | 3.35 | +0.63 | +0.91 | G8 II−III |
| 51 | $\mu$ | Per | 1303 | 04 15 40.3 | +48 26 06 | d67 | 4.14 | +0.64 | +0.95 | G0 Ib |
| 40 | $o^2$ | Eri | 1325 | 04 15 45.3 | −07 38 14 | d | 4.43 | +0.45 | +0.82 | K0.5 V |
| 49 | $\mu$ | Tau | 1320 | 04 16 06.3 | +08 55 05 | 6 | 4.29 | −0.53 | −0.06 | B3 IV |
| | $\gamma$ | Dor | 1338 | 04 16 18.1 | −51 27 38 | v | 4.25 | +0.03 | +0.30 | F1 V+ |
| 48 | | Tau | 1319 | 04 16 22.1 | +15 25 34 | sd | 6.32 | +0.02 | +0.40 | F3 V |
| | $\epsilon$ | Ret | 1355 | 04 16 40.0 | −59 16 38 | d | 4.44 | +1.07 | +1.08 | K2 IV |
| 41 | | Eri | 1347 | 04 18 17.5 | −33 46 24 | d67 | 3.56 | −0.37 | −0.12 | B9p Mn |
| 54 | $\gamma$ | Tau | 1346 | 04 20 23.5 | +15 39 08 | d6 | 3.63 | +0.82 | +0.99 | G9.5 IIIab CN 0.5 |
| 57 | v483 | Tau | 1351 | 04 20 33.3 | +14 03 35 | sd6 | 5.59 | +0.08 | +0.28 | F0 IV |
| 54 | | Per | 1343 | 04 21 05.7 | +34 35 28 | d | 4.93 | +0.69 | +0.94 | G8 III Fe 0.5 |

| Flamsteed/Bayer Designation | | | BS=HR No. | Right Ascension | Declination | Notes | V | U−B | B−V | Spectral Type |
|---|---|---|---|---|---|---|---|---|---|---|
| | | | | h m s | ° ′ ″ | | | | | |
| | | | 1367 | 04 21 06.5 | −20 36 55 | | 5.38 | | −0.02 | A1 V |
| | | | 1327 | 04 21 40.1 | +65 09 53 | s | 5.27 | +0.47 | +0.81 | G5 IIb |
| | η | Ret | 1395 | 04 22 00.3 | −63 21 42 | | 5.24 | +0.69 | +0.96 | G8 III |
| 61 | δ | Tau | 1373 | 04 23 32.5 | +17 33 59 | d6 | 3.76 | +0.82 | +0.98 | G9.5 III CN 0.5 |
| 63 | | Tau | 1376 | 04 24 01.3 | +16 48 04 | cs6 | 5.64 | +0.13 | +0.30 | F0m |
| 42 | ξ | Eri | 1383 | 04 24 12.3 | −03 43 19 | 6 | 5.17 | +0.08 | +0.08 | A2 V |
| 43 | | Eri | 1393 | 04 24 25.9 | −33 59 35 | | 3.96 | +1.80 | +1.49 | K3.5⁻ IIIb |
| 65 | κ¹ | Tau | 1387 | 04 25 59.8 | +22 19 02 | d6 | 4.22 | +0.13 | +0.13 | A5 IV−V |
| 68 | v776 | Tau | 1389 | 04 26 05.9 | +17 57 04 | d6 | 4.29 | +0.08 | +0.05 | A2 IV−Vs |
| 69 | υ | Tau | 1392 | 04 26 56.3 | +22 50 12 | d6 | 4.28 | +0.14 | +0.26 | A9 IV⁻n |
| 71 | v777 | Tau | 1394 | 04 26 56.7 | +15 38 29 | d6 | 4.49 | +0.14 | +0.25 | F0n IV−V |
| 77 | θ¹ | Tau | 1411 | 04 29 10.6 | +15 59 05 | d6 | 3.84 | +0.73 | +0.95 | G9 III Fe−0.5 |
| 74 | ε | Tau | 1409 | 04 29 13.9 | +19 12 11 | d | 3.53 | +0.88 | +1.01 | G9.5 III CN 0.5 |
| 78 | θ² | Tau | 1412 | 04 29 15.8 | +15 53 36 | sd6 | 3.40 | +0.13 | +0.18 | A7 III |
| | δ | Cae | 1443 | 04 31 09.4 | −44 55 54 | | 5.07 | −0.78 | −0.19 | B2 IV−V |
| 50 | υ¹ | Eri | 1453 | 04 33 55.3 | −29 44 45 | | 4.51 | +0.72 | +0.98 | K0⁺ III Fe−0.5 |
| | α | Dor | 1465 | 04 34 13.5 | −55 01 25 | vd7 | 3.27 | −0.35 | −0.10 | A0p Si |
| 86 | ρ | Tau | 1444 | 04 34 26.7 | +14 51 57 | 6 | 4.65 | +0.08 | +0.25 | A9 V |
| 52 | υ² | Eri | 1464 | 04 35 57.6 | −30 32 29 | | 3.82 | +0.72 | +0.98 | G8.5 IIIa |
| 88 | | Tau | 1458 | 04 36 13.9 | +10 10 54 | d6 | 4.25 | +0.11 | +0.18 | A5m |
| 87 | α | Tau | 1457 | 04 36 31.5 | +16 31 47 | sd6 | 0.85 | +1.90 | +1.54 | K5⁺ III |
| 48 | ν | Eri | 1463 | 04 36 50.7 | −03 19 54 | vd6 | 3.93 | −0.89 | −0.21 | B2 III |
| | R | Dor | 1492 | 04 36 53.0 | −62 03 24 | sd | 5.40 | +0.86 | +1.58 | M8e III: |
| 58 | | Per | 1454 | 04 37 25.2 | +41 17 08 | c6 | 4.25 | +0.82 | +1.22 | K0 II−III + B9 V |
| 53 | | Eri | 1481 | 04 38 39.7 | −14 17 03 | d67 | 3.87 | +1.01 | +1.09 | K1.5 IIIb |
| 90 | | Tau | 1473 | 04 38 44.7 | +12 31 52 | d6 | 4.27 | +0.13 | +0.12 | A5 IV−V |
| | α | Cae | 1502 | 04 40 54.0 | −41 50 39 | d | 4.45 | +0.01 | +0.34 | F1 V |
| 54 | DM | Eri | 1496 | 04 40 54.1 | −19 39 07 | d | 4.32 | +1.81 | +1.61 | M3 II−III |
| | β | Cae | 1503 | 04 42 25.8 | −37 07 27 | | 5.05 | +0.04 | +0.37 | F2 V |
| 94 | τ | Tau | 1497 | 04 42 52.6 | +22 58 34 | d67 | 4.28 | −0.57 | −0.13 | B3 V |
| 57 | μ | Eri | 1520 | 04 46 01.7 | −03 14 10 | 6 | 4.02 | −0.60 | −0.15 | B4 IV |
| 4 | | Cam | 1511 | 04 48 53.0 | +56 46 29 | d | 5.30 | +0.15 | +0.25 | Am |
| 1 | π³ | Ori | 1543 | 04 50 24.7 | +06 58 44 | ad6 | 3.19 | −0.01 | +0.45 | F6 V |
| | | | 1533 | 04 50 37.2 | +37 30 21 | | 4.88 | +1.70 | +1.44 | K3.5 III |
| 2 | π² | Ori | 1544 | 04 51 11.1 | +08 55 03 | 6 | 4.36 | 0.00 | +0.01 | A0.5 IVn |
| 3 | π⁴ | Ori | 1552 | 04 51 46.0 | +05 37 20 | s6 | 3.69 | −0.81 | −0.17 | B2 III |
| 97 | v480 | Tau | 1547 | 04 51 59.4 | +18 51 25 | d | 5.10 | +0.12 | +0.21 | A9 V⁺ |
| 4 | o¹ | Ori | 1556 | 04 53 07.7 | +14 16 03 | cv | 4.74 | +2.03 | +1.84 | S3.5/1⁻ |
| 61 | ω | Eri | 1560 | 04 53 24.7 | −05 26 09 | 6 | 4.39 | +0.16 | +0.25 | A9 IV |
| 8 | π⁵ | Ori | 1567 | 04 54 48.0 | +02 27 26 | v6 | 3.72 | −0.83 | −0.18 | B2 III |
| | η | Men | 1629 | 04 54 53.5 | −74 55 13 | | 5.47 | +1.83 | +1.52 | K4 III |
| 9 | α | Cam | 1542 | 04 55 06.0 | +66 21 33 | | 4.29 | −0.88 | +0.03 | O9.5 Ia |
| 9 | o² | Ori | 1580 | 04 56 57.8 | +13 31 49 | d | 4.07 | +1.11 | +1.15 | K2⁻ III Fe−1 |
| 3 | ι | Aur | 1577 | 04 57 40.7 | +33 10 55 | a | 2.69 | +1.78 | +1.53 | K3 II |
| 7 | | Cam | 1568 | 04 58 07.9 | +53 46 04 | d67 | 4.47 | −0.01 | −0.02 | A0m A1 III |
| 10 | π⁶ | Ori | 1601 | 04 59 05.6 | +01 43 46 | | 4.47 | +1.55 | +1.40 | K2⁻ II |
| 7 | ε | Aur | 1605 | 05 02 43.5 | +43 50 16 | vd6 | 2.99 | +0.33 | +0.54 | A9 Ia |
| 8 | ζ | Aur | 1612 | 05 03 12.8 | +41 05 25 | cdv6 | 3.75 | +0.38 | +1.22 | K5 II + B5 V |
| 102 | ι | Tau | 1620 | 05 03 43.5 | +21 36 15 | | 4.64 | +0.15 | +0.16 | A7 IV |
| 10 | β | Cam | 1603 | 05 04 21.4 | +60 27 23 | d | 4.03 | +0.63 | +0.92 | G1 Ib−IIa |

| Flamsteed/Bayer Designation | | BS=HR No. | Right Ascension | Declination | Notes | $V$ | $U-B$ | $B-V$ | Spectral Type |
|---|---|---|---|---|---|---|---|---|---|
| | | | h  m  s | o  ′  ″ | | | | | |
| 11 | v1032Ori | 1638 | 05 05 10.2 | +15 25 05 | v | 4.68 | −0.09 | −0.06 | A0p Si |
| $\eta^2$ | Pic | 1663 | 05 05 14.4 | −49 33 50 | | 5.03 | +1.88 | +1.49 | K5 III |
| $\zeta$ | Dor | 1674 | 05 05 41.5 | −57 27 31 | | 4.72 | −0.04 | +0.52 | F7 V |
| 2 $\epsilon$ | Lep | 1654 | 05 05 54.4 | −22 21 27 | | 3.19 | +1.78 | +1.46 | K4 III |
| 10 $\eta$ | Aur | 1641 | 05 07 15.2 | +41 14 52 | a | 3.17 | −0.67 | −0.18 | B3 V |
| 67 $\beta$ | Eri | 1666 | 05 08 22.0 | −05 04 25 | d | 2.79 | +0.10 | +0.13 | A3 IVn |
| 69 $\lambda$ | Eri | 1679 | 05 09 39.0 | −08 44 29 | | 4.27 | −0.90 | −0.19 | B2 IVn |
| 16 | Ori | 1672 | 05 09 54.3 | +09 50 32 | d6 | 5.43 | +0.16 | +0.24 | A9m |
| 3 $\iota$ | Lep | 1696 | 05 12 47.3 | −11 51 26 | d | 4.45 | −0.40 | −0.10 | B9 V: |
| 5 $\mu$ | Lep | 1702 | 05 13 24.2 | −16 11 37 | s | 3.31 | −0.39 | −0.11 | B9p Hg Mn |
| 4 $\kappa$ | Lep | 1705 | 05 13 43.0 | −12 55 46 | d7 | 4.36 | −0.37 | −0.10 | B7 V |
| $\theta$ | Dor | 1744 | 05 13 45.1 | −67 10 24 | | 4.83 | +1.39 | +1.28 | K2.5 IIIa |
| 17 $\rho$ | Ori | 1698 | 05 13 50.5 | +02 52 23 | d67 | 4.46 | +1.16 | +1.19 | K1 III CN 0.5 |
| 11 $\mu$ | Aur | 1689 | 05 14 08.9 | +38 29 46 | | 4.86 | +0.09 | +0.18 | A7m |
| 19 $\beta$ | Ori | 1713 | 05 15 02.6 | −08 11 25 | vdas6 | 0.12 | −0.66 | −0.03 | B8 Ia |
| 13 $\alpha$ | Aur | 1708 | 05 17 28.0 | +46 00 27 | cd67 | 0.08 | +0.44 | +0.80 | G6 III + G2 III |
| $o$ | Col | 1743 | 05 17 51.8 | −34 53 08 | | 4.83 | +0.80 | +1.00 | K0/1 III/IV |
| 20 $\tau$ | Ori | 1735 | 05 18 07.0 | −06 50 02 | sd6 | 3.60 | −0.47 | −0.11 | B5 III |
| $\zeta$ | Pic | 1767 | 05 19 37.6 | −50 35 42 | | 5.45 | +0.01 | +0.51 | F7 III−IV |
| 15 $\lambda$ | Aur | 1729 | 05 19 52.9 | +40 06 27 | d | 4.71 | +0.12 | +0.63 | G1.5 IV−V Fe−1 |
| 6 $\lambda$ | Lep | 1756 | 05 20 03.6 | −13 10 00 | | 4.29 | −1.03 | −0.26 | B0.5 IV |
| 22 | Ori | 1765 | 05 22 17.9 | −00 22 22 | 6 | 4.73 | −0.79 | −0.17 | B2 IV−V |
| | | 1686 | 05 24 18.4 | +79 14 27 | d | 5.05 | −0.13 | +0.47 | F7 Vs |
| 29 | Ori | 1784 | 05 24 27.2 | −07 47 57 | | 4.14 | +0.69 | +0.96 | G8 III Fe−0.5 |
| 28 $\eta$ | Ori | 1788 | 05 25 00.3 | −02 23 18 | cdv6 | 3.36 | −0.92 | −0.17 | B1 IV + B |
| 24 $\gamma$ | Ori | 1790 | 05 25 41.7 | +06 21 30 | d6 | 1.64 | −0.87 | −0.22 | B2 III |
| 112 $\beta$ | Tau | 1791 | 05 26 57.4 | +28 36 56 | sd | 1.65 | −0.49 | −0.13 | B7 III |
| 115 | Tau | 1808 | 05 27 46.9 | +17 58 14 | d | 5.42 | −0.53 | −0.10 | B5 V |
| 9 $\beta$ | Lep | 1829 | 05 28 41.7 | −20 45 06 | d | 2.84 | +0.46 | +0.82 | G5 II |
| | | 1856 | 05 30 26.8 | −47 04 14 | d7 | 5.46 | +0.21 | +0.62 | G3 IV |
| 17 | Cam | 1802 | 05 31 09.9 | +63 04 29 | | 5.42 | +2.00 | +1.71 | M1 IIIa |
| 32 | Ori | 1839 | 05 31 20.8 | +05 57 19 | d7 | 4.20 | −0.55 | −0.14 | B5 V |
| $\gamma$ | Men | 1953 | 05 31 28.5 | −76 19 59 | d | 5.19 | +1.19 | +1.13 | K2 III |
| $\epsilon$ | Col | 1862 | 05 31 35.2 | −35 27 48 | | 3.87 | +1.08 | +1.14 | K1 II/III |
| 34 $\delta$ | Ori | 1852 | 05 32 32.6 | −00 17 31 | dv6 | 2.23 | −1.05 | −0.22 | O9.5 II |
| 119 CE | Tau | 1845 | 05 32 49.7 | +18 36 04 | | 4.38 | +2.21 | +2.07 | M2 Iab−Ib |
| 11 $\alpha$ | Lep | 1865 | 05 33 11.6 | −17 48 55 | das | 2.58 | +0.23 | +0.21 | F0 Ib |
| 25 $\chi$ | Aur | 1843 | 05 33 24.7 | +32 11 56 | 6 | 4.76 | −0.46 | +0.34 | B5 Iab |
| $\beta$ | Dor | 1922 | 05 33 43.1 | −62 28 59 | v | 3.76 | +0.55 | +0.82 | F7−G2 Ib |
| 37 $\phi^1$ | Ori | 1876 | 05 35 23.9 | +09 29 45 | d6 | 4.41 | −0.97 | −0.16 | B0.5 IV−V |
| 39 $\lambda$ | Ori | 1879 | 05 35 43.0 | +09 56 25 | d | 3.54 | −1.03 | −0.18 | O8 IIIf |
| v1046Ori | | 1890 | 05 35 53.1 | −04 29 17 | sdv6 | 6.55 | −0.77 | −0.13 | B2 Vh |
| | | 1891 | 05 35 53.5 | −04 25 05 | ds | 6.24 | −0.70 | −0.15 | B2.5 V |
| 44 $\iota$ | Ori | 1899 | 05 35 56.8 | −05 54 13 | ds6 | 2.77 | −1.08 | −0.24 | O9 III |
| 46 $\epsilon$ | Ori | 1903 | 05 36 44.8 | −01 11 45 | das6 | 1.70 | −1.04 | −0.19 | B0 Ia |
| 40 $\phi^2$ | Ori | 1907 | 05 37 29.0 | +09 17 44 | s | 4.09 | +0.64 | +0.95 | K0 IIIb Fe−2 |
| 123 $\zeta$ | Tau | 1910 | 05 38 16.4 | +21 08 53 | s6 | 3.00 | −0.67 | −0.19 | B2 IIIpe (shell) |
| 48 $\sigma$ | Ori | 1931 | 05 39 16.4 | −02 35 41 | d6 | 3.81 | −1.01 | −0.24 | O9.5 V |
| $\alpha$ | Col | 1956 | 05 40 01.8 | −34 04 09 | d | 2.64 | −0.46 | −0.12 | B7 IV |
| 50 $\zeta$ | Ori | 1948 | 05 41 17.3 | −01 56 16 | d6 | 2.03 | −1.04 | −0.21 | O9.5 Ib |

| Flamsteed/Bayer Designation | | | BS=HR No. | Right Ascension | Declination | Notes | V | U−B | B−V | Spectral Type |
|---|---|---|---|---|---|---|---|---|---|---|
| | | | | h m s | ° ′ ″ | | | | | |
| | δ | Dor | 2015 | 05 44 47.6 | −65 43 54 | | 4.35 | +0.12 | +0.21 | A7 V$^+$n |
| 13 | γ | Lep | 1983 | 05 44 54.1 | −22 26 44 | d | 3.60 | 0.00 | +0.47 | F7 V |
| 27 | o | Aur | 1971 | 05 46 42.9 | +49 49 47 | | 5.47 | +0.07 | +0.03 | A0p Cr |
| 14 | ζ | Lep | 1998 | 05 47 25.9 | −14 49 07 | 6 | 3.55 | +0.07 | +0.10 | A2 Van |
| | β | Pic | 2020 | 05 47 32.0 | −51 03 47 | | 3.85 | +0.10 | +0.17 | A6 V |
| 130 | | Tau | 1990 | 05 48 03.0 | +17 43 56 | | 5.49 | +0.27 | +0.30 | F0 III |
| 53 | κ | Ori | 2004 | 05 48 15.3 | −09 40 00 | | 2.06 | −1.03 | −0.17 | B0.5 Ia |
| | γ | Pic | 2042 | 05 50 01.1 | −56 09 52 | | 4.51 | +0.98 | +1.10 | K1 III |
| | | | 2049 | 05 51 07.5 | −52 06 24 | | 5.17 | +0.72 | +0.99 | G8 III |
| | β | Col | 2040 | 05 51 19.8 | −35 45 54 | | 3.12 | +1.21 | +1.16 | K1.5 III |
| 15 | δ | Lep | 2035 | 05 51 46.4 | −20 52 44 | | 3.81 | +0.68 | +0.99 | K0 III Fe−1.5 CH 0.5 |
| 32 | ν | Aur | 2012 | 05 52 13.1 | +39 09 02 | d | 3.97 | +1.09 | +1.13 | K0 III CN 0.5 |
| 136 | | Tau | 2034 | 05 53 59.3 | +27 36 50 | 6 | 4.58 | +0.03 | −0.02 | A0 IV |
| 54 | χ$^1$ | Ori | 2047 | 05 55 00.3 | +20 16 38 | 6 | 4.41 | +0.07 | +0.59 | G0$^-$ V Ca 0.5 |
| 30 | ξ | Aur | 2029 | 05 55 43.6 | +55 42 30 | | 4.99 | +0.12 | +0.05 | A1 Va |
| 58 | α | Ori | 2061 | 05 55 44.4 | +07 24 30 | ad6 | 0.50 | +2.06 | +1.85 | M1−M2 Ia−Iab |
| 16 | η | Lep | 2085 | 05 56 53.0 | −14 09 59 | | 3.71 | +0.01 | +0.33 | F1 V |
| | γ | Col | 2106 | 05 57 54.6 | −35 16 58 | d | 4.36 | −0.66 | −0.18 | B2.5 IV |
| 60 | | Ori | 2103 | 05 59 22.0 | +00 33 12 | d6 | 5.22 | +0.01 | +0.01 | A1 Vs |
| | η | Col | 2120 | 05 59 28.1 | −42 48 54 | | 3.96 | +1.08 | +1.14 | G8/K1 II |
| 34 | β | Aur | 2088 | 06 00 18.0 | +44 56 51 | vd6 | 1.90 | +0.05 | +0.03 | A1 IV |
| 33 | δ | Aur | 2077 | 06 00 23.5 | +54 17 03 | d | 3.72 | +0.87 | +1.00 | K0$^-$ III |
| 37 | θ | Aur | 2095 | 06 00 26.2 | +37 12 44 | vd67 | 2.62 | −0.18 | −0.08 | A0p Si |
| 35 | π | Aur | 2091 | 06 00 42.9 | +45 56 12 | | 4.26 | +1.83 | +1.72 | M3 II |
| 61 | μ | Ori | 2124 | 06 02 57.7 | +09 38 47 | d6 | 4.12 | +0.11 | +0.16 | A5m: |
| 62 | χ$^2$ | Ori | 2135 | 06 04 32.6 | +20 08 15 | asv | 4.63 | −0.68 | +0.28 | B2 Ia |
| 1 | | Gem | 2134 | 06 04 45.5 | +23 15 43 | d67 | 4.16 | +0.53 | +0.84 | G5 III−IV |
| 17 | SS | Lep | 2148 | 06 05 27.3 | −16 29 09 | s6 | 4.93 | +0.12 | +0.24 | Ap (shell) |
| 67 | ν | Ori | 2159 | 06 08 10.3 | +14 45 59 | d6 | 4.42 | −0.66 | −0.17 | B3 IV |
| | ν | Dor | 2221 | 06 08 40.2 | −68 50 44 | | 5.06 | −0.21 | −0.08 | B8 V |
| | | | 2180 | 06 09 24.4 | −22 25 48 | | 5.50 | | −0.01 | A0 V |
| | α | Men | 2261 | 06 09 55.7 | −74 45 22 | | 5.09 | +0.33 | +0.72 | G5 V |
| | δ | Pic | 2212 | 06 10 30.2 | −54 58 17 | v6 | 4.81 | −1.03 | −0.23 | B0.5 IV |
| 70 | ξ | Ori | 2199 | 06 12 32.2 | +14 12 20 | d6 | 4.48 | −0.65 | −0.18 | B3 IV |
| 36 | | Cam | 2165 | 06 13 54.4 | +65 42 54 | 6 | 5.38 | +1.47 | +1.34 | K2 II−III |
| 5 | γ | Mon | 2227 | 06 15 22.1 | −06 16 43 | d | 3.98 | +1.41 | +1.32 | K1 III Ba 0.5 |
| 7 | η | Gem | 2216 | 06 15 30.7 | +22 30 10 | vd6 | 3.28 | +1.66 | +1.60 | M2.5 III |
| 44 | κ | Aur | 2219 | 06 16 02.8 | +29 29 36 | | 4.35 | +0.80 | +1.02 | G9 IIIb |
| | κ | Col | 2256 | 06 16 55.6 | −35 08 40 | | 4.37 | +0.83 | +1.00 | K0.5 IIIa |
| 74 | | Ori | 2241 | 06 17 02.0 | +12 16 06 | d | 5.04 | −0.02 | +0.42 | F4 IV |
| | | | 2209 | 06 20 00.1 | +69 18 52 | 6 | 4.80 | 0.00 | +0.03 | A0 IV$^+$nn |
| 7 | | Mon | 2273 | 06 20 13.2 | −07 49 41 | d6 | 5.27 | −0.75 | −0.19 | B2.5 V |
| 2 | UZ | Lyn | 2238 | 06 20 32.9 | +59 00 21 | | 4.48 | +0.03 | +0.01 | A1 Va |
| 1 | ζ | CMa | 2282 | 06 20 43.0 | −30 04 07 | d6 | 3.02 | −0.72 | −0.19 | B2.5 V |
| | δ | Col | 2296 | 06 22 29.9 | −33 26 32 | 6 | 3.85 | +0.52 | +0.88 | G7 II |
| 2 | β | CMa | 2294 | 06 23 09.7 | −17 57 42 | svd6 | 1.98 | −0.98 | −0.23 | B1 II−III |
| 13 | μ | Gem | 2286 | 06 23 35.7 | +22 30 26 | sd | 2.88 | +1.85 | +1.64 | M3 IIIab |
| | α | Car | 2326 | 06 24 11.1 | −52 42 06 | | −0.72 | +0.10 | +0.15 | A9 II |
| 8 | | Mon | 2298 | 06 24 19.5 | +04 35 12 | d6 | 4.44 | +0.13 | +0.20 | A6 IV |
| | | | 2305 | 06 24 39.7 | −11 32 11 | | 5.22 | +1.20 | +1.24 | K3 III |

| Flamsteed/Bayer Designation | | | BS=HR No. | Right Ascension | Declination | Notes | V | U−B | B−V | Spectral Type |
|---|---|---|---|---|---|---|---|---|---|---|
| | | | | h m s | ° ′ ″ | | | | | |
| 46 | $\psi^1$ | Aur | 2289 | 06 25 42.4 | +49 16 53 | 6 | 4.91 | +2.29 | +1.97 | K5−M0 Iab−Ib |
| 10 | | Mon | 2344 | 06 28 28.7 | −04 46 10 | d | 5.06 | −0.76 | −0.17 | B2 V |
| | $\lambda$ | CMa | 2361 | 06 28 33.6 | −32 35 14 | | 4.48 | −0.61 | −0.17 | B4 V |
| 18 | $\nu$ | Gem | 2343 | 06 29 35.2 | +20 12 17 | d6 | 4.15 | −0.48 | −0.13 | B6 III |
| 4 | $\xi^1$ | CMa | 2387 | 06 32 17.6 | −23 25 36 | vd6 | 4.33 | −0.99 | −0.24 | B1 III |
| | | | 2392 | 06 33 16.4 | −11 10 29 | ds6 | 6.24 | +0.78 | +1.11 | G9.5 III: Ba 3 |
| 13 | | Mon | 2385 | 06 33 28.3 | +07 19 28 | | 4.50 | −0.18 | 0.00 | A0 Ib−II |
| | | | 2395 | 06 34 09.9 | −01 13 44 | | 5.10 | −0.56 | −0.14 | B5 Vn |
| | | | 2435 | 06 35 12.5 | −52 59 04 | | 4.39 | −0.15 | −0.02 | A0 II |
| 5 | $\xi^2$ | CMa | 2414 | 06 35 29.8 | −22 58 25 | | 4.54 | −0.03 | −0.05 | A0 III |
| 7 | $\nu^2$ | CMa | 2429 | 06 37 08.5 | −19 15 56 | | 3.95 | +1.01 | +1.06 | K1.5 III−IV Fe 1 |
| | $\nu$ | Pup | 2451 | 06 38 05.0 | −43 12 20 | 6 | 3.17 | −0.41 | −0.11 | B8 IIIn |
| 24 | $\gamma$ | Gem | 2421 | 06 38 19.1 | +16 23 22 | d6 | 1.93 | +0.04 | 0.00 | A1 IVs |
| 8 | $\nu^3$ | CMa | 2443 | 06 38 21.1 | −18 14 50 | d | 4.43 | +1.04 | +1.15 | K0.5 III |
| 15 | S | Mon | 2456 | 06 41 33.4 | +09 53 07 | das6 | 4.66 | −1.07 | −0.25 | O7 Vf |
| 27 | $\epsilon$ | Gem | 2473 | 06 44 34.7 | +25 07 12 | das6 | 2.98 | +1.46 | +1.40 | G8 Ib |
| 30 | | Gem | 2478 | 06 44 34.8 | +13 13 00 | d | 4.49 | +1.16 | +1.16 | K0.5 III CN 0.5 |
| 9 | $\alpha$ | CMa | 2491 | 06 45 36.4 | −16 43 52 | od6 | −1.46 | −0.05 | 0.00 | A0m A1 Va |
| | | | 2513 | 06 45 40.6 | −52 12 45 | s | 6.57 | | +1.08 | G5 Iab |
| 31 | $\xi$ | Gem | 2484 | 06 45 52.7 | +12 53 01 | | 3.36 | +0.06 | +0.43 | F5 IV |
| 56 | $\psi^5$ | Aur | 2483 | 06 47 29.7 | +43 33 58 | d | 5.25 | +0.05 | +0.56 | G0 V |
| | | | 2518 | 06 47 43.0 | −37 56 30 | d | 5.26 | −0.25 | −0.08 | B8/9 V |
| | | | 2401 | 06 48 00.6 | +79 33 04 | 6 | 5.45 | −0.02 | +0.50 | F8 V |
| | $\alpha$ | Pic | 2550 | 06 48 17.9 | −61 57 10 | | 3.27 | +0.13 | +0.21 | A6 Vn |
| 18 | | Mon | 2506 | 06 48 24.5 | +02 24 00 | 6 | 4.47 | +1.04 | +1.11 | K0$^+$ IIIa |
| 57 | $\psi^6$ | Aur | 2487 | 06 48 27.5 | +48 46 38 | | 5.22 | +1.04 | +1.12 | K0 III |
| | v415 | Car | 2554 | 06 50 05.0 | −53 38 06 | 6 | 4.40 | +0.61 | +0.92 | G4 II |
| | $\tau$ | Pup | 2553 | 06 50 11.8 | −50 37 39 | 6 | 2.93 | +1.21 | +1.20 | K1 III |
| 13 | $\kappa$ | CMa | 2538 | 06 50 14.0 | −32 31 16 | | 3.96 | −0.92 | −0.23 | B1.5 IVne |
| | v592 | Mon | 2534 | 06 51 12.6 | −08 03 14 | sv | 6.29 | +0.02 | 0.00 | A2p Sr Cr Eu |
| | $\iota$ | Vol | 2602 | 06 51 19.6 | −70 58 35 | | 5.40 | −0.38 | −0.11 | B7 IV |
| 34 | $\theta$ | Gem | 2540 | 06 53 28.8 | +33 56 52 | d6 | 3.60 | +0.14 | +0.10 | A3 III−IV |
| 16 | $o^1$ | CMa | 2580 | 06 54 34.1 | −24 11 53 | s | 3.87 | +1.99 | +1.73 | K2 Iab |
| 14 | $\theta$ | CMa | 2574 | 06 54 40.7 | −12 03 09 | | 4.07 | +1.70 | +1.43 | K4 III |
| | NP | Pup | 2591 | 06 54 46.5 | −42 22 46 | s | 6.32 | +2.79 | +2.24 | C5,2.5 |
| 43 | | Cam | 2511 | 06 54 49.8 | +68 52 29 | | 5.12 | −0.43 | −0.13 | B7 III |
| 20 | $\iota$ | CMa | 2596 | 06 56 36.3 | −17 04 06 | | 4.37 | −0.70 | −0.07 | B3 II |
| 15 | | Lyn | 2560 | 06 58 11.0 | +58 24 28 | d7 | 4.35 | +0.52 | +0.85 | G5 III−IV |
| 21 | $\epsilon$ | CMa | 2618 | 06 59 02.3 | −28 59 13 | d | 1.50 | −0.93 | −0.21 | B2 II |
| | | | 2527 | 07 01 35.0 | +76 57 43 | 6 | 4.55 | +1.66 | +1.36 | K4 III |
| 22 | $\sigma$ | CMa | 2646 | 07 02 08.3 | −27 57 02 | d | 3.47 | +1.88 | +1.73 | K7 Ib |
| 42 | $\omega$ | Gem | 2630 | 07 03 03.1 | +24 11 59 | s | 5.18 | +0.68 | +0.94 | G5 IIa |
| 24 | $o^2$ | CMa | 2653 | 07 03 27.8 | −23 50 57 | vas6 | 3.02 | −0.80 | −0.08 | B3 Ia |
| 23 | $\gamma$ | CMa | 2657 | 07 04 14.0 | −15 38 58 | | 4.12 | −0.48 | −0.12 | B8 II |
| | | | 2666 | 07 04 22.8 | −42 21 12 | d6 | 5.20 | +0.15 | +0.20 | A9m |
| | v386 | Car | 2683 | 07 04 30.1 | −56 45 57 | v | 5.17 | | −0.04 | Ap Si |
| 43 | $\zeta$ | Gem | 2650 | 07 04 43.9 | +20 33 15 | vd6 | 3.79 | +0.62 | +0.79 | F9 Ib (var) |
| | $\gamma^2$ | Vol | 2736 | 07 08 39.3 | −70 30 57 | d | 3.78 | +0.88 | +1.04 | G9 III |
| 25 | $\delta$ | CMa | 2693 | 07 08 49.1 | −26 24 38 | das6 | 1.84 | +0.54 | +0.68 | F8 Ia |
| 20 | | Mon | 2701 | 07 10 45.0 | −04 15 15 | d | 4.92 | +0.78 | +1.03 | K0 III |

| Flamsteed/Bayer Designation | | | BS=HR No. | Right Ascension | Declination | Notes | $V$ | $U-B$ | $B-V$ | Spectral Type |
|---|---|---|---|---|---|---|---|---|---|---|
| | | | | h  m  s | °  ′  ″ | | | | | |
| 46 | $\tau$ | Gem | 2697 | 07 11 48.4 | +30 13 38 | d7 | 4.41 | +1.41 | +1.26 | K2 III |
| 63 | | Aur | 2696 | 07 12 22.6 | +39 18 09 | 6 | 4.90 | +1.74 | +1.45 | K3.5 III |
| 22 | $\delta$ | Mon | 2714 | 07 12 24.0 | −00 30 39 | d | 4.15 | +0.02 | −0.01 | A1 III$^+$ |
| | QW | Pup | 2740 | 07 12 51.6 | −46 46 38 | | 4.49 | −0.01 | +0.32 | F0 IVs |
| 48 | | Gem | 2706 | 07 13 04.6 | +24 06 37 | s | 5.85 | +0.09 | +0.36 | F5 III−IV |
| | $L_2$ | Pup | 2748 | 07 13 51.6 | −44 39 26 | vd | 5.10 | | +1.56 | M5 IIIe |
| 51 | BQ | Gem | 2717 | 07 13 58.4 | +16 08 25 | d | 5.00 | +1.82 | +1.66 | M4 IIIab |
| 27 | EW | CMa | 2745 | 07 14 40.9 | −26 22 16 | d6 | 4.66 | −0.71 | −0.19 | B3 IIIep |
| 28 | $\omega$ | CMa | 2749 | 07 15 14.2 | −26 47 29 | | 3.85 | −0.73 | −0.17 | B2 IV−Ve |
| | $\delta$ | Vol | 2803 | 07 16 49.4 | −67 58 35 | | 3.98 | +0.45 | +0.79 | F9 Ib |
| | $\pi$ | Pup | 2773 | 07 17 30.8 | −37 07 00 | d | 2.70 | +1.24 | +1.62 | K3 Ib |
| 54 | $\lambda$ | Gem | 2763 | 07 18 41.8 | +16 31 14 | d67 | 3.58 | +0.10 | +0.11 | A4 IV |
| 30 | $\tau$ | CMa | 2782 | 07 19 08.6 | −24 58 27 | vd6 | 4.40 | −0.99 | −0.15 | O9 II |
| 55 | $\delta$ | Gem | 2777 | 07 20 45.0 | +21 57 44 | d67 | 3.53 | +0.04 | +0.34 | F0 V$^+$ |
| 31 | $\eta$ | CMa | 2827 | 07 24 30.6 | −29 19 27 | das | 2.45 | −0.72 | −0.08 | B5 Ia |
| 66 | | Aur | 2805 | 07 24 52.0 | +40 39 05 | 6 | 5.23 | +1.25 | +1.25 | K1 IIIa Fe−1 |
| 60 | $\iota$ | Gem | 2821 | 07 26 22.7 | +27 46 35 | | 3.79 | +0.85 | +1.03 | G9 IIIb |
| 3 | $\beta$ | CMi | 2845 | 07 27 43.2 | +08 16 03 | d6 | 2.90 | −0.28 | −0.09 | B8 V |
| 4 | $\gamma$ | CMi | 2854 | 07 28 44.1 | +08 54 13 | d6 | 4.32 | +1.54 | +1.43 | K3 III Fe−1 |
| | $\sigma$ | Pup | 2878 | 07 29 33.8 | −43 19 23 | vd6 | 3.25 | +1.78 | +1.51 | K5 III |
| 62 | $\rho$ | Gem | 2852 | 07 29 47.2 | +31 45 46 | d6 | 4.18 | −0.03 | +0.32 | F0 V$^+$ |
| 6 | | CMi | 2864 | 07 30 22.8 | +11 59 03 | | 4.54 | +1.37 | +1.28 | K1 III |
| | | | 2906 | 07 34 30.2 | −22 19 09 | | 4.45 | +0.06 | +0.51 | F6 IV |
| 66 | $\alpha^1$ | Gem | 2891 | 07 35 16.0 | +31 51 52 | od6 | 1.98 | +0.01 | +0.03 | A1m A2 Va |
| 66 | $\alpha^2$ | Gem | 2890 | 07 35 16.3 | +31 51 54 | od6 | 2.88 | +0.02 | +0.04 | A2m A5 V: |
| | | | 2934 | 07 35 55.3 | −52 33 27 | 6 | 4.94 | +1.63 | +1.40 | K3 III |
| 69 | $\upsilon$ | Gem | 2905 | 07 36 34.1 | +26 52 18 | d | 4.06 | +1.94 | +1.54 | M0 III−IIIb |
| | | | 2937 | 07 37 45.4 | −34 59 33 | d7 | 4.53 | −0.31 | −0.09 | B8 V |
| 25 | | Mon | 2927 | 07 37 48.0 | −04 08 06 | d | 5.13 | +0.12 | +0.44 | F6 III |
| 10 | $\alpha$ | CMi | 2943 | 07 39 51.1 | +05 11 51 | osd67 | 0.38 | +0.02 | +0.42 | F5 IV−V |
| | R | Pup | 2974 | 07 41 17.1 | −31 41 10 | s | 6.56 | +0.85 | +1.18 | G2 0−Ia |
| | $\zeta$ | Vol | 3024 | 07 41 41.2 | −72 37 52 | d7 | 3.95 | +0.83 | +1.04 | G9 III |
| 26 | $\alpha$ | Mon | 2970 | 07 41 44.9 | −09 34 34 | | 3.93 | +0.88 | +1.02 | G9 III Fe−1 |
| 24 | | Lyn | 2946 | 07 43 53.4 | +58 41 05 | d | 4.99 | +0.08 | +0.08 | A2 IVn |
| 75 | $\sigma$ | Gem | 2973 | 07 43 58.0 | +28 51 26 | d6 | 4.28 | +0.97 | +1.12 | K1 III |
| 3 | | Pup | 2996 | 07 44 13.8 | −28 58 50 | 6 | 3.96 | −0.09 | +0.18 | A2 Ib |
| | OV | Cep | 2609 | 07 45 03.8 | +86 59 41 | | 5.07 | +1.97 | +1.63 | M2$^-$ IIIab |
| 77 | $\kappa$ | Gem | 2985 | 07 45 04.8 | +24 22 19 | ad7 | 3.57 | +0.69 | +0.93 | G8 III |
| | | | 3017 | 07 45 37.8 | −37 59 40 | | 3.61 | +1.72 | +1.73 | K5 IIa |
| 78 | $\beta$ | Gem | 2990 | 07 45 57.4 | +28 00 00 | ad | 1.14 | +0.85 | +1.00 | K0 IIIb |
| 4 | | Pup | 3015 | 07 46 25.9 | −14 35 24 | | 5.04 | +0.09 | +0.33 | F2 V |
| 81 | | Gem | 3003 | 07 46 43.9 | +18 29 01 | 6 | 4.88 | +1.75 | +1.45 | K4 III |
| 11 | | CMi | 3008 | 07 46 50.8 | +10 44 31 | 6 | 5.30 | −0.02 | +0.01 | A0.5 IV$^-$nn |
| | | | 2999 | 07 47 21.2 | +37 29 28 | | 5.18 | +1.94 | +1.58 | M2$^+$ IIIb |
| | | | 3037 | 07 47 50.6 | −46 38 06 | 6 | 5.23 | −0.85 | −0.14 | B1.5 IV |
| 80 | $\pi$ | Gem | 3013 | 07 48 10.8 | +33 23 21 | d7 | 5.14 | +1.95 | +1.60 | M1$^+$ IIIa |
| | $o$ | Pup | 3034 | 07 48 31.4 | −25 57 50 | d | 4.50 | −1.02 | −0.05 | B1 IV:nne |
| | | | 3055 | 07 49 33.5 | −46 24 00 | d | 4.11 | −1.01 | −0.18 | B0 III |
| 7 | $\xi$ | Pup | 3045 | 07 49 44.2 | −24 53 12 | d6 | 3.34 | +1.16 | +1.24 | G6 Iab−Ib |
| 13 | $\zeta$ | CMi | 3059 | 07 52 14.6 | +01 44 22 | | 5.14 | −0.49 | −0.12 | B8 II |

| Flamsteed/Bayer Designation | | | BS=HR No. | Right Ascension | Declination | Notes | V | U−B | B−V | Spectral Type |
|---|---|---|---|---|---|---|---|---|---|---|
| | | | | h m s | ° ′ ″ | | | | | |
| | | | 3080 | 07 52 34.7 | −40 36 12 | c6 | 3.73 | +0.78 | +1.04 | K1/2 II + A |
| | QZ | Pup | 3084 | 07 53 01.0 | −38 53 26 | v6 | 4.49 | −0.69 | −0.19 | B2.5 V |
| | | | 3090 | 07 53 36.7 | −48 07 50 | | 4.24 | −1.00 | −0.14 | B0.5 Ib |
| 83 | φ | Gem | 3067 | 07 54 08.3 | +26 44 16 | 6 | 4.97 | +0.10 | +0.09 | A3 IV−V |
| 26 | | Lyn | 3066 | 07 55 28.4 | +47 32 11 | | 5.45 | +1.73 | +1.46 | K3 III |
| | χ | Car | 3117 | 07 57 02.7 | −53 00 39 | | 3.47 | −0.67 | −0.18 | B3p Si |
| 11 | | Pup | 3102 | 07 57 18.6 | −22 54 31 | | 4.20 | +0.42 | +0.72 | F8 II |
| | | | 3113 | 07 58 05.2 | −30 21 48 | | 4.79 | +0.18 | +0.15 | A6 II |
| | V | Pup | 3129 | 07 58 32.6 | −49 16 26 | cvd6 | 4.41 | −0.96 | −0.17 | B1 Vp + B2: |
| | | | 3153 | 07 59 48.2 | −60 36 58 | s | 5.17 | +1.91 | +1.74 | M1.5 II |
| 27 | | Mon | 3122 | 08 00 15.6 | −03 42 32 | | 4.93 | +1.21 | +1.21 | K2 III |
| | | | 3131 | 08 00 20.3 | −18 25 43 | | 4.61 | +0.08 | +0.08 | A2 IVn |
| | | | 3075 | 08 01 26.0 | +73 53 18 | | 5.41 | +1.64 | +1.42 | K3 III |
| | | | 3145 | 08 02 48.7 | +02 18 18 | d | 4.39 | +1.28 | +1.25 | K2 IIIb Fe−0.5 |
| | ζ | Pup | 3165 | 08 03 57.2 | −40 01 59 | s | 2.25 | −1.11 | −0.26 | O5 Iafn |
| | χ | Gem | 3149 | 08 04 09.7 | +27 45 51 | d6 | 4.94 | +1.09 | +1.12 | K1 III |
| | ε | Vol | 3223 | 08 07 57.6 | −68 38 53 | d67 | 4.35 | −0.46 | −0.11 | B6 IV |
| 15 | ρ | Pup | 3185 | 08 07 59.5 | −24 20 06 | vd6 | 2.81 | +0.19 | +0.43 | F5 (Ib−II)p |
| 29 | ζ | Mon | 3188 | 08 09 07.3 | −03 00 54 | d | 4.34 | +0.69 | +0.97 | G2 Ib |
| 27 | | Lyn | 3173 | 08 09 14.6 | +51 28 32 | d | 4.84 | 0.00 | +0.05 | A1 Va |
| 16 | | Pup | 3192 | 08 09 29.8 | −19 16 35 | 6 | 4.40 | −0.60 | −0.15 | B5 IV |
| | γ² | Vel | 3207 | 08 09 51.4 | −47 22 04 | cd6 | 1.78 | −0.99 | −0.22 | WC8 + O9I: |
| | NS | Pup | 3225 | 08 11 44.0 | −39 39 01 | 6 | 4.45 | +1.86 | +1.62 | K4.5 Ib |
| 20 | | Pup | 3229 | 08 13 48.9 | −15 49 13 | | 4.99 | +0.78 | +1.07 | G5 IIa |
| | | | 3182 | 08 13 50.8 | +68 26 31 | | 5.45 | +0.80 | +1.05 | G7 II |
| | | | 3243 | 08 14 25.3 | −40 22 49 | d6 | 4.44 | +1.09 | +1.17 | K1 II/III |
| 17 | β | Cnc | 3249 | 08 17 05.0 | +09 09 09 | d | 3.52 | +1.77 | +1.48 | K4 III Ba 0.5 |
| | α | Cha | 3318 | 08 18 14.4 | −76 57 09 | | 4.07 | −0.02 | +0.39 | F4 IV |
| | | | 3270 | 08 18 56.9 | −36 41 32 | | 4.45 | +0.11 | +0.22 | A7 IV |
| | θ | Cha | 3340 | 08 20 18.6 | −77 31 05 | d | 4.35 | +1.20 | +1.16 | K2 III CN 0.5 |
| 18 | χ | Cnc | 3262 | 08 20 42.0 | +27 10 59 | | 5.14 | −0.06 | +0.47 | F6 V |
| | | | 3282 | 08 21 47.9 | −33 05 18 | | 4.83 | +1.60 | +1.45 | K2.5 II−III |
| | ε | Car | 3307 | 08 22 43.7 | −59 32 37 | dc | 1.86 | +0.19 | +1.28 | K3: III + B2: V |
| 31 | | Lyn | 3275 | 08 23 33.0 | +43 09 13 | | 4.25 | +1.90 | +1.55 | K4.5 III |
| | | | 3315 | 08 25 31.0 | −24 04 51 | d6 | 5.28 | +1.83 | +1.48 | K4.5 III CN 1 |
| | β | Vol | 3347 | 08 25 50.9 | −66 10 19 | | 3.77 | +1.14 | +1.13 | K2 III |
| | | | 3314 | 08 26 11.1 | −03 56 28 | | 3.90 | −0.02 | −0.02 | A0 Va |
| 1 | o | UMa | 3323 | 08 31 07.7 | +60 40 56 | sd | 3.37 | +0.52 | +0.85 | G5 III |
| 33 | η | Cnc | 3366 | 08 33 18.9 | +20 24 17 | | 5.33 | +1.39 | +1.25 | K3 III |
| | | | 3426 | 08 38 00.8 | −43 01 34 | | 4.14 | +0.16 | +0.11 | A6 II |
| 4 | δ | Hya | 3410 | 08 38 12.7 | +05 40 00 | d6 | 4.16 | +0.01 | 0.00 | A1 IVnn |
| 5 | σ | Hya | 3418 | 08 39 18.3 | +03 18 14 | | 4.44 | +1.28 | +1.21 | K1 III |
| | β | Pyx | 3438 | 08 40 30.8 | −35 20 46 | d6 | 3.97 | +0.65 | +0.94 | G4 III |
| 6 | | Hya | 3431 | 08 40 31.3 | −12 30 47 | | 4.98 | +1.62 | +1.42 | K4 III |
| | o | Vel | 3447 | 08 40 35.6 | −52 57 34 | v6 | 3.62 | −0.64 | −0.18 | B3 IV |
| | v343 | Car | 3457 | 08 40 50.9 | −59 47 55 | d6 | 4.33 | −0.80 | −0.11 | B1.5 III |
| | η | Cha | 3502 | 08 40 56.7 | −79 00 04 | | 5.47 | −0.35 | −0.10 | B8 V |
| | | | 3445 | 08 40 58.5 | −46 41 11 | d | 3.82 | +0.33 | +0.70 | F0 Ia |
| 34 | | Lyn | 3422 | 08 41 44.4 | +45 47 47 | | 5.37 | +0.75 | +0.99 | G8 IV |
| 7 | η | Hya | 3454 | 08 43 46.4 | +03 21 37 | 6 | 4.30 | −0.74 | −0.20 | B4 V |

| Flamsteed/Bayer Designation | | | BS=HR No. | Right Ascension | Declination | Notes | V | U−B | B−V | Spectral Type |
|---|---|---|---|---|---|---|---|---|---|---|
| | | | | h m s | ° ′ ″ | | | | | |
| 43 | γ | Cnc | 3449 | 08 43 53.5 | +21 25 48 | d6 | 4.66 | +0.01 | +0.02 | A1 Va |
| | α | Pyx | 3468 | 08 44 00.9 | −33 13 29 | | 3.68 | −0.88 | −0.18 | B1.5 III |
| | | | 3477 | 08 44 46.5 | −42 41 16 | d | 4.07 | +0.52 | +0.87 | G6 II−III |
| | δ | Vel | 3485 | 08 44 59.6 | −54 44 51 | d7 | 1.96 | +0.07 | +0.04 | A1 Va |
| 47 | δ | Cnc | 3461 | 08 45 16.8 | +18 06 54 | d | 3.94 | +0.99 | +1.08 | K0 IIIb |
| | | | 3487 | 08 46 23.0 | −46 04 49 | | 3.91 | −0.05 | 0.00 | A1 II |
| 12 | | Hya | 3484 | 08 46 52.3 | −13 35 12 | d6 | 4.32 | +0.62 | +0.90 | G8 III Fe−1 |
| | v344 | Car | 3498 | 08 46 58.8 | −56 48 31 | | 4.49 | −0.73 | −0.17 | B3 Vne |
| 48 | ι | Cnc | 3475 | 08 47 19.8 | +28 43 15 | d | 4.02 | +0.78 | +1.01 | G8 II−III |
| 11 | ε | Hya | 3482 | 08 47 19.8 | +06 22 47 | cd67 | 3.38 | +0.36 | +0.68 | G5: III + A: |
| 13 | ρ | Hya | 3492 | 08 48 59.3 | +05 47 55 | d6 | 4.36 | −0.04 | −0.04 | A0 Vn |
| 14 | KX | Hya | 3500 | 08 49 53.4 | −03 28 57 | | 5.31 | −0.35 | −0.09 | B9p Hg Mn |
| | γ | Pyx | 3518 | 08 50 58.7 | −27 44 57 | | 4.01 | +1.40 | +1.27 | K2.5 III |
| | ζ | Oct | 3678 | 08 54 58.4 | −85 42 13 | | 5.42 | +0.07 | +0.31 | F0 III |
| | | | 3571 | 08 55 17.1 | −60 41 06 | d | 3.84 | −0.45 | −0.10 | B7 II−III |
| 16 | ζ | Hya | 3547 | 08 55 56.9 | +05 54 18 | | 3.11 | +0.80 | +1.00 | G9 IIIa |
| | v376 | Car | 3582 | 08 57 13.8 | −59 16 12 | d | 4.92 | −0.77 | −0.19 | B2 IV−V |
| 65 | α | Cnc | 3572 | 08 59 03.6 | +11 48 59 | d6 | 4.25 | +0.15 | +0.14 | A5m |
| 9 | ι | UMa | 3569 | 08 59 55.3 | +48 00 00 | d6 | 3.14 | +0.07 | +0.19 | A7 IVn |
| 64 | σ³ | Cnc | 3575 | 09 00 11.2 | +32 22 38 | d | 5.22 | +0.64 | +0.92 | G8 III |
| | | | 3591 | 09 00 29.0 | −41 17 41 | c6 | 4.45 | +0.38 | +0.65 | G8/K1 III + A |
| | | | 3579 | 09 01 19.1 | +41 44 26 | od67 | 3.97 | +0.04 | +0.43 | F7 V |
| | α | Vol | 3615 | 09 02 36.6 | −66 26 17 | 6 | 4.00 | +0.13 | +0.14 | A5m |
| 8 | ρ | UMa | 3576 | 09 03 28.7 | +67 35 16 | | 4.76 | +1.88 | +1.53 | M3 IIIb Ca 1 |
| 12 | κ | UMa | 3594 | 09 04 20.3 | +47 06 52 | d7 | 3.60 | +0.01 | 0.00 | A0 IIIn |
| | | | 3614 | 09 04 31.0 | −47 08 24 | | 3.75 | +1.22 | +1.20 | K2 III |
| | | | 3643 | 09 05 10.1 | −72 38 42 | | 4.48 | +0.22 | +0.61 | F8 II |
| | | | 3612 | 09 07 11.7 | +38 24 35 | | 4.56 | +0.82 | +1.04 | G7 Ib−II |
| 76 | κ | Cnc | 3623 | 09 08 18.9 | +10 37 31 | d6 | 5.24 | −0.43 | −0.11 | B8p Hg Mn |
| | λ | Vel | 3634 | 09 08 23.0 | −43 28 31 | d | 2.21 | +1.81 | +1.66 | K4.5 Ib |
| 15 | | UMa | 3619 | 09 09 36.4 | +51 33 42 | | 4.48 | +0.12 | +0.27 | F0m |
| 77 | ξ | Cnc | 3627 | 09 09 57.7 | +22 00 09 | d6 | 5.14 | +0.80 | +0.97 | G9 IIIa Fe−0.5 CH−1 |
| | v357 | Car | 3659 | 09 11 14.7 | −59 00 37 | 6 | 3.44 | −0.70 | −0.19 | B2 IV−V |
| | | | 3663 | 09 11 31.0 | −62 21 37 | | 3.97 | −0.67 | −0.18 | B3 III |
| | β | Car | 3685 | 09 13 18.7 | −69 45 38 | | 1.68 | +0.03 | 0.00 | A1 III |
| 36 | | Lyn | 3652 | 09 14 29.2 | +43 10 26 | | 5.32 | −0.48 | −0.14 | B8p Mn |
| 22 | θ | Hya | 3665 | 09 14 54.6 | +02 16 10 | d6 | 3.88 | −0.12 | −0.06 | B9.5 IV (C II) |
| | | | 3696 | 09 16 29.9 | −57 35 08 | | 4.34 | +1.98 | +1.63 | M0.5 III Ba 0.3 |
| | ι | Car | 3699 | 09 17 22.3 | −59 19 10 | | 2.25 | +0.16 | +0.18 | A7 Ib |
| 38 | | Lyn | 3690 | 09 19 29.7 | +36 45 27 | d67 | 3.82 | +0.06 | +0.06 | A2 IV⁻ |
| 40 | α | Lyn | 3705 | 09 21 41.5 | +34 20 51 | | 3.13 | +1.94 | +1.55 | K7 IIIab |
| | θ | Pyx | 3718 | 09 21 57.5 | −26 00 38 | | 4.72 | +2.02 | +1.63 | M0.5 III |
| | κ | Vel | 3734 | 09 22 26.4 | −55 03 21 | 6 | 2.50 | −0.75 | −0.18 | B2 IV−V |
| 1 | κ | Leo | 3731 | 09 25 15.8 | +26 08 12 | d7 | 4.46 | +1.31 | +1.23 | K2 III |
| 30 | α | Hya | 3748 | 09 28 06.2 | −08 42 16 | d | 1.98 | +1.72 | +1.44 | K3 II−III |
| | ε | Ant | 3765 | 09 29 40.8 | −35 59 51 | 6 | 4.51 | +1.68 | +1.44 | K3 III |
| | ψ | Vel | 3786 | 09 31 06.9 | −40 30 47 | d7 | 3.60 | −0.03 | +0.36 | F0 V⁺ |
| | | | 3803 | 09 31 32.5 | −57 04 51 | | 3.13 | +1.89 | +1.55 | K5 III |
| | | | 3821 | 09 31 40.6 | −73 07 39 | | 5.47 | +1.75 | +1.56 | K4 III |
| 4 | λ | Leo | 3773 | 09 32 19.1 | +22 55 16 | | 4.31 | +1.89 | +1.54 | K4.5 IIIb |

| Flamsteed/Bayer Designation | | | BS=HR No. | Right Ascension | Declination | Notes | V | U−B | B−V | Spectral Type |
|---|---|---|---|---|---|---|---|---|---|---|
| | | | | h m s | ° ′ ″ | | | | | |
| 23 | | UMa | 3757 | 09 32 20.8 | +63 00 55 | d | 3.67 | +0.10 | +0.33 | F0 IV |
| | R | Car | 3816 | 09 32 30.4 | −62 50 08 | vd | 4-10 | +0.23 | +1.43 | gM5e |
| 5 | ξ | Leo | 3782 | 09 32 30.6 | +11 15 10 | | 4.97 | +0.86 | +1.05 | G9.5 III |
| 25 | θ | UMa | 3775 | 09 33 33.2 | +51 37 44 | d6 | 3.17 | +0.02 | +0.46 | F6 IV |
| | | | 3808 | 09 33 41.5 | −21 09 45 | | 5.01 | +0.87 | +1.02 | K0 III |
| | | | 3825 | 09 34 44.9 | −59 16 37 | | 4.08 | −0.56 | +0.01 | B5 II |
| 10 SU | | LMi | 3800 | 09 34 51.8 | +36 21 02 | | 4.55 | +0.62 | +0.92 | G7.5 III Fe−0.5 |
| 24 DK | | UMa | 3771 | 09 35 23.6 | +69 47 00 | | 4.56 | +0.34 | +0.77 | G5 III−IV |
| 26 | | UMa | 3799 | 09 35 32.3 | +52 00 15 | | 4.50 | +0.04 | +0.01 | A1 Va |
| | | | 3836 | 09 37 12.1 | −49 24 08 | d | 4.35 | +0.13 | +0.17 | A5 IV−V |
| | | | 3751 | 09 38 30.8 | +81 16 44 | | 4.29 | +1.72 | +1.48 | K3 IIIa |
| | | | 3834 | 09 39 00.1 | +04 36 05 | | 4.68 | +1.46 | +1.32 | K3 III |
| 35 | ι | Hya | 3845 | 09 40 23.5 | −01 11 27 | | 3.91 | +1.46 | +1.32 | K2.5 III |
| 38 | κ | Hya | 3849 | 09 40 48.6 | −14 22 49 | | 5.06 | −0.57 | −0.15 | B5 V |
| 14 | o | Leo | 3852 | 09 41 42.6 | +09 50 39 | cd6 | 3.52 | +0.21 | +0.49 | F5 II + A5? |
| 16 | ψ | Leo | 3866 | 09 44 18.2 | +13 58 24 | d | 5.35 | +1.95 | +1.63 | M2.4+ IIIab |
| | θ | Ant | 3871 | 09 44 40.2 | −27 49 04 | cd7 | 4.79 | +0.35 | +0.51 | F7 II−III + A8 V |
| | λ | Car | 3884 | 09 45 32.1 | −62 33 24 | v | 3.69 | +0.85 | +1.22 | F9−G5 Ib |
| 17 | ε | Leo | 3873 | 09 46 26.7 | +23 43 32 | | 2.98 | +0.47 | +0.80 | G1 II |
| | υ | Car | 3890 | 09 47 21.8 | −65 07 15 | d | 3.01 | +0.13 | +0.27 | A6 II |
| | R | Leo | 3882 | 09 48 07.3 | +11 22 47 | v | 4-11 | −0.20 | +1.30 | gM7e |
| | | | 3881 | 09 49 15.7 | +45 58 18 | | 5.09 | +0.10 | +0.62 | G0.5 Va |
| 29 | υ | UMa | 3888 | 09 51 43.7 | +58 59 20 | vd | 3.80 | +0.18 | +0.28 | F0 IV |
| 39 | υ¹ | Hya | 3903 | 09 51 59.0 | −14 53 46 | | 4.12 | +0.65 | +0.92 | G8.5 IIIa |
| 24 | μ | Leo | 3905 | 09 53 21.5 | +25 57 25 | s | 3.88 | +1.39 | +1.22 | K2 III CN 1 Ca 1 |
| | | | 3923 | 09 55 22.0 | −19 03 34 | 6 | 4.94 | +1.93 | +1.57 | K5 III |
| | φ | Vel | 3940 | 09 57 13.9 | −54 37 05 | d | 3.54 | −0.62 | −0.08 | B5 Ib |
| 19 | | LMi | 3928 | 09 58 19.4 | +41 00 19 | 6 | 5.14 | 0.00 | +0.46 | F5 V |
| | η | Ant | 3947 | 09 59 19.4 | −35 56 29 | d | 5.23 | +0.08 | +0.31 | F1 III−IV |
| 29 | π | Leo | 3950 | 10 00 46.1 | +07 59 37 | | 4.70 | +1.93 | +1.60 | M2− IIIab |
| 20 | | LMi | 3951 | 10 01 36.8 | +31 52 18 | | 5.36 | +0.27 | +0.66 | G3 Va Hδ 1 |
| 40 | υ² | Hya | 3970 | 10 05 38.2 | −13 06 57 | 6 | 4.60 | −0.27 | −0.09 | B8 V |
| 30 | η | Leo | 3975 | 10 07 54.2 | +16 42 40 | asd | 3.52 | −0.21 | −0.03 | A0 Ib |
| 21 | | LMi | 3974 | 10 08 02.8 | +35 11 35 | | 4.48 | +0.08 | +0.18 | A7 V |
| 31 | | Leo | 3980 | 10 08 27.7 | +09 56 44 | d | 4.37 | +1.75 | +1.45 | K3.5 IIIb Fe−1: |
| 15 | α | Sex | 3981 | 10 08 28.5 | −00 25 24 | | 4.49 | −0.07 | −0.04 | A0 III |
| 32 | α | Leo | 3982 | 10 08 55.8 | +11 54 56 | d6 | 1.35 | −0.36 | −0.11 | B7 Vn |
| 41 | λ | Hya | 3994 | 10 11 06.0 | −12 24 23 | d6 | 3.61 | +0.92 | +1.01 | K0 III CN 0.5 |
| | ω | Car | 4037 | 10 13 59.2 | −70 05 25 | | 3.32 | −0.33 | −0.08 | B8 IIIn |
| | | | 4023 | 10 15 10.7 | −42 10 27 | 6 | 3.85 | +0.06 | +0.05 | A2 Va |
| 36 | ζ | Leo | 4031 | 10 17 16.4 | +23 21 53 | das6 | 3.44 | +0.20 | +0.31 | F0 III |
| | v337 | Car | 4050 | 10 17 26.1 | −61 23 06 | d | 3.40 | +1.72 | +1.54 | K2.5 II |
| 33 | λ | UMa | 4033 | 10 17 43.6 | +42 51 42 | s | 3.45 | +0.06 | +0.03 | A1 IV |
| 22 | ε | Sex | 4042 | 10 18 09.1 | −08 07 18 | | 5.24 | +0.13 | +0.31 | F1 IV− |
| | AG | Ant | 4049 | 10 18 36.5 | −29 02 41 | | 5.34 | | +0.24 | A0p Ib−II |
| 41 | γ¹ | Leo | 4057 | 10 20 33.0 | +19 47 17 | d6 | 2.61 | +1.00 | +1.15 | K1− IIIb Fe−0.5 |
| | | | 4080 | 10 22 46.7 | −41 42 11 | | 4.83 | +1.08 | +1.12 | K1 III |
| 34 | μ | UMa | 4069 | 10 22 57.1 | +41 26 47 | 6 | 3.05 | +1.89 | +1.59 | M0 III |
| | | | 4086 | 10 23 57.0 | −38 03 48 | | 5.33 | | +0.25 | A8 V |
| | | | 4102 | 10 24 36.1 | −74 05 07 | 6 | 4.00 | −0.01 | +0.35 | F2 V |

| Flamsteed/Bayer Designation | | | BS=HR No. | Right Ascension | Declination | Notes | V | U−B | B−V | Spectral Type |
|---|---|---|---|---|---|---|---|---|---|---|
| | | | | h m s | ° ′ ″ | | | | | |
| | | | 4072 | 10 24 52.6 | +65 30 46 | 6 | 4.97 | −0.13 | −0.06 | A0p Hg |
| 42 | μ | Hya | 4094 | 10 26 35.9 | −16 53 25 | | 3.81 | +1.82 | +1.48 | K4⁺ III |
| | α | Ant | 4104 | 10 27 38.0 | −31 07 17 | 6 | 4.25 | +1.63 | +1.45 | K4.5 III |
| | | | 4114 | 10 28 16.0 | −58 47 36 | | 3.82 | +0.24 | +0.31 | F0 Ib |
| 31 | β | LMi | 4100 | 10 28 29.2 | +36 39 11 | d67 | 4.21 | +0.64 | +0.90 | G9 IIIab |
| 29 | δ | Sex | 4116 | 10 30 00.7 | −02 47 35 | | 5.21 | −0.12 | −0.06 | B9.5 V |
| 36 | | UMa | 4112 | 10 31 17.5 | +55 55 35 | d | 4.83 | −0.01 | +0.52 | F8 V |
| | | | 4084 | 10 32 16.7 | +82 30 16 | | 5.26 | −0.05 | +0.37 | F4 V |
| | PP | Car | 4140 | 10 32 24.0 | −61 44 22 | | 3.32 | −0.72 | −0.09 | B4 Vne |
| 46 | | Leo | 4127 | 10 32 45.3 | +14 04 59 | | 5.46 | +2.04 | +1.68 | M1 IIIb |
| 47 | ρ | Leo | 4133 | 10 33 21.8 | +09 15 08 | vd6 | 3.85 | −0.96 | −0.14 | B1 Iab |
| | | | 4143 | 10 33 23.6 | −47 03 27 | d7 | 5.02 | +0.59 | +1.04 | K1/2 III |
| 44 | | Hya | 4145 | 10 34 30.9 | −23 47 58 | d | 5.08 | +1.82 | +1.60 | K5 III |
| | γ | Cha | 4174 | 10 35 35.1 | −78 39 44 | | 4.11 | +1.95 | +1.58 | M0 III |
| 37 | | UMa | 4141 | 10 35 49.9 | +57 01 42 | | 5.16 | −0.02 | +0.34 | F1 V |
| | | | 4126 | 10 35 57.4 | +75 39 30 | | 4.84 | +0.72 | +0.96 | G8 III |
| | | | 4159 | 10 35 59.6 | −57 36 44 | 6 | 4.45 | +1.79 | +1.62 | K5 II |
| | | | 4167 | 10 37 44.8 | −48 16 49 | d67 | 3.84 | +0.07 | +0.30 | F0m |
| 37 | | LMi | 4166 | 10 39 18.5 | +31 55 17 | | 4.71 | +0.54 | +0.81 | G2.5 IIa |
| | | | 4180 | 10 39 43.6 | −55 39 29 | d | 4.28 | +0.75 | +1.04 | G2 II |
| | θ | Car | 4199 | 10 43 20.0 | −64 26 59 | 6 | 2.76 | −1.01 | −0.22 | B0.5 Vp |
| | | | 4181 | 10 43 48.3 | +69 01 15 | | 5.00 | +1.54 | +1.38 | K3 III |
| 41 | | LMi | 4192 | 10 43 59.1 | +23 07 59 | | 5.08 | +0.05 | +0.04 | A2 IV |
| | | | 4191 | 10 44 09.7 | +46 08 54 | d6 | 5.18 | +0.01 | +0.33 | F5 III |
| | δ² | Cha | 4234 | 10 45 52.3 | −80 35 44 | | 4.45 | −0.70 | −0.19 | B2.5 IV |
| 42 | | LMi | 4203 | 10 46 26.8 | +30 37 36 | d6 | 5.24 | −0.14 | −0.06 | A1 Vn |
| 51 | | Leo | 4208 | 10 46 58.4 | +18 50 09 | | 5.50 | +1.15 | +1.13 | gK3 |
| | μ | Vel | 4216 | 10 47 13.4 | −49 28 33 | cd67 | 2.69 | +0.57 | +0.90 | G5 III + F8: V |
| 53 | | Leo | 4227 | 10 49 48.5 | +10 29 22 | 6 | 5.34 | +0.02 | +0.03 | A2 V |
| | ν | Hya | 4232 | 10 50 08.6 | −16 14 56 | | 3.11 | +1.30 | +1.25 | K1.5 IIIb Hδ−0.5 |
| 46 | | LMi | 4247 | 10 53 53.8 | +34 09 29 | | 3.83 | +0.91 | +1.04 | K0⁺ III−IV |
| | | | 4257 | 10 53 55.4 | −58 54 33 | d6 | 3.78 | +0.65 | +0.95 | K0 IIIb |
| 54 | | Leo | 4259 | 10 56 10.8 | +24 41 37 | cd | 4.50 | +0.01 | +0.01 | A1 IIIn + A1 IVn |
| | ι | Ant | 4273 | 10 57 12.5 | −37 11 40 | | 4.60 | +0.84 | +1.03 | K0 III |
| 47 | | UMa | 4277 | 11 00 03.1 | +40 22 26 | | 5.05 | +0.13 | +0.61 | G1⁻ V Fe−0.5 |
| 7 | α | Crt | 4287 | 11 00 17.2 | −18 21 18 | | 4.08 | +1.00 | +1.09 | K0⁺ III |
| | | | 4293 | 11 00 38.3 | −42 16 56 | | 4.39 | +0.12 | +0.11 | A3 IV |
| 58 | | Leo | 4291 | 11 01 06.2 | +03 33 39 | d | 4.84 | +1.12 | +1.16 | K0.5 III Fe−0.5 |
| 48 | β | UMa | 4295 | 11 02 28.1 | +56 19 33 | 6 | 2.37 | +0.01 | −0.02 | A0m A1 IV−V |
| 60 | | Leo | 4300 | 11 02 53.3 | +20 07 24 | | 4.42 | +0.05 | +0.05 | A0.5m A3 V |
| 50 | α | UMa | 4301 | 11 04 22.1 | +61 41 39 | d6 | 1.80 | +0.90 | +1.07 | K0⁻ IIIa |
| 63 | χ | Leo | 4310 | 11 05 33.5 | +07 16 45 | d7 | 4.63 | +0.08 | +0.33 | F1 IV |
| | χ¹ | Hya | 4314 | 11 05 50.3 | −27 21 02 | d7 | 4.94 | +0.04 | +0.36 | F3 IV |
| | v382 | Car | 4337 | 11 09 02.5 | −59 01 55 | c6 | 3.91 | +0.94 | +1.23 | G4 0−Ia |
| 52 | ψ | UMa | 4335 | 11 10 15.0 | +44 26 29 | | 3.01 | +1.11 | +1.14 | K1 III |
| 11 | β | Crt | 4343 | 11 12 10.5 | −22 53 00 | 6 | 4.48 | +0.06 | +0.03 | A2 IV |
| | | | 4350 | 11 13 01.9 | −49 09 29 | 6 | 5.36 | | +0.18 | A3 IV/V |
| 68 | δ | Leo | 4357 | 11 14 39.9 | +20 27 58 | d | 2.56 | +0.12 | +0.12 | A4 IV |
| 70 | θ | Leo | 4359 | 11 14 47.4 | +15 22 19 | | 3.34 | +0.06 | −0.01 | A2 IV (Kvar) |
| 74 | φ | Leo | 4368 | 11 17 11.7 | −03 42 33 | d | 4.47 | +0.14 | +0.21 | A7 V⁺n |

| Flamsteed/Bayer Designation | | BS=HR No. | Right Ascension | Declination | Notes | V | U−B | B−V | Spectral Type |
|---|---|---|---|---|---|---|---|---|---|
| | | | h m s | ° ′ ″ | | | | | |
| | SV | Crt | 4369 | 11 17 30.1 | −07 11 32 | sd67 | 6.14 | +0.15 | +0.20 | A8p Sr Cr |
| 54 | ν | UMa | 4377 | 11 19 02.6 | +33 02 13 | d6 | 3.48 | +1.55 | +1.40 | K3− III |
| 55 | | UMa | 4380 | 11 19 42.1 | +38 07 40 | d6 | 4.78 | +0.03 | +0.12 | A1 Va |
| 12 | δ | Crt | 4382 | 11 19 52.0 | −14 50 08 | 6 | 3.56 | +0.97 | +1.12 | G9 IIIb CH 0.2 |
| | π | Cen | 4390 | 11 21 29.3 | −54 32 55 | d7 | 3.89 | −0.59 | −0.15 | B5 Vn |
| 77 | σ | Leo | 4386 | 11 21 40.7 | +05 58 18 | 6 | 4.05 | −0.12 | −0.06 | A0 III+ |
| 78 | ι | Leo | 4399 | 11 24 28.2 | +10 28 18 | d67 | 3.94 | +0.07 | +0.41 | F2 IV |
| 15 | γ | Crt | 4405 | 11 25 24.5 | −17 44 30 | d | 4.08 | +0.11 | +0.21 | A7 V |
| 84 | τ | Leo | 4418 | 11 28 28.6 | +02 47 54 | d | 4.95 | +0.79 | +1.00 | G7.5 IIIa |
| 1 | λ | Dra | 4434 | 11 32 01.0 | +69 16 23 | | 3.84 | +1.97 | +1.62 | M0 III Ca−1 |
| | ξ | Hya | 4450 | 11 33 31.2 | −31 54 57 | d | 3.54 | +0.71 | +0.94 | G7 III |
| | λ | Cen | 4467 | 11 36 16.2 | −63 04 41 | d | 3.13 | −0.17 | −0.04 | B9.5 IIn |
| | | | 4466 | 11 36 26.3 | −47 42 00 | | 5.25 | +0.12 | +0.25 | A7m |
| 21 | θ | Crt | 4468 | 11 37 12.9 | −09 51 37 | 6 | 4.70 | −0.18 | −0.08 | B9.5 Vn |
| 91 | υ | Leo | 4471 | 11 37 29.2 | −00 52 54 | | 4.30 | +0.75 | +1.00 | G8+ IIIb |
| | o | Hya | 4494 | 11 40 44.2 | −34 48 10 | | 4.70 | −0.22 | −0.07 | B9 V |
| 61 | | UMa | 4496 | 11 41 36.1 | +34 08 32 | das | 5.33 | +0.25 | +0.72 | G8 V |
| 3 | | Dra | 4504 | 11 43 03.0 | +66 41 12 | | 5.30 | +1.24 | +1.28 | K3 III |
| | v810 | Cen | 4511 | 11 44 01.6 | −62 32 52 | s | 5.03 | +0.35 | +0.80 | G0 0−Ia Fe 1 |
| 27 | ζ | Crt | 4514 | 11 45 17.8 | −18 24 33 | d | 4.73 | +0.74 | +0.97 | G8 IIIa |
| | λ | Mus | 4520 | 11 46 06.5 | −66 47 13 | d | 3.64 | +0.15 | +0.16 | A7 IV |
| 3 | ν | Vir | 4517 | 11 46 23.9 | +06 28 14 | | 4.03 | +1.79 | +1.51 | M1 III |
| 63 | χ | UMa | 4518 | 11 46 36.1 | +47 43 16 | | 3.71 | +1.16 | +1.18 | K0.5 IIIb |
| | | | 4522 | 11 47 01.6 | −61 14 12 | d | 4.11 | +0.58 | +0.90 | G3 II |
| 93 | DQ | Leo | 4527 | 11 48 31.6 | +20 09 38 | cd6 | 4.53 | +0.28 | +0.55 | G4 III−IV + A7 V |
| | II | Hya | 4532 | 11 49 17.0 | −26 48 29 | | 5.11 | +1.67 | +1.60 | M4+ III |
| 94 | β | Leo | 4534 | 11 49 35.7 | +14 30 48 | d | 2.14 | +0.07 | +0.09 | A3 Va |
| | | | 4537 | 11 50 12.1 | −63 50 49 | | 4.32 | −0.59 | −0.15 | B3 V |
| 5 | β | Vir | 4540 | 11 51 14.5 | +01 42 20 | d | 3.61 | +0.11 | +0.55 | F9 V |
| | | | 4546 | 11 51 40.4 | −45 13 55 | | 4.46 | +1.46 | +1.30 | K3 III |
| | β | Hya | 4552 | 11 53 26.5 | −33 58 00 | vd7 | 4.28 | −0.33 | −0.10 | Ap Si |
| 64 | γ | UMa | 4554 | 11 54 22.8 | +53 38 11 | a6 | 2.44 | +0.02 | 0.00 | A0 Van |
| 95 | | Leo | 4564 | 11 56 12.9 | +15 35 18 | d6 | 5.53 | +0.12 | +0.11 | A3 V |
| 30 | η | Crt | 4567 | 11 56 33.1 | −17 12 33 | | 5.18 | 0.00 | −0.02 | A0 Va |
| 8 | π | Vir | 4589 | 12 01 24.7 | +06 33 21 | 6 | 4.66 | +0.11 | +0.13 | A5 IV |
| | θ1 | Cru | 4599 | 12 03 34.0 | −63 22 17 | d6 | 4.33 | +0.04 | +0.27 | A8m |
| | | | 4600 | 12 04 12.4 | −42 29 34 | | 5.15 | −0.03 | +0.41 | F6 V |
| 9 | o | Vir | 4608 | 12 05 44.6 | +08 40 29 | s | 4.12 | +0.63 | +0.98 | G8 IIIa CN−1 Ba 1 CH 1 |
| | η | Cru | 4616 | 12 07 26.2 | −64 40 20 | d6 | 4.15 | +0.03 | +0.34 | F2 V+ |
| | | | 4618 | 12 08 38.1 | −50 43 11 | v | 4.47 | −0.67 | −0.15 | B2 IIIne |
| | δ | Cen | 4621 | 12 08 54.4 | −50 46 51 | d | 2.60 | −0.90 | −0.12 | B2 IVne |
| 1 | α | Crv | 4623 | 12 08 57.4 | −24 47 15 | | 4.02 | −0.02 | +0.32 | F0 IV−V |
| 2 | ε | Crv | 4630 | 12 10 40.0 | −22 40 41 | | 3.00 | +1.47 | +1.33 | K2.5 IIIa |
| | ρ | Cen | 4638 | 12 12 12.3 | −52 25 37 | | 3.96 | −0.62 | −0.15 | B3 V |
| | | | 4646 | 12 12 40.8 | +77 33 29 | v6 | 5.14 | +0.10 | +0.33 | F2m |
| | δ | Cru | 4656 | 12 15 42.5 | −58 48 26 | | 2.80 | −0.91 | −0.23 | B2 IV |
| 69 | δ | UMa | 4660 | 12 15 56.5 | +56 58 28 | d | 3.31 | +0.07 | +0.08 | A2 Van |
| 4 | γ | Crv | 4662 | 12 16 20.9 | −17 36 01 | 6 | 2.59 | −0.34 | −0.11 | B8p Hg Mn |
| | ε | Mus | 4671 | 12 18 08.8 | −68 01 09 | 6 | 4.11 | +1.55 | +1.58 | M5 III |
| | β | Cha | 4674 | 12 18 59.0 | −79 22 14 | | 4.26 | −0.51 | −0.12 | B5 Vn |

| Flamsteed/Bayer Designation | | | BS=HR No. | Right Ascension | Declination | Notes | V | U−B | B−V | Spectral Type |
|---|---|---|---|---|---|---|---|---|---|---|
| | | | | h m s | ° ′ ″ | | | | | |
| | ζ | Cru | 4679 | 12 19 00.8 | −64 03 41 | d | 4.04 | −0.69 | −0.17 | B2.5 V |
| 3 | | CVn | 4690 | 12 20 19.6 | +48 55 33 | | 5.29 | +1.97 | +1.66 | M1+ IIIab |
| 15 | η | Vir | 4689 | 12 20 26.6 | −00 43 30 | d6 | 3.89 | +0.06 | +0.02 | A1 IV+ |
| 16 | | Vir | 4695 | 12 20 53.0 | +03 15 15 | d | 4.96 | +1.15 | +1.16 | K0.5 IIIb Fe−0.5 |
| | ϵ | Cru | 4700 | 12 21 56.0 | −60 27 33 | | 3.59 | +1.63 | +1.42 | K3 III |
| 12 | | Com | 4707 | 12 23 01.9 | +25 47 17 | cd6 | 4.81 | +0.26 | +0.49 | G5 III + A5 |
| 6 | | CVn | 4728 | 12 26 21.9 | +38 57 38 | | 5.02 | +0.73 | +0.96 | G9 III |
| | α1 | Cru | 4730 | 12 27 11.4 | −63 09 26 | cd6 | 1.33 | −1.03 | −0.24 | B0.5 IV |
| 15 | γ | Com | 4737 | 12 27 27.6 | +28 12 37 | | 4.36 | +1.15 | +1.13 | K1 III Fe 0.5 |
| | σ | Cen | 4743 | 12 28 36.7 | −50 17 19 | | 3.91 | −0.78 | −0.19 | B2 V |
| | | | 4748 | 12 28 56.1 | −39 05 57 | | 5.44 | | −0.08 | B8/9 V |
| 7 | δ | Crv | 4757 | 12 30 24.5 | −16 34 26 | d7 | 2.95 | −0.08 | −0.05 | B9.5 IV−n |
| 74 | | UMa | 4760 | 12 30 26.5 | +58 20 53 | | 5.35 | +0.14 | +0.20 | δ Del |
| | γ | Cru | 4763 | 12 31 45.3 | −57 10 19 | d | 1.63 | +1.78 | +1.59 | M3.5 III |
| 8 | η | Crv | 4775 | 12 32 36.8 | −16 15 15 | 6 | 4.31 | +0.01 | +0.38 | F2 V |
| | γ | Mus | 4773 | 12 33 06.4 | −72 11 27 | | 3.87 | −0.62 | −0.15 | B5 V |
| 5 | κ | Dra | 4787 | 12 33 55.5 | +69 43 50 | v6 | 3.87 | −0.57 | −0.13 | B6 IIIpe |
| | | | 4783 | 12 34 09.9 | +33 11 23 | | 5.42 | +0.83 | +1.00 | K0 III CN−1 |
| 8 | β | CVn | 4785 | 12 34 14.4 | +41 18 02 | ads6 | 4.26 | +0.05 | +0.59 | G0 V |
| 9 | β | Crv | 4786 | 12 34 56.4 | −23 27 17 | | 2.65 | +0.60 | +0.89 | G5 IIb |
| 23 | | Com | 4789 | 12 35 22.4 | +22 34 18 | d6 | 4.81 | −0.01 | 0.00 | A0m A1 IV |
| 24 | | Com | 4792 | 12 35 39.3 | +18 19 10 | d | 5.02 | +1.11 | +1.15 | K2 III |
| | α | Mus | 4798 | 12 37 49.2 | −69 11 36 | d | 2.69 | −0.83 | −0.20 | B2 IV−V |
| | τ | Cen | 4802 | 12 38 16.9 | −48 35 56 | | 3.86 | +0.03 | +0.05 | A1 IVnn |
| 26 | χ | Vir | 4813 | 12 39 47.3 | −08 03 12 | d | 4.66 | +1.39 | +1.23 | K2 III CN 1.5 |
| | γ | Cen | 4819 | 12 42 06.1 | −49 01 03 | d67 | 2.17 | −0.01 | −0.01 | A1 IV |
| 29 | γ1 | Vir | 4825 | 12 42 11.5 | −01 30 25 | ocd6 | 3.48 | −0.03 | +0.36 | F1 V |
| 29 | γ2 | Vir | 4826 | 12 42 11.6 | −01 30 24 | ocd | 3.50 | −0.03 | +0.36 | F0m F2 V |
| 30 | ρ | Vir | 4828 | 12 42 24.9 | +10 10 40 | 6 | 4.88 | +0.03 | +0.09 | A0 Va (λ Boo) |
| | | | 4839 | 12 44 34.2 | −28 22 53 | | 5.48 | +1.50 | +1.34 | K3 III |
| | Y | CVn | 4846 | 12 45 37.3 | +45 22 59 | | 4.99 | +6.33 | +2.54 | C5,5 |
| 32 | FM | Vir | 4847 | 12 46 08.9 | +07 36 58 | 6 | 5.22 | +0.15 | +0.33 | F2m |
| | β | Mus | 4844 | 12 46 56.1 | −68 09 55 | cd7 | 3.05 | −0.74 | −0.18 | B2 V + B2.5 V |
| | β | Cru | 4853 | 12 48 20.5 | −59 44 45 | vd6 | 1.25 | −1.00 | −0.23 | B0.5 III |
| | | | 4874 | 12 51 15.5 | −34 03 23 | d | 4.91 | −0.11 | −0.04 | A0 IV |
| 31 | | Com | 4883 | 12 52 12.6 | +27 29 01 | s | 4.94 | +0.20 | +0.67 | G0 IIIp |
| | | | 4888 | 12 53 42.8 | −49 00 01 | 6 | 4.33 | +1.58 | +1.37 | K3/4 III |
| | | | 4889 | 12 54 01.3 | −40 14 09 | | 4.27 | +0.12 | +0.21 | A7 V |
| 77 | ϵ | UMa | 4905 | 12 54 29.3 | +55 54 11 | dv6 | 1.77 | +0.02 | −0.02 | A0p Cr |
| 40 | ψ | Vir | 4902 | 12 54 54.0 | −09 35 45 | | 4.79 | +1.53 | +1.60 | M3− III Ca−1 |
| | μ1 | Cru | 4898 | 12 55 13.0 | −57 14 05 | d | 4.03 | −0.76 | −0.17 | B2 IV−V |
| 8 | | Dra | 4916 | 12 55 53.5 | +65 22 54 | v | 5.24 | +0.02 | +0.28 | F0 IV−V |
| 43 | δ | Vir | 4910 | 12 56 08.0 | +03 20 26 | d | 3.38 | +1.78 | +1.58 | M3+ III |
| | ι | Oct | 4870 | 12 56 11.4 | −85 10 48 | d | 5.46 | +0.79 | +1.02 | K0 III |
| 12 | α2 | CVn | 4915 | 12 56 31.1 | +38 15 43 | vd | 2.90 | −0.32 | −0.12 | A0p Si Eu |
| 78 | | UMa | 4931 | 13 01 10.6 | +56 18 36 | asd7 | 4.93 | +0.01 | +0.36 | F2 V |
| 47 | ϵ | Vir | 4932 | 13 02 42.0 | +10 54 10 | asd | 2.83 | +0.73 | +0.94 | G8 IIIab |
| | δ | Mus | 4923 | 13 03 00.5 | −71 36 19 | 6 | 3.62 | +1.26 | +1.18 | K2 III |
| 14 | | CVn | 4943 | 13 06 13.8 | +35 44 34 | | 5.25 | −0.20 | −0.08 | B9 V |
| | ξ2 | Cen | 4942 | 13 07 31.7 | −49 57 44 | d6 | 4.27 | −0.79 | −0.19 | B1.5 V |

| Flamsteed/Bayer Designation | | BS=HR No. | Right Ascension | Declination | Notes | V | U−B | B−V | Spectral Type |
|---|---|---|---|---|---|---|---|---|---|
| | | | h  m  s | ° ′ ″ | | | | | |
| 51 θ | Vir | 4963 | 13 10 29.7 | −05 35 41 | d6 | 4.38 | −0.01 | −0.01 | A1 IV |
| 43 β | Com | 4983 | 13 12 21.8 | +27 49 31 | d6 | 4.26 | +0.07 | +0.57 | F9.5 V |
| η | Mus | 4993 | 13 15 58.4 | −67 57 00 | vd6 | 4.80 | −0.35 | −0.08 | B7 V |
| | | 5006 | 13 17 28.3 | −31 33 41 | | 5.10 | +0.61 | +0.96 | K0 III |
| 20 AO | CVn | 5017 | 13 18 00.7 | +40 31 03 | sv | 4.73 | +0.21 | +0.30 | F2 III (str. met.) |
| 60 σ | Vir | 5015 | 13 18 08.1 | +05 24 53 | | 4.80 | +1.95 | +1.67 | M1 III |
| 61 | Vir | 5019 | 13 18 57.4 | −18 22 10 | d | 4.74 | +0.26 | +0.71 | G6.5 V |
| 46 γ | Hya | 5020 | 13 19 29.7 | −23 13 36 | d | 3.00 | +0.66 | +0.92 | G8 IIIa |
| ι | Cen | 5028 | 13 21 11.4 | −36 46 03 | | 2.75 | +0.03 | +0.04 | A2 Va |
| | | 5035 | 13 23 19.1 | −61 02 35 | d | 4.53 | −0.60 | −0.13 | B3 V |
| 79 ζ | UMa | 5054 | 13 24 20.8 | +54 52 15 | d6 | 2.27 | +0.03 | +0.02 | A1 Va+ (Si) |
| 80 | UMa | 5062 | 13 25 38.7 | +54 56 01 | 6 | 4.01 | +0.08 | +0.16 | A5 Vn |
| 67 α | Vir | 5056 | 13 25 44.8 | −11 12 57 | vd6 | 0.98 | −0.93 | −0.23 | B1 V |
| 68 | Vir | 5064 | 13 27 16.5 | −12 45 43 | | 5.25 | +1.75 | +1.52 | M0 III |
| | | 5085 | 13 28 50.1 | +59 53 30 | d | 5.40 | −0.02 | −0.01 | A1 Vn |
| 70 | Vir | 5072 | 13 28 56.6 | +13 43 23 | d | 4.98 | +0.26 | +0.71 | G4 V |
| | | 5089 | 13 31 39.4 | −39 27 40 | d67 | 3.88 | +1.03 | +1.17 | G8 III |
| 78 CW | Vir | 5105 | 13 34 39.9 | +03 36 19 | v6 | 4.94 | 0.00 | +0.03 | A1p Cr Eu |
| 79 ζ | Vir | 5107 | 13 35 13.7 | −00 38 57 | | 3.37 | +0.10 | +0.11 | A2 IV− |
| BH | CVn | 5110 | 13 35 15.9 | +37 07 44 | 6 | 4.98 | +0.06 | +0.40 | F1 V+ |
| | | 5139 | 13 37 26.2 | +71 11 20 | | 5.50 | | +1.20 | gK2 |
| ε | Cen | 5132 | 13 40 33.6 | −53 31 10 | d | 2.30 | −0.92 | −0.22 | B1 III |
| v744 | Cen | 5134 | 13 40 39.1 | −50 00 10 | s | 6.00 | +1.15 | +1.50 | M6 III |
| 82 | Vir | 5150 | 13 42 09.9 | −08 45 20 | | 5.01 | +1.95 | +1.63 | M1.5 III |
| 1 | Cen | 5168 | 13 46 17.2 | −33 05 47 | 6 | 4.23 | 0.00 | +0.38 | F2 V+ |
| 4 τ | Boo | 5185 | 13 47 45.7 | +17 24 18 | d7 | 4.50 | +0.04 | +0.48 | F7 V |
| v766 | Cen | 5171 | 13 47 55.4 | −62 38 31 | sd | 6.51 | +1.19 | +1.98 | K0 0−Ia |
| 85 η | UMa | 5191 | 13 47 57.2 | +49 15 40 | a6 | 1.86 | −0.67 | −0.19 | B3 V |
| 5 υ | Boo | 5200 | 13 49 59.0 | +15 44 46 | | 4.07 | +1.87 | +1.52 | K5.5 III |
| 2 v806 | Cen | 5192 | 13 50 03.4 | −34 30 10 | | 4.19 | +1.45 | +1.50 | M4.5 III |
| ν | Cen | 5190 | 13 50 08.3 | −41 44 23 | v6 | 3.41 | −0.84 | −0.22 | B2 IV |
| μ | Cen | 5193 | 13 50 15.2 | −42 31 32 | sd6 | 3.04 | −0.72 | −0.17 | B2 IV−Vpne (shell) |
| 89 | Vir | 5196 | 13 50 26.6 | −18 11 10 | | 4.97 | +0.92 | +1.06 | K0.5 III |
| 10 CU | Dra | 5226 | 13 51 44.3 | +64 40 18 | d | 4.65 | +1.89 | +1.58 | M3.5 III |
| 8 η | Boo | 5235 | 13 55 11.1 | +18 20 44 | asd6 | 2.68 | +0.20 | +0.58 | G0 IV |
| ζ | Cen | 5231 | 13 56 12.0 | −47 20 23 | 6 | 2.55 | −0.92 | −0.22 | B2.5 IV |
| | | 5241 | 13 58 25.1 | −63 44 16 | | 4.71 | +1.04 | +1.11 | K1.5 III |
| φ | Cen | 5248 | 13 58 54.8 | −42 09 06 | | 3.83 | −0.83 | −0.21 | B2 IV |
| 47 | Hya | 5250 | 13 59 06.6 | −25 01 23 | 6 | 5.15 | −0.40 | −0.10 | B8 V |
| υ1 | Cen | 5249 | 13 59 19.9 | −44 51 16 | | 3.87 | −0.80 | −0.20 | B2 IV−V |
| 93 τ | Vir | 5264 | 14 02 10.9 | +01 29 39 | d6 | 4.26 | +0.12 | +0.10 | A3 IV |
| υ2 | Cen | 5260 | 14 02 23.1 | −45 39 14 | 6 | 4.34 | +0.27 | +0.60 | F6 II |
| | | 5270 | 14 03 02.8 | +09 38 08 | s | 6.20 | +0.38 | +0.90 | G8: II: Fe−5 |
| β | Cen | 5267 | 14 04 34.4 | −60 25 23 | d6 | 0.61 | −0.98 | −0.23 | B1 III |
| 11 α | Dra | 5291 | 14 04 40.4 | +64 19 33 | s6 | 3.65 | −0.08 | −0.05 | A0 III |
| θ | Aps | 5261 | 14 06 23.2 | −76 50 48 | s | 5.50 | +1.05 | +1.55 | M6.5 III: |
| χ | Cen | 5285 | 14 06 41.5 | −41 13 46 | | 4.36 | −0.77 | −0.19 | B2 V |
| 49 π | Hya | 5287 | 14 06 58.3 | −26 43 57 | | 3.27 | +1.04 | +1.12 | K2− III Fe−0.5 |
| 5 θ | Cen | 5288 | 14 07 18.2 | −36 25 16 | d | 2.06 | +0.87 | +1.01 | K0− IIIb |
| BY | Boo | 5299 | 14 08 20.9 | +43 48 17 | | 5.27 | +1.66 | +1.59 | M4.5 III |

| Flamsteed/Bayer Designation | | BS=HR No. | Right Ascension | Declination | Notes | V | U−B | B−V | Spectral Type |
|---|---|---|---|---|---|---|---|---|---|
| | | | h m s | ° ′ ″ | | | | | |
| 4 | UMi | 5321 | 14 08 49.3 | +77 29 53 | d6 | 4.82 | +1.39 | +1.36 | K3⁻ IIIb Fe−0.5 |
| 12 | Boo | 5304 | 14 10 52.7 | +25 02 32 | d6 | 4.83 | +0.07 | +0.54 | F8 IV |
| 98 κ | Vir | 5315 | 14 13 27.4 | −10 19 20 | | 4.19 | +1.47 | +1.33 | K2.5 III Fe−0.5 |
| 16 α | Boo | 5340 | 14 16 08.4 | +19 07 41 | d | −0.04 | +1.27 | +1.23 | K1.5 III Fe−0.5 |
| 21 ι | Boo | 5350 | 14 16 32.2 | +51 19 09 | d6 | 4.75 | +0.06 | +0.20 | A7 IV |
| 99 ι | Vir | 5338 | 14 16 34.0 | −06 03 01 | | 4.08 | +0.04 | +0.52 | F7 III−IV |
| 19 λ | Boo | 5351 | 14 16 46.9 | +46 02 25 | | 4.18 | +0.05 | +0.08 | A0 Va (λ Boo) |
| | | 5361 | 14 18 26.4 | +35 27 41 | 6 | 4.81 | +0.92 | +1.06 | K0 III |
| 100 λ | Vir | 5359 | 14 19 40.8 | −13 25 08 | 6 | 4.52 | +0.12 | +0.13 | A5m: |
| 18 | Boo | 5365 | 14 19 46.8 | +12 57 23 | d | 5.41 | −0.03 | +0.38 | F3 V |
| ι | Lup | 5354 | 14 20 04.8 | −46 06 22 | | 3.55 | −0.72 | −0.18 | B2.5 IVn |
| | | 5358 | 14 21 04.0 | −56 26 03 | | 4.33 | −0.43 | +0.12 | B6 Ib |
| ψ | Cen | 5367 | 14 21 12.0 | −37 55 59 | d | 4.05 | −0.11 | −0.03 | A0 III |
| v761 | Cen | 5378 | 14 23 41.3 | −39 33 33 | v | 4.42 | −0.75 | −0.18 | B7 IIIp (var) |
| | | 5392 | 14 24 42.7 | +05 46 23 | 6 | 5.10 | +0.10 | +0.12 | A5 V |
| | | 5390 | 14 25 24.7 | −24 51 13 | | 5.32 | +0.71 | +0.96 | K0 III |
| 23 θ | Boo | 5404 | 14 25 33.2 | +51 48 09 | d | 4.05 | +0.01 | +0.50 | F7 V |
| τ¹ | Lup | 5395 | 14 26 48.9 | −45 16 06 | vd | 4.56 | −0.79 | −0.15 | B2 IV |
| τ² | Lup | 5396 | 14 26 51.6 | −45 25 34 | cd67 | 4.35 | +0.19 | +0.43 | F4 IV + A7: |
| 22 | Boo | 5405 | 14 26 56.7 | +19 10 48 | | 5.39 | +0.23 | +0.23 | F0m |
| 5 | UMi | 5430 | 14 27 30.9 | +75 38 57 | d | 4.25 | +1.70 | +1.44 | K4⁻ III |
| δ | Oct | 5339 | 14 28 43.2 | −83 42 53 | | 4.32 | +1.45 | +1.31 | K2 III |
| 105 φ | Vir | 5409 | 14 28 44.7 | −02 16 28 | sd67 | 4.81 | +0.21 | +0.70 | G2 IV |
| 52 | Hya | 5407 | 14 28 47.5 | −29 32 18 | d | 4.97 | −0.41 | −0.07 | B8 IV |
| 25 ρ | Boo | 5429 | 14 32 16.9 | +30 19 33 | ad | 3.58 | +1.44 | +1.30 | K3 III |
| 27 γ | Boo | 5435 | 14 32 30.0 | +38 15 46 | d | 3.03 | +0.12 | +0.19 | A7 IV+ |
| σ | Lup | 5425 | 14 33 19.8 | −50 30 11 | | 4.42 | −0.84 | −0.19 | B2 III |
| 28 σ | Boo | 5447 | 14 35 08.2 | +29 42 00 | d | 4.46 | −0.08 | +0.36 | F2 V |
| η | Cen | 5440 | 14 36 10.7 | −42 12 12 | v7 | 2.31 | −0.83 | −0.19 | B1.5 IVpne (shell) |
| ρ | Lup | 5453 | 14 38 35.9 | −49 28 16 | | 4.05 | −0.56 | −0.15 | B5 V |
| 33 | Boo | 5468 | 14 39 13.7 | +44 21 34 | 6 | 5.39 | −0.04 | 0.00 | A1 V |
| α² | Cen | 5460 | 14 40 18.7 | −60 52 43 | od | 1.33 | +0.68 | +0.88 | K1 V |
| α¹ | Cen | 5459 | 14 40 19.5 | −60 52 40 | od6 | −0.01 | +0.24 | +0.71 | G2 V |
| 30 ζ | Boo | 5478 | 14 41 39.0 | +13 41 01 | od6 | 4.52 | +0.05 | +0.05 | A2 Va |
| | | 5471 | 14 42 36.9 | −37 50 17 | | 4.00 | −0.70 | −0.17 | B3 V |
| α | Lup | 5469 | 14 42 37.9 | −47 25 58 | vd6 | 2.30 | −0.89 | −0.20 | B1.5 III |
| α | Cir | 5463 | 14 43 22.0 | −65 01 12 | d6 | 3.19 | +0.12 | +0.24 | A7p Sr Eu |
| 107 μ | Vir | 5487 | 14 43 36.9 | −05 42 12 | 6 | 3.88 | −0.02 | +0.38 | F2 V |
| 34 W | Boo | 5490 | 14 43 53.1 | +26 29 01 | v | 4.81 | +1.94 | +1.66 | M3⁻ III |
| | | 5485 | 14 44 18.2 | −35 13 06 | | 4.05 | +1.53 | +1.35 | K3 IIIb |
| 36 ε | Boo | 5506 | 14 45 26.7 | +27 01 49 | d | 2.70 | +0.73 | +0.97 | K0⁻ II−III |
| 109 | Vir | 5511 | 14 46 46.8 | +01 50 57 | | 3.72 | −0.03 | −0.01 | A0 IVnn |
| | | 5495 | 14 47 45.7 | −52 25 38 | d | 5.21 | | +0.98 | G8 III |
| 56 | Hya | 5516 | 14 48 21.7 | −26 07 51 | | 5.24 | +0.65 | +0.94 | G8/K0 III |
| α | Aps | 5470 | 14 49 12.7 | −79 05 17 | | 3.83 | +1.68 | +1.43 | K3 III CN 0.5 |
| 7 β | UMi | 5563 | 14 50 41.1 | +74 06 45 | d | 2.08 | +1.78 | +1.47 | K4⁻ III |
| 58 | Hya | 5526 | 14 50 54.5 | −28 00 13 | | 4.41 | +1.49 | +1.40 | K2.5 IIIb Fe−1: |
| 8 α¹ | Lib | 5530 | 14 51 16.1 | −16 02 25 | | 5.15 | −0.03 | +0.41 | F3 V |
| 9 α² | Lib | 5531 | 14 51 27.7 | −16 05 06 | d6 | 2.75 | +0.09 | +0.15 | A3 III−IV |
| | | 5552 | 14 51 42.5 | +59 15 06 | | 5.46 | +1.60 | +1.36 | K4 III |

| Flamsteed/Bayer Designation | | BS=HR No. | Right Ascension | Declination | Notes | V | U−B | B−V | Spectral Type |
|---|---|---|---|---|---|---|---|---|---|
| | | | h m s | ° ′ ″ | | | | | |
| o | Lup | 5528 | 14 52 19.7 | −43 37 05 | d67 | 4.32 | −0.61 | −0.15 | B5 IV |
| | | 5558 | 14 56 23.6 | −33 53 52 | d6 | 5.32 | | +0.04 | A0 V |
| 15 ξ² | Lib | 5564 | 14 57 20.4 | −11 27 05 | | 5.46 | +1.70 | +1.49 | gK4 |
| 16 | Lib | 5570 | 14 57 44.0 | −04 23 19 | | 4.49 | +0.05 | +0.32 | F0 IV⁻ |
| RR | UMi | 5589 | 14 57 45.2 | +65 53 27 | 6 | 4.60 | +1.59 | +1.59 | M4.5 III |
| β | Lup | 5571 | 14 59 13.4 | −43 10 32 | | 2.68 | −0.87 | −0.22 | B2 IV |
| κ | Cen | 5576 | 14 59 50.9 | −42 08 44 | d | 3.13 | −0.79 | −0.20 | B2 V |
| 19 δ | Lib | 5586 | 15 01 32.1 | −08 33 36 | vd6 | 4.92 | −0.10 | 0.00 | B9.5 V |
| 42 β | Boo | 5602 | 15 02 20.5 | +40 20 58 | | 3.50 | +0.72 | +0.97 | G8 IIIa Fe−0.5 |
| 110 | Vir | 5601 | 15 03 25.9 | +02 03 02 | | 4.40 | +0.88 | +1.04 | K0⁺ IIIb Fe−0.5 |
| 20 σ | Lib | 5603 | 15 04 41.2 | −25 19 21 | | 3.29 | +1.94 | +1.70 | M2.5 III |
| 43 ψ | Boo | 5616 | 15 04 53.8 | +26 54 26 | | 4.54 | +1.33 | +1.24 | K2 III |
| | | 5635 | 15 06 34.7 | +54 30 58 | | 5.25 | +0.64 | +0.96 | G8 III Fe−1 |
| 45 | Boo | 5634 | 15 07 45.8 | +24 49 44 | d | 4.93 | −0.02 | +0.43 | F5 V |
| λ | Lup | 5626 | 15 09 33.3 | −45 19 11 | d67 | 4.05 | −0.68 | −0.18 | B3 V |
| κ¹ | Lup | 5646 | 15 12 40.2 | −48 46 37 | d | 3.87 | −0.13 | −0.05 | B9.5 IVnn |
| 24 ι | Lib | 5652 | 15 12 49.3 | −19 49 51 | d6 | 4.54 | −0.35 | −0.08 | B9p Si |
| ζ | Lup | 5649 | 15 13 02.7 | −52 08 18 | d | 3.41 | +0.66 | +0.92 | G8 III |
| | | 5691 | 15 14 45.8 | +67 18 25 | | 5.13 | +0.08 | +0.53 | F8 V |
| 1 | Lup | 5660 | 15 15 16.1 | −31 33 28 | | 4.91 | +0.28 | +0.37 | F0 Ib−II |
| 3 | Ser | 5675 | 15 15 42.7 | +04 54 03 | d | 5.33 | +0.91 | +1.09 | gK0 |
| 49 δ | Boo | 5681 | 15 15 55.6 | +33 16 34 | d6 | 3.47 | +0.66 | +0.95 | G8 III Fe−1 |
| 27 β | Lib | 5685 | 15 17 34.4 | −09 25 16 | 6 | 2.61 | −0.36 | −0.11 | B8 IIIn |
| β | Cir | 5670 | 15 18 20.6 | −58 50 22 | | 4.07 | +0.09 | +0.09 | A3 Vb |
| 2 | Lup | 5686 | 15 18 28.3 | −30 11 12 | | 4.34 | +1.07 | +1.10 | K0⁻ IIIa CH−1 |
| μ | Lup | 5683 | 15 19 16.1 | −47 54 47 | d7 | 4.27 | −0.37 | −0.08 | B8 V |
| γ | TrA | 5671 | 15 19 54.2 | −68 43 02 | | 2.89 | −0.02 | 0.00 | A1 III |
| 13 γ | UMi | 5735 | 15 20 43.2 | +71 47 48 | | 3.05 | +0.12 | +0.05 | A3 III |
| δ | Lup | 5695 | 15 22 03.9 | −40 41 05 | | 3.22 | −0.89 | −0.22 | B1.5 IVn |
| φ¹ | Lup | 5705 | 15 22 28.5 | −36 17 56 | d | 3.56 | +1.88 | +1.54 | K4 III |
| ε | Lup | 5708 | 15 23 23.9 | −44 43 36 | d67 | 3.37 | −0.75 | −0.18 | B2 IV−V |
| φ² | Lup | 5712 | 15 23 49.8 | −36 53 44 | | 4.54 | −0.63 | −0.15 | B4 V |
| γ | Cir | 5704 | 15 24 13.3 | −59 21 28 | cd7 | 4.51 | −0.35 | +0.19 | B5 IV |
| 51 μ¹ | Boo | 5733 | 15 24 53.2 | +37 20 27 | d6 | 4.31 | +0.07 | +0.31 | F0 IV |
| 12 ι | Dra | 5744 | 15 25 09.9 | +58 55 46 | d | 3.29 | +1.22 | +1.16 | K2 III |
| 9 τ¹ | Ser | 5739 | 15 26 16.6 | +15 23 30 | | 5.17 | +1.95 | +1.66 | M1 IIIa |
| 3 β | CrB | 5747 | 15 28 15.7 | +29 04 12 | vd6 | 3.68 | +0.11 | +0.28 | F0p Cr Eu |
| 52 ν¹ | Boo | 5763 | 15 31 18.4 | +40 47 52 | | 5.02 | +1.90 | +1.59 | K4.5 IIIb Ba 0.5 |
| κ¹ | Aps | 5730 | 15 32 40.7 | −73 25 29 | d | 5.49 | −0.77 | −0.12 | B1pne |
| 4 θ | CrB | 5778 | 15 33 21.2 | +31 19 27 | d | 4.14 | −0.54 | −0.13 | B6 Vnn |
| 37 | Lib | 5777 | 15 34 45.2 | −10 06 00 | | 4.62 | +0.86 | +1.01 | K1 III−IV |
| 5 α | CrB | 5793 | 15 35 08.0 | +26 40 47 | 6 | 2.23 | −0.02 | −0.02 | A0 IV |
| 13 δ | Ser | 5789 | 15 35 18.3 | +10 30 16 | cd | 4.23 | +0.12 | +0.26 | F0 III−IV + F0 IIIb |
| γ | Lup | 5776 | 15 35 50.6 | −41 12 05 | dv67 | 2.78 | −0.82 | −0.20 | B2 IVn |
| 38 γ | Lib | 5787 | 15 36 06.9 | −14 49 26 | d | 3.91 | +0.74 | +1.01 | G8.5 III |
| | | 5784 | 15 36 55.5 | −44 25 52 | | 5.43 | +1.82 | +1.50 | K4/5 III |
| 39 υ | Lib | 5794 | 15 37 39.8 | −28 10 09 | d | 3.58 | +1.58 | +1.38 | K3.5 III |
| ε | TrA | 5771 | 15 37 41.5 | −66 21 05 | d | 4.11 | +1.16 | +1.17 | K1/2 III |
| 54 φ | Boo | 5823 | 15 38 12.2 | +40 19 11 | | 5.24 | +0.53 | +0.88 | G7 III−IV Fe−2 |
| ω | Lup | 5797 | 15 38 45.9 | −42 36 04 | d6 | 4.33 | +1.72 | +1.42 | K4.5 III |

| Flamsteed/Bayer Designation | | | BS=HR No. | Right Ascension | Declination | Notes | V | U−B | B−V | Spectral Type |
|---|---|---|---|---|---|---|---|---|---|---|
| | | | | h m s | ° ′ ″ | | | | | |
| 40 | τ | Lib | 5812 | 15 39 18.2 | −29 48 42 | 6 | 3.66 | −0.70 | −0.17 | B2.5 V |
| | | | 5798 | 15 39 36.6 | −52 24 23 | d | 5.44 | 0.00 | 0.00 | B9 V |
| 43 | κ | Lib | 5838 | 15 42 33.2 | −19 42 44 | d6 | 4.74 | +1.95 | +1.57 | M0⁻ IIIb |
| 8 | γ | CrB | 5849 | 15 43 11.0 | +26 15 46 | d7 | 3.84 | −0.04 | 0.00 | A0 IV comp.? |
| 16 | ζ | UMi | 5903 | 15 43 42.2 | +77 45 42 | | 4.32 | +0.05 | +0.04 | A2 III−IVn |
| 24 | α | Ser | 5854 | 15 44 47.1 | +06 23 35 | d | 2.65 | +1.24 | +1.17 | K2 IIIb CN 1 |
| 28 | β | Ser | 5867 | 15 46 40.4 | +15 23 22 | d | 3.67 | +0.08 | +0.06 | A2 IV |
| | | | 5886 | 15 46 49.8 | +62 34 02 | | 5.19 | −0.10 | +0.04 | A2 IV |
| 27 | λ | Ser | 5868 | 15 46 57.2 | +07 19 15 | 6 | 4.43 | +0.11 | +0.60 | G0⁻ V |
| 35 | κ | Ser | 5879 | 15 49 12.8 | +18 06 35 | | 4.09 | +1.95 | +1.62 | M0.5 IIIab |
| 10 | δ | CrB | 5889 | 15 50 02.1 | +26 02 12 | s | 4.62 | +0.36 | +0.80 | G5 III−IV Fe−1 |
| 32 | μ | Ser | 5881 | 15 50 10.1 | −03 27 42 | d6 | 3.53 | −0.10 | −0.04 | A0 III |
| 37 | ε | Ser | 5892 | 15 51 20.4 | +04 26 48 | | 3.71 | +0.11 | +0.15 | A5m |
| 5 | χ | Lup | 5883 | 15 51 37.7 | −33 39 30 | 6 | 3.95 | −0.13 | −0.04 | B9p Hg |
| 11 | κ | CrB | 5901 | 15 51 37.7 | +35 37 31 | sd | 4.82 | +0.87 | +1.00 | K1 IVa |
| 1 | χ | Her | 5914 | 15 53 02.3 | +42 25 21 | | 4.62 | 0.00 | +0.56 | F8 V Fe−2 Hδ−1 |
| 45 | λ | Lib | 5902 | 15 53 56.7 | −20 11 52 | 6 | 5.03 | −0.56 | −0.01 | B2.5 V |
| 46 | θ | Lib | 5908 | 15 54 25.5 | −16 45 34 | | 4.15 | +0.81 | +1.02 | G9 IIIb |
| | β | TrA | 5897 | 15 56 04.6 | −63 27 44 | d | 2.85 | +0.05 | +0.29 | F0 IV |
| 41 | γ | Ser | 5933 | 15 56 56.3 | +15 37 41 | d | 3.85 | −0.03 | +0.48 | F6 V |
| 5 | ρ | Sco | 5928 | 15 57 32.1 | −29 14 38 | d6 | 3.88 | −0.82 | −0.20 | B2 IV−V |
| 13 | ε | CrB | 5947 | 15 58 01.4 | +26 50 53 | sd | 4.15 | +1.28 | +1.23 | K2 IIIab |
| | CL | Dra | 5960 | 15 58 02.5 | +54 43 13 | 6 | 4.95 | +0.05 | +0.26 | F0 IV |
| 48 | FX | Lib | 5941 | 15 58 46.7 | −14 18 32 | 6 | 4.88 | −0.20 | −0.10 | B5 IIIpe (shell) |
| 6 | π | Sco | 5944 | 15 59 29.3 | −26 08 37 | cvd6 | 2.89 | −0.91 | −0.19 | B1 V + B2 V |
| | T | CrB | 5958 | 15 59 56.5 | +25 53 27 | vd6 | 2-11 | +0.59 | +1.40 | gM3: + Bep |
| | | | 5943 | 16 00 13.4 | −41 46 25 | | 4.99 | | +1.00 | K0 II/III |
| | η | Lup | 5948 | 16 00 49.2 | −38 25 33 | d | 3.41 | −0.83 | −0.22 | B2.5 IVn |
| 49 | | Lib | 5954 | 16 00 55.0 | −16 33 49 | d6 | 5.47 | +0.03 | +0.52 | F8 V |
| 7 | δ | Sco | 5953 | 16 00 57.4 | −22 39 03 | d6 | 2.32 | −0.91 | −0.12 | B0.3 IV |
| 13 | θ | Dra | 5986 | 16 02 05.2 | +58 32 15 | 6 | 4.01 | +0.10 | +0.52 | F8 IV−V |
| 8 | β¹ | Sco | 5984 | 16 06 03.0 | −19 50 00 | d6 | 2.62 | −0.87 | −0.07 | B0.5 V |
| 8 | β² | Sco | 5985 | 16 06 03.3 | −19 49 47 | sd | 4.92 | −0.70 | −0.02 | B2 V |
| | δ | Nor | 5980 | 16 07 14.2 | −45 12 03 | | 4.72 | +0.15 | +0.23 | A7m |
| | θ | Lup | 5987 | 16 07 17.1 | −36 49 48 | | 4.23 | −0.70 | −0.17 | B2.5 Vn |
| 9 | ω¹ | Sco | 5993 | 16 07 25.4 | −20 41 49 | s | 3.96 | −0.81 | −0.04 | B1 V |
| 10 | ω² | Sco | 5997 | 16 08 01.4 | −20 53 47 | | 4.32 | +0.50 | +0.84 | G4 II−III |
| 7 | κ | Her | 6008 | 16 08 33.0 | +17 01 11 | d | 5.00 | +0.61 | +0.95 | G5 III |
| 11 | φ | Her | 6023 | 16 09 06.1 | +44 54 28 | v6 | 4.26 | −0.28 | −0.07 | B9p Hg Mn |
| 16 | τ | CrB | 6018 | 16 09 21.4 | +36 27 53 | d6 | 4.76 | +0.86 | +1.01 | K1⁻ III−IV |
| 19 | | UMi | 6079 | 16 10 32.3 | +75 51 03 | | 5.48 | −0.36 | −0.11 | B8 V |
| 14 | ν | Sco | 6027 | 16 12 36.4 | −19 29 14 | d6 | 4.01 | −0.65 | +0.04 | B2 IVp |
| | κ | Nor | 6024 | 16 14 18.7 | −54 39 24 | d | 4.94 | +0.78 | +1.04 | G8 III |
| 1 | δ | Oph | 6056 | 16 14 53.8 | −03 43 14 | d | 2.74 | +1.96 | +1.58 | M0.5 III |
| | δ | TrA | 6030 | 16 16 24.1 | −63 42 41 | d | 3.85 | +0.86 | +1.11 | G2 Ib−IIa |
| 21 | η | UMi | 6116 | 16 17 12.6 | +75 43 51 | d | 4.95 | +0.08 | +0.37 | F5 V |
| 2 | ε | Oph | 6075 | 16 18 52.7 | −04 43 03 | d | 3.24 | +0.75 | +0.96 | G9.5 IIIb Fe−0.5 |
| 22 | τ | Her | 6092 | 16 20 03.4 | +46 17 20 | vd | 3.89 | −0.56 | −0.15 | B5 IV |
| | | | 6077 | 16 20 12.7 | −30 55 53 | d6 | 5.49 | −0.01 | +0.47 | F6 III |
| | γ² | Nor | 6072 | 16 20 37.8 | −50 10 49 | d | 4.02 | +1.16 | +1.08 | K1⁺ III |

| Flamsteed/Bayer Designation | | | BS=HR No. | Right Ascension | Declination | Notes | V | U−B | B−V | Spectral Type |
|---|---|---|---|---|---|---|---|---|---|---|
| | | | | h m s | ° ′ ″ | | | | | |
| 20 | $\sigma$ | Sco | 6084 | 16 21 49.7 | −25 37 02 | vd6 | 2.89 | −0.70 | +0.13 | B1 III |
| | $\delta^1$ | Aps | 6020 | 16 21 56.9 | −78 43 13 | d | 4.68 | +1.69 | +1.69 | M4 IIIa |
| 20 | $\gamma$ | Her | 6095 | 16 22 23.0 | +19 07 45 | d6 | 3.75 | +0.18 | +0.27 | A9 IIIbn |
| 50 | $\sigma$ | Ser | 6093 | 16 22 36.3 | +01 00 18 | | 4.82 | +0.04 | +0.34 | F1 IV−V |
| 14 | $\eta$ | Dra | 6132 | 16 24 08.1 | +61 29 26 | d67 | 2.74 | +0.70 | +0.91 | G8− IIIab |
| 4 | $\psi$ | Oph | 6104 | 16 24 43.1 | −20 03 40 | | 4.50 | +0.82 | +1.01 | K0− II−III |
| 24 | $\omega$ | Her | 6117 | 16 25 54.1 | +14 00 35 | vd | 4.57 | −0.04 | 0.00 | B9p Cr |
| 7 | $\chi$ | Oph | 6118 | 16 27 38.0 | −18 28 46 | 6 | 4.42 | −0.75 | +0.28 | B1.5 Ve |
| | $\epsilon$ | Nor | 6115 | 16 27 57.4 | −47 34 40 | d67 | 4.46 | −0.53 | −0.07 | B4 V |
| 15 | | Dra | 6161 | 16 27 58.0 | +68 44 43 | | 5.00 | −0.12 | −0.06 | B9.5 III |
| | $\zeta$ | TrA | 6098 | 16 29 36.6 | −70 06 24 | 6 | 4.91 | +0.04 | +0.55 | F9 V |
| 21 | $\alpha$ | Sco | 6134 | 16 30 03.2 | −26 27 16 | d6 | 0.96 | +1.34 | +1.83 | M1.5 Iab−Ib |
| 27 | $\beta$ | Her | 6148 | 16 30 40.3 | +21 28 02 | d6 | 2.77 | +0.69 | +0.94 | G7 IIIa Fe−0.5 |
| 10 | $\lambda$ | Oph | 6149 | 16 31 26.6 | +01 57 42 | d67 | 3.82 | +0.01 | +0.01 | A1 IV |
| 8 | $\phi$ | Oph | 6147 | 16 31 44.5 | −16 38 06 | d | 4.28 | +0.72 | +0.92 | G8+ IIIa |
| | | | 6143 | 16 32 04.2 | −34 43 35 | | 4.23 | −0.80 | −0.16 | B2 III−IV |
| 9 | $\omega$ | Oph | 6153 | 16 32 45.6 | −21 29 17 | | 4.45 | +0.13 | +0.13 | Ap Sr Cr |
| 35 | $\sigma$ | Her | 6168 | 16 34 26.5 | +42 24 57 | d6 | 4.20 | −0.10 | −0.01 | A0 IIIn |
| | $\gamma$ | Aps | 6102 | 16 35 05.5 | −78 55 07 | 6 | 3.89 | +0.62 | +0.91 | G8/K0 III |
| 23 | $\tau$ | Sco | 6165 | 16 36 32.3 | −28 14 13 | s | 2.82 | −1.03 | −0.25 | B0 V |
| | | | 6166 | 16 37 04.0 | −35 16 34 | 6 | 4.16 | +1.94 | +1.57 | K7 III |
| 13 | $\zeta$ | Oph | 6175 | 16 37 44.3 | −10 35 15 | | 2.56 | −0.86 | +0.02 | O9.5 Vn |
| 42 | | Her | 6200 | 16 39 02.0 | +48 54 29 | d | 4.90 | +1.76 | +1.55 | M3− IIIab |
| 40 | $\zeta$ | Her | 6212 | 16 41 40.9 | +31 35 03 | d67 | 2.81 | +0.21 | +0.65 | G0 IV |
| | | | 6196 | 16 42 10.9 | −17 45 42 | | 4.96 | +0.87 | +1.11 | G7.5 II−III CN 1 Ba 0.5 |
| 44 | $\eta$ | Her | 6220 | 16 43 15.4 | +38 54 10 | d | 3.53 | +0.60 | +0.92 | G7 III Fe−1 |
| | $\beta$ | Aps | 6163 | 16 44 36.0 | −77 32 15 | d | 4.24 | +0.95 | +1.06 | K0 III |
| 22 | $\epsilon$ | UMi | 6322 | 16 44 55.7 | +82 01 07 | vd6 | 4.23 | +0.55 | +0.89 | G5 III |
| | | | 6237 | 16 45 29.8 | +56 45 48 | d6 | 4.85 | −0.06 | +0.38 | F2 V+ |
| | $\alpha$ | TrA | 6217 | 16 49 47.1 | −69 02 44 | | 1.92 | +1.56 | +1.44 | K2 IIb−IIIa |
| 20 | | Oph | 6243 | 16 50 24.9 | −10 48 03 | 6 | 4.65 | +0.07 | +0.47 | F7 III |
| | $\eta$ | Ara | 6229 | 16 50 41.8 | −59 03 32 | d | 3.76 | +1.94 | +1.57 | K5 III |
| 26 | $\epsilon$ | Sco | 6241 | 16 50 50.7 | −34 18 41 | | 2.29 | +1.27 | +1.15 | K2 III |
| 51 | | Her | 6270 | 16 52 11.4 | +24 38 22 | | 5.04 | +1.29 | +1.25 | K0.5 IIIa Ca 0.5 |
| | $\mu^1$ | Sco | 6247 | 16 52 35.0 | −38 03 52 | v6 | 3.08 | −0.87 | −0.20 | B1.5 IVn |
| | $\mu^2$ | Sco | 6252 | 16 53 02.9 | −38 02 04 | | 3.57 | −0.85 | −0.21 | B2 IV |
| 53 | | Her | 6279 | 16 53 22.0 | +31 41 05 | d | 5.32 | −0.02 | +0.29 | F2 V |
| 25 | $\iota$ | Oph | 6281 | 16 54 30.3 | +10 08 55 | 6 | 4.38 | −0.32 | −0.08 | B8 V |
| | $\zeta^2$ | Sco | 6271 | 16 55 19.5 | −42 22 42 | | 3.62 | +1.65 | +1.37 | K3.5 IIIb |
| 27 | $\kappa$ | Oph | 6299 | 16 58 09.9 | +09 21 34 | as | 3.20 | +1.18 | +1.15 | K2 III |
| | $\zeta$ | Ara | 6285 | 16 59 29.5 | −56 00 20 | | 3.13 | +1.97 | +1.60 | K4 III |
| | $\epsilon^1$ | Ara | 6295 | 17 00 25.4 | −53 10 32 | | 4.06 | +1.71 | +1.45 | K4 IIIab |
| 58 | $\epsilon$ | Her | 6324 | 17 00 41.5 | +30 54 41 | d6 | 3.92 | −0.10 | −0.01 | A0 IV+ |
| 30 | | Oph | 6318 | 17 01 36.9 | −04 14 16 | d | 4.82 | +1.83 | +1.48 | K4 III |
| 59 | | Her | 6332 | 17 01 59.6 | +33 33 13 | | 5.25 | +0.02 | +0.02 | A3 IV−Vs |
| 60 | | Her | 6355 | 17 05 51.9 | +12 43 37 | d | 4.91 | +0.05 | +0.12 | A4 IV |
| 22 | $\zeta$ | Dra | 6396 | 17 08 49.1 | +65 42 06 | d | 3.17 | −0.43 | −0.12 | B6 III |
| 35 | $\eta$ | Oph | 6378 | 17 10 58.9 | −15 44 14 | d67 | 2.43 | +0.09 | +0.06 | A2 Va+ (Sr) |
| | $\eta$ | Sco | 6380 | 17 12 54.4 | −43 15 07 | | 3.33 | +0.09 | +0.41 | F2 V:p (Cr) |
| 64 | $\alpha^1$ | Her | 6406 | 17 15 07.6 | +14 22 44 | sd | 3.48 | +1.01 | +1.44 | M5 Ib−II |

| Flamsteed/Bayer Designation | | | BS=HR No. | Right Ascension | Declination | Notes | V | U−B | B−V | Spectral Type |
|---|---|---|---|---|---|---|---|---|---|---|
| | | | | h m s | ° ′ ″ | | | | | |
| 67 | π | Her | 6418 | 17 15 24.8 | +36 47 52 | | 3.16 | +1.66 | +1.44 | K3 II |
| 65 | δ | Her | 6410 | 17 15 27.8 | +24 49 39 | d6 | 3.14 | +0.08 | +0.08 | A1 Vann |
| | v656 | Her | 6452 | 17 20 46.7 | +18 02 49 | | 5.00 | +2.06 | +1.62 | M1+ IIIab |
| 72 | | Her | 6458 | 17 21 03.2 | +32 27 17 | d | 5.39 | +0.07 | +0.62 | G0 V |
| 53 | ν | Ser | 6446 | 17 21 25.1 | −12 51 24 | d7 | 4.33 | +0.05 | +0.03 | A1.5 IV |
| 40 | ξ | Oph | 6445 | 17 21 38.2 | −21 07 24 | d7 | 4.39 | −0.05 | +0.39 | F2 V |
| 42 | θ | Oph | 6453 | 17 22 39.3 | −25 00 33 | dv6 | 3.27 | −0.86 | −0.22 | B2 IV |
| | ι | Aps | 6411 | 17 23 16.5 | −70 07 58 | d7 | 5.41 | −0.23 | −0.04 | B8/9 Vn |
| | β | Ara | 6461 | 17 26 10.5 | −55 32 19 | | 2.85 | +1.56 | +1.46 | K3 Ib−IIa |
| | γ | Ara | 6462 | 17 26 16.8 | −56 23 11 | d | 3.34 | −0.96 | −0.13 | B1 Ib |
| 44 | | Oph | 6486 | 17 27 00.7 | −24 11 03 | | 4.17 | +0.12 | +0.28 | A9m: |
| 49 | σ | Oph | 6498 | 17 27 02.2 | +04 07 55 | s | 4.34 | +1.62 | +1.50 | K2 II |
| | | | 6493 | 17 27 11.3 | −05 05 42 | 6 | 4.54 | −0.03 | +0.39 | F2 V |
| 45 | | Oph | 6492 | 17 28 01.5 | −29 52 32 | | 4.29 | +0.09 | +0.40 | δ Del |
| 23 | δ | UMi | 6789 | 17 28 52.4 | +86 34 45 | | 4.36 | +0.03 | +0.02 | A1 Van |
| 23 | β | Dra | 6536 | 17 30 40.2 | +52 17 38 | sd | 2.79 | +0.64 | +0.98 | G2 Ib−IIa |
| 76 | λ | Her | 6526 | 17 31 09.8 | +26 06 12 | | 4.41 | +1.68 | +1.44 | K3.5 III |
| 34 | υ | Sco | 6508 | 17 31 28.7 | −37 18 12 | 6 | 2.69 | −0.82 | −0.22 | B2 IV |
| 27 | | Dra | 6566 | 17 31 55.4 | +68 07 42 | d6 | 5.05 | +0.92 | +1.08 | G9 IIIb |
| | δ | Ara | 6500 | 17 32 02.9 | −60 41 29 | d | 3.62 | −0.31 | −0.10 | B8 Vn |
| 24 | ν¹ | Dra | 6554 | 17 32 23.0 | +55 10 38 | 6 | 4.88 | +0.04 | +0.26 | A7m |
| 25 | ν² | Dra | 6555 | 17 32 28.5 | +55 09 58 | d6 | 4.87 | +0.06 | +0.28 | A7m |
| | α | Ara | 6510 | 17 32 39.3 | −49 53 00 | d6 | 2.95 | −0.69 | −0.17 | B2 Vne |
| 35 | λ | Sco | 6527 | 17 34 19.3 | −37 06 38 | vd6 | 1.63 | −0.89 | −0.22 | B1.5 IV |
| 55 | α | Oph | 6556 | 17 35 25.3 | +12 33 11 | 6 | 2.08 | +0.10 | +0.15 | A5 Vnn |
| 28 | ω | Dra | 6596 | 17 36 53.5 | +68 45 11 | d6 | 4.80 | −0.01 | +0.43 | F4 V |
| | | | 6546 | 17 37 16.3 | −38 38 30 | | 4.29 | +0.90 | +1.09 | G8/K0 III/IV |
| | θ | Sco | 6553 | 17 38 04.4 | −43 00 13 | | 1.87 | +0.22 | +0.40 | F1 III |
| 55 | ξ | Ser | 6561 | 17 38 11.3 | −15 24 16 | d6 | 3.54 | +0.14 | +0.26 | F0 IIIb |
| 85 | ι | Her | 6588 | 17 39 45.7 | +46 00 04 | svd6 | 3.80 | −0.69 | −0.18 | B3 IV |
| 31 | ψ | Dra | 6636 | 17 41 45.3 | +72 08 36 | d | 4.58 | +0.01 | +0.42 | F5 V |
| 56 | o | Ser | 6581 | 17 42 00.3 | −12 52 48 | 6 | 4.26 | +0.10 | +0.08 | A2 Va |
| | κ | Sco | 6580 | 17 43 12.9 | −39 02 04 | v6 | 2.41 | −0.89 | −0.22 | B1.5 III |
| 84 | | Her | 6608 | 17 43 47.4 | +24 19 26 | s | 5.71 | +0.27 | +0.65 | G2 IIIb |
| 60 | β | Oph | 6603 | 17 43 59.5 | +04 33 49 | | 2.77 | +1.24 | +1.16 | K2 III CN 0.5 |
| 58 | | Oph | 6595 | 17 44 03.6 | −21 41 15 | | 4.87 | −0.03 | +0.47 | F7 V: |
| | μ | Ara | 6585 | 17 44 58.8 | −51 50 19 | | 5.15 | +0.24 | +0.70 | G5 V |
| | η | Pav | 6582 | 17 46 45.9 | −64 43 39 | | 3.62 | +1.17 | +1.19 | K1 IIIa CN 1 |
| 86 | μ | Her | 6623 | 17 46 52.2 | +27 42 54 | asd | 3.42 | +0.39 | +0.75 | G5 IV |
| 3 | X | Sgr | 6616 | 17 48 13.3 | −27 50 02 | v | 4.54 | +0.50 | +0.80 | F3 II |
| | ι¹ | Sco | 6615 | 17 48 19.2 | −40 07 48 | sd6 | 3.03 | +0.27 | +0.51 | F2 Ia |
| 62 | γ | Oph | 6629 | 17 48 25.2 | +02 42 15 | 6 | 3.75 | +0.04 | +0.04 | A0 Van |
| 35 | | Dra | 6701 | 17 48 58.9 | +76 57 39 | | 5.04 | +0.08 | +0.49 | F7 IV |
| | | | 6630 | 17 50 34.4 | −37 02 45 | d | 3.21 | +1.19 | +1.17 | K2 III |
| 32 | ξ | Dra | 6688 | 17 53 42.6 | +56 52 16 | d | 3.75 | +1.21 | +1.18 | K2 III |
| 89 | v441 | Her | 6685 | 17 55 50.6 | +26 02 56 | sv6 | 5.45 | +0.26 | +0.34 | F2 Ibp |
| 91 | θ | Her | 6695 | 17 56 36.8 | +37 14 59 | | 3.86 | +1.46 | +1.35 | K1 IIa CN 2 |
| 33 | γ | Dra | 6705 | 17 56 51.0 | +51 29 17 | asd | 2.23 | +1.87 | +1.52 | K5 III |
| 92 | ξ | Her | 6703 | 17 58 10.4 | +29 14 50 | v | 3.70 | +0.70 | +0.94 | G8.5 III |
| 94 | ν | Her | 6707 | 17 58 54.3 | +30 11 20 | d | 4.41 | +0.15 | +0.39 | F2m |

| Flamsteed/Bayer Designation | | | BS=HR No. | Right Ascension | Declination | Notes | V | U−B | B−V | Spectral Type |
|---|---|---|---|---|---|---|---|---|---|---|
| | | | | h m s | ° ′ ″ | | | | | |
| 64 | ν | Oph | 6698 | 17 59 36.3 | −09 46 27 | | 3.34 | +0.88 | +0.99 | G9 IIIa |
| 93 | | Her | 6713 | 18 00 31.5 | +16 45 03 | | 4.67 | +1.22 | +1.26 | K0.5 IIb |
| 67 | | Oph | 6714 | 18 01 10.3 | +02 55 54 | sd | 3.97 | −0.62 | +0.02 | B5 Ib |
| 68 | | Oph | 6723 | 18 02 17.2 | +01 18 20 | d67 | 4.45 | 0.00 | +0.02 | A0.5 Van |
| | W | Sgr | 6742 | 18 05 41.5 | −29 34 43 | vd6 | 4.69 | +0.52 | +0.78 | G0 Ib/II |
| 70 | | Oph | 6752 | 18 05 59.0 | +02 29 56 | dv67 | 4.03 | +0.54 | +0.86 | K0− V |
| 10 | γ | Sgr | 6746 | 18 06 29.0 | −30 25 23 | 6 | 2.99 | +0.77 | +1.00 | K0+ III |
| | θ | Ara | 6743 | 18 07 26.9 | −50 05 23 | | 3.66 | −0.85 | −0.08 | B2 Ib |
| | | | 6791 | 18 07 47.7 | +43 27 49 | s6 | 5.00 | +0.71 | +0.91 | G8 III CN−1 CH−3 |
| 72 | | Oph | 6771 | 18 07 50.9 | +09 33 58 | d6 | 3.73 | +0.10 | +0.12 | A5 IV−V |
| 103 | o | Her | 6779 | 18 07 57.1 | +28 45 52 | d6 | 3.83 | −0.07 | −0.03 | A0 II−III |
| 102 | | Her | 6787 | 18 09 12.4 | +20 49 01 | d | 4.36 | −0.81 | −0.16 | B2 IV |
| | π | Pav | 6745 | 18 09 35.4 | −63 40 01 | 6 | 4.35 | +0.18 | +0.22 | A7p Sr |
| | ε | Tel | 6783 | 18 12 00.5 | −45 57 06 | d | 4.53 | +0.78 | +1.01 | K0 III |
| 36 | | Dra | 6850 | 18 13 57.5 | +64 24 03 | d | 5.02 | −0.06 | +0.41 | F5 V |
| 13 | μ | Sgr | 6812 | 18 14 23.5 | −21 03 19 | d6 | 3.86 | −0.49 | +0.23 | B9 Ia |
| | | | 6819 | 18 18 00.6 | −56 01 08 | 6 | 5.33 | −0.69 | −0.05 | B3 IIIpe |
| | η | Sgr | 6832 | 18 18 20.3 | −36 45 27 | d7 | 3.11 | +1.71 | +1.56 | M3.5 IIIab |
| 1 | κ | Lyr | 6872 | 18 20 13.8 | +36 04 11 | | 4.33 | +1.19 | +1.17 | K2− IIIab CN 0.5 |
| 43 | φ | Dra | 6920 | 18 20 36.3 | +71 20 35 | vd67 | 4.22 | −0.33 | −0.10 | A0p Si |
| 44 | χ | Dra | 6927 | 18 20 52.0 | +72 44 14 | d6 | 3.57 | −0.06 | +0.49 | F7 V |
| 74 | | Oph | 6866 | 18 21 23.5 | +03 22 57 | d | 4.86 | +0.62 | +0.91 | G8 III |
| 19 | δ | Sgr | 6859 | 18 21 40.0 | −29 49 22 | d | 2.70 | +1.55 | +1.38 | K2.5 IIIa CN 0.5 |
| 58 | η | Ser | 6869 | 18 21 51.2 | −02 53 43 | d | 3.26 | +0.66 | +0.94 | K0 III−IV |
| 109 | | Her | 6895 | 18 24 08.8 | +21 46 30 | sd | 3.84 | +1.17 | +1.18 | K2 IIIab |
| | ξ | Pav | 6855 | 18 24 11.6 | −61 29 16 | d67 | 4.36 | +1.55 | +1.48 | K4 III |
| 20 | ε | Sgr | 6879 | 18 24 52.1 | −34 22 43 | d | 1.85 | −0.13 | −0.03 | A0 II−n (shell) |
| | α | Tel | 6897 | 18 27 45.1 | −45 57 42 | | 3.51 | −0.64 | −0.17 | B3 IV |
| 22 | λ | Sgr | 6913 | 18 28 37.1 | −25 24 54 | | 2.81 | +0.89 | +1.04 | K1 IIIb |
| | ζ | Tel | 6905 | 18 29 38.3 | −49 03 50 | | 4.13 | +0.82 | +1.02 | G8/K0 III |
| | γ | Sct | 6930 | 18 29 47.8 | −14 33 30 | | 4.70 | +0.06 | +0.06 | A2 III− |
| 60 | | Ser | 6935 | 18 30 13.8 | −01 58 40 | 6 | 5.39 | +0.76 | +0.96 | K0 III |
| | θ | Cra | 6951 | 18 34 15.1 | −42 18 14 | | 4.64 | +0.76 | +1.01 | G8 III |
| | α | Sct | 6973 | 18 35 46.7 | −08 14 09 | | 3.85 | +1.54 | +1.33 | K3 III |
| | | | 6985 | 18 36 57.9 | +09 07 53 | 6 | 5.39 | −0.02 | +0.37 | F5 IIIs |
| 3 | α | Lyr | 7001 | 18 37 17.7 | +38 47 38 | asd | 0.03 | −0.01 | 0.00 | A0 Va |
| | δ | Sct | 7020 | 18 42 50.9 | −09 02 30 | vd6 | 4.72 | +0.14 | +0.35 | F2 III (str. met.) |
| | ε | Sct | 7032 | 18 44 05.6 | −08 15 51 | d | 4.90 | +0.87 | +1.12 | G8 IIb |
| | ζ | Pav | 6982 | 18 44 15.4 | −71 25 03 | d | 4.01 | +1.02 | +1.14 | K0 III |
| 6 | ζ[1] | Lyr | 7056 | 18 45 08.1 | +37 37 00 | d6 | 4.36 | +0.16 | +0.19 | A5m |
| 50 | | Dra | 7124 | 18 46 01.6 | +75 26 45 | 6 | 5.35 | +0.04 | +0.05 | A1 Vn |
| 110 | | Her | 7061 | 18 46 06.9 | +20 33 25 | d | 4.19 | +0.01 | +0.46 | F6 V |
| 27 | φ | Sgr | 7039 | 18 46 18.7 | −26 58 45 | 6 | 3.17 | −0.36 | −0.11 | B8 III |
| | | | 7064 | 18 46 29.9 | +26 40 26 | | 4.83 | +1.23 | +1.20 | K2 III |
| 111 | | Her | 7069 | 18 47 29.1 | +18 11 38 | d6 | 4.36 | +0.07 | +0.13 | A3 Va+ |
| | β | Sct | 7063 | 18 47 43.9 | −04 44 09 | 6 | 4.22 | +0.81 | +1.10 | G4 IIa |
| | R | Sct | 7066 | 18 48 02.6 | −05 41 35 | s | 5.20 | +1.64 | +1.47 | K0 Ib:p Ca−1 |
| | η[1] | CrA | 7062 | 18 49 35.9 | −43 40 04 | | 5.49 | | +0.13 | A2 Vn |
| 10 | β | Lyr | 7106 | 18 50 28.1 | +33 22 31 | cvd6 | 3.45 | −0.56 | 0.00 | B7 Vpe (shell) |
| 47 | o | Dra | 7125 | 18 51 21.4 | +59 24 05 | dv6 | 4.66 | +1.04 | +1.19 | G9 III Fe−0.5 |

| Flamsteed/Bayer Designation | | BS=HR No. | Right Ascension | Declination | Notes | V | U−B | B−V | Spectral Type |
|---|---|---|---|---|---|---|---|---|---|
| | | | h  m  s | °  ′  ″ | | | | | |
| | λ | Pav | 7074 | 18 53 11.2 | −62 10 28 | d | 4.22 | −0.89 | −0.14 | B2 II−III |
| 52 | υ | Dra | 7180 | 18 54 16.0 | +71 18 40 | 6 | 4.82 | +1.10 | +1.15 | K0 III CN 0.5 |
| 12 | δ² | Lyr | 7139 | 18 54 52.3 | +36 54 45 | d | 4.30 | +1.65 | +1.68 | M4 II |
| 13 | R | Lyr | 7157 | 18 55 39.3 | +43 57 37 | s6 | 4.04 | +1.41 | +1.59 | M5 III (var) |
| 34 | σ | Sgr | 7121 | 18 55 55.0 | −26 16 58 | d | 2.02 | −0.75 | −0.22 | B3 IV |
| 63 | θ¹ | Ser | 7141 | 18 56 44.5 | +04 13 05 | d | 4.61 | +0.11 | +0.16 | A5 V |
| | κ | Pav | 7107 | 18 58 01.7 | −67 13 08 | v | 4.44 | +0.71 | +0.60 | F5 I−II |
| 37 | ξ² | Sgr | 7150 | 18 58 21.4 | −21 05 31 | | 3.51 | +1.13 | +1.18 | K1 III |
| | λ | Tel | 7134 | 18 59 18.0 | −52 55 26 | 6 | 4.87 | | −0.05 | A0 III⁺ |
| 14 | γ | Lyr | 7178 | 18 59 20.2 | +32 42 16 | d | 3.24 | −0.09 | −0.05 | B9 II |
| 13 | ε | Aql | 7176 | 19 00 06.0 | +15 04 59 | d6 | 4.02 | +1.04 | +1.08 | K1⁻ III CN 0.5 |
| | χ | Oct | 6721 | 19 00 42.8 | −87 35 30 | | 5.28 | +1.60 | +1.28 | K3 III |
| 12 | | Aql | 7193 | 19 02 14.5 | −05 43 25 | | 4.02 | +1.04 | +1.09 | K1 III |
| 38 | ζ | Sgr | 7194 | 19 03 16.7 | −29 51 51 | d67 | 2.60 | +0.06 | +0.08 | A2 IV−V |
| 39 | o | Sgr | 7217 | 19 05 18.7 | −21 43 31 | d | 3.77 | +0.85 | +1.01 | G9 IIIb |
| 17 | ζ | Aql | 7235 | 19 05 53.6 | +13 52 47 | d6 | 2.99 | −0.01 | +0.01 | A0 Vann |
| 16 | λ | Aql | 7236 | 19 06 48.4 | −04 51 58 | | 3.44 | −0.27 | −0.09 | A0 IVp (wk 4481) |
| 40 | τ | Sgr | 7234 | 19 07 35.7 | −27 39 15 | 6 | 3.32 | +1.15 | +1.19 | K1.5 IIIb |
| 18 | ι | Lyr | 7262 | 19 07 40.6 | +36 07 02 | d | 5.28 | −0.51 | −0.11 | B6 IV |
| | α | CrA | 7254 | 19 10 11.1 | −37 53 14 | | 4.11 | +0.08 | +0.04 | A2 IVn |
| 41 | π | Sgr | 7264 | 19 10 23.3 | −21 00 22 | d7 | 2.89 | +0.22 | +0.35 | F2 II−III |
| | β | CrA | 7259 | 19 10 45.0 | −39 19 24 | | 4.11 | +1.07 | +1.20 | K0 II |
| 57 | δ | Dra | 7310 | 19 12 33.3 | +67 40 48 | d | 3.07 | +0.78 | +1.00 | G9 III |
| 20 | | Aql | 7279 | 19 13 14.9 | −07 55 16 | | 5.34 | −0.44 | +0.13 | B3 V |
| 20 | η | Lyr | 7298 | 19 14 06.9 | +39 09 52 | d6 | 4.39 | −0.65 | −0.15 | B2.5 IV |
| 60 | τ | Dra | 7352 | 19 15 20.6 | +73 22 29 | 6 | 4.45 | +1.45 | +1.25 | K2⁺ IIIb CN 1 |
| 21 | θ | Lyr | 7314 | 19 16 44.0 | +38 09 10 | d | 4.36 | +1.23 | +1.26 | K0 II |
| 1 | κ | Cyg | 7328 | 19 17 20.7 | +53 23 17 | 6 | 3.77 | +0.74 | +0.96 | G9 III |
| 43 | | Sgr | 7304 | 19 18 14.9 | −18 56 00 | | 4.96 | +0.80 | +1.02 | G8 II−III |
| 25 | ω¹ | Aql | 7315 | 19 18 18.6 | +11 36 54 | | 5.28 | +0.22 | +0.20 | F0 IV |
| 44 | ρ¹ | Sgr | 7340 | 19 22 16.9 | −17 49 36 | | 3.93 | +0.13 | +0.22 | F0 III−IV |
| 46 | υ | Sgr | 7342 | 19 22 19.7 | −15 56 04 | 6 | 4.61 | −0.53 | +0.10 | Apep |
| | β¹ | Sgr | 7337 | 19 23 23.5 | −44 26 18 | d | 4.01 | −0.39 | −0.10 | B8 V |
| | β² | Sgr | 7343 | 19 23 58.5 | −44 46 45 | | 4.29 | +0.07 | +0.34 | F0 IV |
| | α | Sgr | 7348 | 19 24 36.7 | −40 35 43 | 6 | 3.97 | −0.33 | −0.10 | B8 V |
| 31 | | Aql | 7373 | 19 25 28.2 | +11 58 03 | d | 5.16 | +0.42 | +0.77 | G7 IV Hδ 1 |
| 30 | δ | Aql | 7377 | 19 26 01.7 | +03 08 11 | d6 | 3.36 | +0.04 | +0.32 | F2 IV−V |
| 6 | α | Vul | 7405 | 19 29 08.6 | +24 41 12 | d | 4.44 | +1.81 | +1.50 | M0.5 IIIb |
| 10 | ι² | Cyg | 7420 | 19 29 58.2 | +51 45 09 | | 3.79 | +0.11 | +0.14 | A4 V |
| 6 | β | Cyg | 7417 | 19 31 08.7 | +27 58 56 | cd | 3.08 | +0.62 | +1.13 | K3 II + B9.5 V |
| 36 | | Aql | 7414 | 19 31 12.8 | −02 45 59 | | 5.03 | +2.05 | +1.75 | M1 IIIab |
| 8 | | Cyg | 7426 | 19 32 09.7 | +34 28 33 | | 4.74 | −0.65 | −0.14 | B3 IV |
| 61 | σ | Dra | 7462 | 19 32 20.3 | +69 40 45 | asd | 4.68 | +0.38 | +0.79 | K0 V |
| 38 | μ | Aql | 7429 | 19 34 36.1 | +07 24 07 | d | 4.45 | +1.26 | +1.17 | K3⁻ IIIb Fe 0.5 |
| | ι | Tel | 7424 | 19 35 59.6 | −48 04 32 | | 4.90 | | +1.09 | K0 III |
| 13 | θ | Cyg | 7469 | 19 36 43.4 | +50 14 45 | d | 4.48 | −0.03 | +0.38 | F4 V |
| 41 | ι | Aql | 7447 | 19 37 15.9 | −01 15 46 | d | 4.36 | −0.44 | −0.08 | B5 III |
| 52 | | Sgr | 7440 | 19 37 20.7 | −24 51 35 | d | 4.60 | −0.15 | −0.07 | B8/9 V |
| 39 | κ | Aql | 7446 | 19 37 27.3 | −07 00 12 | | 4.95 | −0.87 | 0.00 | B0.5 IIIn |
| 5 | α | Sge | 7479 | 19 40 34.0 | +18 02 19 | d | 4.37 | +0.43 | +0.78 | G1 II |

# BRIGHT STARS, J2010.5

| Flamsteed/Bayer Designation | | | BS=HR No. | Right Ascension | Declination | Notes | V | U−B | B−V | Spectral Type |
|---|---|---|---|---|---|---|---|---|---|---|
| | | | | h m s | ° ′ ″ | | | | | |
| | | | 7495 | 19 41 09.6 | +45 33 01 | sd | 5.06 | +0.15 | +0.40 | F5 II−III |
| 54 | | Sgr | 7476 | 19 41 19.4 | −16 16 07 | d | 5.30 | +1.06 | +1.13 | K2 III |
| 6 | β | Sge | 7488 | 19 41 31.2 | +17 30 03 | | 4.37 | +0.89 | +1.05 | G8 IIIa CN 0.5 |
| 16 | | Cyg | 7503 | 19 42 05.7 | +50 32 59 | sd | 5.96 | +0.19 | +0.64 | G1.5 Vb |
| 16 | | Cyg | 7504 | 19 42 08.7 | +50 32 32 | s | 6.20 | +0.20 | +0.66 | G3 V |
| 55 | | Sgr | 7489 | 19 43 07.1 | −16 05 55 | 6 | 5.06 | +0.09 | +0.33 | F0 IVn: |
| 10 | | Vul | 7506 | 19 44 09.1 | +25 47 51 | | 5.49 | +0.67 | +0.93 | G8 III |
| 15 | | Cyg | 7517 | 19 44 39.3 | +37 22 49 | | 4.89 | +0.69 | +0.95 | G8 III |
| 18 | δ | Cyg | 7528 | 19 45 18.2 | +45 09 25 | d67 | 2.87 | −0.10 | −0.03 | B9.5 III |
| 50 | γ | Aql | 7525 | 19 46 45.5 | +10 38 22 | d | 2.72 | +1.68 | +1.52 | K3 II |
| 56 | | Sgr | 7515 | 19 46 58.4 | −19 44 07 | | 4.86 | +0.96 | +0.93 | K0+ III |
| 7 | δ | Sge | 7536 | 19 47 51.3 | +18 33 39 | cd6 | 3.82 | +0.96 | +1.41 | M2 II + A0 V |
| 63 | ε | Dra | 7582 | 19 48 07.9 | +70 17 41 | d67 | 3.83 | +0.52 | +0.89 | G7 IIIb Fe−1 |
| | ν | Tel | 7510 | 19 48 52.4 | −56 20 11 | | 5.35 | | +0.20 | A9 Vn |
| | χ | Cyg | 7564 | 19 50 58.1 | +32 56 28 | vd | 4.23 | +0.96 | +1.82 | S6+/1e |
| 53 | α | Aql | 7557 | 19 51 17.7 | +08 53 48 | dv | 0.77 | +0.08 | +0.22 | A7 Vnn |
| 51 | | Aql | 7553 | 19 51 21.4 | −10 44 10 | d | 5.39 | | +0.38 | F0 V |
| | | | 7589 | 19 52 18.1 | +47 03 17 | s | 5.62 | −0.97 | −0.07 | O9.5 Iab |
| | v3961 | Sgr | 7552 | 19 52 33.2 | −39 50 49 | sv6 | 5.33 | −0.22 | −0.06 | A0p Si Cr Eu |
| 9 | | Sge | 7574 | 19 52 49.9 | +18 41 58 | s6 | 6.23 | −0.92 | +0.01 | O8 If |
| 55 | η | Aql | 7570 | 19 53 00.4 | +01 02 00 | v6 | 3.90 | +0.51 | +0.89 | F6−G1 Ib |
| | v1291 | Aql | 7575 | 19 53 51.7 | −03 05 12 | s | 5.65 | +0.10 | +0.20 | A5p Sr Cr Eu |
| 60 | β | Aql | 7602 | 19 55 49.7 | +06 26 01 | ad | 3.71 | +0.48 | +0.86 | G8 IV |
| | ι | Sgr | 7581 | 19 55 59.0 | −41 50 24 | | 4.13 | +0.90 | +1.08 | G8 III |
| 21 | η | Cyg | 7615 | 19 56 42.0 | +35 06 42 | d | 3.89 | +0.89 | +1.02 | K0 III |
| 61 | | Sgr | 7614 | 19 58 32.7 | −15 27 47 | | 5.02 | +0.07 | +0.05 | A3 Va |
| 12 | γ | Sge | 7635 | 19 59 13.4 | +19 31 16 | s | 3.47 | +1.93 | +1.57 | M0− III |
| | θ¹ | Sgr | 7623 | 20 00 25.1 | −35 14 50 | d6 | 4.37 | −0.67 | −0.15 | B2.5 IV |
| 15 | NT | Vul | 7653 | 20 01 32.0 | +27 46 59 | 6 | 4.64 | +0.16 | +0.18 | A7m |
| | ε | Pav | 7590 | 20 01 47.4 | −72 52 53 | | 3.96 | −0.05 | −0.03 | A0 Va |
| 62 | v3872 | Sgr | 7650 | 20 03 18.1 | −27 40 48 | | 4.58 | +1.80 | +1.65 | M4.5 III |
| | ξ | Tel | 7673 | 20 08 11.1 | −52 50 59 | 6 | 4.94 | +1.84 | +1.62 | M1 IIab |
| 1 | κ | Cep | 7750 | 20 08 31.1 | +77 44 33 | d7 | 4.39 | −0.11 | −0.05 | B9 III |
| | δ | Pav | 7665 | 20 09 44.8 | −66 09 15 | | 3.56 | +0.45 | +0.76 | G6/8 IV |
| 28 | v1624 | Cyg | 7708 | 20 09 49.0 | +36 52 16 | 6 | 4.93 | −0.77 | −0.13 | B2.5 V |
| 65 | θ | Aql | 7710 | 20 11 50.8 | −00 47 23 | d6 | 3.23 | −0.14 | −0.07 | B9.5 III+ |
| 33 | | Cyg | 7740 | 20 13 38.5 | +56 36 00 | 6 | 4.30 | +0.08 | +0.11 | A3 IVn |
| 31 | o¹ | Cyg | 7735 | 20 13 57.8 | +46 46 25 | cvd6 | 3.79 | +0.42 | +1.28 | K2 II + B4 V |
| 67 | ρ | Aql | 7724 | 20 14 45.8 | +15 13 49 | 6 | 4.95 | +0.01 | +0.08 | A1 Va |
| 32 | o² | Cyg | 7751 | 20 15 47.8 | +47 44 49 | cvd6 | 3.98 | +1.03 | +1.52 | K3 II + B9: V |
| 24 | | Vul | 7753 | 20 17 14.1 | +24 42 14 | | 5.32 | +0.67 | +0.95 | G8 III |
| 34 | P | Cyg | 7763 | 20 18 10.4 | +38 03 58 | s | 4.81 | −0.58 | +0.42 | B1pe |
| 5 | α¹ | Cap | 7747 | 20 18 13.7 | −12 28 30 | d6 | 4.24 | +0.78 | +1.07 | G3 Ib |
| 6 | α² | Cap | 7754 | 20 18 38.2 | −12 30 42 | d6 | 3.57 | +0.69 | +0.94 | G9 III |
| 9 | β | Cap | 7776 | 20 21 36.0 | −14 44 51 | cd67 | 3.08 | +0.28 | +0.79 | K0 II: + A5n: V: |
| 37 | γ | Cyg | 7796 | 20 22 36.3 | +40 17 27 | asd | 2.20 | +0.53 | +0.68 | F8 Ib |
| | | | 7794 | 20 23 41.9 | +05 22 38 | | 5.31 | +0.77 | +0.97 | G8 III−IV |
| 39 | | Cyg | 7806 | 20 24 16.8 | +32 13 28 | s | 4.43 | +1.50 | +1.33 | K2.5 III Fe−0.5 |
| | α | Pav | 7790 | 20 26 28.3 | −56 42 02 | d6 | 1.94 | −0.71 | −0.20 | B2.5 V |
| 2 | θ | Cep | 7850 | 20 29 45.4 | +63 01 46 | 6 | 4.22 | +0.16 | +0.20 | A7m |

| Flamsteed/Bayer Designation | | BS=HR No. | Right Ascension | Declination | Notes | V | U−B | B−V | Spectral Type |
|---|---|---|---|---|---|---|---|---|---|
| | | | h  m  s | ° ′ ″ | | | | | |
| 41 | Cyg | 7834 | 20 29 49.5 | +30 24 15 | | 4.01 | +0.27 | +0.40 | F5 II |
| 69 | Aql | 7831 | 20 30 11.9 | −02 51 00 | | 4.91 | +1.22 | +1.15 | K2 III |
| 73 AF | Dra | 7879 | 20 31 21.5 | +74 59 26 | 6 | 5.20 | +0.11 | +0.07 | A0p Sr Cr Eu |
| 2 ε | Del | 7852 | 20 33 42.9 | +11 20 22 | | 4.03 | −0.47 | −0.13 | B6 III |
| 6 β | Del | 7882 | 20 38 02.5 | +14 37 55 | d6 | 3.63 | +0.08 | +0.44 | F5 IV |
| | | | | | | | | | |
| α | Ind | 7869 | 20 38 18.1 | −47 15 15 | d | 3.11 | +0.79 | +1.00 | K0 III CN−1 |
| 71 | Aql | 7884 | 20 38 52.8 | −01 04 04 | d6 | 4.32 | +0.69 | +0.95 | G7.5 IIIa |
| 29 | Vul | 7891 | 20 38 59.5 | +21 14 19 | | 4.82 | −0.08 | −0.02 | A0 Va (shell) |
| 7 κ | Del | 7896 | 20 39 38.4 | +10 07 25 | d | 5.05 | +0.21 | +0.72 | G2 IV |
| 9 α | Del | 7906 | 20 40 07.5 | +15 56 59 | d6 | 3.77 | −0.21 | −0.06 | B9 IV |
| | | | | | | | | | |
| 15 υ | Cap | 7900 | 20 40 38.7 | −18 06 04 | | 5.10 | +1.99 | +1.66 | M1 III |
| 49 | Cyg | 7921 | 20 41 28.1 | +32 20 42 | sd6 | 5.51 | | +0.88 | G8 IIb |
| 50 α | Cyg | 7924 | 20 41 47.4 | +45 19 06 | asd6 | 1.25 | −0.24 | +0.09 | A2 Ia |
| 11 δ | Del | 7928 | 20 43 56.9 | +15 06 46 | v6 | 4.43 | +0.10 | +0.32 | F0m |
| η | Ind | 7920 | 20 44 48.3 | −51 52 58 | | 4.51 | +0.09 | +0.27 | A9 IV |
| | | | | | | | | | |
| 3 η | Cep | 7957 | 20 45 30.1 | +61 52 47 | d | 3.43 | +0.62 | +0.92 | K0 IV |
| | | 7955 | 20 45 36.7 | +57 37 04 | d6 | 4.51 | +0.10 | +0.54 | F8 IV−V |
| β | Pav | 7913 | 20 45 53.6 | −66 09 52 | | 3.42 | +0.12 | +0.16 | A6 IV− |
| 52 | Cyg | 7942 | 20 46 05.8 | +30 45 31 | d | 4.22 | +0.89 | +1.05 | K0 IIIa |
| 53 ε | Cyg | 7949 | 20 46 38.2 | +34 00 36 | ad6 | 2.46 | +0.87 | +1.03 | K0 III |
| | | | | | | | | | |
| 16 ψ | Cap | 7936 | 20 46 42.9 | −25 13 57 | | 4.14 | +0.02 | +0.43 | F4 V |
| 12 γ² | Del | 7948 | 20 47 08.7 | +16 09 45 | d | 4.27 | +0.97 | +1.04 | K1 IV |
| 54 λ | Cyg | 7963 | 20 47 49.1 | +36 31 47 | d67 | 4.53 | −0.49 | −0.11 | B6 IV |
| 2 ε | Aqr | 7950 | 20 48 14.6 | −09 27 24 | | 3.77 | +0.02 | 0.00 | A1 III− |
| 3 EN | Aqr | 7951 | 20 48 17.4 | −04 59 19 | | 4.42 | +1.92 | +1.65 | M3 III |
| | | | | | | | | | |
| ι | Mic | 7943 | 20 49 11.6 | −43 56 59 | d7 | 5.11 | +0.06 | +0.35 | F1 IV |
| 55 v1661 | Cyg | 7977 | 20 49 17.8 | +46 09 12 | sd | 4.84 | −0.45 | +0.41 | B2.5 Ia |
| 18 ω | Cap | 7980 | 20 52 26.8 | −26 52 45 | | 4.11 | +1.93 | +1.64 | M0 III Ba 0.5 |
| 6 μ | Aqr | 7990 | 20 53 13.2 | −08 56 36 | d6 | 4.73 | +0.11 | +0.32 | F2m |
| 32 | Vul | 8008 | 20 55 00.5 | +28 05 53 | | 5.01 | +1.79 | +1.48 | K4 III |
| | | | | | | | | | |
| β | Ind | 7986 | 20 55 37.4 | −58 24 50 | d | 3.65 | +1.23 | +1.25 | K1 II |
| | | 8023 | 20 56 57.0 | +44 57 56 | s6 | 5.96 | −0.85 | +0.05 | O6 V |
| 58 ν | Cyg | 8028 | 20 57 33.9 | +41 12 29 | d6 | 3.94 | 0.00 | +0.02 | A0.5 IIIn |
| 33 | Vul | 8032 | 20 58 44.5 | +22 22 01 | | 5.31 | | +1.40 | K3.5 III |
| 59 v832 | Cyg | 8047 | 21 00 11.0 | +47 33 44 | d6 | 4.70 | −0.93 | −0.04 | B1.5 Vnne |
| | | | | | | | | | |
| 20 AO | Cap | 8033 | 21 00 11.9 | −18 59 39 | sv | 6.25 | | −0.13 | B9psi |
| γ | Mic | 8039 | 21 01 56.0 | −32 12 58 | d | 4.67 | +0.54 | +0.89 | G8 III |
| ζ | Mic | 8048 | 21 03 38.0 | −38 35 23 | | 5.30 | | +0.41 | F3 V |
| 62 ξ | Cyg | 8079 | 21 05 18.8 | +43 58 12 | s6 | 3.72 | +1.83 | +1.65 | K4.5 Ib−II |
| α | Oct | 8021 | 21 05 57.4 | −76 58 57 | cv6 | 5.15 | +0.13 | +0.49 | G2 III + A7 III |
| | | | | | | | | | |
| 23 θ | Cap | 8075 | 21 06 32.2 | −17 11 26 | 6 | 4.07 | +0.01 | −0.01 | A1 Va+ |
| 61 v1803 | Cyg | 8085 | 21 07 22.2 | +38 48 05 | asd | 5.21 | +1.11 | +1.18 | K5 V |
| 61 | Cyg | 8086 | 21 07 23.5 | +38 47 38 | sd | 6.03 | +1.23 | +1.37 | K7 V |
| 24 | Cap | 8080 | 21 07 44.4 | −24 57 48 | d | 4.50 | +1.93 | +1.61 | M1− III |
| 13 ν | Aqr | 8093 | 21 10 09.9 | −11 19 43 | | 4.51 | +0.70 | +0.94 | G8+ III |
| | | | | | | | | | |
| 5 γ | Equ | 8097 | 21 10 51.1 | +10 10 28 | d | 4.69 | +0.10 | +0.26 | F0p Sr Eu |
| 64 ζ | Cyg | 8115 | 21 13 23.0 | +30 16 13 | sd6 | 3.20 | +0.76 | +0.99 | G8+ III−IIIa Ba 0.5 |
| | | 8110 | 21 13 54.6 | −27 34 33 | | 5.42 | +1.69 | +1.42 | K5 III |
| o | Pav | 8092 | 21 14 18.6 | −70 04 57 | 6 | 5.02 | +1.56 | +1.58 | M1/2 III |
| 7 δ | Equ | 8123 | 21 14 59.5 | +10 03 00 | d67 | 4.49 | −0.01 | +0.50 | F8 V |

| Flamsteed/Bayer Designation | | | BS=HR No. | Right Ascension | Declination | Notes | V | U−B | B−V | Spectral Type |
|---|---|---|---|---|---|---|---|---|---|---|
| | | | | h m s | ° ′ ″ | | | | | |
| 65 | τ | Cyg | 8130 | 21 15 12.7 | +38 05 26 | d67 | 3.72 | +0.02 | +0.39 | F2 V |
| 8 | α | Equ | 8131 | 21 16 20.9 | +05 17 30 | cd6 | 3.92 | +0.29 | +0.53 | G2 II−III + A4 V |
| | σ | Oct | 7228 | 21 17 41.8 | −88 54 46 | v | 5.47 | +0.13 | +0.27 | F0 III |
| 67 | σ | Cyg | 8143 | 21 17 49.7 | +39 26 21 | 6 | 4.23 | −0.39 | +0.12 | B9 Iab |
| 66 | υ | Cyg | 8146 | 21 18 21.0 | +34 56 29 | d6 | 4.43 | −0.82 | −0.11 | B2 Ve |
| | ε | Mic | 8135 | 21 18 34.3 | −32 07 41 | | 4.71 | +0.02 | +0.06 | A1m A2 Va+ |
| 5 | α | Cep | 8162 | 21 18 49.8 | +62 37 49 | d | 2.44 | +0.11 | +0.22 | A7 V+n |
| | θ | Ind | 8140 | 21 20 36.5 | −53 24 17 | d7 | 4.39 | +0.12 | +0.19 | A5 IV−V |
| | θ1 | Mic | 8151 | 21 21 25.7 | −40 45 52 | dv | 4.82 | −0.07 | +0.02 | Ap Cr Eu |
| 1 | | Peg | 8173 | 21 22 34.4 | +19 50 59 | d6 | 4.08 | +1.06 | +1.11 | K1 III |
| 32 | ι | Cap | 8167 | 21 22 49.8 | −16 47 22 | | 4.28 | +0.58 | +0.90 | G7 III Fe−1.5 |
| 18 | | Aqr | 8187 | 21 24 45.9 | −12 49 57 | d | 5.49 | | +0.29 | F0 V+ |
| 69 | | Cyg | 8209 | 21 26 12.8 | +36 42 47 | sd | 5.94 | −0.94 | −0.08 | B0 Ib |
| 34 | ζ | Cap | 8204 | 21 27 15.9 | −22 21 55 | d6 | 3.74 | +0.59 | +1.00 | G4 Ib: Ba 2 |
| | γ | Pav | 8181 | 21 27 18.0 | −65 19 05 | | 4.22 | −0.12 | +0.49 | F6 Vp |
| 8 | β | Cep | 8238 | 21 28 47.5 | +70 36 25 | vd6 | 3.23 | −0.95 | −0.22 | B1 III |
| 36 | | Cap | 8213 | 21 29 19.2 | −21 45 40 | | 4.51 | +0.60 | +0.91 | G7 IIIb Fe−1 |
| 71 | | Cyg | 8228 | 21 29 50.2 | +46 35 14 | | 5.24 | +0.80 | +0.97 | K0− III |
| 2 | | Peg | 8225 | 21 30 25.5 | +23 41 07 | d | 4.57 | +1.93 | +1.62 | M1+ III |
| 22 | β | Aqr | 8232 | 21 32 06.7 | −05 31 28 | asd | 2.91 | +0.56 | +0.83 | G0 Ib |
| 73 | ρ | Cyg | 8252 | 21 34 22.6 | +45 38 19 | | 4.02 | +0.56 | +0.89 | G8 III Fe−0.5 |
| 74 | | Cyg | 8266 | 21 37 22.3 | +40 27 40 | | 5.01 | +0.10 | +0.18 | A5 V |
| 9 | v337 | Cep | 8279 | 21 38 12.1 | +62 07 46 | as | 4.73 | −0.53 | +0.30 | B2 Ib |
| 5 | | Peg | 8267 | 21 38 14.9 | +19 21 58 | | 5.45 | +0.14 | +0.30 | F0 V+ |
| 23 | ξ | Aqr | 8264 | 21 38 18.6 | −07 48 24 | d6 | 4.69 | +0.13 | +0.17 | A5 Vn |
| 75 | | Cyg | 8284 | 21 40 35.9 | +43 19 19 | sd | 5.11 | +1.90 | +1.60 | M1 IIIab |
| 40 | γ | Cap | 8278 | 21 40 40.3 | −16 36 52 | 6 | 3.68 | +0.20 | +0.32 | A7m: |
| 11 | | Cep | 8317 | 21 42 04.3 | +71 21 36 | | 4.56 | +1.10 | +1.10 | K0.5 III |
| | ν | Oct | 8254 | 21 42 36.6 | −77 20 33 | 6 | 3.76 | +0.89 | +1.00 | K0 III |
| | μ | Cep | 8316 | 21 43 49.8 | +58 49 42 | asd | 4.08 | +2.42 | +2.35 | M2− Ia |
| 8 | ε | Peg | 8308 | 21 44 42.1 | +09 55 25 | sd | 2.39 | +1.70 | +1.53 | K2 Ib−II |
| 9 | | Peg | 8313 | 21 45 00.5 | +17 23 55 | as | 4.34 | +1.00 | +1.17 | G5 Ib |
| 10 | κ | Peg | 8315 | 21 45 07.3 | +25 41 37 | d67 | 4.13 | +0.03 | +0.43 | F5 IV |
| 9 | ι | PsA | 8305 | 21 45 34.2 | −32 58 39 | d6 | 4.34 | −0.11 | −0.05 | A0 IV |
| 10 | ν | Cep | 8334 | 21 45 45.1 | +61 10 10 | | 4.29 | +0.13 | +0.52 | A2 Ia |
| 81 | π2 | Cyg | 8335 | 21 47 10.9 | +49 21 30 | d6 | 4.23 | −0.71 | −0.12 | B2.5 III |
| 49 | δ | Cap | 8322 | 21 47 37.1 | −16 04 45 | vd6 | 2.87 | +0.09 | +0.29 | F2m |
| 14 | | Peg | 8343 | 21 50 18.6 | +30 13 24 | 6 | 5.04 | +0.03 | −0.03 | A1 Vs |
| | o | Ind | 8333 | 21 51 39.5 | −69 34 48 | | 5.53 | +1.63 | +1.37 | K2/3 III |
| 16 | | Peg | 8356 | 21 53 32.5 | +25 58 30 | 6 | 5.08 | −0.67 | −0.17 | B3 V |
| 51 | μ | Cap | 8351 | 21 53 52.1 | −13 30 07 | | 5.08 | −0.01 | +0.37 | F2 V |
| | γ | Gru | 8353 | 21 54 33.7 | −37 18 54 | | 3.01 | −0.37 | −0.12 | B8 IV−Vs |
| 13 | | Cep | 8371 | 21 55 14.4 | +56 39 40 | s | 5.80 | −0.02 | +0.73 | B8 Ib |
| | δ | Ind | 8368 | 21 58 37.5 | −54 56 32 | d7 | 4.40 | +0.10 | +0.28 | F0 III−IVn |
| 17 | ξ | Cep | 8417 | 22 04 05.7 | +64 40 46 | d6 | 4.29 | +0.09 | +0.34 | A7m: |
| | ε | Ind | 8387 | 22 04 09.4 | −56 44 32 | | 4.69 | +0.99 | +1.06 | K4/5 V |
| 20 | | Cep | 8426 | 22 05 19.7 | +62 50 14 | | 5.27 | +1.78 | +1.41 | K4 III |
| 19 | | Cep | 8428 | 22 05 28.3 | +62 19 52 | sd | 5.11 | −0.84 | +0.08 | O9.5 Ib |
| 34 | α | Aqr | 8414 | 22 06 19.4 | −00 16 07 | sd | 2.96 | +0.74 | +0.98 | G2 Ib |
| | λ | Gru | 8411 | 22 06 44.7 | −39 29 32 | | 4.46 | +1.66 | +1.37 | K3 III |

| Flamsteed/Bayer Designation | | | BS=HR No. | Right Ascension | Declination | Notes | V | U−B | B−V | Spectral Type |
|---|---|---|---|---|---|---|---|---|---|---|
| | | | | h m s | ° ′ ″ | | | | | |
| 33 | ι | Aqr | 8418 | 22 07 00.2 | −13 49 06 | 6 | 4.27 | −0.29 | −0.07 | B9 IV−V |
| 24 | ι | Peg | 8430 | 22 07 30.0 | +25 23 48 | d6 | 3.76 | −0.04 | +0.44 | F5 V |
| | α | Gru | 8425 | 22 08 53.4 | −46 54 35 | d | 1.74 | −0.47 | −0.13 | B7 Vn |
| 14 | μ | PsA | 8431 | 22 08 59.6 | −32 56 13 | | 4.50 | +0.05 | +0.05 | A1 IVnn |
| 24 | | Cep | 8468 | 22 10 00.4 | +72 23 35 | | 4.79 | +0.61 | +0.92 | G7 II−III |
| 29 | π | Peg | 8454 | 22 10 27.3 | +33 13 48 | | 4.29 | +0.18 | +0.46 | F3 III |
| 26 | θ | Peg | 8450 | 22 10 43.8 | +06 14 59 | 6 | 3.53 | +0.10 | +0.08 | A2m A1 IV−V |
| 21 | ζ | Cep | 8465 | 22 11 13.2 | +58 15 12 | 6 | 3.35 | +1.71 | +1.57 | K1.5 Ib |
| 22 | λ | Cep | 8469 | 22 11 52.0 | +59 27 59 | s | 5.04 | −0.74 | +0.25 | O6 If |
| | | | 8546 | 22 12 09.7 | +86 09 37 | 6 | 5.27 | −0.11 | −0.03 | B9.5 Vn |
| | | | 8485 | 22 14 19.9 | +39 46 02 | d6 | 4.49 | +1.45 | +1.39 | K2.5 III |
| 16 | λ | PsA | 8478 | 22 14 54.3 | −27 42 52 | | 5.43 | −0.55 | −0.16 | B8 III |
| 23 | ε | Cep | 8494 | 22 15 25.5 | +57 05 46 | d6 | 4.19 | +0.04 | +0.28 | A9 IV |
| 1 | | Lac | 8498 | 22 16 25.7 | +37 48 05 | | 4.13 | +1.63 | +1.46 | K3⁻ II−III |
| 43 | θ | Aqr | 8499 | 22 17 23.2 | −07 43 51 | | 4.16 | +0.81 | +0.98 | G9 III |
| | α | Tuc | 8502 | 22 19 12.8 | −60 12 25 | 6 | 2.86 | +1.54 | +1.39 | K3 III |
| | ε | Oct | 8481 | 22 21 09.1 | −80 23 13 | | 5.10 | +1.09 | +1.47 | M6 III |
| 31 | IN | Peg | 8520 | 22 22 02.1 | +12 15 30 | | 5.01 | −0.81 | −0.13 | B2 IV−V |
| 47 | | Aqr | 8516 | 22 22 10.1 | −21 32 43 | | 5.13 | +0.92 | +1.07 | K0 III |
| 48 | γ | Aqr | 8518 | 22 22 11.9 | −01 20 03 | d6 | 3.84 | −0.12 | −0.05 | B9.5 III−IV |
| 3 | β | Lac | 8538 | 22 23 58.5 | +52 16 55 | d | 4.43 | +0.77 | +1.02 | G9 IIIb Ca 1 |
| 52 | π | Aqr | 8539 | 22 25 48.8 | +01 25 51 | | 4.66 | −0.98 | −0.03 | B1 Ve |
| | δ | Tuc | 8540 | 22 28 04.1 | −64 54 45 | d7 | 4.48 | −0.07 | −0.03 | B9.5 IVn |
| | ν | Gru | 8552 | 22 29 15.9 | −39 04 42 | d | 5.47 | | +0.95 | G8 III |
| 55 | ζ² | Aqr | 8559 | 22 29 22.3 | +00 02 03 | cd | 4.49 | 0.00 | +0.37 | F2.5 IV−V |
| 27 | δ | Cep | 8571 | 22 29 33.8 | +58 28 09 | vd6 | 3.75 | | +0.60 | F5−G2 Ib |
| | δ¹ | Gru | 8556 | 22 29 53.6 | −43 26 30 | d | 3.97 | +0.80 | +1.03 | G6/8 III |
| 29 | ρ² | Cep | 8591 | 22 29 58.0 | +78 52 42 | 6 | 5.50 | +0.08 | +0.07 | A3 V |
| 5 | | Lac | 8572 | 22 29 58.2 | +47 45 39 | cd6 | 4.36 | +1.11 | +1.68 | M0 II + B8 V |
| | δ² | Gru | 8560 | 22 30 22.8 | −43 41 43 | d | 4.11 | +1.71 | +1.57 | M4.5 IIIa |
| 6 | | Lac | 8579 | 22 30 56.6 | +43 10 39 | 6 | 4.51 | −0.74 | −0.09 | B2 IV |
| 57 | σ | Aqr | 8573 | 22 31 12.1 | −10 37 26 | d6 | 4.82 | −0.11 | −0.06 | A0 IV |
| 7 | α | Lac | 8585 | 22 31 43.6 | +50 20 12 | d | 3.77 | 0.00 | +0.01 | A1 Va |
| 17 | β | PsA | 8576 | 22 32 06.0 | −32 17 31 | d7 | 4.29 | +0.02 | +0.01 | A1 Va |
| 59 | υ | Aqr | 8592 | 22 35 16.0 | −20 39 15 | | 5.20 | 0.00 | +0.44 | F5 V |
| 62 | η | Aqr | 8597 | 22 35 53.7 | −00 03 47 | | 4.02 | −0.26 | −0.09 | B9 IV−V:n |
| 31 | | Cep | 8615 | 22 36 01.7 | +73 41 52 | | 5.08 | +0.16 | +0.39 | F3 III−IV |
| 63 | κ | Aqr | 8610 | 22 38 18.0 | −04 10 25 | d | 5.03 | +1.16 | +1.14 | K1.5 IIIb CN 0.5 |
| 30 | | Cep | 8627 | 22 39 01.5 | +63 38 21 | 6 | 5.19 | 0.00 | +0.06 | A3 IV |
| 10 | | Lac | 8622 | 22 39 44.0 | +39 06 18 | ad | 4.88 | −1.04 | −0.20 | O9 V |
| | | | 8626 | 22 40 02.9 | +37 38 52 | sd | 6.03 | | +0.86 | G3 Ib−II: CN−1 CH 2 Fe−1 |
| 11 | | Lac | 8632 | 22 40 58.6 | +44 19 53 | | 4.46 | +1.36 | +1.33 | K2.5 III |
| 18 | ε | PsA | 8628 | 22 41 14.1 | −26 59 19 | | 4.17 | −0.37 | −0.11 | B8 Ve |
| 42 | ζ | Peg | 8634 | 22 41 59.2 | +10 53 11 | d | 3.40 | −0.25 | −0.09 | B8.5 III |
| | β | Gru | 8636 | 22 43 17.4 | −46 49 46 | | 2.10 | +1.67 | +1.60 | M4.5 III |
| 44 | η | Peg | 8650 | 22 43 29.7 | +30 16 35 | cd6 | 2.94 | +0.55 | +0.86 | G8 II + F0 V |
| 13 | | Lac | 8656 | 22 44 33.7 | +41 52 28 | d | 5.08 | +0.78 | +0.96 | K0 III |
| 47 | λ | Peg | 8667 | 22 47 02.3 | +23 37 16 | | 3.95 | +0.91 | +1.07 | G8 IIIa CN 0.5 |
| | β | Oct | 8630 | 22 47 04.6 | −81 19 34 | 6 | 4.15 | +0.11 | +0.20 | A7 III−IV |
| 46 | ξ | Peg | 8665 | 22 47 13.1 | +12 13 37 | d | 4.19 | −0.03 | +0.50 | F6 V |

| Flamsteed/Bayer Designation | | BS=HR No. | Right Ascension | Declination | Notes | V | U−B | B−V | Spectral Type |
|---|---|---|---|---|---|---|---|---|---|
| | | | h m s | ° ′ ″ | | | | | |
| 68 | Aqr | 8670 | 22 48 06.9 | −19 33 30 | | 5.26 | +0.59 | +0.94 | G8 III |
| ε | Gru | 8675 | 22 49 11.1 | −51 15 41 | | 3.49 | +0.10 | +0.08 | A2 Va |
| 32 ι | Cep | 8694 | 22 50 03.4 | +66 15 21 | s | 3.52 | +0.90 | +1.05 | K0⁻ III |
| 71 τ | Aqr | 8679 | 22 50 08.8 | −13 32 13 | d | 4.01 | +1.95 | +1.57 | M0 III |
| 48 μ | Peg | 8684 | 22 50 30.7 | +24 39 26 | s | 3.48 | +0.68 | +0.93 | G8⁺ III |
| | | 8685 | 22 51 37.8 | −39 06 04 | | 5.42 | +1.69 | +1.43 | K3 III |
| 22 γ | PsA | 8695 | 22 53 06.4 | −32 49 11 | d7 | 4.46 | −0.14 | −0.04 | A0m A1 III−IV |
| 73 λ | Aqr | 8698 | 22 53 09.7 | −07 31 25 | | 3.74 | +1.74 | +1.64 | M2.5 III Fe−0.5 |
| | | 8748 | 22 54 17.7 | +84 24 08 | | 4.71 | +1.69 | +1.43 | K4 III |
| 76 δ | Aqr | 8709 | 22 55 12.4 | −15 45 53 | | 3.27 | +0.08 | +0.05 | A3 IV−V |
| 23 δ | PsA | 8720 | 22 56 31.7 | −32 29 00 | d | 4.21 | +0.69 | +0.97 | G8 III |
| | | 8726 | 22 56 53.8 | +49 47 23 | s | 4.95 | +1.96 | +1.78 | K5 Ib |
| 24 α | PsA | 8728 | 22 58 13.7 | −29 33 59 | a | 1.16 | +0.08 | +0.09 | A3 Va |
| | | 8732 | 22 59 09.9 | −35 28 02 | s | 6.13 | | +0.58 | F8 III−IV |
| v509 Cas | | 8752 | 23 00 31.8 | +57 00 07 | s | 5.00 | +1.16 | +1.42 | G4v 0 |
| ζ | Gru | 8747 | 23 01 29.7 | −52 41 51 | 6 | 4.12 | +0.70 | +0.98 | G8/K0 III |
| 1 o | And | 8762 | 23 02 24.4 | +42 22 57 | d6 | 3.62 | −0.53 | −0.09 | B6pe (shell) |
| π | PsA | 8767 | 23 04 04.5 | −34 41 33 | 6 | 5.11 | +0.02 | +0.29 | F0 V: |
| 53 β | Peg | 8775 | 23 04 17.1 | +28 08 24 | d | 2.42 | +1.96 | +1.67 | M2.5 II−III |
| 4 β | Psc | 8773 | 23 04 24.7 | +03 52 36 | | 4.53 | −0.49 | −0.12 | B6 Ve |
| 54 α | Peg | 8781 | 23 05 17.1 | +15 15 43 | 6 | 2.49 | −0.05 | −0.04 | A0 III−IV |
| 86 | Aqr | 8789 | 23 07 14.6 | −23 41 10 | d | 4.47 | +0.58 | +0.90 | G6 IIIb |
| θ | Gru | 8787 | 23 07 28.0 | −43 27 49 | d7 | 4.28 | +0.16 | +0.42 | F5 (II−III)m |
| 55 | Peg | 8795 | 23 07 32.0 | +09 27 59 | | 4.52 | +1.90 | +1.57 | M1 IIIab |
| 33 π | Cep | 8819 | 23 08 14.0 | +75 26 40 | d67 | 4.41 | +0.46 | +0.80 | G2 III |
| 88 | Aqr | 8812 | 23 10 00.3 | −21 06 55 | | 3.66 | +1.24 | +1.22 | K1.5 III |
| ι | Gru | 8820 | 23 10 57.0 | −45 11 23 | 6 | 3.90 | +0.86 | +1.02 | K1 III |
| 59 | Peg | 8826 | 23 12 16.0 | +08 46 38 | | 5.16 | +0.08 | +0.13 | A3 Van |
| 90 φ | Aqr | 8834 | 23 14 52.0 | −05 59 32 | | 4.22 | +1.90 | +1.56 | M1.5 III |
| 91 ψ¹ | Aqr | 8841 | 23 16 26.5 | −09 01 49 | d | 4.21 | +0.99 | +1.11 | K1⁻ III Fe−0.5 |
| 6 γ | Psc | 8852 | 23 17 42.6 | +03 20 23 | s | 3.69 | +0.58 | +0.92 | G9 III: Fe−2 |
| γ | Tuc | 8848 | 23 18 02.2 | −58 10 41 | | 3.99 | −0.02 | +0.40 | F2 V |
| 93 ψ² | Aqr | 8858 | 23 18 26.9 | −09 07 30 | | 4.39 | −0.56 | −0.15 | B5 Vn |
| γ | Scl | 8863 | 23 19 23.3 | −32 28 29 | | 4.41 | +1.06 | +1.13 | K1 III |
| 95 ψ³ | Aqr | 8865 | 23 19 30.4 | −09 33 12 | d | 4.98 | −0.02 | −0.02 | A0 Va |
| 62 τ | Peg | 8880 | 23 21 09.5 | +23 47 52 | v | 4.60 | +0.10 | +0.17 | A5 V |
| 98 | Aqr | 8892 | 23 23 31.2 | −20 02 35 | | 3.97 | +0.95 | +1.10 | K1 III |
| 4 | Cas | 8904 | 23 25 18.5 | +62 20 26 | d | 4.98 | +2.07 | +1.68 | M2⁻ IIIab |
| 68 υ | Peg | 8905 | 23 25 54.3 | +23 27 43 | s | 4.40 | +0.14 | +0.61 | F8 III |
| 99 | Aqr | 8906 | 23 26 35.8 | −20 35 04 | | 4.39 | +1.81 | +1.47 | K4.5 III |
| 8 κ | Psc | 8911 | 23 27 28.3 | +01 18 47 | d | 4.94 | −0.02 | +0.03 | A0p Cr Sr |
| 10 θ | Psc | 8916 | 23 28 30.1 | +06 26 12 | | 4.28 | +1.01 | +1.07 | K0.5 III |
| τ | Oct | 8862 | 23 29 19.3 | −87 25 27 | | 5.49 | +1.43 | +1.27 | K2 III |
| 70 | Peg | 8923 | 23 29 41.2 | +12 49 07 | | 4.55 | +0.73 | +0.94 | G8 IIIa |
| | | 8924 | 23 30 04.6 | −04 28 32 | s | 6.25 | +1.16 | +1.09 | K3⁻ IIIb Fe 2 |
| β | Scl | 8937 | 23 33 31.9 | −37 45 36 | | 4.37 | −0.36 | −0.09 | B9.5p Hg Mn |
| | | 8952 | 23 35 26.8 | +71 42 01 | s | 5.84 | +1.73 | +1.80 | G9 Ib |
| ι | Phe | 8949 | 23 35 38.3 | −42 33 25 | d | 4.71 | +0.07 | +0.08 | Ap Sr |
| 16 λ | And | 8961 | 23 38 04.9 | +46 30 54 | vd6 | 3.82 | +0.69 | +1.01 | G8 III−IV |
| | | 8959 | 23 38 24.7 | −45 26 03 | 6 | 4.74 | +0.09 | +0.08 | A1/2 V |

| Flamsteed/Bayer Designation | | | BS=HR No. | Right Ascension | Declination | Notes | V | U−B | B−V | Spectral Type |
|---|---|---|---|---|---|---|---|---|---|---|
| | | | | h  m  s | ° ′ ″ | | | | | |
| 17 | ι | And | 8965 | 23 38 39.3 | +43 19 35 | 6 | 4.29 | −0.29 | −0.10 | B8 V |
| 35 | γ | Cep | 8974 | 23 39 47.3 | +77 41 27 | as | 3.21 | +0.94 | +1.03 | K1 III−IV CN 1 |
| 17 | ι | Psc | 8969 | 23 40 29.5 | +05 41 00 | d | 4.13 | 0.00 | +0.51 | F7 V |
| 19 | κ | And | 8976 | 23 40 55.7 | +44 23 32 | d | 4.15 | −0.21 | −0.08 | B8 IVn |
| | μ | Scl | 8975 | 23 41 11.1 | −32 00 54 | | 5.31 | +0.66 | +0.97 | K0 III |
| 18 | λ | Psc | 8984 | 23 42 35.0 | +01 50 16 | 6 | 4.50 | +0.08 | +0.20 | A6 IV⁻ |
| 105 | ω² | Aqr | 8988 | 23 43 16.0 | −14 29 13 | d6 | 4.49 | −0.12 | −0.04 | B9.5 IV |
| 106 | | Aqr | 8998 | 23 44 44.7 | −18 13 07 | | 5.24 | −0.27 | −0.08 | B9 Vn |
| 20 | ψ | And | 9003 | 23 46 33.5 | +46 28 43 | d | 4.99 | +0.81 | +1.11 | G3 Ib−II |
| | | | 9013 | 23 48 25.3 | +67 51 55 | 6 | 5.04 | −0.04 | −0.01 | A1 Vn |
| 20 | | Psc | 9012 | 23 48 28.9 | −02 42 12 | d | 5.49 | +0.70 | +0.94 | gG8 |
| | δ | Scl | 9016 | 23 49 28.3 | −28 04 20 | d | 4.57 | −0.03 | +0.01 | A0 Va⁺n |
| 81 | φ | Peg | 9036 | 23 53 01.4 | +19 10 43 | | 5.08 | +1.86 | +1.60 | M3⁻ IIIb |
| 82 | HT | Peg | 9039 | 23 53 09.3 | +11 00 21 | | 5.31 | +0.10 | +0.18 | A4 Vn |
| 7 | ρ | Cas | 9045 | 23 54 54.8 | +57 33 28 | | 4.54 | +1.12 | +1.22 | G2 0 (var) |
| 84 | ψ | Peg | 9064 | 23 58 17.7 | +25 11 59 | d | 4.66 | +1.68 | +1.59 | M3 III |
| 27 | | Psc | 9067 | 23 59 12.6 | −03 29 52 | d6 | 4.86 | +0.70 | +0.93 | G9 III |
| | π | Phe | 9069 | 23 59 28.2 | −52 41 14 | | 5.13 | +1.03 | +1.13 | K0 III |
| 28 | ω | Psc | 9072 | 23 59 51.1 | +06 55 17 | 6 | 4.01 | +0.06 | +0.42 | F3 V |

## Notes to Table

a   anchor point for the MK system
c   composite or combined spectrum
d   double star given in Washington Double Star Catalog
o   orbital position generated using FK5 center-of-mass position and proper motion
s   MK standard star
v   star given in Hipparcos Periodic Variables list
6   spectroscopic binary
7   magnitude and color refer to combined light of two or more stars

 A searchable version of this table appears on *The Astronomical Almanac Online*.

| BS=HR No. | WDS No. | Right Ascension | Declination | Discoverer Designation | Epoch[1] | P.A. | Separation | V of primary[2] | $\Delta m_V$ |
|---|---|---|---|---|---|---|---|---|---|
| | | h m s | ° ′ ″ | | | ° | ″ | | |
| 126 | 00315−6257 | 00 32 01.3 | −62 54 02 | LCL 119 AC | 2002 | 168 | 26.6 | 4.28 | 0.23 |
| 154 | 00369+3343 | 00 37 26.7 | +33 46 37 | H 5 17 Aa-B | 2007 | 171 | 36.9 | 4.36 | 2.72 |
| 361 | 01137+0735 | 01 14 16.9 | +07 37 50 | STF 100 AB | 2007 | 63 | 22.7 | 5.22 | 0.93 |
| 382 | 01201+5814 | 01 20 45.0 | +58 17 11 | H 3 23 AC | 2001 | 233 | 135.3 | 5.07 | 1.97 |
| 531 | 01496−1041 | 01 50 06.1 | −10 38 05 | ENG 8 | 2001 | 251 | 184.7 | 4.69 | 2.12 |
| 596 | 02020+0246 | 02 02 35.5 | +02 48 51 | STF 202 AB | 2010.5 | 264 | 1.8 | 4.10 | 1.07 |
| 603 | 02039+4220 | 02 04 32.9 | +42 22 47 | STF 205 A-BC | 2007 | 63 | 9.5 | 2.31 | 2.71 |
| 681 | 02193−0259 | 02 19 52.7 | −02 55 49 | H 6 1 Aa-C | 2010.5 | 69 | 123.0 | 6.65 | 2.94 |
| 681 | 02193−0259 | 02 19 52.7 | −02 55 49 | STG 1 Aa-D | 1921 | 319 | 148.5 | 6.65 | 2.65 |
| 897 | 02583−4018 | 02 58 39.6 | −40 15 47 | PZ 2 | 2002 | 90 | 8.4 | 3.20 | 0.92 |
| 1279 | 04077+1510 | 04 08 17.7 | +15 11 25 | STF 495 | 2006 | 223 | 3.8 | 6.11 | 2.66 |
| 1412 | 04287+1552 | 04 29 15.8 | +15 53 36 | STFA 10 | 2002 | 348 | 336.7 | 3.41 | 0.53 |
| 1497 | 04422+2257 | 04 42 52.6 | +22 58 34 | S 455 Aa-B | 2007 | 213 | 62.7 | 4.24 | 2.78 |
| 1856 | 05302−4705 | 05 30 26.8 | −47 04 14 | DUN 21 AD | 2000 | 271 | 197.7 | 5.52 | 1.16 |
| 1879 | 05351+0956 | 05 35 43.0 | +09 56 25 | STF 738 AB | 2007 | 44 | 4.4 | 3.51 | 1.94 |
| 1931 | 05387−0236 | 05 39 16.4 | −02 35 41 | STF 762 AB-D | 2007 | 84 | 12.5 | 3.73 | 2.83 |
| 1931 | 05387−0236 | 05 39 16.4 | −02 35 41 | STF 762 AB-E | 2007 | 61 | 41.2 | 3.73 | 2.61 |
| 1983 | 05445−2227 | 05 44 54.1 | −22 26 44 | H 6 40 AB | 2002 | 350 | 97.1 | 3.64 | 2.64 |
| 2298 | 06238+0436 | 06 24 19.5 | +04 35 12 | STF 900 AB | 2004 | 29 | 12.1 | 4.42 | 2.22 |
| 2736 | 07087−7030 | 07 08 39.3 | −70 30 57 | DUN 42 | 2002 | 296 | 14.4 | 3.86 | 1.57 |
| 2891 | 07346+3153 | 07 35 16.0 | +31 51 52 | STF1110 AB | 2010.5 | 57 | 4.7 | 1.93 | 1.04 |
| 3223 | 08079−6837 | 08 07 57.6 | −68 38 53 | RMK 7 | 1999 | 24 | 6.0 | 4.38 | 2.93 |
| 3207 | 08095−4720 | 08 09 51.4 | −47 22 04 | DUN 65 AB | 2002 | 219 | 41.0 | 1.79 | 2.35 |
| 3315 | 08252−2403 | 08 25 31.0 | −24 04 51 | S 568 | 2001 | 90 | 42.2 | 5.48 | 2.95 |
| 3475 | 08467+2846 | 08 47 19.8 | +28 43 15 | STF1268 | 2007 | 307 | 30.5 | 4.13 | 1.86 |
| 3582 | 08570−5914 | 08 57 13.8 | −59 16 12 | DUN 74 | 2000 | 76 | 40.1 | 4.87 | 1.71 |
| 3890 | 09471−6504 | 09 47 21.8 | −65 07 15 | RMK 11 | 2000 | 129 | 5.0 | 3.02 | 2.98 |
| 4031 | 10167+2325 | 10 17 16.4 | +23 21 53 | STFA 18 | 2002 | 338 | 333.8 | 3.46 | 2.57 |
| 4057 | 10200+1950 | 10 20 33.0 | +19 47 17 | STF1424 AB | 2010.5 | 126 | 4.6 | 2.37 | 1.30 |
| 4180 | 10393−5536 | 10 39 43.6 | −55 39 29 | DUN 95 AB | 2000 | 105 | 51.7 | 4.38 | 1.68 |
| 4191 | 10435+4612 | 10 44 09.7 | +46 08 54 | SMA 75 AB | 2002 | 88 | 288.4 | 5.21 | 2.14 |
| 4203 | 10459+3041 | 10 46 26.8 | +30 37 36 | S 612 | 2002 | 174 | 196.5 | 5.34 | 2.44 |
| 4257 | 10535−5851 | 10 53 55.4 | −58 54 33 | DUN 102 AB | 2000 | 204 | 159.4 | 3.88 | 2.35 |
| 4259 | 10556+2445 | 10 56 10.8 | +24 41 37 | STF1487 | 2008 | 113 | 6.9 | 4.48 | 1.82 |
| 4314 | 11053−2718 | 11 05 50.3 | −27 21 02 | LDS6238 AC | 1960 | 46 | 18.0 | 4.92* | 0.20 |
| 4369 | 11170−0708 | 11 17 30.1 | −07 11 32 | BU 600 AC | 2010.5 | 99 | 54.0 | 6.15 | 2.07 |
| 4418 | 11279+0251 | 11 28 28.6 | +02 47 54 | STFA 19 AB | 2010.5 | 181 | 88.9 | 5.05 | 2.42 |
| 4621 | 12084−5043 | 12 08 54.4 | −50 46 51 | JC 2 AB | 1999 | 325 | 269.1 | 2.51 | 1.91 |
| 4730 | 12266−6306 | 12 27 11.4 | −63 09 26 | DUN 252 AB | 2007 | 114 | 4.0 | 1.25 | 0.30 |
| 4792 | 12351+1823 | 12 35 39.3 | +18 19 10 | STF1657 | 2007 | 271 | 20.0 | 5.11 | 1.22 |
| 4898 | 12546−5711 | 12 55 13.0 | −57 14 05 | DUN 126 AB | 2007 | 17 | 34.6 | 3.94 | 1.01 |
| 4915 | 12560+3819 | 12 56 31.1 | +38 15 43 | STF1692 | 2007 | 229 | 19.3 | 2.85 | 2.67 |
| 4993 | 13152−6754 | 13 15 58.4 | −67 57 00 | DUN 131 AC | 2002 | 332 | 58.4 | 4.76 | 2.48 |
| 5035 | 13226−6059 | 13 23 19.1 | −61 02 35 | DUN 133 AB-C | 2000 | 346 | 60.7 | 4.51* | 1.66 |
| 5054 | 13239+5456 | 13 24 20.8 | +54 52 15 | STF1744 AB | 2007 | 152 | 15.6 | 2.23 | 1.65 |
| 5054 | 13239+5456 | 13 24 20.8 | +54 52 15 | STF1744 AC | 1991 | 71 | 708.5 | 2.23 | 1.78 |
| 5171 | 13472−6235 | 13 47 55.4 | −62 38 31 | COO 157 AB | 1991 | 321 | 7.1 | 7.19 | 2.71 |
| 5350 | 14162+5122 | 14 16 32.2 | +51 19 09 | STFA 26 AB | 2005 | 33 | 38.7 | 4.76 | 2.63 |
| 5460 | 14396−6050 | 14 40 18.7 | −60 52 43 | RHD 1 AB | 2010.5 | 248 | 6.4 | −0.01* | 1.36 |
| 5459 | 14396−6050 | 14 40 19.5 | −60 52 40 | RHD 1 BA | 2010.5 | 68 | 6.4 | 1.35* | 1.36 |

| BS=HR No. | WDS No. | Right Ascension | Declination | Discoverer Designation | Epoch[1] | P.A. | Separation | V of primary[2] | $\Delta m_V$ |
|---|---|---|---|---|---|---|---|---|---|
| | | h m s | ° ′ ″ | | | ° | ″ | | |
| 5506 | 14450+2704 | 14 45 26.7 | +27 01 49 | STF1877 AB | 2006 | 342 | 2.8 | 2.58 | 2.23 |
| 5531 | 14509−1603 | 14 51 27.7 | −16 05 06 | SHJ 186 AB | 2002 | 315 | 231.1 | 2.74 | 2.45 |
| 5646 | 15119−4844 | 15 12 40.2 | −48 46 37 | DUN 177 | 2007 | 143 | 26.5 | 3.83 | 1.69 |
| 5683 | 15185−4753 | 15 19 16.1 | −47 54 47 | DUN 180 AC | 2007 | 129 | 23.2 | 4.99 | 1.35 |
| 5733 | 15245+3723 | 15 24 53.2 | +37 20 27 | STFA 28 Aa-BC | 2002 | 170 | 107.1 | 4.33 | 2.76 |
| 5789 | 15348+1032 | 15 35 18.3 | +10 30 16 | STF1954 AB | 2010.5 | 173 | 4.0 | 4.17 | 0.99 |
| 5984 | 16054−1948 | 16 06 03.0 | −19 50 00 | H 3 7 AC | 2007 | 21 | 13.6 | 2.59 | 1.93 |
| 5985 | 16054−1948 | 16 06 03.3 | −19 49 47 | H 3 7 CA | 2007 | 201 | 13.6 | 4.52 | 1.93 |
| 6008 | 16081+1703 | 16 08 33.0 | +17 01 11 | STF2010 AB | 2010.5 | 13 | 27.3 | 5.10 | 1.11 |
| 6027 | 16120−1928 | 16 12 36.4 | −19 29 14 | H 5 6 Aa-C | 2007 | 337 | 40.9 | 4.21 | 2.39 |
| 6077 | 16195−3054 | 16 20 12.7 | −30 55 53 | BSO 12 | 2006 | 318 | 23.4 | 5.55 | 1.33 |
| 6020 | 16203−7842 | 16 21 56.9 | −78 43 13 | BSO 22 AB | 2000 | 10 | 103.3 | 4.90 | 0.51 |
| 6115 | 16272−4733 | 16 27 57.4 | −47 34 40 | HJ 4853 | 2002 | 335 | 22.8 | 4.51 | 1.61 |
| 6406 | 17146+1423 | 17 15 07.6 | +14 22 44 | STF2140 Aa-B | 2010.5 | 104 | 4.6 | 3.48 | 1.92 |
| 6555 | 17322+5511 | 17 32 28.5 | +55 09 58 | STFA 35 | 2007 | 311 | 62.5 | 4.87 | 0.03 |
| 6636 | 17419+7209 | 17 41 45.3 | +72 08 36 | STF2241 AB | 2010.5 | 16 | 30.3 | 4.60 | 0.99 |
| 6752 | 18055+0230 | 18 05 59.0 | +02 29 56 | STF2272 AB | 2010.5 | 131 | 5.8 | 4.22 | 1.95 |
| 7056 | 18448+3736 | 18 45 08.1 | +37 37 00 | STFA 38 AD | 2005 | 150 | 43.6 | 4.34 | 1.28 |
| 7141 | 18562+0412 | 18 56 44.5 | +04 13 05 | STF2417 AB | 2007 | 104 | 22.5 | 4.59 | 0.34 |
| 7405 | 19287+2440 | 19 29 08.6 | +24 41 12 | STFA 42 | 2010.5 | 28 | 425.5 | 4.61 | 1.32 |
| 7417 | 19307+2758 | 19 31 08.7 | +27 58 56 | STFA 43 Aa-B | 2007 | 56 | 36.1 | 3.19 | 1.49 |
| 7476 | 19407−1618 | 19 41 19.4 | −16 16 07 | HJ 599 AC | 2003 | 42 | 44.7 | 5.42 | 2.23 |
| 7503 | 19418+5032 | 19 42 05.7 | +50 32 59 | STFA 46 Aa-B | 2010.5 | 133 | 39.7 | 6.00 | 0.23 |
| 7582 | 19482+7016 | 19 48 07.9 | +70 17 41 | STF2603 | 2005 | 20 | 3.2 | 4.01 | 2.86 |
| 7735 | 20136+4644 | 20 13 57.8 | +46 46 25 | STFA 50 Aa-D | 1999 | 323 | 336.4 | 3.93 | 0.90 |
| 7754 | 20181−1233 | 20 18 38.2 | −12 30 42 | STFA 51 AE | 2002 | 292 | 381.2 | 3.67 | 0.67 |
| 7776 | 20210−1447 | 20 21 36.0 | −14 44 51 | STFA 52 Aa-Ba | 2002 | 267 | 206.0 | 3.15 | 2.93 |
| 7948 | 20467+1607 | 20 47 08.7 | +16 09 45 | STF2727 | 2010.5 | 265 | 9.1 | 4.36 | 0.67 |
| 8085 | 21069+3845 | 21 07 22.2 | +38 48 05 | STF2758 AB | 2010.5 | 151 | 31.3 | 5.20 | 0.75 |
| 8086 | 21069+3845 | 21 07 23.5 | +38 47 38 | STF2758 BA | 2010.5 | 331 | 31.3 | 6.05 | 0.75 |
| 8097 | 21103+1008 | 21 10 51.1 | +10 10 28 | STFA 54 AD | 2001 | 152 | 337.7 | 4.70 | 1.36 |
| 8140 | 21199−5327 | 21 20 36.5 | −53 24 17 | HJ 5258 | 2010.5 | 270 | 7.0 | 4.50 | 2.43 |
| 8417 | 22038+6438 | 22 04 05.7 | +64 40 46 | STF2863 Aa-B | 2010.5 | 274 | 8.3 | 4.45 | 1.95 |
| 8559 | 22288−0001 | 22 29 22.3 | +00 02 03 | STF2909 | 2010.5 | 173 | 2.2 | 4.34 | 0.15 |
| 8571 | 22292+5825 | 22 29 33.8 | +58 28 09 | STFA 58 AC | 2004 | 191 | 40.6 | 4.21 | 1.90 |
| 8576 | 22315−3221 | 22 32 06.0 | −32 17 31 | PZ 7 | 2006 | 173 | 30.0 | 4.28 | 2.84 |

## Notes to Table

[1] Epoch represents the date of position angle and separation data. Data for Epoch 2010.5 are calculated; data for all other epochs represent the most recent measurement. In the latter cases, the system configuration at 2010.5 is not expected to be significantly different.

[2] Visual magnitudes are Tycho $V$ except where indicated by *; in those cases, the magnitudes are Hipparcos $V$. Primary is not necessarily the brighter object, but is the object used as the origin of the measurements for the pair.

| Name | Right Ascension | Declination | V | B–V | U–B | V–R | R–I | V–I |
|------|-----------------|-------------|---|-----|-----|-----|-----|-----|
| | h m s | ° ′ ″ | | | | | | |
| TPHE A | 00 30 40 | −46 28 00 | 14.651 | +0.793 | +0.380 | +0.435 | +0.405 | +0.841 |
| TPHE C | 00 30 47 | −46 28 53 | 14.376 | −0.298 | −1.217 | −0.148 | −0.211 | −0.360 |
| TPHE D | 00 30 49 | −46 27 51 | 13.118 | +1.551 | +1.871 | +0.849 | +0.810 | +1.663 |
| TPHE E | 00 30 50 | −46 21 07 | 11.630 | +0.443 | −0.103 | +0.276 | +0.283 | +0.564 |
| 92 245 | 00 54 48 | +00 43 19 | 13.818 | +1.418 | +1.189 | +0.929 | +0.907 | +1.836 |
| 92 249 | 00 55 06 | +00 44 30 | 14.325 | +0.699 | +0.240 | +0.399 | +0.370 | +0.770 |
| 92 250 | 00 55 10 | +00 42 22 | 13.178 | +0.814 | +0.480 | +0.446 | +0.394 | +0.840 |
| 92 252 | 00 55 20 | +00 42 49 | 14.932 | +0.517 | −0.140 | +0.326 | +0.332 | +0.666 |
| 92 253 | 00 55 24 | +00 43 44 | 14.085 | +1.131 | +0.955 | +0.719 | +0.616 | +1.337 |
| 92 342 | 00 55 42 | +00 46 37 | 11.613 | +0.436 | −0.042 | +0.266 | +0.270 | +0.538 |
| 92 410 | 00 55 47 | +01 05 15 | 14.984 | +0.398 | −0.134 | +0.239 | +0.242 | +0.484 |
| 92 412 | 00 55 48 | +01 05 19 | 15.036 | +0.457 | −0.152 | +0.285 | +0.304 | +0.589 |
| 92 260 | 00 56 01 | +00 40 32 | 15.071 | +1.162 | +1.115 | +0.719 | +0.608 | +1.328 |
| 92 263 | 00 56 12 | +00 39 44 | 11.782 | +1.048 | +0.843 | +0.563 | +0.522 | +1.087 |
| 92 425 | 00 56 31 | +00 56 22 | 13.941 | +1.191 | +1.173 | +0.755 | +0.627 | +1.384 |
| 92 426 | 00 56 32 | +00 56 18 | 14.466 | +0.729 | +0.184 | +0.412 | +0.396 | +0.809 |
| 92 355 | 00 56 38 | +00 54 11 | 14.965 | +1.164 | +1.201 | +0.759 | +0.645 | +1.406 |
| 92 430 | 00 56 48 | +00 56 42 | 14.440 | +0.567 | −0.040 | +0.338 | +0.338 | +0.676 |
| 92 276 | 00 56 59 | +00 45 14 | 12.036 | +0.629 | +0.067 | +0.368 | +0.357 | +0.726 |
| 92 282 | 00 57 19 | +00 41 53 | 12.969 | +0.318 | −0.038 | +0.201 | +0.221 | +0.422 |
| 92 288 | 00 57 49 | +00 40 13 | 11.630 | +0.855 | +0.472 | +0.489 | +0.441 | +0.931 |
| F 11 | 01 04 54 | +04 16 59 | 12.065 | −0.240 | −0.978 | −0.120 | −0.142 | −0.261 |
| F 16 | 01 54 40 | −06 39 49 | 12.406 | −0.012 | +0.009 | −0.003 | +0.002 | −0.001 |
| 93 317 | 01 55 10 | +00 46 05 | 11.546 | +0.488 | −0.055 | +0.293 | +0.298 | +0.592 |
| 93 333 | 01 55 38 | +00 48 47 | 12.011 | +0.832 | +0.436 | +0.469 | +0.422 | +0.892 |
| 93 424 | 01 55 59 | +00 59 47 | 11.620 | +1.083 | +0.943 | +0.554 | +0.502 | +1.058 |
| G3 33 | 02 00 41 | +13 06 21 | 12.298 | +1.804 | +1.316 | +1.355 | +1.751 | +3.099 |
| F 22 | 02 30 50 | +05 18 37 | 12.799 | −0.054 | −0.806 | −0.103 | −0.105 | −0.207 |
| PG0231+051A | 02 34 13 | +05 20 25 | 12.772 | +0.710 | +0.270 | +0.405 | +0.394 | +0.799 |
| PG0231+051 | 02 34 14 | +05 21 28 | 16.105 | −0.329 | −1.192 | −0.162 | −0.371 | −0.534 |
| PG0231+051B | 02 34 19 | +05 20 18 | 14.735 | +1.448 | +1.342 | +0.954 | +0.998 | +1.951 |
| F 24 | 02 35 41 | +03 46 41 | 12.411 | −0.203 | −1.169 | +0.090 | +0.364 | +0.451 |
| 94 171 | 02 54 11 | +00 19 51 | 12.659 | +0.817 | +0.304 | +0.480 | +0.483 | +0.964 |
| 94 242 | 02 57 54 | +00 21 09 | 11.728 | +0.301 | +0.107 | +0.178 | +0.184 | +0.362 |
| 94 251 | 02 58 19 | +00 18 33 | 11.204 | +1.219 | +1.281 | +0.659 | +0.587 | +1.247 |
| 94 702 | 02 58 46 | +01 13 24 | 11.594 | +1.418 | +1.621 | +0.756 | +0.673 | +1.430 |
| GD 50 | 03 49 22 | −00 56 40 | 14.063 | −0.276 | −1.191 | −0.145 | −0.180 | −0.325 |
| 95 301 | 03 53 14 | +00 33 12 | 11.216 | +1.290 | +1.296 | +0.692 | +0.620 | +1.311 |
| 95 302 | 03 53 15 | +00 33 08 | 11.694 | +0.825 | +0.447 | +0.471 | +0.420 | +0.891 |
| 95 96 | 03 53 26 | +00 02 09 | 10.010 | +0.147 | +0.072 | +0.079 | +0.095 | +0.174 |
| 95 190 | 03 53 46 | +00 18 13 | 12.627 | +0.287 | +0.236 | +0.195 | +0.220 | +0.415 |
| 95 193 | 03 53 53 | +00 18 25 | 14.338 | +1.211 | +1.239 | +0.748 | +0.616 | +1.366 |
| 95 42 | 03 54 16 | −00 02 45 | 15.606 | −0.215 | −1.111 | −0.119 | −0.180 | −0.300 |
| 95 317 | 03 54 17 | +00 31 40 | 13.449 | +1.320 | +1.120 | +0.768 | +0.708 | +1.476 |
| 95 263 | 03 54 19 | +00 28 31 | 12.679 | +1.500 | +1.559 | +0.801 | +0.711 | +1.513 |

| Name | Right Ascension | Declination | V | B−V | U−B | V−R | R−I | V−I |
|------|------|------|------|------|------|------|------|------|
| | h m s | ° ′ ″ | | | | | | |
| 95 43 | 03 54 21 | −00 01 12 | 10.803 | +0.510 | −0.016 | +0.308 | +0.316 | +0.624 |
| 95 271 | 03 54 49 | +00 20 42 | 13.669 | +1.287 | +0.916 | +0.734 | +0.717 | +1.453 |
| 95 328 | 03 54 52 | +00 38 21 | 13.525 | +1.532 | +1.298 | +0.908 | +0.868 | +1.776 |
| 95 329 | 03 54 56 | +00 38 57 | 14.617 | +1.184 | +1.093 | +0.766 | +0.642 | +1.410 |
| 95 330 | 03 55 03 | +00 30 55 | 12.174 | +1.999 | +2.233 | +1.166 | +1.100 | +2.268 |
| 95 275 | 03 55 17 | +00 29 09 | 13.479 | +1.763 | +1.740 | +1.011 | +0.931 | +1.944 |
| 95 276 | 03 55 18 | +00 27 43 | 14.118 | +1.225 | +1.218 | +0.748 | +0.646 | +1.395 |
| 95 60 | 03 55 22 | −00 05 15 | 13.429 | +0.776 | +0.197 | +0.464 | +0.449 | +0.914 |
| 95 218 | 03 55 22 | +00 11 57 | 12.095 | +0.708 | +0.208 | +0.397 | +0.370 | +0.767 |
| 95 132 | 03 55 24 | +00 07 10 | 12.064 | +0.448 | +0.300 | +0.259 | +0.287 | +0.545 |
| 95 62 | 03 55 33 | −00 01 05 | 13.538 | +1.355 | +1.181 | +0.742 | +0.685 | +1.428 |
| 95 227 | 03 55 41 | +00 16 23 | 15.779 | +0.771 | +0.034 | +0.515 | +0.552 | +1.067 |
| 95 142 | 03 55 42 | +00 03 09 | 12.927 | +0.588 | +0.097 | +0.371 | +0.375 | +0.745 |
| 95 74 | 03 56 03 | −00 07 25 | 11.531 | +1.126 | +0.686 | +0.600 | +0.567 | +1.165 |
| 95 231 | 03 56 11 | +00 12 32 | 14.216 | +0.452 | +0.297 | +0.270 | +0.290 | +0.560 |
| 95 284 | 03 56 14 | +00 28 26 | 13.669 | +1.398 | +1.073 | +0.818 | +0.766 | +1.586 |
| 95 149 | 03 56 17 | +00 08 51 | 10.938 | +1.593 | +1.564 | +0.874 | +0.811 | +1.685 |
| 95 236 | 03 56 46 | +00 10 35 | 11.491 | +0.736 | +0.162 | +0.420 | +0.411 | +0.831 |
| 96 36 | 04 52 15 | −00 09 08 | 10.591 | +0.247 | +0.118 | +0.134 | +0.136 | +0.271 |
| 96 737 | 04 53 08 | +00 23 31 | 11.716 | +1.334 | +1.160 | +0.733 | +0.695 | +1.428 |
| 96 83 | 04 53 31 | −00 13 41 | 11.719 | +0.179 | +0.202 | +0.093 | +0.097 | +0.190 |
| 96 235 | 04 53 51 | −00 04 01 | 11.140 | +1.074 | +0.898 | +0.559 | +0.510 | +1.068 |
| G97 42 | 05 28 35 | +09 39 41 | 12.443 | +1.639 | +1.259 | +1.171 | +1.485 | +2.655 |
| G102 22 | 05 42 46 | +12 29 21 | 11.509 | +1.621 | +1.134 | +1.211 | +1.590 | +2.800 |
| GD 71 | 05 53 04 | +15 53 18 | 13.032 | −0.249 | −1.107 | −0.137 | −0.164 | −0.302 |
| 97 249 | 05 57 40 | +00 01 14 | 11.733 | +0.648 | +0.100 | +0.369 | +0.353 | +0.723 |
| 97 345 | 05 58 06 | +00 21 18 | 11.608 | +1.655 | +1.680 | +0.928 | +0.844 | +1.771 |
| 97 351 | 05 58 10 | +00 13 46 | 9.781 | +0.202 | +0.096 | +0.124 | +0.141 | +0.264 |
| 97 75 | 05 58 27 | −00 09 27 | 11.483 | +1.872 | +2.100 | +1.047 | +0.952 | +1.999 |
| 97 284 | 05 58 57 | +00 05 15 | 10.788 | +1.363 | +1.087 | +0.774 | +0.725 | +1.500 |
| 98 563 | 06 52 04 | −00 27 13 | 14.162 | +0.416 | −0.190 | +0.294 | +0.317 | +0.610 |
| 98 978 | 06 52 06 | −00 12 19 | 10.572 | +0.609 | +0.094 | +0.349 | +0.322 | +0.671 |
| 98 581 | 06 52 12 | −00 26 29 | 14.556 | +0.238 | +0.161 | +0.118 | +0.244 | +0.361 |
| 98 618 | 06 52 22 | −00 22 03 | 12.723 | +2.192 | +2.144 | +1.254 | +1.151 | +2.407 |
| 98 185 | 06 52 34 | −00 28 09 | 10.536 | +0.202 | +0.113 | +0.109 | +0.124 | +0.231 |
| 98 193 | 06 52 36 | −00 28 06 | 10.030 | +1.180 | +1.152 | +0.615 | +0.537 | +1.153 |
| 98 650 | 06 52 37 | −00 20 26 | 12.271 | +0.157 | +0.110 | +0.080 | +0.086 | +0.166 |
| 98 653 | 06 52 37 | −00 19 06 | 9.539 | −0.004 | −0.099 | +0.009 | +0.008 | +0.017 |
| 98 666 | 06 52 42 | −00 24 20 | 12.732 | +0.164 | −0.004 | +0.091 | +0.108 | +0.200 |
| 98 671 | 06 52 44 | −00 19 13 | 13.385 | +0.968 | +0.719 | +0.575 | +0.494 | +1.071 |
| 98 670 | 06 52 44 | −00 20 04 | 11.930 | +1.356 | +1.313 | +0.723 | +0.653 | +1.375 |
| 98 676 | 06 52 46 | −00 20 08 | 13.068 | +1.146 | +0.666 | +0.683 | +0.673 | +1.352 |
| 98 675 | 06 52 46 | −00 20 28 | 13.398 | +1.909 | +1.936 | +1.082 | +1.002 | +2.085 |
| 98 682 | 06 52 49 | −00 20 29 | 13.749 | +0.632 | +0.098 | +0.366 | +0.352 | +0.717 |
| 98 688 | 06 52 51 | −00 24 21 | 12.754 | +0.293 | +0.245 | +0.158 | +0.180 | +0.337 |

| Name | Right Ascension | Declination | V | B−V | U−B | V−R | R−I | V−I |
|---|---|---|---|---|---|---|---|---|
| | h  m  s | °   ′   ″ | | | | | | |
| 98 685 | 06 52 51 | −00 21 07 | 11.954 | +0.463 | +0.096 | +0.290 | +0.280 | +0.570 |
| 98 1087 | 06 52 53 | −00 16 38 | 14.439 | +1.595 | +1.284 | +0.928 | +0.882 | +1.812 |
| 98 1102 | 06 53 00 | −00 14 31 | 12.113 | +0.314 | +0.089 | +0.193 | +0.195 | +0.388 |
| 98 1119 | 06 53 09 | −00 15 20 | 11.878 | +0.551 | +0.069 | +0.312 | +0.299 | +0.611 |
| 98 724 | 06 53 09 | −00 20 09 | 11.118 | +1.104 | +0.904 | +0.575 | +0.527 | +1.103 |
| 98 1124 | 06 53 10 | −00 17 22 | 13.707 | +0.315 | +0.258 | +0.173 | +0.201 | +0.373 |
| 98 1122 | 06 53 10 | −00 17 52 | 14.090 | +0.595 | −0.297 | +0.376 | +0.442 | +0.816 |
| 98 733 | 06 53 12 | −00 18 03 | 12.238 | +1.285 | +1.087 | +0.698 | +0.650 | +1.347 |
| RU 149G | 07 24 44 | −00 33 14 | 12.829 | +0.541 | +0.033 | +0.322 | +0.322 | +0.645 |
| RU 149A | 07 24 45 | −00 34 09 | 14.495 | +0.298 | +0.118 | +0.196 | +0.196 | +0.391 |
| RU 149F | 07 24 46 | −00 32 55 | 13.471 | +1.115 | +1.025 | +0.594 | +0.538 | +1.132 |
| RU 149 | 07 24 47 | −00 34 20 | 13.866 | −0.129 | −0.779 | −0.040 | −0.068 | −0.108 |
| RU 149D | 07 24 48 | −00 34 04 | 11.480 | −0.037 | −0.287 | +0.021 | +0.008 | +0.029 |
| RU 149C | 07 24 49 | −00 33 42 | 14.425 | +0.195 | +0.141 | +0.093 | +0.127 | +0.222 |
| RU 149B | 07 24 50 | −00 34 22 | 12.642 | +0.662 | +0.151 | +0.374 | +0.354 | +0.728 |
| RU 149E | 07 24 51 | −00 32 35 | 13.718 | +0.522 | −0.007 | +0.321 | +0.314 | +0.637 |
| RU 152E | 07 30 26 | −02 06 52 | 12.362 | +0.042 | −0.086 | +0.030 | +0.034 | +0.065 |
| RU 152F | 07 30 26 | −02 06 12 | 14.564 | +0.635 | +0.069 | +0.382 | +0.315 | +0.689 |
| RU 152 | 07 30 30 | −02 07 58 | 13.014 | −0.190 | −1.073 | −0.057 | −0.087 | −0.145 |
| RU 152B | 07 30 31 | −02 07 18 | 15.019 | +0.500 | +0.022 | +0.290 | +0.309 | +0.600 |
| RU 152A | 07 30 32 | −02 07 43 | 14.341 | +0.543 | −0.085 | +0.325 | +0.329 | +0.654 |
| RU 152C | 07 30 34 | −02 07 00 | 12.222 | +0.573 | −0.013 | +0.342 | +0.340 | +0.683 |
| RU 152D | 07 30 38 | −02 05 58 | 11.076 | +0.875 | +0.491 | +0.473 | +0.449 | +0.921 |
| 99 438 | 07 56 26 | −00 18 31 | 9.398 | −0.155 | −0.725 | −0.059 | −0.081 | −0.141 |
| 99 447 | 07 56 39 | −00 22 25 | 9.417 | −0.067 | −0.225 | −0.032 | −0.041 | −0.074 |
| 100 241 | 08 53 06 | −00 42 13 | 10.139 | +0.157 | +0.101 | +0.078 | +0.085 | +0.163 |
| 100 162 | 08 53 47 | −00 45 55 | 9.150 | +1.276 | +1.497 | +0.649 | +0.553 | +1.203 |
| 100 280 | 08 54 08 | −00 39 06 | 11.799 | +0.494 | −0.002 | +0.295 | +0.291 | +0.588 |
| 100 394 | 08 54 27 | −00 34 47 | 11.384 | +1.317 | +1.457 | +0.705 | +0.636 | +1.341 |
| PG0918+029D | 09 21 55 | +02 44 46 | 12.272 | +1.044 | +0.821 | +0.575 | +0.535 | +1.108 |
| PG0918+029 | 09 22 01 | +02 43 20 | 13.327 | −0.271 | −1.081 | −0.129 | −0.159 | −0.288 |
| PG0918+029B | 09 22 06 | +02 45 17 | 13.963 | +0.765 | +0.366 | +0.417 | +0.370 | +0.787 |
| PG0918+029A | 09 22 08 | +02 43 37 | 14.490 | +0.536 | −0.032 | +0.325 | +0.336 | +0.661 |
| PG0918+029C | 09 22 15 | +02 43 55 | 13.537 | +0.631 | +0.087 | +0.367 | +0.357 | +0.722 |
| -12 2918 | 09 31 50 | −13 32 07 | 10.067 | +1.501 | +1.166 | +1.067 | +1.318 | +2.385 |
| PG0942-029 | 09 45 44 | −03 12 17 | 14.004 | −0.294 | −1.175 | −0.130 | −0.149 | −0.280 |
| 101 315 | 09 55 24 | −00 30 31 | 11.249 | +1.153 | +1.056 | +0.612 | +0.559 | +1.172 |
| 101 316 | 09 55 24 | −00 21 35 | 11.552 | +0.493 | +0.032 | +0.293 | +0.291 | +0.584 |
| 101 320 | 09 56 05 | −00 25 33 | 13.823 | +1.052 | +0.690 | +0.581 | +0.561 | +1.141 |
| 101 404 | 09 56 13 | −00 21 22 | 13.459 | +0.996 | +0.697 | +0.530 | +0.500 | +1.029 |
| 101 324 | 09 56 29 | −00 26 16 | 9.742 | +1.161 | +1.148 | +0.591 | +0.519 | +1.110 |
| 101 326 | 09 56 40 | −00 30 12 | 14.923 | +0.729 | +0.227 | +0.406 | +0.375 | +0.780 |
| 101 327 | 09 56 41 | −00 28 55 | 13.441 | +1.155 | +1.139 | +0.717 | +0.574 | +1.290 |
| 101 413 | 09 56 46 | −00 14 55 | 12.583 | +0.983 | +0.716 | +0.529 | +0.497 | +1.025 |
| 101 268 | 09 56 49 | −00 34 57 | 14.380 | +1.531 | +1.381 | +1.040 | +1.200 | +2.237 |

| Name | Right Ascension | Declination | V | B−V | U−B | V−R | R−I | V−I |
|---|---|---|---|---|---|---|---|---|
| | h m s | ° ′ ″ | | | | | | |
| 101 330 | 09 56 53 | −00 30 23 | 13.723 | +0.577 | −0.026 | +0.346 | +0.338 | +0.684 |
| 101 281 | 09 57 37 | −00 34 44 | 11.575 | +0.812 | +0.419 | +0.452 | +0.412 | +0.864 |
| 101 429 | 09 58 04 | −00 21 16 | 13.496 | +0.980 | +0.782 | +0.617 | +0.526 | +1.143 |
| 101 431 | 09 58 10 | −00 20 55 | 13.684 | +1.246 | +1.144 | +0.808 | +0.708 | +1.517 |
| 101 207 | 09 58 25 | −00 50 37 | 12.419 | +0.515 | −0.078 | +0.321 | +0.320 | +0.641 |
| | | | | | | | | |
| 101 363 | 09 58 51 | −00 28 38 | 9.874 | +0.261 | +0.129 | +0.146 | +0.151 | +0.297 |
| GD 108 | 10 01 19 | −07 36 34 | 13.561 | −0.215 | −0.942 | −0.098 | −0.122 | −0.220 |
| G162 66 | 10 34 14 | −11 44 54 | 13.012 | −0.165 | −0.996 | −0.126 | −0.141 | −0.266 |
| G44 27 | 10 36 35 | +05 03 55 | 12.636 | +1.586 | +1.088 | +1.185 | +1.526 | +2.714 |
| PG1034+001 | 10 37 36 | −00 11 36 | 13.228 | −0.365 | −1.274 | −0.155 | −0.203 | −0.359 |
| | | | | | | | | |
| PG1047+003 | 10 50 35 | −00 03 58 | 13.474 | −0.290 | −1.121 | −0.132 | −0.162 | −0.295 |
| PG1047+003A | 10 50 38 | −00 04 32 | 13.512 | +0.688 | +0.168 | +0.422 | +0.418 | +0.840 |
| PG1047+003B | 10 50 40 | −00 05 25 | 14.751 | +0.679 | +0.172 | +0.391 | +0.371 | +0.764 |
| PG1047+003C | 10 50 46 | −00 03 53 | 12.453 | +0.607 | −0.019 | +0.378 | +0.358 | +0.737 |
| G44 40 | 10 51 24 | +06 45 00 | 11.675 | +1.644 | +1.213 | +1.216 | +1.568 | +2.786 |
| | | | | | | | | |
| 102 620 | 10 55 36 | −00 51 41 | 10.069 | +1.083 | +1.020 | +0.642 | +0.524 | +1.167 |
| G45 20 | 10 57 13 | +06 59 20 | 13.507 | +2.034 | +1.165 | +1.823 | +2.174 | +4.000 |
| 102 1081 | 10 57 36 | −00 16 36 | 9.903 | +0.664 | +0.255 | +0.366 | +0.333 | +0.698 |
| G163 27 | 10 58 06 | −07 34 45 | 14.338 | +0.288 | −0.548 | +0.206 | +0.210 | +0.417 |
| G163 50 | 11 08 32 | −05 12 56 | 13.059 | +0.035 | −0.688 | −0.085 | −0.072 | −0.159 |
| | | | | | | | | |
| G163 51 | 11 08 38 | −05 17 17 | 12.576 | +1.506 | +1.228 | +1.084 | +1.359 | +2.441 |
| G10 50 | 11 48 17 | +00 45 25 | 11.153 | +1.752 | +1.318 | +1.294 | +1.673 | +2.969 |
| 103 302 | 11 56 38 | −00 51 25 | 9.861 | +0.368 | −0.056 | +0.228 | +0.237 | +0.465 |
| 103 626 | 11 57 18 | −00 26 45 | 11.836 | +0.413 | −0.057 | +0.262 | +0.274 | +0.535 |
| G12 43 | 12 33 48 | +08 57 50 | 12.467 | +1.846 | +1.085 | +1.530 | +1.944 | +3.479 |
| | | | | | | | | |
| 104 428 | 12 42 14 | −00 29 53 | 12.630 | +0.985 | +0.748 | +0.534 | +0.497 | +1.032 |
| 104 430 | 12 42 23 | −00 29 19 | 13.858 | +0.652 | +0.131 | +0.364 | +0.363 | +0.727 |
| 104 330 | 12 42 44 | −00 44 08 | 15.296 | +0.594 | −0.028 | +0.369 | +0.371 | +0.739 |
| 104 440 | 12 42 47 | −00 28 13 | 15.114 | +0.440 | −0.227 | +0.289 | +0.317 | +0.605 |
| 104 334 | 12 42 53 | −00 43 55 | 13.484 | +0.518 | −0.067 | +0.323 | +0.331 | +0.653 |
| | | | | | | | | |
| 104 239 | 12 42 55 | −00 50 03 | 13.936 | +1.356 | +1.291 | +0.868 | +0.805 | +1.675 |
| 104 336 | 12 42 57 | −00 43 25 | 14.404 | +0.830 | +0.495 | +0.461 | +0.403 | +0.865 |
| 104 338 | 12 43 02 | −00 41 59 | 16.059 | +0.591 | −0.082 | +0.348 | +0.372 | +0.719 |
| 104 455 | 12 43 24 | −00 27 44 | 15.105 | +0.581 | −0.024 | +0.360 | +0.357 | +0.716 |
| 104 457 | 12 43 27 | −00 32 16 | 16.048 | +0.753 | +0.522 | +0.484 | +0.490 | +0.974 |
| | | | | | | | | |
| 104 460 | 12 43 35 | −00 31 45 | 12.886 | +1.287 | +1.243 | +0.813 | +0.693 | +1.507 |
| 104 461 | 12 43 38 | −00 35 45 | 9.705 | +0.476 | −0.030 | +0.289 | +0.290 | +0.580 |
| 104 350 | 12 43 47 | −00 36 47 | 13.634 | +0.673 | +0.165 | +0.383 | +0.353 | +0.736 |
| 104 490 | 12 45 06 | −00 29 18 | 12.572 | +0.535 | +0.048 | +0.318 | +0.312 | +0.630 |
| 104 598 | 12 45 49 | −00 20 08 | 11.479 | +1.106 | +1.050 | +0.670 | +0.546 | +1.215 |
| | | | | | | | | |
| PG1323-086 | 13 26 13 | −08 52 35 | 13.481 | −0.140 | −0.681 | −0.048 | −0.078 | −0.127 |
| PG1323-086C | 13 26 23 | −08 51 55 | 14.003 | +0.707 | +0.245 | +0.395 | +0.363 | +0.759 |
| PG1323-086B | 13 26 24 | −08 54 11 | 13.406 | +0.761 | +0.265 | +0.426 | +0.407 | +0.833 |
| PG1323-086D | 13 26 38 | −08 53 52 | 12.080 | +0.587 | +0.005 | +0.346 | +0.335 | +0.684 |
| 105 437 | 13 37 49 | −00 41 08 | 12.535 | +0.248 | +0.067 | +0.136 | +0.143 | +0.279 |

| Name | Right Ascension | Declination | V | B−V | U−B | V−R | R−I | V−I |
|------|-----------------|-------------|---|-----|-----|-----|-----|-----|
| | h m s | o ′ ″ | | | | | | |
| 105 815 | 13 40 35 | −00 05 30 | 11.453 | +0.385 | −0.237 | +0.267 | +0.291 | +0.560 |
| +2 2711 | 13 42 51 | +01 27 09 | 10.367 | −0.166 | −0.697 | −0.072 | −0.095 | −0.167 |
| 121968 | 13 59 24 | −02 57 55 | 10.254 | −0.186 | −0.908 | −0.073 | −0.098 | −0.172 |
| 106 700 | 14 41 23 | −00 26 17 | 9.785 | +1.362 | +1.582 | +0.728 | +0.641 | +1.370 |
| 107 568 | 15 38 25 | −00 19 20 | 13.054 | +1.149 | +0.862 | +0.625 | +0.595 | +1.217 |
| 107 1006 | 15 39 06 | +00 12 17 | 11.712 | +0.766 | +0.279 | +0.442 | +0.421 | +0.863 |
| 107 456 | 15 39 15 | −00 21 48 | 12.919 | +0.921 | +0.589 | +0.537 | +0.478 | +1.015 |
| 107 351 | 15 39 18 | −00 34 08 | 12.342 | +0.562 | −0.005 | +0.351 | +0.358 | +0.708 |
| 107 592 | 15 39 23 | −00 19 11 | 11.847 | +1.318 | +1.380 | +0.709 | +0.647 | +1.357 |
| 107 599 | 15 39 42 | −00 16 30 | 14.675 | +0.698 | +0.243 | +0.433 | +0.438 | +0.869 |
| 107 601 | 15 39 46 | −00 15 28 | 14.646 | +1.412 | +1.265 | +0.923 | +0.835 | +1.761 |
| 107 602 | 15 39 51 | −00 17 31 | 12.116 | +0.991 | +0.585 | +0.545 | +0.531 | +1.074 |
| 107 626 | 15 40 38 | −00 19 29 | 13.468 | +1.000 | +0.728 | +0.600 | +0.527 | +1.126 |
| 107 627 | 15 40 40 | −00 19 23 | 13.349 | +0.779 | +0.226 | +0.465 | +0.454 | +0.918 |
| 107 484 | 15 40 49 | −00 23 15 | 11.311 | +1.237 | +1.291 | +0.664 | +0.577 | +1.240 |
| 107 639 | 15 41 17 | −00 19 10 | 14.197 | +0.640 | −0.026 | +0.399 | +0.404 | +0.803 |
| G153 41 | 16 18 31 | −15 37 24 | 13.422 | −0.205 | −1.133 | −0.135 | −0.154 | −0.290 |
| -12 4523 | 16 30 52 | −12 40 34 | 10.069 | +1.568 | +1.192 | +1.152 | +1.498 | +2.649 |
| PG1633+099 | 16 35 54 | +09 46 34 | 14.397 | −0.192 | −0.974 | −0.093 | −0.116 | −0.212 |
| PG1633+099A | 16 35 56 | +09 46 37 | 15.256 | +0.873 | +0.320 | +0.505 | +0.511 | +1.015 |
| PG1633+099B | 16 36 03 | +09 45 05 | 12.969 | +1.081 | +1.007 | +0.590 | +0.502 | +1.090 |
| PG1633+099C | 16 36 07 | +09 45 00 | 13.229 | +1.134 | +1.138 | +0.618 | +0.523 | +1.138 |
| PG1633+099D | 16 36 10 | +09 45 26 | 13.691 | +0.535 | −0.025 | +0.324 | +0.327 | +0.650 |
| 108 475 | 16 37 33 | −00 35 53 | 11.309 | +1.380 | +1.462 | +0.744 | +0.665 | +1.409 |
| 108 551 | 16 38 20 | −00 34 19 | 10.703 | +0.179 | +0.178 | +0.099 | +0.110 | +0.208 |
| PG1647+056 | 16 50 49 | +05 31 53 | 14.773 | −0.173 | −1.064 | −0.058 | −0.022 | −0.082 |
| PG1657+078 | 17 00 03 | +07 42 37 | 15.015 | −0.149 | −0.940 | −0.063 | −0.033 | −0.100 |
| 109 71 | 17 44 39 | −00 25 12 | 11.493 | +0.323 | +0.153 | +0.186 | +0.223 | +0.410 |
| 109 381 | 17 44 45 | −00 20 47 | 11.730 | +0.704 | +0.225 | +0.428 | +0.435 | +0.861 |
| 109 954 | 17 44 48 | −00 02 30 | 12.436 | +1.296 | +0.956 | +0.764 | +0.731 | +1.496 |
| 109 231 | 17 45 52 | −00 26 05 | 9.332 | +1.462 | +1.593 | +0.785 | +0.704 | +1.492 |
| 109 537 | 17 46 15 | −00 21 48 | 10.353 | +0.609 | +0.227 | +0.376 | +0.392 | +0.768 |
| G21 15 | 18 27 45 | +04 03 35 | 13.889 | +0.092 | −0.598 | −0.039 | −0.030 | −0.069 |
| 110 229 | 18 41 18 | +00 02 27 | 13.649 | +1.910 | +1.391 | +1.198 | +1.155 | +2.356 |
| 110 230 | 18 41 24 | +00 03 01 | 14.281 | +1.084 | +0.728 | +0.624 | +0.596 | +1.218 |
| 110 233 | 18 41 25 | +00 01 28 | 12.771 | +1.281 | +0.812 | +0.773 | +0.818 | +1.593 |
| 110 232 | 18 41 25 | +00 02 32 | 12.516 | +0.729 | +0.147 | +0.439 | +0.450 | +0.889 |
| 110 340 | 18 42 01 | +00 16 01 | 10.025 | +0.303 | +0.127 | +0.170 | +0.182 | +0.353 |
| 110 477 | 18 42 15 | +00 27 21 | 13.988 | +1.345 | +0.715 | +0.850 | +0.857 | +1.707 |
| 110 355 | 18 42 51 | +00 09 03 | 11.944 | +1.023 | +0.504 | +0.652 | +0.727 | +1.378 |
| 110 361 | 18 43 17 | +00 08 44 | 12.425 | +0.632 | +0.035 | +0.361 | +0.348 | +0.709 |
| 110 266 | 18 43 21 | +00 05 46 | 12.018 | +0.889 | +0.411 | +0.538 | +0.577 | +1.111 |
| 110 364 | 18 43 25 | +00 08 34 | 13.615 | +1.133 | +1.095 | +0.697 | +0.585 | +1.281 |
| 110 157 | 18 43 29 | −00 08 19 | 13.491 | +2.123 | +1.679 | +1.257 | +1.139 | +2.395 |
| 110 365 | 18 43 30 | +00 08 03 | 13.470 | +2.261 | +1.895 | +1.360 | +1.270 | +2.631 |

| Name | Right Ascension | Declination | V | B−V | U−B | V−R | R−I | V−I |
|------|------|------|------|------|------|------|------|------|
| | h m s | ° ′ ″ | | | | | | |
| 110 496 | 18 43 31 | +00 31 49 | 13.004 | +1.040 | +0.737 | +0.607 | +0.681 | +1.287 |
| 110 280 | 18 43 39 | −00 03 02 | 12.996 | +2.151 | +2.133 | +1.235 | +1.148 | +2.384 |
| 110 499 | 18 43 40 | +00 28 41 | 11.737 | +0.987 | +0.639 | +0.600 | +0.674 | +1.273 |
| 110 502 | 18 43 42 | +00 28 22 | 12.330 | +2.326 | +2.326 | +1.373 | +1.250 | +2.625 |
| 110 503 | 18 43 44 | +00 30 23 | 11.773 | +0.671 | +0.506 | +0.373 | +0.436 | +0.808 |
| 110 441 | 18 44 06 | +00 20 21 | 11.121 | +0.555 | +0.112 | +0.324 | +0.336 | +0.660 |
| 110 315 | 18 44 24 | +00 01 30 | 13.637 | +2.069 | +2.256 | +1.206 | +1.133 | +2.338 |
| 110 450 | 18 44 24 | +00 23 39 | 11.585 | +0.944 | +0.691 | +0.552 | +0.625 | +1.177 |
| 111 773 | 19 37 48 | +00 12 25 | 8.963 | +0.206 | −0.210 | +0.119 | +0.144 | +0.262 |
| 111 775 | 19 37 49 | +00 13 32 | 10.744 | +1.738 | +2.029 | +0.965 | +0.896 | +1.862 |
| 111 1925 | 19 38 01 | +00 26 30 | 12.388 | +0.395 | +0.262 | +0.221 | +0.253 | +0.474 |
| 111 1965 | 19 38 14 | +00 28 18 | 11.419 | +1.710 | +1.865 | +0.951 | +0.877 | +1.830 |
| 111 1969 | 19 38 15 | +00 27 16 | 10.382 | +1.959 | +2.306 | +1.177 | +1.222 | +2.400 |
| 111 2039 | 19 38 37 | +00 33 40 | 12.395 | +1.369 | +1.237 | +0.739 | +0.689 | +1.430 |
| 111 2088 | 19 38 53 | +00 32 28 | 13.193 | +1.610 | +1.678 | +0.888 | +0.818 | +1.708 |
| 111 2093 | 19 38 56 | +00 32 53 | 12.538 | +0.637 | +0.283 | +0.370 | +0.397 | +0.766 |
| 112 595 | 20 41 51 | +00 18 44 | 11.352 | +1.601 | +1.993 | +0.899 | +0.901 | +1.801 |
| 112 704 | 20 42 34 | +00 21 25 | 11.452 | +1.536 | +1.742 | +0.822 | +0.746 | +1.570 |
| 112 223 | 20 42 47 | +00 11 17 | 11.424 | +0.454 | +0.010 | +0.273 | +0.274 | +0.547 |
| 112 250 | 20 42 59 | +00 10 00 | 12.095 | +0.532 | −0.025 | +0.317 | +0.323 | +0.639 |
| 112 275 | 20 43 08 | +00 09 37 | 9.905 | +1.210 | +1.299 | +0.647 | +0.569 | +1.217 |
| 112 805 | 20 43 19 | +00 18 26 | 12.086 | +0.152 | +0.150 | +0.063 | +0.075 | +0.138 |
| 112 822 | 20 43 27 | +00 17 19 | 11.549 | +1.031 | +0.883 | +0.558 | +0.502 | +1.060 |
| MARK A2 | 20 44 29 | −10 43 13 | 14.540 | +0.666 | +0.096 | +0.379 | +0.371 | +0.751 |
| MARK A1 | 20 44 33 | −10 44 54 | 15.911 | +0.609 | −0.014 | +0.367 | +0.373 | +0.740 |
| MARK A | 20 44 34 | −10 45 23 | 13.258 | −0.242 | −1.162 | −0.115 | −0.125 | −0.241 |
| MARK A3 | 20 44 38 | −10 43 20 | 14.818 | +0.938 | +0.651 | +0.587 | +0.510 | +1.098 |
| WOLF 918 | 21 09 52 | −13 15 55 | 10.868 | +1.494 | +1.146 | +0.981 | +1.088 | +2.065 |
| 113 221 | 21 41 09 | +00 23 56 | 12.071 | +1.031 | +0.874 | +0.550 | +0.490 | +1.041 |
| 113 339 | 21 41 28 | +00 30 51 | 12.250 | +0.568 | −0.034 | +0.340 | +0.347 | +0.687 |
| 113 342 | 21 41 32 | +00 30 30 | 10.878 | +1.015 | +0.696 | +0.537 | +0.513 | +1.050 |
| 113 241 | 21 41 41 | +00 28 41 | 14.352 | +1.344 | +1.452 | +0.897 | +0.797 | +1.683 |
| 113 466 | 21 42 00 | +00 43 09 | 10.004 | +0.454 | −0.001 | +0.281 | +0.282 | +0.563 |
| 113 259 | 21 42 17 | +00 20 33 | 11.742 | +1.194 | +1.221 | +0.621 | +0.543 | +1.166 |
| 113 260 | 21 42 20 | +00 26 46 | 12.406 | +0.514 | +0.069 | +0.308 | +0.298 | +0.606 |
| 113 475 | 21 42 23 | +00 42 14 | 10.306 | +1.058 | +0.844 | +0.570 | +0.527 | +1.098 |
| 113 492 | 21 43 00 | +00 41 16 | 12.174 | +0.553 | +0.005 | +0.342 | +0.341 | +0.684 |
| 113 493 | 21 43 01 | +00 41 05 | 11.767 | +0.786 | +0.392 | +0.430 | +0.393 | +0.824 |
| 113 163 | 21 43 08 | +00 19 39 | 14.540 | +0.658 | +0.106 | +0.380 | +0.355 | +0.735 |
| 113 177 | 21 43 29 | +00 17 38 | 13.560 | +0.789 | +0.318 | +0.456 | +0.436 | +0.890 |
| 113 182 | 21 43 41 | +00 17 44 | 14.370 | +0.659 | +0.065 | +0.402 | +0.422 | +0.824 |
| 113 187 | 21 43 53 | +00 19 49 | 15.080 | +1.063 | +0.969 | +0.638 | +0.535 | +1.174 |
| 113 189 | 21 44 00 | +00 20 15 | 15.421 | +1.118 | +0.958 | +0.713 | +0.605 | +1.319 |
| 113 191 | 21 44 06 | +00 18 49 | 12.337 | +0.799 | +0.223 | +0.471 | +0.466 | +0.937 |
| 113 195 | 21 44 13 | +00 20 16 | 13.692 | +0.730 | +0.201 | +0.418 | +0.413 | +0.832 |

| Name | Right Ascension | Declination | V | B–V | U–B | V–R | R–I | V–I |
|------|-----------------|-------------|---|-----|-----|-----|-----|-----|
|      | h  m  s | °  ′  ″ | | | | | | |
| G93 48 | 21 52 57 | +02 26 15 | 12.739 | −0.008 | −0.792 | −0.097 | −0.094 | −0.191 |
| PG2213-006C | 22 16 50 | −00 19 05 | 15.109 | +0.721 | +0.177 | +0.426 | +0.404 | +0.830 |
| PG2213-006B | 22 16 54 | −00 18 39 | 12.706 | +0.749 | +0.297 | +0.427 | +0.402 | +0.829 |
| PG2213-006A | 22 16 56 | −00 18 18 | 14.178 | +0.673 | +0.100 | +0.406 | +0.403 | +0.808 |
| PG2213-006 | 22 17 01 | −00 18 04 | 14.124 | −0.217 | −1.125 | −0.092 | −0.110 | −0.203 |
| G156 31 | 22 39 07 | −15 14 40 | 12.361 | +1.993 | +1.408 | +1.648 | +2.042 | +3.684 |
| 114 531 | 22 41 09 | +00 55 13 | 12.094 | +0.733 | +0.186 | +0.422 | +0.403 | +0.825 |
| 114 637 | 22 41 15 | +01 06 29 | 12.070 | +0.801 | +0.307 | +0.456 | +0.415 | +0.872 |
| 114 548 | 22 42 09 | +01 02 24 | 11.601 | +1.362 | +1.573 | +0.738 | +0.651 | +1.387 |
| 114 750 | 22 42 17 | +01 15 55 | 11.916 | −0.041 | −0.354 | +0.027 | −0.015 | +0.011 |
| 114 670 | 22 42 41 | +01 13 35 | 11.101 | +1.206 | +1.223 | +0.645 | +0.561 | +1.208 |
| 114 176 | 22 43 42 | +00 24 34 | 9.239 | +1.485 | +1.853 | +0.800 | +0.717 | +1.521 |
| G156 57 | 22 53 51 | −14 12 35 | 10.180 | +1.556 | +1.182 | +1.174 | +1.542 | +2.713 |
| GD 246 | 23 13 07 | +10 53 52 | 13.094 | −0.318 | −1.187 | −0.148 | −0.183 | −0.332 |
| F 108 | 23 16 45 | −01 47 09 | 12.958 | −0.235 | −1.052 | −0.103 | −0.135 | −0.239 |
| PG2317+046 | 23 20 27 | +04 56 02 | 12.876 | −0.246 | −1.137 | −0.074 | −0.035 | −0.118 |
| 115 486 | 23 42 05 | +01 20 14 | 12.482 | +0.493 | −0.049 | +0.298 | +0.308 | +0.607 |
| 115 420 | 23 43 09 | +01 09 29 | 11.161 | +0.468 | −0.027 | +0.286 | +0.293 | +0.580 |
| 115 271 | 23 43 14 | +00 48 43 | 9.695 | +0.615 | +0.101 | +0.353 | +0.349 | +0.701 |
| 115 516 | 23 44 48 | +01 17 42 | 10.434 | +1.028 | +0.759 | +0.563 | +0.534 | +1.098 |
| PG2349+002 | 23 52 25 | +00 31 48 | 13.277 | −0.191 | −0.921 | −0.103 | −0.116 | −0.219 |

 A searchable version of this table appears on *The Astronomical Almanac Online*.
The table of bright Johnson *UBVRI* standards listed in editions prior to 2003 is available online as well.

---

| Flamsteed/Bayer Designation | | | BS=HR No. | Right Ascension | Declination | V | b−y | m₁ | c₁ | β | Spectral Type |
|---|---|---|---|---|---|---|---|---|---|---|---|
| | | | | h  m  s | ° ′ ″ | | | | | | |
| | ε | Tuc | 9076 | 00 00 27.3 | −65 31 07 | 4.50 | −0.023 | +0.098 | +0.881 | 2.722 | B9 IV |
| 85 | | Peg | 9088 | 00 02 43.1 | +27 08 17 | 5.75 | +0.430 | +0.187 | +0.214 | 2.558 | G2 V |
| | ζ | Scl | 9091 | 00 02 52.1 | −29 39 43 | 5.04 | −0.063 | +0.106 | +0.450 | 2.712 | B4 III |
| | | | 9107 | 00 05 26.9 | +34 43 07 | 6.10 | +0.412 | +0.169 | +0.312 | | G2 V |
| 21 | α | And | 15 | 00 08 55.9 | +29 08 54 | 2.06* | −0.046 | +0.120 | +0.520 | 2.743 | B9p Hg Mn |
| 11 | β | Cas | 21 | 00 09 44.7 | +59 12 28 | 2.27* | +0.216 | +0.177 | +0.785 | | F2 III |
| 22 | | And | 27 | 00 10 52.2 | +46 07 50 | 5.04 | +0.273 | +0.123 | +1.082 | 2.666 | F0 II |
| 24 | θ | And | 63 | 00 17 38.6 | +38 44 24 | 4.62 | +0.026 | +0.180 | +1.049 | 2.880 | A2 V |
| | κ | Phe | 100 | 00 26 43.0 | −43 37 18 | 3.95 | +0.098 | +0.194 | +0.918 | 2.846 | A5 Vn |
| 28 | | And | 114 | 00 30 40.7 | +29 48 34 | 5.23* | +0.169 | +0.165 | +0.869 | | Am |
| 20 | π | Cas | 184 | 00 44 03.2 | +47 04 55 | 4.96 | +0.086 | +0.226 | +0.901 | | A5 V |
| 22 | o | Cas | 193 | 00 45 18.9 | +48 20 30 | 4.62* | +0.007 | +0.076 | +0.479 | 2.667 | B5 III |
| | | | 233 | 00 51 22.4 | +64 18 16 | 5.39 | +0.355 | +0.127 | +0.696 | | G0 III−IV + B9.5 V |
| 37 | μ | And | 269 | 00 57 20.4 | +38 33 22 | 3.87 | +0.068 | +0.194 | +1.056 | 2.865 | A5 IV−V |
| 33 | θ | Cas | 343 | 01 11 44.9 | +55 12 20 | 4.34* | +0.087 | +0.213 | +0.997 | | A7m |
| 39 | | Cet | 373 | 01 17 08.3 | −02 26 43 | 5.41* | +0.554 | +0.285 | +0.335 | | G5 IIIe |
| 93 | ρ | Psc | 413 | 01 26 49.3 | +19 13 36 | 5.35 | +0.259 | +0.146 | +0.481 | | F2 V: |
| 50 | υ | And | 458 | 01 37 25.1 | +41 27 27 | 4.10 | +0.344 | +0.179 | +0.409 | 2.629 | F8 V |
| 107 | | Psc | 493 | 01 43 04.1 | +20 19 09 | 5.24 | +0.493 | +0.364 | +0.298 | | K1 V |
| 53 | χ | Cet | 531 | 01 50 06.1 | −10 38 05 | 4.66 | +0.209 | +0.188 | +0.649 | 2.737 | F2 IV−V |
| 13 | α | Ari | 617 | 02 07 46.1 | +23 30 42 | 2.00 | +0.696 | +0.526 | +0.395 | | K2 IIIab |
| 14 | | Ari | 623 | 02 10 01.3 | +25 59 21 | 4.98 | +0.210 | +0.185 | +0.874 | 2.723 | F2 III |
| 64 | | Cet | 635 | 02 11 54.4 | +08 37 07 | 5.64 | +0.361 | +0.180 | +0.469 | 2.627 | G0 IV |
| 8 | δ | Tri | 660 | 02 17 41.9 | +34 16 18 | 4.86 | +0.390 | +0.187 | +0.259 | | G0 V |
| | | | 672 | 02 18 34.2 | +01 48 25 | 5.60 | +0.370 | +0.188 | +0.405 | 2.619 | G0.5 IVb |
| 10 | | Tri | 675 | 02 19 33.7 | +28 41 26 | 5.03 | +0.011 | +0.161 | +1.145 | | A2 V |
| 9 | | Per | 685 | 02 23 05.8 | +55 53 35 | 5.17* | +0.321 | −0.038 | +0.753 | | A2 IA |
| 12 | | Tri | 717 | 02 28 47.1 | +29 42 56 | 5.29 | +0.178 | +0.211 | +0.780 | | F0 III |
| 32 | ν | Ari | 773 | 02 39 24.9 | +22 00 23 | 5.30 | +0.092 | +0.182 | +1.095 | 2.829 | A7 V |
| | | | 784 | 02 40 43.1 | −09 24 30 | 5.79 | +0.330 | +0.168 | +0.362 | 2.627 | F6 V |
| 35 | | Ari | 801 | 02 44 04.2 | +27 45 05 | 4.65 | −0.052 | +0.097 | +0.333 | 2.684 | B3 V |
| 89 | π | Cet | 811 | 02 44 37.4 | −13 48 53 | 4.25 | −0.052 | +0.105 | +0.599 | 2.718 | B7 V |
| 87 | μ | Cet | 813 | 02 45 30.7 | +10 09 29 | 4.27* | +0.189 | +0.188 | +0.756 | 2.751 | F0m F2 V⁺ |
| 38 | | Ari | 812 | 02 45 32.0 | +12 29 22 | 5.18* | +0.136 | +0.186 | +0.842 | 2.798 | A7 III−IV |
| | | | 870 | 02 56 47.5 | +08 25 24 | 5.97 | +0.306 | +0.175 | +0.505 | 2.662 | F7 IV |
| | | | 913 | 03 02 40.5 | −06 27 15 | 6.20 | +0.373 | +0.205 | +0.394 | 2.621 | G0 IV−V |
| | ι | Per | 937 | 03 09 49.8 | +49 39 09 | 4.05 | +0.376 | +0.201 | +0.376 | | G0 V |
| 94 | | Cet | 962 | 03 13 18.6 | −01 09 27 | 5.06 | +0.363 | +0.186 | +0.425 | | G0 IV |
| | ζ¹ | Ret | 1006 | 03 18 00.0 | −62 32 08 | 5.51 | +0.403 | +0.204 | +0.284 | | G3−5 V |
| | ζ² | Ret | 1010 | 03 18 26.6 | −62 28 00 | 5.23 | +0.381 | +0.183 | +0.297 | | G2 V |
| | | | 1024 | 03 23 48.5 | −07 45 28 | 6.20 | +0.449 | +0.198 | +0.295 | | G2 V |
| 33 | α | Per | 1017 | 03 25 04.7 | +49 53 52 | 1.79 | +0.302 | +0.195 | +1.074 | 2.677 | F5 Ib |
| 1 | o | Tau | 1030 | 03 25 22.8 | +09 03 55 | 3.61 | +0.547 | +0.333 | +0.426 | | G6 IIIa Fe−1 |
| | | | 1089 | 03 35 22.6 | +06 27 08 | 6.49 | +0.408 | +0.183 | +0.452 | 2.613 | G0 |
| 16 | | Tau | 1140 | 03 45 25.8 | +24 19 18 | 5.46 | +0.005 | +0.097 | +0.650 | 2.750 | B7 IV |
| 18 | | Tau | 1144 | 03 45 47.5 | +24 52 17 | 5.67 | −0.021 | +0.107 | +0.638 | 2.750 | B8 V |
| 27 | | Tau | 1178 | 03 49 47.3 | +24 05 05 | 3.62 | −0.019 | +0.092 | +0.708 | 2.696 | B8 III |
| | | | 1201 | 03 53 46.2 | +17 21 28 | 5.97 | +0.221 | +0.166 | +0.610 | 2.712 | F4 V |
| 42 | ψ | Tau | 1269 | 04 07 39.5 | +29 01 44 | 5.23 | +0.226 | +0.159 | +0.588 | | F1 V |
| 45 | | Tau | 1292 | 04 11 53.9 | +05 32 59 | 5.71 | +0.231 | +0.164 | +0.597 | 2.710 | F4 V |

| Flamsteed/Bayer Designation | | | BS=HR No. | Right Ascension | Declination | $V$ | $b-y$ | $m_1$ | $c_1$ | $\beta$ | Spectral Type |
|---|---|---|---|---|---|---|---|---|---|---|---|
| | | | | h m s | ° ′ ″ | | | | | | |
| 51 | $\mu$ | Per | 1303 | 04 15 40.3 | +48 26 06 | 4.15* | +0.614 | +0.268 | +0.551 | | G0 Ib |
| | | | 1321 | 04 15 59.4 | +06 13 30 | 6.94 | +0.425 | +0.240 | +0.297 | 2.580 | G5 IV |
| | | | 1322 | 04 16 02.4 | +06 12 44 | 6.32 | +0.369 | +0.185 | +0.331 | 2.606 | G0 IV |
| 50 | $\omega$ | Tau | 1329 | 04 17 52.7 | +20 36 13 | 4.94 | +0.146 | +0.235 | +0.745 | | A3m |
| 51 | | Tau | 1331 | 04 19 00.6 | +21 36 15 | 5.64 | +0.171 | +0.191 | +0.784 | | F0 V |
| 56 | | Tau | 1341 | 04 20 14.1 | +21 47 53 | 5.38 | −0.094 | +0.197 | +0.536 | 2.768 | A0p |
| 54 | $\gamma$ | Tau | 1346 | 04 20 23.5 | +15 39 08 | 3.64* | +0.596 | +0.422 | +0.385 | | G9.5 IIIab CN 0.5 |
| | | | 1327 | 04 21 40.1 | +65 09 53 | 5.26 | +0.513 | +0.286 | +0.402 | | G5 IIb |
| 61 | $\delta$ | Tau | 1373 | 04 23 32.5 | +17 33 59 | 3.76* | +0.597 | +0.424 | +0.405 | | G9.5 III CN 0.5 |
| 63 | | Tau | 1376 | 04 24 01.3 | +16 48 04 | 5.63 | +0.179 | +0.244 | +0.731 | 2.785 | F0m |
| 65 | $\kappa$ | Tau | 1387 | 04 25 59.8 | +22 19 02 | 4.22* | +0.070 | +0.200 | +1.054 | 2.864 | A5 IV−V |
| 67 | | Tau | 1388 | 04 26 02.6 | +22 13 24 | 5.28* | +0.149 | +0.193 | +0.840 | | A7 V |
| 71 | v777 | Tau | 1394 | 04 26 56.7 | +15 38 29 | 4.49 | +0.153 | +0.183 | +0.933 | | F0n IV−V |
| 77 | $\theta^1$ | Tau | 1411 | 04 29 10.6 | +15 59 05 | 3.85 | +0.584 | +0.394 | +0.393 | | G9 III Fe−0.5 |
| 74 | $\epsilon$ | Tau | 1409 | 04 29 13.9 | +19 12 11 | 3.53 | +0.616 | +0.449 | +0.417 | | G9.5 III CN 0.5 |
| 78 | $\theta^2$ | Tau | 1412 | 04 29 15.8 | +15 53 36 | 3.41* | +0.101 | +0.199 | +1.014 | 2.831 | A7 III |
| 79 | | Tau | 1414 | 04 29 25.5 | +13 04 12 | 5.02 | +0.116 | +0.225 | +0.907 | 2.836 | A7 V |
| 83 | | Tau | 1430 | 04 31 12.9 | +13 44 47 | 5.40 | +0.154 | +0.200 | +0.813 | | F0 V |
| 86 | $\rho$ | Tau | 1444 | 04 34 26.7 | +14 51 57 | 4.65 | +0.146 | +0.199 | +0.829 | 2.797 | A9 V |
| 87 | $\alpha$ | Tau | 1457 | 04 36 31.5 | +16 31 47 | 0.86* | +0.955 | +0.814 | +0.373 | | K5$^+$ III |
| 1 | $\pi^3$ | Ori | 1543 | 04 50 24.7 | +06 58 44 | 3.18* | +0.299 | +0.162 | +0.416 | 2.652 | F6 V |
| 3 | $\pi^4$ | Ori | 1552 | 04 51 46.0 | +05 37 20 | 3.68 | −0.056 | +0.073 | +0.135 | 2.606 | B2 III |
| 3 | $\iota$ | Aur | 1577 | 04 57 40.7 | +33 10 55 | 2.69* | +0.937 | +0.775 | +0.307 | | K3 II |
| 102 | $\iota$ | Tau | 1620 | 05 03 43.5 | +21 36 15 | 4.63 | +0.078 | +0.203 | +1.034 | 2.847 | A7 IV |
| 10 | $\eta$ | Aur | 1641 | 05 07 15.2 | +41 14 52 | 3.16* | −0.085 | +0.104 | +0.318 | 2.685 | B3 V |
| 104 | | Tau | 1656 | 05 08 04.3 | +18 39 30 | 4.91 | +0.410 | +0.201 | +0.328 | | G4 V |
| 13 | | Ori | 1662 | 05 08 12.9 | +09 29 02 | 6.17 | +0.398 | +0.185 | +0.350 | 2.590 | G1 IV |
| 16 | | Ori | 1672 | 05 09 54.3 | +09 50 32 | 5.42 | +0.136 | +0.251 | +0.835 | 2.828 | A9m |
| 15 | $\lambda$ | Aur | 1729 | 05 19 52.9 | +40 06 27 | 4.71 | +0.389 | +0.206 | +0.363 | 2.598 | G1.5 IV−V Fe−1 |
| 11 | $\alpha$ | Lep | 1865 | 05 33 11.6 | −17 48 55 | 2.57 | +0.142 | +0.150 | +1.496 | | F0 Ib |
| | | | 1861 | 05 33 13.3 | −01 35 06 | 5.34* | −0.074 | +0.073 | +0.002 | 2.615 | B1 IV |
| 122 | | Tau | 1905 | 05 37 40.3 | +17 02 46 | 5.53 | +0.132 | +0.203 | +0.856 | | F0 V |
| | $\lambda$ | Col | 2056 | 05 53 29.8 | −33 47 58 | 4.89* | −0.070 | +0.115 | +0.413 | 2.718 | B5 V |
| 136 | | Tau | 2034 | 05 53 59.3 | +27 36 50 | 4.56 | +0.001 | +0.133 | +1.152 | | A0 IV |
| 54 | $\chi^1$ | Ori | 2047 | 05 55 00.3 | +20 16 38 | 4.41 | +0.378 | +0.194 | +0.307 | 2.599 | G0$^-$ V Ca 0.5 |
| | $\gamma$ | Col | 2106 | 05 57 54.6 | −35 16 58 | 4.36 | −0.073 | +0.093 | +0.362 | 2.644 | B2.5 IV |
| 40 | | Aur | 2143 | 06 07 18.5 | +38 28 51 | 5.35* | +0.139 | +0.222 | +0.923 | | A4m |
| | | | 2233 | 06 16 06.3 | −00 31 01 | 5.62 | +0.325 | +0.154 | +0.446 | 2.633 | F6 V |
| | | | 2236 | 06 16 26.5 | +01 09 54 | 6.36 | +0.299 | +0.148 | +0.476 | 2.645 | F5 IV: |
| 45 | | Aur | 2264 | 06 22 37.3 | +53 26 47 | 5.33 | +0.285 | +0.170 | +0.627 | | F5 III |
| | | | 2313 | 06 25 48.8 | −00 57 11 | 5.88 | +0.361 | +0.170 | +0.395 | 2.613 | F8 V |
| 27 | $\epsilon$ | Gem | 2473 | 06 44 34.7 | +25 07 12 | 3.00 | +0.868 | +0.656 | +0.282 | | G8 Ib |
| 31 | $\xi$ | Gem | 2484 | 06 45 52.7 | +12 53 01 | 3.36* | +0.288 | +0.167 | +0.552 | | F5 IV |
| 56 | $\psi^5$ | Aur | 2483 | 06 47 29.7 | +43 33 58 | 5.25 | +0.359 | +0.184 | +0.376 | | G0 V |
| 16 | | Lyn | 2585 | 06 58 23.0 | +45 04 46 | 4.91 | +0.014 | +0.159 | +1.109 | | A2 Vn |
| | | | 2622 | 07 00 49.0 | −05 22 56 | 6.29 | +0.359 | +0.192 | +0.402 | | G0 III−IV |
| 23 | $\gamma$ | CMa | 2657 | 07 04 14.0 | −15 38 58 | 4.11 | −0.046 | +0.099 | +0.556 | 2.689 | B8 II |
| 21 | | Mon | 2707 | 07 11 55.8 | −00 19 12 | 5.44* | +0.185 | +0.184 | +0.875 | | A8 Vn−F3 Vn |
| 54 | $\lambda$ | Gem | 2763 | 07 18 41.8 | +16 31 14 | 3.58* | +0.048 | +0.198 | +1.055 | | A4 IV |
| | | | 2779 | 07 20 21.6 | +07 07 22 | 5.92 | +0.339 | +0.169 | +0.469 | 2.628 | F8 V |

| Flamsteed/Bayer Designation | | | BS=HR No. | Right Ascension | Declination | $V$ | $b-y$ | $m_1$ | $c_1$ | $\beta$ | Spectral Type |
|---|---|---|---|---|---|---|---|---|---|---|---|
| | | | | h m s | ° ′ ″ | | | | | | |
| 55 | $\delta$ | Gem | 2777 | 07 20 45.0 | +21 57 44 | 3.53 | +0.221 | +0.156 | +0.696 | 2.712 | F0 V+ |
| | | | 2798 | 07 21 47.0 | −08 53 55 | 6.55 | +0.343 | +0.174 | +0.390 | | F5 |
| | | | 2807 | 07 22 50.2 | −02 59 59 | 6.24 | +0.432 | +0.216 | +0.588 | | F5 |
| 3 | $\beta$ | CMi | 2845 | 07 27 43.2 | +08 16 03 | 2.89* | −0.038 | +0.113 | +0.799 | 2.731 | B8 V |
| 62 | $\rho$ | Gem | 2852 | 07 29 47.2 | +31 45 46 | 4.18 | +0.214 | +0.155 | +0.613 | 2.713 | F0 V+ |
| | | | 2866 | 07 29 56.2 | −07 34 23 | 5.86 | +0.311 | +0.155 | +0.392 | | F8 V |
| 64 | | Gem | 2857 | 07 29 59.6 | +28 05 45 | 5.05 | +0.062 | +0.202 | +1.013 | | A4 V |
| | | | 2883 | 07 32 36.0 | −08 54 17 | 5.93 | +0.355 | +0.124 | +0.335 | 2.595 | F5 V |
| 7 | $\delta^1$ | CMi | 2880 | 07 32 38.7 | +01 53 30 | 5.25 | +0.128 | +0.173 | +1.198 | | F0 III |
| 68 | | Gem | 2886 | 07 34 12.4 | +15 48 12 | 5.28 | +0.037 | +0.143 | +1.178 | | A1 Vn |
| | | | 2918 | 07 37 08.2 | +05 50 18 | 5.90 | +0.375 | +0.188 | +0.387 | 2.610 | G0 V |
| 25 | | Mon | 2927 | 07 37 48.0 | −04 08 06 | 5.14 | +0.283 | +0.180 | +0.643 | | F6 III |
| | | | 2948/9 | 07 39 15.2 | −26 49 34 | 3.83 | −0.076 | +0.121 | +0.400 | | B6 V + B5 IVn |
| | | | 2961 | 07 39 49.6 | −38 19 57 | 4.84 | −0.084 | +0.103 | +0.303 | | B2.5 V |
| 71 | $o$ | Gem | 2930 | 07 39 51.0 | +34 33 34 | 4.89 | +0.270 | +0.173 | +0.654 | | F3 III |
| 77 | $\kappa$ | Gem | 2985 | 07 45 04.8 | +24 22 19 | 3.57 | +0.573 | +0.379 | +0.398 | | G8 III |
| 81 | | Gem | 3003 | 07 46 43.9 | +18 29 01 | 4.85 | +0.895 | +0.735 | +0.451 | | K4 III |
| | QZ | Pup | 3084 | 07 53 01.0 | −38 53 26 | 4.50* | −0.083 | +0.104 | +0.244 | | B2.5 V |
| | | | 3131 | 08 00 20.3 | −18 25 43 | 4.61 | +0.048 | +0.161 | +1.122 | 2.837 | A2 IVn |
| 27 | | Lyn | 3173 | 08 09 14.6 | +51 28 32 | 4.81 | +0.017 | +0.151 | +1.105 | | A1 Va |
| 17 | $\beta$ | Cnc | 3249 | 08 17 05.0 | +09 09 09 | 3.52 | +0.914 | +0.758 | +0.371 | | K4 III Ba 0.5 |
| 18 | $\chi$ | Cnc | 3262 | 08 20 42.0 | +27 10 59 | 5.14 | +0.314 | +0.146 | +0.384 | | F6 V |
| | | | 3271 | 08 20 45.1 | −00 56 36 | 6.17 | +0.385 | +0.193 | +0.414 | 2.612 | F9 V |
| 1 | | Hya | 3297 | 08 25 06.4 | −03 47 09 | 5.60 | +0.311 | +0.138 | +0.400 | 2.631 | F3 V |
| | | | 3314 | 08 26 11.1 | −03 56 28 | 3.90 | −0.006 | +0.156 | +1.024 | 2.898 | A0 Va |
| 4 | $\delta$ | Hya | 3410 | 08 38 12.7 | +05 40 00 | 4.15 | +0.009 | +0.152 | +1.091 | 2.855 | A1 IVnn |
| 7 | $\eta$ | Hya | 3454 | 08 43 46.4 | +03 21 37 | 4.30* | −0.087 | +0.093 | +0.241 | 2.653 | B4 V |
| | | | 3459 | 08 44 11.3 | −07 16 19 | 4.63 | +0.517 | +0.294 | +0.472 | | G1 Ib |
| | | | 3538 | 08 54 49.0 | −05 28 29 | 6.01 | +0.410 | +0.239 | +0.325 | 2.597 | G3 V |
| 59 | $\sigma^2$ | Cnc | 3555 | 08 57 35.3 | +32 52 10 | 5.45 | +0.084 | +0.205 | +0.972 | | A7 IV |
| 15 | | UMa | 3619 | 09 09 36.4 | +51 33 42 | 4.46 | +0.165 | +0.248 | +0.762 | | F0m |
| 14 | $\tau$ | UMa | 3624 | 09 11 46.4 | +63 28 12 | 4.65 | +0.214 | +0.253 | +0.711 | | Am |
| | | | 3657 | 09 14 13.2 | +21 14 22 | 6.48 | +0.017 | +0.164 | +1.094 | | A2 V |
| 22 | $\theta$ | Hya | 3665 | 09 14 54.6 | +02 16 10 | 3.88 | −0.028 | +0.145 | +0.944 | | B9.5 IV (C II) |
| 18 | | UMa | 3662 | 09 16 56.3 | +53 58 40 | 4.84* | +0.113 | +0.196 | +0.892 | | A5 V |
| 31 | $\tau^1$ | Hya | 3759 | 09 29 40.8 | −02 48 55 | 4.60 | +0.295 | +0.164 | +0.453 | | F6 V |
| 23 | | UMa | 3757 | 09 32 20.8 | +63 00 55 | 3.67* | +0.211 | +0.180 | +0.752 | | F0 IV |
| 25 | $\theta$ | UMa | 3775 | 09 33 33.2 | +51 37 44 | 3.18 | +0.314 | +0.153 | +0.463 | | F6 IV |
| 10 | SU | LMi | 3800 | 09 34 51.8 | +36 21 02 | 4.55 | +0.561 | +0.349 | +0.375 | | G7.5 III Fe−0.5 |
| 11 | | LMi | 3815 | 09 36 17.1 | +35 45 44 | 5.41 | +0.473 | +0.304 | +0.372 | | G8 IIIv |
| | | | 3856 | 09 39 38.5 | −61 22 33 | 4.51* | −0.034 | +0.140 | +0.821 | | B9 IV−V |
| 38 | $\kappa$ | Hya | 3849 | 09 40 48.6 | −14 22 49 | 5.07 | −0.070 | +0.110 | +0.407 | 2.704 | B5 V |
| 14 | $o$ | Leo | 3852 | 09 41 42.6 | +09 50 39 | 3.52 | +0.306 | +0.234 | +0.615 | | F5 II + A5? |
| | | | 3881 | 09 49 15.7 | +45 58 18 | 5.10 | +0.390 | +0.203 | +0.382 | | G0.5 Va |
| 4 | | Sex | 3893 | 09 51 02.8 | +04 17 39 | 6.24 | +0.306 | +0.161 | +0.419 | 2.646 | F7 Vn |
| | | | 3901 | 09 51 53.0 | −06 13 53 | 6.43 | +0.363 | +0.185 | +0.412 | | F8 V |
| 7 | | Sex | 3906 | 09 52 44.6 | +02 24 17 | 6.03 | −0.015 | +0.136 | +1.040 | | A0 Vs |
| 19 | | LMi | 3928 | 09 58 19.4 | +41 00 19 | 5.14 | +0.300 | +0.165 | +0.457 | | F5 V |
| 20 | | LMi | 3951 | 10 01 36.8 | +31 52 18 | 5.35 | +0.416 | +0.234 | +0.388 | 2.599 | G3 Va Hδ 1 |
| 30 | $\eta$ | Leo | 3975 | 10 07 54.2 | +16 42 40 | 3.53 | +0.030 | +0.068 | +0.966 | | A0 Ib |

| Flamsteed/Bayer Designation | | BS=HR No. | Right Ascension | Declination | V | b−y | m$_1$ | c$_1$ | β | Spectral Type |
|---|---|---|---|---|---|---|---|---|---|---|
| | | | h  m  s | °  ′  ″ | | | | | | |
| 21 | LMi | 3974 | 10 08 02.8 | +35 11 35 | 4.49* | +0.106 | +0.201 | +0.876 | 2.837 | A7 V |
| 36 ζ | Leo | 4031 | 10 17 16.4 | +23 21 53 | 3.44 | +0.196 | +0.169 | +0.986 | 2.722 | F0 III |
| 40 | Leo | 4054 | 10 20 18.4 | +19 25 02 | 4.79* | +0.299 | +0.166 | +0.462 | | F6 IV |
| 41 γ$^1$ | Leo | 4057/8 | 10 20 33.1 | +19 47 16 | 1.98* | +0.689 | +0.457 | +0.373 | | K1$^-$ IIIb Fe−0.5 |
| 30 | LMi | 4090 | 10 26 30.8 | +33 44 32 | 4.73 | +0.150 | +0.196 | +0.959 | | F0 V |
| 45 | Leo | 4101 | 10 28 12.2 | +09 42 31 | 6.04 | −0.036 | +0.180 | +0.956 | | A0p |
| 30 β | Sex | 4119 | 10 30 49.7 | −00 41 28 | 5.08 | −0.061 | +0.113 | +0.479 | 2.730 | B6 V |
| 47 ρ | Leo | 4133 | 10 33 21.8 | +09 15 08 | 3.86* | −0.027 | +0.040 | −0.040 | 2.552 | B1 Iab |
| 37 | LMi | 4166 | 10 39 18.5 | +31 55 17 | 4.72 | +0.512 | +0.297 | +0.477 | 2.595 | G2.5 IIa |
| 47 | UMa | 4277 | 11 00 03.1 | +40 22 26 | 5.05 | +0.392 | +0.203 | +0.337 | | G1$^-$V Fe−0.5 |
| | | 4293 | 11 00 38.3 | −42 16 56 | 4.38 | +0.059 | +0.179 | +1.116 | | A3 IV |
| 49 | UMa | 4288 | 11 01 25.5 | +39 09 20 | 5.07 | +0.142 | +0.198 | +1.012 | | F0 Vs |
| 60 | Leo | 4300 | 11 02 53.3 | +20 07 24 | 4.42 | +0.022 | +0.194 | +1.019 | | A0.5m A3 V |
| 11 β | Crt | 4343 | 11 12 10.5 | −22 53 00 | 4.47 | +0.011 | +0.164 | +1.190 | 2.877 | A2 IV |
| | | 4378 | 11 18 53.9 | +11 55 37 | 6.66 | +0.024 | +0.190 | +1.052 | | A2 V |
| 77 σ | Leo | 4386 | 11 21 40.7 | +05 58 18 | 4.05 | −0.020 | +0.127 | +1.014 | | A0 III$^+$ |
| 56 | UMa | 4392 | 11 23 24.0 | +43 25 30 | 4.99 | +0.610 | +0.416 | +0.396 | | G7.5 IIIa |
| 15 γ | Crt | 4405 | 11 25 24.5 | −17 44 30 | 4.07 | +0.118 | +0.195 | +0.895 | 2.823 | A7 V |
| 90 | Leo | 4456 | 11 35 15.2 | +16 44 20 | 5.95 | −0.066 | +0.095 | +0.323 | 2.687 | B4 V |
| 62 | UMa | 4501 | 11 42 06.9 | +31 41 16 | 5.74 | +0.312 | +0.118 | +0.401 | | F4 V |
| 2 ξ | Vir | 4515 | 11 45 49.5 | +08 11 59 | 4.85 | +0.090 | +0.196 | +0.928 | 2.855 | A4 V |
| 93 DQ | Leo | 4527 | 11 48 31.6 | +20 09 38 | 4.53* | +0.352 | +0.186 | +0.725 | | G4 III−IV + A7 V |
| 94 β | Leo | 4534 | 11 49 35.7 | +14 30 48 | 2.14* | +0.044 | +0.210 | +0.975 | 2.900 | A3 Va |
| 5 β | Vir | 4540 | 11 51 14.5 | +01 42 20 | 3.60 | +0.354 | +0.186 | +0.415 | 2.629 | F9 V |
| | | 4550 | 11 53 34.9 | +37 38 36 | 6.43 | +0.483 | +0.225 | +0.153 | | G8 V P |
| 64 γ | UMa | 4554 | 11 54 22.8 | +53 38 11 | 2.44 | +0.006 | +0.153 | +1.113 | 2.884 | A0 Van |
| | | 4618 | 12 08 38.1 | −50 43 11 | 4.47 | −0.076 | +0.108 | +0.254 | 2.682 | B2 IIIne |
| 15 η | Vir | 4689 | 12 20 26.6 | −00 43 30 | 3.90* | +0.017 | +0.163 | +1.130 | | A1 IV$^+$ |
| 16 | Vir | 4695 | 12 20 53.0 | +03 15 15 | 4.97 | +0.717 | +0.485 | +0.516 | | K0.5 IIIb Fe−0.5 |
| | | 4705 | 12 22 42.4 | +24 42 56 | 6.20 | −0.002 | +0.169 | +1.034 | | A0 V |
| 12 | Com | 4707 | 12 23 01.9 | +25 47 17 | 4.81 | +0.322 | +0.175 | +0.779 | 2.701 | G5 III + A5 |
| 18 | Com | 4753 | 12 29 58.5 | +24 03 03 | 5.48 | +0.289 | +0.170 | +0.609 | | F5 III |
| 8 η | Crv | 4775 | 12 32 36.8 | −16 15 15 | 4.30* | +0.245 | +0.167 | +0.543 | 2.700 | F2 V |
| 23 | Com | 4789 | 12 35 22.4 | +22 34 18 | 4.81 | +0.008 | +0.144 | +1.090 | | A0m A1 IV |
| τ | Cen | 4802 | 12 38 16.9 | −48 35 56 | 3.86 | +0.026 | +0.159 | +1.086 | 2.870 | A1 IVnn |
| 28 | Com | 4861 | 12 48 45.9 | +13 29 45 | 6.56 | +0.012 | +0.167 | +1.052 | | A1 V |
| 29 | Com | 4865 | 12 49 25.8 | +14 03 55 | 5.70 | +0.020 | +0.156 | +1.130 | | A1 V |
| 30 | Com | 4869 | 12 49 48.1 | +27 29 43 | 5.78 | +0.025 | +0.169 | +1.074 | | A2 V |
| 31 | Com | 4883 | 12 52 12.6 | +27 29 01 | 4.93 | +0.437 | +0.186 | +0.416 | 2.592 | G0 IIIp |
| | | 4889 | 12 54 01.3 | −40 14 09 | 4.26 | +0.125 | +0.185 | +0.971 | 2.816 | A7 V |
| 12 α$^1$ | CVn | 4914 | 12 56 30.0 | +38 15 30 | 5.60 | +0.230 | +0.152 | +0.578 | | F0 V |
| 78 | UMa | 4931 | 13 01 10.6 | +56 18 36 | 4.92* | +0.244 | +0.170 | +0.575 | 2.707 | F2 V |
| 43 β | Com | 4983 | 13 12 21.8 | +27 49 31 | 4.26 | +0.370 | +0.191 | +0.337 | 2.608 | F9.5 V |
| 59 | Vir | 5011 | 13 17 17.8 | +09 22 10 | 5.19 | +0.372 | +0.191 | +0.385 | 2.614 | G0 Vs |
| 20 AO | CVn | 5017 | 13 18 00.7 | +40 31 03 | 4.72* | +0.174 | +0.238 | +0.915 | | F3 III(str. met.) |
| 80 | UMa | 5062 | 13 25 38.7 | +54 56 01 | 4.02* | +0.097 | +0.192 | +0.928 | 2.847 | A5 Vn |
| 70 | Vir | 5072 | 13 28 56.6 | +13 43 23 | 4.97 | +0.446 | +0.232 | +0.350 | | G4 V |
| | | 5163 | 13 44 27.1 | −05 33 05 | 6.53 | +0.028 | +0.172 | +0.980 | | A1 V |
| 1 | Cen | 5168 | 13 46 17.2 | −33 05 47 | 4.23* | +0.247 | +0.164 | +0.548 | 2.700 | F2 V$^+$ |
| 8 η | Boo | 5235 | 13 55 11.1 | +18 20 44 | 2.68 | +0.376 | +0.203 | +0.476 | 2.627 | G0 IV |

| Flamsteed/Bayer Designation | | | BS=HR No. | Right Ascension | Declination | $V$ | $b-y$ | $m_1$ | $c_1$ | $\beta$ | Spectral Type |
|---|---|---|---|---|---|---|---|---|---|---|---|
| | | | | h  m  s | ∘  ′  ″ | | | | | | |
| | | | 5270 | 14 03 02.8 | +09 38 08 | 6.21 | +0.638 | +0.087 | +0.541 | 2.533 | G8: II: Fe−5 |
| | | | 5280 | 14 03 23.2 | +50 55 18 | 6.15 | +0.020 | +0.181 | +1.016 | | A2 V |
| | $\chi$ | Cen | 5285 | 14 06 41.5 | −41 13 46 | 4.36* | −0.094 | +0.102 | +0.161 | 2.661 | B2 V |
| 12 | | Boo | 5304 | 14 10 52.7 | +25 02 32 | 4.82 | +0.347 | +0.172 | +0.443 | | F8 IV |
| | | | 5414 | 14 28 59.1 | +28 14 34 | 7.62 | +0.014 | +0.168 | +1.018 | | A1 V |
| | | | 5415 | 14 29 01.0 | +28 14 38 | 7.12 | +0.008 | +0.146 | +1.020 | | A1 V |
| 28 | $\sigma$ | Boo | 5447 | 14 35 08.2 | +29 42 00 | 4.47* | +0.253 | +0.135 | +0.484 | 2.675 | F2 V |
| 109 | | Vir | 5511 | 14 46 46.8 | +01 50 57 | 3.74 | +0.006 | +0.137 | +1.078 | 2.846 | A0 IVnn |
| | | | 5522 | 14 49 26.5 | −00 53 27 | 6.16 | −0.007 | +0.132 | +0.996 | | B9 Vp:v |
| 8 | $\alpha^1$ | Lib | 5530 | 14 51 16.1 | −16 02 25 | 5.16 | +0.265 | +0.156 | +0.494 | 2.681 | F3 V |
| 9 | $\alpha^2$ | Lib | 5531 | 14 51 27.7 | −16 05 06 | 2.75 | +0.074 | +0.192 | +0.996 | 2.860 | A3 III−IV |
| 45 | | Boo | 5634 | 15 07 45.8 | +24 49 44 | 4.93 | +0.287 | +0.161 | +0.448 | | F5 V |
| | | | 5633 | 15 07 49.3 | +18 24 06 | 6.02 | +0.032 | +0.190 | +1.017 | | A3 V |
| | $\lambda$ | Lup | 5626 | 15 09 33.3 | −45 19 10 | 4.06 | −0.077 | +0.105 | +0.265 | 2.687 | B3 V |
| 1 | | Lup | 5660 | 15 15 16.1 | −31 33 28 | 4.92 | +0.246 | +0.132 | +1.367 | 2.741 | F0 Ib−II |
| 49 | $\delta$ | Boo | 5681 | 15 15 55.6 | +33 16 34 | 3.49 | +0.587 | +0.346 | +0.410 | | G8 III Fe−1 |
| 27 | $\beta$ | Lib | 5685 | 15 17 34.4 | −09 25 16 | 2.61 | −0.040 | +0.100 | +0.750 | 2.706 | B8 IIIn |
| 7 | | Ser | 5717 | 15 22 53.1 | +12 31 50 | 6.28 | +0.008 | +0.136 | +1.044 | | A0 V |
| | | | 5754 | 15 27 52.1 | +62 14 22 | 6.40 | +0.062 | +0.210 | +0.982 | | A5 IV |
| | | | 5752 | 15 29 04.7 | +47 09 57 | 6.15 | +0.046 | +0.194 | +1.142 | | Am |
| 5 | $\alpha$ | CrB | 5793 | 15 35 08.0 | +26 40 47 | 2.24* | 0.000 | +0.144 | +1.060 | | A0 IV |
| | | | 5825 | 15 41 54.9 | −44 41 43 | 4.64 | +0.270 | +0.152 | +0.458 | 2.678 | F5 IV−V |
| 24 | $\alpha$ | Ser | 5854 | 15 44 47.1 | +06 23 35 | 2.64 | +0.715 | +0.572 | +0.445 | | K2 IIIb CN 1 |
| 27 | $\lambda$ | Ser | 5868 | 15 46 57.2 | +07 19 15 | 4.43 | +0.383 | +0.193 | +0.366 | 2.605 | G0− V |
| 1 | | Sco | 5885 | 15 51 36.8 | −25 46 57 | 4.65 | +0.006 | +0.070 | +0.122 | 2.639 | B3 V |
| 12 | $\lambda$ | CrB | 5936 | 15 56 10.5 | +37 55 02 | 5.44 | +0.230 | +0.161 | +0.654 | | F0 IV |
| 41 | $\gamma$ | Ser | 5933 | 15 56 56.3 | +15 37 41 | 3.86 | +0.319 | +0.151 | +0.401 | 2.632 | F6 V |
| 13 | $\epsilon$ | CrB | 5947 | 15 58 01.4 | +26 50 53 | 4.15 | +0.751 | +0.570 | +0.414 | | K2 IIIab |
| 15 | $\rho$ | CrB | 5968 | 16 01 26.8 | +33 16 20 | 5.40 | +0.396 | +0.176 | +0.331 | | G2 V |
| 9 | $\omega^1$ | Sco | 5993 | 16 07 25.4 | −20 41 49 | 3.94 | +0.037 | +0.042 | +0.009 | 2.617 | B1 V |
| 10 | $\omega^2$ | Sco | 5997 | 16 08 01.4 | −20 53 47 | 4.32 | +0.522 | +0.285 | +0.448 | 2.577 | G4 II−III |
| 14 | $\nu$ | Sco | 6027 | 16 12 36.4 | −19 29 14 | 3.99 | +0.080 | +0.051 | +0.137 | 2.663 | B2 IVp |
| 22 | $\tau$ | Her | 6092 | 16 20 03.4 | +46 17 20 | 3.88* | −0.056 | +0.089 | +0.440 | 2.702 | B5 IV |
| 22 | | Sco | 6141 | 16 30 50.8 | −25 08 15 | 4.79 | −0.047 | +0.092 | +0.191 | 2.665 | B2 V |
| 13 | $\zeta$ | Oph | 6175 | 16 37 44.3 | −10 35 15 | 2.56 | +0.088 | +0.014 | −0.069 | 2.583 | O9.5 Vn |
| 20 | | Oph | 6243 | 16 50 24.9 | −10 48 03 | 4.64 | +0.311 | +0.164 | +0.532 | 2.647 | F7 III |
| 59 | | Her | 6332 | 17 01 59.6 | +33 33 13 | 5.28 | +0.001 | +0.172 | +1.102 | 2.885 | A3 IV−Vs |
| 60 | | Her | 6355 | 17 05 51.9 | +12 43 37 | 4.90 | +0.064 | +0.207 | +0.992 | 2.877 | A4 IV |
| 35 | $\eta$ | Oph | 6378 | 17 10 58.7 | −15 44 16 | 2.42 | +0.029 | +0.186 | +1.076 | 2.894 | A2 Va+ (Sr) |
| 72 | | Her | 6458 | 17 21 03.2 | +32 27 17 | 5.39* | +0.405 | +0.178 | +0.312 | 2.588 | G0 V |
| 23 | $\beta$ | Dra | 6536 | 17 30 40.2 | +52 17 38 | 2.78 | +0.610 | +0.323 | +0.423 | 2.599 | G2 Ib−IIa |
| 85 | $\iota$ | Her | 6588 | 17 39 45.7 | +46 00 04 | 3.80 | −0.064 | +0.078 | +0.294 | 2.661 | B3 IV |
| 56 | $o$ | Ser | 6581 | 17 42 00.3 | −12 52 48 | 4.25* | +0.049 | +0.168 | +1.108 | 2.874 | A2 Va |
| 60 | $\beta$ | Oph | 6603 | 17 43 59.5 | +04 33 49 | 2.76 | +0.719 | +0.553 | +0.451 | | K2 III CN 0.5 |
| 58 | | Oph | 6595 | 17 44 03.6 | −21 41 15 | 4.87 | +0.304 | +0.150 | +0.408 | 2.645 | F7 V: |
| 62 | $\gamma$ | Oph | 6629 | 17 48 25.2 | +02 42 15 | 3.75 | +0.024 | +0.165 | +1.055 | 2.905 | A0 Van |
| 67 | | Oph | 6714 | 18 01 10.3 | +02 55 54 | 3.97 | +0.081 | +0.020 | +0.302 | 2.585 | B5 Ib |
| 68 | | Oph | 6723 | 18 02 17.2 | +01 18 20 | 4.44* | +0.029 | +0.137 | +1.087 | 2.842 | A0.5 Van |
| 99 | | Her | 6775 | 18 07 25.6 | +30 33 51 | 5.06 | +0.356 | +0.136 | +0.321 | | F7 V |
| | $\theta$ | Ara | 6743 | 18 07 26.9 | −50 05 23 | 3.67 | +0.007 | +0.037 | +0.006 | 2.582 | B2 Ib |

| Flamsteed/Bayer Designation | | BS=HR No. | Right Ascension | Declination | V | b−y | m₁ | c₁ | β | Spectral Type |
|---|---|---|---|---|---|---|---|---|---|---|
| | | | h m s | ° ′ ″ | | | | | | |
| | γ | Sct | 6930 | 18 29 47.8 | −14 33 30 | 4.69 | +0.045 | +0.147 | +1.208 | 2.846 | A2 III⁻ |
| 111 | | Her | 7069 | 18 47 29.1 | +18 11 38 | 4.36 | +0.061 | +0.216 | +0.942 | 2.895 | A3 Va⁺ |
| | | | 7119 | 18 55 19.2 | −15 35 21 | 5.09 | +0.175 | +0.026 | +0.468 | 2.626 | B5 II |
| 14 | γ | Lyr | 7178 | 18 59 20.2 | +32 42 16 | 3.24 | +0.001 | +0.093 | +1.219 | 2.751 | B9 II |
| | ε | CrA | 7152 | 18 59 25.8 | −37 05 34 | 4.85* | +0.253 | +0.161 | +0.617 | | F0 V |
| 17 | ζ | Aql | 7235 | 19 05 53.6 | +13 52 47 | 2.99 | +0.012 | +0.147 | +1.080 | 2.873 | A0 Vann |
| | | | 7253 | 19 07 02.7 | +28 38 44 | 5.53 | +0.176 | +0.189 | +0.747 | 2.756 | F0 III |
| | α | CrA | 7254 | 19 10 11.1 | −37 53 14 | 4.11 | +0.024 | +0.181 | +1.057 | 2.890 | A2 IVn |
| 1 | κ | Cyg | 7328 | 19 17 20.7 | +53 23 17 | 3.76 | +0.579 | +0.390 | +0.430 | | G9 III |
| 44 | ρ¹ | Sgr | 7340 | 19 22 16.9 | −17 49 36 | 3.93* | +0.130 | +0.194 | +0.950 | 2.809 | F0 III−IV |
| 30 | δ | Aql | 7377 | 19 26 01.7 | +03 08 11 | 3.37* | +0.203 | +0.170 | +0.711 | 2.733 | F2 IV−V |
| 61 | σ | Dra | 7462 | 19 32 20.3 | +69 40 45 | 4.67 | +0.472 | +0.324 | +0.266 | | K0 V |
| 13 | θ | Cyg | 7469 | 19 36 43.4 | +50 14 45 | 4.49 | +0.262 | +0.157 | +0.502 | 2.689 | F4 V |
| 41 | ι | Aql | 7447 | 19 37 15.9 | −01 15 46 | 4.36 | −0.017 | +0.087 | +0.574 | 2.704 | B5 III |
| 39 | κ | Aql | 7446 | 19 37 27.3 | −07 00 12 | 4.95 | +0.085 | −0.024 | −0.031 | 2.563 | B0.5 IIIn |
| 5 | α | Sge | 7479 | 19 40 34.0 | +18 02 19 | 4.39 | +0.489 | +0.259 | +0.471 | | G1 II |
| 16 | | Cyg | 7503 | 19 42 05.7 | +50 32 59 | 5.98 | +0.410 | +0.212 | +0.368 | | G1.5 Vb |
| | | | 7504 | 19 42 08.7 | +50 32 32 | 6.23 | +0.417 | +0.223 | +0.349 | | G3 V |
| 50 | γ | Aql | 7525 | 19 46 45.5 | +10 38 22 | 2.71 | +0.936 | +0.762 | +0.292 | | K3 II |
| 17 | | Cyg | 7534 | 19 46 49.5 | +33 45 09 | 5.01 | +0.312 | +0.155 | +0.436 | | F7 V |
| 53 | α | Aql | 7557 | 19 51 17.7 | +08 53 48 | 0.76 | +0.137 | +0.178 | +0.880 | | A7 Vnn |
| 54 | o | Aql | 7560 | 19 51 31.8 | +10 26 33 | 5.13 | +0.356 | +0.182 | +0.415 | | F8 V |
| 60 | β | Aql | 7602 | 19 55 49.7 | +06 26 01 | 3.72* | +0.522 | +0.303 | +0.345 | | G8 IV |
| 61 | φ | Aql | 7610 | 19 56 44.1 | +11 27 08 | 5.29 | −0.006 | +0.178 | +1.021 | | A1 IV |
| 8 | ν | Cap | 7773 | 20 21 14.7 | −12 43 31 | 4.76 | −0.020 | +0.135 | +1.011 | 2.853 | B9.5 V |
| 37 | γ | Cyg | 7796 | 20 22 36.3 | +40 17 27 | 2.23 | +0.396 | +0.296 | +0.885 | 2.641 | F8 Ib |
| 3 | η | Del | 7858 | 20 34 26.8 | +13 03 49 | 5.40 | +0.023 | +0.207 | +0.983 | 2.918 | A3 IV |
| 9 | α | Del | 7906 | 20 40 07.5 | +15 56 59 | 3.77 | −0.019 | +0.125 | +0.893 | 2.799 | B9 IV |
| 53 | ε | Cyg | 7949 | 20 46 38.2 | +34 00 36 | 2.46 | +0.627 | +0.415 | +0.425 | | K0 III |
| 16 | ψ | Cap | 7936 | 20 46 42.9 | −25 13 57 | 4.14 | +0.278 | +0.161 | +0.465 | 2.673 | F4 V |
| 55 | v1661 | Cyg | 7977 | 20 49 17.8 | +46 09 12 | 4.86* | +0.356 | −0.067 | +0.153 | 2.530 | B2.5 Ia |
| 56 | | Cyg | 7984 | 20 50 27.3 | +44 05 57 | 5.04 | +0.108 | +0.209 | +0.897 | 2.844 | A4m |
| 22 | η | Cap | 8060 | 21 05 00.1 | −19 48 46 | 4.86 | +0.090 | +0.191 | +0.946 | 2.861 | A5 V |
| 61 | v1803 | CygA | 8085 | 21 07 22.2 | +38 48 05 | 5.21 | +0.656 | +0.677 | +0.136 | | K5 V |
| 61 | | CygB | 8086 | 21 07 23.5 | +38 47 38 | 6.04 | +0.792 | +0.673 | +0.063 | | K7 V |
| 67 | σ | Cyg | 8143 | 21 17 49.7 | +39 26 21 | 4.23 | +0.138 | +0.027 | +0.571 | 2.583 | B9 Iab |
| 5 | α | Cep | 8162 | 21 18 49.8 | +62 37 49 | 2.45* | +0.125 | +0.190 | +0.936 | 2.808 | A7 V⁺n |
| | γ | Pav | 8181 | 21 27 18.0 | −65 19 05 | 4.23 | +0.333 | +0.118 | +0.315 | 2.613 | F6 Vp |
| 9 | v337 | Cep | 8279 | 21 38 12.1 | +62 07 46 | 4.73* | +0.275 | −0.051 | +0.135 | 2.558 | B2 Ib |
| 5 | | Peg | 8267 | 21 38 14.9 | +19 21 58 | 5.47* | +0.199 | +0.172 | +0.890 | 2.734 | F0 V⁺ |
| 9 | | Peg | 8313 | 21 45 00.5 | +17 23 55 | 4.34 | +0.706 | +0.479 | +0.346 | | G5 Ib |
| 13 | | Peg | 8344 | 21 50 38.7 | +17 20 06 | 5.29* | +0.263 | +0.156 | +0.545 | 2.688 | F2 III−IV |
| | γ | Gru | 8353 | 21 54 33.7 | −37 18 54 | 3.01 | −0.045 | +0.106 | +0.726 | | B8 IV−Vs |
| | α | Gru | 8425 | 22 08 53.4 | −46 54 35 | 1.74 | −0.058 | +0.107 | +0.568 | 2.729 | B7 Vn |
| 14 | μ | PsA | 8431 | 22 08 59.6 | −32 56 13 | 4.50 | +0.032 | +0.167 | +1.070 | 2.872 | A1 IVnn |
| 29 | π | Peg | 8454 | 22 10 27.3 | +33 13 48 | 4.29 | +0.304 | +0.177 | +0.778 | | F3 III |
| 23 | ε | Cep | 8494 | 22 15 25.5 | +57 05 46 | 4.19* | +0.169 | +0.192 | +0.787 | 2.758 | A9 IV |
| 35 | | Peg | 8551 | 22 28 23.4 | +04 44 55 | 4.79 | +0.640 | +0.420 | +0.418 | | K0 III |
| 7 | α | Lac | 8585 | 22 31 43.6 | +50 20 12 | 3.77 | +0.001 | +0.173 | +1.030 | 2.906 | A1 Va |
| 9 | | Lac | 8613 | 22 37 48.4 | +51 35 58 | 4.65 | +0.149 | +0.172 | +0.935 | 2.784 | A8 IV |

| Flamsteed/Bayer Designation | | BS=HR No. | Right Ascension | Declination | V | b−y | $m_1$ | $c_1$ | $\beta$ | Spectral Type |
|---|---|---|---|---|---|---|---|---|---|---|
| | | | h  m  s | ° ′ ″ | | | | | | |
| 10 | Lac | 8622 | 22 39 44.0 | +39 06 18 | 4.89 | −0.066 | +0.037 | −0.117 | 2.587 | O9 V |
| 42 ζ | Peg | 8634 | 22 41 59.2 | +10 53 11 | 3.40 | −0.035 | +0.114 | +0.867 | 2.768 | B8.5 III |
| β | Oct | 8630 | 22 47 04.6 | −81 19 34 | 4.14 | +0.124 | +0.191 | +0.915 | 2.817 | A7 III−IV |
| 46 ξ | Peg | 8665 | 22 47 13.1 | +12 13 37 | 4.19 | +0.330 | +0.147 | +0.407 | | F6 V |
| ε | Gru | 8675 | 22 49 11.1 | −51 15 41 | 3.49 | +0.051 | +0.161 | +1.143 | 2.856 | A2 Va |
| 76 δ | Aqr | 8709 | 22 55 12.4 | −15 45 53 | 3.28 | +0.036 | +0.167 | +1.157 | 2.890 | A3 IV−V |
| 51 | Peg | 8729 | 22 57 59.0 | +20 49 31 | 5.45 | +0.415 | +0.233 | +0.372 | | G2.5 IVa |
| 24 α | PsA | 8728 | 22 58 13.7 | −29 33 59 | 1.16 | +0.039 | +0.208 | +0.985 | 2.906 | A3 Va |
| 54 α | Peg | 8781 | 23 05 17.1 | +15 15 43 | 2.48 | −0.012 | +0.130 | +1.128 | 2.840 | A0 III−IV |
| 59 | Peg | 8826 | 23 12 16.0 | +08 46 38 | 5.16 | +0.076 | +0.164 | +1.091 | 2.820 | A3 Van |
| 7 | And | 8830 | 23 13 02.0 | +49 27 49 | 4.53 | +0.188 | +0.169 | +0.713 | | F0 V |
| γ | Tuc | 8848 | 23 18 02.2 | −58 10 41 | 3.99 | +0.271 | +0.143 | +0.564 | 2.665 | F2 V |
| 62 τ | Peg | 8880 | 23 21 09.5 | +23 47 52 | 4.60* | +0.105 | +0.166 | +1.009 | | A5 V |
| | | 8899 | 23 24 18.6 | +32 35 21 | 6.69 | +0.321 | +0.121 | +0.404 | | F4 Vw |
| 16 | PsC | 8954 | 23 36 55.4 | +02 09 38 | 5.69 | +0.306 | +0.122 | +0.386 | | F6 Vbvw |
| 17 ι | And | 8965 | 23 38 39.3 | +43 19 35 | 4.29 | −0.031 | +0.100 | +0.784 | 2.728 | B8 V |
| 17 ι | Psc | 8969 | 23 40 29.5 | +05 41 00 | 4.13 | +0.331 | +0.161 | +0.398 | 2.621 | F7 V |
| 19 κ | And | 8976 | 23 40 55.7 | +44 23 32 | 4.14 | −0.035 | +0.131 | +0.831 | 2.833 | B8 IVn |
| 28 ω | Psc | 9072 | 23 59 51.1 | +06 55 17 | 4.03 | +0.271 | +0.154 | +0.631 | 2.667 | F3 V |

## Notes to Table

\* *V* magnitude may be or is variable.

| Name | Right Ascension | Declination | $V$ | Spectral Type | Note |
|---|---|---|---|---|---|
| | h  m   s | °   ′   ″ | | | |
| HR 9087 | 00 02 21.74 | −02 58 08.7 | 5.12 | B7III | |
| G 158−100 | 00 34 26.55 | −12 04 32.7 | 14.89 | dG−K | |
| HR 153 | 00 37 33.71 | +53 57 16.4 | 3.66 | B2IV | |
| LTT 377 | 00 42 17.49 | −33 35 41.9 | 11.23 | F | |
| BPM 16274 | 00 50 32.02 | −52 04 50.0 | 14.20 | DA2 | Mod. |
| LTT 1020 | 01 55 19.30 | −27 25 33.7 | 11.52 | G | |
| HR 718 | 02 28 43.12 | +08 30 23.9 | 4.28 | B9III | |
| EG 21 | 03 10 36.96 | −68 33 42.7 | 11.38 | DA | |
| LTT 1788 | 03 48 45.60 | −39 06 45.3 | 13.16 | F | |
| GD 50 | 03 49 22.33 | −00 56 39.1 | 14.06 | DA2 | |
| SA 95−42 | 03 54 15.93 | −00 02 44.0 | 15.61 | DA | |
| HZ 4 | 03 55 56.48 | +09 49 06.7 | 14.52 | DA4 | |
| LB 227 | 04 10 04.70 | +17 09 32.3 | 15.34 | DA4 | |
| HZ 2 | 04 13 18.51 | +11 53 22.8 | 13.86 | DA3 | |
| HR 1544 | 04 51 11.11 | +08 55 02.7 | 4.36 | A1V | |
| G 191−B2B | 05 06 20.90 | +52 50 40.1 | 11.78 | DA1 | |
| HR 1996 | 05 46 23.34 | −32 18 10.8 | 5.17 | O9V | Mod. |
| GD 71 | 05 53 03.97 | +15 53 18.2 | 13.03 | DA1 | |
| LTT 2415 | 05 56 49.80 | −27 51 30.8 | 12.21 | | |
| HILT 600 | 06 45 46.17 | +02 07 33.2 | 10.44 | B1 | |
| HD 49798 | 06 48 23.58 | −44 19 42.3 | 8.30 | O6 | Mod. |
| HD 60753 | 07 33 43.93 | −50 36 26.8 | 6.70 | B3IV | Mod. |
| G 193−74 | 07 54 15.51 | +52 27 48.6 | 15.70 | DA0 | |
| BD +75°325 | 08 12 05.62 | +74 56 03.8 | 9.54 | O5p | |
| LTT 3218 | 08 41 57.10 | −32 58 38.1 | 11.86 | DA | |
| HR 3454 | 08 43 46.38 | +03 21 37.5 | 4.30 | B3V | |
| AGK+81°266 | 09 22 52.56 | +81 40 44.6 | 11.92 | sdO | |
| GD 108 | 10 01 18.69 | −07 36 33.9 | 13.56 | sdB | |
| LTT 3864 | 10 32 41.91 | −35 40 57.1 | 12.17 | F | |
| Feige 34 | 10 40 13.53 | +43 02 51.3 | 11.18 | DO | |
| HD 93521 | 10 48 59.10 | +37 30 52.8 | 7.04 | O9Vp | |
| HR 4468 | 11 37 12.91 | −09 51 37.4 | 4.70 | B9.5V | |
| LTT 4364 | 11 46 07.86 | −64 54 00.2 | 11.50 | C2 | |
| HR 4554 | 11 54 22.75 | +53 38 10.9 | 2.44 | A0V | Mod. |
| Feige 56 | 12 07 19.42 | +11 36 42.2 | 11.06 | B5p | |
| HZ 21 | 12 14 27.99 | +32 53 01.4 | 14.68 | DO2 | |
| Feige 66 | 12 37 54.74 | +25 00 32.0 | 10.50 | sdO | |
| LTT 4816 | 12 39 24.53 | −49 51 29.8 | 13.79 | DA | |
| Feige 67 | 12 42 23.26 | +17 27 52.5 | 11.81 | sdO | |
| GD 153 | 12 57 33.18 | +21 58 26.5 | 13.35 | DA1 | |
| G 60−54 | 13 00 40.83 | +03 25 08.8 | 15.81 | DC | |
| HR 4963 | 13 10 29.66 | −05 35 41.4 | 4.38 | A1IV | |
| HZ 43 | 13 16 51.45 | +29 02 35.5 | 12.91 | DA1 | |
| HZ 44 | 13 24 03.83 | +36 04 43.1 | 11.66 | sdO | |
| GRW+70°5824 | 13 39 05.56 | +70 13 56.2 | 12.77 | DA3 | |

| Name | Right Ascension | Declination | $V$ | Spectral Type | Note |
|---|---|---|---|---|---|
| | h  m  s | °  ′  ″ | | | |
| HR 5191 | 13 47 57.21 | +49 15 40.0 | 1.86 | B3V | Mod. |
| CD−32°9927 | 14 12 23.59 | −33 06 10.7 | 10.42 | A0 | |
| HR 5501 | 14 46 02.36 | +00 40 24.4 | 5.68 | B9.5V | |
| LTT 6248 | 15 39 38.02 | −28 37 39.9 | 11.80 | A | |
| BD+33°2642 | 15 52 24.46 | +32 55 03.0 | 10.81 | B2IV | |
| EG 274 | 16 24 16.66 | −39 15 11.8 | 11.03 | DA | |
| G 138−31 | 16 28 23.60 | +09 10 49.0 | 16.14 | DC | |
| LTT 7379 | 18 37 11.58 | −44 18 04.9 | 10.23 | G0 | |
| HR 7001 | 18 37 17.68 | +38 47 38.3 | 0.00 | A0V | |
| HR 7596 | 19 55 17.05 | +00 18 06.2 | 5.62 | A0III | |
| LTT 7987 | 20 11 35.72 | −30 11 15.2 | 12.23 | DA | |
| G 24−9 | 20 14 26.41 | +06 44 35.1 | 15.72 | DC | |
| HR 7950 | 20 48 14.60 | −09 27 24.4 | 3.78 | A1V | |
| LDS 749B | 21 32 48.76 | +00 18 03.1 | 14.67 | DB4 | |
| BD+28°4211 | 21 51 39.16 | +28 54 48.0 | 10.51 | Op | |
| G 93−48 | 21 52 57.37 | +02 26 15.2 | 12.74 | DA3 | |
| BD+25°4655 | 22 00 10.74 | +26 28 59.1 | 9.76 | O | |
| NGC 7293 | 22 30 12.90 | −20 46 59.3 | 13.51 | V.Hot | |
| HR 8634 | 22 41 59.16 | +10 53 11.1 | 3.40 | B8V | |
| LTT 9239 | 22 53 14.89 | −20 32 14.7 | 12.07 | F | |
| LTT 9491 | 23 20 08.67 | −17 02 01.2 | 14.11 | DC | |
| Feige 110 | 23 20 30.90 | −05 06 29.0 | 11.82 | DOp | |
| GD 248 | 23 26 38.25 | +16 03 46.5 | 15.09 | DC | |

## Notes to Table

Mod.    Model data for the optical range; only suitable as a standard in the ultraviolet range.

| Name | | | HD No. | BS=HR No. | Right Ascension | Declination | V | $v_r$ | | Spectral Type |
|---|---|---|---|---|---|---|---|---|---|---|
| | | | | | h m s | ° ′ ″ | | km/s | | |
| 6 | | Cet | 693 | 33 | 00 11 47.9 | −15 24 37 | 4.89 | + 14.7 | ± 0.2 | F5 V |
| 18 | α | Cas | 3712 | 168 | 00 41 06.6 | +56 35 41 | 2.23 | − 3.9 | 0.1 | K0⁻IIIa |
| | | | 3765 | | 00 41 24.0 | +40 14 34 | 7.36 | − 63.0 | 0.2 | K2 V |
| 16 | β | Cet | 4128 | 188 | 00 44 07.0 | −17 55 45 | 2.04 | + 13.1 | 0.1 | G9 III CH−1 CN 0.5 Ca 1 |
| | | | 4388 | | 00 47 01.0 | +31 00 31 | 7.34 | − 28.3 | 0.6 | K3 III |
| | | | 6655 | | 01 05 38.1 | −72 29 54 | 8.06 | + 15.5 | ± 0.5 | F8 V |
| | | | 8779 | 416 | 01 26 59.6 | −00 20 41 | 6.41 | − 5.0 | 0.6 | K0 IV |
| 98 | μ | Psc | 9138 | 434 | 01 30 44.2 | +06 11 52 | 4.84 | + 35.4 | 0.5 | K4 III |
| | | | 12029 | | 01 59 18.1 | +29 25 50 | 7.44 | + 38.6 | 0.5 | K2 III |
| 13 | α | Ari | 12929 | 617 | 02 07 46.1 | +23 30 42 | 2.00 | − 14.3 | 0.2 | K2 IIIab |
| 92 | α | Cet | 18884 | 911 | 03 02 49.8 | +04 07 49 | 2.53 | − 25.8 | ± 0.1 | M1.5 IIIa |
| 10 | | Tau | 22484 | 1101 | 03 37 24.6 | +00 26 04 | 4.28 | + 27.9 | 0.1 | F9 IV−V |
| | | | 23169 | | 03 44 31.1 | +25 45 28 | 8.50 | + 13.3 | 0.2 | G2 V |
| | | | 24331 | | 03 50 57.1 | −42 31 57 | 8.61 | + 22.4 | 0.5 | K2 V |
| 43 | | Tau | 26162 | 1283 | 04 09 46.8 | +19 38 10 | 5.50 | + 23.9 | 0.6 | K1 III |
| 87 | α | Tau | 29139 | 1457 | 04 36 31.5 | +16 31 47 | 0.85 | + 54.1 | ± 0.1 | K5⁺III |
| | | | 32963 | | 05 08 34.8 | +26 20 27 | 7.60 | − 63.1 | 0.4 | G5 IV |
| 9 | β | Lep | 36079 | 1829 | 05 28 41.7 | −20 45 06 | 2.84 | − 13.5 | 0.1 | G5 II |
| | | | 39194 | | 05 44 24.8 | −70 08 10 | 8.09 | + 14.2 | 0.4 | K0 V |
| CD | −43° | 2527 | | | 06 32 34.3 | −43 31 43 | 8.65 | + 13.1 | 0.5 | K1 III |
| | | | 48381 | | 06 42 06.1 | −33 28 49 | 8.49 | + 39.5 | ± 0.5 | K0 IV |
| 18 | μ | CMa | 51250 | 2593 | 06 56 35.5 | −14 03 28 | 5.00 | + 19.6 | 0.5 | K2 III +B9 V: |
| 78 | β | Gem | 62509 | 2990 | 07 45 57.4 | +28 00 00 | 1.14 | + 3.3 | 0.1 | K0 IIIb |
| | | | 65583 | | 08 01 11.1 | +29 10 46 | 6.97 | + 12.5 | 0.4 | G8 V |
| | | | 66141 | 3145 | 08 02 48.7 | +02 18 18 | 4.39 | + 70.9 | ± 0.3 | K2 IIIb Fe−0.5 |
| | | | 65934 | | 08 02 49.4 | +26 36 29 | 7.70 | + 35.0 | 0.3 | G8 III |
| | | | 75935 | | 08 54 27.4 | +26 52 23 | 8.46 | − 18.9 | 0.3 | G8 V |
| | | | 80170 | 3694 | 09 17 21.8 | −39 26 45 | 5.33 | 0.0 | 0.2 | K5 III−IV |
| 30 | α | Hya | 81797 | 3748 | 09 28 06.2 | −08 42 16 | 1.98 | − 4.4 | 0.2 | K3 II−III |
| | | | 83443 | | 09 37 36.4 | −43 19 12 | 8.23 | + 27.6 | 0.5 | K0 V |
| | | | 83516 | | 09 38 29.0 | −35 07 28 | 8.63 | + 42.0 | ± 0.5 | G8 IV |
| 17 | ε | Leo | 84441 | 3873 | 09 46 26.7 | +23 43 32 | 2.98 | + 4.8 | 0.1 | G1 II |
| | | | 90861 | | 10 30 28.9 | +28 31 38 | 6.88 | + 36.3 | 0.4 | K2 III |
| 33 | | Sex | 92588 | 4182 | 10 41 56.2 | −01 47 49 | 6.26 | + 42.8 | 0.1 | K1 IV |
| | | | 101266 | | 11 39 21.7 | −45 25 16 | 9.30 | + 20.6 | 0.5 | G5 IV |
| | | | 102494 | | 11 48 29.0 | +27 16 56 | 7.48 | − 22.9 | ± 0.3 | G9 IVw... |
| 5 | β | Vir | 102870 | 4540 | 11 51 14.5 | +01 42 20 | 3.61 | + 5.0 | 0.2 | F9 V |
| | | | 103095 | 4550 | 11 53 34.9 | +37 38 36 | 6.45 | − 99.1 | 0.3 | G8 Vp |
| 16 | | Vir | 107328 | 4695 | 12 20 53.0 | +03 15 15 | 4.96 | + 35.7 | 0.3 | K0.5 IIIb Fe−0.5 |
| 9 | β | Crv | 109379 | 4786 | 12 34 56.4 | −23 27 17 | 2.65 | − 7.0 | 0.0 | G5 IIb |
| | | | 111417 | | 12 50 07.2 | −45 52 59 | 8.30 | − 16.0 | ± 0.5 | K3 IV |
| | | | 112299 | | 12 55 59.0 | +25 40 52 | 8.39 | + 3.4 | 0.5 | F8 V |
| | | | 120223 | | 13 49 45.0 | −43 47 07 | 8.96 | − 24.1 | 0.6 | G8 IV−V |
| | | | 122693 | | 14 03 21.1 | +24 30 39 | 8.11 | − 6.3 | 0.2 | F8 V |
| 16 | α | Boo | 124897 | 5340 | 14 16 08.4 | +19 07 41 | −0.04 | − 5.3 | 0.1 | K1.5 III Fe−0.5 |

| Name | | | HD No. | BS=HR No. | Right Ascension | Declination | $V$ | $v_r$ | | | Spectral Type |
|---|---|---|---|---|---|---|---|---|---|---|---|
| | | | | | h  m  s | ° ′ ″ | | km/s | | | |
| | | | 126053 | 5384 | 14 23 47.6 | +01 11 34 | 6.27 | − | 18.5 | ± 0.4 | G1 V |
| | | | 132737 | | 15 00 19.6 | +27 07 09 | 7.64 | − | 24.1 | 0.3 | K0 III |
| 5 | | Ser | 136202 | 5694 | 15 19 51.0 | +01 43 35 | 5.06 | + | 53.5 | 0.2 | F8 III−IV |
| | | | 144579 | | 16 05 18.6 | +39 07 43 | 6.66 | − | 60.0 | 0.3 | G8 IV |
| 7 | $\kappa$ | Her | 145001 | 6008 | 16 08 33.0 | +17 01 11 | 5.00 | − | 9.5 | 0.2 | G5 III |
| 1 | $\delta$ | Oph | 146051 | 6056 | 16 14 53.8 | −03 43 14 | 2.74 | − | 19.8 | ± 0.0 | M0.5 III |
| | $\alpha$ | TrA | 150798 | 6217 | 16 49 47.1 | −69 02 44 | 1.92 | − | 3.7 | 0.2 | K2 IIb−IIIa |
| | | | 154417 | 6349 | 17 05 48.9 | +00 41 16 | 6.01 | − | 17.4 | 0.3 | F8.5 IV−V |
| | $\kappa$ | Ara | 157457 | 6468 | 17 26 49.3 | −50 38 31 | 5.23 | + | 17.4 | 0.2 | G8 III |
| 60 | $\beta$ | Oph | 161096 | 6603 | 17 43 59.5 | +04 33 49 | 2.77 | − | 12.0 | 0.1 | K2 III CN 0.5 |
| 19 | $\delta$ | Sgr | 168454 | 6859 | 18 21 40.0 | −29 49 22 | 2.70 | − | 20.0 | ± 0.0 | K2.5 IIIa CN 0.5 |
| | | | 171391 | 6970 | 18 35 37.4 | −10 58 06 | 5.14 | + | 6.9 | 0.2 | G8 III |
| | | | 176047 | | 19 00 26.3 | −34 27 22 | 8.10 | − | 40.7 | 0.5 | K1 III |
| 31 | | Aql | 182572 | 7373 | 19 25 28.2 | +11 58 03 | 5.16 | − | 100.5 | 0.4 | G7 IV H$\delta$ 1 |
| BD 28° 3402 | | | | | 19 35 25.5 | +29 06 39 | 8.88 | − | 36.6 | 0.5 | F7 V |
| 54 | $o$ | Aql | 187691 | 7560 | 19 51 31.8 | +10 26 33 | 5.11 | + | 0.1 | ± 0.3 | F8 V |
| | | | 193231 | | 20 22 26.6 | −54 46 45 | 8.39 | − | 29.1 | 0.6 | G5 V |
| | | | 194071 | | 20 23 03.8 | +28 16 50 | 7.80 | − | 9.8 | 0.1 | G8 III |
| | | | 196983 | | 20 42 29.9 | −33 51 00 | 9.08 | − | 8.0 | 0.6 | K2 III |
| 33 | | Cap | 203638 | 8183 | 21 24 45.2 | −20 48 24 | 5.41 | + | 21.9 | 0.1 | K0 III |
| 22 | $\beta$ | Aqr | 204867 | 8232 | 21 32 06.7 | −05 31 28 | 2.91 | + | 6.7 | ± 0.1 | G0 Ib |
| 35 | | Peg | 212943 | 8551 | 22 28 23.4 | +04 44 55 | 4.79 | + | 54.3 | 0.3 | K0 III |
| | | | 213014 | | 22 28 42.2 | +17 19 02 | 7.45 | − | 39.7 | 0.0 | G9 III |
| | | | 213947 | | 22 35 06.3 | +26 39 10 | 6.88 | + | 16.7 | 0.3 | K2 |
| | | | 219509 | | 23 17 59.8 | −66 51 47 | 8.71 | + | 62.3 | 0.5 | K5 V |
| 17 | $\iota$ | Psc | 222368 | 8969 | 23 40 29.5 | +05 41 00 | 4.13 | + | 5.3 | ± 0.2 | F7 V |
| | | | 223311 | 9014 | 23 49 04.8 | −06 19 20 | 6.07 | − | 20.4 | 0.1 | K4 III |

| Name | | HD No. | Right Ascension | Declination | Type | Magnitude | | Mag. Type | Epoch 2400000+ | Period | Spectral Type |
|------|------|--------|----------------|-------------|------|------|------|------|------|------|------|
| | | | | | | Max. | Min. | | | | |
| | | | h m s | ° ′ ″ | | | | | | d | |
| WW | Cet | | 00 11 56.9 | −11 25 13 | UGz: | 9.3 | 16.0 | p | | 31.2: | pec(UG) |
| S | Scl | 1115 | 00 15 54.0 | −31 59 13 | M | 5.5 | 13.6 | v | 42345 | 362.57 | M3e−M9e(TC) |
| T | Cet | 1760 | 00 22 18.1 | −20 00 00 | SRc | 5.0 | 6.9 | v | 40562 | 158.9 | M5−6SIIe |
| R | And | 1967 | 00 24 35.4 | +38 38 06 | M | 5.8 | 14.9 | v | 43135 | 409.33 | S3,5e−S8,8e(M7e) |
| TV | Psc | 2411 | 00 28 35.8 | +17 57 04 | SR | 4.65 | 5.42 | V | 31387 | 49.1 | M3III−M4IIIb |
| EG | And | 4174 | 00 45 11.8 | +40 44 12 | Z And | 7.08 | 7.8 | V | | | M2IIIep |
| U | Cep | 5679 | 01 03 17.5 | +81 55 55 | EA | 6.75 | 9.24 | V | 51492.323 | 2.493 | B7Ve + G8III−IV |
| RX | And | | 01 05 11.3 | +41 21 20 | UGz | 10.3 | 15.4 | v | | 14: | pec(UG) |
| ζ | Phe | 6882 | 01 08 49.4 | −55 11 23 | EA | 3.91 | 4.42 | V | 41957.6058 | 1.670 | B6V + B9V |
| WX | Hyi | | 02 10 08.2 | −63 15 42 | UGsu | 9.6 | 14.85 | V | | 13.7: | pec(UG) |
| KK | Per | 13136 | 02 10 59.6 | +56 36 30 | Lc | 6.6 | 7.89 | V | | | M1.0Iab−M3.5Iab |
| ο | Cet | 14386 | 02 19 52.7 | −02 55 49 | M | 2.0 | 10.1 | v | 44839 | 331.96 | M5e−M9e |
| VW | Ari | 15165 | 02 27 19.5 | +10 36 44 | SX Phe: | 6.64 | 6.76 | V | | 0.149 | F0IV |
| U | Cet | 15971 | 02 34 13.9 | −13 06 10 | M | 6.8 | 13.4 | v | 42137 | 234.76 | M2e−M6e |
| R | Tri | 16210 | 02 37 40.7 | +34 18 34 | M | 5.4 | 12.6 | v | 45215 | 266.9 | M4IIIe−M8e |
| RZ | Cas | 17138 | 02 49 53.3 | +69 40 39 | EA | 6.18 | 7.72 | V | 48960.2122 | 1.195 | A2.8V |
| R | Hor | 18242 | 02 54 13.7 | −49 50 50 | M | 4.7 | 14.3 | v | 41494 | 407.6 | M5e−M8eII−III |
| ρ | Per | 19058 | 03 05 51.2 | +38 52 49 | SRb | 3.30 | 4.0 | V | | 50: | M4IIb−IIIb |
| β | Per | 19356 | 03 08 51.4 | +40 59 43 | EA | 2.12 | 3.39 | V | 52207.684 | 2.867 | B8V |
| λ | Tau | 25204 | 04 01 15.8 | +12 31 10 | EA | 3.37 | 3.91 | V | 47185.265 | 3.953 | B3V + A4IV |
| VW | Hyi | | 04 09 07.1 | −71 16 04 | UGsu | 8.4 | 14.4 | v | | 27.3: | pec(UG) |
| R | Dor | 29712 | 04 36 53.0 | −62 03 24 | SRb | 4.8 | 6.6 | v | | 338: | M8IIIe |
| HU | Tau | 29365 | 04 38 53.1 | +20 42 18 | EA | 5.85 | 6.68 | V | 42412.456 | 2.056 | B8V |
| R | Cae | 29844 | 04 40 52.0 | −38 12 56 | M | 6.7 | 13.7 | v | 40645 | 390.95 | M6e |
| R | Pic | 30551 | 04 46 26.4 | −49 13 38 | SR | 6.35 | 10.1 | V | 44922 | 170.9 | M1IIe−M4IIe |
| R | Lep | 31996 | 05 00 05.1 | −14 47 28 | M | 5.5 | 11.7 | v | 42506 | 427.07 | C7,6e(N6e) |
| ε | Aur | 31964 | 05 02 43.5 | +43 50 16 | EA | 2.92 | 3.83 | V | 35629 | 9892 | A8Ia−F2epIa + BV |
| RX | Lep | 33664 | 05 11 52.3 | −11 50 12 | SRb | 5.0 | 7.4 | v | | 60: | M6.2III |
| AR | Aur | 34364 | 05 19 00.4 | +33 46 40 | EA | 6.15 | 6.82 | V | 49706.3615 | 4.135 | Ap(Hg−Mn) + B9V |
| TZ | Men | 39780 | 05 28 13.9 | −84 46 38 | EA | 6.19 | 6.87 | V | 39190.34 | 8.569 | A1III + B9V: |
| β | Dor | 37350 | 05 33 43.1 | −62 28 59 | δ Cep | 3.46 | 4.08 | V | 40905.30 | 9.843 | F4−G4Ia−II |
| SU | Tau | 247925 | 05 49 42.0 | +19 04 06 | RCB | 9.1 | 16.86 | V | | | G0−1Iep(C1,0Hd) |
| α | Ori | 39801 | 05 55 44.4 | +07 24 30 | SRc | 0.0 | 1.3 | v | | 2335 | M1−M2Ia−Ibe |
| U | Ori | 39816 | 05 56 26.6 | +20 10 34 | M | 4.8 | 13.0 | v | 45254 | 368.3 | M6e−M9.5e |
| SS | Aur | | 06 14 10.1 | +47 44 12 | UGss | 10.3 | 15.8 | v | | 55.5: | pec(UG) |
| η | Gem | 42995 | 06 15 30.7 | +22 30 10 | SRa+EA | 3.15 | 3.9 | V | 37725 | 232.9 | M3IIIab |
| T | Mon | 44990 | 06 25 47.0 | +07 04 45 | δ Cep | 5.58 | 6.62 | V | 43784.615 | 27.025 | F7Iab−K1Iab +... |
| RT | Aur | 45412 | 06 29 14.6 | +30 29 08 | δ Cep | 5.00 | 5.82 | V | 42361.155 | 3.728 | F4Ib−G1Ib |
| WW | Aur | 46052 | 06 33 08.3 | +32 26 47 | EA | 5.79 | 6.54 | V | 41399.305 | 2.525 | A3m: + A3m: |
| IR | Gem | | 06 48 19.3 | +28 04 00 | UGsu | 11.2 | 17.0 | V | | 75: | pec(UG) |
| IS | Gem | 49380 | 06 50 22.3 | +32 35 38 | SRc | 6.6 | 7.3 | p | | 47: | K3II |
| ζ | Gem | 52973 | 07 04 43.9 | +20 33 15 | δ Cep | 3.62 | 4.18 | V | 43805.927 | 10.151 | F7Ib−G3Ib |
| L₂ | Pup | 56096 | 07 13 51.6 | −44 39 26 | SRb | 2.6 | 6.2 | v | | 140.6 | M5IIIe−M6IIIe |
| R | CMa | 57167 | 07 19 56.7 | −16 24 56 | EA | 5.70 | 6.34 | V | 50015.6841 | 1.136 | F1V |
| U | Mon | 59693 | 07 31 17.5 | −09 47 58 | RVb | 6.1 | 8.8 | p | 38496 | 91.32 | F8eVIb−K0pIb(M2) |
| U | Gem | 64511 | 07 55 42.5 | +21 58 23 | UGss+E | 8.6 | 15.5 | v | | 105.2: | pec(UG) + M4.5V |
| V | Pup | 65818 | 07 58 32.6 | −49 16 26 | EB | 4.35 | 4.92 | V | 45367.6063 | 1.454 | B1Vp + B3: |
| AR | Pup | | 08 03 25.0 | −36 37 36 | RVb | 8.7 | 10.9 | p | | 74.58 | F0I−II−F8I−II |
| AI | Vel | 69213 | 08 14 25.9 | −44 36 29 | δ Sct | 6.15 | 6.76 | V | | 0.116 | A2p−F2pIV/V |
| Z | Cam | | 08 26 22.6 | +73 04 34 | UGz | 10.0 | 14.5 | v | | 22: | pec(UG) + G1 |

| Name | | HD No. | Right Ascension | Declination | Type | Magnitude | | Mag. Type | Epoch 2400000+ | Period | Spectral Type |
|---|---|---|---|---|---|---|---|---|---|---|---|
| | | | | | | Max. | Min. | | | | |
| | | | h m s | o ′ ″ | | | | | | d | |
| SW | UMa | | 08 37 29.6 | +53 26 25 | UGsu/dq | 9.3 | 18.49 | V | | 460: | pec(UG) |
| AK | Hya | 73844 | 08 40 22.5 | −17 20 28 | SRb | 6.33 | 6.91 | V | | 75: | M4III |
| VZ | Cnc | 73857 | 08 41 26.2 | +09 47 11 | δ Sct | 7.18 | 7.91 | V | 39897.4246 | 0.178 | A7III−F2III |
| BZ | UMa | | 08 54 32.6 | +57 46 16 | UGsu | 10.5 | 17.5 | v | | 97: | pec(UG) |
| CU | Vel | | 08 58 56.4 | −41 50 20 | UGsu | 10.0 | 16.83 | V | | 164.7: | |
| TY | Pyx | 77137 | 09 00 09.7 | −27 51 28 | EA/RS | 6.85 | 7.50 | V | 43187.2304 | 3.199 | G5 + G5 |
| CV | Vel | 77464 | 09 00 57.8 | −51 35 49 | EA | 6.69 | 7.19 | V | 42048.6689 | 6.889 | B2.5V + B2.5V |
| SY | Cnc | | 09 01 38.8 | +17 51 26 | UGz | 10.5 | 14.1 | V | | 27: | pec(UG) + G |
| T | Pyx | | 09 05 07.6 | −32 25 20 | Nr | 7.0 | 15.77 | B | 39501 | 7000: | pec(NOVA) |
| WY | Vel | 81137 | 09 22 19.8 | −52 36 34 | Z And | 8.8 | 10.2 | p | | | M3epIb: + B |
| IW | Car | 82085 | 09 27 08.1 | −63 40 34 | RVb | 7.9 | 9.6 | p | 29401 | 67.5 | F7−F8 |
| R | Car | 82901 | 09 32 30.4 | −62 50 08 | M | 3.9 | 10.5 | v | 42000 | 308.71 | M4e−M8e |
| S | Ant | 82610 | 09 32 46.0 | −28 40 28 | EW | 6.4 | 6.92 | V | 46516.428 | 0.648 | A9Vn |
| W | UMa | 83950 | 09 44 29.4 | +55 54 14 | EW | 7.75 | 8.48 | V | 51276.3967 | 0.334 | F8Vp + F8Vp |
| R | Leo | 84748 | 09 48 07.3 | +11 22 47 | M | 4.4 | 11.3 | v | 44164 | 309.95 | M6e−M8IIIe−... |
| CH | UMa | | 10 07 49.0 | +67 29 42 | UG | 10.4 | 15.5 | v | | 204: | pec(UG) + K |
| S | Car | 88366 | 10 09 42.0 | −61 36 02 | M | 4.5 | 9.9 | v | 42112 | 149.49 | K5e−M6e |
| η | Car | 93309 | 10 45 28.1 | −59 44 23 | S Dor | −0.80 | 7.9 | v | | | pec(E) |
| VY | UMa | 92839 | 10 45 47.1 | +67 21 22 | Lb | 5.87 | 7.0 | V | | | C6,3(N0) |
| U | Car | 95109 | 10 58 14.0 | −59 47 19 | δ Cep | 5.72 | 7.02 | V | 37320.055 | 38.768 | F6−G7Iab |
| VW | UMa | 94902 | 10 59 44.2 | +69 55 57 | SR | 6.85 | 7.71 | V | | 610 | M2 |
| T | Leo | | 11 38 59.1 | +03 18 37 | UGsu | 9.6 | 16.2 | v | | | pec(UG) |
| BC | UMa | | 11 52 48.6 | +49 11 12 | UGsu | 10.9 | 19.37 | V | | | |
| RU | Cen | 105578 | 12 09 56.7 | −45 29 05 | RV | 8.7 | 10.7 | p | 28015.51 | 64.727 | A7Ib−G2pe |
| S | Mus | 106111 | 12 13 21.5 | −70 12 37 | δ Cep | 5.89 | 6.49 | V | 40299.42 | 9.660 | F6Ib−G0 |
| RY | UMa | 107397 | 12 20 57.3 | +61 15 05 | SRb | 6.68 | 8.3 | V | | 310: | M2−M3IIIe |
| SS | Vir | 108105 | 12 25 46.7 | +00 42 42 | SRa | 6.0 | 9.6 | v | 45361 | 364.14 | C6,3e(Ne) |
| BO | Mus | 109372 | 12 35 32.0 | −67 48 53 | Lb | 5.85 | 6.56 | V | | | M6II−III |
| R | Vir | 109914 | 12 39 01.9 | +06 55 52 | M | 6.1 | 12.1 | v | 45872 | 145.63 | M3.5IIIe−M8.5e |
| R | Mus | 110311 | 12 42 44.2 | −69 27 54 | δ Cep | 5.93 | 6.73 | V | 26496.288 | 7.510 | F7Ib−G2 |
| UW | Cen | | 12 43 53.2 | −54 35 08 | RCB | 9.1 | <14.5 | v | | | K |
| TX | CVn | | 12 45 12.3 | +36 42 24 | Z And | 9.2 | 11.8 | p | | | B1−B9Veq +... |
| SW | Vir | 114961 | 13 14 36.9 | −02 51 45 | SRb | 6.40 | 7.90 | V | | 150: | M7III |
| FH | Vir | 115322 | 13 16 55.7 | +06 26 57 | SRb | 6.92 | 7.45 | V | 40740 | 70: | M6III |
| V | CVn | 115898 | 13 19 55.1 | +45 28 20 | SRa | 6.52 | 8.56 | V | 43929 | 191.89 | M4e−M6eIIIa: |
| R | Hya | 117287 | 13 30 17.3 | −23 20 07 | M | 3.5 | 10.9 | v | 43596 | 388.87 | M6e−M9eS(TC) |
| BV | Cen | | 13 31 59.6 | −55 01 48 | UGss+E | 10.7 | 13.6 | v | 40264.780 | 0.610 | pec(UG) |
| T | Cen | 119090 | 13 42 21.8 | −33 39 00 | SRa | 5.5 | 9.0 | v | 43242 | 90.44 | K0:e−M4II:e |
| V412 | Cen | 121518 | 13 58 11.3 | −57 45 43 | Lb | 7.1 | 9.6 | B | | | M3Iab/b−M7 |
| θ | Aps | 122250 | 14 06 23.2 | −76 50 48 | SRb | 6.4 | 8.6 | p | | 119 | M7III |
| Z | Aps | | 14 07 49.1 | −71 25 16 | UGz | 10.7 | 12.7 | v | | 19: | |
| R | Cen | 124601 | 14 17 20.2 | −59 57 43 | M | 5.3 | 11.8 | v | 41942 | 505 | M4e−M8IIe |
| δ | Lib | 132742 | 15 01 32.1 | −08 33 36 | EA | 4.91 | 5.90 | V | 48788.426 | 2.327 | A0IV−V |
| i | Boo | 133640 | 15 04 08.1 | +47 36 49 | EW | 5.8 | 6.40 | V | 50945.4898 | 0.268 | G2V + G2V |
| S | Aps | | 15 10 28.8 | −72 06 07 | RCB | 9.6 | 15.2 | v | | | C(R3) |
| GG | Lup | 135876 | 15 19 37.9 | −40 49 34 | EB | 5.49 | 6.0 | B | 47676.6274 | 1.850 | B7V |
| τ⁴ | Ser | 139216 | 15 36 57.4 | +15 04 02 | SRb | 5.89 | 7.07 | V | | 100: | M5IIb−IIIa |
| R | CrB | 141527 | 15 49 00.4 | +28 07 30 | RCB | 5.71 | 14.8 | V | | | C0,0(F8pep) |
| R | Ser | 141850 | 15 51 10.8 | +15 06 08 | M | 5.16 | 14.4 | V | 45521 | 356.41 | M5IIIe−M9e |
| T | CrB | 143454 | 15 59 56.5 | +25 53 27 | Nr | 2.0 | 10.8 | v | 31860 | 29000: | M3III + pec(NOVA) |

| Name | | HD No. | Right Ascension | Declination | Type | Magnitude Max. | Magnitude Min. | Mag. Type | Epoch 2400000+ | Period | Spectral Type |
|---|---|---|---|---|---|---|---|---|---|---|---|
| | | | h m s | o ′ ″ | | | | | | d | |
| AG | Dra | | 16 01 44.8 | +66 46 26 | Z And | 8.9 | 11.8 | p | 38900 | 554 | K3IIIep |
| AT | Dra | 147232 | 16 17 26.0 | +59 43 47 | Lb | 6.8 | 7.5 | p | | | M4IIIa |
| U | Sco | | 16 23 07.2 | −17 54 09 | Nr | 8.7 | 19.3 | v | 44049 | | pec(E) |
| g | Her | 148783 | 16 28 59.3 | +41 51 32 | SRb | 4.3 | 6.3 | v | | 89.2 | M6III |
| α | Sco | 148478 | 16 30 03.2 | −26 27 16 | Lc | 0.88 | 1.16 | V | | | M1.5Iab−Ib |
| R | Ara | 149730 | 16 40 37.3 | −57 00 52 | EA | 6.0 | 6.9 | p | 25818.028 | 4.425 | B9IV−V |
| AH | Her | | 16 44 36.0 | +25 13 54 | UGz | 10.6 | 15.2 | v | | 19.8: | pec(UG) |
| V1010 | Oph | 151676 | 16 50 03.7 | −15 41 08 | EB | 6.1 | 7.00 | V | 50963.757 | 0.661 | A5V |
| ζ¹ | Sco | 152236 | 16 54 44.3 | −42 22 43 | S Dor: | 4.66 | 4.86 | V | | | B1Iape |
| RS | Sco | 152476 | 16 56 23.7 | −45 07 09 | M | 6.2 | 13.0 | v | 44676 | 319.91 | M5e−M9 |
| V861 | Sco | 152667 | 16 57 19.9 | −40 50 22 | EB | 6.07 | 6.40 | V | 43704.21 | 7.848 | B0.5Iae |
| α¹ | Her | 156014 | 17 15 07.6 | +14 22 44 | SRc | 2.74 | 4.0 | V | | | M5Ib−II |
| VW | Dra | 156947 | 17 16 37.1 | +60 39 35 | SRd: | 6.0 | 7.0 | v | | 170: | K1.5IIIb |
| U | Oph | 156247 | 17 17 03.7 | +01 11 58 | EA | 5.84 | 6.56 | V | 52066.758 | 1.677 | B5V + B5V |
| u | Her | 156633 | 17 17 42.9 | +33 05 22 | EA | 4.69 | 5.37 | V | 48852.367 | 2.051 | B1.5Vp + B5III |
| RY | Ara | | 17 21 54.0 | −51 07 50 | RV | 9.2 | 12.1 | p | 30220 | 143.5 | G5−K0 |
| BM | Sco | 160371 | 17 41 39.6 | −32 13 09 | SRd | 6.8 | 8.7 | p | | 815: | K2.5Ib |
| V703 | Sco | 160589 | 17 42 58.0 | −32 31 39 | δ Sct | 7.58 | 8.04 | V | 42979.3923 | 0.115 | A9−G0 |
| X | Sgr | 161592 | 17 48 13.3 | −27 50 02 | δ Cep | 4.20 | 4.90 | V | 40741.70 | 7.013 | F5−G2II |
| RS | Oph | 162214 | 17 50 47.1 | −06 42 37 | Nr | 4.3 | 12.5 | v | 39791 | | Ob + M2ep |
| V539 | Ara | 161783 | 17 51 19.7 | −53 36 53 | EA | 5.66 | 6.18 | V | 48016.7171 | 3.169 | B2V + B3V |
| OP | Her | 163990 | 17 57 06.6 | +45 21 00 | SRb | 5.85 | 6.73 | V | 41196 | 120.5 | M5IIb−IIIa(S) |
| W | Sgr | 164975 | 18 05 41.5 | −29 34 43 | δ Cep | 4.29 | 5.14 | V | 43374.77 | 7.595 | F4−G2Ib |
| VX | Sgr | 165674 | 18 08 42.1 | −22 13 19 | SRc | 6.52 | 14.0 | V | 36493 | 732 | M4eIa−M10eIa |
| RS | Sgr | 167647 | 18 18 18.0 | −34 06 10 | EA | 6.01 | 6.97 | V | 20586.387 | 2.416 | B3IV−V + A |
| RS | Tel | | 18 19 38.2 | −46 32 36 | RCB | 9.0 | <14.0 | v | | | C(R0) |
| Y | Sgr | 168608 | 18 22 00.0 | −18 51 16 | δ Cep | 5.25 | 6.24 | V | 40762.38 | 5.773 | F5−G0Ib−II |
| AC | Her | 170756 | 18 30 42.9 | +21 52 29 | RVa | 6.85 | 9.0 | V | 35097.8 | 75.01 | F2PIb−K4e(C0.0) |
| T | Lyr | | 18 32 41.9 | +37 00 25 | Lb | 7.84 | 9.6 | V | | | C6,5(R6) |
| XY | Lyr | 172380 | 18 38 27.3 | +39 40 41 | Lc | 5.80 | 6.35 | V | | | M4−5Ib−II |
| X | Oph | 172171 | 18 38 51.3 | +08 50 38 | M | 5.9 | 9.2 | v | 44729 | 328.85 | M5e−M9e |
| R | Sct | 173819 | 18 48 02.6 | −05 41 35 | RVa | 4.2 | 8.6 | v | 44872 | 146.5 | G0Iae−K2p(M3)Ibe |
| V | CrA | 173539 | 18 48 15.4 | −38 08 49 | RCB | 8.3 | <16.5 | v | | | C(r0) |
| β | Lyr | 174638 | 18 50 28.1 | +33 22 31 | EB | 3.25 | 4.36 | V | 52652.486 | 12.940 | B8II−IIIep |
| FN | Sgr | | 18 54 31.7 | −18 58 51 | Z And | 9 | 13.9 | p | | | pec(E) |
| R | Lyr | 175865 | 18 55 39.3 | +43 57 37 | SRb | 3.88 | 5.0 | V | | 46: | M5III |
| κ | Pav | 174694 | 18 58 01.7 | −67 13 08 | CWa | 3.91 | 4.78 | V | 40140.167 | 9.094 | F5−G5I−II |
| FF | Aql | 176155 | 18 58 42.8 | +17 22 32 | δ Cep | 5.18 | 5.68 | V | 41576.428 | 4.471 | F5Ia−F8Ia |
| MT | Tel | 176387 | 19 02 58.7 | −46 38 17 | RRc | 8.68 | 9.28 | V | 42206.350 | 0.317 | A0W |
| R | Aql | 177940 | 19 06 52.6 | +08 14 48 | M | 5.5 | 12.0 | v | 43458 | 270 | M5e−M9e |
| RY | Sgr | 180093 | 19 17 13.8 | −33 30 11 | RCB | 5.8 | 14.0 | v | | | G0Iaep(C1,0) |
| RS | Vul | 180939 | 19 18 06.8 | +22 27 38 | EA | 6.79 | 7.83 | V | 32808.257 | 4.478 | B4V + A2IV |
| U | Sge | 181182 | 19 19 16.0 | +19 37 49 | EA | 6.45 | 9.28 | V | 17130.4114 | 3.381 | B8V + G2III−IV |
| UX | Dra | 183556 | 19 21 12.7 | +76 34 48 | SRa: | 5.94 | 7.1 | V | | 168 | C7,3(N0) |
| BF | Cyg | | 19 24 18.3 | +29 41 45 | Z And | 9.3 | 13.4 | p | | | Bep + M5III |
| CH | Cyg | 182917 | 19 24 49.6 | +50 15 45 | Z And+SR | 5.3 | 10.6 | v | | | M7IIIab + Be |
| RR | Lyr | 182989 | 19 25 48.0 | +42 48 18 | RRab | 7.06 | 8.12 | V | 50238.499 | 0.567 | A5.0−F7.0 |
| CI | Cyg | | 19 50 35.2 | +35 42 40 | Z And+EA | 9.9 | 13.1 | p | 11902 | 855.25 | Bep + M5III |
| χ | Cyg | 187796 | 19 50 58.1 | +32 56 28 | M | 3.3 | 14.2 | v | 42140 | 408.05 | S6,2e−S10,4e(MSe) |
| η | Aql | 187929 | 19 53 00.4 | +01 02 00 | δ Cep | 3.48 | 4.39 | V | 36084.656 | 7.177 | F6Ib−G4Ib |

| Name | | HD No. | Right Ascension | Declination | Type | Magnitude Max. | Magnitude Min. | Mag. Type | Epoch 2400000+ | Period | Spectral Type |
|---|---|---|---|---|---|---|---|---|---|---|---|
| | | | h m s | ° ′ ″ | | | | | | d | |
| V505 | Sgr | 187949 | 19 53 41.9 | −14 34 32 | EA | 6.46 | 7.51 | V | 50999.3118 | 1.183 | A2V + F6: |
| V449 | Cyg | 188344 | 19 53 44.9 | +33 58 41 | Lb | 7.4 | 9.07 | B | | | M1−M4 |
| S | Sge | 188727 | 19 56 29.9 | +16 39 47 | δ Cep | 5.24 | 6.04 | V | 42678.792 | 8.382 | F6Ib−G5Ib |
| RR | Sgr | 188378 | 19 56 35.5 | −29 09 42 | M | 5.4 | 14.0 | v | 40809 | 336.33 | M4e−M9e |
| RR | Tel | | 20 05 08.4 | −55 41 44 | Nc | 6.5 | 16.5 | p | | | pec |
| WZ | Sge | | 20 08 04.2 | +17 44 08 | UGwz/DQ | 7.8 | 15.8 | v | | 11900: | DAep(UG) |
| P | Cyg | 193237 | 20 18 10.4 | +38 03 58 | S Dor | 3 | 6 | v | | | B1IApeq |
| V | Sge | | 20 20 42.0 | +21 08 10 | E+NL | 8.6 | 13.9 | v | 37889.9154 | 0.514 | pec(CONT + e) |
| EU | Del | 196610 | 20 38 23.5 | +18 18 21 | SRb | 5.79 | 6.9 | V | 41156 | 59.7 | M6.4III |
| AE | Aqr | | 20 40 41.7 | −00 49 59 | NL/DQ | 10.4 | 12.2 | v | | | K2Ve +... |
| X | Cyg | 197572 | 20 43 48.9 | +35 37 34 | δ Cep | 5.85 | 6.91 | V | 43830.387 | 16.386 | F7Ib−G8Ib |
| T | Vul | 198726 | 20 51 55.0 | +28 17 25 | δ Cep | 5.41 | 6.09 | V | 41705.121 | 4.435 | F5Ib−G0Ib |
| T | Cep | 202012 | 21 09 39.9 | +68 32 02 | M | 5.2 | 11.3 | v | 44177 | 388.14 | M5.5e−M8.8e |
| VY | Aqr | | 21 12 43.0 | −08 47 00 | UGwz | 10.0 | 17.38 | V | 17796 | | M4e−M6e(TC:)III |
| W | Cyg | 205730 | 21 36 26.5 | +45 25 19 | SRb | 6.80 | 8.9 | B | | 131.1 | M4e−M6e(TC:)III |
| EE | Peg | 206155 | 21 40 32.9 | +09 13 58 | EA | 6.93 | 7.51 | V | 45563.8916 | 2.628 | A3MV + F5 |
| V460 | Cyg | 206570 | 21 42 27.7 | +35 33 30 | SRb | 5.57 | 7.0 | V | | 180: | C6,4(N1) |
| SS | Cyg | 206697 | 21 43 07.7 | +43 38 04 | UGss | 7.7 | 12.4 | v | | 49.5: | K5V + pec(UG) |
| RS | Gru | 206379 | 21 43 45.2 | −48 08 28 | δ Sct | 7.92 | 8.51 | V | 34325.2931 | 0.147 | A6−A9IV−F0 |
| μ | Cep | 206936 | 21 43 49.8 | +58 49 42 | SRc | 3.43 | 5.1 | V | | 730 | M2eIa |
| AG | Peg | 207757 | 21 51 32.6 | +12 40 30 | Nc | 6.0 | 9.4 | v | | | WN6 + M3III |
| VV | Cep | 208816 | 21 56 56.9 | +63 40 33 | EA+SRc | 4.80 | 5.36 | V | 43360 | 7430 | M2epIa−... |
| AR | Lac | 210334 | 22 09 06.3 | +45 47 39 | EA/RS | 6.08 | 6.77 | V | 49292.3444 | 1.983 | G2IV−V + K0IV |
| RU | Peg | | 22 14 33.5 | +12 45 24 | UGss | 9.5 | 13.6 | v | | 74.3: | pec(UG) + G8IVn |
| π¹ | Gru | 212087 | 22 23 22.5 | −45 53 41 | SRb | 5.41 | 6.70 | V | | 150: | S5,7e |
| δ | Cep | 213306 | 22 29 33.8 | +58 28 09 | δ Cep | 3.48 | 4.37 | V | 36075.445 | 5.366 | F5Ib−G1Ib |
| ER | Aqr | 218074 | 23 05 59.2 | −22 25 48 | Lb | 7.14 | 7.81 | V | | | M3 |
| Z | And | 221650 | 23 34 10.4 | +48 52 35 | Z And | 8.0 | 12.4 | p | | | M2III + B1eq |
| R | Aqr | 222800 | 23 44 22.0 | −15 13 35 | M | 5.8 | 12.4 | v | 42398 | 386.96 | M5e−M8.5e + pec |
| TX | Psc | 223075 | 23 46 55.7 | +03 32 42 | Lb | 4.79 | 5.20 | V | | | C7,2(N0)(TC) |
| SX | Phe | 223065 | 23 47 06.1 | −41 31 34 | SX Phe | 6.76 | 7.53 | V | 38636.6170 | 0.055 | A5−F4 |

Notes to Table

| | | | | |
|---|---|---|---|---|
| E | eclipsing | | δ Sct | δ Scuti type |
| EA | eclipsing, Algol type | | SR | semi-regular long period variable |
| EB | eclipsing, β Lyrae type | | SRa | semi-regular, late spectral class, strong periodicities |
| EW | eclipsing, W Ursae Maj type | | SRb | semi-regular, late spectral class, weak periodicities |
| δ Cep | cepheid, classical type | | SRc | semi-regular supergiant of late spectral class |
| CWa | cepheid, W Vir type (period > 8 days) | | SRd | semi-regular giant or supergiant, spectrum F, G, or K |
| DQ | DQ Herculis type | | UG | U Gem type dwarf nova |
| Lb | slow irregular variable | | UGss | U Gem type dwarf nova (SS Cygni subtype) |
| Lc | irregular supergiant (late spectral type) | | UGsu | U Gem type dwarf nova (SU Ursae Majoris subtype) |
| M | Mira type long period variable | | UGwz | U Gem type dwarf nova (WZ Sagittae subtype) |
| Nc | very slow nova | | UGz | U Gem type dwarf nova (Z Camelopardalis subtype) |
| NL | nova-like variable | | Z And | Z And type symbiotic star |
| Nr | recurrent nova | | RRab | RR Lyrae variable (asymmetric light curves) |
| RS | RS Canum Venaticorum type | | RRc | RR Lyrae variable (symmetric sinusoidal light curves) |
| RV | RV Tauri type | | RCB | R Coronae Borealis variable |
| RVa | RV Tauri type (constant mean brightness) | | S Dor | S Doradus variable |
| RVb | RV Tauri type (varying mean brightness) | | SX Phe | SX Phoenicis variable |
| p | photographic magnitude | | V | photoelectric magnitude, visual filter |
| v | visual magnitude | | B | photoelectric magnitude, blue filter |
| : | uncertainty in period or spectral type | | < | fainter than the magnitude indicated |
| ... | full spectral type given in Section L | | | |

| Name | Right Ascension | Declination | Type | L | Log (D$_{25}$) | Log (R$_{25}$) | P.A. | $B_T^w$ | $B-V$ | $U-B$ | $v_r$ |
|---|---|---|---|---|---|---|---|---|---|---|---|
| | h m s | ° ′ ″ | | | | | ° | | | | km/s |
| WLM | 00 02 29 | −15 23.6 | IB(s)m | 9.0 | 2.06 | 0.46 | 4 | 11.03 | 0.44 | −0.21 | − 118 |
| NGC 0045 | 00 14 35.5 | −23 07 22 | SA(s)dm | 7.3 | 1.93 | 0.16 | 142 | 11.32 | 0.71 | −0.05 | + 468 |
| NGC 0055 | 00 15 26 | −39 08.4 | SB(s)m: sp | 5.6 | 2.51 | 0.76 | 108 | 8.42 | 0.55 | +0.12 | + 124 |
| NGC 0134 | 00 30 53.1 | −33 11 10 | SAB(s)bc | 3.7 | 1.93 | 0.62 | 50 | 11.23 | 0.84 | +0.23 | +1579 |
| NGC 0147 | 00 33 46.7 | +48 33 59 | dE5 pec | | 2.12 | 0.23 | 25 | 10.47 | 0.95 | | − 160 |
| NGC 0185 | 00 39 32.7 | +48 23 40 | dE3 pec | | 2.07 | 0.07 | 35 | 10.10 | 0.92 | +0.39 | − 251 |
| NGC 0205 | 00 40 56.5 | +41 44 34 | dE5 pec | | 2.34 | 0.30 | 170 | 8.92 | 0.85 | +0.22 | − 239 |
| NGC 0221 | 00 43 16.4 | +40 55 21 | cE2 | | 1.94 | 0.13 | 170 | 9.03 | 0.95 | +0.48 | − 205 |
| NGC 0224 | 00 43 18.89 | +41 19 35.0 | SA(s)b | 2.2 | 3.28 | 0.49 | 35 | 4.36 | 0.92 | +0.50 | − 298 |
| NGC 0247 | 00 47 39.6 | −20 42 10 | SAB(s)d | 6.8 | 2.33 | 0.49 | 174 | 9.67 | 0.56 | −0.09 | + 159 |
| NGC 0253 | 00 48 04.07 | −25 13 51.5 | SAB(s)c | 3.3 | 2.44 | 0.61 | 52 | 8.04 | 0.85 | +0.38 | + 250 |
| SMC | 00 53 00 | −72 44.6 | SB(s)m pec | 7.0 | 3.50 | 0.23 | 45 | 2.70 | 0.45 | −0.20 | + 175 |
| NGC 0300 | 00 55 23.2 | −37 37 39 | SA(s)d | 6.2 | 2.34 | 0.15 | 111 | 8.72 | 0.59 | +0.11 | + 141 |
| Sculptor | 01 00 39 | −33 39.1 | dSph | | [2.06] | 0.17 | 99 | 9.5: | 0.7 | | + 107 |
| IC 1613 | 01 05 20 | +02 10.6 | IB(s)m | 9.5 | 2.21 | 0.05 | 50 | 9.88 | 0.67 | | − 230 |
| NGC 0488 | 01 22 19.5 | +05 18 42 | SA(r)b | 1.1 | 1.72 | 0.13 | 15 | 11.15 | 0.87 | +0.35 | +2267 |
| NGC 0598 | 01 34 26.49 | +30 42 49.3 | SA(s)cd | 4.3 | 2.85 | 0.23 | 23 | 6.27 | 0.55 | −0.10 | − 179 |
| NGC 0613 | 01 34 47.30 | −29 21 54.2 | SB(rs)bc | 3.0 | 1.74 | 0.12 | 120 | 10.73 | 0.68 | +0.06 | +1478 |
| NGC 0628 | 01 37 15.7 | +15 50 13 | SA(s)c | 1.1 | 2.02 | 0.04 | 25 | 9.95 | 0.56 | | + 655 |
| NGC 0672 | 01 48 29.8 | +27 29 05 | SB(s)cd | 5.4 | 1.86 | 0.45 | 65 | 11.47 | 0.58 | −0.10 | + 420 |
| NGC 0772 | 01 59 54.3 | +19 03 30 | SA(s)b | 1.2 | 1.86 | 0.23 | 130 | 11.09 | 0.78 | +0.26 | +2457 |
| NGC 0891 | 02 23 13.0 | +42 23 48 | SA(s)b? sp | 4.5 | 2.13 | 0.73 | 22 | 10.81 | 0.88 | +0.27 | + 528 |
| NGC 0908 | 02 23 33.7 | −21 11 11 | SA(s)c | 1.5 | 1.78 | 0.36 | 75 | 10.83 | 0.65 | 0.00 | +1499 |
| NGC 0925 | 02 27 54.8 | +33 37 32 | SAB(s)d | 4.3 | 2.02 | 0.25 | 102 | 10.69 | 0.57 | | + 553 |
| Fornax | 02 40 25 | −34 24.3 | dSph | | [2.26] | 0.18 | 82 | 8.4: | 0.62 | +0.04 | + 53 |
| NGC 1023 | 02 41 03.6 | +39 06 28 | SB(rs)0$^-$ | | 1.94 | 0.47 | 87 | 10.35 | 1.00 | +0.56 | + 632 |
| NGC 1055 | 02 42 17.6 | +00 29 16 | SBb: sp | 3.9 | 1.88 | 0.45 | 105 | 11.40 | 0.81 | +0.19 | + 995 |
| NGC 1068 | 02 43 13.01 | +00 01 51.9 | (R)SA(rs)b | 2.3 | 1.85 | 0.07 | 70 | 9.61 | 0.74 | +0.09 | +1135 |
| NGC 1097 | 02 46 45.83 | −30 13 51.7 | SB(s)b | 2.2 | 1.97 | 0.17 | 130 | 10.23 | 0.75 | +0.23 | +1274 |
| NGC 1187 | 03 03 05.7 | −22 49 35 | SB(r)c | 2.1 | 1.74 | 0.13 | 130 | 11.34 | 0.56 | −0.05 | +1397 |
| NGC 1232 | 03 10 13.8 | −20 32 23 | SAB(rs)c | 2.0 | 1.87 | 0.06 | 108 | 10.52 | 0.63 | 0.00 | +1683 |
| NGC 1291 | 03 17 41.5 | −41 04 11 | (R)SB(s)0/a | | 1.99 | 0.08 | | 9.39 | 0.93 | +0.46 | + 836 |
| NGC 1313 | 03 18 23.6 | −66 27 38 | SB(s)d | 7.0 | 1.96 | 0.12 | | 9.2 | 0.49 | −0.24 | + 456 |
| NGC 1300 | 03 20 09.6 | −19 22 25 | SB(rs)bc | 1.1 | 1.79 | 0.18 | 106 | 11.11 | 0.68 | +0.11 | +1568 |
| NGC 1316 | 03 23 05.77 | −37 10 15.8 | SAB(s)0$^0$ pec | | 2.08 | 0.15 | 50 | 9.42 | 0.89 | +0.39 | +1793 |
| NGC 1344 | 03 28 45.3 | −31 01 56 | E5 | | 1.78 | 0.24 | 165 | 11.27 | 0.88 | +0.44 | +1169 |
| NGC 1350 | 03 31 33.0 | −33 35 35 | (R′)SB(r)ab | 3.0 | 1.72 | 0.27 | 0 | 11.16 | 0.87 | +0.34 | +1883 |
| NGC 1365 | 03 34 00.5 | −36 06 20 | SB(s)b | 1.3 | 2.05 | 0.26 | 32 | 10.32 | 0.69 | +0.16 | +1663 |
| NGC 1399 | 03 38 53.2 | −35 25 01 | E1 pec | | 1.84 | 0.03 | | 10.55 | 0.96 | +0.50 | +1447 |
| NGC 1395 | 03 38 57.1 | −22 59 37 | E2 | | 1.77 | 0.12 | | 10.55 | 0.96 | +0.58 | +1699 |
| NGC 1398 | 03 39 18.7 | −26 18 15 | (R′)SB(r)ab | 1.1 | 1.85 | 0.12 | 100 | 10.57 | 0.90 | +0.43 | +1407 |
| NGC 1433 | 03 42 21.3 | −47 11 20 | (R′)SB(r)ab | 2.7 | 1.81 | 0.04 | | 10.70 | 0.79 | +0.21 | +1067 |
| NGC 1425 | 03 42 37.1 | −29 51 37 | SA(s)b | 3.2 | 1.76 | 0.35 | 129 | 11.29 | 0.68 | +0.11 | +1508 |
| NGC 1448 | 03 44 52.7 | −44 36 44 | SAcd: sp | 4.4 | 1.88 | 0.65 | 41 | 11.40 | 0.72 | +0.01 | +1165 |
| IC 342 | 03 47 49.9 | +68 07 42 | SAB(rs)cd | 2.0 | 2.33 | 0.01 | | 9.10 | | | + 32 |

| Name | Right Ascension | Declination | Type | L | Log (D$_{25}$) | Log (R$_{25}$) | P.A. | $B_T^w$ | $B-V$ | $U-B$ | $v_r$ |
|---|---|---|---|---|---|---|---|---|---|---|---|
| | h m s | ° ′ ″ | | | | | ° | | | | km/s |
| NGC 1512 | 04 04 14.9 | −43 19 14 | SB(r)a | 1.1 | 1.95 | 0.20 | 90 | 11.13 | 0.81 | +0.17 | + 889 |
| IC 356 | 04 08 52.8 | +69 50 24 | SA(s)ab pec | | 1.72 | 0.13 | 90 | 11.39 | 1.32 | +0.76 | + 888 |
| NGC 1532 | 04 12 28.5 | −32 50 52 | SB(s)b pec sp | 1.9 | 2.10 | 0.58 | 33 | 10.65 | 0.80 | +0.15 | +1187 |
| NGC 1566 | 04 20 14.7 | −54 54 48 | SAB(s)bc | 1.7 | 1.92 | 0.10 | 60 | 10.33 | 0.60 | −0.04 | +1492 |
| NGC 1672 | 04 45 52.7 | −59 13 44 | SB(s)b | 3.1 | 1.82 | 0.08 | 170 | 10.28 | 0.60 | +0.01 | +1339 |
| NGC 1792 | 05 05 36.0 | −37 58 00 | SA(rs)bc | 4.0 | 1.72 | 0.30 | 137 | 10.87 | 0.68 | +0.08 | +1224 |
| NGC 1808 | 05 08 04.13 | −37 29 58.8 | (R)SAB(s)a | | 1.81 | 0.22 | 133 | 10.76 | 0.82 | +0.29 | +1006 |
| LMC | 05 23.5 | −69 44 | SB(s)m | 5.8 | 3.81 | 0.07 | 170 | 0.91 | 0.51 | 0.00 | + 313 |
| NGC 2146 | 06 20 18.1 | +78 21 06 | SB(s)ab pec | 3.4 | 1.78 | 0.25 | 56 | 11.38 | 0.79 | +0.29 | + 890 |
| Carina | 06 41 52 | −50 58.6 | dSph | | [2.25] | 0.17 | 65 | 11.5: | 0.7: | | + 223 |
| NGC 2280 | 06 45 14.2 | −27 39 00 | SA(s)cd | 2.2 | 1.80 | 0.31 | 163 | 10.9 | 0.60 | +0.15 | +1906 |
| NGC 2336 | 07 28 51.1 | +80 09 22 | SAB(r)bc | 1.1 | 1.85 | 0.26 | 178 | 11.05 | 0.62 | +0.06 | +2200 |
| NGC 2366 | 07 30 01.7 | +69 11 41 | IB(s)m | 8.7 | 1.91 | 0.39 | 25 | 11.43 | 0.58 | | + 99 |
| NGC 2442 | 07 36 21.8 | −69 33 16 | SAB(s)bc pec | 2.5 | 1.74 | 0.05 | | 11.24 | 0.82 | +0.23 | +1448 |
| NGC 2403 | 07 37 50.9 | +65 34 38 | SAB(s)cd | 5.4 | 2.34 | 0.25 | 127 | 8.93 | 0.47 | | + 130 |
| Holmberg II | 08 20 11 | +70 40.9 | Im | 8.0 | 1.90 | 0.10 | 15 | 11.10 | 0.44 | | + 157 |
| NGC 2613 | 08 33 50.4 | −23 00 35 | SA(s)b | 3.0 | 1.86 | 0.61 | 113 | 11.16 | 0.91 | +0.38 | +1677 |
| NGC 2683 | 08 53 20.4 | +33 22 52 | SA(rs)b | 4.0 | 1.97 | 0.63 | 44 | 10.64 | 0.89 | +0.27 | + 405 |
| NGC 2768 | 09 12 26.1 | +59 59 39 | E6: | | 1.91 | 0.28 | 95 | 10.84 | 0.97 | +0.46 | +1335 |
| NGC 2784 | 09 12 47.5 | −24 12 57 | SA(s)0$^0$: | | 1.74 | 0.39 | 73 | 11.30 | 1.14 | +0.72 | + 691 |
| NGC 2835 | 09 18 21.4 | −22 23 57 | SB(rs)c | 1.8 | 1.82 | 0.18 | 8 | 11.01 | 0.49 | −0.12 | + 887 |
| NGC 2841 | 09 22 45.94 | +50 55 53.1 | SA(r)b: | .5 | 1.91 | 0.36 | 147 | 10.09 | 0.87 | +0.34 | + 637 |
| NGC 2903 | 09 32 45.7 | +21 27 16 | SAB(rs)bc | 2.3 | 2.10 | 0.32 | 17 | 9.68 | 0.67 | +0.06 | + 556 |
| NGC 2997 | 09 46 06.3 | −31 14 22 | SAB(rs)c | 1.6 | 1.95 | 0.12 | 110 | 10.06 | 0.7 | +0.3 | +1087 |
| NGC 2976 | 09 48 06.4 | +67 52 03 | SAc pec | 6.8 | 1.77 | 0.34 | 143 | 10.82 | 0.66 | 0.00 | + 3 |
| NGC 3031 | 09 56 24.323 | +69 00 54.70 | SA(s)ab | 2.2 | 2.43 | 0.28 | 157 | 7.89 | 0.95 | +0.48 | − 36 |
| NGC 3034 | 09 56 44.2 | +69 37 46 | I0 | | 2.05 | 0.42 | 65 | 9.30 | 0.89 | +0.31 | + 216 |
| NGC 3109 | 10 03 41.1 | −26 12 33 | SB(s)m | 8.2 | 2.28 | 0.71 | 93 | 10.39 | | | + 404 |
| NGC 3077 | 10 04 08.9 | +68 40 58 | I0 pec | | 1.73 | 0.08 | 45 | 10.61 | 0.76 | +0.14 | + 13 |
| NGC 3115 | 10 05 45.4 | −07 46 12 | S0$^-$ | | 1.86 | 0.47 | 43 | 9.87 | 0.97 | +0.54 | + 661 |
| Leo I | 10 09 01.2 | +12 15 21 | dSph | | [1.82] | 0.10 | 79 | 10.7 | 0.6 | +0.1: | + 285 |
| Sextans | 10 13.5 | −01 40 | dSph | | [2.52] | 0.91 | 56 | 11.0: | | | + 224 |
| NGC 3184 | 10 18 54.5 | +41 22 17 | SAB(rs)cd | 3.5 | 1.87 | 0.03 | 135 | 10.36 | 0.58 | −0.03 | + 591 |
| NGC 3198 | 10 20 33.3 | +45 29 49 | SB(rs)c | 2.6 | 1.93 | 0.41 | 35 | 10.87 | 0.54 | −0.04 | + 663 |
| NGC 3227 | 10 24 04.93 | +19 48 42.0 | SAB(s)a pec | 3.5 | 1.73 | 0.17 | 155 | 11.1 | 0.82 | +0.27 | +1156 |
| IC 2574 | 10 29 07.4 | +68 21 29 | SAB(s)m | 8.0 | 2.12 | 0.39 | 50 | 10.80 | 0.44 | | + 46 |
| NGC 3319 | 10 39 46.1 | +41 37 54 | SB(rs)cd | 3.8 | 1.79 | 0.26 | 37 | 11.48 | 0.41 | | + 746 |
| NGC 3344 | 10 44 05.5 | +24 52 01 | (R)SAB(r)bc | 1.9 | 1.85 | 0.04 | | 10.45 | 0.59 | −0.07 | + 585 |
| NGC 3351 | 10 44 30.9 | +11 38 54 | SB(r)b | 3.3 | 1.87 | 0.17 | 13 | 10.53 | 0.80 | +0.18 | + 777 |
| NGC 3359 | 10 47 17.8 | +63 10 07 | SB(rs)c | 3.0 | 1.86 | 0.22 | 170 | 11.03 | 0.46 | −0.20 | +1012 |
| NGC 3368 | 10 47 18.90 | +11 45 52.3 | SAB(rs)ab | 3.4 | 1.88 | 0.16 | 5 | 10.11 | 0.86 | +0.31 | + 897 |
| NGC 3377 | 10 48 15.7 | +13 55 48 | E5−6 | | 1.72 | 0.24 | 35 | 11.24 | 0.86 | +0.31 | + 692 |
| NGC 3379 | 10 48 22.9 | +12 31 34 | E1 | | 1.73 | 0.05 | | 10.24 | 0.96 | +0.53 | + 889 |
| NGC 3384 | 10 48 50.1 | +12 34 25 | SB(s)0$^-$: | | 1.74 | 0.34 | 53 | 10.85 | 0.93 | +0.44 | + 735 |
| NGC 3486 | 11 00 58.2 | +28 55 07 | SAB(r)c | 2.6 | 1.85 | 0.13 | 80 | 11.05 | 0.52 | −0.16 | + 681 |

| Name | Right Ascension | Declination | Type | L | Log (D$_{25}$) | Log (R$_{25}$) | P.A. | $B_T^w$ | $B-V$ | $U-B$ | $v_r$ |
|------|-----------------|-------------|------|---|--------|--------|------|---------|-------|-------|-------|
| | h m s | ° ′ ″ | | | | | ° | | | | km/s |
| NGC 3521 | 11 06 20.86 | −00 05 33.7 | SAB(rs)bc | 3.6 | 2.04 | 0.33 | 163 | 9.83 | 0.81 | +0.23 | + 804 |
| NGC 3556 | 11 12 07.5 | +55 37 02 | SB(s)cd | 5.7 | 1.94 | 0.59 | 80 | 10.69 | 0.66 | +0.07 | + 694 |
| NGC 3621 | 11 18 47.2 | −32 52 17 | SA(s)d | 5.8 | 2.09 | 0.24 | 159 | 10.28 | 0.62 | −0.08 | + 725 |
| NGC 3623 | 11 19 28.8 | +13 02 05 | SAB(rs)a | 3.3 | 1.99 | 0.53 | 174 | 10.25 | 0.92 | +0.45 | + 806 |
| NGC 3627 | 11 20 47.84 | +12 56 02.1 | SAB(s)b | 3.0 | 1.96 | 0.34 | 173 | 9.65 | 0.73 | +0.20 | + 726 |
| NGC 3628 | 11 20 49.9 | +13 31 53 | Sb pec sp | 4.5 | 2.17 | 0.70 | 104 | 10.28 | 0.80 | | + 846 |
| NGC 3631 | 11 21 38.3 | +53 06 43 | SA(s)c | 1.8 | 1.70 | 0.02 | | 11.01 | 0.58 | | +1157 |
| NGC 3675 | 11 26 42.7 | +43 31 40 | SA(s)b | 3.3 | 1.77 | 0.28 | 178 | 11.00 | | | + 766 |
| NGC 3726 | 11 33 55.1 | +46 58 16 | SAB(r)c | 2.2 | 1.79 | 0.16 | 10 | 10.91 | 0.49 | | + 849 |
| NGC 3923 | 11 51 33.8 | −28 51 52 | E4−5 | | 1.77 | 0.18 | 50 | 10.8 | 1.00 | +0.61 | +1668 |
| NGC 3938 | 11 53 22.1 | +44 03 45 | SA(s)c | 1.1 | 1.73 | 0.04 | | 10.90 | 0.52 | −0.10 | + 808 |
| NGC 3953 | 11 54 21.7 | +52 16 06 | SB(r)bc | 1.8 | 1.84 | 0.30 | 13 | 10.84 | 0.77 | +0.20 | +1053 |
| NGC 3992 | 11 58 08.5 | +53 18 59 | SB(rs)bc | 1.1 | 1.88 | 0.21 | 68 | 10.60 | 0.77 | +0.20 | +1048 |
| NGC 4038 | 12 02 25.2 | −18 55 37 | SB(s)m pec | 4.2 | 1.72 | 0.23 | 80 | 10.91 | 0.65 | −0.19 | +1626 |
| NGC 4039 | 12 02 25.9 | −18 56 40 | SB(s)m pec | 5.3 | 1.72 | 0.29 | 171 | 11.10 | | | +1655 |
| NGC 4051 | 12 03 41.70 | +44 28 22.3 | SAB(rs)bc | 3.3 | 1.72 | 0.13 | 135 | 10.83 | 0.65 | −0.04 | + 720 |
| NGC 4088 | 12 06 06.1 | +50 28 52 | SAB(rs)bc | 3.9 | 1.76 | 0.41 | 43 | 11.15 | 0.59 | −0.05 | + 758 |
| NGC 4096 | 12 06 33.0 | +47 25 11 | SAB(rs)c | 4.2 | 1.82 | 0.57 | 20 | 11.48 | 0.63 | +0.01 | + 564 |
| NGC 4125 | 12 08 37.2 | +65 06 57 | E6 pec | | 1.76 | 0.26 | 95 | 10.65 | 0.93 | +0.49 | +1356 |
| NGC 4151 | 12 11 04.32 | +39 20 50.6 | (R′)SAB(rs)ab: | | 1.80 | 0.15 | 50 | 11.28 | 0.73 | −0.17 | + 992 |
| NGC 4192 | 12 14 20.4 | +14 50 32 | SAB(s)ab | 2.9 | 1.99 | 0.55 | 155 | 10.95 | 0.81 | +0.30 | − 141 |
| NGC 4214 | 12 16 11.0 | +36 16 06 | IAB(s)m | 5.8 | 1.93 | 0.11 | | 10.24 | 0.46 | −0.31 | + 291 |
| NGC 4216 | 12 16 26.5 | +13 05 28 | SAB(s)b: | 3.0 | 1.91 | 0.66 | 19 | 10.99 | 0.98 | +0.52 | + 129 |
| NGC 4236 | 12 17 14 | +69 24.0 | SB(s)dm | 7.6 | 2.34 | 0.48 | 162 | 10.05 | 0.42 | | 0 |
| NGC 4244 | 12 18 01.1 | +37 44 57 | SA(s)cd: sp | 7.0 | 2.22 | 0.94 | 48 | 10.88 | 0.50 | | + 242 |
| NGC 4242 | 12 18 01.3 | +45 33 39 | SAB(s)dm | 6.2 | 1.70 | 0.12 | 25 | 11.37 | 0.54 | | + 517 |
| NGC 4254 | 12 19 21.6 | +14 21 30 | SA(s)c | 1.5 | 1.73 | 0.06 | | 10.44 | 0.57 | +0.01 | +2407 |
| NGC 4258 | 12 19 28.53 | +47 14 44.5 | SAB(s)bc | 3.5 | 2.27 | 0.41 | 150 | 9.10 | 0.69 | | + 449 |
| NGC 4274 | 12 20 22.20 | +29 33 22.9 | (R)SB(r)ab | 4.0 | 1.83 | 0.43 | 102 | 11.34 | 0.93 | +0.44 | + 929 |
| NGC 4293 | 12 21 44.66 | +18 19 28.0 | (R)SB(s)0/a | | 1.75 | 0.34 | 72 | 11.26 | 0.90 | | + 943 |
| NGC 4303 | 12 22 27.08 | +04 24 55.7 | SAB(rs)bc | 2.0 | 1.81 | 0.05 | | 10.18 | 0.53 | −0.11 | +1569 |
| NGC 4321 | 12 23 26.8 | +15 45 51 | SAB(s)bc | 1.1 | 1.87 | 0.07 | 30 | 10.05 | 0.70 | −0.01 | +1585 |
| NGC 4365 | 12 25 00.4 | +07 15 35 | E3 | | 1.84 | 0.14 | 40 | 10.52 | 0.96 | +0.50 | +1227 |
| NGC 4374 | 12 25 35.677 | +12 49 44.01 | E1 | | 1.81 | 0.06 | 135 | 10.09 | 0.98 | +0.53 | + 951 |
| NGC 4382 | 12 25 55.9 | +18 07 59 | SA(s)0$^+$ pec | | 1.85 | 0.11 | | 10.00 | 0.89 | +0.42 | + 722 |
| NGC 4395 | 12 26 20.1 | +33 29 20 | SA(s)m: | 7.3 | 2.12 | 0.08 | 147 | 10.64 | 0.46 | | + 319 |
| NGC 4406 | 12 26 43.69 | +12 53 17.3 | E3 | | 1.95 | 0.19 | 130 | 9.83 | 0.93 | +0.49 | − 248 |
| NGC 4429 | 12 27 58.6 | +11 02 58 | SA(r)0$^+$ | | 1.75 | 0.34 | 99 | 11.02 | 0.98 | +0.55 | +1137 |
| NGC 4438 | 12 28 17.46 | +12 57 03.5 | SA(s)0/a pec: | | 1.93 | 0.43 | 27 | 11.02 | 0.85 | +0.35 | + 64 |
| NGC 4449 | 12 28 41.7 | +44 02 08 | IBm | 6.7 | 1.79 | 0.15 | 45 | 9.99 | 0.41 | −0.35 | + 202 |
| NGC 4450 | 12 29 01.33 | +17 01 37.3 | SA(s)ab | 1.5 | 1.72 | 0.13 | 175 | 10.90 | 0.82 | | +1956 |
| NGC 4472 | 12 30 18.78 | +07 56 32.8 | E2 | | 2.01 | 0.09 | 155 | 9.37 | 0.96 | +0.55 | + 912 |
| NGC 4490 | 12 31 06.8 | +41 35 06 | SB(s)d pec | 5.4 | 1.80 | 0.31 | 125 | 10.22 | 0.43 | −0.19 | + 578 |
| NGC 4486 | 12 31 21.294 | +12 19 59.56 | E+0−1 pec | | 1.92 | 0.10 | | 9.59 | 0.96 | +0.57 | +1282 |
| NGC 4501 | 12 32 30.93 | +14 21 45.2 | SA(rs)b | 2.4 | 1.84 | 0.27 | 140 | 10.36 | 0.73 | +0.24 | +2279 |

| Name | Right Ascension | Declination | Type | L | Log (D$_{25}$) | Log (R$_{25}$) | P.A. | $B_T^w$ | $B-V$ | $U-B$ | $v_r$ |
|---|---|---|---|---|---|---|---|---|---|---|---|
| | h m s | ° ′ ″ | | | | | ° | | | | km/s |
| NGC 4517 | 12 33 17.9 | +00 03 25 | SA(s)cd: sp | 5.6 | 2.02 | 0.83 | 83 | 11.10 | 0.71 | | +1121 |
| NGC 4526 | 12 34 35.01 | +07 38 29.5 | SAB(s)0$^0$: | | 1.86 | 0.48 | 113 | 10.66 | 0.96 | +0.53 | + 460 |
| NGC 4527 | 12 34 40.64 | +02 35 46.2 | SAB(s)bc | 3.3 | 1.79 | 0.47 | 67 | 11.38 | 0.86 | +0.21 | +1733 |
| NGC 4535 | 12 34 52.27 | +08 08 24.0 | SAB(s)c | 1.6 | 1.85 | 0.15 | 0 | 10.59 | 0.63 | −0.01 | +1957 |
| NGC 4536 | 12 34 59.3 | +02 07 48 | SAB(rs)bc | 2.0 | 1.88 | 0.37 | 130 | 11.16 | 0.61 | −0.02 | +1804 |
| NGC 4548 | 12 35 58.1 | +14 26 19 | SB(rs)b | 2.3 | 1.73 | 0.10 | 150 | 10.96 | 0.81 | +0.29 | + 486 |
| NGC 4552 | 12 36 11.7 | +12 29 54 | E0−1 | | 1.71 | 0.04 | | 10.73 | 0.98 | +0.56 | + 311 |
| NGC 4559 | 12 36 28.8 | +27 54 08 | SAB(rs)cd | 4.3 | 2.03 | 0.39 | 150 | 10.46 | 0.45 | | + 814 |
| NGC 4565 | 12 36 51.99 | +25 55 47.8 | SA(s)b? sp | 1.0 | 2.20 | 0.87 | 136 | 10.42 | 0.84 | | +1225 |
| NGC 4569 | 12 37 21.55 | +13 06 18.9 | SAB(rs)ab | 2.4 | 1.98 | 0.34 | 23 | 10.26 | 0.72 | +0.30 | − 236 |
| NGC 4579 | 12 38 15.33 | +11 45 38.2 | SAB(rs)b | 3.1 | 1.77 | 0.10 | 95 | 10.48 | 0.82 | +0.32 | +1521 |
| NGC 4605 | 12 40 27.1 | +61 33 06 | SB(s)c pec | 5.7 | 1.76 | 0.42 | 125 | 10.89 | 0.56 | −0.08 | + 143 |
| NGC 4594 | 12 40 32.223 | −11 40 50.16 | SA(s)a | | 1.94 | 0.39 | 89 | 8.98 | 0.98 | +0.53 | +1089 |
| NGC 4621 | 12 42 34.1 | +11 35 22 | E5 | | 1.73 | 0.16 | 165 | 10.57 | 0.94 | +0.48 | + 430 |
| NGC 4631 | 12 42 38.6 | +32 29 02 | SB(s)d | 5.0 | 2.19 | 0.76 | 86 | 9.75 | 0.56 | | + 608 |
| NGC 4636 | 12 43 22.0 | +02 37 49 | E0−1 | | 1.78 | 0.11 | 150 | 10.43 | 0.94 | +0.44 | +1017 |
| NGC 4649 | 12 44 11.7 | +11 29 42 | E2 | | 1.87 | 0.09 | 105 | 9.81 | 0.97 | +0.60 | +1114 |
| NGC 4656 | 12 44 29.1 | +32 06 52 | SB(s)m pec | 7.0 | 2.18 | 0.71 | 33 | 10.96 | 0.44 | | + 640 |
| NGC 4697 | 12 49 08.4 | −05 51 28 | E6 | | 1.86 | 0.19 | 70 | 10.14 | 0.91 | +0.39 | +1236 |
| NGC 4725 | 12 50 57.4 | +25 26 39 | SAB(r)ab pec | 2.4 | 2.03 | 0.15 | 35 | 10.11 | 0.72 | +0.34 | +1205 |
| NGC 4736 | 12 51 22.63 | +41 03 47.8 | (R)SA(r)ab | 3.0 | 2.05 | 0.09 | 105 | 8.99 | 0.75 | +0.16 | + 308 |
| NGC 4753 | 12 52 54.5 | −01 15 23 | I0 | | 1.78 | 0.33 | 80 | 10.85 | 0.90 | +0.41 | +1237 |
| NGC 4762 | 12 53 27.6 | +11 10 25 | SB(r)0$^0$? sp | | 1.94 | 0.72 | 32 | 11.12 | 0.86 | +0.40 | + 979 |
| NGC 4826 | 12 57 14.5 | +21 37 35 | (R)SA(rs)ab | 3.5 | 2.00 | 0.27 | 115 | 9.36 | 0.84 | +0.32 | + 411 |
| NGC 4945 | 13 06 04.4 | −49 31 28 | SB(s)cd: sp | 6.7 | 2.30 | 0.72 | 43 | 9.3 | | | + 560 |
| NGC 4976 | 13 09 14.7 | −49 33 42 | E4 pec: | | 1.75 | 0.28 | 161 | 11.04 | 1.01 | +0.44 | +1453 |
| NGC 5005 | 13 11 25.30 | +37 00 12.4 | SAB(rs)bc | 3.3 | 1.76 | 0.32 | 65 | 10.61 | 0.80 | +0.31 | + 948 |
| NGC 5033 | 13 13 56.49 | +36 32 18.4 | SA(s)c | 2.2 | 2.03 | 0.33 | 170 | 10.75 | 0.55 | | + 877 |
| NGC 5055 | 13 16 17.5 | +41 58 27 | SA(rs)bc | 3.9 | 2.10 | 0.24 | 105 | 9.31 | 0.72 | | + 504 |
| NGC 5068 | 13 19 28.8 | −21 05 38 | SAB(rs)cd | 4.7 | 1.86 | 0.06 | 110 | 10.7 | 0.67 | | + 671 |
| NGC 5102 | 13 22 33.6 | −36 41 06 | SA0$^-$ | | 1.94 | 0.49 | 48 | 10.35 | 0.72 | +0.23 | + 468 |
| NGC 5128 | 13 26 04.692 | −43 04 24.66 | E1/S0 + S pec | | 2.41 | 0.11 | 35 | 7.84 | 1.00 | | + 559 |
| NGC 5194 | 13 30 19.21 | +47 08 28.2 | SA(s)bc pec | 1.8 | 2.05 | 0.21 | 163 | 8.96 | 0.60 | −0.06 | + 463 |
| NGC 5195 | 13 30 26.1 | +47 12 44 | I0 pec | | 1.76 | 0.10 | 79 | 10.45 | 0.90 | +0.31 | + 484 |
| NGC 5236 | 13 37 36.0 | −29 55 05 | SAB(s)c | 2.8 | 2.11 | 0.05 | | 8.20 | 0.66 | +0.03 | + 514 |
| NGC 5248 | 13 38 03.42 | +08 49 56.4 | SAB(rs)bc | 1.8 | 1.79 | 0.14 | 110 | 10.97 | 0.65 | +0.05 | +1153 |
| NGC 5247 | 13 38 37.22 | −17 56 13.5 | SA(s)bc | 1.8 | 1.75 | 0.06 | 20 | 10.5 | 0.54 | −0.11 | +1357 |
| NGC 5253 | 13 40 31.92 | −31 41 35.1 | Pec | | 1.70 | 0.41 | 45 | 10.87 | 0.43 | −0.24 | + 404 |
| NGC 5322 | 13 49 36.30 | +60 08 18.9 | E3−4 | | 1.77 | 0.18 | 95 | 11.14 | 0.91 | +0.47 | +1915 |
| NGC 5364 | 13 56 43.7 | +04 57 49 | SA(rs)bc pec | 1.1 | 1.83 | 0.19 | 30 | 11.17 | 0.64 | +0.07 | +1241 |
| NGC 5457 | 14 03 34.8 | +54 17 54 | SAB(rs)cd | 1.1 | 2.46 | 0.03 | | 8.31 | 0.45 | | + 240 |
| NGC 5585 | 14 20 08.1 | +56 40 53 | SAB(s)d | 7.6 | 1.76 | 0.19 | 30 | 11.20 | 0.46 | −0.22 | + 304 |
| NGC 5566 | 14 20 51.7 | +03 53 10 | SB(r)ab | 3.6 | 1.82 | 0.48 | 35 | 11.46 | 0.91 | +0.45 | +1505 |
| NGC 5746 | 14 45 27.9 | +01 54 39 | SAB(rs)b? sp | 4.5 | 1.87 | 0.75 | 170 | 11.29 | 0.97 | +0.42 | +1722 |
| Ursa Minor | 15 09 08 | +67 11.2 | dSph | | [2.50] | 0.35 | 53 | 11.5: | 0.9? | | − 250 |

| Name | Right Ascension | Declination | Type | L | Log $(D_{25})$ | Log $(R_{25})$ | P.A. | $B_T^w$ | $B-V$ | $U-B$ | $v_r$ |
|---|---|---|---|---|---|---|---|---|---|---|---|
| | h  m   s | °  ′  ″ | | | | | ° | | | | km/s |
| NGC 5907 | 15 16 10.0 | +56 17 26 | SA(s)c: sp | 3.0 | 2.10 | 0.96 | 155 | 11.12 | 0.78 | +0.15 | + 666 |
| NGC 6384 | 17 32 54.9 | +07 03 12 | SAB(r)bc | 1.1 | 1.79 | 0.18 | 30 | 11.14 | 0.72 | +0.23 | +1667 |
| NGC 6503 | 17 49 19.9 | +70 08 30 | SA(s)cd | 5.2 | 1.85 | 0.47 | 123 | 10.91 | 0.68 | +0.03 | + 43 |
| Sgr Dw Sph | 18 55.9 | −30 29 | dSph | | [4.26] | 0.42 | 104 | 4.3: | 0.7? | | + 140 |
| NGC 6744 | 19 10 45.6 | −63 50 22 | SAB(r)bc | 3.3 | 2.30 | 0.19 | 15 | 9.14 | | | + 838 |
| NGC 6822 | 19 45 33 | −14 46.7 | IB(s)m | 8.5 | 2.19 | 0.06 | 5 | 9.0 | 0.79 | +0.04: | − 54 |
| NGC 6946 | 20 35 05.55 | +60 11 26.0 | SAB(rs)cd | 2.3 | 2.06 | 0.07 | | 9.61 | 0.80 | | + 50 |
| NGC 7090 | 21 37 12.4 | −54 30 33 | SBc? sp | | 1.87 | 0.77 | 127 | 11.33 | 0.61 | −0.02 | + 854 |
| IC 5152 | 22 03 22.4 | −51 14 41 | IA(s)m | 8.4 | 1.72 | 0.21 | 100 | 11.06 | | | + 120 |
| IC 5201 | 22 21 35.8 | −45 58 57 | SB(rs)cd | 5.1 | 1.93 | 0.34 | 33 | 11.3 | | | + 914 |
| NGC 7331 | 22 37 32.96 | +34 28 13.6 | SA(s)b | 2.2 | 2.02 | 0.45 | 171 | 10.35 | 0.87 | +0.30 | + 821 |
| NGC 7410 | 22 55 36.4 | −39 36 19 | SB(s)a | | 1.72 | 0.51 | 45 | 11.24 | 0.93 | +0.45 | +1751 |
| IC 1459 | 22 57 45.67 | −36 24 21.4 | E3−4 | | 1.72 | 0.14 | 40 | 10.97 | 0.98 | +0.51 | +1691 |
| IC 5267 | 22 57 49.4 | −43 20 23 | SA(rs)0/a | | 1.72 | 0.13 | 140 | 11.43 | 0.89 | +0.37 | +1713 |
| NGC 7424 | 22 57 54.0 | −41 00 51 | SAB(rs)cd | 4.0 | 1.98 | 0.07 | | 10.96 | 0.48 | −0.15 | + 941 |
| NGC 7582 | 23 18 58.3 | −42 18 48 | (R′)SB(s)ab | | 1.70 | 0.38 | 157 | 11.37 | 0.75 | +0.25 | +1573 |
| IC 5332 | 23 35 00.8 | −36 02 35 | SA(s)d | 3.9 | 1.89 | 0.10 | | 11.09 | | | + 706 |
| NGC 7793 | 23 58 22.2 | −32 31 58 | SA(s)d | 6.9 | 1.97 | 0.17 | 98 | 9.63 | 0.54 | −0.09 | + 228 |

### Alternate Names for Some Galaxies

| | |
|---|---|
| Leo I | Regulus Dwarf |
| LMC | Large Magellanic Cloud |
| NGC 224 | Andromeda Galaxy, M31 |
| NGC 598 | Triangulum Galaxy, M33 |
| NGC 1068 | M77, 3C 71 |
| NGC 1316 | Fornax A |
| NGC 3034 | M82, 3C 231 |
| NGC 4038/9 | The Antennae |
| NGC 4374 | M84, 3C 272.1 |
| NGC 4486 | Virgo A, M87, 3C 274 |
| NGC 4594 | Sombrero Galaxy, M104 |
| NGC 4826 | Black Eye Galaxy, M64 |
| NGC 5055 | Sunflower Galaxy, M63 |
| NGC 5128 | Centaurus A |
| NGC 5194 | Whirlpool Galaxy, M51 |
| NGC 5457 | Pinwheel Galaxy, M101/2 |
| NGC 6822 | Barnard's Galaxy |
| Sgr Dw Sph | Sagittarius Dwarf Spheroidal Galaxy |
| SMC | Small Magellanic Cloud, NGC 292 |
| WLM | Wolf-Lundmark-Melotte Galaxy |

| IAU Designation | Name | RA | Dec. | Appt. Diam. | Dist. | Log (age) | Mag. Mem.[1] | $E_{(B-V)}$ | Metal- licity | Trumpler Class |
|---|---|---|---|---|---|---|---|---|---|---|
| | | h m s | ° ′ ″ | ′ | pc | yr | | | | |
| C0001−302 | Blanco 1 | 00 04 39 | −29 46 30 | 70.0 | 269 | 7.796 | 8 | 0.010 | +0.04 | IV 3 m |
| C0022+610 | NGC 103 | 00 25 51 | +61 22 53 | 4.0 | 3026 | 8.126 | 11 | 0.406 | | II 1 m |
| C0027+599 | NGC 129 | 00 30 36 | +60 16 35 | 19.0 | 1625 | 7.886 | 11 | 0.548 | | III 2 m |
| C0029+628 | King 14 | 00 32 30 | +63 13 28 | 8.0 | 2960 | 7.9 | 10 | 0.34 | | III 1 p |
| C0030+630 | NGC 146 | 00 33 39 | +63 21 34 | 7.0 | 3470 | 7.11 | | 0.55 | | II 2 p |
| C0036+608 | NGC 189 | 00 40 12 | +61 09 09 | 5.0 | 752 | 7.00 | | 0.42 | | III 1 p |
| C0040+615 | NGC 225 | 00 44 16 | +61 49 57 | 12.0 | 657 | 8.114 | | 0.274 | | III 1 pn |
| C0039+850 | NGC 188 | 00 48 36 | +85 18 44 | 17.0 | 2047 | 9.632 | 10 | 0.082 | −0.010 | I 2 r |
| C0048+579 | King 2 | 00 51 37 | +58 14 25 | 5.0 | 5750 | 9.78 | 17 | 0.31 | | II 2 m |
| | IC 1590 | 00 53 26 | +56 41 07 | 4.0 | 2940 | 6.54 | | 0.32 | | |
| C0112+598 | NGC 433 | 01 15 51 | +60 10 55 | 2.0 | 2323 | 7.50 | 9 | 0.86 | | III 2 p |
| C0112+585 | NGC 436 | 01 16 38 | +58 52 01 | 5.0 | 3014 | 7.926 | 10 | 0.460 | | I 2 m |
| C0115+580 | NGC 457 | 01 20 15 | +58 20 30 | 20.0 | 2429 | 7.324 | 6 | 0.472 | | II 3 r |
| C0126+630 | NGC 559 | 01 30 14 | +63 21 38 | 6.0 | 1258 | 7.748 | 9 | 0.790 | | I 1 m |
| C0129+604 | NGC 581 | 01 34 05 | +60 42 13 | 5.0 | 2194 | 7.336 | 9 | 0.382 | | II 2 m |
| C0132+610 | Trumpler 1 | 01 36 25 | +61 20 12 | 3.0 | 2563 | 7.60 | 10 | 0.582 | | II 2 p |
| C0139+637 | NGC 637 | 01 43 49 | +64 05 33 | 3.0 | 2160 | 6.980 | 8 | 0.634 | | I 2 m |
| C0140+616 | NGC 654 | 01 44 44 | +61 56 15 | 5.0 | 2410 | 7.0 | 10 | 0.82 | | II 2 r |
| C0140+604 | NGC 659 | 01 45 07 | +60 43 33 | 5.0 | 1938 | 7.548 | 10 | 0.652 | | I 2 m |
| C0144+717 | Collinder 463 | 01 46 36 | +71 51 44 | 57.0 | 702 | 8.373 | | 0.259 | | III 2 m |
| C0142+610 | NGC 663 | 01 46 53 | +61 17 14 | 14.0 | 2420 | 7.4 | 9 | 0.80 | | II 3 r |
| C0149+615 | IC 166 | 01 53 15 | +61 53 05 | 7.0 | 3970 | 8.629 | 17 | 1.050 | −0.178 | II 1 r |
| C0154+374 | NGC 752 | 01 58 19 | +37 50 09 | 75.0 | 457 | 9.050 | 8 | 0.034 | −0.088 | II 2 r |
| C0155+552 | NGC 744 | 01 59 15 | +55 31 27 | 5.0 | 1207 | 8.248 | 10 | 0.384 | | III 1 p |
| C0211+590 | Stock 2 | 02 15 29 | +59 32 01 | 60.0 | 303 | 8.23 | | 0.38 | | I 2 m |
| C0215+569 | NGC 869 | 02 19 45 | +57 10 35 | 18.0 | 2079 | 7.069 | 7 | 0.575 | | I 3 r |
| C0218+568 | NGC 884 | 02 23 03 | +57 11 03 | 18.0 | 2345 | 7.032 | 7 | 0.560 | | I 3 r |
| C0225+604 | Markarian 6 | 02 30 28 | +60 45 11 | 6.0 | 698 | 7.214 | 8 | 0.606 | | III 1 P |
| C0228+612 | IC 1805 | 02 33 30 | +61 29 45 | 20.0 | 2344 | 6.48 | 9 | 0.87 | | II 3 mn |
| C0233+557 | Trumpler 2 | 02 37 38 | +55 57 37 | 17.0 | 725 | 7.95 | | 0.40 | | II 2 p |
| C0238+425 | NGC 1039 | 02 42 46 | +42 48 22 | 35.0 | 499 | 8.249 | 9 | 0.070 | −0.30 | II 3 r |
| C0238+613 | NGC 1027 | 02 43 29 | +61 38 21 | 20.0 | 772 | 8.203 | 9 | 0.325 | | II 3 mn |
| C0247+602 | IC 1848 | 02 52 01 | +60 28 34 | 18.0 | 2002 | 6.840 | | 0.598 | | I 3 pn |
| C0302+441 | NGC 1193 | 03 06 38 | +44 25 25 | 3.0 | 4300 | 9.90 | 14 | 0.12 | −0.293 | I 2 m |
| | NGC 1252 | 03 11 05 | −57 43 38 | 14.0 | 640 | 9.48 | | 0.02 | | |
| C0311+470 | NGC 1245 | 03 15 26 | +47 16 31 | 40.0 | 2800 | 9.02 | 12 | 0.68 | +0.10 | II 2 r |
| C0318+484 | Melotte 20 | 03 25 04 | +49 53 54 | 300.0 | 185 | 7.854 | 3 | 0.090 | | III 3 m |
| C0328+371 | NGC 1342 | 03 32 19 | +37 24 43 | 15.0 | 665 | 8.655 | 8 | 0.319 | −0.16 | III 2 m |
| C0341+321 | IC 348 | 03 45 14 | +32 11 45 | 8.0 | 385 | 7.641 | | 0.929 | | |
| C0344+239 | Melotte 22 | 03 47 38 | +24 08 55 | 120.0 | 133 | 8.131 | 3 | 0.030 | −0.03 | I 3 rn |
| C0400+524 | NGC 1496 | 04 05 20 | +52 41 23 | 4.0 | 1230 | 8.80 | 12 | 0.45 | | III 2 p |
| C0403+622 | NGC 1502 | 04 08 46 | +62 21 33 | 8.0 | 1080 | 6.90 | 7 | 0.75 | | I 3 m |
| C0406+493 | NGC 1513 | 04 10 44 | +49 32 31 | 10.0 | 1320 | 8.11 | 11 | 0.67 | | II 1 m |
| C0411+511 | NGC 1528 | 04 16 11 | +51 14 26 | 16.0 | 1090 | 8.6 | 10 | 0.26 | | II 2 m |
| C0417+448 | Berkeley 11 | 04 21 21 | +44 56 28 | 5.0 | 2200 | 8.041 | 15 | 0.95 | | II 2 m |
| C0417+501 | NGC 1545 | 04 21 45 | +50 16 40 | 18.0 | 711 | 8.448 | 9 | 0.303 | −0.060 | IV 2 p |
| C0424+157 | Melotte 25 | 04 27 30 | +15 53 23 | 330.0 | 45 | 8.896 | 4 | 0.010 | +0.13 | |
| C0443+189 | NGC 1647 | 04 46 32 | +19 08 01 | 40.0 | 540 | 8.158 | 9 | 0.370 | | II 2 r |
| C0445+108 | NGC 1662 | 04 49 02 | +10 57 16 | 20.0 | 437 | 8.625 | 9 | 0.304 | −0.095 | II 3 m |
| C0447+436 | NGC 1664 | 04 51 51 | +43 41 32 | 9.0 | 1199 | 8.465 | 10 | 0.254 | | |

| IAU Designation | Name | RA | Dec. | Appt. Diam. | Dist. | Log (age) | Mag. Mem.[1] | $E_{(B-V)}$ | Metal-licity | Trumpler Class |
|---|---|---|---|---|---|---|---|---|---|---|
| | | h m s | o ′ ″ | ′ | pc | yr | | | | |
| C0504+369 | NGC 1778 | 05 08 47 | +37 02 11 | 8.0 | 1469 | 8.155 | | 0.336 | | III 2 p |
| C0509+166 | NGC 1817 | 05 12 51 | +16 42 07 | 16.0 | 1972 | 8.612 | 9 | 0.334 | −0.14 | IV 2 r |
| C0518−685 | NGC 1901 | 05 18 12 | −68 25 34 | 40.0 | 415 | 8.92 | | 0.06 | | III 3 m |
| C0519+333 | NGC 1893 | 05 23 25 | +33 25 16 | 25.0 | 6000 | 6.48 | | 0.45 | | II 3 rn |
| C0520+295 | Berkeley 19 | 05 24 46 | +29 36 32 | 4.0 | 4831 | 9.49 | 15 | 0.40 | −0.50 | II 1 m |
| C0524+352 | NGC 1907 | 05 28 47 | +35 19 59 | 7.0 | 1800 | 8.5 | 11 | 0.52 | | I 1 mn |
| C0524+343 | Stock 8 | 05 28 49 | +34 25 53 | 15.0 | 1821 | 7.056 | | 0.445 | | |
| C0525+358 | NGC 1912 | 05 29 22 | +35 51 22 | 20.0 | 1400 | 8.5 | 8 | 0.25 | | II 2 r |
| C0532+099 | Collinder 69 | 05 35 41 | +09 56 23 | 70.0 | 400 | 6.70 | | 0.12 | | |
| C0532−059 | NGC 1980 | 05 35 55 | −05 54 32 | 20.0 | 500 | | | 0.00 | | III 3 mn |
| C0532+341 | NGC 1960 | 05 37 00 | +34 08 45 | 10.0 | 1330 | 7.4 | 9 | 0.22 | | I 3 r |
| C0536−026 | Sigma Orionis | 05 39 14 | −02 35 41 | 10.0 | 399 | 7.11 | | 0.05 | | III 1 p |
| C0535+379 | Stock 10 | 05 39 43 | +37 56 19 | 25.0 | 380 | 8.35 | | 0.065 | | IV 2 p |
| C0546+336 | King 8 | 05 50 06 | +33 38 09 | 4.0 | 6403 | 8.618 | 15 | 0.580 | −0.460 | II 2 m |
| C0548+217 | Berkeley 21 | 05 52 20 | +21 47 07 | 5.0 | 5000 | 9.34 | 6 | 0.76 | −0.835 | I 2 |
| C0549+325 | NGC 2099 | 05 52 59 | +32 33 19 | 14.0 | 1383 | 8.540 | 11 | 0.302 | +0.089 | I 2 r |
| C0600+104 | NGC 2141 | 06 03 30 | +10 26 45 | 10.0 | 4033 | 9.231 | 15 | 0.250 | −0.262 | I 2 r |
| C0601+240 | IC 2157 | 06 05 29 | +24 03 16 | 5.0 | 2040 | 7.800 | 12 | 0.548 | | II 1 p |
| C0604+241 | NGC 2158 | 06 08 04 | +24 05 41 | 5.0 | 5071 | 9.023 | 15 | 0.360 | −0.25 | |
| C0605+139 | NGC 2169 | 06 09 00 | +13 57 46 | 5.0 | 1052 | 7.067 | | 0.199 | | III 3 m |
| C0605+243 | NGC 2168 | 06 09 39 | +24 20 51 | 25.0 | 912 | 8.25 | 8 | 0.20 | −0.160 | III 3 r |
| C0606+203 | NGC 2175 | 06 10 17 | +20 29 03 | 22.0 | 1627 | 6.953 | 8 | 0.598 | | III 3 rn |
| C0609+054 | NGC 2186 | 06 12 41 | +05 27 19 | 5.0 | 1445 | 7.738 | 12 | 0.272 | | II 2 m |
| C0611+128 | NGC 2194 | 06 14 20 | +12 48 11 | 9.0 | 3781 | 8.515 | 13 | 0.383 | | II 2 r |
| C0613−186 | NGC 2204 | 06 16 01 | −18 40 08 | 10.0 | 2629 | 8.896 | 13 | 0.085 | −0.32 | II 2 r |
| C0618−072 | NGC 2215 | 06 21 20 | −07 17 19 | 7.0 | 1293 | 8.369 | 11 | 0.300 | | II 2 m |
| C0624−047 | NGC 2232 | 06 27 46 | −04 45 55 | 53.0 | 359 | 7.727 | | 0.030 | | III 2 p |
| C0627−312 | NGC 2243 | 06 29 58 | −31 17 27 | 5.0 | 4458 | 9.032 | | 0.051 | −0.49 | I 2 r |
| C0629+049 | NGC 2244 | 06 32 28 | +04 56 01 | 29.0 | 1445 | 6.896 | 7 | 0.463 | | II 3 rn |
| C0632+084 | NGC 2251 | 06 35 12 | +08 21 28 | 10.0 | 1329 | 8.427 | | 0.186 | +0.25 | III 2 m |
| C0634+094 | Trumpler 5 | 06 37 17 | +09 25 26 | 15.4 | 2400 | 9.70 | 17 | 0.60 | −0.30 | III 1 rn |
| C0635+020 | Collinder 110 | 06 38 57 | +02 00 25 | 18.0 | 1950 | 9.15 | | 0.50 | | |
| C0638+099 | NGC 2264 | 06 41 33 | +09 53 04 | 39.0 | 667 | 6.954 | 5 | 0.051 | −0.15 | III 3 mn |
| C0640+270 | NGC 2266 | 06 43 58 | +26 57 32 | 5.0 | 3400 | 8.80 | 11 | 0.10 | | II 2 m |
| C0644−206 | NGC 2287 | 06 46 28 | −20 46 06 | 39.0 | 710 | 8.4 | 8 | 0.01 | +0.040 | I 3 r |
| C0645+411 | NGC 2281 | 06 49 01 | +41 03 58 | 25.0 | 558 | 8.554 | 8 | 0.063 | +0.13 | I 3 m |
| C0649+005 | NGC 2301 | 06 52 17 | +00 26 49 | 14.0 | 870 | 8.2 | 8 | 0.03 | +0.060 | I 3 r |
| C0649−070 | NGC 2302 | 06 52 26 | −07 05 48 | 5.0 | 1500 | 7.08 | 12 | 0.23 | | III 2 m |
| C0649+030 | Berkeley 28 | 06 52 45 | +02 55 12 | 3.0 | 2557 | 7.846 | 15 | 0.761 | | I 1 p |
| C0655+065 | Berkeley 32 | 06 58 40 | +06 25 07 | 6.0 | 3100 | 9.53 | 14 | 0.16 | −0.29 | II 2 r |
| C0700−082 | NGC 2323 | 07 03 12 | −08 23 57 | 14.0 | 950 | 8.0 | 9 | 0.20 | | II 3 r |
| C0701+011 | NGC 2324 | 07 04 40 | +01 01 44 | 10.6 | 3800 | 8.65 | 12 | 0.25 | −0.31 | II 2 r |
| C0704−100 | NGC 2335 | 07 07 19 | −10 02 43 | 6.0 | 1417 | 8.210 | 10 | 0.393 | −0.030 | III 2 mn |
| C0705−105 | NGC 2343 | 07 08 36 | −10 38 02 | 5.0 | 1056 | 7.104 | 8 | 0.118 | −0.30 | II 2 pn |
| C0706−130 | NGC 2345 | 07 08 47 | −13 12 38 | 12.0 | 2251 | 7.853 | 9 | 0.616 | | II 3 r |
| C0712−256 | NGC 2354 | 07 14 36 | −25 42 31 | 18.0 | 4085 | 8.126 | | 0.307 | | III 2 r |
| C0712−102 | NGC 2353 | 07 15 00 | −10 17 07 | 18.0 | 1119 | 7.974 | 9 | 0.072 | | III 3 p |
| C0712−310 | Collinder 132 | 07 15 44 | −30 42 08 | 80.0 | 472 | 7.080 | | 0.037 | | III 3 p |
| C0714+138 | NGC 2355 | 07 17 35 | +13 43 50 | 7.0 | 2200 | 8.85 | 13 | 0.12 | −0.07 | II 2 m |
| C0715−367 | Collinder 135 | 07 17 39 | −36 50 10 | 50.0 | 316 | 7.407 | | 0.032 | | |

| IAU Designation | Name | RA | Dec. | Appt. Diam. | Dist. | Log (age) | Mag. Mem.[1] | $E_{(B-V)}$ | Metal- licity | Trumpler Class |
|---|---|---|---|---|---|---|---|---|---|---|
| | | h m s | ° ′ ″ | ′ | pc | yr | | | | |
| C0715−155 | NGC 2360 | 07 18 12 | −15 39 40 | 13.0 | 1887 | 8.749 | | 0.111 | −0.150 | I 3 r |
| C0716−248 | NGC 2362 | 07 19 07 | −24 58 29 | 5.0 | 1480 | 6.70 | 8 | 0.10 | | I 3 r |
| C0717−130 | Haffner 6 | 07 20 35 | −13 09 12 | 6.0 | 3054 | 8.826 | 16 | 0.450 | | IV 2 rn |
| C0721−131 | NGC 2374 | 07 24 25 | −13 17 04 | 12.0 | 1468 | 8.463 | | 0.090 | | IV 2 p |
| C0722−321 | Collinder 140 | 07 24 51 | −31 52 16 | 60.0 | 405 | 7.548 | | 0.030 | −0.10 | III 3 m |
| C0722−261 | Ruprecht 18 | 07 25 05 | −26 14 16 | 7.0 | 1056 | 7.648 | | 0.700 | −0.010 | |
| C0722−209 | NGC 2384 | 07 25 37 | −21 02 35 | 5.0 | 2900 | 7.08 | | 0.29 | | IV 3 p |
| C0724−476 | Melotte 66 | 07 26 41 | −47 41 18 | 14.0 | 4313 | 9.445 | | 0.143 | −0.354 | II 1 r |
| C0731−153 | NGC 2414 | 07 33 41 | −15 28 35 | 5.0 | 3455 | 6.976 | | 0.508 | | I 3 m |
| C0734−205 | NGC 2421 | 07 36 40 | −20 38 08 | 6.0 | 2200 | 7.90 | 11 | 0.42 | | I 2 r |
| C0734−143 | NGC 2422 | 07 37 04 | −14 30 26 | 25.0 | 490 | 7.861 | 5 | 0.070 | | I 3 m |
| C0734−137 | NGC 2423 | 07 37 35 | −13 53 45 | 12.0 | 766 | 8.867 | | 0.097 | +0.143 | II 2 m |
| C0735−119 | Melotte 71 | 07 38 00 | −12 05 27 | 7.0 | 3154 | 8.371 | | 0.113 | −0.30 | II 2 r |
| C0735+216 | NGC 2420 | 07 39 00 | +21 32 56 | 5.0 | 2480 | 9.3 | 11 | 0.04 | −0.38 | I 1 r |
| C0738−334 | Bochum 15 | 07 40 30 | −33 33 29 | 3.0 | 2806 | 6.742 | | 0.576 | | IV 2 pn |
| C0738−315 | NGC 2439 | 07 41 09 | −31 43 06 | 9.0 | 1300 | 7.00 | 9 | 0.37 | | II 3 r |
| C0739−147 | NGC 2437 | 07 42 15 | −14 50 07 | 20.0 | 1510 | 8.4 | 10 | 0.10 | +0.059 | II 2 r |
| C0742−237 | NGC 2447 | 07 44 57 | −23 52 57 | 10.0 | 1037 | 8.588 | 9 | 0.046 | | I 3 r |
| C0744−044 | Berkeley 39 | 07 47 13 | −04 37 35 | 7.0 | 4780 | 9.90 | 16 | 0.12 | −0.26 | II 2 r |
| C0745−271 | NGC 2453 | 07 48 01 | −27 13 17 | 4.0 | 2150 | 7.187 | | 0.446 | | I 3 m |
| C0746−261 | Ruprecht 36 | 07 48 49 | −26 19 36 | 5.0 | 1681 | 7.606 | 12 | 0.166 | | IV 1 m |
| C0750−384 | NGC 2477 | 07 52 32 | −38 33 27 | 15.0 | 1300 | 8.78 | 12 | 0.24 | −0.13 | I 2 r |
| C0752−241 | NGC 2482 | 07 55 39 | −24 17 12 | 10.0 | 1343 | 8.604 | | 0.093 | +0.120 | IV 1 m |
| C0754−299 | NGC 2489 | 07 56 40 | −30 05 30 | 6.0 | 3957 | 7.264 | 11 | 0.374 | +0.080 | I 2 m |
| C0757−607 | NGC 2516 | 07 58 14 | −60 46 56 | 30.0 | 409 | 8.052 | 7 | 0.101 | +0.060 | I 3 r |
| C0757−284 | Ruprecht 44 | 07 59 17 | −28 36 44 | 10.0 | 4730 | 6.941 | 12 | 0.619 | | IV 2 m |
| C0757−106 | NGC 2506 | 08 00 31 | −10 47 57 | 12.0 | 3460 | 9.045 | 11 | 0.081 | −0.376 | I 2 r |
| C0803−280 | NGC 2527 | 08 05 24 | −28 10 37 | 10.0 | 601 | 8.649 | | 0.038 | −0.09 | II 2 m |
| C0805−297 | NGC 2533 | 08 07 29 | −29 54 51 | 5.0 | 1700 | 8.84 | | 0.14 | | II 2 r |
| C0809−491 | NGC 2547 | 08 10 28 | −49 14 47 | 25.0 | 455 | 7.557 | 7 | 0.041 | −0.160 | I 3 rn |
| C0808−126 | NGC 2539 | 08 11 07 | −12 51 00 | 9.0 | 1363 | 8.570 | 9 | 0.082 | +0.137 | III 2 m |
| C0810−374 | NGC 2546 | 08 12 38 | −37 37 37 | 70.0 | 919 | 7.874 | 7 | 0.134 | +0.120 | III 2 m |
| C0811−056 | NGC 2548 | 08 14 14 | −05 46 56 | 30.0 | 770 | 8.6 | 8 | 0.03 | +0.080 | I 3 r |
| C0816−304 | NGC 2567 | 08 18 57 | −30 40 24 | 7.0 | 1677 | 8.469 | 11 | 0.128 | −0.09 | II 2 m |
| C0816−295 | NGC 2571 | 08 19 22 | −29 47 00 | 8.0 | 1342 | 7.488 | | 0.137 | +0.05 | II 3 m |
| C0835−394 | Pismis 5 | 08 38 01 | −39 37 14 | 2.0 | 869 | 7.197 | | 0.421 | | |
| C0837−460 | NGC 2645 | 08 39 24 | −46 16 15 | 3.0 | 1668 | 7.283 | 9 | 0.380 | | II 3 p |
| C0838−459 | Waterloo 6 | 08 40 45 | −46 10 16 | 2.0 | 1578 | 7.671 | | 0.243 | | II 3 p |
| C0838−528 | IC 2391 | 08 40 50 | −53 04 16 | 60.0 | 175 | 7.661 | 4 | 0.008 | −0.09 | II 3 m |
| C0837+201 | NGC 2632 | 08 41 00 | +19 37 44 | 70.0 | 187 | 8.863 | 6 | 0.009 | +0.142 | II 3 m |
| | Mamajek 1 | 08 41 43 | −79 03 54 | 40.0 | 97 | 6.9 | | 0.00 | | |
| C0839−461 | Pismis 8 | 08 41 57 | −46 18 16 | 3.0 | 1312 | 7.427 | 10 | 0.706 | | II 2 p |
| C0839−480 | IC 2395 | 08 42 50 | −48 09 05 | 18.6 | 800 | 6.80 | | 0.09 | +0.02 | II 3 m |
| C0840−469 | NGC 2660 | 08 42 59 | −47 14 17 | 3.5 | 2826 | 9.033 | 13 | 0.313 | +0.04 | I 1 r |
| C0843−486 | NGC 2670 | 08 45 50 | −48 50 19 | 7.0 | 1188 | 7.690 | 13 | 0.430 | | III 2 m |
| C0843−527 | NGC 2669 | 08 46 40 | −52 59 14 | 20.0 | 1046 | 7.927 | | 0.180 | | III 3 m |
| C0846−423 | Trumpler 10 | 08 48 17 | −42 29 21 | 29.0 | 424 | 7.542 | | 0.034 | | II 3 m |
| C0847+120 | NGC 2682 | 08 51 52 | +11 45 37 | 25.0 | 908 | 9.409 | 9 | 0.059 | −0.15 | II 3 r |
| C0914−364 | NGC 2818 | 09 16 26 | −36 40 09 | 9.0 | 1855 | 8.626 | | 0.121 | −0.17 | III 1 m |
| | NGC 2866 | 09 22 28 | −51 08 42 | 2.0 | 2600 | 8.30 | | 0.66 | | |

| IAU Designation | Name | RA | Dec. | Appt. Diam. | Dist. | Log (age) | Mag. Mem.[1] | $E_{(B-V)}$ | Metal- licity | Trumpler Class |
|---|---|---|---|---|---|---|---|---|---|---|
| | | h m s | o ′ ″ | ′ | pc | yr | | | | |
| C0922−515 | Ruprecht 76 | 09 24 34 | −51 42 44 | 5.0 | 1262 | 7.734 | 13 | 0.376 | | IV 2 p |
| C0925−549 | Ruprecht 77 | 09 27 24 | −55 09 45 | 5.0 | 4129 | 7.501 | 14 | 0.622 | | II 1 m |
| C0926−567 | IC 2488 | 09 27 57 | −57 02 46 | 18.0 | 1134 | 8.113 | 10 | 0.231 | +0.10 | II 3 r |
| C0927−534 | Ruprecht 78 | 09 29 31 | −53 44 47 | 3.0 | 1641 | 7.987 | 15 | 0.350 | | II 2 m |
| C0939−536 | Ruprecht 79 | 09 41 20 | −53 53 53 | 5.0 | 1979 | 7.093 | 11 | 0.717 | | III 2 p |
| C1001−598 | NGC 3114 | 10 02 56 | −60 10 15 | 35.0 | 911 | 8.093 | 9 | 0.069 | +0.022 | |
| C1019−514 | NGC 3228 | 10 21 47 | −51 46 53 | 5.0 | 544 | 7.932 | | 0.028 | | |
| C1022−575 | Westerlund 2 | 10 24 25 | −57 49 12 | 2.0 | 6400 | 6.30 | | 1.67 | | IV 1 pn |
| C1025−573 | IC 2581 | 10 27 53 | −57 40 14 | 5.0 | 2446 | 7.142 | | 0.415 | −0.34 | II 2 pn |
| C1028−595 | Collinder 223 | 10 32 39 | −60 04 27 | 18.0 | 2820 | 8.0 | | 0.25 | | II 2 m |
| C1033−579 | NGC 3293 | 10 36 15 | −58 17 04 | 6.0 | 2327 | 7.014 | 8 | 0.263 | | |
| C1035−583 | NGC 3324 | 10 37 44 | −58 41 47 | 12.0 | 2317 | 6.754 | | 0.438 | | |
| C1036−538 | NGC 3330 | 10 39 12 | −54 10 41 | 4.0 | 894 | 8.229 | | 0.050 | | III 2 m |
| C1040−588 | Bochum 10 | 10 42 36 | −59 11 18 | 20.0 | 2027 | 6.857 | | 0.306 | | II 3 mn |
| C1041−641 | IC 2602 | 10 43 21 | −64 27 19 | 100.0 | 161 | 7.507 | 3 | 0.024 | −0.09 | I 3 r |
| C1041−593 | Trumpler 14 | 10 44 21 | −59 36 19 | 5.0 | 2500 | 6.30 | | 0.57 | | |
| C1041−597 | Collinder 228 | 10 44 24 | −60 08 31 | 14.0 | 2201 | 6.830 | | 0.342 | | |
| C1042−591 | Trumpler 15 | 10 45 08 | −59 25 19 | 14.0 | 1853 | 6.926 | | 0.434 | | III 2 pn |
| C1043−594 | Trumpler 16 | 10 45 35 | −59 46 19 | 10.0 | 3900 | 6.70 | | 0.61 | | |
| C1045−598 | Bochum 11 | 10 47 40 | −60 08 20 | 21.0 | 2412 | 6.764 | | 0.576 | | IV 3 pn |
| C1054−589 | Trumpler 17 | 10 56 50 | −59 15 22 | 5.0 | 2189 | 7.706 | | 0.605 | | |
| C1055−614 | Bochum 12 | 10 57 49 | −61 46 23 | 10.0 | 2218 | 7.61 | | 0.24 | | III 3 p |
| C1057−600 | NGC 3496 | 11 00 02 | −60 23 35 | 8.0 | 990 | 8.471 | | 0.469 | | II 1 r |
| | Sher 1 | 11 01 30 | −60 17 24 | 1.0 | 5875 | 6.713 | | 1.374 | | |
| C1059−595 | Pismis 17 | 11 01 32 | −59 52 24 | 6.0 | 3504 | 7.023 | 9 | 0.471 | | |
| C1104−584 | NGC 3532 | 11 06 06 | −58 48 37 | 50.0 | 486 | 8.492 | 8 | 0.037 | −0.022 | II 3 r |
| C1108−599 | NGC 3572 | 11 10 50 | −60 18 20 | 5.0 | 1995 | 6.891 | 7 | 0.389 | | II 3 mn |
| C1108−601 | Hogg 10 | 11 11 09 | −60 27 26 | 3.0 | 1776 | 6.784 | | 0.460 | | |
| C1109−604 | Trumpler 18 | 11 11 55 | −60 43 26 | 5.0 | 1358 | 7.194 | | 0.315 | | II 3 m |
| C1109−600 | Collinder 240 | 11 12 07 | −60 22 01 | 32.0 | 1577 | 7.160 | | 0.310 | | III 2 mn |
| C1110−605 | NGC 3590 | 11 13 26 | −60 50 44 | 3.0 | 1651 | 7.231 | | 0.449 | | I 2 p |
| C1110−586 | Stock 13 | 11 13 33 | −58 56 26 | 5.0 | 1577 | 7.222 | 10 | 0.218 | | I 3 pn |
| C1112−609 | NGC 3603 | 11 15 34 | −61 19 02 | 4.0 | 6900 | 6.00 | | 1.338 | | II 3 mn |
| C1115−624 | IC 2714 | 11 17 54 | −62 47 27 | 14.0 | 1238 | 8.542 | 10 | 0.341 | −0.011 | II 2 r |
| C1117−632 | Melotte 105 | 11 20 09 | −63 32 27 | 5.0 | 2208 | 8.316 | | 0.482 | | I 2 r |
| C1123−429 | NGC 3680 | 11 26 08 | −43 18 04 | 5.0 | 938 | 9.077 | 10 | 0.066 | −0.19 | I 2 m |
| C1133−613 | NGC 3766 | 11 36 44 | −61 39 59 | 9.3 | 2218 | 7.32 | 8 | 0.20 | | I 3 r |
| C1134−627 | IC 2944 | 11 38 50 | −63 25 52 | 65.0 | 1794 | 6.818 | | 0.320 | | III 3 mn |
| C1141−622 | Stock 14 | 11 44 18 | −62 34 30 | 6.0 | 2146 | 7.058 | 10 | 0.225 | | III 3 p |
| C1148−554 | NGC 3960 | 11 51 04 | −55 43 54 | 5.0 | 1850 | 9.1 | | 0.29 | +0.025 | I 2 m |
| C1154−623 | Ruprecht 97 | 11 58 00 | −62 46 30 | 5.0 | 1357 | 8.343 | 12 | 0.229 | | IV 1 p |
| C1204−609 | NGC 4103 | 12 07 13 | −61 18 30 | 6.0 | 1632 | 7.393 | 10 | 0.294 | | I 2 m |
| C1221−616 | NGC 4349 | 12 24 43 | −61 55 47 | 5.0 | 2176 | 8.315 | 11 | 0.384 | −0.12 | II 2 m |
| C1222+263 | Melotte 111 | 12 25 38 | +26 02 31 | 120.0 | 96 | 8.652 | 5 | 0.013 | −0.05 | III 3 r |
| C1226−604 | Harvard 5 | 12 27 51 | −60 50 13 | 5.0 | 1184 | 8.032 | | 0.160 | | |
| C1225−598 | NGC 4439 | 12 29 02 | −60 09 47 | 4.0 | 1785 | 7.909 | | 0.348 | | |
| C1239−627 | NGC 4609 | 12 42 55 | −63 03 09 | 4.0 | 1223 | 7.892 | 10 | 0.328 | | II 2 m |
| C1250−600 | NGC 4755 | 12 54 17 | −60 25 07 | 10.0 | 1976 | 7.216 | 7 | 0.388 | | |
| C1315−623 | Stock 16 | 13 20 11 | −62 41 18 | 3.0 | 1810 | 6.90 | 10 | 0.52 | | III 3 pn |
| C1317−646 | Ruprecht 107 | 13 20 29 | −65 00 18 | 3.0 | 1442 | 7.478 | 12 | 0.458 | | III 2 p |

| IAU Designation | Name | RA | Dec. | Appt. Diam. | Dist. | Log (age) | Mag. Mem.[1] | $E_{(B-V)}$ | Metal− licity | Trumpler Class |
|---|---|---|---|---|---|---|---|---|---|---|
| | | h m s | o ′ ″ | ′ | pc | yr | | | | |
| C1324−587 | NGC 5138 | 13 27 57 | −59 05 15 | 7.0 | 1986 | 7.986 | | 0.262 | +0.120 | II 2 m |
| C1326−609 | Hogg 16 | 13 30 00 | −61 15 15 | 6.0 | 1585 | 7.047 | | 0.411 | | II 2 p |
| C1327−606 | NGC 5168 | 13 31 48 | −60 59 38 | 4.0 | 1777 | 8.001 | | 0.431 | | I 2 m |
| C1328−625 | Trumpler 21 | 13 32 57 | −62 51 13 | 5.0 | 1263 | 7.696 | | 0.197 | | I 2 p |
| C1343−626 | NGC 5281 | 13 47 20 | −62 58 08 | 7.0 | 1108 | 7.146 | 10 | 0.225 | | I 3 m |
| C1350−616 | NGC 5316 | 13 54 42 | −61 55 11 | 14.0 | 1215 | 8.202 | 11 | 0.267 | −0.02 | II 2 r |
| C1356−619 | Lynga 1 | 14 00 48 | −62 12 02 | 3.0 | 1900 | 8.00 | | 0.45 | | II 2 p |
| C1404−480 | NGC 5460 | 14 08 08 | −48 23 35 | 35.0 | 678 | 8.207 | 9 | 0.092 | | I 3 m |
| C1420−611 | Lynga 2 | 14 25 22 | −61 22 40 | 13.0 | 900 | 7.95 | | 0.22 | | II 3 m |
| C1424−594 | NGC 5606 | 14 28 34 | −59 40 42 | 3.0 | 1805 | 7.075 | | 0.474 | | I 3 p |
| C1426−605 | NGC 5617 | 14 30 32 | −60 45 29 | 10.0 | 2000 | 7.90 | 10 | 0.48 | | I 3 r |
| C1427−609 | Trumpler 22 | 14 31 50 | −61 12 46 | 10.0 | 1516 | 7.950 | 12 | 0.521 | | III 2 m |
| C1431−563 | NGC 5662 | 14 36 23 | −56 39 50 | 29.0 | 666 | 7.968 | 10 | 0.311 | | II 3 r |
| C1440+697 | Collinder 285 | 14 41 14 | +69 31 20 | 1400.0 | 25 | 8.30 | 2 | 0.00 | | |
| C1445−543 | NGC 5749 | 14 49 39 | −54 32 30 | 10.0 | 1031 | 7.728 | | 0.376 | | II 2 m |
| C1501−541 | NGC 5822 | 15 05 07 | −54 26 14 | 35.0 | 917 | 8.821 | 10 | 0.150 | −0.028 | II 2 r |
| C1502−554 | NGC 5823 | 15 06 17 | −55 38 37 | 12.0 | 1192 | 8.900 | 13 | 0.090 | | II 2 r |
| C1511−588 | Pismis 20 | 15 16 13 | −59 06 18 | 4.0 | 2018 | 6.864 | | 1.179 | | |
| C1559−603 | NGC 6025 | 16 04 11 | −60 27 36 | 14.0 | 756 | 7.889 | 7 | 0.159 | +0.19 | II 3 r |
| C1601−517 | Lynga 6 | 16 05 40 | −51 57 41 | 5.0 | 1600 | 7.430 | | 1.250 | | |
| C1603−539 | NGC 6031 | 16 08 24 | −54 02 33 | 3.0 | 1823 | 8.069 | | 0.371 | | I 3 p |
| C1609−540 | NGC 6067 | 16 14 01 | −54 14 40 | 14.0 | 1417 | 8.076 | 10 | 0.380 | +0.138 | I 3 r |
| C1614−577 | NGC 6087 | 16 19 43 | −57 57 36 | 14.0 | 891 | 7.976 | 8 | 0.175 | −0.01 | II 2 m |
| C1622−405 | NGC 6124 | 16 26 03 | −40 40 36 | 39.0 | 512 | 8.147 | 9 | 0.750 | | I 3 r |
| C1623−261 | Collinder 302 | 16 26 47 | −26 16 24 | 500.0 | | | | | | III 3 p |
| C1624−490 | NGC 6134 | 16 28 33 | −49 10 28 | 6.0 | 913 | 8.968 | 11 | 0.395 | +0.182 | |
| C1632−455 | NGC 6178 | 16 36 33 | −45 39 51 | 5.0 | 1014 | 7.248 | | 0.219 | | III 3 p |
| C1637−486 | NGC 6193 | 16 42 07 | −48 46 59 | 14.0 | 1155 | 6.775 | | 0.475 | | |
| C1642−469 | NGC 6204 | 16 46 56 | −47 02 06 | 5.0 | 1200 | 7.90 | | 0.46 | | I 3 m |
| C1645−537 | NGC 6208 | 16 50 19 | −53 44 45 | 18.0 | 939 | 9.069 | | 0.210 | −0.03 | III 2 r |
| C1650−417 | NGC 6231 | 16 54 54 | −41 50 29 | 14.0 | 1243 | 6.843 | 6 | 0.439 | | |
| C1652−394 | NGC 6242 | 16 56 16 | −39 28 40 | 9.0 | 1131 | 7.608 | | 0.377 | | |
| C1653−405 | Trumpler 24 | 16 57 44 | −40 40 57 | 60.0 | 1138 | 6.919 | | 0.418 | | |
| C1654−447 | NGC 6249 | 16 58 27 | −44 49 38 | 5.0 | 981 | 7.386 | | 0.443 | | II 2 m |
| C1654−457 | NGC 6250 | 16 58 42 | −45 57 08 | 10.0 | 865 | 7.415 | | 0.350 | | II 3 r |
| C1657−446 | NGC 6259 | 17 01 31 | −44 40 11 | 14.0 | 1031 | 8.336 | 11 | 0.498 | +0.020 | II 2 r |
| C1714−355 | Bochum 13 | 17 18 06 | −35 33 39 | 14.0 | 1077 | 6.823 | | 0.854 | | III 3 m |
| C1714−429 | NGC 6322 | 17 19 10 | −42 56 38 | 5.0 | 996 | 7.058 | | 0.590 | | I 3 m |
| C1720−499 | IC 4651 | 17 25 38 | −49 56 32 | 10.0 | 888 | 9.057 | 10 | 0.116 | +0.095 | II 2 r |
| C1731−325 | NGC 6383 | 17 35 29 | −32 34 23 | 20.0 | 985 | 6.962 | | 0.298 | | II 3 mn |
| C1732−334 | Trumpler 27 | 17 37 02 | −33 31 21 | 6.0 | 1211 | 7.063 | | 1.194 | | III 3 m |
| C1733−324 | Trumpler 28 | 17 37 41 | −32 29 21 | 5.0 | 1343 | 7.290 | | 0.733 | | III 2 mn |
| C1734−362 | Ruprecht 127 | 17 38 34 | −36 18 20 | 5.0 | 1466 | 7.351 | 11 | 0.990 | | II 2 p |
| C1736−321 | NGC 6405 | 17 41 01 | −32 15 30 | 20.0 | 487 | 7.974 | 7 | 0.144 | +0.06 | II 3 r |
| C1741−323 | NGC 6416 | 17 45 00 | −32 21 56 | 14.0 | 741 | 8.087 | | 0.251 | | III 2 m |
| C1743+057 | IC 4665 | 17 46 49 | +05 42 48 | 70.0 | 352 | 7.634 | 6 | 0.174 | | III 2 m |
| C1747−302 | NGC 6451 | 17 51 21 | −30 12 44 | 7.0 | 2080 | 8.134 | 12 | 0.672 | −0.34 | I 2 rn |
| C1750−348 | NGC 6475 | 17 54 33 | −34 47 41 | 80.0 | 301 | 8.475 | 7 | 0.103 | +0.03 | I 3 r |
| C1753−190 | NGC 6494 | 17 57 41 | −18 59 08 | 29.0 | 628 | 8.477 | 10 | 0.356 | +0.090 | II 2 r |
| C1758−237 | Bochum 14 | 18 02 38 | −23 40 58 | 2.0 | 578 | 6.996 | | 1.508 | | III 1 pn |

| IAU Designation | Name | RA | Dec. | Appt. Diam. | Dist. | Log (age) | Mag. Mem.[1] | $E_{(B-V)}$ | Metal- licity | Trumpler Class |
|---|---|---|---|---|---|---|---|---|---|---|
| | | h m s | ° ′ ″ | ′ | pc | yr | | | | |
| C1800−279 | NGC 6520 | 18 04 04 | −27 53 15 | 2.0 | 1900 | 8.18 | 9 | 0.42 | | I 2 rn |
| C1801−225 | NGC 6531 | 18 04 51 | −22 29 20 | 14.0 | 1205 | 7.070 | 8 | 0.281 | | I 3 r |
| C1801−243 | NGC 6530 | 18 05 10 | −24 21 26 | 14.0 | 1330 | 6.867 | 6 | 0.333 | | |
| C1804−233 | NGC 6546 | 18 08 00 | −23 17 41 | 14.0 | 938 | 7.849 | | 0.491 | | II 1 r |
| C1815−122 | NGC 6604 | 18 18 38 | −12 14 13 | 5.0 | 1696 | 6.810 | | 0.970 | | I 3 mn |
| C1816−138 | NGC 6611 | 18 19 24 | −13 48 06 | 6.0 | 1800 | 6.11 | 11 | 0.80 | | |
| C1817−171 | NGC 6613 | 18 20 35 | −17 05 47 | 5.0 | 1296 | 7.223 | | 0.450 | | II 3 pn |
| C1825+065 | NGC 6633 | 18 27 46 | +06 30 55 | 20.0 | 376 | 8.629 | 8 | 0.182 | +0.000 | III 2 m |
| C1828−192 | IC 4725 | 18 32 24 | −19 06 31 | 29.0 | 620 | 7.965 | 8 | 0.476 | +0.17 | I 3 m |
| C1830−104 | NGC 6649 | 18 34 02 | −10 23 41 | 5.0 | 1369 | 7.566 | 13 | 1.201 | | I 3 m |
| C1834−082 | NGC 6664 | 18 37 11 | −07 48 14 | 12.0 | 1164 | 7.162 | 9 | 0.709 | | III 2 m |
| C1836+054 | IC 4756 | 18 39 31 | +05 27 36 | 39.0 | 484 | 8.699 | 8 | 0.192 | −0.060 | II 3 r |
| C1840−041 | Trumpler 35 | 18 43 27 | −04 07 21 | 5.0 | 1206 | 7.862 | | 1.218 | | I 2 m |
| C1842−094 | NGC 6694 | 18 45 53 | −09 22 18 | 7.0 | 1600 | 7.931 | 11 | 0.589 | | II 3 m |
| C1848−052 | NGC 6704 | 18 51 19 | −05 11 32 | 5.0 | 2974 | 7.863 | 12 | 0.717 | | I 2 m |
| C1848−063 | NGC 6705 | 18 51 39 | −06 15 25 | 32.0 | 1877 | 8.4 | 11 | 0.428 | +0.136 | |
| C1850−204 | Collinder 394 | 18 52 53 | −20 11 24 | 22.0 | 690 | 7.803 | | 0.235 | | |
| C1851+368 | Stephenson 1 | 18 53 52 | +36 55 49 | 20.0 | 390 | 7.731 | | 0.040 | | IV 3 p |
| C1851−199 | NGC 6716 | 18 55 11 | −19 53 16 | 10.0 | 789 | 7.961 | | 0.220 | −0.31 | IV 1 p |
| C1905+041 | NGC 6755 | 19 08 20 | +04 17 02 | 14.0 | 1421 | 7.719 | 11 | 0.826 | | II 2 r |
| C1906+046 | NGC 6756 | 19 09 13 | +04 43 20 | 4.0 | 1507 | 7.79 | 13 | 1.18 | | I 1 m |
| C1919+377 | NGC 6791 | 19 21 15 | +37 47 31 | 10.0 | 5853 | 9.643 | 15 | 0.117 | +0.11 | I 2 r |
| C1936+464 | NGC 6811 | 19 37 36 | +46 24 45 | 14.0 | 1215 | 8.799 | 11 | 0.160 | | III 1 r |
| C1939+400 | NGC 6819 | 19 41 40 | +40 12 42 | 5.0 | 2360 | 9.174 | 11 | 0.238 | +0.074 | |
| C1941+231 | NGC 6823 | 19 43 36 | +23 19 32 | 6.0 | 3176 | 6.5 | | 0.854 | | I 3 mn |
| C1948+229 | NGC 6830 | 19 51 26 | +23 07 38 | 5.0 | 1639 | 7.572 | 10 | 0.501 | | II 2 p |
| C1950+292 | NGC 6834 | 19 52 37 | +29 26 09 | 5.0 | 2067 | 7.883 | 11 | 0.708 | | II 2 m |
| C1950+182 | Harvard 20 | 19 53 34 | +18 21 40 | 7.0 | 1540 | 7.476 | | 0.247 | | IV 2 p |
| C2002+438 | NGC 6866 | 20 04 16 | +44 11 18 | 14.0 | 1450 | 8.576 | 10 | 0.169 | | II 2 r |
| C2002+290 | Roslund 4 | 20 05 20 | +29 14 49 | 5.0 | 2000 | 6.6 | | 0.91 | | II 3 mn |
| C2004+356 | NGC 6871 | 20 06 23 | +35 48 26 | 29.0 | 1574 | 6.958 | | 0.443 | | II 2 pn |
| C2007+353 | Biurakan 2 | 20 09 36 | +35 30 53 | 20.0 | 1106 | 7.011 | 16 | 0.360 | | III 2 p |
| C2008+410 | IC 1311 | 20 10 40 | +41 14 53 | 5.0 | 5333 | 8.625 | | 0.760 | | I 1 r |
| C2009+263 | NGC 6885 | 20 12 27 | +26 30 37 | 20.0 | 597 | 9.16 | 6 | 0.08 | | III 2 m |
| C2014+374 | IC 4996 | 20 16 53 | +37 39 58 | 6.0 | 1732 | 6.948 | 8 | 0.673 | | II 3 pn |
| C2018+385 | Berkeley 86 | 20 20 47 | +38 44 01 | 6.0 | 1112 | 7.116 | 13 | 0.898 | | IV 2 mn |
| C2019+372 | Berkeley 87 | 20 22 06 | +37 24 02 | 10.0 | 633 | 7.152 | 13 | 1.369 | | III 2 m |
| C2021+406 | NGC 6910 | 20 23 34 | +40 48 45 | 10.0 | 1139 | 7.127 | | 0.971 | | I 3 mn |
| C2022+383 | NGC 6913 | 20 24 20 | +38 32 34 | 10.0 | 1148 | 7.111 | 9 | 0.744 | | II 3 mn |
| C2030+604 | NGC 6939 | 20 31 43 | +60 41 51 | 10.0 | 1800 | 9.20 | | 0.33 | +0.026 | II 1 r |
| C2032+281 | NGC 6940 | 20 34 52 | +28 19 11 | 25.0 | 770 | 8.858 | 11 | 0.214 | +0.013 | III 2 r |
| C2054+444 | NGC 6996 | 20 56 52 | +44 40 27 | 14.0 | 760 | 8.54 | | 0.52 | | III 2 m |
| C2109+454 | NGC 7039 | 21 11 11 | +45 39 36 | 14.0 | 951 | 7.820 | | 0.131 | | IV 2 m |
| C2121+461 | NGC 7062 | 21 23 50 | +46 25 25 | 5.0 | 1480 | 8.465 | | 0.452 | | II 2 m |
| C2122+478 | NGC 7067 | 21 24 46 | +48 03 20 | 6.0 | 3600 | 8.00 | | 0.75 | | II 1 p |
| C2122+362 | NGC 7063 | 21 24 47 | +36 31 56 | 9.0 | 689 | 7.977 | | 0.091 | | III 1 p |
| C2127+468 | NGC 7082 | 21 29 40 | +47 10 23 | 25.0 | 1442 | 8.233 | | 0.237 | −0.01 | |
| C2130+482 | NGC 7092 | 21 32 11 | +48 28 48 | 29.0 | 326 | 8.445 | 7 | 0.013 | | III 2 m |
| C2137+572 | Trumpler 37 | 21 39 26 | +57 32 52 | 89.0 | 835 | 7.054 | | 0.470 | | IV 3 m |
| C2144+655 | NGC 7142 | 21 45 24 | +65 49 25 | 12.0 | 1686 | 9.276 | 11 | 0.397 | +0.040 | I 2 r |

| IAU Designation | Name | RA | Dec. | Appt. Diam. | Dist. | Log (age) | Mag. Mem.[1] | $E_{(B-V)}$ | Metal- licity | Trumpler Class |
|---|---|---|---|---|---|---|---|---|---|---|
| | | h  m  s | o  ′  ″ | ′ | pc | yr | | | | |
| C2151+470 | IC 5146 | 21 53 48 | +47 18 59 | 20.0 | 852 | 8.023 | | 0.593 | | III 2 pn |
| C2152+623 | NGC 7160 | 21 53 58 | +62 39 11 | 5.0 | 789 | 7.278 | | 0.375 | | I 3 p |
| C2203+462 | NGC 7209 | 22 05 32 | +46 32 05 | 14.0 | 1168 | 8.617 | 9 | 0.168 | −0.12 | III 1 m |
| C2208+551 | NGC 7226 | 22 10 49 | +55 27 01 | 2.0 | 2616 | 8.436 | | 0.536 | | I 2 m |
| C2210+570 | NGC 7235 | 22 12 47 | +57 19 20 | 5.0 | 3330 | 6.90 | | 0.90 | | II 3 m |
| C2213+496 | NGC 7243 | 22 15 33 | +49 57 03 | 29.0 | 808 | 8.058 | 8 | 0.220 | | II 2 m |
| C2213+540 | NGC 7245 | 22 15 35 | +54 23 45 | 5.0 | 2106 | 8.246 | | 0.473 | | II 2 m |
| C2218+578 | NGC 7261 | 22 20 34 | +58 10 29 | 5.0 | 1681 | 7.670 | | 0.969 | | II 3 m |
| C2227+551 | Berkeley 96 | 22 29 48 | +55 27 14 | 2.0 | 3087 | 6.822 | 13 | 0.630 | | I 2 p |
| C2245+578 | NGC 7380 | 22 47 46 | +58 11 14 | 20.0 | 2222 | 7.077 | 10 | 0.602 | | III 2 mn |
| C2306+602 | King 19 | 23 08 45 | +60 34 25 | 5.0 | 1967 | 8.557 | 12 | 0.547 | | III 2 p |
| C2309+603 | NGC 7510 | 23 11 30 | +60 37 38 | 6.0 | 3480 | 7.35 | 10 | 0.90 | | II 3 rn |
| C2313+602 | Markarian 50 | 23 15 46 | +60 31 26 | 2.0 | 2114 | 7.095 | | 0.810 | | III 1 pn |
| C2322+613 | NGC 7654 | 23 25 16 | +61 39 04 | 15.0 | 1400 | 8.2 | 11 | 0.57 | | II 2 r |
| C2345+683 | King 11 | 23 48 18 | +68 41 30 | 5.0 | 2892 | 9.048 | 17 | 1.270 | −0.27 | I 2 m |
| C2350+616 | King 12 | 23 53 32 | +62 01 30 | 3.0 | 2378 | 7.037 | 10 | 0.590 | | II 1 p |
| C2354+611 | NGC 7788 | 23 57 17 | +61 27 24 | 4.0 | 2374 | 7.593 | | 0.283 | | I 2 p |
| C2354+564 | NGC 7789 | 23 57 56 | +56 46 00 | 25.0 | 2337 | 9.235 | 10 | 0.217 | −0.24 | II 2 r |
| C2355+609 | NGC 7790 | 23 58 56 | +61 16 00 | 5.0 | 2944 | 7.749 | 10 | 0.531 | | II 2 m |

Notes to Table

[1]　The Mag. Mem. column gives the visual magnitude of the brightest cluster member.

Alternate Names for Some Clusters

| | | | |
|---|---|---|---|
| C0001−302 | ζ  Scl Cluster | C0837+201 | M44 |
| C0129+604 | M103 | C0838−528 | o  Vel Cluster |
| C0215+569 | h Per | C0847+120 | M67 |
| C0218+568 | χ  Per | C1041−641 | θ  Car Cluster |
| C0238+425 | M34 | C1043−594 | η  Car Cluster |
| C0344+239 | M45 | C1239−627 | Coal-Sack Cluster |
| C0525+358 | M38 | C1250−600 | Jewel Box Cluster |
| C0532+341 | M36 | C1736−321 | M6 |
| C0549+325 | M37 | C1750−348 | M7 |
| C0605+243 | M35 | C1753−190 | M23 |
| C0629+049 | Rosette Cluster | C1801−225 | M21 |
| C0638+099 | S Mon Cluster | C1816−138 | M16 |
| C0644−206 | M41 | C1817−171 | M18 |
| C0700−082 | M50 | C1828−192 | M25 |
| C0716−248 | τ  CMa Cluster | C1842−094 | M26 |
| C0734−143 | M47 | C1848−063 | M11 |
| C0739−147 | M46 | C2022+383 | M29 |
| C0742−237 | M93 | C2130+482 | M39 |
| C0811−056 | M48 | C2322+613 | M52 |

| Name | RA | Dec. | $V_t$ | $B–V$ | $E_{(B–V)}$ | $(m–M)_V$ | [Fe/H] | $v_r$ | $c$ | $r_c$ | Alternate Name |
|---|---|---|---|---|---|---|---|---|---|---|---|
| | h m s | ° ′ ″ | | | | | | km/s | | ′ | |
| NGC 104 | 00 24 32.9 | −72 01 22 | 3.95 | 0.88 | 0.04 | 13.37 | −0.76 | − 18.7 | 2.03 | 0.40 | 47 Tuc |
| NGC 288 | 00 53 18.2 | −26 31 59 | 8.09 | 0.65 | 0.03 | 14.83 | −1.24 | − 46.6 | 0.96 | 1.42 | |
| NGC 362 | 01 03 35.6 | −70 47 32 | 6.40 | 0.77 | 0.05 | 14.81 | −1.16 | +223.5 | 1.94c: | 0.19 | |
| NGC 1261 | 03 12 32.6 | -55 10 40 | 8.29 | 0.72 | 0.01 | 16.10 | −1.35 | + 68.2 | 1.27 | 0.39 | |
| Pal 1 | 03 34 56.8 | +79 36 55 | 13.18 | 0.96 | 0.15 | 15.65 | −0.60 | − 82.8 | 1.60 | 0.22 | |
| AM 1 | 03 55 20.9 | −49 35 03 | 15.72 | 0.72 | 0.00 | 20.43 | −1.80 | +116.0 | 1.12 | 0.15 | E 1 |
| Eridanus | 04 25 11.8 | −21 09 48 | 14.70 | 0.79 | 0.02 | 19.84 | −1.46 | − 23.6 | 1.10 | 0.25 | |
| Pal 2 | 04 46 46.3 | +31 23 57 | 13.04 | 2.08 | 1.24 | 21.05 | −1.30 | −133.0 | 1.45 | 0.24 | |
| NGC 1851 | 05 14 27.0 | −40 02 08 | 7.14 | 0.76 | 0.02 | 15.47 | −1.22 | +320.5 | 2.32 | 0.06 | |
| NGC 1904 | 05 24 36.6 | −24 30 54 | 7.73 | 0.65 | 0.01 | 15.59 | −1.57 | +206.0 | 1.72 | 0.16 | M 79 |
| NGC 2298 | 06 49 21.5 | −36 01 04 | 9.29 | 0.75 | 0.14 | 15.59 | −1.85 | +148.9 | 1.28 | 0.34 | |
| NGC 2419 | 07 38 51.1 | +38 51 27 | 10.39 | 0.66 | 0.11 | 19.97 | −2.12 | − 20.0 | 1.40 | 0.35 | |
| Pyxis | 09 08 22.8 | −37 15 51 | 12.90 | | 0.21 | 18.65 | −1.30 | + 34.3 | 0.65 | 1.38 | |
| NGC 2808 | 09 12 14.9 | −64 54 23 | 6.20 | 0.92 | 0.22 | 15.59 | −1.15 | + 93.6 | 1.77 | 0.26 | |
| E 3 | 09 20 51.7 | −77 19 39 | 11.35 | | 0.30 | 14.12 | −0.80 | | 0.75 | 1.87 | |
| Pal 3 | 10 06 03.7 | +00 01 12 | 14.26 | | 0.04 | 19.96 | −1.66 | + 83.4 | 1.00 | 0.48 | |
| NGC 3201 | 10 18 02.7 | −46 27 50 | 6.75 | 0.96 | 0.23 | 14.21 | −1.58 | +494.0 | 1.30 | 1.43 | |
| Pal 4 | 11 29 50.1 | +28 54 56 | 14.20 | | 0.01 | 20.22 | −1.48 | + 74.5 | 0.78 | 0.55 | |
| NGC 4147 | 12 10 38.3 | +18 29 01 | 10.32 | 0.59 | 0.02 | 16.48 | −1.83 | +183.2 | 1.80 | 0.10 | |
| NGC 4372 | 12 26 22.8 | −72 43 02 | 7.24 | 1.10 | 0.39 | 15.01 | −2.09 | + 72.3 | 1.30 | 1.75 | |
| Rup 106 | 12 39 15.4 | −51 12 28 | 10.90 | | 0.20 | 17.25 | −1.67 | − 44.0 | 0.70 | 1.00 | |
| NGC 4590 | 12 40 01.5 | −26 48 01 | 7.84 | 0.63 | 0.05 | 15.19 | −2.06 | − 94.3 | 1.64 | 0.69 | M 68 |
| NGC 4833 | 13 00 17.8 | −70 55 52 | 6.91 | 0.93 | 0.32 | 15.07 | −1.80 | +200.2 | 1.25 | 1.00 | |
| NGC 5024 | 13 13 26.1 | +18 06 49 | 7.61 | 0.64 | 0.02 | 16.31 | −1.99 | − 79.1 | 1.78 | 0.36 | M 53 |
| NGC 5053 | 13 16 57.8 | +17 38 34 | 9.47 | 0.65 | 0.04 | 16.19 | −2.29 | + 44.0 | 0.84 | 1.98 | |
| NGC 5139 | 13 27 23.9 | −47 31 52 | 3.68 | 0.78 | 0.12 | 13.97 | −1.62 | +232.3 | 1.61 | 1.40 | ω Cen |
| NGC 5272 | 13 42 40.2 | +28 19 22 | 6.19 | 0.69 | 0.01 | 15.12 | −1.57 | −147.6 | 1.84 | 0.55 | M 3 |
| NGC 5286 | 13 47 06.7 | −51 25 32 | 7.34 | 0.88 | 0.24 | 15.95 | −1.67 | + 57.4 | 1.46 | 0.29 | |
| AM 4 | 13 56 25.9 | −27 13 26 | 15.90 | | 0.04 | 17.50 | −2.00 | | 0.50 | 0.42 | |
| NGC 5466 | 14 05 55.6 | +28 29 04 | 9.04 | 0.67 | 0.00 | 16.00 | −2.22 | +107.7 | 1.32 | 1.64 | |
| NGC 5634 | 14 30 10.5 | −06 01 22 | 9.47 | 0.67 | 0.05 | 17.16 | −1.88 | − 45.1 | 1.60 | 0.21 | |
| NGC 5694 | 14 40 13.3 | −26 34 59 | 10.17 | 0.69 | 0.09 | 17.98 | −1.86 | −144.1 | 1.84 | 0.06 | |
| IC 4499 | 15 02 03.9 | −82 15 17 | 9.76 | 0.91 | 0.23 | 17.09 | −1.60 | | 1.11 | 0.96 | |
| NGC 5824 | 15 04 37.4 | −33 06 30 | 9.09 | 0.75 | 0.13 | 17.93 | −1.85 | − 27.5 | 2.45 | 0.05 | |
| Pal 5 | 15 16 37.6 | −00 08 59 | 11.75 | | 0.03 | 16.92 | −1.41 | − 58.7 | 0.70 | 3.25 | |
| NGC 5897 | 15 18 00.9 | −21 02 54 | 8.53 | 0.74 | 0.09 | 15.74 | −1.80 | +101.5 | 0.79 | 1.96 | |
| NGC 5904 | 15 19 05.7 | +02 02 42 | 5.65 | 0.72 | 0.03 | 14.46 | −1.27 | + 52.6 | 1.83 | 0.42 | M 5 |
| NGC 5927 | 15 28 46.3 | −50 42 31 | 8.01 | 1.31 | 0.45 | 15.81 | −0.37 | −107.5 | 1.60 | 0.42 | |
| NGC 5946 | 15 36 14.6 | −50 41 38 | 9.61 | 1.29 | 0.54 | 16.81 | −1.38 | +128.4 | 2.50c | 0.08 | |
| BH 176 | 15 39 53.3 | −50 05 03 | 14.00 | | 0.77 | 18.35 | | | | | |
| NGC 5986 | 15 46 44.9 | −37 49 06 | 7.52 | 0.90 | 0.28 | 15.96 | −1.58 | + 88.9 | 1.22 | 0.63 | |
| Pal 14 | 16 11 33.9 | +14 55 53 | 14.74 | | 0.04 | 19.47 | −1.52 | + 76.6 | 0.75 | 0.94 | AvdB |
| Lynga 7 | 16 11 53.3 | −55 20 28 | | | 0.73 | 16.54 | −0.62 | + 8.0 | | | |
| NGC 6093 | 16 17 40.2 | −23 00 01 | 7.33 | 0.84 | 0.18 | 15.56 | −1.75 | + 8.2 | 1.95 | 0.15 | M 80 |
| NGC 6121 | 16 24 14.2 | −26 32 57 | 5.63 | 1.03 | 0.36 | 12.83 | −1.20 | + 70.4 | 1.59 | 0.83 | M 4 |
| NGC 6101 | 16 27 01.0 | −72 13 30 | 9.16 | 0.68 | 0.05 | 16.07 | −1.82 | +361.4 | 0.80 | 1.15 | |
| NGC 6144 | 16 27 52.7 | −26 02 52 | 9.01 | 0.96 | 0.36 | 15.76 | −1.75 | +188.9 | 1.55 | 0.94 | |
| NGC 6139 | 16 28 23.1 | −38 52 18 | 8.99 | 1.40 | 0.75 | 17.35 | −1.68 | + 6.7 | 1.80 | 0.14 | |
| Terzan 3 | 16 29 21.6 | −35 22 34 | 12.00 | | 0.72 | 16.61 | −0.73 | −136.3 | 0.70 | 1.18 | |
| NGC 6171 | 16 33 07.2 | −13 04 31 | 7.93 | 1.10 | 0.33 | 15.06 | −1.04 | − 33.6 | 1.51 | 0.54 | M 107 |

| Name | RA | Dec. | $V_t$ | B–V | $E_{(B-V)}$ | $(m-M)_V$ | [Fe/H] | $v_r$ | c | $r_c$ | Alternate Name |
|---|---|---|---|---|---|---|---|---|---|---|---|
| | h m s | ° ′ ″ | | | | | | km/s | | ′ | |
| 1636−283 | 16 40 04.9 | −28 25 04 | 12.00 | | 0.49 | 15.97 | −1.50 | | | | ESO452−SC11 |
| NGC 6205 | 16 42 04.0 | +36 26 27 | 5.78 | 0.68 | 0.02 | 14.48 | −1.54 | −245.6 | 1.51 | 0.78 | M 13 |
| NGC 6229 | 16 47 16.6 | +47 30 34 | 9.39 | 0.70 | 0.01 | 17.44 | −1.43 | −154.2 | 1.61 | 0.13 | |
| NGC 6218 | 16 47 47.2 | −01 57 57 | 6.70 | 0.83 | 0.19 | 14.02 | −1.48 | − 42.2 | 1.39 | 0.72 | M 12 |
| NGC 6235 | 16 54 03.2 | −22 11 38 | 9.97 | 1.05 | 0.36 | 16.41 | −1.40 | + 87.3 | 1.33 | 0.36 | |
| NGC 6254 | 16 57 42.2 | −04 06 55 | 6.60 | 0.90 | 0.28 | 14.08 | −1.52 | + 75.8 | 1.40 | 0.86 | M 10 |
| NGC 6256 | 17 00 15.1 | −37 08 12 | 11.29 | 1.69 | 1.03 | 17.81 | −0.70 | −101.4 | 2.50c | 0.02 | |
| Pal 15 | 17 00 34.8 | −00 33 25 | 14.00 | | 0.40 | 19.49 | −1.90 | + 68.9 | 0.60 | 1.25 | |
| NGC 6266 | 17 01 53.0 | −30 07 42 | 6.45 | 1.19 | 0.47 | 15.64 | −1.29 | − 70.0 | 1.70c: | 0.18 | M 62 |
| NGC 6273 | 17 03 16.8 | −26 16 57 | 6.77 | 1.03 | 0.41 | 15.95 | −1.68 | +135.0 | 1.53 | 0.43 | M 19 |
| NGC 6284 | 17 05 07.4 | −24 46 43 | 8.83 | 0.99 | 0.28 | 16.80 | −1.32 | + 27.6 | 2.50c | 0.07 | |
| NGC 6287 | 17 05 47.4 | −22 43 19 | 9.35 | 1.20 | 0.60 | 16.71 | −2.05 | −288.7 | 1.60 | 0.26 | |
| NGC 6293 | 17 10 49.3 | −26 35 40 | 8.22 | 0.96 | 0.41 | 15.99 | −1.92 | −146.2 | 2.50c | 0.05 | |
| NGC 6304 | 17 15 12.2 | −29 28 25 | 8.22 | 1.31 | 0.53 | 15.54 | −0.59 | −107.3 | 1.80 | 0.21 | |
| NGC 6316 | 17 17 17.0 | −28 09 03 | 8.43 | 1.39 | 0.51 | 16.78 | −0.55 | + 71.5 | 1.55 | 0.17 | |
| NGC 6341 | 17 17 26.7 | +43 07 32 | 6.44 | 0.63 | 0.02 | 14.64 | −2.28 | −120.3 | 1.81 | 0.23 | M 92 |
| NGC 6325 | 17 18 37.6 | −23 46 35 | 10.33 | 1.66 | 0.89 | 17.28 | −1.17 | + 29.8 | 2.50c | 0.03 | |
| NGC 6333 | 17 19 48.7 | −18 31 36 | 7.72 | 0.97 | 0.38 | 15.66 | −1.75 | +229.1 | 1.15 | 0.58 | M 9 |
| NGC 6342 | 17 21 47.4 | −19 35 49 | 9.66 | 1.26 | 0.46 | 16.10 | −0.65 | +116.2 | 2.50c | 0.05 | |
| NGC 6356 | 17 24 11.7 | −17 49 20 | 8.25 | 1.13 | 0.28 | 16.77 | −0.50 | + 27.0 | 1.54 | 0.23 | |
| NGC 6355 | 17 24 37.8 | −26 21 46 | 9.14 | 1.48 | 0.75 | 17.22 | −1.50 | −176.9 | 2.50c | 0.05 | |
| NGC 6352 | 17 26 17.1 | −48 25 53 | 7.96 | 1.06 | 0.21 | 14.44 | −0.70 | −120.9 | 1.10 | 0.83 | |
| IC 1257 | 17 27 42.5 | −07 06 05 | 13.10 | 1.38 | 0.73 | 19.25 | −1.70 | −140.2 | | | |
| Terzan 2 | 17 28 13.7 | −30 48 37 | 14.29 | | 1.57 | 19.56 | −0.40 | +109.0 | 2.50c | 0.03 | HP 3 |
| NGC 6366 | 17 28 17.8 | −05 05 05 | 9.20 | 1.44 | 0.71 | 14.97 | −0.82 | −122.3 | 0.92 | 1.83 | |
| Terzan 4 | 17 31 19.8 | −31 36 11 | 16.00 | | 2.35 | 22.09 | −1.60 | − 50.0 | | | HP 4 |
| HP 1 | 17 31 45.5 | −29 59 20 | 11.59 | | 0.74 | 18.03 | −1.55 | + 53.1 | 2.50c | 0.03 | BH 229 |
| NGC 6362 | 17 33 00.0 | −67 03 18 | 7.73 | 0.85 | 0.09 | 14.67 | −0.95 | − 13.1 | 1.10 | 1.32 | |
| Liller 1 | 17 34 06.0 | −33 23 44 | 16.77 | | 3.06 | 24.40 | +0.22 | + 52.0 | 2.30c: | 0.06 | |
| NGC 6380 | 17 35 11.6 | −39 04 32 | 11.31 | 2.01 | 1.17 | 18.77 | −0.50 | − 3.6 | 1.55c: | 0.34 | Ton 1 |
| Terzan 1 | 17 36 27.7 | −30 29 16 | 15.90 | | 2.28 | 20.80 | −1.30 | +114.0 | 2.50c | 0.04 | HP 2 |
| Ton 2 | 17 36 53.9 | −38 33 34 | 12.24 | | 1.24 | 18.38 | −0.50 | −184.4 | 1.30 | 0.54 | Pismis 26 |
| NGC 6388 | 17 37 03.1 | −44 44 27 | 6.72 | 1.17 | 0.37 | 16.14 | −0.60 | + 81.2 | 1.70 | 0.12 | |
| NGC 6402 | 17 38 09.2 | −03 15 05 | 7.59 | 1.25 | 0.60 | 16.71 | −1.39 | − 66.1 | 1.60 | 0.83 | M 14 |
| NGC 6401 | 17 39 15.1 | −23 54 53 | 9.45 | 1.58 | 0.72 | 17.35 | −0.98 | − 65.0 | 1.69 | 0.25 | |
| NGC 6397 | 17 41 32.6 | −53 40 42 | 5.73 | 0.73 | 0.18 | 12.36 | −1.95 | + 18.9 | 2.50c | 0.05 | |
| Pal 6 | 17 44 21.4 | −26 13 36 | 11.55 | 2.83 | 1.46 | 18.36 | −1.09 | +182.5 | 1.10 | 0.66 | |
| NGC 6426 | 17 45 26.2 | +03 09 59 | 11.01 | 1.02 | 0.36 | 17.70 | −2.26 | −162.0 | 1.70 | 0.26 | |
| Djorg 1 | 17 48 09.7 | −33 04 07 | 13.60 | | 1.44 | 19.86 | −2.00 | −362.4 | 1.50 | 0.32 | |
| Terzan 5 | 17 48 43.7 | −24 46 56 | 13.85 | 2.77 | 2.15 | 21.72 | 0.00 | − 94.0 | 1.87 | 0.18 | Terzan 11 |
| NGC 6440 | 17 49 30.2 | −20 21 47 | 9.20 | 1.97 | 1.07 | 17.95 | −0.34 | − 78.7 | 1.70 | 0.13 | |
| NGC 6441 | 17 50 55.8 | −37 03 14 | 7.15 | 1.27 | 0.47 | 16.79 | −0.53 | + 16.4 | 1.85 | 0.11 | |
| Terzan 6 | 17 51 27.2 | −31 16 39 | 13.85 | | 2.14 | 21.52 | −0.50 | +126.0 | 2.50c | 0.05 | HP 5 |
| NGC 6453 | 17 51 33.7 | −34 36 05 | 10.08 | 1.31 | 0.66 | 16.96 | −1.53 | − 83.7 | 2.50c | 0.07 | |
| UKS 1 | 17 55 05.8 | −24 08 48 | 17.29 | | 3.09 | 24.17 | −0.50 | | 2.10c: | 0.15 | |
| NGC 6496 | 17 59 48.0 | −44 15 55 | 8.54 | 0.98 | 0.15 | 15.77 | −0.64 | −112.7 | 0.70 | 1.05 | |
| Terzan 9 | 18 02 18.2 | −26 50 21 | 16.00 | | 1.87 | 19.85 | −2.00 | + 59.0 | 2.50c | 0.03 | |
| NGC 6517 | 18 02 25.1 | −08 57 30 | 10.23 | 1.75 | 1.08 | 18.51 | −1.37 | − 39.6 | 1.82 | 0.06 | |
| Djorg 2 | 18 02 28.8 | −27 49 31 | 9.90 | | 0.89 | 16.88 | −0.50 | | 1.50 | 0.33 | ESO456−SC38 |
| Terzan10 | 18 03 36.5 | −26 03 57 | 14.90 | | 2.40 | 21.20 | −0.70 | | | | |

| Name | RA | Dec. | $V_t$ | $B-V$ | $E_{(B-V)}$ | $(m-M)_V$ | [Fe/H] | $v_r$ | $c$ | $r_c$ | Alternate Name |
|------|-----|------|-------|-------|-------------|-----------|--------|-------|-----|-------|----------------|
| | h m s | ° ′ ″ | | | | | | km/s | | ′ | |
| NGC 6522 | 18 04 14.5 | −30 01 58 | 8.27 | 1.21 | 0.48 | 15.94 | −1.44 | − 21.1 | 2.50c | 0.05 | |
| NGC 6535 | 18 04 23.1 | −00 17 45 | 10.47 | 0.94 | 0.34 | 15.22 | −1.80 | −215.1 | 1.30 | 0.42 | |
| NGC 6539 | 18 05 24.0 | −07 35 04 | 9.33 | 1.83 | 0.97 | 17.63 | −0.66 | − 45.6 | 1.60 | 0.54 | |
| NGC 6528 | 18 05 30.0 | −30 03 16 | 9.60 | 1.53 | 0.54 | 16.16 | −0.04 | +206.2 | 2.29 | 0.09 | |
| NGC 6540 | 18 06 48.3 | −27 45 49 | 9.30 | | 0.60 | 14.68 | −1.20 | − 17.7 | 2.50c | 0.03 | Djorg 3 |
| NGC 6544 | 18 07 59.4 | −24 59 44 | 7.77 | 1.46 | 0.73 | 14.43 | −1.56 | − 27.3 | 1.63c: | 0.05 | |
| NGC 6541 | 18 08 47.8 | −43 29 52 | 6.30 | 0.76 | 0.14 | 14.67 | −1.83 | −158.7 | 2.00c: | 0.30 | |
| 2MS−GC01 | 18 08 59.1 | −19 49 39 | | | 6.80 | 33.88 | −1.20 | | | | 2MASS−GC01 |
| ESO−SC06 | 18 09 53.0 | −46 25 14 | | | 0.07 | 16.90 | −2.00 | | | | ESO280−SC06 |
| NGC 6553 | 18 09 56.7 | −25 54 22 | 8.06 | 1.73 | 0.63 | 15.83 | −0.21 | − 6.5 | 1.17 | 0.55 | |
| 2MS−GC02 | 18 10 14.1 | −20 46 35 | | | 5.56 | 30.25 | | | | | 2MASS−GC02 |
| NGC 6558 | 18 10 58.6 | −31 45 40 | 9.26 | 1.11 | 0.44 | 15.72 | −1.44 | −197.2 | 2.50c | 0.03 | |
| IC 1276 | 18 11 18.3 | −07 12 17 | 10.34 | 1.76 | 1.08 | 17.01 | −0.73 | +155.7 | 1.29 | 1.08 | Pal 7 |
| Terzan12 | 18 12 54.0 | −22 44 19 | 15.63 | | 2.06 | 19.77 | −0.50 | + 94.1 | 0.57 | 0.83 | |
| NGC 6569 | 18 14 19.8 | −31 49 24 | 8.55 | 1.34 | 0.55 | 16.85 | −0.86 | − 28.1 | 1.27 | 0.37 | |
| NGC 6584 | 18 19 28.0 | −52 12 37 | 8.27 | 0.76 | 0.10 | 15.95 | −1.49 | +222.9 | 1.20 | 0.59 | |
| NGC 6624 | 18 24 21.0 | −30 21 18 | 7.87 | 1.11 | 0.28 | 15.36 | −0.44 | + 53.9 | 2.50c | 0.06 | |
| NGC 6626 | 18 25 11.7 | −24 51 49 | 6.79 | 1.08 | 0.40 | 14.97 | −1.45 | + 17.0 | 1.67 | 0.24 | M 28 |
| NGC 6638 | 18 31 35.0 | −25 29 22 | 9.02 | 1.15 | 0.40 | 16.15 | −0.99 | + 18.1 | 1.40 | 0.26 | |
| NGC 6637 | 18 32 04.3 | −32 20 24 | 7.64 | 1.01 | 0.16 | 15.28 | −0.70 | + 39.9 | 1.39 | 0.34 | M 69 |
| NGC 6642 | 18 32 32.4 | −23 28 02 | 9.13 | 1.11 | 0.41 | 15.90 | −1.35 | − 57.2 | 1.99 | 0.10 | |
| NGC 6652 | 18 36 27.0 | −32 58 52 | 8.62 | 0.94 | 0.09 | 15.30 | −0.96 | −111.7 | 1.80 | 0.07 | |
| NGC 6656 | 18 37 02.6 | −23 53 38 | 5.10 | 0.98 | 0.34 | 13.60 | −1.64 | −148.9 | 1.31 | 1.42 | M 22 |
| Pal 8 | 18 42 07.2 | −19 48 55 | 11.02 | 1.22 | 0.32 | 16.54 | −0.48 | − 43.0 | 1.53 | 0.40 | |
| NGC 6681 | 18 43 53.7 | −32 16 51 | 7.87 | 0.72 | 0.07 | 14.98 | −1.51 | +220.3 | 2.50c | 0.03 | M 70 |
| NGC 6712 | 18 53 38.7 | −08 41 33 | 8.10 | 1.17 | 0.45 | 15.60 | −1.01 | −107.5 | 0.90 | 0.94 | |
| NGC 6715 | 18 55 43.6 | −30 27 52 | 7.60 | 0.85 | 0.15 | 17.61 | −1.58 | +141.9 | 1.84 | 0.11 | M 54 |
| NGC 6717 | 18 55 44.2 | −22 41 13 | 9.28 | 1.00 | 0.22 | 14.94 | −1.29 | + 22.8 | 2.07c: | 0.08 | Pal 9 |
| NGC 6723 | 19 00 15.6 | −36 37 00 | 7.01 | 0.75 | 0.05 | 14.85 | −1.12 | − 94.5 | 1.05 | 0.94 | |
| NGC 6749 | 19 05 47.1 | +01 55 02 | 12.44 | 2.14 | 1.50 | 19.14 | −1.60 | − 61.7 | 0.83 | 0.77 | |
| NGC 6760 | 19 11 44.1 | +01 02 55 | 8.88 | 1.66 | 0.77 | 16.74 | −0.52 | − 27.5 | 1.59 | 0.33 | |
| NGC 6752 | 19 11 47.4 | −59 58 01 | 5.40 | 0.66 | 0.04 | 13.13 | −1.56 | − 27.9 | 2.50c | 0.17 | |
| NGC 6779 | 19 17 00.1 | +30 12 14 | 8.27 | 0.86 | 0.20 | 15.65 | −1.94 | −135.7 | 1.37 | 0.37 | M 56 |
| Terzan 7 | 19 18 25.1 | −34 38 17 | 12.00 | | 0.07 | 17.05 | −0.58 | +166.0 | 1.08 | 0.61 | |
| Pal 10 | 19 18 29.9 | +18 35 28 | 13.22 | | 1.66 | 19.01 | −0.10 | − 31.7 | 0.58 | 0.81 | |
| Arp 2 | 19 29 24.0 | −30 19 54 | 12.30 | 0.86 | 0.10 | 17.59 | −1.76 | +115.0 | 0.90 | 1.59 | |
| NGC 6809 | 19 40 39.3 | −30 56 15 | 6.32 | 0.72 | 0.08 | 13.87 | −1.81 | +174.8 | 0.76 | 2.83 | M 55 |
| Terzan 8 | 19 42 25.8 | −33 58 30 | 12.40 | | 0.12 | 17.45 | −2.00 | +130.0 | 0.60 | 1.00 | |
| Pal 11 | 19 45 48.5 | −07 58 52 | 9.80 | 1.27 | 0.35 | 16.66 | −0.39 | − 68.0 | 0.69 | 2.00 | |
| NGC 6838 | 19 54 14.2 | +18 48 22 | 8.19 | 1.09 | 0.25 | 13.79 | −0.73 | − 22.8 | 1.15 | 0.63 | M 71 |
| NGC 6864 | 20 06 41.9 | −21 53 27 | 8.52 | 0.87 | 0.16 | 17.07 | −1.16 | −189.3 | 1.88 | 0.10 | M 75 |
| NGC 6934 | 20 34 42.5 | +07 26 26 | 8.83 | 0.77 | 0.10 | 16.29 | −1.54 | −411.4 | 1.53 | 0.25 | |
| NGC 6981 | 20 54 02.4 | −12 29 48 | 9.27 | 0.72 | 0.05 | 16.31 | −1.40 | −345.1 | 1.23 | 0.54 | M 72 |
| NGC 7006 | 21 01 58.9 | +16 13 45 | 10.56 | 0.75 | 0.05 | 18.24 | −1.63 | −384.1 | 1.42 | 0.24 | |
| NGC 7078 | 21 30 28.7 | +12 12 48 | 6.20 | 0.68 | 0.10 | 15.37 | −2.26 | −107.0 | 2.50c | 0.07 | M 15 |
| NGC 7089 | 21 34 01.7 | −00 46 34 | 6.47 | 0.66 | 0.06 | 15.49 | −1.62 | − 5.3 | 1.80 | 0.34 | M 2 |
| NGC 7099 | 21 40 57.7 | −23 07 52 | 7.19 | 0.60 | 0.03 | 14.62 | −2.12 | −181.9 | 2.50c | 0.06 | M 30 |
| Pal 12 | 21 47 14.1 | −21 12 07 | 11.99 | 1.07 | 0.02 | 16.47 | −0.94 | + 27.8 | 1.94 | 0.20 | |
| Pal 13 | 23 07 16.0 | +12 49 44 | 13.47 | 0.76 | 0.05 | 17.21 | −1.74 | + 24.1 | 0.68 | 0.65 | |
| NGC 7492 | 23 08 59.9 | −15 33 16 | 11.29 | 0.42 | 0.00 | 17.06 | −1.51 | −207.6 | 1.00 | 0.83 | |

| IERS Designation | Name | Right Ascension | Declination | Type | $V$ | $z^1$ | $S$ 5 GHz |
|---|---|---|---|---|---|---|---|
| | | h m s | ° ′ ″ | | | | Jy |
| 0003+380 | | 00 05 57.175 409 | +38 20 15.148 57 | G | 19.4 | 0.229 | 0.50 |
| 0007+106 | III ZW 2 | 00 10 31.005 888 | +10 58 29.504 12 | G | 15.4 | 0.090 | 0.42 |
| 0007+171 | | 00 10 33.990 619 | +17 24 18.761 35 | Q | 18.0 | 1.601 | 1.19 |
| 0010+405 | 4C 40.01 | 00 13 31.130 213 | +40 51 37.144 07 | G | 17.9 | 0.256 | 1.05 |
| 0014+813 | | 00 17 08.474 953 | +81 35 08.136 33 | Q | 16.5 | 3.387 | 0.55 |
| 0039+230 | | 00 42 04.545 183 | +23 20 01.061 29 | | | | |
| 0047−579 | | 00 49 59.473 091 | −57 38 27.339 92 | Q | 18.5 | 1.797 | 2.19 |
| 0109+224 | | 01 12 05.824 718 | +22 44 38.786 19 | L | 15.7 | | 0.78 |
| 0123+257 | 4C 25.05 | 01 26 42.792 631 | +25 59 01.300 79 | Q | 17.5 | 2.353 | 0.97 |
| 0131−522 | | 01 33 05.762 585 | −52 00 03.946 93 | Q | 20.0 | 0.020 | |
| 0133+476 | OC 457 | 01 36 58.594 810 | +47 51 29.100 06 | Q | 19.0 | 0.859 | 3.26 |
| 0135−247 | OC−259 | 01 37 38.346 378 | −24 30 53.885 26 | Q | 17.3 | 0.831 | 1.65 |
| 0138−097 | | 01 41 25.832 025 | −09 28 43.673 81 | L | 16.6 | >0.501 | 1.19 |
| 0148+274 | | 01 51 27.146 149 | +27 44 41.793 65 | G | 20.0 | 1.260 | |
| 0149+218 | | 01 52 18.059 047 | +22 07 07.700 04 | Q | 18.0 | 1.320 | 1.08 |
| 0153+744 | | 01 57 34.964 908 | +74 42 43.229 98 | Q | 16.0 | 2.338 | 1.51 |
| 0159+723 | | 02 03 33.385 004 | +72 32 53.667 41 | L | 19.2 | | 0.33 |
| 0202+319 | | 02 05 04.925 371 | +32 12 30.095 60 | Q | 18.0 | 1.466 | 1.02 |
| 0215+015 | OD 026 | 02 17 48.954 740 | +01 44 49.699 09 | Q | 18.8 | 1.715 | 0.36 |
| 0219+428 | 3C 66A | 02 22 39.611 500 | +43 02 07.798 84 | L | 15.2 | 0.444 | 1.04 |
| 0220−349 | | 02 22 56.401 625 | −34 41 28.730 11 | Q | 22.0 | 1.490 | |
| 0224+671 | 4C 67.05 | 02 28 50.051 459 | +67 21 03.029 26 | Q | 19.5 | | |
| 0230−790 | | 02 29 34.946 647 | −78 47 45.601 29 | Q | 18.9 | 1.070 | 0.77 |
| 0235+164 | OD 160 | 02 38 38.930 108 | +16 36 59.274 71 | L | 15.5 | 0.940 | 2.79 |
| 0239+108 | OD 166 | 02 42 29.170 847 | +11 01 00.728 23 | Q | 20.0 | | |
| 0248+430 | | 02 51 34.536 779 | +43 15 15.828 58 | Q | 17.6 | 1.310 | 1.21 |
| 0256+075 | OD 094.7 | 02 59 27.076 633 | +07 47 39.643 23 | Q | 18.0 | 0.893 | 0.98 |
| 0302−623 | | 03 03 50.631 333 | −62 11 25.549 83 | Q | 18.0 | | |
| 0306+102 | OE 110 | 03 09 03.623 523 | +10 29 16.340 82 | Q | 18.4 | 0.863 | 0.70 |
| 0308−611 | | 03 09 56.099 167 | −60 58 39.056 28 | Q | 18.5 | | |
| 0309+411 | NRAO 128 | 03 13 01.962 129 | +41 20 01.183 53 | G | 18.0 | 0.136 | 0.46 |
| 0342+147 | | 03 45 06.416 546 | +14 53 49.558 18 | | | | |
| 0400+258 | CTD 26 | 04 03 05.586 048 | +26 00 01.502 74 | Q | 18.0 | 2.109 | 1.79 |
| 0406+121 | | 04 09 22.008 740 | +12 17 39.847 50 | L | 20.2 | 1.020 | 1.62 |
| 0414−189 | | 04 16 36.544 466 | −18 51 08.340 12 | Q | 18.5 | 1.536 | 0.77 |
| 0422−380 | | 04 24 42.243 727 | −37 56 20.784 23 | Q | 18.1 | 0.782 | 0.81 |
| 0422+004 | OF 038 | 04 24 46.842 052 | +00 36 06.329 83 | L | 17.0 | | 1.60 |
| 0423+051 | | 04 26 36.604 102 | +05 18 19.872 04 | Q | 19.5 | 1.333 | |
| 0426−380 | | 04 28 40.424 306 | −37 56 19.580 31 | L | 19.0 | >1.030 | 1.13 |
| 0437−454 | | 04 39 00.854 714 | −45 22 22.562 60 | Q | 20.6 | | |
| 0440−003 | NRAO 190 | 04 42 38.660 762 | −00 17 43.419 10 | Q | 19.2 | 0.844 | 2.39 |
| 0446+112 | | 04 49 07.671 119 | +11 21 28.596 62 | G | 20.0 | | |
| 0454−810 | | 04 50 05.440 195 | −81 01 02.231 46 | G | 19.2 | 0.444 | 1.36 |
| 0457+024 | OF 097 | 04 59 52.050 664 | +02 29 31.176 31 | Q | 18.5 | 2.384 | 1.21 |
| 0458+138 | | 05 01 45.270 840 | +13 56 07.220 63 | | | | |
| 0502+049 | | 05 05 23.184 723 | +04 59 42.724 48 | Q | 19.0 | 0.954 | |
| 0506−612 | | 05 06 43.988 739 | −61 09 40.993 28 | Q | 16.9 | 1.093 | 2.05 |
| 0454+844 | | 05 08 42.363 503 | +84 32 04.544 02 | L | 16.5 | 0.112 | 1.40 |
| 0507+179 | | 05 10 02.369 122 | +18 00 41.581 71 | | | | |
| 0516−621 | | 05 16 44.926 178 | −62 07 05.389 30 | | | | |

| IERS Designation | Name | Right Ascension | Declination | Type | $V$ | $z^1$ | $S$ 5 GHz |
|---|---|---|---|---|---|---|---|
| | | h m s | ° ′ ″ | | | | Jy |
| 0518+165 | 3C 138 | 05 21 09.886 021 | +16 38 22.051 22 | Q | 18.8 | 0.759 | 4.16 |
| 0521−365 | | 05 22 57.984 651 | −36 27 30.850 92 | L | 14.6 | 0.055 | 8.89 |
| 0530−727 | | 05 29 30.042 235 | −72 45 28.507 31 | | | | |
| 0537−286 | OG−263 | 05 39 54.281 429 | −28 39 55.947 45 | Q | 20.0 | 3.104 | 1.23 |
| 0539−057 | | 05 41 38.083 384 | −05 41 49.428 39 | Q | 20.4 | 0.839 | 1.51 |
| 0538+498 | 3C 147 | 05 42 36.137 916 | +49 51 07.233 56 | Q | 17.8 | 0.545 | 8.18 |
| 0544+273 | | 05 47 34.148 941 | +27 21 56.842 40 | | | | |
| 0556+238 | | 05 59 32.033 133 | +23 53 53.926 90 | | | | |
| 0609+607 | OH 617 | 06 14 23.866 195 | +60 46 21.755 38 | Q | 19.1 | 2.690 | 1.10 |
| 0615+820 | | 06 26 03.006 188 | +82 02 25.567 64 | Q | 17.5 | 0.710 | 1.00 |
| 0629−418 | | 06 31 11.998 059 | −41 54 26.946 11 | Q | 19.3 | 1.416 | 0.74 |
| 0637−752 | | 06 35 46.507 934 | −75 16 16.815 33 | G | 15.8 | 0.654 | 6.19 |
| 0636+680 | | 06 42 04.257 418 | +67 58 35.620 85 | Q | 16.6 | 3.177 | 0.54 |
| 0642+449 | OH 471 | 06 46 32.025 985 | +44 51 16.590 13 | Q | 18.5 | 3.408 | 0.78 |
| 0648−165 | | 06 50 24.581 852 | −16 37 39.725 00 | | | | |
| 0707+476 | | 07 10 46.104 900 | +47 32 11.142 67 | Q | 18.2 | 1.292 | 1.00 |
| 0716+714 | | 07 21 53.448 459 | +71 20 36.363 39 | L | 15.5 | | 1.12 |
| 0722+145 | 4C 14.23 | 07 25 16.807 752 | +14 25 13.746 84 | | | | |
| 0723−008 | OI 039 | 07 25 50.639 953 | −00 54 56.544 38 | L | 18.0 | 0.127 | 2.25 |
| 0718+792 | | 07 26 11.735 177 | +79 11 31.016 24 | | | | |
| 0733−174 | | 07 35 45.812 508 | −17 35 48.501 31 | | | | |
| 0738−674 | | 07 38 56.496 292 | −67 35 50.825 83 | Q | 19.8 | 1.663 | 0.56 |
| 0738+313 | OI 363 | 07 41 10.703 308 | +31 12 00.228 62 | G | 16.1 | 0.630 | 2.48 |
| 0743+259 | | 07 46 25.874 166 | +25 49 02.134 88 | | | | |
| 0745+241 | OI 275 | 07 48 36.109 278 | +24 00 24.110 18 | Q | 19.0 | 0.409 | 0.84 |
| 0749+540 | 4C 54.15 | 07 53 01.384 573 | +53 52 59.637 16 | L | 18.5 | 0.200 | 0.56 |
| 0754+100 | OI 090.4 | 07 57 06.642 936 | +09 56 34.852 10 | L | 15.0 | 0.660 | 1.48 |
| 0804+499 | OJ 508 | 08 08 39.666 274 | +49 50 36.530 46 | Q | 18.9 | 1.433 | 2.07 |
| 0805+410 | | 08 08 56.652 038 | +40 52 44.888 89 | Q | 19.0 | 1.420 | 0.77 |
| 0812+367 | OJ 320 | 08 15 25.944 824 | +36 35 15.148 30 | Q | 20.0 | 1.025 | 1.01 |
| 0818−128 | OJ 131 | 08 20 57.447 616 | −12 58 59.169 49 | L | 15.0 | | 0.86 |
| 0820+560 | 4C 56.16A | 08 24 47.236 351 | +55 52 42.669 38 | Q | 18.0 | 1.417 | 0.92 |
| 0821+394 | 4C 39.23 | 08 24 55.483 865 | +39 16 41.904 30 | Q | 18.5 | 1.216 | 0.99 |
| 0826−373 | | 08 28 04.780 268 | −37 31 06.280 64 | | | | |
| 0829+046 | OJ 049 | 08 31 48.876 955 | +04 29 39.085 34 | L | 16.4 | 0.180 | 0.70 |
| 0828+493 | OJ 448 | 08 32 23.216 688 | +49 13 21.038 23 | L | 18.8 | 0.548 | 1.02 |
| 0831+557 | 4C 55.16 | 08 34 54.903 997 | +55 34 21.070 80 | G | 18.5 | 0.242 | |
| 0834−201 | | 08 36 39.215 215 | −20 16 59.503 50 | Q | 19.4 | 2.752 | 3.42 |
| 0833+585 | | 08 37 22.409 733 | +58 25 01.845 21 | Q | 18.0 | 2.101 | 1.11 |
| 0839+187 | | 08 42 05.094 180 | +18 35 40.990 61 | Q | 16.4 | 1.272 | 1.20 |
| 0850+581 | 4C 58.17 | 08 54 41.996 385 | +57 57 29.939 28 | Q | 18.0 | 1.322 | 1.41 |
| 0859+470 | OJ 499 | 09 03 03.990 103 | +46 51 04.137 53 | Q | 18.7 | 1.462 | 1.78 |
| 0912+297 | OK 222 | 09 15 52.401 620 | +29 33 24.042 74 | L | 16.4 | | 0.20 |
| 0917+449 | | 09 20 58.458 480 | +44 41 53.985 02 | Q | 19.0 | 2.180 | 0.80 |
| 0917+624 | OK 630 | 09 21 36.231 054 | +62 15 52.180 35 | Q | 19.5 | 1.446 | 1.24 |
| 0945+408 | 4C 40.24 | 09 48 55.338 145 | +40 39 44.587 19 | Q | 17.5 | 1.252 | 1.38 |
| 0952+179 | VRO 17.09.04 | 09 54 56.823 626 | +17 43 31.222 42 | Q | 17.2 | 1.478 | 0.74 |
| 0955+476 | OK 492 | 09 58 19.671 648 | +47 25 07.842 50 | Q | 18.7 | 1.873 | 0.74 |
| 0955+326 | 3C 232 | 09 58 20.949 621 | +32 24 02.209 29 | Q | 15.8 | 0.530 | 0.85 |
| 0954+658 | | 09 58 47.245 101 | +65 33 54.818 06 | L | 16.7 | 0.367 | 1.46 |

| IERS Designation | Name | Right Ascension | Declination | Type | $V$ | $z^1$ | $S$ 5 GHz |
|---|---|---|---|---|---|---|---|
| | | h m s | ° ′ ″ | | | | Jy |
| 1012+232 | 4C 23.24 | 10 14 47.065 445 | +23 01 16.570 91 | Q | 17.5 | 0.565 | 0.81 |
| 1020+400 | | 10 23 11.565 623 | +39 48 15.385 39 | Q | 17.5 | 1.254 | 0.87 |
| 1030+415 | VRO 10.41.03 | 10 33 03.707 841 | +41 16 06.232 97 | Q | 18.2 | 1.120 | 1.13 |
| 1032−199 | | 10 35 02.155 274 | −20 11 34.359 75 | Q | 19.0 | 2.198 | 1.02 |
| 1038+064 | OL 064.5 | 10 41 17.162 504 | +06 10 16.923 78 | Q | 16.7 | 1.265 | 1.32 |
| 1038+528 | OL 564 | 10 41 46.781 639 | +52 33 28.231 27 | Q | 17.6 | 0.677 | 0.42 |
| 1038+529 | | 10 41 48.897 638 | +52 33 55.607 90 | Q | 18.6 | 2.296 | 0.14 |
| 1040+123 | 3C 245 | 10 42 44.605 212 | +12 03 31.264 07 | Q | 17.3 | 1.028 | 1.39 |
| 1039+811 | | 10 44 23.062 554 | +80 54 39.443 03 | Q | 16.5 | 1.260 | 1.14 |
| 1049+215 | 4C 21.28 | 10 51 48.789 073 | +21 19 52.314 11 | Q | 18.5 | 1.300 | 1.25 |
| 1053+815 | | 10 58 11.535 365 | +81 14 32.675 21 | Q | 20.0 | 0.706 | 0.77 |
| 1057−797 | | 10 58 43.309 786 | −80 03 54.159 49 | Q | 19.3 | | |
| 1111+149 | OM 118 | 11 13 58.695 097 | +14 42 26.952 62 | Q | 18.0 | 0.869 | 0.60 |
| 1116+128 | 4C 12.39 | 11 18 57.301 443 | +12 34 41.718 06 | Q | 19.3 | 2.118 | 1.48 |
| 1128+385 | | 11 30 53.282 612 | +38 15 18.547 07 | Q | 16.0 | 1.733 | 0.77 |
| 1130+009 | | 11 33 20.055 797 | +00 40 52.837 20 | Q | 19.0 | | |
| 1143−245 | OM 272 | 11 46 08.103 374 | −24 47 32.896 81 | Q | 18.0 | 1.950 | 1.49 |
| 1147+245 | OM 280 | 11 50 19.212 173 | +24 17 53.835 03 | L | 15.7 | | 1.00 |
| 1148−671 | | 11 51 13.426 591 | −67 28 11.094 23 | | | | |
| 1150+812 | | 11 53 12.499 130 | +80 58 29.154 51 | Q | 18.5 | 1.250 | 1.18 |
| 1150+497 | 4C 49.22 | 11 53 24.466 626 | +49 31 08.830 14 | Q | 17.1 | 0.334 | 1.12 |
| 1155+251 | | 11 58 25.787 505 | +24 50 17.963 69 | G | 17.5 | | |
| 1213+350 | 4C 35.28 | 12 15 55.601 049 | +34 48 15.220 53 | Q | 20.0 | 0.857 | 1.01 |
| 1215+303 | ON 325 | 12 17 52.081 987 | +30 07 00.636 25 | L | 15.6 | 0.237 | 0.42 |
| 1216+487 | ON 428 | 12 19 06.414 733 | +48 29 56.164 97 | Q | 18.5 | 1.076 | 1.08 |
| 1219+044 | 4C 04.42 | 12 22 22.549 618 | +04 13 15.776 30 | Q | 18.0 | 0.965 | 0.93 |
| 1221+809 | | 12 23 40.493 698 | +80 40 04.340 31 | L | 19.0 | | 0.52 |
| 1226+373 | | 12 28 47.423 662 | +37 06 12.095 78 | | | 1.515 | |
| 1228+126 | 3C 274 | 12 30 49.423 381 | +12 23 28.043 90 | G | 12.9 | 0.004 | 71.90 |
| 1236+077 | | 12 39 24.588 312 | +07 30 17.189 09 | Q | 18.5 | 0.400 | 0.67 |
| 1236−684 | | 12 39 46.651 396 | −68 45 30.892 60 | Q | 18.5 | | |
| 1252+119 | ON 187 | 12 54 38.255 601 | +11 41 05.895 07 | Q | 16.6 | 0.870 | 1.00 |
| 1251−713 | | 12 54 59.921 421 | −71 38 18.436 64 | Q | 21.5 | | |
| 1257+145 | | 13 00 20.918 799 | +14 17 18.531 07 | A | 18.0 | | |
| 1308+326 | OP 313 | 13 10 28.663 845 | +32 20 43.782 95 | Q | 15.2 | 0.997 | 1.59 |
| 1324+224 | | 13 27 00.861 311 | +22 10 50.163 06 | | | 1.400 | |
| 1342+662 | | 13 43 45.959 534 | +66 02 25.745 03 | Q | 20.0 | 0.766 | 0.54 |
| 1342+663 | | 13 44 08.679 674 | +66 06 11.643 81 | Q | 18.6 | 1.351 | 0.82 |
| 1347+539 | 4C 53.28 | 13 49 34.656 623 | +53 41 17.040 28 | Q | 17.5 | 0.976 | 0.96 |
| 1416+067 | 3C 298 | 14 19 08.180 173 | +06 28 34.803 49 | Q | 16.8 | 1.439 | 1.46 |
| 1418+546 | OQ 530 | 14 19 46.597 401 | +54 23 14.787 21 | L | 15.7 | 0.152 | 1.09 |
| 1435+638 | | 14 36 45.802 138 | +63 36 37.866 58 | Q | 16.6 | 2.062 | 1.24 |
| 1442+101 | OQ 172 | 14 45 16.465 213 | +09 58 36.072 44 | Q | 17.8 | 3.535 | 1.15 |
| 1445−161 | | 14 48 15.054 162 | −16 20 24.548 88 | Q | 18.9 | 2.417 | 0.80 |
| 1448+762 | | 14 48 28.778 877 | +76 01 11.597 17 | G | 22.3 | 0.899 | 0.68 |
| 1459+480 | | 15 00 48.654 199 | +47 51 15.538 26 | | 17.1 | | |
| 1504+377 | OR 306 | 15 06 09.529 958 | +37 30 51.132 41 | G | 21.2 | 0.674 | 1.10 |
| 1514+197 | | 15 16 56.796 194 | +19 32 12.991 87 | L | 18.7 | | 0.50 |
| 1532+016 | | 15 34 52.453 675 | +01 31 04.206 57 | Q | 18.0 | 1.435 | 0.92 |
| 1538+149 | 4C 14.60 | 15 40 49.491 511 | +14 47 45.884 85 | L | 17.3 | 0.605 | 1.95 |

## ICRF RADIO SOURCE POSITIONS

| IERS Designation | Name | Right Ascension | Declination | Type | $V$ | $z^1$ | $S$ 5 GHz |
|---|---|---|---|---|---|---|---|
| | | h m s | ° ′ ″ | | | | Jy |
| 1547+507 | OR 580 | 15 49 17.468 534 | +50 38 05.788 20 | Q | 18.5 | 2.169 | 0.74 |
| 1549−790 | | 15 56 58.869 899 | −79 14 04.281 34 | G | 18.5 | 0.149 | 3.54 |
| 1600+335 | | 16 02 07.263 468 | +33 26 53.072 67 | | 23.2 | | |
| 1604−333 | | 16 07 34.762 344 | −33 31 08.913 13 | Q | 20.5 | | |
| 1606+106 | 4C 10.45 | 16 08 46.203 179 | +10 29 07.775 85 | Q | 18.0 | 1.226 | 1.05 |
| 1616+063 | | 16 19 03.687 684 | +06 13 02.243 57 | Q | 19.0 | 2.086 | 0.89 |
| 1619−680 | | 16 24 18.437 150 | −68 09 12.498 11 | Q | 18.0 | 1.354 | 1.81 |
| 1624+416 | 4C 41.32 | 16 25 57.669 700 | +41 34 40.629 22 | Q | 22.0 | 2.550 | 1.58 |
| 1637+574 | OS 562 | 16 38 13.456 293 | +57 20 23.979 18 | Q | 17.0 | 0.751 | 1.44 |
| 1642+690 | 4C 69.21 | 16 42 07.848 514 | +68 56 39.756 40 | G | 20.5 | 0.751 | 1.43 |
| 1656+348 | OS 392 | 16 58 01.419 204 | +34 43 28.402 40 | Q | 18.5 | 1.936 | 0.60 |
| 1705+018 | | 17 07 34.415 277 | +01 48 45.699 23 | Q | 18.8 | 2.576 | 0.54 |
| 1706−174 | OT−111 | 17 09 34.345 380 | −17 28 53.364 80 | A | 17.5 | | |
| 1718−649 | | 17 23 41.029 765 | −65 00 36.615 18 | G | 15.5 | 0.014 | 3.70 |
| 1726+455 | | 17 27 27.650 808 | +45 30 39.731 39 | Q | 19.0 | 0.714 | 0.63 |
| 1727+502 | OT 546 | 17 28 18.623 853 | +50 13 10.470 01 | L | 16.0 | 0.055 | 0.17 |
| 1725+044 | | 17 28 24.952 716 | +04 27 04.914 01 | G | 17.0 | 0.293 | 1.21 |
| 1743+173 | | 17 45 35.208 181 | +17 20 01.423 41 | Q | 19.5 | 1.702 | 0.94 |
| 1745+624 | 4C 62.29 | 17 46 14.034 146 | +62 26 54.738 42 | Q | 18.8 | 3.889 | 0.57 |
| 1749+701 | | 17 48 32.840 231 | +70 05 50.768 82 | L | 17.0 | 0.770 | 1.09 |
| 1751+441 | OT 486 | 17 53 22.647 901 | +44 09 45.686 08 | Q | 19.5 | 0.871 | 1.04 |
| 1800+440 | OU 401 | 18 01 32.314 854 | +44 04 21.900 31 | Q | 16.8 | 0.663 | 1.02 |
| 1758−651 | | 18 03 23.496 605 | −65 07 36.761 77 | G | 15.4 | | |
| 1823+568 | 4C 56.27 | 18 24 07.068 372 | +56 51 01.490 88 | L | 18.4 | 0.664 | 1.67 |
| 1830+285 | 4C 28.45 | 18 32 50.185 631 | +28 33 35.955 30 | Q | 17.2 | 0.594 | 1.07 |
| 1845+797 | 3C 390.3 | 18 42 08.989 953 | +79 46 17.128 01 | G | 15.4 | 0.057 | 4.48 |
| 1842+681 | | 18 42 33.641 636 | +68 09 25.227 88 | Q | 17.9 | 0.475 | 0.81 |
| 1849+670 | 4C 66.20 | 18 49 16.072 300 | +67 05 41.679 93 | Q | 18.0 | 0.657 | 0.59 |
| 1856+737 | | 18 54 57.299 946 | +73 51 19.907 47 | G | 17.5 | 0.460 | 0.41 |
| 1903−802 | | 19 12 40.019 176 | −80 10 05.946 27 | Q | 19.0 | 1.758 | 1.79 |
| 1954+513 | OV 591 | 19 55 42.738 273 | +51 31 48.546 23 | Q | 18.5 | 1.230 | 1.61 |
| 1954−388 | | 19 57 59.819 271 | −38 45 06.356 26 | Q | 17.1 | 0.630 | 2.02 |
| 2000−330 | | 20 03 24.116 306 | −32 51 45.132 31 | Q | 17.3 | 3.783 | 1.03 |
| 2008−068 | OW−015 | 20 11 14.215 847 | −06 44 03.555 19 | | | | |
| 2017+745 | 4C 74.25 | 20 17 13.079 311 | +74 40 47.999 91 | Q | 18.1 | 2.191 | 0.37 |
| 2021+317 | 4C 31.56 | 20 23 19.017 351 | +31 53 02.305 95 | | | | |
| 2030+547 | OW 551 | 20 31 47.958 562 | +54 55 03.140 60 | | | | |
| 2029+121 | | 20 31 54.994 279 | +12 19 41.340 43 | L | 20.3 | 1.215 | 1.29 |
| 2037+511 | 3C 418 | 20 38 37.034 755 | +51 19 12.662 69 | Q | 21.0 | 1.687 | 3.79 |
| 2048+312 | CL 4 | 20 50 51.131 502 | +31 27 27.373 68 | Q | 20.0 | 3.198 | 0.70 |
| 2051+745 | | 20 51 33.734 576 | +74 41 40.498 23 | L | 20.4 | | 0.53 |
| 2052−474 | | 20 56 16.359 851 | −47 14 47.627 68 | Q | 19.1 | 1.489 | 2.45 |
| 2059+034 | OW 098 | 21 01 38.834 187 | +03 41 31.321 59 | Q | 17.8 | 1.015 | 0.77 |
| 2059−786 | | 21 05 44.961 453 | −78 25 34.546 64 | | | | |
| 2106−413 | | 21 09 33.188 582 | −41 10 20.605 30 | Q | 21.0 | 1.055 | 2.28 |
| 2113+293 | | 21 15 29.413 455 | +29 33 38.366 94 | Q | 19.5 | 1.514 | 1.45 |
| 2109−811 | | 21 16 30.845 958 | −80 53 55.223 39 | G | 20.0 | | |
| 2136+141 | OX 161 | 21 39 01.309 267 | +14 23 35.991 99 | Q | 18.9 | 2.427 | 1.11 |
| 2143−156 | OX−173 | 21 46 22.979 340 | −15 25 43.885 26 | Q | 17.3 | 0.700 | 0.51 |
| 2145+067 | 4C 06.69 | 21 48 05.458 679 | +06 57 38.604 22 | Q | 16.5 | 0.999 | 4.41 |

| IERS Designation | Name | Right Ascension | Declination | Type | $V$ | $z^1$ | $S$ 5 GHz |
|---|---|---|---|---|---|---|---|
| | | h m s | ° ′ ″ | | | | Jy |
| 2146−783 | | 21 52 03.154 504 | −78 07 06.639 62 | | | | |
| 2150+173 | | 21 52 24.819 405 | +17 34 37.794 82 | L | 17.9 | | 1.02 |
| 2204−540 | | 22 07 43.733 296 | −53 46 33.820 04 | Q | 18.0 | 1.206 | 2.82 |
| 2209+236 | | 22 12 05.966 318 | +23 55 40.543 88 | A | 19.0 | | |
| 2229+695 | | 22 30 36.469 725 | +69 46 28.076 98 | ?L | 19.6 | | 0.81 |
| 2232−488 | | 22 35 13.236 524 | −48 35 58.794 55 | Q | 17.2 | 0.510 | 0.87 |
| 2254+074 | OY 091 | 22 57 17.303 120 | +07 43 12.302 84 | L | 16.4 | 0.190 | 0.48 |
| 2312−319 | | 23 14 48.500 631 | −31 38 39.526 51 | G | 18.5 | 0.284 | 0.58 |
| 2319+272 | 4C 27.50 | 23 21 59.862 235 | +27 32 46.443 43 | Q | 19.0 | 1.253 | 1.07 |
| 2320+506 | OZ 533 | 23 22 25.982 159 | +50 57 51.963 71 | | | | |
| 2326−477 | | 23 29 17.704 369 | −47 30 19.115 19 | Q | 16.8 | 1.306 | 2.06 |
| 2329−162 | | 23 31 38.652 436 | −15 56 57.009 52 | Q | 20.0 | 1.153 | 1.88 |
| 2329−384 | | 23 31 59.476 115 | −38 11 47.650 53 | Q | 17.0 | 1.195 | 0.67 |

Notes to Table

[1] ">" indicates value is a lower limit

Q   Quasar
G   Galaxy
L   BL Lac object
?L   BL Lac candidate
A   Other

| Name | Right Ascension | Declination | $S_{400}$ | $S_{750}$ | $S_{1400}$ | $S_{1665}$ | $S_{2700}$ | $S_{5000}$ | $S_{8000}$ |
|---|---|---|---|---|---|---|---|---|---|
| | h m s | ° ′ ″ | Jy | Jy | Jy | Jy | Jy | Jy | Jy |
| 3C 48[e] | 01 37 41.299 | +33 09 35.13 | 42.3 | 26.7 | 16.30 | 14.12 | 9.33 | 5.33 | 3.39 |
| 3C 123 | 04 37 04.4 | +29 40 15 | 119.2 | 77.7 | 48.70 | 42.40 | 28.50 | 16.5 | 10.60 |
| 3C 147[e,g] | 05 42 36.138 | +49 51 07.23 | 48.2 | 33.9 | 22.42 | 19.43 | 12.96 | 7.66 | 5.10 |
| 3C 161 | 06 27 10.0 | −05 53 07 | 40.5 | 28.4 | 18.64 | 16.38 | 11.13 | 6.42 | 4.03 |
| 3C 218 | 09 18 06.0 | −12 05 45 | 134.6 | 76.0 | 43.10 | 36.80 | 23.70 | 13.5 | 8.81 |
| 3C 227 | 09 47 46.4 | +07 25 12 | 20.3 | 12.1 | 7.21 | 6.25 | 4.19 | 2.52 | 1.71 |
| 3C 249.1 | 11 04 11.5 | +76 59 01 | 6.1 | 4.0 | 2.48 | 2.14 | 1.40 | 0.77 | 0.47 |
| 3C 274[e,f] | 12 30 49.423 | +12 23 28.04 | 625.0 | 365.0 | 214.00 | 184.00 | 122.00 | 71.9 | 48.10 |
| 3C 286[e] | 13 31 08.288 | +30 30 32.96 | 23.8 | 19.2 | 14.71 | 13.55 | 10.55 | 7.34 | 5.39 |
| 3C 295 | 14 11 20.7 | +52 12 09 | 55.7 | 36.8 | 22.40 | 19.24 | 12.19 | 6.35 | 3.66 |
| 3C 348 | 16 51 08.3 | +04 59 26 | 168.1 | 86.8 | 45.00 | 37.50 | 22.60 | 11.8 | 7.19 |
| 3C 353 | 17 20 29.5 | −00 58 52 | 131.1 | 88.2 | 57.30 | 50.50 | 35.00 | 21.2 | 14.20 |
| DR 21 | 20 39 01.2 | +42 19 45 | | | | | | | 21.60 |
| NGC 7027[d] | 21 07 01.6 | +42 14 10 | | | 1.43 | 1.93 | 3.69 | 5.43 | 5.90 |

| Name | $S_{10700}$ | $S_{15000}$ | $S_{22235}$ | $S_{32000}$ | $S_{43200}$ | Spec. | Type | Polarization (at 5 GHz) | Angular Size (at 1.4 GHz) |
|---|---|---|---|---|---|---|---|---|---|
| | Jy | Jy | Jy | Jy | Jy | | | % | ″ |
| 3C 48[e] | 2.54 | 1.80 | 1.18 | 0.80 | 0.57 | C⁻ | QSS | 4.2 | <1 |
| 3C 123 | 7.94 | 5.63 | 3.71 | | | C⁻ | GAL | 2 | 20 |
| 3C 147[e,g] | 3.95 | 2.92 | 2.05 | 1.47 | 1.12 | C⁻ | QSS | 0.3 | <1 |
| 3C 161 | 2.97 | 2.04 | 1.29 | 0.82 | 0.56 | C⁻ | GAL | 4.8 | <3 |
| 3C 218 | 6.77 | | | | | S | GAL | 1 | core 25, halo 220 |
| 3C 227 | 1.34 | 1.02 | 0.73 | | | S | GAL | 7 | 180 |
| 3C 249.1 | 0.34 | 0.23 | | | | S | QSS | | 15 |
| 3C 274[e,f] | 37.50 | 28.10 | | | | S | GAL | 1 | halo 400[a] |
| 3C 286[e] | 4.38 | 3.40 | 2.49 | 1.83 | 1.40 | C⁻ | QSS | 11.0 | <5 |
| 3C 295 | 2.54 | 1.63 | 0.94 | 0.55 | 0.35 | C⁻ | GAL | 0.1 | 4 |
| 3C 348 | 5.30 | | | | | S | GAL | 8 | 115[b] |
| 3C 353 | 10.90 | | | | | C⁻ | GAL | 5 | 150 |
| DR 21 | 20.80 | 20.00 | 19.00 | | | Th | HII | | 20[c] |
| NGC 7027[d] | 5.93 | 5.84 | 5.65 | 5.43 | 5.23 | Th | PN | < 0.1 | 10 |

### Notes to Table

a     Halo has steep spectral index, so for $\lambda \leq 6$ cm, more than 90% of the flux is in the core. The slope of the spectrum is positive above 20 GHz.

b     Angular distance between the two components

c     Angular size at 2 cm, but consists of 5 smaller components

d     All data are calculated from a fit to the thermal spectrum. Mean epoch is 1995.5.

e     Suitable for calibration of interferometers and synthesis telescopes.

f     Virgo A

g     Indications of time variability above 5 GHz

GAL    Galaxy

HII     HII region

PN     Planetary Nebula

QSS    Quasar

| Name | Right Ascension | Declination | Flux[1] | Mag.[2] | Identified Counterpart | Type of Source |
|---|---|---|---|---|---|---|
| | h m s | ° ′ ″ | μJy | | | |
| Tycho's SNR | 00 25 55.5 | +64 11 48 | 8.08 | | Tycho's SNR | SNR |
| 4U 0037−10 | 00 42 06.6 | −09 17 33 | 3.19 | 15.7 | Abell 85 | C |
| 4U 0053+60 | 00 57 21.0 | +60 46 24 | 5.00 − 11.0 | 1.6V | Gamma Cas | Be Star |
| SMC X−1 | 01 17 21.9 | −73 23 18 | 0.50 − 57.0 | 13.3 | Sanduleak 160 | HMXB |
| 2S 0114+650 | 01 18 45.2 | +65 20 48 | 4.00 | 11.0 | LSI + 65 010 | HMXB |
| 4U 0115+634 | 01 19 13.8 | +63 47 51 | 2.00 − 350.0 | 14.5V | V 635 Cas | HMXB |
| 4U 0316+41 | 03 20 29.8 | +41 32 59 | 52.1 | 12.7 | Abell 426 | C |
| 4U 0352+309 | 03 56 02.6 | +31 04 34 | 9.00 − 37.0 | 6.0V | X Per | HMXB |
| 4U 0431−12 | 04 34 05.3 | −13 13 26 | 2.79 | 15.3 | Abell 496 | C |
| 4U 0513−40 | 05 14 27.4 | −40 01 55 | 6.00 | 8.1 | NGC 1851 | LMXB |
| LMC X−2 | 05 20 18.6 | −71 57 01 | 9.00 − 44.0 | 18.0V | | BHC |
| LMC X−4 | 05 32 50.0 | −66 21 48 | 3.00 − 60.0 | 14.0 | OB star | HMXB |
| Crab Nebula | 05 35 09.3 | +22 01 16 | 1041.7 | 8.4 | Crab Nebula | SNR+P |
| A 0538−66 | 05 35 44.5 | −66 50 03 | 0.01 − 180.0 | 13V | Be star | HMXB |
| LMC X−3 | 05 39 00.2 | −64 04 44 | 1.70 − 44.0 | 16.7V | B3V star | BHC |
| A 0535+262 | 05 39 33.8 | +26 19 16 | 3.00 − 2800.0 | 8.9V | HD 245770 | HMXB |
| LMC X−1 | 05 39 34.5 | −69 44 15 | 3.00 − 25.0 | 14.5 | O7III star | BHC |
| 4U 0614+091 | 06 17 42.6 | +09 08 21 | 50.0 | 11.2 | V 1055 Ori | BHC |
| IC 443 | 06 18 39.5 | +22 33 31 | 3.78 | | IC 443 | SNR |
| A 0620−00 | 06 23 16.7 | −00 21 05 | 0.02 − 50000 | 16.4V | V 616 Mon | BHC |
| 4U 0726−260 | 07 29 19.5 | −26 07 49 | 1.20 − 4.70 | 11.6 | LS 437 | HMXB |
| EXO 0748−676 | 07 48 35.5 | −67 46 44 | 0.10 − 60.0 | 16.9V | UY Vol | B |
| Pup A | 08 24 28.8 | −43 01 59 | 8.25 | | Pup A | SNR |
| Vela SNR | 08 34 32.4 | −45 47 21 | 10.01 | 20.0 | Vela SNR | SNR |
| GRS 0834−430 | 08 37 13.5 | −43 17 13 | 30.0 − 300.0 | 20.4 | | HMXB |
| Vela X−1 | 09 02 30.7 | −40 35 47 | 2.00 − 1100.0 | 6.9 | HD 77581 | HMXB |
| 3A 1102+385 | 11 05 02.2 | +38 09 07 | 2.73 | 13.5* | MRK 421 | Q |
| Cen X−3 | 11 21 43.3 | −60 40 54 | 10.0 − 312.0 | 13.3 | V 779 Cen | HMXB |
| 4U 1145−619 | 11 48 30.9 | −62 15 55 | 4.00 − 1000.0 | 9.3 | HD 102567 | HMXB |
| 4U 1206+39 | 12 11 04.3 | +39 20 51 | 4.73 | 11.2* | NGC 4151 | AGN |
| GX 301−2 | 12 27 13.0 | −62 49 42 | 9.00 − 1000.0 | 10.8 | Wray 977 | HMXB |
| 3C 273 | 12 29 38.9 | +01 59 40 | 2.96 | 13.0 | 3C 273 | Q |
| 4U 1228+12 | 12 31 21.3 | +12 19 59 | 23.9 | 9.2 | M 87 | AGN |
| 4U 1246−41 | 12 49 24.2 | −41 22 05 | 5.24 | 12.4* | Centaurus Cluster | C |
| 4U 1254−690 | 12 58 19.3 | −69 20 38 | 25.0 | 19.1 | GR Mus | B |
| 4U 1257+28 | 13 00 06.2 | +27 54 21 | 16.3 | 10.7 | Coma Cluster | C |
| GX 304−1 | 13 01 56.3 | −61 39 29 | 0.30 − 200.0 | 13.5V | V 850 Cen | HMXB |
| Cen A | 13 26 04.7 | −43 04 25 | 9.24 | 6.98 | QSO 1322−428 | Q |
| Cen X−4 | 14 59 00.9 | −32 03 36 | 0.10 − 20000 | 12.8 | V 822 Cen | B |
| SN 1006 | 15 03 03.5 | −41 56 14 | 2.65 | 19.9 | SN 1006 | SNR |
| Cir X−1 | 15 21 29.9 | −57 12 14 | 5.00 − 3000.0 | 21.4 | BR Cir | LMXB |
| 4U 1538−522 | 15 43 10.7 | −52 25 08 | 3.00 − 30.0 | 14.4 | QV Nor | HMXB |
| 4U 1556−605 | 16 01 55.6 | −60 46 10 | 16.0 | 18.6V | LU TrA | LMXB |
| 4U 1608−522 | 16 13 31.4 | −52 26 55 | 1.00 − 110.0 | 21V | QX Nor | LMXB |
| Sco X−1 | 16 20 30.9 | −15 39 54 | 14000.0 | 12.2 | V 818 Sco | LMXB |
| 4U 1627+39 | 16 28 59.9 | +39 31 43 | 4.22 | 13.9 | Abell 2199 | C |
| 4U 1626−673 | 16 33 20.4 | −67 28 58 | 25.0 | 18.5 | KZ TrA | LMXB |
| 4U 1636−536 | 16 41 45.9 | −53 46 16 | 220.0 | 17.5 | V 801 Ara | B |
| GX 340+0 | 16 46 33.8 | −45 37 48 | 500.0 | | | LMXB |
| GRO J1655−40 | 16 54 43.7 | −39 51 45 | 1600.0 | 14.2V | V 1033 Sco | BHC |

| Name | Right Ascension | Declination | Flux[1] | Mag.[2] | Identified Counterpart | Type of Source |
|---|---|---|---|---|---|---|
| | h m s | ° ′ ″ | μJy | | | |
| Her X−1 | 16 58 12.5 | +35 19 36 | 15.0 − 50.0 | 13.0V | HZ Her | LMXB |
| 4U 1704−30 | 17 02 46.4 | −29 57 37 | 3.45 | 18.3V | V 2131 Oph | B |
| GX 339−4 | 17 03 37.3 | −48 48 15 | 1.50 − 900.0 | 15.5 | V 821 Ara | BHC |
| 4U 1700−377 | 17 04 39.6 | −37 51 29 | 11.0 − 110.0 | 6.6 | V 884 Sco | HMXB |
| GX 349+2 | 17 06 26.8 | −36 26 12 | 825.0 | 18.6 | V 1101 Sco | LMXB |
| 4U 1708−23 | 17 12 39.1 | −23 22 00 | 33.0 | 21* | | |
| 4U 1722−30 | 17 28 13.9 | −30 48 35 | 7.56 | 17 | Terzan 2 | LMXB |
| Kepler's SNR | 17 31 13.6 | −21 29 22 | 2.95 | 19 | Kepler's SNR | SNR |
| GX 9+9 | 17 32 20.4 | −16 58 08 | 300.0 | 16.8 | V 2216 Oph | LMXB |
| GX 354−0 | 17 32 38.9 | −33 50 23 | 150.0 | | | B |
| GX 1+4 | 17 32 40.9 | −24 45 09 | 100.0 | 19.0 | V 2116 Oph | LMXB |
| Rapid Burster | 17 34 05.0 | −33 23 50 | 0.10 − 200.0 | 17.5 | Liller 1 | B |
| 4U 1735−444 | 17 39 44.2 | −44 27 19 | 160.0 | 17.5 | V 926 Sco | LMXB |
| 1E 1740.7−2942 | 17 44 43.0 | −29 43 39 | 4.00 − 30.0 | | | BHC |
| GX 3+1 | 17 48 35.8 | −26 34 01 | 400.0 | | V 3893 Sgr | B |
| 4U 1746−37 | 17 50 55.6 | −37 03 17 | 32.0 | 8.4* | NGC 6441 | LMXB |
| 4U 1755−338 | 17 59 21.9 | −33 48 26 | 100.0 | 18.5 | V 4134 Sgr | BHC |
| GX 5−1 | 18 01 46.8 | −25 04 53 | 1250.0 | | | LMXB |
| GX 9+1 | 18 02 08.7 | −20 31 37 | 700.0 | | | LMXB |
| GX 13+1 | 18 15 06.9 | −17 09 15 | 350.0 | | | LMXB |
| GX 17+2 | 18 16 37.2 | −14 01 57 | 700.0 | 17.5 | NP Ser | LMXB |
| 4U 1820−30 | 18 24 20.9 | −30 21 20 | 250.0 | 8.6* | NGC 6624 | LMXB |
| 4U 1822−37 | 18 26 29.7 | −37 05 55 | 10.0 − 25.0 | 15.9V | V 691 CrA | B |
| Ser X−1 | 18 40 28.6 | +05 02 47 | 225.0 | 19.2* | MM Ser | B |
| 4U 1850−08 | 18 53 39.4 | −08 41 35 | 7.00 | 8.9 | NGC 6712 | LMXB |
| Aql X−1 | 19 11 47.7 | +00 36 18 | 0.10 − 1300.0 | 14.8 | V 1333 Aql | LMXB |
| SS 433 | 19 12 20.7 | +05 00 03 | 1.11 | 14.2 | SS 433 | BHC |
| GRS 1915+105 | 19 15 41.4 | +10 57 54 | 300.0 | | V 1487 Aql | BHC |
| 4U 1916−053 | 19 19 21.5 | −05 12 59 | 25.0 | 21V | V 1405 Aql | B |
| Cyg X−1 | 19 58 45.4 | +35 13 50 | 235.0 − 1320.0 | 8.9 | V 1357 Cyg | BHC |
| 4U 1957+11 | 19 59 53.8 | +11 44 15 | 30.0 | 18.7V | V 1408 Aql | LMXB |
| Cyg X−3 | 20 32 48.9 | +40 59 30 | 90.0 − 430.0 | | V 1521 Cyg | BHC |
| 4U 2127+119 | 21 30 28.7 | +12 12 50 | 6.00 | 15.8V | M 15 | LMXB |
| 4U 2129+47 | 21 31 49.3 | +47 20 12 | 9.00 | 16.9 | V1727 Cyg | B |
| SS Cyg | 21 43 07.7 | +43 38 04 | 2.27 | 12.1V | SS Cyg | T |
| Cyg X−2 | 21 45 07.3 | +38 22 12 | 450.0 | 14.7 | V 1341 Cyg | LMXB |
| Cas A | 23 23 50.0 | +58 52 13 | 58.7 | 19.6 | Cassiopeia A | SNR |

Notes to Table

[1]  (2−10) keV flux
[2]  "*" indicates *B* magnitude, otherwise *V* magnitude
"V" indicates variable magnitude

| | | | |
|---|---|---|---|
| AGN | active galactic nuclei | LMXB | low mass X−ray binary |
| B | X−ray burster | P | pulsar |
| BHC | black hole candidate | Q | quasar |
| C | cluster of galaxies | SNR | supernova remnant |
| HMXB | high mass X−ray binary | T | transient (nova−like optically) |

| Name | Right Ascension | Declination | $V$ | $z$ | Flux 6 cm | Flux 20 cm | $B-V$ | $M$(abs) |
|---|---|---|---|---|---|---|---|---|
| | h  m  s | °  ′  ″ | | | mJy | mJy | | |
| SDSS J00172−1000 | 00 17 46.7 | −09 57 25 | 23.58 | 5.010 | | | +4.46 | −24.3 |
| NPM1G−22.0017 | 00 42 03.3 | −22 35 11 | 13.24 | 0.063 | | | | −24.7 |
| M 31 | 00 43 18.9 | +41 19 37 | 10.57 | 0.000 | 2460 | | +1.08 | |
| I Zw 1 | 00 54 07.9 | +12 45 01 | 14.03 | 0.061 | 3 | 8 | +0.38 | −23.4 |
| TON S180 | 00 57 51.1 | −22 19 32 | 14.41 | 0.062 | | | +0.19 | −23.3 |
| F 9 | 01 24 09.8 | −58 45 05 | 13.83 | 0.046 | | | +0.43 | −23.0 |
| NGC 612 | 01 34 25.9 | −36 26 23 | 13.20 | 0.030 | | | | −23.1 |
| 3C 48.0 | 01 38 17.4 | +33 12 46 | 16.20 | 0.367 | 5370 | 15651 | +0.42 | −25.2 |
| 87GB 01540+4105 | 01 57 43.3 | +41 23 33 | 13.80 | 0.081 | 30 | 45 | | −24.7 |
| SDSS J02316−0728 | 02 32 08.8 | −07 26 08 | 23.17 | 5.421 | | | +3.18 | −26.2 |
| 4U 0241+61 | 02 45 47.7 | +62 30 44 | 12.19 | 0.045 | 376 | 356 | −0.04 | −25.0 |
| Q 0302−0019 | 03 05 22.2 | −00 05 48 | 17.83 | 3.290 | | | +0.42 | −29.8 |
| NGC 1266 | 03 16 32.5 | −02 23 20 | | 0.007 | | 113 | | |
| SDSSp J03384+0021 | 03 39 01.7 | +00 23 58 | 23.26 | 5.010 | | | +2.82 | −26.3 |
| IRAS 03575−6132 | 03 58 28.8 | −61 22 21 | 14.20 | 0.047 | | | | −23.1 |
| PKS 0438−43 | 04 40 36.9 | −43 31 57 | 19.50 | 2.852 | 7580 | | | −27.2 |
| RXS J05345−6016 | 05 34 38.9 | −60 15 52 | 14.46 | 0.057 | | | | −23.2 |
| RXS J05373−4443 | 05 37 37.2 | −44 42 44 | 14.19 | 0.099 | | | | −24.7 |
| 3C 147.0 | 05 43 25.2 | +49 51 23 | 17.80 | 0.545 | 8180 | 22511 | +0.65 | −24.2 |
| IRAS 06115−3240 | 06 13 44.1 | −32 42 06 | 14.10 | 0.050 | | 5 | | −23.3 |
| HS 0624+6907 | 06 31 11.3 | +69 04 35 | 14.16 | 0.370 | | | +0.48 | −27.2 |
| PKS 0637−75 | 06 35 26.0 | −75 16 50 | 15.75 | 0.651 | 6190 | | +0.33 | −27.0 |
| SDSSp J07563+4104 | 07 57 01.1 | +41 02 25 | 23.32 | 5.090 | | 0 | +3.02 | −26.1 |
| B3 0754+394 | 07 58 42.4 | +39 18 45 | 14.36 | 0.096 | 3 | 12 | +0.38 | −24.1 |
| SDSS J08464+0800 | 08 47 01.6 | +07 58 31 | 23.03 | 5.030 | | | +2.97 | −26.4 |
| SDSS J09027+0851 | 09 03 19.5 | +08 48 44 | 23.43 | 5.226 | | | +2.58 | −26.5 |
| Q J0906+6930 | 09 07 28.7 | +69 27 58 | | 5.470 | 106 | 91 | | |
| SDSSp J09132+5919 | 09 14 04.5 | +59 16 44 | 23.32 | 5.110 | 8 | 18 | +2.51 | −26.6 |
| IRAS 09149−6206 | 09 16 24.2 | −62 22 08 | 13.55 | 0.057 | 16 | | +0.52 | −23.6 |
| SDSS J09157+4924 | 09 16 26.7 | +49 21 38 | 22.88 | 5.196 | | | +3.67 | −25.9 |
| B2 0923+39 | 09 27 42.3 | +38 59 36 | 17.03 | 0.698 | 7570 | 2959 | +0.24 | −26.0 |
| NGC 3031 | 09 56 24.4 | +69 00 55 | 11.63 | 0.000 | 93 | 624 | +1.12 | |
| SDSS J09571+0610 | 09 57 40.8 | +06 07 59 | 23.08 | 5.157 | | | +4.76 | −24.6 |
| Q J10107−0131 | 10 11 18.4 | −01 34 11 | 19.89 | 5.090 | | | | −32.5 |
| SDSS J10136+4240 | 10 14 14.4 | +42 37 18 | 23.09 | 5.038 | | | +3.50 | −25.8 |
| RXS J10279−0647 | 10 28 30.3 | −06 51 10 | 14.35 | 0.116 | | 13 | | −24.9 |
| RXS J10292+2729 | 10 29 48.1 | +27 26 43 | | 0.038 | | | | |
| HE 1029−1401 | 10 32 25.3 | −14 20 07 | 13.86 | 0.086 | | 13 | +0.22 | −24.5 |
| 7C 1029+2813 | 10 32 49.2 | +27 52 45 | 14.30 | 0.085 | 37 | | | −24.3 |
| RXS J10374−1111 | 10 37 55.6 | −11 15 13 | 14.42 | 0.053 | | | | −23.1 |
| SDSS J10506+5804 | 10 51 15.5 | +58 01 03 | 22.90 | 5.132 | | | +2.69 | −26.8 |
| SDSS J10533+5804 | 10 54 01.7 | +58 00 49 | 23.62 | 5.215 | | | +4.11 | −24.7 |
| NGC 3607 | 11 17 27.9 | +17 59 37 | 12.76 | 0.000 | | 7 | +1.08 | |
| CG 825 | 11 21 42.3 | +34 51 54 | 13.19 | 0.040 | | 3 | | −23.7 |
| PKS 1127−14 | 11 30 38.8 | −14 52 56 | 16.90 | 1.187 | 7310 | 5295 | +0.27 | −27.5 |
| SDSS J11327+1209 | 11 33 19.1 | +12 05 32 | 23.94 | 5.167 | | | +4.65 | −23.9 |
| SDSS J11502+0520 | 11 50 45.5 | +05 16 42 | 24.36 | 5.855 | | | +0.32 | −28.2 |
| 4C 29.45 | 12 00 04.2 | +29 11 15 | 14.41 | 0.729 | 1461 | 1953 | +0.39 | −28.6 |
| SDSSp J12046−0021 | 12 05 14.1 | −00 25 19 | 22.93 | 5.030 | | | +3.78 | −25.7 |
| PG 1211+143 | 12 14 49.8 | +13 59 43 | 14.19 | 0.082 | 1 | 2 | +0.27 | −24.0 |

| Name | Right Ascension | Declination | $V$ | $z$ | Flux 6 cm | Flux 20 cm | $B-V$ | $M$(abs) |
|---|---|---|---|---|---|---|---|---|
| | h　m　s | °　′　″ | | | mJy | mJy | | |
| SDSS J12217+4445 | 12 22 17.4 | +44 41 58 | 23.26 | 5.206 | | | +2.73 | −26.5 |
| 3C 273.0 | 12 29 38.9 | +01 59 39 | 12.85 | 0.158 | 43410 | 36983 | +0.20 | −26.9 |
| RX J12308+0115 | 12 31 22.2 | +01 11 52 | 14.42 | 0.117 | | | +0.02 | −24.8 |
| SDSS J12427+5213 | 12 43 16.8 | +52 09 40 | 22.90 | 5.017 | | | +2.14 | −27.3 |
| NPM1G+78.0053 | 12 55 23.5 | +78 33 51 | 12.90 | 0.043 | | | | −24.2 |
| 3C 279 | 12 56 43.7 | −05 50 45 | 17.75 | 0.538 | 15340 | 10708 | +0.26 | −24.6 |
| 3C 286.0 | 13 31 37.4 | +30 27 18 | 17.25 | 0.846 | 7480 | 15024 | +0.26 | −26.4 |
| SDSS J13374+4155 | 13 37 55.9 | +41 52 28 | 23.37 | 5.015 | | | +3.89 | −25.1 |
| PG 1351+64 | 13 53 34.5 | +63 42 41 | 14.28 | 0.087 | 32 | 27 | +0.26 | −24.1 |
| PG 1411+442 | 14 14 13.1 | +43 57 19 | 14.01 | 0.089 | 1 | 2 | | −24.7 |
| RXS J14183−2111 | 14 18 54.8 | −21 14 05 | 14.13 | 0.108 | | | | −25.0 |
| SBS 1425+606 | 14 27 13.6 | +60 23 01 | 16.57 | 3.164 | | | +0.41 | −30.9 |
| SDSS J14438+3623 | 14 44 16.2 | +36 20 36 | 24.02 | 5.273 | | | +2.75 | −25.7 |
| CSO 1061 | 14 45 20.8 | +29 16 27 | 16.20 | 2.669 | | | | −30.8 |
| SDSS J15105+5148 | 15 10 54.4 | +51 46 19 | 24.16 | 5.031 | | | +3.86 | −24.3 |
| MCG +11.19.005 | 15 19 30.3 | +65 32 24 | 13.90 | 0.044 | | | | −23.2 |
| TEX 1601+160 | 16 04 06.8 | +15 52 21 | 13.97 | 0.109 | 251 | 94 | | −25.1 |
| HS 1603+3820 | 16 05 18.0 | +38 10 20 | 15.90 | 2.510 | | | | −30.8 |
| SDSS J16144+4640 | 16 14 44.1 | +46 38 56 | 23.41 | 5.313 | | 2 | +2.97 | −26.2 |
| SDSS J16170+4435 | 16 17 25.5 | +44 33 51 | 18.98 | 5.490 | | | +0.38 | −33.3 |
| HS 1626+6433 | 16 26 50.9 | +64 25 32 | 15.80 | 2.320 | | | | −30.7 |
| SDSS J16264+2751 | 16 26 52.0 | +27 50 09 | 23.37 | 5.275 | | | +3.12 | −26.0 |
| SDSS J16264+2858 | 16 26 54.4 | +28 57 35 | 23.35 | 5.022 | | | +3.22 | −25.8 |
| 3C 345.0 | 16 43 20.0 | +39 47 28 | 16.62 | 0.594 | 5650 | 6599 | +0.32 | −25.9 |
| TEX 1653+198 | 16 56 11.0 | +19 47 49 | 16.60 | 3.260 | 187 | 151 | | −31.4 |
| HS 1700+6416 | 17 01 04.8 | +64 11 14 | 16.20 | 2.736 | | | +0.32 | −30.6 |
| PDS 456 | 17 28 55.7 | −14 16 25 | 14.03 | 0.184 | 8 | 22 | +0.66 | −25.6 |
| RXS J17366+7205 | 17 36 26.4 | +72 05 10 | 14.30 | 0.094 | | | | −24.5 |
| KUV 18217+6419 | 18 22 00.4 | +64 20 56 | 14.24 | 0.297 | 70 | | −0.01 | −27.1 |
| 3C 380.0 | 18 29 48.2 | +48 45 13 | 16.81 | 0.692 | 5519 | 13451 | +0.24 | −26.2 |
| MC 1830−211 | 18 34 17.5 | −21 03 09 | 18.70 | 2.507 | 7920 | 10698 | | −28.0 |
| OV−236 | 19 25 30.7 | −29 13 15 | 18.21 | 0.352 | 14332 | 13180 | +0.42 | −23.1 |
| MARK 509 | 20 44 44.0 | −10 41 06 | 13.12 | 0.035 | 5 | 16 | +0.23 | −23.3 |
| SDSS J20567−0059 | 20 57 17.0 | −00 56 37 | 21.72 | 5.989 | | | +1.97 | −29.2 |
| ESO 235−IG26 | 20 59 58.2 | −51 57 51 | 13.60 | 0.051 | | | | −23.8 |
| RXS J20593−3147 | 20 59 59.2 | −31 45 06 | 14.20 | 0.074 | | 9 | | −24.1 |
| RXS J21015−4059 | 21 02 16.8 | −40 57 21 | 14.35 | 0.084 | | | | −24.2 |
| RXS J21079−3754 | 21 08 39.5 | −37 51 35 | 14.26 | 0.049 | | | | −23.1 |
| PKS 2134+004 | 21 37 10.9 | +00 44 46 | 17.11 | 1.932 | 11490 | 3712 | +0.33 | −28.4 |
| FIRST J21398−0804 | 21 40 24.4 | −08 02 02 | 13.39 | 0.051 | | 11 | | −24.1 |
| PHL 1811 | 21 55 34.9 | −09 19 24 | 13.90 | 0.192 | | 1 | | −26.5 |
| PHL 5200 | 22 29 03.2 | −05 15 42 | 17.70 | 1.980 | | | +0.75 | −27.4 |
| SDSS J22287−0757 | 22 29 18.1 | −07 54 41 | 23.85 | 5.142 | | | +3.62 | −25.0 |
| 3C 454.3 | 22 54 28.8 | +16 12 15 | 16.10 | 0.859 | 10030 | 12634 | +0.47 | −27.3 |
| MR 2251−178 | 22 54 39.4 | −17 31 33 | 14.36 | 0.064 | 3 | 15 | +0.63 | −23.0 |
| RXS J22593−5035 | 22 59 59.4 | −50 32 08 | 14.17 | 0.096 | | | | −24.7 |
| 3C 465.0 | 23 39 01.0 | +27 05 22 | 13.30 | 0.030 | 2800 | 7460 | | −23.0 |
| RXS J23529+0320 | 23 53 30.3 | +03 23 46 | 14.30 | 0.086 | | | | −24.3 |

| Name | Right Ascension | Declination | Period | $\dot{P}$ | Epoch | DM | $S_{400}$ | Type |
|---|---|---|---|---|---|---|---|---|
| | h m s | ° ′ ″ | s | $10^{-15}\text{ss}^{-1}$ | MJD | $\text{cm}^{-3}\text{pc}$ | mJy | |
| B0021−72C | 00 23 50.4 | −72 04 31.5 | 0.005 756 780 | 0.0000 | 51600 | 24.6 | 1.5 | |
| J0030+0451 | 00 30 27.4 | +04 51 39.7 | 0.004 865 453 | 0.0001 | 52035 | 4.3 | 7.9 | x |
| J0034−0534 | 00 34 21.8 | −05 34 36.6 | 0.001 877 182 | 0.0000 | 50690 | 13.8 | 17 | b |
| J0045−7319 | 00 45 35.2 | −73 19 03.0 | 0.926 275 905 | 4.4632 | 49144 | 105.4 | 1 | b |
| J0218+4232 | 02 18 06.4 | +42 32 17.4 | 0.002 323 090 | 0.0001 | 50864 | 61.3 | 35 | bxg |
| | | | | | | | | |
| B0329+54 | 03 32 59.4 | +54 34 43.6 | 0.714 519 700 | 2.0483 | 46473 | 26.8 | 1500 | |
| J0437−4715 | 04 37 15.8 | −47 15 08.5 | 0.005 757 452 | 0.0001 | 53019 | 2.6 | 550 | bx |
| B0450−18 | 04 52 34.1 | −17 59 23.4 | 0.548 939 223 | 5.7531 | 49289 | 39.9 | 82 | |
| B0531+21 | 05 34 31.9 | +22 00 52.1 | 0.033 403 347 | 420.95 | 48743 | 56.8 | 646 | oxg |
| B0540−69 | 05 40 11.2 | −69 19 55.0 | 0.050 567 546 | 478.91 | 52858 | 146.5 | | ox |
| | | | | | | | | |
| J0613−0200 | 06 13 44.0 | −02 00 47.2 | 0.003 061 844 | 0.0000 | 53012 | 38.8 | 21 | b |
| B0628−28 | 06 30 49.5 | −28 34 43.1 | 1.244 418 596 | 7.123 | 46603 | 34.5 | 206 | x |
| B0656+14 | 06 59 48.1 | +14 14 21.5 | 0.384 891 195 | 55.0031 | 49721 | 14.0 | 6.5 | ox |
| B0655+64 | 07 00 37.8 | +64 18 11.2 | 0.195 670 945 | 0.0007 | 48806 | 8.8 | 5 | b |
| J0737−3039A | 07 37 51.2 | −30 39 40.7 | 0.022 699 378 | 0.0017 | 53016 | 48.9 | | bx |
| | | | | | | | | |
| J0737−3039B | 07 37 51.2 | −30 39 40.7 | 2.773 460 770 | 0.892 | 53016 | 48.9 | | b |
| B0736−40 | 07 38 32.3 | −40 42 40.9 | 0.374 919 985 | 1.6161 | 51700 | 160.8 | 190 | |
| B0740−28 | 07 42 49.1 | −28 22 43.8 | 0.166 762 292 | 16.821 | 49326 | 73.8 | 296 | |
| J0751+1807 | 07 51 09.2 | +18 07 38.6 | 0.003 478 771 | 0.0000 | 51800 | 30.2 | 10 | b |
| B0818−13 | 08 20 26.4 | −13 50 55.5 | 1.238 129 544 | 2.1052 | 48904 | 40.9 | 102 | |
| | | | | | | | | |
| B0820+02 | 08 23 09.8 | +01 59 12.4 | 0.864 872 805 | 0.1046 | 49281 | 23.7 | 30 | b |
| B0833−45 | 08 35 20.6 | −45 10 34.9 | 0.089 328 385 | 125.01 | 51559 | 68.0 | 5000 | oxg |
| B0834+06 | 08 37 05.6 | +06 10 14.6 | 1.273 768 292 | 6.7992 | 48721 | 12.9 | 89 | |
| B0835−41 | 08 37 21.3 | −41 35 15.0 | 0.751 623 618 | 3.5393 | 51700 | 147.3 | 197 | |
| B0950+08 | 09 53 09.3 | +07 55 35.8 | 0.253 065 165 | 0.2298 | 46375 | 3.0 | 400 | x |
| | | | | | | | | |
| B0959−54 | 10 01 38.0 | −55 07 06.7 | 1.436 582 629 | 51.396 | 46800 | 130.3 | 80 | |
| J1012+5307 | 10 12 33.4 | +53 07 02.6 | 0.005 255 749 | 0.0000 | 50700 | 9.0 | 30 | b |
| J1022+1001 | 10 22 58.0 | +10 01 52.5 | 0.016 452 930 | 0.0000 | 53100 | 10.2 | 20 | b |
| J1024−0719 | 10 24 38.7 | −07 19 19.2 | 0.005 162 204 | 0.0002 | 53000 | 6.5 | 4.6 | x |
| J1045−4509 | 10 45 50.2 | −45 09 54.1 | 0.007 474 224 | 0.0000 | 53050 | 58.2 | 15 | b |
| | | | | | | | | |
| B1055−52 | 10 57 58.8 | −52 26 56.3 | 0.197 107 608 | 5.8335 | 43556 | 30.1 | 80 | xg |
| B1133+16 | 11 36 03.2 | +15 51 04.5 | 1.187 913 066 | 3.7338 | 46407 | 4.9 | 257 | |
| J1141−6545 | 11 41 07.0 | −65 45 19.1 | 0.393 897 834 | 4.2946 | 51370 | 116.0 | | b |
| J1157−5112 | 11 57 08.2 | −51 12 56.1 | 0.043 589 227 | 0.0001 | 51400 | 39.7 | | b |
| B1154−62 | 11 57 15.2 | −62 24 50.9 | 0.400 522 048 | 3.9313 | 46800 | 325.2 | 145 | |
| | | | | | | | | |
| B1237+25 | 12 39 40.5 | +24 53 49.3 | 1.382 449 103 | 0.9600 | 46531 | 9.2 | 110 | |
| B1240−64 | 12 43 17.2 | −64 23 23.8 | 0.388 480 921 | 4.5006 | 46800 | 297.2 | 110 | |
| B1257+12 | 13 00 03.0 | +12 40 56.7 | 0.006 218 532 | 0.0001 | 48700 | 10.2 | 20 | b |
| B1259−63 | 13 02 47.7 | −63 50 08.7 | 0.047 762 507 | 2.2765 | 50357 | 146.7 | | b |
| B1323−58 | 13 26 58.3 | −58 59 29.1 | 0.477 990 867 | 3.238 | 47782 | 287.3 | 120 | |
| | | | | | | | | |
| B1323−62 | 13 27 17.4 | −62 22 44.6 | 0.529 913 192 | 18.8787 | 47781 | 318.8 | 135 | |
| B1356−60 | 13 59 58.2 | −60 38 08.0 | 0.127 500 777 | 6.3385 | 43556 | 293.7 | 105 | |
| B1426−66 | 14 30 40.9 | −66 23 05.0 | 0.785 440 757 | 2.7695 | 46800 | 65.3 | 130 | |
| B1449−64 | 14 53 32.7 | −64 13 15.6 | 0.179 484 754 | 2.7461 | 46800 | 71.1 | 230 | |
| J1453+1902 | 14 53 45.7 | +19 02 12.2 | 0.005 792 303 | 0.0001 | 53337 | 14.0 | 2.2 | |

| Name | Right Ascension | Declination | Period | $\dot{P}$ | Epoch | DM | $S_{400}$ | Type |
|------|------|------|------|------|------|------|------|------|
| | h m s | ° ′ ″ | s | $10^{-15}$ss$^{-1}$ | MJD | cm$^{-3}$pc | mJy | |
| J1455−3330 | 14 55 48.0 | −33 30 46.4 | 0.007 987 205 | 0.0000 | 50598 | 13.6 | 9 | b |
| B1451−68 | 14 56 00.2 | −68 43 39.2 | 0.263 376 815 | 0.0983 | 46800 | 8.6 | 350 | |
| B1508+55 | 15 09 25.6 | +55 31 32.3 | 0.739 681 923 | 4.9982 | 49904 | 19.6 | 114 | |
| B1509−58 | 15 13 55.6 | −59 08 09.0 | 0.150 657 551 | 1536.5 | 48355 | 252.5 | 1.5 | xg |
| J1518+4904 | 15 18 16.8 | +49 04 34.3 | 0.040 934 988 | 0.0000 | 51203 | 11.6 | 8 | b |
| B1534+12 | 15 37 10.0 | +11 55 55.6 | 0.037 904 441 | 0.0024 | 50300 | 11.6 | 36 | b |
| B1556−44 | 15 59 41.5 | −44 38 46.1 | 0.257 056 098 | 1.0192 | 46800 | 56.1 | 110 | |
| B1620−26 | 16 23 38.2 | −26 31 53.8 | 0.011 075 751 | 0.0007 | 48725 | 62.9 | 15 | b |
| J1643−1224 | 16 43 38.2 | −12 24 58.7 | 0.004 621 641 | 0.0000 | 50288 | 62.4 | 75 | b |
| B1641−45 | 16 44 49.3 | −45 59 09.5 | 0.455 059 775 | 20.090 | 46800 | 478.8 | 375 | |
| B1642−03 | 16 45 02.0 | −03 17 58.3 | 0.387 689 698 | 1.7804 | 46515 | 35.7 | 393 | |
| B1648−42 | 16 51 48.8 | −42 46 11 | 0.844 080 666 | 4.812 | 46800 | 482 | 100 | |
| B1706−44 | 17 09 42.7 | −44 29 08.2 | 0.102 459 246 | 92.98 | 50042 | 75.7 | 25 | xg |
| J1713+0747 | 17 13 49.5 | +07 47 37.5 | 0.004 570 136 | 0.0000 | 52000 | 16.0 | 36 | b |
| J1730−2304 | 17 30 21.6 | −23 04 31.4 | 0.008 122 798 | 0.0000 | 50320 | 9.6 | 43 | |
| B1727−47 | 17 31 42.1 | −47 44 34.6 | 0.829 828 785 | 163.63 | 50939 | 123.3 | 190 | |
| B1744−24A | 17 48 02.2 | −24 46 36.9 | 0.011 563 148 | 0.0000 | 48270 | 242.2 | | b |
| J1748−2446ad | 17 48 04.9 | −24 46 45 | 0.001 395 955 | 0.0000 | 53500 | 235.6 | | b |
| B1749−28 | 17 52 58.7 | −28 06 37.3 | 0.562 557 636 | 8.1291 | 46483 | 50.4 | 1100 | |
| B1800−27 | 18 03 31.7 | −27 12 06 | 0.334 415 426 | 0.0171 | 50261 | 165.5 | 3.4 | b |
| J1804−2717 | 18 04 21.1 | −27 17 31.2 | 0.009 343 031 | 0.0000 | 51041 | 24.7 | 15 | b |
| B1802−07 | 18 04 49.9 | −07 35 24.7 | 0.023 100 855 | 0.0005 | 50337 | 186.3 | 3.1 | b |
| B1818−04 | 18 20 52.6 | −04 27 38.1 | 0.598 075 930 | 6.3314 | 46634 | 84.4 | 157 | |
| B1820−11 | 18 23 40.3 | −11 15 11 | 0.279 828 697 | 1.379 | 49465 | 428.6 | 11 | b |
| B1820−30A | 18 23 40.5 | −30 21 39.9 | 0.005 440 003 | 0.0034 | 50319 | 86.8 | 16 | |
| B1821−24 | 18 24 32.0 | −24 52 11.1 | 0.003 054 315 | 0.0016 | 49858 | 119.8 | 40 | x |
| B1830−08 | 18 33 40.3 | −08 27 31.2 | 0.085 284 251 | 9.1707 | 50483 | 411 | | |
| B1831−03 | 18 33 41.9 | −03 39 04.3 | 0.686 704 444 | 41.565 | 49698 | 234.5 | 89 | |
| B1831−00 | 18 34 17.2 | −00 10 53.3 | 0.520 954 311 | 0.0105 | 49123 | 88.6 | 5.1 | b |
| B1855+09 | 18 57 36.4 | +09 43 17.2 | 0.005 362 100 | 0.0000 | 53186 | 13.3 | 31 | b |
| B1857−26 | 19 00 47.6 | −26 00 43.8 | 0.612 209 204 | 0.2045 | 48891 | 38.0 | 131 | |
| B1859+03 | 19 01 31.8 | +03 31 05.9 | 0.655 450 239 | 7.459 | 50027 | 402.1 | 165 | |
| J1906+0746 | 19 06 48.7 | +07 46 28.6 | 0.144 071 930 | 20.280 | 53590 | 217.8 | 0.9 | b |
| J1911−1114 | 19 11 49.3 | −11 14 22.3 | 0.003 625 746 | 0.0000 | 50458 | 31.0 | 31 | b |
| B1911−04 | 19 13 54.2 | −04 40 47.7 | 0.825 935 803 | 4.0680 | 46634 | 89.4 | 118 | |
| B1913+16 | 19 15 28.0 | +16 06 27.4 | 0.059 029 998 | 0.0086 | 46444 | 168.8 | 4 | b |
| B1929+10 | 19 32 13.9 | +10 59 32.4 | 0.226 517 635 | 1.1574 | 46523 | 3.2 | 303 | x |
| B1933+16 | 19 35 47.8 | +16 16 40.2 | 0.358 738 411 | 6.0025 | 46434 | 158.5 | 242 | |
| B1937+21 | 19 39 38.6 | +21 34 59.1 | 0.001 557 806 | 0.0001 | 47900 | 71.0 | 240 | x |
| B1946+35 | 19 48 25.0 | +35 40 11.1 | 0.717 311 174 | 7.0612 | 49449 | 129.1 | 145 | |
| B1951+32 | 19 52 58.2 | +32 52 40.5 | 0.039 531 193 | 5.8448 | 49845 | 45.0 | 7 | xg |
| B1953+29 | 19 55 27.9 | +29 08 43.5 | 0.006 133 166 | 0.0000 | 49718 | 104.6 | 15 | b |
| B1957+20 | 19 59 36.8 | +20 48 15.1 | 0.001 607 402 | 0.0000 | 48196 | 29.1 | 20 | bx |
| B2016+28 | 20 18 03.8 | +28 39 54.2 | 0.557 953 480 | 0.1481 | 46384 | 14.2 | 314 | |
| J2019+2425 | 20 19 31.9 | +24 25 15.3 | 0.003 934 524 | 0.0000 | 50000 | 17.2 | | b |

| Name | Right Ascension | Declination | Period | $\dot{P}$ | Epoch | DM | $S_{400}$ | Type |
|------|-----------------|-------------|--------|-----------|-------|-----|-----------|------|
| | h m s | ° ′ ″ | s | $10^{-15}$ss$^{-1}$ | MJD | cm$^{-3}$pc | mJy | |
| J2043+2740 | 20 43 43.5 | +27 40 56 | 0.096 130 563 | 1.27 | 49773 | 21.0 | 15 | |
| B2045−16 | 20 48 35.4 | −16 16 43.0 | 1.961 572 304 | 10.958 | 46423 | 11.5 | 116 | |
| J2051−0827 | 20 51 07.5 | −08 27 37.8 | 0.004 508 642 | 0.0000 | 51000 | 20.7 | 22 | b |
| B2111+46 | 21 13 24.3 | +46 44 08.7 | 1.014 684 793 | 0.7146 | 46614 | 141.3 | 230 | |
| J2124−3358 | 21 24 43.8 | −33 58 44.7 | 0.004 931 115 | 0.0000 | 53174 | 4.6 | 17 | x |
| B2127+11B | 21 29 58.6 | +12 10 00.3 | 0.056 133 036 | 0.0095 | 50000 | 67.7 | 1.0 | |
| J2145−0750 | 21 45 50.5 | −07 50 18.4 | 0.016 052 424 | 0.0000 | 50800 | 9.0 | 100 | b |
| B2154+40 | 21 57 01.8 | +40 17 45.9 | 1.525 265 634 | 3.4326 | 49277 | 70.9 | 105 | |
| B2217+47 | 22 19 48.1 | +47 54 53.9 | 0.538 468 822 | 2.7652 | 46599 | 43.5 | 111 | |
| J2229+2643 | 22 29 50.9 | +26 43 57.8 | 0.002 977 819 | 0.0000 | 49718 | 23.0 | 13 | b |
| J2235+1506 | 22 35 43.7 | +15 06 49.1 | 0.059 767 358 | 0.0002 | 49250 | 18.1 | 3 | |
| B2303+46 | 23 05 55.8 | +47 07 45.3 | 1.066 371 072 | 0.5691 | 46107 | 62.1 | 1.9 | b |
| B2310+42 | 23 13 08.6 | +42 53 13.0 | 0.349 433 682 | 0.1124 | 48241 | 17.3 | 89 | |
| J2317+1439 | 23 17 09.2 | +14 39 31.2 | 0.003 445 251 | 0.0000 | 49300 | 21.9 | 19 | b |
| J2322+2057 | 23 22 22.4 | +20 57 02.9 | 0.004 808 428 | 0.0000 | 48900 | 13.4 | | |

## Notes to Table

b  Pulsar is a member of a binary system.
g  Pulsar has been observed in the gamma ray.
o  Pulsar has been observed in the optical.
x  Pulsar has been observed in the x-ray.

| Name | Alternate Name | Right Ascension | Declination | Flux[1] | Flux Error | $E_{low}$[2] | $E_{high}$ | Type |
|---|---|---|---|---|---|---|---|---|
| | | h  m  s | °  ′  ″ | photons cm$^{-2}$s$^{-1}$ | photons cm$^{-2}$s$^{-1}$ | MeV | MeV | |
| 3EG J0010+7309 | 2EG J0008+7307 | 00 10 48 | +73 13 42 | $5.68 \times 10^{-7}$ | $8.2 \times 10^{-8}$ | >100 | | U |
| QSO 0208−512 | 3EG J0210−5055 | 02 11 08 | −50 58 15 | $2.06 \times 10^{-6}$ | $9.00 \times 10^{-8}$ | 30 | 4000 | Q |
| PKS 0235+164 | 3EG J0237+1635 | 02 39 13 | +16 39 17 | $8.0 \times 10^{-7}$ | $1.2 \times 10^{-7}$ | 100 | 10000 | Q |
| 2CG 135+01 | 3EG J0241+6103 | 02 42 27 | +61 06 52 | $1.06 \times 10^{-6}$ | $8.8 \times 10^{-8}$ | >100 | | U |
| NGC 1275 | Per A | 03 20 30 | +41 32 50 | $6.44 \times 10^{-3}$ | $1.43 \times 10^{-3}$ | 0.02 | 0.08 | Q |
| EXO 0331+530 | | 03 35 45 | +53 12 10 | $4.25 \times 10^{-3}$ | $0.5 \times 10^{-4}$ | 0.040 | 0.10 | T |
| CTA 26 | 3EG J0340−0201 | 03 40 41 | −01 59 12 | $1.19 \times 10^{-6}$ | $2.20 \times 10^{-7}$ | >100 | | Q |
| X Per | 4U 0352+30 | 03 56 03 | +31 04 34 | $8.72 \times 10^{-3}$ | $1.28 \times 10^{-3}$ | 0.04 | 0.1 | T |
| 3EG J0416+3650 | QSO 0415+379 | 04 16 51 | +36 51 56 | $1.28 \times 10^{-7}$ | $2.60 \times 10^{-8}$ | >100 | | Q |
| 3C 111 | 1H 0414+380 | 04 19 03 | +38 03 18 | $2.81 \times 10^{-4}$ | $4.90 \times 10^{-5}$ | 0.05 | 0.15 | Q |
| GRO J0422+32 | Nova Per 1992 | 04 22 24 | +32 56 02 | $9.00 \times 10^{-4}$ | $3.10 \times 10^{-4}$ | 0.75 | 2 | P |
| QSO 0420−014 | 3EG J0422−0102 | 04 23 49 | +01 21 50 | $5.0 \times 10^{-7}$ | $1.4 \times 10^{-7}$ | 50 | 2000 | Q |
| 3C 120 | 1H 0426+051 | 04 33 45 | +05 22 17 | $2.64 \times 10^{-4}$ | $3.80 \times 10^{-5}$ | 0.05 | 0.15 | Q |
| 3EG J0433+2908 | EF B0430+2859 | 04 34 16 | +29 09 41 | $2.15 \times 10^{-7}$ | $3.3 \times 10^{-8}$ | >100 | | Q |
| NRAO 190 | 3EG J0442−0033 | 04 43 10 | +00 18 32 | $8.40 \times 10^{-7}$ | $1.2 \times 10^{-7}$ | >100 | | Q |
| PKS 0446+112 | 3EG J0450+1105 | 04 49 42 | +11 22 39 | $2.28 \times 10^{-7}$ | $3.5 \times 10^{-8}$ | >100 | | Q |
| QSO 0458−020 | 3EG J0500−0159 | 05 01 43 | −01 58 30 | $3.11 \times 10^{-7}$ | $9.3 \times 10^{-8}$ | >100 | | Q |
| LMC | 3EG J0533−6916 | 05 23 31 | −69 44 27 | | | >100 | | G |
| PKS 0528+134 | 3EG J0530+1323 | 05 31 31 | +13 32 13 | $6.60 \times 10^{-6}$ | $4.80 \times 10^{-7}$ | 30 | 1000 | Q |
| Crab | 3EG J0534+2200 | 05 34 42 | +22 11 47 | $6.91 \times 10^{-6}$ | $2.7 \times 10^{-7}$ | 50 | 10000 | P |
| SN 1987A | | 05 35 23 | −69 15 48 | $6.50 \times 10^{-3}$ | $1.40 \times 10^{-3}$ | 0.85 | line[3] | R |
| QSO 0537−441 | 3EG J0540−4402 | 05 39 09 | −44 05 05 | $2.90 \times 10^{-7}$ | $7 \times 10^{-8}$ | 100 | 1000 | Q |
| 3EG J0542−0655 | QSO 0539−057 | 05 42 47 | −06 55 31 | $6.65 \times 10^{-7}$ | $1.95 \times 10^{-7}$ | >100 | | Q |
| Geminga | 1E 0630+17.8 | 06 34 32 | +17 45 40 | $6.14 \times 10^{-6}$ | $3.80 \times 10^{-7}$ | 30 | 2000 | P |
| PSR B0656+14 | PSR J0659+1414 | 06 58 57 | +14 13 31 | $4.1 \times 10^{-8}$ | $1.4 \times 10^{-8}$ | >100 | | P |
| QSO 0827+243 | 3EG J0829+2413 | 08 31 29 | +24 08 38 | $2.59 \times 10^{-7}$ | $6.2 \times 10^{-8}$ | >100 | | Q |
| Vela Pulsar | 3EG J0834−4511 | 08 35 41 | −45 12 49 | $1.86 \times 10^{-5}$ | $3.00 \times 10^{-7}$ | 30 | 2000 | P |
| 4U 0836−429 | | 08 37 47 | −42 56 44 | $6.21 \times 10^{-3}$ | $1.71 \times 10^{-5}$ | 0.04 | 0.1 | T |
| HESS J0852−463 | RX J0852.0−4622 | 08 52 22 | −46 24 24 | $1.9 \times 10^{-11}$ | $0.6 \times 10^{-11}$ | >1000000 | | N |
| Vela X−1 | 4U 0900−40 | 09 02 30 | −40 35 46 | $8.23 \times 10^{-3}$ | $3.42 \times 10^{-5}$ | 0.04 | 0.1 | T |
| 2CG 284−00 | 3EG J1027−5817 | 10 27 59 | −58 19 26 | $8.77 \times 10^{-7}$ | $8.6 \times 10^{-8}$ | >100 | | U |
| 2CG 288−00 | 3EG J1048−5840 | 10 48 58 | −58 44 07 | $5.97 \times 10^{-7}$ | $8.7 \times 10^{-8}$ | >100 | | U |
| PSR B1055−52 | 3EG J1058−5234 | 10 58 25 | −52 30 19 | $6.95 \times 10^{-7}$ | $9.10 \times 10^{-8}$ | 100 | 4000 | P |
| MRK 421 | 3EG 1104+3809 | 11 05 01 | +38 09 12 | $1.70 \times 10^{-7}$ | | >100 | | Q |
| NGC 3783 | 1H 1135−372 | 11 39 33 | −37 47 54 | $3.86 \times 10^{-4}$ | $1.38 \times 10^{-4}$ | 0.05 | 0.15 | Q |
| QSO 1156+295 | 4C 29.45 | 12 00 03 | +29 11 30 | $2.29 \times 10^{-6}$ | $5.48 \times 10^{-7}$ | >100 | | Q |
| NGC 4151 | H 1208+396 | 12 11 05 | +39 21 05 | $2.33 \times 10^{-6}$ | $3.50 \times 10^{-8}$ | 0.07 | 0.3 | Q |
| NGC 4388 | | 12 26 19 | +12 35 31 | $6.35 \times 10^{-4}$ | $5.80 \times 10^{-5}$ | 0.05 | 0.15 | Q |
| 3C 273 | 3EG J1229+0210 | 12 29 39 | +01 59 30 | $3.0 \times 10^{-7}$ | $5 \times 10^{-8}$ | >100 | | Q |
| J1238.9−2720 | ESO 506−G027 | 12 39 28 | −27 21 55 | $8.2 \times 10^{-4}$ | $2.0 \times 10^{-4}$ | 0.020 | 0.040 | Q |
| 3C 279 | QSO 1253−055 | 12 56 45 | −05 50 48 | $2.8 \times 10^{-6}$ | $4 \times 10^{-7}$ | >100 | | Q |
| HESS J1303−631 | | 13 03 40 | −63 15 17 | $1.2 \times 10^{-11}$ | $0.2 \times 10^{-11}$ | >380000 | | N |
| Cen A | 3EG J1324−4314 | 13 26 04 | −43 04 24 | | | 1.0 | 3.0 | Q |
| IC 4329A | 1H 1345−300 | 13 49 55 | −30 21 42 | $5.98 \times 10^{-4}$ | $3.70 \times 10^{-5}$ | 0.05 | 0.15 | Q |
| QSO 1406−076 | 3EG J1409−0745 | 14 09 30 | −07 55 10 | $1.15 \times 10^{-6}$ | $1.20 \times 10^{-7}$ | >30 | | Q |

| Name | Alternate Name | Right Ascension | Declination | Flux[1] | Flux Error | $E_{low}$[2] | $E_{high}$ | Type |
|---|---|---|---|---|---|---|---|---|
| | | h m s | o ′ ″ | photons cm$^{-2}$s$^{-1}$ | photons cm$^{-2}$s$^{-1}$ | MeV | MeV | |
| 2CG 311−01 | 3EG J1410−6147 | 14 11 42 | −62 14 20 | $9.05 \times 10^{-7}$ | $1.34 \times 10^{-7}$ | >100 | | U |
| NGC 5548 | H 1415+253 | 14 18 29 | +25 04 54 | $3.78 \times 10^{-4}$ | $7.40 \times 10^{-5}$ | 0.05 | 0.15 | Q |
| H 1426+428 | RGB J1428+426 | 14 28 57 | +42 37 37 | $2.04 \times 10^{-11}$ | $3.5 \times 10^{-12}$ | >280000 | | Q |
| QSO 1424−418 | 3EG J1429−4217 | 14 29 56 | −42 26 46 | $2.95 \times 10^{-7}$ | $7.4 \times 10^{-8}$ | >100 | | Q |
| SN 1006 | H 1506−42 | 15 03 02 | −41 56 26 | $4.60 \times 10^{-12}$ | 0 | >1700000 | | R |
| PSR 1509−58 | | 15 14 45 | −59 10 43 | $9.41 \times 10^{-4}$ | $4.80 \times 10^{-5}$ | 0.05 | 5 | P |
| HESS J1514−591 | MSH 15−5 2 | 15 14 57 | −59 11 46 | $2.3 \times 10^{-11}$ | $0.6 \times 10^{-11}$ | >280000 | | N |
| XTE J1550−564 | V381 Nor | 15 51 48 | −56 30 28 | $3.02 \times 10^{-2}$ | $6.84 \times 10^{-5}$ | 0.04 | 0.1 | T |
| QSO 1611+343 | 3EG J1614+3424 | 16 14 04 | +34 11 02 | $4.06 \times 10^{-7}$ | $7.70 \times 10^{-8}$ | 100 | 10000 | Q |
| HESS J1614−518 | | 16 15 07 | −51 50 45 | $5.78 \times 10^{-11}$ | $7.7 \times 10^{-12}$ | >200000 | | U |
| HESS J1616−508 | | 16 17 12 | −50 55 32 | $4.33 \times 10^{-11}$ | $2.0 \times 10^{-12}$ | >200000 | | U |
| Sco X−1 | | 16 20 31 | −15 40 05 | $2.39 \times 10^{-3}$ | $0.3 \times 10^{-4}$ | 0.040 | 0.10 | T |
| QSO 1622−253 | 3EG J1626−2519 | 16 26 25 | −25 29 00 | $4.34 \times 10^{-7}$ | $6.7 \times 10^{-8}$ | >100 | | Q |
| PKS 1622−297 | 3EG J1625−2955 | 16 26 47 | −29 52 59 | $1.70 \times 10^{-5}$ | $3.0 \times 10^{-6}$ | >100 | | Q |
| HESS J1632−478 | | 16 32 56 | −47 17 30 | $2.87 \times 10^{-11}$ | $5.3 \times 10^{-12}$ | >200000 | | U |
| 4U 1630−47 | | 16 34 46 | −47 24 56 | $7.68 \times 10^{-3}$ | $5.13 \times 10^{-5}$ | 0.04 | 0.1 | T |
| QSO 1633+382 | 3EG J1635+3813 | 16 35 36 | +38 06 32 | $9.6 \times 10^{-7}$ | $8 \times 10^{-8}$ | >100 | | Q |
| HESS J1640−465 | | 16 41 29 | −46 32 59 | $2.09 \times 10^{-11}$ | $2.2 \times 10^{-12}$ | >200000 | | U |
| MRK 501 | H 1652+398 | 16 54 13 | +39 44 35 | $8.10 \times 10^{-12}$ | $1.40 \times 10^{-12}$ | >300000 | | Q |
| Her X−1 | 4U 1656+35 | 16 58 13 | +35 19 28 | | | 0.03 | 0.06 | T |
| OAO 1657−415 | H 1657−415 | 17 01 31 | −41 41 16 | $7.83 \times 10^{-3}$ | $5.13 \times 10^{-5}$ | 0.04 | 0.1 | T |
| HESS J1702−420 | | 17 03 31 | −42 05 04 | $1.6 \times 10^{-11}$ | $0.2 \times 10^{-11}$ | >200000 | | U |
| GX 339−4 | 1H 1659−487 | 17 03 38 | −48 48 15 | $9.81 \times 10^{-2}$ | $8.20 \times 10^{-3}$ | 0.01 | 0.2 | T |
| 4U 1700−377 | V884 Sco | 17 04 39 | −37 51 29 | $2.13 \times 10^{-2}$ | $5.13 \times 10^{-5}$ | 0.04 | 0.1 | T |
| PSR B1706−44 | 3EG J1710−4439 | 17 10 46 | −44 31 46 | $1.30 \times 10^{-6}$ | $1.20 \times 10^{-7}$ | 50 | 10000 | P |
| G 347.3−0.5 | RX J1713.7−3946 | 17 14 17 | −39 46 26 | $5.3 \times 10^{-12}$ | $9 \times 10^{-13}$ | >1800000 | | R |
| GX 1+4 | 4U 1728−24 | 17 32 41 | −24 45 09 | $5.31 \times 10^{-3}$ | $3.42 \times 10^{-5}$ | 0.04 | 0.1 | T |
| QSO 1730−130 | 3EG J1733−1313 | 17 33 38 | −13 05 12 | $2.72 \times 10^{-7}$ | $4.3 \times 10^{-8}$ | >100 | | Q |
| 1E 1740.7−2942 | Great Annihilator | 17 44 42 | −29 43 40 | $1.73 \times 10^{-2}$ | $1.70 \times 10^{-3}$ | 0.04 | 0.2 | T |
| Galactic Center | 3EG J1746−2851 | 17 45 13 | −28 44 33 | $1.20 \times 10^{-5}$ | $7 \times 10^{-7}$ | >100 | | U |
| IGR J17464−3213 | H 1743−32 | 17 45 43 | −32 13 49 | $6.93 \times 10^{-3}$ | $3.42 \times 10^{-5}$ | 0.04 | 0.1 | T |
| 3EG J1746−2851 | 2EG J1746−2852 | 17 46 42 | −28 51 48 | $1.11 \times 10^{-6}$ | $9.4 \times 10^{-8}$ | >100 | | U |
| 2CG 359−00 | 2EG J1747−3039 | 17 48 28 | −30 39 47 | $4.09 \times 10^{-7}$ | $8.1 \times 10^{-8}$ | >100 | | U |
| GRO J1753+57 | | 17 51 51 | +57 10 39 | $5.80 \times 10^{-4}$ | $1.00 \times 10^{-4}$ | 0.75 | 8 | U |
| 3EG J1800−3955 | PMN J1802−3940 | 18 01 36 | −39 55 46 | $8.50 \times 10^{-7}$ | $2.02 \times 10^{-7}$ | >100 | | Q |
| GRS 1758−258 | INTEGRAL1 79 | 18 01 51 | −25 44 35 | $8.23 \times 10^{-3}$ | $6.84 \times 10^{-5}$ | 0.04 | 0.1 | T |
| 2CG 006−00 | 3EG J1800−2338 | 18 01 59 | −23 12 34 | $7.00 \times 10^{-7}$ | $9 \times 10^{-8}$ | >100 | | U |
| HESS J1804−216 | | 18 05 09 | −21 41 56 | $5.32 \times 10^{-11}$ | $2.0 \times 10^{-12}$ | >200000 | | U |
| 3EG J1806−5005 | PMN J1808−5011 | 18 06 58 | −50 05 54 | $6.21 \times 10^{-7}$ | $1.97 \times 10^{-7}$ | >100 | | Q |
| HESS J1813−178 | IGR J18135−1751 | 18 14 04 | −17 50 43 | $1.4 \times 10^{-11}$ | $1.1 \times 10^{-12}$ | >200000 | | U |
| M 1812−12 | 4U 1812−12 | 18 15 47 | −12 04 46 | $4.36 \times 10^{-3}$ | $5.13 \times 10^{-5}$ | 0.04 | 0.1 | T |
| HESS J1825−137 | | 18 26 38 | −13 45 12 | $3.94 \times 10^{-11}$ | $2.2 \times 10^{-12}$ | >200000 | | U |
| GS 1826−24 | | 18 30 07 | −24 47 33 | $1.00 \times 10^{-2}$ | $5.13 \times 10^{-5}$ | 0.04 | 0.1 | T |
| 3EG J1832−2110 | PKS 1830−21 | 18 33 02 | −21 10 17 | $2.10 \times 10^{-7}$ | $4.4 \times 10^{-8}$ | >100 | | Q |
| HESS J1834−087 | | 18 35 20 | −08 45 04 | $1.87 \times 10^{-11}$ | $2.0 \times 10^{-12}$ | >200000 | | U |

| Name | Alternate Name | Right Ascension | Declination | Flux[1] | Flux Error | $E_{low}$[2] | $E_{high}$ | Type |
|---|---|---|---|---|---|---|---|---|
| | | h m s | ° ′ ″ | photons cm$^{-2}$s$^{-1}$ | photons cm$^{-2}$s$^{-1}$ | MeV | MeV | |
| HESS J1837−069 | | 18 38 12 | −06 56 25 | $3.04 \times 10^{-11}$ | $1.6 \times 10^{-12}$ | >200000 | | U |
| 3C 390.3 | 1H 1858+797 | 18 41 30 | +79 46 14 | $2.68 \times 10^{-4}$ | $3.90 \times 10^{-5}$ | 0.05 | 0.15 | Q |
| HESS J1857+026 | | 18 57 43 | +02 40 52 | $8.9 \times 10^{-12}$ | $0.1 \times 10^{-12}$ | >600000 | | U |
| GRS 1915+105 | Nova Aql 1992 | 19 15 41 | +10 57 53 | $8.00 \times 10^{-2}$ | | 0.02 | 0.1 | T |
| QSO 1933−400 | 3EG J1935−4022 | 19 37 59 | −39 56 44 | $2.04 \times 10^{-7}$ | $4.9 \times 10^{-8}$ | >100 | | Q |
| QSO 1936−155 | 3EG J1937−1529 | 19 38 28 | −15 27 57 | $5.50 \times 10^{-7}$ | $1.86 \times 10^{-7}$ | >100 | | Q |
| NGC 6814 | QSO 1939−104 | 19 43 15 | −10 17 41 | $3.19 \times 10^{-4}$ | $8.30 \times 10^{-5}$ | 0.05 | 0.15 | Q |
| PSR B1951+32 | PSR J1952+3252 | 19 53 21 | +32 54 28 | $1.60 \times 10^{-7}$ | $2 \times 10^{-8}$ | >100 | | P |
| Cyg X−1 | 4U 1956+35 | 19 58 45 | +35 13 44 | $6.64 \times 10^{-4}$ | $7.40 \times 10^{-5}$ | 0.75 | 2 | T |
| 1ES 1959+650 | QSO B1959+650 | 20 00 06 | +65 10 40 | $3.50 \times 10^{-11}$ | $4 \times 10^{-12}$ | >1000000 | | Q |
| 2CG 078+01 | 3EG J2020+4017 | 20 21 23 | +40 20 01 | $1.27 \times 10^{-6}$ | $8.3 \times 10^{-8}$ | >100 | | U |
| 2CG 075+00 | 3EG J2021+3716 | 20 21 36 | +37 18 14 | $8.23 \times 10^{-7}$ | $7.9 \times 10^{-8}$ | >100 | | U |
| QSO 2022−077 | 3EG J2025−0744 | 20 26 14 | −07 33 18 | $2.34 \times 10^{-7}$ | $3.9 \times 10^{-8}$ | >100 | | Q |
| TEV J2032+4130 | | 20 32 23 | +41 32 10 | $4.5 \times 10^{-13}$ | $1.3 \times 10^{-13}$ | >1000000 | | U |
| TEV J2032+4130 | | 20 32 30 | +41 32 40 | $5.9 \times 10^{-13}$ | $3.1 \times 10^{-13}$ | >1000000 | | U |
| Cyg X−3 | | 20 32 49 | +40 59 46 | $8.2 \times 10^{-7}$ | $9 \times 10^{-8}$ | >100 | | T |
| IGR J21247+5058 | | 21 25 01 | +51 01 10 | $6.5 \times 10^{-4}$ | $2.9 \times 10^{-5}$ | 0.040 | 0.10 | Q |
| HESS J2158−302 | PKS 2155−304 | 21 59 29 | −30 10 16 | $1.3 \times 10^{-11}$ | $0.1 \times 10^{-11}$ | >300000 | | Q |
| 3C 454.3 | 3EG J2254+1601 | 22 54 28 | +16 11 09 | $1.40 \times 10^{-7}$ | $2 \times 10^{-8}$ | 100 | 10000 | Q |
| Cas A | 1H 2321+585 | 23 23 41 | +58 52 04 | $2.80 \times 10^{-4}$ | $6.60 \times 10^{-5}$ | 0.04 | 0.25 | R |
| 1ES 2344+514 | QSO B2344+514 | 23 47 36 | +51 45 47 | $6.6 \times 10^{-11}$ | $1.9 \times 10^{-11}$ | >350000 | | Q |

Notes to Table

[1]    integrated flux over the specified energy range if one is given; if only $E_{low}$ is specified, the flux is the peak observed flux.

[2]    '>' indicates a lower limit energy value; no upper energy limit has been recorded.

[3]    For SN1987A, flux is only for single observed spectral line.

G    Galaxy

N    Nebula/diffuse

P    Pulsar

Q    Quasar

R    Supernova Remnant

T    Transient

U    Unknown

## CONTENTS OF SECTION J

## NOTES

Beginning with the 1997 edition of *The Astronomical Almanac*, observatories in the General List are alphabetical first by country and then by observatory name within the country. If the country in which an observatory is located is unknown, it may be found in the Index List. Taking Ebro Observatory as an example, the Index List refers the reader to Spain, under which Ebro is listed in the General List.

Observatories in England, Northern Ireland, Scotland and Wales will be found under United Kingdom. Observatories in the United States will be found under the appropriate state, under United States of America (USA). Thus, the W.M. Keck Observatory is under USA, Hawaii. In the Index List it is listed under Keck, W.M. and W.M. Keck, with referrals to Hawaii (USA) in the General List.

The "Location" column in the General List gives the city or town associated with the observatory, sometimes with the name of the mountain on which the observatory is actually located. Since some institutions have observatories located outside of their native countries, the "Location" column indicates the locale of the observatory, but not necessarily the ownership by that country. In the "Observatory Name" column of the General List, observatories with radio instruments, infrared instruments, or laser instruments are designated with an 'R', 'I', or 'L', respectively. The height of the observatory is given, in the final column, in meters (m) above mean sea level (m.s.l.); observatories for which the height is unknown at the time of publication have a "——" in the "Height" column.

Finally, readers interested in only a subset of the observatories—for example, those from a certain country (or few countries) or those with radio (or infrared or laser) instruments—may wish to use the new Observatory Search feature on *The Astronomical Almanac Online* (see below).

## INDEX LIST

## INDEX LIST

## INDEX LIST

## INDEX LIST

## INDEX LIST

## INDEX LIST

| Observatory Name | | Location | East Longitude | Latitude | Height (m.s.l.) |
|---|---|---|---|---|---|
| | | | ° ′ | ° ′ | m |
| **Algeria** | | | | | |
| Alger Obs. | | Bouzaréa | + 3 02.1 | + 36 48.1 | 345 |
| **Argentina** | | | | | |
| Argentine Radio Ast. Inst. | R | Villa Elisa | − 58 08.2 | − 34 52.1 | 11 |
| Córdoba Ast. Obs. | | Córdoba | − 64 11.8 | − 31 25.3 | 434 |
| Córdoba Obs. Astrophys. Sta. | | Bosque Alegre | − 64 32.8 | − 31 35.9 | 1250 |
| Dr. Carlos U. Cesco Sta. | | San Juan/El Leoncito | − 69 19.8 | − 31 48.1 | 2348 |
| El Leoncito Ast. Complex | | San Juan/El Leoncito | − 69 18.0 | − 31 48.0 | 2552 |
| Félix Aguilar Obs. | | San Juan | − 68 37.2 | − 31 30.6 | 700 |
| La Plata Ast. Obs. | | La Plata | − 57 55.9 | − 34 54.5 | 17 |
| National Obs. of Cosmic Physics | | San Miguel | − 58 43.9 | − 34 33.4 | 37 |
| Naval Obs. | | Buenos Aires | − 58 21.3 | − 34 37.3 | 6 |
| **Armenia** | | | | | |
| Byurakan Astrophysical Obs. | R | Yerevan/Mt. Aragatz | + 44 17.5 | + 40 20.1 | 1500 |
| **Australia** | | | | | |
| Anglo–Australian Obs. | I | Coonabarabran/Siding Spring, N.S.W. | + 149 04.0 | − 31 16.6 | 1164 |
| Australia Tel. Natl. Facility | R | Culgoora, New South Wales | + 149 33.7 | − 30 18.9 | 217 |
| Australian Natl. Radio Ast. Obs. | R | Parkes, New South Wales | + 148 15.7 | − 33 00.0 | 392 |
| Deep Space Sta. | R | Tidbinbilla, Austl. Cap. Ter. | + 148 58.8 | − 35 24.1 | 656 |
| Fleurs Radio Obs. | R | Kemps Creek, New South Wales | + 150 46.5 | − 33 51.8 | 45 |
| Molonglo Radio Obs. | R | Hoskinstown, New South Wales | + 149 25.4 | − 35 22.3 | 732 |
| Mount Pleasant Radio Ast. Obs. | R | Hobart, Tasmania | + 147 26.4 | − 42 48.3 | 43 |
| Mount Stromlo Obs. | | Canberra/Mt. Stromlo, Austl. Cap. Ter. | + 149 00.5 | − 35 19.2 | 767 |
| Perth Obs. | | Bickley, Western Australia | + 116 08.1 | − 32 00.5 | 391 |
| Riverview College Obs. | | Lane Cove, New South Wales | + 151 09.5 | − 33 49.8 | 25 |
| Siding Spring Obs. | | Coonabarabran/Siding Spring, N.S.W. | + 149 03.7 | − 31 16.4 | 1149 |
| **Austria** | | | | | |
| Kanzelhöhe Solar Obs. | | Klagenfurt/Kanzelhöhe | + 13 54.4 | + 46 40.7 | 1526 |
| Kuffner Obs. | | Vienna | + 16 17.8 | + 48 12.8 | 302 |
| L. Figl Astrophysical Obs. | | St. Corona at Schöpfl | + 15 55.4 | + 48 05.0 | 890 |
| Lustbühel Obs. | | Graz | + 15 29.7 | + 47 03.9 | 480 |
| Purgathofer Obs. | | Klosterneuburg | + 16 17.2 | + 48 17.8 | 399 |
| Univ. of Graz Obs. | | Graz | + 15 27.1 | + 47 04.7 | 375 |
| Urania Obs. | | Vienna | + 16 23.1 | + 48 12.7 | 193 |
| Vienna Univ. Obs. | | Vienna | + 16 20.2 | + 48 13.9 | 241 |
| **Belgium** | | | | | |
| Ast. and Astrophys. Inst. | | Brussels | + 4 23.0 | + 50 48.8 | 147 |
| Cointe Obs. | | Liège | + 5 33.9 | + 50 37.1 | 127 |
| Royal Obs. of Belgium | R | Uccle | + 4 21.5 | + 50 47.9 | 105 |
| Royal Obs. Radio Ast. Sta. | R | Humain | + 5 15.3 | + 50 11.5 | 293 |
| **Brazil** | | | | | |
| Abrahão de Moraes Obs. | R | Valinhos | − 46 58.0 | − 23 00.1 | 850 |
| Antares Ast. Obs. | | Feira de Santana | − 38 57.9 | − 12 15.4 | 256 |
| Itapetinga Radio Obs. | R | Atibaia | − 46 33.5 | − 23 11.1 | 806 |
| Morro Santana Obs. | | Porto Alegre | − 51 07.6 | − 30 03.2 | 300 |
| National Obs. | | Rio de Janeiro | − 43 13.4 | − 22 53.7 | 33 |
| Pico dos Dias Obs. | | Itajubá/Pico dos Dias | − 45 35.0 | − 22 32.1 | 1870 |
| Piedade Obs. | | Belo Horizonte | − 43 30.7 | − 19 49.3 | 1746 |
| Valongo Obs. | | Rio de Janeiro/Mt. Valongo | − 43 11.2 | − 22 53.9 | 52 |

| Observatory Name | | Location | East Longitude | Latitude | Height (m.s.l.) |
|---|---|---|---|---|---|
| | | | ° ′ | ° ′ | m |
| **Bulgaria** | | | | | |
| Belogradchik Ast. Obs. | | Belogradchik | + 22 40.5 | + 43 37.4 | 650 |
| Rozhen National Ast. Obs. | | Rozhen | + 24 44.6 | + 41 41.6 | 1759 |
| **Canada** | | | | | |
| Algonquin Radio Obs. | R | Lake Traverse, Ontario | − 78 04.4 | + 45 57.3 | 260 |
| Climenhaga Obs. | | Victoria, British Columbia | − 123 18.5 | + 48 27.8 | 74 |
| Devon Ast. Obs. | | Devon, Alberta | − 113 45.5 | + 53 23.4 | 708 |
| Dominion Astrophysical Obs. | | Victoria, British Columbia | − 123 25.0 | + 48 31.2 | 238 |
| Dominion Radio Astrophys. Obs. | R | Penticton, British Columbia | − 119 37.2 | + 49 19.2 | 545 |
| Elginfield Obs. | | London, Ontario | − 81 18.9 | + 43 11.5 | 323 |
| Mont Mégantic Ast. Obs. | | Mégantic/Mont Mégantic, Quebec | − 71 09.2 | + 45 27.3 | 1114 |
| Ottawa River Solar Obs. | | Ottawa, Ontario | − 75 53.6 | + 45 23.2 | 58 |
| Rothney Astrophysical Obs. | I | Priddis, Alberta | − 114 17.3 | + 50 52.1 | 1272 |
| **Chile** | | | | | |
| Cerro Calán National Ast. Obs. | | Santiago/Cerro Calán | − 70 32.8 | − 33 23.8 | 860 |
| Cerro El Roble Ast. Obs. | | Santiago/Cerro El Roble | − 71 01.2 | − 32 58.9 | 2220 |
| Cerro Tololo Inter–Amer. Obs. | R,I | La Serena/Cerro Tololo | − 70 48.9 | − 30 09.9 | 2215 |
| European Southern Obs. | R | La Serena/Cerro La Silla | − 70 43.8 | − 29 15.4 | 2347 |
| Gemini South Obs. | | La Serena/Cerro Pachón | − 70 43.4 | − 30 13.7 | 2725 |
| Las Campanas Obs. | | Vallenar/Cerro Las Campanas | − 70 42.0 | − 29 00.5 | 2282 |
| Maipu Radio Ast. Obs. | R | Maipu | − 70 51.5 | − 33 30.1 | 446 |
| Manuel Foster Astrophys. Obs. | | Santiago/Cerro San Cristobal | − 70 37.8 | − 33 25.1 | 840 |
| Paranal Obs. | | Antofagasta/Cerro Paranal | − 70 24.2 | − 24 37.5 | 2635 |
| **China, People's Republic of** | | | | | |
| Beijing Normal Univ. Obs. | R | Beijing | + 116 21.6 | + 39 57.4 | 70 |
| Beijing Obs. Sta. | R | Miyun | + 116 45.9 | + 40 33.4 | 160 |
| Beijing Obs. Sta. | R,L | Shahe | + 116 19.7 | + 40 06.1 | 40 |
| Beijing Obs. Sta. | | Tianjing | + 117 03.5 | + 39 08.0 | 5 |
| Beijing Obs. Sta. | I | Xinglong | + 117 34.5 | + 40 23.7 | 870 |
| Purple Mountain Obs. | R | Nanjing/Purple Mtn. | + 118 49.3 | + 32 04.0 | 267 |
| Shaanxi Ast. Obs. | R | Lintong | + 109 33.1 | + 34 56.7 | 468 |
| Shanghai Obs. Sta. | R,L | Sheshan | + 121 11.2 | + 31 05.8 | 100 |
| Shanghai Obs. Sta. | R | Urumqui | + 87 10.7 | + 43 28.3 | 2080 |
| Shanghai Obs. Sta. | R | Xujiahui | + 121 25.6 | + 31 11.4 | 5 |
| Wuchang Time Obs. | L | Wuhan | + 114 20.7 | + 30 32.5 | 28 |
| Yunnan Obs. | R | Kunming | + 102 47.3 | + 25 01.5 | 1940 |
| **Colombia** | | | | | |
| National Ast. Obs. | | Bogotá | − 74 04.9 | + 4 35.9 | 2640 |
| **Croatia, Republic of** | | | | | |
| Geodetical Faculty Obs. | | Zagreb | + 16 01.3 | + 45 49.5 | 146 |
| Hvar Obs. | | Hvar | + 16 26.9 | + 43 10.7 | 238 |
| **Czech Republic** | | | | | |
| Charles Univ. Ast. Inst. | | Prague | + 14 23.7 | + 50 04.6 | 267 |
| Nicholas Copernicus Obs. | | Brno | + 16 35.0 | + 49 12.2 | 304 |
| Ondřejov Obs. | R | Ondřejov | + 14 47.0 | + 49 54.6 | 533 |
| Prostějov Obs. | | Prostějov | + 17 09.8 | + 49 29.2 | 225 |
| Valašské Meziříčí Obs. | | Valašské Meziříčí | + 17 58.5 | + 49 27.8 | 338 |

| Observatory Name | | Location | East Longitude | Latitude | Height (m.s.l.) |
|---|---|---|---|---|---|
| | | | ° ′ | ° ′ | m |
| **Denmark** | | | | | |
| Copenhagen Univ. Obs. | | Brorfelde | + 11 40.0 | + 55 37.5 | 90 |
| Copenhagen Univ. Obs. | | Copenhagen | + 12 34.6 | + 55 41.2 | —— |
| Ole Rømer Obs. | | ÅArhus | + 10 11.8 | + 56 07.7 | 50 |
| **Ecuador** | | | | | |
| Quito Ast. Obs. | | Quito | − 78 29.9 | − 0 13.0 | 2818 |
| **Egypt** | | | | | |
| Helwân Obs. | | Helwân | + 31 22.8 | + 29 51.5 | 116 |
| Kottamia Obs. | | Kottamia | + 31 49.5 | + 29 55.9 | 476 |
| **Estonia** | | | | | |
| Wilhelm Struve Astrophys. Obs. | | Tartu | + 26 28.0 | + 58 16.0 | —— |
| **Finland** | | | | | |
| European Incoh. Scatter Facility | R | Sodankylä | + 26 37.6 | + 67 21.8 | 197 |
| Metsähovi Obs. | | Kirkkonummi | + 24 23.8 | + 60 13.2 | 60 |
| Metsähovi Obs. Radio Rsch. Sta. | R | Kirkkonummi | + 24 23.6 | + 60 13.1 | 61 |
| Tuorla Obs. | | Piikkiö | + 22 26.8 | + 60 25.0 | 40 |
| Univ. of Helsinki Obs. | | Helsinki | + 24 57.3 | + 60 09.7 | 33 |
| **France** | | | | | |
| Besançon Obs. | | Besançon | + 5 59.2 | + 47 15.0 | 312 |
| Bordeaux Univ. Obs. | R | Floirac | − 0 31.7 | + 44 50.1 | 73 |
| Côte d'Azur Obs. | | Nice/Mont Gros | + 7 18.1 | + 43 43.4 | 372 |
| Côte d'Azur Obs. Calern Sta. | I,L | St. Vallier–de–Thiey | + 6 55.6 | + 43 44.9 | 1270 |
| Grenoble Obs. | R | Gap/Plateau de Bure | + 5 54.5 | + 44 38.0 | 2552 |
| Lyon Univ. Obs. | | St. Genis Laval | + 4 47.1 | + 45 41.7 | 299 |
| Meudon Obs. | | Meudon | + 2 13.9 | + 48 48.3 | 162 |
| Millimeter Radio Ast. Inst. | R | Gap/Plateau de Bure | + 5 54.4 | + 44 38.0 | 2552 |
| Obs. of Haute–Provence | | Forcalquier/St. Michel | + 5 42.8 | + 43 55.9 | 665 |
| Paris Obs. | | Paris | + 2 20.2 | + 48 50.2 | 67 |
| Paris Obs. Radio Ast. Sta. | R | Nançay | + 2 11.8 | + 47 22.8 | 150 |
| Pic du Midi Obs. | | Bagnères–de–Bigorre | + 0 08.7 | + 42 56.2 | 2861 |
| Strasbourg Obs. | | Strasbourg | + 7 46.2 | + 48 35.0 | 142 |
| Toulouse Univ. Obs. | | Toulouse | + 1 27.8 | + 43 36.7 | 195 |
| **Georgia** | | | | | |
| Abastumani Astrophysical Obs. | R | Abastumani/Mt. Kanobili | + 42 49.3 | + 41 45.3 | 1583 |
| **Germany** | | | | | |
| Archenhold Obs. | | Berlin | + 13 28.7 | + 52 29.2 | 41 |
| Bochum Obs. | | Bochum | + 7 13.4 | + 51 27.9 | 132 |
| Central Inst. for Earth Physics | | Potsdam | + 13 04.0 | + 52 22.9 | 91 |
| Einstein Tower Solar Obs. | R | Potsdam | + 13 03.9 | + 52 22.8 | 100 |
| Friedrich Schiller Univ. Obs. | | Jena | + 11 29.2 | + 50 55.8 | 356 |
| Göttingen Univ. Obs. | | Göttingen | + 9 56.6 | + 51 31.8 | 159 |
| Hamburg Obs. | | Bergedorf | + 10 14.5 | + 53 28.9 | 45 |
| Hoher List Obs. | | Daun/Hoher List | + 6 51.0 | + 50 09.8 | 533 |
| Inst. of Geodesy Ast. Obs. | | Hannover | + 9 42.8 | + 52 23.3 | 71 |
| Karl Schwarzschild Obs. | | Tautenburg | + 11 42.8 | + 50 58.9 | 331 |
| Lohrmann Obs. | | Dresden | + 13 52.3 | + 51 03.0 | 324 |
| Max Planck Inst. for Radio Ast. | R | Effelsberg | + 6 53.1 | + 50 31.6 | 369 |
| Munich Univ. Obs. | | Munich | + 11 36.5 | + 48 08.7 | 529 |
| Potsdam Astrophysical Obs. | | Potsdam | + 13 04.0 | + 52 22.9 | 107 |

| Observatory Name | | Location | East Longitude | Latitude | Height (m.s.l.) |
|---|---|---|---|---|---|
| | | | ° ′ | ° ′ | m |
| **Germany, cont.** | | | | | |
| Remeis Obs. | | Bamberg | + 10 53.4 | + 49 53.1 | 288 |
| Schauinsland Obs. | | Freiburg/Schauinsland Mtn. | + 7 54.4 | + 47 54.9 | 1240 |
| Sonneberg Obs. | | Sonneberg | + 11 11.5 | + 50 22.7 | 640 |
| State Obs. | | Heidelberg/Königstuhl | + 8 43.3 | + 49 23.9 | 570 |
| Stockert Radio Obs. | R | Eschweiler | + 6 43.4 | + 50 34.2 | 435 |
| Stuttgart Obs. | | Welzheim | + 9 35.8 | + 48 52.5 | 547 |
| Swabian Obs. | | Stuttgart | + 9 11.8 | + 48 47.0 | 354 |
| Tremsdorf Radio Ast. Obs. | R | Tremsdorf | + 13 08.2 | + 52 17.1 | 35 |
| Tübingen Univ. Ast. Obs. | | Tübingen | + 9 03.5 | + 48 32.3 | 470 |
| Wendelstein Solar Obs. | | Brannenburg | + 12 00.8 | + 47 42.5 | 1838 |
| Wilhelm Foerster Obs. | | Berlin | + 13 21.2 | + 52 27.5 | 78 |
| **Greece** | | | | | |
| Kryonerion Ast. Obs. | | Kiáton/Mt. Killini | + 22 37.3 | + 37 58.4 | 905 |
| National Obs. of Athens | | Athens | + 23 43.2 | + 37 58.4 | 110 |
| National Obs. Sta. | R | Pentele | + 23 51.8 | + 38 02.9 | 509 |
| Stephanion Obs. | | Stephanion | + 22 49.7 | + 37 45.3 | 800 |
| Univ. of Thessaloníki Obs. | | Thessaloníki | + 22 57.5 | + 40 37.0 | 28 |
| **Greenland** | | | | | |
| Incoherent Scatter Facility | R | Søndre Strømfjord | − 50 57.0 | + 66 59.2 | 180 |
| **Hungary** | | | | | |
| Heliophysical Obs. | | Debrecen | + 21 37.4 | + 47 33.6 | 132 |
| Heliophysical Obs. Sta. | | Gyula | + 21 16.2 | + 46 39.2 | 135 |
| Konkoly Obs. | | Budapest | + 18 57.9 | + 47 30.0 | 474 |
| Konkoly Obs. Sta. | | Piszkéstetö | + 19 53.7 | + 47 55.1 | 958 |
| Urania Obs. | | Budapest | + 19 03.9 | + 47 29.1 | 166 |
| **India** | | | | | |
| Aryabhatta Res. Inst. of Obs. Sci. | | Naini Tal/Manora Peak | + 79 27.4 | + 29 21.7 | 1927 |
| Gauribidanur Radio Obs. | R | Gauribidanur | + 77 26.1 | + 13 36.2 | 686 |
| Gurushikhar Infrared Obs. | I | Abu | + 72 46.8 | + 24 39.1 | 1700 |
| Indian Ast. Obs. | | Hanle/Mt. Saraswati | + 78 57.9 | + 32 46.8 | 4467 |
| Japal–Rangapur Obs. | R | Japal | + 78 43.7 | + 17 05.9 | 695 |
| Kodaikanal Solar Obs. | | Kodaikanal | + 77 28.1 | + 10 13.8 | 2343 |
| National Centre for Radio Aph. | | Khodad | + 74 03.0 | + 19 06.0 | 650 |
| Nizamiah Obs. | | Hyderabad | + 78 27.2 | + 17 25.9 | 554 |
| Radio Ast. Center | R | Udhagamandalam (Ooty) | + 76 40.0 | + 11 22.9 | 2150 |
| Vainu Bappu Obs. | | Kavalur | + 78 49.6 | + 12 34.6 | 725 |
| **Indonesia** | | | | | |
| Bosscha Obs. | | Lembang (Java) | + 107 37.0 | − 6 49.5 | 1300 |
| **Ireland** | | | | | |
| Dunsink Obs. | | Castleknock | − 6 20.2 | + 53 23.3 | 85 |
| **Israel** | | | | | |
| Florence and George Wise Obs. | | Mitzpe Ramon/Mt. Zin | + 34 45.8 | + 30 35.8 | 874 |
| **Italy** | | | | | |
| Arcetri Astrophysical Obs. | | Arcetri | + 11 15.3 | + 43 45.2 | 184 |
| Asiago Astrophysical Obs. | | Asiago | + 11 31.7 | + 45 51.7 | 1045 |
| Bologna Univ. Obs. | | Loiano | + 11 20.2 | + 44 15.5 | 785 |
| Brera–Milan Ast. Obs. | | Merate | + 9 25.7 | + 45 42.0 | 340 |

| Observatory Name | | Location | East Longitude | Latitude | Height (m.s.l.) |
|---|---|---|---|---|---|
| | | | ° ′ | ° ′ | m |
| **Italy, cont.** | | | | | |
| Brera–Milan Ast. Obs. | | Milan | + 9 11.5 | + 45 28.0 | 146 |
| Cagliari Ast. Obs. | L | Capoterra | + 8 58.6 | + 39 08.2 | 205 |
| Capodimonte Ast. Obs. | | Naples | + 14 15.3 | + 40 51.8 | 150 |
| Catania Astrophysical Obs. | | Catania | + 15 05.2 | + 37 30.2 | 47 |
| Catania Obs. Stellar Sta. | | Catania/Serra la Nave | + 14 58.4 | + 37 41.5 | 1735 |
| Chaonis Obs. | | Chions | + 12 42.7 | + 45 50.6 | 15 |
| Collurania Ast. Obs. | | Teramo | + 13 44.0 | + 42 39.5 | 388 |
| Damecuta Obs. | | Anacapri | + 14 11.8 | + 40 33.5 | 137 |
| International Latitude Obs. | | Carloforte | + 8 18.7 | + 39 08.2 | 22 |
| Medicina Radio Ast. Sta. | R | Medicina | + 11 38.7 | + 44 31.2 | 44 |
| Mount Ekar Obs. | | Asiago/Mt. Ekar | + 11 34.3 | + 45 50.6 | 1350 |
| Padua Ast. Obs. | | Padua | + 11 52.3 | + 45 24.0 | 38 |
| Palermo Univ. Ast. Obs. | | Palermo | + 13 21.5 | + 38 06.7 | 72 |
| Rome Obs. | | Rome/Monte Mario | + 12 27.1 | + 41 55.3 | 152 |
| San Vittore Obs. | | Bologna | + 11 20.5 | + 44 28.1 | 280 |
| Trieste Ast. Obs. | R | Trieste | + 13 52.5 | + 45 38.5 | 400 |
| Turin Ast. Obs. | | Pino Torinese | + 7 46.5 | + 45 02.3 | 622 |
| **Japan** | | | | | |
| Dodaira Obs. | L | Tokyo/Mt. Dodaira | + 139 11.8 | + 36 00.2 | 879 |
| Hida Obs. | | Kamitakara | + 137 18.5 | + 36 14.9 | 1276 |
| Hiraiso Solar Terr. Rsch. Center | R | Nakaminato | + 140 37.5 | + 36 22.0 | 27 |
| Kagoshima Space Center | R | Uchinoura | + 131 04.0 | + 31 13.7 | 228 |
| Kashima Space Research Center | R | Kashima | + 140 39.8 | + 35 57.3 | 32 |
| Kiso Obs. | | Kiso | + 137 37.7 | + 35 47.6 | 1130 |
| Kwasan Obs. | | Kyoto | + 135 47.6 | + 34 59.7 | 221 |
| Kyoto Univ. Ast. Dept. Obs. | | Kyoto | + 135 47.2 | + 35 01.7 | 86 |
| Kyoto Univ. Physics Dept. Obs. | | Kyoto | + 135 47.2 | + 35 01.7 | 80 |
| Mizusawa Astrogeodynamics Obs. | | Mizusawa | + 141 07.9 | + 39 08.1 | 61 |
| Nagoya Univ. Fujigane Sta. | R | Kamiku Isshiki | + 138 36.7 | + 35 25.6 | 1015 |
| Nagoya Univ. Radio Ast. Lab. | R | Nagoya | + 136 58.4 | + 35 08.9 | 75 |
| Nagoya Univ. Sugadaira Sta. | R | Toyokawa | + 138 19.3 | + 36 31.2 | 1280 |
| Nagoya Univ. Toyokawa Sta. | R | Toyokawa | + 137 22.2 | + 34 50.1 | 25 |
| National Ast. Obs. | R | Mitaka | + 139 32.5 | + 35 40.3 | 58 |
| Nobeyama Cosmic Radio Obs. | R | Nobeyama | + 138 29.0 | + 35 56.0 | 1350 |
| Nobeyama Solar Radio Obs. | R | Nobeyama | + 138 28.8 | + 35 56.3 | 1350 |
| Norikura Solar Obs. | I | Matsumoto/Mt. Norikura | + 137 33.3 | + 36 06.8 | 2876 |
| Okayama Astrophysical Obs. | | Kurashiki/Mt. Chikurin | + 133 35.8 | + 34 34.4 | 372 |
| Sendai Ast. Obs. | | Sendai | + 140 51.9 | + 38 15.4 | 45 |
| Simosato Hydrographic Obs. | R,L | Simosato | + 135 56.4 | + 33 34.5 | 63 |
| Sirahama Hydrographic Obs. | | Sirahama | + 138 59.3 | + 34 42.8 | 172 |
| Tohoku Univ. Obs. | | Sendai | + 140 50.6 | + 38 15.4 | 153 |
| Tokyo Hydrographic Obs. | | Tokyo | + 139 46.2 | + 35 39.7 | 41 |
| Toyokawa Obs. | R | Toyokawa | + 137 22.3 | + 34 50.2 | 18 |
| **Kazakhstan** | | | | | |
| Mountain Obs. | | Alma–Ata | + 76 57.4 | + 43 11.3 | 1450 |
| **Korea, Republic of** | | | | | |
| Bohyunsan Optical Ast. Obs. | | Youngchun/Mt. Bohyun | + 128 58.6 | + 36 10.0 | 1127 |
| Daeduk Radio Ast. Obs. | R | Taejeon | + 127 22.3 | + 36 23.9 | 120 |
| Korea Ast. Obs. | | Taejeon | + 127 22.3 | + 36 23.9 | 120 |
| Sobaeksan Ast. Obs. | | Danyang | + 128 27.4 | + 36 56.0 | 1390 |

| Observatory Name | | Location | East Longitude | Latitude | Height (m.s.l.) |
|---|---|---|---|---|---|
| | | | ° ′ | ° ′ | m |
| **Latvia** | | | | | |
| Latvian State Univ. Ast. Obs. | L | Riga | + 24 07.0 | + 56 57.1 | 39 |
| Riga Radio–Astrophysical Obs. | R | Riga | + 24 24.0 | + 56 47.0 | 75 |
| **Lithuania** | | | | | |
| Moletai Ast. Obs. | | Moletai | + 25 33.8 | + 55 19.0 | 220 |
| Vilnius Ast. Obs. | | Vilnius | + 25 17.2 | + 54 41.0 | 122 |
| **Mexico** | | | | | |
| Guillermo Haro Astrophys. Obs. | | Cananea/La Mariquita Mtn. | − 110 23.0 | + 31 03.2 | 2480 |
| Large Millimeter Telescope (LMT) | R | Sierra Negra | − 97 18.9 | + 18 59.1 | 4600 |
| National Ast. Obs. | | San Felipe (Baja California) | − 115 27.8 | + 31 02.6 | 2830 |
| National Ast. Obs. | R | Tonantzintla | − 98 18.8 | + 19 02.0 | 2150 |
| Univ. Guanajuato Obs. | | Mineral de La Luz (Guanajuato) | − 101 19.5 | + 21 03.2 | 2420 |
| **Netherlands** | | | | | |
| Catholic Univ. Ast. Inst. | | Nijmegen | + 5 52.1 | + 51 49.5 | 62 |
| Dwingeloo Radio Obs. | R | Dwingeloo | + 6 23.8 | + 52 48.8 | 25 |
| Kapteyn Obs. | | Roden | + 6 26.6 | + 53 07.7 | 12 |
| Leiden Obs. | | Leiden | + 4 29.1 | + 52 09.3 | 12 |
| Simon Stevin Obs. | R | Hoeven | + 4 33.8 | + 51 34.0 | 9 |
| Sonnenborgh Obs. | | Utrecht | + 5 07.8 | + 52 05.2 | 14 |
| Westerbork Radio Ast. Obs. | R | Westerbork | + 6 36.3 | + 52 55.0 | 16 |
| **New Zealand** | | | | | |
| Auckland Obs. | | Auckland | + 174 46.7 | − 36 54.4 | 80 |
| Carter Obs. | | Wellington | + 174 46.0 | − 41 17.2 | 129 |
| Carter Obs. Sta. | | Blenheim/Black Birch | + 173 48.2 | − 41 44.9 | 1396 |
| Mount John Univ. Obs. | | Lake Tekapo/Mt. John | + 170 27.9 | − 43 59.2 | 1027 |
| **Norway** | | | | | |
| European Incoh. Scatter Facility | R | Tromsø | + 19 31.2 | + 69 35.2 | 85 |
| Skibotn Ast. Obs. | | Skibotn | + 20 21.9 | + 69 20.9 | 157 |
| **Philippine Islands** | | | | | |
| Manila Obs. | R | Quezon City | + 121 04.6 | + 14 38.2 | 58 |
| Pagasa Ast. Obs. | | Quezon City | + 121 04.3 | + 14 39.2 | 70 |
| **Poland** | | | | | |
| Astronomical Latitude Obs. | L | Borowiec | + 17 04.5 | + 52 16.6 | 80 |
| Jagellonian Obs. Ft. Skala Sta. | R | Cracow | + 19 49.6 | + 50 03.3 | 314 |
| Jagellonian Univ. Ast. Obs. | | Cracow | + 19 57.6 | + 50 03.9 | 225 |
| Mount Suhora Obs. | | Koninki/Mt. Suhora | + 20 04.0 | + 49 34.2 | 1000 |
| Piwnice Ast. Obs. | R | Piwnice | + 18 33.4 | + 53 05.7 | 100 |
| Poznań Univ. Ast. Obs. | L | Poznań | + 16 52.7 | + 52 23.8 | 85 |
| Warsaw Univ. Ast. Obs. | | Ostrowik | + 21 25.2 | + 52 05.4 | 138 |
| Wroclaw Univ. Ast. Obs. | | Wroclaw | + 17 05.3 | + 51 06.7 | 115 |
| Wroclaw Univ. Bialkow Sta. | | Wasosz | + 16 39.6 | + 51 28.5 | 140 |
| **Portugal** | | | | | |
| Coimbra Ast. Obs. | | Coimbra | − 8 25.8 | + 40 12.4 | 99 |
| Lisbon Ast. Obs. | | Lisbon | − 9 11.2 | + 38 42.7 | 111 |
| Prof. Manuel de Barros Obs. | R | Vila Nova de Gaia | − 8 35.3 | + 41 06.5 | 232 |

| Observatory Name | | Location | East Longitude | Latitude | Height (m.s.l.) |
|---|---|---|---|---|---|
| | | | ° ′ | ° ′ | m |
| **Puerto Rico** | | | | | |
| Arecibo Obs. | R | Arecibo | − 66 45.2 | + 18 20.6 | 496 |
| **Romania** | | | | | |
| Bucharest Ast. Obs. | | Bucharest | + 26 05.8 | + 44 24.8 | 81 |
| Cluj–Napoca Ast. Obs. | | Cluj–Napoca | + 23 35.9 | + 46 42.8 | 750 |
| **Russia** | | | | | |
| Engelhardt Ast. Obs. | | Kazan | + 48 48.9 | + 55 50.3 | 98 |
| Irkutsk Ast. Obs. | | Irkutsk | + 104 20.7 | + 52 16.7 | 468 |
| Kaliningrad Univ. Obs. | | Kaliningrad | + 20 29.7 | + 54 42.8 | 24 |
| Kazan Univ. Obs. | | Kazan | + 49 07.3 | + 55 47.4 | 79 |
| Pulkovo Obs. | R | Pulkovo | + 30 19.6 | + 59 46.4 | 75 |
| Pulkovo Obs. Sta. | | Kislovodsk/Shat Jat Mass Mtn. | + 42 31.8 | + 43 44.0 | 2130 |
| Sayan Mtns. Radiophys. Obs. | | Sayan Mountains | + 102 12.5 | + 51 45.5 | 832 |
| Special Astrophysical Obs. | R | Zelenchukskaya/Pasterkhov Mtn. | + 41 26.5 | + 43 39.2 | 2100 |
| St. Petersburg Univ. Obs. | | St. Petersburg | + 30 17.7 | + 59 56.5 | 3 |
| Sternberg State Ast. Inst. | | Moscow | + 37 32.7 | + 55 42.0 | 195 |
| Tomsk Univ. Obs. | | Tomsk | + 84 56.8 | + 56 28.1 | 130 |
| **Slovakia** | | | | | |
| Lomnický Štít Coronal Obs. | | Poprad/Mt. Lomnický Štít | + 20 13.2 | + 49 11.8 | 2632 |
| Skalnaté Pleso Obs. | | Poprad | + 20 14.7 | + 49 11.3 | 1783 |
| Slovak Technical Univ. Obs. | | Bratislava | + 17 07.2 | + 48 09.3 | 171 |
| **South Africa, Republic of** | | | | | |
| Boyden Obs. | | Mazelspoort | + 26 24.3 | − 29 02.3 | 1387 |
| Hartebeeshoek Radio Ast. Obs. | R | Hartebeeshoek | + 27 41.1 | − 25 53.4 | 1391 |
| Leiden Obs. Southern Sta. | | Hartebeespoort | + 27 52.6 | − 25 46.4 | 1220 |
| South African Ast. Obs. | | Cape Town | + 18 28.7 | − 33 56.1 | 18 |
| South African Ast. Obs. Sta. | | Sutherland | + 20 48.7 | − 32 22.7 | 1771 |
| Southern African Large Telescope | | Sutherland | + 20 48.6 | − 32 22.8 | 1798 |
| **Spain** | | | | | |
| Deep Space Sta. | R | Cebreros | − 4 22.0 | + 40 27.3 | 789 |
| Deep Space Sta. | R | Robledo | − 4 14.9 | + 40 25.8 | 774 |
| Ebro Obs. | R | Roquetas | + 0 29.6 | + 40 49.2 | 50 |
| German Spanish Ast. Center | | Gérgal/Calar Alto Mtn. | − 2 32.2 | + 37 13.8 | 2168 |
| Millimeter Radio Ast. Inst. | R | Granada/Pico Veleta | − 3 24.0 | + 37 04.1 | 2870 |
| National Ast. Obs. | | Madrid | − 3 41.1 | + 40 24.6 | 670 |
| National Obs. Ast. Center | R | Yebes | − 3 06.0 | + 40 31.5 | 914 |
| Naval Obs. | L | San Fernando | − 6 12.2 | + 36 28.0 | 27 |
| Ramon Maria Aller Obs. | | Santiago de Compostela | − 8 33.6 | + 42 52.5 | 240 |
| Roque de los Muchachos Obs. | | La Palma Island (Canaries) | − 17 52.9 | + 28 45.6 | 2326 |
| Teide Obs. | R,I | Tenerife Island (Canaries) | − 16 29.8 | + 28 17.5 | 2395 |
| **Sweden** | | | | | |
| European Incoh. Scatter Facility | R | Kiruna | + 20 26.1 | + 67 51.6 | 418 |
| Kvistaberg Obs. | | Bro | + 17 36.4 | + 59 30.1 | 33 |
| Lund Obs. | | Lund | + 13 11.2 | + 55 41.9 | 34 |
| Lund Obs. Jävan Sta. | | Björnstorp | + 13 26.0 | + 55 37.4 | 145 |
| Onsala Space Obs. | R | Onsala | + 11 55.1 | + 57 23.6 | 24 |
| Stockholm Obs. | | Saltsjöbaden | + 18 18.5 | + 59 16.3 | 60 |

| Observatory Name | | Location | East Longitude | Latitude | Height (m.s.l.) |
|---|---|---|---|---|---|
| | | | ° ′ | ° ′ | m |
| **Switzerland** | | | | | |
| Arosa Astrophysical Obs. | | Arosa | + 9 40.1 | + 46 47.0 | 2050 |
| Basle Univ. Ast. Inst. | | Binningen | + 7 35.0 | + 47 32.5 | 318 |
| Cantonal Obs. | | Neuchâtel | + 6 57.5 | + 46 59.9 | 488 |
| Geneva Obs. | | Sauverny | + 6 08.2 | + 46 18.4 | 465 |
| Gornergrat North & South Obs. | R,I | Zermatt/Gornergrat | + 7 47.1 | + 45 59.1 | 3135 |
| High Alpine Research Obs. | | Mürren/Jungfraujoch | + 7 59.1 | + 46 32.9 | 3576 |
| Inst. of Solar Research (IRSOL) | | Locarno | + 8 47.4 | + 46 10.7 | 500 |
| Specola Solar Observatory | | Locarno | + 8 47.4 | + 46 10.4 | 365 |
| Swiss Federal Obs. | | Zürich | + 8 33.1 | + 47 22.6 | 469 |
| Univ. of Lausanne Obs. | | Chavannes–des–Bois | + 6 08.2 | + 46 18.4 | 465 |
| Zimmerwald Obs. | | Zimmerwald | + 7 27.9 | + 46 52.6 | 929 |
| **Tadzhikistan** | | | | | |
| Inst. of Astrophysics | | Dushanbe | + 68 46.9 | + 38 33.7 | 820 |
| **Taiwan (Republic of China)** | | | | | |
| National Central Univ. Obs. | | Chung–li | + 121 11.2 | + 24 58.2 | 152 |
| Taipei Obs. | | Taipei | + 121 31.6 | + 25 04.7 | 31 |
| **Turkey** | | | | | |
| Ege Univ. Obs. | | Bornova | + 27 16.5 | + 38 23.9 | 795 |
| Istanbul Univ. Obs. | | Istanbul | + 28 57.9 | + 41 00.7 | 65 |
| Kandilli Obs. | | Istanbul | + 29 03.7 | + 41 03.8 | 120 |
| Tübitak National Obs. | | Antalya/Mt. Bakirlitepe | + 30 20.1 | + 36 49.5 | 2515 |
| Univ. of Ankara Obs. | R | Ankara | + 32 46.8 | + 39 50.6 | 1266 |
| **Ukraine** | | | | | |
| Crimean Astrophysical Obs. | | Partizanskoye | + 34 01.0 | + 44 43.7 | 550 |
| Crimean Astrophysical Obs. | R | Simeis | + 34 01.0 | + 44 32.1 | 676 |
| Inst. of Radio Ast. | R | Kharkov | + 36 56.0 | + 49 38.0 | 150 |
| Kharkov Univ. Ast. Obs. | | Kharkov | + 36 13.9 | + 50 00.2 | 138 |
| Kiev Univ. Obs. | | Kiev | + 30 29.9 | + 50 27.2 | 184 |
| Lvov Univ. Obs. | | Lvov | + 24 01.8 | + 49 50.0 | 330 |
| Main Ast. Obs. | | Kiev | + 30 30.4 | + 50 21.9 | 188 |
| Nikolaev Ast. Obs. | | Nikolaev | + 31 58.5 | + 46 58.3 | 54 |
| Odessa Obs. | | Odessa | + 30 45.5 | + 46 28.6 | 60 |
| **United Kingdom** | | | | | |
| Armagh Obs. | | Armagh, Northern Ireland | − 6 38.9 | + 54 21.2 | 64 |
| Cambridge Univ. Obs. | | Cambridge, England | + 0 05.7 | + 52 12.8 | 30 |
| Chilbolton Obs. | R | Chilbolton, England | − 1 26.2 | + 51 08.7 | 92 |
| City Obs. | | Edinburgh, Scotland | − 3 10.8 | + 55 57.4 | 107 |
| Godlee Obs. | | Manchester, England | − 2 14.0 | + 53 28.6 | 77 |
| Jodrell Bank Obs. | R | Macclesfield, England | − 2 18.4 | + 53 14.2 | 78 |
| Mills Obs. | | Dundee, Scotland | − 3 00.7 | + 56 27.9 | 152 |
| Mullard Radio Ast. Obs. | R | Cambridge, England | + 0 02.6 | + 52 10.2 | 17 |
| Royal Obs. Edinburgh | | Edinburgh, Scotland | − 3 11.0 | + 55 55.5 | 146 |
| Satellite Laser Ranger Group | L | Herstmonceux, England | + 0 20.3 | + 50 52.0 | 31 |
| Univ. of Glasgow Obs. | | Glasgow, Scotland | − 4 18.3 | + 55 54.1 | 53 |
| Univ. of London Obs. | | Mill Hill, England | − 0 14.4 | + 51 36.8 | 81 |
| Univ. of St. Andrews Obs. | | St. Andrews, Scotland | − 2 48.9 | + 56 20.2 | 30 |
| **United States of America** | | | | | |
| **Alabama** | | | | | |
| Univ. of Alabama Obs. | | Tuscaloosa | − 87 32.5 | + 33 12.6 | 87 |

| Observatory Name | | Location | East Longitude | Latitude | Height (m.s.l.) |
|---|---|---|---|---|---|
| | | | ° ′ | ° ′ | m |
| **USA, cont.** | | | | | |
| **Arizona** | | | | | |
| Fred L. Whipple Obs. | | Amado/Mt. Hopkins | − 110 52.6 | + 31 40.9 | 2344 |
| Kitt Peak National Obs. | | Tucson/Kitt Peak | − 111 36.0 | + 31 57.8 | 2120 |
| Lowell Obs. | | Flagstaff | − 111 39.9 | + 35 12.2 | 2219 |
| Lowell Obs. Sta. | | Flagstaff/Anderson Mesa | − 111 32.2 | + 35 05.8 | 2200 |
| McGraw–Hill Obs. | | Tucson/Kitt Peak | − 111 37.0 | + 31 57.0 | 1925 |
| MMT Obs. | | Amado/Mt. Hopkins | − 110 53.1 | + 31 41.3 | 2608 |
| Mount Lemmon Infrared Obs. | I | Tucson/Mt. Lemmon | − 110 47.5 | + 32 26.5 | 2776 |
| National Radio Ast. Obs. | R | Tucson/Kitt Peak | − 111 36.9 | + 31 57.2 | 1939 |
| Northern Arizona Univ. Obs. | | Flagstaff | − 111 39.2 | + 35 11.1 | 2110 |
| Steward Obs. | | Tucson | − 110 56.9 | + 32 14.0 | 757 |
| Steward Obs. Catalina Sta. | | Tucson/Mt. Bigelow | − 110 43.9 | + 32 25.0 | 2510 |
| Steward Obs. Catalina Sta. | | Tucson/Mt. Lemmon | − 110 47.3 | + 32 26.6 | 2790 |
| Steward Obs. Catalina Sta. | | Tucson/Tumamoc Hill | − 111 00.3 | + 32 12.8 | 950 |
| Steward Obs. Sta. | | Tucson/Kitt Peak | − 111 36.0 | + 31 57.8 | 2071 |
| Submillimeter Telescope Obs. | R | Safford/Mt. Graham | − 109 53.5 | + 32 42.1 | 3190 |
| U.S. Naval Obs. Sta. | | Flagstaff | − 111 44.4 | + 35 11.0 | 2316 |
| Vatican Obs. Research Group | I | Safford/Mt. Graham | − 109 53.5 | + 32 42.1 | 3181 |
| Warner and Swasey Obs. Sta. | | Tucson/Kitt Peak | − 111 35.9 | + 31 57.6 | 2084 |
| **California** | | | | | |
| Big Bear Solar Obs. | | Big Bear City | − 116 54.9 | + 34 15.2 | 2067 |
| Chabot Space & Science Center | | Oakland | − 122 10.9 | + 37 49.1 | 476 |
| Goldstone Complex | R | Fort Irwin | − 116 50.9 | + 35 23.4 | 1036 |
| Griffith Obs. | | Los Angeles | − 118 17.9 | + 34 07.1 | 357 |
| Hat Creek Radio Ast. Obs. | R | Cassel | − 121 28.4 | + 40 49.1 | 1043 |
| Leuschner Obs. | | Lafayette | − 122 09.4 | + 37 55.1 | 304 |
| Lick Obs. | | San Jose/Mt. Hamilton | − 121 38.2 | + 37 20.6 | 1290 |
| MIRA Oliver Observing Sta. | | Monterey/Chews Ridge | − 121 34.2 | + 36 18.3 | 1525 |
| Mount Laguna Obs. | L | Mount Laguna | − 116 25.6 | + 32 50.4 | 1859 |
| Mount Wilson Obs. | R | Pasadena/Mt. Wilson | − 118 03.6 | + 34 13.0 | 1742 |
| Owens Valley Radio Obs. | R | Big Pine | − 118 16.9 | + 37 13.9 | 1236 |
| Palomar Obs. | | Palomar Mtn. | − 116 51.8 | + 33 21.4 | 1706 |
| Radio Ast. Inst. | R | Stanford | − 122 11.3 | + 37 23.9 | 80 |
| San Fernando Obs. | R | San Fernando | − 118 29.5 | + 34 18.5 | 371 |
| SRI Radio Ast. Obs. | R | Stanford | − 122 10.6 | + 37 24.3 | 168 |
| Stanford Center for Radar Ast. | R | Palo Alto | − 122 10.7 | + 37 27.5 | 172 |
| Table Mountain Obs. | | Wrightwood | − 117 40.9 | + 34 22.9 | 2285 |
| **Colorado** | | | | | |
| Chamberlin Obs. | | Denver | − 104 57.2 | + 39 40.6 | 1644 |
| Chamberlin Obs. Sta. | | Bailey/Dick Mtn. | − 105 26.2 | + 39 25.6 | 2675 |
| Meyer–Womble Obs. | | Georgetown/Mt. Evans | − 105 38.4 | + 39 35.2 | 4305 |
| Sommers–Bausch Obs. | | Boulder | − 105 15.8 | + 40 00.2 | 1653 |
| Tiara Obs. | | South Park | − 105 31.0 | + 38 58.2 | 2679 |
| U.S. Air Force Academy Obs. | | Colorado Springs | − 104 52.5 | + 39 00.4 | 2187 |
| **Connecticut** | | | | | |
| John J. McCarthy Obs. | | New Milford | − 73 25.6 | + 41 31.6 | 79 |
| Van Vleck Obs. | | Middletown | − 72 39.6 | + 41 33.3 | 65 |
| Western Conn. State Univ. Obs. | | Danbury | − 73 26.7 | + 41 24.0 | 128 |
| **Delaware** | | | | | |
| Mount Cuba Ast. Obs. | | Greenville | − 75 38.0 | + 39 47.1 | 92 |
| **District of Columbia** | | | | | |
| Naval Rsch. Lab. Radio Ast. Obs. | R | Washington | − 77 01.6 | + 38 49.3 | 30 |
| U.S. Naval Obs. | | Washington | − 77 04.0 | + 38 55.3 | 92 |

| Observatory Name | | Location | East Longitude | Latitude | Height (m.s.l.) |
|---|---|---|---|---|---|
| | | | ° ′ | ° ′ | m |
| **USA, cont.** | | | | | |
| **Florida** | | | | | |
| Brevard Community College Obs. | | Cocoa | − 80 45.7 | + 28 23.1 | 17 |
| Rosemary Hill Obs. | | Bronson | − 82 35.2 | + 29 24.0 | 44 |
| Univ. of Florida Radio Obs. | R | Old Town | − 83 02.1 | + 29 31.7 | 8 |
| **Georgia** | | | | | |
| Bradley Obs. | | Decatur | − 84 17.6 | + 33 45.9 | 316 |
| Emory Univ. Obs. | | Atlanta | − 84 19.6 | + 33 47.4 | 310 |
| Fernbank Obs. | | Atlanta | − 84 19.1 | + 33 46.7 | 320 |
| Hard Labor Creek Obs. | | Rutledge | − 83 35.6 | + 33 40.2 | 223 |
| **Hawaii** | | | | | |
| C.E.K. Mees Solar Obs. | | Kahului/Haleakala, Maui | − 156 15.4 | + 20 42.4 | 3054 |
| Caltech Submillimeter Obs. | R | Hilo/Mauna Kea, Hawaii | − 155 28.5 | + 19 49.3 | 4072 |
| Canada–France–Hawaii Tel. Corp. | I | Hilo/Mauna Kea, Hawaii | − 155 28.1 | + 19 49.5 | 4204 |
| Gemini North Obs. | | Hilo/Mauna Kea, Hawaii | − 155 28.1 | + 19 49.4 | 4213 |
| Joint Astronomy Centre | R,I | Hilo/Mauna Kea, Hawaii | − 155 28.2 | + 19 49.3 | 4198 |
| LURE Obs. | L | Kahului/Haleakala, Maui | − 156 15.5 | + 20 42.6 | 3049 |
| Mauna Kea Obs. | I | Hilo/Mauna Kea, Hawaii | − 155 28.2 | + 19 49.4 | 4214 |
| Mauna Loa Solar Obs. | | Hilo/Mauna Loa, Hawaii | − 155 34.6 | + 19 32.1 | 3440 |
| Subaru Tel. | | Hilo/Mauna Kea, Hawaii | − 155 28.6 | + 19 49.5 | 4163 |
| Submillimeter Array (SMA) | R | Hilo/Mauna Kea, Hawaii | − 155 28.7 | + 19 49.5 | 4080 |
| W.M. Keck Obs. | | Hilo/Mauna Kea, Hawaii | − 155 28.5 | + 19 49.6 | 4160 |
| **Illinois** | | | | | |
| Dearborn Obs. | | Evanston | − 87 40.5 | + 42 03.4 | 195 |
| **Indiana** | | | | | |
| Goethe Link Obs. | | Brooklyn | − 86 23.7 | + 39 33.0 | 300 |
| **Iowa** | | | | | |
| Erwin W. Fick Obs. | | Boone | − 93 56.5 | + 42 00.3 | 332 |
| Grant O. Gale Obs. | | Grinnell | − 92 43.2 | + 41 45.4 | 318 |
| North Liberty Radio Obs. | R | North Liberty | − 91 34.5 | + 41 46.3 | 241 |
| Univ. of Iowa Obs. | | Riverside | − 91 33.6 | + 41 30.9 | 221 |
| **Kansas** | | | | | |
| Clyde W. Tombaugh Obs. | | Lawrence | − 95 15.0 | + 38 57.6 | 323 |
| Zenas Crane Obs. | | Topeka | − 95 41.8 | + 39 02.2 | 306 |
| **Kentucky** | | | | | |
| Moore Obs. | | Brownsboro | − 85 31.8 | + 38 20.1 | 216 |
| **Maryland** | | | | | |
| GSFC Optical Test Site | | Greenbelt | − 76 49.6 | + 39 01.3 | 53 |
| Maryland Point Obs. | R | Riverside | − 77 13.9 | + 38 22.4 | 20 |
| Univ. of Maryland Obs. | R | College Park | − 76 57.4 | + 39 00.1 | 53 |
| **Massachusetts** | | | | | |
| Clay Center | | Brookline | − 71 08.0 | + 42 20.0 | 47 |
| Five College Radio Ast. Obs. | R | New Salem | − 72 20.7 | + 42 23.5 | 314 |
| George R. Wallace Jr. Aph. Obs. | | Westford | − 71 29.1 | + 42 36.6 | 107 |
| Harvard–Smithsonian Ctr. for Aph. | R | Cambridge | − 71 07.8 | + 42 22.8 | 24 |
| Haystack Obs. | R | Westford | − 71 29.3 | + 42 37.4 | 146 |
| Hopkins Obs. | R | Williamstown | − 73 12.1 | + 42 42.7 | 215 |
| Judson B. Coit Obs. | | Boston | − 71 06.3 | + 42 21.0 | —— |
| Maria Mitchell Obs. | | Nantucket | − 70 06.3 | + 41 16.8 | 20 |
| Millstone Hill Atm. Sci. Fac. | R | Westford | − 71 29.7 | + 42 36.6 | 146 |
| Millstone Hill Radar Obs. | R | Westford | − 71 29.5 | + 42 37.0 | 156 |
| Oak Ridge Obs. | R | Harvard | − 71 33.5 | + 42 30.3 | 185 |
| Sagamore Hill Radio Obs. | R | Hamilton | − 70 49.3 | + 42 37.9 | 53 |
| Westford Antenna Facility | R | Westford | − 71 29.7 | + 42 36.8 | 115 |
| Whitin Obs. | | Wellesley | − 71 18.2 | + 42 17.7 | 32 |

| Observatory Name | | Location | East Longitude | Latitude | Height (m.s.l.) |
|---|---|---|---|---|---|
| | | | ° ′ | ° ′ | m |
| **USA, cont.** | | | | | |
| **Michigan** | | | | | |
| Brooks Obs. | | Mount Pleasant | − 84 46.5 | + 43 35.3 | 258 |
| Michigan State Univ. Obs. | | East Lansing | − 84 29.0 | + 42 42.4 | 274 |
| Univ. of Mich. Radio Ast. Obs. | R | Dexter | − 83 56.2 | + 42 23.9 | 345 |
| **Minnesota** | | | | | |
| O'Brien Obs. | | Marine–on–St. Croix | − 92 46.6 | + 45 10.9 | 308 |
| **Missouri** | | | | | |
| Morrison Obs. | | Fayette | − 92 41.8 | + 39 09.1 | 228 |
| **Nebraska** | | | | | |
| Behlen Obs. | | Mead | − 96 26.8 | + 41 10.3 | 362 |
| **Nevada** | | | | | |
| MacLean Obs. | | Incline Village | − 119 55.7 | + 39 17.7 | 2546 |
| **New Hampshire** | | | | | |
| Shattuck Obs. | | Hanover | − 72 17.0 | + 43 42.3 | 183 |
| **New Jersey** | | | | | |
| Crawford Hill Obs. | R | Holmdel | − 74 11.2 | + 40 23.5 | 114 |
| FitzRandolph Obs. | | Princeton | − 74 38.8 | + 40 20.7 | 43 |
| **New Mexico** | | | | | |
| Apache Point Obs. | | Sunspot | − 105 49.2 | + 32 46.8 | 2781 |
| Capilla Peak Obs. | | Albuquerque/Capilla Peak | − 106 24.3 | + 34 41.8 | 2842 |
| Corralitos Obs. | | Las Cruces | − 107 02.6 | + 32 22.8 | 1453 |
| Joint Obs. for Cometary Research | | Socorro/South Baldy Peak | − 107 11.3 | + 33 59.1 | 3235 |
| National Radio Ast. Obs. | R | Socorro | − 107 37.1 | + 34 04.7 | 2124 |
| National Solar Obs. | | Sunspot | − 105 49.2 | + 32 47.2 | 2811 |
| New Mexico State Univ. Obs. Sta. | | Las Cruces/Blue Mesa | − 107 09.9 | + 32 29.5 | 2025 |
| New Mexico State Univ. Obs. Sta. | | Las Cruces/Tortugas Mtn. | − 106 41.8 | + 32 17.6 | 1505 |
| **New York** | | | | | |
| C.E. Kenneth Mees Obs. | | Bristol Springs | − 77 24.5 | + 42 42.0 | 701 |
| Hartung–Boothroyd Obs. | | Ithaca | − 76 23.1 | + 42 27.5 | 534 |
| Rutherfurd Obs. | | New York | − 73 57.5 | + 40 48.6 | 25 |
| Syracuse Univ. Obs. | | Syracuse | − 76 08.3 | + 43 02.2 | 160 |
| **North Carolina** | | | | | |
| Dark Sky Obs. | | Boone | − 81 24.7 | + 36 15.1 | 926 |
| Morehead Obs. | | Chapel Hill | − 79 03.0 | + 35 54.8 | 161 |
| Pisgah Ast. Rsch. Inst. (PARI) | | Rosman | − 82 52.3 | + 35 12.0 | 892 |
| Three College Obs. | | Saxapahaw | − 79 24.4 | + 35 56.7 | 183 |
| **Ohio** | | | | | |
| Cincinnati Obs. | | Cincinnati | − 84 25.4 | + 39 08.3 | 247 |
| Nassau Ast. Obs. | | Montville | − 81 04.5 | + 41 35.5 | 390 |
| Perkins Obs. | | Delaware | − 83 03.3 | + 40 15.1 | 280 |
| Ritter Obs. | | Toledo | − 83 36.8 | + 41 39.7 | 201 |
| **Pennsylvania** | | | | | |
| Allegheny Obs. | | Pittsburgh | − 80 01.3 | + 40 29.0 | 380 |
| Black Moshannon Obs. | | State College/Rattlesnake Mtn. | − 78 00.3 | + 40 55.3 | 738 |
| Bucknell Univ. Obs. | | Lewisburg | − 76 52.9 | + 40 57.1 | 170 |
| Kutztown Univ. Obs. | | Kutztown | − 75 47.1 | + 40 30.9 | 158 |
| Sproul Obs. | | Swarthmore | − 75 21.4 | + 39 54.3 | 63 |
| Strawbridge Obs. | R | Haverford | − 75 18.2 | + 40 00.7 | 116 |
| The Franklin Inst. Obs. | | Philadelphia | − 75 10.4 | + 39 57.5 | 30 |
| Villanova Univ. Obs. | R | Villanova | − 75 20.5 | + 40 02.4 | —— |
| **Rhode Island** | | | | | |
| Ladd Obs. | | Providence | − 71 24.0 | + 41 50.3 | 69 |
| **South Carolina** | | | | | |
| Melton Memorial Obs. | | Columbia | − 81 01.6 | + 33 59.8 | 98 |
| Univ. of S.C. Radio Obs. | R | Columbia | − 81 01.9 | + 33 59.8 | 127 |

| Observatory Name | | Location | East Longitude | Latitude | Height (m.s.l.) |
|---|---|---|---|---|---|
| | | | ° ′ | ° ′ | m |
| **USA, cont.** | | | | | |
| **Tennessee** | | | | | |
| Arthur J. Dyer Obs. | | Nashville | − 86 48.3 | + 36 03.1 | 345 |
| **Texas** | | | | | |
| George R. Agassiz Sta. | R | Fort Davis | − 103 56.8 | + 30 38.1 | 1603 |
| McDonald Obs. | L | Fort Davis/Mt. Locke | − 104 01.3 | + 30 40.3 | 2075 |
| Millimeter Wave Obs. | R | Fort Davis/Mt. Locke | − 104 01.7 | + 30 40.3 | 2031 |
| **Virginia** | | | | | |
| Leander McCormick Obs. | | Charlottesville | − 78 31.4 | + 38 02.0 | 264 |
| Leander McCormick Obs. Sta. | | Charlottesville/Fan Mtn. | − 78 41.6 | + 37 52.7 | 566 |
| **Washington** | | | | | |
| Manastash Ridge Obs. | | Ellensburg/Manastash Ridge | − 120 43.4 | + 46 57.1 | 1198 |
| **West Virginia** | | | | | |
| National Radio Ast. Obs. | R | Green Bank | − 79 50.5 | + 38 25.8 | 836 |
| Naval Research Lab. Radio Sta. | R | Sugar Grove | − 79 16.4 | + 38 31.2 | 705 |
| **Wisconsin** | | | | | |
| Pine Bluff Obs. | | Pine Bluff | − 89 41.1 | + 43 04.7 | 366 |
| Thompson Obs. | | Beloit | − 89 01.9 | + 42 30.3 | 255 |
| Washburn Obs. | | Madison | − 89 24.5 | + 43 04.6 | 292 |
| Yerkes Obs. | | Williams Bay | − 88 33.4 | + 42 34.2 | 334 |
| **Wyoming** | | | | | |
| Wyoming Infrared Obs. | I | Jelm/Jelm Mtn. | − 105 58.6 | + 41 05.9 | 2943 |
| **Uruguay** | | | | | |
| Los Molinos Ast. Obs. | | Montevideo | − 56 11.4 | − 34 45.3 | 110 |
| Montevideo Obs. | | Montevideo | − 56 12.8 | − 34 54.6 | 24 |
| **Uzbekistan** | | | | | |
| Maidanak Ast. Obs. | | Kitab/Mt. Maidanak | + 66 54.0 | + 38 41.1 | 2500 |
| Tashkent Obs. | | Tashkent | + 69 17.6 | + 41 19.5 | 477 |
| Uluk–Bek Latitude Sta. | | Kitab | + 66 52.9 | + 39 08.0 | 658 |
| **Vatican City State** | | | | | |
| Vatican Obs. | | Castel Gandolfo | + 12 39.1 | + 41 44.8 | 450 |
| **Venezuela** | | | | | |
| Cagigal Obs. | | Caracas | − 66 55.7 | + 10 30.4 | 1026 |
| Llano del Hato Obs. | | Mérida | − 70 52.0 | + 8 47.4 | 3610 |
| **Yugoslavia** | | | | | |
| Belgrade Ast. Obs. | | Belgrade, Serbia | + 20 30.8 | + 44 48.2 | 253 |

## CONTENTS OF SECTION K

> **WWW** This symbol indicates that these data or auxiliary material may also be found on *The Astronomical Almanac Online* at **http://asa.usno.navy.mil** and **http://asa.hmnao.com**

## CONVERSION FOR PRE–JANUARY AND POST–DECEMBER DATES

| Tabulated Date | Equivalent Date in Previous Year | Tabulated Date | Equivalent Date in Previous Year | Tabulated Date | Equivalent Date in Subsequent Year | Tabulated Date | Equivalent Date in Subsequent Year |
|---|---|---|---|---|---|---|---|
| Jan. − 39 | Nov. 22 | Jan. − 19 | Dec. 12 | Dec. 32 | Jan. 1 | Dec. 52 | Jan. 21 |
| − 38 | 23 | − 18 | 13 | 33 | 2 | 53 | 22 |
| − 37 | 24 | − 17 | 14 | 34 | 3 | 54 | 23 |
| − 36 | 25 | − 16 | 15 | 35 | 4 | 55 | 24 |
| − 35 | 26 | − 15 | 16 | 36 | 5 | 56 | 25 |
| Jan. − 34 | Nov. 27 | Jan. − 14 | Dec. 17 | Dec. 37 | Jan. 6 | Dec. 57 | Jan. 26 |
| − 33 | 28 | − 13 | 18 | 38 | 7 | 58 | 27 |
| − 32 | 29 | − 12 | 19 | 39 | 8 | 59 | 28 |
| − 31 | 30 | − 11 | 20 | 40 | 9 | 60 | 29 |
| − 30 | 1 | − 10 | 21 | 41 | 10 | 61 | 30 |
| Jan. − 29 | Dec. 2 | Jan. − 9 | Dec. 22 | Dec. 42 | Jan. 11 | Dec. 62 | Jan. 31 |
| − 28 | 3 | − 8 | 23 | 43 | 12 | 63 | Feb. 1 |
| − 27 | 4 | − 7 | 24 | 44 | 13 | 64 | 2 |
| − 26 | 5 | − 6 | 25 | 45 | 14 | 65 | 3 |
| − 25 | 6 | − 5 | 26 | 46 | 15 | 66 | 4 |
| Jan. − 24 | Dec. 7 | Jan. − 4 | Dec. 27 | Dec. 47 | Jan. 16 | Dec. 67 | Feb. 5 |
| − 23 | 8 | − 3 | 28 | 48 | 17 | 68 | 6 |
| − 22 | 9 | − 2 | 29 | 49 | 18 | 69 | 7 |
| − 21 | 10 | − 1 | 30 | 50 | 19 | 70 | 8 |
| − 20 | 11 | Jan. 0 | Dec. 31 | 51 | 20 | 71 | 9 |

# JULIAN DAY NUMBER, 1950–2000

## OF DAY COMMENCING AT GREENWICH NOON ON:

| Year | Jan. 0 | | Feb. 0 | Mar. 0 | Apr. 0 | May 0 | June 0 | July 0 | Aug. 0 | Sept. 0 | Oct. 0 | Nov. 0 | Dec. 0 |
|------|--------|------|--------|--------|--------|-------|--------|--------|--------|---------|--------|--------|--------|
| 1950 | 243 | 3282 | 3313 | 3341 | 3372 | 3402 | 3433 | 3463 | 3494 | 3525 | 3555 | 3586 | 3616 |
| 1951 | | 3647 | 3678 | 3706 | 3737 | 3767 | 3798 | 3828 | 3859 | 3890 | 3920 | 3951 | 3981 |
| 1952 | | 4012 | 4043 | 4072 | 4103 | 4133 | 4164 | 4194 | 4225 | 4256 | 4286 | 4317 | 4347 |
| 1953 | | 4378 | 4409 | 4437 | 4468 | 4498 | 4529 | 4559 | 4590 | 4621 | 4651 | 4682 | 4712 |
| 1954 | | 4743 | 4774 | 4802 | 4833 | 4863 | 4894 | 4924 | 4955 | 4986 | 5016 | 5047 | 5077 |
| 1955 | 243 | 5108 | 5139 | 5167 | 5198 | 5228 | 5259 | 5289 | 5320 | 5351 | 5381 | 5412 | 5442 |
| 1956 | | 5473 | 5504 | 5533 | 5564 | 5594 | 5625 | 5655 | 5686 | 5717 | 5747 | 5778 | 5808 |
| 1957 | | 5839 | 5870 | 5898 | 5929 | 5959 | 5990 | 6020 | 6051 | 6082 | 6112 | 6143 | 6173 |
| 1958 | | 6204 | 6235 | 6263 | 6294 | 6324 | 6355 | 6385 | 6416 | 6447 | 6477 | 6508 | 6538 |
| 1959 | | 6569 | 6600 | 6628 | 6659 | 6689 | 6720 | 6750 | 6781 | 6812 | 6842 | 6873 | 6903 |
| 1960 | 243 | 6934 | 6965 | 6994 | 7025 | 7055 | 7086 | 7116 | 7147 | 7178 | 7208 | 7239 | 7269 |
| 1961 | | 7300 | 7331 | 7359 | 7390 | 7420 | 7451 | 7481 | 7512 | 7543 | 7573 | 7604 | 7634 |
| 1962 | | 7665 | 7696 | 7724 | 7755 | 7785 | 7816 | 7846 | 7877 | 7908 | 7938 | 7969 | 7999 |
| 1963 | | 8030 | 8061 | 8089 | 8120 | 8150 | 8181 | 8211 | 8242 | 8273 | 8303 | 8334 | 8364 |
| 1964 | | 8395 | 8426 | 8455 | 8486 | 8516 | 8547 | 8577 | 8608 | 8639 | 8669 | 8700 | 8730 |
| 1965 | 243 | 8761 | 8792 | 8820 | 8851 | 8881 | 8912 | 8942 | 8973 | 9004 | 9034 | 9065 | 9095 |
| 1966 | | 9126 | 9157 | 9185 | 9216 | 9246 | 9277 | 9307 | 9338 | 9369 | 9399 | 9430 | 9460 |
| 1967 | | 9491 | 9522 | 9550 | 9581 | 9611 | 9642 | 9672 | 9703 | 9734 | 9764 | 9795 | 9825 |
| 1968 | 243 | 9856 | 9887 | 9916 | 9947 | 9977 | *0008 | *0038 | *0069 | *0100 | *0130 | *0161 | *0191 |
| 1969 | 244 | 0222 | 0253 | 0281 | 0312 | 0342 | 0373 | 0403 | 0434 | 0465 | 0495 | 0526 | 0556 |
| 1970 | 244 | 0587 | 0618 | 0646 | 0677 | 0707 | 0738 | 0768 | 0799 | 0830 | 0860 | 0891 | 0921 |
| 1971 | | 0952 | 0983 | 1011 | 1042 | 1072 | 1103 | 1133 | 1164 | 1195 | 1225 | 1256 | 1286 |
| 1972 | | 1317 | 1348 | 1377 | 1408 | 1438 | 1469 | 1499 | 1530 | 1561 | 1591 | 1622 | 1652 |
| 1973 | | 1683 | 1714 | 1742 | 1773 | 1803 | 1834 | 1864 | 1895 | 1926 | 1956 | 1987 | 2017 |
| 1974 | | 2048 | 2079 | 2107 | 2138 | 2168 | 2199 | 2229 | 2260 | 2291 | 2321 | 2352 | 2382 |
| 1975 | 244 | 2413 | 2444 | 2472 | 2503 | 2533 | 2564 | 2594 | 2625 | 2656 | 2686 | 2717 | 2747 |
| 1976 | | 2778 | 2809 | 2838 | 2869 | 2899 | 2930 | 2960 | 2991 | 3022 | 3052 | 3083 | 3113 |
| 1977 | | 3144 | 3175 | 3203 | 3234 | 3264 | 3295 | 3325 | 3356 | 3387 | 3417 | 3448 | 3478 |
| 1978 | | 3509 | 3540 | 3568 | 3599 | 3629 | 3660 | 3690 | 3721 | 3752 | 3782 | 3813 | 3843 |
| 1979 | | 3874 | 3905 | 3933 | 3964 | 3994 | 4025 | 4055 | 4086 | 4117 | 4147 | 4178 | 4208 |
| 1980 | 244 | 4239 | 4270 | 4299 | 4330 | 4360 | 4391 | 4421 | 4452 | 4483 | 4513 | 4544 | 4574 |
| 1981 | | 4605 | 4636 | 4664 | 4695 | 4725 | 4756 | 4786 | 4817 | 4848 | 4878 | 4909 | 4939 |
| 1982 | | 4970 | 5001 | 5029 | 5060 | 5090 | 5121 | 5151 | 5182 | 5213 | 5243 | 5274 | 5304 |
| 1983 | | 5335 | 5366 | 5394 | 5425 | 5455 | 5486 | 5516 | 5547 | 5578 | 5608 | 5639 | 5669 |
| 1984 | | 5700 | 5731 | 5760 | 5791 | 5821 | 5852 | 5882 | 5913 | 5944 | 5974 | 6005 | 6035 |
| 1985 | 244 | 6066 | 6097 | 6125 | 6156 | 6186 | 6217 | 6247 | 6278 | 6309 | 6339 | 6370 | 6400 |
| 1986 | | 6431 | 6462 | 6490 | 6521 | 6551 | 6582 | 6612 | 6643 | 6674 | 6704 | 6735 | 6765 |
| 1987 | | 6796 | 6827 | 6855 | 6886 | 6916 | 6947 | 6977 | 7008 | 7039 | 7069 | 7100 | 7130 |
| 1988 | | 7161 | 7192 | 7221 | 7252 | 7282 | 7313 | 7343 | 7374 | 7405 | 7435 | 7466 | 7496 |
| 1989 | | 7527 | 7558 | 7586 | 7617 | 7647 | 7678 | 7708 | 7739 | 7770 | 7800 | 7831 | 7861 |
| 1990 | 244 | 7892 | 7923 | 7951 | 7982 | 8012 | 8043 | 8073 | 8104 | 8135 | 8165 | 8196 | 8226 |
| 1991 | | 8257 | 8288 | 8316 | 8347 | 8377 | 8408 | 8438 | 8469 | 8500 | 8530 | 8561 | 8591 |
| 1992 | | 8622 | 8653 | 8682 | 8713 | 8743 | 8774 | 8804 | 8835 | 8866 | 8896 | 8927 | 8957 |
| 1993 | | 8988 | 9019 | 9047 | 9078 | 9108 | 9139 | 9169 | 9200 | 9231 | 9261 | 9292 | 9322 |
| 1994 | | 9353 | 9384 | 9412 | 9443 | 9473 | 9504 | 9534 | 9565 | 9596 | 9626 | 9657 | 9687 |
| 1995 | 244 | 9718 | 9749 | 9777 | 9808 | 9838 | 9869 | 9899 | 9930 | 9961 | 9991 | *0022 | *0052 |
| 1996 | 245 | 0083 | 0114 | 0143 | 0174 | 0204 | 0235 | 0265 | 0296 | 0327 | 0357 | 0388 | 0418 |
| 1997 | | 0449 | 0480 | 0508 | 0539 | 0569 | 0600 | 0630 | 0661 | 0692 | 0722 | 0753 | 0783 |
| 1998 | | 0814 | 0845 | 0873 | 0904 | 0934 | 0965 | 0995 | 1026 | 1057 | 1087 | 1118 | 1148 |
| 1999 | | 1179 | 1210 | 1238 | 1269 | 1299 | 1330 | 1360 | 1391 | 1422 | 1452 | 1483 | 1513 |
| 2000 | 245 | 1544 | 1575 | 1604 | 1635 | 1665 | 1696 | 1726 | 1757 | 1788 | 1818 | 1849 | 1879 |

## OF DAY COMMENCING AT GREENWICH NOON ON:

| Year | Jan. 0 | Feb. 0 | Mar. 0 | Apr. 0 | May 0 | June 0 | July 0 | Aug. 0 | Sept. 0 | Oct. 0 | Nov. 0 | Dec. 0 |
|---|---|---|---|---|---|---|---|---|---|---|---|---|
| 2000 | 245 1544 | 1575 | 1604 | 1635 | 1665 | 1696 | 1726 | 1757 | 1788 | 1818 | 1849 | 1879 |
| 2001 | 1910 | 1941 | 1969 | 2000 | 2030 | 2061 | 2091 | 2122 | 2153 | 2183 | 2214 | 2244 |
| 2002 | 2275 | 2306 | 2334 | 2365 | 2395 | 2426 | 2456 | 2487 | 2518 | 2548 | 2579 | 2609 |
| 2003 | 2640 | 2671 | 2699 | 2730 | 2760 | 2791 | 2821 | 2852 | 2883 | 2913 | 2944 | 2974 |
| 2004 | 3005 | 3036 | 3065 | 3096 | 3126 | 3157 | 3187 | 3218 | 3249 | 3279 | 3310 | 3340 |
| 2005 | 245 3371 | 3402 | 3430 | 3461 | 3491 | 3522 | 3552 | 3583 | 3614 | 3644 | 3675 | 3705 |
| 2006 | 3736 | 3767 | 3795 | 3826 | 3856 | 3887 | 3917 | 3948 | 3979 | 4009 | 4040 | 4070 |
| 2007 | 4101 | 4132 | 4160 | 4191 | 4221 | 4252 | 4282 | 4313 | 4344 | 4374 | 4405 | 4435 |
| 2008 | 4466 | 4497 | 4526 | 4557 | 4587 | 4618 | 4648 | 4679 | 4710 | 4740 | 4771 | 4801 |
| 2009 | 4832 | 4863 | 4891 | 4922 | 4952 | 4983 | 5013 | 5044 | 5075 | 5105 | 5136 | 5166 |
| 2010 | 245 5197 | 5228 | 5256 | 5287 | 5317 | 5348 | 5378 | 5409 | 5440 | 5470 | 5501 | 5531 |
| 2011 | 5562 | 5593 | 5621 | 5652 | 5682 | 5713 | 5743 | 5774 | 5805 | 5835 | 5866 | 5896 |
| 2012 | 5927 | 5958 | 5987 | 6018 | 6048 | 6079 | 6109 | 6140 | 6171 | 6201 | 6232 | 6262 |
| 2013 | 6293 | 6324 | 6352 | 6383 | 6413 | 6444 | 6474 | 6505 | 6536 | 6566 | 6597 | 6627 |
| 2014 | 6658 | 6689 | 6717 | 6748 | 6778 | 6809 | 6839 | 6870 | 6901 | 6931 | 6962 | 6992 |
| 2015 | 245 7023 | 7054 | 7082 | 7113 | 7143 | 7174 | 7204 | 7235 | 7266 | 7296 | 7327 | 7357 |
| 2016 | 7388 | 7419 | 7448 | 7479 | 7509 | 7540 | 7570 | 7601 | 7632 | 7662 | 7693 | 7723 |
| 2017 | 7754 | 7785 | 7813 | 7844 | 7874 | 7905 | 7935 | 7966 | 7997 | 8027 | 8058 | 8088 |
| 2018 | 8119 | 8150 | 8178 | 8209 | 8239 | 8270 | 8300 | 8331 | 8362 | 8392 | 8423 | 8453 |
| 2019 | 8484 | 8515 | 8543 | 8574 | 8604 | 8635 | 8665 | 8696 | 8727 | 8757 | 8788 | 8818 |
| 2020 | 245 8849 | 8880 | 8909 | 8940 | 8970 | 9001 | 9031 | 9062 | 9093 | 9123 | 9154 | 9184 |
| 2021 | 9215 | 9246 | 9274 | 9305 | 9335 | 9366 | 9396 | 9427 | 9458 | 9488 | 9519 | 9549 |
| 2022 | 9580 | 9611 | 9639 | 9670 | 9700 | 9731 | 9761 | 9792 | 9823 | 9853 | 9884 | 9914 |
| 2023 | 245 9945 | 9976 | *0004 | *0035 | *0065 | *0096 | *0126 | *0157 | *0188 | *0218 | *0249 | *0279 |
| 2024 | 246 0310 | 0341 | 0370 | 0401 | 0431 | 0462 | 0492 | 0523 | 0554 | 0584 | 0615 | 0645 |
| 2025 | 246 0676 | 0707 | 0735 | 0766 | 0796 | 0827 | 0857 | 0888 | 0919 | 0949 | 0980 | 1010 |
| 2026 | 1041 | 1072 | 1100 | 1131 | 1161 | 1192 | 1222 | 1253 | 1284 | 1314 | 1345 | 1375 |
| 2027 | 1406 | 1437 | 1465 | 1496 | 1526 | 1557 | 1587 | 1618 | 1649 | 1679 | 1710 | 1740 |
| 2028 | 1771 | 1802 | 1831 | 1862 | 1892 | 1923 | 1953 | 1984 | 2015 | 2045 | 2076 | 2106 |
| 2029 | 2137 | 2168 | 2196 | 2227 | 2257 | 2288 | 2318 | 2349 | 2380 | 2410 | 2441 | 2471 |
| 2030 | 246 2502 | 2533 | 2561 | 2592 | 2622 | 2653 | 2683 | 2714 | 2745 | 2775 | 2806 | 2836 |
| 2031 | 2867 | 2898 | 2926 | 2957 | 2987 | 3018 | 3048 | 3079 | 3110 | 3140 | 3171 | 3201 |
| 2032 | 3232 | 3263 | 3292 | 3323 | 3353 | 3384 | 3414 | 3445 | 3476 | 3506 | 3537 | 3567 |
| 2033 | 3598 | 3629 | 3657 | 3688 | 3718 | 3749 | 3779 | 3810 | 3841 | 3871 | 3902 | 3932 |
| 2034 | 3963 | 3994 | 4022 | 4053 | 4083 | 4114 | 4144 | 4175 | 4206 | 4236 | 4267 | 4297 |
| 2035 | 246 4328 | 4359 | 4387 | 4418 | 4448 | 4479 | 4509 | 4540 | 4571 | 4601 | 4632 | 4662 |
| 2036 | 4693 | 4724 | 4753 | 4784 | 4814 | 4845 | 4875 | 4906 | 4937 | 4967 | 4998 | 5028 |
| 2037 | 5059 | 5090 | 5118 | 5149 | 5179 | 5210 | 5240 | 5271 | 5302 | 5332 | 5363 | 5393 |
| 2038 | 5424 | 5455 | 5483 | 5514 | 5544 | 5575 | 5605 | 5636 | 5667 | 5697 | 5728 | 5758 |
| 2039 | 5789 | 5820 | 5848 | 5879 | 5909 | 5940 | 5970 | 6001 | 6032 | 6062 | 6093 | 6123 |
| 2040 | 246 6154 | 6185 | 6214 | 6245 | 6275 | 6306 | 6336 | 6367 | 6398 | 6428 | 6459 | 6489 |
| 2041 | 6520 | 6551 | 6579 | 6610 | 6640 | 6671 | 6701 | 6732 | 6763 | 6793 | 6824 | 6854 |
| 2042 | 6885 | 6916 | 6944 | 6975 | 7005 | 7036 | 7066 | 7097 | 7128 | 7158 | 7189 | 7219 |
| 2043 | 7250 | 7281 | 7309 | 7340 | 7370 | 7401 | 7431 | 7462 | 7493 | 7523 | 7554 | 7584 |
| 2044 | 7615 | 7646 | 7675 | 7706 | 7736 | 7767 | 7797 | 7828 | 7859 | 7889 | 7920 | 7950 |
| 2045 | 246 7981 | 8012 | 8040 | 8071 | 8101 | 8132 | 8162 | 8193 | 8224 | 8254 | 8285 | 8315 |
| 2046 | 8346 | 8377 | 8405 | 8436 | 8466 | 8497 | 8527 | 8558 | 8589 | 8619 | 8650 | 8680 |
| 2047 | 8711 | 8742 | 8770 | 8801 | 8831 | 8862 | 8892 | 8923 | 8954 | 8984 | 9015 | 9045 |
| 2048 | 9076 | 9107 | 9136 | 9167 | 9197 | 9228 | 9258 | 9289 | 9320 | 9350 | 9381 | 9411 |
| 2049 | 9442 | 9473 | 9501 | 9532 | 9562 | 9593 | 9623 | 9654 | 9685 | 9715 | 9746 | 9776 |
| 2050 | 246 9807 | 9838 | 9866 | 9897 | 9927 | 9958 | 9988 | *0019 | *0050 | *0080 | *0111 | *0141 |

## OF DAY COMMENCING AT GREENWICH NOON ON:

| Year | Jan. 0 | Feb. 0 | Mar. 0 | Apr. 0 | May 0 | June 0 | July 0 | Aug. 0 | Sept. 0 | Oct. 0 | Nov. 0 | Dec. 0 |
|---|---|---|---|---|---|---|---|---|---|---|---|---|
| 2050 | 246 9807 | 9838 | 9866 | 9897 | 9927 | 9958 | 9988 | *0019 | *0050 | *0080 | *0111 | *0141 |
| 2051 | 247 0172 | 0203 | 0231 | 0262 | 0292 | 0323 | 0353 | 0384 | 0415 | 0445 | 0476 | 0506 |
| 2052 | 0537 | 0568 | 0597 | 0628 | 0658 | 0689 | 0719 | 0750 | 0781 | 0811 | 0842 | 0872 |
| 2053 | 0903 | 0934 | 0962 | 0993 | 1023 | 1054 | 1084 | 1115 | 1146 | 1176 | 1207 | 1237 |
| 2054 | 1268 | 1299 | 1327 | 1358 | 1388 | 1419 | 1449 | 1480 | 1511 | 1541 | 1572 | 1602 |
| 2055 | 247 1633 | 1664 | 1692 | 1723 | 1753 | 1784 | 1814 | 1845 | 1876 | 1906 | 1937 | 1967 |
| 2056 | 1998 | 2029 | 2058 | 2089 | 2119 | 2150 | 2180 | 2211 | 2242 | 2272 | 2303 | 2333 |
| 2057 | 2364 | 2395 | 2423 | 2454 | 2484 | 2515 | 2545 | 2576 | 2607 | 2637 | 2668 | 2698 |
| 2058 | 2729 | 2760 | 2788 | 2819 | 2849 | 2880 | 2910 | 2941 | 2972 | 3002 | 3033 | 3063 |
| 2059 | 3094 | 3125 | 3153 | 3184 | 3214 | 3245 | 3275 | 3306 | 3337 | 3367 | 3398 | 3428 |
| 2060 | 247 3459 | 3490 | 3519 | 3550 | 3580 | 3611 | 3641 | 3672 | 3703 | 3733 | 3764 | 3794 |
| 2061 | 3825 | 3856 | 3884 | 3915 | 3945 | 3976 | 4006 | 4037 | 4068 | 4098 | 4129 | 4159 |
| 2062 | 4190 | 4221 | 4249 | 4280 | 4310 | 4341 | 4371 | 4402 | 4433 | 4463 | 4494 | 4524 |
| 2063 | 4555 | 4586 | 4614 | 4645 | 4675 | 4706 | 4736 | 4767 | 4798 | 4828 | 4859 | 4889 |
| 2064 | 4920 | 4951 | 4980 | 5011 | 5041 | 5072 | 5102 | 5133 | 5164 | 5194 | 5225 | 5255 |
| 2065 | 247 5286 | 5317 | 5345 | 5376 | 5406 | 5437 | 5467 | 5498 | 5529 | 5559 | 5590 | 5620 |
| 2066 | 5651 | 5682 | 5710 | 5741 | 5771 | 5802 | 5832 | 5863 | 5894 | 5924 | 5955 | 5985 |
| 2067 | 6016 | 6047 | 6075 | 6106 | 6136 | 6167 | 6197 | 6228 | 6259 | 6289 | 6320 | 6350 |
| 2068 | 6381 | 6412 | 6441 | 6472 | 6502 | 6533 | 6563 | 6594 | 6625 | 6655 | 6686 | 6716 |
| 2069 | 6747 | 6778 | 6806 | 6837 | 6867 | 6898 | 6928 | 6959 | 6990 | 7020 | 7051 | 7081 |
| 2070 | 247 7112 | 7143 | 7171 | 7202 | 7232 | 7263 | 7293 | 7324 | 7355 | 7385 | 7416 | 7446 |
| 2071 | 7477 | 7508 | 7536 | 7567 | 7597 | 7628 | 7658 | 7689 | 7720 | 7750 | 7781 | 7811 |
| 2072 | 7842 | 7873 | 7902 | 7933 | 7963 | 7994 | 8024 | 8055 | 8086 | 8116 | 8147 | 8177 |
| 2073 | 8208 | 8239 | 8267 | 8298 | 8328 | 8359 | 8389 | 8420 | 8451 | 8481 | 8512 | 8542 |
| 2074 | 8573 | 8604 | 8632 | 8663 | 8693 | 8724 | 8754 | 8785 | 8816 | 8846 | 8877 | 8907 |
| 2075 | 247 8938 | 8969 | 8997 | 9028 | 9058 | 9089 | 9119 | 9150 | 9181 | 9211 | 9242 | 9272 |
| 2076 | 9303 | 9334 | 9363 | 9394 | 9424 | 9455 | 9485 | 9516 | 9547 | 9577 | 9608 | 9638 |
| 2077 | 247 9669 | 9700 | 9728 | 9759 | 9789 | 9820 | 9850 | 9881 | 9912 | 9942 | 9973 | *0003 |
| 2078 | 248 0034 | 0065 | 0093 | 0124 | 0154 | 0185 | 0215 | 0246 | 0277 | 0307 | 0338 | 0368 |
| 2079 | 0399 | 0430 | 0458 | 0489 | 0519 | 0550 | 0580 | 0611 | 0642 | 0672 | 0703 | 0733 |
| 2080 | 248 0764 | 0795 | 0824 | 0855 | 0885 | 0916 | 0946 | 0977 | 1008 | 1038 | 1069 | 1099 |
| 2081 | 1130 | 1161 | 1189 | 1220 | 1250 | 1281 | 1311 | 1342 | 1373 | 1403 | 1434 | 1464 |
| 2082 | 1495 | 1526 | 1554 | 1585 | 1615 | 1646 | 1676 | 1707 | 1738 | 1768 | 1799 | 1829 |
| 2083 | 1860 | 1891 | 1919 | 1950 | 1980 | 2011 | 2041 | 2072 | 2103 | 2133 | 2164 | 2194 |
| 2084 | 2225 | 2256 | 2285 | 2316 | 2346 | 2377 | 2407 | 2438 | 2469 | 2499 | 2530 | 2560 |
| 2085 | 248 2591 | 2622 | 2650 | 2681 | 2711 | 2742 | 2772 | 2803 | 2834 | 2864 | 2895 | 2925 |
| 2086 | 2956 | 2987 | 3015 | 3046 | 3076 | 3107 | 3137 | 3168 | 3199 | 3229 | 3260 | 3290 |
| 2087 | 3321 | 3352 | 3380 | 3411 | 3441 | 3472 | 3502 | 3533 | 3564 | 3594 | 3625 | 3655 |
| 2088 | 3686 | 3717 | 3746 | 3777 | 3807 | 3838 | 3868 | 3899 | 3930 | 3960 | 3991 | 4021 |
| 2089 | 4052 | 4083 | 4111 | 4142 | 4172 | 4203 | 4233 | 4264 | 4295 | 4325 | 4356 | 4386 |
| 2090 | 248 4417 | 4448 | 4476 | 4507 | 4537 | 4568 | 4598 | 4629 | 4660 | 4690 | 4721 | 4751 |
| 2091 | 4782 | 4813 | 4841 | 4872 | 4902 | 4933 | 4963 | 4994 | 5025 | 5055 | 5086 | 5116 |
| 2092 | 5147 | 5178 | 5207 | 5238 | 5268 | 5299 | 5329 | 5360 | 5391 | 5421 | 5452 | 5482 |
| 2093 | 5513 | 5544 | 5572 | 5603 | 5633 | 5664 | 5694 | 5725 | 5756 | 5786 | 5817 | 5847 |
| 2094 | 5878 | 5909 | 5937 | 5968 | 5998 | 6029 | 6059 | 6090 | 6121 | 6151 | 6182 | 6212 |
| 2095 | 248 6243 | 6274 | 6302 | 6333 | 6363 | 6394 | 6424 | 6455 | 6486 | 6516 | 6547 | 6577 |
| 2096 | 6608 | 6639 | 6668 | 6699 | 6729 | 6760 | 6790 | 6821 | 6852 | 6882 | 6913 | 6943 |
| 2097 | 6974 | 7005 | 7033 | 7064 | 7094 | 7125 | 7155 | 7186 | 7217 | 7247 | 7278 | 7308 |
| 2098 | 7339 | 7370 | 7398 | 7429 | 7459 | 7490 | 7520 | 7551 | 7582 | 7612 | 7643 | 7673 |
| 2099 | 7704 | 7735 | 7763 | 7794 | 7824 | 7855 | 7885 | 7916 | 7947 | 7977 | 8008 | 8038 |
| 2100 | 248 8069 | 8100 | 8128 | 8159 | 8189 | 8220 | 8250 | 8281 | 8312 | 8342 | 8373 | 8403 |

The Julian date (JD) corresponding to any instant is the interval in mean solar days elapsed since 4713 BC January 1 at Greenwich mean noon ($12^h$ UT). To determine the JD at $0^h$ UT for a given Gregorian calendar date, sum the values from Table A for century, Table B for year and Table C for month; then add the day of the month. Julian dates for the current year are given on page B3.

## A. Julian date at January $0^d$ $0^h$ UT of centurial year

| Year | 1600† | 1700 | 1800 | 1900 | 2000† | 2100 |
|---|---|---|---|---|---|---|
| Julian date | 230 5447·5 | 234 1971·5 | 237 8495·5 | 241 5019·5 | 245 1544·5 | 248 8068·5 |

† Centurial years that are exactly divisible by 400 are leap years in the Gregorian calendar. To determine the JD for any date in such a year, subtract 1 from the JD in Table A and use the leap year portion of Table C. (For 1600 and 2000 the JDs tabulated in Table A are actually for January $1^d$ $0^h$.)

## B. Addition to give Julian date for January $0^d$ $0^h$ UT of year

| Year | Add | Year | Add | Year | Add | Year | Add |
|---|---|---|---|---|---|---|---|
| 0 | 0 | 25 | 9131 | 50 | 18262 | 75 | 27393 |
| 1 | 365 | 26 | 9496 | 51 | 18627 | 76* | 27758 |
| 2 | 730 | 27 | 9861 | 52* | 18992 | 77 | 28124 |
| 3 | 1095 | 28* | 10226 | 53 | 19358 | 78 | 28489 |
| 4* | 1460 | 29 | 10592 | 54 | 19723 | 79 | 28854 |
| 5 | 1826 | 30 | 10957 | 55 | 20088 | 80* | 29219 |
| 6 | 2191 | 31 | 11322 | 56* | 20453 | 81 | 29585 |
| 7 | 2556 | 32* | 11687 | 57 | 20819 | 82 | 29950 |
| 8* | 2921 | 33 | 12053 | 58 | 21184 | 83 | 30315 |
| 9 | 3287 | 34 | 12418 | 59 | 21549 | 84* | 30680 |
| 10 | 3652 | 35 | 12783 | 60* | 21914 | 85 | 31046 |
| 11 | 4017 | 36* | 13148 | 61 | 22280 | 86 | 31411 |
| 12* | 4382 | 37 | 13514 | 62 | 22645 | 87 | 31776 |
| 13 | 4748 | 38 | 13879 | 63 | 23010 | 88* | 32141 |
| 14 | 5113 | 39 | 14244 | 64* | 23375 | 89 | 32507 |
| 15 | 5478 | 40* | 14609 | 65 | 23741 | 90 | 32872 |
| 16* | 5843 | 41 | 14975 | 66 | 24106 | 91 | 33237 |
| 17 | 6209 | 42 | 15340 | 67 | 24471 | 92* | 33602 |
| 18 | 6574 | 43 | 15705 | 68* | 24836 | 93 | 33968 |
| 19 | 6939 | 44* | 16070 | 69 | 25202 | 94 | 34333 |
| 20* | 7304 | 45 | 16436 | 70 | 25567 | 95 | 34698 |
| 21 | 7670 | 46 | 16801 | 71 | 25932 | 96* | 35063 |
| 22 | 8035 | 47 | 17166 | 72* | 26297 | 97 | 35429 |
| 23 | 8400 | 48* | 17531 | 73 | 26663 | 98 | 35794 |
| 24* | 8765 | 49 | 17897 | 74 | 27028 | 99 | 36159 |

\* Leap years

### Examples

a. 1981 November 14

| Table A | |
|---|---|
| 1900 Jan. 0 | 241 5019·5 |
| + Table B | + 2 9585 |
| 1981 Jan. 0 | 244 4604·5 |
| + Table C (n.y.) | + 304 |
| 1981 Nov. 0 | 244 4908·5 |
| + Day of Month | + 14 |
| 1981 Nov. 14 | 244 4922·5 |

b. 2000 September 24

| Table A | |
|---|---|
| 2000 Jan. 1 | 245 1544·5 |
| − 1 (for 2000) | − 1 |
| 2000 Jan. 0 | 245 1543·5 |
| + Table B | + 0 |
| 2000 Jan. 0 | 245 1543·5 |
| + Table C (l.y.) | + 244 |
| 2000 Sept. 0 | 245 1787·5 |
| + Day of Month | + 24 |
| 2000 Sept. 24 | 245 1811·5 |

c. 2006 June 21

| Table A | |
|---|---|
| 2000 Jan. 1 | 245 1544·5 |
| + Table B | + 2191 |
| 2006 Jan. 0 | 245 3735·5 |
| + Table C (n.y.) | + 151 |
| 2006 June 0 | 245 3886·5 |
| + Day of Month | + 21 |
| 2006 June 21 | 245 3907·5 |

## C. Addition to give Julian date for beginning of month ($0^d$ $0^h$ UT)

| | Jan. | Feb. | Mar. | Apr. | May | June | July | Aug. | Sept. | Oct. | Nov. | Dec. |
|---|---|---|---|---|---|---|---|---|---|---|---|---|
| Normal year | 0 | 31 | 59 | 90 | 120 | 151 | 181 | 212 | 243 | 273 | 304 | 334 |
| Leap year | 0 | 31 | 60 | 91 | 121 | 152 | 182 | 213 | 244 | 274 | 305 | 335 |

WARNING: prior to 1925 Greenwich mean noon (i.e. $12^h$ UT) was usually denoted by $0^h$ GMT in astronomical publications.

Conversions between Calendar dates and Julian dates may be performed using the USNO utility which is located under "Data Services" on their website (see *The Astronomical Almanac Online* for the link).

**Selected Astronomical Constants**

*Units:*

The units meter (m), kilogram (kg), and SI second (s) are the units of length, mass and time in the International System of Units (SI).

The astronomical unit of time is a time interval of one day ($D$) of 86400 seconds. An interval of 36525 days is one Julian century. The astronomical unit of mass is the mass of the Sun ($S$). The astronomical unit of length is that length ($A$) for which the Gaussian gravitational constant ($k$) takes the value 0·017 202 098 95 when the units of measurement are the astronomical units of length, mass and time. The dimensions of $k^2$ are those of the constant of gravitation ($G$), i.e., $A^3 S^{-1} D^{-2}$.

Some constants from the JPL DE405 ephemeris are consistent with TDB seconds (see page L2). For these quantities both TDB and SI compatible values are given, which are indicated in brackets.

| | Quantity | Symbol, Value(s), [Uncertainty] | Refs. |
|---|---|---|---|
| **Defining constants:** | | | |
| 1 | Speed of light | $c = 299\ 792\ 458\ \text{m s}^{-1}$ | C E J A |
| 2 | Gaussian gravitational constant | $k = 0.017\ 202\ 098\ 95$ | I* A |
| 3 | $L_G$ | $L_G = 6.969\ 290\ 134 \times 10^{-10}$ | I E |
| 4 | $L_B$ | $L_B = 1.550\ 519\ 768 \times 10^{-8}$ | I06 |
| 5 | Rate of advance of Earth rotation angle (ERA) | $\dot{\theta} = 1.002\ 737\ 811\ 911\ 354\ 48$ revolutions per UT1 day | I A |
| **Other constants and quantities:** | | | |
| 6 | $L_C$ | $L_C = 1.480\ 826\ 867\ 41 \times 10^{-8}$ $[2 \times 10^{-17}]$ | I E |
| 7 | Light-time for unit distance | $\tau_A = 499\overset{s}{.}004\ 783\ 806\ 1$ (TDB) $= 499\overset{s}{.}004\ 786\ 385\ 2$ (SI) $[2 \times 10^{-8}]$ $1/\tau_A = 173.144\ 632\ 684\ 7$ au/d (TDB) | J E A |
| 8 | Unit distance, astronomical unit in metres | $A = c\tau_A$ $= 149\ 597\ 870\ 691$ m (TDB) $= 149\ 597\ 871\ 464$ m (SI) $[6]$ | J E |
| 9 | Equatorial radius for Earth | $a_e = 6\ 378\ 136.6$ m $[0.10]$ | G E A |
| 10 | Flattening factor for Earth | $f = 0.003\ 352\ 8197 = 1/298.256\ 42$ $[1/0.00001]$ | G E A |
| 11 | Dynamical form-factor for the Earth | $J_2 = 0.001\ 082\ 635\ 9$ $[1 \times 10^{-10}]$ | G E |
| 12 | Nominal mean angular velocity of Earth rotation | $\omega = 7.292\ 115 \times 10^{-5}\ \text{rad s}^{-1}$ | I E G |
| 13 | Potential of the geoid | $W_0 = 6.263\ 685\ 60 \times 10^7\ \text{m}^2\ \text{s}^{-2}$ $[0.5]$ | G E |
| 14 | Geocentric gravitational constant | $GE = 3.986\ 004\ 329 \times 10^{14}\ \text{m}^3\ \text{s}^{-2}$ (TDB) $= 3.986\ 004\ 391 \times 10^{14}\ \text{m}^3\ \text{s}^{-2}$ (SI) $= 3.986\ 004\ 418 \times 10^{14}\ \text{m}^3\ \text{s}^{-2}$ (SI) $[8 \times 10^5]$ | J A G E |
| 15 | Heliocentric gravitational constant | $GS = A^3 k^2 / D^2$ $= 1.327\ 124\ 400\ 179\ 87 \times 10^{20}\ \text{m}^3\ \text{s}^{-2}$ (TDB) $= 1.327\ 124\ 420\ 76 \times 10^{20}\ \text{m}^3\ \text{s}^{-2}$ (SI) $[5 \times 10^{10}]$ | J A E |
| 16 | Constant of gravitation | $G = 6.674\ 28 \times 10^{-11}\ \text{m}^3\ \text{kg}^{-1}\ \text{s}^{-2}$ $= 6.673 \times 10^{-11}\ \text{m}^3\ \text{kg}^{-1}\ \text{s}^{-2}$ $[0.067 \times 10^{-13}]$ and $[1.0 \times 10^{-13}]$, respectively | C E |

## Selected Astronomical Constants (continued)

| | Quantity | Symbol, Value(s), [Uncertainty] | Refs. |
|---|---|---|---|
| | **Other constants (continued):** | | |
| 17 | Ratio: mass of Moon to that of the Earth | $\mu = 1/81 \cdot 300\ 56 = 0 \cdot 012\ 300\ 0383$ <br> $[5 \times 10^{-10}]$ | E J |
| 18 | Ratio: mass of Sun to that of the Earth | $S/E = GS/GE = 332\ 946 \cdot 050\ 895$ | J |
| 19 | Ratio: mass of Sun to that of the Earth + Moon | $(S/E)/(1 + \mu)$ <br> $= 328\ 900 \cdot 561\ 400$ | J |
| 20 | Mass of the Sun | $S = GS/G = 1 \cdot 9884 \times 10^{30}$ kg | J |
| 21 | Mass of the Earth | $E = GE/G = 5 \cdot 972\ 1986 \times 10^{25}$ kg | J |
| 22 | Mean obliquity of the ecliptic at J2000 | $\epsilon_0 = 23° \ 26' \ 21'' \cdot 406 = 84\ 381'' \cdot 406$ | I$_{06}$ A |
| 23 | Rates of precession (TDB) at J2000·0 <br> General precession in longitude <br> Rate of change in obliquity <br> Precession of the equator in longitude <br> Precession of the equator in obliquity | $p_A = 5028'' \cdot 796\ 195$ per Julian century <br> $\dot{\epsilon} = -46'' \cdot 836\ 769$ per Julian century <br> $\dot{\psi} = 5038'' \cdot 481\ 507$ per Julian century <br> $\dot{\omega} = -0'' \cdot 025\ 754$ per Julian century | I$_{06}$ A |
| 24 | Constant of nutation | $N = 9'' \cdot 2052\ 331$ at epoch J2000 | I |
| 25 | Solar parallax | $\pi_\odot = \sin^{-1}(a_e/A) = 8'' \cdot 794\ 143$ | A |
| 26 | Constant of aberration | $\kappa = 20'' \cdot 495\ 51$ at epoch J2000 | |

| 27 | Ratios of mass of Sun to masses of the planets: JPL DE405 Ephemeris (J) |
|---|---|

| | | | | | |
|---|---|---|---|---|---|
| Mercury | 6 023 600 | Jupiter | 1 047·3486 | Pluto | 135 200 000 |
| Venus | 408 523·71 | Saturn | 3 497·898 | | |
| Earth + Moon | 328 900·561 400 | Uranus | 22 902·98 | | |
| Mars | 3 098 708 | Neptune | 19 412·24 | | |

| 28 | Minor planet masses: mass in solar mass |
|---|---|

| | Hilton (H) | | JPL DE405 (J) |
|---|---|---|---|
| 1 Ceres | $4 \cdot 39 \times 10^{-10}$ | $\pm 0 \cdot 04$ | $4 \cdot 7 \times 10^{-10}$ |
| 2 Pallas | $1 \cdot 59 \times 10^{-10}$ | $\pm 0 \cdot 05$ | $1 \cdot 0 \times 10^{-10}$ |
| 4 Vesta | $1 \cdot 69 \times 10^{-10}$ | $\pm 0 \cdot 11$ | $1 \cdot 3 \times 10^{-10}$ |

| 29 | Masses of the larger natural satellites: mass satellite/mass of the planet (see pages F3, F5) |
|---|---|

| | | | | | |
|---|---|---|---|---|---|
| **Jupiter** | Io | $4 \cdot 704 \times 10^{-5}$ | **Saturn** | Titan | $2 \cdot 366 \times 10^{-4}$ |
| | Europa | $2 \cdot 528 \times 10^{-5}$ | **Uranus** | Titania | $4 \cdot 06 \times 10^{-5}$ |
| | Ganymede | $7 \cdot 805 \times 10^{-5}$ | | Oberon | $3 \cdot 47 \times 10^{-5}$ |
| | Callisto | $5 \cdot 667 \times 10^{-5}$ | **Neptune** | Triton | $2 \cdot 089 \times 10^{-4}$ |

| 30 | Equatorial radii in km: *Cartographic Coordinates* (CC) and JPL DE405 Ephemeris (J) |
|---|---|

| | CC A | JPL | | CC A | | | CC A |
|---|---|---|---|---|---|---|---|
| Mercury | 2 439·7 $\pm 1 \cdot 0$ | 2 439·76 | Jupiter | 71 492 $\pm$ 4 | Pluto | | 1 195 $\pm 5$ |
| Venus | 6 051·8 $\pm 1 \cdot 0$ | 6 052·3 | Saturn | 60 268 $\pm$ 4 | | | |
| Earth | 6 378·14 $\pm 0 \cdot 01$ | 6 378·137 | Uranus | 25 559 $\pm$ 4 | Moon (mean) | | 1 737·4 $\pm 1$ |
| Mars | 3 396·19 $\pm 0 \cdot 1$ | 3 397·515 | Neptune | 24 764 $\pm 15$ | Sun (I*) | | 696 000 |

The list below gives the references (Refs.) which indicate where the constants has been used, quoted or derived from. The full references may be found at the end of Section L *Notes and References*, as well as on *The Astronomical Almanac Online*. The IAU WG on Numerical Standards for Fundamental Astronomy is developing a list of "Current Best Estimates" (see http://maia.usno.navy.mil/NSFA.html) where some of these and other constants make be found.

| | | | |
|---|---|---|---|
| A | Constants used in this publication. | H | Hilton, AJ, 1999. |
| C | CODATA 2006. | I$_{06}$ | IAU XXV GA 2006. |
| CC | IAU/IAG WGCCRE 2007. | I | IAU XXIV GA 2000. |
| E | IERS Conventions 2003 (IAU 2000). | I* | IAU 1976. |
| G | IAG XXII GA 1999, SC3. | J | JPL DE405/LE405 Ephemeris. |

$$\Delta T = \text{ET} - \text{UT}$$

| Year | $\Delta T$ (s) | Year | $\Delta T$ (s) | Year | $\Delta T$ (s) | Year | $\Delta T$ (s) | Year | $\Delta T$ (s) | Year | $\Delta T$ (s) |
|---|---|---|---|---|---|---|---|---|---|---|---|
| 1620.0 | +124 | 1665.0 | +32 | 1710.0 | +10 | 1755.0 | +14 | 1800.0 | +13.7 | 1845.0 | +6.3 |
| 1621 | +119 | 1666 | +31 | 1711 | +10 | 1756 | +14 | 1801 | +13.4 | 1846 | +6.5 |
| 1622 | +115 | 1667 | +30 | 1712 | +10 | 1757 | +14 | 1802 | +13.1 | 1847 | +6.6 |
| 1623 | +110 | 1668 | +28 | 1713 | +10 | 1758 | +15 | 1803 | +12.9 | 1848 | +6.8 |
| 1624 | +106 | 1669 | +27 | 1714 | +10 | 1759 | +15 | 1804 | +12.7 | 1849 | +6.9 |
| 1625.0 | +102 | 1670.0 | +26 | 1715.0 | +10 | 1760.0 | +15 | 1805.0 | +12.6 | 1850.0 | +7.1 |
| 1626 | + 98 | 1671 | +25 | 1716 | +10 | 1761 | +15 | 1806 | +12.5 | 1851 | +7.2 |
| 1627 | + 95 | 1672 | +24 | 1717 | +11 | 1762 | +15 | 1807 | +12.5 | 1852 | +7.3 |
| 1628 | + 91 | 1673 | +23 | 1718 | +11 | 1763 | +15 | 1808 | +12.5 | 1853 | +7.4 |
| 1629 | + 88 | 1674 | +22 | 1719 | +11 | 1764 | +15 | 1809 | +12.5 | 1854 | +7.5 |
| 1630.0 | + 85 | 1675.0 | +21 | 1720.0 | +11 | 1765.0 | +16 | 1810.0 | +12.5 | 1855.0 | +7.6 |
| 1631 | + 82 | 1676 | +20 | 1721 | +11 | 1766 | +16 | 1811 | +12.5 | 1856 | +7.7 |
| 1632 | + 79 | 1677 | +19 | 1722 | +11 | 1767 | +16 | 1812 | +12.5 | 1857 | +7.7 |
| 1633 | + 77 | 1678 | +18 | 1723 | +11 | 1768 | +16 | 1813 | +12.5 | 1858 | +7.8 |
| 1634 | + 74 | 1679 | +17 | 1724 | +11 | 1769 | +16 | 1814 | +12.5 | 1859 | +7.8 |
| 1635.0 | + 72 | 1680.0 | +16 | 1725.0 | +11 | 1770.0 | +16 | 1815.0 | +12.5 | 1860.0 | +7.88 |
| 1636 | + 70 | 1681 | +15 | 1726 | +11 | 1771 | +16 | 1816 | +12.5 | 1861 | +7.82 |
| 1637 | + 67 | 1682 | +14 | 1727 | +11 | 1772 | +16 | 1817 | +12.4 | 1862 | +7.54 |
| 1638 | + 65 | 1683 | +14 | 1728 | +11 | 1773 | +16 | 1818 | +12.3 | 1863 | +6.97 |
| 1639 | + 63 | 1684 | +13 | 1729 | +11 | 1774 | +16 | 1819 | +12.2 | 1864 | +6.40 |
| 1640.0 | + 62 | 1685.0 | +12 | 1730.0 | +11 | 1775.0 | +17 | 1820.0 | +12.0 | 1865.0 | +6.02 |
| 1641 | + 60 | 1686 | +12 | 1731 | +11 | 1776 | +17 | 1821 | +11.7 | 1866 | +5.41 |
| 1642 | + 58 | 1687 | +11 | 1732 | +11 | 1777 | +17 | 1822 | +11.4 | 1867 | +4.10 |
| 1643 | + 57 | 1688 | +11 | 1733 | +11 | 1778 | +17 | 1823 | +11.1 | 1868 | +2.92 |
| 1644 | + 55 | 1689 | +10 | 1734 | +12 | 1779 | +17 | 1824 | +10.6 | 1869 | +1.82 |
| 1645.0 | + 54 | 1690.0 | +10 | 1735.0 | +12 | 1780.0 | +17 | 1825.0 | +10.2 | 1870.0 | +1.61 |
| 1646 | + 53 | 1691 | +10 | 1736 | +12 | 1781 | +17 | 1826 | + 9.6 | 1871 | +0.10 |
| 1647 | + 51 | 1692 | + 9 | 1737 | +12 | 1782 | +17 | 1827 | + 9.1 | 1872 | −1.02 |
| 1648 | + 50 | 1693 | + 9 | 1738 | +12 | 1783 | +17 | 1828 | + 8.6 | 1873 | −1.28 |
| 1649 | + 49 | 1694 | + 9 | 1739 | +12 | 1784 | +17 | 1829 | + 8.0 | 1874 | −2.69 |
| 1650.0 | + 48 | 1695.0 | + 9 | 1740.0 | +12 | 1785.0 | +17 | 1830.0 | + 7.5 | 1875.0 | −3.24 |
| 1651 | + 47 | 1696 | + 9 | 1741 | +12 | 1786 | +17 | 1831 | + 7.0 | 1876 | −3.64 |
| 1652 | + 46 | 1697 | + 9 | 1742 | +12 | 1787 | +17 | 1832 | + 6.6 | 1877 | −4.54 |
| 1653 | + 45 | 1698 | + 9 | 1743 | +12 | 1788 | +17 | 1833 | + 6.3 | 1878 | −4.71 |
| 1654 | + 44 | 1699 | + 9 | 1744 | +13 | 1789 | +17 | 1834 | + 6.0 | 1879 | −5.11 |
| 1655.0 | + 43 | 1700.0 | + 9 | 1745.0 | +13 | 1790.0 | +17 | 1835.0 | + 5.8 | 1880.0 | −5.40 |
| 1656 | + 42 | 1701 | + 9 | 1746 | +13 | 1791 | +17 | 1836 | + 5.7 | 1881 | −5.42 |
| 1657 | + 41 | 1702 | + 9 | 1747 | +13 | 1792 | +16 | 1837 | + 5.6 | 1882 | −5.20 |
| 1658 | + 40 | 1703 | + 9 | 1748 | +13 | 1793 | +16 | 1838 | + 5.6 | 1883 | −5.46 |
| 1659 | + 38 | 1704 | + 9 | 1749 | +13 | 1794 | +16 | 1839 | + 5.6 | 1884 | −5.46 |
| 1660.0 | + 37 | 1705.0 | + 9 | 1750.0 | +13 | 1795.0 | +16 | 1840.0 | + 5.7 | 1885.0 | −5.79 |
| 1661 | + 36 | 1706 | + 9 | 1751 | +14 | 1796 | +15 | 1841 | + 5.8 | 1886 | −5.63 |
| 1662 | + 35 | 1707 | + 9 | 1752 | +14 | 1797 | +15 | 1842 | + 5.9 | 1887 | −5.64 |
| 1663 | + 34 | 1708 | +10 | 1753 | +14 | 1798 | +14 | 1843 | + 6.1 | 1888 | −5.80 |
| 1664.0 | + 33 | 1709.0 | +10 | 1754.0 | +14 | 1799.0 | +14 | 1844.0 | + 6.2 | 1889.0 | −5.66 |

For years 1620 to 1955 the table is based on an adopted value of $-26''/\text{cy}^2$ for the tidal term ($\dot{n}$) in the mean motion of the Moon from the results of analyses of observations of lunar occultations of stars, eclipses of the Sun, and transits of Mercury (see F. R. Stephenson and L. V. Morrison, *Phil. Trans. R. Soc. London*, 1984, A **313**, 47-70)

To calculate the values of $\Delta T$ for a different value of the tidal term ($\dot{n}'$), add

$$-0.000\,091\,(\dot{n}' + 26)\,(\text{year} - 1955)^2 \text{ seconds}$$

to the tabulated value of $\Delta T$

1890–1983, $\Delta T = ET - UT$
1984–2000, $\Delta T = TDT - UT$
From 2001, $\Delta T = TT - UT$

Extrapolated Values

TAI − UTC

| Year | $\Delta T$ | Year | $\Delta T$ | Year | $\Delta T$ | Year | $\Delta T$ | Date | $\Delta$AT |
|---|---|---|---|---|---|---|---|---|---|
| | s | | s | | s | | s | | s |
| 1890·0 | − 5·87 | 1935·0 | +23·93 | 1980·0 | +50·54 | 2009 | +65·7 | 1972 Jan. 1 | |
| 1891 | − 6·01 | 1936 | +23·73 | 1981 | +51·38 | 2010 | +65·9 | 1972 July 1 | +10·00 |
| 1892 | − 6·19 | 1937 | +23·92 | 1982 | +52·17 | 2011 | +66·1 | 1973 Jan. 1 | +11·00 |
| 1893 | − 6·64 | 1938 | +23·96 | 1983 | +52·96 | 2012 | +66 | 1974 Jan. 1 | +12·00 |
| 1894 | − 6·44 | 1939 | +24·02 | 1984 | +53·79 | 2013 | +67 | 1975 Jan. 1 | +13·00 |
| | | | | | | | | 1976 Jan. 1 | +14·00 |
| 1895·0 | − 6·47 | 1940·0 | +24·33 | 1985·0 | +54·34 | | | 1977 Jan. 1 | +15·00 |
| 1896 | − 6·09 | 1941 | +24·83 | 1986 | +54·87 | | | 1978 Jan. 1 | +16·00 |
| 1897 | − 5·76 | 1942 | +25·30 | 1987 | +55·32 | | | 1979 Jan. 1 | +17·00 |
| 1898 | − 4·66 | 1943 | +25·70 | 1988 | +55·82 | | | 1980 Jan. 1 | +18·00 |
| 1899 | − 3·74 | 1944 | +26·24 | 1989 | +56·30 | | | 1981 July 1 | +19·00 |
| 1900·0 | − 2·72 | 1945·0 | +26·77 | 1990·0 | +56·86 | | | 1982 July 1 | +20·00 |
| 1901 | − 1·54 | 1946 | +27·28 | 1991 | +57·57 | | | 1983 July 1 | +21·00 |
| 1902 | − 0·02 | 1947 | +27·78 | 1992 | +58·31 | | | 1985 July 1 | +22·00 |
| 1903 | + 1·24 | 1948 | +28·25 | 1993 | +59·12 | | | 1988 Jan. 1 | +23·00 |
| 1904 | + 2·64 | 1949 | +28·71 | 1994 | +59·98 | | | 1990 Jan. 1 | +24·00 |
| 1905·0 | + 3·86 | 1950·0 | +29·15 | 1995·0 | +60·78 | | | 1991 Jan. 1 | +25·00 |
| 1906 | + 5·37 | 1951 | +29·57 | 1996 | +61·63 | | | 1992 July 1 | +26·00 |
| 1907 | + 6·14 | 1952 | +29·97 | 1997 | +62·29 | | | 1993 July 1 | +27·00 |
| 1908 | + 7·75 | 1953 | +30·36 | 1998 | +62·97 | | | 1994 July 1 | +28·00 |
| 1909 | + 9·13 | 1954 | +30·72 | 1999 | +63·47 | | | 1996 Jan. 1 | +29·00 |
| 1910·0 | +10·46 | 1955·0 | +31·07 | 2000·0 | +63·83 | | | 1997 July 1 | +30·00 |
| 1911 | +11·53 | 1956 | +31·35 | 2001 | +64·09 | | | 1999 Jan. 1 | +31·00 |
| 1912 | +13·36 | 1957 | +31·68 | 2002 | +64·30 | | | 2006 Jan. 1 | +32·00 |
| 1913 | +14·65 | 1958 | +32·18 | 2003 | +64·47 | | | 2009 Jan. 1 | +33·00 |
| 1914 | +16·01 | 1959 | +32·68 | 2004 | +64·57 | | | | +34·00 |
| 1915·0 | +17·20 | 1960·0 | +33·15 | 2005·0 | +64·69 | | | | |
| 1916 | +18·24 | 1961 | +33·59 | 2006 | +64·85 | | | | |
| 1917 | +19·06 | 1962 | +34·00 | 2007 | +65·15 | | | | |
| 1918 | +20·25 | 1963 | +34·47 | 2008 | +65·46 | | | | |
| 1919 | +20·95 | 1964 | +35·03 | | | | | | |
| 1920·0 | +21·16 | 1965·0 | +35·73 | | | | | | |
| 1921 | +22·25 | 1966 | +36·54 | | | | | | |
| 1922 | +22·41 | 1967 | +37·43 | | | | | | |
| 1923 | +23·03 | 1968 | +38·29 | | | | | | |
| 1924 | +23·49 | 1969 | +39·20 | | | | | | |
| 1925·0 | +23·62 | 1970·0 | +40·18 | | | | | | |
| 1926 | +23·86 | 1971 | +41·17 | | | | | | |
| 1927 | +24·49 | 1972 | +42·23 | | | | | | |
| 1928 | +24·34 | 1973 | +43·37 | | | | | | |
| 1929 | +24·08 | 1974 | +44·49 | | | | | | |
| 1930·0 | +24·02 | 1975·0 | +45·48 | | | | | | |
| 1931 | +24·00 | 1976 | +46·46 | | | | | | |
| 1932 | +23·87 | 1977 | +47·52 | | | | | | |
| 1933 | +23·95 | 1978 | +48·53 | | | | | | |
| 1934·0 | +23·86 | 1979·0 | +49·59 | | | | | | |

In critical cases descend

$$\frac{\Delta ET}{\Delta TT} = \Delta AT + 32^s184$$

From 1990 onwards, $\Delta T$ is for January 1 $0^h$ UTC.

See page B6 for a summary of the notation for time-scales.

WITH RESPECT TO THE INTERNATIONAL TERRESTRIAL REFERENCE SYSTEM (ITRS)

| Date | x | y | x | y | x | y | x | y |
|---|---|---|---|---|---|---|---|---|
| | **1970** | | **1980** | | **1990** | | **2000** | |
| | " | " | " | " | " | " | " | " |
| Jan. 1 | −0·140 | +0·144 | +0·129 | +0·251 | −0·132 | +0·165 | +0·043 | +0·378 |
| Apr. 1 | −0·097 | +0·397 | +0·014 | +0·189 | −0·154 | +0·469 | +0·075 | +0·346 |
| July 1 | +0·139 | +0·405 | −0·044 | +0·280 | +0·161 | +0·542 | +0·110 | +0·280 |
| Oct. 1 | +0·174 | +0·125 | −0·006 | +0·338 | +0·297 | +0·243 | −0·006 | +0·247 |
| | **1971** | | **1981** | | **1991** | | **2001** | |
| Jan. 1 | −0·081 | +0·026 | +0·056 | +0·361 | +0·023 | +0·069 | −0·073 | +0·400 |
| Apr. 1 | −0·199 | +0·313 | +0·088 | +0·285 | −0·217 | +0·281 | +0·091 | +0·490 |
| July 1 | +0·050 | +0·523 | +0·075 | +0·209 | −0·033 | +0·560 | +0·254 | +0·308 |
| Oct. 1 | +0·249 | +0·263 | −0·045 | +0·210 | +0·250 | +0·436 | +0·065 | +0·118 |
| | **1972** | | **1982** | | **1992** | | **2002** | |
| Jan. 1 | +0·045 | +0·050 | −0·091 | +0·378 | +0·182 | +0·168 | −0·177 | +0·294 |
| Apr. 1 | −0·180 | +0·174 | +0·093 | +0·431 | −0·083 | +0·162 | −0·031 | +0·541 |
| July 1 | −0·031 | +0·409 | +0·231 | +0·239 | −0·142 | +0·378 | +0·228 | +0·462 |
| Oct. 1 | +0·142 | +0·344 | +0·036 | +0·060 | +0·055 | +0·503 | +0·199 | +0·200 |
| | **1973** | | **1983** | | **1993** | | **2003** | |
| Jan. 1 | +0·129 | +0·139 | −0·211 | +0·249 | +0·208 | +0·359 | −0·088 | +0·188 |
| Apr. 1 | −0·035 | +0·129 | −0·069 | +0·538 | +0·115 | +0·170 | −0·133 | +0·436 |
| July 1 | −0·075 | +0·286 | +0·269 | +0·436 | −0·062 | +0·209 | +0·131 | +0·539 |
| Oct. 1 | +0·035 | +0·347 | +0·235 | +0·069 | −0·095 | +0·370 | +0·259 | +0·304 |
| | **1974** | | **1984** | | **1994** | | **2004** | |
| Jan. 1 | +0·115 | +0·252 | −0·125 | +0·089 | +0·010 | +0·476 | +0·031 | +0·154 |
| Apr. 1 | +0·037 | +0·185 | −0·211 | +0·410 | +0·174 | +0·391 | −0·140 | +0·321 |
| July 1 | +0·014 | +0·216 | +0·119 | +0·543 | +0·137 | +0·212 | −0·008 | +0·510 |
| Oct. 1 | +0·002 | +0·225 | +0·313 | +0·246 | −0·066 | +0·199 | +0·199 | +0·432 |
| | **1975** | | **1985** | | **1995** | | **2005** | |
| Jan. 1 | −0·055 | +0·281 | +0·051 | +0·025 | −0·154 | +0·418 | +0·149 | +0·238 |
| Apr. 1 | +0·027 | +0·344 | −0·196 | +0·220 | +0·032 | +0·558 | −0·029 | +0·243 |
| July 1 | +0·151 | +0·249 | −0·044 | +0·482 | +0·280 | +0·384 | −0·040 | +0·397 |
| Oct. 1 | +0·063 | +0·115 | +0·214 | +0·404 | +0·138 | +0·106 | +0·059 | +0·417 |
| | **1976** | | **1986** | | **1996** | | **2006** | |
| Jan. 1 | −0·145 | +0·204 | +0·187 | +0·072 | −0·176 | +0·191 | +0·053 | +0·383 |
| Apr. 1 | −0·091 | +0·399 | −0·041 | +0·139 | −0·152 | +0·506 | +0·103 | +0·374 |
| July 1 | +0·159 | +0·390 | −0·075 | +0·324 | +0·179 | +0·546 | +0·128 | +0·300 |
| Oct. 1 | +0·227 | +0·158 | +0·062 | +0·395 | +0·267 | +0·227 | +0·033 | +0·252 |
| | **1977** | | **1987** | | **1997** | | **2007** | |
| Jan. 1 | −0·065 | +0·076 | +0·146 | +0·315 | −0·023 | +0·095 | −0·049 | +0·347 |
| Apr. 1 | −0·226 | +0·362 | +0·096 | +0·212 | −0·191 | +0·329 | +0·023 | +0·479 |
| July 1 | +0·085 | +0·500 | −0·003 | +0·208 | +0·019 | +0·536 | +0·209 | +0·412 |
| Oct. 1 | +0·281 | +0·230 | −0·053 | +0·295 | +0·221 | +0·379 | +0·134 | +0·206 |
| | **1978** | | **1988** | | **1998** | | **2008** | |
| Jan. 1 | +0·007 | +0·015 | −0·023 | +0·414 | +0·103 | +0·175 | −0·081 | +0·258 |
| Apr. 1 | −0·231 | +0·240 | +0·134 | +0·407 | −0·110 | +0·252 | −0·064 | +0·490 |
| July 1 | −0·042 | +0·483 | +0·171 | +0·253 | −0·068 | +0·439 | +0·211 | +0·498 |
| Oct. 1 | +0·236 | +0·353 | +0·011 | +0·132 | +0·125 | +0·445 | | |
| | **1979** | | **1989** | | **1999** | | | |
| Jan. 1 | +0·140 | +0·076 | −0·159 | +0·316 | +0·139 | +0·296 | | |
| Apr. 1 | −0·107 | +0·133 | +0·028 | +0·482 | +0·026 | +0·241 | | |
| July 1 | −0·117 | +0·351 | +0·238 | +0·369 | −0·032 | +0·310 | | |
| Oct. 1 | +0·092 | +0·408 | +0·167 | +0·106 | +0·006 | +0·379 | | |

The orientation of the ITRS is consistent with the former BIH system (and the previous IPMS and ILS systems). The angles, x y, are defined on page B84. From 1988 their values have been taken from the IERS Bulletin B, published by the IERS Central Bureau, Bundesamt für Kartographie und Geodäsie, Richard-Strauss-Allee 11, 60598 Frankfurt am Main, Germany. Further information about IERS products may be found via *The Astronomical Almanac Online*.

## Introduction

In the reduction of astrometric observations of high precision it is necessary to distinguish between several different systems of terrestrial coordinates that are used to specify the positions of points on or near the surface of the Earth. The formulae on page B84 for the reduction for polar motion give the relationships between the representations of a geocentric vector referred to either the equinox-based celestial reference system of the true equator and equinox of date, or the Celestial Intermediate Reference System, and the current terrestrial reference system, which is realized by the International Terrestrial Reference Frame, ITRF2005 (Altamimi, Collilieux, Legrand, Garayt and Boucher (2007), *J. Geophys. Res.*, **112**, B09401). Realizations of the ITRF have been published at intervals since 1989 in the form of the geocentric rectangular coordinates and velocities of observing sites around the world. ITRF2005 is a rigorous combination of space geodesy solutions from the techniques of VLBI, SLR, LLR, GPS and DORIS from some 800 stations located at about 500 sites with better global distribution compared to previous ITRF versions. The ITRF2005 origin is defined by the Earth centre of mass sensed by SLR and its scale by VLBI solutions. The ITRF axes are consistent with the axes of the former BIH Terrestrial System (BTS) to within ±0."005, and the BTS was consistent with the earlier Conventional International Origin to within ±0."03 The use of rectangular coordinates is precise and unambiguous, but for some purposes it is more convenient to represent the position by its longitude, latitude and height referred to a reference spheroid (the term "spheroid" is used here in the sense of an ellipsoid whose equatorial section is a circle and for which each meridional section is an ellipse). The precise transformation between these coordinate systems is given below. The spheroid is defined by two parameters, its equatorial radius and flattening (usually the reciprocal of the flattening is given). The values used should always be stated with any tabulation of spheroidal positions, but in case they should be omitted a list of the parameters of some commonly used spheroids is given in the table on page K13. For work such as mapping gravity anomalies it is convenient that the reference spheroid should also be an equipotential surface of a reference body that is in hydrostatic equilibrium, and has the equatorial radius, gravitational constant, dynamical form factor and angular velocity of the Earth. This is referred to as a Geodetic Reference System (rather than just a reference spheroid). It provides a suitable approximation to mean sea level (i.e. to the geoid), but may differ from it by up to 100m in some regions.

## Reduction from geodetic to geocentric coordinates

The position of a point relative to a terrestrial reference frame may be expressed in three ways:

    (i) geocentric equatorial rectangular coordinates, $x$, $y$, $z$;

    (ii) geocentric longitude, latitude and radius, $\lambda$, $\phi'$, $\rho$;

    (iii) geodetic longitude, latitude and height, $\lambda$, $\phi$, $h$.

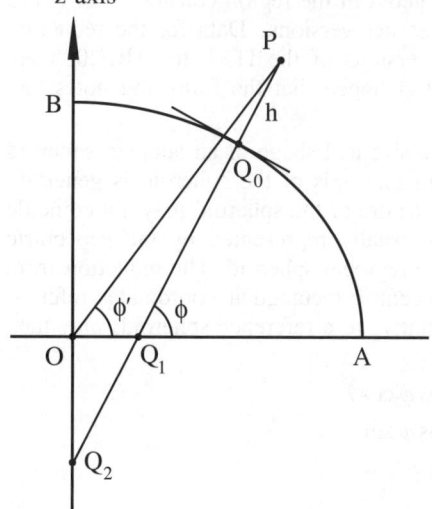

O is centre of Earth

OA = equatorial radius, $a$

OB = polar radius, $b$

      = $a(1 - f)$

OP = geocentric radius, $ap$

$PQ_0$ is normal to the reference spheroid

$Q_0Q_1 = aS$

$Q_0Q_2 = aC$

$\phi$ = geodetic latitude

$\phi'$ = geocentric latitude

The geodetic and geocentric longitudes of a point are the same, while the relationship between the geodetic and geocentric latitudes of a point is illustrated in the figure on page K11, which represents a meridional section through the reference spheroid. The geocentric radius $\rho$ is usually expressed in units of the equatorial radius of the reference spheroid. The following relationships hold between the geocentric and geodetic coordinates:

$$x = a\rho\cos\phi'\cos\lambda = (aC + h)\cos\phi\cos\lambda$$
$$y = a\rho\cos\phi'\sin\lambda = (aC + h)\cos\phi\sin\lambda$$
$$z = a\rho\sin\phi' \qquad = (aS + h)\sin\phi$$

where $a$ is the equatorial radius of the spheroid and $C$ and $S$ are auxiliary functions that depend on the geodetic latitude and on the flattening $f$ of the reference spheroid. The polar radius $b$ and the eccentricity $e$ of the ellipse are given by:

$$b = a(1 - f) \qquad e^2 = 2f - f^2 \qquad \text{or} \qquad 1 - e^2 = (1 - f)^2$$

It follows from the geometrical properties of the ellipse that:

$$C = \{\cos^2\phi + (1 - f)^2\sin^2\phi\}^{-1/2} \qquad S = (1 - f)^2 C$$

Geocentric coordinates may be calculated directly from geodetic coordinates. The reverse calculation of geodetic coordinates from geocentric coordinates can be done in closed form (see for example, Borkowski, *Bull. Geod.* **63**, 50-56, 1989), but it is usually done using an iterative procedure.

An iterative procedure for calculating $\lambda$, $\phi$, $h$ from $x$, $y$, $z$ is as follows:

Calculate: $\qquad \lambda = \tan^{-1}(y/x) \qquad r = (x^2 + y^2)^{1/2} \qquad e^2 = 2f - f^2$

Calculate the first approximation to $\phi$ from: $\qquad\qquad \phi = \tan^{-1}(z/r)$

Then perform the following iteration until $\phi$ is unchanged to the required precision:

$$\phi_1 = \phi \qquad C = (1 - e^2\sin^2\phi_1)^{-1/2} \qquad \phi = \tan^{-1}((z + aCe^2\sin\phi_1)/r)$$

Then: $\qquad\qquad\qquad\qquad\qquad h = r/\cos\phi - aC$

Series expressions and tables are available for certain values of $f$ for the calculation of $C$ and $S$ and also of $\rho$ and $\phi - \phi'$ for points on the spheroid ($h = 0$). The quantity $\phi - \phi'$ is sometimes known as the "reduction of the latitude" or the "angle of the vertical", and it is of the order of $10'$ in mid-latitudes. To a first approximation when $h$ is small the geocentric radius is increased by $h/a$ and the angle of the vertical is unchanged. The height $h$ refers to a height above the reference spheroid and differs from the height above mean sea level (i.e. above the geoid) by the "undulation of the geoid" at the point.

**Other geodetic reference systems**

In practice most geodetic positions are referred either (a) to a regional geodetic datum that is represented by a spheroid that approximates to the geoid in the region considered or (b) to a global reference system, ideally the ITRF2005 or earlier versions. Data for the reduction of regional geodetic coordinates or those in earlier versions of the ITRF to ITRF2005 are available in the relevant geodetic publications, but it is hoped that the following notes and formulae and data will be useful.

(a) Each regional geodetic datum is specified by the size and shape of an adopted spheroid and by the coordinates of an "origin point". The principal axis of the spheroid is generally close to the mean axis of rotation of the Earth, but the centre of the spheroid may not coincide with the centre of mass of the Earth, The offset is usually represented by the geocentric rectangular coordinates $(x_0, y_0, z_0)$ of the centre of the regional spheroid. The reduction from the regional geodetic coordinates $(\lambda, \phi, h)$ to the geocentric rectangular coordinates referred to the ITRF (and hence to the geodetic coordinates relative to a reference spheroid) may then be made by using the expressions:

$$x = x_0 + (aC + h)\cos\phi\cos\lambda$$
$$y = y_0 + (aC + h)\cos\phi\sin\lambda$$
$$z = z_0 + (aS + h)\sin\phi$$

(b) The global reference systems defined by the various versions of ITRF differ slightly due to an evolution in the multi-technique combination and constraints philosophy as well as through observational and modelling improvements, although all versions give good approximations to the latest reference frame. The transformations from the latest to previous ITRF solutions involve coordinate and velocity translations, rotations and scaling (i.e. 14 parameters in all) and all of these are given for the ITRF2000 frame in IERS Conventions (2003), *IERS Technical Note 32*, International Earth Rotation and Reference Systems Service (http://www.iers.org), Central Bureau, Bundesamt fur Kartographie und Geodäsie, Frankfurt, Germany. For example, translation parameters $T_1$, $T_2$ and $T_3$ from ITRF2000 to ITRF97 are $(+0.67, +0.61, -1.85)$ centimetres, with scale difference 1·6 parts per billion. The IERS Conventions are under continual revision, and transformation parameters from ITRF2005 will appear in due course.

The space technique GPS is now widely used for position determination. Since January 1987 the broadcast orbits of the GPS satellites have been referred to the WGS84 terrestrial frame, and so positions determined directly using these orbits will also be referred to this frame, which at the level of a few centimetres is close to the ITRF. The parameters of the spheroid used are listed below, and the frame is defined to agree with the BIH frame. However, with the ready availability of data from a large number of geodetic sites whose coordinates and velocities are rigorously defined within ITRF2005, and with GPS orbital solutions also being referred by the International Global Navigation Satellite Systems Service (IGS) analysis centres to the same frame, it is straightforward to determine directly new sites' coordinates within ITRF2005.

## GEODETIC REFERENCE SPHEROIDS

| Name and Date | Equatorial Radius, $a$ | Reciprocal of Flattening, $1/f$ | Gravitational Constant, $GM$ | Dynamical Form Factor, $J_2$ | Ang. Velocity of earth, $\omega$ |
|---|---|---|---|---|---|
| | m | | $10^{14} \mathrm{m}^3 \mathrm{s}^{-2}$ | | $10^{-5} \mathrm{rad\ s}^{-1}$ |
| WGS 84 | 637 8137 | 298·257 223 563 | 3·986 005 | 0·001 082 63 | 7·292 115 |
| MERIT 1983 | 8137 | 298·257 | — | — | — |
| GRS 80 (IUGG, 1980)[†] | 8137 | 298·257 222 | 3·986 005 | 0·001 082 63 | 7·292 115 |
| IAU 1976 | 8140 | 298·257 | 3·986 005 | 0·001 082 63 | — |
| South American 1969 | 8160 | 298·25 | — | — | — |
| GRS 67 (IUGG, 1967) | 8160 | 298·247 167 | 3·986 03 | 0·001 082 7 | 7·292 115 146 7 |
| Australian National 1965 | 8160 | 298·25 | — | — | — |
| IAU 1964 | 8160 | 298·25 | 3·986 03 | 0·001 082 7 | 7·292 1 |
| Krassovski 1942 | 8245 | 298·3 | — | — | — |
| International 1924 (Hayford) | 8388 | 297 | — | — | — |
| Clarke 1880 mod. | 8249·145 | 293·466 3 | — | — | — |
| Clarke 1866 | 8206·4 | 294·978 698 | — | — | — |
| Bessel 1841 | 7397·155 | 299·152 813 | — | — | — |
| Everest 1830 | 7276·345 | 300·801 7 | — | — | — |
| Airy 1830 | 637 7563·396 | 299·324 964 | — | — | — |

[†] H. Moritz, Geodetic Reference System 1980, *Bull. Géodésique,* **58**(3), 388-398, 1984.

### Astronomical coordinates

Many astrometric observations that historically were used in the determination of the terrestrial coordinates of the point of observation used the local vertical, which defines the zenith, as a principal reference axis; the coordinates so obtained are called "astronomical coordinates". The local vertical is in the direction of the vector sum of the acceleration due to the gravitational field of the Earth and of the apparent acceleration due to the rotation of the Earth on its axis. The vertical is normal to the equipotential (or level) surface at the point, but it is inclined to the normal to the geodetic reference spheroid; the angle of inclination is known as the "deflection of the vertical".

The astronomical coordinates of an observatory may differ significantly (e.g. by as much as 1′) from its geodetic coordinates, which are required for the determination of the geocentric coordinates of the observatory for use in computing, for example, parallax corrections for solar system observations. The size and direction of the deflection may be estimated by studying the gravity field in the region concerned. The deflection may affect both the latitude and longitude, and hence local time. Astronomical coordinates also vary with time because they are affected by polar motion (see page B84).

## INTRODUCTION AND NOTATION

The interpolation methods described in this section, together with the accompanying tables, are usually sufficient to interpolate to full precision the ephemerides in this volume. Additional notes, formulae and tables are given in the booklets *Interpolation and Allied Tables* and *Subtabulation* and in many textbooks on numerical analysis. It is recommended that interpolated values of the Moon's right ascension, declination and horizontal parallax are derived from the daily polynomial coefficients that are provided for this purpose on *The Astronomical Almanac Online* (see page D1).

$f_p$ denotes the value of the function $f(t)$ at the time $t = t_0 + ph$, where $h$ is the interval of tabulation, $t_0$ is a tabular argument, and $p = (t - t_0)/h$ is known as the interpolating factor. The notation for the differences of the tabular values is shown in the following table; it is derived from the use of the central-difference operator $\delta$, which is defined by:

$$\delta f_p = f_{p+1/2} - f_{p-1/2}$$

The symbol for the function is usually omitted in the notation for the differences. Tables are given for use with Bessel's interpolation formula for $p$ in the range 0 to $+1$. The differences may be expressed in terms of function values for convenience in the use of programmable calculators or computers.

| Arg. | Function | Differences | | | | Differences in terms of Function Values |
|------|----------|-------------|---|---|---|-----------------------------------------|
| | | 1st | 2nd | 3rd | 4th | |
| $t_{-2}$ | $f_{-2}$ | | $\delta^2_{-2}$ | | | $\delta_{1/2} = f_1 - f_0$ |
| | | $\delta_{-3/2}$ | | $\delta^3_{-3/2}$ | | $\delta^2_0 = \delta_{1/2} - \delta_{-1/2}$ |
| $t_{-1}$ | $f_{-1}$ | | $\delta^2_{-1}$ | | $\delta^4_{-1}$ | $= f_1 - 2f_0 + f_{-1}$ |
| | | $\delta_{-1/2}$ | | $\delta^3_{-1/2}$ | | $\delta^2_0 + \delta^2_1 = f_2 - f_1 - f_0 + f_{-1}$ |
| $t_0$ | $f_0$ | | $\delta^2_0$ | | $\delta^4_0$ | $\delta^3_{1/2} = \delta^2_1 - \delta^2_0$ |
| | | $\delta_{1/2}$ | | $\delta^3_{1/2}$ | | $= f_2 - 3f_1 + 3f_0 - f_{-1}$ |
| $t_{+1}$ | $f_{+1}$ | | $\delta^2_1$ | | $\delta^4_1$ | $\delta^4_0 = \delta^3_{1/2} - \delta^3_{-1/2}$ |
| | | $\delta_{3/2}$ | | $\delta^3_{3/2}$ | | $= f_2 - 4f_1 + 6f_0 - 4f_{-1} + f_{-2}$ |
| $t_{+2}$ | $f_{+2}$ | | $\delta^2_2$ | | | $\delta^4_0 + \delta^4_1 = f_3 - 3f_2 + 2f_1 + 2f_0 - 3f_{-1} + f_{-2}$ |

$$p \equiv \text{the interpolating factor} = (t - t_0)/(t_1 - t_0) = (t - t_0)/h$$

## BESSEL'S INTERPOLATION FORMULA

In this notation Bessel's interpolation formula is:

$$f_p = f_0 + p\,\delta_{1/2} + B_2\,(\delta^2_0 + \delta^2_1) + B_3\,\delta^3_{1/2} + B_4\,(\delta^4_0 + \delta^4_1) + \cdots$$

where
$$B_2 = p\,(p-1)/4 \qquad B_3 = p\,(p-1)\,(p-\tfrac{1}{2})/6$$
$$B_4 = (p+1)\,p\,(p-1)\,(p-2)/48$$

The maximum contribution to the truncation error of $f_p$, for $0 < p < 1$, from neglecting each order of difference is less than 0·5 in the unit of the end figure of the tabular function if

$$\delta^2 < 4 \qquad \delta^3 < 60 \qquad \delta^4 < 20 \qquad \delta^5 < 500.$$

The critical table of $B_2$ opposite provides a rapid means of interpolating when $\delta^2$ is less than 500 and higher-order differences are negligible or when full precision is not required. The interpolating factor $p$ should be rounded to 4 decimals, and the required value of $B_2$ is then the tabular value opposite the interval in which $p$ lies, or it is the value above and to the right of $p$ if $p$ exactly equals a tabular argument. $B_2$ is always negative. The effects of the third and fourth differences can be estimated from the values of $B_3$ and $B_4$, given in the last column.

## INVERSE INTERPOLATION

Inverse interpolation to derive the interpolating factor $p$, and hence the time, for which the function takes a specified value $f_p$ is carried out by successive approximations. The first estimate $p_1$ is obtained from:

$$p_1 = (f_p - f_0)/\delta_{1/2}$$

This value of $p$ is used to obtain an estimate of $B_2$, from the critical table or otherwise, and hence an improved estimate of $p$ from:

$$p = p_1 - B_2\,(\delta_0^2 + \delta_1^2)/\delta_{1/2}$$

This last step is repeated until there is no further change in $B_2$ or $p$; the effects of higher-order differences may be taken into account in this step.

### CRITICAL TABLE FOR $B_2$

| $p$ | $B_2$ | $p$ | $B_2$ | $p$ | $B_2$ | $p$ | $B_2$ | $p$ | $B_2$ |
|---|---|---|---|---|---|---|---|---|---|
| 0·0000 | — | 0·1101 | — | 0·2719 | — | 0·7280 | — | 0·8898 | — |
| 0·0020 | ·000 | 0·1152 | ·025 | 0·2809 | ·050 | 0·7366 | ·049 | 0·8949 | ·024 |
| 0·0060 | ·001 | 0·1205 | ·026 | 0·2902 | ·051 | 0·7449 | ·048 | 0·9000 | ·023 |
| 0·0101 | ·002 | 0·1258 | ·027 | 0·3000 | ·052 | 0·7529 | ·047 | 0·9049 | ·022 |
| 0·0142 | ·003 | 0·1312 | ·028 | 0·3102 | ·053 | 0·7607 | ·046 | 0·9098 | ·021 |
| 0·0183 | ·004 | 0·1366 | ·029 | 0·3211 | ·054 | 0·7683 | ·045 | 0·9147 | ·020 |
| 0·0225 | ·005 | 0·1422 | ·030 | 0·3326 | ·055 | 0·7756 | ·044 | 0·9195 | ·019 |
| 0·0267 | ·006 | 0·1478 | ·031 | 0·3450 | ·056 | 0·7828 | ·043 | 0·9242 | ·018 |
| 0·0309 | ·007 | 0·1535 | ·032 | 0·3585 | ·057 | 0·7898 | ·042 | 0·9289 | ·017 |
| 0·0352 | ·008 | 0·1594 | ·033 | 0·3735 | ·058 | 0·7966 | ·041 | 0·9335 | ·016 |
| 0·0395 | ·009 | 0·1653 | ·034 | 0·3904 | ·059 | 0·8033 | ·040 | 0·9381 | ·015 |
| 0·0439 | ·010 | 0·1713 | ·035 | 0·4105 | ·060 | 0·8098 | ·039 | 0·9427 | ·014 |
| 0·0483 | ·011 | 0·1775 | ·036 | 0·4367 | ·061 | 0·8162 | ·038 | 0·9472 | ·013 |
| 0·0527 | ·012 | 0·1837 | ·037 | 0·5632 | ·062 | 0·8224 | ·037 | 0·9516 | ·012 |
| 0·0572 | ·013 | 0·1901 | ·038 | 0·5894 | ·061 | 0·8286 | ·036 | 0·9560 | ·011 |
| 0·0618 | ·014 | 0·1966 | ·039 | 0·6095 | ·060 | 0·8346 | ·035 | 0·9604 | ·010 |
| 0·0664 | ·015 | 0·2033 | ·040 | 0·6264 | ·059 | 0·8405 | ·034 | 0·9647 | ·009 |
| 0·0710 | ·016 | 0·2101 | ·041 | 0·6414 | ·058 | 0·8464 | ·033 | 0·9690 | ·008 |
| 0·0757 | ·017 | 0·2171 | ·042 | 0·6549 | ·057 | 0·8521 | ·032 | 0·9732 | ·007 |
| 0·0804 | ·018 | 0·2243 | ·043 | 0·6673 | ·056 | 0·8577 | ·031 | 0·9774 | ·006 |
| 0·0852 | ·019 | 0·2316 | ·044 | 0·6788 | ·055 | 0·8633 | ·030 | 0·9816 | ·005 |
| 0·0901 | ·020 | 0·2392 | ·045 | 0·6897 | ·054 | 0·8687 | ·029 | 0·9857 | ·004 |
| 0·0950 | ·021 | 0·2470 | ·046 | 0·7000 | ·053 | 0·8741 | ·028 | 0·9898 | ·003 |
| 0·1000 | ·022 | 0·2550 | ·047 | 0·7097 | ·052 | 0·8794 | ·027 | 0·9939 | ·002 |
| 0·1050 | ·023 | 0·2633 | ·048 | 0·7190 | ·051 | 0·8847 | ·026 | 0·9979 | ·001 |
| 0·1101 | ·024 | 0·2719 | ·049 | 0·7280 | ·050 | 0·8898 | ·025 | 1·0000 | ·000 |

| $p$ | $B_3$ |
|---|---|
| 0·0 | 0·000 |
| 0·1 | +0·006 |
| 0·2 | +0·008 |
| 0·3 | +0·007 |
| 0·4 | +0·004 |
| 0·5 | 0·000 |
| 0·6 | −0·004 |
| 0·7 | −0·007 |
| 0·8 | −0·008 |
| 0·9 | −0·006 |
| 1·0 | 0·000 |

| $p$ | $B_4$ |
|---|---|
| 0·0 | 0·000 |
| 0·1 | +0·004 |
| 0·2 | +0·007 |
| 0·3 | +0·010 |
| 0·4 | +0·011 |
| 0·5 | +0·012 |
| 0·6 | +0·011 |
| 0·7 | +0·010 |
| 0·8 | +0·007 |
| 0·9 | +0·004 |
| 1·0 | 0·000 |

*In critical cases ascend. $B_2$ is always negative.*

## POLYNOMIAL REPRESENTATIONS

It is sometimes convenient to construct a simple polynomial representation of the form

$$f_p = a_0 + a_1\,p + a_2\,p^2 + a_3\,p^3 + a_4\,p^4 + \cdots$$

which may be evaluated in the nested form

$$f_p = (((a_4\,p + a_3)\,p + a_2)\,p + a_1)\,p + a_0$$

Expressions for the coefficients $a_0$, $a_1$, ... may be obtained from Stirling's interpolation formula, neglecting fifth-order differences:

$$a_4 = \delta_0^4/24 \qquad a_2 = \delta_0^2/2 - a_4 \qquad a_0 = f_0$$

$$a_3 = (\delta_{1/2}^3 + \delta_{-1/2}^3)/12 \qquad a_1 = (\delta_{1/2} + \delta_{-1/2})/2 - a_3$$

This is suitable for use in the range $-\frac{1}{2} \le p \le +\frac{1}{2}$, and it may be adequate in the range $-2 \le p \le 2$, but it should not normally be used outside this range. Techniques are available in the literature for obtaining polynomial representations which give smaller errors over similar or larger intervals. The coefficients may be expressed in terms of function values rather than differences.

## EXAMPLES

To find (a) the declination of the Sun at $16^h$ $23^m$ $14\overset{s}{.}8$ TT on 1984 January 19, (b) the right ascension of Mercury at $17^h$ $21^m$ $16\overset{s}{.}8$ TT on 1984 January 8, and (c) the time on 1984 January 8 when Mercury's right ascension is exactly $18^h$ $04^m$.

Difference tables for the Sun and Mercury are constructed as shown below, where the differences are in units of the end figures of the function. Second-order differences are sufficient for the Sun, but fourth-order differences are required for Mercury.

| 1984 Jan. | Sun Dec. | $\delta$ | $\delta^2$ | | 1984 Jan. | Mercury R.A. | $\delta$ | $\delta^2$ | $\delta^3$ | $\delta^4$ |
|---|---|---|---|---|---|---|---|---|---|---|
| | ° ′ ″ | | | | | h m s | | | | |
| 18 | −20 44 48·3 | | | | 6 | 18 10 10·12 | | | | |
| | | +7212 | | | | | −18709 | | | |
| 19 | −20 32 47·1 | | +233 | | 7 | 18 07 03·03 | | +4299 | | |
| | | +7445 | | | | | −14410 | | −16 | |
| 20 | −20 20 22·6 | | +230 | | 8 | 18 04 38·93 | | +4283 | | −104 |
| | | +7675 | | | | | −10127 | | −120 | |
| 21 | −20 07 35·1 | | | | 9 | 18 02 57·66 | | +4163 | | −76 |
| | | | | | | | −5964 | | −196 | |
| | | | | | 10 | 18 01 58·02 | | +3967 | | |
| | | | | | | | −1997 | | | |
| | | | | | 11 | 18 01 38·05 | | | | |

(a) *Use of Bessel's formula*

The tabular interval is one day, hence the interpolating factor is 0·68281. From the critical table, $B_2 = -0.054$, and

$$f_p = -20° \ 32' \ 47\overset{.}{''}1 + 0.68281 \ (+744\overset{.}{''}5) - 0.054 \ (+23\overset{.}{''}3 + 23\overset{.}{''}0)$$
$$= -20° \ 24' \ 21\overset{.}{''}2$$

(b) *Use of polynomial formula*

Using the polynomial method, the coefficients are:

$a_4 = -1\overset{s}{.}04/24 = -0\overset{s}{.}043$     $a_1 = (-101\overset{s}{.}27 - 144\overset{s}{.}10)/2 + 0\overset{s}{.}113 = -122\overset{s}{.}572$

$a_3 = (-1\overset{s}{.}20 - 0\overset{s}{.}16)/12 = -0\overset{s}{.}113$     $a_0 = 18^h + 278\overset{s}{.}93$

$a_2 = +42\overset{s}{.}83/2 + 0\overset{s}{.}043 = +21\overset{s}{.}458$

where an extra decimal place has been kept as a guarding figure. Then with interpolating factor $p = 0.72311$

$$f_p = 18^h + 278\overset{s}{.}93 - 122\overset{s}{.}572 \ p + 21\overset{s}{.}458 \ p^2 - 0\overset{s}{.}113 \ p^3 - 0\overset{s}{.}043 \ p^4$$
$$= 18^h \ 03^m \ 21\overset{s}{.}46$$

(c) *Inverse interpolation*

Since $f_p = 18^h \ 04^m$ the first estimate for $p$ is:

$$p_1 = (18^h \ 04^m - 18^h \ 04^m \ 38\overset{s}{.}93)/(-101\overset{s}{.}27) = 0.38442$$

From the critical table, with $p = 0.3844$, $B_2 = -0.059$. Also

$$(\delta_0^2 + \delta_1^2)/\delta_{1/2} = (+42.83 + 41.63)/(-101.27) = -0.834$$

The second approximation to $p$ is:

$$p = 0.38442 + 0.059 \ (-0.834) = 0.33521 \quad \text{which gives } t = 8^h \ 02^m \ 42^s;$$

as a check, using the polynomial found in (b) with $p = 0.33521$ gives

$$f_p = 18^h \ 04^m \ 00\overset{s}{.}25.$$

The next approximation is $B_2 = -0.056$ and $p = 0.38442 + 0.056(-0.834) = 0.33772$ which gives $t = 8^h \ 06^m \ 19^s$: using the polynomial in (b) with $p = 0.33772$ gives

$$f_p = 18^h \ 03^m \ 59\overset{s}{.}98.$$

## SUBTABULATION

Coefficients for use in the systematic interpolation of an ephemeris to a smaller interval are given in the following table for certain values of the ratio of the two intervals. The table is entered for each of the appropriate multiples of this ratio to give the corresponding decimal value of the interpolating factor $p$ and the Bessel coefficients. The values of $p$ are exact or recurring decimal numbers. The values of the coefficients may be rounded to suit the maximum number of figures in the differences.

### BESSEL COEFFICIENTS FOR SUBTABULATION

| Ratio of intervals | | | | | | | | | | | Bessel Coefficients | | | |
| $\frac{1}{2}$ | $\frac{1}{3}$ | $\frac{1}{4}$ | $\frac{1}{5}$ | $\frac{1}{6}$ | $\frac{1}{8}$ | $\frac{1}{10}$ | $\frac{1}{12}$ | $\frac{1}{20}$ | $\frac{1}{24}$ | $\frac{1}{40}$ | $p$ | $B_2$ | $B_3$ | $B_4$ |
|---|---|---|---|---|---|---|---|---|---|---|---|---|---|---|
| | | | | | | | | | | 1 | 0.025 | −0.006094 | 0.00193 | 0.0010 |
| | | | | | | | | | 1 | | 0.0416 | −0.009983 | 0.00305 | 0.0017 |
| | | | | | | | | 1 | | 2 | 0.050 | −0.011875 | 0.00356 | 0.0020 |
| | | | | | | | | | | 3 | 0.075 | −0.017344 | 0.00491 | 0.0030 |
| | | | | | | | 1 | | 2 | | 0.0833 | −0.019097 | 0.00530 | 0.0033 |
| | | | | | | 1 | | 2 | | 4 | 0.100 | −0.022500 | 0.00600 | 0.0039 |
| | | | | | 1 | | | | 3 | 5 | 0.125 | −0.027344 | 0.00684 | 0.0048 |
| | | | | | | | | 3 | | 6 | 0.150 | −0.031875 | 0.00744 | 0.0057 |
| | | | | 1 | | | 2 | | 4 | | 0.1666 | −0.034722 | 0.00772 | 0.0062 |
| | | | | | | | | | | 7 | 0.175 | −0.036094 | 0.00782 | 0.0064 |
| | | | 1 | | | 2 | | 4 | | 8 | 0.200 | −0.040000 | 0.00800 | 0.0072 |
| | | | | | | | | | 5 | | 0.2083 | −0.041233 | 0.00802 | 0.0074 |
| | | | | | | | | | | 9 | 0.225 | −0.043594 | 0.00799 | 0.0079 |
| | | 1 | | | 2 | | 3 | 5 | 6 | 10 | 0.250 | −0.046875 | 0.00781 | 0.0085 |
| | | | | | | | | | | 11 | 0.275 | −0.049844 | 0.00748 | 0.0091 |
| | | | | | | | | | 7 | | 0.2916 | −0.051649 | 0.00717 | 0.0095 |
| | | | | | | 3 | | 6 | | 12 | 0.300 | −0.052500 | 0.00700 | 0.0097 |
| | | | | | | | | | | 13 | 0.325 | −0.054844 | 0.00640 | 0.0101 |
| | 1 | | | 2 | | | 4 | | 8 | | 0.3333 | −0.055556 | 0.00617 | 0.0103 |
| | | | | | | | | 7 | | 14 | 0.350 | −0.056875 | 0.00569 | 0.0106 |
| | | | | | 3 | | | | 9 | 15 | 0.375 | −0.058594 | 0.00488 | 0.0109 |
| | | | 2 | | | 4 | | 8 | | 16 | 0.400 | −0.060000 | 0.00400 | 0.0112 |
| | | | | | | | 5 | | 10 | | 0.4166 | −0.060764 | 0.00338 | 0.0114 |
| | | | | | | | | | | 17 | 0.425 | −0.061094 | 0.00305 | 0.0114 |
| | | | | | | | | 9 | | 18 | 0.450 | −0.061875 | 0.00206 | 0.0116 |
| | | | | | | | | | 11 | | 0.4583 | −0.062066 | 0.00172 | 0.0116 |
| | | | | | | | | | | 19 | 0.475 | −0.062344 | 0.00104 | 0.0117 |
| 1 | 2 | 3 | 4 | 5 | 6 | 10 | 12 | 20 | | 0.500 | −0.062500 | 0.00000 | 0.0117 |
| | | | | | | | | | | 21 | 0.525 | −0.062344 | −0.00104 | 0.0117 |
| | | | | | | | | | 13 | | 0.5416 | −0.062066 | −0.00172 | 0.0116 |
| | | | | | | | | 11 | | 22 | 0.550 | −0.061875 | −0.00206 | 0.0116 |
| | | | | | | | | | | 23 | 0.575 | −0.061094 | −0.00305 | 0.0114 |
| | | | | | | | 7 | | 14 | | 0.5833 | −0.060764 | −0.00338 | 0.0114 |
| | | | 3 | | | 6 | | 12 | | 24 | 0.600 | −0.060000 | −0.00400 | 0.0112 |
| | | | | | 5 | | | | 15 | 25 | 0.625 | −0.058594 | −0.00488 | 0.0109 |
| | | | | | | | | 13 | | 26 | 0.650 | −0.056875 | −0.00569 | 0.0106 |
| | 2 | | | 4 | | | 8 | | 16 | | 0.6666 | −0.055556 | −0.00617 | 0.0103 |
| | | | | | | | | | | 27 | 0.675 | −0.054844 | −0.00640 | 0.0101 |
| | | | | | | 7 | | 14 | | 28 | 0.700 | −0.052500 | −0.00700 | 0.0097 |
| | | | | | | | | | 17 | | 0.7083 | −0.051649 | −0.00717 | 0.0095 |
| | | 3 | | | 6 | | 9 | 15 | 18 | 30 | 0.725 | −0.049844 | −0.00748 | 0.0091 |
| | | | | | | | | | | 31 | 0.750 | −0.046875 | −0.00781 | 0.0085 |
| | | | | | | | | | | 31 | 0.775 | −0.043594 | −0.00799 | 0.0079 |
| | | | | | | | | | 19 | | 0.7916 | −0.041233 | −0.00802 | 0.0074 |
| | | 4 | | | 8 | | | 16 | | 32 | 0.800 | −0.040000 | −0.00800 | 0.0072 |
| | | | | | | | | | | 33 | 0.825 | −0.036094 | −0.00782 | 0.0064 |
| | | 5 | | | | 10 | | 20 | | | 0.8333 | −0.034722 | −0.00772 | 0.0062 |
| | | | | | | | | 17 | | 34 | 0.850 | −0.031875 | −0.00744 | 0.0057 |
| | | | | | 7 | | | | 21 | 35 | 0.875 | −0.027344 | −0.00684 | 0.0048 |
| | | | | | | 9 | | 18 | | 36 | 0.900 | −0.022500 | −0.00600 | 0.0039 |
| | | | | | | | 11 | | 22 | | 0.9166 | −0.019097 | −0.00530 | 0.0033 |
| | | | | | | | | | | 37 | 0.925 | −0.017344 | −0.00491 | 0.0030 |
| | | | | | | | | 19 | | 38 | 0.950 | −0.011875 | −0.00356 | 0.0020 |
| | | | | | | | | | 23 | | 0.9583 | −0.009983 | −0.00305 | 0.0017 |
| | | | | | | | | | | 39 | 0.975 | −0.006094 | −0.00193 | 0.0010 |

The following are some useful formulae involving vectors and matrices.

**Position vectors**

Positions or directions on the sky can be represented as column vectors in a specific celestial coordinate system with components that are Cartesian (rectangular) coordinates. The relationship between a position vector $\mathbf{r}$ its three components $r_x$, $r_y$, $r_z$, and its right ascension ($\alpha$), declination ($\delta$) and distance ($d$) from the specified origin have the general form

$$\mathbf{r} = \begin{pmatrix} r_x \\ r_y \\ r_z \end{pmatrix} = \begin{pmatrix} d\,\cos\alpha\,\cos\delta \\ d\,\sin\alpha\,\cos\delta \\ d\,\sin\delta \end{pmatrix} \quad \text{and} \quad \begin{aligned} \alpha &= \tan^{-1}\left(r_y/r_x\right) \\ \delta &= \tan^{-1} r_z/\sqrt{(r_x^2 + r_y^2)} \\ d &= |\mathbf{r}| = \sqrt{(r_x^2 + r_y^2 + r_z^2)} \end{aligned}$$

where $\alpha$ is measured counterclockwise as viewed from the positive side of the $z$-axis. A two-argument arctangent function (e.g., atan2) will return the correct quadrant for $\alpha$ if $r_y$ and $r_x$ are provided separately. The above is written in terms of equatorial coordinates ($\alpha$, $\delta$), however they are also valid, for example, for ecliptic longitude and latitude ($\lambda$, $\beta$) and geocentric (not geodetic) longitude and latitude ($\lambda$, $\phi$).

Unit vectors are often used; the unit vector $\hat{\mathbf{r}}$ is a vector with distance (magnitude) equal to one, and may be calculated thus;

$$\hat{\mathbf{r}} = \frac{\mathbf{r}}{|\mathbf{r}|}$$

For stars and other objects "at infinity" (beyond the solar system), $d$ is often set to 1.

**Vector dot and cross products**

The dot or scalar product ($\mathbf{r}_1 \cdot \mathbf{r}_2$) of two vectors $\mathbf{r}_1$ and $\mathbf{r}_2$ is the sum of the products of their corresponding components in the same reference frame, thus

$$\mathbf{r}_1 \cdot \mathbf{r}_2 = x_1\,x_2 + y_1\,y_2 + z_1\,z_2$$

The angle ($\theta$) between two unit vectors $\hat{\mathbf{r}}_1$ and $\hat{\mathbf{r}}_2$ is given by

$$\hat{\mathbf{r}}_1 \cdot \hat{\mathbf{r}}_2 = \cos\theta$$

Note, also, that the magnitude ($d$) of $\mathbf{r}$ is given by

$$d = |\mathbf{r}| = \sqrt{(\mathbf{r} \cdot \mathbf{r})} = \sqrt{r_x^2 + r_y^2 + r_z^2}$$

The cross or vector product ($\mathbf{r}_1 \times \mathbf{r}_2$) of two vectors $\mathbf{r}_1$ and $\mathbf{r}_2$ is a vector that is perpendicular to plane containing both $\mathbf{r}_1$ and $\mathbf{r}_2$ in the direction given by a right-handed screw, and

$$\mathbf{r}_1 \times \mathbf{r}_2 = \begin{bmatrix} y_1\,z_2 & - & y_2\,z_1 \\ x_2\,z_1 & - & x_1\,z_2 \\ x_1\,y_2 & - & x_2\,y_1 \end{bmatrix}$$

where $\mathbf{r}_1$ and $\mathbf{r}_2$ have column vectors ($x_1, y_1, z_1$) and ($x_2, y_2, z_2$), respectively. A cross product is not commutative since

$$\mathbf{r}_1 \times \mathbf{r}_2 = -\mathbf{r}_2 \times \mathbf{r}_1$$

The magnitude of the cross product of two unit vectors is the sine of the angle between them

$$|\hat{\mathbf{r}}_1 \times \hat{\mathbf{r}}_2| = \sin\theta$$

The vector triple product

$$(\mathbf{r}_1 \times \mathbf{r}_2) \times \mathbf{r}_3 = (\mathbf{r}_1 \cdot \mathbf{r}_3)\,\mathbf{r}_2 - (\mathbf{r}_2 \cdot \mathbf{r}_3)\,\mathbf{r}_1$$

is a vector in the same plane as $\mathbf{r}_1$ and $\mathbf{r}_2$. Note the position of the brackets. The latter is used on page B67 in step 3 where $\mathbf{r}_1 = \mathbf{q}$, $\mathbf{r}_2 = \mathbf{e}$ and $\mathbf{r}_3 = \mathbf{p}$.

## Matrices and matrix multiplication

The general form of a $3 \times 3$ matrix $\mathbf{M}$ used with 3-vectors is usually specified

$$\mathbf{M} = \begin{bmatrix} m_{11} & m_{12} & m_{13} \\ m_{21} & m_{22} & m_{23} \\ m_{31} & m_{32} & m_{33} \end{bmatrix}$$

If each element of $\mathbf{M}$ ($m_{ij}$) is the result of multiplying matrices $\mathbf{A}$ and $\mathbf{B}$, i.e. $\mathbf{M} = \mathbf{A}\,\mathbf{B}$, then $\mathbf{M}$ is calculated from

$$m_{ij} = \sum_{k=1}^{3} a_{ik}\,b_{kj} \qquad \text{thus} \qquad \mathbf{M} = \begin{bmatrix} \sum a_{1k}\,b_{k1} & \sum a_{1k}\,b_{k2} & \sum a_{1k}\,b_{k3} \\ \sum a_{2k}\,b_{k1} & \sum a_{2k}\,b_{k2} & \sum a_{2k}\,b_{k3} \\ \sum a_{3k}\,b_{k1} & \sum a_{3k}\,b_{k2} & \sum a_{3k}\,b_{k3} \end{bmatrix}$$

where $i = 1, 2, 3$, $j = 1, 2, 3$ and $k$ is summed from 1 to 3. Note that matrix multiplication is associative, i.e. $\mathbf{A}\,(\mathbf{B}\,\mathbf{C}) = (\mathbf{A}\,\mathbf{B})\,\mathbf{C}$, but it is **not** commutative i.e. $\mathbf{A}\,\mathbf{B} \neq \mathbf{B}\,\mathbf{A}$.

## Rotation matrices

The rotation matrix $\mathbf{R}_n(\phi)$, for $n = 1, 2$ and 3 transforms column 3-vectors from one Cartesian coordinate system to another. The final system is formed by rotating the original system about its own $n^{\text{th}}$-axis (i.e. the $x$, $y$, or $z$-axis) by the angle $\phi$, counterclockwise as viewed from the $+x$, $+y$ or $+z$ direction, respectively.

The two columns below give $\mathbf{R}_n(\phi)$ and its inverse $\mathbf{R}_n^{-1}(\phi)$ (see below), respectively,

$$\mathbf{R}_1(\phi) = \begin{bmatrix} 1 & 0 & 0 \\ 0 & \cos\phi & \sin\phi \\ 0 & -\sin\phi & \cos\phi \end{bmatrix} \qquad \mathbf{R}_1^{-1}(\phi) = \begin{bmatrix} 1 & 0 & 0 \\ 0 & \cos\phi & -\sin\phi \\ 0 & \sin\phi & \cos\phi \end{bmatrix}$$

$$\mathbf{R}_2(\phi) = \begin{bmatrix} \cos\phi & 0 & -\sin\phi \\ 0 & 1 & 0 \\ \sin\phi & 0 & \cos\phi \end{bmatrix} \qquad \mathbf{R}_2^{-1}(\phi) = \begin{bmatrix} \cos\phi & 0 & \sin\phi \\ 0 & 1 & 0 \\ -\sin\phi & 0 & \cos\phi \end{bmatrix}$$

$$\mathbf{R}_3(\phi) = \begin{bmatrix} \cos\phi & \sin\phi & 0 \\ -\sin\phi & \cos\phi & 0 \\ 0 & 0 & 1 \end{bmatrix} \qquad \mathbf{R}_3^{-1}(\phi) = \begin{bmatrix} \cos\phi & -\sin\phi & 0 \\ \sin\phi & \cos\phi & 0 \\ 0 & 0 & 1 \end{bmatrix}$$

*Inverse rotation matrix:*   Matrices and any transformations such as precession, that are formed from products of rotational matricies are orthogonal; that is, the transpose $\mathbf{R}^{\text{T}}$ (where rows are replaced by columns) equals the inverse, $\mathbf{R}^{-1}$. Therefore

$$\mathbf{R}^{\text{T}}\,\mathbf{R} = \mathbf{R}^{-1}\,\mathbf{R} = \mathbf{I}$$

where $\mathbf{I}$ is the unit (identity) matrix. It is also worth noting the following relationships

$$\mathbf{R}_n^{-1}(\theta) = \mathbf{R}_n^{\text{T}}(\theta) = \mathbf{R}_n(-\theta)$$

which is shown in the right-hand column above. Sometimes $\mathbf{R}^{\text{T}}$ is denoted $\mathbf{R}'$.

*Example:*   The transformation between a geocentric position with respect to the Geocentric Celestial Reference System $\mathbf{r}_{\text{GCRS}}$ and a position with respect to the true equator and equinox of date $\mathbf{r}_t$, and vice versa, is given by:

$$\mathbf{r}_t = \mathbf{N}\,\mathbf{P}\,\mathbf{B}\,\mathbf{r}_{\text{GCRS}}$$
$$\mathbf{B}^{-1}\mathbf{P}^{-1}\mathbf{N}^{-1}\mathbf{r}_t = \mathbf{B}^{-1}\,[\mathbf{P}^{-1}\,(\mathbf{N}^{-1}\mathbf{N})\,\mathbf{P}]\,\mathbf{B}\,\mathbf{r}_{\text{GCRS}}$$

Rearranging gives

$$\mathbf{r}_{\text{GCRS}} = \mathbf{B}^{-1}\,\mathbf{P}^{-1}\,\mathbf{N}^{-1}\,\mathbf{r}_t = \mathbf{B}^{\text{T}}\,\mathbf{P}^{\text{T}}\,\mathbf{N}^{\text{T}}\,\mathbf{r}_t$$

where $\mathbf{B}$, $\mathbf{P}$ and $\mathbf{N}$ are the frame bias, precession and nutation matrices, respectively. Note that the order the transformations are applied is crucial.

This section specifies the sources for the theories and data used to construct the ephemerides in this volume, explains the basic concepts required to use the ephemerides, and where appropriate states the precise meaning of tabulated quantities. Definitions of individual terms appear in the Glossary (Section M). The *Explanatory Supplement to the Astronomical Almanac*, 1992, published by University Science Books, contains additional information about the theories and data used.

The companion website *The Astronomical Almanac Online* provides, in machine-readable form, some of the information printed in this volume as well as closely related data. Two mirrored sites are maintained. The URL for the website in the United States is http://asa.usno.navy.mil and in the United Kingdom is http://asa.hmnao.com. The symbol $^{WWW}$ is used throughout this edition to indicate that additional material can be found on *The Astronomical Almanac Online*.

To the greatest extent possible, *The Astronomical Almanac* is prepared using standard data sources and models recommended by the International Astronomical Union (IAU). The data prepared in the United States rely heavily on the US Naval Observatory's NOVAS software package (http://aa.usno.navy.mil/software/novas/). Data prepared in the United Kingdom utilize the IAU Standards of Fundamental Astronomy (SOFA) library (http://iau-sofa.hmnao.com/). Although NOVAS and SOFA were written independently, the underlying scientific bases are the same. Resulting computations typically are in agreement at the microarcsecond level.

*Fundamental Reference System*

The fundamental reference system for astronomical applications is the International Celestial Reference System (ICRS), as adopted by the IAU General Assembly in 1997 (Resolution B2, *Trans. IAU*, **XXIIIB**, 1997). At the same time, the IAU specified that the practical realization of the ICRS in the radio regime is the International Celestial Reference Frame (ICRF), a space-fixed frame based on high accuracy radio positions of extragalactic sources measured by Very Long Baseline Interferometry (VLBI). (See Ma, C. *et al.*, *Astron. Jour.*, **116**, 516-546, 1998.) The ICRS is realized in the optical regime by the Hipparcos Celestial Reference Frame (HCRF), consisting of the *Hipparcos Catalogue* (ESA, 1997) with certain exclusions (Resolution B1.2, *Trans. IAU*, **XXIVB**, 2000). Although the directions of the ICRS coordinate axes are not defined by the kinematics of the Earth, the ICRS axes (as implemented by the ICRF and HCRF) closely approximate the axes that would be defined by the mean Earth equator and equinox of J2000.0 (to within 0.1 arcsecond).

In 2000, the IAU defined a system of space-time coordinates for (1) the solar system, and (2) the Earth, within the framework of General Relativity, by specifying the form of the metric tensors for each and the 4-dimensional space-time transformation between them. The former is called the Barycentric Celestial Reference System (BCRS), and the latter, the Geocentric Celestial Reference System (GCRS) (Resolution B1.3, *op.cit.*). The ICRS can be considered a specific implementation of the BCRS; the ICRS defines the spatial axis directions of the BCRS. The GCRS axis directions are derived from those of the BCRS (ICRS); the GCRS can be considered to be the "geocentric ICRS," and the coordinates of stars and planets in the GCRS are obtained from basic ICRS reference data by applying the algorithms for proper place (*e.g.*, for stars, correcting the ICRS-based catalog position for proper motion, parallax, gravitational deflection of light, and aberration).

*Precession and Nutation Models*

The rotations from the GCRS to the "of date" system are described in Section B. For the 2006, 2007 and 2008 volumes, the expressions used for precession and nutation were based on the IAU 2000A Precession-Nutation Model, and are specifically those recommended by the IERS (*IERS Conventions (2003)*, IERS Tech. Note No. 32, ed. D. D. McCarthy & G. Petit). The offsets of the ICRS axes from those of the dynamical system (mean equator and equinox of J2000.0) assumed by the precession-nutation model were also accounted for. Beginning with the 2009 volume, the precession theory is that recommended by the IAU in 2006, which is from Capitaine *et al.*, 2003 (*Astron. Astrophys.*, **412**, 567-586). No further change has been made in the nutation theory or in the values of the offsets of the ICRS axes. Practically, for current epochs, there is little difference between the precession used in the 2006-2008 volumes (which was an interim theory) and that introduced in the 2009 volume, except in the value of the obliquity.

The introduction of the new precession-nutation models in *The Astronomical Almanac* beginning in the 2006 edition represents the first change in these algorithms since 1984. The new rate of precession in longitude is approximately 3 milliarcseconds per year less than the IAU (1976) value, some of the larger nutation components differ in amplitude by several milliarcseconds from those in the 1980 IAU Theory of Nutation (Seidelmann, P. K., *Celest. Mech.*, **27**, 79, 1982) and–starting with the 2009 volume–the mean obliquity of the ecliptic at J2000.0 has decreased by 42 milliarcseconds. These changes in the basis of the calculations should be reflected in improvements to the tabulated apparent geocentric positions of celestial bodies, but mainly only in the end digits. For a more detailed discussion of the precession and nutation theories, see Hilton *et al.* 2006 (*Celest. Mech.*, **94**, 351-367) and *USNO Circular 179* (Kaplan, G. H., 2005), the latter available online at http://aa.usno.navy.mil/publications.

*Time Scales*

Two fundamentally different types of time scales are used in astronomy: those based on atomic clocks and coordinate time, and those based on the (variable) rotation of the Earth, Universal Time and sidereal time. The first group is further subdivided into time scales that are implemented in (or closely approximated by) actual clock systems and those that are theoretical. Such time scales are constructed or hypothesized on the surface of the Earth, on other celestial bodies, on spacecraft, or at theoretically interesting locations in space, such as the solar system barycenter.

The fundamental unit of time in a coordinate time scale is the SI second defined as 9 192 631 770 cycles of the radiation corresponding to the ground state hyperfine transition of Cesium 133. As a simple count of cycles of an observable phenomenon, the SI second can be implemented, at least in principle, by an observer anywhere. According to relativity theory, clocks advancing by SI seconds according to a co-moving observer (i.e. an observer moving with the clock) may not, in general, appear to advance by SI seconds to an observer on a different space-time trajectory from that of the clock. Thus, a coordinate time scale defined for use in a particular reference system is related to the coordinate time scale defined for a second reference system by a rather complex formula that depends on the relative space-time trajectories of the two reference systems. Simply stated, different astronomical reference systems use different time scales. However, the universal use of SI units allows the values of fundamental physical constants determined in one reference system to be used in another reference system without scaling.

The IAU has recommended relativistic coordinate time scales based on the SI second for theoretical developments using the Barycentric Celestial Reference System or the Geocentric Celestial Reference System. These time scales are, respectively, Barycentric Coordinate Time (TCB) and Geocentric Coordinate Time (TCG). Neither TCB nor TCG appear explicitly in this volume (except here and in the Glossary), but may underlie the physical theories that contribute to the data, and are likely to be more widely used in the future.

International Atomic Time (TAI) is a commonly used time scale based on the SI second on the Earth's surface (the rotating geoid). TAI is the most precisely determined time scale that is now available for astronomical use. This scale results from analyses, by the Bureau International des Poids et Mesures in Sèvres, France, of data from atomic time standards of many countries. Although TAI was not officially introduced until 1972, atomic time scales have been available since 1956, and TAI may be extrapolated backwards to the period 1956–1971 (for a history of TAI, see Nelson, R.A. *et al.*, *Metrologia*, **38**, 509-529, 2001). TAI is readily available as an integral number of seconds offset from UTC, which is extensively disseminated. UTC is discussed at the end of this section.

The astronomical time scale called Terrestrial Time (TT), used widely in this volume, is an idealized form of TAI with an epoch offset. In practice it is TT = TAI + 32$^{s}$.184. TT was so defined to preserve continuity with previously used (now obsolete) "dynamical" time scales, Terrestrial Dynamical Time (TDT) and Ephemeris Time (ET).

Barycentric Dynamical Time (TDB, defined by the IAU in 1976 and 1979 and modified in 2006 by Resolution B3) is defined such that it is linearly related to TCB and, at the geocenter, remains close to TT. Barycentric and heliocentric data are therefore often tabulated with TDB shown as the time argument. Values of parameters involving TDB (see pages K6–K7) or $T_{eph}$ (see below), which are not based on the SI second, will, in general, require scaling to convert them to SI-based values (dimensionless quantities such as mass ratios are unaffected).

The coordinate time scale $T_{eph}$ is the independent argument of the fundamental solar system ephemerides from the Jet Propulsion Laboratory. These ephemerides are the basis for many of the tabulations in this volume (see the Ephemerides Section on page L4). They were computed in the barycentric reference system. The linear drift between $T_{eph}$ and TCB (by about $10^{-8}$) is such that the rates of $T_{eph}$ and TT are as close as possible for the time span covered by the particular ephemeris (Standish, E.M., *Astron. Astrophys.*, **336**, 381-384, 1998). Each ephemeris defines its own version of $T_{eph}$ ; the $T_{eph}$ of the JPL ephemeris DE405/LE405 used in this volume is for practical purposes the same as TDB.

The second group of time scales, which are also used in this volume, are based on the (variable) rotation of the Earth. In 2000, the IAU (Resolution B1.8, *Trans. IAU*, **XXIVB**, 2000) defined UT1 (Universal Time) to be linearly proportional to the Earth rotation angle (ERA) (see page B8) which is the geocentric angle between two directions in the equatorial plane called, respectively, the celestial intermediate origin (CIO) and the terrestrial intermediate origin (TIO). The TIO rotates with the Earth, while the motion of the CIO has no component of instantaneous motion along the celestial equator, thus ERA is a direct measure of the Earth's rotation.

Greenwich sidereal time is the hour angle of the equinox measured with respect to the Greenwich meridian. Local sidereal time is the local hour angle of the equinox, or the Greenwich sidereal time plus the longitude (east positive) of the observer, expressed in time units. Sidereal time appears in two forms, apparent and mean, the difference being the *equation of the equinoxes*; apparent sidereal time includes the effect of nutation on the location of the equinox. Greenwich (or local) sidereal time can be observationally obtained from the equinox-based right ascensions of celestial objects transiting the Greenwich (or local) meridian. The current form of the expression for Greenwich mean sidereal time (GMST) in terms of ERA (which is a function of UT1) and the accumulated precession in right ascension (which are functions of TDB or TT), was first adopted for the 2006 edition of the almanac. The current expression for GMST is given on page B8.

Universal Time (formerly Greenwich Mean Time) is widely used in astronomy, and in this volume always means UT1. Historically, prior to the 2006 edition of *The Astronomical Almanac*, which implemented the IAU resolutions adopted in 2000, UT1 as a function of GMST was specified by IAU Resolution C5, *Trans. IAU*, **XVIIIB**, 1982, adopted from Aoki, S. *et al.*, *Astron. Astrophys.*, **105**, 359-361, 1982. For the 2006-2008 editions of the almanac, consistent with IAU 2000A precession-nutation, the expression is given by Capitaine, N., Wallace, P.T. and McCarthy, D.D. *Astron. Astrophys.*, **406**, 1135-1149, 2003. Beginning with the 2009 edition, which implemented the IAU resolutions from 2006, the expression for UT1 in terms of GMST (consistent with the IAU 2006 precession) is given in Capitaine, N., Wallace, P.T., and Chapront, J., *Astron. Astrophys.*, **432**, 355-367, 2005. No discontinuities in any time scale resulted from any of the changes in the definition of UT1.

UT1 and sidereal time are affected by variations in the Earth's rate of rotation (length of day), which are unpredictable. The lengths of the sidereal and UT1 seconds are therefore not constant when expressed in a uniform time scale such as TT. The accumulated difference in time measured by a clock keeping SI seconds on the geoid from that measured by the rotation of the Earth is $\Delta T$ = TT − UT1. In preparing this volume, an assumption had to be made about the value(s) of $\Delta T$ during the tabular year; a table of observed and extrapolated values of $\Delta T$ is given on page K9. Calculations of topocentric data, such as precise transit times and hour angles, are often referred to the *ephemeris meridian*, which is 1.002 738 $\Delta T$ east of the Greenwich meridian, and thus independent of the Earth's actual rotation. Only when $\Delta T$ is specified can such predictions be referred to the Greenwich meridian. Essentially, the ephemeris meridian rotates at a uniform rate corresponding to the SI second on the geoid, rather than at the variable (and generally slower) rate of the real Earth.

The worldwide system of civil time is based on Coordinated Universal Time (UTC), which is now ubiquitous and tightly synchronized. UTC is a hybrid time scale, using the SI second on the geoid as its fundamental unit, but subject to occasional 1-second adjustments to keep it within $0\overset{s}{.}9$ of UT1. Such adjustments, called "leap seconds," are normally introduced at the end of June or December, when necessary, by international agreement. Tables of the differences UT1-UTC, called $\Delta$UT, for various dates are published by the International Earth Rotation and Reference System Service, at http://www.iers.org/MainDisp.csl?pid=36-9. DUT, an approximation to UT1-UTC, is transmitted in code with some radio time signals, such as those from WWV. As previously noted, UTC and TAI differ by an integral number of seconds, which increases by 1 whenever a positive leap second is introduced into UTC. Only positive leap seconds have ever been introduced. The TAI-UTC difference is referred to as $\Delta$AT, tabulated on page K9. Therefore TAI = UTC + $\Delta$AT and TT= UTC + $\Delta$AT + $32\overset{s}{.}184$.

In many astronomical applications multiple time scales must be used. In the astronomical system of units, the unit of time is the day of 86400 seconds. For long periods, however, the Julian century of 36525 days is used. With the increasing precision of various quantities it is now often necessary not only to specify the date but also the time scale. Thus the standard epoch for astrometric reference data designated J2000.0 is 2000 January 1, $12^{h}$TT (JD 245 1545.0 TT). The use of time scales based on the tropical year and Besselian epochs was discontinued in 1984. Other information on time scales and the relationships between them may be found on pages B6–B12.

*Ephemerides*

The fundamental ephemerides of the Sun, Moon, and major planets were calculated by numerical integration at the Jet Propulsion Laboratory (JPL). These ephemerides, designated DE405/LE405, provide barycentric equatorial rectangular coordinates for the period 1600 to 2201 (Standish, E. M., "JPL Planetary and Lunar Ephemerides, DE405/LE405," *JPL Interoffice Memorandum, IOM 312.F-98-048*, 1998). *The Astronomical Almanac* for 2003 was the first edition that used the DE405/LE405 ephemerides; the volumes for 1984 through 2002 used the ephemerides designated DE200/LE200. Optical, radar, laser, and spacecraft observations were analyzed to determine starting conditions for the numerical integration and values of fundamental constants such as the planetary masses and the length of the astronomical unit in meters. The reference frame for the basic ephemerides is the ICRF; the alignment onto this frame has an estimated accuracy of 1-2 milliarcseconds. As described above, the JPL DE405/LE405 ephemerides have been developed in a barycentric reference system using a barycentric coordinate time scale $T_{eph}$, which is considered to be a practical implementation of the IAU time scale TDB. Astronomical constants obtained from DE405/LE405 are listed on pages K6–K7 (those marked as from ref. J). As noted above, some of the values are in TDB-consistent units and must be scaled for use with TCB or other SI-based time scales. For these quantities, both the TDB and the equivalent SI values are given.

The geocentric ephemerides of the Sun, Moon, and planets tabulated in this volume have been computed from the basic JPL ephemerides in a manner consistent with the rigorous reduction methods presented in Section B. For each planet, the ephemerides represent the position of the center of mass, which includes any satellites, not the center of figure or center of light. The precession-nutation model used in the computation of geocentric positions follows the IAU resolutions adopted in 2000 and 2006; see the Precession-nutation Models section above.

### Section A: Summary of Principal Phenomena

The lunations given on page A1 are numbered in continuation of E.W. Brown's series, of which No. 1 commenced on 1923 January 16 (*Mon. Not. Roy. Astron. Soc.*, **93**, 603, 1933).

The list of occultations of planets and bright stars by the Moon starting on page A2 gives the approximate times and areas of visibility for the major planets Ceres, Pallas, Juno and Vesta, and the bright stars *Aldebaran, Antares, Regulus, Pollux* and *Spica*. However, due primarily to precession, it is known that *Pollux* has not, nor will be, occulted by the Moon for hundreds of years. Maps of the area of visibility of these occultations and for those of the minor planets published in Section G are available on *The Astronomical Almanac Online*. IOTA, the International Occultation Timing Association, at web address http://lunar-occultations.com/iota, is responsible for the predictions and reductions of timings of lunar occultations of stars by the Moon.

Times tabulated on page A3 for the stationary points of the planets are the instants at which the planet is stationary in apparent geocentric right ascension; but for elongations of the planets from the Sun, the tabular times are for the geometric configurations. From inferior conjunction to superior conjunction for Mercury or Venus, or from conjunction to opposition for a superior planet, the elongation from the Sun is west; from superior to inferior conjunction, or from opposition to conjunction, the elongation is east. Because planetary orbits do not lie exactly in the ecliptic plane, elongation passages from west to east or from east to west do not in general coincide with oppositions and conjunctions. For the minor planets Ceres, Pallas, Juno and Vesta conjunctions, oppositions and stationary points are tabulated at the bottom of page A4 while their magnitudes, every 40 days are given on page A5.

Dates of heliocentric phenomena are given on page A3. Since they are determined from the actual perturbed motion, these dates generally differ from dates obtained by using the elements of the mean orbit. The date on which the radius vector is a minimum may differ considerably from the date on which the heliocentric longitude of a planet is equal to the longitude of perihelion of the mean orbit. Similarly, when the heliocentric latitude of a planet is zero, the heliocentric longitude may not equal the longitude of the mean node.

The magnitudes and elongations of the planets are tabulated on pages A4-A5. For Mercury and Venus (page A4) they are tabulated every 5 days and the expressions for the magnitudes are given by J. Hilton (*Astron. Jour.*, **129**, 2902, 2005; *Astron. Jour.*, **130**, 2928, 2005). Magnitudes are not tabulated for a few dates around inferior and superior conjunction. In terms of the phase angle ($\phi$) magnitudes are given for Mercury when $2°1 < \phi < 169°5$, and for Venus when $2°2 < \phi < 170°2$. For the other planets and Pluto (page A5), the elongations are given every 10 days as are the magnitudes of Mars through to Saturn. For the others the magnitudes are given at opposition. These magnitude expressions are due to D.L. Harris (*Planets and Satellites*, eds. G.P. Kuiper and B.L. Middlehurst, p. 272, 1961). Daily tabulations are given in Section E.

Configurations of the Sun, Moon and planets (pages A9-A11) are a chronological listing, with times to the nearest hour, of geocentric phenomena. Included are eclipses; lunar perigees, apogees and phases; phenomena in apparent geocentric longitude of the planets and of the minor planets Ceres, Pallas, Juno and Vesta; times when the planets and minor planets are stationary in right ascension and when the geocentric distance to Mars is a minimum; and geocentric conjunctions in apparent right ascension of the planets with the Moon, with each other, and with the five bright stars *Aldebaran, Regulus, Spica, Pollux* and *Antares*, provided these conjunctions are considered to occur sufficiently far from the Sun to permit observation. Thus conjunctions in right ascension are excluded if they occur within 15° of the Sun for the Moon, Mars and Saturn; within 10° for Venus and Jupiter; and within approximately 10° for Mercury, depending on Mercury's brightness. For Venus the occasion of its greatest illuminated extent is included. The occurrence of occultations of planets and bright stars is indicated by "Occn."; the areas of visibility are given in the list on page A2 while the maps are available on *The Astronomical Almanac Online*. Geocentric phenomena differ from the actually observed configurations by the effects of the geocentric parallax at the place of observation, which for configurations with the Moon may be quite large.

The explanation for the tables of sunrise and sunset, twilight, moonrise and moonset is given on page A12; examples are given on page A13.

*Eclipses*

The elements and circumstances are computed according to Bessel's method from apparent right ascensions and declinations of the Sun and Moon. Semidiameters of the Sun and Moon used in the calculation of eclipses do not include irradiation. The adopted semidiameter of the Sun at unit distance is $15'59''.64$ from the IAU (1976) Astronomical Constants.

The apparent semidiameter of the Moon is equal to $\arcsin(k \sin \pi)$, where $\pi$ is the Moon's horizontal parallax and $k$ is an adopted constant. In 1982, the IAU adopted $k = 0.272\,5076$, corresponding to the mean radius of Watts' datum (Watts, C. B., *APAE*, **XVII**, 1963) as determined by observations of occultations and to the adopted radius of the Earth. Corrections to the ephemerides, if any, are noted in the beginning of the eclipse section.

In calculating lunar eclipses the radius of the geocentric shadow of the Earth is increased by one-fiftieth part to allow for the effect of the atmosphere. Refraction is neglected in calculating solar and lunar eclipses. Because the circumstances of eclipses are calculated for the surface of the ellipsoid, refraction is not included in Besselian elements. For local predictions, corrections for refraction are unnecessary; they are required only in precise comparisons of theory with observation in which many other refinements are also necessary.

Descriptions of the maps and use of Besselian elements are given on pages A78-A83, while maps of the areas of visibility are available on *The Astronomical Almanac Online*.

### Section B: Time Scales and Coordinate Systems

*Calendar*

Over extended intervals civil time is ordinarily reckoned according to conventional calendar years and adopted historical eras; in constructing and regulating civil calendars and fixing ecclesiastical calendars, a number of auxiliary cycles and periods are used. In particular the Islamic calendar printed is determined from an algorithm that approximates the lunar cycle and is independent of location. In practice the dates of Islamic fasts and festivals are determined by an actual sighting of the appropriate new crescent moon.

To facilitate chronological reckoning, the system of Julian day (JD) numbers maintains a continuous count of astronomical days, beginning with JD 0 on 1 January 4713 B.C., Julian proleptic calendar. Julian day numbers for the current year are given on page B3 and in the Universal and Sidereal Times pages, B13–B20, and the Universal Time and Earth rotation angle table on pages B21–B24. To determine JD numbers for other years on the Gregorian calendar, consult the Julian Day Number tables on pages K2–K5.

Note that the Julian day begins at noon, whereas the calendar day begins at the preceding midnight. Thus the Julian day system is consistent with astronomical practice before 1925, with the astronomical day being reckoned from noon. The Julian date should include a specification as to the time scale being used, *e.g.* JD 245 1545.0 TT or JD 245 1545.5 UT1.

At the bottom of pages B4–B5 dates are given for various chronological cycles, eras, and religious calendars. Note that the beginning of a cycle or era is an instant in time; the date given is the Gregorian day on which the period begins. Religious holidays, unlike the beginning of eras, are not instants in time but typically run an entire day. The tabulated date of a religious festival is the Gregorian day on which it is celebrated. When converting to other calendars whose days begin at different times of day (*e.g.*, sunset rather than midnight), the convention utilized is to tabulate the day that contains noon in both calendars.

For a discussion on time scales see page L2 of this section.

*IAU XXIV General Assembly, 2006*

The resolutions of the IAU 2006 GA that impacted on this section were a result of the IAU Division I Working Groups on Nomenclature for Fundamental Astronomy (WGNFA) and the Working Group on Precession and the Ecliptic (WGPE).

The 2006 edition of *The Astronomical Almanac* introduced the recommendations of the WGNFA which were adopted at the 2006 GA (Resolution B2). This included replacing the terms Celestial Ephemeris Origin and Terrestrial Ephemeris Origin, the "non-rotating" origins of the Celestial and Terrestrial Intermediate Reference Systems of the IAU 2000 resolution B1.8, with the terms Celestial Intermediate Origin (CIO), and the Terrestrial Intermediate Origin (TIO), respectively.

Beginning with the 2009 edition of *The Astronomical Almanac*, resolution B1, which relates to the report of the WGPE (Hilton, J., *et al.*, *Celest. Mech.*, **94**, 351, 2006) has been implemented. Table 1 of this report gives a useful list of "The polynomial coefficients for the precession angles". The WGPE adopted the precession theory designated P03 (Capitaine, N., Wallace, P.T., and Chapront, J., *Astron. Astrophys.*, **412**, 567-586, 2003). The following two papers, "High precision methods for locating the celestial intermediate pole and origin", Capitaine, N., and Wallace, P.T., *Astron. Astrophys.*, **450**, 855, 2006, and "Precession-nutation procedures consistent with IAU 2006 resolutions", Wallace, P.T., and Capitaine, N., *Astron. Astrophys.*, **459**, 981, 2006 have also been used.

The fourth issue of the IAU SOFA library, which may be found at http://iau-sofa.hmnao.com, has been used in the software that has generated these data.

## Universal and Sidereal Times and Earth Rotation Angle

The tabulations of Greenwich mean sidereal time (GMST) at $0^h$ UT1 are calculated from the defining relation between the Earth rotation angle (ERA), which is a function of UT1, and the accumulated precession (P03, see reference above) in right ascension, which is a function of TDB or TT (see page B8).

The tabulations of Greenwich apparent sidereal time (GAST, or GST as it is designated in the papers above), is calculated from ERA and the equation of the origins. The latter is a function of the CIO locator $s$ and precession and nutation (see the 2006 papers of Capitaine and Wallace given above). This formulation ensures that whichever paradigm is used, equinox or CIO based, the resulting hour angles will be identical. Greenwich mean and apparent sidereal times and the equation of the equinoxes are tabulated on pages B13–B20, while ERA and equation of the origins are tabulated on pages B21–B24.

## Bias, Precession and Nutation

The WGPE stated that the choice of the precession parameters should be left to the user. It should be noted that the effect of the frame bias (see page B50), the offset of the ICRS from the J2000.0 system, is not related to precession. However, the Fukishma-Williams angles (see page B56), which are used by SOFA, and the series method (see page B46) of calculating the ICRS-to-date matrix, have the offset for the frame bias already included.

## Reduction of Astronomical Coordinates

Formulae and methods are given showing the various stages of the reduction from an International Celestial Reference System (ICRS) position to an "of date" position. This reduction may be achieved either by using the long-standing equinox approach or the CIO-based method, thus generating apparent or intermediate places, respectively. The examples also show the calculation of Greenwich hour angle using GAST or ERA as appropriate. The matrices for the transformation from the GCRS to the "of date" position for each method are tabulated on pages B30–B45. The Earth's position and velocity components (tabulated on pages B76-B83) are extracted from the JPL ephemeris DE405/LE405, which is described on page L4.

The determination of latitude using the position of Polaris or $\sigma$ Octantis may be performed using the methods and tables on pages B87-B92.

## Section C: The Sun

The formulas for the Sun's orbital elements found on page C1–specifically the geometric mean longitude ($\lambda$), the mean longitude of perigee ($\varpi$), the mean anomaly ($l'$) and the eccentricity ($e$)–are computed using the values from Simon *et al.* (*Astron. Astrophys.*, **282**, 663, 1994). For $\lambda$, the expression $\lambda = F + \Omega - D$ is used where $F$ and $D$ are the Delaunay arguments found in Sec 3.5b and $\Omega$ is the longitude of the Moon's node found in Sec 3.4 3.b. For $\varpi$, the expression $\varpi = \lambda - l'$ is used, where $l'$ is taken from Sec. 3.5b. Eccentricity, $e$, is taken directly from Sec. 5.8.3. Mean obliquity, $\varepsilon$, is from Capitaine *et al.*, *Astron. Astrophys.*, **412**, 567-586, Eq. 39 with $\varepsilon_0$ from Eq. 37. Rates for all of the mean orbital elements are the time derivatives of the above expressions.

The lengths of the principle years are computed using the rates of the orbital elements. Tropical year is $360°/\dot{\lambda}$. Sidereal year is $360°/(\dot{\lambda} - \dot{P})$ where $\dot{P}$ is the precession rate found in Simon *et al.* (*op.cit.*), Eq. 5. The anomalistic year is $360°/\dot{l}'$ and the eclipse year is $360°/(\dot{\lambda} - \dot{\Omega})$.

The coefficients for the equation of time formula are computed using W.M. Smart's "Textbook on Spherical Astronomy", Sec. 90; in that formula the value for $L$ is the same as $\lambda$ (explained above) but corrected for aberration and rounded for ease of computation.

The rotation elements listed on page C3 are due to R.C. Carrington (*Observations of the Spots on the Sun*, 1863). The synodic rotation numbers tabulated on page C4 are in continuation of Carrington's Greenwich photoheliographic series of which Number 1 commenced on November 9, 1853.

The JPL DE405/LE405 ephemeris, which is described on page L4, is the basis of the various tabular data for the Sun on pages C6–C25.

Daily geocentric coordinates of the Sun are given on the even pages of C6–C20; the tabular argument is Terrestrial Time. The ecliptic longitudes and latitudes are referred to the mean equinox and ecliptic of date. These values are geometric, that is they are not antedated for light-time, aberration, etc. The apparent equatorial coordinates, right ascension and declination, are referred to the true equator and equinox of date and are antedated for light-time and have aberration applied. The true geocentric distance is given in astronomical units and is the value at the tabular time; that is, the values are not antedated.

Daily physical ephemeris data are found on the odd pages of C7–C21 and are computed using the techniques outlined in *The Explanatory Supplement to the Astronomical Almanac* (1992); the tabular argument is Terrestrial Time. The solar rotation parameters are from *Report of the IAU/IAG Group on Cartographic Coordinates and Rotational Elements: 2006* (Seidelmann *et al.*, *Celest. Mech.*, **98**, 155, 2007); the data are based on R.C. Carrington (*Observations of the Spots on the Sun*, 1863). Prior to *The Astronomical Almanac* for 2009, neither light-time correction nor aberration were applied to the solar rotation because they were presumably already in Carrington's meridian. Since the Earth-Sun distance is relatively constant, this is possible only for the Sun. At the 2006 IAU General Assembly, the Working Group on Cartographic Coordinates and Rotational Elements decided to make the physical ephemeris computations for the Sun consistent with the other major solar system bodies. The $W_0$ value for the Sun was "foredated" by about 499s; using the new value, the computation must take into account the light travel time. To further unify the process with other solar system objects, aberration is now explicitly corrected. Differences between the pre-2009 technique and the current recommendation are negligible at the Earth; for *The Astronomical Almanac*, differences of one in the least significant digit are occasionally seen in $P$, $B_0$ and $L_0$ with no other values being affected. Further explanation is found on the *The Astronomical Almanac Online* in the Notes and References area.

The Sun's daily ephemeris transit times are given on the odd pages of C7–C21. An ephemeris transit is the passage of the Sun across the *ephemeris meridian*, defined as a fictitious meridian that rotates independently of the Earth at the uniform rate. The ephemeris meridian is 1.002738 $\times \Delta T$ east of the Greenwich meridian.

Geocentric rectangular coordinates, in au, are given on pages C22–C25. These are referred to the ICRS axes, which are within a few tens of milliarcseconds of the mean equator and equinox of J2000.0. The time argument is TT and the coordinates are geometric, that is there is no correction for light-time, aberration, etc.

## Section D: The Moon

The geocentric ephemerides of the Moon are based on the JPL DE405/LE405 numerical integration described on page L4, with the tabular argument being TT.

For high precision calculations a polynomial ephemeris (ASCII or PDF) is available on *The Astronomical Almanac Online* along with the necessary procedures for evaluating the polynomials. A daily geocentric ephemeris to lower precision is given on the even numbered pages D6–D20. Although the tabular apparent right ascension and declination are antedated for light-time, the horizontal parallax is the geometric value for the tabular time. It is derived from $\arcsin(1/r)$, where $r$ is the true distance in units of the Earth's equatorial radius. The semidiameter $s$ is computed from $s = \arcsin(k \sin \pi)$, where $k = 0.272\ 399$ is the ratio of the equatorial radius of the Moon to the equatorial radius of the Earth and $\pi$ is the horizontal parallax. No correction is made for irradiation.

Beginning in 1985 the physical ephemeris (odd pages D7–D21) is based on the formulae and constants for physical librations given by D. Eckhardt (*The Moon and the Planets*, **25**, 3, 1981; *High Precision Earth Rotation and Earth-Moon Dynamics*, ed. O. Calame, pages 193–198, 1982), but with the IAU value of $1°32'32''7$ for the inclination of the mean lunar equator to the ecliptic. Although values of Eckhardt's constants differ slightly from those of the IAU, this is of no consequence to the precision of the tabulation. Optical librations are first calculated from rigorous formulae; then the total librations (optical and physical) are calculated from the rigorous formulae by replacing $I$ with $I + \rho$, $\Omega$ with $\Omega + \sigma$ and $\mathbb{C}$ with $\mathbb{C} + \tau$. Included in the calculations are perturbations for all terms greater than $0°0001$ in solution 500 of the first Eckhardt reference and in Table I of the second reference. Since apparent coordinates of the Sun and Moon are used in the calculations, aberration is fully included, except for the inappreciable difference between the light-time from the Sun to the Moon and from the Sun to the Earth.

The selenographic coordinates of the Earth and Sun specify the points on the lunar surface where the Earth and Sun, respectively, are in the selenographic zenith. The selenographic longitude and latitude of the Earth are the total geocentric, optical and physical librations with respect to the coordinate system in which the $x$-axis is the mean direction towards the Earth and the $z$-axis is the mean pole of lunar rotation. When the longitude is positive, the mean central point is displaced eastward on the celestial sphere, exposing to view a region on the west limb. When the latitude is positive, the mean central point is displaced toward the south, exposing to view the north limb. If the principal moment of inertia axis toward the Earth is used as the origin for measuring librations, rather than the traditional origin in the mean direction of the Earth from the Moon, there is a constant offset of $214''2$ in $\tau$, or equivalently a correction of $-0°059$ to the Earth's selenographic longitude.

The tabulated selenographic colongitude of the Sun is the east selenographic longitude of the morning terminator. It is calculated by subtracting the selenographic longitude of the Sun from 90° or 450°. Colongitudes of 270°, 0°, 90° and 180° correspond to New Moon, First Quarter, Full Moon and Last Quarter, respectively.

The position angles of the axis of rotation and the midpoint of the bright limb are measured counterclockwise around the disk from the north point. The position angle of the terminator may be obtained by adding 90° to the position angle of the bright limb before Full Moon and by subtracting 90° after Full Moon.

For precise reductions of observations, the tabular librations and position angle of the axis should be reduced to topocentric values. Formulae for this purpose by R. d'E. Atkinson (*Mon. Not. Roy. Astron. Soc.*, **111**, 448, 1951) are given on page D5.

Additional formulae and data pertaining to the Moon are given on pages D1–D5 and D22. The inclination ($I$) of the mean lunar equator to the ecliptic, on page D2, is taken from the paper by Newhall & Williams (*Celest. Mech.*, **66**, 21, 1997), as it has been derived from LLR observations of the Moon that were used by them in constructing the DE405/LE405 lunar rotation angles.

## Section E: Planets and Pluto

The heliocentric and geocentric ephemerides of the planets and Pluto are based on the numerical integration DE405/LE405 described on page L4. The longitude of perihelion for both Venus and Neptune is given to a lower degree of precision due to the fact that they have nearly circular orbits and the point of perihelion is nearly undefined.

Although the apparent right ascension and declination are antedated for light-time, the true geocentric distance in astronomical units is the geometric distance for the tabular time. For Pluto the astrometric ephemeris is comparable with observations referred to catalog places of comparison stars (corrected for proper motion and annual parallax, if significant, to the epoch of observation), provided the catalog is referred to the ICRS and the observations are corrected for geocentric parallax.

The physical ephemerides of the planets and Pluto depend upon the fundamental solar system ephemerides DE405/LE405 described on page L4. Physical data are based on the "Report of the IAU/IAG Working Group on Cartographic Coordinates and Rotational Elements: 2006" (Seidelmann, P. K. et al., Celest. Mech., **98**, 155, 2007, hereafter the WGCCRE Report). This report contains tables giving the dimensions, directions of the north poles of rotation and the prime meridians of the planets, Pluto, some of the satellites, and asteroids.

All tabulated quantities in the physical ephemeris tables are corrected for light-time, so the given values apply to the disk that is visible at the tabular time. Except for planetographic longitudes, all tabulated quantities vary so slowly that they remain unchanged if the time argument is considered to be UT rather than TT. Conversion from TT to UT affects the tabulated planetographic longitudes by several tenths of a degree for all but Mercury, Venus, and Pluto.

Expressions for the visual magnitudes of the planets and Pluto are due to D.L. Harris (*Planets and Satellites*, ed. G.P. Kuiper and B.L. Middlehurst, p. 272, 1961), with the exception of those for Mercury and Venus which are given by J. Hilton (*Astron. Jour.*, **129**, 2902, 2005; *Astron. Jour.*, **130**, 2928, 2005). The apparent magnitudes of the planets do not include variations from albedo markings or atmospheric disturbances. For example, the albedo markings on Mars may cause variations of approximately 0.05 magnitudes. If there is a major dust storm, the apparent magnitude can be highly variable and be as much as 0.2 magnitudes brighter than the predicted value.

The apparent disk of an oblate planet is always an ellipse, with an oblateness less than or equal to the oblateness of the planet itself, depending on the apparent tilt of the planet's axis. For planets with significant oblateness, the apparent equatorial and polar diameters are separately tabulated. The WGCCRE Report gives two values for the polar radii of Mars because there is a location difference between the center of figure and the center of mass for the planet. For the purposes of the physical ephemerides, the calculations use the mean value of the polar radii for Mars which produces the same result as using either radii at the precision of the printed table.

The orientation of the pole of a planet is specified by the right ascension $\alpha_0$ and declination $\delta_0$ of the north pole, with respect to the Earth's mean equator and equinox of J2000.0. According to the IAU definition, the north pole is the pole that lies on the north side of the invariable plane of the solar system. Because of precession of a planet's axis, $\alpha_0$ and $\delta_0$ may vary slowly with time; values for the current year are given on page E3.

Recent observations by Cassini spacecraft have cast doubt on the reliability of the current methods to predict Saturn's rotation parameters (Gurnett et al., Science, **316**, 442, 2007). For gas planets, the outer layers rotate at a different speed than the interior layers. Therefore, the periodicity of radio emissions, presumably modulated by the planet's internal magnetic field, is measured to model the planetary rotation rate. Observations suggest that external forces originating from Saturn's moon Enceladus are influencing the modulation of the planet's magnetic field.

Useful data and formulae are given on pages E3, E4, E45 and E54-E55.

### Section F: Satellites of the Planets and Pluto

The ephemerides of the satellites are intended only for search and identification, not for the exact comparison of theory with observation; they are calculated only to an accuracy sufficient for the purpose of facilitating observations. These ephemerides are based on the numerical integration DE405/LE405 described on page L4, and corrected for light-time. The value of $\Delta T$ used in preparing the ephemerides is given on page F1. Reference planes for the satellite orbits are defined by the individual theories, cited below, used to compute their ephemerides.

Beginning with the 2006 edition of *The Astronomical Almanac*, a set of selection criteria has been instituted to determine which satellites are included in the table; those criteria appear on page F5. As a result, many newer satellites of Jupiter, Saturn, and Uranus have been included. However, some satellites that were included in previous editions have now been excluded. A more complete table containing all of the data from this edition as well as many of the previously included satellites is available on *The Astronomical Almanac Online*. The following sources were used to update the data presented in this table: Jacobson, R. A., Synnott, S. P., & Campbell, J. K., *Astron. Astrophys.*, **225**, 548, 1989; Sheppard, S. S., at *The Giant Planet Satellite Page* (http://www.dtm.ciw.edu/sheppard/satellites); Jacobson, R. A., at *JPL Solar System Dynamics*, http://ssd.jpl.nasa.gov/?sat_elem, and references therein; Nicholson, P. D., "Natural Satellites of the Planets," in *Observer's Handbook 2007*, Patrick Kelly, ed., (Toronto: University of Toronto Press), 21–26, 2006; Jacobson, R. A., *Astron. Jour.*, **120**, 2679, 2000; Jacobson, R. A., *Astron. Jour.*, **115**, 1195, 1998; Owen, Jr., W. M., Vaughan, R. M., & Synnott, S. P., *Astron. Jour.*, **101**, 1511, 1991.

Ephemerides and phenomena for planetary satellites are computed using data from a mixed function solution for twenty short-period planetary satellite orbits provided by D. B. Taylor (*NAO Technical Note*, **68**, 1995). Starting with the 2007 edition, the offset data generated are used to produce satellite diagrams for Mars, Jupiter, Uranus, and Neptune. For the 2010 edition the paths of the satellites are computed at six minute intervals for Mars, eighty minute intervals for Jupiter, eighty-one minute intervals for Uranus, and thirty-five minute intervals for Neptune. As a consequence of these choices, the paths of the satellites for these planets appear as dotted lines in the satellite diagrams. The new diagrams give a scale (in arcseconds) of the orbit of the satellites as seen from Earth. Approximate formulae for calculating differential coordinates of satellites are given with the relevant tables.

The tables of apparent distance and position angle have been discontinued in *The Astronomical Almanac* starting with the 2005 edition. These tables are available on *The Astronomical Almanac Online* along with the offsets of the satellites from the planets.

### Satellites of Mars

The ephemerides of the satellites of Mars are computed from the orbital elements given by A.T. Sinclair (*Astron. Astrophys.*, **220**, 321, 1989). The orbital elements of H. Struve (*Sitzungsberichte der Königlich Preuss. Akad. der Wiss.*, p. 1073, 1911) are used in editions prior to 2004.

### Satellites of Jupiter

The ephemerides of Satellites I–IV are based on the theory of J.H. Lieske (*Astron. Astrophys.*, **56**, 333, 1977), with constants due to J.-E. Arlot (*Astron. Astrophys.*, **107**, 305, 1982).

Elongations of Satellite V are computed from circular orbital elements determined by P.V. Sudbury (*Icarus*, **10**, 116, 1969). The differential coordinates of Satellites VI–XIII are computed from numerical integrations, using starting coordinates and velocities calculated at the U.S. Naval Observatory (*Explanatory Supplement to the Astronomical Almanac*, 353, 1992).

The use of ".. .. .." for the Terrestrial Time of Superior Geocentric Conjunction data for satellites I-IV indicate times of the year when Jupiter is too close to the Sun for any conjunctions to be observed which occurs when the angular separation between Jupiter and the Sun is less than 20 degrees.

The actual geocentric phenomena of Satellites I–IV are not instantaneous. Since the tabulated times are for the middle of the phenomena, a satellite is usually observable after the tabulated time of eclipse disappearance (EcD) and before the time of eclipse reappearance (EcR). In the case of Satellite IV the difference is sometimes quite large. Light curves of eclipse phenomena are discussed by D.L. Harris (*Planets and Satellites*, ed. G.P. Kuiper and B.M. Middlehurst, pages 327–340, 1961).

To facilitate identification, approximate configurations of Satellites I–IV are shown in graphical form on pages facing the tabular ephemerides of the geocentric phenomena. Time is shown by the vertical scale, with horizontal lines denoting $0^h$ UT. For any time the curves specify the relative positions of the satellites in the equatorial plane of Jupiter. The width of the central band, which represents the disk of Jupiter, is scaled to the planet's equatorial diameter.

For eclipses the points $d$ of immersion into the shadow and points $r$ of emersion from the shadow are shown pictorially at the foot of the right-hand pages for the superior conjunctions nearest the middle of each month. At the foot of the left-hand pages, rectangular coordinates of these points are given in units of the equatorial radius of Jupiter. The $x$-axis lies in Jupiter's equatorial plane, positive toward the east; the $y$-axis is positive toward the north pole of Jupiter. The subscript 1 refers to the beginning of an eclipse, subscript 2 to the end of an eclipse.

## Galilean Satellites

About every six years the Earth's orbit crosses the orbital planes of the four Galilean satellites. This results in a significant number of observable occultations and eclipses involving these satellites. These phenomena are tabulated on *The Astronomical Almanac Online*. These data were provided by Dr. Kaare Aksnes of the Institute for Theoretical Astrophysics in Oslo, Norway. The IMCCE/Observatorie de Paris in France also has a table of occultations and eclipses at http://www.imcce.fr/en/ephemerides/ phenomenes/ephesat/phenomena.php.

## Satellites and Rings of Saturn

The apparent dimensions of the outer ring and factors for computing relative dimensions of the rings are from L.W. Esposito *et al.* (*Saturn*, eds. T. Gehrels and M.S. Matthews, 468–478, 1984). The appearance of the rings depends upon the Saturnicentric positions of the Earth and Sun. The ephemeris of the rings is corrected for light-time.

The positions of Mimas, Enceladus, Tethys and Dione are based upon orbital theories by Y. Kozai (*Ann. Toyko Obs. Ser. 2*, **5**, 73, 1957), elements from D.B. Taylor and K.X. Shen (*Astron. Astrophys.*, **200**, 269, 1988), with mean motions and secular rates from Kozai (*op.cit.*) or H.A. Garcia (*Astron. Jour.*, **77**, 684, 1972). The positions of Rhea and Titan are based upon orbital theories by A.T. Sinclair (*Mon. Not. Roy. Astron. Soc.*,**180**, 447, 1977) with elements by Taylor and Shen (*op.cit.*), mean motions and secular rates by Garcia (*op.cit.*). The theory and elements for Hyperion are from D.B. Taylor (*Astron. Astrophys.*, **141**, 151, 1984). The theory for Iapetus is from A.T. Sinclair (*Mon. Not. Roy. Astron. Soc.*, **169**, 591, 1974) with additional terms from D. Harper *et al.*(*Astron. Astrophys.*, **191**, 381, 1988) and elements from Taylor and Shen (*op.cit*). The orbital elements used for Phoebe are from P.E. Zadunaisky (*Astron. Jour.*, **59**, 1, 1954).

For Satellites I–V times of eastern elongation are tabulated; for Satellites VI–VIII times of all elongations and conjunctions are tabulated. On the diagram of the orbits of Satellites I–VII, points of eastern elongation are marked "$0^d$". From the tabular times of these elongations the apparent position of a satellite at any other time can be marked on the diagram by setting off on the orbit the elapsed interval since last eastern elongation. For Hyperion, Iapetus, and Phoebe, ephemerides of differential coordinates are also included.

Solar perturbations are not included in calculating the tables of elongations and conjunctions, distances and position angles for Satellites I–VIII. For Satellites I–IV, the orbital eccentricity $e$ is neglected.

### Satellites and Rings of Uranus

Data for the Uranian rings are from the analysis of J.L. Elliot *et al.* (*Astron. Jour.*, **86**, 444, 1981). Ephemerides of the satellites are calculated from orbital elements determined by J. Laskar and R.A. Jacobson (*Astron. Astrophys.*, **188**, 212, 1987).

### Satellites and Rings of Neptune

The ephemerides of Triton and Nereid are calculated from elements by R.A. Jacobson (*Astron. Astrophys.*, **231**, 241, 1990). The differential coordinates of Nereid are apparent positions with respect to the true equator and equinox of date.

### Satellite of Pluto

The ephemeris of Charon is calculated from the elements of D.J. Tholen (*Astron. Jour.*, **90**, 2353, 1985).

### Section G: Minor Planets and Comets

This section contains data on a selection of 93 minor planets. These minor planets are divided into two sets. The main set of the fifteen largest asteroids are 1 Ceres, 2 Pallas, 3 Juno, 4 Vesta, 6 Hebe, 7 Iris, 8 Flora, 9 Metis, 10 Hygiea, 15 Eunomia, 16 Psyche, 52 Europa, 65 Cybele, 511 Davida, and 704 Interamnia. Their ephemerides are based on the USNO/AE98 minor planets of J.L. Hilton (*Astron. Jour.*, **117**, 1077, 1999). These particular asteroids were chosen because they are large (> 300 km in diameter), have well observed histories, and/or are the largest member of their taxonomic class. The remaining 78 minor planets constitute the set with opposition magnitudes < 11, or < 12 if the diameter $\geq$ 200 km. Their positions are based on the USNO/AE2001 ephemerides of J.L. Hilton. The absolute visual magnitude at zero phase angle ($H$) and the slope parameter ($G$), which depends on the albedo, are from the *Minor Planet Ephemerides* produced by the Institute of Applied Astronomy, St. Petersburg. The change in content of this section (starting with the 2003 edition) and the purpose of the selection of objects is to encourage observation of the most massive, largest and brightest of the minor planets.

Astrometric positions for the main set of minor planets are given daily at $0^h$ TT for sixty days on either side of an opposition occurring between January 1 of the current year and January 31 of the following year. Also given are the apparent visual magnitude and the time of ephemeris transit over the ephemeris meridian. The dates when the object is stationary in apparent right ascension are indicated by shading. It is occasionally possible for a stationary date to be outside the period tabulated. The astrometric ephemeris is comparable with observations referred to catalog places of comparison stars (corrected for proper motion and annual parallax, if significant, to the epoch of observation), provided the catalog is referred to the ICRS (or the mean equator and equinox of J2000.0) and the observations are corrected for geocentric parallax. Linear interpolation is sufficient for the magnitude and ephemeris transit, but for the astrometric right ascension and declination second differences are significant.

A chronological list of the opposition dates of all the objects is given together with their visual magnitude and apparent declination. Those oppositions printed in bold also have a sixty-day ephemeris around opposition. All phenomena (dates of opposition and dates of stationary points) are calculated to the nearest hour UT. It must be noted, as with phenomena for all objects, that opposition dates are determined from the apparent longitude of the Sun and the object, with respect to the mean ecliptic of date. Stationary points, on the other hand, are defined to occur when the rate of change of the apparent right ascension is zero.

Osculating orbital elements for all the minor planets are tabulated with respect to the ecliptic and equinox J2000.0 for, usually, a 400-day epoch. Also tabulated are the $H$ and $G$ parameters for magnitude and the diameters. The masses of most of the objects have been set to an arbitrary value of $1 \times 10^{-12} M_\odot$. However, the masses of 13 minor planets tabulated by J. Hilton ("Asteroid

Masses and Densities," in *Asteroids III*, eds. Bottke, Cellino, Paolicchi and Binzel, Univ. of Arizona Press, 103 – 112, 2003), have been used. The values for the diameters of the minor planets were taken from a number of sources which are referenced on *The Astronomical Almanac Online*.

B.G. Marsden, Smithsonian Astrophysical Observatory, supplied the osculating elements of the periodic comets returning to perihelion during the year. Up-to-date elements of the comets currently observable may be found at http://cfa-www.harvard.edu/iau/Ephemerides/Comets/index.html.

### Section H: Stars and Stellar Systems

Except for the tables of ICRF radio sources, radio flux calibrators, and pulsars, positions tabulated in Section H are referred to the mean equator and equinox of J2010.5 = 2010 July 2.625 = JD 245 5380.125 The positions of the ICRF radio sources provide a practical realization of the ICRS. The positions of radio flux calibrators and pulsars are referred to the mean equator and equinox of J2000.0 = JD 245 1545.0.

*Bright Stars*

Included in the list of bright stars are 1469 stars chosen according to the following criteria:

a. all stars of visual magnitude 4.5 or brighter, as listed in the fifth revised edition of the *Yale Bright Star Catalogue* (BSC);

b. all FK5 stars brighter than 5.5;

c. all MK atlas standards in the BSC (Morgan, W.W. *et al.*, *Revised MK Spectral Atlas for Stars Earlier Than the Sun*, 1978; and Keenan, P.C. and McNeil, R.C., *Atlas of Spectra of the Cooler Stars: Types G, K, M, S, and C*, 1976).

d. all stars selected according to the criteria in a, b, or c above and also listed in the *Hipparcos Catalogue*.

Flamsteed and Bayer designations are given with the constellation name and the BSC number. Positions and proper motions are taken from the *Hipparcos Catalogue* and converted to epoch J2000.0, then precessed to the equator and equinox of the middle of the current year. However, FK5 positions and proper motions are used for a few wide binary stars given the requirement for center of mass positions to generate their orbital positions. Orbital elements for these stars are taken from the *Sixth Catalog of Orbits of Visual Binary Stars* (Hartkopf, W.I. and Mason, B.D. 2002, http://ad.usno.navy.mil/wds/orb6.html; see also the *Fifth Catalog of Orbits of Visual Binary Stars*, Hartkopf, W.I., Mason, B.D., and Worley, C.E., *Astron. Jour.*, **122**, 3472, 2001).

The *V* magnitudes and color indices $U-B$ and $B-V$ are homogenized magnitudes taken from the BSC. Spectral types were provided by W.P. Bidelman and updated by R.F. Garrison. Codes in the Notes column are explained at the end of the table (page H31). Stars marked as MK Standards are from either of the two spectral atlases listed above. Stars marked as anchor points to the MK System are a subset of standard stars that represent the most stable points in the system (in *The MK Process at 50 Years*, eds. Corbally, Gray, and Garrison, ASP Conf. Series, **60**, 3–14, 1994). Further details about the stars marked as double stars may be found at http://ad.usno.navy.mil/wds/wdstext.html.

Tables of bright star data for several years are available in both PDF and ASCII formats on *The Astronomical Almanac Online* as is a searchable database from current epochs.

*Double Stars*

The table of Selected Double Stars contains recent orbital data for 86 double star systems in the Bright Star table where the pair contains the primary star and the components have a separation > 3″0 and differential visual magnitude < 3 magnitudes. A few other systems of interest are present. Data given are the most recent measures except for 21 systems, where predicted positions are given based on orbit or rectilinear motion calculations. The list was provided by Brian Mason and taken from the *Washington Double Star Catalog* (WDS, Mason, B.D. *et al.*, *Astron. Jour.*, **122**, 3466, 2001; also available at http://ad.usno.navy.mil/wds/wds.html).

The positions are for those of the primary stars and taken directly from the list of bright stars. The Discoverer Designation contains the reference for the measurement from the WDS and the Epoch column gives the year of the measurement. The column headed $\Delta m_v$ gives the relative magnitude difference in the visual band between the two components.

The term "primary" used in this section is not necessarily the brighter object, but designates which object is the origin of measurements.

Tables of double star data for several years are available in both PDF and ASCII formats on *The Astronomical Almanac Online*.

## Photometric Standards

The table of *UBVRI* Photometric Standards are selected from Table 2 in Landolt, *Astron. Jour.*, **104**, 340, 1992. Finding charts for stars are given in the paper. This subset of 291 stars reviewed by A. Landolt represents those sources which are observed seven times or more and are non-variable. They provide internally consistent homogeneous broadband standards for the Johnson-Kron-Cousins photometric system for telescopes of intermediate and large size in both hemispheres. The filter bands have the following effective wavelengths: $U$, 3600Å, $B$, 4400Å; $V$, 5500Å; $R$, 6400Å; $I$ 7900Å.

The positions are taken from the Naval Observatory Merged Astronomical Database (NOMAD) which provides the optimum ICRF positions and proper motions for stars taken from the following catalogs in the order given: *Hipparcos*, *Tycho-2*, *UCAC2*, or *USNO-B*. Positions are precessed to the equator and equinox of the middle of the current year.

The list of bright Johnson standards which appeared in editions prior to 2003 is given for J2000 on *The Astronomical Almanac Online*. Also available is a searchable database of Landolt Standards for current epochs.

The selection and photometric data for standards on the Strömgren four-color and H$\beta$ systems are those of C.L. Perry, E.H. Olsen and D.L. Crawford (*Pub. Astron. Soc. Pac.*, **99**, 1184, 1987). Only the 319 stars which have four-color data are included. The $u$ band is centered at 3500Å; $v$ at 4100Å; $b$ at 4700Å; and $y$ at 5500Å. Four indices are tabulated: $b-y$, $m_1 = (v-b) - (b-y)$, $c_1 = (u-v) - (v-b)$ and H$\beta$.

Star names and numbers are taken from the BSC. Positions and proper motions are taken from NOMAD as described above. Spectral types are taken from the list of bright stars (pages H2–H31) or from the original reference cited above. Visual magnitudes given in the column headed $V$ are taken from the original reference and therefore may disagree with those given in the list of bright stars.

The Spectrophotometric standard stars are suitable for the reduction of astronomical spectroscopic observations in the optical and ultraviolet wavelengths. As recommended by the IAU Standard Stars Working Group, data for the spectrophotometric standard stars listed here are taken from European Southern Observatory's (ESO) site at http://www.eso.org/sci/observing/tools/standards/spectra/ except for the positions which are taken from the NOMAD database as described above. Finding charts for the sources and explanation are found on the website.

The standards on the ESO list are from four sources. The ultraviolet standards are from the Hubble Space Telescope (HST) ultraviolet spectrophotometric standards which are based on International Ultraviolet Explorer (IUE) and optical spectra and calibrated by the primary white dwarf standards (see Turnshek, D. *et al.*, *Astron. Jour.*, **99**, 1990); Bohlin, R. *et al.*, *Astrophys. Jour. Supp. Ser.*,**73**, 1990). The optical standards are based on Hale 5m observations in the 7 to 16 magnitude range (Oke, J. B., *Astron. Jour.*, **99**, 1990) and CTIO observations of southern hemisphere secondary and tertiary standard stars (Hamuy, M. *et al.*, *Pub. Astron. Soc. Pac.*, **104**, 1992; Hamuy, M. *et al.*, *Pub. Astron. Soc. Pac.*, **106**, 1994). Data for four white dwarf primary spectrophotometric standards in the 11 - 13 magnitude range based on model atmospheres and HST Faint Object Spectrograph (FOS) observations in 10Å to 3 microns are also included (Bohlin, R., Colina, L. & Finlay, D., *Astron. Jour.*, **110**, 1995).

## Radial Velocity Standards

The selection of radial velocity standard stars is based on a list of bright standards taken from the report of IAU Commission 30 Working Group on Radial Velocity Standard Stars (*Trans. IAU*, **IX**, 442, 1957) and a list of faint standards (*Trans. IAU*, **XVA**, 409, 1973). The combined list represents the IAU radial velocity standard stars with late spectral types. Also included in the table at the recommendation of IAU Commission 30 are 14 faint stars with reliable radial velocity data useful for observers in the Southern Hemisphere (*Trans. IAU*, **XIIIB**, 170, 1968). Variable stars (orbital and intrinsic) in the lists of standards have been removed. (See Udry, S. *et al.*, "20 years of CORAVEL Monitoring of Radial-Velocity Standard Stars", in *Precise Stellar Radial Velocities, Victoria*, IAU Coll. 170, ed. J. Hearnshaw and C. Scarfe, 383, 1999). The resulting table of stars is sufficient to serve as a group of moderate-precision radial velocity standards.

These stars have been extensively observed for more than a decade at the Center for Astrophysics, Geneva Observatory, and the Dominion Astrophysical Observatory. A discussion of velocity standards and the mean velocities from these three monitoring programs can be found in the report of IAU Commission 30, Reports on Astronomy (*Trans. IAU*, **XXIB**, 1992).

Positions are taken from the *Hipparcos Catalogue* processed by the procedures used for the table of bright stars. *V* magnitudes are taken from the BSC, the *Hipparcos Catalogue* or SIMBAD. The spectral types are taken primarily from the list of bright stars. Otherwise, the spectral types originate from the BSC, the *Hipparcos Catalogue*, or the original IAU list.

## Variable Stars

The list of variable stars was compiled by J.A. Mattei using as reference the fourth edition of the *General Catalogue of Variable Stars*, the *Sky Catalog 2000.0, Volume 2, A Catalog and Atlas of Cataclysmic Variables—2nd Edition*, and the data files of the American Association of Variable Star Observers (AAVSO). The brightest stars for each class with amplitude of 0.5 magnitude or more have been selected.

The following magnitude criteria at maximum brightness are used:

a. eclipsing variables brighter than magnitude 7.0;

b. pulsating variables:

> RR Lyrae stars brighter than magnitude 9.0;
>
> Cepheids brighter than 6.0;
>
> Mira variables brighter than 7.0;
>
> Semiregular variables brighter than 7.0;
>
> Irregular variables brighter than 8.0;

c. eruptive variables:

> U Geminorum, Z Camelopardalis, SS Cygni, SU Ursae Majoris,
>
> WZ Sagittae, recurrent novae, very slow novae, nova-like and
>
> DQ Herculis variables brighter than magnitude 11.0;

d. other types:

> RV Tauri variables brighter than magnitude 9.0;
>
> R Coronae Borealis variables brighter than 10.0;
>
> Symbiotic stars (Z Andromedae) brighter than 10.0;
>
> $\delta$ Scuti variables brighter than 9.0;
>
> S Doradus variables brighter than 6.0;
>
> SX Phoenicis variables brighter than 7.0.

The epoch for eclipsing variables is for time of minimum. The epoch for pulsating, eruptive, and other types of variables is for time of maximum.

Positions and proper motions are taken from NOMAD as described in the photometric standards section.

Several spectral types were too long to be listed in the table and are given here:

T Mon: F7Iab-K1Iab + A0V

R Leo: M6e-M8IIIe-M9.5e

TX CVn: B1-B9Veq + K0III-M4

AE Aqr: K2Ve + pec(e+CONT)

VV Cep: M2epIa-Iab + B8:eV

## Bright Galaxies

This is a list of 198 galaxies brighter than $B_T^w$= 11.50 and larger than $D_{25}$ =5', drawn primarily from *The Third Reference Catalogue of Bright Galaxies* (de Vaucouleurs, G. *et al.*, 1991), hereafter referred to as RC3. The data have been reviewed and corrected where necessary, or supplemented by H.G. Corwin, R.J. Buta, and G. de Vaucouleurs.

Two recently recognized dwarf spheroidal galaxies (in Sextans and Sagittarius) that are not included in RC3 are added to the list (see Irwin, M. and Hatzidimitriou, D., *Mon. Not. Roy. Astron. Soc.*, **277**, 1354, 1995; Ibata, R.A. *et al.*, *Astron. Jour.*, **113**, 634, 1997).

Catalog designations are from the *New General Catalog* (NGC) or from the *Index Catalog* (IC). A few galaxies with no NGC or IC number are identified by common names. The Small Magellanic Cloud is designated "SMC" rather than NGC 292. Cross-identifications for these common names are given in Appendix 8 of RC3 or at the end of the table (page H60).

In most cases, the RC3 position is replaced with a more accurate weighted mean position based on measurements from many different sources, some unpublished. Where positions for unresolved nuclear radio sources from high-resolution interferometry (usually at 6- or 20-cm) are known to coincide with the position of the optical nucleus, the radio positions are adopted. Similarly, positions have been adopted from the Two Micron All-Sky Survey (2MASS, *e.g.* Jarrett, T.H. *et al.*, *Astron. Jour.*, **119**, 2498, 2000) where these coincide with the optical nucleus. Positions for Magellanic irregular galaxies without nuclei (*e.g.* LMC, NGC 6822, IC 1613) are for the centers of the bars in these galaxies. Positions for the dwarf spheroidal galaxies (*e.g.* Fornax, Sculptor, Carina) refer to the peaks of the luminosity distributions. The precision with which the position is listed reflects the accuracy with which it is known. The mean errors in the listed positions are 2–3 digits in the last place given.

Morphological types are based on the revised Hubble system (see de Vaucouleurs, G., *Handbuch der Physik*, **53**, 275, 1959; *Astrophys. Jour. Supp. Ser.*, **8**, 31, 1963).

The mean numerical van den Bergh luminosity classification, L, refers to the numerical scale adopted in RC3 corresponding to van den Bergh classes as follows:

| L | 1 | 2 | 3 | 4 | 5 | 6 | 7 | 8 | 9 | (10) | (11) |
|---|---|---|---|---|---|---|---|---|---|------|------|
| class | I | I–II | II | II–III | III | III–IV | IV | IV–V | V | (V–VI) | (VI) |

Classes V–VI and VI (10 and 11 in the numerical scale) are an extension of van den Bergh's original system, which stopped at class V.

The column headed Log $(D_{25})$ gives the logarithm to base 10 of the diameter (in tenths of arcmin.) of the major axis at the 25.0 blue mag/arcsec$^2$ isophote. Diameters with larger than usual standard deviations are noted with brackets. With the exception of the Fornax and Sagittarius Systems, the diameters for the highly resolved Local Group dwarf spheroidal galaxies are core diameters from fitting of King models to radial profiles derived from star counts (Irwin and Hatzidimitriou, *op.cit.*). The relationship of these core diameters to the 25.0 blue mag/arcsec$^2$ isophote is unknown. The diameter for the Fornax System is a mean of measured values given by de Vaucouleurs and Ables (*Astrophys. Jour.*, **151**, 105, 1968) and Hodge and Smith (*Astrophys. Jour.*, **188**, 19, 1974), while that of Sagittarius is taken from Ibata *et al.* (*op.cit.*) and references therein.

The heading Log ($R_{25}$) gives the logarithm to base 10 of the ratio of the major to the minor axes (D/d) at the 25.0 blue mag/arcsec$^2$ isophote. For the dwarf spheroidal galaxies, the ratio is a mean value derived from isopleths.

The position angle of the major axis is for the equinox 1950.0, measured from north through east.

The heading $B_T^w$ gives the total blue magnitude derived from surface or aperture photometry, or from photographic photometry reduced to the system of surface and aperture photometry, uncorrected for extinction or redshift. Because of very low surface brightnesses, the magnitudes for the dwarf spheroidal galaxies (see Irwin and Hatzidimitriou, *op.cit.*) are very uncertain. The total magnitude for NGC 6822 is from P.W. Hodge (*Astron. Astrophys. Supp.*, **33**, 69, 1977). A colon indicates a larger than normal standard deviation associated with the magnitude.

The total colors, $B-V$ and $U-B$, are uncorrected for extinction or redshift. RC3 gives total colors only when there are aperture photometry data at apertures larger than the effective (half-light) aperture. However, a few of these galaxies have a considerable amount of data at smaller apertures, and also have small color gradients with aperture. Thus, total colors for these objects have been determined by further extrapolation along standard color curves. The colors for the Fornax System are taken from de Vaucouleurs and Ables (*op.cit.*), while those for the other dwarf spheroidal systems are from the recent literature, or from unpublished aperture photometry. The colors for NGC 6822 are from Hodge (*op.cit.*). A colon indicates a larger than normal standard deviation associated with the color.

The weighted mean heliocentric radial velocity is derived from neutral hydrogen and/or optical redshifts, expressed as $v = cz = c(\Delta\lambda/\lambda)$, following the optical convention.

In maintaining this list, extensive use is made of these services: The NASA/IPAC Extragalactic Database (NED), operated by the Jet Propulsion Laboratory, California Institute of Technology, under contract with the National Aeronautics and Space Administration (NASA); the Digitized Sky Surveys made available by the Space Telescope Science Institute, operated by NASA; and the Two Micron All Sky Survey, a joint project of the University of Massachusetts and the Infrared Processing and Analysis Center/California Institute of Technology, funded by NASA and the National Science Foundation.

## Star Clusters

The list of open clusters comprises a selection of 319 open clusters which have been studied in some detail so that a reasonable set of data is available for each. With the exception of the magnitude and Trumpler class data, all data are taken from the *New Catalog of Optically Visible Open Clusters and Candidates* (Dias, W.S. *et al.*, *Astron. Astrophys.*, **389**, 871, 2002) supplied by Wilton Dias and updated current to 2008 (version 2.9 of the catalog). The catalog is available at http://www.astro.iag.usp.br/~wilton. The "Trumpler Class" and "Mag. Mem." columns are taken from fifth (1987) edition of the Lund-Strasbourg catalog (original edition described by G. Lynga, *Astron. Data Cen. Bul.*, 2, 1981), with updates and corrections to the data current to 1992.

For each cluster, two identifications are given. First is the designation adopted by the IAU, while the second is the traditional name. Alternate names for some clusters are given on page H67.

Positions are for the central coordinates of the clusters, referred to the mean equator and equinox of the middle of the Julian year. Cluster mean absolute proper motion and radial velocity are used in the calculation when available.

Apparent angular diameters of the clusters are given in arcminutes and distances between the clusters and the Sun are given in parsecs. The logarithm to the base 10 of the cluster age in years is determined from the turnoff point on the main sequence. Under the heading "Mag. Mem." is the visual magnitude of the brightest cluster member. $E_{(B-V)}$ is the color excess. Metallicity is mostly determined from photometric narrow band or intermediate band studies. Trumpler classification is defined by R.S. Trumpler (*Lick Obs. Bul.*, **XIV**, 154, 1930).

The list of 150 Milky Way globular clusters is compiled from the February 2003 revision of a *Catalog of Parameters for Milky Way Globular Clusters* supplied by William E. Harris. The complete catalog containing basic parameters on distances, velocities, metallicities, luminosities, colors, and dynamical parameters, a list of source references, an explanation of the quantities, and calibration information are accessible at http://physwww.physics.mcmaster.ca/%7Eharris/mwgc.dat. The catalog is also briefly described in Harris, W.E., *Astron. Jour.*, **112**, 1487, 1996.

The present catalog contains objects adopted as certain or highly probable Milky Way globular clusters. Objects with virtually no data entries in the catalog still have somewhat uncertain identities. The adoption of a final candidate list continues to be a matter of some arbitrary judgment for certain objects. The bibliographic references should be consulted for excellent discussions of these individually troublesome objects, as well as lists of other less likely candidates.

The adopted integrated $V$ magnitudes of clusters, $V_t$, are the straight averages of the data from all sources. The integrated $B-V$ colors of clusters are on the standard Johnson system.

Measurements of the foreground reddening, $E_{(B-V)}$, are the averages of the given sources (up to 4 per cluster), with double weight given to the reddening from well calibrated (120 clusters) color-magnitude diagrams. The typical uncertainty in the reddening for any cluster is on the order of 10 percent, i.e. $\Delta[E_{(B-V)}] = 0.1 \, E_{(B-V)}$.

The primary distance indicator used in the calculation of the apparent visual distance modulus, $(m - M)_V$, is the mean $V$ magnitude of the horizontal branch (or RR Lyrae stars), $V_{HB}$. The absolute calibration of $V_{HB}$ adopted here uses a modest dependence of absolute $V$ magnitude on metallicity, $M_V(HB) = 0.15 \, [Fe/H] + 0.80$. The $V(HB)$ here denotes the mean magnitude of the HB stars, without further adjustments to any predicted zero age HB level. Wherever possible, it denotes the mean magnitude of the RR Lyrae stars directly. No adjustments are made to the mean $V$ magnitude of the horizontal branch before using it to estimate the distance of the cluster. For a few clusters (mostly ones in the Galactic bulge region with very heavy reddening), no good [Fe/H] estimate is currently available; for these cases, a value [Fe/H] = $-1$ is assumed.

The heavy-element abundance scale, [Fe/H], adopted here is the one established by Zinn and West (*Astrophys. Jour. Supp. Ser.*, **55**, 45, 1984). This scale has recently been reinvestigated as being nonlinear when calibrated against the best modern measurements of [Fe/H] from high-dispersion spectra (see Carretta and Gratton, *Astron. Astrophys. Supp. Ser.*, **121**, 95, 1997 and Rutledge, Hesser, and Stetson, *Pub. Astron. Soc. Pac.*, **109**, 907, 1997). In particular, these authors suggest that the Zinn–West scale overestimates the metallicities of the most metal-rich clusters. However, the present catalog maintains the older (Zinn–West) scale until a new consensus is reached in the primary literature.

The adopted heliocentric radial velocity, $v_r$, for each cluster is the average of the available measurements, each one weighted inversely as the published uncertainty.

A 'c' following the value for the central concentration index denotes a core-collapsed cluster. The listed values of $r_c$ and $c$ should not be used to calculate a value of tidal radius $r_t$ for core-collapsed clusters. Trager, Djorgovski, and King (in *Structure and Dynamics of Globular Clusters*, eds. Djorgovski and Meylan, ASP Conf. Series, **50**, 347, 1993) arbitrarily adopt $c = 2.50$ for such clusters, and these have been carried over to the present catalog. The 'c:' symbol denotes an uncertain identification of the cluster as being core-collapsed.

The cluster core radii, $r_c$, and the central concentration $c = \log(r_t/r_c)$, where $r_t$ is the tidal radius, are taken primarily from the comprehensive discussion of Trager, Djorgovski, and King (*op.cit.*). Updates for a few clusters (Pal 2, N6144, N6352, Ter 5, N6544, Pal 8, Pal 10, Pal 12, Pal 13) are taken from Trager, King, and Djorgovski, *Astron. Jour.*, **109**, 218, 1995.

*Radio Sources*

The list of radio source positions gives the 212 defining sources of the ICRF. Based upon the varying quality of the VLBI data analysis, the objects in the ICRF are classified in three categories:

defining, candidate and other sources. Data for all the 608 ICRF extragalactic radio sources can be obtained at http://hpiers.obspm.fr/icrs-pc/. The candidate source 3C 274 is included in the list due to its popularity.

The data presented here are taken from C. Ma and M. Feissel (eds), *Definition and Realization of the International Celestial Reference System by VLBI Astrometry of Extragalactic Objects*, International Earth Rotation Service (IERS) Technical Note **23**, Observatoire de Paris, 1997. The positions provide a practical realization of the ICRS. The column headed $V$ gives apparent visual magnitude, the column headed $z$ gives redshift, and the column headed $S_{5\mathrm{GHz}}$ gives the flux density in Janskys at 5 GHz. The codes listed under Type are given at the end of the table (page H75).

Data for the list of radio flux standards are due to Baars, J.W.M. *et al.*, *Astron. Astrophys.*, **61**, 99, 1977, as updated by Kraus, Krichbaum, Pauliny-Toth, and Witzel (current to 2007). Flux densities $S$, measured in Janskys, are given for twelve frequencies ranging from 400 to 43200 MHz. Positions are referred to the mean equinox and equator of J2000.0. Positions of 3C 48, 3C 147, 3C 274 and 3C 286 are taken from the ICRF database found at the website listed above. Positions of the other sources are due to Baars *et al.* (*op.cit.*).

The codes listed under the column headed "Spec." describe the spectrum: "Th" indicates thermal; "S" indicates that a straight line has been fitted to the data; "C-" indicates that a concave parabola has been fitted to the data.

### X-Ray Sources

The primary criterion for the selection of X-ray sources is having an identified optical counterpart. However, well-studied sources lacking optical counterparts are also included. The most commonly known name of the X-ray source appears in the column headed Name. Positions are for those of the optical counterparts, except when none is listed in the column headed Identified Counterpart. Positions and proper motions are taken from NOMAD described on page L15. The X-ray flux in the 2 – 10 keV energy range is given in micro-Janskys ($\mu$Jy) in the column headed Flux. In some cases, a range of flux values is presented, representing the variability of these sources. The identified optical counterpart (or companion in the case of an X-ray binary system) is listed in the column headed Identified Counterpart. The type of X-ray source is listed in the column headed Type. Neutron stars in binary systems that are known to exhibit many X-ray bursts are designated "B" for "Burster." X-ray sources that are suspected of being Black Holes have the "BHC" designation for "Black Hole Candidate." Supernova remnants have the "SNR" designation. Other neutron stars in binaries which do not burst and are not known as X-ray pulsars have been given the "NS" designation. All codes in the Type column are explained at the end of the table (page H78).

The data in this table are courtesy of M. Stollberg (USNO). He drew from several current source catalogs to compile the table. For the X-ray binary sources, the catalogs of van Paradijs (*X-Ray Binaries*, ed. W.H.G. Lewin, J. van Paradijs, and E.P.J. van den Heuvel, 536, 1995) and Liu, van Paradijs, and van den Heuvel (*Astron. Astrophys.*, **147**, 25, 2000) are used. Other sources are selected from the *Fourth Uhuru Catalog* (Forman *et al.*, *Astrophys. Jour. Supp.*, **38**, 357, 1978), hereafter referred to as 4U. Fluxes in $\mu$Jy in the 2 – 10 keV range for X-ray binary sources were readily given by the van Paradijs and Liu, van Paradijs, and van den Heuvel papers. Other fluxes were obtained by converting the 4U count rates. The conversion factor can be found in the paper "The Optical Counterparts of Compact Galactic X-ray Sources" by H.V.D. Bradt and J.E. McClintock (*Ann. Rev. Astron. Astrophys.*, **21**, 13, 1983).

The tabulated magnitudes are the optical magnitude of the counterpart in the $V$ filter, unless marked by an asterisk, in which case the $B$ magnitude is given. Variable magnitude objects are denoted by "V"; for these objects the tabulated magnitude pertains to maximum brightness.

Tables of X-Ray source data for several years are available in both PDF and ASCII formats on *The Astronomical Almanac Online*.

## Quasars

A set of quasars is selected from *A Catalogue of Quasars and Active Nuclei, 12th Edition* (M.-P. Véron-Cetty and P. Véron, *Astron. Astrophys.*, **455**, 773, 2006). This edition of the catalog contains quasars with measured redshift known prior to January 1st, 2006 and was motivated by the release of the last three installments of the Sloan Digital Sky Survey. Gravitationally lensed quasars and quasar pairs are excluded from the catalog.

The data are compiled by S. Stewart (USNO) based on the selection criteria suggested by W. Keel (Univ. of Alabama). The following selection criteria, that are not mutually exclusive, are used:

$V < 14.5$ (48 quasars);

$M(\text{abs}) \leq -30.6$ (8 quasars);

$z$ (redshift) $\geq 5.0$ (28 quasars);

6 cm flux density $\geq 5.3$ Janskys (15 quasars).

The sources PHL 5200, a bright quasar with with an interesting absorption system, and QSO 0302-003, a high-redshift quasar suitable for He II Gunn-Peterson observations, are also included. No objects classified as BL Lac or AGN (active galactic nuclei) are included.

Positions are either optical or radio and have accuracies better than 1 arcsecond; sources with approximate positions were excluded from the table. Apparent magnitudes are visual.

## Pulsars

Data for the 105 pulsars presented in this table are provided by Z. Arzoumanian (NASA/ GSFC). Tabulated information is derived from the pulsar catalog described by Manchester, R.N. *et al.*, (*Astron. Jour.*, **129**, 2005; http://www.atnf.csiro.au/research/pulsar/psrcat). Data for B0540-69 are derived from Johnston, S. *et al.*, (*Mon. Not. Roy. Astron. Soc.*, **355**, 31, 2004).

Pulsars chosen are either bright, with $S_{400}$, the mean flux density at 400 MHz, greater than 80 milli-Janskys; fast, with spin period less than 100 milli-seconds; or have binary companions. Pulsars without measured spin-down rates and very weak pulsars (with measured 400 MHz flux density below 0.9 milli-Jansky) are excluded. A few other interesting systems are also included.

Positions are referred to the equator and equinox of J2000.0. For each pulsar the period $P$ in seconds and the time rate of change $\dot{P}$ in $10^{-15} \, \text{s}\,\text{s}^{-1}$ are given for the specified epoch. The group velocity of radio waves is reduced from the speed of light in a vacuum by the dispersive effect of the interstellar medium. The dispersion measure DM is the integrated column density of free electrons along the line of sight to the pulsar; it is expressed in units $\text{cm}^{-3}$ pc. The epoch of the period is in Modified Julian Date (MJD), where MJD = JD $-$ 2400000.5.

## Gamma Ray Sources

The table of Gamma Ray Sources contains a selection of historically important sources, well known sources, and extremely bright sources. Bright, INTEGRAL detected transients and new unidentified TeV sources were added to the table in the 2008 edition. The table is a subset from a catalog of gamma ray sources (Macomb and Gehrels, *Astrophys. Jour. Supp.*, **120**, 335, 1999).

The table gives two designations for most sources: the most common source name in the column headed Name and an alternate name in the column headed Alternate Name. The Large Magellanic Cloud (LMC) is included in the table because it is an important gamma ray source for diffuse emission studies. The position given for the LMC is the centroid of detection for the EGRET instrument from the *Compton Gamma Ray Observatory* (CGRO). EGRET detected an integrated flux from the LMC thought to be due to cosmic ray interactions with the interstellar medium. The observed flux of the source is given with the upper and lower limits on the energy range (in MeV) over which it has been observed. The flux, in photons $\text{cm}^{-2}\text{s}^{-1}$, is an integrated flux over this energy range. In many cases, no upper limit energy is given. For those cases, the flux is the peak observed flux. For SN1987A, the flux given is only for a single observed spectral line; hence the designation "line" is given. The column headed Type uses a single letter code to identify the type of source; codes are defined at the end of the table on page H86.

Tables of Gamma Ray source data for several years are available in both PDF and ASCII formats on *The Astronomical Almanac Online*.

### Section J: Observatories

The list of observatories is intended to serve as a finder list for planning observations or other purposes not requiring precise coordinates. Members of the list are chosen on the basis of instrumentation, and being active in astronomical research, the results of which are published in the current scientific literature. Most of the observatories provided their own information, and the coordinates listed are for one of the instruments on their grounds. Thus the coordinates may be astronomical, geodetic, or other, and should not be used for rigorous reduction of observations. A searchable list of observatories is available on *The Astronomical Almanac Online*.

### Section K: Tables and Data

Selected astronomical constants are given on pages K6–K7, along with a short reference that indicates where the constants have been used, quoted or derived from. The following is the full reference list, together with the reference code used.

C: CODATA 2006, http://physics.nist.gov/constants.

CC: Report 10 of the IAU/IAG Working Group on Cartographic Coordinates & Rotational Elements: 2006, Seidelmann, P.K., *et al.*, *Celest. Mech.*, **98**, 155–180, 2007.

E: *IERS Conventions 2003*, Technical Note 32, McCarthy, D.D. & Petit, G., Chapter 1.

G: IAG XXII GA, 1999, Special Commission SC3, Fundamental Constants, Groten, E., *Geodesists Handbook 2000*, "Parameters of Common Relevance of Astronomy, Geodesy, and Geodynamics", *J. Geod.*, **74**, 134.

H: Hilton, J., *Astron. Jour.*, **117**, 1077, 1999.

$I_{06}$: IAU XXVI General Assembly (2006) resolutions, including the Report of the IAU Division I Working Group on Precession and the Ecliptic, *Celest. Mech.*, **94**, 351, 2006.

I: IAU XXIV General Assembly (2000), resolutions B1.5, B1.6, B1.9, and IAU2000A precession-nutation.

I*: IAU (1976) System of Astronomical Constants.

J: JPL IOM 312.F-98-048, Standish, E.M., 1998 (DE405/LE405 Ephemeris).

P: Capitaine, N., Wallace, P.T., & Chapront, J., *Astron. Astrophys.*, **412**, 567, 2003.

Both ASCII and PDF versions of K6–K7 are available from *The Astronomical Almanac Online* as are the IAU (1976) constants.

Constants are a topic that is under scrutiny of the IAU Working Group on Numerical Standards for Fundamental Astronomy (NSFA) and IAU Commission 52 on Relativity in Fundamental Astronomy (RIFA). NSFA is developing a list of "Current Best Estimates" to be presented at the 2009 IAU. This list may be found at http://maia.usno.navy.mil/NSFA.html, while RIFA (see http://astro.geo.tu-dresden.de/RIFA) is discussing issues related to the relativistic aspects of the astronomical constants and their units.

The $\Delta T$ values provided on pages K8–K9 are not necessarily those used in the production of *The Astronomical Almanac* or its predecessors. They are tabulated primarily for those involved in historical research. Estimates of $\Delta T$ are derived from data published in Bulletins B and C of the International Earth Rotation and Reference Systems Service (IERS) (see http://www.iers.org/MainDisp.csl?pid=36-9). Coordinates of the celestial pole (from 2003, the Celestial Intermediate Pole) on page K10 are also taken from section 2 of IERS Bulletin B.

Pages K11–K13, on "Reduction of Terrestrial Coordinates", which includes information on the International Terrestrial Reference Frame, has been updated by Dr. G. Appleby, Head of the UK Space Geodesy Facility at Herstmonceux.

## Section M: Glossary

The definitions provided in the glossary have been composed by staff members of Her Majesty's Nautical Almanac Office and the US Naval Observatory's Astronomical Applications Department. Various astronomical dictionaries and encyclopedia are used to ensure correctness and to develop particular phrasing. E. M. Standish (Jet Propulsion Laboratory, California Institute of Technology) and S. Klioner (Technischen Universität Dresden) were also consulted in updating the content of the definitions in recent editions.

Definitions of some glossary entries contain terms that are defined elsewhere in the section. These are given in italics.

The glossary is not intended to be a complete astronomical reference, but instead clarify terms used within *The Astronomical Almanac* and *The Astronomical Almanac Online*. A PDF version and an HTML version are found on *The Astronomical Almanac Online*.

WWW  This symbol indicates that these data or auxiliary material may also be found on *The Astronomical Almanac Online* at **http://asa.usno.navy.mil** and **http://asa.hmnao.com**

**ΔT:** the difference between *Terrestrial Time (TT)* and *Universal Time (UT)*: $\Delta T = TT - UT1$.

**ΔUT1 (or ΔUT):** the value of the difference between *Universal Time (UT)* and *Coordinated Universal Time (UTC)*: $\Delta UT1 = UT1 - UTC$.

**aberration (of light):** the relativistic apparent angular displacement of the observed position of a celestial object from its *geometric position*, caused by the motion of the observer in the reference system in which the trajectories of the observed object and the observer are described. (See *aberration, planetary.*)

> **aberration, annual:** the component of *stellar aberration* resulting from the motion of the Earth about the Sun. (See *aberration, stellar.*)

> **aberration, diurnal:** the component of *stellar aberration* resulting from the observer's *diurnal motion* about the center of the Earth due to Earth's rotation. (See *aberration, stellar.*)

> **aberration, E terms of:** the terms of *annual aberration* which depend on the *eccentricity* and longitude of *perihelion* of the Earth. (See *aberration, annual; perihelion.*)

> **aberration, elliptic:** see *aberration, E terms of.*

> **aberration, planetary:** the apparent angular displacement of the observed position of a solar system body from its instantaneous geometric direction as would be seen by an observer at the geocenter. This displacement is produced by the combination of *aberration of light* and *light time displacement.*

> **aberration, secular:** the component of *stellar aberration* resulting from the essentially uniform and almost rectilinear motion of the entire solar system in space. Secular *aberration* is usually disregarded. (See *aberration, stellar.*)

> **aberration, stellar:** the apparent angular displacement of the observed position of a celestial body resulting from the motion of the observer. Stellar *aberration* is divided into diurnal, annual, and secular components. (See *aberration, annual; aberration, diurnal; aberration, secular.*)

**altitude:** the angular distance of a celestial body above or below the *horizon*, measured along the great circle passing through the body and the *zenith*. Altitude is 90° minus the *zenith distance*.

**annual parallax:** see *parallax, heliocentric.*

**anomaly:** the angular separation of a body in its *orbit* from its *pericenter*.

> **anomaly, eccentric:** in undisturbed elliptic motion, the angle measured at the center of the *orbit* ellipse from *pericenter* to the point on the circumscribing auxiliary circle from which a perpendicular to the major axis would intersect the orbiting body. (See *anomaly, mean; anomaly, true.*)

> **anomaly, mean:** the product of the *mean motion* of an orbiting body and the interval of time since the body passed the *pericenter*. Thus, the mean *anomaly* is the angle from the pericenter of a hypothetical body moving with a constant angular speed that is equal to the mean motion. In realistic computations, with disturbances taken into account, the mean anomaly is equal to its initial value at an *epoch* plus an integral of the mean motion over the time elapsed since the epoch. (See *anomaly, eccentric; anomaly, mean at epoch; anomaly, true.*)

> **anomaly, mean at epoch:** the value of the *mean anomaly* at a specific *epoch*, i.e., at some fiducial moment of time. It is one of the six *Keplerian elements* that specify an *orbit*. (See *Keplerian Elements; orbital elements.*)

> **anomaly, true:** the angle, measured at the focus nearest the *pericenter* of an *elliptical orbit*, between the pericenter and the radius vector from the focus to the orbiting body; one of the standard *orbital elements*. (See *anomaly, eccentric; anomaly, mean; orbital elements.*)

**aphelion:** the point in an *orbit* that is the most distant from the Sun.

**apocenter:** the point in an *orbit* that is farthest from the origin of the reference system. (See *aphelion; apogee.*)

**apogee:** the point in an *orbit* that is the most distant from the Earth. Apogee is sometimes used with reference to the apparent orbit of the Sun around the Earth.

**apparent place:** coordinates of a celestial object, referred to the *true equator and equinox* at a specific date, obtained by removing from the directly observed position of the object the effects that depend on the *topocentric* location of the observer, i.e., *refraction, diurnal aberration,* and *geocentric (diurnal) parallax.* Thus, the position at which the object would actually be seen from the center of the Earth — if the Earth were transparent, nonrefracting, and massless — referred to the *true equator* and *equinox.* (See *aberration, diurnal.*)

**apparent solar time:** see *solar time, apparent.*

**appulse:** the least apparent distance between one celestial object and another, as viewed from a third body. For objects moving along the *ecliptic* and viewed from the Earth, the time of appulse is close to that of *conjunction* in *ecliptic longitude.*

**Aries, First point of:** another name for the *vernal equinox.*

**aspect:** the position of any of the planets or the Moon relative to the Sun, as seen from the Earth.

**astrometric ephemeris:** an *ephemeris* of a solar system body in which the tabulated positions are *astrometric places.* Values in an astrometric ephemeris are essentially comparable to catalog *mean places* of stars after the star positions have been updated for *proper motion* and *parallax.*

**astrometric place:** direction of a solar system body formed by applying the correction for *light time displacement* to the *geometric position.* Such a position is directly comparable with the astrometric positions of stars after the star positions have been updated for *proper motion* and *parallax.*

**astronomical coordinates:** the longitude and latitude of the point on Earth relative to the *geoid.* These coordinates are influenced by local gravity anomalies. (See *latitude, terrestrial; longitude, terrestrial; zenith.*)

**astronomical refraction:** see *refraction, astronomical.*

**astronomical unit (au):** the radius of a circular *orbit* in which a body of negligible mass, and free of *perturbations,* would revolve around the Sun in $2\pi/k$ *days,* $k$ being the *Gaussian gravitational constant.* This is slightly less than the *semimajor axis* of the Earth's orbit.

**astronomical zenith:** see *zenith, astronomical.*

**atomic second:** see *second, Système International (SI).*

**augmentation:** the amount by which the apparent *semidiameter* of a celestial body, as observed from the surface of the Earth, is greater than the semidiameter that would be observed from the center of the Earth.

**autumnal equinox:** see *equinox, autumnal.*

**azimuth:** the angular distance measured eastward along the *horizon* from a specified reference point (usually north). Azimuth is measured to the point where the great circle determining the *altitude* of an object meets the horizon.

**barycenter:** the center of mass of a system of bodies; e.g., the center of mass of the solar system or the Earth Moon system.

**barycentric:** with reference to, or pertaining to, the *barycenter* (usually of the solar system).

**Barycentric Celestial Reference System (BCRS):** a system of *barycentric* space time coordinates for the solar system within the framework of General Relativity. The metric tensor to be used in the system is specified by the *IAU* 2000 resolution B1.3. For all practical applications, unless otherwise stated, the BCRS is assumed to be oriented according to the *ICRS* axes. (See *Barycentric Coordinate Time (TCB)*.)

**Barycentric Coordinate Time (TCB):** the coordinate time of the *Barycentric Celestial Ref erence System (BCRS)*, which advances by *SI seconds* within that system. TCB is related to *Geocentric Coordinate Time (TCG)* and *Terrestrial Time (TT)* by relativistic transformations that include a secular term. (See *second, Système International (SI)*.)

**Barycentric Dynamical Time (TDB):** A time scale defined by the *IAU* (originally in 1976; named in 1979; revised in 2006) for use as an independent argument of *barycentric ephem erides* and equations of motion. TDB is a linear function of *Barycentric Coordinate Time (TCB)* that on average tracks *TT* over long *periods* of time; differences between TDB and TT evaluated at the Earth's surface remain under 2 ms for several thousand *years* around the current *epoch*. TDB is functionally equivalent to $T_{\text{eph}}$, the independent argument of the JPL planetary and lunar ephemerides DE405/LE405. (See *second, Système International (SI)*.)

**Besselian elements:** quantities tabulated for the calculation of accurate predictions of an *eclipse* or *occultation* for any point on or above the surface of the Earth.

**calendar:** a system of reckoning time in units of solar *days*. The days are enumerated according to their position in cyclic patterns usually involving the motions of the Sun and/or the Moon.

> **calendar, Gregorian:** The *calendar* introduced by Pope Gregory XIII in 1582 to replace the *Julian calendar*. This calendar is now used as the civil calendar in most countries. In the Gregorian calendar, every *year* that is exactly divisible by four is a leap year, except for centurial years, which must be exactly divisible by 400 to be leap years. Thus 2000 was a leap year, but 1900 and 2100 are not leap years.

> **calendar, Julian:** the *calendar* introduced by Julius Caesar in 46 B.C. to replace the Roman calendar. In the Julian calendar a common *year* is defined to comprise 365 *days*, and every fourth year is a leap year comprising 366 days. The Julian calendar was superseded by the *Gregorian calendar*.

> **calendar, proleptic:** the extrapolation of a *calendar* prior to its date of introduction.

**catalog equinox:** see *equinox, catalog*.

**Celestial Ephemeris Origin (CEO):** the original name for the *Celestial Intermediate Origin (CIO)* given in the *IAU* 2000 resolutions. Obsolete.

**celestial equator:** the plane perpendicular to the *Celestial Intermediate Pole (CIP)*. Colloquially, the projection onto the *celestial sphere* of the Earth's *equator*. (See *mean equator and equinox; true equator and equinox*.)

**Celestial Intermediate Origin (CIO):** the non rotating origin of the *Celestial Intermediate Reference System*. Formerly referred to as the *Celestial Ephemeris Origin (CEO)*.

**Celestial Intermediate Origin Locator (CIO Locator):** denoted by $s$, is the difference between the *Geocentric Celestial Reference System (GCRS) right ascension* and the intermediate right ascension of the intersection of the *GCRS* and intermediate *equators*.

**Celestial Intermediate Pole (CIP):** the reference pole of the *IAU 2000A precession nutation* model. The motions of the CIP are those of the Tisserand mean axis of the Earth with *periods* greater than two *days*. (See *nutation; precession*.)

**Celestial Intermediate Reference System:** a *geocentric* reference system related to the *Geo centric Celestial Reference System (GCRS)* by a time dependent rotation taking into account *precession nutation*. It is defined by the intermediate *equator* of the *Celestial Intermediate Pole (CIP)* and the *Celestial Intermediate Origin (CIO)* on a specific date.

**celestial pole:** see *pole, celestial*.

**celestial sphere:** an imaginary sphere of arbitrary radius upon which celestial bodies may be considered to be located. As circumstances require, the celestial sphere may be centered at the observer, at the Earth's center, or at any other location.

**center of figure:** that point so situated relative to the apparent figure of a body that any line drawn through it divides the figure into two parts having equal apparent areas. If the body is oddly shaped, the center of figure may lie outside the figure itself.

**center of light:** same as *center of figure* except referring only to the illuminated portion.

**conjunction:** the phenomenon in which two bodies have the same apparent *ecliptic longitude* or *right ascension* as viewed from a third body. Conjunctions are usually tabulated as *geocentric* phenomena. For Mercury and Venus, geocentric inferior conjunctions occur when the planet is between the Earth and Sun, and superior conjunctions occur when the Sun is between the planet and Earth. (See *longitude, ecliptic.*)

**constellation:** **1.** A grouping of stars, usually with pictorial or mythical associations, that serves to identify an area of the *celestial sphere*. **2.** One of the precisely defined areas of the celestial sphere, associated with a grouping of stars, that the *International Astronomical Union (IAU)* has designated as a constellation.

**Coordinated Universal Time (UTC):** the time scale available from broadcast time signals. UTC differs from *International Atomic Time (TAI)* by an integral number of *seconds*; it is maintained within $\pm0\overset{s}{.}9$ seconds of *UT1* by the introduction of *leap seconds*. (See *International Atomic Time (TAI); leap second; Universal Time (UT).*)

**culmination:** the passage of a celestial object across the observer's *meridian*; also called "meridian passage".

    **culmination, lower:** (also called "*culmination* below pole" for circumpolar stars and the Moon) is the crossing farther from the observer's *zenith*.

    **culmination, upper:** (also called "*culmination* above pole" for circumpolar stars and the Moon) or *transit* is the crossing closer to the observer's *zenith*.

**day:** an interval of 86 400 *SI seconds*, unless otherwise indicated. (See *second, Système International (SI).*)

**declination:** angular distance on the *celestial sphere* north or south of the *celestial equator*. It is measured along the *hour circle* passing through the celestial object. Declination is usually given in combination with *right ascension* or *hour angle*.

**defect of illumination:** (sometimes, greatest defect of illumination): the maximum angular width of the unilluminated portion of the apparent disk of a solar system body measured along a radius.

**deflection of light:** the angle by which the direction of a light ray is altered from a straight line by the gravitational field of the Sun or other massive object. As seen from the Earth, objects appear to be deflected radially away from the Sun by up to $1''.75$ at the Sun's *limb*. Correction for this effect, which is independent of wavelength, is included in the transformation from *mean place* to *apparent place*.

**deflection of the vertical:** the angle between the astronomical *vertical* and the geodetic vertical. (See *astronomical coordinates; geodetic coordinates; zenith.*)

**delta T:** see $\Delta T$.

**delta UT1:** see $\Delta UT1$ (or $\Delta UT$).

**direct motion:** for orbital motion in the solar system, motion that is counterclockwise in the *orbit* as seen from the north pole of the *ecliptic*; for an object observed on the *celestial sphere*, motion that is from west to east, resulting from the relative motion of the object and the Earth.

**diurnal motion:** the apparent daily motion, caused by the Earth's rotation, of celestial bodies across the sky from east to west.

**diurnal parallax:** see *parallax, geocentric.*

**dynamical equinox:** the ascending *node* of the Earth's mean *orbit* on the Earth's *true equator*; i.e., the intersection of the *ecliptic* with the *celestial equator* at which the Sun's *declination* changes from south to north. (See *catalog equinox; equinox; true equator and equinox.*)

**dynamical time:** the family of time scales introduced in 1984 to replace *ephemeris time (ET)* as the independent argument of dynamical theories and *ephemerides*. (See *Barycentric Dynamical Time (TDB); Terrestrial Time (TT).*)

**Earth Rotation Angle (ERA):** the angle, $\theta$, measured along the *equator* of the *Celestial Intermediate Pole (CIP)* between the direction of he *Celestial Intermediate Origin (CIO)* and the *Terrestrial Intermediate Origin (TIO)*. It is a linear function of *UT1*; its time derivative is the Earth's angular velocity.

**eccentricity: 1.** A parameter that specifies the shape of a conic secton. **2.** One of the standard *elements* used to describe an elliptic or *hyperbolic orbit*. For an *elliptical orbit*, the quantity $e = \sqrt{1 - (b^2/a^2)}$, where $a$ and $b$ are the lengths of the *semimajor* and semiminor axes, respectively. (See *orbital elements.*)

**eclipse:** the obscuration of a celestial body caused by its passage through the shadow cast by another body.

> **eclipse, annular:** a *solar eclipse* in which the solar disk is not completely covered but is seen as an annulus or ring at maximum *eclipse*. An annular eclipse occurs when the apparent disk of the Moon is smaller than that of the Sun. (See *eclipse, solar.*)

> **eclipse, lunar:** an *eclipse* in which the Moon passes through the shadow cast by the Earth. The eclipse may be total (the Moon passing completely through the Earth's *umbra*), partial (the Moon passing partially through the Earth's umbra at maximum eclipse), or penumbral (the Moon passing only through the Earth's *penumbra*).

> **eclipse, solar:** actually an *occultation* of the Sun by the Moon in which the Earth passes through the shadow cast by the Moon. It may be total (observer in the Moon's *um bra*), partial (observer in the Moon's *penumbra*), annular, or annular total. (See *eclipse, annular.*)

**ecliptic: 1.** The mean plane of the *orbit* of the Earth Moon *barycenter* around the solar system barycenter. **2.** The apparent path of the Sun around the *celestial sphere*.

**ecliptic latitude:** see *latitude, ecliptic.*

**ecliptic longitude:** see *longitude, ecliptic.*

**elements:** a set of parameters used to describe the position and/or motion of an astronomical object.

> **elements, Besselian:** see *Besselian elements.*

> **elements, Keplerian:** see *Keplerian Elements.*

> **elements, mean:** see *mean elements.*

> **elements, orbital:** see *orbital elements.*

> **elements, osculating:** see *osculating elements.*

**elongation:** the *geocentric* angle between two celestial objects.

> **elongation, greatest:** the maximum value of a *planetary elongation* for a solar system body that remains interior to the Earth's *orbit*, or the maximum value of a *satellite elongation*.

> **elongation, planetary:** the *geocentric* angle between a planet and the Sun. Planetary *elongations* are measured from 0° to 180°, east or west of the Sun.

> **elongation, satellite:** the *geocentric* angle between a satellite and its primary. Satellite *elongations* are measured from 0° east or west of the planet.

**epact: 1.** The age of the Moon. **2.** The number of *days* since new moon, diminished by one day, on January 1 in the Gregorian ecclesiastical lunar cycle. (See *calendar, Gregorian; lunar phases.*)

**ephemeris:** a tabulation of the positions of a celestial object in an orderly sequence for a number of dates.

**ephemeris hour angle:** an *hour angle* referred to the *ephemeris meridian*.

**ephemeris longitude:** longitude measured eastward from the *ephemeris meridian*. (See *longitude, terrestrial*.)

**ephemeris meridian:** a fictitious *meridian* that rotates independently of the Earth at the uniform rate implicitly defined by *Terrestrial Time (TT)*. The *ephemeris* meridian is $1.002\,738\ \Delta T$ east of the Greenwich meridian, where $\Delta T = TT - UT1$.

**ephemeris time (ET):** the time scale used prior to 1984 as the independent variable in gravitational theories of the solar system. In 1984, ET was replaced by *dynamical time*.

**ephemeris transit:** the passage of a celestial body or point across the *ephemeris meridian*.

**epoch:** an arbitrary fixed instant of time or date used as a chronological reference datum for *calendars*, celestial reference systems, star catalogs, or orbital motions. (See *calendar; orbit*.)

**equation of the equinoxes:** the difference apparent *sidereal time* minus mean sidereal time, due to the effect of *nutation* in longitude on the location of the *equinox*. Equivalently, the difference between the *right ascensions* of the *true* and *mean equinoxes*, expressed in time units. (See *sidereal time*.)

**equation of the origins:** the arc length, measured positively eastward, from the *Celestial Intermediate Origin (CIO)* to the *equinox* along the intermediate *equator*; alternatively the difference between the *Earth Rotation Angle (ERA)* and *Greenwich Apparent Sidereal Time (ERA − GAST)*.

**equation of time:** the difference *apparent solar time* minus *mean solar time*.

**equator:** the great circle on the surface of a body formed by the intersection of the surface with the plane passing through the center of the body perpendicular to the axis of rotation. (See *celestial equator*.)

**equinox: 1.** Either of the two points on the *celestial sphere* at which the *ecliptic* intersects the *celestial equator*. **2.** The time at which the Sun passes through either of these intersection points; i.e., when the apparent *ecliptic longitude* of the Sun is 0° or 180°. **3.** The *vernal equinox*. (See *mean equator and equinox; true equator and equinox*.)

    **equinox, autumnal: 1.** The decending *node* of the *ecliptic* on the *celestial sphere*. **2.** The time which the apparent *ecliptic longitude* of the Sun is 180°.

    **equinox, catalog:** the intersection of the *hour angle* of zero right ascension of a star catalog with the *celestial equator*. Obsolete.

    **equinox, dynamical:** the ascending *node* of the *ecliptic* on the Earth's *true equator*.

    **equinox, vernal: 1.** The ascending *node* of the *ecliptic* on the *celestial equator*. **2.** The time at which the apparent *ecliptic longitude* of the Sun is 0°.

**era:** a system of chronological notation reckoned from a specific event.

**ERA:** see *Earth Rotation Angle (ERA)*.

**flattening:** a parameter that specifies the degree by which a planet's figure differs from that of a sphere; the ratio $f = (a - b)/a$, where $a$ is the equatorial radius and $b$ is the polar radius.

**frame bias:** the orientation of the *mean equator and equinox* of J2000.0 with respect to the *Geocentric Celestial Reference System (GCRS)*. It is defined by three small and constant angles, two of which describe the offset of the mean pole at J2000.0 and the other is the *GCRS right ascension* of the mean inertial *equinox* of J2000.0.

**frequency:** the number of *periods* of a regular, cyclic phenomenon in a given measure of time, such as a *second* or a *year*. (See *period; second, Système International (SI); year*.)

**frequency standard:** a generator whose output is used as a precise *frequency* reference; a primary frequency standard is one whose frequency corresponds to the adopted definition of the *second*, with its specified accuracy achieved without calibration of the device. (See *second, Système International (SI)*.)

**GAST:** see *Greenwich Apparent Sidereal Time (GAST)*.

**Gaussian gravitational constant:** k = 0.017 202 098 95: the constant defining the astronomical system of units of length (*astronomical unit (au)*), mass (solar mass) and time (*day*), by means of Kepler's third law. The dimensions of $k^2$ are those of Newton's constant of gravitation: $L^3M^{-1}T^{-2}$.

**geocentric:** with reference to, or pertaining to, the center of the Earth.

**Geocentric Celestial Reference System (GCRS):** a system of *geocentric* space time coordi nates within the framework of General Relativity. The metric tensor used in the system is specified by the *IAU* 2000 resolutions. The GCRS is defined such that its spatial coordinates are kinematically non rotating with respect to those of the *Barycentric Celestial Reference System (BCRS)*. (See *Geocentric Coordinate Time (TCG)*.)

**Geocentric Coordinate Time (TCG):** the coordinate time of the *Geocentric Celestial Refer ence System (GCRS)*, which advances by *SI seconds* within that system. TCG is related to *Barycentric Coordinate Time (TCB)* and *Terrestrial Time (TT)*, by relativistic transformations that include a secular term. (See *second, Système International (SI)*.)

**geocentric coordinates: 1.** The latitude and longitude of a point on the Earth's surface relative to the center of the Earth. **2.** Celestial coordinates given with respect to the center of the Earth. (See *latitude, terrestrial; longitude, terrestrial; zenith*.)

**geocentric zenith:** see *zenith, geocentric*.

**geodetic coordinates:** the latitude and longitude of a point on the Earth's surface determined from the geodetic *vertical* (normal to the reference ellipsoid). (See *latitude, terrestrial; longitude, terrestrial; zenith*.)

**geodetic zenith:** see *zenith, geodetic*.

**geoid:** an equipotential surface that coincides with mean sea level in the open ocean. On land it is the level surface that would be assumed by water in an imaginary network of frictionless channels connected to the ocean.

**geometric position:** the position of an object defined by a straight line (vector) between the center of the Earth (or the observer) and the object at a given time, without any corrections for *light time, aberration*, etc.

**GMST:** see *Greenwich Mean Sidereal Time (GMST)*.

**greatest defect of illumination:** see *defect of illumination*.

**Greenwich Apparent Sidereal Time (GAST):** the Greenwich *hour angle* of the *true equinox* of date.

**Greenwich Mean Sidereal Time (GMST):** the Greenwich *hour angle* of the *mean equinox* of date.

**Greenwich sidereal date (GSD):** the number of *sidereal days* elapsed at Greenwich since the beginning of the Greenwich sidereal *day* that was in progress at the *Julian date (JD)* 0.0.

**Greenwich sidereal day number:** the integral part of the *Greenwich sidereal date (GSD)*.

**Gregorian calendar:** see *calendar, Gregorian*.

**height:** the distance above or below a reference surface such as mean sea level on the Earth or a planetographic reference surface on another solar system planet.

**heliocentric:** with reference to, or pertaining to, the center of the Sun.

**heliocentric parallax:** see *parallax, heliocentric*.

**horizon: 1.** A plane perpendicular to the line from an observer through the *zenith*. **2.** The observed border between Earth and the sky.

**horizon, astronomical:** the plane perpendicular to the line from an observer to the *astro nomical zenith* that passes through the point of observation.

**horizon, geocentric:** the plane perpendicular to the line from an observer to the *geocentric zenith* that passes through the center of the Earth.

**horizon, natural:** the border between the sky and the Earth as seen from an observation point.

**horizontal parallax:** see *parallax, horizontal.*

**horizontal refraction:** see *refraction, horizontal.*

**hour angle:** angular distance on the *celestial sphere* measured westward along the *celestial equator* from the *meridian* to the *hour circle* that passes through a celestial object.

**hour circle:** a great circle on the *celestial sphere* that passes through the *celestial poles* and is therefore perpendicular to the *celestial equator.*

**IAU:** see *International Astronomical Union (IAU).*

**illuminated extent:** the illuminated area of an apparent planetary disk, expressed as a solid angle.

**inclination: 1.** The angle between two planes or their poles. **2.** Usually, the angle between an orbital plane and a reference plane. **3.** One of the standard *orbital elements* that specifies the orientation of the *orbit.* (See *orbital elements.*)

**instantaneous orbit:** see *orbit, instantaneous.*

**intercalate:** to insert an interval of time (e.g., a *day* or a *month*) within a *calendar,* usually so that it is synchronized with some natural phenomenon such as the seasons or *lunar phases.*

**International Astronomical Union (IAU):** an international non governmental organization that promotes the science of astronomy. The IAU is composed of both national and individual members. In the field of positional astronomy, the IAU, among other activities, recommends standards for data analysis and modeling, usually in the form of resolutions passed at General Assemblies held every three *years.*

**International Atomic Time (TAI):** the continuous time scale resulting from analysis by the Bureau International des Poids et Mesures of atomic time standards in many countries. The fundamental unit of TAI is the *SI second* on the *geoid,* and the *epoch* is 1958 January 1. (See *second, Système International (SI).*)

**International Celestial Reference Frame (ICRF): 1.** A set of extragalactic objects whose adopted positions and uncertainties realize the *International Celestial Reference System (ICRS)* axes and give the uncertainties of those axes. **2.** The name of the radio catalog whose 212 defining sources serve as fiducial points to fix the axes of the *ICRS,* recommended by the *International Astronomical Union (IAU)* in 1997.

**International Celestial Reference System (ICRS):** a time independent, kinematically non rotating *barycentric* reference system recommended by the *International Astronomical Union (IAU)* in 1997. Its axes are those of the *International Celestial Reference Frame (ICRF).*

**International Terrestrial Reference Frame (ITRF):** a set of reference points on the surface of the Earth whose adopted positions and velocities fix the rotating axes of the *International Terrestrial Reference System (ITRS).*

**International Terrestrial Reference System (ITRS):** a time dependent, non inertial reference system co moving with the geocenter and rotating with the Earth. The ITRS is the recom mended system in which to express positions on the Earth.

**invariable plane:** the plane through the center of mass of the solar system perpendicular to the angular momentum vector of the solar system.

**irradiation:** an optical effect of contrast that makes bright objects viewed against a dark background appear to be larger than they really are.

**Julian calendar:** see *calendar, Julian.*

**Julian date (JD):** the interval of time in *days* and fractions of a day, since 4713 B.C. January 1, Greenwich noon, Julian *proleptic calendar.* In precise work, the timescale, e.g., *Terrestrial Time (TT)* or *Universal Time (UT)*, should be specified.

**Julian date, modified (MJD):** the *Julian date (JD)* minus 2400000.5.

**Julian day number:** the integral part of the *Julian date (JD)*.

**Julian year:** see *year, Julian.*

**Keplerian Elements:** a certain set of six *orbital elements*, sometimes referred to as the Keplerian set. Historically, this set included the *mean anomaly* at the *epoch*, the *semimajor axis*, the *eccentricity* and three Euler angles: the *longitude of the ascending node*, the *inclination*, and the *argument of pericenter*. The time of *pericenter* passage is often used as part of the Keplerian set instead of the mean *anomaly* at the epoch. Sometimes the longitude of pericenter (which is the sum of the longitude of the ascending *node* and the argument of pericenter) is used instead of either the longitude of the ascending node or the argument of pericenter.

**Laplacian plane: 1.** For planets see *invariable plane.* **2.** For a system of satellites, the fixed plane relative to which the vector sum of the disturbing forces has no orthogonal component.

**latitude, celestial:** see *latitude, ecliptic.*

**latitude, ecliptic:** angular distance on the *celestial sphere* measured north or south of the *ecliptic* along the great circle passing through the poles of the ecliptic and the celestial object. Also referred to as *celestial latitude.*

**latitude, terrestrial:** angular distance on the Earth measured north or south of the *equator* along the *meridian* of a geographic location.

**leap second:** a *second* inserted as the $61^{st}$ second of a minute at announced times to keep *UTC* within $0^s9$ of *UT1*. Generally, leap seconds are added at the end of June or December as necessary, but may be inserted at the end of any *month*. Although it has never been utilized, it is possible to have a negative leap second in which case the $60^{th}$ second of a minute would be removed. (See *Coordinated Universal Time (UTC); second, Système International (SI); Universal Time (UT).*)

**librations:** the real or apparent oscillations of a body around a reference point. When referring to the Moon, librations are variations in the orientation of the Moon's surface with respect to an observer on the Earth. Physical librations are due to variations in the orientation of the Moon's rotational axis in inertial space. The much larger optical librations are due to variations in the rate of the Moon's orbital motion, the *obliquity* of the Moon's *equator* to its orbital plane, and the diurnal changes of geometric perspective of an observer on the Earth's surface.

**light time:** the interval of time required for light to travel from a celestial body to the Earth.

**light time displacement:** the difference between the geometric and *astrometric place* of a solar system body. It is caused by the motion of the body during the interval it takes light to travel from the body to Earth.

**light year:** the distance that light traverses in a vacuum during one *year*. Since there are various ways to define a year, there is an ambiguity in the exact distance; the *IAU* recommends using the *Julian year* as the time basis. A light year is approximately $9.46 \times 10^{12}$ km, $5.88 \times 10^{12}$ statute miles, $6.32 \times 10^4$ *au*, and $3.07 \times 10^{-1}$ *parsecs*. Often distances beyond the solar system are given in parsecs. (See *parsec*.)

**light, deflection of:** see *deflection of light.*

**limb:** the apparent edge of the Sun, Moon, or a planet or any other celestial body with a detectable disk.

**limb correction:** generally, a small angle (positive or negative) that is added to the tabulated apparent *semidiameter* of a body to compensate for local topography at a specific point along the *limb*. Specifically for the Moon, the angle taken from the Watts lunar limb data (Watts, C. B., APAE XVII, 1963) that is used to correct the semidiameter of the Watts mean limb. The correction is a function of position along the limb and the apparent *librations*. The Watts mean limb is a circle whose center is offset by about 0″.6 from the direction of the Moon's center of mass and whose radius is about 0″.4 greater than the semidiameter of the Moon that is computed based on its *IAU* adopted radius in kilometers.

**local sidereal time:** the *hour angle* of the *vernal equinox* with respect to the local *meridian*.

**longitude of the ascending node:** given an *orbit* and a reference plane through the primary body (or center of mass): the angle, $\Omega$, at the primary, between a fiducial direction in the reference plane and the point at which the orbit crosses the reference plane from south to north. Equivalently, $\Omega$ is one of the angles in the reference plane between the fiducial direction and the line of *nodes*. It is one of the six *Keplerian elements* that specify an orbit. For planetary orbits, the primary is the Sun, the reference plane is usually the *ecliptic*, and the fiducial direction is usually toward the *equinox*. (See *node; orbital elements*.)

**longitude, celestial:** see *longitude, ecliptic*.

**longitude, ecliptic:** angular distance on the *celestial sphere* measured eastward along the *ecliptic* from the *dynamical equinox* to the great circle passing through the poles of the ecliptic and the celestial object. Also referred to as *celestial longitude*.

**longitude, terrestrial:** angular distance measured along the Earth's *equator* from the Greenwich *meridian* to the meridian of a geographic location.

**luminosity class:** distinctions in intrinsic brightness among stars of the same *spectral type*, typically given as a Roman numeral. It denotes if a star is a supergiant (Ia or Ib), giant (II or III), subgiant (IV), or main sequence — also called dwarf (V). Sometimes subdwarfs (VI) and white dwarfs (VII) are regarded as luminosity classes. (See *spectral types or classes*.)

**lunar phases:** cyclically recurring apparent forms of the Moon. New moon, first quarter, full moon and last quarter are defined as the times at which the excess of the apparent *ecliptic longitude* of the Moon over that of the Sun is $0°$, $90°$, $180°$ and $270°$, respectively. (See *longitude, ecliptic*.)

**lunation:** the *period* of time between two consecutive new moons.

**magnitude of a lunar eclipse:** the fraction of the lunar diameter obscured by the shadow of the Earth at the greatest *phase* of a *lunar eclipse*, measured along the common diameter. (See *eclipse, lunar*.)

**magnitude of a solar eclipse:** the fraction of the solar diameter obscured by the Moon at the greatest *phase* of a *solar eclipse*, measured along the common diameter. (See *eclipse, solar*.)

**magnitude, stellar:** a measure on a logarithmic scale of the brightness of a celestial object. Since brightness varies with wavelength, often a wavelength band is specified. A factor of 100 in brightness is equivalent to a change of 5 in stellar magnitude, and brighter sources have lower magnitudes. For example, the bright star Sirius has a visual band magnitude of $-1.46$ whereas the faintest stars detectable with an unaided eye under ideal conditions have visual band magnitudes of about 6.0.

**mean distance:** an average distance between the primary and the secondary gravitating body. The meaning of the mean distance depends upon the chosen method of averaging (i.e., averaging over the time, or over the *true anomaly*, or the *mean anomaly*. It is also important what power of the distance is subject to averaging.) In this volume the mean distance is defined as the inverse of the time averaged reciprocal distance: $\left(\int r^{-1}dt\right)^{-1}$ . In the two body setting, when the disturbances are neglected and the *orbit* is elliptic, this formula yields the *semimajor axis*, $a$, which plays the role of mean distance.

**mean elements:** average values of the *orbital elements* over some section of the *orbit* or over some interval of time. They are interpreted as the *elements* of some reference (mean) orbit that approximates the actual one and, thus, may serve as the basis for calculating orbit *perturbations*. The values of mean elements depend upon the chosen method of averaging and upon the length of time over which the averaging is made.

**mean equator and equinox:** the celestial coordinate system defined by the orientation of the Earth's equatorial plane on some specified date together with the direction of the *dynamical equinox* on that date, neglecting *nutation*. Thus, the mean *equator* and *equinox* moves in response only to *precession*. Positions in a star catalog have traditionally been referred to a catalog *equator* and equinox that approximate the mean equator and equinox of a *standard epoch*. (See *catalog equinox; true equator and equinox.*)

**mean motion:** in undisturbed elliptic motion, the constant angular speed required for a body to complete one revolution in an *orbit* of a specified *semimajor axis*.

**mean place:** coordinates of a star or other celestial object (outside the solar system) at a specific date, in the *Barycentric Celestial Reference System (BCRS)*. Conceptually, the coordinates represent the direction of the object as it would hypothetically be observed from the solar system *barycenter* at the specified date, with respect to a fixed coordinate system (e.g., the axes of the *International Celestial Reference Frame (ICRF)*), if the masses of the Sun and other solar system bodies were negligible.

**mean solar time:** see *solar time, mean.*

**meridian:** a great circle passing through the *celestial poles* and through the *zenith* of any location on Earth. For planetary observations a meridian is half the great circle passing through the planet's poles and through any location on the planet.

**month:** a calendrical unit that approximates the *period* of revolution of the Moon. Also, the period of time between the same dates in successive *calendar* months.

>   **month, sidereal:** the *period* of revolution of the Moon about the Earth (or Earth Moon *barycenter*) in a fixed reference frame. It is the mean period of revolution with respect to the background stars. The mean length of the sidereal *month* is approximately 27.322 *days*.

>   **month, synodic:** the *period* between successive new Moons (as seen from the geocenter). The mean length of the synodic *month* is approximately 29.531 *days*.

**moonrise, moonset:** the times at which the apparent upper *limb* of the Moon is on the *astronomical horizon*. In *The Astronomical Almanac*, they are computed as the times when the true *zenith distance*, referred to the center of the Earth, of the central point of the Moon's disk is $90°34' + s - \pi$, where $s$ is the Moon's *semidiameter*, $\pi$ is the *horizontal parallax*, and $34'$ is the adopted value of *horizontal refraction*.

**nadir:** the point on the *celestial sphere* diametrically opposite to the *zenith*.

**node:** either of the points on the *celestial sphere* at which the plane of an *orbit* intersects a reference plane. The position of one of the nodes (the *longitude of the ascending node*) is traditionally used as one of the standard *orbital elements*.

**nutation:** oscillations in the motion of the rotation pole of a freely rotating body that is undergoing torque from external gravitational forces. Nutation of the Earth's pole is specified in terms of components in *obliquity* and longitude.

**obliquity:** in general, the angle between the equatorial and orbital planes of a body or, equivalently, between the rotational and orbital poles. For the Earth the obliquity of the *ecliptic* is the angle between the planes of the *equator* and the ecliptic; its value is approximately 23°.44.

**occultation:** the obscuration of one celestial body by another of greater apparent diameter; especially the passage of the Moon in front of a star or planet, or the disappearance of a satellite behind the disk of its primary. If the primary source of illumination of a reflecting body is cut off by the occultation, the phenomenon is also called an *eclipse*. The occultation of the Sun by the Moon is a *solar eclipse*. (See *eclipse, solar.*)

**opposition:** the phenomenon whereby two bodies have apparent *ecliptic longitudes* or *right ascensions* that differ by 180° as viewed by a third body. Oppositions are usually tabulated as *geocentric* phenomena.

**orbit:** the path in space followed by a celestial body as a function of time. (See *orbital elements.*)

**orbit, elliptical:** a closed *orbit* with an *eccentricity* less than 1.

**orbit, hyperbolic:** an open *orbit* with an *eccentricity* greater than 1.

**orbit, instantaneous:** the unperturbed two body *orbit* that a body would follow if *perturbations* were to cease instantaneously. Each orbit in the solar system (and, more generally, in the many body setting) can be represented as a sequence of instantaneous ellipses or hyperbolae whose parameters are called *orbital elements*. If these *elements* are chosen to be osculating, each instantaneous orbit is tangential to the physical orbit. (See *orbital elements; osculating elements.*)

**orbit, parabolic:** an open *orbit* with an *eccentricity* of 1.

**orbital elements:** a set of six independent parameters that specifies an *instantaneous orbit*. Every real *orbit* can be represented as a sequence of instantaneous ellipses or hyperbolae sharing one of their foci. At each instant of time, the position and velocity of the body is characterised by its place on one such instantaneous curve. The evolution of this representation is mathematically described by evolution of the values of orbital *elements*. Different sets of geometric parameters may be chosen to play the role of orbital elements. The set of *Keplerian elements* is one of many such sets. When the Lagrange constraint (the requirement that the instantaneous orbit is tangential to the actual orbit) is imposed upon the orbital elements, they are called *osculating elements*.

**osculating elements:** a set of parameters that specifies the instantaneous position and velocity of a celestial body in its perturbed *orbit*. Osculating *elements* describe the unperturbed (two body) orbit that the body would follow if *perturbations* were to cease instantaneously. (See *orbit, instantaneous; orbital elements.*)

**parallax:** the difference in apparent direction of an object as seen from two different locations; conversely, the angle at the object that is subtended by the line joining two designated points. (See *parallax, horizontal.*)

**parallax, annual:** see *parallax, heliocentric.*

**parallax, diurnal:** see *parallax, geocentric.*

**parallax, geocentric:** the angular difference between the *topocentric* and *geocentric* directions toward an object.

**parallax, heliocentric:** the angular difference between the *geocentric* and *heliocentric* directions toward an object; it is the angle subtended at the observed object.

**parallax, horizontal:** the angular difference between the *topocentric* and a *geocentric* direction toward an object when the object is on the *astronomical horizon*.

**parallax in altitude:** the angular difference between the *topocentric* and *geocentric* direction toward an object when the object is at a given *altitude*.

**parsec:** the distance at which one *astronomical unit (au)* subtends an angle of one arcsecond; equivalently the distance to an object having an *annual parallax* of one arcsecond. One parsec is $1/\sin(1'') = 206264.806$ *au*, or about 3.26 *light years*.

**penumbra: 1.** The portion of a shadow in which light from an extended source is partially but not completely cut off by an intervening body. **2.** The area of partial shadow surrounding the *umbra*.

**pericenter:** the point in an *orbit* that is nearest to the origin of the reference system. (See *perigee; perihelion.*)

**pericenter, argument of:** one of the *Keplerian elements*. It is the angle measured in the *orbit* plane from the ascending *node* of a reference plane (usually the *ecliptic*) to the *pericenter*.

**perigee:** the point in an *orbit* that is nearest to the Earth. Perigee is sometimes used with reference to the apparent orbit of the Sun around the Earth.

**perihelion:** the point in an *orbit* that is nearest to the Sun.

**period:** the interval of time required to complete one revolution in an *orbit* or one cycle of a periodic phenomenon, such as a cycle of *phases*. (See *phase.*)

**perturbations: 1.** Deviations between the actual *orbit* of a celestial body and an assumed reference orbit. **2.** The forces that cause deviations between the actual and reference orbits. Perturbations, according to the first meaning, are usually calculated as quantities to be added to the coordinates of the reference orbit to obtain the precise coordinates.

**phase: 1.** The name applied to the apparent degree of illumination of the disk of the Moon or a planet as seen from Earth (cresent, gibbous, full, etc.). **2.** The ratio of the illuminated area of the apparent disk of a celestial body to the entire area of the apparent disk; i.e., the fraction illuminated. **3.** Used loosely to refer to one *aspect* of an *eclipse* (partial phase, annular phase, etc.). (See *lunar phases.*)

**phase angle:** the angle measured at the center of an illuminated body between the light source and the observer.

**photometry:** a measurement of the intensity of light, usually specified for a specific wavelength range.

**planetocentric coordinates:** coordinates for general use, where the $z$ axis is the mean axis of rotation, the $x$ axis is the intersection of the planetary *equator* (normal to the $z$ axis through the center of mass) and an arbitrary prime *meridian*, and the $y$ axis completes a right hand coordinate system. Longitude of a point is measured positive to the prime meridian as defined by rotational *elements*. Latitude of a point is the angle between the planetary equator and a line to the center of mass. The radius is measured from the center of mass to the surface point.

**planetographic coordinates:** coordinates for cartographic purposes dependent on an equipo tential surface as a reference surface. Longitude of a point is measured in the direction opposite to the rotation (positive to the west for direct rotation) from the cartographic position of the prime *meridian* defined by a clearly observable surface feature. Latitude of a point is the angle between the planetary *equator* (normal to the z axis and through the center of mass) and normal to the reference surface at the point. The *height* of a point is specified as the distance above a point with the same longitude and latitude on the reference surface.

**polar motion:** the quasi periodic motion of the Earth's pole of rotation with respect to the Earth's solid body. More precisely, the angular excursion of the *CIP* from the *ITRS* z axis. (See *Celestial Intermediate Pole (CIP); International Terrestrial Reference System (ITRS).*)

**polar wobble:** see *wobble, polar.*

**pole, celestial:** either of the two points projected onto the *celestial sphere* by the Earth's axis. Usually, this is the axis of the *Celestial Intermediate Pole (CIP)*, but it may also refer to the instantaneous axis of rotation, or the angular momentum vector. All of these axes are within $0\rlap{.}''1$ of each other. If greater accuracy is desired, the specific axis should be designated.

**pole, Tisserand mean:** the angular momentum pole for the Earth about which the total internal angular momentum of the Earth is zero. The motions of the *Celestial Intermediate Pole (CIP)* (described by the conventional theories of *precession* and *nutation*) are those of the Tisserand mean pole with *periods* greater than two *days* in a celestial reference system (specifically, the *Geocentric Celestial Reference System (GCRS)*).

**precession:** the smoothly changing orientation (secular motion) of an orbital plane or the *equator* of a rotating body. Applied to rotational dynamics, precession may be excited by a singular event, such as a collision, a progenitor's disruption, or a tidal interaction at a close approach (free precession); or caused by continuous torques from other solar system bodies, or jetting, in the case of comets (forced precession). For the Earth's rotation, the main sources of forced precession are the torques caused by the attraction of the Sun and Moon on the Earth's equatorial bulge, called precession of the equator (formerly known as lunisolar precession). The slow change in the orientation of the Earth's orbital plane is called precession of the *ecliptic* (formerly known as planetary precession). The combination of both motions — that is, the motion of the equator with respect to the ecliptic — is called general precession.

**proleptic calendar:** see *calendar, proleptic.*

**proper motion:** the projection onto the *celestial sphere* of the space motion of a star relative to the solar system; thus the transverse component of the space motion of a star with respect to the solar system. Proper motion is usually tabulated in star catalogs as changes in *right ascension* and *declination* per *year* or century.

**quadrature:** a configuration in which two celestial bodies have apparent longitudes that differ by 90° as viewed from a third body. Quadratures are usually tabulated with respect to the Sun as viewed from the center of the Earth. (See *longitude, ecliptic.*)

**radial velocity:** the rate of change of the distance to an object, usually corrected for the Earth's motion with respect to the solar system *barycenter.*

**refraction:** the change in direction of travel (bending) of a light ray as it passes obliquely from a medium of lesser/greater density to a medium of greater/lesser density.

> **refraction, astronomical:** the change in direction of travel (bending) of a light ray as it passes obliquely through the atmosphere. As a result of *refraction* the observed *altitude* of a celestial object is greater than its geometric altitude. The amount of refraction depends on the altitude of the object and on atmospheric conditions.

> **refraction, horizontal:** the *astronomical refraction* at the *astronomical horizon*; often, an adopted value of 34′ is used in computations for sea level observations.

**retrograde motion:** for orbital motion in the solar system, motion that is clockwise in the *orbit* as seen from the north pole of the *ecliptic*; for an object observed on the *celestial sphere*, motion that is from east to west, resulting from the relative motion of the object and the Earth. (See *direct motion.*)

**right ascension:** angular distance on the *celestial sphere* measured eastward along the *celestial equator* from the *equinox* to the *hour circle* passing through the celestial object. Right ascension is usually given in combination with *declination.*

**second, Système International (SI):** the duration of 9 192 631 770 cycles of radiation corresponding to the transition between two hyperfine levels of the ground state of cesium 133.

**selenocentric:** with reference to, or pertaining to, the center of the Moon.

**semidiameter:** the angle at the observer subtended by the equatorial radius of the Sun, Moon or a planet.

**semimajor axis: 1.** Half the length of the major axis of an ellipse. **2.** A standard element used to describe an *elliptical orbit.* (See *orbital elements.*)

**SI second:** see *second, Système International (SI).*

**sidereal day:** the *period* between successive *transits* of the *equinox*. The mean sidereal *day* is approximately 23 hours, 56 minutes, 4 *seconds.* (See *sidereal time.*)

**sidereal hour angle:** angular distance on the *celestial sphere* measured westward along the *celestial equator* from the *equinox* to the *hour circle* passing through the celestial object. It is equal to 360° minus *right ascension* in degrees.

**sidereal month:** see *month, sidereal.*

**sidereal time:** the *hour angle* of the *equinox.* If the *mean equinox* is used, the result is mean sidereal time; if the *true equinox* is used, the result is apparent sidereal time. The hour angle can be measured with respect to the local *meridian* or the Greenwich meridian, yielding, respectively, local or Greenwich (mean or apparent) sidereal times.

**solar time:** the measure of time based on the *diurnal motion* of the Sun.

> **solar time, apparent:** the measure of time based on the *diurnal motion* of the true Sun. The rate of diurnal motion undergoes seasonal variation caused by the *obliquity* of the *ecliptic* and by the *eccentricity* of the Earth's *orbit.* Additional small variations result from irregularities in the rotation of the Earth on its axis.

> **solar time, mean:** a measure of time based conceptually on the *diurnal motion* of a fiducial point, called the fictitious mean Sun, with uniform motion along the *celestial equator.*

**solstice:** either of the two points on the *ecliptic* at which the apparent longitude of the Sun is 90° or 270°; also the time at which the Sun is at either point. (See *longitude, ecliptic.*)

**spectral types or classes:** categorization of stars according to their spectra, primarily due to differing temperatures of the stellar atmosphere. From hottest to coolest, the commonly used Morgan Keenan spectral types are O, B, A, F, G, K and M. Some other extended spectral types include W, L, T, S, D and C.

**standard epoch:** a date and time that specifies the reference system to which celestial coordinates are referred. (See *mean equator and equinox.*)

**stationary point:** the time or position at which the rate of change of the apparent *right ascension* of a planet is momentarily zero. (See *apparent place.*)

**sunrise, sunset:** the times at which the apparent upper *limb* of the Sun is on the *astronomical horizon.* In *The Astronomical Almanac* they are computed as the times when the true *zenith distance*, referred to the center of the Earth, of the central point of the disk is 90°50′, based on adopted values of 34′ for *horizontal refraction* and 16′ for the Sun's *semidiameter.*

**surface brightness:** the visual *magnitude* of an average square arcsecond area of the illuminated portion of the apparent disk of the Moon or a planet.

**synodic month:** see *month, synodic.*

**synodic period:** the mean interval of time between successive *conjunctions* of a pair of planets, as observed from the Sun; or the mean interval between successive conjunctions of a satellite with the Sun, as observed from the satellite's primary.

**synodic time:** pertaining to successive *conjunctions*; successive returns of a planet to the same *aspect* as determined by Earth.

**syzygy: 1.** A configuration where three or more celestial bodies are positioned approximately in a straight line in space. Often the bodies involved are the Earth, Sun and either the Moon or a planet. **2.** The times of the New Moon and Full Moon.

**$T_{eph}$:** the independent argument of the JPL planetary and lunar *ephemerides* DE405/LE405; in the terminology of General Relativity, a *barycentric coordinate time* scale. $T_{eph}$ is a linear function of *Barycentric Coordinate Time (TCB)* and has the same rate as *Terrestrial Time (TT)* over the time span of the *ephemeris.* $T_{eph}$ is regarded as functionally equivalent to *Barycentric Dynamical Time (TDB).* (See *Barycentric Coordinate Time (TCB); Barycentric Dynamical Time (TDB); Terrestrial Time (TT).*)

**TAI:** see *International Atomic Time (TAI).*

**TCB:** see *Barycentric Coordinate Time (TCB).*

**TCG:** see *Geocentric Coordinate Time (TCG).*

**TDB:** see *Barycentric Dynamical Time (TDB).*

**TDT:** see *Terrestrial Dynamical Time (TDT).*

**terminator:** the boundary between the illuminated and dark areas of a celestial body.

**Terrestrial Dynamical Time (TDT):** the time scale for apparent *geocentric ephemerides* defined by a 1979 *IAU* resolution. In 1991, it was replaced by *Terrestrial Time (TT)*. Obsolete.

**Terrestrial Ephemeris Origin (TEO):** the original name for the *Terrestrial Intermediate Origin (TIO)*. Obsolete.

**Terrestrial Intermediate Origin (TIO):** the non rotating origin of the *Terrestrial Intermediate Reference System (TIRS)*, established by the *International Astronomical Union (IAU)* in 2000. The TIO was originally set at the *International Terrestrial Reference Frame (ITRF)* origin of longitude and throughout 1900 2100 stays within 0.1 mas of the *ITRF* zero *meridian*. Formerly referred to as the *Terrestrial Ephemeris Origin (TEO)*.

**Terrestrial Intermediate Reference System (TIRS):** a *geocentric* reference system defined by the intermediate *equator* of the *Celestial Intermediate Pole (CIP)* and the *Terrestrial Intermediate Origin (TIO)* on a specific date. It is related to the *Celestial Intermediate Reference System* by a rotation of the *Earth Rotation Angle*, $\theta$, around the *Celestial Intermediate Pole*.

**Terrestrial Time (TT):** an idealized form of *International Atomic Time (TAI)* with an *epoch* offset; in practice TT = TAI + $32^s.184$. TT thus advances by *SI seconds* on the *geoid*. Used as an independent argument for apparent *geocentric ephemerides*. (See *second, Système International (SI)*.)

**topocentric:** with reference to, or pertaining to, a point on the surface of the Earth.

**transit: 1.** The passage of the apparent center of the disk of a celestial object across a *meridian*. **2.** The passage of one celestial body in front of another of greater apparent diameter (e.g., the passage of Mercury or Venus across the Sun or Jupiter's satellites across its disk); however, the passage of the Moon in front of the larger apparent Sun is called an *annular eclipse*. (See *eclipse, annular; eclipse, solar.*)

> **transit, shadow:** The passage of a body's shadow across another body; however, the passage of the Moon's shadow across the Earth is called a *solar eclipse*.

**true equator and equinox:** the celestial coordinate system defined by the orientation of the Earth's equatorial plane on some specified date together with the direction of the *dynamical equinox* on that date. The true *equator* and *equinox* are affected by both *precession* and *nutation*. (See *mean equator and equinox; nutation; precession.*)

**TT:** see *Terrestrial Time (TT)*.

**twilight:** the interval before *sunrise* and after *sunset* during which the scattering of sunlight by the Earth's atmosphere provides significant illumination. The qualitative descriptions of *astronomical, civil* and *nautical twilight* will match the computed beginning and ending times for an observer near sea level, with good weather conditions, and a level *horizon*. (See *sunrise, sunset.*)

> **twilight, astronomical:** the interval before *sunrise* and after *sunset* when the mean illu minance of the night sky on a Moonless night is either increasing preceding sunrise or decreasing after sunset. Astronomical *twilight* is defined to begin or end when the geo metric *zenith distance* of the central point of the Sun, referred to the center of the Earth, is 108°.

> **twilight, civil:** the interval before *sunrise* and after *sunset* when most ordinary outdoor activities can be done without artificial illumination. Civil *twilight* is defined to begin or end when the geometric *zenith distance* of the central point of the Sun, referred to the center of the Earth, is 96°.

> **twilight, nautical:** the interval before *sunrise* and after *sunset* when the *horizon* is still visible even on a Moonless night. It is named such because during nautical *twilight*

mariners can take reliable star sights for navigational purposes. Nautical twilight is defined to begin or end when the geometric *zenith distance* of the central point of the Sun, referred to the center of the Earth, is 102°.

**umbra:** the portion of a shadow cone in which none of the light from an extended light source (ignoring *refraction*) can be observed.

**Universal Time (UT):** a generic reference to one of several time scales that approximate the mean *diurnal motion* of the Sun; loosely, *mean solar time* on the Greenwich *meridian* (previously referred to as Greenwich Mean Time). In current usage, UT refers either to a time scale called UT1 or to *Coordinated Universal Time (UTC)*; in this volume, UT always refers to UT1. UT1 is formally defined by a mathematical expression that relates it to *sidereal time*. Thus, UT1 is observationally determined by the apparent diurnal motions of celestial bodies, and is affected by irregularities in the Earth's rate of rotation. *UTC* is an atomic time scale but is maintained within $0\overset{s}{.}9$ of UT1 by the introduction of 1 *second* steps when necessary. (See *leap second.*)

**UT1:** see *Universal Time (UT).*

**UTC:** see *Coordinated Universal Time (UTC).*

**vernal equinox:** see *equinox, vernal.*

**vertical:** the apparent direction of gravity at the point of observation (normal to the plane of a free level surface).

**week:** an arbitrary *period* of *days*, usually seven days; approximately equal to the number of days counted between the four *phases of the Moon*. (See *lunar phases.*)

**wobble, polar: 1.** In current practice including the phraseology used in *The Astronomical Almanac*, it is identical to *polar motion*. **2.** In certain contexts it can refer to specific components of polar motion, *e.g.* Chandler wobble or annual wobble. (See *polar motion.*)

**year:** a *period* of time based on the revolution of the Earth around the Sun, or the period of the Sun's apparent motion around the *celestial sphere*. The length of a given year depends on the choice of the reference point used to measure this motion.

> **year, anomalistic:** the *period* between successive passages of the Earth through *perihelion*. The anomalistic *year* is approximately 25 minutes longer than the *tropical year*.

> **year, Besselian:** the *period* of one complete revolution in *right ascension* of the fictitious mean Sun, as defined by Newcomb. Its length is shorter than a *tropical year* by $0.148 \times T$ *seconds*, where T is centuries since 1900.0. The beginning of the Besselian *year* occurs when the fictitious mean Sun is at *ecliptic longitude* 280°. Now obsolete.

> **year, calendar:** the *period* between two dates with the same name in a *calendar*, either 365 or 366 *days*. The *Gregorian calendar*, now universally used for civil purposes, is based on the *tropical year*.

> **year, eclipse:** the *period* between successive passages of the Sun (as seen from the geocenter) through the same lunar *node* (one of two points where the Moon's *orbit* intersects the *ecliptic*). It is approximately 346.62 *days*.

> **year, Julian:** a *period* of 365.25 *days*. It served as the basis for the *Julian calendar*.

> **year, sidereal:** the *period* of revolution of the Earth around the Sun in a fixed reference frame. It is the mean period of the Earth's revolution with respect to the background stars. The sidereal *year* is approximately 20 minutes longer than the *tropical year*.

> **year, tropical:** the *period* of time for the *ecliptic longitude* of the Sun to increase 360 degrees. Since the Sun's *ecliptic* longitude is measure with respect to the *equinox*, the tropical *year* comprises a complete cycle of seasons, and its length is approximated in the long term by the civil *(Gregorian) calendar*. The mean tropical year is approximately 365 *days*, 5 hours, 48 minutes, 45 *seconds*.

**zenith:** in general, the point directly overhead on the *celestial sphere*.

> **zenith, astronomical:** the extension to infinity of a plumb line from an observer's location.

> **zenith, geocentric:** The point projected onto the *celestial sphere* by a line that passes through the geocenter and an observer.

> **zenith, geodetic:** the point projected onto the *celestial sphere* by the line normal to the Earth's geodetic ellipsoid at an observer's location.

**zenith distance:** angular distance on the *celestial sphere* measured along the great circle from the *zenith* to the celestial object. Zenith distance is 90° minus *altitude*.

Users may be interested to know that a hypertext linked version of the glossary is available on *The Astronomical Almanac Online* (see below).

This symbol indicates that these data or auxiliary material may also be found on *The Astronomical Almanac Online* at **http://asa.usno.navy.mil** and **http://asa.hmnao.com**

Definitions of astronomical terms are provided in the Glossary, Section M. Entries in the Glossary are not cited in the Index.

Definitions of astronomical terms are provided in the Glossary, Section M. Entries in the Glossary are not cited in the Index.

Definitions of astronomical terms are provided in the Glossary, Section M. Entries in the Glossary are not cited in the Index.

Definitions of astronomical terms are provided in the Glossary, Section M. Entries in the Glossary
are not cited in the Index.

Definitions of astronomical terms are provided in the Glossary, Section M. Entries in the Glossary
are not cited in the Index.

Definitions of astronomical terms are provided in the Glossary, Section M. Entries in the Glossary are not cited in the Index.

Definitions of astronomical terms are provided in the Glossary, Section M. Entries in the Glossary are not cited in the Index.

Definitions of astronomical terms are provided in the Glossary, Section M. Entries in the Glossary are not cited in the Index.

Definitions of astronomical terms are provided in the Glossary, Section M. Entries in the Glossary are not cited in the Index.

Definitions of astronomical terms are provided in the Glossary, Section M. Entries in the Glossary are not cited in the Index.

Definitions of astronomical terms are provided in the Glossary, Section M. Entries in the Glossary are not cited in the Index.

Definitions of astronomical terms are provided in the Glossary, Section M. Entries in the Glossary are not cited in the Index.

Definitions of astronomical terms are provided in the Glossary, Section M. Entries in the Glossary are not cited in the Index.

Definitions of astronomical terms are provided in the Glossary, Section M. Entries in the Glossary are not cited in the Index.

Definitions of astronomical terms are provided in the Glossary, Section M. Entries in the Glossary are not cited in the Index.

Definitions of astronomical terms are provided in the Glossary, Section M. Entries in the Glossary are not cited in the Index.

ISBN 978-0-16-082008-3